U0393641

现代农业科技专著大系

兽医微生物学

第 二 版

中国农业科学院哈尔滨兽医研究所　组编

中国农业出版社

第二版编写人员

主编单位：中国农业科学院哈尔滨兽医研究所

主　　编：孔宪刚

副 主 编：王笑梅

编审人员（按姓名笔画排序）：

于　力　马　建　马思奇　仇华吉　王云峰　王志亮　王秀荣
王春来　王景琳　王靖飞　丛明善　付朝阳　冯　力　冯　峰
卢彤岩　刘长明　刘思国　刘胜旺　华育平　曲连东　祁小乐
初　秀　吴艳艳　张永强　李　成　李　爽　李　媛　李祥端
步志高　沈中元　沈国顺　谷守林　辛九庆　陆承平　陈化兰
周　婷　周建华　相文华　凌育燊　崔尚金　盖新娜　逯忠新
彭永刚　韩凌霞　雷连成　薛　飞

第一版编写人员

主编单位：中国农业科学院哈尔滨兽医研究所

编审人员（按姓名笔画排序）：

于　力　于康震　初　秀　白文彬　丛明善　朱尽国　刘滨东
宁希德　吴文芳　吴宝成　杨旭夫　李　成　谷守林　陈乃昌
陈章水　金　岳　周文举　相文华　荣骏弓　徐宜为　黄骏明

第二版前言

随着人们生活水平的提高，以肉、乳、蛋为代表的动物性食品，人们不但对其数量需求迅速增长，而且对食品安全相关的质量更加重视。同时，近年来，伴侣动物在人们精神生活中的作用越来越受到重视。尤其是随着科学技术的进步，近几十年来生物技术的发展，以及各学科间的相互渗透，兽医科学传统的社会地位、任务及其作用已有了很大改变，就单纯的动物疫病防控来说，其范围已经突破了防治畜禽疾病，扩展和延伸到生物学、医学、公共卫生学、环境保护等领域，对保障人类的健康、经济和精神生活正常进行具有极其重要的作用。

兽医科学已经发展成为多学科构成的综合体，学科越分越细，它们之间的联系也越来越密切。作为兽医学科的一个重要组成部分，预防兽医学的范围不仅限于家畜、家禽，而且增加了经济动物、实验动物、观赏动物、伴侣动物和野生动物等。同时，人畜共患病的防治、环境卫生、食品卫生等重要课题，不仅是医学界而且也是兽医学界十分关注的大问题。客观上要求从事兽医事业的人员应当学好预防兽医学，更新知识，扩大知识面，以适应工作发展的需要。《兽医微生物学》第一版是1998年出版的，由于近年来动物微生物学基础理论和实验技术的迅速发展，该书中有些内容已不再适应兽医学教学和研究参考书的需要，为此我们对其进行改善并再版，补充了细菌的免疫、红球菌属、鱼类的病原性细菌和病毒、家蚕病原性细菌和病毒、蜂的病原性细菌和病毒、干扰素、波那病毒科、细胞克隆技术等章节，使其更加适应目前动物疫病防控的教学和研究。同第一版一样，本书是兽医预防医学的基础，是一部既有基础理论，又可指导科学实验，是理论和实践相结合的参考书。是从事畜牧、兽医、经济动物、实验动物、兽医公共卫生等专业师生科研技术人员以及基层兽医防疫人员的良师益友和必备的参考书。

本书共分三篇八十一章，全面系统地介绍了兽医微生物的理论和实验技术。包括基础微生物学、免疫学，即侵害家禽、家畜、鱼类、家蚕、蜜蜂和其他多种动物以及人畜共患病的病原（细菌、真菌、病毒及有关病原微生物）、免疫机理和实验技术的应用。在实验技术方面，突出反映了分子生物学实验技术、分析微生物的实验技术、细胞克隆技术以及其他新的实验技术等。这些新技术、新方法和新成就，是广大读者所要了解和掌握的新知识，以提高自己的研究和实践水平。

本书是中国农业科学院哈尔滨兽医研究所组织部分研究人员编写的，并邀请有关专家进行审查。在编写过程中，承蒙哈尔滨兽医研究所的有关研究室、编辑部、图书馆提供所需的资料、图书，对本书的编写起到了积极作用，我们深表感谢。另外，在编写过程中，有几位同志协助编写，特以致谢。

本书新版在审编过程中，虽然做了反复讨论和修改，但由于我们的水平和经验有限，不妥和错漏之处在所难免，敬请读者批评指正。

编著者

2013 年 7 月

第一版前言

随着人类社会的发展和科学技术的进步，以及各学科间的相互渗透，兽医科学的社会地位、任务及其作用已有了很大改变，突破了单纯防治畜禽疾病的范围，扩展和延伸到生物学、医学、公共卫生、环境保护等领域，对保障人类的健康和经济生活正常进行具有极其重要的作用。

如今，兽医科学已发展成为多学科构成的综合体，学科越分越细，它们之间的联系也越来越密切。特别是预防兽医学的范围不仅限于家畜、家禽，而且增加了经济动物、实验动物、观赏动物、伴侣动物和野生动物等。同时，人畜共患病的防治、环境卫生、食品卫生等重要课题，不仅是医学界而且也是兽医学界十分关注的大问题。客观上要求从事兽医事业的人员应当学好预防兽医学，扩大知识面，以适应工作发展的需要。为此我们编写了本书，它是兽医预防医学的基础，是一部既有基础理论，又可指导科学实验，是理论和实践相结合的参考书。

本书共分3篇69章，全面系统地介绍了兽医微生物的理论和实验技术。包括基础微生物学、免疫学，即侵害家畜、家禽和其他多种动物以及人畜共患病的病原（细菌、真菌、病毒及 病原微生物）、免疫机理和实验技术的应用。在实验技术方面，突出反映了分组生物学实验技术、分析微生物的实验技术和新的免疫实验技术以及其他新的实验技术等。这些新技术、新方法和新成就，是广大读者所要了解和掌握的新知识，以提高自己的研究和实践水平。

本书是从事畜牧、兽医、经济动物、实验动物、兽医公共卫生等专业师生、科研技术人员以及基层兽医卫生防疫人员的良师益友和必备的参考书。

本书是由中国农业科学院哈尔滨兽医研究所组织部分研究人员编写的，并邀请有关专家进行审查。在编写过程中，承蒙哈尔滨兽医研究所的有关研究室、资料室、图书室提供所需的资料、图书，对本书的编写起到了积极作用，我们深表感谢。另外，在编写过程中，由几位同志协助编写，特以致谢。

本书在编审过程中，虽然做了反复讨论和修改，但由于我们的水平和经验有限，不妥和错漏之处在所难免，敬请读者批评指正。

编著者

1997年10月

目 录

第二篇 病 毒

第三篇 实验技术

绪　　论

在自然界中除了我们肉眼可见的动植物等一些较大的生物体外，还有许多形体细小、结构简单、肉眼不能直接看见，需借助显微镜放大几百倍、几千倍甚至几万倍后才能观察的微小生物，统称为微生物。人类所了解的微生物在十万种以上。按照其大小、结构、化学组成可以分为三个大类：①真核细胞型：细胞的分化程度高，有核膜、核仁和染色体，胞浆内有完整的细胞器，包括真菌；②原核细胞型：仅有原始的核，无核膜、核仁，缺乏细胞器，包括细菌、螺旋体、放线菌、立克次体、衣原体以及支原体；③非细胞型：体积小，能通过滤菌器，只能在活细胞内生长繁殖，包括病毒。微生物学是研究包括细菌、真菌（包括霉菌和酵母菌）、放线菌、螺旋体、支原体、立克次体、衣原体和病毒等微生物形态、生理、遗传变异、生态分布、分类及其与人类关系的科学，广义的微生物学还包括免疫学，甚至还包括寄生虫学，特别是原虫学。兽医微生物学是在生物学和微生物学等学科的基础上发展并建立起来的一门独立学科。主要研究兽医病原微生物的生命活动规律、形态结构特征、生理生化特性、遗传变异、抗原结构、抗原性与免疫学的关系以及致病作用和诊断方法等，研究病原微生物在饲料、食品卫生、公共卫生等方面的影响，为控制、消灭动物传染病、人畜共患病提供手段。保障农牧业生产的发展，满足和提高人民日益增长的物质生活需要和人类健康。

一、兽医微学的发展

微生物学作为一门科学，是18世纪以后的事。其发展可概括为三个阶段。

第一阶段：形态学时期（17世纪至19世纪中叶）　1683年荷兰人吕文虎克（Antony van Leeuwenhoek）自制了可以放大200倍以上的显微镜，并首次观察到微生物。1695年，他将过去所观察到的微生物，绘图并叙述公诸于世。由此，人们对微生物的形态、排列、大小等有了初步的认识，但此后将近200年的时间，由于自然发生论（spontaneous generation），即无生源论，所起的阻碍作用，这方面的认识仅限于形态学方面，进展不大。1861年，巴斯德（Louis Pasteur）以实验否定自然发生论，确立了“疾病传染论”（germ theory of disease）。同时由于显微镜的不断改进、细菌培养基制备、灭菌技术、无机和有机化学等的迅速发展，使微生物学进入了生理学和免疫学时期。

第二阶段：生理学及免疫学的奠基时期（19世纪中叶至20世纪初）　这个时期大约50年时间。微生物已经发展成一门独立的学科，在理论上、技术上、生产上都取得了不少成果（表0-1）。尤其是巴斯德作出的历史性贡献，不但推翻无生源论，而且在1895年实施之前一直从事微生物的研究，为进一步确立“疾病传染论”提供了理论和实验依据，是微生物学、生理学与免疫学的主要奠基人。

表0-1　微生物的生理学及免疫学时期所取得的进展

理论上的进展	技术上的进展	生产上的收获
细菌生理学的启蒙：即微生物有其新陈代谢，酒的发酵、手术后感染是微生物的作用	巴斯德消毒法，消毒剂的应用，使用滤器分离病毒	人类能控制酒的发酵，经消毒后的外科手术不易受感染，病毒病的发现与确定

（续）

理论上的进展	技术上的进展	生产上的收获
免疫学的开始：微生物及其产物作为抗原与其相应抗体之间的作用	凝集反应 毒素中和反应	抗毒素的治疗作用
补体的发现	补体结合反应	免疫学应用于疾病诊断
疫苗的免疫作用	狂犬病疫苗、动物炭疽病菌苗等的制造法，琼脂作为固体培养基及纯培养的获得	应用免疫防治，减少了人畜传染病的死亡。大量种类的细菌、真菌被分离鉴定，它与疾病或人类生活的关系被确定

（引自《兽医微生物学》，陆承平，中国农业出版社，2008）

第三阶段：近代及现代微生物学（从1920年开始至今） 特别是近半个世纪以来，微生物学在理论研究、技术创新及实际应用方面都取得了重要进展。

二、微生物学取得的成就及其应用价值

总体来说，近年来微生物领域中的重要进展主要集中在三个方面，即微生物遗传学、免疫学及病毒学，而且这三门科学都已发展成为独立学科。现代微生物学已成为生物科学的一个重要分支，是从群体、个体及分子水平来研究各类微生物的形态、结构、新陈代谢、分类鉴定、抗原抗体反应及有关应用的学科。兽医微生物学属于微生物学许多分支学科中的一类，它们与人类的生活、环境、健康以及与人与动物的传染病都有密切的关系。

微生物学的发展与其他学科，尤其是新技术的进展是紧密联系的。近年来分子生物学技术、蛋白质化学等的长足进展，揭示了微生物遗传物质基础是DNA或RNA，使微生物学进入分子水平。微生物基因组学、蛋白组学、转录组学等的飞速进展，逐渐解析了某些微生物的结构与功能，为微生物学的研究及其所取得的理论揭开了新的篇章，使微生物学进入了真正意义的遗传工程时代。

生物学领域内新技术在微生物学上得到广泛应用，促进了微生物学理论和应用方面的许多发现。首先，生物技术在微生物的应用发现了一些危害或对人类和动物健康及生命安全具有潜在危害的新病原微生物，如SARS冠状病毒以及新近发现的人冠状病毒EMC等。同时应用这些新技术，发现已有的一些病原微生物发生了变化，如高致病性禽流感等。这些结果不但揭示了病原对宿主的致病新特点，而且为病原微生物的发生、传播和流行、防控等具有重要的理论意义。其次，针对不同病原微生物的相同或不同的诊断或检测方法得到广泛应用，如检测核酸的核酸分子杂交、PCR（RT-PCR），real-time PCR，LAMP技术；检测抗体、蛋白和细胞表面分子等的单克隆抗体技术、ELISA、酶联免疫斑点法(enzyme linked immunospot assay，ELISPOT)、流式细胞术等；研究微生物形态的免疫电镜、冷冻电镜技术等。此外，细胞培养、空斑技术、蛋白质及核酸的提纯，大大便利了微生物学特别是病毒学的操作及研究。此外，利用生物技术方法，从微生物代谢途径出发，进行化学治疗药剂和抗生素的研究，大大减少了人类和动物传染病的危害。

疫苗的研制和开发是医学微生物学和兽医微生物学的重点研究领域。随着生物技术的发展，研制合理的新疫苗，用于控制、清除或选择性地根除某些人类和动物传染病有着重大意义。特别是伴随畜牧业的集约化发展，研制防制传染病的有效疫苗则更显重要。通过采用分子克隆技术、DNA重组技术、蛋白化学和相关技术，以及免疫学的相关知识，特别是包括各种淋巴细胞及其产物功能等免疫应答的机制，进行疫苗的研发，尤其适用于以下情况下疫苗的研制：①无法应用常规方法研制疫苗或常规方法研制的疫苗安全性存在隐患；②有些病原微生物不易培养或难以达到有效滴度；③病原具有潜在致癌性等。目前，有些人类和动物用疫苗已在实践中使用，如乙型肝炎病毒表面抗原亚单位疫苗、仔猪腹泻大肠埃希氏菌疫苗和猪伪狂犬病毒 *tk* 基因缺失减毒疫苗等。然而，大多数基因工程疫苗尚处于实验研究阶段。

在微生物领域内，另外一个重要的方面就是免疫学的发展，尤其是组织移植、免疫耐受的研究，使得在

20世纪60年代以后人类移植肾脏、心脏的外科手术成功。抗原抗体反应已不限于传染病的范围，而扩展到非传染性疾病和整个生物学的领域。同时，对抗体中的各类球蛋白的类型、形成以及细胞免疫与体液免疫产生了认识的飞跃，推进了免疫球蛋白（包括单克隆抗体）在诊断及防治疾病上的应用，并开创了免疫病的防治。

三、兽医微生物学与微生物

兽医微生物学是在微生物学一般理论基础上研究微生物与动物疾病的关系，并利用微生物学与免疫学的知识和技能来诊断、防治动物的疾病和人畜共患疾病，保障人类的食品安全与卫生、保障畜牧业生产，保障动物的健康及生态环境免于破坏。其研究的领域已不仅限于传统的家畜、家禽的微生物，还涉及家庭动物（亦称伴侣动物）、实验动物、水生动物、野生动物等的微生物，研究深度已涉及致病机理及与机体的相互作用，达到基因水平。

作为微生物学一个分支的兽医微生物学，与医学微生物学的关系最为密切，但范围更广，层次更复杂。“疯牛病”（牛传染性海绵状脑病）、口蹄疫、高致病性禽流感等动物疫病的流行震惊全球，对其病原的研究及控制，引起了全社会的关注。兽医微生物学的发展，促进了整个微生物学的发展，兽医微生物学家功不可没。德国兽医微生物学家 F. A. J. Loeffler（1852—1915）和 P. Frosch（1860—1928）于1898年报道口蹄疫病毒，发现了动物和人类的第一个病毒，是微生物学发展史上的重要里程碑。表0-2仅以病毒为例，列举了病毒学历史上的里程碑，从其中可以看到兽医病毒在其中的数量，说明了兽医病毒学家的重大历史贡献。

兽医微生物学是一门意义重大、蓬勃发展的学科，随着时间的推移，将对人类的文明和社会的发展做出愈来愈大的贡献。

表0-2 病毒学历史上的里程碑

年份	研究者	事件
1892	Ivanofsky	烟草花叶病毒作为滤过性因子的鉴定
1898	Leoffler，Frosch	口蹄疫是由滤过性因子引起
1898	Sanarelli	黏液瘤病毒
1900	Reed	黄热病病毒
1900	Mcfadyean，Theiler	非洲马瘟病毒
1901	Centanni，Lode，Gruber	鸡瘟病毒（禽流感病毒）
1902	Nicolle，Adil-Bey	牛瘟病毒
1902	Spruell，Theiler	蓝舌病病毒
1902	Aujeszky	伪狂犬病毒
1903	Remlinger，Riffat-Bay	狂犬病病毒
1903	DeSchweinitz，Dorsel	猪瘟病毒（经典猪瘟病毒）
1904	Carrée	马传染性贫血病毒
1905	Spreull	蓝舌病病毒在昆虫中传播
1905	Carré	犬瘟热病毒
1908	Ellermann，Bang	禽贫血病毒
1909	Landsteiner，Popper	脊髓灰质炎病毒
1911	Rous	劳氏肉瘤病毒——第一个肿瘤病毒
1915	Twort，d' Herelle	细菌病毒
1917	d'Herelle	噬斑实验的设计
1927	Doyle	新城疫病毒

（续）

年份	研 究 者	事 件
1928	Verge，Christofornoni，Seifried，Krembs	猫细小病毒（猫泛白细胞减少症病毒）
1930	Green	狐脑炎病毒（犬腺病毒Ⅰ型）
1931	Shope	猪流感病毒
1931	Woodruff，Goodpasture	鸡胚用于病毒的分离
1933	Dimmock，Edwards	马流产的病毒性病原
1933	Andrewes，Laidlaw，Smith	第一株人流感病毒的分离
1933	Shope	猪是伪狂犬病的天然宿主
1933	Bushnell，Brandly	禽支气管炎病毒
1935	Stanley	完成烟草花叶病毒结晶；确证了病毒的蛋白性质
1938	Kausche，Ankuch，Ruska	第一个病毒电子显微镜照片——烟草花叶病毒
1939	Ellis，Delbruck	一步法生长曲线——噬菌体
1946	Olafson，MacCallum，Fox	牛的病毒性腹泻病毒
1948	Sanford，Earle，Likely	哺乳动物细胞的分离培养
1952	Dulbecco，Vogt	第一个动物病毒——脊髓灰质炎病毒的噬斑纯化
1956	Madin，York，Mckercher	牛疱疹病毒－1型的分离
1957	Isaacs，Lindemann	干扰素的发现
1958	Home，Brenner	负染电子显微镜在病毒学中的应用
1961	Becker	从野生储存宿主中第一次分离到禽流感病毒
1963	Plummer，Waterson	马流产病毒＝疱疹病毒
1970	Temin，Baltimore	反转录酶的发现
1978	Carmichael，Appel，Scott	犬细小病毒－2型
1979	World Health Orgnization	WHO宣布消灭天花病毒
1981	Pedersen	猫冠状病毒
1981	Baltimore	RNA病毒的第一个感染性克隆
1983	Montagnier，Barre - Sinoussi，Gallo	人免疫缺陷病毒的发现
1987	Pedersen	猫的免疫缺陷病毒
1991	Wensvoort，Terpstra	猪繁殖与呼吸综合征病毒的分离
1994	Murray	Hendra病毒的分离
1999		西尼罗河病毒进入北美
2002		SARS暴发
2005	Palase，Garcia - Sastre，Tumpey，Taubenberger	1918年流感病毒的重建
2007		牛瘟病毒免疫程序的结束
2011?		宣布消灭牛瘟病毒

（引自 MacLachlan N. J. 和 Dubovi E. J.，Fenner's veterinary virology，4th Edition，2011）

◆ 参考文献

中国农业科学院哈尔滨兽医研究所．1998. 兽医微生物学［M］．北京：中国农业出版社．
陆承平．2008. 兽医微生物学［M］．北京：中国农业出版社．
MacLachlan N. J. and Dubovi E. J.，Fenner's veterinary virology，4th Edition，2011，Academic press（Elsevier）．

第一篇

细　菌

第一章　细菌的形态与结构

各种细菌在一定的环境条件下生长，其形态与结构是相对恒定的，并与其在宿主的体内外生长繁殖、致病和免疫等特性有关。了解细菌的形态与结构特点，对研究细菌的生理活动、致病性和免疫性，鉴别细菌以及细菌性感染的诊断和防治等都有重要意义。

第一节　细菌的形态与排列特征

细菌个体微小，要经染色后在光学显微镜下才能观察。测定其大小的单位是微米（μm）。根据其外部形态，归纳起来基本上可分为球形菌、杆形菌和螺形菌三大类。其排列方式，在正常情况下是相对稳定的，并具有特征性。

（一）球形菌

多数呈正球形，有的呈肾形、豆形等。单个球菌的直径为0.8～0.2 μm。按其分裂方式和分裂后的排列形式，可分为：

1. 单球菌（*Monococcus*）　分裂时沿一个平面进行，新的菌体分散，单独存在，如尿素微球菌（*Micrococcus ureae*）。

2. 双球菌（*Diplococcus*）　沿一个平面分裂，新的菌体成对排列。如肺炎双球菌（*Diplococcus pneumoniae*）。

3. 链球菌（*Streptococcus*）　沿一个平面分裂，分裂后排列成3个以上或长或短的链状，链的长短具有特征性。如乳链球菌（*Streptococcus lactis*）每3～4个连接在一起，而无乳链球菌（*Streptococcus agalactiae*）则形成一条很长的链。

4. 四联球菌（*Tetracoccus*）　沿两个垂直平面进行分裂，分裂后4个菌体叠联在一起，呈立体田字形排列。如四联微球菌（*Micrococcus tetragenus*）。

5. 八叠球菌（*Sarcina*）　先后在3个相互垂直的平面上进行分裂，分裂后8个菌体立体地叠在一起，呈一特征的立方体形。如尿素八叠球菌（*Sarcina ureae*）。

6. 葡萄球菌（*Staphylococcus*）　分裂时无固定方向，常在多平面上分裂，分裂后的菌体堆集在一起，形成一个不规则的群体，状似成串的葡萄。如金黄色葡萄球菌（*Staphylococcus aureus*）。

上述排列是种的特征，是占优势的排列方式。但是一个种的全部菌体不一定都按照一种方式排列。

（二）杆形菌

杆形菌的形态基本呈杆状或圆柱状，菌体一般是直的，或稍有弯曲，各种杆菌的长度与宽度的比例有很大差异。有的短且粗，近似球形；有的细长近似长丝状，很不一致。大的杆菌如炭疽杆菌为（4～10）μm×（1～1.5）μm，中等大小的如大肠埃希菌为（2～3）μm×（0.4～0.7）μm，小的杆菌为（0.5～1.5）μm×（0.2～0.4）μm。总的来看，同一种杆菌其宽度比较稳定，而其长度则因生存环境条件和在其中生存的时间长短而有所不同。大多数菌体两端呈钝圆形，也有少数呈方形平截如炭疽杆菌；若菌体短小两端钝圆近似球形的，则称为球杆菌，一端较另一端膨大，整个菌体呈鼓槌状，称棒状杆菌；有的形成侧枝或分枝，称为分枝杆菌，如结核分枝杆菌。

多数杆菌分裂后单独存在，无特定的排列方式，称单杆菌（*Monobacilli*）；有些杆菌分裂后，若两两相联，成对存在，称双链杆菌（*Diplobacilli*），若3个以上相连成链状排列，则称链杆菌（*Streptobacilli*）。少数杆菌分裂后呈铰链状，彼此部分粘连，菌体互成角度，继续分裂，可形成丛或栅样排列，称为菌丝、菌栅。

（三）螺旋菌

菌体呈弯曲杆状或螺旋状，统称螺形菌。这类细菌的菌体较硬，细胞壁坚韧，常单个菌分散存在。不同种个体的长度、螺旋数和螺距等有明显差异，分为弯杆菌和螺旋菌两种。

1. 弯杆菌（*Campylobacter*） 菌体只有一个弯曲，状似英文的C形，两个连在一起时可呈S形或似逗号（“,”），大小为（0.2～0.8）μm×（0.5～5）μm。如胎儿弯杆菌（*Campylobacter fetus*）。这类细菌往往与略弯曲的一些杆菌很难区别。

2. 螺菌（*Spirillum*） 菌体可有数个弯曲，回转呈螺旋状。螺旋数目和螺距大小因种而异。有的菌体较短，螺旋紧密；有的很长，呈现较多的螺旋和弯曲，大小为（0.25～1.7）μm×260 μm。如减少螺旋菌（*Spirillum minus*）。

细菌的形态受其生活环境的影响较为明显，如培养基的组成和浓度、培养温度和时间不合适，都可能引起细菌形态的改变。生长条件适宜和处在幼龄阶段，其形态常常是正常的；在不适宜的条件下，或较老的培养基中生长的细菌，常出现不正常形态，如出现衰颓型或退化型。如重新将其植入适宜的环境中，则可恢复正常形态。有些细菌即使在最适宜的环境中生长，其形态也很不一致，称多形性。

第二节 细菌的结构

典型的细菌结构可分为两部分：一是不变部分或称基本结构，如细胞壁、细胞膜、细胞核以及细胞质及其内含物等，为所有细菌所共有；二是可变部分或称特殊结构，如鞭毛、菌毛、荚膜、芽孢等，这样的结构只在部分细菌可以观察到（图1-1）。

一、基本结构

（一）细胞壁（cell wall）

细胞壁位于细菌细胞的最外层，其外侧与细菌的外环境接触，其内侧与细菌的细胞膜相连接，为一层无色透明、坚韧且具有弹性的膜状层，厚10～25 nm。在高倍电子显微镜下观察，可见细胞壁的表面结构呈颗粒状，壁上有很多微细小孔如筛孔，可通过直径1 nm大小的可溶性粒子。其结构和化学组成因细菌种类不同而有差异。用革兰染色法染色，可以把细菌分为革兰阳性菌和革兰阴性菌两大类，它们的细胞壁结构和成分有如下较大的不同。

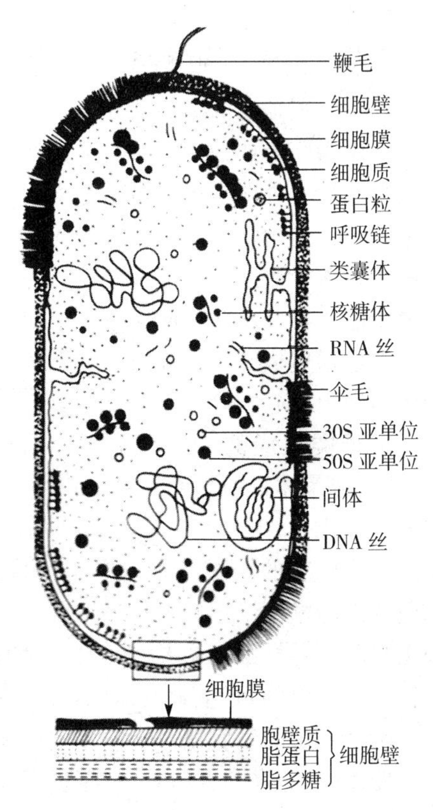

图1-1 细菌细胞结构模式图

革兰阳性细菌的细胞壁大多数是由纤丝和基质构成，纤丝组成网状骨架，基质包埋于其中，两者镶嵌连接，形成厚且清晰的膜。其厚度为20～80 nm。其化学组成以肽聚糖为主，此外还有磷壁酸、多糖、蛋白质等。

肽聚糖（peptidoglycan）又称为黏肽或胞壁质，是细菌细胞壁所特有的物质。革兰阳性菌细胞壁的肽聚糖由聚糖支架、四肽侧链和五肽交联桥三部分组成。聚糖链支架由N-乙酰葡萄胺（N-acetylmuramic acid）N-乙酰胞壁酸（N-acetylglucosamine）交替间隔排列，经β-1,4糖苷键联结而成。四肽侧链依次由L-丙氨酸、D-谷氨酸（或D-异谷氨酸）、L-赖氨酸、D-丙氨酸所组成，均联接于胞壁酸。五肽联桥由5个氨基酸组成，交联于相邻两条聚糖链支架的四肽侧链上第一条第3位L-赖氨酸及第二条第4位D-丙氨酸之间，于是构成十分坚韧的三维立体结构。溶菌酶可裂解N-乙酰葡萄糖胺与N-乙酰胞壁酸分子之间的连接，导致细菌死亡。青霉素能干扰细胞肽聚糖的合成，以至细胞壁丧失控制液体向菌体内渗入的能力，使细菌因膨胀而死亡。

磷壁酸（teichoic acid）是由核糖醇或甘油残基经磷酸二酯键相互连接而成的多聚物，约等于细胞干重的50%，按其结合部位分为壁磷壁酸和膜磷壁酸。壁磷壁酸（wall teichoic acid）大部分位于细胞壁的外表层；由共价键与肽聚糖的N-乙酰胞壁酸连接，构成革兰阳性细菌的表面抗原。小部分壁磷壁酸位于细胞膜与肽聚糖之间，称膜磷壁酸（membrane teichoic acid）或称脂磷壁酸（lipoteichoic acid，LTA），由共价键与细胞膜外表的糖脂连接，并浓缩在中介体中。磷壁酸的功能可能对离子通过细菌的外层构成影响。

革兰阴性细菌细胞壁较薄，结构和组成较革兰阳性细菌复杂，分为内壁层和外壁层。内壁层紧贴细胞膜，厚2～3 nm，为一单分子层或双分子层，由肽聚糖组成，又称肽聚糖层。其网状结构只有30%的肽聚糖亚单位彼此交织连接，不如革兰阳性细菌的紧密坚固（图1-2和图1-3）。

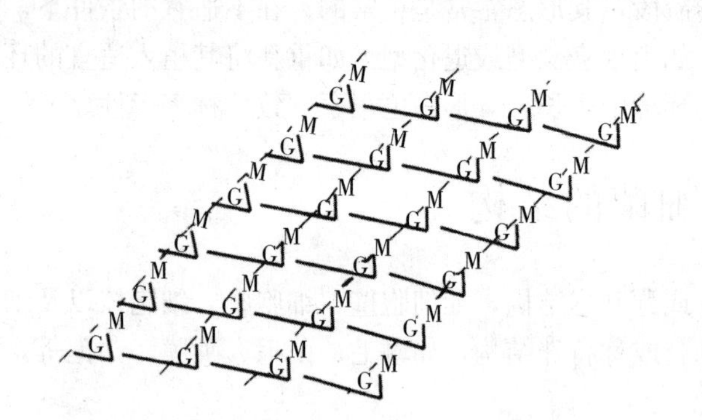

图1-2 革兰阳性细菌肽聚糖结构，示紧密网状

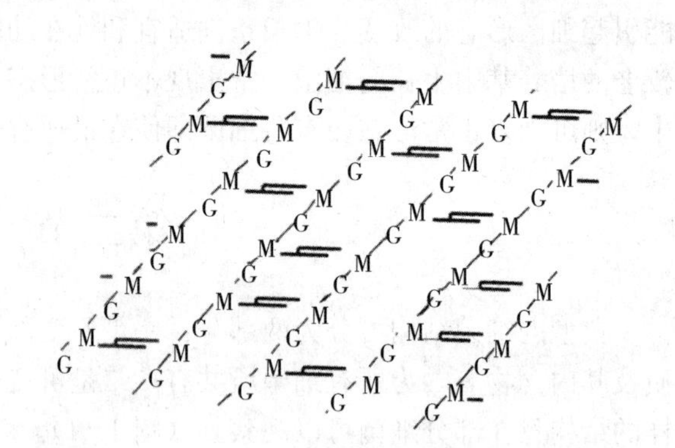

图1-3 革兰阴性细菌肽聚糖结构，示散疏网状

外壁层覆盖于肽聚糖的外部，表面不规则，切面呈波浪形。可分为三层，分别为由脂多糖组成的最外层、由磷脂组成的中间层（又称外膜），以及由脂蛋白组成的内层，最后由脂蛋白与肽聚糖层（内壁层）相连接。外壁层以脂多糖为主要成分，也是革兰阴性细菌细胞壁中的独有成分，含有复合的脂类，称为脂A，是内毒素的主要毒性成分，并保护内壁层肽聚糖不受溶菌酶的作用，因而青霉素对革兰阴性细菌无显著作用。中间层（外膜）为双层磷脂，能阻止较大分子渗入细胞。但不能阻止带电与不带电的小分子渗入，并能防止肽聚糖与中间层之间的分泌性水解酶外逸（图1-4）。

上述这些成分和结构与某些细菌的抗原性和致病性有关。例如脂多糖由核心、O-侧链和脂质三部分组成。核心的一端连接一个由糖类组成的O-侧链，具有抗原性，称O-抗原（Ohne hauch）或菌体抗原。而另一端以共价键连接脂质，是脂多糖的主要毒性成分。

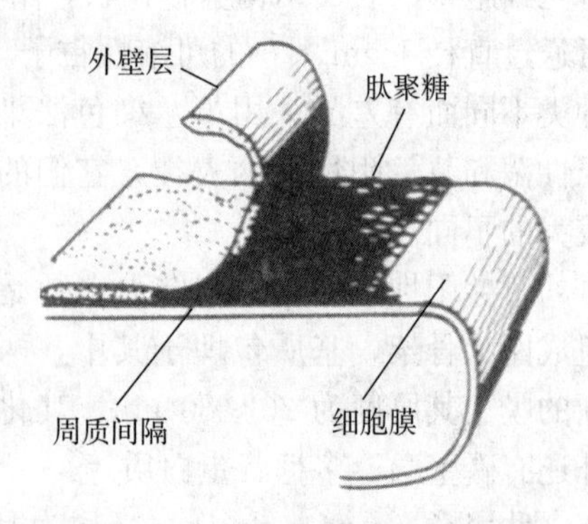

图1-4 一个简单的革兰阴性细菌细胞壁结构图解

几乎所有的原核生物均具有坚韧的细胞壁（支原体除外），细菌的细胞壁不论用电子显微镜观察和组成成分分析，革兰阳性细菌与革兰阴性细菌两者之间有很大差别。革兰阳性细菌的细胞壁较厚，最厚的可达80 nm，为单层结构，主要由肽聚糖组成；革兰阴性细菌的细胞壁薄，为多层结构，肽聚糖含量低，而脂多糖和脂类含量高。此外，两者肽聚糖亚单位联结的方式也有差异。

（二）细胞膜（cell membrane）

位于细胞壁内侧，紧密包裹着细胞质，是一层柔软且具有弹性的半渗透性的膜，又称细胞质膜或胞浆膜。厚约 5～10 nm。可与细胞壁、细胞质分开，独立存在。其化学组成主要为磷脂和蛋白质，以及少量的糖蛋白和糖脂。通过电子显微镜观察，可见膜的单位结构是由两层蛋白质分子夹着两层类脂分子所组成。蛋白质分子能穿过类脂层，伸到细胞膜外，并经常移动，组成分子构型（图 1-5）。脂类是由一系列磷脂的复合物构成的，具有双阳性，即极性一端亲水，是由磷脂盐和其他化学基团连接的甘油组成；非极性一段疏水，是由脂肪酸的—C—H 链所组成。细胞膜有选择性的通透性与细胞膜的蛋白质具有特殊作用的酶类有关。

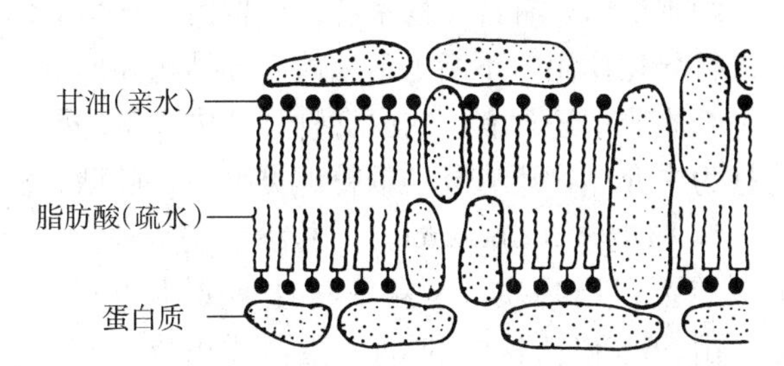

图 1-5　细胞膜中蛋白质与类脂的结构模式图

细胞膜对细胞型生物来说是一个极为重要的结构。细胞膜被理化因素损害后，就会导致细胞死亡。其功能可分为下列四种。

1. 渗透性与物质运输　细胞膜上的特殊通透酶（permease）和载蛋白可选择性地与无机和有机的营养分子结合，并转运到细胞内。如半乳糖苷渗透酶与乳糖分子结合后，能将其转运至细胞内，作为糖-磷酸盐释放（图 1-6）。

2. 转运电子与氧化磷酸化　细菌的细胞膜可作为线粒体内膜的类似物。如需氧菌的细胞色素与呼吸酶类也含在细胞膜上，多数或全部浓缩在中介体中，可转运电子并进行氧化磷酸化。

3. 排出水溶性的胞外酶　作用机理因细菌种类不同而异。革兰阳性细菌可将水解酶直接排出菌体外，将大分子化合物水解为简单小分子，摄入菌体内。而革兰阴性细菌排出水解酶的机理尚不十分清楚。但是，已知排出青霉素酶的方式，是通过中介体从细胞膜上的小孔向细胞外释放的。

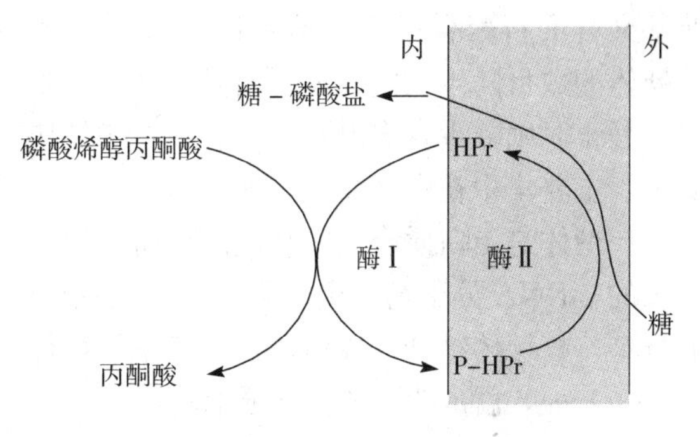

图 1-6　磷酸转移酶系统

4. 生物合成　细胞膜内含有合成磷脂及合成细胞壁的酶类，DNA 复制的蛋白质也分散在细胞膜的各个部位。

5. 参与细菌分裂　细菌部分细胞膜内陷、折叠、卷曲形成的囊状物，称为中介体。中介体一端连在细胞膜上，另一端与核质相连，细胞分裂时中介体也一分为二，各携一套核质进入子代细胞，有类似真核细胞纺锤丝的作用。中介体的形成，扩大了细胞膜的面积，相应地增加了酶的含量和能量的产生。

（三）细胞核（nucleus）

细菌的细胞核与高等生物的细胞核不同，没有核仁和核膜，是由双股 DNA 细丝折叠或盘绕而成，集中存在于细胞质中的一个或几个区域，呈球状、棒状或哑铃状。因而称其为核样小体（nuclear-body）、拟核（nucleoid）或核质（nuclear material）。细菌增殖时核也分裂，但并非有丝分裂，而是简单的直接分裂。它具有细胞核的功能，是细菌新陈代谢、生长繁殖的物质基础，与遗传变异有着密切的关系。

用电子显微镜观察，核区充满 DNA 纤丝，经溶菌酶处理后的细胞核，呈简单连续的分子，其相对分子质量约为 3×10^9，可以认为是一个单一染色体。

（四）细胞质（cytoplasm）

细胞质是细菌细胞的基础物质，呈胶体状态，外被以细胞膜，是细胞的内环境，新陈代谢的最重要部位。细胞质的化学组成因细菌的种类、菌龄、生活环境的不同而有较大变化。其基本成分为水、蛋白质、核酸、脂类、多糖类和少量的无机盐类。其中核糖核酸含量较其他生物细胞高，可达菌体固形成分的15%～20%。然而其含量因菌龄而有所不同，幼龄菌含量较老龄菌高，有较强的嗜碱性，易被碱性染料所着染；老龄菌所含核糖核酸，被转换成磷和氮源利用，因而含量减少，着色也弱。

细胞质内含有许多酶系统，可将由外环境获取的营养物质转化为复杂的生命所需物质加以利用，同时进行异化作用，不断更新细菌内部结构和成分，以维持细菌生长、代谢所需的稳定环境。

细胞质中还含有一些内含物，其中大量的颗粒状物质称为核糖体，少量不规则的层状、管状或囊状物称为中介体，还有异染颗粒、类脂质、肝糖、淀粉和空泡等内含物，尚未证明有独立的细胞器。

1. 核糖体（ribosome）　核糖体是一种核糖核酸蛋白质物质，呈颗粒状球形或不对称形，由66%核糖核酸和34%蛋白质组成。细菌细胞中的核糖核酸有90%储存于核糖体内。核糖体的沉降系数较真核生物小，为70S（真核生物为80S）；在Mg^{2+}浓度低于0.1mmol/L时，可解离为30S和50S两个大小不同的亚基；当Mg^{2+}浓度达10mmol/L以上时，两种亚基又可重新聚合成70S核糖体（图1-7）。核糖体的数目随生长阶段不同而异，旺盛时最多，静止时则减少。多以游离状态存在于细胞质中，主要集中在核区周围和细胞膜上。

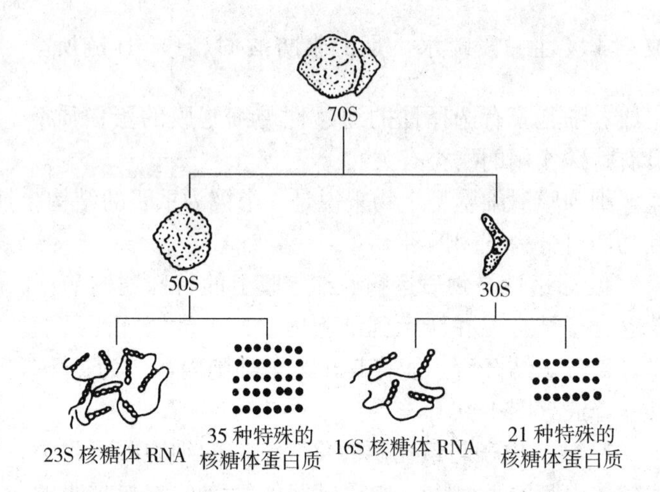

图1-7　核糖体颗粒的亚单位结构

50S和30S的颗粒可能游离存在于细胞中，它们聚集在一起就形成mRNA上的70S颗粒。50S颗粒也含小的5SRNA，其功能不明

核糖体是蛋白质合成或装配的场所，当一条长的mRNA分子与一定数目（3～4个乃至上百个）核糖体结合连成串，称为多聚核糖体(polysome)，就成为合成蛋白质的场所。

2. 中介体（mesosome）　中介体是细菌细胞特有的一种膜状结构，由细胞凹陷逐渐发展而成，也称中间体或间体。中介体多见于革兰阳性细菌，在一个细菌细胞质中可以有一个或数个较大的、不规则的层状、管状或囊状物体。其他化学组成与细胞膜基本相同，但含量不同。有两种类型：一为间隔中介体（septal mesosome），细胞分裂形成间隔时发生作用，细菌的细胞核（DNA）与间隔中介体连接。二为侧介体（lateral mesosome）位于侧面。

中介体含有细胞色素和琥珀酸脱氢酶，为细胞提供呼吸酶，有类似线粒体的作用，所以也称为拟线粒体（chondriod）。但中介体对细菌的生理作用尚不十分清楚。近年的研究认为与细胞壁的合成、细胞核分裂、细菌呼吸以及芽孢形成等有关。

3. 质粒　详见本书第三章。

4. 内含物（inclusion）　在许多细菌的细胞质中，常常包含有各种较大的颗粒状物，这种颗粒状物并非细菌所固有，亦非细菌永久不变或必需的结构。往往是在某些营养物质过剩时，细胞将剩余的物质聚合成颗粒，加以贮藏；当营养缺乏时，又将其分解利用。不同的细菌可有不同的内含物，菌龄和生长环境也可对内含物产生影响。

（1）异染颗粒（metachromatic granule）　又称捩转菌素或迂回体（volutin），存在于许多细菌的细胞质中，是某些细菌特有的酸性小颗粒。其主要成分是多聚偏磷酸盐、蛋白质、脂类、Mg^{2+}和核糖核酸。核糖核酸对碱性染料的亲和性特别强，用蓝色染料（如甲苯胺蓝或甲烯蓝）染色后，菌体其他部分呈蓝色，而颗粒呈紫红色。

异染颗粒一般呈球形，直径约0.6nm，大小和数量与菌龄有关。幼龄菌小而少，老龄菌大且多。异染颗粒是一种富含能量的复合物，在新陈代谢、核酸合成和细胞分裂过程中可作为能量和磷的来源。

某些细菌（如棒状杆菌等）的异染颗粒非常明显，有助于细菌鉴定。

（2）聚β-羟基丁酸（poly-β-hydroxybutyric acid） 是细菌特有的一种贮藏性碳源物质，当环境中碳源物质丰富，氮源有限时，菌体可形成大量的聚β-羟基丁酸；当环境中碳源物质缺乏时，胞内的聚β-羟基丁酸可被分解利用。

（3）肝糖（glycogen）和淀粉 是一种贮藏碳素的营养颗粒，直径为50～100 nm。当氮源丰富、生长旺盛时，很少形成这种颗粒。而当氮源缺乏、生长活动缓慢时则易于形成。用稀碘液染色，肝糖颗粒呈红棕色，淀粉颗粒呈深蓝色。

（4）空泡和气泡 某些细菌的细胞质内还含有空泡的气泡。空泡内含有各种水解酶和代谢产物，又称液泡。当细胞成熟时，胞质中水溶性贮存营养物质和盐类，即溶于细胞质内，有调节渗透压的作用。有些细菌能形成气泡。这种气泡的膜由蛋白质亚基排列而成，不透水，不透溶质，但可通过气体。具有吸收空气，供氧的代谢，调节相对密度帮助浮起等作用。

细胞质中除含有上述几种物质外，某些细菌还含有硫黄粒、磺酸钙、草酸盐、铁盐的结晶，以及伴孢晶体（parasporal body，一种多肽）等细菌代谢产物。

二、特殊结构

（一）荚膜（capsule）

某些细菌在生活过程中，可在细胞壁表面形成一层黏度较大的黏液状或胶体状物质包裹菌体，称荚膜。按其在菌体表面的存在状态可分为以下四种：

①具有一定的外形，相对稳定地围绕在细胞壁外，与细胞壁结合力较差，通过震荡或离心易于分离，厚度约200 nm以上，边界明显者称为荚膜或大荚膜（macro-capsule）。②与细胞壁结合较紧，厚度在200 nm以下，在光学显微镜下不能看到，但可在电子显微镜下看到，称微荚膜（microcapsule）。③比荚膜疏松，没有明显的边缘，可向周围环境中扩散，称黏液层（slime layer）。④黏性物质并不附着在整个细胞表面，而是局限在一个区，通常在菌的一端，这种黏性物质称“黏接物”。当多个细菌的荚膜物质相互融合，将多个细菌体包裹在其中，则称“菌胶团”（zoogloea）。

荚膜是由细菌向菌体表面分泌的物质形成的。其成分中水占90%以上，固形成分主要是多糖，又称胞外糖。有的含有多肽、蛋白质、脂类及其化合物，可因菌种、菌型不同而异。例如牛链球菌荚膜的多糖为半乳糖、葡萄糖、鼠李糖，而肠膜白联菌（*Leuconostoc mesenteroides*）则不含鼠李糖，肺炎球菌则由复杂的多糖组成。而各型肺炎球菌荚膜多糖的结构也不一样。荚膜型的区别，即以其所含多糖的结构不同而区分的。炭疽杆菌的荚膜除含有糖外，还含有D-谷氨酸多肽。巨大芽孢杆菌则由蛋白质与多糖组成；痢疾志贺氏杆菌的荚膜是多糖-多肽-磷酸的复合物。一些细菌的荚膜还含有脂类或脂类蛋白复合体。

荚膜的生成，在正常情况下具有种的特征，但与环境条件有着密切的关系。例如致病性细菌（如炭疽杆菌）常需在动物体内产生荚膜，而在人工培养基中则往往不能产生或形成荚膜不明显。这与培养基中所含动物蛋白成分有关。一些腐生菌只在含有一定糖类的环境中才能产生荚膜。

细菌产生荚膜或黏液层可使液体培养基具有黏性，在固体培养基上则形成表面湿润、有光泽的光滑（S）型或黏液（M）型的菌落。失去荚膜后的菌落则变为粗糙（R）型。

细菌产生的荚膜多与细菌的毒力和抗原性有关，对细菌的致病性和侵袭力有重要作用。①带荚膜的细菌，一般都具有毒力，如肺炎球菌的荚膜多糖可抑制体液中的溶菌酶，从而增强细菌对机体的侵袭力，并可大量繁殖，引起机体的病理损害。当其失去荚膜时，也就失去了致病性。其他如肺炎杆菌、炭疽杆菌、产气荚膜梭菌的荚膜都具有毒力。②荚膜能对抗中性粒细胞的吞噬和消化，保护其生存、繁殖，从而增强其对机体的致病性。如肺炎球菌、鼠疫杆菌等的荚膜。化脓性链球菌在适宜的条件下，可以形成由透明质酸组成的荚膜，有抗吞噬作用。炭疽杆菌的荚膜中含D-谷氨酸多肽，不但可以保护细菌不被吞噬，还能对抗机体组织中碱性多肽的杀菌作用。但荚膜的抗吞噬作用的机理还不十分清楚。③荚膜可以充作细菌所需碳和能量的来源。④可起着堆砌废弃物的作用。⑤荚膜多糖可使细菌彼此之间粘连，也可黏附于组织细胞或无生命物体表面，参与生物被膜的形成，是引起感染的重要因素。

（二）鞭毛（flagellum）

某些细菌的菌体表面着生有细长呈毛发样弯曲的丝状物，称鞭毛。如某些杆菌、弯杆菌、螺菌和少数球菌。一般认为它是细菌的“运动器官”。有鞭毛的细菌在液态环境中可活泼运动。鞭毛的长度和粗细因菌种和环境而异，最长可达70 μm，但很细，直径一般为10～20 nm，有的有鞘，有的无鞘。有鞘的直径虽然较大，但也只达55 nm左右。老龄菌较幼龄菌长，在液体中生长的较在固体中生长的长。有正常型、波状型、螺旋型和半螺旋型四种形态，以前两型为多见。

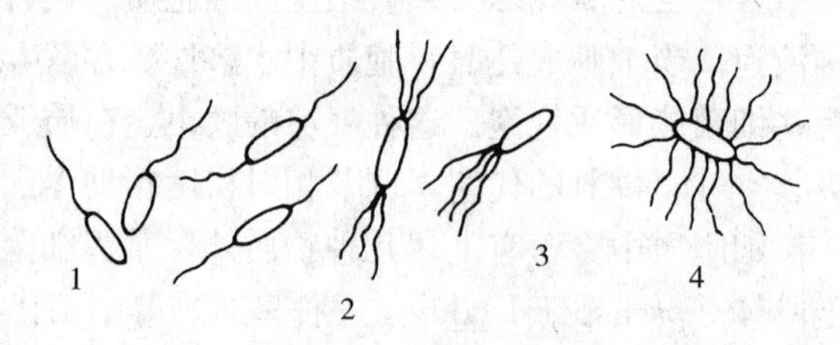

图1-8　细菌的鞭毛

1. 一端单毛菌　2. 两端单毛菌　3. 丛毛菌　4. 周毛菌

鞭毛是由细胞质靠近细胞膜处的毛基体发生的，穿过细胞膜和细胞壁，突出于菌体外。在菌体上着生位置和数目有种的特征。根据鞭毛的着生部位和数目不同（图1-8）有以下几种类型。

1. 一端单生鞭毛菌　在菌体的一端只生一根鞭毛，如霍乱弧菌、荧光假单胞菌（*Pseudomonas fluorescens*）。

2. 两端单生鞭毛菌　在菌体的两端各着生一根鞭毛，如鼠咬热螺旋体（*Spirochaeta monsusmuris*）。

3. 一端丛生鞭毛菌　在菌体的一端着生多根鞭毛，有的成丛集状。如铜绿假单胞菌（*Pseudomonas aeruginosa*）。

4. 两端丛生鞭毛菌　在菌体的两端各着生一丛鞭毛，如产碱杆菌（*Bacillus alcaligenes*）。

5. 周身鞭毛菌　在菌体的周围着生有数量不等的鞭毛，如大肠埃希菌、伤寒杆菌等。

细菌的鞭毛非常脆弱，容易从菌体脱落；且不易着色，须用特殊的染色方法在电子显微镜下才能观察到。随着近代科学技术的发展和应用，对鞭毛结构有了比较清楚的认识。如大肠埃希菌的鞭毛从形态上观察，一根鞭毛可分三部分，其一是埋在细胞膜里的称毛基体，又称生长体或基粒，连接鞭毛沟的下端；其二是靠近细胞表面，连接鞭毛丝基部的一个弯曲的筒状部分，称鞭毛沟或沟形鞘；其三是位于细胞最外面的部分，称鞭丝；呈螺旋形的又称丝状体或轴丝（图1-9）。

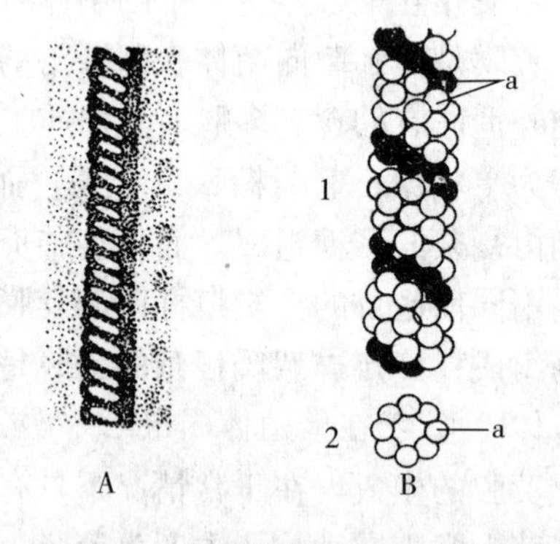

图1-9　细菌鞭毛的构造示意图

A. 鞭毛的螺纹状外表（电镜下所见）

B. 鞭毛蛋白质亚单位的螺旋状排列

1. 侧面图　2. 横切面图　a. 鞭毛蛋白质亚单位

鞭毛的化学组成主要是蛋白质，由鞭毛蛋白（flagellin）的亚单位组成，鞭毛蛋白的氨基酸组成与横纹肌中的肌动蛋白相似，有收缩性能。此外，还含有少量的糖和脂类。

有鞭毛的细菌具有运动性，鞭毛有规律的收缩引发菌体运动。其运动方式与鞭毛着生部位有关。端生鞭毛一般呈直线运动。周生鞭毛菌的运动方式是无规律的缓慢运动或滚动。运动速度以端生鞭毛菌最快，可达80 nm/s以上。运动速率与菌龄和环境有关，老龄菌或生长环境不合适，则运动缓慢或停止，甚至可以抑制细菌形成鞭毛。

鞭毛具有抗原性，但与菌体表面抗原不同，一般称H抗原，不同细菌的H抗原具有型特异性，常作为血清学鉴定的依据之一。细菌失去含有H抗原的鞭毛时，则不再被H抗体所凝集。抗原性不同的鞭毛，在理化性质上也不同，每种H抗原各有自己适宜的酸凝集pH。

鞭毛与细菌的致病性也有关系。霍乱弧菌等通过鞭毛运动可穿过小肠黏膜表面的黏液层，黏附于肠黏膜上皮细胞，进而产生毒素而致病。

（三）菌毛（fimbria）

在一些革兰阴性细菌以及少数革兰阳性细菌的菌体表面，着生着一些较鞭毛短、细而且直硬的毛发状结构的丝状物，称菌毛，又称伞毛或纤毛。数目多，在单个菌体上有150～500根。直径5～10 μm，长0.2～1.5 μm，少数长约4.5 μm，只有在电子显微镜下才能观察到。

菌毛的生发处也源于细胞的毛基体或直接源于靠近细胞膜的原生质，是一种空心的蛋白质管状物，由结构蛋白亚单位菌毛蛋白组成。菌毛蛋白具有抗原性，其编码基因位于细菌的染色体或质粒上。

菌毛类型很多，其功能还不十分清楚。肠道杆菌的菌毛有普通菌毛（common fimbria）和性菌毛（sex fimbria）两种。

1. 普通菌毛　根据其形态、数目、分布和吸附特性，又可分为六型。其中最常见的为I型菌毛，其他型则仅限于某些少数细菌。细菌靠此菌毛能牢固地吸附在动植物、真菌及其他多种机体的细胞上（如消化道、呼吸道以及泌尿道的上皮细胞上），有的吸附在红细胞上，引起红细胞凝集。其吸附并凝集红细胞的特性可被D-甘露糖所抑制。

2. 性菌毛　是在性质粒（F因子）控制下形成的，又称F-菌毛。比普通菌毛粗、长、数少，大肠埃希菌约有4根，是细菌结合的“工具”。当不同的雌雄两个菌株之间结合时，雄性菌株就可将遗传物质传递给不带有性菌毛的雌性菌株去，使之产生性菌毛。另外，性菌毛也是噬菌体吸附在细菌表面的受体。

（四）芽孢（spore）

某些需氧和厌氧杆菌以及少数球菌（如八叠球菌）在其生长的一定阶段，生长环境若发生改变，则在细胞内生成一种称为芽孢内生孢子（endospore）。芽孢在菌体内成熟后，菌体崩解，逸出体外。带有芽孢的菌体成为芽孢体（sporangium），未形成芽孢的而且具有繁殖能力的菌体称繁殖体（vegetativeform）。一个细菌只能生成一个芽孢，而且经发芽后也只能生成一个细菌。因此，一般认为芽孢不是细菌的繁殖方式，而是细菌的休眠状态。

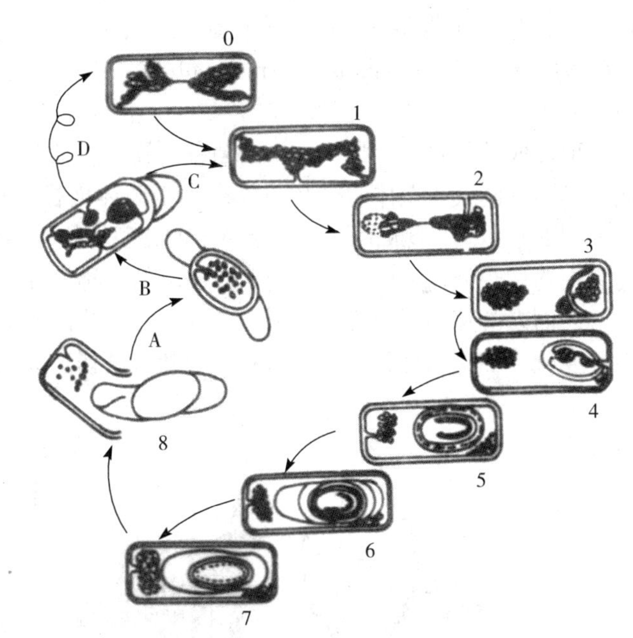

图1-10　芽孢的形成过程示意图（需氧性芽孢杆菌）

0、1. 繁殖体形成轴丝阶段　2～4. 芽孢前期的发展阶段。在3阶段以前如遇新鲜培养基可变回繁殖体，至4阶段以后则继续往下进行至8阶段　5. 开始形成皮质（虚线）　6. 累积芽孢壁蛋白质　7. 芽孢原生质脱水，芽孢中累积DPA和钙　8. 芽孢成熟，然后释出　A. 芽孢出芽　B. 生长成初期细胞　C. 在特殊情况下又会进入芽孢形成阶段（小循环）　D. 在正常情况下进行对数繁殖

芽孢的形成非常复杂，受遗传因素的控制和环境因素的影响，包括下述一系列过程（图1-10）。①在繁殖体内最后一次分裂成的两个染色体发生构形变化，聚集在一起融合成一条丝状结构，称轴丝，位于细胞中央，并通过中介体与细胞膜相连。②在接近菌体的一端，细胞膜凹陷，向中心延伸，形成隔膜，将细胞分隔成两部分，同时核物质由轴丝裂出，移入菌端，与中介体接触。③在细胞中隔膜将一部分轴丝包裹，分隔完成。这个新形成的细胞结构，称前芽孢（forespore）。④前芽孢进而由两层极性相反的细胞膜组成，其中内膜将发育成为繁殖体细胞的细胞膜。⑤皮层形成。由于前芽孢迅速进行合成过程，所形成的物质沉积于前芽孢两层极性相反的细胞膜之间，逐渐发育形成皮层（cortex）。⑥芽孢外壳层的形成。在皮层形成过程中，前芽孢外膜表面合成外壳物质，并沉积于皮层外表，逐渐形成一个连续的致密层，称芽孢外壳

层。此时形成芽孢的过程全部完成。⑦孢子囊壁破裂（溶解），释放出成熟的芽孢。成熟的芽孢具有特异结构，有很强的抗热性。

芽孢的形成需要有一定的条件，这些条件因菌种而异。如炭疽杆菌在有氧的条件下才能形成芽孢；而破伤风梭杆菌恰恰相反，只有在乏氧的条件下才能形成芽孢。大部分形成芽孢的细菌，只有在营养缺乏、代谢产物大量堆积，或温度过高等不良的环境条件下，并在衰老的细胞内，才能形成芽孢。但就全部细菌（包括非致病性细菌）而言，并无一定的规律。

成熟的芽孢是一个复杂的多层构造物（图 1-11）。最内层是原生质体或称芯髓（core），内含DNA、RNA、蛋白质（主要是核糖体）和多种酶与完整的染色体。芯髓外有一层由母细胞的细胞膜衍生而来的内膜包围。内膜外有胚胞壁（germcell wall）。这是一层薄的肽聚糖层，芽孢发芽后即成为新细胞的细胞壁。外面是一层厚度 0.1nm 的皮质（coxtex）。主要由肽聚糖组成。由母细胞的细胞膜衍生来的外膜又包着皮质，其外是芽孢壁（spore-coat）。有 2～3 层结构，主要由化学性质稳定的双硫键蛋白质组成，有些细菌芽孢壁的表面有纵列呈屋脊状条纹。有的细菌还有一层主要由脂蛋白组成的薄膜结构，称外胞衣（exosporium），包裹在芽孢外面。

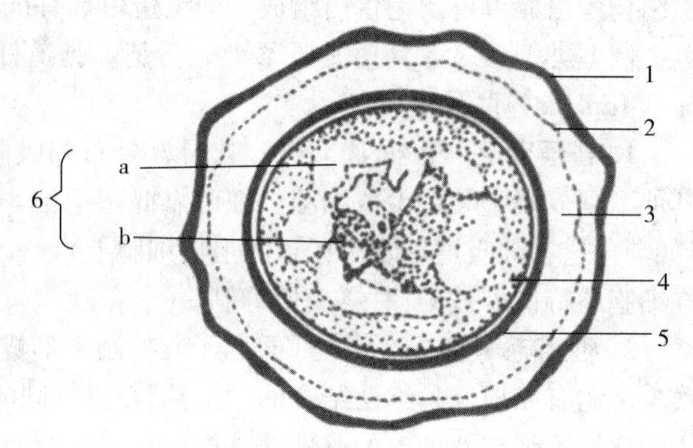

图 1-11 芽孢的构造（横切面）

1. 芽孢壁 2. 外膜 3. 皮质 4. 胚胞壁 5. 内膜 6. 芯髓
a. 核体 b. 细胞浆

芽孢形成的位置、形状、大小因菌种而异，对细菌分类与鉴定具有一定的意义。一般呈球形、椭圆形或梭形。有的大于菌体的横径，也有小于菌体横径的；有的位于菌的中央，有的位于菌的一端（图 1-12）。根据在菌体形成的位置可分为几种类型：位于菌体中央的，称中央芽孢，如炭疽杆菌、枯草杆菌的芽孢均位于菌体的中央；位于菌体一端的，称端在芽孢或偏端芽孢，如破伤风梭菌的芽孢位于菌体的一端。而老龄芽孢最后脱离菌体，独立存在，称游离芽孢。细菌在形成芽孢之后，有的也会引起菌体形态学变化，如呈纺锤状、汤匙状和鼓槌状（破伤风梭菌）等。

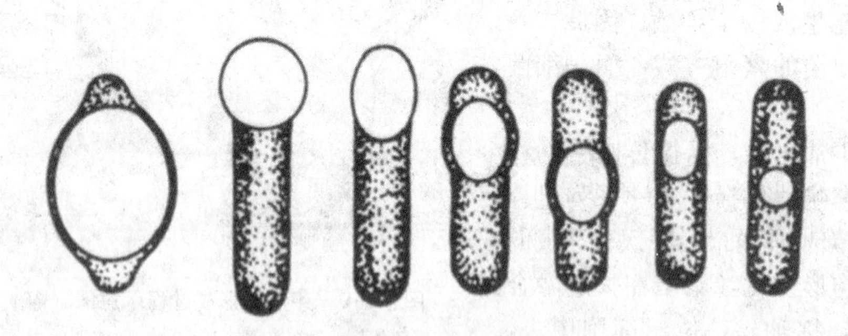

图 1-12 细菌各种芽孢的形状

细菌的生长繁殖机能在形成芽孢后大多被抑制，并失去繁殖体所具有的多数代谢功能。成熟的芽孢含水量减少，结构坚实，有多层膜状物保护；对热、干燥、化学消毒剂以及辐射等理化因素有较强的抵抗力。如炭疽芽孢在干燥条件下能存活十年乃至数十年。破伤风梭菌芽孢在沸水中能存活 3h，肉毒梭菌等芽孢则可耐受 6h，即使在干热 180℃条件下，仍可存活 10min。实验证明，芽孢耐高温的特性与其含有 2,6-吡嘧二羧酸（2,6-pyridine-dicaboxylic acid）与钙的复合物有密切关系。所以被芽孢污染的土壤、地面、垫草、用具、墙壁等，很难用一般的理化方法将其杀死。当动物体出现外伤，芽孢污染创口（如存在于土壤中的破伤风梭菌芽孢和气肿疽梭菌芽孢）即可感染机体，由于环境适宜，芽孢发芽并发育为繁殖体，并在机体内大量繁殖引起疾病。草地一旦被污染则可引起大量家畜死亡。

第三节 细胞壁缺陷型细菌

细菌的细胞壁接触到溶菌酶或抗生素，可被破坏或受到抑制，成为细胞壁缺陷型细菌（cell wall defective bacterium）。这类细菌一般包括原生质体、球形体和细菌的L-型。

一、原生质体（protoplast）

细菌生活的环境中如含有溶菌酶或抗生素（如在培养基中加入这些物质），可破坏或抑制细胞壁的合成。没有细胞壁部分的细菌称为原生质体，是一种不含聚糖成分的细菌。任何形态细菌的细胞壁被破坏后，均呈球形，特别脆弱，渗透压改变、震荡、离心以及通气等因素均易使其破裂。不被破坏的原生质体仍保持其生物活性。近年来证明，在适宜条件下，原生质体仍可生长繁殖，多见于革兰阳性细菌。

二、球形体（spheroplast）

革兰阴性细菌的细胞壁中肽聚糖含量少，被溶菌酶除去后，仍保留着全部脂多糖和脂蛋白，其壁的结构仍然存在，称球形体。对外界环境因素（如低渗透压）有一定的抵抗力，能在普通培养基上生长。

三、细菌的L-型（bacterial L-form）

英国李斯特（Lister）医学研究院的克兰伯格（Klieneberger）于1935年在研究念珠状链杆菌时发现一种细胞壁缺陷型细菌，命名为细菌的L-型。细菌的L-型因细胞壁残缺不全，呈多形态性，直径为0.5～50μm，因菌种不同而异，但同种细菌的L-型，直径只有一个最大值。在培养基上菌落极小，是细菌的变种。能通过滤器的，称滤过型。在低渗溶液中仍能生长，但生长缓慢；在固体培养基上可长成直径约0.1mm的微小菌落，呈典型的"油煎蛋"形状。有的不能返祖成为稳定的变异株；有的能返祖，回复到亲代状态，成为"不稳定"的变异株。

近年来在大肠埃希菌、变形杆菌、葡萄球菌、链球菌、分枝杆菌等20多种细菌发现细菌的L-型。

上述几种细胞壁缺陷型细菌的主要区别在于细胞壁缺陷程度不同，即完全缺陷，还是部分缺陷；另一个主要区别在于它们返祖能力不同，在除掉抑制细胞壁合成因素后，原生质体不能回复至亲代状态；而球形体则能回复；细菌的L-型有的能回复，有的则不能回复。

细胞壁缺陷型细菌也能引起疾病，如引起肾盂肾炎、骨髓炎、心内膜炎等。有时在治疗中仍可导致发病，具有临床意义。临床上症状明显，但常规细菌学检查呈阴性，应予以注意。

第四节 细菌形态与结构的检测方法

一、显微镜法

细菌微小，肉眼不能直接看到细菌，必须借助显微镜放大后才能看到。

1. 普通光学显微镜 普通光学显微镜（light microscope）以可见光（日光或灯光）为光源，波长0.4～0.7μm，平均约为0.5μm，细菌经放大100倍的物镜和放大10倍的目镜联合放大1 000倍，达到0.2～2nm，肉眼便能看到。一般细菌都大于0.2μm，故可以用普通光学显微镜予以观察。

2. 电子显微镜 电子显微镜（electron microscope）是利用电子流代替可见光波，以电磁圈代替放大透镜。电子波长极短，约为0.005nm，其放大倍数可达数十万倍，能分辨1nm的微粒。不仅能看清细菌的外形，内部结构也可以一览无遗。当前使用的电子显微镜包括两种，即透射电子显微镜（transmission electron microscope，TEM）和扫描电子显微镜（scanning electron microscope，SEM）。细菌的超薄切片，经负染、冰冻蚀刻等处理后，在透射电镜中可以清晰观察到细菌内部的结构。经金属喷涂的细菌标本，在扫描电镜中，则能清楚地显示细菌表面的立体形象。电子显微镜观察的细菌标本必须干燥，并在高度真空的装置中接受电子流的作用，所以电镜不能观察活的细菌。

此外，还有荧光显微镜（fluorescence microscope）和激光共聚焦显微镜（confocal microscope）等，适用于观察不同情况下细菌形态和结构。

二、染色法

细菌菌体小、半透明，经染色后才能观察得较为清楚。染色方法有多种，其中最常用的分类鉴别染色法就是革兰染色法。该法是丹麦细菌学家革兰（Hans Christian Gram）于1884年创建，至今仍在广泛应用。标本固定后，先用碱性染料结晶紫初染，再加碘液媒染，使之生产结晶紫-碘复合物，此时不同细菌均被染成深紫色。然后用95%乙醇脱色，有些细菌被脱色，有些不能。最后用沙黄复染。此法可将细菌分为两大类：不被乙醇脱色仍保留紫色者为革兰阳性菌，被乙醇脱色后复染成红色者为革兰阴性菌。

革兰染色方法的原理尚未完全阐明。但是与细菌细胞壁结构密切相关，如果在结晶紫-碘染之后，乙醇脱色之前去除革兰阳性细菌的细胞壁，革兰阳性细菌就能被脱色。目前，对革兰阳性和革兰阴性细菌的细胞壁的化学组成已经十分清楚，但对革兰阳性细菌细胞壁阻止染料被溶出的原因尚不清楚。目前，该方法已经逐步被更先进、更科学的细菌遗传学分类方法，如包括DNA的G+Cmol%测定、DNA杂交、16SrRNA寡核苷酸序列分析及多聚酶链反应（PCR）等所取代。

细菌染色法中尚有单染色法、抗酸染色法及荚膜、芽孢、鞭毛、细胞壁、核质等特殊染色法。

◆ 参考文献

李凡，等.2008. 医学微生物学［M］. 北京：人民卫生出版社.
上海第二医学院.1979. 医用微生物学［M］. 北京：人民卫生出版社.
卫扬保.1989. 微生物生理学［M］. 北京：高等教育出版社出版.
尾形学，等.1989. 家畜微生物学［M］. 龚人雄，译. 中国畜牧兽医学会生物制品研究会.
武汉大学，复旦大学生物系微生物学教研室.1987. 微生物学［M］. 北京：高等教育出版社.
中国农业百科全书编辑部.1991. 中国农业百科全书·生物学卷［M］. 北京：农业出版社.
中国农业百科全书编辑部.1993. 中国农业百科全书·兽医卷［M］. 北京：中国农业出版社.

刘思国 编

第二章　细菌的生理

研究细菌的生理以阐明细菌在其生命活动过程中与周围环境的关系，以及其新陈代谢、生长繁殖的规律，对预防畜禽传染病和研究生物制剂等生产实践都具有重要意义。

第一节　细菌细胞的化学组成

细菌细胞与其他生物细胞一样，由多种化学物质所组成，主要有水、无机盐、核酸、糖类、脂类、氨基酸及维生素、色素等及其他化学物质。各种化学物质的含量，因细菌生长所处环境和细菌的种类以及菌龄的不同而异。

1. 水　水是细菌细胞的主要组成成分之一，约占细菌个体重量的80%～90%。它虽然不是营养物质，但在细菌生命活动过程中起着极为重要的作用。细菌的一切生理反应都离不开水，营养物质的吸收和代谢产物的运出，都是通过水来完成的。同时水又是良好导体，能有效地吸收代谢过程中产生的过剩的热，以调节细菌与环境温度的平衡。

2. 无机盐类　占细菌固体成分的10%左右，种类很多，以磷和钾为最多，其他有钙、镁、钠、硅、氯、硫、铁、锰等。

3. 蛋白质和氨基酸　其含量因细菌种类、菌龄及环境的不同而有较大差异。一般占固形成分的50%～80%，有的仅含有13%～14%，分布在细菌的细胞核、细胞质及其他各组成部分。所含简单蛋白质有球蛋白、清蛋白和麦谷蛋白（glutenin）。复合蛋白质有核蛋白、脂蛋白和糖蛋白（glycoprotein）。核蛋白含量很高，占总量的1/3～1/2。

细菌体内含有氨基酸的种类很多，如大肠埃希菌含有19种，结核分枝杆菌含有13种。不同细菌所含氨基酸的种类有所不同，含量也有差异，以丙氨酸、谷氨酸、天冬氨酸、亮氨酸、赖氨酸和脯氨酸等含量较多。

4. 核酸　细菌较其他生物细胞含有较多的核酸，分为两种，即核糖核酸（RNA）为菌体干重的10%，存在于细胞质中和细胞膜上；另一种为脱氧核糖核酸（DNA），为菌体干重的3%左右，存在于核质中。核酸与细菌的遗传与变异密切相关，是细菌遗传的重要物质基础。

5. 糖　占细菌固形物的12%～28%，其中戊糖（核糖）占2.6%～8.0%，含于核酸中。其他以多糖（脂多糖和黏多糖）为主，以游离状态或与蛋白质和脂质结合。主要存在于细胞壁或荚膜中，亦可存在于细胞质中，形成糖内含物（包涵体）。但各种细菌多糖含量是不同的，如革兰阳性细菌的细胞壁中糖占45%，而革兰阴性细菌仅占15%～20%。

6. 脂类　细菌的脂类成分是由脂肪、类脂、磷脂及脂肪酸构成的复合物，或与蛋白质或糖结合，或以游离状态存在于细胞壁、细胞膜和胞质内，为细菌细胞能量的储存场所。各种细菌脂类的含量差别很大，如大肠埃希菌的脂类占菌体固形成分的10%～15%，而分枝杆菌（如结核分枝杆菌）则可高达30%以上。磷脂是细胞膜的主要成分，与细胞膜的通透性有关。脂溶性物质可溶解于磷脂中而进入细胞内。蜡是高级醇和脂肪酸的结合物，与耐酸染色有关。

7. 其他成分　细菌细胞除含有上述几种成分外，还含有各种色素和生长因子等其他成分。细菌色素的种类很多，有萘醌化合物（如结核分枝杆菌中的黄色素）、类胡萝卜素（金黄色葡萄球菌）、吩嗪衍生物（绿脓杆菌素）等。生长因子主要是多种 B 族维生素，如硫胺素、核黄素、泛酸、肌醇等，大多数是菌体内的辅酶成分。

第二节 细菌的物理性状

细菌细胞的细胞膜具有半透性，原生质呈胶体状态。胶体是一种物质状态，具有许多物理特性和化学特性。

1. 电荷 细菌的蛋白质与其他生物的蛋白质一样，由多种氨基酸组成。氨基酸是兼性离子，在pH2～5，其所带的阴电荷和阳电荷是相等的，称等电点。革兰阳性细菌的等电点为 pH2～3；革兰阴性细菌的等电点为 pH4～5，较阳性菌稍高。但细菌生活所处的外环境（如培养、染色、血清学试验等）多为 pH7.2～7.6，比细菌本身的等电点高，所以细菌带阴电荷。

细菌的这种带电现象与实验室血清学试验、染色试验、滤菌试验以及抑制或灭菌等有着密切关系。

2. 胶体性质 细菌细胞的原生质中含有各种蛋白质，其成分、结构和功能各不相同，为多相胶体蛋白质。其中某一相可吸引某一组化学物质，而另外一相又可吸引另外一组化学物质。因此，在原生质中可同时进行各种不同的生化反应。也正因为细菌原生质所含有的各种蛋白质具有多相胶体性质，细胞外浓度低的化学物质可被原生质中某一相蛋白质选择性地吸收，浓缩于细胞内。如细胞内钾离子浓度大于细胞外钾浓度，仍能吸收钾离子进入细胞内。

3. 表面积 细菌的繁殖速度极快，如一个大肠埃希菌 20min 可繁殖一代，10h 后即可繁殖 10 亿个。其速度所以快，是因为菌体的表面积较其他生物细胞的表面积大。如葡萄球菌每 $1cm^3$ 的表面积为 $60\ 000cm^2$。巨大的表面积有利于吸收、吸附和代谢。

4. 光学性质及吸收光线的能力 细菌呈半透明状态，光线照射不能全部透过，一部分被吸收，一部分被折射。所以细菌悬液呈混浊现象。根据这一现象，可用比浊计、光电比色计估计出细菌数目。

菌体核酸中的嘌呤和嘧啶在波长 260nm 处吸收紫外线的能力最强，可用于核酸测定。也可能是紫外线引起细菌死亡或变异的原因。

5. 密度和质量 细菌的密度与菌体中所含的物质有关，一般在 1.07～1.19。因为细菌的化学组成随环境的改变而有所不同，密度只表示在一定生长环境下单位体积的质量。

细菌的质量是将菌群的重量除以菌数，即为每个细菌的质量，等于 $1\times10^{-9}\sim1\times10^{-10}$mg。

6. 布朗运动 细菌的胶体粒子受分散媒分子的撞击，在光学显微镜下可见细菌在原地颤动不停，称布朗运动。与多数细菌所具有的移位运动不同。

第三节 细菌的营养

一、生长所必需的物质

细菌生长繁殖所必需的主要营养物质包括碳源物质、氮源物质、无机盐类和生长因子四类。

（一）碳源物质

在细菌生活过程中能为其提供构成细胞物质或代谢产物中碳素来源的营养物质，称碳源物质。碳源物质被用来构成细胞物质和（或）为细菌整个生理活动提供能源。能作为细菌碳源物质的种类极为广泛，有简单的无机含碳化合物，如 CO_2 和碳酸盐等；又有复杂的有机碳化合物，主要包括糖及其衍生物、脂类、醇类、有机酸类、烃类、芳香族化合物以及蛋白质的降解产物等。但利用碳源物质的能力则因细菌种类不同而异。有的细菌能利用多种不同类型的碳源物质，如假单胞菌属某些种可利用 90%种以上。有的只能利用少数几种，如某些甲基营养型细菌只能利用甲醇和甲烷。由于细菌的营养类型不同，对碳源物质的需求也不相同。如自养菌是以 CO_2 或碳酸盐作为唯一碳源，来合成菌体内所需要的营养物质。这类细菌与兽医细菌学关系不大。异养菌则需要各种有机含碳化合物作为碳源，以合成自身所需的营养物质和能源。

（二）氮源物质

凡能供给细菌构成菌体物质和代谢产物氮素来源的营养物质，称氮源物质。主要供给细菌合成细胞原生质及其结构之用，一般不能作为能源。能被细菌作为氮源加以利用的物质有蛋白质和它们的降解产物（如胨、肽、氨基酸等）、铵盐、硝酸盐、亚硝酸盐以及分子态氮等。多数致病性细菌因缺乏利用无机氮合成有机氮的能力，因而只能利用含氮有机化合物作为营养物质才能生长。少数致病菌（如绿脓杆菌、大肠埃希菌等）能利用硝酸盐和铵盐。不同细菌对有机氮的需要也不一样。氨基酸或蛋白胨是致病菌的良好有机氮源，然而纯蛋白质不一定是良好的氮源。而分子态氮则须先被固氮微生物还原成氨才能被吸收和利用。

（三）无机盐类

无机盐类也是细菌生长繁殖必不可少的营养物质，供给细菌细胞生长所必需的常量与微量矿物质。一般细菌生长所需要的无机盐类有硫酸盐、磷酸盐、氯化物以及含有钠、钾、镁、铁等金属元素化合物。这些物质的生理功能有如下几点：①参与细菌体内酶的组成，作为酶的辅基组成成分或酶的最大活化剂；②构成菌体成分，维持细菌细胞结构的稳定；③调节与维持细胞渗透压的平衡；④控制细菌细胞的氧化还原电位和作为某些细菌生长的能源物质。磷在菌体中含量较多，磷酸化是糖代谢的主要步骤之一，高能磷酸键有贮存和运送能量的作用。一部分磷构成核酸、磷脂、多种酶和辅基。而磷酸盐（如磷酸氢二钠和磷酸二氢钾）又是重要的缓冲剂之一。

除上述几种重要元素外，细菌在生长过程中，还需要一些其他元素，它们参与酶蛋白的组成，或者使酶活化，提高机体代谢能力。缺乏这些元素，会导致细菌的活性降低或生长停滞。因为这些元素需要量极小，所以称微量元素，其中许多是重金属元素。

（四）生长因子

通常是指某些细菌本身不能合成，或虽能合成但不能满足需要，而且又是细菌生长所必需的物质。这类物质须要从外源提供或补充的有机物质称生长因子。这些物质可由酵母浸膏、血清或腹水等供给，主要是B族维生素化合物。根据生长因子的化学结构与生理作用，可将其分为三类，即氨基酸、核苷或碱基和维生素。主要用来构成酶的辅基或辅酶，是某些酶的活性所必需的成分。与碳源化合物和氮源化合物相比，细菌需要生长因子的量很小，但必须有，否则细菌不能生存。硫胺素、生物素、泛酸、核黄素、吡哆醇、烟酸、对氨基苯甲酸等在细菌氧化和各种营养代谢过程中起着重要作用。一部分细菌（如嗜血杆菌）需要X和V因子才能生长，这两个因子均存在于血液中。X因子的性质，被认为与氯化高铁血红蛋白相同。V因子也可以从酵母浸膏中提取。除此之外，谷胱甘肽、丁二胺和天冬酰胺等，也是某些细菌的生长因子。

二、营养类型

细菌的营养类型比较复杂，根据细菌生长所需要的营养物质的性质和细菌本身合成营养物质的能力，基本可分为两大类：一类是生长时需要以复杂的有机物质作为营养来源。这类细菌称异养型细菌，大多数细菌属此类型。另一类是生长时能以简单的无机物质作为营养来源，这类细菌称自养型细菌。

（一）异养型菌

这类细菌自身合成能力较差，需要有较为复杂的有机化合物供其营养才能生存。主要以有机含碳化合物作为碳源，氮源或为有机物，或为无机物，其能源来自有机物的氧化和发酵等。

1. 光能异养菌　某些细菌需以有机物作为供氢体，利用光能将 CO_2 还原成细胞物质。例如红硫菌科（Thiorhodaceae）中有的细菌在厌氧条件下，给以人工光源才能生长。光能异养菌在生长过程中大多需要外源生长因子。

2. 化能异养菌 这类细菌种类很多，已知细菌中大多属于此类。它们在摄取营养过程中，所需的能量均来自有机物氧化过程中放出的化学能，是从氧化有机物过程中取得的。它们的碳源来自一些有机物质，如淀粉、糖、纤维素、有机酸等。致病性细菌大都属于这一类型。

根据化能异养菌利用有机物的特性，又可进一步分为腐生型菌和寄生型菌。前者是利用无生命活动的有机物作为生长的碳源；后者则是寄生在活的细胞内，从寄主体内获取生长所需的营养物质。这两类中也还存在着兼性腐生型和兼性寄生型。

（二）自养型菌

这类细菌能在完全为无机物的环境中生长，所需要的营养物质较为简单。它们具有各种完备的酶系统，能利用二氧化碳或碳酸盐作为碳源，合成菌体内需要的有机化合物。利用氨或硝酸盐作为氮源。

1. 光能自养菌 这类细菌含有特殊的色素，如菌紫素、菌绿素、菌红素等。能量来自光源，能进行光合作用。利用还原型无机物（如 H_2S）作为供氢体来还原 CO_2，合成细菌所需的有机物。

2. 化能自养菌 这类细菌的能量来自化学能。其合成作用称化学合成。利用氧化无机化合物（如 NH_3、H_2S、亚氧化铁盐等）所产生的能量，并以 CO_2 等无机物作为碳源，合成所需的有机化合物。

上述两大营养类型的划分并不是绝对的。它们在不同的环境条件下生长时，往往可以互相转换，例如大肠埃希菌属于化能异养菌，但它也利用少量 CO_2。

第四节 细菌的代谢

生物体进行的一切化学反应，统称为代谢。它是一切有生命活力的机体的基本特征。

一、代谢类型

根据生物体对营养物质的分解和合成能力，可分为合成代谢与分解代谢。合成代谢是将简单的小分子物质合成为复杂的大分子物质。分解代谢是将各种营养物质或细胞物质，降解为简单的产物。两种代谢类型既有明显的差别，又有紧密联系。分解代谢为合成代谢提供能量及原料；合成代谢又是分解代谢的基础。它们在生物体中偶联进行，对立而又统一，决定生命的存在与发展（图 2-1）。

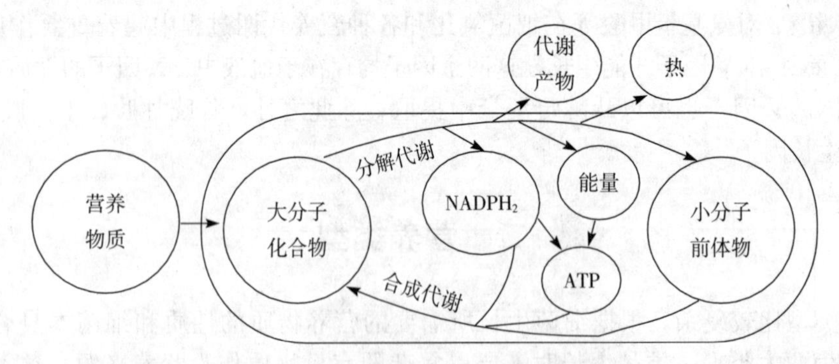

图 2-1 分解代谢与合成代谢之间的关系

根据代谢产物在活机体内的作用，又可将代谢分为初级代谢和次级代谢两种类型。

初级代谢是指能将营养物质转变成机体的结构物质，或对机体具有生理活性的物质，或为机体生长提供能量的一类代谢类型，产物称为初级代谢产物。这类产物包括供机体进行生物合成的各种小分子前体物、单体与多聚体物质，以及在能量代谢和在代谢中起作用的各种物质。

次级代谢是指存在于某些生物（包括某些细菌）中并在它们一定的生长时期内出现的一类代谢类

型，产物称次级代谢产物。这类产物包括氨基糖衍生物、抗生素、生长激素、核苷、糖苷、生物碱、色素等。这些物质对动物、植物和人类均有重要作用。

初级代谢和次级代谢之间既有联系又有区别，初级代谢是次级代谢的基础，因为它可为次级代谢产物的合成提供前体物和能量；而次级代谢则是初级代谢在特定条件下的继续与发展，避免初级代谢过程中某种（某些）中介体或产物过量积累对机体产生的毒害作用。

根据复杂代谢过程的生理作用，又可分为三个基本代谢类型：①以产能和提供小分子中介体碳架物质为目的的分解代谢类型；②以合成氨基酸、核苷酸等单体物质为目的的代谢类型；③以合成蛋白质、核酸等多聚体为目的的代谢类型。三种代谢类型在活的机体内相互影响、相互制约，保证机体内各个代谢途径相互协调，形成统一的整体。

二、代谢产物

细菌在分解和合成营养物质的过程中会产生许多种代谢的终末产物。由于细菌种类繁多，代谢方式各有不同，其终末产物也有差异。其中有的有利，有的则有害。可分为分解产物和合成产物两大类。

（一）分解产物

1. 糖的分解产物　不同的细菌不论以任何途径分解糖，均可产生丙酮酸。丙酮酸进一步分解，可生成 CO_2、H_2 等气体，乙酸、甲酸、乳酸、琥珀酸、丁酸、丙酸等酸类，以及乙醇、丁醇、乙酰甲基甲醇、丁烯二醇等醇类和丙酮等酮类。但由于细菌发酵糖的能力不同，有的分解产酸产气，有的则只产酸不产气。例如大肠埃希菌与产气荚膜梭菌可使丙酮酸转变为各种酸。其中由于解氢酶的作用，可使甲酸生成 H_2 和 CO_2 气体；伤寒杆菌不含解氢酶，分解葡萄糖时只产酸不产气；产气荚膜梭菌还能使丙酮酸脱羧，生成中性的乙酰甲基甲醇，在碱性溶液中被氧化，生成二乙酰。二乙酰和含胍基化合物发生反应，生成红色化合物，称此反应为 V. P.（voges-proskauer）试验阳性。大肠埃希菌不生成乙酰甲基甲醇，V. P. 试验为阴性。借分解产物所发生的反应，可作为细菌种类的鉴别试验。

2. 蛋白质的分解产物　不同细菌分解蛋白质的能力不同，能分解氨基酸的细菌比能分解蛋白质的多，其分解能力也各不相同。如大肠埃希菌、绿脓杆菌、变形杆菌等革兰阴性细菌能分解几乎所有氨基酸，并能利用氨和碳合成氨基酸；然而，革兰阳性菌分解氨基酸的能力较差，需供给氨基酸才能生长。分解蛋白质的酶类有二：一为胞外酶（蛋白酶），能分解蛋白质为多肽或二肽，渗入细胞为菌体所利用。二为胞内酶（肽酶），能分解肽类为游离氨基酸，蛋白质和氨基酸被分解后可出现明胶液化、酪蛋白胨化现象和生成胺类、酸类、NH_3、CO_2、H_2、H_2S、靛基质等。根据细菌能否生成这些产物，作为细菌鉴定的依据（表 2-1）。

表 2-1　蛋白质降解示意表

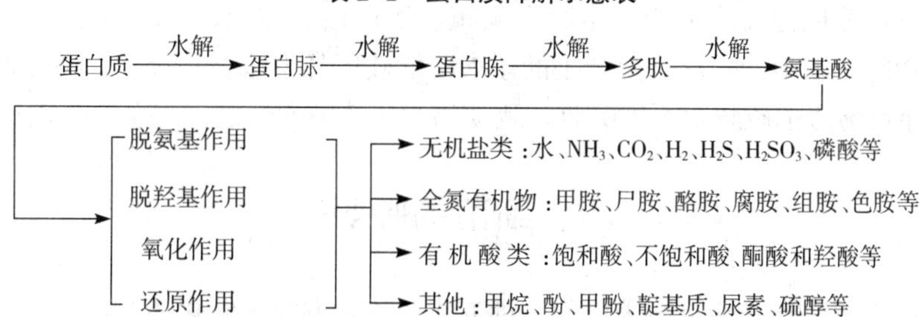

3. 脂类的分解产物　在脂酶的作用下，可分解为甘油和脂肪酸。甘油可氧化为丙酮酸、β-羟基丙醛、过氧化物、臭氧和水等。

（二）合成产物

某些细菌除在代谢过程中能产生上述分解产物外，尚能合成许多代谢产物。兹阐述与兽医学有关的合成产物如下：

1. 热原质　细菌生长在液体环境中（如水、培养液）能产生一种多糖，注入人体或动物体内可引起热反应，称为热原质（pyrogen）。热原质主要由细菌细胞壁中的脂多糖组成，可能为内毒素。可耐高温，121℃ 20min不被破坏。应用吸附剂和特制的石棉滤板可除去液体（注射液、蒸馏水、生理盐水）中的大部分热原质。

2. 毒素　细菌在代谢过程中能合成毒素。有内毒素和外毒素之分。内毒素毒力较低，以革兰阴性菌多见，是磷脂—多糖—蛋白质复合物，存在于细菌体内。细菌死亡及菌体崩解时逸出。外毒素为一种蛋白质，毒力极强，以革兰阳性细菌多见，系某些细菌在生长过程中产生的（详见本书第六章）。

3. 抗生素　某些微生物在代谢过程中能产生抗生物质，可抑制或杀死微生物或肿瘤细胞的物质。

4. 维生素　一些细菌能自行合成维生素，如某些肠道细菌能合成B族维生素及维生素K，为其自身所利用。

5. 热　细菌在代谢过程中产生的能量，也可以热的形式释放，并可大量蓄积，引起环境温度升高，最高可达85℃。可用作堆肥的发酵、生物热消毒、温室和温床的热源。

三、细菌的酶

细菌也和其他生物一样，为了自身的生存和繁衍后代，必须进行各种复杂的生物化学反应。菌体内的绝大多数生化反应，都是由酶催化完成的。酶是生物体内产生的一种具有催化活性的蛋白质，催化效率高，而且这种催化的生化反应具有高度的专一性。例如蛋白质酶只能催化蛋白质的分解，脂酶只能催化脂肪的分解。细菌细胞内含有许多种酶，如大肠埃希菌含有30多种酶，鸡败血支原体有多种酶促功能。酶的种类很多，根据国际酶委员会（EC，the enzyme commission）将酶分为氧化还原酶、转移酶、水解酶、裂解酶、异构酶和合成酶六大类。

酶的催化作用机理：在化学反应中，化学反应的速度取决于反应物活化分子在分子总数中所占比例。酶能降低底物分子的活化能，因而使活化分子的比例大为增加，从而加速反应速度。酶降低活化能的原理，在于其在酶促反应中先和底物结合成不稳定的中间产物，然后中间产物迅速裂解成稳定的产物，并游离出酶。其反应过程以下式表示：

$$E+S \underset{K-1}{\overset{K+1}{\rightleftharpoons}} ES \xrightarrow{K+2} P+E$$

式中：E代表酶；S代表底物；K表示速度常数；P代表产物。

某些细菌所产生的酶与该菌毒力有关。例如葡萄球菌、链球菌等能产生透明质酸酶，能分解结缔组织的透明质酸，增强细胞的渗透性。产气荚膜梭菌、炭疽杆菌、水肿梭菌等能产生卵磷脂酶。能分解卵磷质，使组织坏死或红细胞溶解。又如产气荚膜梭菌和溶组织梭菌能产生胶原酶，分解肌纤维膜的网状组织，使纤维崩解。金黄色葡萄球菌能产生凝血浆酶，溶血性链球菌、溶血性巴氏杆菌等能产生溶血酶，能溶解某些动物的红细胞。变形杆菌产生的尿素酶能破坏肾小球引起肾炎。消化道中某些细菌能产生硫胺素酶Ⅰ型，导致肠道中硫胺素不被吸收，致动物发生硫胺素缺乏（绵羊、牛的脑皮质坏死症）。

四、细菌的呼吸

呼吸是所有生物为获取自身能量而采取的一种方式。这种方式即氧化还原反应。细菌的呼吸与动植物呼吸不同，它先是将营养物分解，然后从中获取其自身所需的能量；是通过从各种各样的物质中获取氧，即通过脱氢反应（氧化）进行的。接受氢的物质，大致可分为氧和氧以外的物质。氢与氧结合生成水，释放能量。

细菌的氧化（呼吸）方式通常有如下三种：

1. 加氧　如被氧化为水（$H_2+1/2O_2 \longrightarrow H_2O$），葡萄糖氧化为二氧化碳和水。

$$C_6H_{12}O_6+6O_2 \longrightarrow 6CO_2+6H_2O$$

2. 脱氢　如琥珀酸氧化为延胡索。

$$COOH \cdot CH_2 \cdot CH_2 \cdot COOH \longrightarrow COOH \cdot CH : CH \cdot COOH+2H$$

3. 放出电子　如亚铁氧化为高铁。

$$Fe^{2+} \longrightarrow Fe^{3+}+e\text{（电子）}$$

细菌体内的氧化作用，主要为脱氢和放出电子。脱氢反应为一种氧化和还原配合的过程。在脱氢酶的催化下，所生成的氢通常可与受氢体结合。受氢体为糖或蛋白质的中间产物，或为分子氧。脱氢反应过程须有递氢体（辅酶Ⅰ和辅酶Ⅱ、黄素蛋白的辅基等）参与。所以细菌氧化过程须包括作用物（底物）的脱氢作用、递氢体的递氢和受氢体的受氢作用，氧化才能完成，放出电子则须通过细菌细胞色素和细胞色素氧化酶进行。

利用氧的脱氢反应是氧在气体（空气）状态下进行的，称为氧化呼吸（狭义），是在有氧条件下的供能反应。以非氧物质作为受氢体的脱氢反应，不需要氧，称为发酵呼吸（fermentative respiration），即发酵。而发酵呼吸是在无氧条件下的一种供能反应。

根据细菌的呼吸是否需氧，即对游离氧（O_2）的作用不同，可将细菌分为需氧菌、厌氧菌、微嗜氧菌和兼性厌氧菌四种类型。

细菌的需氧和厌氧是两个极端，均需要各自的呼吸酶参与。需氧菌的酶能在高氧化还原势能条件下活动，而厌氧菌的酶则要在低氧化还原势能（即不宜有 O_2）的条件下活动。微嗜氧菌则以 O_2 为受氢体，它的酶活性则介于需氧菌和厌氧菌两者之间。

（一）需氧菌

在呼吸过程中：

①最后的受氢体是 O_2，例如大肠埃希菌在需氧呼吸时。

$$2HCOOH+4\text{ 细胞色素} \xrightarrow{\text{蚁酸脱氢酶}} 2CO_2+4\text{ 还原细胞色素}$$

$$\text{（即细胞色素—H）} \longrightarrow +O_2 \xrightarrow{\text{细胞色素氧化酶}} 4\text{ 细胞色素}+2H_2O$$

即 $2HCOOH+O_2 \longrightarrow 2CO_2+2H_2O$，受氢体是 O_2

②既有脱氢酶参与又有氧化酶参与。

③对糖的分解，最终产物可达 CO_2 及 H_2O。

④不仅分解物质彻底，而且释放能量既大也完全。

例如：$C_6H_{12}O_6+6O_2 \xrightarrow{\text{充分氧化}} 26CO_2+6H_2O+2\ 820kJ$

$2C6H_{12}O_6+9O_2 \xrightarrow{\text{不充分氧化}} 6HCOO \cdot COOH+6H_2O+2\ 063kJ$

⑤需氧菌有接触酶，在呼吸过程中形成 H_2O_2 后，能将其分解为 H_2O 和 O_2，即 H_2O_2 不能积累。典型的需氧菌为假单胞菌属菌（如绿脓杆菌）、芽孢菌属菌。

（二）厌氧菌

呼吸时不宜有 O_2。呼吸过程：

①最后的受氢体不是 O_2。

例如厌氧呼吸的链球菌为 $2C_3H_6O_3+2$ 脱氢酶$\longrightarrow 2CH_3 \cdot CO-COOH+2$ 脱氢酶-H。当丙酮酸得氢后便形成乳酸。

$CH_3 \cdot CO \cdot COOH+2\ (\text{-}H) \longrightarrow CH_3CHOH \cdot COOH$，即受氢体不是 O_2，而是丙酮酸。

②只有脱氢酶参与。

③对糖的分解，其最终产物不是 CO_2 和 H_2O，而是停留在有机酸和（或）醇的阶段。

④分解物质不彻底，释放能量小。

例如：$C_6H_{12}O_6 \longrightarrow 2CH_3 \cdot CHOH \cdot COOH+94.14kJ$

$$C_6H_{12}O_6 \longrightarrow 2C_2H_5OH + 92kJ$$

⑤没有接触酶，呼吸过程如形成 H_2O_2 则导致累积。

典型的厌氧菌是坏死杆菌、梭菌属菌等。

（三）微嗜氧菌

其酶的活性介于需氧菌和厌氧菌之间。代表菌是牛流产布鲁菌和红斑丹毒丝菌等。

（四）兼性厌氧菌

分为两种类型，一类如大肠埃希菌，即可以 O_2 为受氢体，也可不以 O_2 为受氢体。另一类如链球菌，本身属厌氧呼吸型，不以 O_2 为受氢体。但它们的酶活性在有 O_2 的条件下也可耐受。代表菌为肠杆菌属菌。

五、细菌细胞内外物质交换

营养物质进入细胞内和代谢产物分泌到细胞外，是任何细胞生物生存繁殖的必备条件。物质的进入和排出，称物质运输。在物质运输过程中，细胞膜有重要的作用。营养物质与代谢物质主要以单纯扩散、促进扩散、主动运输和基团转位四种方式透过细胞膜。

（一）单纯扩散

不规则的溶质分子，通过细胞膜含水孔，由高浓度的胞外环境向低浓度的胞内环境渗透，称为扩散。这种扩散是非特异性的，不是细菌吸收营养物质的主要方式。以这种方式吸收的物质主要是少数几种小分子物质，不需要消耗能量，不发生化学变化，如水、气体、甘油、氯化钠等。

（二）促进扩散

促进扩散与单纯扩散方式相类似，同样是依浓度（即由高向低）运输，也不需要能量。所不同的是，促进扩散在运输过程中，需要借助位于膜上的载体蛋白［膜蛋白，通称为渗透酶类（permeases）］参与物质运输。被运输的物质有高度的立体专一性。但在细菌等原核生物中较少见到。

（三）主动运输

主动运输是广泛存在于原核生物中的一种主要的物质运输方式。与前两种运输方式的重要区别在于有载体蛋白参与。被运送物质与相应的载体蛋白之间存在亲和力，有高度的立体专一性。这种亲和力在膜外表面亲和力大，而在膜内表面亲和力小。通过亲和力大小的改变，使它们之间发生可逆性结合或分离，从而完成物质运输（图 2-2）。

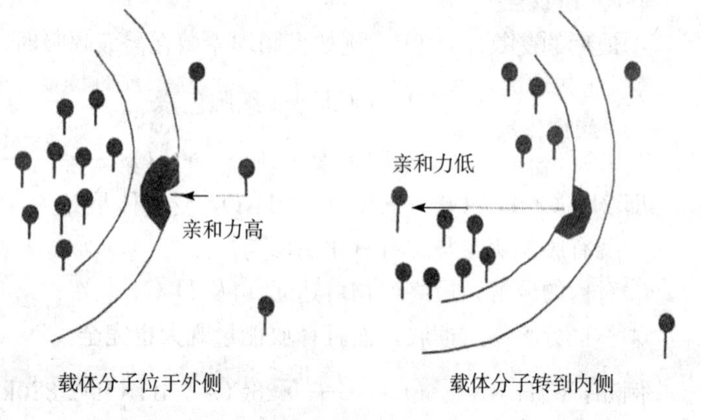

图 2-2 物质主动转运

细菌在生长和繁殖过程中所需氨基酸和各种营养物质，主要是通过主动运输方式进行的。例如大肠埃希菌对乳糖的吸收，乳糖在膜外面与 β-半乳糖苷透过酶（载体蛋白）特异性结合。一般认为，由于透过酶构型的变化到达膜内表面，由于代谢能的作用，乳糖与 β-半乳糖苷亲和力降低，使乳糖从膜内表面上释放，进入胞内。

（四）基因转位

基因转位是另一种物质运输方式，主要存在于厌氧和兼型厌氧菌中。这是一个复杂的运输系统完成的物质运输，同时，物质在运输过程中发生化学变化。这种运输主要存在于糖及其衍生物，也可以用于脂肪酸、核苷、碱基等物质。尚未发现需氧菌存在这种运输方式，并用这种方式运送氨基酸。这种方式概括起来有如下四个过程（图 2-3）。

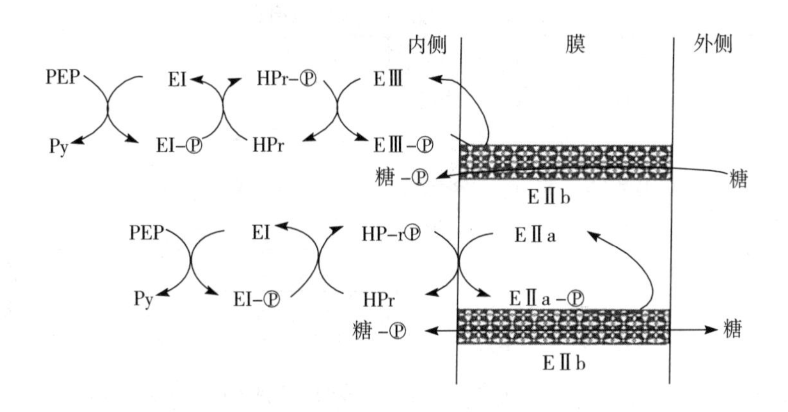

图 2-3　基因转位

注：PEP 为胞内的磷酸-烯醇式-丙酮酸酯；EⅠ、EⅡ、EⅢ为酶Ⅰ、Ⅱ、Ⅲ；
HPr 为一种热稳定的小分子蛋白质（又称组蛋白）；
HPr 与 EI 为非专一性成分；EⅡ与 EⅢ为专一性成分。
（引自《微生物生理学》，卫杨保编，1989）

1. 酶Ⅰ磷酸化　磷酸-烯醇式-丙酮酸酯（PEP）上的磷酸转移到酶Ⅰ上，此时磷酸通过高能共价键结合到酶Ⅰ的组氨酸上。

2. HPr 磷酸化　磷酸从酶Ⅰ转移到 HPr 的组氨酸上，此时磷酸也是以高能共价键与 HPr 相连接。

3. 酶Ⅲ磷酸化　3 个分子的磷酸分别从 3 个磷酸化 HPr 转移到相应的酶Ⅲ的 3 个基上，此时磷酸仍是以高能共价键，或连接到酶Ⅲ亚基组氨酸上或连接到酶Ⅲ亚基谷氨酸上。

4. 磷酸糖生成　磷酸从酶Ⅲ转移酶Ⅱ，丙转移到糖上，最后生成磷酸糖，不能透过细胞膜，留存于细胞质内。在没有酶Ⅲ的运输系统里，不存在第三步过程，此时磷酸直接从磷酸化的 HPr 转移到酶Ⅱ再转移到糖上。

第五节　细菌的生长与繁殖

一、生长繁殖所需的条件

细菌生长繁殖除所需营养物质及某些生长因子外，尚需温度、渗透压及酸碱度等其他条件。

（一）温度

温度对于细菌的生长有着极为重要的影响。合适的温度可使细菌迅速生长繁殖，不适的温度可使细菌的形态、代谢、毒力等发生改变，甚至造成细菌死亡。细菌根据其生长所需温度范围和最适温度，一般分为嗜冷菌、嗜温菌和耐高温菌三类，有的又将嗜温菌分为嗜室温菌和嗜体温菌（表 2-2）。嗜冷菌能分解水中的有机物质，可引起冷藏食品变质。嗜温菌是指在 20～40℃范围内容易生长的细菌，对动物（包括人）有致病作用的大多数细菌属于此类。耐高温菌又可分为专性和兼性两类，前者最适生长的温度为 55℃以上，低于 37℃则不生长；后者为 45～55℃。耐高温菌有的在温度高达 85℃时仍可生长，甚至在冰岛温泉中发现能在 98℃高温生长的细菌。耐高温菌在自然界分布较广，常引起罐头、乳制品和肉罐制品等的变质，在公共卫生上有重要意义。

在低温条件下细菌的酶促反应速度相当缓慢，因此细菌生长的速度迟缓。如将温度降到 0℃以下，细菌细胞被冻结，一切代谢反应停止，细菌不能生长，但仍能保持活力，不会死亡。这一点对保存菌种具有重要意义。

表 2-2　细菌生长温度范围表

类别		细菌生长温度范围（℃）			适宜生长的细菌
		低温	中温	高温	
嗜冷菌		−5～0	10～20	25～30	深水和冷藏处生长的细菌
嗜温菌	嗜室温菌	10～20	18～28	40～45	腐生菌
	嗜体温菌	10～20	37±	40～45	致病菌
耐高温菌		25～45	50～60	70～85	土壤和温泉生长的细菌

（二）渗透压

细菌的细胞膜具有半渗透性，可以使水分子透过，但对其他物质的透过则具有选择性。细菌需要在等渗溶液中（如生理盐水）才能生存。如将细菌置于低渗溶液中，则细胞外水分子渗入菌体内，使细菌发生膨胀，甚至破裂，胞质外逸，称为胞浆压出。反之如将细菌置于高渗溶液中，则菌体内的水分子渗出，细胞质因脱水而收缩，与胞壁分离，称质壁分离。然而，细菌的细胞壁较其他生物坚韧，对渗透压有较强的适应能力。渗透压的逐渐改变不会对细菌活力造成多大影响，突然改变则可引起细菌死亡。但某些细菌须在高渗溶液中才能生长，称嗜高渗菌（osmophilic organism）。按其生长所处环境，可分别称为嗜卤菌（halophilic organism）或嗜糖菌（saccharophilic organism）。嗜卤菌又可分为嗜盐菌（halophilic bacteria）和耐盐菌（salt-tolerant bacteria）。耐盐菌是指在有无氯化钠的条件下均能生长的一类细菌，如葡萄球菌、白喉杆菌等。

（三）氢离子浓度（pH）

氢离子浓度对细菌的代谢和增殖是最基本的条件。对细菌生命活动的影响包括：①影响营养物质的吸收，这是由于影响细胞膜的电荷所致；②影响代谢过程酶的活性。原生质的合成和酶的活化都需要一定的 pH 范围。大多数致病性细菌生长的最适 pH 为 7.2～7.6，因菌种不同略有差异。

二、生长繁殖方式

细菌繁殖的最普遍和最主要的方式为无性二等分分裂。分裂开始时细胞的核苷酸增大至两倍左右，继之从细胞膜和细胞壁的侧面生出凹陷，向内延伸形成隔膜，将原生质分成两半，将一个细菌分裂成两个大小基本相等的细菌。杆菌常常是沿着细胞横轴方向分裂，不发生纵向分裂。但也有些细菌隔膜沿着纵轴方向分裂。某些细菌细胞即使已经分裂，但子细胞的细胞壁和母细胞的细胞壁却不断开，因而在排列上出现链状：二链、短链、长链或呈丝状。球菌则可从不同的方向进行分裂，因菌种不同可出现单向、双向、三向或不规则的分裂，结果出现单球菌、双球菌、链球菌、四联球菌、八叠球菌和葡萄球菌。螺旋体主要为横轴分裂，偶有纵轴分裂。放线菌的繁殖方式为丝状断裂和孢子形成。支原体和立克次体则是以长链断裂的二分裂方式进行繁殖。

经用电子显微镜观察，细菌的分裂大致须经过细胞核和细胞质的分裂、横隔壁的形成和子细胞的分离三个过程：第一步是核的分裂和隔膜的形成。细菌染色体 DNA 的复制先于细胞分裂，并随着细菌的生长而分开。同时细胞赤道附近的细胞膜从外向中心作环状凹陷，闭合形成一个垂直于细胞长轴的细胞膜，致使细胞质和细胞核均分为二。第二步横隔壁形成。如蕈状芽孢杆菌（*Bacillus mycoides*）随着细胞膜的凹陷，母细胞的细胞壁也随着由四周向中心逐渐延伸，将细胞质隔膜分为两层，每层分别成为子细胞的细胞膜。横隔壁也随着分为两层。每个细胞便各自具备了一个完整而薄的细胞壁。第三步是子细胞的分离。补充细胞壁物质不断合成，横隔壁也随之增厚，并逐步被裂开形成新的细胞壁。这个过程一直持续到完整的横隔壁在中央形成为止，即子细胞分离完成。

近年通过电子显微镜和分子遗传学研究证实，少数细菌种类也存在有性接合，但频率很低，除埃希菌属外，还有志贺菌属、沙门菌属、假单胞菌属和弯杆菌属等细菌的培养物，在实验条件下均发现有有性接合现象。

三、细菌繁殖速度与生长周期

细菌的繁殖速度很快，在适宜于细菌生长的环境中呈倍数增长，从生成新子细胞到母细胞又开始分裂时称为一个世代，所需时间称为世代时间。由于细菌繁殖速度快，因而世代时间短促。如大肠埃希菌在适宜条件下生长，其每一世代时间仅需20min。从理论上讲，若以这个速度进行繁殖，一个大肠埃希菌10h后即可繁殖10亿个。然而细菌的繁殖速度，因细菌的菌种不同和所处环境，以及营养物质的组成和浓度、温度、氢离子浓度及通气等因素而有所不同。例如，结核分枝杆菌因其细胞表面有许多脂质，营养物质透过慢，其世代时间就长，需15～18h才能繁殖一代。若将伤寒杆菌培养于含0.125%的蛋白胨水中，其繁殖一代的世代时间需80min；提高蛋白胨浓度到1%时，则可缩短到40min。

细菌生长过程具有一定的规律性。若以一定数量的细菌接种在最适于生长的培养基中，以其生长时间作横坐标，以菌数的对数作纵坐标，根据细菌在不同时间所繁殖的菌数划出一条曲线，称为生长曲线（或称繁殖曲线）（图2-4）。

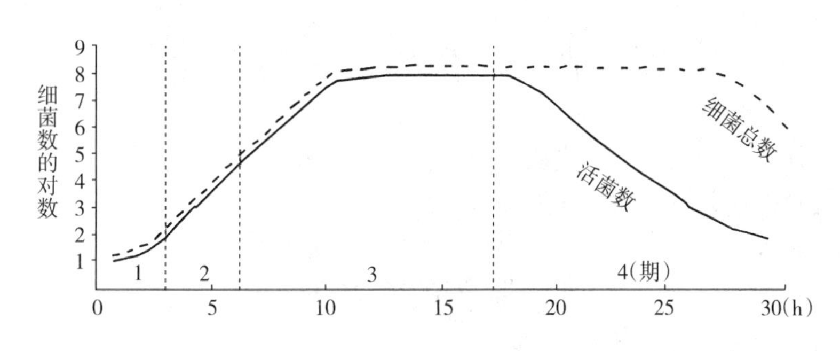

图2-4　细菌生长曲线

1. 诱导期（生长滞留期）　2. 对数生长期　3. 稳定期（最高生长期）　4. 衰退死亡期

细菌的生长繁殖过程大致可分为四个时期。

1. 诱导期（迟缓期）　这一时期菌数并不增加，但体积增大，代谢活跃，产生足够量的酶、辅酶和一些生长必需的中间产物。这些物质达到一定浓度时，细菌开始繁殖。这一时期约需2～6h。

2. 对数生长期　这一时期细菌以二等分裂繁殖，生长速度快，呈对数增殖。对数与时间呈直线关系。以大肠埃希菌为例，每代为20min，10h可繁殖30代，一个大肠埃希菌将增殖为2^{30}个大肠埃希菌。这一时期持续6～10h。

3. 稳定期　这一时期细菌繁殖速度达到高峰，并开始下降。这一时期约持续8h。

4. 衰退及死亡期　这一时期细菌的代谢产物堆积，营养成分减少，pH出现变化，越来越不适于细菌的生长繁殖。活菌数下降，死亡菌数增高。死亡后发生自溶时，细菌总数明显下降。

参考文献

上海第二医学院.1979. 医用微生物学［M］. 北京：人民卫生出版社.

卫扬保.1989. 微生物生理学［M］. 北京：高等教育出版社.

尾形学，等.1980. 家畜微生物学［M］. 龚人雄，译. 北京：中国畜牧兽医学会生物制品研究会.

武汉大学，复旦大学生物系微生物学教研室.1980. 微生物学［M］. 北京：高等教育出版社.

刘思国　编

第三章　细菌的遗传与变异

细菌为单细胞生物，行无丝二分裂繁殖。与其他生物一样，具有遗传和变异两种特性。

在一定的环境条件下，细菌的性状是相对稳定的。亲代的性状可传给子代，并在子代表现出来，称遗传性。由于遗传物质在某一环节上发生了改变，传给子代，则子代呈现出与亲代不同的性状，称变异性。遗传与变异是存在于细菌自身中的一对矛盾。有遗传性才能维持细菌形状的相对稳定，并保持种属的特异和延续后代；有变异性才能使细菌不断产生新种和变种，继续生存和繁衍。

第一节　遗传的机理与方式

成体的性状是个体发育的结果。子代从亲代承受了遗传物质，这些遗传物质的分子结构中携带着遗传信息，通过个体发育，遗传信息才表现为具体的性状。

一、遗传的物质基础

生物性状的遗传是由基因决定的。基因位于细胞核染色体上。细菌等原核生物的染色体是由核酸等物质所组成。现代分子遗传学研究证实，遗传物质的基础是核酸。

已知遗传物质除能通过转录和转译合成各种酶，以控制其自身的许多基本性状外，并具有限制和修饰以及对已受损伤的遗传物质进行校正、抑制和修复的功能，从而保证细菌的遗传持续性。

（一）基因（gene）

基因是决定生物性状代代相传的遗传物质，有自身繁殖能力的遗传单位。位于染色体上能导致产生特定肽链的那一段DNA分子上，或RNA分子上，作直线排列，具有特定遗传信息的核苷酸序列，是储存特定遗传信息的基本遗传功能单位。具有相对稳定性，能控制生物的特定性状。基因控制生物性状遗传，是通过基因控制酶的合成蛋白质得以体现的。细菌所具有的各种性质就是酶的性质。如果所形成的酶的种类不同，细菌的性状也就不同。酶是一种蛋白质，因此，蛋白质的合成是细菌所有功能的基础。酶与代谢过程的每一个步骤都有密切关系。如多数大肠埃希菌有发酵乳糖的性状，是因为大肠埃希菌具有乳糖分解酶的结果。而生物性状是代谢表现形式之一，所以基因决定酶，酶决定代谢，代谢决定性状。

（二）染色体（chromosome）

染色体是具有特殊结构、载有遗传物质、能准确自我复制的线状物。由脱氧核糖核酸（DNA）、组蛋白和少量非组蛋白及核糖核酸（RNA）所组成。按其功能可分成若干节段。染色体DNA的一个节段，若对某一特定蛋白质结构起决定作用，即称为一个遗传功能单位，或一个基因。在细胞分裂过程中，染色质丝经过螺旋化成为染色质的二级结构螺旋体和三级结构超螺旋体，超螺旋体再经折叠螺旋化形成在光学显微镜下可见的染色单体。可以看作染色体是染色质在细胞不同机能状态下的反映，细胞分裂终了时，染色体又解聚为染色质丝。染色体和染色质丝是在细胞周期不同阶段上以不同形式存在的同一物质。一条染色单体含一条DNA分子，是细胞核中具有的特殊结构，载有遗传物质，能准确自我复制。20世纪初摩尔根（T H Morgan）根据果蝇性状链遗传研究，认定基因（遗传因子）位于染色体上，并呈直线排列，断定染色体是遗传性状传递的物质基础，从而奠定了染色体遗传理论。

（三）核酸（nucleic acid）

核酸是染色体化学物质组成成分，以核苷酸为基本结构单位，由多个核苷酸连接起来形成的生物大分子，在生物性状遗传中起着巨大作用。是支配生物（包括细菌等原核生物）遗传的基础物质，而且是给予细胞功能的最重要的细胞成分。

核酸的结构　核酸由糖（核糖或脱氧核糖）、嘌呤（腺嘌呤、鸟嘌呤）、嘧啶（胞嘧啶、胸腺嘧啶或尿嘧啶）和磷酸所构成。四种成分的比例通常保持恒定。一个核酸分子是由糖4个分子，两种嘌呤各1个分子，两种嘧啶各1个分子和磷酸4个分子组成。各种分子的排列也常是一定的。糖和磷酸相互结合成为一根长轴，而在糖的部分有嘌呤和嘧啶相互结合，形成侧链。按所含的戊糖分为脱氧核糖核酸（DNA）和核糖核酸（RNA）两种。

（1）DNA的结构　细菌的DNA分子是由两条多核苷酸链互相缠绕所形成的双螺旋结构。多核苷酸是由若干个单核苷酸连接而成的聚合物。核苷酸的单体是由磷酸、戊糖（核糖或脱氧核糖）和碱基所组成。碱基有嘌呤和嘧啶两类。嘌呤有腺嘌呤（A）、鸟嘌呤（G），嘧啶有胞嘧啶（C）和胸腺嘧啶（T）。两条多核苷酸链围绕一个中心盘绕而成，糖和磷酸向外，碱基向内。两条链上的碱基按一定规律对应排列，由氢键连接，A与T相对应，G与C相对应，即所谓碱基配对（图3-1）。

（2）RNA的结构　与DNA基本相同，其不同之处在于所含糖为核糖。碱基中所含成分，除腺嘌呤、鸟嘌呤和胞嘧啶外，含的是尿嘧啶（U），而不是胸腺嘧啶。

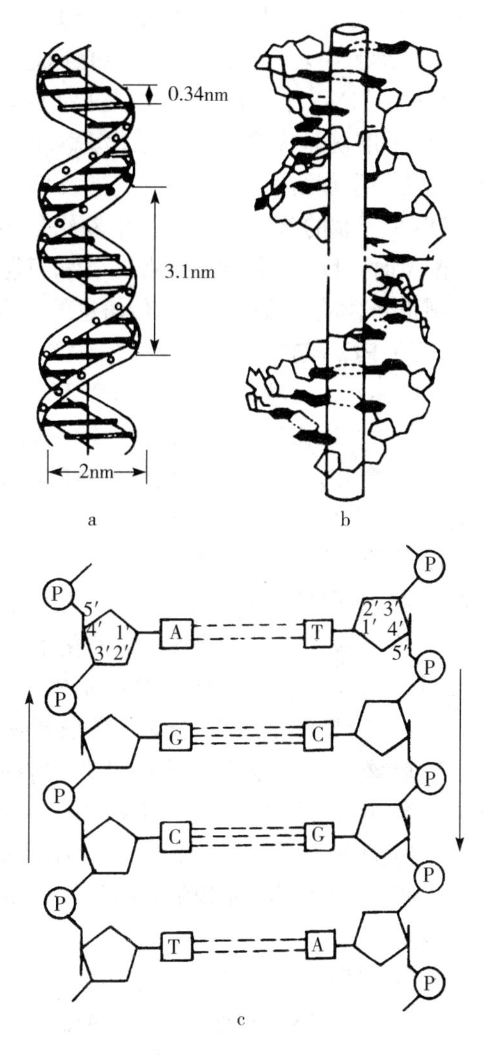

图3-1　DNA双螺旋结构

a. 示意图　b. DNA双螺旋模型

c. DNA短片，示双链的互补碱基对

（引自《中国农业百科全书·生物学卷》，1991）

二、核酸与性状遗传

核酸的复制对生物性状遗传具有极为重要的意义。生物的遗传信息是通过DNA以半保留方式复制，由亲代传递给子代的。新合成的子代DNA分子准确保留了亲代DNA分子所携带的所有遗传信息。又可经信使核糖核酸（mRNA）将DNA分子上储存的遗传信息传递给蛋白质，从而呈现出多种多样的生物学性状。

核酸与蛋白质之间遗传信息的传递顺序有一定规律，称中心法则。这几条法则是：①DNA链上的核苷酸有一定的顺序，即遗传信息；②DNA复制，即DNA的双链断开，以每一链为模板，按照核苷酸互补原则合成新的互补链；③转录：即以DNA双链中的一条为模板，通过碱基配对原理，合成信使核糖核酸（mRNA），mRNA带有DNA链确定的编码多肽的全部信息；④转译：即以3个核苷酸决定一个氨基酸的方式，按照mRNA的核苷酸顺序合成多肽。中心法则的核心是生物的遗传信息由RNA传向DNA或由DNA传向RNA。mRNA作为指导蛋白质合成的直接模板，将DNA上存储的遗传信息传递给蛋白质。遗传信息一旦转移到蛋白质分子之后，就不再从该蛋白质分子转移到另外的蛋白质，或由蛋白质传向DNA或RNA（F H Crick于1956—1958年提出）。

（一）DNA 与性状遗传（DNA 的复制）

DNA 的复制发生在细胞分裂过程中。其复制是以半保留模板方式进行的，即复制时连接碱基对之间的氢键断开，形成两条单链，每条链的碱基显露出来，然后以每条链为模板，在多聚酶的作用下，按照碱基配对原则（A-T，G-C），吸引带有互补碱基，合成一条新的互补链。从而由一个 DNA 分子复制成两个结构上相同的 DNA 分子（图 3-2）。

复制成的每个子代 DNA 分子中都保留一条亲代 DNA 链，因而称半保留方式复制。复制成的两个 DNA 分子分配在分裂生成的两个子代细胞中，生物的遗传信息是通过 DNA 的复制由亲代传递给子代的。DNA 半保留方式复制机理的特征表明，新合成的子代 DNA 分子准确且完全保留了亲代 DNA 分子携带的遗传信息，从而把遗传信息传给了子代。

DNA 复制的差错极小，发生差错的概率可低于 $10^{-8} \sim 10^{-9}$。偶有配错时，DNA 聚合酶能从 3′-端将其除去，并按正确的碱基配对原则重新合成，从而保证遗传信息的稳定性。

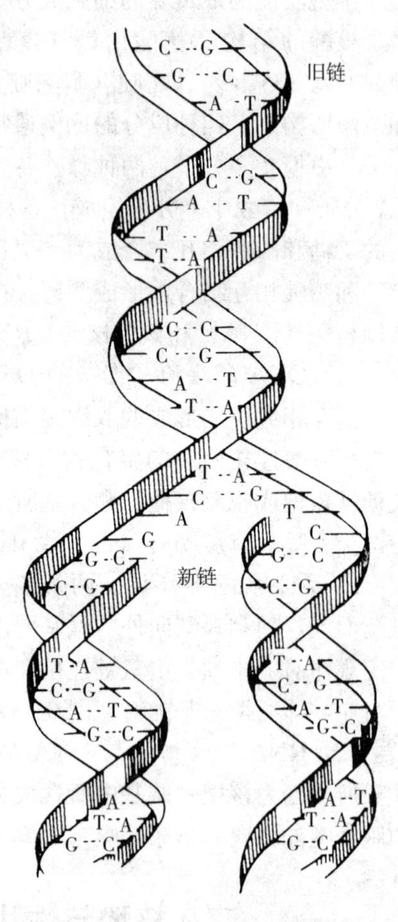

图 3-2 DNA 的复制示意图

（二）RNA 与性状遗传

前已述及，性状遗传除通过 DNA 复制将亲代遗传信息传递给子代外，还可以由另一种方式通过转录和转译，将一部分遗传信息经信使核糖核酸（mRNA）传给蛋白质，使生物呈现出多种多样的性状。

1. 转录 是指 DNA 分子上的遗传信息传递到 mRNA 的过程。首先 DNA 双股螺旋断开后，以其中一股多核苷酸链为模板，在 mRNA 聚合酶（也称转录酶）的催化下，按碱基配对的规律合成一条 mRNA 链。转录出的 mRNA 链中，碱基排列的顺序不是腺嘌呤（A）与胸腺嘧啶（T）配对，而是与尿嘧啶（U）配对。

2. 转译 遗传信息的转译是在细胞质中核糖体（ribosome，也称核蛋白体）上进行的。mRNA 按照由 DNA 转录来的遗传信息控制一定的蛋白质合成，称转译（translation）。当 mRNA 出现后，核糖体便与 mRNA 相附。核糖体是由大小两个亚单位由镁离子连接而成的。

转移核糖核酸（tRNA）是一种小分子 RNA，游离于细胞质中。所需氨基酸，事先被活化，转交给 tRNA，由 tRNA 根据 mRNA 的碱基排列，以碱基互补的原则带上所需氨基酸到 mRNA 通过的核糖体上交付。这样一个一个的 tRNA 带上一个一个所需氨基酸到有遗传信息的核糖体上，一个一个氨基相连成肽链。蛋白质的合成、酶的合成由此而产生。

当 mRNA 的 5′-端通过核糖体时，转译工作即开始，随着核糖体向 mRNA 的另一端移动，而转译 mRNA 分子的碱基顺序。当核糖体移动到 mRNA 单链的终止密码（3′-末端），多肽形成即告结束，mRNA 与核糖体分开。几个多肽链相连并形成一定的空间结构，就形成了蛋白质分子。

按现有的认识，mRNA 分子上碱基排列顺序就宛如电报密码一样，可以翻译成各种“文字”，每 3 个相邻的碱基构成一个密码，称遗传密码。每一个密码决定蛋白合成中的一种氨基酸。例如 UUU 决定的是苯丙氨酸，UCU 决定的是丝氨酸（表 3-1）。

表 3-1　遗传密码

5′-端碱基	中间碱基 U	中间碱基 C	中间碱基 A	中间碱基 G	3′-端碱基
U	UUU　苯丙氨酸	UCU	UAU　酪氨酸	UGU　半胱氨酸	U
	UUC	UCC　丝氨酸	UAC	UGC	C
	UUA　亮氨酸	UCA	UAA　终止	UGA　终止	A
	UUG	UCG	UAG	UGG　色氨酸	G
C	CUU	CCU	CAU　组氨酸	CGU	U
	CUC　亮氨酸	CCC　脯氨酸	CAC	CGC　精氨酸	C
	CUA	CCA	CAA　谷氨酰胺	CGA	A
	CUG	CCG	CAG	CGG	G
A	AUU	ACU	AAU　天冬氨酸	AGU　丝氨酸	U
	AUC　异亮氨酸	ACC　苏氨酸	AAC	AGC	C
	AUA	ACA	AAA　赖氨酸	AGA　精氨酸	A
	AUG* 甲硫氨酸	ACG	AAG	AGG	G
G	GUU	GCU	GAU　天冬氨酸	GGU	U
	GUC　缬氨酸	GCC　丙氨酸	GAC	GGC　甘氨酸	C
	GUA	GCA	GAA　谷氨酸	GGA	A
	GUG	GCG	GAG	GGG	G

* 位于 mRNA 起始翻译部位的 AUG 为合成肽链的启动信号，在以细菌为代表的原核生物中则代表甲酰甲硫氨酸

三、遗传密码

遗传密码（genetic code）是指信使核糖核酸（mRNA）中决定蛋白质的氨基酸排列的核苷酸三联体顺序。在基因中，核苷酸顺序决定蛋白质中氨基酸顺序的机理如下：①RNA 多聚酶以 DNA 为模板，制造出一条单股多核苷酸链，为 mRNA，这个过程称转录（transcription）。mRNA 所具有的核苷酸顺序与 DNA 双螺旋中的一个链的顺序互补。②氨基酸被活化，并转运至 RNA 的特异性连接体分子（adaptor molecule），即 tRNA 上。每一连接体分子的一端上有一个碱基三联体，与 mRNA 碱基三联体互补，而另一端有其特异性氨基酸。③mRNA 与 tRNA 在核糖体表面上相遇，每个 tRNA 在找到 mRNA 上的互补性核苷酸三联体后，即将所携带的氨基酸安置在多肽上，并与邻近的 tRNA 分子上的氨基相连接。核糖体沿着 mRNA 移动，多肽不断增长，直至整个 mRNA 分子转译成相应的氨基顺序为止，这个过程称转译（translation）。DNA 基因的核苷酸顺序代表一个密码，这个密码通过 mRNA 决定一种特殊蛋白质的结构。蛋白质合成中的每一个氨基酸都是由 mRNA 中 3 个相邻的核苷酸碱基组成的三联体编码，称密码子（codon）。如表 3-1 中所示 UUU 是苯丙氨酸的密码子。其中三个 UAA、UAG 和 UGA 称终止密码子，它们是使翻译终止的信号，不编码任何氨基酸。其余 61 个密码子编成 20 种氨基酸。在原核生物中有两个密码子（AUG、GUG）具有双重作用。它们位于 mRNA 翻译的起始部时，称起始密码子，翻译从它们开始。AUG 是常用的起始密码子，GUG 则偶尔出现。它们作为起始密码子时，编码甲酰甲硫氨酸。AUG、GUG 处于 mRNA 链内部时又分别作为甲硫氨酸和缬氨酸的密码子。氨基酸的这套密码子几乎对所有生物都是相同的。

第二节　细菌的变异

细菌与其他生物一样，具有变异性，不断地产生新种，以适应生存环境，继续繁衍。无论是由于自

然因素，还是人为因素，均可使其发生形态或生理的变异。引发变异的原因多种多样，但最基本原因是由于基因的突变和重组。此外，质粒在细菌的变异上，也可起到某种特殊作用。

一、基因突变（gene conversion）

DNA链上的一对或少数几对碱基顺序发生改变，因而导致基因型和表型产生变化的遗传过程，是细菌突变的主要类型。一个基因的核苷酸顺序如果发生任何改变，都将引起特异蛋白质及其功能的改变，称为突变。其机理有二：一是复制时发生错误，一个碱基对被另一个碱基对所代替；二是DNA的糖—磷酸盐骨架折断时，在折断处失去一个节段，或一个节段倒转，或插入另一个新的节段。突变的最小单位称突变子（mutan）。一个基因可以有许多突变子。突变发生的个体和时间以及突变的方向都是随机的。

（一）突变类型（mutant）

所有基因突变类型都是在DNA分子结构中因碱基的变化所致。可分为如下几种：按照导致发生突变原因的来源分为自发突变和诱发突变，前者是在没有人为因素干扰条件下所发生的突变；后者是指人为，理化等因素处理后导致的基因突变。按照结构的改变可分为碱基置换突变和移码突变。碱基置换突变是指DNA分子上一对或少数几对碱基发生改变而引起的基因突变。DNA链上一种嘌呤被另一种嘌呤所取代，称为置换（transition）。嘌呤被嘧啶所取代，或嘧啶被嘌呤所取代，称作颠换（transversion）。移码突变是指DNA分子链上，一对或几对相连接的核苷酸的增加或减少，导致该位置后面一系列遗传编码发生转录、转译错误而发生的突变。所以移码突变是由于碱基缺失或插入引起的。DNA分子损伤引起的突变有：①重复、缺失，多发生在DNA复制或修复过程中。DNA在复制时，DNA多聚酶从亲链上脱落，结合到其后尚未复制的位点上继续复制，使亲链上有一小段没有复制，造成缺失。如脱落的DNA多聚酶落到已复制过的位点上复制，则造成重复。②倒位（inversion）。染色体损伤后，如果造成部分DNA极性的位置颠倒，其结果会使倒转的DNA片段在转录mRNA时，进行与原方向相反的转录，从而发生突变。按照遗传信息改变的方式，突变又可分为同义突变、错义突变和无义突变。同义突变是指基因上密码序列的改变，而基因终产物蛋白质上氨基酸序列没有改变，与密码子的简并性有关。如GUC（缬氨酸）变为GUA仍为缬氨酸。错义突变是指一对碱基的改变，而使某一氨基酸变为另一种氨基酸。如GUC（缬氨酸）变为GCC（丙氨酸）。错义突变会严重影响蛋白质的活性，甚至完全失活。无义突变是指一对碱基的改变，使氨基酸的密码子变为终止密码子。如AAG（赖氨酸）变为UAG（终止密码子）。无义突变会使蛋白质合成提前终止，产生的不完全肽链基本上是没有活性的。

（二）突变的规律和性状

①突变后产生的性状常与引起突变的原因无关。如抗药性突变并非是由于药物的存在，又如抗紫外线突变并不是紫外线照射所致等。各种性状的突变，都不是人为因素处理的结果，而常是自发发生的。②突变的发生常常是彼此独立的。同一个细胞内各个基因发生的突变，彼此都是独立的。如在一个菌群中，既可产生某种药物的抗性突变型，又可产生非药物的任何抗性突变型。③可诱变性，细菌自发突变率随生物性状的不同而异，一般较低。经诱变的理化因素处理后，可提高$10\sim10^5$倍。自发突变体和诱发突变体无本质差异。④突变是稳定的，突变性可以一代代相传。极少数突变体可产生回复突变。

（三）发生突变的机理

各种理化因素，如各种超短波辐射、高温诱变效应、低浓度诱变物质，以及细菌自身的代谢产物，尤其是过氧化氢长时期综合作用于细菌，可使细菌细胞中DNA分子上的四种碱基中，胸腺嘧啶（T）会偶然以少有的烯醇式出现，胞嘧啶（C）以少有的亚氨基出现。DNA分子在复制达到此一位置的瞬间，通过DNA聚合酶的作用，它的相对位置上不再出现腺嘌呤（A）而是鸟嘌呤（G），或不是G而是A，因而发生突变。

碱基类似物的分子结构与碱化合物相似，在一些反应中能取代氨基而诱发突变。如5-溴尿嘧啶

(Bu) 是胸腺嘧啶 (T) 的类似物，一旦 Bu 取代了 T，就会导致 A-T→G-C 的转换。2-氨基嘌呤 (Ap) 是嘌呤的类似物，它插入到 DNA 分子中就能诱发 A-T→G-C 和 G-C→A-T 两种转换。亚硝酸能将腺嘌呤的氨基脱去变成次黄嘌呤 (H)，胞嘧啶变成尿嘧啶 (U)，鸟嘌呤变成黄嘌呤 (X)。在 DNA 复制时次黄嘌呤先与胞嘧啶配对，导致 A-G 和 T-C 转换，或 G-A 和 C-T 的转换。而黄嘌呤是一种无义碱基，它出现在 DNA 分子中，只能导致细胞死亡。烷化剂能与 DNA 分子的许多部位发生作用，可断裂 DNA 分子磷酸与糖的结合，使 DNA 分子产生烷基侧链，脱去嘌呤碱基，使 DNA 复制时产生错误，造成突变。吖啶类化合物分子嵌入 DNA 分子的序列中，DNA 分子的碱基序列就会发生改变，使 DNA 复制通过转录，mRNA 上的密码产生移码突变。

此外，紫外线、X 射线、激光等物理因素也能诱发细菌产生突变。如紫外线照射能引起 DNA 分子断裂、DNA 分子双链交联以及形成胸腺嘧啶二聚体，使 DNA 分子双链呈现不正常构型，减弱 DNA 分子中氢链的作用，使 DNA 在复制时产生错误发生突变；或形成嘧啶水合物，改变嘧啶分子结构，DNA 复制时产生碱基配对错误，引起突变。

二、基因重组 (gene recombination)

细菌从外源取得 DNA，发生基因重组合引起其原有基因发生改变，从而导致变异，又称基因转移 (genetransfer)。基因重组有如下几种形式。

(一) 转化 (transformation)

细菌基因重组合的一种变异形式。某些细菌直接摄取了另一细菌的游离 DNA，使基因组发生改变。即基因在不同的细胞间进行传递而引起的变异，称为转化。转化现象是在 1928 年 Griffith 研究肺炎链球菌时发现。如无荚膜的Ⅱ型肺炎球菌吸取了死的Ⅲ型肺炎球菌形成荚膜的基因，发生转型变异，而成为有荚膜的肺炎球菌。这种转化是通过 DNA 转移形成的。当供体细菌 DNA 进入受体细菌后，一股整合于受体细菌 DNA 上，而另一股则降解。因此，组合的染色体含有受体细菌的双股 DNA，其中一股有一小段为供体细菌 DNA 所取代，引起基因转化。

转化可受如下因素影响：①供、受菌的基因型：两菌的亲缘关系愈近，其基因型愈相似，转化率愈高。在转化过程中，能转化的 DNA 片段的分子量要小于 1×10^7。最多不超过 10～20 个基因。②受菌的生理状态：在转化过程中，转化的 DNA 片段称为转化子，受菌只有在感受态 (competence) 的生理状态下才能摄入转化因子。感受态细菌表面带正电荷，且发生细胞膜通透性增高等改变，均有利于细胞对转化因子的摄取。不同细菌感受态出现的时间不同，持续时间也不同。如肺炎链球菌感受态出现在对数生长期的末期，可维持 40min。③环境因素：Ca^{2+}、Mg^{2+}、cAMP 等可维持 DNA 的稳定性，促进转化作用。

细菌的转化现象较为普遍，能转化的性状有形态、抗原性、抗药性、致病性和代谢产物等。

(二) 转导 (transduction)

由某温和噬菌体——称为转导噬菌体将寄主细菌 DNA 的某一片段，通过侵染转移到另一种细菌体，与受体细菌的 DNA 经基因重组合整合在一起，或替代其 DNA 的一部分，从而使受体细菌 (被侵染的) 遗传性状发生改变。获得新遗传性状的受体菌细胞，称为转导子 (transductant)。如寄生在有鞭毛的沙门菌株中的噬菌体，侵染种属接近的无鞭毛的菌株，可使被侵染的菌株变为有鞭毛的类型。转导可分为普遍性转导和局限性转导，普遍性转导与温和噬菌体的裂解期有关，局限性转导则与温和噬菌体的溶原期有关。

1. 普遍性转导 毒性噬菌体和温和噬菌体都能介导普遍性转导 (general transduction)。在噬菌体成熟装配过程中，由于装配错误，误将宿主 (供菌) 染色体片段或质粒装入噬菌体内，产生一个转导噬菌体 (transducing phage)。当它感染其他细菌时，便将供菌 DNA 转入受菌。大约每 10^5～10^7 次装配中会发生一次错误，且包装是随机的，任何供菌 DNA 片段都有可能被误装入噬菌体内，故称为普遍性转导。普遍性转导产生两种结果：一种是供菌 DNA 片段与受菌染色体整合，使后者成为遗传性状稳定的转导子，称为完全转导。另一种是供菌 DNA 不能与受菌染色体整合，游离在细胞质中，不能自身复制，但能转录、翻译和表达性状，称为顿挫转导（abortive transduction）

2. 局限性转导 局限性转导（restricted transduction）由温和噬菌体所介导的供体菌染色体上个别特定基因的转导。溶原期噬菌体 DNA 整合在细菌染色体上形成前噬菌体。前噬菌体从宿主菌染色体上脱离时发生偏差，带有宿主菌染色体基因的前噬菌体，脱落后经复制、转录和翻译后组装成转导噬菌体。这种转导噬菌体再感染受菌时，可将供菌基因带入受菌。例如温和噬菌体能整合在大肠埃希菌染色体的半乳糖苷酶基因（*gal*）与生物素基因（*bio*）之间，在脱离时约有 10^{-6}几率可能发生偏差，带走其两侧的 *gal* 或 *bio*，并转入受菌。由于被转导的基因只限于前噬菌体两侧的供菌基因，如 *gal* 或 *bio*，故称局限性转导。因噬菌体有宿主特异性，故转导现象仅发生在同种细菌内。

由转导引起基因转移，在沙门菌属、假单胞菌属、弧菌属以及革兰阳性球菌和杆菌中常见。

（三）接合（conjugation）

基因重组的另一种形式。是指供体细菌与受体细菌接触，直接将遗传物质传递给受体细菌，与受体细菌 DNA 整合，引起基因转移，称为接合。能通过接合方式转移的质粒称为接合性质粒，主要包括 F 质粒、R 质粒、Col 质粒等。遗传物质只能从供体细菌转移到受体细菌。这种转移常常是固定的，不可逆的。然而，供体细菌细胞中必须具有转移遗传物质的质粒。接合多发生在沙门菌、大肠埃希菌。某些不同属的细菌，如大肠埃希菌与沙门菌、沙门菌与志贺菌之间也可发生转移。

1. F 质粒的接合 F 质粒又称致育质粒，能编码性菌毛，相当于雄性菌（F^+）；无性菌毛的菌株相当于雌性菌（F^-）。F 质粒通过性菌毛从雄性菌 F^+ 转移给雌性菌 F^- 的过程，称为 F 质粒的接合。类似有性生殖，当 F^+ 与 F^- 菌杂交时，F^+ 菌性菌毛与 F^- 菌表面受体接合，使两菌之间形成通道，F 质粒的一条 DNA 链断开并通过性菌毛通道进入 F^- 菌内，两菌内的单链 DNA 以滚环式进行复制，各自形成完整的 F 质粒。受体菌在获得 F 质粒后即变成 F^+ 菌。

F 质粒可以游离在细胞质中，亦可整合到染色体上形成高频重组株（high frequency recombinant, Hfr)，具有高频率转移自身染色体至 F^- 菌的能力。Hfr 也有性菌毛，当与 F^- 菌接合时，Hfr 的染色体以单链进入 F^- 菌，领先的基因高频转移，其后的基因转移频率逐渐降低。由于 F 质粒位于染色体链的末端，而且接合过程随时会受各种因素影响而中断，因此，在 Hfr 转移中，可以有不同长度的供体菌染色体片段进入 F^- 菌进行重组。F 质粒几乎没有可能进入 F^- 菌，F^- 菌很少能成为 F^+ 菌。

Hfr 菌中的 F 质粒有时会从染色体上脱离，终止其 Hfr 状态。从染色体上脱离的 F 质粒有时可带有染色体上几个邻近的基因，这种质粒称为 F′质粒。如 F′lac 质粒，可通过接合方式转移到不发酵乳糖的菌株中，使该菌获得发酵乳糖的性状。这种通过 F′质粒转移基因称为性导（sexduction）。

2. R 质粒的接合 1959 年，日本学者将具有多重耐药性的大肠埃希菌与敏感的志贺菌混合培养，发现多重耐药性可由大肠埃希菌传给志贺菌，首次证明了 R 质粒的接合性传递功能。R 质粒由耐药传递因子（resistance transfer factor，RTF）和耐药决定子（resistance deteminant，r-det）两种功能不同的部分组成。两部分可以单独存在，也可结合在一起，但只有两者一起存在时，这个细菌才能将耐药性转移给另一个细菌。RTF 的功能与 F 质粒相似，编码性菌毛，决定质粒的复制、接合及转移；r-det 则决定菌株的耐药性。r-det 可带有几个不同耐药基因的转座子，如 Tn9、Tn4 和 Tn5 组成的 r - det，携带氯霉素、氨苄青霉素、链霉素、磺胺、卡那霉素、博莱霉素和链霉素耐药基因，从而产生多重耐药性。

R 质粒不能整合到宿主染色体基因组上，所以它不是附加体，而是一种稳定的质粒。

3. Col 质粒的接合 Col 质粒控制细菌素的合成，这类质粒很多，有的可以产生性菌毛，在细菌间进行结合转移，称为转移性质粒；有的不能在细菌间进行结合转移，称为非转移性质粒；但当细菌细胞同时具有可转移的质粒如 F 因子时，则两者可同时发生结合转移。

4. 原生质体融合（protoplast fusion） 通过人为的方法，使遗传性状不同的两细菌细胞的原生质体发生融合，并进而发生遗传重组，以产生同时带有双亲性状的、遗传性稳定的融合子（fusant）的过程，称为原生质体融合。原生质体融合技术是继转化、转导和接合之后的一种更加有效的转移遗传物质的手段。

5. 转染（transfection）　受体菌获得从噬菌体而非从其他供体菌提取的DNA的过程，称为转染。因为噬菌体基因组较小，其DNA分离比较方便，因此转染成为研究细菌转化以及重组机制的有用工具。另一方面，转染一词更广泛地用于真核生物细胞，其含义有差别，指真核细胞通过病毒感染，获得某一片段DNA或RNA的过程。与原生质体融合一样，转染也是一种人为手段，通常多用于哺乳动物细胞，往往为了获得重组病毒而设计。

三、质粒（plasmid）

质粒是除染色体以外，在细胞质中存在的一种特殊遗传物质。其本身容易发生变异，而且在细菌细胞间能够进行基因交换，同时还可诱导染色体，使遗传结构发生改变，因而在致病菌的遗传变异中起着重要作用。质粒由DNA分子构成，为一种双股环状DNA分子，大小不等。在细胞质中以自律状态（autonomous state）存在时，其复制与染色体无关，可自行复制。如以附着状态（integrate state）附着在染色体上，则可与染色体同时复制。质粒中含有F、R、Col等因子。

F因子又称性因子或致育因子，为附加体，可被切离。含F因子的细菌称雄性（F^+）菌，不含F因子的称雌性（F^-）菌。每个F^+菌有1～4个因子，菌体表面具有相应的1～4根细长的菌毛，称为性菌毛（sexfimbria）。通过性菌毛的顶端与F^-菌的表面接触，两菌接合，将F因子传给F^-菌。若F因子整合到F^-菌的染色体上，则该菌成为高频重组的Hfr株，重组率较F^+与F^-高10^2～10^7倍。某些质粒可通过接合传递遗传信息，发生变异，称可逆传递质粒（transmissible plasmid），能在同种不同株间传递遗传物质。

R因子（drug resistance factor）为抗（耐）药转移因子。对各种抗生素和化学药物的耐受性可因突变而产生。这种耐受性基因在染色体上，可通过形质转换（transformation）、重组或导入，转移到其他细菌细胞。一个R因子常有多种抗药基因，抗药范围很广。已知R因子由两个以上质粒组成。一个是抗药性转移因子，专起转移抗药性作用；另一个是抗药基因，决定细菌的抗药性。两种因子能分别自我复制，只有当它们共同存在于一个菌体中时，才能起到传递抗药性的作用。

质粒除含有决定细菌性（F^+或F^-）的F因子、耐药性转移的R因子外，还包括大肠埃希菌素形成因子和T噬菌体。此外，还能支配细胞侵入性因子和毒素形成因子。纤毛形成因子除受染色体支配外，有的受质粒支配。如肠毒素性大肠埃希菌特异性黏着纤毛的形成，即受质粒支配。

许多质粒有使自身转移的tia基因，可以通过接合，将DNA转移到受体菌中。有些质粒含有*cma*基因，能将宿主染色体片段转移到另一细菌中。质粒常常带有与宿主细胞主要代谢无关的基因，如抗药基因、产细菌素基因、碳水化合物分解代谢基因，以及诱发肿瘤基因。

穿梭载体（shuttle vector）是一类特殊的质粒，可在某种属关系差异较大的微生物中转移，例如在大肠杆菌和酵母之间。利用它可携带原核或真核微生物的外源序列。

在遗传工程中质粒起着重要作用。将质粒与所选用某种生物（供体细胞）的DNA片段重组成杂种质粒，作为一种载体。这种载体具有自主复制能力，利用质粒的转化作用，将供体基因引入受体细菌体内。这种杂种质粒进入受体细菌后，所携带的DNA片段伴随着细菌的分裂繁殖，通过质粒的自主复制得到扩增，从而获得DNA的大量纯制品。

第三节　细菌遗传变异研究的实际意义

用细菌进行的一系列遗传学实验，不仅揭示了细菌本身许多遗传变异的规律，而且推动整个分子遗传学的迅速发展。在微生物学领域内，细菌遗传变异的研究也有助于对其他有关问题的了解和发展，例如帮助了解微生物的起源和进化，微生物结构与功能的关系，原核生物性状的调节控制，以及推动微生物分类学的深入发展。

在实践方面，细菌遗传变异的研究在以下若干方面也具有重大的实用意义。

1. 疾病诊断 在临床细菌学检查工作中，要做出正确的诊断，不但要熟悉细菌的典型特征，还要了解细菌的变异规律。细菌在异常条件下生长发育时，可以发生形态的改变，例如炭疽杆菌在猪的咽喉部位多不呈典型的竹节状，其菌体通常弯曲且粗细不匀。猪丹毒杆菌在慢性病猪的心脏病变内不呈杆状，而为长丝形。有鞭毛的细菌也容易发生失去鞭毛的遗传性变异或非遗传性变异，当将变形杆菌培养于普通琼脂表面时，可形成鞭毛而呈弥漫性薄膜状生长，称为H型细菌；将它培养于含0.1%石炭酸的琼脂培养基表面时，则不形成鞭毛而生成局限性的孤立菌落，称为O型细菌，从这一现象出发，后来将有鞭毛能运动的细菌丧失其鞭毛形成能力的变异，称为H-O变异。新分离的肠道菌株菌落通常为S型，经人工培养后菌落则变为R型（S-R变异），也有极少数细菌例如炭疽杆菌、结核分支杆菌，其新分离菌的菌落正常为R型，在一定条件下则变为S型（R-S变异）。这些变化的认识对临床分离菌的鉴定与疾病诊断都有重要意义。因此，在进行细菌学检查时，应注意细菌的变异现象。多数细菌变异后，其表型改变很大以至难以识别，但其基因型的改变不会很大，因此，可用分子杂交等方法测定细菌特异性DNA片段，以协助诊断。

2. 疾病预防和治疗 由于抗生素的广泛使用，原来对某些药物敏感的细菌，可发生变异而形成对该药物的耐性，有时甚至形成必须有该药物方能生长的赖药性（drug dependence）。以金黄色葡萄球菌为例，对青霉素、磺胺类药等的耐药菌株高达90%以上。目前，耐甲氧西林金黄色葡萄球菌（methicillin resistant staphylococcus aureus，MRSA）亦逐年上升。在引起肠道感染的细菌中，还表现为同时耐受多种抗菌药物。细菌的耐药性变异给临床治疗带来很大的麻烦。为了提高抗菌药物的疗效，防止耐药菌株的扩散，用药物敏感试验选择敏感药物是常用的方法。所以，在治疗细菌疾病用药时，应选择敏感的抗菌药物，并应防止耐药菌株的扩散。

菌苗接种是使机体建立特异性免疫，预防传染性疾病的有效措施，弱毒菌苗株都是病原菌的减毒变异株，有较好的免疫效果。获得弱毒疫苗菌株，通常通过人工致弱的方法。例如布鲁菌羊型5号菌苗，是将强毒马耳他布鲁菌通过鸡育成的弱毒菌株；卡介苗（BCG）是Calmette与Guerin二人将有毒力的牛分枝杆菌在含胆汁、甘油和马铃薯的培养基中反复传代230次，历时13年，所获得的一株毒力减弱而保持有免疫原性的变异株。目前，随着基因工程研究的不断发展，将产生更多更理想的基因工程疫苗。

3. 基因工程 基因工程是用人工方法将所需要的某一供体生物的DNA大分子提取出来，在离体的条件下用适当的工具酶切割，把它与作为载体（vector）的DNA分子连接起来，然后与载体一起导入某一易生长、繁殖的受体细胞中，让外源遗传物质在其中“安家落户”，进行正常的复制和表达，从而获得新的产物。它的主要操作步骤如下：①目的基因分离；②目的基因与载体DNA的体外重组，形成一个完整的有复制能力的嵌合体（chimaera）；③重组载体导入受体细胞，通常用转化的方法，导入能容纳外源载体的受体细菌；④复制与表达；重组载体在受体细胞内必须自主复制而获得扩增，以表达目的基因特有的遗传或产物，使之成为“工程菌”。应用这一技术可使细菌表达出需要的性状或产物。例如将人胰岛素A、B两链的人工合成基因组合到大肠杆菌的不同质粒上，然后再转移至菌体内，生产出胰岛素。用同样方法，让大肠杆菌生产生长激素释放因子“SHIR”的动物激素（一种14肽，能抑制其他激素的释放和治疗糖尿病等）。近年来，应用微生物的遗传工程获得如脑啡肽、卵清蛋白、干扰素等，极大地改进了这些生物制剂的生产工艺。应用基因工程技术来使细菌表达病毒的抗原成分，用以制备新型诊断试剂或疫苗，或用一种细菌表达出两种细菌的抗原，制备多价菌苗等，均取得实质性进展。

参考文献

黄翠芬.1984. 医学细菌分子生物学进展［M］. 北京：科学出版社.
E Jawety，等.1983. 医学微生物学［M］. 邓瑞麟，等译. 北京：人民卫生出版社.
上海市第二医学院.1979. 医用微生物学［M］. 北京：人民卫生出版社.
卫扬保.1989. 微生物生理学［M］. 北京：高等教育出版社.
尾形学，等.1989. 家畜微生物学［M］. 龚人雄，译. 中国畜牧兽医学会生物制品研究会.
武汉大学，复旦大学生物系微生物教研室.1987. 微生物学［M］. 北京：高等教育出版社.

刘思国　编

第四章　外界因素对细菌生长的影响

细菌的生命活动与其他生物一样，不断受到周围环境中各种因素的影响。环境条件适宜于其生存时，则可进行正常的新陈代谢，生长繁殖。然而，环境条件一旦发生改变，轻则引起其形态、生长、繁殖等特性发生某些改变，重则可使其生活机能发生障碍，生长受到抑制，发生变异，甚至死亡。因此，了解和研究外界因素对细菌生存的影响，在医学和兽医学实践中，一方面可提供各种有利条件，促其迅速生长繁殖，以利于细菌的分离培养，确诊传染性疾病和制造生物制品；另一方面又可提供不利因素，以抑制或杀死致病性细菌。

影响细菌生长的因素来自于物理、化学和生物学三个方面。在分别阐述之前，扼要介绍几个有关术语。

1. 消毒　指应用化学物质，在常用浓度下，或用物理方法（日光照射、流水冲洗等）清除物体上的致病性细菌，以达到防止传染性疾病传播的目的。

2. 灭菌　指应用物理或化学方法，杀灭物体上所有存活的细菌，使其永远丧失生活能力，包括最耐热的芽孢。

3. 防腐　指应用某些理化因子，抑制或防止细菌在体外繁殖和发育。

4. 无菌　指防止致病菌进入动物体或其他物体。主要用于外科手术和实验室的无菌操作。

第一节　物理因素的影响

一、温　　度

温度是影响细菌生长和存活的最重要因素之一，各种细菌都有其最高和最低的生长温度，低于最低温度尚能存活，但生长和繁殖都受到抑制；如高于最高温度，便可杀死细菌，这种能杀死细菌的最低温度界限，称致死温度。

（一）高温

大多数致病性细菌的最适生长温度范围为20～40℃，如果超过45℃最高温度，则可导致其发生形态、代谢、毒力的改变，甚至死亡。高温能杀死所有致病性细菌，所以在生产和科研实践中，常用高温灭菌。常用的灭菌方法有多种。

1. 干热灭菌法　包括焚烧法和干热法。

（1）*焚烧法*　利用火焰，对实验室操作用的接种环、玻璃棒、试管口等的灭菌，传染病畜及实验感染动物的尸体和某种被污染物品的焚烧处理，也可用于被致病菌污染的水泥、砖石结构的圈墙、地面的灭菌。是一种彻底的灭菌方法，但应用范围有限。

（2）*干热灭菌法*　利用干热空气加热至160～170℃，保持1～2h，可杀死全部细菌（包括芽孢），达到灭菌的目的。主要用于玻璃器皿和金属器械等耐高热物品的灭菌。

2. 湿热灭菌法　包括煮沸、流通蒸汽、间歇、巴斯德氏和高压蒸汽灭菌法等。

（1）*煮沸灭菌法*　常用的介质是水，水的沸点接近100℃，将需要灭菌的物品放在沸水中煮10～

15min，可达到灭菌的目的。为实验室常用的方法，主要用于外科手术器械和注射器以及解剖用具等。如在水中加入1%碳酸氢钠或2%～5%石炭酸，灭菌效果会更好。

（2）*流通蒸汽灭菌法*　流通蒸汽的温度通常不超过100℃。将蒸汽收集在规定的容器中，维持30min，可杀死细菌的繁殖体，但不能杀死芽孢。实验室常用的容器为阿诺（Arnold）流通蒸汽灭菌器，我国民间使用的蒸笼也可用作灭菌，其原理是一致的。

（3）*间歇灭菌法*　是反复多次利用流通蒸汽灭菌的方法。此法常用作芽孢和不耐高温的营养物质的灭菌。将需要灭菌的物品放在上述灭菌器中，流通蒸汽加热15～30min。然后置室温或37℃过夜，次日再重复加热灭菌一次，如此重复三次，可将所有繁殖体和芽孢杀死。实际上芽孢是在三次灭菌过程中，促使其发育成繁殖体后被杀死的。

（4）*巴斯德消毒法*　此法是利用较低的温度，既能杀死细菌，又不破坏被消毒物品质量的一种方法。用于消毒鲜奶和酒类，常用温度为61～63℃加热30min，71～72℃加热15～30s，或88.5℃ 1s，使被消毒物品迅速通过并降温。

（5）*高压蒸汽灭菌法*　是将蒸汽输入特制密闭的蒸汽锅中，加压进行的一种灭菌方法。压力越大则锅内蒸汽的温度越高，蒸汽的热穿透力也越强，可引起蛋白质迅速凝固变性，从而杀死一切细菌的繁殖体和芽孢。高压蒸汽灭菌在湿热灭菌法中效果最好，是生产实践和实验室常用的灭菌方法。压力达103.43 kPa时，锅内温度可达121.3℃，保持15～20 min即可达到彻底灭菌的目的。此法常用于玻璃器皿、金属器械、培养基、生理盐水、各种缓冲溶液及工作服等耐高温高压物品的灭菌。应用本法灭菌时，应充分排净锅内的冷空气，使蒸汽达到完全饱和，以求得最佳灭菌效果。

3. 高温灭菌的机理　机体的重要组分如蛋白质、核酸等对温度均较为敏感，随着温度的升高，可招致不可逆的破坏。蛋白质、核酸等结构的一部分是由氢键连接的，当加热时蛋白质（核蛋白）等受热后凝固、变性，氢键被破坏，失去了生物活性，致细菌死亡。

4. 影响高温灭菌效果的因素

（1）*介质的性质*　高温灭菌导热性能最佳的介质是水。加热时能促使蛋白质迅速凝固，使细菌死亡。菌体水分越多，杀菌所需温度越低。繁殖体之所以不耐热，芽孢之所以耐热，其主要原因就在于它们各自所含水分不同，前者含水多，而芽孢含水少。水中含有油质，可使细菌团集到水与油的界面，油质附着在菌体表面上，增强了细菌对热的耐受力。在含有浓糖的溶液中，可使细胞脱水，因而增强对热的耐受。酸性介质较中性或碱性介质的杀菌效果好。

（2）*菌龄*　一般来讲，生长期的幼龄细菌较老龄细菌对热的耐受力弱。在最适温度条件下形成的芽孢，较在最低或最高耐受温度下所形成的芽孢对高温的抵抗能力要大。例如肉毒梭菌在37℃形成的芽孢较在41℃条件下形成的对热的抵抗力大。

（3）*加热温度与时间*　一般细菌的繁殖体在100℃条件下于数分钟内死亡。大多数致病性细菌的繁殖体在60～70℃于30 min内死亡。肉毒梭菌芽孢在沸水中，需6 h以上才能将其杀死。

测量细菌对高温的抵抗能力有两种方式表示：①指测量在一定时间内杀菌所需温度，称热毙点（thermal death point）。②指在一定温度条件下杀菌所需时间，称热毙时（thermal death time）。

（二）低温

冷冻真空干燥（冻干）法是保存菌种、毒种、疫苗、补体、血清等的良好方法，可保存微生物及生物制剂数月至数年而不丧失其活力。其采用迅速冷冻和抽真空除水的原理，将保存物置于玻璃容器内，迅速冷冻使溶液中和菌体内的水分不形成冰晶，然后抽去容器内的空气，使冷冻物中的水分在真空下因升华作用而逐渐干燥，最后在真空状态下对玻璃容器严密封口。

二、干　　燥

干燥可使细菌丧失水分，引起蛋白质变性和菌体内盐的浓度增高，致使细菌的新陈代谢发生障碍，因而妨碍细菌的生长繁殖，或导致死亡。不同种的细菌对干燥的抵抗力有较大差异，如肺炎球菌、脑膜炎球菌抵抗力较小，鼻疽假单胞菌在干燥条件下能存活数天；链球菌、葡萄球菌抵抗力较大，结核分枝杆菌能存活 90 d以上；芽孢对干燥的抵抗力最强，如破伤风梭菌芽孢、炭疽杆菌芽孢在干燥条件下，可存活几年甚至几十年不死。

一般来说，细菌对干燥的抵抗力较强，可在较长时期内不死，但在干燥条件下不能生长繁殖，处于"休眠"状态。利用细菌这一特性，在生产实践和科学研究工作中，常用真空冷冻干燥法保藏菌种、毒种和生物制品。

真空冷冻干燥的原理是先将需要冻干保存的菌（毒）种、疫苗、诊断液等混悬于加有保护剂的溶液中，置真空冷冻干燥箱中，使箱温降至－40℃，进行预冻。在低温条件下，使被冻干的物品迅速冻结，然后将箱中空气抽出达到真空状态，在真空状态下使水分升华，迅速脱水干燥，并使冻干物在真空状态下保存。这样处理后的细菌，其生命可保持数年之久，其毒力及抗原性等基本上无大变化。

三、辐 射

辐射是指能源通过空气或外层空间，以波动方式从一个地方传播到另一个地方，分为紫外辐射和电离辐射。光量子所含能量，随着不同波长而改变。一般波长越长杀菌力越弱，反之杀菌力越强。如可见光和红外线对细菌的作用较弱。紫外线、X 射线、γ 射线均具强大的杀菌作用。辐射往往引起 H_2O 与其他物质的电离，对细菌有害，所以紫外线照射常被用作灭菌措施（图 4－1）。

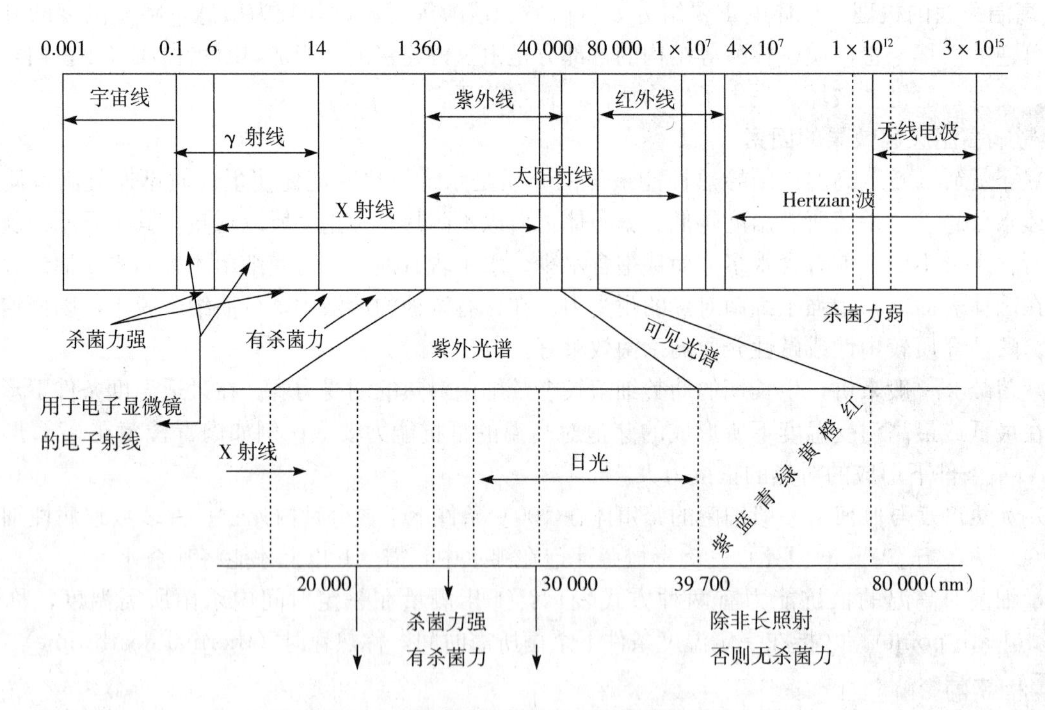

图 4－1 电磁波的波长与杀菌作用的关系

（引自《兽医微生物学》，甘肃农业大学主编，1980）

（一）紫外辐射

1. 可见光线 可见光线对于细菌一般无多大影响。然而，连续照射则可对诸如链球菌、脑膜炎球菌有杀菌作用。如果在培养过程中加入某种染料（如美蓝、伊红、沙黄等），能增强可见光线的杀菌作用，称这种现象为光感作用。但光感作用对某些细菌只有灭活作用，使其丧失毒性和活性，但抗原性不变。

2. 日光 日光是有效的天然杀菌因素，许多细菌在日光直接照射下，经半小时至几小时后即可死亡。但日光的杀菌效果受气象变化、大气污染、空气中水分的多少影响较大，温度的高低以及细菌本身抵抗力的强弱等均能影响日光的杀菌效果。日光的杀菌作用的主要成分是紫外线和氧，所以只有在有空气存在的条件下才能发挥作用。

3. 紫外线 紫外线的波长为136～400nm，而以253～266nm波段杀菌力最强，然而其穿透能力却很弱，即使很薄的玻璃也不能透过。所以，只能用于干物品表面和空气的消毒。常用于无菌操作实验室和外科手术室的地面、墙壁及空气的消毒。一些不能用高温、干燥或化学物质灭菌的器械或物质，如高速离心用的胶质沉淀管、纤维素薄膜和玻璃纸等，也可用紫外线进行消毒。紫外线对细菌除杀菌作用外，尚可使细菌发生突变。已知DNA对紫外线的吸收光谱在260nm附近。紫外线作用于DNA，使DNA分子结构遭到破坏，造成菌体蛋白质和酶的合成障碍，或者使DNA分子结构发生改变，因而导致细菌变异。有的细菌经紫外线照射后虽然引起变异，但其抗原性不受损害。因此可利用紫外线照射细菌诱发变异，培育弱毒菌株，以制造疫苗或其他生物制品。

实验室通常用紫外线杀菌灯消毒，其波长为254nm。但不同种细菌的杀菌或灭活剂量不一，如革兰阴性无芽孢细菌最容易被紫外线杀死，而杀死葡萄球菌和链球菌则需加大照射剂量5～10倍。

被紫外线照射引发诱变或伤害作用的细菌，移到可见光条件下能被可见光消除，称为光复活作用（photoreactivation）。因此，用紫外线处理细菌使其发生突变时，必须在暗室进行，否则难以达到预期效果。

（二）电离辐射

1. X射线 X射线是一种高能电磁波，波长为0.06～0.186 0 nm，波长越短杀菌力越强。X射线在距离10～20cm照射20～30min，可杀死琼脂培养基上的大肠埃希菌、炭疽杆菌、葡萄球菌等细菌。但对液体培养基中细菌的杀伤力则不强。其作用机理在于产生游离基，破坏DNA。不同细菌的抵抗力也不同，与细菌不同的生长周期有关。

2. ^{60}钴γ-射线 ^{60}钴γ-射线有极强的穿透消毒能力，对大包装的畜产品，如羊毛、皮革等，应用32万、50万、90万、210万伦琴，分别照射，可以彻底消灭畜产品中污染的布鲁菌、狂犬病病毒、新城疫病毒和炭疽杆菌芽孢。

用γ射线灭菌培养基，不破坏营养成分，较高温灭菌效果好。

电离辐射可用于不耐热的塑料注射器、输液等导管的消毒。

（三）超声波

每秒9 000Hz以上的声波，称超声波。超声波可引起细胞破裂，内含物外逸，具有一定的杀菌作用。细菌以及大型噬菌体和病毒在超声波作用下，经几十分钟可将其杀灭。但小型病毒及芽孢对其有抵抗力。其效果与频率、处理时间、细菌种类、大小形状、数量等均有关系。

（四）微波

从几百兆赫至几十万兆赫频率的无线电波称为微波。微波灭菌，主要是利用微波的加热作用完成。微波加热的应用范围很广，除可用来对医药用品及其他物体进行灭菌外，还可用于加快免疫化学反应如ELISA。

第二节 化学因素的影响

化学因素的影响是指化学物质对细菌诸多特性，如形态、生长、代谢、致病性和抗原性等的影响。许多化学物质在低浓度时能够促进细菌的生长繁殖，但高浓度时则能抑制其生长、发育，甚至将其杀死，呈现毒害作用。用于消毒目的的化学物质称消毒剂；用于防腐目的的称防腐剂。但消毒剂与防腐剂之间并没有严格的界限，可统称为消毒防腐剂。用于消毒防腐的化学药物种类很多，作用机理也各不相同，理想的消毒剂应是杀菌力强、保存期长、无腐蚀性、对人和畜禽无毒害作用。

一、消 毒 剂

主要用于环境、动物体表、排泄物和器械器具的消毒。其种类、理化性质和用途见表4-1。

表4-1 消毒防腐剂的种类、性质与用途

类别	药名	理化性质	用法与用途
酚类	苯酚（石炭酸）	白色针状结晶，弱碱性易溶于水，有芳香味	杀菌力强，3%～5%用于环境与器械消毒，2%用于皮肤消毒
	煤酚皂（来苏儿）	无色，遇光和空气变为深褐色，与水混合呈乳状液体	3%～5%环境消毒，5%～10%器械消毒，2%皮肤消毒
	松馏油	黑棕色浓稠液态，有特殊气味；微溶于水	30%～50%软膏可作创面消毒
表面活性剂类	新洁尔灭	无色或淡黄色透明液体，无腐蚀性，易溶于水，稳定耐热，长期保存不失效	0.1%用于外科器械和手的消毒，1%用于手术野皮肤消毒，0.01%～0.05%冲洗眼睛、阴道
	杜灭芬（消毒净）	白色结晶，易溶于水和乙醇，对热稳定	0.05%～0.10%器械消毒，1%皮肤消毒，0.01%～0.02%黏膜消毒
	双氯苯胍乙烷	白色结晶粉末，微溶于水和乙醇	0.5%环境消毒、0.1%器械消毒、0.02%皮肤消毒、0.05%创面消毒
氧化试剂己烷类	过氧乙酸	无色透明液体，易溶于水和有机溶剂，弱酸性，易挥发，高浓度遇热易爆炸，对皮肤有腐蚀性	0.5%～5%环境消毒、0.2%器械消毒、0.01%～0.05%果菜及食品消毒
	高锰酸钾	深紫色结晶，能溶于水，久置失效	0.1%创面和黏膜消毒
	过氧化氢溶液（双氧水）	无色透明液体，味微酸不稳定	新生氧杀菌，1%～2%创面消毒，0.3%～1%黏膜消毒
	洗必太	白色结晶，微溶于水，稳定，易溶于醇	0.02%～0.05%手术前消毒，0.01%～0.02%腹腔、膀胱等冲洗消毒
醛类	甲醛溶液	无色有刺激性臭味的液体，含40%甲醛，90℃下易生沉淀	1%～2%环境消毒，与高锰酸钾配合消毒房间
	戊二醛	挥发慢，刺激性小，碱性溶液有强大灭菌作用	以0.3%$NaHCO_3$，调整pH至7.5～8.5，配2%水溶液可消毒不能用热灭菌的物品（精密仪器）
醇类	乙醇（酒精）	无色透明液体，易挥发和燃烧，可与水和挥发油任意混合	70%～75%用于皮肤和器械消毒
	苯氧乙醇	油状液体，有芳香气味，易溶于乙醇、乙醚、氢氧化钠溶液，微溶于水	1%～2%用于创面消毒
酸类	硼酸	无色闪光，鳞片或白色粉末，无臭，弱酸性，易溶于甘油及醇	2%～4%黏膜消毒，10%创面消毒
	十一烯酸	黄色油状溶液，溶于醇	5%～10%醇溶液皮肤消毒
	乳酸	微黄色透明液体，无臭，微酸味，有吸湿性	蒸气作空气消毒
	醋酸	浓烈酸味	5～10ml/m³ 加等量水蒸发消毒房间
碱类	氢氧化钠	白色，棒、块、片状，易潮解，溶于水和醇，水溶液呈碱性，空气中吸收CO_2	2%用于病毒消毒，5%用于炭疽消毒
	生石灰	白色或灰白色块状，无臭易吸水，生成氢氧化钙，空气中易失效	加水配成10%～20%石灰乳，涂刷厩舍墙壁、畜栏
重金属盐类	甲紫（龙胆紫）	深绿色块末，能溶于水和乙醇	1%～3%溶液用于浅表创面消毒
	雷佛努尔	黄色晶粉，能溶于水，呈中性	0.1%溶液用于创面消毒
卤素类	漂白粉（含氯石灰）	白色颗粒状粉末，有氯臭味，久置空气中失效，大部溶于水和乙醇，含有效氯25%～30%	5%～10%用于环境和饮水消毒
	漂粉精	白色结晶，有氯臭，含氟较稳定	0.5%～1.5%用于地面、墙壁、家具消毒，0.3～0.4g/kg饮水消毒
	氯胺	白色结晶，有氯臭	0.2%～0.5%水溶液喷雾，室内空气及表面消毒，0.1%～0.2%浸泡服装
	碘	灰黑色闪光片状或颗粒状结晶，有挥发性，易溶于含乙醇及碘化钾溶液	2%或5%碘酊用于皮肤消毒
	碘仿	黄色结晶有特臭，溶于热醇、醚、甘油	4%～6%创面消毒
烷基化合物	环氧乙烷	常温无色气体，沸点10.4℃，易爆、易燃、有毒	50mg/L密闭塑料袋，手术器械、敷料等消毒

用于防腐消毒的化学物质虽然很多，其毒害作用的机理大致可以归纳为三种。但有一些消毒防腐的机理具有多样性，分别阐述如下：

1. 使菌体蛋白质变性或凝固　如重金属盐类药物易与带阴电荷的细菌蛋白质结合，使之变性或发生凝固沉淀；醇类能使菌体蛋白质变性；醛类与细菌蛋白质结合可使其变性，其杀菌作用比醇类强。过氧乙酸对皮肤有腐蚀作用，此类作用并无选择性，既能杀菌，也能破坏机体组织，能损害一切活的物质。这种物质又称原浆毒。

2. 改变细胞壁或破坏细胞膜使通透性发生改变　如酚类化合物（石炭酸、煤酚皂等）和表面活性剂能降低菌体表面张力，改变细胞膜的通透性，酶和营养物质逸出，水分大量渗入，致使菌体膨胀破裂或溶解，呈现灭菌作用。酚类高浓度时能使细菌蛋白质凝固，也有抑制某些酶系统的作用。表面活性剂有阳离子型、阴离子型和非离子型三类，阳离子型有较强的杀菌作用。

3. 抑制或干扰酶的活性，影响细菌的代谢作用　汞、银、砷等重金属类均能与细菌体内的含硫基酶结合；氧化剂及卤素类能氧化或卤化菌体内酶系统；染料能干扰酶的活性，当其分子嵌入细胞双股DNA的邻近碱基对中，就会改变DNA分子，干扰其生长、分裂及酶活性，均可影响细菌的代谢活动。

总之，消毒剂的杀菌作用强的大多是分子小、不电离、易溶于水，也易溶于有机溶剂的化合物。其杀菌作用主要是通过对菌体吸附、穿透以及对蛋白质、酶、RNA及DNA的作用，破坏菌体的组成结构和渗透压平衡，干扰分解代谢，阻碍能量产生和抑制生物合成。

二、防 腐 剂

防腐剂是指在低浓度时能抑制细菌生长的化学物质，如0.5%石炭酸、0.01%硫柳汞、0.002%～0.005%硝酸银等，可用于防止杂菌对疫苗和血清等生物制品的污染，并不影响生物制品的质量。其他如醋酸、安息香酸也可作为食品和饮料等的防腐剂。

三、影响消毒防腐剂消毒效果的因素

如何选择合适的消毒和灭菌药剂，除上述之外，还必须注意影响消毒效果的诸多因素。

1. 消毒剂的性质　不同的消毒剂有不同的作用范围，有的只对某一部分细菌，有的只对对象物有杀菌作用。选择消毒剂应有针对性，以求达到最佳消毒效果。

2. 消毒剂的浓度和时间　一般浓度越大或作用时间越长，消毒效果越好。但也有的浓度越大，消毒效果反而不佳。如95%以上乙醇的杀菌效果反而不如70%左右效果好。在配制消毒剂时，应选择最有效而又安全的浓度。

3. 细菌的种类　不同种类的细菌，对消毒剂抗性是不同的，芽孢比繁殖体的抵抗力强，生长期和静止期的细菌也有所不同，菌数的多少也会影响消毒效果。在使用消毒剂时应考虑种类、浓度及时间。

4. 有机物的干扰　有机物对细菌有保护作用。特别是蛋白质能与许多消毒剂结合，发生变性或凝固，从而影响消毒效果。所以消毒皮肤、器械、畜禽圈舍应先进行彻底清洗。对粪便等应选择影响效果较小的消毒剂。

5. 酸碱度（pH）　pH的改变不但影响消毒剂的电离度，也可引起细菌电荷的改变。一般来说，消毒剂未电离的分子较易通过细菌的细胞膜，起到较好的杀菌作用。pH改变时细菌的电荷也随之改变。在酸性溶液中，细菌带阳电荷，阴离子杀菌力最强。反之，在碱性溶液中，细菌带阴电荷，阳性离子杀菌效果最佳。

6. 温度　一般消毒剂当温度升高时杀菌能力增强。温度每升高10℃，石炭酸的作用增强5～8倍，金属盐类增强2～5倍。

四、化学治疗剂

化学治疗剂是指直接干扰致病性细菌的生长、繁殖，并能治疗传染性疾病的化学药物。这类药物种类较多，如磺胺类药物以及嘌呤、氨基酸、吡多醇等对抗药。其中以磺胺类药物为最常用的化学治疗剂。

磺胺类药物都是对氨基苯磺酰胺（sulfanilamide，简称氨苯磺胺）的衍化物。磺胺中含有的一个苯环与抗菌作用密切相关。此外，还含有一个对位氨基和一个磺酰氨基。这类药物抗菌谱广，能抑制大多数革兰阳性细菌和一些阴性细菌。对细菌的作用主要是抑制其繁殖，一般无杀菌作用。某些细菌如布鲁菌、梭状芽孢杆菌、致病性球菌等，生长时需要从环境中获取或自行合成对氨苯甲酸作为营养物质。磺胺的结构与对氨苯甲酸相似，能与细菌所需的对氨苯甲酸互相竞争二氢叶酸合成酶，从而干扰二氢叶酸的形成。二氢叶酸是菌体合成胸腺嘧啶和嘌呤所必需的物质。二氢叶酸的形成受到干扰，最终阻碍细菌核酸的合成，从而抑制其生长、繁殖。磺胺类药物对细菌发挥药效后，更易使中性粒细胞及单核巨噬细胞将其吞噬。一般根据磺胺类药物的作用特点，可将其分为抗全身感染用磺胺、抗肠道感染用磺胺和供局部外用磺胺三类（表 4-2）。

长期大剂量使用磺胺类药物，易出现尿变化、胃肠反应、过敏性药疹、贫血或出血等不良反应。因而应严格控制疗程和剂量。配用等量碳酸氢钠，增加饮水或及时停药，可避免或解除不良反应。

表 4-2 各类磺胺药物的基本概况

药名	简称	作用特点	应 用
全身感染用磺胺			
磺胺噻唑	ST	抗菌力强，吸收不完全，血浓度维持时间短，乙酰化率高，排泄快，毒性大	全身及皮肤感染，败血症、巴氏杆菌病、禽霍乱
磺胺嘧啶	SD	比 ST 吸收快，血浓度高。蛋白结合率较低，组织及脑中含药多	全身感染、脑细菌性感菌选药
磺胺二甲嘧啶	SM_2	较 SD 作用稍弱，血浓度维持时间长，毒性低，能抑制球虫	消化道及呼吸道感染，巴氏杆菌病、禽霍乱、球虫病
磺胺异噁唑	SIZ	较 ST 作用强，血浓度维持时间短，乙酰化率低，溶解度大，排泄快，不易出现结晶尿	泌尿道感染、巴氏杆菌病，肺炎、乳腺炎
磺胺甲基异噁唑	SMZ	与 SIZ 作用相似，血浓度维持时间较长，乙酰化率高，排泄慢，易出现结晶尿、血尿	呼吸道及泌尿道感染
磺胺苯吡唑	SPP	抗菌效力较 SIZ 弱，乙酰化率低，尿中游离型较多	泌尿道和呼吸道感染
4-磺胺-2，6-二氧嘧啶	SDM	蛋白结合率高，乙酰化率低，排泄慢，有抗原虫作用	全身感染，弓形虫病、禽霍乱、球虫病
2-磺胺-5-甲氧嘧啶	SMD	吸收迅速完全，较 SM2 作用稍弱，血浓度维持时间较短，蛋白结合率和乙酰化率低，排泄慢，不易形成结晶尿，毒副作用小	泌尿生殖道、呼吸道及皮肤感染
4-磺胺-6-甲氧嘧啶	SMM DS-36	吸收完全，血浓度维持时间长，乙酰化率低，作用最强，毒性小，乙酰化物在尿中溶解度大，不易形成结晶尿。有抗原虫作用	全身感染、弓形虫病、猪水肿病、球虫病
4-磺胺-5，6-二甲氧嘧啶	SDM	较 SD 作用稍弱，血浓度维持时间、作用、药效与 SMP 相似	呼吸道及泌尿道感染
磺胺喹噁啉	SQ	鸡鸭球虫有效，低浓度长期应用产生耐药性，维生素 K 缺乏症、肝脾胸肌出血	球虫病
抗肠道感染用磺胺			
磺胺脒	SG	内服吸收少，肠内含药浓度高	单胃动物、犊牛羔羊肠炎、下痢
琥磺噻唑	SST	内服较 SG 更难吸收，肠道内分解出 ST	同 SG
酞磺噻唑	PST	同 SST，毒性较 SG 小	菌痢、肠炎、预防肠道手术感染
酞磺醋酰	PSA	内服不易吸收，分解后易渗入肠黏膜，对志贺菌有特效	肠道感染或预防肠道手术感染

（续）

药名	简称	作用特点	应　用
酞磺甲氧嗪	PSMP	内服不易吸收，肠道内分解出 SMP，抑菌作用较持久	胃肠炎，预防肠道手术感染
供局部外用磺胺			
氨苯磺胺（磺胺）	SN	抗菌力弱，水溶性大，渗透力强	感染创
磺胺醋酰	SA	作用较弱，对黏膜刺激性小	眼病
甲磺灭脓	SML	抗菌谱广，对多种革兰阳性菌和阴性菌均有作用，以绿脓杆菌最强，血中迅速灭活	烧伤感染及化脓创
磺胺嘧啶银	SD-Ag	保持 SD 和 $AgNO_3$ 二者的抗菌作用，对绿脓杆菌和大肠埃希菌作用比 SML 强	烧伤

（引自《中国农业百科全书·兽医卷》，1993）

第三节　生物因素的影响

生物因素对细菌的影响包括其他微生物与细菌、动植物与细菌之间，经常存在着的相互作用的种种关系。如颉颃、共生、寄生等。

1. 颉颃　指两种微生物生活在一起，相互间出现抗衡作用，一种微生物呈现毒害作用，抑制或杀死另一种微生物。例如，青霉菌产生青霉素，某些放线菌产生链霉素，对许多细菌（包括致病菌）具有抑制生长的作用。多种细菌产生的杀菌素，噬菌体裂解相应的细菌，均属于微生物间的颉颃现象。

2. 共生　指两种以上微生物共同生活在一个环境中，呈现相互有利的作用。如需氧菌与厌氧菌在同一环境中存在时，需氧菌消耗大量的游离氧，造成缺氧环境，因而厌氧菌得到良好发育。反之厌氧菌分解产物，供给需氧菌的营养需求。

3. 寄生　指一种生物依附于另一种生物，并从该生物获取营养物质，赖以生存。一般前者对后者往往呈现有害作用。如致病性细菌寄生于动物、噬菌体寄生于细菌。

一、抗 生 素

某些微生物，如细菌、放线菌、真菌等，在其生命活动过程中，能产生一类抑制或杀死另一些微生物（包括致病性细菌）的物质，称抗生素（antibiotic）。抗生素是临床上经常使用的一类主要的生物合成或半合成的抗菌药物，属化学治疗药，具有抗菌作用强、毒性小、增强机体防御功能等特点。现已报道的有几千种之多，试产的也有数百种，经常使用的不下几十种。

某些植物中含有杀菌物质，称植物杀菌素（phytoncide）。例如，中草药黄连、黄柏中含有小檗碱（berberine-$C_{20}H_{19}NO_5$），又称黄连素。对革兰阳性菌和阴性菌均有抑制作用；对痢疾杆菌、结核分支杆菌、鼠疫耶尔森菌、溶血性链球菌、伤寒沙门菌、大肠埃希菌等具有抗菌作用。鱼腥草中含有鱼腥草素。其他中草药如黄芩、双花、连翘、板蓝根等也含有杀菌物质。

抗生素的作用对象有一定的范围，称抗菌谱。氯霉素、金霉素、土霉素和四环素等可抑制多种细菌的生长、发育，称广谱抗生素；而青霉素主要对革兰阳性细菌有抑制作用，多黏菌素主要杀死革兰阴性细菌，称窄谱抗生素。

抗生素的作用机理

抗生素的作用机理因其类型不同而异，有的是杀菌，有的是抑菌。低浓度时抑菌，高浓度时杀菌。主要是在某些环节上阻碍细菌的新陈代谢，钝化某些酶的活性，其作用位点大致有以下几个：

1. 抑制细菌细胞壁的合成　影响细菌细胞壁合成的抗生素很多，现以青霉素为例介绍其作用机理。

青霉素只对革兰阳性细菌起作用，其原因主要在于细菌的结构。革兰阳性细菌的细胞壁主要由肽聚糖组成。例如金黄色葡萄球菌的细胞壁是由N-乙酰胞壁酸部分连接一条五肽链（即L-丙氨酸-D-谷氨酸-L-赖氨酸-D-丙氨酸）。在五肽链的L-赖氨酸处又连接一条甘氨五肽（五肽桥），第一个甘氨酸与乙酸胞壁酸五肽链的D-丙氨酸（即倒数第二位）相连接，将最后一个D-丙氨酸，通过转肽作用而被解脱。因此，完整的细胞壁中乙酰胞壁酸只带有4肽（L-丙氨酸-P-谷氨酸-L-赖氨酸-D-丙氨酸）而不是五肽链。在许多糖链之间，通过交联反应互相联合构成肽聚糖，最后形成细胞壁。

青霉素β-内酰胺环结构与D-丙氨酸-D-丙氨酸的结构很相似，因此能占据D-丙氨酸的位置，与转肽酶结合并将其灭活，使新形成的多糖链之间无法连接，从而抑制细胞壁的合成（图4-2）。细胞壁一旦失去渗透压保护屏障，在低渗环境中菌体溶解死亡。

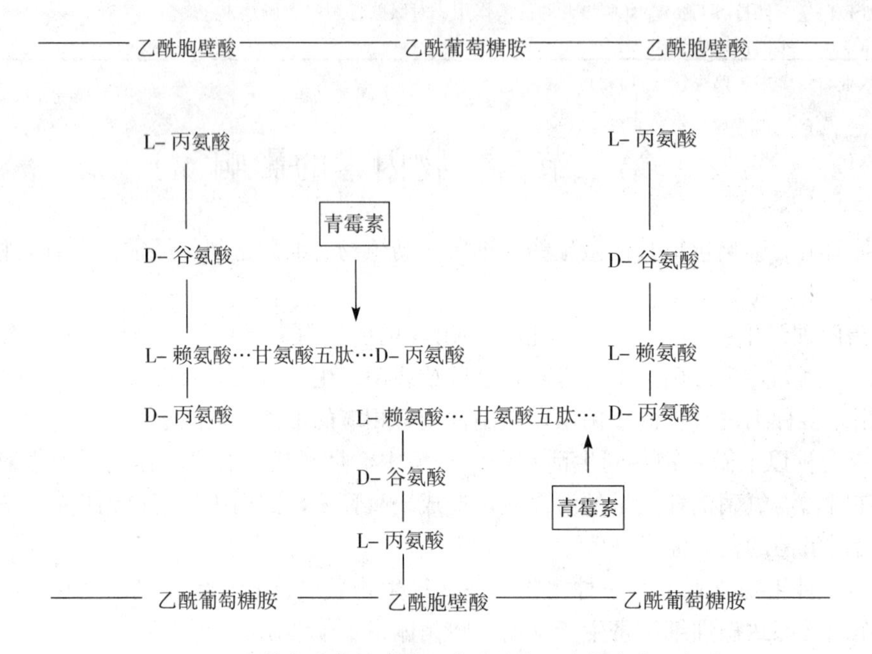

图4-2 金黄色葡萄糖球菌细胞壁结构及青霉素作用部位

2. 影响细胞膜的通透性 某些抗生素的主要作用是引起细胞膜的损伤，导致细胞内容物逸出，致细菌死亡。例如，多黏菌素类抗生素的化学结构含有极性基团和非极性部分，极性基团与细胞膜中的磷脂起作用，造成细胞膜结构紊乱，破坏细胞膜的正常生理功能，使细胞膜的通透性增高，导致细胞内容物如氨基酸、核苷酸和钾离子等逸出，致细菌死亡。这类抗生素主要作用对象为革兰阴性杆菌。这是由于多黏菌素的化学结构中含有带阳电的游离氨基，容易与革兰阴性杆菌细胞膜带阴电的多价磷酸根基团结合之故。

3. 抑制蛋白质的生物合成 多种抗生素能抑制细菌蛋白质的生物合成，其机理各不相同。有一些抗生素作用于糖体亚基，抑制蛋白质的合成，使细菌生长受阻，而并非杀死细菌。如卡那霉素、链霉素、春雷霉素等，主要作用于30S亚基；而氯霉素、红霉素等则作用于50S亚基，抑制细菌的活性。值得注意的是，有的抗生素可阻止另一抗生素与核糖体的结合，常表现出颉颃作用，以至某种抗生素失去抗菌作用。由于细菌的核糖体与人及高等动物的核糖体不同，所以，这类抗生素具有选择毒性。

4. 干扰核酸的生物合成 某些抗生素主要是通过抑制DNA或RNA的合成来抑制细菌正常生长、繁殖。不同的抗生素其作用的机理也不同，有的作用于核酸结构，干扰核酸的复制。如丝裂霉素与核酸上的碱基结合，形成复合体以阻碍双链DNA的解链，影响DNA复制；博莱霉素可切断DNA的核苷酸链，使DNA分子质量降低，干扰DNA的复制等。有的抗生素作用于核酸酶，使酶的活性降低或丧失。如利福霉素能与RNA合成酶结合，抑制其反应的起始过程；放线菌素能与双链DNA结合，抑制其酶促反应。

附：细菌的耐药性

自从发明磺胺和抗生素类药物以来，对控制和治疗传染性疾病以及在降低传染病的发病率和死亡率等方面起到了很大的作用。然而，随之而来的是由于大量使用抗菌类药物，人们也发现了越来越多的耐药性细菌菌株。如对青霉素的耐药菌株，开始使用时仅为8%，近年来已达77%，有的报告甚至认为在90%以上。

耐药性发生的机理可分为生物化学机理和遗传学机理。

一、耐药性的生物化学机理

归纳起来耐药菌株可能有8种改变。①干扰或阻断抗菌药物输入细菌细胞的能力。如磷酸霉素与磷酸烯醇式丙酮酸的结构相似，运输烯醇或磷酸丙酮酸的运输系统可用于磷酸霉素的运输。②细菌细胞的药物作用位点发生改变，因而降低或失去抗菌药物与作用位点伪结合能力。如对红霉素、链霉素、春雷霉素、磷酸霉素及利福平等产生的抗药性，均与细菌细胞的药物作用位点的改变有关。③使抗菌药物失活或钝化而失去作用。如某些酶可使抗生素灭活或钝化，如青霉素酶可使青霉素失去抗菌作用。以后陆续发现许多酶可使抗生素失去作用。这些酶受染色体基因或质粒控制。④对抗菌药抑制的代谢途径形成替代途径，或称旁路。⑤增加药物抑制酶的含量，以使药物“饱和”或“滴尽”。⑥产生药物作用抑制作用的颉颃药。⑦细菌对药物抑制的代谢产物需要量降低（Dovis与Mass整理）。⑧细菌的酶发生改变，对抗菌药物不敏感（connamacher）。

细菌耐药性生化机理虽多种多样，但也可能是多种改变的综合结果。

由于耐药菌株的大量出现，如葡萄球菌、大肠埃希菌、痢疾杆菌、结核分支杆菌等产生严重的抗药性，以及近几年不断出现新的耐药菌株，如美国最近发现的致死性肺炎球菌，对任何抗菌药物都钝感，给控制传染性疾病的发生和治疗带来了极大困难。

二、耐药性的遗传学机理

一般认为细菌对药物的敏感与钝感（耐药）与细菌的遗传性状有关。但是敏感菌与耐药菌在遗传结构上是有区别的。从敏感菌转变成为耐药菌，在遗传结构上有些改变。关于耐药性的遗传有几种可能，已被公认的有两种：①与耐药性遗传信息的传递有关。在质粒或染色体上存在有控制耐药性遗传信息的基因，当基因转移（通过转化、转导、接合）使耐药基因进入敏感菌时，则可使敏感菌变成耐药菌。②通过细菌的自发突变产生耐药性。当使用抗菌药物时，在有突变的耐药菌和敏感菌同时存在的条件下，敏感菌被控制或杀灭，耐药菌被留存下来，称为突变选择学说。

耐药菌的产生主要有以下几种方式：

1. 耐药基因的参与　通过耐药质粒的传递，可使耐药基因进入敏感菌细胞内，从而产生耐药性。如对氨基糖苷类抗生素产生的各种钝化酶，β-内酯酰胺类抗生素产生的p-内酯酰胺酶等绝大多数由耐药质粒上的基因所控制。近年来发现一种有独立性状的遗传单位，称转座子（transposon）或称跳跃基因或易位子。这种转座子大部分与细菌的耐药性有关。

2. 控制作用位点的基因发生改变　这种改变可能是一种位点突变，即基因内核苷酸顺序发生改变，使蛋白质的多肽链中氨基酸序列发生改变。如对链霉素产生耐药性的细菌，可能为str基因发生改变，引起S12蛋白质发生改变，使链霉素不再能发挥效用。此外，也可能由于控制作用位点以外的基因发生改变。如大肠埃希菌对氨苄青霉素产生耐药性，除决定于*AmpA*基因外，如*LpsA*基因发生改变也能使其产生耐药性。

研究细菌耐药性的生化机理和遗传机理，对防止耐药细菌的产生和控制耐药菌株的作用，在临床兽医学和医学上都具有极其重要的意义。

二、噬菌体

噬菌体是一类大多侵染细菌的微生物，分布极广，具有严格的宿主专一性。1915 年陶尔特（Twort）首先发现于细菌，故称为噬菌体或细菌病毒（详见本书第三十一章）。

三、细菌素

细菌素（bacteriocin）是指由细菌在代谢过程中产生的一种具有杀菌作用的物质。这种物质具有一定的特异性，即只能对产生该细菌素的细菌起作用。细菌素的作用有些与噬菌体相似，能吸附在敏感的细菌体上。敏感的细菌具有特异的受体，而这一点又是细菌素吸附作用所必需的。吸附在细菌体上的细菌素能将细菌杀死，但不能使细菌溶解，这些特点与噬菌体不同。

细菌素可分为三类，第一类为多肽细菌素，分子量 2 000～10 000，多由革兰阳性菌产生。第二类为蛋白质细菌素，分子量 30 000～90 000，多由革兰阴性菌产生。第三类为颗粒细菌素，分子量大于 10^7，超速离心可将其沉淀，形态类似噬菌体，由蛋白亚单位组成。

细菌素的化学组成研究尚少，到目前只对少数细菌素进行了分析。已知大肠埃希菌素 A、V、K 与 SG710 等是脂多糖蛋白质复合物，位于大肠埃希菌的质粒上，称 COL 因子（colicinogenic factor），即大肠埃希菌素源因子。

细菌素的合成由细菌素源因子操纵，细菌素源因子位于遗传上独立复制的质粒 DNA 上。在某些诱变因子（紫外线）存在的条件下，能诱导细菌素的产生。细菌素源因子能通过结合转移或转导的途径在细胞之间进行转移。

各种细菌素的作用尚不十分清楚，也可能不完全相同。例如 E 型大肠埃希菌素都是吸附在同一受体上，E1 主要是抑制 DNA、RNA 及蛋白质的合成；E2 抑制 DNA 的合成，并使之降解；E3 主要是抑制蛋白质的合成。

目前已知，几乎所有的细菌都有一些菌株能产生细菌素，作用范围也不仅限于产生该细菌素的细菌。例如，大肠埃希菌素不仅作用于大肠埃希菌，对沙门菌属、志贺菌属、痢疾杆菌属也都产生作用。

第四节 微生物的亚致死性损伤及其恢复

受前述各种理化因素的作用，往往致使部分微生物细胞未完全死亡，而处于一种介于正常和死亡的状态，即濒死状态，这些细胞在适宜的条件下，能够自我修复并恢复正常的特性，该损伤称之为亚致死性损伤。研究微生物的亚致死性损伤及其恢复，这不仅是消毒理论研究还是传染病预防以及公共卫生学实践，均具有重要意义。

◆ 参考文献

甘肃农业大学. 1980. 兽医微生物学［M］. 北京：农业出版社.

上海第二医学院. 1979. 医用微生物学［M］. 北京：人民卫生出版社.

卫扬保. 1989. 微生物生理学［M］. 北京：高等教育出版社.

尾形学，等. 1989. 家畜微生物学［M］. 龚人雄，译. 中国畜牧兽医学会生物制品研究会.

武汉大学，复旦大学生物系微生物教研室. 1987. 微生物学［M］. 北京：高等教育出版社.

中国农业百科全书编辑部. 1991. 中国农业百科全书·生物学卷［M］. 北京：农业出版社.

中国农业百科全书编辑部. 1998. 中国农业百科全书·兽医卷［M］. 北京：中国农业出版社.

刘思国 编

第五章　细菌的分类与命名

细菌与其他微生物类群一样，是一群形体小、结构简单、繁殖速度快，而且易受外界条件影响，容易发生变异，非常繁杂的生物类群。它们可分为对动物和人有致病性的和非致病性的两大类。人们为了开发和利用细菌资源，控制和改造细菌，进而进行更为深入的基础理论研究，首先就要全面了解它们的生物学特性和特征，在此基础上研究它们的种类，探索其起源、演化过程，了解它们之间的亲缘关系，从纷乱繁杂的关系中找出规律，把它们分群归类，提出一个能反映其自然发展的分类系统。然而由于细菌结构简单，容易发生变异，又缺乏化石资源为依据，因而在20世纪80年代以前，人们只能主观地对大量的细菌进行逐一的观察，按照它们个体发育的形态、培养特性、生理生化特性和细胞组分等一系列性状的异同，按照界、门、纲、目、科、属和种加以分门归类，从而制订出为鉴定未知细菌用的检索表，以利应用。自从在细菌分类学上应用了核酸技术、细胞化学分析和数值分类法等新方法和技术之后，将细菌人为的分类体系向自然分类体系推进了一大步。

第一节　细菌分类

一、分类简史

1675年自荷兰人Leeuwenhoek发明第一架显微镜，并观察到人们用肉眼看不到的“微小动物”，林奈（Linnaeus）第一个尝试微生物分类。1857年德国植物学家根据这些小生物具有细胞壁，当归属于植物界，并独立设纲，取名裂殖菌纲。1917年美国细菌学家协会组成一个细菌鉴定和分类委员会，直接指导和撰写了当代最著名的细菌分类学著作《伯杰鉴定细菌学手册》（Bergey's Manual of Determinative Bacteriology）。20世纪40～50年代虽然是细菌分类学的一个重要发展阶段，但也只是量的变化，没有质的飞跃。科学家们曾试图建立新分类系统，由于实验手段的限制而没能实现。1957年英国细菌学家Sneath首先将电子计算机应用于细菌的分类，开创了数值分类法；同年Copeland提出建立四界分类系统，将原生生物界分为原核生物界、原生生物界、植物界和动物界。自Lee等（1956）与Belozersky等（1960）提出G+C mol%不同是细菌分类鉴定的一个重要的遗传型指征后，60年代开始，细菌分类学进入了分子生物学时期。细菌分类学家开始从遗传学的角度去探索细菌各类群之间的亲缘关系，以寻求细菌的自然发育系统。

两百多年来将细菌一直归属于植物界，近年则将其列在与动、植物界同等位置的原生生物界（Protista）。进一步又分成真核生物界和原核生物界，后者包括细菌、放线菌、螺旋体、立克次体、支原体和衣原体。1978年Gibbons和Muuray提出建议，根据细胞壁的成分，将细菌分为四个门：即薄壁菌门（Graeilicutes）、厚壁菌门（Nrmacutes）、矛膜体门（Mollicutes）和疵壁菌门（Mendoeutes）。1978年Woese提出疵壁菌门中细菌细胞壁上核苷酸的碱基顺序，既不同于前三个菌门，也不同于真核生物，提出建立第三类生物——古细菌的概念。

我国细菌分类学家，中国科学院微生物研究所王大耜教授于1977年提出把非细胞结构的病毒另立一界——病毒界。从而将生物的分类设立为六界系统，在原核生物界下设细菌门，包括细菌、放线菌、立克次体、支原体和衣原体。列表如下：

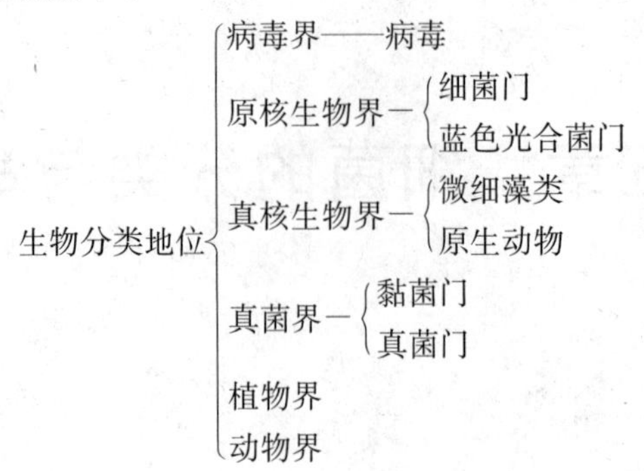

二、分类体系（系统）

目前国际上有三个比较全面的细菌分类体系，第一个是美国细菌学家协会所属的细菌鉴定和分类委员会直接指导和撰写的《伯杰鉴定细菌学手册》(简称《伯杰手册》)(1923)。第二个是前苏联克拉西里尼科夫（КрасЛЪНИОВ）著的《细菌和放线菌的鉴定》(1949)。第三个是法国的雷沃特（Prevot）著的《细菌分类学》(1961)。这三个体系所依据的原则、排列系统、对各类群细菌的命名、所用名称的含意等都各有不同。这三个体系中以《伯杰手册》最具有权威性。

《伯杰手册》自 1923 年第一版出版时起，至 1994 年已刊至第 9 版，内容又做了改动并增加了新的属种。1984 年由美国 Willams wilkins 公司出版《伯杰分类系统细菌学手册》(Berger's Systmatic Bacteriology)，共分 4 卷，于 1989 年出齐。《伯杰分类系统细菌学手册》自第一版开始发行以来，细菌分类已取得了巨大进展，新命名的种成倍增加、新描述的属也在 170 个以上，尤其是 20 世纪 80 年代末以来，rRNA、DNA、蛋白质序列分析方法日趋实用，因而为细菌的系统发育积累了不少新的资料。因此已经有可能对其进行新的修订。2004 年第二版预计分 5 卷出版，它更多地依靠系统发育资料对细菌分类群的总体安排进行了较大的调整。第二版将原核生物分为 30 组，5 卷大致的内容安排如下：

第一卷：1～14 组。包括古生菌、蓝细菌、光合细菌和最早分支的属。

第二卷：15～19 组。包括变形杆菌（属革兰阴性真细菌类）。

第三卷：20～22 组。包括低 G+C 含量的革兰阳性细菌。

第四卷：23 组。包括高 G+C 含量的革兰阳性细菌（放线菌类）。

第五卷：24～30 组。包括浮霉状菌、螺旋体、丝杆菌、拟杆菌和梭杆菌（属革兰阴性细菌类）。

第二版更多地采用核酸序列资料对分类群进行新的调整，无疑这是细菌系统发育分类的重大进展，但另一方面，我们也应看到：在某些类群中，由于序列特征与某些重要的表型特征相矛盾，这将给主要按表型特征进行细菌鉴定带来新的困难，如何解决这些问题，有待进一步研究。

三、分类原则和依据

细菌属低等生物，个体微小，其细菌学和形态学的特征简单，在分类上有一定的困难。因此需要作大量深入的工作，提出多方面的依据，才能确定其分类位置。现将细菌分类鉴定的几项主要依据介绍如下。

（一）形态学特征

1. 个体形态　测量菌体大小，观察形态、排列方式，有无荚膜和鞭毛，鞭毛的着生部位，有无芽孢以及芽孢位置，观察革兰染色反应等。

2. 培养特性　观察在固体培养基上菌落的大小、形态、颜色、光泽、黏稠度、隆起、透明度、边缘特征以及有无迁移性等。在液体培养基中是否形成膜、环、丝、岛以及有无混浊和沉淀，气泡和颜色变化等。在半固体培养基上观察穿刺培养的生长及运动情况。

（二）生理生化特性

其中包括三项内容：

1. 营养物质的利用　观察细菌能否利用糖类、醇类或有机酸作为碳源或能源，以及对一定的有机化合物或二氧化碳的利用能力。对氮源的利用，要看其是取自蛋白质、蛋白胨、氨基酸、铵盐及硝酸盐，还是取自大气中的游离氮。

2. 代谢产物的测定　检查细菌在培养基中能否形成有机酸、乙醇、碳氢化合物、气体以及类似化合物；能否分解色氨酸产生靛基质；能否分解糖类，产生乙酰甲基甲醇、3-羟基-2-丁酮；能否使硝酸盐还原为亚硝酸盐或氨；能否产生色素或抗生素等。

3. 在牛乳培养基中的生长反应　观察牛乳是否凝固，还是液化；是产酸，还是产碱等反应，以及对石蕊指示剂的反应等。

（三）生态特性

细菌对游离氧的需求不同，分为需氧菌、厌氧菌和兼性厌氧菌三大类，它们在不同温度和 pH 环境中的生长情况可作为分类的依据。寄生、共生关系往往具有一定的专一性。不同的致病性，以及是否耐高渗、是否嗜盐等，有时也可作为分类的依据。

（四）血清学反应

血清学反应具有高度的特异性，在细菌分类鉴定上，常用以进行对未知菌的鉴定和抗原组成的分析。例如，用已知抗血清检测未知抗原（细菌），借以明确该细菌的属、种。近十年来由于新技术不断产生，也为确定细菌间的亲缘关系和研究分类体系积累了不少有益资料。

（五）用噬菌体分型

噬菌体对某种细菌的寄生有专一性，而且对同种不同型的细菌也有特异性。可用噬菌体进行菌种鉴定和分型，例如可用相应的噬菌体对葡萄球菌、肺炎球菌、伤寒杆菌和结核分枝杆菌等进行分型。

（六）细胞壁成分的分析

目前在牛放线菌分类中，细胞壁成分的分析已作为分类的依据。细菌细胞壁的主要组分为肽聚糖，但含量不同。革兰阳性菌的细胞壁含肽聚糖少，而革兰阴性菌细胞壁的含量相对较多。同时，通过对肽聚糖中氨基酸性质以及其结构和排列顺序的分析，也为革兰阳性细菌的分类提供信息。

表 5-1　几种致病性细菌的 G+C 含量

菌　名	统计株数	G+C mol%		
		最高	最低	比值差
沙门菌	6	53.7	52.5	1.2
布鲁菌	11	58.5	57.6	0.9
霍乱弯杆菌	7	48.8	47.8	1.0
鼠疫耶尔森菌	6	48.0	46.8	1.2
类鼻疽杆菌	9	69.5	68.0	1.5
炭疽杆菌	15	35.1	30.2	4.9

（根据《医学细菌分子生物学》表 5 整理）

（七）G+C 含量的测定

DNA 分子的两个螺旋单链的鸟嘌呤（G）与胞嘧啶（C）相对，腺嘌呤（A）与胸腺嘧啶（T）相对，相对碱基种类的关系是恒定的，然而前后碱基种类的关系则并非恒定。同时碱基配对顺序、数量和比例，在细胞中是稳定的，不受菌龄和一般外界因素的影响。细菌 DNA 分子中的 G+C 含量是不同的，测定 G+C 含量与四种碱基的总含量的百分比，可了解 DNA 分子中的碱基组成情况。这种百分比因细菌种的不同而有较大的差异，不同种间 G+C 含量范围较其他生物宽，一般从 22%～25% 到 74%～80%。然而在同一个属不同株之间又是由近似的 G+C 比值所组成。一般认为种内不同菌株的（G+C） mol%的差异不应大于4%～5%，同属不同种的差异不应大于10%。如果两个菌的（G+C）mol%差异大于5%，则可判定这两个菌不属于同一个种。这种差异变化范围的大小在细菌分类学上具有极其重要的意义（表5-1）。而且这种差异越大，其在分类地位上也越远。因此可利用（G+C）mol%来鉴定各种细菌种属间的亲缘关系。

将DNA样本缓缓加热，随着碱基对间的氢键的断裂，DNA在260 nm处的吸收逐渐增加，出现约30%的增色效应。出现增色效应一半时的温度，被称为Tm。Tm与DNA（G+C）mol%呈线性相关，Tm值愈高，DNA（G+C）mol%值也愈高。测得DNA的Tm值后，可按Marmur等提出的公式计算DNA（G+C）mol%。该公式为：Tm=69.3+0.41（G+C）。

（八）DNA杂合

利用DNA解链的可逆性和碱基配对的专一性，对细菌进行鉴定是自然分类系统的又一重要措施。将不同来源的DNA加热解链，使之生成游离的核苷酸单链。在合适的条件下，互补的碱基重新结合为螺旋状双链DNA，不仅来自同一菌株的同源DNA单链可结合，就是来自不同菌株的DNA单链，只要彼此间核苷酸在排列顺序上有相应的互补部分，也可按其相应部分所占百分比，产生不同比率的结合。根据生成双链的情况测量杂合百分率。杂合率越高，表示两个菌株DNA间碱基顺序的相似性越高，说明它们之间的亲缘关系越接近。例如，两株大肠埃希菌的DNA杂合率可高达100%，而大肠埃希菌与沙门菌的DNA杂合率约为70%，说明前者亲缘关系近，而后者亲缘关系远。据此测算菌株间DNA的相似程度，来判断它们之间在亲缘关系上的亲疏，以作为分类上的依据。测验方法有直接法和竞争法两种（详见本书实验技术部分——细菌核酸分子杂交技术）。

四、分类方法

目前细菌的分类方法主要有三种。

1. 传统分类法 这一方法是采用植物的系统发生分类法，按界、门、纲、目、科、属、种分类。有的在科和属之间设族，或者在属、种之下设亚属或亚种。它的特点是随机的和非系统的，只根据少数几种特征进行分类。主要是依据形态特征，其次是生理生化特性，按特征、特性分出主次，采用双歧法整理、观察、鉴定的结果，排出分类系统。

2. 数值分类法 数值分类法是Smeath于1956年开始用于细菌分类的。其特点是采用多项分类依据，如形态、着染性、有无鞭毛及芽孢、生化反应、营养需要以及致病性等，将这些特征、特性全部等同地编成符号（或数字），并全部数据输入电子计算机，进行运算和比较，从数学角度来测算细菌之间的相似值，来确定各种细菌间的亲缘关系。此法也称表现型分类法（phenotic classification）。

3. 分子生物学分类方法 自Lee和Belozersky等提出（G+C）mol%不同是细菌分类鉴定的一个重要遗传型指征以来，在最近的20多年来，随着分子生物学的迅速发展和新技术在细菌分类学上的应用，有关细菌的分类鉴定，已从过去的表型鉴定发展到遗传型特征的鉴定上来。细菌分类学家已经从遗传学角度探索细菌各类群之间的亲缘关系。

目前用于细菌分类鉴定的分子生物学方法有：细菌DNA分子中G+C含量的摩尔百分比［细菌中DNA（G+C）mol%含量］的测定、DNA-DNA分子杂交、DNA-rRNA的同源性测定、RNA成分分析、基因组测定、核糖体测定和细菌细胞壁化学组成成分分析等，其中以（G+C）mol%测定最为常用，已被一些国家作为细菌分类鉴定的常规方法加以应用（详见本书实验技术部分——细菌DNA中（G+C）mol%含量的测定技术及细菌核酸分子杂交技术）。

第二节 细菌的命名

细菌的命名须按照国际微生物协会制订的《国际细菌命名规约》进行，即双名法命名。所谓“双名法”就是细菌的命名是由属名、种名两部分组成。《规约》规定，属名在前，种名在后，均用拉丁文或拉丁化的文字表示。中文译名则相反，种名在前，属名在后。例如 *Salmonella choleraesuis*，前者 *Salmonella* 是属名，后者 *choleraesuis* 是种名。中文译名则为猪霍乱沙门菌，种在前，属在后。然而，由于细菌种类繁多，结构复杂，偶有同种异名或异名同种的情况出现。为了防止混乱，可在种名之后附上命名人的姓名和命名年代。由于分类方法的进步，有时会发生所谓转属问题。例如，原为巴氏杆菌属的鼠疫巴氏杆菌和假结核巴氏杆菌，现转属为耶尔森氏菌属。转属后新的命名，可将原来命名人的姓名置括号内，放在菌名之后，再于括号之后附上改定人的姓名的年代。例如猪霍乱沙门菌，原名为 *Bacillus choleraesus* Smith 1894，改属后的名称为 *Salmonella choleresuis*（Smith）Weldin 1927。

通常，细菌命名方法有三种。

1. 新种的命名　在学名之后加注 n. sp.，意为新种。属名之后加 sp. 或 spp.。科名字尾为- aceae，目为- ales，纲为- tes，门为- phyta。

2. 变种的命名　在学名之后加上变种名称，并在变种之前加注 var.。例如，*Salmonella choleraesuis* var. *kunyendorf*，即猪霍乱沙门菌昆成道夫变种的学名。

3. 病原性细菌的命名　多数是根据其所引起的病名、致病性和动物名称加以确定的。例如鸡白痢沙门菌（*Salmonella pullorum*）、炭疽杆菌（*Bacillus anthracis*）。这是因为当初命名时，认为病是由该种细菌引起的。即使在以后发现，这种菌不引起那种病，也不能利用命名规则来改变它。例如，猪霍乱沙门菌只表示是一种细菌，同时也表示它是猪霍乱的病原菌。

菌名只是作为区别于其他细菌的符号，但必须按照《国际细菌命名规约》规定的原则加以命名，凡是与《规约》所确定的规则不符的命名，国际上不予承认，以避免造成混乱。

第三节　细菌的鉴定

一般只有纯培养的细菌才能鉴定。DNA 分子水平的鉴定主要限于专业实验室或作研究之用，目前通用的常规细菌鉴定手段仍是采用检测表型特征的方法，配有成套监测指标的快速诊断试剂盒正在推广，已逐步取代自行选择若干检测项目的做法。商品化的细菌鉴定试剂盒有 Enterotube 系统、API 系统、Vitek 系统等。

参考文献

甘肃农业大学．1980．兽医微生物学［M］．北京：农业出版社．
黄翠芬．1984．医学细菌分子生物学进展［M］．北京：科学出版社．
上海第二医学院．1979．医用微生物学［M］．北京：人民卫生出版社．
尾形学，等．1989．家畜微生物学［M］．龚人雄，译．中国畜牧兽医学会生物制品研究会．
武汉大学，复旦大学生物系微生物教研室．1989．微生物学［M］．北京：高等教育出版社．
张纪忠．1990．微生物分类学［M］．上海：复旦大学出版社．
中国农业百科全书编辑部．1993．中国农业百科全书·兽医卷［M］．北京：中国农业出版社．

刘思国　编

第六章　细菌的致病性和传染

细菌中有相当一部分能引起动物和人罹患疾病。能引起疾病的细菌称致病菌（pathogenic bacterium）或病原菌。能引起疾病的性质称致病性（pathogenicity）或病原性。绝大部分致病菌营寄生生活，能从一个宿主转到另一个宿主，称为传染性。致病菌侵入动物机体后，能否引起疾病，取决于菌体本身的侵袭力（致病力）、毒力、数量以及机体的抵抗力（易感性）、防御能力等多种因素。但有些致病菌长期寄居在宿主体内，并不引起疾病，一旦寄居条件发生改变，则呈现出其致病作用，称为条件性致病菌（如大肠埃希菌）。有的致病菌以其代谢产物使动物致病，称为腐生性致病菌（如肉毒梭菌）。致病菌侵入机体后，在一定部位生长繁殖，并引起机体的某种病理过程，称为传染。

第一节　致病菌的侵袭力

致病性细菌的侵袭力是指致病菌到达宿主机体，破坏宿主防御屏障，侵入适合组织并在其中生长、繁殖，经各种途径（如血液、组织液等）向机体其他部位扩散的能力。构成侵袭力的有关因素有如下几种。

一、胞外酶的作用

1. 透明质酸酶（hyaluronidase）　或称黏多糖酶、扩散因子（spreading factor）。某些细菌（如金黄色葡萄球菌、化脓性链球菌、肺炎双球菌、产气荚膜梭菌和白喉杆菌等）能产生透明质酸酶。这种酶能水解结缔组织细胞和纤维中的透明质酸，使细胞间隙扩大，结缔组织疏松，便于致病菌在组织间扩散、蔓延。但应该指出，这种酶作为扩散因子并不是唯一的。如实验性的产气荚膜梭菌感染，给予透明质酸酶抗体，并没有抑制病灶的扩散。

2. 血浆凝固酶（coagulase）　金黄色葡萄球菌能产生一种血浆凝固酶原，在血浆中某种活性因子作用下，形成凝固酶，称血浆凝固酶。这种酶有两种作用：①能在金黄色葡萄球菌感染病灶周围形成纤维蛋白壁，可阻止宿主的防御机能和药物对它起作用，使病灶局部化。②使纤维蛋白附着在菌体表面，使菌体不易被宿主白细胞所吞噬。即使被吞噬，也不易被破坏消化。但必须指出，金黄色葡萄球菌还能产生第二种血浆凝固酶，不需活性因子参与，可直接作用于敏感的纤维蛋白质，可使血浆中的球菌凝集成堆（凝聚因子）。凝聚因子在抗吞噬作用上比凝固酶更为重要。有的菌株不产生凝固酶，也能出现相同的作用，值得注意。

3. 链激酶（streptokinase）　或称链球菌溶纤维蛋白酶（streptococcal fibrinolysin）。大多数致病性链球菌能产生链激酶。其作用与凝固酶相反，使血浆中无活性的蛋白质分解酶活化，溶解纤维蛋白。因而可使感染病灶周围所形成的纤维蛋白屏障溶解，易于细菌和毒素扩散，促使病灶发展。化脓性链球菌同时能产生链道酶（streptodornase），又称链球菌DNA酶，为脱氧核糖核酸酶（核酸分解酶），能溶解含有脱氧核糖核酸的脓性渗出液和黏性物质，影响感染过程。

4. 胶原酶（collagenase）　由溶组织梭菌（*Clostidium histolyticum*）和产气荚膜梭菌产生的一种

酶，能分解肌组织中的胶原蛋白，便于此类细菌在组织中扩散，使病灶恶化。

5. 卵磷脂酶（lecithinase） 此酶是产气荚膜杆菌的重要致病因素。卵磷脂是细胞膜的重要脂类成分，卵磷脂酶能裂解卵磷脂，导致细胞膜的解体。如红细胞或组织细胞膜上的卵磷脂被分解，则引起红细胞的溶解和组织细胞的坏死。

二、黏 附 力

黏附力又称黏着性。细菌具有黏附能力，是因为细菌的细胞表面生长着特殊的菌毛和菌丝体等黏附因素，这些因素具有能与宿主细胞的特异受体相结合的能力。大多数致病性细菌对机体的致病作用，开始于对呼吸道、消化道或泌尿生殖道黏膜的黏附作用。而这种作用具有特异性。如大肠埃希菌的菌毛能较好地黏附于肠道上皮细胞。链球菌能黏附口腔黏膜。猪的大肠埃希菌对肠道的致病性与丝状体的表面抗原有关。此丝状体表面抗原能增强该菌与肠道上皮细胞的亲和力等。致病菌侵入机体黏附于上皮细胞后，即在上皮表面或穿透深层组织定居、生长、繁殖，引起疾病。

三、亲器官性

细菌对机体的致病性具有高度的选择性。它们对所侵袭和感染的部位是有选择性的，即所谓亲器官性（organotropism）。例如肺炎球菌的感染部位通常在喉头，生长、繁殖后侵入到下部呼吸道引起肺炎。布鲁菌的感染部位，在妊娠牛的胎儿、胎盘和胎液中大量繁殖，并造成流产。这是由于在胚胎组织中含有大量的赤藓糖醇（erythritol），是适宜布鲁菌生长、繁殖的因子所致，而在其他组织则没有。人感染布鲁菌不引起流产的原因，与人体内没有赤藓糖醇有关。

四、抗吞噬因子

某些细胞外寄生菌的表面具有荚膜或其他表面结构等抗吞噬因子，可抵抗吞噬细胞的吞噬作用，从而使侵入机体的致病菌能在体内繁殖、扩散引起疾病。如肺炎球菌、乙型链球菌A族和C族、炭疽杆菌及流行性感冒杆菌等。荚膜的化学物质因菌种而异，肺炎链球菌、多数革兰阴性杆菌的荚膜为多糖类，而炭疽杆菌的荚膜为D谷氨酰胺酸。这些物质即使是游离于荚膜之外，独立存在时，也不失其抗吞噬作用。

有些细菌表面除具有荚膜物质外，还具有其他表面物质或类似荚膜物质。如链球菌的透明质酸荚膜、M-蛋白质、某些革兰阴性杆菌细胞表面的酸性多糖荚膜、沙门菌的Vi抗原和大肠埃希菌的K抗原等。这些物质能抗细胞吞噬，并具有抵抗抗体和补体的作用。丧失荚膜的变异株（R型）容易被吞噬，无致病性。

五、毒 素

多数致病性细菌能产生特异的毒性物质，称毒素（toxin），使该细菌的致病能力大为增强（如破伤风梭菌、产气荚膜梭菌、金黄色葡萄球菌）。宿主机体受到这种毒素作用后，可产生特异的症状（如破伤风梭菌毒素引起的僵直症状）。细菌毒素分为外毒素和内毒素两大类。

1. 外毒素（exotoxin） 外毒素是致病性细菌在其生长、繁殖过程中分泌到菌体外环境中的一种特殊代谢产物，具有酶活性，在受到蛋白酶作用被激活后即表现出毒性。许多革兰阳性细菌及部分革兰阴性细菌均能产生外毒素。代表菌有破伤风梭菌、产气荚膜梭菌、肉毒梭菌、化脓性链球菌以及金黄色葡萄球菌等。外毒素是一种蛋白质，能被蛋白酶所分解；可被氧化剂和紫外线所破坏；遇酸则发生变性；

硫酸铵能使其沉淀；易为活性炭、氢氧化铝等吸附剂所吸附。对热敏感，60～80℃经 20 min 即被破坏，或毒性减弱。但金黄色葡萄球菌的肠毒素于 100℃经 40 min，仍保持部分毒性。

多数细菌的外毒素由两个亚单位组成，其中一个亚单位能与敏感细胞膜上的特异受体结合，决定毒素对宿主细胞的选择亲和性；另一个亚单位是毒素的活性中心，决定毒素的致病特点及作用方式。

外毒素的毒性很强，是已知生物和化学毒中最强的一类，1 mg A 型肉毒毒素的晶体可杀死 2 000 万只小鼠，其毒性比氰化钾强 1 万倍。对易感动物的组织和细胞有特定的亲和性，表现特定的中毒症状。根据外毒素对细胞的选择亲和性和作用方式的不同，可将外毒素分为神经毒素、肠毒素和细胞毒素三大类。

(1) *神经毒素* 代表菌为破伤风梭菌，是专性厌氧菌。不能侵害表在组织，只有侵入到深层组织（如外伤引起的深层创），在缺乏氧的条件下才能生长、繁殖，产生一种外毒素，称破伤风毒素。这种毒素分子质量为 67 000，是毒力最强的一种外毒素，具有嗜中枢神经性。当它侵入中枢神经后，固定在神经突触上，与糖脂类神经鞘氨醇结合，阻碍神经传递，引起特异的肌肉痉挛性收缩，临床出现“板凳式”僵直（马）。

(2) *肠毒素* 代表菌为肉毒梭菌。这种细菌与公共卫生至关重要，是一种土壤菌，一旦污染火腿、腊肠、熏肉以及消毒不彻底的肉罐制品，则可在其上生长、繁殖，并产生毒性较强的外毒素，称肉毒梭菌毒素。当人们食入 0.1 μg 这类毒素后，经胃肠道吸收，进入血流，侵害肌肉神经传导装置，使运动神经系统功能停滞，导致呼吸麻痹或心力衰竭而死亡。

(3) *细胞毒素* 代表菌为产气荚膜梭菌，其产生的 α 毒素，是产气荚膜梭菌的主要致病因素。此毒素是一种卵磷脂酶，与破伤风毒素一样，是在深层创伤组织中形成的，能破坏细胞，特别是红细胞的卵磷脂，引起细胞坏死和红细胞溶解，造成气性坏疽。

此外，某些溶原菌也能产生毒素，如白喉杆菌等，其本身并没有合成毒素的机制，当其感染某种带有合成毒素基因的噬菌体，而成为溶原菌后才能产生毒素。能产生白喉毒素的白喉杆菌都带有温和型 tox^+ 噬菌体。如该噬菌体从菌体内消失，则细菌产毒素能力也随之消失。但带有 tox^+ 噬菌体的菌株不一定都能产生毒素，主要与菌体细胞调节和外环境 Fe 浓度有关。白喉毒素实际上是菌体噬菌体 tox^+ 基因编码产生的噬菌体蛋白质，具有强烈的细胞毒作用，为典型的细胞毒素，能抑制敏感细胞蛋白质合成，引起组织变性。

外毒素具有良好的抗原性，能刺激动物机体产生效能高的抗毒素，用于外毒素中毒症的治疗和预防，是最有效的被动生物制剂。毒素蛋白质中赖氨酸的 ε 氨基、亚氨酰胺、胍、硫氨基等遇甲醛会变性，毒性随即消失，但仍保持其抗原性而成为类毒素，以此制成的生物制品是一种良好的主动免疫剂。

2. 内毒素（endotoxin） 内毒素存在于细菌细胞壁的外层，由杂聚糖聚合的多糖体及特殊的类脂体构成，为巨分子化合物。

当细菌处在生活状态时，它与菌体结合在一起不被释放，只有当细菌死亡、自溶或被人为破坏时（如冻融、加热、超声波作用或药物浸提），才能释放到环境中，因而称内毒素。大多数革兰阴性细菌（如沙门菌、大肠埃希菌、痢疾杆菌、奈瑟球菌等）的细胞壁中都含有内毒素。主要成分为脂多糖（LPS），分为三层，外层为 O 特异性多糖链，即 O 抗原，由重复的几种低聚糖组成；中间层是核心多糖；内层为脂类 A，与胞壁蛋白质连结。

内毒素耐热性强，120℃经 1 h 不被破坏，相当稳定。毒性弱，其作用没有器官选择性。不同致病菌所产生的内毒素引起的症状大致相同，都有发热、腹泻，大剂量可引起出血性休克等。其机理大致为：①内毒素可促使粒细胞和单核细胞释放内源性热原质，作用于下丘脑的体温中枢；②由于内毒素激活 5-羟色胺和激肽等活性物质的释放，使末梢血管扩张，血压下降。外毒素与内毒素的区别见表6-1。

表 6-1　外毒素与内毒素的区别

内　容	外　毒　素	内　毒　素
生成	细菌生长繁殖过程中产生，释放或分泌到菌体外环境中	存在于细胞壁外层，属细胞壁的构成成分，菌体崩解后释出
毒性作用	毒性强，有高度特异性和器官亲和性	毒性弱，无特异性和器官亲和性
化学组成	尚不十分清楚，可能为一种蛋白质（相对分子质量 27 000～90 000）	多糖-类脂-肽的复合物（毒性主要为类脂 A）
耐热性	对热不稳定，58～60℃即被破坏	对热稳定，能耐 80～100℃数小时
抗原性	有良好的抗原性，可刺激机体产生高效价抗毒素，经甲醛处理，可脱毒成为类毒素	抗原性弱，不能脱毒成为类毒素

内毒素的生物活性非常复杂，对机体的原始动因也非单一，类脂体 A 为内毒素的毒性中心，其毒性的强弱与类脂体 A 上脂肪酸的种类有关。将纯化的脂多糖（LPS）或提取后制成的可溶性类脂体 A 注入易感动物体内，可引起多种生物学活性（表 6-2）。

表 6-2　类脂多糖体的生物活性

生物活性	作　用	生物活性	作　用
对生物膜的影响	1. 激活膜上腺苷酸环化酶 2. 损伤溶酶体膜 3. 损伤线粒体膜 4. 引起细胞膜损伤，促进前列腺素合成	对血液系统的影响	1. 激活补体系统、血凝系统、纤溶系统和激肽系统 2. 引起骨髓坏死及末梢血液中白细胞数量变化 3. 使鲎血溶解物凝固
对糖代谢过程的影响	1. 血糖初期升高，而后迅速下降 2. 抑制磷酸烯醇或丙酮酸羧基酶合成，影响糖原异生 3. 促进肝脏丙酮酸激酶合成	对循环系统的影响	1. 促进肾上腺对皮肤血管的反应 2. 引起微循环障碍，血压下降 3. 引起弥漫型血管内凝血
对机体抵抗力的影响	1. 佐剂作用 2. 激活 PES，对 LPS 产生耐性 3. 激活淋巴细胞产生抗体和干扰素 4. 增强非特异性免疫力 5. 诱生肿瘤坏死因子，使肿瘤细胞坏死	其他影响	1. 使微粒体中细胞色素 P45 降解 2. 使胚胎骨质损耗，使小鼠致死作用 3. 引起斯氏反应

（引自《医学细菌分子生物学进展》，黄翠芬主编，1984）

细菌的侵袭力除上述一些之外，与其相关的因子还有如下一些：

1. 细菌性溶血素　许多细菌能产生一种溶解红细胞的毒素，对动物有强烈的毒性作用。化脓链球菌、破伤风梭菌、肺炎链球菌和产气荚膜梭菌均可产生，但其性质因菌种不同而异。

2. 杀白细胞素　肺炎链球菌和其他链球菌能产生一种杀白细胞素，被吞噬后能杀死白细胞。

3. 铁色素　细菌侵入机体后，能产生一种铁色素。这种物质有利于细菌增殖，是细菌增殖不可缺少的物质。在沙门菌和大肠埃希菌中看到的铁色素称肠菌素或肠扩张素，作为细菌致病因子而起作用。

第二节　细菌的致病岛

细菌的致病性是由其毒力因子决定的，而控制这些毒力因子（如菌毛、毒素、酶等）的基因可以是染色体上某些特殊的位点，也可以是由细菌内的质粒或噬菌体所携带的遗传成分。近年来在细菌学领域对细菌致病机制的研究中出现了一个新概念——“毒力岛”（pathogenecity island）。毒力岛的发现及研究为我们了解细菌的致病性和毒力因子提供了有效的途径。

一、毒力岛的特点

毒力岛最早是用来描述泌尿道致病性大肠杆菌（uropathogenic *E. coli*，UPEC）染色体上两个分子量很大、编码许多毒力相关基因的、不稳定的外源 DNA 片段。随着近年来研究的深入，人们发现在许多病原性细菌中都存在着毒力岛，毒力岛的定义也有了较大的改变。我们通常所说的毒力岛具有以下特点：

（1）一组编码细菌毒力的基因簇，为染色体上一个分子量较大（通常为 20～100kb 左右）的 DNA 片段。

（2）一些毒力岛两侧具有重复序列（RS）和插入元件（IS），但也可以没有。

（3）毒力岛往往位于细菌染色体的 tRNA 位点内或附近，或者位于与质粒、噬菌体整合有关的位点，如肠致病性大肠杆菌（enteropathogenic *E. coli*，EPEC）的 LEE 毒力岛位于 *sel*C-tRNA 位点。

（4）毒力岛 DNA 片段的 G+C 百分比、密码使用与宿主菌染色体具有明显差异，有的比宿主菌明显高，有的明显低。

（5）毒力岛具有不稳定性，并含有一些潜在的可移动成分，如 IS 序列、插入酶（intergrase）、转位酶（transposase）以及质粒复制起始位点等。

（6）毒力岛编码的基因产物多为分泌性蛋白和细胞表面蛋白，如溶血素、菌毛、血红素结合因子；一些毒力岛编码细菌的分泌系统（如Ⅲ型分泌系统）、信息传导系统和调节系统。

（7）一种病原菌可同时具有一个或几个毒力岛；有学者认为，细菌的毒力岛应该包括位于质粒和噬菌体上的，与细菌的毒力有关的，其（G+C）mol%和密码使用与宿主菌明显不同的 DNA 片段。并认为毒力岛的获得与新出现的病原生物有一定的关系。

二、主要细菌的致病岛

从泌尿道致病性大肠杆菌 UPEC 中第一个毒力岛的发现并命名以来，已在各种病原菌中先后发现了十几个毒力岛的存在。这些毒力岛的发现，使我们对细菌的致病性有了进一步的认识。以前，人们往往认为细菌的毒力是单因素的，或者说其中的某一个因素发挥着决定性的作用，如过去认为霍乱弧菌的毒力主要是产生毒素的能力，不产生毒素的细菌就是无毒的。毒力岛的发现使我们认识到细菌的毒力比我们想象的要复杂。

在大肠杆菌中发现的毒力岛有 6 个，分别称为 PaiⅠ、PaiⅡ、PaiⅢ、PaiⅣ、PaiⅤ、PaiⅥ。其中在泌尿道致病性大肠杆菌中就有 5 个，主要编码 α-溶血素、菌毛、Ⅰ型细胞坏死因子和一些分泌性蛋白。肠致病性大肠杆菌（EPEC）中具有一个 35kb 大小的 LEE 毒力岛（locus of enterocyte effacement），与 EPEC 对肠道上皮细胞所产生的 AE（Attaching and Effacing）损伤有关，其(G+C）mol% 为 42%，与宿主菌（G+C）mol%（52%）明显不同。这个毒力岛在肠出血性大肠杆菌（enterohemorrhagic *E. coli*，EHEC）中也存在，而其他不产生 AE 损伤的大肠杆菌则没有 LEE 毒力岛，如实验菌株 K-12 及肠道普通的大肠杆菌。

已经在沙门菌中发现了 5 个毒力岛，分别命名为 SPI1、SPI2、SPI3、SPI4、SPI5。其中 SPI1 编码Ⅲ型分泌系统，与沙门菌对肠道上皮细胞的侵袭力有关；SPI2 也编码Ⅲ型分泌系统，与系统性感染有关；SPI3 与沙门菌在巨噬细胞内和在镁离子不足条件下存活有关；SPI4 编码 I 型分泌系统，与沙门菌在巨噬细胞内的存活有关；SPI5 编码 *pip*A、*pip*B、*pip*C、*pip*D 等基因，可导致肠道液体分泌和炎症反应，不具有与全身感染有关的基因。

耶尔森菌按其毒力岛 DNA 序列的不同分为两个进化类群：*Y. pestis* 群和 *Y. enterocolitica* 群。在 *Y. pestis* 群中具有一个 102kb 的毒力岛，它的一个 58kb 区域（*hms* locus）编码血红素储存基因。另一个45kb的区域（包括irp2、irp1、fyuA等基因）编码耶尔森菌菌素受体和铁调节蛋白等，其(G+C) mol%较宿主菌高得多，而且这个毒力岛可以完全缺失。

与慢性胃炎、消化性溃疡及胃癌有着非常密切关系的幽门螺杆菌（*Helicobacter pylori*，HP）具有一个40kb的*cag*毒力岛，编码*cag*A等基因，介导IL-8的分泌和一些膜相关蛋白的合成，具有这个毒力岛的菌株称为I类菌株，与慢性胃炎、消化性溃疡及胃癌的关系可能更为密切。

最先在霍乱流行株O139中发现一个35kb的毒力岛（OtnA、OtnB），编码荚膜和O抗原的合成。后来又发现一个新的毒力岛，大小为40kb，(G+C) mol%较低（35%），在致病性霍乱弧菌流行株及非流行株中均出现该毒力岛，含有编码霍乱毒素调节因子（ToxT）、毒素噬菌体CTXΦ的受体（又称毒素共调菌毛，TCP）、辅助定居因子（ACF）等的基因，该毒力岛含有的插入酶（intergrase）、转位酶（transposase）及att位点均提示其可能为噬菌体来源。同时还发现这个毒力岛含有一个与EPEC IV型菌毛同源的基因。

在革兰阳性的金黄色葡萄球菌中也发现了一个编码TSST-1毒素、超抗原等产物的毒力岛，在这个毒力岛的两侧具有一个17kb的同向重复序列，使用噬菌体技术可以将这个毒力岛环化或切除，也可以很高的频率进行转导。因为其不具有可检测的噬菌体样基因特点，将金黄色葡萄球菌中两个类似的结构称为毒力岛SaPI1和SaPI2。

值得注意的是，在固氮微生物根瘤菌（Rhizobia）中也发现了一个大小为500kb的毒力岛样结构，编码结节的形成，与固氮作用及与该菌的共生特性有关，在细菌染色体上*phe*-tRNA位点插入，被命名为“共生岛（symbiosis island）”。共生岛的发现提示毒力岛样结构在非病原性细菌中也可能广泛存在。其他一些细菌，如*Clostridium difficile*、*Listeria ivanovii*、*Dichelobacteria nodosus*、*Shigella flexneri*中也发现有毒力岛的存在。

第三节　宿主的抵抗力

宿主的抵抗力是指机体对所有致病性细菌的入侵都有不同程度的抵抗能力，即防御能力，没有特异性。这种抵抗能力是在动物进化过程中自然形成的，能代代相传，因此称天然防御力，也称天然免疫力。机体具有某些防御结构，以抗拒致病菌引起的各种病理作用，当这些结构遭到破坏时，便开始形成疾病。机体的各种抵抗结构虽然多种多样，但归纳起来可分为两类。

一、天然抵抗力

构成机体天然抵抗力的因素很多，主要有生理屏障系统、细胞的吞噬作用、体液的除菌作用、炎症反应和先天的不感受性等。

1. 皮肤与黏膜的屏障作用　健康而且没有破伤的完整皮肤及黏膜，可起到机械阻止大部分致病菌侵入机体的作用。附着在皮肤及黏膜上的细菌还可被机体分泌的不饱和脂肪酸或溶菌酶杀死。但部分致病菌可通过皮肤或黏膜侵入机体内组织（如土拉弗朗西斯菌和钩端螺旋体等）。这类致病菌一旦侵入体内组织，组织的腱鞘、肌膜或浆膜等可起到防止感染扩展到其他部位的作用。

2. 血管与血脑的屏障作用　血管屏障由血管内皮细胞及血管壁及其他组织所构成。由毛细血管壁将血液中的细菌与中枢神经隔开，从而防止中枢神经感染。血脑屏障是由脑的毛细血管壁、软脑膜及脉络丛等所构成，能阻止致病菌及其所产生的毒素从血液进入脑脊液及脑脊组织。

3. 胎盘的屏障作用　胎盘屏障是由子宫内膜的基蜕膜和胎儿的绒毛膜组成，妊娠3个月后发育完善。可阻止细菌通过，胎儿在一定的胎龄期内，一般不会经胎盘循环感染母体所患的传染病。

4. 体液与分泌物的作用　健康机体的体液和分泌物中含有多种能杀灭细菌的物质，如补体、碱性多肽等，它们或者单独或者协同地起到抑制或杀灭细菌的作用。已知胃液（pH2～3）和胆汁等也有杀菌作用。

5. 补体（complement） 补体是存在于动物和人正常新鲜血清中，具有酶活性的血清蛋白，称补体系统，是体液抗感染的重要因子。由球蛋白和黏蛋白组成。其作用可被正常抗体激活，能杀死或破坏细菌。但近年来的研究表明，补体不仅仅是机体自身稳定和保护性反应的一种重要物质，而且还参与许多免疫病的损伤机制。

6. 溶菌酶（lysozyme） 由吞噬细胞分泌的一种具有杀菌作用，并能使一些革兰阳性细菌溶解的碱性蛋白质。存在于唾液、泪液、鼻汁、胆液、腹水、汗汁、乳汁及许多脏器组织液中。能裂解革兰阳性细菌细胞壁中的乙酰葡萄糖胺与乙酰胞壁酸分子之间的连接，使细菌溶解；并能活化补体，对革兰阴性菌起作用。

7. β-溶素 某些动物正常血清中含有一种耐热性杀菌物质，是血小板在凝血过程中释放的一种低分子质量的碱性蛋白质。对革兰阳性需氧芽孢杆菌有杀菌作用。

8. 正常抗体（normal antibody） 动物或人在未见有明显的自然感染史，或人工免疫接种史，但在血清中确可查出含有抗各种细菌的抗体，又称天然抗体。这种抗体在体液性抵抗力中起重要作用。但与免疫抗体相比，含量少，特异性弱。已知正常抗体有化脓性链球菌和白喉杆菌的抗毒素（正常的）。除抗毒素以外的抗体，在调理素作用下，可使吞噬细胞的吞噬作用增强。此外，从组织液中分离的其他抗菌物质还有白细胞素、组织胺、组织多肽、血小板素、精胺、氧化高铁血红素等。

二、细胞性抵抗力——吞噬作用

动物体内网状内皮系统中的巨噬细胞和血液中的中性多形核白细胞、单核白细胞具有吞噬功能。通过其细胞膜上的小泡能将侵入机体内的细菌及其他异物颗粒摄入细胞内，进行消化、溶解，使之无害，在防御致病菌传染上起着重要作用（图 6－1）。吞噬作用分为三个阶段。

1. 第一阶段——接触 吞噬细胞可被细菌释放出的带有趋化因子（chemotactic agent）的物质所吸引，而向感染部位移行和集中，称为阳性趋化性（positive chemotaxis）。如肺炎球菌、链球菌、炭疽杆菌等的多糖类物质，以及补体活化产物均能释放这种物质，起到吸引吞噬细胞的作用，使吞噬细胞与细菌接触。但不是所有细菌都能被吞噬，如具有荚膜或 O、Vi 抗原的细菌，均具有抗吞噬作用；伤寒杆菌、绿脓杆菌等的内毒素、破伤风梭菌的外毒素均能麻痹吞噬细胞，阻止其移动，称为阴性趋化性（negative chemotaxis）。

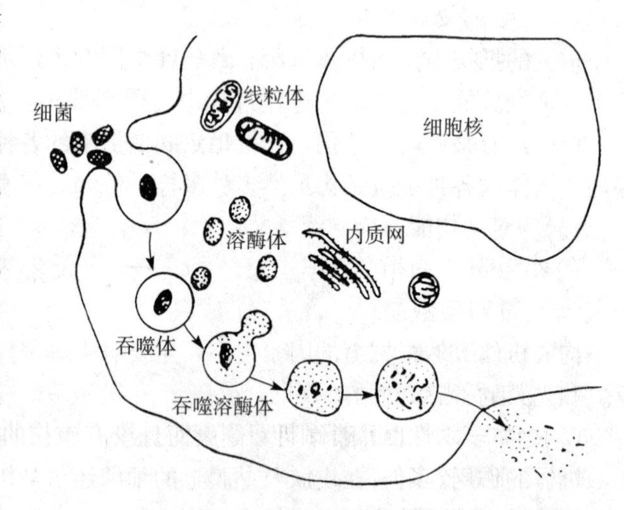

图 6－1 吞噬细胞对细菌的吞噬和消化过程示意图

2. 第二阶段——吞入 吞噬细胞与细菌接触后，在调理素的协同作用下，通过吞噬或吞饮作用（pinocytosis），将细菌摄入细胞体内。对较小的异物（如病毒等）则在其附着处的细胞膜向胞内凹陷，形成吞饮小泡，将吞入的物质包裹在小泡里。对于较大细菌，吞噬细胞伸出伪足，将其包裹后吞入胞浆内，形成一层膜包裹的吞噬体（phagsome）。

3. 第三阶段——消化（杀死、破坏） 当吞噬细胞吞噬细菌形成吞噬体后，胞浆内含有的消化溶酶体（lysosome）与吞噬体接触，融合成吞噬溶酶体（phagolysosome）。一旦形成复合体后，溶酶体内所含的溶菌酶、髓过氧化物酶、乳铁蛋白、吞噬细胞杀菌素、碱性磷酸酶等可直接将吞入的细菌杀死；由水解蛋白酶、多糖酶、核酸酶、脂酶等将其消化和分解。最后将残渣排出至细胞外。

吞噬细胞的吞噬能力是不相同的。例如，中性多形核白细胞主要是吞噬能引起急性传染病的细菌，如葡萄球菌、链球菌等。而单核白细胞则具有吞噬能引起慢性传染病的一些细菌，如布鲁菌、结核分支杆菌等。但有的细菌虽然被吞噬，却能在细胞内生长、繁殖，不被杀死。而且会随着吞噬细胞将致病菌带至机体的其他部位，扩大感染范围，称为“不完全吞噬”。

近年来发现，血液中的嗜酸性粒细胞也具有一定的吞噬能力，能吞噬变态反应中的抗原抗体复合物及组织胺等物质。

三、宿主的天然不感受性

宿主的天然不感受性是指机体对致病菌或其所产生的毒素先天无感受性，不引起任何病理改变。宿主的先天不感受性有如下表现。

1. 种、属的不感受性　因种、属的不同，有的动物对某种传染病具有先天的不感受性，例如马属动物对马传染性贫血病易感染，而其他动物均不感染；猪和野猪容易感染猪瘟，其他动物则不感染；人对猪瘟、马传染性贫血、犬瘟热许多动物疾病不感染等。这方面的机理尚不清楚。

2. 遗传因子　Webster 等根据小鼠对鼠伤寒沙门菌易感，但通过选择交配，成功培育出抵抗系（不感受性）小鼠。

3. 年龄因子　一般来说，幼龄动物对疾病的抵抗力较成年动物弱，反之，成年牛对布鲁菌病的抵抗力较幼龄牛弱。

第四节　感染的发生、发展与结局

致病性细菌侵入机体后，在一定部位定居生长、繁殖，从而引起机体局部或全身性病理反应，这一过程称为感染。从一个宿主转移到另一个宿主，称为传染性。临床上表现出症状时，则称为传染病。

一、致病菌引起感染的基本条件

致病菌对动物能不能引起疾病，除决定于致病菌本身的诸多因素（如菌数多少、毒力强弱）与机体的抵抗力大小外，尚须具备以下条件。

（一）毒力与数量

有些致病菌的毒力强，而机体又具有高度的易感性，即使少量致病菌侵入机体，也能引起感染。致病菌引起感染所需致病菌的数量，取决于菌株毒力的强弱。菌株毒力强，即使极少量的菌也可引起感染。如 5 个禽多杀性巴氏杆菌即可引起鸡感染。土拉弗朗西斯菌对小鼠的感染量约为 10 亿个菌。但大多数致病菌则需较多的菌数才能引起感染。

（二）入侵途径

致病性细菌能够引起感染还必须有合适的入侵途径，否则即使具有一的毒力和数量，也难以引起感染。如破伤风梭菌必须侵入到深层组织，在缺氧的条件下，才能生长、繁殖产生毒素，引起感染。副伤寒沙门菌则须经消化道才能引起感染。但也有一些细菌，可经多种途径侵入机体，如炭疽杆菌可经消化道、呼吸道、皮肤或黏膜创伤及吸血昆虫的叮咬等途径引起感染。因此，致病菌若在动物间造成传染，必须经由合适的入侵途径才能成立。

（三）外界环境条件

外界环境条件是指饲养管理、卫生措施、季节、温湿度、地域差异等，都对致病菌传染的发生、发展具有极为重要的影响。外界环境条件可使动物的抵抗力降低，致病菌侵袭力减弱，或干扰致病菌与动物的接触。如炎热的夏季，啮齿类动物和吸血昆虫活动猖獗，极易引起致病菌的传播和蔓延。冬季气候寒冷，动物往往缺乏营养，运动量不足，致使抵抗力降低，易招致致病菌的入侵而引起传染。又如鸡在正常条件下，不感染炭疽杆菌，但当体温降低时也可感染。

二、感染类型

（一）按照疾病的临床表现区分

1. 隐性感染（inapparent infection） 或称亚临床感染（subclinical infection）。致病菌侵入机体后，不出现或仅出现不明显的临床症状，对机体损害轻微，称为隐性感染。是由于侵入机体的致病菌数量少，毒力弱和机体具有一定的抗感染能力的结果。

2. 显性感染（apparent infection） 侵入机体的致病菌，数量多、毒力强，而且机体的抵抗力又差，以致机体受到严重损害，生理功能发生改变，临床上出现一系列症状，称为显性感染。

3. 继发感染（secondary infection）**和混合感染**（mixed infection） 在疾病感染过程中，又感染了其他致病菌，使病势加重，称为继发感染。由两种以上致病菌同时侵入体内造成感染时，称为混合感染。例如，多杀性巴氏杆菌或猪霍乱沙门菌常在慢性猪瘟患病过程中侵入病猪体内，造成二次感染。

（二）按照引起疾病的急缓区分

1. 急性感染（acute infection） 起病急，病程短，临床表现突然发病，体温急剧升高，症状明显，称为急性感染。如炭疽、猪瘟等。

2. 慢性感染（chronic infection） 起病缓慢，而且病程长。常数月乃至数年不愈，许多是由寄生于细胞内的致病菌引起的疾病，称为慢性感染。如结核分枝杆菌引起的结核病。

（三）按致病的部位和性质区分

1. 局部感染（local infection） 致病菌接触或侵入机体后，被限定在一定的部位定居下来生长和繁殖，并引起局部病理改变，称为局部感染。如化脓性葡萄球菌、链球菌等引起的疖、痈及其他疡脓性疾病。

2. 全身感染（systemic infection） 是指致病菌或其产生的毒素在接触或侵入机体后，破坏了机体的防御功能，向全身扩展，引起全身性疾病，称为全身感染。常见的有如下几种病型。

（1）*菌血症*（bacteremia） 致病菌侵入血流，但不在其中生长、繁殖，血流只起运输作用，称菌血症。

（2）*毒血症*（toxemia） 致病菌产生的毒素，进入血流后，可引起全身性疾病，称毒血症，如破伤风等。

（3）*败血症与脓毒血症*（septicemia and pyemia） 致病菌侵入血流后，在其中生长、繁殖，引起高热与全身中毒症状，造成机体严重损害，称败血症。如为化脓性致病菌所引起，则称脓毒血症。

（四）外源感染与内源性感染

致病菌由外界环境侵入机体，并在其中生长、繁殖，引起感染的过程，称外源性感染。大多数致病菌的感染属于此类。而少数寄生于机体的细菌并不引起疾病，但当机体抵抗力下降时，则可乘机侵入其他组织，引起发病，称内源性感染。如大肠埃希菌引起的各种动物的大肠埃希菌病。

（五）典型感染与非典型感染

临床上表现出某种感染病所特有的特征性症状，易为临诊所识别，称为典型感染。如马腺疫的颌下淋巴结肿胀化脓。而非典型感染其临床表现常轻重不一，似是而非，不典型，临诊不易识别，常需采用实验室技术才能作出确诊。

（六）良性感染与恶性感染

一般以病畜死亡与否作为判断标准。如不引起动物大批死亡，称为良性感染。反之则称为恶性感染。如口蹄疫的死亡率不超过2%时为良性口蹄疫，如为恶性口蹄时死亡率可高达25%～50%。

三、感染方式与途径

致病菌因其种类不同，侵入机体的方式和途径也有所不同。主要有如下一些。

（一）外源性

1. 呼吸道感染　患病动物和带菌动物的分泌物中含有大量的致病菌，随着咳嗽、打喷嚏时排出体外的飞沫漂浮在空气中，或污染空气中的尘埃，健康动物经呼吸道吸入这类空气或污染的尘埃，即可招致感染。如巴氏杆菌和结核分枝杆菌，可经此途径传播。

2. 消化道感染　被患畜或带菌动物污染的含致病菌的排泄物所污染的饲料、饮水等，被健康动物食入或饮入，经消化道可引起感染。如大肠埃希菌、伤寒沙门菌等。

3. 皮肤、黏膜创伤感染　致病性葡萄球菌、链球菌等在自然界分布极广，经皮肤或黏膜哪怕最微小的裂隙或创伤，都可能引起感染，或造成化脓性感染。破伤风梭菌、气性坏疽梭菌，可经深部创伤感染。

4. 接触感染　如人感染布鲁菌病，是通过与患病动物接触而招致感染。其方式可以是直接接触，或者是通过被污染的工具而间接接触感染。

5. 节肢动物感染　有些细菌的感染是由吸血昆虫或节肢动物传播的。

6. 生殖道与泌尿道感染　有些感染病（包括一些寄生虫病）是通过动物的直接交配而感染的。

（二）内源性

1. 连续性感染　许多致病菌在侵入组织间隙后，即有向周围组织扩展的特性，称为连续感染。如放线菌。

2. 管道性感染　如结核分枝杆菌、志贺杆菌、淋菌等侵入机体后，即沿着呼吸道、消化道等管道扩散，称为管道性感染。

3. 淋巴管性感染　有的致病菌侵入机体后暂不致病，经脉管或淋巴管进入淋巴结后立即进行繁殖。代表菌有伤寒沙门菌、布鲁菌等。

4. 血行性感染　致病菌侵入机体后，进入血流，不立即繁殖，而是随血流传播到其他部位引起远离部位的病理改变；或在血流中繁殖，引起全身感染。如炭疽杆菌、多杀性巴氏杆菌以及葡萄球菌和链球菌都可经血流引起败血症。

四、感染的发展过程与结局

感染病的发展过程大致可分四个阶段。

1. 潜伏期　由致病菌侵入机体，开始生长、繁殖时算起至临床上开始出现症状的这一段时间，称为潜伏期。这一时期的长短，各种感染病是不同的。即或是同一种感染病，也不完全相同。但差异不会太大。在潜伏期中，一般无临床表现。有些急性感染病发病突然，甚至骤死，看不到潜伏期。

2. 前驱期　是疾病出现征兆阶段。这个时期，仅可观察到轻微的一般症状。如体温开始升高，轻微食欲减退和稍有精神委顿等，特征性症状不明显。通常只有几小时到1～2d。

3. 发病期　是疾病发展到明显阶段，也是病的高峰阶段。病的代表性和特征性症状相继表现出来。

4. 转归期（结局）　感染病的结局有三个：①恢复健康；②转为慢性；③死亡。

参考文献

甘肃农业大学.1980. 兽医微生物学［M］. 北京：农业出版社.

黄翠芬.1984. 医学细菌分子生物学进展［M］. 北京：科学出版社.

上海第二医学院．1979. 医用微生物学［M］．北京：人民卫生出版社．
尾形学，等．1989. 家畜微生物学［M］．龚人雄，译．中国畜牧兽医学会生物制品研究会．
武汉大学，复旦大学生物系微生物教研室．1987. 微生物学［M］．北京：高等教育出版社．
徐建国．2000. 分子医学细菌学［M］．北京：科学出版社．
中国农业百科全书编辑部．1991. 中国农业百科全书．生物学卷［M］．北京：农业出版社．

刘思国　王春来　编

第七章　细菌的免疫

免疫系统（immune system）是动物机体产生免疫应答和执行免疫功能的物质基础，主要由免疫器官和组织、免疫细胞和免疫分子组成，免疫器官有中枢免疫器官和外周免疫器官，免疫细胞包括免疫活性细胞（T，B 细胞）和免疫辅助细胞等，免疫分子有免疫球蛋白和细胞因子等。病原微生物在侵入动物机体的过程中，体内会产生抗感染免疫，以抵抗病原微生物及其有害产物，维持生理功能的稳定。因此，了解动物机体的免疫对疾病的防治是非常重要的。

第一节　免疫系统与免疫类型

一、免疫系统

免疫系统包括免疫器官、免疫细胞 T 细胞、B 细胞、自然杀伤细胞、树突状细胞、单核吞噬细胞、粒细胞、肥大细胞等）及免疫分子（免疫球蛋白、补体、各种细胞因子和膜分子等）三大类。黏膜免疫系统和红细胞免疫系统有独特的免疫功能。机体的免疫主要分为由 T 细胞介导的细胞免疫和 B 细胞介导的体液免疫。

（一）免疫器官（immune organ）

免疫器官是淋巴细胞和其他免疫细胞发生、分化成熟、定居和增殖以及产生免疫应答反应的场所。根据其发生和功能的不同可以分为中枢免疫器官和外周免疫器官。

1. 中枢免疫器官（central immune organ）　又称初级免疫器官（primary immune organ），是淋巴细胞等免疫细胞发生、分化、发育和成熟的场所，包括骨髓、胸腺和法氏囊。

（1）骨髓（bone marrow）　骨髓是动物体最重要的造血器官。出生后所有血细胞均来源于骨髓。同时骨髓也是各种免疫细胞发生和分化的场所。骨髓中的多功能干细胞可分化成髓样祖细胞和淋巴样祖细胞，前者进一步分化成红细胞系、单核细胞系、粒细胞系和巨核细胞系等；后者则发育成各种淋巴细胞（T 细胞、B 细胞、NK 细胞等）等的前体细胞。一部分淋巴干细胞分化为 T 细胞的前体细胞，经血液循环进入胸腺，被诱导分化为成熟的淋巴细胞称为胸腺依赖性淋巴细胞，简称 T 细胞，参与细胞免疫。还有一部分淋巴干细胞分化为 B 细胞的前体细胞。在鸟类，这些前体细胞经血液循环进入法氏囊，被诱导分化为囊依赖性淋巴细胞，简称 B 细胞，参与体液免疫。在哺乳动物体内，这些前体细胞则在骨髓内进一步分化发育为成熟的 B 细胞，因此骨髓是 B 细胞分化成熟的场所，也是参与体液免疫的重要部位。抗原再次刺激动物后，外周免疫器官对该抗原快速应答，但产生抗体的时间持续短；而在骨髓内可缓慢、持久地产生抗体，所以它们是血清抗体的主要来源。骨髓产生抗体的免疫球蛋白类别主要有 IgG，其次为 IgA，由此可见，骨髓也是再次免疫应答发生的主要场所。

（2）胸腺（thymus）　哺乳动物的胸腺是由第三咽囊的内胚层分化而来的，位于胸腔前部纵隔内，呈二叶。猪、马、牛、犬、鼠等动物的胸腺可伸展至颈部直达甲状腺。鸟类的胸腺沿颈部在颈静脉一侧呈多叶排列。胸腺的大小因年龄不同而异，就其与体重的相当大小而言，在初生时最大，而其绝对大小则在青春期最大。青春期之后，胸腺的实质萎缩，皮质为脂肪组织所取代，并且随年龄增长而逐渐退化。另外，动物常处于应激状态时，可加快胸腺的萎缩。因此，久病死亡的动物，胸腺较小。

胸腺外包裹着由结缔组织构成的被膜，被膜向内伸入胸腺实质，形成小梁将胸腺分隔成许多胸腺小叶，形成胸腺的基本结构单位。胸腺小叶的外周是皮质，中心是髓质，皮质与髓质交汇处含有大量的血管。皮质层又分为外皮质层和内皮质层。胸腺实质由胸腺细胞（thymocyte）和胸腺基质细胞所组成。前者属于T淋巴细胞，但大多数是未成熟的幼稚T细胞；后者则包括胸腺上皮细胞、树突状细胞和巨噬细胞等。外皮质层中有较幼稚的前T细胞和一种特殊的胸腺上皮细胞，称为胸腺哺育细胞（thymic nurse cell，TNC）。内皮质层中的细胞以小的皮质胸腺细胞为主，也有胸腺上皮细胞和树突状细胞。髓质内有髓质胸腺细胞，它们可进一步发育为成熟的T细胞。在正常胸腺髓质内还可见到一种圆形或椭圆形的环状结构，称为胸腺小体或赫氏小体，由髓质上皮细胞、巨噬细胞和细胞碎片组成。

胸腺是T细胞分化、发育和成熟的主要器官。如果小鼠在新生期被摘除胸腺，在成年后外周血和淋巴器官中的淋巴细胞显著减少，不能排斥异体移植皮肤，抗体生成反应也表现低下。如动物在出生后数周后摘除胸腺，则不易发现明显的免疫功能受损，这是因为在新生期前后已有大量成熟的T细胞从胸腺输送到外周免疫器官，建立了细胞免疫功能。所以，切除成年动物胸腺的后果不那么严重。胸腺的免疫功能，主要有以下两个方面：

①T细胞成熟的场所：骨髓中的前体T细胞经血液循环进入胸腺，首先进入外皮质层，在浅皮质层的上皮细胞即胸腺哺育细胞（TNC）诱导下增殖和分化，随后移出浅皮质层，进入深皮质层继续增殖，通过与深皮质层的胸腺基质细胞接触后发生选择性分化过程，绝大部分（>95%）胸腺细胞在此处死亡，只有少数（<5%）能继续分化发育为成熟的胸腺细胞，并向髓质迁移。进入髓质的胸腺细胞与髓质部的胸腺上皮细胞和树突状细胞等接触后再进一步分化成熟，成为具有不同功能的T细胞亚群。最后，成熟的T细胞从髓质经血液循环输至全身，参与细胞免疫。这类成熟的外周T细胞极少返回胸腺。

②产生胸腺激素：胸腺还有内分泌腺的功能，胸腺上皮细胞可产生多种小分子（相对分子质量$<1\times10^3$的肽类胸腺激素。如胸腺血清因子（thymulin）、胸腺素（thymosin）、胸腺生成素（thymopocietin）和胸腺体液因子（thymic humoral factor）等，它们对诱导T细胞成熟有重要作用。胸腺素是一种小分子多肽混合物，它使来自动物骨髓的前体T细胞成熟，成为具有某些T细胞特征的细胞。胸腺生成素能诱导前体T细胞的分化，降低其cAMP水平，促进T细胞的成熟。胸腺生成素能引起前体T细胞的分化，降低cAMP水平和增强T细胞的功能。胸腺血清因子是胸腺上皮细胞分泌的肽类，它能部分地恢复胸腺切除动物的T细胞功能。另外，胸腺激素对外周成熟的T细胞也具有一定的调节功能。猪的胸腺血清因子的氨基酸序列是谷氨酰胺-丙氨酸-赖氨酸-丝氨酸-谷氨酸-甘氨酸-丝氨酸-天门冬氨酸。

（3）法氏囊（bursa） 法氏囊是禽类所特有的淋巴器官，位于泄殖腔背侧，并有短管与之相连。形似樱桃，鸡为球形或椭圆形状囊，鹅、鸭法氏囊呈圆筒形囊。性成熟前达到最大，以后逐渐萎缩退化直到完全消失。

法氏囊是诱导B细胞分化和成熟的场所。来自骨髓的淋巴干细胞在法氏囊诱导分化为成熟的B细胞，然后经淋巴和血液循环迁移到外周淋巴器官，参与体液免疫。胚胎后期和初孵出壳的雏禽如被切除法氏囊，则体液免疫应答受到抑制，表现出浆细胞减少或消失，在抗原刺激后不能产生特异性抗体；但是法氏囊对细胞免疫则影响很小，被切除的雏禽仍能排斥皮肤移植。某些病毒感染（如感染性法氏囊病病毒）或者某些化学药物（如注射睾丸酮等）均可使囊萎缩。如果鸡群传染了感染性法氏囊病病毒，由于法氏囊受到损伤，其免疫功能被破坏，可导致免疫接种的失败。法氏囊的另一功能是可作为外周淋巴器官，即能捕捉抗原和合成某些抗体。在法氏囊管开口处的背侧还含有小的T细胞灶，所以从这个意义上说，不能把它看作是单纯的一级淋巴器官。

2. 外周免疫器官（peripheral immune organ） 又称次级（二级）免疫器官（secondary immune organ），是成熟的T细胞和B细胞定居、增殖和对抗原刺激进行免疫应答的场所。它们主要是脾脏、淋巴结和存在于消化道、呼吸道和泌尿生殖道的淋巴小结等。这类组织或器官富含捕捉和处理抗原的巨噬细胞、树突状细胞和朗罕细胞，它们能迅速捕获抗原，并为处理后的抗原与免疫细胞的接触以最大机会。这些免疫器官与一级免疫器官不同，它们都起源于胚胎晚期的中胚层，并持续地存在于整个成年期，切除部分二级免疫器官对动物的免疫功能的影响一般不明显。

（1）淋巴结（lymph node）　呈圆形或豆状，遍布于淋巴循环系统的各个部位，具有捕获体外进入血液-淋巴液的抗原的功能。淋巴结外包裹着由结缔组织构成的被膜，内部则由网状组织构成支架，其内充满淋巴细胞、巨噬细胞、树突状细胞等。

输入淋巴管通过被膜与被膜下的淋巴窦相通。淋巴内部实质可分为：皮质和髓质两部分。皮质又分靠近被膜的浅皮质区和靠近髓质的深皮质区（又称副皮质区），两者无明显的界限。浅皮质区中含有淋巴小结，主要由B细胞聚集而成，也称初级淋巴小结。接触抗原刺激后，B细胞分裂增殖形成生发中心，又称二级淋巴小结，内含处于不同分化阶段的B细胞和浆细胞（浆细胞是B细胞经抗原刺激分化后的终末细胞），还存在少量T细胞。浅皮质区主要由B细胞栖居，故又称非胸腺依赖区。新生动物没有生发中心。无菌动物淋巴结的生发中心不明显，胸腺切除一般不影响生发中心。淋巴小节和髓质之间为副皮质区。淋巴小结周围和副皮质区是T细胞主要集中区，故称胸腺依赖区，在该区也有树突状细胞和巨噬细胞。副皮质区有许多由内皮细胞组成的毛细血管后微静脉，也称高内皮小静脉，在淋巴细胞再循环中起主要作用，随血流来的淋巴细胞由此部位进入淋巴结。

淋巴结髓质由髓索和髓窦组成。髓索中含有B细胞、浆细胞，也含部分T细胞和巨噬细胞等。髓窦位于髓索之间，为淋巴液通道，与输出淋巴管相通。髓窦内有许多巨噬细胞，能吞噬和清除细菌等异物。此外，淋巴结内免疫应答生成的致敏T细胞及特异性抗体可汇集于髓窦中随淋巴循环进入血液循环分布到机体全身发挥作用。

猪淋巴结的结构与其他哺乳动物淋巴结的组织学结构不同，其淋巴小结在淋巴结的中央，相当于髓质的部分在淋巴结外层。淋巴液由淋巴结门进入淋巴结，流经中央的皮质和四周的髓质，最后由输出管流出淋巴结。鹅、鸭等水禽类，有两对淋巴结，即颈胸淋巴结和腰淋巴结。鸡没有淋巴结，但淋巴样组织广泛分布于体内，有的呈弥散性，如消化道管壁中的淋巴组织；有的呈淋巴集结，如盲肠扁桃体；有的呈小结状等。它们在抗原刺激后都能形成生发中心。

淋巴结的免疫功能表现在：①过滤和清除异物：侵入机体的致病菌、毒素或其他有害异物，通常随组织淋巴液进入局部淋巴结内，淋巴窦中的巨噬细胞能有效地吞噬和清除这些细菌等异物，但对病毒和癌细胞的清除能力较低。②免疫应答的场所：淋巴结实质部分中的巨噬细胞和树突状细胞能捕获和处理外来抗原，并将抗原递呈给T细胞和B细胞，使其活化增殖，形成致敏T细胞和浆细胞。在此过程中，因淋巴细胞大量增殖使生发中心增大。因此，细菌等异物侵入机体后，局部淋巴结的肿大与淋巴细胞受抗原刺激后大量增殖有关。③参与淋巴细胞再循环：淋巴结深皮质区的高内皮小静脉在淋巴细胞再循环中起重要作用。来自血液循环的淋巴细胞穿过高内皮小静脉进入淋巴结实质，然后通过输出淋巴管汇入胸导管，最终经左锁骨下静脉返回血液循环。

（2）脾脏（spleen）　脾脏外部包有被膜，内部的实质分为两部分：一部分称为红髓，主要功能是生成红细胞和贮存红细胞，还有捕获抗原的功能；另一部分称为白髓，是产生免疫应答的部位。禽类的脾较小；白髓与红髓分界不明显，主要参与免疫功能，贮血作用很小。

红髓位于白髓周围，占据大量部位、较多。红髓由脾索和脾窦组成，脾索为彼此吻合成的呈网状的淋巴组织索，含大量B细胞、浆细胞、巨噬细胞和树突状细胞等。由脾索围成的脾窦内充满血细胞，脾索和脾窦壁上的巨噬细胞能吞噬和清除血液中的细菌等有害异物和凋亡的血细胞，并具有抗原递呈作用。白髓为密集的淋巴组织，由围绕中央动脉而分布的动脉周围淋巴鞘、淋巴滤泡和边缘区组成。白髓内围绕脾中央动脉周围的淋巴组织称淋巴鞘，主要由T细胞组成，为胸腺依赖区。白髓内还有淋巴小结和生发中心，含大量B细胞，为非胸腺依赖区。淋巴小结外周的白髓区仍以T细胞分布为主，而在白髓与红髓交界的边缘区则以B细胞为多。

脾脏的免疫功能主要表现在：①滤过血液作用：循环血液通过脾脏时，脾脏中的巨噬细胞可吞噬和清除侵入血液的细菌等异物和自身衰老与凋亡的血细胞等物质。②滞留淋巴细胞的作用：在正常情况下，淋巴细胞经血液循环进入并自由通过脾脏或淋巴结，但是当抗原进入脾脏或淋巴结以后，就会引起淋巴细胞在这些器官中滞留，使抗原敏感细胞集中到抗原集聚的部位附近，增进免疫应答的效应。许多佐剂能诱导这种滞留，所以滞留作用可能是佐剂作用的原理之一。③免疫应答的重要场所：脾脏中栖居着大量淋巴细胞和其他免疫细胞，抗原一旦进入脾脏即可诱导T细胞和B细胞的活化和增殖，产生致敏T细胞和浆细胞。所以，脾脏是体内产生抗体的主要器官。④产生吞噬细胞增强激素：在脾脏有一种含苏-赖-脯-精氨酸的4肽激素，称为特夫素，该物质由美国Tuft大学发现而定名tuftsin，它能增强巨噬细胞及中性粒细胞的吞噬作用。⑤合成某些生物活性物质：脾脏可合成并分泌某些重要生物活性物质，如补体成分等。

（3）哈德腺（the gland of Harder） 哈德腺是存在于禽类眼窝内的腺体之一，又称瞬膜腺。它位于眼窝中腹部，眼球后中央，在视神经区呈喙状延伸，形成不规则的带状。整个腺体由结缔组织分割成许多小叶，小叶内有腺泡、腺管及排泄管。腺泡上皮由一层柱状腺上皮排列而成，上皮基膜下含大量浆细胞和部分淋巴细胞。它除了具有分泌泪液润滑瞬膜，对眼睛有机械性保护作用外，还能在抗原刺激下，产生免疫应答，分泌特异性抗体。这些抗体通过泪液进入呼吸道黏膜，成为口腔、上呼吸道的抗体来源之一，在上呼吸道免疫方面起着非常重要的作用。哈德腺不仅在局部形成坚实的屏障，还影响全身免疫系统，调节体液免疫。在免疫雏鸡时，由于它对疫苗能产生应答反应，不受母源抗体的干扰，所以对提高免疫效果，起着非常重要的作用。

（4）其他淋巴组织 包括扁桃体和散布全身的淋巴组织，尤其是黏膜部位的淋巴组织，构成了机体重要的黏膜免疫系统，如肠道黏膜集合淋巴结、消化道、呼吸道和泌尿生殖道黏膜下层的许多淋巴小结和弥散性淋巴组织，统称为黏膜相关类淋巴组织（mucosa associated lymphoid tissue，MALT），均含有丰富的T细胞和B细胞及巨噬细胞等。黏膜下层的淋巴组织中B细胞数量比T细胞多，而且多是能产生分泌型IgA的B细胞，T细胞则多为具有抗菌作用的γδT细胞。

骨髓既是一级淋巴器官，同时也是体内最大的二级淋巴器官。就器官的大小比较而言，脾脏产生抗体的量最多，但骨髓产生的抗体总量最大，对某些抗原的应答，骨髓所产生的抗体可占抗体总量的70%。许多佐剂，如含有明矾或油包水乳剂的佐剂，因形成不溶性的抗原贮存库而发挥作用，这种异物性物质可刺激肉芽肿组织形成，在这种肉芽肿组织也可以产生抗体生成细胞，在这种情况下，很大部分的抗体是由它们生成的。

3. 淋巴细胞再循环（lymphocyte recirculation） 定居在外周免疫器官（淋巴结）的淋巴细胞，可由输出淋巴管经淋巴干、胸导管或右淋巴导管进入血液循环；淋巴细胞随血液循环到达外周免疫器官后，可穿过高内皮小静脉，并重新分布于全身淋巴器官和组织。淋巴细胞在血液、淋巴液、淋巴器官或组织间反复循环的过程称为淋巴细胞再循环。

（1）淋巴细胞再循环途径 有多条通路，包括①在淋巴结，淋巴细胞（T细胞、B细胞等）可随血液循环进入深皮质区，穿过高内皮小静脉进入相应区域定居，随后再移向髓窦，经输出淋巴管汇入胸导管，最终由左锁骨下静脉汇入血液循环。②在脾脏，随脾动脉进入脾的淋巴细胞穿过血管壁进入白髓，然后移向脾索，再进入脾血窦，最后由脾静脉返回血液循环，只有少数淋巴细胞从脾输出淋巴管进入胸导管返回血液循环。③在其他组织，随血流进入毛细血管的淋巴细胞可穿过毛细血管壁进入组织间隙，随淋巴液回流至局部引流淋巴结后，再经输出淋巴管进入胸导管和血液循环。

（2）淋巴细胞再循环的意义 参与再循环的淋巴细胞主要是T细胞，约占80%以上。通过淋巴细胞再循环，使淋巴细胞在外周免疫器官和组织的分布更为合理；淋巴组织可不断地从循环池中得到新的淋巴细胞补充，有助于增强整个机体的免疫功能；带有各种特异性抗原受体的T细胞和B细胞，包括记忆细胞，通过再循环，增加了与抗原和抗原递呈细胞接触的机会，这些细胞接触相应抗原后，即进入淋巴组织，发生活化、增殖和分化，从而产生初次或再次免疫应答；通过淋巴细胞再循环，使机体所有免疫器官和组织联系成为一个有机的整体，并将免疫信息传递给全身各处的淋巴细胞和其他免疫细胞，有利于动员各种免疫细胞和效应细胞迁移至病原体、肿瘤或其他抗原性异物所在部位，从而发挥免疫效应。

（二）免疫细胞（immunocyte）

所有直接或间接参与免疫应答的细胞统称为免疫细胞，它们种类繁多，功能相异，但是互相作用，互相依存。根据它们在免疫应答中的功能及其作用机理，可分为淋巴细胞、辅助细胞两大类。此外，还有一些其他细胞，如各种粒细胞和肥大细胞等，都参与了免疫应答中的某一特定环节。

在淋巴细胞中，受抗原物质刺激后能分化增殖，产生特异性免疫应答的细胞，称为免疫活性细胞（immunocompetent cell，ICC），也称为抗原特异性淋巴细胞，主要是指T细胞和B细胞，在免疫应答过程中起核心作用。除此之外，淋巴细胞还包括自然杀伤细胞、杀伤细胞等。淋巴细胞在体内分布广、数量多，除中枢神经系统外，所有组织均存在。

单核吞噬细胞和树突状细胞，在免应答过程中起重要的辅佐作用，故称免疫辅佐细胞（accessory cell，A cell），具有捕获和处理抗原以及能把抗原递呈给免疫活性细胞的功能。

1. T细胞和B细胞

（1）*T细胞和B细胞的来源、分布与形态特点* T细胞和B细胞均来源于骨髓的多能造血干细胞。多能造血干细胞中的淋巴干细胞分化为前体T细胞和前体B细胞。前体T细胞进入胸腺发育为成熟的T细胞，称胸腺依赖性淋巴细胞（thymus dependent lymphocyte），又称T淋巴细胞，简称T细胞，成熟的T细胞经血液循环分布到外周免疫器官的胸腺依赖区定居和增殖，或再经血液或淋巴循环，进入组织，经血液和淋巴再循环，巡游机体全身各部位。这些成熟T细胞在正常情况下是静止细胞，但是一旦被抗原刺激后就被活化，进一步增殖，最后分化成为效应性T细胞，具备细胞免疫功能，杀伤或清除抗原物。绝大部分效应性T细胞存活期较短，一般只有4～6d，只有其中一部分变为长寿的免疫记忆细胞，进入淋巴细胞再循环，可存活数月到数年。

前体B细胞在哺乳类动物的骨髓或鸟类的法氏囊分化发育为成熟的B细胞，又称骨髓依赖性淋巴细胞（bone marrow dependent lymphocyte）或囊依赖性淋巴细胞（burse dependent lymphocyte），简称B细胞。B细胞分布在外周淋巴器官的非胸腺依赖区，在此栖居和增殖。B细胞接受抗原刺激后，活化、增殖和分化，最终成为浆细胞。浆细胞产生特异性抗体，形成机体的体液免疫。浆细胞一般只能存活2d。在分化过程中，一部分B细胞成为免疫记忆细胞，参与淋巴细胞再循环，它们是长寿B细胞，可存活100d以上。

T细胞和B细胞在光学显微镜下均为小淋巴细胞，形态上难于区分。在扫描电镜下观察，多数T细胞表面光滑，有较小绒毛突起；而B细胞表面较为粗糙，有较多绒毛突起，但这一区别尚不能作为T细胞和B细胞的特征性标志，可作为确定不同亚群的依据。

（2）*T细胞和B细胞的表面标志* 淋巴细胞表面存在着大量不同种类的蛋白质分子，这些表面分子又称为表面标志（surface marker）。它们不仅可用于鉴别T细胞和B细胞及其亚群，还在研究淋巴细胞的分化过程和功能以及临床诊断方面具有重要的意义。根据功能可把T细胞和B细胞的表面标志分为表面受体和表面抗原。

表面受体是指淋巴细胞表面上能与相应配体（特异性抗原、绵羊红细胞、补体等）产生特异性结合的分子结构。

表面抗原是指在淋巴细胞或其亚群细胞表面上能被特异性抗体（如单克隆抗体）所识别的表面分子。由于表面抗原是在淋巴细胞分化过程中产生的，故又称为分化抗原。不同的研究者和实验室已建立了多种单克隆抗体系统用以鉴定淋巴细胞表面抗原，如常用的OKT系统和Leu系统。OKT（由Ortho，厂商名：Kung氏和T细胞的3个词首字母所组成）系统单克隆抗体OKT1，OKT3，OKT4，OKT5等等可检测出相应的表面抗原；Leu（leukocyte的前缀）系统单克隆抗体Leu1，Leu2，Leu 3等等可检测出相应的表面抗原。由于系统不同，同一表面抗原可被不同名称的单克隆抗体所识别而出现有多个命名。为避免混淆，从1982年第1次人白细胞分化抗原国际会议（International Workshop on Human Leukocyte Differentiation Antigens，HLDA）起，经国际会议商定以分化群（cluster of differentiation，CD）统一命名淋巴细胞表面抗原或分子，如将单抗 OKT3 和单抗 Leu4 所识别的同一分化抗原命名为 CD3 等，至 2000 年第 7 次国际会议，已命名近 200 种 CD 抗原。

值得一提的是，表面抗原和表面受体并无严格的区别。有些表面受体已被命名为 CD 抗原，如 E 受体即为 CD2；有些 CD 抗原也有受体特性，如 CD4 可视为 MHCⅡ类分子的受体等。

1）细胞的几种重要表面标志

①T 细胞抗原受体（TCR）：T 细胞表面具有识别和结合特异性抗原的分子结构，称 T 细胞抗原受体（T cell antigen receptor，TCR）。TCR 是由两条不同肽链构成的异二聚体，构成 TCR 的肽链有 α、β、γ、δ 四种类型。根据所含肽链的不同，TCR 分为 αβTCR 和 γδTCR 两种类型。体内大多数 T 细胞表达 αβTCR，仅少数表达 γδTCR。γδT 细胞，也在胸腺内分化发育，在外周血循环中分布较少，在皮肤和肠道黏膜相关淋巴组织中较多，这种 T 细胞在局部免疫方面起作用。TCR 中的每条链又可折叠形成可变区（V 区）和恒定区（C 区）两个功能区。C 区与细胞膜相连，并有四五个氨基酸残基伸入胞浆内，而 V 区则为抗原结合部位。

α 链有 248 个氨基酸，相对分子质量为（40～50）$\times 10^3$，β 链有 282 个氨基酸，相对分子质量为（40～45）$\times 10^3$。在 T 细胞发育过程中，各个幼稚 T 细胞克隆的 TCR 基因经过不同的重排后可形成数百万种以上不同序列的 V 区基因，可编码相应数量的不同特异性的 TCR 分子。每个成熟的 T 细胞克隆具有不同的 TCR，能识别不同的特异性抗原决定簇。在同一个体内，可能有数百万种 T 细胞克隆及其特异性的 TCR，故能识别数量庞大的抗原决定簇。由于 TCR 与 Ig 一样具有独特型（idiotype），所以又称 Ti 分子，而且 TCR 与细胞膜上的 CD3 抗原通常紧密结合在一起形成复合体，称 TCR 复合体。

TCR 识别和结合抗原的性质是有条件的，即只有当抗原肽或决定簇与抗原递呈细胞上的 MHC 分子结合在一起时，T 细胞的 TCR 才能识别或结合 MHC-Ⅱ类分子（或Ⅰ类分子）-抗原肽复合物中的抗原部分。这就是 TCR 识别抗原须受 MHC 分子与抗原肽结合的制约，亦称为 TCR 识别抗原的 MHC 限制性或 MHC 约束性（MHC restriction）。所以，TCR 不能识别和结合单独存在的抗原肽或决定簇。

CD2：即红细胞（erythrocyte，E）受体。一些动物和人的 T 细胞在体外能与绵羊红细胞结合，形成红细胞花环。CD2 是 T 细胞的重要表面标志。B 细胞无此抗原。E 花环试验是鉴别 T 细胞及检测外周血中的 T 细胞的比例及数目的常用方法，但它并不能反映细胞免疫功能状态。不同种的动物，T 细胞 CD2 性质可能有所差异，所以在做花环试验时所要求的指示细胞不完全相同。

CD3：仅存在于 T 细胞表面，是由 5 条多肽链（γ，δ，ε，ζ，η）结合形成 3 个二聚体的复体所组成：γ 与 ε 链形成异二聚体；δ 与 ε 链形成异二聚体；两条 ζ 链形成同源二聚体（大约 93%的 CD3 复合体）或 ζ 与 η 链形成异二聚体（少数的 CD3 复合体）。ζ 和 η 链是由相同基因所编码的，只在羧基端氨基酸有差异。CD3 与 TCR 紧密结合形成含有 8 条肽链（α，β，γ，δ，ε，ε，ζ，ζ）的 TCR-CD3 复合体。CD3 二聚体（$\gamma\varepsilon$，$\delta\varepsilon$ 和 $\zeta\zeta$ 或 $\zeta\eta$）是 TCR 表达和信号传导所必需的，其功能是把 TCR 与外来结合的抗原信息传递到细胞内，启动细胞内的活化过程，在 T 细胞接受抗原刺激被激活后的早期过程中起重要作用。利用 CD3 分子的单抗做流式细胞术可检测外周血 T 细胞总数。由于 CD3 单抗能封闭 T 细胞抗原受体，因此在抗排斥治疗及自身免疫病治疗中都有一定的意义。

CD4 和 CD8：分别称为 MHC-Ⅱ类分子和Ⅰ类分子的受体。CD4 和 CD8 分别出现在具有不同功能亚群的 T 细胞表面。在同一 T 细胞表面只表达其中一种，因此 T 细胞可分成两大亚群：即 $CD4^+$ 的 T 细胞和 $CD8^+$ T 细胞。前者具有辅助性 T 细胞（T_H）功能，后者具有抑制性 T 细胞（Ts）和细胞毒性 T 细胞（Tc/CTL）的效应。CD4 与 CD8 的比值是一重要的评估机体免疫状态的依据。在正常情况下，此比值为 2∶1。如偏离此值，甚至比值倒置，则说明机体免疫机能失调。

CD4 分子是一条 55×10^3 的单体膜糖蛋白，有 4 个类免疫球蛋白胞外区（D1～D4），其中远膜端的 2 个结构域能够与 MHC-Ⅱ类分子的 $\beta 2$ 结构域结合，一个疏水跨膜区和一个较长的含有 3 个丝氨酸残基的细胞浆尾。CD8 分子通常是由 α 和 β 链组成的异二聚体（有时存在由 α 链组成的同源二聚体），两条肽链的相对分子质量为（30～38）$\times 10^3$，每条链由一个类免疫球蛋白的胞外区、疏水跨膜区和 25～

27个氨基酸的细胞浆尾组成，两条链之间以二硫键相连。其中每条链的类免疫球蛋白的胞外区能够与MHC-Ⅰ类分子的α3功能区结合。CD4分子和CD8分子分别与MHC-Ⅱ类和MHC-Ⅰ类分子的结合可增强T细胞和抗原递呈细胞或靶细胞之间的相互作用，并辅助TCR识别抗原，所以，CD4和CD8分子又称为T细胞的辅助受体。另外，CD4和CD8分子分别与MHC-Ⅱ类和MHC-Ⅰ类分子结合也是$CD4^+$ T和$CD8^+$ T细胞识别抗原分别具有自身MHC-Ⅱ类和MHC-Ⅰ类限制的原因。

②有丝分裂原受体：有丝分裂原（mitogen），简称丝裂原，能刺激静止的淋巴细胞转化成淋巴母细胞，这些细胞表现为DNA合成增加，体积增大，胞浆增多，进行有丝分裂等变化。丝裂原属于外源性凝集素，多为植物种子中提取的糖蛋白或细菌的结构成分或产物等。常用的丝裂原有植物血凝素（phytohemagglutinin，PHA）、刀豆蛋白A（concanavalin A，Con A）、葡萄球菌A蛋白（SPA）、美洲商陆有丝分裂原（PWM）。在临床上，常用PHA作为促分裂因子来检测淋巴细胞转化的功能，称淋巴细胞转化试验，其转化率的高低常作为衡量机体细胞免疫水平的指标。细胞免疫缺陷以及患恶性肿瘤或某些其他疾病时，转化率显著降低，甚至无转化现象。

此外，在T细胞表面还有MHC-Ⅰ类分子、IgG或IgM的Fc受体、白细胞介素受体以及各种激素和介质如肾上腺素、皮质激素、组胺的受体。

2）B细胞的表面标志

①B细胞抗原受体：现代免疫学研究表明，B细胞表面的抗原受体（B-cell receptor，BCR）是由B细胞表面的膜免疫球蛋白（membrane immunoglobulin，mIg）和一个经二硫键连接，称为Ig-α/Ig-β的异二聚体分子构成的跨膜蛋白复合体。两个Ig-α/Ig-β异聚体分子与一个mIg分子结合形成一个BCR。

Ig-α和Ig-β都有一个很长的细胞浆尾，为48～61个氨基酸。Ig-α又称为CD79a，Ig-β称为CD79b，类似于T细胞的CD3分子的作用，是一种信号传导分子，在B细胞活化过程中的信号传导是十分重要的。

B细胞表面的mIg的分子结构与血清中的Ig相同，其Fc段镶嵌在细胞膜脂双层中，有一个短的细胞浆尾（mIgM和mIgD为3个氨基酸，mIgA为14个氨基酸，mIgG和mIgE为28个氨基酸），Fab段则在细胞外侧，起识别和结合抗原的作用。mIg主要是单体的IgM和IgD。mIg既是抗原的受体，能与相应的抗原特异性结合，又是表面抗原，具有免疫球蛋白特有的抗原决定簇，能与抗免疫球蛋白的抗体特异性结合。每个B细胞表面有10^4～10^5个免疫球蛋白分子。牛、羊、猪的B细胞表面有mIg。mIg是鉴别B细胞的主要特征，常用荧光素或铁蛋白标记的抗免疫球蛋白抗体来鉴别B细胞。

②Fc受体（Fc receptor，FcR）：此受体能与免疫球蛋白的Fc片段结合。大多数B细胞表面存在IgG的Fc受体，称为FcγR，可与IgG的Fc片段结合。B细胞表面的FcγR与抗原-抗体复合物结合，有利于B细胞对抗原的捕获和结合，激活B细胞和抗体产生。

检测带有Fc受体的B细胞可用抗牛（或鸡）红细胞抗体致敏的牛（或鸡）红细胞（erythrocyte sensitized with antibody，EA）作EA花环试验，也可用荧光素标记的凝聚性免疫球蛋白或可溶性免疫复合物（标记蛋白抗原）进行检测。

③补体受体（complement receptor，CR）：大多数B细胞表面存在能与C3b和C3d发生特异性结合的受体，分别称为CR1和CR2（即CD35和CD21）。CR2也是EB病毒的受体。CR有利于B细胞捕捉与补体结合的抗原-抗体复合物，CR被结合后，可促使B细胞活化。

B细胞的补体受体常用EAC花环试验测出：将红细胞（E）、抗红细胞抗体（A）和补体（C）的复合物与淋巴细胞混合后，可见B细胞周围有红细胞围绕形成的花环。因T细胞无CR，所以EAC花环试验可作为鉴定B细胞的一种方法。

④有丝分裂原受体：B细胞表面的有丝分裂原受体与T细胞不同，因此刺激B细胞转化的有丝分裂原也不同。SPA可刺激B细胞转化，LPS只刺激小鼠B细胞转化。PWM能刺激T细胞，又能刺激B细胞，但B细胞的激活有赖于T细胞的存在。

此外，B细胞表面还有CD79（类似于T细胞的CD3，常与B细胞抗原受体形成复合物）、白细胞介素受体以及CD9、CD10、CD19和CD20分子等。

(3) T细胞和B细胞亚群及其功能

①T细胞亚群及功能　由于T细胞存在有许多亚群，它们的功能和分化抗原均不相同。目前对T细胞亚群的划分是基于CD抗原的不同，而分为$CD4^+$和$CD8^+$两大亚群，然后再根据其在免疫应答中的不同功能进一步划分为不同的亚群。

$CD4^+$ T细胞　具有CD 2^+、CD 3^+、$CD4^+$、$CD8^+$的T细胞简称为$CD4^+$ T细胞。其TCR识别的抗原是由抗原递呈细胞的MHC-Ⅱ类分子所结合和递呈的，按功能分至少包括3个亚群：

辅助性T细胞（helper T cell，T_H）：是体内免疫应答所不可缺少的亚群，其主要功能为协助其他免疫细胞发挥功能。通过分泌细胞因子和与B细胞接触可促进B细胞的活化、分化和抗体产生；通过分泌细胞因子可促进Tc和T_{DTH}的活化；在混合淋巴细胞培养中能提高Tc和Ts细胞的增殖作用，使Tc细胞杀伤靶细胞的功能明显增强；能协助巨噬细胞增强迟发型变态反应的强度。

从T_H细胞的功能可见到T细胞-T细胞、T细胞-B细胞、T细胞-巨噬细胞之间的相互关系。T_H细胞占外周血液中T淋巴细胞的50%～75%，根据产生细胞因子种类的不同分为TH1和TH2两个亚群，它们在细胞因子合成及免疫调节功能上既有联系又有区别，从而使体内免疫调节过程变得更精细。

诱导性T细胞（induce T cell，T_I）：能诱导T_H和T_S细胞的成熟。

迟发型变态反应性T细胞（delayed type hypersensitivity T cell，T_{DTH}或T_D）：在免疫应答的效应阶段和Ⅳ型超敏反应中能释放多种淋巴因子导致炎症反应，发挥排除抗原的功能。

$CD8^+$ T细胞　具有$CD2^+$、$CD3^+$、$CD4^+$、$CD8^+$的T细胞，其TCR识别抗原是由抗原递呈细胞或靶细胞的MHC-Ⅰ类分子所结合和递呈的。根据功能可分为两个亚群：

抑制性T细胞（suppressor T cell，Ts）：其细胞表面有CD11抗原，能抑制B细胞产生抗体和其他T细胞分化增殖，从而调节体液免疫和细胞免疫。Ts细胞占外周血液T细胞的10%～20%。

细胞毒性T细胞（cytotoxic T cell，Tc）：又称为杀伤性T细胞，活化后称为细胞毒性T淋巴细胞（cytotoxic T lymphocyte，CTL）。在免疫效应阶段，Tc活化产生CTL，对靶细胞（如被病毒感染的细胞或癌细胞等）发挥杀伤作用，CTL能连续杀伤多个靶细胞。Tc细胞具有记忆性能，有高度特异性。它占外周血液T细胞的5%～10%。

研究T细胞的亚群及其功能，在理论上和临床应用上都有重要的意义。正常的免疫应答是由各种免疫细胞，特别是T细胞亚群之间的相互促进或相互制约来完成的，使之既能清除抗原异物，又不损伤机体自身组织。T_H、T_I、T_S相互协调和制约，对免疫应答起调节作用，是免疫调节的中心枢纽。当其失调或缺陷时，可表现为辅助性T细胞功能的加强，发生溶血性贫血等自身免疫病。又如Ts细胞过度活化时，可导致严重的免疫功能低下。

抗T细胞的单克隆抗体，能特异性地与其某一亚群反应，从而阻断其免疫功能。故此种单克隆抗体可作为免疫抑制剂，用于治疗某些自身免疫病或预防移植排斥反应。

②B细胞亚群及功能　B细胞的分群尚无统一标准，有人根据B细胞分化的不同阶段将其分为不同的亚群，有的根据B细胞表面膜免疫球蛋白与是否依赖T细胞将B细胞分成不同的亚群。目前倾向于后者，据此，可将B细胞分成B1和B2两个亚群。B1细胞为T细胞非依赖性细胞，在接受胸腺非依赖性抗原刺激后活化增殖，不需T_H细胞的协助。这类抗原有一共同特征，即都具有许多重复性的同一种抗原决定簇，一般都是高聚合的大分子。B1细胞表面仅有mIgM。B2细胞为T细胞依赖性细胞，这类细胞在接受胸腺依赖性抗原刺激后发生免疫应答，必须有T_H细胞的协助，细胞表面同时有mIgM和mIgD。B1和B2细胞的主要区别在于其激活过程中是否需要T细胞的协助。两者在激活后皆可转化为浆细胞，分泌抗体。在小鼠，两亚群的B细胞在免疫特性上有许多方面的差异。

③淋巴细胞再循环　成熟的T细胞和B细胞进入外周免疫器官后在不同区域定居和增殖，其中有些细胞还可离开淋巴器官进入血液在体内各处巡游。淋巴细胞在血液、淋巴液和淋巴器官之间的反复循

环称为淋巴细胞再循环。

淋巴细胞再循环有多条途径，在淋巴结中最重要的途径是随血液进入副皮质区，穿过毛细血管后经微静脉进入淋巴组织中的T细胞和B细胞定居区，随后再迁移到髓窦，经输出淋巴管进入胸导管返回血循环。在脾脏中，由血液途径，随脾动脉进入脾脏的淋巴细胞穿过血管壁进入白髓区，然后移出脾索，再穿出血管壁进入脾窦内，经脾静脉返回血循环。只有少数淋巴细胞从脾淋巴输出管进入胸导管返回血循环。这一点与淋巴结有显著差别。

参加再循环的淋巴细胞绝大多数是T细胞（占80%～90%），整个循环约需18h，B细胞参加再循环者较少（10%～20%），循环较慢，整个循环至少30h以上。经过再循环后的淋巴细胞仍回到原来区域定居和增殖；另外，不同功能的淋巴细胞亚群可以定向地分布到不同淋巴组织，如产生分泌型IgA的B细胞大多分布在黏膜相关淋巴组织，这些特点表明淋巴细胞的迁移和再循环具有选择性。

淋巴细胞再循环的意义在于使带有各种不同抗原受体的淋巴细胞不断在体内各处巡游，增加与抗原和抗原递呈细胞接触的机会；许多免疫记忆细胞也参与淋巴细胞再循环，一旦接触相应抗原，可立即进入淋巴组织发生增殖反应，产生免疫应答，使机体更有效地发挥清除异物性抗原的免疫作用。

2. K细胞和NK细胞　有一类淋巴细胞既无T细胞的表面标志如CD3，又无B细胞的表面标志如mIg，称为裸细胞（null cell），主要包括具有非特异性杀伤功能的NK细胞和K细胞，这两类细胞从形态学上难以与淋巴细胞区别，这些细胞直接来源于骨髓，其分化过程不依赖于胸腺或囊类器官。

（1）杀伤细胞　杀伤细胞（killer cell，K cell），简称K细胞，其主要特点是细胞表面具有IgG的Fc受体（FcγR）。当靶细胞与相应的IgG的Fc片段结合，从而被活化，释放溶细胞因子，裂解靶细胞，这种作用称为抗体依赖性介导的细胞毒作用（anti-body-dependent cell-mediated cytotoxicity，AD-CC）。在ADCC反应中，IgG抗体与靶细胞的结合是特异性的，而K细胞的杀伤作用是非特异性的，不需要识别抗原和MHC分子，任何被IgG结合的靶细胞均可被K细胞非特异性地杀伤。如果用酶破坏Fc片段，或先用IgG封闭K细胞上的Fc受体，则靶细胞不被杀伤。

K细胞主要存在于腹腔渗出液、血液和脾脏，淋巴结中很少，在骨髓、胸腺和胸导管中含量极微。K细胞杀伤的靶细胞包括病毒感染的宿主细胞、恶性肿瘤细胞、移植物中的异体细胞及某些较大的病原体（如寄生虫）等，所以K细胞在抗肿瘤免疫、抗感染免疫和移植物排斥反应，清除自身的凋亡细胞等方面有一定的意义。

（2）自然杀伤性细胞　自然杀伤性细胞（natural killer cell，NK cell）简称NK细胞，是一群既不依赖抗体，也不需要抗原刺激和致敏就能杀伤靶细胞的淋巴细胞，因而称为自然杀伤性细胞。NK细胞表面存在着识别靶细胞表面分子的受体结构，通过此受体直接与靶细胞结合而发挥杀伤作用。NK细胞表面有干扰素和IL-2受体。干扰素作用于NK细胞后，可使NK细胞增强识别（靶细胞）结构和溶解与杀伤靶细胞的活性。IL-2可刺激NK细胞不断增殖和产生干扰素，发挥更强的杀伤作用。NK细胞表面也有IgG的Fc受体，凡被IgG结合的靶细胞均可被NK细胞通过其Fc受体的结合而导致靶细胞溶解，即NK细胞也具有ADCC作用。

NK细胞有许多表面标志，如CD16、CD56、CD57等，其中CD16是NK细胞表面一种低亲和力的IgG Fc片段羧基末端的受体；一些表面标志与其他免疫细胞所共有，如CD1 la/CD18（LFA-1）、CD45、CD54（ICAM-1）等；此外，NK细胞可表达少量的CD2、CD8分子。

NK细胞主要存在于外周血和脾脏中，占外周血淋巴细胞的5%～10%；淋巴结和骨髓中很少，胸腺中不存在。NK细胞的主要生物功能为非特异性地杀伤肿瘤细胞、抵抗多种微生物感染及排斥骨髓细胞的移植。NK细胞对生长旺盛的细胞如骨髓细胞和B细胞有一定的杀伤作用，表明NK细胞也有免疫调节作用。NK细胞对肿瘤细胞的杀伤作用是广谱的，因此可能是机体免疫监视机构的一个重要组成部分，是消灭癌变细胞的第一道防线。

3. 辅佐细胞　T细胞和B细胞是免疫应答的主要承担者，但这一反应的完成，必须有单核吞噬细胞和树突状细胞的协助参与，对抗原进行捕捉、加工和递呈，这些细胞称为辅佐细胞（accessory cell），简称A细胞。由于A细胞是一类在免疫应答中将抗原递呈给抗原特异性淋巴细胞的免疫细胞，故又称抗原递呈细胞（antigen presenting cell，APC）。

（1）*单核吞噬细胞* 单核吞噬细胞（mononuclear phagocyte）包括血液中的单核细胞（monocyte）和组织中的巨噬细胞（macrophage），单核细胞在骨髓分化成熟后进入血液，在血液中停留数小时至数月后，经血液循环分布到全身多种组织器官中，分化成熟为巨噬细胞。巨噬细胞寿命较长（数月以上），具有较强的吞噬功能。定居在不同组织部位的巨噬细胞有不同的名称。

单核细胞表面具有多种受体，例如IgG的Fc受体、补体C3b受体，均有助于吞噬功能的进一步发挥。单核吞噬细胞有较强的黏附玻璃或塑料表面的特性，而T细胞、B细胞和NK细胞等淋巴细胞一般无此能力，故可利用该特点分离和获取单核吞噬细胞。巨噬细胞表面有较多的MHC-Ⅱ类分子，特别是活化的巨噬细胞，可表达高水平的MHC-Ⅱ类分子和共刺激B7分子，与抗原递呈有关；巨噬细胞表面也有MHC-Ⅰ类分子。

单核吞噬细胞的免疫功能主要表现在以下几方面：

• 吞噬和杀伤作用　组织中的巨噬细胞可吞噬和杀灭多种病原微生物和处理凋亡损伤的细胞，是机体非特异性免疫的重要因素。特别是结合有抗体（IgG）和补体（C3b）的抗原性物质更易被巨噬细胞吞噬。巨噬细胞可在抗体存在下发挥ADCC作用。巨噬细胞也是细胞免疫的效应细胞，经细胞因子如IFN-γ激活的巨噬细胞更能有效地杀伤细胞内寄生菌和肿瘤细胞。

• 抗原加工和递呈　在免疫应答中，巨噬细胞是重要的抗原递呈细胞，外源性抗原物质经巨噬细胞通过吞噬、胞饮等方式摄取，经过胞内酶的降解处理，形成许多具有抗原决定簇的抗原肽，随后这些抗原肽与MHC-Ⅱ类分子结合形成抗原肽-MHC-Ⅱ类分子复合物，并呈送到细胞表面，供免疫活性细胞识别。因此，巨噬细胞是免疫应答中不可缺少的免疫细胞。

• 合成和分泌各种活性因子　活化的巨噬细胞能合成和分泌50余种生物活性物质，如许多酶类（中性蛋白酶、酸性水解酶、溶菌酶）；白细胞介素1（IL-1），IL-6，各种集落刺激因子（GM-CSF、G-CSF、M-CSF）、干扰素-α（IFN-α）、肿瘤坏死因子α（TNF-α）和前列腺素；血浆蛋白和各种补体成分等。

（2）*树突状细胞* 树突状细胞（dendritic cell，D cell）简称D细胞，来源于骨髓和脾脏的红髓，成熟后主要分布在脾脏和淋巴结中，结缔组织中也广泛存在。树突状细胞表面伸出许多树突状突起，胞内线粒体丰富，高尔基体发达，但无溶酶体及吞噬体，故无吞噬能力。大多数D细胞有较多的MHC-Ⅰ类和Ⅱ类分子，少数D细胞表面有Fc受体和C3b受体，可通过结合抗原-抗体复合物将抗原递呈给淋巴细胞。

树突状细胞可表达高水平的MHC-Ⅱ类分子和共刺激B7分子，因此，它们比巨噬细胞和B细胞（两者在发挥APC功能之前都需要活化）递呈抗原的能力强。在组织中通过吞噬或内噬方式捕获抗原之后，树突状细胞可迁移至血液和淋巴液，并循环至淋巴器官将抗原递呈给T_H细胞。

根据所在部位，树突状细胞包括：

①朗罕细胞。朗罕细胞（Langerhans cell）存在于皮肤和黏膜组织中，具有较强的抗原递呈能力，特别在针对从皮肤进入的抗原所形成的免疫应答中起重要作用。

②间质树突状细胞。间质树突状细胞（interstitial dendritic cells）存在于大多数器官（如心脏、肺脏、肝脏、肾脏和胃肠道）。

③并指状树突状细胞。并指状树突状细胞（interdigitating dendritic cells）存在于二级淋巴组织的T-细胞区和胸腺的髓质。

④循环树突状细胞。循环树突状细胞（circulating dendritic cells）包括血液中的树突状细胞（占血液白细胞的0.1%）和淋巴液中的树突状细胞，又称为隐蔽细胞（veiled cells）。

⑤滤泡树突状细胞。滤泡树突状细胞（follicular dendritic cells）为另一种类型的树突状细胞，存在

于淋巴结的富含B细胞的淋巴滤泡中。该类细胞不表达MHC-Ⅱ类分子，因此不具有将抗原递呈给 T_H 细胞的功能。但可表达高水平的对抗体和补体的膜受体。这些受体可结合循环抗原-抗体复合物，促进淋巴结中B细胞的活化。这些复合物可长时间（数周到数月，甚至数年）存在于树突状细胞膜。抗原-抗体复合物在树突状细胞膜的存在对于滤泡内记忆细胞的产生具有十分重要的作用。

（3）*B细胞*　也是一类重要的抗原递呈细胞，特别是活化的B细胞，可表达共刺激B7分子，具有较强的抗原递呈能力，可将某些抗原决定簇递呈给 T_H 细胞产生免疫应答。

除了上述细胞外，红细胞也兼有A细胞功能。

4. 其他免疫细胞　胞浆中含有颗粒的白细胞统称粒细胞（granulocyte）。用姬姆萨液染色后，根据胞浆颗粒的染色特性将其分为中性粒细胞、嗜酸性粒细胞和嗜碱性粒细胞。它们来源于骨髓，其寿命较短，在外周血中维持恒定的数目，必须由骨髓不断地供应。粒细胞由于有分叶状的细胞核，又称多形核白细胞。

（1）*中性粒细胞*　中性粒细胞（neutrophil）是血液中的主要吞噬细胞，具有高度的移动性和吞噬功能。细胞表面有Fc及C3b受体。它在防御感染中起重要作用，并可分泌炎症介质，促进炎症反应，可处理颗粒性抗原并提供给巨噬细胞。

（2）*嗜酸性粒细胞*　嗜酸性粒细胞（eosinophil）胞浆内有许多嗜酸性颗粒。此颗粒在电镜下呈晶体样结构，颗粒中含有多种酶，尤其富含过氧化物酶。在寄生虫感染及Ⅰ型超敏反应性疾病中常见嗜酸性粒细胞数目增多。嗜酸性粒细胞能结合至被抗体覆盖的血吸虫体上，杀伤虫体，且能吞噬抗原-抗体复合物，同时释放出一些酶类，如组胺酶、磷脂酶D等，可分别作用于组胺、血小板活化因子，在Ⅰ型超敏反应中发挥负反馈调节作用。

（3）*嗜碱性粒细胞和肥大细胞*　嗜碱性粒细胞（basophil）内含有大小不等的嗜碱性颗粒，颗粒内含有组胺、白三烯、肝素等参与Ⅰ型超敏反应的介质，细胞表面有IgE的Fc受体，能与IgE抗体结合，带IgE的嗜碱性粒细胞与特异性抗原结合后，立即引起细胞脱粒，释放组胺等介质，引起过敏反应。

肥大细胞（mast cell）存在于周围淋巴组织、皮肤的结缔组织，特别是在小血管周围、脂肪组织和小肠黏膜下组织等。肥大细胞表面有IgE的Fc受体、胞浆内的嗜碱性颗粒、脱粒机制及其在Ⅰ型过敏反应中的作用与嗜碱性粒细胞十分相似。

（三）免疫分子

免疫分子种类较多，包括免疫球蛋白、补体、各种细胞因子和膜分子等，本书主要介绍前三种免疫分子。即免疫球蛋白、补体和细胞因子。

1. 免疫球蛋白　免疫球蛋白是一类分子结构和功能研究得最为清楚的免疫分子。免疫球蛋白分子的结构和功能是现代免疫学的一大突破。尽管抗体的发现很早，但由于在血清中存在的抗体分子不均一，即有异质性，故对其结构的研究十分困难。自发现多发性骨髓瘤病人血清中含有分子均一的免疫球蛋白（单克隆Ig）后，在1959—1963年Porter R和Edelman G以骨髓瘤蛋白（占血清免疫球蛋白的95%）为材料，采用酶及还原剂消化和分离技术，弄清了免疫球蛋白的基本结构，从而提出免疫球蛋白的结构模型。

（1）*免疫球蛋白的单体分子结构*　所有种类免疫球蛋白的单体分子结构都是相似的，即是由两条相同的重链和两条相同的轻链4条肽链构成的Y字形的分子（图7-1）。IgG、IgE、血清型IgA、IgD均是以单体分子形式存在的，IgM是以5个单体分子构成的五聚体，分泌型的IgA是以两个单体构成的二聚体。

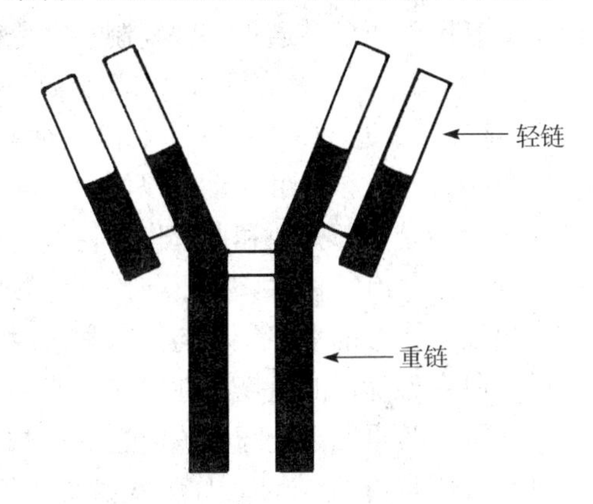

图7-1　免疫球蛋白单体分子Y字形结构示意图

重链：重链（heavy chain，简称H链）是由420～440个氨基酸组成，相对分子质量为（50～77）$\times 10^3$，两条重链之间由一对或一对以上的二硫键（—S—S—）互相连接。重链从氨基端（N端）开始最初的110个氨基酸的排列顺序以及结构是随抗体分子的特异性不同而有所变化，这一区域称为重链的可变区（variable region，V_H），其余的氨基酸比较稳定，称为稳（恒）定区（constant region，C_H）。在重链的可变区内，有 4 个区域的氨基酸变异度最大，称为高（超）变区（hypervariable region），氨基酸残基位置分别位于31～37、51～58、84～91、101～110，其余的氨基酸变化较小，称为骨架区（framework region）（图7-2）。

免疫球蛋白的重链有 5 种类型——γ、μ、α、ε、δ，由此决定了免疫球蛋白的类型，即 IgG、IgM、IgA、IgE 和 IgD 的重链分别为 γ、μ、α、ε、δ。因此，同一种动物，不同免疫球蛋白的差别就是由重链所决定的。

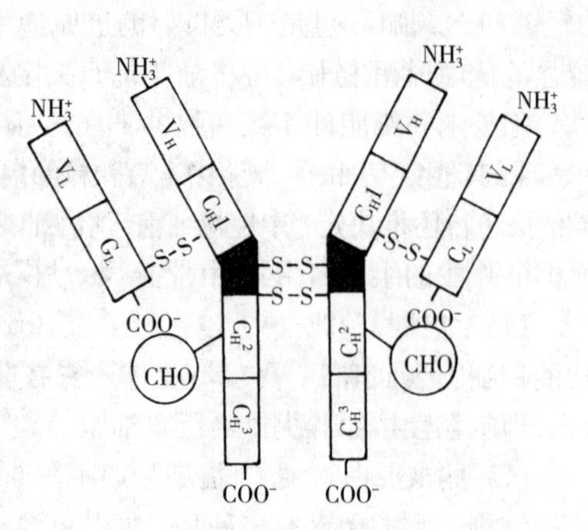

图 7-2 IgG 分子的基本结构示意图

轻链：轻链（light chain，简称 L 链）由 213～214 个氨基酸组成，相对分子质量约为 22.5×10^3。两条相同的轻链其羧基端（C 端）靠二硫键分别与两条重链连接。轻链从氨基端开始最初的 109 个氨基酸（约占轻链的 1/2）的排列顺序及结构是随抗体分子的特异性变化而有差异，称为轻链的可变区（V_L），与重链的可变区相对应，而构成抗体分子的抗原结合部位，其余的氨基酸比较稳定，称为恒定区（C_L）。在轻链的可变区内部有 3 个高变区，其氨基酸残基位置位于 26～32、48～55、90～95，这 3 个部位的氨基酸变化特别大。其余的氨基酸变化较小，称为骨架区（图 7-2）。

免疫球蛋白的轻链根据其结构和抗原性的不同可分为 κ（kappa）型和 λ（lambda）型，各类免疫球蛋白的轻链都是相同的，而各类免疫球蛋白都有 κ 型和 λ 型两型轻链分子。κ 型和 λ 型轻链的差别主要表现在 C 区氨基酸组成和结构的不同，因而抗原性不同，这也是轻链分型的依据。

免疫球蛋白的功能区：免疫球蛋白的多肽链分子可折叠形成几个由链内二硫键连接成的环状球形结构，这些球形结构称为免疫球蛋白的功能区（domain）。IgG、IgA、IgD 的重链有 4 个功能区，其中有一个功能区在可变区，其余的在恒定区，分别称为 V_H、C_H1、C_H2、C_H3；IgM 和 IgE 有 5 个功能区，即多了一个 C_H4。轻链有两个功能区，即 V_L 和 C_L，分别位于可变区和恒定区。免疫球蛋白的每一个功能区都是由约 110 个氨基酸组成。

V_H-V_L　这是抗体分子结合抗原的所在部位。由重链和轻链可变区内的高变区构成抗体分子的抗原结合点（antigen-binding site），因为抗原结合点是与抗原表位结构相互补的，所以高变区又称超抗体分子的互补决定区（complementarity-determining regions，CDRs）。

C_H1-C_L　遗传标志所在。

C_H2　为抗体分子的补体结合位点，与补体的活化有关。

C_H3　与抗体的亲细胞性有关，是 IgG 同一些免疫细胞的 Fc 受体的结合部位。

免疫球蛋白的这些功能区虽然功能不同，但其结构上具有明显的相似性，表明这些功能区最初可能是由单一基因编码的，通过基因复制和突变衍生而成。此外，在两条重链之间二硫键连接处附近的重链恒定区，即 C_H1 与 C_H2 之间大约 30 个氨基酸残基的区域为免疫球蛋白的铰链区（hinge region），由 2～5 个链间二硫键、C_H1 尾部和 C_H2 头部的小段肽链构成。此部位与抗体分子的构型变化有关，当抗体与抗原结合时，该区可转动，以便一方面使可变区的抗原结合点尽量与抗原结合，和与不同距离的两个抗原表位结合，起弹性和调节作用；另一方面可使抗体分子变构，其补体结合位点暴露出来。免疫球蛋白的绞链区具有柔韧性，主要与该部位含较多脯氨酸残基有关。

①免疫球蛋白的水解片段与生物学活性。前已述及，免疫球蛋白的结构和功能是通过采用酶消化、水解后，研究各片段的免疫活性而被证明的。Porter（1959）应用木瓜蛋白酶（papain）将 IgG 抗体分子水解，可将其重链于链间二硫键近氨基端处切断，得到大小相近的 3 个片段，其中有 2 个相同的片段，可与抗原特异性结合，称为抗原结合片段（fragment antigen binding，Fab），相对分子质量为 45×10^3；另一个片段可形成蛋白结晶，称为 Fc 片段（fragment crystallizable，Fc），相对分子质量为

55×10^{3}。后来，Nisonoff 又应用胃蛋白酶（pepsin）将 IgG 重链于链间二硫键近羧基端切断，获得了 2 个大小不同的片段，一个是具有双价抗体活性的 F（ab'）$_2$ 片段，小片段类似于 Fc，称为 pFc' 片段，后者无任何生物学活性。Ig 的酶消化片段示意图见图 7－3。

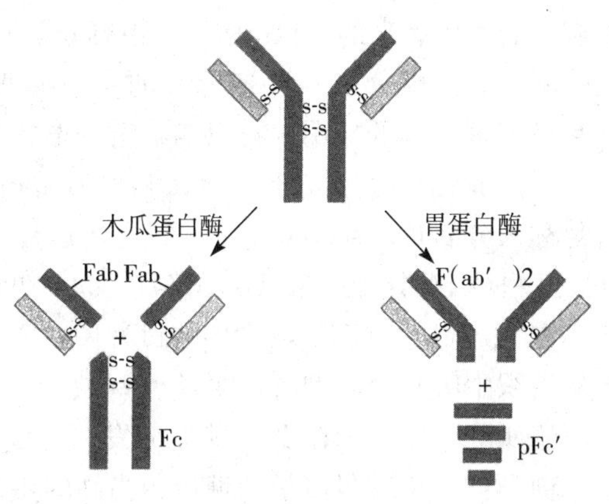

图 7－3　免疫球蛋白分枝的酶消化片段

Fab 片段的组成与生物学活性：Fab 片段由一条完整的轻链和 N 端 1/2 重链所组成，由两个轻链同源区——V_L、C_L 和两个重链同源区——V_H、C_H1 在可变区和稳定区各组成一个功能区。抗体结合抗原的活性就是由 Fab 所呈现的，由 V_H 和 V_L 所组成的抗原结合部位，除了结合抗原外，还是决定抗体分子特异性的部位。

Fc 片段的组成与生物学活性：Fc 片段由重链 C 端的 1/2 组成，包含 C_H2 和 C_H3 两个功能区。该片段无结合抗原活性，但具有各类免疫球蛋白的抗原决定簇，并与抗体分子的其他生物学活性有密切关系。

与免疫球蛋白选择性通过胎盘有关——如人的 IgG 可通过胎盘进入胎儿体内，就与 Fc 片段有关。已有研究证实，胎盘母体一侧的滋养层细胞能摄取各类免疫球蛋白，但其吞饮泡内只有 IgG 的 Fc 受体而无其他种类 Ig 的受体。与受体结合的 IgG 可得以避免被酶分解，进而通过细胞的外排作用，分泌到胎盘的胎儿一侧，进入胎儿循环。IgG 穿过胎盘的作用是一种重要的自然被动免疫机制，对于新生儿抗感染具有重要意义。另外，分泌型 IgA 可通过呼吸道和消化道的黏膜，是黏膜局部免疫的最主要因素。

与补体结合，活化补体有关——补体可与抗原抗体复合物结合，其结合位点位于抗体分子 Fc 片段的 C_H2 上。

决定免疫球蛋白分子的亲细胞性——一些免疫细胞如巨噬细胞、淋巴细胞、嗜碱性粒细胞、肥大细胞等表面都具有免疫球蛋白 Fc 片段的受体，因此免疫球蛋白可通过其 Fc 片段与这些带有 Fc 受体的细胞结合。Ig 与这些细胞 Fc 受体的结合部位因其种类不同而有差异，IgG 与巨噬细胞、K 细胞、B 细胞的 Fc 受体的结合部位是 C_H3，而 IgE 与嗜碱性粒细胞和肥大细胞 Fc 受体的结合部位是 C_H4。

与免疫球蛋白通过黏膜进入外分泌液有关——如分泌型固有层中的浆细胞产生，然后通过黏膜进入呼吸道和消化道分泌液中，这与 IgA 的 Fc 片段有关。

决定各类免疫球蛋白的抗原特异性——Fc 片段是免疫球蛋白分子中的重链稳定区，因此它是决定各类免疫球蛋白的抗原特异性的部位。用免疫球蛋白免疫异种动物产生的抗抗体（第 2 抗体）即是针对免疫球蛋白 Fc 片段的。

此外，免疫球蛋白的 Fc 片段还与 Ig 的代谢（分解、清除）以及抗原抗体复合物、抗原的清除有关。由于各类免疫球蛋白的 Fc 片段的结构上存在差异，因此它们的生物学活性也有不同（表 7－1）。并且，免疫球蛋白还对免疫应答有调节作用。

表 7－1　各类免疫球蛋白 Fc 片段的生物学活性

功　　能	IgG1	IgG2	IgG3	IgG4	IgM	IgA	IgE
选择性通过胎盘	＋	＋	＋	＋	－	－	－
补体活化：C1 途径	＋	＋	＋	－	＋	－	－
C3 途径	－	－	－	＋	－	＋	－
亲细胞性：							
（1）与巨噬细胞、淋巴细胞结合	＋	－	＋	－	－	－	－
（2）与嗜碱性粒细胞、肥大细胞结合	－	－	－	－	－	－	＋

②免疫球蛋白的特殊分子结构。免疫球蛋白还具有一些特殊分子结构，为个别免疫球蛋白所具有。

连接链：连接链（joining chain，简称J链）在免疫球蛋白中，IgM是由5个单体分子聚合而成的五聚体（pentamer），分泌型的IgA是由两个单体分子聚合而成的二聚体（dimer），这些单体之间就是依靠J链连接起来的。J链是一条相对分子质量约为20×10^3的多肽链，内含10%糖成分，富含半胱氨酸残基，它是由分泌IgM或IgA的同一浆细胞所合成，可能在IgM，IgA释放之前即与之结合，因此J链起稳定多聚体的作用，它以二硫键的形式与免疫球蛋白的Fc片段共价结合。

分泌成分：分泌成分（secretary component，简称SC）是分泌型IgA所特有的一种特殊结构。过去曾称为分泌片（secretary piece）、转运片（transport piece），后来世界卫生组织建议改称分泌成分。SC为一种相对分子质量（60～70）$\times10^3$的多肽链，含6%糖成。它是由局部黏膜的上皮细胞所合成的，在IgA通过黏膜上皮细胞的过程中，SC与之结合形成分泌型的二聚体。SC具有促进上皮细胞积极地从组织中吸收分泌型IgA并将其释放于胃肠道和呼吸道内的作用；同时SC可防止IgA在消化道内为蛋白酶所降解，从而使IgA能充分发挥免疫作用。

糖类：免疫球蛋白是含糖量相当高的蛋白质，特别是IgM和IgA。糖类（carbohydrate）以共价键结合在H链的氨基酸上，在大多数情况下，是通过由N-糖苷键与多肽链中的天冬酰胺连在一起，少数可结合到丝氨酸上。糖的结合部位因免疫球蛋白的种类不同而有差异，如IgG在C_H2、IgM、IgA、IgE和IgD在C区和绞链区。糖类可能在Ig的分泌过程中起着重要作用，并可使免疫球蛋白分子易溶和具有防止其分解的作用。

（2）免疫球蛋白的种类与抗原决定簇

①免疫球蛋白的种类。免疫球蛋白可分为类、亚类、型、亚型及亚群等。

类：免疫球蛋白类（class）的区分是依据其重链C区的理化特性及抗原性的差异，在同种系所有个体内的免疫球蛋白可分为IgG、IgM、IgA、IgE和IgD 5大类，重链分别为γ、μ、α、ε、δ，因此重链决定免疫球蛋白的种类。

亚类：同一种类免疫球蛋白，又可根据其重链恒定区的微细结构、二硫键的位置与数目及抗原特性的不同，可分为亚类（subclass）。如人的IgG有IgG1、IgG2、IgG3、IgG4四个亚类；IgA有IgA1和IgA2；IgM有IgM1和IgM2；IgE和IgD未发现亚类。其他动物的IgG也有不同的亚类。

型：根据轻链恒定区的抗原性不同，各类免疫球蛋白的轻链分为κ和λ两个型（type）。任何种类的免疫球蛋白均有两型轻链分子，如IgG的分子式为（$\gamma\kappa$）2或（$\gamma\lambda$）2。

亚型：免疫球蛋白亚型（subtype）的区分是依据λ型轻链N端恒定区上氨基酸排列顺序的差异，可分为若干亚型，例如轻链190位的氨基酸为亮氨酸时，称为$Oz^{(+)}$亚型；为精氨酸时，称为$Oz^{(-)}$亚型；轻链154位氨基酸为甘氨酸时，称为$Kern^{(+)}$亚型，若为丝氨酸时，则称为$Kern^{(-)}$亚型。κ型轻链无亚型。

此外，根据免疫球蛋白V区的一级结构特点，可进一步分为一些亚群。

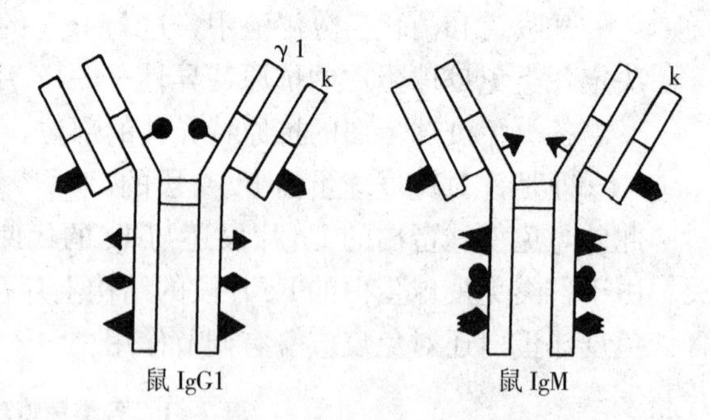

图7-4 免疫球蛋白的同种型决定簇示意图

②免疫球蛋白的抗原决定簇。免疫球蛋白是蛋白质，因此其本身可作为免疫原诱导产生抗体。一种动物的免疫球蛋白对另一种动物而言是良好的抗原。免疫球蛋白不仅在异种动物之间具有抗原性，而且在同一种属动物不同个体之间，以及自身体内同样是一种抗原物质。免疫球蛋白分子的抗原决定簇（表位）分为同种型决定簇、同种异型决定簇和独特型决定簇3种类型。

同种型决定簇：同种型决定簇（isotypic determinants）是指在同一种属动物所有个体共同具有的免疫球蛋白抗原决定簇（图7-4），即是说在同一种动物不同个体之间同时存在不同类型（类、亚类、型、亚型）的免疫球蛋白，不表现出抗原性，只是在异种动物之间才表现出抗原性。将一种动物的抗体

（免疫球蛋白）注射到另一种动物体内，可诱导产生对同种型决定簇的抗体。免疫球蛋白的同种型抗原决定簇主要存在于重链和轻链的 C 区。

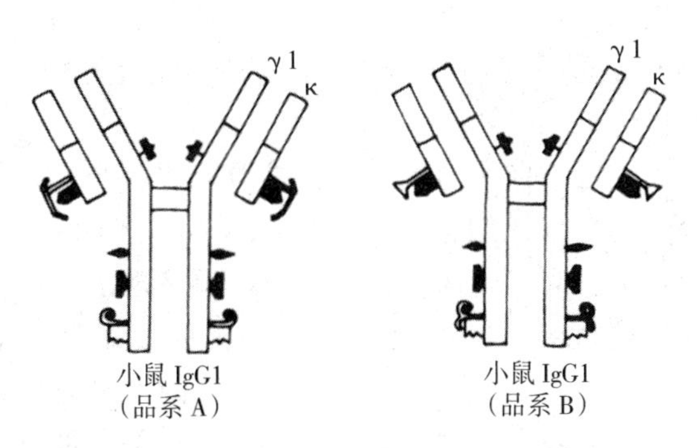

图 7-5　免疫球蛋白的同种异型决定簇示意图

同种异型决定簇：虽然一种动物的所有个体的免疫球蛋白具有相同的同种型决定簇，但一些基因存在多等位基因。这些等位基因编码微小的氨基酸差异，称为同种异型决定簇（allotypic determinants）（图 7-5），因此，免疫球蛋白在同一种动物不同个体之间会呈现出抗原性，将一种动物的某一个体的抗体注射到同一种动物的另一个体内，可诱导产生针对同种异型决定簇的抗体。同种异型抗原决定簇存在于 IgG、IgA、IgE 的重链 C 区，一般为 1～4 个氨基酸的差异。同种异型是 Ig 稳定的遗传标志。

IgG 重链的同种异型标志（Gm markers）：迄今已鉴定出 γ 链有 25 种同种异型，用类和亚类加上等位基因数目表示，如 G1m（1）、G2m（23）、G3m（11）（G 代表 IgG，数字代表亚类，m 表示标志 marke，括号内的数字表示等位基因的数目）（表 7-2）。

表 7-2　免疫球蛋白的同种型和同种异型决定簇

		同种型决定簇	同种异型决定簇
轻链	κ	—	κm (1), κm (2), κm (3)
	λ	OZ$^{(+)}$OZ$^{(-)}$	
		Kern$^{(+)}$Kern$^{(-)}$	
		IgG1	G1m (1), (2), (3), (17)
		IgG2	G2m (23)
	γ	IgG3	G3m (11), (5), (13), (14), (10), (6), (24), (15), (16), (26), (27)
重链		IgG4	—
		IgA1	—
	α	IgA2	A2m (1), A2m (2)
		IgM1	—
	μ	IgM2	—
	ε	IgE	Em (1)
	δ	IgD	—

IgA 重链的同种异型标志（Am markers）在 IgA2 分子上已发现两种同种异型标志，为 A2m（1）、A2m（2），IgA1 分子上未发现有同种异型标志。

IgE 重链的同种异型标志（Em markers）在 IgE 分子上仅发现一个同种异型，为 Em（1）。

κ 型轻链的同种异型标志（κm markers）κ 型轻链上发现有 3 种同种异型，为 κm（1）、κm（2）、κm（3）。尚未发现 λ 型轻链上有同种异型标志。

独特型决定簇：又称为个体基因型。动物机体可产生针对各种各样抗原的抗体，其特异性均不相同。抗体分子的特异性是由免疫球蛋白的重链和轻链可变区所决定的，因此，在一个个体内针对不同抗原分子的抗体之间的差别表现在免疫球蛋白分子的可变区。这种差别就决定了抗体分子在机体内具有抗原性，所以由抗体分子重链和轻链可变区的构型可产生独特型决定簇（idiotypic determinants）。可变区内单个的抗原决定簇称为独特位（idiotope）（图 7-6），有时独特位就是抗原结合点，有时独特位还包括抗原结合点以外的可变区序列。每种抗体都有多个独特位，单个独特位的总和称为抗体的独特型(idiotype)。独特型在异种、同种异体乃至同一个体内均可刺激产生相应的抗体，这种抗体称为抗独特型抗体（anti-idiotype)。

总之，在动物体内具有成千上万的产生抗体分子的B淋巴细胞，它们产生的抗体分子的抗原结合部位的立体构型各不相同，而呈现出不同的独特型，从而可适应各种各样抗原决定簇（表位）的多样性。因此，单从这一方面即可看出抗体分子的多样性是极大的。自然界有多少种抗原分子，有多少种抗原决定簇，机体即可产生与之相适应的特异性抗体分子。

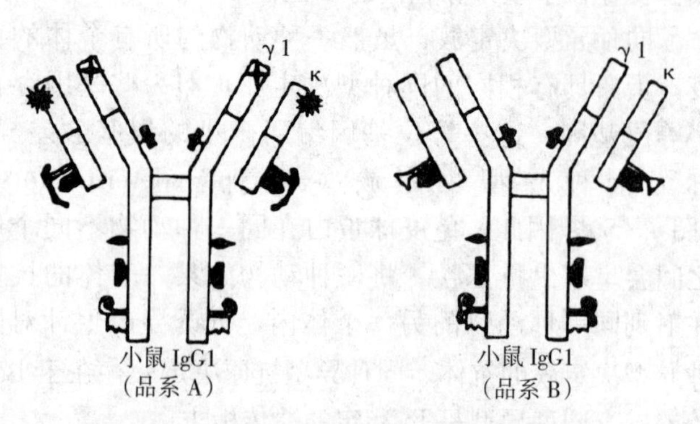

图 7-6 免疫球蛋白独特性决定簇示意图

（3）各类免疫球蛋白的主要特性与免疫学功能

IgG：IgG 是人和动物血清中含量最高的免疫球蛋白（表 7-3)，占血清免疫球蛋白总量的 75%～80%。IgG 是介导体液免疫的主要抗体，多以单体形式存在，沉降系数为 7S，相对分子质量为（16～18）$\times10^3$。IgG 主要由脾脏和淋巴结中的浆细胞产生，大部分（45%～50%）存在于血浆中，其余存在于组织液和淋巴液中。IgG 是唯一可通过人（和兔）胎盘的抗体，因此在新生儿的抗感染中起着十分重要的作用。IgG 在人和动物均有亚类，如人的有 4 个亚类，即 IgG1、IgG2、IgG3、IgG4，这些亚类的 γ 链上氨基酸序列很相似，只是以二硫键与轻链连结时半胱氨酸残基位置不同，以及绞链区二硫键的数目有差异。

表 7-3 动物和人血清中各类免疫球蛋白（100mL）的含量

种	免疫球蛋白种类					
	IgG	IgM	IgA	IgG（T）	IgG（B）	IgE
马	1 000～1 500	100～200	60～350	100～1 500	10～100	—
牛	1 700～2 700	250～400	10～50	—	—	—
绵羊	1 700～2 000	150～250	10～50	—	—	—
猪	1 700～2 900	100～500	50～500	—	—	—
犬	1 000～2 000	70～270	20～150	—	—	2.3～4.2
猫	400～2 000	30～150	30～150	—	—	—
鸡	300～700	120～250	30～60	—	—	—
人	800～1 600	50～200	150～400	—	—	0.002～0.05

IgG 是动物自然感染和人工主动免疫后，机体所产生的主要抗体。因此，IgG 是动物机体抗感染免疫的主力，同时也是血清学诊断和疫苗免疫后监测的主要抗体。IgG 在动物体内不仅含量高，而且持续时间长，可发挥抗菌、抗病毒、抗毒素等免疫学活性，IgG 能调理、凝集和沉淀抗原，但只在有足够分子存在并以正确构型积聚在抗原表面时才能结合补体。在抗肿瘤免疫中，IgG 也是不可缺少的，肿瘤特异性抗原的 IgG 抗体的 Fc 片段可与巨噬细胞、K 细胞等表面的 Fc 受体结合，从而在肿瘤细胞与这些效应细胞之间起着搭桥作用，引起抗体依赖性细胞介导的细胞毒作用（ADCC）而杀伤肿瘤细胞等靶细胞。此外，IgG 是引起Ⅱ型、Ⅲ型变态反应及自身免疫病的抗体，在肿瘤免疫中体内产生的封闭因子可能与 IgG 有关。

IgM：IgM 是动物机体初次体液免疫反应最早产生的免疫球蛋白，其含量仅占血清免疫球蛋白的 10%左右，主要由脾脏和淋巴结中 B 细胞产生，分布于血液中。IgM 是由 5 个单体组成的五聚体(pentamer)，单体之间由 J 链连接（图 7-7)，相对分子质量为 900×10^3 左右，是所有免疫球蛋白中分子质量最大的，又称为巨球蛋白（macroglobulin），沉降系数为19S。

与IgG相比，IgM在体内产生最早，但持续时间短，因此不是机体抗感染免疫的主力，但由于它是机体初次接触抗原物质（接种疫苗）时体内最早产生的抗体，因此在抗感染免疫的早期起着十分重要的作用，也可通过检测IgM抗体进行疫病的血清学早期诊断。IgM具有抗菌、抗病毒、中和毒素等免疫活性，由于其分子上含有多个抗原结合部位，所以它是一种高效能的抗体，其杀菌、溶菌、溶血、促进吞噬（调理作用）及凝集作用均比IgG高（高500～1 000倍）。IgM也具有抗肿瘤作用，在补体的参与下同样可介导对肿瘤细胞的破坏作用。此外，IgM可引起Ⅱ型和Ⅲ型变态反应及自身免疫病而造成机体的损伤。

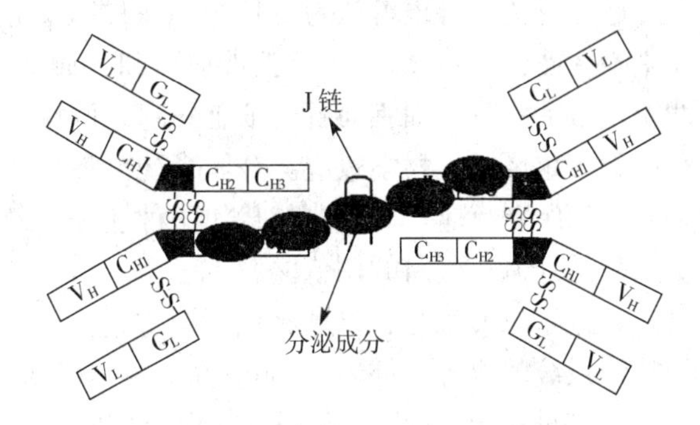

图7-7　IgM和分泌型IgA的结构示意图
（示J链和分泌成分）

IgA：IgA以单体和二聚体两种分子形式存在，单体存在于血清中，称为血清型IgA，占血清免疫球蛋白的10%～20%；二聚体为分泌型IgA，是由呼吸道、消化道、泌尿生殖道等部位的黏膜固有层中的浆细胞所产生的（图7-8），两个单体由一条J链连接在一起，形成二聚体，然后与黏膜上皮细胞表达的、存在黏膜上皮基底膜表面的多聚免疫球蛋白受体（poly-Ig receptor）结合，形成的poly-Ig/IgA复合体通过上皮细胞转运到腔膜，poly-Ig被酶裂解形成分泌成分，后者与二聚体IgA紧密结合在一起释放到黏膜分泌液（图7-8）。因此，分泌型的IgA主要存在于呼吸道、消化道、生殖道的外分泌液中以及初乳、唾液、泪液，此外，在脑脊液、羊水、腹水、胸膜液中也含有IgA。分泌型的IgA在各种分泌液中的含量比较高，但差别较大。

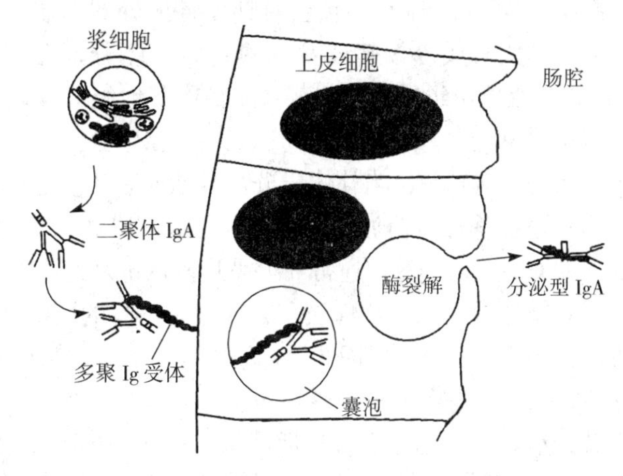

图7-8　分泌型IgA形成示意图

分泌型IgA对机体呼吸道、消化道等局部黏膜免疫起着相当重要的作用，特别是对于一些经黏膜途径感染的病原微生物，动物机体的这种黏膜免疫功能就显得十分重要，若动物机体呼吸道、消化道分泌液中存在这些病原微生物的相应的分泌型IgA抗体，则可抵御其感染，因此，分泌型IgA是机体黏膜免疫的一道“屏障”。在传染病的预防接种中，经滴鼻、点眼、饮水及喷雾途径免疫，均可产生分泌型IgA而建立相应的黏膜免疫力。

IgE：IgE是以单体分子形式存在，相对分子质量为190×10^3，其重链比γ链多一个功能区（C_H4），此区是与细胞结合的部位。IgE的产生部位与分泌型IgA相似，是由呼吸道和消化道黏膜固有层中的浆细胞所产生的，在血清中的含量甚微。IgE是一种亲细胞性抗体，其Fc片段中含有较多的半胱氨酸和蛋氨酸，这与其亲细胞性有关，因此IgE易于与皮肤组织、肥大细胞、血液中的嗜碱性粒细胞和血管内皮细胞结合。结合在肥大细胞和嗜碱性粒细胞上的IgE与抗原结合后，能引起这些细胞脱粒，释放组胺等活性介质，从而引起Ⅰ型过敏反应。

IgE在抗寄生虫感染中具有重要的作用，如蠕虫感染的自愈现象就与IgE抗体诱导过敏反应有关。已有的研究表明，蠕虫、血吸虫和旋毛虫等寄生虫病，以及某些真菌感染后，可诱导机体产生大量的IgE抗体。

IgD：IgD很少分泌，在血清中的含量极低，而且极不稳定，容易降解。IgD分子质量为

$170\times10^3\sim200\times10^3$。IgD 主要作为成熟 B 细胞膜上的抗原特异性受体，是 B 细胞的重要表面标志，而且与免疫记忆有关。有报道认为 IgD 与某些过敏反应有关。

2. 补体系统 补体是存在于正常动物和人血清中的一组不耐热具有酶活性的球蛋白，具有独特的理化性质，激活后具有细胞溶解、细胞黏附、调理、免疫调节、介导炎症反应、中和病毒、免疫复合物溶解和清除等重要的生物学效应。补体系统由参与补体激活和调控的各种成分及补体受体组成。补体的激活是复杂的级联反应，有经典与替代两种途径，最终形成攻膜复合体，对靶细胞溶解和破坏。补体的激活受到一系列调控蛋白的调节。

(1) 补体系统的概念、组成和性质

①补体系统的概念。补体（complement，C）是存在于正常动物和人血清中的一组不耐热具有酶活性的球蛋白。早在 19 世纪末 Bordet 发现新鲜血清中含有能引起细菌溶解的、对热不稳定的成分，称为补体。参与补体激活的各种成分以及调控补体成分的各种灭活或抑制因子及补体受体，称为补体系统（complement system）。近年来，随着单一补体成分分离提纯的成功和各种补体成分的 cDNA 克隆成功，人们对补体成分的结构与功能、活化机制与遗传特性的认识进一步丰富。

补体系统含量相对稳定，与抗原刺激无关，不随机体的免疫应答而增加，但在某些病理情况下可引起改变。补体系统激活过程中，可产生多种具有生物活性的物质，引起一系列重要的生物学效应，参与机体的防御功能和维持机体与自身稳定，同时也作为一种介质，引起炎症反应，导致组织损伤。此外，补体系统还与凝血系统、纤维蛋白溶解系统等存在互相促进与制约的关系。

②补体系统的组成与命名。按补体系统各成的功能，将其分为 4 组，即参与经典途径的组分、参与替代途径的组分、攻膜复合体组分及调节因子组分。该系统有 40 多种成分，均属糖蛋白。根据世界卫生组织（WHO）命名委员会对补体各成分的命名原则，补体成分以符号“C”表示，参与补体激活经典途径的固有成分按其被发现的先后顺序分别命名为 C1、C2、C3……C9，其中 C1 又由 C1q、C1r、C1s 3 个亚单位组成。参与替代途径的其他组分及调节因子的某些成分，以英文的大写字母或英文名的缩写符号表示，如 B、D、P、H 及 I 因子、C4 结合蛋白、促衰变因子、补体受体（complement receptor，CR）等。当补体成分被激活时，则在数字或代号上方加一横线，如 $\overline{C1}$，$\overline{C3bBb}$ 等。灭活的补体片段在其符号前加英文字母 i 表示，如 iC3b。补体活化后的裂解片段以该成分加英语小写字母表示，如 C3a，C3b 等，通常 a 为小片段，b 为大片段。

③补体成分的理化性质。各成分有不同的肽链结构，相对分子质量变动范围较大，最低的相对分子质量仅为 25×10^3（D 因子），高的可达 400×10^3（C1q）。各成分在血清中的含量也有差异，在 1～2μg/mL（D 因子）和 1～200μg/mL（C3）之间不等。某些补体成分对热不稳定，经 56℃ 30min 即可将其灭活，在室温下很快失活，在 0～10℃中活性仅能保持 3～4d。然而在－20℃以下可保存较长时间。许多理化因素，如紫外线、机械振荡、酸碱等都能破坏补体。补体成分在动物体内的含量稳定，不受免疫的影响，补体以豚鼠血清中的含量最丰富，因而在实验中常以豚鼠作为补体应用。补体可与任何抗原-抗体复合物结合而发生反应，其作用没有特异性，这一特性在实验中得到广泛的应用。

(2) 补体系统的激活途径 补体系统的激活是指补体各成分在受到激活物质的作用后，在转化酶（convertase）的作用下从无活性酶原转化为具有酶活性状态的过程。常见的激活物见表 7-4。通常情况下，补体多以非活性状态的酶原形式存在于血清和体液中，经激活后，补体成分按一定顺序发生连锁的酶促反应，并在激活过程中不断组成具有不同酶活性的新的中间复合物，将相应的补体成分裂解为大小不等的片段，呈现不同的生物学活性，直至靶细胞溶解。补体的激活途径主要有从 C1 开始激活的经典途径（classical pathway）和从 C3 开始激活的替代途径（alternative pathway）。

补体系统的核心成分是 C3 蛋白，它是该系统发挥效应功能的关键成分。C3 的生物学活性形式是其蛋白酶的裂解产物。经典和替代途径包括以不同方式活化的不同的蛋白成分。在经典途径的早期阶段，免疫复合物中的抗体分子依次结合并活化裂解 C1、C4 和 C2 三个补体蛋白，形成 C 4b2a 复合物，即经典途径的 C3 转化酶。在替代途径中，C3b 可在低水平自动产生或通过经典途径产生，C3b 与蛋白 B 因

表 7-4　常见的激活物

补体激活途径	经典激活途径	旁路激活途径	MBL 激活途径
常见激活物	主要是抗原抗体复合物，其他成分如核酸、黏多糖、肝素、鱼精蛋白、纤溶酶、组织蛋白酶等也可以激活	酵母多糖、细菌脂多糖（LPS）、肽聚糖、凝聚的 IgA、IgE 等	MASP
补体参与成分	C1-C9	C3、B、D、P 因子和 C5-C9	C4-C9
生物学作用	在特异性体液免疫的效应阶段起作用	参与非特异性免疫，在感染早期起作用	参与非特异性免疫

子的裂解产物 Bb 片段结合形成的 C 3bBb 复合物就是替代途径中的 C3 转化酶，其功能类似于经典途径的 C3 转化酶，C3 转化酶进一步裂解 C3 产生更多的 C3b。两条途径的下一步骤是 C3b 结合于 C3 转化酶上，形成 C5 转化酶，后者催化 C5 蛋白裂解。尽管两条途径的 C5 转化酶是不同的分子，但催化相同的反应。一旦 C5 被裂解，两条途径共有相同的终末步骤，这些终末的反应步骤不涉及蛋白酶解，而是 C6、C7、C8 和 C9 几种补体蛋白依次结合于靶细胞表面，形成攻膜复合体（membrane attack complex，MAC）。

①补体激活的经典途径。补体激活的经典途径（classical pathway），又称 C1 激活途径。它是抗体介导免疫反应的主要效应机制。免疫复合物依次活化 C1q、C1r、C1s、C4、C2、C3，形成 C3 与 C5 转化酶，这一激活途径是补体系统中最早发现的级联反应，因而称为经典途径，又称为第 1 途径。整个激活过程可分为 3 个阶段，即识别阶段、活化阶段和攻膜阶段。它的活化主要通过经典途径第 1 成分 C1 结合到抗原-抗体复合物的 Fc 片段而引起。

识别阶段

抗体与抗原结合后，绞链区发生构型变化，暴露出 Fc 片段上的补体结合部位，补体 C1 与该部位结合并被激活，这一过程称为补体激活的启动或识别。

C1 是一个大的、多聚体分子复合物，大约 750×10^3，由一个 C1q 分子，在有 Ca^{2+} 存在下，与两个 C1r 和 C1s 分子结合而成。C1q 实际上是与 Ig 分子结合的亚单位，而 C1r 和 C1s 是蛋白酶解级联反应需要的丝氨酸酯酶原。C1q 是 400×10^3 蛋白复合物，由 3 种不同的多肽链组成，它们结合形成杆状异三聚体结构，在氨基末端有胶原状的 3 股螺旋，而羧基末端呈球形结构。6 个同样的杆状结构（共有 18 条分开的多肽）结合形成一个一端为 3 股螺旋组成的中心索，而另一端为放射状球体的对称性分子复合体即 C1q 分子（图 7-9）。C1r 和 C1s 均为单链 85×10^3 蛋白，在钙离子存在条件下，两者结合组成一个顺序为 C1s-C1r-C1r-C1s 的具有弹性的线状四聚体。C1q 的两个或多个球状与 IgM 或 IgG 分子结合引起相关的 C1r 活化，两个活化的 C1r 分子互相裂解产生一个 57×10^3 链和一个 28×10^3 链，该 28×10^3 链即 C1r，是一种具有丝氨酸酯酶活性的分子。活化的 C1r 分子，同样形成57×10^3 链和 28×10^3 链。同样，较小片段 C1s 具有丝氨酸蛋白酶活性。C1s 进一步作用于 C4 和 C2，虽然如此，但 C1 的激活需要满足以下条件：①C1 结合到 IgM 的 C_H3 区或 IgG 某些亚类（IgG1、IgG2、IgG3）的 C_H2 区时才发生 C1 活化。②单个 C1 分子必须同时与两个以上 IgG 的 Fc 段结合才能活化，因此 IgG 需要两个分子凝集后才能与 C1q 结合（图 7-10）。IgM 一分子即可与 C1q 结合启动经典途径。③仅抗原-抗体复合物可激活补体，游离或可溶性抗体不能激活补体，只有抗体与细胞膜上的抗原结合后，重链

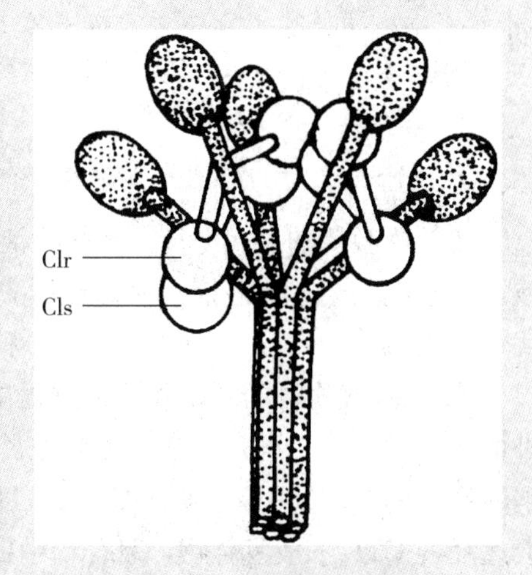

图 7-9　C1q 的结构示意图

(H链)构象改变，补体结合点暴露才触发补体激活过程。

活化阶段

活化的C1s依次酶解C4、C2形成C3转化酶。C3转化酶进一步酶解C3形成C5转化酶，即完成活化阶段。

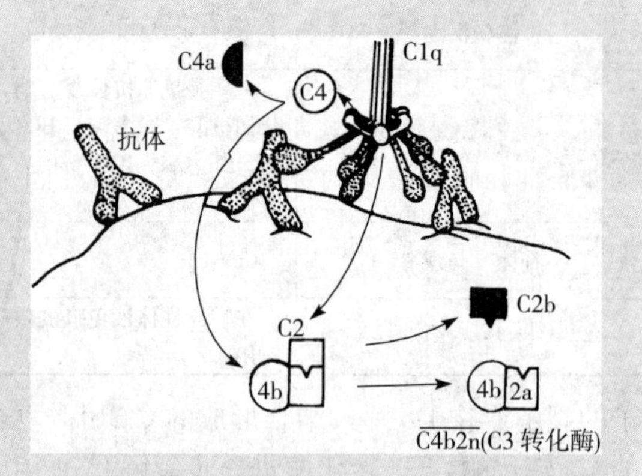

图7-10 C1q与IgG抗体结合示意图

C3转化酶的形成：C4是相对分子质量为210×10³的可溶性血清蛋白，由称为α、β和γ 3条多肽链组成。α链位于半胱氨酸残基和附近的谷氨酸残基之间含有内部硫酯键。这个特征同样存在于C3分子。C1s裂解C4的α链，产生一个8.6×10³片段称C4a和一个大的残留分子称C4b。1个C1s分子能产生多个C4b分子。大多数C4b硫酯键很快与水分子反应，产生寿命短非活性中间物iC4b，一些C4b分子的硫酯键经过转酯作用分别与细胞表面的蛋白或糖形成共价酰胺或酯键，使C4b分子共价黏附于附近的细胞表面，从而保证补体活化稳定而有效地发生于抗体结合的细胞表面。C2(110×10³单链多肽)在有镁离子存在时，能结合到C4b分子的细胞表面，一旦C2与C4b结合，C2即被附近的C1s分子裂解产生一个35×10³的离开细胞表面的C2b分子和一个75×10³的可与C4b结合的C2a片段。C4b与C2a结合形成C4b2a复合物，即经典途径中的C3转化酶，具有结合并裂解C3的能力，而小分子的C2b游离于液相。

C5转化酶的形成：C3是相对分子质量为195×10³，由α和β两条多肽链通过二硫键连接的异二聚体糖蛋白。C3的血清数量为0.55～1.2mg/mL，高于所有其他补体成分。C3含有与C4分子相同的内部硫酯键。C3转化酶从C3分子α链上切去一个9×10³C3a片段，残留的分子是亚稳定的C3b。与C4b一样，大部分亚稳定的C3b与水分子反应，变为iC3c和iC3cd，不再参与补体级联反应。约10%的C3b分子通过共价键与细胞表面或与连接有C4b2a的免疫球蛋白形成结合，形成新的复合物C4b2a3b，这一新的复合物即为经典途径的C5转化酶(图7-11)。C3a是一种炎性因子，有过敏毒素和趋化作用。此外，少数C3b分子可黏附于有C3受体的细胞膜表面，引起免疫黏附反应。

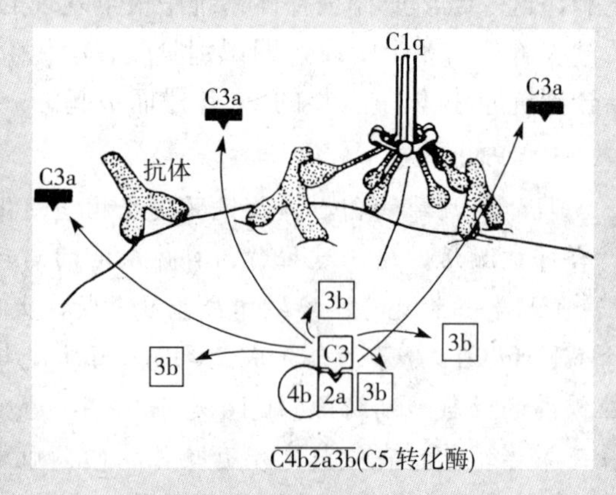

图7-11 C5转化酶形成示意图

攻膜阶段

攻膜阶段又称为终末补体途径(terminal complement pathway)。见终末补体途径。

②补体激活的替代途径。补体激活的替代途径(alternate pathway)又称为C3激活途径，C3旁路或C3支路。该途径是在抗体缺乏的情况下，补体系统不经C1、C4、C2途径而被激活的过程。参与替代途径的成分为C3、B因子、D因子和备解素。

C3在替代途径的开始和后续过程中起着关键作用，因为这条途径是通过两种改变的C3形式中的一种而触发的。第一种是经常由经典途径产生C3b；第二种是在循环的C3内部硫酯键进行缓慢自发性水解时产生的C3(H_2O)。C3b或C3(H_2O)与B因子结合(B因子是一种单链94×10³蛋白，类似于经典途径的C2)形成复合物，复合物中的B因子易被另一个替代途径蛋白D因子蛋白酶解(D因子是一个25×10³丝氨酸蛋白酶)，释放出一个33×10³片段(Ba)，并留下一个63×10³的大片段Bb。Bb与C3b或C3(H_2O)形成的复合物C3bBb或C3(H_2O)Bb是替代途径的C3转化酶，Bb作为丝氨酸蛋白酶能够裂解C3。如果替代途径C3转化酶是由C3(H_2O)形成的，可存在于液相中；如果由C3b形成的则为颗粒状。但C3bBb复合物不稳定，很快衰变，但当其与相对分子质量为220×10^3的备解素结合后，形成的P.C 3bBb才非常稳定。然而，在正常血清中存在两种抑制因子，分别称为H因子和I，前者可将P.C 3bBb复合物裂解为C3b与Bbp，然后，Ⅰ因子将C3b灭活，因此在正常情况下，替代途径的C3转化酶形成后即被破坏，但当有H因子的抑制物时，如细菌、真菌的细胞壁、蠕虫的角质、某些肿瘤细胞膜和聚集的免疫球蛋白等，H因子受到抑制，P.C 3bBb即能保持稳定不被裂解，并可作用于C3产生C3a和C3b。C3bBb与C3b结合产生C3bB3b（C5转化酶）。C5转化酶发挥作用时进入攻膜阶段。该激活途径在有激活作用表面存在时，可迅速产生C3b，进而产生C5转化酶。因此，在外来物质（如细菌、真菌或蠕虫）侵入时，机体可在没有抗体存在的情况下，通过补体替代途径激活补体系统，发挥生物学效应。

③终末补体途径。经典途径或替代途径产生的C5转化酶是补体系统终末成分活化的起始，并最终形成杀细胞的攻膜复合体。这个过程开始于C5转化酶裂解C5，这是补体级联反应的最后酶促反应，后续步骤涉及的是完整的蛋白结合及聚合反应形成。

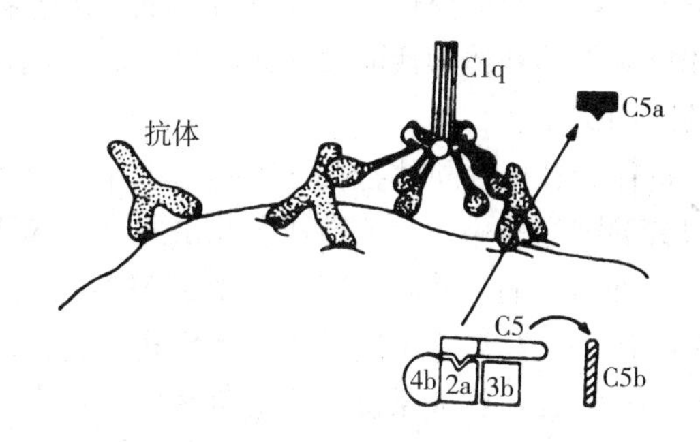

图7-12　C5转化酶裂解C5为C5a和C5b

C5的活化：C5是一个190×10^3经二硫键连接的异二聚体，类同于C3和C4，但没有内部硫酯键。C5与经典途径或替代途径的C5转化酶的C3b分子结合，然后C5被裂解为C5a和C5b。C5a为小片段，相对分子质量为11×10^3，游离于液相；C5b为双链、相对分子质量为180×10^3的大片段，结合于细胞表面（图7-12）。

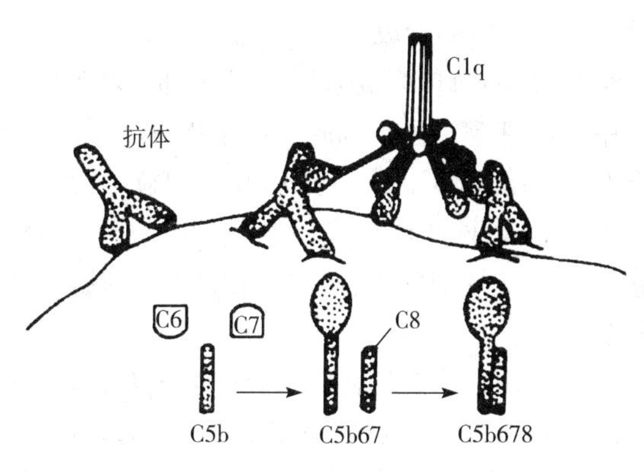

图7-13　C5b678复合物的形成

攻膜复合体的形成：C5活化产生的C5b与C6结合（C6为128×10^3的单链蛋白）形成C5b6复合物。稳定的C5b6复合物可松散地结合在细胞表面直至结合C7（C7为121×10^3的单链蛋白），一个C7分子与一个C5b6复合物结合，形成C5b67复合体，该复合体具有高度亲脂性，能插入细胞膜脂质双层的疏水端构成一个C8分子高亲和性的内在膜受体。C8蛋白是由3条不同的链组成的155×10^3的三聚体，64×10^3的α链借二硫键与22×10^3的γ链连接，并以非共价键与64×10^3的β链连接。γ链插入细胞膜的脂质双层与C5b67复合物连接形成复合体C5b678（图7-13），复合体C5b678稳定地吸附于细胞表面，C5b678复合物对所吸附的细胞具有有限溶解力。补体系统的完全溶解活性是在C9，即补体级联反应的最后一个成分与C5-8复合物结合后出现。C9是一个79×10^3的单体血清蛋白，多个C9聚合于C5-8部位形成攻膜复合物（membrane attack complex，MAC）（图7-14）。最近的证据提示MAC是由12～15个C9分子和1个C5-8复合体结合组成的，呈一种管状结构。用特殊电镜观察，“多聚C9”在细胞膜上形成孔道，此孔道内径约11nm，一个11.5nm大小的柄包埋于脂质双层中，在细胞膜表面有约10nm长的突起，从剖面图看似炸面圈形，此类结构类似于通过微孔形

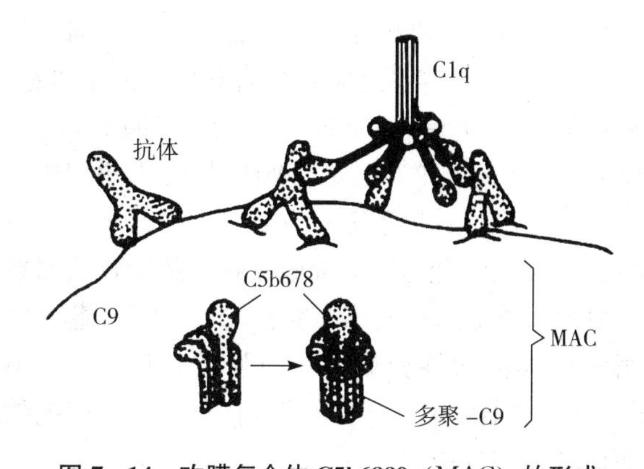

图7-14　攻膜复合体C5b6889（MAC）的形成

成蛋白（如穿孔素）而产生膜微孔。通过MAC形成的微孔允许可溶性小分子物质、离子和水进行被动交换，但由于微孔太小以至于不允许大分子，如蛋白从胞浆逸出，其结果是水和离子进入细胞引起渗透性溶解，最终造成细胞溶解和破坏。

在没有多聚C9聚合及微孔形成时，也可以发生某种程度的溶解，这可能是由于C5-9复合体疏水部分插入细胞引起脂质重排，使该区域发生渗漏的结果。换句话说，末端补体成分插入细胞膜可引起细胞非依赖性渗透溶解而死亡，这是由于致死量的钙被动扩散进入细胞而引起。

（3）补体激活后的生物学效应

细胞溶解：补体活化后形成的攻膜复合体（MAC）可以溶解一些微生物、病毒、红细胞和有核细胞，这种作用称为细胞溶解（cell lysis）。因为，补体激活的旁路途径一般是在没有抗原-抗体反应的情况下发生，因此旁路途径在动物机体抵抗微生物感染的非特异性防御中起着十分重要的作用。通过抗原抗体反应启动补体激活的经典途径可以极大地补充旁路途径的非特异性先天性防御能力，从而产生特异性的防御机制。

抗体和补体在机体抵御病毒感染中作用很大，特别是在急性感染阻止病毒扩散和保护机体免受再感染起着关键的作用。大多数或者几乎所有的囊膜病毒都对补体介导的溶解十分敏感。病毒的囊膜大部分来自感染细胞的胞浆膜，因而易受到MAC的作用引起孔道形成。易受到补体介导的溶解作用的病毒有疱疹病毒、正黏病毒、副黏病毒和反转录病毒。

一般而言，补体系统溶解革兰阴性菌是十分有效的。但有些革兰阴性菌和大多数革兰阳性菌具有抵抗补体介导损伤的机制。

单个MAC即可溶解红细胞。与红细胞相比，有核细胞可抵抗补体介导的溶解，因此有核细胞溶解需要多个MAC的形成。

细胞黏附：许多细胞都具有补体成分受体，这些受体称为CR1、CR2等。CR1是其中最重要的受体。中性粒细胞、巨噬细胞、血小板（非灵长类动物）及B细胞都有CR1，该受体结合C3b的能力强，结合C4b的能力弱。覆盖有C3b的颗粒结合到上述细胞的过程称为免疫黏附。B细胞与中性粒细胞具有CR2受体，该受体与C3裂解产物结合。单核细胞、B细胞、中性粒细胞和某些无标志细胞都具有C1q受体。而B细胞还有H因子受体。细胞黏附（cell adherence）在抗感染免疫和免疫病理过程中具有重要作用。

调理作用：C3b是补体系统中的主要调理素，C4b和C3bi也有调理活性，可起调理作用（opsonization）。吞噬细胞可表达补体受体（CR1、CR3、CR4），可与C3b、C4b或C3bi结合，在补体活化过程中，如果抗原被C3b覆盖，具有CR1受体的细胞即可与之结合，如果是吞噬细胞（如中性粒细胞、单核细胞和巨噬细胞），则吞噬作用就被加强。

免疫调节：B细胞具有CR1受体，而T细胞却没有此受体。补体缺失会使抗体应答延迟，抑制抗体的产生，严重影响生发中心的发育和免疫记忆功能，由此推测CR1受体可能与免疫应答的调节有关，能起免疫调节（immune regulation）作用。譬如C3a具有免疫抑制作用，抑制T_H与Tc细胞的活性，然而C5a可刺激IL-1的分泌。因此，补体对T、B淋巴细胞的增殖有促进作用，而且也能提高Tc细胞的活性。

炎症反应：补体系统在炎症反应（inflammatory response）中的主要作用是吸引白细胞到补体激活位点。中性粒细胞与巨噬细胞在吞噬颗粒物质时释放的蛋白水解酶能激活补体C1或C3，从而显著增强炎症发展过程。过敏毒素C3a、C4a与C5a能与肥大细胞和血液中的嗜碱性细胞结合，诱导脱颗粒，释放组胺和其他活性介质，以加强炎症反应。C3b引起的血小板聚集可提供炎症介质。C3a、C5a和C5b67可共同作用，诱导单核细胞和中性粒细胞黏附到血管内皮细胞，并向补体激活部位的组织迁移，从而促进炎症反应。

病毒中和：补体系统对病毒的感染性具有中和作用。一些病毒如反转录病毒、新城疫病毒等在没有抗体存在时，可活化补体旁路或经典途径。补体系统介导的病毒中和（viral neutralization）作用有不同的机制。有的可通过使病毒形成大的凝聚物，而降低病毒的感染性。在少量抗体存在下，C3b可促进病毒凝聚物的形成。抗体和/或补体结合到病毒表面，可形成一层很薄的"外衣"，从而阻断病毒对细胞的吸附过程，从而中和病毒的感染性。抗体和补体在病毒颗粒表面沉积可促进病毒与具有 Fc 受体或 CR1 的细胞结合，如果结合的为吞噬细胞，则可引起吞噬作用和细胞内破坏。此外，前已述及，补体可介导大多数囊膜病毒的溶解，导致病毒囊膜的裂解和与核衣壳蛋白的解离。

免疫复合物的溶解：抗原抗体在体内结合形成免疫复合物（immune complex，IC），一方面沉积于组织中激活补体，通过 C3a、C5a、C5b67 的作用，可造成组织损伤；另一方面在 IC 形成的初期，C3b 与 C4b 共价结合到 IC 上，可妨碍 IC 与 IC 相互作用形成网络，因而可阻止 IC 沉积。当 IC 形成后，补体也可促进其溶解，也可通过免疫黏附作用，促进 IC 清除，防止免疫复合物疾病的发生。被 C3b 覆盖的可溶性免疫复合物可促进其与红细胞上的 CR1 结合，然后被红细胞运送到肝脏和脾脏，在这些器官中，免疫复合物受到吞噬，因而可防止免疫复合物在组织中的沉积。

此外，补体还可介导细胞凝聚（cell clumping）。补体系统也与凝血系统密切相关，譬如被补体溶解的细胞可通过 Hageman 因子激活凝血级联反应，C3b 可引起血小板的聚集，直接促使血栓的形成，因此血流中细胞的溶解与免疫复合物的形成都可引起血管内凝结。在急性移植排斥病例中，常常观察到补体引起移植物血管内皮的破坏，进而引起血管内血栓的形成和移植物破坏。在新生牛犊溶血性疾病中，补体介导破坏大量的红细胞，以至于引起广泛性的血管内凝结和死亡。

3. 细胞因子　细胞因子是由免疫细胞及相关细胞产生的一类多功能蛋白质多肽分子，其种类繁多，有白细胞介素、干扰素、肿瘤坏死因子、集落刺激因子、生长因子、趋化因子等。细胞因子可发挥免疫调节、抗病毒、介导炎症反应和造血等多种生物学功能。细胞因子通过与细胞上的细胞因子受体结合才能发挥功能。细胞因子有多方面的用途。

（1）细胞因子的种类和来源

①细胞因子的种类。已鉴定的细胞因子近百种，功能又十分复杂，因此尚无统一的分类方法。按细胞因子作用的靶细胞不同，可分为巨噬细胞、中性粒细胞、淋巴细胞因子以及其他细胞因子（表 7-5）。依据细胞因子的主要生物学活性，将目前结构与功能比较明确、与免疫学密切相关的细胞因子分为 4 类：a. 具有抗病毒活性的细胞因子；b. 具有免疫调节活性的细胞因子；c. 具有炎症介导活性的细胞因子；d. 具有造血生长活性的细胞因子。根据细胞因子的主要来源不同分为淋巴因子（lymphokine）、单核因子，以及其他细胞产生的细胞因子。

表 7-5　按作用的靶细胞不同分类命名的细胞因子

作用的靶细胞	细胞因子种类
巨噬细胞	移动抑制因子（migration inhibitory factor，MIF）
	巨噬细胞活化因子（macrophage activating factor，MAF）
	巨噬细胞趋化因子（macrophage chemotactic factor，MCF）
	特异性巨噬细胞武装因子（specific macrophage arming factor，sMAF）
	巨噬细胞集落刺激因子（macrophage colony stimulating factor，M-CSF）
	粒细胞巨噬细胞集落刺激因子（granulocyte macrophage colony stimulating factor，GM-CSF）
淋巴细胞	促分裂因子或母细胞生成因子（mitogenic factor，blastogenic factor，MF 或 BF）
	淋巴细胞趋化因子（lymphocyte chemotactic factor，LCF）
	强化因子（potentiating factor，PF）
	淋巴细胞辅助因子（lymphocyte helper facor，LHF）
	淋巴细胞抑制因子（lymphocyte suppressor factor，LSF）
	转移因子（transfer factor，TF）
粒细胞	白细胞移动抑制因子（leucotyte migration inhibitory factor，LMIF）
	中性粒细胞趋化因子（neutrophile chemotactic factor，NCF）

（续）

作用的靶细胞	细胞因子种类
	嗜酸性粒细胞趋化因子（eosinophile chemotactic factor，ESF）
	嗜酸性粒细胞刺激因子（eosinophile stimulating factor，ESF）
	粒细胞集落刺激因子（granulocyte colony stimulating factor，G-CSF）
靶细胞	淋巴毒素（lymphotoxin，LT）
	增生抑制因子（proliferation inhibitory factor，PIF）
	克隆抑制因子（clone inhibitory factor，CIF）
	DNA 合成抑制因子（inhibitor of DNA synthesis，IDS）
	肿瘤坏死因子（tumor necrosis factor，TNF）
	穿孔素（perforins）
	干扰素（interferon，IFN）
在活体内检出的因子	皮肤反应因子（skin reactive factor，SRF）或炎性因子（inflammatory factor，IF）
	巨噬细胞消失因子（macrophage disappearance factor，MDF）

白细胞介素：在 1979 年第 2 届国际淋巴因子专题讨论会上对淋巴因子、单核因子进行了统一命名，后又经 WHO 国际免疫学联合会（WHO—IUIS）进行审核和统一命名，把免疫系统分泌的主要在白细胞间起免疫调节作用的蛋白称为白细胞介素（interleukin，IL），并根据发现的先后顺序命名为 IL-1、IL-2、IL-3 等。至今已报道了 23 种 IL，其中 IL-1 又分为 IL-1α、IL-1β 和 IL-1ra，共 25 种分子。主要的白细胞介素的生物学功能见表 7-6。

表 7-6 白细胞介素的种类与主要功能

名称	主要产生细胞	分子质量（10^4）	主要生物学作用
IL-1（α，β）	单核细胞、巨噬细胞等	1.8	1. APC 协同刺激；2. T 细胞和 B 细胞增殖分化和 Ig 生成；3. 炎症和全身反应；4. 促进造血作用
IL-1γa	单核细胞、巨噬细胞	2.5	IL-1 受体颉颃蛋白，对抗 IL-1 作用
IL-2	T_H1 细胞、T_C 细胞、NK 细胞	1.6	1. 促进 T 细胞增殖分化和细胞因子生成；2. 增强 T_C 细胞、NK 细胞和 LAK 细胞活性；3. 促进 B 细胞增殖和抗体生成
IL-3	T 细胞	1.5	促进早期造血干细胞生长
IL-4	TH_2 细胞、肥大细胞	2.0	1. 促进 B 细胞增殖；2. IgE 表达；3. 促进肥大细胞增殖；4. 抑制 TH_1 细胞；5. 增强巨噬细胞、T_C 细胞功能
IL-5	TH_2 细胞、肥大细胞	4.5	1. 诱导 IgA 合成；2. 促 B 细胞增殖与分化
IL-6	单核细胞、巨噬细胞、T_H2 细胞、成纤维细胞	2.6	1. 促进 B 细胞分化和产生 Ig；2. 促进杂交瘤、骨髓瘤生长；3. 诱导肝细胞生成急性期蛋白；4. 促进 T_C 细胞成熟
IL-7	骨髓和胸腺基质细胞	2.5	1. 促进 B 细胞增殖；2. 促进活化 T 细胞的增殖与分化
IL-8	单核细胞、巨噬细胞	0.8～1.0	1. 趋化作用与炎症反应；2. 激活中性粒细胞
IL-9	T 细胞	1.4	协同 IL-3 和 IL-4 刺激肥大细胞生长
IL-10	巨噬细胞、T_H2 细胞、CD8+T 细胞、B 细胞	3.5～4.0	1. 抑制巨噬细胞；2. 抑制 T_H1 细胞分泌细胞因子；3. 促进 B 细胞增殖和抗体生成；4. 促进胸腺和肥大细胞增殖
IL-11	基质细胞	2.3	1. 与 CSF 协同造血作用；2. 促进 B 细胞抗体生成

干扰素：干扰素（interferon，IFN）是 1957 年最早发现的细胞因子，因其能干扰病毒感染而得名。根据来源和理化性质，干扰素可分为Ⅰ型干扰素和Ⅱ型干扰素，Ⅰ型干扰素包括 IFN-α、IFN-β、IFN-ω、IFN-τ，Ⅱ型干扰素即 IFN-γ。IFN-α 来源于病毒感染的白细胞，IFN-β 由病毒感染的成纤维细

胞产生，IFN-ω来自胚胎滋养层，IFN-τ来自反刍动物滋养层；IFN-γ由抗原刺激T细胞产生。IFN-α和IFN-β具有抗病毒作用，IFN-ω和IFN-τ与胎儿保护有关。IFN-γ主要发挥免疫调节功能。

肿瘤坏死因子：肿瘤坏死因子（tumor necrosis factor，TNF）是在1975年从免疫动物血清中发现的分子，因能引起肿瘤坏死而得名。TNF分为TNF-α和TNF-β，前者主要由活化的单核-巨噬细胞产生，抗原刺激的T细胞、活化的NK细胞和肥大细胞也可分泌TNF-α。TNF-β主要由活化的T细胞产生，又称淋巴毒素（lymphotoxin，LT）。

TNF的最主要功能是参与机体防御反应，是重要的促炎症因子和免疫调节分子。它与败血症休克、发热、多器官功能衰竭、恶病质等严重病理过程有关，而抗肿瘤作用仅是它功能的一部分。

集落刺激因子：集落刺激因子（colony stimulating factor，CSF）是一组促进造血细胞，尤其是造血干细胞增殖、分化和成熟的因子。早在1966年就发现单核-巨噬细胞集落刺激因子（M-CSF）、粒细胞集落刺激因子（G-CSF）、粒细胞巨噬细胞集落刺激因子（GM-CSF）、红细胞生成素（EPO）等。近年来发现干细胞生成因子（stem cell factor，SCF）、血小板生成素（TPO）以及多能集落刺激因子（multi-CSF，IL-3）。

生长因子：生长因子（growth factor）是具有刺激细胞生长作用的细胞因子，包括转化生长因子（TGF-β）、表皮生长因子（EGF）、血管内皮细胞生长因子（VEGF）、血小板衍生的生长因子（PDGIP）、成纤维细胞生长因子（VEGF）、胰岛素样生长因子（IGF）、肝细胞生长因子（HGF）、神经生长因子（NGF）等。

一些未以生长因子命名的细胞因子也具有刺激细胞生长的作用，如IL-2是T细胞的生长因子、TNF是成纤维细胞生长因子。有些细胞因子在一定的条件下也可表现对免疫应答的抑制活性，如TGF-β可抑制细胞毒性T淋巴细胞（CTL）的成熟和巨噬细胞的激活。

趋化性细胞因子：趋化性细胞因子简称为趋化因子（chemokine），是一个蛋白质家族。自1986年发现重要的白细胞趋化因子IL-8以来，目前已发现有19个成员。

②细胞因子的来源。动物机体产生细胞因子的细胞种类很多，但可以分为两类：一类是激活的免疫细胞，包括T细胞、B细胞、NK细胞、单核-巨噬细胞、粒细胞和肥大细胞等；另一类为基质细胞，如骨髓和胸腺基质细胞、血管内皮细胞、成纤维细胞、上皮细胞、小胶质细胞。

T_H细胞是产生细胞因子的重要细胞，根据它分泌细胞因子不同，把T_H细胞分为T_H0细胞、T_H1细胞、T_H2细胞3个亚型（表7-7）。

表7-7　不同亚群T_H细胞分泌的细胞因子

细胞因子	T_H0细胞	T_H1细胞	T_H2细胞
IFN-γ	+	++	−
TNF-β	+	++	−
IL-2	+	++	−
GM-CSF	+	+	+
IL-3	+	−	+
IL-4	+	−	++
IL-5	+	−	++
IL-6	+	−	++
IL-9	?	−	+
IL-10	+	-	++
IL-13	?	−	+

T_H0细胞又称静止T细胞，是指未经过抗原或细胞因子作用的$CD4^+$T细胞，其特点是分泌细胞因

子甚广，几乎可产生 T_H1 细胞和 T_H2 细胞所分泌的全部细胞因子，故有 T_H1 细胞和 T_H2 细胞的功能。T_H0 细胞在 IL-4、IL-12、IFN-γ 的微环境中向 T_H1 细胞分化，且能抑制 T_H2 细胞功能；在 IL-4、IL-6、IL-10 等细胞因子作用下，T_H0 细胞向 T_H2 细胞分化，同时抑制 T_H1 细胞功能。

T_H1 细胞可分泌 IL-2、IFN-γ 和 TNF-β，与 T_{DTH} 细胞、Tc 细胞增殖、分化、成熟有关，因此 T_H1 细胞可促进细胞介导的免疫应答；而 T_H2 细胞分泌的细胞因子（IL-4、IL-5、IL-6、IL-10、IL-13）与 B 细胞增殖、分化和成熟以及抗体生成（特别是 IL-4 与 IgE 生成）有关，故可增强抗体介导的体液免疫应答。

（2）细胞因子的共同特性　细胞因子的种类很多，每种细胞因子都有各自独特的分子结构、理化特性及生物学功能，但它们也具有共同特点，主要表现在以下几个方面。

①理化特性。细胞因子均为低相对分子质量的分泌型蛋白，绝大多数为糖蛋白，一般相对分子质量为（5～60）$\times10^3$，其成熟分泌型分子所含氨基酸多在 200 个以内。大多数细胞因子的氨基酸序列无明显同源性。多数细胞因子以单体形式存在，少数细胞因子如 IL-5、IL-12、M-CSF、TGF-β、TNF 呈三聚体。

②分泌特点。

多细胞来源：一种细胞因子可由不同类型细胞产生，如 IL-1 可由单核-巨噬细胞、内皮细胞、B 细胞、成纤维细胞、表皮细胞等产生；而一种细胞也可产生多种细胞因子，如活化的 T 细胞可产生 IL-2 至 IL-6、IL-9、IL-10、IL-13、IFN-α、TGF-β、GM-CSF 等。

短暂的自限性分泌：细胞因子一般无前体状态的贮存。当细胞因子产生细胞受刺激后，启动细胞因子转录。这一过程通常十分短暂，而且细胞因子的 mRNA 极易降解，故细胞因子的合成具有自限性。

自分泌与旁分泌特点：多数细胞因子以自分泌、旁分泌形式发挥效应，即主要作用于产生细胞本身和（或）邻近细胞，即在局部发挥效应。少数细胞因子（如 IL-1、IL-6、TNF-α 等）在一定条件下，也可以内分泌形式作用于远端靶细胞，介导全身性反应。

③生物学作用特性。

具有激素样活性作用：即细胞因子的产量非常低，却具有极高的生物学活性。在极微量水平（pmol/L）即可发挥明显的生物学效应。

细胞因子通过细胞因子受体发挥效应：细胞因子必须与靶细胞表面特异性受体结合才能发挥其生物学效应。以非特异性方式发挥生物学作用，不受 MHC 的限制。

生物学作用的多效性：一种细胞因子可以作用于不同的靶细胞，表现不同的生物学效应。细胞因子可介导和调节免疫应答、炎症反应，也可作为生长因子，促进靶细胞增生和分化、并刺激造血和促进组织修复等。

生物学作用的冗余性：两种或多种细胞因子可介导相似的生物学活性，可作用于同一种靶细胞。

生物学作用的协同性：细胞因子之间可发挥协同作用，表现为两种细胞因子对细胞活性的联合作用要大于单个细胞因子效应的累加。

生物学作用的颉颃性：一种细胞因子的效应可抑制或抵消其他细胞因子的效应。

④细胞因子的网络性。细胞因子的产生、生物学作用、受体表达、相互调节等均具有网络特点，具体表现在以下方面。

细胞因子间可相互诱生：如 IL-1 能诱生 IFN-α/β、IL-1、IL-2、IL-4、IL-5、IL-6、IL-8 等多种细胞因子，由此形成一种级联反应，表现正向或负向调节效应。

细胞因子受体表达的调节：如 IL-1、IL-5、IL-6、IL-11、IL-7、TNF 等均能促进 IL-2 受体的表达；IL-1 能降低 TNF 受体密度；多数细胞因子对自身受体的表达呈负调节，对其他细胞因子受体表达呈正调节。

细胞因子间生物学活性的相互影响：某些细胞因子对特定生物学效应显示协同作用，如 IL-1、IL-2、IL-4、IL-6、TNF 等协同促进活化的 B 细胞增殖；低浓度 IFN-γ 或 TNF 单独应用不能激活巨噬细胞，联合使用有显著的激活作用。

（3）细胞因子的主要生物学活性　细胞因子的生物学作用极其广泛而复杂，不同细胞因子其功能既有特殊性，又有重叠性、协同性与颉颃性。本节仅简述细胞因子的免疫学作用。

①参与免疫应答与免疫调节。细胞因子在动物机体的免疫应答过程中起着十分重要的作用。在免疫应答的致敏阶段，涉及抗原递呈和免疫细胞对抗原的识别。干扰素（IFN）等细胞因子可诱导 APC 表达 MHC-Ⅱ类分子，从而促进抗原递呈作用，而 IL-10 则可降低 APC 的 MHC-Ⅱ类分子和 B7 等协同刺激分子的表达，对抗原递呈产生抑制作用。

在免疫应答的反应阶段，IL-2、IL-4、IL-5、IL-6 等可促进 T、B 细胞的活化、增殖与分化，而 TGF-β 则可起负调节作用。

在免疫应答的效应阶段，趋化因子可吸引炎性细胞；巨噬细胞活化因子（TNF-α、IL-1、IFN-γ、GM-CSF 等）可使巨噬细胞活化，增强其吞噬、杀伤等活性；淋巴毒素和 TNF-α 具有细胞毒作用，可促进中性粒细胞活化；IFN-γ 可抑制病毒复制。

在免疫应答整个过程中，免疫细胞间可通过所分泌的细胞因子而相互刺激，彼此约束，从而对免疫应答进行调节。如 IL-4、IL-10 对 T 细胞起抑制作用，而 IFN-γ 则对 T、B 细胞有抑制作用，从而调节细胞免疫和体液免疫功能。

②刺激造血功能。某些细胞因子如 IL-3，可刺激造血多能干细胞和多种祖细胞的增殖与分化；GM-CSF、G-CSF、M-CSF 等可促进粒细胞和巨噬细胞等增殖与分化；而 EPO 则可促进红细胞的生成。上述细胞因子通过促进造血功能，参与调节机体的生理或病理过程。

③细胞因子与神经-内分泌-免疫网络。神经-内分泌-免疫网络是体内重要的调节机制。在该网络中，细胞因子作为免疫细胞的递质，与激素、神经肽、神经递质共同构成细胞间信号分子系统。

细胞因子对神经和内分泌可产生影响。IL-1、IL-6、TNF 等可促进星形细胞有丝分裂；有的细胞因子可参与神经元的分化、存活和再生，刺激神经胶质细胞的移行；上述细胞因子共同参与中枢神经系统的正常发育和损伤修复；IL-1、TNF、IFN-γ 等可诱导下丘脑合成和释放促皮质释放因子，诱导机体释放 ACTH，进而促进皮质激素的释放等。

反之，神经-内分泌系统对细胞因子的产生也有影响作用。应激时交感神经兴奋，使儿茶酚胺和糖皮质类固醇分泌增多，进而抑制 IL-1、TNF 等的合成和分泌。

（4）细胞因子受体　细胞因子受体是细胞因子结合的蛋白质，一般以跨膜蛋白的形式存在于细胞因子作用的靶细胞膜上，只有表达细胞因子受体的细胞才能与细胞因子发生反应。有些细胞因子受体还以可溶性形式存在于体液中，为可溶性细胞因子受体。

细胞因子受体的命名一般以细胞因子为基础，即在细胞因子的具体名称后加“受体”（receptor，R），如 IL-2 受体、IFN-γ 受体和 M-CSF 受体可分别写为 IL-2R、IFN-γR 和 M-CSFR。

①细胞因子受体的分类。根据细胞因子受体的结构与功能，可将其分为免疫球蛋白超家族、Ⅰ类细胞因子受体家族、Ⅱ类细胞因子受体家族、TNF 受体家族、趋化因子受体家族等 5 类（图 7-15）。

免疫球蛋白超家族受体：其成员主要有 IL-1R、IL-6R、某些生长因子受体（如 PDGF）和集落刺激因子受体（如 M-CSF）。该类受体结构特点是其胞外区富含半胱氨酸，并含免疫球蛋白样功能区。

Ⅰ类细胞因子受体家族：又称造血生长因子受体家族。这一受体家族成员的胞外区与 EPO 受体胞外区在氨基酸序列上有较高同源性，分子结构上也有较大相似性。它包括了绝大多数细胞因子受体，如 IL-2R、IL-3R、IL-4R、IL-5R、IL-6R、IL-7R、IL-9R、IL-11R、IL-12R 等。

它们的共同特征是其胞外区均包括由 200 个氨基酸构成的同源区，N 端有 4 个保守的半胱氨酸，其 C 端存在由 Trp-Ser-X-Trp-Ser 组成的 WS×WS 构型。

Ⅱ类细胞因子受体家族：又称干扰素（IFN）受体家族。成员包括 IFN-α 受体、IFN-β 受体、IL-10R。其结构与Ⅰ类细胞因子受体相似，但 N 端及近膜处分别含有两个保守的半胱氨酸。

TNF 受体超家族：又称神经生长因子受体超家族或Ⅲ类细胞因子受体家族。其成员包括 TNF-α、

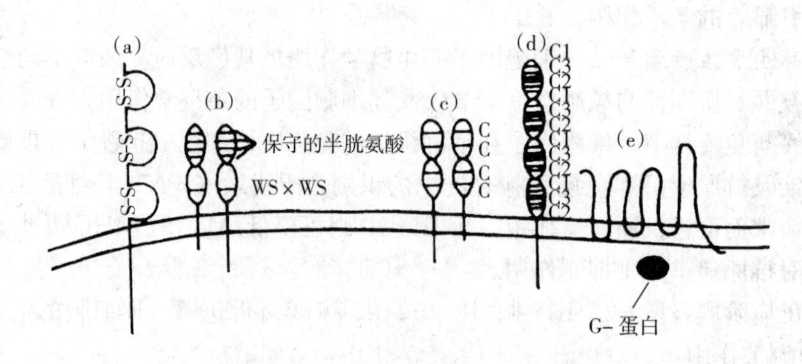

图 7-15　细胞因子受体的结构示意图

TNF-β受体、神经生长因子（NGF）受体、Fas蛋白及CD40（表达于B细胞表面）等。其结构特征是胞外区有由160个氨基酸构成的同源区，由4个含有6个Cys的结构域重复组成。

趋化因子受体家族：又称G蛋白偶联受体超家族。这类受体含有7个疏水性跨膜α螺旋结构，已发现与GTP结合蛋白偶联的受体广泛具有该结构，其发挥作用依赖于G蛋白。趋化性细胞因子受体即为该家族主要成员。

②细胞因子受体的肽链组成。

细胞因子受体肽链组成的类型：细胞因子受体的肽链有单链、双链和多链3种组成形式。单链受体仅由一条肽链组成，如EPOR、G-CSFR等；双链受体由两条异源多肽链组成，如IL-3R、IL-5R、GM-CSFR等；多链受体由多条肽链组成，其中有两条链参与信号传递，如IL-2R等。

细胞因子受体的"公有链"：由两条或两条以上异源多肽链组成的细胞因子受体，其中可与配体特异性结合的链称"私有链"；参与多个受体信号传导的链称"公有链"。现已发现存在以下3种公有链：

a. IL-3R、IL-5R和GM-CSFR分别具有可与配体特异结合的α链，另具有一条相同的"公有链"，即β链。

b. IL-6R、OSMR（肿瘤抑制素受体）等也由配体特异的私有链和信号传导的公有链（gpl30）组成。

c. IL-2R由α、β、γ链组成，α链是配体特异结合链、β与γ链含WSXWS结构并共同参与信号转导。IL-2R的β链也是IL-4R、IL-7R、IL-9R、IL-15R信号转导的"公有链"。

③可溶性细胞因子受体。可溶性细胞因子受体（soluble CKR，sCKR）是细胞因子受体的一种特殊形式。sCKR的氨基酸序列与膜结合型细胞因子受体（membrane binding CKR，mCKR）胞外区同源，仅缺少跨膜区和胞浆区，但仍可与相应配体特异性结合。多数sCKR与细胞因子的亲和力比mCKR低。多种sCKR在体液中的水平与某些疾病的发生、发展密切相关。sCKR可发挥如下生物学功能。

作为细胞因子的转运蛋白：sCKR与细胞因子结合，可将细胞因子转运至机体有关部位，增加局部细胞因子的浓度，从而更有利于细胞因子在局部发挥作用。此外，sCKR还可稳定细胞因子，减慢细胞因子的"衰变"，从而发挥细胞因子"慢性释放库"的作用，以维持并延长低水平细胞因子的生物学活性。

调节细胞因子的生物学活性：sCKR可通过多种途径调节细胞因子的效应，如：①作为膜受体的清除形式之一，使细胞对细胞因子的反应性下降；②sCKR可与mCKR竞争性结合细胞因子，从而下调细胞因子的效应；③某些sCKR可上调细胞因子的效应，如IL-6R与IL-6特异性结合后可被靶细胞表面gpl30蛋白识别并传递刺激信号，从而促进IL-6效应的发挥。sCKR对细胞因子活性起抑制或增强作用，可能取决于细胞因子与sCKR之间的浓度比。一般来说，高浓度sCKR可抑制相应细胞因子的活性，而低浓度sCKR则可起增强作用。

（5）细胞因子的应用　大多数细胞因子是免疫应答的产物，在动物和人体内可发挥免疫学效应，最终通过上调免疫细胞对抗原物质的免疫应答，介导炎症反应而清除抗原物质。抗原刺激和病原微生物感染均可诱导体内产生细胞因子，因此细胞因子与疾病的发生、发展有着密切的关系，它们可参与疾病的发生、发展。另一方面，体内细胞因子生成过多，可引起一些病理性反应。因此，细胞因子在疾病的诊断、治疗、预防等方面有着广泛的应用。

①用于疾病的诊断。细胞因子可以导致和/或促进某些疾病的发生，它们可参与某些自身免疫性疾病，参与移植排斥反应的发生，病原微生物感染可诱导某些细胞因子过量产生，高浓度细胞因子可加剧感染症状，因此，临床上通过检测一些细胞因子可以对疾病进行诊断。

②用于疾病的治疗。利用细胞因子抗御和治疗中的作用，阻断细胞因子导致和/或促进疾病发生、发展的病理作用。在临床上，可采用细胞因子疗法（cytokine therapy），即通过细胞因子补充或添加使体内细胞因子水平增加，充分发挥细胞因子的生物学作用，达到治疗疾病的目的。在医学临床上已有多种重组细胞因子（如 IFN、IL-2、CSF）得到广泛应用。可应用细胞因子阻断/颉颃疗法，即通过抑制细胞因子的产生，阻断细胞因子与其相应受体的识别结合及信号传导过程，适用于自身免疫病、移植排斥反应、感染性休克等疾病的治疗。如医学临床上，用抗 TNF 单克隆抗体可以减轻、阻断感染性休克的发生；IL-1 受体颉颃剂可用于炎症和自身免疫病的治疗。利用一些细胞因子的免疫增强作用，应用于临床上免疫功能低下、免疫缺陷病和肿瘤患者以及病毒性感染疾病的治疗。

③在兽医学中的应用。近年来，动物细胞因子的研究也越来越受到重视，采用基因工程技术已开发出一些重组细胞因子产品（如干扰素）。其主要应用表现在：①通过检测细胞因子水平来评价动物机体的免疫功能状态；②研究细胞因子在病原微生物感染，特别是一些持续性感染疾病、免疫抑制性疾病中的作用和地位；③开发动物源性细胞因子作为免疫增强剂；④开发动物源性细胞因子作为疫苗免疫佐剂——细胞因子佐剂（如 IFN-γ、IL-2、IL-4、IL-6、TNF-α、CSF）。

（四）黏膜免疫系统与红细胞免疫系统

1. 黏膜免疫系统 黏膜免疫系统（mucosal immune system，MIS）是指由消化道、呼吸道和泌尿生殖道黏膜相关的淋巴组织所组成的免疫系统。MIS 不同于前述的免疫系统，它是受黏膜表面的抗原物质刺激而形成的局部免疫应答。参与的主要成分是：①与黏膜相关的免疫球蛋白，即分泌型 IgA（SIgA）；②一类能下调全身性免疫应答的效应性 T 细胞；③黏膜定向细胞运输系统，它使在黏膜滤泡中诱发的细胞迁移至广泛的黏膜上皮下淋巴组织中。因而，MIS 既是机体整个免疫系统的重要组成部分，同时又是具有独特功能的一个独立免疫体系。

（1）MIS 的结构 根据形态，MIS 分成两大部分：即黏膜淋巴集合体（mucosal lymphoid aggregates）和弥散淋巴组织，后者广泛分布于黏膜固有层中。抗原通过黏膜滤泡进入淋巴区，激发 MIS 产生免疫应答。在弥散淋巴组织的抗原，刺激免疫细胞分化，导致分泌型抗体产生或形成特异性 T 细胞。

①黏膜淋巴集合体。黏膜淋巴集合体经上皮组织而非淋巴或血循环途径捕获抗原，主要是经被称为 M 细胞（membranous cells）的特殊上皮细胞进入集合体，这类 M 细胞分布于覆盖在淋巴集合体的上皮细胞内。此外，黏膜淋巴集合体还包括其他一些细胞。

a. M 细胞在形态上是扁平上皮细胞。M 细胞能与抗原结合，然后抗原经胞饮被摄入细胞，再由吞饮泡转送至细胞内进一步降解，未经降解的抗原则运送至上皮下区。病毒、细菌、原虫等颗粒物质或可溶性蛋白质均可被转运。

b. 圆顶细胞位于淋巴集合体上皮下的圆顶区（dome area）内，包括富含 MHC-Ⅱ分子的巨噬细胞、树突状细胞和 B 细胞，这些细胞具有递呈抗原的功能。而 M 细胞不表达 MHC-Ⅱ类分子，故不参与抗原的递呈。圆顶区尚含有许多 T 细胞，其中大多为 $CD4^+$ 细胞，也有 $CD4^-$，$CD8^+$ 细胞，后者新近被证实为反抑制性细胞（contrasuppressor cell）。

c. 滤泡是圆顶区下的滤泡区，有生发中心，主要含 B 细胞，也有散在的 T 细胞。与其他部位的生发中心不同之处在于有高达 40%的 B 细胞带有 mIgA，与黏膜上皮产生大量 IgA 有关。滤泡间区的 T 细胞大多为 $CD8^+$ 细胞。

②弥散黏膜淋巴组织。弥散黏膜淋巴组织是由上皮内淋巴细胞（intraepithelial lymphocyte，IEL）

和固有层淋巴细胞（lamina propria lymphocyte，LPL）组成。

a. IEL 是位于基底膜和上皮细胞间的一群淋巴细胞，数量比 LPL 少。正常状态下，每 100 个上皮细胞有 6～40 个 IEL，但在炎症时增加很多。IEL 为异质性细胞群，主要是 CD3 和 CD2 T 细胞，CD8 表型也不少。根据对小鼠的研究，推测 IEI 具有特异的免疫效应功能，包括 NK 活性、特异细胞毒性、分泌 IFN-α 使上皮细胞的 MHC-Ⅱ类抗原表达增加，以及表达 γδTCR 等。

b. LPL 是位于上皮层下固有层内的一群淋巴细胞。与 IEL 群不同，LPL 中的 B 细胞数量和 T 细胞几乎相等。B 细胞中主要是分泌 IgA 的 B 细胞，但亦有 IgM、IgG 和 IgE 型 B 细胞（数量依次递减）。IgA 免疫缺陷时，胃肠道黏膜中的 B 细胞类型不是 IgA 型，而以 IgM 型为主，分泌 IgG 的 B 细胞数量则无变化。当发生溃疡性结肠炎等黏膜炎症时，各种类型的 B 细胞均增加，其中尤以分泌 IgG 的 B 细胞增加最明显。

黏膜 T 细胞群由 $CD4^+$ 和 $CD8^+$ 细胞组成，与外周血中情况类似，$CD4^+$ 细胞数是 $CD8^+$ 细胞数的 2 倍。

③固有层巨噬细胞。分散在整个 MIS 的黏膜部位，但较集中于黏膜上皮下的浅表区。它们可能同黏膜淋巴细胞一样源自黏膜淋巴集合体，因从肠组织引流的肠淋巴液中发现有单核细胞形态的细胞。大多数固有层巨噬细胞表达 MHC-Ⅱ类分子和与吞噬细胞活性有关的其他表面标志。固有层巨噬细胞在动物非特异防御中是十分重要的。此外，它们还能产生 IL-1、IL-6 等细胞因子，这些对局部 B 细胞的分化和其他免疫应答过程也是必需的。

固有层 NK 细胞及 LAK 细胞：在灵长类和啮齿类动物，黏膜固有层 NK 细胞数比脾脏或外周血中要少得多，但仍能检测出其活性。人类固有层中有 CD16、CD56 标志的 NK 细胞更少。

固有层肥大细胞：黏膜区富含肥大细胞前体，受适当刺激能迅速分化为成熟的肥大细胞。肥大细胞通过释放介质，促进炎症细胞快速进入黏膜组织，并参与宿主的局部防御功能。肥大细胞前体随微环境不同可分化成不同类型的肥大细胞。在 T 细胞产生 IL-3 等淋巴因子时分化成黏膜肥大细胞，如同时有成纤维细胞产生的有关因子，则分化成结缔组织肥大细胞。例如，在线虫感染时，黏膜 T 细胞受刺激分泌细胞因子，迅速导致肥大细胞前体分化成黏膜肥大细胞。

（2）MIS 的功能　MIS 的主要功能是向宿主提供黏膜表面的防御作用，包括非特异性免疫和特异性免疫两个方面。

①非特异性免疫。

a. 正常栖居的菌群，它们可产生对侵入的病原菌的抑制作用。

b. 黏膜的蠕动和纤毛活动以及分泌，可减少潜在病原菌与上皮细胞的作用。

c. 胃酸、肠胆盐的微环境不利于病原菌生长。

d. 乳铁蛋白、乳过氧化物酶、溶菌酶等对某些病原菌有抑制和杀灭作用。

②特异性免疫功能。MIS 具有捕获抗原物质的功能，并通过局部的免疫应答，清除外来异物，特别是病原微生物，使这些物质难以进入体内引起全身性的免疫反应。此外，MIS 含有调节性 T 细胞，下调由突破黏膜进入体内抗原诱导的全身性免疫应答反应。如黏膜免疫功能在这方面有异常，可能引发自身免疫状态。

动物黏膜表面良好防御功能的保持有赖于黏膜的非特异性和特异性免疫功能的健全和完整。比如，当免疫系统完整，但是因抗生素治疗破坏正常菌群后，可引起感染；反之，特异性免疫不健全时，其非特异性免疫保护作用虽正常，同样容易发生黏膜感染。

2. 红细胞免疫系统　红细胞免疫系统是指红细胞通过表面存在的一些受体和活性分子，它们可吸附并运输抗原-抗体复合物以及其他方面参与的免疫系统。它不同于前述的免疫系统，该系统只参与抗原物质的清除，但并不能直接清除抗原物质。

早在 1981 年 Siegl 等就发现红细胞有免疫黏附作用，其细胞膜表面有Ⅰ型补体受体（CR1），可与免疫复合物结合，因此提出了红细胞免疫系统的概念。近年来，人们发现红细胞膜表面还存在Ⅲ型补体受体（CR3）、淋巴细胞功能相关抗原-3（lymphocyte function-associated antigen 3，LFA-3）、衰变加速因子（decay accelerating factor，DAF）和超氧化物歧化酶（SOD）等，提示了红细胞参与机体的多种免疫应答和免疫调节。

（1）*运送免疫复合物与促进吞噬*　红细胞膜表面存在 CR1，它是一种单肽链糖蛋白，成簇分布，每簇可含 2～15 个。CR1 可与血循环中的抗原-抗体-补体复合物，即免疫复合物（IC）中 C3b 结合，因为 CR1 与 IC 的结合是可逆的，其结合和解离与 CR1 数量有关。肝、脾中的巨噬细胞表面的 CR1 和 FcR 密度较高，当红细胞-IC 随血循环到达肝、脾时，巨噬细胞通过其膜表面的 FcR 与其中 IC 的抗体 Fc 片段结合，并夺取红细胞表面的 IC，将其吞噬、清除。失去了 IC 的红细胞则重新进入血液循环。

通过红细胞对抗原的吸附和输运，促进了巨噬细胞或中性粒细胞的吞噬功能。每个吞噬细胞有 15 000个 FcR 和 2 000～3 000 个 CR1，还有大量的 CR3、CR4 等；而每个 RBC 仅有 500 个 CR1 和少量 CR3。由于吞噬细胞对 IC 中 C3b 的结合竞争占优势，使 IC 从红细胞转向吞噬细胞，加速了对 IC 的吞噬。红细胞膜还有 SOD 酶，能及时消化吞噬过程中形成的过氧化物酶等有害物质，保障了吞噬功能。

（2）*抗原递呈*　红细胞还具有抗原递呈作用。红细胞通过 CR1 吸附 IC，还可黏附胸腺细胞和 T 细胞，并将 IC 中抗原递呈给 T 细胞。

（3）*免疫调节*　红细胞参与 IFN-γ、IL-1、IL-2、Ig 的产生及 NK 细胞、LAK 细胞和吞噬细胞免疫活性的调控等。

（4）*对 T 细胞的调节作用*　植物血凝素（phytohemagglutinin，PHA）具有诱导培养的外周血单核细胞生成 IFN-γ 的作用，如在培养液中加入自身红细胞，可提高 IFN-γ 的量至 4～10 倍，增加量与加入红细胞量呈正相关。此外，红细胞还有促进 T 细胞表达 IL-2R 和增强 T_H 细胞的免疫功能的作用。

（5）*促进 B 细胞产生 Ig*　在美洲商陆（PWM）诱导的淋巴细胞转化实验中，如加入自身红细胞，可提高培养液中分泌的 IgG、IgA 的含量。

（6）*增强 NK 细胞活性*　红细胞能增强 NK 细胞的细胞毒活性。当红细胞与效应细胞比在 1.3～40∶1，红细胞具有增强 NK 细胞对靶细胞的细胞毒活性。除了自身红细胞外，同种红细胞、异种红细胞也都有显著增强 NK 细胞活性的作用。

（7）*增强淋巴因子激活杀伤细胞的活性*　淋巴因子激活的杀伤细胞（lymphokine-activated killer，LAK）对某些肿瘤的免疫治疗有一定疗效。在制备 LAK 时，一般需经处理去除标本中的红细胞。但是已有研究发现如不去除红细胞，则制成的 LAK 比无红细胞者活性要高 1.5 倍以上，回收率高近 2 倍。表明红细胞可增强 LAK 杀伤肿瘤的作用。

（8）*促进淋巴细胞免疫黏附肿瘤细胞能力*　红细胞可直接黏附肿瘤细胞，后者经新鲜血清调理后，其黏附能力明显增强。加入红细胞能进一步促进淋巴细胞对血清调理过的癌细胞的黏附作用。

二、免疫类型

（一）细胞免疫

这里描述的细胞免疫（cell-mediated immunity，CMI）是指特异性的细胞免疫，也就是机体通过致敏阶段和反应阶段，T 细胞分化成效应性 T 淋巴细胞（CTL，T_{DTH}细胞）并产生细胞因子，从而发挥免疫效应。广义的细胞免疫还包括吞噬细胞的吞噬作用，K 细胞、NK 细胞等介导的细胞毒作用。

1. 效应性 T 细胞的一般特性　特异性细胞免疫产生的效应性 T 细胞可高密度表达几种细胞黏附分子，包括 CD2 和 LFA-1，其表达水平是幼稚型 T 细胞的 2～4 倍，使效应性 T 细胞更有效地与 APC 和各种靶细胞结合。效应性 T 细胞与 APC 或靶细胞的起始反应是比较弱的，TCR 可扫描 MHC 分子递呈的特异性肽段，如果没有效应性 T 细胞识别的抗原肽-MHC 分子复合物，则效应性 T 细胞将从 APC 或靶细胞上脱离下来。TCR 对抗原肽-MHC 复合体的识别，可提供使 LFA-1 与 APC 或靶细胞上的免疫细胞黏附分子亲和力提高的信号，并延长细胞间的相互作用时间，提高效应性 T 细胞上一些膜受体的表达，使效应性细胞能够除了进入二级免疫器官组织外，还能进入皮肤和黏膜上皮。与幼稚型 T 细胞不一样，效应性细胞可表达一些效应分子，这些效应分子可以是与膜结合的，或是可溶性的。膜结合分子包括 $CD8^+$ T 细胞上的 Fas 配体（FAS）、T_H1 细胞上的 TNF-β 和 T_H2 细胞上的 CD40L。每种效应性 T 细胞可分泌不同类型的效应分子，如 CTL 可分泌细胞毒素——穿孔素（perforin）和粒酶（granzyme），产生细胞因子——TNF-β 和 IFN-γ。这些膜结合分子和分泌的分子在各种 T 细胞效应功能上起着很重要的作用。Fas 配体、穿孔素和粒酶可介导 CTL 对靶细胞破坏；膜结合的 TNF-β 和可溶性的 IFN-γ、GM-CSF 可促进 T_H1 细胞对巨噬细胞的活化。膜结合 CD40L 和可溶性的 IL-4、IL-5、IL-6 在 T_H2 细胞对 B 细胞的活化过程中起着很重要的作用。

2. 细胞毒性 T 细胞与细胞毒作用 细胞毒性 T 细胞（CTL）是特异性细胞免疫的很重要的一类效应细胞，为 $CD8^+$ 的 T 细胞亚群，在动物机体内是以非活化的前体形式（即 Tc 细胞或 CTL-P）存在的。其 TCR 识别由 APC 细胞（病毒感染细胞、肿瘤细胞、胞内菌感染细胞等靶细胞）递呈而来的内源性抗原，并与抗原肽特异性结合，并经活化的 T_H 细胞产生的白细胞介素（IL-2、IL-4、IL-5、IL-6、IL-9 等）作用下，CTL-P 活化、增殖并分化成具有杀伤能力的效应性 CTL。CTL 具有溶解活性，在对已发生改变的自身细胞（如病毒感染细胞和肿瘤细胞）的识别与清除和移植物排斥反应中，起着关键的作用。CTL 与靶细胞的相互作用受到 MHC-Ⅰ类分子的限制，即 CTL 在识别靶细胞抗原的同时，要识别靶细胞上的 MHC-Ⅰ类分子，它只能杀伤携带有与自身相同的 MHC Ⅰ类分子的靶细胞。

CTL 介导的免疫反应分为两个阶段，第一阶段是 CTL 的活化，即幼稚型 Tc 细胞活化成有功能的效应性 CTL；第二阶段为效应性的 CTL 识别特异性靶细胞上的抗原肽-MHC Ⅰ类分子复合体，启动一系列反应最终破坏靶细胞。

（1）*CTL 的活化阶段* 幼稚型的 Tc 细胞不能杀伤靶细胞，因此称为 CTI 前体（CTL-P）。只有 CTL-P 活化后，才能分化成具有细胞毒性作用功能的功能性 CTL。CTL 的产生需要 3 个连续性的信号：

a. 识别抗原肽-MHC-Ⅰ类分子复合体后由 TCR 复合体传递的抗原特异性信号。

b. 由 CD28-B7 分子相互反应传递的共刺激信号。

c. IL-2 与高亲和力 IL-2 受体相互作用诱导的信号，该信号导致抗原活化的 CTL 前体增殖和分化成效应性 CTL。

未活化的 CTL 前体不表达 IL-2 或 IL-2 受体，不能发生增殖，不呈现细胞毒活性。抗原活化诱导 CTL 前体开始表达 IL-2 受体和分泌一定的 IL-2，IL-2 是活化的 CTL 前体增殖与分化成效应性 CTL 的主要细胞因子。有时，由抗原活化的 CTL 前体分泌的 IL-2 就足以诱导其自身的增殖和分化，特别是记忆性 CTL 前体，与幼稚型的 CTL 相比，活化所需要的 IL-2 量要低得多。一般而言，大多数活化的 CTL 前体需要由增殖的 T_H1 细胞产生的 IL-2 才能增殖和分化成效应性 CTL。事实上，只有抗原加上 MHC-Ⅰ类分子活化 CTL 前体后，IL-2 受体才能表达，这样可确保只有抗原特异性的 CTL 前体方能在 IL-2 的作用下发生克隆性增殖，并获得细胞毒活性。

抗原活化的 T_H 细胞和 CTL 前体的增殖和分化都是 IL-2 依赖性的。IL-2 基因敲除小鼠不能表达 IL-2，因而缺乏 CTL 介导的细胞毒性作用。在抗原清除之后，IL-2 的水平下降，IL-2 的降低可导致 T_H1 细胞和 CTL 发生程序化死亡，免疫应答很快平息，动物机体以这种方式减低因炎症反应对机体组织的非特异性损伤。

（2）*靶细胞的破坏* CTL 杀伤和溶解靶细胞的过程可分为两个阶段：①效应-靶细胞结合阶段——CTL 与靶细胞表面的抗原肽-MHC-Ⅰ类分子复合物紧密结合；②靶细胞溶解破坏阶段——CTL 对靶细胞造成不可逆的损伤，使靶细胞发生进行性溶解。前一阶段需时较短，数分钟即可完成，后一阶段需时较长，约 1h 或更长。活化的 CTL 发挥细胞毒性作用，最终清除靶细胞，这一过程涉及许多反应。已有研究表明，参与 CTL 介导的靶细胞破坏有两个主要的途径。

（3）*CTL 释放的细胞毒性蛋白对靶细胞的直接作用* 参与 CTL 溶解靶细胞的因素主要有两个，一是其释放的穿孔素（perforin）和粒酶（granzyme），这是导致靶细胞溶解的重要介质；二是CTL释放的淋巴毒素（lymphotoxin，简称LT，又称肿瘤坏死因子——TNF-β），它可与靶细胞表面的相应受体结合，诱导靶细胞自杀。这毒性蛋白可定向传递给靶细胞，并被靶细胞摄取。

（4）*CTL上的膜结合Fas配体与靶细胞表面的Fas受体相互作用*　目前认为细胞自杀是上述两个途径导致靶细胞破坏的主要机制。

涉及细胞毒性蛋白释放途径的主要过程包括CTL-靶细胞结合物的形成，膜攻击，CTL解离和靶细胞破坏。CTL与靶细胞直接接触是其发挥毒性杀伤作用的前提，CTL-靶细胞结合物的形成需要数分钟，是Ca^{2+}依赖性的，并需要能量，在靶细胞膜上造成损伤。之后，CTL从靶细胞上解离，继续结合另一个靶细胞。在CTL解离后15min至3h内，靶细胞受到破坏。

CTL表面的TCR-CD3膜复合体识别靶细胞上的与MHC-Ⅰ类分子结合的抗原，之后，CTL上的LFA-1与靶细胞膜上的细胞黏附分子（ICAMs）结合，从而在两个细胞间形成结合物。已有研究发现抗原介导的CTL活化可使LFA-1从低亲和力状态转变成高亲和力状态，因此，CTL只展示与MHC-Ⅰ类分子结合的抗原肽的靶细胞黏附并形成结合物。抗原介导的活化后，LFA-1以高亲和力状态持续存在5～10min，然后变成低亲和力状态。这种低亲和力的下移可促进CTL从靶细胞解离。

CTL前体缺乏细胞浆颗粒和穿孔素。活化的CTL可产生各种细胞毒性细胞因子（如TNF-β）、表达相对分子质量为65×10^3的单体穿孔素和粒酶（又称为断裂素，fragmentin）的几种蛋白酶，粒酶具有丝氨酸酯酶活性。穿孔素单体分子与靶细胞膜接触，发生构型变化，暴露两亲性区域，插入靶细胞膜；然后在Ca^{2+}存在条件下，单体发生聚合形成中央直径为5～20nm的圆柱状孔。在结合物形成区的靶细胞膜上，可见到大量的穿孔素形成的小孔，与补体介导的溶解作用相似（穿孔素与补体系统的终末成C9有一定的序列同源性）。CTL释放的粒酶和其他溶解性物质可通过小孔进入靶细胞。粒酶可使靶细胞DNA断裂成200bp的寡聚体，导致靶细胞自杀死。粒酶还能活化靶细胞的内源性细胞自杀死途径。

一些CTL细胞株具有很强的杀伤活性，但缺乏穿孔素和粒酶。在这种情况下，它们的细胞毒性作用是由存在于靶细胞膜上的Fas受体（称为跨膜死亡信号）介导的，称为FAS途径。Fas又称为APO-1，起初被确认为是一种细胞膜蛋白，当被抗体活化时可诱导细胞自杀死。Fas是细胞因子受体的肿瘤坏死因子家族的成员。CTL可表达一种细胞表面蛋白质，该蛋白在序列上与肿瘤坏死因子有同源性，可与Fas结合。CTL上的Fas配体与靶细胞上的Fas相互反应可在靶细胞内诱导产生激活内源性细胞自杀的信号。

Fas配体只表达于效应性T细胞，而幼稚型的T细胞不表达。CTL表达Fas配体的水平要高于T_H1和T_H2细胞。

CTL对靶细胞杀伤破坏后，可完整无缺地与裂解的靶细胞分离，又可继续攻击其他靶细胞，一般一个CTL可在数小时内连续杀伤数十个靶细胞，杀伤效率较高。CTL介导的细胞毒作用在机体的细胞免疫效应中，特别是在抗肿瘤与抗细胞内感染中具有重要的作用。

3. T_{DTH}细胞与迟发型变态反应　一些亚群的T_H细胞接触到某些抗原时，可分泌细胞因子，诱导产生局部的炎症反应，称为迟发型变态反应（delayed type hypersensitivity，DTH）。介导迟发型变态反应的T_H细胞称为迟发型变态反应T细胞，简称T_{DTH}细胞，属于$CD4^+$ T_H细胞亚群，在体内也是以非活化前体形式存在，其表面抗原受体与靶细胞的抗原特异性结合，并在活化的T_H细胞释放IL-2、IL-4、IL-5、IL-6、IL-9等作用下活化、增殖、分化成具有免疫效应的T_{DTH}细胞。其免疫效应是通过其释放多种可溶性的细胞因子或淋巴因子而发挥作用的，主要引起以局部的单核细胞浸润为主的炎症反应，即迟发型变态反应。

（1）*迟发型变态反应的阶段*　迟发型变态反应分为两个阶段，即致敏阶段和效应阶段。在机体初次接触抗原后1～2周为致敏阶段，在这个时期，T_H细胞活化和增殖。一些抗原递呈细胞参与DTH，包括郎罕细胞和巨噬细胞。这些细胞可摄取进入皮肤的抗原物质，并将抗原输送到局部的淋巴结，淋巴结中的T细胞受到抗原活化。在一些动物，血管内皮细胞也可表达MHC-Ⅱ类分子，在DTH的发生过程中同样具有抗原递呈细胞的功能。一般而言，致敏阶段活化的T细胞是$CD4^+$T细胞，主要是T_H1亚群，少数为$CD8^+$T细胞，这些活化的T细胞称为T_{DTH}细胞。

再次与抗原接触可诱导DTH的效应阶段，在这个阶段，T_{DTH}分泌各种细胞因子，在巨噬细胞和其他非特异性炎性细胞的活化过程中起作用。因细胞因子诱导局部的巨噬细胞聚集和活化需要时间，所以正常情况下，机体在再次接触抗原24h后，DTH反应才变得明显，一般而言，在48～72h达到高峰。一旦DTH反应开始，非特异性细胞和介质之间就进行复杂的相互作用，导致大量增殖。至DTH反应充分时，仅有大约5%的参与细胞是抗原特异性T_{DTH}细胞，其余的是巨噬细胞和其他非特异性细胞。

巨噬细胞是DTH反应的主要效应细胞。由T_{DTH}细胞分泌的细胞因子可诱导血液单核细胞吸附到血管内皮，并从血液迁移至周围组织。在这一过程中，单核细胞分化成活化的巨噬细胞。活化的巨噬细胞呈现高水平的吞噬活性和杀灭微生物的能力，还可表达高水平的MHC-Ⅱ类分子和细胞黏附分子，因此可发挥更有效的抗原递呈活性。

在DTH反应中，巨噬细胞的聚集和活化可提供有效的宿主防卫细胞内病原体的能力。一般而言，病原体可被迅速清除，仅有轻微的组织损伤。但有时，特别是在抗原物质不容易被清除时，DTH反应持续时间长，因炎症反应可造成对宿主的损害。巨噬细胞不断活化，相互聚集在一起，并融合形成多核巨细胞，从而导致肉芽肿形成。这些多核巨细胞取代正常组织细胞，形成可见的结节，并释放高浓度的溶解酶，破坏周围组织。在这种情况下，迟发型变态反应可引起血管壁损害和广泛性的组织坏死。

(2) *参与DTH反应的细胞因子* 许多细胞因子在DTH反应的发生中起着很重要的作用。在T_{DTH}细胞产生的细胞因子中，一些细胞因子起着活化和吸引巨噬细胞到活化部位的作用。参与DTH反应的细胞因子包括IL-3、GM-CSF、IFN-γ、TNF-β、单核细胞趋化和活化因子（MCAF）、移动抑制因子（MIF）等。

(3) *DTH反应的免疫保护作用* DTH是机体成功清除寄生胞内病原体和真菌的有效机制。许多细胞内病原体，包括胞内菌（如结核分枝杆菌、李斯特菌、布鲁菌）、真菌、寄生虫、病毒（如单纯疱疹病毒、天花病毒、麻疹病毒）和接触性抗原均可诱导DTH反应。寄生有胞内病原体的细胞，可迅速被聚集在DTH反应部位，活化的巨噬细胞所释放的溶解酶被破坏。

(4) *细胞免疫效应* 机体的细胞免疫效应是由CTL和T_{DTH}细胞以及细胞因子体现的，主要表现为抗感染作用，抗肿瘤效应，此外，细胞免疫也可引起机体的免疫损伤。

（二）体液免疫

由B细胞介导的免疫应答称为体液免疫应答（humoral immune response），而体液免疫效应是由B细胞通过对抗原的识别、活化、增殖，最后分化成浆细胞并分泌抗体来实现的，因此，抗体是介导体液免疫效应的免疫分子。体液免疫应答在清除细胞外病原体方面是十分有效的免疫机制，其特征是机体大量产生针对外源性病原体抗原物质的特异性抗体，最终通过由抗体介导的各种途径和相应机制从动物体内清除外来病原体。

1. 抗体产生的动力学 动物机体初次和再次接触抗原后，引起体内抗体产生的种类、抗体的水平等都有差异。

(1) *初次应答* 动物机体初次接触抗原，也就是某种抗原首次进入体内引起的抗体产生过程称为初次应答（primary response）。抗原首次进入体内后，B细胞克隆被选择性活化，随之进行增殖与分化，大约经过10次分裂，形成一群浆细胞克隆，导致特异性抗体的产生。初次应答有以下几个特点：

①潜伏期。机体初次接触抗原后，在一定时期内体内查不到抗体或抗体产生很少，这一时期称为潜伏期，又称为诱导期。潜伏期的长短视抗原的种类而异，如细菌抗原一般经5～7d血液中才出现抗体，病毒抗原为3～4d，而毒素抗原则需2～3周才出现抗体。潜伏期之后为抗体的对数上升期，抗体含量直线上升，抗体达到高峰需7～10d，然后为高峰持续期，抗体产生和排出相对平衡，最后为下降期。

②初次应答最早产生的抗体为IgM，可在几天内达到高峰，然后开始下降。接着才产生IgG，即

IgG 抗体产生的潜伏期比 IgM 长。如果抗原剂量少，可能仅产生 IgM。IgA 产生最迟，常在 IgG 产生后 2 周至 1～2 个月才能在血液中检出，而且含量少。

③初次应答产生的抗体总量较低，维持时间也较短。其中 IgM 的维持时间最短，IgG 可在较长时间内维持较高水平，其含量也比 IgM 高。

（2）再次应答　动物机体第 2 次接触相同的抗原时，体内产生的抗体过程称为再次应答（secondary response）。再次应答有以下几个特点：

①潜伏期显著缩短。机体再次接触与第 1 次相同的抗原时，起初原有抗体水平略有降低，接着抗体水平很快上升，3～5d 抗体水平即可达到高峰。

②抗体含量高，而且维持时间长。再次应答可产生高水平的抗体，可比初次应答高 100～1 000 倍，而且维持很长时间。

③再次应答产生的抗体大部分为 IgG，而 IgM 很少。如果再次应答间隔的时间越长，机体越倾向于只产生 IgG。

（3）回忆应答　抗原刺激机体产生的抗体经一定时间后，在体内逐渐消失，此时若机体再次接触相同的抗原物质，可使已消失的抗体快速回升，这称为抗体的回忆应答（anamnestic response）。

再次应答和回忆应答取决于体内记忆性 T 细胞和 B 细胞的存在，记忆性 T 细胞保留了对抗原分子载体决定簇的记忆，在再次应答中，记忆性 T 细胞可被诱导很快增殖分化成 TH 细胞，对 B 细胞的增殖和产生抗体起辅助作用；记忆性 B 细胞为长寿的，可以再循环，具有对抗原分子半抗原决定簇的记忆，可分为 IgG 记忆细胞、IgM 记忆细胞、IgA 记忆细胞等。机体与抗原再次接触时，各类抗体的记忆细胞均可被活化，然后增殖分化成产生 IgG、IgM 的浆细胞。其中 IgM 记忆细胞寿命较短，所以再次应答的间隔时间越长，机体越倾向于只产生 IgG，而不产生 IgM。

抗原物质经消化道和呼吸道等黏膜途径进入机体，可诱导产生分泌型 IgA，在局部黏膜组织发挥免疫效应。

2. 抗体的免疫学功能　抗体作为机体体液免疫的重要分子，在体内可发挥多种免疫功能。由抗体介导的免疫效应，在大多数情况下对机体是有利的，但有时也会造成机体的免疫损伤。抗体的免疫学功能有以下几个方面：

（1）中和作用　体内针对细菌毒素（外毒素或类毒素）的抗体，和针对病毒的抗体，可对相应的毒素和病毒产生中和效应。毒素的抗体一方面与相应的毒素结合可改变毒素分子的构型，而使其失去毒性作用；另一方面毒素与相应的抗体形成的复合物容易被单核-巨噬细胞吞噬。针对病毒的抗体可通过与病毒表面抗原结合，而抑制病毒侵染细胞的能力或使其失去对细胞的感染性，从而发挥中和作用。

（2）免疫溶解作用　一些革兰阴性菌（如霍乱弧菌）和某些原虫（如锥虫），体内相应的抗体与之结合后，可活化补体，最终导致菌体或虫体溶解。

（3）免疫调理作用　对于一些毒力比较强的细菌，特别是有荚膜的细菌，相应的抗体（IgG 或 IgM）与之结合后，则容易受到单核-巨噬细胞的吞噬，若再活化补体形成细菌-抗体-补体复合物，则更容易被吞噬。这是由于单核-巨噬细胞表面具有抗体分子的 Fc 片段和 C3b 的受体，体内形成的抗原-抗体或抗原-抗体-补体复合物容易受到它们的捕获。抗体的这种作用称为免疫调理作用。

（4）局部黏膜免疫作用　由黏膜固有层中浆细胞产生的分泌型 IgA 是机体抵抗从呼吸道、消化道及泌尿生殖道感染的病原微生物的主要防御力量，分泌型 IgA 可阻止病原微生物吸附黏膜上皮细胞。

（5）抗体依赖性细胞介导的细胞毒作用　一些效应性淋巴细胞（如 K 细胞），其表面具有抗体分子（如 IgG）的 Fc 片段的受体，当抗体分子与相应的靶细胞（如肿瘤细胞）结合后，效应细胞就可借助于 Fc 受体与抗体分子的 Fc 片段结合，从而发挥其细胞毒作用，将靶细胞杀伤，这种细胞称为抗体依赖性细胞介导的细胞毒作用（antibody dependent cell-mediated cytotoxicity，ADCC）。

除了K细胞外，NK细胞、巨噬细胞等在抗体的参与下均具有细胞毒作用，此外，IgM抗体也可介导一些亚群的T细胞的细胞毒作用。

（6）对病原微生物生长的抑制作用 一般而言，细菌的抗体与之结合后，不会影响其生长和代谢，仅表现为凝集和制动现象。只有支原体和钩端螺旋体，其抗体与之结合后可表现出生长抑制作用。

此外，抗体具有免疫损伤作用。抗体在体内引起的免疫损伤主要是介导Ⅰ型（IgG）、Ⅱ型和Ⅲ型（IgG和IgM）变态反应，以及一些自身免疫疾病。

第二节 免疫应答

免疫应答是动物机体复杂的生物学过程，分致敏、反应及效应3个阶段，抗原的加工和递呈是关键，由抗原递呈细胞（APC）完成。APC分两大类：一类是以巨噬细胞、树突状细胞和B细胞为代表，表达MHC-Ⅰ类分子；另一类为所有有核细胞，均具有MHC-Ⅰ类分子，分别加工和递呈外源性抗原和内源性抗原。经MHC-Ⅱ类分子递呈的外源性抗原被T_H细胞识别，经MHC-Ⅰ类分子递呈的内源性抗原被CTL识别，在一些共刺激分子的参与下启动T细胞的活化过程。

一、免疫应答的概述

（一）免疫应答的概念

免疫应答（immune response）是指动物机体免疫系统受到抗原物质刺激后，免疫细胞对抗原分子的识别并产生一系列复杂的免疫连锁反应和表现出特定的生物学效应的过程。这一过程包括抗原递呈细胞对抗原的处理、加工和递呈，抗原特异性淋巴细胞即T、B淋巴细胞对抗原的识别、活化、增殖与分化，最后产生免疫效应分子。本章描述的免疫应答是指特异性的免疫应答，而广义的免疫应答还包括非特异性免疫应答因素，如炎症与吞噬反应、补体系统等。

（二）参与免疫应答的细胞及其表现形式

参与机体免疫应答的核心细胞是T、B淋巴细胞，巨噬细胞、树突状细胞等是免疫应答的辅佐细胞，也是免疫应答所不可缺少的。免疫应答的表现形式为体液免疫和细胞免疫，分别由B、T淋巴细胞介导。免疫应答具有三大特点：一是特异性，即只针对某种特异性抗原物质；二是具有一定的免疫期，这与抗原的性质、刺激强度、免疫次数和机体反应性有关，从数月至数年，甚至终身；三是具有免疫记忆。

通过免疫应答，动物机体可建立对抗原物质（如病原微生物）的特异性抵抗力，即免疫力，这是后天获得的，因此又称获得性免疫。

（三）免疫应答产生的部位

动物机体的外周免疫器官及淋巴组织是免疫应答产生的部位，其中淋巴结和脾脏是免疫应答的主要场所。抗原进入机体后，一般先通过淋巴循环进入引流区的淋巴结，进入血液的抗原则在脾脏滞留，并被淋巴结髓窦和脾脏移行区中的抗原递呈细胞所摄取、加工，再表达于其细胞表面。与此同时，血液循环中的成熟T细胞和B细胞，经淋巴组织的毛细血管后静脉进入淋巴器官，与抗原递呈细胞上表达的抗原接触后，滞留于该淋巴器官内并被活化、增殖和分化为效应细胞。

随着淋巴细胞的增殖和分化，淋巴组织发生相应的形态学变化。T细胞在外周免疫器官的胸腺依赖区内分化、增殖，少量的T细胞也可进入淋巴滤泡，随后B细胞在初级淋巴滤泡内增殖。在抗原刺激后4～5d可形成具有生发中心的二级淋巴滤泡，并保持相当长的时间。T细胞最终分化成效应淋巴细胞（CTL、T_{DTH}）、记忆性T细胞，并产生细胞因子；B细胞最终分化成能分泌抗体的浆细胞，并分泌抗体，一部分B细胞停留在分化的中间阶段成为记忆性B细胞。效应性T细胞、记忆性T，B细胞可游出淋巴组织，重新进入血液循环。机体受到抗原刺激后，由于淋巴细胞的增殖，以及各种细胞因子的产生，如趋化因子、炎性因子等可吸引巨噬细胞及其他吞噬细胞而引起局部血管扩张，因此出现局部淋巴结肿大。

二、免疫应答的基本过程

免疫应答是一个十分复杂的生物学过程，也是当今免疫学研究的前沿性课题。免疫应答除了由单核-巨噬细胞系统和淋巴细胞系统协同完成外，在这个过程中还有很多细胞因子发挥辅助效应。虽然免疫应答是一个连续的不可分割的过程，但可人为地划分为 3 个阶段：①致敏阶段；②反应阶段；③效应阶段。

（一）致敏阶段

致敏阶段（sensitization stage）又称感应阶段，是抗原物质进入体内，抗原递呈细胞对其识别、捕获、加工处理和递呈，以及抗原特异性淋巴细胞（T 细胞和 B 细胞）对抗原的识别阶段。

（二）反应阶段

反应阶段（reaction stage）又称增殖与分化阶段，此阶段是抗原特异性淋巴细胞识别抗原后活化，进行增殖与分化，以及产生效应性淋巴细胞和效应分子的过程。T 淋巴细胞增殖分化为淋巴母细胞，最终成为效应性淋巴细胞，并产生多种细胞因子；B 细胞增殖分化为浆细胞，合成并分泌抗体。一部分 T、B 淋巴细胞在分化的过程中变为记忆性细胞（Tm 和 Bm）。这个阶段有多种细胞间的协作和多种细胞因子的参加。

（三）效应阶段

此阶段是由活化的效应性细胞——细胞毒性 T 细胞（CTL）与迟发型变态反应 T 细胞（T_{DTH}）和效应分子——抗体与细胞因子发挥细胞免疫效应和体液免疫效应的过程，这些效应细胞和效应分子共同作用清除抗原物质。

三、抗原的加工和递呈

抗原递呈细胞通过吞噬（phagocytosis）、吞饮（pinocytosis）作用，或细胞内噬作用（endocytosis），内化（internalization）抗原物质（蛋白质），或对细胞内的抗原蛋白，进行消化降解成抗原肽（antigen peptide）的过程称为抗原加工（antigen processing）。降解产生的抗原肽在抗原递呈细胞内与 MHC 分子结合形成抗原肽-MHC 复合物，然后被运送到 APCs 细胞膜表面进行展示，以供免疫细胞识别，这个过程称为抗原递呈（antigen presentation）。

抗原递呈细胞对抗原的加工和递呈是免疫应答必需的过程，递呈的分子基础是抗原递呈细胞表达的 MHC-Ⅰ类和 MHC-Ⅱ类分子。MHC-Ⅱ类分子是由仅 α 链与 β 链二条肽链组成的糖蛋白，二条肽链之间以非共价键结合，其分子由 $\alpha1$ 与 $\beta1$ 片段组成，一个称为凹槽或裂隙（cleft）的肽结合区，称为肽结合槽（peptide binding cleft），约可容纳 15 个氨基酸残基的肽段，由 APC 处理后的抗原肽段就是结合在这个区域与 MHC-Ⅱ类分子形成抗原肽—MHC-Ⅱ类分子复合物。抗原物质经 APCs 处理后，变成 13～18 个氨基酸的肽段，然后再与 MHC-Ⅱ类分子结合，最后递呈给 $CD4^+$ 的 T_H 细胞。MHC-Ⅰ类分子是由一条重链 α 链和一条轻链（$\beta2$ 微球蛋白，$\beta2m$）组成，这两条链是分离的，由 α 链的 $\alpha1$ 和 $\alpha2$ 片段组成一个大小为 2.5nm×1.0nm×1.1nm（长约 2.5nm，宽约 1nm，深约 1nm）的凹槽，即为 MHC-Ⅰ类分子的肽结合槽，该区域的大小和形状适合于经处理后的抗原肽段可容纳 8～20 个氨基酸残基肽段。内源性抗原经处理后形成约 9 个氨基酸的抗原肽，结合于 MHC-Ⅰ类分子的肽结合槽，形成抗原肽——MHC-Ⅰ类分子的复合物，然后递呈给 $CD8^+$ 的细胞毒性 T 细胞。

（一）抗原递呈细胞

抗原递呈细胞（antigen presenting cells，APCs）是一类能摄取和处理抗原，并把抗原信息传递给淋巴细胞而使淋巴细胞活化的细胞。按照细胞表面的主要组织相容性复合体（MHC）Ⅰ类和Ⅱ类分子，可把抗原递呈细胞分为两类：一类是带有 MHC-Ⅱ类分子的细胞，另一类是带有 MHC-Ⅰ类分子的细胞。

1. 表达 MHCⅡ类分子的抗原递呈细胞 包括巨噬细胞（Mφ）、树突状细胞（DC）、B 淋巴细胞等，主要对外源性抗原的递呈，这些细胞又称为专业的抗原递呈细胞（professional APC）。此外，还有皮肤中的纤维母细胞、脑组织的小胶质细胞、胸腺上皮细胞、甲状腺上皮细胞、血管内皮细胞、胰腺 β 细胞，它们被称为非专业的抗原递呈细胞（nonprofessional APC）。

在专业的抗原递呈细胞中，树突状细胞是最有效的抗原递呈细胞，可持续地表达高水平的 MHCⅡ类分子和共刺激分子 B7（CD80），并可活化幼稚型 T_H 细胞。

静止的巨噬细胞膜上仅能表达很少的 MHC-Ⅱ类分子或 B7 分子，因此不能活化幼稚型的 T_H 细胞；对记忆细胞和效应细胞的活化能力也很弱，在受到吞噬的微生物、IFN-γ 和 T_H 细胞分泌的细胞因子的活化后，然后上调表达 MHC-Ⅱ类分子或共刺激 B7 分子。

B 细胞作为抗原递呈细胞是现代免疫学的一大发现，特别是活化的 B 细胞，其抗原递呈能力与巨噬细胞相近。B 细胞可依靠其抗原受体（BCR）捕获抗原物质。静止的 B 细胞可表达 MHC-Ⅱ类分子，但不表达 B7 分子，因此静止的 B 细胞不能活化幼稚型的 T 细胞，但能活化记忆性细胞和效应性细胞。活化后的 B 细胞可上调并持续表达 MHC-Ⅱ类分子，并表达 B7 分子，可活化幼稚型 T 细胞和记忆性细胞及效应性细胞。B 细胞活化 T_H 细胞需要的抗原浓度是非特异性抗原递呈细胞的 1/1 000。细胞因子可促进 B 细胞表达 MHCⅡ类分子，增强其递呈抗原的能力。

非专业的抗原递呈细胞可诱导表达 MHC-Ⅱ类分子或共刺激信号，大多非专业抗原递呈细胞在持续性的炎症反应中可短期发挥抗原递呈的功能。

B7 分子属免疫球蛋白超家族成员，有一个 V 区和 C 区，有两种类型的分子（B7-1 和 B7-2），它表达于树突状细胞、巨噬细胞和 B 细胞上，其配体是 CD28 和 CTLA-4。静止和活化的 T 细胞都可表达 CD28，与 B7 分子呈中度亲和力结合，CTLA-4 仅表达于活化的 T 细胞上，量较低，但与 B7 分子的亲和力很高，是 CD28 的 20 倍。

2. 表达 MHC-Ⅰ类分子的抗原递呈细胞 表达 MHC-Ⅰ类分子的抗原递呈细胞包括所有的有核细胞，可作为内源性抗原的递呈细胞，如病毒感染细胞、肿瘤细胞、胞内菌感染的细胞、衰老的细胞、移植物的同种异体细胞，均属于这一类细胞，可作为靶细胞将内源性抗原递呈给 CTL。

（二）外源性抗原的加工和递呈

存在于细胞外的抗原称为外源性抗原（exogenous antigen），包括蛋白质、灭活的细菌、毒素和病毒、细胞外的细菌和病毒。

抗原递呈细胞通过吞噬、内噬作用内化外源性抗原。巨噬细胞具有吞噬作用，可以吞噬外源性抗原，因此可以通过吞噬途径内化外源性抗原物质，也可通过细胞膜上的受体如 FcR、C3bR 捕获抗原、内噬（吞饮、吸附和调理）途径内化外源性抗原。其他大多数 APC 没有吞噬作用，或吞噬作用很弱，而主要通过细胞内噬途径（受体介导的细胞内噬作用或吞饮）内化外源性抗原。如 B 细胞，通过抗原受体捕获抗原介导内噬作用而内化抗原是很有效的。

抗原物质经内化（internalization），形成吞噬体（phagosome），吞噬体与溶酶体融合形成吞噬溶酶体（phagolysosome），或称内体（endosome）。外源性抗原在内体的酸性环境中被水解成抗原肽，同时，在粗面内质网中新合成的 MHC-Ⅱ类分子被转运到内体与产生的抗原肽结合，形成抗原肽与 MHC-Ⅱ类分子的复合物，然后被高尔基复合体运送至抗原递呈细胞的表面供 T_H 细胞所识别。

B 细胞可非特异性地吞饮抗原物质，也可借助其抗原受体特异性地结合抗原，然后细胞膜将抗原和受体卷入细胞内，抗原载体部分在 B 细胞内被加工处理后，以与 MHC-Ⅱ类分子复合物的形式，运送到 B 细胞表面，外露的载体部分可供 T_H 细胞的 TCR 所识别。

W 外源性抗原的加工和递呈是一种内噬途径（endocytic pathway），有以下 3 个阶段：

1. 肽段在内噬泡内的产生 外源性抗原内化后，在内噬加工途径的“小体”（compartment）中被降解为肽段。内化的抗原经 1～3h 后便可穿越内噬途径，以肽- MHC-Ⅱ类分子复合物的形式呈现于 APC 细胞膜上。整个内噬途径涉及 3 个酸性逐渐增加的“小体”：早期内体（early endosomes，pH 6.0～6.5）、晚期内体（late endosomes，pH 5.0～6.0）或内溶酶体（endolysosomes）、溶酶体（lysosomes，pH 4.5～5.0）。内化的抗原从早期内体进入晚期内体，最终到溶酶体，在每一“小体”都受到水解酶的作用，而且这些“小体”的 pH 逐渐降低。溶酶体中含有 40 多种依赖酸的水解酶，包括蛋白酶、核酸酶、糖苷酶、脂酶、磷脂酶及磷酸酶。在这些酶的作用下，外源性抗原被降解成 13～18 个氨基酸残基的寡肽，它们可与 MHC-Ⅱ类分子结合。

2. MHC-Ⅰ类分子向内噬泡的转运 由于抗原递呈细胞同时可表达 MHC-Ⅰ类和 MHC-Ⅱ类分子，因此存在一些机制以阻止 MHC-Ⅱ类分子与 MHC-Ⅰ类分子结合的抗原结合。已有的研究表明，在粗面内质网（RER）中新合成的 MHC-Ⅱ类分子，与一种称为恒定链（invariant chain，简称 Ii 链）的蛋白结合，3 对 MHC-Ⅱ类分子的 α、β 链与提前组装好的恒定链的三聚体结合，形成九聚体。这种九聚体蛋白与 MHC-Ⅱ类分子的肽结合槽反应，可阻止任何内源性生成的肽与 RER 中的 MHC-Ⅱ类分子结合。恒定链除了上述作用外，还与 MHC-Ⅱ类分子 α 链和 β 链的折叠有关。MHC-Ⅱ类分子离开粗面内质网后，便进入了抗原加工的内噬途径。

3. 肽段与 MHC-Ⅱ类分子的组装 MHC-Ⅱ类分子——恒定链复合物在粗面内质网（rough endoplasmic reticulum，RER）形成后，穿过高尔基体进入早期内体。在内噬途径中，此复合物由早期内体进入晚期内体，最后进入溶酶体。在内体内恒定链被裂解之后，恒定链上的一个被称为“棒子”（CLIP）的短片段仍与Ⅱ类分子结合。CLIP 占据 MHC-Ⅱ类分子的肽结合槽，从而阻止未成熟的抗原肽与 MHC-Ⅱ类分子结合。一种类似于 MHC-Ⅱ类分子，称为 HLA-DM 分子，可以移走 CLIP，有助于抗原肽与 MHC-Ⅱ类分子的结合。

DM 分子也是由 α 链和 β 链组成的异二聚体，但不同于 MHC-Ⅱ类分子，它不能在细胞膜上表达，主要存在于内体中。编码 $DM\alpha$ 和 $DM\beta$ 的基因位于 MHC 复合体 *TAP* 和 *LMP* 基因附近。

在酸性的内噬“小体”中，MHC-Ⅱ类分子呈一种松散构型，因此 CLIP 片段易于被抗原肽置换。抗原肽-MHC-Ⅱ类分子复合物可被转运到细胞膜表面，膜表面的中性环境使此复合物以一种紧凑、稳定的形式存在。

（三）内源性抗原的加工和递呈

凡是细胞内表达或存在于细胞内的抗原称为内源性抗原（endogenous antigen），如肿瘤抗原、病毒感染细胞表达的病毒抗原、胞内寄生菌（虫）表达的抗原、基因工程细胞内表达的抗原，直接注射到细胞内（如通过脂质体技术）的可溶性蛋白质。

内源性抗原（如细胞内增殖病毒产生的病毒抗原）是经胞质内途径（cytosolic pathway）加工和递呈的。内源性抗原在有核细胞内被蛋白酶体（proteasome）酶解成肽段，然后被抗原加工转运体（transporters associated with antigen processing，TAP）从细胞质转运到粗面内质网，与粗面内质网中新合成的 MHC-Ⅰ类分子结合，所形成的抗原肽——MHC-Ⅰ类分子复合物被高尔基体运送至细胞表面供细胞毒性 T 细胞所识别。

内源性抗原加工和递呈的胞质内途径涉及以下过程：

1. 由蛋白酶体水解产生肽段 在真核细胞内，蛋白质水平是受到精细调控的，每一种蛋白质都会不断更新，基于其半衰期以一定的表达速率受到降解。一些蛋白质（如转录因子、细胞周期蛋白、关键的代谢酶）似乎半衰期很短，变性的、错误折叠的或其他异常的蛋白质同样会受到降解。细胞内的蛋白质经所有细胞都具有的胞质蛋白水解系统而降解。通常有一小分子的蛋白质附着在这些被蛋白水解酶靶定的蛋白质上，这种小分子的蛋白质称为泛素（ubiquitin）。泛素-蛋白质结合物受到称为蛋白酶体的大分子多功能蛋白酶复合体的降解。蛋白酶体是一种大分子的、圆柱状颗粒，含有 4 个环形的蛋白质亚单位，拥有一个 1～2nm 的中央隧道，依赖 ATP 它可以切割 3 种或 4 种不同类型的肽键。泛素-蛋白质复合体的降解是在蛋白酶体的中央隧道中进行的，因而可以避免细胞浆内其他蛋白质受到水解。

研究表明，免疫系统就是利用这一蛋白质降解的普遍途径而产生 MHC-Ⅰ类分子递呈的小肽，但免疫系统通过添加两个亚单位 LMP2 和 LMP7 对蛋白酶体进行修饰。LMP2 和 LMP7 是由 MHC 基因编码的，IFN-γ 水平的升高可以诱导其产生。含有 LMP2 和 LMP7 的蛋白酶体的肽酶活性优先产生于 MHC-Ⅰ类分子结合的肽段。这种蛋白酶体对碱性和/或疏水性肽键的活性较高，这与 MHC-Ⅰ类分子结合的肽段几乎都有碱性或疏水性残基末端是相一致的。蛋白酶体首先将蛋白质靶肽链去折叠（unfoding），然后释放泛素，蛋白质肽链通过中央隧道，降解成肽段，这种过程类似于绞肉机的作用，最终一个蛋白分子可同时产生许多 8～10 个氨基酸的小肽（small peptide）。

2. 肽段由胞质向粗面内质网转运　由蛋白酶体降解产生的抗原肽从胞质向粗面内质网的转运是胞质内途径所必需的，这个过程是由抗原加工转运体（transporter associated with antigen processing，TAP）实现的。TAP 是一种跨膜的异二聚体，由两种蛋白 TAP1 和 TAP2 组成，除了跨膜区外，TAP1 和 TAP2 蛋白还分别各有一疏水区（通过 RER 膜插入其腔内）和一个突出于胞质内的 ATP 结合区。TAP1 和 TAP2 均属于 ATP 结合蛋白家族，编码 TAP1 和 TAP2 基因位于 MHC-Ⅱ类基因区内，许多细胞（包括细菌）的细胞膜上都存在这类蛋白，它们介导依赖于 ATP 的氨基酸、糖、离子和肽的转运。

胞质内由蛋白酶体作用产生的肽由 TAP 转运至 RER 的过程需要水解 ATP。TAP 与 8～13 个氨基酸肽段的亲和性最高，这一长度的肽也最适宜与 MHC-Ⅰ类分子结合；TAP 易于转运带有疏水性或碱性羧基末端氨基酸的肽段，这类肽也优先与 MHC-Ⅰ类分子结合，因此 TAP 专门转运与 MHC-Ⅰ类分子结合的肽段。

3. 肽段与 MHC-Ⅰ类分子的组装　与其他蛋白质一样，MHC-Ⅰ类分子的 α 链和 β2 微球蛋白是在粗面内质网的多聚核糖体上合成的。α 链和 β2 微球蛋白组装成稳定的 MHC-Ⅰ类分子需要肽的存在，同时必须有伴侣分子（molecular chaperones）的参与。其中，钙联蛋白（calnexin）是参与 MHC-Ⅰ类分子组装的主要伴侣分子，它是内质网中的一种固有膜蛋白，可以促进多肽链的折叠。

在 RER 中，新合成的 MHC-Ⅰ类分子的 α 链迅速与 β2 微球蛋白及钙联蛋白相互作用，以一种部分折叠的形式组合在一起，与钙联蛋白的结合可以抑制 α 链的降解。与钙联蛋白结合的 α 链—β2 微球蛋白异二聚体与 TAP 相互作用，可以促进 MHC-Ⅰ类分子对肽段的捕捉。MHC-Ⅰ类分子与肽段结合后，其稳定性增加，同时与钙联蛋白及 TAP 蛋白解离。形成的抗原肽—MHC-Ⅰ类分子复合物通过高尔基体移向细胞膜，展示于细胞膜表面。

四、T、B 淋巴细胞对抗原的识别

（一）T 细胞对抗原的识别

对外源性和内源性抗原的识别分别是由两类不同的 T 细胞执行的，即识别外源性抗原的细胞为 $CD4^+$ 的 T_H 细胞，识别内源性抗原的细胞为 $CD8^+$ 的细胞毒性 T 细胞。T 细胞识别抗原的分子基础是其抗原受体（TCR）和抗原递呈细胞的 MHC 分子。TCR 不能识别游离的、未经抗原递呈细胞处理的抗原物质，只能识别经抗原递呈细胞处理并与 MHC-Ⅰ类或 MHC-Ⅱ类分子结合了的抗原肽，而且 T 细胞识别的抗原表位是线性表位。

1. T_H 细胞对外源性抗原的识别　T_H 细胞依靠其 TCR，识别抗原肽-MHC-Ⅱ类分子复合物，与此同时，还有多种细胞表面分子参与 T_H 细胞的识别及活化。其中 CD3 是参与 T_H 细胞识别的一个重要分子，CD3 分子与 TCR 以非共价键结合形成 TCR-CD3 复合物，在 TCR 识别抗原后，CD3 分子将抗原的信息传递到细胞内，启动细胞内的活化过程，因此 CD3 是一种信息传递分子。此外，T_H 细胞上的 CD4 分子作为 MHC-Ⅱ类分子的受体，与 MHC-Ⅱ类分子结合，对 TCR 与抗原肽的结合起到巩固的作用。一些免疫黏附分子也参与抗原递呈、识别与信息传导过程，如 T_H 细胞上的 CD_2（LFA-2，淋巴细胞功能相关抗原-2）与 APC 上的 CD58（LFA-3）分子相互作用，CD21 与 APC 上的 CD19，

CD40L 与 APC 上的 CD40，以及淋巴细胞上的 CD11a（LFA-1）与 APC 上的 CD54（ICAM-1，免疫细胞黏附分子-1）分子相互作用，淋巴细胞上的 CD28 与 APC 上的 BT（CD80）间的相互作用等均可促进 T_H 细胞与 APC 之间的直接接触，这对于细胞内传递活化信号也是必需的。

2. CTL 对内源性抗原的识别 由内源性抗原递呈细胞递呈的抗原供细胞毒性 T 细胞识别，CTL 也是依靠其细胞表面的 TCR 识别靶细胞抗原肽—MHC-Ⅰ类分子复合物，然后直接杀伤靶细胞。在 CTL 识别抗原的过程中也有一些免疫黏附分子参与。

3. T 细胞对超抗原的识别 超抗原（superantigen，Sag）是一类具有强大的刺激能力，只需极低数量（1～10 ng/mL）即可诱发最大的免疫应答的抗原物质，如一些细菌的毒素分子，一些病毒蛋白质。超抗原分为外源性超抗原（exogenous superantigen）和内源性超抗原（endogenous superantigen），前者是指一些由细菌分泌的可溶性蛋白，包括由革兰阳性菌分泌的各种外毒素，如葡萄球菌肠毒素、毒性休克综合征毒素、剧毒性皮炎毒素、滑液支原体上清液、链球菌热原外毒素。内源性超抗原是指由某些病毒编码的细胞膜蛋白，如小鼠乳腺瘤病毒（MTV）可编码一组内源性超抗原。这类抗原物质在被 T 细胞识别之前不需要经抗原递呈细胞的处理，它直接与抗原递呈细胞的 MHC-Ⅱ类分子的肽结合区以外的部位结合，并以完整蛋白分子形式被递呈给 T 细胞。超抗原使 TCR 与 MHC-Ⅱ类分子交联产生活化信号，诱导 T 细胞活化和增殖。而且 Sag—MHC-Ⅱ类分子复合物仅与 TCR 的 β 链结合，因此可激活多个 T 细胞克隆，其激活作用也不受 MHC 的限制。

（二）B 细胞对抗原的识别

B 细胞识别抗原的物质基础是其膜表面抗原受体（BCR）中的膜免疫球蛋白（mIg）。B 细胞通过不同的机制识别 TI 和 TD 抗原。

1. B 细胞对 TI 抗原的识别 TI 抗原（非胸腺依赖性抗原）又分为 1 型 2 型抗原，前者有细菌的脂多糖（LPS）和多聚鞭毛素等，这类抗原在高浓度时可与 B 细胞上的有丝分裂原受体结合，从而活化大多数 B 细胞，它们活化 B 细胞与 BCR 无关。TI-1 型抗原在低浓度下无多克隆激活作用，但可被 B 细胞表面抗原受体所识别，并将它们聚集在 B 细胞的表面而活化 B 细胞。TI-2 型抗原有肺炎球菌多糖和 *D*-氨基酸聚合物等，这类抗原具有适当间隔的、高度重复的决定簇，呈线状排列，在体内不易被降解，可长期地持续吸附于巨噬细胞表面，并能与具有高亲和力的特异性 B 细胞 BCR 交联，形成帽化(capping)而使 B 细胞活化。现在认为 TI 抗原主要活化 B 细胞的 B1 亚群。

2. B 细胞对 TD 抗原的识别 大部分抗原物质均属于 TD 抗原（胸腺依赖性抗原），都需要巨噬细胞等抗原递呈细胞的处理后递呈给 T_H 细胞，然后 B 细胞对其加以识别，因此，B 细胞对 TD 抗原的识别需要巨噬细胞和 T_H 细胞参加。经过巨噬细胞处理和递呈的抗原肽上含有两种决定簇：一是供 T_H 细胞识别的载体决定簇（即抗原分子的载体表位）；二是供 B 细胞识别的抗原表位（即抗原决定簇）。T_H 细胞与 B 细胞相互作用，将抗原的信息传递给 B 细胞，B 细胞对半抗原决定簇加以识别，形成所谓的“抗原桥”，又称为连接识别（linked recognition）。B 细胞活化后，不需要连接识别即可产生再次应答，而且可作为抗原递呈细胞将抗原递呈给 T_H 细胞，在递呈抗原的同时自身也活化。

五、T、B 细胞的活化、增殖与分化

（一）T 细胞的活化、增殖与分化

体液免疫和细胞免疫产生的中心环节是 T_H 细胞的活化和克隆增殖（Tc 细胞的活化与 T_H 细胞的活化相似）。通过 TCR-CD3 复合体与存在于抗原递呈细胞表面并与 MHC-Ⅱ类分子结合的加工过的抗原肽之间的相互反应，而介导 T_H 细胞的活化。这种反应和引起的活化信号也涉及许多存在于 T_H 细胞和抗原递呈细胞表面的辅助膜分子。T_H 细胞与抗原的相互反应可激发级联式的生化反应，诱导静止的 T_H 细胞进入细胞周期，最终表达高亲和力的 IL-2 受体和分泌 IL-2。与 IL-2 和 IL-4（有时）反应后，活化的 T_H 细胞经历细胞周期，增殖和分化成效应性细胞。

静止期的 T_H 细胞（G_0 期）通过识别 APC 递呈来的抗原后，细胞表面即表达白细胞介素-1 受体（IL-1R），成为诱导性 T 细胞（T_1），并接受由巨噬细胞产生的 IL-1 刺激信号而活化，随之表达白细胞介素-2 受体（IL-2R），变成活化的 T_H 细胞，进入 G_1 期（DNA 合成前期）。

当 IL-2R 与 IL-2（自身分泌的或其他 T_H 细胞分泌的）作用后，进入 S 期（DNA 合成期），T 细胞即母细胞化，表现为胞体变大，胞浆增多，染色质疏松，出现明显的核仁，微管和多聚核糖体形成，大分子物质合成与分泌增加，经过一个短暂的 G_2 期（DNA 合成后期）后进入 M 期（有丝分裂期），然后增殖，分化为效应性 T_H 细胞，并分泌一系列细胞因子，如 IL-2、IL-4、IL-5、IL-6、IL-9 以及 IFN-γ 等，从而发挥 T_H 细胞的辅助效应。其中一部分 T 细胞停留在分化中间阶段而不再往前分化，成为记忆性 T 细胞。

在 T_H 细胞产生的细胞因子中，IL-2 的作用相当重要，它是促进各亚群的 T 细胞分化、增殖的重要介质。在 IL-2 的作用下，增殖的 T 细胞最终分化为致敏的 T 细胞，即效应性 T 细胞——CTL 和 T_{DTH}细胞，并发挥细胞免疫效应。

（二）B 细胞的活化、增殖与分化

B 细胞在活化信号的刺激下，由 G_0 期进入 G_1 期，IL-4 可诱导静止的 B 细胞体积增大，并刺激其 DNA 和蛋白质的合成。活化的 B 细胞表面可依次表达 IL-2、IL-4、IL-5、IL-6 等细胞因子受体，分别与活化的 T 细胞所释放的 IL-2、IL-4、IL-5、IL-6 结合，然后进入 S 期，并开始增殖分化成成熟的浆细胞，合成并分泌抗体球蛋白，一部分 B 细胞在分化过程中变为记忆性 B 细胞（Bm）。关于 B 细胞活化后细胞内的变化与 T 细胞大致相似。在 B 细胞的活化过程中，与 B 细胞抗原受体（BCR）复合体中的 Ig-α/Ig-β 异二聚体在抗原信息传递中具有重要的作用，认为是一种信息传递分子。

作为抗原递呈细胞的 B 细胞在递呈抗原的同时自身也活化。

由 TI 抗原活化的 B 细胞，最终分化成浆细胞，只产生 IgM 抗体，而不产生 IgG 抗体，不形成记忆细胞，因此无免疫记忆。由 TD 抗原刺激产生的浆细胞最初几代分泌 IgM 抗体，因此体内最早产生 IgM 抗体，以后分化的浆细胞可产生 IgG，以及 IgA 和 IgE 抗体。

第三节 特异性免疫和非特异性免疫

病原微生物在侵入机体的过程中，体内会产生抗感染免疫，以抵抗病原微生物及其有害产物，维持生理功能的稳定。在抗感染免疫过程中，病原微生物首先遇到的是非特异性免疫功能的抵御。一般经 7～10 d 后，体内又产生了特异性免疫；特异性免疫在发挥效应的同时，又可显著增强非特异性免疫功能，因此，机体的抗感染免疫包括了非特异性免疫和特异性免疫两大类，两者协同杀灭致病菌。

一、非特异性免疫

非特异性免疫（nonspecific immunity）又称天然免疫（innate immunity），是动物机体在长期的种系发育和进化过程中，逐渐建立起来的一系列防御病原微生物等的功能。参与非特异性免疫的主要有皮肤黏膜上皮细胞、吞噬细胞、NK 细胞以及正常体液和组织的免疫成分等。其特点是：①作用范围比较广泛，不是针对某一种病原微生物；②个体出生时就具备，应答迅速，担负“第一道防线”作用。

（一）屏障结构

1. 皮肤与黏膜

（1）阻挡和排除作用 健康完整的皮肤和黏膜有阻挡和排除病原微生物的作用。体表上皮细胞的脱落与更新，可清除黏膜上的微生物。呼吸道黏膜上皮的纤毛运动，口腔吞咽和肠蠕动等，使病原体难以定居而被及时排除。当皮肤受损，或黏膜屏障削弱时，就易受病原体的感染。

（2）分泌多种杀菌物质 皮肤和黏膜可分泌多种杀菌物质。例如皮肤汗腺分泌的乳酸使汗液呈酸性

(pH 5.2～5.8)，不利于细菌生长。皮脂腺分泌的脂肪酸有杀细菌和真菌的作用。不同部位的黏膜能分泌溶菌酶、抗菌肽、胃酸、蛋白酶等多种杀菌物质。

(3) 正常菌群的颉颃作用　寄居在皮肤和黏膜表面的正常菌群有颉颃作用，构成了微生物屏障。它们可通过与病原体竞争受体和营养物质以及产生抗菌物质等方式，阻止病原体在上皮细胞表面的黏附和生长。

2. 血脑屏障　由软脑膜、脉络膜、脑毛细血管和星状胶质细胞等组成。通过脑毛细血管内皮细胞层的紧密连接和微弱的吞饮作用，阻挡病原体及其毒性产物从血流进入脑组织或脑脊液，从而保护中枢神经系统。婴幼儿因血脑屏障发育不完善，故易发生中枢神经系统感染。

3. 胎盘屏障　由母体子宫内膜的基蜕膜和胎儿绒毛膜共同组成。此屏障可防止母体内的病原微生物进入胎儿体内，保护胎儿免受感染。在妊娠3个月内，胎盘屏障尚未发育完善，此时若母体发生感染，病原体则有可能通过胎盘侵犯胎儿，干扰其正常发育，造成畸形甚至死亡。药物也可通过不完善的胎盘影响胎儿。因此，在妊娠期间尤其是早期，应尽量防止感染并尽可能不用或少用副作用大的药物。

（二）吞噬细胞

病原体突破皮肤或黏膜屏障侵入体后，首先遭遇吞噬细胞（phagocytes）的吞噬作用。吞噬细胞分为两大类，一类是小吞噬细胞，主要指血液中的中性粒细胞。另一类是大吞噬细胞，即单核吞噬细胞系统（mononuclear phagocyte system，MPS)，包括血液中的单核细胞和各种组织器官中的巨噬细胞。它们能够非特异性吞噬、杀伤和消化侵入的病原体。

1. 吞噬和杀菌过程　包括以下几个步骤：

(1) 趋化　在趋化因子的作用下，吞噬细胞穿过毛细血管壁定向聚集到局部炎症部位。趋化因子的种类很多，主要包括补体活化产物C5a、C3a、C567；细菌成分或代谢产物；炎症组织分解产物；以及某些细胞因子等。

(2) 黏附　即病原体附着到吞噬细胞表面。吞噬细胞主要通过其细胞表面受体与病原体接触。吞噬细胞表面有脂多糖受体（CD14）、甘露糖受体等能直接识别并结合病原菌。例如中性粒细胞和单核巨噬细胞可借助CD14分子，识别细菌脂多糖（LPS)，从而捕获细菌。血清中脂多糖结合蛋白（lipopolysaccharide binding protein，LBP）存在时能与LPS结合，这种LPS-LBP复合体通过CD14与吞噬细胞相结合可增强吞噬细胞的吞噬作用。另外，中性粒细胞和单核巨噬细胞表面均具有抗体IgG Fc受体和补体C3b受体，借助于抗体和补体的调理作用，吞噬细胞的吞噬和杀伤效力明显增强。

(3) 吞入　吞噬细胞在与较大的病原体结合后，接触部位的细胞膜内陷同时伸出伪足将病原体包围并摄入细胞质内，形成由部分胞膜包绕成的吞噬体（phagosome)，此为吞噬（phagocytosis)。而对病毒等较小病原微生物，其附着处的细胞膜向细胞质内陷形成吞饮体（pinosome)，将病毒等包裹在内，称为吞饮（pinocytosis)。

(4) 杀灭与消化　当吞噬体形成后，吞噬细胞质中的溶酶体（lysosome）靠近并融合形成吞噬溶酶体（phagolysosome)。其杀菌作用主要借助于吞噬溶酶体内的依氧和非依氧两大杀菌系统。依氧杀菌系统主要通过氧化酶的作用，使分子氧活化成为多种活性氧中介物（reactive oxygen intermediate，ROI）和活性氮中介物（reactive nitrogen intermediate，RNI)，直接作用于微生物；或通过髓过氧化物酶（myeloperoxidase，MPO）和卤化物的协同而杀灭微生物。非依氧杀菌系统不需要分子氧的参与，主要由溶菌酶、酸性环境和杀菌性蛋白构成。杀死的病原体进一步由蛋白酶、核酸酶、酯酶等降解、消化，最后不能消化的残渣排至吞噬细胞外。

2. 吞噬作用的后果　包括完全吞噬和不完全吞噬，同时还会造成组织损伤。

(1) 完全吞噬　病原体在吞噬溶酶体中被杀灭和消化，未消化的残渣被排出胞外，此即完全吞噬。如大多数化脓性球菌被中性粒细胞吞噬后，一般在5～10 min死亡，30～60 min被破坏。

(2) 不完全吞噬　某些胞内寄生菌（如结核分枝杆菌）或病毒等病原体在免疫力低下的机体中，只被吞噬却不被杀死，称为不完全吞噬。此种吞噬对机体不利，因病原体在吞噬细胞内得到保护，可以免受体液中非特异抗菌物质、特异性抗体和抗菌药物等的作用。有的病原体甚至能在吞噬细胞内生长繁殖，导致吞噬细胞死亡；或随游走的吞噬细胞经淋巴液或血液扩散到人体其他部位，引起感染的扩散。

（3）组织损伤 吞噬细胞在吞噬过程中，由溶酶体释放的多种蛋白水解酶也能破坏邻近的正常组织细胞，造成组织损伤和炎症反应。

（三）体液因素

机体正常组织和体液中存在多种抗菌物质，常配合其他杀菌因素发挥作用。

1. 补体（complement） 是存在于正常体液中的一组球蛋白，由巨噬细胞、肠上皮细胞、肝和脾细胞等产生。补体系统的激活主要通过经典途径和旁路途径。前者由抗原抗体复合物激活，后者由细菌脂多糖、酵母多糖和凝聚的IgA、IgG等激活。补体系统活化后产生多种生物学活性分子，通过不同的机制发挥抗感染免疫作用。例如补体活化产物C3a、C5a具有趋化作用可吸引吞噬细胞到达炎症部位；C3b、C4b具有调理作用，促进吞噬细胞的吞噬活性；膜攻击复合物C3b-9则能溶解破坏某些革兰阴性菌和包膜病毒等。在感染早期抗体出现前，补体可以通过旁路途径激活而发挥趋化、调理、溶菌、溶细胞等防御作用，故是一种重要的抗感染天然免疫机制。

2. 溶菌酶（lysozyme） 为一种碱性蛋白，主要来源于吞噬细胞，广泛分布于血清、唾液、泪液、乳汁和黏膜分泌液中。作用于革兰阳性菌的胞壁肽聚糖，使之裂解而溶菌。革兰阴性菌对溶菌酶不敏感，但在特异性抗体参与下，溶菌酶也可破坏革兰阴性菌。

3. 防御素（defensin） 为一类富含精氨酸的小分子多肽，主要存在于中性粒细胞的嗜天青颗粒中。防御素主要作用于胞外菌，其杀菌机制主要是破坏细菌细胞膜的完整性，使细菌溶解死亡。

正常体液中尚有乙型溶素、吞噬细胞杀菌素、组蛋白、乳素、正常调理素等杀菌或抑菌物质。

二、特异性免疫

特异性免疫（specific immunity）又称为获得性免疫（acquired immunity），是个体出生后，在生活过程中与病原体及其产物等抗原分子接触后产生的一系列免疫防御功能。其特点是针对性强，只对引发免疫的相同抗原有作用，对其他种类抗原无效；不能经遗传获得，需个体自身接触抗原后形成；具有免疫记忆性，并因再次接受相同的抗原刺激而使免疫效应明显增强。特异性免疫包括体液免疫和细胞免疫两大类，分别由B淋巴细胞和T淋巴细胞所介导。

（一）体液免疫

体液免疫应答主要由B细胞介导，$CD4^+$ T_H 细胞起辅助作用。活化的 T_H 细胞，主要是 T_H2 细胞在促进B细胞介导的免疫应答中起重要作用。T_H2 细胞能分泌细胞因子IL-4、IL-5、IL-6、IL-10，在IL-2的参与下诱导B细胞产生特异性抗体，形成体液免疫，抗细胞外寄生菌的感染。

体液免疫的效应分子是抗体（antibody，Ab）。效应作用主要表现在以下方面：

1. 抑制病原体黏附 黏附于上皮细胞是许多病原体感染发生的第一步。血液中IgG，尤其是黏膜表面的分泌型IgA（sIgA），可发挥阻断细菌黏附以及中和细胞外病毒的重要作用。其作用机制可能与特异性抗体对病原体表面黏附分子的封闭作用有关。

2. 调理吞噬作用 抗体和补体增强吞噬细胞吞噬、杀灭病原体的作用称为调理作用（opsonization）。中性粒细胞和单核吞噬细胞上有抗体IgG的Fc受体和补体C3b受体。因而IgG抗体可通过其Fab段与病原体抗原结合，通过Fc段与吞噬细胞结合，这样抗体在病原体与吞噬细胞之间形成桥梁，促使吞噬细胞对病原体的摄取和杀灭。补体活化产物C3b等能非特异地覆盖于病原体表面，与吞噬细胞结合起到调理作用。抗体与补体两者联合作用则效应更强。

3. 中和细菌外毒素 抗毒素能中和细菌外毒素，阻断外毒素与靶细胞上特异性受体结合，或者是封闭了外毒素的活性部位，因而使外毒素失去毒性作用。

4. 抗体和补体的联合溶菌作用 抗体（IgG、IgM）与相应病原体或受病原体感染的细胞结合后，通过经典途径激活补体，最终由补体的攻膜复合体将某些细菌感染的靶细胞溶解。

5. 抗体依赖性细胞介导的细胞毒作用（antibody dependent cell mediated cytoxicity，ADCC）IgG的Fc段与NK细胞上Fc受体结合，促进NK细胞的细胞毒作用，裂解微生物寄生的靶细胞。

（二）细胞免疫

细胞免疫的效应细胞包括细胞毒性T细胞（cytotoxic Tlymphocyte，CTL）和$CD4^+$ T_H1细胞。在抗感染免疫中，尤其是抗细胞内寄生菌、病毒和真菌感染，特异性细胞免疫反应起重要作用。

1. CTL　$CD8^+$CTL是细胞免疫反应的重要效应细胞，可特异性直接杀伤靶细胞。此过程受MHC限制，即$CD8^+$CTL只识别和杀伤有相同MHC-Ⅰ类分子的靶细胞。杀伤机制主要有：①$CD8^+$CTL通过TCR抗原受体特异性识别结合靶细胞表面的抗原肽MHC-Ⅰ类分子复合物，进而释放穿孔素（perforin）和颗粒酶（granzyme）等毒性分子。穿孔素在靶细胞膜上形成孔道，水分进入导致靶细胞溶解或裂解。②$CD8^+$CTL活化后膜表面可大量表达FasL，FasL和靶细胞表面的Fas分子结合，导致靶细胞内在的自杀基因程序活化，引起靶细胞凋亡。CTL攻击靶细胞后，自身不受损伤，仍可与新的靶细胞结合发挥效应，也可通过非溶细胞机制，如分泌细胞因子IFN-γ、TNF-α等发挥抗感染作用。

2. T_H1细胞　效应T_H1细胞能分泌IL-2、IFN-γ、TNF-α等细胞因子，诱导产生细胞免疫和迟发型超敏反应（DTH），参与抗胞内寄生的微生物（细菌和病毒）的感染。IFN-γ可活化巨噬细胞，增强对胞内微生物的杀灭作用，使对胞内微生物的不完全吞噬，变为完全吞噬而被清除。细胞因子还可增强NK细胞的杀伤作用、促进单核细胞向炎症局部浸润及促进CTL的分化成熟等，加强非特异性和特异性免疫效应。

（三）黏膜免疫

人体与外界接触的黏膜表面，是病原微生物侵入的主要门户，分布在消化道、呼吸道及其他部位黏膜下的淋巴样组织，构成了机体局部黏膜防御系统，称为黏膜免疫系统（mucosal immune system，MIS）。黏膜免疫是机体整体免疫防御机制的重要组成部分，既与机体整体免疫功能密切相关，也具有本身一些独特的功能或作用。

肠道中的肠壁集合淋巴结或称派伊尔结（Payer patch）在诱导黏膜免疫应答中起重要作用。位于黏膜上皮中的M细胞（membranous cell）是一种重要的抗原转运细胞，它可将抗原内吞，再将其转运到黏膜上皮下方的Payer集合淋巴结中。抗原很快被抗原提呈细胞（APC）摄取，提呈给定居于Payer集合淋巴结中的T、B淋巴细胞产生特异性免疫应答。在小肠和结肠黏膜上皮细胞间存在一类T细胞称上皮内淋巴细胞（interepithelial lymphocytes，IEL），其中除$\alpha\beta^+$ T细胞外，$\gamma\delta^+$ T细胞较多，占10%～40%。目前已发现，肠道某些细菌感染或疱疹病毒感染能直接活化$\gamma\delta^+$ T细胞，表现细胞毒作用，杀伤靶细胞。$\gamma\delta^+$ T细胞尚有一些$\alpha\beta^+$ T细胞所不具有的功能，但其详情尚待研究。

MIS的主要功能是产生具有局部免疫作用的保护性免疫分子，即分泌型IgA（sIgA）。肠黏膜的集合淋巴结中的T_H2细胞主要产生以IL-5为首的淋巴因子，IL-5是Ig类转换中产生IgA的唯一的淋巴因子，因而产生了大量的IgA，且结合成双体，再与肠黏膜细胞产生的分泌小体S结合，形成分泌型IgA到肠腔中，sIgA能阻止病原体自黏膜侵入。黏膜免疫系统不仅可刺激产生局部黏膜免疫应答，而且也可诱导全身系统免疫应答。1977年Bienenstock等人提出了公共黏膜免疫系统（common mucosal immune system）的概念。即当抗原刺激某一黏膜部位时，在机体其他黏膜部位也将发生同样的特异性sIgA反应。如在口服灭活或减毒微生物疫苗时，除在肠道可检出特异性sIgA外，在呼吸道、泌尿生殖道以及泪液、乳汁中也有特异性sIgA的存在。MIS亦可通过吞噬细胞、T细胞发挥细胞免疫功能。

第四节　免疫的耐受性和变态反应

一、免疫的耐受性

在生理条件下，机体免疫系统对外来抗原进行“免疫正应答”，以清除病原；对体内组织细胞表达的自身抗原，却表现为“免疫不应答”或“免疫负应答”，不引起自身免疫病。这种对抗原特异应答的T与B细胞，在抗原刺激下，不能被激活产生特异免疫效应细胞，从而不能执行正免疫应答效应的现象，称为免疫耐受（immunological tolerance）。免疫耐受具有免疫特异性，即只对特定的抗原不应答，对不引起耐受的抗原，仍能进行良好的免疫应答。因而，在一般情况下，不影响适应性免疫应答的整体功能，这不同于免疫缺陷或药物引起的对免疫系统的普遍的抑制作用。免疫耐受的作用与正免疫应答相反，但两者均是免疫系统的重要功能组成，对自身抗原的耐受，避免发生自身免疫病；与此同时，免疫系统对外来抗原或内源新生抗原应答，执行抗感染、抗肿瘤的防卫功能，显示为免疫应答与免疫耐受的平衡，即“阴”与“阳”的平衡，保持免疫系统的自身（内环境）稳定（homeostasis）。

（一）免疫耐受的形成及表现

在胚胎发育期，不成熟的T及B淋巴细胞接触抗原，不论是自身抗原或外来抗原，形成对所接触抗原的免疫耐受，出生后再遇相同抗原，不予应答，或不易应答。原则上，这种免疫耐受长期持续，不会轻易被打破。在后天过程中，原本对抗原应答的T及B细胞克隆，受多种因素影响，发生耐受，这类耐受能持续一段时间，部分耐受可能随诱导因素的消失，耐受亦逐渐解除，重新恢复对相应抗原的免疫应答能力。

1. 胚胎期及新生期接触抗原所致的免疫耐受

（1）*胚胎期嵌合体形成中的耐受* Owen于1945年首先报道了在胚胎期接触同种异型抗原所致免疫耐受的现象。他观察到异卵双胎小牛的胎盘血管相互融合，血液自由交流，呈自然联体共生。出生后，两头小牛体内均存在两种不同血型抗原的红细胞，构成红细胞嵌合体（chimeras），互不排斥。且将一头小牛的皮肤移植给其孪生小牛，亦不产生排斥。然而，将无关小牛的皮肤移植给此小牛，则被排斥，故这种耐受具有抗原特异性，是在胚胎期接触同种异型抗原所致。

（2）*在胚胎期人工诱导的免疫耐受* 根据Owen的观察，Medawar等设想，可能是在胚胎期接触同种异型抗原诱导了免疫耐受的产生。Medawar等将CBA（H-2^k）品系小鼠的骨髓输给新生期的A品系（H-2^a）的小鼠。在A系小鼠出生8周后，移植以CBA系鼠的皮肤，此移植的皮肤能长期存活，不被排斥。Medawar等的实验不仅证实了Owen的观察，且揭示当体内的免疫细胞处于早期发育阶段，人工可诱导其对“非己"抗原产生耐受。

Medawar等的试验，证实了Burnet的推测，即在胚胎发育期，不成熟的自身免疫应答细胞接触自身抗原后，会被克隆清除，形成对自身抗原的耐受。

2. 后天接触抗原导致的免疫耐受 T及B细胞的特异性免疫应答，是在适宜的抗原激活及多类免疫细胞的协同作用下产生的，这类免疫应答T/B细胞亦可发生免疫耐受。不适宜的抗原量、特殊的抗原表位及抗原表位的变异均会导致免疫耐受。T细胞须接受双信号才能活化。T细胞即使接触适宜的抗原，若缺乏第二信号，亦不能充分活化；若缺乏生长因子及分化因子，活化的T及B细胞则不能进行克隆扩增，不能分化为效应细胞，表现为免疫耐受现象。再则，在胚胎发育期，并非所有自身应答细胞均被清除，这些未被清除的自身应答细胞，以免疫耐受状态，存在于末梢淋巴组织中。

（1）*抗原因素与免疫耐受*

抗原剂量：抗原剂量与免疫耐受的关系首先由Mitchison于1 964年报道，他给小鼠不同剂量的牛血清白蛋白（BSA），观察Ab产生，发现注射低剂量（10^{-8}mol）及高剂量（10^{-5}mol）BSA均不引起Ab产生，只有注射适宜剂量（10^{-7}mol）才致高水平的Ab产生。Mitchison将抗原剂量太低及太高引起的免疫耐受，分别称为低带（low-zone）及高带（high-zone）耐受。抗原剂量过低，不足以激活T及B细胞，不能诱导免疫应答，致（抗原）低带耐受。以T细胞活化为例，抗原提呈细胞（APC）表面必须有10～100个相同的抗原肽－MHC分子复合物，与相应数目的TCR结合后，才能使T细胞活化，低于此数目，不足以使T细胞活化。抗原剂量太高，则诱导应答细胞凋亡，或可能诱导调节性T细胞活化，抑制免疫应答，呈现为特异负应答状态，致高带耐受。T与B细胞一旦形成耐受，会持续一段时间。通常T细胞耐受易于诱导，所需抗原量低，耐受持续时间长（数月至数年）；而诱导B细胞耐受，需要较大剂量的抗原，B细胞耐受持续时间较短（数周）。

抗原类型：天然可溶性蛋白中存在有单体（monomer）分子及聚体（aggregates）分子。以牛血清白蛋白（BSA）免疫小鼠，可产生Ab。若将BSA先经高速离心，去除其中的聚体，再行免疫小鼠，则致耐受，不产生Ab。其原因是蛋白单体不易被巨噬细胞吞噬处理，不能被APC递呈，T细胞不能被活化。BSA是TD-Ag，须Th-B细胞协同，B细胞才能进行免疫应答，产生Ab。蛋白聚体则易被MΦ吞噬处理，APC递呈，Th-B细胞协同，B细胞产生相应Ab。

抗原免疫途径：口服抗原，经胃肠道诱导派氏集合淋巴结及小肠固有层B细胞，产生分泌型IgA，形成局部黏膜免疫，但却致全身的免疫耐受。

抗原表位特点：以鸡卵溶菌酶（HEL）蛋白免疫H-2^b小鼠，致免疫耐受，现知HEL的N端氨基酸构成的表位能诱导Ts细胞活化，而其C端氨基酸构成的表位，则诱导Th细胞活化，用天然HEL免疫，因Ts细胞活化，抑制Th细胞功能，致免疫耐受，不能产生Ab；如去除HEL的N端的3个氨基酸，则去除其活化Ts细胞的表位，而使Th细胞活化，Th-B细胞协同，B细胞应答产生Ab，这种能诱导Ts细胞活化的抗原表位，称为耐受原表位（tolerogenic epitopes）。

（2）*抗原变异与免疫耐受*　在易发生变异的病原体感染中，如人类免疫缺陷病毒（HIV），丙型肝炎病毒（HCV），病原体发生抗原变异，不仅使原有免疫力失效，亦会因变异而产生模拟抗原，这类抗原能与特异应答的T及B细胞表达的受体结合，却不能产生使细胞活化的第一信号，使细胞处于免疫耐受状态。

（二）免疫耐受机制

免疫耐受按其形成时期的不同，分为中枢耐受及外周耐受。中枢耐受（central tolerance）是指在胚胎期及出生后T与B细胞发育的过程中，遇自身抗原所形成的耐受；外周耐受（peripheral tolerance）是指成熟的T及B细胞，遇内源性或外源性抗原，不产生正免疫应答。两类耐受诱因及形成机制有所不同。

1. 中枢耐受　当T细胞在胸腺微环境中发育，至表达功能性抗原识别受体（TCR-CD3）阶段，TCR与微环境基质细胞表面表达的自身抗原肽-MHC分子复合物呈高亲和力结合时，引发阴性选择，启动细胞程序性死亡，致克隆消除；B细胞发育到不成熟B细胞阶段，其细胞表达mIgM-Igα/Igβ的BCR复合物，当它们在骨髓及末梢中与自身抗原呈高亲和力结合时，亦被克隆消除。T及B细胞发育阶段经受的克隆消除，显著减少生后的自身免疫病的发生。如胸腺及骨髓微环境基质细胞缺陷，阴性选择下降或障碍，生后易患自身免疫病。小鼠及人发生Fas及FasL基因突变，胸腺基质细胞不表达功能性Fas或FasL，阴性选择下降，生后易发生系统性红斑狼疮（SLE），即为例证。出生后，T及B细胞发育仍在进行，对自身抗原应答的不成熟T及B细胞施加的克隆消除亦仍进行。如生后胸腺及骨髓微环境基质细胞缺陷，阴性选择障碍，则自身免疫病发生几率增加。人类的重症肌无力即与胸腺微环境基质细胞缺陷密切相关。

诱导胸腺及骨髓中克隆消除的自身抗原是体内各组织细胞普遍存在的自身抗原（ubiquitousself-antigen），它们亦表达于胸腺及骨髓基质细胞，诱导克隆消除。体内外周器官表达的组织特异性抗原（tissue-specific antigen），并不在胸腺及骨髓基质细胞表达，对这些组织特异性自身抗原应答的T及B细胞克隆不被消除，它们发育成熟，输至外周，但处于克隆无能（anergy）或克隆不活化（clonal inactivation）状态。这些自身应答性T及B细胞中的少数克隆有致自身免疫病潜在危险，原因叙述于后。新近研究发现，部分内分泌相关蛋白，如胰岛素及甲状腺球蛋白，可表达于胸腺髓质区上皮细胞，这类蛋白虽为组织特异，亦可致中枢免疫耐受，这些蛋白在胸腺上皮细胞的表达受自身免疫调节基因编码蛋白（autoimmune regulator gene，AIRE）调控，若AIRE基因缺陷，这些蛋白则不能在胸腺上皮细胞表达，易致多器官特异自身免疫病。在胸腺内，对自身抗原呈低亲和力的细胞，经阴性选择，获得对外来抗原应答能力，定位于外周淋巴组织器官中。这类细胞仍保持对自身抗原低亲和力结合的能力。

2. 外周耐受　诱导外周T及B细胞发生免疫耐受的抗原，分自身抗原及非自身抗原两类，其耐受形成机制不尽相同。

(1) *克隆清除及免疫忽视* 对外周组织特异性自身抗原应答的 T 及 B 细胞克隆，存在于外周淋巴器官及组织中，有机会接触自身抗原。如 T 细胞克隆的 TCR 对组织特异自身抗原具有高亲和力，且这种组织特异自身抗原浓度高者，则经抗原提呈细胞（APC）提呈，致此类 T 细胞克隆清除（deletion）。如 T 细胞克隆的 TCR 对组织特异自身抗原的亲和力低，或这类自身抗原浓度很低，经 APC 提呈，不足以活化相应的初始 T 细胞，这种自身应答 T 细胞克隆与相应组织特异抗原并存，在正常情况下，不引起自身免疫病的发生，称为免疫忽视（immunological ignorance）。若将免疫忽视细胞以适宜量的自身抗原刺激，仍可致免疫正应答。

自身抗原的剂量效应能致末梢克隆清除或克隆忽视，是经转基因小鼠证实的。小鼠的实验性变态反应性脑脊髓炎（experimental allergic encephalomyelitis，EAE），是由对自身碱性髓鞘蛋白（myelin basic protein，MBP）的多肽特异性应答的 T_H1 被活化所致。在人工建立的对 MBP 特异识别的 TCR 转基因小鼠体内，大部分 T 细胞均表达转基因的 MBP 特异性 TCR，但不能致 EAE，小鼠生活正常。其原因是外周组织表达 MBP 量很低，只有在中枢神经系统 MBP 表达量才高，但该处是免疫隔离部位，初始 T 细胞不能进入，不致病。如注射以加有弗氏完全佐剂的 MBP，则外周 APC 被活化，转基因 MBP-TCR^+ T 细胞被活化，进行免疫应答，产生效应 T_H1 细胞，其表面所表达的黏附分子（LFA-1，VLA-4），使其能穿越血脑屏障，进入中枢神经系统，与表达 MBP 的细胞结合，致 EAE。在自然情况下，这些免疫忽视的自身应答性 T 细胞，会因感染的病原体与自身抗原的分子模拟作用，使 APC 活化，诱导免疫应答，产生效应 T 细胞，伤害相应自身组织细胞。随感染的控制及消失，APC 不再活化，这种自身应答细胞又恢复到静止的免疫忽视状态。

(2) *克隆无能及不活化* 在外周耐受中，自身应答细胞常以克隆无能或克隆不活化状态存在。克隆无能及不活化可能由多种原因所致，最常见者是由不成熟树突状细胞（iDC）提呈的自身抗原，虽经 TCR-CD3 活化，产生第 1 信号，但 iDC 不充分表达 B7 及 MHC-Ⅱ类分子，且不能产生 IL-12，不能产生第 2 信号。组织细胞虽表达自身抗原，但不表达 B7 及 CD40 等协同刺激分子，因此也只有第 1 信号，而无第 2 信号，细胞不能充分活化，呈克隆无能状态。部分无能细胞易发生凋亡，而被克隆清除；部分克隆无能淋巴细胞仍能长期存活，在 IL-2 提供下，可进行克隆扩增，进行免疫应答，导致自身免疫病。

自身应答 B 细胞亦以类似原因，呈免疫耐受状态。无能 B 细胞寿命较短，易由 $FasL^+$ Th 细胞诱导其表达 Fas，而致细胞凋亡、克隆清除，故 B 细胞耐受持续较短。自身应答性 B 细胞亦有免疫忽视类型存在，但在病原感染时，Th 细胞被旁路活化，提供所需细胞因子时，则发生应答，产生相应的 IgG 类自身抗体，能致自身免疫病。外周组织特异抗原浓度适宜时，虽能活化自身应答 B 细胞，但 Th 细胞不活化，不能提供 B 细胞扩增及分化所需细胞因子，B 细胞呈免疫无能状态。外来可溶性抗原，如去除其中的聚体，只有单体形式，虽能与 B 细胞表面 BCR 结合，但不能使 BCR 交联，B 细胞不活化，可致无能及克隆消除。B 细胞克隆在对外来抗原应答过程中，可发生高频突变，而产生自身应答克隆，但这些克隆在生发中心中与大量可溶性自身抗原相遇，易致凋亡，维持免疫耐受。

(3) *免疫调节（抑制）细胞的作用* 在本章第一节中所述 Medawar 的实验性免疫耐受模型中，对同种异型抗原产生免疫耐受的小鼠体内，存在一类免疫耐受淋巴细胞，将耐受小鼠的淋巴细胞转输给同系正常小鼠，则受鼠亦对移植有表达此同种异型抗原的皮肤显示耐受，移植的皮肤存活。若将耐受小鼠血液中的 T 细胞消除后，再行淋巴细胞转输，则不能转移免疫耐受，故耐受小鼠体内产生的抑制作用现知是由于产生了在功能上有免疫抑制作用的 T 细胞所致。

早在 20 世纪 70 年代初，即发现有免疫抑制功能的 T 细胞，称抑制性（suppressor）T 细胞，但由于长期鉴定不出此类细胞的特征性的标志，而被冷落。20 世纪 90 年代，发现人与小鼠体内的 $CD4^+$ $CD25^+$ T 细胞具有调节作用，称调节性 T 细胞（Tr），Tr 经细胞-细胞间的直接接触，抑制 $CD4^+$ 及 $CD8^+$ T 细胞的免疫应答；具有免疫抑制功能的尚有其他类型的 T 细胞，经分泌 IL-10 及 TGF-β 等细胞因子，抑制 iDC 分化为成熟 DC，促进 iDC 诱导免疫耐受。及抑制 T_H1 及 $CD8^+$ T 细胞功能。

具有抑制作用的 T 细胞经产生 TGF-β，抑制 T_H1 及 CTL 功能。在人类，因麻风分枝杆菌的感染，患有瘤型麻风的患者，其 Tr 细胞呈优势活化，这类 Tr 细胞能抑制 T_H1 细胞应答，从而抑制迟发型变态反应的过程，不能杀菌及抑菌，患者虽有 Ab，但对细菌无抑制作用，疾病严重进展。

（4）细胞因子的作用　除上述具有抑制作用的 T 细胞分泌的抑制性细胞因子外，细胞存活及生长因子的水平，亦涉及免疫耐受。如前所述，由胸腺及骨髓迁出的对外来抗原应答的淋巴细胞，仍保持有对自身抗原的低应答。外周淋巴器官中初始 T 及 B 细胞，在未遇外来抗原前，由于其对自身抗原的低应答，T 及 B 细胞分别在 IL-7 及 TNF 家族的 B 细胞活化因子（B-cell-activating factor of the tumor-necrosis-factor family，BAFF）细胞因子刺激下，得以存活，并进行有限的增殖，维持末梢淋巴细胞库容。如在 BAFF 转基因小鼠中，由于 BAFF 分泌过多，自身反应性 B 细胞增殖超越生理限度，易致自身免疫病（抗 dsDNA Ab、类风湿因子、肾炎伴免疫复合物沉积）。在人自身免疫病（SLE、类风湿关节炎、Sjögren's 综合征）中，其血清 BAFF 水平与疾病严重程度相关。

（5）信号转导障碍与免疫耐受　在 T 及 B 细胞的活化过程中，活化信号经信号转导途径最终活化转录因子，启动相应基因，使细胞增殖并分化，表达效应功能。此过程亦受负信号分子反馈调控。如果这些负调控分子表达不足或缺陷，会破坏免疫耐受，致自身免疫病。Lyn 可使 FcγRⅡ-B 及 CD22 胞浆内 ITIM 中的酪氨酸磷酸化，进一步募集蛋白酪氨酸磷酸酶 SHP-1 及 SHP，而传导负调控信号。如负调控信号缺陷，不能产生免疫耐受，而易致自身免疫病，如小鼠缺乏 Lyn，易产生抗 dsDNA Abe；作为负调控分子，CD5 高表达于无能状态的 B 细胞；PTEN（一种磷酸酶）表达不足，PI3 激酶会持续作用，其下游分子阻断细胞凋亡分子 Bim 及 caspase 3 的活化；辅助刺激分子中的负调控分子 CTLA-4 及 PD-1 缺陷等，均易致自身免疫病。

新近，在以 cDNA microarray 结合生物学试验，发现无能 T 细胞中高表达酪氨酸磷酸酶、caspase3、信号分子降解分子及促使基因沉默的分子，从而部分揭示无能 T 细胞不活化的原因。

（6）免疫隔离部位的抗原在生理条件下不致免疫应答　脑及眼的前房部位为特殊部位，移植同种异型抗原的组织，不诱导应答，移植物不被排斥。这些部位被称为免疫隔离部位（immunologically privileged sites）。胎盘亦为免疫隔离部位，使遗传有父亲的 MHC 的胎儿不被排斥，而正常妊娠。

产生免疫隔离部位的原因主要有以下两方面：①生理屏障，使免疫隔离部位的细胞不能随意穿越屏障，进入淋巴循环及血液循环；反之，免疫效应细胞亦不能随意进入这些免疫隔离部位；②抑制性细胞因子如 TGF-β 及 T_H2 类细胞因子，如 IL-4 及 IL-10，抑制 T_H1 类细胞功能。

生理性屏障并非有绝对隔离作用，如在妊娠时，由胎盘作为屏障将胎儿与孕母隔开，但仍有少量胎儿细胞进入母体，可以使母体产生抗同种异型 MHC 分子的 Ab。然而，胎盘的绒毛膜滋养层细胞及子宫内膜上皮细胞，均可产生 TGF-β、IL-4 及 IL-10，抑制排斥性免疫应答。

在免疫隔离部位的表达组织特异抗原的细胞，几乎无机会活化自身抗原应答 T 细胞克隆，因而这些 T 细胞克隆处于免疫忽视状态。然而，在临床交感性眼炎情况下，因一只眼受外伤，其眼内蛋白成分释出至局部淋巴结，活化自身应答性 T 细胞，启动免疫应答，产生效应 T 细胞，因其表面黏附分子的增加及血管内皮细胞表达的相应黏附分子的受体亦增加，使之能随血液循环进入健康眼，而致免疫损害。故当一只眼球受严重外伤时，只有及时摘除，才能免于祸及另一健康眼，得以保持视力。

二、变态反应

变态反应（allergy）是免疫系统对再次进入机体的抗原作出过于强烈或不适当的异常反应，从而导致组织器官的损伤。根据反应中所参与的细胞、活性物质、损伤组织器官的机制和产生反应所需时间等，Coombs 和 Gell（1963）将变态反应分为Ⅰ～Ⅳ4 个型，即：过敏反应型（Ⅰ型）、细胞毒型（Ⅱ型）、免疫复合物型（Ⅲ型）和迟发型（Ⅳ型）。其中前 3 型是由抗体介导的，共同特点是反应发生快，故又称为速发型变态反应；Ⅳ型则是细胞介导的，称为迟发型变态反应。尽管近年来有些学者提出了一些新的分型方法，但还未被广泛接受，上述分型至今仍是国际通用的方法。其实，临床所观察到的变态反应，往往是混合型的，而且其反应强度可因个体的不同而有很大差异。

（一）过敏反应型（Ⅰ型）变态反应

过敏反应是指机体再次接触抗原时引起的在数分钟至数小时内以出现急性炎症为特点的反应。在过敏性个体能引起过敏反应的抗原又称为过敏原（allergen）。过去并不了解这种反应的机理，故曾被称为“变化了的反应”（Pirquet，1906）。随着 IgE 的发现及其结构功能的了解，过敏反应的机制已被揭示：IgE 和肥大细胞及其释放的介质，是导致一系列炎症反应的关键。而 IgE 的产生到介质的释放是个复杂的过程，受到多种因素的制约和调控，本节将介绍其中一些主要成分和机理。

1. 过敏反应的成分 参与过敏反应的成分有过敏原、IgE 抗体、肥大细胞和嗜碱性粒细胞和 IgE Fc 片段的受体（FcεR）。

（1）*过敏原* 引起过敏反应的过敏原很多，包括异源血清、疫苗、植物花粉、药物、食物、昆虫产物、霉菌孢子、动物毛发和皮屑等。这些过敏原可通过呼吸道、消化道或皮肤、黏膜等途径进入动物机体，在黏膜表面引起 IgE 抗体应答。

（2）IgE IgE 在寄生虫（尤其是肠道蠕虫）免疫中具有重要作用，也是介导Ⅰ型变态反应的抗体。IgE 是一种亲细胞性的过敏性抗体，其重链的恒定区有 C_H4，是与肥大细胞和嗜碱性粒细胞上的 IgE Fc 受体（FcεR）结合的部位。

IgE 的半衰期只有 2.5 d，但一旦与肥大细胞结合，则可延至 12 周。IgE 的另一特性是热稳定，56℃经 0.5 h 处理的 IgE，其 Fc 端结合受体的能力可丧失，但其 Fab 端结合抗原的活性仍保持。根据这一特性可与结合肥大细胞的 IgG 抗体加以区别。

尽管分泌性 IgA 是肠道寄生虫免疫的主要成分，但是在 IgA 不能消除寄生虫时，IgE 能使致敏的肥大细胞释放介质，提高 IgG 和补体等局部浓度，并激活补体系统；同时也使嗜酸性和中性粒细胞等向炎症区域迁移。在 IgA 缺陷的动物往往过敏反应性高，可能与此有关。

当抗原进入机体，经抗原递呈细胞和 T_H 细胞的作用，静止的 B 细胞被活化，增殖并分化成分泌 IgE 的浆细胞。分泌的 IgE 能通过 Fc 端与局部的肥大细胞结合，与 IgE 结合的肥大细胞即为致敏细胞。未被结合的 IgE 则进入循环系统，与其他组织器官中的肥大细胞或嗜碱性粒细胞结合。

动物实验表明，IgE 的产生受到 T_H 细胞和 T_S 细胞的调节。正常大鼠在用 DNA-佐剂免疫后的5～10d 就可产生 IgE 抗体，其滴度逐渐升高，约在以后的 6 周内又恢复至原来水平。被摘除胸腺或经辐射处理的小鼠，其 IgE 水平明显增高，而且在血清中的时间延长；如被动接受经致敏的淋巴细胞，则可恢复至正常水平和缩短存在时间。但是在上述情况下，IgG 和 IgM 水平不受影响。

寄生虫感染和发生过敏反应的动物与人往往伴有较高的血清 IgE 水平。尽管这有一定的诊断意义，但 IgE 水平高不一定导致过敏反应，因为过敏反应还受到遗传和环境因素的影响。

（3）*肥大细胞和嗜碱性粒细胞* 肥大细胞含有大量的膜性结合颗粒，分布于整个细胞浆内，颗粒内含有药理作用的活性介质，可引起炎症反应。大多数肥大细胞还可分泌一些细胞因子，包括 IL-1、IL-3、IL-4、IL-5、IL-6、GM-CSF、TGF-β 和 TNF-α，这些细胞因子可发挥多种生物学效应，因此肥大细胞与机体的很多生理学、免疫学和病理学过程有关。

肥大细胞是一类在形态功能方面有差异的细胞群。在形态学上因动物种类不同而异，诸如染色特性、颗粒结构及其释放方式等；在功能方面也因动物种类和细胞形成的部位有所区别。这种区别主要表现在调节分泌介质的物质不同。总的来讲，肥大细胞分为两种：其一是组织结合肥大细胞（connective tissue mast cell，CTMC），这种细胞分布在多数器官的血管周围，其性质相似；其二是黏膜肥大细胞（mucosa mast cell，MMC），它们分布在肠道和肺的黏膜。除了分布部位不同外，在染色特性和对药物的作用等方面这两种细胞也有不同。此外，在肠道寄生虫感染时，肠道中 MMC 数量也会明显升高。

导致肥大细胞释放介质的活化机制是引发 Ca^{2+} 大量进入细胞。Ca^{2+} 进入细胞具有双重作用：一是使将已形成的含介质的颗粒释放到环境中；二是通过合成前列腺素和淋巴因子等合成新的介质。

还有些因素是通过其他途径活化肥大细胞等。其中活性极强的是补体裂解物 C3a 和 C5a，又被称为过敏毒素。此外，一些化学药物如钙离子载体、可卡因、吗啡也有这种活性。

（4）与 IgE 结合的 Fc 受体　IgE 抗体的反应活性取决于它与 FcεR 的结合能力。已鉴定出两类 FcεR：称为 FcεRⅠ和 FcεRⅡ，它们表达于不同类型的细胞上，与 IgE 的亲和力可相差 1 000 倍。在肥大细胞和嗜碱性粒细胞可表达高亲和力的 FcεRⅠ。

2. 过敏反应的基本过程　过敏反应是一个复杂的过程，分为 3 个阶段。

（1）IgE 抗体的产生　过敏原首次进入体内引起免疫应答，即在 APC 和 T_H 细胞作用下，刺激分布于黏膜固有层或局部淋巴结中的产生 IgE 的 B 细胞，后者经增殖分化，分泌 IgE 抗体。

（2）活性细胞的致敏　IgE 与肥大细胞和嗜碱性粒细胞的表面 Fc 受体（FcεR）结合，使之致敏，机体处于致敏状态。

（3）过敏反应　当过敏原再次进入机体，与肥大细胞和嗜碱性粒细胞表面的特异性 IgE 抗体结合。肥大细胞和嗜碱性粒细胞结合 IgE 后即被致敏，致敏后的细胞只要相邻的两个 IgE 分子，或者表面 IgE 受体分子被交联，细胞就被活化，脱颗粒，并释放出药理作用的活性介质（mediator），如组胺（histamine）、缓慢反应物质 A（slow reacting substance A，SRS－A）、5－羟色胺（5－hydroxytryptamine）、过敏毒素（anaphylatoxin）、白三烯（1eukotriene）和前列腺素（prostaglandin）等。这些介质可作用于不同组织，引起毛细血管扩张，通透性增加，皮肤黏膜水肿，血压下降及呼吸道和消化道平滑肌痉挛等一系列临床反应，出现过敏反应症状。在临床上可表现为呼吸困难，腹泻和腹痛，以及全身性休克。

同时上述活性介质又可产生反馈作用，如组胺能对免疫系统产生抑制。组胺对外周血单核细胞释放溶酶体、肥大细胞、嗜碱性粒细胞的颗粒释放、单核细胞产生补体等均有抑制作用。此外，组胺还可能促进非特异性 Ts 细胞的活化。这些反馈作用的缺陷将加剧变态反应。所以，介质除了具有各种生理学功能外，在变态反应中是产生临床症状的起因。

3. 产生过敏反应的条件和原因

（1）T 细胞缺陷　在 IgE 免疫应答中 T 细胞起着重要作用，所以 T 细胞功能缺陷，尤其是 Ts 细胞缺陷，可促使形成过敏反应。过敏性湿疹病人的 E－玫瑰花形成细胞和 Ts 细胞的数量均大大减少。此外，离体的 T 细胞对有丝分裂原的免疫应答活性和皮肤试验中细胞介导免疫应答也均降低。

（2）介质的反馈机制的紊乱　组胺是引起过敏反应的最重要介质，它能抑制 T 细胞对有丝分裂原（如美洲商陆、ConA 和 PHA）的应答。组胺对过敏者 T 细胞增殖的抑制比非过敏者的抑制更强烈。而过敏者的这种抑制，在细胞培养中又可被加入茚甲新（一种抑制单核细胞产生前列腺素的物质）而恢复。由此说明组胺能刺激过敏者的单核细胞产生前列腺素，而前列腺素又能促进离体 T 细胞的反应和体内炎症的产生。

（3）其他因素　过敏反应的发生是由多种因素引发和控制的。有些现象在理论上无法解释，因为是否发生过敏反应除了取决于机体免疫反应性水平的亢进外，还与其他因素有关，包括：①过敏原的性质，即结构、大小；②机体的遗传性和形成 IgE 的各种因素；③机体被感染的状态，如在呼吸道表面发生病毒性感染时往往免疫抑制机能降低，尤其在 IgA 缺陷的动物，IgE 的应答亢进。此外，有的病毒（如单纯疱疹病毒）能使嗜碱性粒细胞释放组胺，加剧了过敏反应的程度；④由于病原微生物感染部位的损伤易于过敏原进入机体，从而使相应的器官组织对组胺的敏感性提高。

4. 常见的过敏反应及其控制　临床上常见的过敏反应有两类：一是因大量过敏原（如静脉注射）进入体内而引起的急性全身性反应，如青霉素过敏反应。二是局部的过敏反应，这类反应尽管较广泛，但往往因为表现较温和而易被临床兽医忽视。局部的过敏反应主要是由饲料引起的消化道和皮肤症状，由霉菌、花粉等引起的呼吸系统（支气管和肺）和皮肤症状以及由药物、疫苗和蠕虫感染引起的反应。

过敏反应的确诊比较困难，因为无论是确定过敏原还是检测特异性抗体 IgE 或总 IgE 水平，都不是一般实验室能做到的。所以，使用非特异性的脱敏药和避免动物接触可能的过敏原（如更换新的不同来源的铺草或饲料等）是控制过敏反应较易实行的措施。

（二）细胞毒型（Ⅱ型）变态反应

1. Ⅱ型变态反应的形成和机理 Ⅱ型变态反应又称抗体依赖性细胞毒型变态反应。在Ⅱ型变态反应中，与细胞或器官表面抗原结合的抗体与补体及吞噬细胞等互相作用，导致了这些细胞或器官损伤。在此过程中抗体的 Fc 端与补体系统的 C1q 或其他吞噬细胞的 Fc 受体结合，另一端则与抗原结合，起到桥梁和启动作用。这同机体在识别和清除病原微生物的过程是一致的。

补体系统在免疫反应中具有双重作用：一是通过经典和旁路途径溶解被抗体结合（致敏）的靶细胞；二是补体系统的一些成分能调理抗体-抗原复合物，促进巨噬细胞吞噬病原菌。在Ⅱ型变态反应中，吞噬细胞溶解细胞同溶解病原菌的生理作用是相同的。在大多数病原菌，被吞噬进入细胞后，进一步在胞内溶酶体的酶、离子等因子的作用下致死并消化；但如果靶细胞过大，吞噬细胞不能将其包入细胞内，则将胞内的活性颗粒和溶酶体释放，从而使周围的宿主组织细胞受损伤。这个过程在寄生虫感染（如嗜酸性粒细胞攻击血吸虫）中具有重要意义；但如果被抗体致敏的靶细胞是自身组织细胞，吞噬细胞释放的这些活性物质就将使之损伤。

2. 临床常见的Ⅱ型变态反应

（1）*输血反应* 人至少有 1 5 种血型系统，了解最多的是 ABO 系统。各种动物也有其血型系统，如输入血液的血型不同，就会造成输血反应，严重的可导致死亡。这是因为在红细胞表面存在着各种抗原，而在不同血型的个体血清中有相应的抗体，这些被称为天然抗体，通常为 IgM。当输血者的红细胞进入不同血型的受血者的血管，红细胞与抗体结合而凝集，并激活补体系统，产生血管内溶血；在局部则形成微循环障碍等。

其实在输血过程中，除了针对红细胞抗原，还有针对血小板和淋巴细胞抗原的抗体反应，但因为它们数量较少，反应不明显。

（2）*新生畜溶血性贫血* 这也是一种因血型不同而产生的溶血反应。以新生骡驹为例，有 8%～10%的骡驹发生这种溶血反应。这是因为骡的亲代血型抗原差异较大，所以母马在妊娠期间或初次分娩时易被致敏而产生抗体。这种抗体通常经初乳进入新生驹的体内引起溶血反应。这与人因 RhD 血型而导致的溶血反应是类似的。所以，在临床上初产母马的幼驹发生的可能性较经产的要小。

（3）*自身免疫溶血性贫血* 由抗自身细胞抗体或在红细胞表面沉积免疫复合物而导致的溶血性贫血。这类反应可分为下述 3 种类型：

热反应型 在 37℃发生的反应。典型的热反应抗原是 RhD 系统，它不引起输血反应，溶解红细胞是通过增强脾脏巨噬细胞的吞噬功能，而补体介导的溶解作用是次要的。

冷反应型 在 37℃以下发生的反应。其抗体滴度远高于热反应的抗体，溶解红细胞与补体的作用有关。

药物引起的抗血细胞成分的反应 药物及其代谢产物可通过下述几种形式产生抗红细胞的（包括自身免疫病）反应：①抗体与吸附于红细胞表面的药物结合并激活补体系统；②药物和相应抗体形成的免疫复合物通过 C3b 或 Fc 受体吸附于红细胞，激活补体而损伤红细胞；③在药物的作用下，使原来被“封闭”的自身抗原产生自身抗体。

（4）*其他* 由感染病原微生物引起的溶血反应 有些病原微生物（如沙门菌的脂多糖、马传染性贫血病毒、阿留申病病毒和一些原虫）的抗原成分能吸附宿主红细胞，这些表面有微生物抗原的红细胞受到自身免疫系统的攻击而产生溶血反应。

组织移植排斥反应 在器官或组织的受体已有相应抗体时，被移植的器官在几分钟或 48h 后发生排斥反应。在移植中发生排斥的根本原因是受体与供体间 MHC-Ⅰ类抗原不一致。

（三）免疫复合物型（Ⅲ型）变态反应

在抗原抗体反应中不可避免地产生免疫复合物。通常它们可及时地被单核吞噬细胞系统清除，而不影响机体的正常机能；但在某些状态下，却可由变态反应造成细胞组织的损伤。

1. Ⅲ型变态反应的机理　免疫复合物可引起一系列炎症反应：首先，刺激形成具有过敏毒性和促细胞迁移性的 C3a 和 C5a，使肥大细胞和嗜碱性粒细胞释放舒血管组胺，提高血管通透性和在局部聚集多形细胞；其次，它们还能通过 Fc 受体而与血小板反应，形成微血凝，提高血管通透性。

一旦免疫复合物在局部组织沉积，吞噬细胞将迁移而至。但吞噬细胞不能把沉积于组织的复合物与组织分开，也不能把复合物连同组织细胞一起吞噬到细胞内，结果只能释放胞内的溶解酶等活性物质。这些物质尽管溶解了复合物，但同时也损伤了周围的组织。在血液或组织液，这些溶解酶类并不产生炎症刺激或组织损伤，是因为在血清中存在着酶抑制物，能很快将其失活。但当巨噬细胞聚集在狭小的局部，并直接接触组织时，这些溶解酶类就能摆脱相应抑制物的作用而损伤自身组织。

由此可见，免疫复合物不断产生和持续存在，是形成并加剧炎症反应的重要前提，而免疫复合物在组织的沉积则是导致组织损伤的关键原因。

（1）*免疫复合物持续存在*　免疫复合物通常由单核吞噬细胞系统在脾脏和肺部被清除。复合物的大小是重要因素。大的复合物在肝脏内几分钟即可被清除。如颗粒性的复合物主要在肝脏被枯否氏细胞吞噬，这个过程由补体（C3）和抗体共同参与完成，即靶细胞被结合的抗体和补体 C3 包围，而吞噬细胞又通过相应受体与之结合并启动吞噬。如果只有 C3 包围靶细胞而没有相应抗体，尽管它们仍在肝脏沉积，但可能很快在 C3 灭活物的作用下离开肝脏；同样，只与抗体结合而没有补体 C3 参与，也不能在肝脏被清除。小的复合物则进入循环系统而主要在肾脏被排出，这个过程与补体无关；但其被排出的速度与其结构大小及在肾的透过程度有关，如亲和力大的多价抗原与抗体形成的复合物极易改变其大小，不能在肾被排出而持续滞留在循环系统中。

补体可明显提高吞噬细胞吸附免疫复合物的能力。但是如果复合物过多，就超过了单核吞噬细胞系统的能力。长期存在于循环系统中的免疫复合物，最后能在肾小球沉积。此外，某些遗传缺陷可促进产生低亲和力抗体，从而产生小的免疫复合物及导致相应的免疫复合物病。在“自身”抗原和抗体反应中的抗原分子，一般只有极少的抗原决定簇，所以也易于形成小的抗原抗体复合物而摆脱吞噬细胞的摄取。

最近研究发现，免疫球蛋白分子的糖基部分可能在枯否细胞清除免疫复合物过程中具有重要作用，因为在一些免疫复合物疾病，如患类风湿性关节炎，SLE 的病人，往往免疫球蛋白分子的糖基结构异常。

（2）*免疫复合物吸附与沉积组织*　免疫复合物可在血液循环中长期存在，并不一定产生组织损伤，其关键在于是否在组织细胞吸附和沉积。吸附和沉积的主要原因是：

血管通透性的提高：尽管不同疾病和不同的动物在改变血管通透性方面有所差异，但其中最重要的机制是补体和肥大细胞、嗜碱性粒细胞释放的舒血管组胺。体内的实验表明，在体内注入促肥大细胞释放组胺的药物，可使循环免疫复合物沉积于组织，如同时注入抗组胺抗体则可封闭此过程。

血液动力学：免疫复合物易于沉积在血压高和有漩流的部位。比如肾小球毛细血管（其血压高于其他部位的几倍），一些大分子物质容易在此滞留，实验表明如降低这些部位的血压，则可减少它们的沉积。患有血清病的兔子如用人工方法提高其血压，则病症会加剧。在一些有分支的动脉管壁，由于漩流的产生也易沉积免疫复合物而导致严重的组织损伤。

与组织抗原结合：有的免疫复合物选择性地沉积一些组织器官，譬如 SLE 的靶器官是肾，而类风湿性关节炎存在循环复合物，这种选择性可能与免疫复合物的抗原成分有关。DNA 与肾小球基底膜的胶原有极大的亲和力，而 SLE 产生抗 DNA 抗体。所以，肾小球基底膜就成为 DNA -抗体复合物沉积的部位。用内毒素注射小鼠，使细胞损伤释放 DNA，并同时注入抗 DNA 抗体就能复制肾小球肾炎。

免疫复合物的大小：小的复合物能透过肾小球基底膜和上皮细胞而被排出，而较大的复合物则不能穿过基底膜而滞留在内皮和基底膜之间。

补体的作用：当补体系统的 C3b 和 C3d 插入免疫复合物时，可使沉积于组织和循环于血液的凝集复合物溶解，所以在体内存在着沉积和溶解的动态平衡。但当补体缺陷时，就使沉积过程加剧。

2. 临床常见的免疫复合物疾病

(1) *血清病* 血清病是因循环免疫复合物吸附并沉积于组织，导致血管通透性增高和形成炎症性病变，如肾炎和关节炎。譬如，在使用异种抗血清治疗时，一方面抗血清具有中和毒素的作用；另一方面异源性蛋白质却诱导相应的免疫反应，当再次使用这种血清时就会产生免疫复合物。

(2) *自身免疫复合物病* NZB/NZW 杂交鼠 F_1 所表现的全身性红斑狼疮就是这类疾病。这种小鼠在出生时并无特殊的临床症状，但 2～3 月龄后就会因产生各种抗自身红细胞的抗体而发生溶血性贫血。此外，还有抗核酸抗体等，其病程相当严重尤其雌性鼠，几月后死亡。

一些自身免疫疾病也常伴有Ⅲ型变态反应：由于自身抗体和抗原以及相应的免疫复合物持续不断地生成，超过了单核吞噬细胞系统的清除能力，于是这些复合物也同样吸附并沉积在周围的组织器官。

(3) *Arthus 反应* 这种反应是由皮下注射过多抗原，形成中等大小免疫复合物并沉积于注射局部的毛细血管壁上，激活补体系统，引起中性粒细胞积聚等，最后导致组织损伤，如局部出血和血栓，严重时可发生组织坏死。

(4) *由感染病原微生物引起的免疫复合物* 在慢性感染过程中，譬如 α-溶血性链球菌或葡萄球菌性心内膜炎，或病毒性肝炎、寄生虫感染等，这些病原持续刺激机体产生弱的抗体反应，并与相应抗原结合形成免疫复合物，吸附并沉积在周围的组织器官。

此外，免疫复合物也能在机体表面产生，譬如在肺部因反复吸入来自动物、植物和霉菌等的抗原物质。外源性过敏性牙周炎就是因此而产生的。在这类反应中，首先产生 IgG，随后是 IgE。

(四) 迟发型（Ⅳ型）变态反应

经典的Ⅳ型变态反应是指所有在 12 h 或更长时间产生的变态反应，故又称迟发型变态反应。不同于前述的Ⅰ、Ⅱ、Ⅲ 3 型变态反应，Ⅳ型变态反应不能通过血清在动物个体之间转移，因为这些反应是由具特定细胞表面标志的 T 细胞参与的。这些 T 细胞在被抗原致敏后，再次接触这种抗原时才引发迟发型变态反应。

1. 迟发型变态反应的细胞反应机理 迟发型变态反应属于典型的细胞免疫反应。早在 1934 年，Simon和 Rackerman 就发现，在结核菌素培养反应中，血清中没有相应抗体。1942 年，Landsteiner 和 Chase 又发现，这种反应不能通过细胞上清液，而能通过 T 细胞在个体之间转移。除此之外，T 细胞还参与了其他类型的迟发型变态反应。致敏淋巴细胞与巨噬细胞互相作用而产生各种可溶性淋巴因子，这些因子除了具有其调节各类免疫反应的功能外，还能活化巨噬细胞，使之迁移并滞留于抗原聚集部位，加剧局部免疫应答。譬如，巨噬细胞移动抑制因子，当 T 致敏细胞与特异性抗原接触后就释放这种因子，使局部巨噬细胞增加。又如，通过离体的淋巴细胞转化实验表明，致敏淋巴细胞与抗原共同孵育后开始转化成淋巴细胞并进行分裂增殖。

2. 临床常见的迟发型变态反应 根据皮肤试验观察出现皮肤肿胀的时间和程度以及其他指标，可将迟发型变态反应分为 Jones-mote、接触性、结核菌素和肉芽肿 4 种类型。前 3 种是在再次接触抗原后 72h 内出现反应，第 4 种则在 14d 后才出现。各种类型的迟发型变态反应有不同的机制，其中有些尚不完全清楚。Ⅳ型变态反应的病程比较复杂，即在接触相应抗原后会同时或先后产生各种反应形式，所以在临床上很难观察到上述单一类型的反应。

(1) *Jones-mote 反应* 由嗜碱性粒细胞在皮下直接浸润为特点的反应。在再次接触抗原的大约 24h 后在皮肤出现最大的肿胀，持续最长为 7～10d。由可溶性抗原也能引起这种反应。在 Jones - mote 反应的细胞浸润过程中，有大量嗜碱性粒细胞，而结核菌素变态反应中这类细胞极少。

(2) *接触性变态反应* 这是指人和动物接触部位的皮肤湿疹，一般发生在再次接触抗原物质的 48h 后，镍、丙烯酸盐和含树胶的药物等可成为抗原或半抗原。在正常情况下，这类物质并无抗原性，但它们进入皮肤，以共价键或其他方式与机体的蛋白质结合，即能产生免疫原活性，致敏 T 细胞。被致敏的 T 细胞再次接触这些物质时，就产生一系列反应：在 6～8h，出现单核细胞浸润，在 12～15h 反应最强烈，伴有皮肤水肿和形成水疱。这类变态反应与化脓性感染的区别在于病变部位缺失中性多形粒细胞。

(3) 结核菌素变态反应　这种反应首次由 Robert Koch 所描述。在患结核病的病人皮下注射结核菌素 48h 后，观察到该部位发生肿胀和硬变。后来发现，一些其他可溶性抗原，包括非微生物来源的物质也能引起这种反应。在接种抗原 24 h 后，局部大量单核吞噬细胞浸润，其中一半是淋巴细胞和单核细胞；48 h 后淋巴细胞从血管迁移并在皮肤胶原蛋白滞留。在其后的 48 h 反应最为剧烈，同时巨噬细胞减少。随着病变发展，出现以肉芽肿为特点的反应，其过程取决于抗原存在的时间。在此期间无嗜碱性粒细胞的出现。

(4) 肉芽肿变态反应　在迟发型变态反应中肉芽肿具有重要的临床意义。在许多细胞介导的免疫反应中都产生肉芽肿，其原因是微生物持续存在并刺激巨噬细胞，而后者不能溶解消除这些异物。由免疫复合物持续刺激也能形成上皮细胞的肉芽肿增生，其组织学不同于结核菌素反应，前者是抗原持续性刺激的结果；而后者是对抗原的局部限制性反应。免疫病理肉芽肿，不仅可由感染的微生物，也可由非抗原性的锆、滑石粉等引起，但无巨噬细胞参与。此外，迟发型变态反应的肉芽肿的另一特征是上皮类细胞，它们可能源于活化的巨噬细胞。

参考文献

陈慰峰 . 2007. 医学免疫学［M］. 第 4 版 . 北京：人民卫生出版社 .
龚非力 . 2004. 医学免疫学［M］. 第 2 版 . 北京：科学出版社 .
李凡，刘晶星 . 2008. 医学微生物学［M］. 第 7 版 . 北京：人民卫生出版社 .
陆承平 . 2001. 兽医微生物学［M］. 第 3 版 . 北京：中国农业出版社 .
杨汉春 . 2003. 动物免疫学［M］. 北京：中国农业大学出版社 .

刘思国　编

第八章　螺旋体类

螺旋体是介于细菌和原生动物（原虫）之间的一类原核单细胞微生物，因其菌体细长、柔软、蜷曲呈螺旋状而得名。基本结构与细菌类似，细胞壁含有脂多糖和壁酸，胞浆内含核质，行二分裂繁殖。其形态和运动机制均较特殊。形态呈螺旋状，螺距因种属而异，有的紧密，有的疏松。运动方式则取决于生存环境。如在液体培养基中，一般是围绕纵轴横向迅速转动，蜷曲或蛇形样扭动。在固体（琼脂）培养基上，则是以螺距形式经过黏性基质慢慢钻动。其运动机理可能与轴丝的屈曲与收缩有关。用暗视野显微镜技术观察活的新鲜标本，则可看到活泼的螺旋运动。

所有螺旋体均为革兰阴性，但一般染色法着色困难。须用特殊染色法和检查技术才能观察到。常用镀银染色法和相差或暗视野显微镜技术，或阴性显影法。

螺旋体广泛存在于水生环境，也有许多分布在人和动物体内。大部分营腐生生活或共生，无致病性，只有一小部分可引起人和动物的疾病。在普通培养基上，除钩端螺旋体易于培养外，不能用人工培养基培养，或培养困难。大多为严格厌氧，即使是需氧型的，当氧张力升高时发育也不旺盛。所以只能通过易感动物进行繁殖培养和保存菌种。

按《伯杰系统细菌学分类手册》，分为 1 个目，即螺旋体目，3 个科，即螺旋体科、小蛇形螺旋体科和钩端螺旋体科，3 科中共有 13 个属。其中与兽医有关的属有 4 个，即疏螺旋体属、密螺旋体属、钩端螺旋体属和短螺旋体属。各属的主要特征见表 8 - 1。

表 8 - 1　螺旋体几个致病属的主要特征

属　名	菌体大小（μm）	一般特征	轴丝数	DNA（G+C）mol%	生态环境	病原性
密螺旋体属	5～15×0.1～0.5	厌氧，螺旋振幅达 0.5μm	2～15	38～41	在人与动物中共生或寄生	兔梅毒
疏螺旋体属	3～15×0.2～0.5	厌氧，微嗜氧，疏松螺旋弯曲	15～20	不清	寄生于人、哺乳动物、鸟类	对人、动物和鸟有致病性
钩端螺旋体属	6～20×0.1	需氧，螺旋密，末端弯曲或成钩	2	35～39	寄生于人、动物或自由生活	钩端螺旋体病
短螺旋体属	6～10×0.3	严格厌氧，呈活泼蛇形运动	8～9	52～53	寄生于人或动物，共生或寄生	猪痢疾

第一节　密螺旋体属（*Treponema*）

本属螺旋体营共生或寄生生活，多数寄生于人和动物的口腔、肠道和生殖器官，为单细胞生物。DNA 中 G+C 含量为（25.2～53.7）mol%。与兽医有关的仅有一种，即兔梅毒密螺旋体。原为本属的猪痢疾密螺旋体已从本属中移去，归于新设立的短螺旋体属，并被命名为猪痢疾短螺旋体（*B. hyodysenteriae*）。

［形态与染色］本属螺旋体长 5～20μm，宽 0.1～0.4μm，有 8～14 个螺旋，螺旋弯曲致密，呈规则或不规则状。在原生质柱两端各生长着 1 根或 1 根以上的胞浆外轴丝（即轴纤维或轴鞭毛），在原生

质柱内的胞浆纤维（胞浆内小管或微管），位于胞浆膜下与胞浆外轴丝位置相对。革兰阴性。用镀银法染色良好，镜检最好用暗视野技术或相差显微镜观察。

［培养与生化特性］ 本属螺旋体对生长条件要求苛刻，严格厌氧或微厌氧。有的种至今尚未在人工培养基中培养成功。在液体培养基中呈现转动或横向运动，在半固体或固体培养基上呈现蛇行样运动。行有机化能营养，可以利用许多碳水化合物或氨基酸作碳源和能源。需厌氧培养的螺旋体内为过氧化氢酶和氧化酶阴性，某些菌株需要血清中的长链脂肪酸才能生长。有些菌株生长需要短链脂肪酸。

目前分离到的密螺旋体均具厌氧性，最好的培养方法为用预先还原的厌氧灭菌培养基，在无氧的氮气或二氧化碳环境下培养易获得成功。

兔梅毒密螺旋体（*tr. paraluiscuniculi*）

［形态与染色］ 兔梅毒密螺旋体为兔梅毒的病原体，菌体长 6～16μm，有的长达 30μm，宽 0.25μm，螺旋长度 1.1μm，幅宽 0.6～1.0μm。以姬姆萨染色着染为玫瑰红色，当用福尔马林缓冲溶液固定时，普通碱性苯胺染料亦可着染。

［培养特性］ 本螺旋体至今尚未在体外人工培养基上培养成功。可以通过在家兔睾丸内接种的方法进行繁殖。

［病原性］ 兔主要通过交配直接接触感染，最初的病变部位在生殖器，然后在脸、眼、耳和鼻部皮肤发生疱疹、结节和糜烂病变。本菌也可以使小鼠、豚鼠和仓鼠慢性感染，人不感染本菌。

［鉴定］ 以病灶部皮肤挤出的淋巴液或皮刮取物制成涂片，经用印度墨汁、镀银或姬姆萨法染色镜检，可以发现本病原体，一般多采取家兔会阴部病变刮取物，检出率较高。

第二节　疏螺旋体属（*Borrelia*）

本属螺旋体菌体的螺旋疏且粗，螺旋的宽度往往不规则。培养比较困难。能被苯胺染料着染。与兽医有关的种有鹅疏螺旋体和伯氏疏螺旋体（引起莱姆病）。

［形态与染色］ 本属细菌为螺旋状，长 3～20μm，宽 0.2～0.5μm，大约有 3～10 个疏松的螺旋弯曲，每端有 15～20 根轴丝缠绕于原生质柱，并在细胞中部重叠。菌体外表结构依次为外表层、外膜和原生质膜。在菌体两端各生长着 15～20 根原生质外轴丝，缠绕在原生质柱上，于菌体中间相重叠。运动方式为横向平移式运动。革兰染色阴性。

［培养特性］ 本属菌为厌氧兼微嗜氧性菌，对培养基营养的要求很复杂。目前只有几个种的疏螺旋体在体外人工培养获得成功，但培养基中必须含有兔血清、牛血清白蛋白、蛋白胨、丙酮酸、柠檬酸和 N-乙酰葡萄糖胺，不同种的疏螺旋体对营养需要比较近似，也有些特异性差异。

［抗原结构］ 疏螺旋体抗原十分不稳定，某些种可能存在 8 种以上完全不同的抗原型，正是由于这种抗原型的变化使感染过的宿主可多次发病。在感染末期才产生某种抗原型的免疫力。目前，尚不能用血清学或生化试验鉴定疏螺旋体。

［病原性］ 对人和其他哺乳动物、鸟类都有致病性。可通过寄生疏螺旋体的虱子传播，如人的虱源性回归热。对动物较重要的病原有鹅疏螺旋体（*B. anserina*）、色勒氏疏螺旋体（*B. theileri*）和伯氏疏螺旋体（*B. burgdorferi*）。

鹅疏螺旋体（*Borrelia anserina*）

鹅疏螺旋体是引起禽类的疏螺旋体病的病原体，分布在全世界，经蜱传播引起禽类的急性、败血性疏螺旋体病。

本菌体长 8～20μm，宽 0.2～0.3μm，5～8 个螺旋弯曲。本菌目前尚不能在体外培养，能在孵化的鸭胚或鸡胚中生长，也可在幼鸡或幼鸭体内保存菌种，对小鼠、大鼠和家兔无感染性。

本菌的抗原比较复杂，有许多不同抗原的菌株。目前生化特点没有确定，本菌最可靠的鉴别特点是它对禽类有感染性，而对其他啮齿类动物无致病性。

色勒疏螺旋体（*Borrelia theileri*）

本菌俗称为牛疏螺旋体，过去曾称为蒂氏螺旋体（*Spirochaeta theileri*）。主要分布在南非和澳大利亚，引起牛和马的疏螺旋体病，由扇头蜱和微小牛蜱吸血进行传播。

本菌不能在体外人工培养基上培养，在牛体内菌体长 20～30μm，宽 0.25～0.30μm，在马体内菌体稍短些。保存菌种可在牛或马体内进行。

本菌的生化特性不清楚。

伯氏疏螺旋体（*Borrelia burgdorferi*）

本菌能引起人和动物的莱姆病．引起皮肤病变，出现游走性慢性红斑，对人主要引起儿童关节炎。本菌存在于美国和欧洲国家，经带菌吸血硬蜱叮咬传播给人或动物。

[形态与染色] 本菌呈螺旋状，菌体长 20～30μm，宽为 0.18～0.25μm，螺旋较规则，在菌体两端各生长着平均 7 根轴丝，缠绕在原生质柱上并在菌体中部相交叠。被覆多层结构的外膜。具有运动性，呈转动和横向运动。革兰染色阴性，用姬姆萨染色法效果更佳。不经染色，在暗视野或相差显微镜下能观察到菌体。

[培养特性] 最佳生长温度为 34～37℃，在 35℃繁殖一代的时间为 8～12h。本菌的生化特性为接触酶阴性，微嗜氧，有机化能营养，能利用 D-葡萄糖作能源和碳源，能发酵葡萄糖产酸。本菌的抗原比较稳定。这一点与其他疏螺旋体不同。

[鉴定] 目前分离本菌多采用含 5-氟尿嘧啶和卡那霉素 8μm/mL 的 BSK2 培养基，每管培养基接种 3 滴抗凝血，34℃培养 20 d，每 4 d 镜检一次，阳性者在镜下可见到典型的螺旋状菌体结构。

第三节　钩端螺旋体属（*Leptospira*）

本属螺旋体一端或两端可弯转呈钩状，故称为钩端螺旋体，又称细螺旋体属。包括营腐生和寄生生活两大类，营腐生生活者，广泛分布于自然界，尤以水中为多，无致病性；营寄生生活者，寄生于人或动物体内，其中部分对脊椎动物有致病性。为钩端螺旋体病的病原体。

[形态与染色] 此属螺旋体比较纤细，长 6～20μm 或更长，宽 0.1～0.2μm，螺旋弯曲比较规则，旋宽 0.2～0.3μrn，螺距 0.5μm，一般有 18 个或更多的螺旋弯曲，呈右向螺旋。在高渗透压的液体中或老龄培养物中，为无活性的球状。运动形式为沿长轴方向的滚动或横向屈曲运动。在较黏稠的液体中呈转动式运动。由于能屈曲运动，活体可以形成多种形状，如英文的 S、C 等字母的形状，可随时改变或消失（图 8-1）。

革兰染色阴性，染色效果最好的方法为钩端螺旋全染色法（如镀银染色法）。对苯胺蓝着染不易。镜检未经染色的钩端螺旋体，须用暗视野观察或用相差显微镜观察。用电子显微镜观察，可见菌体外周有细胞壁，有两根轴丝各从菌端开始，在菌体中央重叠（图 8-2）。

[培养特性] 此属螺旋体为有机化能营养型，生长需要的有机物为 15 碳或更多的碳长链脂肪酸，维生素 B_1 和维生素 B_{12}。脂肪酸是主要的碳源和能源。某些致病性菌株需要饱和及不饱和脂肪酸才能生长，而另一些菌株则只需饱和脂肪酸。由于游离脂肪酸有毒性，必须以与蛋白结合的形式或以脱毒的酯化形式提供给钩端螺旋体。糖和氨基酸不适于做本菌的碳源和能源，氨盐适用做氮源。丙酮酸这种非必需营养物质，可以促进寄生类钩端螺旋体初代生长。一般情况下钩端螺旋体能利用嘌呤类化合物，而不能利用嘧啶类化合物。因它对嘧啶类的 5-氟尿嘧啶有抗药性，而这种药物对其他菌的生长有抑制作用，所以在选择性培养基中经常使用这种药物。

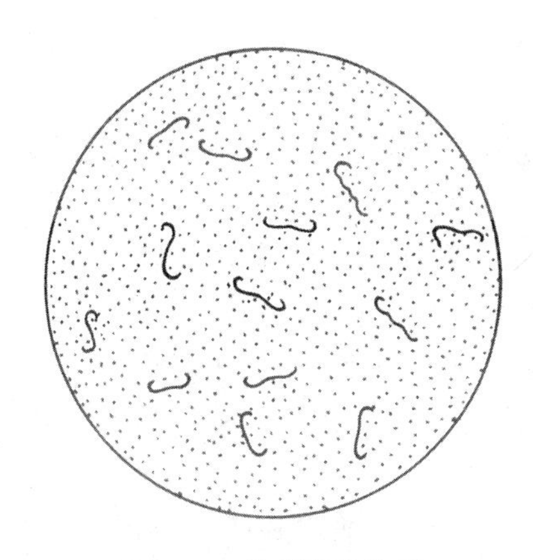

图 8-1　钩端螺旋体图

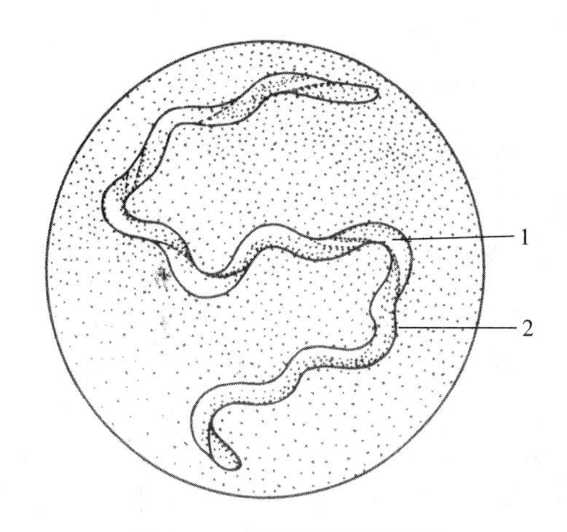

图 8-2　电镜下钩端螺旋体

1. 中轴丝　2. 原生质

（引自 http：//microbewiki. kenyon. edu/index. php/Leptospira）

钩端螺旋体能通过 β-氧化利用脂肪酸，代谢的终末产物为乙酸和二氧化碳。已经证明柠檬酸循环、糖酵解和戊糖途径所需酶的存在，其终末电子受体为细胞色素 A、C 和 C_1。

钩端螺旋体易以人工方法进行培养，要求条件并不苛刻。严格需氧，最适培养温度为 28～30℃，最适 pH 为 7.2～7.5。生长缓慢，一般需 3～4d 才开始生长，1～2 周大量繁殖。一般分离培养用液体或半固体培养基。培养基常以林格液、磷酸盐缓冲溶液，甚至以井水为基础，加入新鲜灭能的兔血清 7%～20%，或加入牛血清白蛋白、V 组分（从油酸蛋白中提出的一种成分）及吐温 80。

［生化特性］钩端螺旋体生化反应极不活泼，不能发酵及利用糖类，故仅有糖类不能维持其生长。培养过程中，虽可发现因氨基酸代谢而产生的极少量各种酸类，但培养基的 pH 很少改变。

［抗原性］早已发现钩端螺旋体抗原有两类，一类为 S 抗原，位于菌体中央，只有在菌体破坏后才呈现出凝集原和补体结合抗原的作用；另一类为 P 抗原，位于菌体表面，为凝集原，是钩端螺旋体血清群或血清型分类的物质基础。这种特异性抗原为脂多糖。

根据资料记载，钩端螺旋体具有许多抗原，分别为属特异性、血清群特异性和血清型特异性。研究发现，犬型钩端螺旋体特异性抗原的单克隆抗体，除能与同血清型菌体产生显微凝集外，还可与同血清群的布鲁姆血清型、琼斯血清型和马来西亚血清型钩端螺旋体产生交叉凝集反应。但这三个能与犬型单克隆抗体反应的抗原决定簇性质不同，分别为耐酸、耐碱和均不能受酸碱处理。英国学者研究腐生类钩端螺旋体的 patoc Ⅰ株和 Illini 株的抗原，并提取出了种属特异性、血清群特异性和血清型特异性抗原，这些已经用于辅助诊断。

在兽医和人医的文献中，致病性菌株是以血清型的名称为分类基础。各血清型菌株之间，在形态学、培养与生化特征方面均相似。到目前为止，世界各国已分离到的钩端螺旋体总共 25 个血清群，至少有 200 种不同的血清型。

［抵抗力］钩端螺旋体对自然环境的抵抗力较强，对理化因素的抵抗力较弱。在污染的河水、池塘水和潮湿的土壤中，能生存可达数月之久。尿中可存活 28～50h，对酸、碱和热均很敏感，pH 低于 6.2 或高于 6.6 均不适合其生长。加热至 50℃经 10min 或 60℃10s 即可杀死。直射日光和干燥均可致其迅速死亡。对冷冻条件不敏感，－70℃速冻，可保持其毒力达 2 年之久。一般消毒剂如 0.5%煤酚皂液、0.1%石炭酸、0.25%甲醛液在 5～10min 内均可将其杀死。利用漂白粉，使水中有效氯含量在 2mg/L 时，于 1～2h 内可杀死水中的钩端螺旋体。

［病原性］钩端螺旋体可感染许多家畜、家禽和野生动物，引起钩端螺旋体病。而且每种动物可同时感染多种血清型钩端螺旋体，引起不同类型的临诊症状。

在美国已经从病牛中分离出 6 种血清型钩端螺旋体。即犬、出血性黄疸、哈勒焦、波摩那、齐怀吉石及感冒伤寒钩端螺旋体。

已知至少有 12 种血清型钩端螺旋体可感染猪，其中最重要的有波摩那、犬、猪及出血黄疸型钩端螺旋体。

在不同国家的羊群中已发现有抗多种钩端螺旋体血清型的抗体，并已证明波摩那钩端螺旋体可引起绵羊和羔羊与牛相似的临诊症状。

在马获得血清反应阳性的也有 3 种，波摩那钩端螺旋体是马回归性虹膜睫状体炎的病原体。

已确认狗有 3 种血清型的钩端螺旋体病，即急性出血型、黄疸型和血尿型。全世界常见的狗感染的钩端螺旋体为犬和出血性黄疸钩端螺旋体，并证明其他血清型也可使狗感染。猫的血清中也含有抗各种血清型钩端螺旋体的抗体，但对猫的致病性并不重要。人对钩端螺旋体也易感．但感染哪种钩端螺旋体似乎与所从事的职业有关。

问号钩端螺旋体各血清型菌株以及博格彼德森钩端螺旋体、Inada 钩端螺旋体、Nogchi 钩端螺旋体、桑塔罗莎钩端螺旋体和韦尔钩端螺旋体等寄生性菌株，都能引起人兽共患钩端螺旋体病。最初感染野生动物或家畜，它们成为保藏宿主。偶尔感染人，出现感冒样症状到严重的黄疸。发病机制不清楚，但无论感染动物或人，肾脏近曲小管是这些钩端螺旋体的天然栖息部位，在此繁殖并通过尿液排出体外，人或动物通过直接接触患钩端螺旋体病动物的尿液或通过接触尿液污染的土壤和水而感染。

双曲钩端螺旋体多见于潮湿的土壤和水中，对人和动物包括实验动物均无致病性。

问号钩端螺旋体（*Leptospira. interrogans*）

问号钩端螺旋体营寄生生活。是对人和动物有致病性的一大类钩端螺旋体。形态结构、培养和生理特点与钩端螺旋体属的特点相同。

［毒素］研究发现致病性钩端螺旋体对动物细胞和组织有黏附力，这种黏附力和毒力大小呈正相关，黏附作用能被同型 IgG 的 Fab 片段所抑制。在组织和细胞上，是否像密螺旋体那样有黏附受体存在，现在尚不清楚。

致病性问号钩端螺旋体能产生一种溶血素，据分析后认为是具有溶血活性的神经鞘磷脂酶 C，溶血作用与葡萄球菌的β-溶血素相同。除产生溶血素外，还产生对淋巴系统有破坏作用的内毒素和细胞毒性因子。

［血清型］本菌原划分为 19 个血清群近 180 个血清型。在《伯吉鉴定细菌学手册》第 9 版上，将爪哇血清群、拜伦血清群、巴拿马血清群、Shermani 血清群和塞尔东尼血清群取消，设立了 5 个新种。因此，问号钩端螺旋体现有 14 个血清群约 150 个血清型。

［抵抗力］本菌污染水之后，能存活数月之久。因此，本菌主要为通过污染的水而传染。这在流行病学上有着重要意义。它所适宜的酸碱度为中性到微碱性 pH7.0～7.6，对酸和碱均十分敏感，故在水呈酸性或过碱性地区其危害大受限制。本菌对热极为敏感，加热至 50℃10min 即可致死；但对冷的抵抗力很强，在－70℃下速冻，保持毒力可达 2 年以上。在直射阳光和干燥条件下，可迅速死亡。在消毒剂中，70％酒精、2％盐酸、0.5％石炭酸、0.25％福尔马林溶液等 5min 即可将其杀死。在水中有效氯含量达 2mg/L 时，1～2h 内即可死亡。

体外试验证明，本菌对许多抗生素敏感，通常用青霉素、链霉素和四环素治疗钩端螺旋体病。

［病原性］问号钩端螺旋体可致人和多种动物的钩端螺旋体病，几乎遍布全世界，在我国也广泛存在。不同菌型所致疾病临床表现虽可能有差异，但主要症状为发热、贫血、出血、黄疸、血红素尿以及黏膜和皮肤的坏死等。

许多动物均可感染钩端螺旋体病，疾病多发生于幼畜。成畜不仅发病较少，且大多呈一过性临床反应而耐过。在家畜中最易感的是牛、绵羊和山羊，马、猪、狗、水牛、驴和家禽易感性较低，许多野生动物如狐、鼠、鼬以及水貂、蝙蝠、狼、浣熊等亦能感染。在我国分离出的问号钩端螺旋体已有 39 个血清型，其中波摩那型分布最广。自家畜分离出的除波摩那型之外，还有罗马尼亚型、犬型、猪型、地方新型、秋季热型和澳洲甲型等。不同型的菌株对家畜的致病力可能不同。出血黄疸型、犬型和澳洲型的致病力通常最强，有时可致感染动物死亡。波摩那型致病力较弱，有时呈一过性临床反应，多数为无症状带菌状态。

问号钩端螺旋体多通过污染水源而传播。主要通过损伤的皮肤、眼、鼻黏膜和消化道进入血液，积聚于肝脏和肾脏，然后定居于肾脏，并且大量繁殖，随尿排出体外。感染的人和家畜能长期带菌而散布病原。在野生动物中，鼠类动物是天然宿主，是重要而危险的传染源。

[分离与鉴定] 问号钩端螺旋体的分离，一般是在发病期从感染宿主采取病料。钩端螺旋体在临床症状出现后约1周于血液和脊髓液中出现。采取的血样最好用肝素或柠檬酸钠做抗凝处理。发病1周以后，也可采取尿样做分离材料，通常钩端螺旋体尿症在人和家畜持续数周或数月。用于分离问号钩端螺旋体的组织材料，如肾脏、肝脏等应先制成悬液，静置后取上清液做接种材料。临床送检病料往往易被其他杂菌污染，为了抑制杂菌生长需要在分离培养基中加入5-氟尿嘧啶100～200mg/mL。

分离钩端螺旋体的培养基常用柯托夫氏（Korthof）或捷氏（TepcKH）培养基。病料接种后于25～30℃进行培养。由于本菌在培养基中生长缓慢，并且生长之后液体仍然清朗而肉眼无法判断，故应每5d对培养液作一次暗视野显微镜检查。阳性病料一般在10～15d即可检查到钩端螺旋体。

从被污染的病料中分离问号钩端螺旋体，通常将病料悬液给乳仓鼠或豚鼠腹腔接种，然后再采其心血和肾脏接种培养基，做钩端螺旋体的分离。从污染的土壤和水中分离问号钩端螺旋体也可以采用这种方法分离。

可用分型血清做凝集试验给分离菌株定型。

[免疫] 易感动物注射疫苗有良好的免疫效果，我国已经有钩端螺旋体单价苗、双价苗以及多价苗在应用。波摩那型和犬型双价佐剂菌苗对猪一次免疫，保护力达100%。免疫期达1年左右。如果两次注苗免疫效果会更好。国外有商品化多价疫苗或联苗，美国有关公司推出钩端螺旋体五价灭活菌、钩端螺旋体五个型与猪细小病毒联苗以及与猪丹毒的三联苗等。

第四节　短螺旋体属（*Brachyspira*）

短螺旋体属为新建立的属，与蛇形螺旋体属（*Serpulina*）共同归入小蛇形螺旋体科。本属对兽医学有意义的有7种，分别是阿勒堡短螺旋体（*B. aalborigi*），鸡痢疾短螺旋体（*B. alvinipuli*），猪痢疾短螺旋体（*B. hyodysenteriae*），无害短螺旋体（*B. innocens*），中间短螺旋体（*B. intermedia*），墨多齐短螺旋体（*B. murdochii*）和大肠毛状短螺旋体（*B. pilosicoli*）。前两种主要感染人和鸡，后五种感染猪、人、犬、鸡和大鼠等。猪痢疾短螺旋体和大肠毛状短螺旋体致病力较强，其他种致病力弱。猪痢疾短螺旋体对猪有肠道致病性，可引起猪出现黏液性出血性下痢，在盲肠有卡他性、出血性和坏死性病变。

[形态与染色] 本属螺旋体为较疏松的弯曲均匀的螺旋形，长7～9μm，宽0.3～0.4μm，有2～4个弯曲。革兰染色阴性。具有典型的螺旋体类结构，即原生质柱外包原生质膜，在原生质膜外包有外鞘，在原生质柱和外鞘之间有从原生质柱两端长出的内轴丝缠绕在原生质柱上，每端大约生长8或9根轴丝。本属螺旋体能运动，在22℃时呈弯曲匍匐式运动，在37～42℃时呈横向平移式运动。

[培养与生化特性] 本属螺旋体为有机化能营养菌，能利用可溶性糖类生长，并能微弱发酵。严格厌氧，在36～42℃均能生长。在含有10%胎牛、牛或兔血清的胰酶消化酪蛋白大豆汤或脑心浸出液培养基中生长良好。在胰酶消化酪蛋白血液琼脂培养基上，经38℃培养48～96h，由于种的差异可形成0.5～3.0mm直径的菌落，为扁平半透明状，弱溶血或强β-溶血。本属螺旋体的分离培养需要在分离培养基中加入壮观霉素，或者还要加入黏菌素、万古霉素、利福平和螺旋霉素。不能在含10%甘氨酸培养基上生长。

本属螺旋体能利用葡萄糖产生乙酸、丁酸、氢气和二氧化碳。不能还原硝酸盐，脂酶试验和卵磷脂酶试验阴性。

猪痢疾短螺旋体（*Brachyspira. hyodysenteriae*）

猪痢疾短螺旋体为猪痢疾（血痢）的病原体，主要存在于病猪的肠道病变部黏膜上和肠内容物及其排出的粪便中。Whiting 等于 1921 年首先在美国报道了猪痢疾，但到 70 年代前期才证实猪痢疾短螺旋体为猪痢疾的原发性因子。

[形态与染色] 猪痢疾短螺旋体菌体呈波浪形，长约 6～9μm，宽约 0.3μm。多为 2～4 个疏松螺旋，两端尖锐，呈活泼的蛇形运动（新鲜病料在暗视野显微镜下观察）。用电子显微镜观察，可见其结构是由原生质柱（细胞体）和被膜所构成。在原生质柱的两端各着生 8～9 根原生质轴丝，向对侧延伸，相互重叠于原生质柱中部。结晶紫或石炭酸复红可着染，但常用镀银法。革兰染色呈阴性或弱阳性。

[培养特性] 此螺旋体培养时对厌氧的要求极其严格，因此，在分离培养过程中每一步骤都必须在严格厌氧条件下才能获得成功。培养基中需要加入胎牛血清或兔血清。液体培养时，用预先还原的加 10%胎牛血清的胰蛋白酶解酪蛋白大豆汤培养基，在含 CO_2（或氮气和 10%CO_2 混合气体）条件下，并且在氧化还原电势不高于－125 mV 及 pH6.9 的液体中，36～42℃培养，生长最好。37℃下繁殖一代的时间需 5.2h，42℃下需 3.3h。洋地黄皂苷可抑制其生长。有人建议在培养过程中加入牛血清白蛋白和胆固醇，本菌能良好生长。在血液琼脂平板上经厌氧培养，菌落为小的半透明状，明显的 β-溶血。

[生化特性] 本菌能发酵葡萄糖和麦芽糖，不能发酵其他碳水化合物；能利用丙酮酸盐；在含 6.5%NaCl 条件下能生长；对明胶和马尿酸盐水利用能力较弱；能产生氢气和 CO_2 以及少量的乙酸和丁酸。

[血清型] 菌壁中的脂多糖（LPS）具有血清学特异性。用酚抽提 Bh，其水相抗原成分（LPS）作为抗原，用琼脂糖扩散试验可把 Bh 分成四种血清型。20 世纪 80 年代有学者发现新的三种血清群（A－1 9个群），每群含有几个不同血清型。

[病原性] 对猪有病原性，引起猪痢疾。产生血痢和大肠黏膜渗出性、出血性及坏死性炎症。

[分离与鉴定] 本菌对壮观霉素有耐药性，分离培养时可在严格厌氧条件下，用含 400mg/mL 壮观霉素的胰蛋白酶解酪蛋白大豆血液琼脂培养基，作为选择性培养基。根据培养特性及生化试验做出确切鉴定。

参考文献

陆承平.2008. 兽医微生物学 [M]. 第 4 版. 北京：中国农业出版社.

朱万孚，庄辉.2007. 医学微生物学 [M]. 北京：北京大学医学出版社.

Borrelia burgdorferi sp. Nov：Etiologic Agent of lyme Disease，R. C. Johnson et al ，Washington USA：Int. J. Syst. Bacteriology：34 (4)：496－497，1984.

Carter G R，D J Wise. 2004. Essentials of Veterinary Bacterology and Mycology [M]. 6th ed. Iowa：Iowa State Press.

P. H. yaswda et al. 1987. Deoxyribonucleic Acid Relatedness Between Serogroups and Serovars in the Family Leptospiraceae with Proposal for Seven New Leptospira Species [J]. Washington：Int. J. Syst，Bacteriol，37 (4).

Hirsh D C，N J MacLachlan，R L Walker，2004. Veterinary Microbiology [M]. 2th ed. Blachwell Publishing Ltd.

John G. Holt et al. 1984. Bergey's Manual of Determinative Bacteriology [M]. 9th Edition，Baltimore：Williams & Wilkins Co. 27－38.

John G Holt et al. 1984. Bergey's Manual of Systematic Bacteriology [M]. Volume 1，Baltimore：The Williams & Wilkins Co. 38－70.

T. B Stanton. 1992. Proposal To Change the Genus Designation Serpula to Serpulina gen. nov. Containing the Species Serpulina hyodysenteriae comb. Nov and serpulina innoces comb. nov. and serpulina innoces comb. nov.，Washington：Int J. Syst. Bacteriol.，42（1）：189－190.

Quinn P J，B K Markey，M E Carter，W J C Donnelly，F C Leonard. 2002. Veterinary Microbiology and Microbial Disease［J］. Blachwell Science Ltd.，USA.

T. B Stanton et al. 1991. Reclassification of Treponema hyodysenteriae and Treponema innoceans in a New Genus，Serpula. Gen. nov.，as Serpula hyodysenteriae comb. Nov and Serpula innocens comb . nov . al. 1991. Washington：Int ，J. Syst. Bacteriol.，41（1）：50－58.

李祥瑞　审

第九章　不运动（或稍运动）革兰阴性弯曲杆菌类

本类细菌大多数属或种分布于海洋、淡水、土壤、植物的根部，有些种存在于人和动物的生殖器官、肠道和口腔。对动物有致病性的种，属于弯曲菌属、弓形菌属和螺杆菌属。

第一节　弯曲菌属（*Campylobacter*）

在本属细菌中与兽医有关的种为胎儿弯曲菌及各亚种、空肠弯曲菌空肠亚种、结肠弯曲菌空肠亚种、唾液弯曲菌牛生物变种、黏膜弯曲菌、猪肠道弯曲菌和海鸥弯曲菌。最早在牛肠道中发现，本属某些成员是人和动物的致病菌。

[形态与染色] 本属细菌为纤细的弯曲杆菌，宽 0.2～0.8μm，长 0.5～5μm，最长可达 8μm。一般有一个以上或几个螺旋状弯曲。当两个菌连接成链时，也可表现出S形或雁翅形。老龄培养物也可呈球形。在菌体的一端或两端有单个的无鞘鞭毛，呈旋转锥样运动。不形成芽孢，革兰染色阴性。

[培养特性] 本属细菌为典型的微需氧菌，呼吸代谢，需要 3%～15%氧和 3%～5%CO_2，有的菌株为需氧菌，需要 21%的氧气。有 1 个种为耐氧的，可以在大气条件下生长。为有机化能营养菌，对碳水化合物既不发酵又不氧化。生长时不需要血清或血液，从氨基酸或三羧酸循环的中间产物获取能源。

[生化特性] 不液化明胶，MR 和 VP 试验为阴性，无脂酶活性，氧化酶试验阳性，尿素酶试验阴性（除 *C. lari* 的某些株外），不产生色素，DNA 中 G+C 含量为（30～38）mol%。

[抗原与血清型] 弯杆菌具有菌体（O）抗原、鞭毛（H）抗原和 K 抗原。根据易热性抗原因子（主要为 H 抗原），应用玻片凝集反应可将弯曲菌分为 60 个血清群。

胎儿弯曲菌（*Campylobacter fetus*）

胎儿弯曲菌是导致牛羊流产的重要病原菌之一。目前认为胎儿弯曲菌有两个亚种：胎儿弯曲菌胎儿亚种和胎儿弯曲菌性病亚种。曾被认为是不同的菌种或型，并各有其惯用名称。这两个亚种，不仅生理生化等特性有一定的差异，而且其致病性和传染途径等也有所不同。

（一）胎儿弯曲菌胎儿亚种（*C. fetus* ssp. *fetus*）

本菌也曾被称为胎儿弧菌肠道变种（*Vibrio fetus* var. *intestinalis*）、绵羊胎儿弧菌（*Vibrio foetus ovis*）或胎儿弯曲菌肠道亚种（*Campylobacter fetus* ssp. *intestinalis*）。

[形态与染色] 本菌为纤细的弯曲杆状菌，长 1.5～5μm，宽 0.2～0.3μm。常呈现为逗号形、S形或飞雁状。菌体两端较尖细。老龄培养物菌体弯曲疏松可长达 8μm，在琼脂平板上的老龄培养物，菌体为球形。不形成芽孢或荚膜。能以特征性的飞镖式或旋转锥样运动，用相差显微镜可观察到。革兰染色阴性。

[培养特性] 在固体培养基上初代分离可形成几种菌落，有直径为 1mm 的无色光滑型或轻度乳白色菌落；小的圆整、细颗粒状、不透明的白色至棕褐色粗糙型菌落，直径为 1～2mm。光滑型菌落培养 6～8d 后变成黏液型菌落。初代培养菌落无闪光性，传代培养后才出现光滑型闪光菌落和粗糙型闪光菌

落。初代培养常见到低而扁平的边缘不整齐的半透明灰褐色菌落，沿接种线向各方向生长，并且形成菌苔，也可以在琼脂培养基表面上形成一层薄膜状。在血液琼脂培养基上，形成直径1～2mm圆整光滑凸起的灰白色或浅褐色菌落，不溶血。

在布鲁菌肉汤中培养，浊度均匀，可在培养管底部见到奶油状沉淀物。

［生化特性］本菌无磷酸酶活性，25%菌株为芳香脂硫酸酶试验阳性，能在含0.1%亚硒酸钠培养基上生长，能还原硝酸盐和亚硒酸盐。在1%甘氨酸存在下能生长，而性病亚种菌株则不能，这是重要鉴别点之一。

［抗原结构］胎儿弯曲菌胎儿亚种的菌株经100℃热处理2h时，用血清学方法把它分为2个血清型，A-2型和B型。也有带两种抗原的菌株（A-B-2）出现，这种血清型菌株含有两种热稳定抗原A和B。胎儿弯曲菌胎儿亚种菌株还有组成微囊体的抗吞噬抗原，这种抗原是一种糖蛋白。

［病原性］胎儿弯曲菌胎儿亚种对牛和绵羊有致病性，通常能引起流产和不孕，也可以感染人。存在于生殖道及流产胎盘和胎儿组织中，一般通过交配或人工授精传染。公畜经常带菌而无症状，母畜在发育期或非怀孕期感染导致不孕。怀孕母畜流产，可发生在妊娠的任何时期。

［分离与鉴定］分离病原可采取胎盘、流产胎儿的胃内容物、母畜的血液、肠内容物以及胆汁做病料，进行细菌分离培养。用相差显微镜观察培养物，如发现特征的飞镖样运动或旋锥样运动的弯杆菌，再结合其他培养特征及生化试验结果做出鉴定。

（二）胎儿弯曲菌性病亚种（*C. fetus* ssp. *venerealis*）

胎儿弯曲菌性病亚种过去亦称为胎儿弧菌性病变种（*Vibrio fetus* var. *venerechis*）。

［形态特征］与胎儿弯曲菌胎儿亚种相似。只是螺旋比胎儿亚种菌株大些，平均螺距达2.43μm，平均幅宽达0.73μm。

［培养特性］与胎儿亚种菌株培养特性相同。

［生化特性］本菌通常产生硫化氢，但经培养5d以后，个别菌株（占3%～4%）为产生硫化氢弱阳性反应，通常把这样的菌株作为亚型Ⅰ菌株。把不产生硫化氢的菌株称作Ⅰ型菌株。还把硫化氢试验阳性菌株叫做胎儿弯曲菌胎儿亚种中间相生物变种。在0.1%亚硒酸钠的斜面上不生长，不能还原亚硒酸盐和亚硝酸盐，在1%甘氨酸存在下培养不生长，可与胎儿亚种相区别，磷酸酶试验阴性，芳香脂硫酸酶试验阴性。

［抗原结构］性病亚种菌株经过加热100℃处理2h，进行血清学分型研究，可将其分为2个血清型：A-1型和亚A-1型，均含有表面热稳定抗原A。两个型的区别在于硫化氢生成检测试验上，亚A-I型菌株能产生硫化氢。

［病原性］本菌能引起牛流产和不孕，主要通过交配传染。在感染母牛的阴道黏膜、公牛的精液和包皮以及流产胎儿组织及胎盘中存在本菌。本菌对牛、豚鼠、仓鼠以及鸡胚有致病性。给家兔、小鼠或大鼠腹腔接种，不表现致病性。

［分离与鉴定］采取流产母牛阴道拭子、流产胎儿组织及公牛精液等材料，接种培养基。根据培养特性及生化试验做出鉴定。

空肠弯曲菌（*Camplobacter jejuni*）

空肠弯曲菌曾称为空肠弧菌（*Vibrio jejuni*）、肝炎孤菌（*Vibrio hepaticus*）和胎儿弯曲菌空肠亚种（*C. fetus* ssp. *jejuni*）。目前本菌有两个亚种，即空肠亚种和多伊尔亚种（ssp. *doylei*），是一种重要的人兽共患病病原菌，家畜、家禽及许多种野生动物的带菌率很高。多伊尔亚种是从腹泻婴儿的粪便中分离出来的，引起人的腹泻。

［形态与染色］本菌是一种小的紧密蜷曲的螺旋状菌，呈弧形或S形，大小为（0.2～0.5）μm×（1.5～2.0）μm，平均螺距1.12μm，幅宽0.48μm。老龄菌体可达8μm以上。当接触空气后，菌体很快变成球形。不形成芽孢和荚膜，但直接来自病料的某些菌株有荚膜。弧形菌的一端兼生单鞭毛，S形

菌可为两端鞭毛，运动活泼。5倍稀释的石炭酸复红染色较佳。革兰染色阴性。

[培养特性] 本菌为微嗜氧菌。在含5%O_2和10%CO_2和85%N_2环境中生长最佳，但在绝对无氧的条件下不生长。生长最适温度为42～43℃，有嗜热菌之称。在潮湿的琼脂平板上呈密集的大片苔状生长。初代分离形成两种菌落，一种为低平的灰色有细微颗粒、边缘不整的半透明菌落，沿接种线匍匐生长；一种为圆整、中间凸起、闪光的光滑菌落，直径为1～2mm，边缘部位半透明，中间部暗褐色、不透明。在血液琼脂上不溶血，在肉汤培养基中通常形成奶油状沉淀，能在含0.1%亚硒酸钠的斜面上生长，在麦康凯培养基上呈微弱生长。

[生化特性] 不能发酵糖类。在呼吸代谢过程中无酸性或中性产物。大约40%的菌株能对酪蛋白、核糖核酸和脱氧核糖核酸水解；90%～95%的菌株具有磷酸酶活性；60%菌株呈芳香脂硫酸酶阳性。从氨基酸或三羧酸循环中获得能量。能还原亚硒酸盐。空肠亚种能还原硝酸盐，马尿酸盐水解试验阳性。不分解尿素，不液化明胶，无酯酶活性，不产生色素，氧化酶、接触酶试验阳性，MR、VP、靛基质试验均为阴性，DNA中G+C含量为31mol%。

[抗原结构] 空肠弯曲杆菌的抗原结构很复杂，有耐热的O抗原和不耐热的H、K抗原，将其菌体经100℃加热2h发现有一种表面耐热的C抗原。按这种热稳定抗原分型的C型菌株与Mitscherlich等分型的13型及Marsh等分型的I型菌株相同。从100℃加热的菌体中提取出能致敏绵羊红细胞的抗原，按这种抗原可把本茵分为23个型，1、2和3型多感染人。用平板凝集试验检查本菌的热敏感抗原，将本菌分为22个血清群，大多数人的分离株属于1、2、4、7和11血清群。

[病原性] 本菌寄生在牛、绵羊、山羊、狗、猫等多种家畜和包括鸡在内的各种鸟类以及许多野生动物的肠道内，是一种重要的人兽共患病的病原菌。主要致病因素为对组织的侵袭性，耐热性肠毒素和细胞毒素可引起绵羊流产、牛乳房炎，猪、狗、猫的肠炎，禽类肺炎，以及人的急性肠炎和败血症。

各种动物的带菌率很高，尤其是猪和鸡，可达80%～100%，随粪便排出体外，污染环境、水、牛奶以及动物性食品等，成为疫源，可引起人类空肠弯曲菌流行，在公共卫生上具有重要意义。

[分离与鉴定] 分离本菌最好用人的粪便和流产胎儿的胃内容物及胎盘作为分离材料。分离培养基可用含5%～7%裂解马血、10mg/L万古霉素、2 500IU/L多黏菌素和5mg/L三甲氧苄氨嘧啶的血液基础琼脂培养基，或用Campy-BAP培养基，在微嗜氧条件下，42～43℃培养分离效果比37℃培养好。这样的选择培养基虽不能排除所有杂菌，但能抑制肠道中的其他杂菌生长。结合培养特性及生化试验结果，做出确切鉴定。

[免疫] 感染本菌的动物，病后能产生一定程度的免疫力，但不够坚强，妊娠羊接触或感染本菌后，即使未发生流产，也能产生免疫力。每年给母羊注射疫苗，可防止空肠弯曲菌所致疾病的严重流行。给牛注射佐剂苗，可增强对空肠弯杆菌感染的抵抗力。有人认为1岁以内的母犊对本菌有天然抵抗力，但随性的成熟而消失。

感染本菌或接种过疫苗的动物，可在其血清中测出特异性抗体。

结肠弯杆菌（*Campylobacter coli*）

结肠弯曲菌旧称大肠弧菌（*Vibrio coli*）。

[形态与染色] 本菌菌体为紧密螺旋卷曲状，直径0.2～0.3μm。能形成球状体，完全耐氧。革兰染色阴性。

[培养特性] 本菌为嗜氧菌。能在含8%葡萄糖培养基上生长，在固体培养基上通常形成圆形、隆起光滑闪光的菌落，直径1～2mm，呈白色至棕褐色。在湿润的培养基上，菌落为低平、灰色，由接种线向外扩散生长。在血液琼脂上培养不溶血。在肉汤培养基中生长，有奶油状沉淀物。在麦康凯培养基上微弱生长。

[生化特性] 能水解明胶和酪蛋白，芳香脂硫酸酶试验阴性。大多数菌株磷酸酶试验阳性。对赖氨酸和鸟氨酸不产生脱羧反应。苯丙氨酸和酪氨酸脱氨酶试验、脂酶试验、MP试验均为阴性。不产生乙

酰甲基甲醇，不水解七叶苷。在含0.1%亚硒酸钠培养基上能生长，能还原亚硒酸钠。还原石蕊牛乳，不能水解马尿酸盐。

［病原性］本菌为致病性的，主要存在于猪和鸡的肠道，虽然能够产生热不稳定肠毒素，但很少致病。人也可感染，但感染率很低。

［分离与鉴定］本菌的分离可参照空肠弯曲菌的分离培养方法。但很难将二者区分开来，只有通过马尿酸盐水解试验来加以区别。空肠弯曲菌空肠亚种马尿酸盐水解试验为阳性，而结肠弯曲菌为阴性。

唾液弯曲菌牛生物变种（*Campylobacter sputorum* biovar. *bubulus*）

本菌曾称牛弧菌（*Vibrio bubulus*）、牛弯杆菌（*Campylobacter bubulus*）及唾液弧菌牛变种（*Vibio sputorum* var. *bubulus*）。

［形态与染色］本菌为纤细的弯曲杆状菌，长2～4μm。似逗号形或飞雁状，偶尔呈丝状，可长达8μm，菌体两端钝圆。培养10～14h的培养物可发现能运动的杆状菌，一般呈飞镖样或旋锥样运动。革兰染色阴性。

［培养特性］本菌为微嗜氧菌，在血液琼脂培养基上培养，可形成灰白色光滑闪光稍隆起的圆形菌落，直径1～2μm，边缘较薄且不整。有的菌株呈弱α溶血。在肉汤中培养。肉汤比较清亮，不形成沉淀。在葡萄糖半固体培养基上培养3周，酸碱度改变不大，一般pH为6.7～7.0。在微嗜氧条件下能利用甲酸盐。促使其生长。

［生化特性］本菌在微嗜氧条件不发酵葡萄糖产酸，但有些菌株能产生痕量（trace）的乙酸或乳酸。在厌氧条件下培养可产生乙酸和大量的琥珀酸盐。能在含0.1%亚硒酸钠培养基上生长，并还原亚硒酸盐，个别菌株不能还原亚硒酸盐。本菌具有细胞色素b和c以及c型CO_2结合色素。细胞色素b是膜结合性的，c型细胞色素是可溶性的。在微嗜氧条件下，乳酸盐和甲酸盐是氧的电子供体；在厌氧条件下，延胡索酸盐和苹果酸为电子受体，氢气和甲酸盐可作为电子供体。然而本菌的生长可不依靠氢气或甲酸，在延胡索酸盐存在的厌氧条件下培养就可以生长。

［病原性］本菌存在于牛和绵羊的生殖道，引起生殖系统疾病，但也可以存在于正常动物的精液、包皮及阴道黏膜上。人也可以感染。

黏膜弯曲菌（*Campylobacter mucosalis*）

本菌原为唾液弯曲菌黏液亚种。

［形态与染色］本菌菌体呈短而不规则的弯曲状，长1.0～2.8μm，宽0.25～0.30μm。在老龄培养物可见到球状或长达7～8μm的丝状体。革兰染色阴性。

［培养特性］本菌只在微氧条件下生长。也可以在氢气和延胡索酸盐存在的厌氧条件下培养生长。以氢作电子供体，大多数菌株也可以甲酸盐代替氢作电子供体而生长。厌氧条件下以延胡索酸盐作电子供受体，将延胡索酸盐转变成琥珀酸盐。在固体培养基上，形成直径1.5mm、圆形隆起而较平坦的菌落，呈暗黄色。在湿润的琼脂上，沿接种线匍匐生长。能在含0.5%脱氧胆酸钠的培养基上生长，也可在含亮绿1∶100 000或含6%牛胆汁和含0.75mg/mL的氯化三苯四唑（triphehyltetrazolium）的琼脂培养基上生长，不能在麦康凯培养基上生长。

［生化特性］尿素酶、脂酶和卵磷脂酶试验均为阴性，脱氧核糖核酸酶试验结果不定。不液化明胶，不产生靛基质和乙酰甲基甲醇。

抗原结构、抗原分析表明，本菌分为三个血清型，即A、B和C型。

［病原性］本菌对猪有致病性。引起猪的肠腺肿胀、坏死性肠炎、回肠炎及增生性出血性肠病变。人也可以感染。

［分离与鉴定］分离培养可用含亮绿（1∶60 000）和新生霉素（5μg/mL）的马血液琼脂培养基，在微嗜氧条件下（2.5%O_2，10%CO_2，7%H_2和80.5%N_2）或厌氧条件下（氢和延胡索酸盐存在），

从患猪黏膜组织上分离。结合生长特性及生化特点做出鉴定。

猪肠道弯曲菌（*Campylobacter hyointestinalis*）

本菌是1983年从猪增生性肠炎的病料中分离到的，1985年设立的一个新种。

［形态与染色］ 本菌为革兰染色阴性的弯曲杆菌，不形成芽孢，无荚膜，在菌体的一端有一根极生鞭毛，呈飞镖样运动，长形菌体呈疏松螺旋弯曲，宽0.35～0.55μm，不像其他弯曲菌那样形成球形体。在老龄培养物多呈丝状。

［培养特性］ 本菌为微嗜氧至厌氧菌。在固体培养基培养48h，菌落为圆形、中间凸起、稍黏，直径达1.5～2.0mm，呈黄色。在湿润的培养基上不匍匐生长。多数菌株在25℃和43℃下生长。

［生化特性］ 本菌氧化酶试验阳性，接触酶试验亦呈阳性，能在0.1%TMAO存在的厌氧条件下生长，亦能在1%甘氨酸存在下生长。能将硝酸盐还原成亚硝酸盐。在2.0%和3.0%氯化钠存在下不生长，不能水解马尿酸盐，不能还原亚硝酸盐，不液化明胶，尿素酶试验阴性。多数菌株对0.04%氯化三苯四唑敏感，在此试剂存在下不生长。本菌具有氢化酶活性，氢气的存在可促使本菌生长，并产生硫化氢。

［病原性］ 本菌能引起猪增生性肠炎，也可感染仓鼠发生肠炎。人也可以感染。

［分离与鉴定］ 本菌的培养并不十分困难，但对微嗜氧至厌氧要求较严格，有氧条件下不能生长。关键在于与其他弯杆菌的鉴别，通过接触酶试验阳性以及对1.5%氯化钠的耐受性，可与唾液弯杆菌及其亚种和简洁弯杆菌（*C. concisus*）区别；通过对氯化三苯四唑及萘啶酮酸敏感，对先锋霉素中度耐药，不能变成球形体和在湿润培养基上不匍匐生长，可与结肠弯杆菌和空肠弯杆菌区别；通常能产生硫化氢，对灭滴灵敏感，在0.1%TMAO存在的厌氧生长以及氢化酶活性，可将本菌与胎儿弯杆菌及其亚种区分开。

幽门螺杆菌（*Helicobacter pylori*）

本菌原称为幽门弯曲菌（*C. pylori*），归弯曲菌属。1991年新建螺杆菌属，本菌亦作相应改变。

［形态与染色］ 为螺旋形、弯曲或直的不分支杆菌，在胃黏膜部位常常为弯曲、S形或弧形，（1.5～5.0）μm×（0.3～1.0）μm，顶端钝圆。在陈旧培养物中可形成球形或类球形。本菌由两端的4～8根鞭毛进行快速螺旋状运动。不产芽孢。革兰阴性。DNA的G+C含量为（35～37）mol%。

［培养特性］ 微需氧，在85% N_2、10% CO_2和5%O_2（或H_2）的混合气体条件下，37℃培养3～7d，即可长成针尖状或直径1.0mm以下的半透明菌落，在营养丰富的培养基中，稀少菌落直径可达1～2mm。在厌氧条件下生长不定。适宜生长温度为37℃，30℃可生长，在42℃和25℃下不能生长。本菌对培养的条件要求较高，一般应用布氏琼脂，或脑心浸液琼脂，或哥伦比亚琼脂中加入5%～10%的羊血和马血。在细菌传代过程中，增加接种量有利于改善传代，特别是对临床分离株更有效。也可以在加有活性炭和玉米淀粉的脑心浸液琼脂培养基中生长，在加有5%～10%小牛血清的布氏肉汤或脑心浸液肉汤中震荡培养生长良好。

［生化特性］ 本菌触酶、碱性磷酸酶、脲酶和谷氨酸转肽酶阳性，硝酸盐还原和吲哚氧乙酸水解阴性，1%甘氨酸中不生长。对萘啶酮酸有抗性，对头孢菌素中度敏感。

［病原性］ 可致人的慢性胃炎，并和消化性溃疡有关，并可能发展为胃癌。可自然感染猕猴、猫，引起胃炎。实验性口服可感染小鼠、家鼠、猫、猪和犬等，引起胃炎。可能由动物传染给人，但人与人密切接触是传染的主要因素。猪的胃溃疡被怀疑与螺杆菌感染有关，有待进一步研究。

本菌感染的关键是黏附胃上皮细胞。这一过程与细菌产生黏附素、磷酸酯酶A、鞭毛素以及脲酶有关。

［分离与鉴定］ 用于细菌分离培养的样品主要来自胃镜检查时活的胃黏膜活检组织，也可以采集胃液、牙斑或粪便等用于分离培养。样品置保存液（含100g/L蔗糖、500mL/L小牛血清）中0～8℃保

存 1～2d 或－20℃保存 1～2 个月不会明显影响分离效果。一旦样品在分离前进行过冷冻保存，转运过程中一定要在干冰中进行，若发生冻融，会明显影响分离效果。本菌对培养的条件要求较高，一般应用布氏琼脂，或脑心浸液琼脂，或哥伦比亚琼脂中加入 5%～10%的羊血和马血。在细菌传代过程中，增加接种量有利于改善传代，特别是对临床分离株更有效。可根据菌落形态、培养特性以及生化试验结果进行鉴定。

海鸥弯曲菌（*Campylobacter lari*）

本菌原名 *Campylobacter laridis*，1983 年独立为种。

［形态与染色］菌体小，弯曲，呈 S 形或螺旋棒状，（1.7～2.4）μm×0.3μm，末端钝圆。培养物暴露于空气后快速转变为球菌形状。做快速飞镖样运动。两端各有单根鞭毛。DNA 中 G+C 含量为（31～33）mol%。革兰阴性。

［培养特性］在含血琼脂平板培养 48h，形成半透明表面凸起的菌落，直径 1～1.5mm。在过于湿润的琼脂表面，可能形成片状菌苔。在无氢气环境中，微需氧生长。在三甲胺-N-氧化物存在时，可行厌氧生长。不在空气或富含二氧化碳的环境中生长。在 1.0%～1.5%公牛胆汁、0.05%氟化钠、32mg/L 头孢菌素或 64mg/L Cefoperazone 存在时菌株可以生长。93%的菌株在 0.04%氯化三苯四唑存在时可以生长并还原该物质。但不在麦康凯培养基上生长。42℃生长，有氧环境下 37℃和 25℃均不生长。

［生化特性］本菌最初被认为是抗萘啶酮酸嗜热弯曲菌，但后来在含马血琼脂上 α 溶血和嗜损斑阴性。氧化酶、过氧化氢酶、脲酶阳性。不水解马尿酸盐，在三糖铁存在时不产生硫化氢，也不产酸。不水解吲哚醋酸盐，可以还原硝酸盐。萘啶酸抗性阴性，头孢菌素抗性阳性。

［病原性］本菌存在于人类、鸟类、家禽、犬、猫、猴、马、海豹等的胃肠道中，也存在于河水和海水中。人感染后可以引起胃肠炎和败血症，禽类感染后可以引起胃肠炎。

［分离与鉴定］本菌分离并不困难。各种来源的分离样本可以先用添加有 Cefoperazone 和两性霉素的 Oxoid 公司的弯曲菌无血选择培养基培养在微氧环境下，于 42℃培养 48h。根据菌落特性和革兰染色特性，将阳性菌落再于选择培养基培养。再根据菌落形态、培养特性以及生化试验结果进行鉴定。

嗜冷弓形菌（*Arcobacter cryaerophilus*）

本菌属于弓形菌属，过去称为嗜冷弯曲菌（*Campylobacter cryaerophila*）。

［形态与染色］本菌为革兰阴性，不形成芽孢的杆菌，长 1.8μm，宽 0.4μm，通常也可见到长达 20μm 以上的弯曲形、S 形或螺旋形状。一端有鞭毛，呈飞镖状运动。

［培养特性］本菌为微嗜氧和厌氧菌，在微嗜氧条件 30℃培养 48～72h，形成的菌落较小，直径可达 1mm 左右，呈光滑形中间凸起边缘完整的圆形菌落。在含 10%CO_2 的条件下或厌氧传代培养，菌落可以变得扁平，不规则，大小不等。所有菌株在 15℃培养均能生长。在麦康凯培养基和脱氧胆酸盐琼脂培养基上不生长。不能在含 1%甘氨酸和 1mg/mL 的氯化三苯四唑的培养基上生长。

［生化特性］本菌接触酶试验和氧化酶试验阳性，绝大多数菌株能还原硝酸盐和亚硝酸盐。能耐受 2%氯化钠、0.1%甘氨酸和 4%葡萄糖。不产生硫化氢，在 Hugh-leifson 培养基上能产生产碱反应。VP 和 MR 试验均为阴性，不产生靛基质，尿素酶试验、鸟氨酸和精氨酸脱羧酶试验、RNA 酶或 DNA 酶试验均为阴性。不液化血清或明胶，不能水解酪蛋白、淀粉、尿酸盐等，不分解糖类。

［病原性］本菌可导致牛、猪、绵羊等多种家畜的流产、死胎以及不育。有腹泻症状的病人也可以分离到本菌。

［分离与鉴定］本菌的分离并不困难，可从家畜的生殖道、流产胎儿的各器官、动物的粪便以及患乳房炎牛的乳汁中分离到本菌。用加 1%血红素的胰酶大豆汤琼脂培养基，在减低氧分压（5%O_2、7%CO_2、88%N_2）的情况下培养即可生长，培养温度为 30℃。可根据菌落形态、培养特性以及生化试验

结果进行鉴定。

参考文献

陆承平 . 2008. 兽医微生物学［M］. 第 4 版 . 北京：中国农业出版社 .

朱万孚，庄辉 . 2007. 医学微生物学［M］. 北京：北京大学医学出版社 .

Benjamin，J. et al. 1983. Description of Campylobacter laridis，a new species comprising the naladixic acid resistant thermophilic Campylobacter（NARTC）group［J］. Curr. Microbiol. 8：231 - 238.

C. j. Gebbart et al，1985. "Campylobacter hyointestinalis" sp. Niv：a New Species of Camoylobacter Found in the instines of Pigs and other Animals，Washington：J，Clin，Mccrobiol. 21（5）：715 - 720.

T. W. Steels et al. 1988. Campylobacter jejuni subsp. Doylei subsp. Nov.. a Subspecies of Nitrate-Nebative Camplobacters Isolated from Human Climical Specimens. Washington：Int. J Syst. Bacteriol，38（3）：316 - 318.

Carter G R，D J Wise. 2004. Essentials of Veterinary Bacterology and Mycology［M］. 6th. Iowa State Press.

Hariharan H，S Sharma，A Chikweto，V Matthew，C DeAllie. 2009. Antimicrobial drug resistance as determined by the E-test in *Campylobacter jejuni*，*C. coli*，and *C. lari* isolates from the ceca of broiler and layer chickens in Grenada. Comp. Immun. Microbiol. Infect. Dis. 32：21 - 28.

Hirsh D C，N J MacLachlan，R L Walker. 2004. Veterinary Microbiology［M］. 2th. Blachwell Publishing Ltd.

John G Holt et al. 1984. Bergey's Manual of Determinative Bacteriology［M］. 9th Baltimore：Williams & Wilkins Co.，39 - 64.

John G Holt et al. 1984. Bergey's Manual of Systematic Bacteriology［M］. Volume 1. Baltimore：The Williams & Wilkins Co. 71 - 124.

Quinn P J，B K Markey，M E Carter，W J C Donnelly，F C Leonard. 2002. Veterinary Microbiology and Microbial Disease［M］. Blachwell Science Ltd.

Reed R P，M L Williams. 1998. *Campylobacter lari* Bacteremia［J］. Clinical Microbiology. 20：169 - 170.

李祥瑞 审

第十章　需氧、微需氧革兰阴性杆菌和球菌类

这类细菌是形态和生理特性各不相同一个大群体，但是都具有严格的呼吸型代谢机能，通常以氧作为终末电子受体。大多数菌可以在有氧（21% O_2）条件下生长，而某些微嗜氧成员则不能。有些属可以在厌氧条件下生长，有几个种可以固氮。

这类细菌在《伯杰鉴定细菌学手册》第 9 版上，设 A、B 两个群，A 群包括 80 个属，B 群包括 3 个属。与兽医有关的是，A 群中的博代菌属（*Bordetella*）、莫拉菌属（*Moraxella*）、奈瑟球菌属（*Neisseria*）、布鲁菌属（*Brucella*）、假单胞菌属（*Pseudomonas*）、弗朗西斯菌属（*Francisella*）及 B 群的泰勒菌属中的成员。

第一节　假单胞菌属（*Pseudomonas*）

本属细菌包含的种很多，最早的分类是在大量收集假单胞菌各种菌株的基础上，按照可见的表型特征分为不同的群或组。在《伯杰鉴定细菌学手册》第 9 版上，根据细菌 rRNA/DNA 杂交试验得出的 rRNA 同源性结果，分成 5 个群，即Ⅰ、Ⅱ、Ⅲ、Ⅳ、Ⅴ群。绿脓杆菌列为Ⅰ群，鼻疽假单胞菌和类鼻疽假单胞菌列为Ⅱ群。

[形态与染色] 假单胞菌属的菌体为革兰染色阴性，直或稍有弯曲，但不呈螺旋状。长 1.5～5.0μm，宽 0.5～1.0μm。本属细菌偶尔有大小和形状的差异，某些种如卵状假单胞菌（与恶臭假单胞菌同种异名）菌体为卵圆形，某些植物致病菌菌体呈长杆状，长度一般超过 4μm。许多种菌体内有大量的聚 β-羟丁酸蓄积，作为碳源的储备物，呈嗜苏丹染色阳性。电子显微镜观察假单胞菌有典型的革兰阴性菌的细胞壁和细胞膜形态，具有 9 层结构，包括电子致密度高和电子致密度较低的各层。在大多数假单胞菌中都有称作杆状体的微管结构，其生物学意义尚不清楚。

本属细菌具有端菌毛，有的菌为亚端菌毛，有的菌为周生菌毛。菌毛与致病性有关，可以借助菌毛黏附到细胞表面，还具有抗巨噬细胞吞噬的作用。

本属细菌不产生芽孢，无荚膜。

[培养特性] 大多数假单胞菌在含有氨离子或硝酸盐的无机物培养基上就能生长，可利用较简单的有机物作碳源和能源。有几个种的生长需要生长因子，大多数种不需要有机生长因子。为有机化能营养菌，某些种为兼性无机化能营养菌。

[生化特性] 本属细菌氧化酶试验可因种的不同而异。接触酶试验均为阳性。

[分布及病原性] 本属细菌广泛分布于自然界，有些种为植物致病菌，有些种对动物和人有致病性；还有一些种为腐生性，存在于水和土壤中。在本属菌种，对人和动物致病和较重要的种为鼻疽假单胞菌和类鼻疽假单胞菌，以及人和动物的条件致病菌铜绿假单胞菌。三种细菌的主要区别见表 10-1。

表 10-1　假单胞菌属中三个主要细菌的特性

内　容	鼻疽假单胞菌	类鼻疽假单胞菌	铜绿假单胞菌	内　容	鼻疽假单胞菌	类鼻疽假单胞菌	铜绿假单胞菌
运动性	—	+	+	多聚 β-羟丁酸盐	+*	+*	—
产生 H_2S	+（少量）	—	—或+	D-木糖	+	—	
凝固牛奶	+（迟缓）	—		L-鼠李糖	—	+	
产生水溶性色素	+	+	+	侧金盏花醇…赤藓醇	—	+*	
精氨酸双水解酶	+	+	+		—	+	—
淀粉水解	+*	+	—				

注：* 11%～89%阴性。

鼻疽假单胞菌（*Pseudomonas mallei*）

鼻疽假单胞菌为马、驴、骡等单蹄兽鼻疽病的病原菌，也感染狮、虎等猫科动物及人。为重要的人兽共患病的病原菌，又称鼻疽杆菌。

［形态与染色］本菌是一种无鞭毛、不能运动、不形成芽孢和荚膜的短小杆菌，长 1.5～4.0μm，宽约 0.5μm。菌端钝圆，形态平直或微弯曲。通常单在、成双，培养传代后呈多形性，出现棒状、分枝状或长丝状等。本菌为革兰阴性，一般苯胺染料易着色。菌体由于原生质中含有分布不均匀的多聚烃基丁酸盐，染色多不均匀，细胞内有嗜苏丹黑颗粒。

［培养特性］本菌为需氧和兼性厌氧菌。弱嗜酸性，最宜 pH6.4～6.8，发育最适温度为 37℃。可在普通培养基上发育，但生长缓慢。在含 4%甘油的培养基中生长良好，在甘油琼脂上经 24h 培养后，形成灰白带黄色有光泽的正圆形小菌落；48h 后，形成灰白色乃至灰黄色菌落，增大至 2～3mm，呈正圆形；开始为半透明，逐渐黄色色调加深，边缘整齐，菌落表面湿润黏稠。在琼脂斜面上培养时，凝集水不混浊。在加有葡萄糖与 1%血液的培养基中则可促进其更好生长，在甘油肉汤内培养时，肉汤呈轻度混浊，在管底可形成黏稠的灰白色沉淀物。10～15d 后，在液面可形成菌环或菌膜。在马铃薯培养基上的生长具有明显的特性，48h 培养后，可出现黄棕色黏稠的蜂蜜样菌苔，黄色逐渐变深。在鲜血琼脂平板上不溶血。在硫堇葡萄糖琼脂上生长时，菌落呈淡黄绿色到灰黄色。在孔雀绿酸性复红琼脂平板上生长时，菌落呈淡绿色。

［生化特性］本菌分解糖类和蛋白质的能力弱且不规律。部分菌株可分解葡萄糖和水杨苷。少数菌株能分解甘露醇，产酸不产气；不能还原硝酸盐；可产生少量硫化氢和氨，但不产生靛基质；不液化或缓慢液化明胶；在石蕊牛奶中产酸，VP 和 MR 及尿素酶试验均为阴性。不产生氧化酶。精氨酸双水分解酶（arginine dihydrolase）试验阳性。DNA 中 G+C 含量为 69%。

［抗原结构与毒素］本菌具有 M（黏液抗原）、K（封套抗原）抗原和菌体抗原 O 及 R。分为两类：一类为特异性多糖抗原，一类为蛋白质成分。经用 MAb 技术分析，后者与鼻疽假单胞菌有共同的抗原表位，两者间可产生交叉反应，K 和 O 属共同抗原。本菌具有特异性致死毒素（含多糖质中），还含有不耐热的坏死毒素和耐热的内毒素。内毒素对正常动物的毒性不强，但如注射于有感染的动物，可引起的剧烈的反应。

［抵抗力］本菌抵抗力不强。在直射阳光照射下，24h 左右即可被杀死。在干燥的病料中 7～14d 死亡。在潮湿的厩舍中其生活力可达 20～30d。对湿热抵抗力不强。80℃ 5min，煮沸数分钟可杀死本菌。在琼脂和肉汤中培养的本菌，在室温可保存 60～90d；如用胶塞密封在试管中，置室温可存活几个月到一年半。但对低温如 3～5℃和−10～−30℃则死亡快。一般消毒药，如 1%氢氧化钠、5%漂白粉、2%福尔马林等 1h 之内均可杀死。对四环素、链霉素、新霉素及三甲氧苄胺嘧啶敏感。

［病原性］在自然条件下，本菌主要感染马、驴、骡等单蹄兽，临床上呈急性或慢性经过。也能感染狗、猫、骆驼以及野生动物狮子、虎、豹及狼等，人由于创伤或吸入含菌材料可被感染致病。在实验

动物中，猫最易被本菌感染，皮下注射10个活菌就可引起急性败血病或脓毒症死亡。豚鼠、仓鼠、家兔也易感，大、小鼠易感性次之。给雄性豚鼠腹腔接种本菌后，经3～4d睾丸肿胀，发生睾丸荚膜炎和化脓性睾丸炎，称Straus's反应，对诊断鼻疽有一定的价值。给家兔皮下注射本菌时，局部可发生溃疡和淋巴结肿大，牛、猪也可人工感染致病。

[分离与鉴定] 病料常用患马的鼻汁、皮肤溃疡分泌物，最好是尚未破裂脓肿的穿刺物。病料新鲜时，可直接用1%血液甘油琼脂平板作分离培养。陈旧污染病料则用血液孔雀绿酸性复红琼脂或血液硫茎葡萄糖琼脂平板培养。如恐病料中含菌量少，直接培养不易成功时，也可先用甘油肉汤增菌培养一昼夜后，再作平板分离培养。本菌不能在麦康凯、SS及萘啶酮酸溴棕三甲胺琼脂上生长，能在多黏菌素琼脂上生长；类鼻疽假单胞菌能在麦康凯及多黏菌素琼脂上生长，不能在SS及萘啶酮酸溴棕三甲胺琼脂上生长；铜绿假单胞菌不能在多黏菌素琼脂上生长，而能在其他三种琼脂生长。这些可作为三种菌的区别，其他可参考表10-1。

[免疫与诊断] 在人工免疫方面曾应用死菌苗、鼻疽假单胞菌的新陈代谢产物及用各种方法减毒株进行人工免疫，都没有获得实际的效果。近年来，实验证明死菌苗仅能激发产生非中和性抗体，而活菌抗原能引起体液免疫与细胞免疫应答，细胞免疫对鼻疽免疫起主导作用，为研究鼻疽免疫生物制品提出了方向。

感染本菌患病后的马，血液中可检查出补体结合抗体和凝集素。补体结合抗体于发病后第三天出现，约可持续一年，可用于诊断本菌感染的马匹。而凝集素只对新感染本菌或急性发作的动物才具有一定的诊断意义。

类鼻疽假单胞菌（*Pseudomonas peeudomallei*）

本菌为引起马属动物类鼻疽，以及在自然条件下引起啮齿类动物类鼻疽的病原体。因其形态特征及培养特性与鼻疽假单胞菌很相似，故名。由Nhitmore于1913年首先从类鼻疽病人分离出来，对人有致病性，也能感染马及其他动物。主要见于东南亚等热带地区，为人畜共患的一种地方性传染病的致病菌。

[形态与染色] 本菌与鼻疽假单胞菌相似，单在、成双或成丛排列，菌体大小为0.6μm×1.5μm或0.5μm×2.0μm，不形成芽孢及荚膜。有极生鞭毛，能运动。革兰染色阴性。如用Giemsa染色，有两极浓染倾向。

[培养特性] 本菌生长较快，在普通培养基上也能发育，在加有甘油的培养基上生长得更好。如在5%甘油琼脂培养基上培养，24h形成中央突起的圆形、光滑型小菌落，48h后表面出现皱纹。其他培养基如麦康凯琼脂，48h后形成红色、不透明的圆形菌落；马铃薯斜面上长成灰白色菌落，后变成蜂蜜样菌苔。在普通肉汤中，开始均匀混浊形成脂样菌膜，以后菌膜变厚，并产生皱褶，乃至形成黏性沉淀物，上清液变为透明。

[生化特性] 本菌生化特性比较活泼，初分离的菌株能分解葡萄糖、乳糖、麦芽糖、甘露醇、蔗糖，产酸不产气；但在实验室长期保存的菌株只能发酵葡萄糖。本菌可液化明胶，但不能使牛乳凝固。能还原硝酸盐，不产生硫化氢，靛基质试验阳性。DNA中G+C含量为69.5mol%。

本菌对卡那霉素、磺胺嘧啶（SD）敏感。

[抗原结构] 与鼻疽假单胞菌的部分抗原相同，凝集反应、补体结合反应以及皮肤变态反应等均有交叉反应现象。

[毒素] 本菌培养物滤液中含有两种毒素：一种为具有抗凝集作用的致死性毒素，这种毒素加热50℃ 30min其致死性不变；煮沸15min，可将其灭活。另一种为能致皮肤坏死的溶解蛋白毒素，这种毒素不耐热，煮沸4min即可被灭活。

[病原性] 本菌除可致啮齿类动物类鼻疽外，家畜中的马属动物及牛、猪、羊等均可感染发病。野鼠是类鼻疽的保菌宿主，可经消化道、呼吸道及损伤的皮肤或蚊、蚤等吸血昆虫传染。感染后形成败血

症，于肝、脾、淋巴结形成结节脓肿，与鼻疽颇相似。人也可感染，多取急性败血症经过。

［**免疫**］实验证明，用本菌无毒菌株，大剂量可使动物产生免疫，但免疫力弱，灭活则无免疫作用，目前尚无菌苗进行免疫。

铜绿假单胞菌（*Pseudomonas aeruginosa*）

铜绿假单胞菌又称绿脓杆菌，在土壤、水和空气等自然环境中广泛存在，在正常人畜的肠道和皮肤上也可发现，是人畜的一种条件致病菌，可在创伤局部感染化脓，全身感染可引起败血症。

［**形态与染色**］本菌为杆状，长 1.5～3.0μm，宽 0.5～0.7μm，呈单个、成对或有时形成短链状。能运动，菌体一端有一根鞭毛。革兰染色阴性。

［**培养特性**］本菌在普通固体培养基上就能良好生长，通常形成两种菌落，一种为较大的边缘平坦中间隆起、呈“荷包蛋样”的光滑型菌落；另一种为粗糙型的蜡样小菌落。菌落呈蓝绿色，并有芳香气味。一般情况下，从临床病料中分离的为较大的光滑菌落，自然界分离的为小菌落。在人工培养条件下，大菌落能向小菌落变异，而小菌落向大菌落的反向变异较少发生。从呼吸道和尿道分泌物中分离的菌株，可形成第三种菌落即黏液型菌落。在化学限定性培养基上，根据有无黏液（褐藻酸盐）的生成，将绿脓杆菌的黏液型变种划分为两种。

本菌除了能生成绿脓菌素和荧光色素外，某些菌株还可生成其他色素，包括暗红色素。本菌在麦康凯培养基上生长良好，菌落不变红色。

［**生化特性**］本菌能分解葡萄糖、2-酮葡酸盐、拢牛儿醇、β-丙氨酸和 L-精氨酸，还能利用阿拉伯糖、木糖、甘露醇和甘油，不能分解鼠李糖、蔗糖、麦芽糖、乳糖、菊糖、卫矛醇和杨苷。VP 试验阴性，不产生硫化氢和靛基质。精氨酸脱氢酶试验和氧化酶试验阳性，能液化明胶，不能水解淀粉，能利用硝酸盐作氮源，卵磷酯酶试验阴性。胧氮反应试验阳性。

［**毒素**］本菌能产生细菌毒素，分为两种类型（S 型和 R 型），对同种异型菌株有致死作用。S 型细菌毒素为无定型结构并对蛋白溶解酶敏感，R 型细菌毒素具有噬菌体组成结构，对蛋白溶解酶不敏感。

本菌的毒力因子主要是细胞外产物，如能抑制其他菌的色素，局部活性的蛋白酶、溶血毒素、肠毒素和致死性毒素（外毒素 A）。致死性毒素是能在核糖体水平上抑制蛋白质合成的一种酸性蛋白。

［**抗原结构**］本菌具有菌体 O 抗原和鞭毛 H 抗原。O 抗原含有内毒素和原内毒素蛋白质两种成分。原内毒素蛋白质是一种高分子、低毒性、免疫原性强的保护性抗原，不仅存在于不同血清型绿脓杆菌中，而且广泛存在于假单胞菌属的其他细菌以及肺炎杆菌、大肠杆菌、霍乱弧菌等革兰染色阴性细菌中，是一种良好的交叉保护抗原。绿脓杆菌能产生多种与毒力有关的物质，如内毒素、外毒素 a、弹性蛋白酶、胶原酶、胰肽酶等，其中以外毒素 a 最为重要。绿脓杆菌外毒素 a 为一种热不稳定的单链多肽，相对分子量约 6.6×10^4，经甲醛或戊二醛处理可脱毒为类毒素，并被特异性抗毒素中和。

［**病原性**］本菌为条件性致病菌，可引起创口感染、泌尿系统感染、牛乳房炎，以及生殖道的感染，还可加重猪萎缩性鼻炎鼻黏膜的化脓病变等。在人的大面积烧伤时，经常引起严重感染，若治疗不及时，细菌可侵入血液，引起败血症。

［**分离与鉴定**］本菌的分离并不困难，用普通琼脂培养基即可分离。将病料接种于普通琼脂培养基，可以根据菌落形态、特殊的芳香气味以及绿色色素等比较准确地识别，挑取本菌菌落。其鉴定的主要依据是革兰染色阴性，中等大小杆状菌，易生长，需氧，氧化酶试验阳性，精氨酸水解酶试验阳性，一端鞭毛，能产生蓝绿色素等。

第二节 莫拉菌属（*Moraxella*）

本属细菌多寄生于人或其他温血动物的黏膜上，对动物有致病性的为牛莫拉菌和绵羊莫拉菌。

［**形态与染色**］莫拉菌属中的两个亚属细菌形态不一，莫拉氏杆菌亚属菌株为杆状，但较短，几乎

近似球形，一般长 1.5～2.5μm，宽 1.0～1.5μm。通常见到成对或呈短链状存在，在人工培养时菌体大小及形状有些不同，多呈纤维状或链状，在缺氧条件下或在高于最佳培养温度下培养均有多形性。布兰汉氏球菌亚属菌体形态为球形，通常很小，直径 0.5～1.0μm，呈单个或成对存在。成对存在时，两菌相邻处为平直线状，有的菌株还可形成四联体形态。本属细菌为革兰染色阴性，有时会出现对革兰染色脱色抵抗现象。具有荚膜，不形成芽孢，无鞭毛，有纤毛。

培养及生化特性本属细菌为需氧菌，但有些菌株可在厌氧条件下培养表现微弱生长。除奥斯陆莫拉菌外，绝大多数菌株对营养要求比较苛刻，但特殊的营养需要尚不清楚。理想的培养温度为 33～35℃，经培养菌落不产生色素，氧化酶试验阳性，接触酶试验阳性，对糖类利用不产酸。DNA 中 G+C 含量为（40～47.5）mol%。

牛莫拉菌（*Moraxella. bovis*）

本菌曾称为牛嗜血杆菌，是引起牛传染性结膜炎的主要病原菌。现在归属莫拉菌属莫拉氏亚属。

［形态与染色］本菌长 1.5～2.0μm，宽 0.15～1.0μm，多成双或短链排列；有荚膜，无芽孢，无鞭毛，不能运动，粗糙型有菌毛。在老龄培养物中呈球形或大小不一的杆形。革兰染色阴性。培养特性本菌为需氧菌，对干燥敏感，在湿度 70%以下不生长。在普通培养基上生长贫瘠。在含有血液或血清的培养基上生长良好，培养 24h 后菌落呈圆形，灰色，半透明，表面光滑，大小如芝麻粒，周围呈β型溶血。从病后期或健康牛眼组织中分离培养的菌落常为粗糙型，不溶血。在含血清的肉汤培养基中，产生颗粒沉淀，不形成菌膜或菌环。

［生化特性］不分解葡萄糖等碳水化合物，不还原硝酸盐，不产生靛基质，不分解尿素，缓慢液化明胶。氧化酶和接触酶试验阳性。不产生硫化氢，MR 试验及 VP 试验均为阴性。DNA 中 G+C 含量为（41～43）mol%。

［抵抗力］本菌对理化因素的抵抗力不强，一般浓度消毒剂或加热至 59℃，经过 5min 均有杀菌作用。对青霉素、四环素、多黏菌素敏感。

［病原性］本菌是一种条件性致病菌，存在于牛眼内及鼻腔黏膜上。β型溶血菌株有致病性，在代谢过程中产生的耐热性坏死毒素、热敏性毒素可能是致病的原因。可引起角膜结膜炎。有研究者曾证明，因紫外线照射降低了结膜对微生物的抵抗力，使本菌大量繁殖，并在其他微生物的协同作用下，加重细胞病变和炎症过程。

［分离与鉴定］用病眼分泌物接种在含血液或血清的培养基上，进行分离培养。根据形态及生化特性可作出鉴定。

［免疫］本菌引起牛患角膜结膜炎愈合后，再感染同株菌时有较强免疫力。可用菌苗预防感染。

绵羊莫拉菌（*Moraxella. ovis*）

绵羊莫拉菌曾称为绵羊奈瑟球菌（*Neisseria ovis*），是布兰汉球菌亚属中的一个成员。它能引起绵羊传染性角膜结膜炎。

［形态与染色］本菌为球形，多呈四联体形式存在，有荚膜，革兰染色阴性，但对革兰染色脱色有抵抗性，无鞭毛，但有纤毛。

［培养特性］本菌经 48h 培养，形成的菌落直径达 2.5mm，较扁平、中间凸起，经过长时间培养几乎变成平坦状。菌落为灰白色，比牛莫拉菌的最大型菌落稍小些，不透明，质地松软，在血液琼脂上有透明的窄溶血环。经传代培养，也可产生不能溶血的变种，但从绵羊、牛和马直接分离的初代培养物也有不溶血的菌株。

［生化特性］氧化酶试验和接触酶试验阳性，不液化明胶，不液化血清，不产生靛基质，尿素酶试验阴性，不能还原硝酸盐及亚硝酸盐，用复合培养基培养发现能利用乳酸盐、丁酸盐和己酸盐。

［病原性］本菌能引起绵羊传染性角膜结膜炎，它还能与牛莫拉菌混合感染，引起牛的传染性角膜

结膜炎。可从绵羊和牛的结膜上分离到，也能从绵羊和马的上呼吸道中分离到。

鸭疫莫拉菌（*Moraxella anatipestifer*）

Hendrickson 和 Hilbert 于 1932 年从病死鸭中分离出本菌，并鉴定了特征。本菌曾称为鸭瘟巴氏杆菌。Bruner 和 Fabricant（1954）对本菌进行了系统研究，认为本菌与莫拉菌（*Moraxella* spp.）有较多的相同之处，并建议采用鸭疫莫拉菌的名字。但分类位置未定，暂列于此。

［形态与染色］不能运动、不形成芽孢的杆菌，单个或成对排列，偶呈丝状。菌体大小不一，（0.2～0.4）μm×（1～5）μm。革兰染色阴性。用 Wright 法染色时，许多细菌呈两极染色，用印度墨汁染色能见到荚膜。

［培养特性］本菌在巧克力琼脂或胰蛋白酶黄豆琼脂培养基上生长良好，在 37℃增加 CO_2 和湿度条件下培养 24h 后，可在巧克力琼脂上出现直径 1～5mm 及凸起、透明、闪光和奶油状的菌落。在血液琼脂上不溶血。

［生化特性］不发酵碳水化合物，一般不产生靛基质和硫化氢。不还原硝酸盐，不水解淀粉。明胶常被液化。石蕊牛乳可缓慢变碱。产生氧化酶和过氧化氢酶并水解精氨酸和马尿酸。DNA 中 G+C 含量为（40～47.5）mol%。

［病原性］本菌主要感染幼年鸭。2 周龄以下的鸭通常在症状出现后 1～2d 死亡。鸡、鹅、鸽、兔和小鼠对本菌的感染有抵抗力。

［分离与鉴定］当鸭在病的急性期时，本菌最容易被分离出来。采取骨髓、心血、肝、脾、肺、脑和眼、气管或腹腔的渗出物，接种巧克力琼脂培养基或血清琼脂培养基划线培养。在增加 CO_2 的条件下，于 37℃培养 24～72h。挑选菌落接种鉴别培养基。本菌一般液化明胶但不发酵碳水化合物。

第三节 布鲁菌属（*Brucella*）

本属细菌是微小的需氧性革兰阴性杆菌，多生活在宿主细胞内。是引起牛、羊、猪等动物布鲁菌病的病原菌，主要引起母畜流产，公畜患睾丸炎，但一般不表现临床症状，也不死亡。人与病畜或流产材料接触和饮用病畜的乳和乳制品后，可引起感染，发生波状热、关节痛、全身乏力，并形成带菌免疫。由英国一名医生布鲁士（Bruce）于 1887 年首先从患病羊发现而得名。本属细菌在《伯杰鉴定细菌学手册》第 9 版上安排在需氧革兰阴性杆菌和球菌类中，科的位置未定，现在放在需氧微需氧革兰阴性杆菌和球菌类下，不设任何科，直接设属。包括 6 个种，20 个生物型。6 个种即马耳他布鲁菌（*Brucella melitensis*，我国称羊种布鲁菌）、流产布鲁菌（*Brulella abortus*，我国称牛种布鲁菌）、猪布鲁菌（*Brucella suis*）、绵羊布鲁菌（*Brucella ovis*）、沙林鼠布鲁菌（*Brucella neotomae*）和犬布鲁菌（*Brucella canis*）。其中猪布鲁菌分为 4 个生物型，马耳他布鲁菌分为 3 个生物型，流产布鲁菌分为 8 个生物型。

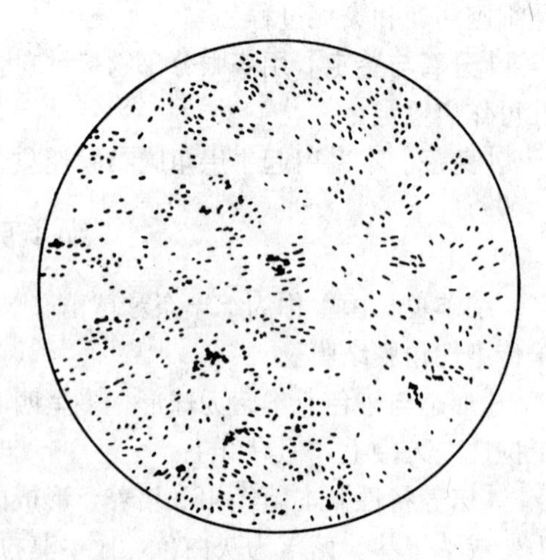
图 10-1 布鲁菌形态排列

本属细菌分布于世界各地，牛种布鲁菌最为广泛。其他因种和型的不同而有些差别，主要分布于欧洲、南北美洲、东南亚、澳大利亚和南非。我国主要在东北、内蒙古及西北牧区，已发现有牛种布鲁菌 1、2、3、4、5、6、9 型和猪的 1、3 型。犬布鲁菌也有发现。

［形态与染色］布鲁菌的菌体形态为球杆状或短杆状，长 0.6～1.5μm，宽 0.5～0.7μm，多呈单个散在，很少成对、短链或成堆排列（图 10-1）。不形成真正的荚膜，无运动性，一般染料易着染，革兰染色阴性。培养特性本属细菌为需氧菌，从病料中作初代分离培养时，在培养基中须添加某些营养物质

才能较好地生长，而且生长缓慢。但经数代培养后，对营养的要求降低，在普通培养基上，大气环境中也能生长，而且生长变快，由7～14d变为2～3d。生长的最佳温度为37℃，pH为6.6～7.4。

初代分离培养需要在培养基中补加血液、血清或组织提取物。其他胶体物质如吐温－40也可作为培养基的添加物。血清的作用不单纯局限于营养需要，更重要的在于它可以中和培养基中蛋白胨组分中的抑制物。流产布鲁菌生物2型菌株和生物4型的某些菌株，以及绵羊布鲁菌对抑制物最敏感，因此在培养基中加入10%血清才能很好生长。一般多采用肝浸汁琼脂、血清葡萄糖琼脂、胰酶消化大豆琼脂、布鲁菌琼脂及胰炼大豆琼脂培养基等培养。

在一般情况下，猪布鲁菌生物1和3型菌株及犬布鲁菌、马耳他布鲁菌生物1型的绝大多数菌株和猪布鲁菌生物2型菌株生长速度较慢，其他种和生物型菌株生长速度介于中间。本属细菌经培养，可产生光滑型菌落、粗糙型菌落和黏液型菌落。光滑型菌落很容易用盐溶液制备菌悬液；粗糙型菌落很脆弱或带有黏滞性，不容易从琼脂面上完全取下，用盐溶液不能制备成均质悬液，多呈颗粒状、线状或团块状；黏液型菌落质地非常黏稠，形成的菌液在色泽和浊度上与粗糙型菌落相似。

在加3%甘油葡萄糖琼脂培养基上培养4d，就出现变异形态的菌落，在折射光线下用实体显微镜可观察到，也可通过用草酸铁结晶紫染色观察，区别菌落的变异。染色后在折射光下观察，光滑型菌落呈淡黄色，粗糙型菌落呈有纹理的颗粒样外观，其他分化型菌落呈现出桃红、紫色或蓝色等各种色彩。

在加10%马血清（牛血清生长不良）葡萄糖琼脂培养基或其他透明培养基上，形成的菌落为透明凸起边缘完整的光滑型，表面有光泽。透光观察菌落为淡蜂蜜色。本菌也可以发生由光滑型菌落向粗糙型菌落的变异，但在个别宿主动物分离的菌株也有稳定的粗糙菌落。

用肝浸液培养基，再加入3%甘油、0.5%葡萄糖和10%马血清，则更有利于本菌的生长。在血清肝汤琼脂或蛋白胨琼脂上培养2～3d后，可在培养基表面长成表面隆起、湿润、有光泽、圆形，边缘整齐的细小菌落。培养时间稍久，菌落增大，呈灰白色。在血液肝汤琼脂上培养，不溶血，菌落呈灰白色。

用血清肝汤琼脂高层培养流产和马耳他菌株时，振荡混合后培养3～6d，在离琼脂表面0.5cm处长成带状菌落，为本属菌的特征之一。

用肝汤肉汤培养2～3d后，才能看到培养基轻度混浊，7d后出现黏稠、灰白色的沉淀物，培养较久时可见到有菌膜生成。

马铃薯浸出液琼脂培养基能适于许多布鲁菌的生长，培养48～72h后，长出浅棕黄色菌落，色素能溶于基质中，一般多用于抗原和疫苗的生产。但对于营养要求严格的菌株，仍需加入马血清。

[生化特性] 本属细菌为有机化能营养，一般能分解葡萄糖、木糖和其他糖类，产生少量酸。然而本属细菌分解糖的能力因型而不同，且用普通发酵方法不易观察。不分解甘露糖。接触酶试验阳性，氧化酶试验呈阳性，但个别菌株呈阴性。不产生靛基质，不液化明胶，不凝固牛乳，不能溶解红细胞。VP和MR试验均为阴性。有的菌株能分解尿素和产生硫化氢，能将硝酸盐还原为亚硝酸盐。本属菌的DNA中G＋C含量为（55～58）mol%。

多用半固体培养基检查本属细菌对几种糖类的试验，其中含有0.3%蛋白胨、10%酵母浸液，分别加入2%表10－2中所列的糖、0.3%琼脂和BCP，用溴甲酚紫作指示剂，培养2～3d观察结果(表10－2)。

表10－2　几种布鲁菌对糖的分解利用

菌种别	葡萄糖	甘露醇	麦芽糖	鼠李糖	蔗糖
马耳他热布鲁菌	＋	～	～	～	～
流产布鲁菌	＋	～	～	＋	～
猪布鲁菌	＋	～	＋	～	＋

[抗原结构] 本属细菌有3种抗原，即A、M和R抗原。光滑型菌株以含A和M抗原为主，但这

两种抗原在每种菌上的分布比例不同。马耳他布鲁菌含A抗原较少，M较多，两者的比例为1∶20；流产布鲁菌含A抗原较多，M较少，比例为20∶1；猪布鲁菌两种抗原含量接近，比例为2∶1。有的学者（Renoux，1955）认为还含有Z和R抗原。其A和M抗原的性质为脂多糖蛋白复合物，位于菌体细胞壁的表层。通过凝集试验证明，光滑型菌株之间有抗原交叉反应。与粗糙菌株之间有或无抗原交叉反应。但粗糙型菌株不与绵羊布鲁菌R抗原的抗血清发生交叉反应。

粗糙型布鲁菌菌株不含A和M抗原，仅含有R抗原，而Z抗原则有或无。绵羊布鲁菌除含有R抗原外还含有Z抗原。其性质为低蛋白脂多糖复合物，与粗糙菌株可出现交叉反应，但不与光滑型菌株发生交叉反应。

光滑型和某些粗糙型布鲁菌菌株存在着共同的亚表面抗原，通常“天然半抗原”，能与布鲁菌感染动物的血清在高浓度氯化钠溶液中发生沉淀反应，可作为一种血清学诊断方法。在光滑型和粗糙型的某些菌株还有4种亚表面抗原，即f抗原、x抗原、β抗原和r抗原。光滑型布鲁菌菌株表面抗原与小肠结肠炎耶尔森菌0∶9型、土拉热弗朗西斯菌、沙门菌0∶30血清型、霍乱弧菌及大肠埃希菌0∶157菌株有共同表面抗原，可出现交叉凝集反应。特别是与小肠结肠炎耶尔森菌0∶9型菌株的O型抗原的交叉反应，给布鲁菌感染的诊断带来严重干扰。粗糙型布鲁菌菌株也与其他细菌如马驹放线杆菌、铜绿假单胞菌的黏液型菌株以及多杀性巴斯德菌的几个血清型菌株有血清学交叉反应。

［**病原性**］多种动物对布鲁菌都有易感性或带菌（包括人）。其中山羊、绵羊、牛和猪对各种布鲁菌具有高度易感性，其他家畜如水牛、骆驼、犬、猫以及鹿均可感染。在自然条件下，有的种仅侵袭一定的动物群，如马耳他布鲁菌主要感染绵羊、山羊，但也可感染牛、猪、鹿和骆驼；流产布鲁菌主要感染牛、马和犬，有时也可感染水牛、羊和鹿；猪布鲁菌主要感染猪，也能感染鹿、牛和羊；沙林鼠布鲁菌、绵羊布鲁菌及犬布鲁菌主要分别感染啮齿类动物、公绵羊和犬。人对布鲁菌也易感，致病性以马耳他布鲁菌最强，猪布鲁菌次之，流产布鲁菌最弱。各种动物在感染本属细菌后，开始多属隐性感染，当增殖到一定程度时常引起全身性感染并发生菌血症，然后定居于生殖器官和网状内皮系统。通常动物于性成熟前有一定的抵抗力，孕期最易感染。雌性动物怀孕后经常引起胎盘和胎儿感染，导致流产。雄性动物则导致睾丸炎、附睾炎。也可在乳腺组织定居繁殖，从乳汁排菌传播疾病。本属细菌为细胞内寄生菌，多寄生于粒细胞和单核细胞。自然感染很少表现出其致死性，多呈温和型经过。由于感染定居的部位不同会产生各种不同的病变。

本属细菌都能感染实验动物如豚鼠、小鼠和家兔等，但发病程度与感染菌株的毒力有关。对豚鼠的致病性，马耳他布鲁菌毒力最强，其次为猪布鲁菌、流产布鲁菌、沙林鼠布鲁菌、犬布鲁菌、绵羊布鲁菌。小鼠对沙林鼠布鲁菌、犬布鲁菌和绵羊布鲁菌较敏感。致病性较强的菌株通常在接种部位化脓，随后出现菌血症，局部淋巴结肿大，呈颗粒性增生。在肝和脾也出现类似的病变，雄性实验动物最常发生病变的部位是睾丸和附睾。马耳他布鲁菌和猪布鲁菌感染有时为致死性的，其他布鲁菌感染很少产生严重疾病。

［**抵抗力**］布鲁菌在直射阳光下，经0.5～4h照射可被杀死。在被污染土壤中能存活20～40d，在粪尿中可存活45d，在肉及乳制品中可存活60d，在羊毛上可存活75～120d。保存在冷暗处的流产胎儿内可存活180d。

对湿热的抵抗力与其他细菌相似，60℃ 30min、70℃ 5～10min可杀死，煮沸可立即死亡。

对消毒药的抵抗力不强，0.1%升汞、1%～3%石炭酸、2%～3%煤酚皂液，2%苛性钠，可在1h将本菌杀死，5%新鲜石灰乳于2h内，1%～2%福尔马林溶液于3h内也可将本菌杀死，实验室常用的5%洗必泰、0.1%新洁尔灭5min内可将其杀死。

体外实验证明，初代分离菌株几乎都对庆大霉素、四环素及其衍生物、利福平敏感，大多数菌株对氨苄青霉素、红霉素、卡那霉素、新生霉素、链霉素、壮观霉素、磺胺甲基异噁唑和三甲氧苄氨嘧啶联用敏感。

［**分离与鉴定**］几乎从布鲁菌感染动物的各种组织和分泌物中都能分离到布鲁菌，最容易分离到的

组织是流产材料（如胎盘绒毛叶、羊水、阴道分泌物、胎儿胃内容物及胎儿肺脏和肝脏）。其他如淋巴结、骨髓、乳腺、子宫、贮精囊、副性腺、睾丸、附睾，或其他病变组织、乳汁、初乳、精液和血液中也能分离到布鲁菌。

未被污染的病料可直接接种血清葡萄糖琼脂培养基，污染的病料须加抗生素的选择性培养基。选择性培养基最好应用改良的 Thayermartin 培养基或加入 10%热处理马血清和 VCN-F 抑制物的血清葡萄糖琼脂培养基。初代分离培养均需在 37℃、含有 5%～10% CO_2 的气体温箱中培养。如果担心病料中布鲁菌很少，可将病料经肌肉接种豚鼠增菌，28d 后取脾组织分离培养。马耳他布鲁菌、流产布鲁菌和猪布鲁菌用豚鼠增菌容易成功，除用豚鼠增菌再分离培养外，也可用液体培养基做增菌培养。

分离犬布鲁菌的血样或组织可接种 6～8 日龄鸡胚的卵黄囊，取死胚的卵黄液接种分离培养基。

为了抑制杂菌生长，也常用加染料的培养基作分离培养。在甘油肝汤琼脂中加入 1∶2.5 万～15 万硫堇、1∶5 万碱性复红或 1∶20 万结晶紫、1∶2 万维多利亚蓝制成平板，作划线培养，然后将培养基分作两份，一份置含有 5%～10% CO_2 条件下，一份置普通恒温箱中培养。同时用加有染料的液体培养基作增菌培养。经 3～5d 后，可根据观察结果作进一步检查。然而布鲁菌在培养 3d 后才能看到菌落的形成，一般在第 9 天检查为宜。

用固体培养基作分离培养，可有两方面好处，一方面可限制粗糙型变种的形成；另一方面易于识别菌落特征，方便分离。如用液体（如血液等）作为分离材料，除接种固体培养基外，同时还可大剂量接种液体培养基作双相培养，不但可提高分离率，还可免去再次移植到固体培养基上的程序。分离到的疑似菌，可根据表 10-3 所列内容及参照形态及生化等特性进行鉴别。

表 10-3　布鲁菌属中各菌种及生物型鉴别

鉴别要点	流产布鲁菌生物型								犬布鲁菌	马耳他布鲁菌生物型			沙林鼠布鲁菌	绵羊布鲁菌	猪布鲁菌生物型			
	1	2	3	4	5	6	7	9		1	2	3			1	2	3	4
CO_2 需要	[+]	[+]	[+]	[+]	−	−	−	−	−	−	−	−	−	−	−	−	−	−
H_2S 产生	+	+	+	+	−	[−]	[+]	+	−	−	−	−	+	−	+	−	−	−
在含有下列物质的培养基上生长																		
硫堇	−	−	+*	−	+	+	+	+	+	+	+	+	−**	+	+	+	+	+
碱性品红	+	−	+	+	+	+	+	+	[−]	+	+	+	−	[−]	[−]	−	+	[−]
与下列抗原的特异性单克隆抗体发生凝集反应																		
A	+	+	+	−	−	+	+	−	−	−	+	+	+	−	+	+	+	+
M	−	−	−	+	+	−	+	+	−	+	−	+	−	−	−	−	−	−
R	−	−	−	−	−	−	−	−	+	−	−	−	−	+	−	−	−	−

［注］：＋：均为阳性，［＋］：大多为阳性；－：均为阴性；［－］：大多为阴性

△染料浓度为 1∶50 000（W/V）

* 硫堇浓度为 1∶25 000（W/V）时，能将 3 型和 6 型区别开。往往 3 型生长，6 型不生长

** 二硫堇浓度为 1∶15 000（W/V）

［免疫］ 动物感染布鲁菌后，可产生抗体，形成免疫应答，对再次感染有一定的防御能力，一般为带菌免疫。初次感染布鲁菌后，在体内仍有细菌存在的情况下，对再次感染出现较强的免疫力。免疫力是由细胞免疫和体液免疫所构成，以细胞免疫为主。动物在发病后，可产生亲细胞抗体、溶细胞性抗体以及循环免疫复合物等，介导产生不同型变态反应。以Ⅰ型变态反应为主，发病后 3～6 周生成，存在时间长达数年。可能是布鲁菌病自然好转的原因。体液免疫初产生 IgM 下降后，继之产生 IgG，系不完全抗体，在病程活动期始终存在。

利用布鲁菌减毒致弱或灭活菌株研制的疫苗，到目前已经超过 50 种以上。但由于安全性、免疫原性不够理想等诸多原因，有些已经被淘汰，有些尚在实验研制阶段。目前正在应用的菌苗只占少数，有

的已经用了近 50 年，如牛布鲁菌 19 号菌苗（S19）。目前国际上较普遍使用的菌苗有布鲁菌 19 号弱毒活疫苗、羊布鲁菌 Rev. 1 弱毒活疫苗、牛布鲁菌 45/20 灭活佐剂苗、羊布鲁菌 53H38 号灭活佐剂苗。国内使用的有羊布鲁菌 5 号弱毒活疫菌（M5）和猪布鲁菌 2 号苗（S2）。

羊布鲁菌 5 号苗（M5）系哈尔滨兽医研究所于 1959 年将羊布鲁菌生物Ⅰ型 M28 株通过鸡致弱后制成的疫苗，对牛、绵羊、山羊及鹿经用气雾或皮下接种均可获得免疫，为了进一步提高质量，改进其不足之处，又将 M5 187 代，经黄色素处理后，并经鸡胚成纤维细胞传 90 代，培养出一株 M5 - 90 株，对牛、羊均很安全，免疫力为 75%～100%。

流产布鲁菌（*Brucella abortus*）

我国称牛种布鲁菌。1897 年丹麦学者班（Bang）从流产母牛的羊水中分离到本菌，并证明为牛传染性流产的病原体。是布鲁菌属中重要种之一。

[形态与染色] 本菌是一种短杆菌或球杆菌，宽 0.5～0.7μm，长 0.6～1.5μm。常单独存在，但在培养物中可能形成短链。不能运动，不形成芽孢，没有明显的荚膜。

[培养特性] 为需氧菌，在 37℃，pH6.6～7.0 时发育最佳。初代分离时，需在含 5%～10% CO_2 环境中才能生长。以牛肉或马铃薯为基础的各种固体培养基适宜本菌生长。肝汤是本菌最适培养基。本菌生长缓慢，在肝汤琼脂或蛋白胨琼脂上，菌落呈圆形，稍隆起，光滑，均质，菌落中央常带有很细小的颗粒，初无色透明，后渐趋混浊。菌落大小为 0.5～4mm。在液体培养基中呈均匀混浊生长，不形成菌膜。初次分离一般需 5～10d。在 1∶50 000 碱性复红肝浸液琼脂上容易生长。

[生化特性] 在普通培养基中不发酵糖类，不液化明胶，不产生靛基质，不凝固牛乳，MR 和 VP 试验阴性。氧化酶及过氧化氢酶试验阳性。本菌 1～4 和 9 型均能产生中等量的硫化氢。可产生尿素酶，还原硝酸盐。DNA 中 G+C 含量为 57mol%。

[抗原结构] 流产布鲁菌抗原结构复杂，不同生物型菌的结构和成分具有一定相关性。血清学方法证明，布鲁菌存在的三种抗原中，A 抗原对流产布鲁菌生物 I 型有特异性，M∶A 为 1∶20。

[抵抗力] 对外界因素的抵抗力相当强，在不同环境条件下的存活时间为：在污染的土壤表面 20～40d，直射阳光下 4h，散射日光 7～8d，水中 150d，牛乳中 8d 以上，咸肉中 40d 以上，在皮毛上 45～120d，粪便中 8～120d，尿中 4～150d 以上。60℃ 30min，70℃ 5min 可被杀死，煮沸立即死亡。对消毒剂较敏感，1%～2%石炭酸及煤酚皂溶液和 0.1%升汞于 1～5min 杀菌，0.2%～2.5%漂白粉 2min，0.1%新洁尔灭 30s 即可杀菌。本菌对四环素最敏感，其次是链霉素、土霉素。对杆菌肽、多黏菌素 B、多黏菌素 M 和林肯霉素等有很强的抵抗力。

[病原性] 本菌不产生外毒素，但有毒性较强的内毒素。主要感染牛，也可感染绵羊、山羊、马和禽类。其特征是生殖器官和胎膜发炎，母牛流产和公牛的附睾炎是最明显的症状。实验动物中以豚鼠最敏感。对人的致病力最小。

[分离与鉴定] 分离培养常用加有染料的培养基，以利于抑制杂菌生长。采取流产胎儿的胃内容物、羊水、胎盘、肺、脾等脏器和母畜的阴道分泌物、乳汁和尿等接种于甘油肝汤琼脂（加 1/200 000 结晶紫），在含 5%～10% CO_2 环境中，37℃培养。过 3～5d 后，观察生长的菌落，对可疑菌落先做涂片染色，观察菌形及着染性，如细菌用鉴别染色法被染成红色，且菌形为球杆或短杆状时，则可用已知阳性血清（1∶20）作玻片凝集反应。如凝集，再做纯培养并进行定种。

[免疫] 对流产布鲁菌的免疫力取决于细胞介导免疫性。被动输入的免疫球蛋白不能赋予免疫力，而输入免疫的巨噬细胞则能使宿主体内的细菌数目逐渐下降。常用的疫苗有布鲁菌 19 号活疫苗、布鲁菌猪型 2 号活疫苗、布鲁菌 45/20 灭活疫苗。

马耳他布鲁菌（*Brucella melitensis*）

我国称羊种布鲁菌。本菌首先为布鲁（Bruce）在 1887 年自马耳他岛当时称“地中海热”的死人脾脏中分离出来。其后相继有赞米特（Zammit）（1905）、杜波依斯（Du Bois）（1910）先后从山羊和绵羊分离出本菌并证明它们是本菌的天然宿主。

[形态与染色] 本菌初代分离培养时，是在布鲁菌属中唯一保持球杆状的一个种，长 0.6～1.5μm，宽 0.5～0.7μm，多数散在，很少形成短链。其他在染色特征和形态上与本属菌相同。培养特性好氧，初代培养时不需 CO_2，常见的培养特征与本属菌相同。

[生化特性] 与流产布鲁菌基本相同，在蛋白胨培养基上不产生硫化氢，或仅有微量的产生。DNA 中 G+C 含量为 58mol%。

[抗原结构] 菌体有 M 抗原（即马耳他布鲁菌抗原）、A 抗原（即流产布鲁菌抗原）和 G 抗原。马耳他布鲁菌 I 型抗原成分 M∶A 为 20∶1。

[病原性] 布鲁菌属中尤以马耳他布鲁菌内毒素的毒性最强。本菌在动物中的自然感染，除山羊、绵羊、牛、猪高度敏感外，还可以传染其他动物。对人的致病力通常以马耳他种最强。分离与鉴定取流产胎儿、胎盘、阴道分泌物或奶作直接培养或接种豚鼠，不难分离出本菌。特别是在产前或产后用棉拭子吸取阴道分泌物或挤出少量初乳作直接培养最容易分离出本菌。若屠宰病羊，取淋巴结及脾组织作直接培养或接种豚鼠，亦可分离出本菌。

[免疫] 可使用布鲁菌羊型 5 号和羊型 5 号 90 活疫苗、布鲁菌猪型 2 号活疫苗，以诱发绵羊和山羊的高度免疫力。

猪布鲁菌（*Brucella suis*）

1914 年美国学者 Traum 从猪流产胎儿中分离到猪布鲁菌。

[形态与染色] 与其他布鲁菌相同。

[培养特性] 初次分离时在普通空气中不加 CO_2 即能生长。

[生化特性] 与流产布鲁菌基本相同，但猪布鲁菌过氧化酶活性最高，琥珀酸脱氢酶和谷氨酸脱氢酶的活性高于马耳他种和流产布鲁菌。尿素酶活性较高，猪布鲁菌 I 型产生硫化氢的量最多，持续时间可达 10d，DNA 中 G+C 含量为 57mol%。

[抗原结构] 猪种生物 1 型含有 M、A 两种抗原，M∶A 为 1∶2。

[病原性] 猪布鲁菌毒力大于牛种布鲁菌。本菌有 4 个生物型，各型对动物的致病性有一定的差异。生物 1、2 和 3 型对猪有天然致病性，生物 2 型也可感染野兔，生物 3 型菌株可感染各种啮齿类动物，生物 4 型菌株主要对驯鹿有致病性。除 2 型外，各型菌株对人均有致病性，也可感染狗、马和多种啮齿动物。初感染时本菌只局限于局部淋巴结，在该处增殖后，可导致菌血症。在自然感染情况下，感染动物多表现全身感染并带有局部病变，如生殖器病变。在雄性动物，通常受害最严重的部位是睾丸、附睾和贮精囊。怀孕雌性动物多发生乳腺炎和流产。本菌对实验动物如家兔、豚鼠和小鼠有致病性，可引起脾肿大、广泛的肉芽肿和化脓性病变。生物 1 型和 3 型毒力强，大量接种可致豚鼠死亡。

[分离与培养] 取流产胎儿、胎盘、阴道分泌物和公猪的精液作直接培养，极易分离出本菌。免疫用布鲁菌猪型 2 号活疫苗给猪注射或口服，均可产生良好免疫。

沙林鼠布鲁菌（*Brucella neotomae*）

1957 年斯托内（Stoenner）和洛克曼（Lockman）在美国犹他州的大盐沙漠从活捉的沙林鼠（*Neotoma lepida*）中首次分离到本菌。

[形态与染色] 在染色特征和形态上与流产布鲁菌相同。

[生化与特性] 能产生中等量的硫化氢。能氧化葡萄糖。能在加有硫堇的培养基上生长。DNA 中 G+C 含量 57mol%。

[病原性] 本菌的天然宿主为沙林鼠，但沙林鼠对本菌有极强的耐受力，实验感染时，它能持续感染至少 1 年而不产生明显的病变。对实验动物的致病性也很低。腹腔接种豚鼠产生轻度脾肿大，有时出

现睾丸炎、附睾炎或睾丸化脓，在肝和脾产生小的肉芽肿病变。小鼠相对敏感，多次传代的菌株可产生病变。本菌对牛、绵羊、山羊和猪无致病性，也未发现对人有致病性。

绵羊布鲁菌（*Brucella ouis*）

1953年巴德勒（Buddle）和博伊斯（Boyes）首次分离出绵羊布鲁菌。在许多有养羊业国家均有报道，在我国也有发生。除公羊的附睾炎外，本菌在母羊中引起怀孕后期流产。

[形态与染色] 本菌是一种革兰阴性球杆菌，在某些染色条件下有些抗酸性。不能运动，没有荚膜，不形成芽孢。用改良 Köster's染色呈蓝色，而其他布鲁菌为红色。

[培养特点] 本菌需要丰富的营养。初代分离时需要5%～10%CO_2。即使是初代分离培养物其菌落也是粗糙型的。

[生化特性] 本菌不利用赤藓醇或其他糖类。能产生过氧化氢酶，不产生氧化酶和尿素酶，不产生硫化氢。能氧化侧金盏糖醇和DL-丝氨酸。它在碱性复红和硫堇培养基上生长同样良好。DNA 中 G+C 含量为 58mol%。

[抗原结构] 不含有 A、M 抗原，与特异性抗 A 和 M 表面抗原的因子血清不发生凝集反应，但与绵羊布鲁菌的 R 表面抗原的因子血清产生特异性凝集反应，也可与其他粗糙型菌株的表面抗原发生交叉反应。与其他布鲁菌（不分菌落形态）有共同的内部抗原。

[病原性] 在自然条件下只有绵羊感染。通过交配可引起公羊睾丸炎和附睾炎、母羊胎盘炎和流产。可使牛、豚鼠、家兔及小鼠发生亚临床感染。

[分离与鉴定] 采集精液，或从流产病例中采集胎膜和胎儿的皱胃液接种在含有血清的培养基上，在含 15%～20% CO_2 的环境中培养。鉴定见属。

[免疫] 绵羊布鲁菌和马耳他布鲁菌的抗原之间具有很大的交叉反应。因此，用马耳他布鲁菌疫苗能控制本菌的感染。

犬布鲁菌（*Brucella canis*）

1967年陶勒（Taul）等在研究狗的流产和不育的暴发过程中，先后从美国和英国都分离到了一种新的革兰阴性球杆菌，并证明本菌是狗流行性流产的病原体。1968年本菌经特征鉴定，命名为犬布鲁菌。由本菌引起的狗的布鲁菌病已在几个大洲的不同品种中发现。

[形态与染色] 本菌为球杆菌，在形态与染色反应上与其他布鲁菌相似。

[培养特性] 在含有硫堇的培养基上生长良好。分离培养时犬布鲁菌能被 10% CO_2 抑制。初代分离为粗糙型的黏液性菌落。培养几天后，生长物变得甚黏，用生理盐水稀释和用肉汤培养，形成条索状块，不能成为均匀的悬液。这对其他布鲁菌来说是一种不常见的特征。

[生化特性] 不能利用赤藓醇，不产生硫化氢。DNA 中 G+C 含量为（56～58）mol%。抗原结构不含有 A、M 抗原。本菌在 A 和 M 血清中均不凝集或滴度很低。但能与 R 因子血清发生凝集。本菌与绵羊布鲁菌有密切的抗原关系。

[病原性] 通过所有的黏膜和许多接种途径都能引起感染，随后发生菌血症。临床上母犬表现胎盘炎和流产，公犬表现睾丸炎和附睾炎。在自然条件下不能感染其他动物。

[分离培养] 从患病母犬的阴道分泌物、公犬的精液中可分离到本菌。

第四节 博代杆菌属（*Bordetella*）

本属细菌是寄生在呼吸道黏膜上皮或纤毛上的一类严格需氧的革兰染色阴性小球杆菌，引起人或动物呼吸系统疾病的病原菌。

本属原有 3 个种，即百日咳博代菌（*Bordetella pertussis*）、副百日咳博代菌（*Bordetella paraper-*

tussis）和支气管败血博代菌（*Bordetella bronchiseptica*）。《伯杰鉴定细菌学手册》第9版将从火鸡分离的一个新种，命名为禽博代菌（*Bordetella avium*）列入本属。因此，本属现有4个种。有高度遗传相关性和共同的K和O抗原。

［形态与染色］本属细菌为小球杆菌，长0.5～2.0μm，宽0.2～0.5μm，具两极浓染性，呈单个或成对存在，很少成链状。两个种无运动性，两个种有运动性，周身鞭毛。革兰染色阴性。培养及生化特性博代菌为严格需氧菌，最佳培养温度为35～37℃，在鲍一姜氏琼脂培养基上菌落为光滑的凸起球状，几乎透明，菌落周围有溶血环。为有机化能营养。不发酵碳水化合物。需要烟酰胺、有机硫（如半胱氨酸）和有机氨。能氧化谷氨酸、脯氨酸、丙氨酸、天冬氨酸和丝氨酸，产生氨气和CO_2。能使石蕊牛乳产碱。DNA中G+C含量为（61～70）mol%。

［抗原结构］在支气管败血博代菌、百日咳博代菌和副百日咳博代菌三个种的I相菌株中，共有14种热不稳定（120℃ 1h处理）的凝集原，第7抗原是各个种共同的抗原，第1抗原是百日咳博代菌特异性的，第14抗原是副百日咳博代菌特异性的，第12抗原是支气管败血博代菌特异性的。其余10个抗原为不同种共有或特有，百日咳博代菌有2、3、4、5、6和13抗原，副百日咳博代菌有8、9和10抗原，支气管败血博代菌有8、9、10、11和13抗原。所有的副百日咳博代菌菌株都有相同的4种抗原。支气管败血和百日咳博代菌有K抗原和O抗原。K抗原对热（<100～120℃）的耐受力不同。O抗原为共同抗原。禽博代菌有与支气管败血博代菌相同的O抗原。

［病原性］本菌在呼吸道上皮细胞纤毛上定居繁殖，不能侵染下部组织，能使支气管和肺脏产生病变。对动物有致病性的种为支气管败血博代菌和禽博代菌。

支气管败血博代菌（*Bordetella bronchiseptica*）

支气管败血博代菌是猪萎缩性鼻炎的重要病原菌。

［形态与染色］为革兰阴性小球状杆菌，常呈两极着色。大小为（0.2～0.3）μm×1.0μm，具有周身鞭毛，能运动。不形成芽孢。本菌分为I相菌和Ⅲ相菌，Ⅱ相菌介于Ⅰ相与Ⅲ相菌，Ⅰ相菌有荚膜。

［培养特性］本菌为严格需氧菌，为非氧化非发酵细菌，代谢类型为呼吸性代谢。在各种普通培养基均易于生长，但在加有血液的培养基上可形成荚膜、纤毛和坏死毒素。本菌极易发生变异，需有严格的培养条件和鉴定方法才能保持原型Ⅰ相菌不变异。

在改良麦康凯琼脂平板上，经37℃培养40～70h，支气管败血博代菌菌落不变红，直径约1～2mm，圆整、光滑、闪光、隆起、透明，略呈茶色。较大的菌落中心较厚，呈茶黄色，对光观察呈均匀浅蓝色。在蛋白胨琼脂平板上隔夜培养，形成微小、圆整、光滑、隆起、透明的菌落，通过光线观察均质透明稍带蓝色，以45°折射光用实体显微镜放大10.8倍观察，呈特征性的荧光和结构，质地均匀细密，前缘略带黑褐色细密纹理，两侧圆整。这种荧光和结构特征以在30h培养的菌落为典型。在绵羊血鲍一姜氏琼脂平板上生长更好，培养48h，形成直径约1.5mm的灰白至乳白色光滑隆起的圆形菌落，典型的呈球状隆起，菌落周围有透明的溶血环，是典型的Ⅰ相菌菌落。Ⅲ相菌菌落较大，隆起不高，不溶血。Ⅱ相菌（中间型）溶血不明显。

［生化特性］尿毒酶试验阳性，能利用枸橼酸盐，能还原硝酸盐，不产生靛基质，VP和MR试验均为阴性。不氧化也不发酵包括葡萄糖在内的所有糖类。能迅速分解蛋白胨明显产碱。不液化明胶。能使石蕊牛乳轻度产碱，不凝固。不产生硫化氢或轻度产生。DNA中G+C含量为66mol%。毒素在支气管败血博代菌I相菌株经超声波处理后得到无菌体的抽提物中，含有一种不耐热的皮肤坏死毒素，用这种抽提物反复接种仔猪鼻腔可产生与自然感染相同的鼻甲骨病变。支气管败血博代菌的不同菌株毒力也不同，I相菌毒力比Ⅱ相和Ⅲ相菌株都强。

［抗原结构］支气管败血博代菌具有表面K抗原和菌体O抗原。Ⅰ相菌表面K抗原将菌体O抗原遮蔽，因此它只能与抗K因子血清发生凝集反应。Ⅲ相菌不具有表面K抗原，只有菌体O抗原，因此它只能与抗O因子血清发生凝集反应。Ⅱ相菌介于Ⅰ相和Ⅲ相之间，具有表面K抗原，但不能将菌体

O抗原全部遮蔽，因此它与K因子血清和O因子血清均能发生凝集反应。

[抵抗力] 本菌抵抗力不强，常用消毒剂均对其有效。在液体中加热58℃ 15min即可将其杀死。病原性支气管败血博代菌Ⅰ相菌是猪传染性萎缩性鼻炎的病原菌，造成鼻甲骨萎缩，还可引起猪的支气管性肺炎，偶尔感染人。还能感染家兔、豚鼠、大鼠、其他灵长类动物、狗、猫、马、狐狸和浣熊等多种动物，引起慢性呼吸系统疾病或支气管肺炎。

[分离与鉴定] 用拭子蘸取气管和鼻腔分泌物或取支气管肺炎灶组织块直接接种于加入痢特灵和血红素的改良麦康凯琼脂平板培养基，经37℃培养40～48h，根据菌落特征挑选可疑菌落，用支气管败血博代菌OK抗血清做活菌平板凝集试验鉴定。或者移植于绵羊血鲍—姜氏琼脂平板和蛋白胨琼脂平板，观察溶血性及菌落特征，并用K、O及OK因子血清做分相鉴定；同时接种生化试验管，根据生化特性做进一步认定。

[免疫] 哈尔滨兽医研究所成功地研制了猪传染性萎缩性鼻炎油佐剂灭活苗和猪传染性萎缩性鼻炎油佐剂二联灭活疫苗。尤其是后者不但能预防支气管败血博代菌的感染，还能预防产毒素A和D型多杀性巴斯德菌感染引起的传染性萎缩性鼻炎。

禽博代菌（*Bordetella avium*）

禽博代菌是新设立的一个种，曾称为似支气管败血博代菌（*Bordetella bronchiseptica like*），作为博代菌属中的一个相关微生物。

[形态与染色] 禽博代菌菌体形态大小与支气管败血博代菌相似，菌体长1～2μm，宽0.4～0.5μm，往往呈单个或成对分布。有荚膜，每个菌有5～8根周身鞭毛，具有运动性。革兰染色阴性。

[培养特性] 在鲍-姜氏琼脂培养基上培养1～2d就可看到菌落，并能在麦康凯琼脂和营养琼脂培养基上生长。在血液琼脂和牛肉浸汁琼脂培养基上培养24h形成两种类型的菌落，Ⅰ型菌菌落为小的致密、边缘整齐、表面闪光，直径小于1mm的珠状菌落；Ⅱ型菌菌落为较大的圆形、边缘整齐、中间凸起的光滑型菌落。在牛肉浸汁琼脂培养基上，Ⅰ型菌菌落中央为褐色，连续传代只有少数表现分化，绝大多数性状保持稳定。

[生化特性] 本菌不产生色素，接触酶试验、氧化酶试验和西蒙柠檬酸盐试验阳性，不产生靛基质，尿素酶试验阴性，不能分解七叶苷，不液化明胶，不能还原硝酸盐，在糖发酵管中不产酸也不产碱。

[毒素] 禽博代菌具有两种毒素，热不稳定毒素和耐热毒素。热不稳定毒素对小鼠、豚鼠、火鸡及鸡胚有致死性，是一种蛋白质，其毒力能被火鸡抗血清中和。耐热毒素对小鼠有毒性，对火鸡或日本鹌鹑无毒性，不能被禽博代菌高免血清中和。

[病原性] 在临床上禽博代菌主要引起火鸡鼻炎和鼻气管炎，致使纤毛上皮缺损，也可以感染鸡和鸭。

[分离与鉴定] 禽博代菌的分离鉴定可参照培养特性所提供的培养方法进行，必要时可结合生化特性做出正确鉴定。

[免疫] 可用Ⅰ相强毒菌株制成油佐剂疫苗。

第五节　弗朗西斯菌属（*Francisella*）

本属细菌为非常小的类球状到椭圆的多形性小杆菌，用特殊的染色法常表现为两极着色；许多可以通过Berkefeld过滤器。革兰染色呈阴性。无鞭毛，不运动，不形成芽孢，严格需氧菌，对营养要求严格，在普通培养基上培养困难，生长中需要胱氨酸和血红蛋白，生长适温37℃，能分解葡萄糖等产酸不产气，接触酶试验阴性，产生硫化氢。DNA中G+C含量为（33～36）mol%。本菌属有两个种：土拉热弗朗西斯菌（*F. tularensis*）是本属菌的模式种，有致病性；新杀弗朗西斯菌（*F. novicida*）仅能人工引起实验动物感染。

土拉热弗朗西斯菌（*Francisella tularensis*）

本菌是引起土拉菌病的病原菌，旧称土拉杆菌。由麦考和查赛于1911年首先从美国的一个名叫土拉的地区分离到，故名。1914年发现了人类的土拉菌感染。分为三个地理变种，即欧洲变种、美洲变种和中亚变种，以美洲变种的毒力最强，能引起人30%～40%病死率。

目前本菌分为两个生物型：土拉热生物型和古北区生物型。

[形态与染色] 本菌在适宜的培养基上生长旺盛，形态为杆状，长0.2～0.7μm，宽0.2μm。其他时期为多形性。在感染的组织中为短杆状，近于球形。在电镜下观察长度达300nm的球杆状，能通过600nm的微孔滤器。无鞭毛，不能运动。有的菌株具有荚膜，荚膜的存在与菌株毒力有关，但不形成芽孢。革兰染色阴性，着染力较弱。美蓝染色呈两极着染。

[培养特性] 本菌为专性需氧菌。常规培养基培养不易生长，可用含硫胺素的葡萄糖半胱氨酸血液琼脂或胱氨酸心肌血液琼脂培养。为了便于观察菌落形态，也可用蛋白胨半胱氨酸琼脂培养基。本菌在葡萄糖半胱氨酸血液琼脂培养基上经37℃培养2～4h，容易观察到黏液型的乳浆状、呈白色突起、边缘整齐的菌落，直径达1～4mm。在菌落周围有特征性绿色变色环，但这不是真正的溶血现象。在巧克力琼脂培养基上，变色环为褐色。用液体培养基培养需要连续振摇，保证氧的供给，或加入胶质（卵黄、琼脂）才能生长，一般37℃ 12～18h可达到最佳生长。也能在鸡胚绒毛尿囊膜上或卵黄囊内生长。

[生化特性] 本菌能缓慢分解葡萄糖、果糖和甘露糖产酸。能为，是本菌与新杀弗朗西斯菌的鉴别要点。土拉热弗朗西斯菌古北区生物型菌株不能利用甘油产酸，而土拉热生物型菌株能利用甘油产酸。本菌接种石蕊牛乳培养2周后，才出现产酸，产酸能力很弱，不能使牛乳凝固。不能液化明胶，不产生靛基质。在含有半胱氨酸的培养基中产生硫化氢。

[抗原结构] 在菌体细胞壁上有多种抗原成分，既能诱导产生凝集素又能产生沉淀素。多糖抗原（也称O抗原）能引起恢复期患者发生迟发型变态反应。包膜抗原（Vi抗原）有免疫原性及内毒素作用，抗原性较O抗原强。蛋白质抗原可产生迟发型变态反应。本菌的荚膜物质无免疫原性。本菌与布鲁菌和鼠疫耶尔森菌在血清学上有弱相关性，与新杀弗朗西斯菌抗原关系密切。

[病原性] 为人兽共患病的病原菌。人感染表现为细菌接触的局部皮肤或黏膜损伤，所属局部淋巴结肿大，发生肺炎或无局部表现的全身性急性发热。多数于8～15d发生败血症死亡。在动物主要引起兔发生野兔热病。家禽中的火鸡最为易感，土拉热生物型野外株对人是强毒，具有高度侵袭力，小鼠、家兔和豚鼠也易感；古北区生物型野外株对人的毒力比前者弱，引起相对温和型疾病。本菌的天然贮藏宿主为大河鼠、海狸和麝鼠，因此可以从这些动物出没的水域中分离到本菌。分离与鉴定取病变淋巴结或组织分离本菌，多采用加血液的硫胺素葡萄糖半胱氨酸琼脂或胱氨酸心肌琼脂培养基（为了抑制杂菌生长，培养基中应加入青霉素100 000IU/mL、多黏菌素B硫酸盐100 000IU/mL和放线菌酮0.1mg/mL）。挑选可疑菌落，进一步做生化特性等检验确定。同时将病料经腹腔接种豚鼠，一般情况下接种1～5个活菌就可使豚鼠在5～10d内死亡。可从死亡豚鼠的心血、脾和肝脏分离本菌。生化特性对于鉴定此菌意义不大。主要依据对生长的需要，在蓖麻酸钠中的溶解度和与特异抗血清的凝集反应等。

[免疫] 土拉热弗朗西斯菌弱毒疫苗可以预防本属各种强毒菌株的攻击，而新杀弗朗西斯菌弱毒疫苗能预防同种菌感染及中等毒力的土拉热弗朗西斯菌攻击。死苗只能预防同种菌的感染，对异种菌感染无保护力。

新杀弗朗西斯菌（*Francisella novicida*）

新杀弗朗西斯菌旧称新杀巴斯德菌，对小鼠、豚鼠和仓鼠有致病性，引起与土拉热病相似的病变，但该菌毒力比土拉热弗朗西斯菌弱。大鼠和鸽对本菌有耐受性，未发现感染人的报道。

[形态与染色] 新杀弗朗西斯菌在组织中呈球形、卵圆形或短杆状，长0.3μm，宽0.2～0.3μm。在固体培养基上培养，菌体长0.5～0.9μm，宽0.5μm。在液体培养基中培养，菌体长1.7μm，宽

0.7μm。无荚膜，不运动，革兰染色阴性。

[培养与生化特性] 新杀弗朗西斯菌能在血液琼脂、明胶或蛋白胨肉汤等普通培养基中，在葡萄糖半胱氨酸血液琼脂上经37℃培养2～4d，菌落比土拉热弗朗西斯菌菌落大，直径5mm。其生化特性能分解葡萄糖、果糖和甘露糖，蔗糖产酸。在石蕊牛乳中产生酸性反应乳软性凝固。MR和VP试验均为阴性，不能还原硝酸盐。

[抗原特性] 其抗原成分与土拉热弗朗西斯菌有相关性。

[免疫] 两个种的活菌疫苗互相都能提供免疫保护，但新杀弗朗西斯菌活苗对土拉热弗朗西斯菌感染的保护力相对差些。

[分离与鉴定] 本菌的分离可采用土拉热弗朗西斯菌的分离培养方法进行，生化特性鉴定及血清学试验加以鉴定。

第六节　泰勒菌属（*Taylorella*）

本属是最新设立的，在《伯杰鉴定细菌学手册》上放在需氧微需氧革兰阴性杆菌和球菌类的B群中。只有一个种，即马生殖道泰勒菌（*T. equigenitalis*）。是泰勒（Taylor）等于1975年从子宫内膜炎及子宫颈炎患马分离到的，曾命名为马生殖道嗜血杆菌。

[形态与染色] 本属细菌呈杆状，近似于球形，大小为0.7μm×（0.7～1.8）μm，偶尔呈丝状，可长达5～6μm。不运动，革兰染色阴性。

[培养与生化特性] 本属细菌为微嗜氧菌，在有氧或厌氧条件下培养生长较差，在含5%～10% CO_2 条件下生长良好。严格呼吸型代谢，以氧作为终末电子受体。最适培养温度35～37℃。营有机化能营养。在普通培养基上不能生长或生长较差。在巧克力琼脂上生长效好，但不需要X和V生长因子。能在血液琼脂上生长。接触酶和氧化酶试验均为阳性，不能还原硝酸盐和亚硝酸盐。不能使碳水化合物产酸，磷酸酶和磷酸胺酶试验亦呈阳性。不产生靛基质和硫化氢，赖氨酸和鸟氨酸脱羧酶、精氨酸分解酶、尿素酶、明胶酶、脂酶和脱氧核糖核酸酶试验均为阴性。

[分布与病原性] 本属细菌常常作为共生菌存在于种公马的生殖器上，或存在于母马的阴蒂区和外阴部，往往通过交配引起母马的子宫内膜炎和子宫颈炎。

◆ 参考文献

K. Kersters et al. 1984. Bordetella avium sp. nov., Isolated from the Respiratory Tracts of Turkeys and other Birds [J]. Washington USA: Int. J. Syst. Bacteriol., 34 (1): 56-70.

John G. Holt et al. 1994. Bergey's Manual of determinative Bacteriology [M]. 9th. Bastimore: The Williams & Wilkins Co.

John G. Holt, et al. 1984. Bergey's Manual of Systematic Bacteriology [M]. volume l. Bastiore USA: The williams & wilkins Co..

Moreno E, Cloeckaert A, Moriyon I. 2002. Brucella evolution and taxonomy [J]. Veterinary Microbiology, 90: 209-227.

N G Olsufiev et al. 1983. Subspecific Taxonomy of Francisilla tularensis McCoy and Chapin 1912 [J]. Washington USA: Int. J. Syst. Bacteriol., 33 (4): 872-874.

步志高　编

第十一章　兼性厌氧革兰阴性杆菌

本类细菌是由一些致病性不同，如有的能引起各种脊椎动物出血性败血症（巴氏杆菌），有的为条件致病菌（大肠埃希菌），有的为人兽共患病的病原菌（沙门菌、耶尔森菌）；但它们都是革兰染色阴性，需氧兼性厌氧菌所组成的类群。不形成芽孢，大多数细菌的菌体为中等大小的杆状或球杆状菌，除巴氏杆菌较小（0.2～0.3μm×0.2～2.0μm）外，一般都在0.5～1.5μm×1.0～6.0μm之间。大肠埃希菌、沙门菌、耶尔森菌具有周身鞭毛，能运动，而巴氏杆菌、嗜血杆菌及放线杆菌则无运动性；呼吸型及发酵型代谢，有机化能营养，发酵葡萄糖。埃希菌及克雷伯菌在普通培养基上生长良好，而巴氏杆菌及嗜血杆菌对生长条件的要求较复杂，在加入血液或其衍生物（X因子、V因子）的培养基中才能生长。

本类细菌在《伯氏系统细菌学分类手册》（2004）上分属于3个科中，兹就与兽医学有关的各属、种的形态特征、培养及生化特性、抗原结构、致病性，以及分离鉴定等分别叙述如下。

第一节　埃希菌属（*Escherichia*）

埃希菌是肠杆菌科中的一个属。肠杆菌科是由一大群生化和遗传上相关的中等大小革兰阴性无芽孢杆菌，需氧、兼性厌氧，还原硝酸盐为亚硝酸盐，发酵利用葡萄糖产酸、产气，氧化酶阴性的杆菌所组成。根据生化反应、血清学试验、DNA同源性研究，本科至少包括44个属，110个以上的种，广泛分布于自然界，包括腐生菌、寄生菌和人及动物的病原菌，其中许多属种寄居于人和动物的肠道内，成为正常肠道菌群的重要成员之一，而埃希菌属以及沙门菌属、耶尔森菌属和爱德华菌属的部分成员对人和动物具有广泛的致病性，在公共卫生和兽医学上均有重要意义。除菊欧文菌（*Erwinia chrysanthemi*）外，均具有本科细菌共有的肠杆菌共同抗原（enterobacteria common antigen，ECA）。

肠杆菌科的各属种对营养要求不高，绝大多数成员都能在普通培养基上生长良好，一般都能在麦康凯培养基上生长。有机化能营养，呼吸型和发酵型代谢，不嗜盐；发酵D葡萄糖、其他碳水化合物及多羟基醇时产酸或兼产气。除志贺菌属的1个血清型外，都产生过氧化氢酶，但氧化酶均为阴性。除某些欧文菌及少数耶尔森菌的菌株外，均能还原硝酸盐。DNA中G+C含量为（38～60）mol%。本科中与兽医学有关的主要菌属有埃希菌属、志贺菌属、沙门菌属、克雷伯菌属、肠杆菌属、变形杆菌属、耶尔森菌属，而埃希菌属（*Escherichia*）为本科的代表菌属。肠杆菌科中与兽医学有关的主要属的生化特性见表11-1。

据《伯杰系统细菌学分类手册》2004版，埃希菌属包括6个种，即大肠埃希菌（*E. coli*）、蟑螂埃希菌（*E. blattae*）、费格森埃希菌（*E. fergusonii*）、赫曼埃希菌（*E. hermannii*）、伤口埃希菌（*E. vulneris*）和*E. albertii*。除少数例外，本属细菌皆为周身鞭毛、能运动、兼性厌氧，发酵葡萄糖、分解乳糖的细菌。本菌属中以大肠埃希菌最重要。

表 11-1 肠杆菌科中与兽医学有关的主要属的生化特性

试验/培养基	埃希菌属	志贺菌属	沙门菌属	克伯雷菌属	肠杆菌属	变形菌属	耶尔森菌属
TSI 反应模式[a]	A（K）/A +（−）；−	K/A −；−	K（A）/A +（−）；−	A/A +；−	A/A +；−	A/A +；−	A/A −；−
吲哚	+	√	−	−	−	√	√
甲基红	+	+	+	√	−	+	+
VP 试验	−	−	−	√	+	√	−
枸橼酸盐利用（西蒙）	−	−	+	√	+	√	−
葡萄糖产气（37℃）	+	−	+	√	+	−	−
乳糖	+/−	−	−[b]	√	+	−	−
麦芽糖	+	√	+	+	+	√	+
甘露糖	√	√	+	+	+	√	+
蔗糖	√	√	−	+	+	√	√
H_2S（TSI）	−	−	+/−	−	−	+	−
尿素酶	−	−	−	√	√	√	√
动力	+/−	−	+	−	+	+	−
苯丙氨酸脱氨酶	−	−	−	−	−	√	−
赖氨酸脱羧酶	√	−	+	+/−	+/−	√	−
鸟氨酸脱羧酶	√	+/−	+	−	+/−	√	√
精氨酸双水解酶	−	−	+/−	−	√	−	−
明胶液化（22℃）	−	−	−	−	−	+/−	−
KCN 抵抗力	−	−	√	+	√	−	−
丙二酸盐利用	−/+	−	+/−	+/−	+	−	−
水杨苷	√	−	−	+	+	√	√
侧金盏花醇	−/+	−	−	+	−/+	−	−
卫矛醇	+/−	−	+/−	√	−	−	−
间肌醇	−	−	√	+	−/+	−	√
D 山梨醇	√	+/−	+	√	+	−	√
L 阿拉伯糖	+	+/−	+	+	+	−	+
棉子糖	√	−/+	−	+	+	−	+
L 鼠李糖	+	√	+	+	+	−	+/−
D 木糖	+	−	+	+	+	√	+
海藻糖	+	+	+	+	+	+	+
七叶苷水解	√	−	−	+	+	−	+
黏液酸盐	+/−	−	+	√	√	−	−
氧化酶	−	−	−	−	−	−	−
ONPC	+/−	√	√	+	+	−	+
（G+C）mol%	48～52	49～53	50～53	53～58	52～56	38～41	46～50

注：+，90%～100%阳性；−，0～10%阳性；+/−，大多数菌株阳性，少数阴性；−/+，大多数阴性，少数阳性；√，种间有不同反应

a. TSI（三糖铁培养基）上反应情况：$\frac{\text{斜面/底层}}{\text{产气；}H_2S}$

A＝产酸（黄色），K＝产碱（红色），+为阳性，−为阴性，（−）表示偶尔可见的反应

b. 亚利桑那沙门菌发酵乳糖

大肠埃希菌（*Escherichia coli*）

大肠埃希菌，又称大肠杆菌（coliform bacilli），是一切温血动物（包括人）的肠道内正常菌群成员之一，人和动物出生后数小时即可经口进入消化道后段，大量繁殖和定居，并伴随终生，同时又可随粪便不断散播于周围环境。肉食兽与杂食兽肠道中携带本菌的数量，远比草食动物多。本菌部分菌株具有致病性或条件致病性，可引发畜禽的多种疫病，如猪的初生仔猪腹泻（仔猪黄痢）、断奶猪下痢、仔猪水肿病和仔猪白痢；牛的初生牛犊腹泻、败血症和奶牛乳腺炎；羊的初生羔腹泻（羔羊痢）；狗的尿道和胃肠道炎症；兔的幼兔腹泻和败血症；鸡和鸭的败血症、腹膜炎、气囊炎、肠炎和大肠杆菌肉芽肿，成年鹅的生殖器官大肠杆菌感染等。

［形态与染色］大肠杆菌为革兰阴性无芽孢的直杆菌，大小为（0.4～0.7）μm×2～3μm，两端钝圆，有的近似球杆状，散在或成对，大多数菌株以周生鞭毛运动，但也有无鞭毛的变异株；多数菌株有荚膜或微荚膜，一般均有Ⅰ型菌毛，少数菌株兼具性菌毛，多数对人和动物致病的菌株还常有与毒力相关的特殊菌毛。本菌对碱性染料着色良好，菌体两端偶尔略深染。

［培养特性］*E. coli* 为需氧或兼性厌氧，呼吸和发酵型代谢，最适生长温度为37℃，最适 pH 为7.2～7.4；对营养要求不高，在普通培养基上能良好生长。在营养琼脂上培养24h后，形成光滑（S）形菌落，直径2～3mm，表面光滑，微隆起、湿润、灰白色，菌落中的菌体易分散于盐水中；亦可形成粗糙（R）形菌落，此类菌落较大、干燥、表面粗糙、边缘不整齐。S型菌在液体培养基内，呈均匀混浊，管底常有絮状沉淀物，液面管壁有菌环，具有特殊粪臭味。在血琼脂上形成灰白色、不透明菌落，致水肿病和新生幼畜腹泻的大多数菌株可见 β 溶血；在麦康凯和去氧胆酸盐琼脂上均形成红色菌落，在伊红美蓝琼脂上则为中心暗蓝黑色并有绿色金属闪光的较大菌落；在SS琼脂上一般不生长或生长较差，其菌落呈红色。

［生化特性］*E. coli* 能发酵多种碳水化合物并产酸产气，不利用柠檬酸盐，通常利用醋酸盐作为碳源，大多数菌株可迅速发酵乳糖和山梨醇，仅极少数迟发酵或不发酵，约半数菌株不分解蔗糖，几乎均不产生硫化氢；氧化酶试验阴性，MR试验阳性，VP试验阴性，不产生脲酶，不利用丙二酸钠，不液化明胶，在含氰化钾的培养基上不生长（表11-1）。由于O157∶H7菌株不发酵山梨醇，因此可用山梨醇麦康凯琼脂来鉴别O157∶H7与其他 *E. coli*。

［抗原性］*E. coli* 的抗原主要有O、K、H 3种，是本菌血清学分型的依据，已确定的大肠杆菌O抗原有173种、K抗原有80种、H抗原有56种。此外，某些菌株还有F抗原，已知有17种。自然界中存在的大肠杆菌血清型可能多达数万种，但只有数量不多的血清型具有致病性。

O抗原（菌体抗原）存在于细胞壁，是S型菌的一种耐热菌体抗原，121℃加热2h不破坏其抗原性。其主要化学成分由脂多糖（LPS）、基核多糖及O抗原多糖侧链三部分组成。类脂A具有内毒素特性，而脂多糖（LPS）的特异多糖侧链的结构决定O抗原的特异性。当S型菌体丢失该部分结构时，即变成R型菌，O抗原也随之丢失。每个菌株的O抗原种类以阿拉伯数字表示，可用单因子抗O血清进行玻板或试管凝集试验作出鉴定。

K抗原（荚膜抗原或被膜抗原）多存在于细菌细胞的荚膜或类似结构中，个别位于菌毛中。K抗原能抑制活的细菌或未加热菌液在O抗血清中的凝集性，即O不凝集性。一个菌落可含1～2种不同K抗原，也有无K抗原的菌株。除K88和K99是两种蛋白质K抗原外，其余皆为一种对热不稳定的荚膜多糖K抗原，有一定的免疫活性，与细菌毒力有关。依其耐热性的不同，K抗原又至少可以分为L、B和A 3型。L型K抗原对热敏感，100℃加热1h即可破坏其抗原性，并使其丢失与相应抗体的结合力和凝集性。A型K抗原为耐热抗原，经121℃ 2h处理后才能丧失其抗原性和O不凝集性。B型K抗原，100℃加热1h可破坏其抗原性和与相应抗体的凝集性，但仍能保留其与相应抗体的结合力。具有L和B型K抗原的菌株无荚膜，而具有A型K抗原的菌株则有荚膜。有些菌株的细胞表面还有一种长0.3～1.0μm、直径0.01μm，数量100～250根的菌毛（又称菌纤毛），是一种蛋白质抗原（F抗原）。

因其存在于菌体表面，故也称表面抗原，对热不稳定。F抗原与细菌对细胞的黏附作用有关，具有凝集一定种类红细胞的作用和特异性黏附于宿主肠上皮细胞或其他细胞的特性，是某些病原性大肠埃希菌的重要致病因子之一。依F抗原对细胞的凝集作用能否被甘露糖抑制，而可将之分为甘露糖敏感型（MSHA）和甘露糖耐受型（MRHA）。在对畜禽有致病性的*E. coli*中，已发现的这类致病因子有K88、K99、987P、F41等多种。

H抗原（鞭毛抗原）是一类不耐热的鞭毛蛋白抗原，具有良好的抗原性，能刺激机体产生高效价凝集抗体。加热至80℃或经乙醇处理后即可破坏其抗原性。每个有动力的菌株仅含一种H抗原，且均为单相抗原，无鞭毛菌株或丢失鞭毛的变种，则不含H抗原。

大肠杆菌的抗原结构（血清型）常用O、K、H加上相应的阿拉伯数字表示，如致新生仔猪腹泻的常见菌株的抗原多为O149、K91、K88acH10。引发畜禽大肠杆菌病的*E. coli*，随动物种类的不同，其优势血清型亦有差异。常见动物致病性大肠杆菌O抗原群及其与黏着素和肠毒素间的关系见表11-2。

表11-2 常见动物致病性大肠杆菌O抗原群及其与黏着素和肠毒素的关系

宿主	病 名	常见O抗原群	黏着素抗原	产肠毒素
猪	初生仔猪腹泻（仔猪黄痢）	8，45，64，138，141，147，149，157	K88（包括K88ab、ac、ad三种变异型）	LT和/或ST
		9，20，141	987P	ST
		9，64，101	K99	ST
		9，101	F4或K99和F41	ST
	断奶猪腹泻	8，138，139，141，149，157	可能有K88或K99或其他种菌毛抗原	LT和/或ST
	猪水肿病	139（最多见），8，45，138，141	神毒素	LT和/或ST
牛羊	初生牛犊、羔羊腹泻	8，9，20，101	K99	ST
		9，101	F41或K99和F41	ST
	腹泻和败血症	78（最多见），1，2，8，9，15，20，26，35，55，73，86，87，101，115，117，119，137		
	乳腺炎	2，8，21，81，86		
兔	腹泻、败血症	2，7，15，18，20，21，68，70，85，103，109，119，128，132		
鸡	败血症、腹膜炎、气囊炎、肠炎	1，2，35，78（最常见），8，11，13，15，18，22，23，25，45，61，119，143，147	K1，K80	
鸭	败血症、腹膜炎、气囊炎	78，2（最常见），14，73，118，119		
鹅	生殖器官感染	1，7，141		

［**病原性**］大肠埃希菌大多数是人和温血动物的肠道常在菌，是构成肠道正常菌群的成员之一，但在某些特定条件下，因细菌寄生部位发生改变，如因肠道正常生理结构的破坏而致侵入肠外组织或器官，成为机会致病菌。只有少数大肠埃希菌具有致病性，在正常情况下极少见于健康的动物体内，其与人和动物的大肠杆菌病（colibacillosis）密切相关。

［**致病性**］*E. coli*依其毒力因子及发病机理的不同，通常将之分为产肠毒素大肠杆菌（Enterotoxigenic *E. coli*，ETEC）、肠致病型大肠杆菌（Enteropathogenic *E. coli*，EPEC）、肠出血型大肠杆菌（Enterohemorrhagic *E. coli*，EHEC）、肠侵袭型大肠杆菌（Enteroinvasive *E. coli*，EIEC）和肠聚集型大肠杆菌（Enteroaggregative *E. coli*，EAEC）5类。除EIEC可引起炎症性腹泻外，而其余4类皆引起

非炎性腹泻。EPEC 和 EHEC 等 100 多种血清型的 *E. coli* 具有产生志贺毒素的能力，故又称为产志贺毒素大肠杆菌（Shiga toxin-producing *E. coli*，STEC）。此外，较常见的致病性 *E. coli* 还有败血性 *E. coli*（Septicaemic *E. coli*，SEPEC）、尿道致病性 *E. coli*（Uropathogenic *E. coli*，UPEC），以及禽致病性 *E. coli*（Avian pathogenic *E. coli*，APEC）。

（1）*产肠毒素性大肠杆菌*（ETEC）　是人和幼畜（初生仔猪、犊牛、羔羊及断奶仔猪）腹泻最常见的致病性大肠杆菌，初生幼畜被 ETEC 感染后常因剧烈水样腹泻导致脱水而死亡，发病率和死亡率很高。其致病机理目前已较清楚，现已发现有定居因子（又称黏附素）、内毒素和肠毒素（外毒素）3 种致病因子，在这些致病因子的共同作用下而引发种种临床疫病。

定居因子（colonization factor）存在于某些大肠埃希菌菌体表面，包括菌毛和非菌毛类蛋白，具有黏附于宿主小肠上皮细胞的能力，故又称为黏附素（adhesin），是大肠埃希菌在肠道建立定居并引起感染的先决条件。ETEC 依赖黏附素黏附于宿主的小肠上皮细胞表面，以避免被肠蠕动和肠液分泌所清除，并得以在肠内定居、繁殖和产生毒素，进而发挥致病作用。在动物源 ETEC 中，迄今已发现有 F4（K88）、F5（K99）、F6（987P）、F41、F42、F165、F17（过去曾称为 FY 或 Att25）和 F18 等黏附素，而在人源 ETEC 中，主要有 CFAⅠ（F2）、CFAⅡ（F3）和 CFAⅢ。除 F41 和 F17 由染色体编码外，这些菌毛均由质粒编码。

ETEC 的各种菌毛黏附素都是蛋白质，由许多蛋白质亚单位按照一定排列方式组合而成。必须在一定条件（37℃、需氧培养）下才能产生或表达，而 18℃下培养则不能产生；一般一株动物源 ETEC 只表达一种黏附素，但有的菌株可同时表达 2 种或多种黏附素。菌毛有良好的抗原性，能刺激机体产生相应有的特异抗体；不耐热，100℃即丧失其生物学和免疫学活性，60℃ 20～30min 能使其从菌体表面大量解脱而不失活，硫酸铵可沉淀游离黏附素。

肠毒素（enterotoxin）是 ETEC 在体内或体外生长时产生并分泌到胞外的一种蛋白质毒素，故又称为外毒素（exotoxin），现已发现的外毒素主要是不耐热肠毒素（heat-labile enterotoxin，LT）和耐热肠毒素（heat-stable enterotoxin，ST）。有些大肠埃希菌可同时产生 LT 和 ST，有的仅能产生 LT 或 ST，一般 LT 的毒性稍大于 ST。

LT 为一种对热敏感的蛋白质，65℃ 30min 即被灭活，有抗原性和免疫原性。LT 全毒素相对分子质量为 88×10^3，由 1 个 A 亚单位和 5 个 B 亚单位组成。A 亚单位相对分子质量为 28×10^3，由 A1 和 A2 两个亚基组成，其中 A1 是 LT 的毒性部位，能直接导致宿主肠上皮细胞液体分泌亢进而引起水样腹泻；B 亚单位相对分子质量为 12×10^3，无毒性而有免疫原性，能与小肠上皮细胞表面 GML 神经节苷酯受体相结合。LT 的活性和抗原性与霍乱弧菌毒素（CT）相似，氨基酸序列 80%同源，二者抗血清对毒素具有交互中和作用。LT 可分成无交叉免疫反应性的 LT-Ⅰ和 LT-Ⅱ两种抗原型，LT-Ⅰ的编码基因位于肠毒素质粒（Ent），而 LT-Ⅱ编码基因则位于染色体。

ST 的相对分子质量为 $1.8\sim5\times10^3$ 的多肽，没有抗原性，耐热，100℃ 30min 而不失活，可透析，能抵抗脂酶、糖化酶和多种蛋白酶作用。依其能否溶于甲醇而可将之分为 ST-Ⅰ（又称 STA 或 STa）和 ST-Ⅱ（又称 STB 或 STb）两种，两者在核苷酸序列和氨基酸组成上均无同源性。ST-Ⅰ的受体为鸟苷酸环化酶，按其来源不同而可分为 ST-Ⅰa 和 ST-Ⅰb，前者来自猪和牛源 ETEC（故又称 STp），对人和猪、牛和羊均有肠毒性，后者来自人源 ETEC（故又称 STh），只对人类有致腹泻作用。ST-Ⅱ仅见于猪源 ETEC。

（2）*产志贺毒素大肠杆菌*（Shiga toxin-producing *E. coli*，STEC）*或产类志贺毒素大肠杆菌*（Shiga-like toxigenic *E. coli*，SLTEC）　是一类能产生一种与志贺Ⅰ型痢疾杆菌（*Shigella dysenteriae* typeⅠ）产生的志贺毒素相似的毒素的大肠杆菌（如 EPEC 和 EHEC 等）。因这种毒素对 Vero 细胞（非洲绿猴肾细胞）有致死作用，故又将该类细菌相应称为产 Vero 细胞毒素大肠杆菌（Verocytotoxin producing *E. coli*，VTEC）。EPEC 可引起婴、幼儿及猪的腹泻，通常为水样，一般不含血液和炎性细胞，其特征性组织损伤是感染的小肠细胞“黏附和脱落”；EHEC 可引起人出血性结肠炎和溶血性尿毒综合征，腹泻通常为出血性，靶细胞是大肠细胞，除产生黏附和脱落损伤外，还引起出血性腹泻。STEC 的某些菌株（如 O141：K85、O138：K81 和 O139：K82）是猪水肿病的病原菌，该病实质是一种肠毒血症。其黏附素为菌毛（如 F18），细菌在小肠定居和繁殖，产生 Stx2e；当毒素被肠道吸收后，在不同组织器官内引起血管内皮细胞损伤和血管通透性的改变，从而导致病猪出现水肿和典型的神经症状。神经症状是因脑水肿所致，而非毒素对神经细胞的直接作用。

STEC 的血清型有 160 种以上，约 2/3 是 O157：H7，可通过污染食品而引起人类疾病，同时与犊牛出血性结肠炎也有密切关系。

志贺毒素（Shiga toxin，Stx）（又称类志贺毒素、Vero 毒素）是典型的 AB 模式蛋白毒素，由 1 个 A 亚单位（相对分子质量 32×10^3）和 5 个 B 亚单位（单聚体，相对分子质量 7.7×10^3）组成，有良好的抗原性。A 亚单位为毒素的酶活性部位，具有细胞毒性作用；B 亚单位是受体结合蛋白，不具毒性，而具免疫原性，介导与靶细胞膜受体特异性结合，致使毒素分子内化。其靶细胞主要是肠黏膜细胞、血管上皮细胞、肾和神经组织细胞等细胞。

Stx 不耐热，2-巯基乙醇等还原剂可破坏其细胞毒性，而胰酶等蛋白质水解酶能不同程度地增强其细胞毒性和肠毒性。Stx 具有引起 Vero 细胞和/或 HeLa 细胞病变和死亡的细胞毒，以及引起宿主肠和兔回肠积液的肠毒性和致小鼠瘫痪和死亡的神经毒性。根据产生条件的差异，可将 Stx 分为 Stx1（SLT1 或 VT1）和 Stx2（SLT2 或 VT2），前者的产生受铁离子的调节，存在于细胞周质，并可被志贺Ⅰ型痢疾杆菌毒素的多克隆抗体中和；后者的产生不受铁离子的调节，可分泌到培养液中，不被志贺Ⅰ型痢疾杆菌的毒素多克隆抗体中和。Stx1 和 Stx2 的分子结构、受体结构及作用机理都相似，但免疫原性有所不同。

（3）肠侵袭型大肠杆菌（Enteroinvasive *E. coli*，EIEC）　侵袭型菌株可经结膜、口或脐带而感染易感动物。侵袭型大肠杆菌普遍存在由质粒编码的黏附素 F17，经口进入肠道的细菌首先黏附远端肠道靶细胞；随后，侵袭株被上皮细胞摄入进入淋巴，继而进入血流；细菌在淋巴和血流中繁殖，并引发内毒素血症。许多具有侵袭力的菌株可产生溶血素，引起肝、脾、关节和脑膜的炎性反应，并可引发心包膜、腹膜表面和肾上腺皮质的出血。

（4）肠聚集型大肠杆菌（Enteroaggregative *E. coli*，EAEC）　EAEC 与断奶幼猪和犊牛发生的腹泻相关，其腹泻通常为水样，有时亦可见血液和白细胞。细菌通过 AAF 黏附于小肠上皮细胞，随后，EAEC 分泌由 agg 基因编码的蛋白（EAST1 和 Pet，为腹泻的潜在致病因素），形成一种促进细菌间互相黏附的微生物层（“生物膜”）。

（5）禽致病性大肠杆菌（Avian pathogenic *E. coli*，APEC）　Lignieres 于 1894 年首次报道 *E. coli* 可引起禽类大批死亡。APEC 大多数只对禽类有致病作用，而对人和其他动物的致病性则较低，但鸡和火鸡对 EHEC（O157：H7）也易感，并可通过污染的禽产品而引起人的感染。新近发现，新生儿脑膜炎大肠杆菌（Newborn meningitis-causing *E. coli*，NMEC）也与某些禽源大肠杆菌有关。APEC 的主要血清型 O1：K1、O2：K1 和 O78：K80 等，可引发禽类大肠杆菌病，临诊主要表现为气囊炎、肺炎、心包炎、肝周炎、腹膜炎、输卵管炎等，有时可见急性败血症。现已知 APEC 的毒力因子有黏附素（F1 和 P 菌毛）、溶血素（溶血素 E 和温度敏感性血凝素）、毒素、铁离子获得系统、大肠菌素 V 质粒、血清抵抗蛋白、荚膜、脂多糖复合物等。

APEC 和其他动物的致病性大肠杆菌具有共同的特性，而且 APEC 菌株可能是编码耐药因子和毒力因子之基因和质粒的来源。APEC 常含有大肠杆菌素（colicine）和Ⅰ型菌毛，其获铁能力也对其毒力有重要影响。禽的整个肠道都有耐热肠毒素的受体。

[致病机理] 致病性大肠杆菌经口进入易感宿主的小肠后，通过其菌毛黏附素与肠上皮细胞的微绒毛和细胞表面的受体结合而定居于肠内，并大量繁殖，产生和释放大量肠毒素，对其靶细胞产生毒性作用。LT-Ⅰ以其 B 亚单位与小肠上皮细胞表面的 GML 神经节苷脂受体相结合，其 A 亚单位则经细胞膜孔进入细胞内，活化胞内腺苷酸环化酶，导致环单磷酸腺苷（cAMP）浓度升高，肠细胞分泌机能亢

进，大量液体从细胞溢出，而肠绒毛细胞的吸收功能则降低，以致水和电解质在肠管内大量潴留，进而引起水样腹泻和迅速脱水。LT-Ⅱ与LT-Ⅰ在酶活性与腺苷酸环化酶的作用方式上相似，但两者结合的受体不同。LT-Ⅱa的最佳受体是GD_{1b}神经节苷脂，而LT-Ⅱb则为GD_{1a}神经节苷脂；ST-Ⅰ能选择性地激活小肠上皮细胞的鸟苷酸环化酶，刺激肠内环单磷酸鸟苷（cGMP）量增高，导致肠内水盐代谢平衡失调而引起腹泻，而ST-Ⅱ的作用机理尚不清楚。

[抵抗力] 本菌无特殊的抵抗力，是典型的营养型细菌，对外界不利因素的抵抗力不强。但在自然界的水中可存活数周至数月，在干燥的垫草和粪便中可存活很长时间。其培养物在室温中可生存数周，在土壤和水中可达数月。37℃ 1～2d或4℃ 6～22周可使细菌数减少90%，而对高温抵抗力较弱，60～70℃加热15～30min即可使大多数菌株灭活。湿度较高时，灭活较慢，而当有游离氨存在时，灭活较快。本菌耐冷冻，并能在低温条件下长期存活。对一般的化学消毒剂都较敏感，如5%～10%的漂白粉、3%来苏儿和5%石炭酸等都能迅速将之杀灭；在含0.5～1.0mg/L氯的水中很快死亡。较能耐受胆盐，能抵抗煌绿等染料的抑制作用，而8.5%的盐浓度、pH低于4.5或高于9时，也可抑制大多数菌株的繁殖，但都不能将之杀灭。

常用的多种抗菌药物对大肠杆菌都有一定效果，但因其较易产生耐药性且其耐药基因可通过质粒在菌体间传递而广泛蔓延。研究发现，耐药微生物或质粒，从家禽到人之间的传递现象普遍存在。因此，在防治本病过程中，应根据用药史和药敏试验结果选择用药。

[生态学] 大肠杆菌广泛存在于自然界，而人和动物是自然界中大肠杆菌的主要来源。因此，环境中大肠杆菌的存在和数量与人及动物排泄物的污染程度密切相关。环境中的细菌经口进入人和温血动物的消化道后段，大量繁殖和定居，成为其肠道内正常菌群的一个成员。作为正常菌群存在时，其与动物肠道内的其他菌群维持着相互制约和相互协同的关系，对维护动物的健康具有重要意义。肠道内的细菌，随粪便不断散播于栏舍、场地等周围生活环境，污染土壤、饮水和空气及畜禽产品等。

大肠杆菌的血清型很多，但大多数并无致病性，仅部分菌株具有致病性或条件致病性，而非毒力株可因获取编码所需蛋白质（毒力）的基因而能转变为具有致病潜力的菌株。

致病性大肠杆菌通常通过粪—口的途径传播，亦可经结膜、脐带、损伤的皮肤和黏膜等途径而感染。不同类型的大肠杆菌，其引发疾病的机理和临诊类型也有差异，其病型依赖于所获取的基因（见病原性部分相关内容）。如ETEC被宿主摄入后，产肠毒素菌株黏附靶细胞，扩增并分泌内毒素，引起液体电解质在肠腔内积聚，从而导致腹泻、脱水和电解质失衡，最终可致死亡。

[分离与鉴定] 为了分离到优势病原性大肠埃希菌，应于感染发病之急性期采集样品。败血症病例，可无菌采集其病变组织器官（如心、肝、脾、肾、淋巴结等）、血液和分泌物为病料；幼畜腹泻及猪水肿病病例则可采集其各段小肠内容物或黏膜刮取物以及相应肠段的肠系膜淋巴结为病料。分离培养细菌的常用培养基有麦康凯琼脂、伊红美蓝琼脂等，选择特征性菌落作进一步的生化特性试验。

将上述无菌采集的病料，分别在麦康凯平板和血平板上划线分离培养；挑取麦康凯平板上的红色菌落或血平板上呈β溶血的典型菌落，分别转种三糖铁（TSI）培养基和普通琼脂斜面做初步生化鉴定和纯培养；将TSI琼脂反应模式符合埃希菌属的生长物或其相应的普通斜面纯培养物按表11-1、表11-3进行生化试验和鉴定，以确定分离株是否为大肠杆菌。值得注意的是，从病畜禽中分离到的大肠埃希菌，并非就是致病菌，须作进一步的病原性鉴定，如肠毒素测定、黏附素测定、回归本动物试验等，最后作血清学定型。如直接检测大肠杆菌O157：H7，可首先将病料接种于含新生霉素的改良胰蛋白胨大豆肉汤作预增菌，然后接种亚碲酸钾山梨醇麦康凯琼脂，再选择特征性菌落进行生化测定和血清学鉴定。

表 11-3　埃希菌属中 5 个种的生化特性

项目/种	大肠	赫尔曼	伤口	弗格森	蟑螂
吲哚	+	+	−	+	−
KCN 生长	−	+	−或+	−	−
鸟氨酸脱羧酶发酵	d	+	−	+	+
蔗糖	d	−或+	−	−	−
甘露醇	+	+	+	+	−
卫矛醇	d	(+) 或+	−	+	−
侧金盏花醇	−	−	−	+	−
山梨醇	d	−	−	−	−
棉子糖	d	−或+	+	−	−
纤维二糖利用	−	+	+	+	−
丙二酸盐	−	−	+或−	−或+	+
黏液酸盐	+	+	+或 (+)	−	+或−

注：+，1d 或 2d 内 90%或更多阳性；(+)，3d 或更多天阳性（脱羧酶试验为 3～4d）；−，90%或更多菌株在 30d 中无反应；+或−，大多数培养物阳性而一些菌株阴性；−或+，大多数菌株阴性而一些培养物阳性；+或 (+)，大多数在 1d 或 2d 发生反应而有些迟反应；d，不同菌株可有不同反应

本菌的血清型鉴定包括 O、K、H 三种抗原的鉴定，在大多数实验室一般只需作 O 抗原鉴定。血清型鉴定时，可用 0.5%NaCl 溶液将培养物洗下制备成浓菌液，并分成 2 份；其中 1 份经 100℃加热 1h（如仍有 O 不凝集性则可在 121℃处理 2h），另一份加 0.5%福尔马林于 37℃作用 24～48h；然后，分别用各种抗 O 血清和抗 OK 血清对上述菌液作玻板凝集试验。如该菌株含有 K 抗原，则各种抗 O 血清不能使经福尔马林处理的菌液凝集，但可被各种抗 OK 血清中的一种凝集；经 100℃或 121℃加热的菌液可被一种抗 O 血清凝集，但也可能与别的抗 O 血清发生交叉凝集，此时可用试管凝集法按凝集效价加以排除。H 抗原一般不做鉴定，如有必要时，可将纯分离菌接种半固体培养基，传 2 代以上；转接肉汤培养基（37℃，18～24h），于肉汤培养物内加入等量含 0.6%福尔马林的 0.5%NaCl 溶液，37℃水浴 4～6h；用各种抗 H 血清进行鉴定。

为确认分离物为 ETEC 菌株，应进一步作 ETEC 菌株毒力因子（黏附素和肠毒素）的鉴定。国内迄今已发现动物源 ETEC 中的主要黏附素抗原（菌毛）有 K88、K99、987P 和 F41 四种，其中 K88 又分 K88ab、K88ac 和 K88ad 3 个血清学变异型。

ETEC 各种黏附素抗原检测前，必须先将待检菌株接种于黏附素专用培养基（F4 培养基为 TSA，F5 和 F41 为 Minca，F6 为 Slanetz）上，37℃培养 24h，以便让培养菌充分菌毛化；用灭菌生理盐水洗下菌苔，配制成适当浓度的菌悬液即为待检菌液。检测时，可用已知的各种黏附素单因子血清或单克隆抗体，作玻板凝集，或用免疫荧光、ELISA 等血清学方法加以鉴定。此外，还可用 MRHA 及其抑制试验（MRHI）、体外肠上皮细胞吸附与吸附抑制试验加以鉴定。

检测 ETEC 肠毒素已有多种方法，一般实验室检测 LT 和 ST 的常用方法，前者有兔回肠结扎肠试验、兔皮肤蓝斑试验、被动免疫溶血试验和 ELISA 等，后者有乳鼠胃内投服试验及 GM1-ELISA 等。Stx2e 的检测目前主要用该毒素的粗提物或纯化物进行 Vero 细胞毒性试验和小鼠神经毒性试验，并以抗 Stx2e 血清或单克隆抗体进行中和试验加以鉴定。

LT 液制备：将待检菌株密集涂布接种于麦康凯琼脂平板上，37℃过夜培养；刮取菌苔并悬浮于盛有 150μL 多黏菌素 B-Tris-NaCl 缓冲液（先将多黏菌素 B 用蒸馏水稀释成 10 万 IU/mL，取出 0.5mL 与 2mL pH 6.6，0.187 5mol/L Tris-0.9%NaCl 缓冲液混合，即成含 2 万 IU/mL 多黏菌素 B 的 0.15mol/L-Tris-0.12mol/L NaCl 缓冲液）的小塑料离心管中，制成均匀菌悬液，37℃水浴 1h，

8 000r/min 离心 5min，上清液即为待检菌的 LT 制备液。如为临诊样品，可于上述培养基上划线分离单个菌落，取典型大肠杆菌菌落若干个，分别悬浮于 30μL 的同样缓冲液中，以同法制备 LT 液。

ST 制备：将待检菌接种入 CATE 液体培养基中，37℃水浴振荡（250r/min）培养 24h，离心、取上清，加入 0.5%伊文氏蓝溶液（2 滴/mL）即为 ST 制备液。

近年来，应用聚合酶链反应（PCR）技术，通过检测病原性大肠杆菌的黏附素、肠毒素等特异性基因的方法，已被广泛用于病原性大肠杆菌的快速鉴定。如检测细菌含量较低的样本，可先预增菌，再采用特异性免疫磁珠富集，然后进行 PCR，此法既特异又敏感。

［**免疫**］疫苗免疫是近年来预防畜禽大肠埃希菌感染症行之有效的方法，目前国内外已有多种预防幼畜腹泻的实验性或商品化菌苗，主要是含单价或多价菌毛抗原的灭活全菌苗或亚单位苗，以及类毒素苗、LT-B 亚单位苗、志贺毒素 B 亚单位苗等，以及表达 LT-B、LPS-Stx1/Stx2 的基因工程菌苗等。例如，中国农业科学院哈尔滨兽医研究所与中国农业科学院生物工程中心联合研制成功的 K88、K99 双价基因工程无毒活疫苗，中国科学院上海生物工程中心研制的 K88、K99 双价基因工程灭活苗，军事医学科学院的 LT-b K88 活疫苗都已在生产中发挥作用，用于预防仔猪腹泻。用这些疫苗免疫怀孕母畜后，均能使其后代从初乳中获得抗大肠杆菌感染的被动保护力。禽大肠杆菌病也有多种灭活菌苗，主要是针对 O2∶K1 和 O78∶K80 等流行致病血清型的多价灭活菌苗。

但鉴于大肠杆菌血清型较多，不同地区、不同养殖场的流行菌株亦会有所差异，不同血清型的抗原性不同，菌株间缺乏完全保护，因此通常可选择针对本地流行的 3～4 种常见 O 抗原的野毒菌株，制成自家灭活疫苗，预防禽大肠杆菌病、猪水肿病，预防效果更为确实。

据报道，猪水肿病的免疫，国外以 Stx2e 抗毒素被动免疫或用其类毒素作主动免疫，均有较好的免疫效果。仔猪出生后立即口服或肌注 ETEC 肠毒素抗血清，有一定预防效果；发病初期仔猪，使用此血清也有较好的治疗效果。

第二节　沙门菌属（*Salmonella*）

沙门菌属（*Salmonella*）是肠杆菌科中重要的病原菌属之一，由一大群生化特性和抗原结构相似的革兰阴性、兼性厌氧的无芽孢杆菌组成，其中绝大多数沙门菌对人和动物有致病性，为人畜共患的病原菌，能引起人和动物的多种不同临床表现的沙门菌病，同时也是引发人类食物中毒的主要病原之一，呈全球性分布。因此，本菌属细菌在医学、兽医学和公共卫生上都具有十分重要的意义。

沙门菌属的血清型现已知有 2 500 多种，分为 49 个 O 群，计含 58 种 O 抗原和 63 种 H 抗原。根据最新的生化特性及 DNA 同源性分类法，沙门菌属有 6 个种，对人和温血动物致病的各种血清型菌株，具有属的典型生化特性（表 11-4）。肠道沙门菌又分为肠道亚种（*Enterica*）、萨拉姆亚种（*Salamae*）、亚利桑那亚种（*Arizonae*）、双亚利桑那亚种（*Diarizonae*）、豪顿亚种（*Houtenae*）及英迪加亚种（*Indica*）6 个亚种，这些种和亚种均属于对应的 DNA 同源群。

沙门菌虽已规定新的命名法，但习惯上仍用简单的通用命名，即以该菌所致疾病、或最初分离地名、或抗原式 3 种方式来命名。对畜禽具致病性的沙门菌主要有猪伤寒沙门菌（*S. typhi-suis*）、猪霍乱沙门菌（*S. cholerae-suis*）、鸡沙门菌（*S. gallinarum*）和雏白痢沙门菌（*S. pullorum*）、鸭沙门菌（*S. anatum*）、马流产沙门菌（*S. abortus equi*）、牛病沙门菌（*S. bovis-morbificans*）、鼠伤寒沙门菌（*S. typhimurium*）、肠炎沙门菌（*S. enteritidis*）、都柏林沙门菌（*S. dublin*）、亚利桑那沙门菌（*S. arizonae*）等，可引发诸如猪副伤寒、鸡白痢和鸡伤寒、羊流产、马流产、牛流产以及畜禽的副伤寒或肠炎等，同时亦常继发于某些其他疾病。

表 11-4 肠道沙门菌 6 个亚种和邦戈尔沙门菌的生化特性

项 目	肠道沙门菌亚种						邦戈尔沙门菌
	肠道	萨拉姆	亚利桑那	双亚利桑那	豪顿	英迪加	
卫矛醇	+	+	−	−	−	−	+
山梨醇	+	+	+	+	+	−	+
水杨苷	−	−	−	−	+	−	−
ONPG	−	−	+	+	−	−	+
KCN	−	−	−	−	+	−	+
丙二酸盐	−	+	+	+	−	−	−
(L+) 酒石酸盐	+	−	−	−	−	−	−
黏液一盐酸	+	+	+	− (70%)	−	+	+
明胶	−	+	+	+	+	+	−
β葡萄糖苷酸酶	d	d	−	+	−	−	−
半乳糖醛酸酶	−	+	−	+	+	+	+
O-Ⅰ噬菌体裂解	+	+	−	+	−	+	d
γ谷氨酰胺转移酶	+	+	−	+	+	+	+

注：+，表示 90%以上阳性；−，表示 9%以下阳性；d，表示不同血清型有不同反应

[形态与染色] 本属细菌为革兰阴性中等大小杆菌，呈直杆状，两端钝圆，大小（为 0.7～1.5）μm×（2.0～5.0）μm，无荚膜和芽孢，除鸡白痢和鸡伤寒沙门菌外，其余均有周身鞭毛，能运动，且绝大多数具有Ⅰ型菌毛。

[培养特性] 本属细菌为兼性厌氧菌，对营养要求不高，最适生长温度为 37℃，但低于或高于这个温度也能增殖。本菌属细菌在培养基上也有 S-R 型变异，光滑型菌落一般无色、透明或半透明，圆形、光滑、较扁平，菌落直径约 2～4mm，但鸡白痢、鸡伤寒、猪伤寒、羊流产等少数沙门菌的菌落细小、生长贫瘠。在血琼脂培养基上，菌落常为灰白色，不溶血。在麦康凯、SS 和去氧胆酸盐枸橼酸盐（DC）等琼脂上，除亚利桑那沙门菌的多数菌株因发酵乳糖而形成红色菌落外，绝大多数沙门菌的菌株因不发酵乳糖而形成无色菌落；如分离菌能产生 H_2S，则在 SS 和 DC 琼脂上可产生中央呈黑色的菌落。在亚硫酸铋琼脂上形成黑色或墨绿色菌落。在液体培养基中多呈均匀混浊生长。培养基中加入硫代硫酸钠、胱氨酸、血清、葡萄糖、脑心浸液和甘油等均有助细菌的生长。

[生化特性] 本属细菌生化反应特性为：硫化氢（三糖铁琼脂）阳性，除邦戈尔沙门菌外，在氰化钾培养基上不生长；靛基质阴性，MR 试验阳性，VP 试验阴性；多数菌株利用枸橼酸盐作为唯一碳源，能发酵葡萄糖产酸产气，赖氨酸和鸟氨酸脱羧酶阳性，但不能使苯丙氨酸脱氨基；除亚利桑那沙门菌外，大多数菌株不发酵乳糖，不利用蔗糖、水杨苷、肌醇、侧金盏花醇和棉子糖，不分解尿素。DNA 的 G+C 含量为（50～53）mol%。本属菌与其他常见菌属的生化鉴别特性见表 11-1，常见的沙门菌抗原和主要生化特性见表 11-5。

[抗原性] 沙门菌属细菌含有的主要抗原是 O 抗原和 H 抗原，是对绝大多数沙门菌进行血清型鉴定、分群和分型的依据。此外，本属细菌尚有与大肠埃希菌的 K 抗原相似的表面抗原，与其毒力（virulence）有关，故称为 Vi 抗原。

O 抗原（菌体抗原）存在于菌体的细胞壁表面，为一种耐热多糖抗原，能耐受 100℃ 2.5h 而不被破坏，其特异性取决于 LPS 多糖侧链的组成。O 抗原以阿拉伯数字表示，凡具有共同 O 抗原的血清型菌归入一群，以大写英文字母表示，对人和畜禽致病的沙门菌的血清型主要分属于 A～F 群，大多数为第一亚属或第一亚种的成员。

表 11-5　常见沙门菌抗原和主要生化特性

菌　种	O抗原	H抗原		阿拉伯糖	卫矛醇	肌醇	鼠李糖	蕈糖	木糖	甘油品红肉汤	硫化氢	明胶	右旋酒石酸	左旋酒石酸	消旋酒石酸	枸橼酸钠	黏液酸
		Ⅰ相	Ⅱ相														
乙型副伤寒沙门菌	1，4，5，12	B	1，2	+	√	√	√	+	+	++	+	−	+	+	+	+	+
鼠伤寒沙门菌	1，4，5，12	i	1，2	+	+	√	√	√	√	√	+	−	√	+	√	√	+
丙型副伤寒沙门菌	6，7，Vi	e	1，5	√	+	−	−+	−+	+	−	+	−	+	+	−	+	−
猪霍乱沙门菌	6，7	e	1，5	−	×	−	+	−	+	−	√	−	+	−	×	+	×
孔成道夫沙门菌	6，7	e	1，5	+	−+	+	−+	−+	+	−	−	−	−	−	−	−	−
猪伤寒沙门菌	6，7		1，5	+	×	−	+	−	+	−	+	−	√	×	×	+	×
伤寒沙门菌	9，12，Vi	d	−	√	×	−	−	+	√	−	√	−	+	−	−	√	×
肠炎沙门菌	1，9，12	g，m	−	√	√	−	+	+	+	√	+	−	√	√	√	√	√
鸡雏沙门菌	1，9，12	−	−	+	√	−	√	√	√	−	√	−	√	√	×	√	√
鸭沙门菌	3，10	e，h	1，6	+	+	−	+	+	+	++	+	−	+	+	+	+	+
火鸡沙门菌	3，10	e，h	1，w	+	+	+	+	+	+	+	+	−	+	+	+	+	+
牛病沙门菌	6，8	r	1，5	+	+	V	+	+	+	++	+	−	+	+	V	+	+
马流产沙门菌	4，12	enx		+	+	−	√	+	+		+	−	+			+	

注：+，阳性；−+，迟缓阳性；−，阴性

×，迟缓或不规则阳性或阴性；V，有各种生化型

甘油品红：++，紫色；+，紫红色

H抗原（鞭毛抗原）是一种蛋白质性抗原，60℃ 30～60min及乙醇作用均能破坏其抗原性，但对甲醛有一定的抗性。H抗原可分为第1相和第2相两种，前者用小写英文字母表示，只为某些血清型的菌株所具有，故称为特异相；后者用阿拉伯数字表示，特异性低，常为许多沙门菌所共有，故又称为非特异相。大多数沙门菌均同时具有第1相和第2相两相H抗原，此类沙门菌称为双相菌，常可发生位相变异；而少数沙门菌只具有其中一相H抗原，故又称为单相菌。

Vi抗原是一种由不耐热的N-2酰-氨基己糖醛酸单位组成，性质很不稳定而易发生变异。不同Vi抗原的抗原性相似，可被加热60℃1h及弱酸、弱碱或50%乙醇处理而破坏，但可耐受0.2%甲醛或75%乙醇。该抗原可阻碍O抗原与抗O抗体的凝集，从病患者病料中初次分离的伤寒沙门菌和丙型沙门菌一般都有Vi抗原。

迄今已发现并鉴定出的沙门菌菌株血清型达2 500多种，其血清型（抗原式）是O抗原∶第1相H抗原∶第2相H抗原。例如，鼠伤寒沙门菌血清型为1，4，[5]，12∶i∶1，2，表示该菌具有O抗原1，4，[5]，12，第1相H抗原为i，第2相H抗原1，2，括号中抗原表示该抗原可能缺失；若存在vi抗原，则可将之置于O抗原之后，如伤寒沙门菌血清型为9，12，Vi∶d∶−。

[病原性] 沙门菌是一种兼性胞内寄生菌，其动物宿主极为广泛，其中许多是人畜共患病的病原菌。依其血清型和宿主的不同，可引发从肠道感染到败血症的不同临诊表现。本属菌最常侵害幼龄动物，发生败血症、胃肠炎以及局部炎症；成年动物则多表现为散发或局限性发生，但在某种条件下也可呈现急性流行性，发生败血症的怀孕母畜常见流产。

引起人类沙门菌病的沙门菌主要属于A～E 5个组，其中除伤寒和副伤寒沙门菌外，以B组的鼠伤寒沙门菌、C组的猪霍乱沙门菌、D组的肠炎沙门菌及E组的鸭沙门菌等10多个血清型最常见。人类多由于食用了患病动物的肉、乳、蛋或被鼠尿污染的食物而引起，以肠热症、胃肠炎（典型表现为集体食物中毒）和败血症三种类型的疾病多见。

依据对寄主的易感性或嗜性的不同，通常可将沙门菌分为两种基本类型。一种类型是以鼠伤寒和肠炎沙门菌为代表，具有广泛的宿主谱，是一类非适应性或泛嗜性沙门菌，危害十分严重，能对多种畜禽

及人类致病，具有重要的公共卫生意义。这一类型菌占本属细菌的大多数，占沙门菌菌株的56%～65%。另一类对寄主有偏嗜性，具有高度适应性或专嗜性，只对某一类动物引起一定的疾病。如猪伤寒沙门菌只感染猪，鸡伤寒和鸡白痢沙门菌只限于感染鸡和火鸡，马、牛、羊流产沙门菌可分别使马、牛、羊发生流产，并在家畜中致病；伤寒与三种副伤寒沙门菌，以及仙台沙门菌主要对人致病；亚利桑那沙门菌主要对爬行动物致病。这类菌在特定的条件下才能对其他动物致病，属于这一类型的细菌不多（表11-6）。此外，还有少数介于上述两种类型之间的沙门菌，如猪霍乱沙门菌和都柏林沙门菌，分别是猪和牛羊的强适应性菌型，多在各自宿主中致病，但也能感染其他动物。

表11-6 肠道沙门菌的宿主偏嗜血清型

组别	血清型	偏嗜宿主
A	甲型副伤寒沙门菌（*S. paratyphi* A）	人
B	羊流产沙门菌（*S. abortusovis*）	绵羊
B	马流产沙门菌（*S. abortusequi*）	马
C1	猪霍乱沙门菌（*S. choleraesuis*）	猪
D	仙台沙门菌（*S. sendai*）	人
D1	伤寒沙门菌（*S. typhi*）	人
D1	都柏林沙门菌（*S. dublin*）	牛
D1	鸡伤寒沙门菌（*S. gallinarum*）	禽
D1	鸡白痢沙门菌（*S. pullorum*）	禽
非A～F	亚利桑那沙门菌（*S. arizona*）	爬行动物

沙门菌的有多种毒力因子，其中主要有黏附素、脂多糖、Vi抗原、肠毒素、细胞毒素等，由位于染色体或质粒上的毒力基因所编码。目前已知多种毒力基因，其中除少数位于质粒外，大多数都存在于染色体上，称之为沙门菌毒力岛（Salmonella pathogenicity island，SPI）。毒力岛（pathogenicity island，PAI）是指编码细菌毒力基因簇的分子质量较大染色体DNA片断，其特点是两侧一般有重复序列和插入元件，通常位于细菌染色体tRNA位点内或其附近，不稳定，含有潜在的可移动元件。目前已研究得较为清楚的沙门菌SPI有5个，即SPI-1、SPI-2、SPI-3、SPI-4和SPI-5。

本菌的致病性与其侵袭力有关，而其侵袭力又与毒力岛编码的Ⅲ型分泌系统直接相关。一种沙门菌常常具有1种或多种SPI。SPI-1存在所有的沙门菌中，遗传性较稳定，全长约40kb，编码Ⅲ型分泌系统的各种成分，包括其调节子和分泌性效应蛋白，与其对宿主肠道上皮的侵袭力有关，引起巨噬细胞坏死和炎症反应。SPI-2（鼠伤寒沙门菌）稳定而不易缺失，长25.3kb，含有29个基因，组成*ssa*、*ssr*、*ssc*和*sse* 4个操纵子。*ssa*编码Ⅲ型分泌系统成分，*ssr*编码分泌系统调节子，*ssc*编码分子伴侣，*sse*编码分泌系统效应蛋白。SPI-2控制沙门菌在吞噬细胞和上皮细胞内的复制，并可使细菌逃避巨噬细胞辅酶Ⅱ依赖的杀伤作用。SPI-3长约17kb，含10个开放阅读框，组成6个转录单位，编码高亲和力Mg^{2+}传输蛋白质和MgtC，可介导细菌在巨噬细胞和低Mg^{2+}环境中存活。SPI-4长25kb，有18个开放阅读框，编码介导毒素分泌的Ⅰ型分泌系统，参与调节细菌适应巨噬细胞内环境。SPI-5长只有7kb，含有*sop*、*sip*、*pip*等基因，编码参与肠黏膜液体分泌和炎症反应的相关蛋白。

［**抵抗力**］本菌是一类营养型细菌，不具特殊抵抗力，通常都对光、热、干燥及化学消毒剂等理化因素敏感，加热60℃ 30min可将之杀灭，5%石炭酸可于5min内将其灭活。但对外界环境的抵抗力较强，在水、乳类及肉类食物中能存活数月。

［**生态学**］沙门菌感染在世界各地广泛存在，自然界中带菌宿主极为广泛，包括人、野生动物和各种家养动物等恒温动物，商品禽是污染人类食物的最重要的沙门菌库之一，是引发人类沙门菌病的重要来源。

沙门菌主要存在于恒温动物的胃肠道，通过宿主的粪便及尸体等而散播，污染周围环境。污染的土壤、食物（饲料）、水和动物产品（如骨、蛋、乳、肉和鱼粉），以及感染个体的粪便等成为本病的传染源。绝大多数沙门菌对人和动物有致病性，该菌能在同类或不同种类的动物（包括人类）之间相互传播和感染，引起人和动物的多种不同临诊表现的沙门菌病，也是世界大部分地区的主要食物源疫病之一。其主要传染途径是通过采食和饮水而经消化道感染易感动物，而在家禽则还能经蛋垂直传播。饲养管理不善、环境卫生不良、种种不良应激，以及发生病毒或寄生虫感染，均可诱发和加重易感畜禽的沙门菌病。发病的畜禽群中常存在一定比例的隐性感染者或康复带菌者，并间歇地排菌，成为主要传染源。

沙门菌进入易感动物的肠道后，侵袭其肠淋巴结集结（Payer's patch）上的淋巴上皮中的特殊抗原捕获细胞（microfold cell，M细胞），进入上皮下层组织，亦可直接侵袭M细胞周围具有吸收能力的上皮细胞，通过上皮细胞进入上皮下层组织。沙门菌侵袭M细胞或上皮细胞顶部后，通过信号传递而导致细胞顶部细胞骨架结构改变和局部微绒毛崩解。细菌在膜小泡中存活、繁殖和释放，并被巨噬细胞吞噬或皮下淋巴组织吞噬。由于多毒力因子的作用，沙门菌在巨噬细胞不被灭活，并使之免遭中性粒细胞和体液免疫的攻击。沙门菌随巨噬细胞进入肠系膜淋巴结，进而侵入肝、脾、骨髓等不同器官或组织，引发各种临诊症状。

［**分离与鉴定**］病料采集的一般原则是：败血症病例，可采集血液及肝、脾、淋巴结等病变组织；以腹泻为主的胃肠炎病畜，生前可采直肠粪或鲜粪（尤以带血或黏液的粪样为佳），死后则可取病变肠段内容物或肠黏膜及相关肠系膜淋巴结；流产母畜可采集流产胎儿胃内容物、胎盘或阴道分泌物，公畜则取人工采其精液，慢性病例可取局部病灶组织；急性鸡白痢死雏，可采集肿大胆囊内胆汁和肝，以及肺部结节样病灶，成母鸡白痢病取其病变卵子或其所产鸡蛋，公鸡则取病变睾丸。

其基本步骤是：将从病畜禽采集的病料，或可疑饲料样品，经直接划线分离培养，或先作增菌培养后，用弱选择性或强选择性培养基培养，挑选可疑菌落；对可疑菌落作进一步的生化特性鉴定，确定其属性后再进行血清学定型。目前对沙门菌或各亚种成员的鉴定主要根据生化试验，而血清型分型则可作为一项亚种水平以下的鉴定内容。

未污染病料（无菌采集的血液、尿液、病变组织器官等）可直接在普通琼脂、血琼脂或鉴别培养基平板上划线分离；若为污染病料（如饮水、粪便、饲料、肠内容物和已败坏组织等），因其含目的菌少而杂菌数多，通常须先经增菌培养基（如亮绿-胆盐-四硫黄酸钠肉汤、四硫黄酸盐增菌液、亚硒酸盐增菌液以及亮绿-胱氨酸-亚硒酸氢钠增菌液等）增菌后，再用鉴别培养基（伊红美蓝琼脂、麦康凯、SS、去氧胆酸钠-枸橼酸、HE等，必要时可用亚硫酸铋和亮绿中性红等培养基）分离。

挑取鉴别培养基上5个以上的疑似菌落作纯培养，同时分别接种三糖铁（TSI）琼脂和尿素琼脂培养基，37℃培养24h。如被检菌在TSI中呈红色斜面、黄色底层并有或无气体，H_2S阳性或阴性，在尿素培养基中又呈阴性，则可初步疑为沙门菌。将该菌的TSI斜面上菌苔或普通斜面纯培养物制成浓菌液，采用血清凝集试验，与市售沙门菌A－F群多价O血清进行O抗原群和生化特性的进一步鉴定试验，必要时可做血清型分型。

除上述传统的方法外，还有利用A～F群单克隆抗体通过直接凝集、免疫荧光或ELISA等方法，以检出多种样品中的A～F群沙门菌，以及免疫磁珠分离法、核酸探针、PCR等方法。目前，国内外已有多种商品化生化试剂盒和自动鉴定系统，给本菌的鉴定带来极大的便利。

［**免疫**］沙门菌感染能刺激机体产生体液免疫和细胞免疫应答，其产生的体液抗体与细胞免疫在抗沙门菌感染中具有重要作用。畜禽感染沙门菌或接种疫苗后，其体液免疫应答主要产生IgM抗体，而在疾病康复或口服弱毒菌苗感染时，其肠道内可见特异性分泌型IgA。疫苗免疫动物的血清抗体水平与动物人工感染的保护力之间无明显相关，而转移致敏T细胞则能为之提供保护力，说明细胞免疫反应性与沙门菌感染的保护性之间具有良好相关性。以沙门菌疫苗免疫母牛，其初乳和奶中含有特异性抗体，可阻断沙门菌对其后代肠道上皮细胞的吸附和穿入，从而起到保

护子代的作用。

已证实，沙门菌病痊愈后，患动物可获得一定的免疫力，能抵抗再次感染，但局部慢性患者的免疫力不强，在疾病恢复期间常成为带菌者。目前，国内应用的兽用疫苗多限于预防各种家畜特有的沙门菌病，如预防仔猪副伤寒、马流产沙门菌病、犊牛副伤寒等沙门菌病的减毒疫苗或灭活疫苗，实际应用效果良好。据报道，用减毒或无毒活菌疫苗经注射或口服方法免疫，其效果虽优于灭活疫苗，但有些国家禁用。因可引起畜禽致病的沙门菌的血清型繁多，故尚无多种动物通用的疫苗。

预防禽沙门菌病的疫苗，虽有许多研究，但大都仍停留在实验室阶段，其防控主要应在禽场、加工、销售，直至餐桌的各个环节采取一系列严格的规范性综合预防措施。净化鸡群，结合有效药物防治，是控制禽沙门菌病的有效方法。但因本属菌易产生耐药性，耐药菌株不断增加，耐药谱不断扩大，因此最好通过药敏试验来选用敏感药物。

猪霍乱沙门菌（*Salmonella cholerae suis*）

猪霍乱沙门菌是沙门菌属的一个代表种，沙门（Salmon）和史密斯（Smith）于 1885 年首先从猪瘟混感病猪中分离出本菌。1900 年 Lignienes 为纪念 Salmon 早年做的大量猪霍乱沙门菌的研究工作，提出以 Salmon 作为本属菌的属名。本菌呈全球性分布，是仔猪副伤寒的病原菌。

[形态与染色] 菌体大小为（0.6～0.7）μm×（2.0～3.0）μm，有鞭毛，能运动，革兰染色阴性。

[培养特性] 具有沙门氏杆菌属的一般培养特性，在普通培养基上生长良好。在营养琼脂培养基上培养 24h，形成直径 1mm、圆形、边缘整齐、表面稍隆起、半透明略湿润的小菌落；在肉汤中呈均匀混浊，延长培养时间可形成沉淀和菌膜。

[生化特性] 本菌不发酵阿拉伯糖和海藻糖（蕈糖），不利用卫矛醇和肌醇。根据硫化氢产生与否，可分为两个类型，第一型即原型（美国型）不能产生硫化氢，第二型（西欧型）称孔成道夫变种，可产生硫化氢，仔猪副伤寒多由猪霍乱沙门菌孔成道夫变种引起。

[抗原性] 本菌具有 O、H 两种抗原，后者又可分为特异相和非特异相两类，其抗原式为 6，7∶C∶1，5，其中 6，7 为 O 抗原，C 为特异相 H 抗原，1，5 为非特异相 H 抗原。抗原式中的 6，7，可经溶源化后转为 6_1，7 或 6_2，7，14。如缺乏特异相 C 抗原，即为猪霍乱沙门菌孔成道夫变种，是主要的流行菌株，其抗原式为 6，7∶1，5。

[病原性] 本菌主要侵害 2～4 月龄的幼猪和架子猪，引起败血症及肠炎，慢性表现纤维素性坏死性肠炎，有时见卡他性或干酪性肺炎，成年猪则多呈隐性带菌或为猪瘟的继发感染菌，间或引起人类的食物中毒以及侵害其他动物。

[抵抗力] 本菌对光、热、干燥及化学消毒剂抵抗力较弱，加热 56～60℃ 30min 死亡，煮沸立即死亡，5%石炭酸 2～5min 即被杀死，在含氯 0.2～0.4mg/L 的消毒饮水中迅速死亡。但在污染的水及土壤中可存活数日至数月。

[分离与鉴定] 为了提高病原菌分离率，可采集病猪的新鲜粪便，检查带菌者可采取肛拭子。采集的标本一般先接种选择性培养基（如亚硒酸盐肉汤或四硫磺酸肉汤等）进行增菌培养，培养温度可适当升高到 43℃，以利抑制大肠埃希菌、变形杆菌、绿脓杆菌等杂菌生长。经增菌培养后的样品，可进一步用含乳糖的选择性固体培养基（如麦康凯琼脂）划线培养，分离出单个菌落。猪霍乱沙门菌不发酵乳糖，其菌落为无色透明或半透明，较小，边缘整齐。选取典型菌落作进一步的生化特性试验确定属性后，作血清学定型。鉴于本菌的血清型相对比较单一，可用相应的标准因子 O 抗血清、Ⅰ相和Ⅱ相因子血清分别作玻片凝集试验，确定其血清型。

[免疫] 用疫苗免疫接种是目前预防猪霍乱沙门菌感染的有效手段，早在 20 世纪 60 年代初，我国就已研制成功减毒活疫苗，免疫保护率达 90%以上，目前已在国内普遍应用。

猪伤寒沙门菌（*Salmonella typhi suis*）

猪伤寒沙门菌是格莱泽（Glaesser）于1909年从仔猪病料中分离到的，其抗原结构（6，7：C：1，5）与猪霍乱沙门菌相同。目前只发现一个Voldagsen变种，其抗原结构为7，6：-：1，5，缺少第一相C抗原。本菌只侵害4个月以内的仔猪，引发仔猪副伤寒。猪伤寒沙门菌与猪霍乱沙门菌的主要区别在于，它在培养基上生长贫瘠，能发酵伯胶糖和蕈糖，只产生少量的气体，不能产生硫化氢。

猪霍乱和猪伤寒沙门菌的主要区别见表11-7。

表11-7 猪霍乱、猪伤寒沙门菌及其变种的鉴别

菌 名	抗原式	产 酸				硫化氢	利 用	
		卫矛醇	伯胶糖	蕈糖	甘露醇		酒石酸盐	枸橼酸盐
猪霍乱沙门菌原种	6，7：C：1，5	×	−	−	+	−	+	+
猪霍乱沙门菌孔氏变种	6，7：-：1，5	×	−	−	+	+	+	−
猪伤寒沙门菌原种	6，7：C：1，5	+	+	+	−	−	−	+
猪伤寒沙门菌Voldagson变种	6，7：-：1，5	+	+	+	−	−	−	+

注：+，阳性；−，阴性；×，迟缓阳性

鸡伤寒-鸡雏白痢沙门菌（*Salmonella gallinarum-pullorum*）

鸡白痢沙门菌（又称雏沙门菌）和鸡伤寒沙门菌（或称鸡沙门菌）同为沙门菌属D群中的成员，具有相同的抗原结构式（1，9，12：—：—），故自《伯杰鉴定细菌学手册》（第9版）以来，即将鸡白痢沙门菌和鸡伤寒沙门菌合称鸡伤寒-鸡雏白痢沙门菌（*S. gallinarum-pullorum*），但两者在生化特性和病原性等方面仍有些不同。因此，习惯上仍将之分别称为鸡雏白痢沙门菌（*S. pullorum*）和鸡伤寒沙门菌（*S. gallinarum*），并将其引发的疾病分别称为鸡白痢和鸡伤寒。

[形态与染色] 菌体为两端钝圆的细长杆菌，大小为（0.3～0.5）μm×（1.0～2.5）μm，革兰染色阴性；常单个存在，偶见2个或多个排列；无芽孢，无荚膜；无鞭毛，不能运动，这在沙门菌属中是少有的一个菌种。

[培养特性] 好氧或兼性厌氧，对营养条件要求不严。在普通肉汤中生长呈均匀混浊；在马丁琼脂平板上培养24h，菌落直径在1～2mm之间；在普通琼脂上菌落一般在0.5mm以下，形似针尖，但分散菌落的菌落直径可达3～4mm以上，其中鸡伤寒沙门菌的生长稍好。菌落形态多数呈圆形，稍隆起，表面光滑、湿润、透明，边缘整齐，少数菌落呈多角形。随着培养时间的延长和菌落的增大，菌落表面可出现波纹。据报道，鸡白痢沙门菌在特殊培养基上可产生鞭毛，表现运动性；有时在选择培养基（如亮绿琼脂和志贺氏琼脂）上不生长，而在亚硫酸铋琼脂和麦康凯琼脂上则生长良好。

[生化特性] 两者均可发酵葡萄糖、甘露糖、半乳糖、果糖、鼠李糖、木糖、伯胶糖和甘露醇，产酸、产气不规则；不发酵乳糖、蔗糖、菊糖、棉子糖、侧金盏花醇、赤藓醇、肌醇和杨苷；靛基质和VP试验均为阴性，硫化氢产生迟缓，还原硝酸盐。二者的区别主要是鸡伤寒沙门菌能发酵卫矛醇与麦芽糖，鸟氨酸脱羧酶阴性，而雏白痢沙门菌则恰好相反。

[抗原性] 鸡伤寒-鸡雏白痢沙门菌仅有一种菌体抗原，缺乏鞭毛抗原，具有相同的抗原式。根据血清学试验，鸡白痢沙门菌的菌体O抗原较复杂，抗原结构在基本型（1，9，12）的基础上可发生变异，现已发现有三种不同形式的抗原组合，即标准型菌株，抗原式是1，9，12，12_3，中间型菌株抗原式是1，9，12，12_2，12_3，变异型菌株抗原式是1，9，12，12_2；但鸡伤寒沙门菌的O抗原12无变异。

[病原性] 鸡伤寒-鸡雏白痢沙门菌可产生内毒素，而其85kb的质粒与其毒力有关。鸡白痢沙门菌多侵害20日龄以内幼雏，引起雏鸡急性败血症，发病率和致死率都很高；而对成鸡主要引发生殖器官

感染，多呈慢性局部炎症，常导致母鸡产蛋量明显下降及其种蛋的孵化率和出雏率明显降低。此外，火鸡亦可感染，而少见其他禽鸟类之感染。鸡伤寒沙门菌在鸡群中出现率不及雏沙门菌，鸡与火鸡都可感染，引起产蛋前各种日龄鸡的败血性伤寒症，也可引发成年母鸡的卵巢炎。

[抵抗力] 本菌与其他副伤寒沙门菌的抵抗力大致相同，在有利的条件下能存活数年，但对热、常用消毒剂和逆境的抵抗力较差。鸡伤寒沙门菌经60℃ 30min，直接暴露于阳光下数分钟，1∶1 000的石炭酸、1%的高锰酸钾3min，2%的福尔马林1min均能将之杀死。病鸡肝中的细菌在－20℃条件下能存活148d，病鸡粪中至少可存活11d，在污染的土壤中可存活14个月以上，在舍内的污染垫料上可存活10～105d。－75℃或－20℃冷冻保存对细菌的致病力无影响。

[分离与鉴定] 本菌的分离培养比较容易，一般用适于沙门菌生长的常用选择性培养基分离即能获得纯培养，用生化特性试验即可作出鉴定，抗原结构的确定需用因子血清作凝集试验。但在实际工作中，常用标准菌株混合抗原（多价抗原）作凝集试验。

[免疫] 据报道，4日龄雏鸡经口感染后，至20～40日龄时才可检出凝集抗体，感染后100d达最高峰，而成鸡则可在感染后3～10d产生该类抗体。国内外已报道有灭活菌苗、致弱活苗和消除毒力质粒的变异株疫苗，其中以使用9R菌株制备的菌苗的研究报道较多。据报道，本菌的外膜蛋白质有良好的免疫原性，加油佐剂制成疫苗后，以100μg免疫鸡，对经口攻毒的保护率可达100%。由于鸡伤寒-鸡雏白痢沙门菌对寄主有偏嗜性，只限于感染鸡和火鸡，其既能在鸡群中水平传播，亦可经由种蛋而发生垂直传播。因此，净化鸡群，孵化时加强对种蛋及孵化器的消毒，是防控本病的有效手段。

鸭沙门菌（*Salmonella anatum*）

鸭沙门菌为沙门菌属E1群中的一个种，最初分离于雏鸭的急性病例。本菌分布较广，在一些国家里，其分离率仅次于鼠伤寒、都柏林、猪霍乱等沙门菌。

[形态与染色] 革兰染色阴性，不产生芽孢，一般大小为（0.4～0.6）μm×（1.0～3.0）μm，具周鞭毛，能运动，但也有无鞭毛不运动的变种。

[培养特性] 兼性厌氧，在牛肉汤或牛肉浸液琼脂培养基上容易生长，在普通琼脂培养基上的典型菌落为灰白色、圆形、微隆起、湿润、边缘整齐，菌落直径约为1～3mm；在麦康凯培养基上形成半透明、圆形、湿润、直径0.5～1.0mm的无色菌落；在SS平板上长出无色、光滑、较透明、稍扁平的菌落。光滑型菌落在普通肉汤中呈均匀混浊，不形成菌膜，很少产生沉淀。粗糙型菌落产生大量颗粒沉淀，上清液澄清。

[生化特性] 初次分离的菌株多数不发酵木胶糖。本菌发酵阿拉伯糖、卫矛醇、鼠李糖、木糖、蕈糖，不发酵肌醇，产生硫化氢，不液化明胶，利用枸橼酸盐，黏液酸试验阳性，左旋酒石酸钾、左旋酒石酸、消旋酒石酸试验均为阳性。

[抗原性] 鸭沙门菌有O、H两种抗原，O抗原为3，10，特异相H抗原为e，h，非特异相抗原为1，6，其抗原式为3，10∶e，h∶1，6。鸭沙门菌感染症，除鸭沙门菌这一血清型外，已发现还有多种不同的生物型或血清型的沙门菌，如鼠伤寒沙门菌（*S. typhimurium*）、肠炎沙门菌（*S. enteritidis*）、莫斯科沙门菌（*S. moskow*）等。

[病原性] 本菌对鸭有致病性，可引起鸭，特别是雏鸭的急性感染和死亡，但亦能引起多种畜禽和人发病，以及引发人的食物中毒。

[抵抗力] 本菌对温度、干燥比较敏感，加热100℃（煮沸）很快死亡，常用消毒剂如甲酚、碱或酚类化合物可用于禽舍消毒。在11℃条件下，饲料与垫草中的沙门菌可存活18个月，在淤泥中和牧场上可存活数月。对多种抗菌药物敏感，但亦易形成耐药菌株。

[分离与鉴定] 采集病鸭或死鸭的新鲜粪便或实质器官的病变组织，接种于强或弱的选择性培养基上，筛选出典型菌落，进一步作生化特性试验，然后再作血清学定型，即可作出鉴定。

［**免疫性**］可用本菌制成的单价或多价灭活苗接种产蛋母鸭，以增强雏鸭对本菌的免疫力。

马流产沙门菌（*Salmonella abortus-equi*）

马流产沙门菌是沙门菌属B群中的一个种，1893年史密斯（Smith）和基尔鲍姆（Kilborme）首次从流产病马中分离出本菌。

［**形态与染色**］本菌为革兰染色阴性的短小杆菌，具周身鞭毛，能运动，无芽孢。

［**培养特性**］需氧及兼性厌氧，能利用枸橼酸盐为碳源。在普通培养基上生长良好。初次分离的细菌在营养琼脂上的菌落形态较小，直径1mm左右，菌落圆整，中央隆起、略湿润，而经多次传代后，菌落周边不规则，在低倍显微镜下观察，菌落表面呈细沙粒样或短纤维状。在普通肉汤中，呈均匀混浊，培养时间延长后有絮状沉淀，不形成菌膜及菌环。

［**生化特性**］本菌能发酵多种糖类，如阿拉伯糖、果糖、麦芽糖、木糖、葡萄糖、甘露醇、卫矛醇，产酸产气；不发酵蔗糖、乳糖、棉子糖、菊糖、肌醇、水杨苷和侧金盏花醇；不液化明胶，不产生靛基质，不分解尿素，还原硝酸盐为亚硝酸盐，MR试验阳性，VP试验阴性。

［**抗原性**］本菌抗原结构式为4，12：－：e，n，x，其中4、12为菌体O抗原，e，n，x为Ⅱ相鞭毛H抗原，缺乏Ⅰ相H抗原。

［**病原性**］本菌可产生毒力强的内毒素，经皮下接种人工感染怀孕的家兔、马、牛、猪可引起流产，而自然感染只侵害马属动物，不感染其他动物。孕马感染后可发生流产，间或继发子宫炎，对公马可引发鬐甲瘘或睾丸炎，常呈地方性流行。此外，本菌对小鼠、豚鼠也有致病性。

［**抵抗力**］本菌对温度敏感，55℃ 1h、60℃ 30min即可将之灭活；对常用消毒剂及多种抗菌药物敏感。

［**分离与鉴定**］本菌主要存在于流产的胎盘、胎儿和流产马阴道分泌物及局部炎性灶，因此分离时可采集流产胎儿的羊水、胎儿的实质器官、胎液、流产马阴道分泌物及局部炎性病变组织为病料，经沙门菌增菌培养后，接种有利于筛选沙门菌的弱或强选择性培养基培养，挑取典型菌落作生化特性鉴定。确定沙门菌后，用O 4、O 12、O因子血清和e、n、xH因子血清作平板凝集试验，即可作出鉴定。此外，亦可以用被检马血清作不同倍数稀释后与标准抗原作平板凝集试验，凝集价达1：1 600（＋＋）以上时即可判为阳性。感染母马血清中的凝集抗体效价在1：500以上，流产1周后可高达1：5 000，一般可维持1个月左右，有的能达2个月，以后逐渐下降。

［**免疫性**］马流产沙门菌有良好的抗原性和免疫原性，国内已相继研制成功多株减毒疫苗，例如哈尔滨兽医研究所研制的C39株、中国兽药监察所的355株、原长春中国人民解放军兽医大学的616株活疫苗。这些疫苗的共同特点是有良好的安全性、稳定性和免疫原性。

牛病沙门菌（*Salmonella bovismobificans*）

牛病沙门菌首先从病牛分离到，是沙门菌属C2群中的一个种，其抗原式为6，8：r：1，5。本菌能引发牛、山羊、牦牛等多种哺乳动物的感染和疾病，在某些地区的牛群中偶呈地方流行性。此外，也能引发人（特别是婴幼儿）的腹泻，以及人类食物中毒。

解洪业等报道，应用诱变剂亚硝基胍（NG）和紫外线（UV）交替诱变处理牛病沙门菌，获得一株突变型菌株（NG/UV－8）。该菌株减毒情况良好，且其毒力、生理生化性质、抗原特性等遗传性状一直保持稳定。用该菌1.15亿、0.58亿个菌免疫小鼠，能100%地抵抗2个MLD母源S.301株的攻击，用5.76亿个菌免疫豚鼠能75%地保护2个MLD母源S.301株的攻击。该菌株有望成为预防牦牛副伤寒菌苗的候选菌苗株。

鼠伤寒沙门菌（*Salmonella typhimurium*）

鼠伤寒沙门菌属于沙门菌属的B群，1892年首次由莱夫勒（Loeffler）从自然发生类似伤寒样疾病的鼠中分离到，故名。

鼠伤寒沙门菌具有广泛的寄主范围，广泛分布世界各国，危害严重，是当前分离率最高的菌型之一，能引起各种畜禽（如犊牛、幼驹、绵羊、雏鸡、火鸡、鸭等）、犬、猫及试验动物的副伤寒，表现胃肠炎或败血症，亦可引起人类食物中毒。本菌在牛、羊和马中所致的流产及急性胃肠炎的频率已超过都柏林和马流产沙门菌。在其他一些因素配合下，还能引起马胃肠炎、支气管炎、肺炎，以及幼驹急性败血症和多发性关节炎。在鸡白痢和鸡伤寒已控制的地区，本菌在鸡群中最常见，不但可水平传播，而且能经蛋垂直传染。

本菌的抗原结构式为 1，4，5，12：i：1，2，其第一相 H 抗原“i”是由转导噬菌体 Iota 或 PIT_{22}溶原化后所形成。缺乏 O5 抗原的菌株，称为鼠伤寒沙门菌哥本哈根变种，主要对家鸽和鸡致病。根据糖发酵和酒石酸盐利用试验，可将本菌分成 38 个生物型；利用噬菌体可将其分为 207 个噬菌体型。

本菌在土壤、粪便和水中能长时间生存。室温条件下，在鸭舍中可存活 7 个月，在鸭粪中可存活 6 个月；在土壤中可生存 280d 以上，在池塘中能存活 119d，在普通饮水中能生存 3.5 个月；在鸭绒毛上可存活 5 年。在蛋壳表面、孵化器中可存活 3～4 周，在清洁蛋壳上生存期较短，而在污秽蛋壳上则生存期较长，增加湿度可延长其存活期。

肠炎沙门菌（*Salmonella enteritidis*）

肠炎沙门菌是盖特纳（Gaertner）于 1888 年从急性病牛及因误食该病牛肉引起食物中毒的人中分离到。抗原结构式为 1，9，12：g，m：［1，7］，在同一血清型中，抗原和生化特性有差异。

本菌宿主谱很广泛，最常引起犊牛副伤寒，但出现频率不高。本菌在人和禽的分离率较高，可引发畜禽的胃肠炎，以及人类的肠炎和食物中毒。根据卫矛醇发酵、甘油品红试验和各种酒石酸盐反应，可将本菌分为 4 个生化变异型。

都柏林沙门菌（*Salmonella dublin*）

都柏林沙门菌是引起牛沙门菌症最常见的血清型之一，其抗原结构式为 1，9，12［Vi］：g，p：—，根据其对阿拉伯糖和鼠李糖的发酵反应，可分成 3 个生化变异型。近年来本菌在许多地区具有较高的分离率，主要对牛致病，犊牛感染后，常呈急性经过，下痢，粪便带血和黏液，几天后死亡，而孕牛则可能发生流产死亡。此外，也可致绵羊和山羊发生流产，以及引起羔羊痢疾，近来发现该菌对羊的适应性有增强趋势。曾有报道，本菌可致人的食物中毒及马驹的感染。

亚利桑那沙门菌（*Salmonella arizona*）

亚利桑那沙门菌是由 Caldwell 等于 1939 年首次从美国亚利桑那州发病的爬行动物体内分离出来而得名，因其在生化特性和抗原上与沙门菌颇为相似，故在《伯杰系统细菌学分类手册》第八版（1974）后，将本菌置于肠杆菌科沙门杆菌属，单独成为第Ⅲ亚属，其 DNA 的 G+C 的含量为（50～52）mol%。根据其 DNA 的相关性、鞭毛相和乳糖发酵特性，进一步将之分为Ⅲa 和Ⅲb 两个群，Ⅲa 为单相菌，不发酵乳糖，而Ⅲb 为双相菌，能发酵乳糖。

［形态与染色］形态与染色特征与沙门菌和大肠杆菌极相似，为具周鞭毛、能运动和不形成芽孢的革兰阴性小杆菌。

［培养特性］与沙门菌相似，兼性厌氧，在普通培养基上生长良好。在普通琼脂平板上，经 37℃培养 24h，形成半透明、无色素、表面光滑的细小菌落；在 SS 鉴别培养基上生长良好，初次分离时，其菌落无色，而继续培养时，Ⅲb 群菌因能逐渐分解乳糖而使菌落变成粉红色，中心带黑色。从家禽分离的菌株中，能迅速分解乳糖的较少，而大多数均表现缓慢发酵（一般要培养 7～10d）。在胆硫乳琼脂（DHL）平板上，乳糖阴性菌菌株的菌落与沙门菌的菌落相似，为无色半透明，而乳糖阳性菌菌株的菌

落则呈粉红色，中心带暗色；亚硫酸铋（BS）琼脂上，其菌落呈黑色，有金属光泽，而有些菌株呈灰绿色，带或不带黑心。在KCN培养基上不生长，缓慢液化明胶。

［生化特性］本菌发酵葡萄糖、甘露醇、甘露糖、麦芽糖、鼠李糖、木糖，产酸产气；不发酵蔗糖、卫矛糖、水杨苷、肌醇、D-酒石酸盐，不发酵或迟发酵乳糖。MR试验阳性，VP试验阴性，β-半乳糖苷酶阳性；精氨酸、赖氨酸鸟氨酸脱羧酶试验阳性，苯丙氨酸脱氨酶试验阴性；不形成吲哚，产生H_2S，能利用枸橼酸盐和丙二酸盐；氧化酶和尿素酶试验皆阴性，接触酶试验阳性。

［抗原性］本菌在抗原性及血清学上均与沙门菌的其他细菌密切相关，亦具有O抗原（菌体抗原）和H抗原（鞭毛抗原），迄今已知有34个O抗原和43个H抗原。其抗原结构与沙门菌属中其他成员有密切关系，能归入各抗原组中，现已鉴定出的血清型达300多个。

［病原性］主要对爬行类动物致病，发生严重的致死性传染，亦可引起家禽疾病，自然条件下，（火）鸡、鸭和鹅等家禽及金丝雀等鸟类都能感染和发病，引发急性败血病，其中雏禽的易感性和死亡率最高。此外，偶也可侵害哺乳动物及感染人类，是一种人兽共患病。

［抵抗力］其抵抗力亦与沙门菌相似，对热和常用普通消毒剂敏感。但对外界环境的抵抗力较强，在污水中能存活5个月、饲料中存活17个月，而在畜禽舍的设备和用具上能存活25周左右。

［生态学］见沙门菌相关部分。本菌在自然界中分布很广泛，宿主谱很广，包括人和猪、羊、兔、啮齿动物等哺乳动物，鸡、鸭、鹅，以及金丝雀和鹦鹉等禽鸟类，以及如蛇等爬行类动物。带菌和感染动物是主要传染源，细菌通过分泌物和粪便等排出体外，污染土壤、水、饲料、垫料等周围环境而散播，经口等途径感染易感动物，而家禽还可经蛋垂直传播。

［分离与鉴定］如其他沙门菌。

［免疫］国外已有商品性疫苗，如氢氧化铝佐剂灭活全培养菌苗、油佐剂灭活疫苗等，据报道能产生较好的保护力。

邦戈尔沙门菌（*Salmonella bongori*）

邦戈尔沙门菌，又称乍得沙门菌，是沙门菌属中的一个种，主要分离自爬行动物，有10多个血清型，其生化特性见表11-4。

第三节　肠杆菌属（*Enterobacter*）

肠杆菌属，符合肠杆菌科的一般定义，旧称产气杆菌，由具周身鞭毛，能运动，利用柠檬酸盐和醋酸盐作为唯一碳源的细菌组成。肠杆菌属有14个种或生物群，其中对人畜具有条件致病作用的菌株主要有阴沟肠杆菌（*E. cloacae*）和产气肠杆菌（*E. aerogenes*）。

［形态与染色］本菌为革兰染色阴性直杆菌，大小为（0.6～1.0）μm×（1.2～3.0）μm，周身鞭毛（4～6根），有些菌株有荚膜。

［培养特性］兼性厌氧，在一般培养基上生长旺盛，从环境中分离的菌株最适温度为20～30℃，临床病料中分离培养时最适温度为37℃。阴沟肠杆菌在Drigalski半乳糖琼脂培养基上呈阳性或阴性，菌落呈圆形，微红色，或呈偏平，边缘不规则；在伊红美蓝琼脂培养基上菌落呈粉红色，中央隆起，黏液状，直径3～4mm。坂崎肠杆菌（*E. sakazakii*）在营养琼脂培养基上，25℃条件下形成黄色菌落，在37℃形成微黄色菌落，直径1～3mm。产气肠杆菌在普通琼脂培养基上，37℃培养24小时，可见直径2～3mm、圆形、灰白色、湿润、边缘整齐、闪光、半透明的菌落；在伊红美蓝琼脂平板上可形成有金属光泽的菌落。

［生化特性］发酵葡萄糖，产酸产气（CO_2和H_2），一般不发酵卫矛醇。一般可利用柠檬酸盐和丙二酸盐作为唯一的碳源和能源。大多数菌株VP试验阳性，MR试验阴性。不产生靛基质，不产生硫化氢，缓慢液化明胶，不产生脱氧核糖核酸酶。有些环境菌株37℃时生化反应不稳定。本

属菌中与人畜疾病有关的主要肠杆菌的生化特性见表 11-8。DNA 的 G+C 的含量为（52～60）mol%。

表 11-8 与人畜疾病有关的主要肠杆菌的生化特性鉴别

试验/培养基	阴沟肠杆菌	产气肠杆菌	聚团肠杆菌	格高菲肠杆菌	坂崎肠杆菌
MR 试验	－	－	d	－	－
VP 试验	+	+	d	+	+
水解尿素	d	－	－	+	－
赖氨酸脱羧酶	－	+	－	+	－
精氨酸双水解酶	+	－	－	－	+
鸟氨酸脱羧酶	+	+	[+]	+	+
水解明胶（22℃）	－	－	－	－	－
KCN 生长	+	+	d	－	+
丙二酸盐利用	[+]	+	d	+	[－]
D-阿拉伯糖产酸	[－]	+	－	－	－
卫矛醇	[－]	－	[－]	－	－
甘油	d	+	d	+	[－]
肌醇	[－]	+	[－]	－	[+]
蜜二糖	+	+	d	+	+
糖苷	[+]	+	－	－	+
棉子糖	+	+	d	+	+
L-鼠李糖	+	+	[+]	+	+
山梨醇	+	+	d	－	－
产黄色素（25℃）	－	－	[+]	－	+

[抗原性] 肠杆菌属的细菌有 O 抗原、H 抗原，偶有 K 抗原，坂崎等（1960）记载了阴沟肠杆菌有 53 个 O 抗原和 56 个 H 抗原，其中以 O3、O8 和 O13 三种 O 抗原为最常见。产气肠杆菌荚膜抗原与克雷伯菌属相似，爱德华（1962）发现产气肠杆菌的大多数菌株可与克雷伯菌属荚膜抗血清（K 抗血清）发生凝集反应，因此，常可用克雷伯菌荚膜抗血清对分离菌株进行分型。免疫化学研究表明，纯化的脂多糖是 O 特异性抗原的基础。

[病原性] 肠杆菌属的细菌一般对人和动物无致病性，而阴沟肠杆菌（*E. cloacae*）、产气肠杆菌（*E. aerogenes*）、聚团肠杆菌（*E. agglomerans*）、格高菲肠杆菌（*E. gergoviae*）、坂崎肠杆菌（*E. sakazakii*）5 个菌种可能对人和畜禽具有条件致病作用，其中又以前两种肠杆菌多见，当机体存在其他疾病和免疫功能低下时，易发生感染和引起菌血症，引发呼吸道、尿道感染，以及局部组织的炎症、坏死等，是医院院内感染的常见细菌。

[抵抗力] 肠杆菌属中的各种细菌对氨苄青霉素和第一代头孢菌素有天然抗性，而对第二、第三代头孢菌素的抗性突变率高。肠杆菌对 β-内酰胺类抗生素的耐药机制主要包括细胞外膜微孔蛋白的缺失

或减少；细菌产生β-内酰胺酶，以及细菌的青霉素结合蛋白（PBPs）改变，导致其对β-内酰胺类抗生素亲和力下降等。阴沟肠杆菌对氨基糖苷类药物的耐药是由于修饰酶对抗生素的灭活，这些酶可在R质粒上检出，这种多重耐药性还可通过质粒传递给其他细菌。

据报道，肠杆菌属的细菌能在氯化苯甲烃铵溶液中生长，Kramer等（1980）分离的一株菌能在25%的SDS上生长；医院阴沟杆菌对目前所用浓度的双氯苯双胍己烷敏感。

[生态学] 肠杆菌属细菌广泛分布于自然界，普遍存在于人和动物的肠道、粪便、尿、脓汁及其他病料中，以及土壤、乳制品等肉品和污水中。此属菌一般不致病，但在机体免疫功能低下时（如肿瘤病人、糖尿病患者及种种住院病人或虚弱病人），可成为条件致病菌，而容易在原发病的基础上发生继发性感染。

菌体感染方式（途径）主要有两种形式：肠源性感染和经皮肤、黏膜等损伤（伤口）传播。

[分离与鉴定] 多从动物粪便、污水、乳制品或患病动物组织器官或分泌物中采集样品进行分离培养，选用选择性培养基，根据菌落形态特征及生化反应特性作出鉴定。

[免疫性] 尚未见有关疫苗方面的报道，现仍主要是通过药敏试验而选用高敏药物对其进行防治。

阴沟肠杆菌（*Ealmonella cloacae*）

阴沟肠杆菌是肠杆菌属细菌的代表种，和产气肠杆菌一样，广泛分布于土壤、水、污水、粪便、肉品等环境中。本菌通常寄生于人和动物肠道，也是胃肠道正常菌群的一部分，但移植于肠外时则可引起临床感染，是医院内感染的常见病原菌之一。随着抗生素的广泛应用和抗菌药物的不断开发，并且因其高度耐药性、多重耐药性及感染人群的较高死亡率，该菌越来越受到医学界的重视。

[形态与染色] 阴沟肠杆菌具有肠杆菌属细菌的形态、染色及生长培养特性；能够在枸橼酸盐和氰化钾培养基中生长；其生化特点主要是触酶阳性，氧化酶阴性，靛基质阴性，甲基红阴性，VP试验阳性，液化明胶，不产生H_2S，赖氨酸脱羧酶试验阴性，丙二酸钠生长试验结果不定，葡萄糖酸钠试验阳性。

[生化特性] 储从家和孔繁林等（2004）报道，脲酶、侧金盏花醇、精氨酸水解和赖氨酸脱羧等试验对肠杆菌属中5个常见菌种（产气、阴沟、坂崎、聚团和格高菲肠杆菌）的鉴别有重要意义。在肠杆菌属中除产气肠杆菌和阴沟肠杆菌外，其他种的肠杆菌对侧金盏花醇发酵试验的阳性发生率几乎都为零，而前者赖氨酸脱羧酶试验阳性（阳性率98%），后者赖氨酸脱羧酶阴性（阳性率0）。聚团肠杆菌则赖氨酸和鸟氨酸脱羧酶、精氨酸水解酶均为阴性。因此，通过脲酶、侧金盏花醇发酵、精氨酸水解和赖氨酸脱羧等试验可基本上将肠杆菌属中的5个常见菌种（产气、阴沟、坂崎、聚团和格高菲肠杆菌）鉴别开来。

[抗原性] 阴沟肠杆菌有53个O抗原和56个H抗原，其中以O3、O8和O13三种O抗原为最常见。张宏伟和苏东（2005）对医院内烧伤感染阴沟肠杆菌进行了生物学分型、药敏谱分型及质粒分型鉴定，共检出38种生物型、44种药敏谱型和11种质粒谱型。

阴沟肠杆菌是一种重要的耐药肠杆菌科细菌，具有多重耐药性，其耐药性主要由可诱导的染色体1型酶（Ampc酶）介导，此酶在β-内酰胺类抗生素的诱导下可大量产生，水解三代头孢菌素且不被酶抑制剂抑制，有些产酶株可发生突变，即使诱导剂不存在仍可大量表达。这些酶可在R质粒上检出，并可以通过质粒传递给其他细菌，而且对氟喹诺酮类药物的耐药有交叉性。

此外，阴沟肠杆菌亦可引起人的食物中毒。小鼠致死试验，提示该菌含有肠毒素类似的毒素。

产气肠杆菌（*Ealmonella aerogenes*）

产气肠杆菌和阴沟肠杆菌都是肠杆菌属的细菌，广泛分布于土壤、水、污水，以及不洁的食品中，据报道，其在阴沟污水中含量可高达10^7cfu/mL。产气肠杆菌和阴沟肠杆菌也都是人和动物胃肠道正常菌群的一部分，通常对人和动物无致病性，但在某些特定情况下（如机体衰弱、免疫功能低下、抵抗力明显降低、存在原发病以及长期使用抗生素等），即可发生感染或合并感染，进而引起发病，即所谓条件性致病。

[生化特性] 产气肠杆菌和阴沟肠杆菌都属发酵乳糖的肠杆菌，两者的生化反应模式很类似，但产气肠杆菌赖氨酸脱羧酶阳性，液化明胶通常迟缓；易与产气克雷伯菌相混淆，但可借助于本菌具有动力和尿素酶阴性的特性而区别之。

[分离与鉴定] 在进行本菌分离鉴定时，应注意变异菌落的鉴别。据报道，由于长期应用抗生素，特别是第三代头孢菌素，有时可致菌落形态发生变异，表现蔓延性生长，出现大小约5～6mm的光滑、凸起、透明之黏液型菌落，用接种针挑之呈长丝拽起。将黏液型菌落接种至100g/L去氧胆酸钠肉汤中培养后，其菌落又可复原。与此同时，进行生化反应试验和鞭毛染色，可作出鉴定。

第四节 耶尔森菌属（*Yersinia*）

耶尔森菌属于1980年正式归入肠杆菌科，从而成为肠杆菌科中的一个属。本菌属由革兰阴性、运动或不运动的多形性短小杆菌组成，现有鼠疫耶尔森菌（*Y. pestis*）、假结核耶尔森菌（*Y. pseudotuberculosis*）、小肠结肠炎耶尔森菌（*Y. enterocolitica*）、鲁氏耶尔森菌（*Y. ruckeri*）、弗氏耶尔森菌（*Y. frederiksenii*）、克氏耶尔森菌（*Y. kristensenii*）、中间耶尔森菌（*Y. intermedio*）、罗氏耶尔森菌（*Y. rohdei*）、莫氏耶尔森菌（*Y. mollaretii*）、伯氏耶尔森菌（*Y. bercovieri*）和阿氏耶尔森菌（*Y. aldovae*）共11个种。其中鼠疫耶尔森菌、小肠结肠炎耶尔森菌、假结核耶尔森菌为人兽重要病原菌，而鲁氏耶尔森菌则主要侵害鱼类，中间耶尔森菌、弗氏耶尔森菌和克氏耶尔森菌的人兽共患特性不确定，阿氏耶尔森菌、罗氏耶尔森菌、莫氏耶尔森菌和伯氏耶尔森菌的致病性尚未明确。

[形态与染色] 革兰染色阴性，菌体形态类似于巴氏杆菌，有不同程度的两极浓染倾向（尤在组织触片中更清晰），呈球杆状到杆状的多形态，大小为（0.5～0.8）μm×（1～3）μm。在37℃条件下培养时，无动力，但在22～28℃培养时，除鼠疫耶尔森菌外，均有2～15根周鞭毛，能运动。不产生芽孢，除鼠疫耶尔森菌外，无明显荚膜。固体培养菌常为卵圆形或短杆状，散在或群集，而肉汤培养菌可见有短链状（鼠疫耶尔森菌）或丝状（假结核耶尔森菌）。

[培养特性] 本属菌均为兼性厌氧菌，其最适培养温度为28～30℃，但在4～42℃范围内均可生长；最适pH为7.2～7.4，但4.0～10.0范围内亦可生长。能在普通培养基上生长，如加入血清、血液或酵母汁后可明显促进生长。本属菌菌落比其他肠道杆菌细小，25～37℃培养24h，形成直径约1.0mm的菌落，培养48h后逐渐增大，直径可达1.0～1.5mm，呈奶油色，半透明或不透明，表面稍隆起、光滑、边缘整齐，但也有边缘不整齐者。本属菌在培养48h后常形成大小两种菌落，在血琼脂上无溶血现象。在液体培养基中，呈中度生长，48h培养物的混浊度与肠杆菌科其它细菌18h的培养物相同。除鼠疫耶尔森菌和假结核耶尔森菌外，其余种菌在麦康凯琼脂培养基上生长良好，菌落呈圆形、扁平、半透明，无色或淡灰色（不发酵乳糖）。在SS琼脂上，鼠疫杆菌生长可受到部分抑制，其余种25℃培养24～30h能形成针尖状菌落，37℃培养时，除小肠、结肠炎耶尔森菌生长较差外，其余的均不生长。本属菌对NaCl的耐受力较强，在3%～4% NaCl中仍可生长。

[生化特性] 呼吸和发酵两种代谢。生化反应能力较弱，氧化酶试验阴性，过氧化氢酶（触酶）阳性；除少数生物型外，还原硝酸盐为亚硝酸盐；发酵葡萄糖和其他一些碳水化合物，产酸不产气。DNA中（G+C）含量为（46～50）mol%。本属菌的运动力和一些生理生化表型特征（纤维二糖和鼠李糖发酵，鸟氨酸脱羧酶，ONPG水解，吲哚产生及VP试验等）有温度依赖性，而有些生化活性在28℃培养时要比37℃时更稳定。除鼠疫和鲁氏两种耶尔森菌外，其他各个种的多数菌株都有尿素酶；除鼠疫和假结核两种菌外，其余各种菌均有鸟氨酸脱羧酶。一般而言，除鼠疫和鲁氏两个种外，其余各

种菌的生化反应特性与小肠结肠炎耶尔森菌很相似，耶尔森菌属内的各种菌的生化鉴别见表 11-9。

表 11-9　耶尔森菌属各个种的生化鉴别

项目/种	小肠结肠炎		鼠疫	假结核	鲁氏	罗氏	弗氏	克氏	中间	莫氏	伯氏	阿氏
	1～4 型	5 型										
靛基质	(+)	−	−	−	−	−	+	V	+	−	−	−
VP 试验	+	+	−	−	−	−	+	−	+	−	−	+
枸橼酸盐	+	V	−	−	−	(+) /+	V	−	+	−	−	(+)
鸟氨酸脱羧酶	+	+	−	−	+	+	+	+	+	+	+	+
纤维二糖	−	−	−	−	−	+	+	+	+	+	+	−
蜜二糖	−	−	V	+	−	+/−	−	−	+	−	−	−
甲基葡糖苷	−	−	−	−	−	−	−	−	+	−	−	−
棉子糖	−	−	−	(−)	−	+/−	−	−	+	−	−	−
鼠李糖	+	−	−	+	−	−	+	−	+	−	−	+
山梨醇	+	V	−	−	−	+	+	+	+	+	+	+
蔗糖	+	V	−	−	−	+	+	−	+	+	+	−
山梨糖	V	V	−	−			+	+	+	+	−	−

注：+，阳性；(+)，绝大多数阳性；−，阴性；(−)，绝大多数阴性；+/−，菌株不同，可为阳性或阴性，其中大都为阳性；V，菌株反应不一

［**抗原性**］耶尔森菌属细菌的精细结构和细胞壁组成与肠杆菌中的其他成员大同小异，也由 O 抗原和 H 抗原组成。耶尔森菌的抗原复杂，不仅具有肠道杆菌的共同抗原，而且在鼠疫、假结核和小肠结肠炎三种耶尔森菌之间存在较多的抗原交叉。

鉴于本属菌各种菌株间以及与肠道杆菌某些属之间存在复杂的抗原交叉关系，因此临诊上较少对耶尔森菌进行血清学鉴定；如有必须，可用已知的各种菌的抗 O 或抗 H 血清做常规凝集试验进行鉴定。

［**病原性**］耶尔森菌在自然界中广泛存在，一些种具有寄主特异性，其中鼠疫耶尔森菌、小肠结肠炎耶尔森菌和假结核耶尔森菌三种菌在医学和兽医学上具有重要意义。致病菌的致病性与其毒素、黏附素和侵袭素等毒力因子密切相关，控制这些毒力因子的基因可位于细菌内的质粒或噬菌体上，或是染色体上的某些特殊位点（毒力岛），而其生存环境又决定着其基因的表达和致病性。鼠疫耶尔森菌是人和啮齿类动物的重要病原菌；假结核耶尔森菌对人、畜禽、鸟类、啮齿动物和冷血脊椎动物等都有不同程度的致病性；而小肠结肠炎耶尔森菌是灰鼠、野兔、猴子和人类的致病菌，虽一般对家畜无致病性，但有时亦可引起山羊和猪的腹泻。

耶尔森菌的一个最显著的特性是能在巨噬细胞内存活和繁殖，而不被巨噬细胞所杀伤，但不能在多形核白细胞内生长。病原体所表达的侵袭素在疾病过程的早期十分重要，而鼠疫耶尔森菌则在进入血流后，其 FI 抗原等毒力因子有助于该菌在体内迅速扩散。

本属的克氏、弗氏和中间型耶尔森菌的大多数菌株均无病原性，因此没有临诊和流行病学上的意义。

［**抵抗力**］耶尔森菌能耐受反复冷冻。由于该菌在 4℃中仍能繁殖，因此保存于 4～5℃冰箱中的食品仍有被污染的危险。该菌要求较高的水活度，最低水活度为 0.95，pH 接近中性，较低的耐盐性；对加热、消毒剂敏感。

［**生态学**］本属菌广泛存在于从有生命到无生命的环境中，一些种具有宿主特异性。细菌通过不同的媒介（贮存宿主、带菌者和污染物等），经消化道、呼吸道及皮肤损伤等途径而感染易感动物。

病原体在宿主体外较低温度环境下生长时大量表达的侵袭素，在致病过程的早期起着十分重要的作用。细菌的黏附和侵袭功能有助于侵入体内的细菌进入回肠和大肠的非吞噬性上皮细胞内，随后可被黏膜和黏膜下层的吞噬细胞所吞噬，并诱导表达表面蛋白质，使之得以在吞噬细胞内存活和繁殖而不被杀伤；部分细菌则可到达局部淋巴结，在小肠组织和淋巴结中，细菌和死亡的吞噬细胞引起脓肿和在感染器官组织中出现点状坏死。小肠结肠炎耶尔森菌和假结核耶尔森菌的感染一般局限于此，但后者有时可进一步发展成为败血症，并在肝、脾和其他器官诱发脓肿。鼠疫耶尔森菌则往往进入血流，并借助其FI等毒力因子而在体内迅速扩散，出现败血症和表现出种种临诊症状。

[分离与鉴定] 从未污染的样品如血液、淋巴结分离培养时，可用血清琼脂培养基或营养琼脂培养基平板直接划线分离，28℃培养48h或37℃ 24h，然后置室温24h，观察结果。如从污染的样品分离时，可将样品接种敏感小动物如豚鼠、小鼠的皮下或腹腔，然后用感染动物的脾、肝、淋巴结进行分离培养，或用去氧胆酸盐琼脂、麦康凯、SS琼脂以及NYM琼脂等划线分离。从粪便或食品（包括饲料）分离培养时，可用特异性选择性培养基（如麦康凯琼脂、SS琼脂培养基）划线培养。含菌量少的样品可在平板分离前或同时做增菌培养以提高分离率。从培养基上选择典型菌落，按常规方法作进一步生化特性试验进行鉴定，必要时可做血清学鉴定和毒力鉴定。

据报道，一种新的耶尔森菌选择培养基（氯苯酚-新生霉素，简称IN）和鉴别培养基（VYE）具有快速诊断的作用。经28℃培养18～24h，致病性耶尔森菌形成具特征性菌落（大小为1.5～2.8mm，中心淡红色、周边透明的小露滴状菌落）；在VYE培养基上，假结核耶尔森菌形成中心深黑色的小露滴状菌落，而小肠结肠炎耶尔森菌则为中心淡红色的小露滴状菌落。挑出可疑菌落，作进一步生化及血清学鉴定。

常用的血清学试验有间接血凝试验和荧光抗体染色。前者是目前判定鼠疫源和对鼠疫患者追踪诊断的一种有效的血清学方法，其血凝抗体效价在1∶20（试管法）或1∶16（微量法）以上者可判为阳性；后者可用于鼠疫耶尔森菌、假结核耶尔森菌和小肠结肠炎耶尔森菌的组织触片或临诊标本中的菌体，但因本属菌之间有众多抗原交叉，故一般仅用作快速初步诊断，最后确诊仍有赖于病原菌的分离、鉴定。此外，还有ELISA法和胶体金免疫结合试验等，用于鼠疫诊断，具有敏感、特异、简单、快速等优点。

检测毒性菌株的方法有对HeLa细胞侵袭力测定、Sereny试验、自凝试验、V与W抗原测定、钙依赖性和刚果红吸收试验等多种方法。

[免疫] 机体对鼠疫的特异性抵抗力可能需要抗体和细胞介导的反应，以鼠疫耶尔森菌减毒活疫苗或福尔马林灭活菌苗接种人，可提高人的免疫力和获得良好免疫效果，但尚无动物用疫苗。与此同时，应加强疫情监测，灭鼠灭蚤，消灭鼠疫疫源。用灭活或减毒疫苗预防假结核耶尔森菌病，有一定效果。对耶尔森菌病的预防重点在于切断该病的流行环节，消灭各种传播媒介，以及防止畜群与野鸟、野鼠的接触等综合性措施。多种抗生素和磺胺类药物对耶尔森菌病都有治疗作用，但因耐药菌株的存在，最好通过药敏试验来选用敏感药物。

小肠结肠炎耶尔森菌（*Yersinia enterocolitica*）

小肠结肠炎耶尔森菌是耶尔森菌属中的一个成员，主要引起人和动物局限性感染，以肠系膜淋巴腺炎、末端回肠炎、急性肠胃炎、关节炎为主要特征的一个种，有时可引发败血症，其临诊特征与假结核耶尔森菌感染有相似之处。

[形态与染色] 革兰染色阴性小杆菌，有时呈卵圆形或杆状，一般不呈两极浓染，单在或呈短链、或成堆，大小为（0.5～1.0）μm×（1～2）μm。22～25℃生长的幼龄培养物主要为球形，在选择性培养基生长的陈旧培养物呈多形性。37℃培养时，很少或没有鞭毛，低于30℃培养时有周鞭毛，能运动；无荚膜、无芽孢。DNA的G+C含量为（48.5±1.5）mol%。

[培养特性] 需氧或兼性厌氧，对营养要求不严格。在普通营养琼脂培养基上生长良好，25～37℃培养24h可见到直径0.3～0.6mm的小菌落生长，继续培养至48h，直径可达1.0～1.5mm，最大可达

2.0～3.0mm。初分离时，菌落呈光滑、湿润、半透明、圆形，边缘整齐或略呈锯齿状，多次传代可变为粗糙型菌落。在SS琼脂上，25～28℃培养24h后，菌落直径0.1～0.3mm，48h增大到0.4mm，光滑湿润、突出、半透明或水样透明、略带淡橘色；在麦康凯琼脂培养基上能良好生长，25℃培养24h菌落直径0.2～0.3mm，48h后可达0.5～0.7mm，由于不发酵乳糖，菌落无色、半透明；在血琼脂上不溶血，3d后可出现不透明的黑色环带。在液体培养基上呈中度生长，均匀混浊，一般无菌膜，管底可有少量沉淀物。本菌生长温度范围广，在4～42℃范围内都可生长，最适培养温度为22～28℃，其中以25℃最常用；最适pH为7.2～7.4。

[生化特性] 本菌的主要生化特征是鸟氨酸脱羧酶阳性，β-木糖苷酶阴性，VP试验（25℃）阳性，发酵蔗糖、纤维二糖、山梨醇产酸，与其他耶尔森菌的生化特性鉴别见表11-8。本菌的某些生化活性（如纤维二糖和棉子糖发酵、吲哚产生、VP反应、鸟氨酸脱羧酶、ONPG水解等）常取决于培养温度（28～29℃最好），有些生化反应28℃时比37℃更稳定，如大多数菌株在22～25℃培养时VP反应阳性，而37℃培养时则为阴性。根据其某些生化特性差异，本菌可分为5个生物型（表11-10）。

表11-10　小肠结肠炎耶尔森菌5个生物型的生化特性

项　目	生　物　型				
	1	2	3	4	5
脂酶（Tween 80）	+	−	−	−	−
DNA酶	−	−	−	+	+
吲哚形成	+	+	−	−	−
硝酸盐还原为亚硝酸盐	+	+	+	+	−
发酵糖类产酸					
D-木糖	+	+	+	−	−
蔗糖	+	+	+	+	不定
D-海藻糖	+	+	+	+	−

[抗原性] 本菌具有革兰阴性杆菌特异的脂多糖O抗原和肠道菌共同抗原（ECA），现已发现有57个O抗原和20个H抗原（a～t），依据其O和H抗原的不同组合，已知有17个血清群和57个血清型。据报道，小肠结肠炎耶尔森菌生物型H菌株分布甚广，可从各种动物和环境中分离到，且其生物型或血清群的菌株常有宿主特异性。其中O9血清群与布鲁菌有抗原交叉，O12与沙门菌O47因子有交叉。感染人类的致病菌株多属于O抗原O3、O5、O8、O9，分离自家兔、野兔和山羊的致病菌株则多为O1和O2，引发牛犊腹泻的菌株多为O5，而O3及O10则常见于仔猪腹泻，对啮齿动物致病的多属O2和O8菌株。不同的地域，其流行的血清型亦有差异，如O8只见于美国，O9仅见到发生于欧洲，而在世界的其他地方，则O3非常普遍。

此外，还有V抗原和W抗原、侵袭素（inv和ail）、肠毒素、黏附素蛋白YadA（由毒力质粒pYV编码）等毒力因子，以及由质粒编码的Yops、染色体基因编码的HWMP2等。V抗原和W抗原由质粒编码，在37℃生长时需要钙而在25～28℃生长时不需钙的菌株，都含有V和W抗原，是一种毒力决定体。Vi抗原只见于毒力株，而无毒株则无Vi抗原。

[病原性] 小肠结肠炎耶尔森菌是灰鼠、野兔、猴子和人类的致病菌，可引起人和其他动物腹泻、末端回肠炎、肠系膜淋巴结炎、关节炎和败血症，偶也可引发人的集体性食物中毒。本菌一般对家畜无致病性，但有时亦可引起绵羊、山羊和猪的腹泻，以及绵羊流产。此外，本菌对啮齿动物亦有致病性，其致病性与假结核耶尔森菌相似（见下述假结核耶尔森菌部分）。

小肠结肠炎耶尔森菌有由质粒介导的V.W.抗原，是本菌的重要毒力因子。此外，本菌在22～

25℃可产生耐热性肠毒素（分子量为10 000～50 000），血清型O3、O8和O9经常产生肠毒素，摄入该肠毒素即可引起发病。该毒素能耐受121℃30min，在4℃保存7个月，pH1～11中保持稳定。

[抵抗力] 本菌对热及常用消毒剂敏感，在室温下易于死亡，而在跳蚤、排泄物及干燥痰液中能存活一个月。对多种抗生素（如链霉素、土霉素等）和磺胺类药物敏感。

[生态学] 小肠结肠炎耶尔森菌广泛分布于自然环境中，水、食品、土壤、水果、蔬菜和从人到软体动物的无症状个体，一直被认为是该菌的贮毒宿主。本菌是灰鼠、野兔、猴和人的致病菌，并已从马、牛、羊、猪、犬、猫、骆驼、家兔、豚鼠、鸽、鹅、鱼等动物中分离到本菌。国内已发现40多种动物（包括家畜、家禽、啮齿动物、爬行动物、水生动物种动物园的观赏动物）感染各种血清型的耶尔森菌。猪的带菌率较高，扁桃体带菌猪是人类感染本菌的主要传染来源和贮菌者，许多鸟类（包括水禽和海鸥）可能是带菌者，而带菌的猫和犬是其他动物感染的来源。国内对苍蝇、蟑螂和革螨带菌情况的调查结果表明，苍蝇和蟑螂在本病的传播上有明显作用。

菌体的毒力决定簇在22～25℃表达，提示哺乳动物从如饮水、食物（饲料）之"冷"来源，菌体经口吞食而进入人和动物体内，从而引发感染。

小肠结肠炎耶尔森菌具有侵袭Hela细胞的能力，O1、O3、O4、O5B、O8、O9、O15、O18、O20、O21和O22等血清型都能侵入Hela细胞，鉴于Hela细胞感染阳性株多是人类致病的常见血清型，以及从人和动物死亡所见肠类的侵入模型，表明该菌Hela细胞侵入性在腹泻的发病机理上有重要意义。

侵入体内的菌体，在其各种毒力因子的协调和共同作用下，得以在体内黏附、增殖和引发种种临诊症状。

[分离与鉴定] 见耶尔森菌。病料多采取淋巴结，有时也可从关节或粪便中采集样品，进行分离培养。经纯化培养和初步鉴定后，再做生物型、血清型的病原性测定。因本菌与布鲁菌、沙门菌某些血清群有交叉，故必须作交叉吸收后才能作出确切定型。

二、假结核耶尔森菌假结核亚种（*Yersinia pseudotuberculosis* subsp. *pseudotuberculosis*）

假结核耶尔森菌假结核亚种也是耶尔森菌属中的一个成员，其临诊特征与小肠结肠炎耶尔森菌感染有相似之处，主要引起动物的假结核病。本菌呈世界性分布，已在多种动物中发现。

[形态与染色] 革兰染色阴性，形态呈球菌状、卵圆或杆状，液体培养物涂片镜检可见丝状菌，病变组织中的菌体呈两极着色，大小为（0.8～6.0）μm×0.8μm，散在或呈短链排列。低于30℃生长时有周身鞭毛，能运动，无芽孢和无荚膜。

[培养特性] 最适生长温度为28～29℃，而最适pH为7.2～7.4，但在pH5.0～9.6范围内也能生长。在普通营养琼脂培养基上培养24h，长出大小0.1～1.0mm的半透明或不透明菌落，在麦康凯琼脂培养基上能否生长则变化不定。在肉浸膏液体培养基中容易生长，培养液均匀混浊，几天后形成沉淀（S型菌株）。本菌能在含3.5%氯化钠的蛋白胨水中生长良好。用肉汤培养时，偶见如鼠疫耶尔森菌那样之生长方式，见液体清亮，液面有菌膜，静置培养4～5d后形成钟乳石状下垂生长物。

[生化特性] 氧化酶试验阴性，过氧化氢酶试验阳性，VP试验阴性；发酵葡萄糖和其他碳水化合物产酸，少量菌株产气或不产气。本菌的生化特性鉴别见表11-9。

[抗原性] 迄今已发现有29种O抗原，可分为6个O抗原群（Ⅰ～Ⅵ）和A、B、2～15多个亚群，其中耐热O抗原15种，余14种（2～15）为不耐热O抗原。此外，本菌还有5个热敏感的H抗原（a～e），以及有毒菌株具有的质粒介导的W和V抗原。Ⅱ、Ⅳ、ⅥA和Ⅵ群假结核耶尔森菌与沙门菌B、D、E群，以及大肠埃希菌O17、O55和阴沟肠杆菌之间存在有抗原关系。

[病原性] 假结核耶尔森菌对人、畜禽、鸟类和冷血脊椎动物都有不同程度的致病性，其中对啮齿动物（鼠类、豚鼠、家兔与野兔等）的致病力尤强，且带菌者很普遍。本菌在啮齿动物主要引起急性败

血症、假结核病及局部淋巴结感染。本菌可引起羊干酪样淋巴结炎（又称伪结核）、肠系膜淋巴结炎、腹泻、败血症，马的溃疡性淋巴管炎，以及人类的急性肠系膜淋巴结炎、肠炎、结节性红斑和败血症等病症，绵羊的流产亦可能与之有关。此外，常引起豚鼠群自然流行性疾病，还可能与牛的肺炎和流产有关。假结核病主要表现慢性腹泻、消瘦，数周后死亡。局部淋巴结感染主要特征为在肠壁、肠系膜淋巴结及各实质器官形成粟粒状干酪样坏死，而急性败血症者，可于24～48h死亡。

[抵抗力] 本菌对温度比较敏感，一般煮沸15min即可灭活，常见的消毒药可杀死本菌。

[生态学] 假结核耶尔森菌在自然界分布广泛，是啮齿类动物、鸟类的一种寄生菌，也会感染人及其他哺乳动物和爬行动物，带菌现象相当普遍，并且可在环境中持续存在。猫是最主要被感染的家养动物，亦可见于绵羊、猪、牛、马、灵长类、兔、家禽、笼养鸟等。自然感染途径主要是消化道。

V和W抗原及侵袭素是本菌的两种主要毒力因子，此外，与本菌的致病力相关的还有质粒编码的33×10^3的外膜蛋白（Yops），染色体基因编码的高分子质量铁诱导蛋白（HWMP2），*psaA*基因编码的pH6抗原等。其发病机理见本属菌相关部分。

[分离与鉴定] 见耶尔森菌。未污染的样品，可直接接种营养琼脂培养基或血液琼脂培养基。已污染的样品则须用选择性培养基（如麦康凯琼脂培养基或SS琼脂培养基）先行培养，挑选典型菌落，进一步作生化试验。为获取纯培养物，也可将样品接种敏感动物。此外，应用分子探针的DNA技术或者通过PCR扩增特定的DNA序列进行鉴别或诊断。

[免疫] 自然感染的幸存者可获得免疫力，而以无毒力活疫苗免疫动物，虽已证明对于同源菌的攻毒具有保护力，但尚未能商品化应用。

假结核耶尔森菌鼠疫亚种（*Yersinia pseudotuberculosis* subsp. *pestis*）

假结核耶尔森菌鼠疫亚种是耶森菌属中唯一的一个无动力的菌种，是引起人类和啮齿动物鼠疫的病原。鼠疫是一种自然疫源性传染病，往往先在鼠类中以腺型鼠疫发病和流行。根据地理分布及生化特性的某些差异，本菌可分为三个生物型：①古代生物型（biovar antiqua）（在有氧条件下发酵甘油产酸，还原硝酸盐为亚硝酸盐，发现于中亚和中非）；②中古生物型（biovar medievalis）（对甘油和蜜二糖产酸，发现于伊朗和前苏联地区）；③东方生物型（biovar orientalis）（对甘油或蜜二糖不产酸，还原硝酸盐为亚硝酸盐，呈世界性分布），但其血清型相同。

[形态与染色] 典型的鼠疫菌为革兰阴性小杆菌，菌体短而粗、两端钝圆、两极浓染（尤以组织触片中清晰而明显），大小为（1～2）μm×（0.5～0.7）μm，无鞭毛，无芽孢，有荚膜，易被普通苯胺染料着色；以肉汤等液体培养物涂片、镜检，可见有短链状排列。脏器压片中，可看到吞噬细胞内的鼠疫菌，而用腐败材料、化脓性材料或溃疡液涂片，常可见菌体膨大和着色不均的非典型菌体，呈球形或菌影等形态。培养于3%～4% NaCl培养基上的菌体形态极其多样，此对本菌有鉴定意义。

[培养特性] 本菌对生长条件要求不严，其最适生长温度为27～28℃，但在−2～40℃之间的蛋白胨水中能均匀生长。在普通营养琼脂培养基上生长慢而贫瘠，25～37℃培养24h，仅形成针尖状小菌落，37℃培养48h后，菌落呈半透明、奶油状、表面光滑、湿润，黏稠且不易刮取，但在28～30℃培养的菌落则表面干燥、易刮取。普通培养基上生长的鼠疫耶尔森菌用肉汤培养时，其液体清亮，有菌膜，静置培养4～5d后可见钟乳石状下垂生长物。本菌毒力株在37℃生长时，需要Ca^{2+}或ATP，但在25℃培养时则不需要。

[生化特性] 本菌发酵葡萄糖、半乳糖、伯胶糖、果糖、麦芽糖，不发酵乳糖、蔗糖、菊糖、鼠李糖、卫矛醇。还原硝酸盐，不产生靛基质及硫化氢。与本属中的其他菌不同，鼠疫耶尔森菌不论在22～25℃或37℃培养时，其VP总是阴性；尿素酶试验阴性，无鸟氨酸脱羧酶。本菌属内各种菌的生化特性鉴别可见表11-9。本菌DNA的G+C含量为46mol%。

[抗原性] 鼠疫耶尔森菌的抗原属粗糙型（R型）抗原，尚无有关血清型分类的报告。本菌无H抗原，但至少有18种O抗原，且其中有多种为假结核耶尔森菌所共有。此外，本菌还可产生与其致病力

有关的如外膜抗原（FI）、由质粒编码的V和W抗原、外膜蛋白（Yops）、鼠疫毒素、吸色因子、侵袭素和脂多糖等毒力因子。

FI抗原为本菌的荚膜抗原，由FIA（为可溶性糖蛋白，有免疫原性）、FIB（为可溶性多糖，具种特异性）和FIC（属不溶性多糖成分，无免疫原性）三部分组成。FI由位于60Mb的一个质粒上的*fra*基因编码，能诱导机体产生保护性抗体和有抗补体介导的吞噬作用。

V、W抗原由位于质粒上的基因编码，两者总是一起产生，且其产生与温度和Ca^{2+}的浓度有关。V抗原位于细胞浆内，是一种与其毒力有关的可溶性蛋白质，相对分子质量为38×10^3，抗V抗体对小鼠有保护作用；W抗原位于菌体表面，是一种脂蛋白，相对分子质量为145×10^3。V、W抗原能形成肉芽肿性损害和在吞噬细胞内存活的能力。

外膜蛋白（Yops）包括YopE、YopH、YopO、YpkA6等，其编码基因与V和W基因位于同一个质粒（Lcr）上。Yops构成典型的Ⅲ型分泌系统，具有破坏细胞骨架、影响细胞因子产生及巨噬细胞吞噬等作用。

鼠疫菌素（pesticin，PI）是一种肽聚糖水解酶，分子质量为63×10^3，具有增强对组织的侵袭作用。鼠毒素（murine toxin，MT）是一种蛋白质毒素，对小鼠和大鼠均有很强的致死毒性，其毒性与毒素A（240×10^3）和毒素B（120×10^3）两种蛋白质有关。鼠毒素具有抗原性，甲醛液可使之成类毒素。编码MT基因和FI抗原的基因位于同一个60Mb质粒上，但某些菌株的MT基因则位于染色体上。

[病原性] 鼠疫耶尔森菌的致病力很强，是引起大鼠、仓鼠及其他啮齿类动物烈性传染病鼠疫的病原菌，对人类有极严重的危害性。本病是一种自然疫源性传染病，是一种人兽共患病。本病通常先在鼠类中引发腺型鼠疫，造成大批病鼠死亡；人通过与染菌动物或疫蚤的接触而引发感染发病，甚至引起大流行，历史上曾给人类带来重大灾难。人类鼠疫主要有腺鼠疫、败血型鼠疫和肺鼠疫三种临床型，因本病死亡者皮下严重出血，大量血红蛋白转变为含铁血红素，并将皮肤染成黑紫色，故有“黑死病”之称。

鼠疫除可在多种鼠类及野兔、家兔中自然流行外，已证明有200种以上的动物可自然感染。食肉动物对腺鼠疫的抵抗力较强。我国除多种鼠类、旱獭能感染外，狐、猫、犬、艾鼬、猞猁、獾、藏系绵羊、黄羊、白腹鸫等亦有感染。将分离培养物实验感染大鼠和豚鼠，小鼠对本菌更敏感。

[抵抗力] 本菌无特殊的抵抗力，但在适宜的环境中可存活较长的时间，如在死亡动物的窝垫中可存活几年和保持其感染力。

[生态学] 鼠疫耶尔森菌广泛存在于有生命到无生命的环境中，宿主谱很广，已知有包括多种鼠类、兔、狐、猫、犬、羊等在内的200多种动物都可自然感染。鼠疫是一种典型的自然疫源性疾病，鼠疫菌、宿主、媒介之间保持相对的生态平衡，鼠疫菌的生存繁殖依赖于宿主动物，而寄生于宿主动物身上的蚤类，作为传播媒介而使鼠疫菌传播循环于宿主动物之间，从而形成稳定的鼠疫自然疫源性。

鼠疫菌在多种致变因子（如免疫抗体、鼠疫噬菌体等）共同作用下可从典型菌过渡到非典型菌，而非典型鼠疫菌是鼠疫菌能在鼠疫流行静息期及间断微弱流行期时在自然界中长期保存的主要形式。非典型菌在一定条件下，如通过动物传代又能再返祖而成为典型菌，非典型鼠疫菌一旦返祖成典型鼠疫菌，即有可能再暴发鼠疫流行。在流行地区内，耐受的啮齿类动物构成了很少发展成致命性疾病瘟疫的贮存宿主，被称为维持或地方性动物病的宿主。跳蚤可能携带鼠疫耶尔森菌，并将其传播到更易感的扩增宿主，而感染的哺乳动物可能会通过空气携带的途径传播瘟疫。通过掠夺行为，嗜食同类和以腐肉为食的动物，也可经口腔途径而引发感染。

鼠疫的发病和流行往往是先在鼠类中以腺型鼠疫开始。当大批病鼠死亡后，疫蚤就将其宿主转向人类，并通过其叮咬而引发人类鼠疫。随后，通过人蚤的叮咬或鼠疫患者排出的病菌经呼吸道和消化道，或经损伤的皮肤、黏膜途径进入易感人群而引发再次感染，导致本病在人群间的流行。

黏附、侵袭和对细胞的毒性作用是细菌致病的关键因素。鼠疫菌能通过消化道感染进入体内，发展为全身性感染和伴随着免疫的自愈性感染，但这种感染剂量要比皮上感染高出几百倍甚至几万倍。这可能与其特有的生态系有关。在长期的自然进化过程中，它在宿主、媒介及其噬菌体之间形成一定的特有关系，它可借助蚤的叮咬而侵入宿主体内。

PH6 抗原是鼠疫菌很重要的毒力决定因子，是其染色体编码的表面蛋白，在 37℃和酸性 pH 条件下有最大表达。PH6 抗原可能是鼠疫菌仅有和 Yop 蛋白产生的黏附因子。如果细胞炎性反应、组织坏死及细菌代谢产物产生局部酸性环境，这种毒力决定因子对于系统性疾病的产生有重要作用。

编码 Yops 的基因位于一个 70～75kb 的质粒中，这个质粒是保守的并对耶尔森菌毒力发挥至关重要。Yops 包括 11 种蛋白，可分两大类：一类为仅具有抗宿主功能（如 YopM 和 YopE）；另一类则主要是调节或 Yop 定位攻击靶细胞功能（如 YopN/LcrE、YopD、LcrG 和 LcrQ）。LcrV 和 YopH 具有两种功能。YopE 和 YopH 在吞噬细胞中具有抗吞噬作用，并能在细胞内攻击靶目标，从而保护 Yops 不被 Pla 降解。Yop 表达系统能使耶尔森菌在哺乳动物的网状内皮组织系统这种不利环境中生长。这种作用由下列 Yop 蛋白共同完成：YopH、YopE 的抗吞噬作用，YopE 的白细胞毒性作用，YopH 和 YpkA 的破坏免疫系统的细胞内信号传导作用，YopM 的抑制凝血酶素作用。这种多因素作用可能造成细胞介导的免疫反应推迟。在疾病过程的早期，鼠疫耶尔森菌为细胞内寄生，而在晚期，则为细胞外寄生。

感染通常发展为败血，如果不及时加以治疗，最终可因内毒素血症而致命（败血型鼠疫）；有些个体则发展成为淋巴腺炎（腺鼠疫）或肺炎（肺鼠疫），并且通过如痰等排泄物和分泌物将鼠疫菌排出体外，污染周围环境，成为新的传染源。

［分离与鉴定］ 见耶尔森菌。可以从患病动物腹股沟腺炎组织、血液、唾液和肺渗出物中分离，也可以从健康带菌者咽喉分离，按常规方法进行。

［免疫］ 已有两种疫苗可预防本菌的感染，一是减毒活疫苗，二是裂解的培养物制造的疫苗。

伯氏耶尔森菌（*Yersinia bercovieri*）

1988 年，比利时学者 Wauter 等对原属典型小肠结肠炎耶尔森菌中的 3A 和 3B 生物型的菌株进行了包括 DNA 杂交、G+C 含量、表型特征、毒力标志和抗原结构等的研究后，发现原来的 3A 和 3B 应是两个独立的新种，并分别将之命名为莫氏耶尔森菌（*Y. mollaretii*）和伯氏耶尔森菌（*Y. bercovieri*）。小肠结肠炎耶尔森菌的 3A 和 3B 是 Bercovier 于 1978 年的分型建议，他建议将从生态系统分离的类似于小肠结肠炎耶尔森菌但 VP 阴性的生物型 3 型菌株划分为 3A 和 3B 生物型。其中，3A 的特点是山梨糖和肌醇阳性，3B 是山梨糖和肌醇阴性，而且 3A 和 3B 无毒力特性。

莫氏耶尔森菌可从人、肉类、生蔬菜、土壤、饮水中分离到，其重要特征是 VP 阴性，吡嗪酰胺酶阳性，黏酸盐、山梨糖和木糖阳性、岩藻糖阴性；伯氏耶尔森菌可从人类、动物、生蔬菜、土壤和水中分离到，其重要特征是 VP 阴性，吡嗪酰胺酶阳性，黏酸盐、岩藻糖和木糖阳性、山梨糖阴性。莫氏耶尔森菌的最常见血清型是 O59，其次是 O62.22、O3、O7、O13；伯氏耶尔森菌最常见的血清型是 O58.16，其次是 O8、O10。上述两种耶尔森菌的病原性尚未明确。

第五节　克雷伯菌属（*Klebsiella*）

克雷伯菌属由无运动力、有荚膜的肠道杆菌组成，包括肺炎克雷伯菌（*K. pnenmoniae*）、肉芽克雷伯菌（*K. granulomatis*）、产酸克雷伯菌（*K. oxcytoca*）和活动克雷伯菌（*K. mobilis*）4 个种，而肺炎克雷伯菌又可分为肺炎亚种（*K. pneumeniae* subsp. *pneumoniae*）、臭鼻亚种（*K. pneumoniae* subsp. *ozaenae*）和鼻硬结亚种（*K. pneumohiae* subsp. *rhinoscleromatis*）3 个亚种，肺炎克雷伯菌是本

属的代表种。DNA 的 G+C 含量为（53～58）mol%。

[形态与染色] 本菌为革兰染色阴性，无鞭毛、不能运动的直杆菌。病料直接涂片，菌体呈粗短、卵圆形杆状，大小为（0.3～1.0）μm×（0.6～6.0）μm，单个、成对或短链状排列；用湿印度墨汁覆盖法检查，常见细菌有明显的荚膜。培养物中的菌体较长，常呈多形性。大多数菌种有纤毛，无芽孢，老培养物荚膜消失。

[培养特性] 无需特殊的生长条件，在普通平板培养基（尤其在含糖培养基）上可形成乳白色、湿润、闪光、凸起、丰厚黏稠的大菌落；菌落可相互融合，以接种环挑之易成长丝。接种斜面培养基，在其斜面上可见灰白色半流动状黏液性培养物，底部凝集水常呈黏液状。多数菌株在肠道菌鉴别培养基上形成红色或粉红色菌落。在血液琼脂培养基上生长，不溶血。在肉汤培养基中培养数天后，可形成黏稠液体。在培养基上保存时，可存活数周乃至数月。最适生长温度为 37℃，而在 12～43℃温度范围内均能生长。

[生化特性] 兼性厌氧，分呼吸型或发酵型代谢两种。氧化酶试验阴性，多数菌株利用枸橼酸盐和葡萄糖作为唯一碳源，葡萄糖产酸和产气（CO_2 多于 H_2），但也有不产气菌株。大多数菌株发酵葡萄糖的主要终末产物为 2，3-丁醇。MR 试验阴性，VP 试验阳性，不产生硫化氢，不液化明胶，分解尿素，还原硝酸盐。克雷伯菌属的生化特性及其与本科中其他一些菌属的鉴别见表 11-1，而属内 5 个菌种的鉴别见表 11-11。

表 11-11 克雷伯菌属内 5 个种的鉴别特性

项目/种	肺炎	产酸	植生	土生	变形
靛基质	−	+	(−)	−	+
鸟氨酸脱羧酶	−	−	−	(−)	+
尿素分解	+	+	+	−	+
葡萄糖管中生长发酵					
5℃	−	−	+	+	+
10℃	−	+	+	+	+
41℃	+	+	+	−	+
44.5℃	+	V	−	−	(−)
利用羧基苯甲酸	−	+	V	+	
利用组胺	−	−	?	+	?

注：（ ），大多数；V，变化不定； ?，缺乏数据

[抗原性] 本属菌有 O（菌体）和 K（荚膜）两种抗原，目前已报告有 12 种 O 抗原和 82 种 K 抗原。因 O 型远比 K 型少，故血清学检测常以 K 型作为依据，其中肺炎克雷伯菌多属荚膜抗原 3 型和 12 型。此外，克雷伯菌还具有纤毛抗原，其中有些菌种属于Ⅰ型，另一些为Ⅲ型纤毛抗原，或同时具有二型抗原。纤毛抗原是蛋白质，有良好的抗原性。

克雷伯菌属的 K 抗原与肺炎链球菌、大肠埃希菌、乙型副伤寒沙门菌的 K 抗原之间有许多相关性。O 抗原与大肠埃希菌类群的抗血清有很大程度的交叉反应。

[病原性] 克雷伯菌是人和动物正常肠道的栖息菌，其中肺炎克雷伯菌为条件性致病菌，正常条件下极少侵害家畜和人。S 型菌株的肉汤培养物对小鼠有较强的致病性，皮下注射或腹腔接种可致死小鼠和豚鼠。

[生态学] 本属菌是一种环境污染微生物，存在于人和动物的肠道、呼吸道，亦常见于水、土壤和谷物等周围环境中。当人和畜、禽等多种动物处于免疫功能低下或长期使用抗菌药等时，病菌即可经内源性感染或外源性（如经皮肤、黏膜的损伤）侵染而引发种种临诊疾病（见肺炎克雷伯菌部分）。

[分离与鉴定] 通常可采集痰液、咽拭子、粪便、尿液、血液、脓汁、肺及病变组织、穿刺液和脑

脊液等，以及污染的水、土壤等为检验材料进行细菌的分离培养。本属菌的分离通常可用肠道杆菌鉴别培养基，培养48h后可见特征性隆起的黏液状菌落。对粪便等污染样品可用麦康凯-肌醇-羧苄青霉素琼脂、甲基紫和双层紫琼脂等选择性培养基，本菌可形成红色菌落，而其他肠道菌则被抑制不能生长；血液标本需增菌培养后再进行分离。根据菌落形态特征及生化特性作出鉴定，必要时可做K抗原分型。

[免疫] 肺炎克雷伯菌Ⅲ型菌毛几乎由100%的蛋白质组成，具有良好的免疫原性，能刺激机体的免疫应答，产生特异性抗体，是制备疫苗的候选抗原，具有良好前景。

肺炎克雷伯菌（*Klebsiella pneumoniae*）

肺炎克雷伯菌是克雷伯菌属中的一个代表种，广泛存在于自然界，也存在于人和动物的肠道、呼吸道和泌尿道中，为一种条件性致病菌。弗里兰德于1893年首次从大叶性肺炎病人的肺组织中发现，故又称之为弗里兰德杆菌。

[形态与染色] 具有本属的一般特性。革兰染色阴性，球杆状，两端钝圆，单在、成对或短链状排列，有较厚的荚膜。

[培养特性] 兼性厌氧，呼吸型或发酵型代谢。在血液琼脂平板上培养，形成圆形、黏稠、光亮、白色和不溶血的丰厚菌落。在麦康凯琼脂平板上，其菌落为淡红色、黏稠、胶状，培养2d以后呈拉丝状。在三糖铁斜面上培养后，斜面和底层均产酸，底层产气，不产H_2S。在普通琼脂培养基上，菌落呈乳白色、湿润、闪光、凸起、丰厚黏稠，并可相互融合而形成菌苔。在肉汤培养基中培养数天后，形成似果冻状的黏稠液体。

肺炎克雷伯菌有由相关基因编码的Ⅰ型和Ⅲ型两类菌毛，其中绝大多数菌株均可表达Ⅲ型菌毛。菌毛的表达受如pH、温度、氧浓度和离子浓度等环境因素的影响。菌毛能否形成可受自发产生的或培养条件引起的两种相变所控制，而后来研究发现，菌毛的相变方向是由培养条件决定的。在MH液体培养基中，连续静止培养48h的培养物，其菌毛化细菌可达70%以上，而在液体培养基中摇晃培养或固体培养基上连续生长的菌落中，菌毛化的菌体极少或全无。

[生化特性] 该菌能发酵葡萄糖、甘露醇、水杨苷、蔗糖、肌醇、山梨醇、鼠李糖、阿拉伯糖及棉子糖，产酸产气。不液化明胶、不产生吲哚、不形成硫化氢。能分解利用枸橼酸盐。氧化酶、鸟氨酸脱羧酶和苯丙氨酸脱氢酶均为阴性，而触酶、尿素酶、赖氨酸脱羧酶、β-半乳糖苷酶则为阳性；还原硝酸盐，水解七叶苷，利用丙二酸钠，VP试验阳性，MR试验阴性。克雷伯菌属内细菌的鉴定见表11-11。

[抗原性] 本菌除具有菌体抗原、荚膜抗原外，还有菌毛抗原等抗原成分，绝大多数肺炎克雷伯菌株均可表达Ⅲ型菌毛。菌毛是该菌的重要致病因子之一，又具有良好的免疫原性，能刺激机体的免疫应答，产生特异性抗体。

[病原性] 肺炎克雷伯菌是本属菌种中对人和动物有致病意义的主要菌种，是动物呼吸道和消化道内的正常栖息菌，通常并不侵害寄主动物，只在动物机体衰弱、免疫功能低下或长期使用抗菌药物等情况下，可成为条件性致病菌而引发人和畜禽等的各种疾病。例如，肺炎亚种菌能引发动物的肺炎、子宫炎、乳腺炎及其他化脓性炎症，偶可引起败血症；引起人的肺炎、败血症、脑膜炎、肝脓肿、眼内炎、泌尿系统炎症，或是伤口感染、全身败血症等；在家禽，偶能引起死胚、卵黄囊感染，以及呼吸道病、眼病、败血症和繁殖性疾病。

本菌对小鼠有较强的致病性，其S型菌株的肉汤培养物皮下注射或腹腔接种可致死小鼠和豚鼠。

[生态学] 肺炎克雷伯菌广泛存在于自然界，也存在于人和动物的肠道、呼吸道和泌尿道中，亦常见于水、土壤和谷物等周围环境中。本菌通常不致病，为条件性致病菌。当人和畜、禽等多种动物处于免疫功能低下或长期使用抗菌药等情况下，细菌可经内源性感染或外源性（如经皮肤、黏膜的损伤）侵染宿主，从而引发种种临床疾病。

细菌借助菌毛尖端的黏附素对宿主黏膜上皮细胞的黏附作用黏附到组织器官上，定居和增殖。由于菌毛还兼具毒力因子和免疫原的特点，菌毛在致病过程中发挥着重要的作用。细菌首先与黏膜上皮细胞以一种松散的形式短暂地结合，随之表面有特异性菌毛抗原的细菌即与上皮细胞上的互补受体以一种高特异性的“锁—钥”或诱导契合的方式相互结合，并定植于呼吸道、泌尿生殖道内繁殖。已经证实，Ⅲ型菌毛能与近曲小管细胞结合和介导泌尿生殖道的细菌移植。Ⅲ型菌毛介导细菌移植，首先与宿主黏膜表面非特异性结合，只有当黏膜上的细菌侵入到深部组织才能发生感染，此后的菌毛便不再发生作用，因为随之启动了调理素依赖性白细胞活性，即调理素吞噬作用。

近有报道，一种新型克雷伯菌黏附素（即肺炎克雷伯菌 R2 质粒编码的 CF29 K 植物血凝素），与人腹泻 *E. coli* 菌株的 CS31 - A 黏附蛋白相类似，属于 K 黏附素系列。此种植物血凝素能介导黏附到人肠细胞株 Intestine - 407 和 $CaCO_3$ 上。一个菌株通常只表达一种菌毛，但有些菌株也可同时表达两种菌毛。此外，在人肠道还有一种新发现的称为 KPF - 28 的菌毛移生因子，该菌毛在产 CAZ - 5/SHV - 4type 超广谱 β-内酰胺酶的肺炎克雷伯菌株中被发现。

［**分离与鉴定**］参看克雷伯菌属。

［**免疫**］肺炎克雷伯菌Ⅲ型菌毛几乎由 100%的蛋白质组成，具有良好的免疫原性，能刺激机体的免疫应答，产生特异性抗体。菌毛抗体有助于抑制该菌对上皮细胞的黏附作用，阻止其继续感染。菌毛蛋白由菌毛基因表达产生，抗原性稳定，是制备疫苗的候选抗原。

第六节 变形杆菌属（*Proteus*）

变形杆菌属由符合肠杆菌科定义的有动力细菌组成。本属曾分为普通变形杆菌（*P. vulgaris*）、奇异变形杆菌（*P. mirabilis*）、摩根变形杆菌（*P. morganii*）、雷极变形杆菌（*P. rettgeri*）、豪氏变形杆菌（*P. hauseri*）、黏液变形杆菌（*P. myxofaciens*）、潘纳变形杆菌（*P. penneri*）及无恒变形杆菌（*P. inconstans*）8 个种，其中以摩根变形杆菌为代表种。现根据其表型和基因型的差异将原变形杆菌属分成变形杆菌属、摩根菌属（*Morganella*）和普罗菲登斯菌属（*Providencia*）3 个独立菌属。雷极变形杆菌和无恒变形杆菌被归入普罗菲登斯菌属，而摩根变形杆菌则独立组成摩根菌属。本菌属的一个重要培养特性是其在湿润的固体培养基上呈扩散性快速生长（或称游散生长或迁徙生长）。

［**形态与染色**］本属菌为革兰染色阴性细菌，大小为（0.4～0.8）μm×（1.0～3.0）μm，多单个存在，也可见成对或呈短链排列；菌体呈明显多形性，以杆状为主，有时可为球状或长丝状；有数目不等的周生鞭毛，运动活泼，但无芽孢和无荚膜。此外，本菌还有赖黏附植物和真菌细胞表面，但不吸附动物组织细胞和红细胞的菌毛。

［**培养特性**］本菌为需氧或兼性厌氧，对营养要求不高，在普通琼脂培养基上能迅速生长，生长温度为 10～43℃。在湿润的固体培养基平板上呈迁徙性扩散性生长，形成水波状的爬行菌落，甚至覆盖整个平板，培养物有特殊的腐败性臭味。在 SS 琼脂平板上，菌落呈圆形、半透明、扁平，在血琼脂平板上有溶血现象。在液体培养基中均匀混浊，液面可见菌膜，管底有沉淀。在培养基中加入 0.1%石炭酸、0.4%硼酸、4%乙醇、0.25%苯乙醇、0.4%硼酸、0.01%叠氮钠或同型 H 抗血清，或增加琼脂含量达 5%～6%，可抑制其迁徙生长现象，有利于分离到单个菌落。在含胆盐培养基上，菌落呈圆形，较扁平、透明或半透明，与沙门菌、志贺菌相似，易相混淆。变形杆菌各菌种均可在 KCN 培养基中生长。

［**生化特性**］能使苯丙氨酸、色氨酸氧化脱氨，迅速水解尿素，产生大量硫化氢为本属细菌的重要生化特征。不分解乳糖，VP 试验多为阳性，不具赖氨酸脱羧酶和精氨酸脱羧酶。水解多种单糖和双糖产酸，但肌醇或直链 4 -，5 -，或 6 -羟基乙醇不产酸，甘油通常产酸。DNA 中 G+C 含量为（38～41）mol%。变形杆菌属内各菌种的生化反应特性鉴别见表 11 - 12。

表 11-12　变形杆菌属内各菌种的鉴别特性

项目/种	普通	奇异	黏液	潘纳
吲哚	+	−	−	−
鸟氨酸脱羧酶	−	+	−	−
麦芽糖发酵产气	+	−	+	+
D木糖发酵	+	+	−	+
水杨苷发酵产酸	d	−	−	−
七叶苷水解产酸	d	−	−	−
分解酪氨酸	+	+	−	
在25℃酪朊酶大豆汤中产黏液	+	−	+	−

注：+，阳性反应；−，阴性反应；d，可有不同反应

[抗原性] 本属菌均具有O和H两种抗原，包括49个O抗原和19个H抗原，可分成100多个血清型。其中，奇异变形杆菌最常见的O抗原是O3、O6或O10。最常见的H抗原是H1、H2或H3。此外，在普通变形杆菌和奇异变形杆菌中还证实有荚膜（K）抗原（又称C抗原）的存在。

分属于O1、O2和O3的普通变形杆菌某些菌株（如X19、X2和Xk菌株），其O抗原与某些立克次体抗原相似，能与某些立克次体人类感染症病人血清抗体发生反应，因此，可用这些抗原与病人血清做凝集试验（Weil-Felix反应），以作为人斑疹伤寒、恙虫病等某些立克次体病的辅助诊断。

[病原性] 一般认为变形杆菌为腐生菌，在一定条件下对人和动物有致病性（条件致病菌）。可引起多种感染症，医院内也可引起暴发感染，常见感染有尿路感染、婴儿腹泻、食物中毒、烧伤后感染、褥疮感染及中耳炎等。此外，可以引起犊牛、仔猪、仔鹿、雏禽和其他幼龄动物的腹泻、肺炎、孕畜流产，以及局部感染等，偶亦可引起水禽的关节炎、输卵管炎、气囊炎和败血症。据报道，该菌与鸡的呼吸性疾病有关，而在鹌鹑、感染非致病性禽流感病毒的雉鸡和感染免疫抑制性病毒的肉鸡，感染本菌后可发生败血症。

近年来，由于变形杆菌对食品的污染而引发食物中毒时有报道，仅次于沙门菌引起的食物中毒，有些地方甚至上升到细菌性食物中毒的第一位。变形杆菌如同其他肠杆菌那样，易污染肉、蛋、乳及蔬菜、水等食品，其污染程度与其新鲜程度、加工工艺、运输贮存的各环节的卫生条件密切相关。当污染菌的数量超过正常范围时，即易引起食物中毒。

对实验动物如小鼠有很强的致病力，腹腔接种后12h可致死亡。

[生态学] 本属菌为腐败菌，广泛分布于自然界，如水、土壤和腐败的有机物中，亦存在于人及动物肠道内，并可随粪便排出而污染周围环境，是常见的机会性致病菌群。变形杆菌在特定条件下引发人和多种动物的感染，其感染途径可能是内源性（肠源性）或外源性（经消化道、呼吸道，以及皮肤黏膜的损伤）的。侵入体内的病菌在其定居、增殖过程中，产生和释放可能包括溶血素、内毒素和肠毒素等致病因子，干扰和破坏宿主特定组织、器官的代谢和正常生理活动，导致种种不同的临诊表现。

[分离与鉴定] 分离培养标本可用尿液、脓汁、粪便、呕吐物或食物（饲料）病变组织，以及咽喉、阴道、肛门拭子等，接种于血平板、伊红美蓝琼脂或SS琼脂平板，37℃培养18～24h。在血平板及伊红美蓝琼脂上，细菌呈扩散性弥漫性薄膜状生长，在血琼脂平板上生长后平板变黑有臭味，在SS平板上形成类似于肠道杆菌中不分解乳糖的无色菌落。为获得好的分离结果，从样品中分离变形杆菌时，须采用能抑制其迁徙生长（游散生长）的琼脂平板培养基；挑取疑似菌落以作进一步的生化试验鉴定，一般不做血清学分型。

［**免疫**］尚未见有关商品化疫苗的报道，防治主要借助于敏感药物。

一、奇异变形杆菌（*Proteus mirabilis*）

奇异变形杆菌广泛分布于包括医院、畜禽饲养场所等在内的自然环境中，也是实验室常见的污染菌之一。正常情况下，其对人和动物一般无致病性，只是在特定条件下，如环境的改变、卫生条件恶劣、饲养管理不善、滥用抗菌药物等，以致机体抵抗力下降、免疫机能低下时，才可能引起人和动物的原发性或继发性感染。本菌是人类尿道感染最多见的病原之一，也是伤口中较常见的继发感染菌，在变形杆菌引起的食物中毒中，以奇异变形杆菌最多见。据报道，本菌可引起多种动物发病，如牛、猪、绵羊、山羊、犬、猫、熊猫和猕猴的幼畜腹泻，以及鸡、鸭、山鸡、鹧鸪等雏禽的腹泻、肺炎等疾病，间或致成畜腹泻或犬的外耳炎，以及伤口局部的继发感染。此外，鱼类也有本病的报道，如大黄鱼体表溃烂症。

奇异变形杆菌具有本属菌的一般培养及染色特性，生化特征。

［**形态与染色**］本菌为革兰阴性、无芽孢、无荚膜的杆菌，多单个存在。

［**培养特性**］具有本菌属的培养特性，在营养肉肝汤中迅速生长，均匀混浊，液面可见菌膜，管底有少量沉淀；在营养琼脂培养基上，呈扩散性生长，很快铺满整个培养基的表面，形成厚菌苔；在鲜血培养基上的生长情况与营养琼脂相似，完全溶血；在麦康凯琼脂和伊红美蓝琼脂上，无扩散生长现象，前者菌落呈淡黄色，后者菌落呈淡红色、中等大小；在SS上，出现无色、中等大小、中心黑色的圆形菌落。培养物有特殊的气味。

［**生化特性**］在三糖铁上底部产酸，上面产碱，硫化氢强阳性。氧化酶阴性，发酵葡萄糖、木糖、半乳糖，产酸产气；不发酵乳糖、麦芽糖、甘露醇、蔗糖、卫矛醇、鼠李糖、阿拉伯糖、肌醇、棉子糖、果糖、蕈糖、水杨苷、山梨醇；动力阳性，枸橼酸试验、氰化钾抑制试验和苯丙氨酸脱羧酶试验均阳性，迅速分解尿素；产生吲哚和H_2S，MR试验阳性，VP试验阴性，但有些菌株为阳性。与属内其他菌种的鉴别见表11-11。

［**病原性和生态学**］见变形杆菌属。

［**分离与鉴定**］见变形杆菌属。

［**免疫**］见变形杆菌属。

二、普通变形杆菌（*Proteus vulgaris*）

普通变形杆菌和奇异变形杆菌都是变形杆菌属中具有代表性的两个菌种，两者皆具有本属菌的一般培养及染色特性、生化特征。本菌只在特定条件下，才引起人和动物的原发性或继发性感染。本菌也是人类尿道感染最常见的病原之一，也是食物中毒、伤口继发感染的病菌，偶可见败血症。普通变形杆菌致病性广泛，据报道，本菌也可引起多种畜禽及其他动物（如多种鱼类、蛇等）发病。

［**形态与染色**］菌体为两端钝圆的革兰阴性、有鞭毛、无芽孢和无荚膜的小杆菌，多单个存在、散在。

［**培养特性**］与本菌属的培养特性相似，在营养肉肝汤中迅速生长，培养基均匀混浊，液面可见菌膜，管底有少量沉淀。在营养琼脂、巧克力琼脂和血液琼脂培养基上呈扩散性生长，很快铺满整个培养基的表面，形成厚菌苔。在巧克力琼脂和血液琼脂培养基上可见溶血；在含0.4%硼酸的SS琼脂平板上，扩散生长现象受到抑制，经37℃培养24h可见直径1～2mm的圆形、顶部呈黑色的淡黄色分散菌落。培养物有特殊的气味。

［**生化特性**］本菌发酵葡萄糖、蔗糖、麦芽糖，产酸产气；不发酵乳糖、甘露醇、卫矛醇、鼠李糖、阿拉伯糖、肌醇、水杨苷、山梨醇；氧化酶阴性，动力阳性试验、枸橼酸试验、氰化钾抑制试验及苯丙

氨酸脱羧酶试验均呈阳性；迅速分解尿素，产生吲哚和 H_2S，MR 试验阳性，VP 试验阴性，但有些菌株可为阳性。与属内其他菌种的鉴别见表 11-11。

[病原性和生态学] 见变形杆菌属。

[分离与鉴定] 见变形杆菌属。

[免疫] 见变形杆菌属。

第七节　弧菌属（*Vibrio*）

弧菌属是由弧菌科中的一群主要生存于海洋、港湾及海洋动物肠道（一些种亦可生存于淡水），形态结构、培养特性及生化特性基本相似的细菌组成，因其菌体短小，弯曲成弧状或逗号状，故名。目前确认的弧菌有 50 多个种，至少有 155 个血清群，其中不少种对人，以及海洋脊椎动物和无脊椎动物有致病性。近年来，每年都有新的弧菌发现，弧菌属的成员愈来愈多，20 世纪以来报道的与海洋贝类及鱼类有关的弧菌就有 26 种。本属菌的 DNA 中，其 G+C 含量为（38～51）mol%。

[形态与染色] 本属菌为革兰染色阴性的短小杆菌，弯曲成弧状或逗号状，大小（0.5～0.8）μm×（1.4～2.6）μm，无芽孢。在液体培养基中，单鞭毛或多鞭毛运动，极生鞭毛包有外鞘；在固体培养基上可产生众多的无鞘周生鞭毛，其长度较有鞘极生鞭毛短。极生鞭毛由鞭毛素氨基酸组成，与周生鞭毛鞭毛素有差异。

[培养特性] 兼性厌氧。有机化能营养，呼吸型和发酵型代谢。所有菌株都可在含 D-葡萄糖和氯化铵的无机培养基上生长，仅少数菌株需有机生长因子。弧菌属所有种的生长都需要 Na^+。生长温度为 20～30℃，而一些菌株在 45℃条件下仍可生长。许多菌株可在偏碱性（pH9.0）条件下生长，最适 pH 7.6～8.2。弧菌属的各个种在各种培养基上均容易生长，在固体培养基上形成圆形、隆起、光滑、呈奶油色的菌落。但弧菌属细菌菌落形态具有易变性，特别是经多次反复传代或用合成培养基保存时，菌落变得粗糙，有时有皱褶。

[生化特性] 氧化酶和过氧化氢酶试验阳性，还原硝酸盐为亚硝酸盐；大多数菌株液化明胶和水解脱氧核糖核酸。多数菌株可产生淀粉酶、脂肪酶、几丁（质）酶、藻胶酶。不发酵 D-木糖、L-阿拉伯糖、蜜二糖、乳糖、半乳糖。利用葡萄糖酸盐、丙酸盐、戊酸盐、DL-乳酸盐、柠檬酸盐、丙酮酸盐、D-甘露醇、D-山梨醇、L-脯氨酸、D-果糖、甘油，发酵葡萄糖产酸不产气。通常对弧菌制动剂(2,4-二氨基-6，7-异丙基喋啶，又称 O/129）敏感。

[抗原性] 弧菌属的细菌可同时具有耐热的菌体抗原（O 抗原）和不耐热的鞭毛抗原。根据 O 抗原特异性的差异，可将弧菌属的细菌分为 6 个 O 抗原群（从 O1～O6），病原性较强的霍乱弧菌同属 O1 群，但也存在病原性较弱的非 O1 群菌株。

[病原性] 本菌属的代表种霍乱弧菌（*V. cholere*）是人的急性、烈性肠道传染病的重要病原菌，主要临床症状为剧烈腹泻、呕吐、脱水、循环衰竭和酸中毒。副溶血性弧菌（*V. parahaemolyticus*）是沿海地区人们食物中毒的重要病原菌；创伤弧菌（*V. vulnificus*）和拟态弧菌（*V. minicus*）亦已证实对人有致病性；麦氏弧菌（*V. metschnikovii*）不但可引起人的腹泻，而且对禽类有致病性，可引发鸡的弧菌性肝炎；鳗弧菌（*V. anguillarum*）是致鱼类弧菌病的代表；溶藻弧菌（*V. alginolyticus*）是鸡和火鸡上呼吸道的一种主要的溶蛋白性细菌，虽然不致病，但可能会通过参与裂解禽流感病毒血凝素而加重病毒的致病性。

[分离与鉴定] 病料可采自粪便、肛门拭子、血液或尿液。使用最多的增菌培养基是含 1%氯化钠的碱性（pH8.6）蛋白胨水，37℃培养 6～8h，然后接种于选择性培养基。霍乱弧菌、副溶血性弧菌的常用选择性培养基有硫代硫酸盐柠檬酸盐-胆盐-蔗糖琼脂培养基，在这种培养基上 37℃培养 18～24h，霍乱弧菌菌落呈黄色（蔗糖发酵），直径 2mm，稍扁平；副溶血弧菌呈绿色或蓝色（非蔗糖发酵），菌落直径 2～5mm。此外，亦可用胆盐琼脂或碱性牛磺胆酸盐-亚硫酸盐-明胶琼脂等选择性培养基分离培

养。临床症状明显的病料，亦可用血液琼脂或营养琼脂培养基分离培养。挑选生长典型的菌落，作进一步生化特性鉴定或血清学定型。

麦氏弧菌（*Vibrio metschnikovii*）

麦氏弧菌是麦契尼可夫弧菌的简称，是目前国内公认的13种致病性弧菌之一。其DNA G+C含量为45.4mol%。

［形态与染色］ 为典型的弧状杆菌，革兰染色阴性，大小（2～3）μm×（0.3～0.6）μm，无芽孢，无荚膜；具一偏端单鞭毛，其长度约为菌体的2～3倍，活泼运动。人工培养的老培养物，其部分菌体可变为杆状、颗粒状或不规则膨大。

［培养特性］ 一般认为，麦氏弧菌在无盐蛋白胨水中不能生长，属嗜盐性弧菌。本菌在碱性蛋白胨水中生长迅速，36℃培养6h后，培养液呈均匀混浊，无沉淀，无明显菌膜，取培养液悬滴观察，运动活泼似流星样；在碱性胆盐琼脂上，36℃培养24h，可见圆形、光滑、湿润、水滴样透明的无色菌落，大小2～3mm，如培养时间过长，菌落透明度下降。在TCBS琼脂上，形成大小0.8～1.0mm的圆形、光滑湿润、稍扁平、边缘整齐和较透明的菌落，因分解蔗糖，其菌落呈黄色。在血琼脂平板上培养48h，可见直径为2～4mm、圆形、光滑透明的菌落，明显β溶血环或不溶血。在麦康凯平板上生长不良。产色素菌株在营养琼脂、碱性胆盐琼脂及血琼脂平板上，培育后可见明显的水溶性褐色色素，且随培养时间延长，色素不断加深。

［生化特性］ 赖氨酸脱羧酶、精氨酸双水解酶阳性，多数鸟氨酸脱羧酶阴性。区别于其他致病性弧菌的主要特点是，本菌氧化酶和硝酸盐还原试验皆为阴性。在无盐胨水中呈弱生长。

［抗原性］ 麦氏弧菌和属内其他细菌一样，具有菌体抗原（O抗原）和鞭毛抗原。根据本菌对乳糖、肌醇的分解，以及靛基质反应结果的不同，可将之分为8个生物型（Ⅰ～Ⅷ）（表11-13）。

表11-13　麦氏弧菌生化学分型模式

生化反应	生物型别							
	Ⅰ	Ⅱ	Ⅲ	Ⅳ	Ⅴ	Ⅵ	Ⅶ	Ⅷ
乳　糖	－	－	－	＋	－	＋	＋	＋
肌　醇	－	＋	＋	＋	－	－	＋	－
靛基质	－	＋	－	＋	＋	＋	－	－

［病原性］ 据研究报道，本菌产生的肠毒素、溶血素、细胞毒素等有生物活性的细胞外毒素是其重要的致病因子。我国自1987年从腹泻病例的粪便中首次分离出麦氏弧菌以来，陆续有从水、食品（尤海产品）、粪便中检出的报道，表明麦氏弧菌与人腹泻病及食物中毒有密切关系。麦氏弧菌不但可引起人的腹泻，而且对禽类亦有致病性，可引发鸡和动物园饲养的幼鸟的霍乱样肠道疾病，表现突然发病和高死亡率。曾有产蛋鸡暴发弧菌性肝炎而造成产蛋下降89%，死亡率增加10%的报道。据介绍，麦氏弧菌对猪无致病性，但与其他病原体（如猪链球菌）有协同致病作用，引发猪急性败血型传染病。小鼠毒力试验的结果亦表明该菌有致泻致死作用。

［抵抗力］ 麦氏弧菌无特殊抵抗力，对热的抵抗力不强。研究资料显示，饮用水源中的分布具有明显的季节性特征，在30℃以上水温中，难以分离到麦氏弧菌。

［生态学］ 麦氏弧菌属正常海洋微生物，极易污染水和食物，其中尤以海产品为甚。本菌主要能引起人类的消化道或肠道外感染，引发腹泻、创伤性感染和败血症等。据报道，饮用水源和公厕粪便中麦氏弧菌均有较高的检出率，为本菌通过粪—口传播而引起人群腹泻病的发生和蔓延提供了有利条件，也是引起食物中毒的主要途径。此外，对海水浴者，可引起耳和伤口感染以及败血症。

［分离与鉴定］ 病料可采自粪便、肛门拭子、血液或尿液，以及可疑水样或食物。使用最多的增菌培养基是含 1%氯化钠的碱性（pH8.6）蛋白胨水，37℃培养 6～8h，然后接种于选择性培养基和普通培养基，如碱性胆盐琼脂、血液琼脂和营养琼脂培养基等。挑选生长典型的菌落作进一步生化特性鉴定或血清学定型。

［免疫］ 尚无有效的商品性疫苗可供预防，加强粪便、水源、食物（饲料）管理是防控本病的有效措施。

霍乱弧菌（*Vibrio cholerae*）

霍乱弧菌是弧菌属中对人致病性最强的一个种，1854 年意大利解剖学教授帕西尼（Pacini）最早对本菌作过描述，1883 年柯赫（Koch）从埃及患者的粪便中首先分离到本菌。为了纪念 Pacini 教授，正式命名本菌为霍乱弧菌。本菌引起人的霍乱，是一种烈性消化道传染病，主要表现为剧烈的呕吐、腹泻和失水，严重者可发生循环衰竭、酸中毒以至休克死亡。本病传播快，波及面广，是属于国际检疫的一种传染病。

霍乱弧菌分为两个生物型，把最先发现的称为古典生物型，把此后在埃及西奈半岛的埃尔托(Eltor)地区分离出的霍乱弧菌称为埃尔托生物型。后者引起的疾病，过去称为副霍乱，其临床症状与霍乱相似，但其病情一般较轻。这两个生物型在形态染色、培养和血清学诊断方面都很相似，只是在某些生物学特性上有些差别。

［形态与染色］ 霍乱弧菌无荚膜，不产生芽孢，有鞭毛，革兰染色阴性；菌体短，弯曲成圆弧形、似逗号状，大小（1～3）μm×（0.3～0.6）μm，有一根极生鞭毛，长约为菌体的 4～5 倍，运动活泼。在陈旧培养基上可出现多形态菌体，如长丝状、杆状、球状等；从病人粪便直接涂片、染色镜检，可见细菌平行排列，如鱼群样。

［培养特性］ 本菌为需氧菌，在厌氧条件下生长不良。对营养需求不高，在普通培养基上生长良好。最适培养温度为 35～38℃，但在 16～43℃的温度范围内亦可生长。具有耐碱性，能在偏碱性条件下生长，最适 pH7.6～8.2，但在 pH9～10 也能生长。本菌不耐酸，故在培养过程中不宜加入本菌能发酵的糖类。霍乱弧菌在碱性蛋白胨中生长迅速，培养 6～12h 时即可在液体表面形成菌膜。在通常的固体培养基上，菌落呈圆形，稍隆起或扁平，呈奶油色，表面光滑、边缘整齐。在碱性琼脂平板上，经 37℃培养 24h，形成中等大小、直径为 2mm、圆形、边缘整齐、表面光滑、湿润、透明或半透明、无色或带砖青色如水滴状的菌落。在亚碲酸钾琼脂培养基上，菌落中心呈灰褐色。霍乱弧菌古典生物型对绵羊红细胞无溶血性，而最初分离到的霍乱弧菌埃尔托生物型则对绵羊红细胞有很强的溶血性，但最近几年分离到的埃尔托生物型溶血性很弱甚至不溶血。

［生化特性］ 霍乱弧菌除具有弧菌属的一些基本特性外，尚具有本菌种的一些专有的特性，如产生 β-羟基丁酮或丁二酮，在缺乏 Na^+ 条件下不能生长，在固体培养基上不形成周身鞭毛。霍乱弧菌能液化明胶、凝固牛乳和血清，分解蛋白质产生靛基质、氨和硫化氢，在蛋白胨水中还原硝酸盐为亚硝酸盐，与靛基质结合形成亚硝基靛基质，加入浓硫酸后呈现红色（霍乱红试验阳性）。VP 试验阳性。霍乱弧菌可发酵多种常用的糖类，如葡萄糖、麦芽糖、蔗糖、甘露醇、果糖、半乳糖，不发酵阿拉伯糖、鼠李糖、水杨苷、肌醇。DNA 中 G+C 含量为（47～49）mol%。

霍乱弧菌古典生物型和埃尔托生物型间在某些生化反应及其他特性方面的差异见表 11-14。

［抗原性］ 霍乱弧菌具有耐热的 O 抗原和不耐热的 H 抗原，其 H 抗原与其他弧菌的 H 抗原相同，不具特异性。霍乱弧菌的菌体抗原有 O1 群和非 O1 群之分，两个群都有一个共同的 H 抗原。对人有致病性的产毒素性霍乱弧菌同属 O1 群，非 O1 群霍乱弧菌多从河口、鸟、蛙和淡水鱼中分离到。O1 群血清型已发现有 72 个，本菌的鉴定是以霍乱 O 血清群 O1 群血清的凝集性为主要依据。

［病原性］ 本菌是人的急性、烈性肠道传染的病原菌，以腹泻为主要特征，具有高度死亡率，生活

表 11-14 霍乱弧菌两个生物型的鉴别

性 状	古典型	埃尔托型
VP 试验	－	＋（－）
羊红细胞溶血试验	－	＋（－）
鸡红细胞凝集试验	－（＋）	＋
多黏菌素 B 敏感试验	敏感	不敏感
第Ⅳ组霍乱噬菌体裂解试验	＋	－（＋）

注：（ ）内符号表示少数菌株

在海岸水域与水生贝壳类生物接触的病鸟则可能是人类霍乱弧菌感染的一个传染源。此外，本菌对水禽（如鸭、鹅）和生活在海岸水域与水生贝壳类生物接触的野鸟亦有某种程度的致病性，从水禽及其生活的环境中经常可分离到 O1 型和非 O1 型霍乱弧菌。霍乱弧菌在生长繁殖过程中，可分泌毒性很强的外毒素（霍乱肠毒素），是霍乱弧菌的重要毒力因子。外毒素分子质量为 84×10^3，由 A1 亚单位（MW21×10^3）、A2 亚单位（MW 7×10^3）和 5 个 B 亚单位（MW10×10^3）组成。A 亚单位是毒性中心，而 B 亚单位无毒性，但有良好的抗原性。此外，霍乱弧菌的运动性和黏附性与其致病作用也存在较密切的关系。

［**抵抗力**］霍乱弧菌在外界环境中存活能力有限，但埃尔托生物型对外界环境抵抗力较强，存活时间也较长。霍乱弧菌存活时间取决于温度、pH、盐分及有机质含量。一般消毒剂可以杀死本菌。本菌对温度敏感，煮沸可立即杀死。

［**生态学**］霍乱弧菌亦广泛分布于海洋、港湾、河流、湖泊及海洋动物和野鸟的肠道，从水禽和它们生活的环境中经常可分离到 O1 和非 O1 型霍乱弧菌。因此，水禽和野鸟都可能成为人类霍乱弧菌感染的传染源之一。病菌经口侵入人体，通过其运动性和黏附作用，而在消化道内定居和增殖，并在生长繁殖过程中产生毒性很强的肠毒素，从而引发呕吐、腹泻、失水，以及循环衰竭和酸中毒等临床表现。

［**分离与鉴定**］分离鉴定方法与弧菌属同。采集病人的粪便、肛门拭子、血液或尿液等为病料进行病原的分离。使用最多的增菌培养基是含 1%氯化钠的碱性（pH8.6）蛋白胨水，37℃培养 6～8h，然后接种于选择性培养基。常用的选择性培养基有硫代硫酸盐柠檬酸盐-胆盐-蔗糖琼脂培养基，37℃培养 18～24h，可见黄色（蔗糖发酵）、直径 2mm、稍扁平的菌落。此外，亦可用胆盐琼脂或碱性牛磺胆酸盐-亚硫酸盐-明胶琼脂等选择性培养基分离培养。临床症状明显的病料，亦可用血液琼脂或营养琼脂培养基分离培养。挑选生长典型的菌落作生化特性鉴定或血清学定型。

［**免疫**］霍乱弧菌在生长繁殖过程产生的外毒素中的 B 亚单位无毒性，但有良好的抗原性。迄今尚无可供临床应用的疫苗，其防控主要在于注意个人卫生，加强粪便、水源、食物的卫生管理，以及避免与病禽（野鸟）接触；有效隔离和治疗病人，加强环境消毒。

第八节 气单胞菌属（*Aeromonas*）

气单胞菌属是弧菌科中的一个属，由一类生存于淡水、污水及土壤，分解碳水化合物产酸或产酸、产气，多数菌株以单根极生鞭毛运动，革兰染色阴性的杆菌组成。1984 年确定的该属成员只有嗜水气单胞菌（*A. hydrophila*）、豚鼠气单胞菌（*A. Caviae*）、俭养气单胞菌（温和气单胞菌）（*A. sobria*）和杀鲑气单胞菌（*A. salmonicida*）四个种。此后，根据基因型及表型的差异，不断有新种发现，迄今至少确认有 15 个表型种和 16 个基因种。为避免命名的紊乱，通常可将气单胞菌分为运动性（motile）或嗜温性（mesophilic）及非运动性（non-motile）或嗜冷性（psychrophilic）两大类。前者的生长温度为 10～42℃，包括温和气单胞菌、豚鼠气单胞菌、凡隆气单胞菌、舒伯特气单胞菌、简达气单胞菌及易损气单胞菌等，其致病作用相似；后者为无鞭毛不运动的杀鲑气单胞菌，主要对鲑鳟等致病，有杀鲑亚种(*A. salmonicida* subsp. *salmonicida*)、无色亚种（*A. salmonicida* subsp. *achromogenes*）、杀日本鲑亚种（*A. salmonicida* subsp. *masoucida*）、溶果胶亚种（*A. salmonicida* subsp. *pectinolytica*）和史密斯亚种（*A. salmonicida* subsp. *smithia*）5 个亚种，除溶果胶亚种外，其余 4 个亚种的适宜培养温度为 22℃。

嗜水气单胞菌为人畜、水生动物共患菌，其他一些种仅对水生动物有病原性。DNA 中 G+C 含量为（57～63）mol%。代表种是嗜水气单胞菌（*Aeromonas hydrophila*）。

[形态与染色] 革兰染色阴性，菌体多呈直杆状，有时为球杆状或丝状，两端钝圆、近似球杆形，很少弯曲，大小为（0.3～1.0）μm×（1.0～3.5）μm，形态多样，单在、双在或短链排列，无荚膜和芽孢。除杀鲑气单胞菌外，通常均为单端极生鞭毛，但固体培养基上的幼龄菌能形成周鞭毛。

[培养特性] 本属菌为兼性厌氧菌，对营养及生长条件要求不高，在营养肉汤及其琼脂或血琼脂、酪蛋白酶水解物大豆汤琼脂（TSA）以及肠道杆菌的选择性培养基（伊红美蓝琼脂、麦康凯或 SS 琼脂等）上于室温或 37℃均生长良好。运动性气单胞菌最适生长温度为 28℃，但一些菌株也可在 5℃生长，而最高生长温度为 38～41℃。在普通营养琼脂培养基上，25℃培养 48h，形成大小 2～3mm 的圆形、表面隆起、光滑透明、白色至黄白色的菌落，不产生色素，培养物气味强弱不一；在血液琼脂上大多数菌株可产生溶血（γ 及 β 溶血）。大多数菌株能在肠道菌常用的选择性培养基（如麦康凯琼脂、SS 琼脂等培养基）上生长良好，由于不分解乳糖，菌落无色，但在弧菌选择培养基 TCBS 或在 6%NaCl 中不生长。无动力杀鲑气单胞菌最适生长温度为 22～25℃，但多数菌株也能在 5℃下生长，最高生长温度为 25℃。在营养琼脂培养基上 22℃培养 48h，形成圆形、中央隆起、边缘整齐、半透明、易碎的菌落；大多数菌株在含 1%酪氨酸或苯丙氨酸的培养基上，产生一种水溶性棕褐色色素，但置厌氧条件下培养则无色素形成；在血琼脂培养基上可见 β 溶血，7d 后菌落变为浅绿色。

嗜水气单胞菌及杀鲑气单胞菌与霍乱弧菌一样，存在一种“非可培养（viable but nonculturable，VBNC)”状态。VBNC 实际上是一种休眠状态，此时菌体缩小成球状，以耐低温及不良环境；当温度回升和获得生长所需的营养条件时，细菌又可从 VBNC 状态回归到正常状态和重新具有致病力。

[生化特性] 本属菌为化能有机营养，呼吸型及发酵型代谢，可以利用多种糖类和有机酸作为碳源和能源，大多数菌株可利用铵盐为唯一氮源。在三糖铁琼脂上能形成斜面变碱（变红）、底层产酸（变黄）和产气的反应模式。氧化发酵试验（O/F）呈发酵型代谢。分解碳水化合物产酸或兼产气，分解葡萄糖和麦芽糖产酸，对木糖、卫矛醇、肌醇、福寿糖醇及丙二酸盐不产酸；还原硝酸盐，不脱氮，氧化酶阳性，过氧化氢酶阴性，尿素酶阴性；产生明胶酶、DNA 酶、RNA 酶及吐温 80 脂酶；精氨酸双水解酶阳性，不由硫代硫酸盐产生硫化氢；对制弧菌剂 O/129（2,4-二氨基-6,7 二异丙基喋啶）有抗性。其中的关键生化指标是葡萄糖产气，发酵甘露醇、蔗糖，利用阿拉伯糖，水解七叶苷/水杨苷，鸟氨酸脱羧酶阴性。本属菌与其他一些相关属菌的特性鉴别见表 11-15。

[抗原性] 气单胞菌的 O 抗原颇为复杂，有数十种之多，而每个基因型及表型包含有多种 O 抗原。无运动性的杀鲑气单胞菌所属的 5 个亚种没有抗原结构上的差异，血清学一致。但运动性气单胞菌有 O、H 两种抗原，以及能抑制 O 凝集的 K 抗原。从同种鱼类分离的菌株大多具有共同的凝集抗原，但亦有许多分离株不能归入上述抗原群。人源分离株常见的是 O11、O34 及 O16，我国鱼源株主要为 O9；而 O11 型多见于动物和人的败血症及严重的创伤感染，O34 型主要导致胃肠炎和败血症。气单胞菌的表型及其基因型见表 11-16。

此外，气单胞菌存在能转移的抗药性因子（K 因子），在自然界发现的杀鲑气单胞菌的抗药性质粒（R 质粒）可抗多种抗生素，如链霉素、氯霉素、四环素及磺胺噻唑。有动力气单胞菌测到的抗药性质粒，其抗药性范围与无动力气单胞菌大同小异。

表 11-15 气单胞菌属与其他一些相关菌属的生化鉴别

特 性	气单胞菌属	弧菌属	毗邻单胞菌属	假单胞菌属	肠道杆菌
氧化酶	+	+	+	+	−
明胶液化	+	+	−	+	V
O-F 试验（葡萄糖）	F	F	F	O	F
自葡萄糖产气	±	−	−	−	+
发酵：					
肌醇	−	−	+	NC	V
甘露醇	+	+	−	NC	V
赖氨酸脱羧酶	d	+	+	−	V
精氨酸双水解酶	+	−	+	+	V
鸟氨酸脱羧酶	−	+	+	−	V
一端单鞭毛	+	+	+	+*	−
在蒸馏水中丧失动力	−	+	−	−	−

注：+，90%或更多的菌株在 1～2d 阳性反应；−，90%或更多的呈阴性反应；V，属内有不同反应；F，发酵型；O，氧化型；NC，无改变；d，菌株间有差异

*可能存在一端多于 1 根的鞭毛

表 11-16 气单胞菌的表型与基因型

基因型	表型种名	O 抗原型
1	嗜水气单胞菌（*A. hydrophila*）	O11，O3，O16，O23
2	动物气单胞菌（*A. bestiarum*）*	O16，O22，O11，O21 等
3	杀鲑气单胞菌（*A. salmonicida*）	O16，O21，O1，O18 等
4	豚鼠气单胞菌（*A. caviae*）	O16 等
5	中间气单胞菌（*A. media*）	O16，O14，O3，O15 等
6	嗜泉气单胞菌（*A. eucrenophila*）	O21，O34，O3 等
7	温和气单胞菌（*A. sobria*）	
8	凡隆气单胞菌温和生物型（*A. veronii biovar sobria*）	O11
9	简达气单胞菌（*A. jondaei*）	O11，O12，O16，O24 等
10	凡隆气单胞菌凡隆生物型（*A. veronii biovar veronii*）	O3，O78
11	舒伯特气单胞菌（*A. schubertii*）	O11，O25，O9
12	易损气单胞菌（*A. trota*）	O26，O5，O11，O16 等
13	异嗜糖气单胞菌（*A. allosaccharophila*）	
14	鳗气单胞菌（*A. encheleia*）	
15	波氏气单胞菌（*A. popoffii*）	

*为 A. Ali 等（1996）建议名，有些文献称之为嗜水气单胞菌

［病原性］本属菌中致病菌株可产生多种毒力因子，包括胞外产物（如毒素、蛋白酶）、黏附素（如S蛋白、4 型菌毛、外膜蛋白等）和铁载体三类。

气单胞菌有广泛的致病性，包括冷血动物在内的多种动物，如鱼类、禽类及哺乳类都能感染，导致败血症或皮肤溃疡等全身或局部感染。运动性气单胞菌主要引发多种鱼类感染和发病，亦可引起牛、猪的腹泻及水貂的败血症，而被本菌污染的食物还可以引起人的急性胃肠炎等，并已纳入人腹泻病原菌的常规检测范围和食品卫生检验的对象。近 20 多年来的研究表明，气单胞菌与人类临床感染有密切关系，可引发人的败血症（同时可伴有坏死性肌炎、关节炎、眼炎、心内膜炎等）、软组织感染、腹泻和食物中毒。此外，还可引起人的腹膜炎、胆囊炎等疾病。据报道，嗜水气单胞菌能引起人的创伤性感染、败

血症、脑膜炎、胃肠炎、骨髓炎和手术后的伤口感染等。从禽、狗、牛、马、猪及野生动物和实验动物中也曾分离到本菌。

嗜水气单胞菌产生的毒素称为气溶素（aerolysin）或HEC毒素，由位于染色体上的基因编码，其相对分子量为52×10³左右，具有溶血性、细胞毒性及肠致病性。此外，还报道有数种毒素，其中一种为由质粒编码的类志贺素。嗜水气单胞菌产生的肠毒素是引发胃肠炎的主要毒力因子。胞外蛋白酶本身可对组织造成直接损伤，同时具有活化毒素前体的作用，是最重要的毒力因子。蛋白酶主要有耐热的金属蛋白酶及不耐热的丝氨酸蛋白酶两种。S蛋白处于菌体最外层，由单一相对分子质量为（50～52）×10³的亚单位组成，具显著疏水性，起对宿主细胞的黏附作用外，还有抗吞噬和抗补体等作用。运动性气单胞菌的4型菌毛具有血凝及细胞黏附作用。嗜水气单胞菌能产生苯盐类及羟基肟盐类两类铁载体，分泌铁载体的菌体同时还产生相应的OMP，作为铁载体的受体。

健康鱼带菌率很高，当养殖环境恶化时，常引发机会性感染，如鳗的红鳍病，鲤鱼的红斑病，鲤鱼、金鱼的竖鳞病，鲤鱼的红口病，金鱼的腐尾病，鲢鱼、鳙鱼的腐皮病，而在水温高的夏季，甚至可造成鱼类细菌性败血症暴发流行。

无运动性杀鲑气单胞菌主要是大麻哈鱼和鲑属鱼类的“疖疮病”的病原菌，其致病作用可能与此菌在鱼的血液和组织内大量生长，并产生一种杀白细胞素有关。急性感染可突然死于败血症，慢性感染主要表现为胸腹鳍基部出血、鳃出血及肠炎。此外，还可致鲤或金鱼的红皮炎（erythrodermatitis）及溃疡病。

［抵抗力］本菌在淡水及污水中能存活较长时间，对温度比较敏感，煮沸消毒可很快将之杀死，一般常用消毒剂均可杀灭本菌；对多种抗菌药物敏感，但亦对如氨苄青霉素、青霉素及萘啶酮酸等已产生较强的抗药性。

［生态学］气单胞菌广泛分布于河水、池塘、溪水、湖泊及沼泽地的淡水、近陆地的海水、污水和土壤等环境中，也常见于海生生物及食品中，在植物根、茎部，甚至在粪肥中也有检出的报道，偶亦能从外表健康的人和动物的粪样中发现。由于其在自然界分布很广，且以水源地带更为多见，故又“水生菌”之称。许多水生动物的肠道和体表都有该菌的存在，一般认为冷血动物（如鱼、海龟、蜗牛、鳄、青蛙、蛇等）是其自然宿主。除杀鲑气单胞菌外，其他菌种在温暖季节的5～10月份出现的频率较高，其优势种为嗜水气单胞菌。

病菌经口、或皮肤或黏膜的创伤等途径侵入机体，在其多种毒力因子与机体的相互作用下，表现出各种临床表现。

据杨东霞等报道，气单胞菌在人类感染中的临床分布及其检出频率，以粪便和血液样本最高，见表11-17。

表11-17　人类气单胞菌感染的临床检出频率

菌种名	临床出现频度	临床分离频度			
		粪便	伤口	血	其他
嗜水气单胞菌	+++	+++	+++	+++	+++
杀鲑气单胞菌	++	+	−	−	−
豚鼠气单胞菌	+++	+++	+	+++	+++
中间气单胞菌	++	+	−	−	−
温和气单胞菌	+++	+++	+	+++	+++
维罗纳气单胞菌	+	+	+	−	+
舒氏气单胞菌	++	−	+	+	−

注：+++，出现临床感染的频度；−，未发现感染本菌

［分离与鉴定］分离有动力的气单胞菌，可采集病变组织、血液、分泌物、呕吐物、粪便，以及食

物（饲料）、外环境的水和水生动物等作为分菌样本。各种样本应立即进行分离培养或增菌，如需较长时间保存的粪便等样本，可用1%NaCl甘油保存液保存。

对污染少的病料可直接进行分离培养，而从腹泻粪便中分离时可用木糖去氧胆酸盐枸橼酸盐琼脂（XDC）培养基、RM培养基或PBG琼脂平板、麦康凯琼脂进行分离培养。在XDC培养基上，气单胞菌不发酵木糖，菌落呈黄色，大肠菌类呈红色，且对大肠埃希菌有较高抑制性；在RM琼脂平板上，37℃培养20h，形成黄色的菌落；在PBG琼脂平板上，37℃培养24h，形成较大的黄色菌落；在麦康凯琼脂培养基上，形成无色菌落（乳糖发酵阴性）。

分离无动力气单胞菌（杀鲑气单胞菌）可采集病鱼病变部位的肌肉组织、肾脏或脾脏作分菌病料，可用PBG琼脂、TSA琼脂或FA琼脂平板和血琼脂培养基进行分离培养。在PBG琼脂平板上，25℃培养24～48h，杀鲑气单胞菌形成较小的黄色菌落，而如有嗜水气单胞菌存在则其菌落较大；在TSA和FA平板上，20℃培养3d左右，杀鲑气单胞菌杀鲑亚种能形成带褐色色素的菌落，水溶性的褐色色素以菌落为中心，向周围扩展，培养时间越长，颜色越深。

对分离菌作进一步的生化鉴定，可采用API 50E或API 20E等检测试剂盒进行鉴定。如欲检查O抗原或H抗原，可再用气单胞菌特异性抗血清作玻片凝集试验、间接血凝试验、间接荧光技术和ELISA等免疫学方法。检查分离菌的病原性和肠毒素，则可以用动物进行发病试验。

[免疫] 以具有良好免疫原性的嗜水气单胞菌的代表性菌株制备灭活疫苗，用于鱼类浸泡或注射免疫有较好的保护效果（保护力可达70%），国内已有此类疫苗。据报道，用该菌胞外蛋白质及脂多糖提取物制备的亚单位偶联疫苗免疫小鼠和鲫鱼，显示具有较好的免疫效果。

嗜水气单胞菌（*Aeromonas hydrophila*）

气单胞菌属中的一个代表种，主要生存于淡水、污水、海水中，是蛙、鱼及哺乳动物（包括人畜）的重要病原菌。

[形态与染色] 革兰染色阴性，无荚膜、无芽孢，有鞭毛；菌体呈杆状，两端钝圆，近似球状，大小为（0.3～1.0）μm×（1.0～3.5）μm。

[培养特性] 兼性厌氧，对生长条件要求不严，利用柠檬酸盐，能以L-精氨酸、L-组氨酸作为唯一碳源的培养基内生长。在水温14.0～40.5℃范围内都可繁殖，而28.0～30.0℃为最适生长温度；最适pH为7.27，而在pH 6～11范围内亦可生长；可在盐度0～0.4的水中生存，最适盐度为0.5。在普通肉汤中生长良好，呈均匀混浊，不形成菌膜和沉淀；在普通营养琼脂平板上，形成大小1～3mm，圆形、微凸，表面光滑、湿润，边缘整齐，半透明和具有特殊气味的菌落；在血琼脂平板上于10～37℃条件下培养，有很强的溶血性，溶血带宽且透明，属β型溶血，溶血环外还有一圈较模糊的溶血带；在普通琼脂培养基上培养24h，菌落呈圆形，表面光滑，中央隆起，周边整齐，菌落直径约2mm；在麦康凯琼脂平板上培养，出现无色菌落。

[生化特性] 发酵葡萄糖、甘露醇、蔗糖、麦芽糖、蕈糖；不发酵乳糖，水解七叶苷，甲基红（MR）阳性。能在含KCN的肉汤中生长，在1%的蛋白胨水中产生靛基质，利用组氨酸、精氨酸及阿拉伯糖，发酵水杨苷，从半胱氨酸产生硫化氢。

[抗原性] 见气单胞菌属。

[病原性] 本菌可产生毒性很强的外毒素，如坏死毒素、组织毒素、溶血素、肠毒素和蛋白酶等。嗜水气单胞菌的滤液中所含有的粗制外毒素，不仅具有溶血性，而且可引起家兔皮肤坏死，可致蛙、鱼等两栖类动物出血性败血症。本菌产生的外毒素，其相对分子量为45×10^3，对热敏感，56℃ 10min即可灭活。本菌是水生动物如鱼虾的重要病原菌，特别是当养殖条件恶化时，容易引发机会性感染，来势凶猛，多为恶性传染病，死亡率很高，如与其他病原菌（如温和产气单胞菌、弧菌等）混合感染时，可使病情加重。常见的有鲤鱼红斑病、金鱼竖鳞病、鲤鱼红口病、白鲢出血病、甲鱼败血病、黄鳝出血病、鳗鲡红鳍病等。

此外，本菌单独或与其他病原混合感染时，可引起包括家禽在内的各种禽（鸟）的腹泻、败血症，以及气囊炎、关节炎等的局部和全身性感染；引起水貂败血症，牛、猪的消化道感染而导致腹泻；引起人腹泻、胃肠炎、免疫力低下者的原发性或继发性败血症、严重的伤口感染，以及偶见腹膜炎、脑膜炎、眼部感染、骨关节感染等。

嗜水气单胞菌对鱼等的致病，主要通过肠道感染，而能否建立感染则取决于菌体对鱼肠道组织黏附力的强弱，黏附力的强弱又与菌株和鱼的种类有关，通常具有高黏附力的嗜水气单胞菌株才能产生毒性很强的外毒素。嗜水气单胞菌侵入鱼体后，先在肠道内增殖，再经门动脉循环进入肝脏、肾脏及其他组织，引起肝脏、肾脏等器官以及血液病变，继而出现全身症状（败血症）。

［**抵抗力**］见气单胞菌属。

［**生态学**］见气单胞菌属。

［**分离与鉴定**］同气单胞菌属。

［**免疫**］见气单胞菌属。据报道，以造成高死亡率的嗜水气单胞菌的 3 株分离菌制备的菌苗试验接种鸭，能成功地控制鸭群的死亡。

豚鼠气单胞菌（*Aeromonas caviae*）

本菌是气单胞菌属中的一个种，在形态、染色、生化以及致病性等方面与嗜水气单胞菌很相似。

［**形态与染色**］本菌为革兰阴性、两端钝圆的直杆菌，大小（1.0～3.0）μm×（0.4～0.8）μm，单个或成对存在，极生单鞭毛，有运动力，无荚膜，无芽孢。

［**培养特性**］与嗜水气单胞菌相似，兼性厌氧，在 6～44℃、pH 5.5～8.5 的条件下均可生长，最适生长温度为 28～30℃。普通琼脂平板上 28℃培养 24h，出现圆形、稍隆起、表面光滑湿润、边缘整齐、黄白色、大小为 2～3mm 的菌落，有异味；血液琼脂平板上培养，可见 β 溶血，不生成水溶性色素；在液体培养基中，培养物呈均匀浑浊，表面沿管壁有微量环状生长，有薄菌膜，一摇即散，管底有少量黄白色沉淀。

［**生化特性**］发酵果糖、甘露醇、半乳糖、蜜二糖产气；发酵蔗糖、麦芽糖和淀粉不产气；不发酵乳糖、肌醇、山梨糖、木糖、蕈糖；具有脂酶、明胶酶、淀粉酶，无脲酶、纤维素水解酶、几丁质酶、精氨酸双水解酶、赖氨酸脱羧酶、鸟氨酸脱羧酶；对 O/129 不敏感，能在 KCN 肉汤生长；氧化酶阳性，过氧化氢酶阳性，能还原硝酸盐。与嗜水气单胞菌不同之处是：本菌发酵葡萄糖产酸不产气，VP 反应、利用柠檬酸盐、H_2S、凝固酶、酪蛋白酶反应均为阴性，而嗜水气单胞菌则正相反，发酵葡萄糖产酸产气，VP 试验、利用柠檬酸盐、H_2S、凝固酶、酪蛋白酶反应均为阳性。豚鼠气单胞菌与嗜水气单胞菌的主要鉴定特性见表 11-18。

［**抗原性**］见气单胞菌属。

［**病原性**］豚鼠气单胞菌是一种条件致病菌，其宿主范围很广，是养殖及野生鱼、虾、鲑、甲鱼等生物常见的细菌性病原体，其主要的致病因子为外毒素、蛋白酶和外膜蛋白等。近年来有关由豚鼠气单胞菌单独或与其他气单胞菌及其他病原菌混合感染所引起的水产养殖动物病害，已有许多报道。通过受损伤的皮肤及黏膜的伤口感染易感动物而引发疫病，其所致鱼类等的豚鼠气单胞菌病，多表现为败血症，具有流行广、发病快、死亡率高等特点。此外，亦可进一步通过食物链感染人，引发人的腹泻和食物中毒。

［**抵抗力**］见气单胞菌属。

［**生态学**］见气单胞菌属。

［**分离与鉴定**］见气单胞菌属。

［**免疫**］减毒疫苗、灭活疫苗均有报道，但其安全性和免疫保护效果不尽一致。山东师范大学邢维贤等报道，鲤鱼竖鳞病疫苗注射免疫的免疫保护率为 88.9%，口服免疫的保护率为 80%，田间应用可使鲤鱼竖鳞病的自然发病率降低 50%。此外，有关抗豚鼠气单胞菌单克隆抗体及豚鼠气单胞菌抗独特

型单克隆抗体作为预防鱼类豚鼠气单胞菌病疫苗的研究亦显示出良好前景。

表 11-18　嗜水气单胞菌与豚鼠气单胞菌的主要鉴定特性

特　性	嗜水气单胞菌	豚鼠气单胞菌
运动力	+	+
液体培养基中形成单鞭毛	+	+
单在或成对的杆状菌	+	+
产生褐色水溶性色素	−	−
营养肉汤中 37℃生长	+	+
吲哚试验	+	+
水解七叶苷	+	+
KCN 肉汤中生长	+	+
利用 L-组氨酸和 L-精氨酸	+	+
利用 L-阿拉伯糖	+	+
利用肌醇	−	−
发酵：水杨苷	+	+
蔗糖	+	+
甘露醇	+	+
VP 试验	+	−
自葡萄糖产气	+	−
从半胱氨酸产 H_2S	+	−

第九节　巴氏杆菌属（*Pasteurella*）

本属细菌是发现较早的微生物，大约在 1880 年，巴斯德（Pasteur）描述了禽霍乱和牛及其他动物的出血性败血症，在 1885 年由 Kitt 培养出病原菌，直到 1920 年才将分离物做了较为可靠的鉴定，并发现人也可感染。到了 1887 年，为了纪念巴斯德在微生物方面所做的工作，将此菌命名为巴氏杆菌。

[分类] 本属已发现有 18 个种，其中多杀性巴氏杆菌又分为 3 个亚种。与兽医有关的种为：多杀性巴氏杆菌杀禽亚种（*P. multocida* subsp. *gallicida*）、多杀性巴氏杆菌多杀亚种（*P. multocida* subsp. *multocida*）和多杀性巴氏杆菌败血亚种（*P. multocida* subsp. *septica*），犬巴氏杆菌（*P. canis*）、鸡巴氏杆菌（*P. gallinarum*）、淋巴管炎巴氏杆菌（*P. lymphangitidis*）、梅尔巴氏杆菌（*P. mairii*）和海藻糖巴氏杆菌（*P. trebalosi*）。

[形态与染色] 本属细菌为球形、卵圆形或杆状，长 1.0～2.0μm，宽 0.3～1.0μm。多呈单个存在，很少成对或形成短链状。从感染的动物组织涂片染色显微镜检查，常见到菌体两极着染较深。不形成芽孢，无运动性，革兰染色阴性。有的菌株具有荚膜。

[培养特性] 本属细菌为兼性厌氧菌，营发酵型代谢。在含有血液成分的培养基上生长良好。在培养基上形成的菌落形态大体相同，经用固体培养基培养 24h 后，形成直径 1～3mm 的圆形灰白色菌落。但有的菌如多杀巴氏杆菌和溶血性巴氏杆菌可生长出几种不同形态的菌落。

[生化特性] 本属细菌接触酶试验阳性，绝大多数菌株氧化酶试验阳性，赖氨酸和精氨酸脱羧酶试验阴性，能还原亚硝酸盐，不液化明胶，VP 和 MR 试验阴性。对葡萄糖及其他糖发酵试验只产酸．一般不产气。DNA 中 G+C 含量为（40～45）mol%。

[病原性] 本属细菌大多寄生在哺乳动物和鸟类的上呼吸道和消化道黏膜上，并产生致病作用。

多杀性巴氏杆菌（*Pasteurella multocida*）

本菌对多种动物都有致病性，称巴氏杆菌病（Pasteurellosis），主要引发动物出血性败血症或传染性肺炎。由不同种动物分离的巴氏杆菌，常对该种动物有较强的致病性。而且较少与其他动物发生交叉感染。过去曾按分离动物名称给以不同的命名。现统称为多杀性巴氏杆菌。

[形态与染色] 本菌在病变组织中通常为球杆状或短杆状，在保菌动物中的菌体形态为杆状，偶尔为短丝状，呈多形性。球杆状或杆状形菌体两端钝圆，大小为（0.2～0.4）μm×（0.5～2.5）μm。新分离的强毒力菌株具有荚膜，用负染色法可以观察到。无鞭毛，不产生芽孢。在感染组织中的菌株，采用瑞氏或美蓝染色观察可见两极着染（图 11-1）。革兰染色阴性。

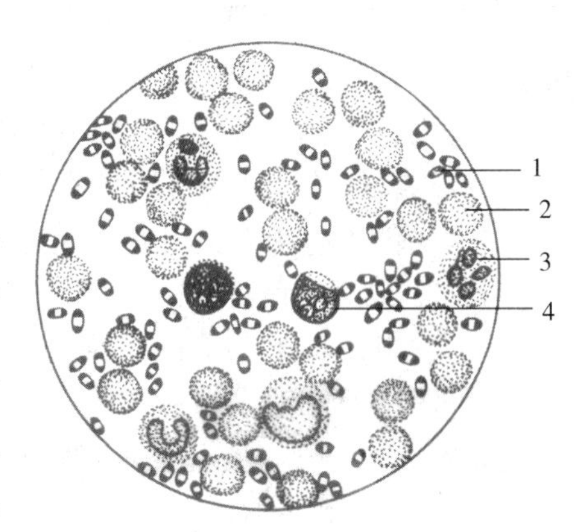

图 11-1 血液中的多杀性巴氏杆菌

1. 巴氏杆菌 2. 红细胞
3. 中性粒细胞 4. 淋巴细胞

[培养特性] 本菌为需氧及兼性厌氧菌，最适培养温度为37℃，pH7.2～7.4。在培养基中加入血清、血液或微量高铁血红素生长良好，不具有溶血性，但大多数菌株在血液琼脂上生长的菌苔能产生褐色褪色变化。本菌的培养菌落有黏液型、光滑型和粗糙型之分。具有荚膜的光滑型菌落在45°折射光下用实体显微镜观察具有较强荧光。根据折射出荧光的色彩，可将本菌的菌落分为三型。即：①Fg 型：菌落小，呈蓝绿色带金光，边缘有狭窄的红黄光带，此型对猪、牛、羊毒力强。②Fo 型：菌落大，呈橘红色带金光，边缘有乳白色光带，对鸡和兔毒力强。③fo 型：菌落光泽与 Fo 型相似较淡。对小鼠有毒力，但差异很大。在血液琼脂上培养可形成湿润的水滴样菌落，周围不溶血。能产生一种微弱的有识别意义的臭味。在加有血清的肉汤中培养，初期轻度混浊，后清朗，在管底有黏稠沉淀物，振摇不散，肉汤表面出现菌环。

在麦康凯和含有胆盐的培养基上不生长。不同菌落型的主要特征见表 11-19。

表 11-19 多杀性巴氏杆菌不同菌落主要特征

型	菌落 45℃折射光下观察	菌 体	来 源	生化特性	凝集反应	免疫原性	毒 力	备注
Fg	蓝绿色有金光，边缘有窄的红黄色光带	标准的两极染色短杆菌和球杆菌	猪、牛、羊巴氏杆菌病，自然病例	发酵木糖，不发酵阿拉伯糖	Fg 型各品系间有很好的交互免疫性，对 Fo 型菌略有免疫性	Fg 型各品系间有很好的交互免疫性，对 Fo 型菌略有免疫性	对猪、牛、羊毒力强	
Fo	橘红色带金边，边缘有乳白色光带	与 Fg 型同	禽、兔巴氏杆菌自然病例	发酵阿拉伯糖，不发酵木糖	Fo 型各品系间有共同的特异性凝集抗原	Fo 型各品系间有很好的交互免疫原性，对 Fg 型菌无免疫性	对禽类毒力强	
fo	与 Fo 型相似，但光泽较淡	与 Fg 型同	健康牛、猪上呼吸道分离	与 Fg 型基本相同		有的株与 Fo 型有共同免疫性	对小鼠有毒力，但差异很大	

[生化特性] 本菌能利用甘露醇、海藻糖产酸，鸟氨酸脱羧酶试验阳性，不同的菌株对 D-木糖产酸有差异。不形成靛基质，不液化明胶，产生硫化氢和氨，MR 和 VP 试验均为阴性。三个亚种的生化特性鉴别主要在于对山梨醇和卫矛醇的发酵，多杀性巴氏杆菌多杀亚种能发酵山梨醇；不能发酵卫矛醇败血亚种，对山梨醇和卫矛醇发酵实验均呈阴性；杀禽亚种对这两种发酵试验均呈阴性。DNA 中 G+C 含量为（40.8～43.2）mol%。

［抗原特性］多杀性巴氏杆菌有4种荚膜型抗原（A、B、D和E型）和16种菌体型抗原（1～16型）。用符号表示时，荚膜型用大写英文字母放在前面表示，菌体型用阿拉伯数字放在后面表示，中间用冒号隔开。如较重要的出血败血症菌株的血清型用B：6表示，即该菌株的荚膜型为B型，菌体型为第6型。荚膜抗原的性质也不同，A型菌株的荚膜主要为透明质酸，B型和E型菌株的荚膜为酸性多糖，A型和D型的荚膜抗原为半抗原。在B型和E型及其他菌株，还有3种与荚膜有关联的主要抗原，它们分别是：①α-复合物：可能为多糖蛋白复合物，紧密黏附于细菌的细胞壁上，具有免疫原性，但不稳定。②β-抗原：为有型特异性的多糖，主要存在于能产生荧光的黏液型菌株。③γ-抗原：为脂多糖，存在于所有菌株，是细胞壁的组成部分，具有一到多个代表菌体抗原的决定簇。

［抵抗力］本菌抵抗力不强，能被常用的消毒剂迅速杀死。如3%石炭酸1min，0.1%升汞、0.5%～1%氢氧化钠及2%煤酚皂液在2～3min均可将其杀死。55℃ 15min、60℃ 10min也可使其失去活力。在无菌蒸馏水和生理盐水中能迅速自溶。

［病原性］多杀性巴氏杆菌有广泛的天然宿主，它能引起牛和羊的出血性败血症，能引起禽霍乱，是鸡、火鸡、鸭、鹅和野禽的一种急性和慢性传染病的病原菌。本菌可作为第二病原引起牛、绵羊、猪和山羊的慢性肺炎。

研究发现，引起牛和水牛出血性败血症的多杀性巴氏杆菌为B：2和E：2血清型，引起禽霍乱的是A：1和A：3血清型。在我国致猪肺疫的菌株为B血清型，而国外致猪肺疫的是A型。近几年我国猪群由A型多杀性巴氏杆菌引起慢性猪肺炎的病例逐渐增多，尤其是与猪传染性胸膜肺炎或猪地方流行性肺炎混合发生，危害更严重。研究还证明，产生皮肤坏死毒素的多杀性巴氏杆菌A型和D型菌株，亦能引起猪传染性萎缩性鼻炎。

［分离与鉴定］多杀性巴氏杆菌在血液琼脂培养基上生长良好，在通常情况下可用于病料的细菌分离，在此培养基上形成湿润的水滴样菌落，不溶血。最好同时接种本菌不生长的麦康凯琼脂培养基，以作对照。在血液琼脂培养基上挑选出单个的典型菌落，进行涂片染色镜检，可见到革兰染色阴性小杆状菌或球杆菌，两极浓染。接种三糖铁培养基，可使该培养基的底部变黄，也可进一步做生化特性检查来鉴定。在我国，哈尔滨兽医研究所采用改良的马丁琼脂培养基做分离培养，在37℃经过20h培养，在45°折射光下用实体显微镜观察菌落的荧光结构，挑选出典型菌落，进一步接种三糖铁培养基和生化反应培养基鉴定。在镜下观察，菌落蓝荧光较强，菌落前边有橘红色光，可疑为D型或B型菌株的菌落；如果蓝色荧光不强，而以红光为主，并且菌落与菌落之间多呈融合状，菌落表面似有一层薄或较浓重的灰白色云雾，多疑为A型菌株。

多杀性巴氏杆菌荚膜A型菌株的鉴定，在不加抗生素的改良马丁琼脂平板上划线接种金黄色葡萄球菌ATCC25923株培养物，能产生透明质酸酶，在葡萄球菌接种线的两侧垂直划线接种待检的多杀性巴氏杆菌，培养后A型菌株在葡萄球菌生长线的近端有生长抑制现象，即近线处菌苔变薄，荧光消失，远侧端生长良好。D型菌株的鉴定，将待检菌株培养物用生理盐水制成菌悬液。取0.5mL菌液与等量的0.1%吖啶黄水溶液混合，摇匀，室温下静置，D型菌株5min后出现凝集，为大量絮状沉淀，30min后絮状物下沉，上液清朗。其他型无此凝集现象。B型菌株的鉴定，用已知的A型多杀性巴氏杆菌菌株作指示物，与待检菌株培养物在培养基上交叉划线接种，培养后凡能使A型多杀性巴氏杆菌生长抑制的，即为B型多杀性巴氏杆菌，因为B型菌株在培养过程中产生透明质酸酶，使A型菌株荚膜的形成受到影响。菌体型的鉴定，可采用各菌体型的分型血清，通过琼脂糖凝胶沉淀试验进行。

［免疫］在免疫预防方面，我国有免疫预防效果良好的猪肺疫弱毒疫苗、禽霍乱疫苗和猪A型多杀性巴氏杆菌肺炎疫苗。哈尔滨兽医研究所已经研制出猪传染性萎缩性鼻炎油佐剂灭活二联苗，不仅能预防产毒素的多杀性巴氏杆菌感染引起的萎缩性鼻炎，同时还可对支气管败血博代菌的感染产生免疫。对比试验证明，该苗的免疫效果明显优于国外同类产品苗。

嗜肺性巴氏杆菌（*Pasteurella pneumotropica*）

[形态与染色] 本菌为杆状，长 1.2μm，宽约 0.5μm，偶尔也有更长一些的。不具有两极着染的特性，革兰染色阴性。

[培养特性] 在血液琼脂平板上，37℃培养 48h 菌落直径达 1.6～2.0mm，呈光滑的灰白色半透明奶油状，并带有特征性的气味，不溶血。不能在麦康凯琼脂培养基上生长。

[生化特性] 接触酶试验、氧化酶试验和尿素酶试验均为阳性，能产生靛基质，不需要生长因子。MR 试验和 VP 试验阴性，大多数菌株能利用淀粉和海藻糖产酸，能使果糖、半乳糖、葡萄糖、甘露糖、核糖和蔗糖产酸，不能发酵甘露醇、山梨糖、山梨醇和卫矛醇。DNA 中 G＋C 含量为(40.3～42.8)mol%。

[病原性] 本菌存在于健康的豚鼠、大鼠、仓鼠、小鼠、狗和猫的咽喉黏膜，往往作为继发感染的病原，能引起大鼠和小鼠的肺炎。但也有感染人的报道。

鸡巴氏杆菌（*Pasteurella gallinarum*）

[形态与染色] 本菌为球杆状，长 1.5μm±0.5μm，宽 0.5μm±0.1μm，经过多次传代培养后，有的菌株可能变得更长，达 10μm。新分离的菌株具有荚膜。菌体两极着染。革兰染色阴性。

[培养特性] 在血清或右旋糖淀粉琼脂培养基上培养，可形成具有荧光结构的圆整、光滑、中间凸起的半透明菌落。在含血液或血清的琼脂培养基上培养 24h，菌落大小直径可达 1.5mm。在麦康凯琼脂培养基上不能生长。本菌无溶血性。

[生化特性] 接触酶试验和氧化酶试验阳性，赖氨酸脱羧酶试验和精氨酸脱氢酶试验阴性，大多数菌株能产生硫化氢，能还原亚硝酸盐，MR 试验和 VP 试验阴性，尿素酶试验阴性，不能使糖类产气，但能使糊精、果糖、半乳糖、葡萄糖、麦芽糖、甘露糖和海藻糖产酸。DNA 中 G+C 含量为（41.2～44.8）mol%。

[病原性] 本菌共生于鸡，偶尔也存在于牛和绵羊的上呼吸道，其致病能力很低，最常见于鸡的慢性呼吸道感染。

禽巴氏杆菌（*Pasteurella avium*）

本菌原属于嗜血杆菌属禽嗜血杆菌（*Haemophilus avium*）种中的一个成员，常常分离于鸡和其他禽类。1985 年由 Mutters 等人建议将禽嗜血杆菌转移到巴氏杆菌属。根据表现型的不同分为三个种，禽巴氏杆菌（*Pasteurella avium*）是其中之一，另两个种为禽脚掌巴氏杆菌（*Pasteurella volantium*）和一个未定名的种。

[形态与染色] 本菌为革兰染色阴性的球形菌或不形成芽孢的单个或短链杆菌。大多数菌株具有荚膜。

[培养特性] 本菌为有机化能营养菌，兼性需氧。不溶血，菌落不黏稠。在巧克力琼脂培养基上培养 24h，菌落直径可达 2.5mm，为光滑的中间凸起、灰白色或黄色不透明菌落。有些菌株生长需要 V 因子，也有菌株不需要 V 因子。在麦康凯琼脂培养基和西蒙柠檬酸盐培养基上不生长。

[生化特性] 接触酶、氧化酶和碱性磷酸酶试验均为阳性，能还原亚硝酸盐，能发酵葡萄糖、半乳糖、甘露糖、果糖、蔗糖和海藻糖产酸不产气，不能发酵 L-山梨糖、L-阿拉伯糖、L-鼠李糖、淀粉、棉子糖、麦芽糖、甘露醇、山梨醇、m-肌醇、侧金盏糖醇和卫矛醇。某些菌株能发酵 D-木糖产酸。本菌不能产生靛基质，不能水解尿素和精氨酸，对赖氨酸和鸟氨酸无脱羧作用，不液化明胶。

本菌常见于鸡的心脏和眶下窦，还可分离自患肺炎牛的肺脏。

淋巴管炎巴氏杆菌（*Pasteurella lymphangitidis*）

本菌是 Sneath 等人于 1970 年建议新设立的一个种，它能引起牛的淋巴管炎，故称之为淋巴管炎巴氏杆菌。

[形态与染色] 本菌菌体形态呈杆状，有些菌为球杆状，无运动性、不形成芽孢，革兰染色阴性。

[培养特性] 本菌为需氧菌和兼性厌氧菌，在绵羊血液琼脂培养基上，于有氧条件下 37℃培养 48h，菌落为圆整的灰白色半透明状，直径约 2.5mm。无溶血性，但有时能使菌落周围的红细胞变绿色。有的菌株能在麦康凯培养基上生长。

[生化特性] 接触酶试验阳性，氧化酶试验阴性，磷酸酶试验阳性，鸟氨酸脱羧酶试验阴性，尿素酶试验阳性。生长不需要 V 因子。不能还原亚硝酸盐，不产生靛基质。能发酵葡萄糖产酸不产气。能使 L—阿拉伯糖、熊果糖、甘露糖、甘露醇、半乳糖和海藻糖产酸，不能使木糖、卫矛醇及乳糖产酸。

[血清学特性] 在血清学反应上，本菌与李尼尔氏放线杆菌和伪结核耶尔森菌有弱的交叉反应性。

马巴氏杆菌（*Pasteurella caballi*）

[形态与染色] 本菌用姬姆萨染液进行染色、镜检时所见到的菌体形态，大部分均为两极着色小杆菌，革兰染色阴性。对菌体形态检查的结果，均为椭圆形小球杆菌，大部分菌体的周围有黏液性荚膜。

[培养特性] 本病原菌鲜血琼脂上所生长的菌落为灰白色，不产生溶血现象。在普通琼脂上所发育的菌落无色、透明、湿润，如露珠状。在马丁汤及普通肉汤内，发育呈均等混浊，不形成菌膜。在厌气肉肝汤内，发育呈一致混浊，不产生气体。本病原菌在 32～40℃范围内能够生长发育，但是在 37℃、培养基 pH 为 7.2～7.8 的条件下，生长发育最佳。本病原菌在普通琼脂上生长缓慢而瘦弱，但是在含有 5%～10%鲜血或血清的琼脂上生长发育十分旺盛。在鲜血琼脂上所发育出的菌落为灰白色，不产生溶血现象。在马丁琼脂或含血清琼脂上，当菌落直径发育到 0.3～0.5mm 时，菌落呈现透明、湿润、无色和正圆形，当菌落直径发育到 1～1.5mm 时，则转为半透明或不透明，由无色转为淡灰白色。菌落具有很强的荧光性，用 45°斜角灯，在折光下检查菌落时，可见边缘整齐，结构均匀。本病原菌在马丁汤或普通肉汤内，可发育呈均等混浊，不形成菌膜，但是连续培养 7d 以后，混浊的肉汤转为半透明，管周围形成白色菌环，管底有黏性沉淀物；如轻微振摇时，则沉淀物可上升为发辫状。在厌气肉肝汤内，发育呈一致混浊，不产生气体。

[生化特性] 本病原菌对各种糖类的发酵能力均很微弱。用 10%醋酸铅滤纸条测定硫化氢产生时，在马丁汤及血液琼脂上，经 37℃、24～48h 培养能产生多量的硫化氢。

犬巴氏杆菌（*Pasteurella canis*）

过去曾将本菌作为多杀性巴氏杆菌第 6 生物型，亦即“犬”型菌株。根据遗传物质 DNA 的同源序列分析结果，由 Mutters 等人（1985）建议设立新种，即犬巴氏杆菌，下设两个生物型。

[形态与染色][培养特性] 与多杀性巴氏杆菌相同。

[生物特性] 鸟氨酸脱羧作用试验阳性，接触酶和氧化酶试验阳性，能还原硝酸盐。不能发酵 L-阿拉伯糖、棉子糖、D-乳糖、麦芽糖、甘露醇、山梨醇和卫矛醇。尿素酶试验阴性。对海藻糖和 D-木糖的发酵产酸，由于菌株的不同，反应结果有所不同。生物 1 型菌株能产生靛基质，生物 2 型则不能产生靛基质。

犬巴氏杆菌生物 1 型菌株存在于狗的口腔中，也可以通过狗咬人时感染人的伤口，因此也能在狗咬人的感染伤口中分离到本菌。生物 2 型菌株多分离于肺炎牛的病变肺。

梅尔巴氏杆菌（*Pasteurella mairii*）

本菌为新建立的一个种。

［**形态与染色**］本菌菌体形态呈杆状或球杆状，革兰染色阴性。无运动性，不形成芽孢。

［**培养特性**］为需氧或兼性厌气菌。在 37℃有氧情况下，用绵羊血液琼脂培养基培养 48h，可形成直径约 3mm 的圆形灰白色半透明菌落。通常在菌落周围有一个较窄的溶血环，偶尔也能使周围的红细胞变成绿色。有些菌株可在麦康凯琼脂培养基上生长。

［**生化特性**］氧化酶试验、磷酸酶试验和尿素酶试验均为阳性；接触酶试验和鸟氨酸脱羧酶试验大部分菌株为阳性。能还原硝酸盐，不产生靛基质，生长不需要 V 因子。葡萄糖发酵试验阳性，不产气。能使 L-阿拉伯糖、半乳糖、甘露糖、山梨醇和 D-木糖产酸，不能利用卫矛醇、棉子糖、熊果糖、纤维二糖、蜜二糖和水杨苷。

［**病原性**］本菌能使母羊流产，还可以引起仔猪败血症。

第十节　曼氏菌属（*Mannheimia*）

Angen 等根据 DNA 杂交及 16S RNA 序列的结果，建议建立新的曼氏菌属，至少有 7 个种，其中 5 个种已定名，分别为肉芽肿曼氏杆菌（*M. granulomatis*）、溶血性曼氏杆菌（*M. haemolytica*）、葡萄糖苷酶曼氏杆菌（*M. glucosida*）、反刍兽曼氏杆菌（*M. ruminalis*）和多源曼氏杆菌（*M. varigena*），其中溶血性曼氏杆菌的致病性最强，它是发酵 L-阿拉伯糖的唯一一个革兰阴性菌株，只能从反刍动物中分离；目前国内外对其的报道很多，它能够引起牛、绵羊的肺炎，新生羔羊的急性败血症，给养牛和养羊业带来较大的经济损失，据报道全球 30%的病死牛与它有关，每年给北美国家导致的经济损失超过 10 亿美元。

溶血性曼氏杆菌（*Mannheimia haemolytica*）

［**生物学特性**］原名为溶血性巴氏杆菌的细菌是一个复杂的类群，按生化特性的差异，分为 A、T2 个生物型；根据菌体表面的蛋白抗原差异，通过血凝试验，又将本菌分为 17 个血清型。T 生物型含有 3、4、10 和 15 等 4 个血清型，其余血清型属 A 生物型；这 17 个血清型中的 13 个血清型（1、2、5～9、12～14、16、17）现划归为溶血性曼氏杆菌。溶血性曼氏杆菌溶血性是弱溶血性的、革兰阴性的球杆菌，在形态上，本菌和多杀巴氏杆菌相似，呈球状或杆状；无芽孢，无鞭毛、不运动，有荚膜，可见两极着色，革兰染色阴性。菌体大小（0.3～0.5）μm×（1.0～1.8）μm。感染动物体液或组织制片中的菌体两极浓染更为明显。用姬姆萨染色液或美蓝染色，可见到薄荚膜。

［**培养特性**］对营养要求不严格，在普通培养基上均能生长良好，培养 24h 后，菌落呈圆形、光滑、湿润、半透明。在血液琼脂上，新分离的菌落呈微弱的 β 溶血，培养到 48h 后，移去菌落后可见到溶血环，连续传代培养，溶血性便减弱或消失。普通肉汤即可生长。除产气巴氏杆菌能产生微量气体外，本属各成员均能利用葡萄糖等碳水化合物，产生少量酸而不产气，有过氧化氢酶，常有氧化酶、还原硝酸盐，不液化明胶。MR 试验阴性，VP 试验阴性，适温为 37℃。DNA 中的 G+C 含量为（36.5～40.05）mol%。

［**毒力因子**］溶血性曼氏杆菌含有多种毒力因子，细菌的荚膜在细菌的黏附和侵入上扮演着十分重要的角色，外膜蛋白对于激发机体的保护性免疫应答具有重要作用，黏附素与细菌的定居有关，神经氨酸酶能够降低呼吸道黏液的黏度，从而有利于细菌充分地与细胞表面相接近，此外，还有脂多糖（LPS）和白细胞毒素（LKT）；这些毒力因子保证了溶血性曼氏杆菌能够逃避呼吸道黏膜对细

菌的清除作用，越过宿主的保护屏障，在肺部增殖，裂解肺泡巨噬细胞和中性粒细胞，进一步加强肺的损伤。

[免疫] 细菌的外膜成分可能就是溶血性曼氏杆菌的保护性抗原，如外膜蛋白和荚膜等，另外还有分泌性的分子，如白细胞毒素。研究证明，白细胞毒素是重要的保护性抗原，高效价的抗白细胞毒素中和抗体与动物对该病的抵抗力密切相关。将重组白细胞毒素与溶血性曼氏杆菌培养上清液混合制成的疫苗能够对动物形成有效的免疫保护，提示最好的曼氏杆菌病疫苗至少应该含有两种成分，一种是白细胞毒素，另一种就是细菌培养上清液中某一种或几种抗原。

也有关于使用活疫苗成功预防曼氏杆菌病的报道，但也有疫苗菌株存在残留毒性等方面的疑虑。

第十一节 嗜血杆菌属（*Haemophilus*）

本属大多数细菌在培养过程中需要加入 X 和 V 两种生长因子才能生长，而生长因子最初发现存在于血液中，故此得名嗜血杆菌。

本属细菌共设置 17 个种，寄生于动物并对动物有致病性的有 4 个种，它们是：嗜血红蛋白嗜血杆菌（*H. haemoglobinophilus*）、副兔嗜血杆菌（*H. paracuniculus*）、副鸡嗜血杆菌（*H. paragallinarum*）、副猪嗜血杆菌（*H. parasuis*）。

[形态与染色] 本属细菌为小到中等大小的球杆状或杆状菌，宽 0.3～0.4μm，长 1～1.5μm，一般情况下宽不超过 1μm，长度不等，经人工培养，有时呈线状或纤维状，表现出明显的多形性。本菌不能运动。不形成芽孢。新分离的菌株有时能见到荚膜。美蓝染色呈两极浓染，革兰染色阴性。

[培养特性] 本属细菌为需氧或兼性厌氧菌。培养时需要加入存在于血液中的生长因子，如 X 因子（原卟啉 IX 或血红素）或 V 因子（烟酰胺腺嘌呤二核苷酸，即 NAD；或磷酸烟酰胺腺嘌呤二核苷酸，即 NADP）。只有在复杂成分的培养基中加入血液，经加热，使之成为巧克力色的培养基上才良好生长。而直接用鲜血琼脂培养生长反而不好，这是因为血液中存在生长抑制因子。加热后，生长抑制因子被灭活，由红细胞裂解的 X 因子和 V 因子被大量释放，因而有利于嗜血杆菌的生长。菌落边缘整齐，圆形、隆起、闪光、半透明。针头至中等大小，因菌株不同而有差异。葡萄球菌能合成 V 因子，如与其同时培养，可在其菌落周围形成较大菌落。

[生化特性] 本属细菌能还原硝酸盐，不产生硫化氢，不液化明胶，不产生靛基质。但对氧化酶和接触酶试验结果因菌株不同而异。能发酵葡萄糖、麦芽糖、甘露糖、蔗糖，不发酵乳糖、伯胶糖等。DNA 中 G+C 含量为（37～44）mol%。

[抗原结构] 本属细菌抗原较复杂，甚至在种内抗原差异也较大。在具有荚膜的细菌，荚膜抗原是分型的基础，荚膜的成分大都是多糖类物质。除此以外，还具有能使各种间或血清间产生交叉反应的菌体抗原。

副猪嗜血杆菌（*Haemophilus parasuis*）

副猪嗜血杆菌是猪革拉瑟病（Classer's disease）亦即多发性浆膜炎-关节炎的病原菌，过去很长时间把它称为猪嗜血杆菌（*H. suis*）。

[形态与染色] 本菌为杆状菌，具有多形性，从球杆状到纤细丝状不等，具有荚膜。革兰染色阴性。

[培养特性] 本菌在巧克力琼脂上培养 48～72h 仍然生长很差，菌落为光滑型，灰白色透明，直径 0.5mm 左右，如果与金黄色葡萄球菌同时划线培养，副猪嗜血杆菌在该菌生长线的两侧生长良好，菌落直径可达 1～2mm。本菌的生长严格需要 V 因子，不需要 X 因子。在加 NAD、马血清的 M96 支原体培养基和加 NAD、马血清和酵母浸出物的 PPLO 培养基上生长良好。

[生化特性] 氧化酶试验阴性，接触酶试验阳性，尿素酶试验阴性，不产生靛基质，不溶血，CAMP 试验阴性。发酵葡萄糖产酸不产气，也能发酵果糖、蔗糖、核糖、甘露糖产酸；不发酵木糖、

甘露醇、山梨醇。

[抗原结构] Bakos 通过沉淀试验，根据表面荚膜多糖抗原的不同，将本菌分为 A、B、C、D 和 N 血清型；Morozumi 等用琼脂糖凝胶沉淀试验法检测菌株的耐热提取物抗原，将本菌分为 1～7 个血清型。在血清学上，2 型与 Bakos 的 A 型相同，5 型与 B 型相同，C 和 D 型与 7 个血清型菌株均无对等。Kielstein 认为还应有 7 个新血清型。由此可见，本菌的抗原结构很复杂。早先 Nicolet 等用聚丙烯酰胺凝胶电泳法，按多肽类型将本菌分为两个型，即Ⅰ型和Ⅱ型。不同型的菌株存在着显微特性、荚膜物质以及全菌体如外膜蛋白聚丙烯酰胺凝胶电泳上的表型差异，这些表型及基因型差异与毒力有关，表型特征与菌株在猪体存在部位有关。

[病原性] 本菌能引起猪的多发性浆膜炎-关节炎，但引起本病多为 B 和 C 型菌株，很少为 A、D 和 N 型。在实验动物中，豚鼠对本菌易感，无论采取任何途径接种，很少量的菌数就可以引起豚鼠发病，产生与猪自然感染相同的病变，所以用豚鼠做动物模型最合适。一般情况下，对小鼠感染不易成功。试验证明，1 和 5 型毒力较强，致死率高；2 和 6 型一般能引起化脓性支气管肺炎；3、4 和 7 型只表现一过性临床症状，剖检病变较轻微。Nicolet 等的Ⅰ型为健康猪鼻腔中的常在菌，Ⅱ型为致病菌。

[分离与鉴定] 可采用绵羊血、马血或牛血液琼脂培养基涂布接种分离本菌，同时与金黄色葡萄球菌划线接种，在后者附近本菌菌落较大，远侧部菌落较小或不生长，这种现象亦称“卫星生长现象”。还可采用加入 NAD 和马血清的 M96 支原体培养基或 PPLO 琼脂培养基做本菌的分离培养。根据菌落的荧光特点等挑选可疑菌落，做 NAD 生长依赖试验、尿素酶试验、CAMP 试验等。如果分离物对 NAD 生长依赖，尿素酶试验阴性，不溶血，CAMP 试验阴性，并且不发酵甘露醇、乳糖、D-木糖以及能发酵 D-核糖等，可鉴定为副猪嗜血杆菌。如果必要，可用标准分型血清进行分型鉴定。

[免疫] 目前国外已经有商品疫苗供用。

副鸡嗜血杆菌（*Haemophilus paragallinarum*）

[形态与染色] 本菌为革兰染色阴性，球杆状至多形性杆状菌，偶尔呈丝状形态。大多数菌株具有荚膜。

[培养特性] 本菌在 10% CO_2 条件下培养 48h，在巧克力琼脂上形成光滑型中间凸起的灰白色半透明菌落，直径达 0.5～1.0mm，在不加二氧化碳情况下培养，生长不佳。在加 NAD 鸡血清的 SS 琼脂和鸡肉浸汁琼脂培养基上，37℃培养 8～24h，具有荚膜菌株形成的菌落，在暗室中，用折射光实体显微镜观察能见到荧光。一般在培养 16h 左右，菌落荧光最明显，随着培养时间的延长。荧光减弱或消失。本菌在麦康凯培养基上不能生长。

[生化特性] 接触酶试验、氧化酶试验和尿素酶试验均为阴性，还原硝酸盐，不产生靛基质，不需要 X 因子，但生长依赖 AND，不溶血；能发酵葡萄糖、果糖、蔗糖、核糖、甘露糖、甘露醇和山梨醇产酸；不能发酵乳糖、半乳糖、阿拉伯糖、山梨糖和鼠李糖。

[抗原结构] 本菌具有荚膜抗原和菌体抗原。根据表面热不稳定抗原将本菌分为 A、B、C 3 个型，又有人给其命名为Ⅰ、Ⅱ、Ⅲ型，其中Ⅲ型为Ⅰ型的非荚膜型变型。又有人根据菌体的热稳定抗原分为 6 个血清型。

[病原性] 本菌可引起鸡的传染性鼻炎，病变主要在上呼吸道，如鼻道、鼻窦、结膜，还可以扩展到气囊和肺脏。

[免疫] 在我国，哈尔滨兽医研究所和中国兽医药品监察所共同研制出鸡传染性鼻炎疫苗，免疫效果较好。

副兔嗜血杆菌（*Haemophilus paracuniculus*）

[形态与染色] 本菌为小球杆菌或多形性杆状菌，偶尔呈丝状。革兰染色阴性。无荚膜。

[培养特性] 为兼性厌氧菌，培养时二氧化碳可促进生长。生长严格需要 NAD，在加 NAD 的肉汤培养基中培养，本菌呈链杆状。在巧克力琼脂上，菌落为光滑型，中间凸起，灰白色，不透明。不能在麦康凯培养基上生长，在加 NAD 的酚红肉汤中也不生长。在绵羊血液培养基上培养不溶血。

[生化特性] 接触酶试验、氧化酶试验和尿素酶试验均为阳性，还原硝酸盐，不产生硫化氢，产生靛基质。CAMP 试验阴性，能发酵葡萄糖、果糖、蔗糖产酸，不能发酵乳糖、鼠李糖、木糖和甘露醇。

[病原性] 本菌可以引起兔黏液性肠炎。常常在病兔的胃肠道中分离到本菌。

嗜血红蛋白嗜血杆菌（*Haemophilus haemoglobinophilus*）

本菌曾称为嗜血红蛋白杆菌（*Bacterium haemoglobinophilus*）。

[形态与染色] 本菌为小的纤细的多形杆状菌，无荚膜，革兰染色阴性。

[培养特性] 本菌生长不需要 V 因子，只需要 X 因子。因此，在血液琼脂培养基上与金黄色葡萄球菌同时培养也不出现卫星生长现象，这一点与本属中的其他嗜血杆菌有所不同。在巧克力琼脂培养基上培养，菌落为光滑型，中间凸起、半透明状，在菌落顶部有一个小小的颗粒区，培养 24h 菌落直径即可达 1～2mm。能在血液琼脂培养基上良好生长，不能在麦康凯培养基上生长。

[生化特性] 尿素酶试验阴性，不溶血，CAMP 试验阴性，接触酶和氧化酶试验均为阳性，碱性磷酸酶试验阴性。能发酵葡萄糖、蔗糖、木糖、甘露醇和甘露糖产酸，不发酵山梨醇、乳糖和果糖。

[培养与鉴定] 本菌的分离培养可用巧克力琼脂或血液琼脂培养基，形成的菌落具有特征性，可通过生长因子需要的检测试验确定生长需要何种因子。最后通过生化特性试验加以鉴定。在生化特性试验中，嗜血杆菌属中各菌仅有本菌碱性磷酸酶试验为阴性，这也是鉴定的重要依据之一。因此，本菌的鉴定并不困难，通过培养特性观察和简单的生化试验即可做出鉴定。

[病原性] 一般情况下，本菌是狗阴茎端囊中的常在菌，致病能力很低。偶尔可引起狗的尿生殖道炎性疾病。

第十二节 放线杆菌属（*Actinobacillus*）

本属为革兰染色阴性的杆状、球杆状或纤细丝状多形性的细菌。生长发育时均带有黏性，除极少数种（伴放线放线杆菌）外，所有动物都是自然宿主。其中在兽医临床上较重要的种有 8 个。即李尼尔放线杆菌、马驹放线杆菌、猪放线杆菌、胸膜肺炎放线杆菌、荚膜放线杆菌、罗丝放线杆菌和精液放线杆菌。

[形态与染色] 本属细菌为球形、卵圆形或杆状，以杆状为主，大小约 0.4μm×1.0μm。球状形态的散在其间，如位于杆状菌的一端好似“莫尔斯电码”一样。偶尔也见长丝状，特别是在含葡萄糖和麦芽糖的培养基上培养，菌体最长者可达 6μm。多以单个或成对排列，很少形成链状。不形成芽孢，无运动性，绝大多数菌株不形成荚膜。某些菌（如马驹放线杆菌和猪放线杆菌）在菌体周围可形成黏液物质，但不是真正的荚膜。荚膜放线杆菌和胸膜肺炎放线杆菌可形成荚膜。革兰染色阴性，多表现为染色不均匀。

[培养特性] 为兼性厌氧菌，有机化能营养，发酵型代谢。最适培养温度 37℃。不依赖 X 及 V 因子，能在复合培养基上生长。在营养琼脂或血液琼脂上，本属细菌可形成黏液型菌落，特别是初代分离培养物其黏稠性更强，很难从琼脂表面上将菌落剥掉。随着培养传代次数的增加，这种黏滞逐渐减弱或消失。液体培养也会产生高度黏稠的培养物，尤其是在含葡萄糖的液体培养基中，黏稠性更明显。本属中的大多数菌在血液琼脂培养基上无溶血性，但猪放线杆菌和胸膜肺炎放线杆菌有溶血性。在本属细菌中，只有胸膜肺炎放线杆菌生物Ⅰ型菌株生长需要 V 因子。

[生化特性] 除了猪放线杆菌能产生黄色素外，其他成员一般不产生色素。能利用葡萄糖和果糖在24h内产酸不产气，不能发酵卫矛醇、肌醇和菊糖。MR试验阴性，不产生靛基质，能还原硝酸盐。除了伴放线放线杆菌和精液放线杆菌外，其他种均为尿素酶试验阳性。除了人放线杆菌、鼠放线杆菌、胸膜肺炎放线杆菌和精液放线杆菌外，其他各种都能在麦康凯培养基上生长。DNA中G+C含量为（40～43）mol%。

[病原性] 本属细菌大部分为家畜的病原菌和共生菌，偶尔也可以引起人的疾病。

李尼尔放线杆菌（*Actinobacillus lignieresii*）

本菌为李尼尔（Lignieres）和斯匹兹（Spits）于1902年首次从患类似放线菌病的牛分离到的，能使牛、绵羊和猪颈部软组织、内脏和皮肤感染，发生肉芽肿和化脓。也是引起牛“木舌病”的病原菌。

[形态与染色] 本菌通常为杆状，宽约0.4μm，长为1.5μm。但由于培养基的不同，形态也有所不同，特别是在含葡萄糖和麦芽糖的培养基上培养，多呈长杆状或丝状；在含有血液或血清的培养基上培养，多呈短杆状或球杆状；在肉汤培养基上培养，多呈链状或丝状。无运动性，不形成荚膜。不产生芽孢。革兰染色阴性，无抗酸性。

[培养特性] 此菌为需氧或兼性厌氧菌，培养最适温度为37℃。在血液琼脂或营养琼脂培养基上，初代培养时菌落长成细小、圆形、蓝灰色半透明，带有黏滞性，随着多次传代培养，菌落的黏滞性可消失。本菌不溶血。在培养时菌落有荧光性，有颗粒状和扁平状的几种变异菌落。在肉汤培养基中培养，浊度均匀，管底部有少许沉淀。能在麦康凯培养基上生长，不需要V因子。

[生化特性] 氧化酶试验和磷酸酶试验阳性，产生硫化氢，MR试验阴性。接触酶试验和VP试验部分菌株呈阳性。能发酵果糖、半乳糖、葡萄糖、麦芽糖、甘露糖、蔗糖和木糖产酸不产气，部分菌株能发酵阿拉伯糖、甘油和棉子糖产酸，但对这几种物质的发酵速度很慢，通常需要3～7d。不能发酵侧金盏糖醇、卫矛醇、肌醇、菊粉、鼠李糖、山梨糖和山梨醇。DNA中G+C含量（41.8～42.6）mol%。

[抗原结构] 本菌抗原结构比较复杂，证明有耐热抗原（菌体抗原）和不耐热抗原（表面抗原）。按耐热抗原结构把李尼尔放线杆菌分为6个抗原型，其抗原型有地域性差异。如英国无论从何种动物分离到的李尼尔放线杆菌多为1型，不存在3型；而日本在牛主要是5型和3型。已经证明，其菌体周围的黏性物质是不耐热的抗原成分。李尼尔放线杆菌与马驹放线杆菌及猪放线杆菌有抗原交叉，至少在耐热抗原上有一个共同的抗原决定簇。

[病原性] 李尼尔放线杆菌对牛和绵羊均有致病性，在牛最常见的慢性肉芽肿病变，亦即“木舌病”，也可在其他部位如头、上消化道及肺、肝、胸膜、心肌和皮肤上发生病变，也可发生感染部位所在的淋巴结上。在绵羊，病变主要在皮肤，特别是在头部皮肤发生，在肺脏、睾丸和乳腺也可发生化脓性病变。本菌是牛和绵羊口腔、瘤胃中的共生菌。

有人证实本菌还可感染狗、马、大鼠和鸭，能感染人。

[分离与鉴定] 可根据所致疾病的临床特点，采取病料在血液琼脂培养基上培养，根据培养特性挑选可疑菌落，进一步做生化特性检查，做出确切鉴定。

马驹放线杆菌（*Actinobacillus equuli*）

Meyer最先报道了马放线杆菌，是初生幼驹关节化脓性感染和肾脓肿的病原菌。因发现地不同曾称为马驹杆菌（*Bacillus equuli*）、马肾炎杆菌（*Bacillus nephritidis*）、马黏稠杆菌（*Bacterium uiscosum*）、马脓毒杆菌（*Bacterium pyosepticus*）等。

[形态与染色] 本菌通常为小杆状，常呈短链或丝状。但由于培养基的不同有明显的形态差异。在含有葡萄糖或麦芽糖的培养基上培养，菌体形态类似于李尼尔氏放线杆菌的长杆状。不形成芽孢，无荚膜，但在菌体周围产生黏液性物质。普通染料易着色，革兰染色阴性。

［培养特性］本菌经培养后，菌落的黏稠性特别高，特别是移植于含葡萄糖的液体培养基培养，用接种环可将黏液性索状物从液体培养基中拉出，成为很长而不断开的长丝。此黏稠性不因多次传代培养而丧失。本菌经固体培养基培养可形成不同菌落，从病变材料首次分离的菌落通常为粗糙型的，反复传代培养能变成光滑型菌落，黏稠性可能减弱一些，但不会消失。还有的菌落为扁平状。在绵羊血液琼脂培养基上培养，本菌的某些菌株具有溶血性。

［生化特性］接触酶试验部分菌株为阳性，氧化酶试验绝大多数菌株为阳性。能还原硝酸盐，不产生靛基质，不液化明胶。通常能缓慢发酵甘油、甘露糖、糊精、果糖、麦芽糖、蜜二糖、棉子糖、蔗糖、海藻糖和木糖产酸，多数菌株不能发酵阿拉伯糖、纤维二糖、水杨苷和山梨糖。但偶尔也有发酵较快的菌株出现。VP和MR试验阴性。

［抗原结构］本菌的抗原结构较复杂，具有热不稳定抗原和耐热抗原，根据耐热的O抗原把本菌分为28个血清型。调查证明，这些血清型菌株分布不具有宿主特异性。

本菌与李尼尔放线杆菌和猪放线杆菌有抗原交叉，至少在耐热抗原上有一个共同的抗原决定簇。本菌还与鼻疽假单胞菌有交叉凝集反应。

［病原性］马驹放线杆菌对马和猪有致病性，可引起马驹和仔猪的化脓性肾炎。还可引起马驹的急性败血症（驹睡病），能引起成年马和猪的心内膜炎、脑膜炎和子宫炎等疾病，能使怀孕的马和猪发生流产。有报道认为本菌是健康马的肠道、口腔、扁桃体及气管黏膜上的共生菌，但没有从正常猪体分离到本菌的报道。

马驹放线杆菌通常对其他动物无致病性，但有人在患脓毒性栓塞的猴子、患肠炎的牛、患皮肤病的狗和患肺炎的家兔身上分离到本菌。

［分离与鉴定］本菌的分离可用病料接种营养丰富的血液或血清琼脂培养基，根据菌落特征及菌体形态、培养特性，挑选疑似菌落做生化特性检查，可得出正确鉴定结果。

猪放线杆菌（*Actinobacillus suis*）

［形态与染色］本菌为革兰阳性杆菌，长2～3μm，宽0.3～0.5μm，通常为杆状小杆菌，但在含或不含葡萄糖和麦芽糖的培养基上菌体形态有长杆和丝状的明显差异。本菌不形成芽孢，无荚膜，但在菌体周围产生丰厚的黏性物质，在动物组织中能形成带有辐射状菌丝的颗粒状聚集物，外观似硫黄颗粒，呈灰色、灰黄色或微棕色，大小如别针头状，质地柔软或坚硬。组织压片经革兰染色，其中心菌体为紫色，周围辐射状的菌丝呈红色。

［培养特性］猪放线杆菌可在麦康凯培养基上生长，在血琼脂上厌氧培养时，该菌生长良好，48h可见到直径2～3mm的菌落，继而长成扁平干燥、灰色、表面不透明、边缘呈锯齿状的大菌落，不太黏稠，呈β溶血。在血清肉汤培养基生长可形成黏稠的沉淀物。在营养琼脂上培养，本菌形成黏性菌落，黏附于培养基上，但不如马驹放线杆菌那样黏稠，其黏滞性可随培养时间的延长而增加，一般在培养72h黏度最大。陈旧菌落边缘透明度增高，似煎蛋样。多次传代培养后，菌落对培养基的黏着力可丧失。在营养肉汤中培养也比较黏稠，但不及马驹放线杆菌黏稠度高。能在麦康凯培养基上生长，在血液琼脂培养基上培养表现出溶血性。液体培养经离心后，菌体沉淀物为奶油状。在本属细菌中，只有猪放线杆菌能产生黄色素。本菌活力较低，在4℃下营养琼脂或营养肉汤的培养物在15d内死亡。

［生化特性］接触酶试验阳性；大多数菌株氧化酶试验阳性；磷酸酶试验阳性；鸟氨酸脱羧酶试验阴性；尿素酶试验阳性。生长不需要V因子，能还原硝酸盐，不产生硫化氢，不产生靛基质，MR试验和VP试验均为阴性。对糖类发酵产酸不产气，通常能迅速发酵阿拉伯糖、糊精和半乳糖，但有的菌种对这几种糖类发酵缓慢。通常对甘油和甘露糖发酵缓慢。不能发酵侧金盏糖醇、卫矛醇、肌醇、菊糖、鼠李糖和山梨糖等。

［抗原结构］本菌有耐热抗原和不耐热抗原。尚没有对本菌做主要抗原检测，但从美国、丹麦、德

国和英国分离的16个菌株，在抗原结构上是一致的。还发现本菌与李尼尔放线杆菌及马驹放线杆菌有抗原交叉，在耐热抗原上至少有一个抗原决定簇与李尼尔放线杆菌和马驹放线杆菌相同。

[病原性] 本菌能使各种年龄猪发病，引起败血症、肺炎和关节炎，有报道称本菌可感染马。在猪体内是否为共生菌不太清楚，但是分离自猪脓毒性栓塞的放线杆菌也在同群正常猪的扁桃体中分离到。有报道称，它还分离自正常马的上呼吸道。

本菌对其他动物能否致病尚不清楚，但从鸭和天鹅分离到了类似于猪放线杆菌的微生物。

胸膜肺炎放线杆菌（*Actinobacillus pleuropneumoniae*）

1983年，波尔（Pohl）等人通过DNA杂交试验，认为胸膜肺炎嗜血杆菌（*Haemophilus pleuropneumoniae*）和1976年由Bertschinger分离命名的似溶血性巴氏杆菌（*Pasteurella haemolyticalike*）与李尼尔放线杆菌遗传关系密切，建议把它们归属于放线杆菌属设立一个新种。这个建议得到了国际细菌分类命名委员会的认可，命名为胸膜肺炎放线杆菌。

根据胸膜肺炎放线杆菌（*Actinobacillus pleuropneumoniae*，APP）生长是否需要烟酰胺腺嘌呤二核苷酸（nicotinamide adenine dinucleotide，NAD），分为两个生物型，即生物Ⅰ型（NAD依赖菌株）和生物Ⅱ型（非NAD依赖型）。生物Ⅰ型即依赖V因子生长的原胸膜肺炎嗜血杆菌；生物Ⅱ型即也能引起猪坏死性胸膜肺炎的似溶血性巴氏杆菌，生长不依赖V因子。根据APP表面荚膜多糖和脂多糖抗原性的不同，分为15个血清型。其中APP1型又分为1a和1b两个亚型，APP5型又分为5a和5b两个亚型。生物Ⅰ型包括1～12型和15型，生物Ⅱ型包括13型和14型。各血清型之间的交叉保护性不强，其中1、4和6型之间及3、6和8型之间有交叉反应，可能与这些血清型有相似的细胞结构有关。APP为革兰阴性小球杆菌，有时呈线状或多形性。有荚膜或不完全荚膜。不形成芽孢且无鞭毛。有菌毛，直径0.5～2nm，长度60～450nm。本菌为兼性厌氧菌，且营养要求较高。初次分离时应供给5%～10% CO_2，且最适合生长的培养基为巧克力琼脂平板和绵羊血琼脂平板。

[形态与染色] 本菌生物Ⅰ型菌株为球杆状菌或纤细的小杆菌，偶尔也有纤维状形态；生物Ⅱ型菌株菌体形态为杆状，比生物Ⅰ型菌株大些，并且具有两极浓染性。革兰染色阴性，不形成芽孢。无运动性，有荚膜。某些菌株具有周生性纤毛，特别是生物Ⅰ型菌株的周生纤毛非常纤细。

[培养特性] 生物Ⅰ型菌株培养时，需要在培养基中加入V因子，不能在麦康凯培养基上生长。在加V因子的牛心肌浸汁琼脂培养基或PPLO琼脂培养基上，37℃培养6～8h就可出现菌落，在10h左右菌落直径可达1～1.5mm。圆整、凸起、半透明的菌落，在45°折射光下用实体显微镜观察，菌落具有鲜明的金红带蓝色荧光，结构细致，在菌落上面似有一层白色云雾，远侧端似乎较浓厚，用铂耳不容易从琼脂面上刮下，对培养基有蚀刻性，这样的菌落为典型的黏液型菌落。另一种菌落稍大些，略扁平，透明度较前者高，蓝色荧光稍差些，菌落前方红色光略强，上面的白色雾较淡，对培养基的蚀刻性不强或无，为非典型黏液型菌落。除这两种菌落外，还有由黏液型向非黏液型过渡的菌落形态。生物Ⅱ型菌株生长时不需要V因子，能在麦康凯培养基上生长，在不加V因子的牛心肌浸汁琼脂或PPLO琼脂培养基上就能良好生长，菌落稍大些，在45°斜射光下用实体显微镜观察，菌落形态与生物Ⅰ型菌株的非黏液型菌落相似。胸膜肺炎放线杆菌具有溶血性。

[生化特性] 生物Ⅰ型菌株生化试验管中必须加入V因子，否则不能准确鉴定其生化特性。该菌能发酵葡萄糖、麦芽糖、甘露醇、甘露糖、蔗糖、木糖和果糖产酸，能还原硝酸盐，产生硫化氢，VP试验和MR试验均为阴性，尿素酶试验阳性。用金黄色葡萄球菌做CAMP试验亦为阳性。

[抗原结构] 胸膜肺炎放线杆菌生物Ⅰ型菌株，根据表面荚膜抗原的不同分为12个血清型，其中5型又分为a和b两个亚型。各国流行的血清型不同，各血清型之间的交叉保护性不强。生物Ⅰ型菌株无论血清型如何，均与猪放线杆菌S04菌株有抗原交叉反应。生物Ⅱ菌株没有分型的报道。

[毒素] 已经发现胸膜肺炎放线杆菌生物Ⅰ型菌株具有内毒素、外毒素、溶血活性毒素及细胞毒性毒素，此外，荚膜多糖、脂多糖、通透因子和外膜蛋白等也具有致病性。但具有溶血活性的毒力因子在

致病性上最重要，为主要毒力因子。目前，有人将胸膜肺炎放线杆菌生物Ⅰ型菌株的毒素分为3个型，Ⅰ型毒素毒力最强，溶血活性最高，对猪肺泡中的巨噬细胞和中性粒细胞有强细胞毒性；Ⅱ型毒素的溶血活性较弱，并有中等程度的细胞毒性；Ⅲ型毒素仅具有强的细胞毒性。标准菌株1型、5型的a和b亚型、10型和11型能产生Ⅰ型毒素；除10型外，其他各标准菌株均能产生Ⅱ型毒素；标准菌株2型、3型、4型、6型和8型能产生Ⅲ型毒素。研究还发现，同一种毒素在同血清型不同分离株上存在着有和无或量多量少的差异；具有同一种生物活性的毒素，其化学性质也不相同。由此可见，本菌生物Ⅰ型菌株存在着毒素的多样性。生物Ⅱ型菌株毒素不详。

[病原性] 胸膜肺炎放线杆菌能引起猪的传染性胸膜肺炎，各种年龄的猪均易感。剖检特征是急性型以纤维素性出血性胸膜肺炎为主要特征；慢性型以纤维素性坏死性胸膜肺炎病变为主，肺脏有局部性坏死结节。生物Ⅰ型菌株毒力比生物Ⅱ型强，并且较多发。生物Ⅰ型菌株血清型较多，各国流行的血清型不尽相同，据报道，美国、加拿大、墨西哥、丹麦、瑞士、澳大利亚、韩国、日本、泰国等国家都曾先后暴发过该病。北美地区的流行血清型为1、5、7型；欧洲多为2、3型和9型；在亚洲，日本多见2型和5型，韩国则为2、4、5、7型。我国猪场中存在的血清型较多，已知的有1、2、3、4、5、7、8、9、10型，其中以3型和7型为最多，国内分离株的毒力比国外菌株强；台湾地区主要为1型和5型。此外，在国内慢性发病猪群还分离到生物Ⅱ型菌株。

[分离与鉴定] 本菌生物Ⅰ型菌株的分离比较困难，用巧克力琼脂培养基分离率较低，分离培养基尚无适宜的抑制杂菌生长的药物。国外报道分离培养基中加入结晶紫1mg/mL、壮观霉素32mg/mL和杆菌肽128IU/mL。而国内分离株对这几种药物较敏感，故在分离培养基中不能使用。哈尔滨兽医研究所研制出适于本菌分离培养和繁殖的牛心肌浸汁琼脂培养基，分离培养效果及菌落平板计数效率较高。在此培养基上，37℃培养20h左右，菌落直径可达1.5～2.0mm，在45°折射光下用实体显微镜观察，有特征性的荧光结构，挑选典型菌落做生化试验及特性检查。本菌的鉴定要点为尿素酶试验阳性，CAMP试验阳性，β溶血，NAD（即V因子）生长依赖或卫星生长试验阳性。如果这四项全符合就可鉴定为生物Ⅰ型菌株；如果前三项符合，只有第四项不符合即可鉴定为生物Ⅱ型菌株。还可用标准分型血型，通过平板凝集试验对生物Ⅰ菌株做分型鉴定。

[免疫] 对本菌易感动物使用疫苗注射前，首先要确定本地区流行的病原血清型，有针对性地使用疫苗。哈尔滨兽医研究所根据国内流行病学调查结果，研制了7型疫苗，在现地应用中取得了良好的免疫效果。给怀孕母猪产前一个月免疫一次，所生仔猪通过初乳得到被动免疫，在80日龄内能得到保护，如果给仔猪在生后5周主动免疫一次，被动、主动结合免疫防治效果会更好。

荚膜放线杆菌（*Actinobacillus capsulatus*）

[形态与染色] 本菌为杆状，老龄培养物呈丝杆状，断裂后为小球形。在莱夫勒（Loeffler）血清培养基上培养5d，形成串珠样形态。具有荚膜，革兰染色阴性。

[培养特性] 本菌能在麦康凯培养基上生长，初代培养用营养琼脂或营养肉汤培养基不容易成功，继代培养时可形成针尖大菌落或液体培养基轻度混浊。培养时，10%的二氧化碳能促使本菌生长。用绵羊血液琼脂培养基培养时，菌落黏度最高，在兔血液琼脂培养基上，菌落边缘不整，呈“花瓣样”。在莱夫勒血清培养基上生长较差，但在多斯特（Dorset）蛋培养基上生长良好，但较容易死亡，存活一般不超过10d。

[生化特性] 接触酶试验和氧化酶试验阳性，磷酸酶试验和尿素酶试验亦呈阳性，VP和MR试验阴性，不产生靛基质和硫化氢。能发酵半乳糖、葡萄糖、甘露醇、水杨苷、海藻糖和山梨醇产酸不产气，不能发酵阿拉伯糖、卫矛醇、棉子糖和山梨糖等。

[病原性] 本菌能引起兔的关节炎，对其他动物能否感染不清楚。皮下接种实验动物证明，豚鼠有较低的易感性，而小鼠仅表现一过性感染，很快康复。

罗丝放线杆菌（*Actinobncillus rossii*）

本菌是新设立的一个种，最早由美国艾奥瓦州立大学罗斯（Ross）教授等人于1972年报道从母猪阴道中分离到。

［形态与染色］本菌为小杆菌，很少为球杆状，无运动性，菌体长度一般在2μm以上。不形成芽孢，革兰染色阴性。

［培养特性］本菌为需氧和兼性厌氧菌，在绵羊血液琼脂培养基上，于37℃培养48h，能形成直，径约2mm、圆整的灰白色半透明菌落，溶血能力很弱，不能使周围红细胞变绿。不需要V因子，多数菌株能在麦康凯培养基上生长。

［生化特性］接触酶试验、氧化酶试验、磷酸酶试验和尿素酶试验均为阳性，能还原硝酸盐，不产生靛基质。能发酵阿拉伯糖、半乳糖、m-肌醇、甘露醇、山梨醇和D-木糖产酸，不能发酵纤维二糖、卫矛醇、蔗糖和海藻糖。

［血清学特性］本菌与猪放线杆菌、李尼尔放线杆菌、马驹放线杆菌、精液放线杆菌及溶血性巴氏杆菌在血清学上有交叉反应。

［病原性］本菌能引起产后母猪的阴道炎，多从产后母猪阴道及流产仔猪分离到本菌。

精液放线杆菌（*Actinobacillus seminis*）

本菌为新设立的一个种。

［形态与染色］本菌为革兰阴性的不运动的杆菌及球杆菌，菌体长多大于2μm，不形成芽孢。

［培养特性］本菌为需氧和兼性厌氧菌，初代分离需要5% CO_2。生长不需要V因子，不能在麦康凯培养基上生长。在绵羊血液琼脂培养基上，在有氧条件下经37℃培养48h，可见到直径约1mm圆整的灰白色半透明的菌落，无溶血性，但有时可使周围的红细胞变绿。

［生化特性］接触酶试验阳性，尿素酶试验阴性，部分菌株氧化酶试验阳性。能还原硝酸盐。部分菌株能缓慢发酵半乳糖、麦芽糖和甘露醇。对其他碳水化合物一般不能发酵。

［病原性］本菌能引起绵羊附睾炎和多发性关节炎，常常能从患羊的精液中分离到本菌。

◇ 参考文献

曹澍泽，等.1992.兽医微生物学及免疫学技术［M］.北京：北京农业大学出版社.

程相朝，张春杰.1996.鸡奇异变形杆菌病［J］.养禽与禽病防治（4）.

储从家，孔繁林，管新龙，等.2004.62株阴沟肠杆菌的生化特性和药敏结果［J］.中国微生态学杂志，16（5）：299-300.

丁业荣，时全，刘国生，等.1995.自然水中麦氏弧菌生物学性状的研究［J］.中国卫生检验杂志，5（1）：12-15.

樊海平，孟庆显，俞开康.中国对虾败血病病原菌（气单胞菌）的致病性与生物学性状［J］.水产学报，18（1）：32-38.

方小东，刘中学.1994.沙门菌快速检测方法的新进展［J］.现代商检科技，3（4）：58-61.

房海.1997.大肠埃希菌［M］.石家庄：河北科学技术出版社.

龚建森，刘学贤，吕晓娟.减毒沙门菌的研究动态及其在家禽业中的应用［J］.家禽科学，12：41-43.

谷爱娣，樊振亚.2001.3种对人致病性耶尔森氏菌生物学特性及流行病学意义［J］.中国地方病防治杂志，16（4）：218-222.

关承稔，王桂华.1985.普通变形杆菌败血症所致婴儿肝炎综合征一例报告［J］.新疆医科大学学报，4.

郭伟军，崔照琼，李华春.2006.沙门菌毒力岛及其Ⅲ型分泌系统［J］.上海畜牧兽医通讯（5）：49-51.

郭鑫.2007.动物免疫学实验教程［M］.北京：中国农业大学出版社.

韩文瑜，何昭阳，刘玉斌.1992.病原细菌检验技术［M］.长春：吉林科学技术出版社.

何礼洋，韩文瑜，雷连成，等.2007.肺炎克雷伯菌Ⅲ型菌毛的研究进展［J］.中国兽医杂志，43（12）：50-51.

胡桂学 . 2006. 兽医微生物学实验教程 [M] . 北京：中国农业大学出版社 .

景怀奇，姜淑贤，邵祝君，等 . 1997. 小肠结肠炎耶尔森氏菌研究近况 [J] . 中国人兽共患病杂志，13 (3)：47 - 50.

梁建林，赵晓峰，赵建平 . 2004. 肠杆菌属的体外抗菌活性比较 [J] . 内蒙古医学杂志，36 (12)：1048 - 1049.

陆承平 . 2007. 兽医微生物学 [M] . 第 4 版 . 北京：中国农业出版社 .

宁光农，许成芳，郭兆君，等 . 2004. 产气肠杆菌不典型菌落的鉴定 [J] . 临床检验杂志，22 (1)：68.

欧阳琨 . 1987. 变形杆菌的病原性及其分析 [J] . 中国兽医杂志 (7) .

曲芬 . 2006. 气单胞菌感染的研究进展 [J] . 传染病信息，19 (1)：22 - 23.

孙延銮，汪昌平，孙天梅 . 2003. 32 株麦氏弧菌生物学特性及毒素原性的检测 [J] . 中国卫生检验杂志，13 (3)：338.

唐旭，陈瑞，于辉，等 . 2006. 豚鼠气单胞菌抗独特型单克隆抗体的制备和初步鉴定 [J] . 细胞与分子免疫学杂志，22 (5)：644 - 645.

唐旭，于辉，金晓航，等 . 2006. 抗豚鼠气单胞菌单克隆抗体杂交瘤细胞株的建立及其特性鉴定 [J] . 细胞与分子免疫学杂志，22 (2)：221 - 222.

王洪喜，王忠惠，张景林，等 . 1996. 非典型鼠疫耶尔森氏菌及其流行病学意义的研究 [J] . 中国地方病防治杂志，11 (2)：72 - 74.

王扬伟 . 2007. 畜禽传染病诊疗技术 [M] . 北京：中国农业大学出版社 .

王振英，李学勤，马家好，梁焕春 . 鲤鱼豚鼠气单胞菌感染症的研究 . Ⅰ. 病原分离鉴定 [J] . 兽医大学学报，13 (1)：55 - 57.

夏瑜，李邦佑，陈橙，等 . 2005. 鸭沙门菌的分离与鉴定 [J] . 上海畜牧兽医通讯 (6)：20.

辛朝安 . 2003. 禽病学 [M] . 第 2 版 . 北京：中国农业出版社 .

杨东霞，曲险峰，杨暑伏 . 2003. 气单胞菌分类及检测技术的研究进展 [J] . 中国卫生检验杂志，13 (2)：247 - 249.

于恩庶 . 2000. 中国小肠结肠炎耶尔森氏菌病研究进展 [J] . 中华流行病学杂志，21 (6)：453 - 455.

张鹏，杨永刚 . 2006. 鸭变形杆菌病的诊断及药敏试验 [J] . 养禽与禽病防治 (7)：9 - 10.

张涛，俞红，刘银花 . 1998. 耶尔森氏菌研究进展 [J] . 中国人兽共患病杂志，14 (4)：68 - 70，74.

郑薛斌 . 1999. 耶尔森氏菌的分类和发展 [J] . 预防兽医学进展，1 (1)：23 - 27.

周树武 . 2007. 鼠疫耶尔森氏菌基因分型的研究进展 [J] . 中国热带医学，7 (3)：449 - 451.

周伟 . 2006. 鼠疫耶尔森氏菌研究进展 [J] . 内蒙古医学杂志，38 (12)：1160 - 1162.

D C 赫什，N J 麦克劳克，伦，R L 沃克 . 2007. 兽医微生物学 [M] . 王凤阳，范泉水，主译 . 北京：科技出版社 .

Y M Saif. 2005. 禽病学 [M] . 苏敬良，高福，索勋，主译 . 郭玉璞，主校 . 第 11 版 . 北京：中国农业出版社 .

P H A Sneath et al. 1990. Actinobacillus rossii sp. nov. , Actinobacillus seminis sp. nov. , nom. Rev. , Pasteurella bettii sp. nov. , Pasteurella lymphangitidis sp. Nov. , Pasteurella lymphangitidis sp. nov. , and Pasteurella trehalosi; sp. nov. , Washington USA: Int. J. Sysyt. Bacterid. , 40 (2): 148 - 153.

Bispham J, Tripathi B N, Watson P R. et al. 2001. Salmonella pathogenicity island 2 influences both systemic Salmonellosis and Salmonella-induced enteritis in calves [J] . Infect Immun, 69: 367 - 377.

He S Y. 1998. Type 0 protein secretion systems in plant and animal pathogenic bacteria [J] . Annu Rev Phytopathol, 36: 363 - 392.

J D Ley et al. 1990. Inter-and Intrafamilial Similarities of-rRNA Cistrons of the Pasteurellaceae [J] . Washington USA: Int. J. Syst. Bacterid. , 40 (2): 126 - 137.

John G Holt et al. 1984. Bergey ' s Manual of Systematic Bacteriology [M] . Volume 1, Baltimore USA: The Williams&Wilkins Co. , 552 - 575.

John G Holt et al. 1994. Bergey's Manual of Determinative Bacteriology [M] . 9th. Baltimore USA: The Williams&Wilkins Co. , 275 - 285.

Jones M A, Wigley P, Page K L. et al. . 2001. Salmonella enterica serovar Gallinarum requires the Salmonella pathogenicity island 2 type l secretion system but not the Salmonella pathogenicity island 1 type 1 secretion system for virulence in chickens [J] . Infect Immun, 69: 5471 - 5476.

Marcus S L, Brumell J H, Pfeifer C G. , et al. 2000. Salmonella pathogenicity islands: big virulence in small packages [J] . Microbes Infect. , 2: 145 - 156.

S. Pohl et al. 1983. Transfer of Haemophilus pleuropneumoniae and the Pasteurella haemolytica－Like Organism Causing

Porcine Necrotic Pleuropneumonia to the Genus Actinobaeillus (Actinobacillus pleuropneumoniae comb. nov.) on the Basis of Phenotypic and Deoxyribonucleic Acid Relatedness [J] . Washington USA: Int. J. Syst. Bacteri al. , 33 (3): 510-514.

1～8 节由凌育燊编写　9～12 节由刘思国编写

第十二章　厌氧革兰阴性杆菌类

厌氧革兰阴性杆菌类细菌是由一些革兰阴性，菌体膨大，有的呈梭状，不形成芽孢，严格厌氧，寄生于人和动物的其他器官中的细菌所组成的一个类群。主要包括 4 个属：拟杆菌属、梭杆菌属、偶蹄杆菌属和加德纳菌属。

第一节　拟杆菌属（*Bacteroides*）

拟杆菌属（*Bacteroides*）包括全部和人、动物有关的革兰阴性专性厌氧无芽孢杆菌。但此属菌种在形态、生理、生化、化学组成及 DNA 和 rRNA 相关性上差异很大。从生物学性状和 rRNA 同源性看，拟杆菌属中的种有 3 个种群：①以脆弱拟杆菌为代表的肠内生活、明显发酵糖类、不产生黑色素、对胆汁有抵抗力的菌种；②以非解糖拟杆菌为代表的主要在口腔内寄生、不分解糖类、在血平板上形成黑色或棕色菌落的菌种；③以产黑素拟杆菌为代表的主要在口腔内寄生，对胆汁敏感，中度分解糖类，产黑素或不产黑素的菌种。

本属菌为革兰阴性，菌体膨大，偏性厌氧，无运动性，不形成芽孢的杆菌。分离自人和其他动物的自然体腔、昆虫的肠道和病灶。拟杆菌是条件致病菌，约占成年个体肠道菌群的 1/4 以上，当其正常的微生态平衡被打破时可引发感染。拟杆菌为无动力或周鞭毛有动力细菌，专性厌氧。多数菌种末端或中央膨大，形成空泡或丝状体。如培养条件不理想，例如培养基没有充分还原、营养不够或酸性产物堆积时，菌体变成多形态性。肉汤培养物的菌细胞比固体培养基的菌细胞长。在含糖培养基中生长的菌体比在含蛋白胨培养基中生长的菌体大。代谢糖、蛋白胨或代谢的中间产物。分解糖的菌株的发酸产物包括琥珀酸、乙酸、乳酸、甲酸或丙酸混合物，有时有短链醇，丁酸通常不是其主要产物，可能由蛋白胨产生微量到中等量的异丁酸和异戊酸。不分解糖的菌种可由蛋白胨产生微量到中等量的琥珀酸、甲酸、乙酸和乳酸的混合物，或中等量到大量的乙酸、丁酸、琥珀酸、异戊酸、丙酸、异丁酸和醇的混合物。陈旧培养物或培养基中产生丁酸，使许多革兰阳性的细菌被染成阴性。

通常不产生或仅产生微量接触酶。通常不水解马尿酸盐。在 McClung Toabe 卵黄琼脂上一般不产生卵磷脂酶或酯酶。DNA 中 G+C 含量为（28～61）mol%。

腐败拟杆菌（*Bacteroides putredinis*）

腐败拟杆菌又称腐败杆菌（*Bacillus putredinis*）、腐败雷氏杆菌（*Ristella putredinis*）、腐败伪杆菌（*Pseudobacterium putredinis*）。

［形态与染色］ 本菌菌体平直或稍弯曲，宽 0.4～0.6μm，长 0.4～4μm，于蛋白胨酵母浸汁肉汤中培养的本菌，可出现 10μm 的丝状菌体。不能运动，不产生芽孢和荚膜，革兰染色阴性。

［培养特性］ 培养 2d 后，固体培养基表面的菌落为针尖大小至直径为 0.5mm 的圆形、边缘完整或具有波状边缘的微凸起菌落，菌落表面光滑，灰色，无光泽，透明。肉汤培养物轻度混浊，管底有纤丝状沉淀，有些菌株能消化碎肉。大多数能产生微量接触酶。本菌可使谷氨酸脱羧。

大多数菌株可在 25～45℃生长。在碳水化合物中，除少数菌株可使葡萄糖、甘露糖微弱发酵外，其他糖类均不发酵。

［**生化特性**］在蛋白胨酵母浸汁葡萄糖肉汤中产生醋酸、琥珀酸、丙酸、异戊酸、酪酸、异酪酸；偶有一些菌株可产生乳酸和蚁酸。液化明胶。产生靛基质，不还原硝酸盐。

［**病原性**］与大肠埃希菌混合感染时，能使动物发生局部脓肿。亦可致绵羊发生腐蹄病。曾从人的急性盲肠炎病例以及动物粪便中分出过。

第二节　梭杆菌属（*Fusobacterium*）

本属细菌为革兰阴性专性厌氧菌，通常呈细长梭状，不形成芽孢。有些具有周身鞭毛，能运动，有些不能运动，只能产生谷氨酸脱氢酶，可与拟杆菌属相区别。能分解碳水化合物和蛋白胨，主要代谢产物为酪酸，也常产生醋酸、乳酸和少量丙酸、琥珀酸、蚁酸和短链醇类，有些菌能转化某种酸为盐。糖发酵不活泼，产生靛基质，通常不产生触酶。

常可从动物或人的开放性器官中分离到。有氧环境下不能在琼脂平板表面生长。氧化的培养基能阻抑某些种生长，但在培养基中加入血清、瘤胃过滤液或腹水能促进生长。发育适温为37℃，适宜pH为7.0左右。大多数细菌DNA中G+C含量为（26～34）mol%。许多种是动物和人的专性寄生菌，寄居于口腔、上呼吸道、瘤胃、肠道、泌尿生殖道，尤其在口腔最多。有些种具有病原性，最常见的种为坏死梭杆菌，可见于多种化脓性或坏疽性病灶以及梗死的器官中。

坏死梭杆菌（*Fusobacterium necrophorum*）

坏死梭杆菌在自然界的分布极为广泛，存在于动物和人的口腔及胃肠道中，属条件性致病菌，是引起多种坏死梭杆菌病的病原，引起牛、羊、鹿等家养动物和野生动物肝脓肿、腐蹄病、坏死性喉炎、Lemierres综合征、反刍动物趾间坏死杆菌病、猪皮肤溃疡和胃肝脓肿综合征等，其中胃肝脓肿综合征对畜牧业的危害最为严重。本菌的同义名很多，最常见的有犊白喉杆菌（*Bacillus diphtheriae vitulorum*）、兔链丝菌（*Streptothrix cuniculi*）、坏死杆菌（*Bacterium necrophorum*）、坏死梭形菌（*Fusiformis necrophorum*）、坏死棒状杆菌（*Corynebacterium necrophorum*）、坏死放线菌（*Fusiformis necrophorum*）等。

［**形态与染色**］本菌为一种多形性细菌。感染的组织中通常呈长丝状，菌宽0.5～1.75μm，长可超过100μm，有时可达300μm。有的菌呈现短杆状、梭状甚至球杆状。新分离的菌株以平直的长丝状为主。在某些培养物中还可见到较一般形态粗两倍的杆状菌体。在病变组织和肉汤中以丝状较多见。培养物在24h以内菌体着色均匀，超过24h以上，菌丝内常形成空泡，此时以石炭酸复红或碱性美蓝染色，染色部分被淡染的或几乎无色的部分隔开，宛如佛珠样。菌体内有颗粒包涵体，无鞭毛，不能运动，不形成芽孢和荚膜。

［**培养特性**］本菌为严格厌氧菌，接种在固体培养基，在无氧环境中培养表面形成菌落后，转入有氧环境中继续培养，菌落仍可继续增大，培养适温为37℃，适宜的pH为7.0。用普通培养基如营养琼脂、肉汤等培养需加入血清、血液、葡萄糖、肝组织块或脑组织块后可助其发育（普通琼脂和肉汤中发育不良），在葡萄糖肉渣汤中培养，需加入硫基乙酸钠，以降低培养基氧化还原电势方能生长。通常呈均匀一致的混浊生长，有时形成平滑、絮状、颗粒状或细丝状沉淀，最后pH可达5.8～6.3。在含CO_2环境中培养时菌落呈蓝色，被一圈不透明的明显的环围绕着。

坏死梭杆菌被分为4个生物型，即A型、B型、AB型和C型。A型和B型在肝脓肿中最常见，它们又分别被分为*necrophorum*亚种（*Fusobacterium necrophorum* subsp. *necrophorum*）和*funduliforme*亚种（*Fusobacterium necrophorum* subsp. *funduliforme*）。*necrophorum*亚种在肝脓肿中常见，能分泌较多的白细胞毒素和血凝素。A型致病性最强，B型次之，AB型介于A型和B两型之间，C型致病性较弱。致病性越强的菌株，刺激机体产生的免疫反应也越强。坏死梭杆菌A型菌株有溶血性和血细胞凝集作用，白细胞毒素的分泌量高，对小鼠有高致病性；B型菌株有溶血性而没有红细胞凝集作用，白细胞毒素的分泌量较少，对小鼠只有较弱的致病性。

［生化特性］除少数菌株偶尔可使果糖和葡萄糖发酵微产酸外，各种糖类均不发酵。有的菌株分解明胶，但不能分解复杂的蛋白质，能使牛乳凝固并胨化。在蛋白胨酵母浸汁葡萄糖肉汤中的代谢产物主要为酪酸，也可产生少量醋酸和丙酸；极少数菌株的代谢产物以乳酸为主，并可产生少量的琥珀酸和蚁酸。在血液琼脂平板上多数菌株为β型溶血，少数菌株呈α型溶血或不溶血。β型溶血株通常酯酶阳性，不溶血株或弱溶血株为阴性。不还原硝酸盐。能产生靛基质，培养基散发恶臭味。DNA中G+C含量为（31～34）mol%。

［毒素］本菌产生内毒素和外毒素。内毒素与细菌的细胞壁结合在一起，其主要成分为类脂A，十分耐热。将菌体加热杀死，皮内注射家兔，能够引发炎症和坏死。用坏死梭杆菌培养物的滤过液皮下注射家兔，能使家兔产生轻度的炎性病变。

［抗原性］坏死梭杆菌含有对热敏感和热稳定两种抗原，在不同的菌株间存在很大的抗原性差异。

［抵抗力］本菌对理化因素抵抗力不强，在1%高锰酸钾、2%氢氧化钠、1%福尔马林、5%来苏儿或4%醋酸中，15min内可将其杀死；在60℃加温15min或煮沸1min即可死亡。但在污染的土壤中能存活10～30d，在粪便中存活50d，在尿中存活15d。

［病原性］本菌侵袭力不强，正常组织可阻止其繁殖。当组织由于外伤、坏死、浸染或被其他微生物感染而受损时，容易侵入并繁殖，引起坏死性皮炎、坏死性口炎、坏死性肝炎以及腐蹄病等，典型病变为坏死、脓肿和腐臭。有些病例可出现菌血症。致病力与产生蛋白质外毒素与内毒素的能力有关。

［分离与鉴定］初次分离时，常从病变与健康组织交界处采取病料，作以下检查：①将病料制成涂片，用石炭酸复红或碱性美蓝染色，观察有无着色不均匀的长丝状菌体。②取未被污染的肝、脾和肺等接种于葡萄糖血液琼脂平板培养基上，进行分离培养。如用病变部皮肤为病料，可先接种易感动物（如家兔），取死亡后兔的坏死组织进行分离培养。③取一小块病料埋入家兔皮下，可在接种部位产生广泛的皮下坏死，常于4～7d内由于极度消瘦而死亡。采取死亡家兔的内脏接种熟肉培养基或肝脑培养基可分离到本菌的纯培养物。

［免疫］以A型强毒株制造的灭活疫苗具有免疫力。

第三节 偶蹄杆菌属（*Dichelobacter*）

结瘤偶蹄杆菌是一种平直或稍弯曲的杆菌，两端膨大，但在人工培养基上多次传代则丧失此特征。革兰染色阴性，但有抗脱色的倾向。美蓝染色时，可见菌体末端和中间有明显的异染颗粒。有大量柔毛，其亚单位为N-甲基苯丙氨酸型柔毛素，但随菌落形态的改变其柔毛数也会变化。不同菌株在抗原性上有差异，且毒力也不同；产生的角质分解酶也有差别。结瘤偶蹄杆菌在细胞成分、RNA-DNA同源性、16SrRNA等方面与拟杆菌属的成员不同，故成为新的偶蹄杆菌属。

结瘤偶蹄杆菌（*Dichelobacter nodosus*）

结瘤偶蹄杆菌是引起牛、羊、鹿等反刍动物腐蹄病的原发性病菌，它可分泌弹性蛋白，菌株的毒性越强，弹性蛋白的分泌能力越强，这种蛋白会分解软化蹄角质，造成蹄部浅表炎症，并为其他细菌的入侵打开了通道。

［形态与染色］本菌为一种大杆菌，菌体平直或稍弯曲，宽0.6～0.8μm，长3～10μm。菌体一端或两端膨大，似结节故名。在组织涂片中的菌体，菌端膨大尤为明显。培养物中的菌体较短，老龄培养物中的菌体更短，接近球状。本菌不能运动，也不形成芽孢和荚膜。普通染料易于着色，革兰染色阴性，用美蓝染色常能看到菌体末端有一至数个异染颗粒节瘤。

[**培养特性**] 以含胰酶消化物的培养基为佳。最适生长需加 0.02～0.05mol/L 精氨酸和 10%马血清，并在 10% CO_2 条件下培养，可促进生长。在加有 10%马血清和 0.1%盐酸胱氨酸的 V-P 琼脂上可形成 0.5～2mm、光滑、隆起、透明或半透明的菌落；形成极生菌毛的菌落下部的培养基常被刻蚀，产生一种菌落陷入培养基的外观；不形成菌毛的变异菌落不刻蚀琼脂。在普通肉汤中培养物呈轻度混浊，有时产生颗粒状沉淀，即使加入马血清，生长也不茂盛。在室温下生长缓慢，最适培养温度为 37℃。pH7.6 时生长最好，pH8～9 时仍可生长，但 pH4～6 时则不会生长。

[**生化特性**] 本菌不能使任何碳水化合物发酵。在蛋白胨酵母浸汁葡萄糖肉汤中可产生琥珀酸、醋酸，有些菌株产生乳酸、蚁酸和丙酸。不能水解七叶苷，不产生靛基质和尿素酶，不还原硝酸盐。能消化牛乳、明胶、疱肉、弹力蛋白颗粒、蹄角质粉及皮革粉等。

[**致病性**] 本菌能引起绵羊、山羊和牛的腐蹄病。由本菌引起的炎性损害作用很小，但它能产生强烈的蛋白酶，消化角质，使蹄的表皮及基层易受侵害。因此，只有在与坏死梭杆菌等协同作用下，才能产生明显的腐蹄病损害。

第四节 加德纳菌属（*Gardnerella*）

加德纳菌为革兰染色阴性，该属中只有一个成员——阴道加德纳菌（*Gardnerella vaginalis*）。在动物中有致病性的主要是狐阴道加德纳菌（*Gardnerella vaginalis* of fox），我国 45%～70%流产、空怀狐是由阴道加德纳菌感染引起，也是引起西方妇女阴道炎的一种主要病原菌。水貂也较易感，貉感染率比狐和水貂低。

狐阴道加德纳菌（*Gardnerella vaginalis* of fox）

[**形态与染色**] 阴道加德纳菌是革兰阴性菌，形态为等球杆、近球或杆状多形态，大小 0.6～0.8μm，0.7～2.0μm，排列呈单在，短链、八字形。

[**培养特性**] 本菌无荚膜、芽孢和鞭毛。在普通培养基上不生长，在加有血清和全血的琼脂平板上虽能生长，但很贫瘠。在胰蛋白胨琼脂平板上生长良好。初次分离培养时，在 5%～10%的 CO_2 环境下生长更佳。最适生长温度为 37℃。最适 pH 为 7.6～7.8。

[**致病性**] 本菌主要引起母狐流产、空怀，公狐性欲低下等。病狐为该病的主要传染源。本病主要是通过交配传染。传染途径主要经过生殖道或外伤传染。怀孕狐感染本菌可直接传播给胎儿。

[**诊断**] 根据临床症状可初步确诊，为进一步证实，可做细菌学诊断，采取母狐阴道分泌物死亡流产胎儿、胎盘等为材料进行涂片、镜检，可发现多形性革兰阴性球杆菌。

[**防治**] 阴道加德纳菌对氨苄西林、红霉素及庆大霉素敏感，对磺胺类耐药。

◈ 参考文献

傅思武．2007. 口腔微生物学［M］．兰州：兰州大学出版社．

李林，吕占军，董螨，等．2006. 腐蹄病节瘤拟杆菌的分子致病机制的研究进展［J］．畜牧兽医杂志，25（6）：33-35.

李亚丹，任宏伟，吴彦彬，等．2008. 拟杆菌与肠道微生态［J］．微生物学通报，35（2）：281-285.

王世若．1990. 兽医微生物学与免疫学［M］．长春：吉林科学技术出版社．

吴彦彬，李亚丹，李小俊，等．2007. 拟杆菌的研究及应用［J］．生物技术通报，14（1）：66-69.

张燕，阎峰，赵宝华．2006. 腐败梭菌危害及防治的研究进展［J］．河北师范大学学报（自然科学版），30（5）：589-592.

http：//www.zt868.com/newshtmL/2007-4-4/200744110039.htm.

J H 吉莱斯皮，J F 蒂蒙乃．1988. 家畜传染病［M］．胡祥壁，等，译．第 7 版．北京：农业出版社．

M C Legaria，G Lumelsky，V Rodriguez，等．2005. Clindamycin—Resistant Fusobacterium varium Bacteremia and Decubitus Ulcer Infection［J］．JOURNAL OF CLINICAL MICROBIOLOGY，43（8）：4293-4295.

第十三章　革兰阳性球菌类

革兰阳性球菌是由化学组成相似、能发酵葡萄糖的圆形或卵圆形酿脓菌所组成。在自然界的分布极为广泛。不形成芽孢，无运动性，需氧或兼性厌氧，革兰染色阳性。DNA 中 G+C 的含量为（30～42）mol%。以引起人和畜禽多种组织或器官化脓性炎症为特征，有时也能引起败血症或脓毒血症，甚至导致动物死亡。

第一节　葡萄球菌属（*Staphylococcus*）

葡萄球菌属是一类革兰阳性球菌中常见的酿脓菌，排列多呈葡萄串状，在土壤、水、各种物体表面以及空气中广泛存在。在《伯杰鉴定细菌学手册》第 9 版上划分为 28 个种，大多数为非致病的，病原性葡萄球菌比较重要的有金黄色葡萄球菌（*S. aureus*）、表皮葡萄球菌（*S. epidermidis*）和猪葡萄球菌（*S. hyicus*）。

［形态与染色］ 菌体为球形，直径 0.5～1.5μm，呈不规则的葡萄串或单个、成对存在。不形成芽孢，无鞭毛，不运动。除某些幼龄菌能形成荚膜或黏液层外，一般不形成荚膜。

［培养与生化特性］ 本属细菌为需氧兼性厌氧菌，有机化能营养。在普通培养基上生长良好。最适温度为 37℃，最适 pH 为 7.4。在固体培养基上培养可形成圆形、表面光滑、边缘整齐、湿润、隆起不透明的白色或奶油状菌落，不同型的菌株产生不同色素，有的呈金黄色，有的为橙色。普通肉汤培养基中呈均匀混浊，能产生菌膜，培养时间长时可在管底生成大量的黏稠沉淀物。在血液琼脂上，多数致病性葡萄球菌在菌落周围形成明显溶血环。非致病菌则不溶血。通常，接触酶试验阳性，氧化酶试验为阴性，能还原硝酸盐。不产生靛基质。能使石蕊牛乳凝固，有时胨化，易被溶葡萄球菌素（lysostaphin）溶解，但对溶菌酶有抵抗力。分解尿素产氨。MR 试验阳性，VP 试验结果不定。液化明胶（致病性菌株）。能分解葡萄糖、麦芽糖、乳糖和蔗糖产酸。致病性菌在厌氧条件下能分解甘露醇产酸；无致病性的不分解，具有鉴别意义。DNA 中 G+C 含量为（30～39）mol%。

［抗原结构］ 葡萄球菌一般具有蛋白质和多糖类两种抗原。蛋白质抗原存在于菌体表面，称葡萄球菌 A 蛋白（staphylococcal protein - A，SPA）。90%以上的金黄色葡萄球菌含有 SPA，是细胞壁上的一种能与多种哺乳动物 IgG 结合的蛋白质。用溶菌酶提取的 SPA，为一条单一的多肽链，相对分子质量为 420×10^3。可与多种动物（如猪、豚鼠和人）血清中 IgG 的 Fc 片段和 Fab 片段结合，但不能封闭 Fab 片段上的抗原结合点，可在血清学反应中作为第二抗体。多糖类抗原为半抗原具有型特异性。根据多糖抗原的特性可分为三种：①从有致病性葡萄球菌提取的抗原，称 A 型多糖抗原。②从非致病性葡萄球菌提取的抗原，称 B 型多糖抗原。③C 型多糖抗原，是从致病性和非致病性两类葡萄球菌提取的。

［毒素与酶］ 致病性葡萄球菌能产生多种毒素和酶类，对动物致病力的强弱，往往与其产生毒素及酶的能力有关。主要的毒素和酶有以下几种：

（1）外毒素　大多数致病性葡萄球菌能产生外毒素，是一种耐热的滤过性混合物，给动物注射后，能引起皮肤坏死或致动物死亡。其中包括溶血性毒素，能使红细胞溶解。根据对动物红细胞的溶血范围、抗原性和溶血时所需温度等的不同，分为 α、β、γ、δ 四型。α 型溶血毒素在 37℃时能溶解家兔和绵羊红细胞，高效价的溶血毒素经 100℃ 30min，只能丧失部分活力。分子质量为 30×10^3，能破坏血小板，引起溶血。对平滑肌具有强烈作用，引起平滑肌痉挛，小血管收缩，使感染部位组织发生坏死；β溶血毒素能引起绵羊和牛红细胞溶解，将β溶血素与绵羊红细胞混合后，在 37℃孵育 1h，再置于 10℃ 18h，红细胞才被溶解，称热—冷溶血现象，单纯在 37℃下不发生溶血；γ溶血毒素刺激吞噬细胞脱颗粒，加强了炎症反应和组织损伤，所有凝固酶阳性的葡萄球菌属均能产生；δ溶血毒类似去垢剂的作用，裂解多种细胞，但可被血清抑制，几乎所有凝固酶阳性的葡萄球菌属均能产生，能溶解多种动物的红细胞。α、β、γ、δ 四型溶血毒素有抗原性差异。外毒素用甲醛处理后，失去毒性即成为类毒素，只保留有抗原性。

（2）*杀白细胞毒素*　大多数致病性葡萄球菌能在白细胞内生长繁殖，产生毒素，破坏人和家兔的白细胞，使其失去活力，最后膨胀破裂。杀白细胞毒素是一种可溶性蛋白质物质，有抗原性，不耐热。抗杀白细胞毒素抗体能阻止葡萄球菌性再感染。

（3）*肠毒素*　人源葡萄球菌中一些溶血性菌株能产生肠毒素，引起人、幼猫、猴和哺乳仔猪急性胃肠炎。肠毒素为一种可溶性蛋白质，相对分子质量为 35×10^3，耐热，100℃ 30min 不被破坏。共分 6 个型，具有不同的血清学特性。能抵抗胰蛋白酶作用，有公共卫生意义。

（4）*血浆凝固酶*　多数葡萄球菌能产生血浆凝固酶，与葡萄球菌的致病力有关，能使血浆中纤维蛋白沉积于菌体表面，形成保护层，阻碍吞噬细胞的吞噬和杀死葡萄球菌，易于局限化，且易形成血栓。凝固酶具有抗原性。

（5）*其他酶类*　除上述几种毒素和酶外，某些葡萄球菌还能产生溶纤维蛋白酶，使已经凝固的纤维蛋白溶解；透明质酸酶和脱氧核糖核酸酶可分解结缔组织细胞间和组织渗出物的黏稠性，有利于葡萄球菌及其产生的毒素在机体内扩散；表皮溶解毒素可引起人和小鼠的表皮剥脱性病变，有利于葡萄球菌的入侵。胞外糖被（伪荚膜）具有抗吞噬作用，为重要的毒力因子和保护性抗原。

[致病性] 葡萄球菌致病的基本特征是引起化脓，局部感染可致组织坏死、脓肿，其周围组织出现炎症细胞浸润和纤维蛋白渗出，可引起败血症或脓毒败血症。如马的创伤感染、蜂窝织炎，牛及羊的乳房炎，鸡的关节炎，猪的皮炎、流产等。病原性葡萄球菌的致病性除取决于其产生毒素和酶的能力及其抗吞噬作用外，还可能与能引起细胞变态反应型（Ⅳ）变态反应有关。

金黄色葡萄球菌（*Staphylococcus aureus*）

金黄色葡萄球菌（以下简称金葡菌 ）是烧伤创面感染、急性肝功能衰竭的重要病原菌，引发的奶牛乳腺炎约占乳腺炎总发病率的 30.6%～41.7%，导致奶牛泌乳功能下降或丧失，并可释放毒素，导致奶牛急性死亡。

[形态与染色] 本菌为球形，直径 0.5～1.0μm，呈单个或成对，或呈不规则的丛集状排列。有些菌株具有荚膜或伪荚膜，其毒力往往比无荚膜菌株强。有些菌株可产生失去细胞壁的 L 型菌体，可通过 50～450nm 的微孔滤器。

[培养与生化特性] 在普通培养基中生长良好，如果加入血液、血清或葡萄糖时生长更佳。在未加药的非选择性培养基上培养 24～48h，菌落为光滑隆起的闪光、圆整的单个菌落，直径可达 6～8mm。半透明，随着培养时间的延长，近乎于透明状。如果在加有抑菌剂的培养基上，常出现粗糙型或株儒型的变异菌落。有荚膜菌株产生的菌落往往较小，并且隆起，有湿润闪光的外观。放置时间过长，培养物变得黏稠，并有向琼脂面下部生长的趋势。L 型菌株生长缓慢，菌落呈特征性的荷包蛋样。大多数菌株能产生色素，使菌落呈灰色、灰白色、淡黄色、橙黄色或橙色。固体培养基中含有碳水化合物、牛乳或血清等时，产生色素较多。在有 O_2 及 CO_2 环境下易形成色素，在无氧条件下不形成色素。其色素成分为类三萜类胡萝卜素或其衍生物。在血液琼脂上形成的菌落较大，有些菌株具有溶血性。具有溶血作用的菌株多为病原菌。

本菌分为两个亚种，即厌氧亚种（*Staphylococcus aureus* subsp. *anaerobius*）和金黄色亚种

(*Staphylococcus aureus* subsp. *aureus*)。厌氧亚种菌株不产生色素，在有氧条件下培养不生长，但通过继代后可以适应有氧培养。金黄色亚种菌株是真正的兼性厌氧菌。在有氧条件下，厌氧亚种菌株只能使蔗糖、麦芽糖和果糖产酸；而金黄色亚种菌株除了能使这三种糖产酸外，还能使甘露糖、甘露醇、乳糖、海藻糖、半乳糖和核糖产酸。二者都不能使木糖、阿拉伯糖、纤维二糖、棉子糖和水杨苷产酸。对新霉素敏感。

[毒素与酶] 几乎所有的菌株都能产生凝固酶。凝固酶的检测是金黄色葡萄球菌常规鉴定的一种重要方法，但在鉴定时必须参考其他特性，避免与凝固酶阳性的中间葡萄球菌动物株及凝固酶不定的猪葡萄球菌混淆。测定凝固酶必须采用标准方法进行，一般国际上公认试管检测法。即在小试管中加入含抗凝剂的兔血浆（1∶10 稀释），再加入 0.1mL 24h 培养的菌液，混匀后置于 37℃温箱，每隔 30min 观察一次，直至 6h。人和大多数动物菌株可用兔血浆检测，某些禽类菌株和山羊菌株不能凝固兔血浆。某些能够产生蛋白酶的酶活性较强的葡萄球菌凝固酶阴性菌株，亦能使血浆凝固。某些能够利用柠檬酸盐的菌株亦可出现假阳性。因此，可用含 0.1%乙二胺四乙酸的血浆测定排除假阳性。玻片法可用于大通量检测，但由于蛋白 A 能和血浆中的 IgG 结合，能够产生蛋白 A 的金黄色葡萄球菌也容易得到假阳性结果。

许多菌株可产生葡萄球菌激酶，尤其是人的菌株，这种酶亦称缪勒（Muller）因子或称溶纤维蛋白酶，通过将血浆蛋白酶原激活，使凝固的纤维蛋白溶解成为血浆蛋白酶。凝固酶及溶纤维蛋白酶可在含血浆的琼脂平板上同时测定：开始时凝固酶使菌落周围出现一个不透明圈，继续培养则由于产生溶纤维蛋白酶使不透明圈消失。在试管内检测时，往往将能大量产生溶纤维蛋白酶的菌株误认为是凝固酶阴性菌株。

某些菌株还可产生表皮水疱性毒素，亦称为片状剥落毒素，能引起葡萄球菌性烫伤皮肤综合征（Ritter 氏病或毒素性表皮坏死病）。

肠毒素是金葡菌产生的一种耐热的外毒素，是其主要致病因素，近 50%的金葡菌菌株在实验室条件下能产生肠毒素，并且一个菌株能产生两种或两种以上的肠毒素，现已鉴定出的肠毒素有 A、B、C1～C3、D、E、G、H、I 和 J 等 11 种。一般来说，食物中毒时毒素 A、D 型常见，B、C 型次之，涉及 E 毒素的发生率最低。各肠毒素毒力不一，A 型毒素毒力较强，D 型较弱。其中 B 型因其“超抗原”特性在中毒性休克综合征中有特殊意义。每个菌株可产生一种或两种以上的肠毒素，大多数菌株均能产生 A 型肠毒素。

某些菌株可产生类似抗生素的物质，即葡萄球菌毒素（亦称细菌素）和微球菌素，对其他葡萄球菌及某些杆菌有制菌和杀菌作用。

绝大多数菌株还可产生具有内切和外切活性的耐热葡萄球菌核酸酶，能切断 RNA。当组织细胞及白细胞崩解时释放出核酸，使组织渗出液的黏度增加，核酸酶能迅速分解核酸，降低黏度，有利于细菌在组织中扩散。测定方法是在含核酸的琼脂平板上接种待测葡萄球菌，37℃培养 24h，向平板中倾注 1mol/L 的盐酸溶液，产生葡萄球菌核酸酶的菌株在其菌落周围出现澄清环。

[抵抗力] 金黄色葡萄球菌的抵抗力较强，在干燥的脓汁或血液中可生存数月，80℃ 30min 才能杀死，煮沸能迅速死亡。3%～5%石炭酸溶液 3～15min 即可致死，70%乙醇在数分钟内可杀死。

[病原性] 金黄色葡萄球菌寄生于多种动物，如牛、猪、兔、鸡和人，代表着不同的生物型。各生物型菌株在对噬菌体的感受性、细胞壁的抗原成分、营养需要、凝固不同血浆、溶血素纤维蛋白溶解活性及核酸酶的血清学差异上有所不同。主要存在于宿主的鼻咽黏膜部和皮肤上，也存在于会阴部、胃肠道和生殖道。能引起人的疖、痈、脓疱病、中毒性皮肤坏死、肺炎、骨髓炎、脑膜炎、心内膜炎、乳房炎、菌血症、各种脓肿、食物中毒、小肠结肠炎、泌尿生殖道感染、中毒性休克综合征等，以及各种动物的化脓性疾患，如马的创伤性感染、脓肿、蜂窝织炎，牛及羊的急性与慢性乳房炎，鸡的关节炎，猪的皮炎、流产，羊的皮炎及羔羊败血症等。在实验动物中家兔最为易感，豚鼠及小鼠亦可感染发病。

[分离与鉴定] 鉴定时可将病料如脓汁、渗出液、乳汁等直接涂片，染色，镜检。如见有大量典型

的葡萄串状排列球菌即可做出初步诊断。也可将病料接种含5%绵羊血液的琼脂培养基，进行纯培养后，接种生化培养基，结合生化特性做出确切鉴定。如需鉴定分离物的毒力，还需要做动物试验、凝固酶试验、溶血性试验等。动物试验可用家兔进行，皮下接种1.0mL 24h培养物，可引起局部皮肤溃疡坏死，静脉接种0.1～0.5mL，在24～28h死亡。剖检见到浆膜出血，肾、心肌及其他脏器有大小不等的脓肿。凡凝固酶试验阳性的、能产生黄色色素以及能分解甘露醇的菌株多为致病菌。

[金葡菌毒素相关基因] 金葡菌的致病力强弱主要取决于三类毒力因子，产生的毒素、侵袭性酶和其他结构成分：①毒素：肠毒素（staphyloccoccla enterotoxin，SE）、毒性休克综合征毒素-1（toxic shock syndrome toxin 1，TSST-1）、表皮剥落毒素（exfoliative toxins，ET）、溶血毒素（staphylolysin）及杀白细胞素（leukocidin）等；②侵袭性酶：血浆凝固酶（coagulase）、耐热脱氧核糖核酸酶（heat stable nuclease）、纤维蛋白溶解酶（fibrinolysin）、透明质酸酶（hyalurouidase）等；③其他：黏附素、荚膜、胞壁肽聚糖等。

[公共卫生危害] 凡对甲氧西林、苯唑西林、头孢拉定耐受，或*mec*基因阳性的金黄色葡萄球菌即定义为耐甲氧西林金黄色葡萄球菌（methicilin-resistant staphylococcus aureus，MRSA）。MRSA是一种耐药性极高、致病力极强的致病菌，在院内播散可导致局部病房或病区的暴发流行。随着抗生素的广泛应用和滥用，MRSA的感染率也在逐年增高。MRSA已成为医院感染中的严重问题，是手术切口感染、创面感染和导管相关感染的重要病原，在全球范围内具有很高的发病率和病死率。

表皮葡萄球菌（*Staphylococcus epidermidis*）

[形态与染色] 本菌呈球形，直径0.5～1.5μm，多成对或以四联体形式排列，偶尔单个存在。某些菌株能产生黏液性物质，包裹在菌体外面。产生黏液物质的量因菌株的不同而异，还受培养基组分的影响，通过阿尔新蓝染色法可观察到黏性物质。某些菌株还可产生细胞壁缺陷的菌体。这样的细菌能产生人的绒毛膜促性腺激素样免疫反应物质，多从恶性肿瘤患者体液及肿瘤组织中分离到这种细胞壁缺陷菌株。革兰染色阳性。

[培养与生化特性] 在葡萄球菌繁殖用的非选择性培养基上培养，本菌可形成直径2.5～6mm的光滑型至黏液型隆起的、闪光圆整的半透明至不透明的菌落。随着培养时间的延长，菌落变得扁平，中间较暗，向周围生长，菌落的质地变得更加黏稠。细胞壁缺陷型菌株生长较慢，形成的菌落较小，有些已经返祖的菌株也很慢。通常本菌不产生色素，菌落多呈灰色或灰白色。有很少一部分菌株产生色素，菌落呈黄色、褐色或紫色，色素多集中于菌落中心部位。本菌在琼脂斜面上培养，生长物黏性中等，半透明，经过存放后变得几乎透明。用肉汤培养，开始变得混浊，后来变得几乎透明，在试管底部有黏液性沉淀物。能够产生黏液性物质的菌株，经肉汤培养菌体集聚成颗粒状，黏附于试管壁上。

本菌在有氧条件下生长最好。能产生接触酶，接触酶在电泳泳动率上与其他葡萄球菌产生的接触酶有所不同。无论在有氧还是厌氧条件下都能使葡萄糖产酸，在有氧条件下可使果糖、麦芽糖、蔗糖和甘油产酸，大部分菌株能使乳糖、半乳糖、甘露糖产酸。不能使甘露醇、棉子糖、木糖、阿拉伯糖、纤维二糖、山梨醇、水杨苷、卫矛醇、鼠李糖产酸。大多数菌株能还原硝酸盐。碱性磷酸酶试验阳性，尿素酶试验阳性。

[毒素与酶] 表皮葡萄球菌能产生蛋白质酶、脂酶、磷酸酯酶、脂蛋白酶、酯酶和脱氧核糖核酸酶。本菌产生的酯酶与其他菌有所不同，还可能产生具有溶血活性的外毒素，但溶血能力较弱。此外，某些菌株还能产生类似于抗生素的物质，如细菌素或称葡萄球菌素及微球菌素，可以抑制或杀灭其他葡萄球菌或杆菌。

[分型] 根据生理和生化特性，将本菌分为4个生物型。

[病原性] 本菌常存在于人或动物皮肤表面及黏膜表面上，作为机会致病菌引起人和动物的皮炎。

猪葡萄球菌（*Staphylococcus hyicus*）

［形态与染色］ 猪葡萄球菌呈直径0.6～1.3μm的球形，多以成对、四联体或丛集状存在，偶尔亦有单个存在的，无荚膜。

［培养特性］ 本菌为兼性厌氧菌，在葡萄球菌繁殖用的非选择性培养基上培养，产生的菌落为较低平的闪光圆整不透明状，单个菌落直径可达4～7mm，不产生色素；在肉汤培养基培养，浊度较均匀，但底部有沉淀。在硫乙酸钠肉汤中培养可获得厌氧性生长。

［生化特性］ 无论有氧或厌氧培养都能使葡萄糖产酸，在有氧情况下通常能使蔗糖、甘露糖、核糖、海藻糖、甘油、果糖、乳糖和半乳糖产酸。大多数菌株不能使甘露醇产酸，亦不能使麦芽糖、核糖、山梨糖、山梨醇、阿拉伯糖等产酸。能还原硝酸盐，精氨酸水解酶试验和尿素酶试验均为阳性，能产生接触酶，这种酶是特有的，在免疫学上与其他葡萄球菌产生的接触酶无任何关系。

［抗原性］ 本菌与表皮葡萄球菌有些抗原共有，但抗原性不同。用被表皮葡萄球菌吸收过的抗猪葡萄球菌血清，可将猪葡萄球菌与皮肤上的非致病性葡萄球菌区别开来。

［毒素与酶］ 本菌能产生透明质酸酶，某些菌株还能产生凝固酶，但活性较弱。某些菌株可产生纤维蛋白溶解酶，亦可产生中等至很强活性的脱氧核糖核酸酶（包括耐热的DNA酶）。这些酶均与菌株的毒力有关，不能产生溶血素。

［病原性］ 本菌多存在于猪的皮肤，很少存在于牛的皮肤和乳汁中，也有人从鸡身上分离到这种菌。本菌为条件致病菌，多引起猪的传染性渗出性皮炎和猪的化脓性多发性关节炎。

第二节　链球菌属（*Streptococcus*）

本属细菌是一大类化脓性球菌。呈链状排列，故名。在自然界分布极为广泛，可从尘埃、土壤和水中分离到，也可从动物和人的粪便、鼻咽黏膜以及泌尿生殖道检出。分为致病性和非致病性两大类。致病性链球菌可引起多种动物和人的化脓性疾病，如乳房炎、败血症、马腺疫和人的猩红热、丹毒等。在兽医学上较重要的有马链球菌马亚种（*S. equi* subsp. *equi*）、马链球菌兽疫亚种（*S. equi* subsp. *zooepidemicus*）、无乳链球菌（*S. agalactiae*）、停乳链球菌停乳亚种（*S. dysgalatiae* subsp. *dysgalactiae*）、停乳链球菌似马亚种（*S. dysgalatiae* subsp. *equisimilis*）、乳房链球菌（*S. uberis*）、猪链球菌（*S. suis*）、猪肠道链球菌（*S. hyointestinalis*）和肺炎链球菌（*S. pneumoniae*）。

［形态与染色］ 本属细菌菌体呈球形或卵圆形，直径0.5～2.0μm，链状存在，链的长短因种和生长环境的不同而异。致病性菌和在液体培养基中培养时，链较长。一般不运动，不形成芽孢，大多数幼龄菌具有荚膜，继续培养则消失。群中某些种具有鞭毛。革兰染色阳性，无抗酸性。

［培养与生化特性］ 本属细菌大多数为兼性厌氧菌，有些种生长时需要CO_2，有些种为严格厌氧菌，培养最适温度为37℃，pH为7.4～7.6。在固体培养基中加入血液、血清或葡萄糖有助于生长。在血液琼脂培养基上37℃培养24h，长成灰白色、半透明、表面光滑、圆形、隆起的小菌落，直径可达0.5～1.0mm，延长培养时间菌落很少增大或不增大。有些菌株能完全溶血，形成草绿色环，有的不溶血。除了某些无乳链球菌菌株能产生黄色、橙色或红色色素外，绝大多数菌株均不产生色素。在液体培养时，培养液中加入葡萄糖能加速生长，但pH的下降能抑制其生长。某些菌株上液体清澈，通常情况下形成长链呈絮状或颗粒状沉于管底。有些菌株液体培养时，肉汤浊度均匀。连续培养时由于营养有限，外观不一致。明胶穿刺培养则沿穿刺线形成串珠状，明胶不液化。能发酵葡萄糖，对乳糖、蕈糖、甘露糖、山梨醇及杨苷等的分解能力因菌株而异，不还原硝酸盐，接触酶试验阴性。不被胆汁溶解。不分解菊糖的菌株，可作为与肺炎球菌鉴别时参考。DNA中G+C含量为（34～46）mol%。

［毒素与酶］ 一些致病性链球菌能产生多种与致病力密切相关的毒素与酶，有如下几种：

（1）溶血毒素　由β溶血性链球菌产生，有溶解红细胞、杀白细胞和毒害心肌作用，分为“O”和“S”两种：①溶血毒素O：为蛋白质，相对分子质量60×10^3，对氧不稳定。遇氧—SH被氧化成—SS—基时，则失去溶血能力。用亚硫酸氢钠或半胱氨酸处理后，又可恢复其活力，重新具有溶血作用。此类毒素具有抗原性，其特异性抗体与毒素结合能阻止溶血素O的溶血作用。②溶血毒素S：对氧稳定，但对热和酸敏感，溶血作用较溶血毒素O缓慢，无抗原性或抗原性很低，从痊愈动物体内不易查到，也能破坏白细胞和血小板，给动物静脉注射可迅速致死。

（2）红疹毒素　主要由A群链球菌产生的一种外毒素，是一种蛋白质，小剂量皮内注射可引起局部红疹，大剂量可引起全身红疹。对热稳定，分为A、B、C三种，不同菌株所产生的红疹毒素抗原性不同，能刺激机体产生抗毒素，有特异性中和作用。红疹毒素具有多种毒性作用，除对皮肤的作用外，还具有内毒素样致热、损害细胞或组织、淋巴母细胞转化、免疫抑制等作用和提高动物对内毒素发生致死性休克的敏感性等。

（3）链道酶（链球菌脱氧核糖核酸酶）　主要由A、C、G群链球菌产生，分A、B、C、D四个血清型，能分解渗出物中具有高度黏性的DNA。具有抗原性，机体感染链球菌后，能产生抗链道酶性抗体中和酶。

（4）链激酶（溶纤维蛋白酶）　是由β溶血链球菌产生的，能将血液的血浆蛋白酶原（纤溶酶原）变为血浆蛋白酶（纤溶酶），可溶解血块或阻止血浆凝固，有利于细菌在组织中扩散。A群链球菌能产生两种免疫原性不同的链激酶，能使70%～80%的动物产生链激酶抗体，可抑制链激酶的活性。

（5）双磷吡啶核苷酶　某些链球菌能产生双磷吡啶核苷酶，此酶可能与杀白细胞能力有关。

有些链球菌菌株能产生透明质酸酶、蛋白质酶和淀粉酶。某些菌株能产生细菌毒素，对其他革兰阳性细菌有抑制作用。

［**抗原结构**］已检出的链球菌抗原物质有C多糖、M蛋白、T物质和核蛋白等，按抗原结构可分为三种：

（1）群（族）特异性抗原　又称C物质，是细胞壁的多糖成分，具有群特异性，是多糖类半抗原，其特异性由氨基糖决定。例如A群链球菌是鼠李糖-N-乙酰葡糖胺；C群是鼠李糖-N-乙酰半乳糖胺；F群是葡吡糖-N-乙酰半乳糖胺。是链球菌血清学方法分类的依据。

（2）型特异性抗原　又称表面抗原，是细胞壁的蛋白成分，位于C物质的外层。根据其理化学性质，又分为M、T、R、S等不同性质的抗原成分。其中M蛋白与链球菌的毒力有密切关系，主要存在于粗糙型菌落和黏液样菌落的链球菌表面。具有抗吞噬作用，使毒性致病链球菌不被吞噬。用热盐酸提取的A群链球菌M蛋白质，可决定型的特异性，将A群链球菌分为60多个型。

（3）核蛋白抗原（非特异性抗原）　又称P抗原，无种、属、群、型特异性，是链球菌的提取物，由链球菌菌体的主要成分组成。各种链球菌的核蛋白抗原性质相同。与葡萄球菌的核蛋白抗原有交叉反应。

［**分类**］根据对红细胞的作用、对理化因子的抵抗力及生化试验等各种特性，可分为溶血性链球菌、口腔链球菌、肠球菌（粪链球菌）、乳酸链球菌、厌氧链球菌及其他链球菌六大类。但临床微生物学常采用如下两种方法：

（1）根据链球菌对红细胞作用分类　利用其在血液琼脂平板上的溶血性质，将链球菌分为三类。①α型（甲型）溶血链球菌。许多有α溶血作用的链球菌，能将血红蛋白变成绿色，在血液琼脂的菌落周围可见到1～2mm草绿色溶血环，不全溶血，镜下可见溶血环内有未溶解的红细胞。因而又称草绿色链球菌。绿色物质的产生，可能是细菌在代谢过程中产生的过氧化氢使血红蛋白氧化成正铁血红蛋白的氧化产物，也可能是在此类链球菌的氧化还原系统作用下，使血红蛋白转化为一种绿色色素。此类链球菌不产生水溶性溶血素，不产生C多糖物质，不被胆汁溶解，也不被奥普托欣所抑制。但有些菌株在溶血环外产生透明溶血层。②β型（乙型）溶血链球菌。这类链球菌产生溶血毒素。在血液琼脂的菌落周围形成 2～4mm 宽、界限清楚、完全透明的溶血环。环内红细胞完全溶解，称此类细菌为溶血性链球菌。能产生水溶性溶血素，可迅速水解马尿酸钠，产生橙色色素，对杆菌肽不敏感。此型细菌致病力强，常引起人及动物多种化脓性疾病。③γ 型（丙型）链球菌。此型菌不产生溶血素，亦无致病性。多存在于粪便及乳中。

（2）依据链球菌的抗原结构分类　依据 C 物质与特异性抗体的沉淀反应将 β 型溶血性链球菌分为 20 群，标记为 A～V（I、J 除外），称兰斯菲尔德（Lance-field）分类法。缺乏 C 物质的菌株则不能按此法分类，如 α 溶血性链球菌没有 c 多糖物质，则应根据其生理和生化特性列入适当的血清群中。在同一个群的各细菌之间，又可因表面抗原分成若干个血清型，如将 A 群链球菌分成 60 多个血清型，B 群 4 个型，C 群 13 个型。按 C 多糖物质分类的各群与致病性和宿主范围有密切关系。

［分布］本属细菌多寄生于人和动物（包括昆虫）的呼吸道、消化道、生殖道、口腔黏膜以及皮肤，也存在于乳及乳制品、某些食品和植物材料、土壤和粪便污染的水。某些种对人和动物有致病性。

［抵抗力］链球菌的抵抗力不很强，对干燥、湿热均较敏感。60℃ 30min 即被杀死。对青霉素、金霉素、红霉素、四环素以及磺胺类药物均很敏感。但 D 群链球菌抵抗力较强，在阴暗处可存活数周，在尘埃和畜舍中可存活数月。

［免疫性］链球菌感染后，机体可产生一定的免疫力，但有型特异性，与 M 蛋白抗体有关。这种抗体有助于吞噬细胞吞噬细菌，从而起到免疫作用。但是由于链球菌的型很多，各型间无交叉免疫性，所以出现反复感染。例如人患猩红热后可产生同型抗红疹毒素的抗体，从而建立起同型抗毒素免疫。但猩红热常出现再发，这可能与感染的是另一个菌型的菌有关。

一、马链球菌马亚种（*Streptococcus equi* subsp. *equi*）

马链球菌马亚种是链球菌属化脓链球菌组中的成员之一，曾称马腺疫链球菌（*Streptococcus equi*）。

［形态与染色］菌体呈卵圆形或球形，直径 0.6～1.0μm，在脓汁中呈长链状排列，有时按菌体的长轴方向纵向排列或横向排列成 K 链。在肉汤中常常见到成对生长，形成短链或长链，长链菌数甚至上百个。某些菌株的幼龄培养物或加血清培养的菌株具有荚膜。无芽孢，不运动。革兰染色阳性。

［培养与生化特性］本菌为需氧或兼性厌氧菌。生长最适温度为 37℃，最适 pH 为 7.4～7.6。实验室常用的培养基不适于本菌的生长。在水解酪蛋白培养基中，加入 B 族维生素和尿嘧啶才能良好生长。在血液琼脂上培养，菌落周围有较宽的溶血环。直径可达 2mm 以上，为 β 型溶血。在血清琼脂上形成灰白色、圆形、透明、中央隆起的露滴状菌落。小的水样菌落迅速变干，最后变得扁平，具有光泽。在血清肉汤中易长成长链，呈絮状沉于管底，上液澄清。本菌为严格的发酵型菌，在葡萄糖肉汤中产酸，最终 pH 达 4.8～5.5。能使葡萄糖、果糖、半乳糖、麦芽糖、蔗糖和水杨苷发酵产酸，不能使阿拉伯糖、海藻糖、棉子糖、菊粉、蕈糖、甘油、甘露醇和山梨醇发酵产酸，在种的特异性鉴别上有重要意义。不还原硝酸盐，不还原美蓝牛乳，不水解马尿酸钠。马栗苷、淀粉试验阳性。

［抗原结构］本菌属于兰氏分群中的 C 群成员。只有一个血清型，型特异性抗原是一种蛋白质，它与 A 群链球菌的 M 蛋白性质相似。是马亚种的保护性抗原，位于细菌的荚膜上。

［病原性］本菌能引起马腺疫，多能从患马颌下腺和上呼吸道的黏液脓性分泌物中分离到，也可从直接污染的环境中分离。很少分离于其他动物。

［分离与鉴定］可采取病马的脓汁、鼻液或其他器官的化脓性脓汁做接种材料，于血液琼脂培养基上培养 48h，观察菌落特点。挑取可疑菌落接种生化试验培养基，结合生化试验结果做出正确鉴定。

［免疫］一般情况下，患马腺疫的病马（骡或驴）康复后可形成坚强的免疫，但免疫期长短不一，有的驹出现二次感染。多采用当地新分离的菌株制备多价灭活疫苗进行免疫，可取得较好效果。

二、马链球菌兽疫亚种（*Streptococcos equi* subsp. *zooepidemicus*）

［形态与染色］ 本菌形态为球形，陈旧的培养物菌体呈卵圆形，直径 0.5～1.0μm。临床病理材料涂片经常见到短链或中等长链，用肉汤培养可形成长链。革兰染色阳性，有荚膜。

［培养与生化特性］ 本菌在血液及血清培养基中生长良好，于血液琼脂培养基上培养，菌落周围有明显的 β 溶血环。能水解精氨酸，能使乳糖、山梨醇产酸，大多数菌株能使核糖产酸，不能发酵菊糖、甘露醇、棉子糖和海藻糖。VP 试验阴性。不产生靛基质，不还原硝酸盐，不液化明胶。

［抗原结构］ 本菌属于革兰 C 群。在菌体细胞表面含有蛋白质抗原，为型特异性抗原，对胰蛋白酶不稳定。按此抗原可将本菌分为 8 个血清型。能产生溶血素，不产生溶纤维蛋白酶，可与化脓性链球菌区分。

［病原性］ 本菌能引起牛、马的子宫内膜炎、流产，牛乳房炎，猪化脓性关节炎，猪和羊的败血症等。

［分离与鉴定］ 分离培养可用血液琼脂培养基，挑选具有溶血性的可疑菌落，接种生化试验管加以鉴定。

三、无乳链球菌（*Streptococcus agalactiae*）

无乳链球菌按 Lance-field 氏血清学分类，划归 B 群。

［致病性］ 无乳链球菌因最先从患乳腺炎的牛中分离而得名。无乳链球菌是新生儿呼吸道和妇女生殖器官感染的重要病原菌，引起新生儿早发和晚发型感染。早发型感染（生后 7d 以内）主要引起肺炎和败血症，是新生儿死亡的主要原因之一；晚发型感染（7d 至 3 个月）主要引起脑膜炎，可导致严重的神经系统后遗症及听力丧失等不可逆损害。可导致晚期流产、早产，也是产褥感染中重要病源菌。目前认为无乳链球菌是围产期严重感染性疾病的主要病原菌。

［形态与染色］ 本菌菌体呈球形或卵圆形，直径为 0.6～1.2μm。多呈链状存在，很少见到 4 个菌体以下的短链，液体培养基中培养最多见的是长链。长链似乎是由成对的球菌构成。可形成荚膜，革兰染色阳性，陈旧培养物有时为革兰阴性。无鞭毛、无芽孢。专性寄生于乳腺。在普通培养基上生长不良，血琼脂培养基上生长较好，在液体培养基内培养，菌液澄清，无混浊现象。菌体及菌落一般较大，菌落为灰白色、较湿润、边缘整齐，较一般酿脓链球菌大，易乳化。

［培养与生化特性］ 本菌可在血液琼脂上生长，表现出不同的溶血特点，如溶血环较窄的 β 溶血或 α 双环溶血，甚至有的菌株不表现溶血。某些菌株表现出特征性不透明 β 溶血，可能是产生这种可溶性溶血素的溶血活性较低的原因。在血清肉汤中长成颗粒状或絮状，沉于管底，其余部分肉汤清朗。许多菌株能在含 40%胆汁的培养基上生长。马尿酸盐水解试验阳性，在葡萄糖肉汤中培养产酸，最终可使 pH 下降到 4.2～4.8。能使麦芽糖、蔗糖和海藻糖产酸，不能使菊糖、甘露醇、棉子糖和山梨醇产酸。牛源菌株通常能发酸乳糖，而从其他动物和人分离的菌株对乳糖的发酵结果不定。VP 试验阳性。某些菌株能产生黄色、橙色或砖红色色素，通常在培养基中加入淀粉或在厌氧条件下培养有助于色素的产生。需氧或兼厌氧，在 5%血液琼脂生长良好。初次分离需 5%CO_2 的环境。最适生长温度为 36～37℃，10℃和 45℃均不生长。

［毒素与酶］ 本菌的某些菌株能产生溶血素，它与溶血素 O 和 S 有本质不同，还可产生 CAMP 因子，这种因子可接合于被葡萄球菌神经磷脂酶 C 改变了的红细胞膜上，使红细胞大量溶解。还可产生透明质酸酶和神经氨酸苷酶。

［抗原结构］ 分为 8 个血清型，即Ⅰa、Ⅰb、Ⅰc、Ⅱ、Ⅲ、Ⅳ、R 和 X 型。Ⅰa、Ⅰb、Ⅰc、Ⅱ、Ⅲ、Ⅳ是荚膜多糖抗原，Ic、R 和 X 是蛋白质抗原。荚膜多糖抗原是毒力因子，可产生免疫力，具有型

特异性。

[分离与鉴定] 鉴定无乳链球菌的常规方法有 CAMP 法。B 群链球菌能产生“CAMP 因子”，可增强金黄色葡萄球菌产生的 β 溶血素的溶血活性，在两种菌垂直划线交界处出现箭头形透明溶血区，为 CAMP 实验阳性，否则为阴性。

[防治] 无乳链球菌的传播主要发生在挤奶过程中，如通过擦洗乳房用的毛巾、水、挤奶员的手、接奶杯等传播。传染性致病菌的危害比较大，感染后即使本身不发病，也会形成传染源。因此，对于这种传染性病原菌，应及早发现和治疗，控制传染源，减少感染机会，切断感染途径，并从药物防治、免疫预防、卫生管理等方面进行全方位的控制。

[药物防治] 无乳链球菌对庆大霉素、氧氟沙星、环丙沙星、先锋 V、头孢他啶、头孢哌酮、万古霉素、氨苄青霉素敏感；对链霉素、四环素、利福平、阿米卡星、复方新诺明、红霉素产生较强的耐药性。临床上一般应用青霉素或邻氯青霉素治疗，使用方法为感染乳区局部用药和配合全身用药，效果显著，治愈率在 90%以上。

四、停乳链球菌（*Streptococcus dysgalactiae*）

停乳链球菌是化脓链球菌组中的一个成员，属于兰氏 C 群。

[形态与染色] 本菌为球形或卵圆形，呈短链状或中等长链状排列，革兰染色阳性。

[培养与生化特性] 在血液琼脂平板上，菌落周围产生较宽的 α 溶血环。在 37℃培养生长最好，在 10℃以下或 45℃以上不生长。在含氯化钠达 6.5%的培养基中，在含 10%胆汁或 pH9.6 的培养基上不能生长。能使石蕊牛乳产酸凝固，能发酵葡萄糖、乳糖、麦芽糖、蔗糖和海藻糖产酸，不能使棉子糖、菊糖、甘油和甘露醇产酸。对山梨醇的反应结果不定。不能水解七叶苷，某些菌株能水解水杨苷。能水解精氨酸，不能水解马尿酸盐。

[毒素与酶] 本菌能产生透明质酸酶和 α 溶血素。能产生纤维蛋白溶解酶，对牛的纤维蛋白有溶解作用，对人的纤维蛋白则不能溶解。

[抗原结构] 停乳链球菌型特异性抗原为蛋白质，分为 3 个型。

[抵抗力] 本菌对热、干燥及消毒剂的抵抗力不强。一般消毒药 15min 就能杀死。

[分离与鉴定] 本菌的分离方法可参照无乳链球菌进行，但本菌 CAMP 试验为阴性。

五、乳房链球菌（*Streptococcus uberis*）

乳房链球菌划归其他链球菌组，其血清学差异很大。

[形态与染色] 本菌为球形，呈成对或中等长度的链状存在。无运动性。革兰染色阳性。

[培养与生化特性] 本菌为微嗜氧菌。在血液琼脂平板上培养，表现微弱的 α 溶血或不溶血，能在含 4%NaCl 的肉汤中生长，不能在含 6.5%NaCl 的肉汤中生长。在 10℃下培养生长缓慢，在 45℃培养时不生长，能发酵纤维二糖、七叶苷、葡萄糖、果糖、半乳糖、菊糖、麦芽糖、甘露醇、甘露糖、核糖、水杨苷、山梨醇、淀粉、蔗糖和海藻糖产酸。不发酵阿拉伯糖、侧金盏糖醇、赤藓糖醇、甘油、山梨糖和木糖。少数菌株能发酵卫矛醇、松三糖和棉子糖。能水解精氨酸和马尿酸盐、VP 试验阴性。

[抗原结构] 本菌的血清学差异很大，接近 1/3 的菌株不能分群，1/3 菌株属于 E 群，少数分别属于兰氏 C、D、P 和 U 群。

[病原性] 本菌是奶牛乳房炎的病原菌之一。多存在于牛的唇部及皮肤、乳品及乳房上。

[分离与鉴定] 可参考无乳链球菌的分离方法进行，但最终的鉴定必须依靠生化特性试验的结果。

六、猪链球菌（*Streptococcus suis*）

［**形态与染色**］本菌为小的卵圆形球菌，直径不超过 2μm。多呈单个或成对存在，很少形成链状。有些菌株趋于杆状。不运动，革兰染色阳性。

［**培养与生化特性**］本菌为兼性厌氧菌，营发酵型代谢。在培养基中必须加入血清或血液才能良好生长。在绵羊血琼脂培养基上培养，菌落周围有 α 溶血环，许多菌株在马血琼脂上培养产生 β 溶血。本菌能发酵葡萄糖、蔗糖、乳糖、麦芽糖、水杨苷、海藻糖和菊糖产酸，不能发酵阿拉伯糖、甘露醇、山梨醇、甘油、松三糖和核糖。对棉子糖和蜜二糖的发酵结果不定。实验证明血清 7 型和 8 型的大多数菌株能产生透明质酸酶，其他菌株则不产生。能水解精氨酸、七叶苷、水杨苷、淀粉和糖原。除了 3 型和 4 型及某些菌株外，其他大多数菌株都不能水解马尿酸盐。

［**抗原结构**］按兰氏分群法，本菌的菌株分为 D 群、R 群、S 群、T 群、RS 群，有些菌株不能分群。根据荚膜多糖抗原的不同，把本菌分为 9 个血清型，即 1、2、1/2、3、4、5、6、7 和 8 型。

［**病原性**］猪链球菌是对当今养猪业构成危害的一个重要病原菌，广泛存在于多数养猪国家。它可引起猪支气管肺炎、脑膜炎、败血症、心内膜炎、关节炎及化脓性皮肤脓肿等，引起暴发流行。猪链球菌 2 型是重要的人畜共患病病原，在世界范围内广泛流行，可以引发猪链球菌病，不仅可致猪患败血症突然死亡，还可感染与猪密切接触、皮肤有伤口的人群，引起人感染猪链球菌病暴发流行。

［**毒力**］猪链球菌 2 型黏附能力是细菌毒力作用的一个重要表现。猪链球菌 2 型的黏附过程是细菌和上皮细胞以及组织相互作用的过程，其中纤连蛋白结合蛋白和纤连蛋白的结合介导细菌黏附到宿主细胞上。另外猪链球菌 2 型还与巨噬细胞相互作用，荚膜对黏附也产生影响。

［**分离与鉴定**］分离培养一般多采用含 5%牛血的胰酶消化大豆琼脂培养基，接种病料后在 37℃ 5% CO_2 的温箱中培养，挑选可疑菌落进行染色镜检，再进一步做生化检查加以鉴定。分型鉴定一般是用标准分型血清对其培养物做活菌玻片凝集试验，确定血清型。中国已利用昆明小鼠建立了动物感染模型。

［**免疫**］在我国已有猪链球菌活菌疫苗在推广应用，免疫效果良好。目前，在国外已经推出多价苗或与其他病原抗原制备的联苗，其免疫预防效果较好。

七、猪肠道链球菌（*Streptococcus hyointestinalis*）

［**形态与染色**］本菌为革兰染色阳性球菌，在肉汤培养基中培养的沉淀物中形成长链状。

［**培养与生化特性**］本菌为兼性厌氧菌，生长的最佳温度 37℃。在牛血液琼脂培养基上培养，长成透明、边缘圆整的菌落，24h 时菌落直径为 1～1.5mm，培养 3d 后菌落直径可达 1.5～2.5mm，在菌落周围有窄的不完全溶血环。接触酶试验阴性，能使葡萄糖、果糖、甘露糖、半乳糖、乳糖、麦芽糖、水扬苷和海藻糖产酸，不能使菊糖、甘露醇、核糖和山梨醇产酸。对棉子糖和纤维二糖的反应结果不定。VP 试验阳性。

［**病原性**］本菌能引起猪的肠炎，对其他动物的感染未见报道。

［**分离与鉴定**］多采用血液琼脂培养基进行分离，可根据生长特性结合生化试验做出确切鉴定。在鉴定时应特别注意与唾液链球菌相区别。鉴别要点为猪肠道链球菌大多数菌株具有溶血性，不能利用蔗糖生成果聚糖或葡聚糖，在水解酪蛋白培养基上对淀粉的水解呈阳性或弱阳性，不能利用菊糖产酸，碱性磷酸酶试验阳性等；而唾液链球菌与此恰好相反。

八、肺炎链球菌（*Streptococcus pneumoniae*）

本菌在自然界分布极为广泛，是人和动物鼻咽腔常在菌，仅有部分菌株具有致病性，主要引起家畜败血症和肺炎。

［形态与染色］ 本菌较一般球菌稍大，直径为0.5～1.3μm，典型排列为钝端相对尖端相背，常成双排列，在痰、脓汁、肺脏病变中有时单在或呈短链状，成链时也是两两相连。无鞭毛，不形成芽孢，在机体或含血清培养基内能形成荚膜，经连续培养，荚膜逐渐消失。易被碱性苯胺染料染色，但荚膜不易被普通染料着色，须用特殊染色法。革兰阳性，陈旧培养物中的菌体常呈阴性。

［培养特性］ 本菌为兼性需氧菌，对营养要求较高，在含有血液或血清培养基中才能生长，在10% CO_2 环境中生长更好。最适培养温度为37℃，最适 pH 为7.6～8.0。在血液琼脂上形成圆形细小的灰色、光滑、透明或半透明有光泽的扁平菌落，直径0.5～1.5mm。在菌落周围形成草绿色溶血环（α溶血）。在厌氧条件下，由于O型溶血素作用可产生β溶血。

［生化特性］ 本菌能分解多种糖类，如葡萄糖、麦芽糖、果糖、蔗糖、乳糖、蕈糖产酸不产气。不能分解阿拉伯糖、木糖、棉子糖和卫矛醇。对菊糖发酵结果不一致，大多数分离菌株能发酵菊糖，但也有不发酵的。培养物放置时间稍长，可产生脱酰胺自溶酶，出现溶菌现象。酶的活性可被新鲜胆汁或去氧胆酸钠等表面活性剂所激活，如向培养物中加入此类胆盐物质，于37℃下作用5～10min，细菌就会出现自溶（肉汤变清朗）。这是因为此酶可断裂细胞壁肽多糖的丙氨酸与胞壁酸之间的键所致，对鉴定有意义，称胆汁溶菌试验。自溶酶不耐热，65℃ 30min可被灭活，即使再加胆盐类物质，也不再出现溶菌现象。

［抗原结构与分型］ 肺炎链球菌的抗原结构较为复杂，成分较多，除具有菌体种属特异性抗原、荚膜多糖抗原、菌体核蛋白抗原外，还具有亚型抗原。

(1) 菌体多糖抗原　具有种属特性，为各型肺炎链球菌所共有。这种抗原也称肺炎链球菌C物质，能与血清中含有的一种正常蛋白质发生沉淀反应。这种蛋白质不是抗体，称为C反应蛋白，炎症活动期增多。

(2) 荚膜多糖抗原　具有型特异性，存在于荚膜，由大量多糖多聚体组成，能溶于水，称可溶性特异性物质（soluble specific substance，SSS）。菌株不同所含的荚膜多糖也不同，可用凝集、沉淀和荚膜肿胀试验将肺炎链球菌分为80多个型。肺炎链球菌的致病力与型有密切关系，Ⅰ、Ⅱ、Ⅲ致病力较强，Ⅳ型以上致病力弱或无致病力。同型菌的荚膜多糖的组成不同，其抗原性也不同，如Ⅳ型肺炎链球菌又可分为Ⅳa、Ⅳb、Ⅳc型亚型。

(3) 菌体核蛋白抗原　无种、属及型特异性，为非特异性抗原，又称P抗原。其他链球菌以及脑膜炎球菌的菌体也含有。

［抵抗力］ 肺炎链球菌对热和一般消毒药抵抗力较弱。加热55℃ 10min，直射阳光1h均可被杀死。但病料中的肺炎链球菌于阴暗处可存活1～2个月。

［病原性］ 致病性肺炎链球菌能产生溶血素、杀白细胞素和透明质酸酶，有些肺炎链球菌自溶后释放出紫癜产生物质，侵害犊牛、羔羊、仔猪等幼畜，尤其是刚出生几天内的仔畜，常引起败血症，伴有肺炎、胃肠炎，死亡率较高。本菌对人类有重要致病作用，主要引起大叶性肺炎和败血症等疾病，95%大叶性肺炎是由本菌引起的。还可引起肺炎链球菌性脑膜炎、中耳炎、乳头炎和肺脓疡等。

［分离与鉴定］ 将病料标本接种于血液琼脂平板上，培养24h后，挑取草绿色溶血的可疑菌落，作胆汁溶菌试验及在1∶400乙基氢化羟基奎宁（Eptochin）中生长与否可作出鉴定。必要时可用荚膜肿胀试验作型的鉴别。

［免疫］ 动物在感染肺炎链球菌后，可产生抗感染性免疫，这种免疫有型特异性，是由抗荚膜（SSS）抗体和吞噬细胞的吞噬功能所促成。病后机体内吞噬细胞的吞噬功能增强，同时出现荚膜抗体，可获得免疫。但免疫力不坚强，时间短。病愈后，仍能再受本菌感染而发病，可能与免疫时间短、不坚强、菌型繁多有关。疫苗能刺激机体产生特异性SSS抗体，有一定免疫效果。

◆ 参考文献

耿建新，陆承平，范红结 . 2007. 马链球菌兽疫亚种 10 株国内猪源分离株对小鼠免疫效力的评价［J］. 中国人兽共患学报，32（2）：201－204.

李伟，徐建国 . 2008. 猪链球菌 2 型的黏附作用机制研究进展［J］. 中国媒介生物学及控制杂志，19（4）：381－383.

刘国平，梁雄燕，李江华，等 . 2008. 猪链球菌 2 型昆明鼠动物病理模型的建立［J］. 中国兽医学报，28（7）：597－897

陆承平 . 2005. 猪链球菌病与猪链球菌 2 型 . 科技导报，23（09）：9－10.

Devriese L A，et al. 1988. Streptococcus hyointestinalis sp. nov. from the Gut of Swine［J］. Washington USA：Int. J. Syst. Bacteriol，38（4）：440－441.

Hajek V，et al. 1986. Elevation of Staphylococcus hyicus subsp. Chromogenes（Devriese et al.，1978）comb. nov.［J］. USA：SystAppl. Microbiol.，8：169－173.

John G，H，et al. 1984. Bergey' s Manual of Determinative Bacteriol［M］. 9th. Baltimore USA：The Williams &wilkins Co.，527－558.

John G，Holt，et al. 1984. Bergey' s Manual of Systematic，Bactenol［M］. Volume 2. Baltimore USA：The Williams & wilkins Co.，999－1070.

曲连东　韩凌霞　编

第十四章　形成内芽孢的革兰阳性杆菌和球菌类

本类细菌体呈大杆状，仅一个属呈球形。芽孢中央有一个芯子，周围为含肽聚糖的皮层及芽孢外膜所包裹，呈圆形或椭圆形，位于菌体顶端、近端或中央。有些种的芽孢直径超过菌体的直径，因而菌体膨大成梭状、楔状或鼓槌状。某些种的菌体具有鞭毛，有运动力。大多数成员为革兰染色阳性。分布广泛，多数为腐物寄生菌。芽孢杆菌共有 5 个属：芽孢杆菌属（*Bacillus*）、芽孢乳杆菌属（*Sporolactobacillus*）、梭状芽孢杆菌属（*Clostridium*）、脱硫脂肠样杆菌属（*Desulfotomaculum*）和芽孢八叠球菌属（*Sporocacina*），只有芽孢杆菌属中的个别种和梭状芽孢杆菌属中的某些种对畜禽有致病性。

第一节　芽孢杆菌属（*Bacillus*）

本属细菌呈大杆状，无抗酸性，形成芽孢一般比菌体的直径小，菌形不变。多数种具有周身鞭毛，能运动。需氧或兼性需氧。对糖和蛋白质有较强的分解能力。过氧化氢酶试验阳性，氧化酶试验阳性或阴性。多数种产生接触酶。有些种在生长早期呈革兰染色阳性，以后呈阴性。DNA 中 G+C 含量为（32～62）mol%。本属细菌中对人畜有致病性的主要有炭疽芽孢杆菌（*Bacillus anthracis*）及产生肠毒素和致呕素的蜡样芽孢杆菌（*Bacillus cereus*）。

炭疽芽孢杆菌（*Bacillus anchracis*）

炭疽芽孢杆菌无鞭毛，革兰阳性杆菌。菌体两端平齐，两菌相连处呈竹节状，为本菌特征。于 1849 年从病死牛的脾脏和血液中发现。因引起感染局部皮肤组织发生黑炭状坏死，故名。其芽孢存活时间长，分布广泛，是引起某些家畜、野生动物和人炭疽病的病原菌。

[形态与染色] 炭疽芽孢杆菌为一种粗而大的杆菌，大小为（1.0～1.3）μm×（3.0～10.0）μm。菌体形态因其生长环境不同而有差异：在动物体内呈单个或 2～5 个菌体相连的短链，在病料的涂片上观察较明显；在培养基中则形成由十至数十个菌体相连的长链。在动物体内，菌体的周围形成由 D-谷氨酰多肽组成的肥厚荚膜，在人工培养基上一般不形成荚膜，但具有毒力或毒力稍弱的菌株，有形成荚膜的能力。培养于鲜血琼脂或血清琼脂培养基，并供给 10%～20%CO_2 的空气时，能形成较明显的荚膜。在需氧芽孢杆菌中，形成荚膜是炭疽芽孢杆菌毒株的特征。荚膜有较强的抗腐败和抗吞噬作用。用龙胆紫福尔马林液染色，菌体呈紫色，荚膜呈淡紫色。用碱性美蓝染色菌体呈深蓝色，荚膜粉红色。本菌能形成芽孢，但在病畜体内或死亡后未解剖的尸体内不形成芽孢。一旦病尸体内的炭疽杆菌暴露于空气中，接触了游离氧，气温又不适宜其生长时，就会形成芽孢。若培养时间较长，也能形成芽孢。芽孢呈圆形或椭圆形，直径比菌体小，多位于菌体的中央或稍偏于一端。芽孢的大小因菌株的不同而异。

[培养特性] 炭疽芽孢杆菌为需氧兼性厌氧菌，在缺氧条件下也能生长，但发育不佳。培养适温为 30～37℃，最适 pH 为 7.3～7.6。对营养不苛求，强毒炭疽芽孢杆菌在普通琼脂平板上培养 18～24h，形成扁平、灰白色不透明、表面干燥、边缘不整的粗糙型较大的菌落，用低倍镜观察呈卷发状，边缘尤为明显，有很强的黏着性，不易解离和乳化。无毒菌株形成稍透明、较隆起、表面较湿润和光滑、边缘

较整齐的光滑型菌落。强毒菌株接种于10%～15%鲜血琼脂平板或血清琼脂平板，培养18～24h，生长出湿润黏稠的灰黄色菌落，边缘不整齐。表面呈致密的颗粒状，不溶血。培养时间较长，则呈现轻微溶血，但不形成溶血环。不出现溶血现象，是区别于粪炭疽杆菌（明显溶血）的主要特征。

强毒炭疽芽孢杆菌在普通肉汤培养基中培养18～24h后，生长成菌丝或絮状菌团，上液透明，管底有大量白色絮状沉淀。若轻轻摇动，沉淀徐徐升起，絮状物不易摇碎，随即渐渐下降。有些菌株培养24h后，在接近肉汤表面沿试管壁可长成菌环。

明胶穿刺在20～22℃培养2～4d，沿穿刺线长成白色的倒立松树状，向下向外液化形成漏斗状。一般强毒株液化明胶的能力较强。

在固体或液体培养基中以0.05～0.5IU/mL青霉素G进行培养时，由于细孢壁中的黏肽合成被抑制，因而形成原生质体，使菌体膨胀、粘连形成串珠状，为本菌特有的反应。

［生化特性］本菌能分解葡萄糖、蔗糖、麦芽糖、菊糖、蕈糖、果糖、糊精和淀粉。个别菌株能分解甘露醇，产酸不产气；能还原硝酸盐为亚硝酸盐，也能还原美蓝，还原能力与毒力成正比。牛乳经2～4d凝固，产酸，使石蕊变红，然后慢慢胨化；不产生靛基质，可产生微量硫化氢，能产生接触酶。VP试验阴性。DNA中G+C含量为（33.2～33.9）mol%。

［抗原结构］有三种抗原成分。①荚膜多肽抗原由谷氨酰多肽组成，仅见于有毒菌株，与毒力相关，有消除抗体的作用，保护细菌免受吞噬细孢吞噬。②菌体多糖抗原，存在于细孢壁及菌体内，由葡萄糖胺、D-半乳糖和醋酸组成，与毒力无关，可用于制备炭疽热沉淀反应用抗原。③保护性蛋白质抗原，为本菌在生活过程中产生的一种细孢外蛋白质。是炭疽毒素的重要组成部分，具有较好的免疫原性。

［毒素与毒力］炭疽毒素（anthrax toxin）又称外毒素蛋白复合物（toxin protein complex）。最初是从患炭疽病濒死期的豚鼠血浆中检出的，后来从含有酪氨酸的培养基中也检出了这种毒素。经用含有0.8%$NaHCO_3$培养基作增毒培养及分离提纯，发现三种免疫原性的蛋白质分别为：

（1）*保护性抗原*（protective antigen，PA）　一种辅酶，是有效而不稳定的抗原，具有抗吞噬作用和免疫原性，能产生保护性抗体。存在于死后不久动物的水肿液中，其相对分子质量为70×10^3，不耐热，能被胰蛋白酶灭活。但不受溶菌酶、透明质酸酶和RNA酶的影响。

（2）*水肿因子*（edema factor，EF）　为脂蛋白，具抗原性，单独存在无生物活性，在毒性复合物中起络合作用，是引起水肿的必要活性成分。

（3）*致死性因子*（lethal factor，LF）　单独存在无生物活性，是引起动物致死的活性成分。

这三种毒素成分，至少要有两种相关的毒素协同才能起作用，单独一种对动物均无毒性作用。

炭疽芽孢杆菌的毒力与荚膜多肽和炭疽毒素有关。这两种毒力因子分别由两种质粒控制：质粒PX01，相对分子质量10×10^6，控制炭疽毒素的生成；质粒PX02，相对分子质量60×10^6，控制荚膜的生成。质粒PX01+/PX02+的菌株既产生毒素，也产生荚膜；PX01-/PX02+的菌株，只产生荚膜；PX01-/PX02-的菌株，既不产生毒素，也不产生荚膜。只有同时含有上述两种质粒的菌株方有毒力。

［抵抗力］炭疽芽孢杆菌及其芽孢对有害作用的抵抗力是不同的。在宿主体内和完整尸体内保持繁殖体状态，不形成芽孢，抵抗力不强，在未解剖的畜尸内，夏季经29～96h即可因腐败而死亡；在直射阳光下可存活6～15h，干燥的血液中可存活一到数月。菌体在水内加热至60℃ 30～60min，75℃5～15min即可死亡。一般常用的消毒剂都能在短时间内杀死繁殖型炭疽杆菌。

炭疽感染多为芽孢被动摄入，通过皮肤、黏膜接触，呼吸道吸入和胃肠道摄入而感染。在屠宰、解剖动物时，接触的主要是炭疽繁殖体，一旦接触到有氧环境，会形成芽孢而难以彻底清除，污染环境。当芽孢进入机体接触血液、淋巴液后，可在20～40 min内从休眠状态复苏，通过激活、出芽和长出3个连续阶段形成繁殖体而增殖。在濒死动物血中繁殖体数可高达10^9/mL。芽孢对外界环境条件有强大的抵抗力。皮毛或绢丝上附着的芽孢，若在干燥的环境中可存活10年以上，在土壤中可存活30年以上。芽孢经煮沸30min；高压蒸汽115℃ 10～15min；粪堆中的温度升至72～76℃时，可在4d内将其杀死。牧场一旦被炭疽芽孢污染，对牧畜的传染和危害将长达20～30年。

炭疽芽孢对消毒剂的抵抗力因菌株和条件不同而异。对碘特别敏感，1∶2 500 碘液 10min 可将其破坏；0.1%升汞液经 20min、3%～5%热碱水和 20%漂白粉液浸泡 48h，3% H_2O_2、4%高锰酸钾 15min 可杀死芽孢。$^{60}Co\gamma$ 射线对大包装畜产品有极强的穿透消毒能力，应用 541.8C/kg 辐照，可将羊毛包和牛皮捆中的炭疽芽孢杀死。此外，过氧乙酸、环氧乙烷和次氯酸钠也有较好的杀菌效果。

[病原性] 炭疽芽孢杆菌的病原性与炭疽毒素及毒力密切相关。毒素的三种成分单独对动物均无致病作用，只有两种相关成分协同才能引起动物发病。如 PA 和 LF 配合，才有致皮肤坏疽效应。炭疽毒素可增加微血管的通透性，改变血液循环的正常运行，损害肾功能，干扰糖代谢，最后导致动物死亡。

在自然条件下，炭疽芽孢杆菌主要引起草食动物发病，绵羊、山羊、牛、驴、骡、马等对本菌敏感，骆驼次之，多因采食含有炭疽芽孢的饲料、饮水，或接触污染的土壤、用具和空气等，经消化道、呼吸道或皮肤黏膜损伤而感染。一旦感染，则引起急性或亚急性败血症而死亡。猪有较强抵抗力，通常出现急性咽喉炎。犬和猫有强大抵抗力，禽类一般不感染，人易感，可引起皮肤、肺、肠等炭疽和脑膜炎。实验动物以小鼠、豚鼠和家兔最为易感。

[分离与鉴定] 将被检病料在普通琼脂平板、血液琼脂平板或碳酸氢钠平板上作划线接种，37℃下培养 24h，钩取可疑菌落作涂片染色，检查荚膜、串珠试验和动物感染试验，能很易作出鉴定。炭疽杆菌菌落的特点是小米到豌豆大，低、平、毛玻璃样透明，边缘由平行排列的菌丝所构成呈卷发状。

[免疫] 炭疽毒素和保护性抗原可刺激机体产生抗体，具有抗感染作用。患过炭疽康复的动物可获得坚强的免疫力，再次感染发病的很少。活疫苗对山羊和马有严重的副作用，人用疫苗须多次注射，有效时间短，价格也较高，目前，各国都在努力研制无荚膜、无致死因子和水肿因子的炭疽菌株新一代疫苗。我国常用的炭疽芽孢苗有两种：无毒炭疽芽孢苗和Ⅱ号炭疽芽孢苗。

蜡样芽孢杆菌（*Bacillus cereus*）

蜡样芽孢杆菌在自然界分布广泛，属于条件致病菌，在食品中菌数达到一定数量时可暴发食物中毒。中毒食物大多无腐败变质现象，表现为完全正常的感官性状，尤其米饭、面包等谷物类食品的储藏不当时，容易引起本菌食物中毒。

[形态与染色] 本菌为正直或稍弯曲的革兰阳性大杆菌，大小为（1.0～1.2）μm×（2.0～5.0）μm，可形成短链或长链。菌端连接成竹节状，细胞浆内有异染颗粒、球状类脂颗粒或空泡样构造。具有周身鞭毛，能运动，不一定有荚膜，芽孢呈椭圆形，位于菌体中央。

[培养特性] 在普通琼脂上形成扁平、粗糙、灰白色、毛玻璃状、边缘有纤毛样物伸出的大菌落，产生绿色荧光色素，有的菌株产生淡红褐色弥散性色素，也有的菌株在含铁丰富的淀粉培养基上产生红色色素。在血液琼脂上生长迅速，并有明显的溶血反应。于马铃薯斜面上呈奶油样生长，有时产生淡粉红色色素。在普通肉汤中呈均匀混浊生长，并有容易散开的沉淀物，有的形成菌膜。有研究认为适合该菌株发酵的培养基配比为：葡萄糖 1.5%、豆粕 3%、淀粉 0.1%、30.8 mg/L 的硫酸锰溶液 0.1%、磷酸氢二钾 0.3%、磷酸二氢钾 0.15%、硫酸镁 0.05%、酵母膏 0.02%、氯化铁 0.01%、碳酸钙 0.01%。

[生化特性] 本菌能分解葡萄糖、麦芽糖、淀粉、蔗糖、杨苷产酸，不产生靛基质和硫化氢。水解淀粉，还原美蓝，石蕊牛乳迅速胨化，VP 试验阳性。DNA 中 G+C 含量为（31.7～40.1）mol%。

在新鲜牛肉汤中于 37℃培养时，能产生肠毒素、青霉素酶、磷脂酶 C、溶血素和蛋白分解酶。加热到 56℃经 30min 能破坏其溶血性及致死活力，但对磷脂酶 C 无影响。

[抗原结构] 在血清学上与炭疽杆菌有交叉和重叠。

[病原性] 本菌广泛存在予自然界，使牛患乳房炎，引起驴的皮下水肿。释放的外毒素能引起人的食物中毒（呕吐和下痢）。其 24h 肉汤培养物能致小鼠、豚鼠、家兔和猫死亡。

本菌在形态与生化特性方面与炭疽芽孢杆菌极为相似。常被误认为是后者。

枯草芽孢杆菌（*Bacillus subtilis*）

枯草芽孢杆菌在自然界中广泛存在，对人畜无毒无害，不污染环境，能产生多种抗生素和酶，具有广谱抗菌活性和极强的抗逆能力。[枯草芽孢杆菌不仅广泛分布于土壤、空气、水、草及腐败物中，还可以在植物根际体表等外界环境中广泛存在，而且是植物体内常见内生细菌，是我国农业部第 105 号公告公布允许使用的饲料添加剂]。

枯草芽孢杆菌为类炭疽芽孢杆菌（*B. anthrnfoides*）中的模式种，其他还包括蕈状芽孢杆菌、巨大芽孢杆菌、嗜热脂肪杆菌、凝结杆菌、多黏杆菌等。多数为非致病性细菌。其形态、菌落及某些生物学特性与炭疽芽孢杆菌极为相似。

[**形态与染色**] 本菌菌体正直或弯曲，菌端平齐，宽 0.5μm，长 1.5～2.0μm，散在或成链条状排列，两菌相接处呈竹节状，周身鞭毛，能运动。形成的芽孢呈卵圆形，位于菌体中央或近端，芽孢形成后菌体不膨胀。

[**培养特性**] 本菌为需氧菌，在普通琼脂平板上培养形成微隆起、灰黄色、表面有小颗粒、边缘不整齐的大菌落。边缘不形成卷发状。在普通肉汤中培养呈均匀混浊，颗粒状沉淀，有菌膜。在绵羊血液琼脂平板上培养 24h，菌落周围有明显的溶血。在明胶培养基中，沿穿刺线呈绒毛状微生长，并迅速呈层状或囊状液化，同时常形成坚硬的皱褶菌膜。

[**生化特性**] 分解葡萄糖、麦芽糖、甘露醇、蔗糖、杨苷、木胶糖和伯胶糖，产酸不产气。多数菌株形成 α-淀粉酶。不产生靛基质和硫化氢，VP 试验阳性，还原美蓝，水解淀粉，还原硝酸盐为亚硝酸盐，接触酶试验阳性，不产生卵磷脂酶。DNA 中 G+C 含量为（41.4～47.5）mol%。青霉素抑制试验（10IU/mL）不被抑制。

[**病原性**] 一般无致病性，但对某些久病体弱或重病后期患畜，某些枯草芽孢杆菌可引起脑膜炎、肺炎或败血症。大剂量给小鼠或豚鼠注射偶可致病。由于本菌分布广泛，芽孢抵抗力强，极易污染实验室、制药室，同时也可干扰细菌检验、生物制品及药物的制造等。

[**鉴定**] 本菌与炭疽芽孢杆菌极为相似，故需仔细鉴别（表 14-1）。

表 14-1　炭疽杆菌和类炭疽杆菌对比鉴别表

对比内容	炭疽芽孢杆菌	类炭疽芽孢杆菌
普通琼脂平板菌落	长成典型的边缘卷发样	不形成卷发样边缘
血液琼脂培养	多不溶血	明显溶血
鞭毛	有	无
串珠试验	形成串形	不形成串珠
Ascoli 沉淀试验	强阳性	阴性或弱阳性
肉汤中培养荚膜	上清液透明，有絮状沉淀	均匀混浊，颗粒状沉淀
荚膜	有	无
美蓝还原试验	不退色	常迅速退色
青霉素试验	生长被抑制	常不被抑制
对小鼠、豚鼠试验	死亡	不死亡

第二节　梭状芽孢杆菌属（*Clostridium*）

梭状芽孢杆菌属是一群能产生芽孢的革兰阳性大杆菌。芽孢圆形或椭圆形，多位于中央且比菌体直径大，使菌体膨大呈梭状，故称为梭状芽孢杆菌。致病性梭状芽孢杆菌中除产气荚膜梭菌（即魏氏梭菌）能形成荚膜及无鞭毛外，多数均不形成荚膜，而且有周身鞭毛。本属细菌通常为厌氧化能异养菌，有些是化能和自养菌。通常不产生或产生少量接触酶。缺乏细胞色素氧化酶、过氧化氢酶和过氧化物酶。在有氧条件下不能生长。DNA 中 G+C 含量为（22～55）mol%。广泛存在于自然界，常存在于土壤、腐物、人和动物肠道中。多为土壤中的腐物寄生菌，少数为致病菌。本属共包括 83 种细菌，病原菌约 20 余种，以产生外毒素和毒性酶而致病。

本属致病菌主要有产气荚膜梭菌、腐败梭菌、气肿疽梭菌、水肿梭菌、溶血梭菌、肉毒梭菌、破伤风梭菌、结肠梭菌等。

产气荚膜梭菌（*Colstridium perfringens*）

产气荚膜梭菌，又名魏氏梭菌（*Clostridium welchii*），引起多种动物坏死性肠炎和肠毒血症，是动物和人气性坏疽的病原菌。根据产生外毒素的种类，分为 6 个型。最早分离的菌相当于现在的 A 型产气荚膜梭菌，在羔羊痢疾中分离到 B 型产气荚膜梭菌（*Bacillus agni*），由羊猝狙分离到 C 型产气荚膜梭菌（*Bacillus paludis*），由羊肠毒血症分离到 D 型产气荚膜梭菌（*Bacillus ovitoxicus*）；1943 年分离到 E 型产气荚膜梭菌，人的坏死性肠炎病原菌曾被定为 F 型产气荚膜梭菌，后又被归于 C 型产气荚膜梭菌中。本菌在自然界分布极广，土壤、饲料、污水、乳汁、粪便，以及人畜消化道均可分离到。

［形态与染色］ 本菌是两端稍钝圆的大杆菌，呈粗杆状，边缘笔直，以单个菌体或成双排列，很少呈链状排列。单个菌体大小为（4～8）μm×（1～1.5）μm。不运动。在动物体内形成荚膜是本菌的重要特点。在老龄培养物中可见到棒状、球状和丝状等多形性。能产生与菌体直径相同的芽孢，呈卵圆形，位于菌体中央或近端。但各个菌株形成芽孢的能力有所不同，在动物体或培养物中较少见，不如其他梭菌较易形成。易为一般苯胺染料着染，革兰阳性，但在陈旧培养物中，一部分可变为阴性。

［培养特性］ 对厌氧要求不十分严格，在低浓度游离氧条件下也能生长。对营养不太苛求。在普通培养基上能迅速生长。在葡萄糖血清琼脂上培养 24～48h，形成中央隆起、表面有放射状条纹、边缘成锯齿状、灰白色、半透明的大菌落，直径 2～4mm。在血液琼脂上形成灰白色、圆形、边缘呈锯齿状大菌落，周围有棕绿色溶血区，有的出现双层溶血环，为 β 型溶血。在肉汤培养基中生长良好，有相当量的气体生成。在肝片肉汤中生长迅速，5～6h 出现混浊，产生大量气体。在牛乳培养基中，能迅速分解糖产酸，凝固酪蛋白，产生大量气体，将凝固的酪蛋白迅速冲散，呈海绵状碎块，称“汹涌发酵”（stormy fermentation），是本菌的特征。最适培养温度为 37℃。

［生化特性］ 本菌分解糖的作用极强，能分解葡萄糖、果糖、单奶糖、麦芽糖、乳糖、蔗糖、棉子糖、木胶糖、蕈糖、淀粉等，产酸产气，不发酵甘露醇。本菌缓慢液化明胶，还原硝酸盐。不产生靛基质，产生硫化氢。不消化凝固的血清。DNA 中 G+C 含量为（24～27）mol%。

［毒素与类型］ 本菌产生的外毒素有 12 种，主要为坏死和致死性毒素，α、β、ε、ι、δ、θ 等有溶血和致死作用，γ、η 也有致死作用。有些毒素以酶的形式体现致病性，如 α 毒素是卵磷酯酶和鞘磷酯酶，κ 是胶原酶，λ 是蛋白酶，μ 是透明质酸酶，γ 是 DNA 酶。其中最主要的是 α 毒素，具有细胞毒性、溶血活性、致死性、皮肤坏死性、血小板聚集和增加血管渗透性等特性，对细胞膜有破坏作用，引起溶血及组织坏死等变化。此外有些菌株还产生肠毒素。

［肠毒素的发病机制］ 在某种特殊条件下，往往由于产气荚膜梭菌繁殖体或芽孢体在动体内环境中高浓度出现，加之饲养和饲料失误，拥挤、长途运输等应急因素，导致感染。使肠道内菌群“爆炸”性的增殖，瞬间在小肠内产生大量外毒素，进一步造成局部营养缺乏，诱发细菌形成芽孢，同时释放出肠毒素。肠毒素黏附在肠黏膜上皮，阻碍了氨基酸的吸收和运输，肠壁的通透性升高，使得肠黏膜损伤而导致水样腹泻。严重时毒素（或细菌与毒素）进入血液循环，引起毒血症（或败血症），最终导致机体全身衰竭、死亡。

［抗原结构］ 本菌具有共同荚膜抗原，可引起交叉反应。不同菌株分泌的肠毒素也具有抗原性，以凝集反应可将本菌分为 6 个型。

[抵抗力] 与一般病原菌相似。芽孢的耐热性差，100℃ 5min多数可被杀死；但A型和F型菌芽孢可耐受1～5h。

[病原性] 产气荚膜梭菌由消化道或伤口侵入机体后，由其所产生的毒素致病。

(1) 引起食物中毒的A型菌能产生肠毒素，引起人和其他动物气性坏疽、马坏死性肠炎，而引起气性坏疽的病原菌则不产生肠毒素。

(2) B型菌可引起羔羊痢疾和家畜肠毒血症，表现有腹痛、鸣叫，排血样粪便等症状，严重时死亡。该型菌主要产生α、β、ε三种外毒素。在人类，由β毒素引起的坏死性肠炎，一般认为是由于食物中的胰蛋白酶阻止了肠道中该毒素的分解，从而导致该病的发生。ε毒素则可促使动物的主动脉和其他动脉收缩而导致血压升高，与血脑屏障内血管上皮受体结合，引起血管通透性增高，最终引起致死性水肿。

(3) C型菌主要产生α、β两种外毒素，β毒素是强有力的坏死因子，可产生溶血性坏死，其毒性作用表现在小肠绒毛上，引起坏死性肠炎，是绵羊猝狙的病原，也能引起羔羊、犊牛、仔猪、绵羊的肠毒血症和坏死性肠炎以及人的坏死性肠炎。猝狙主要发生在早春，只感染绵羊，边线腹痛，但很少下痢，多突然死亡。由其引起的仔猪红痢，多为急性型，1～3日龄的仔猪最敏感，4日龄以上的很少发病，下痢带血，衰弱死亡，剖检空肠有一段界限分明的出血性坏死，肠浆膜和肠系膜表面有很多大小不同的气泡。

(4) C型菌引起羊猝狙、犊牛及羔羊肠毒血症、仔猪红痢、人及禽坏死性肠炎。

(5) D型菌产生α、ε外毒素，能引起羔羊、绵羊、山羊、牛以及灰鼠的肠毒血症，其中绵羊的肠毒血症也叫软肾病，各种年龄的绵羊都可发生。该菌常存在于土壤和健康绵羊肠道中，在肠道中只产生少量毒素，对宿主无影响，只有在特别的情况下，细菌异常繁殖，产生足够浓度的毒素引起毒血症。ε毒素是D型菌的主要致病因子之一，ε毒素可导致血压、血管通透性增高，并可以使组织器官发生充血和水肿，ε毒素可以通过血脑屏障在大脑中蓄积，提高了脑血管通透性并导致外周血管水肿。所以中毒后发生肠毒血症的动物会有一些神经症状，如角弓反张、惊厥、濒死期挣扎等。

(6) E型菌可引起犊牛和羔羊的肠毒血症，不过很少发生。该型菌产生的主要致病毒素是α、ι毒素。其中ι毒素虽具有致死性和坏死性，但毒性较弱，报道不多。

(7) F型菌引起人坏死性肠炎。实验动物中以豚鼠、小鼠、鸽及幼猫最易感，家兔次之。当注射0.1～1.0mL液体培养物于豚鼠肌肉或皮下时，通常12～24h死亡。用培养物喂羔羊或幼兔时，可引起出血性肠炎而死亡。

[分离与鉴定] 一般是将被检材料划线于葡萄糖鲜血琼脂平板上作厌氧培养，从单个菌落或生长物边缘分得纯培养加以鉴定。鉴定的重点是革兰阳性大杆菌，单在，不易见芽孢，有荚膜，不运动，生长迅速，牛乳“汹涌发酵”，菌落圆形整齐，溶血明显。

[免疫] 预防本菌引起的羊猝狙、羊肠毒血症可用产气荚膜梭菌（C、D型）灭活苗，注射14d后产生可靠免疫力，免疫期为6个月以上。

腐败梭菌（*Clostridium septicum*）

腐败梭菌是巴斯德在1877年从腐败的牛血液中分离的，广泛存在于土壤、粪便、灰尘等自然界环境中，很容易污染饲料、饮水和周围环境，通过创伤和免疫注射引起感染发病。可引起多种动物疾病，如绵羊快疫、羊的恶性循环性水肿、马恶性水肿、鸡和火鸡的坏疽性皮炎，对牛、猪、鹿等动物的感染也有相关报道。腐败梭菌引起的疾病发病快、死亡率高，对畜禽养殖业有较大危害。

[形态与染色] 腐败梭菌是两端钝圆的杆菌，呈明显的多形性，大小为（3.1～14.1）μm×（1.1～1.6）μm。在幼龄培养物中，因菌体着周身鞭毛，有活泼的运动性。培养物和病理材料中的菌体多单在、二联，偶成短链。但在天然病羊或人工感染豚鼠的肝脏表面形成节段不明显、微弯曲的长丝状或节

段明显的链条状，长可达500μm左右。此菌不形成荚膜，虽在动物体内外均能产生芽孢，但在体内较差。芽孢呈卵圆形，位于菌体中央或近端，常较菌体为宽。革兰染色阳性，以群居的状态存在，当群体老龄后就变成了革兰阴性，但保留其接近末端的孢子。

[培养特性] 此菌为专性厌氧菌，对营养要求不严格，在普通培养基（肉汤或琼脂）上均可生长。最适培养温度为37℃，最适pH7.6。在普通琼脂平板上菌落直径约10mm，半透明，边缘不齐。在含0.5%葡萄糖和5%血清的培养基上发育更好。在葡萄糖血液琼脂上的菌落微隆起，边缘菲薄不齐，淡灰色或近似无色，并且有较长的柔弱分枝，易融合成一片，菌落周围有微弱的溶血区。在肉渣培养基中，可产生气体，肉渣未被消化、变红、有恶臭气味。在肝片肉肝汤培养基中生长16～24h后呈均等混浊，并产生气体；继之培养基变为透明，在管底形成多量絮片状灰白色沉淀，带有脂肪腐败性气味。在含糖深层琼脂中形成两种菌落：含1%琼脂时，菌落为絮状、柔弱，棉团状；含2%琼脂时，菌落为心脏形或豆形，边缘有不规则丝状突起。

[生化特性] 本菌能分解单乳糖、葡萄糖、果糖、麦芽糖、乳糖、杨苷等产酸产气，但不发酵甘露醇、卫矛醇、甘油或蔗糖。缓慢液化明胶（5～7d），使牛奶产酸，3～5d后凝固。还原硝酸盐为亚硝酸盐，不产生靛基质。VP试验阴性，MR试验阳性。

[抗原结构] 按菌体抗原结构，可将本菌分为4个型，再按鞭毛抗原不同，又可分为若干亚型。

[毒素] 已确认的4个主要毒素有α、β、γ和δ。α毒素是一种卵磷脂酶，具有致坏死性、致死性和溶血性；β型毒素是一种脱氧核糖核酸酶和溶血素，有杀伤白细胞作用；γ和δ毒素分别具有透明质酸酶和溶血素。不同型的腐败梭菌产生的毒素均为本菌的致病因子。腐败梭菌的致病性和α毒素有关。α毒素是细胞溶解蛋白分子，它是个无活性原毒素，经精氨酸在碳末端裂解而被活化，蛋白水解活化后的毒素可刺激钾离子在血红素释放后从红细胞上预裂解释放，而且诱导平坦膜上的沟道信息，并将其聚集到位于红细胞膜上的一个的复合体上。原毒素并不表现这些特性。有活性的毒素低聚化并且在质膜上形成1个直径至少1.3～1.6nm孔，导致了胶体渗透溶解。

[抵抗力] 一般消毒药物在短时间内均能杀死本菌的繁殖体，但芽孢抵抗力很强，在腐败尸体中可存活3个月，在土壤中存在20～25年仍保持活力，煮沸2～10min、0.2%升汞、3%福尔马林10min内能将芽孢杀死。

[病原性] 本菌所产生的毒素为主要致病因素。动物感染本菌后，可引起组织坏死性水肿。特别是真胃黏膜发生坏死和炎症，刺激中枢神经，引起急性休克。家畜中，马、绵羊最敏感，可引起绵羊急性死亡，称绵羊快疫；马则发生恶性水肿。牛、山羊、猪和驴感染较少，通常散发。实验动物中以家兔、豚鼠和小鼠易感，人也可感染。

[分离与鉴定] 肝脏的检出率较其他脏器高。由疑似病畜尸体取材，接种于葡萄糖鲜血琼脂上，用厌气培养法分离。在鲜血琼脂培养基上长成隆起菌落，易融合成一片，周边呈β溶血。肝浆膜触片染色镜检，发现有长丝状菌体可作出鉴定。

[感染途径] 腐败梭菌有多种感染途径，通过采食被芽孢污染的饲料、饲草或饮水经消化道感染；也可因气温骤变、阴雨连绵或食入结冰、霜冻的水草，使机体抵抗力降低，致使原存在于肠道中本不为害的腐败梭菌大量繁殖。所有这些及患病、带菌动物均可成为传染源，使动物患羊快疫、鸡的坏疽性皮炎等；在绵羊剪毛、羊去势、断尾、去角、分娩、注射等情况下，通过伤口感染可导致恶性循环性水肿。

[免疫] 感染本菌的患病动物痊愈后可产生一定程度的免疫力。用绵羊快疫、羊猝狙和羊肠毒血症三联苗接种，可保护绵羊对羊快疫获得6～9个月的免疫。

气肿疽梭菌（*Clostridium chauvei*）

本菌是反刍动物气肿疽的病原菌，患气肿疽的动物迅速死亡。

[形态与染色] 本菌在组织中和培养基中呈挺直、两端钝圆的大杆菌。大小为（2～8）μm×

(0.5～0.8) μm。在病料中一般单在或成对排列，在被接种的豚鼠腹腔渗出液中常以单个或以 3～5 个菌体形成的短链出现。无荚膜、周身鞭毛，运动活泼。芽孢不仅可在动物体外形成，患病组织中（肌肉与渗出液）也能形成。芽孢为卵圆形，位于菌体中央或近端，比菌体大，使带芽孢的菌体呈纺锤状或汤匙状。在陈旧的培养物中可以见到多数游离的卵圆形芽孢。本菌易为各种苯胺染料着色，病料与幼龄培养物中的菌体为革兰阳性，而老龄培养菌则大部分为阴性。

[培养特性] 本菌严格厌氧，发育适温为 37℃，pH 为 7.2～7.4。普通肉汤和琼脂在加有血液或组织后有利于生长。可在所有以肝浸液为基础的培养基中旺盛生长。对半胱氨酸需求甚高。在葡萄糖鲜血琼脂上长成圆形、平坦、中心隆起的菌落，周围有微弱的 β 溶血。在琼脂培养基上为边缘不整齐的菌落，大小为 2～3mm，色淡蓝。本菌在深层葡萄糖琼脂中发育成带有细弱突起的球形或扁豆形小菌落。移植本菌于肉肝汤，经 12～24h 呈均等混浊，并产生气泡；至 24～48h，上液清朗，管底有松散的白色沉淀。

[生化特性] 本菌分解葡萄糖、单奶糖、果糖、乳糖、蔗糖和麦芽糖产酸产气，不分解杨苷（与腐败梭菌区别之一），牛乳培养基产酸，经 3～6d 后凝固，形成较弱的絮状凝块，不胨化。明胶数日后液化，还原硝酸盐，产生靛基质，不产生硫化氢，MR、VP 试验均为阴性。DNA 中 G＋C 含量为 27mol%。

[毒素] 本菌能产生外毒素、溶血性和坏死性的 α 毒素，以及透明质酸酶和脱氧核糖核酸酶。

[抗原结构] 本菌具有鞭毛抗原（H 抗原）、菌体抗原（O 抗原）和芽孢抗原。根据 O 抗原，本菌为一个型；根据 H 抗原，本菌有两型。

[抵抗力] 芽孢的抵抗力极强，在腐败尸体中可存活 3 个月，在病料中可活 9～18 年，在土壤中可保持其毒力达 20～25 年，液体培养基中的芽孢耐煮沸 2～12min。0.2%升汞 10min 或 3%福尔马林 15min 可将芽孢杀死。对苛性钠抵抗力更强，25%溶液 14h，6%溶液需 6～7d 才能将芽孢杀死。本菌繁殖型抵抗力不大，一般常用的消毒剂在短时间内均能将其杀死。

[病原性] 本菌可经口腔或伤口进入体内，所产生的 α 毒素和透明质酸酶等可致组织坏死和杀伤白细胞，呈现典型的气性水肿。牛对本菌最易感，犊牛感染后，于肌肉丰富部位发生典型的气肿疽。绵羊极少发生，人不受传染。马、猪在自然条件下不易感。人工可使山羊、骆驼发病，猪、猫、鸡对本菌均不感染。

[分离与鉴定] 在无菌条件下采取刚刚死亡动物的病变部肌肉，涂布于葡萄糖血液琼脂平板上厌气培养 24～26h 后，钓取典型菌落，移植于熟肉培养基中，以后作乳糖、葡萄糖、杨苷、蔗糖、麦芽糖及牛奶等试验作出判断。

[免疫] 感染本菌愈后的动物可产生免疫力。主动免疫用气肿疽氢氧化铝甲醛菌苗或气肿疽明矾甲醛菌苗，注苗后 14d 产生可靠的免疫，免疫期约半年。被动免疫可用牛源或马源的气肿疽血清。

水肿梭菌（*Clostridium oedematiens*）

[形态与染色] 本菌是最大的厌氧杆菌中的一种，菌体大小为（5～10）μm×（0.8～0.5）μm，但不均匀，单个或呈短链排列。周身鞭毛，能运动，无荚膜。较易形成芽孢，通常在 24h 即可看到。芽孢卵圆形，较菌体略宽，位于菌体的近端。幼龄培养物为革兰阳性，老龄培养物常失去此特性。

[培养特性] 本菌是最严格的厌氧菌，须有良好的厌氧条件才能生长。本菌需要还原状态的半胱氨酸，培养基中加 0.03%二硫苏糖醇可保持其还原状态。葡萄糖、铁盐或还原铁以及全血有促进细菌生长作用。适宜的 pH 为 7.2～7.4，生长适温为 37.5℃。在琼脂平板上生长的菌落不规则，直径 3～8mm，半透明，灰白色，菌落表面光滑，边缘不整齐。在较潮湿的平板上生长的菌落可呈乳渣样。在血液琼脂上 A、B 和 D 型的菌落周围有 1～3mm 的 β 型溶血环，C 型则没有。有的菌株的菌落能向附近蔓延而形成新的菌落。在深层琼脂中菌落生长良好，形态不一，随琼脂硬度和培养时间而异，有的菌落

很紧密，有的为毛茸茸的，有的呈雪花状。如培养时间长，细菌繁殖茂盛，可因产气使琼脂柱碎裂。细菌在含组织块的液体培养基中，初为均匀混浊，后变清朗并有沉淀物堆积在组织块周围，组织块不变色，但可在培养过程中产生难闻的气味。

[**生化特性**] 只分解葡萄糖产酸产气，对麦芽糖、甘露糖、肌醇、果糖、阿拉伯糖、蔗糖、甘油等的反应因菌株而异。液化明胶，能使牛奶缓慢变酸（C型不变），缓慢产生硫化氢，硝酸盐还原不定。不产生靛基质，MP及VP试验均为阴性。DNA中G+C含量为23mol%。

[**抗原构造和毒素**] 与溶血梭菌具有共同的菌体抗原。根据所产生的毒素可分为A、B、C和D四个菌型。鞭毛抗原较为复杂，不用于分型。培养液中含有α、β、γ、δ、ε、ζ、η、θ等8种抗原，即共有8种毒素，其生物活性见表14-2。

表14-2 水肿梭菌8种毒素的生物活性及型别产毒状况

毒素	生物活性	型别产生毒素的情况			
		A	B	C	D
α	致死性坏死性脂肪酶	+	+	—	—
γ	溶血性卵磷脂酶	+	—	—	—
ε	引起卵黄培养基乳浊	+	—	—	—
η	原肌球蛋白酶	—	+	—	+
β	溶血性坏死性卵磷脂酶	—	+	—	+
δ	对氧不稳定性溶血素	+	—	—	
ζ	溶血素	—	+	—	+
θ	引起卵黄培养基乳浊	+	—	—	+

本菌产生强烈的外毒素和各种酶类，如卵磷脂酶、透明质酸酶及肌球蛋白酶等。

α毒素由A、B型菌产生，用不含糖但含高蛋白胨或肉肝胃酶消化汤培养基，经过3～6d培养后，可产生毒力很强的毒素。以其制成类毒素免疫动物，可获得高效价的抗毒素。β毒素为B型菌产生，其对卵磷脂的作用是在37℃发生的。多数红细胞与毒素作用后需经一定时间冷却才能出现溶血作用。ε毒素由A型菌产生的。细菌在蛋黄琼脂平板上形成菌落后，由于ε毒素使菌落和周围的蛋黄变成淡黄的乳浊色，即所谓珍珠母样变色。

[**抵抗力**] 与一般致病梭菌相似，有的芽孢能耐100℃5min。

[**病原性**] 本菌可引起绵羊和牛、人（有时）的气性坏疽和恶性水肿。A型菌侵害家畜中较严重的为绵羊，可引起绵羊的一种快疫。可单独或与其他微生物联合引起人与家畜的气性坏疽，马、牛、羊、猪也有易感性。B型菌可引起绵羊黑疫，当牧场被肝片吸虫严重侵袭时，肝蛭幼虫在肝内移行所造成的肝损伤，形成了适宜于B型菌芽孢在肝内萌发的环境。细菌大量繁殖，产生大量毒素，引起坏死性肝炎，导致动物死亡。C型菌可引起水牛的骨髓炎。D型菌可引起牛的血尿症。实验动物中以豚鼠及小鼠最易感，以24h培养物0.05～0.5mL，经皮下注射小鼠，于12～24h内死亡。

[**分离与鉴定**] 为了有利于分离，可将材料于接种前先加热煮沸5min，并在严格无菌条件下操作，划线接种于葡萄糖鲜血琼脂平板或卵黄琼脂，并立即置于厌氧环境下培养。B型菌菌落薄而透明，形状不规则，边缘呈细线状散开，且易蔓延生长。用毒素中和试验可作出鉴定。

[**免疫**] 在确由本菌引起的疾病流行的地区，可制作甲醛灭活菌苗预防。由于诺维菌病的病程多数较短，故用血清作被动免疫效果不佳。

溶血性梭菌（*Clostridium hemolyticum*）

本菌是牛或羊红尿病的病原菌，能溶解红细胞，故名。

[形态与染色] 本菌呈平直的杆状，大小为（0.9～1.6）μm×（2.4～6.6）μm，周身鞭毛，能运动。通常单个存在，在组织中或培养物中可形成短链。芽孢为卵圆形，位于近末端处，使菌体膨出。幼龄细菌革兰阳性，但超过24h即迅速丧失其存留染色剂的能力。

[培养特性] 为严格厌氧菌，其生长适温为25～30℃。琼脂平板上的表面菌落为圆形或稍凸起，表面粗糙，边缘呈波状，不规则，直径1～3mm，灰色，半透明。在肉汤与熟肉培养基内，有絮状沉淀。在高层琼脂培养基上培养，菌落开始时为扁豆状，后变为羊毛状。如有血液存在则迅速产生溶血。

[生化特性] 能发酵葡萄糖、果糖、半乳糖及甘油。其发酵产物为乙酸、丙酸、丁酸和少量戊酸。产生靛基质。在肝培养基和含有肝—胨的培养基中，能形成大量硫化氢，还原硝酸盐，VP试验阴性。液化明胶。可使牛乳产酸凝固。DNA中G+C含量为21mol%。

[抗原结构] 大多数菌株与水肿梭菌有共同抗原。

[毒素与致病性] 本菌能产生强烈的外毒素，包括β（溶血性坏死性卵磷脂酶）、γ（转肌朊酶）和θ（在卵黄培养基上呈乳光）三种毒素，可引起牛和绵羊血红蛋白尿症。但羊偶可见到，猪罕见。对兔、豚鼠、小鼠均具有强烈致病性，肌内注射培养物6～48h内可引起实验动物死亡。皮下注射部位形成一个出血、水肿区域。腹腔注射或静脉注射死亡更快。家兔静脉注射常在2～4h内死亡，大量红细胞破坏并有血红蛋白尿。

[分离与鉴定] 从肝脏病变可培养分离出溶血性梭菌，需通过毒素和抗毒素的中和试验加以鉴定。

[免疫] 由本菌引起的疾病可用溶血性梭菌的明矾沉淀，甲醛处理的全培养物来免疫，被免疫的动物产生凝集抗体，抗血清已用于被动免疫。静脉大量注射青霉素可灭活肝内的溶血性梭菌，阻止毒素的进一步合成。

肉毒梭菌（*Clostridium botulinum*）

本菌为腐物寄生菌，是引起人和动物的食物和饲料中毒的病原菌。在厌氧环境中可分泌强烈的外毒素（肉毒毒素），被人、畜、禽食入后即可发病，出现特殊的神经中毒症状。

[形态与染色] 本菌为粗大杆菌，大小为（4～6）μm×（0.9～1.0）μm，两端钝圆，多散在，偶见成对或短链排列，无荚膜，有4～8根周身鞭毛，运动力弱。很快形成大量芽孢，位于菌体偏端，卵圆形，比菌体略大（A、B型），呈匙或网球拍形。幼龄培养物革兰阳性，但老龄培养物中的细孢常常脱色。

[培养特性] 本菌严格厌氧，在28～37℃生长良好，但本菌产生毒素的生长最适温度为25～31℃，最适pH为6～8（在9以上和4以下均可形成毒素），但pH7.8～8.2产毒最多。在普通培养基中加入血液成分或葡萄糖，可促进发育。在葡萄糖鲜血琼脂平板上长出小、扁平、颗粒状、中央低平、边缘并不规则带丝状的菌落，常汇合在一起，不易获得单个菌落。溶血。在葡萄糖高层琼脂中分布均匀，菌落呈蓬松绒毛团状、产气。在含肝组织的培养基中生长更好。在卵黄琼脂上生长，菌落附近呈现淡黄色乳光。在葡萄糖肉渣肉汤中，肉渣可被A、B、F型菌消化溶解呈烂泥状，变黑，发出腐败恶臭味，上清含有外毒素。

本菌分A～F共6个型，各型之间的生长情况有差异。在肉汤中，A、B、F三型表现混浊，底部有粉状或颗粒状沉淀，而C、D、E三型则表现清亮，有絮片状生长黏于管壁；A、B、E、F型能溶化吕氏血清斜面，而C、D型不溶化，在熟肉培养基或肉肝汤中生长变好；A、B、F型能消化肉块，使之变黑，有腐败恶臭，而C、D、E三型则否。

[生化特性] 能分解葡萄糖、麦芽糖及果糖，产酸产气。能迅速液化明胶，对凝固血清和卵白有分

解作用。产生硫化氢，不形成靛基质。DNA 中 G+C 含量为（26～28）mol%。

［毒素］ 本菌产生的外毒素系一种特殊蛋白质，由 19 种氨基酸组成，相对分子质量 9×10^5，不耐热，80℃ 30min 或煮沸 10min 遭破坏，对酸及蛋白酶抵抗力较强，pH3～6 时毒性仍保持稳定，不被胃肠液破坏。毒力强大，是目前已知生物毒素中最强的一种，毒性比氰化钾强大 1 万倍。根据毒素的抗原性，已将本菌分为 A、B、C、D、E、F、G 等 7 个菌型。其中 C 型还可分为 Cα 和 Cβ 两个亚型。各型菌产生相应的毒素，各型毒素的致病作用相同，但抗原性不同，只能为其相应型抗毒素所中和。

［抵抗力］ 本菌繁殖体加热至 80℃ 30min 或 100℃ 10min 即可将其杀死；但其芽孢抵抗力强，煮沸要 6h，干热 185℃ 5～10min。高压蒸汽 115℃ 20～30min，120℃ 10～20min 才能将其杀死。可被 1% 氢氧化钠、0.1%高锰酸钾灭活。

［病原性］ 肉毒梭菌存在于某些土壤、湖泥、畜粪及干草上，本菌遇适宜环境即繁殖，产生毒素，人、畜、禽食入毒素即发病。其中 A 型菌致鸡软颈病，B 型菌致牛、马饲料中毒，Cα 亚型菌致鸡麻痹症及绵羊饲料中毒，Cβ 亚型菌致牛、马、貂饲料中毒，D 型菌致非洲牛跛行，A、B、E、F 型致人食物中毒，G 型菌存在于土壤中，未见引起中毒的报告。本菌的致病因素主要是所产生的肉毒毒素，其致病方式是因动物采食含毒饲料，或吸入含毒的气溶胶，以后经消化道或呼吸道进入血液，作用于中枢神经，引起软瘫和麻痹。这一点与其他细菌毒素引起消化道症状的食物中毒不同。

［分离与鉴定］ 采取可疑污染的饲草、饲料及其他可疑物（如死野兔、湖泥）和病畜的血清、尿、胃内容物等送检。本菌本身无致病力，重点检查其毒素。

将标本煮沸 1h 以杀灭非芽孢后，接种血琼脂平板，厌氧培养，或接种肉渣培养基，加热 80℃ 20min，然后 37℃培养 24h，涂片检查细菌形态。将培养物进行毒素检验。将培养滤液注入小鼠、豚鼠和猫的腹腔内作为第一组；第二组动物注射加热 100℃ 30min 处理的滤液；第三组除注射不加热滤液外，并注射多价肉毒抗血清，以观察保护作用。如有肉毒毒素存在，第一组动物于 1～2d 内发病，有流涎、四肢麻痹、呼吸困难、眼睑下垂等症状，最后因心力衰竭和呼吸困难而死亡。第二、三组动物则不发病。如有条件还可用分型抗毒素作保护力试验，以确定毒素型别。

［免疫］ 同种的抗毒素能很好地保护动物抵抗肉毒中毒。在危险性大的地区，可使用甲醛灭活、明矾沉淀的类毒素进行免疫接种。本菌系 C 型肉毒梭菌菌液用福尔马林灭活杀菌脱毒制成的疫苗，作预防免疫接种。

破伤风梭菌（*Clostridium tetani*）

本菌是人、兽共患破伤风（强直症）的病原菌。存在于土壤与粪便中，污染受伤的皮肤或黏膜侵入机体，产生强烈的毒素，引起人和动物发病。

［形态与染色］ 菌体直而细长，杆状，宽 0.3～0.5μm，长 4～8μm。在组织中和培养基内都常常以单个存在。但有时也见有成链的菌体形成长丝。周身鞭毛，能运动，不形成荚膜。在老龄培养物中，杆状与线状均消失，留下圆形芽孢。芽孢位于一端，大于菌体，呈羽毛球拍或鼓槌状。幼龄培养物为革兰阳性，培养 48h 后易变成阴性。本菌可分为 10 个血清型，其中Ⅵ型菌株无鞭毛，不能运动。

［培养特性］ 本菌为严格厌氧菌，在普通琼脂上和肉汤中均能生长。生长适温 37.5℃，pH7.0～7.5。在琼脂培养基上菌落小，稍隆起，略透明，似小蜘蛛状或长成一薄层。高层琼脂菌落为绒毛状、棉花状。血液琼脂上有轻度溶血环。肉汤中略混浊，后沉淀而上液澄清。明胶穿刺先沿穿刺线产生穗状生长，然后由穿刺轴以直角伸出棉花状细丝到培养基中，继而液化并使培养基变黑，产生气泡。厌气肉肝汤稍混浊，有细颗粒状沉淀，有咸臭味。培养 48h 后，在 30～38℃适宜温度下形成芽孢，如温度超过 42℃时则形成芽孢减少或停止。

［生化特性］ 生化反应不活泼，一般不发酵糖类。只轻微分解葡萄糖，不分解尿素，能液化明胶，产生硫化氢，形成靛基质，不能还原硝酸盐为亚硝酸盐。石蕊牛乳凝固胨化。对蛋白质有微弱消化作用。VP 试验和 MR 试验均为阴性。DNA 中 G+C 含量为 25mol%。

［毒素］本菌能产生 2 种毒素：①破伤风痉挛毒素，又称神经毒素（nourotoxin）。是蛋白质成分，由 10 余种氨基酸组成，可被蛋白酶破坏。此毒素的毒性非常强烈，仅次于肉毒梭菌毒素，10～7mg 可致小鼠死亡。毒素性质不稳定，65℃ 5min 或直射阳光，以及各种化学药品如 0.05%盐酸、0.3%氢氧化钠或 70%酒精 1h，均可破坏其毒性。0.3%甲醛溶液经 28d 作用后，可使毒素脱毒为类素，给动物注射能产生抗毒素，有中和毒素的毒性作用。痉挛毒素主要作用于神经系统，可使被感染动物发生特征性的强直症状。②溶血性毒素，能使红细胞崩解。与破伤风梭菌的致病性无关。对热不稳定，易被氧化灭活。但毒素一旦与神经组织结合后，便不易被中和。

目前认为毒素引起痉挛的原理是毒素封闭脊髓，抑制突触，阻止抑制性突触末端释放抑制冲动的传导介质——甘氨酸，从而抑制了上下神经元之间正常抑制性冲动的传递，导致超反射反应（兴奋性异常增高），引起骨骼肌痉挛。

［抗原结构］本菌有两类抗原。一为菌体抗原，有属特异性。二为鞭毛抗原，有型特异性。现有 10 个菌型，各型细菌产生的毒素具有相同的生物学活性及免疫活性，可被任何一型抗毒素所中和。

［抵抗力］本菌繁殖体抵抗力不强，煮沸 5min 可将其杀死。而芽孢抵抗力甚强，在土壤中可存活数十年不死，能耐 100℃蒸汽 60min，105kPa 高压 15～20min，干热 150℃ 1h，0.5%石炭酸 10～15h，3%福尔马林 24h。含芽孢材料经煮沸须经 1～3h 才被杀灭。对青霉素和磺胺类药物敏感。

［病原性］本菌的致病因素是产生的痉挛毒素。破伤风梭菌感染的重要条件是伤口的厌氧环境，一般伤口深窄。坏死组织多或伴有需氧菌感染造成的厌氧环境，有利于破伤风梭菌繁殖，产生痉挛毒素，对机体产生毒害作用，导致疾病的发生。

在自然条件下，马最易感，猪、牛、羊和狗次之，人也易感。实验动物中以小鼠和豚鼠最为易感。

［分离培养］从创伤局部采样，接种厌氧肉肝汤中加温 80℃ 30min 后，培养 5～7d，涂片检查。再将培养物 0.1mL 接种小鼠尾根右侧皮下，观察是否发生强直症状。

［免疫］感染本菌的病畜康复后可产生一定程度的免疫力，主要是抗毒素体液免疫。但轻症病畜免疫力弱，须用明矾沉淀破伤风类毒素作主动免疫，接种注射后 1 个月产生免疫力，免疫期 1a，第 2 年再注射一次，则免疫期可持续 4 年。发生严重（深层）创伤或大手术后可早期注射破伤风抗毒素，进行被动免疫。

结肠梭菌（*Clostridium colinum*）

本菌是鹌鹑、幼鸡、幼火鸡和雏溃疡性肠炎的病原菌，又称鹌鹑梭菌。

［形态与染色］本菌长 3～4μm，宽 1μm，单在，呈直杆状或稍弯曲的杆状，两端钝圆。少数菌株易在常用培养基上形成芽孢。芽孢位于菌体的近末端，呈圆筒形。具周身鞭毛，能运动。幼龄培养物以及从肝的坏死灶区及死亡鸡胚卵黄制作的涂片标本，呈革兰阳性。

［培养特性］本菌用一般培养基很难培养，但在胰蛋白胨磷酸盐葡萄糖琼脂上，或在添加 8%马血浆的肉汤中，并在厌氧条件下能迅速生长。最适温度为 37～40℃。琼脂上的菌落直径为 1～3mm，单面凸出，边缘呈丝状，半透明，呈灰色，表面光滑。有些菌株为 β 型溶血。

［生化特性］能发酵果糖、葡萄糖、麦芽糖、蔗糖、棉子糖和海藻糖。乙酸和甲酸是主要的发酵产物。不产生靛基质、硫化氢、尿素酶、过氧化氢酶和卵磷脂酶。

［抵抗力］由于本菌具有形成芽孢的特性，故对化学及物理因素具有极强的抵抗力。卵黄培养物在 −20℃保持生活力达 16 年，可耐 70℃加热 3h、80℃ 1h、100℃ 3min。本菌的耐热性有助于其分离培养，故在接种琼脂或鸡胚前可先将病料加热处理，除去污染菌类。本菌对辛醇和氯仿有抵抗力，对金霉素、杆菌肽、呋喃星、青霉素和四环素敏感。

［病原性］本菌能引起猎禽，如北美鹌鹑、鹧鸪、松鸡，以及幼龄家鸡和火鸡溃疡性肠炎。自然感染可能是经口腔途径发生的。实验证明，至少每只鹌鹑要注射 10^6 个细菌才能发生此病。鸡的抵抗力较强，只有在暴发了球虫病和传染性法氏囊病之后，才观察到鸡发生此病。病禽常发生弥漫性肝坏死、肠

道溃疡、广泛性脾坏死．在1～2d内死亡，或拖延1周之久。

[分离与鉴定] 可从病禽的肝、脾、血液和肠道中分离出细菌。肝、脾是用于分离培养的首选器官。挑取病料在胰蛋白—磷酸盐琼脂（可加入0.2%葡萄糖和0.5%酵母浸膏）进行划线，并置厌氧条件下培养。24h内出现典型菌落，挑选典型菌落进行鉴定。

◆ 参考文献

崔京春，吴俊呈，范圣第，等．2004．蜡样芽孢杆菌发酵培养基的优化[J]．中国畜牧兽医，31（8）：27-28．

杜冰，杨公明，刘长海，等．2008．枯草芽孢杆菌的生理和培养特性研究[J]．广东饲料，17（4）：26-27．

焦雅娟，李长龙．2007．一起由蜡样芽孢杆菌引起食物中毒的调查[J]．职业与健康，23（6）：453．

廖延雄．1995．兽医微生物实验诊断手册[M]．北京：中国农业出版社．

刘国平，梁雄燕，李江华，等．2008．猪链球菌2型昆明鼠动物病理模型的建立[J]．中国兽医学报，28（7）：795-798．

王世若．1990．兽医微生物学与免疫学[M]．长春：吉林科技出版社．

J H吉莱斯皮，J F蒂蒙乃．1988．家畜传染病[M]．第8版．北京：农业出版社．

曲连东　韩凌霞　编

第十五章　不形成芽孢（规则的、不规则的）革兰阳性杆菌类

本类细菌是由一些长成长丝或分枝，长丝断裂后变成球状、杆状，呈V、Y或栅状排列，不形成芽孢，革兰染色阳性细菌组成的类群。有的介于丝状真菌与细菌之间，但偏近细菌。多数兼性厌氧，少数需氧或兼性厌氧。在自然界分布广泛。包括规则的8个属，其中李斯特菌及丹毒丝菌属与兽医学有关；不规则的28个属，其中棒状杆菌及放线杆菌与兽医学有关；以及分枝杆菌属、诺卡菌属、嗜皮菌属。

第一节　李斯特菌属（*Listeria*）

本属细菌为革兰阳性杆菌，需氧或兼性厌氧，无芽孢，不产生荚膜，20～25℃能运动，37℃不运动，DNA中G+C含量为（36～38）mol%。简称李氏杆菌。

本属细菌包括7个种，可归并分为两个群：第一群包括单核细胞增生性李斯特菌（*L. monocylogenes*）、伊凡诺维李斯特菌（*L. ivanovii*）、英诺卡李斯特菌（*L. innocua*）、韦尔希默李斯特菌（*L. welshimeri*）和赛里格立李斯特菌（*L. seeligeri*）。第二群为较少见的格式李斯特菌（*L. grayii*）和莫氏李斯特菌（*L. murrayi*），不溶血，公认为无致病性。本属的代表种是单核细胞增生李斯特菌。

本属细菌在自然界分布广泛，可从土壤、腐烂植物、青贮饲料、淡水、人和反刍动物粪便中找到，也可自雪貂、昆虫及人畜组织损伤处分离到。

单核细胞增生性李斯特菌（*Listeria monocylogenes*）

单核细胞增生性李斯特菌分布极为广泛，除可从土壤、污水、腐败植物中分离到本菌外，也常寄生在哺乳动物（包括啮齿类动物）及鸟、鱼类等动物体，对各种禽畜均能引起不同类型疾病。主要侵害猪、绵羊、牛和马中枢神经，患脑膜炎，有时使母畜流产。患畜血液中的单核细胞增多，为本菌引起的疾病特征。

［形态与染色］本菌为小的类球形杆菌，光滑型菌落中通常为短杆状。大小为（0.4～0.5）μm×（1.0～2.0）μm，菌端钝圆，在某些培养基中稍弯曲，单在，成V形或成对平行排列。在粗糙型菌落中长成长丝状，长达50～100μm。在20～25℃时可形成1～4根周身鞭毛，能运动；但在37℃条件下形成的鞭毛较少，甚至仅有1根。无荚膜，无芽孢。革兰染色阳性。陈旧培养物有时多脱色为阴性，常呈两极浓染。

［培养特性］本菌生长要求不严格，需氧兼性厌氧，最适生长温度为30～37℃。在普通琼脂上可生长，而在含血液或肝浸液的培养基上生长良好。在加有1%葡萄糖及2%～3%甘油的肝汤琼脂上生长更佳。

在一种含0.25%琼脂、8.0%明胶和1.0%葡萄糖半固体培养基中，于37℃24h生长物沿穿刺线以不规则的云雾状延伸到培养基内，生长物缓慢扩展到整个培养基。生长物达最高量时，在培养基表面下3～5mm处形成一似伞状的界面。

在羊肝浸出液琼脂上生长时，菌落呈圆形、光滑、奶油状、稍扁平，透光观察时透明，而用反射光

观察则为乳白色。

在血清琼脂上可长成圆形、光滑、透明、淡蓝色小菌落，直径约1～2mm，培养较久则菌落增大，透明度减低。

在血液琼脂上生长时，菌落周围有狭窄β溶血环。

血清肉汤培养呈均等浑浊，有颗粒状沉淀，不形成菌环及菌膜。

明胶培养基穿刺培养时，可沿穿刺线形成侧枝生长，有少量绒毛样突起似刷子状。

[生化特性] 由于菌株不同，糖发酵结果有差异。本菌一般于37℃培养24h，可分解葡萄糖、麦芽糖、蕈糖、果糖及杨苷产酸，培养3～10d可分解伯胶糖、乳糖、麦芽糖、蔗糖、鼠李糖、松甜糖、糊精、马栗苷、山梨醇及甘油等产酸。DNA中G+C含量为38mol％。

本菌不产生硫化氢和靛基质，不还原硝酸盐，石蕊牛乳近24h微产酸，但不凝固。不液化明胶。不产生过氧化氢酶。不分解尿素，水解精氨酸产氨，接触酶试验阴性。MR及VP试验阳性。

[抗原性] 本菌有菌体抗原（O抗原）和鞭毛抗原（H抗原）。已报道O抗原有15种（Ⅰ～ⅩⅤ），H抗原有4种（A～D）。有7个血清型和12个亚型、血清型的抗原构造见表15-1。

表15-1 单核细胞增生性李斯特菌的血清变种及抗原构造

血清变种	O抗原	H抗原
1/2a	Ⅰ、Ⅱ、(Ⅲ)	A、B
1/2b	Ⅰ、Ⅱ、(Ⅲ)	A、B、C
1/2c	Ⅰ、Ⅱ、(Ⅲ)	B、D
3a	Ⅱ、(Ⅲ)、Ⅳ	A、B
3b	Ⅱ、(Ⅲ)、Ⅳ (Ⅷ、Ⅻ)	A、B、C
3c	Ⅱ、(Ⅲ)、Ⅳ (Ⅷ、Ⅻ)	B、D
4a	(Ⅲ)、(Ⅴ)、Ⅶ、ⅨA	B、C
4ab	(Ⅲ)、Ⅴ、Ⅵ、Ⅶ、Ⅸ、Ⅹ	A、B、C
4b	(Ⅲ)、Ⅴ、ⅥA	B、C
4c	(Ⅲ)、Ⅴ、Ⅶ	A、B、C
4d	(Ⅲ)、(Ⅴ)、Ⅵ、Ⅷ	A、B、C
4e	(Ⅲ)、Ⅴ、Ⅵ、(Ⅷ)、(Ⅸ)	A、B、C
5	(Ⅲ)、(Ⅴ)、Ⅵ、(Ⅷ)、Ⅹ	A、B、C
7	(Ⅲ)、Ⅷ、Ⅻ	A、B、C
6a	(Ⅲ)、Ⅴ、(Ⅵ)、(Ⅷ)、(Ⅸ)	A、B、C
6b	(Ⅲ)、(Ⅴ)、(Ⅵ)、(Ⅷ)、Ⅸ、Ⅹ、Ⅺ	A、B、C

注：括号表示此抗原不常有

[病原性] 本菌可使多种畜禽感染，引起神经症状。患畜血液中单核细胞增多。猪、绵羊、牛、马、狐、鸡以及人均可自然感染。引起单蹄兽败血症，反刍兽脑膜炎。鸡患病后，发生全身感染和心肌坏死。本菌也可引起绵羊、牛发生流产。

[抵抗力] 本菌在土壤、牛奶、青贮饲料和粪便中能长期存活。菌液在60～70℃经5～10min可杀菌。对消毒剂的抵抗力不强，一般常用浓度，如2.5％石炭酸、70％乙醇、2.5％氢氧化钠、2.5％福尔马林均可杀菌。

[生态学] 本菌在自然界分布很广，动物是本病重要的储存宿主，可从哺乳类、禽类、鱼类和甲壳类等动物中分离出本菌；也可从污水、土壤和垃圾中分离到。本病的传染源主要是患病的动物和带菌的动物，可从粪、尿、乳汁、流产胎儿、子宫分泌物等排菌。健康带菌动物可能是人类李氏杆菌病的主要

传染源。

动物李氏杆菌病的传播途径尚不完全清楚。自然感染可能是通过消化道、呼吸道、眼结膜及破伤的皮肤。污染的饲料和饮水可能是主要的传播媒介。人类李氏杆菌病主要经消化道传染，孕妇感染后可通过胎盘或产道感染胎儿或新生儿，眼和皮肤与病畜直接接触，也可以发生局部感染。

牛、山羊、绵羊、猪、鸡、兔、犬、猫、马、骡、驴、鼠、家雀和人等都有易感性。其中以牛、兔、犬和猫最易感，羊、猪和鸡次之，马属动物有一定的抵抗力，发病率高，病死率低。人类李氏杆菌病以新生儿最多见，其次是婴儿、孕妇、老人和免疫缺陷者。

本病一般为散发，偶尔呈暴发性流行。主要发生于冬季或早春。

本菌为兼性胞内寄生菌，一般经口感染，轻则引起肠炎；若细菌能侵袭肠黏膜上皮细胞及肝、脾巨噬细胞，并在其内定殖，则可引起菌血症，并引起全身性感染，如败血症、脑膜脑炎、胎膜炎等；另一侵袭途径是鼻黏膜和眼结膜，通过损伤的黏膜经神经末梢的鞘膜，侵害神经系统。本菌之所以能侵袭非吞噬细胞与细菌产生的内化素有关，内化素是一类富含亮氨酸的蛋白质，包括 InlA、InlB、InlC 等，它们作用于宿主细胞表面糖蛋白，使细菌进入细胞；还有一种菌体蛋白 ActA 能催化宿主细胞肌动蛋白纤维素的聚合，在菌体一端形成具有运动功能的尾状结构，从而破坏宿主细胞骨架，有利于菌体在细胞内的运动和向相邻细胞扩散。

临床结果与宿主摄入的病原数量、菌株的特性以及宿主的免疫状态有关，临床上主要表现为败血症、脑炎和流产。

在单胃动物和新生家畜中以抑郁、厌食、发热和死亡为标志的败血症最为普遍；新生马驹也表现为败血症；反刍动物主要表现为脑炎、流产和结膜炎；对于人来说李氏杆菌病主要表现为三种形式，其中以脑炎最为常见。

[分离鉴定] 自病畜分离本菌时，最好先将可疑动物的脑组织取出，放在研钵内磨碎，制成 5～10 倍肉汤乳剂，将其接种于血液肝肠琼脂上，观察生长菌落的性状和溶血性。同时用葡萄糖血清肉汤作增菌培养，然后进行分离培养。初次分离培养时，如样品内杂菌较多，可接种于液体培养基内，置 4℃条件下，数周后再分离培养。含 0.1%亚碲酸钾琼脂培养基为一种常用的选择培养基，在其表面长出的菌落色黑，边缘发绿。

[免疫] 大部分人的李氏杆菌病病例与免疫抑制的个体（老年人、新生儿和怀孕妇女）相关，同样新生和怀孕动物是有倾向的；然而，在一些情况下，免疫抑制因素是不明显的。作为兼性胞内寄生菌，李氏杆菌主要是由细胞免疫所抑制。在宿主防御中体液因素可能发挥一些有限的作用。截至目前尚无成功应用的疫苗，灭活苗通常无效，对于绵羊，弱毒苗能起到一定保护作用。

第二节 丹毒丝菌属（*Erysipelothrix*）

本属细菌为不产生芽孢，无运动性的革兰阳性杆菌，DNA 中 G+C 含量为（36～40）mol%。最早是由科克（Koch）于 1876 年从鼠身上发现的，Loffler 等于 1882 年从患丹毒病的猪体也分离到本菌。广泛分布于自然界，可寄生于多种动物，包括哺乳动物、禽类、昆虫和鱼类等。从不同寄主分离到的菌株经检验鉴定证明，其相互间的差异并不显著。种间命名是依其侵害的宿主而定，如从小鼠体内分离的菌株称为鼠败血丹毒丝菌（*E. muriseptica*），从人类丹毒分离的称类丹毒丝菌（*E. erysipeloides*），而从猪分离到的则称红斑丹毒丝菌（*E. rhusiopathiae*）。

红斑丹毒丝菌（*E. rhusiopathiae*）

红斑丹毒丝菌是引起猪丹毒的病原菌。又称猪丹毒杆菌（*Bacillus rhusiopathiae suis*）。偶尔可使人、鸟类和羔羊等发病，禽类也可感染，以成鸡发病较多。人类感染后可发生“类丹毒”。分布广泛，寄主较多，可从猪、羊、鸟和啮齿类动物分离到本菌。

[形态与染色] 在光滑型菌落中的菌体为（0.2～0.4）μm×（0.8～2.5）μm的短、细小、直或略弯的杆状；粗糙型菌落中的菌体形状多样，从短杆到长丝状，或呈链状排列。本菌无运动性，不形成荚膜和芽孢，易被苯胺染料着色，革兰染色阳性，陈旧培养物或老龄菌常被染成阴性，且菌体常有深染的颗粒。

[培养特性] 本菌为微需氧和兼性厌氧菌，最适生长温度为30～37℃。较适宜pH7.4～7.8。在血液琼脂或血清琼脂上生长较佳。在血液琼脂平板上培养24～28h后，生成针尖大、露珠样小菌落，菌落呈圆形、灰白色、透明。有的品系菌落周围可形成狭窄的绿色溶血环。在普通琼脂上生长较差，37℃培养24h长成透明露珠样菌落。

肉汤培养呈轻度混浊，摇动试管呈现出云雾状。有少量灰白色黏稠沉淀。粗糙型菌落和老龄培养物多形成絮块，悬浮于肉汤中或沉于管底。不形成菌膜或菌环。

明胶穿刺时生长情况特殊，沿穿刺线有横向成直角向四角发育的纤毛样生长，宛如试管刷状，是区别于李斯特菌的特征。不液化明胶。

[生化特性] 发酵活性较弱，由于品系和菌种来源不同，对糖发酵不规则并有较大差异。在加有5%马血清和1%蛋白胨水的糖培养基内，可发酵葡萄糖、单奶糖、果糖和乳糖，产酸不产气；一般不发酵甘油、山梨醇、甘露醇、鼠李糖、蕈糖、蔗糖、松甜糖、棉子糖、淀粉、菊糖和杨苷等。进行糖发酵时，加入酵母水解物效果较好。

本菌能产生大量硫化氢，不产生靛基质，不分解尿素，石蕊牛乳轻微产酸，不还原硝酸盐与美蓝。MR试验和VP试验阴性。本菌对青霉素、链霉素和新霉素敏感。

[抗原性] 本菌的抗原结构非常复杂，具有耐热抗原和不耐热抗原。根据菌体抗原对热、酸的稳定性，又可分为型特异性抗原和种特异性抗原。用特异性抗原作为分群基础，将其分为A、B、C、D、E、F、G及N等群。Dedie（1949）曾将本菌区分为A、B两个群和N型。A和B代表型特异抗原，N型菌中只有G，G代表种特异抗原。其抗原构造如下：A群菌为A+（B）+G；B群菌为（A）+B+G，或仅为B+G（括弧内指抗原量较少）。根据菌体抗原不同，Kuscler于1972年提出将丹毒丝菌分为22个血清型和1个N型，共23个血清型。血清型的分布也不同。一般从败血性猪丹毒病例分出的细菌多属于A型，从疹块型或关节炎型病例分出的多为B型，从慢性心内膜炎病例分出的则A、B型均有。从健康猪扁桃体分离的多为B、F型，禽咽喉部分以B及A型最多，鱼类主要是A、B、E、F及N型。

[病原性] 在自然条件下，本菌使猪发生猪丹毒，也可感染马、山羊、绵羊，发生多发性关节炎；感染鸡、火鸡后常致出现衰弱和下痢等症状。鸭感染后常取败血型经过，且常侵害输卵管。对小鼠、大鼠、家鸽、家兔等有较强的致病力。人亦可因接触上述动物及产品经外伤感染，发生类丹毒，并以局部红肿为特征，很少扩散。若发生菌血症，可引起心内膜炎、关节炎甚至死亡。

[抵抗力] 本菌在干燥状态下可活21d，在盐腌或熏制的肉内可存活3～4个月，水中存活4～5d，在阳光下能存活10d。对湿热的抵抗力较弱，加热55℃10min、60℃15min、70℃5min、均可致死。对一般化学消毒药较敏感，1%漂白粉、3%克辽林、3.5%甲酚和5%石炭酸5～15min可杀死。

[生态学] 传染源主要是病猪，其次是病愈猪和健康带菌猪。丹毒丝菌主要存在于病猪的肾、脾和肝，以肾的含菌量最多，主要经粪、尿、唾液和鼻分泌物排出体外。健康带菌猪体内的丹毒丝菌主要存在于扁桃体和回盲口的腺体内，也可存在于胆囊和骨髓里。据Wood等（1981）和Shuman（1971）报道，除猪以外，至少有50种野生哺乳动物和30种野鸟中分离出本菌，在一定条件下这些动物都可以成为传染源。

丹毒丝菌主要通过污染的土壤、饲料等经消化道感染，其次是皮肤的创伤感染，这是人感染本病的主要途径。另外，带菌猪在不良条件下抵抗力降低时，细菌也可侵入血液，引起内源性感染而发病。吸血昆虫和蜱可以成为传播本病的媒介。

不同日龄的猪均易感，但以3月龄以上的架子猪发病率最高。牛、水牛、绵羊、马、狗、鼠类、家禽及一些鸟类（孔雀、麻雀、鹌鹑、鹦鹉、金丝鸟、画眉）也有感染本病报道，但非常少见。人也可感染发病。实验动物中以小鼠和鸽子最敏感。

猪丹毒无明显的季节性，但夏季发生最多，严寒的冬春季节也有散发。多发于架子猪，哺乳猪和老猪很少发生。猪丹毒的发生有一定的常在性，呈散发或地方性流行发生。当存在某些非感染性疾病、有毒食物、气温过高或过低、疲倦、饲料突然改变等因素时，可促进本病发生。

类丹毒的发生季节与猪丹毒相同，呈散发，多发生于屠宰工人和渔民。

本菌通过消化道感染，进入血液，而后定殖在局部或导致全身感染。已知无致病力菌株对消化道上皮细胞黏附力差，且易被吞噬细胞吞噬，但致病菌株的黏附素和抗吞噬物质尚不清楚。未发现有外毒素，某些菌株可产生透明质酸酶和神经氨酸酶，后者可降解上皮细胞表面的神经氨酸，从而有助于细菌侵入机体。感染动物能产生神经氨酸酶抗体，已证实实验动物通过对该酶的主动或被动免疫可获得保护。

具有败血症形式的猪表现为发热、厌食、衰弱、呕吐，步态僵硬和行走困难。禽鸟的丹毒，尤其是火鸡，通常是一种败血症。绵羊多发性关节炎是绵羊感染猪丹毒丝菌的最普遍形式。其他动物如猪丹毒丝菌引起狗的关节炎和心内膜炎。

［**分离与鉴定**］病猪生前可采耳血或皮疹部组织作为培养病料。尸体材料可采取实质脏器或骨髓培养于血液琼脂和血清葡萄糖肉汤中。如疑材料腐败时，应着重选骨髓、肾脏或皮疹部病变组织作为培养病料。培养 48h，观察有无针尖大的小菌落生长。根据形态特征、生化反应及对小鼠、家鸽的致病性作出初步鉴定。

［**免疫**］患猪丹毒的猪康复后，可获得较强的免疫力。应用灭活强毒和致弱菌株研制疫苗较多。我国当前大规模使用了 4 种自行研制的猪丹毒活疫苗和灭活疫苗。

猪丹毒 GC42 弱毒冻干疫苗：为哈尔滨兽医研究所利用其培育的 GC 系弱毒菌株研制而成。可供注射及口服免疫接种使用。毒力稳定，安全性好，平均保护率为 96%以上，注射免疫期为 6 个月，口服为 9 个月。

猪丹毒 G4T（10）弱毒冻干疫苗：是江苏省农业科学院兽医研究所与南京药械厂共同研制成功的。是一种毒力稳定、安全性和免疫原性较好的疫苗，免疫期可达 6 个月。

猪丹毒氢氧化铝灭活疫苗：是用免疫原性良好的 2 型红斑丹毒丝菌，经甲醛灭活，加氢氧化铝胶吸附沉淀而成。免疫持续期可达 6 个月。加矿物油佐剂后免疫期可达 9 个月。

猪三联冻干疫苗：是用猪瘟、猪丹毒、猪肺疫弱毒（菌）株联合制成，皮下或肌内注射 1mL，即可使猪对三大传染病获得免疫力，免疫期分别为猪瘟 10 个月，猪丹毒 9 个月，猪肺疫 6 个月。

此外，世界范围内大量使用并证明安全性与免疫性较好的用于制苗的菌株有：日本的“小金井”，瑞典的“AV-R”和罗马尼亚的“VR-2”等，抗猪丹毒血清有牛源和马源两种。血清可用于紧急被动免疫。

第三节 棒状杆菌属（*Corynebacterium*）

本属菌为多形性的非抗酸性杆菌，菌体细长，直或微弯，一端常膨大呈棒状，革兰染色阳性。细胞着色不匀，可见节段染色或异染颗粒。多呈丛状或栅栏样不规则排列。无鞭毛、不运动，也不形成荚膜和芽孢。少数菌需氧而多数兼性厌氧，有的菌株需 5%～10%始能生长。培养基中加入血液或血清可促进生长。最适生长温度 37℃，适宜 pH7.0。多数菌可分解一些糖类产酸产气。除个别种外，接触酶均为阳性。广泛分布于自然界，多数为非病原菌或植物病原菌，少数能致人和动物疾病。DNA 中 G+C 含量为（51～63）mol%。代表种为白喉棒状杆菌（*C. diphtheriae*），系人白喉的病原体。

本菌属现有几十个正式菌种。曾归为本属的几种与兽医有关的棒状杆菌已划入其他菌属，如化脓棒状杆菌（*Actinomyces pyogenes*）归入放线菌属，马棒状杆菌现已分类于红球菌属而命名马红球菌（*Rhodococus equi*），猪棒状杆菌现划入真杆菌属改称猪真杆菌（*Eubacterium suis*）。肾棒状杆菌的 3 个血清型现已变成两个独立种：肾棒状杆菌Ⅰ型现称肾棒状杆菌（*C. renale*），肾棒状杆菌Ⅱ型和Ⅲ型现名为膀胱炎棒状杆菌（*C. cystitidis*）。本属菌的细胞壁组成与分枝杆菌和奴卡氏菌有不少共同之处，它们除具有共同的胞壁抗原外，还均含有阿拉伯糖、半乳糖、消旋二氨基庚二酸（mesoDAP）和分枝菌酸。故这 3 个菌属关系密切。不过，棒状杆菌的分枝菌酸的碳原子数为 32～36，比其他两属菌少得多。目前，与兽医有关的棒状杆菌主要有 6 种，生化鉴别特性见表 15－2。

表 15－2 与兽医有关的棒状杆菌生化特性鉴别

特 性	伪结核棒状杆菌	肾棒状杆菌	牛棒状杆菌	猪心棒状杆菌	膀胱炎棒状杆菌	库氏棒状杆菌
β溶血	＋	－	－	－	－	－/＋
葡萄糖	＋	＋	＋	－	＋	－/＋
麦芽糖	＋	d	－	－	＋	＋
蔗糖	－	－	－	－	－	＋
尿素酶	＋	＋	－	＋	＋	＋
明胶液化	－	－	－	－	－	－
水解七叶苷	－	－	－	－	－	＋
还原硝酸盐	－/＋	－	－	－	－	＋
消化酪蛋白	－	－	－	－	－	－

d：变化不定

伪结核棒状杆菌（*Corynebacterium pseudotuberculosis*）

伪结核棒状杆菌（*Corynebacterium pseudotuberculosis*）是 Nocarol 于 1888 年首先从牛体分离到的。分布于世界许多地区，是绵羊及山羊的干酪性淋巴结炎的病原菌，也是马、骆驼、鹿以及其他温血动物溃疡性淋巴管炎、脓疡及其他慢性化脓性传染病的病原。对牛和人亦偶见传染。1918 年 Ebersom 将其列入棒状杆菌属，并命名为伪结核棒状杆菌。

［形态与染色］ 本菌大小为（0.5～0.6）μm×（1.0～3.0）μm，呈球形或细丝状，常一端或两端膨大呈棒状。排列不规则，常呈歪斜的栅栏状。着色不均，菌体两端着色较深，有异染颗粒，不形成芽孢、鞭毛和荚膜。电子显微镜显示细菌细胞壁外有一层絮片状电子密集阴影，这可能是 Carne 等描述过的有毒性的表面类脂，革兰染色阳性。

［培养特性］ 本菌需氧及兼性厌氧，培养温度为 37℃，较适 pH7.0～7.2。在普通培养基上生长不良，添加血清可促进其生长。血清琼脂上的菌落为细小的颗粒样，半透明，边缘不整齐。时间延长后，变为不透明，呈现同心圆外观。菌落干燥而松脆。颜色因菌株的不同而呈乳白色乃至橙黄色。光滑型菌落则平滑、闪光，呈淡红色至红色。在含亚碲酸盐的血液琼脂上，生长出一致微黑色的细小菌落，带金属光泽，表面低平。

在血液琼脂上，培养 24h 生成黄白色、不透明、凸起、表面无光泽的菌落，直径约 1mm，周围常出现一圈狭窄的 β 溶血带。溶血素与本菌产生的外毒素有关。

在血清肉汤内，初轻度混浊，继之形成厚而松脆的菌膜。表面生长物有时沉至管底，形成粗大颗粒样沉淀，培养液变得澄清。

［生化特性］ 大多数菌株发酵葡萄糖、半乳糖、麦芽糖和甘露糖产酸；对乳糖、果糖、木胶糖、糊精、伯胶糖、甘露醇、甘油等发酵结果不定；对淀粉和蕈糖不发酵。硝酸盐还原不定。奈特（Knight）报告马源菌株还原硅酸盐为亚硝酸盐，而羊源则不还原。有些菌株可以水解尿素。例如从马慢性化脓病灶来源的 8 个株中，有 3 株能水解尿素。明胶液化也很不一致。DNA 中 G＋C 含量为（51.8～52.5）mol％。

［抗原性］ 所有菌株都产生抗原相似的毒素（Doty 等，1964）。细胞壁含有模式种和其他以阿拉伯

糖和半乳糖作为细胞壁主要糖类的棒状细菌所共有的抗原决定因子。

［病原性］ 托利（Tolly）报告称本菌的内毒素能增加血管系统的渗透性。豚鼠对本菌高度敏感，腹腔内注射大剂量本菌培养物时，很快产生中毒并死于腹膜炎。较小剂量或较低毒力菌株病变局限于阴囊，产生睾丸炎，后形成脓肿。在自然病例中由皮肤破伤感染，有的可能因摄食污染的饮料而感染，主要引起羊化脓性-干酪性淋巴结炎（伪结核），马溃疡性淋巴管炎、皮下脓肿，骆驼脓肝等病。人工接种对马和家鼠也可致病。

［抵抗力］ 本菌对低温及干燥有较强的抵抗力，但经66℃加热10～15min即死亡。0.25％福尔马林和2.5％石炭酸5～15min等可杀死本菌。

［生态学］ 现在的观点认为假结核棒状杆菌为动物寄生，只是偶尔定居在土壤中。剪羊毛、去尾和急压触诊是本菌感染绵羊的主要原因。而直接的接触、吞食该菌和节肢动物的叮咬是山羊感染的原因。动物受到感染的几率随着年龄的增加而提高，幼龄反刍动物的干酪样淋巴腺炎就是本菌引起的重要感染之一。

本病可常年发生，温凉山区以初春和秋末为高发季节，河谷亚热带地区发病无明显季节性，可能与虫媒—蜱的活动有关。也有人认为本病的发生与啮齿类动物的活动有关。

本菌也可以感染马，并且没有年龄的差异。马感染假结核棒状杆菌后，又称为马溃疡性淋巴管炎（ulcerative lymphangitis）。这是一种慢性传染病。“鸽热”局限于美国西部，每年的流行情况各不相同，似乎在潮湿的冬季后最严重。

伪结核棒状杆菌为细胞内寄生，其对吞噬溶酶体的抗性与其表面脂类相关。毒力可归因于PLD（也许是丝氨酸蛋白酶）和细胞壁脂类。细胞壁和外毒素启动并且扩增一种炎症反应。PLD损伤中性粒细胞、巨噬细胞和内皮细胞。伴随着感染形成脓肿，但当外毒素和（或）蛋白酶缺少或者被中和时，一般病变仅为局灶性。

马感染假结核棒状杆菌后，发生溃疡性淋巴管炎。本菌通过皮肤的损伤引起绵羊和山羊的干酪样的淋巴腺炎，本菌还可引起羔羊化脓性关节炎，以腕关节、跗关节较常见。本菌偶尔引起牛发生具有淋巴结参与的皮肤感染，这样的情况经常是急性的，并且能够流行。人感染假结核棒状杆菌后，可发生化脓性淋巴管炎，表现为体表淋巴管肿胀，有热痛及化脓等症状。

［分离与鉴定］ 从脓肿中采集脓汁接种在血液琼脂平板上，产生溶血、干燥的鳞片状菌落，容易识别。

［免疫］ 在感染过程中出现的抗体和细胞介导反应的作用尚不清楚，抗生素限制了脓肿的传播。干酪样的淋巴腺炎是进行性的，并且猪的脓肿会复发。

菌苗一类毒素组合至少能够预防绵羊的传播一年，并且引起山羊和马的保护性反应。在佐剂中，纯化的丝氨酸蛋白酶激发绵羊的一种保护性反应。通过构建敲除编码与毒力相关的特定基因的突变体，可以产生一种改造的激发抗体和细胞介导免疫反应的活性产物。这些改造的活疫苗是有效的免疫产物。

肾棒状杆菌（*Corynebacterium renale*）

肾棒状杆菌（*Corynebacterium renale*）仅可从泌尿道中分离到，在肾盂、输尿管、膀胱及肾组织中引起特征性炎症。又称牛肾脏杆菌（*Bacillus renalis bovis*）、牛肾盂肾炎杆菌（*Bacillus pyelonephritidis bovis*）。

［形态与染色］ 菌体呈粗短棒状，其一端较另一端稍粗。在渗出物或培养物中可见本菌由几个至数百个丛集成团。无运动性，不形成芽孢和荚膜。用一般染色剂也易着色，用美蓝染色有时可见条纹及颗粒。革兰染色阳性。

［培养特性］ 本菌为需氧及兼性厌氧菌，在常用的普通培养基中均能生长，但在含有少量血液或血清的培养基中生长最佳。在血液琼脂平板上，经37℃培养24h后，可见不透明微小菌落。48h后长成中等大菌落。较老的菌落呈不透明的象牙色，边缘参差不齐。菌落表面暗淡，不溶解红细胞。在肉汤及其

他液体培养基中，可见轻微混浊，但大部分生长物呈颗粒状沉淀。在石蕊牛乳中可见一种特征性的反应，先还原试管底部的石蕊，继之形成软的凝乳状物，后者慢慢被消化。最后，培养基分成深红色的液体及一大团沉淀。

[生化特性] 发酵葡萄糖产酸，而不氧化，不发酵麦芽糖、甘露醇、乳糖、蔗糖、柳醇。水解酪蛋白。还原硝酸盐，产生过氧化氢酶和尿素酶。DNA 中 G+C 含量为 53mol%。

[抗原性] 细胞壁糖类是阿拉伯糖、半乳糖和甘露糖；肽聚糖的二氨基酸是内消旋 DAP（Cummins & Harris，1956，一株菌）。至少已分出了 3 个血清型（Yanagawa，Basri 和 Otsuki，1967）；细胞壁含有其他以阿拉伯糖和半乳糖作为主要细胞壁糖类的棒状细菌共同的抗原决定因子（Cummins，1962，一菌株）。

[病原性] 本菌主要引起牛的细菌性肾盂肾炎，病牛呈现尿频，排尿困难，尿量少，尿中混有血液或出现尿毒症。病理检查可见肾肿大，有小坏死灶和化脓灶，肾盂增大，肾乳头坏死。偶可见于马和绵羊。

[抵抗力] 本菌对热、消毒剂或者抗生素的抵抗力不强。对大多数的抗生素敏感，如青霉素、氨苄青霉素、头孢菌素类、喹诺酮类药物、四环素类、头孢呋辛和甲氧苄氨嘧啶等。

[生态学] 分娩前后的牛会发生肾盂肾炎，表现为共生微生物的机会性感染。公牛很少被感染，传染可能因病牛的尿通过尾巴摆打污染健牛尿道生殖道口引起。摄食富含高蛋白豆类牧草的绵羊可能会导致“阴茎腐烂”（绵羊包皮炎）。

肾棒状杆菌的成员定居在牛或其他反刍动物的下端生殖道。偶尔，它们会参与绵羊、马、狗和非人饲养的反刍动物的尿道疾病，没有人被其感染的报道。本菌呈全球性分布。

通过直接和间接接触，本菌在动物间传播。人的临床病例可能是内源性的。

由黏附素介导细菌的向尿道上皮的吸附，引起尿素水解是该病产生的关键因素。产氨的尿素分解导致了炎症过程，并破坏尿中的高碱，使其抗细菌的作用降低，导致发病。

病牛主要表现发热、食欲不振和泌尿系统的刺激症状，发展为肾盂肾炎。绵羊表现为包皮炎（“阴茎腐烂”），主要发生于阉羊和公羊，引起阴茎包皮和邻近组织坏死的炎症。

[分离与鉴定] 无菌采集尿样，离心取沉淀接种普通琼脂或血液琼脂平板，37℃培养 24～36h 后，寻找特征性的菌落，挑取疑似菌落作纯培养鉴定。

[免疫学] 在感染的过程中，没有出现保护性免疫力。目前尚无有效的免疫学制剂。

其他四种细菌简述如下：

牛棒状杆菌（*Corynebacterium bovis*）：形态不规则，有时呈球杆状，常成排或成簇排列。在含 0.1%吐温 80 的营养琼脂上形成白色至乳白色菌落。存在于牛乳房中，可致轻度乳腺炎。

猪心棒状杆菌（*Corynebacterium suicordis*）：形态特点同本属菌，绵羊血平板上 37℃48h 培养可形成直径为 1～2mm 的白色、圆形、光滑的完整菌落，不溶血。CAMP 反应呈阴性。消化尿素酶，不液化明胶。可致猪的心包炎。

膀胱炎棒状杆菌（*Corynebacterium cystitidis*）：形态特点同本属菌，但有很多菌毛。24h 培养的菌落很少且呈白色，不溶血。不能在 pH5.4 肉汤中生长。分解木糖、淀粉和吐温 80，但不消化酪蛋白，也不还原硝酸盐。存在于公牛包皮内，可致母牛严重的出血性膀胱炎以及肾盂肾炎。

库氏棒状杆菌（*Corynebacterium kutscheri*）：又称鼠棒状杆菌（*C. murium*），形态特点同本属菌。分解尿素，还原硝酸盐，甲基红试验阴性，无溶血性。对大、小鼠可致淋巴结和肺等脏器组织的干酪样脓灶，但不形成肉芽肿，有别于假性结核病。

第四节　肾杆菌属（*Renibacterium*）

本属的唯一成员是鲑肾杆菌（*R. salmoninarum*），于 1950 年由 Earp 首先分离，1956 年 Ordal 和

Earp 在形态学基础上将其归入棒杆菌属的一个种（*Corynebacterium* sp.）；Sanders 和 Fryer 于 1980 年在对该菌生化特性研究的基础上，提出了肾杆菌属并建议将该菌命名为鲑肾杆菌。本菌是肾杆菌属的模式种，也是目前唯一的种。

鲑肾杆菌（*Renibacterium salmoninarum*）

本菌也被称为鲑鱼肾杆菌或鲑肾菌，是鲑科鱼类细菌性肾病（bacterial kidney disease，BKD）的病原菌。

［形态与染色］本菌为形状规则的短杆菌，菌体大小在（0.3～1.0）μm×（110～115）μm，常成双排列，有时呈短链状，并能呈现出多形性；革兰染色阳性，无荚膜，无鞭毛，无芽孢。

［培养特性］需氧。生长缓慢，最适生长温度为 15～18℃，在 37℃不生长；本菌在普通培养基上不能生长，半胱氨酸是生长所必需的，加入血液或血清能促进其生长，目前，常用的是肾病血清增菌培养基（KDM2）或肾病活性炭增菌培养基（KDMC）、选择性肾病培养基（SKDM）。病料接种在 KDM 2、KDMC 及 SKDM 培养基上培养一段时间后，鲑肾杆菌能形成有白色或奶油色光泽、表面光滑、中央突起、边缘整齐、针尖大小至直径 2mm 的圆形菌落。来自于病料的本菌在培养基上一般需要 2～3 周时间才出现可见菌落，但也有报道病料初次在 KDM2 培养基上需培养 8 周，在 SKDM 上需培养 12 周的时间才能长出可见菌落。若是老龄培养物（如培养 12 周），有时会形成颗粒状或结晶状菌落，通过菌落的横切片染色镜检可发现菌体被结晶质所包埋。在肉汤培养基中，有些菌株呈现均匀混浊生长，而有些菌株则可形成沉淀。

［生化特性］本菌属化能异养菌；糖酵解不产酸，触酶阳性，氧化酶阴性，不液化明胶，DNA 中 G+C含量为（53.0±0.46）mol%。

［抗原性］有记述本菌存在两种不同类型的抗原，但在抗原结构方面尚需进一步研究明确。目前，在本菌细胞壁的表面发现了一种热稳定的 57×10^3 的蛋白质类可溶性抗原，被记为 p57 或 MSA，与致病力有关，是所有分离株的共同抗原。

［病原性］本菌可致鲑科鱼类细菌性肾病，能引起野生及养殖鲑科鱼类大量的发病死亡，一般呈慢性经过，持续时间长。但有时也会引起急性暴发，特别是在适宜温度（13～18℃）下。感染后在肾脏、脾脏、肝脏上出现白色的脓肿点。

［抵抗力］本菌对红霉素、磺胺类药、青霉素、克林霉素、吉他霉素、螺旋霉素等抗菌类药物较为敏感，头孢雷啶、林可霉素、利福平等对其也有一定的抑菌作用。

［生态学］本菌广泛分布在大量养殖鲑科鱼类及出产鲑科鱼类的国家和地区，如加拿大、智利、英国、法国、德国、冰岛、意大利、日本、西班牙、美国和南斯拉夫等均有报道。本菌寄生于鲑科鱼类的肾脏、肝脏、脾脏等处。

［分离与鉴定］目前用于分离培养本菌的培养基主要有如前所述的 KDM2、KDMC 和 SKDM 等，较为普遍使用的是 KDM2 培养基。通常是将被检材料（病料液 0.1～0.2mL）接种于上述培养基平板，置 15～18℃恒温培养约 30d 待细菌长出后，选取典型鲑肾杆菌的菌落（见前面培养特性中所述）做成纯培养后供鉴定用。

形态检查常采用革兰染色方法；免疫学检验方法可在凝集试验的基础上增加直接荧光抗体试验、间接荧光抗体试验和酶联免疫吸附试验（ELISA）等方法检测；分子生物学检验方法目前采用 PCR 技术来检测和鉴定本菌。

［免疫］用疫苗免疫的效果欠佳。

第五节　放线菌属（*Actinomyces*）

放线菌是一大群单细胞微生物，介于丝状真菌与细菌之间，而又接近于细菌的一类丝状原核生物。

放线菌属是这类微生物的代表属之一。本属细菌革兰染色阳性，着色不均，非抗酸性，不形成芽孢，无运动性，裂殖繁殖，呈分枝状，大多腐物寄生。菌体纤细丝样，有真性分枝。以棍棒状、球状有细丝状或分枝状最为常见。丝状体直径 1μm 以下，菌丝的长度和分枝程度各菌株表现不一。

发酵碳水化合物产酸不产气，发酵葡萄糖的终产物有醋酸、甲酸、乳酸和琥珀酸，但无丙酸。不形成靛基质，尿素酶试验阴性，触酶试验阴性或阳性。

兼性厌氧或严格厌氧，CO_2 可促进丰茂生长。

本属具有病原性的种有牛放线菌（*A. bovis*）、衣氏放线菌（*A. israelii*）、猪放线菌（*A. suis*）、犬放线菌（*A. canis*）等。DNA 的 G+C 含量为（57～69）mol%。

表 15-3 几种常见的对动物有致病性的放线菌的生化特性

试验	牛放线菌	衣氏放线菌	猪放线菌	犬放线菌
硝酸盐还原反应	－	V	－	－
脲酶活性	－	－	－	－
七叶苷水解反应	V	＋	＋	－
利用甘露糖产酸反应	－	V	－	－
利用木糖产酸反应	－	＋	＋	＋
β-半乳糖苷酶	－	＋	＋	＋
α-葡萄糖苷酶	－	＋	＋	－
α-N-乙酰-β-葡萄糖苷酶	＋	－	V	＋
β-溶血	V	－	ND	ND
触酶	－	－	－	＋

注：＋，阳性；－，阴性；V，不确定；ND，未测定

牛放线菌（*Actinomyces bovis*）

牛放线菌（*A. bovis*）为牛常见的放线菌病的病原菌。1877 年由博林杰（Bollinger）首先发现并被确定。亦有侵害犬、鹿和马的报告。也能传染给狸，多局限于乳房。人亦能感染。DNA 的 G+C 含量为 63mol%。

［形态与染色］ 呈多种形态，因所处环境不同而异。在组织中形成肉眼可见的黄白色小菌块，颜色似硫黄而称“硫黄颗粒”。本菌似为一个缠结的菌团，中央部分由纤细而密集的分枝菌丝所组成。革兰染色，中央呈阳性，周边呈阴性。当压碎颗粒并染色镜检时，菌体呈菊花瓣状及多形性，菌丝末端膨大，向周围放射排列。本菌在培养物中，幼龄时呈棒状或短杆状，老龄时则常见分枝丝状或杆状，也可观察到少数无隔菌丝，直径 0.6～0.7μm。

［培养特性］ 兼性厌氧，在初分离培养时呈厌氧性。如果将培养基放在填充 10%～20% CO_2 的密闭容器中，本菌能良好生长。最适生长温度为 37℃，pH 为 7.2～7.4。将本菌在固体培养基内作震荡培养，在表面不能生长，其最适生长层位于表面下约 1mm 处，但在整个培养基中常见分散的菌落。

本菌在血清琼脂高层内穿刺培养，沿穿刺线的较下部分出现结节样生长物，而在表面或上部数厘米处则无生长。

在脑心浸液琼脂上，培养 18～24d 可见细小菌落，为圆形平整，表面有颗粒或平滑，质地柔软。在 37℃经 5～6d 培养后，菌落充分生长，直径可达 0.5～1.0mm。偶尔有的菌株形成绒毛样菌落。在血液琼脂平板上，菌落小，未见溶血。

在液体培养基内混浊生长，于管底形成沉淀，摇动时呈絮片状悬浮于液体中。沉淀物不破碎、不消散，有的菌株呈黏稠样生长，有的呈颗粒样，有时形成菌膜。

［生化特性］ 能缓慢发酵葡萄糖、果糖、乳糖、麦芽糖、蔗糖和杨苷，产酸不产气。发酵终末产物

包括乙酸、甲酸、乳酸和琥珀酸，但无丙酸。不发酵菊糖、鼠李糖、木胶糖。不能液化明胶。不还原硝酸盐。

[抗原性] 本菌2个血清型。免疫原性不强。

[抵抗力] 本菌存在于污染的土壤、饲料和饮水中，寄生于动物的口腔和上呼吸道中。对阳光的抵抗力较强，在自然环境中能长期生存。一般常用化学消毒剂均能达到消毒目的。对干燥、高热、低温抵抗力弱，有的试剂可将其杀死。对石炭酸抵抗力较强，对青霉素、链霉素、四环素、头孢霉素、林可霉素、锥黄素、磺胺类药物敏感，但因药物很难渗透到脓灶中，故不易达到杀菌目的。

[病原性] 本菌能引起牛放线菌肿，也可引起猪的乳房炎和马的鬐甲瘘。人工给豚鼠腹腔接种本菌，2周后在大网膜上能形成坏死病灶。牛、猪、马、羊易感染，人无易感性。主要侵害牛和猪，奶牛发病率较高。牛感染放线菌后主要侵害颌骨、唇、舌、咽、齿龈、头颈部皮肤及肺，尤以颌骨缓慢肿大为多见。

[分离与鉴定] 首先从病变部位取少许脓汁，用水稀释找出硫黄样颗粒，洗净后置载玻片上加入一滴15%氢氧化钾溶液，加盖玻片用力挤压，加热固定，用革兰染液染色，置低倍弱光下镜检，见有特征性菊花样菌块的结构，四周有屈光性较强的放射形棍棒状体，即可作出鉴定。

其次，将经多次洗涤后的硫黄样颗粒压碎，接种于鲜血琼脂或葡萄糖琼脂培养基上，作厌气培养。可见到粟粒大小、圆形、半透明、乳白色、不溶血的菌落。菌落表面光滑，无气生菌丝。

最后，将压碎的硫黄样颗粒加少许生理盐水，注射于豚鼠或家兔腹腔，经3～4周后扑杀剖检，在大网膜上见有灰白色小结节，外被包膜，取之作分离培养，较易成功。

衣氏放线菌（*Actinomyces israelii*）

衣氏放线菌（*A. israelii*）是牛骨骼和猪乳房放线菌病的主要病原菌。人亦可感染。DNA的G+C含量为60mol%。

[形态与染色] 本菌为一种不能运动、不产生荚膜和芽孢的革兰阳性杆菌。在培养物中呈短杆状或分枝菌丝状两种形态，在组织中形成放射状菌芝。一般染色剂易着染。

[培养特性] 本菌培养比较困难。在脑心浸液琼脂上形成表面粗糙、圆形、微隆起、有波齿样边缘的白色菌落。其中央为纤丝样分枝菌体组成，长短不一，而且没有突出的密集中心。有的菌株形成有短而屈曲纤丝边缘的菌落，或者是没有丝状边缘的粗糙紧密的菌落。在培养7～10d后，较大的菌落表观粗糙，直径2.5～3.0mm。在血液琼脂上一般不溶血，不形成气生菌丝，也不产生色素。

在液体培养基中经常表现为大小不等的颗粒样生长，培养液透明。有的菌株则呈均一混浊的黏稠生长。在高层琼脂培养基上培养时，于表面下见有一层分散存在的分叶样菌落。生长最适温度为37℃。在10%CO_2条件下可促进生长。

[生化特性] 本菌能分解葡萄糖、乳糖、麦芽糖、蔗糖、木胶糖、核糖、糊精产酸不产气。不分解甘油、山梨醇、糖原、福寿草醇和赤藓醇。接触酶试验阳性，不产生靛基质，还原硝酸盐，产生硫化氢，不液化明胶，石蕊牛乳变酸。

[抵抗力] 本菌抵抗力弱，一般消毒药物均可将其杀死。

[病原性] 本菌可致牛骨骼放线菌病和猪的乳房炎放线菌病。仓鼠和家兔可实验感染。人也可感染。

犬放线菌（*Actinomyces canis*）

犬放线菌（*A. canis*）是犬放线菌病的主要病原菌。本菌是条件性细菌，在正常的犬的口腔和肠道存在，又可侵害猫。

[形态与染色] 本菌为革兰阳性、非抗酸性的丝状菌，菌丝细长无隔，直径0.5～0.8μm，有分枝。菌丝在24h后开始时断裂成链状或链杆状。在病组织里呈颗粒状，直径1～2mm。

[培养特性] 本菌厌氧或者微需氧，培养比较困难。可在血液多添加血清等的营养培养基上生长，

生长较缓慢，需要 2～4d 才能形成肉眼可见的菌落，菌落较致密、灰白或瓷白色、表面呈粗糙的结节状。

[病原性] 本菌可致犬的肺脏、胸脏放线菌病及骨髓炎性放线菌病，一般腹部放线菌病很少见。亦可感染猫，不能直接感染人。

[生态学] 本菌在世界上广泛分布，正常动物的口腔和肠道也存在。

[分离与鉴定] 最主要和简单的方法是从化脓性材料寻找硫黄样颗粒进行压片检查，或者对病料进行革兰染色初步掌握病变细菌感染情况。确诊需要从化脓病灶或穿刺组织中分离出放线菌并进行鉴定。

第六节 杆放线菌属（*Actinobaculum*）

杆放线菌属的菌体形态为直或微弯曲的细杆或棒状菌，有的有分枝，大小为（0.3～0.8）μm×0.8μm，菌体单在或呈 V 形或栅栏样排列，不能运动，不形成芽孢。一般不会出现溶血现象，革兰染色阳性，非抗酸性。DNA 的 G+C 含量为（55～57）mol%。

本菌属为兼性厌氧菌，通常需要营养丰富的培养基，如含有血清或血液的培养基，菌落呈隆起状，有光泽，半透明。大多数菌种发酵葡萄糖，产酸不产气。触酶阴性，不还原硝酸盐，不液化明胶，不水解七叶苷。在自然界分布广泛，主要寄生于哺乳动物的黏膜和皮肤，某些菌种对哺乳动物有致病性。

本属细菌有 3 个种属，对动物具有病原性的种有 2 个，即猪杆放线菌（*A. suis*）和沙氏杆放线菌（*A. schaalii*）。

表 15-4 几种常见的对动物有致病性的杆放线菌的生化特性

试 验	菌种	猪杆放线菌	沙氏杆放线菌
硝酸盐还原反应		－	－
脲酶活性		＋	－
七叶苷水解反应		－	－
利用 L-阿拉伯糖产酸反应		－	V
利用蔗糖产酸反应		－	V
利用麦芽糖产酸反应		－	＋
利用甘露糖产酸反应		－	－
利用木糖产酸反应		－	＋
β-半乳糖苷酶		＋	－
α-葡萄糖苷酶		ND	＋
α-N-乙酰-β-葡萄糖苷酶		ND	－
β-溶血		－	－
丙氨酸-苯丙氨酸-脯氨酸芳基酰胺酶		＋	＋
碱性磷酸酶		＋	－
丙氨酸芳基酰胺酶		＋	＋
甘氨酸芳基酰胺酶		＋	＋
亮氨酸-甘氨酸芳基酰胺酶		＋	＋
酪氨酸芳基酰胺酶		＋	＋

注：＋，阳性；－，阴性；V，变化不定；ND，未测定

猪杆放线菌（*Actinobaculum suis*）

猪杆放线菌（*A. suis*）最初被命名为猪棒状杆菌（*Corynebacterium suis*），1957 年由 Soltys 等人在

厌氧条件下从患膀胱炎和肾盂肾炎成年猪的尿液和病组织中分离得到。先后改名为猪真杆菌（*Eubacterium suis*）、猪放线菌（*Actinomyces suis*）。1997 年，Lawson 等定名为猪杆放线菌，以免与呈革兰阴性的猪放线杆菌（*Actinobacillus suis*）相混淆。DNA 的 G+C 含量为 55mol%。

[形态与染色] 本菌呈现多形态，短的近似球状，长的一端或两端膨大呈棒状，常单在或成丛或栅栏样排列，2～3μm 长，0.3～0.5μm 宽。无鞭毛，不能运动。不产生芽孢。用奈氏法或美蓝染色，有异染颗粒，似短链球菌状。革兰染色阳性。

[培养特性] 具厌氧性。最适生长温度为 37℃。在普通培养基中生长缓慢，加入 0.5%～1.0%麦芽糖、血清或血液生长良好。在血液琼脂上 37℃厌氧培养 3～4d 后能出现小的、圆形的透明菌落，无溶血性。当培养在 10%牛乳琼脂，在菌落周围不会呈现透明环带。

[生化特性] 发酵葡萄糖、麦芽糖、淀粉并产酸，产生尿素酶。

[病原性] 引起猪泌尿系统的炎症，病变主要见于尿道和膀胱，也可波及输尿管和肾盂。有时亦会造成母猪流产。实验动物对本菌的人工感染呈现抵抗性，不容易经人工感染发病，但接种本菌加 5%皂素，直接接种到肾脏内，使造成肾脏前期损伤。

[抵抗力] 本菌在 80℃加热 10min 即不能存活。

[分离与鉴定] 取尿内脓块接种于血琼脂上，37℃厌氧培养 3～4d 即可长出菌落，分离得到纯培养后进行鉴定。

沙氏杆放线菌（*Actinobaculum schaalii*）

沙氏杆放线菌（*A. schaalii*）是从人体的血液和尿液中发现的新的种，可能引起泌尿道感染。DNA 的 G+C 含量为 57mol%。

[形态与染色] 本菌革兰染色阳性，直杆状或略弯曲，有的有分枝，不运动，非抗酸性，不形成芽孢。

[培养特性] 本菌为兼性厌氧菌，一般厌氧培养 3d 可见到菌落，在含有马血和羊血的琼脂培养基上生长良好。本菌在含有哥伦比亚羊血琼脂培养基下，35℃无氧培养 48h，可出现灰色的小菌落。一般不会出现溶血现象。

[生化特性] 发酵葡萄糖、麦芽糖、核糖并产酸，尿素酶试验阴性。过氧化氢酶和氧化酶阴性。

[抵抗力] 本菌对克林霉素和 β-内酰胺类抗生素等敏感。

[病原性] 本菌可引起人的泌尿系统的炎症。

[分离与鉴定] 取血液或尿液接种于血琼脂上，35℃厌氧培养 48h 即可长出菌落，分离得到纯培养后进行鉴定。

第七节　嗜皮菌属（*Dermatophilus*）

一类无芽孢、不耐酸、能长成狭窄分枝菌丝的革兰阳性细菌。本属有多个菌种，但与兽医学有关的种只有刚果嗜皮菌（*D. congolensis*），可感染马、牛、羊等，通常叫做皮肤链丝菌病（cutanecos streptothricosis）、真菌性皮炎、羊毛结块病（lumpy wool）、草莓样腐蹄病（strawberry foot-rot）、皮肤放线菌病以及嗜皮菌病（dermatophilosis）的病原菌。

刚果嗜皮菌（*Dermotophilus congolensis*）

刚果嗜皮菌（*Dermotophilus congolensis*）是牛、马、绵羊、山羊、鹿、大羚羊和家兔等多种动物的皮肤的专性寄生菌，引起此类动物嗜皮菌病。又称刚果放线菌（*Actinomyces congolensis*）、牛链丝菌（*Streptothrix bovis*）、刚果四联球菌（*Tetragenus congolensis*）。首先由 Van Saceghem 于 1915 年报道于刚果。发现嗜皮菌病的病原为本菌故名。随后相继在尼日利亚、英国、澳大利亚、新西兰、阿根廷、肯尼亚、美国、加拿大和印度等地发现。

[形态与染色] 本菌为无芽孢、不耐酸、能长成特征性的分枝菌丝的革兰阳性细菌。本菌从菌端膨大开始时横行，后纵行分隔而形成八叠球菌状包团，释放后成熟为圆形厚壁孢子。有感染力阶段孢子有许多鞭毛，而且能在水中活泼运动。

[培养特性] 在脑、心浸汁琼脂和血液琼脂培养基上生长良好。菌丝四散分开，孢子上有鞭毛向外移动并长出新的菌丝。因不同培养基、培养条件，即使同一菌株的菌落形态也有差异。在鲜血琼脂培养基和有氧条件下，于37℃培养2～3d，即可长成针尖大小的粗糙菌落。最初呈灰白色，随培养时间延长而变为淡黄色，有时产生黏性并黏着于培养基上。可能发生β溶血，并可在液体培养基上产生菌膜。在有氧、厌氧环境下均能生长，在添加10%二氧化碳条件下比一般需氧培养发育良好。

[生化特性] 本菌能凝固牛奶，通常能缓慢液化明胶。能发酵葡萄糖、果糖和菊糖产酸。分解糊精、半乳糖、左旋糖和蔗糖的能力不一。不发酵伯胶糖、卫矛醇、乳糖和山梨醇。产生过氧化氢酶和尿素酶。不还原硝酸盐。

[抗原性] 本菌具有相似的菌体抗原、溶血素和沉淀抗原。鞭毛抗原显现出很大的变异性。

[病原性] 不同年龄的动物都可发病，品种对嗜皮菌病的抵抗力有差异。牛、羊、马、骆驼、鹿和其他食草动物为自然宿主，也可感染人、猴、两栖类动物（龟、蜥蜴）、猫、狗、狐、猪、豚鼠、小鼠、家兔。家禽对其有抵抗力。游动性孢子在条件适宜时，可侵入未角质化的表皮，引起多种动物的皮炎，亦可引起绵羊的草莓样腐蹄病。

[生态学] 本菌是牛、绵羊、鹿及其他动物皮肤的专性寄生菌。病畜和带菌动物为本病的主要传染源。主要通过接触或吸血昆虫传染，由于皮肤损伤、温度和雨水的相互作用，促使细菌的感染而发病，故呈现出一定的季节性和地区性流行，多发生于多雨季节及热带、亚热带地区。

[抵抗力] 不能在土壤中存活。本菌有感染力的形态是能运动的游动孢子，在潮湿环境中仅能存活几小时，但已干燥的孢子则能长期存活，在干燥病痂中可存活42个月。

[分离与鉴定] 取病变部结节痂皮进行无菌处理，研磨制成悬液，或取病灶脓汁涂片，进行细菌学常规检查。菌丝和孢子对一般苯胺染料容易着色，可观察到菌体呈分枝丝状和圆形球状或椭圆形孢子。应用ELISA、间接免疫荧光法、免疫扩散反应、凝集试验、单克隆抗体技术对该病的诊断均有一定特异性。

[免疫性] 本菌感染动物后，该动物既能产生体液免疫，也能产生细胞免疫。用本菌制备的菌苗对绵羊和牛的免疫效果不确实。本菌存在抗原和毒力差异性，这给免疫失败的原因提供了一定的依据。

第八节 分枝杆菌属（*Mycobacterium*）

本属成员均为好氧、平直或微弯细长的革兰阳性杆菌，菌体大小（0.2～0.6）μm×（1.0～10）μm，无鞭毛，无芽孢，无荚膜。因本属菌富含类脂质，不易着色，若加温或延长染色时间使之着色后，能抵抗盐酸酒精的脱色作用，称之为抗酸性杆菌。本属细菌DNA的G+C含量为（62～70）mol%，按细菌生长速度和营养要求可分为缓慢生长、迅速生长和需要特殊营养要求3个群。生长缓慢的菌株需要2～6周长成菌落，而生长较快的菌株在3d内即可长成菌落，有的菌株对营养要求比较特殊，一般在试管内不能生长。

本属细菌广泛存在于自然界中，1997—2003年新确定的种就有17个，至2003年底，该属已确定的种有95个，其中对人、动物有致病性的重要的有结核分枝杆菌（*M. tuberculosis*）、牛分枝杆菌（*M. bovis*）、禽分枝杆菌（*M. avium*）和副结核分枝杆菌（*M. paratuberculosis*）。另外，从环境、人和动物体分离到的90多个已知的非结核分枝杆菌（non-tuberculous mycobacteria，NTM）中，大多数菌种以腐生菌的形式存在于环境中，但有超过1/3的菌种与人的肺部、淋巴组织、皮肤组织及骨组织疾患相关，尤其是其对患有艾滋病等免疫缺陷病人的生命构成了严重的威胁。另外，像分枝杆菌（*M. elephantis*）和田鼠分枝杆菌（*M. microti*）等也引起了人们的重视。

结核分枝杆菌（*Mycobacterium tuberculosis*）

结核分枝杆菌（*Mycobacterium tuberculosis*）原为结核分枝杆菌人型，现被定为分枝杆菌属的代表种。1882 年 Baumgarten 首次从组织中发现结核菌。同年 Koch 成功地用碱性美蓝染色和俾斯麦棕复染，在组织中检出了本菌。采用这种方法染色，本菌保持蓝色，其他杂菌和组织被复染为棕色。他还发现本菌能在用凝固牛血清制成的培养基内纯粹繁殖，并用这种培养物在试验动物中成功地复制了结核病，从而证明了结核分枝杆菌是结核病的病原菌。据 WHO 统计表明，结核病在世界范围内呈现上升趋势，目前全世界有 1/3 的人感染结核分枝杆菌，每年约 300 万人死于肺结核，它是导致成人死亡最主要的传染病，耐药性和多重耐药性结核杆菌的大量出现，结核分枝杆菌能增强 HIV-1 病毒在体内的繁殖，又给结核病的控制带来更大的困难。目前，已有 3 株结核分枝杆菌的全基因组完成了测序，分别为 H37Rv 株、CDC1551 株和 210 株。

［**形态与染色**］本菌在病变组织和培养物内均较为细长、直、或微弯杆状，菌体大小为（0.2～0.6）μm×（1.5～4）μm，两端钝圆，不产生荚膜和芽孢，无运动性。病灶组织涂片上，细菌形态比较一致，单在、成双、或呈 V、Y、人字形排列，间或成丛。在陈旧培养基上或在干酪变性病变组织内，菌体可见分枝现象。

本菌革兰染色为阳性，菌体内有 2～3 个或更多浓染的圆形小颗粒。由于本菌细胞壁中的脂类成分含量远高于一般细菌，所以一般染料较难使菌体着色，经齐尼二氏（Ziehl-Neelson）抗酸染色法着染后，本菌为抗酸性杆菌被染成红色，而其他非抗酸性细菌被染成蓝色。

［**培养特性**］本菌为专性需氧菌，对营养的要求严格。培养基主要分为以鸡卵和琼脂为基础的两种培养基。为了使结核杆菌达到快速生长的目的，需加入血液、椰汁、平菇液等不同营养成分，从而配制出各种不同的培养基。致病性菌株最适 pH 为 6.5～6.8，最适生长温度为 37～37.5℃。初次分离培养时本菌在含蛋黄、血清、牛乳、马铃薯和甘油的培养基中易于生长，常用的培养基有改良罗氏（Lowenstein-Jensen Medium，L-J）培养基、丙酮酸培养基、小川培养基等。保存较久的菌种可在不含蛋白质而仅含无机盐、铵盐、氨基酸、维生素和葡萄糖等物质的综合培养基上生长。本菌生长速度缓慢，尤其是在固体培养基上进行初代分离培养时，常需要在 37℃培养 3～4 周才能看到菌落。在培养基中加入少量铁质，5%～10%的 CO_2 或 5%的甘油可刺激其生长。菌落开始呈细小的暗晦的蒲片，渐渐增厚，形成干燥而不规则的团块，突出于培养基表面。菌落呈微黄色，如暴露在光线下，就可从深黄色渐变为砖红色。当培养物适应在培养基上生长后，菌落可融合起来覆盖整个培养基表面，形成粗糙、蜡样的菌苔，培养几周后，菌苔增厚并起皱。在甘油肉汤等液体培养基内生长时，可形成多皱的菌膜，附在管壁上，培养基一般保持清朗。如向液体培养基内加入吐温-80 作湿润剂，不仅能刺激生长，并能湿润细胞表面，使细菌在液体中均匀生长，不形成菌膜和菌块。

［**生化特性**］本菌不能发酵糖类，能产生尿素酶、烟酸和烟酰胺酶，并能将硝酸盐还原为亚硝酸盐。烟酰胺能抑制其生长，而噻吩二羧酸酰肼则不能抑制其生长。

［**抗原性**］结核分枝杆菌具有较厚的细胞壁，细胞壁内含有蛋白质、脂质和多糖等成分，细胞壁组分具有增强对 T 细胞依赖性抗原作用，如刺激 T 细胞增殖；激活巨噬细胞、增强其吞噬能力并产生淋巴细胞激活因子；增强白细胞的趋化作用以及增强迟发性变态反应等。

目前，研究较多的是结核分枝杆菌的几种分泌蛋白及主要的膜蛋白，这些蛋白能首先引起机体的特异细胞免疫反应及长效保护性免疫，如仅在结核菌复合物中含有的 16×10^3 蛋白抗原是一小分子的热休克蛋白，也是结核分枝杆菌主要的膜蛋白，结核分支杆菌 38×10^3 蛋白质抗原、分泌蛋白 Ag85A、38×10^3、ESAT6、CFP10、KatG、Mtb81、MPT64、MTB48、MTB12、MTB8、MTC28、MPT32、MPT63、MPT51、19×10^3、14×10^3、Mtb814 抗原等具有强免疫性，具有开发诊断试剂和疫苗应用的潜力。

结核分枝杆菌细胞壁中脂质成分含量极高，可达 60%，这与结核分枝杆菌基因组中有大量编码脂肪酸代谢酶的基因有关。结核分枝杆菌有 250 多个编码脂肪酸代谢酶的基因（大肠杆菌仅有 50 个），编码了大量与脂质代谢有关的酶，构成 FASⅠ和 FASⅡ两种脂肪酸合成酶系统。FASⅡ型系统可合成蜡样的结核菌醇二分枝菌酸，它是一种致病分枝杆菌细胞壁上含量丰富的特有成分。目前，尚不能全局性地分析脂质组成情况，但是脂基因组学（lipogenomics）的方法可能是未来研究的重要组成部分。

细胞壁中的蛋白质可使机体产生抗体，而其中之一称"结核蛋白质"（tuberculoprotein），即结核菌素，与蜡酯结合，可引起机体产生迟发性变态反应。多糖与脂质结合成脂多糖，则能引起机体发生速发性过敏反应，也可抑制抗原与抗体反应。

核蛋白体核糖核酸（rRNA）是结核分枝杆菌的免疫抗性抗原，其主要作用是促使效应 T 细胞，配合巨噬细胞增强吞噬消化结核分枝杆菌的能力，引起机体产生特异性细胞免疫力。

［病原性］ 结核分枝杆菌能感染人、猴以及其他灵长类，具有较强致病性，对与人接触密切的动物如牛、猪、狗、猫等具有中等毒力，也能感染马和羊。实验动物中，豚鼠对本菌敏感，皮下注射后，经 2 周局部淋巴结肿大、变硬，逐渐形成溃疡，破溃后有脓性物排出，始终不愈合，5～6 周后病变扩展到全身，动物最终因衰弱而死，剖检可见全身淋巴结、肝、脾、肺均有弥漫性结核结节。

结核分枝杆菌通过呼吸道、消化道、破损的皮肤或黏膜感染易感动物，成功感染需多个阶段，但目前认为最为关键的环节为：①结核分枝杆菌抵御巨噬细胞的消化并在其中成功繁殖；②修饰宿主的免疫反应，使宿主能够控制但不能根除细菌；③在宿主中相对不活跃地持续存在而保留被激活的潜力。

感染结核分枝杆菌后是否发病取决于所感染菌的数量和毒力，结核分枝杆菌不产生内毒素、外毒素和侵袭性酶类，其致病性可能与细菌在组织细胞内大量增殖，代谢物质的毒性以及机体对菌体成分产生的免疫损伤有关。一般地说，细菌活力越强致病能力越强。结核分枝杆菌细胞壁中含有的多种和大量的类脂质、蛋白质、多糖质和其致病性密切相关，本菌主要依靠这些成分逃避机体的免疫系统在体内生存，并形成病理损害。结核分枝杆菌基因组中有 9%基因组编码与结核杆菌抗原变异、逃避免疫功能有关的富含甘氨酸蛋白质新家族，即富含甘氨酸、丙氨酸新的蛋白家族和富含甘氨酸、天冬氨酸的新的蛋白家族。多糖质与脂质结合成脂多糖，能引起局部病灶内细胞浸润；类脂质中主要含有磷脂、脂肪酸和蜡酯，磷脂能引起结核感染组织病变和干酪样坏死；脂肪酸中的分枝杆菌酸可致形成结核结节。

有毒力的结核分枝杆菌表面含有一种糖脂物质，称索状因子［cord factor，其化学成分为 6，6 二分枝菌酸海藻糖（trehalose - 6，6 - dimycolate）］。在其作用下可引发慢性肉芽肿。无毒力的菌株则不含索状因子。

研究表明，结核分枝杆菌释放分枝杆菌细胞壁上的碳水化合物/脂质进入巨噬细胞吞噬网络，可高效地从感染的巨噬细胞转移到未感染的巨噬细胞，这些组成成分的释放可能会影响细胞间和细胞内的生理过程。

关于结核分枝杆菌释放的组分调节细胞因子表达和启动了参与免疫的细胞的凋亡已成为结核分枝杆菌致病机理研究的热点。

目前，对于结核分枝杆菌基因组序列的有效利用，比较基因组学和功能基因组学技术，以及通过应用微阵列技术，签名标记突变技术和互补研究的应用，一些与细菌致病性有关的基因，如毒力相关基因、结核分枝杆菌与巨噬细胞相互作有关的基因、与菌休眠相关的基因、与持续感染有关的基因、与营养代谢有关的基因、耐药基因等不断被发现，对结核杆菌胞内生活周期和发病机制的认识将达到一个新的水平。

［抵抗力］ 本菌含有大量的类脂和蜡质成分，对外界环境和干燥的抵抗力较强，在干燥的痰、病变组织和尘埃内可生存 6～8 个月，在阴暗处可生活数周。对低温抵抗力强，在冰点以下能生活 4～5 个

月。对湿热只有中等抵抗力，60℃ 30min 即失去活力。本菌对紫外线敏感，直射阳光照射 1h 后菌数迅速减少，照射 4h 可全部杀死，痰内菌体经紫外线照射 0.5～2h 后死亡。一般消毒剂对本菌的杀菌作用不大，5%石炭酸或 2%三甲酚需作用 12～24h 始能杀菌，3%福尔马林作用 3h 仍可存活。本菌对 4% NaOH、3% HCl 和 6% H_2SO_4 有较强的耐受性，对低浓度的结晶紫、孔雀绿等染料有抵抗力，培养基中含有此类染料不会影响本菌生长，因此，在实验室，通常用酸、碱处理病料中的杂菌，在培养基中添加上述染料以达到控制杂菌的目的。

[分离与鉴定] 被检材料经处理后，取其沉淀作为培养材料。初次分离最好同时用两种或两种以上的固体培养基。接种时每一标本同时用 4～6 支培养基。按种后加棉塞，外面用融化的固体石蜡封口，以防干燥。然后斜置，使标本充分附着于培养基的表面，置 37℃培养 1 周后，再将试管直立，继续培养并观察生长情况。常用豚鼠或地鼠鉴别疑似结核杆菌的分离培养物和毒力测定。

[免疫性] 结核杆菌是一种兼性胞内病原菌，宿主抗结核免疫主要依靠细胞免疫。人类对结核分枝杆菌的感染率很高，但发病率却较低，这表明人体感染结核分枝杆菌可获得一定的抗结核免疫力，抗结核免疫力的持久性，依赖于菌体在机体内的存活，一旦体内结核分枝杆菌消亡，抗结核免疫力也随之消失，这种免疫称为有菌免疫或传染性免疫。当机体初次感染结核分枝杆菌时，细菌在体内迅速繁殖并扩散，经一定时间，菌体蛋白质与蜡质一同刺激 T 淋巴细胞，形成迟发性变态反应。此时体内致敏 T 细胞大量增加，遇到结核分枝杆菌时即与其结合，放出淋巴因子，引起迟发性变态反应，可阻止细菌增殖与扩散，甚至将其杀灭，使机体产生一定的防御作用。近年来，实验研究证明，结核分枝杆菌细胞免疫与迟发型变态反应是由不同的 T 淋巴细胞亚群介导和不同的淋巴因子介导的，是独立存在的两种反应。

法国学者 Calmett 和 Guerin 于 1906 年，将一株牛分枝杆菌通过含有牛胆汁和甘油的马铃薯培养基，经过 13 年 230 次的传代驯化，使其毒力明显减弱，制成弱毒活菌疫苗，称卡介苗（BCG），由于 BCG 的广泛应用，结核病的预防取得明显效果。但 BCG 本身的缺陷很明显：作为全菌疫苗，菌体中对免疫功能无作用、甚至起抑制作用的成分同时存在于疫苗中，BCG 使结核菌素的皮试出现阳性反应，失去了其作为结核分枝杆菌感染诊断实验的应用价值，免疫缺损病人如 AIDS 病人接种 BCG 危险性更大，获得性抵抗力随着 BCG 免疫后的时间推移而降低等等。由于这些原因，美国和其他几个国家都不用卡介苗。筛选保护性抗原、构建新型疫苗（例如亚单位疫苗）以及进行免疫机理的深入研究，对预防结核分枝杆菌感染具有重要的意义。

牛分枝杆菌（*Mycobacterium bovis*）

牛分枝杆菌（*M. bovis*）与结核分枝杆菌有密切关系，它能在牛、猪、马、人，偶然在猫和绵羊中引起结核病。本菌可在多种野生动物及家畜宿主间水平传播，由于缺少有效的控制措施，本菌引起的结核病例呈上升趋势，尤其是在非洲。目前普遍认为，本菌在动物间的传播如不能得到有效控制，人类的结核病是无法从根本上得到控制的。

[形态与染色] 本菌为细长、直或微弯的革兰阳性杆菌，比结核分枝杆菌稍短、粗，染色特性同结核分枝杆菌。

[培养特性] 本菌为专性需氧菌，在添加特殊营养物质的培养基上才能生长，生长缓慢，细菌繁殖的世代间隔时间为 16～20h。与高度好氧的结核分枝杆菌不同，本菌初代分离株在甘油培养基上生长很微弱，散布在液体、半固体或固体琼脂培养基中，培养物生长在培养基内，而不在表面，重复移植可适应于有氧生长。在鸡蛋培养基上 37℃培养 21d 或更长时间后，产生边缘不规则的白色小菌落。

[生化特性] 本菌不能发酵糖类，能产生尿素酶。区别于结核分枝杆菌的生化特性是不产生烟酸和烟酰胺酶，不还原硝酸盐，噻吩二羟酸酰肼能抑制其生长。

[病原性] 本菌主要对牛有致病性，奶牛最易感，其次为水牛、黄牛、牦牛。此外，本菌尚能使猪、

绵羊及山羊等其他家畜、梅花鹿、马鹿、驯鹿和黑鹿等野生反刍动物，人、灵长类动物感染，实验动物中豚鼠、家兔最为易感。

患结核病牛是本病的主要传染源。牛型结核分枝杆菌随鼻液、痰液、粪便和乳汁等排出体外，健康牛可通过被污染的空气、饲料、饮水等经呼吸道、消化道等途径感染。潜伏期一般为10～45d，有的可长达数月或数年。本病通常呈慢性经过，临床以肺结核、乳房结核和肠结核最为常见。在肺脏、乳房和胃肠黏膜等处形成特异性白色或黄白色结节，结节大小不一，切面干酪样坏死或钙化，有时坏死组织溶解和软化，排出后形成空洞。胸膜和肺膜也可发生密集的结核结节，形如珍珠状。

[免疫] 将卡介苗接种于生后1个月犊牛的皮下，菌量为100mg，经20d即可产生免疫，其免疫性可维持12～18个月。因此，每年应接种一次。但由于被接种牛长期保持变态反应阳性，与病畜不易分开，所以不能作结核菌素检查。卡介苗在预防家畜结核病的工作中尚未广泛应用。

[分离与鉴定] 采集病牛的病灶、痰、尿、粪便、乳及其他分泌物样品，作抹片或集菌处理后抹片，用抗酸染色法染色镜检，并进行病原分离培养和动物接种等试验。

禽分枝杆菌副结核亚种（*Mycobacterium avium* subsp. *paratuberculosis*）

副结核分枝杆菌（*M. avium* subsp. *paratuberculosis*，MAP）是引起副结核病的病原菌。最早在德国由Tohne和弗罗辛厄姆（Frothingham）于1895年从病牛组织中发现。1911年Twort用人工培养基成功地分离出本菌。本菌主要感染牛、绵羊、山羊，一些野生动物如野兔、野猪和野牛等动物中也分离到该病原菌，甚至在一些食肉鸟类、灵长类动物及人体内也发现了副结核分枝杆菌。近年来的研究结果表明：副结核分枝杆菌与禽分枝杆菌有较多的相似性，变态反应也与禽分枝杆菌存在明显交叉，因此将其改名为禽分枝杆菌副结核亚种。

[形态与染色] 本菌在组织和培养物中均为短粗杆状，大小为（0.2～0.5）μm×（0.5～1.5）μm。在病料中常排列成丛，这种排列方式有助于对本菌的鉴定。本菌革兰染色阳性，染色呈强耐酸和耐乙醇特性，抗酸性染色阳性。本菌不产生芽孢和荚膜，无运动力。

[培养特性] 本菌为专性需氧菌，培养最适温度为37.5℃，最适pH为6.6～6.8，但生长缓慢，属慢生长菌，培养较为困难，尤其是初代培养。在含有蛋白质的4%甘油及10%结核分枝杆菌素或已死的结核分枝杆菌、草分枝杆菌浸液等培养基有利于其生长。

欲从病料中分离培养本菌，可接种于改良小川氏培养基，在37.5℃培养6周后，在培养基上长成细小灰白色菌落，待本菌适应于培养基后，即使不再加抗酸性菌浸液也可生长。

本菌在液体培养基上一般难以生长。用甘油肉汤或综合培养基则较易成功。初代培养时一般必须在这些培养基中加入结核分枝杆菌素，但经数次传代后，许多菌株即使在不加上述物质时也可生长。已适应肉汤培养的菌株，可生长发育成有皱褶的干燥、粗糙的菌膜，培养基的下层则清亮。

[抵抗力] 本菌对热和化学的抵抗力与结核分枝杆菌大致相同。但对湿热的抵抗力较差，60℃ 30min、80℃ 5min可杀死本菌。耐酸、碱和安替福民。本菌在灭菌水中能存活9个月以上，在牛乳和甘油盐水中可保存10个月。自然感染病畜的粪便，在大气中保持潮湿时，245d后仍可分离出活菌，在牛和猪圈的粪浆中也能存活数周。

对消毒剂的抵抗力较弱，在3%～5%石炭酸溶液中5min、3%煤酚皂30min、3%福尔马林20min、10%～20%漂白粉20min均可杀死本菌。

[病原性] 本菌可使牛发生典型副结核病。绵羊、山羊、骆驼和鹿对本菌易感，马、水牛有自然感染的报告。在实验动物中，家兔、豚鼠、小鼠、大鼠、鸡、狗等均不易感。但感染本菌的小鼠在肠道中可产生病变。以本菌大剂量（100～200mg）接种于家兔腹腔时，可形成少数干酪样结节，但不呈明显症状。

[分离与鉴定] 将病变肠段或病变肠淋巴结以10% H_2SO_4液或20%安替福民溶液处理后，可将脏器乳剂直接培养于上述固体培养基上，培养时先将试管斜放于37.5℃环境几天，然后再立起

来，换以棉塞或胶塞进行培养，每周观察其发育状态 1～2 次。初次分离一般培养 5～6 周即可生长出针尖状、灰白色小菌落。钓取菌落作涂片镜检时，可见有大量成丛的抗酸染色阳性的短杆菌。

［免疫］目前已有副结核弱毒苗和灭活苗可用，有些国家以本菌加液体石蜡、橄榄油和浮石粉制成无毒活疫苗，给 4 周龄以内的犊牛注射，可预防或减少由本菌引起的副结核。副结核弱毒苗和灭活苗免疫效果虽好，但接种后影响检疫，不宜推广。

禽分枝杆菌禽亚种（*Mycobacterium avium* subsp. *avium*）

禽分枝杆菌禽亚种和禽分枝杆菌副结核亚种均是禽分枝杆菌复合群（*Mycobacterium avium* complex）的成员，Bivolta 和 Maffuaci 于 1890 年证明禽结核病与牛结核病是由不同的微生物引起的。禽分枝杆菌禽亚种（*M. avium* subsp. *avium*）是禽结核病的病原菌，此外，本菌还可引起鹿等反刍动物发病。

［形态与染色］本菌呈多型性，有时呈杆状、球菌状或链球菌状等，但不发生分枝。多数细菌的末端钝圆，长约 13μm，不形成芽孢和荚膜，无运动力。本菌最重要的特征是具有耐酸性。革兰染色阳性。

［培养特性］本菌为专性需氧菌，对温度的要求不如结核分枝杆菌和牛分枝杆菌那样严格，可在 25～45℃范围内生长，最适温度为 39～40℃，最适 pH 为 6.8～7.2。禽分枝杆菌可于琼脂培养基上生长，但易干裂，不利于长期培养和保存。本菌在液体培养基中生长迅速，以在 Sauton 培养基中生长较为理想，但易污染。本菌在鸡蛋为基础的培养基上生长较好，在含有全蛋或蛋黄的培养基上于 37～40℃培养生长速度缓慢，一般需要 1～2 周才开始生长，10～21d 方能旺盛发育，长出小的、略突起、分散、灰白色菌落。若培养时间延长则菌落逐渐由灰白色变为淡赭色。在固体培养基上第二代培养物于几天内即可生长出来，在 3～4 周内达到最高生长点。培养物常呈湿润和奶油状，有黏性，易自培养基上剥脱。在液体培养基上可在底部和表面生长，生长物常可经摇动而分散并形成混浊的悬液。甘油能刺激禽结核分枝杆菌的生长，培养基中的甘油浓度在 4%～10%时生长最为旺盛，超过 10%则生长受到抑制，不含甘油时，禽结核分枝杆菌生长较贫瘠。

［生化特性］本菌不产生烟酸，不水解吐温-80。不产生过氧化氢酶、尿素酶或芳基硫酸酯酶，不能还原硝酸盐。

［抗原性］血清型 1、2、3 型菌是主要引起动物发病的病原菌，而血清 4～20 型菌常在病人中发现。诊断鸡结核病用禽分枝杆菌提纯菌素，以 0.1mL（2 500IU）注射于鸡的肉垂内，24h、48h 判定，如注射部位出现增厚、下垂、发热、呈弥漫性水肿者为阳性。

［抵抗力］本菌对外界因素的抵抗力强，特别对干燥环境具有极强的抵抗力，在干燥的分泌物中能够数月不死，在土壤和粪便中生存和保持其毒力可达 4 年之久。在锯屑中于 20℃可存活 168d，于 37℃可存活 244d。对热、紫外线较敏感，60℃ 30min 死亡；对化学消毒药物抵抗力较强，对低浓度的结晶紫和孔雀绿等染料及酸、碱的抵抗力同结核分枝杆菌，因此分离本菌时，也可用酸、碱处理病料，在培养基内加孔雀绿等染料以抑制杂菌生长。

［病原性］本菌主要引起禽结核，能感染所有品种的鸟类，一般家禽比野禽更易感。鸡、鸭、鹅、火鸡、雉鸡、麻雀、乌鸦、孔雀、鸽等感染本菌后均可发病。本菌对一些重要的哺乳类家畜有确实的致病力，是引起猪结核病最常见的原因，形成的病变一般属于局限性的病变，但也有少数由本菌引起全身性结核的报道，实验动物中小鼠有一定的易感性。

象分枝杆菌（*Mycobacterium elephantis*）

2000 年，Shojaei 等人在从死于患慢性肺脓肿的成年象体内首次分离得到一株菌，该菌各表型特征与分枝杆菌属细菌相似，16S rDNA 基因全序列分析表明，本菌与分枝杆菌属的细菌同源性为 95.6%～

97.7%，并且与快速生长的分枝杆菌同源性平均为96.7%±0.5%，而与慢速生长的分枝杆菌同源性为96.2%±0.4%，本菌属于快速生长分枝杆菌。由于该菌与同源性最近的种的16S rDNA基因全序列存在大于25bp的差异，在快速生长分枝杆菌中很少这样大的差异存在，并且高温条件下生长的表型特征区别于其他已知的快速生长的分枝杆菌，该菌株作为分枝杆菌的一个新种被命名为*M. elephantis*，该分离株命名为*M. elephantis* DSM 44368T。另有报道，1999年4月，从居住在比利时乡下的一位79岁患呼吸疾病老人的痰液中分离到的一株细菌，后来也被证实为象分枝杆菌，且该老人从未与大象有过接触。Christine Turenne等以HPLC分析了11株象分枝杆菌的分枝菌酸，并PCR-限制性内切酶分析（PRA）法鉴定证实验了该新菌种存在于不同地区。

[形态与染色] 本菌呈分散的串珠样小球杆状，菌体长1.2～1.4μm，不发生分枝，不形成芽孢，不运动，具有较弱的抗酸性染色，革兰染色阳性。

[培养特性] 本菌为专性需氧菌，对温度的要求不如结核分枝杆菌和牛分枝杆菌那样严格，在25℃、37℃、42℃和45℃条件下均可以良好生长。传代培养时，36℃培养5d，42℃ 3d，25℃和30℃培养7d可长出肉眼可见菌落；在52℃条件下不生长。本菌可在罗氏（L-J）培养基和Middlebrook 7H10琼脂上生长，均可形成2种不同的菌落。在L-J培养基上，本菌形成湿润、光滑、圆形、隆起，不产生色素的2型菌落和产生淡灰黄色色素的1型菌落；在Middlebrook 7H10琼脂上可形成黏液样、乳酪色、无光泽、圆形、隆起的1型菌落和光滑、圆形、隆起的淡灰黄色2型菌落。

[生化特性] 本菌触酶、脲酶均呈阳性，可还原硝酸盐，水解吐温-80。不同于其他快速生长的分枝杆菌，本菌能产α-霉菌酸酯。

[抵抗力] 本菌对结核分枝杆菌较为敏感的抗生素如异烟肼（1.4mg/L）、利福平（16mg/L）、异烟酰胺（66mg/L）、氨苯硫脲（10mg/L）和噻吩-2-羧酸酰肼较为敏感，环丙沙星（2.5mg/L）和乙胺丁醇（3.2mg/L）不能抑制其生长。对其他因素的抵抗力不详。

[病原性] 本菌分离于患呼吸道疾病的大象和人，但分离率较低。加拿大多伦多公共卫生中心的分枝杆菌实验室每年分离非结核分枝杆菌2 000余株，2年间从加拿大安大略省不同地区病人的痰液中才分离到7株象分枝杆菌。其他实验室从病人的痰液分离3株和腋窝淋巴结中分离得到1株，所有分离株对宿主的致病力不详。本菌的来源、感染特性和临床意义还有待于研究，在临床上，对非结核分枝杆菌的致病作用应引起足够的重视。

田鼠分枝杆菌（*Mycobacterium microti*）

1937年，在英国Wells发现野生田鼠（*Microtus agrestis*）患传染性结核的发病率可达9%～31%，后来该病病原被确认为结核分枝杆菌的一个亚种，即结核分枝杆菌田鼠亚种，直到1986年才作为独立的一个种被命名为田鼠分枝杆菌，本菌具有分枝杆菌属的全部特征，并被划分为结核分枝杆菌复合群中的一个成员，和其他成员具有相同的16S rDNA序列和内部转录间隔区（ITS）序列，但菌体成S形，体外生长缓慢，对实验动物宿主的特异性，*gyr* B基因的序列具有多样性而区别于其他成员。

[形态与染色] 菌体成S形，多次传代此特征消失，成为具有多形性的细菌。革兰染色阳性。

[培养特性] 本菌为专性需氧菌，初次分离培养生长缓慢，在不含甘油的卵黄培养基上37℃培养28～60d方可形成淡黄色光滑型和粗糙型的多种形态的菌落。

[生化特性] 本菌与结核分枝杆菌复合群中的结核分枝杆菌、牛分枝杆菌和非洲分枝杆菌等其他成员具有相似的生化特性，以至于从生化特性上难于将上述菌加以区分。

[抵抗力] 本菌对异烟酰肼、乙胺丁醇、利福平、链霉素和异烟酰胺敏感。

[病原性] 自然感染本菌可引起田鼠发生结核，除从野生田鼠、猪和雪貂体内可分离到本菌外，仅在如欧洲棕背鼠、森林姬鼠、鼩鼱、美洲驼羊等有限的几种动物分离到本菌。实验动物豚鼠、家兔、大鼠和小鼠不易感。体外多次传代培养其致病性消失。van Soolingen等于1998年首次报道了人也可以感

染本菌而发病，鲜有从人体分离到本菌的报道，至 2007 年，总计报道人感染田鼠分枝杆菌病例 13 例，这主要是由于传统方法难于将其与结核分枝杆菌复合群中的其他成员分开。来源于人体的分离株多数是从各年龄的免疫异常的人体器官或痰液内分离得到，以 RFLP 分析从人体分离到的 2 株田鼠分枝杆菌的 IS6110 发现，分离菌与从猪和雪貂体内分离到田鼠分枝杆菌的 IS6110 序列同源率高，一般认为鼠-人传播是主要的感染途径，猫在本病的传播受到重点关注。

第九节　诺卡菌属（*Nocardia*）

诺卡菌属又名原放线菌属（*Proactinomyces*），是一类不产生内孢子、无运动性、专性需氧的革兰阳性细菌。本属细菌大多为土壤腐生菌，菌体具有多种形态，有球状、杆状、丝状，在培养基上可形成一种典型的菌丝体，多数种类只有基内菌丝，没有气生菌丝，少数种类在基内菌丝体表面形成一层气生菌丝。其共同特点是剧烈弯曲如树根或不弯曲，具长菌丝，初期不分隔，当培养 15h 后菌丝体开始分隔，形成横壁，分枝的菌丝体分裂成小球状或短杆状以及带杈的杆状体，大多产生气生菌丝。在固体培养基上培养 2～3d 长成针头大小的菌落，菌落粗糙或光滑。但许多菌种能产生蓝、紫、红、黄、橙、绿色色素。有些菌种为耐酸染色。DNA 的 G+C 含量为（68～72）mol%。本属与兽医有关的种有皮疽诺卡氏菌（*N. farcinica*）和星形诺卡氏菌（*N. asteroides*），对牛、马、羊、犬、猫、鸡等有致病性，能引起牛乳房炎，牛皮疽及流产，皮肤、浆膜或内脏脓肿等。

皮疽诺卡菌（*Nocardia farcinica*）

皮疽诺卡菌（*N. farcinica*）是热带地区牛皮疽病的病原菌。最初在法国命名为 farcin-de-boeut，即牛皮疽（bovine farcy），曾在法属西印度的瓜德罗普岛流行。

［形态与染色］涂片染色后可见长短不一的菌丝，宽约 0.5～1.2μm，长可达 250μm，常见有分枝，菌丝易裂成碎片，其中许多像杆菌。革兰染色阳性，大多为耐酸染色。

［培养特性］在营养琼脂斜面上易生长，最适温度为 37℃，适应 pH 为 6～10，最适 pH 为 7.50。在 22～37℃培养 2～3d 即可长出针尖大的菌落，呈无光泽的白色、污黄色、微棕色或橙黄色，此后粗糙的小菌落迅速融合形成坚韧、黄白色干燥的菌膜，渐起皱褶，并成粉状，后者表示已生长出气生菌丝。在马铃薯斜面上形成丰富、暗淡的菌膜，不产生色素。在肉汤中主要生成白色颗粒，表面也可见小片生长物。

［生化特性］本菌能还原硝酸盐，水解尿素，液化明胶，凝固牛乳和水解酪蛋白，不发酵甘露醇，利用石蜡，不利用枸橼酸，不水解淀粉，硫化氢阴性，糖发酵试验阴性。DNA 的 G+C 含量为 71mol%。

［抵抗力］本菌耐热，在 80℃尚能存活数小时。

［病原性］本菌可通过表皮创伤进入机体，引起牛皮疽。蜱的叮咬也可能是本菌侵入途径之一。患畜局部形成皮下蜂窝织炎，皮肤破溃形成瘘管。

［分离与鉴定］从新开放的结节易分离得到本菌，从新鲜病变中取脓汁作涂片，革兰染色或 Ziehl-Nielsen 抗酸性染色，本菌呈分枝细丝团，着色均匀。有时可见卵形膨大，使之成念珠状。在陈旧病变中，菌丝分裂成小球状。

星形诺卡菌（*Nocardia asteroides*）

星形诺卡菌（*N. asteroides*）是一种条件性致病菌，可引起牛乳腺炎和狗、猫皮下及胸腔器官肉芽肿病变。

［形态与染色］　本菌形成长的、丝状、分枝细胞，培养 4d 后分裂成小球状或杆状。革兰染色阳性，有些菌株具有抗酸性染色特征。

[培养特性] 本菌最适生长温度28～30℃，最适pH为7.5。需氧菌，在培养基上生成隆起、堆积、重叠的颗粒性菌落，菌落边缘不规则。常产生黄橙色色素。

[生化特性] 发酵D-果糖、D-葡萄糖、糊精及甘露糖产酸。还原硝酸盐，产生尿素酶，不产生明胶酶。DNA的G+C含量为（67.0～69.4）mol%。

[病原性] 本菌为土壤腐物寄生菌，广泛分布于自然界。本菌常通过伤口、采食和呼吸侵入机体。本病皮肤型的特征是形成脓性肉芽肿和排脓的瘘管。狗和猫经呼吸道感染本菌后可发生胸膜炎，有脓性渗出物。狗全身性诺卡菌病，有时伴有高热、消瘦、咳嗽和神经症状，与犬瘟热不易分辨。本菌普遍污染牛乳房及皮肤，侵入乳腺后产生化脓性肉芽肿，在受害单位可摸到弥散性纤维病变或分散的硬结节。

[分离与鉴定] 采取病料接种普通营养琼脂斜面。镜检时本菌为革兰染色阳性，分枝，细丝状，部分抗酸性染色。

第十节 红球菌属（*Rhodococcus*）

本属中唯一对动物有致病性的种为马红球菌。

马红球菌（*Rhodococcus equi*）

马红球菌（*R. equi*）旧称马棒状杆菌（*Corynebacterium equi*）。首先由马格纳森（Magnusson）于1923年在瑞典南部从患脓性肺炎的病驹发现并命名，是幼驹化脓性肺炎的病原菌，其后在澳大利亚、美国和印度也发现了本菌。本菌已成为人类机会致病菌且存在一定的耐药性，近年来马红球菌感染病例呈上升趋势，尤其易发生于艾滋病细胞介导免疫受损患者，可引起艾滋病、血液病、骨髓炎和肾移植等患者肺部感染。国内已陆续有肺部感染、血液感染及胸腔感染的个例报道，尤其以尿路马红球菌感染的报道较多，应引起高度重视。

[形态与染色] 本菌呈球杆状，大小为0.8～1.5μm，但随着生存环境的变化，呈现出多种形态。在葡萄糖酵母膏琼脂培养基上呈丝状，但迅即断裂为杆状、球形或多形体。在固体培养基上常呈球状，在液体培养基中则常呈杆菌状，有时在液体培养基中可找到短链。不产生芽孢和荚膜，无气生菌丝体和分生孢子。无运动性。革兰染色阳性，有时呈弱抗酸性染色。

[培养特性] 本菌为偏性需氧菌，在普通培养基上易于生长，最适温度37℃，在琼脂平板培养基表面形成凸起、湿润、半透明、边缘整齐的大菌落。由于马红球菌产生鲜艳的橙黄、橘黄色素，培养初期呈乳脂样白色，不久呈灰红、淡粉红色乃至橙红色，在马铃薯或牛乳琼脂培养基上的菌落形成色素更为明显。在血液琼脂培养基上产生大量黏质而呈黏液状，不溶血。在普通肉汤中呈强度混浊，底部有少量沉淀，不形成菌膜。在凝固卵黄培养基上，菌落呈显著鲑鱼红色。

[生化特性] 本菌不发酵糖类和醇类，不能水解七叶苷，不产生靛基质，不液化明胶，分解尿素，产生触酶，还原硝酸盐，氧化酶试验阳性，能形成硫化氢。MR及VP试验均为阴性。DNA的G+C含量为（70～71）mol%。

[抵抗力] 本菌存在于畜粪、地表土和水，以及瘤胃和肠内。在肥沃的中性土壤（pH7.3）中长期存活。马粪是较适宜的生长环境，在温、湿季节能大量繁殖。本菌对多数抗生素具有抗性，但对5-氟尿嘧啶和丝裂霉素C敏感，对热和一些化学因素有中等抵抗力，60℃1h才能杀死，能耐过2.5%草酸1h处理。

[病原性] 本菌可引起幼驹化脓性支气管肺炎、肠炎和淋巴结化脓，通常致死。也可使猪发生淋巴结脓肿。10日龄鸡胚对本菌易感，于4～6d内死亡。在澳大利亚调查127匹马，从其中90匹的粪便中找到了本菌，说明本菌为一种马的常见共生菌。也有人认为本菌存在于土壤中，通过吸入和食入而感染。本菌不产生剧烈的外毒素，是一种细胞内兼性寄生菌，能生存于宿主的大吞噬细胞内。

[分离与鉴定] 利用本菌对热和一些化学因素有中等抵抗力的特性，可从污染有其他杂菌的组织中分离出本菌。在马驹胸膜炎和母马子宫炎的脓肿中均能分离到本菌，但在进行脓液的直接镜检时必须谨

慎，因为本菌为一种革兰阳性多形性菌体，易与葡萄球菌相混淆。

参考文献

［美］D C 赫什，N J 麦克劳克伦，R L 沃克，等．2007. 兽医微生物学［M］．王凤阳，范泉水，主译．北京：科学出版社．

华育平，赵广英，王永林，等．1999. 野生动物传染病检疫学［M］．北京：中国林业出版社．

金宁一，等．2007. 新编人兽共患病学［M］．北京：科技出版社．

陆承平．2007. 兽医微生物学［M］．第 4 版．北京：中国农业出版社．

谢三星，等．1987. 新发现的畜禽传染病［M］．合肥：安徽科学技术出版社．

Brown JM，Cowley KD，Manninen KI. 2007. McNeil MM. Phenotypic and molecular epidemiologic evaluation of a *Nocardia farcinica* mastitis epizootic［J］. Vet Microbiol. 125（1-2）：66-72.

Burthe S，Bennett M，Kipar A，Lambin X，Smith A，Telfer S. 2008. Begon M. Tuberculosis（*Mycobacterium microti*）in wild field vole populations［J］. Parasitology. 135（3）：309-317.

Conville，P. S.，J. M. Brown，A. G. Steigerwalt，J. W. Lee，et al. 2003. *Nocardia veterana* as a pathogen in North American patients［J］. J. Clin. Microbiol，41：2560-2568.

De la Rua-Domenech R. 2006. Human *Mycobacterium bovis* infection in the United Kingdom：Incidence，risks，control measures and review of the zoonotic aspects of bovine tuberculosis［J］. Tuberculosis，86（2）：77-109.

Dussurget O. 2008. New insights into determinants of Listeria monocytogenes virulence［J］. Int Rev Cell Mol Biol. 270：1-38.

Fendukly F，Osterman B 2005. Isolation of Actinobaculum schaalii and Actinobaculum urinale from a patient with chronic renal failure［J］. J Clin Microbiol，43（7）：3567-3569.

Henrich M，Moser I，Weiss A，Reinacher M. 2007. Multiple granulomas in three squirrel monkeys（*Saimiri* sciureus）caused by *Mycobacterium microti*［J］. J Comp Pathol，137（4）：245-248.

Judge J，Kyriazakis I，*et al*. 2006. Routes of intraspecies transmission of *Mycobacterium avium* subsp. paratuberculosis in rabbits（Oryctolagus cuniculus）：a field study［J］. Appl Environ Microbiol，72（1）：398-403.

Katoch VM. 2004. Infections due to non-tuberculous *mycobacteria*（NTM）［J］. Indian J Med Res，120（4）：290-304.

Makrai L，Dénes B，Hajtós I，Fodor L，Varga J. 2008. Serotypes of *Rhodococcus equi* isolated from horses，immunocompromised human patients and soil in Hungary［J］. Acta Vet Hung，56（3）：271-279.

Ribeiro MG，Salerno T，Mattos-Guaraldi AL，et al. 2008. Nocardiosis：an overview and additional report of 28 cases in cattle and dogs［J］. Rev Inst Med Trop Sao Paulo，50（3）：177-185.

Rossi M L，Paiva A，Tornese M，et al. 2008. Listeria monocytogenes outbreaks：A review of the routes that favor bacterial presence［J］. Rev Chilena Infectol. 25（5）：328-335.

Srivastava K，Chauhan DS，*et al*. 2008. Isolation of *Mycobacterium bovis* & *M. tuberculosis* from cattle of some farms in north India-possible relevance in human health［J］. Indian J Med Res，128（1）：26-31.

Xavier Emmanuel F，Seagar AL，et al. 2007. Human and animal infections with *Mycobacterium microti*，Scotland［J］. Emerg Infect Dis，13（12）：1924-1927.

雷连成　编

第十六章　立克次体

立克次体（*Rickettsia*）是一类严格细胞内寄生的原核细胞型微生物，在形态结构、化学组成及代谢方式等方面均与细菌类似：具有细胞壁；以二分裂方式繁殖；含有RNA和DNA两种核酸；由于酶系不完整，需在活细胞内寄生；对多种抗生素敏感等。立克次体病多数是自然疫源性疾病，且人畜共患。节肢动物和立克次体病的传播密切相关，或为储存宿主，或同时为传播媒介。立克次体在虱等节肢动物的胃肠道上皮细胞中增殖并大量存在其粪中。人受到虱等叮咬时，立克次体便随粪从抓破的伤口或直接从昆虫口器进入人的血液并在其中繁殖，从而使人感染得病。当节肢动物再叮咬人吸血时，人血中的立克次体又进入其体内增殖，如此不断循环。立克次体可引起人与动物患多种疾病，它与衣原体的不同处在于其细胞较大，无滤过性，合成能力较强，且不形成包涵体。

一、生物学性状

［**形态与染色**］多形态，球杆状或杆状大小为（0.3～0.6）μm×（0.8～2.0）μm。在感染细胞内，立克次体常聚集成致密团块状，但也可成单或成双排列。不同立克次体在细胞内的分布不同，可供初步识别。如普氏立克次体常散在于胞质中，恙虫病立克次体在胞质近核旁，而斑点热群立克次体则在胞质和核内均可发现。

革兰染色阴性，但一般着染不明显，因此常用Giemnez、Giemsa或Macchiavello法染色，其中以Gimenez法最好。该法着染后，除恙虫病立克次体呈暗红色外，其他立克次体均呈鲜红色。Giemsa法和Macchiavello法分别将立克次体染成紫或蓝色和红色。

立克次体在结构上与革兰阴性杆菌非常相似。用电子显微镜观察，最外层为由多糖组成的黏液层，有黏附宿主细胞及抗吞噬作用。其内为微荚膜或称外包膜，由多糖或脂多糖组成。细胞壁包括外膜（磷脂双分子层）、肽聚糖及蛋白脂类三层。有与细菌内毒素性质相似的脂多糖复合物，但脂类含量比一般细菌高得多。胞浆膜为双层类脂，主要由磷脂组成。胞质内有核糖体（由30S和50S两个亚基组成）。核质集中于中央，含双股DNA。

［**培养特性**］立克次体具有相对较完整的能量产生系统，能氧化三羧酸循环中的部分代谢产物，有较独立的呼吸与合成能力，但仍需入宿主细胞中取得辅酶A、NAD及代谢中所需的能量才能生长繁殖，立克次体都为严格的真核细胞内寄生。

常用的培养方法有动物接种、鸡胚接种及细胞培养。多种病原性立克次体能在豚鼠、小鼠等动物体内有不同程度的繁殖。在豚鼠睾丸内保存的立克次体能保持致病力和抗原性不变。立克次体还能在鸡胚卵黄囊中繁殖，常用作制备抗原或疫苗的材料。常用的细胞培养系统有敏感动物的骨髓细胞、血液单核细胞和中性粒细胞等，一般不产生细胞病变。一般认为宿主细胞的新陈代谢不太旺盛时有利于立克次体的生长繁殖，因此接种立克次体以32～35℃孵育最为适宜。

［**抗原结构**］立克次体有两种主要抗原，一种为可溶性（醚类）抗原，耐热，与细胞壁表面的黏液层有关，为群特异性抗原。另一种为颗粒（外膜）性抗原，不耐热，与细胞壁成分有关，为种特异性

抗原。

斑疹伤寒等立克次体具有与变形杆菌某些X株的菌体抗原（O）共同的耐热多糖类抗原(表16-1)，因而临床上常用以代替相应的立克次体抗原进行非特异性凝集反应，作为人或动物血清中相关抗体的检查。这种交叉凝集试验称为外斐反应（Weii-Felix reaction），作为辅助诊断。

表16-1　主要立克次体与变形杆菌菌株抗原交叉现象

立克次体	变形杆菌菌株		
	OX19	OX2	OXK
普氏立克次体	+++	+	−
莫氏立克次体	+++	+	−
恙虫病立克次体	−	−	+++

［抵抗力］立克次体对理化因素的抵抗力与细菌繁殖体相似。56℃ 30min死亡；室温放置数小时即可丧失活力。对低温及干燥的抵抗力强，在干燥虱粪中能存活数月。对一般消毒剂敏感，对四环素和氯霉素敏感。磺胺类药物不仅不能抑制，反而促进立克次体的生长、繁殖。

［致病性与免疫性］立克次体的致病物质已证实的有两种，一种为内毒素，由脂多糖组成，具有与肠道杆菌内毒素相似的多种生物学活性。另一种为磷脂酶A，可分解脂膜而溶解细胞，导致宿主细胞中毒。

立克次体感染的传播媒介是节肢动物，如虱、蚤、蜱、螨等。虱、蚤的传播方式是含大量病原体的粪便在叮咬处经搔抓皮损处侵入人体；蜱、螨传播则是由叮咬处直接注入体内。进入人体后，立克次体首先侵入局部淋巴组织或小血管内皮细胞内，即经过吸附细胞膜上受体而被吞入胞内，再由磷脂酶A溶解吞噬体膜的甘油酸而进入胞质，随后分裂繁殖，导致细胞肿胀、中毒，出现血管炎症，管腔堵塞而形成血栓、组织坏死。立克次体也能进入血流而扩散，到达皮肤、肝、脾、肾等处而出现毒血症症状。立克次体还能直接破坏血管内皮细胞，使透性增加、血容量下降和水肿。另外，血管活性物质的激活可加剧血管扩张，导致血压降低，休克、弥散性血管内凝血（DIC）等。发病后期由于免疫复合物等的参与还可使病理变化和临床表现加重。

由于立克次体是严格细胞内寄生的病原体，其抗感染免疫是以细胞免疫为主，体液免疫为辅。病后一般能获得较强的免疫性。感染后产生的特异性群和种抗体有中和毒性物质和促进吞噬的作用。特异性细胞因子有增强巨噬细胞杀灭胞内立克次体的作用。

［分类］《伯杰系统细菌学分类手册》第1版将立克次体目分为3个科，即立克次体科、巴通体科和无形体科，立克次体科下再分3个族，见表16-2。《伯杰系统细菌学分类手册》第2版第2卷2005年出版，将立克次体目微生物分为3科，即立克次体科、无形体科和全孢菌科（Holosporaceae）。与第1版相比，取消了族（tribe）一级分类单元和罗莎利马体属（*Rochalimaea*）属名，原罗莎利马体属微生物并入巴尔通体科，将巴通体科归入根瘤菌目（Rhizobiales）；无形体科的血虫体属（附红细胞体，*Eperythrozoon*）和血巴通体属（*Haemobartonella*）归入支原体目的支原体科，柯克斯体属（*Coxiella*）和立克次小体属（*Rickettsiella*）归入军团菌目（Legionellales）；新设东方体属，将第一版列入立克次体科、无形体科中的一些属进行了重新组合。详见表16-3。

经过重新组合，无形体包括7个属，其中无形体属和艾立希体属囊括了立克次体科中通过蜱类传播、感染外周血细胞粒细胞、单核细胞、红细胞和血小板的所有病原体。这些病原体引起的新现、再现传染病近年受到高度重视。

表 16-2 立克次体目分类

科 名	属 名	主要种名
立克次体科(Rickettsiaceae) 立克次体族(*Rickettsieae*)	立克次体属(*Rickettsia*)	普氏立克次体(*R. prowazekii*) 立氏立克次体(*R. rickettsii*) 斑疹伤寒或莫氏立克次体(*R. typhi*) 康氏立克次体(*R. conorii*) 恙虫病立克次体(*R. tsutsugamushi*)
	罗莎利马体属(*Rochalimaea*)	五日热罗莎利马体(*R. Quintana*)
	柯克斯体属(*Coxiella*)	伯氏柯克斯体(*C. burnetii*)
艾立希体族(Ehrlichieae)	艾立希体属(*Ehrlichia*)	犬艾立希体(*E. canis*) 绵羊立克体(*E. ovina*) 牛立克体(*E. bovis*) 嗜吞噬细胞艾立希体(*E. phagocytophilum*) 里氏艾立希体(*E. risticii*) 腺热艾立希体(*E. sennetsu*)
	考德里体属(*Cowdria*)	反刍类考德里体(*C. ruminantium*)
	新立克次体属(*Neorickettsia*)	蠕虫新立克次体(*N. heminthoec*)
沃尔巴克体族(Wolbachieae)	沃尔巴克体属(*Wolbachia*) 共生小体属(*Symbiotes*) 蟑螂杆状体属(*Blattobacterium*) 立克次小体属(*Rickettsiella*)	
巴通体科(Bartonellaceae)	巴通体属(*Bartonella*)	杆状巴通体属(*B. baeilliform*)
	格拉汉体属(*Grahamella*)	鼹鼠格拉汉体属(*G. talpae*)
无形体科(Anaplasmataceae)	无形体属(*Anaplasma*)	边缘无形体(*A. marginale*) 绵羊无形体属(*A. ovis*)
	类无形体属(*Parnaplasma*)	
	埃及小体属(*Eegyptianalla*)	雏埃及小体(*E. pullorum*)
	血虫体属(*Eperythrozoon*)	类球血虫体(*E. coccoides*) 绵羊血虫体(*E. vis*) 猪血虫体(*E. suis*)
	血巴通体属(*Haemoartonella*)	鼠血巴通体(*H. muris*) 粪血巴通体(*H. felis*)

(伯杰系统细菌学分类手册,第一版)

表 16-3 立克次体目新分类

科 名	属 名	主要种名
立克次体科(Rickettsiaceae)	立克次体属(*Rickettsia*)	普氏立克次体(*R. prowazekii*) 立氏立克次体(*R. rickettsii*) 斑疹伤寒或莫氏立克次体(*R. typhi*)
	东方体属(*Orientia*)	恙虫病立克次体(*R. tsutsugamushi*)
无形体科(Anaplasmataceae)	无形体属(*Anaplasma*)	边缘无形体(*A. marginale*) 牛立克体(*A. bovis*) 中央无形体(*A. centrale*) 绵羊立克体(*A. ovina*) 嗜吞噬细胞无形体(*E. phagocytophilum*)

（续）

科　　名	属　　名	主要种名
		扁平无形体（*A. platys*）
无形体科(Anaplasmataceae)	艾立希体属（*Ehrlichia*）	犬艾立希体（*E. canis*）
		查菲艾立希体（*E. chaffeensis*）
		伊氏艾立希体（*E. ewingii*）
		鼠艾立希体（*E. muris*）
		反刍动物艾立希体（*E. ruminantium*）
	埃及小体属（*Aegyptianella*）	雏埃及小体（*E. pullorum*）
	考德里体属（*Cowdria*）	
	新立克次体属（*Neorickettsia*）	蠕虫新立克次体（*N. helminthoeca*）
		里氏新立克次体（*N. risticii*）
		腺热新立克次体（*N. sennetsu*）
	沃尔巴克体属（*Wolbachia*）	尖音库蚊沃尔巴克体（*W. pipientis*）
		羊虱沃尔巴克体（*W. melophagi*）
		虱（*W. persica*）
	客鲍体属（*Xenohalioti*）	加州客鲍体（*X. californiensis*）
全孢菌科(Holosporaceae)	全孢螺菌属（*Holospora*）	

（伯杰系统细菌学分类手册，第二版，2005）

表 16-4　无形体科中的重要病原体

病原体新种名	病原体旧种名	所致疾病	常见宿主	寄生细胞	传播媒介	地区分布
查菲艾立希体（*E. chaffeensis*）	无	人单核细胞埃立克病（HGE）	犬、鹿、人	单核细胞	美洲钝眼蜱（*Amblyomma americanum*）	美国、欧洲、中国、中南美洲
嗜吞噬细胞无形体（*A. phagocytophilum*）	HGE 病原体、马埃里克（*E. equi*）嗜吞噬细胞艾立希体（*E. phagocytophilum*）	人粒细胞艾立希体病（HGE）	鼠、鹿、人、马、牛、羊	粒细胞	肩突硬蜱（*Lxodes scapularis*）太平洋硬蜱（*L. pacificus*）篦子硬蜱（*l. riinus*）	美国、欧洲
里氏新立克次体（*N. risticii*）	里氏艾立希体（*E. risticii*）	马艾立希体病	马	单核细胞		美国
犬艾立希体（*E. canis*）	无	犬艾立希体病	犬、狼、胡狼	单核细胞	血红扇头蜱（*Rhipicephalis sangurneus*）	全球
腺热新立克次体（*N. sennetsu*）	腺热艾立希体（*E. sennetsu*）	腺热症	人	单核细胞		日本、马来西亚
尤因艾立希体（*E. ewingii*）	无	犬和人粒细胞艾立希体病	犬、人	粒细胞	美洲钝眼蜱（*Amblyomma americanum*）	美国
扁平无形体（*A. platys*）	扁平艾立希体（*E. platys*）	犬血小板减少症	犬	血小板	血红扇头蜱（*Rhipicephalis sangurneus*）	全球
反刍动物艾立希体（*E. ruminantium*）	反刍类考德里体（*C. ruminantium*）	心水症	牛、绵羊、山羊	内皮细胞	美洲钝眼蜱（*Amblyomma americanum*）	非洲、加勒比海地区

（续）

病原体新种名	病原体旧种名	所致疾病	常见宿主	寄生细胞	传播媒介	地区分布
边缘无形体（*A. marginale*）	无	牛无形体	反刍动物	红细胞	多种蜱类（*Varoustick*）	全球

第一节 立克次体属（*Rickettsia*）

斑疹伤寒立克次体（*Rickettsia typhi*）

[生物学特性] 短杆状，大小为（0.8～2.0）μm×（0.3～0.6）μm，单个存在或呈短链排列。在宿主细胞的细胞质内生长。鸡胚高度敏感，接种后于4～13d内死亡。接种豚鼠或家兔睾丸或兔眼前房是保菌的良好方法。对热、紫外线、一般消毒剂很敏感，对低温及干燥抵抗力较强。

[致病性与免疫性] 斑疹伤寒立克次体长期寄生于隐性感染鼠体，鼠蚤吸鼠血后，立克次体进入其消化道并在肠上皮细胞内繁殖。细胞破裂后将立克次体释出，混入蚤粪中，在鼠和小家鼠群间传播。鼠蚤只在鼠死亡后才离开鼠转向叮吮人血，而使人受感染。如此时人体寄生有人虱，可通过人虱继发地在人群中传播。此外，带有立克次体的干燥蚤粪还可经口、鼻及眼结膜进入人体而致病。斑疹伤寒立克次体感染后与普氏立克次体有交叉免疫。

猫立克次体（*Rickettsia. felis*）

1990年美国首先用电镜从猫节头蚤（*C. felis*）中肠上皮细胞观察到立克次体样生物体。后来被其EL实验室进行分子生物学分析并命名为ELB因子。2001年ELB因子被确定为一种独特的斑点热立克次体衣，并定名为*R. felis*。目前证实从3种蚤，包括猫蚤、犬蚤及人蚤均检出*R. felis*。并证实负鼠可携带*C. felis*。研究表明，*R. felis*不仅存在于负鼠和跳蚤中，也可传染给人。按流行病学分析属于斑疹伤寒属。猫蚤是其主要传播媒介，从欧洲、亚洲、非洲及大洋洲均发现。

*R. felis*的培养条件在2004年被建立，可在XTC-2细胞中在28℃生长，在Vero细胞中28℃和32℃生长，但不能在L-929细胞和MRC-5细胞或高于34℃生长。感染的XTC-2细胞和Vero细胞分别在第9天和18天发生细胞病变和形成蚀斑。*R. felis*在其感染细胞中的检测可用吉姆尼茨染色法和免疫荧光方法。最近完成的全基因组测序发现它含有2个质粒，pRF和pRFδ。这对立克次属是首次发现它可能是*R. felis*特有。

第二节 东方体属（*Orientia*）

恙虫热立克次体（*Orientia tsutsugamushi*）

其短杆状，平均长度1.2μm，常见成双排列，在细胞质近核处聚集生长。形态大小与所寄生的细胞种类及东方体的繁殖周期的不同阶段有关。革兰染色阴性，吉姆萨染色呈紫红色。易感细胞有大鼠肺和猴肾细胞以及鸡胚卵黄囊等。抵抗力低。种内有不同型，不同型的毒力亦有差异。一般对豚鼠不敏感，而对幼鼠致病力强，常用小鼠腹腔接种，作病原体分离。恙虫热立克次体寄居于恙螨，并可经卵传代。恙螨幼虫需吸取人或动物的淋巴液或血液才能完成从幼虫到稚虫的发育过程。人若被恙螨叮咬则可感染得病。叮咬部位出现溃疡，周围红晕，上盖黑色痂皮（焦痂），为恙虫病特征表现之一。另外，本病还可有皮疹、神经系统、心血管系统以及肝、脾、肺等脏器损害症状。病死率随毒株不同而有很大差异。病后对同型同株有持久免疫力。

第三节　无形体属（*Anaplasma*）

无形体病的病原为无形体，隶属于立克次体目（Rickettsiales）、无形体科（Anaplasmataceae）、无形体属（*Anaplasma*）。呈圆点状，在发病初期，菌体在红细胞内进行二分裂繁殖，可发现有一个尾巴的圆点状菌体，形似彗星，无原生质，由一团染色质构成，无细胞浆。以姬姆萨染色，菌体呈紫色，大多数寄生在红细胞边缘，每个红细胞内寄生 1～5 个，一般为 1～2 个，大小为 0.2～0.9μm。无形体只有一层薄膜，内含有 1～10 个豆状或椭圆形原始小体，原始小体表面有两层薄膜覆盖。

用电子显微镜看到，每个无形体是由 1～6 个次单位组成，每个次单位具有两层膜，当菌体含单个次单位时呈圆形，含多个次单位时呈豆状或环状，其形态变化是由于进行二分裂增殖造成的。次单位的内部构造系由原纤维物质和许多种致密的电子颗粒组成，这些颗粒形状不一，成堆或分散在次单位内（孔繁瑶，1981）。

无形体需氧，不产生色素，不形成芽孢，含 RNA、DNA、蛋白质和有机铁。感染是由原始小体侵入红细胞内，原始小体以二分裂法增殖，发育成一个含有多个原始小体的无形体（包涵体）。当成熟的无形体接触到新的红细胞时，原始小体突破无形体膜从红细胞逸出，再侵入新的红细胞。

无形体分有 4 个种：①边缘无形体（*Anaplasma marginale*）。寄生于牛和鹿，无形体分布在红细胞的边缘处。本种为最常见，对牛危害严重。红细胞感染率为 30%～40%，严重可达 60%以上。②中央无形体（*A. centrale*）。寄生在牛红细胞的中央或接近中央处。中央无形体对牛危害较轻，也能感染绵羊、山羊而发病。③尾形无形体（*A. caudatum*），主要感染牛，常与边缘无形体混合感染，但对鹿和绵羊不感染。④绵羊无形体（*A. ovis*）。对绵羊、山羊均可感染，并有致病性。

牛无形体（*Anaplasma bovis*）

[形态与染色] 临床常用的诊断方法为显微镜镜检法。无菌采取病畜的耳尖血，将其制作成血涂片，用无水甲醇固定 1min 后，用 10%姬姆萨染液染色观察。在姬姆萨染色的血涂片中，边缘无形体存在于红细胞内，成致密、圆形状，浓染，直径一般在 0.3～1μm，多数位于或接近红细胞的边缘。但姬姆萨染色法只能在动物感染病原后 16～26d 才能检出虫体。Ristic 报道用吖啶橙染色可大大缩短这一时间，但该方法对未成熟的红细胞的核酸着色不好。

[培养特性] 多年以来，人们尝试着用各种方法对边缘无形体进行体外培养，直到 Hidalgo（1975）、Hruska（1968）、Marble 和 Hanks（1973）才用哺乳动物器官组织对该菌成功进行了培养。随后，Mazzola 用白纹伊蚊的组织为培养物试图体外培养无形体病原体，当用患急性无形体病的犊牛的红细胞导入上述系统后，培养好的白纹伊蚊细胞可吞噬感染的红细胞和未感染的红细胞，21d 后，将培养物接种犊牛，证明病原体仍有感染力。Hidalgo 报道了在蜱细胞培养物中能分离出有感染性和抗原性的边缘无形体。Samish 将感染了边缘无形体的牛红细胞接种于源自变异革蜱（*D. variabilis*）的蜱细胞系中，接种后 2h，大多数的红细胞被蚌细胞吞噬，经过一代培养，在蜱细胞质中可见许多无形体样的颗粒。Edmour 等将边缘无形体在蜂肩呷细胞系中进行了繁殖和连续传代后，边缘无形体仍具有很强的感染性并在竞争性 ELISA 和补体结合试验中表现出了很强的抗原性。Blouin 等（2000）将分离自 Virginia 的边缘无形体在蚌胚细胞系中进行培养繁殖，连续培养仍具有感染性和稳定的抗原性。体外培养法一般需要较好的实验室条件和训练有素的专业技术人员专门操作，并且从样品采集到得出结论一般需要 4 周的时间，不适应于带虫牛的诊断，而主要用于病原的实验室分离。

[病原性] 无形体主要寄生在牛红细胞内边缘位置，感染牛后产生贫血、黄疸、消瘦以及流产等症状，严重者可引起死亡。康复牛仍然携带病原体，而成为感染其他动物的传染源。

[鉴定] 诊断牛无形体病最简单的方法为姬姆萨染色镜检法，可见感染红细胞内有致密、圆形浓染的无形体小体，直径 0.3～1.0μm，呈蓝紫色。通常当每毫升血液有大于 10^9 个红细胞被感染时就会产

生明显的临床症状，此时能够通过姬姆萨染色镜检方法检测出来，但当每毫升血液中被感染的红细胞数小于 10^6 个时，通过姬姆萨染色镜检的方法则检测不出来。

羊无形体（*Anaplasma ovis*）

［**形态与染色**］据吕文顺等（1987）报道，绵羊无形体染色镜检可见紫红色染色质团，无原生质，呈圆球形、椭圆形、斑点状、三角形及二分裂形态。大部分位于红细胞边缘，少数虫体寄生于红细胞的偏中央，偶有贴于红细胞外缘。圆球形直径 0.2～1.0μm，多为 0.4～0.6μm。牛边缘无形体的大小为 0.2～0.9μm，大部分虫体介于 0.5～0.7μm，虫体只有染成蓝紫色的染色质团，周围无原生质，呈圆形、椭圆形、点状、二分裂球形。60%或大于 70%的位于红细胞边缘（Sputter 等，1956；Uilenberg 等，1979），只有少数位于中央（殷宏等，1991）。牛羊无形体的形态大小相似。

绵羊和山羊，体温升高，衰弱无力，贫血，黄疸，厌食，体重明显减轻，红细胞总数、血红蛋白含量和红细胞压积均见减少。血液抹片检查可在许多红细胞内发现无形体。

第四节　埃及小体属（*Aegyptianella*）

雏埃及小体（*Aegyptianella pullorum*）

埃及小体（*Aegyptianella*）多年来被认为是梨形虫，但后来电镜研究认为是一种类立克次体生物，属于无形体科（Anaplasmataceae），与边虫属、附红细胞体属等有亲缘关系。该属的雏鸡埃及小体（*A. pullorum*）是一种红细胞内寄生虫，寄生于鸡、火鸡、鸭、鹅和鸵鸟；寄生于珠鸡的腊肠状埃及小体，它有宿主特异性，不传染家鸡和火鸡。

第五节　艾立希体属（*Ehrlichia*）

艾立希体为一类白细胞内寄生体，革兰染色阴性，用姬姆萨染色，艾立希体被染成蓝色或紫色；菌体呈球形、卵圆形、梭状以及钻石样等多种形态；菌体的平均长度为 0.2～1.5μm；多个菌体成串位于细胞浆内，靠近细胞膜，集合成簇，在光学显微镜下状似桑葚包涵体，亦可见单个菌体存在细胞的胞质内。在电镜下艾立希体存在于细胞膜相连的胞质空泡内。犬艾立希体（EC）是十几个至数十个菌体在空泡内紧密相挨而形成的大泡体；人粒细胞艾立希体（HGEa）所形成的包涵体相对较小，菌体松散地存在于空泡内；腺热艾立希体（ES）由细胞膜紧密包裹，散在于胞质内，有时可见含数个菌体的小包涵体。

根据 16S rRNA 基因序列分析，艾立希体可分为 3 个基因群：单核细胞艾立希体群、粒细胞艾立希体群和腺热艾立希体群。单核细胞艾立希体群包括犬艾立希体（*E. canis*）、查菲艾立希体（*E. chaffeensis*）、尤因艾立希体（*E. ewingii*）和鼠艾立希体（*E. muris*）；粒细胞艾立希体群包括牛艾立希体（*E. bovis*）、扁平艾立希体（*E. platys*）、嗜吞噬细胞艾立希体（*E. phagocytophila*）、马艾立希体（*E. equi*）和人粒细胞艾立希体（human granulocytic ehrlichiosis，HGE）；腺热艾立希体群包括腺热艾立希体（*E. sennetsu*）和立氏艾立希体（*E. risticii*）、反刍兽艾立希体（*E. ruminantium*）。归入单核细胞艾立希体群，*Anaplasma marginale* 归入粒细胞艾立希体群，*Neorickettsia helminthoeca* 归入腺热艾立希体群。艾立希体病是一种人兽共患自然疫源性疾病，除腺热艾立希体群外，其他艾立希体均由蜱传播，1987 年美国首次报告了人单核细胞艾立希体病，1994 年同样在美国首次报道了人粒细胞艾立希体病，1999 年再次证明了引起犬粒细胞艾立希体病的埃文艾立希体也能引起人粒细胞艾立希体病。

表 16-5　5种艾立希体的主要特征

种	自然宿主	疾　病	感染白细胞	媒　介	实验宿主	分　布
犬艾立希体	犬、人	热带犬各类白细胞减少症、人艾立希体病	主要感染单核细胞，也可感染粒细胞	血红扇头蜱		全球
腺热艾立希体	人	腺热	单核细胞		鼠、狗、猴	日本、东南亚
立氏艾立希体	马	马单核细胞艾立希体病	单核细胞		鼠、狗、猴	美国
马艾立希体	马	马艾立希体病	粒细胞		猴、羊、猫、驴、狗	美国
嗜细胞艾立希体	羊、牛	蜱传热	主要粒细胞	蓖麻硬蜱	豚鼠、小鼠	英国、欧洲

反刍兽艾立希体（*Ehrlichia ruminantium*）

反刍兽艾立希体是由蜱传播的可致牛、山羊、绵羊及野生反刍动物的心水病的病原体。

[**形态与染色**] 本菌多形，球状大小为 0.2～0.5μm，杆状大小为（0.2～0.3）μm×（0.4～0.5）μm，也有成双排列。姬姆萨染色呈深蓝色，美蓝、复红、结晶紫也能着色。

[**培养特性**] 人工培养基上不生长。可用山羊和绵羊中性粒细胞培养。病原体存在于宿主血管内皮细胞的胞浆内，常呈丝状集落，大小 2～15μm，在大脑皮层灰质的血管或脉络膜丛中更易见到。

[**病原性**] 患畜发热，伴有神经症状，消化道有病变，羊等小反刍动物常见有心包积液，牛则不多见。野生反刍兽多呈隐性感染。急性败血症者死亡率高。

[**鉴定**] 注射到小鼠腹腔后，小鼠不表现症状。经过 90d 其脾脏仍有感染性。以感染的组织培养细胞作间接荧光试验抗原，与嗜噬细胞艾立希体间有低度交叉反应。

犬艾立希体（*Ehrlichia canis*）

PCR 检测技术是目前公认的敏感、特异的病原诊断方法。该方法依据犬艾立希体和血小板艾立希体的 16S RNA 基因特异碱基序列设计引物，分别扩增血液标本中犬艾立希体和扁平艾立希体病原体的 16S RNA 基因片断。PCR 检测的特异性几乎为 100%，但是由于 PCR 是一种高灵敏的方法，因此，防止检测过程中出现的假阳性十分重要。研究发现，此方法对于犬艾立希体病急性期的诊断较好，对于晚期的病犬，PCR 方法通常难以检测到病原。用病犬血液标本中分离的白细胞层提取 DNA 作模板并采用套式 PCR 方法，可以使 PCR 检测的阳性率大为提高。

第六节　沃氏巴克体属（*Wolbachia*）

类立克次体共生菌（rickettsia-like endosymbiont）沃氏巴克体是一类感染多种昆虫宿主并呈细胞质遗传的细菌。这类细菌能够引发宿主多种生殖异常行为。其中最令人感兴趣的是细胞质不相容性（cytoplasmic tncompatibility，CT）。CT 通常出现在 2 种交配情况，即感染了沃氏巴克体的雄性个体与非感染的雌性个体交配（单向 CI），或与感染了沃氏巴克体的不同品系的雌性个体交配（双向 C1）。这 2 类交配产生的后代在胚胎发育的早期即全部或大部分死亡。而其他组合方式的交配则产生正常数目的后代，有迹象表明，沃氏巴克体能通过某种未知机制修饰昆虫的精细胞，而只有同种沃氏巴克体感染的卵细胞才能补偿这种修饰作用。沃氏巴克体通过这种修饰作用赋予其宿主相对于其他非感染个体的生殖优势。

通过对宿主生殖系统的作用，沃氏巴克体能够有效地侵入宿主群体，而不需要通过感染或其他的水平转移途径。在沃氏巴克体扩散的同时，它能够带动与之相联系的其他细胞质因子，如线粒体等，在宿主群体中传播。双向 CI 实际上形成了一种生殖后隔离的机制，有可能在节肢动物种间分化过程中起重要作用。研究结果显示，沃氏巴克体是破坏了宿主精子的染色体外成分（主要是中心体）导致宿主受精作用受阻，从而表现出不相容现象，暗示了沃氏巴克体与宿主细胞骨架作用不仅表现在发育过程中，而且在生殖细胞的形成过程中也有重要影响，但是这种作用机制还不清楚。我们对灰飞虱的研究亦表明，在虱发育的早期已决定了这种广泛的体内分布，此研究正在进行中，沃氏巴克体的密度也是决定宿主体内分布的重要因素。虽然没有确切的证据说明该微生物是如何从卵传到下一代的组织中，但在卵发育过程中密度高的部分相应发育成分布部位。而高温条件下，昆虫发育时间缩短，会引起成虫体内沃氏巴克体的密度下降，持续的高温可能导致沃氏巴克体从虫体内消失，所以宿主发育时间也可能与成虫体内分布相关。大多数节肢动物血淋巴的研究发现有沃氏巴克体的感染，因此，我们推测血淋巴循环作用可能也对这种广泛分布有一定的影响。

◆ 参考文献

范明远 . 2003. 立克次体 . 人与动物病原细菌学 [M] . 石家庄：河北科技出版社 .

范明远 . 2004. 立克次体病 . 热带医学 [M] . 第 2 版 . 北京：人民卫生出版社 .

范明远 . 2005. 世界新发现的斑点热 [J] . 预防医学论坛，10 (1)：119 - 128.

于恩庶 . 1997. 我国目前恙虫病流行特征分析 [J] . 中华流行病学杂志，18 (1)：56.

俞树荣 . 2000. 中国 Q 热研究进展 [J] . 中华流行病学杂志，21 (6)：456 - 459.

张丽娟，付秀萍，贺金荣 . 2005. 我国近十年斑疹伤寒流行概况分析 [J] . 中国预防医学杂志，6 (5)：414 - 418.

Chapman A S, Bakken J S, Folk S M, et al. 2006. Diagnosis and management of tickborne rickettsial diseases: Rocky Mountain spotted fever, ehrlichioses, and anaplasmosis-United States [S] . MMWR Recomm Rep, 55 (RR - 4): 1 - 27

Christopher D P, Childs J E. 2003. Ehrilichia chaffeensis: a prototypical emerging pathogen [J] . Clin Microbiol Rev, 16: 37 - 64

Dumler J S, Choi K S, Garcia-Garcia J C. 2005. Human granulocytic anaplasmosis and Anaplasma phagocytophilum. Emerg Infect Dis [J] . 11: 1828 - 1834

Murray P R. 2003. Mannual of Clinical Micriobiology [M] . 8th ed. Washington DC, USA: ASM.

Wen B, Cao W, Pan H. 2003. Ehrlichiae and ehrlichial diseases in china [J] . Ann NY Acad Sci, 990: 45 - 53

李媛 编

第十七章　衣原体科

衣原体属革兰阴性菌，呈球形，直径0.2～1.0μm，有细胞壁，含有DNA和RNA。衣原体专性细胞内寄生，能在鸡胚和易感的脊椎动物细胞内生长繁殖，并且具有它自己的生活史，即从较小的原生小体长成较大的外膜明显的中间体，然后再长大成为初体，随之进行二等分裂，分裂后的个体又变成原生小体。衣原体具有广泛的宿主，但家畜中以羊、牛、猪较为易感。畜禽不分年龄均可感染，但不同年龄的畜禽其症状表现不一。幼羊1～8月龄多表现为关节炎、结膜炎；犊牛（6月龄以前）、仔猪多表现为肺、肠炎；怀孕牛、羊、猪则多数发生流产。衣原体还可感染人，如沙眼衣原体在人可以引起沙眼、弥漫性结膜炎、新生儿眼炎、非淋性尿道炎、淋性淋巴肉芽肿等。肺炎衣原体引衣原体（Chalmydiae）是一类在真核细胞内专营寄生生活的微生物。研究发现，这类微生物具有和革兰阴性细菌很多相似之处。这些特性是：①有DNA和RNA两种类型的核酸；②具有独特的发育周期，类似细菌的二分裂方式繁殖；③具有黏肽组成的细胞壁；④含有核糖体；⑤具有独立的酶系统，能分解葡萄糖释放CO_2，有些还能合成叶酸盐，但缺乏产生代谢能量的作用，必须依靠宿主细胞的代谢中间产物，因而表现严格的细胞内寄生；⑥对许多抗生素、磺胺敏感，能抑制生长。1957年开始将衣原体分类于细菌类。

衣原体广泛寄生于人、哺乳动物及禽类，仅少数致病。据抗原构造、包涵体的性质、对磺胺敏感性等的不同，将衣原体目（Chlamydiales）分为4个科，即衣原体科（Chlamydiaceae）、副衣原体科（Parachlamydiaceae）、西门坎氏菌科（Simkaniaceae）和石德菌科（Waddliaceae）。衣原体科包括衣原体（*Chlamydia*）和亲衣原体（*Chlamydophila*）2个属，衣原体属含3个种：沙眼衣原体（*C. trachomatis*）、猪衣原体（*C. suis*）和鼠衣原体（*C. muridarum*）；亲衣原体属含6个种：鹦鹉热亲衣原体（*C. psittaci*）、肺炎亲衣原体（*C. pneumoniae*）、反刍动物亲衣原体（*C. pecorum*）、流产亲衣原体（*C. abortus*）、猫亲衣原体（*C. felis*）和豚鼠亲衣原体（*C. caviae*）。

衣原体科成员总的16SrRNA和23SrRNA基因差异均<10%，基因大小为1.0～1.24Mbp，每个基因有一个或两个核糖体操纵子，在16S～23S基因间间隔无tRNA，很少或无胞壁酸。其G+C含量因测定方法不同而有所差异：热变性法测定为（42.7±1.4）mol%、（40.5±1.5）mol%（Cox等，1988），HPLC法测定为（39.5±0.3）mol%。分析发现，本科差不多有100个16S rRNA基因。衣原体科为革兰阴性，所有成员均需要宿主细胞ATP。含有主要外膜蛋白（MOMP，相对分子质量为40×10^3）、亲水半胱氨酸60×10^3蛋白和低分子量半胱氨酸菌体蛋白。

[**形态与结构**] 在光学显微镜下可见到两种大小、形态结构不同的颗粒衣原体。较小的称原体（elementary body，EB），直径约为0.3μm，卵圆形，电子密度大，是衣原体有感染性的形态。较大的称为始体（initial body）直径为0.5～0.3μm，呈圆形或不规则形，电子密度较小，是衣原体的无感染性形态。但有人认为还存在着一种过渡形态，即中间体（intermediate body），亦有人把始体称为网状体（reticulate body，RB）。

衣原体全基因组测序的完成，为人们认识这一病原体的发生、进化和可能的致病机制，以及对其与典型的革兰阴性细菌（G^-）的异同提供了线索，之后的研究重点主要集中在衣原体细胞膜。衣原体细胞膜的结构与其他G^-细菌相似，由脂多糖（lipopolysaccharide，LPS）、外膜、内膜和周浆间隙组成，但在其分子组成上有所不同，如衣原体LPS的O_2侧链比其他G^-细菌短，末端分子组成是32deoxy2 D2

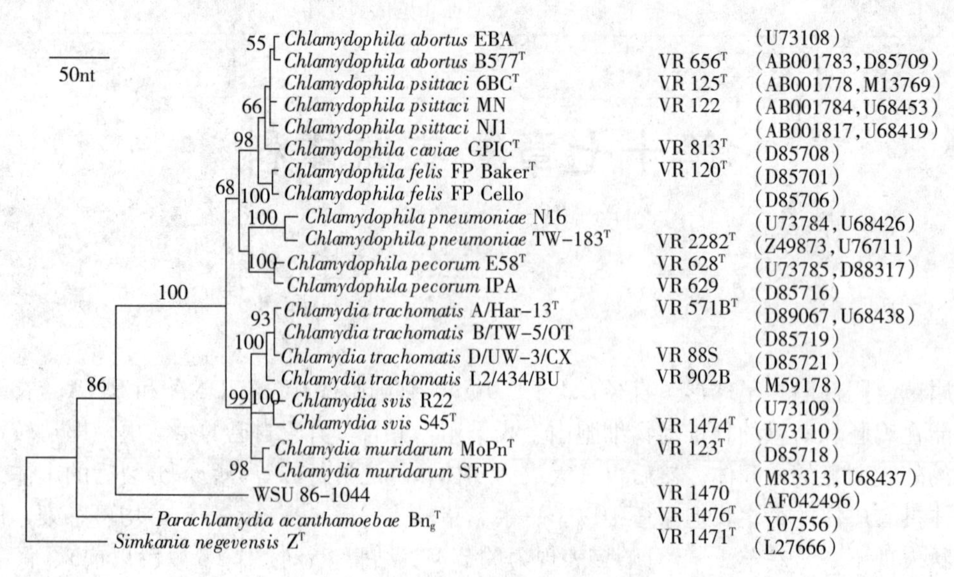

图 17-1 用全长 16S rRNA 基因构建的衣原体目遗传发生树

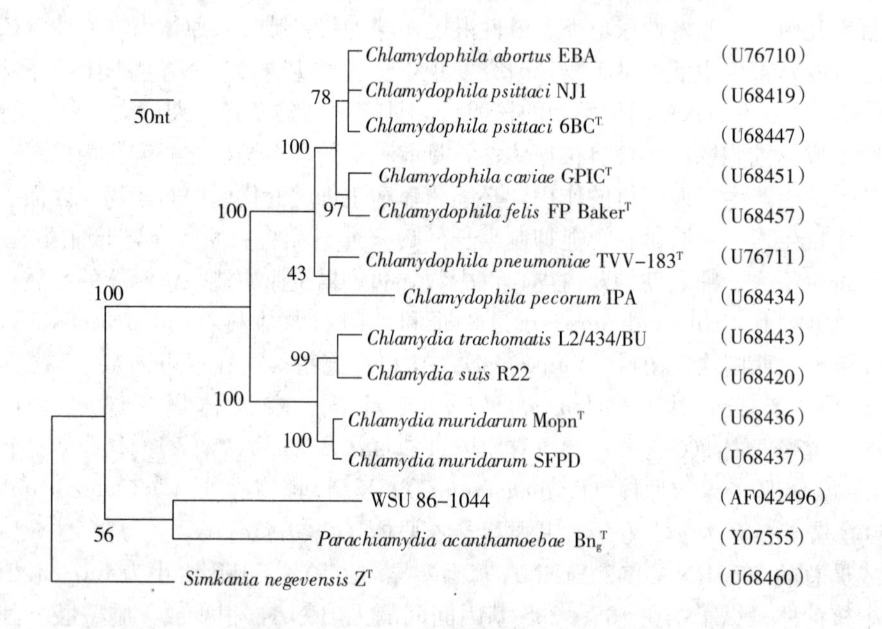

图 17-2 用全长 23S rRNA 基因构建的衣原体目遗传发生树

manno2 octul osnic acid，而衣原体生活周期中所出现的原体（EB）和网状体（RB）两种不同形态，其LPS和外膜蛋白成分几乎没有差异。衣原体全基因组序列分析的重大成果之一是发现编码多形态膜蛋白（polymorphic membrane proteins，Pmps）基因家族的存在。已发现鹦鹉热亲衣原体（*Chlamydophila psittaci*）至少有 6 个基因编码 Pmp90 和 Pmp98 蛋白家族，肺炎亲衣原体（*Chlamydophila pneumoniae*，Cpn）有 21 个基因编码 Pmp1～Pmp21，沙眼衣原体（*Chlamydia trachomatis*，Ct）有 9 个基因编码 PmpA～PmpH，其中 PmpD（Cpn 的 Pmp21 也称为 PmpD）。

［**生活周期**］衣原体有其独特的生活周期，种间无差异。原体在宿主细胞外较为稳定，但具有高度的感染性。当与易感细胞接触时，以吞饮的方式进入细胞内，由宿主细胞膜包围原体而形成空泡，在空泡内的原体增大，发育成为始体。始体在空泡以二分裂形式繁殖，在空泡内形成众多的子代原体，构成各种形态的包涵体（inclusion body）。包涵体的形态、在细胞内存在的位置、染色性等特征，有鉴别衣原体的意义。成熟的子代原体从宿主细胞释放出来，再感染其他的宿主细胞，开始新的发育周期。每个发育周期约需 40h。始体是衣原体周期中的繁殖型，而不具有感染性。

表 17-1　衣原体原体和始体的性状

性　状	原　体	始　体
大小（直径 μm）	0.2～0.4	0.8～1.0
细胞壁	+	—
代谢活性	—	+
胞外稳定性	+	—
感染性	+	—
繁殖能力	—	+
RNA∶DNA 比值	1	3～4
毒性	+	—

［培养特性］ 大多数衣原体能在 6～8d 龄鸡胚卵黄囊中繁殖，可在受感染后 3～6d 致死的鸡胚卵黄囊膜中找到包涵体及特异性抗原。组织细胞培养如 HeLa 细胞，人羊膜细胞等中生长良好。但衣原体多缺乏主动穿入组织细胞能力，故可将接种有衣原体材料的细胞培养管先经离心沉淀以促使衣原体穿入细胞，也可在细胞培养管中加入适量的二乙氨基葡聚糖（DEAE-dextran），提高衣原体吸细胞的能力，使它易穿入细胞进行繁殖。有些衣原体，如鹦鹉热亲衣原体经腹腔接种，性病淋巴肉芽肿脑内接种，均可使小鼠受感染。

［抵抗力］ 三种衣原体中鹦鹉热亲衣原体抵抗力较强。从低温－20℃贮存一年至数年以上的火鸡组织曾分离到衣原体。在禽类的干粪和褥草中，衣原体可存活数月之久。

衣原体对温度的耐受性与宿主的体温有关，禽类体温高，适应的衣原体株就较耐热；哺乳动物体温较低，适应的衣原体株则不耐热。

沙眼衣原体感染材料在 56℃中 5～10min 即可灭活。在干燥的脸盆上仅半小时失去活性。在－60℃感染滴度可保持 5 年。液氮内可保存 10 年以上。冰冻干燥保存 30 年以上仍可复苏，说明沙眼衣原体对冷及冷冻干燥有一定耐受性。不能用甘油保存，一般保存在 pH7.6 磷酸盐缓冲液中或 7.5%葡萄糖脱脂乳溶液中，这一点和病毒决然不同，许多普通消毒剂可使衣原体灭活，但耐受性有所不同。如对沙眼衣原体用 0.1%甲醛溶液或 0.5%石炭酸溶液经 24h 即杀死；用 2%来苏儿仅需 5min。对鹦鹉热亲衣原体用 3%来苏儿溶液则需 24～36h 才可杀死；用 75%乙醇 0.5min；1∶2 000 的升汞溶液 5min 中即可灭活；紫外线照射可迅速灭活。四环素、红霉素等抗生素有抑制衣原体繁殖作用。

［抗原性］

（1）属共同性抗原　所有衣原体都具有的共同抗原存在于衣原体包膜中，并存在于衣原体的整个生活周期中。在宿主体可引起补体结合抗体，在血清学试验中可作为共同性抗原。皮肤变态反应原 1926 年 Frei 发现，将性病淋巴肉芽肿（LGV）病人横痃（横痃：指各种性病的腹股沟淋巴结肿大，又称便毒）中的脓液加热制成的抗原，采用皮内注射法，可用以诊断该病。后来改用衣原体培养物作抗原，这种抗原是属共同抗原，不具有种特异性。在沙眼、衣原体性病、生殖道感染和鹦鹉热患者都对该抗原出现阳性反应。这种皮肤变态反应又称为 Frei 试验。

（2）种特异性抗原　衣原体的种特异性抗原不耐热，能被石炭酸、木瓜蛋白酶或加温 60℃所破坏。但迄今尚无制备种特异性抗原的简便方法。用种特异性抗原作补体结合反应可将沙眼衣原体与鹦鹉热亲衣原体感染区别开来。

（3）型特异性抗原　实验证明，沙眼衣原体确有型的特异性。用微量间接免疫荧光法可将沙眼衣原体分为 18 个型。

［致病性与免疫性］

（1）致病机理　衣原体能产生不耐热的内毒素。该物质存在于衣原体的细胞壁中，不易与衣原体分开。静脉注射小鼠，能在几小时到 24h 使小鼠死亡，解剖可见肝脏坏死，肺、肾损害。这种毒素的作用能被特异性抗体所中和。衣原体的致病机理除宿主细胞对毒素反应有关外，衣原体必须通过不同的细胞的特异性受体才能发挥特异的吸附和摄粒作用。因此，各种衣原体表现不同的嗜组织性和致病性。

（2）免疫性 衣原性感染宿主后，以诱导机体产生细胞免疫和体液免疫。但这些免疫应答的保护性强，因此常常造成持续感染和反复感染。另外细胞免疫和体液免疫也可造成免疫病理损伤，如再感染沙眼时易发生Ⅳ型变态反应，而使沙眼病情更加严重。

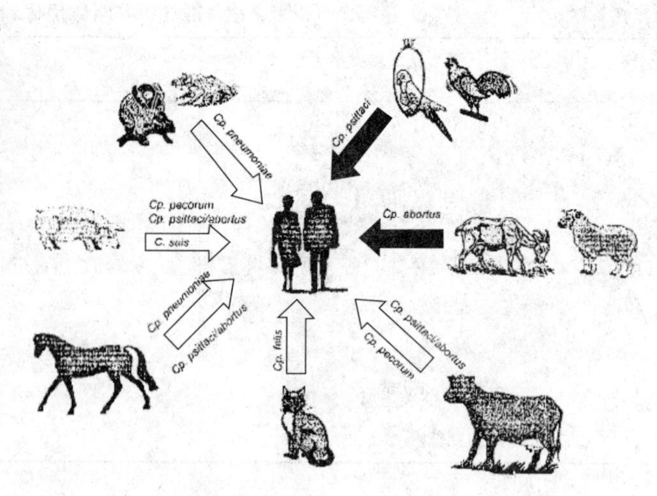

图 17-3 衣原体的传播

第一节 衣原体属（*Chlamydia*）

一、沙眼衣原体（*Chlamydia trachomatis*）

沙眼衣原体（*Chlamydia trachomatis*，Ct）是目前国内外最常见的性病病原体，Ct 可分为 A、B、Ba、C、D、Da、E、F、G、H、I、Ia、J、K、L1、L2、L2a 和 L3 共 18 种血清型。A、B、Ba 和 C 型引起地方性沙眼；L1、L2、L2a 和 L3 引起性病淋巴肉芽肿；而其他型可引起泌尿生殖道感染、新生儿结膜炎、小婴儿肺炎和成人包涵体结膜炎（游泳池结膜炎）。

[形态与染色] 将鸡胚卵黄囊或细胞培养的沙眼衣原体高度提纯，于电镜下检查，可见原体呈球形或类球形，胞浆膜外有刚性细胞壁，壁外有平滑表层。始体的体积较大，形状不甚规则，其包膜富有韧性，无刚性的细胞壁，原体和始体内皆含有 DNA 与 RNA。

沙眼衣原体具有特殊的染色性状，不同的发育阶段其染色有所不同。成熟的原体以 Giemsa 染色为紫色，与蓝色的宿主细胞浆呈鲜明对比。始体以 Giemsa 染色呈蓝色。沙眼衣原体对革兰染色虽然一般反应为阴性，但变化不恒定。沙眼包涵体在上皮细胞浆内很致密，如以 Giemsa 染色，则呈深紫色，由密集的颗粒组成。其基质内含有糖原，以 Lugol 液染色呈棕褐色斑块。

[培养特性] 人类是沙眼衣原体的自然宿主。它主要寄生于机体黏膜上皮细胞。猴和猩猩的眼及泌尿系可实验感染各型沙眼衣原体（包括 LGV 在内）。灵长类外的动物，对 LGV 之外的其他沙眼衣原体均无致病性。鸡胚只对大多数沙眼衣原体敏感，但禽类则对各型沙眼衣原体均不敏感。小鼠对 LGV 衣原体是敏感的，尤其是脑内感染，病死率可达 30%。此外，大鼠、豚鼠和家兔对 LGV 衣原体的敏感性幼龄高于成年。所有沙眼衣原体都能在鸡胚卵黄囊内生长繁殖，并致死鸡胚。将沙眼衣原体悬液接种 6～8d 胚龄卵黄囊内，置 35℃温箱，一般于 6～8d 后死亡。剖检时胚体及卵黄囊膜充血。卵黄囊膜涂片可散在衣原体，病理切片则可见卵黄囊膜细胞内包涵体。

所有沙眼衣原体均可在细胞培养中生长，现多采用 McCoy 或 HeLa229 细胞株，在接种衣原体前，以 X 线照射细胞，或于细胞培养中加入代谢抑制如细胞松弛素 B、DEAE 葡聚糖呈放线菌酮，其目的在于细胞生长代谢缓慢，以利于衣原体的寄生性生长。

[所致疾病]

（1）沙眼 由衣原体沙眼生物变种 A、B、Ba、C 血清型引起。主要经直接或间接接触传播，即眼—眼或眼—手—眼的途径传播。当沙眼衣原体感染眼结膜上皮细胞后，在其中增殖并在胞浆内形成散在型、帽型、桑葚型或填塞型包涵体。

（2）包涵体包膜炎　由沙眼生物变种 D～K 血清型引起。包括婴儿及成人两种。前者系婴儿经产道感染，引起急性化脓性结膜炎（包涵体脓漏眼），不侵犯角膜，能自愈。成人感染可因两性接触，经手至眼的途径或者来自污染的游泳池水，引起滤泡性结膜炎又称游泳池结膜炎。

（3）泌尿生殖道感染　经性接触传播，由沙眼生物变种 D～K 血清型引起。男性多表现为尿道炎，不经治疗可缓解，但多数转变成慢性，周期性加重，并可合并附睾炎、直肠炎等。女性能引起尿道炎、宫颈炎等，输卵管炎是较严重并发症。该血清型有时也能引起沙眼衣原体性肺炎。

（4）性病淋巴肉芽肿（LGV）　由沙眼衣原体 LGV 生物变种引起，要通过两性接触传播，是一种性病。

［免疫性］ 机体感染衣原体后，能诱导产生型特异性细胞免疫和体液免疫。但通常免疫力不强，且为时短暂，因而常造成持续性感染、隐性感染和反复感染。此外，也可能出现免疫病理损伤，由迟发型超敏反应引起，如性病淋巴肉芽肿等。

［微生物学诊断］ 多数衣原体引起的疾病可根据临床症状和体征确诊。但对早期或轻症患者，须行实验室检查来帮助诊断。沙眼急性期患者取结膜刮片，Giemsa 或碘液及荧光抗体染色镜检，查上皮细胞浆内有无包涵体。包涵体结膜炎及性病淋巴肉芽肿，也可从病损局部取材涂片，染色镜检，观察有无衣原体或包涵体。用感染组织的渗出液或刮取物，接种鸡胚卵黄囊或传代细胞，分离衣原体，再用免疫学方法鉴定。主要用于性病淋巴肉芽肿的辅助诊断。常用补体结合试验，若双份血清抗体效价升高 4 倍或以上者，有辅助诊断价值。也可用 ELISA、凝集试验。设计不同的特异性引物，应用多聚酶链式反应可特异性诊断沙眼衣原体，具有敏感性高、特异性强的特点，现被广泛应用。

二、猪衣原体（*Chlamydia suis*）

猪是猪衣原体的天然宿主，目前该种只从猪分离到，其中猪肠道样品的分离率最高，各株间 16S rRNA 基因序列的差异性＜1.1％。在感染猪组织和细胞培养物中的包涵体内可检测到糖原。某些分离株对磺胺嘧啶和四环素有抗性。已知猪衣原体具有染色体外质粒（pCS）。猪衣原体可引起结膜炎、肠炎和肺炎。代表株为 $S45^T$（＝A TCC $VR1474^T$）。

三、鼠衣原体（*Chlamydia muridarum*）

包括以前归类为沙眼衣原体的仓鼠和鼠分离株。共有 2 个分离株，即 MoPn 和 SF2PD。其中 MoPn 分离株为 1942 年从无症状白化体 Swiss 鼠的肺分离到的，对磺胺嘧啶敏感，而 SF2PD 为仓鼠分离株，是增生性回肠炎的并发因子。本属代表株为 $MoPn^T$（＝A TCC VR 123^T）。

第二节　亲衣原体属（*Chlamydophila*）

本属是新设立的，由原衣原体属反刍动物衣原体、肺炎衣原体、鹦鹉热亲衣原体以及以前属于鹦鹉热亲衣原体流产分离株、猫分离株、豚鼠分离株等共同组成。本属成员的 16S rRNA 和 23S rRNA 基因序列的同源性≥95％，基因大小约为 1.2Mbp，不存在可检测的糖原，含有单个核糖体操纵子，有不同形态学和不同的磺胺嘧啶抵抗性，在某些种存在染色体外质粒。本属代表种是鹦鹉热亲衣原体。

一、鹦鹉热亲衣原体（*Chlamydophila psittaci*）

鹦鹉热亲衣原体（*C. psittaci*）是原鹦鹉热衣原体更名之。根据表型特性、致病性和遗传特性可将其分为 4 个群，即禽源群、流产源群、猫源群和豚鼠源群。这些分离株其 16S rRNA 基因差异性＜0.8％，并且具有相似的毒力、容易在细胞培养物上生长、携带染色体外质粒的特性。大多数分离株对噬菌体 Chp1 敏感。代表株为 6BCT（=A TCC VR125T）。根据血清变种特异性 MAb s 可将鹦鹉热亲衣原体分为 8 个血清变种，即 A～F、M 56、WC 血清变种。血清变种 A 为鹦鹉鸟类地方性流产病原体，并可引起人的散在性人兽互传性疾病。感染鸟类通常是全身性的，表现为隐性的、严厉的、急性或慢性间歇性排泄病原体。血清变种 B 为鸽的致病原，也从火鸡以及流产乳畜分离到。血清变种 C 分别从鸭、火鸡和鹧鸪分离到 3 株分离株 GD、CT1 和 Par1。血清变种 D，目前只从火鸡、海鸥、虎皮鹦鹉和人分离到。血清变种 E，目前已知的有 Cal210、MP 或 MN，是 19 世纪 20 年代后期至 30 年代初期从肺炎病人分离到的，随后从不同的禽类包括鸭、鸽子、鸵鸟和 rheas 分离到。血清变种 F，仅有 1 个分离株 V S225，是从长尾鹦鹉分离到的。血清变种 M 56，是从麝鼠和野兔分离到。血清变种 WC 是从患肠炎牛中分离到的。

［形态与结构］ 鹦鹉热亲衣原体不含糖原，碘染色阴性，包涵体形状不规则，散在胞浆中，不压迫细胞核。对磺胺药有抵抗，主要感染禽类和低等动物，人也感染鹦鹉热亲衣原体。

［化学组成］ 鹦鹉热亲衣原体细胞壁上有两种主要抗原物质，即外膜脂多糖和主要外膜蛋白。研究表明，细胞壁上至少存在两种属特异性抗原决定簇，二者构成不同的血清型。这两种抗原决定簇可用补体结合反应加以鉴别。

［培养特性］ 衣原体在鸡胚卵黄囊及 HeLa 细胞、猴肾细胞培养中易于生长，并能感染小鼠发生肺炎、腹膜炎或脑炎而致死。鹦鹉热亲衣原体还能产生一种红细胞凝集素，能凝集小鼠和鸡的红细胞。这种凝集素为卵磷脂核蛋白复合物，其作用可被特异性抗体及 Ca^{2+} 所抑制。

［病原体分离］ 可采取患者血液或痰液进行病原体分离。痰液宜加链霉素处理，注射至小鼠腹腔及鸡胚卵黄囊内。接种动物常于 7～10d 内死亡。剖检后取脾、肺、肝等涂片染色，查看有无衣原体及嗜碱性包涵体。结果阳性时，再进行血清学鉴定。

［血清学试验］ 患本病后常可检出特异性抗体升高。补体结合抗体在体内维持时间较长，可在病初期及后期采取双份血清标本进行试验。如后期血清比早期血清抗体滴度高 4 倍或以上，则有诊断意义。此外，还可进行血凝抑制试验。

［分布］ 本病在世界范围均有分布，在美洲、欧洲、亚洲、非洲和大洋洲广泛存在。其中在美国以火鸡感染引起人群感染较多；西欧的人群感染主要来自鹦鹉及观赏鸟类；前苏联和东欧则以鸭和火鸡造成的人群感染为多。我国于 20 世纪 50 年代后期对北京西郊一鸭场 13 名职工发生的肺炎进行鹦鹉热血清学调查，发现 7 例呈阳性反应，这是我国对该病的最早报道。20 世纪 60 年代初，从羊流产和猪繁殖障碍病料中分离出鹦鹉热亲衣原体，才从病原上确证了我国动物衣原体病的存在。

二、流产亲衣原体（*Chlamydophila abortus*）

流产亲衣原体（*Chlamydophilia abortus*，CA）属于衣原体科亲衣原体属，过去称为鹦鹉热亲衣原体-1 型（*Chlamydophilia psittaci* 1，鹦鹉热亲衣原体-1），是一种专性细胞内寄生的革兰阴性微生物。主要引起猪、牛、羊等动物发生流产、死胎、弱胎等，给畜牧业带来严重的经济损失。

流产亲衣原体是一种重要的人兽共患病原，其感染后可造成人和猪、牛、羊等哺乳动物发生流产，从而对畜牧业和人类健康造成威胁。其诊断方法国际上主要采用补体结合试验，我国主要采用间接血凝试验，但这些诊断方法灵敏度较低，容易出现漏检现象。ELISA 方法以其高灵敏性和高特异性的优点，成为动物疫病诊断方法研究的焦点。POMP 家族蛋白具有较高的种特异性，以其作为诊断抗原建立诊断方法能区分 CA 和其他种属衣原体的感染，因此已经引起研究者的关注。

与其他亲衣原体属的成员如鹦鹉热亲衣原体、豚鼠亲衣原体、猫亲衣原体、肺炎亲衣原体及家畜亲衣原体的代表毒株的核苷酸相似性分别为 84%～88%、82%、82%、72%和 72%，其主要差别集中于 4 个 VD 编码区，证实了衣原体的 MOMP 中存在属、种特异性抗原。同禽源性毒株氨基酸序列比较发现，流产衣原体各株在 VDⅠ～Ⅳ均发生不同程度的缺失，这可能提示由此而引起宿主特异性的改变。

上述各株流产衣原体之间的VD区虽然相同，但其血清型是否一致有待进一步探讨。目前鉴定衣原体的方法是通过PCR扩增衣原体16S和23S核糖体的特征序列，再到GenBank中去查对比较，可确定所属。而鹦鹉热亲衣原体的分型方法是通过单克隆抗体或omp21的RFLPs分析。亲衣原体属各复合群、种间的omp21VD序列差异较大，而在群、种内非常保守，支持了目前的新分类及分型方法。

三、畜类亲衣原体（*Chlamydia pecorum*）

畜类亲衣原体（*Ch. pecorum*）是原反刍动物衣原体更名之。16S rRNA基因序列差异性<0.6%。目前已发现分离株有染色体外质粒。到目前为止，反刍动物嗜性衣原体只是从哺乳动物如牛、绵羊、山羊、考拉（koala）、猪分离到。在考拉，反刍动物嗜性衣原体可引起生殖性疾病，如不孕及泌尿系统疾病。在其他动物，可引起流产、结膜炎、脑脊髓炎、肠炎、肺炎和多发性关节炎。代表株为E58^{T}（=ATCC VR 628^{T}）。

四、猫亲衣原体（*Chlamydia felis*）

包括以前属于鹦鹉热亲衣原体中的猫源衣原体。可引起家猫结膜炎和鼻炎。其16S rRNA基因序列差异性<0.6%。FPpring和FP Cello分离株携带染色体外质粒，而FPBaker分离株则没有。FP Cello分离株可引起鼠的致死性疾病，而FP Baker则不能。代表株为FPBaker^{T}（=ACTT VR 120^{T}）。

五、豚鼠亲衣原体（*Chlamydia caviae*）

包括以前属于鹦鹉热亲衣原体的豚鼠结膜炎分离株。目前共有5个分离株，且都携带染色体外质粒pCpGp 1。这些分离株仅对豚鼠有致病性。可引起豚鼠的结膜和生殖系统感染。代表株为GP IC^{T}（=ATCC VR 813^{T}）。

六、肺炎亲衣原体（*Chlamydia pneumoniae*）

肺炎亲衣原体（*Chlamydia pneumoniae*）是原肺炎衣原体更名之，为呼吸系统病原体。该病原体为分布广泛，除从人类分离到外，还从考拉和马分离到，并且只有公马分离株存在染色体外质粒（pCpnE1）。根据遗传性和生物学特性，可分为TWAR、考拉和马3个生物变种。代表株为TW 2183^{T}（=A TCC VR 2282^{T}）。

TWAR是由第一次分离到的2株TW 2183和AR 239的名字合并而成。TWAR生物变种仅是从人分离到，同时也只有1个血清变种。TWAR特别对呼吸系统有致病性，最突出的是引起急性或慢性支气管炎和肺炎。此外，还与急性或慢性呼吸道疾病如中耳炎、肺阻塞性疾病以及动脉粥样硬化、哮喘、结节性红斑、反应性呼吸道疾病、Reite氏综合征、肉样瘤病等有关。参考株是TW 2183^{T}。

肺炎亲衣原体考拉生物变种（*Ch. pneumoniae*，biovar Koala）其MOM P属于1型，与TWAR蛋白同源性为97.8%，与马生物变种MOM P同源性为94.5%，而与其他衣原体的MOM P同源性低于70%。参考株为L PCon。

肺炎亲衣原体马生物变种（*Ch. pneumoniae*，biovar Equine）只有一个分离株N16，是1990年Wills等从马呼吸系统分离到的。其MOM P与肺炎亲衣原体其他株的差异性为5.5%；而与衣原体其他种的差异性则>30%。用N 16分离株接种马可引起无症状感染。参考株为N 16。

［**形态与特征**］肺炎亲衣原体在Hela229中培养，其外形极像鹦鹉热亲衣原体（*Chlamydia psicci*），但碘染色阴性且不挤压细胞核。既往认为电镜观察的肺炎亲衣原体一个明显特征是其外形为梨形，而且有一大的浆周间隙，而鹦鹉热亲衣原体和沙眼衣原体（*Chlamydia trachomatis*，CT）均为圆

形。肺炎亲衣原体菌株 YK241、IOL2207 及 K6 菌株也被证实为圆形。现认为，肺炎亲衣原体、CT 和鹦鹉热亲衣原体的包涵体凸面有很多颗粒呈六角形排列，用激光束转换的方法研究肺炎亲衣原体的原体外形发现，其表面的六角形结构有相似的周期性（periodicity）。在肺炎亲衣原体原体的复制繁殖过程中，普遍存在线粒体与包涵体并不相关现象，具体机制有待阐明。

肺炎亲衣原体细胞壁是由富含半胱氨酸的外膜复合体（outermembrane complex，OMC）分子间及内部的二硫键及脂多糖（LPS）等组成，缺乏肽聚糖层。主要外膜蛋白（major outermembrane protein，MOMP）是 OMC 的一部分，这些蛋白质在衣原体繁殖过程中可被调控，仅在肺炎亲衣原体始体转换为原体后才出现。肺炎亲衣原体外膜结构可能是其外膜刚性（rigidity）较大、不易变形，从而使得肺炎亲衣原体较难进入细胞的原因。

［**抗原性**］所有肺炎亲衣原体菌株与标准株 TWAR 的血清学特征相同，即肺炎亲衣原体仅有一个血清型。同其他的衣原体种不同，用代表肺炎亲衣原体的 MOMP 主要成分的合成肽制作肺炎亲衣原体感染鼠模型，并不能刺激机体的体液中和反应出现。肺炎亲衣原体免疫的动物血清与肺炎亲衣原体的 MOMP 反应弱，且与 CT 和鹦鹉热亲衣原体的 MOMP 存在种间交叉反应，现一致认为肺炎亲衣原体的 MOMP 的免疫原性和抗原性要较 CT 和鹦鹉热亲衣原体的 MOMP 弱，MOMP 不是肺炎亲衣原体免疫反应的优势蛋白，这可能与肺炎亲衣原体编码 MOMP 分子的 OMP1 基因高度保守有关。

［**基因型**］所有肺炎亲衣原体菌株与标准菌株 TW183 的核苷酸序列有相似的同源性，即仅有 1 个基因型。对从冠状动脉粥样硬化病变组织分离的肺炎亲衣原体冠状动脉株与从呼吸道分离的标准株 AR239 进行 OMP1 基因的序列比较发现，OMP1 基因在菌株间存在着变异。肺炎亲衣原体冠状动脉株的非同义密码子上有 5 个核苷酸出现变异，而且它在第 61 号位的第一可变区内有非保守的核苷酸置换，提示肺炎亲衣原体菌株间可能存在基因的变异。

［**培养方法**］基于 CT 培养方法，并在细胞系、接种方法、培养条件及干预措施等方面加以改进。目前认为敏感性较好的细胞系是传代肿瘤细胞系，如 Hep22、Hela、Hela229、HL、H292、McCOY 和 BGM 细胞系等；也有其他上皮来源的肿瘤细胞系，如 FaDu、Detroit562 等细胞系培养的研究报道，但敏感性较差。培养的方法一般都是将传代细胞悬液接种在培养瓶中，待细胞长成单层后，将待分离的标本种入；也有尝试将接种物直接接种到细胞悬液中，进行悬浮培养的报道，但效果欠佳。标本种入后需要进行离心，并置换有利于肺炎亲衣原体繁殖的液体，如含放线菌酮、放线菌素 C 的营养液，常需选择适当抗生素抑制杂菌生长。

接种标本经 5% CO_2 温箱中孵育 3d，用丙酮或甲醇固定，并用异硫氰酸荧光素（FITC）标记的肺炎亲衣原体特异的单克隆抗体进行鉴定；观察细胞内形成特异包涵体及其数目、肺炎亲衣原体感染细胞占细胞总数的百分率或折算成使 50%的组织细胞出现感染病变的肺炎亲衣原体量（$TCID_{50}$）等指标。有研究报道，层细胞用右旋 DEAE 或 Poly 2L2lysine 处理后可提高培养的敏感性，采用 7%PEG 预先与单层细胞作用 1h 后再接种，可略提高培养阳性率，同时延长培养时间至 7d，并多次离心，可将培养敏感性提高近 300 倍。也有报道接种物用胰酶处理 30min 后再接种，其培养阳性率可有 3～4 倍的对数增长。最近有 CM1 模拟肺炎亲衣原体感染标本经多次离心可明显提高培养敏感性的报道。

Maass 等发现，野毒株第一代培养往往并没有包涵体出现，连续 4 代后则形成的包涵体数目和 $TCID_{50}$ 明显增高，连续传代可提高培养敏感性。也有菌株在连续传代过程中感染力（infectivity）下降的报道。有研究发现分离用液体不加小牛血清可明显提高培养的阳性率。此外有报道称 pH 小于 5 或大于 8 以及 NaCl 低于 80mmol/L 等液体条件不利于衣原体的生长。从鼻咽拭子、咽拭子、痰标本、支气管灌洗液、胸腔积液、动脉粥样硬化病变组织及动物模型等的肺组织中等都能分离出肺炎亲衣原体，但尚无不同类型标本间的比较研究。由于临床标本往往肺炎亲衣原体数目非常少，且采集后立即进行接种的可能性小，故妥善转运和储存标本非常重要。目前常用蔗糖磷酸盐缓冲液（SPG），是否加小牛血清尚无定论。有研究表明，新分离的野毒株在 22℃超过 4h 或 4℃超过 24h 毒力明显下降，多次传代的毒株室温放置 12h 可保存毒力 81%，4℃放置 4h 仅保存 74%的毒力。也有菌株 22℃保存超过 48h 则死亡的报道。

冻融会影响肺炎亲衣原体毒力，SPG 中的 FCS 可能会对其毒力保存有一定的保护作用。多数认为 SPG 中加入 10%小牛血清，4℃保存 24h 可最好地保存肺炎亲衣原体毒力。将肺炎亲衣原体与从正常人分离的细胞共同培养，或从明确肺炎亲衣原体感染的患者分离出细胞进行观察等是研究肺炎亲衣原体感染的途径。已证明，肺炎亲衣原体可在巨噬细胞、血管内皮细胞、动脉血管壁平滑肌细胞、单核细胞等中生长。

［致病性］ 肺炎亲衣原体可直接抑制纤毛运动达 48h 之久。健康人肺泡巨噬细胞与肺炎亲衣原体共同培养，经化学发光法监测其炎症反应时发现，肺炎亲衣原体可在巨噬细胞中存活 120h，一些与炎症有关的细胞因子 TNF2α、IL21β 和 IL28 和 ICAM21、HLA2DR 均有表达。对从肺炎亲衣原体感染的机体内分离的巨噬细胞进行研究有类似发现，巨噬细胞释放的反应氧、TNF2α、IL21β、IL28 的量与肺炎亲衣原体试验量相关，而 ICAM21 表达未见明显增加，HLA2DR 明显上调，提示炎症相关介质可能参与肺炎亲衣原体局部感染的放大过程。亦有肺炎亲衣原体感染血管内皮细胞后，IL28、单核细胞趋化蛋白 1（M 肺炎亲衣原体 21）表达，CD14 分子以时间依赖的方式上调表达的报道。推测巨噬细胞、单核细胞可携带肺炎亲衣原体到达全身，其释放的炎症相关介质可作用于中性粒细胞、单核细胞等，使它们穿过内皮向炎症组织聚集，参与肺炎亲衣原体所致的慢性炎症性的病理过程。

◆ 参考文献

陈松林，刘中文 . 1990. 禽衣原体病［J］. 特产研究（2）：47－48.

陈学勤，钱利生 . 2006. 衣原体主要外膜蛋白的研究进展［J］. 生物技术通讯，30（3）：19－21.

何诚，朱虹，王传武，等 . 2004. 鹦鹉热衣原体重组主要外膜蛋白免疫肉鸡效果观察［J］. 中国农业大学学报，1.

李红，刘全忠 . 2004. 沙眼衣原体疫苗研究的新进展［J］. 国外医学 . 皮肤性病学分册，2.

刘钢 . 1998. 衣原体及其相关疾病研究新进展［J］. 国外医学 . 儿科学分册，5.

刘良专，吴移谋 . 2009. 衣原体Ⅲ型分泌系统效应蛋白研究进展［J］. 中国人兽共患病学报，4.

刘向伟，端青，张浩杰，等 . 2002. 鹦鹉热衣原体主要外膜蛋白基因序列的扩增、克隆和原核表达［J］. 微生物学免疫学进展，2.

桥爪壮，吴晓梅 . 1990. 衣原体的 DNA 探针诊断［J］. 微生物学免疫学进展，4 .

邱昌庆，高双娣，周继章，等 . 2003. 猪衣原体病的调查［J］. 动物医学进展，2.

邱昌庆，周继章，谷玉辉 . 2002. 猪源鹦鹉热衣原体外膜主蛋白编码基因的克隆和序列测定［J］. 中国兽医科技，6.

邱昌庆 . 1997. 动物衣原体疫苗［J］. 中国兽医科技，12.

邱昌庆 . 2000. 衣原体分类研究进展［J］. 中国兽医科技，12.

王洁，余平 . 2005. 衣原体免疫逃逸机制的研究进展［J］. 中南大学学报（医学版），6 .

王守智，李景水，徐广贤，等 . 1998. 乳牛衣原体灭活蜂胶佐剂苗的试制和应用［J］. 中国兽医科技，11.

张宝发，赵亚芳，呼和，等 . 1994. 羊流产衣原体佐剂灭活苗的研究［J］. 内蒙古畜牧科学，4.

张友逊，张利华，左娟娟，等 . 1985. 沙眼衣原体冷冻蚀刻复型的电镜观察［J］. 微生物学报，1 .

李媛　编

第十八章　支原体科

支原体目（Mycoplasmas）是以缺乏坚硬的细胞壁和胞壁酸、二氨基庚二酸等合成细胞壁的基础成分为基本特征的一类简单、无细胞壁的原核生物。首先被 Nocard 等（1898）从患胸膜肺炎的病牛中发现，命名为胸膜肺炎微生物（pleuropneumonia organism，PPO），后来先后在人、猪、马、羊、犬、猫、鸡、鸭、大鼠、小鼠等动物以及土壤、污水和组织培养中发现有此类微生物存在，它们虽不一定引起胸膜肺炎，但形态与培养特性等与 PPO 极相似，将这些微生物统称为类胸膜肺炎微生物（pleuropneumonia like organism，PPLO）。1967 年，爱德华（Edward）和 Freundt 正式提出支原体目（Mycoplasmatales）应归属于原核生物界原生物门（Tenericutes）的柔膜体纲（Mollicutes）。

这类微生物易与某些细菌的菌型相混淆，应注意区别。某些细菌由于抗生素或酶等化学物质的处理而丧失细胞壁，且在适当的条件下，形成与支原体相似的微小菌落（L 型细菌）。这种菌和支原体有相似点，即都没有细胞壁，具滤过性，形态呈多形性，对青霉素不敏感，在特异性抗体影响下发育受阻，但若用不含青霉素的培养基继代，L 型细菌恢复出现细胞壁，支原体则不发生这种情况。L 型细菌不需要固醇作为生长因子，而支原体除无胆甾原体属（*Acholeplasma*）和星状原体属（*Asteroleplasma*，一种非胆甾原体）外均需要固醇。

支原体与病毒、立克次体、衣原体和其他非发光细菌之间性状的异同见表 18-1。

表 18-1　支原体和其他微生物性状的比较

性　状	支原体	衣原体	立克次体	其他非发光细菌	病毒
无细胞培养基上能增殖	+	−	−b	+a	−
缺细胞壁或肽葡聚糖	+	−	−	−	+
产生代谢能量	+	−	+	+	−
繁殖依赖宿主细胞核酸	−	−	−	−	+
自体酶系统合成蛋白质能力	+	+	+	+	−
需要胆固醇	+c	−	−	−	−
在 1 500 倍光学显微镜下可见	+	+	+	+	−
可通过 450nm 微孔滤膜	+	+	+	−d	+
既有 DNA，又有 RNA	+	+	+	+	−
抗体抑制生长	+	+	+	−	+
抗生素抑制生长	+	+	+	+	−

注：a. 极少数例外，如梅毒螺旋体、麻风杆菌。b. 罗李氏体属和巴通氏体例外。c. 无胆甾原体例外。d. 极少数例外。

［形态与染色］无细胞壁，但有 3 层极薄的膜组成细胞膜，厚 2.5～10nm，内外层为蛋白质及糖类，中层系脂类。菌体呈多形性，基本形态为球状、杆状和丝状，此外尚有梨状、分支状、螺旋状等不规则的形状。球状菌体大小差异悬殊，最小的为 125～250nm，大的 2～10μm，丝状菌体短的为数微米，长的达 10μm，胞质内有核糖体、mRNA、tRNA、环状双股 DNA，无线粒体等膜状细胞器。无鞭毛，通常不运动，但有些种在液面呈滑动或旋转运动。革兰染色阴性，苯胺类染料着色不良，姬姆萨染

色呈淡紫色。DNA 中 G+C 含量为（23～40）mol%。

［培养特性与增殖］可在特定培养基上增殖，但营养要求高于一般细菌，常需在基础培养基中加入10%～20%动物血清，提供支原体不能合成的固醇和长链脂肪酸。有的种需要在组织培养上生长。最适温度一般为 37℃，无胆甾原体为 30～37℃，螺旋原体为 32℃。pH 一般以 7.6～8.0 为宜，但脲原体要求 6.0，厌氧原体要求 6.5～7.0。除厌氧原体外，大多数为兼性厌氧，多数种在微氧环境中生长较好，初代分离宜加 5% CO_2。繁殖速度较一般细菌慢，液体培养一般需 2～4d 才出现极微混浊，呈白色乳光状，有的种呈小颗粒样生长，或形成薄片状小菌落，黏附于管壁或沉于管底。初代分离通常需经过盲传一周或更长时间才能见到增殖，应用双相培养基有利于提高分离率。在固定培养基上培养 3～5d 才能形成细小的菌落，直径为 10～600μm，菌落形态呈“油煎蛋”状。多数支原体可在 9～11 日龄鸡胚绒毛尿囊膜上生长。

支原体的增殖，有以二分裂进行的，但染色体的复制和细胞质的分裂并不同步；有以出芽式增殖的，从基小体发芽，形成丝状，丝状体中又形成新的基小体并游离出来。

［生化特性］按照对糖的分解作用，可将支原体分为两群：一群对糖发酵，即分解葡萄糖、麦芽糖、甘露糖、木胶糖、果糖、半乳糖、糊精和淀粉等产酸不产气；另一群对糖不发酵，但可利用脂肪酸及氨基酸，尤其以精氨酸作为碳和氮的来源。脲原体属可利用尿素。

一般不分解蛋白质，少数菌种液化明胶，凝固血清或酪蛋白，某些种只能分解脂肪酸。在含 20%马血清或鸡蛋黄培养基上生长后，某些种可形成“薄膜”及“斑点”，在液体培养基中呈薄片，在固体培养基上薄膜位于菌落表面，内含胆固醇及磷脂，斑点出现于菌落下方及四周，由钙镁等组成。

某些糖发酵株能产生大量 H_2O_2，在含豚鼠红细胞的培养基中形成 β 型溶血环，某些糖不发酵株则呈现 α 型溶血。

某些支原体能还原四唑，生长重氮化物，反应由无色变成粉红到红色。几种主要禽支原体的特性见表 18-2。

［化学组成］包括脂类、糖类、蛋白质和遗传物质。脂类的主要组分是脂肪酸，脂肪酸含有高度疏水区域和高度亲水区域，因此，脂类的化学特征使其成为细胞膜的理想结构组分。在支原体的细胞膜中，含有较多的脂类物质，其含量约占膜成分的 1/3，主要包括胆固醇、磷脂和脂多糖。与支原体生物学相关性最大的糖类是含有 4、5、6 和 7 个碳原子的糖类。多糖还能和其他类型的大分子结合，如与蛋白质和脂类结合分别形成糖蛋白和糖脂，这些化合物在细胞膜中起重要作用。典型的支原体糖脂为含有1-5 糖基的二酯酰甘油酯。

除此之外，糖类还能形成膜外的一些附属物。例如丝状支原体丝状亚种膜外的“荚膜”，主要是由半乳聚糖组成的，该化合物对动物细胞有毒性，是一种重要的致病因子。另外，莱氏无胆甾原体细胞表面的“微绒毛”，可能是由 N-乙酰半乳糖胺和 N-乙酰葡萄糖胺组成的己糖胺聚合物。

支原体细胞膜的显著特征是含有大量的蛋白质，常与脂质结合。蛋白质在细胞执行其功能中起关键作用，是支原体生命活动的重要物质，约占细胞膜重的 2/3，主要分布在支原体的细胞膜与胞质内，包括膜蛋白、酶蛋白等。

［遗传物质］支原体的核酸与其他原核生物的核酸相似，沉降系数约为 70S，支原体 rRNA 有 3 种，即 22S（相当于大肠埃希菌的 23S）、16S 和 5S。支原体核酸的显著特征是 G+C 含量低，除少数支原体外，大多数支原体基因组中 G+C 含量平均为（24～33）mol%。G+C 含量在基因组中分布不均，如生殖支原体基因组中 G+C 含量为 32mol%；而在 rRNA 和 tRNA 中，含量分别达 44mol%和 52mol%；再如肺炎支原体，整个基因组中 G+C 含量为 40mol%，其黏附基因 pl 和 ORF6 以及它们的重复序列中 G+C 含量为 56mol%，而在复制的起始点仅为 26mol%。另外，支原体的同工 tRNA 的种类少，例如甲硫氨酸 tRNA、甘氨酸 tRNA、赖氨酸 tRNA、缬氨酸 tRNA 和苯丙氨酸 tRNA 等都只有 1 种。在支原体的 tRNA 中很少见到经修饰的稀有核苷。支原体 tRNA 的核苷酸序列与革兰阳性细菌 tRNA 的核苷酸序列较接近，而与革兰阴性细菌的有较大的差异。

例如丝状支原体山羊亚种（*M. mycoides* subsp. *capri*）的甲酰甲硫氨酸 tlU 仇结构与枯草杆菌（*Bac. subtilis*）的相比只有 6 处不同，但与大肠埃希菌（*E. coli*）的相比则有 12 处不同。支原体的 rRNA 与细菌的差异较明显，Reff 认为 rRNA 是进化上较为保守的分子，这为支原体单独建立一个纲即柔膜体纲提供了分子生物学的理论支持。

表 18-2 几种主要支原体特性

种 名	模式株	葡萄糖发酵	甘露糖发酵	水解精氨酸	磷酸酶活性	膜和点	四唑还原 厌氧/好氧	明胶水解	消化凝集血清	消化酪蛋白	吸附红细胞	DNA 中 G+C 含量（mol%）
无乳支原体（*M. agalactiae*）	pG12	−	−	−	+	D	+/+	−	−		+	30.5～34.2
牛生殖单支原体（*M. bovigenitalium*）	pG43	−	−	−	+	+	−/+	+	−	−	d	28.1～30.4
牛支原体（*M. bovis*）	pG45	−	−	−	+	D	+/+		−	−	×	27.8～32.9
鸡败血支原体（*M. gallisepticum*）	pG31	+	+	−	−	−	+/+	−	−	−	+	31.8～35.7
猪肺支原体（*M. hyopneumoniae*）	5	×	×	−	−	W	−/w		−		−	
猪鼻支原体（*M. hyorhinis*）	BST−7	+	−	−	+	−	+/+	−	−	−	−	27.3～27.8
火鸡支原体（*M. meleagridis*）	17529	−	−	+	+	−	−/+				d	27.0～28.6
丝状支原体丝状亚种（*M. mycoides* subsp. *mycoides*）	pG1	+	+	−	−	−	+/+	+	(+或 w)h	(+或 w)h	−	26.1～27.1
丝状支原体山羊亚种（*M. mycoides* subsp. *capri*）	pG3	+	+	−	−	−	+/+	+	+	+	−	24.0～26.0
肺炎支原体（*M. pneumoniae*）	FH	+	+	−	−	−	+/+	−	−	−	+	38.6～40.8
滑液支原体（*M. synoviae*）	Wvu1853	+		−	−	+	−/w				d	34.2

说明：+，阳性；−，阴性；×，不确定；w，弱反应；d，11%～89%菌株呈阳性；g，对于大或小菌落株不特异；h，大菌落株比小菌落株消化强烈

与其他原核生物一样，支原体基因组也是由双股 DNA 组成的。其基因组大小为 580～1 380kbp，在能够独立繁殖的原核生物中，支原体属和脲原体属的基因组是最小的。另外，不同支原体种属间，基因组大小有所不同，其原因除了基因组中大量的重复元件和插入序列引起的改变外，可能还与外来基因（如病毒基因）的整合有关。不过，基因组的大小与支原体的生存能力没有直接关系。另外，支原体基因组中某些位点腺嘌呤和胞嘧啶碱基呈甲基化状态，甲基化的程度及类型在分类中具有重要意义。

自 1980 年 Ranhand 经电镜和密度梯度离心等方法首次证实螺原体中存在质粒以来，先后发现在关节炎支原体（*M. arthritidis*）、蕈状支原体、人型支原体和莱氏无胆甾原体中分离出质粒，这些分离的质粒（包括 pADB 201 和 pKMK 1 两种）多为 8kb 左右。支原体中所带质粒均为隐蔽性质粒，功能尚不清楚，目前仅用于分子生物学研究。

[抵抗力] 支原体的抵抗力很弱，一般经 45℃ 15～30min、55℃ 5～15min 即死亡；耐低温潮湿，在−20℃下能存活数月；对冻融有一定的抵抗力。对石炭酸、煤酚皂溶液、乙醚等化学消毒剂比较敏感；对表面活性物质及脂溶剂极为敏感，如器皿洗涤后残留清洁剂等，可抑制其生长。对醋酸铊、结晶

紫、亚碲酸盐具较强的抵抗力，培养基中加入适当浓度时可抑制杂菌而提高分离率。对各种抗生素的敏感性因不同种而有差异，如红霉素对人肺炎支原体有抑制作用，但对猪、犬、啮齿类支原体无效；多数种能抵抗青霉素、链霉素、多黏菌素，但四环素、土霉素和金霉素可杀死支原体，而对放线菌素 D、丝裂霉素 C 最敏感；可出现对抗生素的耐药株。

[血清学特性] 在含相应种高免血清的培养基中，支原体生长能特异地被抑制，用作鉴定支原体，即生长抑制试验。

如在特定含葡萄糖或精氨酸以及指示剂的培养基中加入相应种的抗血清，支原体失去分解葡萄糖或水解精氨酸的能力，指示剂不变色，即代谢抑制试验（血清学反应和生化反应联合作用）。

[病原性] 除少数为腐生性，大多数为寄生性，寄生于多种动物的呼吸道、泌尿生殖道、消化道黏膜、乳腺和关节，而致人、畜和禽发生疾病，如丝状支原体引起牛、羊传染性胸膜肺炎，猪肺炎支原体引起猪地方流行性肺炎，鸡败血支原体引起鸡慢性呼吸道病。与兽医有关的主要支原体种的分离部位和致病情况见表 18-3。

表 18-3 主要支原体寄生部位及病原性

种　名	寄生部位	所致疾病
无乳支原体（*M. agalactiae*）	牛、绵羊、山羊乳腺及山羊呼吸道	牛乳房炎、绵山羊无乳症、山羊肺炎
产碱支原体（*M. alkalescens*）	牛鼻腔	
腹支原体（*M. alvi*）	牛肠道、泌尿生殖道	
鸭支原体（*M. anatis*）	鼻窦炎鸭的呼吸道	
精氨酸支原体（*M. arginini*）	山羊脑、关节、结膜	
关节炎支原体（*M. arthritidis*）	小鼠关节	关节炎
牛生殖道支原体（*M. bovigenitalium*）	牛乳腺和生殖道	乳房炎
牛鼻支原体（*M. bovirhinis*）	牛呼吸道，偶尔乳腺	
牛支原体（*M. bovis*）	乳腺、生殖道、呼吸道	犊牛肺炎，关节炎，牛乳房炎等
牛眼支原体（*M. bovoculi*）	牛眼	角膜结膜炎
犬支原体（*M. canis*）	泌尿生殖道及呼吸道	
山羊支原体（*M. capricolum*）	呼吸道、乳腺及关节	山羊传染性胸膜肺炎、传染性无乳症
结膜支原体（*M. conjunctivae*）	绵羊结膜	结膜角膜炎
相异支原体（*M. dispar*）	呼吸道	犊牛肺炎
马胎无胆甾原体（*M. equifetale*）	胎儿	
马生殖道支原体（*M. equigenitalium*）	马生殖道	
马鼻支原体（*M. equirhinis*）	马呼吸道	
猫支原体（*M. felis*）	结膜炎患猫的眼	
鸡支原体（*M. gallinarum*）	呼吸道	鸡慢性呼吸道病
鸡败血支原体（*M. gallisepticum*）	呼吸道	可能与关节炎有关
颗粒支原体（*M. granularum*）	猪关节	猪地方流行性肺炎
猪肺炎支原体（*M. hyopneumoniae*）	肺	
猪鼻支原体（*M. hyorhinis*）	呼吸道	
猪滑液支原体（*M. hyosynoviae*）	关节	

（续）

种　名	寄生部位	所致疾病
惰性支原体（*M. iners*）	鸡心包及呼吸道	
火鸡支原体（*M. meleagridis*）	呼吸道	火鸡气囊炎
丝状支原体丝状亚种（*M. mycoides* subsp. *mycoides*）	呼吸道	牛传染性胸膜肺炎
溶神经支原体（*M. neurolyticum*）	小鼠脑、呼吸道	脑病结膜炎
滑液支原体（*M. synoviae*）	关节	家禽传染性滑液囊炎

［**免疫**］应用丝状支原体丝状亚种 SC 小菌落型（*Mycoplasma mycodies* subsp. *mycodies* SC，MmmSC）强毒株的兔化苗及绵羊适应苗已有效地控制牛传染性胸膜肺炎（CBPP）在中国的流行；猪地方流行性肺炎疫苗也有较好的效果；鸡慢性呼吸道病疫苗已在广泛试用。一般认为支原体感染所引起的炎症，是一种类似迟发型皮肤超敏反应，参与的白细胞主要是淋巴细胞。支原体引起呼吸道疾病与呼吸道上皮细胞的表膜和支原体侵入上皮纤毛之间有密切关系。尽管有免疫应答，但初次感染后支原体能长期存留于机体。如患牛传染性胸膜肺炎后直至 330d，仍能在牛肺分离到病原体；猪感染地方流行性肺炎后直到 262d 从猪肺亦可分得猪肺炎支原体；鸡感染败血支原体发病后，经 6 个月仍能使与它接触的鸡发生该病。

受感染动物可产生相应抗体，可采用凝集试验、补体结合试验或 ELISA 检测。

［**分离与鉴定**］支原体的分离与鉴定因疾病种类的不同而异。一般用无菌采取肺、胸水、鼻咽分泌物、乳汁、关节液或淋巴结等病料。取样后尽快接种于适宜培养基，要求培养基富含动物血清、酵母浸液，常加青霉素、醋酸铊抑制杂菌。置好气和厌气两种条件下培养。一旦观察到菌落呈典型的“脐眼”样，菌体呈多形性，无细胞壁，可通过 220nm 滤器，符合上述条件者即可初步作出鉴定。

为了进一步作生化试验鉴定，需要纯化，取单个菌落接种液体培养基，繁殖后通过滤器，然后移植于固体培养基上，形成菌落后再取单个菌落接种液体培养基，一般需 3 次克隆以纯化菌株进行免疫荧光试验、生长抑制试验和代谢抑制试验。

为明确其致病性，用纯培养物对敏感动物作呼吸道或关节囊、乳房内接种，观察其症状和病变，并进行再分离。

鉴定中要注意两个或多个种的混合感染（表 18-4）。

表 18-4　柔膜体纲分类

Ⅰ 兼性厌氧或微氧	
A. 要求固醇	
1. 对数生长期间菌体呈螺旋状	螺旋体属（*Spiroplasma*）
2. 非螺旋状	
a. 尿素酶阳性	脲原体属（*Ureaplasma*）
b. 尿素酶阴性	支原体属（*Mycoplasma*）
B. 不要求固醇	无胆甾原体属（*Acholeplasma*）
Ⅱ 专性厌氧	
A. 要求固醇	厌氧原体属（*Anaeroplasma*）
B. 不要求固醇	星状原体属（*Asteroleplasma*）

［**分类**］软皮体纲下仅支原体一个目，可按照增殖时对胆固醇或其他固醇的需要、菌体形态及分解尿素等特性进行分类，通过查阅表 18-4 进行检索。无胆甾原体和星状原体属增殖时不需要固醇，而且基因组大小为 10^9，是支原体属基因组的 2 倍。螺旋原体属菌体形态呈螺旋状。脲原体属能分解尿素，所形成的集落比一般支原体小得多，直径为 10～15μm。软皮体纲下各属特性见表 18-5。

表 18-5　软皮体纲各属特性

名　称	已认识的种属	基因组的大小 ($\times10^8$)	需要固醇	DNA 中 G+C 含量（mol%）	特　性	宿　主
螺旋原体	7	10	+	25～31	菌体呈螺旋丝状体	植物、昆虫和螨
脲原体	2	5	+	27～30	分解尿素	人和动物
支原体	77	5	+	23～40		人、动物和鸟类
无胆甾原体	10	10	+	27～36		动植物和昆虫
厌氧原体	4	10	+	29～34	厌氧	牛、羊的瘤胃
星状原体	1	10	+	40.2～40.3	厌氧	牛、羊的瘤胃

分类学位置不明确的热源体属（*Thermoplasma*）从烧过的矿山石灰质中分离得到，发育最佳温度为 59℃。最适 pH 为 1～2，由于 DNA 中 G+C 含量为 46mol%，显著较大，是一种原始菌，其他特性与 *Sulfolobus* 属的嗜盐菌相似，故将其从软皮体纲中除掉。几种主要致病支原体有如下一些。

一、丝状支原体丝状亚种（*Mycoplasma mycoides* subsp. *mycoides*）

牛传染性胸膜肺炎的病原体，存在于病牛的肺、纵隔淋巴结、胸膜与胸腔的渗出物以及气管和鼻腔的排出物中。

[分类与形态] 2009 年 Manso-Silvan 和 Vilei 等专家的最新分类，将丝状支原体家族重新分成 5 个成员。主要的变化是丝状支原体丝状亚种（*Mycoplasma mycoides* subsp. *mycoides*）被归入丝状支原体山羊亚种（*Mycoplasma mycoides* subsp. *capri.*）。*Mycoplasma* sp. bovine group 7 被更名为 *Mycoplasma leachii*。

最新的分类如下：

（1）丝状支原体丝状亚种 SC 型（*M. mycoides* subsp. *mycoides SC*，MmmSC）　主要引起牛传染性胸膜肺炎，代表菌株为 PG1。

（2）丝状支原体山羊亚种（*M. mycoides* subsp. *capri*）　引起山羊肺炎、关节炎；原丝状支原体丝状亚种 LC 型（*M. mycoides* subsp. *mycoides LC*，MmmLC）　依据新分类归入此群。

（3）山羊支原体山羊亚种（*M. capricolum* subsp. *capricolum*）　引起绵羊、山羊败血症、关节炎、乳房炎。

（4）山羊支原体山羊肺炎亚种（*M. capricolum* subsp. *capripneumoniae*）　是山羊传染性胸膜肺炎（CCPP）的病原体。

（5）*Mycoplasma leachii*　原名 *Mycoplasma* sp. bovine group 7，引起牛关节炎、乳房炎。MmmSC 体积小，直径为 125～150 nm，可以自我复制，缺乏细胞壁，外层由 3 层细胞膜组成。在显微镜下，菌体呈现多种形态，但多以球状、环状、球杆状或螺旋状等形式出现。在固体培养基上生长缓慢，菌落大小也不一致，在显微镜下菌落呈现露水珠状，边缘光滑，典型的菌株在菌落中心有由于生长过快而形成的“脐状”致密部分，外围结构较为疏松，形态呈“荷包蛋”状。

[培养特性] 能分解葡萄糖、甘露糖、果糖、麦芽糖，产酸不产气。不分解乳糖和蔗糖。在含 10%～20%马血清的马丁肉汤、牛心汤等培养基中生长良好，加 0.5%～1%葡萄糖生长更佳，但产酸多，细菌死亡快。生长最适 pH7.5～8.0，温度为 37～38℃，低于 30℃不易生长。不含血清的培养基不能生长。初分离时生长迟缓，3～7d 肉汤培养物呈轻微带乳光混浊，有时见丝状或降落伞状生长，连续在培养基上传代生长变快，不再出现丝状生长。琼脂培养基上培养 5～7d 出现细小滴状菌落；煎蛋样，中央基部扎入培养基内。初分离的菌落最大不超过 1mm，久经传代的菌落可达数毫米。菌落没有吸附红细胞的能力。产生毒素，产生 α 型溶血现象。

[**抵抗力**] 对外界环境影响敏感，能被常用的消毒剂杀死。不耐高温、干燥和阳光，45℃以上和直射阳光下很快被灭活，在−20℃以下能存活数月。对冻融有较强的抵抗力。对青霉素和磺胺类药物有抵抗性，对四环素、土霉素和大环内酯类抗生素敏感。

[**基因组构成**] MmmSC 标准菌株 PG1 基因组大小为 1 211 703bp，G+C 含量 24.0mol%的单一环形染色体组成，其 G+C 含量是迄今已知基因序列中最少的。含有 985 个假定基因，其中包括 72 个位于插入序列内的转座酶基因。另外发现 83 个截短基因，包括 52 个转座酶基因。这些基因中 59%与假定生物学功能有关，另外有 14%与其他物种的未知功能基因相似。有趣的是，尽管另外五个柔膜细菌基因组已经测得序列，仍有 27%不确定基因是 MmmSC 特有的。

可变表面蛋白（variable surface proteins）一些支原体能够改变它们的表面蛋白，以加强克隆和适应不同感染阶段的宿主组织环境，这就是所谓的抗原变异。MmmSC 中唯一一个已报道的与抗原变异相关的基因是 Vmm，它编码一个表型多样化脂蛋白前体。通过改变 Vmm 基因启动子框架中 TA 重复子的数量可以打开或关闭 Vmm 在 MmmSC 中的表达。启动子框架中高突变分子机制还不知道，但重复子数量的改变似乎是因为在复制期间聚合酶量下跌引起的。有趣的是，基因组序列揭示了编码脂蛋白前体的 5 个额外基因都具有含 5 到 12 个 TA 重复子的启动子，其中包括−10 区的前 4 个核苷酸。这些基因序列基本都包含了在 MSC - 0117 和 MSC - 1005 启动子有不同数量 TA 重复子的克隆，表明在人工培养的 MmmSC 中双核苷酸的插入和删除发生得相对频繁。

MSC - 0117 启动子中有 3 个克隆含有 10 个 TA 重复子，1 个克隆含有 11 个 TA 重复子，MSC - 1005 启动子中有 7 个克隆含有 11 个 TA 重复子，1 个克隆含有 12 个 TA 重复子。更重要的是，9 个 MmmSC 表面蛋白基因的假设启动子中有 15 到 23 个 As 组成的同源核苷酸。同样，这些重复序列可能参与转译控制。

在这基因的编码区有两个表面蛋白基因包含 10 到 14 个 Ts 单核苷酸链。这些重复序列因正确数量的重复基团发生错误重组可能导致目的蛋白的大小变化。另外 34 个脂蛋白前体基因和 144 个跨膜蛋白基因没有指定的功能，其产物与黏附和宿主细胞反应相关，是潜在的毒力因子。值得注意的是即使 7 个 ISMmy1 成分也通过 TA 重复子插入到启动子中，从而终止假定的表型多样化蛋白的表达。三种剪切启动子位于基因上游编码膜相关蛋白。另外四个缺少对应基因，这些基因可能从基因组中删除了。

[**毒力因子**] 尽管付出了很大努力，但 MmmSC 致病的机制仍不为人所知。然而，有一些理论已经被实验证实。早在 1976 年，研究人员给牛群静脉注射 MmmSC 菌膜能引起与 CBPP 自然感染阶段一样的肺部病变，这证实膜具有直接的毒性作用。另外有证据表明，增加膜成分能减少宿主细胞的吞噬。MmmSC 基因组含有两段基因参与膜的合成。第一段位于 127 与 251 位点之间并且在欧洲株中 gtsB 有突变，gtsC 和 lppB 发生缺失。通过比较 MmmSC 的非洲高致病力菌株和欧洲低致病力菌株发现，过氧化氢产量存在明显差异。因此推测过氧化氢作为一种代谢中间产物对宿主产生损害，是一种可能的毒力因子。

[**病原性**] 黄牛、水牛和牦牛易感，骆驼及羊有较强的抵抗力，正常情况下实验动物不感染。对牛喷雾吸入感染可获与自然发病相同的病例，胸腔接种可引起胸膜炎，皮下接种能引起蜂窝织炎或全身性关节炎。

[**鉴定**] 除分离培养及生化特性等鉴定外，分子生物学技术已经被广泛应用。例如：用 CAP - 21 探针作为引物的 PCR 方法能够从 MmmSC、MmmLC、*M. mycoides* subsp. *capri* 等菌株中扩增出 0.5kbp 的 DNA 片段。PCR 方法能够从暴发的 CBPP 病例中检测出 Mmm SC 型菌株，表明这种方法能够从临床的肺部样品中检测到特异性 DNA 片段。PCR 方法也可以在一些血清阴性和没有明显临床损伤的动物体中扩增出特异性 DNA 片段；与此相反，少数血清抗体阳性的动物用 PCR 却不能扩增出特异性片段。这些结果显示，在样品处理方法上需要进一步改进。另外，还可用补体结合试验做血清学检查。

二、牛支原体（*Mycoplasma bovis*）

牛支原体（*M. bovis*）在分类上属于支原体目，支原体科，支原体属成员。虽然该病原于 1961 年首次在美国患有乳房炎的病牛中分离到，但一直被认为是小反刍动物支原体——无乳支原体（*M. agalactiae*）的一个亚种，直到1976年才被命名为牛支原体。*M. agalactiae* 主要引起山羊及绵羊的乳腺炎、关节炎等，其全基因组序列已经测定完成。尽管两种支原体可以导致不同动物的不同疾病，但是他们16S rRNA的同源性高达99.8%，即只有2个碱基不同，但DNA-DNA杂交实验表明全基因组只有40%的同源性，即便这样在一些膜蛋白上二者具有较高的同源性，并且他们的生化特性也很相似，都不能发酵葡萄糖、水解精氨酸，可以利用有机酸、乳酸盐和丙酮酸盐为其生存提供能量。

［形态结构］ *M. bovis* 是一种多形性的微生物，外观呈球形、星状、丝状，大小为（125～150）μm×（0.2～0.8）μm，缺少细胞壁。细胞较小，能通过450nm滤膜，压挤下能通过220nm滤膜，与原生质体相似，但对渗透性溶胞作用有较强的抵抗力，并且在原生质体溶解的条件下还能存活。其基因组大小约948kb，G+C含量为29.76mol%。基因组共含有804个阅读框架，编码了50个脂蛋白，46个分泌蛋白，135个跨膜蛋白。由于生物合成能力有限，因此，需要通过宿主细胞提供其生存所必需的营养物质。支原体基因密码子的表达不同于一般细菌的密码子，*M. bovis* 和其他支原体都被证实TGA编码色氨酸，一般细菌以TGG编码色氨酸，TGA作为终止密码子。支原体有独特的染色体基因复制和修复系统，由于其错误率高，导致支原体染色体变异率很高，重组系统活力也很强。

［培养特性］ *M. bovis* 的生长需要一定pH，一般在pH7.6～7.8之间，繁殖速度比细菌慢，一般周期为24h，在液体培养基中生长繁殖具有与细菌在液体培养基中生长相似的规律性，一般分为迟缓期、对数期、稳定期和衰退期，但在液体培养基中的生长量较少。生长后培养基清亮，观察时须与未接种管作对比来识别，并且要在培养基中加入一些底物和pH指示剂——0.5%酚红溶液，根据底物分解使培养基的pH发生改变，导致颜色变化来判断有无支原体的生长。*M. bovis* 在固体培养基中生长更为缓慢，在含少量琼脂的固体培养基上孵育2～3d后才能形成菌落，但因菌落较小，必须在显微镜下才能观察到，具有一个致密的颗粒中心和一个较为疏松的边缘，呈典型的“油煎蛋状”。虽然 *M. bovis* 能在无生命培养基中繁殖，但其对营养物质的要求比一般细菌高，需要在培养基中加入20%的马血清，以提供细胞膜合成所需的胆固醇和其他长链脂肪酸，并可稳定细胞膜。

［表面蛋白］ *M. bovis* 的毒力及其致病机理至今仍不十分明确，但是大多数学者都认为支原体对宿主上皮细胞的黏附是其致病的一个必不可少的过程。支原体有一个可变膜蛋白家族Vsps（variable surface lipoproteins），由十余个基因偏码，在PG45株中形成13个重复。Vsps家族的蛋白大小及抗原表位都是经常变化的，为抗原变异起到了很重要的作用，它们的变异主要包括一些小分子集团的获得或缺失，或是在上、下游之间转换，也就是说在蛋白的C端或其他区域都可以发生 *Vsp* 基因的插入或缺失。*Vsp* 基因携带有黏附区，通过改变表面的结构而产生抗原变异，从而增强它们的繁殖和/或黏附或逃避宿主的免疫防御系统。Vsps蛋白最初是1994年由德国学者使用 *M. bovis* 单克隆抗体1E5从菌体蛋白中鉴定出来，进而对其编码基因和蛋白功能进行了深入研究。Vsps蛋白具有很强的免疫原性，它包含的黏附结构在其分子的重复端。2000年已经公布了Vsp蛋白与黏附功能相关的抗原表位图谱。研究发现 *M. bovis* 422分离株只有9个重复，其中缺少 *VspE* 和 *VspF* 基因，其蛋白的C端具有免疫原性决定簇和黏附结构，证明这个分子是一个混合体，在病原的黏附作用调节过程中起非常重要的作用。

［抵抗力］ 尽管大多数支原体的生存能力有限，但是牛支原体在牛奶中可以在4℃下存活2个月，在水中或木材中可以存活2周，在草中存活20d，相反，如果在高温环境下，它们的存活能力大大降低。

［病原性］ *M. bovis* 目前已经在北美和欧洲等地流行并引起严重的经济损失，主要引起牛的肺炎、关节炎、乳房炎、中耳炎等，这些常见的疾病被统称为牛支原体相关疾病（*Mycoplasma bovis*-associated disease，MbAD）。有时也会引起角膜结膜炎、子宫内膜炎、输卵管炎、卵巢炎，流产和精囊炎。自从1994年牛支原体传播到在北爱尔兰和爱尔兰共和国等欧洲各地，有30%患肺炎的牛肺脏中能分离到牛支原体，而在英国，在有20%～25%患有肺炎的牛体内能检测到有牛支原体抗体。

在英国，每年有190万头牛感染呼吸道疾病，引起的经济损失大约有540万英镑。每年更有接近于

15.7万头牛死于肺炎及相关疾病，潜在的经济损失更有990万英镑，整个欧洲每年的经济损失将近5亿7 600万欧元，这些损失中有1/4～1/3是由牛支原体引起的。在美国，每年由于牛支原体感染而引起的增重缓慢所造成的经济损失就高达3 200万美元。由于牛支原体感染引起的关节炎造成的经济损失更为严重，在美国，每年牛的感染率就有70%，经济损失更有10 800万美元。

2008年我国首次发现牛支原体引起严重的犊牛肺炎疫情，临床表现为咳嗽、发热、高热。由于其临床表现和病理剖检变化与牛传染性胸膜肺炎（牛肺疫）相似，必须进行实验室诊断才能最终确诊。

[分离与鉴定] *M. bovis* 的生长需要大量的营养，通常要在培养基中加入10%～20%的血清，在液体培养基中生长至少需要48h。在固体培养基中呈现特殊的菌落形态。固体培养基中至少要生长3d，并且至少7d没有生长才能判断为阴性。*M. bovis* 的培养需要特殊的设备和相关的经验，在呼吸道疾病的检测中也经常由于不能进行常规培养而忽略。也没有必要对所有动物都进行病原的分离，尤其是慢性感染的动物。应用抗生素治疗的动物或感染其他细菌都可以对病原的分离产生负面影响。

为了更方便快速的确定 *M. bovis* 病原，越来越多的PCR技术被广泛应用于实验室诊断。早期的PCR诊断是基于牛支原体的16S rRNA基础上的，但却无法区分牛支原体与无乳支原体。

根据牛支原体和无乳支原体16S rRNA差异极小的特点，设计了一对引物PpMB920-1/2对牛支原体的 *oppD/F* 基因成功进行PCR扩增，从而将牛支原体和无乳支原体鉴别开。同时对PCR产物用限制性内切酶进行酶切，得到不同大小的条带而鉴别牛支原体和无乳支原体。

血清学诊断方法包括间接血凝试验（IHA）和间接ELISA方法。目前加拿大、瑞士、比利时已经成功生产检测牛支原体抗体的试剂盒并已经商品化生产。

三、山羊支原体山羊肺炎亚种（*M. capricolum* subsp. *capripneumonia*，Mccp）

山羊支原体山羊肺炎亚种（*M. capricolum* subsp. *capripneumonia*，Mccp）体直径大小为300～500nm，多形，同一涂片可见有点状、球状或小环状。革兰染色阴性。DNA中G+C含量为（24～26）mol%。在Thiaucourt培养基和改良Thiaucourt培养基中生长良好，培养基接种后放于37℃培养。平板培养基最好放在含5% CO_2、95% N_2下培养。在平板培养基上可产生露滴样小菌落，似“荷包蛋”样，中间呈“脐”状。菌落中央呈浅的黄棕色，四周半透明，边缘光滑。

本菌有液化凝固血清的能力，能分解葡萄糖，但不能利用精氨酸。在琼脂上菌落不吸附红细胞。该菌凝集豚鼠红细胞，但不凝集牛红细胞。亦可在鸡胚卵黄囊中生长。

本菌对理化因素的抵抗力不强，60℃ 40min、1%煤酚皂液5min、0.5%石炭酸48h内死亡。强毒组织液中加甲醛0.1%在室温放置3d，加苯酚0.5%放置2d，或56℃ 40min，均能杀死本菌。将肺组织保存于50%甘油盐水中，在16℃下放置20d，或在2～5℃放置10d，对山羊仍有致病力，在室温40d或在普通冰箱中放置120d，则失去致病力。

青霉素、链霉素和醋酸铊对本菌抑菌能力低，但本菌对红霉素高度敏感，四环素和氯霉素有较强的抑菌作用。

病原菌在腐败材料中可维持活力3d，在干粪中经强烈日光照射后，仅维持活力8d。1%的克辽林可于5min内杀死本菌。

病羊肺组织的毒力较强，取病肺肝变部分的组织经25万倍稀释悬液气管注射1mL感染山羊，可引起典型发病。

[血清学特性] 补体结合试验、间接红细胞凝集试验和琼脂扩散试验时，与丝状支原体丝状亚种有共同抗原，但用生长抑制和代谢抑制试验可以区别开。

已确证本菌可引起山羊传染性胸膜肺炎。其代表株 F_{38} 是从暴发高致死性水肿和蜂窝织炎山羊中分离到，属丝状支原体山羊肺炎亚种，对牛无病原性。抑制上皮纤毛活性可通过对鸡胚气管培养的感染而证明。制备的灭活疫苗和鸡胚化弱毒苗均安全有效。

四、无乳支原体（*Mycoplasma agalactiae*）

［**形态结构**］菌体多形，球状或呈短丝状至中等长丝状，大小为（125～150）μm×（0.2～0.8）μm，缺少细胞壁。在固体培养基上的菌落，具有一个致密的颗粒中心和一个较为疏松的边缘，即“荷包蛋”形。革兰染色阴性，吉姆萨染色着色较好。DNA 中 G+C 含量为（30.5～34.2）mol%。

［**培养特性**］本菌在含有 10%～20%血清培养基上能生长，无沉淀，不形成菌膜，也能在乳汁中生长。在乳糖、甘露醇中和赤细丝藻醇中产酸，但在葡萄糖、果糖、半乳糖、棉子糖、阿拉伯糖、木糖、蔗糖中不产酸。在血琼脂平板上，不能溶解红细胞，可产生一圈棕色的变色带。不水解精氨酸、不分解尿素、还原四唑氮，斑膜试验阳性。

［**抵抗力**］本菌对外界抵抗力不强，对各种消毒剂均敏感，50℃几秒钟即失活，－20℃能存活数月，19～21℃和相对湿度 64%～72%则 17d 才死亡。对实验动物无易感性，但能致死发育的鸡胚。无乳支原体对卡那霉素、新霉素、链霉素、多黏菌素 B 和泰乐菌素都敏感。对红霉素有高度抵抗力。

培养物丝状至少可持续 8d，不像丝状支原体丝状亚种仅短暂所见。

琼脂上菌落能吸附在豚鼠和牛的红细胞上，但不吸附 Hela 细胞。

致绵羊及山羊的乳腺炎、关节炎及眼病（角膜炎、虹彩炎和脓性结膜炎），容易传播。

抗原性与牛支原体在琼脂扩散试验和生长沉淀试验中有相关性，在代谢抑制试验中有弱反应，但可被生长抑制试验和免疫荧光试验区别开。

五、猪肺炎支原体（*Mycoplasma hyopneumoniae*）

［**形态结构**］菌体呈环状或短链状，无细胞壁，电镜观察可见外部由两层蛋白质中间夹一层类脂构成两暗一明三层结构状膜，内含数目不等的电子密度较强的块状或空泡状核蛋白体、细丝状 DNA 链以及小粒状蛋白质。能通过 300mm 滤膜孔。

［**培养特性**］可在支原体专用培养基上生长，菌落圆形，中央隆起丰满，缺乏“脐眼”样特征，生长 7～10d 的菌落直径约为 4mm。该菌是最难分离和鉴定的病原体之一，对培养基要求苛刻。它生长缓慢且常因猪鼻支原体过度生长而内掩盖，而且药物治疗后或康复猪也很难再分离出病原。若培养基质量差、接种过密，菌落呈细小、扁平，表面因多处凹陷而呈花瓣状。分解葡萄糖产酸，不水解精氨酸和尿素。

［**抵抗力**］对外界抵抗力不强，病料于 15～25℃保存 36h 即失去致病力，1～4℃可存活 4～7d，－30℃可达 20 个月，冻干保存于－25℃可达 2～3a 以上。常用化学消毒剂均能杀灭，对磺胺类药物不敏感，对四环素类、泰乐菌素、泰莫灵敏感。

［**病原性**］引起猪地方性流行性肺炎。天然宿主仅限于猪。实验接种可适应于乳兔、鸡胚、金黄仓鼠。

［**分离与鉴定**］初代分离将病料研碎接种于液体培养基优于固体培养基，为抑制猪鼻支原体干扰，可在液体培养基中加入抗猪鼻支原体免疫血清。有时需在培养基多次盲目继代，逐渐适应繁殖后才能检出。虽然通过改进利用培养基和分离方法从病变部位分离出该病原的分离率逐渐增高，但在多数情况下，分离培养诊断仍不可行。

免疫荧光技术和免疫酶技术已经被用于该病原的诊断。荧光抗体技术特别适用于急性期感染，但在使用抗生素治疗或转为慢性感染时，容易出现假阳性。DNA 探针和 PCR 方法已被证明是敏感性高、特异性强的诊断方法，但这两种技术目前还主要用于实验室研究和 SPF 猪群的检测。

六、猪鼻支原体（*Mycoplasma hyorhinis*）

猪鼻腔中常在菌，常从地方流行性肺炎猪病料中分离到。经常发生猪地方流行性肺炎和猪萎缩性鼻炎的猪群中可看到仔猪发生多发性浆膜炎和多发性关节炎，并从这些病灶中分离出猪鼻支原体。也是细胞培养中遭污染最频繁的一种支原体。大部分株在大多数细胞培养中能致细胞病变。菌体形态多为点状和小环状，有时分枝。DNA 中 G+C 含量为（27.3～27.8）mol%。

在培养基中能使葡萄糖迅速分解产酸，pH 很快下降。不能分解蛋白质。在固体培养基上的菌落不能吸附豚鼠红细胞。

通过生长抑制试验、代谢抑制试验、免疫荧光试验和补体结合试验以及 PCR 方法可以将它和猫支原体、肺支原体、溶神经支原体、爱德华支原体等支原体区分开。

七、猪嗜血支原体（*Mycoplasma haemosuis*）

猪嗜血支原体又称作猪附红细胞体（*Eperythrozoon suis*），可引起以贫血、黄疸、发热为主要特征的人畜共患病。该病原最早认为属于无形体科附红细胞体属，但根据最新的 16S rRNA 种系发生分析结果，将其命名为猪嗜血支原体。它往往和其他病原混合感染，表现出不同的交叉感染症状。20 世纪 90 年代末至今，我国已陆续在浙江、云南、上海、吉林、内蒙古等地发生该病，并有较高的死亡率，给养猪业造成巨大的经济损失，猪嗜血支原体病已成为危害我国养猪业的重要疫病之一。

［**培养特性**］通过普通光学显微镜和电子显微镜对猪嗜血支原体的显微和超微结构进行观察，发现猪嗜血支原体是多形态生物体。多数为环形、球形和卵圆形，少数为短杆状等形状，无细胞壁，仅有单层限制膜包裹。无明显的细胞器和细胞核，是一种典型的原核生物，平均直径为 0.2～2μm。猪嗜血支原体为红细胞专性寄生，目前仍缺乏培养该病原的体外培养系统。在猪红细胞内它们靠直接分裂增殖、二分裂增殖、三分裂增殖、出芽分裂增殖等方式繁殖，不能在血液外组织繁殖。猪嗜血支原体革兰染色呈阴性，姬姆萨染色呈淡红或淡紫红色，瑞氏染色呈淡蓝色或蓝褐色。

［**致病性**］猪嗜血支原体改变了红细胞表面抗原，引起自身免疫溶血性贫血和血红蛋白代谢障碍，从而导致贫血和黄疸的出现。猪嗜血支原体引起仔猪发病率较高，可达 80%，病死率达 70%。肥育猪生长缓慢、出栏延迟，母猪常出现流产、死胎、不发情或不孕，弱仔，流产率可达 50%左右，产后母猪可见少乳或无乳。公猪性欲减退，精子活力降低。

［**抵抗力**］猪嗜血支原体对低温不敏感，在冰冻的血液中可存活 31d，冻干保存可活数年，在－79℃ 15%甘油的血液中，活力能保持 80d。对干燥和化学消毒剂敏感，一般的消毒药均能杀灭病原体，如在 37℃，0.5%的石炭酸溶液中 3h 即可被灭活。

［**分离与鉴定**］实验室检查的方法众多，常用方法有普通光学显微镜检查即直接镜检、动物试验、血液及生化指标检查、血清学诊断和分子生物学方法等。直接镜检是当前普遍采用的方法之一，但该方法在病的后期红细胞及附红细胞体均遭到破坏时则不易检出。血清学诊断可以作为定性依据，主要包括有补体结合试验（CF），荧光抗体试验（FAT），间接血凝试验（IHA），酶联免疫吸附试验（ELISA）。一般认为 ELISA 方法具有较高的灵敏性，是流行病学调查和疫情监测最常用的方法。

PCR 方法具有灵敏性高，特异性强等优点，已经成为确诊的可靠方法之一，可用于流行病学调查、诊断及疗效监测等。

八、猪滑液支原体（*Mycoplasma hyosynoviae*）

猪滑液支原体是引起 10 周龄以上小猪关节炎的病因之一，此病在美国和欧洲时有发生，国内目前尚无报道。

[培养特性] 猪滑液支原体是由 Ross 和 Karmon 1970 年正式命名的，菌株适应培养基后通常在 1～2d 内达到对数生长高峰期，能水解精氨酸，不发酵葡萄糖和水解尿素。在含马血清、火鸡血清的培养基上，能形成薄膜和斑点。不能液化凝固血清。在培养基上加 0.5%猪胃黏蛋白可促进生长。固体培养基上能形成典型的支原体菌落。

[致病性] 猪滑液支原体主要存在于感染猪的扁桃体内。引起关节感染，如关节滑膜囊炎。由软骨症导致的关节病变遇上猪滑液支原体感染时，可使关节的炎症变得更为严重。

[分离与鉴定] 急性期能从病灶中分离出病原菌，可以做支原体分离培养，血清学方法在诊断上意义不大。

九、鸡毒支原体（*Mycoplasma gallisepticum*）

[形态与染色] 鸡毒支原体呈革兰弱阴性染色，吉姆萨、瑞士染色着色良好，陈旧的瑞士染液4～10℃过夜着染效果最佳。菌体直径 0.25～0.5μm，呈卵球形，短杆状为主的多形性，大小 0.25～0.5μm，若培养基中含足够胆固醇和长链脂肪酸时，形成短分枝菌丝，致密的细胞膜外层有 4～6nm 长的凸起物，细胞质中存在玉米穗轴状排列的核糖体。DNA 中 G+C 含量为（32.0～35.5）mol%。

[培养与生化特性] 鸡毒支原体对培养基的需求相当苛刻，不同菌株对培养基的要求也不一样，几乎所有的菌株在生长过程中都需要胆固醇、一些必需的氨基酸和核酸前体。因此，在培养基中需要加入 10%～15%的灭活猪、牛或马血清，pH7.8 左右，培养温度 37～38℃生长最适宜。而不同个体的猪血清对其的支持相差也很大，因此常将几种动物的血清混合起来使用，这样效果好得多。常用的培养基有好几种，均由 Frey 培养基改良而来。可在鸡胚中繁殖。在琼脂培养基上菌落很小，培养 3～5d，其直径不超过 0.2～0.3mm，低倍显微镜下观察，菌落呈圆形、光滑、透明，部分菌落中心有一个致密、突起的“脐眼”。老龄培养物的菌落较大，镜下可见到边缘光滑、半透明、中间部分质密、外周疏松的形似“荷包蛋”样的菌落。初次从动物体内分离到的菌落常见不到中间致密的似“脐”的部分，其生长时间也相对长一些。

大多数菌落株能凝集鸡和火鸡红细胞，琼脂上的菌落能吸附猴、大鼠、豚鼠及鸡的红细胞、人与牛的精子和 Hela 细胞，这种吸附作用在 37℃出现较快，这一性质可被抗血清所抑制。发酵葡萄糖和麦芽糖，产酸但不产气，不发酵乳糖、卫矛醇和杨苷。对单乳糖、果糖、蕈糖及甘露醇的发酵情况不定。

[抵抗力] 本菌对外界环境抵抗力弱，离体后迅速失去活力。一般消毒药物均能迅速杀灭本菌。在 37℃条件下，可在卵黄中存活 18 周，主要在卵黄膜上增殖，故有时用鸡胚卵黄囊接种来培养支原体；在 20℃时，在液体培养基中可存活 1 周以上；在 4～10℃环境中，鸡胚液中的鸡毒支原体至少可存活 3 个月；在－20℃条件下存放 5 个月，培养物中的支原体 90%失去活性，在低温环境中能长期生存（在 4℃中能存活 7 年以上）；在－75℃条件下保存的冻干菌种 20a 后仍可传代复活。能溶解马红细胞及凝集禽类红细胞。

对青霉素和低浓度（1∶4 000）醋酸铊有抵抗力，对链霉素、四环素、红霉素和泰乐菌素敏感。

[致病性] 一种引起鸡慢性呼吸道病的病原体。主要引起鸡呼吸道疾病，对鸡胚有致病性，用培养物接种 7 日龄鸡胚的卵黄囊常引起鸡胚死亡。火鸡被感染发生窦炎、气囊炎及腱鞘炎。并发其他细菌或病毒感染时，致病力更强。菌株间有差异。

[分离与鉴定] 该病原的分离培养相当困难，通常血清学阳性反应的鸡也不一定能分离到病原。一般情况下，在感染的初期和病变比较严重的鸡较易分离到。在野外感染中，有可能是几种支原体或致病株、非致病株同时感染，常常给致病性支原体菌株的分离造成困难。尽管如此，在一些特殊情况下，仍使用分离培养来确诊。采集的主要成分是气管、气囊或鼻窦的分泌物，最好用气囊渗出物，也可直接从鼻后裂或公鸡的精液或母鸡的输卵管取样进行分离。分离用的培养基常用预温的改良 Frey 培养基，在

培养基中加入15%的马或猪血清和10%的酵母浸膏，可以抑制杂菌的污染。也可用采集的样品直接接种SPF鸡胚卵黄囊。对一些培养基中难以生长的菌株，可以提高其分离率。但接种物不能污染杂菌。对分离物的鉴定是比较复杂的，须用血清学方法来进行。所用的血清特异性一定要强、滴度要高。常用的方法还有生长抑制、代谢抑制试验和免疫荧光技术。若在同一培养物中存在几种支原体，则须严格的克隆和纯化。

为与其他禽源支原体种相鉴别，除生化试验外，通常采用生长或代谢抑制试验、血凝抑制试验、琼脂沉淀试验和免疫荧光试验。

十、鸡滑液支原体（*Mycoplasma synoviae*）

引起禽关节滑膜炎的病原体。形态结构与鸡败血支原体基本相同。DNA中G+C含量为34mol%。细菌蛋白的电泳图谱显然不同于鸡败血支原体等其他禽源支原体种，但DNA转印杂交试验证明，和鸡败血支原体除共有rRNA基因序列外，还有共同的基因组核苷酸序列。

[培养特性] 其营养要求比鸡毒支原体更严格，其生长过程较鸡毒支原体缓慢。生长必须加还原状态的烟酰胺腺嘌呤二核苷酸（辅酶Ⅰ），在含10%猪血清培养基中加0.01%半胱氨酸能进一步促进生长。培养温度以37℃为宜，在5%左右CO_2的潮湿条件下进行固体培养。能发酵葡萄糖产酸不产气，不发酵乳糖、卫矛醇、杨苷和蕈糖，有些菌株凝集鸡和火鸡红细胞，琼脂平板上的菌落不吸附豚鼠红细胞。实验室常用的染色方法多采用吉姆萨和瑞氏染色，对禽滑膜的超微结构研究证实，滑液支原体存在于内饮小泡中，采用电镜观察，菌体细胞呈圆形或梨形，内含核糖体，无细胞壁，外包三层膜，直径在300～500nm。

[致病性] 常引起禽类无症状型上呼吸道感染。与新城疫或（和）传染性支气管炎病毒合并感染可引起气囊炎。全身感染时，可引起渗出性滑膜炎、腱鞘滑膜炎及滑液囊炎。菌株间毒力存在差异。该病原体的致病力依菌株不同而异，经实验室反复传代后的菌株，对鸡很少产生疾病或不产生疾病。从病鸡气囊病变中新分离的菌株易引起鸡的气囊炎，而自关节滑膜中分离的滑液支原体则较易引起滑膜炎。该病原体只有一个血清型，经DNA-DNA杂交技术证实，不同的菌株之间几乎没有差异，也可用DNA核酸内切酶技术对各菌株进行鉴别。

[抵抗力] MS对外界环境的抵抗力不强，多种消毒剂都能将其杀死，对酸敏感，在pH6.8以下易死亡，能在低温下长期存活，在-75℃条件下，培养物中的支原体能存活1a以上，在冻干培养物中可存活10a以上。

[分离与鉴定] 由于滑液支原体生长困难，一般不以病原分离来作为最后的确诊标准，在做分离培养时，急性期的病鸡易于分离，但在感染的慢性阶段，病变组织中不再有病原体。通常从关节腔和呼吸道取样，直接接种培养基。对分离物进行鉴定常用的方法有生长抑制试验、代谢抑制试验和免疫荧光抗体技术。一些分子生物学检测手段不失为一种准确、便捷、灵敏的好方法。国外有研究者使用PCR检测MS感染。

十一、火鸡支原体（*Mycoplasma meleagridis*）

Adler将火鸡支原体命名为N株，而Kleckner和Yoder等曾将其划归为H血清型。该病原体的基因组长度约630kb，是比较小型的禽支原体。肉汤中培养物涂片做姬姆萨染色可以见到与鸡毒支原体形态相似菌体，菌体直径约400nm。但做超微结构比较观察时，火鸡支原体不具有鸡毒支原体典型的气泡样结构，中央核区可见较厚的纤丝，形状为球形，直径为200～700nm。DNA中G+C含量为（27.0～28.6）mol%。

[培养特性] 火鸡支原体是一种兼性厌氧菌，生长适宜温度为37～38℃，在作初次分离时，大多数

菌株在肉汤培养基中不生长或生长极差，通常使用双层培养基以增加分离率，即在试管底部使用固体琼脂培养基，在上部加入液体培养基。在已适应实验室培养的菌株，可采用 PPLO 肉汤作扩大培养，在培养基中须加入 15%灭活马血清或猪血清和 1%的酵母自溶物。也可使用改良的 Frey 氏培养基。培养基的最终 pH 呈上升趋势。这与鸡毒支原体、滑液支原体的培养结果完全不同。MM 可还原四唑盐，具有磷酸酶活性，能溶解马红细胞。

[致病性] 火鸡是唯一感染和发病的动物。主要通过水平、垂直两种途径传播。经种蛋垂直传播给子代的病原可使大部分雏火鸡产生气囊炎，偶引起关节炎。发病率高，但死亡率低。将病原体感染火鸡胚也不引起大量死亡，垂直传播主要是通过公鸡污染的精液和母鸡的生殖道感染将火鸡支原体带入子代。污染支原体的精液可引起母鸡的生殖道感染。

[抵抗力] 较耐碱性，在 pH8.4～8.7 的肉汤中存放 25～30d 活菌滴度不下降；不耐热，45℃ 6～24h，47℃ 40～120min 可将其灭活。Yoder 等发现琼脂斜面培养物上面加盖肉汤，在－30℃条件下可存活 2a，将火鸡支原体液体培养物在低温下可作长期保存。冷冻真空干燥培养物在－70℃下保存，至少可存活 5a。

[分离与鉴定] 病原分离通常从泄殖腔和生殖道取样，也可从气管、精液取样进行分离培养。由于难度大，一般不用于常规诊断，只在特殊情况下才使用。利用针对 16S rRNA 设计的特异性引物被用于该病原体的型特异性鉴别，可以用于诊断。

十二、犬支原体（*Mycoplasma cynos*）

Shoetensack 首次报道了狗的支原体，早期工作由于细菌的存在使支原体的分离很困难，直到 1951 年，Edward 和 Fitzgrald 才提出三种狗的支原体的命名，即泡沫支原体、狗支原体和斑状支原体。

狗支原体还包括精氨酸支原体、犬支原体、爱德华氏支原体、磨石类支原体、乳白色支原体等。由于狗和猫同为伴侣动物，关系密切，Rosendal 从狗体内分离到两株猫的支原体，与精氨酸支原体有明显的交叉反应，被鉴定为猫支原体。

[培养特性] Edward 和 Hayflick 所述培养基能获得满意的分离效果，脲原体需要特殊的培养基。由于支原体对培养基中的基质分解特性不同，如分解葡萄糖或水解精氨酸，脲原体则需要加尿素，加入培养基的基质不同，支原体生长后 pH 及颜色变化均不一样。因此，要事先了解欲分离物分解特性以选用合适的培养基。

[致病性] Rosendal 研究了 5 种狗源支原体的病原性，即狗支原体、牛生殖道支原体、犬支原体、猫支原体和泡沫支原体，这些支原体均从具有瘟症的狗的肺中分离到。狗支原体纯培养物能引起局部损伤，并有严重的气管炎，感染 3 周后还能分离到狗支原体。

[分离鉴定] 已知的狗猫支原体中没有哪一种是严格厌氧的。初代分离在正常气体条件下或供给 5% CO_2时都能生长，温度范围是 36～37℃，无胆甾原体可以在 22～30℃生长。

黏膜面可以用棉拭子蘸取病料，固体培养基可用棉拭子直接画线，然后放入液体培养基中，固体培养 3～6d 后观察结果，欲从组织中分离时，无菌取出标本，接入液体培养基或半固体培养基内，这种方法优于将组织制成匀浆后再接种，因为后者有可能释放杀支原体因子而抑制支原体的分离率。

未经纯化的琼脂培养物可用表面免疫荧光法进行鉴定。对于纯化后的菌株可采取生化反应、血清学和聚丙烯酰胺凝胶电泳方法进行鉴定。血清学试验一般用生长抑制试验和免疫荧光试验，当二者均为阳性时，则结果更为可靠，如果只有一个阳性可用代谢抑制试验来证实。

十三、猫支原体（*Mycoplasma gateae*）

Cole 从猫的眼和口腔中分离到两种支原体，即小猫支原体和猫支原体。

［培养特性］猫支原体的培养特性与狗支原体相同。

［致病性］有20%的健康猫眼结膜均能分离到支原体，有结膜炎的猫几乎100%能分离到，无论健康或患病猫喉头均有很高的支原体分离率。有呼吸道症状的猫，其肺部未分离到支原体，可能是由于肺组织制成匀浆后释放出杀支原体因子所致。

猫的尿生殖道常常感染支原体，大约10%猫的尿生殖道有支原体存在，从具有各种生殖道疾病的猫中分离率可达42%。仅有一次报道从猫的内脏中分离到支原体并被鉴定为精氨酸支原体。

［分离鉴定］猫支原体的分离和鉴定方法与狗支原体相同。

◆ 参考文献

世界动物卫生组织．2004. 陆生动物诊断试验和疫苗手册［M］. 第5版．

王明俊．1997. 兽医生物制品学［M］. 北京：中国农业出版社．

吴移谋，叶元康．2008. 支原体学［M］. 北京：人民卫生出版社．

辛九庆，李媛，郭丹，等．2008. 国内首次从患肺炎的犊牛肺脏中分离到牛支原体［J］. 中国预防兽医学报，30（9）：661-664.

中国农业科学院哈尔滨兽医研究所．2008. 动物传染病学［M］. 北京：中国农业出版社．

Edy M，Vilei and Joachim Frey．2001. Genetic and Biochemical Characterization of Glycerol uptake in Mycoplasma mycoides subsp. mycoides SC：Its Impact on H_2O_2 production and virulence［J］. Clinical and Diagnositic Laboratory Immunology，8：85-92.

Jokim Westberg，Anja Persson，Anders Holmberg，Alexander Goesmann，Karl-Erik Johansson，Bertil pettersson，and Mathias Uhlen. 2004. The gnome sequence of Mycoplasma mycoides subsp. mycoides SC type strain PG1，the causative agent of contagious bovine pleuropneumoniae（CBPP）［J］. Genome Research，14：221-227.

Lysnyansky I，Rosengarten R，Yogev D. Phenotypic switching of variable surface lipoproteins in Mycoplasma bovis involves high-frequency chromosomal rearrangements［J］. Bacteriol. 178：5395-5401.

Manso-Silvan L.，Vilei E. M.，Sachse K.，Djordjevic S. P.，Thiaucourt F. Frey J. 2009. *Mycoplasma leachii* sp. nov. as a new species designation for *Mycoplasma* sp. bovine group 7 of Leach，and reclassification of *Mycoplasma mycoides* subsp. *mycoides* LC as a seovar of *Mycoplasma mycoides* subsp. capri.［J］. International Journal of Systematic and Evolutionary Microbiolgy 59，1353-1358.

Nicholas R A J，Ayling R D. 2003. *Mycoplasma bovis*：disease，diagnosis，and control［J］. Res Vet Sci. 1996，74：105-112.

Nussbaum S，Lysnyansky I，Sachse K，et al. 2002. Extended repertoire of genes encoding variable surface lipoproteins in *Mycoplasma bovis* strains［J］. Infect Immun. 70：2220-2225.

R A J Nicholas，R D Ayling，L McAuliffe. 2009. Vaccine for Mycoplasma Disease in Animals and Man［J］. Journal of comparative pathology，140：85-96.

Sachse K，Helbig J H，Lysnyansky I，et al. 2000. Epitope mapping of immunogenic and adhesive structures in repetitive domains of Mycoplasma bovis variable surface lipoproteins［J］. Infect Immun，68：680-687.

辛九庆　编

第十九章　鱼类的病原性细菌属

第一节　假单胞菌属（*Pseudomonas*）

荧光假单胞菌（*Pseudomonas fluorescens*）

荧光假单胞菌是条件致病菌，是多种鱼类及水生动物赤皮病的病原菌。

［形态与染色］ 本菌是两端钝圆杆状菌，大小为（0.7～0.8）μm×（2.3～2.8）μm。常单独或成对排列。能运动，有1～3根极端鞭毛。革兰染色阴性。

［培养特性］ 本菌属需氧菌，在25～30℃，pH5.7～8.4时生长最佳。在琼脂培养基上生长良好，形成表面光滑、湿润、边缘整齐、灰白色或浅黄绿色、半透明、稍隆起的菌落。菌落大小为直径1～1.5mm。本菌能产生水溶性呈黄绿色的荧光色素，能渗入培养基中并呈现黄绿色。在液体培养基中生长丰盛，均匀浑浊，有少量絮状沉淀，表面有光泽柔软的菌膜，一摇即散。24h后，培养液表层产生色素。明胶穿刺24h后杯状液化，72h后层面液化，液化部分出现色素。用马铃薯培养，中等生长，微凸、光滑、湿润，菌落呈绿色，培养基2d后呈绿色。兔血琼脂β型溶血。

［生化特性］ 能产生氧化酶、脂酶和卵磷脂酶，不产生吲哚和硫化氢。MR和VP试验阴性，枸橼酸盐利用阳性，液化明胶。多数菌株能分解葡萄糖、木糖、甘油、阿拉伯糖、山梨醇、蔗糖等，产酸不产气；不分解乳糖、甘露糖、麦芽糖。染色体DNA中的G+C含量为（59.4～61.3）mol%。

［病原性］ 本菌主要感染草鱼和青鱼，也可感染鰤、鲷、虹鳟、红点鲑等其他鱼类。细菌经伤口侵入皮肤组织，引起体表皮肤出血发炎、糜烂和溃疡。受害部位多在躯干两侧和腹部，以及鳍和鳃。鳍条间组织腐烂后形成蛀鳍。有时，鱼的肠道亦充血发炎。不同大小鱼均可感染发病。无明显的流行季节。本菌也可引起牛蛙红腿病。

［抵抗力］ 本菌在淡水中能存活140d以上，在半咸水中存活50d左右，但在海水中生存的时间较短。本菌对四环素、链霉素、卡那霉素、黏菌素、噁喹酸、萘啶酸、磺胺二甲基异噁敏感，但对青霉素、红霉素以及弧菌制剂O/129和新生霉素不敏感。已有实验证明本菌对多种抗生素存在抗药性。

［分离与鉴定］ 取病鱼体表病变组织或肾脏、脾脏等脏器涂片，革兰染色后镜检，可见许多革兰阴性菌；取病料划线接种于普通琼脂平板，小鱼则整尾加PBS匀浆后，再涂布于平板上，25℃培养24～48h，检查有无产生水溶性荧光色素的菌落形成。取可疑菌落进一步做生化鉴定。

可采用直接荧光抗体技术进行血清学检查。

点状假单胞菌（*Pseudomonas punctata*）

［形态与染色］ 革兰阴性短杆菌、近圆形，单个排列，有动力，无芽孢，革兰阴性。

［培养特性］ 琼脂菌落呈圆形，24h培养后呈中等大小，略黄而稍灰白，迎光透视略呈培养基色。

［生化特性］ 明胶穿刺全面液化，不形成漏斗状。发酵蔗糖、葡萄糖产气，能发酵麦芽糖、甘露醇，乳糖不变化。美红试验阴性，还原硝酸盐，产生硫化氢，靛基质试验阳性，枸橼酸盐利用试验阴性。厌氧培养不产气。

［病原性］本菌主要在春季和越冬后期引起鱼类的竖鳞病；主要症状是鳞囊内积聚液体，鳞片竖起。病鱼贫血，鳃、肝、脾、肾的颜色均变淡，鳃盖内表皮充血。皮肤、鳃、肝、肾、肠组织均发生不同程度的病变。

［抵抗力］实验发现本菌对氟苯尼考敏感。

［生态学］水中的常在菌，当水质污浊，鱼体受伤时，经皮肤侵入鱼体。

［分离与鉴定］用琼脂培养基进行培养，对迎光透视略呈培养基色的单个菌落进行革兰染色及生化鉴定。

恶臭假单胞菌（*Pseudomonas putida*）

［形态与染色］中等大小的杆菌，革兰染色为阴性，运动力检查为阳性。

［培养特性］分离菌在有氧或无氧的条件下均可以生长，营养琼脂培养基形成圆形光滑、湿润黏稠、灰黄色菌落，其直径1～2mm；麦康凯培养基形成圆形无光泽灰白色菌落直径1～2mm；本菌在弧菌培养基TCBS培养基上不生长，血液琼脂培养基上形成大而扁平圆形、光滑湿润、黏稠的菌落，产生溶血环。

［生化特性］恶臭假单胞菌为氧化酶、过氧化氢酶阴性，硝酸盐还原、硝酸盐产气阴性，吲哚反应、VP反应阴性，发酵木糖、果糖，不发酵麦芽糖、乳糖，赖氨酸脱羧酶、鸟氨酸脱羧酶阴性，精氨酸双水解阳性。

［抵抗力］药敏试验中氟哌酸、妥布霉素、卡那霉素、庆大霉素敏感，氟哌嗪青霉素、头孢三嗪、头孢呋辛、链霉素中度敏感，其余药品不敏感。

［分离与鉴定］细菌学鉴定取分泌物直接接种血平板和麦康凯琼脂平板，35℃ 24h，在血平板上形成大而扁平、湿润、产生荧光色素的菌落，无溶血环，有特殊气味。在麦康凯琼脂平板上形成微小无光泽、半透明的菌落。涂片革兰染色为阴性杆菌。生化反应该菌氧化酶、葡萄糖、木糖、精氨酸双水解酶、枸橼酸盐、动力试验均阳性。鸟氨酸、硝酸盐、尿素酶、七叶苷、靛基质、卵磷脂酶、明胶液化试验均为阴性。本菌42℃不生长，4℃生长。

鳗血假单胞菌（*Pseudomonas anguilliseptica*）

［形态与染色］本菌为病鳗血液中存在的革兰阴性细长杆菌，大小为0.5μm×（1～3）μm。有极生单鞭毛，能运动，运动性随着培养条件而变化，15℃培养时，有动力的菌很多，但温度在25℃以上时，则运动性减弱。电镜下可见菌体周围有一层厚的荚膜，在光镜下则看不到，不形成芽孢。血液琼脂培养后，显示长丝状的菌增多。有异染小体。

［培养特性］本菌可在普通琼脂上生长，但速度缓慢，在20℃培养2～3d，可形成透明、光泽、黏稠、直径为1mm的小菌落。培养基加入血液，生长得较好；麦康凯培养基上发育；提高培养基的营养后，不显示运动性的菌增加。无绿色荧光色素和其他色素。生长温度范围5～30℃，最适温度15～20℃，生长食盐范围0.1%～4%，最适浓度0.5%～1%。不含NaCl的培养基上不发育。生长pH范围5.3～9.7，最适pH为7～9。

［生化特性］包括葡萄糖在内的所有糖类，本菌几乎都不利用。氧化酶、接触酶、吐温80水解试验为阳性。某些菌株能分解酪素，液化明胶。产生吲哚。VP试验、O/F试验、精氨酸水解、水解淀粉等其他许多生化反应也多为阴性。

［抗原性］本菌有O抗原和K抗原。K抗原能阻止O抗原与相应抗血清的凝集反应，可耐受100℃ 30min，但不能抵抗121℃ 30min。根据K抗原的有无，可将本菌分为3个血清型，即Ⅰ（K^+）、Ⅱ（K^-）型、中间（K^+）型。中间型菌株不能与特异性抗K血清发生凝集反应，但能吸收血清中的K抗体，并且对O抗原的凝集反应有一定的抑制作用。Ⅰ型菌株和中间型菌株均为毒株。此外，从香鱼分离的菌株不与鳗鲡分离株发生交叉凝集反应，二者的K抗原有所不同。应用免疫电泳技术分析发现，

本菌含有 14 种（a～n）沉淀抗原。其中沉淀抗原 c 可以耐受 121℃，a、d、i 抗原可以耐受 100℃，其余抗原对 100℃敏感。无 K 抗原的菌株缺乏 d 种沉淀抗原。

［病原性］主要侵害日本鳗鲡和香鱼，对日本鳗鲡的 LD_{50} 为每千克体重 10 个。不过，各分离株对自身宿主的致病性较强。欧洲鳗鲡对本菌有一定的抵抗力。实验性感染表明，泥鳅、铜吻鳞鳃太阳鱼也具有较强的易感性，鲤、鲫和金鱼易感性较低，而虹鳟、小红点大麻哈鱼、红点鲑、红大麻哈鱼、小鼠等则不易感。

K 抗原与本菌的侵袭力有关，K^+ 型菌株对日本鳗鲡血清的杀菌作用具有较强的抵抗力，但鲤、金鱼、硬头鳟和罗非鱼的血清都能杀死本菌，欧洲鳗鲡的血清也有一定杀灭作用。

［病原性］本菌可侵入鱼表皮底层和真皮中繁殖，使分布在此处的毛细血管充血，发生渗出性出血或破裂，从而形成点状出血或块状出血，因而称之为红点病。出血点主要分布于病鱼的下颌、腹部或肛门周围的皮肤。此外，腹膜、肝脏等其他组织脏器也可呈现出血或淤血。发病香鱼往往在体表形成溃疡。本病一般在水温为 10～20℃发生。流行于 2～6 月和 10～11 月。

［抵抗力］本菌在淡水中仅能存活 1d，在海水中和稀释海水中可存活 200d 以上。对四环素、卡那霉素、噁喹酸、吡咯酸高度敏感，但对磺胺二甲基异噁唑、红霉素、竹桃霉素不敏感。

［分离与鉴定］分离培养：取病鱼肝、脾、肾脏或血液，划线接种于普通琼脂平板上，20℃培养 2d，可见露珠状、透明的菌落形成。迟钝爱德华氏菌也可形成相似的菌落，但利用氧化酶试验可简单地鉴别二者。

［血清学检查］用特异性的抗 O 和 K 血清，通过玻片凝集反应或微量凝集反应，可用于分离菌的鉴定。直接荧光抗体技术是本病的快速诊断方法。

白皮假单胞菌（*Pseudomonas dermoalba*）

［形态与染色］本菌为 0.8μm×0.4μm 大小，多数 2 个相连。极端单鞭毛或双鞭毛，有运动力。无芽孢，无荚膜。染色均匀，革兰染色阴性。

［培养特性］琼脂菌落呈圆形，微突起，直径 0.5～1.0mm。表面光滑，边缘整齐，灰白色，24h 后产生黄绿色色素。琼脂穿刺，沿穿刺线生长稀少，生长到底。明胶穿刺，层面形液化。肉汤培养生长稀少，均匀混浊，微有絮状沉淀，一摇即散。马铃薯上生长稀少，微凸，表面光滑、湿润、现乳色；牛乳中先产酸，后产碱，凝结，凝块加碱后溶解。兔血琼脂上 β 型溶血。

［生化特性］发酵葡萄糖、左旋糖、棉籽糖、淀粉、糊精、丙三醇、山梨醇、水杨苷、马粟树皮苷、纤维糖、半乳糖、产酸产气，乳糖、麦芽糖、甘露糖、蔗糖产生靛基质。不发酵阿拉伯糖、菊淀粉、赤丝藻醇、戊五醇、肌醇、卫矛醇，美红试验阳性，乙酰甲基甲醇试验阴性，能利用枸橼酸，不还原硝酸盐至亚硝酸盐，不分解尿素，蛋白胨水中产氨。

［病原性］本菌可引起鱼苗、鱼种白皮病（又叫白尾病），主要危害鲢及鳙鱼，草鱼、青鱼、加州鲈鱼及月鳢等也有发病报道。病鱼主要表现为尾柄部发白，严重时自背鳍基部后面的体表全部发白，直至尾鳍烂掉，残缺不全。

第二节　弧菌属（*Vibrio*）

弧菌属（*Vibrio*）菌体短小，直或弯杆状，大小为（0.5～0.8）μm×（1.4～2.6）μm。革兰染色阴性。以一根或几根鞭毛运动，鞭毛由细胞壁外膜延伸的鞘所包被。没有荚膜，不形成芽孢。多数在一般营养培养基上生长良好而又迅速。兼性厌氧，具有呼吸和发酵两种代谢类型。最适生长温度范围宽，所有的种可在 25℃生长，大多数种能在 30℃生长。pH 范围 6.0～9.0。氧化酶阳性。不产色或黄色。发现于各种盐度的水生生境，最常见于海水、海岸、海面和海生动物的消化道。有的在淡水中也有发现。有的种是人的病原菌，有的种对海洋脊椎和无脊椎动物致病。

杀鲑弧菌（*Vibrio salmonicida*）

本菌是鲑科鱼类弧菌病的病原，最早于1977年在挪威的Hitra岛发现。

［形态与染色］ 本菌革兰染色阴性，为弯曲杆菌，营养琼脂上24h培养菌落大小为0.5μm×（2～3）μm。初次分离时，菌株表现多形性。在TSA平板上24h的培养物有极端生鞭毛，至少有9根以上。

［培养特性］ 生长需要Na^+，在含0.5%～4.0% NaCl的培养基中生长，最适浓度为1.5%。生长温度范围1～22℃，最适温度15℃。本菌在营养琼脂上生长良好。形成表面光滑、边缘整齐、淡灰色的小菌落，在血琼脂平板上不产生溶血现象。

［生化特性］ 本菌产生接触酶和氧化酶，不产生脂酶、尿素酶、硫化氢和吲哚，枸橼酸盐利用，硝酸盐还原、VP试验均为阴性。分解半乳糖、葡萄糖、麦芽糖、海藻糖、甘露糖、缓慢分解甘油。不利用阿拉伯糖、纤维二糖、岩藻糖、龙胆二糖、乳糖和其他糖类。DNA中G+C含量为41.6mol%。

［病原性］ 杀鲑弧菌可引起鲑鱼的弧菌病，在英国、挪威均有发现。患病鱼出现贫血和全身各脏器的广泛出血，在发病或刚死亡鱼的血液中有大量的细菌。

［分离与鉴定］ 取病料接种于含2%～3%的NaCl的血液琼脂培养基或TCBS琼脂平板，25℃下培养。取分离菌进行革兰染色及生化试验，鉴定细菌。

鳗弧菌（*Vibrio anguilarum*）

本菌是第一个从海水鱼分离的致病菌，多年来所有鱼类弧菌病均归于本菌名下，1981年以来，致病力强的病海鱼弧菌及杀鲑弧菌等相继被确认并定名，近年来还不断有新种发现。尽管如此，本菌仍是具有代表性的鱼类致病弧菌。

［形态与染色］ 本菌大小为（0.5～0.7）μm×（1.0～2.0）μm，菌体弯曲，两端钝圆。菌体一端有单鞭毛，无荚膜，不形成芽孢。革兰染色阴性。

［培养特性］ 本菌兼性厌氧。能在普通琼脂、碱性蛋白胨水、TCBS（硫代硫酸钠-柠檬酸盐-胆盐-蔗糖）琼脂上生长繁殖。在普通琼脂平板上形成圆形、隆起、半透明或不透明、灰白色或淡黄褐色、边缘整齐、有光泽的菌落。在TCBS琼脂平板上形成黄色菌落。血平板培养48h生长的菌落小而光滑，有溶血性。生长温度范围为10～35℃，最适温度为20～25℃。生长pH范围为6～10，最适pH为8，在pH为5时不生长。生长所需要食盐浓度为0.5%～6%，最适浓度为1%左右。

［生化特性］ 能利用柠檬酸盐，VP反应阳性，能产生吲哚，不产生硫化氢；能发酵蔗糖、肌醇、山梨酸产气。产氧化酶和过氧化氢酶。发酵葡萄糖，对弧菌抑制剂O/129敏感（150μg/mL）。

［抗原性］ 现已发现本菌有耐热的O抗原和不耐热的K抗原，O抗原为特异性抗原，与其他弧菌无交叉反应。已报道的10个O抗原，其中A型最为常见。K抗原现发现有3种。

［病原性］ 本菌可在世界范围内引起50多种海淡水养殖鱼类及其他养殖动物的弧菌病。急性型的患鱼大多贫血，表明本菌的致病机理与溶血性有关。通过皮肤感染时，首先引起感染局部皮肤的坏死和溃疡，然后向全身其他组织、器官扩散，引起败血症。经胃肠道感染时，首先引起肠炎，尤其是后部肠道。败血症状表现为肝脏、肾脏、脾脏、心脏、生殖腺、肌肉的弥漫状或点状出血，常伴随有肝脏和肾尿细管的坏死。

［抵抗力］ 本菌在海水中可存活2周以上，但在淡水中存活时间较短（35h内死亡）。药物预防和治疗时，可以运用四环素、磺胺、硝基呋喃类、萘啶酸等抗生素和化学疗剂。由于许多抗生素常作为饵料添加剂或通过药浴来预防和治疗弧菌病，使得对常用抗生素有耐药性的菌株被筛选出来。从不少菌株中分离到了抗氯霉素、四环素、链霉素、氨苄青霉素、磺胺、甲氧苄氨嘧啶等抗生素的耐药性质粒（R质粒）。因此，治疗前最好做药敏试验。黄芩、白头翁、鱼腥草、五倍子、石榴皮对鳗弧菌抑菌作用效果显著。

［生态学］ 鳗弧菌可在浸染的鱼塘存活较长时间，能通过饵料、饮水、各种器材传播，带菌者和野

生鱼在传播上也起着重要作用。鱼群拥挤、缺氧、浑浊等水质变化可促使本病的发生。发病时水温一般在10℃以上。

[分离与鉴定] 取病鱼肾或血液、脾、鳃等，接种于含2% NaCl的营养琼脂培养基，置20～25℃培养。所获得的细菌再根据染色特性、形态、氧化酶及其他糖发酵试验作初步鉴定。酶联免疫吸附法、PCR也可进行鳗弧菌的检测，致病性鳗弧菌PCR检测试剂盒已获国家发明专利。

[免疫性] 已研制并应用疫苗。福尔马林灭活疫苗用于鱼类浸泡免疫有较好的保护力，此疫苗要求细菌含量较高。目前，国外已有商品化的疫苗，是由本菌与其他弧菌如奥达利弧菌、杀鲑弧菌或杀鲑气单胞菌复合而成。

杀对虾弧菌（*Vibrio penaeicida*）

本菌对O/129敏感性、在6%NaCl中生长、脂酶、蔗糖产酸、丙酸反应呈阳性；精氨酸双水解酶、赖氨酸脱羧酶、鸟氨酸脱羧酶、明胶酶、发荧光、D葡萄糖醛酸反应阴性；DNA中G+C含量（45～47）mol%。

可引起日本对虾弧菌病，表现为体表发炎、充血。

奥氏弧菌（*Vibrio ordalii*）

又称病海鱼弧菌或奥利达弧菌，是仅次于鳗弧菌的鱼类病原弧菌，在生化特性上与鳗弧菌相似性可达61%～70%。DNA杂交试验证明，奥氏弧菌种内同源性为83%～100%，与鳗弧菌之间的同源性为53%～67%。鳗弧菌种内的DNA同源性为70%～100%，与奥氏弧菌的同源性为58%～69%。不过奥氏弧菌难以在普通琼脂上生长，在TSA和BHL培养基上发育缓慢，在TCBS培养基上不生长。VP试验、精氨酸水解、柠檬酸利用、淀粉水解、ONPG试验、酯酶活性以及纤维二糖、甘油、山梨醇、海藻糖等碳水化合物产酸试验均为阴性，以此与鳗弧菌区别。奥氏弧菌在海水中存活时间可达28d，但在淡水中仅能存活3d左右。奥氏弧菌与鳗弧菌有共同的O抗原和K抗原（K-1和K-2），但奥氏弧菌都属于J-O-1型，两者灭活疫苗之间有一定程度的交叉保护性。奥氏弧菌主要引起鲑科鱼类如麻苏大麻哈鱼、小红点大麻哈鱼、虹鳟等的弧菌病。

第三节　气单胞菌属（*Aeromonas*）

杀鲑气单胞菌（*Aeromonas salmonicida*）

[形态与染色] 本菌无鞭毛，无动力，不形成芽孢和荚膜，为革兰阴性的短小杆菌。菌体呈球杆状，长度不到宽度的两倍，大小为（0.8～1.0）μm×（1.0～1.8）μm。通常呈双、短链或丛状排列。

[培养特性] 本菌为兼性厌氧菌，生长需要精氨酸和蛋氨酸。在普通琼脂上22℃培养48h后，形成圆形、隆起、边缘整齐、半透明、松散的菌落，大多数菌株在含酪氨酸（0.1%）培养基上产生水溶性褐色素，但在厌氧条件下不产生色素。也常分离到一些不产生色素的菌株。在血液琼脂上快速溶血，7d后菌落变成淡绿色。生长适宜温度22～25℃，大多数菌株能在5℃生长，生长高限温度为35℃。生长pH范围6～9，最适pH为7左右，所需食盐浓度范围为0～3%。

[生化特性] 本菌能发酵阿拉伯糖、半乳糖甘露醇、糊精等，但不能分解山梨糖、山梨醇乳糖、棉籽糖、纤维二糖。在KCN肉汤、含7.5% NaCl的营养肉汤中不能生长。能水解精氨酸、氨基甲酰磷酸激酶、氨基甲酰磷酸酯酶、腺嘌呤3,2-单磷酸激酶。

[抗原性] 杀鲑气单胞菌各亚种之间都有共同的O抗原。此外，不产色亚种还具有产色亚种特有抗原。杀鲑气单胞菌与本属的其他种也存在着共同的抗原成分。

[病原性] 本菌是鲑科鱼类疖疮病病原。本菌主要感染鲑科鱼类，不过不同鱼种的易感性有所差异。大西洋鲑、河鳟等的易感性较强，鲤、金鱼和鳗鲡也可感染发病。研究表明，杀鲑气单胞菌还是引起山

东刺参养殖场刺参表皮溃疡病的主要病原之一。

［抵抗力］对磺胺制剂、土霉素和萘啶酸比较敏感。王高学等在刺参表皮疡病中分离鉴定的杀鲑气单胞菌对恩诺沙星、氟苯尼考和硫酸庆大霉素敏感，而对培氟沙星、磺胺对甲氧嘧啶、硫酸喹噁啉钠、阿奇霉素、盐酸土霉素、酒石酸吉他霉素、硫酸阿米卡星和氧氟沙星不敏感。

［生态学］本菌在蒸馏水中4d至2周、在灭菌的河水中28d（20～25℃）、在灭菌湿土中40d（20～30℃）不死亡。强毒株在含有机物质的淡水中可生存15周，在死鱼肾脏内存活28d（4℃），在海水中10d内死亡。

［分离与鉴定］取病鱼肾脏或体表溃疡的病健交界处组织，接种于TSA或FA平板上，20～28℃培养，检查有无产生褐色色素的菌落，并进行革兰染色。将1%对苯二胺溶液倾注在上述平板中经24h培养后形成的菌落上，杀鲑气单胞菌形成的菌落在90s内，从褐色变成黑色。玻片凝集反应、间接血凝、荧光抗体技术常应用于分离菌鉴定和本病的诊断。此外，乳胶凝集反应和金黄色葡萄球菌协同凝集试验亦为本病的快速诊断方法。还可采用ELISA诊断方法。

［免疫性］福尔马林灭活菌和减毒菌接种，可使鱼体产生一定的免疫保护性。

肠型点状气单胞菌（*Aeromonas punctata fintestinalis*）

［形态与染色］本菌为嗜温的、有运动性的气单胞菌。本菌为革兰阴性短杆菌，两端钝圆，多数两个相连。极端单鞭毛，有运动力，无芽孢。大小为（0.4～0.5）μm×（1.0～1.3）μm。

［培养特性］在R-S选择和鉴别培养基上，菌落呈黄色。琼脂培养基上，经24～48h后菌落周围可产生褐色色素，半透明。生长适宜温度为25℃，在60℃中30min则死亡，60℃以上死亡。在pH 6～12中均能生长。

［生化特性］葡萄糖产气、果糖、蔗糖、甘露糖、海藻糖、甘露醇、水杨苷、七叶苷、R-S选择和鉴别培养基、硝酸盐还原、柠檬酸盐、吲哚、明胶、糊精、氧化酶、过氧化氢酶、苯丙氨酸脱氨酶、精氨酸脱羧酶、细胞色素氧化酶反应均阳性；乳糖、鼠李糖、木糖、棉子糖、山梨醇、肌醇、侧金盏醇、卫矛醇反应呈阴性。细胞色素氧化酶试验阳性，发酵葡萄糖产酸产气或产酸不产气。对弧菌抑制剂（O/129）不敏感。

［病原性］肠型点状气单胞菌可引起草鱼、青鱼出血性败血症，并有较高的死亡率。病鱼表现为离群浮游、游动缓慢、不食、鱼体发黑、眼球和腹鳞充血、肛门外突、红肿，常伴有烂鳃和赤皮的发生。

［抵抗力］对盐酸环丙沙星、乳酸诺氟沙星、甲磺酸培氟沙星和红霉素高度敏感，对卡那霉素、庆大霉素中度敏感，对青霉素G和硫酸链霉素不敏感。

［生态学］肠型点状气单胞菌为条件致病菌，本菌普遍存在于水体及淤泥中，在健康鱼的肠道也是常居菌。当鱼处在良好环境和健康状态时，虽然鱼的肠道中有本菌存在，但未能迅速繁衍；当水环境因素发生改变，如水质恶化、溶氧低、氨氮高等引起鱼的抵抗力下降时，该细菌迅速在肠内大量繁殖，导致疾病暴发。

［分离与鉴定］无菌取病鱼的肝、脾、肾接种普通营养琼脂平板28℃培养24h，挑取单个菌落接种普通营养琼脂斜面进行纯培养，28℃培养24h。

［免疫性］用中国科学院水生生物研究所分离的*A. punctata* 58-20-9菌株，以蛋白胨牛肉膏培养基，于28℃培养36h，用灭菌生理盐水（0.68%NaCl）洗下菌苔，并稀释成一定的浓度。①按菌液量加入终浓度为1%的福尔马林，于28℃灭活24h，即成福尔马林灭活菌苗（formalin killed *A. punctata*，简称F-AP）。②在菌液中加入终浓度为2%的苯酚，28℃灭活24h，即为酚灭活菌苗（phenol killed *A. punctata*，简称P-AP）。③将菌液煮沸1h，即成热灭活菌苗（heat killed *A. punctata*，简称为H-AP）。3种菌苗，均加入适量的灭菌生理盐水后，4 000r/min离心20min，并清洗3次，最后稀释成含菌体10^9/mL的菌悬液，置冰箱中备用。这3种菌苗均能刺激草鱼快速产生凝集抗体。接种3种菌苗后的草鱼的吞噬细胞的吞噬百分比和吞噬指数都极显著地高于对照组（$P<0.01$）。接种P-AP的草鱼的

吞噬细胞活性最高，接种 H-AP 次之；接种 F-AP 最低。

疖疮型点状气单胞菌（*Aeromonas punctata furumutus*）

［培养特性］ 在 25～30℃培养 18～72h，菌体一般大小为（0.5～0.6）μm×（1.0～1.4）μm，无荚膜，有动力，具有极端鞭毛一条。在琼脂平面上，呈现半透明灰白色直径 1.0～1.5mm 左右的小菌落，有时接种量稍多，培养时间延长，则出现蔓延状态。肉汤液体培养时，呈均匀混浊，液体表面有一层轻摇即散的浮膜。半固体穿刺培养时，可见细菌沿中线向四周扩散，并呈混浊状况。最适生长温度为 25～30℃。在血液琼脂上呈 β 溶血。

［形态与染色］ 疖疮型点状产气单胞杆菌，为革兰阴性菌。菌体短杆状，两端圆形，单个或两个相连，无荚膜，无芽孢，极端单鞭毛。琼脂菌落呈圆形，直径 2～3mm，灰白色，半透明。

［分离与鉴定］ 该菌需氧情况表现为兼性好气菌。能液化明胶。能分解脂肪成脂肪酸，而呈现红色菌苔。

［生化特性］ 明胶液化、硝酸盐还原、枸橼酸盐利用、靛基质反应呈阳性；产 H_2S 试验、美蓝试验、乙酰基甲基甲醇试验呈阴性；葡萄糖、蔗糖、麦芽糖、淀粉和甘露糖反应产酸；乳糖、木糖、鼠李糖和卫矛醇先产酸后产碱。

［致病性］ 鲤科鱼类疥疮病主要发生在青鱼、草鱼、鲤鱼、鲫鱼等鱼种，团头鲂，鲢鱼、鳙鱼也偶有发生。患病鱼背鳍基部的皮肤及肌肉组织发炎，红肿处凸出体表，触之有流动感，刺患部有灰白脓液流出。

嗜水气单胞菌（*Aeromonas hydrophila*）

本菌属于气单胞菌属的模式种，属于嗜温、有动力的气单胞菌群，也称嗜水气单胞菌群。本菌存在于淡水、污水、淤泥及土壤中。常自鱼体、两栖类等动物中检出，是一种重要条件致病菌。

［形态与染色］ 本菌两端钝圆、直或略弯短小杆菌，大小为（0.3～1.0）μm×（1.0～3.5）μm，菌细胞多数单个存在，少数双个排列。通常在菌体的一端有一根鞭毛，也有许多菌株的幼龄培养物在菌体的四周形成鞭毛，但对数生长期过后，该细胞又呈现极生单鞭毛。无荚膜，不形成芽孢，革兰染色阴性。

［培养特性］ 本菌为兼性厌氧菌。在普通琼脂、TSA、麦康凯琼脂、SS 琼脂上生长良好。在普通琼脂上的菌落呈圆形、边缘整齐、中央隆起、表面光滑、灰白色、半透明状。有些菌株培养物的气味较强。不产生色素。在血液琼脂上呈 β 溶血。最适生长温度 28℃，一些菌株可在 5℃生长。最高生长温度通常为 38～41℃。生长 pH 为 6～11，最适 pH 为 7.2～7.4。生长食盐浓度范围 0～0.4%，最适浓度为 0.05%。

［生化特性］ 本菌能水解淀粉和精氨酸等。发酵甘露醇、赤藓糖醇、棉籽糖、果胶糖。无色氨基酸脱氨酶、苯丙氨酸脱氨酶和鸟氨酸脱羧酶。MR 实验、VP 实验、氧化酶和接触酶实验为阳性。

［抗原性］ 运动性气单胞菌有 O 抗原、H 抗原和 K 抗原。其中 O 抗原可分为 12 种，H 抗原有 9 种。K 抗原能部分抑制 O 抗原的凝集反应，并与鳗弧菌等有交叉反应。

［病原性］ 嗜水气单胞菌对多种鱼类、两栖类以及爬行类具有致病性，可引起鳗鲡赤鳍病、鲤鱼和金鱼的竖鳞病、鲢鳙鱼打印病、青鱼和草鱼细菌性肠炎、青鱼疖疮病、香鱼红口病、甲鱼“红脖子病”、蛙红腿病、蛇败血症和口炎。此外，还可导致鲑鳟等鱼类败血症，统称为运动性气单胞菌败血病。

［抵抗力］ 由于抗生素在水产养殖中的广泛使用，许多对抗生素有抵抗力的菌株被筛选出来，如对氯霉素、土霉素、链霉素、四环素、磺胺嘧啶、硝基呋喃等，并从这些耐药性菌株分离到了相应的可转移的耐药质粒。

［生态学］ 本菌主要存在于淡水、污水、淤泥及土壤中，常自鱼体、人体、两栖类体内分离培养出，是一种条件致病菌。本菌主要通过肠道感染，在鱼体受伤或寄生虫感染的条件下，还可经皮肤和鳃感染，并与水温、水中有机物质含量、饲养密度等养殖条件有密切关系。水温为 17～20℃时，死亡率较

高，在9℃以下鱼很少发病死亡。

[分离与鉴定]

(1) 将病鱼的血液、脏器划线于含青霉素的TSA、RimLer-Shofts培养基、McXoy-Pilcher培养基等选择性培养基上，在28℃左右进行分离培养24h。该菌在TSA和营养琼脂培养基上生长良好，可形成直径1～5mm的圆形乳白色、光滑湿润微凸菌落。也可采用SS琼脂、麦康凯等肠道细菌选择性培养基进行分离纯化，运动性气单胞菌通常不分解其中的乳糖。对分离菌进一步做生化鉴定、动物接种实验和血清学检查。

(2) 凝集反应、琼脂扩散、直接和间接荧光抗体技术及分子诊断技术均可应用于本病的诊断和分离菌的鉴定。

(3) 可应用诊断试剂进行鉴定，目前我国已有嗜水气单胞菌HEC毒素制备点酶法快速诊断试剂盒，可用于嗜水气单胞菌HEC毒素的检测，敏感度可达到95ng HEC毒素，特异性较强，可在3～4h内完成操作，适用于培养菌及病毒的组织浆液；嗜水气单胞菌胞外蛋白酶诊断试剂盒，主要是针对54 000热稳定胞外蛋白酶制备的抗体。

[免疫] 选择具有代表性的免疫原性好的嗜水气单胞菌菌株，制备灭活疫苗，用于鱼类浸泡或注射免疫，可有70%的保护力。提取该菌胞外蛋白质及脂多糖制备亚单位偶联疫苗，对小鼠及鲫鱼也显示了一定的免疫效果。

第四节 爱德华菌属（*Edwardsiella*）

鮰鱼爱德华菌（*Edwardsiella ictaluri*）

[形态与染色] 在固体培养基上，6h培养物的大小为0.5μm×1.75μm，18～48h培养物的大小为0.5μm×1.25μm。有周身鞭毛，25℃时具有运动性，但37℃时不能运动。

[培养特性] 本菌需复杂营养，生长缓慢。在血琼脂平板上，30℃培养48h后，形成直径约2mm的菌落。最适生长温度为25～30℃。

[生化特性] 过氧化氢酶阴性，无运动性，β溶血，10℃下生长，45℃以上不生长，接触酶为阴性，能水解七叶酸和精氨酸，VP试验、脲酶实验和马尿酸试验阴性，发酵葡萄糖、蔗糖和淀粉，不发酵阿拉伯糖。

[病原性] 本菌主要感染斑点叉尾鮰，白叉尾鮰、短棘鮰、云斑鮰以及紫鰤、黑鲈等也有一定的感染性。患病鱼表现为全身败血症症状。

[抵抗力] 本菌在池水中存活8d。在底泥中18℃存活45d。25℃ 95d不死亡。对庆大霉素、青霉素、四环素、卡那霉素、链霉素、磺胺嘧啶、萘啶酸均敏感。

[免疫] 目前尚无有效的疫苗，超声粉碎菌体疫苗和用福尔马林灭活疫苗都可刺激鱼体产生一定程度的保护性免疫。

迟钝爱德华菌（*Edwardsiella tarda*）

迟钝爱德华氏菌是鱼类爱德华菌病的病原菌，1962年分离培养发现这种病原菌。

[形态与染色] 本菌为革兰阴性的短杆菌，大小为0.51μm×（1.0～3.0）μm，有周身鞭毛，能运动，无荚膜，不形成芽孢。

[培养特性] 本菌为兼性厌氧菌，生长温度范围为15～42℃，最适温度为37℃，适宜pH为5.5～9.0。多数菌株能在0～4%食盐浓度下生长，少数菌耐盐浓度达4.5%。本菌在普通琼脂培养基上25℃培养24h后，形成正圆形、凸起、灰白色、湿润、光泽、半透明状的菌落，直径0.5～1.0mm。在SS琼脂、木糖-赖氨酸-去氧胆酸盐琼脂、DHL琼脂等选择性培养基上形成中间为黑色的、周边透明的较小的菌落。

［**生化特性**］本菌的接触酶、赖氨酸和鸟氨酸脱羧酶、硝酸盐还原、MR 试验均为阳性。产生硫化氢和吲哚。氧化酶、苯丙氨酸脱羧酶、脂酶、石蕊牛乳、VP 试验均为阴性。不分解尿素、淀粉，不液化明胶，不能利用酒石酸盐。在 KCN 肉汤中不生长。分解葡萄糖、果糖和半乳糖，但其他多数糖类不能利用。

［**抗原性**］迟钝爱德华菌有 O 抗原和 H 抗原。血清型目前尚无统一的分型标准。

［**病原性**］本菌可引起多种人工养殖的淡水鱼和海水鱼中感染。病鱼表现鳍和腹部常充血发红，可诱发鱼体产生纤维素性化脓性炎症。

［**生态性**］迟钝爱德华菌栖居的宿主范围十分广泛，也是水中的常见细菌。本菌是人鱼共患传染病的病原之一。

［**抵抗力**］本菌对噁喹酸、三甲氧苄氨嘧啶、土霉素、磺胺制剂较为敏感。

［**分离与鉴定**］肾脏或血液等，接种在 SS 琼脂、DHL 琼脂、木糖-赖氨酸-去氧胆酸盐琼脂平板上，在 37℃培养 24h 后，检查有无中间为黑色的小菌落。另外，也可在上述培养基中加入甘露醇，以便和鱼池中分解甘露醇的细菌相区别。也可应用荧光抗体技术、ELISA 技术等进行鉴定。

第五节　链球菌属（*Streptococcus*）

链球菌属种类很多，在自然界分布甚广，水、尘埃、动物体表、消化道、呼吸道、泌尿生殖道黏膜、乳汁等都有存在，有些是非致病菌，有些构成人和动物的正常菌群，有些可致人或动物的各种化脓性疾病、肺炎、乳膜炎、败血症等。

［**形态与染色**］链球菌呈圆形或卵圆形，直径小于 2.0μm，常排列成链状或成双。链的长短不一，短者由 4～5 个细菌组成，长者达 20～30 个细菌。链的长短与细菌的种类及生长环境有关，在液体培养基中易形成长链，而在固体培养基上常呈短链。一般致病性链球菌的链较长，非致病性菌株较短。肉汤内对数生长期的链球菌，常呈长链排列。革兰染色阳性。有些种类有菌毛，有些种类有荚膜。

［**培养特性**］大多数为兼性厌氧菌，少数为厌氧菌。最适生长温度为 37℃，pH 为 7.4～7.6，致病菌营养要求较高，普通培养基中生长不良，需添加血液、血清、葡萄糖等。在血液琼脂平板上长成直径 0.1～1.0mm、灰白色、表面光滑、边缘整齐的小菌落。多数致病菌株具有溶血性，溶血环的大小和类型因菌株不同而有差异。有些菌株可产生橙红或黄色色素。血清肉汤中生长，初呈均匀浑浊，后因细菌形成长链呈颗粒状沉淀管底，上清透明。有些还能在远腾培养基和 40%胆汁琼脂平板上生长繁殖。适宜的生长温度为 20～37℃，少数菌株在 10℃和 45℃也能生长。适宜的 pH 为 7 左右，生长食盐浓度为 0～7%，最适为 0～1%。

［**生化特性**］能分解葡萄糖，不分解菊糖，不被胆汁溶解。从不同的鱼体分离到的致病性链球菌的生化特性有比较大的差异。

［**抵抗力**］本菌在水中的生存能力与水温和水中的营养成分有关。水温越低，水中的营养成分越丰富，则存活的时间就越长。在营养成分较少的外海水中，15℃ 14d、25℃ 7d、37℃ 3d 不死亡。但在鰤鱼养殖场附近的表面水中，15℃和 25℃时，本菌可存活 42d；37℃时存活 14d。在内湾水中，25℃时约生存 40d。本菌在海水中的分布随季节而变化，一般在 8～9 月份较多，秋季以后开始减少。底泥中的细菌相对恒定一些，在 11 月份，也可检出许多链球菌。本属细菌对热较敏感，煮沸可很快被杀死。常用浓度的各种消毒药均能将其杀死。对红霉素、强力霉素、螺旋霉素、青霉素、磺胺类药物均很敏感。

［**致病性**］本菌对多种海水鱼和淡水鱼都具有致病性。如香鱼、鳗鲡、虹鳟、罗非、斑点叉尾鮰等均易感。病鱼表现为败血症，各脏器出血，心、脑、鳃等部位的化脓性炎症或肉芽肿样病变。

［**分离与鉴定**］涂片镜检：取病鱼血液或肾脏、脾脏等脏器进行涂片，革兰染色后镜检，可见许多呈链状排列的革兰阳性菌。分离培养：取病鱼脑、血液或脏器，划线接种于 EF 琼脂或添加 0.5%葡萄糖的 HI 琼脂平板上，30℃培养 24～48h。在 EF 平板上，形成鲜红色、紫红色或暗黑色的小菌落；在

含有葡萄糖的HI平板上，形成不透明、乳白色的小菌落。若在EF琼脂中添加少量的TTC则有利于链球菌的生长。

[检查] 取病料涂片或制作切片后，用直接荧光抗体技术检查。也可将分子生物学技术用于本菌的检测。

海豚链球菌（*Streptococcus iniae*）

最初是从亚马逊淡水海豚皮下脓肿中分离并命名。

[形态与染色] 海豚链球菌呈圆形或卵圆形，成对或成不同长度的链状，无鞭毛，不运动，有荚膜，不形成芽孢，革兰染色阳性，兼性厌氧。

[培养特性] 在患病的斑点叉尾鮰内脏分离培养的该菌：在TSA平板上培养14h，菌落为针尖大小，无色。24h后，菌落的直径为1～2mm，呈乳白色，圆形，隆起，边缘整齐。菌株形态排列分布各异，有的菌株链长，有的菌株链短，有的菌株不呈链状分布，而是呈单个或团状分布。

[生化特性] 过氧化氢酶阴性，无运动性，β溶血，10℃下生长，45℃下不生长，接触酶为阴性，能水解七叶苷、精氨酸；VP试验、脲酶和马尿酸试验呈阴性，发酵葡萄糖、蔗糖和淀粉，不发酵阿拉伯糖。

[病原性] 现已证明本菌是一种条件性人畜共患病病原菌，它不仅能感染几乎所有的海、淡水鱼类，还可感染人类引起心内膜炎等。

[抵抗力] 对氨苄青霉素、万古霉素和先锋Ⅴ高度敏感，对庆大霉素、复方新诺明、林可霉素和氟哌酸不敏感。

[分离与鉴定] 分离培养用BHI固体培养基（脑心浸液培养基，另加1% NaCl），于27～28℃培养。分离的细菌在固体培养基上生长缓慢，24～48h内菌落较小，边缘平整，白色。在血平板上呈α或β溶血。也可应用分子生物学技术进行致病性病原的检测。

[免疫] 国内外均有开展链球菌疫苗的报道，但尚无商品性疫苗流通使用。

第六节 耶尔森菌属（*Yersinia*）

耶尔森菌属（*Yersinia*）细菌分布于多种动物体内，可引起人和动物的败血症或局部感染。直杆菌到球杆菌，直径0.5～0.8μm，长1～3μm。无芽孢，不形成荚膜。革兰染色阴性。37℃时不运动，生长在30℃以下时以周生鞭毛运动。在普通的营养培养基上能够生长。在营养琼脂上培养24h后，菌落半透明到不透明，直径0.1～1.0mm。最适生长温度28～29℃。兼性厌氧，既具有呼吸型代谢又具有发酵型代谢。氧化酶阴性，接触酶阳性。除了个别的生物变型外，都能还原硝酸盐成亚硝酸盐。发酵葡萄糖和其他碳水化合物，产酸但不产气或产少量的气。表现特征常常与温度有关，一般培养在25～29℃比在29～37℃能呈现更多的特征性。所研究过的种具有肠杆菌的常见抗原。生境很广泛，有些种适应于特异性寄主。DNA的G+C含量为（46～50）mol%。

鱼鲁氏耶尔森菌（*Yersinia rucheri*）

[形态与染色] 本菌呈短杆状，大小为1.01μm×（2.0～3.0）μm，菌落于37℃培养24h，直径小于1mm。无芽孢、荚膜。革兰染色阴性。

[培养特性] 本菌在营养琼脂、TSA、FA和麦康凯琼脂培养基上生长良好，菌落为圆形、微隆起、淡黄色、光滑、边缘整齐。少数菌株在麦康凯琼脂上生长迟缓或不生长。

[生化特性] 本菌接触酶、果糖、核糖、甘露糖、麦芽糖、赖氨酸脱羧酶、鸟氨酸脱羧酶、MR（37℃）、枸橼酸盐、明胶液化、谷氨酸转移酶、硝酸盐还原、葡萄糖、半乳糖阳性，而氧化酶、脲酶、H_2S、精氨酸水解酶、苯丙氨酸脱氨酶、纤维二糖、乳糖、木糖、山梨糖、吲哚、VP试验、阿拉伯糖、

棉籽糖、鼠李糖、密二糖、蔗糖、丙二酸盐、酒石酸盐、山梨醇、甘油、肌醇、七叶苷、水杨苷、卫矛醇等均为阴性反应。

[抗原性] 用凝集反应可将本菌分为5个血清型，各型之间有一定的交叉反应。其中最常见的是血清型Ⅰ，其毒性最强。细胞壁的脂多糖成分是该菌的主要免疫保护性抗原。

[病原性] 本菌主要引起虹鳟、大西洋鲑、银大麻哈鱼、克氏鲑和大鳞大麻哈鱼等的红嘴病，该病主要特征是皮下出血，使嘴和鳃盖骨发红，上下颌和腭部发炎糜烂，腹鳍、肠道和肌肉也往往出血，该病对鲑鳟鱼养殖业可造成严重损失。有研究表明，该菌也在湖北、湖南等省引起鲢、鳙鱼暴发性传染病，认为该菌是引起淡水鱼类细菌暴发性出血病的主要病原之一。还是引起牛蛙腐皮病的病原。

[抵抗力] 由患腐皮病的牛蛙体内分离的致病菌药物敏感实验结果表明，该菌对诺氟沙星、吡哆酸、卡那霉素高度敏感，而对万古霉素、复方新诺明、磺胺甲基异噁唑中度敏感，对新霉素、呋喃妥因、多黏菌素B、妥布霉素、强力霉素、四环素、二甲氨基四环素、红霉素敏感，对羧苄青霉素、氨苄青霉素、乙酰螺旋霉素、杆菌肽、青霉素G、新生霉素等不敏感。

[生态学] 主要在鲑科鱼体内生存。从健康的虹鳟肾脏和肠道、粪便中都可分离到。也存在于白鲑、江鳕、金鱼等非鲑科鱼体内。

[分离与鉴定]

(1) 取病鱼血液和肾脏涂片，革兰染色，检查有无革兰阴性的小杆菌。

(2) 可选用TSA、FA进行分离培养，对分离菌应进一步做生化鉴定和血清学检查。

(3) 取病鱼肾脏涂片，用间接荧光抗体法检查。也可应用凝集反应用于分离和鉴定。

第七节　巴氏杆菌属（*Pasteurella*）

杀鱼巴氏杆菌（*Pasteurella piscicida*）

本菌是诱发鰤假性结核病的主要致病菌。可在营养肉汤（15g牛肉提取液、10g多聚蛋白胨、5g NaCl、1L蒸馏水、pH调为7.2）中添加0.3%酵母萃取液在25℃下培养该菌。

在我国养殖条纹鲈发现了由本菌引起的巴氏杆菌病，表现为全身各部位充血甚至糜烂。

该菌是一种非溶血性革兰染色阴性杆菌。

该菌对土霉素不敏感。

第八节　屈挠杆菌属（*Flexibacter*）

柱状屈挠杆菌属（Flexibacter columnaris）

柱状屈挠杆菌（*F. columnaris*）又名柱状嗜纤维菌（*Cytophaga columnaris*）、柱状软骨球菌（*Chondrococcus columnaris*）、鱼害黏球菌（*Myxococcus piscicola*）。主要引起鱼类的细菌性烂鳃病（bacterial gill-rot disease），最初是由中国科学院水生生物研究所分离鉴定得到。

[形态与染色] 本菌为革兰阴性的细长杆菌。从病鱼病变部直接采集病料或新鲜培养物中的细菌，其形态比较均一，大小为（0.5～0.7）μm×（4.0～8.0）μm，少数菌体长度达15～20μm。随着培养时间的延长，细菌菌体变长，呈极不规则的形态，如长丝状、波状、轮状等。最后成为不规则的颗粒状，老龄培养物常形成圆球体。这些形态的细菌移植到新的培养基上时，也不再发芽，不形成子实体和小孢囊。一般在病灶及固体培养基上的菌体较短，在液体中培养的菌体较长，没有鞭毛，但在湿润固体上可做滑行；或一端固着，另一端缓慢摇动；有团聚的特性。菌落黄绿色，大小不一，扩散型，中央较厚，显色较深，向四周扩散成颜色较浅的假根状。

[培养特性] 本菌在含0.5% NaCl的噬纤维菌培养基（cytophaga agar）、蛋白胨酵母培养基、Chase培养基、Shieh培养基、改良Schich培养基中均生长良好。Anacker和Ordal推荐的最佳培养基

为（%，W/V）洋菜 0.9，胰胨 0.05，酵母膏 0.05，醋酸钠 0.02，牛肉膏 0.02，pH 7.2～7.4。在上述琼脂平板上，多数形成黄色、扁平、表面粗糙、中间卷曲、边缘呈树根状的菌落，黏附于琼脂上。少数菌形成表面黏液状或蜂窝状的菌落。在液体培养基中静止培养时，在液体表面形成黄色、有一定韧性的膜；震荡培养时，则浑浊生长。生长温度范围 5～35℃，少数菌株在 37℃也能生长，5℃以下则不生长，最适温度 20～25℃。生长 pH 范围 6.5～8.3，最适 pH 为 7.5。生长食盐浓度 0～0.5%，在含 1%以上的 NaCl 的培养基中不生长。专性需氧。好气。

[生化特性] 本菌氧化酶、细胞色素氧化酶、接触酶试验和刚果红吸收试验均为阳性。产生 H_2S，液化明胶，分解酪素和酪氨酸。水解吐温 20 和吐温 80，溶解大肠杆菌。赖氨酸、精氨酸、鸟氨酸脱羧酶试验阴性。不利用淀粉、几丁质、琼脂、纤维素。不利用除葡萄糖外其他碳水化合物。不还原硝酸盐。染色体 DAN 中 G+C 含量为 35.3mol%。

[病原性] 本菌可感染分属 10 个科的 36 种鱼类。柱状病的特点是在鱼的鳍、吻、鳃瓣尖端或体表形成黄白色的小斑点，并逐渐扩大，病变周围的皮肤发炎。本菌侵入机体组织后，主要在真皮组织生长繁殖，真皮毛细血管充血，以至破裂出血。真皮坏死，鳞片脱落、形成溃疡。从鳍端开始，鳍条逐渐腐烂。鳃黏液增加，鳃丝腐烂成扫帚状。病鱼内脏往往呈正常外观。此病多发生在 20℃以上水体中，水温在 15℃以下时停止流行。细菌悬液通过注射、伤口涂布或浸渍等方法都可使试验鱼感染发病。

[抵抗力] 本菌对弧菌抑制剂 O/129、氨苄青霉素、四环素、链霉素、氯霉素、红霉素、复端孢菌素、新生霉素、萘啶酸、呋喃、磺胺敏感。对庆大霉素、新霉素、卡那霉素、多黏菌素 B、甲氧苄氨嘧啶、放线菌素 D 不敏感。

[生态性] 本菌可通过水体传播，带菌鱼是该病的主要传染源，被病原菌污染的水体、塘泥等也可成为重要的传染源。屈挠杆菌在水体及底泥的存活时间与水温、水质相关，研究表明水的硬度越高，菌在水体中的存活期越长。在该病流行季节，由于病鱼在水体中不断释放病原菌，水体菌量较高，疾病更易暴发流行。此外，鱼鳃受损后更易患细菌性烂鳃病。

[涂片镜检] 采集病变部位的黏液性物质，涂布于载玻片上，在显微镜下以 400 倍镜检，可见滑行运动的细长杆菌。不久，散在细菌能集合成特殊的圆柱状集合体。

[分离鉴定] 取病料涂布于噬纤维琼脂平板或上述其他琼脂平板上。为防止其他杂菌生长，可在培养基中加入多黏菌素 B（终浓度 0.2～0.4mg/mL）或多黏菌素 B（终浓度 0.1mg/mL）与新霉素（终浓度 0.05mg/mL）混合物。25℃培养 48h，检查有无特征性菌落出现。进一步生化鉴定，或取可疑菌落与特异性抗血清进行凝集反应。酶免疫测定法：在载玻片上先涂上少量甘油蛋白，进行涂片，干后用丙酮固定 5min。再放入含有 0.05%吐温 20 的 0.1mol/L、pH7.4 的磷酸盐缓冲液（PBS-T）中浸数分钟，用滤纸条吸去玻片上的液体，在涂菌区敷贴小块擦镜纸，加上已用 PBS-T 稀释成 1∶100～200 的特异性抗血清（兔抗柱状嗜纤维菌的抗血清），置于湿盒内。37℃温育 30min，然后镊去擦镜纸，用 PBS-T 搅拌洗涤 3 次，每次 20min。浸入新鲜配制的显色液（40mL 0.05mol/L pH 7.6 的 Tris-HCl 缓冲液中加入 20mg 3，3′二氨基联苯）中，在 25℃的黑暗处放置 10min。取出载玻片，加入 16 滴 H_2O_2（29% H_2O_2 1 滴与 0.05mol/L pH 7.6 的 Tris-HCl 缓冲液 28 滴混合液）后，再把载玻片放入 25℃黑暗处 20min，流水冲洗 15min，再放入蒸馏水中，按照常规脱水封片，用光学显微镜检查，有棕色细长杆菌，即为阳性反应。

第九节 诺卡菌属（*Nocardia*）

诺卡菌是一种革兰阳性丝状杆菌，广泛存在于土壤、水、动植物和人的组织中，以腐生为主。一些菌株是人和动物的机会致病菌，在水产动物中，首例报道的是虹彩脂鱼（*Hyphessobrycom innesi*），此后该病在虹鳟（*Oncorhrnchus mykiss*）、黄尾鰤（*Seriola quinqncraduta*）、斑鳢（*Channa macidata*）、大西洋牡蛎（*Crassotrea gigas*）、海鲈（*Lateolabrax japonicus*）等水产养殖动物中有报道，近年来我国在乌鳢（*Ophicephalus argus*）、大黄鱼（*Pseudosciaena crocea*）等鱼类养殖中也有此病发生。

诺卡菌革兰染色阳性，好氧，具有抗酸性或弱抗酸性或在生长的某一阶段具有抗酸性，菌体呈长或短杆状，或细长分枝，常断裂成杆状至球状体，基丝发达，呈分枝状，气丝较少。直径大小一般为（0.2～1.0）μm×（2.0～5.0）μm，丝状体长10～50μm。可单个、成对、Y或V字形排列或排列成栅状，并具膨大或棒状末端。不运动，不产生芽孢。菌体超薄切片在电镜下可观察到细胞壁为3层结构，电子密度高的肽聚糖层与质膜由一层电子密度低的区域隔开，并具假分枝。

诺卡菌在TSA、BA、BHI、L-J等培养基上都能生长，生长缓慢，28℃需5～14d，形成白色或淡黄色小沙粒状菌落，粗糙易碎，边缘不整齐，偶尔在表面形成皱折。诺卡菌过氧化氢酶阳性、氧化酶阴性，还原硝酸盐，不水解酪素、黄嘌呤、酪氨酸、淀粉和明胶，能以柠檬酸盐为唯一碳源生长。细胞壁含meso-DAP和Ⅳ/A型半乳糖和阿拉伯糖，磷酸酯类型为PⅡ，含枝菌酸、大量直链不饱和脂肪酸和10-甲基结核硬脂酸。主要的甲基萘醌为MK-8（H4）和MK-9（H2）。DNA的G+C含量为（64～72）mol%。

［致病性］诺卡菌在海水中含量并不高，是一种机会致病菌，当养殖鱼体虚弱、免疫力低下时，通过口腔、鳃或创伤而感染。感染的病鱼主要表现为反应迟钝，食欲下降，上浮水面，鱼体变黑，出现白色或黄色结节，鱼体及尾鳍溃烂出血，在鳃、前肾、肝、脾、鳔、肾等内脏组织内有白或黄色结节出现，在乌鳢和虹鳟患病鱼心、卵巢、肌肉均有结节出现。

［抵抗力］实验发现联磺甲氧苄啶（TMP-SMX）、红霉素、利福平、强力霉素对诺卡菌有较好的抑制效果。

表19-1　主要养殖鱼类致病性诺卡菌

致病菌	感染鱼类	流行地
星状诺卡菌（*N. asteroids*）	虹彩脂鱼、虹鳟 乌鳢、大口鲈 河鳟	阿根廷、美国 中国台湾和内地 加拿大
杀鲑诺卡菌（*N. salmonocides*）	大西洋鲑	澳大利亚
黄尾鰤诺卡菌（*N. seriolae*）	黄尾鰤、海鲈、 大黄鱼	日本、中国台湾 中国内地

第十节　水生动物病原性真菌

一、水霉属（Saprolegnia）

［菌丝形态］菌丝为管状无横隔的多核体，在培养基或水生动物体上生长的菌丝分为内菌丝和外菌丝。其中内菌丝分枝纤细繁多，可深入至病鱼受损的皮肤和肌肉，具有吸收营养的功能。伸出基质外的菌丝为外菌丝，粗壮、分枝少，形成肉眼可见的灰白色棉絮状物。新长出的菌落，外菌丝特别茁壮整齐。

［繁殖方式与特征］水霉分无性繁殖和有性繁殖两种繁殖方式。

（1）*无性繁殖*　菌丝长到一定程度时，梢端膨大成棒状，其内积聚许多核和稠密的原生质，并生出横膜与下部菌丝隔开，自成一节，形成多核的游动孢子囊。游动孢子囊呈棍棒、纺锤、船形等形状。囊中浓稠的多核原生质数小时后分裂成很多的游动孢子，称为初生游动孢子或第一孢子。成熟的初生游动孢子包有一层薄膜，呈梨形或核桃形，在尖端具2条等长的鞭毛。从游动孢子囊顶端开口处游出后，在水中自由游动数十秒至数分钟，附在适当地点，失去鞭毛，变圆，停止运动，并分泌出一层细胞壁而静止休眠，称为初生休眠孢子，也称初生孢孢子或第一孢孢子。初生休眠孢子静休1h左右，原生质从孢壁内钻出，又成为游动孢子，即次生游动孢子或第二孢子。次生游动孢子最后又静止下来，分泌出一层孢壁，形成次生休眠孢子，又叫次生孢孢子或第二孢孢子。经过一段时间的休眠，这种孢子便萌发成新的菌丝体。这样前后两个形态不同的游动孢子阶段的连续存在称为两游现象。当游动孢子囊内的游动孢子完全放出来以后，游动孢子囊的壁并不脱落，而在第一次孢子囊内长出新孢子囊，如此反复增生，这种现象称为“屈出”或“叠穿”。值得注意的是，在水分和营养不足的情况下，次生休眠孢子不萌发为菌丝，而改变为第三游动孢子，甚至第四游动孢子。另外，如游动孢子囊内的出口受阻塞，动孢子无法游出时，它们也能在囊中直接萌发。

水霉属的菌丝在经过一个时期的游动孢子形成以后，外界环境条件不良的情况下，产生厚垣孢子。它是由菌丝梢端积聚稠密的原生质，并生出横隔与下部分分隔而形成的。这种厚垣孢子也可在菌丝末端或中部形成，形成一串念珠状或一节节的厚垣孢子。厚垣孢子呈球形或纺锤形等，可抵抗不良环境，寿命较长，一旦环境条件好转，这些厚垣孢子又直接发育成游动孢子囊。

（2）有性繁殖 在鱼体和鱼卵上，水霉通常进行无性繁殖。在无性繁殖衰退以后，或在营养条件差的情况下，则采取有性繁殖，产生藏卵器和雄器。藏卵器内形成有性孢子——卵孢子，经雄器受精后可形成游动孢子囊或直接萌发成新菌丝。藏卵器生在主丝或侧枝上，但也有在动孢子囊的基部或在侧枝上的一段，或在老菌丝的某一小段中形成。形成过程首先见到菌丝顶端不断膨大，当膨大到一定程度时产生横隔形成藏卵器，藏卵器呈圆形、腰鼓形或梨形，间生的有时呈纺锤形，壁平滑或有乳突，时常有小凹坑。进入藏卵器内的原生质逐渐变稠，分成一定数量的原生质团，最后每个原生质团的外围包裹一层透明的胞膜而形成卵球。藏卵器内含有一个或多个卵球。与藏卵器发生的同时，雄器也由同枝或异枝的菌丝短侧枝长出，甚至异株的菌丝短侧枝上长出，最后也生出横隔与母菌隔开，卷曲缠绕在藏卵器上。雄器中核的分裂与藏卵器中核的分裂约在同时发生。雄核通过芽管穿过藏卵器上的凹孔纹而进入卵球核处，与卵球结合，经过质配、核配和减数分裂 3 个阶段，形成卵孢子，并分泌双层卵壁包围。卵孢子经过 3～4 个月的休眠期后，萌发成具有短柄的游动孢子囊或菌丝。水霉藏卵器和雄器的形状、大小、同枝、异枝等特点，在每一个独立种内都比较稳定，可作为种分类的重要依据。

[生长特性] 水霉生长需要较多的氧气，水中溶氧充足时，菌丝细长，生长茂盛，形成动孢子囊的时间要长些。水中杂质较多，或同时有数个菌落尤其是靠在一起的情况下，菌丝细短，不易形成动孢子囊。在少水情况下，菌丝能形成动孢子囊，放出动孢子。接触空气的菌丝则多半形成厚垣孢子。些时加水覆盖菌落，可促使菌丝继续生长。水的深浅对水霉的生长繁殖也产生影响，如果使死鱼上的水霉置水下 10～15cm 深处，菌丝则细长，形成的动孢子囊细小，使死鱼上的水霉靠近水面，其菌丝变得粗壮，形成的动孢子囊大而多，且易发生有性繁殖。

水霉在 10～32℃都能生长，但 15～20℃时生长最好，4～7℃生长缓慢，4℃以下则停止生长。水霉的最适生长 pH 为 7.2～7.4；水霉主要存在于淡水水域中，盐度高于 0.28%的水域无水霉分布。

[病原性] 水霉对水产动物的种类没有选择性，受伤的均可感染，鱼体感染水霉俗称“白毛病”，鱼卵孵化时感染水霉形成“太阳籽”。

[分离与鉴定] 直接观察鱼体可做出初步判断，内脏感染水霉取病料进行镜检；取病灶组织，接种于琼脂等培养基后培养，镜检分离真菌，根据无性和有性生殖特点，进一步确定种类。

二、绵霉属（*Achlya*）

本属是水生动物肤霉病病原。

[形态] 绵霉属的外菌丝直而粗壮，双叉状分枝，多核无隔膜，只在形成繁殖器官时才形成隔膜。菌丝宽度一般为 15～30μm，最宽的达到 270μm。

[病原性] 引起鱼类肤霉病，最适繁殖温度为 13～18℃，在此温度下，鱼体若体表受损伤均可感染发病。发育停止的鱼卵也可感染形成“太阳籽”。

［**分离与鉴定**］同水霉属。

三、丝囊霉属（*Aphanomyces*）

［**形态**］丝囊菌属菌丝纤细，分枝较稀疏。动孢子囊由不特化的菌丝形成，通常为长线形，动孢子在囊内呈有规则的单行排列、短杆状，如火车轨道上一节节的车厢。动孢子自囊内逸出不游散开，呈葡萄状堆集在动孢子出口处。动孢子只有第二游走现象。藏卵器在菌丝的基部生出，顶生或侧生，其内只有一个卵孢子。雄器由附近的菌丝产生，很纤细，当与藏卵器接触后缠绕较甚。

常见致病种的特征：

常见丝囊菌（*Aphanomyces pisiciidia*）：动孢子囊的基部都无隔膜，其形态单一，直径相同，纤细，通常 20～40μm。游动孢子为球形，直径一般为 8～9μm，在动孢子囊内排成一列，逸出时，在动孢子囊顶口形成长形的休眠孢子，以后变圆。没有发现有性生殖器。在患部组织的菌丝，其直径为11～26μm，无横隔，形态不太整齐，多为波浪形的分枝菌丝。菌丝内很多部分无原生质，呈空洞状。有时在病灶内形成许多小于 1mm 的菌丝块。

平滑丝囊菌（*Aphanomyces laevis*）：外菌丝纤细，直径为 5～7.5μm，有稀疏分枝。动孢子囊由不经特化的外菌丝形成，一般细长，次生的孢子囊不在老囊中再生，而是在老囊基部芽生出来。动孢子呈单行有规则的排列，短杆状，似节节排列的火车车厢，节数 8～46 节，每节 9.5～26μm，一般为 16μm。成熟的动孢子由囊的顶端一个接一个地逸出，不散开，在囊口变圆形成第一孢孢子，集结在一起成葡萄串状，孢子直径为 9～10μm。藏卵器长在侧枝上，亚球形，器壁光滑，无凹孔纹和突起。只有一个卵孢子，直径 18～24μm，偏中央型。发达的雄器缠绕在藏卵器上。由同丝或异枝产生。

［**培养特性**］杀鱼丝囊菌在普通真菌培养基如沙保劳琼脂、察氏琼脂、Mycosec 琼脂上不生长，需用鱼肉浸液琼脂（EME）培养基或 GY 培养基培养。生长适宜温度为 15～30℃，pH 为 5～9。平滑丝囊霉自然状况下为腐生性的，也可寄生在硅藻和鼓藻的细胞内。人工培养可用死鱼卵。

［**病原性**］杀鱼丝囊霉主要侵害鱼的躯干肌肉。铜吻鳞鳃太阳鱼、鲫鱼、金鱼等均有易感性，但鳗鲡、泥鳅、鲇鱼和鲤鱼不易感。最初，病鱼体表皮肤上一处或多处有出血点，并发生脓肿。不久，隆起的皮肤有出血斑，随后皮肤崩溃，露出下部肌肉形成红色的肉芽肿。其症状与弧菌病的症状相似，但本病患病鱼病灶内有菌丝体，做病灶组织压片观察即可区别。其肉芽是类上皮细胞的菌丝体侵入肌肉而形成的。

平滑丝囊菌可引起鱼的肤霉病。我国在草鱼、鲢、鳙鱼和金鱼的死卵上和患有水霉病的病鱼的体表均已找到该种菌。

［**分离鉴定**］用患部组织做压片，用显微镜观察霉菌特征。

分离培养：取患部组织接种于添加了大麻籽的 GY 液体培养基中，25℃培养 7d，可见到有缠绕大麻籽的菌丝形成，将其移植到灭菌的自来水中，继续培养 2～3d，则有孢子形成。用显微镜检查其菌丝与繁殖特性，即可判定丝囊霉种类。我国有人用草鱼尾柄作为培养基，观察到平滑丝囊菌丝，但未发现有性器官。

［**致病性检查**］用培养的杀鱼丝囊霉菌丝植入易感鱼躯干肌肉内，可引起与自然发病相同的肉芽肿，但经口感染不形成此病变。

四、鳃霉属（*Branchiomyces*）

鳃霉属（*Branchiomyces*）是鲤科鱼类和其他淡水鱼类鳃霉病的病原。

［**形态及繁殖特征**］菌丝纤细、无横隔、有分枝、弯曲，菌丝直径 6～25μm，因部位不同而变化较大。动孢子囊与菌丝的粗细相当，菌丝内局部或全部可形成孢子，孢子数量很多，成熟的动孢子成球形，具两根等长的鞭毛，单行或多行在囊内排列。其是否具两游现象，有性生殖情况如何，尚无详细报道。

[**常见致病鳃霉的特征**] 从我国鲤科鱼类和其他淡水鱼类感染的鳃霉的菌丝形态结构和寄生情况来看，致病种类主要有血鳃霉和穿移鳃霉两种不同的类型。

血鳃霉（*B. sanguinis*）：寄生在鱼鳃上的菌丝直而粗壮，分枝少，通常单枝蔓延生长。只寄生在鳃的血管内，不向鳃外生长。幼期菌丝粗短，分枝较多，直径多数为 13.8～20.7μm，有的达 20～25μm。动孢子囊由菌丝局部形成，稍粗于菌丝直径，其大小、长短变动较大。动孢子较大，成熟的动孢子一般为圆形，着两根等长的鞭毛。孢子直径为 7.4～9.6μm，平均 8μm，细长的菌丝只形成单行的动孢子，粗的菌丝有 2～3 行或更多行的动孢子。我国已从草鱼、青鱼和鳗鲡上分离此种鳃霉。

穿移鳃霉（*B. demigrans*）：菌丝纤细繁复，分枝特别多，常弯曲成网状分枝沿鳃血管伸展或从鳃组织向外生长，纵横交错，布满鳃丝和鳃小片。菌丝直径多为 6.6～21.6μm，菌丝壁厚，0.5～0.7μm。动孢子囊形成后，几乎占据整个菌丝，属全菌丝产孢子方式，即无性生殖期间生殖菌丝和营养菌丝没有区别。动孢子较小，直径为 4.8～8.4μm。我国从青鱼、鳙、鲮和黄颡鱼鳃上观察到此种鳃霉。

[**病原性**] 鳃霉属为寄生菌。草、青、鳙、鲮、黄颡鱼、银鲴等对鳃霉具有易感性，出现以鳃组织梗塞性坏死为特征的烂鳃病。其中鲮鱼苗最为易感，发病率高、死亡率达 70%～90%。我国南方各省均有流行。国外报道，血鳃霉主要感染鲤科鱼类和鳗鲡等淡水鱼。穿移鳃霉主要感染白斑狗鱼。鳃霉通过菌丝产生大量孢子，孢子与鳃直接接触而附着于鳃上，生长为菌丝。菌丝向内不断延伸，钻入鳃血管内生长发育，引起血管堵塞，血流受阻，甚至导致出血和组织坏死；与此同时，菌丝可侵入血管外的鳃瓣上皮组织，引起上皮组织增生，鳃瓣肿大、粘连等。穿移鳃霉的菌丝可在血管内大量繁殖，穿破血管，并向鳃外组织延伸，从而破坏鳃瓣上皮组织。但血鳃霉只在血管内生长，不引起血管和上皮组织的破坏。患鳃霉病鱼鳃呈苍白色，严重时鳃丝溃烂缺损，导致呼吸困难、游动缓慢、失去食欲。该病主要发生于热天，流行高峰季节为 5～10 月份，往往呈急性病，1～2d 内突然暴发，出现大量死亡，尤其在水质不良、池底老化、水中有机质突然增多的养殖池容易发生。

[**鉴定**] 取病鱼鳃组织压片，显微镜观察发现鳃丝内具粗大的分枝菌丝，且菌丝内有较多孢子即可诊断。

五、镰刀菌属（*Fusarium*）

镰刀菌属（*Fusarium*）的一些种类寄生于对虾和鱼类，是对虾、鱼类镰刀菌病的病原。

[**形态及繁殖特征**] 菌丝体比较直而少弯曲，具树状分枝，半透明，不具横隔，直径 2.2～4.5μm。繁殖方法主要以形成分生孢子的方式进行，分为小分生孢子和大分生孢子。小分生孢子呈卵圆形或椭圆形，无横隔或有时有 1 个横隔，长 4～13μm。大分生孢子近镰刀形或新月形，有 1～7 个横隔，多数为 3 个横隔，长 17～45μm。外界环境不良时，分生孢子还以厚垣孢子的形式出现。厚垣孢子通常位于菌丝的末端，少数在中间，呈圆形或椭圆形，有时四五个连在一起，成串珠状。单个的直径 7～12μm。有些镰刀菌具有有性繁殖器官，即产生闭囊壳，其内含有子囊及 8 个囊孢子。

我国已从对虾分离到腐皮镰刀菌（*F. solani*）、三线镰刀菌（*F. tricinctum*）、禾谷镰刀菌（*F. graminearum*）和尖孢镰刀菌（*F. oxysporum*）。形态比较见表 19-2。

表 19-2 镰刀菌属形态比较

形态特征	腐皮镰刀菌	三线镰刀菌	禾谷镰刀菌	尖孢镰刀菌
大分生孢子隔数	2～5，多数为 3	3～5，多数为 3	3～7，多数为 5	2～3，多数为 3
小分生孢子	椭圆形、卵形	梨形、棒形	无	卵形、纺锤形
颜色	黄褐色	淡橘红色	褐色	紫色
产小孢子梗	单出瓶状小梗	单出瓶状小梗		单出瓶状小梗

黄文芳等（1995）报道，在大口黑鲈皮肤溃烂病灶上分离一株镰刀菌，经初步鉴定认为是一株镰状镰刀菌（*F. fusarioides*）：菌丝为分枝分隔多细胞菌丝，直径为 2.3～5.2μm，具大型分生孢子，弯曲呈纺锤形或镰刀形。在气生菌丝的侧生单瓶状小梗上长出大分生孢子，少数长出两个大分生孢子；小型分生孢子呈椭圆形或棍棒形；厚垣孢子出现在菌丝中间或顶端，单生或串生，圆形或椭圆形，表面光滑。在 PSA 培养基上菌丝呈棉絮状，颜色从白色变为淡褐色，培养基的颜色从培养基色变为黄褐色；在 PDA 培养基上，菌丝颜色从白色变为黄色，培养基的颜色变为黄褐色。在 1%～6% NaCl 和 pH 在 6.4～9.86 的范围内生长发育最好。

［**培养特性**］镰刀菌的生长适温为 25℃，pH 在 4～11 范围均能生长，最适 pH 为 5～10。最适 NaCl 浓度为 0～5%，增加浓度有抑制作用，NaCl 浓度达到 11%时完全不能发育。在 Nycosrl 琼脂平板上的菌落最初呈浅褐色，以后中央变为深褐色，边缘浅褐色，由于色素扩散，菌落周围及下部的培养基呈深褐色。菌落为圆形、平坦、中部稍隆起，出现白色棉絮状的气生菌丝。在老培养物中，气生菌丝常围绕中心的圆环，表面有白色细粉末，这是由于成熟的分生孢子从气生菌丝中产生的缘故。分生孢子对不良环境的抵抗力强，在无菌海水中，－5℃可存活 150d，25℃可存活 300d，35℃存活 180d，在室外自然干燥条件下存活 140d。

［**病原性**］日本对虾、中国对虾、桃仁对虾、罗氏沼虾和龙虾对镰刀菌均具有易感性。镰刀菌主要寄生在鳃组织内，也寄生在附肢基部、体壁和眼球上。发病初期鳃、附肢、体表等部位出现浅黄色或橘红色斑块。随着病情发展，色斑变为浅褐色，鳃产生黑色素沉积，使鳃的外观呈点状或丝状黑色素条纹，严重时鳃呈黑色并发生溃烂，俗称“黑鳃病”。病虾呼吸机能受阻，体色转暗，活力差，游动缓慢、反应迟钝、摄食减少，最后静卧池底而死亡。死亡率高达 90%以上。

［**鉴定**］取病虾的鳃等病变组织制成水浸片，置于显微镜下观察，看到有大量的镰刀菌的菌丝和分生孢子。有时可见到分生孢子逸在鳃丝的顶端，呈花簇状排列。用萨氏葡萄糖琼脂培养基可以从病灶部分离到病原菌，也可以用其他普通的真菌培养基分离，但要加入青霉素和链霉素或庆大霉素，以抑制细菌的生长。培养基上适温培养 3～4d，可形成大或小的分生孢子，同时菌落基部出现可扩散的色素。

六、链壶菌属（*Lagenidium*）

链壶菌属是引起对虾幼体真菌病的主要病原菌。

［**形态与繁殖特征**］链壶菌菌丝分枝，无横隔，直径为 6～16μm。繁殖时菌丝先长出排放管，排放管直线形，大小为 35.76～134.10μm×5.96～13.41μm。而后原生质流向排放管的末端而膨大形成顶囊。顶囊呈圆形或椭圆形，囊内形成许多游动孢子。成熟的游动孢子从顶囊逸出，具有两根鞭毛，在水中游动一段时间，当遇到寄主或附着物便附上形成休眠孢子。以后休眠孢子长出细长的发芽管，其末端膨大形成新菌丝。海壶菌和离壶菌的区别在于无顶囊，游动孢子在菌丝体内形成。排放管的形态和大小亦有差别。

［**病原性**］这些真菌引起的对虾幼体真菌病，在蚤状期和糠虾期最严重，在无节幼体期偶见。累计死亡率，在发病后的 48～72h 期间可达到 20%～100%。据调查，幼虾和成虾可以带菌而不出现任何临床症状，从而构成传染源，造成对虾育苗场发生幼体真菌病。链壶菌等感染寄主是由游动孢子接触虾卵或者各期幼虾的外膜，再以发芽管穿透虾体表面，而后新生菌丝由突破点向内迅速生长，取代了寄主的大部分肌肉及其他软组织。被感染的个体不能运动，导致死亡。

［**分离与鉴定**］通常用显微镜检查被感染的幼体，观察病原菌的菌丝形态、游动孢子形成方式、排放管的形态和顶囊等。可用 PYG 琼脂或其他霉菌培养基分离病原。

卢彤岩　编
丛明善　审

第二十章　家蚕病原性细菌

第一节　芽孢杆菌属（*Bacillus*）

黑胸败血病菌（*Balillus* sp.）

家蚕黑胸败血病菌（*Bacillus* sp.）是属于芽孢杆菌科（Bacillaceae）、芽孢杆菌属（*Bacillus*）的一种大杆菌，感染家蚕后引起家蚕黑胸败血病。

[形态与染色] 该菌为一种大杆菌，菌体大小为 3μm×（1～1.5）μm，常两个或数个相连，两端钝圆，周生鞭毛，能运动，偏端芽孢。革兰染色阳性。

[培养特性] 在营养琼脂培养基上生成较厚的灰白色菌苔，大多数有褶皱。

[生化特性] 在明胶培养基上能液化明胶呈圆筒状。

[病原性] 创伤感染是黑胸败血病的主要传染途径，家蚕幼虫、蛹、蛾都有可能因感染该细菌而发生黑胸败血病，因感染时期不同而表现的症状也不一样，在 25℃常温下，一般感染后 24h 内死亡。病原菌通过伤口侵入蚕、蛹、蛾体后，仅在血液中生长繁殖，夺取血液中的养分，同时分泌蛋白酶和卵磷脂酶，破坏血细胞蛋白质并使脂肪分解，导致血液变性，病蚕死亡。濒死前一般不侵入其他组织，病死后，细菌即侵入各组织器官，使之离解液化，躯体腐烂、发臭。黑胸败血病蚕死后不久，首先在胸部背面或腹部 1～3 环节出现墨绿色尸斑，尸斑很快扩展变黑，最后全身腐烂，流出黑褐色的污液。

[抵抗力] 由于黑胸败血病菌能形成芽孢，所以该菌抵抗力较强。在养蚕常用的消毒药剂中，除石灰浆和季铵盐类等一些低效消毒剂外，漂白粉、福尔马林、氯化异氰尿酸类、二氧化氯等化学药剂及煮沸、湿热等物理消毒对黑胸败血病菌均有良好的消毒效果。

[生态学] 该菌广泛分布于水源、土壤、尘埃、桑叶、蚕座和蚕具上。高温下湿叶贮藏，桑叶发酵与腐败以及蚕沙潮湿时，如有病原细菌附着便迅速繁殖，成为败血病发生的重要传染源。

不同蚕龄，败血病的发病程度有所不同。稚蚕体小，腹足钩爪不甚发达，并有刚毛保护，败血病很少。第 5 龄及熟蚕期，特别是夏秋蚕期较多发本病。此时气温高，若喂饲湿叶往往会引起成批发病。因为在此期间自然界中细菌存在量一般很高，附着于桑叶的细菌也多，桑叶的污染要比春蚕期严重。此外，桑螟等桑园害虫排出的粪便中常存在着病原细菌，当桑叶潮湿时，细菌就在叶面上繁殖，往往使桑叶全部污染，细菌容易附着到蚕体上，增加感染机会。

蚕座过密，除沙、扩座、给桑、上蔟、采茧、削茧、鉴蛹、捉蛾等操作技术粗糙，都会增加蚕、蚕蛹和蚕蛾的创伤。在这种情况下，败血病明显增加。

[分离鉴定] 将濒死前后病蚕用有效氯 0.5%的漂白粉液进行体表消毒，再用灭菌水清洗，反复 2～3 次，用经火焰的剪刀剪去病蚕尾角或一只腹脚，滴一滴血液于培养皿内。然后，用接种环蘸取血液后直接在斜面营养琼脂培养基上划线，30～37℃培养约 24h，即可见到培养基上有纯粹的病原菌长出。如要鉴定菌种，还必须进行分类鉴定的各种试验。

苏芸金芽孢杆菌猝倒亚种（*Bacillus thuringiensis* subsp. *sotto* Ishiwata）

苏芸金芽孢杆菌猝倒亚种（*Bacillus thuringiensis* subsp. *sotto* Ishiwata）属芽孢杆菌科

(Bacillaceae)、芽孢杆菌属（*Bacillus*），简称猝倒杆菌。该菌感染家蚕后引起家蚕细菌性中毒病，又称猝倒病。

[形态与染色] 苏芸金杆菌有营养菌体、孢子囊及芽孢等几种形态，能产生α、β、γ-外毒素及δ-内毒素等多种毒素。

（1）*营养菌体*　营养菌体又称营养型细胞，杆状，端部圆形，大小为（2.2～4.0）μm×（1.0～1.3）μm，周生鞭毛，鞭毛有特异抗原性。以二裂法繁殖，往往多个菌体连成链状，革兰染色阳性。

（2）*孢子囊*　营养菌体生长到一定时间后，受营养或环境因素的影响，能形成孢子囊。此时，菌体先合成孢外酶（即γ-外毒素），分泌于菌体外，可能有助于菌体分解和吸收某些形成孢子囊所必需的物质。其后，在孢子囊的一端形成芽孢。同时，在另一端形成蛋白质结晶，叫伴孢晶体（即δ-内毒素）。不久，孢子囊溶解而将它们释放出来。

（3）*芽孢*　芽孢是菌体的休眠阶段，呈圆筒形或卵圆形，大小为1.5μm×1.0μm，有折光性，不易着色，能抵抗不良环境，在干燥、高温或低温冷冻条件下，能保持相当长时间的活力，遇到适宜条件时即会发芽成为营养菌体。

（4）*毒素*　苏芸金杆菌在其生长发育过程中能产生多种对昆虫有致病力的毒素，一类为内毒素，另一类为外毒素。

内毒素又称δ-内毒素、晶体毒素、伴孢晶体、苏芸金杆菌毒素蛋白或杀虫晶体蛋白（insecticidal crystal proteins，ICPs)。这是在芽孢形成的同时，在其营养菌体的另一端合成的一种或几种ICPs。伴孢晶体的形态多呈菱形，有时也有方形、六角形甚至不规则的颗粒状。晶体长度一般1～2μm，宽度0.5μm左右，通常1个孢子囊中只有1个晶体，有时亦有2个甚至多个晶体。伴孢晶体对酸稳定，但可在碱性家蚕消化液中溶解。对鳞翅目幼虫有强烈的毒性，添食于家蚕的致死中量为每克体重0.22～0.28μg，在6h内中毒死亡。对高等动物无毒。

外毒素是菌体在生长过程中分泌于细胞外的代谢产物。已发现的主要有以下几种：

α-外毒素：是一种可溶性酶类，即磷脂酶C。这种毒素能影响许多细胞，首先影响到磷脂膜，造成细胞的破裂或坏死，使昆虫肠道中的细菌易于进入体腔，从而破坏宿主昆虫的正常防御机制。磷脂酶作用的最适pH是6.6～7.4，与叶蜂消化道内的pH基本一致，因而对叶蜂有明显的致病作用。提纯后接种于家蚕不会引起中毒。

β-外毒素：*β*-外毒素亦称苏芸金素，又称热稳定外毒素，经120℃处理10min仍不会破坏。对直翅目、同翅目、鳞翅目、半翅目、膜翅目和双翅目等昆虫，数种螨类和线虫具有毒杀作用。其作用机制主要是抑制DNA的合成。注射于蚕体可引起中毒，添食时毒性较低，但会妨碍变态。

γ-外毒素：*γ*-外毒素是一种未经鉴定的酶类，能使卵黄磷脂澄清，说明可分解卵黄磷脂，其毒力尚未证实，但对蚕无毒。

不稳定外毒素：对叶蜂科幼虫有毒性。毒性物质很不稳定，对空气、阳光、氧、高温（60℃以上经10～15min）敏感而易遭到破坏，所以叫不稳定外毒素。

水溶性毒素：对家蚕具毒性，其症状与食下δ-内毒素中毒相似。

鼠因子外毒素：不耐热，具有蛋白质性质，对小鼠和几种鳞翅目昆虫有较强的毒性。

[培养特性] 在牛肉膏蛋白胨培养基上生长良好，在平面培养基上形成圆形菌落，边缘整齐，乳白色，有光泽。

[生化特性] 能利用葡萄糖、海藻糖等作为碳源，并能产酸；能使牛乳凝固及明胶分解；具*γ*-外毒素使卵黄琼脂培养基液化。最适生长温度28～32℃。

[病原性] 本病是由猝倒菌及其毒素通过污染桑叶，蚕经口食下而引起。猝倒菌及*δ*-内毒素进入消化管后，由于消化液中蛋白分解酶的作用，使晶体蛋白分解成分子量为1 000～70 000的片段后，即显示毒性。当蚕食下细菌毒素后，*δ*-内毒素作用于中肠上皮细胞，会引起兴奋、麻痹、松弛、崩坏等一系列组织病变。先始于中肠的前端，迅速向后发展。由于肠壁的肌肉中毒麻痹，蠕动减弱，食片被围食

膜包裹成团状，此时可以触到硬块。

δ-内毒素引起蚕体生理病变主要是：当δ-内毒素通过中肠上皮细胞时，能与细胞色素C氧化酶及3-磷酸甘油酯脱氢酶等呼吸酶形成复合物，使酶活性受到抑制，因而造成局部缺氧的现象。

毒素能进一步破坏中肠上皮细胞的透明性。用^{14}C-葡萄糖及^{14}C-碳酸钠分别与伴孢晶体混合给第5龄蚕添食，发现中毒的蚕吸收到体液中的葡萄糖较正常蚕大为减少；反之渗到体液中碳酸根离子却较正常蚕大为增加。说明上皮细胞中毒时渗透性受到破坏而出现的异常现象。另一方面，毒素也妨碍体液中的钾离子向消化腔内渗透，结果使消化液的pH下降，而体液的pH一度上升到7.8～8.0。这可能是导致蚕致死的原因之一。

伴孢晶体中某些特异的酶能使上皮细胞之间的透明质酸溶解，导致细胞彼此松弛分开，甚至与基底膜脱离。从中毒蚕的中肠横切面中可观察到圆筒形细胞边缘不整，内部出现空泡，杯形细胞的核偏于一侧，分泌消化液的机能消失。最后，细胞液化崩坏而脱落到肠腔中，随粪排出。

此外，δ-内毒素还作用于神经系统，妨碍神经的传导作用，引起全身麻痹而死亡。

［抵抗力］ 苏芸金杆菌芽孢具有较强的抵抗力，在实验室紫外线照射下，19min可杀死99%以上，但在自然条件下或泥土中可存活3年。伴孢晶体在阳光下经19d才失活，100℃干热时经40min才失活，2%甲醛溶液25℃、1%有效氯漂白粉液20℃分别经过40min和30min才使其失活。

［生态学］ 本病是由猝倒杆菌及其毒素通过污染桑叶，蚕经口食下而引起。而高温多湿的条件，有利于病原细菌的传播和蔓延。

猝倒杆菌是兼性寄生菌，主要传染来源有：桑园害虫，如桑尺蠖、桑毛虫、桑螟等均会感染猝倒杆菌，其排泄物及尸体可能污染桑叶而传染于蚕；蚕沙处理不当或水源不洁也会传染；得本病的蚕尸体及排泄物，散落在蚕室、蚕具及地面上，引起感染；与蚕区相邻的棉田或稻田施用细菌农药时，如污染桑园会直接引起本病。

病蚕排泄物及尸体流出的污液是蚕座传染的主要来源。一般病蚕刚排出的蚕粪中毒素很少，因此致病力弱。但在潮湿的蚕座上经一定时间（约24h）后，由于猝倒菌在蚕粪中大量形成芽孢及毒素，则致病力大大增加。

［分离与鉴定］ 取病蚕消化道内容物，采用混合稀释分离法进行病原菌的分离。鉴定时，将供试菌制成临时玻片标本，镜检可观察到大量大型杆菌及芽孢，但必须检到伴孢晶体才能确诊是苏芸金芽孢杆菌。遇病蚕急性中毒在短时间内死亡，不易检到芽孢及晶体时，可将病蚕尸体放置一定时间后再进行观察。检查方法是：将临时标本涂片后做热固定，用1%结晶紫或石炭酸复红染色，在油镜下可看到营养菌体染色较深，而芽孢及伴孢晶体则不易着色，可资鉴别。如要鉴定是否猝倒亚种，还必须采用血清学等方法。

第二节 沙雷氏菌属（*Serratia*）

黏质沙雷氏菌（*Serratia marcescens*）

黏质沙雷氏菌（*Serratia marcescens*）是属于肠杆菌科（Enterobacteriaceae）、沙雷氏菌属（*Serratia*）的一种短杆菌，蚕业上俗称灵菌。该菌感染家蚕后引起家蚕灵菌败血病。

［形态与染色］ 该菌革兰染色阴性，大小为（0.6～1.0）μm×0.5μm，周生鞭毛，能运动，不形成芽孢。

［培养特性］ 沙雷氏菌能在很广的pH范围内生长发育，在琼脂培养基上发育成厚而半透明的湿润菌苔，并产生玫瑰色灵菌素。

［生化特性］ 该菌为兼性厌氧菌，生长无特殊营养要求，最低生长温度为6～8℃，最高为42℃，最适为25～37℃，致死温度60℃，时间为15min。在明胶培养基上能迅速液化明胶，产生红色素，能在很广的pH范围内生长。

[**病原性**] 家蚕幼虫、蛹、蛾都有可能因感染细菌而发生灵菌败血病。致病菌侵入蚕、蛹、蛾后，在血液中大量繁殖，随血液循环遍布全身，濒死前一般不侵入其他组织。在此过程中也受颗粒细胞的吞噬和血淋巴中抗菌物质的抑制。由于细菌大量繁殖，夺取血液中的养分，脂肪、蛋白质被分解，糖类被发酵，导致血液混浊、变性，病蚕死亡。病死后，细菌即侵入各组织器官，使之离解液化，躯体腐烂、发臭。沙雷氏菌（灵菌）败血病蚕尸体变色较慢，有时在体壁上出现小圆斑，随着尸体组织的离解液化而渐变成红色，这是由于灵菌分泌红色的含有吡咯环的灵菌素（prodigiosin）的结果（Dauenhauer，1984），最后流出红色污液。

[**抵抗力**] 养蚕常用的消毒药剂如漂白粉、福尔马林、氯化异氰尿酸类、二氧化氯等化学药剂，以及煮沸、湿热等物理消毒对黏质沙雷氏菌均有良好的杀灭作用。

[**生态学**] 该菌广泛分布于水源、土壤、尘埃、桑叶、蚕座和蚕具上。高温下湿叶贮藏，桑叶发酵与腐败以及蚕沙潮湿时，如有病原菌附着便迅速繁殖，成为该病发生的重要传染源。另外，该菌除感染家蚕外，还可感染棉铃虫、地老虎、菜青虫、黏虫等。

[**分离与鉴定**] 按照黑胸败血病菌所述的方法进行病原菌的分离。如要鉴定菌种，还必须进行细菌学分类鉴定的各种试验。

第三节　气单胞菌属（*Aeromonas*）

青头败血病菌（*Aeromonas* sp.）

青头败血病菌（*Aeromonas* sp.）属弧菌科、气单胞菌属（*Aeromonas*）的一种小杆菌，该菌感染家蚕后引起家蚕青头败血病。

[**形态与染色**] 该菌单个存在，菌体长（1～1.5）μm×（0.5～0.7）μm，两端钝圆，极生单鞭毛，不形成芽孢，革兰染色阴性。

[**培养特性**] 青头败血病菌在肉汁琼脂培养基上，形成黏滑菌苔，半透明，略带乳白色。

[**生化特性**] 该菌为兼性厌氧菌，生长的 pH 值范围为 5.5～9.2，最适 pH 为 7～7.2。最低生长温度 8℃，最高 42℃，最适 25～27℃，致死温度为 60℃，时间 15min。

[**病原性**] 家蚕幼虫、蛹、蛾都有可能因感染青头败血病菌而发生青头败血病。蚕死后不久，胸部背面常出现绿色尸斑，由于该病菌繁殖时能产生气体，所以在尸斑下出现气泡，俗称泡泡蚕，但并不变黑；又由于病菌使脂肪体离解，脂肪球混于体液中而使体液变成混浊呈灰白色，最后尸体流出污液、有恶臭。

[**抵抗力**] 养蚕常用的消毒药剂如漂白粉、福尔马林、氯化异氰尿酸类、二氧化氯等化学药剂，以及煮沸、湿热等物理消毒对青头败血病菌均有良好的消毒效果。

[**生态学**] 该菌广泛分布于水源、土壤、尘埃、桑叶、蚕座和蚕具上。高温下湿叶贮藏，桑叶发酵与腐败以及蚕沙潮湿时，如有病原细菌附着便迅速繁殖，成为该病发生的重要传染源。

[**分离与鉴定**] 按照黑胸败血病菌所述的方法进行病原菌的分离。如要鉴定菌种，还必须进行细菌学分类鉴定的各种试验。

第四节　肠球菌属（*Enterococcus*）

肠球菌是引起细菌性肠道病的病原细菌。至今发现对家蚕有致病性的肠球菌科（Enterococcaceae）、肠球菌属（*Enterococcus*）细菌有粪肠球菌（*Enterococcus faecalis*）、屎肠球菌（*Enterococcus faecium*）以及两者的中间型（Lysenko，1958；Kodama & Nakasuji，1968；Nagae，1974）。早期的细菌学分类将它们归属于链球菌属（*Streptococcus*）的 D 群，1994 年的《伯杰细菌学分类手册》（Holt，等，1994）将其归属于肠球菌。

肠球菌感染家蚕引起细菌性肠道病，也称细菌性软化病或细菌性胃肠病，俗称空头病或起缩病。该病的发生较为常见，尤其是在蚕种生产或人工饲料育蚕中发生较多，但一般情况下都是零星发生，对生产不会造成严重危害。生产中大面积发生该病的情况，往往是一些技术措施的失当引起的。如食下含氟量高的桑叶、蚕种体质虚弱、桑叶贮存不善，甚至叶面发腻等，都将严重影响饲养群体的体质减弱或抵抗性下降。

[形态与染色] 粪肠球菌和屎肠球菌的菌体为球形，大小为0.7～0.9μm，革兰染色阳性，属兼性厌氧菌；多数菌种为γ（非）溶血性，但也有α和β溶血性的菌株，在厌氧条件下α和β溶血性表现较为明显；虽然未发现运动器官，但具有运动性。

[培养特性] 在肉汁培养液中常多个相连或成链状和双球状，在蚕的消化管常2～3个相连。

[生化特性] 能在碱性溶液中生长，在繁殖的同时分泌大量有机酸。

[病原性] 细菌性肠道病的发生是消化道中细菌大量繁殖而引起的。当饲育环境条件恶化等原因导致蚕体质虚弱时，造成能抑制肠球菌的蛋白质活性降低，抑菌能力下降，而产酸性的抗碱性肠球菌细菌大量增殖，结果消化液pH下降，细菌总量超过10^7个/mL，引起细菌性肠道病。蚕发病时，一般表现为食桑缓慢，举动不活泼，体躯瘦小，蚕体软弱，发育不齐，排不整形粪或软粪、稀粪以至污液。病初期消化液中的蛋白酶、淀粉酶等酶类活性减弱，消化机能减退。随着病情的加重，消化液从透明的黄绿色逐渐变为混浊的黄褐色。pH亦下降，从9.2～9.8降到8.4以下。抑菌能力减退。病蚕血液的pH上升，逐渐接近中性。病重时消化管的围食膜局部增厚、变脆或溶化。消化管壁上皮细胞退化或溃疡，管内充满黏液，消化管肌失去伸张力，管腔狭窄，进而上皮细胞脱落。

[抵抗力] 养蚕常用的消毒药剂如漂白粉、福尔马林、氯化异氰尿酸类、二氧化氯等化学药剂，以及煮沸、湿热等物理消毒对肠球菌均有良好的消毒效果。

[生态学] 肠球菌在自然界分布广泛，在土壤、溪流水、家庭废水、雨水、食品厂用水、娱乐和公共用水，植物的叶、芽和花，蔬菜、野生植物、昆虫、野生动物，以及温血动物中的猫、狗、牛、猪和羊等体内都存在。此外，病蚕的吐液和排泄物中含有细菌，污染的蚕室环境及养蚕用具等也可传染本病。

[分离与鉴定] 取病蚕消化道内容物进行病原菌的分离。如要鉴定菌种，还必须进行细菌学分类鉴定的各种试验。

第五节 家蚕病原性真菌

一、白僵菌属（*Beauveria*）

白僵菌属（*Beauveria*）的真菌属半知菌亚门（Deuteromycotina）、丝孢目（Hyphomycetales）、丛梗孢科（Moniliaceae）。寄生蚕体后引起蚕发病死亡，因病蚕尸体被覆白色或类白色的分生孢子粉被，故称白僵病。寄生家蚕的白僵菌主要是球孢白僵菌［*Beauveria bassiana*（Bals.）Vuill.］，其次是卵孢白僵菌［*Beauveria tenella*（Delacr.）Siem］。

1. 球孢白僵菌（*B. Bassiana*）

[生长发育周期与形态特征] 球孢白僵菌的生长发育周期有分生孢子、营养菌丝、气生菌丝3个主要阶段。分生孢子发芽后形成发芽管，侵入寄主而成为营养菌丝，在营养菌丝增殖过程中又能产生大量的芽生孢子和节孢子。寄主死亡后在尸体表面形成气生菌丝，由气生菌丝分化成为分生孢子梗和小梗，最后形成新的分生孢子，完成一个生长发育周期。

（1）分生孢子　球孢白僵菌的分生孢子为单细胞，表面光滑，无色。分生孢子多数球形或近球形，少数卵圆形，大小一般为（2.5～4.5）μm×（2.3～4.0）μm。根据球孢白僵菌菌株的不同，大量分生孢子集积时呈白色或淡黄色。分生孢子附着于蚕体体壁上，在适宜的温湿度条件下，首先吸水膨胀，体积比吸水前大 2～3 倍，分生孢子内的细胞核进行复二分裂，分裂核随孢子壁向外突出形成一根或数根发芽管，侵入蚕体。

（2）营养菌丝 芽管侵入蚕体后进一步生长伸长，芽管内的核继续分裂而成为多核细胞的菌丝，其宽度为 2.3～3.6μm，具有隔膜，能产生分枝。由于菌丝在蚕体内不断地吸收养分进行生长和分枝，故称营养菌丝。营养菌丝还能在顶端或两侧分化形成圆筒形或卵圆形的芽生孢子（曾称短菌丝或圆筒形孢子），以后缢束并脱离母菌丝游离于体液中。芽生孢子为单细胞，大小为（6～10）μm×（2.0～2.5）μm，可继续向一端突出伸长分裂形成圆筒形的节孢子（曾称第二孢子）。芽生孢子和节孢子均能自行吸收营养生长，形成新的营养菌丝。在蚕体内主要以营养菌丝-芽生孢子、节孢子-营养菌丝的形式进行循环增殖。

（3）气生菌丝 病蚕死后，蚕体内的营养菌丝即穿出体壁外形成气生菌丝，气生菌丝具有隔膜，能分枝生长，在尸体表面呈絮状或簇状生长蔓延。

球孢白僵菌的菌丝稍长，有的在条件适合时也呈束状。气生菌丝初为白色，至后期渐呈淡黄色，条件适宜时可很快形成分生孢子。

［培养特性］球孢白僵菌分生孢子的发芽和菌丝的生长要求有适宜的温湿度。其适温范围为 20～30℃，最适温度为 24～28℃，在 5℃以下或 33℃以上则不能发芽和生长，分生孢子的发芽湿度必须在相对湿度 75%以上，湿度越高，发芽率越高。球孢白僵菌分生孢子的形成也要求相对湿度 75%或更高的水平。

［生化特性］球孢白僵菌在孢子发芽和菌丝生长过程中，能分泌蛋白质酶、脂肪酶、几丁质酶、纤维素酶和淀粉酶等，以有利于孢子的发芽和菌丝的生长。当蛋白质酶、脂肪酶、几丁质酶共同作用于体壁时可溶化寄生部位，有利于芽管侵入体腔。通过这些酶的共同作用溶解寄生部位的体壁，并借助发芽管伸长的机械压力，穿过体壁进入体内寄生。球孢白僵菌除分泌各种酶外，还能分泌低分子量的毒素。目前已发现两种，即白僵菌素Ⅰ（beauvericin Ⅰ）和白僵菌素Ⅱ（bassianolide Ⅱ），属于环状多肽类相似物。白僵菌素Ⅰ对蚕的毒性较小，而白僵菌素Ⅱ对蚕的毒性大。

［病原性］球孢白僵病的传染途径主要是经蚕的体壁而引起的接触传染，其次是创伤传染。当白僵菌分生孢子附着在蚕的体壁上后，只要得到适宜的温湿度，经 6～8h 即开始膨大发芽。其发芽管能分泌蛋白酶、脂酶和几丁质酶，通过这些酶的共同作用溶解寄生部位的体壁，并借助发芽管伸长的机械压力，穿过体壁进入体内寄生。蚕体感染白僵病后，在感染初期，外观与健康蚕无异。病程进展到一定程度，蚕体就出现油渍状病斑或褐色病斑。病斑的出现部位不定，形状不规则。病斑的出现由于病菌侵入引起几丁质外皮变性所致。当感染菌量少时，病斑的出现也随之减少乃至完全不显现。病斑出现后不久，病蚕食欲急剧丧失，有的还伴有下痢和吐液现象，很快死亡。

初死时，尸体头胸向前伸出，体躯松弛，可以任意绕折，尔后随体内寄生菌的发育而逐渐硬化。经 1～2d，从气门、口器及节间膜等处首先长出菌丝，并逐渐增多，不久，除头部外，全身被菌丝和白色分生孢子所覆盖。

第 5 龄后期感染，常在营茧后死去，所结的茧又干又轻。茧内的病死幼虫或蛹体收缩干瘪，往往仅在皱褶的节间膜处长出菌丝和分生孢子，其数量也远远不及结茧前幼虫尸体上那样多。化蛹后感染白僵病有的到化蛾后死亡。这种病蛾，尸体扁瘪干脆，翅足很易折落。

蚕体感染白僵病后，经 3～7d 死亡。稚蚕快，壮蚕慢；同一龄中，起蚕感染快，盛食蚕感染慢。

［抵抗力］球孢白僵菌分生孢子的自然生存力，常温下在室外无直射阳光处或稍潮湿的泥土中能生存 5～12 个月，在虫体上可存活 6～12 个月，在培养基上可存活 1～2 年。放置在 10℃以下可生存 3 年，但在 30℃条件下孢子的萌发力仅能保持 100d 左右，若放置在 50℃以上，短时间内即可引起白僵菌分生孢子的热致死。湿度在 75%以上有利于孢子的发芽，但长时间处于多湿状态则不利于孢子的存活。

［生态学］患病昆虫的粪便、尸体会形成大量的分生孢子，通过污染桑叶，随桑叶而带入蚕室，成为蚕发生僵病的传染来源。球孢白僵菌的寄主范围极为广泛，有鳞翅目、鞘翅目、同翅目、膜翅目、直

翅目和蜱螨类等。在晚秋蚕期，由于气候环境适宜于真菌的生长，桑园内染病的昆虫又比较多，因此容易发生僵病。

白僵菌是农林业害虫的重要病原菌。目前，中国广泛应用以白僵菌制剂作为生物防治，因此给养蚕生产带来一定的影响。

［分离与鉴定］将濒死前后病蚕用有效氯0.5%的漂白粉液进行体表消毒，再用灭菌水清洗，反复2～3次，用经火焰的剪刀剪去病蚕尾角或一只腹脚，滴一滴血液于培养皿内。然后，用接种环蘸取血液后直接在真菌培养基上划线，25℃培养约3～4d，即可分离到纯粹的病原真菌。如要鉴定菌种，还必须进行分类鉴定的各种试验。

2. 卵孢白僵菌（*B. tenella*）

［生长发育周期与形态特征］卵孢白僵菌的生长发育周期有分生孢子、营养菌丝、气生菌丝3个主要阶段。分生孢子发芽后形成发芽管，侵入寄主而成为营养菌丝，在营养菌丝增殖过程中又能产生大量的芽生孢子和节孢子。寄主死亡后在尸体表面形成气生菌丝，由气生菌丝分化成为分生孢子梗和小梗，最后形成新的分生孢子，完成一个生长发育周期。

（1）分生孢子　卵孢白僵菌的分生孢子为单细胞，表面光滑，无色。分生孢子大多数为卵圆形，个别近球形（约2%），大小为（2.8～4.2）μm×（2.4～2.8）μm，分生孢子集积呈淡黄色。分生孢子附着于蚕体体壁上，在适宜的温湿度条件下，首先吸水膨胀，体积比吸水前大2～3倍，分生孢子内的细胞核进行复二分裂，分裂核随孢子壁向外突出形成一根或数根发芽管，侵入蚕体。

（2）营养菌丝　芽管侵入蚕体后进一步生长伸长，芽管内的核继续分裂而成为多核细胞的菌丝，其宽度为2.3～3.6μm，具有隔膜，能产生分枝。由于菌丝在蚕体内不断地吸收养分进行生长和分枝，故称营养菌丝。营养菌丝还能在顶端或两侧分化形成圆筒形或卵圆形的芽生孢子（曾称短菌丝或圆筒形孢子），以后缢束并脱离母菌丝游离于体液中。芽生孢子为单细胞，大小为6～10μm×2.0～2.5μm，可继续向一端突出伸长分裂形成圆筒形的节孢子（曾称第二孢子）。芽生孢子和节孢子均能自行吸收营养生长，形成新的营养菌丝。在蚕体内主要以营养菌丝-芽生孢子、节孢子-营养菌丝的形式进行循环增殖。

（3）气生菌丝　病蚕死后，蚕体内的营养菌丝即穿出体壁外形成气生菌丝，气生菌丝具有隔膜，能分枝生长，在尸体表面呈絮状或簇状生长蔓延。

卵孢白僵菌的菌丝短而纤细，很少成簇生长，基部略粗，上部对生或轮生小梗，先端也变细成小梗，在小梗上着生分生孢子。

［培养特性］卵孢白僵菌分生孢子的发芽和菌丝的生长要求有适宜的温湿度。其适温范围为20～30℃，最适温度为23℃，在5℃以下或33℃以上则不能发芽和生长，分生孢子的发芽湿度必须在相对湿度75%以上，湿度越高，发芽率越高。卵孢白僵菌分生孢子的形成也要求相对湿度75%或更高的水平。

［生化特性］卵孢白僵菌在孢子发芽和菌丝生长过程中，也能分泌蛋白质分解酶、脂肪分解酶、几丁质酶、纤维素酶和淀粉酶等，以有利于孢子的发芽和菌丝的生长。当蛋白质分解酶、脂肪分解酶、几丁质酶共同作用于体壁时可溶化寄生部位，有利于芽管侵入体腔。通过这些酶的共同作用溶解寄生部位的体壁，并借助发芽管伸长的机械压力，穿过体壁进入体内寄生。卵孢白僵菌除分泌各种酶外，也能分泌白僵菌素Ⅰ和白僵菌素Ⅱ。

［病原性］卵孢白僵菌与球孢白僵菌一样，也能感染寄生家蚕的幼虫、蛹和成虫，其致病过程及病变也与球孢白僵菌相似。

［抵抗力］在自然状态、常温下或稍潮湿的泥土中和培养基上等，卵孢白僵菌与球孢白僵菌的生存能力相似；而在35℃下与球孢白僵菌相比较，卵孢白僵菌分生孢子的生存能力更弱。

［生态学］卵孢白僵菌仅寄生地下害虫，如金龟子幼虫等。

［分离鉴定］参照球孢白僵菌的方法进行分离。如要鉴定菌种，还必须进行分类鉴定的各种试验。

二、野村菌属（*Nomuraea*）

莱氏野村菌（*Nomuraea rileyi*）

莱氏野村菌［*Nomuraea releyi*（Farlow）Samson］属半知菌亚门（Deuteromycotina）、丝孢纲（Hyphomycetes）、丝孢目（Hyphomycetales）、野村菌属（*Nomuraea*）。该菌感染蚕体后，因病蚕尸体僵化后体表面覆盖绿色孢子粉被，故称绿僵病。本菌在野外昆虫中分布很广，如遇低温多湿天气，常造成野外昆虫绿僵病的流行，并危及养蚕生产，造成大面积的损失。

［生长发育周期与形态特征］ 莱氏野村菌和白僵菌一样，其生长发育阶段也有分生孢子、营养菌丝及气生菌丝等3个发育阶段。

（1）分生孢子　呈卵圆形，一端稍尖，一端略钝。大小为（3.0～4.0）μm×（2.5～3.0）μm，表面光滑，淡绿色，大量孢子堆集时呈鲜绿色。

（2）营养菌丝　丝状，细长，宽度2.5～3.4μm。有隔膜，无色。营养菌丝在蚕血液中形成大量芽生孢子及节孢子。芽生孢子呈圆筒状或豆荚状，具数个隔膜，长8～14μm，宽约4μm。

（3）气生菌丝　营养菌丝穿过蚕体表皮长出气生菌丝并形成分生孢子梗。分生孢子梗上轮生数个到数十个瓢形小梗，小梗双列或单列，每个小梗顶端串生一个到数个分生孢子。

［培养特性］ 莱氏野村菌发芽、生长发育及分生孢子形成的最适温度为22～24℃，在28℃以上便不能形成分生孢子。分生孢子在pH4.7～10的环境中能生长，当pH5～6时菌丝的生长和产孢最好。

［生化特性］ 生长需要丰富的有机氮源，在无机氮源培养基上生长不良，培养困难。脂类物质对分生孢子的形成和萌发具有促进作用。

［病原性］ 寄生野外昆虫的莱氏野村菌分生孢子被带进蚕室后，通过经皮接触而使蚕发病。在适宜的温湿度下，分生孢子发芽经皮侵入蚕体的经过时间，第2龄起蚕为16～24h，第4龄起蚕为24～40h。侵入蚕体后，营养菌丝先在真皮细胞内增殖，约经1周，形成芽生孢子进入体液内。芽生孢子进入体液后不断生长增殖，数量大大增加，与此同时，蚕的真皮细胞、脂肪组织及肌肉的一部分也被寄生破坏。本病在前期因芽生孢子形成缓慢，故发病经过长。蚕感染后至发病死亡，前期和中期无明显病症，直至后期方见食欲减退，发育明显迟缓，逐渐在体壁上形成少数黑褐色圆形或云纹状病斑。病斑大小不一，多数边缘色深，中间色淡，呈环状。病斑形成后，经1～2d停止食桑，不久死去。初死时，蚕体伸直较软，略有弹性，体色乳白，逐渐硬化。死后经2～3d，在节间膜及气门处首先长出白色气生菌丝，逐渐扩展布满全身。随后长出绿色分生孢子，全身变成鲜绿色的僵硬状态。

［抵抗力］ 病蚕尸体上的分生孢子在室温下可生存10个月，低温下更长。游离的分生孢子在20℃时生存95d以上，在5℃时达150d以上。该菌的分生孢子对理化因素的抵抗性较弱，对紫外线的耐受力远比白僵菌弱。

［生态学］ 莱氏野村菌能寄生夜蛾、稻螟及桑螟虫等30多种鳞翅目害虫，寄生野外昆虫的莱氏野村菌的分生孢子被带进蚕室后即可引起蚕的绿僵病。

［分离与鉴定］ 参照球孢白僵菌的方法进行分离。如要鉴定菌种，还必须进行分类鉴定的各种试验。

三、曲霉属（*Aspergillus*）

曲霉病是由广泛存在于自然界的曲霉属菌寄生引起的，对稚蚕期的危害较壮蚕期大。

曲霉菌属半知菌类（Fungi imperfecti）、丛梗孢目（Moniliales）、丛梗孢科（Moniliaceae）、曲霉属菌（*Aspergillus*）。已知对蚕有致病性的菌种有10多种，如黄曲霉（*A. flavus*）、寄生曲霉（*A. parasiticus*）、棕曲霉（*A. ochraceus*）、溜曲霉（*A. tamarii*）、酱油曲霉（*A. sojac*）和米曲霉（*A. oryzae*）等，都能寄生危害家蚕。其中以黄曲霉和米曲霉寄生引起的曲霉病较为常见。

[生长发育周期及形态特征] 曲霉菌的性状因菌种不同而有差异。它们的发育和形态很相似。曲霉菌的分生孢子呈球形或卵圆形，表面光滑或粗糙，大小约 3～7μm。本病菌的分生孢子附着蚕体，发芽时芽管可穿透外表皮，主要在体壁的真皮细胞层或皮下组织寄生，发育形成营养菌丝。有些菌种可能形成菌核。营养菌丝具隔膜，分枝多，无色或微黄色，但不产生芽生孢子。在病蚕尸体上长出白色绒毛状气生菌丝，并在厚壁而膨大的菌丝上生出直立的分生孢子梗，分生孢子梗顶端膨大呈球形或卵圆形，称顶囊，顶囊上放射状（或辐射状）生出 1～2 列棍棒状小梗。小梗顶部形成串状的分生孢子，完成一个生活周期。分生孢子初时呈浅黄色，逐渐加深，终呈固有色如黄绿色、深绿色、黄褐色、褐色或棕色等，因菌种不同而有差别。

[培养特性] 曲霉菌的发育适温较白僵菌高，发育的可能温度范围为 15～45℃，最适温度为 30～35℃。最适湿度 100％，湿度达到 80％以上，即可很好发芽发育。

[生化特性] 曲霉菌的有些菌株在生长过程中能分泌黄曲霉毒素，目前已经确定出结构的黄曲霉毒素有 17 种之多，从化学结构上看彼此十分相似，都是属于二氢呋喃环的衍生物。其中毒性最大的一种是黄曲霉毒素 B_1（$C_{17}H_{12}O_6$），在紫外线照射下发蓝色荧光。据报道，黄曲霉毒素 B_1 等对人和高等动物有致癌作用。对蚕有毒性，在人工饲料中混入 1.5mg/kg 黄曲霉毒素 B_1 喂养 4 龄蚕，经 3d 后发育停滞，5d 死去一半，6d 后全部死亡。

[病原性] 本病的传染途径主要是接触传染。稚蚕期尤其是第 1～2 龄，因蚕的体壁多皱，刚毛密度大，易附着分生孢子，加上体壁薄，饲育温湿度高，故易引起接触传染。壮蚕期，由于体壁增厚，饲养温湿度也比稚蚕期低，接触传染的发病率大大下降。一般来讲，如果以蚁蚕接触传染率为 100，第 2 龄起蚕为 80，第 3 龄起蚕为 30，第 4 龄起蚕为 20，第 5 龄起蚕为 7.5，熟蚕为 30。但由于除沙等操作对蚕体造成创伤的机会增多，故创伤传染的发病机会增多。曲霉菌的生长发育周期与白僵菌不同的是，在其营养菌丝阶段不产生芽生孢子，因此，病菌不能随着体液的流动而分布到全身，只在侵入部位寄生繁殖。壮蚕感染时，黑褐色病斑出现在曲霉菌侵入之处，用手触可感觉到有一硬块。病蚕死后，无曲霉菌侵入部位会软化腐烂。

曲霉菌在蚕体内繁殖过程中，除了不断消耗蚕体的养分和水分外，也能分泌多种毒素。此类毒素属二氢呋喃环的衍生物，有多种异构体，其中对蚕毒性较大的一种为黄曲霉毒素 B_1，具有蓝色荧光。

发病在第 1～2 龄发生较多，其症状不明显。发病时只见食桑不良，经过稍不齐，这种情况出现后的第 2 天就可见到很多死蚕。尸体稍带黄色，体躯局部出现缢束，约经 1 个晚上，尸体表面就长出黄绿色或棕色的曲霉菌集落，逐渐覆盖全身。第 1 龄感染，常在第 1 眠中至第 2 龄起蚕，一批接一批地发病死亡，多数呈半脱皮蚕或不脱皮蚕。

第 3 龄以后由于蚕的抵抗力明显增强，发病较少，大多数是零星发生，且病势也减缓。被感染的蚕，往往在肛门部呈现不整形黑褐色大病斑，一般都伴有吐液现象，有的引起脱肛、粪结、不脱皮或起缩等症状。死后在其病斑部位手触有一硬块，以后硬化部位稍稍向四周扩大，并长出气生菌丝和分生孢子，其他部位则软化发黑腐烂。第 4、5 龄感染发病，病势稍趋缓慢，病程 4～5d。

上蔟时感染的病蚕，大多死于茧中，有的还能化蛹。蛹期发病后，体色灰暗，体壁上出现黑褐色病斑。尸体干瘪、缩小、僵硬，常在节间膜和气门处生出气生菌丝和分生孢子。温湿度高时病菌还可侵入茧层，变成霉茧。

蚕种保护和催青过程中，如遇高温多湿，蚕卵表面也易受曲霉菌寄生，造成胚胎窒息而死，变成霉死卵。

[抵抗力] 曲霉菌的自然生存力是家蚕真菌病病原中最强的一种。其分生孢子在自然环境中一般可维持 1 年以上，低温 10℃以下可生存 5 年。近年来已发现有些菌株对甲醛有较强的抵抗力，这种抗药性菌株是由于长期接触甲醛，菌体内对甲醛的脱氢氧化酶活性不断增强而形成的。因此，用福尔马林消毒液对曲霉菌消毒往往难以彻底，必须加倍注意。

[生态学] 曲霉菌广泛存在于自然界，其腐生性十分强，常出现在粮食类、油料类、肉类、饲料等

有机物上，包括在蚕粪、残桑和稻草上均能旺盛生长繁殖。新鲜的竹、木制蚕具，往往有曲霉菌滋生繁殖，所以本菌的传染源十分广泛。

［**分离与鉴定**］在尸体病斑部位有白色絮状菌丝以及黄绿色、深绿色或褐色的分生孢子，取病斑部体壁可分离到菌丝体或分生孢子。如要鉴定菌种，还必须进行分类鉴定的各种试验。

沈中元 编
丛明善 审

第二十一章　蜂的病原性细菌

第一节　芽孢杆菌属（*Bacillus*）

幼虫芽孢杆菌（*Bacillus larvae* ）

1903年White分离到一种蜜蜂幼虫病病原——幼虫芽孢杆菌（*Bacillus larvae*，*Paenibacillus larvae* subsp. *larvae*），该病由于是在美国纽约州研究的，因此称为“美洲幼虫腐臭病（American foul-brood，AFB）”。

［形态与染色］该菌呈细长的杆状，末端钝平，长2.0～5.0μm，宽0.5～0.8μm；单生或链状；培养数天后，能产生芽孢，芽孢呈椭圆形，较小，大小为（0.6～0.7）μm×（1.3～1.8）μm；其芽孢的特点是被7层结构包围，而一般细菌的芽孢外面只有4～5层结构包围。能运动，周生鞭毛，革兰染色阳性。

［培养特性］该菌在普通细菌培养基上不能萌发，也不能形成芽孢，需在含有硫胺素（维生素B_1）和一些氨基酸的培养基上才能生长。为培养该菌，已经配制了多种专用的培养基：①酵母—葡萄糖培养基，对培养基的特殊要求也可作为鉴定的一种依据。②胡萝卜酵母琼脂培养基。③马铃薯培养基。上述培养基可以是液体、固体（2%琼脂）或者半固体（0.3%琼脂）。该菌生长缓慢，在37℃恒温培养数日（通常多于3d）后芽孢萌发，在培养基表面下5～10mm处生长，以后逐渐扩展到表面，长出圆形、表面凸起、边缘不光滑、苍白色的菌落，菌落有迁移性。若继续培养，可长成边缘不整齐、游走型的灰白色的菌落。

［生化特性］该菌具有至少4种基因型，每种基因型的菌株具有的生化特性不同，此处主要叙述该菌参照菌株DSM 7030/ATCC 9545的生化特性，该菌株能凝固牛乳，还原硝酸盐，过氧化氢酶试验通常为负反应。能利用N-乙酰葡萄糖胺、海藻糖、甘油和去氧胸苷作为碳源，而不能利用果糖、甘露糖、3-甲基-D-葡萄糖、L-丙氨酸。

［病原性］到目前为止，该菌已知的宿主仅是蜜蜂幼虫。该病害的流行是由幼虫芽孢杆菌的芽孢引起的，而不是它的营养体。原因可能是蜜蜂幼虫的食物具有一定的杀菌作用，比如花粉和蜂王浆中的一些脂肪酸和抗菌肽物质，它们对幼虫芽孢杆菌的营养体有抑制和杀灭的作用。

芽孢被蜜蜂幼虫取食后，在其中肠萌发，之后穿过小肠组织，开始快速繁殖，最后杀死蜜蜂幼虫。对芽孢的萌发来说，日龄越小的幼虫其萌发条件越好，但对营养生长来说，则是老熟幼虫最适宜。这是因为芽孢的萌发需要一个低氧压的环境，而生长、繁殖及产生芽孢则需要高氧压的环境，所以不同虫龄的蜜蜂幼虫对该菌的敏感性差异非常大，1日龄的幼虫对其高度敏感，通常只要不足10个芽孢就能使之患病；但是侵染2日龄以上的幼虫，则需要数百个芽孢。成虫蜜蜂对该菌有抵抗作用，原因是它们的中肠能产生一些可以抑制该菌生长和芽孢萌发的物质。

被感染的幼虫平均在孵化后12.5d表现出症状，首先体色明显变化，从正常的珍珠白变成黄、淡褐色、褐色甚至黑褐色，同时虫体不断失水干瘪，最后成紧贴于巢房壁的、黑褐色的、难以清除的鳞片状物。

［抵抗力］该菌的芽孢具有7层结构包围，这种特殊的构造使得其芽孢具有特别强的生命力，

在曾经暴发美幼病的养蜂主产区普遍存在，而且它对热、化学消毒剂等都具有极强的抵抗力，在热、干燥等恶劣环境下至少能存活 35 年以上。在沸水中能存活 13min，在福尔马林溶液中也能存活 6h。

［**分离与鉴定**］从患美幼病的虫尸中能分离到该菌。Alippi 在 1995 年发明的一种半选择性培养基，由于该菌的生长比较特殊，它可以在加了萘啶酮酸和砒哌酸的培养基上生长，而其他大多数细菌则不能。虽然这种方法相对比较简便，但是却不可避免地存在一定的假阳性现象。在此基础上，在 1999 年，Govan V A 等报道可以使用 PCR 技术来分辨培养时出现的真假阳性，从而增加了上述方法的可信度。

除了从发病症状鉴定该菌外，1957 年，Michael 提出的细菌涂片技术，容易区别幼虫芽孢杆菌和其他性状相似的细菌。取病虫尸加少量无菌水混合制成悬液，取 1 滴悬液涂在盖玻片上，干燥、固定后用石炭酸复红染色 30s，用水冲洗除去浮色，当涂片还有些潮湿时，将涂片翻转向下盖在另一片预先滴上香柏油的载玻片上，置于油镜下观察。在视野中，可以看到芽孢在香柏油包围的小水泡内做布朗运动，蜜蜂细菌病的其他芽孢杆菌的芽孢是不运动的。另外，孔雀石绿染色法可使芽孢呈绿色，菌体呈红色。用石炭酸复红染色和吕氏美蓝染色法可使菌体为蓝色，芽孢为红色。

1999 年，Stahly 证实该菌的几乎所有株系都对噬菌体 PPLlc 敏感，而其他细菌对 PPLlc 有抗性，即可根据噬菌斑的出现进行鉴定。2001 年至今，多人报道了以 PCR 技术鉴定该菌；不同基因型的细菌株系所导致的美洲幼虫腐臭病的流行情况略有不同；可以通过 PCR 技术和 16S rRNA 的编码基因的限制性酶切片段多态性鉴定不同基因型，Alippi 等设计了 PCR 反应引物 KAT1：5′- ACAAACACTG-GACCCGATCTAC - 3′和 KAT2：5′- CCGCCTTCTTCATATCTCCC - 3′，可以扩增到 565bp 的片段。

［**免疫性**］将培养、纯化的该菌液注射兔子，采集活性抗血清，用荧光染料染色，将它与细菌涂片混合，使其反应。然后将多余抗血清洗去，在荧光显微镜下观察，该菌在暗视野下显示明亮的荧光质体。将该菌培养物注射蜜蜂，能得到一种特别高水平的抵抗病原的抗菌物质。从而引起人们对蜜蜂疾病生物防治的关注。

蜂房芽孢杆菌（*Paenibacillus alvei*）

该菌（*Paenibacillus alvei*，*Bacillus alvei*）是最早被鉴定的芽孢杆菌之一，广泛存在于土壤、感染蜜蜂欧洲幼虫腐臭病（EFB）的蜜蜂幼虫和蜂巢中；该菌是欧洲幼虫腐臭病病原的次生菌。

［**形态与染色**］该菌呈杆状，长 2.0～5.0μm，宽 0.5～0.8μm；能形成芽孢，芽孢呈椭圆形，大小为(0.8～1.8) μm×2.2μm，中生，亚端生或者端生；芽孢两端具有典型的纺锤形细胞残留物，芽孢链状并排排列。具周生鞭毛，能运动；革兰染色为可变性（通常为阳性）；该菌的某些菌株可以形成形状和大小各异的伴胞晶体。

［**培养特性**］该菌在营养琼脂培养基上能很好生长，菌落呈现运动特性，并伴有酸味。能厌氧生长。在酵母琼脂培养基上，形成边缘整齐，具有光泽的中等菌落，菌落直径为 1～3mm。

［**生化特性**］该菌的过氧化氢酶试验阳性，能分解葡萄糖产酸，但不产气。不分解树胶醛糖、木糖和甘露醇；不利用柠檬酸盐，能水解酪蛋白、淀粉和液化明胶。还原硝酸盐不稳定，产生靛基质，不产生尿素酶，VP 试验阳性。

［**病原性**］蜂房蜜蜂球菌、蜂房芽孢杆菌、腐败菌等细菌综合作用引起欧幼病，其中蜂房蜜蜂球菌为主要致病菌，蜂房芽孢杆菌为该病的次生菌。该菌为机会致病菌，偶尔可感染人患病。人感染该菌后，产生疼痛并伴有发热症状，并曾从患脑膜炎病人体内分离到。

［**分离与鉴定**］该菌可从土壤和患欧幼病的蜜蜂体内分离到，偶尔能在患脑膜炎病人的血液中分离到。通过生化特性进行鉴定，也可染色后，根据芽孢两端具有典型的纺锤形细胞残留物的特性进行鉴定。

侧胞芽孢杆菌（*Brevibacillus laterosporus*）

1912 年，White 等人从感染欧洲幼虫腐臭病的蜜蜂幼虫体内分离到该菌；1996 年，Shida 等人通过16S rRNA 序列分析及系统发育树的构建研究将其归类为短芽孢杆菌属（*Brevibacillus*），并命名为侧胞短芽孢杆菌（*Brevibacillus laterosporus*）。目前，该菌的两种名称处于并行使用阶段，即 *Bacillus laterosporus*= *Brevibacillus laterosporus*。该菌也是欧幼病病原的次生菌。

[形态与染色] 该菌呈杆状，大小为（0.5～0.8）μm×（2.0～5.0）μm；能形成芽孢，大小为（1.0～1.3）μm×（1.2～1.5）μm；芽孢为椭圆形，侧生、中生或近中生，胞囊膨大，具异染性，一侧具有独木舟形的细胞残留物；周生鞭毛，革兰染色阳性，可变为阴性。

[培养特性] 该菌为兼性厌氧菌，在琼脂营养培养基上能适度生长，菌落平滑，不透明，在湿润的培养基表面可运动。如在培养基中加入 1%的葡萄糖，该菌生长旺盛，菌落起褶皱。

[生化特性] 该菌能利用甘露醇，不能利用木糖和阿拉伯糖。不水解淀粉，能产生硫化氢，VP 试验阴性。

[病原性] 该菌是蜜蜂欧幼病的另一个次生菌，它不但能感染蜜蜂，而且该菌某些菌株的孢子囊消解时便释放伴胞晶体，可以侵染和致死蚊子及某些蝶类幼虫和线虫。该菌对昆虫的毒性被认为是由其产生的伴胞晶体引起的；杀线虫活性被认为是一种小分子量的毒性蛋白引起的；也有人认为其产生的伴胞内含物没有生物活性。一株不产生伴胞晶体的侧胞芽孢杆菌，通过产生胞外蛋白酶侵染和杀死线虫；还有一株侧胞芽孢杆菌对植物病原菌尖孢镰刀菌和立枯丝核菌具有抑菌作用，初步证明该抑菌物质是一种胞外蛋白酶；另外也有能抑制青枯病菌的。

[分离与鉴定] 该菌在自然界分布极其广泛，在寒带、温带、热带均有分布，在某些昆虫的体内、鱼体内、土壤、淡水、海水及其他生境中广泛存在。通过菌落形态、培养特性和生化特性可以鉴定该菌，也可通过 PCR 方法检测。

第二节 肠球菌属（*Enterococcus*）

[形态与染色] 该菌属细胞呈球形或卵圆形，大小为（0.6～2.0）μm×（0.6～2.5）μm，在液体培养基中呈成对或短链。不产芽孢，革兰染色阳性；有时以鞭毛运动，没有明显的荚膜。

[培养特性] 该菌属细菌兼性厌氧，通常能在 10～45℃温度范围内生长，最适生长温度为 37℃，在 pH 9.6、6.5%NaCl 和 40%胆盐中也能生长。

[生化特性] 该菌属细菌化能异养，发酵代谢；可发酵的碳水化合物范围广泛，主要产 L（+）-乳酸，但不产气，最终 pH4.2～4.6，营养需要复杂；接触酶阴性，很少还原硝酸盐；一般能发酵乳糖。通常为 Lancefield 血清 D 群。广泛分布于自然界中，特别是脊椎动物的粪便；有时引起化脓感染。DNA 的 G+C 含量为（37～45）mol%。

粪肠球菌（*Enterococcus faecalis*）

粪肠球菌也叫粪链球菌（*Streptococcus faecalis*），是蜜蜂欧洲幼虫腐臭病的另一个主要的次生菌。该菌为 D 族链球菌中肠球菌的代表种，包括粪链球菌、粪链球菌液化亚种、粪链球菌产酶亚种、尿链球菌、牛链球菌、马肠链球菌、鸟链球菌等。其中前四种主要存在于人肠道，称肠球菌（*Enterococcus*）；后三种主要存在于家畜及家禽的粪便内。

[形态与染色] 该菌呈圆形或椭圆形，可顺链的方向延长，直径 0.5～1.0μm，大多数成对或短链状排列，通常不运动，革兰染色阳性。

[培养特性] 该菌兼性厌氧，营养要求低，在普通营养琼脂上也可生长。能在 10℃或 45℃、pH 9.6 或含 6.5%NaCl 肉汤培养基中生长，在 65℃时，仍能存活 30min。

[生化特性] 该菌可发酵葡萄糖，但不产气；可利用精氨酸为能源，发酵山梨醇，不发酵阿拉伯糖。过氧化氢酶反应阴性，不液化明胶。

[病原性] 该菌为人类重要的条件致病菌，能引起的感染有尿路感染、化脓性腹部感染、败血症、心内膜炎和腹泻发热等。其中败血症最常继发于生殖泌尿性感染，皮肤、胆管、肠道等感染也可作为原发病灶。从天然乳清培养物中分离的菌株，能产生一种细菌素，叫肠球菌素（enterocin），对单增李斯特菌有杀灭作用。

第三节　哈夫尼菌属（*Hafnia*）

[形态与染色] 该属细菌呈直杆状，直径约 1.0μm，长 2.5～5.0μm，无荚膜。革兰染色阴性。周生鞭毛，能运动，但可能出现不运动的菌株。

[培养特性] 该属细菌兼性厌氧，有呼吸和发酵两种类型的代谢，在一般培养基上容易生长。在营养琼脂培养基上的菌落直径一般是 2～4mm，菌落光滑、潮湿、半透明、灰色、表面有光泽、边缘整齐。

[生化特性] 该属细菌为化能有机营养，氧化酶阴性，接触酶阳性。在接种 3～4d 后，大部分菌株利用柠檬酸盐、醋酸盐和丙二酸盐作为唯一碳源。能还原硝酸盐为亚硝酸盐。在 Kligle 铁琼脂的高层中不产生硫化氢气体。不液化明胶，不产生脂肪酶和 DNA 酶。不利用藻朊酸盐，不分解果胶酸盐。不产生苯丙氨酸脱氨酶。赖氨酸和鸟氨酸脱羧酶试验阳性，但精氨酸双水解酶试验阴性。发酵葡萄糖产酸产气。不能利用 D-山梨醇、棉籽糖、蜜二糖、D-阿东醇和肌醇产酸。35℃时，MR 试验阳性，22℃则是阴性。通常在 22～28℃由葡萄糖产生乙酰甲基甲醇，但在 35℃时不产生。DNA 的 G+C 含量为（48～49）mol%。

[病原性] 该属细菌分布在人和动物体内，包括鸟类的粪便中；也分布在污水、土壤、水和乳制品中。模式种：蜂房哈夫尼菌（*Hafnia alvei*）。

蜂房哈夫尼菌（*Hafnia alvei*）

蜂房哈夫尼菌（*Enterobacter hafnieae*，*Bacterium cadaveris*，*Bacillus asiaticus*，*Bacillus paratyphialvei*）是哈夫尼属中唯一的一个种。在许多的分类学研究中，认为该菌是由肠杆菌属分离出来的。但是 Steigerwalt 等人从 DNA 的研究结果指出该菌与肠杆菌属及克雷伯杆菌属只有 11%～26%的相关性，因此，该菌单独分类出自己的属而非并入肠杆菌的属中。该菌是蜜蜂副伤寒病（honeybee paratyphoid disease）的病原，另有文献指出，该病由蜜蜂副伤寒杆菌引起。

[形态与染色] 该菌是多形态的小型杆状，长 1.0～2.0μm，宽 0.3～0.5μm，两端钝圆，无芽孢、无荚膜、能运动，两端无浓染，革兰染色阴性。

[培养特性] 该菌为兼性厌氧菌，对营养要求不高，在普通培养基上即能生长。在液体培养基中混浊生长，于室温培养时有动力，37℃培养时无动力。营养琼脂平板：菌落光滑、湿润、半透明、边缘整齐、中等大小。血平板：菌落光滑、湿润、灰白色、边缘整齐、无溶血。SS 平板：菌落光滑、湿润、无色、半透明、较小菌落。EMB 平板：菌落光滑、湿润、无色、半透明、中等大小。

[生化特性] 该菌分解葡萄糖产生丙酮酸，丙酮酸进一步被分解为甲酸、乙酸和琥珀酸等，使培养基 pH 下降至 4.5 以下时，加入甲基红指示剂呈红色。如细菌分解葡萄糖产酸量少，或产生的酸进一步转化为其他物质（如醇、醛、酮、气体和水），培养基 pH 在 5.4 以上，加入甲基红指示剂呈橘黄色。还原硝酸盐，不产生靛基质，不液化明胶，能够产生赖氨酸脱羧酶和鸟氨酸脱羧酶，并发酵葡萄糖。吲哚和尿素酶阴性。VP 和柠檬酸盐试验在 22℃时阳性，在 35℃时却是阴性。在 SIM 上可以产生很弱的硫化氢，但在克氏双糖和 TSI 琼脂上却是阴性。菌株可以在有氰化钾存在的环境生长。该菌具有两种不同的基因组，DNA 序列有 50%的相关性。

[病原性] 该菌引起的蜜蜂副伤寒病没有独特的外部症状，病蜂运动不灵活，翅膀麻痹，体质衰弱，

下痢。而这些症状在其他蜂病中也有表现。发病蜂群在早春排泄飞行时，排出许多非常黏稠、半液体状的深褐色粪便。拉出病蜂的消化道观察，可见肠道肿胀，呈灰白色。

该菌为机会致病菌，偶尔可致人泌尿系统及呼吸道感染，也有引起败血症的报道。多数情况下出现于混合感染培养物中，使免疫低下的患者发病。但最近医学界发现，该菌已经变异，产生抗药性，并且对人体的危害性在不断增强。据有关资料显示，人体中只要有 10 个这类病菌足以致病。

[抵抗力] 该菌对热和化学药剂的耐受力很弱，在沸水中只需 1～2min 即死；在 58～60℃的热水中也只能活 30min，在福尔马林蒸气中 6h 被杀死。

[分离与鉴定] 本菌除了可以在患副伤寒病的蜜蜂体内分离到外，还可在正常人粪便中发现，偶尔可从血液、痰、尿、伤口、脓肿、尸体的解剖、咽喉和腹腔中分离到；在自然界中可在水的表面、很多食物（腐肉）、土壤及下水道淤泥中存在；最常在腐肉中被分离到。

该菌需进行细菌学和血清学的检验才能被鉴定。最近，国内已有使用 ELISA 法进行哈夫尼亚菌检测，此法极限范围在每毫升 10^5～10^6 个细胞。

第四节　蜜蜂球菌属（*Melissococcus*）

[形态与染色] 该菌属细胞呈卵圆形到披针状，大小为（0.8～1.0）μm×1.5μm，链状，有时为多形态或短杆状。革兰染色阳性，但有时易褪色；不运动，不产芽孢。

[培养特性] 兼性厌氧，但需加 CO_2。需要在营养丰富的培养基中加入半胱氨酸或胱氨酸，菌落较小，直径约 1mm。

[生化特性] 该菌为化能异养，能发酵葡萄糖或果糖，但很少菌株能发酵其他糖类，产弱酸（最终 pH5.3），主要酸是乳酸。Na^+ ∶ K^+的摩尔比例需为 1 或小于 1。最适温度为 35℃，与 Lancefield D 群抗血清有反应。模式（唯一）种为蜂房蜜蜂球菌（*Melissococcus pluton*）。

蜂房蜜蜂球菌（*Melissococcus pluton*）

该菌引起蜜蜂幼虫欧洲幼虫腐臭病（European foul brood，简称 EFB），此病害在世界各地均有发生，我国也是主要的疫区之一。1912 年美国怀特首先认为是蜂房杆菌（*Bacillus pluton*）引起该病，1957 年英国的贝利将病原菌名改为蜂房链球菌（*Streptococcus pluton*）。1982 年贝利将它重新定名为蜂房蜜蜂球菌（*Melissococcus pluton*）。

[形态与染色] 该菌为多型的披针形球菌，经常以杆菌形式存在，大小为（0.5～0.7）μm×1.0μm；单个、成对或多个首尾相连呈短链状，也有的呈梅花状排列；不形成芽孢，无荚膜，无运动性，革兰染色阳性（易脱色）。

[培养特性] 该菌为兼性厌氧菌，需要 CO_2。菌落直径为 1.0～1.5mm，珍珠白、白色或半透明，水滴样，边缘整齐，表面光滑，中心凸起。最适 pH6.5～6.6，CO_2 10%，培养时间 24～48h。细菌最适培养温度是 35℃；要求 Na^+ ∶ K^+摩尔比小于 1，普通培养基上不能生长，需要游离的半胱氨酸作养分，缺少呼吸用的类异戊二烯 AM。

[生化特性] 该菌能够利用葡萄糖、果糖、阿拉伯糖、蔗糖、麦芽糖、海藻糖。不能利用甘露糖、乳糖、柠檬酸钾和柠檬酸钠。细胞壁黏肽类型是赖氨酸—丙氨酸。长链脂肪酸主要是直链脂肪酸和环丙烷环脂肪酸。DNA 的 G+C 含量是（29～30）mol%。

[病原性] 该菌不仅感染西方蜜蜂，而且感染东方蜜蜂，并且中蜂较西蜂敏感。该菌一般只感染日龄小于 2d 的幼虫，通常病虫在 4～5d 死亡。患病后，虫体变色，失去肥胖状态。从珍珠白变为淡黄色、黄色、浅褐色，直至黑褐色。刚变褐色时，透过表皮可见幼虫的气管系统。随着变色，幼虫塌陷，似乎被扭曲，最后在巢房底部腐烂、干枯，成为无黏性、易清除的鳞片；虫体腐烂时有难闻的酸臭味。若病害发生严重，幼虫大量死亡，蜂群中长期只见卵和虫而不见封盖幼虫。

[**抵抗力**] 该菌对外界不良环境的抵抗力较强，在干燥幼虫尸体中能保存毒力 3 年，在巢脾或蜂蜜里可存活 1 年左右；在 40℃下，在福尔马林蒸气（50mL/m^3）中需 3h 才能将其杀死。

[**分离与鉴定**] 该菌较难在人工培养基上分离到，并且难以鉴定。只有当其他杂菌的量很少时才便于分离，否则会被杂菌干扰。将患病幼虫用 75%的酒精作体表消毒 1min，再用无菌水漂洗 3 次，每次 30s，将虫体置于无菌滤纸上吸干水分，用无菌研磨器将消毒好的病虫研碎，加入 0.85%NaCl 溶液制备成悬浮液。采用平板划线法将菌悬液接种在固体培养基上，CO_2 培养箱（含 10%CO_2）培养，温度为 35℃。

除从患病症状判断外，可选取刚死亡且尚未发生腐败的幼虫，将其直接涂抹在载玻片上，也可挑取部分肠组织，镜检时可看到蜜蜂幼虫肠道部分或全部呈不透明白色块状细菌填充物，而健康蜜蜂呈黄褐色。细菌学检测时，先挑取蜜蜂幼虫肠道内容物于干净的载玻片上，滴加 5%的水溶性苯胺黑，将内容物用针推成 1～2cm^2 大小，微火烘干载玻片，高倍显微镜下观察，可见到病原菌单个或多个首尾相连呈短链状，有的呈梅花状排列，用牛奶试验无凝聚现象，即可确诊；同时还可见到其他次生菌。另外，还可用免疫学方法和 PCR 法鉴定。Goven 等根据蜂房蜜蜂球菌 16S rRNA 基因设计了引物 MP16SF：5′-GAAGAGGAGTYAAAAGGCGC-3′和 MP16SR：5′-TTATCTCAAGGCGTTCAAAGG-3′，能扩增到 829bp 的片段。

第五节　假单胞菌属（*Pseudomonas*）

蜜蜂败血假单胞菌（*Pseudomonas apiseptica*）

1928 年，Burnside 等人报道了本菌引起蜜蜂成蜂患病，后来证明本菌是蜜蜂败血症的病原。

[**形态与染色**] 本菌为多形态杆菌，大小为（0.8～2.0）μm×（0.7～0.8）μm；菌体单生或呈短链状，不产生芽孢，周生鞭毛，运动能力强，革兰染色阴性。

[**培养特性**] 兼性厌氧，生长温度范围为 20～37℃，最适温度为 37℃，最适 pH 为 7.2～7.4。在普通的营养培养基上能很好生长。在肉汤液体培养基中生长，并在表面形成菌膜。在其固体平板上可形成大的、轮廓分明、圆形、中央混浊呈乳白色而周围明亮的菌落，直径约 1mm。该菌在马铃薯块上可形成明显凸起的油质菌落，颜色由褐色逐渐加深到近黑色。

[**病原性**] 本菌通过各种途径进入蜜蜂体内，患病的蜜蜂开始表现焦躁不安，随后情绪抑郁、发呆，拒绝进食，极度衰弱。开始时仅有几只死蜂被拖出蜂箱，以后迅速增多，严重时，3～4d 即可全群覆灭。病死蜜蜂迅速腐烂分解，胸部肌肉变为灰色，再变成黄褐色，最后变成近于黑色。同时体节间失去联系，轻轻地碰一下病蜂尸体，就会分成头、胸、翅、腹等各个部分，腹部甚至会分成一节一节，腿和触角分成各小节，体表的绒毛脱落。

[**抵抗力**] 本菌在阳光直射和福尔马林蒸气中 7h 后被杀死，在蜂尸中存活 30d，在潮湿的土壤中存活 8 个月以上，73～74℃热水中存活 30min，沸水中 3min 即被杀死。

[**分离与鉴定**] 本菌广泛存在于自然界，能通过各种不同的途径进入蜜蜂体内；可利用 Difco 假单胞杆菌分离琼脂和假单胞杆菌分离琼脂 F 分离到。通过镜检可鉴定本菌：取病蜂，去掉头部和腹部，镊取胸部肌肉一块，置载玻片上，用镊子轻轻挤压，仔细观察挤出的血淋巴颜色，若为乳白色、混浊状，则可将肌肉去掉，取血淋巴涂片，1 000～1 500 倍可观察到较多的多形态短杆菌。

第六节　蜜蜂的病原性螺原体

一、螺原体属（Spiroplasma）

蜜蜂螺原体（*Spiroplasma melliferum* and *Spiroplasma apis*）

1976 年，在美国 Clark. T B 从一些濒临死亡的工蜂血淋巴中分离到蜜蜂螺原体（*Spiroplasma*

melliferum），本菌引起蜜蜂螺原体死亡病（spiroplasmosis）；1981年，在法国发现引起蜜蜂“五月病”（May disease）的另一种蜜蜂螺原体（*Spiroplasmosis apis*），这两种病害给蜜蜂养殖造成较大的损失。

［**形态与染色**］本菌在1 500倍的相差显微镜下观察，可看到小而弱的亮点，拖着一条细的丝状尾巴，呈螺旋状的丝状体，在原地缓慢地摇摆或做螺旋式运动；无细胞壁，只有细胞膜包围，菌体直径约0.17μm；长度随不同生长时期有很大变化，一般生长初期较短，呈单条丝状，而后期较长，有时分枝聚团，菌体上有泡状结构产生，螺旋性减弱；革兰染色阴性，但不易着色。

［**培养特性**］本菌的液体培养基：牛心浸粉1.5g、酚红1mg、蔗糖10g、蒸馏水84mL，混合溶解后，调pH为7.2，灭菌冷却后，加入处理的健康马血清15mL。固体培养基：在以上配方内加入0.8%～1.0%（*W*/*V*）的琼脂，灭菌，冷却到40～50℃，加入处理后的健康马血清15mL。在R-2培养基上，本菌能形成煎蛋形或圆形菌落，直径约60～120μm；最适温度32℃，最适pH为7.5。

［**生化特性**］本菌生长不仅需要提供血清，还受毛地黄皂苷的抑制，可利用葡萄糖、果糖、麦芽糖和海藻糖，不能利用尿素，不能水解明胶，能利用精氨酸，对甲基蓝无还原能力。*Spiroplasmosis apis* 基因组1 350 kb，*Spiroplasma melliferum* 基因组1 460 kb。

［**抗原性**］1990年，董桂林等人参考Lin C P等的方法制备不同血清组、亚组或来源不同的各螺原体抗原，最终悬浮于pH9.6的碳酸盐缓冲液中，测其在260和280nm下吸光值，并计算抗原蛋白浓度。他们分离到的3种蜜蜂螺原体抗原能分别产生3种单抗。

［**病原性**］本菌主要寄主是意大利蜜蜂，它能穿透昆虫肠壁，侵入血淋巴，并大量繁殖直至蜜蜂死亡。蜜蜂螺原体病发生的显著特点是：患病蜂大多是青壮年采集蜂，病蜂从巢内爬出，在蜂箱前爬行，不能起飞，行动迟缓，三五个成堆，集聚在土洼或草丛中。死蜂双翅展开，吻吐出，似中毒症状，但又不同于中毒，病蜂在地上不旋转，也不翻跟斗，蜂群巢内秩序正常。

［**分离与鉴定**］本菌大多能从患爬蜂病的蜂体中分离到，也有在蜂箱附近生长的花朵上分离到。分离培养基是陈永萱等人报道的由C-3G简化后的R-2培养基，也可用SP-4培养基分离培养。分离培养液主要成分是牛心浸出液干粉，蔗糖，健康马血清和酚红，pH7.2～7.4。用梯度稀释法进行纯化。通过镜检可以鉴定该菌，取待检蜜蜂10只，放在研钵内，加无菌生理盐水5mL，研磨、匀浆，5 000 r/min离心5min，取上清液涂片，置1 500倍相差显微镜下观察，在暗视野中可见到晃动的、拖有一条丝状体、并原地旋转的菌体；还可进行血清学诊断；另外，可利用PCR方法鉴定，螺原体特异性16S rDNA引物F28：5′-CGCAGACGGTTTAGCAAGTTTGGG-3′和R5：5′-AGCACCGAACTTAGTC-CGACAC-3′，能扩增到271bp的片段。

第七节 蜜蜂的病原性真菌

一、球囊菌属（*Ascosphaera*）

蜂球囊菌（*Ascosphaera apis*）

1911年，Priss在德国一个蜂场发现蜂群患白垩病，随后该病很快蔓延到许多国家；本菌是蜜蜂白垩病的病原。

［**形态结构**］本菌为单性菌丝体，白色棉絮状，有隔膜，多呈分枝状，菌丝直径为1～4μm；单性菌丝不形成厚膜孢子或无性分生孢子，雌雄异株性真菌，雌雄菌丝仅在交配时形态才有不同；两性菌丝交配后产生黑色球形子实体，其中包含很多子囊，子囊直径为47～140μm，每个子囊中含有8个左右的子囊孢子，单个子囊孢子呈椭圆形，平滑，无色，大小为（3.0～4.0）μm×（1.4～2.0）μm，长宽比值为2。

［**培养特性**］该菌可在11～37℃温度范围内生长，最适pH为5。可在大多数培养基上生长，只要含牛奶、酵母提取液、麦芽提取物及马铃薯等物质均可生长。可接种于麦芽糖琼脂或沙氏琼脂培养基，

置 18～20℃培养，或直接接种于葡萄糖制备的培养基上。能利用单一氮源生长及产孢，更喜有机氮源。维生素对本菌产孢量有极为显著的影响，但对菌丝体生长的影响并不大。复合维生素比单一维生素能更好地促进菌丝体生长，尤其对孢子的产生更为有利。

［**病原性**］本菌主要依靠孢子进行传播，产孢量影响其致病性。将病群中的各日龄病幼虫用福尔马林固定后，再用苏木精-曙红染色并固定，在显微镜下观察。在 2～3 日龄病虫中，发现病变组织的细胞核萎缩、核膜孔扩大。核周围聚集有许多嗜碱性染色的小颗粒（蜂球囊菌原孢子），在 3～4 日龄病虫的脂肪组织中，由于小颗粒体生长，繁殖造成细胞核碎裂和细胞溶解，同时可见不着色的分散的球体（早期的原子囊）及嗜碱性染色的小颗粒；幼虫组织毁损很明显，同时可见球体（成熟的原子囊）的联结和延长，其与小颗粒相连的部分也变成碱性并极易染色，这标志着菌丝体的形成，在白色的白垩病尸中，组织全部毁损，可见碱性的、略可着色的菌丝体。在虫体外壁沿表皮层组织中均有菌丝体繁殖，在黑色幼虫干尸中，几乎见不到菌丝体，只见许多囊状的子实体和个别子囊。

本菌主要是使老熟幼虫或封盖幼虫死亡；幼虫发病后变成白色或灰白色，病虫膨胀，并充满整个巢房，然后发生石灰化，似黄色或白色的粉笔。当形成真菌孢子时，死尸干枯，变成深灰色或黑色。死亡幼虫尸体干枯后变成一块质地疏松，似白垩状物，体表覆盖白色的菌丝。工蜂能将这种干尸咬碎或拖出巢房，故发病严重的蜂群可在箱底和巢门口见到大量的白垩状尸体；雄蜂幼虫最易感染。

［**抵抗力**］本菌具有很强的生命力，在自然界中保存 15 年以上仍然有感染力。

［**分离与鉴定**］从患白垩病的蜜蜂幼虫体能较容易的分离到本菌。用接种针取 1～2d 病死幼虫体表物接种到 2%麦芽糖琼脂、马铃薯葡萄糖琼脂或沙氏培养基（其中青霉素和链霉素各 5×10^5U），置 27～29℃培养。3～5d 时培养基表面长出白色茸毛状的真菌，若继续培养形成一层灰绿色绒毛。将其涂片在显微镜下观察，可以见到许多具有细胞核的菌丝体、多枝的菌丝、孢子囊，囊内充满子囊孢子，孢子很小，椭圆形，平滑、无色，即分离到该菌。也可利用 RAPD 及 PCR 方法鉴定，James 和 Skinner 根据该菌核糖体 5.8S 亚基及间隔区的序列设计的引物 3 - F1：5′- TGTCTGTGCGGCTAGGTG - 3′和 AscoAl1 - R：5′- GAWCACGACGCCGTCACT - 3′，能扩增到 440bp 的片段。

二、曲霉菌属（*Aspergillus*）

黄曲霉菌（*Aspergillus flavus*）

本菌是引起蜜蜂黄曲霉病的主要病原菌，同属于曲霉属的烟曲霉（*Aspergillus fumigatus*）也能引起同样的疾病。该病又称结石病，广泛分布于世界各地，危害蜜蜂的大幼虫和蛹。

［**形态结构**］黄曲霉和烟曲霉形态相似，但前者成熟时呈黄绿色，而后者呈灰绿色。黄曲霉的分生孢子头疏松而呈放射状，分生孢子梗长 0.4～0.7mm，直径 10μm，有的有分隔，顶囊呈球形或烧瓶状，直径 30～40μm，小梗单层或双层，不分枝，长 20μm，直径 6μm；分生孢子呈球形或近球形，直径 3～6μm。

［**培养特性**］本菌可在马铃薯葡萄糖或沙氏葡萄糖琼脂培养基上培养，菌落呈绒毛状，黄色、黄绿色或浅褐绿色（分生孢子的颜色）。

［**病原性**］本菌能感染蜜蜂的成虫、幼虫或蛹。幼虫死后起初为苍白色，逐渐变硬；本菌长出黄色的孢子，逐渐占满整个巢房或巢房的一半。成年蜂染病后，不能飞翔，只能爬行，但与蜜蜂的麻痹病不同，能爬很长时间，腹部不大但变硬，在潮湿的情况下，可见到由腹节长出来的白色菌丝。本菌寄主极广，还可寄生于禽鸟、人、畜、昆虫、蜂盾蛹等，腐生性亦极强，非专性寄生物。被害幼虫及蛹死亡后体表长出黄绿色绒毛，最后虫尸干瘪成黄绿色硬块。

［**分离与鉴定**］可用马铃薯葡萄糖或沙氏葡萄糖琼脂培养基培养，取菌落绒毛，制成水浸片 400 倍下观察。

◆ 参考文献

董桂抹，郭景荣，陈永萱.1990. 蜜蜂螺原体单克隆抗体的制备及其基本性状研究［J］. 南京农业大学学报，13（1）：43-47.

房亮，李田.1株蜂房哈夫尼亚菌的分离与鉴定［J］. 中国卫生检验杂志，15（2）：235.

冯峰，魏华珍.2001. 蜜蜂养殖技术与蜂产品应用［M］. 北京：科学技术文献出版社.

冯峰.1995. 中国蜜蜂病理及防治学［M］. 北京：中国农业科技出版社.

哈夫尼菌属［EB/OL］. http：//www. biotech. org. cn/newSPT/database/bacilli/Hafnia. htmL.

戎映君，陈盛禄，陈集双，等.2006. 蜜蜂美洲幼虫腐臭病研究进展［J］. 中国蜂业，57（8）：11-13.

阮康勤，周秀文，张晶，等.2007. 蜜蜂螺原体的分离鉴定及致病性研究［J］. 微生物学通报，34（4）：695-699.

吴杰，周婷，韩胜明，等.2001. 蜜蜂病敌害防治手册［M］. 北京：中国农业出版社.

颜殉，韩日畴.2008. 我国蜜蜂主要病原检测技术［J］. 昆虫知识，45（3）：483-488.

袁耀东，等.1999. 养蜂手册［M］. 北京：中国农业大学出版社.

张楹.2006. 侧孢芽孢杆菌产生的抑真菌蛋白酶［J］. 中国生物防治，22（2）：146-149.

郑婉璇，蜂房哈夫尼菌［EB/OL］. http：//microbiology. scu. edu. tw/micro/bacteria/H4. htm

TaKAki，等.1992. 蜜蜂白垩病病原及传染途径的研究［J］. 养蜂科技（1）：47-48.

Annette C R，Chariles S B，Farrar W E. 1989. Bacteremia and infection of a hip prosthesis caused by *Bacillus alvei*［J］. Journal of Clincal Microbiology，27（6）：1395-1396.

周婷 吴艳艳 编

冯峰 审

第二十二章　病原性真菌

真菌（fungus）是一类数目庞大的吸收异养型真核生物，具有细胞核，能产生孢子，以寄生或腐生方式吸取营养，其中大部分是有分枝或不分枝的多细胞菌丝体，仅有少数类群为单细胞。它们多具有几丁质或纤维质细胞壁，能进行无性生殖和有性生殖，有的菌群能进行准性生殖。其菌体小者只有借助显微镜才能看到，大者可大到数十厘米。在土壤、空气、水及腐败有机物上均有它们的存在，遍布全世界。真菌与植物有明显的差别：真菌体内没有叶绿素和其他营光合作用的色素，不能利用二氧化碳自营生活，只能依靠腐生或寄生的营养方式获取碳源、能源及其他营养物质，细胞内贮藏的养料为糖原而不是淀粉；真菌与原核生物细菌等也存在本质上的不同：细菌没有有性细胞分化，细胞内的核质（nucleoplasm）或基因带（genophara）为一条裸露的环状DNA双曲螺旋，没有与细胞质相隔的膜，无细胞器。而真菌具有有性细胞的分化，并有真正的细胞核，核外有核膜，核内有线粒体、内质网等细胞器，DNA包含在核内。因此，早已将这一数目庞大的生物划分成一个独立的生物类群——真菌界。

这一数目庞大的生物群对人们的生活和生产都有密切的关系。影响最大的是引起动植物病害的发生，尤其是动物病害。在有害的真菌种群中，有些能通过动物的易感途径侵入动物体引起感染导致疾病，称这种真菌为病原性真菌。有些真菌能在一些基质（如谷物、农作物秸秆、饲料、饲草等）上生长繁殖，产生对人和动物有毒性的次级代谢产物——真菌毒素，称这种真菌为产毒性真菌。在产毒性真菌中，有的原菌体就是毒素，有的是菌体自身组成的成分是毒素。多数是由于环境条件等因素使真菌的正常生长繁殖过程受到阻碍而产生的次级代谢产物是毒物。已证明对人和动物有致病作用的病原性真菌有近50余种，产毒真菌约170余种。

第一节　生物学基本特征与特性

一、真菌分类

真菌分类是依据菌群的形态学、生态学、细胞学和生理学等相近或相远的程度将它们归并或分开，再根据菌群相互间差异大小和亲缘关系远与近加以区别，列为门、亚门、纲、目、科、属、种等分类单位，并组建真菌检索表。真菌检索表是已知菌群特征的编列，通过它将未知菌种引导到归入的菌群，鉴定未知真菌。

自真菌独立为界以来，在分类系统领域中，许多研究者做了大量工作，并提出各自分类系统，曾一度被广泛采用。在真菌分类系统中，安斯沃思（Aimsworth，1973）的分类系统赞同者多，因而，目前国际上多倾向于参照和运用该分类系统。此分类系统将真菌分为黏菌门（Myxomycota）、真菌门（Eumycota）。真菌门分为五个亚门。

1. 鞭毛菌亚门（Mastigomycotina）　大多数为水生，少数两栖或陆生。营腐生和寄生。专性寄生，多侵害藻类，有些侵害陆生种子植物、林木、水生小动物和鱼类等。低等类型以单细胞为营养体；高等类型具有发达、无隔和多核的菌丝体。无性繁殖在孢子囊或游动孢子囊内产生有鞭毛的游动孢子。有性繁殖主要由游动配子结合而产生典型的卵孢子。本亚门根据游动孢子的鞭毛类型、数量和着生部位分为 4 个纲、10 个目和 32 个科。

2. 接合菌亚门（Zygomycotina） 绝大多数为腐生菌，腐生于土壤、植物残骸、动物粪便中或有机物，少数为寄生菌，寄生于人体、动物和植物上。大多数具有无隔、多核和发达的菌丝体。无性繁殖，多数是在孢子囊内产生不游动孢囊孢子；少数典型形成厚壁孢子、芽生孢子和酵母状细胞。有性繁殖是同形或异形配子囊接合而形成接合孢子囊，产生各种形状的接合孢子。本亚门根据生活习性、孢子类型和着生位置以及菌体发育程度分为 2 个纲、7 个目和 24 个科。

3. 子囊菌亚门（Ascomycotina） 这是真菌数目最多和形态结构多样而复杂的一个类群。有的营养体为酵母状单细胞，有的菌丝体分枝茂盛。菌丝有隔。营腐生或寄生。它们的主要特征是有性繁殖产生囊状结构的子囊，在子囊内产生一定数目的子囊孢子，一般为 8 个，少数多于或少于 8 个。无性繁殖甚为发达，可通过芽殖、裂殖、厚壁孢子、菌丝断裂和分生孢子等方式进行，但除酵母菌及其他少数子囊菌为芽殖或裂殖外，绝大多数是以各种类型的分生孢子进行繁殖。本亚门根据子囊果的有无、子囊果的类型和子囊的特点分为 6 个纲、21 个目和 84 个科。

4. 担子菌亚门（Basidiomycotina） 大多为大型真菌，营腐生生活，腐生于土壤、木材和粪肥上，而且多数可供食用和药用；少数营寄生生活，可引起多种作物和树木的病害；极少数担子菌类含有毒素，可引起人和动物中毒。它们的共同特征是有性繁殖产生担子和担孢子。本亚门根据有性繁殖担子果的有无及担子果的形态结构分为 3 个纲、20 个目和 83 个科。

5. 半知菌亚门（Deuteromycotina） 半知菌是指一类在自然条件或培养条件下尚未发现其有性阶段的真菌。其中有的可能根本不形成有性阶段；有的缺乏相对性系统的异宗配合菌丝；或者失去功能性的雄性菌丝，从而不能进入有性繁殖并产生有性孢子。有些半知菌只具有准性生殖。这些菌类大多数具有有隔的发育良好的菌丝体，少数类型仅有假菌丝或酵母状细胞。无性繁殖主要是从菌丝体上分化孢子梗，在梗上再形成分生孢子；有的可形成小分生孢子、芽孢子和节孢子，也有少数不产生任何类型的孢子，是以菌丝方式生存和繁殖的。半知菌不是根据自然分类系统确定的，因为它们只有无性阶段，命名是根据无性阶段的特征而定的，如果发现有性阶段，则应按有性阶段命名。但有些真菌如曲霉和小孢子菌等是无性阶段的命名，因这些真菌在整个生活中虽偶尔出现有性繁殖，但经常是处于无性阶段，故仍用其无性阶段的名称。本亚门根据分生孢子发育形式及其形状、色泽和分隔分为 3 个纲、8 个目和 12 个科。

人们习惯上把真菌范畴内隶属于接合菌、子囊菌和半知菌中能产生菌丝而导致粮食、饲料、衣物和器材发霉的小形丝状真菌统称为霉菌（mold）；把另一群来源不同，又没有一个共同的相当专一特征的，而只是以芽生为主、形态结构简单的真菌统称为酵母（yeast）。这些名词均系从形态学划分的普通用语，没有分类学的意义。

二、真菌的形态、结构

真菌的形态结构较复杂，概括起来可以分为以单细胞发育的酵母类和以多细胞生长的丝状菌类。

1. 酵母菌类（yeasts） 为圆形、卵圆形、圆柱形和柠檬形单细胞菌体，长约 7.2μm，宽约 5.6μm，由细胞壁、细胞膜、细胞质和细胞核所组成。它与丝状菌的区别是不形成真正的菌丝，但某些酵母在生长旺盛时，由于迅速分裂形成新的菌体，未能及时脱落，使菌体相互连接而构成似丝状菌的假菌丝。

2. 丝状菌类（hyphomycetes） 是由成熟孢子在基质上萌发产生芽管，并进一步生长伸长而形成丝状或管状，每根单一的细丝称为菌丝（hypha），由多数菌丝交织成团状的整体叫菌丝体（mycelium）。

菌丝可分为两种：少数为无隔菌丝，整个菌丝为长管状单细胞，细胞质内含有多个核，其生长过程只表现为菌丝的延长和细胞核的分裂增多以及细胞质的增多，如毛霉、根霉和梨头霉等均具有这样的菌丝；多数为有隔菌丝，菌丝由横隔分隔成串的多细胞，每个细胞有一个或多个细胞核。另外一些有隔菌丝，外观上虽像多细胞，但横隔上具有小孔，使细胞质可以自由流通，而且它们的功能也都相同，如青霉、曲霉和白地霉就是这样。

菌丝的一部分深入基质中，专司吸取水分和养料，称为营养菌丝；另一部分伸向空中，称为气生菌丝，气生菌丝发育到一定阶段分化成繁殖菌丝。

菌丝的直径一般为 2～10μm。菌丝细胞由细胞壁、细胞膜、细胞质、细胞核等组成。细胞壁厚 100～250nm。除少数低等真菌外，大多数真菌的细胞壁由各种多糖、原纤维、蛋白质、类脂及其他物质组成。细胞膜厚 7～8nm。细胞核由核膜、核仁及染色质丝组成，当细胞核分裂时，染色质丝组成染色体。核膜为两层，并有膜孔。核仁大部分由 RNA 组成。细胞质由细胞器、线粒体、液泡、内质网、核蛋白、微粒体、微管、晶体、性粉等组成。

三、真菌的繁殖方式

繁殖是具有种的全部典型特征的新个体形成。真菌的繁殖是由一个孢子通过萌芽、生长、发育，最后产生与前相同的孢子。这一所经历的全过程，称之真菌的生活史。典型真菌的繁殖分为有性繁殖和无性繁殖。营养体生长发育到一定阶段，即进行无性繁殖，产生无性孢子。无性繁殖可反复独立循环，一年之内产生多次。所以，无性繁殖在种的繁衍传播上起着更为重要的作用。但不同种的真菌是有差异的。有些真菌在它的生活史中根本没有或未发现有性阶段，有些真菌没有无性阶段。还有的真菌在其生活史中不产生任何孢子。

真菌的繁殖能力甚强，通常以菌丝的片断即可进行繁殖，但在自然界中，一般是通过各种类型的有性或无性孢子来繁殖的，实际上孢子就是真菌的种子，也是真菌的最小繁殖单位。不同真菌都有其独特的孢子。它们的形状、大小、表面纹饰和色泽各不相同，而且产生孢子的结构也存在某种程度的差异。这些都是鉴别真菌的重要依据。

真菌繁殖时可产生各种各样的孢子，但依其繁殖方式，可分为无性孢子繁殖、有性孢子繁殖和准性生殖。

1. 无性孢子繁殖 无性孢子繁殖是指不通过两性细胞的配合，只经营养细胞的分裂或营养菌丝的分化而形成无性孢子的繁殖过程，根据孢子产生的方式可分为 6 个类型。

（1）厚壁孢子（也称厚垣孢子，chlamydospore） 首先在菌丝的顶端（如白色假丝酵母）或中间（如总状毛霉）的一部分原生质发生浓缩、变圆及类脂质密集，然后在四周生长厚壁，或者由原来的细胞壁增厚，形成圆形、纺锤形或长方形的孢子。这种孢子是真菌的一种休眠体，可抵抗热和干燥等不良条件。

（2）节孢子（arthrospore） 当菌丝生长到一定阶段，出现许多横隔，然后在横隔处断裂，形成多数两端钝圆的圆筒状或短柱状的孢子。

（3）芽孢子（blastospore） 这是酵母进行无性繁殖的主要方式。成熟后的酵母细胞先长出小芽，芽细胞长到一定程度，脱离母体或与母体相连接。待生长成熟后，再出芽又形成新个体。如此循环往复。

（4）裂殖孢子（schizozoite） 这是少数酵母如裂殖酵母（schizosaccharomyces）无性繁殖的方式。细胞生长成熟后，再进一步增大或延长，核分裂，然后在细胞中产生一个隔膜，将细胞分裂成两个新个体。

（5）分生孢子（conidium） 由菌丝或其分枝的顶端细胞分化来的分生孢子梗，其顶端细胞分割形成单个或成簇的无性孢子。分生孢子是子囊菌无性阶段所产生的无性孢子，也是真菌中最常见的一类无性孢子。其中小的圆形、卵圆形、梨形或棒形的单细胞孢子叫小分生孢子；较大的梭形或棍棒形分隔成多细胞孢子叫大分生孢子。

（6）孢囊孢子（sporangiospore） 当菌体生长到一定阶段，菌丝加长，顶端细胞膨大成圆形或梨形的囊状结构，囊的下方有一层无孔隔膜与菌丝分开而形成的一个特殊的孢子囊，并逐渐增大，在孢子囊内形成孢囊孢子。在孢子侧面或后端生有1～2根鞭毛，能运动的称游动孢子（zoospore），无鞭毛不能运动的称不动孢子（alanospre）。

2. 有性孢子繁殖 有性孢子繁殖是指通过不同性细胞或性器官亲和性核的结合而产生有性孢子的繁殖，这种有性结合要经历质配、核配、减数分裂阶段完成。有性繁殖不像无性繁殖那么经常和普遍，多发生于特定的自然条件下，在一般培养基上不常出现。有性孢子是用来渡过不良环境的休眠体。根据有性结合的方式可分为5个类型。

（1）休眠孢子囊（resting sporangium） 由两个能游动的细胞相配合而形成一双鞭毛合子，合子侵入宿主组织后，即形成一个体内休眠孢子囊，它萌发时产生游动孢子。

（2）卵孢子（oospore） 卵孢子是由两个大小不同配子囊结合发育而成。菌丝分化形成的小型配子囊叫雄器，形成的大型配子囊叫藏卵器，当邻近的雄器与藏卵器接触配合时，雄器中的细胞质和细胞核通过受精管进入藏卵器与卵球结合，待卵球生出外壁即成为卵孢子。卵孢子需要几周或几个月的成熟期，才能萌发产生新个体。

（3）接合孢子（zygospore） 接合孢子是由菌丝生出结构相似、形态相同或有不同两个配子囊接合而成。两个邻近的菌丝，由于化学诱发，各自向对方生出一根短的接合子梗。两个接合子梗互相接触发育成原配子囊，在原配子囊顶端膨大并形成横隔，分隔成顶生的配子囊和基部的配子囊柄。由两个配子囊形成原接合配子囊。原接合配子囊再膨大发育成壁厚色深而且体积较大的接合孢子囊，在它的内部产生一个接合孢子。接合孢子经过一定休眠期，在适宜的环境中萌发长出新个体。

（4）子囊孢子（ascospore） 子囊孢子是产生于子囊内的有性孢子，是子囊菌的基本特征。子囊形成的方式，最简单的是由两个营养细胞接合所形成的接合子，或由营养细胞直接产生，如酵母等。高等子囊菌形成子囊的方式较复杂，多由形态上具有分化的两性细胞接触后形成。绝大多数的子囊呈棍棒状或圆筒状，有的具有特征性的球状或其他形态。典型的子囊内有8个子囊孢子，其形态、大小、色泽及表面纹饰等的差别，是子囊菌分类的重要依据。

（5）担孢子（basidiospore） 担孢子是在担子上形成的外生有性孢子，是担子菌的独有特征。除黑粉菌目和锈菌目是由双核菌丝产生厚壁孢子或冬孢子外，大多数担子菌无明显性器官，依靠菌丝联合产生双核菌丝，担子即起源于双核菌丝的顶细胞，在顶细胞内两核配合后，形成一个双倍体的核，经过两次分裂产生4个单倍体的小核。顶细胞膨大形成担子，担子上有4个顶端稍膨大的小梗，4个小核分别进入4个小梗内，最后每个核都发育成一个担孢子。典型担子菌的担子上均有4个外生担孢子。

3. 准性生殖（parasexuality） 准性生殖又称无性重组，是真菌无性繁殖中一种导致遗传性状重新组合的过程。这种重组不靠有性生殖，而却与有性生殖相似，其主要区别为：有性生殖的过程包括质配、核配和减数分裂，在减数分裂中，染色体交换和随机分配而导致基因重组，最终产生有性孢子。有性孢子在形态、生理上均与营养细胞不同，而且通常产生在特殊的容器中。准性生殖的过程为质配、核配和单倍体化。单倍体化通常是染色体的分离或丢失来实现的。这种重组的细胞与营养细胞没有什么差别，而且不产生在特殊的容器中。准性生殖首先见于构巢曲霉，以后陆续证明半知菌、子囊菌和担子菌中的某些种都有准性生殖出现。

四、培养及菌落特性

大多数真菌对营养条件要求不高，在一般培养基上都能生长。一般真菌要求弱酸性（pH4.0～6.0）的培养基，如马铃薯葡萄糖琼脂培养基、葡萄糖（麦芽糖）蛋白胨琼脂培养基、察氏（C2apek’s）琼脂培养基及某些特殊培养基。一般真菌最适宜的培养温度为20～28℃，少数真菌要求37℃生长良好，也有些真菌在室温就能生长。

酵母在培养基上的菌落与细菌的菌落相近，为圆形或卵圆形，边缘整齐。但较细菌的菌落大而厚，表面湿润，多呈乳白色或奶油样，黏稠，易剥离。某些酵母菌落表面除有芽生细胞外，还有伸长的芽生细胞所组成的假菌丝，侵入培养基中。菌落的颜色、光泽、质地、表面和边缘特征，常因菌种的不同而有差异，常作为酵母鉴定的参考依据。

丝状真菌在培养基上的菌落多种多样。如由埋伏于培养基中底部菌丝直接生出分生孢子梗，其菌落外观呈茸状；由底部菌丝体生出气生菌丝，再由气生菌丝生出分生孢子梗，因有纠缠的气生菌丝出现，其菌落较厚，呈絮状；有的分生孢子梗自底部菌丝体成束生出，其菌落则呈粒状或粉状；有些真菌产生子实体或菌核，使菌落表面呈显著的颗粒状结构；有的菌落出现同心环或辐射状沟纹。真菌菌落的大小也颇不相同。一些真菌在固体培养基生长很快，其菌落大。另一些真菌自身生长就慢，局限性扩展，则菌落小。许多真菌能产生各种各样的色素，使菌落表面呈现各种不同色泽。有些真菌产生可溶性色素，扩散到培养基中，使琼脂背面染有不同颜色。

同一种真菌在不同成分的培养基和不同条件下所形成的菌落可存在差异，但同一种真菌在一定培养基上形成的菌落形态、大小、色泽和结构是相对稳定的，是鉴定真菌的重要依据之一。

五、外界因素对真菌生长繁殖的影响

一般的外界因素对真菌生长繁殖的影响有限，绝大多数真菌对外界因素适应性很强，对自然条件下的营养要求不高。在一般的外界因素及营养条件（各种基质）都能生长繁殖，完成它们的生活史。大多数真菌在较广范围的温度、湿度、酸碱环境及营养都能完成不同的无性繁殖、有性繁殖及准性生殖。外界因素的差异性和真菌种群对外界因素的适应性不同，因此真菌在自然界的分布存在区域性不同。

空气中水分含量（湿度）是真菌生长繁殖的首要因素。一般的环境湿度对真菌生长繁殖影响不大。一般真菌生长繁殖所需最低含水量在13%～18%，水分含量在17%～18%时大多数真菌都能生长繁殖，当其水分含量活性（aw）降至0.7，或含水分降至13%以下，一般真菌不能生长。但多数真菌以休眠方式存活。

温度是真菌生长繁殖的又一重要因素。一般的自然温度对真菌生长繁殖影响较小。绝大多数真菌生长繁殖的最适温度为20～30℃。但有的真菌在10℃左右也能生长。小于10℃和大于30℃，大部分真菌生长减慢或停止。

另外，当人为的改变外界因素，可改变某些菌株的遗传性。人们利用紫外线照射诱变菌株的代谢功能，增强各种氨基酸及酶的产量，增加产量、提高效益。在致病性真菌中，以递增其培养温度改变菌株毒力，使其毒力减弱，但其抗原性不变，研制减毒疫苗预防疫病。如用递增培养温度培育的伪皮疽组织胞浆菌减毒菌株制备的疫苗，保护率在80%左右。

六、致病性与免疫性

由真菌所致疾病可概括为两种类型：一种是由真菌侵入机体引起感染所造成的疾病叫真菌病（mycosis），这种真菌称病原性真菌；另一种是由于动物采食了真菌毒素污染的饲料、饲草等动物食用材质所致的疾病叫真菌毒素中毒（mycotoxicosis），这种真菌则称产毒性真菌。

1. 病原性真菌　根据真菌侵害部位的不同，习惯上将它们分为皮肤真菌病、浅在真菌病和深部真菌病。侵害皮肤的真菌通常都具有一种嗜角质的特性，侵入皮肤后能在局部顽强地生长繁殖。由于它们的机械性刺激和在繁殖过程所生成的酶及酸性物质的作用，而引起炎症反应和细胞组织病变。主要侵害皮肤角质层、毛发和指（趾）甲、羽毛和爪，临床上常将这种病称为癣（tinea，ringworm，dermatophytosis）。这类真菌包括毛癣菌、小孢霉和表皮癣菌。前二者为亲人畜性真菌，后者为亲人性真菌。引起感染的真菌，有些是真正病原性寄生菌，如皮芽酵母、伪皮疽组织胞浆菌等，它们的致病主要取决于真菌本身的病原性，往往与宿主的抵抗力无关，所致的疾病称为原发性真菌病。有的真菌是动物机体的常在菌丛，如假丝酵母；还有些真菌是广泛存在于自然界的腐生菌，如毛霉、根霉、梨头霉和马拉色霉（Malassezia）等。这些真菌当机体条件发生变化、免疫功能下降时，就可感染各系统的脏器组织，而发生继发性真菌病。这些真菌称为条件性致病真菌。局部创伤和烧伤常给某些真菌的侵入创造有利条件，易于真菌感染。长期大剂量使用广谱抗生素、甾类化合物或免疫抑制剂，可使机体抗病机能下降，抑制正常菌丛生长，从而使真菌乘机大量繁殖，形成菌群交替或菌群失调症。畜禽主要致病性真菌所致的真菌病的病原、主要感染部位和主要宿主见表 22-1。

表 22-1 畜禽主要致病性真菌所致的真菌病的病原、感染部位及宿主

病 类	主要病原菌	感染主要部位	宿 主
皮肤真菌病	狗小孢霉（*Microsporum canis*）	皮肤	猫、狗、猴、牛、马、猪等
	歪斜小孢霉（*M. distortum*）	皮肤	狗、马、猴
	马小孢霉（*M. aquinum*）	皮肤	马
	鸡禽类小孢霉（*M. gallina*）	皮肤	鸡、火鸡
	猪小孢霉（*M. nanum*）	皮肤	猪
	石膏状小孢霉（*M. gypseum*）	皮肤	猫、狗、马
	马毛癣菌（*Trichophyton equinum*）	皮肤	马驹
	石膏状毛癣菌（*Tr. gypseum*）	皮肤	猫、狗、牛、马、猪等
	舍恩莱毛癣菌（*Tr. schoenleinii*）	皮肤	马、狗、猫及啮齿动物
	疣状毛癣菌（*Tr. verrucosum*）	皮肤	牛、马、狗、绵羊等
浅在性真菌			
侧孢霉病	申克侧孢霉（*Sporthrix schenckii*）	皮下	马、骡、驴
颗粒性皮炎	细丽腐霉（*Pyhium gracile*）	皮下	狗、猫、马
黑毛结节菌病	黑毛结节菌（*Piedroia hortai*）	皮下	马、狗
流行性淋巴管炎	伪皮疽组织胞浆菌（*Histoplasma farciminosum*）	皮下	马、骡、驴
鼻孢子菌病	希伯氏鼻孢子菌（*Rhinospordium seeheri*）	鼻眼黏膜	牛、狗、马、驴
马拉色菌病	糠秕马拉色菌（*Malassezia furfur*）	皮肤	狗
深部真菌病			
丝状菌病（Hyphomycosis）	总状毛霉菌（*Mucur racemosus*）	肠系膜淋巴结	猪、牛、马、狗、猫、鸡、猴
	白吉利丝孢酵母（*Trichosporon belgelli*）	支气管淋巴结	猪、牛、马、狗、猫、鸡、猴
	伞枝梨夹霉（*Absidia corymbifera*）	纵隔淋巴结	猪、牛、马、狗、猫、鸡、猴
	米根霉（*Rhizopus oryzae*）		猪、牛、马、狗、猫、鸡、猴
	结节被孢霉（*Mortiella nodosa*）	下颌淋巴结	牛、绵羊、山羊、猪
		肺、脾、肾、前胃、肠	马
		副鼻窦、脑	牛、绵羊、山羊
		胎盘（流产）	狗
		外耳道、角膜	
曲霉病（Aspergillosis）	烟曲霉（*Aspergillus fumigatus*）	肺、支气管、气囊	鸡和其他禽类
	黄曲霉（*Asp. flavus*）	消化道、肝、脾、肾	鸡和其他禽类
	构巢曲霉（*Asp. nidulans*）	关节、皮肤、脑	鸡和其他禽类
	黑曲霉（*Asp. niger*）	肺	牛、马、绵羊
	土曲霉（*Asp. terreus*）	喉囊角膜	马、狗

（续）

病　类	病原菌	感染主要部位	宿　主
假丝酵母病（Candidiasis）	白色假丝酵母（*Candida albicans*）	口腔、嗉囊	鸡和其他禽类
	热带假丝酵母（*C. tropicalis*）	口腔、前胃	牛
	假热带假丝酵母（*C. pseudotropicalis*）	口腔、前胃	牛
	克鲁斯假丝酵母（*C. krusei*）	乳房	牛
	皱落假丝酵母（*C. rugosa*）	口腔、食道、胃	猪
	季也蒙假丝酵母（*C. guillermondii*）	口腔、食道、胃	猪
隐球酵母病（Cryptococosis）	新型隐球酵母（*Cryptococcus neoforms*）	皮肤、消化道、肺、中枢神经	狗、猫
		肺、心、乳房	牛
		肺、鼻腔	马
地霉病（Geotrschosis）	白地霉（*Geotrichum cardidum*）	肺、脑、皮肤	猪、绵羊、山羊
芽酵母病（Blastomycosis）	皮芽酵母（*Blastomyces dermatitidis*）	气管、肺、乳房、消化道	牛、禽类
		肺、皮肤、胃	狗、马、猫
组织胞浆菌病（Histoplasmosis）	荚膜组织胞浆菌（*Histoplasma capsulatum*）	肺、淋巴组织、脾、肝、肾、皮肤、中枢神经	狗、猫、牛、马、绵羊、猪、鸡、啮齿类
球孢子菌病（Coccidioidomycosis）	粗球孢子菌（*Coccidioides immitis*）	支气管、膈、淋巴结、肺、脾、肾、胃	牛、马、绵羊、猫、狗、猴

2. 产毒性真菌　某些寄生性和腐生性真菌在生命活动过程中能产生毒素，动物采食后可引起急性和慢性中毒。这些真菌毒素有的是自身组成的成分，如毒蕈类，动物误食后可引起急性中毒；有的毒素存在于菌体中，如麦角菌和赤霉等。动物采食寄生这些真菌的牧草和饲料等即可中毒；还有一些真菌，如曲霉、青霉、镰孢霉等生长繁殖于粮食、饲料、牧草及农作物秸秆等，导致霉败变质产生毒素，引起动物中毒。真菌毒素的种类甚多，根据化学结构及化学性质可分为肽类、醌类、吡喃酮类、香豆素类及其衍生物、烯类、莽草酸及其衍生物。真菌毒素主要作用于消化系统、呼吸系统、泌尿系统、神经系统、造血系统及皮肤等，往往引起肝脏坏死和硬化、急性和慢性肾脏损害、造血功能障碍、神经功能紊乱。已证明有些真菌毒素还有致癌作用。

有少数致病性真菌（如烟曲霉、黄曲霉等）是兼有致病性和产毒性的真菌。它们即可引起动物的真菌病，又可产生毒素导致动物的中毒。

真菌毒素的产生往往与空气含水量及温度相关，当空气含水量和温度适宜于产毒真菌生长繁殖时，常导致饲料、粮食、牧草等霉败变质产生毒素。因此，真菌毒素中毒常有地域性和季节性的特点，而不具传染性。

致病性真菌的免疫性，大多数属于细胞免疫，只有少数深部感染产生体液免疫。某些皮肤真菌感染可产生对抗感染的抵抗力。这种抵抗力可以是局限性的，使原始感染部位的再感染在持续时间和严重程度上受到限制。某些真菌具有特异性的抗原，这些抗原具有高度的应变原性，能引起迟发性过敏状态。在有些动物中，感染后在一定时间内可出现沉淀素和补体结合抗体，但其效价很低。另外，多数动物血清含一种非抗体性的抗真菌因子，能使皮肤真菌的生长限于角质层。

真菌毒素一般分子量小，没有抗原性，不能刺激机体免疫系统产生抗体。但可借助蛋白质连接技术，根据真菌毒素化学结构特性，将高分子量的蛋白质（如牛血清白蛋白）连接到真菌毒素上，使其具有抗原性。这种抗原能使小鼠和纯种小鼠产生特异性抗体，以研究用于检测真菌毒素的酶免疫技术。

第二节　病原性真菌

危害动物的病原性真菌主要包括皮肤真菌和侵害组织深部的真菌。皮肤真菌是一类以寄生方式侵袭动物的毛、羽毛、皮肤、爪、蹄等角质组织的真菌，可引起动物的皮肤真菌病，统称为癣（ringworm, tinea）。皮肤真菌包括毛癣菌属和小孢霉属及絮状表皮癣属中的一些致病真菌。皮肤真菌对动物毛的感染分毛内型和毛外型，感染动物的几乎都是毛外型，仅有少数的毛癣菌为毛内型。以寄生方式侵入器官组织的真菌，如新型隐球酵母、烟曲霉等，主要侵害内脏器官组织、骨骼和神经系统等。

毛癣菌和小孢霉及某些深部感染的真菌都具一定程度的属和种特异的抗原性，这些抗原具有一定程度变应性，能引起迟发性过敏状态。在某些动物中，感染后可出现沉淀素、补体结合抗体，但其效价通常很低。另外，多数动物血清含一种非抗原性的抗真菌因子，能使皮肤真菌感染限于角质。皮肤真菌感染产生对抗感染的抵抗力，它可以是局限性的，使原始感染部位的再感染持续时间和严重程度上受到限制。在致病性真菌中，有些菌株具有很好的抗原性，能刺激动物体产生足够量的抗体，抗御自然感染，如疣状毛癣菌和伪皮疽组织胞浆菌。

一、毛癣菌属（*Trichophyton*）

毛癣菌属在分类系统中是半知菌亚门，丝孢菌纲、丝孢菌目、丛梗孢科中的一个属。目前，国际上公认本属有 20 个种，其中 7 个被发现具有性世代。本属对家畜、家禽有致病性的种主要种是马毛癣菌、疣状毛癣菌、石膏状毛癣菌、舍恩莱毛癣菌和鸡禽类毛癣菌等。

（一）石膏状毛癣菌（*T. gypseum*）

石膏状毛癣菌是亲动物和人的一种真菌。其粉末型亲动物，绒毛型亲人。石膏状毛癣菌广泛分布世界各地。

[病料检查] 在皮屑中可见分隔菌丝或关节菌丝。在毛干外有排列成串的孢子。

[培养特性] 在葡萄糖蛋白胨琼脂培养基上 25℃培养，生长迅速，通常呈现两种菌落。

绒毛型：菌落表面有紧密、短而整齐的菌丝，雪白色，中央有乳头状突起，边缘整齐。菌落占琼脂斜面的 1/3～1/2。菌落背面为棕黄色。

粉末型：菌落表面粉末样，较细。菌落呈黄色，中央为少数白色菌丝团。菌落充满琼脂斜面。菌落背面呈棕红色。

[形态特征]

绒毛型：菌丝较细，分隔，小分生孢子呈梨子形、棒形，大小为（2～5）μm×（2～3）μm。偶尔具球拍状菌丝和结节菌丝。无螺旋菌丝和大分生孢子。

粉末型：菌丝为螺旋状、破梳状和结节状。小分生孢子呈球形，常聚集成葡萄状。少量棒状大分生孢子，大小为（40～60）μm×（5～9）μm（图 22-1）。

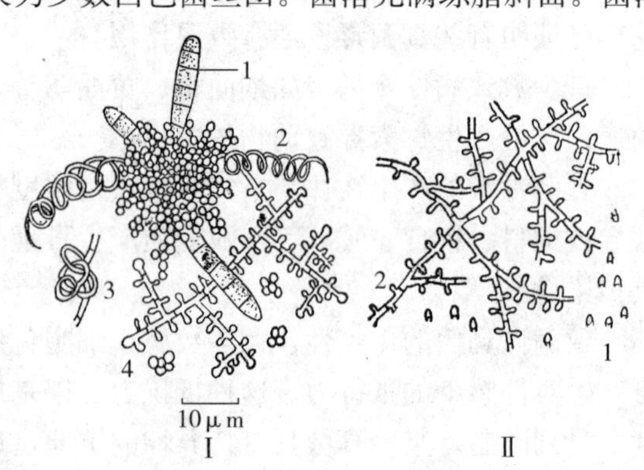

图 22-1　石膏状毛癣菌

Ⅰ粉末型：1. 大分生孢子　2. 螺旋菌丝
3. 结节菌丝　4. 小分生孢子
Ⅱ绒毛型：1. 小分生孢子　2. 侧生性小分生孢子
（引自《医学真菌鉴定初编》，孙鹤龄主编）

[致病性] 石膏状毛癣菌可引起马、牛、羊和狗的感染，主要侵害皮肤和毛。马的头部、耳、颈、胸、背两侧等体部多发丘疹样红肿，患部毛粗糙，易脱落，有大量皮屑，形成结痂。当病灶毛脱落时，则有明显的秃斑。本菌对牛的致病性与马相似。羊、猪和狗形成的秃斑多见于胸部和背两侧。

（二）舍恩莱毛癣菌（*T. schoenleinii*）

舍恩莱毛癣菌也译为许兰氏毛癣菌，又称为黄癣菌（*T. flavosa*）。亲人的皮肤真菌，也能引起动物的感染。

［病料检查］ 毛内型。在毛内有大量粗细较一致的菌丝，并充满整个毛干。黄癣痂内有大量孢子，并伴有粗细不一的、弯曲的、形似鹿角状的菌丝。皮屑内菌丝量少，偶尔有成串孢子。

［培养特性］ 在葡萄糖蛋白胨琼脂培养基上25℃培养，生长成两种类型菌落。

亚洲型：生长慢，菌落开始为针头大圆形，稍突出斜面，紧密光滑，呈蜡状，有不规则的皱褶折叠，边缘不整齐。颜色由淡灰至深黑色，培养时间稍长有时改变色泽。且伴有白色紧密的菌丝。菌丝生长有明显下沉的现象，可使培养基裂开。整个菌落较小。

欧洲型：生长较快，菌落初为球形蜡状，明显高出斜面，折叠，表面高低不平，边缘整齐。极少见放射状菌落。菌落呈淡黄色或淡棕色。培养基不变色。菌落生长明显下沉。

［形态特征］ 菌丝较粗，当膨胀时有突起，粗细不一，呈鹿角状弯曲。产生大量的厚壁孢子。无大分生孢子和小分生孢子（图22-2）。

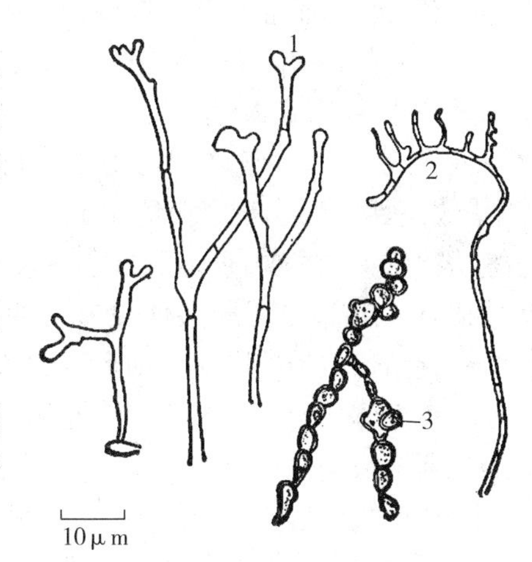

图22-2　舍恩莱毛癣菌

1. 鹿角状菌丝　2. 梳状菌丝　3. 厚壁孢子

（引自《医学真菌鉴定初编》，孙鹤龄主编）

［致病性］ 舍恩莱毛癣菌可感染马、狗、猫及啮齿类动物，主要侵害皮肤和毛。在耳、面部、眼周围、颈、胸、四肢等皮肤局部增厚，毛粗糙，皮屑增多，形成结痂，毛脱落形成秃斑。当结痂部位化脓则伴发混合感染形成溃疡。

［免疫性］ 用毛癣菌素皮内注射，其变态反应阳性，有诊断意义。

（三）马毛癣菌（*T. equinum*）

马毛癣菌为毛外型，亲动物性毛癣菌，分布世界各地。

［病料检查］ 毛外型。在毛干外面有成串的孢子，并且较大，直径3～7μm，在皮屑有菌丝和关节菌丝。

［培养特性］ 在葡萄糖蛋白胨琼脂培养基上，室温培养，生长迅速，两周菌落可达琼脂斜面的1/2以上。菌落初为白色羽毛状菌丝，很类似石膏状毛癣菌。随时间延长，菌落中央逐渐开裂。菌落周边和背面为黄色，日久菌落背面颜色可逐渐加深，呈棕黄色或棕红色。在含烟酸营养琼脂培养基上生长更加旺盛，颜色更为显著，孢子产生更多。

［形态特征］ 在葡萄糖蛋白胨琼脂培养基上，菌丝分隔，孢子侧生，棒状，很少成群，多数为分散。

在含烟酸的培养基上，大分生孢子狭长、棒形，壁薄且光滑，5～6隔。小分生孢子较多（图22-3）。

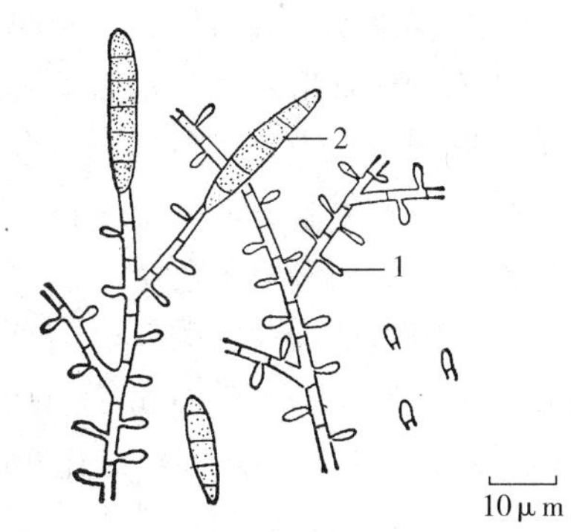

图22-3　马毛癣菌

1. 小分生孢子　2. 大分生孢子

（引自《医学真菌鉴定初编》，孙鹤龄主编）

［致病性］ 马毛癣菌能引起马、狗的感染。主要侵害颈、两腹侧、面部等部位的皮肤和毛。感染部位通常皮肤增厚及炎症，皮屑增多，毛粗糙。当局部化脓时，则形成结痂，毛脱落，变成秃斑。一般情况自愈。

［免疫性］ 马毛癣菌的局部感染，总是以自愈为转归，说明存在体液或细胞免疫应答。

（四）疣状毛癣菌（*T. verrucosum*）

亲动物性毛癣菌，分布世界各地，特别是农村、牧场多见。

［病料检查］ 毛外型。在皮屑和毛外有大量的孢子，并排列成串，直径约5μm。在皮屑内有关节菌丝。

[培养特性] 在葡萄糖蛋白胨琼脂培养基上37℃培养，生长慢，菌落小，直径一般不超过1cm。菌落略高出琼脂斜面，不规整，蜡状。白色至灰白色。另一种菌落为绒毛状，中央隆起，有皱褶，周边呈放射状沟纹。

用加酵母浸膏（5mg/mL）、维生素 B_1 或肌醇（0.1～0.5mg/mL）的葡萄糖蛋白胨琼脂培养基培养，菌落生长旺盛。

[形态特征] 在葡萄糖蛋白胨琼脂培养基上，菌丝分隔，粗细不等，有的菌丝呈鹿角状。厚壁孢子成串。

在含酵母浸膏、维生素 B_1、肌醇的葡萄糖蛋白胨琼脂培养基上，大分生孢子呈棒状，长约45μm，具有多至8个细胞，壁薄。厚壁孢子成串状。菌丝呈小鹿角状（图22-4）。

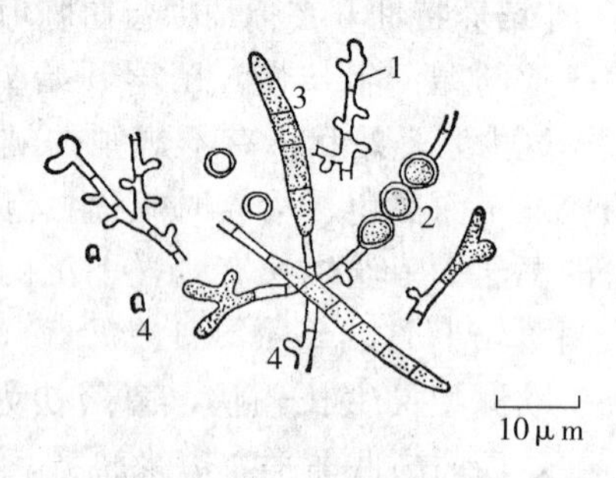

图22-4 疣状毛癣菌
1. 鹿角状菌丝 2. 厚壁孢子
3. 大分生孢子 4. 小分生孢子
（引自《医学真菌鉴定初编》，孙鹤龄主编）

[致病性] 疣状毛癣菌能引起牛、水牛、马、骡、山羊、单峰驼等动物感染，主要侵害面、颈、腹、股内侧等体部。其他体部也有时感染。患部皮肤局限性增厚、肿胀、发炎，皮屑增多，毛粗糙，形成结痂。当毛脱落，则形成秃斑。一般情况，脱毛形成的秃斑可遍布身体各处。少数病例病变处肿胀化脓，若伴有其他致病菌感染，则病情恶化。

[免疫性] 疣状毛癣菌具有很好的抗原性。用疣状毛癣菌制备的疫苗可预防疣状毛癣菌对牛的感染，尤其犊牛的预防效果更好。前苏联研制的LTF-130疫苗，成功地用于抗疣状毛癣菌感染的预防，免疫期为3～5年。

二、小孢霉属（*Microsporum*）

小孢霉属是半知菌亚门，丝孢菌纲，丝孢菌目，丛梗孢科中的一个属。本属中有些种已被发现有性世代，属于子囊菌亚门，不整子囊菌纲，散囊菌目，裸囊科中 *Nannizzia* 属。本属有14个种，对动物危害较重的有狗小孢霉、歪邪小孢霉、石膏状小孢霉、鸡禽类小孢霉和猪小孢霉等。

（一）狗小孢霉（*M. canis*）

狗小孢霉也译为犬小孢霉。

[病料检查] 毛外型。小孢子圆形，密集成群围绕于毛干。皮屑内可见少量菌丝。

[培养特性] 在葡萄糖蛋白胨琼脂培养基上，室温培养，生长较快。开始琼脂表面生长小部分白色气生菌丝。两周后长满整个琼脂斜面，菌落中央呈白色或淡黄色，微细粉样，周边为白色羊毛状气生菌丝。随培养时间的延长，菌落生长扩大，表面出现少数同心圆形的环状沟纹。菌落则由白色逐渐转变成淡棕黄色。菌落背面呈棕黄色或棕红色。尽管培养基和培养条件都相同，因为菌株不同，其菌落形态差异性较大。

在米饭培养基上，室温培养，菌丝密集，培养时间延长变成粉末状，琼脂背面呈棕黄色。

[形态特征] 菌丝有隔。大分生孢子呈中间宽大而两端稍尖的纺锤形，大小为（15～20）μm×（60～125）μm，壁厚，孢子末端部分表面粗糙，有刺，多隔。小分生孢子较小，单细胞，棒状，大小为（2.5～3.5）μm×（4～7）μm，沿着菌丝侧生。另外，偶尔有球拍状、破梳状、结节状菌丝。厚壁孢子少，但偶尔可见（图22-5）。

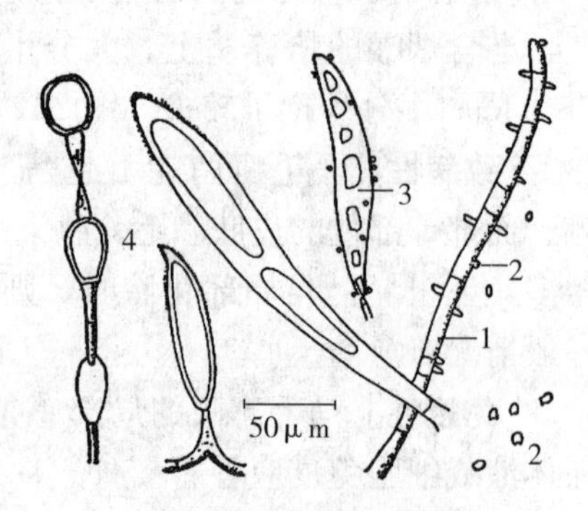

图22-5 狗小孢霉
1. 菌丝 2. 小分生孢子
3. 大分生孢子 4. 厚壁孢子
（引自《医学真菌鉴定初编》，孙鹤龄主编）

[致病性] 狗小孢霉亲动物性真菌，能引起牛、马、驴、猪、狗、豚鼠及各种野生动物感染，主要侵害面、颈、两腹侧和脊背两

侧及臀下部等体部。感染部位皮肤增厚并伴有炎性反应，表面附着大量皮屑，毛无光泽，易断裂或脱落。当有结痂形成则容易形成秃斑。当病情发展，秃斑可连成片。秃斑通常自愈。当病灶伴有其他病原性微生物感染，则炎症反应加重，有时出现脓肿。一般病例通常伴随时间延长，都能自愈。

［**免疫性**］狗小孢霉具有一定的抗原性，感染多局限于局部，并基本自愈，表明有细胞或体液免疫参与。用狗小孢霉制备的毛癣菌素皮肤变态反应试验呈中度阳性反应。

（二）歪邪小孢霉（*M. distortum*）

歪斜小孢霉是 Dimenna 和 Marples 于 1954 年在新西兰发现的一个新种，其后 Kaplan 等于 1957 年和 Brook 于 1959 年相继报道了本菌的存在。

［**病料检查**］毛外型。小分生孢子类似铁锈色，围绕在毛干外周。皮屑内有菌丝和少量孢子。

［**培养特性**］在葡萄糖蛋白胨琼脂培养基上室温培养，生长快，7d 菌落直径达 1.5cm，10～15d 约 3.0cm。菌落绒毛状，有少许羽毛状菌丝，平坦或中央隆起，表面有 3～5 条放射状沟纹。菌落正面为白色、乳白色至黄色、黄褐色。琼脂背面呈黄色至褐色。

在玉米粉培养基上培养 8d，可产生丰富的黄褐色气生菌丝。

［**形态特征**］大分生孢子壁厚、粗糙、有刺、分隔，形状不规整，呈镰刀形、扭曲形、三角形，两端尖。大小为（66～68）μm×（6～9）μm。小分生孢子较多，呈梨子形、葡萄形，沿菌丝侧生，单细胞或呈葡萄状簇生，大小为（1.5～2.0）μm×（6～11）μm。另外，菌丝呈螺旋状，分隔。有厚壁孢（图 22-6）。

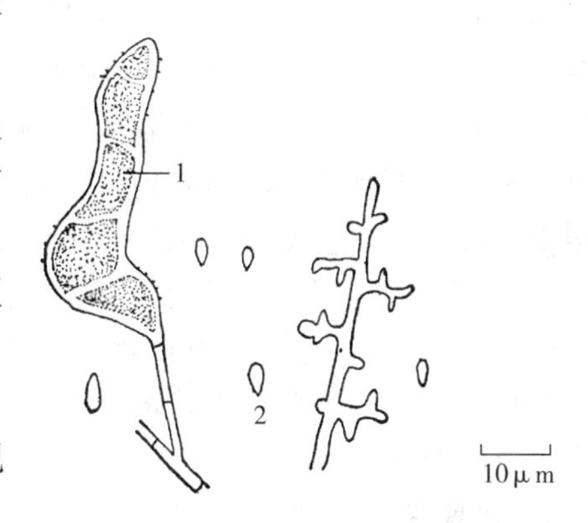

图 22-6　歪斜小孢霉
1. 大分生孢子　2. 小分生孢子
（引自《医学真菌鉴定初编》，孙鹤龄主编）

［**致病性**］歪邪小孢霉是亲动物性真菌，能引起马、狗、猴类感染，主要侵害马、狗和猴的皮肤。感染部位局部增厚，肿胀，毛无光泽，易断裂。当有炎性渗出物时，易形成结痂，毛脱落时则变成秃斑。多数病例可自愈。

（三）石膏状小孢霉（*M. gypseum*）

［**病料检查**］毛外型。在毛干周围有链状排列密集成群的孢子。皮屑中有菌丝和少许孢子。

［**培养特性**］在葡萄糖蛋白胨琼脂培养基上室温培养，生长较快，3～5d 出现菌落，中心隆起，并有一个小环，周围平坦，上面覆盖白色绒毛样气生菌丝。菌落初为白色，逐渐变成淡黄色，呈黄色粉状，凝集成片。菌落中心颜色较深，而边缘色泽较淡。琼脂背面呈褐色至橘黄色。有些菌株的菌落中心有小环区域，外周有极短的沟纹，边缘不规整，当产生环状沟纹时，则形成同心圆形沟纹。

［**形态特征**］大分生孢子 4～6 隔，大小为（12～13）μm×（40～60）μm。纺锤形，两端稍细，少数壁光滑。菌丝较少。第一代培养物中，偶见少数小分生孢子，单细胞，大小为（3～5）μm×（2.5～3.5）μm，呈棍棒状，沿菌丝壁产生分生孢子。菌丝呈球拍状、破梳状、结节状及极少数为螺旋状。原壁孢子较少(图 22-7)。

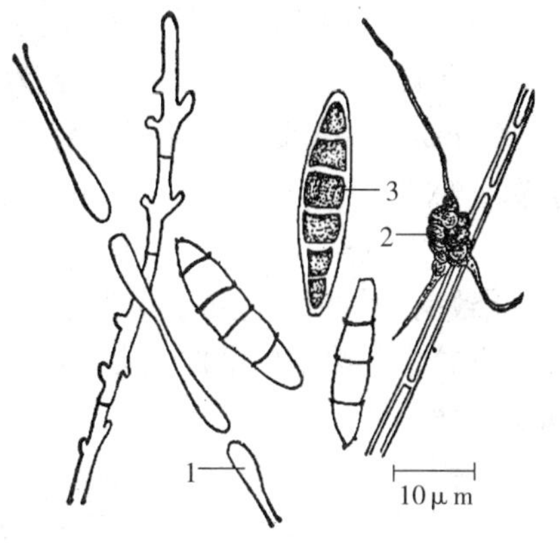

图 22-7　石膏状小孢霉
1. 球拍状菌丝　2. 结节菌丝　3. 大分生孢子
（引自《医学真菌鉴定初编》，孙鹤龄主编）

［**致病性**］石膏状小孢霉是亲动物性真菌，能感染马、狗、猫等动物，主要侵害毛和皮肤。皮肤呈局限性肿胀、发炎。毛无光泽，易断裂和脱落。当感染局部有炎性渗出物时，与皮屑、毛形成结痂。结痂脱落显现秃斑。一般情况随时间延长而自愈。

石膏状小孢霉对多种实验动物有致病性。用人工培养物制成悬液，接种实验动物均可引起毛、皮肤的损害。

（四）鸡禽类小孢霉（*M. galinae*）

异名：鸡禽类毛癣菌（*Trichophyto galinae*）

目前，鸡禽类小孢霉或鸡禽类毛癣菌在分类系统上仍有不同意见。有人主张归入小孢霉属，有人主张归入毛癣菌属。在一些医学真菌学著作中都按一个种表述，多数认为是小孢霉属中的一个种。

［**病料检查**］毛外型。在毛干周围有成串的分生孢子，但也有单个的，较大，直径3～8μm。在皮屑内有菌丝和极少量的孢子。

［**培养特性**］在葡萄糖蛋白胨琼脂培养基上室温培养，生长较快。开始菌落小而白色，逐渐发育成块状隆起。25℃培养，菌落保持白色，30℃培养，菌落则由白色渐进性转变为淡红色。随培养时间延长，菌落逐渐扩大，中央形成浅皱褶状沟纹。菌落表面呈绒毛状菌丝。当由粉红变成暗红色时，红色素渗入琼脂中，背面呈红色或暗红色。

［**形态特征**］大分生孢子呈棒形或梭形，微弯曲，2～6隔，少数达10隔，壁厚，光滑或粗糙。小分生孢子侧生，单细胞。在含酵母浸膏的培养基上，可产生大量的大分生孢子和小分生孢子及厚壁孢子（图22-8）。

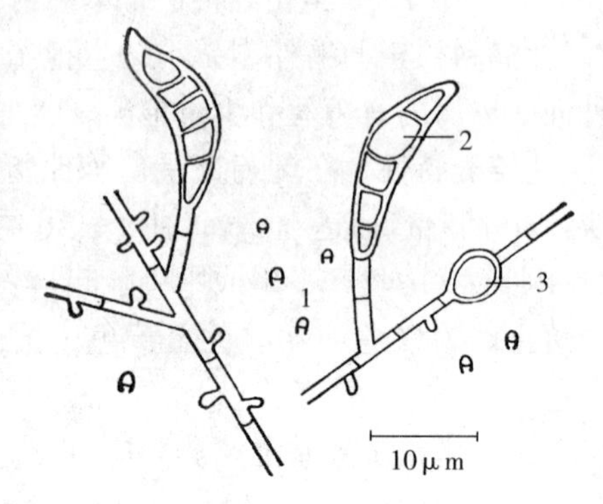

图22-8　鸡禽类小孢霉

1. 小分生孢子　2. 大分生孢子
3. 厚壁孢子
（引自《医学真菌鉴定初编》，孙鹤龄主编）

［**致病性**］鸡禽类小孢霉能引起鸡、鸭、火鸡、鸽、金丝鸟、灵长类及啮齿类感染。主要侵害鸡冠、肉髯，感染部位肿胀、发炎、皮屑增多乃至形成结痂。当侵害颈、背部羽毛时，羽毛粗糙，甚至脱落，局部皮屑增加，白色糠麸样结痂明显。灵长类和啮齿类主要侵害毛和皮肤，局部形成秃斑。

（五）猪小孢霉（*M. nanum* Fuentes）

［**病料检查**］毛外型。孢子在毛干外排列成串或单个分散存在，量较少，卵圆形。皮屑有少量孢子及菌丝。

［**培养特性**］在葡萄糖蛋白胨琼脂培养基上，室温培养。生长较快，菌落初白色，粉末状，表面平坦，边缘整齐。老龄培养物呈黄红色至淡黄红色。琼脂背面呈棕红色。

［**形态特征**］大分生孢子呈梨子形，或近卵圆形，壁厚，有刺，1～3隔。小分生孢子呈棍棒状，再生菌丝侧生。

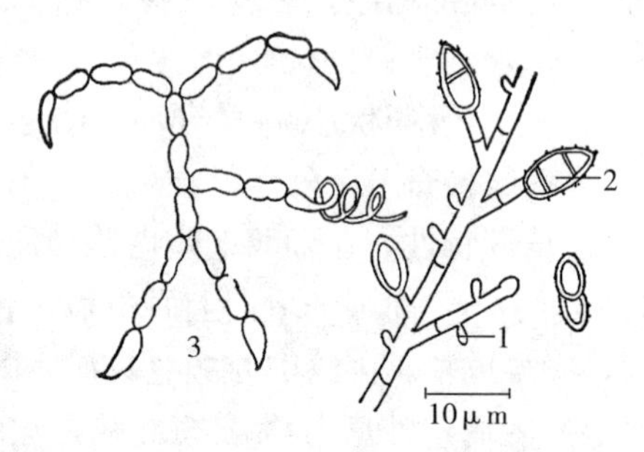

图22-9　猪小孢霉

1. 小分生孢子　2. 大分生孢子　3. 有性阶段
（引自《医学真菌鉴定初编》，孙鹤龄主编）

另外，有性阶段属于子囊菌亚门，不整子囊菌纲、散囊菌目、囊菌科、*Nannizzia*属，命名为*Nannizzia obtusa*（Dawson and Gentlas）。闭囊壳呈球形，直径250～450μm。菌丝淡黄色。子囊呈球形，直径5～6.5μm，含8个子囊孢子，无色，光滑或粗糙，呈双凸镜状，大小为（2.7～3.2）μm×（1.2～2.0）μm（图22-9）。

［**致病性**］猪小孢霉能引起猪、狗、鸡、啮齿类和灵长类感染。主要侵害皮肤和毛。猪背部和臀部被感染较多，多呈局限性感染，皮肤粗糙，毛易破碎，皮屑增多，患部表面呈糠麸状。一般情况，多数病例自愈。

三、组织胞浆菌属（*Histoplasma*）

（一）伪皮疽组织胞浆菌（*Histoplasma farciminosus* Rivolta）

伪皮疽组织胞浆菌由Rivolta于1873年从病马溃疡脓液中发现，并命名为伪皮疽隐球酵母（*Cryp-*

tococcus farciminosus），Tokishge（1896）获得本菌的纯培养物，命名为伪皮疽酵母（*Saccharomyces farciminosus*）。1934 年 Redailli（Rivolta）和 Ciferri 定名为伪皮疽组织胞浆菌。目前，国际上已公认本菌的分类系统属半知菌亚门，丝孢菌纲，丝孢菌目，丛梗孢科，组织胞浆菌属。它分布广泛，除南北美洲和澳大利亚外，非洲和亚洲各国都有感染病例报道。伪皮疽组织胞浆菌是流行性淋巴管炎的病原菌。

［病料检查］本菌在马属动物体寄生，以孢子芽裂繁殖为主，产生孢子。在脓液中可见到球形、卵圆形、梨子形，大小为（2.5～3.5）μm×（2.0～3.5）μm 的孢子。孢子为双层轮廓，两端尖，有的一端形成芽蕾，单个或串状排列。在巨噬细胞和白细胞内可见数目不等的孢子。孢子内容物或多或少呈同质状，其中有 1 个或 2～3 个折光很强的小颗粒（图 22－10）。涂片经革兰和姬姆萨染色可见更清楚的上述菌体形态。

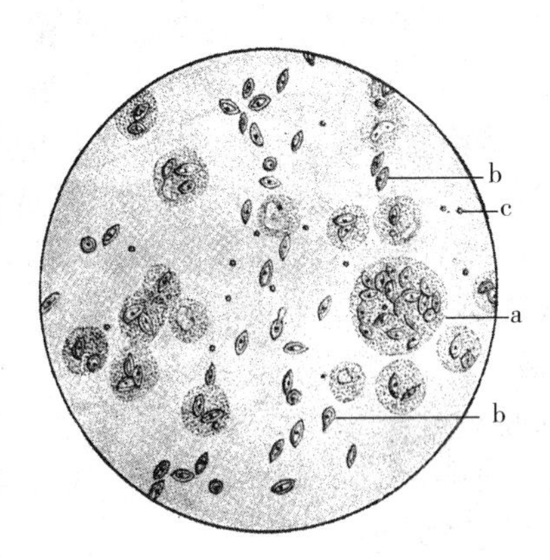

图 22－10　伪皮疽组织胞浆菌
a. 白细胞内孢子　b. 游离的孢子
c. 孢子状小体
（引自《家畜传染病》，胡体拉著，盛彤笙译）

［培养特性］伪皮疽组织胞浆菌能在多种培养基上生长，适宜的培养温度为 26～28℃。伪皮疽组织胞浆菌在肝汤蛋白胨琼脂、睾丸琼脂、沙保罗琼脂、2.5%葡萄糖马肉汤琼脂等培养基上都能生长，但生长发育速度很慢，一般 15～20d 才能看出生长，30d 达到生长旺盛时期。伪皮疽组织胞浆菌在富含丰富营养的培养基（如脑、心、肝浸液、水解乳蛋白、多价蛋白胨、葡萄糖、血清琼脂）上经 7d 培养就可达到生长旺盛阶段，菌落长满斜面。伪皮疽组织胞浆菌在各种不同培养基上生长，菌落形态基本相似。菌落边缘不整齐，表面多皱褶，淡灰白色至淡灰色，黏稠。伪皮疽组织胞浆菌在液体培养基中生长较慢，在培养基液面形成菌膜，多皱褶，菌膜表面呈淡白色粉样。培养液透明，深部有豆粒至米粒大小的毛团样菌球。

［形态特征］人工培养物：菌丝分枝，有隔，壁厚光滑，粗细不等。孢子球形或近球形。有厚壁孢子。人工培养物菌丝多，孢子少，伪皮疽组织胞浆菌的典型特征是病料检查所见的孢子形态。

［生化特性］伪皮疽组织胞浆菌的生化特性不活泼。不发酵各种糖类，不产生靛基质及硫化氢。VP 试验阴性，凝固牛乳，轻微液化明胶。

［抵抗力］伪皮疽组织胞浆菌对外界环境的抵抗力较强。脓液中的菌体可在日光直射下存活 5d。60℃能存活 30min，80℃仅几分钟即可死亡。0.2%升汞 60min 杀死。5%石炭酸、1%甲醛、2%的石灰乳 1～5h 杀死。5%～20%漂白粉液 1～3h 杀死。

［致病性］伪皮疽组织胞浆菌能引起马属动物感染，也有骆驼和牛被感染病例的报道。自然感染主要侵害动物体的颈、四肢、面部等体部。被感染的皮肤开始有局限性肿胀及炎症，逐渐形成结节，化脓，溃疡。病程延长，则沿淋巴管发展形成串珠状结节，尤其颈和四肢体部，串珠状结节明显。自然感染病例一般预后不良。

人工培养物对马、驴皮下接种或人工皮肤损伤涂抹，50d 内三次重复接种，在 60d 发病。但用伪皮疽组织胞浆菌的 7d 培养菌体，小剂量多次皮下接种发病后，再通过马体或驴体传代多次，其毒力增强。用马体传代菌株 150mg（湿重）菌体，一次皮下接种，7～10d 内发病，时间延长，可出现再生结节。用本菌培养的菌体对兔、豚鼠皮下感染，仅引起局部脓肿，不产生继发性结节。

污染地区，本菌可引起 2%～5%的马属动物发病，流行地区为 10%左右，严重发病地区可达 32%～50%。死亡率在 20%左右。

［免疫性］伪皮疽组织胞浆菌有良好的抗原性。用本菌研制的灭活和减毒疫苗对马能产生保护性抗体。两种疫苗保护率在 80%～89%。

伪皮疽组织胞浆菌菌素，做皮肤变态反应试验，能检出变态反应原，特异性高，无假阳性。

（三）荚膜组织胞浆菌（*Histoplasma capsulatum* Darling）

荚膜组织胞浆菌由Darling于1906年发现并命名。

异名：荚膜隐球酵母（*Cryptococcus capsulatum*）。

荚膜组织胞浆菌为双相型，致人和动物的疾病称为组织胞浆菌病（histoplasmasis）。

[病料检查] 采集血液、骨髓、皮肤和黏膜损害处刮取物及肝、脾、淋巴结穿刺液涂片，瑞氏、姬姆萨及过碘酸染色。镜检：在大单核细胞、多形核白细胞、巨噬细胞内含有1～5μm的酵母样细胞，呈圆形或卵圆形，有荚膜，多聚集成群或单个存在。

[培养特性] 培养基pH5.5～6.5，培养温度为25～30℃。适合于菌丝型荚膜组织胞浆菌生长。pH6.5～8.1，32～37℃培养，适合于孢子型荚膜组织胞浆菌生长。

在葡萄糖蛋白胨琼脂培养基上，25℃左右培养2～3周才能出现菌落特征，初为白色棉花样气生菌丝，逐渐变成淡黄色至棕褐色，菌落中心具微细粉末样。在血液琼脂上37℃培养，菌落表面光滑、湿润、白色。在脑心血葡萄糖琼脂37℃培养，菌落表面呈膜样、皱褶、湿润、粉红色至黄褐色。

[形态特征] 菌丝细长、分枝、有隔。在菌丝侧壁或分生孢子梗上有圆形、梨子形外壁光滑的小分生孢子和刺状荚膜的大分生孢子。大分生孢子是荚膜组织胞浆菌的特征（图22-11）。

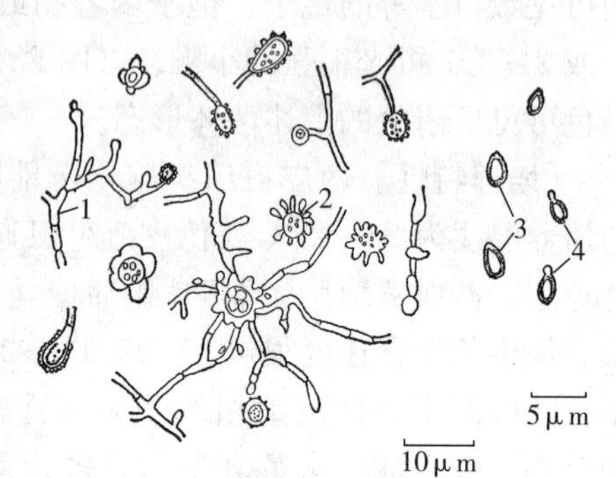

图22-11　荚膜组织胞浆菌

1. 菌丝　2. 棘突如齿轮的大分生孢子　3. 酵母样孢子　4. 芽生孢子

（引自《医学真菌鉴定初编》，孙鹤龄主编）

[生化特性] 糖发酵试验不产酸、产气。可使硝酸盐还原为亚硝酸盐。水解脂肪。不能水解淀粉和纤维。不凝固牛乳。尿素试验阳性。

[致病性] 荚膜组织胞浆菌对马、牛、绵羊、猪、狗、禽类、啮齿类及灵长类感染致病。荚膜组织胞浆菌主要引起动物网状内皮组织增生、坏死。其他组织也可感染，多为局灶性和慢性。

马一般为慢性经过，可视黏膜黄染，全身性浮肿，呼吸困难和心力衰竭，怀孕母马可引起流产。牛多为慢性经过，食欲减退，体重下降，呼吸困难，腹泻，颈部皮下淋巴结肿大，颈、脊背两侧皮下气肿。狗和猫通常逐渐消瘦，腹泻，肝肿大，贫血等。

[免疫性] 荚膜组织胞浆菌对动物的局部感染，一般情况下能自愈。这与机体产生的细胞免疫或体液免疫有关。当病例康复时，通常抗体效价趋向消失。但迟发型过敏反应则能继续存在。所以，用组织胞浆菌素进行皮肤试验仍呈阳性。因此，组织胞浆菌素皮肤变态反应试验，对荚膜组织胞浆菌感染有诊断意义。

四、假丝酵母属（*Candida*）

本属又称念珠菌属，属于半知菌亚门、芽生菌纲、隐球酵母目、隐球酵母科。属的特性为在培养基上呈白色或乳白色酵母型菌落；镜检菌体为圆形或长椭圆形，营芽生方式繁殖，形成假菌丝，后可有真菌丝，有些菌种产生厚壁孢子，不产生子囊孢子。菌丝生成芽生孢子，其排列方式常为某些假丝酵母的生长特性。本属与其他酵母型真菌的主要区别是：产生菌丝和子囊的是内真菌属；不产生菌丝有子囊形成的是酵母属；无菌丝又无子囊形成的是隐球酵母属；产生菌丝无子囊形成的是假丝酵母属。已知本属有81种，其中有白色假丝酵母（*C. albicans*）、热带假丝酵母（*C. tropicalis*），伪热带假丝酵母（*C. pseudotropicalis*）、克鲁斯假丝酵母（*C. krusei*）、副克鲁斯假丝酵母（*C. parakrusei*）、星形假丝酵母（*C. stellatoidea*）、季利蒙假丝酵母（*C. guelliermondii*）等为动物和人的条件性致病菌，导致临床上的假丝酵母病（candidiusis）。白色假丝酵母的致病力最强，其余种也有一定的致病力。

白色假丝酵母［*Candida albicans*（Robin）Berkhout］

［病料检查］采集病变部位材料，用10%氢氧化钾溶液处理涂片，直接镜检，可见到成群卵圆形至圆形的芽生孢子，壁薄，大小为（3.0～6.5）μm×（3.5～12.5）μm。椭圆形的芽生孢子的芽管延长形成假菌丝，有时在假菌丝旁着生孢子，其孢子群集或散在。假菌丝分枝、有隔。经革兰染色，假菌丝和芽生孢子均呈阳性。

［培养特性］在葡萄糖蛋白胨琼脂培养基上25℃培养3～4d，菌落呈乳白色，偶尔呈淡黄色，圆形，似奶酪样隆起。起初菌落平坦光滑，4周后表面形成隆起花纹或火山口状，菌落边缘可见树枝样下沉生长。

［形态特征］在葡萄糖蛋白胨琼脂培养基上，菌丝交接处有群集的芽生孢子，菌丝侧旁也有少量的芽生孢子（图22-12）。在玉米琼脂培养基上，菌丝很少分枝，有少量芽生孢子，菌丝顶端或侧缘有厚壁孢子，直径7～17μm。

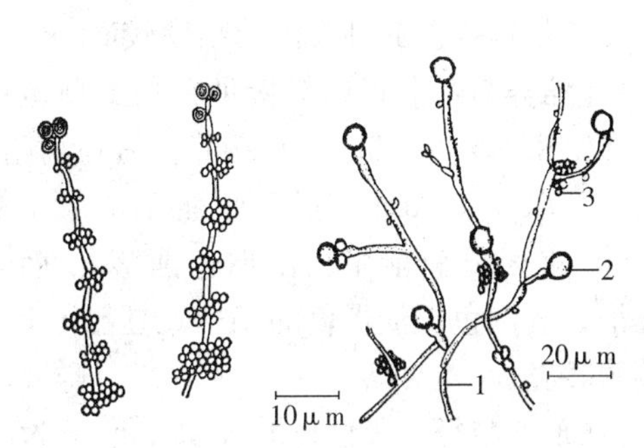

图22-12　白色假丝酵母

1. 假菌丝　2. 厚壁孢子　3. 芽生孢子

（引自《医学真菌鉴定初编》，孙鹤龄主编）

［生化特性］不凝固牛乳，不液化明胶，不分解杨梅苷。同化硫酸铵，不同化硝酸钾。7种假丝酵母糖发酵及同化试验如表22-2。

表22-2　七种假丝酵母生物化学试验

假丝酵母种类	糖发酵试验				同化试验				
	葡萄糖	麦芽糖	蔗糖	乳糖	葡萄糖	麦芽糖	蔗糖	乳糖	半乳糖
白色假丝酵母	AG	AG	A－	－	＋	＋	＋	－	＋
热带假丝酵母	AG	AG	AG	－	＋	＋	＋	－	＋
伪热带假丝酵母	AG	－	AG	AG	＋	－	＋	＋	＋
克鲁斯假丝酵母	AG	－	－	－	＋	－	－	－	－
副克鲁斯假丝酵母	⊕AG	－	－	－	＋	＋	＋	－	＋
星形假丝酵母	AG	AG	－	－	＋	＋	－	－	＋
季也蒙假丝酵母	－	－	－	－	＋	＋	＋	－	＋

注：A. 产酸；G. 产气；＋. 有作用；－. 无作用；⊕. 偶尔产酸

［致病性］本菌为动物和人的皮肤、黏膜和消化道常在菌，一般对正常动物不致病，但当饲养管理不良、缺乏维生素、大剂量长期使用广谱抗生素或免疫抑制剂，使机体抵抗力下降时，常引起内源性感染，导致人、禽、牛、猪、绵羊、狗、猫、家兔、豚鼠等发病。感染主要发生于幼龄动物。禽类多引起嗉囊疾患，幼猪和犊牛多出现消化道疾病。有时本菌也可发生接触传染。但鸡群发生本病时，如将健康鸡暴露于病鸡群24h，往往可以发生致死性感染。有人曾调查某鸡场的本病发生率：雏鸡30%～40%，青年鸡10%，成鸡5%。雏鸡病死率约10%。

鸡白色假丝酵母培养物，制成1%生理盐水悬浮液，家兔耳静脉注射，4～5d后死亡，肾脏有许多小脓肿。家兔皮内注射，48h形成脓肿。小白兔静脉注射、鸡胚注射都表现致病作用。

五、隐球酵母属（*Cryptoccocus*）

隐球酵母属在分类系统中属半知菌亚门、芽生菌纲、隐球酵母目、隐球酵母科。涉及本属的种很多，其中新型隐球酵母是Buschke于1894年发现，经多次分离培养获得纯培养物，当时划为酵母属

(*Saccharomyces*)。Vuillemin 于 1901 年认为本菌不产生子囊，才划入隐球酵母属中。本菌分布广泛。感染动物和人导致隐球酵母病（cryptococcusis)。

新型隐球酵母［*Cryptoccocus neoformans*（Sant.）*Vuill.*］

［**病料检查**］在载玻片滴加脊髓液、病变组织悬液或脓液等病变材料，再滴加印度墨汁或一般墨汁，混匀。镜检可见到圆形至卵圆形、厚壁、直径 4～20μm、出芽或不出芽的孢子。孢子外围由宽、折光、透明胶质的厚膜包围，厚度 5～7μm。另外，还可将病料悬液离心（3 000r/min）10min，取沉淀物，加印度墨汁镜检。此种方法检出率较高。

［**培养特性**］将病料接种在葡萄糖蛋白胨琼脂培养基（加青霉素和链霉素）上 25～37℃培养。另外，还可将病料制成乳液，无菌离心，取 0.5～3mL 沉淀物，接种在葡萄糖琼脂培养基上 25～37℃培养。2～5d 就能生长出白色菌落。继续培养，呈现湿润、黏稠、光滑、乳酪色至淡褐色的菌落。在脑心琼脂上 37℃培养生长良好，荚膜较宽。

［**形态特征**］无菌丝和子囊。孢子为酵母样细胞，出芽或不出芽，有荚膜，圆形或近圆形。在孢子内有一较大的颗粒，或多个颗粒。孢子直径 2.5～8μm（图 22-13）。

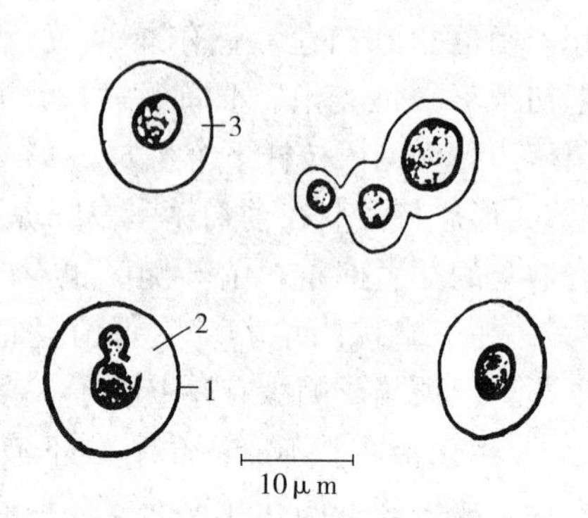

图 22-13　新型隐球酵母

1. 芽生孢子　2. 荚膜　3. 子细胞

（引自《医学真菌鉴定初编》，孙鹤龄主编）

［**生化特性**］尿素发酵阳性，不发酵葡萄糖、麦芽糖、蔗糖和乳糖。在固体培养基上形成类淀粉样化合物。分解肌醇、卫茅醇。硝酸盐试验阴性。

［**致病性**］当动物机体抵抗力下降时，本菌可以从呼吸道、消化道、皮肤等途径侵入引起感染，导致隐球酵母病。新型隐球酵母可感染牛、马、羊、狗、猫、灵长类和其他一些肉食动物。感染后常表现亚临床症状，但可导致死亡。新型隐球酵母对马主要侵害神经系统，表现运动失调、四肢强直、肌肉痉挛、步态僵硬等症状。侵害呼吸系统则表现肺炎、鼻腔炎症、鼻腔肿瘤等。牛感染主要侵害母牛的乳房，表现肿胀、乳腺坚硬、乳房皮下水肿，淋巴结肿大。乳头流出絮状和肿块物及黏液样蛋白和水样乳浆。当呼吸系统受侵害时，表现鼻腔黏液瘤、结节性肺炎或肺脓肿及溃疡性心内膜炎等。羊感染时主要为乳房炎，其症状与牛相似。猪主要是呼吸道的损害、肺炎及鼻腔炎症。狗和猫主要是呼吸系统感染。口腔发生溃疡。猫还伴有慢性鼻炎等症状。

新型隐球酵母 48h 培养物，1×10^4～5×10^5 菌量静脉接种小鼠死亡。有的菌株在 10^8 剂量则不引起死亡。兔不敏感，鸽子钝感，新型隐球酵母可在鸽子体内长期存活，为带菌者。

六、芽酵母属（*Blastomyces*）

本属分类在子囊菌亚门、半子囊菌纲、内孢霉目、内孢霉科。Gilchrit 于 1894 年发现皮芽酵母(*Blastomyces dermatitidis*)，1898 年仍由 Gilchrit 和 Stokes 命名为皮芽酵母。1967 年发现本菌的有性世代，属不整子囊菌纲，散囊菌目、裸囊科。次年由 Mcdonough et Lewis 正式命名为 *Ajellomyces dermatitidis*。

皮芽酵母（*Blastomyces dermatitidis* Gilchrit and Stokes)

皮芽酵母旧称皮炎芽生菌。

［**病料检查**］采集活体或尸体病料涂片，滴加 10%氢氧化钾溶液，覆盖片，在酒精灯火焰通过几次加热处理。镜检可见到圆形带有折光双层轮廓的厚壁、直径 8～15μm 的芽生孢子。芽生孢子一般很少多芽。如用生理盐水替代氢氧化钾，置 37℃数小时后，可有更多的芽孢子形成。

［**培养特性**］在葡萄糖蛋白胨琼脂培养基上 25℃培养，生长慢，开始呈蜡状薄膜样生长，不久出现

小片样菌丝生长。随培养时间延长，菌丝逐渐增多，形成同心圆形，4～5周后，乳白色菌丝可覆盖大部分斜面。菌落背面呈深棕色。

［**形态特征**］菌丝有隔，直径1～3μm。在靠近菌丝分隔处两侧或细或粗的分生孢子梗末端，有单个圆形或梨形的小分生孢子，直径4～5μm。在老龄培养物中可见间生厚壁孢子（图22-14）。

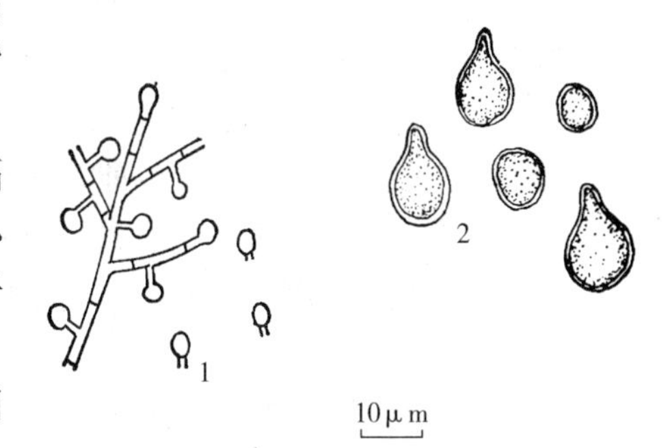

图22-14　皮芽酵母

1. 分生孢子　2. 单芽厚壁孢

（引自《医学真菌鉴定初编》，孙鹤龄主编）

有性世代：在子囊果外围环绕螺旋状菌丝。子囊位于闭囊壳内，呈球形，大小为（3.5～6）μm×（3.75～7.5）μm。每个子囊内含有8个子囊孢子，直径1.5～2.5μm，表面光滑球形。

［**致病性**］皮芽酵母感染狗，一般表现慢性衰弱综合征。当侵害肺脏时出现咳嗽，呼吸困难，体温升高。皮肤感染形成结节，化脓，溃疡后变成溃疡性肉芽肿。本菌对马的感染多发生于四肢下部，然后沿淋巴管扩散形成炎症，严重的化脓形成溃疡，少数母马有乳房感染和软部皮肤感染形成脓肿。

［**免疫性**］Rippon等（1977）用皮芽酵母的有性世代（*Ajellomyces dermatitidis*）结合孢子的胞浆制备抗原研制的免疫扩散技术，对皮芽酵母病诊断有良好的特异性，与其他疾病无交叉反应。但血清必须新鲜，而贮藏血清存在非特异性反应。用皮芽酵母孢子壁，菌丝体制备抗原，经补体结合试验、琼脂凝胶沉淀试验表明阳性率不高。

另外，在大面积或进行性感染的病例中，能找到补体结合抗体，注射本菌的提取物可以在感染病例中引起迟发型过敏反应。

七、侧孢霉属（*Sporotrichum*）

侧孢霉属旧称孢子丝菌属。侧孢霉属在分类系统上属于半知菌亚门，丝孢菌纲，丝孢菌目，丛梗孢科。目前，已知本属有致病性的只有申克侧孢霉（*Sporotrichum schenckii*），由Matruchot于1910年命名。

申克侧孢霉（*Sporotrichum schenckii* Matruchot）

申克侧孢霉旧称申克氏孢子丝菌。本菌是腐物寄生菌，在自然环境中主要在植物上分布极广泛。本菌为双相型。

［**病料检查**］常规的真菌检验方法不容易检出脓汁和病变组织中的申克侧孢霉。有些病例脓汁涂片，用革兰染色法或其他特殊染色可以查到少量有荚膜的梭形或圆形孢子。

［**培养特性**］申克侧孢霉在葡萄糖蛋白胨琼脂培养基上，27℃或室温培养，初期菌落小而白色、平展、表面湿润，后期菌落中央出现棕褐色。3～4周后菌落呈膜状，中央具皱缩、扁平，褐色或深棕色，表面具灰白短绒状菌丝，周边菌丝呈放射状，并形成淡色和深色相同的同心圆。

［**形态特征**］菌丝细小，直径1～1.5μm，分枝，有隔。在直角侧生的短菌丝及顶端着生许多小分生孢子，呈花瓣样排列。小分生孢子呈卵圆形至球形或梨子形，具短状突起或无突起。有的孢子沿菌丝呈羽状着生。深部可见厚壁孢子（图22-15）。

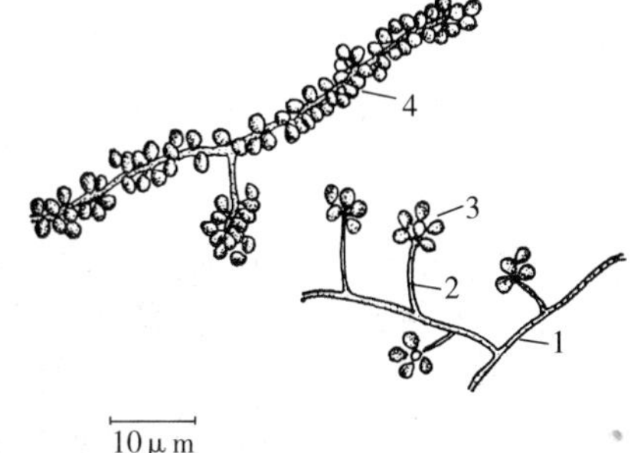

图22-15　申克侧孢霉

1. 菌丝　2. 分生孢子梗

3. 小分生孢子　4. 侧生小分生孢子

（引自《医学真菌鉴定初编》，孙鹤龄主编）

本菌在胱氨酸葡萄糖琼脂或脑心葡萄糖琼脂培养基上，

37℃培养，菌落呈尘白色酵母样，无菌丝，柔软。镜检可见到如同梭形、圆形及生芽酵母样的菌体。革兰染色阳性。另外，申克侧孢霉组织培养易成功。

［致病性］申克侧孢霉能引起马属动物、牛、猪、狗、猫、骆驼及鼠类感染。马一般通过外伤感染，病变多发生于四肢下部皮肤，常在前肢外伤处周围形成小节或扩展到淋巴管，形成囊状肿和串珠状小结节。化脓破溃后，形成喷火口状溃疡。颈部也可出现上述病况。严重病例终身残疾或死亡。

狗常引起皮肤和淋巴管形成结节，化脓，破溃则形成溃疡。关节、肺、肝等器官组织呈现炎症及结节性肿大。

用病变部位脓汁或培养物制成悬液，0.3～0.5mL腹腔注射小鼠、大鼠和田鼠，两周内腹腔、肠系膜有肉芽肿。

［免疫性］在患病机体存在抗感染应答，属细胞免疫或体液免疫。在抗感染过程中对抗酵母型申克侧孢霉的凝集素上升。大约有50%病例有补体结合抗体，其效价迅速上升表示病情转良好。侧孢霉素（sporotrichin）可使病畜产生特异性的迟发型过敏反应。

八、球孢子菌属（*Coccidioides*）

球孢子菌属在分类系统上的位置目前仍有不同意见。Ainsworth（1977）将本属划分在接合菌亚门、接合菌纲。于1973年Kendrick等将本属分在半知菌亚门、丝孢菌纲、丝孢菌目。目前已知本属只有粗球孢子菌（*Coccidioides immitis*）一个种具有病原性，所致疾病称球孢子菌病（coccidioidomycosis）。

粗球孢子菌（*Coccidioides immitis*）

异名：粗霉样芽生菌（*Blastomycoides immitis*），粗地霉（*Geotrichum immitis*），酯样球孢子菌（*Coccidiodes estermis*）。

［病料检查］采集患畜病变处脓液、肉芽肿渗出物等样品置载玻片上，用10%氢氧化钾溶液混匀。镜检：子囊近圆形，直径10～80（平均30～60）μm，壁厚2μm。孢囊内含许多内生孢子，直径2～6μm。当子囊破裂时，孢子溢出，不出芽，间或有分枝菌丝。

［培养特性］在葡萄糖蛋白胨琼脂上25～27℃培养，或室温培养，开始像一层潮湿薄膜，并在其周边形成一圈菌丝。不久，其色泽由白色逐渐转变为淡黄或略棕色。气生菌丝卷棉毛状。培养时间延长，菌丝逐渐变为粉末状。有的菌株不产生气生菌丝，具放射状沟，从淡紫色、粉红色、淡黄色、肉桂色到黄色。

［形态特征］菌丝分枝、分隔。有的菌丝呈球拍状。桶形节孢子多，2.5～4μm，间隔有孢间连体（图22-16）。

在特殊培养基或鸡胚上培养时呈酵母样孢子，圆形或椭圆形。

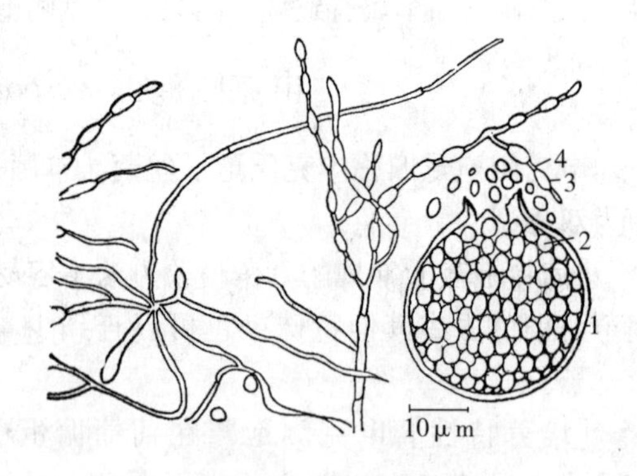

图22-16 粗球孢子菌
1. 球形菌体 2. 内生孢子 3. 节孢子 4. 孢间连体
（引自《医学真菌鉴定初编》，孙鹤龄主编）

［致病性］粗球孢子菌一般通过外伤或呼吸道感染。牛、狗、人和灵长类感染较多，马、驴、绵羊、猪、骆驼和一些食肉动物也能感染。粗球孢子菌主要侵害肺、皮肤、皮下淋巴结、肾等器官组织。牛、羊多为良性型，有时体温升高，咳嗽和呼吸困难，一般可自愈。马属动物有时体温升高，呼吸困难，并伴有粗气音。四肢下部浮肿，跛行。猫表现精神不振，呕吐，生长发育不良。狗没有特征性临床表现，但感染率比较高。一般表现厌食、呕吐、精神不振。

被感染患病动物多呈现淋巴结发生肉芽肿和脓肿，在肺、肝、肠系膜、骨较多见，多以钙化灶为转归。

用粗球孢子菌悬液，腹腔接种小鼠，10d 左右引起腹膜、肺、肝、脾等器官组织小结节病变。

[**免疫性**]

变态反应试验：皮内注射粗球孢子菌素，皮肤反应阳性。

沉淀试验：将血清与粗球孢子菌素混合，能与血清中沉淀素产生阳性反应，检出被感染动物的沉淀素。

补体结合试验：有很好的特异性，能查出体内补体结合抗体。

免疫扩散和乳胶颗粒凝集试验均能查出抗体。

九、地霉属（*Geotrichum*）

地霉属是半知菌亚门、丝孢菌纲、丝孢菌目、丛梗孢科中的一个属。白地霉（*G. candidum*）于 1822 年由 link 命名。已知本属只有白地霉一个种有致病性，但在自然界分布广泛。由白地霉导致的疾病称地霉病（geotrichosis）。

白地霉（*Geotrichum candidum*）

[**病料检查**] 采集患畜病变部位脓液、消化道黏膜糜烂面、病变口腔分泌物及肺病变组织涂片，滴加 10%氢氧化钾溶液混匀。镜检可见分枝、有隔的菌丝，直径 3～5μm。节孢子呈长方形、方形、圆柱形，大小为 4μm×8μm。还可见到直径 4μm×10μm 的圆形或椭圆形的节孢子。革兰染色孢子呈深蓝色。

[**培养特性**] 将患畜病变处脓液或组织接种在葡萄糖蛋白胨琼脂上 25℃培养，菌落白色至奶油色。菌落开始扁平，表面粗糙，中心有皱褶，微突起。生长两周后，菌落有放射状沟纹，37℃培养时，很少有菌体生长，菌落周围有一圈向基质穿入的宽菌丝带。

在麦芽汁培养基上 28～30℃培养，24h 产生白色菌，绒毛状或粉状，易破碎。

[**形态特征**] 菌丝分枝、有隔，部分菌丝断裂成直角的节孢子，末端钝圆，无色。一般有 2（2～4）个核，大小为（4.9～7.6）μm×（5.4～16）μm。从节孢子直角端的一侧形成芽管，延长形成分枝、有隔的菌丝（图 22－17）。

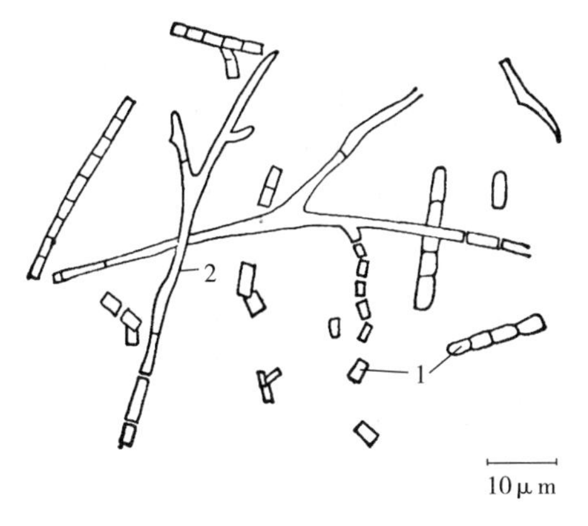

图 22－17　白地霉

1. 节孢子　2. 菌丝

（引自《医学真菌鉴定初编》，孙鹤龄主编）

[**致病性**] 白地霉是一种条件致病菌，当动物体抵抗力明显降低时才发生感染。牛、家禽和狗均可被感染。主要侵害消化系统和呼吸系统。消化系统感染表现食欲减退，采食困难，流涎，粪便排泄次数增多，粪便混有黏液和血。呼吸系统感染表现慢性支气管炎、小叶性肺炎、肉芽肿。

当动物健康处于正常情况，本菌是口腔及消化道的常在菌。

十、曲霉属（*Aspergillus*）

曲霉属为半知菌亚门，丝孢菌纲，丝孢菌目，丛梗孢科。本属常见病原性的有烟曲霉、构巢曲霉、黄曲霉等。其中烟曲霉致病性最强。烟曲霉等能引起家禽、牛、马、绵羊、猪等的呼吸系统感染和妊娠动物的流产等。曲霉病原性真菌侵入机体后，能在肺、气囊等器官组织寄生，由于其自身的致病性导致动物患病。但以烟曲霉为代表的致病性曲霉，又能在饲料、饲草、粮食及农作物秸秆等基质上生长繁殖，产生次级代谢物，如黄曲霉毒素等，引起动物中毒。因此，病原性曲霉又是产毒性真菌。由病原性曲霉导致的疾病称为曲霉病（aspergillosis）。

烟曲霉（*Aspergillus fumigatus*）

[病料检查] 病变部位结节、绒毛羊水中絮状物及胎儿胃内容物涂片镜检。在弱光线视野中，可见到粗大、短、分枝或不分枝、放射状排列的菌丝和孢子。

[培养特性] 在察氏琼脂上25～37℃培养，菌落生长迅速，培养8d，直径可达50～56mm，中心稍突起或平坦，有少量辐射状皱纹或无，有同心环或无，质地菌丝绒状到絮状，或絮状，有的菌株呈绒状到颗粒状，分生孢子结构大量或较少，中部多边缘少或边缘多中部少。近于百合绿色，带灰的橄榄色或海狸灰色，有的菌株呈很浅的黄白色，近与弹药的淡黄色到象牙黄色；具少量无色渗出液或无；轻霉味；菌落背面为黄褐色、淡黄色或带绿的淡色。

[形态特征]

分生孢子头：幼龄时球形或半球形，成熟时呈致密的圆柱状，150～350μm或更长。

分生孢子梗：发生于基质，少量发生于气生菌丝，长短不一，长约400μm，直径40～50μm。上部带不同程度的绿色，并逐渐膨大形成顶囊，壁光滑。

顶囊：短瓶状，直径20～30μm，但少数小顶囊仅有6.5～15μm，1/3～1/2的表面可育，呈不同程度的绿色或浅灰绿色。

小梗（产孢结构）：单层，瓶梗大小为（5～8）μm×（2～2.5）μm，近于平行。

分生孢子：球形或近球形，直径2.5～3μm，或稍大，壁稍粗糙或粗糙（图22-18）。

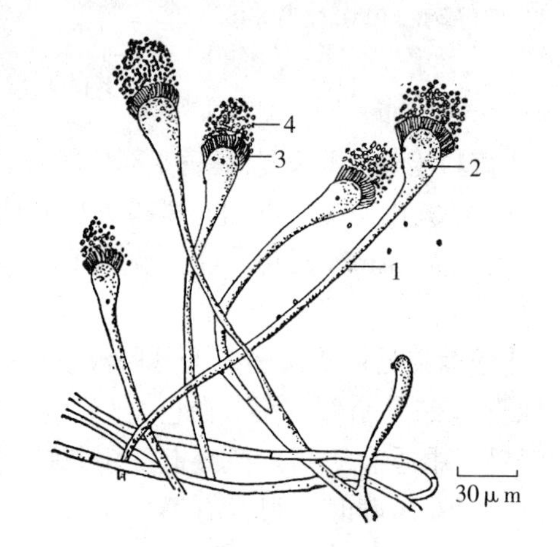

图22-18　烟曲霉

1. 分生孢子梗　2. 顶囊　3. 小梗　4. 分生孢子

（引自《医学真菌鉴定初编》，孙鹤龄主编）

[致病性] 烟曲霉主要侵害鸡禽类，牛等家畜也可感染。烟曲霉对雏鸡感染常呈暴发性流行，成批死亡。雏鸡感染后2～7d开始死亡。烟曲霉主要经呼吸道感染，在肺、气囊、支气管等器官组织寄生，形成乳白色至黄白色结节及曲霉性肿。妊娠动物常引起流产及死胎。

猪和绵羊引起肺炎及肺、支气管的结节和曲霉性肿。猪也可引起皮肤炎症。

[免疫性] 用烟曲霉的菌丝体制备的抗原能在动物体产生抗体。Richard等（1991）用烟曲霉发芽孢子研制的疫苗，免疫1～5周龄的小鸡，然后用烟曲霉分生孢子气雾攻击，免疫小鸡的感染程度比对照小鸡轻。Latge等（1991）从烟曲霉提取18×10^3抗原，对感染烟曲霉动物血清有特异反应，他们推测可用于侵袭性曲霉病的免疫诊断。

第三节　产毒性真菌

产毒性真菌是指对人和动物、植物能产生有毒性的次生代谢产物的真菌。产毒性真菌种类较多，主要产毒性真菌多在丛梗孢科的曲霉属、青霉属和镰孢霉属及瘤座孢科的镰孢霉属。少数在其他属。

真菌毒素是产毒真菌的次生代谢物，为一类对人和动植物有毒性的生物学物质。次生代谢物的产生是在基质中的真菌，只是当正常生长代谢的中间产物被限制时，次生代谢才活跃起来，即当初生代谢产物不能被利用与生长，而被“搁置”或被转移为特殊用途才产生的。所以，真菌毒素的产生需要一定条件，如基质、相对湿度、温度、供氧情况及其他因素等。在自然条件下，同一种产毒真菌，有的菌株能产生毒素，有的则不能产生毒素。菌株在不同条件下，所产生的次生代谢物的质和量，甚至次生代谢产物种类、毒性都有差别。产毒菌株不具严格的产毒专一性，一个产毒菌株可以产生几种不同的次生代谢产物，一种次生代谢产物可由几种产毒真菌产生。真菌毒素是纯化学物质，他们都有各自物理性质和化学性质。已被发现的真菌毒素及衍生物约有百余种。

真菌毒素的检验程序主要包括样品采集、真菌分离、毒素提取、鉴定、毒性测定。

样品采集：应注意样品的代表性，避免外界环境微生物的污染。

真菌分离：包括稀释分离和直接分离。稀释分离适用于粉料样品。直接分离适用于颗粒样品及动物器官组织、根块、饼料样品。

真菌培养：一般用察氏琼脂培养基和马铃薯葡萄糖琼脂培养基，于20～28℃培养可获得真菌培养物。

真菌鉴定：真菌培养物进行单孢子分离，获得单一纯种真菌，借助专门的鉴定著作，根据真菌的特征，确定属、种。

真菌毒素的检测主要包括化学、物理和生物学方法。化学方法是用有机化学试剂提取毒素，再用各种层析法将提取的毒素纯化。物理学方法是将提纯的毒素进行化学性质和物理性质的分析，主要包括气相和液相色谱、质谱、核磁共振等。生物学方法主要用于毒素的毒性测定，主要包括动物实验、组织细胞实验、谷物种子发芽试验等。另外，必要时还可进行真菌毒素对动物的生理、生化指标影响的测定。

近些年来，开展了酶免疫技术用于真菌毒素检测研究。真菌毒素酶免疫技术主要是采用蛋白质连接技术，将低分子量真菌毒素与大分子量的蛋白质连接，合成具抗原性的抗原，免疫小鼠或纯种小鼠，再从免疫小鼠分离抗体，借助酶活性建立真菌毒素的检测方法。如酶联免疫吸附试验，免疫亲和层析、放射免疫分析等。目前，国外市场已有黄曲霉毒素 B_1 的检测试剂盒，对黄曲霉毒素的检测具有特异、快速、微量检出等特点。

一、葡萄穗霉属（*Stachybotrys*）

葡萄穗霉属在分类系统属半知菌亚门、丝孢菌纲、丝孢菌目、暗色孢科。

黑色葡萄穗霉（*Stachybotrys atra*）

本菌常见于豆科植物和牧草等植物，易引起霉败变质，分布广泛。1938年原苏联报道了马黑色葡萄穗霉中毒，以后埃及、东欧及美国也相继报道了由黑色葡萄穗霉引起的动物中毒。

[培养特性] 黑色葡萄穗霉是需氧菌，生长温度为20～25℃，或更低。相对湿度为45%以上。在马铃薯葡萄糖琼脂培养基上，菌落生长局限，呈茸毛状，烟褐色，绿褐色。后期呈黑褐色至黑色。琼脂背色泽相同。在液体培养基中，经5～6d培养，在培养基液面上呈絮状的菌丝，并形成菌膜和菌环。培养液清澈透明。在液体培养基中置入滤纸片，于7～12d，纸片上形成似煤烟样菌层。

[形态特征] 菌丝透明，有隔，呈广角或近直角分枝，直径4.0～6.0μm。分生孢子梗从营养菌丝直立生长，基部近于透明，顶端呈烟褐色，表面粗糙或颗粒状。分生孢子梗末端产生5～7个似花瓣小梗。小梗透明，浅褐色，大小为（10～12）μm×（4～5）μm，壁厚约0.5μm。在小梗上着生分生孢子，分生孢子单生，聚集成不规则的团块，或单个分散开。分生孢子呈圆形或卵圆形，或近柱形，大小为（6～8）μm×（4～5）μm，幼龄呈烟褐色，壁光滑，老龄呈黑色，有刺状突起（图22-19）。

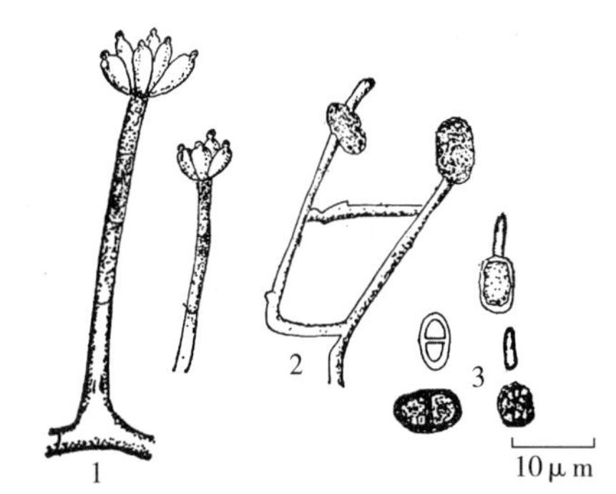

图22-19　黑色葡萄穗霉

1. 分生孢子梗　2. 孢子萌发及芽管联结现象　3. 分生孢子

（引自《医学真菌鉴定初编》，孙鹤龄主编）

[有毒代谢产物] 从黑色葡萄穗霉培养物可提取到黑色葡萄穗霉毒素C、D、F、G、H（satratoxin C、D、F、G、H）。

其中黑色葡萄穗霉毒素 C 与疣孢漆斑霉素 J（verrucarin J）相似，黑色葡萄穗霉毒素 D 与露湿漆斑霉素 E（roridin E）相同。黑色葡萄穗霉毒素（satratoxin）、疣孢漆斑霉素（verrucarin）、露湿漆斑霉素（roridin）都属于大环单端孢霉烯族化合物，它们的理化性质与毒性基本相似。

（1）黑色葡萄穗霉毒素 G（satratoxin G）：分子式 $C_{28}H_{32}O_{11}$。熔点 167～170℃。

（2）黑色葡萄穗霉毒素 H（satratoxin H）：分子式 $C_{29}H_{36}O_{9}$。熔点 162～166℃。

（3）黑色葡萄穗霉毒素 C（satratoxin C）：分子量 258。

化学结构见图 22-20。

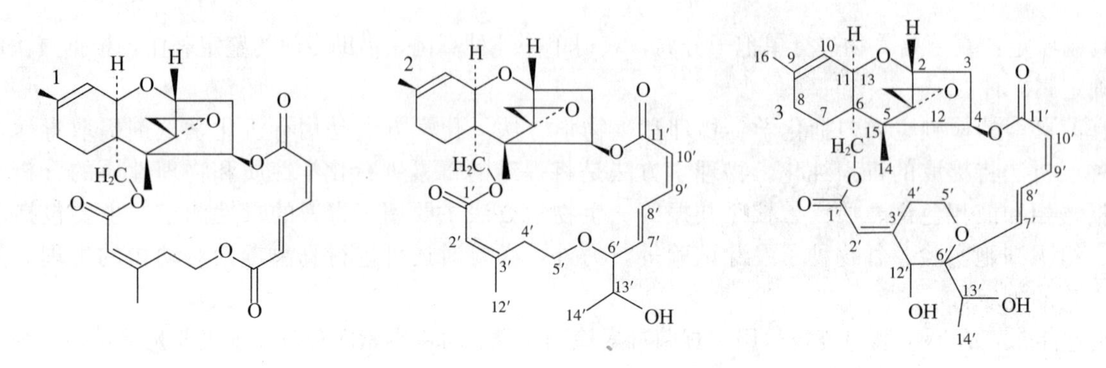

图 22-20 各种黑色葡萄穗霉毒素化学结构

1. 黑色葡萄穗霉素 C 2. 黑色葡萄穗霉素 D 3. 黑色葡萄穗霉素 H

（引自《黄菌毒素图解》，角田广等著，孟照赫等译）

［**毒性**］细胞毒性试验表明，黑色葡萄穗霉毒素呈细胞毒性。黑色葡萄穗霉毒素能引起多种动物以皮肤和消化道出血、坏死及造血系统机能障碍和神经功能紊乱为特征的中毒。黑色葡萄穗霉毒素 C 对小鼠经腹腔注射的 LD_{50} 为 0.5～0.75mg/kg。

马：急性毒性中毒以高度沉郁和过度兴奋及对刺激反应增强的神经系统紊乱为特征；慢性毒性中毒以口腔、唇、舌体、颊黏膜炎性坏死为特征，同时伴有黏膜充血、出血和咀嚼困难，吞咽缓慢、流涎及结膜炎、眼睑肿胀和流泪。死亡率较高。

牛：慢性毒性中毒与马相似，妊娠母牛多流产、早产，胎儿全身性出血，急性毒性中毒多数突然死亡。

猪：主要是口腔、舌体、颊部黏膜炎性坏死、流涎、呕吐、全身性震颤及后肢麻痹、高度沉郁等。少数病例在腹部、蹄踵部、乳房等体部发生坏死和出血。

家禽：主要在舌尖、软腭和咽黏膜处出现黄色水疱，并形成局限性或扩散性坏死灶。

二、镰孢霉属（*Fusarum*）

镰孢霉属又称镰刀菌属，属于半知菌亚门、丝孢菌纲、丝孢菌目、瘤座孢科。已证明属中有的种具有有性世代，属于子囊菌亚门、核菌纲、球囊菌目、肉座菌科的丛赤壳属（*Nectria*）、丽赤壳属（*Calonectria*）、赤霉属（*Gibberella*）和菌寄生属（*Hypomyces*）。镰孢霉属的种多，在农作物、牧草、粮食、饲料等寄生，分布广泛。有些种为主要的粮食作物和一些植物的病害真菌。目前已发现在谷物、食品、饲料、秸秆、牧草等基质中主要产毒性的镰孢霉有：禾谷镰孢霉［有性世代称玉蜀黍赤霉（*Giberell zeae*）］、梨孢镰孢霉、拟枝孢镰孢霉、三线镰孢霉、雪腐镰孢霉，藨草镰孢霉、茄病镰孢霉和串珠镰孢霉等。

镰孢属的产毒株中，一个菌株产生两种或多种有毒代谢的菌株较多（表 22-3）。

表 22-3 不同镰孢霉产生同一种有毒代谢物的情况

有毒代谢物	镰孢霉	有毒代谢物	镰孢霉
T-2 毒素	茄病镰孢霉、犁孢镰孢霉、拟枝孢镰孢霉、藨草镰孢霉、三线镰孢霉	丁烯酸内酯	雪腐镰孢霉、茄病镰孢霉 藨草镰孢霉、拟枝孢镰孢霉
二乙酰雪腐镰孢霉烯醇	雪腐镰孢霉、藨草镰孢霉	二醋酸藨草镰孢霉烯醇	茄病镰孢霉、拟枝孢镰孢霉、藨草镰孢霉、三线镰孢霉
玉米赤霉烯酮	禾谷镰孢霉、三线镰孢霉		
雪腐镰孢霉烯醇	雪腐镰孢霉	新茄病镰孢霉烯醇	茄病镰孢霉、三线镰孢霉、藨草镰孢霉、拟枝孢镰孢霉、犁孢镰孢霉
镰孢霉烯酮-X	雪腐镰孢霉		
串珠镰孢素	串珠镰孢霉		

镰孢霉属不仅种类繁多，而且大部分培养性状很难保持稳定，给鉴定工作带来很大困难。所以，在分类系统上一直存在分歧，造成菌株的定名存在差异。Booth（1971）提出的分类系统为 12 个组，44 个种和 7 个变种。Jaffe（1974）提出的分类系统为 13 个组，33 个种和 14 个变种。

（一）禾谷镰孢霉（*F. graminearum* Schuw.）

禾谷镰孢霉属于色变组（Discolor）中的一个种。本菌主要寄生在禾本科植物上，主要侵害小麦、大麦、稻谷、黑麦、玉米及植物的叶、茎、根。

［培养特性］在马铃薯葡萄糖琼脂上，生长、发育旺盛，菌丝呈棉絮状至丝状，初期白色，渐呈浅玫瑰色，白-洋红色或白-砖红色，中央有时现黄色气生菌丝区。反面深洋红色或淡砖红色-赭色。菌落扩展快，培养 5d，直径 8～9cm，高5～7mm。有些菌株产生子座、菌核，子座、菌核均可呈洋红褐色，菌核或呈玫瑰色至深红色。

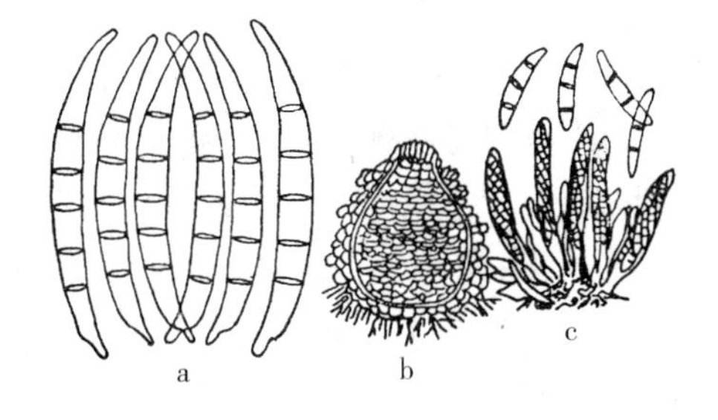

图 22-21 禾谷镰孢霉
a. 大分生孢子 b. 子囊壳 c. 子囊和子囊孢子
（引自《真菌毒素研究进展》，孟昭赫等主编）

［形态特征］

大分生孢子：生长于分生孢子座和黏分生孢子团内，纺锤至镰刀形、椭圆形弯曲、顶端细胞均匀地逐渐变细，基部有明显足细胞，典型的具 5 隔，很少有 3 隔或更多隔（图20-21，a）。在马铃薯葡萄糖琼脂培养基上，第 15 天大小为：

3 隔：41μm×4.3μm

5 隔：51μm×4.9μm［（41～73）μm×（4～5.9）μm］

7 隔：73μm×5.4μm

菌核：呈各种深浅不一的紫红色、暗紫色、鲜玫瑰红色或无色。

厚壁孢子：间生，不多或无。

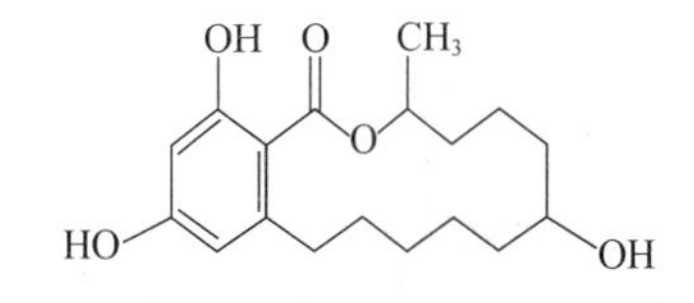

图 22-22 玉米赤霉烯酮的化学结构
（引自《真菌毒素图解》，角田广等著，孟昭赫等译）

［有毒代谢产物］

玉米赤霉烯酮（zearalenone）：分子式 $G_8H_{22}O_5$。分子量 318。熔点 164～165℃。其衍生物有 16 种。

化学结构：见图 22-22。

［毒性］玉米赤霉烯酮经口急性毒性在 20～40g/kg 以上。经腹腔给 4.4g/kg 表现毒性较弱。大鼠、小鼠、豚鼠和猪均可致外阴肥大。玉米赤霉烯酮对雌性哺乳动物引起雌激素过多综合征，不孕、流产、畸形、死胎等，对雄性动物引起的雌性化，乳腺增大、睾丸萎缩。猪最敏感，牛等其他哺乳动物次之。

注：采用蛋白质连接技术，将玉米赤霉烯酮与牛血清白蛋白连接，合成抗原，免疫纯种小鼠，产生特异性抗体，应用细胞杂交瘤技术产生具有特异性单克隆抗体，研制酶联免疫吸附试验方法，检测玉米

赤霉烯酮具有微量、快速、特异等特点。

（二）雪腐镰孢霉［*F. nivale*（Fr.）Ces.］

雪腐镰孢霉在分类系统上属蛛丝组（Arachnites）中的一个种。雪腐镰孢霉主要寄生在黑麦、小麦、大麦、牧草及豆类等植物。

［培养特性］在大米培养基上的子座呈玫瑰色。在马铃薯葡萄糖琼脂培养基上，气生菌丝白色、玫瑰色，疏松和纤维状。

［形态特征］

大分生孢子：生长于气生菌丝或分生孢子团内，纺锤形至镰刀形，顶端细胞逐渐均匀变窄，并呈圆锥形，形成椭圆形弯曲，基部无足细胞，典型具1～3隔（图22-23，a）。在马铃薯葡萄糖琼脂培养基上第15d的大小为：

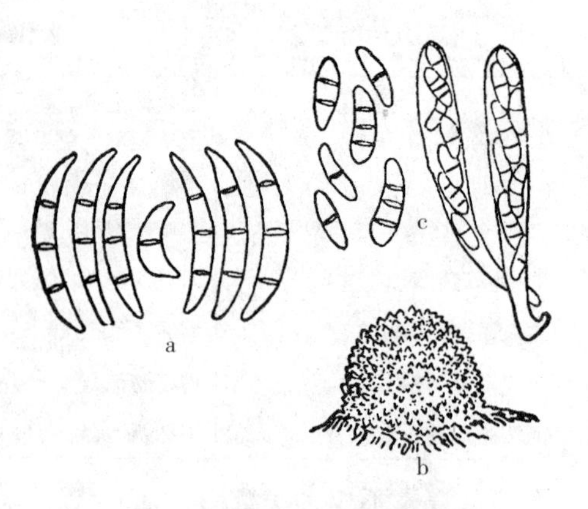

图22-23　雪腐镰孢霉

a. 大分生孢子　b. 子囊壳　c. 子囊和子囊孢子

（引自《真菌毒素研究进展》，孟昭赫等主编）

1隔：16μm×2.8μm［（9～23）μm×（2.2～4.5）μm］。

3隔：23μm×3.0μm［（13～36）μm×（2.3～4.5）μm］。

厚壁孢子：无。

［有毒代谢产物］

（1）雪腐镰孢霉烯醇（nivaleol）　分子式$C_{15}H_{20}O_7$。分子量312.3。熔点222～223℃。

（2）镰孢霉烯酮-X（fusarenon-X）　分子式$C_{17}H_{22}O_8$。分子量354。熔点91～92℃。

（3）二乙酰雪腐镰孢霉烯醇（diacetylnivalenol）　分子式$C_{12}H_{24}O_9$。分子量396。熔点135～136℃。

（4）丁烯醋内酯　见藨草镰孢霉。

化学结构见图22-24。

	R1	R2	R3	R4
镰孢霉烯酮-X	OH	OAC	OH	OH
雪腐镰孢霉烯醇	OH	OH	OH	OH
二乙酰雪腐镰孢霉烯醇	OH	OAC	OAC	OH

图22-24　雪腐镰孢霉三种有毒代谢产物的化学结构

（引自《真菌毒素研究进展》，孟昭赫等主编）

［毒性］急性毒性：雪腐镰孢霉烯醇经腹腔注射小鼠的LD_{50}为4.1mg/kg。镰孢霉烯酮-X经腹腔注射小鼠LD_{50}为3.4mg/kg。二乙酰雪腐镰孢霉烯醇经腹腔注射小鼠的LD_{50}为9.6mg/kg。三种有毒代谢物LD_{50}的小鼠均伴有肠出血和腹泻，1～3d内大部分小鼠死亡。肠管黏膜上皮细胞、胸腺骨髓等细胞有病变，细胞核崩解。

慢性毒性：用亚剂量的镰孢霉烯酮-X，给小鼠连续口服，则白细胞、血小板降低，引起白细胞缺少症，对原虫、腹水癌细胞、培养细胞等引起强的抑制发育。

从霉变饲料提取的雪腐镰孢霉烯酮-X，能引起实验动物中毒，小鼠、大鼠体重减轻，肌肉和皮肤丧失张力，并伴有腹泻。豚鼠和猫中毒表现呼吸困难。

（三）藨草镰孢霉（*F. seirpi* Lamb. et Faur.）

异名：木贼镰孢霉（*F. equiseti*）

本菌属膨胞组（Gibbosum）的一个种。藨草镰孢霉在自然界分布广泛，主要寄生在豆科植物、麦类、玉米及稻谷等植物上。

［培养特性］在大米培养基上子座呈各种深浅不一的赭色和肉桂色、橄榄色至肉桂色，肉桂色-洋红色、黄肉桂色，暗肉桂色，而米粒无色或像子座色。在马铃薯葡萄糖琼脂培养基上气生菌丝白色、嫩白色-赭色、白色-橄榄色，繁茂，松散或比较紧密而低平，基质无色或油黄色。

［形态特征］

大分生孢子：生长于分生孢子座和分生孢子团内，镰刀形，抛物线弯曲，中部直径较宽，向两端狭细，顶端细胞突然变细，平直或稍弯曲，长达 15μm，基部有明显足细胞，典型的具 5 隔，很少具 3～4 隔和 6～8 隔（图 22-25，a）。在马铃薯葡萄糖琼脂培养基上第 15d 的大小为：

4 隔：32μm×4.0μm

5 隔：43μm×4.4μm［（39～62）μm×（4.0～5.8）μm］

6 隔：（37～52）μm×（4.5～5.0）μm

7 隔：53μm×4.7μm［（49～55）μm×（4.5～5.0）μm］

8 隔：（49～62）μm×（4.5～5.0）μm

厚壁孢子：绝大多数间生，成结节状或成串间生，较少顶生。圆形，成堆时呈暗肉桂色（图 22-25，b）。

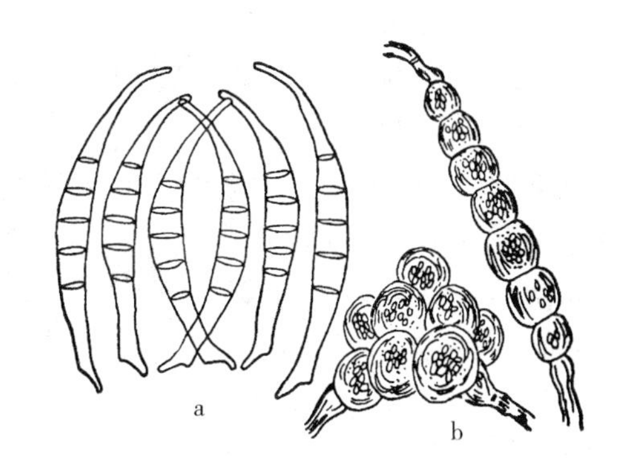

图 22-25　藨草镰孢霉

a. 大分生孢子　b. 厚壁孢子（结节状和成串间生）

（引自《真菌毒素研究进展》，孟昭赫等主编）

［有毒代谢产物］

（1）丁烯酸内酯（butenolide）　分子式 $C_6H_{17}NO_3$。分子量 138。熔点 116～118.5℃。

（2）二醋酸藨草镰孢霉烯醇（diacetoxyscirpenol）　分子式 $C_{19}H_{26}O_7$。熔点 161～162℃。

化学结构见图 22-26，图 22-27。

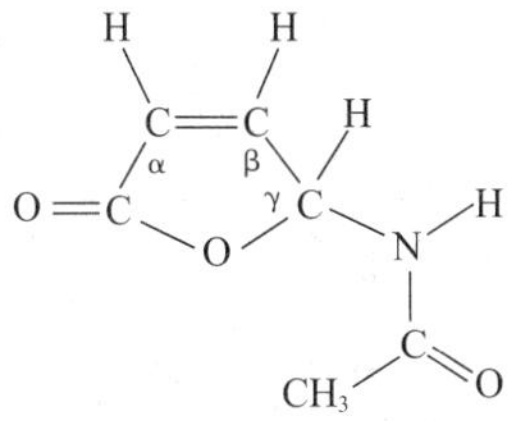

图 22-26　丁烯酸内酯的化学结构

（引自《真菌毒素研究进展》，孟昭赫等主编）

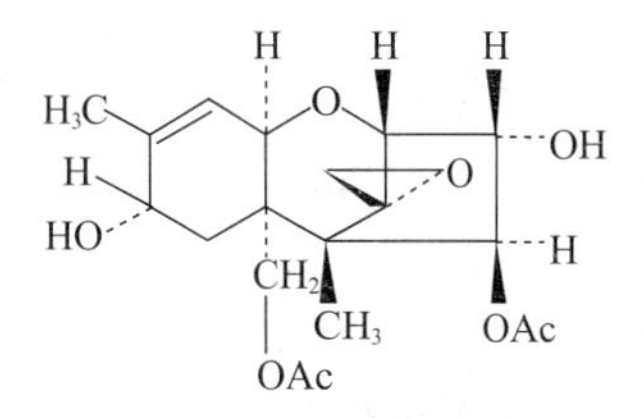

图 22-27　二醋酸藨草镰孢霉烯醇的化学结构

（引自《真菌毒素研究进展》，孟昭赫等主编）

［毒性］

丁烯酸内酯：小鼠腹腔注射丁烯酸内酯 LD_{50} 为 91mg/kg，引起淋巴结、胸腺等幼嫩细胞核崩解。家兔皮肤用 0.1～1.0mg 涂擦可引起皮疹、坏死。1～3mg/mL 的丁烯酸内酯可使红细胞变性，产生红色素。在国内外都证明丁烯酸内酯导致牛、水牛的烂蹄病。病牛的四肢跛行、蹄冠皮肤及四肢下部皮肤糜烂、破裂，甚至蹄壳脱落。耳尖、尾尖干性坏死。

二醋酸藨草镰孢霉烯醇：实验证明对大鼠有强烈的毒性，引起大鼠皮肤坏死，眼睛水肿。Bamburg 等用二醋酸藨草镰孢霉烯醇腹腔注射或灌服，与 30min 内即可发生体腔严重腹水和明显的造血器官损害。急性毒性：大鼠口服 LD_{50} 为 7.3mg/kg，静脉注射为 0.75mg/kg。小鼠腹腔注射 LD_{50} 为 23mg/kg，静脉注射为 12mg/kg。引起骨髓造血组织死亡，内脏器官出血及中毒性白细胞缺乏症。

（四）串珠镰孢霉（*F. moniliforme* Sheld.）

串珠镰孢霉是李色组（Liseola）中的一个种，主要在玉米、各种麦类，水稻等禾本科植物上寄生，还可在甘蔗、橘、柑、棉花、洋葱等植物的根、茎、穗、叶中生长繁殖。

［培养特性］在马铃薯葡萄糖琼脂培养基上，气生菌丝呈棉絮状蔓延，白色、浅粉色、淡紫色。基质较淡的黄色、赭色、紫色至蓝色。在大米培养基上子座为玫瑰红色、玫瑰色至浅紫色。

［形态特征］

小分生孢子：卵圆形、椭圆形，0～1 隔，透明，集结成链状或偶见假头状（图 22-28，a）。

大分生孢子：生于分生孢子座和黏分生孢子团及气生菌丝体中，呈锥形或镰刀形、纺锤形、棍棒形、线形、直或弯曲。大分生孢子通常向两端窄细，基部有足细胞，椭圆形弯曲或几乎平直、透明、壁薄，一般多为3～5隔（图22-28，b）。孢子成堆时，微白至赭色、赭色至玫瑰，砖红色一红色。在马铃薯葡萄糖琼脂培养基上第15d的大小为：

3隔：36μm×3μm［(26～60) μm× (2.5～3.5) μm］

5隔：49μm×3.1μm

厚壁孢子：无。

菌核：有些菌株可以形成菌核。

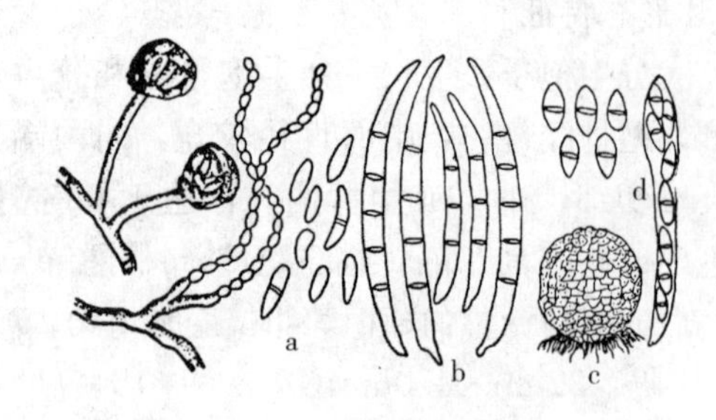

图22-28　串珠镰孢霉

a. 小分生孢子假头状和链状着生状态　b. 大分生孢子　c. 子囊壳　d. 子囊和子囊孢子

（引自《真菌毒素研究进展》，孟昭赫等主编）

［有毒代谢产物］

串珠镰孢素（moniliformin）：分子式 $C_4H_2O_3$。熔点350℃以上。

化学结构见图22-29。

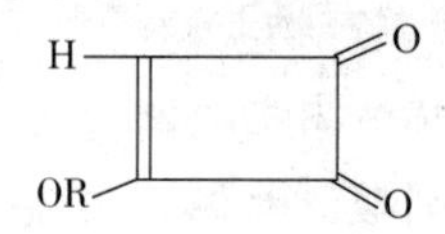

图22-29　串珠镰孢素的化学结构

（引自《真菌毒素图解》，角田广等著、孟昭赫等译）

［毒性］幼鸡口服串珠镰孢霉素的 LD_{50} 为4.0mg/kg，腹腔内出血和腹水。雄性大鼠口服 LD_{50} 为50.0mg/kg，雌性大鼠口服 LD_{50} 为41.7mg/kg，心脏明显损害。日本和美国均报道串珠镰孢霉素与马属动物的脑白质软化症有关，引起脑组织软化，脑软膜变性、充血、出血。临床以狂躁和沉郁交替发作为主。

（五）茄病镰孢霉［*F. solauni*（Marti）App. et Wer.］

茄病镰孢霉系属于马特组（Martiella）中的一个种，可引起蚕豆的枯萎病，还可造成许多农作物，如花生、甜菜、马铃薯、番茄、芝麻、小麦的根、茎的基腐和果实的干腐。

［培养特性］在马铃薯葡萄糖琼脂培养基上，气生菌丝生长良好，如棉絮状蔓延，白色、浅粉色、淡紫色。基质为较淡的黄色、赭色、紫红色至蓝色，有黏分生孢子团。本菌在大米培养基上子座为白色、嫩白-肉桂色、奶油黄色、微灰-玫瑰-浅紫色、暗蓝色、紫色、浅紫色-赭色-肉桂色。

［形态特征］

小分生孢子：假头状着生，椭圆形、卵圆形、长椭圆形、短腊肠和逗点形（图22-30，a）。0～1隔：透明，光滑，大小为（4～15）μm×（3～5）μm。

大分生孢子：生长于分生孢子座和分生孢子团内，腊肠形，或纺锤形、镰刀形，分生孢子在很大距离的长度上直径相等，顶端细胞纯圆，稍狭细，基部足细胞有或无，大部分具有3隔，5隔极少（图22-30，b）。成堆时微白-肉桂色，赭色、绿色或蓝色。在马铃薯葡萄糖琼脂培养基上第15天大小为：

3隔：35μm×5.5μm［(21～17) μm× (4～7) μm］。

5隔：48μm×5.7μm。

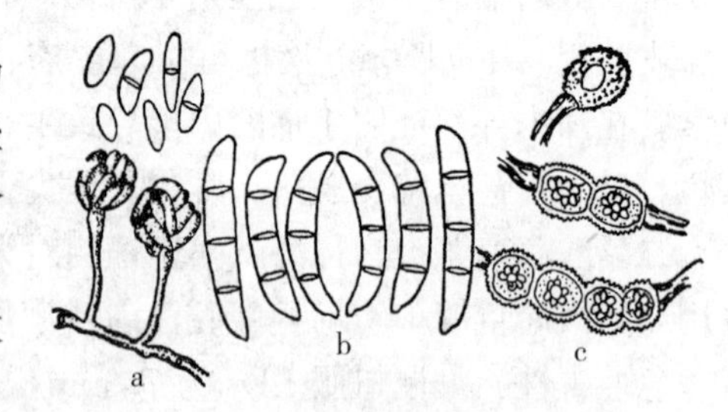

图22-30　茄病镰孢霉

a. 小分生孢子假头状着生状态　b. 大分生孢子

c. 厚壁孢子（单细胞顶生和双细胞或短链状间生）

（引自《真菌毒素研究进展》，孟昭赫等主编）

厚壁孢子：顶生或间生，单细胞或双细胞，在极少数菌株则呈短链或结节状，表面光滑或具小疣状突起，浅黄色、赭色或无色。单细胞的厚壁孢子通常圆形或椭圆形，直径7～16μm（图22-30，c）。

［有毒代谢产物］

（1）新茄病镰孢霉烯醇（neosoluniol）　分子式 $C_{19}H_{26}O_8$。分子量382。熔点171～172℃。

（2）T-2毒素　见三线镰孢霉。

（3）二醋酸藨草镰孢霉烯醇　见藨草镰孢霉。

（4）丁烯酸内酯　见蕉草镰孢霉。

化学结构见图 22-31。

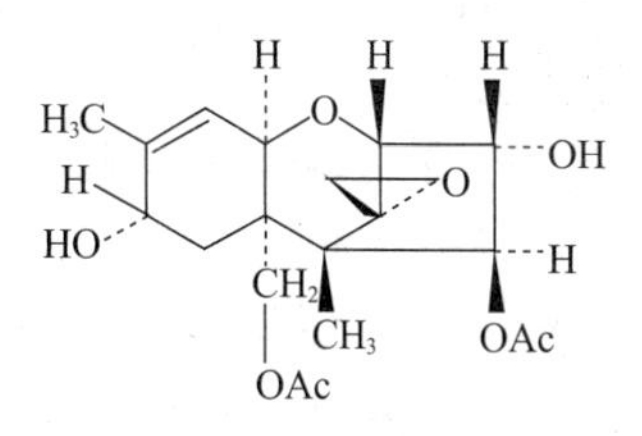

图 22-31　新茄病镰孢霉烯醇的化学结构

（引自《真菌毒素研究进展》，孟昭赫等主编）

［**毒性**］小鼠腹腔内注射新茄病镰孢霉烯醇的 LD_{50} 为 14.5mg/kg，肠内出血，腹泻，1～3d 内大部分死亡，肠道黏膜细胞、胸腺、骨髓等呈现细胞变性，核崩解。

新茄病镰孢霉烯醇主要引起马属动物的中毒，表现神经系统紊乱，痉挛，狂躁、转圈运动，呼吸障碍，心率下降，反射迟缓。软脑膜和脑组织充血、出血，大脑皮层细胞变性等。另外，少数妊娠母马流产，新生幼驹死亡。

（六）三线镰孢霉［*F. tricinctum*（corda）Saec.］

三线镰孢霉属于枝孢组（Sporotrichiella）中的一个种。本菌主要寄生于麦类、豆类农作物及牧草等植物，是一种常见真菌，分布广泛。

［**培养特性**］在大米培养基上，子座为各种深浅不一的黄色。在马铃薯葡萄糖琼脂培养基上，气生菌丝为白色棉絮状、疏松或粉状。基质呈暗紫色。三线镰孢霉与拟枝孢镰孢霉相近。有黏分生孢子团。

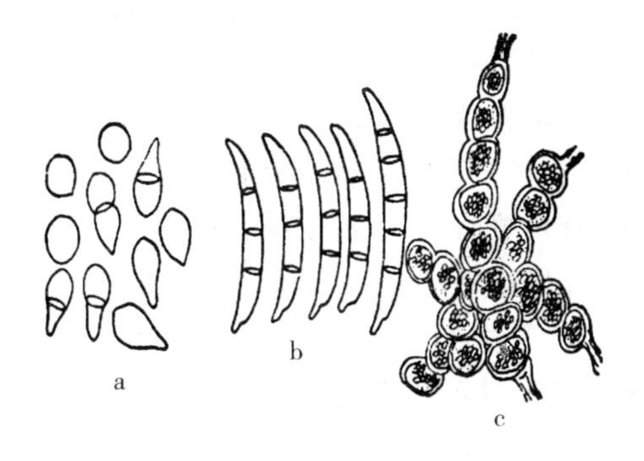

图 22-32　三线镰孢霉

a. 小分生孢子　b. 大分生孢子

c. 厚壁孢子（间生、成串）

（引自《真菌毒素研究进展》，孟昭赫等主编）

［**形态特征**］

小分生孢子：与梨孢镰孢霉的小分生孢子极相似，从卵圆形、窄瓜子形到梨子形，以梨子形者居多，球形者较少（图 22-32，a）。

大分生孢子：生长在分生孢子座和黏分生孢子团内，镰刀形至纺锤形，椭圆形弯曲，向两端狭细，具较短的逐渐狭细的顶端细胞，典型的具有 3 隔（图 22-32，b）。成堆时带橙色或肉色。在马铃薯葡萄糖琼脂培养基上第 15 天大小为：

3 隔：33μm×3.4μm［（21～44）μm×（3～4.5）μm］

4 隔：（33～50）μm×（3～4.5）μm

5 隔：（35～50）μm×（4～5）μm

厚壁孢子：间生（图 22-32，c）

菌核：白色、紫色、暗肉桂色或无色。

［**有毒代谢产物**］

（1）T-2 毒素（T-2toxin）　分子式 $C_{24}H_{34}O_9$。分子量 466.51。熔点 151～152。

（2）丁烯酸内酯　见蕉草镰孢霉。

（3）玉米赤霉烯酮　见禾谷镰孢霉。

（4）二醋酸蕉草镰孢霉烯醇　见蕉草镰孢霉。

化学结构见图 22-33。

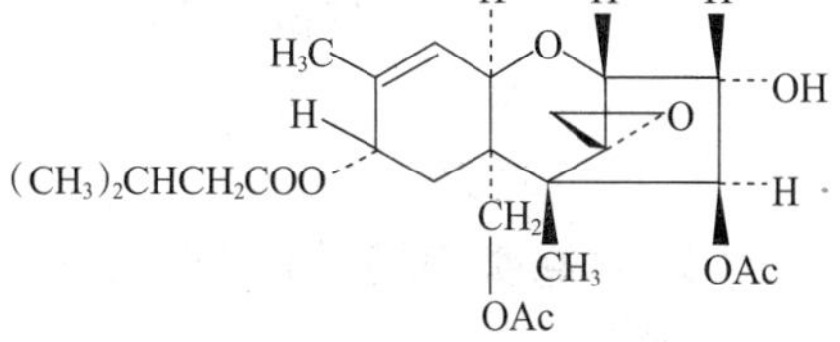

图 22-33　T-2 毒素的化学结构

（引自《真菌毒素研究进展》，孟昭赫等主编）

［**毒性**］小鼠经腹腔注射 T-2 毒素的 LD_{50} 为 5.2mg/kg，口服为 LD_{50} 为 8～4.0mg/kg。大鼠经口服 T-2 毒素的 LD_{50} 为 5.2mg/kg。用含 5mg/kg、15mg/mL 的 T-2 毒素，经口服喂大鼠，3 周后出现严重的生长障碍和鼻、口周围发炎，肝细胞小区域灶状性病变和浆细胞退化。给 295kg 的小牛，每天肌内注射 30mg T-2 毒素，在实验期间体重下降，于第 56d 死亡，体内器官组织严重出血。猫口服 T-2 毒素（1～16mg/kg），经 12d 后呈白细胞减少。鸡饲喂 T-2 毒素（1～16mg/kg），表现体重减轻，口炎，中毒性白细胞缺乏。

T-2毒素可引起猪、牛、羊、家禽等动物中毒，主要以拒食、呕吐、腹泻及诸多器官组织出血、白细胞减少为特征。

猪急性中毒表现拒食、呕吐、流涎、腹泻、精神不振、步态蹒跚，唇鼻周围皮肤、口腔、食道、胃、十二指肠引起炎症和坏死及出血等。慢性中毒与急性相似，只是病程延长，并伴有发育迟缓，僵硬，再生性贫血。成年母猪不孕及怀孕母猪流产、早产、死胎等。

牛、羊急性中毒，表现精神沉郁，反射机能减退，共济失调。可视黏膜充血或苍白。食欲减退，腹泻，伴有黏液和血。多数病例伴有广泛性出血。慢性中毒主要表现炎症、出血及造血器官机能衰竭，血细胞减少，尤其白细胞减少显著。

家禽中毒主要呈现食欲不振或废绝，口腔、嗉囊黏膜糜烂和溃疡。鸡冠和肉髯淡色或青紫色。精神不振，呆立，反射减弱。严重病例死亡。

（七）拟枝孢镰孢霉（*F. sporotrichioide* Sherb.）

拟枝孢镰孢霉属枝孢组（Sporotrichiella）中的一个种，主要寄生在麦类、豆类、玉米等农作物及牧草上，也常侵害粮食、饲料。

[培养特征] 在大米培养基上子座呈典型的黄色、赭—橄榄色和橙—肉桂色。在马铃薯葡萄糖琼脂培养基上，气生菌丝为白色棉絮状、疏松或粉状。基质呈暗紫色。

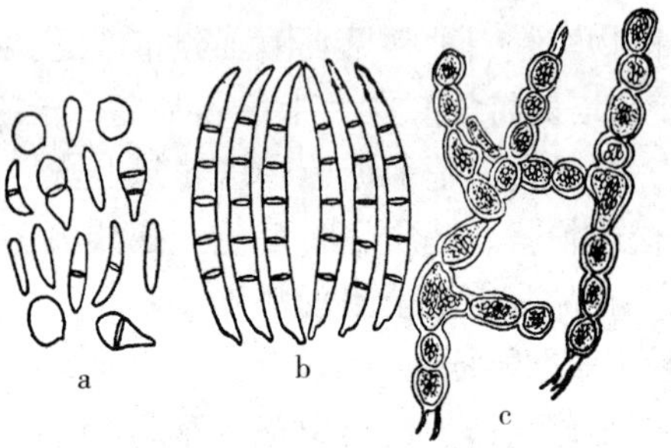

[形态特征]

小分生孢子：生于气生菌丝的分生孢子梗的多芽产细胞及单瓶状小梗上，椭圆形、纺锤形或卵圆形（图22-34，a）。大小为0～1隔：7μm×（10～3.5）μm。

图22-34 拟枝孢镰孢霉

a. 小分生孢子 b. 大分生孢子

c. 厚壁孢子（间生、成串）

（引自《真菌毒素研究进展》，孟昭赫等主编）

大分生孢子：生长在分生孢子座和黏分生孢子团内，镰刀形、纺锤形、椭圆形弯曲，两端逐渐变细，具有较短逐渐狭细的顶端细胞，基部有足细胞，典型的具5个隔（图22-34，b）。在马铃薯葡萄糖琼脂培养基上第15天的大小为：

3隔：30μm×3.8μm（24～39）μm×（3～4.9）μm

4隔：（24～48）μm×（3.5～4.5）μm

5隔：48μm×4.0μm（32～51）μm×（3.5～5.5）μm。

厚壁孢子：数量多，间生，成串或结节状，赭色（图22-34，C）。

菌核：紫色或无色。

[有毒代谢产物]

T-2毒素：见三线镰孢霉。

新茄病镰孢霉烯醇：见茄病镰孢霉。

丁烯酸内酯：见蔗草镰孢霉

二醋酸蔗草镰孢霉烯醇：见蔗草镰孢霉。

玉米赤霉烯醇：见禾谷镰孢霉。

[毒性] 同三线镰孢霉毒性。

（八）犁孢镰孢霉［*F. poae*（Peek）Wellenweber］

犁孢镰孢霉属于枝孢组（Sporotrichella）中的一个种，主要寄生于禾本科植物，使其秸秆及籽粒霉变。

[培养特性] 在大米培养基上子座呈典型的黄—橄榄色，带紫色。在马铃薯葡萄糖琼脂培养基上，气生菌丝呈白色或玫瑰色。

[形态特征]

小分生孢子：生长在气生菌丝中的小分生孢子，绝大多数为梨形和柠檬形（图22-35，a）。在马铃薯葡萄糖琼脂培养基上第 15 天大小为：

0 隔：(5～8) μm×5.4μm [(5～12) μm×(3～8) μm]。

1 隔：13μm×5.8μm (9～12) μm× (3.5～9) μm]。

大分生孢子：纺锤形，拟椭圆形弯曲（图 22 - 35，b）。大小为：3 隔 27μm × 4.2μm [(18 ～ 3.5) μm × (3.5～5.0) μm]。

厚壁孢子：绝大多数间生，成串或结节状（图 22 - 35，c）。

菌核：无。

[有毒代谢产物]

(1) T - 2 毒素　见三线镰孢霉。

(2) 新茄病镰孢霉烯醇　见茄病镰孢霉。

[毒性] 同三线镰孢霉毒性。

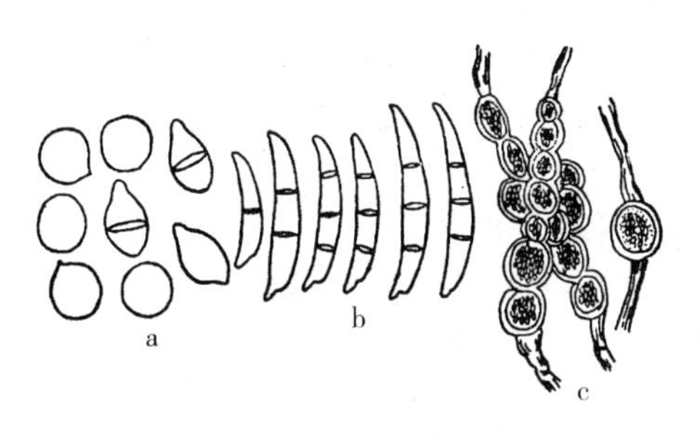

图 22 - 35　梨孢镰孢霉

a. 小分生孢子　b. 大分生孢子

c. 厚壁孢子（单细胞和成串、间生）

（引自《真菌毒素研究进展》，孟昭赫等主编）

三、曲霉属（*Aspergillus*）

曲霉属在分类系统中在半知菌亚门，丝孢菌纲，丝孢菌目，丛梗孢科。少数发现有性世代，属于子囊菌亚门、不整子囊菌纲、散囊菌目、子囊菌科。其中较常见的有散囊菌属（*Eurotium*）、新萨托菌属（*Neosartorya*）和翅壳菌属（*Emericelopsis*）。

这个属在自然界分布极广，当寄生于粮食、动物饲料后，不但引起发霉变质，还能产生毒素引起动物中毒，甚至能产生致癌性毒素。

曲霉属在 Reper 和 Fennell 的分类系统中共分 18 个群，123 个种和 18 个变种。Aniswortn 分类系统中共分 50 个种（350 个名称）。曲霉属主要产毒性真菌有黄曲霉、烟曲霉、赭曲霉、杂色曲霉、灰绿曲霉等。

（一）烟曲霉（*A. fumigatus* Fres.）

[培养特性] 见本章第二节病原性真菌中曲霉属烟曲霉的培养特性。

[形态特征] 见本章第二节病原性真菌中曲霉属烟曲霉形态特征。

[有毒代谢产物]

(1) 烟曲霉震颤素 A（fumitremorgin A）　分子式 $C_{32}H_{41}N_3O_7$。分子量 579。熔点206～209℃。

(2) 烟曲霉震颤素 B（fumitremorgin B）　分子式 $C_{27}H_{33}N_3O_5$。分子量 478。熔点208～210℃。

(3) 烟曲霉酸（helvolic acid）　分子式 $C_{33}H_{44}O_8$。分子量 585。熔点 215～211℃。

化学结构见图 22 - 36，图 22 - 37，图 22 - 38。

[毒性] 烟曲霉是一种双病原学性真菌。既是致病性真菌，能引起畜禽曲霉病，又是产毒真菌，能引起动物中毒。烟曲霉震颤素 A 和 B，对小鼠、大鼠、家兔引起激烈性痉挛。小鼠腹腔内注射烟曲霉震颤素引起痉挛的 ED_{50}（半数有效剂量）：A 是 177μg/kg，B 是 3 500μg/kg。烟曲霉酸对小鼠腹腔注射 LD_{50} 为 250mg/kg，当连续腹腔注射时，则引起肝损害。

烟曲霉震颤素 A 和 B 可使牛、绵羊、猪、鸡中毒，主要引起震颤、兴奋性增强、共济失调。家禽中毒以雏鸡最敏感，主要是震颤和共济失调。牛中毒以神经症状为主，躯体有节奏晃动，步态强拘，易跌倒。当躺卧地上时，四肢做游泳式划动。还伴有角弓反张，强直，痉挛性抽搐，腹泻，流涎，瞳孔散大，呼吸促迫，有时突发死亡。

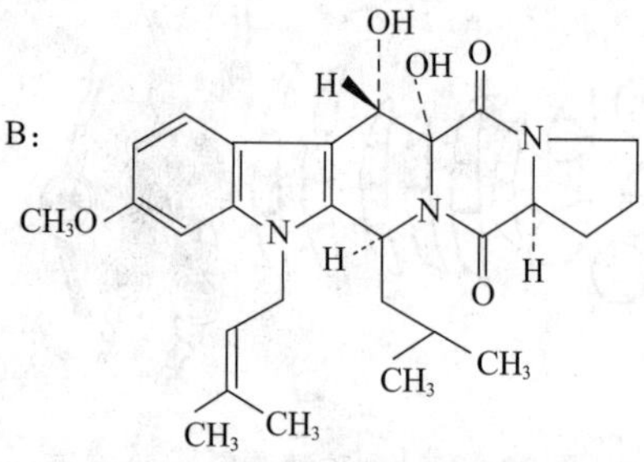

图 22-36 烟曲霉震颤素 A 化学结构
（引自《真菌毒素图解》，
角田广等著，孟昭赫等译）

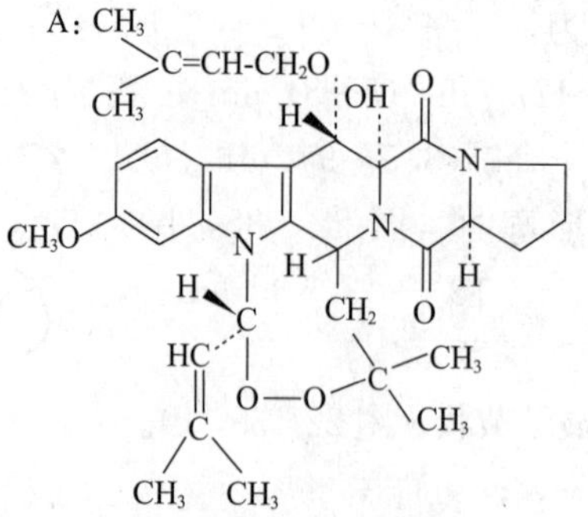

图 22-37 烟曲霉震颤素 B 化学结构
（引自《真菌毒素图解》，
角田广等著，孟昭赫等译）

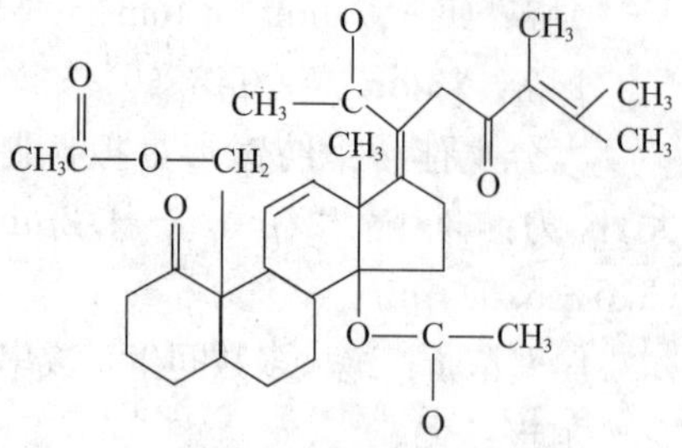

图 22-38 烟曲霉酸化学结构
（引自《真菌毒素图解》，
角田广等著，孟昭赫等译）

（二）黄曲霉（*A. flavus* Link）

黄曲霉寄生于谷物及多种粮食，如花生、大米等。我国分离的黄曲霉菌株约1／3是产毒的(张国柱，1983)。本菌是重要的粮食贮藏菌。黄曲霉产毒株可产生黄曲霉毒素，引起幼禽、幼畜的肝癌，以至很快死亡。

[培养特性] 黄曲霉在察氏培养基上变化不定，于 24～26℃ 培养 10d，生长快的菌落直径可达 6～7cm，生长慢的直径为3～4cm。菌落还常由略薄而质地紧密的基部组成，一般呈扁平状，但偶尔也出现放射沟纹或皱褶，大部分菌株直接从基质菌丝上产生丰富的分生孢子。幼龄菌落通常呈黄色至黄柠檬色，很快亮色转变略黄绿色，近似灰绿或浅绿色。老龄时变为淡绿色至绿色。琼脂背面一般无色或粉淡褐色。有些菌株产生菌核，有些菌株则不产生菌核。

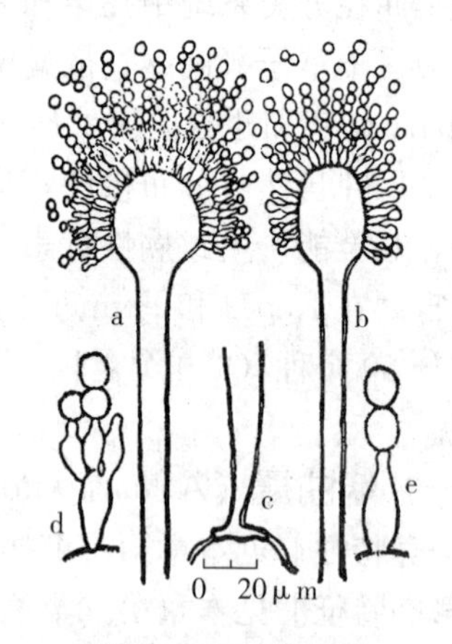

图 22-39 黄曲霉
a. 双层小梗的分生孢子头
b. 单层小梗的分生孢子头
c. 分生孢子梗的基部（足细胞）
d. 双层小梗的微结构　e. 单层小梗的微结构
（引自《真菌毒素研究进展》，孟昭赫等主编）

[形态特征]

分生孢子头：典型放射状，劈裂成几个不明显的圆柱状，直径很少超过 500～600μm，大部分为 100～400μm，头偶尔呈圆柱状，300μm×500μm（图 22-39，a，b）。

顶囊：早期稍长，晚期呈近似球形或球形，直径变化为 10～65μm，但绝大部分菌株为 35～45μm。

分生孢子梗：壁厚，无色，极粗糙，通常小于 1mm，偶尔有的菌株为 2.0～2.5mm。顶囊下面的分生孢子梗直径为10～20μm（图 22-39，c）。

小梗：在正常的顶囊上不是单层就是双层的小梗，在一个顶囊上很少发生单双层同时存在的情况，梗基通常为（6.0～10.0）μm×（4.0～5.5）μm，小梗为（6.0～10.0）μm×（3.0～5.0）μm，单层小梗大小为（6.5～14.0）μm×（3.0～5.5）μm，形成分生孢子的顶端通常呈瓶形（图 22-39，d，e）。

分生孢子：典型呈球形到近似球形，有明显小刺，直径变化不定，3.0～6.0μm，但大部分为3.5～4.5μm。最初形成时为椭圆形，此时测量大小为（4.5～5.5）μm×（3.5～4.5）μm。

[有毒代谢产物] 黄曲霉毒素是一族化学结构彼此属同的化合物。黄曲霉毒素 B_1、B_2、G_1、G_2 等其衍生物 M_1、M_2 等有十几余种。根据在紫外光照射下发生荧光颜色不同，将显蓝色荧光的称 B 族（B_1、B_2、B_{2a}等），显绿色荧光的称 G 族（G_1、G_2、G_{2a}等）。黄曲霉毒素在体内代谢后则产生 M_1、M_2、B_{2a}、P_1、Q_1、R_1、H_1 等衍生物。

（1）黄曲霉毒素 B_1（aflatoxin B_1）　分子式 $C_{17}H_{12}O_6$。分子量 312。熔点 268～269℃。

（2）黄曲霉毒素 B_2（aflatoxin B_2）　分子式 $C_{17}H_{14}O_6$。分子量 314。熔点 286～289℃。

（3）黄曲霉毒素 G_1（aflatoxin G_1）　分子式 $C_{17}H_{12}O_7$。分子量 328。熔点 244～246℃。

（4）黄曲霉毒素 G_2（aflatoxin G_2）　分子式 $C_{17}H_{14}O_7$。分子量 330。熔点 230℃。

化学结构见图 22-40。

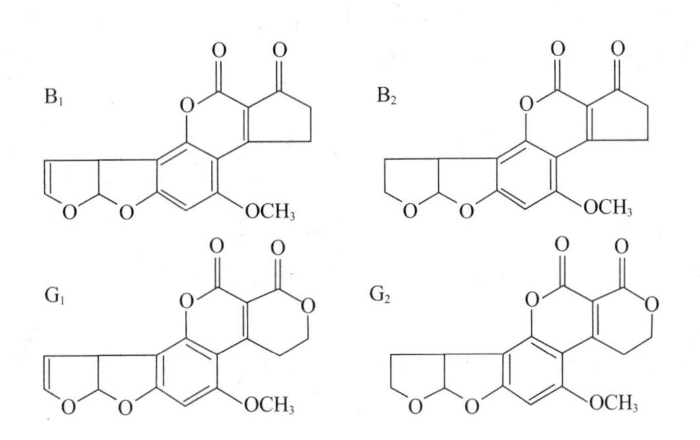

图 22-40　黄曲霉毒素的化学结构

（引自《真菌毒素图解》，角田广等著，孟昭赫等译）

［毒性］ 黄曲霉毒素属肝毒素。急性毒性顺序是 $B_1>M_1>G_1>B_2>M_2>B_{2a}$。在动物中，黄曲霉毒素主要侵害肝脏，表现肝细胞变性、坏死和出血，胆小管增生。另外，肾中毒时表现肾曲管上皮细胞变性、坏死或增生。

急性毒性：动物对黄曲霉毒素的敏感性，因动物种类、年龄等情况不同有很大的差异。最敏感的是鸭，不敏感的是小鼠和绵羊。雏鸭经口服黄曲霉毒素的 LD_{50} 是：B_1 为 0.24mg/kg、B_2 为 1.6mg/kg、G_1 为 0.78mg/kg、G_2 为 3.35mg/kg。实验动物经口服黄曲霉毒素 B_1 的 LD_{50} 是：猫为 0.55mg/kg、猪为 0.62mg/kg、狗为 1.0mg/kg、豚鼠为 1.4mg/kg、猴为 2.2mg/kg、小鼠为 4.0mg/kg、地鼠为 10.2mg/kg。

慢性毒性：持续摄入黄曲霉毒素的慢性毒性，动物一般表现生长障碍，肝呈亚急性和慢性损害。小牛、羊、小鸡、雏鸭、火鸡黄曲霉毒素 B_1 的慢性毒性，主要是肝的损害，小牛的肝小叶结构紊乱，组织纤维增生，肝小胆管增生。羊生长缓慢，母羊产仔少，不孕母羊增多。小鸡肝细胞增生性结节，纤维组织和胆管增生。雏鸭肝广泛性结节，胆管增生。火鸡肝纤维化，肝细胞增生，形成结节，胆管增生。

致癌性：动物长期摄入较低浓度的黄曲霉毒素或短期摄入较高浓度后，可诱发实验性原发性肝癌，小鼠、大鼠、豚鼠、绵羊、猴、鸭、鸡、鳟鱼等都可诱发肝癌。一般诱发的各种动物肝癌，多数是肝细胞型肝癌，胆管型较少。但在鸭诱发的为胆管型，可伴有肝硬化。黄曲霉毒素致癌的靶器官主要是肝脏，同时也伴发其他器官的癌，如肾癌、胃癌、直肠癌、乳腺癌以及卵巢癌等。在黄曲霉毒素中，以 B_1 的致癌性最强，B_2 的致癌有效剂量比 B_1 要大 100 倍以上。G_1 和 M_1 的致癌性都较弱。

注：寄生曲霉（*A. parasiticus* Speare）与黄曲霉同属于黄曲霉群。寄生谷物后，大多数菌株均能产生黄曲霉毒素。其培养特性与形态特征与黄曲霉不同点是寄生曲霉一般分生孢子梗短，菌落表面呈深绿色，小梗为单层。寄生曲霉产生黄曲霉毒素 G_1 和 G_2 多，而产生的 B_1 和 B_2 比 G_1 和 G_2 少。

黄曲霉毒素 B_1 与牛血清白蛋白偶联成抗原，免疫小鼠或纯种小鼠产生抗体，或采用细胞杂交瘤技术产生单克隆抗体，成功地建立了酶免疫技术，检测粮食、食品和饲料中的黄曲霉毒素 B_1。

（三）赭曲霉（*A. ochraceus* Wilhelm）

赭曲霉寄生于谷类，是重要的粮食贮藏菌。

［培养特性］ 在察氏培养基上生长略局限，于 24～28℃培养 10～14d，菌落直径可达 3～4cm，通常平坦或略有皱纹，有时或多或少的边缘成环纹。菌落中心呈无色至橘黄色，产生丰富的并且通常是拥挤

的分生孢子结构，使菌落形成一种特有的外观。颜色接近棕淡黄色至发红的黄色或鹿皮色。琼脂背面呈各种各样的色泽：黄褐色到绿褐色或带紫色。渗出液有限，无色或琥珀色，微具蘑菇气味。

菌核通常存在，有时非常丰富，以影响菌落外观。

[形态特征]

分生孢子：幼龄时为球形，老龄时分生孢子链典型地黏着成两个或3个散开的和紧密的圆柱形，其整体直径为750～800μm（图22-41）。

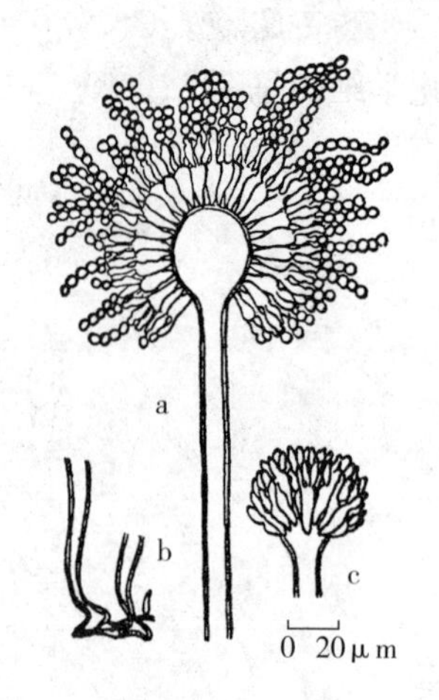

图22-41　赭曲霉

a. 分生孢子头

b. 分子孢子梗的基部（足细胞）

c. 幼龄分生孢子头侧面

（引自《真菌毒素研究进展》，孟昭赫等主编）

顶囊：球形、壁薄，无色。一般直径35～50μm，但偶尔较大一些。

分生孢子梗：一般长度为1.5～1.0mm，直径为10.0～14.0μm，具显著的色泽，呈黄色至淡褐色，壁厚（1.0～2.0μm），疏松、粗糙，出现凹凸不平。

小梗：覆盖于全部顶囊，拥挤，呈双层，大小不一，梗基一般为（15～20）μm×（5～6）μm，但偶尔有长达25μm，小梗为（7～11）μm×（2.0～3.3）μm。

分生孢子：球形到近似球形，大部分直径2.5～3.0μm，偶尔为3.3～3.5μm，细密、粗糙，但有些光滑。

菌核：幼龄时呈白色到淡粉色，成熟期变成紫色到葡萄酒色，形状不规整，从球形至卵圆形到圆柱形，直径可达1mm，单独产生，呈明显的族状或较少量地聚合成块状。

[有毒代谢产物]

赭曲霉素A（ochratoxin A）：分子式$C_{20}H_{18}NO_6$。熔点94～96℃（苯结晶）、169℃（二甲苯结晶）、221℃（甲苯结晶）。

化学结构见图22-42。

[毒性] 雏鸭口服赭曲霉毒素ALD_{50}为150μg/kg，雏鸡为100～120μg/kg，雄性大鼠LD_{50}为20μg/kg，雌性大鼠为22mg/kg，猴子为32～46mg/kg。雏鸭肾皮质近曲管及髓质肾小管坏死，肝脂肪变性。大鼠肝细胞透明变性，点状坏死或灶状坏死。雏鸭肝细胞重度脂肪变性。

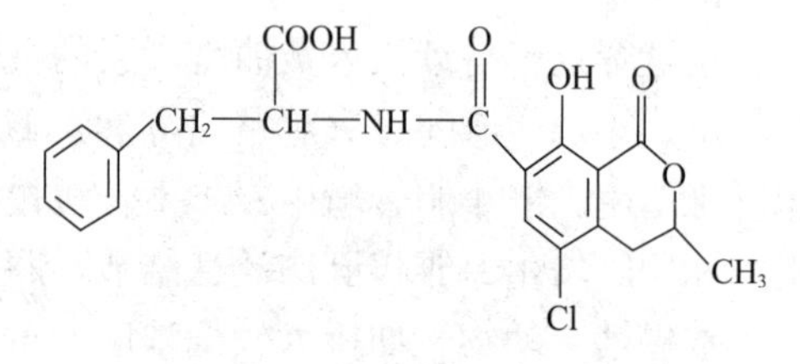

图22-42　赭曲霉毒素A的化学结构

（引自《真菌毒素图解》，角田广等著，孟昭赫等译）

赭曲霉毒素A能引起猪、牛、家禽及各种实验动物中毒，主要侵害肾和肝脏，多以肝、肾功能障碍为特征。中毒动物初期多无明显症状，仅食欲减少，而饮欲增加。之后表现饮水量增加，呈频渴和尿量增多。病情发展，多卧地不起，耳、面和四肢下部内侧皮肤由潮红变为蓝紫色。死亡率较低。

Scatt等（1967）报道，认为赭曲霉毒素B和C（ochratoxin B、C）对动物无毒性。但Van fer Watt（1974）报告证实赭曲霉毒素C对雏鸭的LD_{50}为130～170μg/只。

（四）杂色曲霉［*A. versicolor*（Vuill.）Tirob.］

杂色曲霉多寄生于玉米、小麦等谷物和秸秆、饲料。这些谷物、秸秆、饲料在贮藏时含水量在15%以上，杂色曲霉就可生长繁殖。我国分离的菌株约42.19%是产毒株（贾珍珍等，1968）。

[培养特性] 在察氏琼脂培养基上24～26℃培养，两周菌落直径达2～3cm，有些菌株致密，具有很多的由基质生出的分生孢子梗。另外，有些菌株呈现明显的密集交织的气生菌丝，并生成或多或少丰富的短分枝样的分生孢子梗，还有些菌株两种生长类型结合发育。菌落中心隆起呈纽扣状。起初为白色至黄色、橘黄色—黄色、黄褐色—黄绿色。偶尔呈现完全无绿色的肉色至粉红色；渗出液从无到很多，由清澈到暗

葡萄酒红色；琼脂背面无色或接近无色，有些菌株由黄色到橘黄色，然后呈玫瑰色到红色或紫色。

［形态特征］

分生孢子头：粗糙，半球形，放射状，直径 100～125μm。

顶囊：直径 12～16μm，较大者罕见，可育区为半球形或半椭圆形，分生孢子梗顶端几乎形成稍微扩大的漏斗状（图 22-43，a）。

分生孢子梗：无色或在具有浓色的菌株中带黄色，壁厚，光滑，大小为 500～900μm 或接近顶囊处的 10μm。

小梗：双层，梗茎一般为（5.5～8.0）μm×3.0μm，偶尔较小。小梗大小为（5.0～7.5）μm×（2.0～2.5）μm。有颜色或无。

分生孢子：球形，具有粗疏的到细密的小刺，大部分 2～3μm，很少为 3.5μm。通常组成疏松的放射状的链。

壳细胞：产生时，为构巢曲霉型。闭囊壳：未发现。

菌核：未发现。

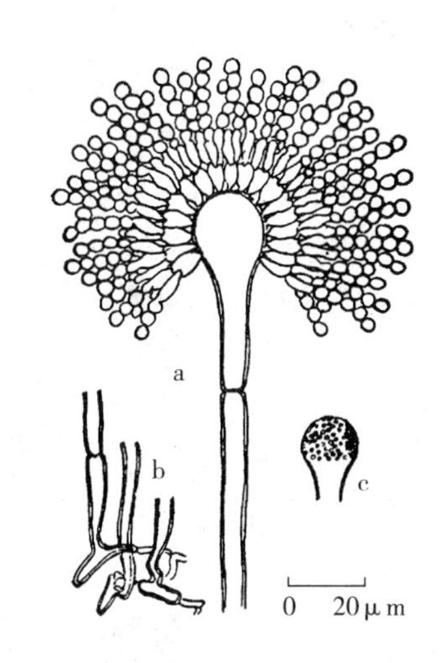

图 22-43　杂色曲霉

a. 分生孢子头

b. 分子孢子梗的基部（足细胞）　c. 顶囊

（引自《真菌毒素研究进展》，孟昭赫等主编）

［有毒代谢产物］

杂色曲霉毒素（sterigmatocystin）：分子式 $C_{18}H_{12}O_6$。分子量 324。熔点 248℃。

化学结构见图 22-44。

［毒性］

急性毒性：大鼠口服杂色曲霉毒素 LD_{50} 为 120～166mg/kg，腹腔注射为 60～65mg/kg。猴子腹腔注射为 32mg/kg。小鼠抵抗力较大，LD_{50} 大于 800mg/kg。急性毒性主要侵害肝脏和肾脏，呈坏死。另外，伴有胃肠道、心包和浆膜出血及心肌玻璃样变。

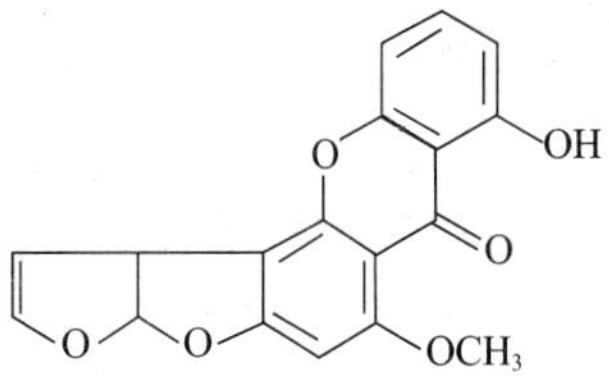

图 22-44　杂色曲霉毒素的化学结构

（引自《真菌毒素图解》，角田广等著，孟昭赫等译）

细胞培养实验显示毒性：大鼠上皮细胞、纤维细胞等引起核固缩、核碎裂，染色质丧失及多核巨细胞形成。

亚急性毒性和慢性毒性：用每毫升含 100mg 杂色曲霉毒素的饲料给大鼠自由觅食，14～21d 后，肝脏呈点状坏死和灶状坏死。当自由觅食 4 周后，病情加重，有明显肝小叶周围性坏死，伴有圆形细胞核浸润。8 周后，肝小叶全部坏死，伴有肝细胞再生。12 周后，肝细胞再生灶增大。40 周后变成肝癌。

致癌性：以每日 0.15～2.25mg 的杂色曲霉毒素喂大鼠，到 42 周后，有 39/50 的大鼠发生原发性肝癌。39 只大鼠全部为肝细胞癌，癌细胞呈索状排列，构成大块的癌组织。另外还引起其他部位肿瘤，包括肠系膜纤维肉瘤，肝脏肉瘤和脾血管肉瘤等。Purchase 等（1968）以 10～150mg/kg 的杂色曲霉毒素喂大鼠，引起肝瘤。

四、青霉属（*Penicillium*）

青霉属系属于半知菌亚门、丝孢菌纲、丝孢菌目、丛梗孢科。本属中种类甚多，分布广泛。许多菌株均能侵害农作物及其种子。尤其对贮藏的粮食和堆积的农作物秸秆及饲料最易引起霉腐。其中不少菌株能产生强的毒素。

由于青霉属的菌落颜色比较单一，多为灰绿色，而且陈旧的培养物又会改变，同时也可随培养条件的不同而变化。在同等条件下，某些菌株也变异。因此，青霉属的鉴定较困难。据 Raper 等的分类系统，将青霉属分为 4 个大群，41 个系，127 个种和 4 个变种。

关于产毒青霉的研究，早在 1938 年日本就开始对“黄变米”及贮藏米中的真菌污染进行研究，证明青霉属的某些种能产生毒素。从此，逐渐引起世界各国的极大关注，发现能产生毒素的青霉属的青霉种类很多，其中主要的有黄绿青霉、橘青霉、岛青霉、红色青霉、荨麻青霉（展青霉）、圆弧青霉、皱褶青霉、娄地青霉等。

（一）黄绿青霉（*P. ecitreo-viride* Biourge）

黄绿青霉属于单轮青霉群（Monovertiecillata）、斜卧青霉系（*P. decumbens* series）。

黄绿青霉能在较低温度和营养条件下发育繁殖。存在于土壤及各种物质，分布广泛。主要侵害谷物，尤其引起米类霉坏。有些菌株能产生毒素。

［培养特性］在察氏琼脂培养基上生长局限，于室温 12～14d 培养，菌落直径 2.0～3.0cm，呈明显皱褶和纽扣状，有的菌落中心隆起，有的中心凹陷。由菌丝组成的绒毡状，厚度达 100μm 以上，但到边缘逐渐变厚，呈一种显微状边缘。大部分菌株呈明显的柠檬黄色至黄绿色。约在 14d 以上呈现很少的分生孢子发育。有的菌株在 14d 之内变成浊灰色，表面呈现绒状或具很少的絮状，营养菌丝细弱，黄色。渗出液产生或不产生，呈淡柠檬色，气味小，发霉味。琼脂在生长期呈亮黄色。老龄时变成暗黄色。

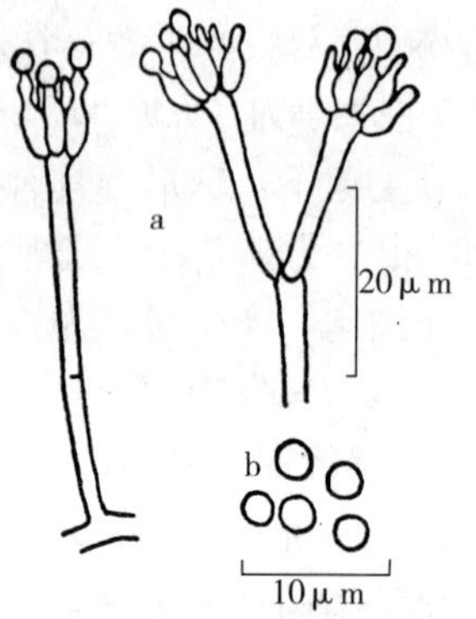

a　20μm　b　10μm

图 22-45　黄绿青霉

a. 帚状枝　b. 分子孢子

（引自《真菌毒素研究进展》，孟昭赫等主编）

［形态特征］

帚状枝：大部分为简单的单轮生，偶尔呈现主轴延长或较低的节上生出 1 或 2 个分枝，产生次极小梗轮生体，产生的分生孢子链长达 50μm 以上，疏松并列或分散，不粘连成坚实的柱状（图 22-45，a）。

分生孢子梗：主要从匍匐的和分枝的菌丝上产生，壁光滑，大部分为（50～100）μm×（1.6～2.2）μm，但有时从基质上产生的分生孢子梗可长达 150μm。

小梗：8～12 个密集簇生，大部分为（9～12）μm×（2.2～2.8）μm，均具有相当长的梗颈。

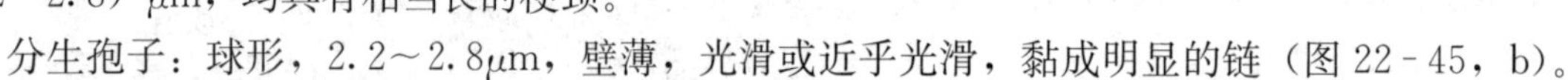

分生孢子：球形，2.2～2.8μm，壁薄，光滑或近乎光滑，黏成明显的链（图 22-45，b）。

［有毒代谢产物］

黄绿青霉素（citreoviridin）：分子式 $C_{23}H_{30}O_6CH_3OH$。熔点 107～110℃。

化学结构见图 22-46。

［毒性］用黄绿青霉人工培养的大米，制备的粗黄绿青霉素分别给小鼠注射的 LD_{50}：静脉为 2.0mg/kg，皮下为 8.3mg/kg，腹腔为 8.2mg/kg，口服的 LD_{50} 是 29mg/kg。粗黄绿青霉素对猫、狗引起呕吐、痉挛、麻痹，并伴有心力和呼吸衰竭。已证明黄绿青霉素的急性毒性中毒可使中枢神经麻痹，继而导致心脏麻痹死亡。慢性毒性中毒能引起动物肝癌和贫血。黄绿青霉素是一种嗜神经毒素。

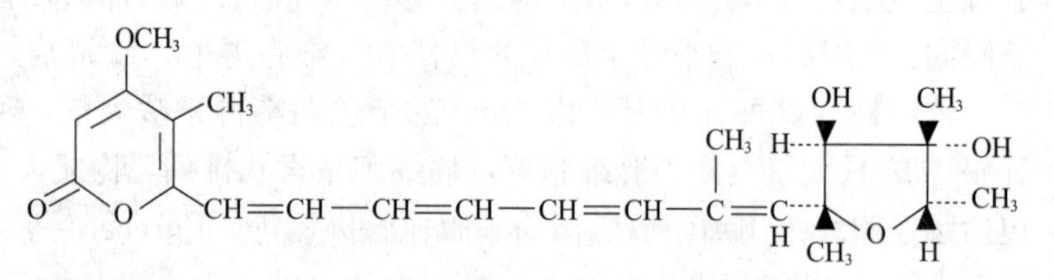

图 22-46　黄绿青霉素的化学结构

（引自《真菌毒素图解》，角田广等著，孟昭赫等译）

（二）橘青霉（*P. citrinum* Thom）

橘青霉属于不对称青霉群（Asymmetrica）、绒状青霉亚群（Velutina）、橘青霉素系（*P. citrinum* series）。

橘青霉存在于土壤及有机物质中，能引起多种有机物质霉腐。橘青霉主要侵染粮食、农作物秸秆，尤其大米最易受到侵害而变成“黄变米”。

［培养特性］在察氏培养基上生长局限，于 24～25℃培养 10～14d，菌落直径一般为 2.0～2.5μm。具有典型的放射状皱纹，通常很明显，大部分菌株为绒状，有些菌株稍带絮状，还有些菌株质地交织致

密几乎呈革状。分生孢子的产生，在不同菌株中从多到少，在某种程度上取决于在培养基上的菌落数目多少。在某些菌株中形成略为明显的环纹，有些菌株则不形成皱纹，分生孢子在初期呈蓝-绿色，近似于白菜绿色，成熟期则形成艾绿色—白荷花绿色（黄-绿色）。在晚期出现鼠灰—深橄榄灰色。分生孢子的产生通常较晚（8～10d以后），而且在整个菌落中都不一致，一般在边缘区很厚。渗出液丰富，常以淡绿色至稻草色，水珠大小不一。有些菌株有很浓的蘑菇气味，有些菌株味道很淡。琼脂背面通常呈黄色至橘黄色，琼脂也变成类似的颜色，常带点淡粉色。

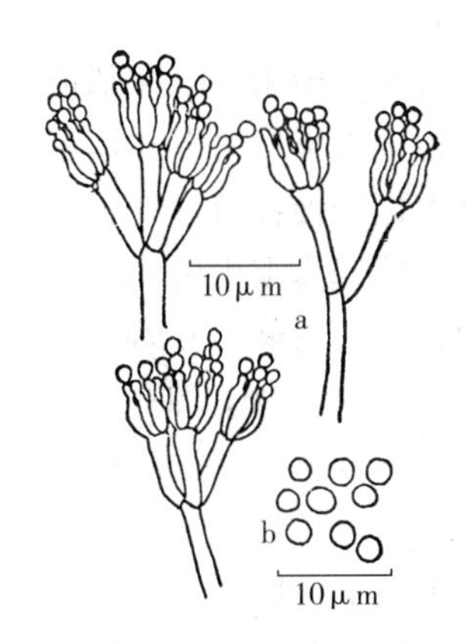

图 22-47　桔青霉

a. 帚状枝　b. 分子孢子

（引自《真菌毒素研究进展》，孟昭赫等主编）

［形态特征］

帚状枝：由 3 个或 4 个顶端的枝群组成，或偶尔更多一些（图 22-47，a）

分生孢子梗：大部分从基质上产生，或从较厚的菌落中心部位的气生菌丝上产生，或从絮状菌丝中产生。大部分长为 30～300μm，直径为 2.2～3.0μm，通常不分枝，但偶尔产生一个或多个长 25～35μm 的分枝，所有的分生孢子极为光滑。

梗基：略分散，大小为（12～20）μm×（2.2～3.0）μm，顶端膨大至 4.0～5.0μm。

小梗：每个小梗基支持一个由 6～10 个略拥挤并列的小梗组成的小梗丛，每个小梗丛为（8.0～11.0）μm×（2.0～2.8）μm，并产生并列的分生孢子链，呈现很明显的圆柱状，长达 100～150μm。

分生孢子：球形至近球形，大部分为 2.5～3.0μm，但一般是在 2.2～3.2μm 范围。壁光滑或近似光滑（图 22-47，b）。

［有毒代谢产物］

橘青霉素（citrinin）：分子式 $C_{13}H_{14}O_5$。分子量 259。熔点 172℃。

化学结构见图 22-48。

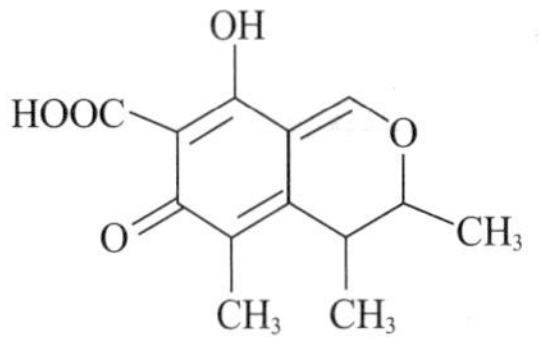

OH
HOOC
O
O
CH₃
CH₃　CH₃

图 22-48　桔青霉素的化学结构

（引自《真菌毒素图解》，角田广等著，孟昭赫等译

［毒性］ 橘青霉素俗称肾毒素（nephrotoxin），可引起试验动物的肾肿大，尿量增多，肾小管扩张和肾上皮细胞变性坏死等。橘青霉素皮下注射小鼠的 LD_{50} 为 35mg/kg。橘青霉素主要引起大鼠、小鼠、豚鼠、狗等试验动物的肾损害。

（三）岛青霉（*P. islandicum* Sopp）

岛青霉属于双轮对称青霉群（Bivberticillata-Symmetrica）、绳状青霉系（*P. funiculosum* series）。

岛青霉在土壤中最常见。本菌能侵染稻谷、玉米、小麦、大麦等各种谷物及秸秆，使其变霉烂。对米类的侵害，常变成黄褐色，米粒易碎，并有特殊的臭味，一般称为"黄变米"。

［培养特性］ 在察氏培养基上生长缓慢，于室温培养 14d，菌落直径为 2.5～3.0μm 或 3.5μm，有明显的环纹和轻微的放射状皱纹，并呈黄—橙色、褐色和暗黄—绿色的不同色泽。菌落表面由橙到红色覆盖着的菌丝体构成很柔韧的绒毡状，并呈局部的环纹，边缘为淡黄色至橙色，宽约 1～4cm。一般在环纹或局部区域中，呈暗黄—橙色。老龄时色泽变深暗绿色。渗出液很少至很多，大部分沿菌丝产生微小的雾滴或聚集的水珠，往往由于菌丝的生长而形成过多的渗出液，产生一种表面结节的外观。气味不明显至略有点气味。琼脂背面呈橘黄—褐色红色，老龄时变成淡色。

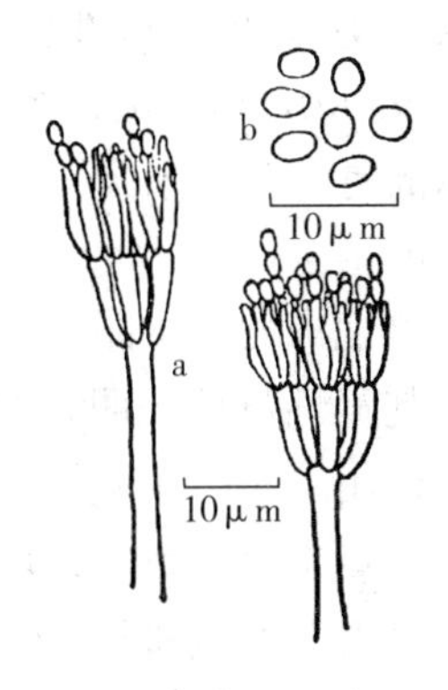

图 22-49　岛青霉

a. 帚状枝　b. 分子孢子

引自《真菌毒素研究进展》，孟昭赫等主编）

［形态特征］

帚枝状：由密集的梗基顶端轮生体组成，常见分枝，但分枝顶端也具有典型的双轮对称型结构，但偶尔在分生孢子梗的下部具有寄生的轮生体（图 22-49，a）。

分生孢子梗：短，一般为 50～74μm，几乎全部作为分枝形成，从隆起的气生菌丝或菌丝索上产生，偶尔从基质上生出，大小为（100～150）μm×（2.5～3.0）μm。在干燥检查时，常见粗糙并包有一层硬壳，但封藏于液体中则呈现光滑。

梗基：4～6 个，呈轮生状，大小为（8～10）μm×（2.2～2.8）μm。

小梗：并列，密集成束，5～6 个族生，大多数菌株较短，并不变或逐渐变尖，大小为（7～9）μm×（1.8～2.2）μm。

分生孢子：椭圆形，大小为（3.0～3.5）μm×（2.5～3.5）μm，壁厚，光滑，产生短的纤维状的分生孢子链（图 22-49，b）。

［有毒代谢产物］

（1）黄天精（luteoskyrin） 分子式 $C_{30}H_{22}O_{12}$。分子量 574。熔点 289℃。

（2）环氯素（环氯肽）（cyclochrotine） 分子式 $C_{25}H_{36}N_5O_8Cl_2$。分子量大约 600。熔点 251℃。

（3）红天精（erytroskyrin） 分子式 $C_{26}H_{33}O_6N$。分子量 455。熔点 130～133℃。

化学结构见图 22-50、图 22-51、图 22-52。

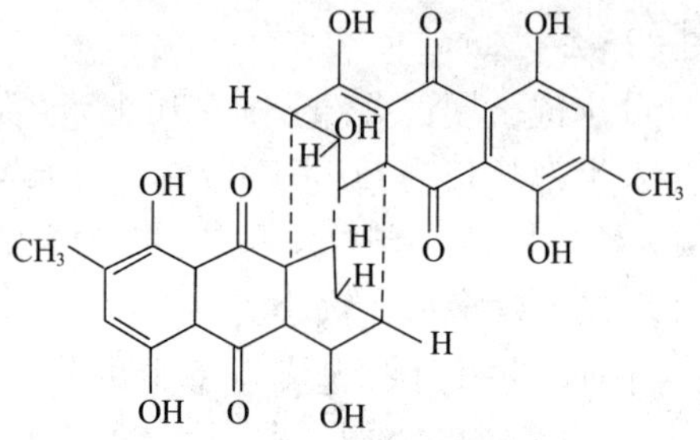

图 22-50 黄天精的化学结构

［毒性］

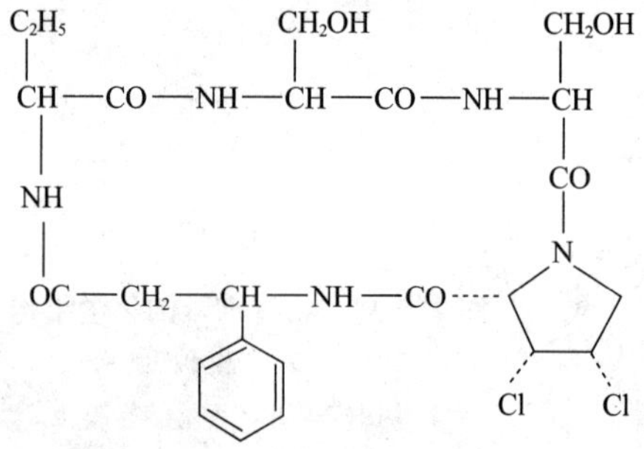

图 22-51 环氯素的化学结构

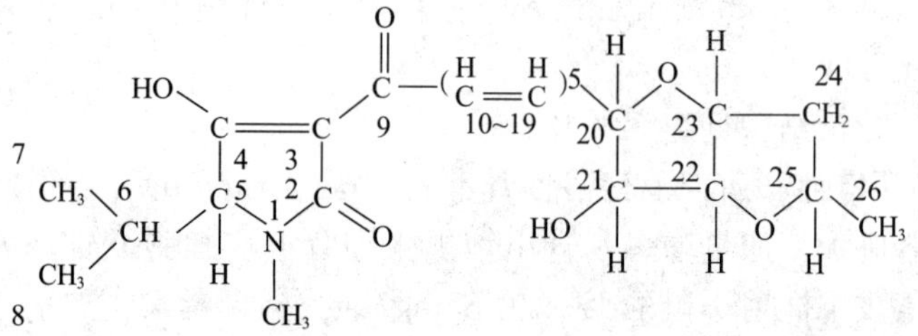

图 22-52 红天精的化学结构

（1）黄天精 大鼠静脉注射黄天精的 LD_{50} 为 6.65mg/kg，腹腔为 40.8mg/kg，皮下为 145mg/kg，口服为 221mg/kg。雄性新生鼠皮下注射 LD_{50} 为 6.3mg/kg，随年龄增长而感受性降低，到了成年雄鼠为 145mg/kg，雌性鼠为 2g/kg，性间差异显著。小鼠每日给 50～500μg 的黄天精则诱发肝癌。

从岛青霉黄变米或纯培养物提取的粗提物或以岛青霉的黄变米的动物试验证明，无论喂饲或注射均有很强的毒力，被试大鼠在短期内患肝硬化，最后导致肝癌死亡。日本的浦口等通过对实验动物的急性毒性和慢性毒性试验证明，黄天精可导致大鼠肝癌。

细胞毒性试验证明，0.1～1.0mg/mL 的黄天精对 Hela 细胞有抑制生长的作用，对草履虫有抑制分裂的作用。

（2）环氯素（含氯肽） 以静脉、腹腔、皮下注射环氯素的小鼠的 LD_{50} 为 0.4～0.5mg/kg。皮下注射环氯素对大鼠和豚鼠的 LD_{50} 无种间差异。新生小鼠比成年小鼠感受性低。在急性毒性和慢性毒性中毒时，体温降低，显著竖毛，昏睡而死亡。并伴有充血、出血。有的病例小肠出血。肝小叶细胞变性，脂肪蓄积。小鼠每日给 40～60μg 的环氯素，肝呈纤维化，肝硬化和肝癌。

（3）红天精 小鼠腹腔注射 60mg/kg 的红天精，半数小鼠死亡，肝小叶中心坏死，肾损害，脾、胸腺和淋巴结等细胞明显核崩解。

（四）红色青霉（*P. rubrum* Stoll）

红色青霉属于双轮对称青霉群（Biverticillata-Symmetrica）、产紫青霉系（*P. purpurogenam* series）

红色青霉与产紫青霉（*P. purpurogenam*）很类似，在分类学上很密切。红色青霉多存在于土壤，并在多种植物上寄生，分布广泛。从玉米、小麦麸皮、豆类制品、花生等常分离出此菌。粮食及农作物秸秆及一些植物常被侵害发霉变质，尤其米类霉烂易引起中毒。

［**培养特性**］在察氏培养基上生长局限，于室温培养 12～14d，菌落直径可达 1～2cm，一些菌株的菌落表面呈由基部菌丝组成的约 1mm 厚的毡状，并有显著的皱纹。有些菌株的菌落很薄，几乎呈平坦的毡状，通常略具皱纹，整个菌落或局部区域发育丰富的分生孢子结构，菌落边缘较厚，分生孢子区呈黄色至灰绿色，近似于豌豆色，具有色素菌丝，不形成孢子区，或略形成孢子区，通常为橙红色。渗出液一般很少，呈小水珠状，稍带红色至亮红色。气味不明显。琼脂背面呈亮橙红色至樱桃红色，四周琼脂的色泽比同样的色调稍浅。

［**形态特征**］

帚状枝：双轮对称，通常由 5～10 个梗基的顶端轮生体组成，大小为（8～10）μm 至 12.0μm×（2.0～2.5）μm（图22-53，a）。

分生孢子梗：大小为 200μm×（2.2～3.0）μm。壁光滑或偶尔略现小颗粒，从梗基上或从有时略呈绳状的匍匐的菌丝或气生菌丝上发生。

小梗：披针状，顶端尖细，5～8 个轮生，大部分为（10～12）μm×（2.0～2.2）μm，个别菌株稍长或稍短。

分生孢子：壁光滑，大小不一，有些菌株为明显的椭圆形，（3.0～3.5）μm×（2.0～2.5）μm。有一些菌株为卵圆形或近似球形，（2.2～2.8）μm×（2.0～2.5）μm（图 22-53，b）。

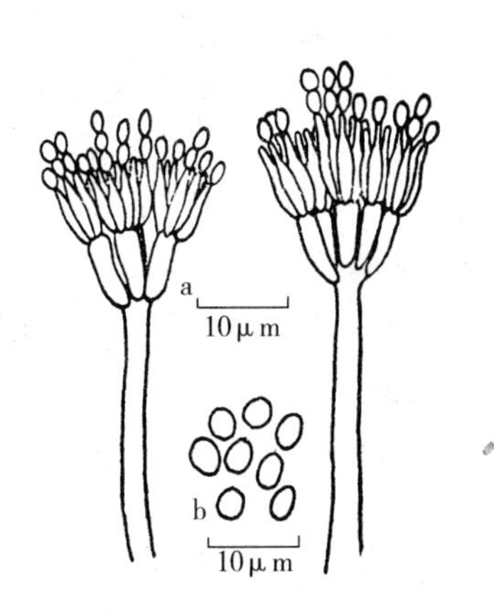

图 22-53 红色青霉

a. 帚状枝 b. 分子孢子

（引自《真菌毒素研究进展》，孟昭赫等主编）

［**有毒代谢产物**］

（1）红色青霉素 A（rubratoxin A） 分子式 $C_{28}H_{32}O_{11}$。分子量 520。熔点 210～214℃。

（2）红色青霉素 B（rubratoxin B） 分子式 $C_{28}H_{30}O_{11}$。分子量：518。熔点 168～170℃。

化学结构见图 22-54。

［**毒性**］红色青霉毒素 B 比 A 的毒性强，A 的毒性较弱。

红色青霉毒素 A 对小鼠腹腔注射的 LD_{50} 为 6.6mg/kg。

红色青霉素 B 的 LD_{50}：小鼠腹腔注射，雄性为 1.42mg/kg，雌性为 0.27～2.6mg/kg，猫口服约为 0.2mg/kg，狗腹腔注射为 5.0mg/kg，鸡腹腔注射约为 0.4mg/kg。

红色青霉素（rubratoxin）引起狗的肝和胆管及肾的损害。中毒症状一般为食欲减退、腹水、腹泻和黄疸。慢性毒性表现肝、脾细胞变性。

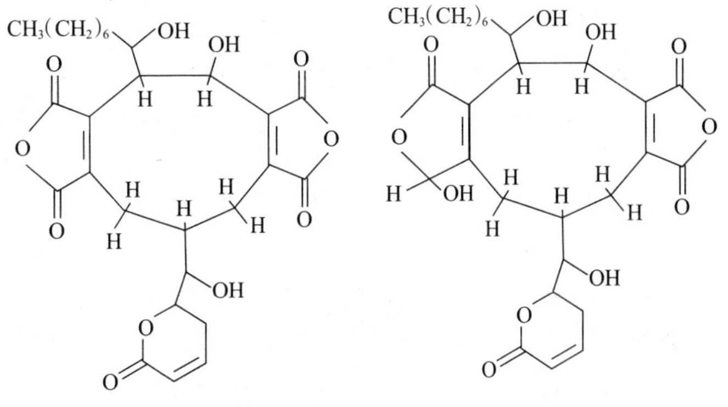

红青霉毒素 B　　红青霉毒素 A

图 22-54 红色青霉毒素的化学结构

（引自《真菌毒素研究进展》，孟昭赫等主编）

从发生猪和牛真菌中毒地区的霉玉米中分离的红色青霉（P13 株），用该菌株人工感染的玉米，喂饲猪、马、小鼠和雄性山羊等动物，均引起发病和死亡。被试动物各器官充血、出血，特别是肝、肾最明显。用红色青霉 P13 株的粗提物，腹腔注射、静脉注射、口腔灌服的试验动物，都表现中毒性肝炎和全身性出血。

红色青霉毒素对猪、马、山羊、雏鸡、小鼠、大鼠等均可中毒，其中猪口服红色青霉毒素比小鼠及其他试验动物都要敏感。中毒动物表现肝脂肪变性、坏死和出血，消化道充血和出血，猪胃明显出血和炎症。马大肠和小肠、胃均出血，中枢神经系统紊乱。鸡消化道出血。

（五）荨麻青霉（*P. urticae* Bainier）

异名：展青霉（*P. patulum* Bainier）

荨麻青霉属于不对称青霉群（Asymmetrica）、束状青霉亚群（Faseiculata）、荨麻青霉系（*P. urticae* series）。

从土壤和粮食等常分离出荨麻青霉，分布广泛。本菌在谷物及其秸秆等有机物质上寄生，引起霉坏。

[培养特性] 在察氏培养基上生长局限，菌落边缘平截，较厚，1.0～2.0cm 以上，大多数具有放射状皱纹，表面呈明显的颗粒状，边缘区域为明显的束状，有一条宽约 1.0～1.2cm 的白色边缘，分生孢子很多，全面着生，分生孢子区为浅灰色至绿色。渗出液少，暗黄色或亮褐色。有些培养物产生特殊的草香气味，有的气味不浓。菌落背面为暗黄色或橙褐色，培养基周边呈淡浊黄色至淡褐色。

[形态特征]

帚状枝：双轮不对称，形状和大小不一，疏松地叉开，通常在梗基一级作两次分枝（图 22-55，a）。

分生孢子梗：一部分单生，一部分集结成束，作波状或弯曲，壁光滑，长度为 400～500μm 以上。

副枝：叉开，通常大小为（10.6～22）μm×（1.0～4.3）μm。

梗基：较短，2～4 个不整齐的轮生，大多数为（6.2～7.5）μm×（2.5～3.4）μm，端部 2.8～2.9μm。

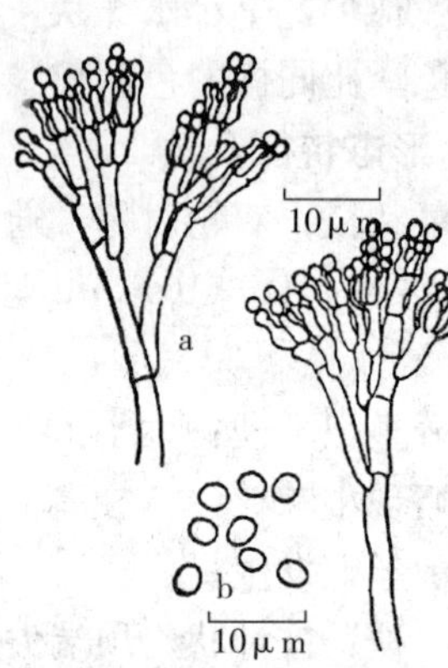

图 22-55　荨麻青霉

a. 帚状枝　b. 分子孢子

（引自《真菌毒素研究进展》）

小梗：短，大小为（5.3～6.5）μm×（1.8～2.6）μm，8～10 个密集轮生。

分生孢子：壁薄，椭圆形至近球形，大小为（2.8～3.6）μm×（2.1～2.8）μm。分生孢子链为疏松的柱状或略散开，长度 60～120μm（图 22-55，b）。

[有毒代谢产物]

展青霉素（patulin）：分子式 $C_7H_6O_4$。分子量 154。熔点 110℃。

化学结构见图 22-56。

[毒性] 展青霉素皮下注射小鼠的 LD_{50} 为 10mg/kg，静脉注射为 15～30mg/kg。小鼠淋巴细胞数量降低，血管通透性增强，严重水肿。鸡口服展青霉素的 LD_{50} 为 170mg/kg。腹水增加和消化道严重出血，鸡的受精卵和第 14 天的鸡胚 LD_{50} 分别是 68.7μg 和 2.35μg，剂量增加则导致畸形。

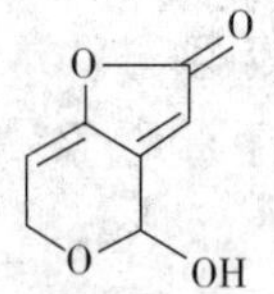

图 22-56　展青霉素的化学结构

据 Hari 等和 Ugai 等报道，乳牛吃了受荨麻青霉侵染的麦芽饲料后，发生大批死亡。后来又证实，用从荨麻青霉培养物提取的展青霉素，每周 2 次皮下注射大鼠，大约 15 个月在注射部位产生恶性肿瘤。Mayer 和 legator 也进一步证明展青霉素的致癌性。

注：扩展青霉（*P. expansum* Link）也产生展青霉素。

五、长喙壳属（*Ceratocystis*）

甘薯长喙壳菌（*Ceratocystis fimbriata* Ell. et Halstel）

长喙壳属在分类系统上属于子囊菌亚门、核菌纲、球壳菌目、长喙壳科。甘薯长喙壳菌寄生于甘薯引起黑斑病甘薯。本菌以子囊孢子及大分生孢子附着于甘薯或土壤中过冬，在土壤中可存活两年以上。大分生孢子耐干燥，子囊孢子有很强的耐热性，两者是侵袭源。本菌一般通过伤口侵入甘薯，孢子萌芽发育成菌丝体，并形成大量的无性内分生孢子和有性的子囊孢子，广泛散布。

[培养特性] 本菌能在人工培养基上生长，菌落幼龄时透明无色，但数日之内发生明显变化，老龄部分逐渐变暗，由淡褐色或橄榄色变成黑色。当接种于甘薯块时，局部迅速形成黑色斑，并产生黑粉和刺毛，有恶臭味。

[形态特征] 子囊壳表生或埋伏于基质中，基部呈球形，直径 105～140μm，颈部细长，成群作刺状外露，长 350～80μm，直径 20～30μm，孔口有刺状细胞。子囊呈梨子形，子囊壳内散生 8 个子囊孢子。子囊孢子呈钢盔状，单细胞，壁易早期溶解，无色，直径 5～7μm，浸水后大小为（12～17）μm×（5～9）μm。

在无性阶段产生两种孢子，一种为内生小分生孢子，着生于孢子梗顶端，单细胞，呈筒形、棍棒形或哑铃形，大小为（9～15）μm×（4～6）μm。孢子梗无色，大小为（50～100）μm×（4～6）μm。另一种为大分生孢子，大小为（10～19）μm×（8～10）μm，橄榄褐色，壁厚，又称厚壁孢子（图 22－57）。

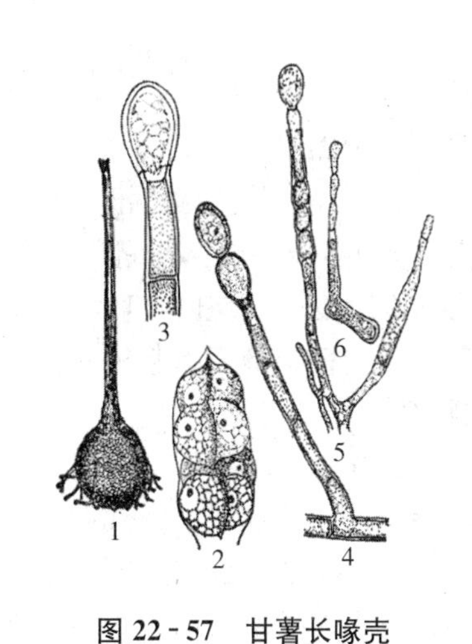

图 22－57 甘薯长喙壳

1. 子囊壳 2. 子囊 3. 最初发生的双壁灰褐分生孢子 4. 厚壁分生孢子 5. 薄壁分生孢子 6. 薄壁分生孢子的萌发

（引自《真菌鉴定手册》，魏景超主编）

[有毒代谢物] 日本小漱等从黑斑病甘薯提取出芳香族碳氢化合物苦味质（一种挥发油），并命名为甘薯酮（ipomearone）。此外，还提取出毒性较强的甘薯醇（ipomeamoronol）和甘薯宁（ipomeanine）等。经实验证明，它们均属肝脏毒素引起肝损害。但在黑斑病甘薯中毒的病例，主要是由肺水肿因子所致的肺水肿和间质性气肿，最后导致窒息死亡，并非甘薯酮等所致的肝脏损害。以后发现的 4－薯醇（4－ipomeanoi）和 1－薯醇（1－ipomeanol）是否与肺水肿因子相关尚不清楚。将甘薯长啄壳移植在生甘薯上生长繁殖，便产生甘薯酮（苦味质）等，而移置煮熟的甘薯上生长繁殖，则不产生甘薯酮等。因此，甘薯长啄壳侵害甘薯所产生的甘薯酮等，是否是当甘薯受到甘薯长啄壳侵害后与甘薯中某种成分相互作用而产生的，并非是甘薯长啄壳自身在甘薯中生长繁殖而产生的次生代谢物。所以，黑斑病甘薯导致的动物中毒（牛喘病）的确切病因，有待进一步研究。

甘薯酮（ipomearone）：分子式为 $C_{15}H_{22}O_3$，熔点 131～132℃。甘薯醇（ipomeamoronol）和甘薯宁（ipomeanine）均是甘薯酮的衍生物。它们都耐高温，经蒸、煮、烤等其毒性不易被破坏。

化学结构见图 22－58、图 22－59、图 22－60。

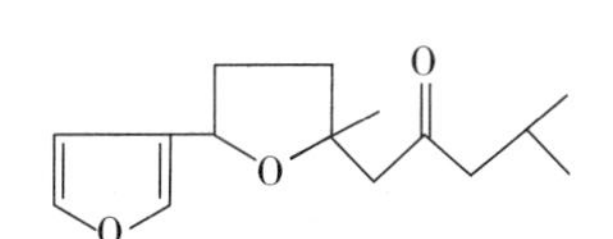

图 22－58 甘薯酮的化学结构

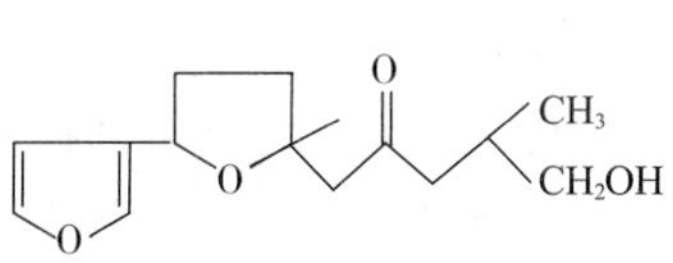

图 22－59 甘薯醇的化学结构

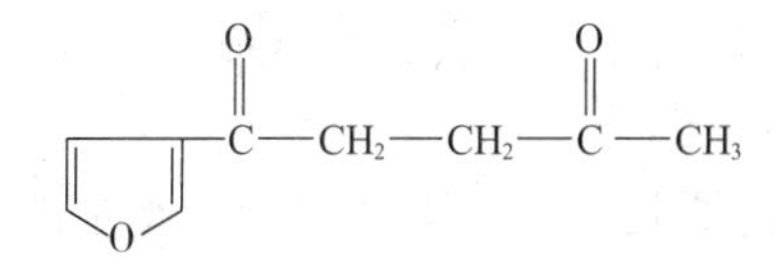

图 22－60 甘薯宁的化学结构

[毒性] 牛等家畜采食黑斑病甘薯可引起以急性肺水肿和肺气肿为特征的中毒，俗称牛喘病和牛喷气病。用 0.75～1.25kg 黑斑病甘薯喂牛导致中毒，主要为肺水肿和肺气肿。用黑斑病甘薯的乙醚、乙醇、冰醋酸、氯仿的浸提物，对牛、羊、猪、兔、豚鼠和小鼠均导致中毒和死亡，主要侵害肝脏。

羊中毒主要表现肺水肿，无间质性肺气泡肿。

猪中毒表现精神不振，食欲大减，口流白沫，呼吸困难，可视黏膜发绀。后期伴有便秘和下痢等。有的中毒病例伴有阵发性痉挛，运动失调。

六、麦角菌属（*Claviceps*）

本属系属于子囊菌纲、鹿角菌目、麦角菌科。本属的麦角菌（*Claviceps purpurea*）、雀稗麦角（*Claviceps paspali*）、黑麦角（*Claviceps nigricans*）均具有毒性，它们的形态很相似。

麦角菌［*Claviceps purpurea*（Fr.）Tul.］

麦角菌寄生于黑麦、大麦、小麦、冰草、猫尾草等禾本科植物的花器上，借助麦角菌长出的菌丝侵入子房中，将其摧毁。从菌丝逐渐发育成黑色的香蕉状菌核（麦角），长约1.0～7.5cm。在其成熟前分泌出含有大量分生孢子的蜜露，昆虫能携带其孢子而传播。成熟的菌核随着麦类的成熟而部分落下于泥土中越冬。当春天麦类开花时，菌核的子囊中充满发育完全的子囊孢子，又以上述方式重新对幼龄谷物感染。麦角能使人畜中毒，引起中枢神经系统紊乱，组织坏死等。

［形态特征］

（1）有性世代

菌核：香蕉形，紫黑色，内部白色，大小为（10～20）mm×3mm。

子座：柄长，头部扁球形，直径1～2mm，红褐色，外缘生子囊壳。

子囊壳：全部埋于子座内或少外露，大小为（200～250）μm×（150～175）μm。

子囊：细长，100～125μm。

子囊孢子：无色，大小为（50～75）μm×（0.6～1.0）μm。

（2）无性世代　属麦角蜜孢霉（*Sphaceia segetum* Lev）。

在寄生子房内的菌丝垫中形成不规则的腔室，产生孢子；分生孢子卵圆形，单细胞，无色，大小为（4～6）μm×（2～3）μm。他们混在黏液中溢出小穗外（图22-61）。

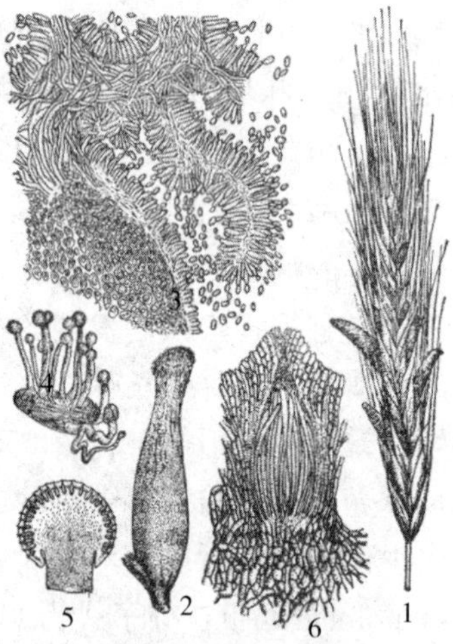

图22-61　麦角菌

1. 生在黑麦上的麦角菌　2. 幼菌核
3. 产生分生孢子的子座部分剖面
4. 菌核萌发产生有柄的头状子座
5. 子座顶部的剖面，边缘有子囊壳　6. 子囊壳的剖面
（引自《真菌鉴定手册》，魏景超主编）

［有毒物质］麦角菌的有毒物质主要是一些化学上相近的生物碱。麦角胺（ergotamine）和麦角辛（ergosin），这两种生物碱均属同麦角胺族；麦角亭（ergokriotin）、麦角隐亭（ergokrgptin）、麦角考宁（erogokornin），这三种生物碱均属同麦角毒碱族（ergotoxin），麦角新碱（ergometrin）又称麦角巴生，属麦角新碱族。麦角胺的分子式为$C_{35}H_5O_5$，麦角毒碱的分子式为$C_{35}H_4N_5O_6$。

［毒性］麦角毒素以不溶于水的麦角胺族生物碱的毒性最强，而麦角毒碱族与麦角胺族相似，麦角新碱溶于水，毒性较小。麦角毒素均可使牛、猪、家禽、马属动物中毒，而牛、猪、家禽的敏感性高。

麦角毒素中毒可分为中枢神经系统兴奋的急性兴奋型和末梢组织坏疽的慢性坏疽型。

急性兴奋型：中毒动物呈无规则的阵发性惊厥和抑制，即兴奋、沉郁、嗜睡交替发作。步态蹒跚，运动失调，伫立不稳。失明。肌肉战栗等。严重病例出现全身性僵直性痉挛，呼吸困难，中枢神经麻痹等。

最常见的为流涎、呕吐、口腔黏膜上水疱、烂斑。妊娠家畜常发生流产，子宫和直肠脱垂。

慢性坏疽型：中毒时间长，则主要在蹄、掌、趾的末端、耳、尾、乳头上发生坏疽，最后这些体部干尸化。

参考文献

胡体拉，等 . 1963. 家畜传染病（下册）[M] . 盛彤笙，译 . 北京：科学出版社 .

角田广，辰野高司，上野茅夫 . 1999. 真菌毒素图解 [M] . 孟昭赫，孙玉书，译 . 北京：人民卫生出版社 .

孟昭赫，张国柱，宋圃菊 . 1979. 真菌毒素研究进展 [M] . 北京：人民卫生出版社 .

孙鹤龄 . 1987. 医学真菌鉴定初编 [M] . 北京：科学出版社 .

王高松 . 1986. 临床真菌学 [M] . 上海：复旦大学出版社 .

王洪章，段得贤 . 1985. 家畜中毒学 [M] . 北京：农业出版社 .

尾形学，龚人雄译 . 1989. 家畜微生物学 [M] . 北京：生物制品研究会 .

魏景超 . 1982. 真菌鉴定手册 [M] . 上海 . 上海科学技术出版社 .

张纪忠 . 1990. 微生物分类学 [M] . 上海：复旦大学出版社 .

中国农业百科全书编辑部 . 1993. 中国农业百科全书 . 兽医卷 [M] . 北京：农业出版社 .

中国农业科学院哈尔滨兽医研究所 . 1989. 家畜传染病学 [M] . 北京：农业出版社 .

中国农业科学院兰州兽医研究所 . 1999. 兽医手册 [M] . 第三版 . 兰州：甘肃人民出版社 .

Thomos D. Wgllie，Lawrence G. Morenouse. 1978. Mycotioxic Fungi Mycotoxins Mycotoxicoses Volume 1 [M] . New York：Marcel Dekker，INC.

Thomos D. Wgllie，Lawrence G. Morenouse. 1978. Mycotioxic Fungi Mycotoxins Mycotoxicoses Volume 2 [M] . New York：Marcel Dekker，INC.

王景琳 逯忠新 编

丛明善 审

第二篇

病　毒

第二十三章　病毒及其发展史

病毒是一种非细胞实体、超出一般光学显微镜辨视范围的微生物。近年来，由于亚病毒因子的发现，超出了经典的病毒概念，因此，有些学者将病毒的概念定义为“是一种具有生命特征的遗传单位”，从而拓宽了病毒分类学的领域，指导人们向更深的领域寻找和发现新的致病因子。

病毒是许多重要传染病的病因。病毒除了在兽医学和医学上有重大意义之外，还是当今分子生物学应用最为广泛的模型。它为人们研究基因复制、转录和翻译以及研究控制这些生物最基本的活动规律提供了很好的模型。

病毒属于微生物，在化学组成和增殖方式上独具特点：①只含一种核酸——DNA 或 RNA；②严格细胞内寄生的微生物，没有完整代谢过程的酶系统；③基因组可以是 DNA 或 RNA，是单股或双股，但近年来研究报道，在巨细胞病毒颗粒中既含有 DNA 又含有 RNA；④不经分裂繁殖，而是通过生物合成生产构件进行装配，完全依赖于宿主细胞提供合成的能量；⑤有些病毒的基因组能整合到宿主细胞的 DNA 中，并随细胞 DNA 的复制而增殖，从而导致潜伏感染；⑥病毒无细胞壁，也不进行代谢活动。对一般抗生素和阻断代谢途径的药物均不敏感，但受干扰素抑制。

完整的病毒粒子（virion）是指在形态学上成熟的病毒个体，包括无毒力的缺损病毒。有些病毒其基因组有缺损称为缺损病毒。有些 DNA 病毒，其部分或全部基因组可与宿主细胞基因组整合在一起复制，部分病毒基因可以表达，但不产生感染性病毒，这是一种极端缺损状态。某些 RNA 病毒的 RNA 经反转录合成互补 DNA（cDNA）与细胞基因组整合称前病毒 DNA（proviral DNA）。有的病毒，其核酸是裸露的，没有蛋白外壳，称类病毒（viroid）。还有的病毒，只含蛋白质不含核酸，称为朊病毒（prion），类病毒和朊病毒归纳为亚病毒。此外还有所谓病毒的病毒，称为拟病毒（virusoid）。

病毒发展简史

病毒的存在，人们很早就有了认识。公元前 313 年至前 265 年中国就有了“天花”的论述。直到 1892 年伊凡诺夫斯基（Dmitrii Ivanowski）发现烟草花叶病毒。1898 年，Beiierinek 首次提出病毒（virus）这个名词。同年 F Loeffler 和弗罗施（Frosch）报道了由病毒引起的动物病例“口蹄炎”。

1898—1911 年共发现了十几种动物病毒，主要是禽流感病毒（1900）、鸡痘病毒（1902）、狂犬病病毒（1903）、鸡白血病病毒（1908）、脊髓灰质炎病毒（1909）及劳斯肉瘤病毒（1911）等。随着人类活动的拓展和技术的进步，不断有新的病毒被发现，例如导致艾滋病（AIDS）的人与动物的免疫缺陷病毒、导致人和猪脑炎和死亡的尼帕病毒（Nipah virus）等。

第一次世界大战期间，1915—1917 年托特（F. W. Twort）和埃雷尔（F. D. Herelle）发现了生长在细菌体内的病毒——噬菌体，使之成为 20 世纪 40 年代后期分子生物学发展的基石。

在人们确知病毒是生物之后，就开始研究培养病毒的技术。早在 1913 年，Leradi 用组织培养法培养脊髓灰质炎病毒和狂犬病病毒。1923—1924 年卡雷尔（Carrell）应用组织块培养 Rous 肉瘤病毒，1927 年 Carrell 和 Rivel 用鸡胚组织块培养痘苗病毒。但病毒是否能够增殖，还要借动物或鸡胚的接种才能确定。1942—1943 年，中国黄祯祥首先利用组织培养技术直接分离、滴定和鉴定了西部马脑炎病毒。这一研究成果，使病毒在试管内繁殖成为现实，从此摆脱了人工繁殖病毒靠动物、鸡胚培养的原始方法。也正是这项新技术拓宽了国际上病毒学家的思路。许多病毒学家采用或改良这一技术，成功地分离出许多新病毒。例如，1949 年恩德斯（Enders）等利用单层细胞直接接种脊髓灰质炎病毒进行培养、滴定和传代。恩德斯也因此获得了 1954 年的诺贝尔奖。此后随着抗生素的出现和应用，细胞培养成为病毒的简便有效的常规培养方法。细胞培养中的每个细胞的生理特性基本一致，对病毒的易感性也相等，没有实验动物的个体差异。而且可用于实验的数量远远超过动物或鸡胚，并且可在无菌条件下进行标准化的试验，可重复性好。之后，在细胞培养的基础上又发展了蚀斑技术、器官培养、共同培养、融合细胞培养以及二倍体细胞培养技术等。随着病毒培养技术的发展，又分离鉴定了数十种新病毒。同时由于病毒培养方法的改进和提高，加速了病毒疫苗的研制和应用，已有一些疫苗应用于人类和动物病毒病的预防。

1931 年诺尔（M. Knoll）和腊斯克（E. Ruska）首先研制成电子显微镜，从而人们可以直接观察到病毒的形态及其微细结构，使病毒学的研究进入了一个新的历史阶段。1935 年斯坦利（W. M. Stanle）首次获得了烟草叶病毒结晶。1937 年鲍登（F. C. Bawden）和皮瑞（N. W. Pirie）确定病毒的化学组成为核蛋白。1941 年 Hirst 发现了流感病毒对红细胞具有凝集作用。1957 年艾萨克（A Isaacs）等发现了天然存在的病毒复制抑制剂，即干扰素，从而为抗病毒化疗药物的研制开辟了新的途径。

20 世纪 40 年代以后，在有关病毒本质的研究上又前进了一步。1947 年赫斯特（Hirst）发现流感病毒酶活性与其感染有密切关系。1956 年吉尔（Gier）等成功地提取了 TMV 的感染核酸。1962 年卡拉斯克（Karasck）等从病毒感染的细胞中分离出 RNA 聚合酶。1970 年特明（H M Temin）和巴尔蒂摩（D Baltimore）等又发现了 RNA 肿瘤病毒颗粒中含有转录酶。这些发现都丰富了对病毒本质的认识。70 年代以后，又发现了限制性内切酶，建立了 DNA 重组技术，促进了病毒基因结构及其功能关系的研究。1977 年桑格（Sanger）等研究并明确了 Φ174 噬菌体基因组织的结构。1978 年菲埃罗斯（Fiers）明确了 SV40 基因组的结构。这些研究结果，使人们从分子水平上来认识病毒的化学结构、理化性质、增殖过程、感染机制、遗传变异等问题，从而建立和发展了分子病毒学。

此外，由于超速离心配合密度梯度离心等技术的应用，使病毒的提纯取得重大突破。人们可以采用电子显微镜、X 线衍射仪及激光光谱等来观察病毒及其亚单位的微细结构，从而发展了病毒形态学。

我国病毒学的研究可追溯到 20 世纪 40 年代初，但获得实质性的发展则在建国之后。1945—1950 年，黄祯祥等对乙型脑炎病毒的分离及其疫苗的研制获得成功。50 年代初，由中国兽药监察所分离到猪瘟病毒（石门系），为我国疫苗的研究奠定了基础。此后又相继发现并分离到有关畜禽病毒，研制成功多种弱毒疫苗、灭活疫苗并投入批量生产，对防制畜禽传染病起到了重要作用。在此基础上，分子病毒学、遗传学及一些病毒理论的研究相应得到发展。目前，兽医病毒学的研究已进入一个新的阶段。其中，对脊椎动物病毒的研究是整个病毒学研究中涉及面最广、进展最快、最为深入的一个分支。兽医病毒学的研究对象主要为脊椎动物的病毒包括动物与人共同感染的病毒，同时也涉及低等脊椎动物如鱼类、爬行类及两栖类的病毒并已交叉渗透到无脊椎动物如甲壳类、贝类及昆虫等的病毒取得了可喜进展。

参考文献

陆承平，等．2001. 兽医微生物学［M］．第三版．北京：中国农业出版社．

松佩拉克．2006. 病毒学概览［M］．北京：化学工业出版社．

谢天恩，等．2005. 普通病毒学［M］．北京：科学出版社．

殷震，等．1997. 动物病毒学［M］．第二版．北京：科学出版社．

Bresnahan WA, Shenk T. 2000. A subset of viral transcripts packaged within human cytomegalovirus particals [J]. Science.（288）：2373 - 2376.

仇华吉　编

第二十四章　病毒的特性

第一节　病毒的形态结构

病毒一般以病毒颗粒（viral）或病毒子（virion）的形式存在，具有一定的形态、结构以及传染性。病毒的种类很多，形态结构各具特点，有的为椭圆形棒状，有的呈球形或多角形、蝌蚪形或丝状等。所有的病毒都是由蛋白质和（或）核酸（DNA或RNA）组成的。一般来说，一个完整的病毒颗粒都有由蛋白质（或多肽）组成的衣壳（capsid），衣壳的成分是蛋白质，其功能是保护病毒的核酸免受环境中核酶或其他影响因素的破坏，并能介导病毒核酸进入宿主细胞。衣壳蛋白具有抗原性，是病毒颗粒的主要抗原成分。衣壳系由一定数量的壳粒（capsomere）组成，每个壳粒又有一个或多个多肽分子组成。不同种类的病毒衣壳所含的壳粒数目不同，是病毒鉴别和分类的依据之一。衣壳包裹核酸。衣壳及其包裹的核酸构成核衣壳（nucleocapsid）。有的病毒在衣壳的外面还有一层囊膜（envelope），囊膜是病毒在成熟过程中从宿主细胞获得的，含有宿主细胞膜或核膜的化学成分，有的囊膜外面附有纤突（spike）或称为膜粒（peplomer）。囊膜与纤突构成病毒颗粒的表面抗原，与宿主细胞嗜性、致病性和免疫原性关系密切。有囊膜的病毒称为囊膜病毒（envelope virus），无囊膜的病毒称为裸病毒（naked virus）。有的病毒还具有双层壳膜结构。近年来应用X衍射、氨基酸测序结合电脑空间构象模拟技术等，发现了某些在电镜下未曾发现的微细结构，例如微RNA病毒（Picornavirus）颗粒表面的沟槽（canyon）或环突（loop）。

构成病毒衣壳的蛋白质或多肽，在形态学上称为化学亚单位（chemical subunit）或结构亚单位（structural subunit）。许多化学亚单位由非共价键串联起来形成了在电子显微镜下可见的子粒即形态亚单位（morphological subunit）。

由此不难看出，病毒的化学亚单位为形态亚单位的物质基础，而形态亚单位则是结构亚单位的表现形式，二者相辅相成不可分割。

病毒结构的型较多，也很繁杂，大体可分三种，即立体对称型结构、螺旋体对称型结构及复合对称型结构，其中以立体对称结构为大多数。

（1）立体对称型病毒　过去曾称圆球形病毒，现在随着电子显微镜分辨率的提高及负染色和X线等技术的应用，发现并非是圆球形，而是多面的立体对称结构，其中又以二十面体对称（icosahedral symmetry）为最多，而成为病毒的典型代表。由二十个等边三角形组成的立体结构。它有12个顶，20

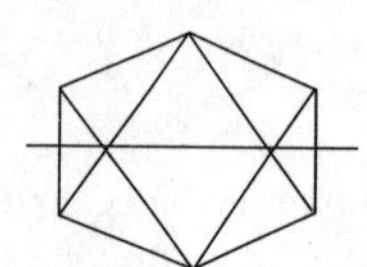
以棱为中心对称轴旋转

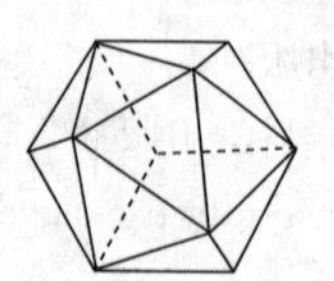
以三角面为中心对称轴旋转

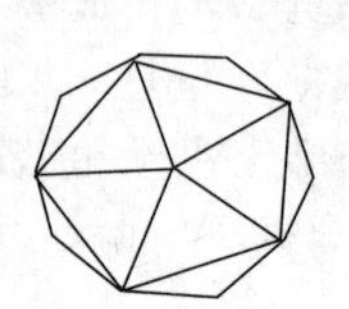
以顶为中心对称轴旋转

图24-1　正二十面体病毒模式图

（引自《畜禽病毒图谱》，李成等编著）

个面，30 条边（棱），呈 5∶3∶2 轴对称，正二十面体病毒的衣壳是由壳粒镶嵌组成，壳粒排列成二十面体对称形式，其顶角的壳粒总是与周围 5 个间距相等的壳粒为邻，呈梅花状排列，为五邻体（penton）。在三角面和棱上的每个壳粒与 6 个间距相等的壳粒为邻称六邻体（hexon），壳粒排列形成符合“准等价原理”，其中有的由等边三角形构成二十面体，也有的由等边五角形构成十二面体，还有的由三角形和五角形一起构成二十面体结构（图 24-1）。大多数球状病毒成这种对称型，包括大多数 DNA 病毒、反转录病毒（*Retrovirus*）及微 RNA 病毒等。

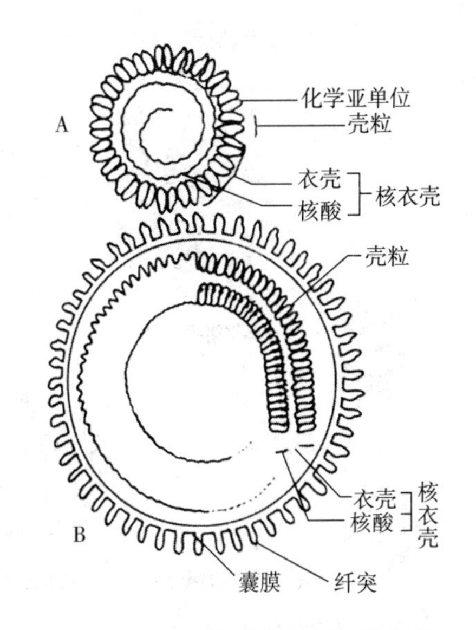

图 24-2　螺旋对称型病毒模式图

A. 裸体病毒　B. 有囊膜病毒

（引自《畜禽病毒图谱》，李成等编著）

（2）*螺旋对称型*（helical symmetry）*病毒*　此类病毒是由大分子核酸与蛋白质结合而成的螺旋状共聚体，这种核酸—蛋白质共聚体扭曲呈双链结构，盘旋在圆球形或棒状的囊膜内，中空，成为病毒的生命中心。这些核酸蛋白即称为核衣壳。这种核衣壳与正二十面体的核衣壳不同，若去掉囊膜则病毒失去感染性。就此种意义来说，螺旋对称病毒的囊膜称为壳（shell），而其中间的核衣壳可以称为核心（core）或拟核（nucleoid）（图 24-2）。见于弹状病毒（*Rhabdovirus*）、正黏病毒（*Orthomyxovirus*）和副黏病毒（*Paramyxovirus*）及多数杆状病毒（*Baculovirus*）。

（3）*复合对称型病毒*　病毒核衣壳具有双重对称或复合对称结构，以噬菌体为代表。但不同噬菌体的形态和结构也有较大差别，其中最小的噬菌体除头部外，还有附件或尾部器官作为附着于细菌的工具，其病毒粒子至少有 15 或 20 个以上的蛋白亚单位。

此外，某些动物病毒（如痘病毒）结构也相当复杂，见不到正二十面体和螺旋对称的核衣壳，其外膜是由不正规排列的管状脂蛋白亚单位组成，包含一个核心和两个“侧面小体”，核心中含有 RNA 和蛋白质。羊接触传染性脓疱病毒的表面具有许多十字形交叉的带状结构（图 24-3）。

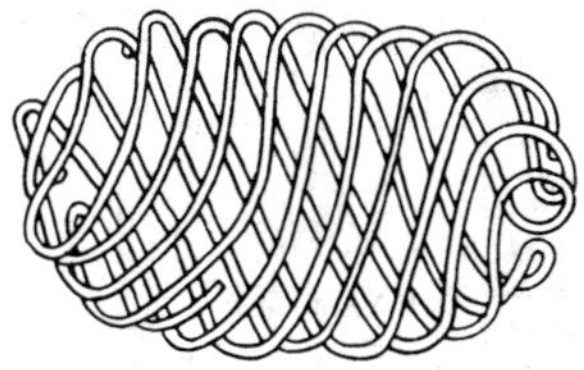

图 24-3　羊接触传染性脓疱病毒的表面结构

（引自《畜禽病毒图谱》，李成等编著）

在形态上，缺损病毒与完整病毒并不相同。由于缺损病毒缺少某些基因，所组成病毒蛋白也相应缺少，所以形态就有所改变。许多缺损病毒颗粒往往呈空心状态。有些病毒本来就是缺损的，必须和其他病毒混合一起才能增殖。

现将脊椎动物致病性病毒分类列于图 24-4。

第二节　病毒的组成

通常，一个完整病毒粒子是由核酸、蛋白质、酶、脂类和碳水化合物以及少量的其他物质所组成。

（一）病毒的核酸

病毒颗粒内的核酸，是病毒遗传信息和生命活动的物质基础。由整套基因所组成的病毒核酸称病毒基因组。至今发现病毒只含有一类核酸，DNA 或 RNA，两者不会同时存在。但有若干例外：反转录病毒的 RNA 可在复制过程中反转录成 DNA，因此存在 RNA 和 DNA 两种核酸形式。所有生物都把遗传信息储存在 DNA 中，RNA 病毒和类病毒则把它储存在 RNA 中。

病毒 DNA 多数是双股（double stranded）的，少数为单股（single stranded），多数是线状（linear）结构，少数为环状（circular）。所有 DNA 呈一条长链（一个分子），不分节段。多数为双股线状，少数

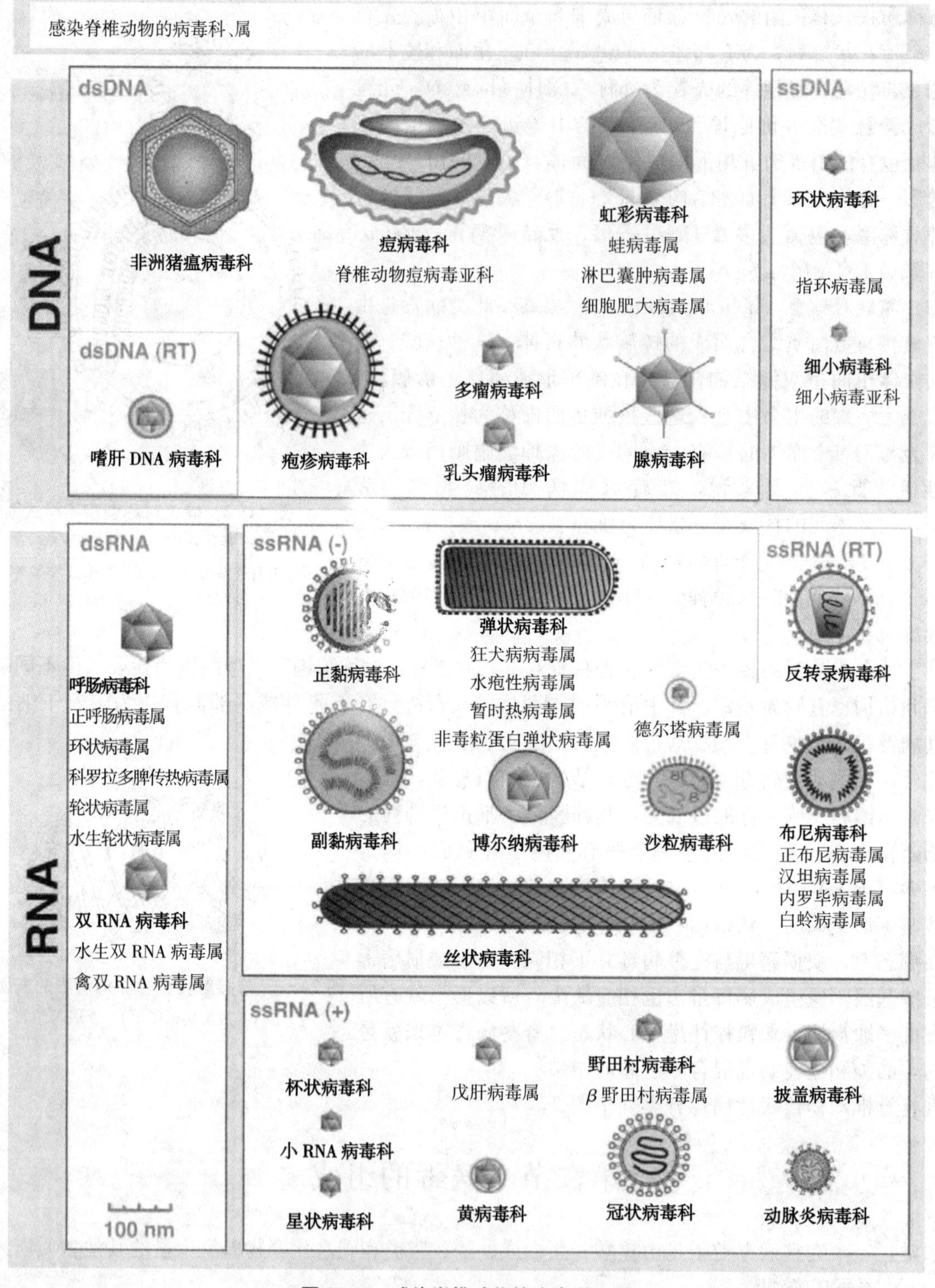

图 24-4 感染脊椎动物的病毒科、属

为双股环状，如多瘤病毒（*Polyomavirus*）和乳头瘤病毒（*Papillomavirus*），或单股线状，如细小病毒（*Parvovirus*），或单股环状，如圆环病毒。病毒 RNA 多数是单股线状，多数也呈一条长链，仅少数分割成几个节段（segmented）（几个分子），如正黏病毒（*Orthomyxovirus*）、布尼病毒（*Bunyavirus*）、沙粒病毒（*Arenavirus*）少数为双股线状、分节段，如呼肠孤病毒（*Reovirus*）和双 RNA 病毒（*Birnavirus*）。所有 RNA 都不呈环状结构。病毒 RNA 与其 mRNA 的核苷酸序列结果相同时称为正链，与之互补的则称负链。

病毒核酸分子的相对质量因病毒种类而不同。病毒 DNA 分子的相对质量范围较大，为（1～200）$\times 10^{6}$。RNA 分子的相对质量范围较小，约为（2～15）$\times 10^{6}$。

1. 核酸的结构　核酸基本由 4 种核苷酸所组成，这些核苷酸按照一定的方式、数量和排列顺序彼此相连，形成很长的多核苷酸链。这即是核酸的一级结构。双股核酸则由两条链通过内侧的碱基配对由氢键结合在一起，进而形成螺旋状构型，即称为核酸的二级结构。核酸的双螺旋二级结构还可进一步形成一定的空间相互关系，如多瘤病毒双股 DNA 可进一步缠绕成麻花状的构型，称为三级结构。

病毒核酸的碱基组成并不特殊，但在不同病毒中，各种碱基的含量差别较大。例如鸟嘌呤和胞嘧啶的含量（G+C 含量），多的高达 74%（如伪狂犬病病毒），少的仅为 35%（如痘病毒）。同样病毒核酸的碱基组成近似，但不同属病毒之间的核酸组成常有较大差别，如披膜病毒的腺嘌呤较高，正黏病毒和副黏病毒的尿嘧啶含量较高，疱疹病毒的 G+C 含量较高，但痘病毒却较低。

2. 病毒感染性核酸　是从病毒粒子中提取的裸露核酸，带有病毒增殖过程中必要的遗传信息。它进入细胞后，就能形成新的病毒，这种核酸称为感染性核酸（infectious nucleic acid）。感染性核酸不分节段，其本身能作为 mRNA，或者能利用宿主细胞的 RNA 聚合酶转录病毒的 mRNA。病毒核酸具有传染性这一事实证明，它储存病毒的全部遗传信息。目前已经可以从许多种类的动物病毒中提取出来，但只限于一些小型和较小型病毒，例如微 RNA 病毒、细小病毒、披膜病毒和乳多空病毒。披膜病毒是能够提取感染性核酸的唯一的带囊膜 RNA 病毒。

感染性核酸的感染范围通常广于其原来的病毒颗粒，如脊髓灰质炎病毒不能在兔肾细胞中增殖，但从这种病毒提出来的感染 RNA 就能感染这类细胞。

（二）病毒的蛋白质

病毒蛋白质是病毒粒子的重要组成成分之一，占有较大比例，约 70%以上，多位于病毒的外层。主要功能是：①对病毒核酸形成保护的外壳，使之不被核酸酶等外界因子所破坏；②与病毒粒子的吸附、侵入和感染有关，甚至可能是某些病毒引起感染不可缺少的因子。衣壳蛋白、囊膜蛋白或纤突蛋白可特异性地吸附至易感细胞受体并促使病毒侵入细胞，是决定病毒对宿主细胞嗜性的重要因素。病毒蛋白质还是良好的抗原，可激发机体产生免疫应答。

1. 病毒蛋白质的结构　病毒蛋白质一般具有四级结构。一级结构是由氨基酸序列组成的多肽链。链内或链间还可能有二硫键；二级结构是多肽的螺旋构型，它是由氨基酸残基 C-端和 N-端之间的氢键维持的；三级结构是多肽链的折叠形式；四级结构是蛋白质形态单位（由一个或数个蛋白亚单位组成）的空间排列形式。不同种类的病毒，所含结构蛋白的种类各异。了解病毒蛋白的结构及其功能具有重要意义，而且对了解病毒的变异也有重要意义。病毒基因核苷酸序列的改变是病毒变异的物质基础，病毒基因的改变通过基因表达的产物——蛋白质反映出来。例如流感病毒抗原变异时，血凝素的一级结构有较大差别，即使在抗原漂移时，也可以观察到血凝素的一级结构有差别。

2. 病毒蛋白种类

（1）*核衣壳蛋白*　是构成病毒核衣壳的蛋白质。每个病毒的核衣壳蛋白都由许多壳粒所组成，每个壳粒仅有一个多肽，每个壳粒的多肽又由很多氨基酸组成。多肽 N-端大多数为乙酰化丝氨酸，它可以保护多肽，以防被多肽外切酶降解。其代表病毒为烟草花叶病毒（TMV）。

（2）*基质蛋白（M 蛋白）*　在某些有囊膜的病毒中，含有一种无糖基的蛋白质，位于核蛋白和脂层之间，称为基质蛋白。正黏病毒、副黏病毒和弹状病毒都含有基质蛋白。这种蛋白与核蛋白相连接，又与囊膜的膜质层相连接，起固定膜作用。在流感病毒颗粒中，基质蛋白则很少，这说明基质蛋白合成后立即渗入至细胞膜，进而芽生装配成病毒颗粒。

（3）*囊膜表面蛋白*　有囊膜的病毒，在囊膜表面含有糖蛋白，由它组成突起，如流感病毒、冠状病毒、单纯疱疹病毒等都含有糖蛋白。糖蛋白中碳水化合物是通过糖苷键的天门冬酰胺残基结合而成。

（4）*血凝素（HA）*　呈杆状、14nm×4nm，相对分子质量为 24×10^{4}。每个血凝素由 3 个相对分

子质量为 7.5×10^4 的血凝素亚单位组成，每个 HA 亚单位由一个较大的多肽（HA_1，相对分子质量为 5.5×10^4）通过二硫键与一个较小的多肽（HA_2，相对分子质量为 2.5×10^4）相结合。HA_1 和 HA_2 都是糖基化的蛋白，有细胞凝集活性的部分位于 HA_1 中，由 H_2 插入囊膜的脂质中。每个流感病毒约有 500 个血凝素。它能刺激机体产生抗体，这种抗体具有抗病毒感染的作用和抑制红细胞凝集的作用。所以，血凝素除能吸附、凝集红细胞外，还能在病毒感染过程中使病毒吸附于细胞受体上。

3. 病毒蛋白质的抗原性 这种抗原性可以使机体产生免疫反应（产生特异性抗体）。这种特异性抗体不能直接作用于病毒核酸，但在与病毒颗粒的蛋白质结合后，常可使病毒丧失感染性。

4. 病毒蛋白质的毒性作用 病毒蛋白质可使动物机体发生各种毒性反应，如发热、血压下降、血细胞改变和其他全身症状等。

（三）病毒的酶

酶是具有催化活性的蛋白质。主要存在于病毒颗粒中。某些动物病毒，特别是许多大型病毒和结构较复杂的病毒，都有酶的成分。这些酶是病毒粒子的固有部分，不同于由病毒基因编码但不结合入病毒粒子的酶。

1942 年 Hivst 首先发现流感病毒颗粒中含有神经氨酸酶以来，相继发现了一系列病毒编码的酶。在病毒复制与合成过程中，核酸碱基的裂解、核苷酸的聚合以及氨基酸的合成和定向排列等，都需要有酶的参与。其主要作用是：①一类酶可使细胞膜成分降解，例如流感病毒的神经氨酸酶；②另一类酶则与病毒核酸的合成和降解有关，如病毒的转录酶，又称依赖于 RNA 的 DNA 聚合酶。还有依赖于 DNA 的 RNA 聚合酶、依赖于 RNA 的 RNA 聚合酶等。此外，在已提纯的某些病毒粒子内，包括一些 RNA 肿瘤病毒、某些流感病毒和副流感病毒、痘病毒及某些疱疹病毒，还有蛋白激酶存在。又如白血病病毒和痘病毒中含有多种类的酶。

另外，某些病毒还有与吸附、侵入或感染有关的酶类，如正黏病毒和副黏病毒能吸附于禽类或（和）哺乳动物的红细胞上，并使之凝集，随后病毒又由细胞表面自行脱落。这是由于病毒含有神经氨酸酶破坏红细胞表面的受体之故。不同的病毒粒子中所含酶的成分有差异（表 24-1）。

必须指出，即使某些病毒含有较多种类的酶，但不可能具有核酸和蛋白质合成所需要的完整的酶系统。

表 24-1 病毒粒子中所含的主要酶

病毒的种类	酶的名称	部 位	病毒的种类	酶的名称	部 位
腺病毒	DNA 核酸内切酶	核衣壳内	副黏病毒	神经氨酸酶	囊膜突起
疱疹病毒	蛋白激酶	核衣壳内	弹状病毒	蛋白激酶 核苷酸磷酸水解酶	吸附于囊膜上 吸附于囊膜上
虹彩病毒	核苷酸磷酸水解酶 DNA 核酸内切酶 RNA 核酸内切酶 蛋白激酶	核心内 核心内 衣壳内、核心内 衣壳内、核心内		DNA 外切核酸酶 DNA 核酸内切酶 DNA 连接酶 核苷酸激酶	
痘病毒	核苷酸磷酸水解酶 DNA 核酸内切酶 鸟苷酸转移酶 甲基转移酶 蛋白激酶	核心内	肿瘤病毒	磷酸酯酶 乳酸脱氢酶 RNA 甲基化酶 rRNA 合成酶 ATP 酶	囊膜
正黏病毒	神经氨酸酶	囊膜突起	呼肠病毒	核苷酸磷酸水解酶	核心内

（四）病毒的脂质

病毒的脂质为病毒颗粒中所含的脂质成分，主要存在于病毒的囊膜中。有些病毒不含脂质。病毒脂质包括胆固醇、甘油三酸酯及磷脂（包括磷酸胆碱、磷脂醇胺、磷脂丝氨酸和鞘磷脂等）。

实验证明，病毒的脂质是在芽生过程中由宿主细胞膜获得的。病毒脂质与细胞成分的关系有两种认识：一种是病毒脂质与细胞膜脂质完全相同；另一种则认为，不同病毒膜蛋白疏水部分，可以与细胞膜上的脂质选择性地结合，形成脂蛋白复合物。该复合物中的脂质与细胞膜脂质不完全相同。应用有机溶剂、去污剂或溶脂酶等处理有囊膜的病毒后，可使病毒颗粒失去表面结构，并使病毒颗粒裂解，因而失去感染性。某些动物病毒的表面结构对病毒的吸附、侵入细胞发挥重要作用。

含脂质病毒有三种特征：①在病毒颗粒的结构上，内部有核蛋白的核心，外部则有囊膜。囊膜是由脂质、蛋白质及糖类组成；②新增殖的病毒在宿主细胞膜部位成熟，然后以芽生方式释放；③大多数含脂质的病毒对有机溶剂、表面活性剂和溶脂酶敏感。但痘病毒含脂质的量很少，不受上述物质的影响。

（五）病毒的碳水化合物

所有病毒粒子都含有较少量碳水化合物。病毒核酸中的碳水化合物是核糖或脱氧核糖，但某些病毒也含有非核糖碳水化合物，可归纳为两种情况：①在某些噬菌体 DNA 中，有葡萄糖残基与嘧啶结合，如在偶数噬菌体，DNA 中的 5 羟甲基嘧啶通过 O-糖苷键与葡萄糖相连接；②在某些病毒囊膜中，多糖可与蛋白质或脂质结合。囊膜病毒的表面有突起，常由糖蛋白组成，如流感病毒囊膜上的血凝素和神经氨酸酶，正黏病毒科、副黏病毒科、疱疹病毒科、披膜病毒科、弹状病毒科、冠状病毒科以及 RNA 肿瘤病毒科中的成员都有糖蛋白。在同一病毒群中其碳水化合物的组成基本相似。

病毒的糖蛋白碳水化合物是一种复杂的多糖，多数由岩藻糖、半乳糖、葡萄糖胺和甘露糖组成。

在正黏病毒科、副黏病毒科和弹状病毒科（如水疱性口炎病毒）的囊膜中还含有糖脂。糖脂来自宿主细胞。偶数噬菌体 DNA 的糖基化是噬菌体在某些细菌中保持活性所必需的，因葡萄糖化的 DNA，其葡萄糖残基能保护核酸免遭某些细菌核酸酶的降解。正黏病毒、副黏病毒血凝素中的碳水化合物对血凝能力的形成十分重要，血凝素经糖苷酶处理后，血凝能力随即消失。

◈ 参考文献

卡恩．2006．分子病毒学原理［M］．北京：科学出版社．
陆承平，等．2001．兽医微生物学［M］．第三版．北京：中国农业出版社．
松佩拉克．2006．病毒学概览［M］．北京：化学工业出版社．
谢天恩，等．2005．普通病毒学［M］．北京：科学出版社．
殷震，等．1997．动物病毒学［M］．第二版．北京：科学出版社．

第二十五章　病毒的分类与命名

第一节　病毒的分类

病毒的分类是将自然界存在的病毒种群按照其理化性质的相似性和亲缘关系加以归纳分类，目的在于了解病毒的共性和个性的特点。

现阶段，由于不断发现新病毒，同时对已发现病毒的了解和研究还不够全面与完善，所以目前的病毒分类学尚处于不成熟阶段。

在20世纪40年代和50年代，基本上以病毒对宿主或宿主某一器官的嗜性为基础。例如嗜神经病毒、嗜内脏病毒、肠病毒和呼吸道病毒等。在1958年前后，安德鲁斯（Adrewes）等主张按病毒本身的理化性质进行分类。自20世纪50年代以来，由于病毒学的迅速发展，发现按嗜性分类不能表达病毒种群的特点及其间的亲缘关系，因此开始按病毒理化性质进行分类。1966年在莫斯科举行的国际微生物学代表大会上，成立了国际病毒命名委员会（International Committee on Nomenclature Viruses，ICNV），目的是求得一个各种病毒通用的分类系统。1971年由威利（Wiley）整理并发表了ICNV的第一次报告——“病毒的分类与命名”。1973年在伦敦召开ICNV执行委员会，同意将该委员会的名称改为国际病毒分类委员会（International Committee on Taxonomy of Viruses，ICTV）。这一建议得到1974年在东京召开的国际微生物协会第一次大会的通过。相继发表了第三、四、五次报告，到1995年，由F A墨菲（Murphy）等整理发表了第六次报告。这次报告的分类内容又有了较大进展和变动。综合第六次报告的资料，将动物病毒分为三大类：第一类是DNA病毒；第二类为DNA和RNA反转录病毒；第三类是RNA病毒。新增加2个科，即圆环病毒科（Circoviridae）及星状病毒科（Astroviridae）。将细小病毒科又增设两个亚科，即细小病毒亚科（Parvovirinae）及浓病毒亚科（Densovirinae），又新增加8个属和2个非正式属。其中有2个是独立属，即类非洲猪瘟病毒属（*African swine fever-like virus*）、动脉炎病毒属（*Arterivirus*）。2005年的第八次分类报告中，将这两个属列为独立的科，分别为非洲猪瘟病毒科和动脉炎病毒科。其他是圆环病毒属（*Circovirus*）、星状病毒属（*Astrovirus*）、玫瑰疹病毒属（*Roseolovirus*）、红病毒属（*Erythrovirus*）、水生双RNA病毒属（Aquabirnavirus）、禽双RNA病毒属（*Avibirnavirus*）、腮腺炎病毒属（*Rubulavirus*）、暂时热病毒属（*Ephemerovirus*）及类托高土病毒属（*Thogoto-like viruses*）（带引号的为非正式属）。同时增加亚病毒因子：比病毒结构更为简单的微生物，有卫星病毒类、类病毒类和朊病毒类（包括海绵状脑病因子）。类病毒只含核酸不含蛋白质，仅感染植物；朊病毒只有传染性蛋白质而无核酸，对动物与人有致病性。卫星病毒中包括丁型肝炎病毒属（*Deltavirus*），成员有丁型肝炎病毒（HDV）以及尚未分类的病毒等。

对第六次的报告稍作调整后，2000年出版了第七次分类报告。这次分类报告在部分科之上建立了三个目，其中一个尾病毒目（Caudovirales）涉及噬菌体，2个涉及动物病毒，分别是单负股病毒目（Mononegavirales）以及套式病毒目（Nidovirirales）。第八次报告仍沿袭这一分类级别，但有的学者提出类微RNA病毒超级科（Picornavirus - like superfamily）。超级科实际上是待认定的目。它包括微RNA病毒科、双顺反子病毒科、传腐病毒属及3个植物病毒科。与第七次分类报告一样，第八次分类报告也涉及亚病毒，只是前者在亚病毒之下，只列出卫星病毒及朊病毒两类，后者则增加了类病毒，恢复了多年来人们普遍认同的三类亚病毒，趋于合理。此外，第八次分类报告新增设了4个科：线头病毒科（Nimaviridae）、双顺反子病毒科（Dicistroviridae）、杆套病毒科（Roniviridae）和芜菁黄花叶病毒科（Tymoviridae）。前三科均与甲壳动物对虾的病毒有关。

于2005年7月，ICTV发表了最新的病毒分类第八次报告。第八次报告是在前几个病毒分类报告的基础上，汇集了自2000年第七次报告以来所有得到批准的病毒分类新建议。这次报告的最大特点是进一步明确了“种”作为病毒分类系统中的最小分类阶元，分类内容又有了较大进展和变动。ICTV将目前所承认的5 450多个病毒归属为3个目、73个科、11个亚科、289个属、1950多个种。有关病毒分类与命名的现状详见表25-1。

表25-1 脊椎动物病毒分类表

（2005）

类　别	目科亚科属（群）	代 表 种
双股DNA病毒	痘病毒科（Poxviridae）	
	脊索动物痘病毒亚科（Chordopoxvirinae）	
	正痘病毒属（*Orthopoxvirus*）	痘苗病毒（*Vaccinia virus*）
	副痘病毒属（*Parapoxvirus*）	接触传染性脓疱病毒（*Orf virus*）
	禽痘病毒属（*Avipoxvirus*）	鸡痘病毒（*Fowlpox virus*）
	羊痘病毒属（*Capripoxvirus*）	绵羊痘病毒（*Sheeppox virus*）
	野兔痘病毒属（*Leporipoxvirus*）	黏液瘤病毒（*Myxoma virus*）
	猪痘病毒属（*Suipoxvirus*）	猪痘病毒（*Swinepox virus*）
	软疣痘病毒属（*Molluseipoxvirus*）	传染性软疣病毒（*Molluscum contagiosum virus*）
	亚塔痘病毒属（*Yatapoxvirus*）	亚巴猴瘤病毒（*Yaba monkey tumor virus*）
	昆虫痘病毒亚科（Entomopoxvirinae）	略
	非洲猪瘟病毒科（Asfarviridae）	
	非洲猪瘟病毒属（*Asfivirus*）	非洲猪瘟病毒（*African swine fever virus*）
	虹彩病毒科（Iridoviridae）	非畜禽病毒（略）
	腺病毒科（Adenoviridae）	
	哺乳动物腺病毒属（*Mastadenovirus*）	人腺病毒C型（*Human adenovirus C*）
	禽腺病毒属（*Aviadenovirus*）	禽腺病毒A型（*Fowl adenovirus A*）
	富AT腺病毒属（*Atadenovirus*）	绵羊腺病毒D型（*Ovine adenovirus D*）
	唾液酸酶腺病毒属（*Siadennovirus*）	蛙腺病毒（*Frog adenovirus*）
	乳头瘤病毒科（Papillomaviridae）	
	甲型乳头瘤病毒属（*Alphapapillomavirus*）	人乳头瘤病毒32型（*Human papillomavirus 32*）
	乙型乳头瘤病毒属（*Betapapillomavirus*）	人乳头瘤病毒5型（*Human papillomavirus 5*）
	丙型乳头瘤病毒属（*Gammapapillomavirus*）	人乳头瘤病毒4型（*Human papillomavirus 4*）
	丁型乳头瘤病毒属（*Deltapapillomavirus*）	欧洲驼鹿乳头瘤病毒（*European elk papillomavirus*）
	戊型乳头瘤病毒属（*Epsilonpapillomavirus*）	牛乳头瘤病毒5型（*Bovine papillomavirus 5*）
	己型乳头瘤病毒属（*Zetapapillomavirus*）	马乳头瘤病毒1型（*Equine papillomavirus 1*）
	庚型乳头瘤病毒属（*Etapapillomavirus*）	苍头燕雀乳头瘤病毒（*Fringilla coelebs papillomavirus*）
	辛型乳头瘤病毒属（*Thetapapillomavirus*）	提姆那灰鹦鹉乳头瘤病毒（*Psittacus erithacus timneh papillomavirus*）
	壬型乳头瘤病毒属（*Iotapapillomavirus*）	多乳大鼠乳头瘤病毒（*Mastomys natalensis papillomavirus*）
	癸型乳头瘤病毒属（*Kappapapillomavirus*）	棉尾兔乳头瘤病毒（*Cottontail rabbit papillomavirus*）

（续）

类 别	目科亚科属（群）	代 表 种
双股 DNA 病毒	十一型乳头瘤病毒属（*Lambdapapillomavirus*）	犬口腔乳头瘤病毒（*Canine oral papillomavirus*）
	十二型乳头瘤病毒属（*Mupapillomavirus*）	人乳头瘤病毒 1 型（*Human papillomavirus 1*）
	十三型乳头瘤病毒属（*Nupapillomavirus*）	人乳头瘤病毒 41 型（*Human papillomavirus 41*）
	十四型乳头瘤病毒属（*Xipapillomavirus*）	牛乳头瘤病毒 3 型（*Bovine papillomavirus 3*）
	十五型乳头瘤病毒属（*Omicronpapillomavirus*）	棘鳍鼠海豚乳头瘤病毒（*Phocoena spinipinnis papillomavirus*）
	十六型乳头瘤病毒属（*Pipapillomavirus*）	仓鼠口腔乳头瘤病毒（*Hamster oral papillomavirus*）
	多瘤病毒科（Polyomaviridae）	
	多瘤病毒属（*Polyomavirus*）	猴病毒 40 型（*Simian virus* 40）
	疱疹病毒目（Herpesvirales）	
	鱼类疱疹病毒科（Alloherpesviridae）	
	疱疹病毒科（Herpesviridae）	
	甲型疱疹病毒亚科（Alphaherpesvirinae）	
	单纯疱疹病毒属（*Simplexvirus*）	人疱疹病毒 1 型（*Human herpesvirus 1*）
	水痘病毒属（*Varicellovirus*）	人疱疹病毒 3 型（*Human herpesvirus 3*）
	马立克病病毒属（*Mardivirus*）	鸡疱疹病毒 2 型（*Gallid herpesvirus 2*）
	传染性喉气管炎病毒属（*Iltovirus*）	鸡疱疹病毒 1 型（*Gallid herpesvirus 1*）
	该亚科未划分种 *Unassigned species in the subfamily*	
	乙型疱疹病毒亚科（*Betaherpesvirinae*）	
	细胞巨化病毒属（*Cytomegalovirus*）	人疱疹病毒 5（*Human herpesvirus 5*）
	鼠巨化病毒属（*Muromegalovirus*）	鼠疱疹病毒 1 型（*Murid herpesvirus 1*）
	玫瑰疹病毒属（*Roseolovirus*）	人疱疹病毒 6 型（*Human herpesvirus 6*）
	该亚科中未划定种 *Unassigned species in the subfamily*	
	丙型疱疹病毒亚科（Gammaherpesvirinae）	
	淋巴滤泡病毒属（*Lymphocryptovirus*）	人疱疹病毒 4 型（*Human herpesvirus 4*）
	弱病毒属（*Rhadinovirus*）	蛛猴疱疹病毒 2 型（*Saimiriine herpesvirus 2*）
	该亚科中未划定种 *Unassigned species in the subfamily*	
	未划定属 *unassigned*	
	鮰鱼病毒属（*Ictalurivirus*）	
	未划定种 *unassigned*	
	软体动物疱疹病毒科（Malacoherpesviridae）	
单股 DNA 病毒	圆环病毒科（Circoviridae）	
	圆环病毒属（*Circovirus*）	猪圆环病毒 1 型（*Porcine circovirus 1*）
	环形病毒属（*Gyrovirus*）	鸡贫血病毒（*Chicken anemia virus*）
	细小病毒科（Parvoviridae）	
	细小病毒亚科（*Parvovinae*）	
	细小病毒属（*Parvovirus*）	小鼠细小病毒（*Minute virus of mice*）
	红细胞病毒属（*Erythovirus*）	人细小病毒 B19（*Human parvovirus B 19*）
	依赖病毒属（*Dependovirus*）	腺联病毒 2 型（*Adeno-associated virus 2*）

（续）

类　别	目科亚科属（群）	代 表 种
单股 DNA 病毒	阿留申水貂病病毒属（*Amdovirus*）	阿留申水貂病病毒（*Aleutian mink disease virus*）
	牛犬病毒属（*Bocavirus*）	牛细小病毒（*Bovine parvovirus*）
	浓病毒亚科（Densovirinae）	（昆虫病毒略）
	未划定科 unassigned	
	指环病毒属（*Anellovirus*）	细环病毒（*Torque teno virus*）
单股负链 RNA 病毒	**单股负链病毒目（Mononegavirales）**	
	博尔纳病毒科（Bornaviridae）	
	博尔纳病毒属（*Bornavirus*）	博尔纳病病毒（*Borna disease virus*）
	丝状病毒科（Filoviridae）	
	马尔堡病毒属（*Marburgvirus*）	维多利亚湖马尔堡病毒（*Lake Victoria marburgvirus*）
	埃博拉病毒属（*Ebolavirus*）	扎伊尔埃博拉病毒（*Zaire ebolavirus*）
	副黏病毒科（Paramyxoviridae）	
	副黏病毒亚科（Paramyxovirinae）	
	呼吸道病毒属（*Respirovirus*）	仙台病毒（*Sendai virus*）
	麻疹病毒属（*Morbillivirus*）	麻疹病毒（*Measles virus*）
	腮腺炎病毒属（*Rubulavirus*）	腮腺炎病毒（*Mumps virus*）
	亨德拉尼帕病毒属（*Henipavirus*）	亨德拉病毒（*Hendra virus*）
	禽腮腺炎病毒属（*Avulavirus*）	新城疫病毒（*Newcastle disease virus*）
	肺病毒亚科（Pneumovirinae）	
	肺病毒属（*Pneumovirus*）	人呼吸道合胞体病毒（*Human respiratory syncytical virus*）
	异肺病毒属（*Metapneumovirus*）	禽异肺病毒（*Avian metapneumovirus*）
	弹状病毒科（Rhabdoviridae）	
	水疱病毒属（*Vesiculovirus*）	印地安那型水疱性口炎病毒（*Vesicular stomatitis Indiana virus*）
	狂犬病病毒属（*Lyssavirus*）	狂犬病病毒（*Rabies virus*）
	暂时热病毒属（*Ephemerovirus*）	牛暂时热病毒（*Bovine ephemeral fever virus*）
	非毒粒蛋白弹状病毒属（*Novirhabdovirus*）	传染性造血坏死病毒（*Infectious hematopoietic necrosis virus*）
	布尼亚病毒科（Bunyaviridae）	
	正布尼亚病毒属（*Orthobunyavirus*）	布尼亚维拉病毒（*Bunyamwera virus*）
	汉坦病毒属（*Hantavirus*）	汉坦病毒（*Hantaan virus*）
	内罗毕病毒属（*Nairovirus*）	杜比病毒（*Dugbe virus*）
	白蛉热病毒属（*Phlebovirus*）	裂谷热病毒（*Rift valley fever virus*）
	未划定科 unassigned1	
	丁肝病毒属（*Deltavirus*）	丁型肝炎病毒（*Hepatitis delta virus*）
单股正链 RNA 病毒	**套式病毒目（Nidovirales）**	
	动脉炎病毒科（Arteriviridae）	
	动脉炎病毒属（*Arterivirus*）	马动脉炎病毒（*Equine arteritis virus*）
	冠状病毒科（Coronaviridae）	
	冠状病毒属（*Coronavirus*）	禽传染性支气管炎病毒（*Avian infectious bronchitis virus*）
	环曲病毒属（*Torovirus*）	马环曲病毒（*Equine toroviru*）

（续）

类 别	目科亚科属（群）	代 表 种
单股正链 RNA 病毒	杆状套式病毒科（Roniviridae）	
	对虾淋巴病毒属（*Okavirus*）	腮联病毒（*Gill-associated virus*）
	黄病毒科（Flaviviridae）	
	黄病毒属（*Flavivirus*）	黄热病病毒（*Yellow fever virus*）
	瘟病毒属（*Pestivirus*）	牛病毒性腹泻病毒（*Bovine viral diarrhea virus*）
	丙型肝炎病毒属（*Hepacivirus*）	丙型肝炎病毒（*Hepatitis C virus*）
	披膜病毒科（Togaviridae）	
	甲病毒属（*Alphavirus*）	辛德毕斯病毒（*Sindbis virus*）
	风疹病毒属（*Rubivirus*）	风疹病毒（*Rubella virus*）
	杯状病毒科（Caliciviridae）	
	兔出血热病毒属（*Lagovirus*）	兔出血病病毒（*Rabbit hemorrhagic disease virus*）
	诺瓦克病毒属（*Norovirus*）	诺瓦克病毒（*Norwalk virus*）
	札幌病毒属（*Sapovirus*）	札幌病毒（*Sapporo virus*）
	水疱性病毒属（*Vesivirus*）	猪水疱性病毒（*Vesicular exanthema of swine virus*）
	未划定科 unassigned	
	"戊型肝炎样病毒属"（*Hepatitis E-like virus*）	戊型肝炎病毒（*Hepatitis E virus*）
	星状病毒科（Astroviridae）	
	禽星状病毒属（*Avastrovirus*）	火鸡星状病毒（*Turkey astrovirus*）
	哺乳动物星状病毒属（*Mamastrovirus*）	人星状病毒（*Human astrovirus*）
	微 RNA 病毒目 Picornavirales	
	微 RNA 病毒科（Picornaviridae）	
	肠道病毒属（*Enterovirus*）	脊髓灰质炎病毒（*Poliovirus*）
	鼻病毒属（*Rhinovirus*）	甲型人鼻病毒（*Human rhinovirus A*）
	心病毒属（*Cardiovirus*）	脑心肌炎病毒（*Encephalomyocarditis virus*）
	口蹄疫病毒属（*Aphthovirus*）	口蹄疫病毒（*Foot-and-mouth disease virus*）
	肝炎病毒属（*Hepatovirus*）	甲型肝炎病毒（*Hepatitis A virus*）
	副肠道细胞病变人类孤儿病毒属（*Parechovirus*）	人副肠道细胞病变人类孤儿病毒（*Human parechovirus*）
	乙型马鼻炎病毒属（*Erbovirus*）	乙型马鼻炎病毒（*Equine rhinitis B virus*）
	关节样病毒属（*Kobuvirus*）	爱知病毒（*Aichi virus*）
	捷申病毒属（*Teschovirus*）	猪捷申病毒 1 型（*Porcine teschovirus 1*）
	呼肠病毒科（Reoviridae）	
	正呼肠病毒属（*Orthoreovirus*）	哺乳动物正呼肠病毒（*Mammalian orthoreovirus*）
	环状病毒属（*Orbivirus*）	蓝舌病病毒（*Bluetongue virus*）
	轮状病毒属（*Rotavirus*）	甲群轮状病毒（*Rotavirus A*）
	科罗拉多蜱传热症病毒属（*Coltivirus*）	科罗拉多蜱传热症病毒（*Colorado tick fever virus*）
	东南亚十二节段 RNA 病毒属（*Seadornavirus*）	版纳病毒（*Banna virus*）
	水生动物呼肠病毒属（*Aquareovirus*）	金体美鳊鱼病毒（*Golden shine virus*）
双股 RNA 病毒	双 RNA 病毒科（Birnaviridae）	
	水生动物双 RNA 病毒属（*Aquabirnavirus*）	传染性胰坏死病毒（*Infectious pancreatic necrosis virus*）
	禽双 RNA 病毒属（*Avibirnavirus*）	传染性法氏囊病病毒（*Infectious bursal disease*）

（续）

类 别	目科亚科属（群）	代 表 种
反转录 DNA 病毒	肝 DNA 病毒科（Hepadnaviridae）	
	正肝 DNA 病毒属（*Orthohepadnavirus*）	人乙型肝炎病毒（*Hepatitis B virus*）
	禽肝 DNA 病毒属（*Avihepadnavirus*）	鸭乙型肝炎病毒（*Duck hepatitis B virus*）
反转录 RNA 病毒	反转录病毒科（Retroviridae）	
	正反转录病毒亚科（Orthoretrovirinae）	
	甲型反转录病毒属（*Alpharetrovirus*）	禽白血病病毒（*Avian leukosis virus*）
	乙型反转录病毒（*Betaretrovirus*）	鼠乳腺肿瘤病毒（*Mouse mammary tumor virus*）
	丙型反转录病毒属（*Gammaretrovirus*）	鼠白血病病毒（*Murine leukemia virus*）
	丁型反转录病毒属（*Deltaretrovirus*）	牛白血病病毒（*Bovine leukemia virus*）
	戊型反转录病毒属（*Epsilonretrovirus*）	大眼梭鲈真皮肤肉瘤病毒（*Walleye dermal sarcoma virus*）
	慢病毒属（*Lentivirus*）	人免疫缺陷病毒 1 型（*Human immunodeficiency virus 1*）
	泡沫反转录病毒亚科（Spumaretrovirinae）	
	泡沫病毒属（*Spumavirus*）	猴泡沫病毒（*Simian foamy virus*）
亚病毒	朊病毒	
	哺乳动物朊病毒（*Mammalian prions*）	羊瘙痒因子（Scrapie prion）
	真菌朊病毒（*Fungal prions*）	（真菌病毒略）
	类病毒	
	马铃薯纺锤形块茎类病毒科（Pospiviroidae）	（植物病毒略）
	鳄梨日斑类病毒科（Avsunviroidae）	（植物病毒略）
	卫星病毒	（植物病毒略）
	卫星核酸	（植物病毒略）

Lymphocrypto：来自拉丁语 *lympha*（英语 water）和希腊语 *kryptos*（英语 concealed）
Rhadino：来源于希腊语形容词 *rhadinos*（英语 slender 或 taper，纤细的）
Gyro：来源于希腊语 *gyrus*（英语 ring 环形）
Meta：来自拉丁语 *meta*（英语 after）
Ictaluri：来自拉丁语 *ictalurid*
Kobu：来自日语 *kobu*（英语 hump 或 knob，隆突）
Parech：取自 *par*（*a*）*echo*（echo 指代表种的原名称，取自enteric cytopathic human orphan 的词首字母）
Varicello：来自拉丁语 varius（spotted）及其衍生词 variola（smallpox，天花）
Teschо：来自 *teschen disease*（捷申病）
Orbi：来自拉丁语 *orbis*（英语 ring 或 circle，表示 BTV 核心的表面形态环状结构）
Seadorna："South Eastern Asia dodeca RNA viruses"的词首字母
Arena：来自拉丁语 *arenosus*（英语 sandy，沙样的）
Lago：来自拉丁语 *Lagomorpha*（兔，RHDV 的宿主）
Vesi：取自代表种"Vesicular exanthema of swine virus"的词首字母
Roni：rod-shaped nidovirus 的词首字母
Oka：来自日语 *Oka*（prawn lymphoid organ，对虾淋巴器官）
Novi：取自non-virion（protein）的词首字母
Boca：取自Bovine and Canine 的词首字母
Dependo：来自拉丁语 *dependeo*（英语 to hang down，垂下）

病毒分类根据形态与结构、核酸与多肽、复制以及对理化因素的稳定性等诸多方面。病毒基因组的特征对分类愈来愈显得重要，例如动脉炎病毒属原为披膜病毒科的一个属，现已独立为动脉炎病毒科（Arteriviridae），因其具有套式系列 mRNA，与披膜病毒完全不同，尽管形态有相似之处。

根据 ICTV 历来的病毒分类资料，可以归纳如下特点：

（1）除痘病毒和虹彩病毒外的DNA病毒，都是在宿主细胞核内复制，所有的RNA病毒则在胞浆内装配。

（2）DNA病毒复制时对宿主细胞大分子物质代谢的影响也不同，较大的痘病毒和疱疹病毒在早期就起抑制作用，中等大小的腺病毒引起抑制作用较迟，较小的乳多空病毒则对宿主细胞无明显损伤作用或仅起刺激作用。

（3）由于中小型DNA病毒没有囊膜，所以多半都有抗乙醚、耐热、耐酸的特点；而有囊膜的较大的DNA病毒既不抗乙醚，也不耐热、不耐酸。RNA病毒也有类似的规律。

（4）小型DNA病毒对宿主感染范围很窄，中型DNA病毒则相对广些，大型DNA病毒的宿主感染范围最广。

（5）不论是DNA病毒，还是RNA病毒，病毒颗粒越小，所含核酸的密度及浮密度越大，而沉降系数越低。

（6）DNA病毒多数都有致癌作用，而RNA病毒除RNA肿瘤病毒外都不具有致癌作用。

第二节 病毒的命名

病毒的名称由ICTV认定。其命名与细菌不同，不再采用拉丁化双名法，而是采用英文或英语化的拉丁文，只用单名。病毒的命名多以病毒形成及理化性质为依据，如冠状病毒科、弹状病毒科、嵌沙病毒科、微RNA病毒科和反转录病毒科等；少数沿用习惯名称，以病毒特性及原发部位来命名，如疱疹病毒科、痘病毒科和肠道病毒属、鼻病毒属等，这些病毒的“科和属”虽为旧分类命名，但以新分类命名标准衡量也有着牢固的基础和稳定性；还有的病毒科以缩写词作为科名，如乳多空病毒科、呼肠病毒科等。如今ICTV做了一些规定，正向命名拉丁化努力，现有拉丁化名词凡适用的均予保留，用缩拼词作为“科、属”的名词，不用人名。病毒属、亚科及科的词尾分别是-virus、-virinae和-viridae。

◆ 参考文献

国际病毒分类委员会.2005. 病毒分类［C］. 国际病毒分类委员会第八次报告.
洪健，周雪平.2006. ICTV第八次报告的最新病毒分类系统［J］. 中国病毒学，21（1）：84-96.
刘二龙，唐婕.2006. 脊椎动物病毒分类现状［J］. 动物医学进展，27（11）：101-103.
陆承平.2005. 最新动物病毒分类简介［J］. 中国病毒学，20（6）：682-688.
张忠信，等.2006. 病毒分类学［M］. 北京：高等教育出版社.

仇华吉 编

第二十六章　病毒的复制

第一节　概　　况

病毒的复制又称病毒增殖（multiplication），原因在于其基本要素（核酸）是通过复制的方式增殖的。病毒增殖只在活细胞内进行，其方式有别于其他微生物。由于病毒缺乏生物合成酶及其所需的其他机制，因而其增殖与细菌不同，病毒体不增大，不是有丝分裂，而是复制。

病毒RNA或DNA进入细胞后，一般是先进行信使核糖核酸（mRNA）的合成，此过程称为转录。mRNA的转录是由一种聚合酶（又称转录酶）来完成。有些病毒颗粒内含有自身的转录酶，如正黏病毒、副黏病毒及痘病毒等，能以病毒RNA或DNA为模板转录自身的mRNA。有些病毒不具备这种酶，须依靠细胞的依赖于DNA的RNA聚合酶来转录病毒的mRNA，如乳多空病毒和腺病毒等。还有一些病毒，其RNA本身就具有mRNA的性质，不需要先进行转录，如微RNA病毒和披膜病毒等。病毒的转录以其RNA或DNA基因组上的有意义密码子，依照Watson-Crick的碱基配对原则合成mRNA。转录成的mRNA便可以进行病毒蛋白的翻译（即合成蛋白）。

翻译的蛋白质有的最后结合到新病毒颗粒中去，称为结构蛋白。病毒蛋白质构成全部衣壳成分和囊膜的主要成分，具有保护病毒核酸的功能。有的翻译的蛋白质对病毒的复制具有特殊作用，称非结构蛋白。它们是病毒组分之外的蛋白，在病毒复制过程中的某些中间产物，具有酶的活性或其他功能。

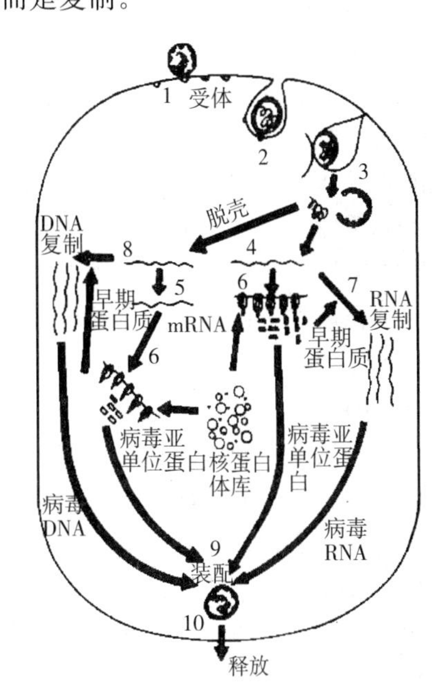

图 26-1　动物病毒的复制

1. 吸附　2. 侵入　3、4. 脱壳　5. 转录　6. 译制　7. RNA复制　8. DNA复制　9. 装配　10. 释放

（引自《动物病毒学》，殷震等主编）

由于病毒mRNA转录的结果，合成了另一种病毒的聚合酶（复制酶），开始进行病毒RNA或DNA的复制。不论病毒RNA或DNA的复制，均以原有病毒RNA或DNA为模板，按照Watson-Crick的碱基配对原则合成与原来RNA或DNA相互补的链，称为互补链（cRNA或cDNA）。如果原来链上的密码是有意义的密码，复制的互补链上密码即为无意义的，反之亦然。不论是有意义的密码子或无意义密码子都可以被复制。但是只有有意义的密码子才能被转录为mRNA。

当细胞内病毒的核酸和蛋白达到一定浓度后，即按其特殊结构结合起来。这个过程称为装配或组装，并成为新的病毒颗粒即子代病毒（图26-1）。

第二节　复制过程

病毒缺乏活细胞所具备的细胞器，也缺乏代谢必需的酶系统和能量。其复制是由宿主细胞供应原料、能量和复制场所，因此不能脱离宿主细胞而单独在无生命的培养基中增殖，它只能在活细胞中增殖。病毒感染细胞后，在病毒核酸（基因组）控制下合成病毒的核酸与蛋白质等成分，然后在宿主细胞的细胞质内或核内装配成病毒颗粒，再以各种方式释放到细胞外，感染其他细胞，这种增殖的方式叫复制（replication）。整个复制过程叫做复制周期。一个完整的复制周期包括吸附、侵入、脱壳、生物合成、装配和释放等阶段。每个阶段均相互联系，不能截然分开。

感染复数（multiplicity of infection，MOI）是指在一个系统中感染病毒的细胞数和总细胞数之比。在人工感染的细胞中，接种高 MOI 的病毒，使所有细胞几乎同时受到病毒感染，如分析该培养系统中的单个细胞，就代表病毒在整个体系中所有细胞生长的情况。应用这一方法，可获得病毒一步生长曲线，观察到病毒复制的周期，包括吸附、侵入、脱壳、生物合成、组装和释放各阶段。

1. 吸附（adsorption）**和侵入**（penetration） 这是病毒在敏感细胞进行复制的第一步。可分两个阶段。首先是病毒由于分子运动和细胞相互碰撞而与敏感细胞接触，继之因细胞与病毒颗粒之间的静电吸引作用而吸附在细胞表面上，这个阶段是可逆的、非特异的，可以从细胞表面洗脱下来，因而可以回收完整并有感染性的病毒粒子。此后吸附进入第二阶段，为不可逆阶段。大多数病毒颗粒表面具有特殊酶或病毒吸附蛋白（virus attachment protein，VAP），与细胞上的特殊受体具有很强的亲和力，可与之形成紧密结合，并发生化学变化，病毒的酶分解细胞受体的结果是使局部细胞膜的通透性发生改变，病毒与细胞的胞膜接触后，病毒的囊膜破坏，导致病毒与细胞膜结合，因此成为吸附的不可逆阶段，即使用一定的方法从细胞表面上解脱病毒颗粒，这样的病毒颗粒也不再具有感染性。一旦吸附，病毒则最终会进入细胞。

细胞受体是宿主细胞表面的特殊结构，多为糖蛋白。例如硫酸乙酰肝素（heparan sulfate）是伪狂犬病毒的受体，CD_9 是犬瘟热的受体等。有些病毒颗粒吸附除需受体外还需辅助受体（coreceptor），如腺病毒除了纤丝受体外还需要整合素（integrin）作为辅受体，与病毒五邻体壳粒结合。病毒与受体的特异性结合反映了病毒的细胞嗜性（cell tropism）。有些病毒对细胞受体的要求十分严格，而有些病毒则相反。如脊髓灰质炎病毒只能被灵长类动物细胞受体所吸附。流感病毒、副流感病毒则要求不太严格，能吸附多数鸟类和哺乳动物细胞。

病毒进入敏感细胞的机制有三种：其一是某些病毒囊膜可以与细胞膜直接融合。例如副黏病毒，病毒囊膜与细胞膜在酶（或活性蛋白）的作用下互相融合，病毒核衣壳直接进入细胞。其二是胞饮。例如呼肠孤病毒，病毒接触并附着于细胞表面后被细胞吞饮到空泡内，然后病毒仍须进一步和细胞质膜融合。其三是移位。某些无囊膜的二十面体病毒能直接通过细胞质膜进入细胞，此方式受到病毒粒子的蛋白质和特定的细胞膜受体所调节，但具体的过程目前尚不清楚。

2. 脱壳 病毒在细胞质内脱去包围病毒核酸的外壳，使病毒核酸能够在细胞内裸露并进行复制。即病毒进入细胞浆后，往往被细胞溶酶体所吞噬，此时的溶酶体就变成吞噬体。经溶酶体酶的消化，病毒外壳与核酸互相分离，裸露的核酸成分很易遭到核酸酶的破坏而灭活。有囊膜病毒和无囊膜病毒的脱壳作用不尽相同。前者在进入细胞之前，在中性 pH 条件下，其表面的融合蛋白（F）的前体 F_0 被宿主细胞的酶裂解为 F_1 和 F_2 两个亚单位，F_1 亚单位的 N 端具高度疏水性，为融合多肽区，该区段插入宿主细胞膜，导致病毒颗粒囊膜与细胞质膜发生融合，然后把核壳释放到细胞基质内，核衣壳逸出，进入胞浆。副黏病毒就是以这种方式进入细胞的；弹状病毒和披膜病毒则整个病毒颗粒被细胞吞噬到胞浆中，然后再脱壳，将基因物质不经融合释放到胞浆中；痘病毒进入细胞后：病毒颗粒被吞噬包裹后，外壳破裂，并把核酸样物质释放到胞浆中，此时细胞合成一种脱壳蛋白，将核酸样物进一步降解而把病毒的 DNA 解脱。

某些无囊膜的病毒在吸附细胞后，被细胞吞饮（pinocytosis），形成内吞小体（viropexis），此时 H^+ 进入内吞小体，当 pH6.5 时，病毒颗粒从内吞小体中释放，进入胞浆，进而向细胞核膜的核孔复合物（pore complex）贴近，病毒基因组及部分衣壳蛋白从衣壳中逸出，通过核孔复合物进入核内。腺病毒等属于此种类型。

病毒脱壳必须有酶的参与才能完成。脱囊膜过程主要依靠水解酶作用，脱壳过程则需要借助病毒特异的“脱壳酶”。这些酶主要来自宿主细胞，但其形成和特异性，要受病毒遗传信息的调控或影响。

3. 隐蔽期　病毒经吸附、侵入和脱壳后，即失掉了完整可见的形态，同时也失去了感染性而进入隐蔽期。此时因丢掉了保护基因物质的结构而易遭破坏。但此时期可能还有少数核酸仍保持其感染作用。

4. 生物合成　病毒核酸解脱后，在一系列规律的严格调控下，利用宿主细胞生物合成机制合成自身所需物质，包括病毒核酸的复制和蛋白质的合成。病毒蛋白质都在胞浆复制；病毒核酸、DNA在核内复制（痘病毒在胞浆内复制），RNA在胞浆内复制（正黏病毒在核内复制）。生物合成可分为三个阶段：

（1）*早期mRNA转录和翻译*　以病毒核酸基因组为模板，转录具有相应信息的mRNA，随即转附到聚核体上，翻译出早期蛋白。主要是功能酶蛋白（如复制酶、转录酶），以及能选择性地抑制宿主细胞代谢功能的某些毒性蛋白及一些作为充填病毒包涵体基质的非功能性蛋白。

（2）*病毒核酸的复制*　继早期翻译后，依赖于翻译形成的复制酶，以亲代病毒核酸为模板。复制成大量与亲代完全相似的子代核酸。较小的DNA病毒依靠宿主细胞的DNA聚合酶催化进行复制。

（3）*晚期mRNA转录和翻译*　此时宿主细胞内即有大量子代核酸，也存在一些亲代核酸。晚期mRNA大部分是由病毒子代核酸转录，少部分由亲代病毒核酸转录。生成的晚期mRNA数量较多，而转录的蛋白质种类也多，其中主要是结构蛋白质（衣壳蛋白、囊膜蛋白）以及病毒所需专用酶类（聚合酶、逆转录酶、神经氨酸酶）等。

5. 装配　新合成的子代病毒核酸和蛋白质，在细胞内成熟后组装成病毒粒子。装配方式主要有两种。①病毒核酸盘卷和浓缩，病毒蛋白多肽链移向病毒核酸集聚部位，裂解成若干衣壳亚单位。继之有些病毒把衣壳亚单位围聚到病毒核酸分子的表面上，以核酸链为支架，按照立体对称性或螺旋对称性排列连结，构成特定形式的外壳，把病毒核酸包装在壳内，组成完整的病毒粒子。②病毒衣壳亚单位聚合联结形成一个空外壳，外壳上有一条链留一个裂缝，然后把核酸引进壳内，再封闭裂缝成为完整的病毒粒子。无囊膜的二十面体病毒产生的壳粒经过酶加工后可以自我装配（self-assembly）成衣壳，进而包装核酸形成核衣壳（微RNA病毒、乳头瘤病毒和多瘤病毒等）。腺病毒是由某种蛋白与病毒基因组一端的包装序列（packaging sequence）结合，从而使基因组进入事先包装好的空衣壳中，衣壳蛋白再经酶的加工后形成成熟病毒粒子。有囊膜病毒在组装成核衣壳后，继续再在其表面附加囊膜。囊膜中的蛋白质是病毒基因介导生成的，脂类和糖类来自宿主细胞膜（或核膜、空胞膜）。生成的囊膜蛋白，经细胞移向细胞膜，再经细胞的糖基转化酶催化，与膜上糖类结合为糖蛋白。与脂类结合成为脂蛋白。核衣壳与前述成分有亲和力，当通过时，将其附到表面形成囊膜。

6. 释放　病毒复制周期的最后一步是释放。宿主细胞因病毒增殖而遭到致死性破坏，把子代病毒释放到细胞外。无囊膜病毒和痘病毒的释放似无特殊机制，被感染的细胞在病毒增殖到一定时期很快解体，释放出积聚在细胞内的病毒。然而对于有囊膜病毒，其释放即意味着病毒形态发生已经完成。此时，由于核衣壳合成时由病毒编码的外膜蛋白已嵌合在宿主细胞膜里，因而细胞膜已发生变化，并具有病毒抗原性。当病毒的核衣壳进一步发育时，这种变化了的细胞膜以出芽方式将这种膜套在外面，使之成为完整的有膜病毒颗粒。出芽可以发生在细胞表面的质膜上。也可以在细胞浆内的空泡内或内质网上进行。出芽后再通过某种机制，把病毒送到细胞外。以此种方式释放病毒时，细胞外培养液里的病毒含量总是大大超过细胞相随病毒，而且在增殖的各阶段都可以在细胞外发现大量病毒。

黄病毒、冠状病毒、动脉炎病毒及布尼病毒是穿越高尔基体复合物或粗面内质网的膜出芽，病毒颗粒而后进入空泡，再移入胞浆膜，与之融合以胞吐（exocytosis）的方式释放。疱疹病毒的出芽比较特殊，它穿越细胞核膜的内薄层（inner lamella）出芽，获得囊膜的病毒颗粒而后直接从两薄层之间，经内质网的储泡（cisternae）排出细胞外。

第三节 复制机制

各种病毒的复制过程基本相同，但因病毒核酸的不同，其转录、翻译和复制机制则不尽一致，概述如下。

1. DNA 病毒 这类病毒可分为 3 类。

第 1 类：双股 DNA 病毒。除痘病毒、非洲猪瘟病毒及虹彩病毒之外，都是在胞核内形成 DNA（核内复制）。首先利用细胞的依赖 DNA 的 RNA 聚合酶作用于病毒核酸有意义链，转录生成早期 mRNA,移入胞浆，于核糖体翻译合成早期病毒蛋白。继之在转录酶辅助下，双股 DNA 由一端解开，按半保留方式复制，形成双股子代核酸。待病毒 DNA 大量复制后，再转录 mRNA，翻译大量晚期蛋白，于核内装配成病毒粒子。

第 2 类：痘病毒、非洲猪瘟病毒及虹彩病毒。其开始复制单位是线状双链脱氧核蛋白（±DNP)。痘病毒颗粒内含有 RNA 聚合酶以及胸腺嘧啶激酶和多核苷酸连接酶等，因而其复制不需细胞的 RNA 聚合酶即可完成。病毒 mRNA 翻译病毒 DNA 聚合酶以复制病毒 DNA。以前认为，痘病毒全部复制周期包括转录都在胞质内进行。最近试验证明，痘病毒同时也能在胞核内进行复制。

第 3 类：单股 DNA 病毒。以病毒 DNA 为模板，靠细胞 DNA 聚合酶催化，合成一条相应的新负链。新链、亲链以氢键相连，形成双股 DNA 复制病毒的模板，产生大量单股 DNA（子代病毒核酸）与衣壳蛋白组装成病毒粒子。

2. RNA 病毒 RNA 病毒是在胞浆内转录、复制和装配，正黏病毒和肿瘤病毒除外。有 4 类。

第 1 类：双链 RNA 病毒，如呼肠孤病毒，在胞浆内细胞酶的作用下，脱去外层衣壳，在病毒相关的转录酶的作用下，以双链 RNA 中负链为模板，转录产生＋RNA。由于亲代两条链不断打开和再结合，使＋RNA 得以大量生产，经修饰后进入细胞质。其中大部分作为 mRNA，翻译早期蛋白；余者作为复制 cRNA 的模板，产生－RNA，组成子代病毒±RNA。以后再转录晚期 mRNA，翻译晚期蛋白，与核酸组装成病毒粒子。

第 2 类：单股正链 RNA 病毒，如微 RNA 病毒，病毒粒子不含 RNA 聚合酶，其 RNA 可直接作为 mRNA 利用细胞核糖体翻译早期蛋白；随即在病毒翻译的复制酶作用下，按照病毒核酸模板，复制与亲代 RNA 相对应的－RNA。正、负链结合形成±RNA 复制中间体，留以其中－RNA 为模板，不断复制出无数相对应的＋RNA，即子代病毒的单股＋RNA。然后再由亲代＋RNA 作为 mRNA 翻译晚期蛋白（结合蛋白），与子代＋RNA 装配成病毒粒子。

第 3 类：单股负链 RNA 病毒，大多数有囊膜的 RNA 病毒（如正黏病毒、副黏病毒、弹状病毒、丝状病毒及波纳病毒等）含有病毒特异的 RNA 聚合酶，以－RNA 为模板，转录成相应的＋RNA。＋RNA有两种类型，例如流感病毒，5′-端有小幅叶 $m^7G^5ppp^9$、3′-端聚腺苷化的一类，起 mRNA 作用，转录相应的病毒蛋白（酶类、结构蛋白）；另一类作为复制病毒－RNA 的模板，复制子代病毒－RNA，与前述合成的结构蛋白组装成裸露病毒粒子，由细胞膜外装配囊膜，通过芽生成熟释放。

第 4 类：RNA 肿瘤病毒（反转录病毒），其开始复制的单位（IUR）是＋核糖核蛋白（RNP)，内含 2 个 35S 核糖体、＋RNA 和反转录酶以及 RNase H 和宿主 tRNA。此外也含有 RNA 聚合酶活性。二条 RNA 链在其 5′-末端相连接。病毒颗粒内的宿主 tRNA 具有在 RNA 指导下起转录 DNA 引物的作

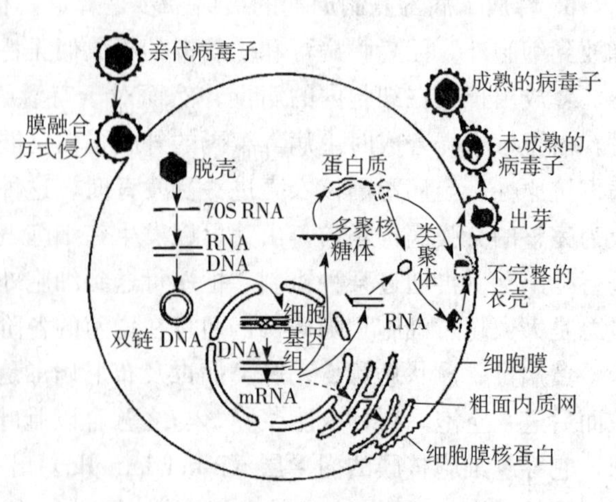

图 26-2 RNA 肿瘤病毒复制过程图解

用。反转录病毒的+RNA 的 5′-端有 m^7G（5′）ppp（5）G^mpGp 的“帽子”。虽然反转录病毒 RNA 是没有感染性的，但从它转录的 cDNA 则是有感染性的。

反转录病毒复制时需要另一种 DNA 的合成通道，利用病毒的+RNA 为模板，借助病毒自身的反转录酶，在细胞内合成一种 35S 的－DNA 中间产物，然后再用这种－DNA 为模板合成 10S 的+DNA 节段，并借连接酶的作用连接成分子的相对质量为 5.7×10^6 的±DNA 前病毒。在病毒易感细胞内，前病毒受细胞特定基因的控制而整合到细胞染色体中进行复制，同时转录 mRNA，包括 35S 的+mRNA，还有 22S 和 14S 的+mRNA。mRNA 转移到细胞质进行蛋白的翻译，主要是翻译病毒的核壳蛋白、膜蛋白和反转录酶等。病毒蛋白与 RNA 组装成病毒粒子的过程见图 26－2。

第四节　病毒的不完全增殖和缺损病毒

在细胞里合成的病毒成分有时不能装配成完整的病毒颗粒，这种现象称为不完全增殖。这类不能形成成熟病毒颗粒的病毒，叫做缺损病毒。用其单独感染细胞时不能复制出完整的、具有感染性的病毒颗粒，需要其他病毒基因组或病毒基因的辅助活性，否则即使在活细胞内也不能复制。

干扰缺损病毒　又称干扰缺损颗粒（defective interfering particles，DI 颗粒），是病毒复制时产生的一类亚基因组的缺失突变体，必须依赖于其同源的完全病毒才能复制。DI 基因组比其完全病毒小，复制更迅速，在与其完全病毒共感染时易占据优势，从而干扰其复制。

有些病毒始终呈现缺损状态，如腺联病毒（adeno-associated virus）只能在与腺病毒同时增殖时才能增殖和形成完整的病毒颗粒。这是因为腺联病毒缺少某种或某些必要的蛋白结构或酶类。而腺病毒可以为腺联病毒提供其不能制造的某种或某些基因产物，使其可以在混合感染的细胞中增殖。腺病毒在这种情况下起着辅助作用。

另外，还有一些病毒呈条件性缺损状态，它们只在某些条件下，如在某种细胞内或某种温度下呈现缺损状态，而在另一些条件下还可以正常增殖而形成成熟的病毒颗粒。如对腺联病毒呈现辅助病毒作用的腺病毒，在来自猴的组织培养细胞内，本身呈缺损状态，必须有 SV40 病毒（猴的一种乳多空病毒）的辅助，才能正常增殖并形成完整的病毒颗粒。这是因为这类细胞缺乏腺病毒增殖所需用的某些酶类的缘故。

某些温和噬菌体和肿瘤病毒感染宿主细胞后，病毒基因组整合于宿主染色体，并随细胞分裂传递给子代细胞。除非缺损的外源性 RNA 肿瘤病毒外，病毒整合感染的细胞没有感染性的病毒产生，只有在一定条件下，整合在宿主染色体的病毒基因组才能转入复制循环，产生有感染性的病毒颗粒。

近年来发现某些病毒可以在特定条件下，如在不太敏感细胞内以及原黄素和 5－溴脱氧尿核苷等诱变剂处理时，出现缺损状态，虽能引起感染，但不形成成熟的病毒颗粒。这种缺损状态可以出现在病毒增殖周期的某个阶段。

某些缺损病毒只残留在细胞中的一些核酸片段，它们可能与细胞染色质相结合。另外一些缺损病毒，可能只有核酸而无衣壳。还有的缺损病毒可形成核酸和蛋白质衣壳，但不能装配成病毒颗粒。

细胞内缺损病毒的存在，可用检查细胞特异性病毒抗原或用核酸杂交手段证明病毒残留核酸等方法测定。某些缺损病毒也可应用辅助病毒来挽救，使其形成完整的成熟病毒后再加以识别。

◇ 参考文献

李琦涵，等．2004. 病毒感染的分子生物学［M］．北京：化学工业出版社．
陆承平，等．2001. 兽医微生物学［M］．第三版．中国农业出版社．
谢天恩，等．2002. 普通病毒学［M］．北京：科学出版社．
中国农业科学院哈尔滨兽医研究所．1998. 动物传染病学［M］．北京：中国农业出版社．

仇华吉　编

第二十七章　病毒的遗传变异

遗传变异是物种和生物进化的基础，是生物界不断发生的普遍现象。病毒的遗传变异符合这种生物的共同规律，但又独具特点。

第一节　病毒的遗传

病毒的遗传是病毒在复制过程中仍保持其种属的特征，即病毒核酸复制时，产生的子代病毒与亲代病毒具有相同的形态结构特征和生理功能。

病毒的核酸是遗传的物质基础。实验证实，许多小型 RNA 病毒和某些 DNA 病毒提取的感染核酸，用其感染细胞后，可以产生具有蛋白衣壳和囊膜的具有感染性的完整子代病毒。如脊髓灰质炎病毒的核酸与柯萨奇病毒的衣壳构成的杂合病毒，在感染细胞后，产生的子代病毒是完全的脊髓灰质炎病毒。

上述事实证明，核酸是病毒遗传的决定因素，而蛋白衣壳和脂质囊膜不过是病毒核酸遗传控制下合成或自细胞得来的成分。这些成分不仅决定着病毒的抗原性以及对宿主细胞的组织嗜性，而且还在某种程度上影响着病毒对机体的致病性。但病毒的蛋白成分终究不是病毒遗传的决定因素。

第二节　病毒的变异

1. 病毒的变异　即病毒核酸碱基的排列组合发生了不同于原来状态的变化，是病毒核酸在复制过程中，碱基由于某种原因发生位置或组成上的“错位”，如颠倒、重复、易位等，因而产生了不忠实于原核酸分子的“错位”核酸。这种变异，多数不再能够构成完整的病毒颗粒，并在增殖时将这种改变了的结构遗传下去。

2. 病毒的突变　一般认为是病毒核酸序列的改变，导致遗传信息的变化，也就是碱基异常配对的结果。核酸链上核苷酸的改变导致多肽链上氨基酸的改变，因而引起蛋白质功能和表型性状的改变。单个核酸的交换，称为点突变，点突变容易发生回复突变。如果在同一基因上同时或先后发生几个点突变，这样形成的多点突变株型回复到野生株型要困难得多。多个核苷酸的缺失、插入、倒位或替换而引起的突变，改变的比较深刻，更不易发生回复。

在自然条件下，每种突变都以一定的频率产生。每复制一次发生的突变频率，称突变率。病毒的突变率和其他生物中所观察到的基本相似，在 10^{-8}～10^{-5}之间，即每 10 万至 1 亿次复制过程中发生一次突变。具有提高突变率效应的理化因子称为诱变剂。主要的诱变剂如 5-溴脱氧尿苷，于核酸复制时渗入其中发生作用；亚硝酸则直接作用于碱基，最终使碱基改变而发生突变。另外，环境的影响只对突变起选择性作用，不起直接导致诱变。

3. 病毒的变异现象　病毒的变异有毒力、抗原性状、对理化学因素的抵抗力、营养等。这些变异并不是孤立地发生，而是互相联系、互相影响的。

（1）*病毒的毒力变异*　毒力是表示毒株或血清型间致病性的差异，主要表现为所能感染的动物、组织和细胞范围及其引起的临床症状、病变程度和死亡率。从自然界（感染动物、媒介昆虫或被污染物等）分离获得的病毒株，其毒力往往不同。有的很强，经过培育称为超强毒，如鸡传染性法氏囊病病毒的超强毒株。有的毒株很弱，可以作为疫苗弱毒株，如新城疫病毒、鸡传染性喉气管炎病毒和乙型脑炎病毒等病毒的自然弱毒株，都曾成功地用作疫苗接种。

另外，动物病毒的许多毒力变异株是经人工培育出来的。在自然条件下，通过不感染或不易感染的异种动物或异种细胞的适应性变异，可获得弱毒株并研制成弱毒疫苗预防疾病。如猪瘟兔化弱毒疫苗、口蹄疫鼠化和兔化弱毒疫苗、狂犬病鸡胚化弱毒疫苗等。

近年来，应用组织培养细胞作为减毒手段，如乙型脑炎病毒经仓鼠肾细胞、鸡胚成纤维细胞培育的弱毒株；犬肝炎病毒通过猪肾细胞培养、牛瘟病毒通过牛肾细胞培养，都获得了弱毒株。但是，某些病毒的感染范围窄，即使采用多代次“强迫”感染方法，仍难适应在异种动物或细胞培养物中增殖。

在用诱变因素的突变型中，也常可发现弱毒株。如用紫外线处理乙型脑炎病毒，经过蚀斑纯化选育一株弱毒株。用亚硝酸诱变方法，分离获得一株委内瑞拉马脑炎的变异株。

（2）*病毒的抗原性变异*　病毒的“型”，实质就是病毒抗原性差别的表现。这种差别是病毒抗原性变异的结果。可以用补体结合试验、免疫沉淀试验、红细胞凝集抑制试验和中和试验等血清学方法进行鉴别。有许多“型”的病毒易于变异，如流感病毒、口蹄疫病毒，但也有些病毒至今尚未发现有明显的抗原性变异，如牛瘟病毒、猪瘟病毒等。

病毒血凝能力的改变，也是抗原性变异的表现。例如流感病毒 O～D 变异，Oda（1964）从非洲猪瘟病毒和痘苗病毒中分离到非血凝性的变异株。

（3）*病毒培养性状的变异*　病毒的培养性状是病毒在组织培养细胞或鸡胚绒毛尿囊膜上形成的蚀斑或蚀斑的形态和性质，是病毒所引起的细胞病变的性状。

各种病毒在组织培养细胞上产生的蚀斑性状，可因病毒和培养细胞的种类而不同。其培养条件，例如培养液和琼脂成分和浓度、pH、二氧化碳浓度以及培养的温度和时间，甚至培养容器的种类等，也对蚀斑的产生和性状呈现明显的影响。

蚀斑的大小决定于病毒的弥散和吸附率以及病毒在细胞内生长、成熟、释放的速度及其在细胞内外的死亡状况等，但亦常随培养条件和培养时间而不同。

组织培养细胞上产生的蚀斑的大小似乎与病毒的毒力呈现一定的平行关系。一般来说，同一种病毒的小型蚀斑株的毒力高于大型蚀斑株。在口蹄疫病毒、水泡性口炎病毒、马脑炎病毒、乙型脑炎病毒等可能是个普遍的规律——小型蚀斑株对原宿主动物、实验动物和鸡胚的毒力较高。

但是，某些病毒在组织培养细胞上连续传代后，由于对这种组织培养细胞的适应，蚀斑也有逐渐增大的趋势。因此，蚀斑大小与病毒毒力之间的平行关系，只是相对比较而言的，同一种病毒在相同的培养代数和培养条件下产生的蚀斑，大型的毒力一般高于小型的。

蚀斑的色泽，其变化主要决定于蚀斑及其周边细胞的死亡和溶崩情况。蚀斑中的细胞完全溶崩时，蚀斑透明无色；蚀斑中残留较多的死亡细胞及病变细胞时，蚀斑混浊或呈白色。蚀斑中存留较多的活细胞，则可能着染中性红而使蚀斑呈红色。

蚀斑的形状，同一种病毒于相同的条件下通常产生性状一致的蚀斑。因此，蚀斑性状的改变，常认为是病毒变异的一个重要标志。用蚀斑选种是挑选病毒变异株的一个重要方法。如蚀斑性状相同的大多数蚀斑中，出现少数几个与众不同的蚀斑，可认为是变异株，但其中某些可能是暂时的、非遗传的变异株，将其用于组织培养细胞中传代时，常可恢复其原来的典型蚀斑性状。

4. 病毒对理化因素的抵抗力变异　包括下述三项：

（1）*对温度的感受性变异*　应用适当加热的处理方法，常由原病毒株中分离获得耐热毒株，如用加热方法从不耐热的新城疫病毒中分离到耐热株。

用低温培育的方法，将已接种病毒的鸡胚或组织培养细胞放置低温下培养（30～33℃或 25℃）则可以获得低温适应毒株。目前已在流感、痘病毒和呼肠病毒等通过低温培养方法获得了 ts 变异株。

（2）*对化学药剂的感受性变异*　将盐酸胍、羟苯并咪唑（HBB）、5-溴脱氧尿核苷或盐酸金刚烷胺等病毒灭活剂或诱变剂，添加于已经接种病毒的细胞培养物内，多次反复继代，可分离获得抵抗甚至依赖这些药剂的变异毒株。

（3）*营养变异* 是病毒对某种营养物质反应的变异性。Dubes 等（1957，1958，1960）发现，脊髓灰质炎病毒在猴肾细胞内增殖时，必须要有胱氨酸存在才能形成蚀斑。他们应用营养液内不含胱氨酸的细胞培养这种病毒，而迅速选育出不需要胱氨酸甚至可被胱氨酸抑制的变异株。

营养变异株和耐药性变异株的存在，说明在突变和条件因素的选择性作用以外，病毒可能还有真正的适应性变异。

第三节 病毒的重组、互补和表型混合

1. 病毒的重组 重组现象可能是自然界病毒变异的一个重要原因，是研究病毒变异的手段，也是培育或创造新毒株的一个有效途径。

重组是两株有亲缘关系而具有不同性状的病毒混合感染时，由于某个核苷酸或某些片段的交换而形成新的组合，出现“杂交”性状的子代病毒的现象。在两个病毒株的病毒核酸发生重组时，首先是发生断裂，随后则是断裂部分的相互交换。

重组现象最先发现于噬菌体，亦见于痘病毒、流感病毒和呼肠病毒。一般同种病毒的不同毒株之间易发生重组，但不同种和不同群病毒之间也可发生，如兔痘病毒与鼠痘病毒、SV40 病毒与腺病毒发生重组。病毒的核酸与细胞的 DNA 重组可能成为细胞恶变的原因。又如乳多空病毒、腺病毒、痘病毒和反转录病毒等的一部分或全部 DNA 整合于细胞的 DNA 中，引起隐性感染或细胞转化。

将两个亲本株混合感染组织培养或鸡胚培养后，收获子代病毒，并做纯系分离，选其中具备两个亲本“杂交”性状的新毒株，即重组型。

重组现象也发生在活病毒与灭活病毒之间，即用一株活病毒与另一株灭活病毒混合感染时，也可以发生重组。灭活病毒的某些性状表现在子代的重组型中，称为交互复活（cross - reactivation）。

另外，以同株灭活病毒大量感染敏感细胞时，有时会产生活的感染性病毒，即称多数感染复活（multiplicity reactivation）。

上述重组现象，统称真性重组或遗传性重组，因为是病毒遗传物质——核酸发生交换、置换或融合的结果，而且可以遗传下去。

2. 病毒的互补 互补是两株病毒在蛋白水平上的相互作用。一般是每一个互补组代表一个功能缺损。从理论上，某种病毒有多少个基因，就应有多少个蛋白质和功能，也就应有多少个互补组。

互补可以发生于同种病毒不同突变株之间，同属或同科病毒的不同亚型或型别之间，或不同科属病毒之间。此外，病毒与细胞之间也有互补作用。

（1）*同种病毒不同突变株之间的互补* 在痘病毒、疱疹病毒、腺病毒、乳多空病毒、肠病毒、披膜病毒和弹状病毒中，曾应用互补作突变株的初步分组，两株在不同基因上缺损的温度敏感株混合感染时，由于彼此补充了所缺少的功能蛋白，而得以在非许可温度（39～40℃）条件下共同增殖，但所产生的子代病毒仍为温度敏感株。

（2）*同属或同科病毒不同株系或型别之间的互补* 用加温灭活的黏液瘤病毒（对兔致死）与活的纤维瘤病毒（对兔仅引起良性瘤，不致死）混合给兔注射后，兔死于黏液瘤感染。这是由于加温灭活黏液瘤病毒的转录酶不能完成其早期复制，纤维瘤病毒供给了这种酶，导致黏液瘤病毒的复活。某些鸡 Rous 肉瘤病毒和鼠类肉瘤的毒株缺少囊膜糖蛋白基因，或同时还缺少其他蛋白质的基因，不能独立复制。这类缺损病毒必须在淋巴细胞白血病病毒的互补下才能增殖，后者供应其缺少的蛋白质，称为辅助病毒。

（3）*不同种属之间的互补* 腺病毒本身在猴肾细胞中不能增殖，但在 SV40 的辅助下却能增殖。而 SV40 是辅助病毒。腺联病毒是一种缺损的微 DNA 病毒，只有在腺病毒的辅助下才能完成其增殖周期

而产生成熟病毒。在这种情况下，腺联病毒是缺损病毒，而腺病毒是辅助病毒。

（4）*病毒与细胞之间的互补*　腺病毒5型的某些非转化性突变株，在HeLa细胞中不能增殖，但在同型病毒转化的人肾细胞中却能增殖，这是由于非转化性突变株缺少某些必需的蛋白质，转化细胞中整合了部分病毒基因并产生了相应的蛋白质，补充了病毒的不足，在多瘤病毒和疱疹病毒中也曾见到。

3. 病毒表型混合　是病毒混合细胞后，由一种病毒的遗传物质（核酸）与另一种病毒的衣壳（如囊膜）组合而成的病毒颗粒（合子病毒）。这种合子病毒的衣壳也可能是杂合的，是由两种（株）病毒的蛋白亚单位混合构成。例如用流感病毒与副黏病毒共感染细胞（coinfection）时，子代病毒颗粒的囊膜可具有双亲的抗原，但每个病毒颗粒只含双亲之一的基因组。这类表型混合病毒的遗传性能与提供核酸的病毒相同，而其抗原特性以及细胞的吸附特性等则与提供衣壳（和囊膜）的病毒相同。由于只是基因产物，所以表型混合的性状只是暂时的，不能遗传。

◈ 参考文献

李建伟.2002. 欧亚大陆H9N2亚型禽流感病毒分子演化的研究[D].东北农业大学.
李雁冰.2008. 我国2005年至2007年H5N1亚型HPAIVs生物学特性研究[D].中国博士学位论文全文数据库.
陆承平等编著.2001. 兽医微生物学[M].第三版.北京：中国农业出版社.
张交儿.2003. 禽流感H5亚型HA基因的克隆及序列分析[D].北京：中国农业大学.
Baron et al. 1996. Medical Microbiology USA：University of Texas Medical Branch.

仇华吉　编

第二十八章 病毒的感染

第一节 概 述

1. 病毒的感染 病毒的感染是指病毒侵入机体进行增殖并与机体相互作用所产生的各种现象的总和。它的基本特征是病毒在单个细胞内完成一个复制周期或部分周期。这个过程伴有病毒产物的产生。有的病毒基因可整合到细胞染色体并长期存在于细胞中。但是病毒进入机体不以增殖形式而以另一种形态长期存在于细胞内，则不是感染。把死病毒注入机体不能称为感染，把活病毒注入绝对不感染的有机体也不能称为感染。

2. 病毒感染的结局 病毒感染细胞后均要经历不同的阶段和程序，无论是DNA或RNA病毒，也不论是在细胞浆或细胞核内复制，都是相同的。其中主要程序如下：①附着于病毒表面的抗原——糖蛋白中和抗原能附着于感染细胞的表面。②通过细胞吞饮或（和）通过病毒的融合因子，将病毒外壳与细胞膜融合，使病毒进入细胞浆。③病毒的外壳脱掉。④基因的激活和调节，在病毒完全脱壳后，病毒基因能够被激活，新的病毒核酸及蛋白质才能合成。

病毒的不同其复制结局也各异。很多病毒是经过病毒亚单位的装配成为完整病毒，有的直接释放，有的芽生；不少病毒形成缺损病毒，表现为持续性感染；还有的病毒，其基因组整合于细胞基因。

病毒在感染细胞后可有不同过程及结局。一种是病毒增殖导致细胞的破坏（或不破坏），子代病毒具有完整的、有感染性的病毒颗粒，称为有成效感染。另一种病毒的部分基因整合于细胞染色体，如肿瘤病毒转化基因 *src*，不产生子代完整病毒颗粒，叫做无成效感染。还有一种是在病毒与细胞的相互作用下，子代病毒有缺陷，这种感染称为流产性感染。

第二节 构成机体病毒感染的因素

病毒感染后，动物机体的表现形式和结局，依病毒、机体（细胞）和环境条件等因素的相互影响而定。

一、病毒的致病性和毒力

病毒的质和量是决定感染和发病的重要因素。病毒的致病性取决于病毒的性质（病毒的表面抗原和病毒在细胞内的复制）。在这些环境的长期影响下，病毒的适应变异及病毒基因组决定了病毒的致病性。致病性的强弱程度就是毒力。

致病性是一种病原体引起感染过程的潜在能力。每种病毒的致病性是相对的，与生物种类相关，一种病毒对一种动物有致病性，而对另一种动物可能完全不致病。

不同病毒对细胞有不同亲和性，例如有嗜皮肤性病毒、嗜多种细胞性病毒等。说明不同病毒可以引起不同感染过程。病毒进入机体的部位往往不是病毒最易感的组织，而是病毒经过初步增殖、扩散，散布到更易感的组织——靶器官而引起发病。

病毒的致病性取决于病毒核酸能否在该细胞复制，但它的传染性则取决于病毒表面特异性抗原能否附着于细胞表面，如流感病毒的 HA，表面抗原能否溶解细胞膜，使病毒核酸能从一个细胞进入邻接细胞，如副黏病毒的“F”因子。

病毒的自然感染途径就是病毒适应环境而进入机体的方式，如果通过这一途径感染能引起发病，其他途径却未必能引起发病。例如流感病毒的自然感染途径为呼吸道，皮下注射时就不引起发病。病毒侵入宿主有几种主要途径：呼吸道、消化道、泌尿生殖道及直接传播（如通过昆虫或动物的咬伤）。病毒感染的成功与易感细胞受体的存在和病原因子的物理、化学特性有关。例如通过消化道感染的病毒通常能抵抗低 pH 及消化道中的酶。

病毒的致病性是种和株的特征。因此，在测定病毒毒力大小时，不但要说明所用剂量的多少，病变标志如何，也要指出所用的动物种类、年龄、体重以及感染途径，只有在这些条件都一致时，才能比较同一病原体不同病毒株的毒力。

二、动物机体的作用

动物机体的抵抗力是决定病毒感染的另一个因素。在此重点介绍年龄、神经活动、激素、温度、X 线照射等因素对病毒感染的影响。

1. 年龄　年龄是影响动物病毒感染的一个因素。一般来说，幼龄动物对病毒的易感性比成年动物高。例如狂犬病病毒和牛痘病毒可在鸡胚中旺盛增殖，但不能在成年鸡体内增殖；致瘤的腺病毒和乳多空病毒很容易在哺乳仓鼠和其他新生啮齿类动物引起肿瘤，但却不能引起成年动物的肿瘤，这主要是幼龄动物缺乏“成熟”的免疫反应、血脑等生理屏障不够健全以及幼龄动物细胞的病毒受体不同于成年动物所致。

2. 神经活动对病毒感染的影响　表现在发病率和症状的程度等方面。冬眠和药物睡眠动物在病毒感染时，其发病率和病死率经常低于未睡眠的动物。例如由昆虫传播的病毒感染冬眠刺猬和蝙蝠经常带毒越冬，待冬眠苏醒后才出现病毒血症。动物在冬眠或药眠状态下，体温、血压和通气率下降，神经调节以及内分泌和运动机能下降，细胞吞噬能力也受到抑制，所有这些都会改变和扰乱组织和细胞的正常营养与代谢。这可能是较少引起发病和死亡的原因。

3. 激活作用　可的松制剂有明显激发病毒感染的作用。如应用可的松处理鸡胚，可使流感病毒在鸡胚中的病毒产量增高 2～6 倍。氢化可的松有抑制鸡胚、组织培养细胞和动物产生病毒干扰素的作用。一般认为，可的松制剂的抗炎症与免疫抑制作用是激发病毒感染的主要原因。其他激素可能因改变机体蛋白质代谢而增高其对某种病毒的易感性。

4. X 线等的作用　X 线等有提高机体对病毒感染的敏感作用。这是因为机体的免疫机构被抑制，而且也由于非特异防御反应发生改变，而有利于病毒在相应的细胞和组织中增殖。但是 X 线照射的原代兔肾细胞在感染单纯疱疹病毒和原鸡胚细胞在感染牛痘苗病毒后，病毒产量反而低于未照射细胞。可能是 X 线扰乱了细胞内的核酸代谢，从而影响病毒成分在细胞核内合成的结果。

5. 动物体温的影响　动物的体温增高可能影响病毒某个增殖环节或激发机体免疫反应，而直接或间接地抑制病毒的增殖。但是哺乳动物在患重症病毒感染时，其体温可高达 38～41℃甚至更高。这种高热的发生比较复杂，因素也是多方面的，很难做出确切结论。

6. 外界环境条件　对病毒和动物机体两者呈现的作用，还包括气候条件、地理环境和饲养管理方式等。

第三节　病毒感染细胞后的散播方式

病毒在机体内的散播方式可因病毒的不同而异，有的在其增殖过程中引起细胞溶解；有的病毒特别是芽生病毒，病毒表面抗原首先在受感染的细胞表面出现，继之引起细胞的破坏；有的病毒虽然增殖，但不使细胞破坏，如细胞巨化病毒的持续性感染；有的病毒基因整合到细胞染色体（肿瘤病毒、乙肝病毒）。这些不同结局使得病毒的散播呈现出不同类型。

1. 细胞外传播 病毒由感染细胞释放出来，通过体液再感染其他敏感细胞。病毒可以直接破坏细胞而释放出来，如脊髓灰质炎病毒；也可以不破坏细胞而芽生，如流感病毒；还有的由于感染细胞膜出现病毒抗原而被特异性抗体或免疫细胞结合导致细胞破坏而使病毒释放出来，如所有芽生病毒。

2. 细胞间传播 病毒在感染细胞增殖，但不释放出来，而是直接感染邻接细胞。如疱疹病毒、副黏病毒。副黏病毒可以由于靶细胞的免疫破损或成熟病毒芽生出来而通过体液途径散播。

3. 母系细胞传到子系细胞 肿瘤病毒感染细胞后，部分基因如转化基因 SRC 等整合到细胞染色体，可随着细胞的分裂增殖而传到下一代细胞。

4. 多途径传播 不少病毒有多途径传播，如 1、2 型结合传播等方式。

第四节 病毒感染的类型

当前，病毒感染的所谓各种类型，都是从某个侧面或某个角度提出的，都是相对的，当然不能全面反映其实际情况。如按照病程长短区分的急性型、亚急性型和慢性型；按照感染症状的明显程度区分为显性感染和隐性感染；按照感染过程、症状和病理变化的主要发病部位区分的有局部感染和全身感染等。

（一）显性感染

显性感染是病毒感染过程中动物机体呈现明显症状者。这种症状是由杀伤细胞性病毒引起的，当细胞死亡达到一定数量而产生组织损伤时，或在病毒产物积累达到一定程度时，动物机体出现明显症状，如口蹄疫、牛瘟和新城疫发病过程中所出现的症状。

（二）隐性感染

病毒感染后不引起临床症状。这可能是病毒不能最后侵犯或到达靶器官，因而不呈现或极少表现临床症状，也可以说是病毒侵袭与机体防御二者之间的斗争使病毒侵袭至适当阶段而中止。但是这种隐性感染在流行病学上具有重要意义：其一是隐性感染的动物仍能向外界散布病毒而成为传染源；其二是隐性感染的结果能赋予动物机体一定程度的免疫力。

隐性感染的发生，取决于病毒的性质和动物机体的免疫生物学状态。如同一种病毒可以引起显性感染，也可以引起隐性感染。如乙型脑炎病毒常可引起人和马的急性致死性感染，但在大多数人群和马群中，乙型脑炎病毒表现为隐性感染，虽然会出现短时间的病毒血症，但不呈现明显的症状。

（三）持续性感染

有些病毒在感染过程中，无论开始是显性的或不是显性的，病毒可在机体持续存在数月或数年，引起某些器官的迟发性病理变化。持续性感染可以再次激活，引起宿主的疾病复发，并能引致免疫病理疾病，还与肿瘤的形成有关。病毒能在经免疫的动物体内以持续性感染的方式存活成为传染源，具有流行病学上的重要性。

持续性感染可分四类：①持续可以检出病毒，并常排出病毒，但不一定发病，称为慢性感染或慢性疾病。②持续伴有疾病的反复发作，在不发作期检测不到病毒，称为潜伏性感染。③长期或终生表现为无临床症状。④伴有很长的潜伏期，随后缓慢地发展成致死性疾病，称为长程感染或慢病毒病。

持续性感染的病因主要包括病毒对细胞的致病性降低、病毒的抗原性减弱、感染细胞表面的病毒抗原过少或主要为非中和抗原，以及补体不足。

（四）局部感染

病毒感染引起动物局部病变或症状，病毒的增殖和细胞的损伤局限在侵入部位的附近（如皮肤或呼吸道、胃肠道或生殖道黏膜），此时，正在发生感染的病毒仅扩展到靠近原始感染部位的邻近细胞。例如，动物的鼻病毒感染经常局限在鼻腔上皮，往往不会扩展到下呼吸道。但由病毒引起的真正的局部感染不多，大部分是全身感染的局部表现。

1. 皮肤感染 牛和兔的乳头瘤病毒以及人的疣病毒，是局部病毒感染的典型。有多数病毒在引起全身感染的同时导致皮肤局部病变，如口蹄疫、猪水疱病、麻疹以及痘病毒引起的皮肤病变——痘疮。

2. 呼吸道感染 呼吸道的病毒感染可分为4种类型：①某些病毒经呼吸道侵入机体，病毒在呼吸道内增殖，引起轻度的呼吸道症状，并向外界排出病毒，如动物和人的鼻病毒感染或副黏病毒感染。②一些病毒经呼吸道侵入后随即散布至全身其他部位，引起全身感染，呼吸道局部并无明显病变。如天花和鼠痘。③某些病毒在经呼吸道侵入后，在呼吸道内大量增殖并引起病变，呈现明显呼吸道症状以及全身反应，如人和马的流行性感冒和鸡的传染性喉气管炎。④某些病毒侵入呼吸道后，并不在呼吸道内进行最初增殖，而是先在颈部淋巴组织内出现，以及扩散到其他淋巴和肝、脾脏等网状内皮细胞和白细胞中，并经过增殖之后，病毒在皮肤、呼吸道等上皮细胞内出现，引起相应的病变和症状，如犬瘟热。

3. 消化道感染 消化道是病毒主要侵入径路。如由冠状病毒引起的猪传染性胃肠炎主要侵害小肠，病毒在空肠的柱状上皮细胞内增殖，引起广泛的细胞损伤，结果发生严重的水样下痢。但是有些病毒虽然在消化道内感染，并不引起明显的临床症状，如鸡的腺病毒经口感染时，主要存在于消化道，如食管、回肠后段和盲肠内，但不引起明显的临床症状，只有少数鸡发生轻度下痢。

4. 神经系统感染 某些全身性病毒感染侵犯中枢神经系统而呈现脑症状，如犬瘟热和新城疫引起脑炎。狂犬病及乙型脑炎和马脑炎等由节肢动物传播的病毒性脑炎，则是侵犯神经系统并以中枢神经系统症状为特征的病毒感染。

（五）全身性感染

全身性病毒感染虽以全身发生病毒血症、病毒广泛分布于全身内脏器官为特征，但却呈现极不相同的临床症状和病理变化。它通过几个连续过程产生：① 在侵入部位和局部淋巴结，病毒进行最初的复制。② 通过血液（最初病毒血症）和淋巴液，子代病毒扩散到其他的实质器官。③ 在实质器官进一步发生病毒复制。④ 经第二次病毒血症，病毒扩散到其他靶器官。⑤ 病毒在这些靶器官中进一步增殖，并引起细胞的变性、坏死、组织损伤和临床症状。某些全身性病毒感染，如持续性病毒感染的一些疾病，可能不呈现临床症状。某些全身性病毒感染则只呈现局部症状。多数全身性病毒感染在全身各器官系统内引起病变并呈现相应的临床症状，但也可能以某一器官或系统的病变和症状为最显著，如猪瘟和牛瘟。

近年来发现，有些病毒长期持续存在于康复动物或隐性感染动物体内，以潜伏病毒基因组的方式长期存在。这是自然界病毒的潜在来源，具有生态学意义。如患口蹄疫康复牛在症状消失数月后，仍可在其唾液中或咽黏膜中分离到口蹄疫病毒，这也是潜在的传染源。

◆ 参考文献

李琦涵，等.2004. 病毒感染的分子生物学［M］. 北京：化学工业出版社.
陆承平，等.2001. 兽医微生物学［M］. 第三版. 北京：中国农业出版社.
中国农业百科全书编辑委员会.1993. 中国农业百科全书·兽医卷［M］. 北京：农业出版社.
D C 赫什，N J 麦克劳克伦，R L 沃克，编著. 王凤阳，范泉水，主译.2007. 兽医微生物学［M］. 北京：科学出版社.

仇华吉 编

第二十九章　病毒的免疫

病毒免疫是由于病毒的侵入引起动物机体的各种保护性反应，也是机体抵抗病毒感染的一种生理机能。病毒侵入动物机体后的散播、在细胞内的活性及其最终结局，取决于机体的防御机制及其机能状态。这种状态和结构是机体对环境长期适应和进化的结果，使它能够保护机体抵抗感染。

免疫学和免疫化学的研究证实，动物为了维持机体的完整性，发展了能够识别自己和非己物质，并能消灭或排除非己物质的结构和功能。这些特异性防御功能是通过两个独立系统，即体液免疫及细胞免疫来完成的。这两个系统在防御和消灭异物时既有分工，又互相促进。此外，这些免疫系统在非特异性免疫物质（巨噬细胞、补体、抑制物等）的配合下，其功能得到进一步加强。

病毒免疫与细菌免疫的基本原理相同，但有些免疫现象，如吞噬作用、特异性抗体作用及细胞免疫作用等，则与细菌免疫有程度上的不同。目前已能使其内部核酸与外围蛋白质、糖蛋白分开。病毒核酸具有感染性，不能被外围蛋白质免疫后所产生的特异性抗体所中和。但某些被病毒感染的细胞，由于细胞膜抗原性的改变，免疫常受到破坏。

第一节　病毒感染的非特异性免疫和抵抗

非特异性抵抗是不需要特异性细胞免疫和特异性抗体参加的防御作用。非特异性抵抗包括组织结构、细胞及体液等一系列因素。

在未免疫的宿主体内，病毒感染后，首先遇到的是宿主的各种非特异性防御，对疾病的发生、发展、转归起了关键性作用。现在的问题是如何提高非特异性物质及细胞的非特异免疫作用。

（一）种属免疫

这种免疫不是生物有机体与病毒相遇所引起的，而是动物种属对病毒所固有的天然抵抗力。

种属免疫的本质，可能是与有机体反应的特性以及进化发展方式在后代中得到巩固有关。有机体与环境是统一的，不同种属的有机体在进化过程中所遇到的刺激不同，所以对刺激的反应也不同。

种属免疫，一般为相对的和绝对的两种。绝对种属免疫的特征是机体在整个生命过程中和一切条件下对某些刺激物都不易感。如动物对噬菌体不易感，又如马不患牛瘟、牛不患马传染性贫血。这些刺激物（病毒）在机体内不能寄生和增殖。相对种属免疫是指有机体在某些条件下受到病毒感染而不发病，但在另一些条件下则发病。

同一种动物的不同品系或不同个体往往对某一特定病毒具有不同敏感性或抵抗力，人们认为主要是细胞膜上缺乏特异的病毒受体或某些动物不感染某种病毒所致。

（二）宿主代谢的影响

宿主的代谢不适于病毒的寄生，可以认为是病毒种属免疫的主要特征。实验证实，流感、乙型脑炎病毒等，在病毒侵入不易感动物后病毒不增殖，而且逐渐减少，到最后消失。病毒在不易感动物的不增殖，可能与病毒不能吸附进入细胞有关，或与该动物细胞的代谢不适于病毒寄生有关。

（三）屏障作用

病毒侵入动物机体和在机体内的散播，主要与病毒的质和量有关，也取决于机体防御机能的状态。

1. 皮肤　黏膜完整的皮肤是抵抗病毒侵入机体的天然屏障，当皮肤的完整性遭到破坏，其屏障作用也就会丧失。如划破或发生其他损伤则会导致病毒的入侵。

动物体内某些正常黏膜及其黏液对病毒侵入也是一种屏障。流感病毒并不是首先在上呼吸道而是在下呼吸道感染，因为上呼吸道黏液含有抑制物，病毒可在下呼吸道增殖分泌一种酶以除去上呼吸道黏液，从而在呼吸道增殖。这说明上述黏膜细胞对病毒易感，但黏液表面上的黏液层可能阻止了病毒的侵入。

2. 血管及血脑屏障　由血管内皮细胞及血管的其他组织构成的血管屏障，在一定程度上能防止病毒的扩散。

血脑屏障是由脑的毛细血管壁、软脑膜及脉络丛等构成的一个很重要的防御机构，可阻止病毒从血液进入脑脊液及脑组织。如果这一屏障结构遭到损害，病毒便能侵入脑组织而引起发病。

3. 胎盘屏障　胎儿在孕育的一定时期内，不会经胎盘循环感染母体所患的疾病，这是胎盘所具有的屏障作用的结果。

（四）非特异性免疫的效应细胞

截至目前，人们观察到能杀伤病毒感染细胞的非特异性免疫的效应细胞有 3 种，即巨噬细胞、NK 细胞及 K 细胞。

1. 巨噬细胞　以前人们把巨噬细胞的功能认为是吞噬受损伤的细胞及病毒异物。现在研究提出吞噬细胞有多种功能，除了非特异性吞噬消化异物的作用外，还可帮助产生特异性免疫。即在特异性免疫的调动下，杀伤病毒感染的靶细胞并分泌多样化的生物活性物质，如酶、补体、干扰素、白细胞介素（如 IL-1）、前列腺素等，对疾病的恢复起着重要作用。

巨噬细胞分布在全身各个部位，有“固定”的及“游离”的 2 种，多存在于脾、淋巴系统的网状内皮系统、肝的枯否细胞、结缔组织间质细胞、脑的小胶质细胞以及血液里的单核细胞中。

（1）*巨噬细胞的吞噬作用*　巨噬细胞能识别自己和非己的或自己的变性物质的能力很强。对非己或自己变性的物质则能吞噬消化，消灭异物。

血液中的单核细胞，刺激后可以转化为高能吞噬细胞，称为活化吞噬细胞。这种细胞在结构和功能上与活化前有明显的改变，其代谢能力、吞噬能力以及消化细胞的能力都有所增加。单核细胞、巨噬细胞的活化及其转移到病毒感染部位或病灶，对疾病的转归具有重要作用。

（2）*巨噬细胞帮助特异性免疫的产生及调控*　在免疫反应中具有两种功能，一是体液免疫和细胞免疫反应的启动者和调节者；二是在免疫反应中作为非特异性效应细胞。其具体作用是：①巨噬细胞对异物进行吸收、分解代谢及处理后，将抗原部分提呈给激活的 T 淋巴细胞（T 细胞）和 B 淋巴细胞（B 细胞），以产生细胞免疫反应或特异性抗体。②巨噬细胞可以将耐受性抗原处理成有免疫性的抗原，并具有免疫调节功能，平衡细胞免疫与体液免疫反应。③巨噬细胞处理抗原提呈给辅助性 T 细胞，促进免疫反应，或者提呈给抑制性 T 细胞，抑制免疫反应。④巨噬细胞能分泌多种生物活性物质，如抗体、IL-1、前列腺素等，起免疫调节作用。⑤巨噬细胞具有 Fc 受体，能与 IgG Fc 端结合而吞噬消化受病毒感染的靶细胞。这是由于细胞受病毒感染后，病毒抗原表达在细胞膜上进而与相应 IgG 结合所致。⑥巨噬细胞还具有补体受体，因此抗原抗体补体复合物也易与巨噬细胞接触而得到吞噬消化。⑦巨噬细胞能促进淋巴细胞产生干扰素。

2. NK 细胞　NK 细胞是一种自然杀伤细胞。这种细胞未经特异性免疫亦无需抗体参加便能杀伤某些肿瘤细胞。该细胞在 T 细胞免疫启动之前就与巨噬细胞、粒细胞一起构成了细胞免疫系统的第一道天然防线。

NK 细胞的具体作用是当病毒感染时，能诱发干扰素的产生，而干扰素又能激活机体的 NK 细胞功能。被激活的 NK 细胞可以破坏感染细胞，从而达到抗病毒感染。

所有哺乳类动物的脾脏、外周血液和淋巴结中都含有 NK 细胞。NK 细胞的发展与骨髓细胞有关，因此认为 NK 细胞的前身可能来自骨髓。

3. K 细胞 K 细胞也是一种自然杀伤细胞。K 细胞是抗体介导的细胞毒作用中的一种。抗体介导的有核靶细胞的杀伤，主要是由 K 细胞发挥作用的。机体内只要有极少抗体存在，K 细胞即可发挥杀伤作用。在病毒感染中，特别是对芽生病毒发挥的作用更好。

（五）组织与体液中的非特异性病毒抑制物质

在动物机体的某些组织或体液中存在一些抑制病毒作用的物质。这些物质的性质并不一致，有的对热稳定性高，有的低，多数不是通过改变细胞易感性发挥作用，而是直接作用于病毒。这些物质对病毒抗原制备及诊断有明显的影响。

1. 正常组织中的抑制物质 动物的多种组织中含有抑制病毒感染的物质。如鼠脑中的脂类，可以抑制森林脑炎；多种组织的黏液蛋白可以抑制黏液病毒的血凝试验等。

2. 血清中的抑制物质 从血液中提取的对黏液病毒的耐热性抑制物质是黏液蛋白，能抑制病毒的血凝反应；从人、马、兔的血清中提取一种耐热的球蛋白物质，可以抑制流感病毒的血凝反应和感染性。

（六）核酸酶在病毒感染中的防制作用

动物血液中含有 RNA 酶和 DNA 酶，这两种酶能分解相应的核酸。特别是对无外壳保护的裸病毒以及病毒尚未装配前，可以分解破坏其核酸的感染性，因此可以减少病毒在体内的传播。

（七）补体系统在病毒感染中的防御作用

补体是构成非特异防御的重要物质，可以扩大特异免疫功能。有许多资料表明，补体对病毒感染的作用是多方面的。

补体与病毒—抗体复合物相结合后，可以依次被激活，最后导致病毒溶解。其主要作用为：①覆盖作用，补体 C1、C4、C2 并不导致病毒的破坏，而是覆盖在病毒上面，减少病毒的感染性。②凝集作用，补体 C3 可以引起多瘤病毒的凝集。③溶解作用，有足量的抗体与病毒的表面抗原相结合，补体 C8、C9 被激活时，病毒就被溶解。

最近研究指出，对反转录病毒，只要有少量补体存在，就可导致病毒的溶解，不需要抗体参加。另外，当感染细胞表面病毒抗原多时，抗体也多，补体结合后就会顺序被激活，导致靶细胞的溶解。

（八）干扰素的防御作用

干扰素是一组能够调控免疫系统的细胞蛋白（细胞因子），可以调节某些细胞的分化使敏感细胞产生抗病毒效应。由脊椎动物细胞在感染病毒后产生的一种蛋白，具有广泛抗病毒、抑制肿瘤细胞生长以及免疫调节等多种生物活性，是一种重要的细胞功能调节物质。

1. 干扰素的类型 根据产生细胞和生物活性可分为三种，即由病毒感染的白细胞分泌的 α-干扰素（IFN - α）、由病毒感染的成纤维细胞分泌的 β-干扰素（IFN - β），以及淋巴细胞在免疫应答时分泌的 γ-干扰素（IFN - γ）。此外，根据干扰素的分子进化树、分子结构以及识别受体的不同，干扰素还可以分为两个亚型（Ⅰ型和Ⅱ型）。Ⅰ型 IFN 主要包括 IFN - α 和 IFN - β，而Ⅱ型 IFN 为 IFN - γ。

2. 干扰素的产生 能诱生干扰素的物质除病毒及其核酸外，还有衣原体、立克次体以及细胞内毒素、真菌提取物和植物血凝素，还有聚肌胞［poly（I：C）］人工合成的高聚化合物。

脊椎动物细胞内存在着干扰素的结构基因和调节基因。在一般生理条件下，其基因呈静止状态。只是在诱生剂作用下，基因活化并转录和产生干扰素。巨噬细胞、单核细胞和中性粒细胞等吞噬细胞是产生干扰素的主要细胞；在体外培养细胞中，传代细胞多产生干扰素，但其功能不如原代细胞。

3. 干扰素的作用 干扰素是使动物体对抗病毒感染的重要的非特异抵抗因素之一。干扰素并不直接作用于病毒，而是与未感染细胞发生反应，使其产生抗病毒蛋白质，并附着于细胞的核蛋白上，选择性地抑制病毒 mRNA 表达和病毒蛋白质的合成，但细胞本身的 mRNA 不受影响，仍能继续进行其细胞功能（图 29 - 1）。目前已知 IFN 的抗病毒机制主要有两种：其一，IFN 通过诱导 2′- 5′A 合成酶和激活 RNase L 降解病毒 mRNA。其二，IFN 能诱导蛋白激酶 PKR 的作用，能封闭病毒蛋白质翻译的起始阶段。二者都能最终起到抑制病毒蛋白质合成的作用。

干扰素具有广谱抗病毒作用，可以对多种RNA和DNA病毒发挥作用，对动物无副作用，抗原性较弱，可以反复使用。在临床上应用，对人的痘苗性角膜炎和疱疹有较好疗效；可防治流感，但应在早期应用。此外，可以调节免疫应答，主要表现为增强免疫活性细胞的机能和降低变态反应的强度；还能抑制细胞分裂，尤其是对某些快速增长的肿瘤细胞更为明显。

干扰素具有细胞种属特异性，某种属动物细胞所产生的干扰素，只能保护其种属或非常接近的种属动物和细胞。如由鸡细胞产生的干扰素，只能保护鸡，对人和其他动物则不能保护。

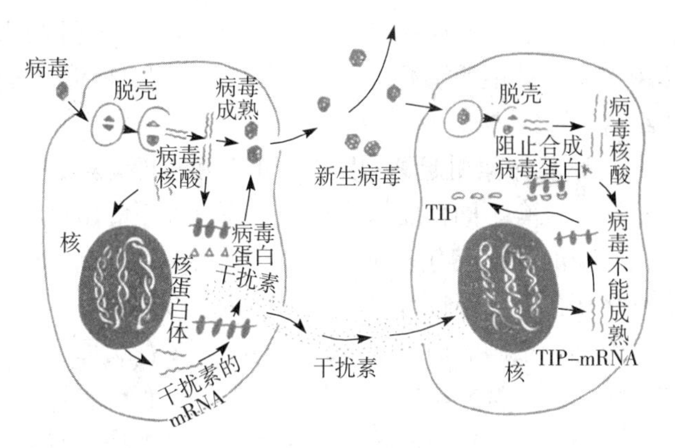

图 29-1　干扰素的产生和作用机理

（引自《动物病毒学》，殷震等主编）

第二节　病毒的特异性免疫

病毒的特异性免疫，是病毒进入动物体后，机体产生细胞免疫和特异性体液免疫来对抗病毒感染，使感染过程减轻或缩短，导致疾病的恢复，并且使机体在再次受到同种病毒侵犯时免于患病或限制感染过程的发展。特异性免疫又能在较原始非特异性抵抗物质及细胞的帮助下增强免疫功能。

一、免疫反应中的病毒抗原

抗原是一种进入机体后能刺激机体产生免疫反应的物质，而且这种反应与进入的抗原具有特异作用。

病毒在感染敏感细胞后，有三个基本过程，即基因的复制、信使RNA的产生，以及将这些信息翻译成多肽。病毒颗粒的不同亚单位和非结构蛋白在感染细胞内形成；同时，有囊膜病毒可以出现在感染细胞的表面，呈穗状突出。这些病毒结构蛋白及非结构蛋白在病毒感染中都可以成为抗原，引起机体不同程度的免疫反应。

1. 病毒的抗原　凡是能够刺激机体的免疫系统引起免疫应答的物质称为抗原（antigen）。抗原是引起免疫应答的动力，是决定免疫特异性的关键。在抗原分子表面具有特殊立体结构和免疫活性的化学基团称为抗原决定簇（antigenic determinant），它是具有刺激机体产生抗体或致敏淋巴细胞并能够与抗体或细胞识别的部位。由于抗原决定簇通常位于抗原分子的表面，因而又称为抗原表位（epitope）。随着分子生物学技术的不断发展和提高，病毒亚单位蛋白的提取，结合电子显微镜、单克隆抗体技术的建立及免疫学对病毒亚单位的成功研究，如今对病毒的抗原有了新的认识。

病毒在细胞内复制过程中产生多种新蛋白质，有些蛋白质直接成为病毒亚单位抗原，有的在宿主酶的作用下产生病毒糖蛋白亚单位；有的与细胞膜脂肪结合为脂蛋白抗原。大多数抗原为病毒的结构性抗原，少数为病毒非结构性抗原。当感染细胞破坏，尚未装配的不同病毒的结构性蛋白亚单位及非结构性蛋白都会释放出来，诱导机体产生相应的抗体。

2. 病毒的表面抗原　在病毒的表面有突起的抗原物质，它的特异性较病毒内部的抗原性强。具有型特异性。病毒表面的不同抗原具有不同功能。

（1）*中和抗原*　中和抗原都在病毒表面，把中和抗原提纯后，可以制成疫苗预防疾病，也可以用于测定免疫力和血清学诊断。有一些病毒的表面抗原称为中和抗原。所有从细胞芽生出来的病毒表面中和抗原均为糖蛋白。

（2）*溶解细胞抗原*　实验证明，有一些病毒除含有HA抗原外，还有溶血素。查明新城疫病毒与仙台病毒的表面抗原能引起细胞融合；副黏病毒除 HA 及 NA 抗原外，还有溶红细胞及融合细胞因子作用。有证据说明，通过溶血、细胞融合和红细胞的溶解，就可使感染性病毒核酸通过浆膜感染相邻接的细胞。

3. 病毒感染引起细胞膜抗原的改变 受病毒感染的细胞，不仅导致细胞生理代谢有变化，而且细胞膜抗原也有不同程度的改变。这些新抗原的出现，可以用标记特异性抗体来测定。已经证明，一些病毒在感染的细胞上有新的抗原出现，大多数抗原是被感染细胞的表面抗原。所有芽生病毒，在细胞膜上都有病毒抗原，但也有些不是芽生病毒，如痘病毒感染后，细胞膜表面也有病毒特异性抗原。

被感染细胞表面出现抗原较早的，多在病毒释放之前，这样就可使机体提早识别并产生细胞免疫来破坏它。但是有些病毒不是芽生病毒，没有被膜，抗原为糖蛋白，则没有细胞表面抗原。

感染细胞表面抗原的出现与病毒的繁殖环境有关，也与病毒变异有关，原来能产生细胞特异表面抗原的，变异后则不再产生。

二、特异性体液免疫反应

动物机体在病毒感染中以及病毒感染后都能产生相应的特异性抗体（体液中有免疫性能的球蛋白，又称免疫球蛋白）以清除病毒，这是脊椎动物为了维持机体的完整性所发展的适应免疫。越是高等动物，免疫系统的发展越复杂、抗体的种类也越多、越特异，功能也越有效。

1. 特异性抗体的产生 机体在抗原的刺激下，免疫系统各部分协调合作，在抗体基因的控制下，最终由浆细胞分泌出抗体。病毒有多种抗原或抗原决定簇，因此机体被感染后，就针对各种抗原而产生相应抗体。在自然感染中或活疫苗免疫，机体产生针对病毒表面抗原和内部抗原的抗体；但是用灭活疫苗免疫，由于病毒不能复制，机体一般只产生对病毒表面抗原的抗体。

2. 抗体产生规律 病毒的外部抗原主要是糖蛋白，内部抗原为蛋白抗原，另外还有脂蛋白抗原。不同性质的病毒抗原促使机体产生抗体的种类和速度不同。多糖抗原是不依赖胸腺的抗原，不需要 T 细胞帮助，B 细胞就能直接产生抗体，所产生的抗体在一般情况下为 IgM。蛋白抗原为胸腺依赖抗原，即 B 细胞产生抗体需有 T 细胞的帮助，主要是 IgG。事实上，任何抗原都可使机体先产生 IgM，后产生 IgG，这取决于抗原的剂量。如可溶性抗原其蛋白质分子的相对质量在 5×10^3 就有抗原性，一般情况下就直接产生 IgG，但如免疫剂量很小也可以先产生 IgM。用人血清蛋白免疫实验动物，剂量在 10^{-3} 或 10^{-4} 时仅产生 IgM，如剂量在 $10^{-2}\sim10^{-1}$ 时则先产生 IgG。多糖抗原需在具有较大的分子相对质量（600×10^3）时才有抗原性，因此一般情况下产生的抗体是 IgM，但在大剂量免疫时也可先产生 IgM，后产生 IgG。同一种抗原使机体产生 IgG 的剂量要比 IgM 大 50～100 倍。

病毒的表面抗原糖蛋白，既含蛋白质，又含碳水化合物。一般认为糖蛋白是胸腺依赖抗原，都是先产生 IgM，后产生 IgG，因此常通过检查特异性 IgM 来做早期诊断。由于再度感染的回忆反应仅为 IgG，IgM 的出现也可以说明是新感染的。病毒进入敏感细胞进行复制，其抗原产量随着病毒的增殖而从少到多，感染初期病毒抗原量很小，因此先产生 IgM。所以，IgM 的出现说明了新感染，这种结论是正确的，但也不排除例外。

3. 抗体的分布 抗体在动物体内分布广泛，不仅存在于血液和淋巴液中，而且在淋巴结和脾脏等淋巴组织、脑脊液、尿、胃肠道及眼、鼻分泌物中均含有。此外，在呼吸道、消化道的淋巴细胞膜上也有抗体。但是动物机体不同部位所含的抗体种类和数量并不一致。

病毒的中和作用及机制：病毒的中和是由于特异性抗体的作用，使病毒失去了感染性。实际上，病毒的中和作用并不是简单的抗体与病毒的结合，而是受到各种因素的影响和制约。主要的是：①病毒的因素。不同的病毒可有不同的中和结果，即使是同一病毒如出自于不同细胞培养，其中和结果也可以不完全一样。②所用病毒浓度与抗体浓度的不同也可影响中和结果。③所产生的不同抗体种类也有不同的中和结果。④补体存在的多少也会影响中和结果。

抗体与表面抗原结合以及结合后形成的复合体，可以减少病毒附着于细胞的能力或阻止病毒进入细胞。这种结合导致球蛋白及病毒表面蛋白在构象上的改变，但是这种结合的中和是可逆的，当将病毒抗体复合体（尤其是早期抗体）稀释后，病毒又恢复感染性。晚期的抗体由于亲和力增强，在生理状态下，病毒抗体复合体很少分开。但在一些试验条件下，如低酸碱度、高盐浓度，病毒仍可复活。如果将病毒抗体复合物加入抗免疫抗体，会导致病毒不可逆的中和。

近些年来的研究表明，任何病毒用免疫血清中和后，无论使用多大量的血清抗体，甚至重复处理，最后总会有一小部分不能被中和而仍具感染性。

综上所述，病毒中和机制有以下几点可以考虑：

（1）中和抗体与病毒表面中和抗原结合可导致病毒与抗体蛋白结构上的改变，这种结合是可逆的。

（2）病毒抗原，无论是中和抗原或非中和抗原，与相应的 IgM 与 IgG 结合可导致病毒凝集或成为复合物，易被排除或吞噬。

（3）病毒表面的不同抗原与相应抗体结合，如再与足量的补体结合或结合的 IgG Fc 端与具有 Fc 受体的细胞（K 细胞、巨噬细胞）结合可导致病毒的破坏。

三、特异性细胞免疫反应

细胞免疫反应是动物体内致敏淋巴细胞和其他细胞作用于抗原的反应，即动物机体通过致敏淋巴细胞产生淋巴因子，并与巨噬细胞、中性多核白细胞及单核细胞等通过吞噬或胞饮现象作用于细胞内寄生的病毒、癌细胞、异体组织或寄生虫等，将其排斥、抑制、破坏或杀伤的反应。因此，细胞免疫反应对某些病毒感染的防御和恢复起着重要作用。

体液免疫在进化过程中是最后发展的，因此，它只能是补充细胞免疫的不足而不是代替细胞免疫的功能。事实上，这两种特异性免疫既有分工，又互为补充，互相促进机体的防御功能。

1. 细胞免疫的产生　由于抗原是固定的，如肿瘤细胞、同种异体组织、在细胞生长的病毒、细胞表面的病毒抗原，这些抗原不能直接到周围淋巴组织，而机体有游离的 T 细胞能够到固定的感染部位与抗原接触而敏感化，然后到周围的淋巴组织或脾（胸腺依赖区）进行繁殖产生免疫 T 细胞。这些免疫 T 细胞就在血液内循环发挥作用。T 细胞又有不同类型和功能，主要是：①在 Th（辅助性 T 细胞）帮助下产生体液抗体；②Tc（细胞毒性 T 细胞）可以直接破坏靶细胞并能调动巨噬细胞到感染部位；③Ts（抑制性 T 细胞）抑制细胞可以帮助调节。

2. 免疫 T 细胞对靶细胞的作用方式　特异性免疫 T 细胞对靶细胞作用有直接和间接两种。

（1）*直接作用*　由细胞膜抗原（如病毒引起的改变了抗原性的细胞膜）引起的特异性致敏 T 细胞可直接破坏靶细胞。这种作用不必有补体参加。这种特异性致敏淋巴细胞的数量很有限，仅占全部淋巴细胞的 5%～10%。但由于 T 细胞对靶细胞作用后，还可通过循环对新的靶细胞起作用。此外，T 淋巴母细胞还可以繁殖增加 T 细胞的数量来消灭靶细胞，但 T 细胞常不足以完全消灭靶细胞，需由另一类免疫 T 细胞（THTA）的间接作用才能有效地促进疾病的康复。

（2）*间接作用*　由于免疫 Tc 细胞在数量上有限，不可能消灭大量的靶细胞（受病毒感染的细胞）。特异性免疫 T 细胞（T_{DTH}　迟发型超敏反应性 T 细胞）可以弥补 Tc 细胞的不足。T_{DTH} 与相应抗原接触后能产生一系列因子，总称为免疫淋巴因子来扩大对异物的抵抗和排除。免疫淋巴因子有多种，大致可分为三类：① 使正常 T 细胞能执行全部或部分免疫淋巴细胞的作用，来扩大免疫 T 细胞对靶器官的作用。② 可以调动单核细胞及巨噬细胞到感染部位并激活它们来消灭异物，也是调动非特异性细胞到靶器官并在此处被激活来消灭靶细胞。③ 释放淋巴毒素、干扰素和白细胞介素（IL-1、IL-2）。

四、细胞免疫和体液免疫的差别

两者的差别主要有两点。其一，细胞免疫的作用慢而体液免疫作用快。其二，细胞免疫的作用是针对局部受感染的靶器官，而体液免疫的作用则为全身性的。体液免疫的效应是已存在，或制成抗体与相应抗原迅速作用；而细胞免疫的效应反应的一系列免疫淋巴因子则需要重新制造。此外，抗体一旦形成可以维持较长时间，而淋巴因子则为短暂并集中在靶器官部位。因此，细胞免疫的有效性需要一个潜伏期，需要淋巴因子在病毒灶部位积累一定数量才能得到充分发挥，这种积累是依靠逐步扩大免疫T细胞，也包括正常T细胞的转化，以增加免疫淋巴因子的产生和在局部的浓度，调动更多的单核细胞及巨噬细胞到局部以壮大力量。

五、局部免疫

某些呼吸道和肠道病毒在引起呼吸道和肠道黏膜感染时，局部能查到分泌型IgA（SIgA）。如在流感病毒感染时可发生局部细胞免疫反应，这种在感染局部产生的抗病毒免疫，称为局部免疫。

病毒的局部免疫是病毒侵入黏膜，由局部黏膜层的淋巴样细胞产生的免疫反应。它是独立于系统性的体液免疫和细胞免疫而存在的。SIgA是局部抗病毒免疫活性的主要成分，是在病毒抗原刺激下，由黏膜下的浆细胞产生的。SIgA在结构上是两个单位的IgA，通过一个多肽链（J链）相连接。相连的IgA通过黏膜在向表面移动的过程中与上皮细胞（或腺体细胞）所产生的分泌片相结合，组成的SIgA分泌片相互结合，组成SIgA，比一般IgA要大。由于SIgA结合了分泌片，因而具有较强的抵抗蛋白酶水解的能力，从而能在肠道或呼吸道中存在下来并发挥局部的抗病毒作用，阻止病毒向周围以至体内扩散。

局部免疫的存在，对阻止病毒扩散、控制疾病的发展，特别是保护机体抵抗同型病毒的再感染有一定意义。如经口、眼接种脊髓灰质炎减毒疫苗，比注射途径接种灭活疫苗的保护作用更好。另外在流感初期，呼吸道黏膜细胞的免疫遭到破坏，同时局部抗体尚未产生，而且SIgA没有免疫破坏靶细胞的功能，因此，可能是局部早期产生的细胞免疫破坏受感染的黏膜细胞。

从进化角度来看，无脊椎动物不产生体液免疫，低等脊椎动物（八目鳗）只产生IgM。随着动物的进化，免疫功能更趋完善，相继出现IgG、IgA、SIgA、IgE，故局部抗体的出现，在一般体液免疫之后，与体液免疫出现于细胞免疫之后相似。经试验，体内注射可溶性腺病毒1型抗原，仅产生血清特异抗体，不产生存在于鼻咽部的局部抗体。用脊髓灰质炎灭活疫苗局部免疫已切除了扁桃体的儿童，在鼻咽部洗液中的SIgA抗体比未切除的抗体少75%，并且前者在血液中查不到特异性抗体。用活病毒局部免疫，可在局部产生大量的SIgA特异抗体，同时由于活病毒增殖后进入体内，所以在血液中也存在特异性抗体。

因此，应该考虑对呼吸道感染的免疫，一般以采取局部免疫法更为合理。皮下注射灭活疫苗能否保护局部免受感染，则取决于体液抗体的滴度。如血清的中和抗体效价高，可以保护不受感染，抗体滴度低，往往只能保护不发病，而不能阻止感染。

六、病毒感染的恢复机制

动物感染病毒的恢复，是机体非特异性抵抗和特异性免疫的反应战胜病毒的侵袭，以及清除病毒，修复被破坏组织的过程。在这个过程中，非特异性物质对初次感染首先起作用，如完整的皮肤、黏膜以及黏膜覆盖中的病毒抑制物质等是第一道防线。其他因素如汗的乳酸、皮脂腺分泌的脂酸、可溶解病原体的酶类等也起作用。血液中所含非特异性物质如干扰素、巨噬细胞、NK细胞，对阻止和减轻病毒的发展，清除病毒及病毒干扰的细胞都起很重要的作用。

有些病毒感染的恢复是细胞免疫起主导作用，另外一些则是体液免疫起主要作用。如痘病毒、疱疹类病毒等的初次感染，细胞免疫在恢复中起主导作用。此外，某些病毒如柯萨奇病毒、脊髓灰质炎病毒感染等，主要是体液免疫发挥作用。有的病毒感染可能是体液免疫与细胞免疫共同发挥作用。

初次感染和再次感染的恢复机制也有所不同，大多数病毒再感染能否发病，是体液免疫起主要作用。

机体对病毒感染的保护免疫机制有多种，并且按序清除病毒及病毒感染细胞直至最后恢复。这些保护免疫机制是有机联系的，是由许多非特异和特异机制所组成的，包括抗体介导的反应作用、细胞介导的反应及作用，以及非特异性免疫及其扩大特异性免疫作用。

恢复机制中的核心问题，是机体内病毒及受病毒感染细胞的清除。

1. 体液中病毒消除机制　主要有以下几种：①病毒从细胞产生后到血液中，在抗体未产生前，就以完整病毒形式从尿、唾液排出，一些肠道病毒和呼吸道病毒在局部感染后，通过肠道的排泄物或呼吸道分泌物被带出体外。有些病毒还可以通过乳汁排出。②当抗体产生后，先是IgM，后是IgG，会与病毒结合为大小不等的抗体复合物。当机体中的抗体多于抗原时，形成不溶性、大的免疫病毒复合物，被网状内皮细胞、巨噬细胞吞噬而被清除。当抗原多于抗体，如处于病毒感染初期，则形成可溶性复合物，容易通过肾小球排出体外。在抗原和抗体比例适当时，则形成中等大小的复合物，不易通过肾小球，又不易被吞噬细胞吞噬，则沉积于血管壁基底膜或其他间隙。

2. 靶细胞清除机制　感染细胞内病毒的清除，大体有两种情况：一种是病毒感染细胞后，发生溶解细胞作用，把病毒释放细胞外。另一种是某些病毒感染细胞后，不导致细胞破坏，而改变了细胞膜表面抗原。在细胞被感染的早期，细胞膜的表面就有病毒的表面抗原，使机体的免疫物质能识别它，除去它和破坏受感染的细胞，其途径是：① 病毒感染的细胞易被 NK 细胞破坏。② 在靶细胞表面的病毒抗原与抗体的作用，主要是芽生病毒，形成抗原抗体复合物被巨噬细胞吞噬排除。③ 淋巴细胞的直接毒性作用（Tc 细胞）。致敏淋巴细胞膜上的受体，与靶细胞膜上病毒抗原特异结合后，Tc 细胞能直接杀伤靶细胞使其裂解。④ 致敏的 T_{DTH} 与靶细胞表面病毒抗原结合并产生一系列淋巴因子，有的淋巴毒素直接破坏细胞，有的调动激活巨噬细胞吞噬破坏靶细胞。⑤ 抗体依赖性细胞介导的细胞毒作用。病毒感染细胞后，靶细胞表面的病毒抗原与特异性抗体结合后，抗体的 Fc 段可结合于杀伤细胞（K 细胞）、巨噬细胞的 Fc 受体，使杀伤细胞发挥裂解带有特异性抗原靶细胞的作用。⑥抗体依赖补体的靶细胞溶解。

第三节　病毒感染的免疫病理

病毒感染的病理变化是病毒病所表现的临床症状的基础。主要有两种：

1. 细胞浸润　在急性病毒感染时，经常在感染部位发生细胞浸润，主要表现为小血管周围的单核细胞浸润，为一种炎症反应，是由特异性细胞免疫的趋化因子募集到感染局部所致。

在另一种感染中，主要表现为中性多形核粒细胞浸润，常见于慢性病毒感染。在感染过程中，病毒抗原不断与 IgG 或 IgM 结合，当抗原量稍多于抗体量时，可以形成中等大小的免疫复合物，沉积在毛细血管基底膜。这种免疫复合物能刺激补体吸引中性多形核粒细胞的浸润，并释放一些水解酶，引起血管壁的破坏。

2. 靶细胞的破坏　靶细胞破坏是病毒感染后引起临床症状的重要病理变化。靶细胞破坏有多种机理，一种是靶细胞被溶解；另一种是有些芽生释放的病毒，本身并不引起靶细胞的破坏，但是当它感染靶细胞后，在复制和子代病毒释放的过程中，改变了细胞膜的性质并在靶细胞上存在病毒抗原。这些改变，可被致敏淋巴细胞所破坏，也可被相应的抗体（IgG 或 IgM）所结合。这种在细胞表面结合的抗原抗体能激活补体，破坏靶细胞。

结合的 IgG Fc 段也能与杀伤细胞结合，破坏靶细胞。

病毒感染中的免疫病理可概括为下列几种方式：

（1）病毒在感染细胞上形成新抗原，与机体的特异性抗体结合，在补体参与下，协同地破坏细胞。

（2）致敏淋巴细胞再次遇到相应抗原时释放或激活具有生物活性的介质，如细胞因子等，引起病理变化。

（3）病毒与抗体结合，形成免疫复合物，这种复合物沉着于肾小球的基底膜上，导致肾小球性肾炎。

（4）某些病毒侵害免疫系统，导致免疫失调，引起不同类型的自身免疫病。

第四节 病毒引起的免疫性疾病

有些疾病的组织病理变化和由此表现的临床症状，主要不是由于病毒感染后细胞的破坏或靶细胞的免疫破坏所引起的，而是由于产生抗自身细胞的抗体导致自身免疫所致。在疾病发生过程中，所产生的抗体不是针对细胞表面的病毒抗原，而是针对自身细胞抗原，这类病毒性疾病称为病毒免疫性疾病。

1. 抗原—抗体复合物疾病 在病毒感染后，病毒抗原可与相应抗体结合成一定的复合物。当在激活补体后，导致发生炎症，形成炎性浸润。

在貂的阿留申病，病毒抗原—抗体复合物沉积于肾小球和血管壁，引起严重的肾小球性肾炎和动脉炎。小鼠的乳酸脱氢酶增高症病毒和白血病病毒，也以类似方式形成免疫复合物，并沉积于肾小球内，引起肾小球性肾炎。患马传染性贫血的慢性病马血流中长期存在病毒—抗体复合物，也引起肾小球性肾炎。

2. 自身免疫性疾病 自身免疫性疾病是机体对自身组织发生的免疫反应，出现过量的自身组织抗体或致敏淋巴细胞，导致自身组织破坏和功能失常而发生的疾病。

病毒感染产生的自身免疫反应是常见的，但不引起显性症状。在貂阿留申病和马传染性贫血，已经发现有抗细胞核抗体和抗红细胞抗体等自身抗体，可能对这两种疾病的病理变化和临床症状具有一定意义。

第五节 新生动物免疫

新生动物抗病毒感染的能力虽然低于成年动物，但是在预防病毒感染时，可使用成年动物的一些疫苗。因为，胎儿也并不是不能产生免疫反应。例如72日龄的猿猴胎儿就具有产生细小病毒抗体的能力，50日龄的牦牛对牛传染性鼻气管炎病毒出现免疫应答反应。

新生仔畜在吸母畜初乳时，可获得母源抗体，可以保护新生仔畜，使其不受病毒感染。但是，母源抗体抑制新生动物抗体产生，影响新生仔畜预防接种疫苗的效果。其抑制期可持续数周乃至数月，因此，在这个时期不宜注射疫苗。所以对幼畜防疫时，必须确定免疫程序。

对于只发生于幼畜和幼雏的病毒性疾病，如猪传染性胃肠炎（在生后2～3周内感染发病）、小鹅瘟（生后1个月内的幼雏）、鸭肝炎（发生于1～3周龄的雏鸭），这些幼畜（雏）主要是通过母源免疫，即给母畜或母禽接种疫苗，使其产生高免抗体，并通过初乳或卵黄传给仔畜或幼雏，从而使之获得保护。最近有研究表明，通过鸡胚卵内接种可以诱导免疫应答，这为家禽的免疫接种提供了新的途径。

◆ 参考文献

黄祯祥，等.1990. 医学病毒学基础及实验技术［M］. 北京：科学出版社.

李成，等.1987. 畜禽病毒图谱［M］. 北京：农业出版社.

刘荣标.1984. 兽医微生物学［M］. 台北：台湾兰轩图书出版社.

尾形学，等.1987. 家畜微生物学［M］. 第三版. 东京：日本朝仓书店.

武汉大学，复旦大学生物系微生物教研室.1987. 微生物学［M］. 第二版. 北京：高等教育出版社.

向近敏.1986. 医学病毒学［M］. 北京：科学出版社.

殷震，等.1985. 动物病毒学［M］. 北京：科学出版社.

中国农业百科全书编辑委员会.1991. 中国农业百科全书·生物学卷［M］. 北京：农业出版社.

中国农业百科全书编辑委员会.1993. 中国农业百科全书·兽医卷［M］. 北京：农业出版社.
中国医学百科全书编辑委员会.1987. 中国医学百科全书·病毒学［M］. 上海：上海科学技术出版社.
大谷明. 动物ウクル下命令表，ウイルヌ.1989，39（2）：97－112.
A J Zuckerman. 1987. Perspectives in Medical Virology. Springer-Verlag New York：Oxford.
D O White et al. 1986. Medical Virology［M］. 3rd ed. Academic Press Inc.
F A Murphy et al. 1996. Virus Taxonomy Classification and Nomenclature of Viruses：Sixth Report of the International committee on Taxonomy of Viruses. Springer Verlag Wien［D］. New York.
http：//www. ncbi. nlm. nih. gov/ICTVdb/ICTVdB/
International Committee on Taxonomy of Viruses. http：//www. ictvonline. org/index. asp

仇华吉　编

第三十章　干 扰 素

1957 年，Isaacs 和 Lindemann 发现鸡胚尿囊膜与热灭活的流感病毒接触后能产生一种可溶性蛋白，干扰活流感病毒繁殖，于是将其命名为干扰素（interferon，IFN）。干扰素具有抗病毒、调节细胞生长、抑制肿瘤形成以及调节免疫等多种功能，1981 年成功地克隆了人类第 1 个纯化天然蛋白——干扰素 α 并用于临床研究，从此对干扰素的研究呈迅猛发展。

第一节　干扰素简介

按 IFN 与受体结合的原则，目前国际上干扰素将其分为Ⅰ型、Ⅱ型、Ⅲ型三大类型。Ⅰ型干扰素按其与抗体结合的抗原性不同又可分为 α、β、τ、ω 等。与Ⅰ型受体相结合的 IFN 中，IFN - β、τ、ω 等的抗原性与 IFN - α 不同，且本身只有一种，没有亚型或亚亚型。IFN - α 又分 13 种以上亚型，如 IFNα - 1、2、3 等，还有亚亚型，如 IFNα - 1a、1b、1c、1d 以及 IFNα - 2a、IFNα - 2b、IFNα - 2c 等。Ⅱ型干扰素只有一种，即 IFN - γ。Ⅲ型干扰素目前有三种亚型，分别为 IFN - λ1、IFN - λ2 和 IFN - λ3。根据制备方法的不同分为天然干扰素和基因工程重组干扰素。

目前，对 IFN - α、β、γ 生物学功能和作用机理的研究报道较多。IFN 的来源因哺乳动物种类、细胞类型、诱生剂的性质及诱生条件而异。其中，IFN - α 抗病毒作用最强。IFN - γ 对酸性敏感，具有抑制病毒复制调节作用，但其抗病毒作用比Ⅰ型干扰素弱，主要参与诱导主要组织相容性抗原（MHC）的表达和免疫调节效应，也称为免疫干扰素。

一、简　　介

1. Ⅰ型干扰素　所有的Ⅰ型干扰素基因来自于一个共同祖先基因，位于同一条染色体上的相邻位置（人 9 号染色体，小鼠 4 号染色体），具有类似的空间结构和活性。Ⅰ型干扰素在 pH2 或 pH11 以及热（56℃）条件下稳定。

α 干扰素（IFN - α），也被称为 IFN - αⅠ（广义的 IFN - α 则包括 IFN - α 和 IFN - ω），是由白细胞产生的，也称为白细胞干扰素。IFN - α 不同亚型由 166/165 个氨基酸组成，无糖基化修饰，相对分子质量约 19×10^3，同种内 IFN - α 不同基因产物的氨基酸同源性≥80%，不同种属之间同源性为 70%左右。IFN - α 分子含有 4 个保守的半胱氨酸，Cys 1～99、Cys29～139 形成两个分子内二硫键。IFN - α 的生物学活性有一定的种属特异性。ω 干扰素（IFN - ω），也是白细胞产生的，氨基酸序列和 IFN - α 有 60%以上的同源性，远高于其他 IFN，也被称为 IFN - αⅡ，其理化性质和生物学活性与 IFN - α 类似。IFN - ω 有 5～6 个基因位点，目前只发现其中 1 个表达，其余是假基因。

β 干扰素（IFN - β）由成纤维细胞产生，也称为成纤维细胞干扰素。人和小鼠 IFN - β 基因只有一个，无内含子。IFN - β 与 IFN - α 氨基酸组成有 26%～30%同源性。人 IFN - β 分子是 166 个氨基酸的糖蛋白，相对分子质量为 23×10^3，含有 3 个半胱氨酸（Cys17、31 和 141）。Cys 31～141 中的二硫键对于 IFN - β 生物学活性非常重要，但是糖基化对生物学活性无影响。小鼠 IFN - β 分子只有一个

Cys17。IFN - β 的生物学作用有较强的种属特异性。

κ 干扰素（IFN - κ）是在角化细胞发现的一种Ⅰ型干扰素。IFN - κ 和其他Ⅰ型干扰素同源性为30%，共207个氨基酸，包括27个氨基酸残基的信号肽和Ⅰ型干扰素保守的半胱氨酸模式，但在两个 α -螺旋C和D之间比其他的Ⅰ型干扰素多了12个氨基酸。IFN - κ 处理后细胞具有种属特异性的抗病毒活性。

τ 干扰素（IFN - τ）也叫滋养层（trophoblast）干扰素，是一种特化的干扰素。反刍动物着床前由孕体滋养层细胞分泌的IFN - τ，曾经被称为滋养蛋白。IFN - τ 具有典型的Ⅰ型干扰素的特点，但是它最主要的作用是与子宫内膜上的受体结合，使催产素的受体减少，从而破坏前列腺素 $F_{2\alpha}$ 脉冲式分泌，使黄体不被溶解，继续分泌孕酮来识别和维持妊娠。IFN - τ 由171个氨基酸组成，和其他Ⅰ型干扰素具有类似的结构模式。IFN - τ 和IFN - ω、IFN - α、IFN - β 的同源性分别为70%、50%和30%，具有干扰素共同的抗病毒、抗肿瘤和免疫调节等活性。在不同的反刍动物中IFN - τ 基因有所差异，在同一种动物内，如山羊的编码IFN - τ 等位基因有15个，都不含内含子，表达水平和生理活性都有所不同。此外，猪、人和小鼠的滋养层细胞也分泌IFN - τ，但是其抗溶黄的作用和反刍动物（牛、羊等）来源的IFN - τ 有差异。

ζ 干扰素（IFN - ζ）是最近在小鼠中发现的一种和干扰素高度同源的蛋白，由182氨基酸组成，N -端为21个氨基酸的信号肽，和小鼠的IFN - α 同源性为31.9%，和IFN - β 为25.9%，和人以及绵羊的IFN - ω 同源性约为30%，主要在骨髓、肾脏和克隆的间质细胞中表达，其活性和IFN - α 类似，包括抗病毒、抗肿瘤和调节免疫等。

2. Ⅱ型干扰素　Ⅱ型干扰素目前只发现一种，即 γ 干扰素（IFN - γ），也被称为免疫干扰素。IFN - γ 主要由活化的T细胞产生。1965年Wheelock等首先在PHA刺激的白细胞培养上清液中发现具有IFN样活性的抗病毒物质，但在pH 2.0条件下即失去抗病毒的活性，这和当时已知的 α/β 干扰素不同。1973年Youngert和Salvin发现来自淋巴细胞培养上清液中存在一种IFN，但抗原性不同于以往发现的IFN，遂命名为Ⅱ型IFN，1980年统一命名为IFN - γ。抗原、PHA或ConA刺激的T细胞分泌IFN - γ，通常与IL - 2的产生相一致。此外，活化NK细胞也可产生IFN - γ。值得注意的是，IFN - γ 的空间结构不同于Ⅰ型干扰素，而和白介素10（IL - 10）类似。可以通过基因工程改造IFN - γ，使之形成单体，此时其N、C -末端折叠在一起，也具有活性，这一点也与IL - 10相同。

3. Ⅲ型干扰素　也称为 λ 干扰素。这个新的干扰素家族包括3个成员，λ1、λ2和 λ3（也称作IL - 29、IL - 28A和IL - 28B），和Ⅰ型干扰素具有类似活性，但是结构、受体和来源不同。2003年，Sheppard和Kotenko领导的两个研究小组同时报道了 λ 干扰素，它们结构上和Ⅰ型干扰素以及IL - 10相关。IFN - λ 和IFN - α 的氨基酸同源性为15%～19%，低于Ⅰ型干扰素家族成员内部的同源性。人IFN - λ 基因位于19号染色体上（q13.13），包含多个外显子（λ1和 λ2有6个外显子，而 λ3有5个外显子），而Ⅰ型干扰素一般只含单一的外显子。IFN - λ 代表了Ⅰ型干扰素和IL - 10间有趣的进化连接。尽管从蛋白的角度来说，IFN - λ 更接近Ⅰ型干扰素，而从基因的结构看则类似于IL - 10家族（和IL - 10的同源性为13%，IL - 10有5个外显子）。λ 干扰素可以保护细胞不被病毒感染，诱导MHCⅠ分子的表达，具有抗病毒活性。

二、IFN的生成

干扰素是在用灭活的病毒处理鸡胚以后发现的，即灭活的病毒可以诱导干扰素的产生。能够诱生干扰素的物质很多，一般称他们为干扰素诱生剂，主要包括：①活病毒、灭活的病毒及其产物，如双链RNA；②其他病原微生物及其产物，如细菌和细菌脂多糖；③有丝分裂原等；④特异性免疫诱导剂。第一类物质诱生干扰素最有效，后两种主要诱生Ⅱ型干扰素，即IFN - γ。

IFN - α 和IFN - ω 主要由白细胞产生，IFN - β 主要由成纤维细胞产生，在适宜的诱导情况下，大部分的人类细胞都能够产生这几种干扰素。IFN-γ主要由活化的T细胞产生。α、β、γ和ω等几种干扰素主要由诱生剂诱导产生。IFN-κ在静息状态下表皮角化细胞和先天性免疫系统的细胞（如单核细胞和树突状细胞）中有表达，IFN-γ、IFN-β、病毒与双链RNA诱导会使IFN-κ表达显著增强。IFN-κ表达的这些特点是和角化细胞的防御功能相适应的。IFN-τ不能被病毒等诱生剂诱生，仅仅在怀孕早期的一个特定时间由滋养层细胞表达，它们的主要功能是为怀孕的完成做准备。IFN-λ在正常的血液、脑、胰腺等不同的组织中都有低水平的表达，也可以被病毒或者干扰素等诱导表达。

三、IFN的作用特点及生物学活性

1. 作用特点　作为机体最重要的细胞因子之一，干扰素主要生物学功能体现为广谱的抗病毒活性和免疫调节功能，其作用特点可概括为：①干扰素属诱生蛋白，正常细胞一般不自发产生干扰素，在受诱生剂（包括病毒、细菌和某些化学合成物质）激发后，干扰素基因去抑制而表达。②干扰素系统是目前所知的发挥作用最快的第一病毒防御体系，可在很短时间（几分钟内）使机体处于抗病毒状态，并且机体在1～3周时间内对病毒的重复感染有抵抗作用。③干扰素的抗病毒效应是通过与靶细胞受体结合，诱导抗病毒蛋白（AVP）而间接发挥作用，对病毒起抑制作用而非杀灭。④干扰素具有种属特异性，并且不同病毒、不同细胞对干扰素敏感性不同。Ⅰ型和Ⅱ型干扰素发挥不同效应，不能相互替代。

2. 抗病毒机理　干扰素基因的激活和表达是机体第一道病毒防御体系，它先于机体的免疫应答反应。虽然干扰素还具其他多种生物学功能（如对免疫系统的调控、影响细胞生长、分化和凋亡等），但干扰素对入侵病毒的非特异性抑制功能，对于许多疾病的预防和治疗意义重大。由干扰素诱导生成的抗病毒蛋白主要包括：双链RNA依赖性蛋白激酶（PKR，常称为P1/eIF-2），主要功能为阻断宿主细胞mRNA合成病毒蛋白质。2,5腺苷酸合成酶（2，5-oligoadenylate-synthetase，OAS），主要功能为激活内源性RNase L，活性RNase L可降解病毒mRNA。腺苷脱氨酶（iadenosinedeaminase1，ADAR1），可将病毒RNA中碱基A修饰为I而阻止病毒蛋白质合成。Mx蛋白（一种GTP结合蛋白），可与病毒核蛋白结合而损伤病毒衣壳蛋白。氮氧化物合成酶（nitric oxide synthase，NOS），可使机体产生一氧化氮（NO），NO在免疫防卫中可发挥重要作用。

3. 抗肿瘤作用机理　干扰素抗肿瘤作用机理可能有以下几种：有些肿瘤的发生与病毒有关，这些病毒的核酸往往需要整合到细胞的DNA中去，形成病毒基因，这些基因持续存在是肿瘤的发生原因之一。IFN抑制病毒繁殖，从而抑制肿瘤的形成与生长。抑制肿瘤细胞分裂。IFN作用于细胞膜，刺激腺苷酸环化酶，使cAMP增加，抑制DNA的合成及细胞分裂，故有抗肿瘤作用。调动机体免疫系统，提高机体抗肿瘤免疫力。IFN能增强巨噬细胞及NK细胞的杀伤性，增加细胞表面抗原和受体的表达，抑制B细胞的功能，从而降低肿瘤细胞表面封闭抗体的水平。

四、干扰素受体与信号传导

干扰素产生以后，并不直接发挥抗病毒作用，而是结合在邻近的同种细胞的受体上，使该细胞产生多种蛋白，包括抗病毒调节物和转录调节因子，从而发挥抗病毒作用。三个干扰素家族结合不同的受体，通过类似的信号传导途径，发挥生物学效应。

1. Ⅰ型干扰素受体　Ⅰ型干扰素受体，也称作IFNAR或者IFN-α/βR，由两条链组成，IFNAR1和IFNAR2都是糖蛋白。IFNAR2和IFNAR1蛋白的胞外结构域序列具有23%同源性。IFNAR2具有一个配体结合部位，是Ⅰ型IFN的低亲和力受体（0.5～1.0 nmol/L），和IFNAR1结合以后则成为高亲和力受体（IFNAR2c-IFNAR1，Kd为10～100pmol/L），而单独的IFNAR1不与干扰素结合。只有结合的或者单独的长型IFNAR2与Ⅰ型干扰素结合，才会产生一系列生物学反应。Ⅰ型干扰素受体分布相当广泛，在单核细胞、巨噬细胞、多形核白细胞、B细胞、T细胞、血小板、上皮细胞、内皮细胞和肿瘤细胞等都有分布。

2. Ⅱ型干扰素受体 Ⅱ型干扰素受体（IFN-γR）也由两种不同的亚基组成，IFNGR1 和 IFNGR2。Ⅱ型干扰素受体广泛表达在几乎所有的细胞中，每个细胞约表达 100～1 000 个受体，亲和力 Kd 为50～100pmol/L。

3. Ⅲ型干扰素受体 Ⅲ型干扰素受体是一种异源二聚体，其中一个亚基称为 IFNLR1，或者 IL-28Ra。人 IFN-λR1 基因定位于 1q36.11，存在三种剪接形式：最长的一种为 520 个氨基酸，根据其结构预测，是典型的Ⅱ型细胞因子受体（ClassⅡ cytokine receptors family，CRF2），可能决定了结合的专一性，在细胞外信号分子的募集中发挥了更加重要的作用；第二种其 N 末端少 29 个氨基酸；最后一种无跨膜区，预测是一种分泌形式，244 个氨基酸。IFN-λ 受体的另外一个亚基是 IL-10R2，是 IL-10 和 IL-22 受体的亚单位，长 325 氨基酸，基因定位于 21q22.11。

所有干扰素的受体都属于Ⅱ型细胞因子受体家族，彼此具有同源性。Ⅱ型细胞因子受体家族在炎症反应中发挥重要的作用，它们的配体包括 IFN 和 IL-10 家族（包括 IL-10、19、20、22、24、26）。

4. 干扰素的信号传导 三型干扰素都经 JAK-STAT 途径发挥活性，和 IL-10 家族类似。JAK 家族的一个成员（Jak1）和 IFN 受体的一个亚基相关，另外一种 JAK 激酶家族成员（Tyk2 或 Jak2）和受体的第二个亚基相关。IFN 和受体结合，引起 Jak 激酶的活化（Tyr 磷酸化），活化的 Jak 使受体的胞内结构域磷酸化，随后募集 1～2 种 STAT 蛋白，再由 Jak 激酶磷酸化 STAT 的酪氨酸。活化后的 STAT 蛋白参与形成干扰素刺激的基因因子（interferon-stimulated gene factor，ISGF）和干扰素-γ激活因子（gamma-interferon activation factor，GAF），结合到基因组中的干扰素刺激的反应元件（interferonstimulated response element，ISRE）和干扰素-γ活化位点（gamma-interferon activation site，GAS）等位置上，引起相关基因的表达，发挥 IFN 的各种生物学活性。活化的 STAT 以及随后形成的 ISGF、GAF 不尽相同，使不同的干扰素具有不同的活性。

第二节 干扰素的生产和检测

干扰素的基因在正常情况下是处于被抑制状态的。人纤维母细胞内有关干扰素密码的基因可能和染色体正相关。这种基因可通过病毒性感染或其他条件而被激活（脱抑制）。病毒性的或人工合成的双股 DNA 有高度干扰素诱生能力。而对于病毒性双股 DNA 在病毒感染过程中怎样诱生出干扰素的作用机理尚不清楚。

1. 干扰素的生产 干扰素的精制可有多种技术，制剂最高特异活性可达每毫克蛋白 10^9 单位（用组织培养技术标准化病毒抑制试验测定单位）。干扰素分子浓度仅 10^{-10}～10^{-14}就具有活性，这相等或超过了一些糖蛋白激素的活性程度。

从供血者获得白细胞经过仙台（Sendai）病毒诱生，是目前临床研究用的部分精制干扰素制剂的最重要的来源。赫尔辛基中心公共卫生实验室的 Cantell 等人与芬兰红十字会输血部的工作者协作，用大量白细胞大量生产出白细胞干扰素。1976 年芬兰生产了约 10^{11} 单位的人白细胞干扰素，400 mL 血液的白细胞可产（1～2）$\times 10^6$ 干扰素。

将人纤维母细胞在单层组织培养技术下，以双链多聚肌胞核苷酸（PolyA-C）与蛋白 RNA 合成物质的抑制剂协同，进行诱生，可以产生大量具有生物学活性的干扰素。适当运用抑制剂可以提高干扰素产量，主要原因是使干扰素的信使核糖核酸稳定。

干扰素在淋巴母细胞（Namalva）悬浮培养中的生产代表干扰素的第三种来源。不过，因为 Namalva 细胞系带有 EB 病毒，所以，必须严格精制以除去这种污染。

2. 干扰素的检测 选择哪种抗病毒干扰素测定法，要注意的问题很多。主要应视标本数量的多少、样品活性的高低、要求的精确度和敏感性以及测定方法是否快速、简易和经济等。在决定最适当测定方法时，必须考虑上述因素。

测定方法的种类　根据测定病毒增殖的方法，可将最常用的测定系统分为三类：①CPE 抑制法：有些病毒对细胞造成的损害，不必将培养物染色，即可在低倍镜下观察到。如果预先用足量干扰素处理培养物，则 CPE 就会被抑制。这种测定方法是 Ho 等最早建立的，根据这种原理，目前已有了许多改进的方法。②空斑减少法：组织培养物预先用干扰素处理，可使病毒空斑的形成受到抑制，Wagner 首先将此法用于干扰素的检测。在所有的干扰素检测方法中，这种检测方法应用最广泛。③病毒产量减少法：这类方法通常是测定一个生长周期的病毒产量，可以测定释放的病毒量，若有条件，也可以测定血凝素、病毒酶（神经氨酸酶）或病毒核酸的含量。最常用于干扰素检测的病毒为水疱性口炎病毒（VSV）。

根据上述基本原理改进的方法很多，基于同一原理建立的不同方法之间也有差别。例如，由 CPE 抑制法改进的染料摄入减少法，就比大多数类似的方法精确。因此对三种基本测定方法的优缺点只能作一个粗略的比较（表 30－1）。

表 30－1　三种主要的抗病毒干扰素测定法比较

方法	精确	可重复	可靠	简单	方便	快速
CPE 抑制法	Ⅱ	Ⅳ	Ⅳ	Ⅳ	Ⅲ	Ⅲ
病毒空斑减少法	Ⅳ	Ⅲ	Ⅲ	Ⅳ	Ⅱ	Ⅱ
病毒产量减少法	Ⅲ	Ⅳ	Ⅳ	Ⅳ	Ⅳ	Ⅲ

注：分值越高越好。

空斑减少法比较精确、简便，特别适用于那些不急于等待结果且样品数较少的免疫学研究。由于每次测定结果都需用标准干扰素校正，可重复性相对来说就不重要了。

第三节　干扰素的应用

干扰素的问世及对它不断的深入研究，给病毒病和肿瘤的治疗前景带来了新的希望。干扰素具有明显的生物学特点，即每种动物细胞产生的干扰素，只能阻止同种属或非常接近的种属动物细胞感染病毒，而不能阻止其他动物细胞感染病毒，所以说，干扰素具有严格的动物种属特异性。如羊产生的干扰素只对羊有效，马产生的干扰素只对马属动物有效，而对其他动物则不产生反应。但它对病毒复制的抑制作用是没有选择性的，即一种干扰素对同种和异种病毒的感染繁殖均可发挥干扰作用，也就是说，干扰素对病毒的作用是非特异的。这种作用对生物制品来说，可以说是独一无二的，如猪瘟病毒产生的干扰素，除抑制猪瘟病毒外，对猪的其他病毒感染同样具有抑制作用。除此之外，干扰素对肿瘤等也有一定作用。

1. 对病毒的干扰作用　目前已知约有 200 多种病毒与动物传染病有关，但到现在为止，仍有不少病毒性传染病尚无疫苗可供使用，至于治疗更无理想药物。通过病毒感染动物模型看出，干扰素却是一种天然产生的强有力的抗病毒蛋白质，它能阻止各种不同的 DNA 和 RNA 病毒对细胞的感染，而且已经得到肯定的效果。

干扰素对病毒作用的原理：现在认为，干扰素不像抗体可以直接灭活病毒，它对病毒粒子本身没有作用，既不能直接阻止病毒对寄生细胞的吸附和侵入，也不能阻断新合成病毒的释放，而是作用于寄生细胞，阻止病毒在细胞内复制，起间接的抗病毒作用。即当一种病毒侵入一个健康细胞时，细胞就不再产生细胞和机体其他部分赖以生存的蛋白质，而开始复制病毒，最后由于这些细胞充满了复制的病毒，导致细胞破裂死亡，同时向周围释放和扩散复制的病毒，袭击周围健康细胞，并由于这个过程的不断重复，而使感染继续扩大。但是，最初被感染的细胞由于受病毒核酸的刺激，有的则诱发合成干扰素分子。已经证实，合成干扰素分子的遗传信息存在于寄生细胞，而不存在于感染的病毒中。合成的干扰素立即穿过细胞膜，向周围细胞扩散，并随血液循环全身。干扰素被其他细胞吸收后，便被带至细胞核内，诱出 mRNA，由于产生了 mRNA，细胞的代谢发生改变，该细胞便译制产生抗病毒蛋白质即干扰素。也有人认为产生的是转译蛋白质。抗病毒蛋白质不损害细胞机能，而是抑制病毒 DNA 聚合酶或 RNA 聚合酶，由此影响病毒结构蛋白质和酶类的合成，使病毒的复制受到抑制，间接起到抗病毒作用。从而增加了组织细胞的非特异性免疫功能，保护未被感染细胞免受病毒的攻击，使入侵的病毒无法在新的细胞中繁殖，因此，感染的恶性循环也就中断了。如果机体细胞无病毒感染时，干扰素在细胞中的产生则受到抑制。

应该提及的是，干扰素具有产生快的特性，但也具有在机体内停留时间短，从血液中消失快的特点，从而给临床应用干扰素带来一定困难。

2. 对肿瘤的治疗作用 实验研究和临床观察证明，干扰素对动物自发的、移植的及由其他一些原因引起的肿瘤均有一定疗效。至于对肿瘤的发病原因，目前基本上有两种看法：一是怀疑有些肿瘤由病毒引起；另一种认为它的发病原因是非病毒性的，包括有毒的化学物质，辐射或遗传信息错乱等。干扰素对由病毒引起的肿瘤具有疗效，认为是由于病毒在靶细胞内诱生干扰素，抑制癌细胞形成的结果。现在需要解决的是，为什么干扰素对由非病毒性原因引起的肿瘤也有疗效，并能阻止其转移的问题。对此目前认为，这是因为干扰素作用于细胞膜，刺激腺苷酸环化酶，促使环磷酸腺苷含量增加，抑制细胞 DNA 的合成及细胞分裂所致，而且干扰素的抗细胞分裂作用，随细胞分裂的增加而加强，此外，干扰素还具有动员和增强机体防御系统的作用，促使巨噬细胞和专门杀伤异物的 K 细胞去杀伤癌细胞，从而引起治疗作用。

3. 对免疫活性细胞功能的调节 近年来，已发现干扰素对免疫活性细胞具有一系列调节作用。它可调节 T 淋巴细胞和 B 淋巴细胞的免疫功能，小剂量起促进作用，大剂量起抑制作用。实验证明，T 淋巴细胞、B 淋巴细胞均能产生干扰素，而干扰素也能对 T 淋巴细胞和 B 淋巴细胞起作用。在体液免疫中，高浓度的干扰素可抑制 B 淋巴细胞产生抗体，低浓度的干扰素反而有刺激增强抗体产生的作用。对细胞免疫，高浓度的干扰素能抑制 T 淋巴细胞的增殖，抑制迟发型变态反应，延长对皮肤和器官移植的排斥反应，低浓度的干扰素反可起促进作用。

4. 抗寄生虫作用 宿主对寄生虫感染的免疫应答过程中，激活的 T 淋巴细胞和巨噬细胞释放具有多种生物活性的细胞因子发挥着重要免疫调节作用，其中干扰素就是其中的一个主要因子。研究发现，干扰素抗寄生虫作用途径主要有以下三种：①通过激活巨噬细胞，产生呼吸暴发，释放氧自由基，通过氧自由基攻击脂质膜，寄生虫体被破坏，达到杀灭的目的。Mellors 通过对小鼠的研究发现这种效应有组织特异性。②通过 L-精氨酸途径发挥作用。活化的巨噬细胞产生 NO，从而抑制靶细胞的 DNA 合成和线粒体的呼吸作用，致使靶细胞代谢功能障碍。③干扰素可以诱导成纤维细胞和巨噬细胞合成产生吲哚胺-2,3-双氧酶，使色氨酸大量分解，导致虫体色氨酸缺乏，从而抑制虫体在体内的增殖。

不同类型干扰素的抗寄生虫作用途径是不相同的。Ⅱ型干扰素主要是通过以上三种途径发挥作用，Ⅰ型干扰素主要是通过第三种途径起作用，而其中的 β 干扰素的抗虫机制则更为复杂。β 干扰素抗虫作用与 γ 干扰素的作用有关，但其具体作用机制有待进一步研究。

5. 对妊娠的识别和维持作用 IFN-τ 对反刍动物的繁殖起重要作用，作为一种怀孕识别信号，IFN-τ 可抑制雌激素受体 α-基因的转录，调节子宫内膜的雌激素、催产素等的受体（但不调节孕酮受体），延长黄体寿命。

6. 干扰素在兽医临床上的应用 实验发现，猪干扰素在兔体内抑制猪瘟兔化弱毒增值的比率达 80%，治疗同群感染猪瘟病猪的总有效率达 73.3%。猪干扰素在 Vero 细胞培养中干扰猪流行性腹泻病毒实验证明，2 500U/mL 可以完全抑制，1 000U/mL 可以显著抑制，100U/mL 明显抑制 PEDV 在 Vero 细胞上的增殖。在乳猪空肠结扎肠段中干扰猪流行性腹泻病毒的试验发现，猪干扰素可明显干扰猪流行性腹泻病毒的繁殖活性。防治猪流行性腹泻试验发现，无论是在病毒感染前 6h 或感染后 6h 开始运用干扰素，都能保护试验乳猪不出现临床症状，治疗组 2～4 d 可临床治愈。在细胞培养中干扰牛病毒性腹泻/黏膜病病毒试验证明，5 500U/mL 以上浓度猪干扰素可抑制 BVD/MD 病毒产生细胞病变，

250U/mL 以下浓度不能抑制产生细胞病变，但是产生细胞病变时间较对照晚，病变较对照轻。

紧急防治小鹅瘟试验发现，用猪干扰素紧急防治小鹅瘟保护率达 75.4%，比抗小鹅瘟血清保护率（68.0%）提高 7.4 个百分点；干扰素加抗小鹅瘟血清保护率高达 89.7%。

试验还发现，干扰素 γ 具有比较强的抗球虫作用，能够提高实验雏鸡的相对增重率，降低球虫卵囊排出量和肠道病变。

◆ 参考文献

肖成祖 . 1991. 干扰素研究进展和技术［M］. 北京：人民军医出版社 .

Baron S，Coppenhaver D H，Dianzani F，et al. 1992. Interferon：Principles and Medical Aplications［M］. Galvestions：Univ TexasMed BranchatGalveston.

IsaacsA，Lindenmann J. 1957. Virus Interference I. The Interferon［J］. Proc R Soc Lond B BiolSci，147（927）：258 -267.

La Fleur DW，Nardelli B，Tsareva T. 2001. Interferon - k，a novel type Iinterferon expressed in human keratinocytes［J］. J Biol Chem，276：39765 - 39771.

Michael A，Caligiuri，Mcchael T Lotze. 2007. The Type I Interferon System With Emphasis on Its Role in Malignancies［J］. Cytokines in the Genesis and Treatment of Cancer，339 - 372.

Platanias L C，Fish E N. 1999. Signaling pathways activated by interferons［J］. ExpHemato，27：1583 - 1592.

李祥瑞 编
陆承平 审

第三十一章　噬菌体

噬菌体（Bacteriophage）是一类侵害细菌（包括放线菌、支原体、螺旋体、放线菌以及蓝细菌等）的病毒，又称细菌病毒（Bacterialvirus）。它具有病毒的共同特性，分布广泛，种类繁多，能侵染同一属中多种菌的，称多价噬菌体；只能侵染同一种菌的，称单价噬菌体；极端专一化的噬菌体，甚至只对同一种细菌的某一菌体的某一菌株具有侵染力。

第一节　简　　史

1898年，嘎马列亚（Гамалея）用炭疽杆菌蒸馏水裂解滤液，加在新培养的炭疽杆菌肉汤培养物中，6～12h后发现混悬的菌液变为清亮，首先发现溶菌物质。

1915年，陶尔特（Twort）在培养白色葡萄球菌时，发现菌落上有透明的斑点，用铂针取透明斑，再接到另一新培养基上。经过一段时间，在接种的菌落上又出现了透明斑。用肉汤冲洗透明菌落的滤液，滴在白色葡萄球菌培养物中，则葡萄球菌被溶解，培养液变透明，并发现这种溶菌物质能移植传代。

1917年第赫兰尔（d'Herelle）观察到，痢疾患者的粪便滤液与志贺氏痢疾杆菌培养在一起，可溶解痢疾杆菌。再将培养物的滤液接种到新的菌液中，可使悬混的菌液变为澄清。这种现象被称为陶尔特-第赫兰尔现象。第赫兰尔将此溶菌因子命名为噬菌体。实验报告发表后，引起了许多学者的注意，相继发现多种球菌、肠道杆菌、棒状杆菌、分支杆菌以及弯杆菌等均有相应的噬菌体。

1938年以后，学者们对噬菌体进行了大量研究，获得了很多与病毒有关的知识。

1958年，我国学者对绿脓杆菌引起的大面积烧伤或烫伤创面化脓，应用绿脓杆菌噬菌体进行处理，获得了满意的结果。

1979年，桑格（Dr. Sanger）首先将大肠埃希菌噬菌体Φ174的核苷酸数目及其排列顺序完全研究清楚。这在病毒学研究中具有极为重要的意义，成为研究病毒的模型。目前有关噬菌体的研究已成为研究生物学，特别是分子遗传学的重要分支。

第二节　生物学基本特性

1. 形态结构　噬菌体的形态与结构经用电子显微镜观察，大多数呈蝌蚪状，也有呈微球状或丝状（表31-1）。

表中所列不同类型以蝌蚪形居多，研究得也最为广泛和深入。现举肠杆菌T4噬菌体为例介绍噬菌体的各种结构。该噬菌体由头和尾两部分组成。头部呈二十面体，常为双辐射六棱柱体，内含核酸，外裹一层蛋白质外壳，大小（65～95）nm×（80～100）nm。在外壳内有一条长约50μm的DNA分子折叠盘绕。尾部由尾领、尾髓、螺旋状尾鞘、尾板、尾刺和尾丝组成（图31-1）。尾部长度为10～40μm。

表 31-1　噬菌体不同类型的形态与结构

类型	名　称	结构描述	核酸型	代表种举例	
				大肠埃希菌噬菌体	其他细菌噬菌体
1	蝌蚪形收缩性长尾噬菌体	由二十面体头和尾组成。具有六角形的头部。头壳和尾鞘均由壳粒有规律地排列组成。尾部中央为一中空的尾管，称尾髓；外面旋有收缩的尾鞘	DNA 双链	T2 具有 5-羟甲基胞嘧啶 T T6	极毛杆菌属：12S，PB-1 棒状杆菌属：B 黏球菌属：MX-1 沙门菌属：66t
2	蝌蚪形非收缩性长尾噬菌体	由二十面体头和可歪曲的尾组成。具有六角形头部，尾部无尾鞘，不能收缩	DNA 双链	T1 T5-多阶段感染 λ-温和噬菌体	极毛杆菌属：PB-2 棒状杆菌属：B 链霉菌属：K1
3	蝌蚪形非收缩性短尾噬菌体	均有六角形头部，尾部短，无尾丝，不能收缩	DNA 双链	T3 T7	极毛杆菌属：12B 土壤杆菌属：PR-1，001 芽孢杆菌属：GN1 沙门菌属：P22
4	多角形大顶壳粒噬菌体	呈二十面体六角形，12 个顶角壳粒较大，无尾，利用大壳粒吸附于细菌的细胞壁上	DNA 单链	ø174-DNA 环状 S13	沙门菌属：øR
5	多角形小顶壳粒噬菌体	呈二十面体六角形，顶角壳粒与其他部位壳粒大小相似，无尾，利用一种蛋白质附着于细菌的纤毛上	RNA 单链	f_2 Qβ MS_2	极毛杆菌属：7S，PP7 柄细菌属；
6	长丝形噬菌体	无头部，体弯曲如丝状	DNA 单链	fd f_2 M_{13}	极毛杆菌属

2. 化学组成　噬菌体的大部分由核酸和蛋白质组成，少数噬菌体含有一定量的多糖和脂类。头壳和尾及其附件由蛋白质组成，核酸组成基因组。大部分噬菌体的核酸为双链线状 DNA，有的含单链或双链环状 DNA 或单链线状 RNA。DNA 中的碱基与其他微生物所含 DNA 的碱基基本相同，也是腺嘌呤、鸟嘌呤、胸腺嘧啶和胞嘧啶四种配对。但有些噬菌体（如 T2、T4、T6）的碱基，则以 5-羟甲基胞嘧啶（5-hydroxymethyl cytosine）代替胞嘧啶。有些噬菌体的 DNA 无胸腺嘧啶，而以尿嘧啶或羟甲基尿嘧啶代之（如某些枯草杆菌噬菌体）。

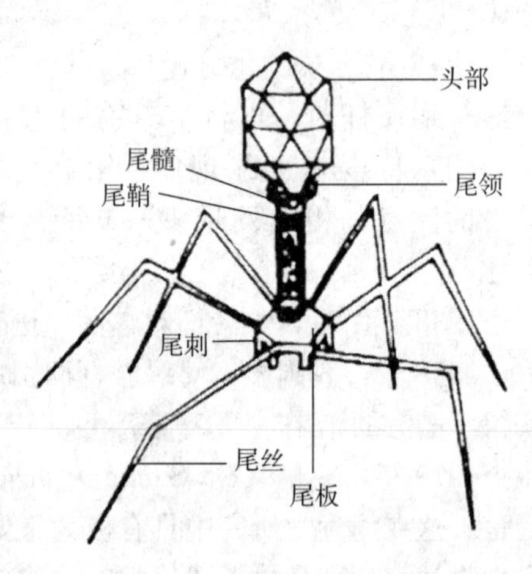

图 31-1　噬菌体的结构模示

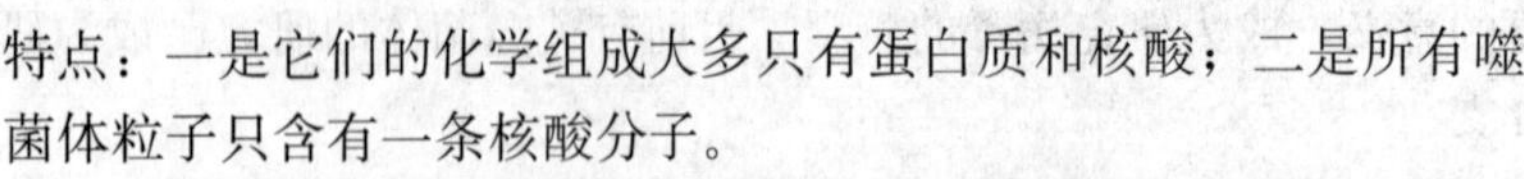

表 31-1 所列 6 种不同类型的噬菌体具有很重要的两个共同特点：一是它们的化学组成大多只有蛋白质和核酸；二是所有噬菌体粒子只含有一条核酸分子。

3. 抗原性　一般噬菌体都具有良好的抗原性，能刺激机体产生特异性抗体，具有抑制相应噬菌体使之失去侵染敏感细菌的能力，但对已经吸附或进入宿主菌的噬菌体不起作用。噬菌体与抗体之间的反应与免疫学上常见的抗原抗体反应相似。亲缘关系接近的噬菌体，除具有自身的特异性抗原成分外，还具有与其相近噬菌体部分相同的抗原。当环境中存在多种噬菌体时，某种抗体只能抑制与其相适应的噬菌体。

4. 抵抗力　各种噬菌体对理化因素的抵抗力一般均较相应的细菌为低。不同的噬菌体对热的抵抗力不同，例如葡萄球菌噬菌体于 60～62℃失去活性，而大肠埃希菌噬菌体于 70～75℃才失去活性。有的噬菌体 70℃经 30min 仍不降低活性。噬菌体的抵抗力可因环境条件和 pH 的不同而有所变动。在紫外线照射下经 10～15min 即被破坏。日光照射 2～3d 失去作用。能耐低温，在 0～4℃条件下可保存 2 年，冷冻可长期保存。对一般消毒剂抵抗力较强。1%石炭酸需经若干天，甚至数周才能使噬菌体失去活性；对氯仿和乙醚的敏感性不同，在饱和氯化钠溶液中，保持活力数年。

第三节 噬菌体对寄主细胞的危害

噬菌体与宿主细菌的关系分为溶菌反应和溶原化两种类型，凡能使寄主细胞迅速裂解引起溶菌反应的噬菌体，称为毒性噬菌体（virulent phage）或烈性噬菌体。

另外有些噬菌体侵入寄主细胞后，将其基因整合于细菌的基因组或以质粒的形式存在，与细菌DNA一起复制，并随细菌的分裂而传给后代，不形成病毒粒子，不裂解细菌，这种现象叫做溶原化，引起溶原化的噬菌体叫温和噬菌体（temperate phage）或溶原性噬菌体，整合到细菌DNA上或以质粒的形式存在的噬菌体基因叫做前噬菌体（prophage），带有前噬菌体的细菌叫做溶原性细菌（lysogenic bacterium），简称溶原菌。

一、噬菌体的复制与溶原化过程

噬菌体的复制周期因种类不同而异。大体可分为吸附、侵入、生物合成、成熟和释放几个阶段。

1. 吸附 噬菌体对宿主细胞的吸附须具备如下几个条件：①取决于两者的电荷（在酸性环境中蛋白质带正电荷）和静电引力，并与氨基酸的组成有关。②吸附环境中须有色氨酸。该物质能改变静电电荷，使尾丝打开，有利于吸附。③细胞壁一定要有受体。受体受基因控制，失掉基因就不能吸附。④pH与温度的变化对吸附也有一定影响。噬菌体对宿主细胞的吸附具有高度的特异性，以其特异的部位（尾部、壳粒、A蛋白）与宿主细胞的接受部位（细胞壁、菌毛等特异受体）相吸附。两者间存在着一种结构与静电互补关系，形成牢固的化学结合。不同的噬菌体吸附于细菌细胞的器官不同。有尾噬菌体是通过尾刺和尾丝，无尾的可通过壳粒或A蛋白接触细菌的受体部位。已经证实，大肠埃希菌对T3、T4、T7的受体是脂多糖层，而对T2、T6噬菌体的受体则是脂蛋白层。吸附能力的强弱与细菌细胞的多寡、菌龄等的不同而异，一般在发育期吸附能力强。

2. 侵入 噬菌体吸附宿主细胞后，有尾噬菌体将尾丝展开，通过尾刺固着在细胞壁上，借尾鞘中含有的ATP水解酶产生的压力，使细胞壁上的肽聚糖水解，产生小孔，然后尾鞘收缩，将头部的侵染性核酸（DNA）通过中空的尾髓压入细胞内，蛋白质头壳留在细胞外。无尾鞘的噬菌体没有尾鞘收缩机能，仍能将核酸压入细菌体内，而将蛋白质留在细胞外。例如丝状噬菌体，通过雄性菌株的菌毛，将其DNA注入菌体内。噬菌体外壳的大部分蛋白质留在穿入部位的细胞膜上，小部分蛋白质与DNA一同进入胞浆。证明核酸是否进入细胞内有两种方法，即用电子显微镜直接观察，以及用同位素标记法（用^{35}S标记蛋白质，用^{32}P标记核酸）。

3. 生物合成 噬菌体的复制与其他病毒基本相似。噬菌体的DNA注入细菌体内后，即开始复制。其转录过程大体可分为三个阶段（图31-2）。第一步利用细菌细胞原有的RNA聚合酶催化噬菌体基因，合成噬菌体mRNA，再由mRNA转译成噬菌体蛋白质。这种利用细菌的RNA聚合酶，以噬菌体DNA为模板转录合成mRNA的过程，一般称为早期转录作用。由此产生的mRNA称为早期mRNA，蛋白质称为早期蛋白质。第二步是在噬菌体特异的RNA聚合酶的作用下进行次早转录。例如噬菌体T7的特异mRNA聚合酶，只能与噬菌体T7 DNA发生作用并进行转录。而不能与细菌DNA相互作用，合成次早期mRNA和次早期蛋白质（DNA聚合酶、DNA合成酶）。次早期蛋白质的主要功能是复制噬菌体DNA。第三步是更改RNA聚合酶，使其能有效地进行后期转录，合成噬菌体的结构蛋白及与其装配有关的酶类。后期转录作用是指噬菌体DNA合成作用开始后的转录作用。合成的mR-NA称后期mRNA，蛋白质称后期蛋白质。所产生的蛋白质大部分用来作为噬菌体头部和尾部的结构蛋白。

某些噬菌体早期就有更改蛋白质，它们本身并无RNA聚合酶的作用，但它们能与细菌原有的

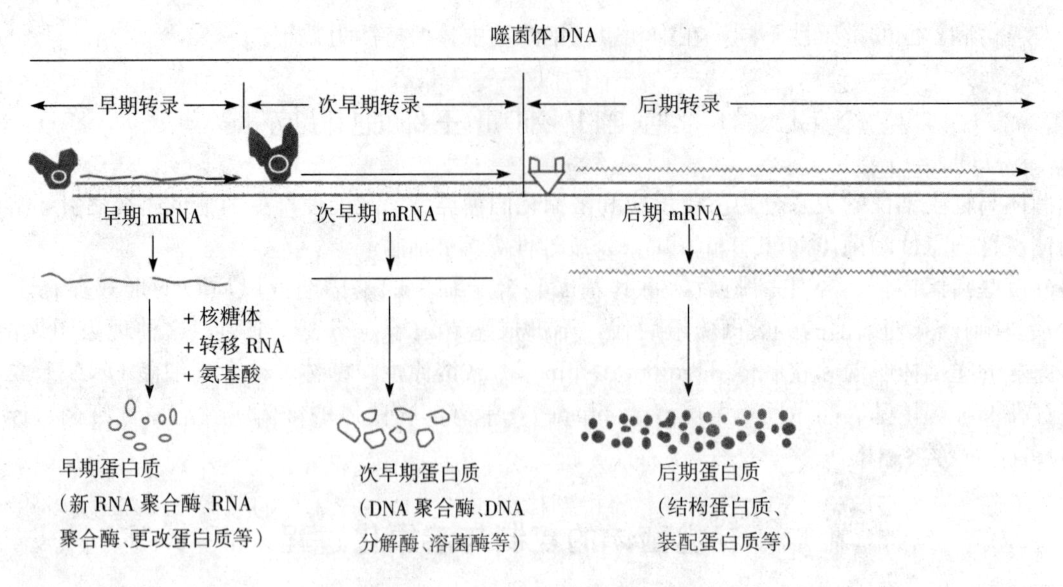

图 31-2　噬菌体 DNA 转录过程

细菌原有 RNA 聚合酶　进一步更改后的 RNA 聚合酶　噬菌体 RNA 聚合酶或更改后的细菌 RNA 聚合酶

（引自《微生物学》，武汉大学，复旦大学主编，1987）

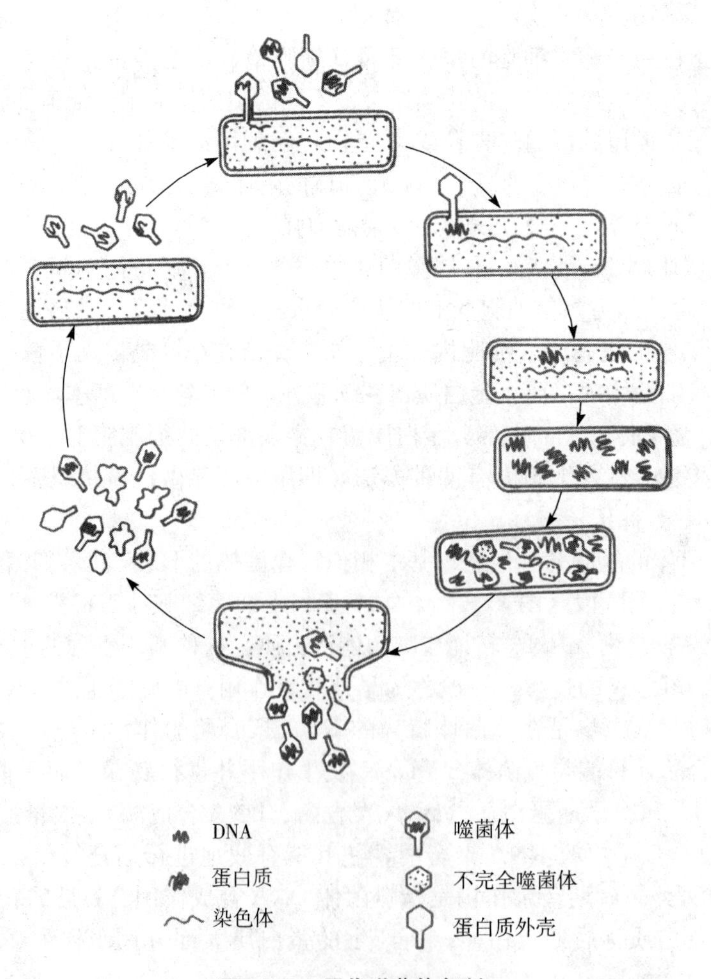

图 31-3　子代噬菌体复制

（引自《微生物学》，武汉大学，复旦大学主编，1987）

RNA 聚合酶结合，并更改其性质，使其只能转录噬菌体 DNA。但是，无论是新的噬菌体 RNA 聚合酶，还是更改细菌原有的 RNA 聚合酶，噬菌体都将最终大量合成 mRNA。这种利用新合成的更改后的 RNA 聚合酶来合成噬菌体 mRNA 的过程，称为次早期转录作用，合成的 mRNA 和蛋白质，称次早期 mRNA 和次早期蛋白质。

不同的烈性噬菌体其复制过程，可因核酸类型不同而异。

噬菌体复制时基因编码的酶类有 4 种，分别为分解宿主细胞 DNA 和合成噬菌体 DNA 的核苷酸酶、参与噬菌体蛋白质加工的酶，在噬菌体 DNA 复制和重组中起作用的酶，以及负责噬菌体特有成分合成的酶。如羟甲基脱氧胞苷酸葡萄糖转移酶、脱氧胞苷酸羟甲基化酶等。

4. 装配与释放 噬菌体的核酸和蛋白质是分开合成的，由新合成的核酸和蛋白质组合成完整的噬菌体。当分别合成的噬菌体 DNA、头壳蛋白质、尾鞘、尾髓管、尾板、尾丝等结构部位后，DNA 即开始集聚收缩，被头壳蛋白包裹，形成二十面体对称六棱柱状体的噬菌体头部，同时各尾部结构除尾丝外组装完成后，与头部连接，最后装上尾丝。至此整个噬菌体即组装完成，产生新的噬菌体。新形成的子代噬菌体，大多数借助溶菌酶使细菌细胞裂解，释放到菌体外，细菌因裂解而死亡。单链 DNA 或 RNA 噬菌体各有独特的复制过程。至于新产生的丝状噬菌体，并不裂解宿主细胞，而是从细胞壁钻出来，宿主细胞仍可继续生长繁殖。新的子代噬菌体如遇适宜条件便能按上述过程周而复始进行复制（图 31－3）。

二、烈性噬菌体的生长曲线

烈性噬菌体的复制方式称一步生长（one step growth）。平均每个被感染的细菌细胞释放的新的噬菌体数量，可通过一步生长曲线测出。进行一步生长曲线的测验，除能了解噬菌体在细菌细胞内的最短潜伏期和平均数量，还可测知因理化因素的变化对噬菌体感染循环的周期以及对每个被感染细菌细胞裂解、释放噬菌体的影响，对研究噬菌体及其他病毒具有重要意义。

将敏感细菌培养物与特异的噬菌体悬液混合在一起，经一定时间作用后，以离心法或加入特异的抗血清除去多余的噬菌体，将经过处理的细菌悬液进行稀释（使每个菌体只含有一个噬菌体）并培养，每隔一定时间取样，接种在敏感菌的固体培养基上，继续培养，计算出现噬菌斑的多少，以噬菌斑的数目为纵坐标，以培养时间为横坐标，制成坐标图，即为噬菌体的一步生长曲线（图 31－4）。

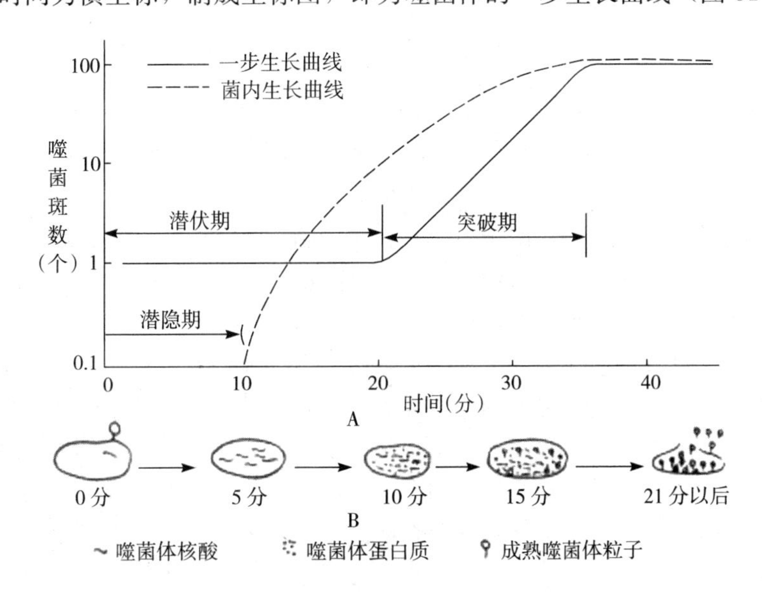

图 31－4 噬菌体的一步生长曲线

A. 一群噬菌体作用于一群细菌细胞的结果 B. 单个噬菌体在一个细菌细胞内的增值情况

（引自《微生物学》，武汉大学，复旦大学主编，1987）

三、溶原现象

温和噬菌体侵染宿主细胞后，其DNA即整合到细胞的染色体上，随着细胞DNA的复制而复制，不产生子代噬菌体，宿主细胞也不裂解，仍能继续生长繁殖。整合到宿主细胞染色体上的噬菌体DNA称前噬菌体（或原噬菌体）。噬菌体整合到细胞染色体上不裂解细胞，又查不出噬菌体，但却具有产生成熟噬菌体的潜在能力，人们称这种特性为溶原性（lysogeny）。含有温和噬菌体又查不出成熟噬菌体的宿主细菌（带有前噬菌体结构）称溶原性细菌或溶原化细菌。引起溶原性细菌产生的噬菌体称温和噬菌体（temnerate phage）。

前噬菌体是由宿主染色体与噬菌体DNA分子整合而成。大肠埃希菌染色体与λ噬菌体染色体均为环状，噬菌体染色体的长度约为细菌染色体的2%。噬菌体与细菌染色体各有一个特异的接触部位。细菌的接触部位与噬菌体的接触部位均邻近gal位点，位于噬菌体基因图的一个特殊位点上。当λ噬菌体感染某一大肠埃希菌时，两个接触部位发生重组合，在λ噬菌体整合酶作用下，经过并排、断裂、交联再结合等步骤，结果两个环整合到一起（图31-5）。这种整合到宿主细菌染色体上的噬菌体DNA即为前噬菌体。许多大肠埃希菌的噬菌体为λ型，其前噬菌体与宿主细菌噬菌体在特殊的接触部位上发生整合。许多大肠埃希菌的噬菌体为λ型，其前噬菌体与宿主细菌噬菌体在特殊的接触部位上发生整合。

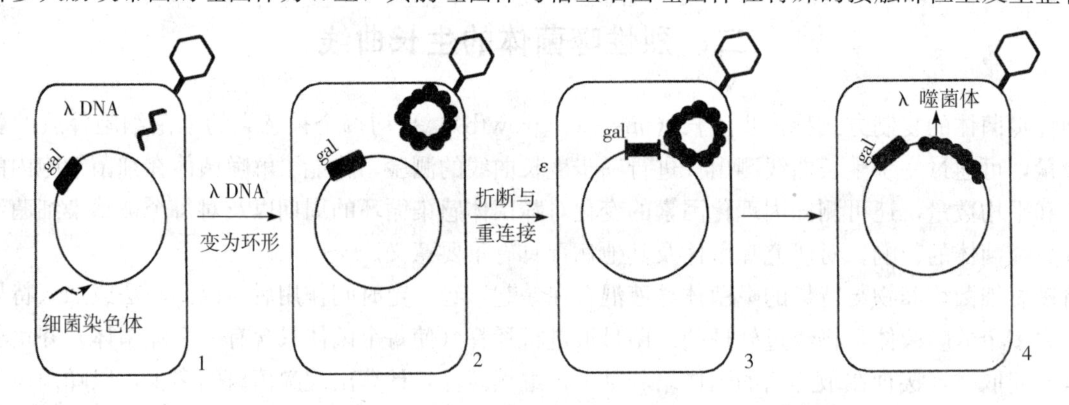

图31-5　前噬菌体与宿主染色体整合

1. 噬菌体DNA注入宿主　2. 噬菌体DNA的末端共价地连接成一环状物
3. 邻近gal位点的碱基顺序与噬菌体DNA上的同系顺序之间配对　4. 在配对区内发生断裂与重连接（交换）而两个环状DNA结构整合。整合的噬菌体DNA称前噬菌体。为便于图解起见，将λDNA的长度放大）
（引自《医学微生物学》，［美］E. Jawetz著，邓瑞麟等译，1983）

极少数溶原性细菌中的前噬菌体，在缺乏影响因素条件下，偶尔也可恢复活性，成为营养噬菌体并进行大量复制，引起宿主细菌裂解，释放噬菌体，导致细菌死亡，称为自发裂解。受某些理化因子，如H_2O_2、紫外线、乙酰亚胺、某种抗生素的作用，也能导致前噬菌体活化，复制大量噬菌体，引起菌体裂解，释放大量的子代噬菌体，称为诱发裂解（图31-6）。

此外，溶原性细菌还具有下述几种特性：①溶原性细菌子代均具有溶原性。这是因为每个溶原性细菌都会有一个前噬菌体，作为细菌遗传结构的一部分，随着细菌的繁殖传给子代细菌所致。②溶原性细菌中含有的前噬菌体有时消失，这时细菌并不发生裂解，而是成为非溶原性细菌称为溶原性细菌复愈或非溶原化细菌。③溶原性细菌对其本身所产生的噬菌体或外来的同源噬菌体表现不敏感。此类噬菌体即或侵入溶原性噬菌体，既不复制，也不导致细菌裂解。溶原性细菌的这种不敏感表现称为“免疫性”。

溶原性细菌细胞内一旦带有前噬菌体，则其本身与其后代均不能被同种噬菌体所裂解。即或噬菌体被吸附，也只能是持续生存而已，不能增殖，并且迅速经细胞不断分裂而被净化掉。

前噬菌体诱生的免疫性是由产生的细胞质阻遏蛋白抑制繁殖型噬菌体所故，而不是由于对噬菌体的吸附产生任何抑制作用所致。这种阻遏蛋白也能抑制噬菌体向裂解型转变，以及阻抑其他噬菌体基因表达和蛋白质的合成。

四、噬菌体增殖的基因调控

噬菌体DNA不同节段的转录受一系列复杂基因调控。以λ噬菌体为例，λDNA在穿过细胞膜后，立即环形化。这种环形化DNA能够复制，最终与外壳蛋白连接，形成成熟的噬菌体；或通过一种重组合方式，整合到宿主细胞染色体上（图31-7）。A为λ噬菌体复制中期的基因图——控制系统；B为λ基因调控的基因活性图，现重点加以介绍。以斜体字母*P*表示转录的起动子（合成mRNA的起始位点），以T表示转录的终止位点，以O表示操纵子位点。

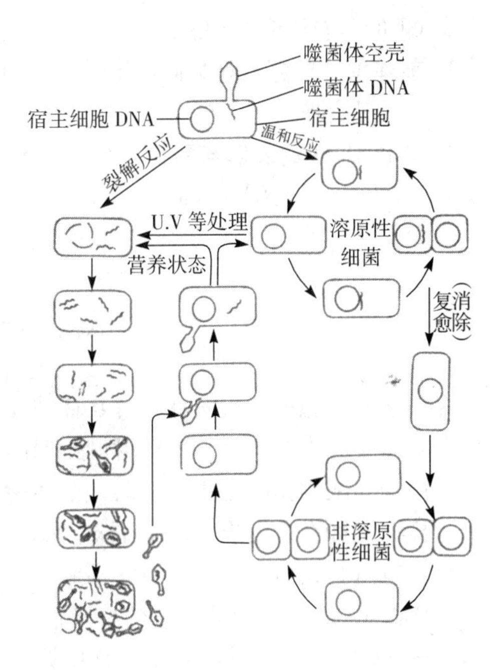

图31-6 细菌受温和噬菌体感染后的几种反应

（引自《微生物学》，武汉大学，复旦大学编，1987）

1. 噬菌体增殖性复制与其成熟的调控 与增殖性噬菌体有关的基因活动，发生在以下三个阶段：①发生在早期转录阶段。分别从P_L与P_R起动子处开始转录，终止于T_L与T_{R1}位点。②发生在早期转录阶段，N基因产物（蛋白质）作为一种抗终止因子，使早期转录通过复制基因、重

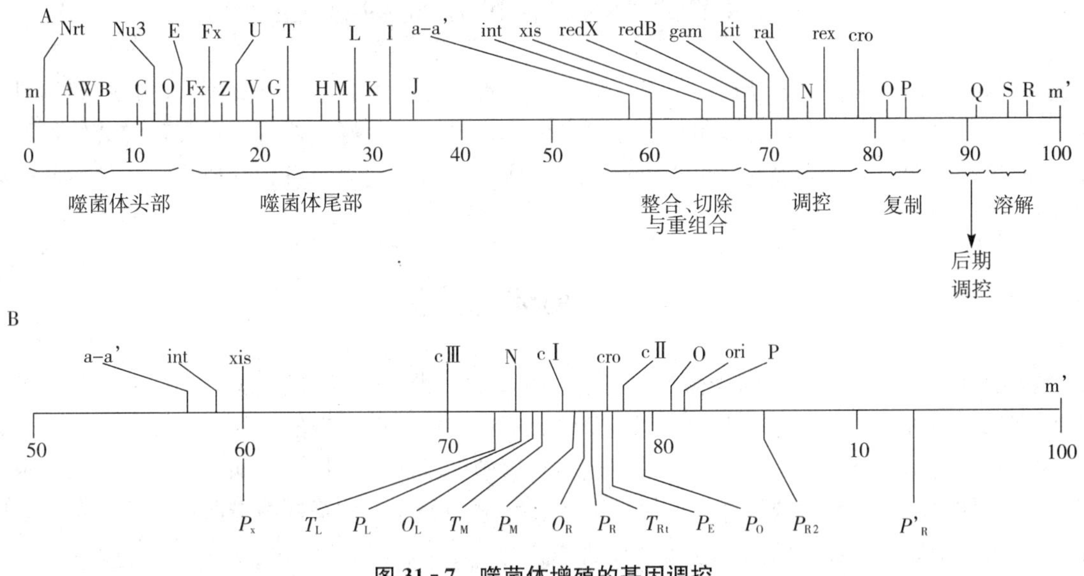

图31-7 噬菌体增殖的基因调控

A. λ噬菌体的基因在复制期中，DNA的两个末端（m-m'）连接成一环状分子，控制转录的调控基因省略（见B）。关于不同位点的功能，见本章所列参考文献，注意有关结构及活性的基因簇聚 B. λ基因调控基因活性的图

（引自《医学微生物学》，［美］E. Jawetz著，邓瑞麟等译，1983）

组合基因与调控基因进一步延伸。③发生在后期转录阶段。此时Cro蛋白质作用于操纵子O_L与O_R，以减弱来自启动子P_L与P_R早期转录的起始，Q蛋白质也向右活化来自起动子P_R的转录，这些都是通过溶解基因、头部和尾部基因调控来完成。此时m-m'末端连接起来，DNA形成一个环状分子。

2. 溶原性发生的调控 不同的基因都与溶原性的建立和维持有关。①在形成溶原性过程中，CⅡ与CⅢ蛋白质向左活化来自起动子PE与PL的转录，转录了CI与int基因；向右侧抑制溶解基因的转录。②在维持过程中，CI蛋白质作用于操纵子O_L与O_R，以抑制几乎所有起动子P_L与P_R的转录。CI通过控制自起动子P_M向左转录，以控制其自身的合成。起自此位点的转录是由低CI蛋白质浓度所激发，

并由高 CI 蛋白质浓度所抑制。

3. 前噬菌体的整合与切除 int 蛋白质识别 a－a’连接位点，并在宿主细胞染色体上的一个特殊连接位点上通过交换来催化整合。在 int 与 xis 两蛋白质作用下，由第二次交换来完成切除。

4. 环状 DNA 的裂解与整合 环状 DNA 在包入噬菌体前，由 A 蛋白质作用和噬菌体头部前体存在的条件下，在一特殊位点（m－m’）上裂解，形成一线状分子，然后通过重组合方式整合于细胞染色体上。

五、修饰作用与限制作用

许多细菌细胞中含有两种具有互补功能的酶类。一种酶类能在 DNA 的少数特殊部位上通过碱基甲基化来修饰细胞中的所有 DNA，称修饰作用；另一种酶类则能将未经修饰的所有 DNA 降解，称限制作用。修饰与限制作用是由于它对噬菌体的增殖发挥作用而被发现的，影响噬菌体由一个菌株转移到另一个菌株。例如在大肠埃希菌 K_{12} 株中形成的噬菌体 DNA，经一种 K_{12} 酶所修饰，以致它在 K_{12} 株中不被降解，也就是说另一种酶类对它不起限制作用。但它在 B 株中则可迅速地被宿主限制酶所降解。少数噬菌体的 DNA，由于被 B 株的特异性修饰酶所修饰，因而可免被限制酶所降解。它所繁殖的后代，在 K_{12} 株中对降解酶敏感，但在 B 株中则不敏感。现已证实。修饰酶的作用是在 DNA 的特殊部位上，为甲基化所致。

第四节 噬菌体的分离与检定

噬菌体与其他病毒相似，属超微结构微生物，用一般方法无法观察和分离到。已知噬菌体对寄生细菌具有高度的特异性和专一性，并能引起寄生细菌裂解。利用这一特性，将可疑某种噬菌体材料与其敏感菌株共同培养来发现它、分离它。可根据在琼脂平板上是否出现噬菌斑和（或）液体培养基中培养物是清澈透明予以判断。

一、噬菌体的分离

1. 材料来源 噬菌体广泛分布于微生物存在的地方。可根据分离噬菌体的目的、要求和寄生细菌的种类，有选择地进行。如以探求未知类型噬菌体为目的，则应向特殊的新的分离处所去寻找。如果只限于某种已知菌的噬菌体时，可从适宜于该细菌生长繁殖的场所去寻找。例如，拟分离大肠埃希菌等肠道细菌的噬菌体时，可从粪便或被粪便污染的下水、污泥中分离。枯草杆菌噬菌体可从长草的表层土壤中分离。也可从溶原菌（如沙门菌）分离到噬菌体。

大肠埃希菌常在肠道中繁殖，取粪便稀释液或被粪便污染的下水，以 2 000 r/min 离心 20 min 取上清液，或经滤菌器过滤除菌的滤液作为分离材料。

2. 分离方法 有直接分离和增殖分离两种方法。

（1）直接分离 也称无种分离法，又可分为液体培养法和固体培养法两种。

液体培养法：取分装 5mL 普通肉汤的试管两支，各加入新培养的大肠埃希菌 12～18h 肉汤培养物一滴，其中一管加疑有大肠埃希菌噬菌体的分离材料一滴，另一管不加，作为对照。两管置 37℃培养，于 4h、6h、8h 和 12h 各观察一次。对照管于 6h 后出现混浊，若完全清亮透明，或有轻度混浊且明显低于对照管，或初混浊继之则变为清亮，表明分离材料中有相应的大肠埃希菌噬菌体存在。注意，分离材料应无菌，否则易干扰对结果的观察。

固体培养法：将新培养的大肠埃希菌培养物均匀涂布于整个平面上（可用灭菌脱脂棉球蘸取大肠埃希菌培养物涂布）。再将一滴分离材料滴在涂有菌培养物的平板上（一个平板同时可滴几个材料），置

37℃培养 12～18h，若滴加分离材料处出现透明斑，而且周围出现大量菌落，则表明材料中有相应的噬菌体存在。

半固体琼脂覆盖法：也称双层琼脂法。于试管中加入 0.7%琼脂液 2.5mL，加温使琼脂融化，并保持 44～48℃，加入新培养的大肠埃希菌培养物两滴，并同时加入待检的分离材料一滴，用手搓转摇匀，倒在预制的平板上，旋转平皿使之流布均匀，形成薄层。凝固后，倒置于 37℃培养 12～18h，检查有无噬菌体出现。

也可采用加热法或滤过法分离噬菌体。

（2）加热法 根据噬菌体的耐热性能比相应宿主细菌强的特点，采用能杀死细菌、仍能保存噬菌体的合适温度，分离噬菌体。过滤除菌，滤液中即含噬菌体，具体方法如下：①取分离材料悬液 1～2μL，加在 5～10mL 肉汤培养基中，摇匀，然后以 56℃加热 1h，或 60℃加热 30min。②以 1 500r/min 离心 10min。③上清液用滤菌器过滤，滤液置 2～10℃冷藏待检。

（3）滤过法 取污水或其他分离材料悬液 10min，加在分装有 50～100mL 肉汤的三角瓶内，充分摇匀，置 37℃条件下培养 18～24h，以 2 000 r/min 离心 30min，取上清液，过滤除杂菌和杂质，冷藏待检。

（4）增殖分离法 也称有种分离法。应用上述方法未分离到噬菌体时可采用此法。制备培养 12～18h 的相应寄生细菌（如大肠埃希菌）肉汤培养物，以 5mL 或 10mL 分装试管。加入 0.5～1.0mL 待检材料，置 37℃培养 6～12h，取出，检查有无噬菌体，作为第一代。如检不出噬菌体，可将培养物用 1 500～2 000r/min 离心 10～20min。取上清液，按上述方法，接种另管寄生菌肉汤培养物，连传三代，如仍检不出噬菌体时．则停止进行。

或取加热过滤上清液 1～2mL，加在 5mL 或 10mL 肉汤培养基中，同时加入幼龄相应寄生菌液（如为肠道细菌，可取 6～8h 的培养物）0.5mL，经 37℃培养 18～20h，再用 56℃加热 1h，离心取上清液，加在肉汤培养基中，并加入幼龄菌液，再培养，再加热，如此重复 3～4 次。每次检查噬菌体，如无则停止进行。

培养大量噬菌体时，取大剂量肉汤培养基，按其体积的 1/50 接种新培养的寄生细菌（如大肠埃希菌）肉汤培养物，同按 1/100 接种高效价纯化的噬菌体液，37℃培养 18～20h。过滤除菌可获取大量噬菌体，经无菌检验合格后取部分样品，作效价测定，其余置冰箱中可保存 1 年有效，冻干可保存数年。

二、噬菌体的检定

经上述某一方法分离获得的噬菌体，尚须作质量、性质等的检查，判定是否合乎试验要求。

1. 效价测定 有稀释法和噬菌斑计数法两种。

稀释法：也称溶菌滴定法。取 3 分灭菌试管 12 支，排列于试管架上，每管加 4.5mL 普通肉汤。于第 1 管加入噬菌体液 0.5mL，混匀后，吸 0.5mL 移至第二管，依次十进稀释为 10^{-1}、10^{-2}、10^{-3}……每稀释一个滴度，应更换一支吸管。然后每管加新鲜菌液一滴。最后两支不加噬菌体稀释液，只加菌液，作为对照。置 37℃培养 18～20h（根据菌种所需培养时间不同，可适当延长），观察结果。以完全清澈透明的最高稀释度，为该噬菌体的裂解细菌的效价。如完全透明为第 8 管，则噬菌体的效价为 10^{-8}。

2. 噬菌斑计数法 也称空斑计数法。

（1）准备 ①琼脂平板。取含琼脂量 1～1.5mL 琼脂培养基 10～30mL 倒入灭菌平皿内，凝固后倒置于恒温箱内，使琼脂表面干燥，制成平板备用。②新鲜菌液。取寄生菌接种于肉汤培养基中，置 37℃培养过夜，取出，按 1%～5%加入新鲜肉汤培养基内，继续培养数小时。③半固体琼脂。取琼脂按 0.5%～0.7%加在营养肉汤中，加温，使完全融化，分装于小试管中，每管 1.5～3.0mL，备用。用前置水浴中加温至 44～48℃，1h 内使用。

（2）实验 将待检的噬菌体分离液用生理溶液或普通肉汤按十进法配成10^{-1}、10^{-2}、10^{-3}……10^{-9}等不同滴度。另取与滴度相同数量的半固体琼脂，加入新鲜菌液两滴，同时加入不同滴度的噬菌体液各0.1mL，搓转摇匀，分别倒入琼脂平板上，旋转平皿，使半固体琼脂流布均匀。凝固后，置37℃培养12～18h，取出，计数每个滴度的噬菌斑数。以没有细菌生长的最高滴度为该噬菌体的效价，如10^{-8}以前无细菌生长，10^{-9}以后有细菌生长，则该噬菌体效价即为10^{-8}/0.1mL。

除上述效价测定外，尚须作无菌及无毒试验，以保证分离获得噬菌体的质量。

无菌试验：将制备的噬菌体分别接种于肉汤、肉渣（肝片肉汤）及葡萄糖蛋白胨（真菌）等培养基中，每种培养基接种1mL，置37℃培养1～2周，如无细菌生长，为合格。

无毒试验：取体重2kg家兔2只。每只经静脉注射待检噬菌体5mL，观察10d，如健康存活，体重不减轻，为合格。

合格的噬菌体应是无沉淀、无菌、无毒的清澈透明液体，其效价应达到10^{-8}，即稀释1亿倍，仍能裂解相应的寄生幼龄菌。

第五节 噬菌体的分类

2005年，国际病毒分类委员会（International Committee on Taxonomy of viruses，ICTV）发表了《病毒分类—国际病毒分类委员会第8次报告》，对目前已经确认并比较系统研究的绝大多数细菌的病毒噬菌体，根据病毒核酸类型、形态结构、基本特性以及宿主菌类型等特征，进行了系统的分类与命名（表31-2）。在这一分类体系中，将噬菌体分为4个类群，2个目，14个科。2009年，ICTV发布了新的病毒分类系统（表31-2）。主要分类特征介绍如下。

一、双股DNA病毒噬菌体

分为有尾病毒目（Caudovirales）及其以外的噬菌体。

1. 有尾病毒目噬菌体（Caudovirales） 有尾病毒目可感染细菌或古细菌，分3个科，即肌尾病毒科（Myoviridae）（有可伸缩性的长尾）、短尾病毒科（Podoviridae）（有非伸缩性的短尾）和长尾病毒科（Siphoviridae）（有非伸缩性的长尾）。有尾病毒种群浩大，且病毒基因组及复制特性多种多样。

本目病毒子无囊膜，由头、尾两部分组成。头部是一个蛋白衣壳，内含有一个双股线型DNA分子，尾部是一个蛋白丝管，其末端可与敏感细菌表面受体结合。病毒内的DNA通过尾丝管而被注射到细菌内部，使细菌感染。头部是二十面体对称或由此延长。壳粒有时明显可见，顶端通常光滑，壁薄（2～3nm），常见的壳粒数为72个。典型的病毒子头部直径是45～170nm，有的长达230nm。头部内的DNA呈紧密卷曲，没有蛋白附着。尾干为螺旋状，或3～825nm长的亚单位叠盘。在尾末端通常有基底板、尾刺或末端纤维。有些病毒在头尾结合部有颈圈，有头部或颈圈的附属物、横向尾板或其他附件。

病毒子相对分子质量为（20～600）$\times10^{6}$，CsCl中浮密度通常约为1.5g/cm^{3}。绝大多数病毒在pH5～9条件下稳定，少数在pH2或pH11稳定。热敏感性不同，许多病毒在55～75℃ 30min失活。对UV照射有相当的抵抗力。绝大多数耐氯仿。一些病毒对渗透休克敏感，许多病毒对M ++螯合物敏感。对非离子去污剂的失活作用取决于去污剂的浓度。

基因组为线性双股DNA，大小为18～500 kb，相对分子质量为$11\times10^{6}\sim30\times10^{6}$。病毒子含45%～55%DNA。G+C含量为（27～72）mol%。病毒子结构蛋白有7～49种。已知的病毒子都不含有脂质。病毒的抗原非常复杂，有些是有效的免疫原，包括中和性抗原和补体结合性抗原，还有些为群特异性抗原等。

病毒DNA编码27～600个基因，这些基因按功能成簇。病毒子DNA可能呈环状变换，及/或末端冗长，有股间隙，或者有共价结合的末端蛋白。这些线性 DNA 分子要么是平端，要么是黏性末端。温和噬菌体可以整合到宿主细菌的基因组中，或者以环形或线形质粒的方式复制。DNA 复制是半保留复制，可单向和双向复制。病毒子装配是一个复杂的过程，通常包括头、尾和尾丝的独立装配。某些病毒形成胞内排阵，许多病毒也会产生畸形结构，如聚头、聚尾、多尾、巨病毒或其他异形粒子。

尾病毒分裂解型和温和型 2 种噬菌体。裂解型噬菌体感染可产生子代病毒并破坏宿主菌细胞。温和型噬菌体感染细菌之后，要么开始裂解性生长周期，要么溶原化。在溶原化细菌中的病毒基因组被称为原噬菌体。原噬菌体要么整合到宿主菌的基因组中，要么成为细菌染色体（细菌基因组）外的游离 DNA——质粒。整合通常是由整合酶介导的。最常见的整合发生在酪氨酸活性位点，也有的是在丝氨酸活性位点上。损伤 DNA 的因素，如紫外线、丝裂霉素 C 等，都可以诱导噬菌体的形成。

（1）*肌尾病毒科*（Myoviridae）　下设 I3 样噬菌体属 *I3 -like virus*、Mu 样噬菌体属 *Mu-like virus*、P1 样噬菌体属 *P1-like virus*、P2 样噬菌体属 *P2-like virus*、PhiH 样噬菌体属 *PhiH-like virus*、PhiKZ 样噬菌体属 *PhiKZ-like virus*、SPO1 样噬菌体属 *SPO 1-like virus*、T4 样噬菌体属 *T4-like virus* 8 个属和未归类的 3 个种。

噬菌体具有收缩性、硬度不等且较粗长尾（80～455）nm×（16～20）nm。尾部是由 6 个亚基环叠成的中髓结构，外围是一个有收缩性的螺旋状鞘。噬菌体的尾部与头部被一个颈圈（或尾领）隔开。与其他有尾噬菌体相比，肌尾噬菌体通常有一个较大的头部。该科噬菌体对冻融和渗透压休克较为敏感。属间可以通过基因组组织、DNA 复制机制、病毒装配、有否稀有碱基和 DNA 聚合酶等方面进行区分。

代表种为肠杆菌 T4 噬菌体。噬菌体的头约为 111nm×78nm，由 152 个（T=13）壳粒组成，呈长五角形双锥反棱柱形。尾部大小为 113nm×16nm，有一个项圈，一个基板，6 个短突起和 6 个长纤丝。相对分子质量（Mr）为 290×10^6，沉降系数（$S_{20}w$）≈1 030，在氯化铯中浮密度为 1.51g/cm^3。感染力抗乙醚和氯仿。基因组相对分子质量约为 175×10^6，占粒子质量的 48%。5 -羟甲基胞嘧啶（HMC）取代胸腺嘧啶，G+C 含量为 35mol%，呈环形排列。糖基化，有末端残基。粒子至少含 42 种多肽（Mr 8×10^3～155×10^3），包括主要衣壳蛋白（Mr 43×10^3）的 1 600～2 000 个拷贝，头部含 3 种蛋白质。尾部含三磷酸腺苷（ATP）。葡萄糖与噬菌体 DNA 中的 HMC 以共价键结合。可能含龙胆二糖。

基因组呈环形，含 150～160 个基因。基因通常串在一起，但整个基因组显得无序，提示基因在形成过程中广泛转移。噬菌体吸附到细胞壁上，并引起有毒力的感染，宿主染色体崩解，DNA 复制成连环体，产生分叉的复制中间体。头、尾和尾纤丝以 3 种不同方式装配。常发生畸形头（多头、异构型头）。宿主范围为肠道菌。

（2）*短尾病毒科*（Podoviridae）　下设自记病毒亚科 Autographivirinae、小病毒亚科 Picovirinae 和未归亚科的 6 个属。自记病毒亚科有 PhiKMV 样噬菌体属 *PhiKMV-like virus*、SP6 样噬菌体属 *SP6-like virus*、T7 样噬菌体属 *T7-like virus* 3 个属和未归类的 3 个种。小病毒亚科有 AHJD 样噬菌体属 *AHJD-like virus*、Phi29 样噬菌体属 *Phi29-like virus* 和未归类的 3 个种。该科中其他 6 个属为：BPP - 1 样噬菌体属 *BPP - 1 - like virus*、Epsilon15 样噬菌体属 *Epsilon15-like virus*、LUZ24 样噬菌体属 *LUZ24-like virus*、N4 样噬菌体属 *N4-like virus*、P22 样噬菌体属 *P22-like virus*、Phieco32 样噬菌体属 *Phieco32-like virus*。

病毒子有非收缩性短尾，约 20nm×8nm。根据基因组组织、DNA 组装机制以及是否有 DNA 或 RNA 聚合酶可进行属的分类。

代表种为肠杆菌 T7 噬菌体。头部等轴，直径约为 60nm，由 72 个壳粒组成，短尾，尾长为17nm×8nm，有 6 根短尾丝。其理化学特性为：相对分子质量 48×10^6，沉降系数 $S_{20}w$=510，在氯化铯中浮密度为 1.5g/cm^3。其感染性耐乙醚和氯仿。核酸相对分子质量=25×10^6，其基因组大小约 40kb，占噬菌体粒子质量的 50%，G+C 含量 50mol%，不互换，束端冗长。蛋白质约有 12 种，相对分子质量为 13×10^3～150×10^3。主要衣壳蛋白质的相对分子质量 38×10^3。约有 40 个拷贝，有 3 种蛋白质位于头部。脂类和碳水化合物未见报道。基因组为线状。约有 50 个编码基因。烈性感染，噬菌体吸附到细胞壁上，破坏宿主的染色体。DNA 形成多连体。宿主范围为雌性肠道杆菌。

（3）*长尾病毒科*（Siphoviridae） 下设 c2 样噬菌体属 *c2-like virus*、L5-like 样噬菌体属 *L5-like virus*、λ 样噬菌体属 *Lambda -like viruses*、N15 噬菌体属 *N15-like virus*、PhiC31 样噬菌体属 *PhiC31-like virus*、PsiM1 样噬菌体属 *PsiM1-like virus*、SPbeta 样噬菌体属 *SPbeta-like virus*、T1 样噬菌体属 *T1-like virus* 和 T5 样噬菌体属 *T5-like virus* 9 个属。

病毒子有非收缩性细长而柔软的尾部［（65～570）nm×（7～10）nm］。尾部是由 6 个亚基构成的长叠盘。根据基因组组织、DNA 装配机制以及有否 DNA 聚合酶而定属。

代表种为肠杆菌 λ 噬菌体。头部等轴，直径约为 60nm。有 72 个壳粒（T＝7），尾部柔韧，长 150nm×8nm，具有短的末端和亚末端尾丝。相对分子质量≈60×10^6。沉降系数 $S_{20}w$＝388，在氯化铯中浮密度为 1.49g/cm^3。感染性耐乙醚。核酸为单分子线状双链 DNA，相对分子质量≈30×10^6，占噬菌体质量的 54%，G+C 含量为 52mol%，黏性末端，约含 50 个基因，不互换。有 9 种结构蛋白质，相对分子质量 17×10^3～130×10^3。主要衣壳蛋白质（相对分子质量 38×10^3）约有 420 个拷贝。温和感染，吸附部位为细胞壁，感染 DNA 环形化并复制，或整合到宿主染色体上。头和尾经两种途径装配。感染范围为肠道杆菌。

2. 有尾病毒目以外的双股 DNA 病毒噬菌体 在双股 DNA 噬菌体中，除有尾病毒目以外，还有两类噬菌体。一类是以细菌为宿主菌，有 3 个科，即复层病毒科、覆盖病毒科和原质病毒科；另一类是以古细菌为宿主菌，有 4 个科；这些噬菌体尚未归为任何病毒目。以古细菌为宿主菌的噬菌体与病原细菌无关，在此不做深入评述，仅将科下各属及其代表种的名称列出（表 31－2）。

（1）*复层病毒科*（Tectiviridae） 下设一个复层噬菌体属（*Tectivirus*）。

病毒子呈二十面体，无囊膜，面间距为 66nm。衣壳的刺突长 20nm。肠杆菌 PRD1 噬菌体的衣壳是由 240 个衣壳蛋白（P3）三聚体组成的类晶格结构。P3 含有 2 个 β 折叠，能形成紧密的三聚体。刺突是由 2 个从壳粒五聚体蛋白（P31）伸出的蛋白（P2 和 P5）形成，其功能是识别受体。衣壳内是一层内膜泡囊（vesicle），由几乎等量的噬菌体编码蛋白和来源于宿主菌质膜的脂类组成。DNA 卷绕在泡囊内。该属噬菌体通常无尾，但在释放 DNA 或用氯仿处理后可形成一个尾样管，约 60nm×10nm。病毒子相对分子质量约 66×10^6，在 CsCl 中的浮力密度是 1.29g/cm^3，$S_{20}w$ 为 357～416S。在 pH5～8 条件下稳定。对有机溶剂或去污剂敏感。基因组是约 15kb 的双链线性 DNA 分子，占重量的 14%～15%。基因组 5’端有共价结合蛋白。PRD1 噬菌体编码着 35 种蛋白，是拥有蛋白质种类最多的一类噬菌体。噬菌体含有约 15%的脂类，脂类占内泡囊的 60%。

（2）*覆盖病毒科*（Corticoviridae） 下设一个覆盖噬菌体属（Corticovirus）。

代表种为假交替单胞菌 PM2 噬菌体。噬菌体呈正二十面体（T＝12 或 13），直径约为 60nm。无囊膜。衣壳由中间夹着蜡质双层的内、外蛋白质壳构成。从每个顶点伸出刷毛样刺突。噬菌体相对分子质量为 49×10^6，沉降系数 S_{w230}，在氧化铯中的浮密度为 1.28g/cm^3。粒子在 pH6～8 稳定。对乙醚、氯仿和去污剂异常敏感。

粒子大小约 9kb（Mr 5.8×10^6），以共价键严密结合的环形双股 DNA 分子。噬菌休 DNA 为超螺旋结构，构成粒子质量的 12.7%，缠绕在与蛋白 IV 相连的内壳里。G+C 含量占 43mol%，部分基因组已经构成序列。

粒子含 4 种结构蛋白，蛋白质Ⅱ构成总蛋白量的 65%。蛋白质Ⅲ和Ⅳ的性质似脂质蛋白。转录酶活性与噬菌体粒子相关。

脂类有 5 种，占粒子质量的 13%，形成内外壳之间的脂质双层。约 90%是磷脂，主要是磷脂酰甘油和磷脂乙酚密胺。噬菌体与宿主的脂类组成不同。

DNA 逆时针单向复制，复制的中间体包括圆形、有缺口的环状分子和双歧环。噬菌体在胞质膜装配，不形成包涵体。内壳在出现蛋白Ⅳ并充满 DNA 时开始装配，附加上脂类、外壳和刺突组装完成，靠溶菌酶作用释放。宿主范围仅限于 *Alteromonas* 属的海洋细菌。

(3) 原质病毒科 (Plasmaviridae): 下设一个无胆甾原质噬菌体属 (*Plasmavirus*)。

病毒子呈类球形，略多形性，有囊膜，直径 80nm (50～125nm)。病毒子具异质性，在感染过程中至少有 3 种不同的形态。电镜观察可见，中心浓染的噬菌体，浓染中心可能含有致密的 DNA；也可看到呈中心淡染的噬菌体。

病毒子对热高度敏感，对冷较稳定。非离子型去污剂、乙醚、氯仿等可使病毒失活。对 DNase I 和磷脂酶 A 有抗性，但对链霉蛋白酶和胰蛋白酶敏感。经紫外线照射失活的噬菌体在宿主菌内经剪切或 SOS 修复系统作用可复活。对光失活具有一定抗性。

病毒子含高度卷曲双链环形 DNA 分子。L2 噬菌体的基因组是 11 965 bp，G+C 含量为 32mol%。所有开放阅读框 (ORFs) 都由一条链编码。至少有 4 种主要蛋白，也有几种小的蛋白。DNA 序列分析表明有 15 个 ORFs。

二、单股 DNA 病毒噬菌体

包括丝形病毒科和微小病毒科，尚未归于任何病毒目。

1. 丝形病毒科 (Inoviridae)　下设丝形噬菌体属 (*Inovirus*) 和短杆状噬菌体属 (*Plectrovirus*) 2 个属。

本科病毒子为杆状或丝状，蛋白衣壳内包含有一个单股正链环状 DNA 分子。无脂质成分。病毒子的长度与基因组的大小相关。基因组大小为 6～9kb。

丝形噬菌体属的病毒子直径均为 7nm，但长度差异很大，为 700～2 000nm。病毒子的末端一端小而钝圆，另一端大而形状多变。本属病毒子有较好的柔性，可呈弯曲形态。丝形噬菌体属中 Ff 病毒子 (M13、f1、fd) 的长衣壳由 2 700 个 gp8 (5 200) 蛋白构成，吸附端有 5 个拷贝左右的 gp3 (43 000) 和 gp6 (12 000) 蛋白，成核装配端有 5 个拷贝左右的 gp7 (3 500) 和 gp9 (3 300) 蛋白。此外还有 6 种非结构蛋白。

短杆状噬菌体属的病毒子呈近直杆状，一端钝圆，另一端形态多变。电镜观察常可见到很长的直杆状，负染可见 (4±2) nm 的中空核心。短杆状噬菌体属 L1 和 L51 病毒子的主要衣壳蛋白约 19 000。此外，至少还有一种小的蛋白。

本科病毒子对氯仿敏感，对热不敏感，在较大范围的 pH 内稳定。丝形噬菌体属病毒的 CsCl 浮密度为 (1.29±0.01) g/cm^3，DNA 含量为 6%～14%。病毒子相对分子质量为 12×10^6～34×10^6，$S_{20}w$ 为 41～44S。短杆状噬菌体属病毒的 CsCl 浮密度为 1.39g/cm^3，甲泛葡胺中浮密度为 1.21g/cm^3，该数据源自螺原体噬菌体 1。

基因组的复制既可以通过类似质粒的滚环复制方式独立进行，也可整合于宿主菌基因组随之一起复制。在正常的裂解性感染循环中包括 5 个步骤：①噬菌体对宿主菌的吸附及感染性环状单股 DNA 的注入；②利用宿主菌的酶将环状单股 DNA 转换为亲本 DNA 复制形式；③病毒的核酸内切酶启动 DNA 半保留复制，合成子代单股 DNA；④单链 DNA 结合蛋白使子代 DNA 分离；⑤在细胞内膜上完成装配，并把成熟的子代病毒释放到细菌外面。

自然状态下，本科噬菌体感染宿主菌并不导致菌体裂解，被感染的宿主菌无限地继续分裂繁殖而产生子代病毒。丝形噬菌体属的宿主菌多数为革兰阴性菌 (大肠埃希菌、沙门菌、假单胞菌、弧菌和黄杆菌等)。宿主谱由宿主细胞受体决定，通常为接合菌毛。短杆状噬菌体属可感染薄壁无胆甾原体和螺原体，它们的受体可能含有多糖和蛋白成分。据推测丝形病毒科噬菌体在宿主菌内有 2 种存在形式：①以游离质粒形式存在并排出子代病毒子；②以溶原状态存在。

2. 微小病毒科 (Microviridae)　下设微小噬菌体属 (*Microvirus*)、衣原体微小噬菌体属 (*Chlamydiamicrovirus*)、蛭弧菌微小噬菌体属 (*Bdellomicrovirus*) 和螺原体微小噬菌体属 (*Spiromi-*

crovirus）等 4 个属。

该科病毒子无囊膜，二十面体对称，有两类形态。微噬菌体属的宿主菌为肠道细菌，具有相同的形态，但与其他 3 个属的噬菌体亲缘关系较远。衣原体微噬菌体属、蛭弧菌微噬菌体属和螺原体微噬菌体属形态特别相似。后 3 个属在分类学上尚未最后定论。蛭弧菌微噬菌体属和衣原体微噬菌体属的宿主菌分别为严格胞内寄生的蛭弧菌属和衣原体属，螺原体微噬菌体属宿主菌均为柔膜体纲（螺原体）。

微噬菌体属病毒子的 CsCl 浮密度为 1.38～1.41g/cm^3，衣原体微噬菌体属和蛭弧菌微噬菌体属病毒子的 CsCl 浮密度为 1.30～1.31g/cm^3，螺原体微噬菌体属唯一已知的噬菌体 SpV4 的浮密度为 1.40g/cm^3。病毒子形态固定，对去污剂和氯仿有抵抗力，在 pH6～9 或冰冻条件下稳定。微噬菌体属的 $S_{20}w$ 约为 115S，其他属噬菌体的 $S_{20}w$ 约为 90S。

基因组均为环状正链单股 DNA 分子。微噬菌体属基因组为 5.3～6.1kb，其他 3 个属由于缺少主要刺突蛋白和外部骨架蛋白，因而基因组小于微噬菌体属，为 4.4～4.9kb。

微噬菌体属的 DNA 复制和衣壳装配研究较多，与其他 3 个属在 DNA 组织与复制方式上有差异。目前已建立了微噬菌体属多个中和性和非中和性单克隆抗体，这些抗体常与其他 3 个属有交叉反应。

三、双股 RNA 病毒噬菌体

有 1 个囊状病毒科（Cystoviridae），尚未归为任何病毒目。科下设囊状噬菌体属（*Cystovirus*）。

病毒子有囊膜，有 3 个节段的双股 RNA，最内层的蛋白衣壳是一种聚合酶复合物，负责基因组的复制、转录和包装。

病毒子直径约为 85nm，球形，有囊膜，囊膜上有刺突，囊膜包裹着直径约 58nm 的二十面核衣壳，再往里层是直径约 43nm 的聚合酶复合物。

病毒子相对分子质量 99×10^6，核衣壳相对分子质量约为 40×10^6。病毒子 $S_{20}w$ 约为 405S，CsCl 中浮密度为 1.27g/cm^3，蔗糖中浮密度为 1.24g/cm^3。假单胞菌 Φ6 噬菌体对 pH6～9 稳定，但对乙醚、氯仿和去污剂高度敏感。

病毒子含有 3 节段双股 RNA，分别为 6 374、4 057 和 2 948 bp，G＋C 含量分别为 55.2mol％、56.7mol％和 55.5mol％。病毒子约含 10％ RNA。

病毒子编码 12 种蛋白，早期蛋白（P1、P2、P4 和 P7）由大节段核酸（L）编码，构成病毒聚合酶复合物。P8 为核衣壳表面蛋白，P5 为病毒裂解酶，它们与聚合酶复合物一起构成了核衣壳。P5 和 P8 由小节段核酸（S）所编码。P9、P10 和 P11 构成囊膜的主要成分。P3 和 P6 形成病毒吸附与融合的复合物，其中 P3 形成刺突，可识别宿主菌受体，而 P6 是具有膜融合活性的膜蛋白成分。P3 通过 P6 与病毒囊膜相连。P12 是唯一的非结构蛋白，它与病毒在宿主菌内的膜装配有关。病毒子的 70％是蛋白质。

病毒子含有约 20％磷脂，位于囊膜。囊膜外有一半由磷脂包裹，其余的是蛋白质。假单胞菌 Φ6 噬菌体可感染许多植物致病性假单胞菌和某些类产碱假单胞菌株。

四、单股正链 RNA 病毒噬菌体

有 1 个光滑病毒科（Leviviridae），下设光滑噬菌体属（*Levivirus*）和异光滑噬菌体属（*Allolevivirus*）2 个属。尚未归为任何病毒目。

本科病毒子呈球形，直径约 26nm，二十面对称，无囊膜。相对分子质量范围为 $(3.6\sim4.2)\times10^6$，$S_{20}w$ 为 80～84S，CsCl 中浮密度为 1.46g/cm^3，对乙醚、氯仿和低 pH 具有抗性，对 RNase 和去污剂敏感。对 UV 照射的失活作用与其他单股 RNA 二十面体病毒相似。

病毒子核酸是由 3 466～4 276 个核苷酸组成的单股 RNA 分子。病毒子中 RNA 含量高达 39％。

衣壳中含有180个拷贝的衣壳蛋白（14 000），它与真核细胞正二十面体RNA病毒的衣壳蛋白之间没有结构上的相似性。每个病毒子含有单拷贝的A蛋白（35 000～61 000），与病毒子的成熟以及与细菌菌毛的吸附有关。异光滑病毒衣壳中也有多个拷贝的通读蛋白。缺乏A蛋白的病毒子对RNase敏感。噬菌体具有强抗原性。

本科噬菌体世界分布，广泛存在于污水、废水及人和动物粪便中。有4个种的噬菌体在亚洲有特殊的地理分布。肠杆菌Qβ噬菌体在人类生活污水中常见。该科噬菌体不仅感染肠杆菌，而且能感染柄杆菌、假单胞菌、不动杆菌以及其他革兰阴性细菌，这表明它们有本科噬菌体所需要的表面菌毛。大肠杆菌RNA噬菌体常被当作在废水和表层水内含有肠病毒的“指示病毒”，它在抗细菌感染的噬菌体治疗上可能具有重要意义。RNA噬菌体对人体是无害的。

表31-2　噬菌体分类

科	属	代表种	宿主菌
双股DNA病毒噬菌体			
有尾病毒目噬菌体（Caudovirales）			
肌尾病毒科 Myoviridae	I3样噬菌体属 *I3-like virus*	分支杆菌I3噬菌体 *Mycobacterium phage I3*	细菌
	Mu样噬菌体属 *Mu-like virus*	肠杆菌Mu噬菌体 *Enterobacteria phage Mu*	细菌
	P1样噬菌体属 *P1-like virus*	肠杆菌P1噬菌体 *Enterobacteria phage P1*	细菌
	P2样噬菌体属 *P2-like virus*	肠杆菌P2噬菌体 *Enterobacteria phage P2*	细菌
	PhiH样噬菌体属 *PhiH-like virus*	盐杆菌PhiH噬菌体 *Halobacterium phage PhiH*	古细菌
	PhiKZ样噬菌体属 *PhiKZ-like virus*	假单胞菌phiKZ噬菌体 *Pseudomonas phage phiKZ*	细菌
	SPO1样噬菌体属 *SPO1-like virus*	杆菌SPO1噬菌体 *Bacillus phage SPO1*	细菌
	T4样噬菌体属 *T4-like virus*	肠杆菌T4噬菌体 *Enterobacteria phage T4*	细菌
短尾病毒科 Podoviridae			
自记病毒亚科 Autographivirinae	PhiKMV样噬菌体属 *PhiKMV-like virus*	肠杆菌phiKMV噬菌体 *Enterobacteria phage phiKMV*	细菌
	SP6样噬菌体属 *SP6-like virus*	肠杆菌SP6噬菌体 *Enterobacteria phage SP6*	细菌
	T7样噬菌体属 *T7-like virus*	肠杆菌T7噬菌体 *Enterobacteria phage T7*	细菌
小病毒亚科 Picovirinae	AHJD样噬菌体属 *AHJD-like virus*	葡萄球菌AHJD噬菌体 *Staphylococcus phage AHJD*	细菌
	Phi29样噬菌体属 *Phi29-like virus*	芽孢杆菌phi29噬菌体 *Bacillus phage phi29*	细菌
其他属	BPP-1样噬菌体属 *BPP-1-like virus*	沙门菌BPP-1噬菌体 *Salmonella phage BPP-1*	细菌
	Epsilon15样噬菌体属 *Epsilon15-like virus*	沙门菌epsilon15噬菌体 *Salmonella phage epsilon15*	细菌
	LUZ24样噬菌体属 *LUZ24-like virus*	假单胞菌LUZ24噬菌体 *Pseudomonas phage LUZ24*	细菌
	N4样噬菌体属 *N4-like virus*	肠杆菌N4噬菌体 *Enterobacteria phage N4*	细菌
	P22样噬菌体属 *P22-like virus*	肠杆菌P22噬菌体 *Enterobacteria phage P22*	细菌
	Phieco32样噬菌体属 *Phieco32-like virus*	肠杆菌Phieco32噬菌体 *Enterobacteria phage Phieco32*	细菌
长尾病毒科 Siphoviridae	c2样噬菌体属 *c2-like virus*	乳球菌c2噬菌体 *Lactococcus phage c2*	细菌
	L5-like样噬菌体属 *L5-like virus*	分支杆菌L5噬菌体 *Mycobacterium phage L5*	细菌
	λ样噬菌体属 *Lambda-like virus*	肠杆菌λ噬菌体 *Enterobacteria phage lambda*	细菌
	N15噬菌体属 *N15-like virus*	肠杆菌N15噬菌体 *Enterobacteria phage N15*	细菌
	PhiC31样噬菌体属 *PhiC31-like virus*	链霉菌phiC31噬菌体 *Streptomyces phage phiC31*	

（续）

科	属	代表种	宿主菌
	PsiM1 样噬菌体属 *PsiM1-like virus*	甲烷杆菌 psiM1 噬菌体 *Methanobacterium phage psiM1*	细菌
	SPbeta 样噬菌体属 *SPbeta-like virus*	杆菌 SPbeta 噬菌体 *Bacillus phage SPbeta*	细菌
	T1 样噬菌体属 *T1-like virus*	肠杆菌 T1 噬菌体 *Enterobacteria phage T1*	细菌
	T5 样噬菌体属 *T5-like virus*	肠杆菌 T5 噬菌体 *Enterobacteria phage T5*	细菌
有尾病毒目以外的双股 DNA 病毒噬菌体			
复层病毒科 Tectiviridae	复层噬菌体属 *Tectivirus*	肠杆菌 PRD1 噬菌体 *Enterobacteria phage PRD1*	细菌
覆盖病毒科 Corticoviridae	覆盖噬菌体属 *Corticovirus*	"类交替单胞菌" PM2 噬菌体 *Pseudoalteromonas phage PM2*	细菌
原质病毒科 Plasmaviridae	原质噬菌体属 *Plasmavirus*	无胆甾原体 L2 噬菌体 *Acholeplasma phage L2*	细菌
纺锤病毒科 Fuselloviridae	纺锤病毒属 *Fusellovirus*	硫化叶菌纺锤形病毒 1*Sulfolobus spindle-shaped virus1*	古细菌
	盐原病毒属 *Salterprovirus*	"His 1 病毒" *His1virus*	古细菌
微滴病毒科 Guttaviridae	微滴状病毒属 *Guttavirus*	"新泽兰硫化叶菌滴状病毒" *Sulfolobusnewzealandicus droplet-shaped virus*	古细菌
脂毛病毒科 Lipothrixviridae	α 脂毛病毒属 *Alphalipothrixvirus*	附着热变形菌病毒 1 *Thermoproteus tenax virus1*	古细菌
	β 脂毛病毒属 *Betalipothrixvirus*	"岛硫化叶菌丝状病毒" *Sulfolobus islandicusfilamentous virus*	古细菌
	γ 脂毛病毒属 *Gammalipothrixvirus*	"酸菌丝状病毒 1" *Acidianus filamentous virus1*	古细菌
小杆病毒科 Rudiviridae	小杆病毒属 *Rudivirus*	"岛硫化叶菌竿形病毒 2" *Sulfolobus islandicus rod-shaped virus2*	古细菌
单股 DNA 病毒噬菌体			
丝状病毒科 Inoviridae	丝状噬菌体属 *Inovirus*	肠杆菌 M13 噬菌体 *Enterobacteria phageM13*	细菌
	短杆噬菌体属 *Plectrovirus*	无胆甾原体 MV-L51 噬菌体 *Acholeplasma phage MV-L51*	细菌
微病毒科 Microviridae	微噬菌体属 *Microvirus*	肠杆菌 X174 噬菌体 *Enterobacteria X174*	细菌
	衣原体微噬菌体属 *Chlamydiamicrovirus*	衣原体 1 噬菌体 *Chlamydia phage 1*	细菌
	蛭弧菌微噬菌体属 *Bdellomicrovirus*	蛭弧菌 MAC1 噬菌体 *Bdellovibrio phage MAC1*	细菌
	螺微噬菌体属 *Spiromicrovirus*	螺原体 4 噬菌体 *Spiroplasma phage 4*	螺原体
双股 RNA 病毒噬菌体			
囊状病毒科 Cystoviridae	囊噬菌体属 *Cystovirus*	假单胞菌 6 噬菌体 *Pseudomonas phage 6*	细菌
单股正链 RNA 病毒噬菌体			
光滑病毒科 Leviviridae	光滑噬菌体属 *Levivirus*	肠杆菌 MS2 噬菌体 *Enterobacteria phage MS2*	细菌
	异光滑噬菌体属 *Allolevivirus*	肠杆菌 Qβ 噬菌体 *Enterobacteria phage Qβ*	细菌

第六节　噬菌体 DNA 的分离与纯化技术

噬菌体 DNA 的结构比真核细胞 DNA 简单，在分子遗传学及遗传工程研究中，常常被用来作为研究材料。噬菌体除繁殖速度快、容易培养外，而且获取 DNA 的量大。其 DNA 还可作为目的基因的运载体。不论用作遗传学和遗传工程的研究材料或用作目的基因的运载，都必须首先有纯化的 DNA。因此分离和纯化噬菌体 DNA 就成了实验室常用的一项基本技术。

下面扼要介绍噬菌体 DNA 分离提纯的原理及主要步骤。以 λ 噬菌体为例，大致可分为噬菌体的培养、噬菌体的浓缩纯化、提取 DNA 以及 DNA 制品的鉴定。

一、噬菌体的培养

实验室常用溶原性温和菌株 *E. coli* 225（λc1875Sam7）作培养种株。该株在 32℃培养时 λ 噬菌体的 DNA 随染色体 DNA 的复制而复制，经 42℃热诱导后，λ 噬菌体 DNA 从染色体分离，再经 37℃培养噬菌体即大量增殖，细菌则因基因突变而不能被裂解，经低速离心使菌体沉淀，再经裂解菌体获得噬菌体。

1. 培养的具体方法

（1）将 *E. coli* 225 菌株于 32℃振荡培养 8h，按接种量的 2%移入 100mL 的培养基中（M9 或 LB 培养基）。

（2）经 32℃振荡培养过夜，再以 10%～20%的接种量移入培养基中继续培养 2h（A_{500}≈0.6）。

（3）加入等量的预热到 55℃的培养基，使迅速混合，并立即置于 42℃水浴中，进行热诱导，时间为 15min。然后置 37℃震荡培养 4h。

（4）培养物于 4℃用 3 500r/min 离心 20min，收集沉淀菌体，以原培养 1/10 的体积，悬于缓冲液（25mmol/L Tris - HCl pH7.5，10mmol/L $MgSO_4$，100mol/L NaCl）。

（5）向 100mL 菌悬液中加入 10mg 溶菌酶，摇匀，置室温 5min。

（6）加入 3mL 氯仿，摇匀放 4℃过夜。

（7）于 4℃10 000r/min 离心 40min，除去细菌碎片，上清液为粗制噬菌体液。

2. 测定噬菌体效价　一般用噬菌体计数法（双层琼脂平板法、琼脂层叠法），效价可达 10^{10}pfu/mL 原培养物以上。具体方法：吸取 2mL 融化并冷至 45℃的 0.6%琼脂于一灭菌试管内，加入一滴浓新鲜菌液，混合后再加入一定量的噬菌体，将全都混合物倒在一个已有凝固层的营养琼脂平板上，将事先融化的营养琼脂保温 44℃，每平皿倒入 10mL，使均匀铺开，倒置凝固后待用。待上层琼脂凝固后，放 37℃温箱培养 18～24h，观察结果，平板上可见到透明的噬菌斑，计数数目。

二、噬菌体 DNA 的提取

去除噬菌体蛋白质外壳。已知噬菌体 DNA 包裹在蛋白质外壳中。只要将蛋白外壳除去，即可获得噬菌体 DNA。

方法：实验室最常用酚抽提法。将上述浓缩纯化获得的噬菌体悬液。用等体积的 1mol/L Tris - HCl pH8.0 缓冲液平衡的重蒸酚抽提一次，离心后取水相，再加等体积的氯仿-异戊醇 24∶1 抽提一次，再用 5 倍体积的乙醚抽提数次除酚，向水相中加入两倍体积的冷乙醇，置－20℃过夜，于 4℃条件下 8 000r/min 离心 30min，将沉淀物溶于少量的 10mmol/L Tris - HCl pH8.0 - lmol/L EDTA 缓冲液中，即为噬菌体 DNA。

也可用经 DNase、RNase 处理的粗制噬菌体液，再经 40 000r/min 超速离心 1.5h，或用多聚乙二醇

6 000 沉淀的噬菌体液直接进行抽提，获得 DNA 同样可达到电泳纯度。

三、噬菌体 DNA 的浓缩与纯化

除去宿主细胞 DNA、RNA 和蛋白质，以获取浓缩纯净的噬菌体。

原理：利用噬菌体颗粒与杂质密度的不同，通过密度梯度离心、超速离心或凝胶过滤等方法，将它们分开。因为噬菌体的外壳为蛋白质，对核糖核酸酶（RNase）、脱氧核糖核酸酶（DNase）都不敏感，可通过加入这两种酶使混杂的 DNA、RNA 先酶切成碎片，再进行处理，易于将噬菌体与杂质分开。

方法：试验室最常使用的方法为氯化铯密度梯度离心法。先将粗制噬菌体液置 4℃条件下，以40 000r/min 离心 1.5h，沉淀物悬于少量缓冲液中，或以多聚乙二醇 6 000 沉淀噬菌体。获得的浓缩噬菌体悬液，用 0.01mol/L Tris - HCl pH7.5，0.01mol/L $MgCl_2$，0.01mol NaCl 配制密度为 1.7g/mL、1.5g/mL、1.3 g/mL的 CsCl 和 36%蔗糖，装入塑料离心管中（图 31 - 8），以3 000r/min 离心 2h，于密度 1.5g/mL 处形成一条白色带，从侧面穿刺吸出该带，装入透析袋，置缓冲液中（0.1mol/L Tris - HCl pH7.5，0.1 mol/L EDTA）透析 24h，除去 CsCl，即可获得较纯的噬菌体。

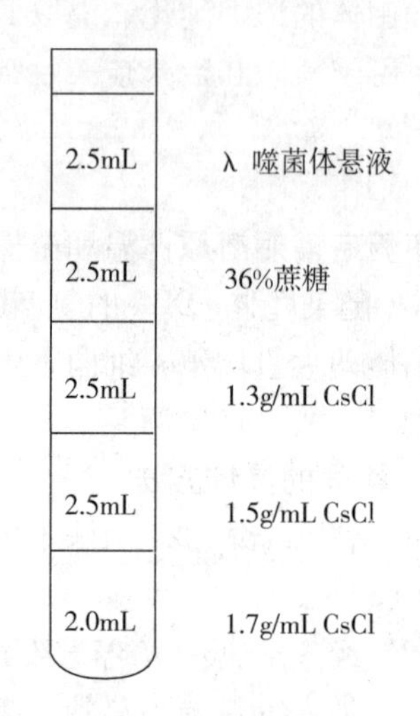

图 31 - 8　噬菌体浓缩与纯化的装管

此外，也可用正反两次密度梯度离心法。即在上述正离心法处理之后，再用一次反密度梯度离心法（即将上述提纯的噬菌体置离心管底，其他与正法相同）再进一步纯化。此法不经 DNase 和 RNase 处理，也可将宿主细胞的 DNA、RNA 除净。

大量噬菌体液可先用 DNase、RNase（2 μg/mL）处理，将 DNA 及 RNA 酶解成小碎片。再用多聚乙二醇 6 000 沉淀法（即加入 2.5% NaCl w/v，10%多聚乙二醇 6 000 w/v），在多聚乙二醇沉淀后，既可达到浓缩的目的，也可达到部分纯化的目的。或可通过 Sepharose 2B 柱或 Sephadex G200 柱进行纯化。

四、噬菌体 DNA 制品的检定

DNA 含量测定：用紫外分光光度计测定样品是否呈现核酸的吸收峰型（A_{100} 10. D=50 μgDNA）。

方法：取少量样品作琼脂糖凝胶电泳，观察是否还有宿主细胞的 DNA 和 RNA。用特定核酸限制性内切酶进行酶切，应产生特定数目 DNA 带。例如 λDNA 用 *Eco*R Ⅰ酶切后，琼脂糖凝胶电泳溴化乙啶染色应呈典型的 6 条 DNA 带。

DNA 的生物活性测定：用一定量的待检 λDNA 感染大肠埃希菌，计数每微克 DNA 所产生的噬菌斑的数目（具体方法见噬菌斑计数法）。

有一类单链 DNA 噬菌体如 ΦXl74、M13，常用其复制型 DNA。这种 DNA 呈闭环双链 DNA 分子。单链噬菌体进入寄生细胞后，在其复制过程中，先形成环状双链 DNA，当组装为成熟的噬菌体后，又只含单链 DNA。这种复制型 DNA 的性质与质粒 DNA 近似，其提取原理及方法可参考质粒 DNA 进行。一般是以大量噬菌体感染大肠埃希菌，培养一定时间后，收集菌体，采用质粒 DNA 提取方法裂解细菌，以获得清亮的裂解液，再用 CsCl 密度梯度离心，得到复制型噬菌体 DNA。

第七节　噬菌体的应用

1. 分子生物研究领域的重要试验工具和最理想材料　例如通过对大肠埃希菌噬菌体侵染过程的研

究，搞清了遗传学领域的许多基本问题。证实了遗传的物质基础是DNA以及mRNA的存在；病毒的核酸可整合到宿主细胞的染色体上；噬菌体可作为转导因子起遗传转导作用；在蛋白质合成上，已知每一种氨基酸都是由三个不同顺序排列的核苷酸组成的密码所决定的。这个重要论断也是通过对噬菌体所作的分子遗传学试验进一步确定的。从分子生物学水平上研究病毒的复制、基因表达、颗粒装配、感染性以及其他活性，噬菌体都是一个很好的模型和工具。

2. 用于鉴定细菌和分型　噬菌体的噬菌作用有种和型的专一性，即一种噬菌体只能裂解一种相应的细菌，或仅能作用于该种细菌的某一类菌株，故可利用这一性质作细菌的鉴定。如利用噬菌体鉴定未知的细菌是否为炭疽杆菌、鼠疫杆菌等。此外，噬菌体还具有型的特异性。目前已利用噬菌体将金黄色葡萄球菌分为132个型，将伤寒杆菌分成72个型。

3. 用于预防和治疗传染性疾病　由于噬菌体具有强大的溶菌作用，人们很早即用其预防和治疗传染性疾病。例如，应用噬菌体防治仔猪副伤寒、犊牛副伤寒、幼畜大肠埃希菌病和雏鸡白痢等。在创伤感染时应用葡萄球菌、链球菌、绿脓杆菌等细菌的噬菌体取得了良好的疗效。

4. 测定辐射剂量　某些噬菌体，如大肠埃希菌噬菌体T2，对辐射剂量的反应不但极为敏感而且精确。在特定条件下，用射线照射噬菌体一定时间，通过测定其剩余侵染力，可计算出射线的辐射剂量。目前应用其他理化学方法难以获得数据时，可利用本法直接测出辐射的生物学效应。

5. 检验植物病原菌　植物种子可被植物病原菌感染，利用噬菌体检测种子所携带的植物病原菌是对植物进行快速检疫检验的手段之一。将植物种子培养在液体培养基中，有针对性地加入定量的某种噬菌体，培养一定时间，再用双层琼脂技术进行检查，如果噬菌体数目增多，即证明该种子带有与噬菌体相适应的病原菌。

6. 作为分子生物学的研究工具　噬菌体结构简单，其基因数较少，已成为研究核酸复制、转录、重组以及基因表达的调节、控制的重要对象，促进了分子生物学等学科的发展。还可作为基因的载体，故噬菌体被广泛应用于遗传工程的研究。

◈ 参考文献

冯书章，刘军，孙洋．2007. 细菌的病毒——噬菌体最新分类与命名［J］．中国兽医学报，27（4）：604－608.
韩文瑜．1992. 病原细菌检验技术［M］．长春：吉林科学技术出版社．
黄翠芬．1982. 医学细菌分子学进展［M］．北京：科学出版社．
陆承平．2008. 兽医微生物学［M］．第四版．北京：中国农业出版社．
上海第二医院．1979. 医用微生物学［M］．北京：人民卫生出版社．
卫扬保．1989. 微生物生理学［M］．北京：高等教育出版社．
武汉大学，复旦大学．1980. 微生物学［M］．北京：高等教育出版社．
张纪中，等．1990. 微生物分类学［M］．上海：复旦大学出版社．
中国农业百科全书编辑部．1991. 中国农业百科全书：生物学卷［M］．北京：农业出版社．
中国农业百科全书编辑部．1993. 中国农业百科全书：兽医卷［M］．北京：农业出版社．
陆卫平，H G Schlegel，等，译．1990. 普通微生物学［M］．上海：复旦大学出版社．
邓瑞麟，E. Jawetg，等，译．1983. 医学微生物学［M］．北京：人民卫生出版社．
程光胜等，译．1983. 微生物研究法讨论会．微生物学试验法［M］．北京：科学出版社．
Murnhy F A, et al. 1995. Virus Taxonomy Sixth Report of International Committee on Taxonomy of Virus.

李祥瑞　编

第三十二章　痘病毒科

痘病毒科（Poxviridae）若干成员在感染人和动物后常引起局部或全身化脓性皮肤损害。学名中的“Pox”来自英语，意“痘”或“脓疱”。Jenner（1798）描述的牛痘病毒预防人类天花，是病毒免疫的里程碑。目前痘苗病毒及其他痘病毒被作为基因工程疫苗的载体广泛应用。动物痘病毒引起的疾病中，鸡痘、羊痘及羊口疮危害较严重，其中牛痘病毒具有公共卫生意义，黏液瘤及皮肤疙瘩病病毒等是检疫对象。根据ICTV2009年病毒最新分类报告，将痘病毒科分为两个亚科：脊椎动物痘病毒亚科（Chordpoxvirinae），有9个属，除疣病毒属外，均对动物有致病性；昆虫痘病毒亚科（Entomopoxvinae），有3个属。还有些病毒至今尚未归属。目前从蜥蜴、蛙、鹿、袋鼠等新分离的痘病毒尚未鉴定，而且仍在继续从有些野生动物中分离新的痘病毒。此外，随着研究的不断深入，对痘病毒的致病性有新的认识，例如昆虫痘病毒原先只知道对昆虫致病，近年来又发现它对鱼类有致病作用。痘病毒能感染人和多种动物，并能引起全身性或局限性的痘疹。

痘病毒科成员是所有病毒中体积最大、结构最复杂的双股DNA病毒，病毒在细胞质内复制和装配，这种特性与脊椎动物的其他DNA病毒不同。病毒粒呈砖形或椭圆形，大小（300～450）nm×（170～260）nm，氯化铯浮力密度1.1～1.33g/cm^3。有核心、侧体和包膜，核心含有与蛋白结合的病毒DNA。DNA为线型双链，相对分子质量（85～240）×10^6，鸟嘌呤和胞嘧啶的碱基含量低。病毒粒中有30种以上的结构蛋白和几种酶，核心蛋白中含依赖于DNA的RNA多聚酶。病毒在细胞质内增殖，形成包涵体，病毒粒子由微绒毛或由细胞裂解而释放。

痘病毒科中的天花病毒早在5 000年前在亚洲就有存在。公元前1160年在古埃及有疑似天花出现，公元302年叙利亚有天花流行的记载。中国医书《时后方》对天花也有记载。约公元900年，Rhazes描述了天花的临床表现。由此可见，对天花的认识，我国远早于其他国家。1966年以前，人们虽然采取各种措施控制天花的发生，但效果不佳。后经10年的努力，终于在1977年10月，在索马里消灭了最后一个天花据点。世界卫生组织正式宣告全世界消灭了天花。随着天花的灭绝，天花疫苗也不再被使用。然而以痘苗病毒为载体、携带多种病毒抗原基因的重组DNA疫苗仍是目前广泛研究的课题。

[形态结构] 爬行动物的正病毒形状像正痘病毒，但其表面的细微结构却又与副痘病毒相似，它们没有其他病毒的那种核衣壳，因此称它们为“复杂病毒”。痘病毒的形态很独特，在电镜下为卵圆形或砖形颗粒，大小为（170～260）nm×（300～450）nm，病毒颗粒大致由囊膜、核心和侧体三部分组成。病毒的外膜高度卷曲，厚度为20～30nm，由磷脂、胆固醇和蛋白质组成。外膜表面有许多直径为8～15nm的线索，这些线索在不同属痘病毒间的排列方式不同。有的呈桑葚状，有的呈毛球状，也有的有规律地交叉，如同捆绑在包裹外的绳索。核心直径为100～200nm，两面凹陷呈哑铃状，其内部含有病毒DNA和几种蛋白质。在负染标本中，有时可见核心内含有致密的丝状物质，常呈S状。紧贴于核心周围的是一层透明带，带中有由细短突起组成的栅栏状结构，其外是一层由蛋白和脂类组成的囊状层。两个椭圆形的侧体位于核心的凹陷处，其功能与本质目前尚不清楚。

[理化特性] 痘病毒的理化学特性研究得比较清楚。该病毒的高度提纯品大约含有92%的蛋白质，3.2%的DNA，1.2%的胆固醇，2.1%的磷脂，1.7%的中性脂肪，还有一些微量的铜、核黄素和生物素。

病毒核酸是双股DNA，大小从130 kb到280 kb不等，其相对分子质量为1.22×10^8（痘苗病毒），而有的则可高达2.0×10^8（禽痘病毒）。痘苗病毒的基因组有191 636 bp，且已全部被测序。核酸的G+C含量为（35～40）mol%。在正痘病毒中，限制酶图谱为不同来源病毒株的分类提供了决定性标准。

病毒粒子约有100多种多肽，核心蛋白包括一种转录酶和几种其他酶。病毒含有多种可通过免疫扩散实验确定的抗原。尽管多种病毒有自己特异的多肽，但多种抗原有属特异性。还有一些抗原是所有脊索动物正病毒所共有。同属病毒之间有广泛的交叉中和与交叉保护作用，但不同属的病毒之间却无此作用。同属病毒之间很容易发生遗传重组，不同属的病毒之间则不能。痘苗病毒的核心内含有10种酶，包括依赖DNA的RNA聚合酶、鸟苷酸转移酶和甲基转移酶等，以及核苷酸磷酸水解酶、DNA酶和蛋白激酶等。

早期研究表明，毒粒的沉降率为5×10^3。其密度在稀释的缓冲液中为$1.16g/cm^3$，在57%的蔗糖溶液中为$1.25g/cm^3$，在酒石酸钾溶液中为$1.20g/cm^3$，毒粒的重量为$4.5\times10^{-15}g$。以上数据均获自痘苗病毒。痘病毒在生理pH时均带负电荷。

痘病毒对干燥有一定的耐受，室温可耐受几个月，100℃可耐5～10min。正痘病毒和许多禽痘病毒对乙醚有抵抗力，但副痘病毒、羊痘病毒和兔痘病毒对乙醚敏感。病毒在－70℃可存活多年，保存于50%甘油中的痘病毒可在0℃以下存活3～4年。

痘病毒基因组长度差异较大，而正痘病毒基因组又有独特特点。采用温和的DNA提取办法可获得完整的无缺口的病毒DNA分子，这种DNA分子无感染性。正痘病毒属不同毒株之间基因组有70%～90%的同源性。痘病毒基因组有以下特点：

（1）*DNA末端的发夹结构*　痘病毒末端有单链的发夹结构，即末端交叉连接。由于这一结构，原始基因组和末端的酶切片段在碱处理或加热变性后可以很快复性。对痘苗病毒DNA末端进行克隆和序列分析结果表明，每一末端有104个核苷酸并不完全配对，这些核苷酸存在两种形式，呈倒置互补，称为“反转”发夹结构，即使在合适的构形中，还有10个核苷酸不能配对。

（2）*DNA末端的倒置重复序列*　正痘病毒基因组具有较长的末端倒置重复序列。不同毒株的末端倒置重复的长度不同，痘苗病毒、牛痘病毒和猴痘病毒的末端倒置重复的长度约有10kb，而兔痘病毒和鼠痘病毒则仅为约有5 kb，天花病毒则小于2 kb。这些末端倒置重复序列可能与其增值方式有关。

（3）*痘病毒基因组的保守区与变异区*　正痘病毒属成员基因的酶切图谱非常相似。有人采用酶切分析法比较了5种正痘病毒15个毒株的DNA结果，用*Hind* Ⅲ酶切后发现，中央区大约有120kb区段是保守的，但其中也存在一些型特异的差异，特别是鼠痘病毒。目前已经证实，这一中央保守区主要编码与病毒增殖有关的重要酶类。病毒基因组近末端的变异则较大，包括长度和序列两方面的变异，这些区域与病毒的型特异性、宿主范围等有关。

［**病毒复制**］痘病毒基因组有许多独立的开放阅读框（ORFs），包括由启动子控制转录期的三种基因：①早期基因：是指在基因组脱衣壳过程或之前所表达的基因，主要编码许多非结构蛋白，包括基因组复制过程中所需要的酶以及DNA、RNA和蛋白质修饰所需要的酶；②中期基因：是那些在病毒复制过程中所表达的酶，其主要功能是调节晚期基因的转录；③晚期基因：在基因组复制后表达，其主要功能是编码病毒蛋白。mRNA 5′端有帽子结构，3′端有多聚A尾巴。许多晚期mRNA和一些早期mRNA有5′多聚A序列。早期蛋白的合成一般在晚期基因表达时降低，但一些基因在由早期启动子启动表达后，还可由晚期启动子启动再表达。有些蛋白在翻译后往往需要被修饰，这些修饰包括蛋白酶的切割、糖基化、磷酸化等。

病毒吸附细胞后，病毒囊膜和细胞质膜融合，或者通过胞吞作用进入细胞，然后病毒核心被释放到细胞浆。经15～20min，在核心内酶的作用下转录出早期mRNA并得到表达。这些表达产物协助核心进一步脱衣壳，并使DNA复制及中期基因转录。病毒基因组复制后，在晚期基因活化子的作用下，转录出晚期基因，晚期基因的表达产物主要是病毒的结构蛋白。病毒核心与侧体由一层脂蛋白膜包囊后在高尔基体获得囊膜。病毒整个复制过程均发生在细胞浆中，并形成B型包涵体，被称为“毒浆”或“病毒加工厂”。大多数成熟的病毒粒子通过细胞裂解而被释放，少数粒子可通过胞吐作用被释放。成熟的毒粒有两种形式，即有囊膜的和无囊膜的。它们均有感染性。

感染的细胞能分泌几种由病毒基因编码的蛋白质，它们能诱导宿主产生免疫应答。其中有些蛋白质类似于表皮生长因子和补体调节蛋白，另一些蛋白可抵抗病毒的干扰作用并抑制免疫应答。

[血凝性] 痘苗病毒、天花病毒、牛痘病毒、猴痘病毒和小鼠脱脚病病毒等正痘病毒属成员，其悬液或其感染细胞的抽提物，能够凝集火鸡红细胞和某些品种的鸡红细胞。病毒的血凝素是一种脂蛋白，应用离心沉淀方法，可将血凝素由病毒粒子上分离下来。其为直径50～65nm的颗粒，可耐100℃煮沸加热。借助红细胞吸附试验，也可证明痘苗病毒和天花病毒感染的细胞胞膜上有血凝素存在。已经吸附于红细胞上的血凝素不会自动由细胞上脱落下来。感染动物可以产生抗血凝素抗体，但这种抗体没有中和病毒作用。

[抗原性] 痘病毒的抗原结构颇为复杂，应用补体结合、中和、血凝抑制和琼脂扩散等试验都可检出许多抗原成分。痘病毒的核心中有一种核蛋白抗原，即NP抗原，这是所有脊椎动物痘病毒所共有的抗原成分。应用中和试验可以测出各种毒株之间的微小抗原差异。有些同属病毒的各成员之间存在着许多共同抗原和广泛的交叉中和反应。但在不同属的病毒之间常无交叉中和作用。

[病毒培养] 大多数痘病毒可用鸡胚培养，病毒易在鸡胚绒毛尿囊膜上生长，并产生痘斑或结节性病灶，痘斑的形状和大小因病毒的种类和毒株的不同而异。天花病毒和黏液瘤病毒引起小而分散的灰白色痘斑，而痘苗病毒则形成大而中心坏死的痘斑，牛痘病毒和某些嗜神经性痘苗毒株产生出血性痘斑，兔纤维瘤病毒则引起极细小的痘斑，甚至用肉眼难以看到。各种正痘病毒在鸡胚中生长时对温度的耐受不同，如猴痘和鼠痘病毒为39℃，天花病毒为38.5℃，牛痘病毒为40℃，痘苗病毒和兔痘病毒为41℃。此差别可用于各种正痘病毒的鉴别。

痘病毒易在组织培养的细胞内增殖，并常常产生明显的细胞病变或蚀斑。常用于痘病毒培养的细胞有牛肾细胞、兔肾细胞、Hela细胞和鸡胚成纤维细胞。

[致病性] 痘病毒的感染常引起人和许多动物全身性或局部性皮肤痘疹，但各类痘病毒的感染范围不同。大多数痘病毒感染其专一的天然宿主，并不感染其他动物，例如兔的黏液瘤病毒、小鼠的脱脚病病毒和牛的丘疹性口炎病毒等。但牛痘病毒和接触传染性脓疱性皮炎病毒可感染多种动物，甚至可感染人。鸡痘病毒则可感染多种禽类，但与其他哺乳动物互不交叉感染各自的天然宿主。而且禽类的痘病毒引起的病变与哺乳动物的病变不同，主要呈增生性和肿瘤样，而不是脓疱。

大多数痘病毒感染的特征，是在感染细胞内形成一个或多个胞浆内包涵体。这种包涵体为圆形或卵圆形，姬姆萨染色呈红紫色，HE染色呈紫色。

痘病毒易在动物体内引起全身性感染，出现病毒血症，使全身皮肤出疹，最初为皮肤各层的增生，随即发生坏死。兔的纤维瘤病毒则诱发结缔组织性的良性肿瘤。在各类痘病毒引起的疾病中，人的天花最为严重，它传播极快，重型天花的死亡率15%～30%。在动物的痘病毒感染中，以绵羊痘和鸡痘最为严重，并有较高的死亡率。

[传播] 痘病毒可通过多种途径在动物间传播，皮肤的伤口感染或由污染环境的直接或间接传染。例如口疮病毒还可通过呼吸道感染，绵羊痘、猪痘、鸡痘及黏液瘤也可通过昆虫叮咬感染。

第一节 正痘病毒属（*Orthopoxvirus*）

正痘病毒属各病毒成员呈砖形，大小约为200nm×200nm×250nm。病毒对乙醚有抵抗力。本属各病毒之间有广泛的血清交叉反应。病毒感染的细胞可以合成血凝糖蛋白，可凝集某些禽类的红细胞。病毒可以感染多种实验动物，并可在多种组织培养物上生长，但它们的自然宿主范围却相对较窄。病毒基因组DNA为170～250kb，G+C含量约为36mol%。本属各病毒之间的DNA有广泛的同源性。DNA

酶切图谱分析表明，和美国种的毒株相比，欧亚非种的毒株有其独立的进化史。

正痘病毒包括骆驼痘病毒、牛痘病毒、鼠痘病毒、猴痘病毒、浣熊痘病毒、痘苗病毒、天花病毒和田鼠痘病毒等。

痘苗病毒（*Vaccinia virus*，VACV）

痘苗病毒是痘病毒在实验室长期用作研究的“模型”病毒，是正痘病毒属的代表种。其生物学特性和 DNA 限制性酶切图谱与牛痘病毒（*Cowpox virus*）有明显的不同。痘苗病毒曾成功地用于预防人类的天花。但因其宿主范围广，有时可在家畜和实验动物中引起疾病的传播，如牛的乳头感染和鼠痘。1963 年，在荷兰的 36 例牛痘中有 8 例是由痘苗病毒引起的。

［**形态与理化特性**］痘苗病毒具有典型的正痘病毒特征，成熟的病毒粒子为砖形。病毒具有血凝素，可以凝集火鸡和鸡的红细胞。

［**抗原性**］痘苗病毒在抗原性上与牛痘病毒和天花病毒极为相似。但交叉补体结合试验、琼脂扩散试验可检测出它们之间的微小差异。中和试验的特异性较高。

［**培养**］痘苗病毒可在鸡胚绒毛尿囊膜上生长并引起直径达 3～4mm 的痘斑，中心坏死，且常呈出血性。大剂量接种鸡胚常可致死。痘苗病毒在鸡胚成纤维细胞上形成蚀斑。

［**致病性**］痘病毒的宿主范围较广，皮内或划痕接种多种实验动物均可出现局部病变，且常可以传代。它能引起人、牛、水牛、猪、猴、骆驼、象、绵羊、家兔及鼠类的感染，痘苗病毒疫苗株成功地用于天花的预防。但疫苗株痘苗病毒仍有一些缺陷和不足，如常发生种痘后疹以及种痘后紫癜、坏疽痘。

多年来的体外研究表明，痘苗病毒基因组中约 1/3 的基因并非自身复制所必需，但体内感染证明，某些非必需区是体内增殖必需的。致病基因研究表明，痘苗病毒具有逃避机体免疫攻击的机制。痘苗病毒合成的相对分子质量为 35 000 的分泌蛋白与 C4 结合，抑制经典的补体激活途径。此外，痘苗病毒具有一定的抵抗干扰素的作用。另外，痘苗病毒还产生一种丝氨酸蛋白酶抑制剂，可抑制痘苗病毒表达的外源蛋白与抗体之间发生反应。痘苗病毒基因组中还存在着与肿瘤坏死因子、白介素-1 和白介素-6 受体相对应的 ORF。推测其产物可能与这些细胞因子受体结合。研究还表明痘苗病毒的 TK 基因和 HA 基因也属致病基因。

牛痘病毒（*Cowpox virus*，CPXV）

牛痘病毒可引起牛的良性发痘，多发生于乳牛，主要侵害乳房和乳头的皮肤，易通过挤乳工人的手或挤奶机而传染。处女牛、公牛、役用牛和肉用牛等很少发生牛痘。

［**形态与理化特性**］根据生物学特性，可在实验室将牛痘病毒和痘病毒区分开。牛痘病毒的基因组较大，约有 220kb，而痘苗病毒则只有 192kb。

自 20 世纪 60 年代初，在不同的动物园动物和马戏团动物，包括大象和大型猫科动物中均见有牛痘病毒的感染。啮齿类动物对本病毒的感染使其在自然界得以保持。在英国还常见到家猫感染牛痘病毒。本病毒有广泛的宿主，或许是因为与有感染性啮齿类动物的接触，这种病毒病能在多种动物中散发。大型猫科动物感染本病毒后比较严重，并常可引起死亡。

［**抗原性**］牛痘病毒在抗原上与痘苗病毒、天花病毒极为相似。可以用交叉补体结合试验、琼脂扩散试验、抗体吸收试验鉴别它们之间的微小差异，以中和试验的特异性较高。

［**培养**］牛痘病毒在鸡胚绒毛尿囊膜上生长良好，可产生出血性痘斑，但在 40℃以上的温度中不产生出血性痘斑。近年来发现引起白色痘斑的变异毒株。

牛痘病毒可以在鸡胚组织细胞、人胚肾和牛胚肾原代细胞培养物内生长并形成蚀斑、合胞体和细胞膨胀等细胞病变。

［**致病性**］在自然条件下，只侵害母牛乳头和乳房等的皮肤。潜伏期一般为 3～8d，发病症状表现为病初体温略高，食欲减少，乳头和乳房局部皮肤敏感、温度增高，不久出现红斑、水肿，接着形成多

发性水疱，并迅速出现脓疱，结痂脱落后，形成痂痕。在无细菌继发感染时，病牛常无全身症状。本病一旦传入牛群，即迅速传播，直到所有母牛均被感染为止，并常传染给挤乳工人，在其手、臂甚至脸部出现痘疹，比初次接种痘苗时的病变还要强烈，病灶常常坏死。

实验感染时，牛痘病毒易感染家兔、豚鼠、小鼠和猴，还有报道称狮子和穿山甲曾暴发过牛痘。牛痘病毒亦可感染象和虎，除皮肤病变外，某些动物还发生致死性肺炎。

病毒常传染给挤奶工人，在其手、脸部出现痘疹。

[免疫] 病牛痊愈后，可以获得长达几年的免疫保护。应用痘苗接种，可以预防牛痘感染。

[诊断] 最好采用水疱液，以负染方法做电镜观察，可见到典型的病毒粒子，并可直接与假牛痘（副牛痘）、疱疹病毒、口蹄疫和牛乳头瘤病毒相鉴别。也可将水瘤液接种鸡胚、单层细胞，或皮肤划痕接种于家兔的皮肤，观察病变。

可用补体结合试验、琼脂扩散试验等方法做诊断。

骆驼痘病毒（*Camelpox virus*，CMLV）

骆驼痘病毒最早于1909年发现和记载于印度。该病毒可引起骆驼全身性发病，造成大范围的皮肤损伤。该病传播甚广，在大量饲养骆驼的地方几乎都有骆驼痘的存在，特别是在中东以及东非和北非，常在夏秋季出现暴发。

[形态与理化特性] 在电镜下，本病毒形态、大小与痘苗病毒及牛痘病毒一致。病毒核酸为双股DNA，相对分子质量为160×10^{6}。同属中不同种的病毒可进行基因重组，且表现广泛的血清学交叉反应及核酸的同源性。

本病毒对干燥和低温有较强的抵抗力。病毒在60℃存活15min，90℃存活1～2min。煮沸时病毒立即死亡。病毒对乙醚、氯仿敏感。最适pH6.8～7.4，pH3.0～4.5不能生存。

[抗原性] 骆驼痘病毒与牛痘病毒、痘苗病毒及天花病毒之间的抗原关系密切，用间接免疫荧光试验发现有交叉荧光现象。但与绵羊痘、山羊痘及结节皮肤病等病毒之间却无交叉荧光现象，与禽痘病毒及羊传染性脓疱口疮病毒之间也无交叉荧光现象。骆驼痘病毒与绵羊痘、山羊痘病毒的抗原性不同。

[培养] 骆驼痘病毒的东非毒株可在多种细胞培养物中增殖，包括幼龄鼠肾（BHK-21）、绿猴肾细胞，羔羊及牦牛睾丸、肾细胞和骆驼肾细胞等，并能产生细胞病变及空斑。在Hela、GMK-AH1、BSC-1及WISSH传代细胞培养物中可形成多核巨细胞。骆驼痘病毒可在鸡胚中培养。

[致病性] 自然感染的潜伏期，成年驼为6～15d，幼驼为4～7d。骆驼感染后的初期体温升到40～41℃，拒食，结膜及口鼻黏膜充血，口、鼻液呈浆液性后变混浊黏液，头部淋巴结肿大。之后出现皮疹，多在头部而后在胸下、腹部、前肢股内等处。皮疹初为浅红至灰色小斑，其下为结节并逐渐增大，成灰色丘疹。水疱期较短，之后形成脓疱。在脓疱破裂后成为痂皮，经几周后脱落形成无毛疤痕。幼驼或新生驼多为急性经过，发生腹泻，有的经过3～9d死亡。

该病自然病例仅发生于骆驼，病驼可能是唯一的传染源。病毒有较高度的传染性，主要是通过接触传染或通过飞沫传染。发病表现周期性和季节性，通常是在7—8月间，在雨季最常流行并较严重。

[免疫] 各种年龄的骆驼均易感，幼驼发病率高且病情较严重。在老疫区，成年驼很少发病。

[诊断] 主要有两种方法。一种方法为病原学检查，在电镜下检查病毒，用鸡胚或细胞培养物分离鉴定。另一种为血清学检查，应用中和试验、琼脂扩散试验等检查病驼的抗体。

猴痘病毒（*Monkeypox virus*，MPXV）

猴痘病毒能引起猴和猩猩的一种以皮肤出疹为特征的急性热性传染病。1958年报道了首例猴痘，是在哥本哈根的一个实验室圈养的亚洲猴中发现的。1958—1968年间，在美国和欧洲曾发生8次猴痘的大暴发，其间发现过猴的全身性感染。据报道我国猴群中猴痘病毒抗体阳性率为3.7%。

[形态与理化特性] 病毒粒子呈砖形或卵圆形，直径为200～250nm，由哑铃状核心、球状侧体和

囊膜组成。病毒对乙醚有抵抗力，易被氯仿、苯酚、甲醇和甲醛灭活。56℃ 30min 可完全灭活，冻干可保存 18 个月，－20℃以下可长期保存。

猴痘病毒可在 37℃以下凝集鸡红细胞，对马、绵羊、小鼠、豚鼠、仓鼠及人 O 型红细胞不发生凝集作用。

[抗原性] 猴痘病毒与正痘病毒属其他成员具有相同的结构抗原与可溶性抗原。用补体结合试验、琼脂扩散试验不能与天花病毒和痘苗病毒区分，用血凝抑制试验和中和试验可以区分不同株之间微小的抗原差异。

[培养] 猴痘病毒可在猴肾细胞、人羊膜细胞、鸡胚成纤维细胞和 Hela 细胞培养物中增殖并产生病变。也可在鸡胚绒毛尿囊膜上生长，并产生白色痘疱和绒毛尿囊膜水肿。

[致病性] 各种猴类，包括狒狒和猩猩，均易感染猴痘。幼猴感染时常导致死亡。猩猩的症状轻重不一。病初体温升高，7～14d 内出现皮疹，皮疹多而散在，直径 1～4mm，最多出现于手掌和脚掌上，其次是脸部、口腔黏膜、躯干、臂部和四肢皮肤。皮疹迅速变为水疱和脓疱，最后干涸结痂。病变组织进行组织学检查时，可见到上皮细胞变性，炎症细胞浸润，并在感染细胞内见到大量的嗜酸性包涵体。

[免疫] 病后恢复动物具有坚强持久的免疫力。应用痘苗病毒接种，对猴痘病毒也有较好的免疫预防作用。

[诊断] 电镜观察病料中的负染毒粒就可对本病进行确诊。由于猴痘病毒与痘苗病毒关系密切，可产生很强的交叉反应，给血清学检测带来困难，多不采用。

兔痘病毒（*Rabbitpox virus*，RPXV）

兔痘病毒是引起兔痘的一种高度接触性传染病的病原体，是痘苗病毒的一个分离株。1932 年，在美国纽约州的兔群中发生一种严重的高度致死性疾病。1936 年被证实其病原为痘病毒，此后欧洲一些国家也相继发现有兔痘发生。

[形态与理化特性] 兔痘病毒粒子呈卵圆形，有囊膜，大小为 200～300nm。对乙醚和脱氧胆酸盐有抵抗力，但对氯仿较敏感。在生理盐水中，60℃ 10min 可灭活，在－70℃保存稳定。但易被氧化物或含巯基化合物所破坏。

[抗原性] 兔痘病毒的抗原性与痘苗病毒极相似，有交叉抗原关系。病毒一般没有凝集红细胞作用。

[培养] 兔痘病毒易在 11～13 日龄的鸡胚绒毛尿囊膜上生长，并产生痘疱，多见出血，但也可产生白色痘疱。病毒可在多种动物的细胞培养物中增殖，有兔肾细胞、牛胚肾细胞、鼠肾细胞、仓鼠肾细胞和 Hela 细胞，并产生细胞病变。病变细胞浆内可以见到嗜酸性包涵体。

[致病性] 兔痘的潜伏期为 3～5d，有的则可达 10d 以上。典型病例的最早症状是体温明显增高，呼吸困难，极度衰弱和畏光。本病的特征症状是全身淋巴结，特别是腹股沟淋巴结和腘淋巴结肿大。痘病变可分布于全身，最常见于耳、唇、眼睑等处皮肤。角膜出现弥漫性炎症，并常出现角膜溃疡。病兔常因支气管肺炎而死亡，成年兔的死亡率约为 10%～20%，幼兔则可高达 70%。

[免疫] 自然或人工感染后的家兔具有坚强的免疫性，对兔痘及皮内或划痕接种的痘苗病毒均显现一定的抵抗力。

[诊断] 确诊应采取病变组织进行荧光抗体检查，或接种鸡胚绒毛尿囊膜、兔和鼠源肾细胞分离病毒。对新分离的病毒可用免疫荧光试验、血凝抑制试验、交叉保护试验进行鉴定。

第二节　副痘病毒属（*Parapoxvirus*）

副痘病毒属包括羊接触传染性脓疱性皮炎病毒、假牛痘病毒、牛丘疹性口炎病毒、新西兰红鹿副痘病毒。暂定种有骆驼接触传染病脓疱病毒、羚羊接触性传染性脓疱病毒、海豹痘病毒等。其代表株是羊接触传染性脓疱性皮炎病毒。副痘病毒属的病毒为卵圆形，大小为（220～300）nm×（140～170）nm。

具有由特征的连续性左螺旋样蟠管构成的编织样外形。病毒对乙醚敏感。不耐酸，60℃ 30min 可使其灭活。基因组为 130～150kb，G+C 含量为 64mol%。本属病毒的许多毒株间有广泛的 DNA 交叉杂交性和血清学交叉反应性。交叉杂交和 DNA 图谱表明各成员的核苷酸序列存在一定的差异。副痘病毒大多源自偶蹄兽和偶蹄家畜。它们在细胞培养物上的宿主范围比较窄，一般不能在鸡胚绒毛尿囊膜上生长，但可在绵羊或牛的组织培养细胞内增殖，并产生细胞病变。

羊接触传染性脓疱性皮炎病毒（*Orf virus*，ORFV）

本病毒是副痘病毒属的代表种，又名羊接触传染性脓疱病毒、羊口疮病毒、羊接触传染性脓疱性口炎病毒，本文称之为羊口疮病毒。由本病毒引起的羊口疮是山羊和绵羊的一种比牛痘和牛丘疹性口炎更为严重的疾病，在世界范围内发生。羔羊对此病毒最敏感，人也能感染。

［**形态与理化特性**］在负染标本中，病毒粒子长 250～280nm，宽 170～200nm，呈椭圆形的线团样，还有锥形、砖形以及特殊的中空线团样球形粒子。表面呈特征的编织螺旋结构，粒子外常有被膜包裹。病毒粒子核心中含有双股 DNA，每个病毒粒子含有 2.85×10^{-6}g DNA。病毒对干燥具有极高的抵抗力，干燥痂皮内的病毒可存活数月之久，这一特征使得本病一旦在羊群中发生便很难根除。病毒对乙醚和氯仿敏感。55℃存活 30min，煮沸 3min 则可使其灭活。

［**抗原性**］羊口疮病毒与正痘病毒属成员，包括绵羊痘等没有交叉保护力，但耐过山羊痘的动物对羊口疮病毒具有一定的免疫力。通过补体结合试验和琼脂扩散试验证实，本病毒与其他副痘病毒有明显的抗原交叉反应，与某些正痘病毒的交叉反应不明显。在各地分离到的羊口疮病毒毒株在抗原性上不尽相同，但各株之间可以产生交叉免疫保护力。

［**培养**］羊口疮病毒不能在鸡胚绒毛尿囊膜上生长，但可在许多组织培养细胞培养物内增殖，并产生细胞病变。羔羊和犊牛的原代睾丸细胞是羊口疮病毒的最佳培养物，细胞病变比较明显。

［**致病性**］羊口疮病毒可以感染各种年龄的绵羊和山羊，但羔羊和幼龄羊更为易感。

本病的特性是在口唇、眼和鼻孔周围的皮肤上出现丘疹和水疱，并迅速变为脓疱。哺乳母羊由于发病羔羊的感染而发生乳房病变，因此拒绝羔羊吮乳。

羊口疮的发病率比较高，但死亡率比较低，在卫生条件不良的羊群中，羔羊的死亡率可高达 20%。

人工刺种羊的口腔、齿龈、黏膜或皮肤划痕，均易引起感染。用病料划痕接种于家兔唇部或肘内、股内等部位，接种后 2～3d，局部红肿、发炎，并形成水疱。人在接触病羊时，常可发生感染，病变多发生于手、腕或脸部。

自然条件下，病毒主要经皮肤或黏膜上的微小刺伤或擦伤而侵入，因接产病羊或被污染的厩舍和用具等而感染。

［**免疫**］自然感染的痊愈羊具有持久的坚强免疫力。在母羊产羔前几周，可用市售的由绵羊的感染性痂皮制成的活毒疫苗对其接种。接种时一般在腋窝的皮肤上划线比较好。接种后皮肤上出现一个局限性损伤，这样将会产生一个短期的免疫，从而降低母羊在产羔期间感染该症的可能性，也就降低了本病在羔羊中流行的可能性。另外，已研制的弱毒疫苗效果较好。

［**诊断**］羊口疮传播迅速，病变特征，一般诊断不难，但较易与绵羊痘混淆。其鉴别要点是：羊口疮的病变通常局限于口唇和眼、鼻周围，病羊不显全身症状；而绵羊痘病羊体温升高，痘疹或痘疱呈全身性分布，痘疱常呈脐状，全身反应比较严重。电镜观察可确诊本病。此外，可应用补体结合试验、琼脂免疫扩散试验，诊断本病比较特异。还可应用血细胞凝集试验、反向间接血凝技术、免疫荧光抗体技术效果较好。

牛丘疹性口炎病毒（*Bovine papular stomatitis vivus*，BPSV）

牛丘疹性口炎病毒又称牛传染性溃疡性口炎病毒、假口疮性口炎病毒，主要引起牛，特别是犊牛的疾病。

［形态与理化特性］ 牛丘疹性口炎病毒比其他痘病毒略小，直径为 250nm×125nm，具有单层或双层外膜。负染标本电镜观察时，其形态与假牛痘病毒及羊口疮病毒相似。

［抗原性］ 本病毒与假牛痘和羊口疮病毒的抗原性关系密切，但除共同的核蛋白抗原外，不与其他痘病毒的可溶性抗原呈现交叉反应。

［培养］ 本病毒不能在鸡胚尿囊膜上生长，但可在牛、羊的原代睾丸细胞培养物内增殖并产生细胞病变，常出现胞浆内包涵体。

［诊断］ 确诊时采取新鲜病变材料作包涵体和病毒粒子检查，或者进行病毒的分离和鉴定。

假牛痘病毒（*Pseudocowpox virus*，PCPV）

假牛痘病毒又称挤奶者结节病毒（*Milk's nodule virus*）或副痘苗病毒（*Paravaccina-virus*）。假牛痘病毒能引起泌乳母牛的乳房和乳头形成增生病变。局部知觉过敏，病牛抗拒挤乳。本病在乳牛群中传播很快，并感染人。

［形态与理化特性］ 病毒呈卵圆形或圆柱形，直径为 290nm×170nm。用膜蛋白酶处理的病毒粒子经电镜观察可见到中央呈致密的核心，外由十字形交叉的同轴性索状结构包围，使病毒粒子呈线团样。

本病毒对乙醚中等敏感，氯仿可在 10min 内使之灭活。−70℃保存长期不失毒力。

本病毒无血凝素。

［抗原性］ 本病毒与痘苗病毒、牛痘病毒无交叉免疫性。但在血清学上，本病毒与接触传染性脓疱性皮炎病毒和牛丘疹性口炎病毒难以区别。

［培养］ 假牛痘病毒在鸡胚绒毛尿囊膜上培养不产生痘斑。在牛、羊睾丸及人羊膜等细胞培养物中生长并产生细胞病变。在感染的细胞浆内形成包涵体及许多大小不等的嗜酸性颗粒。在 BHK - 21、L 细胞及 KB 细胞等传代细胞培养物中不产生细胞病变。

［致病性］ 假牛痘的临床表现，首先是在乳头上出现一个小脓疱，然后很快结为红色小疱，中间凹陷，边缘扩展，然后结痂。痂的中间脱皮，形成本病所特有的“戒指”或“马蹄”状疤痕。这样的几个疤痕融合后会形成一种条形疤痕。溃疡比较少见。这种损伤常可在 6 周内愈合而不留痕迹。有时在哺乳小牛的嘴唇和口腔内也发生相同的损伤。

［诊断］ 可采取病牛乳头上的新鲜材料，制成超薄切片后直接作电镜检查而作出确诊。因假牛痘病毒的形态特征与牛痘病毒不同，两者易于区别。另外将病料作细胞培养和实验动物感染试验也可获得确诊。

第三节　禽痘病毒属（*Avipoxvirus*）

禽痘病毒属目前认为有 10 个种，包括鸡痘病毒、火鸡痘病毒、鸽痘病毒、金丝雀痘病毒、燕八哥痘病毒等，鹅、鸭有时也感染痘病毒。鸡痘病毒是其代表种。在自然条件下，每一型病毒只对同种宿主有强致病性，各种禽痘病毒彼此之间在抗原性上有一定的差别，但通过人工感染也可使异种宿主致病。禽痘病毒属的病毒毒粒为砖形，大小为 330nm×280nm×200nm。基因组 DNA 为 300kb。病毒对乙醚有抵抗力。不同成员间有广泛的血清学交叉反应，并有一定程度的交叉保护性，部分病毒可在感染细胞内产生 A 型包涵体。本属病毒可在禽源细胞培养物上良好生长，但在哺乳动物的细胞培养物上不能良好生长。

传说该病在史前就存在。100 年前，有人认为该病是由滤过性因子所引起的。随后，发现病毒可以引起皮肤发痘疹，也作用于黏膜，并引起病变。1904 年有人在用鸡痘疹病灶进行涂片检查时发现有不少微细的小体，当时认为这可能是病原体。1929 年证实包涵体（Bollinger 氏体）中的病毒粒子为该病的病原体——鸡痘病毒。任何龄期、性别和品种的鸟类均可感染痘病毒。本病属世界性分布。

禽痘病毒（*Fowlpox virus*，FWPV）又名鸡痘病毒、传染性上皮瘤病毒、鸡白喉病毒。主要侵害鸡。由于各种年龄和品种的鸡都易感染本病毒，所以它给养禽业造成极大的危害。除鸡外，野鸡和火鸡也可感染本病毒。该病传播较慢，以体表无羽毛部位出现散在的、结节状的增生性皮肤病灶为特征（皮肤型），也可表现为上呼吸道、口腔和食管部黏膜的纤维素性坏死性增生病灶（白喉型），两种病变都有的称为混合型。此病流行于世界各地，多为幼鸡和幼鸽患病，根据感染鸡的龄期、病型及有无混合感染，死亡率在5%～60%之间，并可影响其生长和产蛋性能，造成较严重的经济损失。禽痘一般不感染哺乳动物，其公共卫生学意义不大。

[形态与理化特性] 病毒粒子即原生小体，呈砖形，大小为250nm×330nm。表面呈桑葚样。粒子中心有类核体，为两面凹盘状，由折叠或弯曲的管状结构组成。核心和侧体外面包围有1～2层外膜，最外层有不规则分布的表面管状物。类核中含基因组。

病毒主要成分是蛋白质、DNA和脂质。病毒粒子为2.04×10^{-4}g，含7.51×10^{-15}g蛋白质，4.03×10^{-16}g DNA和5.54×10^{-15}g脂质。脂类约占质量的1/3。

在感染的上皮和鸡胚绒毛尿囊膜（CAM）外胚层中处于不同成熟阶段的病毒，存在于细胞浆内的包涵体中，每个包涵体的平均质量为6.1×10^{-7}mg，其中50%为可提取的类脂，含蛋白质为7.69×10^{-8}mg，DNA平均含量为6.64×10^{-9}mg。

本病毒基因组为线状、双股DNA，相对分子质量约200×10^{6}，G+C含量约35mol%。

在提纯的鸡痘病毒中检测到28～30种多肽，其中大多数具有免疫原性。

病毒是在宿主细胞浆中合成及装配的，这是因为病毒本身含有足够的酶类。当病毒附着于靶细胞膜后，在酶的作用下，从细胞膜进入细胞浆。之后在利用前体物质合成新病毒之前，先发生脱壳，在细胞浆中出现被不完整膜状结构包围的“病毒浆”（Viroplasma）状结构。在感染后72h的皮肤上皮细胞及绒毛尿囊膜上皮可出现包涵体。A型包涵体的周围及靠近周边的部位可含有病毒粒子。鸡痘病毒通过出芽方式从绒毛尿囊膜细胞中释放，并获得从细胞膜而来的双层外膜。

鸡痘病毒主要是在感染细胞浆内装配，但也有人发现细胞核亦参与病毒的复制过程。因为在感染后24～72h的细胞内可检测到病毒DNA。

禽痘病毒抗乙醚，是痘病毒分类标准之一。一般认为痘病毒对氯仿敏感。有的报道对乙醚和氯仿都敏感。鸡痘病毒能抵抗2%酚和1%福尔马林。对热敏感，在50℃ 30min或60℃ 20min即被灭活。对胰酶和干燥有较强的抵抗力。在50%甘油中保存可达数年之久。

[培养] 禽痘病毒易在鸡胚绒毛尿囊膜上生长，并可在3d内产生白色隆起的大型痘斑。痘斑中心随后坏死，色泽变深。禽痘病毒易在组织培养的鸡胚细胞培养物内增殖，产生明显的病变，并可在感染细胞的胞浆内看到明显的包涵体。

[血凝性] 禽痘病毒有血凝性。用血细胞吸附试验可测出细胞培养物中的病毒。

[致病性] 禽痘病毒的感染按传播方式不同可分为两种，由节肢动物的叮咬而传播发病的，其共同点是在鸡冠、肉髯、喙周围出现小丘疹，有的这种皮肤损伤还可出现在鸡的腿、爪及泄殖腔周围。这种小丘疹可变黄并结成一个厚的深色的痂，多发性损伤往往会融合，鼻腔周围的损伤常会引起流涕，眼睛周围的损伤会引起流泪。患禽容易并发其他疾病。无并发症者一般可在3周内痊愈。这种形式的禽痘称为皮肤型。另一种禽痘是通过飞沫传播的，其感染主要发生在口腔、咽、喉及气管等处的黏膜上，这种形式常被称为禽痘的“白喉型”。其损伤融合后往往形成一层假膜，使患禽窒息而亡，这种禽痘一般预后不良。

禽痘主要是通过与病鸡直接接触而感染。白喉型病鸡的呼吸道渗出液中含有大量病毒，可因污染饮水、饲料和用具等而发生间接感染；蚊、蝇的叮咬是造成皮肤型禽痘感染的主要途径。

[免疫] 病后恢复的鸡具有终身免疫力。人工免疫也可取得良好效果。当前应用的鹌鹑化弱毒疫苗、鸡胚化弱毒疫苗、组织培养弱毒疫苗和鸽痘疫苗等基本安全有效。

[诊断] 皮肤型的禽痘极易诊断，而白喉型的禽痘因其没有皮肤损伤，易与维生素A缺乏症及其他一些病毒性呼吸系统疾病混淆，故较难诊断。用禽细胞或鸡胚绒毛尿囊膜培养并分离病毒，通过电镜观

察可以确诊。

另外，对细胞培养分离的病毒，可用琼脂扩散试验、间接血凝试验、中和试验等诊断。

第四节　野兔痘病毒属（*Leporipoxvirus*）

野兔痘病毒属病毒可在较多种类宿主细胞中培养。通常由节肢动物传播，也可通过直接接触和污染物传播。本属不同种病毒之间有广泛的同源性，也具有血清学交叉反应，且能产生交叉保护力。而真正的兔痘病毒是正痘病毒属的成员，并不归于此属。

本属病毒不产生血凝素，病毒为砖形，大小为300nm×250nm×200nm。病毒对乙醚敏感。病毒DNA约为160kb，G+C含量为40mol%。本属病毒主要感染兔和松鼠。它们可在多种细胞培养物生长。节肢动物的叮咬可造成本属病毒的传播，也可通过直接或间接接触而传播。黏液瘤病毒和纤维瘤病毒可在它们的自然宿主体内引起灶性良性肿瘤。本属病毒各成员之间有广泛的血清学交叉反应和交叉保护性。病毒DNA之间也有交叉杂交性。本属病毒包括野兔纤维瘤病毒、黏液瘤病毒、兔纤维瘤病毒和松鼠纤维瘤病毒等。其代表株是黏液瘤病毒。

黏液瘤病毒（*Myxoma virus*）

黏液瘤病毒是野兔痘病毒属的代表种，是引起兔的一种高度接触传染性和高度致死性疾病的病原体。

1898年在南美洲乌拉圭最早发现本病。1952年传入北美洲。1926年本病毒进入澳大利亚。1952年在大洋洲一些国家相继发现本病，到1976年已有33个国和地区报道了本病。

[形态与理化特性] 病毒粒子呈椭圆形或砖形，大小为280nm×230nm×75nm。有囊膜，负染后在电镜下可观察到病毒粒子表面的串粒状结构。

病毒对乙醚敏感，此特性与其他痘病毒不同。对干燥有较强的抵抗力，皮肤中的病毒在常温下可存活数月。黏液瘤结节在2～4℃下可长期保存。磷酸甘油是最好的保护剂。在pH4～12下稳定。不耐热，50℃ 30min能使之灭活。常用浓度的硼酸、石炭酸、升汞和高锰酸钾不能杀灭病毒，但0.1%～0.2%甲醛能使之杀灭。

[抗原性] 本病毒具有8种以上抗原成分，其中有些是所有纤维瘤病毒共有的。患纤维瘤后恢复的病兔仍可感染黏液瘤病毒，但病情较轻。不同毒株之间存在抗原性差异。

病毒在35℃下能在鸡胚绒毛尿囊膜上增殖，并形成痘斑。病毒可在兔和其他种动物（鸡、松鼠、大鼠、仓鼠、豚鼠和人）的细胞培养物上生长。有些毒株如南美株和加州株在兔肾细胞上可产生蚀斑。

[致病性] 黏液瘤病毒对其自然宿主只引起局限性肿瘤样病变。而欧洲野兔感染时则可引起严重的全身症状。早期特征变化是睑结膜炎和嘴唇及生殖器周围的水肿，病兔表现出一种狮子似的外观。病兔疲倦、高热，常在这种症状出现后48h内死亡。存活稍长久的野兔中，2～3d后全身出现皮下胶样水肿，故称其为“黏液瘤病”。感染了来源于美洲野兔黏液瘤病毒的兔，99%以上在12d内死亡。本病毒可通过飞沫传染，也常通过节肢动物的叮咬而传播。

近年来，由于集约化养兔业的发展，本病常呈呼吸道型，有的家兔出现卡他性鼻炎，而后成为结膜炎，几乎不损害皮肤，或仅在耳部和性器官的皮肤上出现痘斑点，或在兔的背部皮肤上形成散在的小肿瘤状结节。

[免疫] 耐过兔的血清抗体持续存在18个月，应用强毒攻击时，可出现小型的局部病变。免疫母兔所产的仔兔，也有部分被动免疫力。接种兔纤维瘤病毒，可导致家兔的良性肿瘤，但可耐受黏液瘤病毒的致死性攻击。

60年代以来，研制了弱毒疫苗，称为MSD/S株，安全有效。最近有人研制的一种新弱毒疫苗，在商品肉兔应用安全可靠。

［诊断］确诊应进行病毒分离鉴定，采取病变组织加以处理，其上清液接种青年易感兔，7d 内接种部位产生病变。接种 11～13 日龄的鸡胚绒毛尿囊膜可分离到病毒。将新分离的病毒用免疫荧光试验、中和试验和琼脂扩散试验进行鉴定，用病兔皮肤损伤处的渗出物涂片做电镜观察可发现典型的黏液瘤病毒。

兔纤维瘤病毒（*Rabbit fibroma virus*）

兔纤维瘤病毒又名肖普纤维瘤病毒（*Shope fibroma virus*，SFV），是引起兔的一种良性肿瘤病的病原体。该病以皮下结缔组织增生、形成暂时性良性肿瘤为特征。

［形态与理化特性］病毒的形态与牛痘病毒和兔黏液瘤病毒相似，呈卵圆形，大小为 200～240nm。位于胞浆内的核附近，常呈团集状。有些病毒粒子有一层外膜，成熟的病毒粒子则有双层外膜。细胞外的病毒常呈砖形。

本病毒对乙醚敏感。磷乙酸对本病毒有抑制作用。在甘油盐水中于低温条件下可长期保存。

［血凝性］兔纤维瘤病毒不能凝集红细胞。

［抗原性］本病毒在抗原性上与黏液瘤病毒在交叉补体结合试验和交叉琼脂扩散试验中均只出现微小差别。给兔接种纤维瘤病毒，可使其产生对黏液瘤病毒的免疫保护力。

［培养］本病毒可在鸡胚绒毛尿囊膜上增殖，但不产生或产生很小的痘斑。病毒可在大鼠、豚鼠的原代肾细胞培养物中增殖，并产生细胞病变。

［致病性］东方棉尾兔自然感染发生纤维瘤时，在四肢、口鼻及眼的周围可见肿瘤生长。呈圆形，隆起，病变坚硬，最大直径 70mm，厚度 10～20mm。肿瘤位于皮下，与下层组织不相连，可以移动。

［免疫］病兔康复后不再发生纤维瘤病毒的再次感染，而且对黏液瘤病毒也有坚强的抵抗力。目前尚无防制兔纤维瘤病的疫苗。

［诊断］确诊可将病料接种在细胞培养物或鸡胚尿囊膜上进行病毒分离，新分离的毒株用中和试验鉴定。

第五节 猪痘病毒属（*Suipoxvirus*）

猪痘病毒属中只有猪痘病毒（*Swinepox virus*，SWPV）一个成员。猪痘发生于欧、美和日本等地，是养猪业发达地区常见的病毒性传染病，多发于夏季，常在冬季开始后停息。主要感染幼龄猪，特别是乳猪，痘病变发生于腹下部，偶亦见于背部和腹侧。

［形态与理化特性］猪痘实际上由两种病毒引起：一种是痘苗病毒，大多是由痘苗接种的人群传播给猪的；另一种是真正的猪痘病毒，其在抗原性上与痘苗病毒不同，但两者引起的痘病变类似。该病于 1940 年首次从病猪中鉴定出两株与猪痘有关的病毒，一株是痘苗病毒（VV），另一株对猪特异，为猪痘病毒即 SWPV。1941 年，有人对此进行了广泛研究，认为猪痘既能由 VV 也能由 SWPV 引起发病。1951 年还证实了猪是这两种病毒的易感宿主。

猪痘病毒和其他痘病毒的基本结构没有区别。其形态呈砖形，直径约为 300nm×250nm×200nm。周围有膜。DNA 约为 175kb，末端约有 5kb 的反向重复序列。感染细胞内出现由微细丝状物组成的核内包涵体。

本病毒对热比较稳定，于 37℃放置 10～12d 仍有活力。

［抗原性］猪痘病毒具有比较独特的抗原成分，应用康复猪作交叉保护试验，可与痘苗病毒区别。另外，与牛痘和禽痘的抗血清在沉淀反应中无交叉，但与同源抗血清发生反应。

［培养］本病毒可在猪肾细胞、睾丸细胞、猪胎肺细胞培养物中增殖，并产生细胞病变，以及胞核空胞化、形成核内包涵体与蚀斑。病毒不能在来源于牛、羊、鼠和人等的细胞培养物中形成细胞病变。在鸡胚和鸡胚细胞内产生病变。

[致病性] 猪是猪痘病毒唯一的自然宿主，乳猪和幼猪最为敏感。一般情况下，猪痘是以一种局部皮肤损伤为特征。皮肤损伤可见于全身，更常见于腹部。猪在出现丘疹之前有一段低热期，丘疹1～2d内变成泡状，随后发展为脐形的脓疱，直径1～2cm，7d内结痂变硬，一般在3周内完全愈合。本病发病率在幼猪为30%～50%，但死亡率极低，一般不超过3%，且大多是因为并发症而死亡。

[免疫] 恢复猪具有坚强耐久的免疫力，本病的预防尚无合适的疫苗。

[诊断] 确诊应对皮肤做组织病理活检可得出结果。乳头层细胞水肿变性及出现胞浆包涵体等为痘病毒感染的特征变化。对SWPV感染，上皮细胞核的空泡化具有诊断意义。中和试验是鉴别VV感染的方法。

第六节　山羊痘病毒属（*Capripoxvirus*）

山羊痘病毒主要使山羊发病，有时也使绵羊发病，人也偶可感染。症状与绵羊痘相似，即在皮肤和黏膜上出现痘疹和痘疱。

[形态与理化特性] 本病流行于北非和中东，欧洲和亚洲一些国家以及澳大利亚也有发生。山羊痘病毒可引起山羊急性传染性的痘病。临床特征是在皮肤上发生丘疹-脓疱性痘疹。本病毒的形态与绵羊痘病毒相似。

山羊痘病毒耐干燥，在干燥状态下可存活几个月，冻融对病毒无明显灭活作用，但病毒对乙醚敏感。

[抗原性] 本病毒和绵羊痘病毒在琼脂扩散试验和补体结合试验中具有共同抗原。用中和试验两种病毒呈现交叉反应。

[培养] 本病毒可在鸡胚绒毛尿囊膜上增殖，但用病料直接接种时需经1～2代才能适应。本病毒可在羔羊的原代肾或睾丸细胞培养物内增殖，并产生细胞病变和胞浆内包涵体。

[致病性] 本病毒对幼山羊的感染率最高，泌乳母羊也常发病。症状与绵羊痘相似。自然潜伏期为67d。病初期发高热可达40～42℃，精神不振，食欲减退或停食。不仅在皮肤无毛部位，如唇部、乳房、尾内面和阴唇、会阴及肛门周围以及四肢内面和公羊的阴囊上发生痘疹，有时也会出现在头部、背部、腹部的毛丛中，发痘大小不一。呈圆形红色结节、丘疹，迅速形成水疱、化脓和痂皮，经过3～4周痂皮脱落。但患恶性的动物易死亡。

[免疫] 病羊恢复后具有终生免疫力。应用山羊痘氢氧化铝甲醛灭能疫苗和组织培养的弱毒疫苗都较安全有效。

[诊断] 可采取新形成而尚未化脓的丘疹病料，作出确诊；或者用琼脂扩散试验，也可得出结果，但要设阴性对照抗原，以便鉴别非特异性沉淀线。

疙瘩皮肤病病毒（*Lumpy skin disease virus*，LSDV）

疙瘩皮肤病病毒是引起牛一种传染病的病原体。以病牛发热和皮肤上出现许多大小不同的结节为特征。

1929年在赞比亚的一次大流行中首次发现该病。1943—1944年在包括南非在内的非洲国家内流行，并曾被局限在南非，1956年传入中非和东非。1950年后，本病在非洲呈渐进性流行。首先向北到苏丹，然后向西发展，70年代中期遍及西非许多国家。1989年首次在非洲大陆以外的以色列报道有本病的发生。

[形态与理化特性] 疙瘩皮肤病病毒的代表毒株是Neethling株，形态特征与痘苗病毒相似，长350nm，宽300nm。其负染标本中，可观察到表面结构不规则，由网带结构组成。

理化特性与山羊痘病毒类似。在pH6.6～8.5环境中可长期存活。在4℃甘油盐水中存活4～6个月。干燥病变材料中的病毒可存活一个月以上。置−20℃以下保存，其活力可达数年。对氯仿和乙醚敏感。本病毒耐冻融。

本病毒只有一个血清型，且能与 Neethling 代表株发生交叉中和反应。

[培养] 本病毒可在鸡胚绒毛尿囊膜上增殖，并引起痘斑，但鸡胚不死亡。病毒还可在许多组织培养细胞上生长，包括牦牛和羔羊的肾、睾丸、肾上腺和甲状腺等细胞培养物。已适应细胞培养物内增长的病毒，于接种 24～48h 可使细胞培养物内出现长梭形细胞。

[致病性] 疙瘩皮肤病的患牛首先发热，随后出现的皮肤结节状损伤最终坏死。常见全身淋巴结发炎并四肢浮肿。疾病早期，病牛流泪、流鼻、丧失食欲。皮肤的结节发生在表皮。这种结节随后发展成为溃疡，并造成第二次感染。口腔和鼻孔内发生溃疡性损伤。尸检时，可在肺脏和消化道内发现局灶性结节。

易感牛群的发病率可高达 100%，但死亡率很少超过 1%～2%。本病造成的经济损失主要与其漫长的恢复期有关。在这方面与口蹄疫相似。

[免疫] 病牛恢复后具有较高滴度的中和抗体，持续达几年之久。用鸡胚化弱毒疫苗接种可获得良好的免疫保护力。

[诊断] 确诊可采取新鲜结节作成切片，染色做显微镜检查胞浆内包涵体，或用细胞培养物分离病毒进行鉴定。可用双份血清（至少间隔 15d）作中和试验，根据中和抗体的增长情况进行判定。

参考文献

军事医学科学院实验动物中心 . 1992. 实验动物病毒性疾病 [M] . 北京：农业出版社，22、177、180、188.

殷震，等 . 动物病毒学 [M] . 1985. 北京：科学出版社，768 - 802.

中国农业百科全书编辑部 . 1993. 中国农业百科全书・兽医卷 [M] . 北京：农业出版社，111、148、450、494、600、801.

[美] A. D. 莱曼 . 刘文军，等，译 . 1990. 猪病学 [M] . 第六版 . 北京：北京农业大学出版社：295 - 301.

[美] B. W. 卡尔尼克 . 高福，等，译 . 1991. 禽病学 [M] . 第九版 . 北京：北京农业大学出版社：499 - 509.

C. M. Fauquet，M. H. V. van Regenmortel，D. H. L. Bishop. 2001. Virus Taxonomy Deluxe：Classification and Nomenclature of Viruses：Seventh Report of the International Committee on Taxonomy of Viruses by International Committee on Taxonomy of Viruses [J]，American Academy of Pediatrics，1st edition.

David M. Knipe，Peter M. Howley，Diane E. Griffin，robe Lamb. 2001. Fundamental Virology [M] . 4th edition. Lippincott Williams & Wilkins Publishers.

Fenner. F. ，et al. 1989. The orehopoxvirusos Academic press San Diego.

Frederick A. Murphy，et al. 1999. Veterinary Virology，Academic Pr；3nd edition.

F. Fenner and Nakano. J . H. Porviridae 1988. The Poxvirus "laboratony Diagnoio of infectius Diseases Priaciples and Practice Volume II viral Rickctfsial and Chlamgdial Diseases [J] . New York：Springererlog.

F. Fenner et al. 1988. Smallpox and 2ts [J] . Eradtcatiow wold health Organizatin Cienera.

F. Fenner. 1990. Porvirus In "Fields virvlogy" . 2nd ed. Raven. New York. 2113.

Moss B. 1991. Vauinia virus as a tool for research and vaccine development Science. 252，1661.

Moss. B. 1990. Replieatinc of poxviruses in "Field virology" . 2nd. Ed. Reven. New York 2079.

Oterhaus A. D. M. E. et al. 1990. lsolatin of an orthopoxvirus from pox - like lesions of a grey seal. VeLRec，127，91.

Robinson A J. 1992. Parapoxviruses：Their biology and Patential as Recombinant Vaccines In " Recombinant Poxviruses" . (M. M. Binns and G. L. Smith eds.) CRc press Boca Roton. Floridn. 285.

R. M. L. Buller. 1991. Poxvirus paxhsgenesis Microbiol. Rev. 55，80.

R. P. Kitching. 1989. The Characterlization of African strains of capiporvirus Epidtmil Infect. 102：335.

Turner P C，Mover R W eds. 1990. Poxviues CUrT Top Microbiol. Immnnol. 163，125.

T. Sakurai，Y. Watanabe. 2000. Advances in Scanning probe Microscopy (Advances in Materials Research，2) . Springer Verlag.

刘胜旺 编

第三十三章　非洲猪瘟病毒科

非洲猪瘟病毒科（Asfarviridae）是双链 DNA 病毒中的一科，该类病毒主要感染脊椎动物，下有一属，即非洲猪瘟病毒属（*Asfivirus*），该属的代表种为非洲猪瘟病毒（*African swine fever virus*）。

非洲猪瘟病毒属（*Asfivirus*）

非洲猪瘟病毒属是一类有囊膜双股 DNA 病毒，代表种是非洲猪瘟病毒（*African swine fever virus*，ASFV）。该病毒可以引起猪的一种急性热性高度接触性传染病——非洲猪瘟。病理变化以发热、皮肤发绀以及淋巴结和内脏器官等严重出血为特征。

非洲猪瘟于 1910 年首先在东非发生，1910 年发现于葡萄牙的里斯本，其后相继在西班牙（1960），法国（1961）、意大利（1967）等地被发现。1978 年该病由古巴传入巴西、多米尼加及撒丁岛。2008 年俄罗斯北高加索地区暴发该病。目前该病在非洲、欧洲南部及拉丁美洲仍在流行，并有扩大蔓延的趋势。

过去，非洲猪瘟病毒的分类地位一直没有确定。现在将非洲猪瘟病毒列入非洲猪瘟病毒科非洲病毒属成员。

非洲猪瘟病毒（*African swine fever virus*）

［形态结构］采用电镜观察发现，病毒粒子存在于宿主细胞浆内，其中心部为 70～100nm 的拟核结构。其衣壳呈六角形正二十面体，直径为 172～191nm（图 33-1）。衣壳外层包裹着囊膜，直径为 175～205nm。通过细胞原生质膜以“出芽”方式达到成熟而释放出来。在负染样品中，其粒子的核衣壳（拟壳）呈二十面体立体对称结构（T=198～217），衣壳的壳粒直径为 13nm 并呈六角形中空结构，壳粒间距为 7.4～8.1nm，壳粒总数为 1 892～2 172 个。在感染的细胞内能形成胞浆和胞核包涵体。病毒基因组为双股 DNA，其末端交互连接，也有末端倒置重复序列和内部重复序列，与痘病毒结构相似。DNA 相对分子质量约为 $10^5 \times 10^6$。

图 33-1　非洲猪瘟病毒模式图

［理化特性］病毒的浮密度在 Percoll 中为 1.095g/cm^3，在 CsCl 中为 1.19～1.24g/cm^3。沉降系数（S_{20}w）约为 3 500S。病毒含有 5 种主要多肽，并含有依赖于 DNA 的 RNA 多聚糖、蛋白激酶、核酸三磷酸、磷酸水解酶、拓扑异构酶。病毒对腐败、温度、干燥及消毒剂具有较强的抵抗力。病毒在冷冻中保存 6 年仍有感染性。在室温下血中的病毒可存活数周。冻干的病毒在 40℃ 15d 或 50℃下 3.5h 仍不被破坏。在 0.5%石炭酸和 50%甘油混合液中，于室温下可保存 536d。病毒对氯仿、脱氧胆酸盐和温度敏感，60℃ 0.5h 可以灭活病毒。1%福尔马林在 6d 内或 2%氢氧化钠 24h 可杀死血中病毒。最有效的消毒药是 10%苯基苯酚。

［抗原性］感染非洲猪瘟病毒的白细胞培养物能够吸附正常的猪红细胞，由此可进行红细胞吸附抑制试验。该试验具有一定的株特异性。目前发现该病毒至少有 8 个血清型。补体结合试验呈群特异性。

琼脂扩散试验具有一定的群特异性。由强毒感染的猪，其淋巴结、脾脏以及肝、肾脏中的抗原浓度最高。但用弱毒株或无毒毒株接种的猪体内检查不出抗原性。通过家兔、山羊体连续传代，能驯化出该病毒的弱毒株。

[病原性] 本病毒的致病性虽然与猪瘟病毒相似，但比猪瘟病毒所致病症严重。往往突然发生高热，达41.5℃，高热期不表现征候，可持续4d，饮食活动无异常。随后体温下降，出现精神沉郁、绝食，不愿活动，呈现全身衰弱及共济失调等症状。后躯极度衰弱而致行走困难，此为早期特征性征候。有些暴发群可出现下痢，有时呈血痢，同时有呕吐。在四肢及耳等无毛部位的末梢处皮肤发绀。明显症状出现后1～2d死亡。整个病程可持续7d左右。幸存者呈慢性经过，但病毒血症可持续数月或数年。

本病毒所致病理变化与猪瘟极相似，但病变更为严重。主要见于全身性出血。各部浆膜下、喉头、膀胱、肾、心、肺等有出血点和出血斑。淋巴结肿大、充出血，往往呈紫葡萄色。脾、肝肿大、充出血。结膜、黏膜严重充出血等病变。组织学检查更为明显，主要侵害网状内皮系统，表现各实质脏器中的血管内皮出现严重损伤。淋巴细胞均有明显的核崩解现象，这是本病特征性病变之一。有的病例出现脑炎的病理变化。也有个别毒株和部分减毒株感染猪后出现B细胞或T细胞减少症。

[生态学] 家猪、野猪和疣猪是该病毒的自然宿主。发病潜伏期为5～15d不等。对小鼠、豚鼠、仓鼠、马、猫等动物不发生自然感染和人工感染。自然条件下，猪主要是通过直接或间接接触带毒的病猪而感染，往往是通过消化道和呼吸道感染。病猪的排泄物或尸体等污染泔水、饮水、饲料、厩舍、衣服、鞋、用具及车船等都可成为传播媒介。据悉，巴西、古巴、多米尼加等国家暴发非洲猪瘟，几乎都是机场和港口附近的农民利用机场和船上的废物和垃圾喂猪而引起的。猪群一旦发生感染，即可通过各种接触途径迅速传播。

蜱可能在该病毒的自然传播中起着重要作用。西班牙人证明了非洲猪瘟病毒在软蜱组织中可存活数年之久。该病毒也可在壁虱体内增殖，并能经卵传递病毒。

[免疫] 病猪几乎不产生保护性中和抗体，但耐过猪常能抵抗同型毒株的攻击，这可能是因为耐过猪体内具有抑制病毒生长因子或与细胞免疫有关。疫苗尚未研制成功。

[诊断] 确诊主要是作动物接种试验和血清学试验。

（1）*动物接种试验*：采取高热期病猪的血液或脾、淋巴结等。血液加抗凝剂，实质脏器制成1∶10倍乳剂，加抗生素处理。将上述病料接种猪瘟免疫猪和易感猪，每头10mL，如两组猪都发病，则为非洲猪瘟，仅易感猪发病则为猪瘟。若没有猪瘟免疫试验猪，可将被检材料和抗猪瘟高免血清共同注射易感猪，当加抗猪瘟高免血清试验猪发病时，则可判定为非洲猪瘟。

（2）*血清学试验*：红细胞吸附试验和红细胞吸附抑制试验是一种敏感、特异的常用方法。感染非洲猪瘟病毒的猪白细胞或骨髓细胞培养物，可以将猪红细胞吸附在细胞培养物的表面上，但也有些毒株不能产生白细胞吸附现象，却可出现细胞致病作用，用免疫荧光技术可检查出来。

其次，也可通过对流免疫电泳、酶联免疫吸附以及放射免疫分析试验等方法对该病毒进行检测。

◆ 参考文献

陈筱侠 . 1980. 非洲猪瘟 [J] . 中国兽医杂志，6（12）：27 - 28.

冯敏燕，译 . 1989. 非洲猪瘟——来自热带的威胁 [J] . 国外兽医学-畜禽传染病，9（3）：1 - 2.

李佑民 . 1993. 家畜传染病学 [M] . 北京：蓝天出版社：243 - 245.

Boinas F. S. ，et al. 2004. Characterization of pathogenic and non - pathogenic African swine fever virus isolates from Ornithodoros erraticus inhabiting pig premises in Portugal J. Gen. Virol. ，85：2177 - 2187.

Gil S，et al. 2008. The low - virulent African swine fever virus（ASFV/NH/P68）induces enhanced expression and production of relevant regulatory cytokines（IFNalpha，TNFalpha and IL12p40）on porcine macrophages in comparison to the highly virulent ASFV/L60. Arch Virol. 153（10）：1845 - 1854.

Moore D M，et al. 1998. The African Swine Fever Virus Thymidine Kinase Gene Is Required for Efficient Replication in Swine Macrophages and for Virulence in Swine J. Virol. 72：10310 - 10315.

Murphy F A，et al. 1995. Virus Taxonomy. Sixth Report of the International Committee on Taxonomy of Viruses，Archives of Virology. Supplement，10.

Zsak L，et al. 1998. A Nonessential African Swine Fever Virus Gene UK Is a Significant Virulence Determinant in Domestic Swine J. Virol. 72：1028－1035.

崔尚金　编

第三十四章　虹彩病毒科

虹彩病毒科的原文 Iridoviridae，来自希腊字中的 Iris。最早发现的虹彩病毒是 1954 年 Xeros 在英国剑桥从沼泽大蚊体内分离到的，以后又分别从金龟甲、带喙伊蚊及蛙和鱼中分离出多种虹彩病毒，由于虹彩病毒在感染的昆虫幼虫体内或在纯化浓缩的病毒沉淀物中，其病毒粒子呈周期性间隔的异常整齐排列，形成晶格平面并互相重叠，当有斜射光线照射时呈现蓝色或紫色虹彩，故名虹彩病毒，但并非虹彩病毒科（Iridoviridae）的所有成员都具有这一特性。

自从 1990 年国际病毒分类委员会把非洲猪瘟病毒从本科剔除后，虹彩病毒感染的宿主主要是昆虫、软体动物和较低等的两栖类、鱼类等脊椎动物，对医学和兽医学并不十分重要，在此仅作简要介绍。

根据国际病毒分类委员会第八次报告，本科病毒下分 5 个属：虹彩病毒属（*Iridovirus*）、绿虹彩病毒属（*Chloriridovirus*）、蛙病毒属（*Ranavirus*）、淋巴囊肿病毒属（*Lymphocystivirus*）、细胞肥大病毒属（*Megalocytivirus*）。

［形态结构］ 虹彩病毒具有正二十面体对称的衣壳，直径 120～140nm。衣壳内是一个球形核蛋白核心，核心外面包裹着一层被蛋白亚单位修饰过的脂质膜，有些属的病毒粒子外面还有一个由胞浆膜衍化来的囊膜，但有囊膜的病毒没有感染性。病毒基因组不分节段，为双链 DNA。基因组全长为 150～280kb。

［理化特性］ 病毒相对分子质量为 5×10^5～20×10^5，沉降系数（$S_{20}w$）为 1 300～4 450S，CsCl 中浮密度为 1.26～1.33g/cm^3。虹彩病毒属和绿虹彩病毒属的成员对乙醚有抵抗力，其他成员对乙醚和非离子去垢剂敏感。虹彩病毒在 pH 为 3～10 时稳定。4℃条件下可保存数年，55℃ 15～30min 即被灭活。本科病毒约有 9～36 种多肽，相对分子质量为 10 000～25 000。大多数病毒都含有多种与病毒粒子相关的酶。提纯的病毒含有 3%～14%的脂质，多数为衣壳组成部分的磷脂，有囊膜的虹彩病毒脂质还要多些。病毒的脂质的组成和宿主细胞膜的脂质不相同，因此推测它们不是来源于宿主细胞。本病毒不含碳水化合物。病毒的核酸为单分子线状双链 DNA，有 170～200kb，绿虹彩病毒的基因组有 440kb，是所有病毒中最大的基因组。

［抗原性］ 虹彩病毒各属间没有抗原相关性，脊椎与无脊椎动物虹彩病毒间也没有血清学或核酸序列上的相关性。

［复制］ 绝大多数虹彩病毒是以吞饮方式进入宿主细胞，感染后短时间内能在胞浆中见到病毒粒子。病毒在复制过程中会抑制宿主细胞的大分子合成，对感染细胞呈现早期的细胞毒性作用。接种到脊椎或无脊椎动物细胞上，能迅速引发合胞体形成。虹彩病毒属于 DNA 病毒，但病毒 DNA 的合成和病毒装配却都在胞浆中进行，因而可在胞浆内见到呈副结晶排列的病毒包涵体。成熟病毒通过出芽和裂解细胞两种途径释放病毒。无囊膜的病毒具有感染性。

第一节　虹彩病毒属（*Iridovirus*）

虹彩病毒属的代表株为无脊椎动物虹彩病毒 6 型。除此之外，该属成员还包括其他血清型的虹彩病毒。从各种昆虫动物体内分离获得的大量的昆虫虹彩病毒，通过血清学分析鉴定，结果表明至少可以区分为32个血清型别。其中属于本属的成员包括有无脊椎动物虹彩病毒的1、2、6、9、10、16-32型，如白粉金龟甲虹彩病毒（SIV），即2型；蝙蝠蛾虹彩病毒（WiV），即9型；堆砂苔螟虹彩病毒（WtIV），即10型；草地金龟甲虹彩病毒（CZIV），即16型；步行虫虹彩病毒（PIV），即17型；阿鳃金龟虹彩病毒（OPIV），即18型；草金龟虹彩病毒（OdIV），即19型；蚋虹彩病毒（SiIV），即22型。

无脊椎动物虹彩病毒6型（*Invertebrate iridescent virus* 6）

无脊椎动物虹彩病毒6型，即二化螟（*Chilo suppressalis*）虹彩病毒是该属虹彩病毒的代表株。

该病毒基因组为双股DNA分子，全长210kb，G+C含量为30mol%，基因组DNA分子在双股两端具有单链结构，并且具有末端过剩和环状转换的结构特点，末端过剩是虹彩病毒科成员基因组DNA分子所共同具有的特点。病毒粒子直径约120nm，没有囊膜，具有比较复杂的衣壳结构，含有类脂质，但因这些脂质受到蛋白衣壳的保护，乙醚不能破坏病毒的感染性，病毒感染的昆虫幼虫和经纯化而得到的病毒粒子沉淀物在斜射光线照射下产生蓝紫色的虹彩。

无脊椎动物虹彩病毒的自然感染发病率较低，但人工实验接种，尤其是采取腹腔注射接种的方式，有较广的宿主范围，二化螟虹彩病毒可感染100多种昆虫。一般来说，昆虫虹彩病毒的宿主范围仅限于无脊椎动物，但是腹腔注射大量的二化螟病毒野毒株或经紫外线照射的毒株，常可使蛙和小鼠致死，而注射加热灭活或抗血清灭活的病毒则不引起毒性反应，其原因不明，有人认为这是病毒蛋白本身的非特异性毒性所致。

该病毒的实验感染表明，病毒增殖的原始病灶是心包细胞和下食道腺细胞，随后，除神经系统、性腺和肌肉组织外，发生全身性感染，引起宿主细胞呈现典型的蓝色虹彩，二化螟虹彩病毒可以感染昆虫细胞系，但不能在哺乳动物细胞上生长增殖。

第二节 蛙病毒属（*Ranavirus*）

本属的代表株为蛙病毒3型（FV3）。蛙病毒属是一些从两栖类动物分离的胞浆型DNA病毒。FV3最初是从豹蛙分离出来的。它可能对豹蛙肾癌的发生呈现某种程度的辅助作用。该病毒在自然宿主（成年豹蛙）不引起疾病，但对蝌蚪可引起致死性感染。在鱼、鸟和哺乳动物的细胞上于12～32℃可以生长。

蛙病毒3型（*Frog virus* 3）

[形态结构] 蛙病毒3型具有虹彩病毒的典型形态结构。核衣壳直径120～130nm，外有囊膜包围。成熟病毒粒子含30%的DNA，56%的蛋白质和1%的脂质。DNA呈双股线形，相对分子质量为130×10^6。G+C含量为（53～58）mol%。病毒粒子的浮密度为1.16～1.35g/mL。蛙病毒3型含有16种多肽，其中5种多肽与DNA核心紧密联结，并已证明有一些酶类，例如病毒核心的核苷酸磷酸水解酶以及存在于核心外和衣壳内的蛋白激酶等。

[理化特性] 蛙病毒3型可在许多种类的组织培养细胞内增殖，包括鸡胚细胞、幼仓鼠肾细胞（BHK-21）以及鱼类和两栖类等细胞。但在这些细胞中的生长具有明显的温度依赖性，最适生长温度为25℃，在高于28～30℃的温度中，不能形成成熟的病毒粒子，或者完全停止生物合成。据Purifov等对6个温度变异株的研究表明，它们在允许温度（25℃）和不允许温度（30℃）中均能合成大量病毒DNA，但在30℃条件下，DNA不被衣壳所包裹。如果将感染细胞放回至25℃，则在30℃温度中合成的DNA具有完整功能。所谓温度缺陷，不过是在这种温度下不被衣壳包裹而已。

蛙病毒基因组全长107kb，在DNA分子链中含有较高比例的5’甲基化胞嘧啶，DNA分子呈现环状排列和末端转换，由于DNA分子的高度甲基化，其基因组对某些内切酶有抵抗力，采用对5′-氮胞嘧啶核苷有抵抗力的变异株提取DNA，可以避免甲基化。目前已清楚蛙病毒3型在宿主中的复制过程。蛙病毒3型结构蛋白进入宿主细胞后能迅速地抑制宿主细胞的大分子生物合成，而不影响病毒的复制，在病毒粒子中未发现依赖于DNA的RNA聚合酶。在宿主细胞中、病毒DNA的合成需要两个阶段：首先在核内合成单位长度的核酸分子。然后在细胞浆内进行聚合体的合成和病毒粒子的装配。

病毒粒子进入细胞后，基因组进入核内，并在感染早期就进行基因转录。如上述，由于病毒本身缺乏合成mRNA的酶，必须依赖宿主细胞的RNA聚合酶Ⅱ进行早期转录；病毒基因组作为第一期DNA复制和继续转录的模板，核内合成的DNA转移至胞浆进行第二期DNA复制，形成大的复制型DNA复合物，即联结体。再由后者在胞浆内切割成成熟的DNA。最后包装入成熟的病毒粒子内，其中含有环状变换和末端过剩的基因组。

蛙病毒3型在细胞胞浆内增殖，并在经胞膜出芽时获得囊膜。宿主细胞在感染后，宿主的DNA和RNA合成迅速发生障碍，细胞核缩小变形，培养细胞出现细胞病变。已用γ射线灭活的蛙病毒3型也能呈现类似的细胞毒性作用，将大量蛙病毒3型注入小鼠腹腔内、可在3h内见到肝细胞核病变，小鼠于18～36h死亡。而37～38℃的小鼠体温对蛙病毒3型来说是非允许温度，病毒在这种温度下不能发生生物合成，更不能增殖。

对蛙病毒3型在宿主细胞中生物合成和复制过程的深入研究是因为可用其作为研究模型，用来研究和探索病毒的生物合成及其与宿主细胞之间相互关系，也可能对人和动物肿瘤病发生的研究具有重要意义。

第三节 淋巴囊肿病毒属（*Lymphocystivirus*）

淋巴囊肿病毒属成员包括比目鱼病毒（LCDV-1）和淋巴囊肿病毒（LCDV-2）。其中，代表株为从鲽形目鱼类分离的虹彩病毒LCDV-1。目前已经从不同鱼种分离到淋巴囊肿病毒，该病毒可引起鱼类的淋巴囊肿病。

淋巴囊肿病毒1型（*Lymphocysti disease virus* 1）

［形态结构］ 鱼淋巴囊肿病毒的衣壳外形呈六角或五角形，直径为130～260nm，类核体（核心）的直径约150nm，衣壳厚度约12nm，外有囊膜。类核体由10nm粗的线样蛋白缠绕成的球状物组成。电子显微镜观察常见到一个附加膜，并有若干联结于病毒粒子二十面体顶端的纤细丝样构造，长达200～300nm。

鱼淋巴囊肿病毒的基因组全长为98kb，基因亦具有环状转换、末端过剩和胞嘧啶去甲基化现象。

［理化特性］ 鱼淋巴囊肿病毒不凝集和吸附动物红细胞，包括鱼类、两栖类、禽类和哺乳类动物的红细胞病毒的抵抗力较大，感染培养物中的病毒于23℃可以存活几个月，并能耐受反复的冻融处理，置−20℃保存，病毒可存活20个月，病毒对乙醚敏感，不适合保存于50%甘油中。

［病原性］ 病毒性淋巴囊肿是一种常见于鱼类皮肤和鳍上的良性肿瘤样病，广泛发生于全世界，海水鱼、淡水鱼类均可患病，主要发生于夏季。症状是皮肤、鳍、鳃乃至肠道出现肿块，类似于珍珠样，单独或成群经接触感染，或者当囊肿破溃时，病毒逸出于水中而引起新的感染。将该病毒导入或注入原始宿主，在25℃条件下可导致宿主细胞融合，病变呈灰色或灰黄色，有时带有出血灶，并常融合成桑葚样。淋巴囊肿主要由巨型的淋巴囊肿细胞所组成。早在19世纪，就有人报道过鱼类的这种疾病。当时认为是由原虫引起的。直到1962年，应用鱼类成纤维细胞分离获得病原性病毒以后，才最后证实淋巴囊肿的病因。外寄生虫可能是本病的主要传播媒介。

该病毒在细胞浆内增殖，可在BF2细胞系上生长。所需温度为15～25℃，最适生长温度为23℃。采取鱼的淋巴囊肿，作成乳剂后接种鱼类细胞培养物上，培养于23～25℃，可以使其缓慢发生细胞病变，出现巨型淋巴囊肿细胞，并形成胞浆内包涵体。将淋巴囊肿物植入或注射于幼龄翻车鱼体内。极易引起人工感染，但是这种感染具有温度依赖性，在水温为25℃时，病毒可在2～3d内完成吸附和浸入过程。并于感染后第6天在感染细胞内可发现Feulgen阳染的微小DNA颗粒，亦即病毒前体。感染后10d，鱼体皮肤和鳍上开始出现病变，病变继续增大呈典型囊肿。约一个月后自行破溃或崩裂，病鱼恢复，或再发生第二轮感染。恢复鱼似乎对再感染具有部分抵抗力，但是大多不能抵抗人工感染。经常严格地检查种鱼，淘汰病鱼。是防制本病的主要措施。

［诊断］由于本病的病变十分特殊。特别是在作病理组织学检查时，可以清楚看到囊肿内巨型的淋巴囊肿细胞，诊断并不困难。这种囊肿细胞特别大，有时可达1～2mm，有一个偏心的核，并有大量的块状包涵体，散布于胞浆内，特别是在其边缘部分。细胞外有一厚层包囊、包囊由酸性黏多糖组成。必要时可用组织培养的鱼类细胞进行病毒分离或应用健康幼鱼（最好是翻车鱼）作人工感染试验。目前已用ELISA试验进行鱼体的淋巴囊肿病的调查和血清学鉴定。

◈ 参考文献

洪健，周雪平．2006. ICTV第八次报告的最新病毒分类系统［J］．中国病毒学，21（1）：84-96.

殷震，等．1985. 动物病毒学［M］．北京：科学出版社，857-868.

Cunningham A A. 2008. Immunohistochemical demonstration of Ranavirus Antigen in the tissues of infected frogs（Rana temporaria）with systemic haemorrhagic or cutaneous ulcerative disease. J Comp Pathol. 138：3-11.

Cunningham，A A et al. 2007. Emerging epidemic diseases of frogs in Britain are dependent on the source of ranavirus agent and the route of exposure. Epidemiology & Infection in press. Epidemiol Infect. 135：1200-1212.

Darcy-Trlpier F. et al. 1986. Virology. 149. 44-54.

Francki R I B，et al. 1991. Arch Virol. 2．132-116.

Hernández A，et al. 2005. Persistence of invertebrate iridescent virus 6 in tropical artificial aquatic environments. Brief report［J］. Arch Virol. 150：2357-2363.

Martínez G，et al. 2003. Sensitivity of Invertebrate iridescent virus 6 to organic solvents，detergents，enzymes and temperature treatment［J］. Virus Res. 91：249-54.

Nermut M V，et al. 1987. Animal Virus Structure［M］. ELSEVIER. Amsterdam. New York，Oxford. 407-420.

Robin J，et al. 1986. Identification of the glycoproteins of lymphocystis disease virus（LDV）of fish［J］. Arch Virol. 87：297-305.

崔尚金　编

第三十五章　疱疹病毒科

疱疹病毒科是疱疹病毒目（*Herpesvirales*）的成员之一，是一类有囊膜线状双股DNA病毒。本科病毒在自然界分布广泛，可感染人和马、猪、牛、兔、鼠、鸡、猴、啮齿动物和鸟类等许多动物。

疱疹病毒科分为3个亚科，12个属。分别为：①甲型疱疹病毒亚科（*Alphaherpesvirinae*），有4个属，即单纯疱疹病毒属（*Simplexvirus*）、水痘病毒属（*Varicellovirus*）、马立克病毒属（*Mardivirus*）、传染性喉气管炎病毒属（*Iltovirus*）；②乙型疱疹病毒亚科（*Betaherpesvirinae*），有4个属，即细胞巨化病毒属（*Cytomegalovirus*）、鼠巨化细胞病毒属（*Muromegalovirus*）、玫瑰疹病毒属（Roseolovirus）和长鼻目病毒属（*Proboscivirus*）；③丙型疱疹病毒亚科（Gammaherpesvirinae），有4个属，即淋巴隐潜病毒属（*Lymphocryptovirus*）、弱病毒属（*Rhadinovirus*）、玛卡病毒属（*Macavirus*）和鲈病毒属（*Percavirus*）。疱疹病毒科还有一个亚科未定的鮰鱼疱疹病毒属（*Ictalurivirus*）。

疱疹病毒的一个共同生物学特性是能在自然宿主长期潜伏存在并造成隐性感染。

疱疹病毒最早发现的是人的单纯疱疹病毒，继之是猴的B病毒和伪狂犬病病毒等。20世纪50年代以来，由于病毒学研究技术的提高，相继又发现了多种疱疹病毒。到目前，几乎所有的畜禽都有各自的疱疹病毒，有的畜禽可能感染几种（型）疱疹病毒；有的一种疱疹病毒也可以感染几种动物。由于疱疹病毒种类的增多，研究发展较快，从分类学上由过去的疱疹病毒属改为疱疹病毒科和亚科。疱疹病毒经常以潜伏形式存在于动物体内，可达数年甚至终生。但当遇到适宜条件，病毒可重新激活而引起复发性感染。近年来，人们发现某些疱疹病毒可能是哺乳动物和禽类肿瘤病的病原因子，如鸡马立克氏病病毒。医学上也注意到某些疱疹病毒可能与人的癌症有关。由于疱疹病毒的广泛致病性和潜伏感染及致癌作用，已受到人们的日益关注。

现在随着分子生物学的发展，疱疹病毒的分子生物学研究进展也较快。在1972年仅知HSV单纯疱疹病毒DNA分子的相对质量约为100 000 000，总的G+C含量为46mol%。1975年阐明了疱疹病毒DNA的4个异构物，L和S区形的倒置情况。1976年美国公布了HSV_1和HSV_2的限制酶图。1976年以后，鉴定了HSV_{tk}基因。1978年完成了CMV（细胞巨化病毒）的酶切图谱。1980年前后，由于基因的克隆、鉴定序列分析、mRNA转录物的精确定位，积累了大量有关疱疹病毒基因组结构与功能的资料，完成了大部分疱疹病毒基因组的全序列，大部分早期、晚期基因转录物已经定位，有的病毒多肽也已检定，对这类病毒基因组的结构与功能已有一定了解。

[形态结构] 病毒粒子为球形或呈多形性，直径为120～200nm。主要由囊膜、被膜、核衣壳和核芯四部分组成。核芯直径为30～70nm，由双股线状DNA与蛋白质缠绕而成。超薄切片观察，核芯常为均一的圆形电子致密区，有时也能看到花纹样结构。病毒衣壳为二十面立体对称。每个角上有5个壳粒，有12个五棱体，还有150个六棱体。衣壳可能由3层膜组成，中层和内层系无特定形态的蛋白质薄膜，外衣壳的形态是本科病毒的重要特征，由162个互相连接呈放射状排列、具有中空轴孔的壳粒构成。位于病毒粒子最外层的包围物为囊膜。有些病毒的囊膜表面有纤突。在囊膜和衣壳之间有一个称为皮层的内膜，为无定形物质。

病毒基因组为单股双链不分节段的DNA，由两个互相连接的长节为（L）和短节为（S）的DNA组成。有的疱疹病毒其S、L节为颠倒排列。病毒基因组长为120～220kb，G+C含量为（35～

75）mol%。动物疱疹病毒 DNA 研究得较为详尽的是松鼠猴疱疹病毒（*Herpesvirus saimiri*）。

［**理化特性**］疱疹病毒囊膜含有多量的脂质和少量糖。病毒对乙醚、氯仿、丙酮等脂溶剂敏感，对胰蛋白酶、酸性和碱性磷酸酯酶等也敏感。紫外线、x 射线和 γ 射线极易使病毒灭活。

疱疹病毒对热较敏感，50℃约 30min 灭活。当含毒液体的 pH 在 6.8～7.4 范围以外时，灭活时间还可缩短。如长期保存疱疹病毒细胞培养物需在－70℃以下，或加甘油、明胶、脱脂乳或血清。冷冻干燥保存，其毒价可保持数年而无变化。

1%酚在定温处理 15min 后，病毒可存活；处理 3d 后才能灭活。5%酚在 4℃处理 18h 即可灭活。以 1∶1 000 的高锰酸钾定温处理 1h，病毒即灭活。在 35℃以 0.01mol/L 的甲醛或 0.001mol/L 的碘处理 100～1 000PFU/mL 的病毒，1h 即全部灭活。

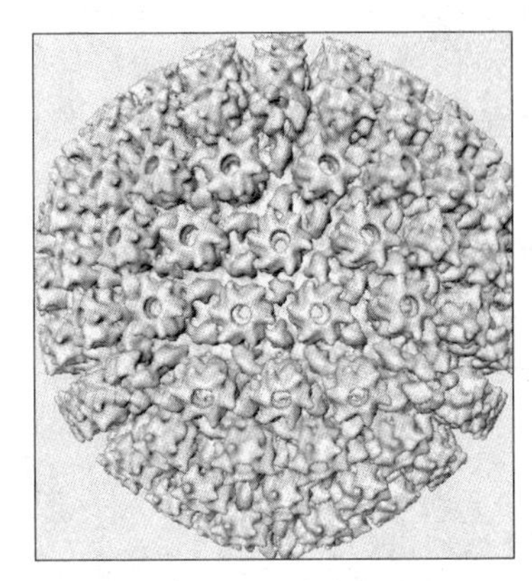

图 35-1　疱疹病毒衣壳模拟图

（引自病毒分类委员会《病毒数据库》第四版）

http：//www.ncbi.nlm.nih.gov/ICTVdb/ICTVdB/

［**复制**］疱疹病毒外膜的糖蛋白可使病毒与敏感细胞接触，病毒外膜糖蛋白 B（gpB）可引起与细胞浆膜相融合，使核衣壳直接进入胞浆，再经上述融合作用，使核衣壳进入胞浆。在胞浆内，核衣壳向核孔移动，病毒 DNA 随即释放并进入核内，宿主细胞 RNA 多聚酶 11 即开始从不同的非邻近区段转录，产生 5 种早期（α）mRNA。在产生 α 蛋白时，可导致病毒基因组其他区段的转录，产生早期（β）mRNA，β 蛋白可阻断 α 蛋白的合成，导致第三组 RNA 的转录，加工成晚期（γ）mRNA。这三套 mRNA 产生约 50 个病毒蛋白。DNA 的复制涉及复杂的复制型中间体 DNA 的形成，包括“头-尾”相连的连接体环和线-环形式。联结体 DNA 经切割，镶上核衣壳。在内核膜病毒糖蛋白插入膜内并成熟，具有感染力。具感染力的成熟病毒从细胞内质网缓慢释放出来。在单层细胞培养物上，病毒复制的隐蔽期为5～6h，病毒对数生长期可达 17h，每个细胞可产生 10^4～10^5 粒子，但其中只有约 100 个是有感染性的病毒。

［**抗原性**］在病毒增殖时可产生多种沉淀抗原，其中包括病毒的结构和非结构蛋白，可用相应的血清学方法测定其沉淀抗体。病毒的糖蛋白可引起机体产生中和抗体，可用中和试验（NT）检测。此法可分出病毒的血清型。

［**培养**］各种疱疹病毒都能在组织培养细胞内增殖，但感染细胞范围随病毒种类而异。多种动物各自所特有的巨细胞病毒，在单层细胞培养物中增殖时，能产生比一般细胞体积大几倍到几十倍的多核巨细胞，故称为巨细胞病毒。绝大多数巨细胞病毒只能感染原发来源的细胞。伪狂犬病病毒、马鼻肺炎病病毒、牛鼻气管炎病毒和单纯疱疹病毒都能感染多种细胞。牛溃疡性乳头炎病毒、恶性卡他热病毒、犬疱疹病毒、猫鼻气管炎病毒、鸡传染性气管炎病毒、马立克病病毒和 EBV 等的细胞感染范围较窄。大部分疱疹病毒能在细胞培养液内产生具有感染力的游离病毒，但少数病毒为巨细胞病毒、水痘、带状疱疹病毒、马立克病病毒和 EB 病毒等，均具有良好的细胞结合性，其传播主要通过细胞间桥和细胞分裂进行。因此，培养液内的游离病毒很少。但随着培养代数的增加，游离病毒的数量逐渐增多。

［**病原性**］疱疹病毒主要通过分泌物与易感人或动物的密切接触而传染。疱疹病毒不仅引起皮肤和黏膜的疱疹样变，也能引起多种疾病，如中枢神经系统、呼吸系统、生殖系统以及流产、死产和肿瘤。还有些病毒，特别是各种动物的巨细胞病毒，其病原性目前尚不清楚。

很多疱疹病毒具潜伏感染的特性，在感染人或动物呈现明显临床症状的原发性感染之后，病毒可在机体内长期，甚至终生呈潜伏状态存在。病毒通常潜伏在神经节中，抗体不易清除。当机体受到外界不利因素作用，如发热、寒冷、日晒、过敏物刺激等使机体免疫状态下降或生理机能障碍时，潜伏状态的病毒随即开始被激活并传播至机体的特定部位，引起明显的临床症状，进入复发性感染。此时体液内的抗体水平可能很高，但并不能阻止复发。

在潜伏感染过程中，局限在某些特定部位的疱疹病毒，其DNA可能整合于细胞的DNA中，病毒基因不能表达，而形成与细胞长期共处的状态。在引起复发性感染时，可能由于某些因素的作用，促使潜伏状态的病毒DNA进行表达，病毒从这种整合状态中脱离出来。

某些疱疹病毒的另一个特性是对自然宿主虽然呈隐性感染，但在传染给其他易感动物时，却能引起严重的疾病过程，甚至死亡。如猴的B病毒传染给人，伪狂犬病病毒经猪传染给牛，恶性卡他热病毒经绵羊或角马传染给牛，都能引起严重的致死性感染。

第一节　单纯疱疹病毒属（*Simplexvirus*）

单纯疱疹病毒属的病毒能引起人和鼠及牛等动物皮肤和黏膜发生水疱疹或某些炎症的一类体积较大的病毒。特点是动物感染初期往往呈隐性感染，但因某些因素的作用使免疫功能降低时又会复发。代表种为人疱疹病毒1型（*Human herpesvirus* 1，HHV-1）。

［形态结构］ 单纯疱疹病毒属的病毒基本上含有4种结构成分，中央为核芯，含有DNA，缠绕成圆柱状。核芯由一个二十面体的核衣壳包裹着，核壳厚约100nm，由162个壳粒组成，壳粒大小为9.5nm×12.5nm，中央小孔为4nm；核壳外为一层均质的皮层，其大小依病毒种类不同而异。最外层为囊膜，在囊膜上有很多突起，长约8nm。此突起较其他有囊膜病毒的突起短。病毒颗粒的大小为150～300nm。

［理化特性］ 病毒DNA为双链线形，DNA分子的相对分子质量为8.5×10^6～10×10^6，全基因组G+C含量为68.3mol%。病毒的基因组由两个互相连接的长节形（L）和短节形（S）DNA组成。S，L节形可颠倒排列，因而可形成4种异构体：P（原形）、Is（S节颠倒），II（L节颠倒）和I_{sl}（S节段均倒置）。病毒的这4种异构体在其病毒群体中以相同数量出现。

单纯疱疹病毒（herpes simplex virus，HSV）基因组的全序列共152 260bp。U_L为107.9kb，T_{R_L}，I_{P_L}为9.2kb，I_{R_S}，T_{R_S}为6.6kb，"a"区为400bp。

病毒的遗传特性稳定，其限制性内切酶位点较稳定。病毒1型和2型的限制性内切酶的切割位点不同，据此可予以鉴别。1型和2型病毒的碱基序列有50%是同源的。

病毒对热敏感，但用1 mol/L Na_2SO_4稳定后，能耐50℃。对紫外线的半数致死期为5～7s，12Gy X线照射2min可使90%病毒灭活。在液体中的病毒，经4℃处理18h，可使病毒灭活。而处于干燥环境中的病毒对乙醇和乙醚稳定，1%酚在室温处理15min后，病毒不被灭活；处理3d后才被灭活。以1∶1 000的高锰酸钾在室温处理1h，病毒即被灭活。在35℃以0.01mol/L的甲醛或0.001mol/L的碘处理100～1 000PFU/mL的病毒1h即全部灭活。

病毒在有蛋白质的溶液中较稳定，故常用10%的马血清或兔血清、0.1%蛋黄或0.5%明胶保护病毒。在病毒悬液中有半胱氨酸时，可防止病毒氧化而保护病毒，感染病毒的组织在50%甘油，4～8℃时可保存半年。病毒经冻干保存可达数年之久。

［抗原性］ 在单纯疱疹病毒的感染细胞中含有6种糖蛋白：gB、gD、gE、gG、gH和992K，前5个均存在于病毒毒粒中。这5种糖蛋白在HSV_1和HSV_2中是相对应的。在HSV_2中未发现gH-1，在HSV_1中还有一个gY。所有的HSV糖蛋白均可引起中和抗体的产生。以中和试验证明，HSV_1和HSV_2有共同抗原，也有不同的抗原成分，并可以此不同来鉴别HSV_1和HSV_2。

在病毒增殖时产生7～12种沉淀性抗原，其中包括病毒的结构和非结构病毒蛋白。有的蛋白为1型或2型特异的，有的蛋白质为1型和2型所共有的。应用单克隆抗体技术可建立区分1型和2型病毒的方法。

［培养］ 人胚肾、兔肾和地鼠肾原代细胞对单纯疱疹病毒很敏感，可致细胞病变，并可见到巨细胞和融合细胞，也可见到核内包涵体。

鸡胚绒毛尿囊膜对本病毒也很敏感，由其引起的损害为白色斑，每一个病毒颗粒能引起一个白斑，2型病毒引起的白斑大于1型病毒的。

［病原性］ 本病毒可引起不同的疾病。感染可分为初发和复发。初发者常无抗体产生，为隐性感染。但感染一段时间后可产生抗体，而病毒常不被清除，潜伏于神经节中，呈长期潜伏性感染。在某些因素的作用下常引起复发。

病毒引起的皮肤损害包括增生、退变和有核嗜酸性包涵体。脑炎死亡者有脑膜炎、血管周围的细胞浸润和神经细胞的破坏等，特别是脑皮质层的破坏。新生儿患全身性感染时，各器官都有坏死灶和单核细胞性包涵体。

牛溃疡性乳头炎病毒（*Bovine mamillitis virus*）

牛溃疡性乳头炎病毒又称牛疱疹病毒2型（*Bovine herpesvirus* 2，BoHV-2），是引起牛乳头和乳房皮肤表面溃疡为特征的一种疱疹病毒。为甲型疱疹病毒亚科、单纯疱疹病毒属的成员。

本病毒由Haygelen于1960年首次自布隆迪和卢旺达患乳头炎病牛分离。1964年和1972年又分别在英格兰和美国分离到。

本病毒感染牛后，不呈现体温变化和全身症状，主要是乳头皮肤发生水疱或溃疡，在牛体内有潜伏感染。

［形态特征］ 本病毒具有疱疹病毒所共有的形态特征。核衣壳直径约80nm，带有囊膜的成熟病毒粒子直径约为250nm。

［理化特性］ 本病毒抵抗力较强，在－50℃保存数月感染滴度无显著下降，于－70℃可存活数年。4℃对病毒保存不利。

［抗原性］ 本病毒与引起类似牛粗皮病样感染的阿雷顿病毒（*Allerton virus*）的抗原性相同，无论中和、琼脂扩散、补体结合等试验均呈一致的反应，但在临床上两者的致病性完全不同。据斯特恩（Stern）等报道（1973），由于牛溃疡性乳头炎病毒同人类单纯疱疹病毒的两个型具有某些共同组合，所以在中和、琼脂扩散和补体结合等试验中均有不同程度的交叉反应。

［培养］ 本病毒最初是用犊牛淋巴结单层细胞培养物分离出来的。后来证明它能在多种细胞如犊牛肾、结膜、甲状腺、羔羊睾丸、猪肾、猫肾、猫肺和乳仓鼠肾等细胞培养物内增殖。其中犊牛肾和乳仓鼠肾最适于病毒分离。本病毒具有很强的细胞融合作用，最快可在接毒后8h出现融合细胞，而且愈来愈多，直至细胞脱落（全部脱落约需6d）。作苏木素-伊红染色观察时，在一个融合细胞内能发现30～40个细胞核，偶尔能发现有数百个核的巨大融合细胞。在很多细胞核内含有一个嗜酸性Cowdry A型包涵体。

［病原性］ 本病主要是牛乳头皮肤局部的溃疡性疾病，个别病例可波及乳房皮肤，只发生于泌乳期和新近停乳的母牛。病毒感染途径尚不清楚。大多数流行发生在本病常在地区，但也有孤立牛群发生流行的情况，可能与存在传播病毒的某种媒介有关。在泌乳期牛群，病毒的传播主要通过机械作用，尤其是挤奶员的手和挤乳机。有人认为蝇类也是病毒的传播者。形成感染的条件主要是外伤。

自然感染的潜伏期为5～10d，病畜无体温变化和全身症状，乳头皮肤发生溃疡。急性病例发病突然，整个乳头肿胀疼痛，出现水疱，继之病变部皮肤脱落，形成溃疡，裸露的皮下组织不断渗出浆液。严重病例的溃疡面几乎波及整个乳头。较轻病例的乳头侧面出现斑块状溃疡，病健皮肤分界明显，相邻的溃疡灶可能融合，使病变区扩大。溃疡表面逐渐形成暗棕黑色痂皮，脱落后留下疤痕，局部色素消失。有些严重病例病变可出现于局部乳房皮肤。在有细菌继发侵入时，更可形成乳房炎。病程随感染程度而异，轻症约10d痊愈，重症可长达3个月。发病牛群可持续流行6～15周。当病变造成挤乳困难或侵及乳头括约肌时，往往继发乳房炎。严重流行的牛群由于挤奶困难、血液污染和乳房炎等原因，能使产奶量下降20%。

患部皮肤病变以形成水疱、多核巨细胞和核内嗜酸性包涵体为特征。皮内接种后48h电镜下即可检出处于复制过程中的病毒。8d后病变达最严重程度，表皮水疱发生融合与破溃，表面被混有血液的浆液性渗出物覆盖，随后形成痂皮。此时病毒的复制和释放达到高峰，不久即在痂皮下长出新的上皮，很快痊愈。

哺乳犊牛可在鼻镜出现病变。

[生态学] 从流行病学资料分析，本病可能是从非洲传入英格兰的。由于病毒严格的宿主特性，病毒的携带者只能是潜伏感染的牛。目前牛溃疡性乳头炎只见于英格兰、苏格兰和美国的部分地区，以及非洲的布隆迪和卢旺达。欧洲大陆除意大利可能有此病外，尚无其他国家发生的报道。

[免疫] 人工感染牛于出现病变后7～9d，血清内开始出现中和抗体，2～3周达高峰。大多数病牛的抗体水平较低，个别较高，差异很大。一般人工感染痊愈牛经8个月后对攻毒仍呈现保护性。自然感染后的牛群通常2年内不会出现重复感染。犊牛从母体获得的被动免疫可持续半年。

实验证明，弱毒疫苗和灭活疫苗的保护性均不理想。为控制传染，英国采用犊牛肾细胞培养的强毒作肌内接种，注射后1～2周产生免疫力，可持续5～8个月。接种这种未经减毒的疫苗并不能引发孕牛流产，也不产生接触传染。因为是强毒，这种措施只能限制在经常出现本病的牛群使用。曾试用浓缩不灭活含皂甙的氢氧化铝胶疫苗，接种疫苗的育成母牛经20～30d，抗体水平达到高峰，45d后人工攻毒仍具保护性，初步表明疫苗安全有效。

[诊断] 确诊须做病毒分离和血清学试验。

(1) *病毒分离* 可采取出现病变后4d以内的水疱液或病变组织，应用犊牛肾或乳仓鼠肾细胞分离培养，可产生明显的细胞病变，包括形成核内包涵体和多核巨细胞。但从疱皮和后期局部病变组织分离病毒不易成功。

(2) *血清学试验* 主要采用中和试验。本病患牛血清中的中和抗体出现很快，可采取病初和病后两份血清作对比中和试验（在犊牛肾和仓鼠肾细胞培养物上进行），是一种有效的诊断手段。

猴疱疹病毒1型（*Macacine herpesvirus* 1，McHV-1）

根据ICTV2009年的最新分类，猴疱疹病毒1型（*Cercopithecine herpesvirus 1*）更名为猴疱疹病毒1型（*Macacine herpesvirus 1*，McHV-1），通用名为B型病毒（*B-virus*）。B型病毒自然宿主为*Macaca*属猴，主要是恒河猴（Rhesus monkey）和猕猴（Macaqne），可通过黏膜或破损皮肤直接接触从猴至猴进行传播。多数恒河猴感染是无症状的，血清阳性率30%～100%，病毒能持续潜伏在三叉神经节和骶神经节，呈间隙性发作。免疫抑制或处于紧张状态如旅行、拥挤可使潜伏病毒激活（reactivation）。播散性感染包括脑炎、肺炎、肝炎和弥散性疹病（diffuse exanthem）。

人通过猴子的咬伤和抓伤，或从事猴组织或原代细胞培养的工作而受感染，潜伏期2～14天，多数感染者有脊髓炎（myelitis）和出血性脑炎（hemorrhagic encephalitis）。临床表现有发热、不适、头痛、腹痛、恶心，逐渐发展成感觉迟钝、共济失调（ataxia）、复视（diplopia）、癫痫（seizure）、弛缓性（flaccid）麻痹等神经症状，数天内则死亡。脑脊液研究显示，中度淋巴细胞增多，蛋白水平升高，红细胞增多，疱疹B病毒的特异性抗体效价升高。临床上表现为多灶性出血性脊髓炎（multifocal hemorragic myelitis）或脑脊髓炎（encephalomyelitis）。

第二节 水痘病毒属（*Varicellovirus*）

水痘病毒属的代表种为人疱疹病毒3型（*Human herpesvirus 3*，HHV-3），是引起水痘和带状疱疹两病的病原体。

水痘为原发性感染，以皮肤和黏膜上出现疱疹为特征。带状疱疹为具有部分免疫的人由潜伏在神经节的潜伏水痘-带状疱疹病毒激活后引起的。其特征是脊髓神经后根及神经节发炎，由此神经支配的皮肤上出现疱疹。

本属病毒成员与兽医有关的主要为伪狂犬病病毒（PRV）（猪疱疹病毒1型，SuHV-1）、马流产病毒（马疱疹病毒1型，EHV-1）、马鼻肺炎病毒（马疱疹病毒4型，EHV-4）、交媾病毒（马疱疹病毒3型，EHV-3）、牛传染性鼻气管炎病毒（牛疱疹病毒1型，BoHV-1）。

病毒在电子显微镜下呈椭圆形，平均直径210nm，长238nm。结构与其他疱疹病毒相同。

病毒基因组全长124 884bp，G+C含量为46.02mol%。其中 U_L 长104 836bp，G+C含量为44.33mol%，I_{R_L} 和 I_{R_S} 各为7 319bp，G+C含量为59.04mol%。在重复序列中，G+C含量较高是所有疱疹病毒的特点。在不同毒株有些区域的大小存在差别，所以VZV的全长为124 000～126 000bp。可以识别的基因有71个，编码各种结构和非结构蛋白。本属病毒对乙醚敏感，不耐酸，不耐热，在pH低于6.2和高于7.8时不稳定。因病毒常与细胞在一起，实验室常用10%牛血清和5%甘油及感染细胞置于低温冰箱保存。取自皮疹的内容以中性脱脂奶稀释，在－70℃可保存数年。本属病毒只有一个血清型，但与单纯疱疹病毒抗原有部分交叉反应。无凝集素和溶血素。本属病毒对人、猴、豚鼠和家兔等动物的上皮细胞均能适应，可用于病毒培养。细胞感染病毒后产生局灶性病变，细胞内有嗜酸性包涵体，同时感染细胞向周围扩散，并融合形成多核巨细胞。病变发展缓慢，释放到培养液中的病毒很少，所以应用感染的细胞传代。在电子显微镜下观察，细胞培养液中的病毒不完整，缺乏囊膜和核芯，但从水疱液中获得的病毒则完整，并具有感染力，分离病毒容易成功。

伪狂犬病病毒（*Pseudorabies virus*，PRV）

伪狂犬病病毒又称猪疱疹病毒1型（*Suid herposvirus 1*，SuHV-1），是引起多种家畜和野生动物以发热、奇痒及脑脊髓炎为主要症状的一种疱疹病毒。

本病是最早为人们认识的动物传染病之一。早在1902年，匈牙利学者Aujtszky首先作了报告。随后于1910年，Schnied（霍弗Hoffer）证明本病是由病毒所引起的。1931年肖普（Shope）发现了猪在传播本病上的重要作用。由于本病的临床症状与狂犬病有类似之处，故在首次报告本病之前曾误认为是狂犬病。也正是由于这个原因才采用了“伪狂犬病”这一名称。

本病毒是疱疹病毒科中感染范围和致病性较强的一种。病毒定位于中枢神经系统，为隐性感染，在应激时被激活。但不危及人类。

[形态结构] 伪狂犬病病毒具有疱疹病毒共有的一般形态特征，与单纯疱疹病毒的形态结构难以区分。位于核内，无囊膜，病毒粒子直径110～150nm，位于胞浆内带囊膜的成熟病毒粒子直径约180nm。

[理化特性] 本病毒DNA碱基中的G+C含量为72mol%，是疱疹病毒中含量最高的。DNA相对分子质量为 87×10^6。病毒含7～9种蛋白质。

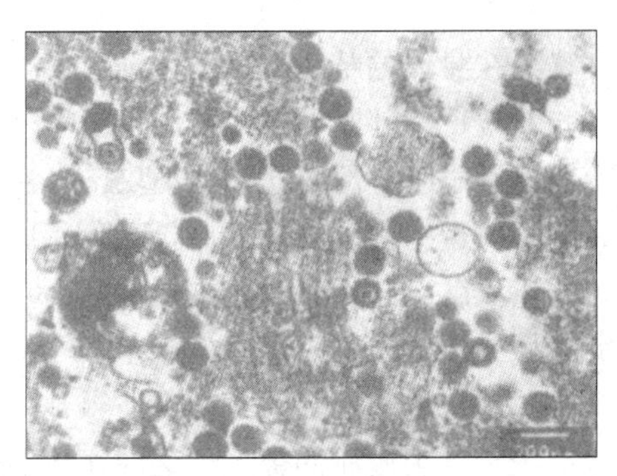

图35-2 伪狂犬病毒（PRV）
（谷守林等提供）

本病毒是疱疹病毒中抵抗力较强的一种。在畜舍内干草上的病毒，夏季存活30d，冬季达46d。病毒在pH4～9时保持稳定。保存在50%甘油盐水中的病料，在0～6℃下经154d后，其感染力仅轻度下降，保存到3年时仍具感染力。在腐败条件下，病料中的病毒经11d失去感染力。对乙醚、氯仿等溶剂、福尔马林和紫外线照射等敏感。5%石炭酸经2min可灭活，0.5%～1%氢氧化钠迅速使其灭活。对热抵抗力较强，55～60℃经30～50min才能灭活，80℃经3min灭活。胰蛋白酶等酶类能灭活病毒，但不损坏衣壳，其破坏作用可能涉及整个囊膜，或仅为囊膜上与感染细胞结合的受体。病毒培养物的最适保存温度为－70℃以下。真空冷冻干燥的病毒培养物可保存多年。

［抗原性］从世界各地分离的伪狂犬病病毒株抗原性均一致，仅毒力有强弱之分。本病毒与人的单纯疱疹病毒发生微弱的交叉反应，与马立克氏病病毒也呈现微弱的交叉反应。与其他疱疹病毒尚未发现有共同抗原成分。

［培养］本病毒能在多种组织细胞培养物内增殖，但表现的敏感度不同，其中以兔肾和猪肾细胞（包括原代和传代细胞系）最适宜病毒的增殖，并可引起明显的细胞病变。如经染色可见到典型的核内嗜酸性包涵体。兔肾和猪肾细胞最适宜作蚀斑试验。除可作病毒滴度和蚀斑减数试验外，还可依据蚀斑大小和形状对毒株进行鉴定。强毒株大多形成小而不规整的蚀斑，弱毒株的蚀斑较大。

本病毒还能在猴、牛、羊和犬的肾细胞，家兔、豚鼠和牛的睾丸细胞，Hela 细胞、鸡胚成纤维细胞等多种细胞培养物内增殖。

应用鸡胚作绒毛尿囊膜接种病毒可增殖和传代。出现病变的形状与病毒的接种量及毒力有关。强毒株于接种后 3～4d，在绒毛尿囊膜表面出现较大隆起的痘疱样病变和溃疡，随后因病毒严重侵袭神经系统，导致鸡胚死亡。对感染细胞作组织学检查，能发现核内包涵体。卵黄囊和尿囊腔等接种途径同样可用于病毒的增殖培养。

［病原性］本病毒进入机体后首先在扁桃体、咽部和嗅上皮组织内增殖，然后通过嗅神经和舌头咽神经等到达脊髓，又进一步增殖扩散到整个大脑。病毒沿神经干传播，其传播途径是通过被吸引到初发病局部的白细胞的摄入及细胞表面的吸附作用，然后由白细胞经血循把病毒带向机体各部位，尤其是孕育的胎盘组织。经初步增殖后侵入胎儿，发生流产或死产。

本病的临床症状和病程因动物种类和年龄而异，简述如下。

（1）猪　各种年龄的猪都易感。哺乳仔猪最为易感。发病后取急性型致死过程。15 日龄以内的仔猪常表现为最急性型，病程不超过 72h，死亡率 100%。这种病猪往往没有明显的神经症状，主要表现为体温突然升高（41～42℃），不食，间有呕吐或腹泻，精神高度沉郁，常于昏睡状态下死亡。部分病猪可能兴奋不安，体表肌肉呈痉挛性收缩，吐沫流涎，张口伸颈，运动失调，步伐僵硬，两前肢张开或倒地抽搐。有时不自主地前进、后退或作转圈运动，随后出现四肢轻瘫，侧身倒卧，颈部肌肉僵硬，四肢划动，最后在昏迷状态下死亡。1 月龄仔猪的症状明显减轻，死亡率也大为下降。随着仔猪月龄的增加，病程延长，症状减轻，死亡率逐渐降低。可以认为，不同年龄猪的死亡率为 0%～100%。成年猪感染后常不呈现可见的临床症状或仅表现轻微体温升高，一般不发生死亡。对于妊娠母猪，尤其是处于妊娠初期，可于感染后 20d 左右发生流产；处于妊娠后期的母猪，胎儿可死于子宫内，引起死产。在本病的流行中也发现少数病猪呈现瘙痒症状。

（2）牛　各种年龄的牛都易感，而且呈急性致死性感染过程。乳牛感染后首先使泌乳量下降。特征性症状是在身体的某些部位发生奇痒，多见于鼻孔、乳房、后肢间皮肤。由于病畜强烈地舐咬奇痒部位的皮肤，致使局部脱毛、充血。当瘙痒程度加剧时，病牛狂躁不安，大声吼叫，将头部猛烈在坚硬物体上摩擦，并啃咬痒部皮肤。但不攻击人畜。在 24h 内，病变部肿胀变色，渗出混血的浆液性液体。在病的后期，以进行性衰弱为特征，呼吸和脉搏显著增速，痉挛加剧，意识不清，全身出汗。最后咽部麻痹，大量流涎，磨牙，卧地不起，病牛多在出现明显临床症状后 36～48h 死亡。犊牛病程尤短，多在 24h 内死亡。发病牛均以死亡告终。

（3）绵羊　病程甚急。初期体温升高（40℃以上），肌肉震颤。病羊常用前肢摩擦口唇和头部痒处，有时啃咬和撕裂肩后部被毛。这种症状仅持续数小时，继之病羊不食，侧身倒卧，咽部麻痹，流出带泡沫的唾液和浆液性鼻液。病羊多于发病后 24h 内死亡。山羊也能自然感染，症状与绵羊类似，但病程较长。

（4）马　极少感染。部分感染马仅表现轻度不安和食欲减退；有的则表现为对外界刺激的反应性增高，微小刺激也能引起强烈反应。皮肤可能发痒。个别严重病例可在 3d 内死亡，但多数症状轻微并自然康复。

（5）*犬和猫*　症状与牛相似，主要表现体表局部奇痒，疯狂啃咬痒部并发出悲惨的叫声。下腭和咽部麻痹，流涎。虽与狂犬病症状类似，但不攻击人畜。病势发展很快，尤其是猫，可能于出现瘙痒症状前死亡。死亡时间通常在出现症状后24～36h，死亡率100%。

［生态学］猪和鼠类是自然界中伪狂犬病病毒的主要贮存宿主，也是引起其他家畜发病的动物。其他家畜可被这两种带有病毒的动物或其病尸传染而发病，其中以猪更重要。一般认为，牧场之间较长距离的传播，鼠类起的作用可能更大。鼠类传播病毒的途径可能是病死尸体被家畜吞食，也不排除病鼠口鼻分泌物和外伤污染饲料的可能性。本病多发于冬春两季，大批鼠类到牧场内觅食而导致传播。

感染耐过猪或亚临床感染的成年猪长期带毒和排毒。很多实验观察表明，带毒可长达半年之久，以肺和肝的带毒率最高，脾、肾和膀胱居次，猪的粪便、乳汁中也带病毒，有的从包皮和阴道分离到病毒。本病也可能通过交配传播。

鼠和猪这两种动物到处都有，只要有其中一种动物，就可使本病连续不断地在自然界传播下去。

本病耐过母猪可经初乳将抗体传给后代。这种抗体可在仔猪体内存在5～7周。

［免疫］目前已研制了灭活疫苗和弱毒疫苗。近年的趋势主要是发展弱毒疫苗或基因工程疫苗。

灭活疫苗：在欧洲所用的灭活疫苗有两种。一种罗马尼亚疫苗“B. C”的强毒毒株经猪肾细胞培养，用皂素灭活，加氢氧化铝佐剂制成；另一种是用强毒株经IBRSC-细胞系培养，用福尔马林灭活，加油佐剂制成。对接种氢氧化铝佐剂疫苗和油佐剂疫苗的仔猪作人工攻击强毒后，氢氧化铝佐剂疫苗保护率为85%；油佐剂疫苗为100%。此外，加拿大研制的福尔马林灭活疫苗，经攻毒试验获得95.5%的免疫。

近年来，弱毒疫苗的应用日渐增多。其中通过鸡胚传代的布加勒斯特毒株弱毒疫苗和用鸡胚成纤维细胞传代的“K”疫苗（或Bartha疫苗），以及用鸡胚或猪肾细胞培养物传代的“BUK”弱毒疫苗等均收到了良好效果。我国哈尔滨兽医研究所研制成的弱毒疫苗，在全国应用于猪、牛、羊安全有效，近年来，厄普约翰（Upjohn）公司研制的基因工程疫苗效果良好。

［诊断］对本病毒的感染，确诊应作核酸检测、病毒分离、抗原检查或抗体检验等。

（1）PCR　根据已发表的伪狂犬病病毒gE、gI基因的序列，设计合成引物，可以建立诊断、区分野毒株和疫苗弱毒的鉴别PCR方法。

（2）*病毒的分离*　病料采取，主要是病死猪的脑组织（中脑和脑桥）、扁桃体和鼻咽等。将脑组织或扁桃体研碎，用Hanks液或PBS溶液制成10%悬液，经2 000r/min离心10min，取上清液作为感染动物或细胞培养物的接种材料。

猪肾继代细胞系（为PK-15）以及猪、兔和牛的原代肾细胞培养物最适于本病毒的分离培养，对细胞培养物接种制备的病料，在37℃下培养，经18～96h出现细胞病变。病变细胞经苏木紫-伊红染色，镜检可发现嗜酸性核内包涵体。

应用9～11日龄鸡胚作绒毛尿囊膜接种，也是一种常用的分离培养方法。感染鸡胚常可呈现特征的病理变化。

家兔人工感染：多选取腹侧皮下接种（1～2mL）。通常于接种后36～48h注射部出现剧痒，动物以嘴自行啃咬，甚至掉毛、破皮和出血。继之四肢出现麻痹，数小时后死亡。

脑内接种8～12g新乳小鼠，可以引起规律性的感染死亡，并可连续传代。

病毒鉴定，应用中和试验或荧光抗体技术进行鉴定。

（3）*病毒抗原检查*　将病料上清液接种长成单层的PK-15细胞培养物（装有盖玻片），37℃吸附1h，以Earle氏液洗一次，加入维持液继续在37℃培养16～24h，做荧光抗体染色检查。

（4）*特异性抗体检查*　主要应用中和试验、免疫扩散试验等方法，效果很好。

牛传染性鼻气管炎病毒（*Infectious bovine rhinotracheitis virus*，IBRV）

牛传染性鼻气管炎病毒又称牛疱疹病毒1型（*Bovine herpesvirus 1*，BoHV-1），引起一种牛呼吸道接触性传染病。临床表现多样，但以呼吸道症状为主，伴有结膜炎、流产、乳腺炎，有时诱发小牛脑炎等。

20世纪50年代初，本病最先发现于美国科罗拉多州的育肥牛群，相继出现于洛杉矶和加利福尼亚等地，并命名为牛传染性鼻气管炎（TBR）。马登（Madin）等于1956年首次从患牛分离出病毒。随后，一些研究者相继从病牛的结膜、外阴、大脑和流产胎儿分离出病毒。哈克（Hack）于1964年确认牛鼻气管炎病毒属于疱疹病毒。

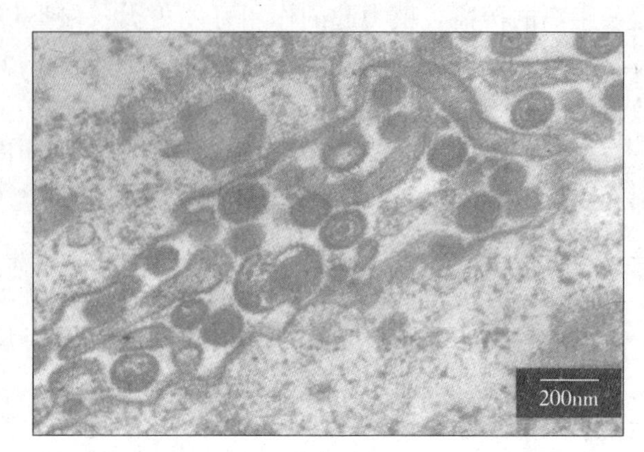

图35-3 牛传染性鼻气管炎病毒（IBRV）
（谷守林提供）

［形态特征］本病毒具有疱疹病毒科成员所共有的形态特征。病毒粒子呈圆形，由核芯、衣壳、囊膜组成。直径约130～180nm（图35-3）。

本病毒是根据抗原性和核酸从牛疱疹病毒中分离出的6个生物型之一。本病毒有一条较大的双链DNA分子，碱基数约为138kb，病毒DNA分子同其他疱疹病毒一样，被两个重复序列单位分割成一个长片段（U）和一个短片段（S），有两种异构体存在。

牛传染性鼻气管炎完整病毒含有25～33种结构蛋白，其中11种是糖蛋白。这11种糖蛋白根据其衍化关系分为4类，分别命名为gI（包括130kb、74kb、62kb、55kb和1.7kb的糖蛋白）、gII（包括108kb和100kb）、gIII（含91kb和69kb）及gIV（71kb和63kb），与单纯疱疹病毒1型的gB、gE、gC和gD具有同原性，其作用也类似。

［理化特性］病毒DNA分子浮密度为1.72g/mL，G+C含量为72mol%。病毒对热和氯仿敏感，在pH7.0的细胞培养液内稳定，40℃下经30d保存，其感染滴度无大变化；220℃保存5d，其感染滴度下降10倍。pH5.0以下时，病毒抵抗力显著减弱。-70℃保存的病毒可活存数年。

［抗原性］从美国、德国、英国和日本等世界各地分离的病毒株至少有几十种，都具有相同的抗原性。病毒糖蛋白能刺激产生中和抗体，并参与抗体-补体介导的细胞溶解反应和抗体依赖性细胞毒性反应。

Carmichael等于1961年发现，牛鼻气管炎病毒与马鼻肺炎病毒间具有某些共同抗原成分，此点在交叉补体结合和免疫扩散中均有表现，但在病毒中和试验中两者没有交叉反应。

培养本病毒除可在来源于牛的多种细胞如肾、肾上腺、甲状腺、胰腺、睾丸、肺和淋巴结等细胞培养物内良好增殖外，还能在羔羊肾、睾丸及山羊、马、猪、兔的肾细胞培养物内增殖。虽然也能在兔的睾丸、脾脏、人羊膜和Hela细胞培养物中增殖，但先要经过一段人工适应过程。病毒在适宜的单层细胞培养物内增殖时，可产生细胞病变。培养物经苏木紫-伊红染色后，在细胞病灶周围能看到少量多核巨细胞，表明牛鼻气管炎病毒的细胞融合作用不大，同时能发现大量嗜酸性核内包涵体。

病毒可在易感的细胞培养物内形成蚀斑，在同一株病毒的培养物内常能出现大型和小型的两种蚀斑。

［病原性］牛是本病毒自然感染的唯一宿主。病毒的致病性比任何动物病毒的组织嗜性都宽广，除侵害呼吸系统外，还能侵害生殖系统、神经系统、眼结膜和胎儿。另外，在自然感染时，发病程度的差别也较大，轻者是隐性感染或只表现体温轻度升高，重者则侵害牛的整个鼻腔、咽喉和气管以及发生急

性上呼吸道炎症。

病毒可以引起牛原发性感染的病征有：

（1）牛传染性鼻气管炎 是最多见的一种，并经常伴发结膜炎、流产和脑膜炎。

牛传染性鼻气管炎人工感染的潜伏期为2～3d，自然感染的潜伏期较长，可达1周。病毒首先侵入上呼吸道黏膜，引起急性卡他性炎症，经24～48h患畜体温升高至39.5～42℃。鼻分泌物开始呈浆液性，继之转为黏液性，最终变为脓性，开始混有血液。随着病程的发展表现出不同程度的呼吸困难，但并不经常咳嗽。食欲严重减损，体重下降，这在育肥牛表现得更为明显。结膜炎经常成为鼻气管炎的伴发症。无继发感染时，病程持续7～9d，随后很快好转，恢复正常。但视病牛个体情况，可能引起两种继发症：妊牛，特别是妊娠处于5.5～7.5个月者可引起流产；对3～6月龄犊牛偶尔继发脑膜脑炎。脑膜脑炎的症状主要表现为共济失调，沉郁和兴奋症状交替出现，部分病畜失明，病程一般持续4～5d，几乎都以死亡而告终。

以结膜型病变为主的鼻气管炎，主要临床特征为角膜表面形成直径1.0～2.5cm的白色斑点，同时结膜水肿、流泪，出现黏液-脓性分泌物。病畜体温升高，精神沉郁，食欲减退，产奶量下降约1/2。2周后，病牛症状消失，眼睛恢复正常。

重症鼻气管炎病例，剖检时见黏膜下组织显著发炎，并有出血点和坏死灶。当有细菌性继发感染时，常侵及肺脏，形成支气管肺炎。组织学检查可见黏膜下层淋巴细胞、巨噬细胞和浆细胞浸润。坏死的表皮黏膜含有大量中性粒细胞和细菌集团。几乎全部致死病例都有支气管肺炎变化。在发病后36h的气管上皮细胞内，能发现典型的嗜酸性核内包涵体。

对流产胎儿作组织学检查时，经常能在肝、肺、脾、胸腺、淋巴结和肾等脏器发现弥漫性的灶状坏死。由于胎儿均系死后排出，因而包涵体多已消失，很难检出。

死于脑膜炎的犊牛，除脑膜轻度充血外，无其他明显变化。组织学检查可发现大范围的淋巴细胞性脑膜炎以及由单核细胞形成血管套为主的病变。

（2）牛传染性外阴阴道炎 本临床型的潜伏期很短，为24～72h。接着是持续数天的轻度波浪式体温反应。外阴部发生轻度肿胀，少量黏稠的分泌物附着在外阴部的毛上。病畜站立时常举尾，排尿时有明显的疼痛感。食欲无影响，产奶量无明显变化。病情缓和时，外阴黏膜发炎，表面散在多量白色小脓疱；阴道黏膜轻度充血，无脓疱，阴道壁上附着淡黄色渗出物。重症时，外阴表面的脓疱融合成淡黄色斑块和痂皮，当阴道黏膜有出血灶时，阴道分泌物大量增加。几天后，出血灶结痂脱落，形成圆形裸露的表面。临床康复需要10～14d，阴道渗出液的排出可持续数周。公牛感染时，潜伏期2～3d。在生殖器黏膜充血的同时，表现一过性体温升高，数天后痊愈。较重的病例呈现同母牛一样的体温升高和脓疱形成两种症状，后者主要见于包皮皱褶和阴茎头，有时在阴茎体也能发现少量脓疱，包皮和阴茎肿胀。数天后脓疱破溃形成溃疡，通常在发现病变后1周开始痊愈。

生殖器感染的组织学变化主要是坏死性的。坏死灶集聚大量中性粒细胞，其周围组织中有淋巴细胞浸润，并能检出包涵体。但在开始痊愈后6d，包涵体即消失。

[生态学] 本病最早发生于欧洲，后传入美国。病症多表现于外生殖器，病毒如何由生殖器转移至呼吸器官，目前尚不清楚。

本病毒存在于病牛的鼻腔、气管、眼睛以及流产胎儿和胎盘等组织内。患脓疱性外阴-阴道炎病畜的病变组织和分泌物内都含有病毒，通过飞沫、交配（精液中含有病毒）和接触传播。本病毒也具有潜伏感染和使机体长期排毒的性质，试验牛排毒期最长者可达578d，一般为数周到数月。本病难以根除，主要与潜伏感染和长期持续排毒有关。

[免疫] 牛传染性鼻气管炎无论自然感染或人工感染，均能产生坚强持久的免疫力，耐过牛形成终生免疫。

现在研制的灭活疫苗虽然对孕牛安全，但对其效果人们仍有异议。弱毒疫苗的应用，虽然有一定残毒，但不会引起严重的不良反应，某种程度上会导致一大批隐性带毒者，令人担忧。

常规的弱毒疫苗和灭活苗还不能阻止病毒的持续感染。人们现已研制的亚单位疫苗，虽然有保护作用，但仍不能完全阻止病毒的持续感染；重组疫苗尚在深入研究中，结果难以确定。

[诊断] 首先是病毒分离。采集的病料包括鼻分泌物、外阴部黏膜和阴道分泌物、胎儿心胸水、心包液、心血及肺实质脏器、脑炎的脑组织等，经无菌处理，接种牛胎肾、睾丸、猪胎肾细胞培养，在正常传代时，在接种后24～30h出现细胞病变，并用中和试验或荧光技术进行鉴定。然后为病毒抗原检查，以直接荧光抗体法、酶联免疫吸附试验、放射免疫和PCR等方法进行检查。其次为抗体检查，可应用间接血凝试验、补体结合试验和琼脂免疫扩散试验等方法。

马流产疱疹病毒（*Equine abortion hesvirus*）

马流产疱疹病毒又称马疱疹病毒1型（*Equid herpesvirus 1*，EHV-1），是引起妊娠马流产的病原体。

这种病毒性流产是在20世纪30年代初由迪莫克（Dimock）等最先在美国肯塔基州发现的，当时曾命名为马流产病毒。不久，在欧洲一些国家也相继发现。但欧洲的一些研究者在作妊马人工接种感染时，发现接种马先呈流感样症状，随后才发生流产，以致误认为这种流产是马流感的继发症，其病原是马流感病毒。直到1954年，多尔（Dell）等应用免疫血清学方法进行交叉试验后发现，从美国和欧洲分离的两种病毒的血清学特性相同，属于同一种病毒，并认为流产是病毒引起的原发性马鼻肺炎之后的继发症。

60年代初，通过全面鉴定，确认本病毒属于疱疹病毒科，但仍将马鼻肺炎病毒和马流产病毒视为同一种病毒，统称为马疱疹病毒1型。

70年代以来，一些研究者收集了世界不同地区和不同来源（鼻肺炎病驹和流产胎儿）的病毒株进行对比试验，初步证明EHVI存在两个亚型，即亚型1（又称胎儿亚型）和亚型2（又称呼吸系统亚型）。同时又证明这两个亚型间存在着明显差异。后来又将原来的EHV-1分为两个亚型，确定为两个种。即亚型1（胎儿型，来自流产胎儿的病毒）仍命名为EHV-1，而亚型2（呼吸系统亚型）来自患鼻肺炎驹的病毒，命名为EHV-4。EHV-1仍用早期曾使过的名称即马流产（疱疹）病毒，EHV-4则采用曾用过的马鼻肺炎病毒。自此马流产病毒与马鼻肺炎病毒不再是同义名。

[形态与理化特性] 马流产疱疹病毒具有疱疹病毒共有的一般形态特征。在培养物的超薄切片中能看到病毒核芯呈十字形外观的特征。

本病毒的核芯由双股DNA和蛋白质缠绕组成，带有纤突而柔软的囊膜由糖-脂蛋白组成。

本病毒比较脆弱，不能在宿主体外长时间存活。对乙醚、氯仿、胰蛋白酶和肝素等都敏感，能被很多表面活性剂灭活。0.35%福尔马林可迅速灭活病毒。在pH4以下和10以上迅速灭活。pH6.0～5.7最适于病毒保持活性。冷冻保存时以－70℃以下为佳。在－20℃下保存又经反复冻融时，容易使病毒失去活性。近期内使用的病毒培养物，可放－40℃保存，这样往往比在－20℃特别是几经冻融的情况下更为有利。本病毒在56℃下约经10min灭活，对紫外线照射和反复冻融都很敏感。蒸馏水中的病毒在22℃静置1h，感染滴度下降10倍。在野外自然条件下，留在物体表面干涸的病毒可存活数天。黏附在马毛上的病毒能保持感染性35～42d。

[抗原性] 通过特异的病毒交叉中和试验表明，各型马疱疹病毒间不呈现交叉反应。因此，应用交叉中和试验是马疱疹病毒各型相互区别的最好方法、也是分型的基本依据。

至于其他血清学方法，如补体结合、免疫扩散和荧光抗体试验等同型毒株间反应最强。

也有报道，用这些血清学方法，在各型之间往往也出现轻度交叉反应，这可能与马疱疹病毒各型往往有同时感染的特点有关。

[培养] 从各型马疱疹病毒的细胞感染范围来看，EHV-1最宽，能在鸡胚成纤维细胞以及马、牛、羊、猪、犬、猫、仓鼠、兔和猴等多种原代细胞培养物内增殖，此外还能在牛胎肾、绵羊胎肾、兔胎肾等多种继代细胞培养物内增殖。马肾细胞最适于EHV-1的分离培养，其次为猪胎肾细胞。

EHV-1增殖快速，细胞致病性强，2～3d开始出现细胞病变。经HE染色的细胞培养物，可见核内嗜酸性包涵体和少量多核巨细胞。

[病原性] 妊马感染时可发生病毒血症和流产，主要在于妊娠的中后期。流产一般集中在8～11月龄，而9～19月龄为高峰期。流产后像正常一样很快恢复常态，也不影响配种和受胎。妊娠末期流产（早产）往往产出活胎儿，但体质衰弱，不能站立吮乳，多在48h内死亡。人工感染的潜伏期视接种途径而异：静脉注射多为14～23d，子宫和胎儿体内注射一般为3～9d，而且能规律地引起流产。全部流产胎儿和生后死亡病驹的肝、肺等脏器的相应细胞内均能检出核内嗜酸性包涵体，其中包括妊马和公马，并从病马脑组织分离出EHV-1。流产胎儿的肝脏病变有两个不同的型：早期流产胎儿呈坏死性病变，晚期则为增生性病变，后者可能与胎儿的免疫反应有关。流产胎儿外观新鲜，皮下有不同程度的水肿、出血及可视黏膜黄疸。常见心肌出血、肺水肿及胸、腹水增量。

[生态学] 本病毒主要通过飞沫传播，包括最易感的驹以及成年马和妊马。在本病流行区，当年断奶驹大部分于晚秋到初冬时遭到首次感染。多数研究者认为，EHV-1可能不像一般疱疹病毒那样具有长期潜伏感染的性质，病毒在动物体内存留的时间不太长，复发原因是重新遭到外源性病毒的入侵。其主要根据是不能从病后康复的动物体内分离到病毒。

各型马疱疹病毒是密切相关的，EHV-1和EHV-4及EHV-2经常同时存在于同一匹马体之上、它们之间又有很多相同的特性。

[免疫] 病畜恢复后，其血清中和抗体指数在100以上的具有较强的抵抗力，再感染不出现病毒血症，妊马不流产。如血清中和抗体指数低于100的则能引起病毒血症，并能引发妊马流产。

驹可通过初乳获得中和抗体，能在血液内持续存在2～3个月，随后下降，并可感染病毒。两岁以下的驹远较成年马敏感。EHV-1流产以初产母马多发，本病常在的马场，往往3年大流行一次。

最早研制和应用于防止妊马流产的疫苗，是用马流产胎儿组织制成的福尔马林灭活疫苗，效果很差，而且能使接种母马产生过敏反应。随后也有用人工感染仓鼠肝制成福尔马林灭活疫苗，效果同样不好。但以人工适应于仓鼠的EHV-1制成的弱毒疫苗每年于7月和10月作两次经鼻接种，确有控制流产的效果。之后有人用猪肾、猪睾丸、牛肾等细胞以及Vero细胞系等长期传代减毒，制成的弱毒疫苗效果良好。但当前弱毒疫苗只适于本病流行区应用，不宜作大面积普遍接种。

[诊断] ①病毒的分离：采取流产胎儿的肺、肝、脾和胸腺等组织做检查样品。初代分离培养病毒以马肾细胞最敏感。另外，乳仓鼠肾和猪胎肾原代细胞以及猪肾PK-15继代细胞系同样适于作初代分离培养，如能盲传2～3代，更能够提高分离率。可用交叉中和试验检查鉴定病毒，同时可用电镜观察疱疹病毒的形态结构特征。②病毒抗原的检查：可用特异性高免血清免疫球蛋白制成荧光抗体，或应用PCR等方法，检查细胞培养物中的EHV-1抗原。③特异性抗体检查：可用补体结合试验、免疫扩散试验等方法检测病毒抗体，予以确诊。

马鼻肺炎疱疹病毒（*Equine rhinopneumonitis virus*）

马鼻肺炎疱疹病毒又称马疱疹病毒4型（*Equid herpesvirus 4*，EHV-4），是引起以呼吸系统症状为主的鼻肺炎的一种马疱疹病毒。

[形态与理化特征] 马鼻肺炎疱疹病毒的形态与马流产疱疹病毒基本一样，可参考马流产疱疹病毒。

[抗原性] EHV-4与其他各型马疱疹病毒用交叉中和试验可以区分。EHV-4与EHV-1之间确实存在差异，有的还十分明显，但全面准确的区分标准尚待进一步探讨。

本病毒和牛鼻气管炎病毒在补体结合和免疫扩散试验中，表现出具有部分共同的抗原成分，但中和抗体全然不同。另外，与单纯疱疹病毒在补体结合试验中也呈现轻度交叉反应。

[培养] 在各型马疱疹病毒中，EHV-4的细胞感染范围之宽仅次于EHV-1，前者不能在猪胎肾

和牛胎气管细胞培养物中增殖，而后者则能。EHV-4在猪胎肾细胞培养物上能形成较大的蚀斑，EHV-1则形成较小的蚀斑。同时，EHV-4病毒在培养细胞内增殖的速度和致细胞病变作用都不如EHV-1。

[病原性] 本病毒引起的病症是以呼吸系统为主的鼻肺炎，潜伏期为1～2d，主要见于2岁以下幼驹，尤其是当年断奶驹，多发于秋末到初冬季节，呈地方性流行，传播快速，几天之内可使全群多数驹发病。病驹体温突然升高可达39.5～41℃，持续2～5d，从鼻孔流出多量浆液到黏液脓性鼻液，鼻黏膜和眼结膜显著充血。有时出现短时间的食欲缺损。颌下淋巴结肿胀，皮下组织浮肿和四肢腱鞘水肿。病毒侵及肺脏时，可引起支气管炎和肺炎。发热初期白细胞开始减少，热退后逐渐恢复正常。没有细菌继发感染的病例病程1周左右。成年马感染EHV-4后，多不呈现明显的临床症状，个别病马有一过性体温升高（39℃左右）和白细胞减少现象。在自然条件下，妊马从呼吸道感染EHV-4后1～3个月或4个月，有的能发生流产，这主要是因妊马感染马流产疱疹病毒造成的。因为EHV-1和EHV-4往往同时感染马。

马鼻肺炎患驹的上呼吸道充血发炎和糜烂，侵入肺脏时，肺间质水肿，发生纤维素性浸润，在细支气管上皮细胞内形成典型核内包涵体。特征性核内嗜酸性包涵体见于上皮细胞以及肝、肺等脏器的相应细胞内。

[生态学] 本病毒是一种高度接触传染性的呼吸道病毒，主要靠飞沫传播。在世界上流行于各大洲，分布较广泛。

[免疫] 本病毒主要侵染呼吸道，鼻分泌液内的分泌型抗体IgA在抗感染过程中常有重要作用。当血清抗体中和指数在100以上时，似可预示鼻分泌液内的抗体水平足以防止病毒从鼻咽部扩散，从而阻止病毒血症的发生。相反，中和抗体指数在100以下者，预示鼻黏膜局部抗体已经消失，病毒侵入后可在鼻咽部黏膜大量增殖。另外，实际观察在4个月后，即可发生马鼻肺炎。

1974年，清水和川上用马鼻肺炎疱疹病毒制成活毒疫苗（L），与用马流产疱疹病毒制成的灭活疫苗（K）进行联合免疫，母马的妊娠中期作第1次接种，然后各经1个月做第2次接种。过一个月后攻毒，5匹疫苗接种马全部安全生产。

[诊断] 主要方法是病毒分离。以灭菌棉拭子采取鼻分泌液作为分离病毒的检样。初代分离培养时以马肾细胞最敏感。乳仓鼠肾和猪胎肾原代细胞同样适于作初代分离培养，如盲传2～3代，更能提高分离率。病毒鉴定可用交叉中和试验或PCR等方法检查抗原。

马交媾疹病毒（*Equine coital exanthema virus*）

马交媾疹病毒又称马疱疹病毒3型（*Equid herpesvirus 3*，EHV-3），是马交媾疹的病原体。是疱疹病毒科甲型疱疹病毒亚科水痘病毒属的成员。早期本病流行于德国、奥地利和匈牙利，威顿（Witten，1973）证明此病的病原是一种病毒。

本病是通过交配传播、外阴部发生疱疹的良性急性传染病。

[形态与理化特性] 马交媾疱疹病毒具有疱疹病毒的一般形态特征。在细胞核内，EHV-3粒子的直径为85～90nm。EHV-3的抵抗性极强，可在动物体外存活几周甚至几个月，并仍具有感染力。

[抗原性] 目前发现不同地区分离的毒株都具有共同的抗原性，只有一个血清型。用交叉补体结合试验发现EHV-3和EHV-2之间存在明显的交叉反应，而用交叉中和试验，EHV-3与其他各型马疱疹病毒不呈现交叉反应。

[培养] EHV-3可在马源细胞培养物中生长，并能产生细胞病变。最适于马肾原代细胞，增长较快。其他如猪、鸡胚等细胞较差。观察证明，本病毒在细胞培养时呈现细胞结合性。

[病原性] EHV-3通过交配传播，潜伏期约1周。主要发生在生殖器黏膜、会阴部皮肤、阴茎和包皮等部位。初期为直径1～2mm发红的丘疹，很快发展成脓疱，母马阴道黏膜潮红，几天后脓疱破

溃转为溃疡，一些融合性脓疱形成的溃疡直径可达 2cm，深 0.5cm。无细菌继发感染时，2 周可痊愈，但局部色素脱失，形成白斑。严重暴发流行时，上述病变曾见于口唇和鼻孔周围皮肤，也见于鼻黏膜和眼结膜。病畜无全身症状，体温和呼吸正常。

[生态学] EHV-3 在自然界仅在马之间传播，在本病流行地区几乎年年发生，特别见于春季和夏季。马交媾疹病毒的分布范围较窄，只从美国、德国、加拿大、澳大利亚、法国和挪威等一些国家分离到病毒。

[免疫] Baguest 等通过对不同年龄马交媾疹病马匹血清抗体检查结果证明，哺乳前幼驹不含抗体，从初乳获得的抗体可持续 4～6 个月。在 1～2 岁龄驹中很少能检出抗体。2 岁以上逐步上升，8 岁左右马匹的血清抗体阳性率高达 52.6%。尚无有效疫苗。

[诊断] 取病料经过处理，接种马肾原代细胞进行分离，然后用中和试验鉴定，或应用 PCR 等方法，检查抗原。血清学以中和试验为主，可以确定母马群新近感染和发病的时间，另外可用补体结合试验诊断。

猫鼻气管炎病毒（*Feline rhinotracheitis virus*）

猫鼻气管炎病毒是引起猫病毒性急性上部呼吸道感染的一种疱疹病毒，又称猫疱疹病毒 1 型（*Felid herpesvirus 1*，FeHV-1）。猫鼻气管炎与猫的其他呼吸道传染病在临床症状上无法区别。

[形态与理化特性] 猫鼻气管炎病毒具有疱疹病毒的一般形态特征，位于细胞核内的病毒粒子直径为 128～167nm，细胞外游离病毒的直径约 164nm。猫鼻气管炎病毒对外界因素的抵抗力很弱，离开宿主后只能存活数天。对酸和脂溶剂敏感。在 −60℃ 下只能存活 3 个月，在 56℃ 下经 4～5min 灭活。

[抗原性] 一些研究者对美国和欧洲分离的一些猫鼻气管炎病毒株做了比较试验，结果是同属一个血清型。交叉中和试验表明，本病毒与猫细小病毒、牛鼻气管炎病毒、伪狂犬病病毒、猫杯状病毒以及单纯疱疹病毒等都不呈现交叉反应。经交叉补体结合试验表明，与猫杯状病毒和人腺病毒间也没有共同抗原关系。

本病毒对猫红细胞有凝集和吸附的特性。

[培养] 本病毒能在猫肾、肺以及睾丸细胞培养物内良好增殖和传代。对兔的肾细胞培养物也能较好增殖。病毒增殖迅速，细胞致病性强，通常在接种后 24～48h 出现细胞病变，同时因细胞融合而产生的多核巨细胞。猫鼻气管炎病毒能形成蚀斑，对异种动物和鸡胚都没有致病性。

[病原性] 本病潜伏期很短，2～5d。仔猫较成年猫症状严重。病猫体温升高，呈明显上部呼吸道感染症状。不时打喷嚏、咳嗽、发热和流眼泪，唾液分泌增多。随后出现鼻卡他和结膜炎，继之精神沉郁、食欲减退。鼻液和眼泪初期透明，病势严重后即变为黏液脓性，结成硬块。患病仔猫约半数死亡，如合并细菌感染，死亡率更高。临床症状在 1 周后逐渐缓和并痊愈。部分患猫转为慢性，出现咳嗽、鼻窦炎和呼吸困难等症状。

[病理变化] 主要在呼吸道，初期鼻腔和鼻甲骨黏膜呈弥漫性充血，喉头和支气管也呈现类似变化。数日后，在鼻腔和鼻甲骨黏膜出现坏死灶。扁桃体和颈部淋巴结肿大，散在不等量的出血点。慢性病例可见鼻窦炎。

[生态学] 猫鼻气管炎是通过直接接触而传播的，尤其是含病毒飞沫的吸入。自然康复或人工接种耐过猫能长期带毒和排毒，成为危险的传染源。同时认为本病很可能像很多疱疹病毒那样，具有潜伏感染的性质。

[免疫] 猫鼻气管炎康复猫常呈无症状带毒，抗体持续期很短，故有可能猫对鼻气管炎的免疫性低且持续期短。近年来，美国研制的活疫苗经试验认为安全有效。

[诊断] 主要诊断方法是：将来自鼻咽部和结膜的棉拭子置于含高浓度抗生素的营养液内，经挤压后取出，并于 4℃感作 2～4h 后，接种猫胚肾原代细胞培养物，37℃孵育 2h，更换新维持液，逐日观察

有无细胞病变出现，直至1周。必要时可连续盲传三代。采用中和试验可达到鉴定病毒的目的。

病毒抗原检查可取结膜和上呼吸道黏膜做成涂片或切片标本，然后用本病毒高免血清制备的荧光抗体染色，或应用PCR等方法，检查抗原，即可作出准确、快速的诊断。

抗体检查可用中和试验和血凝抑制试验。

犬疱疹病毒1型（*Canid herpesrirus* 1，CaHV-1）

犬疱疹病毒1型又称犬疱疹病毒，主要是引起仔犬上呼吸道感染及全身性感染的急性致死性疾病的病原体，是甲型疱疹病毒亚科水痘病毒属的成员。

1965年在美国和英国首次分离到犬疱疹病毒。主要引起幼犬的致死性感染；成年犬呈不显性感染，偶尔表现轻微的鼻炎、气管炎或阴道炎。个别的有致妊娠犬流产和不孕症的报道。

[形态与理化特性] 本病毒具有疱疹病毒所共有的形态特征。位于细胞核内，未成熟无囊膜的病毒粒子直径为90～100nm，胞浆内成熟带囊膜病毒的平均直径为142nm。部分疱疹病毒的核心呈十字形或星形外观。本病毒是迄今所发现的疱疹病毒成员中G+C含量最低的，仅33mol%，绝大多数其他疱疹病毒都在50mol%以上。

本病毒对温度的抵抗力很弱，56℃经4min灭活。37℃经5h，病毒的感染滴度下降50%，在-70℃保存的毒种（含10%血清的病毒悬液）只能存活数月。pH为4.5时，经30min失去感染力。

[抗原性] 从美国和英国分离毒株的交叉中和试验证明，所有毒株具有共同的抗原性，只有一个血清型。犬疱疹病毒同其他疱疹病毒，如牛鼻气管炎病毒、马鼻肺炎病毒、猫鼻气管炎病毒和鸡喉气管炎病毒等上呼吸道感染病毒都不呈现交叉中和反应。另外本病毒同犬肝炎病毒、犬瘟热病毒等在血清学上都没有交叉反应关系。

本病毒对多种动物的红细胞都不呈现凝集反应，病毒囊膜表面没有血凝素。

[培养] CaHV-1能在来源于犬的组织细胞培养物中良好增殖。犬胎肾和新生犬肾（生后3个月）细胞最易感。除肾之外，犬肺细胞对病毒也敏感。最适培养温度为35～37℃，常用36℃。初代次出现细胞病变的时间较长，在培养细胞中有不太清楚的核内嗜酸性包涵体。病毒不能在鸡胚内增殖。

[病原性] 本病毒对2周龄以内的幼犬，常在引起原发性上呼吸道感染的同时致发全身性感染。自然感染通常发生于生后5～14d，发病仔犬体温不升高，表现精神迟钝，食欲不良，或停止吮乳，呼吸困难，压迫腹部时有痛感，粪便呈黄绿色。病犬常发出连续的嚎叫声。少数发病仔犬外观健康活泼，但吮乳后经常发生恶心和呕吐。病程很短，取急性经过。多于出现症状后24h内死亡。病程长的很少超过48h。发病仔犬大都以死亡而告终。个别耐过仔犬常遗留中枢神经症状，如共济失调，向一侧作圆圈运动或失明等。

生后2～5周龄仔犬感染犬疱疹病毒时，通常不呈现全身感染，只引起轻度鼻炎和咽喉炎。但在个别情况下，也可致发全身性感染和导致病犬死亡。5周龄以上幼犬和成年犬感染时。基本上不表现临床症状，但病毒能在呼吸道和生殖器黏膜轻度增殖，此点已通过人工感染试验加以证实。

死亡仔犬的典型病理变化是在实质脏器表面散在多量直径2～3cm的灰白色坏死灶和小出血点，尤以肾和肺的变化更为显著。胸、腹腔内常有带血的浆液性液体积累。脾常肿大。肠黏膜呈点状出血。病理组织学检查，可见全部重要脏器都有灶状坏死和出血变化，包括肾、肺、肝、脾、脑和肾上腺，病变最明显的是肾脏。

[生态学] 仔犬主要通过分娩过程中与带病毒母犬阴道接触或生后母犬含病毒的飞沫而遭受传染。此外，仔犬间也能互相传播。病毒首先在呼吸道黏膜大量增殖，随后通过白细胞的携带而散布于全身。

近年大量的观察表明，本病康复犬长期处于带毒状态。潜伏感染同样是犬疱疹病毒感染的一个特点，能从外观健康的犬分离到病毒就是有力的证据。有人曾从剖腹产的仔犬分离出犬疱疹病毒，这表明病毒能从母体通过胎盘感染胎儿。

［**免疫**］自然感染康复犬和人工接种耐过犬均能产生中和抗体，并具有保护力。当母犬血清抗体在1∶4以上时，所生的仔犬可获得母源抗体，表现明显的抵抗力。同样用这种血清给新生仔犬作腹腔接种，能防止仔犬的感染。

由于CaHV-1的抗原性较弱，所研制的弱毒疫苗和灭活疫苗效果均不佳。

［**诊断**］①病毒分离，采取病死仔犬的病料，经过无菌处理，接种犬胎肾细胞培养物可以分离病毒，应用荧光抗体作鉴定。②病毒抗原检查，应用荧光抗体技术，或应用PCR等方法，检查抗原，在坏死病灶可发现大量病毒抗原，是一种准确快速的方法。③病毒抗体检查，检查血清中的中和抗体效果较好。

山羊疱疹病毒1型（*Caprine herpesvirus* 1，CpHV-1）

不同年龄段的山羊感染山羊疱疹病毒后可导致不同症状。1～2周的小羊感染可以呈现全身系统性感染而导致死亡，成年公羊感染导致包皮炎，母羊感染主要表现为阴道炎和流产。由于病毒对生殖系统有亲嗜性，在山羊的发情期感染率呈上升趋势。有研究表明病毒存在潜伏感染。病毒可以经交配而发生垂直传播。血清学调查发现该病毒呈全世界分布，但主要在地中海地区国家的羊群中流行。该病毒还没有疫苗防治，主要依靠饲养管理来避免。

鹿疱疹病毒1、2型（*Cervid herpesvirus* 1、2）

国际疱疹病毒研究小组把来自于红鹿（red deer）的疱疹病毒命名为鹿疱疹病毒1型，把来自于驯鹿（reindeer）的疱疹病毒命名为鹿疱疹病毒2型。鹿疱疹病毒1型最早由Inglis等分离于有结膜炎的人工饲养的鹿。血清学研究发现鹿疱疹病毒1型和牛疱疹病毒1型有相关性。感染鹿疱疹病毒1型的鹿可以产生针对牛疱疹病毒1型的抗体。用牛疱疹病毒1型人工感染鹿不产生任何症状，血清也未发现阳转。用鹿疱疹病毒1型感染牛不产生临床症状，产生的低滴度抗体不能保护牛疱疹病毒1型的攻击。Ek-Kommonen等于1982年在驯鹿中发现鹿疱疹病毒2型抗体阳性，并于1986年分离出病毒。驯鹿感染鹿疱疹病毒2型不表现出明显的症状，但是接种该病毒的牛却表现为轻微的鼻炎。

第三节　马立克病病毒属（*Mardivirus*）

根据国际病毒分类委员会第八次报告，马立克病病毒属正式以一个独立的属成为疱疹病毒科甲型疱疹病毒亚科的成员。马立克病病毒属包括以下成员：①禽疱疹病毒2型（*Gallid herpesvirus 2*，GaHV-2）（原马立克病病毒1型——*Mark's diseases virus type 1*）；②禽疱疹病毒3型（*Gallid herpes virus 3*，GaHV-3）（原马立克病疱疹病毒2型——*Marek's disease herpes virus type 2*）；③火鸡疱疹病毒1型（*Meleagrid herpesvirus 1*，MeHV-1）；④鸽疱疹病毒1型（*Columbid herpesvirus 1*，CoHV-1）。

禽疱疹病毒2型（*Gallid herpesvirus 2*）

禽疱疹病毒2型（*Gallid herpesvirus 2*，GaHV-2）是引起鸡的一种传染性肿瘤病的病原体，以淋巴组织的增殖和肿瘤形成为特征。

本病于1907年由马立克（Marek's）首先发现，当时称为“鸡多发性神经炎”。1960年以后，由于一系列的发现才导致了决定性的转变。1967年英国在鸡肾细胞培养物中成功地繁殖了鸡马立克病的病原体，证明本病毒是一种细胞结合性疱疹病毒。1969年，人们发现在羽毛囊中和在病鸡的上皮中含有完整、脱离细胞并有感染力的病毒粒子，能传播到周围环境。

［**形态结构**］本病毒具有疱疹病毒的一般形态特征。用电镜观察负染样品，可见到直径为85～

100nm 的六角形裸露颗粒或衣壳，呈二十面体立体对称，含有 162 个空心的是圆筒形的壳粒，大小为 6nm×9nm。相邻壳粒的中心与中心之间的距离大约为 10nm。病毒 DNA 缠绕在连接核衣壳的两个内极的中心结构上面（图 35－4）。DNA 长度约为 125 000bp。

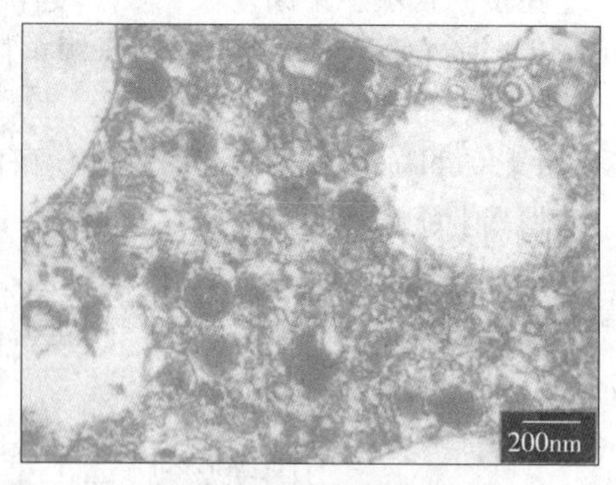

图 35－4 马立克病病毒
（谷守林提供）

带囊膜的病毒粒子主要存在于细胞核酸附近或核空泡中，在胞浆中也有。病毒粒子在超薄切片的大小为 130～170nm。在溶解的羽毛囊上皮的负染标本中见到的病毒粒子都是带囊膜的，直径为 270～400nm，存在于胞浆和胞浆包涵体中。

［理化特性］本病毒的理化特性同其他疱疹病毒相似。病毒的浮密度为 1.70g/mL，G+C 含量为 46mo1%，相对分子质量为 103×10^6。

应用聚丙烯酰胺凝胶电泳法可以测量出病毒的 8 种结构蛋白，相对分子质量为 330～1 260，其中 2 种是糖蛋白。应用免疫琼脂扩散法发现 GaHV－2 至少含有 6 种抗原，最常见的为 A、B、C 3 种抗原。经化学鉴定，证明 A 抗原是一种糖蛋白，相对分子质量为 4 500；B，C 抗原由 7 种多肽组成，其中也有 2 种糖蛋白。

威特纳（Winner）等（1968）证明附着在垫料上的病毒于室温中经 16 周仍有感染性。Calnek 和希契纳（Hitchner）等证明病鸡的干燥羽毛在室温中经 8 个月，在 4℃经 7 年仍有感染性，但可被多种普通化学消毒剂所灭活。

无细胞的病毒在－70℃储存时稳定，但在－20℃保存时易于丧失感染性。

［抗原性］病毒有 2 个血清型。1 型（MDHV 1）即现在称为鸡马立克病的主要病原，它可以使鸡产生肿瘤，尽管毒株间的致病性强弱有差异。2 型（GaHV－2）是马立克 2 型（MDHV 2）即现在称为禽疱疹病毒 3 型（GaHV－3），不是马立克病的主要病原体，它不能使鸡产生肿瘤。

病毒在生产性感染过程中产生多种抗原。用感染细胞培养物与康复血清进行免疫琼脂扩散试验，可以检出三条以上的沉淀线，其中主要的线代表“A”抗原，这是在感染细胞培养物的上清液中可以找到的一种可溶性糖蛋白，但在病毒的细胞培养物的传代过程中常易消失。其余两种免疫沉淀抗原被称为“B”和“C”抗原，是与感染细胞结合的，只在细胞裂解之后才能测出，其特性尚未充分鉴定。“A”抗原与病毒毒力有关，弱毒疫苗株均缺少“A”抗原。

利用免疫荧光和免疫过氧化物酶技术，在经过固定的细胞核和胞浆中又发现了一种病毒结合性抗原。对未经固定的细胞进行免疫荧光染色的结果，还发现了一种病毒结合性的膜抗原，不过这种抗原在细胞培养物长期传代过程中可能丢失。

非生产性感染细胞也产生几种抗原。应用免疫荧光法可在成淋巴细胞样细胞系中检出一种细胞内抗原，被称为“早期抗原”，因为它是在没有宿主 DNA 合成的情况下产生的。

在马立克病淋巴瘤和来自成淋巴瘤的成淋巴细胞样细胞系的细胞上，还检出了另一种膜抗原，是肿瘤特异的，因为它在生产性感染细胞表面是检查不出来的，这就是威顿（Witten）等（1975）称为的马立克病肿瘤结合表面抗原（MD tumourassociaed surface antigen）。

［培养］本病毒可以在鸭胚成纤维细胞、鸡肾细胞培养物上生长增殖，并能产生疏散的灶形病变，病灶的直径通常不到 1mm。感染细胞含有两个或更多的细胞核，核内有包涵体。当空斑病灶成熟时，可脱落到细胞培养液中。在初步分离病毒时，于感染后 5～14d 出现空斑，连续传代出现空斑的时间可缩短。用病鸡肾直接作细胞分散培养亦可产生病变的空斑病灶。

以含病毒的细胞分散培养物接种到 4 日龄鸡胚卵黄囊内，在接种后 12～15d 可见到鸡胚的绒毛尿囊膜上有白色小斑点病灶，直接接种到 11 日胚龄的绒毛尿囊膜上亦可以产生病灶。

新孵出的雏鸡、组织培养细胞和鸡胚，均可在实验室中增殖和测定 GaHV－2。

新生雏鸡于接种 GaHV-2 后 2～4 周即可在神经节、神经和某些脏器中出现组织学病变，3～6 周后出现肉眼可见病变。

［**病原性**］马立克病病毒分离株的毒力有很大差别。现在已将不致病的分离株，即原来称为 MDHV-2 型确定为一个新种，命名为禽疱疹病毒 3 型。

但 MDHV-1，即现在的禽疱疹病毒 2 型分离株的毒力也有很大差异。有人将其按毒力分为两类，即引起急性型 MD 的分离株和引起古典型 MD 的分离株。在临床上，MD 可分为急性型和慢性型两大类型。在慢性型中又可分为 4 个型：即①古典型（又称神经型，就是马立克首先发现的那种型）。以外周神经的淋巴细胞样细胞的浸润和肿大为特征，主要导致脑和翅膀的麻痹。②内脏型。在内脏器官中产生各种各样的肿瘤病变，这些病变酷似淋巴细胞性白血病，病程为慢性。③眼型。受侵害的眼睛逐渐视弱以致失明。④皮肤型。毛囊膜肿胀退色，真皮增厚，皮肤变厚有时像蟾蜍皮肤一样，蔓延顺序为颈、背、躯干两侧至全身。慢性型 MD 从 20 世纪初到 50 年代一直在世界各地占优势地位，其暴发的势头不猛，死亡率也不高。但由于病鸡发育不良，体质瘦弱，在肉用鸡中造成了很高的废弃率，产蛋鸡则产量下降；发生麻痹的鸡由于行动不便，采食与饮水落后，营养日下，终因饥饿、失水或被同饲养的健康鸡践踏而死。此病主要侵害 3～5 月龄的鸡。死亡率为 5.3%～50%不等。

急性型 MD 在养鸡业发达的一些国家（主要是美、英）中出现了一种以突然暴发、迅速流行、病程短促、不见麻痹症状、外周神经不肿大，但死亡率很高，内脏器官产生各种各样的淋巴瘤为特征的病例。

超强病毒是艾德森（Eidson）和 Witter 等（1978 和 1980）先后分别从接种 HVT 疫苗的鸡群中分离出的，它与迄今为止有病原性的 GaHV-2 在血清学上并无不同，仅病原性极强，对有抵抗性的鸡致死率很高，危害严重。但 HVMDV 则为害更甚。

［**生态学**］GaHV-2 在世界的鸡群中分布很广，古典型马立克病可使鸡群的死亡率达到 10%，急性型的死亡率可达 20%～30%，在个别情况下能达 70%。1970 年以后，由于应用了 HVT 疫苗，MD 的发生显著减少，发病鸡以 5～14 周龄为多，但 1976 年以后，发生 MD 的日龄增高，产卵开始后仍继续发生，其危害程度较重。

马立克病病毒不是垂直传播，在自然界的传播途径是羽毛囊，在病鸡的上皮中形成完整的、脱离细胞的、有感染力的病毒粒子，通过周围环境进行接触传播。但也有人认为，与细胞紧密结合的病毒具有高度的接触传染性。

现在已知存在着两种类型的病毒—细胞的相互作用：

（1）生产性感染（productive infection）　在此种感染中，病毒 DNA 进行复制，抗原被合成，有时候还产生出病毒粒子。在羽毛囊上皮中发生的生产性感染，形成大量的带囊膜并且有高度感染性的病毒粒子。在培养细胞和其他上皮细胞中产生的病毒粒子，多数是不带囊膜和无感染性的。然而在培养细胞中也有数量不定的病毒颗粒可以是带囊膜的，它们脱离了细胞并具有感染性。

（2）非生产性感染（non-productive infection）　肿瘤细胞内通常没有病毒粒子，但是它们都有移植感染的特性。在来自 MD 淋巴细胞样细胞系也都具有这样的特征。在这些非生产性细胞中，可以用核酸杂交的方法检出病毒 DNA 的基因组，但没有观察到病毒抗原和病毒粒子。

［**免疫**］对于 MD 的预防免疫主要是对有致病力的马立克病病毒 1 型（GaHV-2）。其免疫原性相当复杂。尽管已知火鸡疱疹病毒是一种异源病毒，与 MDHV 在抗原性上有密切关系，而且在接种鸡体后有预防 MD 的效力；而低毒力或无毒力的 MDHV 也能防止强毒力的 MDHV 在被攻击的鸡体中进行复制，说明 MDHV 的免疫原性是比较好的。对于 MDHV 引起的免疫性的性质，许多学者进行了大量研究。多数人认为，这种免疫性与细胞介导免疫和体液免疫有关，前者似乎占主导地位。在 MDHV 引起的淋巴瘤中，T 细胞和 B 细胞都存在，但前者占优势。这些增生的成熟淋巴细胞样细胞中的一部分是真正肿瘤性的。

MD 的免疫性具有抵抗病毒结合性抗原或肿瘤结合性抗原的作用。在免疫试验中，这两种抗原的无感染性制剂都能导致对 MDHV 攻击的抵抗力，从而证明了它们的重要性。

在 MD 感染发生后 1～2 周，在耐过鸡体中就将产生沉淀抗体和中和抗体。这些抗体一般在鸡体中持续终生。与感染鸡的幸存有关的是中和抗体，而不是沉淀抗体。抗体的作用大多只能阻碍病毒的传播，从而减低感染的水平，而不能消除感染。

在 1 日龄雏鸡的血液中也观察到了抗体，这可能是通过卵黄从母体获得的，但在孵出后大约 3 周消失。

弱毒疫苗是将 MDHV 在细胞培养物中连续传代而使其毒力减弱，但仍保持其免疫原性制成的。英国的丘吉尔（Churchill）等（1969）将 MDHV 在鸡肾细胞中传约 30 代后，发现其毒力减弱，可以用作疫苗，接种于幼年鸡后可以使其抵抗强毒的攻击。美国的 Kottaridis 等（1969）也报道，用鸡胚成纤维细胞传代获得了弱毒。这种疫苗经过实际应用，证明是安全有效的，但是由于它所含的病毒是细胞结合性的，不能冻干，离不开液态氮的保存条件，给实际应用带来诸多不便，所以后来就很少使用了。

Rispens 等（1969）在荷兰的一群无临床症状的鸡中分离出一株无致病性的 MDHV，命名为“CVT988 株”。这是荷兰政府正式批准使用的自然弱毒疫苗。据荷兰学者的报道，本疫苗稳定安全，并且有良好的免疫性能。

火鸡疱疹病毒（HVT）疫苗是当今预防 MD 应用得最为广泛的疫苗。这是一株自然火鸡疱疹病毒，它对火鸡没有致病性，接种鸡也不引起发病，但被接种的鸡可以抵抗 MDHV 强毒的攻击，是一种异源疫苗。

现在国内外使用的 MD 疫苗有两种。①细胞结合性疫苗：以严重感染 HVT 或 GaHV-2、GaHV-3 的鸡胚或鸡胚成纤维细胞制成的疫苗。②脱离细胞的疫苗（无细胞的病毒悬液）：又称冻干疫苗。这种疫苗可在 2～5℃中储存 6 个月至 1 年。

疫苗用于接种鸡和产蛋鸡，也可用于肉用鸡，但不能用于紧急接种。尽可能用于 1 日龄雏鸡，剂量为每只雏鸡腿部外侧肌肉或皮下注射 0.2mL，内含 1 000 个蚀斑形成单位（PFU）。

HVT 疫苗导致的免疫只是一种干扰现象，因为在接种疫苗后会发现自然病毒与疫苗病毒同时在鸡体内存在，即两者共存，仅仅不引起发病和死亡。如果疫苗进入鸡体的时间晚于自然病毒，就不能产生免疫。

HVT 在世界许多国家广泛应用的结果几乎一致证明，这种疫苗是安全的，对雏鸡无致病性。然而在一些使用 HVT 疫苗多年、表现出良好效果的养鸡场却出现 MD 增多，即“疫苗失败”的情况，虽没有应用疫苗前那样严重，但危害仍然很大，似乎只要养鸡，就逃不脱 MD 的威胁。出现 HVT 疫苗逐渐无效的原因，最易使人理解的回答是，出现了 HVT 疫苗不能防御的 MDV 的变种，或是雏鸡特有的母源抗体影响了同种血清型病毒的疫苗效果。

现在研制的 HVT 与 GaHV-2、GaHV-3（即原称为 MDHV-1 和 MDHV-2）三种混合疫苗，尤其是 GaHV-3 和 HVT 两种混合疫苗对 HVMDV 表现了良好的免疫效果。

［诊断］确诊主要采取如下方法：

（1）*病毒分离* 样品采自肿瘤细胞、肾细胞及脾或周围血液中的白细胞，以及病鸡羽毛囊髓后，经过无菌处理接种雏鸡进行分离，观察雏鸡发病和死亡情况，或用免疫荧光抗体试验检测。

应用组织培养分离病毒，用鸭胚成纤维细胞或鸡肾细胞的培养物，在 37℃培养，形成单层进行接种培养。最适宜的接种物是白细胞、肿瘤细胞、胰酶消化的肾细胞或者血液。24～48h 后，洗去接种物继续培养。在 5～14d 内出现典型蚀斑，电镜检查培养物可见典型的疱疹病毒粒子。

鸡胚接种：将样品接种 4 日龄鸡胚，通过卵黄囊膜或绒毛尿囊膜，分别于接种后 4～6d 或 10～11d，可在绒毛尿囊膜上出现均匀分布的痘斑，这是干扰马立克病病毒的标志。

（2）*血清学试验* 多采用琼脂扩散试验和免疫荧光抗体试验，以及间接红细胞凝集试验等。还可用 MDHV 抗血清确定鸡羽毛囊中有无 MDHV 的存在。

火鸡疱疹病毒1型（*Meleagrid herpesvirus 1*）

火鸡疱疹病毒呈广泛性分布。虽然该病毒对鸡并不致病，但是可以引起针对1型马立克病毒的保护性抗体。感染火鸡疱疹病毒1型的鸡表现为持续感染，并且维持长期的保护力。火鸡疱疹病毒在鸡皮肤中的复制能力要比1型马立克病毒弱，因此鸡群相互之间的感染情况要比马立克氏病毒显得轻微。

病毒基因组长159 160bp，G+C含量为47.5mol%。病毒基因组结构与其他甲型疱疹病毒相似。病毒基因组有397个开放阅读框，其中有99个可能与基因编码有关。

第四节　传染性喉气管炎病毒属（*Iltovirus*）

鸭疱疹病毒1型（*Anatid herpesvirus* 1，AnHV-1）

鸭疱疹病毒1型又称鸭瘟病毒（*Duck plague herpesvirus*），属于疱疹病毒科未定成员。是一种泛嗜性全身性感染的病毒。临床表现以急性败血症过程为特征。

1923年鲍得尔（Bauder）在荷兰首次发现本病，1940年博斯（Boss）明确了是由一种特定病毒引起的传染病，并开始用“鸭瘟”命名。

[形态特征] 本病毒具有疱疹病毒的典型形态结构。位于核内无囊膜裸露病毒粒子的直径约9nm，其浓密核心直径约45nm，在胞浆内绕以囊膜的完整病毒粒子直径约18nm（图35-5）。此外，有些细胞核内还可见到较小的致密病毒粒子前体，其直径约32nm。

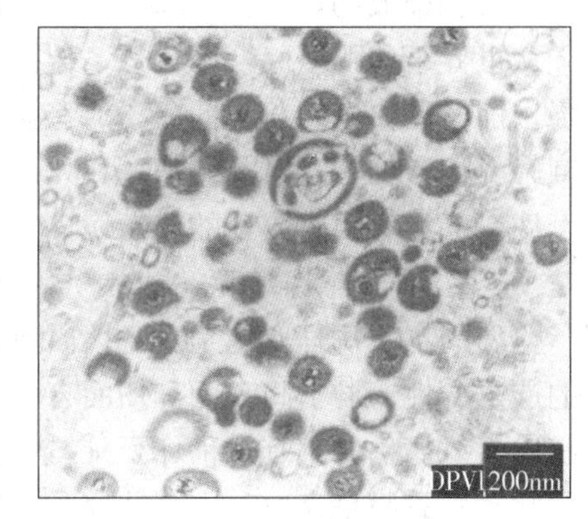

图35-5　鸭疱疹病毒（AnHV-1）
（李成等提供）

[理化特性] 本病毒对外界环境具有较强的抵抗力，病毒保存于−10～−24℃，历时347d后，给健鸭接种仍引起发病。病毒对热的抵抗力也比较强，50℃需经90～120min才能灭活。室温22℃需经30d后病毒才丧失感染力。病毒在pH7～9范围内稳定。

[抗原性] 世界各地分离的所有毒株的抗原性都是一致的，都具有相同的抗原成分。表现在对病毒中和试验、免疫扩散试验和荧光抗体试验等都呈现一致的反应。很多研究者应用鸡、鸭、绵羊和马等动物红细胞进行的凝集试验，均为阴性反应，表明鸭瘟病毒囊膜表面没有红细胞凝集素。

[培养] AnHV-1适于在鸭胚中增殖传代，因此鸭胚培养是最常用的病毒培养方法，而且很多接种途径（常用绒毛尿囊膜、尿囊膜及卵黄囊）都能达到使病毒增殖传代的目的。多用9～12日龄鸭胚作绒毛尿囊膜接种，经4～6d孵育，大部鸭胚死亡。胚胎呈广泛的出血变化，肝脏内常有特征坏死灶。部分绒毛尿囊膜发生水肿和充血、出血变化。连续传代后，鸭胚全部死亡，且时间可缩短1～2d。

曾用鸭胚连续10次传代的鸭胚适应毒接种13～15日龄鹅胚，病毒能良好增殖。

AnHV-1不能直接在鸡胚内增殖传代，但将鸭瘟病毒通过鸭胚2～12代数后，即能在鸡胚内增殖和传代。

AnHV-1也能在鸭胚成纤维细胞培养物内增殖和传代，并产生明显的细胞病变。通过电镜超薄切片检查细胞培养物，发现在接种病毒后12h，细胞核内即有未成熟的病毒粒子出现，12h后即可在胞浆内观察到带囊膜的成熟病毒粒子。采毒接种2～4d的细胞培养物包涵体染色检查，能发现大量核内包涵体。AnHV-1能在鸭胚单层细胞培养物内形成小型蚀斑。原代和继代细胞相比，原代细胞更为易感，产毒量也高。

[**病原性**] AnHV-1在自然条件下只能引起鸭大批发病和死亡，虽也能引起鹅、雁和鸳鸯感染发病，但远不及鸭的易感性和死亡率。自然感染主要见于大鸭，尤其是母鸭，这是因为大鸭放养受传染的机会多。野鸭也感染，但抵抗力较家鸭强，发病率和死亡率均比家鸭低。

自然感染的潜伏期为2～5d，人工感染的潜伏期为1～3d。病毒侵入鸭体后，在呈现急性败血症过程的同时，以侵害黏膜及神经系统为特征。病初体温升高至43℃以上，精神沉郁，食欲减损甚至废绝。羽毛松乱，两翅下垂，两腿麻痹无力，行动缓慢，甚至伏卧不起。与此同时，病鸭发生顽固性下痢，粪便呈绿色，故在美国又称鸭瘟为病毒性肠炎。泄殖腔呈现水肿、充血和出血变化，严重者黏膜外翻。于病的晚期，常在泄殖腔黏膜表面形成黄绿色伪膜。病初眼内流出澄清透明浆液性分泌物，逐渐变为黏稠脓性。经常发生眼睑肿胀、结膜充血，并常散在有点状出血和小块溃疡。从鼻腔流出稀薄或黏稠的分泌物，呼吸困难，叫声粗粝。某些病鸭的头部严重浮肿，俗称"大头瘟"。一侧角膜混浊也是本病常见的特征性症状之一。病的末期体温下降，很快死亡。急性型经过一般为2～5d，亚急性为6～10d。死亡率甚高，平均在90%以上。小鸭除呈现上述症状外，死前常出现神经症状。鸭群一旦出现疫情后，流行期一般约持续3周左右。

鸭瘟病毒对鸡、火鸡、鸽和哺乳动物均无致病性。曾有人对1日龄雏鸡经胸肌人工接种鸭瘟病毒，不仅实验感染成功，而且可以连续继代。

从世界某些鸭瘟流行区观察，鸭瘟病毒对鸭的致病性有逐渐减弱的趋势，而同时对鹅的致病性有所增强。前者主要表现在近期分离的鸭瘟强毒对人工感染鸭的潜伏期有所延长，以出血为主的病理变化有所减轻，病程加长，以及发病率和死亡率有所下降等。后者表现在流行发病过程中，从原来的个别鹅感染发病，变为有较多数量的鹅发病，发病率和死亡率都显著提高。至于出现上述变化的原因，目前还不清楚。

鸭瘟的主要病理变化是全身性出血，皮下尤其头颈部弥漫性水肿，坏死性（伪膜性）咽炎和实质器官的严重变性。肝、脾表面和切面有大小不一和数目不等的灰黄色或灰白色坏死灶，少数坏死灶中央有点状出血。病鸭肝脏有这种坏死灶变化的占90%，具有一定诊断价值。另外，胆囊常肿大，充满浓绿色胆汁。肠黏膜呈充血和出血性变化，尤以十二指肠和直肠更为严重。泄殖腔黏膜呈现不同程度的充血、出血、水肿和坏死变化，坏死部呈灰绿色，并有痂块样物质。95%以上的病鸭有这种病变，因此，其诊断价值不亚于肝脏病变。

[**生态学**] 鸭瘟传染源主要是病鸭和病后排毒的康复鸭。据测定，病后带毒期至少持续3个月。此外，多数研究者认为游禽类候鸟，如野鸭和大雁等，既是本病的易感者，又是鸭瘟病毒长距离的携带搬运者和自然传染源。无论患病和处于排毒期的家鸭和野禽，其排泄物和分泌物中均含有大量病毒，污染饲料、饮水、用具、场地及池沼，这是造成鸭瘟病毒传播扩散的重要原因。因此，放牧鸭群较舍饲鸭群受传染的机会多。自然情况下，多因病、健鸭直接接触，病毒经消化道侵入体内而感染。此外也可通过生殖器官、眼结膜及呼吸道传染。国外多数研究者认为，由于鸭瘟呈急性败血症过程，病毒遍及病鸭全身，流行时期又主要限于温暖季节，吸血昆虫可能是本病的传播媒介。

[**免疫**] 无论自然发病和人工感染耐过鸭，均可获得坚强的免疫力，对强毒攻击呈现完全保护性，表明中和抗体具有抗病毒、防止感染的作用。

鸭瘟疫苗的研制已取得明显成效，最初试制结晶紫、硫柳汞、甲醛及甲苯等鸭瘟脏器灭活疫苗，保护率平均约90%，免疫持续期约5.5个月。后来，又用鸭胚代替脏器试制了甲醛鸭胚灭活疫苗，效果也很好。

弱毒疫苗的研制是采取弱毒株经过培养而获得成功，目前广泛应用效果很好。免疫期可持续1年，疫区鸭群在每年流行季节到来之前，可以接种疫苗以防止流行。

[**诊断**] 主要方法如下：①病毒分离，通常采取处于发病极期或死亡之后的病鸭血液、肝、脾或肾为分离病毒的检样。用鸭胚（多选用绒毛尿囊膜途径接种）或鸭胚成纤维细胞培养物进行病毒分离，然后可做电镜形态学检查，或对分离毒株做中和试验鉴定病毒。②血清学方法，应用中和试验、琼脂免疫

扩散试验和荧光抗体等方法。

鸡疱疹病毒1型（*Gallid herpesvirus* 1，GaHV-1）

鸡疱疹病毒1型又称鸡传染性喉气管炎病毒（*Infectious laryngotracheitis virus*），属于甲疱疹病毒亚科传染性喉气管炎病毒属成员，引起鸡急性上呼吸道感染的病原体。

1925年梅（May）等首先在美国发现本病，当时定名为“气管-喉头炎”，以后又称“传染性喉气管炎”。1963年克鲁克香克（Cruickshank）在电镜下观察负染标本，证明病毒的形态结构同疱疹病毒一致后，明确了引起喉气管炎的病毒属于疱疹病毒。

[形态特征] GaHV-1具有疱疹病毒的一般形态特征。在细胞核内呈散在或晶格状排列，无囊膜。核衣壳直径约100～110nm，胞浆内成熟病毒粒子的直径大小不一，差别明显，直径为120～200nm。

[理化特性] 本病毒对温度较为敏感，生理盐水中的病毒于室温下经90min灭活。甘油-盐水中病毒的活存期较长，37℃存活7～14d，22℃存活14～21d，4℃存活100～200d。气管黏液内的病毒在直射日光下经6～8h灭活；但在黑暗的房舍内可存活110d。病死鸡体内的病毒，直到腐败之前病毒一直保持活力。3%甲酚和1%氢氧化钠可使病毒迅速灭活。

[抗原性] 一般认为本病毒的各毒株都具有相同的抗原特性，在中和试验中能与特异性免疫血清呈现一致的中和反应。但近年来发现，当本病常在地区呈现缓慢流行时，能从慢性病鸡分离出难以被特异免疫血清中和的毒株。这种现象与人类流感流行过程中的抗原漂移现象有类似之处。

[培养] 本病毒宿主特异性很强，只能在鸡胚（包括野鸡胚）及其细胞培养物内良好增殖。在10日龄鸡胚绒毛尿囊膜接种后3～10d死亡。但以病料接种初代鸡胚时，往往不死亡。盲传后才逐渐规律死亡，并能在绒毛尿囊膜上产生痘疱样坏死灶。在接种后36～48h，可在被感染的外胚层细胞内发现典型的核内嗜酸性包涵体。采用尿囊膜接种时，绒毛尿囊膜内层表面呈现以炎症和充血为主的特征性变化。此外，还能在鸡胚气管和支气管内看到类似病变。本病毒不能在鸡胚卵黄囊内增殖传代。鸡胚还可用于中和试验和毒力测定。应用鸡胚成纤维细胞及呼吸道上皮单层细胞或肾、肺细胞培养物增殖病毒，一般在接种后3～5d产生细胞病变。因此可以用于中和试验、毒力测定和噬斑试验等。对感染的细胞培养物作组织学检查，可以发现典型的核内包涵体。

[病原性] 本病的潜伏期随流行病毒的毒力而有所差别，通常为2～6d。急性型发病突然，刚一发病即有少数鸡已死亡。病鸡首先出现流泪和眼分泌物增多现象，继之发生结膜炎，眼分泌物黏稠后，可使上下眼睑粘着在一起。鼻黏膜发炎，流出分泌液。病鸡呈痉挛性咳嗽，并从口腔排出带血的黏液。呼吸时能听到湿性啰音。呼吸严重困难时，病鸡伸颈举头，呈喘息状呼吸，尤其吸气时更为吃力，往往因窒息死亡。最急性发病鸡在24h左右死亡。一般病鸡食欲减损，精神沉郁，迅速消瘦，鸡冠黑紫，有时排出绿色稀便，并逐渐衰竭死亡。在急性型流行时，尤其是鸡舍过分拥挤、维生素缺乏或有寄生虫病存在时，死亡率往往很高。

毒力较弱的病毒只引起局限性流行。病鸡主要呈结膜炎症状，有时伴发眶下窦肿胀和长时间流鼻液、营养不良、产蛋减少。某些病例则只限于轻度的鼻卡他症状，病程持续期较长。

病理变化以气管及喉部组织为主。初期气管和支气管发炎，黏膜表面覆盖大量黏液。急性病例可见肺充血、出血性气管和支气管炎症变化，黏膜表层有黏液及出血。后期喉头和气管表面形成伪膜。可于少数病死鸡发现喉头或气管被干酪样或脱落的伪膜堵塞。

[生态学] 鸡传染性喉气管炎主要是呼吸道传染病，在自然情况下以飞沫传染为最基本的传播方式，也可通过人、野鸟、鼠类、犬以及病毒污染用具机械传播。但被病毒污染的卵壳也可能起到传播本病的作用。各种年龄和品种的鸡都易感，一年四季均可发生。幼鸡在温暖季节发病的病情比较缓和，死亡率较冬季成鸡感染时为低。另外，本病最多发生于12月龄（12日龄以上）的鸡。

一般认为，带毒的康复鸡和强毒免疫鸡是本病的主要疫源。

近年来发现，本病毒在自然流行过程中，有毒力强弱不同的毒株存在。本病常在地区往往出现毒力较弱的毒株，这种毒株的致病力虽然弱，但抗强毒免疫血清对它的中和作用很差，因此鸡群虽然保有中和抗体，仍可发生这种弱毒株的传染，其原因可能由于本病常在地的鸡群大都保有对强毒的抗体，迫使部分强毒株为了适应生存环境，向更高的细胞结合性转化，以逃避抗体对它的不利作用。与此同时，抗原性也相应发生了部分改变。相反，强毒毒株对鸡呼吸道呈现很强的致病性，病毒在呼吸道黏膜急剧增殖的同时，能从细胞内释放出大量游离病毒，随同呼吸道分泌液排出体外，引起全群的暴发流行。由于传播迅速，3周左右疫情即可过去，在不引进新的易感鸡时就不会出现病鸡。

鸡喉气管炎没有潜伏感染的特性，除带毒鸡外，没有其他动物可作为储存宿主。鸡舍过于稠密、拥挤，饲料中维生素缺乏以及寄生虫病的侵袭等，都是促进暴发流行的条件。

[**免疫**] 病后康复鸡的血清内存在中和抗体，抗体也存在于免疫母鸡和流行区母鸡所产蛋的卵黄内，并能在这种母鸡的蛋孵出的雏鸡体内持续存在数周。这表明无论病后康复或免疫接种的鸡都能产生抗体，并传给后代形成被动免疫。

由于自然发病后产生的免疫力很强，至少保持一年甚至终生，所以多年来一直沿用自然强毒进行免疫接种。近十年来，各种弱毒疫苗相继问世，但免疫效果往往不如强毒，而且强毒免疫取材方便、价廉，因此一些流行区仍应用强毒进行紧急接种。但这种强毒接种不仅使本病疫源长期延续存在，而且有散布鸡白血病、鸡新城疫以及其他传染病的危险。

强毒疫苗可采用自然发病鸡，将采取的喉气管分泌物以50%甘油盐水溶液作5～10倍稀释后，用牙刷蘸取后涂擦于泄殖腔黏膜，注意不要接触口腔和鼻。也可将强毒接种鸡胚，制成鸡胚强毒苗。接种后4～7d，泄殖腔黏膜呈现水肿或出血性炎症时，表明接种有效。于接种后9d即能产生坚强的免疫力。

各种弱毒疫苗的研制主要是将强毒长期多代通过鸡胚或其单层细胞培养物，逐渐达到毒力减弱而免疫原性无改变的目标。此外，也有选育自然弱毒株作为疫苗。另一方面，着眼于简化疫苗接种方法的试验，如滴眼、滴鼻、气溶胶或饮水等免疫方法已广为开展。有的弱毒疫苗接种鸡的平均保护率达95%以上。

[**诊断**] 具体方法如下：

(1) *病毒分离* 采取病鸡的喉气管黏膜或其组织悬液作鸡胚接种，也可接种呼吸道上皮、肺和肾的细胞培养物，均可达到分离病毒的目的。通过鸡胚绒毛尿囊膜途径分离病毒是常用的方法。传代时可采取死亡鸡胚的绒毛尿囊膜并混以尿液，经研碎沉淀后，其上清液即为下代接种物。

病毒的鉴定可通过特性和形态进行检查或做中和试验检查。

(2) *抗原检查* 应用荧光抗体法能有效地检出喉气管黏膜上皮涂片和喉气管黏膜切片标本中的病毒抗原，或应用PCR等方法，检查抗原。

(3) *抗体检查* 常用中和试验和琼脂免疫扩散试验。这两种试验对鸡痘、鸡新城疫和其他呼吸道传染都不发生交叉反应，具有鉴别诊断意义。

鹦鹉疱疹病毒1型（*Psittacid herpesvirus* 1）

鹦鹉疱疹病毒1型是鹦鹉Pacheco病的主要病原。该病毒有4个不同的基因型，每个型都可以导致鹦鹉感染鹦鹉Pacheco病。但是只在患病的非洲灰鹦鹉中发现基因2、3、4型。只有基因1型导致金刚鹦鹉和锥尾鹦哥的死亡。患病鹦鹉表现为急性传染性呼吸系统感染。该病在西太平洋地区的澳大利亚、菲律宾、印度尼西亚有分布。病毒基因组长为163 025bp，预计有73个开放阅读框。已经发现该病毒可以在肝细胞和淋巴细胞中复制。

第五节 巨细胞病毒属（*Cytomegalovirus*）

猴疱疹病毒5型（*Cercopithecine herpesvirus* 5）

猴疱疹病毒5型，又名非洲绿猴巨细胞病毒（*African green monkey cytomegalovirus*），缩写为CeHV-5。1963年Black等从非洲绿猴唾液腺组织分离到本病毒。随后从恒河猴等各种猿猴中也分离到本病毒。施慧君等（1990）报道我国猴群中本病毒的抗体阳性率高达90%，并分离到该病毒，证明我国猴群中存在本病毒的感染。

［形态结构］ 猴疱疹病毒5型具有典型疱疹病毒结构，主要由核芯、衣壳和囊膜三部分组成。囊膜含有多量的脂质和少量糖，具有帮助病毒侵入细胞的功能。

［理化特性］ 该病毒对乙醚、氯仿、丙酮等脂溶剂敏感，对胰蛋白酶、酸和碱性磷酸酯等也敏感。50℃ 30min可使其灭活，含毒液在pH6.8～7.4范围以外时也能在短时间内灭活，−20℃保存病毒感染效价迅速下降，只有在−70℃以下才稳定。紫外线、X射线和γ射线很容易使病毒灭活。最好的保存方法是冷冻干燥。

［病原性］ 该病毒具有明显的种特异性，从不同种属的非人灵长类分离到的病毒各有其自然宿主，它们在血清学上具有一定的免疫抗原性反应。实验条件下可以相互感染，该病毒可在试验条件下感染恒河猴和狒狒。该病毒不能感染乳鼠、兔等实验动物，但可用豚鼠、小鼠、兔等动物制备高价的免疫血清。

［诊断］ 可取咽拭子、尿、血等标本接种人胚肺成纤维细胞进行病毒分离。该病毒在细胞培养中增殖非常慢，数周后才出现细胞病变。病变的特点是细胞显著增大，有折光，核内有嗜酸性包涵体。最后结合检测病毒抗原的特异免疫荧光后进行确诊。电镜下观察，在病毒感染细胞内除了病毒颗粒外，还可见到胞质内特殊的电子致密小体。

血清学诊断方法有玻片免疫酶法、间接免疫荧光试验和ELISA等。

倭黑猩猩疱疹病毒2型（*Panine herpesvirus* 2，PnHV2）

根据ICTV2009年最新分类，将原来的猩猩疱疹病毒4型（*Pongine herpesvirus 4*，PoHV-4）更名为倭黑猩猩疱疹病毒2型（*Panine herpesvirus 2*，PnHV2），也叫黑猩猩细胞巨化病毒（*Chimpanzee cytomegalovirus*）。倭黑猩猩疱疹病毒2型是它的科学命名，但是在GenBank中常用黑猩猩细胞巨化病毒来称呼它。

第六节 鼠巨细胞病毒属（*Muromegalovirus*）

鼠巨细胞病毒属代表种为鼠疱疹病毒1型（*Murid herpesvirus 1*，MuHV-1）。病毒粒子由囊膜、外膜、核衣壳和核心四部分组成。病毒粒子呈球形或者多晶形，直径120～200nm，表面均匀分布着小的纤突。外膜是位于囊膜和衣壳之间的一层含量不均一的蛋白层。核衣壳呈二十面体对称。病毒衣壳由162个衣壳蛋白组成。衣壳蛋白有个六角形的底座并在蛋白的长轴上有个孔洞。核心有个纤维状的轴，它是核酸缠绕的中心。病毒核酸为不分节段的单股DNA。整个基因组有200 000bp，G+C含量为56mol%，尾部有冗余序列（redundant sequence）。

该属另一个成员是鼠疱疹病毒2型（*Murid herpesvirus 2*，MuHV-2），也叫大鼠巨细胞病毒（*Rat cytomegalovirus*）。该病毒可以导致小鼠和大鼠多器官感染。该病毒可以在大鼠中模拟人的巨细胞病毒感染。经研究发现病毒的基因组长约为229 896bp，末端为504bp的重复序列。与人巨细胞病毒相比，该病毒基因组有15个开放阅读框，与编码糖基化蛋白家族的基因有相似性。

第七节 淋巴潜隐病毒属（*Lymphocryptovirus*）

该属病毒粒子由囊膜、外膜、核衣壳和核心四部分组成。病毒粒子呈球形或者多晶形，直径120～200nm，表面均匀分布着小的纤突。外膜是位于囊膜和衣壳之间的一层含量不均一的蛋白层。核衣壳呈二十面体对称。病毒衣壳由162个衣壳蛋白组成。衣壳蛋白有个六角形的底座并在蛋白的长轴上有个孔洞。核心有个纤维状的轴，它是核酸缠绕的中心。病毒核酸为不分节段的单股DNA。整个基因组有170 000bp，G+C含量为56mol%，尾部有冗余序列（redundant sequence）。冗余序列多次反复出现，但不是出现在基因组的内部。

狒狒疱疹病毒1型

狒狒疱疹病毒1型（*Papiine herpesvirus 1*，PaHV-1）也叫猕猴疱疹病毒。它是B淋巴细胞亲嗜性的病毒。主要宿主为非人灵长类，如狒狒、大猩猩、黑猩猩、猩猩和非洲绿猴。该病毒可以导致狒狒的淋巴细胞病（lymphoblastoid disease）。病毒的基因组大小约为110 000bp，在甘油中的沉降系数为55S，在氯化铯中的浮力密度为1.718g/cm^3。病毒与EB病毒（*Epstein-Barr virus*）有40%的相似性。

猩猩疱疹病毒

猩猩疱疹病毒1型（*Pongine herpesvirus 1*）更名为*Panine herpesvirus 1*（PnHV-1），也叫（*Herpesvirus pan*）。它可以感染黑猩猩的白细胞。它与人类EB病毒的相似性为35%～40%。黑猩猩淋巴潜隐病毒的糖蛋白与猩猩疱疹病毒相似，揭示了这两种病毒可能在黑猩猩和猩猩之间存在交叉感染。

猩猩疱疹病毒2型（*Pongine herpesvirus 2*）也叫猩猩疱疹病毒（*Orangutan herpesvirus*）。它是从猩猩体内分离到的第一株淋巴潜隐病毒。它可以导致猩猩的髓细胞单核淋巴白血病。

猩猩疱疹病毒3型（*Pongine herpesvirus 3*）更名为*Gorilline herpesvirus 1*（GoHV-1），也叫大猩猩疱疹病毒（*Gorilla herpesvirus*）。

第八节 弱病毒属（*Rhadinovirus*）

弱病毒属病毒粒子由囊膜、外膜、核衣壳和核心四部分组成。病毒粒子呈球形或者多晶形，直径150～200nm，表面均匀分布着小的纤突。外膜是位于囊膜和衣壳之间的一层含量不均一的蛋白层。核衣壳呈二十面体对称。病毒衣壳由162个衣壳蛋白组成。衣壳蛋白有个六角形的底座并在蛋白的长轴上有个孔洞。核心有个纤维状的轴，它是核酸缠绕的中心。病毒核酸为不分节段的单股DNA。整个基因组大小为145 000～165 000bp。病毒包含的基因组主要为病毒自身的，但也有少量的宿主基因组成分或者亚基因组RNA成分，如：M宿主RNA，宿主rRNA和宿主DNA片段。基因组H大约为1 400～56 000nt长。亚基因组长度取决于重复序列的数量。G+C含量L-DNA为37mol%，H-DNA为72mol%。基因组含有末端冗余序列。

猴疱疹病毒2型（*Saimiriine herpesvirus* 2，SaHV-2）

猴疱疹病毒2型是一种在猫头鹰猴中非常常见的病毒，该病毒在猫头鹰猴体内不致病。病毒的基因组结构和致灵长类癌症的疱疹病毒的结构相似。病毒基因组（M-DNA）约为110 000bp，G+C含量为40.2mol%（L-DNA）。少量的病毒含有缺陷型DNA，只有重复的H-DNA。H-DNA由多种重复单位组成。

病毒可以在猫头鹰猴肾细胞中复制。血清学分析发现猫头鹰猴为该病毒的天然宿主，但目前尚未发现该病毒的致病性。基因组杂交发现猴疱疹病毒 1 型和 3 型与人细胞巨化病毒的基因组比较相似。而猴疱疹病毒 2 型的差异比较大。

病毒在氯化铯中的浮密度为 1.708g/mL。

牛疱疹病毒 4 型（*Bovine herpesvirus* 4，BoHV-4）

牛疱疹病毒 4 型是广为分布的一种牛的病毒，可以导致牛的皮肤炎、鼻气管炎、恶性卡他热、阴道炎和龟头包皮炎。病毒可以在佐治亚牛肾细胞，乳鼠肾细胞、马皮肤细胞、Crandall 猫肾细胞以及人类细胞如胎肺细胞和 HeLa 细胞中复制。根据病毒在细胞中的复制特性和形态学特征，该病毒最初划到了乙型疱疹病毒属。病毒感染细胞后可以形成高密度的包涵体。

近来研究发现，牛疱疹病毒 4 型的基因组具有如下特征：①根据 Roizman 疱疹病毒分类，牛疱疹病毒 4 型具有一个 B 型基因组。基因组含有一个长的独特区（LUR）。②基因组具有一个胸腺激酶基因。③病毒基因组与人疱疹病毒 8 型相似性比较高。④病毒基因排列与丙型疱疹病毒相似。

第九节 *Macavirus* 属

角马疱疹病毒 1 型

角马疱疹病毒 1 型（*Alcelaphne herpesvirus 1*，AIHV-1）又称恶性卡他热病毒（*Malignant catarrhal fever virus*），属于疱疹病毒科丙型疱疹病毒亚科 *Macavirus* 属的成员。是引起牛的一种急性发热性致死性传染病的病原体。

恶性卡他热较早发现于非洲，据卡明（Gumming）于 1850 年报道，与黑角马（connochates gun）同居的公牛发生了一种致死性疾病，当时布尔人称为 Snot 病。梅顿（Metten）于 1923 年阐明了角马与 MCF 的关系，但角马并不表现任何症状。通常将与角马相关的 MCFV 称为角马来源型 MCFV 或非洲型 MCFV。与绵羊相关的 MCFV 主要发生于无角马地区，而与绵羊有关。过去认为牛恶性卡他热的病因为牛疱疹病毒 3 型（*Bovins herpesvirus 3*，BHV-3）。但由于狷羚是该病毒的宿主，与其接触发病的牛是本病毒的最终宿主，故将这种病毒在分类上称狷羚疱疹病毒 1 型。1960 年，Plouright 等自狷羚分离出该病毒，并确认为牛的 WA-MCF 的病原病毒。本病为世界性分布，即在非洲以外的世界大多数区域均有散发性发生。通常将与绵羊相关的 MCFV 称为“欧洲型”或“美洲型”。

［**形态特征**］本病毒具有一般疱疹病毒的形态结构特征。来源于绵羊的 MCFV 在单层细胞培养物细胞核内的核衣壳直径为 90nm，胞浆内带囊膜的完整病毒粒子约为 100～140nm。

来源于角马（肯尼亚蓝角马）的 MCFV，在牛甲状腺单层细胞培养物的负染标本中，核衣壳直径约 100nm，经常呈结晶状排列，带囊膜壳壁的病毒粒子直径为 140～220nm，中空的衣壳粒子为 12.5nm×9.5nm，位于细胞外游离病毒粒子的直径约 130nm。

［**理化特性**］本病毒是疱疹病毒中最脆弱的一个，保存较困难。病毒无论在低温冷冻和冻干条件下保存，活存期都不过数天。保存在 5℃下柠檬酸抗凝血液中的病毒可存活数天。感染动物血液内的病毒含量虽然很高，但因病毒迅速死亡，毒力很快下降。病毒在 50%甘油盐水中约存活 1 周。另外一个特点是较难通过滤器。血液内的病毒紧密牢固地吸附在白细胞上，很难分离洗脱。

从角马鼻眼分泌物中分离出的 MCFV 也很脆弱，在自然环境中细胞结合型病毒 72h 即失去感染性，而游离病毒在相对湿度较高的条件下可以存活 13d 以上。但在相对湿度较低的情况下，游离病毒和细胞结合病毒都很脆弱。已证明细胞结合型 MCFV 的感染性与细胞的活力有关，在相对湿度较高的情况下，游离病毒比细胞结合病毒稳定。

经超声波或冻融处理后，病毒的感染性可完全丧失。病毒对乙醚和氯仿敏感。细胞培养的感染性可被碘脱氧尿嘧啶核苷抑制。

［抗原性］采用间接免疫荧光法，从不同来源的绵羊血清中检出角马型 MCFV 的抗体，并证明了这种抗体是特异性的。因此认为大多数绵羊都带有在抗原性上与角马型 MCFV 有关的因子。

有些学者认为，世界不同地区的毒株可能存在抗原型的差异，因此认为恶性卡他热的病原是一组存在亚型差别的病毒。斯托里（Story）从美国科罗拉多州患典型性卡他热病牛脾脏分离获得了 66 - p - 347 毒株，经过细致的鉴定，证明其在很多特性上与 Plowright 从非洲角马分离的毒株相符，但却不能被角马毒株的免疫血清所中和。这一结果表明，本病毒很可能存在抗原性质有差别的亚型。

［培养］犊牛甲状腺和肾上腺细胞培养物最适于病毒的增殖和传代。来源于绵羊的病毒不能直接在健康犊牛的上述细胞培养物内增殖，必须采取自然发病牛或人工感染发病牛的甲状腺或肾上腺组织进行细胞培养。并于此之后再在健牛的上述细胞培养物内增殖和传代。

来源于角马的病毒，初代即易在健牛的甲状腺和肾上腺细胞培养物内增殖。

初代分离培养时，病毒增殖缓慢，要观察 20d 左右。接种病料后，每 3d 应换液一次。由于病毒具有明显的细胞结合性，细胞病变主要表现为多核巨细胞的出现。在做苏木紫-伊红染色检查时，能发现核内包涵体。由于病毒具有较高度的细胞结合性、靠细胞间传播，尤其最初几代，因此在传代时必须把上代培养物中的活细胞连同维持液一并作为下代的接种物，才能保证传代成功。只有在上述细胞培养物内顺利增殖传代的病毒才能在绵羊甲状腺、兔肾和角马肾细胞培养物内增殖。通过对易感犊牛的人工接种试验表明，在牛甲状腺细胞培养物内连续 19 次传代的病毒仍具传染性。一般认为犊牛甲状腺细胞最适于作病毒的分离和传代。适应后的毒株在接毒后 5d 即可达到收获程度。

本病毒不能在鸡胚内增殖。

［病原性］不同年龄和品种的牛均可感染本病。黄牛、水牛、鹿和麋都能自然感染发病。人工实验感染犊牛潜伏期为 10～30d。自然感染的潜伏期长且不规则，介于 4～20 周或更长。

恶性卡他热病毒具有泛嗜性，临床表现复杂多样，可分为特急性型、头眼型、肠型、温和型和慢性型。其中以头眼型最为多见，并具有本病的典型特征。在欧洲以肠型和温和型较为多见。美洲以肠型为多见。

患牛发病的最初症状是高热（40～41℃），动物拒食拒水，高度沉郁。眼睛和鼻孔有少量分泌物。在 24～72h 内，口和鼻腔黏膜发炎，继之口黏膜出现坏死和糜烂。数日后从鼻孔流出黏稠的脓性分泌物。严重的呼吸困难。有的病例出现神经症状。病牛体表淋巴结肿大，白细胞减少。病程一般为 5～14d，长者可达 3～4 周或更长。绝大多数病畜死亡，康复只是个别现象。最急性型多在 1～2d 内死亡。主要表现高热、呼吸困难、眼结膜潮红，也有呈现急性胃肠炎症状的。

水牛 MCF 在临床症状方面与牛的恶性卡他热似。主要特征是持续高热、颌下和颈胸部水肿，并呈现全身性败血症病变。本病仅见于水牛，多为散发，发病率不高，但死亡率高达 90%以上。不能使黄牛、绵羊、山羊以及小鼠、豚鼠和家兔等实验动物发病。

［生态学］本病在传播上的特点是：病健牛之间一般不能发生直接传染，这可能是由于恶性卡他热病毒与感染细胞结合，致使病牛的分泌物和渗出物中含有很少病毒；另外，病毒很脆弱，离体后易灭活，失去感染性。实验证明，恶性卡他热的传播主要与绵羊、角马和节肢动物的媒介传播有关。现在除非洲某些地区外，世界大部分地区是由呈隐性感染的绵羊传给牛，特别是在牛、羊混饲或混牧的地区。

牛恶性卡他热多呈散发。多在角马产仔季节发病率高。绵羊来源型 MCF 呈世界性分布，但其传播方式尚不十分清楚。

水牛感染 MCF 必须通过山羊的传递，而水牛与水牛之间也不能直接传染，来自疫区的山羊虽不表现任何症状，但与水牛同群饲养可以使水牛发病。

［免疫］病后痊愈牛具有一定的免疫力。自然病愈后和人工感染痊愈牛对攻毒的抵抗力可持续 4～8 个月或更长。

痊愈牛血清中能检出中和抗体和沉淀抗体，但效价不高。

过去有人做过疫苗免疫的尝试，效果不佳。迄今尚无有效的疫苗。

[**诊断**] 主要诊断方法如下：

(1) 病毒的分离　病牛生前采取发病极期的血液（加入0.5%乙二胺四乙酸）或采取肿胀的体表淋巴结，病死牛取样时，至迟不超过1～2h。除淋巴结外，常采取脾脏，要尽快接种组织细胞培养或动物细胞培养，每3d换液一次，连续培养约20d，并逐日观察细胞病变出现情况。初代培养以形成多核巨细胞为主，同时检测嗜酸性核内包涵体。

如系淋巴结或脾脏检样，经过处理制备成细胞悬液接种长成单层的牛甲状腺细胞培养。全血检样，则接种长成单层的牛甲状腺细胞进行培养。

分离来源于绵羊的牛恶性卡他热病毒时，与分离来源于角马的牛恶性卡他热病毒不同，前者初代分离时，需要取呈现明显临床症状（处于发热期）病牛的甲状腺或肾上腺组织进行带毒细胞培养，才能达到分离病毒的目的。

病毒的鉴定可用中和试验、免疫扩散试验。

(2) 特异性抗体检查　应用中和试验或免疫扩散试验作抗体检查。应当注意的主要是应用标准抗原，防止检出率低。

绵羊疱疹病毒2型

绵羊疱疹病毒2型（*Ovine herpesvirus 2*，OvHV-2）又称羊关联恶性卡他热病毒（*Sheep-associated malignant catarrhal fever virus*）。恶性卡他热分为两种流行形式：非洲型：主要流行于非洲，发生于与野生角马有接触的牛（wildebeest associated MCF，WA-MCF）；美洲型呈世界流行，发生于与绵羊有接触的牛（sheep-associated MCF，SA-MCF）。现将羊关联的恶性卡他热病毒确定为羊的疱疹病毒2型（*Ovine herpesvirus 2*）。本病以牛的高热、急性鼻卡他、角膜混浊、眼炎、一般性的淋巴结病、白细胞减少、口鼻黏膜的炎症和坏死为特征。有时中枢神经系统症状、皮肤坏死、关节炎也出现于少数病例。绵羊是该病毒的潜在带毒者。

第十节　*Percavirus* 属

马疱疹病毒2型（*Equid herpesvirus* 2，EHV-2）

EHV-2可使接毒的细胞培养物产生大量多核巨细胞，故通常也称为马细胞巨化病毒（*Equine cytomegalovirus*）。为丙型疱疹病毒亚科 *Percavirus* 属成员。

[**形态与理化特性**] 本病毒具有疱疹病毒共有的一般形态特征。但与EHV-1的区别是：EHV-1在培养的超薄切片标本中能看到病毒核芯为十字形外观，而EHV-2则没有。理化特征可参考EHH-1。

[**抗原性**] 有研究者发现EHV-2不是单一抗原型，它至少存在两个以上的亚型毒株。

[**培养**] EHV-2与EHV-1、EHV-3相比，其细胞感染范围明显狭窄，但不像其他动物巨细胞那样只能在本属动物的组织培养细胞内增殖。EHV-2病毒增殖缓慢，接种后隐蔽期约18h，细胞内含病毒最多的时间是在18h以后。EHV-2细胞结合性强，在接毒的细胞培养物内能发现大量的多核巨细胞，这些都是巨细胞病毒所共有的特性。

[**病原性**] EHV-2的致病性尚不十分清楚。很多调查研究资料表明，健康马白细胞的带毒率可高达80%～90%，但偶尔也有从鼻肺炎症状病驹分离到此病毒的报道。

健康马群中虽然无症状携带EHV-2的马匹数很多，但偶尔能从患呼吸道疾病和结膜炎的病马分离出本病毒。

[**生态学**] 本病毒在健康马群的带毒率非常高，一般报道都在80%以上，看来大多数马在胎儿期或

生后不久即感染上了 EHV - 2，并终生带毒。但本病毒在马群中的传播方式至今尚不清楚。研究者曾发现这种病毒常存在于正常驴胎体内。

EHV - 2 与 EHV - 1、EHV - 3 密切相关，尤其是 EHV - 1，经常和 EHV - 1 同时存在于同一匹马体内。

EHV - 2 能同宿主细胞长期密切结合而存留于外观健康的马体内。

［诊断］实验诊断可采用病毒分离、抗原检查和抗体检查等方法。实验表明，EHV - 2 与 EHV - 1、EHV - 3 之间可通过特异的病毒交叉中和试验进行相互区别。补体结合试验在鉴别 EHV - 2 和 EHV - 1 感染方面可能有重要作用，因为在补体结合试验中两者之间没有交叉反应。

◆ 参考文献

侯云德 . 1990. 分子生物学［M］. 北京：学苑出版社 .

殷震，等 . 1985. 动物病毒学［M］. 北京：科学出版社：700.

中国农业百科全书编辑部 . 1993. 中国农业百科全书・兽医卷［M］. 北京：农业出版社：425.

钟品仁 . 1987. 哺乳类实验动物［M］. 北京：人民卫生出版社 .

［美］A. D. 莱曼，主编 . 刘文军，等，译 . 1990. 猪病学［M］. 第 8 版 . 北京：北京农业大学出版社 .

［美］B. W. 卡尔尼克，主编 . 高福，等，译 . 1991. 禽病学［M］. 第 9 版 . 北京：北京农业大学出版社 .

Castrucci G，et al. 1997. A serological survey of bovine herpesvirus - 1 infection in selected dairy herds in northern and central Italy［J］. Comp Immunol Microbiol Infect Dis. 20：315 - 317.

Chacko A M，et al. 2008. Synthesis and in vitro evaluation of 5 -［(18) f］fluoroalkyl pyrimidine nucleosides for molecular imaging of herpes simplex virus type 1 thymidine kinase reporter gene expression［J］. Med Chem，51：5690 - 701.

Cheng H，Niikura M. 2008. Using integrative genomics to elucidate genetic resistance to Marek's disease in chickens［J］. Dev Biol (Basel)，132：365 - 372.

F. A. Murphy 1995. Virus Taxonomy. Sixth Report of the International commiteeon Taxonomy of Viruses Sring－Verlag Wien. New York.

Likar Y，et al. 2008. A new acycloguanosine－specific supermutant of herpes simplex virus type 1 thymidine kinase suitable for PET imaging and suicide gene therapy for potential use in patients treated with pyrimidine - based cytotoxic drugs［J］. Nucl Med，49：713 - 720.

Lu Y Y et al. 1985. J. Chin Soc.，Vet. Sci.，11，157 - 165.

Ohsawa，K D et al. 2003. Sequence and genetic arrangement of the UL region of the monkey B virus (Cercopithecine herpesvirus 1) genome and comparison with the UL region of other primate herpesviruses［J］. Arch. Virol，148：989 - 997.

Ritchey，J. W.，et al. 2005. Clinicopathological characterization of monkey B virus (Cercopithecine herpesvirus 1) infection in mice［J］. Comp. Med. 55：246 - 250.

Shen W，et al. 2008. Open reading frame 2，encoded by the latency - related gene of bovine herpesvirus 1，has antiapoptotic activity in transiently transfected neuroblastoma cells［J］. J Virol. 82：10940 - 10945.

Tekes L，et al. 1999. Prevalence of bovine herpesvirus 1 (BHV - 1) infection in Hungarian cattle herds［J］. Acta Vet Hung. 47：303 - 309.

Zhao L，et al. 2008. Diagonsis establishment of fluorescen quantitative PCR assay for pseudorabies wild - type virus and vaccine virus［J］. Sheng Wu Gong Cheng Xue Bao，24：1149 - 54.

崔尚金　编

第三十六章　腺病毒科

腺病毒科（Adenoviridae）最初于1953年从人的增殖腺分离出来，“Adeno”来自希腊字“Aden”（腺）字。腺病毒可感染人和畜禽，某些型的人腺病毒接种新生地鼠可诱生肿瘤，在医学和兽医学上都有重要性。病毒粒子（图36-1）基因组为线型dsDNA（双链DNA），相对分子质量为（20～30）$\times 10^6$，与内部蛋白结合构成核心。人腺病毒可在人胎肾及多种人传代细胞中繁殖。DNA复制和病毒粒子的装配都在细胞核内完成，蛋白质在细胞质内合成后，输入核内并聚合成壳粒。禽腺病毒能使鸡胚死亡或萎缩，也可在鸡胚细胞培养中生长。腺病毒耐脂溶剂，对多种酶有抵抗力，对酸碱度及温度的耐受范围较宽。

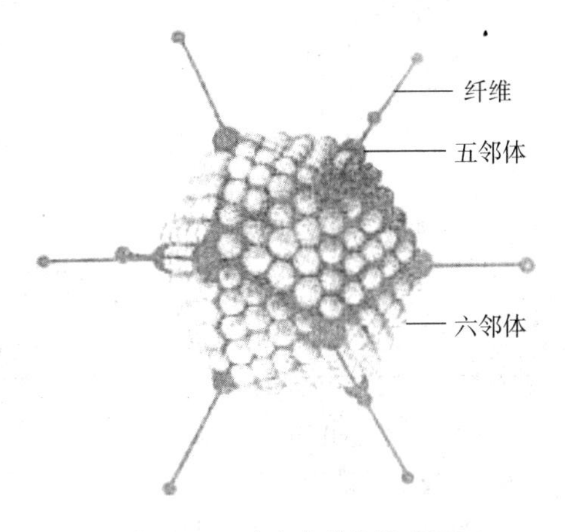

图36-1　腺病毒结构模式图

本科病毒分5个属：①哺乳动物腺病毒属：它们有共同的群特异性抗原，包括人腺病毒51个血清型和猿猴、牛、羊、猪、犬、鼠等哺乳类动物的腺病毒，其中犬的腺病毒具有明显的病原性，引起犬的传染性肝炎和喉气管炎。②禽腺病毒属：代表株是鸡胚致死孤儿病毒，它有14个血清型，具有共同的群特异性抗原。③富AT腺病毒属：代表种是绵羊腺病毒D型。1976年，在荷兰从鸡中发现1种能凝集多种禽红细胞的腺病毒，定名为减蛋综合征病毒（EDSV），现在叫做鸭腺病毒A型（*Duck adenovirus* A，DAdV-A）。④唾液酸酶腺病毒属：代表种是蛙腺病毒。⑤*Ichtadenovirus*。

人腺病毒经呼吸道和粪口途径传播，按其血凝性分为4个亚群：亚群Ⅰ中，特别是3、7型可引起急性呼吸道感染。3型引起咽结膜热，常因游泳池水污染而发生暴发，3、7型引起婴幼儿肺炎，在中国曾发生严重流行。亚群Ⅱ中的8型腺病毒引起流行性角膜结膜炎。亚群Ⅲ包括1、2、5、6等型，常在扁桃体、增殖腺以潜伏感染形式存在。亚群Ⅳ的12、18、31型接种新生地鼠有强致癌性，但尚未发现腺病毒和人的肿瘤有何联系。20世纪70年代发现1种伴随婴幼儿胃肠炎、不易在体外培养的肠道腺病毒，其后发现病毒粒子内部多肽的相对分子质量和已知各型腺病毒不同，似属另一亚群。

腺病毒对宿主具有高度的种属特异性，引起眼结膜或呼吸道的卡他性炎症或者侵害消化道、肝脏以及中枢神经系统，导致呕吐、下痢和脑炎、在人和动物中普遍存在亚临床感染。1953年，罗（Rowe）等人首先从健康人腺样体细胞分离到腺病毒，1954年H：lleman等从急性呼吸道病患者分离到同样的病原。1956年恩德斯（Enders）等建议将这类病毒称为腺病毒，这一建议于1971年被国际病毒命名委员会接受。从60年代初开始，人们关注腺病毒与动物及人肿瘤发生关系的研究。近年来，腺病毒分子遗传学的研究得到了很大的进展。

[形态结构] 腺病毒粒子无囊膜，呈二十面体对称。直径80～110nm，核衣壳的壳粒数为252个，核衣壳的直径为70～80nm，其中240个为六邻体，构成二十面体的20个面和棱的大部分，既具有共同的群特异性抗原，也具有型特异性抗原。另外12个壳粒是五邻体，分别位于二十面体的12个顶上，具有弱的群特异性抗原和一种使受感染细胞发生早期病变的毒性物质。五邻体由基部和由基部向外伸出的

表 36-1 动物腺病毒及其所致疾病

动物种类	病毒血清型数	所致疾病
犬	2	犬传染性肝炎（犬腺病毒 1 型）
		犬传染性气管炎支气管炎（犬腺病毒 2 型）
马	2	通常无症状，或温和的上呼吸道疾病；驹可致支气管肺炎
牛	10	通常无症状，或温和的上呼吸道疾病
猪	4	通常无症状，或温和的上呼吸道疾病
绵羊	6	通常无症状，或温和的上呼吸道疾病
山羊	2	通常无症状，或温和的上呼吸道疾病
鹿	1	肺水肿，出血，脉管炎
兔	1	腹泻
鸡	12	减蛋综合征；包涵体肝炎
火鸡、雉	3	出血性肠炎（火鸡）、大理石脾（雉）、减蛋综合征（火鸡、雉）
鹌鹑	1	支气管炎
鸭	2	偶尔致肝炎
鹅	3	从肝、肠道分离

纤丝组成。纤丝粗 2nm，长 9～30nm，具有血凝特性和型特异性抗原。纤丝末端为 4nm 直径的球状物，这是病毒感染细胞时结合于细胞受体的部分，也是血凝素的存在处。在感染细胞核内的病毒粒子经常排列成结晶状。各种动物的腺病毒形态相同。

[理化特性] 腺病毒在感染的细胞浆中相当稳定，4℃可在几周内，－25℃可在几个月内保持同样的感染性。然而，提纯的病毒粒子在所有的储存条件下都不稳定。由于本病毒没有脂质囊膜，对乙醚、氯仿有抵抗力，但在丙酮中不稳定。本病毒能通过胃肠道而继续保持活性。许多腺病毒就是从人和动物的粪便中分离获得的。病毒对胰酶、木瓜酶、RNA 酶和 DNA 酶都有抵抗力。某些 5-卤素嘧啶核苷可抑制腺病毒在细胞内增殖。紫外线照射 30min，可灭活腺病毒的感染性。腺病毒对酸碱度及温度的耐受范围较宽。适宜 pH6～9，能耐受 pH3.5，pH 在 2 以下和 10 以上不稳定。病毒在 50℃经 10～20min 或 56℃经 2.5～5min 灭活。于 4℃存活 20d，22～23℃活存 14d，36℃存活 7d。

腺病毒含有 11.6%～17.0%的双股 DNA，其余为蛋白质，无类脂质，含有 1%糖蛋白（纤维）。哺乳动物腺病毒的 DNA 为 20M～25Mu（约 36kb）；禽腺病毒为 30Mu。AD_5 的沉淀常数为 31S，AD_2 为 32S。病毒粒子在 CsCl 中的浮密度为 1.32～1.35g/cm^3（哺乳动物腺病毒株），G＋C 含量为（48～61）mol%。DNA5′端与 55k 蛋白共价结合。这一末端蛋白对病毒复制有启动功能。病毒含有 5 个早期转录单位和 3～5 个晚期转录单位，一个特定的转录单位含有多个聚（A）位点。病毒 DNA 的结构特点是两末端有引起转化的重要结构，并有一个末端开始的 180 核苷酸内的逆位重复：ABCE……D’C’B’A’（A’～D’是互补核苷酸）。

[复制] 所有腺病毒复制的基本特点相似。

在细胞核内转录、复制、核内装配；通过细胞裂解释放。腺病毒通过其纤突球部与敏感细胞膜上的特异性受体结合后，即开始了感染过程。结合后的病毒，或依靠细胞的吞饮作用，或直接侵入细胞。进入细胞浆内的病毒立即脱衣壳，五邻体发生解离，进而降低了衣壳的稳定性，其他六邻体及其相关蛋白也发生分离。裸露的病毒核心体通过核膜上的空隙进入核内，或释放出 DNA 进入核内，这个过程可在 1～2h 内完成。病毒 DNA 在核内复制之前，病毒基因组的早期 mRNA 即被转录。这些早期 mRNA 在感染后1～2h即开始形成，2～3h可以在细胞浆的核糖体上出现并翻译成数种早期蛋白。胞核内的早期mRNA为高分子结构，但胞浆内却主要是以16S和23S为主的mRNA。研究表明，在E1A启动子控制下的RNA合成最早，发现于病毒感染后1h，而E1B、E2B、E3和E4的转录发生在感染后15～20h。E1A、E3和E4转录在感染后3～4h达到高峰，然后开始下降，而E1B和E2B在感染后6～7h达到高峰，然后开始下降。DNA复制一开始，所有早期转录可增加3～10倍，这可能反映了DNA模板数量的增加。在感染的中期，也就是感染后8～12h，Ⅸ和Ⅳa2启动子最为活跃。主要晚期启动子（MLP）和E2区的E2A的第二个启动子控制的转录在这一时期开始增加。MLP在18h达到高峰。其转录的RNA占全细胞RNA的20%～30%，并至少在10h内保持稳定。在感染后7～8h，DNA合成的同时，后期mRNA开始转录。这些mRNA比较稳定，它们是翻译成病毒粒子蛋白质的mRNA。构成病毒粒子的五邻体、六邻体和内部蛋白，都在DNA复制以后合成。六邻体和五邻体蛋白质的合成量比构成病毒衣壳的蛋白质的量要多得多。但合成内部蛋白的量并不比组成病毒内部蛋白的实际需要量多。多余蛋白质的机能还不清楚，但其中肯定包括T抗原和P抗原。病毒的DNA复制为半保留复制，始于两条链的任何一端C处，后者与前体末端蛋白（pTP）结合，成为pTP-dCMP复合物，作为引物。pTP-dCMP复合物有效的合成则需要其他两种病毒蛋白，一是病毒编码的DNA聚合酶，二是病毒编码的DNA结合蛋白，此外还有NF1蛋白，它的结合位点是TGG（N）67GCCAA。在感染后6～8h，病毒DNA即在核内复制，18～20h达到高峰，然后开始晚期转录，晚期mRNA也进入胞浆核糖体进行翻译，再回到核内进行包装，包装时先形成一个原衣壳，这大约在衣壳蛋白产生2h之后完成。复制的DNA进入原衣壳内，形成成熟的病毒粒子，再释放到细胞外，释放期可长达13～17h。

［抗原性］腺病毒免疫蛋白是六邻体和五邻体。六邻体含科特异性决定簇，除鸡腺病毒外，所有科属来源的腺病毒均有这类抗原，并有交叉反应，可用补体结合试验测定。六邻体也具有型特异性决定簇，可用中和试验测定。在病毒粒子上有少量的五邻体抗原，在感染细胞内可发现科特异性的可溶性五邻体抗原，提纯的纤维含有一个主要的型特异性抗原和一个次要的亚组抗原。

［血凝性］人的腺病毒能凝集许多动物红细胞，最常用的是大鼠或恒河猴的红细胞。某些哺乳动物腺病毒也能凝集红细胞。

大多数腺病毒的宿主范围比较严格，一种动物的腺病毒一般不感染别的动物。腺病毒寄生于人和动物以及禽类的眼、上呼吸道和消化道内，但大多呈隐性或不显性感染，只有少数引起临床症状。

［抵抗力］

（1）腺病毒对酸稳定，抵抗力较强，适宜pH为6～9，能耐pH 3～5，pH在2以下和10以上不稳定。能通过胃肠道而继续保持活性。

（2）由于没有脂质囊膜，对乙醚、氯仿有抵抗力，但在丙酮中不稳定。

（3）腺病毒对温度的耐受范围较宽，在冷冻状态下保存非常稳定，于4℃存活70d，22～23℃ 14d，36℃ 7d；但50℃经10～20min或56℃ 25～5min可以灭活。

［致病性与免疫性］

（1）传播以粪-口为主要途径，也可通过呼吸道或污染物品传播。

（2）病毒在咽、结膜尤其是小肠上皮细胞内增殖，偶尔波及其他脏器，隐性感染常见。

（3）疾病一般为自限性，感染后可获得长期持续的型特异性免疫力，中和抗体损伤作用重要。

（4）哺乳动物腺病毒有共同的可溶性补体结合性抗原。病毒粒子表面主要为型特异性抗原，中和抗原位于六邻体和纤突，纤突顶部为血凝性抗原。六邻体和其他可溶性抗原含有众多抗原决定簇，其中某些为属、亚属、型间和型特异性抗原决定簇。属特异性抗原位于六邻体的内表面，而血清特异性抗原位于外表面。某些腺病毒具有T抗原，可利用免疫沉淀试验在由腺病毒引起肿瘤的动物血清中检测到，意味着某些腺病毒与肿瘤原性相关。

[微生物学检查]

(1) 病毒分离 采取标本，迅速接种敏感细胞，根据特征性细胞病变及抗原性鉴定病毒。大多数腺病毒具有比较严格的宿主动物范围。一种动物的腺病毒一般不感染异种动物。而且在组织培养细胞中，也以该宿主动物来源的细胞最为敏感，上皮样细胞似乎比纤维样细胞更为敏感。故在腺病毒的分离培养中，通常应用宿主动物来源的原代、继代或传代细胞（主要是肾细胞）。但在连续传代后，常可适应其他动物来源的细胞培养物。

(2) 血清学检查 取急性期和恢复期血清进行补体结合试验，抗体升高 4 倍或以上，可判断为近期感染。

(3) 中和试验和血凝抑制试验 可定型别。

第一节 哺乳动物腺病毒属（*Mastadenovirus*）

哺乳动物腺病毒属是腺病毒科中一组侵害哺乳动物并具有不同血清型的病毒，包括人腺病毒及牛、猪、绵羊、山羊、马、犬、鼠和猴等腺病毒。病毒的形态结构及理化特性与腺病毒科的其他成员基本相同。其主要特征是：病毒粒子的角顶壳粒子有一条丝状突起，CsCl 中的浮密度 1.33～1.35g/cm^3，DNA 相对分子质量 20×10^6～25×10^6，G+C 含量为（48～61）mol%。有些病毒能凝集某些动物的红细胞。

哺乳动物腺病毒具有不同于禽腺病毒的共同抗原，在补体结合试验、琼脂扩散试验和间接血凝试验中可出现交叉反应，但个别毒株，特别是牛的某些腺病毒缺少这种共同抗原。不同动物来源的腺病毒可用中和试验分为许多不同的血清型。目前已知人有 4 个型，牛有 9 个型，猪有 6 个型，马有 1 个型，羊有 6 个型，猴有 27 个型，小鼠有 2 个型。病毒感染后，可引起呼吸道、肠道等发生疾病或无明显致病性。

人腺病毒 C 型（*Human adenovirus C*，HAdV - C）

人腺病毒 C 型是哺乳动物腺病毒属的代表种，包括人腺病毒 1，2，5 和 6 型 4 个血清型，以及牛腺病毒 9 型。引起人的不显性感染或自动限制性疾病，也可以引起人呼吸道和眼的疾病。人腺病毒的某些型接种新生仓鼠可以诱发癌肿，但对人到目前却无致癌的报道（略）。

牛腺病毒（*Bovine adenovirus*，BAdV - 1 - 10 and BADV - Rus）

牛腺病毒是引起犊牛呼吸道-肠道疾病的病原体之一，感染牛的症状涉及呼吸器官，并具有下痢和发热等症状。

牛腺病毒是 Klein 等于 1959 年首次分离获得的，即现在的牛腺病毒 1 型和 2 型。随后又由呈现消化道或呼吸道症状的牛的血液和粪便，甚至健康牛的粪便中分离出多株不同的病毒。目前已经确定的牛腺病毒共有 11 个血清型。牛腺病毒 1、2、3、5 和 9 属于哺乳动物腺病毒属，其他 6 种血清型属于富 AT 腺病毒属，其中牛腺病毒 E 型（血清型 6）和 F 型（血清型 7）为暂定种。可以认为，随着研究工作的进展，还会分离鉴定出一些新的血清型。

[血清型]

牛腺病毒 1 型（*Bovine adenovirus 1*）：1959 年克莱因（Klein）等首次在美国分离并记述了这种病毒的特性。病毒主要特性为：在 CsCl 中和浮密度为 1.34～1.35g/cm^3，G+C 含量为 61mol%～62mol%。能在牛源细胞和原代及传代羔羊肾细胞中生长增殖，能产生 B 型嗜酸性核内包涵体，某些毒株能在原代猪肾和猪睾丸细胞培养物中生长，并能产生细胞病变。

本病毒对 6～12 周龄犊牛引起轻微的呼吸道疾病，食欲缺乏，发热鼻漏，咳嗽和呼吸增强等为其特征。

牛腺病毒 2 型（*Bovine adenovirus 2*）：1960 年，克莱因（Klein）等从外表健康犊牛胃肠道分离获得。其主要特性，即在 CsCl 中的浮密度及 G+C 含量都与 1 型病毒相同，但感染性的毒力滴度低，可以引起初生牛犊（未吃初乳）发生轻微呼吸道感染。病犊从眼、鼻流出黏液脓性物。当出现呼吸困难后第 2d 易死亡。

牛腺病毒 3 型（*Bovine adenovirus 3*）：1965 年在英国分离出原型毒株 WBR-1。复制时的隐蔽期可达 18h。G+C 含量为 48mol%。在欧洲认为此型牛腺病毒是牛呼吸道疾病最主要的病原体，因为易引起新生犊牛严重的呼吸道感染，发热、呼吸喘息以及鼻眼有排出物。有的犊发生腹泻。此外证明本病毒能致新生仓鼠肿瘤。

牛腺病毒 4 型（*Bovine adenovirus 4*）：1966 年在匈牙利首次分离获得，能引起牛肠炎和肺肠炎的腺病毒。其主要特性是在犊牛睾丸培养物中可形成许多核内包涵体。但出现细胞病变较慢，病毒感染滴度很低。也能适应牛胚细胞。除引起牛肠炎和肺肠炎外，还能引起呼吸道疾病，发生呼吸喘息、咳嗽和流鼻液等。

牛腺病毒 5 型（*Bovine adenovirus 5*）：1966 年博恩（Borth）等从患肺肠炎病犊的呼吸道和肠道中分离到。病毒特性类似牛腺病毒 4 型，可引起犊牛的肠炎和肺肠炎。人工感染犊牛可引起轻微肺炎，不引起肠炎。近年来在美国报道此种病毒与多发性关节炎或“虚弱犊牛综合征”（Weak calfrome）有关。

牛腺病毒 6 型（*Bovine adenovirus 6*）：1968 年在荷兰从牛睾丸细胞培养物中分离得到，之后在澳大利亚的牛肺炎、结膜炎和角膜结膜炎病牛中分离到。经证明也属于这个血清型。其特性为可在犊牛原代睾丸细胞中增殖，也能适应于原代牛肾细胞。可引起未吃初乳的犊牛发热、厌食、咳嗽及从眼、鼻流出分泌物。感染后可出现病毒血症等。

牛腺病毒 7 型（*Bovine adenovirus 7*）：1968 年自日本呈现发热、腹泻、厌食和呼吸促迫母牛血液中分离获得。其特性除犊牛睾丸细胞外，还能在牛唾液细胞培养物中生长，也可以适应牛胚肾细胞，对牛呼吸道有致病性。

牛腺病毒 8 型（*Bovine adenvirus 8*）：1970 年在匈牙利从肺肠炎病牛分离获得。其特性为：能在原代牛睾丸细胞培养物中生长，也可适应原代牛胚肾细胞并形成细胞病变。此型病毒是犊牛肺肠炎的主要病原体。

[血凝性] 几乎所有的牛腺病毒均可凝集大鼠的红细胞，但 3 型毒株的凝集性较低。2 型毒株还可凝集小鼠红细胞。某些毒株还能凝集牛、羊、山羊等的红细胞。1 型、2 型都不能凝集鸡、豚鼠、牛、绵羊或人 O 型红细胞。

[抗原性] 牛腺病毒与其他哺乳动物腺病毒具有共同的群特异性补体结合抗原。但用中和试验可以将其分型，有时在血凝抑制试验中也出现有型的差别。1 型的标准株称为牛 10 号，2 型的标准株称为牛 19 号，3 型的标准株称为 WBR-1。这 3 个毒株是牛腺病毒的主要毒株。牛腺病毒 2 型与 1 株绵羊的腺病毒具有密切的亲缘关系。Bartha（1969）根据 1、2、3 型共有的可溶性抗原，将牛腺病毒分为 2 个亚群。有交叉反应抗原者为第一亚群，其余为第二亚群。

[培养] 牛腺病毒可在牛肾和牛睾丸原代、继代和传代细胞中增殖，并产生腺病毒的特征性细胞病变——细胞变圆，形成嗜碱性或嗜酸性核内包涵体。根据不同毒株对细胞培养的要求和病变特征，可将牛腺病毒分为二个群。第一群易在牛肾细胞上继代，产生不规则形状的核内包涵体；第二群不能在牛肾细胞上生长，但能在牛睾丸细胞上生长，形成多数有规则形状的包涵体。

[病原性] 牛腺病毒在美国、英国、荷兰、德国、澳大利亚和日本都有分离的报道。不同型病毒的致病性不尽相同，一般是引起下痢、肠炎、肺炎、结膜炎和多发性关节炎（又称弱犊综合征）。牛腺病毒 7 型的致病性最强，感染 7 型腺病毒的牛，可能出现 40℃以上的高热稽留以及剧烈下痢。腺病毒在牛群中的感染率达 34%～63%。感染牛的发病程度取决于饲养管理条件、运输以及是否有其他病原的混合感染等。人工感染的犊牛，可在 10～11d 内连续从其眼结膜、鼻和直肠中分离到病毒。牛的腺病毒不感染鸡胚和实验动物，但 WBR-1 株可使新生仓鼠发生肿瘤。曾从自然发病绵羊体内分离到一株腺

病毒，可以引起实验犊牛的肺肠炎，可见绵羊腺病毒与牛腺病毒之间存在着密切的关系。寒冷天气及其他致病因子，如病毒性腹泻病毒，可以促进牛腺病毒引起的疾病发生。

［**诊断**］分离病毒时最好同时应用牛肾细胞和牛睾丸或卵巢细胞，因为有些血清型可能只在其中一种细胞中增殖。接种材料为发热期的血液、粪便以及鼻、眼分泌物。接种后观察细胞病变和包涵体，并可应用补体结合试验和荧光抗体技术检测细胞培养物中的病毒抗原。病毒分型可用中和试验和血凝抑制试验。分离获得病毒，虽能做出诊断，但是必须在排除类症和混合感染以后，才能做出腺病毒的现症诊断。此外，由于细胞病变出现较慢，接种后的细胞培养物至少需要观察 2 周。即使多次传代以后，也常需在接种后 5～6d 才能看到细胞病变。检查抗体的方法，是采取病初和恢复期的双份血清，用 9 个血清型的抗原同时进行中和试验和血凝抑制试验。也可应用其他血清学方法，如琼脂扩散、补体结合、荧光抗体、被动血凝等试验。

［**免疫**］犊牛接种腺病毒后，10～14d 能产生中和抗体，中和抗体至少可以保持 10 周。

当前还没有很好的预防方法，正在着重研究病原性最强的 7 型腺病毒的疫苗。Bartha 等给牛接种福尔马林灭活疫苗，据报道可以引起良好的抗体反应。也有应用牛肾细胞在 30℃连续传代病毒，培育弱毒株的报道。

猪腺病毒（*Porine adenoviruses*，PAdV）

猪腺病毒是引起仔猪腹泻、肺炎、肾病和腹泻症状的病原体之一，而大多为隐性感染，无症状。

猪腺病毒属于腺病毒科哺乳动物腺病毒属，有 5 个血清型。本病毒于 1954 年首先从下痢仔猪的粪便中分离获得。1966 年 Kasza 从患脑炎的猪脑中也分离出来，同时在培养猪瘟病毒的猪肾细胞中也曾分离到腺病毒。病毒存在于下痢仔猪的粪便、有脑炎症状的脑组织和相关疾病的组织中，健康猪的粪便中也可能有病毒。猪感染后病毒经粪便排出体外，污染饲料、饮水和环境，经口传染给易感猪。吸入有病毒的气雾也可引起传播。

猪腺病毒的基本结构和理化特性与腺病毒科其他成员相似。病毒粒子无囊膜，呈粗糙型，直径约 7.5nm，由 252 个子粒构成的正二十面体核壳包裹着 22 股 DNA。病毒存在于核内，有时呈晶格排列。病毒粒子在氯化铯中浮密度为 1.33g/cm^3，pH4 或用氯仿、乙醇处理时稳定。在室温下能存活 10d 以上，为相对耐热的病毒。次氯酸钠、甲醛、酚制剂、无水乙醇和氢氧化钠均可杀灭病毒。

猪腺病毒具有哺乳动物腺病毒群特异性抗原。这种抗原可用琼脂免疫扩散或补体结合试验检测。猪腺病毒在中和试验中与其他动物的腺病毒之间没有关系。用中和试验可以将猪腺病毒分成 6 个血清型。在补体结合试验和琼脂扩散试验中呈现群特异性反应。血清 1 型能凝集猴、小鼠、大鼠、豚鼠的红细胞。4 型能凝鸡、大鼠红细胞。对豚鼠、仓鼠呈不全凝集。

猪腺细胞可以在猪原代细胞培养物和某些猪的传代细胞系中培养，也可在犊牛肾细胞培养物中生长，可在人肾细胞和猫黑素瘤细胞培养物中生长并产生细胞病变，也可见到核内包涵体。

本病毒对猪的致病性较重，临床症状表现食欲减少、肠炎、共济失调、喜卧等。从带有呼吸道症状或胃肠炎疾病的猪中分离的病毒，用 4 型病毒实验感染仔猪可发生腹泻。其他型病毒也可能发生腹泻。虽然实验感染仔猪可在脑、肺和肾脏产生病变，但未见有临床症状。

本病毒分布较广，在欧洲、美洲、澳洲的一些国家和日本都分离到病毒。猪腺病毒的传播可能通过粪便经口途径或呼吸道感染，断乳猪主要从粪便感染。成猪很少排泄病毒，但有较高的血清抗体。哺乳仔猪有母源抗体。

诊断猪腺病毒，以采用免疫荧光抗体或免疫过氧化物酶染色确诊很有价值。在诊断上可采取病料、粪便分离病毒，进行鉴定是比较确实可靠的方法。从感染组织、粪便、分泌物等样品中用猪肾细胞培养分离到猪腺病毒可确定本病的诊断。用单因子特异性抗血清进行中和试验，可以测定分离株的血清型。

马腺病毒 1、2 型（*Equine adenovirus* 1、2，EadV-1、2）

马腺病毒是哺乳动物腺病毒的成员，是引起马呼吸道疾病的病原体之一。

1967 年首次在澳大利亚报道，1970 年在美国的马驹得到证实。

［**形态特征**］本病毒的形态特征与其他动物的腺病毒基本相同，在 CsCl 中的浮密度为 1.31～1.34g/cm^3，在 pH 4.5～9.0 条件下存活 120d 以上。所有马腺病毒分离物的抗原性都相类似，有两个血清型，能凝集人的 O 型红细胞。在免疫扩散试验中能与人腺病毒抗血清发生反应。通过血凝抑制试验与某些人腺病毒和犬传染性肝炎病毒可发生交叉反应。在马胎儿肾细胞培养物中生长良好，并能产生细胞病变。

马腺病毒可以引起幼驹（3 日龄以下）发生呼吸道疾病，临床表现咳嗽、呼吸困难、结膜炎及发热。有持续淋巴细胞减少和中性粒细胞的感染，病程 10～56d。有的幼驹常发生亚临床或轻微症状，然后即行康复。马腺病毒可以在肠道增殖，经口感染可发生肺炎。

本病毒感染幼驹后，多数呈一过性亚临床过程，幼驹恢复后，产生长期免疫性。成年马常有抗体，母马的初乳中含母源抗体，幼驹可获得被动免疫长达 3～4 个月。

［**诊断**］检查组织切片可见到核内包涵体，在呼吸道分泌物和泪液中发现有脱落的上皮细胞。可从鼻液、眼分泌物中分离病毒，并以免疫荧光技术检测。另外可用中和试验及血凝抑制试验进行诊断。

羊腺病毒（*Ovine adenovirus*，OAdV-1-6）

从羊呼吸道或粪便中分离出 6 个型的病毒（血清型 6 为暂定种），其中有一种共同补体结合抗原，但在血凝方面显示有些差别，即所有的血清型均能凝聚大鼠红细胞，而血清 4 型能凝集犊牛红细胞。羊腺病毒和牛腺病毒在中和试验中出现部分交叉反应。例如羊的 3 型病毒可被牛的 3 型和 2 型抗血清所中和，牛的 2 型病毒可被羊的 2 型和 3 型抗血清所中和。本病毒对羊的致病性还不清楚。

犬腺病毒（*Canine adenovirus*，CAdV）

犬腺病毒同义名：传染性犬肝炎病毒，罗巴斯病病毒（*Rubarthdiseasevirus*），狐脑炎病毒，犬喉气管炎病毒，幼犬咳嗽病毒。

犬腺病毒有两个型：即犬腺病毒 1 型（*Canine adenovirus* 1，CAdV-1），可引起犬传染性肝炎（ICH）；犬腺病毒 2 型（*Canine adenovirus* 2，CAdV-2），可引起犬传染性喉气管炎。犬传染性肝炎是一种败血性传染病，主要发生于犬，表现为肝炎和眼疾患，也可见于其他犬科动物（如狐狸），表现脑炎。犬腺病毒 2 型可引起犬呼吸道疾病及幼犬肠炎。

犬传染性肝炎的病原早在 1930 年就有人怀疑为病毒。1947 年，Rubarth 最先描述了犬的传染性肝炎。1959 年，Kapsenberg 分离获得病毒，称为犬传染性肝炎病毒。1962 年，Ditchfield 等分离获得单纯引起呼吸道病变（喉气管炎）而不引起肝炎的腺病毒，即 A26 株（多伦多 A26/61）。有人将犬传染性肝炎病毒称为 1 型，将 A26 株病毒称为犬传染性喉气管炎病毒，即 2 型，也即 CAdV-2。A26 株在毒力、可溶性抗原结构、细胞感染范围以及红细胞凝集范围方面都与标准株犬传染性肝炎病毒有些差别。但是应用 A26 株免疫的犬，却可有效地产生对强毒犬传染性肝炎病毒的免疫力。随后并发现，1 型病毒也能引起单纯的呼吸道疾病，因此认为 2 型是 1 型的一个变异株。

犬传染性肝炎广泛分布于全世界，犬不分品种、年龄和性别，可以全年发生，但以刚离乳到一岁以内的幼犬的感染率和死亡率最高。主要是通过被病毒污染的分泌物和排泄物及饲养用具传播。特别是病后恢复的带毒犬，可在 6～9 个月时间内从尿排出病毒，成为该病的主要传染源。通过胎盘感染的可能性也不能排除。

1984 年，夏咸柱等在我国首次分离到犬传染性肝炎病毒，证实了我国犬中也有犬腺病毒 1 型的感染。1989 年，钟志宏等从患脑炎的狐狸中分离到了犬腺病毒 1 型，即狐狸脑炎病毒。随后，哈尔滨、北京、上海、昆明等地相继分离获得病毒。犬腺病毒 2 型的分离尚未见公开报道，但从临床报告及犬肠源性腺病毒研究来看，犬腺病毒 2 型野毒株感染在我国也比较普遍。可以认为，犬腺病毒感染是犬、狐重要的疫病之一。

CAdV-1为哺乳动物腺病毒属的成员，其形态特征与该属中其他动物腺病毒相似。呈二十面体立体对称，直径为70～90nm，有衣壳无囊膜。衣壳由252个壳粒组成，其中240个为六邻体，构成二十面体的20个面和棱的大部分；另外12个为五邻体，位于12个面的12个顶上。每个五邻体又各自从基底部向外伸出长为25～27nm的纤突，在纤突顶端又各有一个对称为顶球的球状物（图36-2），是病毒感染细胞时结合细胞受体的部分，在此有血凝素。衣壳内由双股DNA组成病毒核心，直径40～50nm，相对分子质量为1.98×10^7～2.48×10^7。

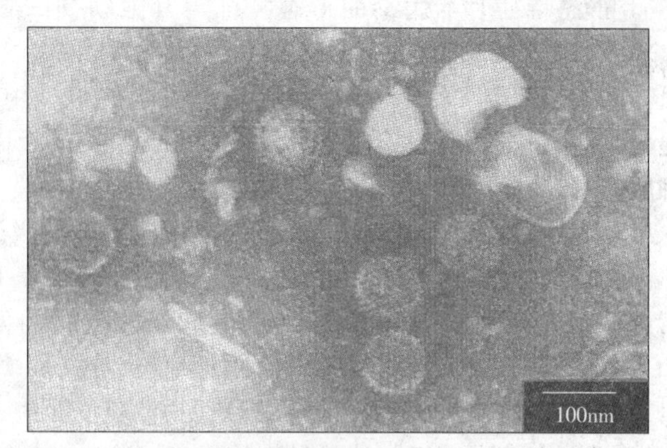

图36-2 犬腺病毒（CAdV）负染

（谷守林等提供）

病毒在CsCl中浮密度为1.336g/cm³（完整病毒）和1.30g/cm³（不完整病毒）。沉降系数（$S_{20}w$）为747S和285S。病毒蛋白含11种多肽，分别为六邻体、五邻体、结构蛋白、纤突、核心蛋白、六邻体结合蛋白、五邻体结合蛋白、衣壳蛋白，还有其他功能不详的小蛋白。

本病毒对乙醚、氯仿有抵抗力。在pH3～9条件下可存活，最适pH6.0～8.5。在4℃可存活270d，室温下存活70～91d，37℃存活29d。56℃ 30min仍存活。

[**血凝性**] 犬的腺病毒1型可以凝集人O型和豚鼠的红细胞，但A26株不能凝集豚鼠的红细胞，利用这一特性，可以将两型犬腺病毒鉴别开来。两型犬腺病毒对鸡红细胞的凝集性均很差或缺如，不能凝集犬、小鼠、兔、绵羊、马和牛的红细胞。

[**培养**] 犬的腺病毒易在犬肾和犬睾丸细胞内增殖，但也可在猪、豚鼠和水貂等的肺和肾细胞中不同程度地增殖。感染细胞培养物出现细胞病变，主要特征是细胞肿胀变圆，聚集或呈葡萄串样，也可产生蚀斑。感染细胞内经常具有核内包涵体，最初是嗜酸性的，随后变为嗜碱性。犬腺病毒感染的细胞不产生干扰素，病毒的增殖也不受干扰素的影响。电镜观察病变细胞，常可发现细胞核内具有结晶状排列的病毒粒子。病毒在细胞内连续传代后易于降低其对犬的致病性。已经感染犬瘟热病毒的细胞，仍可感染和增殖犬腺病毒。CAdV-1可在犬原肾细胞培养物中生长，也可在猪、雪貂、豚鼠的肾和睾丸细胞培养区中增殖，并产生细胞病变以及在肝实质细胞和内皮细胞产生核内包涵体。

[**病原性**] 以人工感染动物的特异免疫血清作为抗体，应用这种抗体作补体结合试验，还可检出急性病犬肝脏以及血清和腹水中的病毒抗原。对于病死动物，可用琼脂扩散试验检出感染组织块（一般应用肝组织块）中的特异性沉淀原。通常是在中央孔内加入特异免疫血清，周围6孔中分别加入标准阳性抗原（上孔）和标准阴性抗原（下孔）以及被检肝组织块或乳剂。应用荧光抗体技术，可以直接检测组织切片、触片或感染细胞培养物中的病毒抗原。大剂量接种豚鼠，可以使其感染。鸡胚及其他常用实验动物不感染犬腺病毒。皮下、腹腔、静脉或经口均可使易感犬发生感染，但似乎经眼接种最为敏感。

血清学诊断是用组织培养液做抗原进行补体结合试验，或用浓缩的感染细胞培养物为抗原作琼脂扩散试验，检测血清抗体。必要时，作中和试验和血凝抑制试验（用人的O型红细胞）。有人建议应用间隔14d的双份血清，以抗体效价提高4倍以上者作为现症感染的阳性指标。

近年来，犬腺病毒分子生物学研究异常活跃，也为犬腺病毒1型和2型鉴别提供了分子生物学基础。在病毒的早期转录区选择适当的保守区域作为引物，利用多聚酶链反应（PCR）可以将两型明显分别开来，扩增产物的大小不同，犬腺病毒1型为520bp，犬腺病毒2型为1 030bp。核酸探针的研究也有不少报道。上述两种方法尚未广泛推广应用。

[**免疫**] 自然感染发病犬，免疫期长达5年之久。国内外已经推广和应用灭活疫苗和弱毒疫苗。

最早使用的是犬腺病毒1型感染犬肝脏制备的脏器灭活苗，后来研制成功的是犬腺病毒1型细胞培养弱毒苗，因其可使部分免疫犬发生“蓝眼”，现已逐步为犬腺病毒2型弱毒疫苗所代替。这两种弱毒疫苗，免疫性、安全性都很好，接种后14d即可产生免疫力。由于该病常与犬瘟热等病毒性疾病并发，所以实际工作中，常将其与犬瘟热、副流感、细小病毒性肠炎等弱毒株制成不同的弱毒联合疫苗。试验与应用结果，均未发现弱毒之间有免疫干扰现象。鉴于犬腺病毒弱毒株具有良好的免疫原性与稳定的遗传性，包括E3区在内的基因背景已基本查清，国内外正进行以犬腺病毒弱毒株为载体的狂犬病病毒、肠炎病毒以及犬瘟热病毒基因重组疫苗的研究。紧急预防时，可应用高价免疫血清。

小鼠腺病毒（*Murint adenovirus*，MAdV）

1961年，Hartley等在细胞培养传代小鼠白血病病毒时，首次分离到小鼠腺病毒（MAdV），即FL株。后来，Haslimoto等（1966）从外观健康的DK1杂交小鼠粪便中分离到了另外一株MAdV，即K87株。FL株和K87株就是MAdV两个血清型的代表株。MAdV在小鼠群中多呈隐性感染，但也可引起致死性疾病。这类病毒的带毒期和排毒期均较长，严重影响小鼠健康。

［理化特性］ 小鼠腺病毒具有典型的哺乳动物腺病毒形态和理化特性。小鼠腺病毒不耐热，50～56℃易于灭活，36℃以下病毒较稳定，70℃可以长期保存。不具有血凝素。

［抗原性］ MAdV有两个血清型，即FL株和K87株，2株之间存在单向交叉反应。经交叉中和试验证实，用K87株制备的抗血清既可以中和K87株抗原，也可中和FL株抗原，并产生同样的滴度；而以FL株制备的抗血清对K87株抗原的中和作用非常弱。

［分子生物学特性］ 据报道，MAdV-FL株的DNA与人腺病毒DNA相似，都具有末端倒置重复序列。但FL株的限制性内切酶图谱明显不同于人腺病毒1型和2型的酶切图谱。经核苷酸序列同源性分析表明，MAdV-FL株的DNA与人腺病毒1、7、12型仅有很少或没有核苷酸序列同源性。

［培养特性］ 小鼠腺病毒易在原代鼠胚成纤维细胞、原代鼠肾细胞中增殖，某些病毒株可在小鼠传代细胞如L929，甚至BHK-21细胞以及犊牛或猪肾细胞中增殖，并产生细胞病变。

［病原性］ 小鼠是小鼠腺病毒的自然宿主，实验小鼠在笼内主要经粪便和尿液接触传播。不同毒株MAdV，其毒力差异很大，MAdV对不同年龄小鼠的易感性也不相同，临床表现多种多样。自然流行多由于感染FL株引起，病鼠表现弓背、被毛粗糙、食欲下降等症状，新生乳鼠可死亡。K87株感染新生乳鼠和成年鼠均不发病，只是经粪便不断向外排毒并产生高滴度的抗体。裸鼠也可自然发生MAdV感染，但株型未定。用FL株接种乳裸鼠，可造成十二指肠出血和致死性消耗性疾病。

［诊断］ 分离小鼠腺病毒，可以采集疑似病鼠的肾、脾、胸腺和淋巴结等组织，经适当处理接种敏感的鼠原代肾细胞，一般5～10d产生细胞病变。检验小鼠腺病毒的血清学方法有补体结合试验、中和试验、玻片免疫酶法、免疫荧光试验、酶联免疫吸附试验等。

［免疫］ 小鼠感染腺病毒后，可以产生特异性血清抗体。目前尚无预防小鼠腺病毒感染的疫苗问世，加强卫生消毒和检疫隔离有利于建立无小鼠腺病毒感染的鼠群。小鼠腺病毒是研究得比较清楚的腺病毒之一，也有应用无病原性小鼠腺病毒构建载体的报道。

猴腺病毒（*Simian adenovirus*，SAdV）

猴腺病毒是哺乳动物腺病毒的成员。1956年，美国以东南亚猴的肾细胞制造和检定小儿麻痹疫苗时首次分离获得。1957年，在南非用绿猴肾细胞制造小儿麻痹疫苗时也分离获得类似病毒。其后又分离出大约25株病毒。SAdV病毒粒子直径70～80nm，呈二十面体对称，无囊膜，在CsCl的浮密度为1.33～1.35g/cm^3。猴的腺病毒与人的腺病毒有共同的可溶性补体结合抗原，但在中和试验中两者迥然不同。

应用常规的中和试验可将其分为25个血清型。根据其对不同动物红细胞的凝集性，则可分为4个亚型。例如亚型Ⅰ的特征是能在4℃和37℃凝集恒河猴的红细胞，但不凝集其他动物的红细胞。亚型Ⅱ能在4℃凝集大鼠、恒河猴和豚鼠的红细胞，但只能在37℃凝集大鼠的红细胞。亚型Ⅲ和Ⅳ包括其他没有血凝性或血凝不完全的血清型。

猴腺病毒可在猴肾原代细胞中以及各种源自猴肾的继代细胞培养物中增殖。SVⅠ、SVⅡ、SV_{25}、SV_{33}和SV_{34}等毒株还能在人的细胞内增殖。感染细胞变圆，并形成葡萄串样团聚块，细胞核内有许多小的嗜酸性包涵体。细胞病变出现于接种后的3～4d。

具有肿瘤原性的毒株大多属于血凝第Ⅲ亚型。接种新生仓鼠，可以实验性地引起肿瘤的有SV_{20}、SV_{23}、SV_{34}、SV_{37}和SV_{38}等毒株，SV_{20}还对新生小鼠有肿瘤原性。SA_7还能使新生大鼠发生肿瘤。

SV_{20}接种乳仓鼠肾细胞，SA_7接种仓鼠小鼠和大鼠细胞，均能引起细胞恶性变。与人的腺病毒相反，肿瘤性猴病毒的G+C含量一般高于非肿瘤原性的毒株。

某些毒株，如SV_{17}和SV_{23}等可能与恒河猴和狒狒等动物的呼吸道或消化道感染有关，对实验动物和鸡胚没有病原性。

由于猴腺病毒常引起猴的隐性感染，在临床上难以诊断。若怀疑猴群有腺病毒感染时，应用棉拭子采集咽喉分泌物或粪便，经处理后接种原代恒河猴肾细胞或绿猴肾细胞，或者$LLAMK_2$、BSC-1、Vero等传代细胞分离病毒。在细胞培养物中的细胞病变呈葡萄串状，具有特异性，可做出初步诊断。确诊需采取中和试验和血凝抑制试验鉴定其血清型。随着单克隆抗体技术的应用，在型别鉴定方面已有新的突破。

第二节 禽腺病毒属（*Aviadenovirus*）

禽腺病毒属是一组侵害禽类并具有共同抗原性的病毒，包括鸡、火鸡、鹅、鸭、雉和鹌鹑的腺病毒。禽腺病毒分为3个群：Ⅰ群是从鸡、火鸡、鹅和鹌鹑呼吸道感染分离出的禽腺病毒，有共同的群特异性抗原；Ⅱ群包括火鸡出血性肠炎病毒、大理石脾病病毒和鸡大脾病病毒，它含有与Ⅰ群腺病毒不同的群特异抗原；Ⅲ群是从鸡产蛋下降综合征和鸭分离到的腺病毒，它仅含有部分Ⅰ群共同抗原。现已知禽腺病毒有19个血清型，能引起多种禽类的几种疾病。在禽腺病毒感染中对鸡危害严重的有鸡包涵体肝炎、产蛋下降综合征，这两种病在世界上分布很广，可对养禽业造成严重的经济损失。

禽腺病毒属的基本形态结构与哺乳动物腺病毒属相似，其主要特征在病毒角顶壳粒上有两条长度不等的丝状突起，DNA相对分子质量30×10^6，G+C含量为（54～55）mol%，CsCl中的浮密度为$1.35/cm^3$，无血凝性。病毒粒子在感染细胞内常呈晶格排列。应用中和试验，可以测出鸡腺病毒有12个血清型，鹅腺病毒有3个，火鸡腺病毒有3个，鸭和鹌鹑腺病毒各1个。其中某些血清型具有较强的致病力。所有的禽腺病毒株在琼脂扩散试验和补体结合试验中都有一种共同抗原，在血凝抑制试验中都能相互交叉。但尚未见到禽腺病毒与哺乳动物腺病毒之间的任何交叉。

禽腺病毒可在鸡胚肾、鸡胚肝、鸡胚成纤维细胞以及鸡肾细胞培养物中增殖。某些毒株产生红色蚀斑。病毒蛋白在感染细胞的胞浆内合成，但迅速移入胞核内。病毒粒子在胞核内成熟，并于细胞破溃时逸出细胞。最适生长温度为40℃。禽腺病毒一般不能在鸭、火鸡以及小鼠、家兔、仓鼠、猴、牛和人的细胞培养物中增殖。

禽腺病毒A型（*Fowl adenovirus* A，FadV-A）

禽腺病毒A型是禽腺病毒属的代表种。禽腺病毒是由多种血清型（现已确定有12个血清型）病毒株组成的一组病毒。感染鸡可呈明显症状或不具有明显症状。与该病毒有关联的主要临床和病理症候群包括肝炎、再生障碍性贫血、出血、轻度呼吸道疾病和产蛋量减少。各种有致病力的腺病毒在血清学上可能不同，而且一个特定血清型的致病力也不大相同。

禽腺病毒最早是由耶茨（Yates）等于1954年从鸡胚细胞培养物中分离出的，因其能致死鸡胚，当时称为鸡胚致死孤儿病毒（*Chicken embryo lethal orphan virus*，CELO）。此后，从具有或没有明显症状的鸡分离出了大量具有腺病毒群的生物学、物理学和化学特征的病毒。这些分离物未必与疾病有关，而且实际上常将它们描述成具有可疑致病潜力的单纯孤儿病毒。由于发现这些毒株间有共同抗原性，而被称为鸡腺病毒。

Caintk 和 Cowen（1975 年）通过文献综述并结合实验（两步交叉中和试验）研究发现了 12 种不同的鸡腺病毒血清型。在鸡肾细胞培养物上，使 20 个抗体单位与 32～320 个蚀斑形成单位的病毒发生反应来进行蚀斑减少试验，被指定的血清所中和的病毒（毒价下降 80%或以上）就属于克隆化病毒的那个血清型。Fodly（1975）发现，当使用易感的鸡胚作 VN 试验时，所得到的确定血清型的结果相似。其他研究者也提出了一些确定血清型和分群的方法。并不是所有野外分离物都可分成界限分明的血清型，但在一个克隆化分离物和 2 个或更多个不同的腺病毒血清型之间，可发现一些有意义的关系。

鸡腺病毒中比较著名的病毒株有：

（1）鸡胚致死性孤儿病毒（*Chicken embryo lethal orphan virus*，CELOV）　这是最早（1954）从内源性感染的鸡胚中分离出的腺病毒，是一种能致死鸡胚的病毒。引起的疾病又名包涵体肝炎，以肝脏脂肪变性与灶性坏死及肝细胞内出现包涵体为特征，还表现再生障碍性贫血，呼吸道感染，出血性肠炎和产蛋量减少，给生产带来一定损失。据报道，我国在一些鸡场中曾见有此种症状的病鸡，但以往未进行过研究。1984 年中国农业科学院哈尔滨兽医研究所从国外引进了病毒，对鸡胚和鸡进行了人工感染试验，用琼脂扩散试验，对人工感染鸡进行了血清学检查，同时又在黑龙江、山东、河北、辽宁等省部分地区 14 个鸡场 34 群鸡中抽检了 1 021 只鸡，出现阳性反应的 14 群共 121 只，阳性反应率为 8.4%，并进行病理剖检，从而证明了在我国一些地区的鸡场中有腺病毒感染。

（2）鹌鹑支气管炎病毒（*Quail bronchitis virus*，QBV）　杜博斯（Dubose）和 Grumbces（1959）从具有支气管炎的鹌鹑中分离出的腺病毒。QBV 与 CELO 同属于鸡腺病毒血清型 1。

（3）印第安纳 C 型病毒（*Indiana virus* C）　属于鸡腺病毒 1 型，能与绵羊和大鼠红细胞发生凝集。

（4）鸡腺样病毒（*Gallus adeno-like virus*，GALV）　属于鸡腺病毒血清型 2 型（图 36 - 3）。

（5）鸡腺病毒株（Tipton）　是包涵体肝炎-贫血症候群（TBH）的病原，属鸡腺病毒血清型 3。Tipton 株病毒不凝集鸡、大鼠、绵羊或马的红细胞。

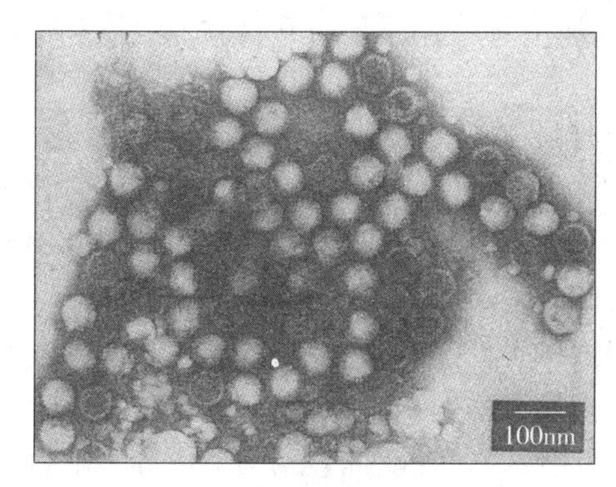

图 36 - 3　鸡腺病毒（负染色）
（谷守林等提供）

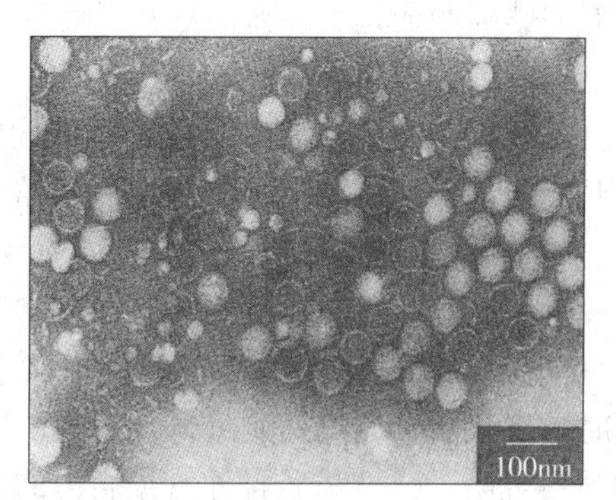

图 36 - 4　减蛋综合征病毒（负染色）
（谷守林等提供）

［形态特征］鸡腺病毒具有与其他动物腺病毒的一般特征。研究最多的 CELO 病毒的直径为 69～76nm，具有规则的二十面体，立体对称，有 252 个壳微体，没有囊膜（图 36 - 4）。

［理化特性］鸡的腺病毒分离物在 56℃对热稳定，不管其血清型或致病力如何，在有单价阳离子存在的条件下，在 50℃ 3h 内是稳定的。鸡腺病毒在 pH3 的感染性无明显降低。由于病毒无囊膜而对乙醚或氯仿有抵抗性。鸡腺病毒各血清型对乙醇、酚和硫柳汞的抵抗力程度不一。本病毒对福尔马林敏感。对 Tipton 株研究表明，该病毒在室温中保持其原毒价可长达 6 个月之久。在干燥状态下，于 25℃

存活到7d。

[抗原性] 鸡腺病毒各毒株在免疫扩散和补体结合试验中有共同的群特异性（gs）抗原，而与哺乳动物病毒无共同抗原性。鸡腺病毒已确定的血清型有12个。所有血清型都可以经两步交叉中和试验法测定。

血细胞凝集作用可因鸡的腺病毒分离物不同而异，甚至在同一血清型中也各异。

[培养] 鸡腺病毒都能在鸡胚中增殖，经绒毛尿囊膜接种，因毒株不同毒价可达10^6～10^{11}个鸡胚致死剂量（ELD_{50}）。在不含同源型病毒中和抗体的鸡胚中，可得到最高产量的病毒，而经过免疫的种鸡群的蛋孵化出的鸡胚不能使同源血清型的腺病毒增殖。有些鸡腺病毒株，例如印第安纳C病毒，经卵黄囊或绒毛尿囊腔接种都能成功地增殖，而另一些毒株经卵黄囊接种后则更易生长。这说明鸡腺病毒各毒株在鸡胚中的繁殖能力不同。鸡腺病毒的增殖成功、胚的易感性、胚龄和接种途径等因素都很重要。

来自鸡的腺病毒株经绒毛尿囊腔接种时，常在2～7d引起胚胎死亡。如果发生早期死亡，胚胎一般呈充血或出血。相反，延迟死亡的胚可观察到发育不良和胚胎卷缩。在绒毛尿囊膜上有时可见小的透明痘斑。鸡胚常常具有以不同程度斑影和坏死为特征的肝炎。在组织学上，肝细胞中有嗜伊红性核内包涵体，并观察到由异嗜性细胞和成纤维细胞所组成的门脉性炎症细胞浸润物。在外胚层的绒毛尿囊膜病灶中有嗜碱性核内包涵体。

Tipton株病毒经卵黄接种鸡胚，一般在5～10d内死亡。在接种后迟至10d后死亡鸡胚的肝细胞中，可见核内包涵体。如果病毒接种的是10日龄鸡胚，在绒毛尿囊膜上可见明显不透明、坏死性痘斑。要使病毒的增殖成功，重要的是使用不含特异性VN抗体的鸡胚，并经卵黄囊途径进行接种。

DES-76株病毒除可在鸡胚中增殖外，还可适应鸭胚和鹅胚。鸭胚接种途径可通过绒毛尿囊腔进行，鸭胚一般以12日龄为好，通常在病毒接种后92～120h有80%左右的胚胎死亡，接种后120h病毒含量最高，尿囊液中病毒含量最高。

组织培养多采用鸡肾细胞或鸡胚肾细胞培养物增殖病毒，鸭肾细胞和鸡胚成纤维细胞不如前者。几乎所有的鸡源腺病毒都可在上述细胞培养物中增殖，并产生圆形细胞病变。核内嗜碱性包涵体可于接种后30～72h之内出现。在覆盖琼脂层的鸡胚肾细胞中产生的蚀斑，可在接种后5d计数。

[病原性] 鸡腺病毒的致病力似乎取决于病毒和宿主的相互作用。如病毒分离物的来源、血清型的数量、感染时的鸡龄（年龄越小的鸡越易感）、母源抗体的存在以及并发或早发感染，这些因素均可使鸡腺病毒的感染复杂化。除血清型众多而复杂外，即使同一血清型的分离物，其致病力也可能不同或具有完全不同的致病作用。

Tipton株感染，肝脏在皮下接种后潜伏期很短，48h即可发生。用印第安纳C株分离物接种后4d就可见肝炎出现，证实皮下接种病毒后潜伏期短。在经呼吸道接种时，在5d内出现轻微症状和病变。相反，有的分离物在人工接种后基本上不见症状或病变发生。如果见到再生障碍性贫血和肌肉出血，一般在1～3周内出现，或者比肝炎稍为晚些，而且是散发的。

贝里（Berry）等曾先后报道某些腺病毒感染与不同程度的产蛋量下降有关。据报道，当发生产蛋量下降时，感染后2周内达到最低点，然后再经1～2周产蛋量又恢复到正常，严重者可持续10周。进一步的观察说明，感染某些野外有致病力的毒株也会发生上述情况，在欧洲被列为造成养鸡业巨大经济损失的4种主要病毒性传染病之一。

朱国强等人对我国鸡产蛋减少症进行的研究表明，患本病的鸡群无论食欲、精神、粪便、呼吸等多无明显变化。患病鸡群产蛋量大幅度下降，蛋壳质量发生明显变化，即软壳蛋、砂壳蛋、薄壳蛋、小型蛋、畸形蛋等，褐壳蛋出现白色变。同时蛋品质下降，如蛋白稀薄，严重者如水样，蛋黄颜色变淡等。患病鸡在感染7d后可见到卵泡变性和出血。输卵管的蛋白分泌部轻度水肿，子宫黏膜局部有出血现象。在感染后7d可见到输卵管蛋白分泌部皱襞水肿明显，固有层淋巴管扩张，内有较多水肿液，并有大量淋巴细胞、浆细胞和少量异嗜白细胞、单核巨噬细胞浸润，特别在血管周围有较多炎性细胞浸润，形成神套现象。子宫部固有大量的炎性细胞浸润，并有水肿，蛋壳腺部分萎缩，数量减少，被纤维结缔组织替代。

鹌鹑支气管炎（QB）病毒感染的鹌鹑主要表现呼吸道症状。小于4周龄的鹌鹑常出现咳嗽、喷嚏、啰音，互相挤成一团。病程为1～3周，死亡率为10%～100%，通常在50%～60%之间，幼年白喉鹌感染后的死亡率极高。剖检可见气管和支气管内有黏液，气囊膜呈云雾状。结膜炎和下窦炎是本病颇具特征性的病变。

[生态学] 鸡腺病毒的分布相当广泛。自然宿主以鸡为主，也自然感染鹌鹑，火鸡、鸭和鹅也可能是其自然宿主。用某些鸡腺病毒（如CELD株）皮下接种新生地鼠可产生纤维瘤。Stein病毒株〔斯坦（Stein）和Wills，1974〕曾在仓鼠中引起肝炎，并观察到核内包涵体。

鸡腺病毒经鸡胚传播，也有经蛋传播的证据。病毒也可通过粪便排出，但随着抗体的出现而中止。鸡腺病毒的传播可能水平与垂直方式同时存在。鸡腺病毒可从一个感染鸡群或鸡场传播到另一个易感的鸡群或鸡场。

鸡对本病毒的易感性随着年龄而递减，并与以往亲代感染鸡腺病毒是否异型有关。感染鸡的发病或发病程度也与某些疫病的混合感染有一定关系，如传染性法氏囊病能增加腺病毒感染的致病力，支原体和传染性支气管炎病毒感染的并发可增加腺病毒症候群的严重性。

许多腺病毒都是从具有或没有明显症状的鸡分离出来的，并且无症状鸡的抗体阳性率很高，表明绝大多数的鸡腺病毒感染可能是“隐性”的。在分离出了病毒或检出了血清学阳转的许多鸡群中观察不到临床症状。鸡腺病毒在鸡体内的增殖可能会因AAAV并发感染或鸡胚卵黄中的母源抗体而受到干扰。

[免疫] 鸡对腺病毒的抵抗力似乎与鸡龄有关，鸡即使没有中和抗体，3～4周龄后也会逐日增强。当发育成熟的鸡用腺病毒的Tipton株免疫接种时，所产生的中和抗体有明显的保护作用。对攻毒的抵抗力，可以用中和抗体试验中做指示病毒的有关腺病毒所感染或接种的亲代鸡群的鸡胚和鸡的接种来加以证明。QBV自然和人工感染鹌鹑后可出现高水平抗体，存活鹌鹑直到6个月后对QBV的攻击仍有抵抗力。说明鸡腺病毒具有较好的免疫原性。

[诊断] 确诊的主要方法如下：

（1）*病毒分离*　腺病毒可从肠道、呼吸道以及肝脏中分离出来。可应用细胞培养物，但以鸡胚肾或鸡肾原代细胞更好，具有高度易感性，致细胞病变。如用鸡胚，则可用来自易感的亲代鸡群的鸡胚，经卵黄囊接种5～7日龄的鸡胚，一般在接毒后2～10d可见胚胎死亡和发育停滞。有些腺病毒分离物经绒毛膜尿囊接种9～11日龄易感鸡胚，也能成功地繁殖。在分离病毒时，可作几代次盲传效果更好。病毒的鉴定可用电镜观察。

（2）*血清学试验*　①中和试验。在开始发病和发病后3～5周获得的鸡血清可用于中和试验。中和试验可在含有Eagle氏的MEM中的鸡肾单层培养物中进行。②血凝抑制试验。用pH7.1的PBS作为稀释剂，以三容积（0.2mL）试验的方法进行。

（3）*免疫扩散试验*　用鸡原代肾细胞培养物病毒制成抗原，以SPF鸡制成阳性血清为对照，按规程规定方法进行试验。

（4）*免疫荧光抗体试验*

（5）*ELASA、免疫斑点（IB）及斑点免疫试验（DIGFA）等*

雉鸡腺病毒（*Pheasant adeho virus* 1，PhADV-1）

雉鸡腺病毒是引起雉鸡大理石纹脾病（MSO）的病原体，其形态及理化特性等与鸡腺病毒相类似。但本病呈超急性过程，青年雉鸡死亡之前的病程极短。4～8日龄的雉鸡较易感。

本病毒感染雉鸡的剖检病变为脾脏肿大并有大理石纹，肺脏严重水肿，这些是本病仅有的眼观病变。

传播途径很可能是经口感染。

人工免疫预防可实验采用无毒力的出血性肠炎毒株接种。

本病毒的诊断主要依据临床体征和观察病变。脾脏的核内包涵体将进一步支持雉鸡大理石纹脾病的诊断。应用琼脂凝胶沉淀试验检测抗体可了解过去是否感染过。

火鸡腺病毒（*Turkey adenoviruses B*，TAdV - B）

火鸡腺病毒所致具一定危害而且研究较多的疾病是火鸡病毒性肺炎（Turkey vitae hepatitis，TVH）和出血性肠炎（Hemorrhagie entevitis，HE）。

TVH 是火鸡的一种急性、高度传染性、典型的亚临床疾病，主要产生肝的病变，有时也可见到脑病变。本病通常呈亚临床性，发病也呈一过性。本病虽已在许多国家发现，但确切的发病率和分布尚不了解。

出血性肠炎是 4 周龄或较老火鸡的一种急性疾病。它以沉郁、血粪和突然死亡为特征，个别火鸡在 24h 内出现症状并死亡。该病在火鸡群中持续 7～10d。

HE 首先是由波默罗伊（Pomeroy）和 Fenstermacher（1937）在美国明尼苏达州观察到的。该病在美国弗吉尼亚州（1967）和得克萨斯州（60 年代早期）曾达到流行程度，在圈养的和放养的火鸡群中都曾发生，并有迅速传染给同一房舍中连续饲养的火鸡群的趋势。

［形态特征］ 火鸡腺病毒具有腺病毒的一般形态特征。HF 病毒粒子直径为 70～90nm。

［理化特征］ TVH 对乙醚、氯仿、酚和克辽林有抵抗力，但对福尔马林无抵抗力。在蛋黄溶媒中，在 60℃存活 6h，56℃ 14h，37℃ 4 周。在 pH12 保持活力 1h，但在 pH12 则否。

HEV 在 70℃加热 1h，0.008 6％次氯酸钠、1.0％十二烷磺酸钠、0.4％氯杀螨、酚杀螨或威士考达因（Wescodyne），1.0％来苏儿或在 37℃或 25℃干燥 1 周，都可以破坏其感染性。在 65℃加热 1h、4℃保存 6 个月、－40℃保存 4 年或 37℃保存 4 周，不能破坏其感染性；用 50％氯仿、50％乙醚或在 pH3.0 于 25℃处理 30min，也不能破坏其感染性。

［抗原性］ TVHV 和人血清肝炎抗原之间没有关系，TVH 兔抗血清和鸭肝炎病毒之间在琼脂凝胶扩散试验中有单向（one-way）抗原关系。

［培养］ TVH 病毒可用分别不晚于 7 日龄和 10 日龄的鸡胚或火鸡胚经卵黄囊接种进行增殖。用 6 日龄鸡胚比更大日龄的鸡胚优越得多。在接种后 66h 病毒不能复制，大约在第 90h 病毒滴度达到高峰。快速鸡胚传代下不能大幅度提高终滴度（很少大于 3.5 个 EID_{50}）。其他接种鸡胚的途径未必总能产生病毒复制。各种各样的组织培养系统都未能达到病毒复制的目的。

HEM 病毒在鸡和火鸡胚以及在鸡和火鸡胚胎成纤维细胞培养物的繁殖很难获得成功。

［病原性］ TVH 通常呈亚临床性，同时只有其他逆境因素存在时才会变得明显。在出现的临床病例中，通常会发现明显正常的火鸡群中出现不同程度的抑郁和突然死亡。有记载表明，发病的繁殖鸡群可能会表现产蛋量、受精率和孵化率的下降。发病率和死亡率似乎在很大程度上决定于逆境因素的严重程度。通常死亡率很低，在 7～10d 内个别火鸡群的死亡率曾达到 25％。

可见病理变化仅见于肝和胰。肝病变为局灶性灰白色，有时有稍凹陷的病变区域。死亡的火鸡通常表现广泛的病变，常常连成一片，并且可能部分被血管充血和局灶性出血所掩盖。胆汁着色并非少见。胰病变虽然很少见，但常常是显著的，由粗大的圆形灰红区组成，常扩展而横贯一个胰叶。

HE 野外暴发中的死亡率从 60％以上到不足 0.1％。在实验中，脾脏大小和沉淀性抗原的存在表明了 100％感染，但死亡率则在 80％（致病力最强的株）和 0％（致病力最弱的株）之间变化。一定的毒株引起死亡的能力相当稳定，并且有品种特异。本病以迅速发病为特性，所有症状通常在 24h 内出现。患病火鸡以沉郁、血便或死亡为特征。在死亡火鸡或濒死火鸡肛门周围的皮肤和羽毛上常有暗红色到棕色血液。如果在这种鸡的腹部施加适当压力，则泄殖腔流出血液。死亡的火鸡由于贫血而显得苍白，但营养状态良好，通常在嗉囊中留有饲料。小肠通常膨胀，呈深褐色，充满红色到棕色的血液。空肠黏膜发红且高度充血。有的个体中，纤维蛋白和脱落的上皮在黏膜表面上形成一层疏松的黄色覆盖物。脾肿大呈特征性，质脆，呈大理石状或色泽斑驳。肺通常充血，脉管器官退色。

［生态学］TVH 肺毒株只感染火鸡。但北京鸭、鸡、雉和鹑对人工接种不感染。

通过直接或间接接触均易发生传播，也可经蛋传递。在感染后的前 25d 内，从感染火鸡的肝和粪便中均可分离到病毒，从胆汁、血液和肾则不易分离出病毒。28d 后病毒明显消失。根据病毒出现的时间，在膜腔接种 TVH 病毒的火鸡雏中，潜伏期短到只有 48h；在接种或接触的雏中，通常不长于 7d。有的火鸡群可能 100％感染 TVH 株病毒，但发病和死亡有可能取决于逆境因素。

HEV 的唯一宿主是火鸡。有限的实验室试验表明，火鸡的 HE 分离物也能感染雉鸡。HE 的分离物在作感染试验的所有品种禽，即锦鸡、孔雀、鸡和鹧鸪都能引起脾脏肿和病变。除自然宿主外，在人工感染的品种中未发生过死亡。

在 HE 第一次暴发中，HE 发生于 6～11 周龄的青年火鸡。目前，HE 最经常发生于 10～12 周龄的火鸡。该病可人工传递给 4.5～52 周龄的火鸡。周龄更小的火鸡对本病有抵抗力。HEV 可经口腔或泄殖腔接种有感染性的粪便而传播。本病在以前发生过禽舍可以再发。没有蛋传本病的记录。静脉或口腔、泄殖腔接种后潜伏期分别为 3～4d 或 6d。

［免疫］TVH 感染后将产生某种程度的免疫力。康复火鸡的再感染与初次感染的对照火鸡相比，病变较少见且较轻。康复种火鸡的子代在感染后产生了广泛的病变。这些研究者使用直接或间接补体结合、病毒中和或琼脂凝胶扩散试验，未能在康复火鸡或反复注射抗原的兔中证明有抗体。

HE 自然感染康复的火鸡不会再感染，人工接种 HEV 的病毒的火鸡对再感染也有抵抗力。在一个被研究了 4 年的鸡群中，抗体阳性率从感染后 4 周时的 100％逐渐下降到感染后 40 个月时的 83％。保护作用似乎不是毒株特异的。不引起死亡或引起死亡率不足 1％的毒株所诱导的免疫力，能防止以后用致病毒株进行攻击的感染。这些火鸡将终生保持这种抵抗力。以 HE 感染后康复火鸡的抗血清注射火鸡可以获得免疫力。在实验中，1～0.5mL 抗血清可防止所有肉眼病变的出现，并且少到 0.25～0.1mL 还能阻止肠病变的出现，但不能阻止脾病变的出现。

［诊断］确诊的主要方法如下：

（1）*病毒分离*　TVH 株病毒可通过将研磨的肝脏悬液 0.2mL 接种于 5～7 日龄鸡胚卵黄囊，大多数胚胎在接种后 4～10d 死亡，并呈现显著的皮肤充血和出血。低剂量接种则可延缓胚胎死亡，这时胚胎发育受阻，呈现轻度皮下充血。胚胎液不凝集红细胞。分离物可通过用 0.2mL 卵黄收获物接种于卵黄囊或火鸡雏的腹腔，并于接种后 5～10d 检查病变，作进一步的特征鉴定。

HEV 尚未找到实验宿主，以致分离病毒必须用隔离饲养的易感青年火鸡进行，最好是用 6～10 周龄的火鸡，小于 4.5 周龄的火鸡对 HEV 不易感。应通过口腔或泄殖腔对火鸡接种未经处理的血性肠内容物，或者以静脉接种研碎脾脏的粗制生理盐水浸提液。接种物应以 2 000r/min 离心 5min 使其澄清。离心前可以冻融以帮助释放病毒。死亡应约在静脉接种后 3d 和口腔或泄殖接种后 5～6d 发生。没有死于 HE 的火鸡可能有脾肿大和大理石样病变。这时得到的血清也有传染性。

（2）*血清学诊断*　主要用琼脂扩散试验。以感染火鸡脾浸提液制备特异抗原。在感染火鸡的血浆或血清中可检出抗体。火鸡感染后 2 周即能检出抗体。在感染后 4 周，火鸡群中沉淀抗体的阳性率从 100％下降到不足 10％。在正常情况下阳性沉淀线只有一条。

鸭腺病毒 B 型（*Duck adenorirus B*，DAdV-B）

鸭腺病毒 B 型已知是一个属于禽腺病毒属的病毒群，与该病毒群有关联的主要临床和病理症候群包括轻度呼吸道病、暂时产蛋减少、肝炎、肌肉和皮肤出血、再生障碍性贫血和神经症状。

其中致产蛋量减少综合征的 AV_{127} 腺病毒株就是从鸭分离出的。AV_{127} 具有同其他禽腺病毒所共有的群特异性抗原，它和 EDSV-76 很难区别，并可引起鸡产蛋减少或影响蛋的质量。曾有人研究用 HI 试验检查了不同来源的 9 群 85 只 8～25 周龄的北京鸭血清，结果证明所有被检血清都有不同程度的 HI 滴度的特异抗体。郭玉璞曾用间接荧光抗体技术与 HE 试验抽查了自长岛 3 个鸭场采集的 30 份健康北京鸭血清，结果 28 份为阳性。另于 1983 年，有人从 12 种水禽采集的 285 份血清，经用 HI 试验检查有

42%具有 HI 抗体，而野鸭的检出率为 56%。这些都说明家鸭和水禽具有很高的腺病毒感染率，但是无论是北京鸭、野鸭还是其他水禽都不见任何临床症状。鸭腺病毒 B 型感染究竟对鸭体有何影响，以及它在流行病学上的意义尚不清楚。

第三节　富 AT 腺病毒属

减蛋综合征病毒（EDSV）和某些反刍动物腺病毒以及有袋目动物腺病毒的基因结构相似，其 A、T 含量较高，因此形成了腺胸腺病毒属（*Atadenovirus*）。腺病毒富 AT 病毒属是最近新设立的一个病毒属，包括部分的牛腺病毒和鸡减蛋综合征腺病毒（*Egg drop syndrome virus* 1976，DESV-76），这些病毒株的 DNA 都富含 AT，具有比其他腺病毒更为紧密的染色体。以上结果表明，把 EDSV、BAV7、0AV287 归入同一病毒属应更为合理，故此设立了腺病毒富 AT 病毒属。DESV-76 是腺病毒富 A 病毒属的最重要的代表性病原。DESV-76 是 1976 年 Van Eek 首次报道本病在荷兰发生时发现的，是蛋鸡和种鸡产蛋量严重下降的主要病原。DESV-76 能凝集鸡、鹅、火鸡和鸭的红细胞。除代表性毒株 AV_{127}外，还有 BC_{14}、D_{61}，这三个毒株之间抗原性完全一致（中和和 HI 试验）。减蛋综合征可使鸡的产蛋量下降 15%～20%，并使蛋的质量受影响。可用疫苗预防。

EDS-76 株感染鸡后 6d 内出现中和抗体、HI 和沉淀抗体。以感染母鸡的蛋孵化出的小鸡具有半存留期为 3d 的母源抗体，根据攻毒后 HI 应答的证据，这些抗体约能产生生后前 4 周抵抗攻毒的被动免疫力。

EDS-76 的油乳佐剂灭活疫苗是鸡腺病毒人工预防免疫较好的疫苗。本疫苗是以 EDS-76 株接种 9 日龄鸭胚，收获尿囊液和羊水，于测定血凝价后，用甲醛灭活并制成油乳佐剂灭活疫苗。该疫苗于蛋鸡开产前 1 个月左右皮下或肌肉注射，可获得 6 个月以上的保护。

［诊断］确诊的主要方法如下：

（1）*病毒分离*　可从肠道、呼吸道以及肝脏中分离出来。可应用细胞培养物，但以鸡胚肾或鸡肾原代细胞更好，具有高度易感性，致细胞病变。如用鸡胚，则可用来自易感的亲代鸡群的鸡胚，经卵黄囊接种 5～7 日龄的鸡胚，一般在接毒后 2～10d 可见胚胎死亡和发育停滞。有些腺病毒分离物经绒毛膜尿囊接种 9～11 日龄易感鸡胚，也能成功地繁殖。在分离病毒时，可作几代次盲传效果更好。病毒的鉴定可用电镜观察。

（2）*血清学试验*　①中和试验。在开始发病和发病后 3～5 周获得的鸡血清可用于中和试验。中和试验可在含有 Eaglc 氏的 MEM 中的鸡肾单层培养物中进行。②血凝抑制试验。用 pH7.1 的 PBS 作为稀释剂，以三容积（0.2mL）试验的方法进行。

（3）*免疫扩散试验*　用鸡原代肾细胞培养物病毒制成抗原，以 SPF 鸡制成阳性血清为对照，按规程规定方法进行试验。

（4）*免疫荧光抗体试验*

（5）ELASA、*免疫斑点*（IB）*及斑点免疫试验*（DIGFA）等

第四节　唾液酸酶腺病毒属（*Siadenovirus*）

国际病毒分类委员会（ICTV）最近公布了腺病毒分类的新标准，从本质上改变了腺病毒的分类。种名的确定至少要根据系统发育距离、限制性酶切片段、宿主范围、致病力、交叉中和作用以及遗传重组的可能性等诸多重要指标中的 2 项。目前，腺病毒的分类很大程度上依赖于分子标准，尤其是限制性酶切图谱和序列数据。据此，腺病毒科由原来的 2 个属变为 4 个属。将以前的 II 群禽腺病毒（HEV、MSD 和 AASV）统称为火鸡腺病毒 A 型（FAdV-A），与蛙腺病毒 A 型（FrAdV-A）一道，归为新成立的唾液酸酶腺病毒属（*Siadenovirus*），因为它们都具有唾液酸酶基因。

参考文献

侯云德.1990. 分子病毒学［M］. 北京：学苑出版社.
黄祯祥.1990. 医学病毒学基础及实验技术［M］. 北京：科学出版社.
肖佩蘅，等，译.1991. 实验动物医学［M］. 北京：农业出版社.
殷震，等.1985. 动物病毒学［M］. 北京：科学出版社.
中国农业百科全书编辑部.1993. 中国农业百科全书·兽医卷［M］. 北京：农业出版社.
钟晶仁.1987. 哺乳类实验动物［M］. 北京：人民卫生出版社.
周亚文，等，译.1990. 家畜传染病［M］.［出版地不详］.2，49.
F. A. Murphy et al. 1995. Virus Taxonomy sixth Report of International committeeon Toxonomy of viruses [J]. Ardchives of Virology. Supplement. 10.

崔尚金　编

第三十七章　多瘤病毒科

多瘤病毒科只有一个病毒属，即多瘤病毒属（*Polyomavirus*）。

多瘤病毒是双股DNA病毒，该类病毒通常具有致瘤性，可以长期潜存于一个宿主体内并不引起发病，但是可以在其他宿主或免疫系统反应弱的宿主体内引起肿瘤。其名称polyoma的意思为该类病毒具有引起多发性肿瘤的能力。

[形态与理化特性] 多瘤病毒属的成员无囊膜，呈正二十面体，直径40～45nm，病毒衣壳由72个向右倾斜非对称排列的壳粒组成，沉降系数$S_{20}w=240$。病毒DNA（约5 000对核苷酸）相对分子质量3×10^6，G+C含量（41～48）mol%，与细胞组蛋白组成的类似于细胞染色质的微染色体位于衣壳内。病毒对外界有很强的抵抗力，耐酸、醚和乙醇，不易被福尔马林灭活，40℃可存活数月。

[结构与功能] 病毒的遗传信息来自DNA的两条链，调控区位于早期区和晚期区之间；DNA的合成与转录均起始于调控区，呈相反的两个方向进行，分别控制早、晚期基因的转录和DNA的复制。

早期基因一般编码两种蛋白，大T抗原（LT或肿瘤大T抗原）在胞核内；小T抗原（st）在胞核和胞浆内；另外鼠多瘤病毒和仓鼠多瘤病毒还在胞核内编码一中T抗原（MT）。LT是一种序列特异性的DNA结合蛋白，不仅有ATpase和蛋白激酶活性，而且具有属特异性抗原活性，与病毒DNA特异性序列的结合可引起病毒DNA的复制，阻断早期转录，刺激晚期转录。在转化过程中，LT的作用类似一种癌基因产物，SV-40 LT与宿主细胞P_{53}蛋白结合，可使目的基因发生转化。st对产生感染性并不是必需的，它可以与数种细胞蛋白相结合，在细胞核和胞浆之间起一种屏障作用。鼠多瘤病毒LT和st都不能单独使大鼠细胞系发生永久性转化，而MT则可以单独引起转化，它也存在于感染细胞膜上。

晚期基因编码3～4种蛋白，其中3种病毒的结构蛋白，VP1为主要的衣壳蛋白，具有产生中和作用的抗原决定簇，介导血凝活性，并能与细胞受体结合；VP2和VP3为衣壳的次要蛋白；第4种蛋白（Agnoprotein）的功能未完全阐明，可能与病毒的装配有关。

[复制] 病毒DNA复制、转录和子代病毒的装配均依赖于宿主细胞的酶系统。首先病毒的VP1介导与细胞受体结合，使病毒吸附于细胞表面，经细胞内吞噬作用形成内吞噬囊泡进入细胞内，并被输送至核内脱壳；病毒基因组的早期基因首先开始转录早期mRNA，合成病毒早期蛋白LT、st和（MT）；LT与病毒DNA结合诱导病毒DNA复制，随后开始晚期mRNA的转录合成VP1、VP2和VP3等，并被送回核内组装病毒的衣壳，包被于病毒DNA与细胞新合成的组蛋白H_1、H_{2A}、H_{2B}、H_3、H_4（由LT诱导）组成的微染色体，成为完整病毒粒子，细胞裂解产生子代病毒。一般每个感染细胞可产生1万～10万病毒粒子（100～1 000蚀斑形成单位）。

[培养与转化] 多瘤病毒可在多种原代或继代成纤维细胞或皮肤细胞内增殖，在“允许”细胞内发生溶细胞性感染，细胞死亡，形成蚀斑，产生大量感染性病毒粒子；在“非允许”细胞内，病毒则只引起顿挫型感染，细胞不死亡，常导致细胞转化，无成熟病毒粒子产生；而多数病毒感染细胞则处于这两个极端之间，部分细胞产生病毒，细胞死亡，部分细胞还继续分裂增殖。

多瘤病毒DNA在宿主细胞染色体内的整合作用导致细胞发生转化。LT的N末端对转化作用是必需的，它介导病毒环状DNA与细胞染色体之间的非同源重组，使1个或数个病毒DNA整合到细胞染色体中的随机部位。在转化细胞中只有整合的全部或部分早期基因得以转录。MT也参与细胞的转化，但功能未明。

多瘤病毒转化细胞具有多重的生物学特征。一方面转化细胞表面出现与病毒有关的新抗原决定簇（LT或MT），使同基因型的个体间产生免疫反应，如接种敏感的动物则引起肿瘤；另一方面转化细胞在一定条件下可中断转化状态向两方面转变：①发生逆转。恢复正常细胞的生物特性；②可以合成完整的病毒粒子（杀细胞性）。

［抗原性］不同动物的多瘤病毒之间没有或仅有微弱的血清学交叉反应，采用中和试验或血凝抑制试验可加以鉴别。病毒内部或感染细胞内具有共同的属特异性抗原。

［病原性］多瘤病毒具有严格的种属特异性。一般情况下多瘤病毒感染免疫健全的自然宿主没有任何临床表现。病毒常通过口腔或呼吸道进入敏感机体。在侵害部位大量复制后随病毒血症到达目的细胞，同时诱导机体产生坚强持久的免疫力。

目前受到兽医工作者重视的多瘤病毒只有牛的多瘤病毒（*Bovine polymavirus*）和澳洲小鹦鹉幼鸟病病毒（*Budgerigar fledgling disease virus*，BFDV）。牛多瘤病毒至今未发现致病性，在牛群中普遍存在，约有60%的牛（包括胎牛和新生牛）血清中含有多瘤病毒。病毒在猴肾细胞中生长良好，早期基因转化的啮齿类细胞能在免疫不全的大鼠体内诱发肿瘤。通过对荷兰的兽医工作者调查表明，其中60%的人携带有抗多瘤病毒的抗体。

BFDV能引起澳洲小鹦鹉幼鸟一种死亡率很高的急性全身性疾病。在法国羽鸟中也已发现，临床主要表现为羽毛慢性退化，并广泛存在家禽中，呈亚临床感染。BFDV类似于哺乳动物的多瘤病毒，但DNA的调控机制并不一致。

［检测］实验室常采用血凝抑制试验或细胞中和试验检测病毒或抗原。ELISA、核酸探针及PCR等技术已用于人BKV和JCV的检测。如有必要可采用自然宿主的原代或继代细胞系分离病毒加以确诊，细胞病变一般在接种后数天或传代数次后出现。对鼠多瘤病毒的可靠诊断可应用新生仔鼠或仓鼠体内接种试验。

猴多瘤病毒40（*Simian virus* 40，SV-40）

猴多瘤病毒又称猴空泡病毒，为多瘤病毒属代表成员，多呈隐性感染。1960年Sweet等在恒河猴肾细胞培养物中分离到该病毒。1988年赵玫等报道在我国恒河猴中SV-40检出率为11.16%。

［形态与理化特性］病毒形态结构和理化特性基本上与本属其他病毒类似。病毒基因组大约含有早期基因和晚期基因，分别编码早期蛋白和晚期蛋白。早期蛋白有2种，即大T抗原和小T抗原；晚期蛋白有4种，VP1为主要衣壳蛋白，VP2和VP3为次要衣壳蛋白，第4种蛋白功能尚不清楚，编码于mRNA的先导序列，较小，呈碱性。

［培养］病毒不能在非人灵长类动物细胞上增殖。能在Vero和Bsc-1中良好增殖，并产生特征性细胞病变——胞核染色体边缘化、胞浆空泡化；在非允许细胞（仓鼠、牛、猪等）则诱导细胞转化。病毒接种新生仓鼠可诱发肿瘤，肿瘤细胞能在成年仓鼠中继代。现在发现SV-40能引发其自然宿主猕猴的致死性间质性肺炎和肾小管坏死。

作为研究基因调控和细胞转化的模型，SV-40的生物学特性和遗传特性已得到详尽阐述。SV-40不转化人细胞，对人无致病性，但对大脑有嗜性，在PML的人脑细胞内曾发现SV-40 LT，这些细胞含有未整合的病毒DNA，仅表达早期功能。另外，SV-40可能还与由石棉引起的间皮瘤有关。

［检测］可用免疫荧光试验、中和与补体结合试验。

鼠多瘤病毒（*Murine polyomavirus*，MPyV）

鼠多瘤病毒曾是多瘤病毒属的代表种，能引起野生鼠和实验小鼠的地方性流行性肿瘤，在自然条件下多呈隐性感染。人工感染可使小鼠、大鼠、豚鼠、仓鼠、兔等发生各种肿瘤。

1953年克罗斯（Cross）等在研究白血病时发现此病毒。在美国、日本以及澳洲诸多国家和地区发现鼠群中有多瘤病毒存在。1990年贺争鸣等报道我国普通小鼠中多瘤抗体阳性率为39.3%～41.2%。

［形态与理化特性］ 病毒核酸为双股DNA，具有感染性和细胞转化作用。病毒粒子呈圆形，直径约45nm，形成于细胞核内，常呈结晶状排列，也可见到长丝状。核衣壳由72个向右倾斜排列的壳粒构成，无囊膜。报道对热抵抗力较强，60℃30min对致瘤作用无影响。冻干或在50%甘油中可长期保存。对乙醚、胰酶、核糖核酸和脱氧核糖核酸酶有抵抗力。2%石炭酸、50%乙醚处理可使其血凝作用下降；10%氯化苄烷胺和95%乙醇碘溶液可破坏其血凝能力和抗原性。嘌呤霉素、放线菌素D等可抑制其DNA和蛋白质的合成。紫外线、γ射线、亚硝酸、β-丙内酯和^{32}P均可破坏病毒的增殖能力，但保留其使易感细胞转化的作用。

［抗原性］ 鼠多瘤病毒各分离株之间没有明显的抗原性差异。病毒内部蛋白具有属特异性，表面抗原（VP1）除与SV-40 VP1有一定的抗原相关外，与其他多瘤病毒没有血清学交叉反应。

血凝作用在4℃、pH 5.4～8.4条件下，可凝集多种动物的红细胞，尤以豚鼠红细胞最敏感。60℃30min可降低血凝滴度，在−70℃、−20℃和4℃条件下保存56d血凝滴度无明显变化。

［培养］ 本病毒可在小鼠和其他啮齿动物的组织培养物中增殖（原代细胞、传代细胞）。本病毒与易感细胞的关系有两种类型：一种是在“允许”性细胞内发生溶细胞性感染，使感染细胞死亡，形成蚀斑，可产生新的感染性病毒粒子，包括有次代小鼠胚细胞、原代小鼠肾细胞、3T3、3T6、Bsc-1、CV-1和Vero细胞等；另一种是在“非允许”性细胞内，只引起顿挫型感染，细胞不死亡，但常可导致细胞转化，包括仓鼠胚细胞、次代大鼠胚细胞和BHK-21细胞等。

［病原性］ 鼠多瘤病毒具有高度的肿瘤原性，虽然感染毒量极少，也可出现自发肿瘤；但当大剂量病毒接种新生小鼠或仓鼠，一般数周内即发生肿瘤。新生大鼠、兔、豚鼠与雪貂均敏感。最多见的肿瘤为纺锤状细胞肉瘤，在小鼠也发生上皮细胞瘤。并发生在许多部位，故名多瘤。肿瘤细胞能在体外生长，并保持恶性变，当将少至10个肿瘤细胞接种易感成年动物，即能引起新肿瘤，并可继续移植。

［检测］ 因多瘤病毒在鼠群中多发生隐性感染，所以在确诊时多采用动物试验。采取疑似病鼠的肝、肾等脏器经过处理，接种乳鼠或新生乳仓鼠或接种小鼠胚细胞，观察7～14d，用豚鼠红细胞测定特异性血凝素。

血清学试验目前采用的有血凝抑制试验、补体结合试验、中和试验、免疫荧光试验、玻片免疫酶法和酶联免疫吸附试验等。

牛多瘤病毒（*Bovine polyomavirus*，BPyV）

牛多瘤病毒是多瘤病毒属的成员之一，病毒粒子直径为40～50nm，呈正二十面体，无囊膜。病毒的基因组为环状DNA，由4 697个核苷酸组成，是迄今为止测过序的多瘤病毒属的病毒中基因组最小的病毒。

该病毒于1974年首次分离于猴肾细胞的细胞培养物，通常根据被感染的是允许性细胞还是非允许性细胞，将其感染方式可分为两种：在允许性细胞上产生典型的多型瘤病毒的致细胞病变特征，即胞浆、胞核空泡化；在非允许性细胞上会导致这些细胞的表型转化。

牛多瘤病毒对牛的致病性不强，目前还没发现由此病毒引起的牛临床病例的报道。该病毒最可能在培养过程中通过添加被牛多瘤病毒感染的小牛血清而污染细胞，并对组织培养细胞产生不良影响。目前PCR是病毒检测的唯一可靠的方法。应用PCR方法可检测出70%的胎牛血清含有牛多瘤病毒DNA序列，说明牛在胚胎时期感染了牛多瘤病毒。

非洲绿猴多瘤病毒（*African green monkey polyomavirus*，AGMPyV）

非洲绿猴多瘤病毒，或亲淋巴细胞乳多空病毒（*Lymphotropic papovavirus*，LPV），最早分离于非洲绿猴的B淋巴细胞系。其全基因组由5 270bp组成，基因组的早期区可以编码一个大T和一个小T抗原，但不能编码中T抗原；晚期区编码3个结构蛋白VP1、VP2、和VP3。对LPV基于序列保守性的分析发现该病毒的基因来源和小鼠多瘤病毒（Mouse polyomavirus，Py）和猴多瘤病毒SV-40有关，为多瘤病毒属鼠的一个新成员。通过对LPV、SV-40和Py三种病毒的基因序列比较发现，多瘤病毒属保守序列的基本特征比仅SV-40和Py比较结果更明显，最保守的蛋白为VP1（三种病毒氨基酸的保守率为42%），大T抗原的保守率为28%。在复制起点后端的一个63bp的重复序列可能为LPV的启动增强子。

Kenneth K. Takemoto等用血凝抑制试验在灵长类动物和人中做的血清学调查发现，人的LPV抗体阳性率约为30%，除狒狒，几乎其他所有的非人灵长类动物都有LPV抗体，检测的阳性率为8%～77%。

［检测］荧光抗体检测方法检测血清中LPV抗体。

狒狒多瘤病毒2型（*Baboon polyomavirus* 2，BPyV-2）

猿猴因子12（Simian agent 12，Sa12）即狒狒多瘤病毒Ⅰ型（*Baboon polyomavirus type 1*）首次分离于长尾猴的肾细胞中，但是大狒狒被认为是该病毒的天然宿主，因为在它们体内有很高的SA12 HI抗体滴度。另一种狒狒多瘤病毒为狒狒多瘤病毒Ⅱ型（*Baboon polyomavirus type 2*，BPyV-2）是Sylvia D. Gardner等于1989年分离于狒狒肾细胞培养物，病毒粒子的大小为47nm，在狒狒肾细胞和Vero细胞上生长良好，而在人肺胚成纤维细胞上生长不良。通过对捕获的118只野生狒狒的HI抗体检测发现，狒狒多瘤病毒Ⅱ型的阳性率为13%，SA12的阳性率为21%，只有两只狒狒同时有两种病毒的抗体。

兔肾空泡病毒（*Rabbit kidney vacuolating virus*，RKV）

兔肾空泡病毒是一种环状双股DNA病毒，最初是由Hartley和Rowe于1964年在兔乳头状瘤分离到的一种污染物，它的一般特性与多瘤病毒、SV-40很相似，电子显微镜显示，病毒粒子在其大小或其表面特性方面都相近于后者且在它们的范围之间。兔肾空泡病毒其DNA G+C含量为43mol%，介于多瘤病毒的48mol%和猿猴病毒40的41mol%之间。

本病毒是家兔和野兔的隐性感染病毒。接种家兔皮肤不能诱致肿瘤产生。其他动物不感染。病毒于家兔和棉尾兔肾细胞培养物中引起胞浆空泡化，与SV-40病毒引起的绿猴肾细胞培养物的胞浆空泡化相似。在单层细胞上产生蚀斑，其他动物细胞不感染。

兔肾空泡病毒于4℃和20℃凝集豚鼠红细胞。在免疫学上与兔乳头状瘤病毒完全不同。

参考文献

殷震，刘景华．1997. 动物病毒学［M］．第二版．北京：科学出版社．

Carron Nairn，Archie Lovatt，Daniel N. 2003. Galbraith. Detection of infectious Bovine polyomavirus［J］. Biologicals，31：303-306.

Gardner，S D，Knowles，et al. 1989. Characterization of a new polyomavirus (Polyomavirus papionis-2) isolated from baboon kidney cell cultures［J］. Arch Virol，1989，105：223-233.

Pe′rez-Losada，M.，Christensen，et al. 2006. Comparing Phylogenetic Codivergence between Polyomaviruses and Their Hosts［J］. Journal of virology，80 (12)：5663-5669.

Rob Schuurman，Bert van Steenis，Ans van Strien，et. al. 1991. Frequent detection of bovine polyomavirus in commercial batches of calf serum by using the polymerase chain reaction [J]. (Journal of General Virology), 72, 2739 - 2745.

Rob Schuurman, Bert van Steenist, Cees Sol. 1991. Bovine Polyomavirus, a Frequent Contaminant of Calf Serum [J]. Btologwals, 19: 265 - 270.

Schuurman R, Sol C, van der Noordaa J. 1990. The complete nucleotide sequence of bovine polyomavirus [J]. J Gen Virol, 71: 1723 - 35.

王靖飞　付朝阳　编

第三十八章　乳头瘤病毒科

传染性乳头瘤（疣）在动物体自然状态就会发生，这些损伤可能被认为是超长增生或良性新增物，因为它们通常不会致死宿主。然而，在至少三种低等动物，乳头瘤可能恶化为癌。在一些情况下，病毒通过实验和自然感染异源宿主都能引起肿瘤。

动物疣在数个世纪以前就被发现。如在 9 世纪一名巴格达的养马师对马乳头瘤做过描述。直到 19 世纪末和 20 世纪初，才做了疣的传播实验，用的是犬口乳头瘤（1898 年）和马皮肤疣（1901 年）。疣的病毒特性是在 1907 年通过灭菌的人疣滤过液实验证实的，随后发现了许多动物乳头瘤病毒。棉尾兔（Cottontail rabbit）乳头瘤是研究最早的该类病毒，在 1933 年，Shope 首先从美国棉尾灰兔的乳头瘤组织中分离和鉴定了乳头瘤病毒，在随后的研究中发现了乳头瘤可以转化为鳞状细胞癌。虽然如此，对乳头瘤的研究并没有引起足够的重视，一方面由于乳头瘤病毒至今尚不能组织培养；另外，过去一直认为乳头瘤病毒只引起疣，对畜牧业和人类健康不会造成严重危害。近年随着分子生物学技术，特别是基因克隆技术的发展和应用，对乳头瘤病毒的分子生物学研究和认识已经进入到了一个新的阶段。

［形态与理化特性］乳头瘤病毒无囊膜，呈正二十面体，直径 50～55nm，人、棉尾兔和苍头燕雀乳头瘤病毒衣壳有 72 个非对称排列的壳粒构成，T＝7，壳粒直径约 5～8nm，棉尾兔乳头瘤病毒的表面格状微粒为左手型，而人和苍头燕雀乳头瘤病毒为右手型。在乳头瘤中，实心的和空心的粒子都可以分离到，完整病毒粒子的沉降系数 $S_{20}w$＝296～300，空壳的沉降系数 $S_{20}w$＝168～172。完整病毒粒子在 CsCl 中的浮力密度为 1.34g/cm^3，空心粒子的浮力密度为 1.22g/cm^3。在一些样本中观察到了乳头瘤病毒的管状变异体。乳头瘤病毒的基因组为一个共价闭合环状双链 DNA 分子，相对分子质量的变化范围在牛 3 型和 4 型的 4.5×10^6 到犬口病毒的 5.5×10^6 之间，占病毒质量的 12%，有 7～8kb，G＋C 含量为（40～50）mol%。病毒对酸、醚、热和干燥有较大抵抗力。

［结构与功能］病毒的遗传信息来自于双链 DNA 的其中一条链。基因组成依次分为三部分：早期转录区（4.5kb）、晚期转录区（2.5kb）和上游调节区（1kb URR，upsteam regulatory）或称长控制区（LCR，long control region）或非编码区（NCR，non coding region）。早期区约编码 8 个开读框，依次为 E6、E7、E1、（E8）、E2、E4、E3 和 E5，功能涉及 DNA 复制、转录调节和细胞转化等。E6、E7 主要与细胞转化有关。另外 E7 还参与调节基因的拷贝数；E1 涉及 DNA 复制；E2 编码一种早期区的反式激活因子（Trans-acting factor），控制病毒基因表达，并具有辅助 E6、E7 的功能；E4 为锌结合蛋白，与病毒的成熟有关；E5 能通过与生长因子受体结合使细胞转化；E8 和 E3 功能未明。晚期区编码病毒的衣壳蛋白 L1（55kD）和 L2（70kD），L1 占病毒总蛋白量的 80%，是病毒衣壳的主要成分；L2 仅占 L1＋L2 的 8%，功能未明。URR 是乳头瘤病毒基因组中变异较大的一个区段，甚至在密切相关的型之间也有一定差异。病毒 DNA 复制和 RNA 转录的起始部位就位于 URR 内。其中的重复序列可以增强基因转录，有可能影响病毒的致病性。

［复制］乳头瘤病毒的增殖周期需有许可性组织细胞连续分化所提供的特异性因子才能完成。在体内乳头瘤病毒首先感染具有分裂功能的基底层细胞和有棘层下部的细胞（靶细胞）后到核内脱壳，病毒 DNA 以宿主染色体外双链环状的质粒形式存在。由于这些细胞内不具备形成完整病毒粒子的增殖系统，

只有极少量的病毒DNA复制和早期基因的表达，而这些表达早期基因具有促进细胞增殖和延长角质细胞生存时间的功能，因而引起感染细胞分裂，增殖形成乳头状瘤（疣）。在未分化的细胞中少量复制的病毒DNA随着细胞分裂传到子代细胞，携带病毒DNA的细胞移行至上皮上层进行分化，随着细胞分化逐渐形成病毒增殖所需的体系，病毒DNA开始大量复制，后期基因得以表达，形成完整的病毒粒子。

[抗原性] 乳头瘤病毒内部含有共同的属特异性抗原，但病毒表面的抗原各不相同。因缺乏足够的资料，对病毒分类或分型，只有根据病毒DNA之间核苷酸组成的同源程度，而病毒表面有限的抗原特性尚未确定。在严格条件下，将病毒DNA分子杂交率在50%以下时称为不同的型；核苷酸序列同源性在50%以上时称为亚型；如果同源性接近100%则称为变异株。

[病原性] 乳头瘤病毒具有极其严格的种属特异性，在自然宿主皮肤或（和）黏膜诱发乳头瘤或纤维乳头瘤等良性肿瘤。虽然乳头瘤病毒在体外培养中不能形成完整病毒，却可使感染细胞发生转化，即使只有69%的病毒DNA参与即可。目前这种技术已成为研究乳头瘤病毒生物学特性的有效方法。

[免疫] 乳头瘤病毒感染的免疫预防在实际应用中并不常见。有报道在本病多发地区曾用肿瘤组织灭活乳剂进行预防。但效果并不确实。已开始使用牛乳头瘤病毒基因工程多肽疫苗进行免疫的尝试。自然康复动物一般可维持1～2年对再感染的免疫性。

[检测] 取活组织作病理切片进行组织病理学和电镜检查病毒以及感染性试验。PCR可快速确诊。病毒分型需作DNA杂交试验。

第一节 甲型乳头瘤病毒属（*Alphapapillomavirus*）

恒河猴乳头瘤病毒（*Rhesus monkey papillomavirus*，RhPV）

1988年，Kloster等从患有阴茎扁平上皮细胞癌的雄性恒河猴中分离、克隆得到完整的恒河猴乳头瘤病毒基因组（定为恒河猴1型病毒，RhPV-1）。1991年Ostrow等对病毒的基因组进行了克隆和测序，确定病毒基因组整合位点在L1的ORF中。随后，1997年Chan，S.Y.等分离到一系列不同的RhPV基因组，与RhPV-1相似，这些基因均属于甲型乳头瘤病毒。

1990年Ostrow等进行了一项回顾性研究，评估恒河猴群中个体通过同阳性雄性的直接交配以及中介猴的间接交配感染RhPV-1的程度，结果发现，阳性雄猴的直接配偶中的6/12以及间接配偶的15/18为RhPV-1 DNA、临床或组织学阳性。在4只中介雄性猴中，1只为DNA阳性，4只均为临床阳性。该实验结果表明RhPV-1感染是恒河猴生殖系统肿瘤发生的原因之一。1995年，Ostrow等对来源于三个不同地区的新鲜的和存档的恒河猴生殖系统的组织做了RhPV-1 DNA序列的PCR检测，发现这三个地区的12/59（20.3%）的动物组织样本为阳性。血清学调查发现34/59（57.6%）的动物呈阳性，其中有10例，病毒DNA阳性和血清学阳性是一致的。

第二节 丁型乳头瘤病毒属（*Deltapapillomavirus*）

牛乳头瘤病毒1型（*Bovine papillomavirus* 1，BPV-1）

牛乳头瘤病毒是乳头瘤病毒属的一组成员，在牛很常见，主要在牛的皮肤和消化道引起疣（乳头瘤和纤维乳头瘤），以及极少情况下可在膀胱和消化道引起癌，也可以在马和驴引起皮肤类肉瘤。

牛乳头瘤病毒共有6型，分别为：BPV-1、BPV-2、BPV-3、BPV-4、BPV-5、BPV-6。这些病毒分别属于乳头瘤病毒的3个属：BPV-1、BPV-2属于丁型乳头瘤病毒属；BPV-3、BPV-4、BPV-6属于十四型乳头瘤病毒属；BPV-5属于戊型乳头瘤病毒属。

[形态结构] 和其他的乳头瘤病毒一样，牛乳头瘤病毒为小的无囊膜病毒，病毒粒子直径50～60nm，正二十面体，病毒衣壳由结构蛋白L1和L2组成，L1的C末端暴露于外。所有BPVs都有一个环形的双链DNA基因组，大小为7.3～8.0kb，在组织上和其他乳头瘤病毒相似。所有的ORF均

位于一条链上，分为早期区和晚期区。早期区编码非结构蛋白 E1～E7。病毒有 3 个癌蛋白 E5、E6、E7。

BPV-1 只感染角质细胞，引起的原发纤维乳头瘤，一般出现在公牛的阴茎和母牛的乳头及乳房上，同时也可以扩散到邻近的皮肤和口唇部。

[培养] BPV-1 可在组织培养中转化多种啮齿类成纤维细胞株，在这些转化细胞中，病毒 DNA 以稳定的染色体外质粒的形式存在。BPV-1 中有两个独立的转化活动：一是 E5 基因的转化作用；另一是 E6 和 E7 基因的转化作用。E5 癌蛋白的转化作用主要通过与 PDGF-p 受体结合后的活化介导。BPV-1E6 和 E7 基因转化的机制目前尚不清楚。BPV-1 的 E2 ORF 编码 3 种与调节病毒转录及增强 DNA 复制中 E1 活性相关的蛋白。E2 基因的突变可使 BPV-1 的转化率降低，并影响 DNA 复制。E2 通过对病毒必须基因（E5、E7）的转录活性要求间接影响转化。E2 在病毒 DNA 复制中却直接发挥作用，BPV 的全长 E2 蛋白可结合于病毒的 E1 蛋白共同促进所从属的病毒 DNA 的复制。目前还未发现 BPV-1 的 E3、E8 ORF 有何功能。

[病原灶] BPV-1 被用于许多传播实验中，它对牛的感染率可达 100%。除了皮肤传播实验外，Gordon 等通过脑内病毒注射，在 19 头实验小牛中，有 17 头出现硬脑膜肉瘤，肿瘤在接种后 33d 出现，同皮肤疣的出现时间类似。BPV-1 接种叙利亚金仓鼠，根据接种的部位不同，可以引起皮肤纤维瘤和纤维肉瘤、耳软骨瘤和脑的硬脑膜肉瘤，并且在内脏器官出现转移灶，特别是肺脏尤为明显（10%的仓鼠出现转移）。Pfister 等将从牛乳房纤维乳头状瘤组织中提取的 BPV-1 病毒接种到 6 只 2 月龄的仓鼠背部，14 个月后，一只仓鼠在接种部位出现纤维组织细胞瘤，瘤体有些部位为纤维肉瘤，另外有一只出现含有分化不全的纤维细胞的纤维瘤，这两只动物的瘤组织中的 BPV-1 的 DNA 检测为阳性，但没有发现病毒结构抗原或病毒粒子。

[免疫] BPV-1，2，4 的疫苗已经研制成功。主要有预防性疫苗和治疗性疫苗：预防性疫苗主要有全病毒灭活疫苗、病毒样颗粒疫苗（L1 或 L1+L2）等；治疗性疫苗主要利用 BPV-4 E7 或 BPV-2 L2 接种诱导疣进行早期转归。

牛乳头瘤一般不需要治疗，在大多数情况下可以自愈。手术切除可能会引起复发。用福尔马林消毒厩舍、对带毒家畜进行隔离等措施可以防止病毒传播。

欧洲麋鹿乳头瘤病毒（*European elk papillomavirus*，EEPV）

Moreno-Lopez 等在 1981 年首次从欧洲麋鹿分离到乳头瘤病毒，EEPV 不同于乳头瘤病毒属的其他成员，同 BPV-1 的 DNA 同源性小于 70%。

纯化的 EEPV 皮下接种叙利亚仓鼠，3～5 个月后在接种部位出现纤维肉瘤，瘤组织生长迅速，从出现后 1 月内达到胡桃大。EEPV 可以转化 C127 细胞，在孵育 10～14d 后，C127 细胞出现转化灶。

EEPV 的 DNA 限制性内切酶特征不同于牛乳头瘤病毒，在严格的杂交条件下，EEPV 同 BPV-1 和 BPV-2 没有序列同源性。在生物学特性方面，EEPV 同 BPV 相似，这两类病毒基因组大小几乎相同，病毒均可在青年仓鼠引起肿瘤，而且两种病毒均可以在体外转化鼠细胞 C127。由于在转化后有整合状态的存在，EEPV 基因组和 BPV 基因组一样，可以被用作克隆载体，将遗传物质引入哺乳动物细胞。

鹿乳头瘤病毒（*Deer papillomavirus*，DPV）

鹿乳头状瘤病毒是乳头状瘤病毒属的成员。以纤维细胞增生、出现鳞状上皮或乳头瘤为特点。鹿乳头瘤（原称纤维瘤）病毒于 1968 年在鹿纤维瘤角质化上皮细胞中发现，1982 年分离到病毒，可以自然感染美洲白尾鹿和驮鹿（Mule deer），导致成纤维细胞增生，出现鳞状上皮或乳头瘤。鹿乳头瘤病毒只有一个型，包括两个亚型。病毒基因组中 E1 和 L1 核苷酸序列与 BPV-1 有很高的同源性（90%以上），因而两种病毒有比较一致的表面结构和生物学特性；相似的衣壳蛋白和组织受体特异性，都能感染自然宿主的成纤维细胞。感染鹿科动物的乳头状瘤病毒主要有鹿乳头状瘤病毒（DPV）、驯鹿乳头状瘤病毒（RPV）和欧洲麋鹿乳头状瘤病毒（EEPV）。这些病毒与 BPV-1 相似，可使鹿发生纤维乳头状瘤。DPV、RPV 和 EEPV 的 DNA 是乳头状瘤病毒中唯一可相互杂交的病毒，其基因组比 BPV-1 大200～400bp，病毒的许多特性与 BPV-1 相似，病毒及病毒 DNA 均可转化 C127 细胞，但是病毒 DNA 的转化效率比 BPV-1DNA 的转化效率低。

绵羊乳头瘤病毒 1 型（*Ovine papillomavirus*，OvPV-1）

绵羊鳞状上皮乳头瘤（Squamous papillomas）和皮肤乳头状瘤（Cutaneou spapillomafosis）是一类传染性的皮肤良性肿瘤，1975 年证实病原为乳头瘤病毒。病变部位主要分布于前肢和阴囊，大小不等（直径 0.4～3.0cm，高 0.5～1.4cm），在阳光直射下可能转化为鳞状上皮细胞癌。癌变前手术治疗一般不易复发，肿瘤滤液对牛和山羊没有致病性，却能在地鼠体内引发纤维瘤。另外，OvPV 还可以引发绵羊另一种皮肤良性肿瘤——丝状病毒性鳞状上皮乳头瘤（Filiform viral squamous papillomas），病变特征类似于寻常疣，而与纤维乳头瘤显著不同。

OvPV 至今尚未完全分型，对分离于绵羊耳部癌变前肿瘤细胞中的乳头瘤病毒 DNA 分析表明，该病毒基因组中 7 种限制性核酸内切酶的 15 个酶切位点有 12 个与 BPV-2 的对应位点一致。

第三节 戊型乳头瘤病毒属（*Epsilonpapillomavirus*）

牛乳头瘤病毒 5 型（*Bovine papillomavirus* 5，BPV-5）

BPV-5 可以在牛的乳头和乳房引起粟粒状的纤维乳头状瘤。尽管在英国由 BPV-5 引起的损伤只有纤维乳头状瘤，而后来在澳大利亚的调查发现，BPV-5 既可以引起纤维乳头状瘤，也可以引起上皮乳头状瘤。在澳大利亚，Lindholm 等在对当地屠宰场的 1 657 头调查中发现，37%牛在乳头或乳房上发现有乳头状瘤的存在，其中 28%有 BPV-1 型疣，88%有 BPV-5 型疣，92%有 BPV-6 型疣；58%有 BPV-5 和 BPV-6 的共同感染；23%有 BPV-1，5，6 三种类型病毒的共同感染；只有 14%为一种类型病毒感染所致。

第四节 己型乳头瘤病毒属（*Zetapapillomavirus*）

马乳头瘤病毒 1 型（*Equine papillomavirus* 1，EPV-1）

马乳头瘤病毒系乳头瘤病毒属的成员，分离于 1975 年，主要感染 1～2 岁的幼马。在唇、鼻周围引发圆形突起的乳头状瘤，直径一般为 2～10mm，个别可达 15～20mm。病毒在 4℃保持于 5%甘油中可存活 75d，经 112d 则灭活。保存－35℃存活 185d，但经 224d 则死亡。

类肉瘤（Sarrnids）是马皮肤表面常见的似纤维瘤的皮肤肿瘤，呈地方流行性。局部发病，持续期长，但不能转移。外科手术或放射治疗后易复发。目前倾向于认为牛乳头状瘤 1 和 2 型病毒是马类肉瘤的病原。牛乳头状瘤 1 和 2 型病毒实验感染马能引起类似马类肉瘤样的皮肤病变。并在感染细胞内发现了高拷贝的牛乳头瘤病毒 DNA。与马乳头瘤病毒的关系尚未阐明。

尚未证实马乳头瘤病毒能人工或自然感染其他动物。自然感染耐过马有坚强免疫力。

第五节 庚型乳头瘤病毒属（*Etapapillomavirus*）

苍头燕雀乳头瘤病毒（*Fringilla coelebs papillomavirus*，FcPV）

鸟类的疣非常少见，研究人员在荷兰对捕获的 25 000 只苍头燕雀的大规模调查中发现，仅有 1.3%

鸟的腿部裸露的皮肤上有乳头状瘤。苍头燕雀乳头瘤病毒就分离于这些苍头燕雀腿部皮肤的乳头状瘤组织，目前已经完成了对 FcPV 部分基因的测序，共约 900 对碱基。没有发现 FcPV 传播给其他的苍头燕雀、金丝雀或仓鼠。杂交实验表明，FcPV 和 BPV-1 的序列同源性小于 70%。

第六节　辛型乳头瘤病毒属（*Thetapapillomavirus*）

灰鹦鹉乳头瘤病毒（*Psittacus erithacus timneh papillomavirus*，PePV）

Tachezy 等在 2002 年从非洲灰鹦鹉皮肤乳头状瘤中克隆到了灰鹦鹉乳头瘤病毒基因组，为禽乳头瘤病毒的第一个完整克隆的基因组。PePV 基因组由7 304对碱基组成，G+C 含量为 49.3mol%，PePV 的基因组为动物乳头瘤病毒中较小的，仅次于牛乳头瘤病毒 4 型（BPV-4）（7 265bp），PePV 的 E1 ORF 含有 SalI 克隆位点，与其他乳头瘤病毒的相应区域同源且基因特征线性分布关系相似，其基因的早期区没有其他多瘤病毒基因组中典型的 E6 和 E7 ORF，而是在 E1 的 ORF 前出现了 E8 ORF，紧接着为 E9 ORF，E9 ORF 和 E1 的终止区重叠。E8 ORF 编码由 177 个氨基酸组成，相对分子质量为19 600的蛋白。E9 ORF 编码一个 195 氨基酸的蛋白，相对分子质量为 22 700。在 GenBank 没有发现其他多瘤病毒中有与 E8 和 E9 同源的蛋白。进化分析发现 PePV 和 FcPV 的 E1、L1 共有 312 个氨基酸匹配（132 E1，180 L1），在氨基酸水平上 PePV 和 FcPV 的相似性为：E1 区 68%，L1 区 47%，并且两个病毒的 E1 和 L1 处于同一进化分支，提示它们可能有共同的起源。

第七节　壬型乳头瘤病毒属（*Iotapapillomavirus*）

多乳鼠乳头瘤病毒（*Mastomys natalensis papillomavirus*，MnPV）

多乳鼠是一种在南非很常见的啮齿动物，Oettlé（1957）在对这些动物的观察中发现，在 1 年以上的鼠中有 28%～53%患有胃癌，而胃癌在其他实验用啮齿动物中的发病率却非常低，在不同种类的实验鼠间胃癌的发病率也有比较大的变化。Amtmann 等在胃癌发病率高的鼠群各种组织中发现存在 MnPV 的 DNA，而在自发胃部肿瘤发病率低的鼠群中没有发现 MnPV。另外，Burtscher 等在 1973 年首次报道了在多乳鼠种群中自发性皮肤上皮肿瘤的发病率很高，并且在一些种群（Giessen）中恶化率达到了 11%，而在一些纯系的鼠群（Heidelberg）中没有恶化现象。在 Giessen 和 Heidelberg 种群的鼠中发现隐性携带有 MnPV。经克隆测序，MnPV 的基因组为 DNA，由 7 687 对碱基组成。在组织学检查中，几乎有一半以上的肿瘤没有一致的组织学特征，主要由角化棘皮瘤、乳头瘤和上皮增生组成。MnPV 感染动物会在皮肤上角化棘皮瘤和乳头瘤的出现表现出与年龄相关的特征。在 50 周龄以下的动物中从来没有发现肿瘤，到 16 月龄，80%的动物出现肿瘤。在肿瘤形成阶段病毒基因组的拷贝数显著增加（30 000-fold）。Amtmann 等用 TPA 处理皮肤，可以使病毒 DNA 的拷贝数增加 100 倍，并使动物出现肿瘤的年龄降低到 14 周龄，用砂纸刺激皮肤也得到了相似的结果，这表明皮肤创伤愈合的过程会激活隐性携带的乳头瘤病毒。用从良性和恶化的皮肤肿瘤中纯化的病毒感染多乳鼠幼鼠的具有挠伤的皮肤，有 11/30 的感染动物发生肿瘤，在皮肤 DNA 样本中发现了染色体外的 MnPV DNA，除皮肤外，其他组织中也发现了病毒 DNA。通过多种化学致癌物质的刺激实验，Amtmann 等认为 MnPV 在体内的激活由一个细胞机制介导，并和肿瘤第二阶段的发展相关，因为由良性角化棘皮瘤转化为恶性肿瘤并不是由肿瘤促进因子或 DMBA 引起。

最近，携带有致瘤的 MnPV E6 基因的转基因小鼠被培育成功，并被用于以 DMBA 和 TPA 作为刺激物质的两阶段皮肤致癌实验。在这个实验中，含有 MnPV E6 的转基因小鼠鳞状细胞癌的发生率为 100%，而同窝出生的非转基因小鼠的发生率仅为 10%，该实验表明 MnPV E6 转基因会增进化学物质诱导的肿瘤的恶化过程。

第八节 癸型乳头瘤病毒属（*Kappapapillomavirus*）

棉尾兔乳头瘤病毒（*Cottontail rabbit papillomavirus*，CRPV）

棉尾兔乳头瘤病毒又称肖普乳头瘤病毒（*Shope papillomavirus*），是乳头瘤病毒属的代表种。

Shope 等在 1933 年首先从美国中西部野兔（棉尾兔）颈、肩和腹部皮肤肿瘤中分离获得 CRPV。CRPV 不仅引起良性乳头状瘤，而且也能引起恶性肿瘤。

[形态结构] 形态和理化特征符合乳头瘤病毒的一般特征：①不能体外培养，可使感染细胞转化；②可引起乳头瘤；③病毒可以从肿瘤中消失，有所谓“隐性现象”；④在某些动物中，病毒引起的肿瘤有时自行消失；⑤可以恶化成浸润性、转移性的癌；⑥病毒与致癌物质之间有协同性；⑦对外界有较强的抵抗性。在 50%甘油中低温可存活 20 年。

[抗原性] 本病毒至今只确定有一个型，病毒具有诱生中和抗体的能力，与其他动物乳头瘤病毒没有交叉免疫性。

[病原性] CRPV 具有严格的宿主特异性。多年来主要在美国中西部传播。自然感染野生棉尾兔实验感染时野兔和家兔比较易感，感染动物均有 95%～100%发生乳头瘤，其中永久性和良性分别为 71%和 25%；肿瘤自行消退分别为 6%和 9%；癌变分别为 23%和 66%。在野兔疣状物角质细胞中很易发现成熟病毒粒子，但在癌变中则否。在家兔的乳头瘤和癌肿中查不到病毒粒子，但能分离出感染性病毒 DNA。如将癌细胞移植于新宿主能引起癌肿。

[免疫] 用甘油化肿瘤乳剂腹腔接种似有免疫作用。

[检测] 病理学和电镜检查以及进行本动物试验可以获得诊断结果。

兔口腔乳头瘤病毒（*Rabbit oral papillomavirus*，ROPV）

兔口腔乳头瘤病毒分离于自然发病的家兔口腔乳头状瘤组织，它只能在兔的口腔黏膜引起肿瘤，而且瘤组织缺乏恶化趋势。CRPV 和 ROPV 是不同的病毒，病毒感染动物后，会对同源病毒再次感染产生抵抗力，而对异源病毒却仍易感。除兔之外的其他动物对 CRPV 和 ROPV 有抵抗力。这些发现表明，这两种病毒具有严格宿主范围，而且表现出特殊的生态特征，可能仅限于在复层鳞状上皮定植；也说明有多种乳头瘤病毒仅有一种宿主，宿主对一种病毒感染产生的抵抗力不对抗另一种病毒。

兔口腔乳头状瘤最早发现于新西兰的两个商品兔生产基地，在 51 只兔中有 31%发现有肿瘤。将分离的病毒接种到三只没有感染的兔的舌、外阴和球结膜上，所有接种兔均在舌上出现肿瘤，而外阴和球结膜未出现。兔皮肤棉尾兔乳头瘤病毒（CRPV）和 ROPV 之间没有免疫交叉反应，这证明它们是不同的病毒。

第九节 子型乳头瘤病毒属（*Lambdapapillomavirus*）

犬口腔乳头瘤病毒（*Canine oral papillomavirus*，COPV）

犬口腔乳头瘤病毒系乳头瘤病毒属的成员。以侵害幼犬、咽头黏膜和唇为特点。

1898 年彭伯西（Penberthy）描述了幼犬口腔疣状瘤的地方性流行。1932 年 DeMonbreum 证明了其病原体为病毒。

[形态结构] 病毒粒子呈圆形，直径 40～53nm。内含双股、轮卷状 DNA。病毒粒子中心为核，其外为衣壳。衣壳由 72 个呈非对称排列的壳粒组成。CsCl 浮密度为 1.34g/cm^3。对乙醚和酸有抵抗力，但对热则不强，58℃ 300min 可灭活。在 50%甘油中可长期保存。本病毒的复制高度依赖于皮肤上角质细胞的分化，至今尚不能在体外细胞培养物上生长。

［**生态学**］人工感染本病毒的潜伏期一般为27～56d。从肿瘤的出现到消退约28～147d。幼犬易感，侵害口腔黏膜、唇缘、硬腭、舌、咽和会厌。口腔乳头状瘤最初光滑、白色、突起于口、唇等部位，随后变得粗糙，呈菜花样，并逐步向颊、舌、腭和咽部扩散。大多数病犬可以恢复。

幼犬易感性最高，老年犬则较低。各种年龄、性别、品种均可感染。病毒通过犬的撕咬可迅速传播，有时呈地方性流行。病毒不感染其他动物。

另外，犬皮肤乳头瘤病毒（Canine dermal papillomavirus）引发的皮肤型乳头状瘤比较少见。皮肤肿瘤呈直径约4 mm的小结节状，遍布全身，白色、坚硬、平滑凸起近半圆形，顶部中央有一功能不明的小孔，一般可在数周内自行消散。电镜检查颗粒层和角质层细胞可发现大量乳头瘤病毒样颗粒。

［**分离鉴定**］本病毒的确诊可进行包涵体检查，或进行病毒分离鉴定等。

猫乳头瘤病毒（*Feline papillomavirus*，FPV）

猫乳头瘤病毒主要感染猫科动物，在家猫、佛罗里达豹、美洲山猫、亚洲狮、雪豹和云豹等发现有FPV感染。所有动物口腔上的损伤均具有类似的特征，口腔乳头状瘤表现为舌下多病灶、形态小、质地柔软、有光泽、轻微突出的扁平状损伤，直径通常为4～8mm。在雪豹，损伤也出现在舌尖、舌背以及颊黏膜。家猫和雪豹的皮肤乳头状瘤表现在躯干皮肤出现数量众多、表面粗糙、无着色到重着色、突出于皮肤表面的结痂或鳞片状斑块，直径为3～5mm。

FPV在已经报道的6种感染动物中引起的口腔乳头状瘤在组织学上很相似。突出于舌表面小的无柄状或乳头瘤状损伤由增生的角质化上皮细胞组成，突出的增生上皮通常由细管状茎支持，损伤组织和正常组织交界处的组织变厚。分层的鳞状上皮细胞以正常模式分化，引起了基底层扩张，在所有病例中，与临近正常组织相比，颗粒层突出，或颗粒层变薄，甚至没有颗粒层。在颗粒层中，单个细胞肿胀，核周围透明细胞质增多。退行性角质细胞特征是出现大的、不规则的透明角蛋白样细胞质颗粒或高密度的细胞质内容物，该特征是PV病毒感染引起的特征性细胞病变。免疫组化显示，乳头瘤病毒抗体仅仅出现在这些空泡化细胞的细胞核中。

第十节 卯型乳头瘤病毒属（*Xipapillomavirus*）

牛乳头瘤病毒3型（*Bovine papillomavirus* 3，BPV-3）

BPV-3分离于缺乏纤维成分的皮肤乳头状瘤。含有BPV-3的乳头状瘤采集于澳大利亚。Pfister在德国南部做了调查，仅有少数动物患疣，在乳头状瘤中没有分离到BPV-3。病毒通过牛的皮肤直接接触传播，而不是结膜或其他途径。BPV-3在美国引起动物损伤情况也类似，这种病毒同BPV-1和BPV-2明显不同，可能和BPV-3相似，在感染的同时出现纤维乳头状瘤。乳头状瘤通常比较稳定，但是在一些动物会发生转移，组织上相似的乳头状瘤为后发肿瘤。

患有乳头状瘤的动物血清用免疫扩散反应检测不到抗体，而当纤维乳头状瘤和乳头状瘤同时存在时，在动物血清能检测到病毒抗体。用乳头状瘤组织匀浆免疫动物，对疾病的病程和发病频率没有影响。而纤维乳头状瘤制成的疫苗却能有效预防该病的发生。在其他对BPV-1和BPV-2型病毒敏感的其他动物的传播实验证明，该疫苗是失败的，尤其是不能预防犊牛的感染。

第十一节 辰型乳头瘤病毒属（*Omicronpapillomavirus*）

海豚乳头瘤病毒（*Phocoena spinipinnis papillomavirus*，PsPV）

海豚乳头瘤1型（*Phocoena spinipinnis papillomavirus 1*，PsPV-1）分离于两头Burmeister海豚的生殖器疣。PsPV-1的基因组由7 879对核苷酸组成，其基因组中没有E7、E8以及E5 ORF，有一

个大的E6 ORF。PsPV-1 L1的ORF和人乳头瘤病毒5型、牛乳头瘤病毒3型（BPV-3）以及宽吻海豚乳头瘤病毒2型（*Tursiops truncatus papillomavirus type 2*，TtPV-2）的核酸一致性较高（54%～55%）。根据疣的特征将PsPV-1分类为十五型乳头瘤病毒属。PsPV-1的E6和TtPV-2在同一进化分支，E1、E2和TtPV-2的E1、E2在同一进化分支，L2、L1和BPV-3的L2、L1在同一分支。TtPV-2的基因组同已经分离到的其他海豚乳头瘤病毒很相似，一个主要的特点是和PsPV-1一样，没有一个E7的ORF，TtPV-2的E6有一个PDZ结合基序，该基序被证实参与人生殖器乳头瘤病毒的恶化。

第十二节 巳型乳头瘤病毒属（*Pipapillomavirus*）

仓鼠口腔乳头瘤病毒（*Hamster oral papillomavirus*，HaOPV）

Takuya Iwasaki等在用9，10-二甲基-1，2-苯并蒽（9，10-dimethyl-1，2-benzanthracene，DMBA）结合外伤在叙利亚金仓鼠舌尖诱导异常增生和恶化性损伤试验中，从损伤组织中首次分离到一种乳头瘤病毒样病毒颗粒，病毒粒子的直径为35nm，经鉴定确认其为一种新的乳头瘤病毒——仓鼠口腔乳头瘤病毒。HaOPV的全基因组大小为7 647bp，G+C含量为46±6mol%，其大小同MnPV（7 687bp）相近，在单条链上的ORF的顺序为：E6，E7，E1，E2，L2和L1，在ORF E2中含有一个小的ORF E4，ORF E5缺失，和已经发表的乳头瘤病毒相比，ORF E6的第一个ATG在101位。HaOPV基因组一个最为突出的特征是ORF E7的解码序列要大于ORF E6；而如果ORF E7用第二个ATG进行翻译，则ORF E7又小于ORF E6。

HaOPV的基因组在同源性上不同于其他乳头病毒，其E6氨基酸序列与鼠乳头瘤病毒（Mouse papillomavirus，MmPV）和MnPV E6的一致性为39%，E7的氨基酸序列同HPV-10 E7的一致性为81%，L1同HPV-12、HPV-8、HPV-5的L1的氨基酸序列一致性分别为：68%、62%、62%，这些乳头瘤病毒都与疣状表皮发育不良相关。

◆ **参考文献**

Bosch F X，Rohan，et al. 2001. Papillomavirus research update：highlights of the Barcelona HPV 2000 international papillomavirus Conference［J］. J Clin Pathol，54：163-175.

Doorslaer K V，Rector，et al. 2007. Complete genomic characterization of a murine papillomavirus isolated from papillomatous lesions of a European harvest mouse（Micromys minutus）［J］. Journal of General Virology，88，1484-1488.

Garcea R L，DiMaio D. 2007. The Papillomaviruses［M］. New York：Springer Science+Business Media，LLC.

Groffl D E，Lancaster W D. 1985. Molecular Cloning and Nucleotide Sequence of Deer Papillomavirus［J］. Journal of virology，56（1）：85-91.

Lancaster W D，Olson C 1982. Animal Papillomaviruses［J］. Microbiological Reviews，46：191-207.

Lwasaki T，Maeda，et al. 1997. Presence of a novel hamster oral papillomavirus in dysplastic lesions of hamster lingual mucosa induced by application of dimethylbenzanthracene and excisional wounding：molecular cloning and complete nucleotide sequence［J］. Journal of General Virology，78：1087-1093.

Maeda H，Sugita，et al. 2005. DNA Vaccine against Hamster Oral Papillomavirus-associated Oral Cancer［J］. The Journal of International Medical Research. 33：647-653.

Moreno-Lopez，J Ahola，et al. 1984. Genome of an Avian Papillomavirus［J］. Journal of Virology，51（3）：872-875.

Ostrow R S，Coughlin，et al. 1995. Serological and molecular evidence of rhesus papillomavirus type I infections in tissues from geographically distinct institutions［J］. Journal of General Virology，76：293-299.

Sundberg J P，Nielsen S W 1981. Deer Fibroma：A Review［J］. Can. vet，22：385-388.

Tachezy R，Rector，et al. 2002. Avian papillomaviruses：the parrot Psittacus erithacus papillomavirus（PePV）genome has a unique organization of the early protein region and is phylogenetically related to the chaffinch papillomavirus［J］. BMC Microbiology，2：1471-2180.

Takemoto K K，Furuno，et al. 1982. Biological and Biochemical Studies of African Green Monkey Lymphotropic Papovavirus [J]. Journal of Virology，42：502-509.

Terai M，DeSalle，et al. 2002. Lack of Canonical E6 and E7 Open Reading Frames in Bird Papillomaviruses：Fringilla coelebs Papillomavirus and Psittacus erithacus timneh Papillomavirus [J]. Journal of virology，76 (19)：10020-10023.

王靖飞　付朝阳　编

第三十九章　圆环病毒科

圆环病毒科（Circoviridae）是一类环状单股DNA病毒，是1995年国际病毒分类委员会第六次报告中设置的新科。2005年，国际病毒分类委员会第八次报告将该科分为圆环病毒属（*Circovirus*）和鸡贫血病毒属（*Gyrcovirus*），其代表种分别为猪圆环病毒（*Porcine circivirus*，PCV）和鸡贫血病毒（*Chicken anemia virus*，CAV）。

第一节　圆环病毒属（*Circovirus*）

圆环病毒属是单股DNA病毒，正二十面体，大小为17～22nm，是已知最小的动物病毒。圆环病毒属以猪圆环病毒为代表种，另外还包括鹦鹉喙羽病毒（*Psittacine beak and feather disease virus*，BFDV）、鸽圆环病毒（*Pigeon circovirus*，PiCV）、金丝雀圆环病毒（*Canarycircovirus*，CaCV）、鹅圆环病毒（*Goose circovirus*，GoCV）、鸭圆环病毒（*Duck circovirus*，DuCV）等。

猪圆环病毒（*Porcine circivirus*）

猪圆环病毒（*Porcine circovirus*，PCV）分PCV-1和PCV-2。1974年，德国学者首次从持续感染的猪肾细胞系（PK-15）中分离到无致病性的PCV，即PCV-1，它广泛存在于猪体内及猪源传代细胞系中。1996年，在加拿大首次分离到具有致病性的PCV，命名为PCV-2。PCV-2不仅是造成断奶仔猪多系统衰竭综合征（Post-weaning multisystemic wasting syndrome，PMWS）的主要病原，也参与引起猪皮炎及肾病综合征（Porcine dermatitis and nephropathy syndrome，PDNS）、猪呼吸疾病综合征（Porcine respiratory disease complex，PRDC）、仔猪传染性先天性震颤（Congenital tremors，CT）等多种疾病，是危害养猪业的重要病原之一。

PCV-2在世界范围内广泛存在。血清学调查结果表明，德国、加拿大、新西兰、英国、北爱尔兰和美国的猪群中广泛感染有PCV-2。我国2000年从疑似PMWS的病猪中分离到了PCV-2。郎洪武等（2000）应用ELISA方法对来自各地的559份猪血清进行检测，猪群PMWS抗体阳性率为42.9%。近年来，PCV-2引起的疫病呈上升趋势。马增军等（2009）对河北省及北京、天津地区部分规模猪场和散养猪群共398份猪血清样品进行PCV-2抗体检测，血清样品抗体总阳性率为84.2%，其中种母猪抗体阳性率86%、种公猪88.12%、育肥猪85.2%、断奶仔猪76.7%。

[形态结构] PCV无囊膜，呈正十二面体，直径约17nm。病毒基因组为单股环状DNA，其环状结构由共价键连接而成，长约1.76kb，相对分子质量5.8×10^5。PCV-1基因组长1 758bp或1 759bp。PCV-2基因组多为1 767bp和1 768bp，最近又发现了基因组为1 766bp的新毒株，这三种毒株在我国均存在。碱基的缺失或插入是否与病毒的致病性相关尚需进一步研究证实。PCV-1和PCV-2同源性较低，其核苷酸和氨基酸同源性分别低于80%和76%，主要差别是功能性元件位置的一些差异。PCV-2各毒株的核苷酸的序列同源性介于91.9%～100%，氨基酸同源性为90.2%～100%。

[病毒蛋白] PCV基因组进行滚环复制，病毒在复制过程中首先产生双链的复制型中间体，这种双链DNA具有感染性，其两条链都能进行基因转录和蛋白质表达。现以PCV-2为例介绍PCV的基因组

及其编码蛋白：它包含11个开放阅读框架（ORF）。ORF1、ORF5、ORF7和ORF10在编码链上，而ORF2、ORF3、ORF4、ORF6、ORF8、ORF9和ORF11在互补链上。ORF1、ORF2、ORF3为三个主要的开放阅读框。

ORF1是PCV-2最大的ORF（945bp），编码病毒复制相关蛋白Rep，相对分子质量为35 800。Rep蛋白具有与典型滚环复制相关的3个保守基序Ⅰ（FTLNN）、Ⅱ（HLQG）、Ⅲ（YCSK）以及结合dNTPs的P环（P-loop）结构（序列为G----GKS），这些基序的突变或缺失均会影响病毒的复制。PCV-2体外感染PK-15细胞后共产生5种Rep相关的mRNAs，分别命名为Rep（1 000bp）、Rep′（750bp）、Rep3a（280bp）、Rep3b（280bp）和Rep3c（470bp），这些RNA具有相同的5′和3′端核苷酸序列。Rep和Rep’蛋白协同影响病毒复制，其他mRNA的功能尚不清楚。

ORF2是PCV-2第二大ORF（702bp），编码衣壳蛋白Cap，相对分子质量为30 000。最近又发现了705bp、708bp两种突变型，使Cap蛋白C末端分别有1和2个氨基酸的增加。Cap蛋白是PCV-2的主要结构蛋白和主要免疫原。Cap蛋白N端的12～18aa及34～41aa对Cap蛋白的核内定位起着决定性的作用。Cap蛋白C端是PCV-2的优势抗原表位区。Shang等（2009）研究发现，195～202aa是PCV-2特异性的抗原表位；156～162aa和179～192aa是PCV-1和PCV-2共有的表位，156位的赖氨酸是156～162aa这个线性表位的必需氨基酸；231～233aa不仅是线性表位，也是构象表位的组成部分。Fenaux等（2004）研究发现，氨基酸突变P110A和R191S能提高PCV-2在体外细胞培养中的增殖效率，并减弱其对敏感动物的致病性和毒力。最近有学者建议，依据ORF2的序列特征将PCV-2分为3个基因型，即PCV2a、2b和2c，目前我国流行的毒株以PCV2b为主。

ORF3长315bp，编码的蛋白相对分子质量为12 000，对于PCV-2的复制非必须。ORF3表达的蛋白能通过引起p53的磷酸化和抑制pPirh2的表达而诱导感染细胞的凋亡。ORF3对于感染个体的免疫抑制具有重要调节作用，ORF3的敲除可以使病毒诱导更强的免疫反应并使其毒力降低。

［理化特性］ PCV在CsCl中浮密度约为1.37g/cm^3，沉降系数为52S。对外界环境的抵抗力较强，在酸性环境及氯仿中可以存活较长时间。在72℃时可以存活15min，56℃不能将其灭活。氢氧化钠、季铵盐混合物、次氯酸钠、酚混合物能显著降低病毒滴度。PCV无血凝活性。

［培养］ PCV能够持续感染PK-15细胞，在Vero细胞、恒河猴肾细胞、BHK-21细胞上也能生长，只是生长较慢，不引起细胞病变。

［病原性］ PCV-2在自然界广泛存在，家猪和野猪是其自然宿主。PCV-2可通过消化道、呼吸道传播，仔猪也可以通过垂直传播而感染PCV-2。PCV-2感染后公猪表现为精液质量差，母猪的繁殖力降低，包括发情率降低，复配率增高，产仔数少，木乃伊、死胎等。PMWS常见于5～16周龄猪，猪群表现为进行性消瘦、发育障碍、皮肤苍白、淋巴结肿大和黄疸，有时伴有腹泻或以咳嗽、喷嚏、呼吸加快及呼吸困难为特征的呼吸器官障碍，发病率为3%～50%，死亡率为8%～35%。另外，PCV-2还参与引起猪呼吸病综合征（PRDC）、猪皮炎及肾病综合征（PDNS）等。PRDC主要出现于育肥后期（16～22周龄）的猪，其临床症状主要为长时间耐抗生素的、非常严重的咳嗽和呼吸困难，生长发育迟缓，死亡率增加等，发病率可达30%～70%，死亡率可达4%～6%。PDNS主要发生于哺乳到育肥期的猪，最常见的临床症状为皮肤出现红疹，常见于后躯、后肢、背侧耳廓和腹部，其中下腹部、后躯和耳廓等部位较为严重。发病较严重的猪可见跛行、发热、厌食、呼吸急促、逐渐消瘦等，死亡率可达15%以上。有学者研究发现，PCV-2单独感染不足以引起典型的症状，必须要有其他因素的参与才能促进疾病的发生，譬如共同感染、免疫刺激、环境因素、应激因素和宿主易感性等。PCV-2与PPV、PRRSV、CSFV等共同感染，就会发生严重的病变。

免疫系统是PCV-2主要靶器官，PCV-2感染引起感染猪免疫抑制，易导致其他病毒和细菌的并发或继发感染，使死亡率明显升高。在感染早期，PCV-2在树突状细胞（Dendritic cell，DC）中持续存在，既不会丧失感染力又不会导致DC死亡，这种模式既可使PCV-2逃避宿主免疫作用，也可使DC成为PCV-2最安全的储存器。对免疫细胞和细胞因子的调节是PCV-2导致宿主免疫抑制的重要原因。PCV-2可通过抑制细胞增殖和促进细胞凋亡导致淋巴结中淋巴细胞的严重缺失。PCV-2可诱导单核细胞产生IL-10，IL-10可抑制外周血淋巴细胞（Peripheral blood mononuclear cells，PBMCs）产生IL-12，从而导致免疫抑制。另外，PCV-2可以导致猪天然干扰素分泌细胞（Natural interferon producing cells，NIPCs）分泌干扰素的能力下降。这可能是PCV-2感染引起仔猪免疫抑制的重要机理之一。

［**免疫**］由于PCV-2在细胞培养过程中不产生细胞病变且滴度一般较低，而且PCV-2的单一感染不能复制出相关病例，所以PCV-2疫苗的研制和评价存在一定困难。已经有多种国外生产的PCV-2灭活疫苗应用于临床，显著降低病猪死淘率，提高了生产性能。哈尔滨兽医研究所也已研制成功PCV-2灭活疫苗，保护效果良好。另外，国外也有部分基因工程疫苗上市，如亚单位疫苗、核酸疫苗、活载体疫苗、基因重组疫苗等。目前尚没有弱毒疫苗应用于临床。

［**病毒分离与检测**］有病原分离、血清学试验以及分子生物学技术等手段。

病毒分离：以仔猪淋巴结组织作为分离材料，按常规方法接种无PCV污染的PK-15细胞，接种3d后用间接免疫荧光或电镜观察来确认病毒分离情况。

血清学试验：主要有ELISA、间接免疫荧光、免疫组化、免疫过氧化物酶单层细胞试验、免疫胶体金技术等。

分子生物学技术：主要有PCR、原位杂交等。

鹦鹉喙羽病病毒（*Beak and feather disease virus*，BFDV）

1981年首先由Perry描述了BFD的临床症状。1984年由Pass等进一步阐明了其病理变化。1989年，由Richie等从患喙羽病的白鹦鹉毛囊中分离到BFDV，并证明该病毒是一种圆环病毒。迄今为止，还没有找到能够体外培养BFDV的细胞。该病毒在CsCl中的浮密度为1.378g/cm^3。病毒粒子为正二十面体，无囊膜。基因组为单股环状DNA，大小为1.7～2.0kb。有三种主要衣壳多肽，相对分子质量分别为26 300、12 370、15 900。该病毒主要引起鹦鹉羽毛营养不良、脱落和喙变形，最终导致死亡。该病毒在宿主细胞的胞浆内或细胞核内可形成包涵体。该病毒也造成胸腺和法氏囊的病理损伤，可能也会导致免疫抑制。

鸽圆环病毒（*Pigeon circovirus*，PiCV）

1993年，鸽圆环病毒首次报道于美国，此后，加拿大、澳大利亚、英国、德国、比利时、意大利、法国均有报道。2000年，Mankertz等人克隆并测定了PiCV的全基因组序列，其大小为约2kb，有5个ORF，其中ORF V1编码Rep复制相关蛋白，ORF C1编码衣壳蛋白Cap，其余3个ORF编码的蛋白功能未知。Cap蛋白是病毒的主要抗原成分。同年，Mankertz等根据PiCV基因组特点，将其列为圆环病毒科的圆环病毒属。2007年，余旭平等从浙江省某鸽场的4月龄的病鸽中检测到了鸽圆环病毒的存在，这是我国内地首次检测到该病毒。迄今为止，还没有找到能够体外培养PiCV的细胞。在鸽圆环病毒阳性群中，通常可见2～12月龄青年鸽患病，但病死率差异很大，推测受多种因素的影响，包括病毒毒力、感染年龄和继发感染等，继发感染通常是造成死亡的直接原因。病鸽通常表现为昏睡、嗜眠、厌食、生长发育不良、呼吸窘迫、水样腹泻、飞行能力下降等，有些病鸽群还出现翅膀、尾和鸽体羽毛脱落。组织病理学变化主要包括淋巴器官（法氏囊和胸腺）萎缩，骨髓再生不良。

鹅圆环病毒（*Goose circovirus*，GoCV）

1999年，德国学者从患病鹅病理组织中检测到鹅圆环病毒（*Goose circovirus*，GoCV），后来在匈牙利和中国均有GoCV的报道。GoCV的基因组长约1.8 kb，有4个主要ORF，分别是V1、C1、V2和C2，其中V1和C1分别编码复制相关蛋白Rep和外壳蛋白（Cap）。迄今为止，还没有找到体外培养GoCV的方法。Soike等发现一些GoCV感染病例的最主要的病理变化体现在淋巴网状组织，表现为法氏囊、脾脏和胸腺的淋巴细胞减少和组织细胞病变。

鸭圆环病毒（*Duck circovirus*，DuCV）

2003年，鸭圆环病毒（*Duck circovirus*，DuCV）首次报道于德国，随后在匈牙利、美国和中国均有报道。DuCV基因组长度约1.9kb，有6个ORF，编码的蛋白中包括Rep和Cap蛋白，分别由292和257个氨基酸组成。迄今为止，还没有找到体外培养DuCV的方法。DuCV可感染番鸭、法国番鸭、北京鸭、樱桃谷鸭等鸭科动物。感染鸭发育状况差，羽毛营养不良，羽轴出血，背部脊柱处尤为明显。DuCV主要侵袭脾脏，其次是法氏囊，肝脏、胸腺和骨髓也能检出该病毒。

第二节 环状病毒属（*Gyrcovirus*）

环状病毒属（*Gyrcovirus*）是一类环状单股DNA病毒，是国际病毒分类委员会第八次报告新增的一个属。其代表种为鸡贫血病毒（*Chicken anemia virus*）。

鸡贫血病毒（*Chicken anemia virus*，CAV）

鸡贫血病毒能够引起鸡传染性贫血（Chicken infectious anemia，CIA），该病是以雏鸡再生障碍性贫血和全身性淋巴组织萎缩为特征的免疫抑制性疫病。由于病鸡的免疫系统遭到破坏，致使鸡极易继发其他病毒、细菌、支原体及真菌等感染，使发病率和死亡率增高。

本病毒在1979年由Yuasa等首次报道。在野外鸡群调查一起由于马立克氏病疫苗污染而混入网状内皮增生症病毒的事故中，从采集的病料中发现了一种异常的传染性滤过因子，经接种SPF雏鸡，引起典型的再生障碍性贫血，用血清学方法排除了其他已知病毒感染的可能性后，又经进一步试验确认是一种新的病毒，当时命名为鸡贫血因子，后来命名为鸡贫血病毒（*Chicken anemia virus*，CAV）。随后德国、瑞士、英国、丹麦、波兰、美国、澳大利亚等国也报道有CAV存在。目前世界各养鸡国家均有此病的发生。各国代表毒株有：日本的Gifu-1株、德国的Cux-1株、美国的CIA-1株。

［形态特性］CAV呈球形或六角形，有明显的表面结构，无囊膜，大小为18～25nm，分空心和实心粒子（图39-1）。病毒衣壳呈正二十面体，由32个中空壳粒构成。在宿主细胞核内复制，而且像细小病毒一样，复制时可能依赖于细胞增殖周期的S期所产生的细胞蛋白。CAV的基因组较小，约为2.3kb，是共价闭合、环状、负链单股DNA。CAV的DNA在感染细胞内以3种形式存在：开环的双链DNA（dsDNA）（2.3kb）；闭合的环状dsDNA（0.8～2.3kb）；闭合环状单链DNA（ssDNA）（1.2kb）。CAV基因组包含3个部分重叠的阅读框架，分别编码VP1（52ku）、VP2（24ku）和VP3（14ku）。VP1蛋白是该病毒唯一的结构蛋白，构成病毒的核衣壳。VP2在CAV的核酸复制和病毒装配过程中可能起着重要作用。VP3蛋白可诱导细胞凋亡，又称凋亡素。非编码区内则存在一个病毒复制的调控区和一个多聚腺苷化的信号区。

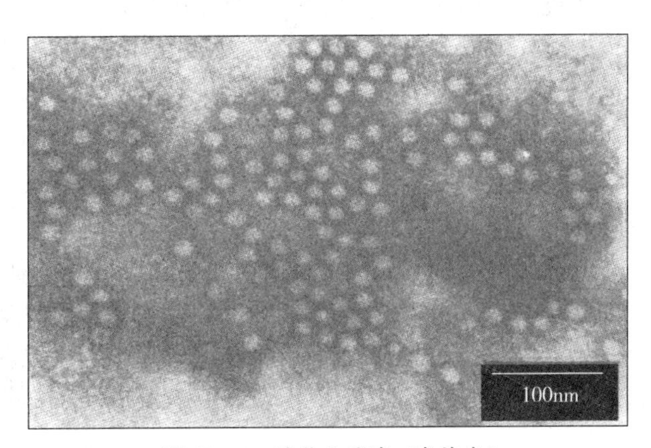

图39-1 鸡贫血病毒（负染色）
（谷守林提供）

［理化特性］在CsCl中的浮密度为1.35～1.36g/cm^3；50%氯仿处理15min、50%乙醚处理13h、pH3.0处理3h仍有感染力；对热抵抗力强，70℃ 1h、80℃ 5min并不被完全灭活；5%酚处理5min、10W紫外线灯距离10cm照射3min可完全灭活；在37℃下，对1mg/mL的DNA酶、RNA酶、胰酶、

蛋白酶K能耐受2h；对次氯酸盐敏感。

[抗原性] 迄今为止，本病毒只有一个血清型，未发现病毒能凝集禽及哺乳动物红细胞的特性。

[培养] 可在MDCC-MSB1（MD脾淋巴瘤），MDCC-JPZ（MD卵巢淋巴瘤）、LSCC-1104B（LL法氏囊肿瘤）细胞培养物中增殖。通过卵黄囊、绒毛尿囊膜及尿囊腔接种10日龄鸡胚可增殖病毒。

[病原性] 由于CAV感染，致使患雏骨髓造血机能紊乱，临床上呈亚急性经过，表现渐进性贫血、消瘦、精神沉郁、可视黏膜苍白。患病2d后就开始死亡，濒死鸡出现腹泻。皮肤及皮下有出血点。死亡率可达30%左右。若与其他病原混合感染，症状表现复杂，死亡率增高。红细胞计数为100万～200万/mm^3或更低，白细胞低于5 000/mm^3，血小板低于27%，血细胞比容值可降至6%～20%。剖检可见骨髓呈粉红色或黄白色的脂肪样变；肌肉、内脏器官苍白；血稀如水样；胸腺萎缩；脾与法氏囊病变通常较轻。组织学病变主要表现为骨髓几乎完全被脂肪样组织所代替；血管周围、胸腺小叶等淋巴组织中的淋巴细胞严重缺失；网状内皮细胞增生。

[生态学] 自然条件下，鸡是该病的唯一易感动物，且表现明显的年龄抵抗力。2～3周龄的雏鸡较易感，但以肉用公鸡更为易感。在无其他病原影响下，随鸡日龄的增长，其易感性、发病率及死亡率逐渐降低。人工接种1日龄雏鸡最易感，发病率几乎100%，死亡率可达50%。1周龄雏鸡亦可感染，但部分出现临床症状，一般不死亡。2周龄以后的鸡可感染病毒，但不表现临床症状。

人工感染途径可通过腹腔和腿部肌肉注射，其中以腹腔途径感染率最高。成年鸡易感性较差，但可带毒。该病自然感染的潜伏期还没有明确，而人工感染的潜伏期约10d。死亡多集中在感染后14～18d。存活鸡可获免疫。

该病的传播方式主要为垂直传播。水平传播也有发生，可通过病鸡的分泌物、排泄物或病死鸡的内脏及接触过的用具传播。粪便中的病毒一般可存活1周左右。

CAV的致病力除与鸡的日龄和毒株密切相关外，同时还与某些免疫抑制性病毒（MDV、IBDV、REV）产生相互作用。如果先感染IBDV或MDV，以后再感染CAV时，可增强CAV的致病性，其发病率和死亡率明显增高，症状加重。鸡日龄和母源抗体的保护效果能被CAV和免疫抑制病毒双重感染所破坏。CAV的共感染，可能是MD免疫失败和暴发的重要原因之一。

[免疫] CAV抗体在鸡群中广泛存在，无论是健康鸡群还是患贫血症、蓝翅病鸡群都很容易检测到CAV抗体。Yuasa（1985）用IFA法对日本的40个普通种鸡群进行检查，其中39个鸡群抗体阳性。19个SPF鸡群中有2个群抗体阳性。Munlty等（1988）在英国发现肉鸡和父母代及商品代蛋鸡群中普遍存在CAV抗体。11个SPF鸡群中有5个CAV抗体阳性群。Vieltz等（1986）对CAV的免疫进行了初步研究，他们用Gux-1株在SPF鸡胚上连续传代，其毒力减弱。经MDCC-MSBI细胞连续传代也能使其毒力减弱。用这些弱毒给母鸡免疫后，对子代鸡可产生一定的免疫力。

[病毒分离与检测] 确诊需进行病原分离鉴定、血清学诊断以及分子生物学手段。

病毒分离鉴定：取发病鸡胸腺、肝脏、骨髓等组织样品，制成组织悬液接种细胞，分离纯化病毒。

血清学试验：主要有中和试验、ELISA、间接免疫荧光等。

分子生物学技术：主要有PCR、荧光定量PCR等。

◆ 参考文献

刘长明，危艳武，张超范，等.2007.猪圆环病毒2型灭活疫苗免疫佐剂的比较试验[J].中国兽医学报.

刘长明，张超范，危艳武，等.2006.猪圆环病毒2型细胞培养适应毒株的培育和鉴定[J].中国兽医学报.

刘少宁，姜世金.2009.鸭圆环病毒研究进展[J].禽病.

马增军，芮萍，宋勤叶，等.2009.猪圆环病毒2型感染的流行病学调查[J].畜牧与兽医.

宋修庆，高宏雷，王晓艳，等.2009.鸡贫血病毒Taq Man探针荧光定量PCR检测方法的建立[J].中国预防兽医学报.

王英，王笑梅，高宏雷，等.2005.鸡传染性贫血重组抗原间接ELISA诊断方法的建立.中国预防兽医学报.

殷震，等.1997.动物病毒学[M].第二版.北京：科学出版社.

余旭平，刘晓宁，郑新添，等．2007. 鸽圆环病毒浙江株△Cap基因的克隆与原核表达［J］．中国预防兽医学报．
竺春，赵秀玲，袁佳杰，等．2007. 鹅圆环病毒研究进展［J］．上海畜牧兽医通讯．
Fauquet C M，Mayo M A，Maniloff J，et al. 2005. Virus Taxonomy 8th Report of the International Committeeon Taxonomy of Viuses. Amsterdaml：Elsevier Academic press.
Hamcl A L，N IL，Na Yer P. 1998. Nucleotide sequence of porcine circovirus associated with postweaning multisystemic wasting syndrome in pigs. J. Virol.
Kim H H，Park S I，Hyun B H，et al. 2009. Genetic diversity of porcine circovirus type 2 in Korean pigs with postweaning multisystemic wasting syndrome during 2005—2007. J. Vet. Med. Sci.
Murakamis，Ogawa A.，Kinosh IM T，et al. 2006. Occurrence of swine salmonellosis in postweaning multisystemic wasting syndrome（PMWS）affected p igs concurrently infected with porcine reproduction and respiratory syndrome virus（PRRSV）. J. Vet. Med. Sci.
Pei Y，Hodgins D C，Wu J，et al. 2009. Porcine reproductive and respiratory syndrome virus as a vector：immunogenicity of green fluorescent protein and porcine circovirus type 2 capsid expressed from dedicated subgenomic RNAs. Virology.
Rovira A，Balasch M，Segalés J，et al. 2002. Experimental inoculation of conventional pigs with porcine reproductive and respiratory syndrome virus and porcine circovirus 2. J. Virol.
Santhosh S R，Parida M M，Dash P K，et al. 2007. Development and evaluation of SYBR Green I based one step Real time RTPCR assay for detection and quantitation of Japanese encephalitis virus. Virol. Methods.
Wang Xiaoyan，Gao Honglei，Gao Yulong，et al. 2007. Mapping of epitopes of VP2 protein of chicken anemia virus using monoclonal antibodies. J. Virol. Methods.
West K H，Bystrom J M，Wo jnarowicz C，et al. 1999. Myocarditis and abortion associated with intrauterine infection of sows with porcine circovirus 2. J. Vet. Diagn. Invest.

王笑梅　祁小乐

第四十章　细小病毒科

细小病毒科所包括的病毒是在动物病毒中最小且比较简单的一类单股线状无囊膜DNA病毒。本科病毒在自然界的分布极其广泛，并与多种疾病有关。

根据本科病毒的特性，国际病毒分类委员会（ICTV）第八次报告（2005）将细小病毒分为细小病毒亚科（Parvovirinae）和浓缩病毒亚科（Densovirinae）。细小病毒亚科分为细小病毒属（*Parvovirus*）、红细胞病毒属（*Erythrovirus*）、依赖病毒属（*Dependovirus*）、阿留申水貂病毒属（*Amdovirus*）和牛犬细小病毒属（*Bocavirus*）5个属，其成员均可在脊椎动物及其细胞培养物内增殖，并与其他病毒联合感染。病毒在细胞核内增殖。除依赖病毒属外，其他病毒属可以依赖宿主细胞有丝分裂过程中的某些功能进行自行复制，这类病毒又可称为自主性细小病毒。而依赖病毒属病毒是一类缺损病毒，它们基因组不完备，必须有辅助病毒—腺病毒与之同时存在的条件下，才能复制出有感染能力的子代病毒。浓缩病毒亚科分为4个属，但由于其宿主均系无脊椎动物，非兽医微生物学关注重点，因此本书予以省略。

本科病毒粒子为直径18～26nm，呈等轴对称的二十面体。立体对称的衣壳包裹着作为病毒基因组的一个分子的单股DNA。衣壳由32个长3～4nm的壳粒构成。病毒粒子相对分子质量为5.2×10^6～6.2×10^6；沉降系数为$S_{20}w=110\sim122$；在CsCl中的浮密度为1.39～1.42g/cm^3。浮密度接近1.45g/cm^{3}的感染粒子可能是病毒构象变异体或病毒成熟粒子的前体。核酸相对分子质量为1.5×10^6～2.0×10^6。碱基中鸟嘌呤与胞嘧啶之和占总量的41%～53%。病毒粒子一般有2～4种蛋白（VP1～4）。各种蛋白相对分子质量为：VP1为80×10^3～96×10^3，VP2为64×10^5～85×10^5，VP3为60×10^3～75×10^3，VP4为49×10^3～52×10^3，其主要蛋白为VP2或VP3。病毒DNA还编码1或2个非结构蛋白NS1和NS2。

对外界因素具有强大的抵抗力是本科病毒的一个突出特点。成熟病毒粒子在pH3～9的环境中稳定，对脂溶剂不敏感，大多数病毒能耐受56℃至少60min。

一些细小病毒可以引发严重疾病，而另一些则仅引起隐性感染。最为严重的临床表现常发生于胚胎和新生仔兽，包括死胎和先天性机能障碍等。在成年动物，临床症状主要是由于病毒在靶组织中的溶解性复制和随之出现的免疫反应所致。不同的细小病毒其宿主范围和致病性有明显差异。尽管某些细小病毒可以在异种培养细胞上增值，但自主性细小病毒多具有较明显的宿主种属特异性。

第一节　细小病毒属（*Parvovirus*）

本属病毒无需辅助病毒的帮助即能自我复制。但在DNA复制时，还取决于宿主细胞（包括体外病毒培养细胞）的生理状态。病毒最适于在有丝分裂活动强的细胞内增殖，因此，体外病毒培养传代时，须在细胞培养当时或在24h内接种病毒，才能使病毒增殖。本属多数病毒的细胞感染谱比较窄，只能在自然易感宿主的细胞内增殖。病毒复制过程主要在细胞核内进行，并形成大型核内包涵体。尽管本属病毒属于自主性细小病毒，但某些病毒在特定的细胞上进行培养时，也表现出缺损病毒性质。此时必须有辅助病毒同时存在，方能复制出具有感染性的子代病毒。此外，本属病毒在细胞培养物内经常出现没有核心的空衣壳。

本属大多数成员的成熟病毒粒子都含有负链单股DNA，而另一些成员的成熟病毒粒子还含有比例不等的（1%～50%）正链单股DNA。通过对部分病毒的分析，DNA占整个病毒粒子质量的25%～34%。DNA相对分子质量为1.4×10^6～1.7×10^6，沉降系数为$S_{20}w$＝23～27，在CsCl中的浮密度为1.720～1.729g/cm³。4种碱基组成的百分比为：腺嘌呤25～27，胞腺嘧啶29～33，鸟嘌呤19～23，胞嘧啶22～23。病毒粒子中有23种多肽，据对大鼠和猫细小病毒的检测结果，一个病毒粒子中约含8～9个相对分子质量较大的多肽分子，称VP1（70 000～90 000）；50～60个中等大的多肽分子，称VP2（62 000～76 000）和8～10个相对分子质量较小的多肽分子，称VP3（39 000～69 000）。VP2是构成衣壳蛋白的主要成分，是具有血凝活性的物质。细小病毒没有共同的属抗原，但部分毒株间可能有某些共同抗原成分。

本属大多数病毒具有凝集一种或多种动物红细胞的特性。在不同的病毒株和不同种类的红细胞之间，此种凝集性有质和量的差别，因此血凝和血凝抑制试验是最常用于病毒鉴定和血清学分析的手段。血凝抑制试验检测结果表明，来自不同动物的病毒分离株之间存在着多种不同的血清型，迄今至少可区分为11个血清型。

本属病毒无囊膜，含脂质和糖类，结构坚实紧密，病毒粒子密度较大，对外界理化因素的抵抗力非常强大。绝大多数病毒能耐受65℃连续30 min加热而不失其感染性。病毒感染性和血凝活性在加热处理过程中同时下降。本属病毒对乙醚、氯仿、醇类和去氧胆酸盐有抵抗性，无论其感染性和血凝活性都不受影响。

处于S期快速分裂的组织细胞几乎是自我复制性细小病毒增殖的必要条件；病毒感染常具有特定的靶组织或细胞；一些通常与编码衣壳蛋白有关的短小病毒基因片段决定着病毒的宿主范围和致病性；病毒多呈长期潜伏感染状态，不显临床症状或表现为亚临床症状。上述特点将有助于对细小病毒感染和致病机理的了解。病毒主要侵袭增殖快速的组织，所以病理变化也主要限于血管内皮、小脑外胚层、肝实质、肿瘤和胎儿组织等。妊畜感染后因病毒主要集中于胎盘和胎儿，故导致流产、死亡和畸形；而母畜组织则往往不被侵袭或仅遭受轻微损伤。由于本属的部分病毒分离自肿瘤组织，因而其是否有致肿瘤作用迄今尚无定论。在本属病毒中与兽医关系密切且具较明显致病性的病毒有：猪细小病毒、猫泛白细胞减少症病毒和兔细小病毒等，另外感染犬科动物的犬细小病毒以及水貂肠炎病毒，在最新的病毒分类中，被视为猫泛白细胞减少症病毒。然而，尽管猫泛白细胞减少症病毒和犬细小病毒、水貂肠炎病毒定义在同一分类学单元，但由于在病毒特性、宿主范围、致病性等方面确有差异，且人们也习惯于将猫、犬和水貂的细小病毒分别称之，因此，本书中将对猫泛白细胞减少症病毒、犬细小病毒和水貂肠炎病毒进行分别阐述。

猪细小病毒（*Porcine parvovirus*，PPV）

猪细小病毒是引起猪繁殖障碍的重要病原之一，主要引起初产母猪不孕、流产、木乃伊胎、死产，新生胎儿死亡和病毒血症，此外还引起皮炎和肠炎。各种不同类型的猪均可感染PPV，但除怀孕母猪外，其他类型的猪感染后均无明显临床症状。

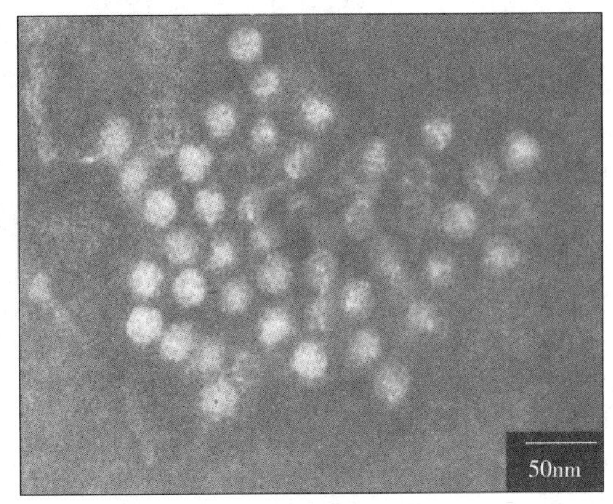

图40-1　猪细小病毒（负染色）
（谷守林等提供）

该病毒最早由Mary和Mahncl于1996年发现，接着Cartwright等在1967年对猪的不孕、流产、死产等进行病原学研究时，从病料中分离出了猪细小病毒，从而首次证明了它的致病作用。PPV最早出现在欧洲，目前在世界上很多国家和地区流行。我国潘雪珠于1983年首次分离到PPV。血清学检测表明，在我国流行的PPV属于同一血清型。

［**形态与理化特性**］病毒呈六角形和球形，无囊膜，直径20～28nm，成熟的病毒粒子呈等轴对称的二

十面体，衣壳由 32 个壳粒组成（图 40 - 1）。

核心含单股线状 DNA，含有约 5 000 个碱基对，DNA 的浮密度为 1.72g/mL，G+C 含量为 48mol%。研究表明，病毒粒子可分为实心和空心两种，在 CsCl 中的浮密度分别为 1.39g/cm^3 和 1.30g/mL，且都具有 PPV 血凝性。沉降系数为 S_{20}w=105。PPV 对加热和酸具有较强的抵抗力，在 pH3～9 稳定；对乙醚、氯仿、去氧胆酸盐等不敏感，胰酶短时间（1h）处理的病毒其感染性不仅不受影响，还能提高其感染效价。PPV 悬液在 −20℃ 和 −70℃ 下保存 1 年，其感染价和血凝性都不减弱，在 4℃ 也极为稳定。PPV 能凝集鼠、豚鼠、鸡、鹅、恒河猴和人 O 型红细胞，其中以对豚鼠红细胞凝集效果最好，不能凝集牛、绵羊和猪的红细胞，对马和鸭的红细胞凝集能力视毒株而异。

PPV 按照其致病性与组织嗜性大致可以分为 4 个类型。第 1 类型是以 NADL - 2 株为代表。经口服接种，该毒株不能穿过胎盘屏障，不能形成病毒血症，可以用作弱毒疫苗防制 PPV 感染；第 2 类型是以 NADL - 8 株为代表的毒株，经口服接种，该毒株能够穿过胎盘屏障，造成胎儿感染，形成病毒血症；第 3 类型是以 Kresse 株为代表的皮炎型强毒株，有报道称其毒力比 NADL - 8 株还要强；第 4 类型为肠炎型毒株，其主要引起肠道的病变。虽然已经分离出了多株 PPV，但是目前认为 PPV 只有一个血清型。

[培养特性] PPV 能在猪肾原代细胞、猪睾丸原代细胞和 PK - 15 细胞系以及人的某些传代细胞系（如 Hela、KB、HEP - 2、Lul32 等）中培养增殖，其中以原代猪肾细胞较为常用。在感染的猪肾细胞核内 18h 即可发现 A 型包涵体（HE 染色）。这种包涵体几乎充满整个细胞核。PPV 在传代细胞上的 CPE 不明显，主要表现为细胞圆缩、溶解及感染细胞的核内出现包涵体。

[病原性] 猪是 PPV 的易感宿主，不同月龄的猪均可感染，但最易感的是初产母猪。PPV 对母猪的影响主要是对受精卵细胞的影响和对胎儿发育的影响。母猪一旦感染 PPV，其主要特征和仅有的临床表现是繁殖障碍。当母猪感染病毒后，可能再度发情或不发情，不产仔，或产仔量减少或产出部分木乃伊胎儿。有的病猪产生死胎或死胚或者两者都有。公猪感染 PPV 后是否影响繁殖尚不清楚。

成年猪、幼猪感染时无可见病理变化。流、死产胎儿有脑脊髓炎变化，以细胞管套变化为主，并可见神经胶质细胞增生和变性。

[生态学] 病毒可以通过分泌物、排泄物以及被污染的器具等进行水平传播。病毒又可以通过胎盘垂直传染给胎儿，特别在妊娠后期感染胎儿时，虽然胎儿产出后不见异常，但其很可能成为传染源。另外，由于病毒常呈潜伏感染状态，故在组织培养时也时常发现病毒的感染。

[免疫性] 用 PPV 人工接种猪于 6～9d 出现血凝抑制抗体，14～21d 抗体滴度可达1∶1 024～1∶5 000。除血凝抑制抗体外，在循环血液中也可检出中和抗体及补体结合抗体。

用于免疫预防接种的疫苗有弱毒苗和灭活苗两种。这两种疫苗通常用于未妊娠的青年母猪和初产母猪。初产母猪应于配种前 2～4 周接种疫苗。经产猪由于几乎普遍保有抗体，不会因本病引起流产、死产，所以不必进行疫苗接种。美国研制的 PPV 和伪狂犬病病毒二联苗，认为有良好防制效果。我国研制的 PPV 弱毒苗和灭活苗已应用于生产实践，防制效果良好。

[分离鉴定] 分离病毒和检查血凝抑制抗体是诊断 PPV 感染最可靠的方法。用感染胎儿组织（肾、肺、肝、脑、睾丸和胎盘）的乳剂作为分离病毒样品。分离病毒通常用原代猪肾细胞或 SK 细胞系，一般不用 PK - 15 细胞系，因后者不如前面两种细胞敏感。接种病料样品的时机以细胞形成岛屿状阶段为宜。若病料的病毒含量较高时，于接种后 24～72h 即可出现细胞病变，一般在接种后 16～36h 出现核内包涵体。用原代猪肾细胞分离病毒时，必须设不接种病料的空白对照，而且要盲传 3 代，只有空白对照培养正常，才能最后判定结果。直接用自体的病料组织（肺、肾、睾丸等）进行单层细胞培养，较应用异体细胞更易成功，但病料组织一定要新鲜无菌。PPV 只有一个血清型，所以可应用已知标准免疫血清通过血凝抑制试验或中和试验对分离到的病毒进行鉴定。血凝抑制试验是检测 PPV 抗体的一种最常

用的方法，操作简便，检出率高。通常采用病猪双份血清作血凝抑制试验，其血清滴度达 1∶640 以上时判为阳性。此外，也可用中和试验、琼脂扩散试验和免疫荧光技术等进行抗体检测。PCR 方法也已用于基于病毒核酸的病毒特异性检测。

猫泛白细胞减少症病毒（*Feline panleukopenia virus*，FPV）

猫泛白细胞减少症病毒又称猫细小病毒（*Feline parvovirus*），以引起 FPV 感染猫的高热、呕吐、白细胞减少和肠炎为特征。所致疾病常称为猫细小病毒性肠炎、猫瘟热、猫传染性肠炎。

病毒的首次分离培养始于 1957 年（Bolin），1964 年 Johnson 分离到了同样病毒，并鉴定为细小病毒。

[形态与理化特征] 猫泛白细胞减少症病毒（FPV）粒子呈球形，无囊膜，直径 20～24nm。核酸由单股 DNA 组成。在 CsCl 中的浮密度为 1.722g/cm^3。病毒粒子相对分子质量为 5.9×10^6。衣壳可能由 3 个多肽组成，相对分子质量为 60 300 的占 86%，73 100 的占 10%，相对分子质量最小的第三种多肽为 39 600 的占 3%～6%。病毒的抵抗力极强，能耐受 65℃ 30min 的加热处理，对乙醚、氯仿和胰蛋白酶有抵抗性。0.5%的福尔马林能有效地杀灭病毒。病毒在低温下或在 50%甘油溶液中可长期保有感染性。在 4℃下能凝集猫、猴和猪的红细胞。在感染细胞形成核内包涵体。

[抗原性] FPV 在抗原性上与水貂肠炎病毒的相似性大于犬细小病毒，但与其他种类的细小病毒无关。

[培养特性] FPV 能在仔猫肾、肺、睾丸原代细胞上增殖，还能在水貂和雪貂的组织培养细胞中复制。病毒也能在 FK、CRFK、NLFK 和 FLF_3 细胞系培养物中增殖，并形成细胞病变及核内包涵体。同本属其他病毒一样，要在细胞形成单层以前接种病毒才能达到使病毒大量增殖的目的。

[病原性] 本病毒主要感染幼猫。病猫不仅有明显的临床症状，死亡率也很高。此外，病毒还能感染几乎所有的猫科动物。病猫经 2～9d 的潜伏期。临床表现多样，分特急、急性、亚急性和不显性等型。特急性者不待临床表现便可突然或 24h 内死亡。亚急性型可持续数日到 1 周，病猫体温两次间歇性升高达 40℃左右。同时出现厌食、呕吐、沉郁、出血性肠炎和脱水等症状，病猫多于 5～6d 突然死亡，死亡率为 60%～70%，严重流行时可达 100%。病程超过 6d 以上的猫有可能恢复。

多种途径（口、鼻、皮下、静脉、腹腔）人工接种时均能引起猫发病，尤其幼龄猫更为敏感。除特急性病猫外，剖检见脱水和消瘦变化，空肠和回肠局部充血，脾肿大，肠系膜淋巴结水肿、坏死。多数病例长骨的红髓变为液状或半液状。组织学检查时，于肠壁上皮细胞可见嗜酸性和嗜碱性两种包涵体，但病程超过 3～4d 以上者往往消失。

[生态学] FPV 除感染猫外，还可感染猫科动物（虎、猎豹和豹）与鼬科的貂和雪貂以及熊、浣熊等。犬感染 FPV 时，病毒可以在其体内复制，但似乎不排毒，也不产生临床症状。在自然条件下，可以通过直接接触和间接接触而感染。在病毒血症期间，感染动物可以从粪、尿、呕吐物及各种分泌物排毒而污染饲料、饮水、器具，康复猫和水貂可长期排毒达半年以上，而且病毒可以在适宜环境中存活 1 年之久。除水平传播外，妊娠母猫还可以通过胎盘传给胎儿。另外，吸血昆虫也能传播。

[免疫性] 猫通常在感染后 8d 开始出现中和抗体，15d 时滴度达 1∶16～1∶60，30d 可达 1∶150。在自然情况下，基本不见第二次感染的动物，说明免疫力坚强、持久。新生仔猫可从初乳获得母源中和抗体，这种被动免疫可持续 3～12 周。

用于免疫预防的疫苗有灭活苗、弱毒苗和联苗。仔猫一般在出生后的 8 周进行疫苗接种，间隔 3～4 周进行第 2 次免疫接种，可获良好免疫效果。如果 12 周龄以上的仔猫使用弱毒疫苗进行首次免疫，2 次加强免疫可以在周岁后进行。未能获得初乳的仔猫，应该在 4 周时进行灭活疫苗接种。弱毒疫苗不可用于 4 周龄以下的仔猫、怀孕母猫和免疫力低下的猫。

[分离鉴定] 根据临床症状、病理组织学变化和白细胞减少等可以做出初步诊断，确诊需做病原学检测或免疫血清学试验。①采集急性病例的各种脏器和发热期血液，制成无菌乳剂接种仔猫肾原代细胞

或传代细胞。同步与细胞培养接毒时有利于病毒的增殖。还可直接用病猫自体的肾、肺、睾丸等细胞作病毒分离最易获得成功。分离获得的病毒，用已知标准毒株制备的免疫血清，在猫肾次代细胞培养物上作中和试验进行病毒鉴定。②可用乳胶凝集试验和免疫层析试验检测粪便中的FPV抗原。也可用血凝抑制试验鉴定病毒或使用PCR进行病毒特异性核酸检测。③血清中和试验、血凝抑制试验和补体结合反应等都可作为检查抗体的特异性诊断法。但需要注意的是，由于FPV的广泛流行以及普遍的疫苗免疫，致使猫群中普遍存在抗FPV血清抗体。因此，二次测得的血清效价要比初次血清效价增高4倍以上才有诊断意义。

犬细小病毒（*Canine parvovirus*，CPV）

犬细小病毒是引起犬的一种烈性传染病的病原体，在临床上以急性出血性肠炎和非化脓性心肌炎为特征。

1977年，Eugster等首先在美国从病犬粪便中发现类似猫细小病毒的粒子。1978年在美国、欧洲和澳大利亚分离到CPV。我国梁士哲等（1982）最早报道本病，目前该病已于一些地区广泛流行。为了与先前发现的犬微小病毒（CnMV，CPV-1）相区别而将犬细小病毒命名为CPV-2，CPV-2主要感染犬科动物，但是自首次分离获得CPV以来，其不断经过抗原漂移产生新的突变株，宿主范围不断扩大。在1979—1981年，CPV-2被一种突变株CPV-2a所广泛地代替；至1984年又出现了另一种新的突变株CPV-2b。CPV-2a和CPV-2b不仅能感染犬，而且还能感染猫科动物，但是对猫科动物的致病性比FPV弱，能在猫科动物体内持续存在。相比之下，在大型猫科动物中，由CPV2a和CPV2b引起的感染可能比由FPV引起的猫白细胞减少症还要普遍。CPV-2a和CPV-2b在猫体内进一步进化产生两个新的CPV突变株CPV-2c（a）和CPV-2c（b），对猫的致病性比CPV-2a和CPV-2b强，比FPV弱。现在犬细小病毒已经归为猫泛白细胞减少症病毒。

［形态与理化特性］ 病毒粒子呈圆形或六角形，直径20～24nm。呈二十面体立体对称，无囊膜。病毒衣壳由32个壳粒组成，基因组为单股线状DNA，大约为5 000个碱基。

本病毒对外界因素的抵抗力与本属其他病毒相似。CPV血凝特性较强，在4℃下不仅能凝集猪的红细胞，而且能凝集恒河猴的红细胞。

［培养特性］ CPV能在猫胎肾，犬胎肾、脾、胸腔、肠管，牛胎脾，浣熊唾液腺等的原代或次代细胞培养物中增殖；也能在水貂肺细胞系（CCL-64）培养物内增殖，但无明显的细胞病变。为查明病毒的增殖情况，对培养3～5d的细胞单层作免疫荧光抗体染色，当细胞核发出明显的荧光时则证明有病毒增殖；也可取培养液与猪红细胞进行凝集试验，凝集阳性即表明有病毒增殖。病毒培养对细胞的要求与本属其他病毒一样，须在细胞培养后不久或同时接种病毒，可达到增殖病毒的目的。在感染细胞核内能检出包涵体。

［病原性］ CPV主要感染犬，对各种年龄的犬都能感染，尤以断奶后幼龄犬更为易感，在严重流行时，死亡率有时可达100%。感染犬是本病的主要传染源。感染犬的粪便、尿、唾液和呕吐物均含有大量病毒，并可不断地向外界排毒污染器械和环境，从而感染其他健康犬。康复犬的粪便内可能长期带毒。因此，犬群一旦发生本病，环境被污染后则很难对本病予以清除。

［免疫性］ 病犬康复后能获得坚强的免疫力。由母体初乳传给仔犬的被动免疫可持续4～5周。仔犬断奶后即可进行疫苗接种。可用CPV免疫的疫苗有灭活疫苗、弱毒疫苗、亚单位疫苗、核酸疫苗以及重组疫苗。目前最为常用的是CPV弱毒疫苗。

［分离鉴定］ 采取病犬粪便为样品，经一系列处理后，吸取上清液，以2%磷钨酸（pH6.2）进行负染，经电镜检查，若发现直径约20nm圆形和六角形病毒粒子即可做初步诊断。

确诊应做病毒分离、鉴定和血清学检查。免疫胶体金法、血凝试验、酶联免疫吸附试验和PCR是检查粪便中CPV的常用方法。

貂肠炎病毒（*Mink enteritis virus*，MEV）

水貂肠炎病毒是引起貂的一种急性传染病——貂病毒性肠炎（又称貂泛白细胞减少症或貂传染性肠炎）的病原体。貂病毒性肠炎最早于1947年报道于加拿大，而MEV的证实与命名在1949由Schofield完成。该病在1947年被发现后，相继在丹麦、挪威、瑞典、美国、日本和原苏联等国也被证实存在。我国于20世纪80年代随带毒貂的进口而将本病引进国内。MEV现已归为猫泛白细胞减少症病毒。

[形态结构] MEV粒子呈圆形，无囊膜，直径18～26nm。

[培养特性] MEV可在貂肾、猫肾原代细胞培养物中增殖，也可在FK、CRFK、NLFK等细胞培养物中增殖，并可产生细胞病变和核内包涵体。

[理化特性] MEV在氯化铯中的浮密度为1.38～1.46g/mL。核酸由单一分子的单股DNA组成。MEV对外界环境的抵抗力较强，在寒冷季节，带有病毒的粪便在土壤中存放1年以上毒力不减，仍具感染性。能抵抗乙醚、氯仿、胆汁的作用。在0.5%甲醛溶液或氢氧化钠溶液内，于室温下需较长时间才能灭活。

[抗原性] MEV能凝集猫和猴的红细胞。在4℃、18℃和37℃下感作差异不甚明显，但在4℃时凝集价最高且稳定。

MEV与CPV和FPV表面抗原的差异很小，基因组极相似。用7种限制性内切酶对MEV和FPV的核酸分析表明，在56个位点中仅有一个位点不同。

[病原性与生态学] MEV主要感染貂，雪貂、猫、小鼠、家鼠和田鼠都不感染。不同品种、品系和不同年龄的貂都可感染，但仔、幼貂和育成貂的易感性更高，仔、幼貂的死亡率也高。带毒貂是本病的传染源，耐过貂至少能排毒1年以上。貂感染该病后，一般有4～9d的潜伏期。之后体温升高到40～40.5℃，减食或拒食，渴欲增加。部分感染貂于发热后24h内迅速死亡。其他表现典型急性肠炎症状。病貂白细胞显著减少，肠黏膜上皮细胞肿胀，有空泡并变性，上皮细胞内可见到核内包涵体。貂感染猫泛白细胞减少症病毒所发生肠炎时检不到此种抗体。剖检病变主要是小肠呈急性卡他性、纤维素性或出血性小肠炎。病貂自粪便、尿和唾液排毒污染环境、饲料、水源和用具，从而通过消化道或呼吸道再传染给其他健康动物。鸟类、鼠类和昆虫可能成为本病的传播媒介。

本病全年可发生，但南方多发生在5～7月份，北方则以8～10月份较为多见。本病常呈地方性流行。一旦引入貂场，如没有良好的兽医卫生措施，常导致长期存在和周期性发生流行。

[免疫性] 在MEV感染早期应用免疫血清可获得87.5%的治愈率。对MEV感染的免疫预防，目前国内外广泛采取灭活疫苗和弱毒疫苗进行预防接种。疫苗又分同源疫苗和异源疫苗。同源毒疫苗包括组织灭活疫苗、细胞培养灭活疫苗和弱毒苗；异源疫苗则有猫源毒细胞培养灭活苗和弱毒苗。

研究结果表明，猫源毒弱毒疫苗比同源毒组织灭活疫苗效果好；用病貂肺、心血制备的灭活苗效果明显优于肝、肾、脾制备的灭活苗。猫泛白细胞减少症猫肾细胞弱毒株疫苗，在接种貂后3d即能获得对MEV坚强的抵抗力，而且这种疫苗还可适用于暴发流行的紧急接种。

我国生产的疫苗包括貂病毒性肠炎组织灭活苗和貂病毒性肠炎与犬瘟热二联组织灭活苗及二联弱毒苗。种貂一般在配种前免疫接种；为避免母源抗体干扰，仔貂一般在4～5周龄或断乳后接种。灭活苗需免疫接种两次，其间间隔7d。弱毒疫苗只需接种一次，接种3d后即产生免疫力。

国外也见基于现代基因工程技术研制MEV疫苗的研究报道。

[鉴定] 用于实验室诊断的常用检查方法有：①取典型病貂的病料（肝、脾、小肠内容物）制成悬液灌服或腹腔注射仔幼貂，经1周后发生肠炎症状及病理检查肠上皮内存在核内包涵体，即可确诊。②血清学检查，包括琼脂扩散试验、血凝试验、血凝抑制试验和免疫荧光抗体技术等。貂感染后第6天即可产生沉淀抗体，因此琼脂免疫扩散试验适用于早期诊断；而另三种血清学方法都具有特异、敏感（灵敏）、快速、简便等优点。③分子生物学检测，核酸杂交和聚合酶链式反应（PCR）均可用于对MEV感染的辅助诊断。

小鼠微小病毒（*Minute virus of mice*，MVM）和鼠细小病毒1型（*Mouse pavovirus type*-1，MPV-1）

小鼠微小病毒和鼠细小病毒1型是小鼠的2种最为重要的细小病毒，也是实验鼠群体中最为常见的感染性病原。到目前为止，MVM已经发现有多个不同的毒株，如MVMp、MVMi、MVMc和MVMm；MPV-1也已经鉴定出属于同一血清型的3个分离株，MPV-1a、MPV-1b和MPV-1c。

MVM和MPV-1型等鼠细小病毒在环境中具有高度的稳定性，在实验鼠种群中具有高度的传染性，可导致小鼠及细胞系持续性感染，污染鼠源细胞和组织，实验鼠群中消除病毒十分困难，具有体内和体外免疫调节和肿瘤抑制作用，致病性具有病毒和宿主依赖性。因此，当以小鼠为实验材料时，MVM和MPV-1型常可能干扰实验研究的结果，而且，鼠细小病毒感染也一直是实验小鼠和相关实验研究最为棘手的传染病问题之一。

［病原性］ 病毒粒子呈圆形，具有立体对称结构，无囊膜。在CsCl中的浮密度为1.41g/cm^{3}和1.46g/cm^3，空病毒粒子的浮密度为1.32g/cm^3。核酸为单股DNA，约为5.5kb。病毒核酸编码2个非结构蛋白，NS1和NS2；3个结构蛋白，VP1（83ku）、VP2（64ku）和VP3（61ku）。NS蛋白与病毒转录和复制相关，在不同的鼠细小病毒之间相当保守，而VP蛋白在不同的鼠细小病毒之间具有差异。

［理化特性］ 与所有细小病毒相同，MVM在环境中比较稳定，能抵抗极端的温度、pH变化以及一些消毒剂作用。对氯仿等脂溶剂有抗性。将MVM病毒液短时间置于大于70%的乙醇、0.5%的福尔马林、2%的戊二醛中，其感染滴度下降6log。5.25%的次氯酸钠对其影响不大。将MVM置于pH为2.0的溶液中需要11d才能将其完全灭活。将MVM置于100℃ 15min才能将其灭活。60℃ 1h能将其部分灭活。

［培养特性］ MVM是所有细小病毒的典型代表，它只能在分裂细胞中增殖。关于MVM培养的数据大多数来源于MVMp和MVMi这两株高度适应实验室培养的变异株。这两个毒株在血清学上尚无法区别，但在靶细胞特异性上却有明显的差异。在某些细胞中，这两株病毒的生长各自受到不同的限制。MVMi能感染EL-4和S49.1 TB2淋巴细胞，而MVMp不能；MVMp能在L细胞的衍生细胞A9、Ehrlich ascites、大鼠RL5E、COS-1和DMN4A细胞中增殖，但MVMi却不能。两个毒株均能感染NB324K、BHK-21、大鼠神经胶质细胞C6和小鼠细胞TM4。两个毒株在NB324K均能产生明显的CPE现象，噬斑实验就是利用这两个病毒建立起来的。利用小鼠和大鼠的初级和次级胚胎细胞已成功复制出MVM的野毒株。在大鼠细胞上培养比小鼠细胞上培养出现较明显的CPE现象，出现时间大概需要9d左右。利用荧光抗体（FA）染色可缩短观察到CPE的时间。

MPV-1和MVMi都可在幼鼠和成年鼠淋巴组织中增值，但二者在某些方面存在着明显差异。首先，接种感染无论何种年龄鼠，MVMi仅能短期存活，而MPV-1即使接种成年鼠，也可形成持续感染。

［病原性］ 不同品系的小鼠对MVM和MPV-1具有不同的易感性，MVMi对多个品系的鼠都具有致病性，但MPV-1对新生致癌因子敏感鼠无致病性，而该鼠对鼠的多种病毒均敏感。小鼠自然感染MVM一般不产生明显可见的临床疾病或病理学变化。病毒在脾脏、小肠、淋巴器官、肝脏以及肾脏中复制，并可在感染后持续数周。MVM人工感染发育中的胚胎和新生仔鼠可以导致多个器官的严重损伤。尚未见到自然或实验感染MPV-1鼠出现临床疾病和组织病变，但MPV-1感染在体内和体外都可干扰免疫应答反应。MVMi虽然在体外实验中表现有免疫抑制作用，但在体内尚未发现与免疫调节有关，但MPV-1感染在体内和体外都可干扰免疫应答反应。

［生态学］ MVM和MPV-1主要通过口鼻传染，急性感染的小鼠尿液和粪便中都有病毒粒子存在。与感染的小鼠、污染的饲料、水和垫草接触，均能感染MVM，但很少通过气溶胶传播。仔鼠感染MPV-1后病毒传播可达6周，成鼠接种感染病毒传播可达4周。仔鼠和成鼠病毒接种感染7～10d后血清抗体呈阳性，但宿主免疫应答反应出现并不能阻止病毒复制和排毒。

小鼠是 MVM 的唯一自然宿主，广泛存在于世界范围内的实验室小鼠和野生小鼠种群中。最近的调查表明，MVM 是小鼠可转移性肿瘤和商业用鼠极为普遍的污染物。

[预防控制] 淘汰经检测病毒感染阳性的小鼠或重新引入未感染该类病毒的小鼠。

[分离鉴定] 采用细胞培养 MVMp 或 MPV 抗原建立的 ELISA、IFA 和 HAI 等方法常分别用于 MVM 或 MPV 感染的检测，但由于 MVM 与抗 MPV 的非结构蛋白非常相似，二者之间存在着一定程度的交叉反应；而通过细胞培养获得大量的 MPV 抗原较为困难且成本较高，因此，其应用受到限制。目前，分别利用重组表达的 MVM 或 MPV-1 VP2 蛋白已经建立了相应的 ELISA 方法，试验证明具有很好的敏感性和特异性。PCR 也是近来常用的特异性检测方法。

兔细小病毒（*Lapine parvovirus*，LPV）

1977 年，Matsunaga 等人首次报道从兔中成功地分离鉴定出细小病毒，后来该病毒被称之为兔细小病毒（*Lapine parvovirus*，LPV）。现已在多个国家的实验兔中发现该病毒。一些报道表明，LPV 血清抗体阳性兔并不少见，但自然感染病例未见报道。兔人工感染 LPV 并不表现严重的临床症状，含毒组织在细胞培养过程中可以出现 CPE。因此，用兔或其细胞培养物作为实验研究材料时，有可能会受到 LPV 感染的干扰。

[形态与理化特性] 病毒粒子直径为 27～28nm，呈立体对称结构，无囊膜，核酸为单股 DNA。CsCl 中浮力密度为 1.41～1.44g/mL，4℃时蔗糖中沉降系数为 $S_{20}w=137$。对酸、氯仿和热具有抗性。56℃ 60min 或 60℃病毒的感染性不降低。可以在 4℃下凝集人 O 型红细胞，当在室温或 37℃时均不发生凝集。LPV 也可以凝集豚鼠或非洲绿猴红细胞，但血凝价仅约为人 O 型红细胞凝集价的 1/32 或1/16～1/8。

[培养特性] LPV 可以在兔肾细胞（RKC）上增殖，试验结果表明，该细胞在低代次对 LPV 的敏感性较低，而在 8～30 代则表现出极高的敏感性。病毒感染 RK 培养细胞仅产生较温和的 CPE，可在核内形成包涵体。LPV 不能在 HeLa 细胞上复制。

[病原性] 受感染的新生仔兔表现为厌食、怠倦，小肠出现卡他性肠炎和充血，黏膜过度分泌和上皮细胞脱落等症状。

[生态学] LPV 主要经粪口途径传播。

[分离鉴定] 可采集肠内容物和粪便样品做电镜病毒观察，进一步采用人 O 型红细胞做血凝和血凝抑制试验。

鸡细小病毒（*Chicken parvovirus*，ChPV）

1978 年，一种新的肉鸡病首次被报道，其主要临床表现是生长迟延、羽毛零乱及两腿无力，死后剖检可见小肠苍白，肌胃增大，胰腺发炎、萎缩。1983 年在对这种鸡的传染性生长迟延病进行病因研究时，从鸡粪便和肠道样品中发现了细小病毒样病毒粒子，其病毒粒子呈圆形，具有立体对称结构，无囊膜，病毒粒子直径为 19～24nm。在氯化铯中的浮密度为 1.42g/mL 和 1.44g/mL。核酸为单股 DNA，约为 5.2kb。病毒粒子不能凝集各种动物的红细胞，与鹅细小病毒无抗原关系。1985 年将此病毒命名为禽细小病毒 1 型（*Fowl parvovirus type 1*），即鸡细小病毒（*Chicken parvovirus*）。

第二节　红细胞病毒属（*Erythrovirus*）

细小病毒亚科的红细胞病毒属以 B19 病毒最为重要，为本属的代表种。迄今为止，B19 病毒被认为是唯一感染人类的细小病毒，也是与人类多种疾病相关的常见病原，它的感染与传染性红斑、急性再生障碍性贫血、关节炎等人类多种疾病有关，宫内胎儿 B19 病毒的感染可导致胎儿水肿、流产、死胎、先天性扩张型心肌病及先天畸形等，而且有关 B19 病毒致人类的疾病谱也在不断扩大。

猴细小病毒（*Simian parvovirus*，SPV）是首先从患严重贫血的猕猴体内分离出的一种细小病毒。其致病特点、基因组结构和基因的核苷酸序列等方面与B19病毒相似。后来又发现了罗猴细小病毒（*Rhesus macaque parvovirus*）和长尾恒河猴细小病毒（*Pig-tailed macaque parvovirus*）2个与B19十分相近的病毒。这些病毒已经归属红病毒属，被认为是研究B19病毒的良好模型。

第三节 依赖病毒属（*Dependovirus*）

依赖病毒属又称腺联病毒属（*Adeno-associated virus*，AAV）。以腺联病毒2型（*Adeno-associated virus 2*，AAV-2）为代表种。除AAV-2外，还包括AAV-1、AAV-3、AAV-4、AAV-5、禽AAV、牛AAV、犬AAV、马AAV和绵羊AAV等。这是一属缺损病毒，它们的基因组不完备，必须在有辅助病毒——腺病毒或疱疹病毒与它同时存在的条件下，才能复制出有感染性的子代。腺联病毒对辅助病毒的依赖性表现在病毒的增殖过程，而非结构性依赖，因为腺联病毒在遗传物质和蛋白衣壳构成以及病毒粒子大小等方面完全不同于辅助病毒。但新近的资料表明，若在诱变剂存在的情况下，即使无辅助病毒也可检出病毒复制的后代。本属病毒的另一个特点是，在成熟病毒粒子中有的含有正链DNA，有的含有负链DNA，即含有不同极性DNA的病毒粒子同时存在。在DNA提取过程中，通常形成互补的双股DNA。到目前为止，已知本属病毒分别来自灵长类和马、牛、犬、禽及绵羊。有的研究者发现30%的儿童有AAV-2或AAV-3抗体。比利时有相当多的牛含有AAV抗体。犬AAV是从犬肝炎病毒培养物中分离出来的，日本很多犬带有AAV抗体。禽AAV是从鹌鹑支气管炎病毒培养物中分离出来的。马AAV是从患呼吸道病驹分离获得的。荧光抗体染色技术证明，所有AAV分离株均具一个共同的抗原。已发现AAV-1型能通过胎盘传递，禽AAV可垂直传播。迄今对本属病毒的致病性还不清楚。

鹅细小病毒（*Goose parvovirus*，GPV）

鹅细小病毒在我国称小鹅瘟病毒（*Gosling plague virus*）。本病毒可引起鹅主要是雏鹅发病，以全身急性败血性病变和渗出液或伪膜性肠炎、心肌炎为特征。雏鹅发病传染快，死亡率高。

我国学者方定一于1956年首次发现本病并分离到病毒。1961年和1962年分离毒株，并分别研制出预防本病的高免血清和鹅胚培养物疫苗，有效地控制了本病的流行。1960年以后，荷兰、德国和原苏联等一些欧洲国家的鹅群中相继流行本病。1966年Derzsv等应用鹅胚也分离获得了病毒。

[形态与理化特性] 病毒粒子无囊膜，呈圆形或六角形，直径为20～22nm。在CsCl中的浮密度为1.38g/mL，沉降系数为$S_{20}w$=90.5。核酸由单股DNA组成。GPV结构多肽有3种，相对分子质量分别为85 000（VP1）、61 000（VP2）和57 500（VP3），其中VP3为主要结构多肽。

GPV对外界因素具有很强的抵抗力。56℃加热3h仍能使鹅胚死亡。50℃ 3h，37℃下7d感染滴度不下降。对乙醚、氯仿、胰酶和pH3.0酸溶液的处理有抵抗力。

[血凝性与抗原性] GPV不同于本属其他病毒的一个显著特点是无血凝活性，即无凝集红细胞的作用。但能凝集黄牛精子，并为GPV抗血清所抑制。世界各地流行的GPV虽略有差别，但抗原性几乎相同，均为同一血清型；也有的试验出现具有差异的不同血清株，但差异十分微小。GPV除与番鸭细小病毒（MDPV）存在部分共同抗原外，与其他细小病毒无抗原关系。

[培养特性] CPV初代分离时可在12～14日龄鹅胚尿囊或绒毛尿囊膜上生长，鹅胚经5～7d约有半数死亡。鸭胚不适宜初代病毒分离。但用鹅胚分离的GPV在鸭胚中驯化培养，可使病毒适应鸭胚达到增殖的目的。GPV连续通过鹅胚30代后，对雏鹅的毒力明显降低。本病毒除鹅胚适应株可在鹅胚组织培养细胞内增殖外，在鸭胚成纤维细胞和肝细胞、鸡胚成纤维细胞、兔肾上皮细胞、小鼠胎儿成纤维细胞、猪肾上皮细胞和睾丸细胞以及PK-15细胞等培养物中均不增殖。鹅胚和上述细胞交替传代10代，也不能使病毒适应于细胞。鹅胚成纤维细胞上初代培养不产生CPE，当病毒适应细胞后，可使单

层细胞形成分散的颗粒性细胞病变和发生细胞脱落，以及出现合胞体。包涵体染色可见核内包涵体。据报道，GPV 在产蛋母鸡体内具有垂直传播和持续感染的特性。用强毒或鸭胚化弱毒人工接种产蛋母鸡，接种后 5～7d 在卵黄抽提液中就能检测到病毒抗原，并一直持续 45d。这说明用感染产蛋鸡可作为一种增殖 GPV 的方法，感染的鸡卵可暂时保存 GPV。

［病原性］在自然情况下，GPV 只能使 1 月龄以内的雏鹅发病。无母源抗体的雏鹅死亡率接近 100%。在雏鹅中包括白鹅、灰鹅、狮头鹅和雁鹅经口服或注射病毒均能引起发病。除香鸭和莫斯科鸭外，其他雏禽均无易感性。用含病毒的鹅胚尿囊液也不能引起发病。雏鹅的病程约 1～2d，均以死亡告终。15 日龄以上的小鹅病程稍长，有的还能自愈。

［生态学］病雏及带毒成年鹅是本病的主要传染源，病鹅的内脏、脑、血液及肠道等均含有病毒。病毒主要经消化道感染，经过接触病鹅的排泄物污染的饲料、饮水、用具和场地而传染。GPV 既可以水平传染也可以垂直传染。

［免疫性］病愈康复的雏鹅和经过隐性感染的成年鹅均可获得坚强的免疫力，并能将抗体通过卵黄传递给后代，使孵出的雏鹅获得母源抗体而免于发病。

使用弱毒疫苗和灭活疫苗免疫母鹅是防止本病毒传播的有效方法。通常采用母鹅产卵留种之前 1 个月，间隔 15d 免疫接种两次。第二次接种后 10d 即可收留种蛋。这种免疫母鹅所生的后代，全部能抵抗自然及人工的病毒感染，其效果可维持整个产蛋期。用 0.3mL 高免血清给初出壳的雏鹅接种也可防止本病的发生。

［分离鉴定］①可将病料处理后经绒毛尿囊膜途径接种 12～14 日龄易感鹅胚或接种鹅胚原代细胞。接种后死亡胚胎的典型病变主要为绒毛尿囊膜增厚，胚体皮肤充血、出血及水肿，心肌变性呈灰白色，部分鹅胚肝脏出现变性或坏死灶。鹅胚尿囊液或细胞培养物通过中和试验或免疫荧光抗体技术进行病毒抗原检测，也可用 PCR 技术检测病料或细胞培养物中的 GPV。国内外已有用 PCR 法鉴别诊断鹅细小病毒的报道。GPV 可凝集黄牛精子，可将待检病毒悬液用 GPV 抗血清对黄牛精子悬液作凝集抑制试验。②检测血清中 GPV 抗体的方法主要有中和试验、琼脂扩散试验、酶联免疫吸附试验，反向间接血凝试验及免疫荧光技术等。

番鸭细小病毒（*Muscovy duck parvovirus*，MDPV）

番鸭细小病毒病是由番鸭细小病毒引起的，主要侵害 3 周龄内雏番鸭的一种急性或亚急性传染病。临床上以腹泻、呼吸困难、脚软、胰脏出现大量白色坏死灶、渗出性肠炎为主要症状，而且具有传播快、发病率和死亡率高的特点。

本病 1985 年在我国福建省莆田、福州等地雏番鸭群中暴发，1989 年秋季在法国西部地区集约化番鸭群中出现流行，此后国内许多地区也相继报道了该病。20 世纪 90 年代初才被认识到它是不同于小鹅瘟的独立疾病。目前本病已成为危害番鸭业的主要病毒性传染病之一。

［病原学］番鸭细小病毒为细小病毒科依赖病毒属的一个新成员。病毒粒子为球形，直径为 20～24nm，二十面体对称，无囊膜。该病毒有实心和空心 2 种粒子，在氯化铯中的悬浮密度分别为 1.39～1.42g/mL 和 11.38g/mL。病毒核酸为单股正链 DNA，末端带有发夹样序列。有 4 种结构蛋白，相对分子质量分别为 58 000（VP3）、78 000（VP2）和 89 000（VP1），其中 VP3 为病毒的主要结构蛋白。该病毒对环境的抵抗力强，65℃加热 30min 对滴度无影响，能抵抗 56℃ 3h，对氯仿、乙醚、胰酶、pH3.0 酸溶液处理不敏感。

［血凝性与抗原性］番鸭细小病毒无血凝活性。只有一个血清型，与鹅细小病毒（GPV）在抗原性上既相关又有一定差异，而与猫细小病毒、犬细小病毒、猪细小病毒、牛细小病毒、雏鸭肝炎病毒以及鸭瘟病毒等无抗原相关性。

［培养特性］自然感染病（死）番鸭的胰脏、肝脏、脾脏、肾脏、肠内容物等均含有大量病毒。MDPV 在番鸭胚、鹅胚中以及番鸭胚成纤维单层细胞上生长良好。胚胎接种后可见绒毛尿囊膜增厚，

胚胎充血和出血，死亡时间在接种后3～7d。MDPV能在番鸭胚成纤维细胞（MDEF）和番鸭胚肾细胞（MDEK）上增殖，并产生病变和包涵体。

[病原性] 在自然条件下，雏番鸭是唯一的易感动物，青年番鸭和成年番鸭多呈隐性感染，其他禽类和哺乳类动物对本病毒有抵抗力。该病主要侵害3周龄内的雏番鸭，尤其以7～18日龄雏鸭多发。日龄越小，发病率和死亡率越高。发病率一般为20%～60%，死亡率可以高达70%。40日龄左右的番鸭也可发病，但发病率和死亡率都较低。

[生态学] 本病可通过接触传播，病鸭、康复带毒鸭以及隐性感染的成年鸭是主要的传染源，通过粪便排出大量病毒。易感雏鸭接触污染的饲料、水源、饲养工具及种蛋蛋壳等均可导致该病的传播和暴发。

[免疫] 种鸭可选用MDPV和小鹅瘟病毒（GPV）二联灭活疫苗进行免疫接种，通过给易感雏番鸭提供母源抗体保护，防止垂直传播。通常还可在雏鸭10～12日龄时注射高免卵黄抗体，进一步保护雏鸭度过危险期。无母源抗体的雏番鸭，1日龄免疫接种灭活的MDPV油苗和GPV弱毒疫苗，一般3d左右就可产生中和抗体，7d左右95%以上的雏鸭可以获得有效的免疫保护。

[分离鉴定] 病毒分离鉴定是该病确诊的最可靠的方法。将感染鸭的脏器材料处理后经尿囊腔接种鸭胚或鸭胚成纤维细胞进行病毒分离培养，然后采用特异性阳性血清或单克隆抗体进行病毒检测鉴定。

已经建立的特异性血清学方法有：乳胶凝集试验、乳胶凝集抑制试验、荧光抗体技术、酶联免疫吸附试验、琼脂扩散试验等。许多实验证明，乳胶凝集试验和乳胶凝集抑制试验最为适用，具有特异性强、操作简便和判断直观等优点。随着分子生物学技术的不断发展与成熟，核酸杂交和PCR应用于MDPV的检测也已较为普遍。

第四节　阿留申水貂病毒属（*Amdovirus*）

本属病毒只有一个成员，即阿留申水貂病毒（*Aleutian mink disease parvovirus*，AM DV）。尽管AMDV具有与其他细小病毒相似的病毒特征，但是其引发的疾病在临床表现上与其他细小病毒引发的疾病却明显不同。这也是将AMDV单列为细小病毒科中一个属的原因之一。

阿留申水貂病毒（*Aleutian mink disease parvovirus*，AMDV）

阿留申水貂病毒又称浆细胞增多症病毒，可引发水貂的一种病程缓慢的传染性疾病——水貂阿留申病（AMD）。成年水貂感染AMDV后，表现出典型的水貂阿留申病症状，包括体内产生高水平的γ球蛋白、浆细胞增多、持续性病毒血症及由免疫复合物沉积引发的严重肾小球肾炎等。而新生幼貂感染该病后，病毒在病貂体内肺泡Ⅱ型细胞中迅速大量繁殖，表现出一种急性、致死性的间质性肺炎。

20世纪40年代初，美国俄罗冈州的某水貂养殖场，出现了一种皮毛暗蓝色的基因突变型水貂，人们将其称为阿留申型貂。其相对应基因称作阿留申基因a。20世纪50年代初，随着阿留申基因型貂大量的近交繁殖，在许多貂场中开始出现基因型为aa的纯合子型阿留申水貂，且在这些貂中逐渐发现一种进行性、消耗性疾病，表现为病貂消瘦并偶见黏膜出血。1956年，Hartsough和Gorhen综合描述了该病的病状，包括肝、肾淋巴结等组织的病理变化，确定该病是一种独立性疾病，并将该病命名为水貂阿留申病。起初，因为临床上感染AMDV的水貂主要为阿留申型水貂，所以人们认为该病可能是一种遗传性疾病。而到1962年时，Karstad和Pridhen证实该病为病毒性传染病。后来，人们也发现非阿留申型貂同样可感染AMDV，只是易感性和病死率要相对低于阿留申型貂。

[形态结构] AMDV无囊膜，直径22～25nm，二十面体对称，每个病毒粒子包含60个衣壳粒，每个衣壳外径12.8nm。在每个衣壳粒中二重轴对称面上有酒窝状凹陷，五重轴面上有峡谷样结构，三重轴面上呈土堆样凸起结构。

[病毒的培养] Porter等证明，阿留申病病毒可以在他们试验的39种细胞中的5种水貂细胞株、一

种非洲绿猴肾细胞和人的细胞株 WI-38 中有限地产生阿留申病病毒抗原。在感染后 2d，抗原发现于核内，在感染后 3～4d，小量的抗原有时也见于胞浆内，通常仅 1%的细胞含有抗原，感染 4d 以后，则难以检测到抗原。1977 年，Hahn 等在猫肾细胞系 CRFK 内，通过免疫荧光方法确定核内存在病毒抗原。1980，Bloom 等人报道阿留申病病毒（AMDV-G）在 31.8℃的条件下可于 CRFK 细胞内增殖。当前，由于尚未发现可使有致病力的 AMDV 毒株离体传代生长的细胞培养物，所以这也对 AMDV 的相关实验室研究带来了诸多不变和困难。

［理化特性］由于 AMDV 无囊膜，不含脂质和糖类，结构坚实紧密，因此对外界理化学因素的抵抗力非常强。AMDV 对化学药品和核酸酶的作用具有高度抵抗力，对乙醚、氯仿、醇类和去氧胆酸盐有抵抗性，无论其感染性和血凝活性都不受影响。耐热，80℃时可存活 1h，90℃时，可耐受 10min，100℃ 3min 仍能保持感染性。在 5℃时，3%的福尔马林约 2 周处理仍有活力，作用 4 周才使其灭活。低温长期存放的病毒其感染性不发生明显变化。在 pH2.8～10.0 的环境中均能保持活力，但蛋白酶处理时，病毒滴度明显下降。可被紫外线、0.5mol/L 的盐酸、0.5%碘及 2%的氢氧化钠灭活。AMDV 在 CsCl 中的浮密度为 1.32～1.34g/cm^3，沉降系数为 $S_{20}w=110$。

AMDV 的基因组为线性单链 DNA，完成全序列测定的 AMDV-G 毒株的基因共包括 4 801 个核苷酸。AMDV 病毒粒子中的蛋白可分为两类，一类为结构蛋白，另一类为非结构蛋白。结构蛋白包括 VP1 和 VP2 两种，而非结构蛋白包括 NS1、NS2，也可能存在 NS3。VP2 相对分子质量为 75 000，VP1 相对分子质量为 85 000。NS1 和 NS2 的相对分子质量分别为 71 000 和 13 400。

［生态学］AMDV 主要侵染水貂，近年来养殖雪貂感染该病的案例也时有发生。其他动物是否感染该病还不十分清楚，但也有在浣熊、臭鼬、狐等动物体内检出 AMDV 抗体的报道。

本病可通过水平和垂直两种方式传播。动物个体间的撕咬、含病原排泄物对食物的污染、蚊虫叮咬及医源感染等均可作为水平传播的形式，而母兽通过胎盘、产道和哺乳将病毒传染给仔兽，是该病垂直传播的主要机制。

［病原性］AMDV 能在水貂体内迅速增殖。实验感染后 10d，其脾、肝和淋巴结的感染滴度达到最高（为 10^8～10^9 ID_{50}/g）。之后，组织中的病毒滴度缓慢降低，感染两个月后，脾脏内的病毒含量降至约 10^5 ID_{50}/g，血清滴度为 10^4 ID_{50}/mL。从实验感染 7 年以后的动物体内也能分离到病毒，大多数被感染的动物呈持续性感染。约 20%的非阿留申水貂可抵抗该病毒的感染而不发病。用免疫荧光技术证明，在体内含有 AMDV 抗原的唯一细胞种类是巨噬细胞，且抗原主要见于细胞浆内。据 Tsai 等人报道，在肾毛细血管和动脉内皮细胞内，存在 25nm 的病毒颗粒。Shahrabadi 等用免疫铁蛋白技术在感染后 10～13d 水貂的脾、肠系膜淋巴结的巨噬细胞和肝的枯否细胞内，观察到直径 22nm 的病毒样粒子，它们通常存在于巨噬细胞及枯否细胞浆的空泡内，亦偶然见于核内，未感染的水貂细胞不含有此种颗粒，所以认为 AMDV 的增殖发生于细胞核内，其后在细胞浆的空泡内积聚。

AMDV 不同毒株的宿主选择和致病力等特点，存在一定的差别。从较早分离出的强致病力的 ADV-Utah1 到现在，已经从世界各地发现了多株 AMDV。诸如 AMDV-Utah1、AMDV-K、AMDV-Ontario、AMDV-Pullman 等，还包括 AMDV-Utah1 在适应体外 CRFK 细胞培养后失去致病力，只能在 CRFK 细胞上生长的毒株 AMDV-G。

［免疫性］AMDV 因为其特有的致病机理，研制开发针对 AMDV 的疫苗，一直是动物医学界很棘手的问题。AMDV 感染水貂后，水貂体内不产生或只产生少量的中和抗体。而产生的多数抗体不仅不能中和病毒的毒力，反而通过介导抗体依赖性增强（antibody dependent enhancement，ADE）作用，进一步帮助 AMDV 对靶细胞的侵染。再有，由于病毒抗原与抗体形成的复合物（immune complex，IC）特有的理化特点可导致 IC 沉积并引发肾小球肾炎和动脉炎。这些都对基于病毒粒子构建疫苗带来了许多困难。对此，国外学者认为基于病毒衣壳构建疫苗应该是无效的。国内，中国农业科学院特产研究所曾尝试灭活苗的研制开发，但未见诱导免疫保护效果的具体报道。

［鉴定］血清学检测方法是在 AMD 检测、诊断中应用较多的方法，包括：碘凝集试验（IAT），淋

巴细胞的酯酶标记法（ANHE），对流免疫电泳法（CIEP）和免疫酶相关技术等。其中CIEP是OIE推荐的AMDV检测的国际通用标准方法。随着近年来分子生物学技术的发展，基于病毒核酸的诊断技术也较好地应用在AMD的检测诊断中，例如核酸杂交技术和PCR等。

第五节 牛细小病毒属（*Bocavirus*）

牛细小病毒（*Bovine parvovirus*，BPV）

牛细小病毒主要引起犊牛以腹泻为主要症状的传染性疾病，并可引起呼吸器官疾患。母牛在感染BPV后，主要表现为生殖机能障碍，病后恢复的牛常常发育不全。

牛细小病毒最早由是Abinanti等（1961）从健康犊牛肠道和腹泻犊牛粪便中分离得到，因其具有血细胞吸附性能，故也称血细胞吸附肠炎病毒（*Hemadsorbing enteric virus*，HADEV）。20世纪60～80年代，美国、原苏联和日本等国从腹泻小牛粪便、流产胎儿和呼吸道患病犊牛的鼻黏膜中也分离出牛细小病毒。BPV在自然界易感动物中传播广泛，血清阳性率很高，并有多种血清型。

［形态与理化特性］病毒粒子直径为18～26nm，无囊膜，呈球形，在氯化铯中的浮密度为1.38～1.418g/cm^3。衣壳由3种多肽组成，其中主要多肽相对分子质量为67 000，占病毒粒子总蛋白量的73%～83%，其他两种多肽相对分子质量分别为77 000和85 500，两者各占总蛋白量的7.7%～10.6%和9.6%～13.8%。病毒核酸为单股DNA。病毒具有高度耐热性，在56℃或60℃作用6h其感染价不降低，70℃ 2 h感染价下降不超过10^2 $TCID_{50}$。能抵抗乙醚、氯仿、去氧胆酸盐、1mol/L $MgCl_2$和1%蛋白酶的作用。在pH2.0～8.0范围稳定。

［血凝素］BPV有血凝素，能凝集豚鼠、大鼠、地鼠、鸭、鹅、犬、山羊、绵羊、马、猪和人O型红细胞，但不能凝集牛、家兔、小鼠和鸡的红细胞。血凝反应温度以4℃为佳，25℃也能凝集，但较弱。BPV不同毒株的血凝性不同，该差异可以用于不同毒株的鉴别。

［培养特性］病毒进行细胞培养时幼龄细胞最适于病毒增殖。BPV接种于培养18～24 h的牛胎肺、脾、肾、睾丸、肠管、副肾等原代细胞培养物中，病毒增殖良好并可获高滴度的感染价。其中以肺细胞培养病毒增殖最好，感染价也最高。BPV不能在MDBK（牛肾）、FB4BM（牛骨髓）、LLC-MK2（红毛猴肾）、L（小鼠正常皮下结缔组织）、Hela（人子宫癌）、BHK-21等细胞系培养物中增殖。用鸡胚成纤维细胞、肾、肺以及豚鼠的胎肾、肺、睾丸等原代细胞继代病毒时，随代次增加感染价逐渐下降，直至消失。将病毒感染细胞用H.E染色可以看到嗜酸性或嗜碱性的核内包涵体。病毒增殖部位在核内。BPV不存在属的共同抗原。

［病原性］BPV只感染牛。自然感染病例，妊娠牛流产、死产；小牛主要表现腹泻，也有部分小牛感染初期出现呼吸道症状（流鼻液、呼吸困难、咳嗽）。以BPV人工感染新生犊牛，经口或静脉注射均于感染后24～48h出现腹泻症状，初期为黏液性，随后变成水样。对2～8月龄抗体阴性的小牛，鼻腔内接种的病例见有鼻漏、呼吸困难、呼吸数增加、咳嗽以及腹泻；经口感染的除有轻度呼吸道症状外，还可见到腹泻。给76～248d胎龄的妊娠母牛静脉注射或直接注入胎儿，均可见到妊娠牛流产、死产，产出的胎儿全身浮肿，尤以胎龄小者为甚。实验感染小牛的小肠病变极为严重，特别是小肠绒毛的顶部和基底部或肠隐窝的上皮细胞能检出抗原特异性荧光。

［生态学］BPV主要经口和空气传播，也可经胎盘垂直传播。

［分离鉴定］主要依靠病毒分离和血清学检验。病毒对幼龄细胞或分裂旺盛期的细胞有很强的亲和性。故在分离病毒时，宜用24h以内的牛胎肺和脾的原代细胞。最适分离病料是腹泻粪便和脏器，特别是肝、脾、副肾和淋巴结等。在初代培养时，本病毒所致的细胞病变大多不明显，至少要盲传3～4代。盲传的各代培养细胞用PBS洗净后，加入豚鼠红细胞液做吸附试验，阳性则表明有病毒增殖。用腹泻粪便分离病毒时，有可能同时分离出其他肠道病毒。为排除干扰，先用肠道病毒的抗血清（现有7个血清型）处理分离材料之后再进行BPV分离。

血清学检验主要用血凝抑制试验（HI）。一般使用豚鼠红细胞。用荧光抗体法可检查流产胎儿或肠管等组织内的特异性抗原。

犬微小病毒（*Canine minute virus*，CnMV）

犬微小病毒（*Canine minute virus*，CnMV）的得名是源于病毒粒子非常微小。CnMV 主要引起幼犬呼吸道和消化道疾病。CnMV 是 1967 年在德国表观健康的军犬粪便中被首次分离得到的，而且，1956 年采集的犬高免血清样品经中和试验，也被证实存在 CnMV 中和抗体。由于发现早于 CPV-2，因此，CnMV 又称之为 CPV-1。在 20 世纪末 21 世纪初，在欧洲、亚洲一些国家又先后从犬中分离到 CnMV，表明 CnMV 在世界上广泛分布于家犬中，但 CnMV 对野生犬科动物的感染和致病情况尚不清楚。

[形态与理化特性] 病毒粒子呈六角形，无囊膜。大小为 20～21nm，基因组为单股线状 DNA。病毒粒子包含 3 种蛋白，即相对分子质量分别为 81 000、63 000～67 000 和 61 000 的 VP1、VP2 和 VP3。病毒在核内装配。仔犬感染 CnMV 形成核内包涵体，在纤毛上皮细胞包涵体尤为明显，特别是处于顶端的细胞，而不是在隐窝处。细胞感染 48h 后可见核内包涵体，包涵体几乎充满细胞核，在包涵体与核膜间有一清晰的区带。CnMV 与 CPV-2 比较，二者在抗原结构上有差异，而且 CnMV 不同于其他动物或人的细小病毒。比较 CnMV 与其他一些细小病毒的核酸序列，关系最为密切的是牛细小病毒（BPV），DNA 序列中有 43%相同。对 NS1 基因转译序列中的一段保守序列进行比较，CnMV 同样与 BPV 关系最为密切，其次是红细胞病毒属的病毒，即 B19 和猴细小病毒（*Simian parvovirus*），而明显不同于犬细小病毒、猫泛白细胞减少症病毒以及其他属于啮齿动物细小病毒分支中的病毒。

病毒可在 5℃时凝集恒河猴和非洲绿猴红细胞，不能凝集豚鼠、人 O 型、犬、鹅、大鼠、羊、牛、猪红细胞。血凝抑制试验可以与 H-1、大鼠病毒、猫微小病毒相区别。

病毒对乙醚、氯仿及加热处理具有抗性，病毒增殖可被 5-碘-2-脱氧尿苷抑制。

[培养特性] CnMV 组织培养增殖具有高度的限制性，Walter Reed canine（WRC）细胞系和 Madin—Darby canine kidney（MDCK）细胞系是目前已知可以支持 CnMV 增殖的两个细胞系，曾尝试使用其他多种原代细胞或传代细胞进行 CnMV 增殖培养，但均未成功。

[病原性] 犬自然感染病例与试验感染病例的临床症状存在着明显差别，自然感染病例通常临床表现为呕吐、腹泻、呼吸困难或突然死亡。试验感染的仔犬多数仅表现为轻度和中度的呼吸紧迫，极个别试验感染仔犬死亡或濒临死亡。血清学检测结果提示，在美国 CnMV 广泛流行于犬中，样品检测阳性率超过 50%，大多数 CnMV 感染都表现为亚临床症状，有些可以由于病毒感染胚胎而导致繁殖失败或新生仔犬呼吸道疾病。试验感染表明，妊娠 25～30d 怀孕母犬受感染可引起流产，胎儿肺和小肠病变；妊娠 30～35d 受感染则少见流产，而新生仔犬多表现有水肿、心肌炎等疾患。但是，CnMV 组织培养增殖具有高度的限制性，而且缺少适用性强、敏感性好的诊断方法，因此，真实的病毒感染率或疾病的发病率并不十分清楚。已经发现经胚胎垂直感染的自然感染病例，但将 CnMV 感染确定为犬繁殖性疾病的一个重要致病原因尚缺少确凿的证据。

病毒均不能使新生或断乳的小鼠、大鼠、豚鼠或兔致死。鸡胚接种病毒后 10d 死亡。

[生态学] CnMV 主要是经口传播感染成年犬和仔犬。受感染的怀孕母犬可经胎盘垂直感染胎儿。

[鉴定] 粪便样品作电镜观察，如发现细小病毒粒子，可进一步采用猪红细胞作血凝试验。CPV-2 可凝集猪红细胞，但 CnMV 不能凝集。因此，电镜观察到细小病毒样病毒粒子，而猪红细胞作血凝试验阴性，则极有可能为 CnMV。由于 CnMV 可在 5 ℃时凝集恒河猴和非洲绿猴红细胞，因此，可用血凝抑制试验对 CnMV 作特异性检测。PCR 法可用于进行 CnMV 特异性核酸的检测。

◆ 参考文献

蔡宝祥．2004．家畜传染病毒学［M］．北京：高等教育出版社．

大森常良，等 . 1980. 牛病学［M］. 东京：东京近代出版 .
侯云德 . 1990. 分子病毒学［M］. 北京：学苑出版社：237 - 246.
华育平，等 . 1990. 水貂阿留申病病毒单克隆抗体的研制和初步应用［J］. 中国禽畜传染病 . 6.
李长生，等 . 2000. 水貂阿留申病防制的研究进展［J］. 中国动物检疫，12：38 - 40.
汪义娟，等 . 1995. 水貂阿留申病的血清学诊断研究进展［J］. 特产研究，1：21 - 22.
王金生，主编 . 1990. 野生动物传染病学［M］. 哈尔滨：东北林业大学出版社：288 - 292.
王世若，等 . 1989. 兽医微生物学及免疫学［M］. 北京：科学出版社：471 - 475.
尾形学，等 . 家畜微生物学 . 第 3 版［M］. 东京：朝仓书店 .
吴威，等 . 1993. 水貂阿留申病 PPA - ELISA 诊断方法的研究［J］. 中国畜禽传染病（2）：13.
肖家美，等 . 2003. 水貂阿留申病灭活疫苗免疫效果观察［J］. 经济动物学报，7（2）：5～6.
闫喜军，等 . 2007. 水貂犬瘟热 Vero 细胞活疫苗保存期试验研究［J］. 特产研究，4：1～3，6.
闫喜军，等 . 2007. 水貂肠炎细小病毒分离鉴定［J］. 畜牧与兽医，39（3）：52～53.
殷震，刘景华 . 1997. 动物病毒学［M］. 第二版 . 北京：科学出版社：1162 - 1165.
殷震，等 . 1985. 动物病毒学［M］. 北京：科学出版社，804 - 832.
原二郎，等 . 1979. 兽医传染病学［M］. 东京：朝仓书店 .
张振兴，等 . 1992. 经济动物疾病学［M］. 北京：中国农业出版社：178 - 182，199 - 202.
Alexandersen S，et al. 1994. J Virol. 68（2）：738 - 49.
Besselsen D G，et al. 2006. J Virol. 87，1543 - 1556.
Bloom ME，et al. 1988. J Virol. 62（8）：2903 - 15.
Broll S，et al. 1996. J Virol. 70（3）：1455 - 1466.
Francki R T，et al. 1991. Arch Virol（sunnlement）. 2，167 - 172.
Frank J，Fenner，et al. 1993. Vet，Virology（second edition）. 308 - 319.
H H Kphokob. 1988. BemenuHnuq. 7，27 - 29.
Hundt B，et al. 2007. Vaccine. 25（20）：3987 - 3995.
McKenna R，et al. 1999. J Virol. 73（8）：6882 - 6891.
Murnhy F A，et al. 1995. Arch Virol（Sunnleuient）. 10，169 - 178.
Oie KL，et al. 1996. J Virol. 70（2）：852 - 61.
Park G S，et al. 2005. Virology. 340（1）：1 - 9.
Matsunaga Y，et al. 1977. 495 - 500.

华育平 马建 编

第四十一章 嗜肝DNA病毒科

嗜肝DNA病毒科（Hepadnaviridae）是包括人和动物乙型肝炎病毒的一个病毒科，该科病毒能引起急、慢性肝炎并与肝癌密切相关。人乙型肝炎病毒（HBV）为最早成员，以后又从土拨鼠、地松鼠和北京鸭等动物中分离到乙肝病毒。1984年建立嗜肝DNA病毒科。迄今，本科病毒分为两个属：正嗜肝DNA病毒属（*Orthohepadnavirus*）和禽嗜肝DNA病毒属（*Avihepadnavirus*）。正嗜肝病毒属包括人类乙型肝炎病毒（HBV）、土拨鼠乙肝病毒（WHV）、地松鼠乙肝病毒（GSHV）、北极地松鼠乙肝病毒（ASHV）、长毛猴乙肝病毒（WMHBV）、猩猩乙肝病毒（OHV）以及在长臂猿体内分离出的嗜肝DNA病毒等；禽嗜肝DNA病毒属包括鸭乙型肝炎病毒（DHBV）、苍鹭乙肝病毒（HHBV）、雪鹅乙肝病毒（SGHV）、罗斯鹅乙肝病毒（RGHV）和鹳乙肝病毒（STHBV）等。

[形态结构] 嗜肝DNA病毒呈多形态。成熟的病毒颗粒为球形，直径40～48nm。囊膜厚约7nm，没有表面纤突。囊膜内含一个正二十面体对称的核衣壳，衣壳上按T=3排列着180个壳粒。在慢性带毒者的血清中还有一种直径为22nm的球形或丝状、没有核芯的表面抗原亚单位粒子。

[理化特性] 成熟病毒在CsCl中的浮密度为1.14～1.26g/cm^3，沉降系数为$S_{20}w$=280。没有核芯的表面抗原的浮密度为1.18g/cm^3，无囊膜的核芯浮密度1.36g/cm^3。本病毒在酸性环境下不稳定，其感染性在30～32℃及中性pH条件下可保持6个月，60℃维持10h。

本科病毒的核酸具有独特的结构，是一个长约3.2 kb的不完全的双链环状DNA。相对分子质量为1.6×10^6～1.8×10^6，沉降系数为$S_{20}w$=15，G+C含量约占48mol%。核酸中的长链为负链（即与mRNA互补）。短链为正链，其5′末端位置固定，3′末端位置不固定，HBV正链的长度可为负链的50%～100%，因此，不同长度的正链与全长负链的匹配，形成了只有部分病毒的基因组为双链的特性。不同种乙肝病毒的正链大小也有差别。正链与负链通过各自的5′黏性末端以重叠约240个bp的形式彼此互补相接，形成了闭合的环状结构。正嗜肝DNA病毒的负链在对应于正链5′末端的242个核苷酸处，禽嗜肝DNA病毒在正链5′末端的50个核苷酸处有一缺口。病毒核酸的长链携带着全部病毒蛋白的编码基因，至少有4个开读框架（ORF），即S、C、P、X。S区编码病毒囊膜蛋白，C区编码核芯抗原，P区编码DNA聚合酶，X区编码的X蛋白具有Ser/Thr蛋白激酶活性，参与病毒复制相关的反式激活过程，进而与感染期病毒复制有关。鸭乙肝病毒缺少X区段。

病毒的主要蛋白成分有S蛋白，即糖基化的gp27和非糖基化的gp24；L蛋白有糖基化的gp42和非糖基化p39；M蛋白为两种糖基化蛋白gp33和gp36。病毒核芯是由相对分子质量为21 000～22 000的蛋白构成，称为P22C（或P21C）。

[抗原性] 本科病毒有3种抗原成分：表面抗原（HBsAg）、核心抗原（HBcAg）、e抗原（HBeAg）。HBsAg由成熟的病毒囊膜和直径22nm的无核心粒子组成。HBsAg有多亚型特征。多亚型基于一个群特异性抗原决定簇a和两个型特异性抗原决定簇（d、y或w、r）的不同组合。HBsAg能刺激机体产生中和抗体。HBcAg是成熟病毒粒子的核蛋白体，相对分子质量21 000～22 000，在CsCl中的浮密度为1.32g/cm^3，它诱导产生的抗体能长期存在，是乙肝病毒感染和增殖的重要血清学指标。HBeAg是C基因编码的核蛋白的分泌型，是一种较小的蛋白，相对分子质量15 000，在CsCl中的浮密度为1.29g/cm^3，由衣壳裂解之后释放出来，在宿主血清中多以双聚体形式存在，呈游离态或与球蛋白

成结合态。HBeAg 在乙肝潜伏期的后期出现，它的存在表明乙肝病毒的存在，且可能与诱导免疫耐受机制有关。

人乙肝病毒表面抗原与土拨鼠、地松鼠乙肝病毒表面抗原间有一定程度的交叉反应，与鸭乙肝病毒表面抗原没有交叉反应。

[生态学] 除了在人、土拨鼠、地松鼠、树松鼠、鸭和苍鹭发现乙肝病毒之外，长臂猿、非洲猴、绿猴、兔猴、袋鼠等也有乙肝病毒感染的报道。多数乙肝病毒是水平传播。病毒可通过唾液、乳液、泪液、尿、汗等排出体外，通过破损的皮肤、黏膜或是使用污染的血液及制品进入体内，经血液循环最后定位于肝实质细胞。鸭乙肝病毒可通过卵垂直传播。

[病原性] 嗜肝 DNA 病毒的靶器官是肝脏，主要表现为肝脏受损，引起急、慢性肝炎、肝硬化、肝癌、免疫复合物疾病、多发性动脉炎、肾小球肾炎以及再生障碍性贫血等。多数病例呈隐性感染，无症状或亚临床经过，只有少数可发展成肝硬化或肝癌。

依据本书第二版写作内容，本章各论部分对正嗜肝 DNA 病毒不作介绍，只单独介绍禽嗜肝 DNA 病毒属的代表种——鸭乙型肝炎病毒，该属其他病毒亦作略。

鸭乙型肝炎病毒（*Duck hepatitis B virus*，DHBV）

鸭乙型肝炎病毒是嗜肝 DNA 病毒科禽嗜肝 DNA 病毒属的代表种，是引起鸭乙型肝炎的病原体。1980 年，Mason 和周祤钟分别在美国市场的北京鸭和上海的麻鸭体内发现该病毒。DHBV 引发的鸭乙肝是鸭的一种重要传染病，其在发病机理、病原形态、理化及生物学特性等方面与人乙肝有许多相同或相似之处。鸭乙肝作为人乙肝研究的动物病毒模型，已得到国内外学者的公认。人乙肝是一种全球性的尚未征服的重要传染病，仅在我国就有 8%～10%的人是乙肝表面抗原携带者。加强对鸭乙肝的研究，无疑将有助于人类预防乃至彻底战胜对人类有巨大威胁的乙肝病毒。

[形态与理化特性] DHBV 和 HBV 同样都具有嗜肝 DNA 病毒的形态结构特征。成熟病毒粒子直径为 46～48nm，内部核衣壳 35nm，在 CsCl 中的浮密度为 1.16g/cm^3。病毒基因组由环状的 DNA 组成，含有 3 021 bp，不含独立的 X 基因，C 基因明显较长。病毒粒子的囊膜含有相对分子质量约 36 000 的 L 蛋白和 17 000 的 S 蛋白。没有 M 蛋白。

[培养] 由于 DHBV 多作为抗乙肝药物的体内试验模型，所以很少进行体外培养试验。对 DHBV 进行体外试验时，多采用鸭原代肝细胞进行培养。

[病原性] 感染鸭的临床症状比较少见，大多数呈隐性或亚临床经过。剖检时可见主要的病理变化在肝脏，表现为肝细胞浊肿和脂肪变性，汇管区有炎症细胞浸润。肝硬化者可见肝实质坏死，大量的纤维结缔组织增生，更严重者发生肝癌，肿瘤部分主要由腺样结构组成，其间夹杂有癌细胞团。在 DHBV 感染鸭的胆管上皮、肾小球、肾小管上皮、胰腺腺泡和内分泌细胞都能测到乙肝病毒的抗原成分。在 DHBV 感染鸭中，少见 DNA 整合的现象，且癌症发生率低。

[生态学] DHBV 的传播方式是以垂直传播为主。感染母鸭可经卵将 HDBV 传给子代。在种蛋的卵黄中存在大量病毒，种蛋在孵后 6 h，DHBV 的 DNA 便开始合成，复制部位在卵黄囊。孵化出的雏鸭被感染并持续带毒。李秋香等（1991）将 DHBV DNA 不同亲代配对所组成的 4 个组分群饲养，观察产卵后孵化出的雏鸭 DHBV 阳性率。结果，亲代都为阴性的其配对后所繁殖的子代也都是阴性；亲代都是阳性的其子代 100%阳性，雄鸭阳性雌鸭阴性的其后代有 28%阳性，雌鸭阳性而雄鸭阴性所产后代是 100%阳性。由此可见，DHBV 是垂直传播的，而且母鸭所起的作用更大。DHBV 感染还具有明显的鸭种和地域差别。国内学者曾对不同鸭种不同地区进行了调查，结果显示我国北方鸭基本为阴性，南方的启东、上海等地约有 40%的鸭血清中可找到 DHBV。研究中还发现 DHBV 的感染率与人乙肝的发病率有一定相关性，鸭乙肝发病率高的地区也是人乙肝的高发区，这是偶然巧合还是必然结果，还需做大量工作。

[诊断] 对本病的检测方法有酶联免疫吸附试验、反向间接血凝试验、放射免疫分析以及免疫电镜

技术等。目前，随着分子生物学技术的发展，基于病原的分子生物学检测技术包括 PCR 和核酸杂交技术也已应用于 DNBV 的监测和诊断中。

参考文献

郭思源 . 1989. 鸭乙型肝炎研究的若干进展［J］. 中国畜禽传染病 .（5）：61 - 63.

侯云德 . 1990. 分子病毒学［M］. 北京：学院出版社：223 - 233.

黄祯祥，等 . 1990. 医学病毒学基础及实验技术［M］. 北京：科学技术出版社：476 - 518.

金奇 . 2001. 医学分子病毒学［M］. 北京：科学出版社：325 - 347.

李秋香，等 . 1991. 鸭肝炎病毒感染和垂直传播的研究［J］. 病毒学杂志，6（1）：15 - 19.

徐宜为，等 . 1993. 动物的类乙型肝炎研究进展［J］. 中国兽医科技，23（7）：16 - 20.

Francki R I B，et al. 1991. Arch Viral 2（Supplementum）. 111 - 116.

Gumerlock P H，et al. 1992. Vet. Microb. 32：273 - 280.

Murphy F A，et al. 1995. Arch Viral（Supplementum 10）. 179 - 184.

Nermut M V，et al. 1987. Animal virus Structune. ELSEVIER. 361 - 369.

Walters K A，et al. 2004. J Virol. 78（15）：7925 - 7937.

White D O，et al. 1986. Medical Virolog. Academic Press. 365 - 380.

华育平　马建　编

第四十二章　逆转录病毒科

逆转录病毒科（Retroviridae）的病毒因为含有一种依赖RNA的DNA聚合酶（逆转录酶）而得名。逆转录病毒在复制过程中，在逆转录酶的作用下，以病毒RNA为模板，逆转录成DNA，这种DNA中间体可以整合到宿主细胞染色体中，成为宿主细胞基因组的一部分，从而避开了机体免疫系统的监视，在适当的条件下会不断地产生子代病毒RNA。

逆转录病毒是一群十分复杂的RNA病毒，它们不但分布广泛，而且所引发的疾病都是在不知不觉中感染，缓慢地进行性加重，预后多不良。有些逆转录病毒所引起的疾病早在一百多年前就已经被发现，但是至今也没有找到控制和消灭这些疾病的有效办法。

目前严重威胁人类和动物健康的恶性肿瘤、艾滋病等与逆转录病毒有密切关系。因此对逆转录病毒的研究已经成为医学和兽医学的热门课题，受到特别关注。

［**形态结构**］逆转录病毒为球形有囊膜病毒，直径80～120nm。成熟的病毒粒子最外层是双层脂膜和囊膜蛋白（Env）构成的囊膜，Env由与锚定囊膜的跨膜蛋白（transmembran protein，TM）和与TM结合的表面蛋白（surface protein，SU）两部分组成。囊膜表面分布的6～10nm纤突，为糖基化Env。囊膜下层为基质蛋白（matrix protein，MA）组成的近圆形壳，其内部为病毒的核芯（core）。核芯根据逆转录病毒的属不同，可为近圆形、杆形或锥形，由病毒衣壳蛋白（capcid protein，CA）包裹着的RNA基因组和附着在基因组的核蛋白（nucleocapcid，NC）组成。其基本结构见图42-1。本科病毒都是以出芽增殖的方式成熟和释放。

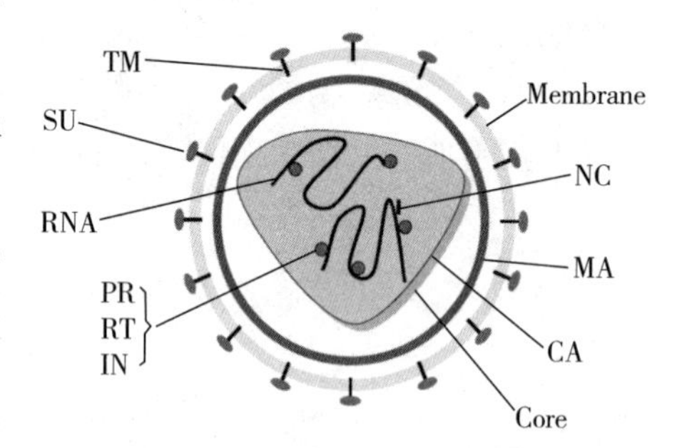

图42-1　逆转录病毒基本结构

SU：surface protein 表面蛋白

TM：transmembrane protein 跨膜蛋白

MA：matrix 基质蛋白

CA：capsid 衣壳蛋白

NC：nucleocapsid 核衣壳蛋白

PR：protease 蛋白酶

RT：reverse transcriptase 逆转录酶

IN：integrase 整合酶

［**理化特性**］病毒在蔗糖中的浮密度1.13～1.18g/cm^3。对脂溶剂、去垢剂以及甲醛敏感，对紫外线有很强的抵抗力。病毒表面的糖蛋白容易被蛋白酶水解。

本科病毒的核酸为正链单股RNA二聚物，占病毒质量的2%。单体借助于氢键部分地连接，形成一小段双链区，每个单体约有7～11 kb。逆转录病毒基因组由4个基本的基因构成，其顺序是5′，gag，pro，pol，env，3′。基因组的末端已腺苷化，5′末端有一帽状结构，帽状结构序列为Ⅰ型结构m7G5ppp5′GmpNp。3′末端有一tRNA样结构。纯化的病毒RNA没有感染性。图42-2为其代表性病毒马传染性贫血病毒EIAV和人类免疫缺陷病毒HIV-1的基因组组成。

病毒蛋白质含量约占病毒总质量的60%，其中至少有4种非糖基化的结构蛋白和至少两种糖基化蛋白，它们分别是由gag基因编码的基质蛋白、衣壳蛋白、核衣壳蛋白，由pro基因编码的蛋白酶（proteinase，PR）；由pol基因编码的逆转录酶（reverse transcriptase，RT）、整合酶（integrase，IN），由env基因编码的病毒表面蛋白和跨膜蛋白。其中表面蛋白和跨膜蛋白为糖基化蛋白。

脂类约占病毒质量的35%，主要分布于囊膜，由宿主细胞膜衍化来。

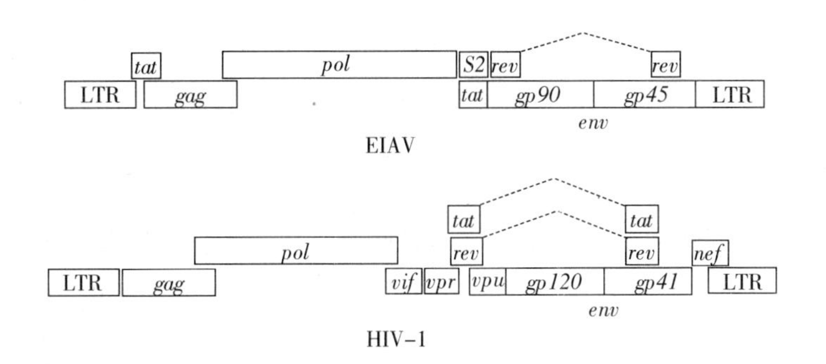

图 42-2　逆转录病毒基因组构成

图中显示慢病毒属的马传染性贫血病毒 EIAV 和人类免疫缺陷病毒 HIV-1 的基因组组成

碳水化合物约占病毒质量的 3.5%，主要存在于两种糖基化蛋白中。病毒的囊膜中还含有由细胞带来的糖和糖脂。

[抗原性] 本病毒的蛋白中含有群特异性和型特异性抗原决定簇。群特异性抗原存在于病毒粒子的内部，为一个血清群的病毒所共有。有些属的不同血清群的成员可能具有共同的群特异抗原决定簇，但不同属的成员间不存在交叉反应。型特异性抗原存在于病毒表面，与抗体的中和反应有关。

[病原性] 逆转录病毒可致机体产生多种疾病，如恶性肿瘤（包括白血病、淋巴肉瘤以及来源于中胚层的肿瘤、乳房癌、肝癌、肾癌等）、免疫缺陷病、自身免疫病、低级运动神经元病以及伴有组织损伤的急性疾病等，但有些逆转录病毒可能是非致病性的。

[生态学] 逆转录病毒在哺乳动物和禽类中有很宽的宿主范围，但就一种具体的病毒来说，感染谱又相当狭窄，有的只感染一二种动物。逆转录病毒的主要传播途径是通过血液、唾液、密切接触以及昆虫媒介等方式水平传播，而内源性的逆转录病毒则是垂直传播的。

对于逆转录病毒的分类，传统上根据病毒核芯在电镜下的形态和部位分为 7 个属，并分别命名为：哺乳动物 B 型逆转录病毒属（*Mammalian type B retrovirus*）、哺乳动物 C 型逆转录病毒属（*Mammalian type C retrovirus*）、禽 C 型逆转录病毒属（*Avian type C retrovirus*）、D 型逆转录病毒属（*type D retrovirus*）、牛白血病-人嗜 T 淋巴细胞逆转录病毒属（*BLV-HTLV retrovlrus*）、慢病毒属（*Lentivirus*）和泡沫病毒属（*Spumavirus*）。关于“B 型”、“C 型”病毒的命名最早见于 1958 年，由法国的 Bernhard 教授提出来的。他在用电镜观察小鼠乳房瘤细胞的超薄切片时，发现了两种不同形态的病毒粒子。一种存在于胞浆中，直径 65～75nm，具有同心的双层膜结构，粒子中心透明。他把这种病毒结构叫作“A 型粒子”。另一种病毒粒子存在于细胞外，直径 105nm，其核芯偏于一侧，称作“B 型粒子”。以后又在患鼠白血病的病鼠细胞表面发现了一种直径为 100nm，致密的核芯位于中央的病毒粒子，称作“C 型粒子”。此外，亦有存在于胞浆中，由 A 型粒子过渡而来的 D 型粒子。该型粒子在出芽时可见致密的圆柱形核芯。A 型粒子实际上是其他型粒子的前身或未成熟形式。

随着病毒分类的一些新标准的出现，国际病毒分类委员会（ICTV）将逆转录病毒科重新分类并命名。新的标准将逆转录病毒科分为正逆转录病毒亚科（Orthoretrovirinae）和泡沫病毒亚科（Spumaretrovirinae）两个亚科，前者包括甲型逆转录病毒属（*Alpharetrovirus*）、乙型逆转录病毒属（*Betaretrovirus*）、丙型逆转录病毒属（*Gammaretrovirus*）、丁型逆转录病毒属（*Deltaretrovirus*）、戊型逆转录病毒属（*Epsilonretrovirus*）和慢病毒属（*Lentivirus*）；后者只有一个属即泡沫病毒属（*Spumavirus*）。依据基因组编码蛋白的特性，即是否只编码 Gag，Pro，Pol 和 Env 蛋白还是编码这些主要蛋白之外的其他小的调节蛋白，把逆转录病毒分为两大类，即只编码 Gag，Pro，Pol 和 Env 的“简单的”逆转录病毒，以及除此之外还编码一些小的调控蛋白的“复杂的”逆转录病毒。简单的逆转录病毒包括的 3 个属是：甲型逆转录病毒属、乙型逆转录病毒属和丙型逆转录病毒属；而复杂的逆转录病毒包括 4 个属：它们是丁型逆转录病毒属，戊型逆转录病毒属、慢病毒属和泡沫病毒属。综上，ICTV 将逆转录病毒科分为两个亚科和7个病毒属。

第一节 甲型逆转录病毒属（*Alpharetrovirus*）

甲型逆转录病毒属的病毒属于简单的逆转录病毒。基因组只包括*gag*、*pro*、*pol*和*env*基因。其中*pro*基因与gag基因3′端重叠并使用相同的阅读框。形态上具有典型的C型逆转录病毒特征。甲型逆转录病毒属的代表性病毒为禽白血病病毒（*Avain leukosis virus*，ALV），还包括劳斯肉瘤病毒（*Rouse sarcoma virus*，RSV）、禽成髓细胞白血病病毒（*Avian myeloblastosis virus*，AMV）、禽髓细胞瘤病病毒（*Avian myelocytomatosis virus*，AMCV）、禽肉瘤病毒（*Avian sarcoma virus*，ASV）和滕浪肿瘤病毒（*Fujinami sarcoma virus*，FuSV）等。

禽白血病病毒（*Avian leukosis virus*，ALV）

本病毒群是逆转录病毒科甲型逆转录病毒属的代表种。包括一类分布很广泛的感染禽和其他鸟类的逆转录病毒。有外源和内源性感染两种形式。依据病毒干扰模式、血清中和特性以及进入细胞使用受体上的差异，可将其分为10个亚群（依次命名为A到J亚群）。其中，前4种即A～D亚群为外源性病毒；E～I亚群为内源性病毒。F和G亚群主要为分离于某些野禽的内源性病毒。J亚群为Payne等在1988年从肉用仔鸡中分离出的一种新型的ALV病毒，由于它不同于当时已知的A～E亚群中的任何一种，所以被单独命名为ALV-J亚群。病毒蛋白相对分子质量：MA约19 000；p10约10 000；CA约27 000；NC约12 000；PR约15 000；RP约68 000；IN约32 000；SU约85 000；TM约37 000。病毒基因组大小约为7.2 kb。有关内源性的病毒序列已在鸟类和哺乳动物体内查到。病毒的感染与恶性肿瘤及某些疾病，如消耗性疾病、骨质硬化症等有密切关系。

早在20世纪的中后期就有人对禽白血病进行了描述和报道，是人类最早认识的禽病之一。本病毒除能引起白血病外，还能引起骨髓细胞瘤、上皮细胞瘤等肿瘤性疾病，而且它诱发的肿瘤多与造血系统有关。由于禽白血病病毒与禽肉瘤病毒在理化特性、病毒形态以及致病性等方面具有许多相同的特征，因此常常统称为禽白血病/肉瘤病毒。目前本病分布相当广泛，在养禽业发达的国家，大多数鸡群都有禽白血病病毒感染。在来源于普通鸡胚的成纤维细胞中常常可以发现本病毒。

[形态] 禽白血病病毒具有典型的C型病毒的形态特征，大小为80～100nm，二十面体对称。球形核芯位于病毒粒子的中心，直径45nm。囊膜表面有纤突，直径8nm。病毒以出芽增殖的方式在胞浆膜上出芽并释放（图42-1）。

[培养] 大多数禽白血病病毒能在鸡胚上良好生长，在绒毛尿囊膜上产生增生性痘斑，这种痘斑在8d后可以计数，而且与病毒的剂量成线性关系。本病毒也能感染在遗传上对其易感的鸡胚细胞培养物，并能连续不断地产生病毒，一般情况下不产生细胞病变。当用肉瘤病毒接种鸡胚成纤维细胞时，会引起细胞发生肿瘤性转化，在接毒的细胞单层上能见到由这些转化的细胞形成的散发性克隆或病灶。

[理化特性] 病毒RNA基因组是由2个34～38S的亚单位构成的二聚体，相对分子质量为10^6，在蔗糖中的浮密度为1.15～1.17g/cm^3。每个基因组的单体约有7.2 kb。

病毒对乙醚、氯仿等脂溶剂敏感，对紫外线有很强耐受性，不耐热，56℃ 30 min即可丧失感染性，−60℃能长期保存。在pH5～9时稳定。

病毒的主要蛋白成分为衣壳蛋白p27、基质蛋白p19、核衣壳蛋白p12、囊膜蛋白gp85和跨膜蛋白gp37等。

[抗原性] 本病毒具有共同的群特异性抗原p27。根据利用细胞受体的差异，本病毒可分成A、B、C、D、E、F、G、H、I、J共10个亚群。H和I亚群为两个从鹧鸪和鹌鹑中分离到的内源性病毒亚群。同一亚群的病毒能够互相干扰，并具有不同程度的交叉中和能力。不同的亚群间没有这种能力。病

毒的囊膜糖蛋白具有型特异性抗原决定簇，能诱导中和抗体。用中和试验可以将亚群细分为若干不同的抗原型。通过交叉中和试验发现，A 亚群各病毒密切相关，较为保守；B 亚群各病毒之间差异较大；J 亚群 ALV 囊膜基因通过与内源性病毒相同序列重组而获得，囊膜基因产物对所诱导的疾病类型无影响。

[病原性] 由于感染的毒株不同，病鸡的症状和病理变化也有所不同。病毒的 A、B、C、D 亚群是外源性病毒，有较强的致病性。E 亚群是内源性病毒。所谓内源性是指这类病毒的基因组已经成为一种生物的固定基因结构的一部分，就像宿主细胞基因组一样受细胞的调节控制。一般的鸡都携带 E 亚群基因序列，这些序列被整合到鸡细胞的基因组上。当完整的内源性病毒基因组存在时，细胞可能自发地或经某种化学试剂的作用，产生出 E 亚群白血病病毒。当内源性病毒基因是缺损型时，基因可能在细胞内进行表型表达而不产生感染性病毒。E 亚群对鸡的致病性很弱或根本不致病。F 和 G 亚群主要感染野鸡。

本病毒所致疾病最常见有如下 3 种。

(1) 淋巴细胞性白血病　在鸡的性成熟期发病率最高，14 周龄以下的鸡极少发病。主要临床症状是消瘦、贫血、腹泻、虚弱，肝、法氏囊肿大，且临床症状出现，病程通常很短，最后衰竭死亡。肿瘤常见于肝、脾、肾、法氏囊，有时也侵害心、肺等。组织学检查，肿瘤组织是由处于原始发育阶段的成淋巴细胞组成。这种细胞源于法氏囊，属于囊依赖性细胞，如果摘除法氏囊，能防止这种肿瘤发生。

(2) 成红细胞性白血病　野外病例发生于 3 月龄以上的鸡。主要临床症状是怠倦，全身性虚弱，鸡冠略为苍白或发绀；继之病情发展，症状加重，表现消瘦和腹泻，一个或更多羽毛囊可能发生大量出血，病程数天到数月。患严重贫血的鸡，鸡冠变成淡黄色直至白色。死于此病的鸡，通常带有全身性贫血，其器官常有出血点。

(3) 成骨髓细胞性白血病　主要症状与成红细胞性白血病相似，严重的废食、显著脱水、消瘦和腹泻。还可见到血凝不良引起的羽毛囊出血，病程较长。另外，本病可在病鸡外周血液中见到大量的成髓细胞，几乎占全部血液有形成分的 75%，本病很少自然发生。

[生态学] 自然条件下，本病以垂直传递为主，经卵垂直传递在自然感染中占重要位置。带毒母鸡本身可以不表现任何症状，而其所生的蛋却带毒。母鸡的生殖系统特别是输卵管的蛋白分泌物的病毒浓度最高。公鸡在病毒传播上没有母鸡那么重要，似乎只起机械带毒作用。

先天感染的雏鸡常常表现出免疫耐受现象，不产生抗肿瘤抗体，但也能带毒和排毒，因此也是重要的传染源。

除生殖系统存在病毒外，在病鸡的消化系统以及血液中也常含有病毒，随排泄物和唾液排出体外，是水平传播的重要来源。

后天接触感染的雏鸡带毒和排毒现象与接触感染时间的早晚密切相关。出生 2 周内感染的雏鸡发病率及死亡率均很高，即使侥幸存活的母鸡，其所产蛋的带毒比例也相当高。4～8 周龄雏鸡感染后的发病率和死亡率很低，所产的蛋也不带毒。

在自然条件下只有鸡易感，其感受性可因品种而异。有些品种的鸡对本病具抵抗力。

[分离鉴定] 病毒的分离鉴定是诊断禽白血病最为有效和可靠的办法。鉴定时，一般取病鸡肝脏、脾脏和骨髓等器官病料上清液接种于单层的鸡胚成纤维细胞（CEF），在细胞上复制病毒后，利用 ELISA 方法检测 p27 群特异性抗原是否存在。依此，初步判断是否为 ALV 感染。而具体的病毒群的确定需要使用群特异性抗体进行检测。例如，已使用 ALV－J 型特异性单抗，成功地对中国分离的 ALV－J 毒株进行了鉴定。聚合酶链式反应（PCR）近年来也被尝试用于 ALV 的检测，同时也可用于特异性检测鉴定 ALV－J 亚群病毒。

[免疫] 由于本病毒及其制备物在灭活的同时其免疫原性会遭到不同程度的破坏，培育无致病力的弱毒株亦未取得重要进展，因此至今也没有研制出有实用价值的疫苗。再一个原因就是先天性感染的雏

鸡具有的免疫耐受性以及这种感染的普遍性，使疫苗的应用前景也变得十分暗淡。摘除法氏囊虽然能阻止本病的发生，但是由此引起的一系列副作用将会得不偿失。比较切实可行的防制方法在于阻断病毒从亲代到子代的垂直传递。以清群为主，通过血清学检测，不断地淘汰阳性鸡，如此连续数年，可使鸡群逐步净化。同时选择来源于健康母鸡所产种蛋孵育小鸡，加强种蛋、孵化场等的消毒，尽可能地减少污染，消灭外环境中的病毒，以达到净化目的。

第二节　乙型逆转录病毒属（*Betaretrovirus*）

乙型逆转录病毒属的病毒具有 B 型病毒粒子或 D 型病毒粒子的特征，核芯分别成偏心圆或圆柱形。病毒在复制过程中，先在胞浆装配成 A 型粒子，经转运到胞浆膜下，以出芽的方式获得囊膜，进而脱离宿主细胞。以小鼠乳腺瘤病毒（*Mouse mammary tumor virus*）为本属病毒的代表种。本属病毒还包括：南非羊肺炎病毒（绵羊肺腺瘤）[*Jaagsiekte sheep retrovirus*（*Ovine pulmonary adenocarcinoma virus*）]，叶猴病毒（*Langur virus*），梅森-菲舍猴病毒（*Mason-Pfizer monkey virus*）和松鼠猴逆转录病毒（*Squirrel monkey retrovirus*）等。除小鼠乳腺瘤病毒外，其他病毒成员可引起灵长动物以及某些哺乳动物发生类似于免疫缺陷综合征的疾病。

1984 年 Daniel 等从病猴的淋巴瘤中分离出一株 D 型逆转录病毒（SRV）。以后又陆续有人分离出 SRV-1 和 SRV-2 病毒，起初曾把这种病毒当作猴艾滋病病原，但进一步研究发现，这些病毒与猴免疫缺陷病毒（SIV）存在着明显的不同，特别是核酸序列的同源性有很大差异，而且这两种病毒在血清学上也没有交叉反应。因此，有人把 SRV 叫作动物艾滋相关病毒。

病毒基因组的每个单体约含有 8kb。作为简单的逆转录病毒，其基因组也只包括 4 个基因，即 *gag*、*pro*、*pol* 和 *env* 基因。甲型逆转录病毒的 *gag*、*pro* 和 *pol* 基因顺序排列在同一阅读框，而乙型逆转录病毒的这 3 个基因分别位于不同阅读框，不重叠或略有重叠。主要的结构蛋白为基质蛋白 p10、衣壳蛋白 p27、核衣壳蛋白 p14、高度糖基化的囊膜蛋白 gp70 和跨膜蛋白 gp22。

SRV 的致病性与猴免疫缺陷病毒基本相同。主要是通过密切接触、猴间相互撕咬等水平途径传播。

小鼠乳腺瘤病毒（*Mouse mammary tumor virus*，MMTV）

小鼠乳腺瘤病毒是一种能引起某些品系小鼠发生乳腺肿瘤的病原体，是本属病毒的代表种。最早在 1936 年，由 Bitter 报道发现于小鼠乳汁中。

成熟的 MMTV 粒子呈球形，直径 100～105nm。具有偏心的电子致密的类核体，其直径 35nm，有一层膜结构包围着。病毒粒子的外部囊膜为双层结构。这是 MMTV 的典型形态。在宿主细胞中见到的 A 型粒子发生于高尔基体附近。成熟的病毒粒子在蔗糖中的浮密度为 1.18g/cm^3，沉降系数（$S_{20}w$）约 1 000S。病毒 RNA 约占病毒全重的 1%。蛋白质约占 70%。

病毒 RNA 基因组中的每个单体约有 10kb，除具有逆转录病毒的基本结构基因外，还有一个辅助基因 sag，对应的蛋白为超抗原（superantigen）。主要蛋白为基质蛋白 p10、衣壳蛋白 p27、核衣壳蛋白 p14、表面糖蛋白 gp52 和跨膜蛋白 gp36。

MMTV 的培养可使用来源于人的乳腺细胞系 Hs578T 和小鼠乳腺细胞系 NMuMG 等。培养液中需加入 10^{-6}mol/L 的地塞米松。

MMTV 诱发乳腺肿瘤的潜伏期为 6～12 个月。由于病鼠乳汁内含有大量病毒，所以幼鼠吸吮了这种含毒乳汁常可被感染。MMTV 也存在遗传感染的倾向，某些品系的小鼠遗传基因中含有前病毒形式存在的 MMTV。在一般情况下，前病毒的转录因子受到限制而不表达，当受到某些理化诱因作用而解除这种限制后，病毒就会增殖并引发肿瘤。通过 PCR 技术并结合克隆测序，发现在某些患乳腺癌的患者乳腺组织中存在和 MMTV 的部分基因高度同缘的基因，提示 MMTV 与人类乳腺癌的发生可能具有相关性。

绵羊驱羊病逆转录病毒（*Jaagsiekte sheep retrovirus*，JSRV）

绵羊肺腺瘤病（Ovine pulmonary adenomatosis，OPA），又称绵羊肺癌（Ovine pulmonary carcinoma，OPC）或“驱羊病”（Jaagsiekte），是由绵羊肺腺瘤病毒（绵羊驱羊病逆转录病毒，*Jaagsiekte sheep retrovirus*，JSRV）引起的一种慢性、进行性、接触传染性肺脏肿瘤性疾病。主要临床表现是患羊咳嗽、呼吸困难、虚弱、逐渐消瘦、流大量浆液性鼻漏；主要病理特征是Ⅱ型肺泡上皮细胞（type Ⅱ pneumocytes）和无纤毛细支气管上皮细胞（clara cells）发生肿瘤性增生。

本病最早于1825年在南非发现，目前，几乎所有的养羊业发达的国家和地区，包括我国新疆、青海、内蒙古等地都有该病的发生和流行，严重影响着世界范围内养羊业的发展，为世界动物卫生组织（OIE）确定的B类传染病。

JSRV呈球形，有囊膜，在超薄切片中，细胞内的病毒粒子平均直径为74nm，单个存在或2～3个聚在一起。病毒粒子中有一个电子密度很高的核心。外绕两层密度稍低的壳（shell），外壳的密度低于内壳，外层上可见细小的突起（projection）。细胞外的病毒粒子平均直径为127nm，外层为囊膜，中央为稍偏心的核衣壳。电镜负染标本中病毒粒子直径约为107nm，囊膜上布满长10～12nm的纤突（spikes）。病毒粒子在蔗糖中浮密度为1.15～1.20g/cm^3，沉降系数为60～70S。JSRV对热、氯仿、去污剂和甲醛敏感。

JSRV为乙型逆转录病毒。基因组为线性单股正链RNA，全长7.4kb，编码相互重叠的*gag*、*pro*、*pol*、*env*基因。JSRV感染羊后，形成整合有外源性前病毒DNA（exJSRV）的肺肿瘤细胞。健康羊基因组携有15～20拷贝，与JSRV密切相关的内源性病毒DNA（enJSRV）。enJSRV是几百万年前，JSRV形成前病毒DNA整合入羊生殖细胞，在羊与病毒漫长的共进化过程中固定下来，随宿主细胞基因组遗传复制并发挥一定的生理功能。健康羊体内，enJSRV表达的蛋白与JSRV病毒粒子的蛋白高度一致，能与JSRV的受体结合竞争性阻断JSRV的感染，并导致免疫耐受使得感染羊无针对JSRV的循环性抗体。而JSRV与同属的梅森-菲舍猴病毒（*Mason-Pfizer monkey virus*，MPMV）及小鼠乳腺瘤病毒（*Mouse mammary tumor virus*，MMTV）的主要内部结构蛋白（p26）之间具有共同的抗原性，可发生交叉反应。

OPA在全世界范围内散发，呈世界性分布。在不同国家和地区，OPA的发生率有显著差异，有暴发、地方性流行和散在发生等几种流行方式。潜伏期较长，在非地方性流行区，一般为6～8个月。

自然条件下，JSRV可经接触传播、飞沫传播，也有通过胎盘而使羔羊发病的报道。也可经人工感染诱发。用病羊肺肿瘤组织的无细胞滤液、鼻腔分泌物或肺灌洗液接种新生羔羊的鼻腔或气管内，可以复制此病。JSRV主要感染绵羊，也见于山羊。目前还没有合适的病毒体外培养体系，来自OPA的肿瘤细胞系JS7和JS8上可以复制感染性JSRV，但产生病毒的水平很低。

OPA的致瘤机制还不清楚。研究表明Ⅱ型肺泡上皮细胞的表面蛋白A（SP-A）经激活PI-3K/Akt通路致瘤，SP-A可增强肺特异性转录因子即肝细胞核因子3（hepatocyte nuclear factor，HNF-3）的活性。JSRV在Ⅱ型肺泡上皮细胞的表达形成一种自动分泌环（autocrine loop），即肺特异性转录因子可激活JSRV的长末端重复序列（long terminal repeat，LTR）导致*env*基因的表达，*env*基因的表达产物再激活PI-3K/Akt通路，后者又反过来增强肺特异性转录因子的表达。这种作用环将为JSRV建立了进化优势，为病毒产生更多的病毒粒子提供机会，从而更易感染健康羊群。

自然感染的患病羊以进行性衰弱、消瘦和呼吸困难为主要症状。起初，病羊行动缓慢，在放牧羊群中容易掉队，当病羊被驱赶时，呼吸困难症状更明显，呼吸运动明显加强，呼吸频率明显增加，可见明显的腹壁起伏运动。听诊肺部呼吸音粗粝，为湿啰音。发病后期，本病的一个特征性症状是在呼吸道积聚大量浆液性液体，如迫使病羊低头或将其后躯抬高，则有大量泡沫性、稀薄液体从鼻孔流出，这就是所谓的“小推车试验”（wheel barrow test）。这种症状具有一定的参考诊断意义。由于这些液体积聚于呼吸道，造成病羊痉挛性咳嗽，一般在发病的2～3个月内死亡是不可避免的结局，但是如果又被其他细菌感染，病程则缩短为几周便以死亡告终。

剖检的主要病理变化集中在肺脏，但有时肺门淋巴结也显示特征性的病理变化。典型病例的肺部变实，回缩不良，体积变大，重量增加，可为正常羊的3倍以上。肿瘤病灶多发生在一侧或双侧肺的尖叶、心叶和膈叶的下部，呈灰白或浅褐色的小结节，外观钝圆，质地坚实，小结节可以发生融合，形成大小不一、形态不规则的大结节。在肿瘤灶的周围是狭窄的肺气肿区，而且病灶发生慢性纤维化。此外，左心室扩张明显。

非典型性的OPA病例，病变主要发生在膈叶，而且腺瘤灶始终呈结节状，并不融合，病灶呈纯白色，质地非常坚实，很像瘢痕。病变部位与周围实质分界清楚，肺表面比较干燥。这种病例一般少见。

目前，OPA诊断主要依靠临床症状检查和病理组织学检查。本病的一个特征性症状是在呼吸道积聚大量液体。做“小推车试验”，则有大量泡沫性、稀薄、浆液性液体从鼻孔流出，这一特征具有一定的诊断意义。死亡的病羊，从多个感染区取肺肿瘤组织做病理组织学切片观察，发现特征性的病理变化，即可确诊。主要表现除上皮增生形成腺瘤状结构外，还可见到乳头状突起。新增生的上皮细胞胞浆丰富、淡染，核规则，呈圆形或卵圆形，一般为单个核，分裂相少见。

对OPA病羊的诊断也可采用分子生物学技术手段。根据外源性JSRV特异的U3区设计引物，从病羊肺脏及其分泌物中提取病毒RNA，作为模板，进行RT-PCR或PCR反应，阳性结果即可作为确诊的指标。

控制本病的有效措施是尽早发现可疑病畜，并立即屠宰，进行淘汰。冰岛就是依靠这种屠宰可疑病畜的方法，成功地消灭了本病，成为无本病的清净地区。

第三节 丙型逆转录病毒属（*Gammaretrovirus*）

这是一群在哺乳动物中分布相当广泛的逆转录病毒，具有典型的C型逆转录病毒的形态特征，能诱发白血病、淋巴瘤以及淋巴肉瘤等肿瘤性疾病。但本属中有些病毒的致瘤性很低或根本不致瘤。在致瘤性病毒中，有的自身具有复制能力，叫做“完全复制型病毒”；有的由于缺少复制基因，只有在辅助病毒存在的情况下，为其提供复制所必需的条件才能正常复制，这类病毒就叫做“不完全复制型病毒”或“复制缺陷型病毒”。充当这种辅助病毒角色的往往也是一种RNA肿瘤病毒。

本属病毒的基因组为50～70S的RNA，相对分子质量为5×10^6～8×10^6，每个单体有8.3 kb。其作为简单的逆转录病毒，同样也只具有*gag*、*pro*、*pol*和*env*四种基因。但其中*gag*，*pro*和*pol*处于同一个开放阅读框中，Gag-Pro-Pol蛋白以前体蛋白的形式表达，之后由蛋白酶水解成不同的功能蛋白。本属病毒除具有上述逆转录病毒基本基因结构外，还含有肿瘤基因（*onc*）。肿瘤基因最早是在Rous肉瘤病毒中发现的，以后又陆续在许多能引起肿瘤的逆转录病毒中发现。这一类病毒所以能引起肿瘤，是因为存在着一段核酸序列，如果这段核酸序列缺失，致瘤能力也就消失，因此称它为肿瘤基因。以后又发现在许多动物细胞基因组中普遍存在着与病毒肿瘤基因相似的序列，在正常情况下，它们只是限制性表达或者根本不表达，因此，对细胞无害。但是，当受到某种内在或外部因素作用而活化并异常表达时，就可能导致癌变。这类细胞的肿瘤基因并不单纯是一类能引起肿瘤的基因，它也是一类能编码关键性调控蛋白的正常细胞基因。因此，细胞肿瘤基因的实际意义比字面上表达的要宽广得多。病毒的肿瘤基因广泛存在于逆转录病毒中，它对病毒本身的复制不但毫无意义，而且由于它取代了原来的部分必要基因，在大多数情况下，反而使病毒成为缺陷型的。

本属病毒的形态特征是致密的球形核位于病毒中心，病毒的核衣壳是在病毒出芽时在胞浆膜的内表面装配的。

本属病毒的主要蛋白成分为：基质蛋白p15、衣壳蛋白p30、核衣壳蛋白p10、表面囊膜蛋白gp70和跨膜蛋白gp15等。

哺乳动物C型病毒通过水平和垂直两种途径传播，能引起恶性肿瘤以及免疫抑制等疾病。

本属病毒包括鼠白血病病毒（*Murine leukemia virus*，MuLV），猫白血病病毒（*Feline leukemia virus*，FeLV），长臂猿白血病病毒（*Gbbon ape leukemia virus*，GALV）和网状内皮增生症病毒（*Reticuloendotheliosis virus*，REV）等 17 种病毒。

鼠白血病病毒（*Murine leukeamia virus*，MuLV）

鼠白血病病毒是引起鼠的各种类型白血病的病原，具有 C 型逆转录病毒的典型形态特征，为丙型逆转录病毒属的代表种，1951 年由 Cross 等首先报道。该病毒与后来发现的鼠肉瘤病毒是一种辅助缺陷型病毒，虽然能使鼠及人胎组织的培养细胞发生转化，但是不能产生具有感染性的病毒粒子，它的复制必须有辅助病毒参与。鼠白血病病毒就是鼠肉瘤病毒的辅助病毒，这两种病毒通常以混合形式存在，它们具有相关的抗原性，因此将这两种病毒统称为鼠白血病和肉瘤病毒。

对鼠白血病病毒进行深入研究有助于对本群病毒的认识，同时也为研究其他病毒提供了一个十分方便又廉价的动物模型。

［形态结构］鼠白血病病毒呈球形，直径 75～120nm，核心直径约 68nm。有囊膜，具有典型的 C 型病毒的形态特征。成熟病毒在细胞膜上以出芽方式释放，也可在空胞膜上出芽。因此，在感染细胞的胞浆空胞中常可发现聚集的病毒粒子。

［培养］本病毒能在小鼠和大鼠的细胞培养物或某些来源于鼠的传代细胞系中生长，一般不出现细胞病变，而鼠肉瘤病毒能引起细胞产生特征性变化。

［理化特性］本病毒对脂溶剂和去垢剂敏感，不耐热，56℃ 30min 即可被灭活，37℃ 72 h 感染性会全部丧失，－70℃可长期保存。对紫外线和 X 射线有较强抵抗力。在蔗糖中浮密度 1.16～1.18g/cm^3。病毒 RNA 基因组的每个单体约有 8.3 kb。主要蛋白成分为基质蛋白 p15、衣壳蛋白 p10、表面糖蛋白 gp70 和跨膜蛋白 gp15。

［抗原性］本病毒的群特异性抗原 p30 存在于病毒粒子内部，型特异性抗原为 gp70，存在于病毒粒子的表面以及病毒出芽部位。制备群特异性抗原需采用反复冻融或用乙醚处理的方法才能使存在于病毒内部的抗原成分释放出来。鼠白血病病毒的群特异性抗原具有种间的特异性，与其他动物的白血病病毒没有共同的抗原决定簇。

［病原性］鼠白血病病毒和鼠肉瘤病毒在多数情况下以潜在感染的形式存在。不同品系的鼠对本病毒的易感性差异很大，高发品系的鼠对病毒接种易感，并能形成肿瘤。低发病率的 C3H 品系小鼠则需要很长时间才能发生白血病。而且动物对本病毒的敏感性随鼠龄的增加而降低。病毒在鼠体内的最初增殖部位为胸腺。主要临床表现为肝、脾肿大，胸腺及淋巴结发生肿瘤。肿瘤组织多由淋巴细胞构成。病鼠一般在发病后 1～3 周内死亡。

［生态学］本病毒在自然界能广泛传播，主要是通过乳汁、精液等垂直或水平传播。

［诊断］群特异性抗原可用补体结合试验、免疫荧光试验、琼脂扩散试验以及放射免疫测定等方法进行检测。肿瘤特异性移植抗原及相应抗体可以通过免疫荧光和细胞毒性试验进行检测。

禽网状内皮组织增生症病毒（*Avian reticuloendotheliosis virus*，AREV）

本病毒为可引起鸡、鸭、火鸡和其他鸟类以淋巴-网状细胞增生为特征的肿瘤性疾病的病原体。

1958 年，Robinson 等首次从患有内脏肿瘤的火鸡中分离到病毒。以后在澳大利亚、匈牙利、英、德、日、朝鲜、尼日利亚等国家和地区发现本病。在我国部分地区的鸡群中也有散发的报道。目前，ARE 已是世界上广泛存在的传染病。

［形态］病毒的大小和形态与禽白血病病毒相似。在负染标本中可见病毒粒子呈球形，有囊膜，囊膜表面突起长约为 6nm。病毒粒子直径约为 100nm，病毒的核芯多呈环形，中心呈弥散型或电子透明状（图 42-2）。病毒在胞浆膜上以出芽增殖方式成熟并释放，出芽时形成 73nm 直径的新月形核芯。

［培养］禽网状内皮组织增生症病毒可在鸡胚绒毛尿囊膜上产生痘样病变，并能致死鸡胚；能在鸡、

火鸡、鸭、鹌鹑的胚胎成纤维细胞培养物上生长并产生轻微而短暂的细胞病变。随着细胞病变的消失，大部分细胞呈现慢性感染状态，在这一时期，病毒仍能继续复制。完全复制的禽网状内皮组织增生症病毒也能在D17犬肉瘤细胞、cf2Th犬胸腺细胞、大鼠肾细胞以及水貂肺细胞等哺乳动物细胞或细胞系的培养物中增殖。所谓完全复制就是病毒基因组中携带着复制所需的全部遗传信息，能够在宿主细胞中很好地复制出子代病毒。不完全复制病毒实际上是一种缺陷型病毒，它的基因组中携带的遗传信息不完全，主要是在 *gag-pol* 基因区有大段的缺失，*env* 基因区有小段缺失，导致病毒在宿主细胞中必须借助于具有完全复制功能的辅助病毒例如REV-A才能正常复制。

[理化特性] 病毒在蔗糖中的浮密度为1.16～1.18g/cm^3，在CsCl中为1.20～1.22g/cm^3。不耐热，37℃ 20 min其感染性会丧失50%，1h失活99%，56℃ 30 min可灭活，4℃条件下比较稳定，−70℃可长期保存。REV对乙醚、氯仿敏感，碱性条件下易失活。

病毒基因组为单链RNA，由含有2个30～40S RNA亚单位的60～70S复合物组成。基因组长度依据病毒为复制型还是复制缺陷型而有所不同。复制型约为9 kb，而复制缺陷型约为5.7 kb。此外，复制缺陷型病毒T株基因组的 *env* 区含有一个0.8～1.5 kb具有转化基因作用的替代片段，称为 *V-rel* 基因。完全复制REVS或其他禽类和哺乳动物的逆转录病毒不存在 *V-rel* 基因。主要蛋白成分为基质蛋白p19、衣壳蛋白p27、核衣壳蛋白p12、囊膜糖蛋白gp85和跨膜蛋白gp37。

[抗原性] 病毒的各个毒株都有共同的群特异性抗原p27。与禽白血病病毒没有共同抗原性，而与某些哺乳动物C型病毒的核心抗原存在着共同的抗原决定簇。因此有人认为禽网状内皮组织增生症病毒与哺乳动物C型肿瘤病毒间的关系比禽白血病病毒更为密切。根据病毒中和试验等方法，将AREV分成三种不同的抗原亚型，即Ⅰ、Ⅱ和Ⅲ型，其中Ⅰ型含A、B、C三个抗原表位，Ⅱ型含有B抗原表位，Ⅲ型含有A、B抗原表位。

[病原性] 本病毒的不同毒株在致病性上有很大的不同。最早分离的原型株-T株是复制缺陷型病毒，具有很强的致瘤性，人工接种1日龄雏鸡的死亡率可达100%。病鸡可见肝、脾肿大伴有局灶性或弥散性浸润病变。在胰、心、肾及性腺也可见到病变。组织学变化为内脏及神经出现网状内皮组织增生性病变。血常规检查显示出异嗜性白细胞减少及淋巴细胞增多。其他毒株的潜伏期都较长，致病性也弱。由完全复制型禽网状内皮组织增生症病毒所致感染禽的胸腺、法氏囊常萎缩，外周神经肿大，生长发育迟缓，羽毛发育异常，体液和细胞免疫应答降低，机体呈现免疫抑制状态。病禽表现出矮小综合征症状。经过漫长的潜伏期后，完全复制型禽网状内皮组织增生症病毒也可以引起机体产生以淋巴网状细胞为主的淋巴瘤。

[生态学] 本病毒可感染鸡、火鸡、珍珠鸡、鹌鹑、鸭、鹅等，其中火鸡最常见。除家禽可感染不同的AREV毒株，还从野鸭、野火鸡及野生鸟类中分离到该病毒。因此，野生禽类有可能成为家禽重要的感染源之一。病禽在毒血症期间可通过泄殖腔排出物、口眼分泌物等排出病毒，在其他体液以及垫料中也曾分离到病毒。病毒主要通过水平途径传播，也是禽病疫苗的潜在污染物，如接种这种污染的疫苗会造成病毒的人为传播。

[分离与鉴定] AREV的分离通常使用对本病比较敏感的雏鸡进行人工感染试验，可以复制出本病并能分离到病毒。病毒血症往往是一过性的而且病毒滴度相当低，持续时间短，但是胚胎感染或发生免疫抑制时病毒滴度很高。因此带有病变的禽是病毒最好的来源。病禽的组织悬液或全血等接种在易感的细胞培养物中，经至少盲传2代后，用荧光或免疫酶试验，也可用电镜技术来检查病毒或病毒抗原。可以用琼脂扩散试验、间接免疫荧光技术（IFA）以及病毒中和试验等来检测血清中的病毒抗体，以确定是否存在该病毒的感染。斑点杂交试验是检测REV的另外一种切实可行的方法。用非放射性的地高辛标记AREV的全基因组克隆或某个特异片段的克隆，可用来大规模检测临床样品。该方法与PCR和IFA相比，具有简单、快速、仪器要求低等特点，适合于在临床和基层推广。应用PCR技术可快速、准确对AREV感染作出诊断，并可区分出复制型和复制缺陷型病毒，但在使用时要注意判断假阳性和假阴性。

［免疫］ 目前已有一些用于防治 REV 的候选疫苗的报道。例如，用表达 REV *env* 基因的重组禽痘病毒和由转染的 QT35 鹌鹑细胞产生的 REV 空病毒粒子对鸡进行免疫接种，可产生一定的抗矮小病综合征的保护力。但未见使用疫苗成功预防本病的报道。

第四节　丁型逆转录病毒属（*Deltaretrovirus*）

这是一群能引起人和某些哺乳动物发生白血病的逆转录病毒，具有 C 型逆转录病毒的形态特征。代表种为牛白血病病毒（*Bovine leukemia virus*，BLV）。基因组 RNA 的每个单体约有 8.3kb，包括 *gag*、*pro*、*pol* 和 *env* 基因，此外，与简单逆转录病毒不同，其基因组还包括有两个非结构基因 *tax* 和 *rex*，这两个基因产物的表达缘于对基因组 mRNA 的选择性剪切，表达出的对应蛋白在病毒 RNA 合成过程中起调节作用。*gag*、*pro* 和 *pol* 基因在 3 个不同的阅读框中，Gag-Pro-Pol 蛋白的表达需要在翻译时进行两次移码阅读。

本属病毒除 BLV 外，还包括灵长类嗜淋巴细胞病毒（*Primate T - lymphotropic virus*）1、2 和 3。

牛白血病病毒（*Bovine leukemia virus*，BLV）

牛白血病病毒是丁型逆转录病毒属的代表种，引起牛白血病的病原体。其主要特征为淋巴细胞恶性增生，进行性恶病质变化，全身淋巴结肿大并伴有高死亡率。

本病于 1878 年首次报道以来，经历了差不多 100 年才由 Miller（1969）分离到病毒。随着养牛业的发展以及种牛引进、精液交流，目前本病已呈世界性分布。我国 20 世纪 70 年代在安徽发现本病后，在许多省份也都先后有本病报道，并有扩大之势。在某些牛群中血清阳性率达 30%～50%，已成为牛的重要传染病之一，对养牛业的发展构成重大威胁。目前牛白血病可分为地方流行性和散发性两大类，在我国流行的属于地方流行性牛白血病。

［形态］ 牛白血病病毒具有 C 型逆转录病毒的形态特征。病毒呈球形，有囊膜，直径 80～100nm。球形核芯位于病毒粒子的中心。囊膜表面有约 10nm 的纤突，核衣壳呈二十面体对称。病毒以出芽增殖的方式在细胞表面出芽并释放。

［理化特性］ 本病毒在蔗糖中的浮密度为 1.16～1.17g/cm^3。病毒基因组是由二条线状单链的 RNA 组成的二聚体。基因组中除包括 *gag*、*pol* 和 *env* 等结构基因外，还包括调节基因 *tax* 和 *rex*。*tax* 和 *rex* 的开放阅读框架有 420 个碱基的重叠。*Tax* 基因编码的蛋白作为 BLV 启动子的反式激活元件在病毒复制中起作用，同时与 BLV 的致瘤机制有关。而 *rex* 编码的蛋白可促进病毒 RNA 向核外的输出，对病毒的转录起调控作用。

主要结构蛋白有 6 种，4 种为内部蛋白 p24、p15、p12、p10，两种为糖蛋白 gp51 和 gp30。病毒粒子中的逆转录酶相对分子质量为 70 000。

BLV 对外界环境的抵抗力不强，与其他有囊膜病毒一样，对去污剂等脂溶剂比较敏感，福尔马林、β-丙内酯、氧化剂、乙醚、脱氧胆酸钠、羟胺、十二烷基磺酸钠和铵离子能迅速破坏其传染性。加热、低 pH、非等渗和干燥的条件下可使病毒失活。56℃ 30 min、60℃以上迅速丧失活性。紫外线照射、反复冻融等多种方式均可杀灭该病毒。一般消毒药能很快杀死病毒。

［抗原性］ 牛白血病病毒的主要抗原成分为 gp51 和 p24，这两种蛋白具有较强的免疫原性，能刺激机体产生高滴度抗体。抗 gp51 抗体不但具有沉淀、补反等抗体活性，还具有中和病毒感染性的能力。抗 p24 抗体只有沉淀抗体活性，不能中和病毒。

Onuma（1977）和 Okada 等（1983）报道了在白血病病牛的肿瘤细胞内含有一种相对分子质量为 74×10^3 的肿瘤细胞相关抗原，它存在于肿瘤细胞的胞膜中，与牛白血病病毒抗原虽没有相关性，但可用于本病致瘤早期的诊断。

［培养］ 本病毒可在继代培养的牛肾细胞，来源于人、猴、牛、犬、羊和蝙蝠的细胞中增殖。持续

感染牛白血病病毒的蝙蝠传代细胞系 Bat - BLV 和羊胎肾细胞系 FLK - BLV 已经用来大量生产牛白血病病毒。本病毒可使培养细胞发生融合，形成合胞体。

[病原性] 本病毒具有很长的潜伏期，从感染到出现血清学变化需要数月，形成肿瘤可长达数年。大部分感染牛表现长期持续性的淋巴细胞增生。感染牛虽然可终身带毒，但不出现其他症状，呈亚临床经过。只有少数感染牛会出现明显的临床症状。病牛进行性消瘦，体表淋巴结显著肿大。当病牛出现明显症状时，一般会在数周或数月死亡。

[生态学] 自然感染的牛白血病主要发生在牛，包括黄牛和水牛。人工接种除牛外，绵羊、山羊、黑猩猩、猪、兔、蝙蝠、野鹿均能感染。本病主要发生于成年牛，尤以 1 岁的牛最常见。潜伏期长，可达一年。人工接种牛白血病病毒能使绵羊、山羊感染并发病。不同品种的牛对本病毒都易感，但纯种牛和奶牛发病率高些。各年龄的牛都可患病，尤以 4 岁以上的成年牛较多见。还有报道称本病的发生具有家族史倾向，某些易感牛的家族发病率达 30%～100%，说明遗传素质对感染牛是否发病起着重要作用。公、母牛都可将这种易感性遗传给后代。

本病既能垂直传递又能水平传播，感染母牛在分娩时能将病毒经子宫传给胎儿，病牛的精液、初乳中也存在病毒，密切接触、昆虫媒介、血液污染等都可以引发本病。

[免疫] 试验感染牛在接种后 3 周左右出现中和抗体，5～6 周达高峰，可以抵御本病毒感染。Onuma等（1984）用提纯的 gp51 和戊二醛固定的持续感染牛白血病的 FLK - BLV 细胞免疫羊，9 周后测得补反抗体滴度在 1∶8～128 时可以抵抗强毒攻击。Kona 等（1986）所作的免疫试验也表明，只有抗体滴度达 1∶64 时才能获得良好保护。但灭活苗所产生的如此高滴度的抗体在体内维持的时间很短，所以实用价值不大。活毒疫苗还没有研制成功的报道。有报道称表达 gp51 重组的疫苗接种绵羊可以产生保护力，但是检测不出中和抗体。目前，仍没有合适的商品疫苗用于控制本病。

[分离与鉴定] 牛白血病病毒主要存在于感染牛的血液淋巴细胞，使用适当密度的淋巴细胞分离液分离出单个细胞，再加入至培养的胎牛肺细胞上，用 MEM 培养液培养一天，病毒可引起细胞融合而形成合胞体，通过电镜即可观察到。通过合胞体试验和电镜观察可以对病毒感染进行鉴定。血清学诊断法具有简单快速，且能早期诊断的特点而被普遍采用。用于该病毒鉴定的血清学方法主要有琼脂扩散试验、免疫荧光技术、补体结合试验、酶联免疫吸附试验、血凝试验、中和试验、放免分析、蛋白免疫转印技术等，其中琼脂扩散和免疫荧光法应用较普遍，已用于常规检疫。免疫荧光试验检测的是肿瘤相关抗原，在牛白血病病牛淋巴瘤细胞中存在这种抗原，在肿瘤形成之前，这些细胞已经在血液中出现，因此免疫荧光法对具有潜在发瘤危险的牛白血病病牛能作早期诊断。随着分子生物学技术的发展，PCR 技术也已成功用于牛白血病病毒感染的检测，检测结果与血清学方法符合率较好，由于其敏感性较高，所以检出率也较好，且适用于牛白血病任何感染阶段的诊断分析。另外，实时荧光定量 PCR 技术和 PCR - ELISA 等基于 PCR 技术延伸的检测技术也已被用于对牛白血病病毒感染的检测。

第五节 戊型逆转录病毒属（*Epsilonretrovirus*）

本属病毒是感染某些鱼类的病毒，具有 C 型逆转录病毒形态特征。本属病毒属于复杂的逆转录病毒，基因组除了包括 *gag*、*pro*、*pol* 和 *env* 基因外，还具有 1～3 个小的开放阅读框，分别命名为 orfA、orfB 和 orfC。其中的 *orfA* 基因与宿主细胞周期蛋白 D 基因高度同源，因此可能具有调控细胞周期的作用。本属病毒的代表种为大眼梭鲈皮肤肉瘤病毒（*Walleye dermal sarcoma virus*，WDSV），除此之外还包括大眼梭鲈表皮增生性病毒（*Walleye epidermal hyperplasia virus*，WEHV）Ⅰ型和Ⅱ型。另外，鲈鱼增生性病毒（*Perch hyperplasia virus*，PHV）和黑鱼逆转录病毒（*Snakehead retrovirus*，SnRV）的部分基因特征与本属病毒具有相似性，但明确其分类地位还需更多数据的支持，因此将这两个种只作为暂定种列在本病毒属中。考虑到本属病毒为鱼类特有病毒，非本书关注重点，所以本书中将省略对代表种 WDSV 的详细介绍。

第六节　慢病毒属（*Lentivirus*）

这是一类外源性的非致瘤的逆转录病毒，主要感染人和多种哺乳动物，能引起机体发生免疫缺陷、神经功能失调、贫血等疾病。本属病毒的核芯为杆形或圆锥形，与其他逆转录病毒有明显区别。病毒基因组除具有逆转录病毒的基本结构基因外，还有几个辅助基因，它们的产物对病毒 RNA 的合成起调控作用。本属病毒的基因组中都不含肿瘤基因。

慢病毒这一术语最早是由兽医病理学家 Sigurdsson 在 1954 年研究绵羊梅地-维斯纳病时提出来的，一直沿用至今。现在所说的慢病毒病，是特指那些由逆转录病毒科慢病毒属的成员感染所致的疾病。这种慢病毒病有几个共同的特点：潜伏期长达数月甚至数年；症状呈进行性加重，大多数以死亡告终；感染谱相当狭窄；对机体所致的损伤多局限于单个器官或组织等。到目前为止，慢病毒属的成员增加到 9 个，即牛免疫缺陷病毒（*Bovine immunodeficiency virus*），山羊关节炎/脑炎病毒（*Caprine arthritis encephalitis virus*），马传染性贫血病毒（*Equine infectious anemia virus*），猫免疫缺陷病毒（*Feline immunodeficiency virus*），人免疫缺陷病毒 1 型（*Human immunodeficiency virus 1*），人免疫缺陷病毒 2 型（*Human immunodeficiency virus 2*），美洲狮慢病毒（*Puma lentivirus*），猴免疫缺陷病毒（*Simian immunodeficiency virus*）以及维斯纳-梅迪病毒（*Visna-maedi virus*）。其中人免疫缺陷病毒 1 型和 2 型与兽医关系不大，不做介绍）。

牛免疫缺陷病毒（*Bovine immunodeficiency virus*，BIV）

本病毒是逆转录病毒科慢病毒属牛慢病毒群成员，是引起牛发生持续性淋巴细胞增生，淋巴结肿胀以及中枢神经系统损伤等特征的传染病病原体。1972 年由 Vander Matten 等人从临床表现为持续性淋巴增生症的病牛中分离到，当时称为牛维斯纳病。1987 年 Gonda 等人证实了本病毒在形态特征、基因结构、抗原成分诸方面与慢病毒属的其他成员相似，因此又称它为牛类免疫缺陷病毒。1990 年国际病毒分类委员会正式确定本病毒的分类学地位，并命名为牛免疫缺陷病毒。目前，美国、荷兰、瑞士、新西兰等国都有关于牛免疫缺陷病的报道。我国从进口牛及其后裔也发现有本病毒感染。

［形态结构］牛免疫缺陷病毒为球形有囊膜病毒，直径 110～130nm。病毒粒子未成熟时成圆形。成熟的病毒粒子则含有杆状核心。在感染细胞胞浆中还能见到直径为 98～116nm 的双环形结构，环厚 17～20nm。病毒在感染细胞的胞浆膜上以出芽增殖的方式成熟并释放。

本病毒的核酸是线状单股正链 RNA，核苷酸的数目因毒株的不同可能会略有差异，但基因的基本结构相同，除具有逆转录病毒的基本结构基因外，还有至少 5 个公认的阅读框架（orf），编码非结构基因和调节基因。从基因组来看 BIV 至少含有 8 个基因，是目前发现的最为复杂的非灵长类逆转录病毒之一。

［抗原性］病毒的主要结构蛋白为：病毒基质蛋白 p16、衣壳蛋白 p26 和核衣壳蛋白 p13。其中以 p26 蛋白最为保守。p26 和囊膜蛋白 env 也是主要的抗原结构蛋白。p26 蛋白与人免疫缺陷病毒的 p24 存在着抗原相关性，用人的免疫缺陷病毒感染的淋巴细胞与牛免疫缺陷病毒抗血清所作的免疫荧光试验显示出感染细胞胞浆有强荧光反应，牛免疫缺陷病毒感染的细胞与人免疫缺陷病毒抗血清间也有弱荧光反应。用蛋白印记试验也证实了这个结果。用放射免疫竞争法还发现牛免疫缺陷病毒的核心抗原与人免疫缺陷病毒、马传染性贫血病毒以及猴免疫缺陷病毒间都有免疫竞争反应。经核心蛋白序列分析发现，在 BIV、HIV、SIV 和 EIAV 的 p26 蛋白 289～298aa 处存在共同的保守序列 N-I-H-Q-G-P-K-E-P-Y，因此呈现免疫交叉反应。牛免疫缺陷病毒的 *env* 基因也具有高变性。*env* 基因产物为相对分子质量 102 000 的前体蛋白，经糖基化和加工后形成表面糖蛋白（SU）和跨膜蛋白（TM）。SU 编码区是高可变区，但在体外大量培养过程中，其氨基酸序列保持不变，说明 BIV 的变异是在体内发生。而且，每个 BIV 分离株都是由一系列遗传相关但有分子差异的基因组组成的异质群。这种异质群的存在与机

体的“免疫压力”有直接关系。

[培养] 在感染牛的外周血单核细胞、淋巴结及脾脏的细胞中分离到牛免疫缺陷病毒，能够在胎牛肺、胸腺、睾丸、脾、肾、滑膜、脉络丛等原代细胞培养物中增殖，并能形成合胞体，合胞体常成环状。BIV 在原代胎牛肺细胞（FBL）和脾细胞上生长良好，但不易收获病毒。本病毒还能感染来自人白血病的骨髓成纤维母细胞，并产生 CPE。但不能感染人胎儿的各种二倍体成纤维细胞。还有报道称本病毒也能感染犬、绵羊及家兔的二倍体和非整合倍体细胞，但存在非生产性感染类型。

[理化特性] 本病毒的前病毒基因组全长 9 kb。在蔗糖中的浮密度为 1.16～1.18g/cm^3，最适 pH 为 7.8。最适 KCl 浓度为 120mmol/L。BIV 的 RT 活性对 pH 很敏感，但能耐受较低的盐浓度，同时依赖于 Mg^{2+}，当 KCl 浓度降到 80 mmol/L 时仍保留 90%的活性。高浓度的 Mn^{+} 可抑制其酶活性。

[病原性] 牛免疫缺陷病毒具有组织特异性，可选择性地吸附在淋巴细胞上，并在其中复制，促进淋巴细胞分化，引起原发性损伤，并在免疫系统内循环，引起多种组织损伤。病牛的一般症状是进行性消瘦和衰弱。自然感染牛呈现持续性淋巴细胞增生和以外周淋巴肿胀为特征的淋巴腺病，有的病牛可表现为中枢神经系统损伤。实验感染牛的致病过程与自然发病相似，也是以持续性淋巴细胞增生为主，感染的早期表现出明显的淋巴腺病，并能重新分离到病毒。但疾病的程度要比自然感染的牛要轻得多。试验感染的牛在组织学变化上表现为淋巴组织的滤泡增生，可能与抗原抗体复合物有关。尽管在 BIV 感染早期的牛体免疫功能受到损伤，但不表现临床症状，也无免疫缺陷病毒引起的继发感染和机会性感染。

[生态学] 牛免疫缺陷病毒是一种外源性病毒，以水平传播为主，除感染牛外，还能试验性地感染家兔，并能再分离到病毒。对山羊和绵羊进行人工接种实验，虽然能检测到抗 p26 抗体，但动物不发病，也分离不到病毒。BIV 的易感动物是奶牛和肉牛，在水牛和野牛中是否自然传播尚不清楚。绵羊和山羊对试验性接种 BIV 易感，接种后两周出现 p26 抗体，但对抗其他 BIV 蛋白的抗体出现较晚，从感染的羊的血液中也不能分离到病毒。可见，BIV 在羊体内与牛相比具有明显的限制性。BIV 的传播途径尚不清楚，外周血白细胞是 BIV 的传染源。研究表明，BIV 感染通常不是单独存在，而是 BSV 或 BIV 混合感染。本病毒与人免疫缺陷病毒在遗传学、生物学、抗原性、基因组结构以及基因表达调控等方面都有许多相同或相似之处。据报道，在一些用于组织培养的胎牛血清中存在牛免疫缺陷病毒，可能会成为疫苗的污染源，并对人类的健康构成威胁。但至今尚未发现该病毒直接感染人的证据。

[免疫] 由于牛免疫缺陷病毒主要侵害免疫系统细胞，造成免疫系统损伤，病毒的前病毒 DNA 又可以整合到宿主细胞的染色体中，逃避了免疫系统的识别，以及抗原变异等综合作用，使宿主对本病毒感染的免疫应答水平很差，至今也没能研制出有效实用的疫苗。动物在被感染后 2 周，用免疫印迹法可以检测到 p26 抗体，其他抗体出现较晚。这两种主要的抗体存在不同的消长规律。但是，它对机体是否有保护作用还是个疑问，因为对许多慢病毒的研究表明，抗体的产生仅仅是一种感染的标志，对受感染的机体没有明显的保护作用。研究中还发现，病毒与抗体的结合比病毒与宿主细胞的结合慢得多，也就是说病毒与抗体结合之前就已经进入宿主细胞。目前，对与 BIV 诱导的细胞免疫应答尚无研究报道。

[诊断] 目前用于检测牛免疫缺陷病的方法有免疫荧光、放射免疫、免疫印迹等。利用电镜技术可以直接检查病毒。以核心蛋白和 gp110 为基础的 ELISA 方法也可以作为本病原检测的方法。同时可以最保守的 *pol* 基因片段作引物，应用 PCR 方法检测牛群中的本病流行情况。目前，已建立更为敏感的荧光定量的方法可见检测病毒 RNA 和前病毒 DNA。但 BIV 的血清型目前尚不清楚。

马传染性贫血病毒（*Equine infectious anemia virus*，EIAV）

本病毒是马传染性贫血的病原，属于逆转录病毒科慢病毒属马慢病毒群的唯一成员。本病是一种以持续感染、反复发热和贫血为特征的马属动物传染病。

本病于 1843 年由法国最先发现，直到 1904 年 Vallee 和 Carre 首次证实引发本病的病原是一种滤过性病毒。又过了半个多世纪，小林和夫于1961年用驹骨髓巨噬细胞及马的外周血白细胞经体外培养马传染性贫血病毒获得成功，使马传染性贫血的研究工作有了长足的进展。70年代中期，我国成功地培育出一株驴白细胞弱毒株。这个弱毒株具有优良的免疫原性、安全性和稳定性，用它制备的弱毒苗不但有效预防了本病的发生，而且也为其他慢病毒的免疫研究打开了希望之门。

随着科学技术和经济的不断发展，马、骡在军事、农耕和运输业的地位已经不再重要。但是，作为一种曾长期而广泛流行的疾病，特别是近些年来，发现马传染性贫血病毒与人类艾滋病病毒之间有许多相同或相似的地方，因此又重新引起人们对马传染性贫血病毒的研究兴趣。

［形态结构］ 马传染性贫血病毒为球形有囊膜病毒，直径约100nm，由囊膜、核芯和核芯壳组成。在囊膜表面有10nm长的纤突。核芯位于病毒的中心，呈圆锥形，核芯外面是一层膜样结构的核芯壳。不论是负染色样品还是超薄切片样品都没有见到该病毒的衣壳呈正二十面体对称。该病毒以出芽增殖的方式在宿主细胞表面成熟并释放。成熟的病毒粒子蓄积在细胞表面以及内质网腔和胞浆空泡中。在感染细胞胞浆及核外膜周围还可以见到一种大小为80nm的花环状粒子，呈双层膜结构，表面附着核糖体样颗粒，与B型肿瘤病毒的“A型粒子”相似，有人认为这种花环样粒子是马传染性贫血病毒的早期形态(图42-3)。

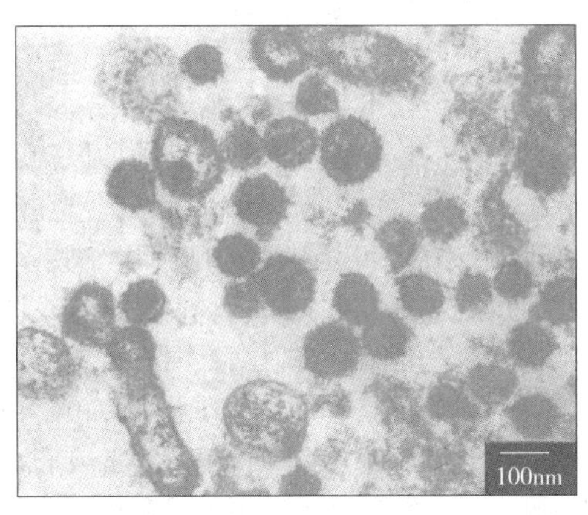

图42-3　马传染性贫血病毒（超薄切片）
（谷守林等提供）

［理化特性］ 马传染性贫血病毒在CsCl中的浮密度为1.16g/cm^3，沉降系数（S_{20}w）为110～120S，相对分子质量为48×10^4。对脂溶剂敏感，经乙醚处理5min即可被灭活，对紫外线具有一定抵抗力。在pH3以下和pH12以上的条件下可被灭活。该病毒对外界抵抗力较强，在粪便中能存活3个月，0～2℃保持毒力达6个月至2年。对0.5%石炭酸不敏感。该病毒对热敏感，56～60℃ 1h可完全丧失感染性。

马传染性贫血病毒的RNA基因组是由两个相同的30S RNA亚基单链通过5′末端的部分碱基互补配对构成的一小段双股结构的复合体，其基因组组成及结构与其他慢病毒相似。本病毒含有12种以上的结构蛋白，相对分子质量为115 000～120 000。其中至少有2种是糖蛋白，gp90和gp45都是*env*基因编码的同一个前体蛋白的裂解产物，前者位于病毒囊膜表面，后者是一种横穿脂质双层的跨膜蛋白。EIAV衣壳蛋白（p26）是EIAV的主要核心蛋白，是病毒重要的免疫原性蛋白之一，在不同毒株中高度保守，并可在感染的马中持续产生p26抗体，是用于商业化的诊断抗原。

［抗原性］ 马传染性贫血病毒主要含有3个结构基因。其中核心蛋白gag和囊膜蛋白env是主要的抗原基因。核心蛋白的衣壳蛋白（p26）存在于病毒粒子的内部，经乙醚处理后，可从病毒粒子中释放出来。gag蛋白非常保守，是T细胞抗原免疫识别表位存在的主要部位。马传染性贫血病毒和人免疫缺陷病毒的gag蛋白具有显著的同源性，存在着一定程度的交叉反应。*env*基因编码成分包括外膜糖蛋白gp90（SU）和穿膜糖蛋白gp45（TM）。Env蛋白包含多个诱导中和抗体的表位。gp90具有高度糖基化的特点，并且在疾病的进程中其表面的糖基化位点并不是恒定不变的。抗原表位依赖于糖侧链的存在，同时也能被糖侧链所掩盖。多项研究表明gp90的N-糖基化位点位置和数目与病毒生物学特性具有重要关系。EIAV的gp45具有逆转录病毒跨膜蛋白的一些共同特征。同gp90相比，gp45要稳定得多。另外，在体内和EIAV细胞适应毒株存在TM截短类型的病毒。目前，TM截短与毒力之间的具体关系尚未确定。

慢病毒的特征之一就是*env*基因的高度突变性，这种突变引起由它编码的囊膜糖蛋白发生变异。这种突变主要是点突变，可导致氨基酸替换，发生抗原变异。甲野（Kono）等1973年首次报道了本病毒在感染过程中的抗原漂移现象。这种变异无累积性，而且抗原的变异也是无方向性。美国学者所作的实验也表明，在试验感染的马匹中，每个不同的发热期都伴随有不同的抗原变异株。而经组织培养传代的病毒却没有这种抗原结构上的变化，但是若在持续感染马传染性贫血病毒的细胞培养物中加入特异性免疫血清，就能很容易地分离出抗原变异株。类似的变异株在持续感染的马体内也曾分离到。以上试验结果说明，免疫选择压力可造成EIAV变异株的产生和进一步演化。还有一种推测认为，不同的毒株在体内重组也会产生新的变异株。但到目前为止，抗原变异株免疫选择的要素还未确定。

[**培养**] 利用组织培养方法在体外繁殖病毒，1961年就由日本小林和夫试验成功。1968年甲野雄次等也证实了马传染性贫血病毒可以在马肾细胞上增殖。之后又有了来自于马属动物的许多组织或器官的原代细胞都可以用连续传代的方法培养病毒的多篇报道。这些细胞对病毒的敏感程度各不相同，其中由马的外周血液单核细胞建立起来的马巨噬细胞培养物（HMC）和驴巨噬细胞PDM是分离野外毒株的最好培养系统。但是HMC的寿命很短，只有2周左右，而且接种马传染性贫血病毒后所引起的CPE与正常细胞的变性无法区别。其他的原代细胞虽然对病毒也较敏感，但由于动物个体差异，难于进行标化和统一，加之内源性因子和病毒的潜在危险等因素影响，目前除种毒培养传代等特殊要求仍在使用原代细胞外，科研和生产多应用来源于马属动物的继代细胞，包括取自马或驴胚胎的脾、肾、肺、胸腺、淋巴、皮肤等，其中应用最多的是驴胎皮肤继代细胞。这是一种无外源性病毒污染的无致瘤性的二倍体细胞株。用马传染性贫血病毒弱毒持续感染该细胞，可以有规律地逐步提高对培养细胞的感染性和适应性。用酶联免疫吸附试验、补反、琼扩、免疫荧光以及电镜技术等检测手段连续对病毒感染的驴胎皮肤细胞进行监测表明，在5代之前病毒或病毒抗原成分呈缓慢上升趋势，而且多半都是在接毒11～17d才能检测到。从第5代以后用上述方法所测得的峰值大大提前，甚至在接毒后第3天就能检测到，这一趋势在以后的代次中一直稳定地保持着。马传染性贫血病毒接种驴胎皮肤细胞能产生明显的CPE，随着继代代次的增加CPE逐步提前，到第15代时，接毒后5～6d就可出现明显的CPE，在光镜下可以看到几乎全部培养细胞都产生病变，电镜下可见病变细胞出现严重的空泡化，胞浆内出现髓样变，出芽增殖的病毒以及成熟病毒随处可见。除马属动物的原代及继代细胞外，马传染性贫血病毒还能在cf2Th和EFA两种细胞系上增殖。cf2Th是一种恶性转化了的犬胸腺细胞系，Bouillant等人对马传染性贫血病毒接种的cf2Th细胞作了系统的动态研究，每隔10代利用电镜技术、免疫扩散以及免疫荧光方法检查病毒生长情况，连续监视了100代，证明了马传染性贫血病毒能在该细胞上良好增殖，并能连续地释放病毒抗原。由于这种转化了的细胞具有无限生长的特性，很低的群体倍增时间以及较高的饱和密度，又适合转瓶培养，因此是一种生产马传染性贫血病毒抗原良好的培养基质。

[**病原性**] 马传染性贫血病毒只感染马属动物，以马最易感，不论什么品种、年龄、性别的马都可感染，但不同品种的马对病毒的敏感程度和临床反应并不完全一样，驴和骡对病毒的感受性比马弱，接种病毒的驴和骡一般都呈慢性经过。

人工接种马的潜伏期一般为10～30d。本病在临床上可分为急性、慢性和隐性三个型，也有的多划分出一个亚急型。各型病马的一般症状为发热、贫血、出血、黄疸、浮肿、心脏机能衰弱，病马精神沉郁、食欲减退、消瘦、易于疲劳和出汗。发热呈稽留或间歇热，有的病马可在高热稽留期就急性死亡，有的在发热后体温又恢复正常，随后又以不同的间隔反复发作并转为慢性。这种间歇发作是由于病毒在机体内大量复制的同时，也刺激机体产生免疫反应，使病毒复制受到限制，病马症状暂时缓解。在机体免疫压力的影响下，病毒抗原发生变异，逃避已建立起来的免疫反应体系，变异的病毒又得以大量复制，导致新一轮症状发作。这种反复出现的发作频率和严重程度常常随时间的持续而减弱。经过6～8次间歇性发作后转入隐性。隐性阶段虽然没有典型的临床症状或可测出的病毒血症，但是这种马仍然带毒，甚至用某些药物或刺激就可诱导复发慢性马传染性贫血。

病马发热与病毒血症相一致，最初发热时血液中的病毒滴度最高，随着发热期结束，病毒滴度也降低。有人认为急性传贫病马所表现的发热和出血是病毒在巨噬细胞中大量复制并使之破坏，导致细胞因子释放，引起发热，并改变了血管内皮的完整性引起出血的结果。传贫病马血液学变化明显，红细胞数量显著减少，血沉加快。急性期病马的发热期和慢性病马的无热期血沉变化不大。发热的中后期白细胞减少而淋巴细胞相对增多，血液中出现吞铁细胞。

病理及组织学变化主要有贫血、网状内皮系统增生以及铁代谢障碍。脾、淋巴结肿大，肝脏在发热期变化明显，肾脏也有明显的肾小球炎变化，在肾小球基底膜上能检出抗体。有人认为病马的肾小球炎是由于病毒-抗体-补体复合物沉着引起的。

［生态学］对马、牛、羊、猪、兔、鼠以及家禽等 20 多种动物进行的马传染性贫血病毒感染试验表明，除马、骡、驴之外，其他动物都不感染。其中，马的易感性最高，骡、驴次之。并不受年龄，性别和品种的限制。病马和隐性感染马是主要的传染源。蚊、虻等吸血昆虫是传播本病的重要媒介，适宜吸血昆虫孳生的季节和地区都较容易发生本病。另外，感染的母马和幼驹之间可经胎盘传播。污染的注射器、针头也是人为传播本病的一个重要环节，因此对医疗器械的消毒必须彻底。病马的分泌物及排泄物具有一定的感染性。

［免疫］对于大多数强毒株引起的感染。多数马会经历不同的疾病时期。而在无明显症状期，马体并非清除了体内不断进化的病毒，而是获得了对病毒暂时的免疫控制。多项研究证实，初次病毒血症的控制与 $CD8^+$ CTL 的作用相关。特别是那些针对保守区域的 CTL 应答可能是控制病毒感染的主要因素。而在疾病进行过程中，中和抗体呈现较大的波动状态，另外，EIAV 感染的疾病进程与中和抗体逃逸株的出现密切相关。说明中和抗体在控制病毒复制上是有作用的。换言之，在慢病毒感染中，细胞免疫在急性感染阶段对控制病毒的复制起着重要作用，而中和抗体在慢性感染阶段可以减少病毒在细胞间的传播。McGuire 在 2002 年指出 EIAV 的免疫应该是 CTL 与中和抗体联合作用。然而对于各种免疫保护因素之间的协同作用机制目前并未确切了解。

马传染性贫血疫苗的研制工作早在 20 世纪 20 年代就已开始，当灭活疫苗的研制未能获得成功，人们又转向弱毒疫苗的研究。沈荣显等哈尔滨兽医研究所的科研人员经过 20 余年的努力，取得了突破性进展。他们将马传染性贫血病毒通过驴白细胞长期培养继代后，毒力明显减弱，丧失了对马、驴的致病力，但仍保持着优良的免疫原性，在世界上首先研制出了预防马传染性贫血的弱毒疫苗。用这种疫苗免疫马，能引起机体的免疫应答，出现血清抗体的阳转率达 80%，攻击强毒后，马保护率为 80%～85%，对 Wyomine 等美洲异源毒株的保护率亦可达 70%以上，对驴几乎可达 100%。对马的免疫持续期测至 30 个月仍有良好免疫力。但免疫马获得免疫力的过程缓慢，补反和沉淀抗体虽然在注苗后 2 周左右就可出现，但对强毒攻击无保护作用；而中和抗体出现较晚，60～150d 才能达到高峰。近期的研究表明，EIAV 疫苗基因组呈多态性组成（Qi、Wang 等，2009；Wang 等，2010），特异性抗体存在从低滴度、低亲和力水平向高滴度、高亲和力水平转变的过程。与此同时构象依赖性的抗体水平也逐渐提高。免疫马在 3 个月以前，T 淋巴细胞数目及其功能（增殖能力、细胞因子）一直处于波动状态，3 个月后才能维持在一个较稳定的状态。免疫力的产生需要一定的时间，免疫马需要 6 个月才能获得保护，驴需要 3 个月，这可能是慢病毒免疫的一个重要特点（Lin 等，2011）。

马传染性贫血驴白细胞弱毒疫苗在我国大面积应用后，已经取得相当显著的预防效果和经济效益，冻干苗以及继代细胞苗的研制工作也取得了良好进展。马传贫弱毒疫苗的成功应用为慢病毒免疫保护机制的探索提供了重要的模型。

［诊断］采用病毒分离与鉴定的方法可以获得直接的病原学证据。马传染性贫血病毒在活体内以巨噬细胞为靶细胞，因此，在含有巨噬细胞较多的组织和器官，如肝、脾、淋巴、血液等，比较容易分离到病毒。将这些病料接种于健康幼驹来确定有无传贫病毒感染。也可以将病料接种于健康马的白细胞培养物或马、骡继代细胞，经连续盲传后，测定培养物的抗原性。也可以用电镜技术检查培养物中是否含有马传贫病毒。

目前广泛采用的实验室血清学诊断方法有补体结合试验、琼脂扩散试验、免疫荧光试验、中和试验、酶联免疫吸附试验等。补体结合试验是以传贫病毒感染驴白细胞或驴胎传代细胞培养物制备的抗原来检测被检血清中的补结抗体。对于补结抗体的消长，国内外报道不一，一般在发病后 20～60d 出现，持续 6～7 个月甚至更长。补结试验对病马检出率为 80.6%。琼扩试验是一种十分简便适用的诊断技术。最早的琼扩抗原是用马脾制作的，现在多用组织培养方法生产病毒悬液，经离心和乙醚处理后制备。传贫马血清中沉淀抗体出现的时间基本上与补结抗体同步，但持续存在的时间长达数年。用琼扩方法对传贫病马的检出率达95%。以上两种方法都已作为马传贫检验中的特异性诊断方法。但是单独使用一种方法都可能会出现漏检。解放军兽医大学曾对135匹人工感染的传贫病马使用琼扩和补结两种方法进行了对比试验，一次检测的阳性符合率仅为58.5%，两种方法都有各自的单阳性马存在。因此，在实际应用中，两种方法并用可以提高检出率。

酶联免疫吸附试验是一种敏感性和特异性都很高的血清学诊断方法，有直接法和间接法两种，目前常用的是间接法。酶联免疫吸附试验的阳性检出率高于补反和琼扩。其冻干试剂盒也已经开始应用，使马传染性贫血检验变得更快速、简便。

逆转录（RT）酶活性检测和real-time RT PCR技术可检测到低水平的病毒，具有更高的敏感性。前病毒的PCR扩增技术也可以克服抗体消长所引起的假阴性现象。但此三种方法对于操作环境要求较高，成本较大，多于实验室研究。

猫免疫缺陷病毒（*Feline immunodeficiency virus*，FIV）

本病毒是逆转录病毒科慢病毒属猫慢病毒群的成员之一，猫慢病毒群的另外一个成员是美洲狮慢病毒（*Puma lentivirus*，PLV）。FIV是引起猫类慢性接触性传染病的病原体。

Pederson等在1986年首次从具有免疫缺陷的家猫中分离到本病毒。病毒在形态学、对T淋巴细胞的亲嗜性、逆转录酶活性以及基因组结构等方面都具有慢病毒特点。日本和美国学者在对1968年收集的血清样品进行追溯性调查时发现有猫免疫缺陷病的阳性血清，说明本病不是近几年才有的。目前本病在欧洲、北美、日本、澳大利亚都有报道，感染率在不同的国家有所不同，一般普通猫群为1%～2%。

[形态] 猫免疫缺陷病毒具有慢病毒的形态特征，病毒粒子呈球形或椭圆形，直径105～120nm，由囊膜、核芯壳组成，纤突较短。病毒在宿主细胞膜上以出芽方式增殖并释放。

[理化特性] 病毒的浮密度为1.15g/cm^3。本病毒至少含有8种结构蛋白，相对分子质量为10 000～120 000，其中有2种糖蛋白*gp*120和*gp*42。病毒在提纯过程中糖蛋白极易丢失，因此提纯的病毒不含或很少含有糖蛋白。病毒的基因组是线状单股正链RNA，有9.4kb。基因组结构与慢病毒相同。

[抗原性] 不同分离株制备的抗血清都含有抗p24抗体，表明这些毒株具有共同的抗原性。但有的感染猫血清只能检出抗*gp*120抗体，检不出*gp*24抗体。这种情况与人的免疫缺陷病毒有些相似，部分艾滋病患者也是只有囊膜蛋白*gp*130抗体，缺乏主要核芯蛋白p24抗体。

本病毒与人、猴、牛等的免疫缺陷病毒以及山羊关节炎/脑炎病毒的抗血清没有交叉反应。对美国2个毒株进行核酸全序列分析表明，*gag*和*pol*基因区高度保守，*env*区的基因同源性较差，正是由于这种差异，造成了由它编码的囊膜蛋白也存在一定差异。FIV按囊膜序列差异至少可以分为5个亚型，即A～E，不同亚型之间的基因差异高达30%。因地域不同，流行的病毒亚型也有所不同。如在北欧和美国西部主要流行A亚型病毒，在欧洲南部主要流行B亚型病毒。

[培养] 猫免疫缺陷病毒具有高度的种特异性，适合在猫源细胞培养物中生长，如猫的T淋巴细胞、单核/巨噬细胞、胸腺、脾细胞等，还可在FL_{74}、3021、MYA-1、FeL-039等细胞系培养物上繁殖。其中猫成淋巴细胞系MYA-1对本病毒最敏感，适用于病毒分离、滴定和中和试验。由于逆转录酶的缘故，培养时需加入二价镁离子。FIV感染需要一级受体（primary receptor）与二级受体（secondary receptor）。一级受体是表达于$CD4^+$ T淋巴细胞、B淋巴细胞和活化巨噬淋巴细胞上的CD134。二级受体是趋化因子受体CXCR4，类似于HIV感染时使用的辅助受体。有趣的是，有一些FIV的实验室分离株仅利用CXCR4受体就能感染。

本病毒所致的细胞病变以形成合胞体以及细胞死亡为特征。但不同感染株或细胞所产生的CPE也不一样。在长期感染了猫白血病的FL_{74}细胞上，虽然某些猫免疫缺陷病毒可以增殖，但不出现细胞病变。不同的毒株对细胞的亲和性也不同。日本的 KYO－1 株和美国的 Petaluma 株能感染猫肾细胞 CRFK，而美国的 PPR 株及日本的 TML、TM_2 株却不能。近年来建立起来的 FL－4、FL－6 成淋巴细胞系是一株很有前途的生产本病毒的细胞系。感染本病毒的 FL－4 细胞经甲醛灭活后能诱导接种猫产生体液免疫应答。

［**病原性**］野猫、公猫及老龄猫感染本病毒的比率较大。感染猫的血液、血清、血浆、脑脊液和唾液中都含有病毒，用这些含毒组织液接种猫，能引起发病。感染的严重程度与 $CD4^+$ T 淋巴细胞的减少程度呈正相关。自然感染和人工感染的猫都表现出 $CD4^+$ T 细胞消耗过度，导致 $CD4^+/CD8^+$ T 细胞比例下降，如果与猫白血病病毒双重感染时，会加剧这个失调的比率。因此这种双重感染的猫表现的发病症状更为严重，死亡也快。由于猫白血病病毒的协同作用，加强了猫免疫缺陷病毒在机体内的复制，使组织中的前病毒含量大为增加，在肝、肾、脑中也能检出前病毒 DNA。病猫的主要临床症状有厌食症、发热、消瘦、口腔炎症、上呼吸道疾病、胃肠及泌尿系统炎症等。

FIV 的感染病程可以分为几个阶段。病毒进入机体以后，感染淋巴细胞，病毒基因组整合到宿主基因组中，使得机体处于持续性感染状态。病毒可以在树突细胞，巨噬细胞和 $CD4^+$ T 淋巴细胞内迅速复制，不断产生新的病毒粒子。宿主感染后 8～12 周，病毒血症达到高峰期。在急性感染阶段，猫会表现出较为适中的临床症状。但是这些症状会渐渐消失，一般持续几周到几个月。特异性 $CD8^+$ T 淋巴细胞在感染一周后可以检测到。随后的感染过程中，在病毒载量达到高峰时，血浆中会出现 FIV 抗体（包括中和抗体）。伴随着特异性免疫反应的产生，病毒载量开始下降，并开始进入无症状期，该阶段可以维持数年甚至终生。在无症状期，宿主血浆病毒载量稳定，$CD4^+$ T 淋巴细胞的数量进行性减少。对这些 T 淋巴细胞功能进行检测表明，其对抗原和有丝分裂原的反应能力减弱。在部分宿主猫体内，T 淋巴细胞的持续性衰减导致免疫缺陷，使其发生机会性感染并导致死亡。感染的最终结果部分是由所感染的 FIV 的毒力决定的，也有可能是多种宿主因子在起作用（如一些遗传的抗性或者易感因子的作用，使得感染结果有所差异）。

［**生态学**］实验室条件下可通过血液、血浆等人工接种引起发病。自然条件下可通过虫螨叮咬以及病猫间相互撕咬时通过唾液和血液传播本病。实验条件下，本病毒也可垂直传播，因为有证据表明病毒在猫分娩以及产后哺乳时可以传播。但是，自然条件下该途径感染较为少见。本病毒不感染人和其他动物。

［**免疫**］FIV 属慢病毒属，因其能不断逃避宿主的免疫反应，使得 FIV 疫苗开发尤其困难。在过去的多年里，已经对许多疫苗进行了试验，结果都不是很理想，这其中包括常规灭活疫苗，感染细胞疫苗以及 DNA 疫苗。即便如此，美国于 2002 年首次批准使用细胞感染灭活疫苗，随后该疫苗也在加拿大、澳大利亚和新西兰等国家推广应用。该疫苗是两种亚型的 FIV 感染细胞后经灭活而研制的。实验结果表明，与以往单一灭活苗相比，该疫苗能够提高保护率，但是也很难达到完全保护，因此有必要进一步研制保护效果更安全可靠的疫苗。

［**诊断**］主要的诊断方法有病毒分离鉴定、免疫荧光技术、ELISA、免疫印迹试验和 PCR 技术等。疫苗免疫所产生的抗体和感染所产生的抗体不易区分，因此病毒分离鉴定很有必要，但比较费时又需要相当的专业技能。商业化 PCR 的敏感性和特异性较差，并且如果病毒载量低于阈值检测范围，或者引物与 FIV 变种不完全匹配，会出现假阴性检测结果。备选方法是在 ELISA 检测中应用多种抗原，该方法可以将感染猫和免疫猫的区分率达到 97％～98％。

山羊关节炎/脑炎病毒（*Caprine arthritis encephalitis virus*，CAEV）

本病毒是引起山羊的多发性关节炎及脑脊髓炎为特征的一种慢性进行性传染病的病原体，属于逆转录病毒科正逆转录病毒亚科慢病毒属成员。

本病最早报道见于 1964 年，当时称为山羊慢性淋巴细胞性多发性关节炎，以后陆续有人报道了与此病相似的疾病，如山羊肉芽肿性脑脊髓炎、脉络膜-虹膜睫状体炎、山羊病毒性白质脑脊髓炎等，实际上都是一种疾病的不同叫法。但这一点也至少说明本病是由许多临床症候群构成的综合征。直到1980年才由Crawford等首次分离到病毒，证实其为反录病毒并正式命名为山羊关节炎/脑炎病毒。

本病的流行范围很广，几乎呈世界性分布。我国在1986年从英国进口的奶山羊中也发现了本病并分离到病毒。

该病毒与绵羊梅迪-维斯纳病毒（*Maedi-Visna virus*，MVV）非常相近，它们通常统称为小反刍动物慢病毒（*Small ruminant lentivirus*，SRLV）。最新的基因进化系统分析（phylogenetic analysis）研究根据基因序列的差异将这类病毒分成A～D 4个主要型，A型细分为7个亚型，B型分为2个亚型，其中，A5、A7、C和D型只在山羊中发现，A1和A2只在绵羊中发现，其余形式病毒在山羊和绵羊中均有发现，在病毒感染的山羊中还发现了A型MVV与B型CAEV的重组现象。

[形态] CAEV是球形有囊膜病毒，直径约100nm，病毒以出芽增殖的方式在细胞表面出芽并释放。在出芽过程中，病毒核衣壳紧贴于突起的胞浆膜下，逐渐形成环状，最后凝缩成病毒核芯（图42-4）。

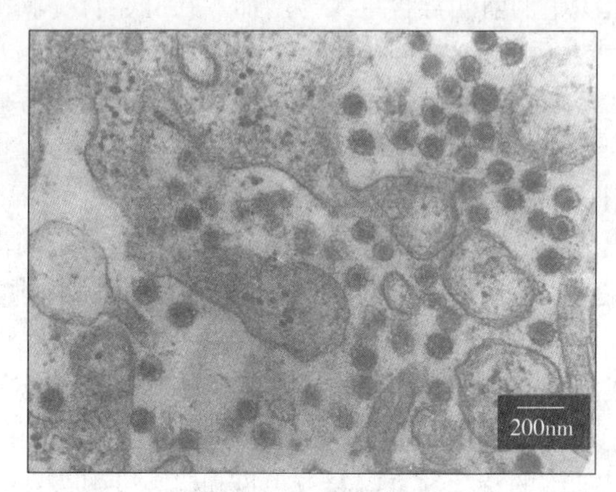

图42-4 山羊关节炎/脑炎病毒（超薄切片）
（谷守林等提供）

[理化特性] 病毒在蔗糖中的浮密度1.15g/cm^3，含有17种蛋白成分，相对分子质量为1.4×10^4～1.35×10^5，其中有4种糖蛋白。

病毒核酸为单股线状RNA，相对分子质量5.5×10^9，具有约9.2kb，含有慢病毒的基本基因结构，以及三个短的开读框架（orf）。

本病毒不耐热，56℃ 60min即可丧失感染力。

[抗原性] CAEV的主要抗原成分是gp135和p28，能诱导产生沉淀抗体和中和抗体。沉淀抗体虽能长期存在，但不能中和病毒，而产生的中和抗体的滴度又相当低（≤1∶8），有时甚至在36个月内都检测不到，因此机体能长期带毒。

与其他慢病毒一样，山羊关节炎/脑炎病毒抗原也会发生变异，从感染9～18个月的关节炎型病羊的无细胞关节液中能分离到这种变异株。

国内外学者曾证实CAEV与梅地-维斯纳病毒存在着相同的抗原成分，在血清学试验中表现出不同程度的交叉反应。相文华等（1994）所作的交叉试验表明，梅地-维斯纳病毒抗原能与CAEV的阳性血清反应，而CAEV抗原则不能与梅地-维斯纳病毒的阳性血清发生反应，只表现单相交叉。有人认为这两种病毒是血清学相关而基因型有差异的两种反录病毒。也有人认为CAEV是梅地-维斯纳病毒的变种。

[培养] 山羊关节炎/脑炎病毒能在山羊滑膜细胞、角膜细胞、脉络丛细胞、睾丸细胞以及肺和乳房组织的原代细胞上增殖。也有报道本病毒能在绵羊细胞上复制并产生合胞体。最常见的分离病毒的细胞培养系统是山羊胎儿的关节滑膜细胞和角膜细胞。接种材料有关节滑液、乳汁以及血液白细胞的棕黄层。从滑液和乳汁中分离病毒的成功率较高，但从血液中分离比较困难。

初上组织培养的病毒需要盲传2～3代。本病毒所致细胞病变的显著特征是合胞体的形成，一个巨大的合胞体可以融合40～50个细胞，染色后在光镜下很容易看到，一般在接毒10～12d就有80%的细胞形成合胞体，此时作超薄切片在电镜下很容易观察到病毒。

[病原性] 本病毒的致病在临床上可以分成脑脊炎型、关节炎型、间质性肺炎型和硬结节性乳房炎型4种类型。脑脊炎型主要发生于2～4月龄的山羊羔，成年羊患此型较少。发病有明显的季节性，约80%的病例发生在3—8月份。主要的临床表现为羔羊发病之初跛行，共济失调，严重时会出现四肢轻瘫或全身瘫痪。病理组织学变化为中枢神经系统非化脓性炎症，伴有程度不同的脱髓鞘和脑软化。病毒侵袭神经系统，以颈、腰段多见。脑脊液中蛋白及白细胞增多。关节炎型常见于成年山羊，病程1～3

个月。主要表现为慢性进行性关节炎和滑液囊炎，以腕关节受损最常见。病理组织学检查可见关节囊壁增厚，关节周围组织广泛钙化，滑液内细胞含量增加。患病山羊关节炎的严重程度与关节内病毒抗原表达和抗体的出现有密切关系，与人的类风湿关节炎相似，属于抗原-抗体免疫复合物沉着性变态反应。间质性肺炎型较少见，多发生于成年山羊，病程3～6个月，临床表现与病理变化与梅地病相似。硬结节性乳房炎型多发生于母羊分娩的1～3d内，表现为乳房坚硬，肿胀无乳。许多证据表明，乳腺是本病毒感染的靶器官之一，从患病母羊的初乳及乳房组织中都能分离到病毒。

［**生态学**］本病毒在自然条件下只感染山羊，特别是奶山羊。大多数血检阳性的羊并不表现任何临床症状，真正的发病羊只占感染羊的25%左右。

本病是由直接接触感染或经奶、唾液、尿粪以及呼吸道分泌物传播。那些含有巨噬细胞成分的分泌物在传播本病方面有重要意义。用未经消毒的乳，尤其是初乳喂养羔羊极易感染本病。尚未发现经公羊配种或母羊胎盘垂直传播本病的证据。

［**免疫**］虽然作过多种尝试，但至今也没有研制出有效预防本病的疫苗。国外用山羊关节炎/脑炎病毒的重组gp135囊膜糖蛋白制备的亚单位疫苗，虽然能使接种山羊产生抗gp135抗体，但这类抗体不足以保护接种羊免受强毒攻击。用福尔马林灭活的病毒接种山羊后，仅能诱导产生很低水平的中和抗体，用同源毒攻击后，免疫接种的羊反而出现比未接种的羊更为严重的关节炎。这一点与梅地-维斯纳病毒的由于免疫介导所致的免疫病理损伤相类似。

将山羊淋巴细胞与感染山羊关节炎/脑炎病毒的巨噬细胞共同培养，能产生一种慢病毒诱导的干扰素（LV-INF），其相对分子质量为5.4×10^4～6.4×10^4的非糖基化蛋白，它能抑制单核细胞增生，并阻止单核细胞成熟为巨噬细胞。因此，也就能抑制病毒基因组在巨噬细胞内的表达，降低了病毒在机体内复制的速度，对机体呈现一定的有利作用。

［**诊断**］确诊本病的最常用方法是琼脂扩散试验、酶联免疫吸附试验。本病毒的沉淀抗体在感染后20d左右出现，2个月达到高峰。应用酶联法要比琼扩法提前3～5d检出抗体。相文华等报道用免疫印迹法，在感染后4d就可以检出p28抗体。近来有人用PCR技术来检测本病毒的DNA，在感染的第6d就能检到215bp的*gag*基因片断，比沉淀抗体出现的要早近2周，是一种十分敏感的早期诊断方法。

进行病毒的分离鉴定时，取病羊的关节滑液或乳汁，接种于山羊滑膜或角膜细胞培养物上，根据合胞体的有无来判断是否有病毒感染，或者用电镜技术直接检查培养物中有无病毒粒子。也可将病料接种于健康山羊或2～3个月的山羊羔，进行生物学试验，经过53～151d的潜伏期后，如果出现本病的综合征时也可作出诊断。

梅迪-维斯纳病毒（*Maedi-Visna virus*，MVV）

本病毒又称维斯纳-梅迪病毒（*Visna-Maedi virus*），是引起绵羊梅迪-维斯纳病的病原体，属于逆转录病毒科正逆转录病毒亚科慢病毒属成员。

绵羊梅迪-维斯纳病最早是于20世纪30年代在冰岛发现的，当时曾把它作为两种独立的疾病进行报道。随着研究的不断深入和发展，已经搞清了梅迪和维斯纳病实际上是由同一种病毒引起的，只不过在临床和病理变化上有不同表现。发病缓慢，潜伏期长是本病的突出特点，从病毒感染到症状出现可长达数月甚至数年，症状随病程的进展呈进行性加重。目前本病分布很广，欧、美、亚、非各大洲都有发生，而且各地命名不尽相同，在美国和印度称进行性肺炎（Progressive pneumonia），在荷兰和南非称肺子病（Zwogerziekte）。1984年首次从血清学角度确定了该病在我国的存在，1985年从血清学阳性的绵羊分离到病毒。由于本病一旦发生，最后都以死亡告终，对养羊业造成的危害是巨大的。近来本病在羊群中的检出率有增加的趋势，而且该病毒在许多方面与人类艾滋病病毒相同或相似，已成为慢病毒研究的热点之一。

该病毒与山羊关节炎/脑炎病毒（*Caprine arthritis encephalitis virus*，CAEV）非常相近，它们通常统称为小反刍动物慢病毒（*Small ruminant lentiviruses*，SRLV）。与CAEV相同，基因进化系统分

析根据基因序列的差异将 MVV 和 CAEV 一起分成 A～D 4 个主要型。详见 CAEV 有关阐述。

[形态] 本病毒为球形，有囊膜，大小为 80～120nm。病毒的核芯为球形，直径约 40nm，有些病毒含有 2 个或多个核芯。在核芯的外面包围着一层膜样结构的核芯壳，病毒的最外层是厚 5～8nm 的囊膜。在感染细胞胞浆中常可见到致密的板层状结构，呈同心圆排列，在形态上与病毒核衣壳相似，在病毒的形态发生上占重要地位。该病毒在细胞表面以出芽方式成熟。在胞浆中装配的病毒核衣壳紧贴于细胞膜下，呈半月状向细胞外突出，同时可见长 8～10nm 的纤突密布于出芽病毒的表面（图 42-5）。

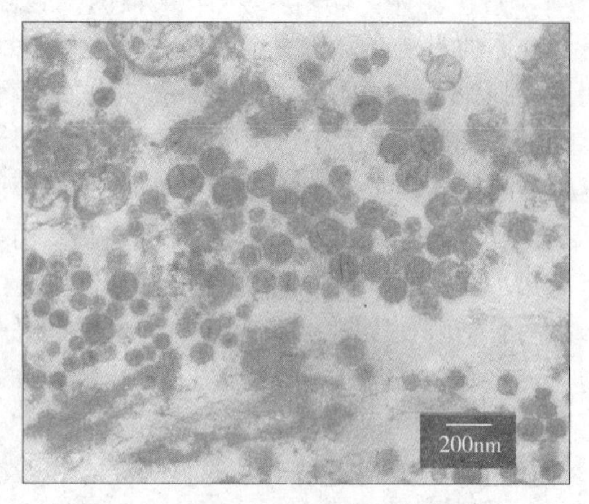

图 42-5 梅迪-维斯纳病毒（超薄切片）
（谷守林等提供）

[理化特性] 本病毒含有约 2%的 RNA，60%的蛋白质，35%的脂质和 3%的碳水化合物。病毒在蔗糖中的浮密度为 1.16～1.18/cm^3。在 pH7.2～7.9 最稳定，但在 pH4.2 时经 56℃很快被灭活。对氯仿、乙醚等脂溶剂敏感，对紫外线有很强的抵抗力。病毒粒子含有 25 种蛋白。相对分子质量为 1.2×10^4～1.75×10^5，其中至少有两种糖蛋白。病毒粒子内部含有依赖 RNA 的 DNA 聚合酶，该酶的活性依赖于 Mg^{2+} 的存在。该病毒具有正股单链 RNA 基因组，沉降系数（$S_{20}w$）为 70S。不同毒株的基因组大小略有差别。冰岛 1 514 株含有9 202个核苷酸，南非的 SA-OM-VV 株有 9 256 个核苷酸，但其基因结构相同，都含有 3 个编码主要结构或功能蛋白的 *gag*、*pol*、*env* 基因，以及 3 个小的 orf，它们所编码的蛋白在病毒基因表达中起调控作用。

[抗原性] 梅迪-维斯纳病毒的群特异性抗原相当稳定，从各地分离的病毒在抗原性上基本一致。但由于慢病毒的 *env* 基因非常容易发生突变，结果导致它所编码的糖蛋白发生变异，表现在不同的毒株或是患畜的不同时期所分离的病毒可能会有微小差别。这种变异的毒株能有效地逃避免疫系统的监视，造成机体的持续感染。但这种变异并没有改变病毒的感染性，因此与疾病的进程和严重程度没有直接关系。病毒的表面糖蛋白 gp135 能诱导产生中和抗体，但是这种抗体起到的是有益的保护作用还是有害的免疫病理作用尚未完全搞清楚。MVV 与山羊关节炎/脑炎病毒阳性血清可发生交叉反应。

[培养] 梅迪-维斯纳病毒的宿主范围很窄，但在活体外的组织培养系统中感染谱很宽，除了能在绵羊的室管膜、脉络丛、肺、脾、肾、唾液腺等细胞培养物中生长外，还能在牛、驴、猪、犬、猫、鼠、雪貂以及人的某些原代或是继代细胞上增殖，接毒后 24h 就能检出低水平的 1.2～1.6kb 的 mRNA，48～72h 在感染细胞的胞浆及胞浆膜能见到特异性免疫荧光，感染后第 6d 荧光强度达高峰。一般情况下，感染细胞在 12～15d 出现以细胞融合为特征的 CPE。融合细胞随感染时间延长而增加，有时 20～30 个细胞融合在一起，形成一个巨大的合胞体。7～9d 后病变更加严重，此时作超薄切片在电镜下能够见到大量的成熟病毒和出芽增殖的病毒。

[致病性] 梅迪-维斯纳病毒主要感染绵羊和山羊，人工接种兔虽然在接毒后一个月内也能分离到病毒，但在以后的观察期内既查不到病毒也检不出抗体，该病毒对兔只呈现急性的一过性感染。

梅迪-维斯纳病的潜伏期特别长，有的甚至 3 年或更长时间才出现临床症状，随后出现进行性加重。梅迪病最常见的症状是呼吸困难，尤以运动时加剧，病羊常常掉队。随着病情的进一步发展，呼吸困难的症状更加明显，甚至在休息时也可见到患畜呼吸频率加决。这样在症状维持 3～8 个月后，患畜多数以死亡告终。维斯纳病的潜伏期要比梅迪病短些，早期症状表现是肢体行动困难，步态不稳，特别是后肢。患畜常常绊倒或无原因地跌倒。病情进一步发展会发生肢体麻痹甚至截瘫，体况迅速恶化。整个临床过程大约经过一年时间，几乎见不到康复病例。

梅迪-维斯纳病的病理变化因病而异。梅迪病主要表现在肺脏，肿胀的病肺比正常肺重 2～3 倍，肺叶的肋面常可见肋骨压痕，肺实质呈海绵状。组织学检查可见淋巴细胞呈弥散性增生和肺间质巨噬细胞浸润，肺实质有淋巴滤泡形成。维斯纳病的组织学变化以中枢神经系统的亚临床损伤为主，表现为脑室周围和血管周围单核细胞浸润，脑、小脑以及脊髓白质髓鞘脱落或破坏。脑脊液中细胞成分增多，可见到单核、巨噬、淋巴细胞以及浆细胞。

梅迪-维斯纳病的病理损伤不仅限于肺和中枢神经系统，脾、肾、骨髓，滑液组织和乳房均有不同程度的损伤。在荷兰，曾对4个严重感染梅迪-维斯纳的羊群进行的调查发现，母羊患乳房硬化的发病率63%，而没有梅迪-维斯纳病的羊群仅8%。关节损伤主要是在腕和跗关节，表现为非化脓性关节炎变化。

梅迪-维斯纳病对机体组织造成的损伤并不完全是由本病毒的直接致细胞病变引起的，当用药物使感染机体处于免疫抑制状态时，该动物的组织病理损伤会减轻或被阻止。当绵羊对本病的特异性免疫反应增强时，又导致这种损伤扩大和严重，感染羊也没有任何免疫缺陷的迹象。因此，免疫介导也是造成这种病理损伤的原因。

［生态学］ 梅迪-维斯纳病毒以水平传播为主。饲养密度过大，与病羊接触时间过长，都会增加感染率。肺和乳腺是本病毒的主要排泄部位，呼吸道分泌物会在个体间造成更多的感染。患病母羊乳汁中的细胞成分可分离出病毒，吸吮了这种乳汁的羔羊很易被感染。

本病以散发为主，无明显的季节性。当患畜并发肺腺瘤病时，会使本病的传播更加迅速和严重。这可能是因为患腺瘤病时，大量的巨噬细胞聚集于肿瘤病灶附近，巨噬细胞又是本病毒的重要靶细胞，这就为病毒提供了一个良好的增殖环境。

［免疫］ 灭活的梅迪-维斯纳病毒加福氏佐剂进行免疫接种后，虽能检出补反和琼扩抗体，但没有中和作用，经呼吸道攻毒也没有保护作用。用浓缩的囊膜糖蛋白gp135免疫接种，也是阴性结果。到目前为止，还没有研制出能有效预防本病的疫苗。

［诊断］ 根据临床症状、病理及组织学检查可以作出初步诊断，进一步确诊需要进行病毒分离。将患畜的肺、脾、脉络丛、淋巴结等含毒组织或器官制成的无菌悬液接种于绵羊脉络丛细胞或绵羊胎肺细胞上，经2周以上培养后，用特异性抗血清作中和试验来确定感染情况，或是将接毒的培养细胞制备成超薄切片，在电镜下直接查找病毒，有时在第一代接毒的细胞中就能发现病毒。特别是在感染细胞胞浆中呈同心圆排列的板层结构的病毒前体更具特征性。

目前的实验室血清学诊断方法有琼脂扩散试验、间接免疫荧光技术、补体结合试验、中和试验以及酶联免疫吸附试验等，其中酶联免疫吸附试验较为敏感，人工感染的绵羊在第6d就可出现阳性反应，而琼脂扩散抗体在感染后16d左右才能出现。中和抗体出现得更晚。丁恩雨等（1993）应用聚合酶链式反应（PCR）扩增梅迪-维斯纳病毒的前病毒cDNA，对接毒后24h的细胞培养物以及人工感染羊第9d的外周血单核细胞进行检测，检出了前病毒。如果用常规诊断方法，至少要3d后才能见到CPE。对人工感染试验来说，至少要数周才能检测到抗体。因此PCR可以用作梅迪-维斯纳病毒的早期快速诊断。

猴免疫缺陷病毒（*Simian immunodeficiency virus*，SIV）

本病毒是猴免疫缺陷综合征的病原体，它属于反录病毒科慢病毒属灵长动物慢病毒群成员。

1983年，Henrickson等报道了美国加州灵长动物研究中心饲养的恒河猴发生了类似人类的免疫缺陷的疾病，受感染的动物表现为T淋巴细胞功能缺乏，致死性机会性感染以及淋巴细胞增生性异常，病死率相当高，但未分离到病毒。1984年，Daniel从病猴淋巴瘤中分离出一株反转录病毒，虽然也能引起免疫缺陷性疾病，但是它与后来分离到的猴嗜T淋巴细胞病毒Ⅲ型有本质的区别，它们之间没有抗原相关性。在病毒分类学上，前者属于D型逆转录病毒，后者属于慢病毒。1985年，Daniel等又从其他患免疫缺陷症的病猴外周淋巴细胞以及血清样品中培养并分离到一株与人的嗜淋巴细胞病毒Ⅲ十分相似的逆转录病毒，并命名为猴嗜T淋巴细胞病毒Ⅲ（STLV-Ⅲ），即猴免疫缺陷病毒。这是猴艾滋病的真正病原。目前，除了在发病的恒河猴体内分离到病毒之外，还从非洲绿猴、猪尾猴、猩猩等不同品种的猴中分离到病毒。

［形态］猴免疫缺陷病毒的形态与其他慢病毒很相似。病毒呈球形，有囊膜，直径约 100nm，囊膜表面有纤突，核芯位于病毒粒子的中心，呈杆形或圆锥形，未成熟病毒粒子的核心为月牙形。病毒在宿主细胞的胞浆中装配，在胞浆膜上以出芽增殖的方式成熟并释放。

［抗原性］本病毒与其他慢病毒的基因结构十分相似，各毒株的核心抗原具有不同程度的交叉反应，猴免疫缺陷病毒在宿主体内会发生遗传突变和抗原变异。

［病原性］本病的主要临床表现为淋巴结肿大，尤其是腋下和腹股沟淋巴结肿大更明显，这个症状出现最早，持续时间最长。随着病程的进展，病猴会出现发热、进行性消瘦、持续性腹泻等一系列症状。病毒也会侵犯中枢神经系统，引起脑炎或脑膜炎，侵害呼吸系统，造成肺炎或间质性肺炎变化。此外，心血管系统、泌尿系统等也可受累。

本病毒的主要靶细胞是 $CD4^+$ T 淋巴细胞，除了 $CD4^+$ T 淋巴细胞外，含有 CD4 分子的细胞还有巨噬细胞和单核细胞以及郎罕细胞、树突细胞等，也都是本病毒的攻击目标。SIV 在感染 T 细胞和巨噬细胞时，除了结合 CD4 分子以外，同时还需要结合细胞表面的一种趋化因子受体。CD4 分子是 SIV 囊膜糖蛋白 gp^{120} 的受体，该病毒对它具有特别的亲嗜性。趋化因子受体又分为 CCR5 和 CXCR4 两种。病毒通过与 CD4 和 CCR5 结合而感染巨噬细胞；通过结合 CD4 和 CXCR4 结合而感染 T 细胞。现在使用 R5 和 X4 分别代表使用 CCR5 和 CXCR4 作为受体的毒株，取代以前巨噬细胞嗜性和 T 细胞嗜性的说法。两种受体的使用在易感宿主内可以诱导强烈的免疫抑制。趋化因子受体的使用是 SIV 主要组织靶向的决定因素。

病毒可以通过黏膜裂口直接接触靶细胞或者血管和淋巴系统。非人灵长动物模型的研究表明，病毒可以直接穿越完整的黏膜；一些生理因素如阴道上皮的厚度也会对传播的效率产生重大影响。通过黏膜传播时，病毒的原代靶细胞因组织不同而变化。当猴免疫缺陷病毒侵入细胞后，释放到胞浆中的病毒基因组借助于反录酶合成 cDNA 后，前病毒 DNA 整合于宿主细胞染色体 DNA 中，逃避了机体免疫系统的监视，不断生产病毒产物，并在细胞表面装配，出芽并释放子代病毒，导致 $CD4^+$ T 淋巴细胞不断减少。$CD4^+$ T 淋巴细胞是免疫活性细胞中的主要调节细胞，它的不断消耗，直接导致免疫系统的多种功能发生免疫缺陷和紊乱。实验室检查会发现 $CD4^+$ T/$CD8^+$ T 淋巴细胞比值明显降低，$CD4^+$ T 淋巴细胞对 Con A 等刺激的反应受到抑制，对外来抗原刺激的反应能力也降低，白细胞、淋巴细胞、血小板、血清蛋白总量等都减少。组织学检查发现多种系统和器官，特别是淋巴结、脾等免疫器官以及骨髓等造血组织发生损害。在感染的早期会出现 $CD4^+$ T 淋巴细胞广泛浸润，晚期又出现耗竭的现象。由于免疫功能低下，由病毒、细菌、真菌、寄生虫等造成的机会性感染增多。实验感染的幼猴常见胸腺萎缩。

［生态学］猴免疫缺陷病毒只感染猴，不同品种的猴对本病毒的易感性有差异，亚洲品种的猴较非洲猴易感。在易感猴间不存在性别差异。本病毒主要是通过水平感染传播，给健康猴接种病猴的组织滤液、血清、血液等可以复过制出本病；也可以通过垂直传播感染，但自然感染中的垂直传播较为少见。目前的研究结果表明，本病毒的自然感染与实验致病性感染相比，情况有些不同。两种感染的靶细胞均为 $CD4^+$ T 淋巴细胞，初次感染时都有高水平的病毒复制，并且在急性期血液和肠道会出现大量的 $CD4^+$ T 淋巴细胞缺失等。但是与实验感染相比，自然感染在慢性感染阶段，病毒的复制水平很稳定，外周和肠道的 $CD4^+$ T 淋巴细胞水平比较稳定并且有部分恢复，各种细胞亚群的功能正常，有正常的细胞活化、增生和凋亡等。两种感染最大的不同点在于，在慢性感染阶段，自然感染的宿主即使有大量的 $CD4^+$ T 淋巴细胞缺失，但是它们很少进展为免疫缺陷病。

目前没有本病毒直接感染人的报道，但人免疫缺陷病毒可实验感染猴、黑猩猩和长臂猿。关于猴免疫缺陷病毒和人免疫缺陷病毒的起源有各种说法，有人提出人免疫缺陷病毒是猴免疫缺陷病毒通过偶然的机会传染给人的；还有人认为猴免疫缺陷病毒是由人传染给猴的。但是，现在的一些研究结果表明，人免疫缺陷病毒（HIV-1 及其各种亚型和 HIV-2）可能是猴免疫缺陷病毒跨种属传播的结果。不管怎么说，与其他慢病毒相比，猴免疫缺陷病毒与人免疫缺陷病毒，尤其是 HIV-2 的亲缘关系最为接近，它们的核苷酸序列高度同源。因此，人们必须对猴免疫缺陷病毒的这种潜在危险有所警惕。

[**免疫**] 因为病毒本身具有高度快速的变异性，使得本病毒的疫苗防治较为困难。已经进行过试验研究的疫苗有病毒灭活疫苗、编码病毒基因蛋白的重组亚单位疫苗（如囊膜蛋白）、DNA 疫苗等，效果均不理想。这些疫苗所诱导的中和抗体或者特异性 CTL 反应，均不能有效地清除病毒所引起的感染。近期的研究结果表明，本病毒的减毒活疫苗能诱导动物机体产生较好的免疫保护反应。已经应用的减毒活疫苗策略有：缺失部分病毒基因，如 *nef* 基因或 *vpr* 基因等，研究表明这些疫苗可将病毒的复制水平降低数个对数值，或在几月至数年内完全抑制病毒复制；缺失病毒囊膜的 V1 和 V2 区，结果证明可以保护机体不受野毒或者致病性菌株如 SIVmac239 的攻击；将野型病毒与抗病毒药物一起静脉注射，也诱导动物机体产生了较好的免疫保护作用。但是，减毒疫苗的缺点在于安全性较差，因为其毒力可能会返强，从而对宿主产生致病作用。而且近几年的研究，已经有对这种情况的报道。因此，本病毒理想的疫苗有待进一步研究与开发。

[**诊断**] 对本病毒的检定主要是针对病毒的核心蛋白 p27，逆转录酶活性以及病毒载量而进行的。主要的诊断方法有病毒分离、ELISA、间接免疫荧光法、放射免疫测定法、免疫印迹法、PCR 和 RT - PCR 以及逆转录酶活性测定等。

第七节　泡沫逆转录病毒亚科（Spumaretrovirinae）

泡沫逆转录病毒亚科包括泡沫病毒属，这是一组外源性的逆转录病毒，在哺乳动物中有很宽的感染谱，从仓鼠、兔、猫、牛、马、绵羊、猴和人都分离到这种病毒。

在自然宿主中，本病毒不能诱发肿瘤或细胞转化，也没有明显的致病作用，尽管能诱发高滴度抗体，但病毒仍能在体内长期存在。

泡沫病毒的理化特性以及形态结构与本科其他病毒很相似，所不同的是病毒的核芯是由电子透明的中心和界限清楚的核衣壳组成的，病毒表面纤突明显。

因其感染细胞后可诱导产生类似泡沫的大量空泡、多核细胞而得名。发现其基因表达调控有许多不同于其他逆转录病毒的独有特点：如 gag 蛋白的表达不像其他逆转录病毒一样产生 gag-pol 前体，而是直接由一剪接的 mRNA 翻译产生；其反式激活因子（Tas）不仅对自身 LTR（长末端重复序列）行使功能，而且能激活慢病毒的基因表达；特别是，在其结构基因 gag 和 env 中存在内部启动子（IP），从而使泡沫病毒基因表达调控的研究成为逆转录病毒研究的热点之一。

病毒复制的早期可在细胞核内检测到特异性病毒抗原。在晚期，这种抗原从核内消失而在胞浆中出现，说明病毒合成的一个阶段可能发生在核内。成熟的病毒粒子至少含有 5 种结构蛋白，其中包括具有型特异性反应的囊膜糖蛋白 gp70。在细胞培养时能形成合胞体。本属病毒成员有 6 个，分别是：非洲绿猴泡沫病毒（*African green monkey simian foamy virus*），猕猴泡沫病毒（*Macaque simian foamy virus*），猴泡沫病毒（*Simian foamy virus*，人源分离株和黑猩猩分离株），牛泡沫病毒（*Bovine foamy virus*，即牛合胞体病毒），马泡沫病毒（*Equine foamy virus*），还有猫泡沫病毒（*Feline foamy virus*，即猫合胞体病毒）。

牛泡沫病毒（*Bovine foamy virus*）

本病毒又称牛合胞体病毒（*Bovine syncytial virus*，BSV），是泡沫病毒属的成员。牛感染后，多为隐性感染并长期带毒，但集约化养殖的刚断奶犊牛及青年牛可致肺炎、间质性肺水肿及肺气肿等呼吸道疾病。

自 1969 年从美国发现牛合胞体病毒以来，先后又从许多国家分离到该病毒。有报道称本病毒抗体在牛群中普遍存在，大约 1/4 的正常牛体都携带这种病毒。

本病毒能在牛胚脾细胞、兔角膜细胞、Vero 细胞、HEP - 2 细胞以及 BHK - 21 细胞中增殖。本病毒虽然不能转化细胞，却能使细胞发生融合，产生以多核细胞以及细胞空泡化为特征的细胞病变。

目前尚不能证实牛合胞体病毒与任何疾病有关联。牛一旦感染，可长期带毒，从脾、肺、淋巴结、子宫、乳汁以及胎儿都能分离到病毒。牛脾细胞是分离本病毒的最好培养基质。用荧光以及免疫扩散试验可以检测本病毒抗体。

猫泡沫病毒（*Feline foamy virus*）

本病毒又称猫合胞体病毒（*Feline syncytial virus*，FSV），是逆转录病毒科泡沫病毒属的成员。病毒与多种疾病有关，而且在猫群中普遍存在。

1970 年，哈克特（Hackett）等在美国首次分离到病毒（FSV）。1974—1979 年查出英国也存在 FSV。目前，我国尚未见报道。

病毒粒子直径为 45nm，具有电子疏松的中心，病毒通过细胞出芽释放时，获得有纤突的蛋白外壳。病毒在细胞浆中形成“核”状结构，缺乏 C 型颗粒，病毒粒子表面有纤突。大多 FSV 不能吸附或凝集猫、鸡、豚鼠和人的 O 型红细胞。

FSV 能在来自猫、犬、鸡、马、猴的细胞培养物中增殖，并可产生典型的细胞融合现象而出现合胞体细胞。在病毒分离时，直接病料组织进行培养易成功。

病毒可在患多种疾病的病猫组织中分离到，但在实验感染猫未能发病，故被认为不具有临床意义。

经调查表明，在猫患多发性关节炎综合征时，病毒有协同作用。病毒既可通过口、鼻途径水平传播，亦可垂直传播。

由于感染猫长期带毒，可通过病毒分离进行诊断。另外应用免疫荧光、琼脂免疫扩散试验诊断效果很好。

猴泡沫病毒（*Simian foamy virus*，SFV）

本病毒是逆转录病毒科泡沫病毒属的成员。感染猴不产生任何临床症状或病理损伤，多呈隐性感染。

1955 年，Rustigan 等首次分离到病毒（SFV-1，SFV-2）。1968 年，斯泰尔斯（Stiles）从非洲绿猴分离到 SFV-3，1969 年 Johnston 从南美松鼠猴分离到 SFV-7。之后，从松鼠猴分离到 SFV-4，从婴猴分离到 SFV-5，从黑猩猩分离到 SFV-6，从蛛猴分离到 SFV-8，从卷尾猴分离到 SFV-9，从狒狒分离到 SFV-10，从猩猩分离到 SFV-11。

病毒粒子呈圆形，直径 100～140nm，内含核芯，直径 30～50nm。有囊膜，囊膜上有纤突。SFV 的浮密度为 1.16g/cm^3。对乙醚、氯仿敏感。在 pH3.0 或 56℃ 30min 可失活。

无血凝素，不凝集非洲绿猴、豚鼠、绵羊、兔和人的红细胞。

病毒可在猴肾原代细胞、人胚肾细胞培养物中良好增殖，并产生细胞病变。

猴感染病毒后无临床症状，可在血清中检出 SFV 抗体。人工感染不发病，无临床症状。

本病毒的诊断主要是病毒分离，采取病料做猴肾组织培养，观察多核巨细胞样病变。另外应用荧光免疫技术检测病毒抗原。

◇ 参考文献

Blacklaws B，Harkiss G D. 2010. Small ruminant lentiviruses and human immunodeficiency virus: cousins that take a long view [J]. Curr HIV Res. 8 (1): 26-52.

Blomberg J，Benachenhou F，Blikstad V，et al. 2009. Classification and nomenclature of endogenous retroviral sequences (ERVs): problems and recommendations [J]. Gene，448 (2): 115-23.

Corredor A G，St-Louis M C，Archambault D. 2010. Molecular and biological aspects of the bovine immunodeficiency virus [J]. Curr HIV Res. 8 (1): 2-13.

Delelis O，Lehmann-Che J，Saib A. 2004. Foamy viruses—a world apart [J]. Curr Opin Microbiol. 7 (4): 400-6.

DiGiacomo R F，Hopkins S G. 1997. Food animal and poultry retroviruses and human health [J]. Vet Clin North Am Food

Anim Pract. 13 (1): 177 - 90.

Faschinger A, Rouault F, Sollner J, et al. 2008. Mouse mammary tumor virus integration site selection in human and mouse genomes. J Virol. 82 (3): 1360 - 7.

Gjerset B, Storset A K, Rimstad E. 2006. Genetic diversity of small - ruminant lentiviruses: characterization of Norwe - gian isolates of caprine arthritis encephalitis virus. J Gen Virol. 87: 573 - 580.

Griffiths D J, Martineau H M, Cousens C. 2010. Pathology and pathogenesis of ovine pulmonary adenocarcinoma [J] . J Comp Pathol. 142 (4): 260 - 83.

Hayward J J, Rodrigo A G. 2010. Molecular epidemiology of feline immunodeficiency virus in the domestic cat (Felis catus) [J] . Vet Immunol Immunopathol. 134 (1 - 2): 68 - 74.

Kim Y, Gharaibeh S M, Stedman N L, et al. 2002. Comparison and verification of quantitative competitive reverse transcription polymerase chain reaction (QC - RT - PCR) and real time RT - PCR for avian leukosis virus subgroup J. J Virol Methods, 102 (1 - 2): 1 - 8.

Leroux C, Cadoré J L, Montelaro R C. 2004. Equine Infectious Anemia Virus (EIAV): what has HIV' s country cousin got to tell us? [J] . Vet Res. 35 (4): 485 - 512.

Leroux C, Cruz J C, Mornex J F. 2010. SRLVs: a genetic continuum of lentiviral species in sheep and goats with cumulative evidence of cross species transmission [J] . Curr HIV Res. 8 (1): 94 - 100.

Ma J, Shi N, Jiang C G, et al. A proviral derivative from a reference attenuated EIAV vaccine strain failed to elicit protective immunity [J] . Virology (in press)

Miyazawa T. 2009. Receptors for animal retroviruses [J] . Uirusu, 59 (2): 223 - 42.

Payne S L, Fuller F J. 2010. Virulence determinants of equine infectious anemia virus [J] . Curr HIV Res. , 8 (1): 66 - 72.

Pisoni G, Bertoni G, Puricelli M, et al. 2007. Demonstration of co-infection with and recombination of caprine arthritis-encephalitis virus and maedi-visna virus in naturally infected goats. J Virol. 7.

Reina R, Berriatua E, Luján L, et al. 2009. Prevention strategies against small ruminant lentiviruses: an update [J] . Vet J. 182 (1): 31 - 7.

Reitter J N, Desrosiers R C. 1998. Identification of replication - competent strains of simian immunodeficiency virus lacking multiple attachment sites for N-linked carbohydrates in variable regions 1 and 2 of the surface envelope protein. 72: 5399 - 5407.

Rethwilm A. 2010. Molecular biology of foamy viruses [J] . Med Microbiol Immunol. 199 (3): 197 - 207.

St - Louis M C, Cojocariu M, Archambault D. 2004. The molecular biology of bovine immunodeficiency virus: a comparison with other lentiviruses [J] . Anim Health Res Rev. 5 (2): 125 - 43.

Venugopal K, Howes K, Barron G S, et al. 1997. Recombinant env-gp85 of HPRS-103 (Subgroup J) avian leucosis virus: Antigenic characteristics and usefulness as a diagnostic reagent [J] . Avian Dis. , 41: 283 - 288.

D M Knipe, P M Howley. 2001. Virology. 4th. Lippincott Williams and Wilkins.

Waheed A A, Freed E O. 2010. The Role of Lipids in Retrovirus Replication [J] . Viruses, 2 (5): 1146 - 1180.

Wang X F, Wang S, Lin Y Z, et al. 2011. Genomic comparison between attenuated Chinese equine infectious anemia virus vaccine strains and their parental virulent strains [J] . Arch Virol. (in press)

周建华 编

第四十三章　呼肠孤病毒科

本科的命名是取自3个英文单词的词头组合而成，全称是呼吸道（Respiratory）、肠道（Enteric）和孤儿（Orphan）病毒，又叫双股核糖核酸病毒科。在20世纪50年代早期，当乳鼠和灵长类的细胞培养开始广泛应用于病毒学实验室时，从人的呼吸道和胃肠道分离出这类病毒，但与任何疾病都不相关，分类鉴定为小RNA病毒。几年以后，发现该病毒的基因组为双股RNA，并分节段。1959年建议命名为呼肠孤病毒，强调了其与疾病的不相关性。但是随后发现，这些病毒也有一定的病原性，一些成员还是某些特定疾病的病原体，因此建议改称呼肠病毒。本书照顾习惯，仍称呼肠孤病毒，也与英文"Reo"相对应。

在证明呼肠孤病毒的基因组是由若干片段组成的双股RNA后，接着又发现三叶草的伤瘤病毒（*Wound tumour virus*，WTV）也含双股RNA，而且病毒粒子的形态结构极像呼肠孤病毒，从而引起病毒学工作者对双股RNA病毒的极大兴趣。此后，相继在脊椎动物、无脊椎动物、细菌、高等植物和真菌等宿主体内发现了60种以上的双股RNA病毒（虽其形态结构和生物学特性不尽一致）。

2009年ICTV病毒最新分类中，将呼肠孤病毒科下设两个亚科，共有15个属。东南亚十二节段病毒亚科包括：*Cardoreovirus*、*Mimoreovirus*、环状病毒属、植物呼肠孤病毒属、轮状病毒属、东南亚十二RNA病毒属。Spinareovirinae包括：水生动物呼肠孤病毒属、科州蜱传热病毒属、质型多角体病毒属、*Dinovernavirus*、斐济病毒属、昆虫非包裹虫源呼肠孤病毒属、真菌呼肠孤病毒属、正呼肠孤病毒属、水稻病毒属。其中正呼肠孤病毒属、环状病毒属、轮状病毒属、科州蜱传热病毒属及东南亚十二节段病毒属有一些重要的动物病原，本书将分节介绍。

本科其他属如胞质多角体病毒属的成员多达150种以上，均是昆虫病毒，代表种为家蚕胞质多角体病毒，是家蚕的重要致病病毒。植物呼肠孤病毒属及斐济病毒属是植物的病毒。此外，还从真菌发现一些结构与呼肠孤病毒类似的病毒，但RNA只有1～3个节段。

该科大多数成员的病毒粒子呈二十面体对称，无囊膜，有双层衣壳，内衣壳结构稳定，含32个壳粒，呈二十面体对称，但外衣壳结构差异明显（见正呼肠孤病毒属、环状病毒属和轮状病毒属等）。病毒核酸为线性双股RNA，有10～12个节段，单个节段的相对分子质量0.2×10^6～3.0×10^6，总相对分子质量为12×10^6～20×10^6，为病毒粒子总重的14%～22%。每个RNA节段有一个阅读开放框架，编码一种蛋白质（不需要进一步加工，这区别于双RNA病毒科）。病毒粒子有6～10种蛋白质（相对分子质量15×10^3～155×10^3），包括与核心相关的转录酶和mRNA帽化酶，其中一些蛋白质是糖基化的。完整的病毒粒子的相对分子质量为120×10^6，在CsCl中浮密度为1.36～$1.39g/cm^3$。

病毒在胞浆内复制，有时在感染细胞的胞浆内看到病毒粒子呈类结晶状排列。

病毒复制前，胞饮的病毒粒子首先受细胞溶酶体水解酶的作用致使病毒粒子部分脱壳，成为亚病毒颗粒（subviral particle）。这一过程活化了病毒子携带的转录酶和帽化酶，从而转录出在3′末端没有多聚腺苷酸化而在5′端帽化的mRNA分子，这点是独特的。

在病毒粒子转录酶作用下，首先合成正股RNA。

并不是所有呼肠孤病毒基因组在起始过程中都能转录，只是某些基因（节段）才能起始转录，而其他基因随着病毒早期蛋白的合成而被抑制。每种蛋白的合成分别与每个mRNA分子相联系，并合成反义 RNA 链，从而产生双股子代 RNA 分子。这些 RNA 分子又作为模板转录出更多的 mRNA；然而此时的 mRNA 不被帽化，通过一种未知的机制，这些未帽化的呼肠孤病毒 mRNA 能优先合成大量的病毒结构蛋白。最后，这些亚病毒颗粒与一些附加蛋白一起完成病毒粒子的成熟。在环状病毒的合成过程中，胞浆内形成规则性的微管样结构。轮状病毒的成熟涉及单层衣壳进入粗面内质网上囊泡的这一不寻常的出芽过程。因此而形成的伪膜随后移至它处，外衣壳加到囊泡上，由于病毒的主要外衣壳蛋白是糖基化的，它的合成只有当它通过内质网膜时才能完成。

由于该科病毒核酸是多节段的，很容易出现基因重组现象，重组频率一般为 3%～5%。

第一节　正呼肠孤病毒属（*Orthoreovirus*）

正呼肠孤病毒属又叫呼肠孤病毒、呼吸道肠道孤儿病毒、肝-脑脊髓膜炎病毒。代表株为呼肠孤病毒 3 型，成员包括从人、猴、犬、牛分离的呼肠孤病毒 1、2、3 型以及家禽分离株和纳尔逊海湾病毒（*Nelson bay virus*，NBV）。

呼肠孤病毒可由许多脊椎动物体内分离到，包括马、牛、猪、绵羊、豚鼠、犬、猫、貂、禽类、蝙蝠以及人、黑猩猩和猴，除了感染啮齿动物和禽外，一般不引起明显的疾病，特别是对成年动物。呼肠孤病毒在动物和人类的某些呼吸道及消化道疾病的发生上呈现一定的辅助或促进作用。

病毒粒子直径约 76nm，有 92 个壳粒，核心直径约 52nm，由两层致密的蛋白质衣壳所包裹。在电镜下，核心上具有 12 个呈 5°对称的棘状突起（约 5nm），分别从二十面体对称的 12 个顶上延伸出来，基因节段的转录酶就从该部位释放出来。

病毒有 3 组不同大小的 RNA，通过聚丙烯酰胺凝胶电泳分成 10 个分散的节段，编码 10 种蛋白质，在翻译过程中再一一裂解。完整病毒的浮密度为 1.37g/cm^3。病毒具抗酸、抗脂溶剂特性，不需节肢动物传播。

基于宿主种类、抗原特性、血凝素和引起细胞融合的能力，一般将正呼肠孤病毒属成员分两群，即哺乳动物呼肠孤病毒和禽呼肠孤病毒。从飞狐中分离到的一株纳尔逊海湾病毒，它的特性介于两群之间。

哺乳动物呼肠孤病毒（*Mammalian orthoreovirus*）

［形态结构］具有特征的二十面体对称的双层衣壳结构。病毒粒子的核心由核酸基因组及其密切连接的内衣壳构成，其外还有一层外衣壳，无囊膜。完整的病毒粒子直径 76nm 左右，核心的直径 52nm 左右，电子显微镜下很容易看到病毒粒子表面的壳粒，外衣壳共 92 个壳粒，分别由五邻体和六邻体组成，其中 80 个为六邻体，12 个为五邻体，壳粒为长 10nm、宽 8nm 的中空棱状结构。内衣壳呈二十面体 5°对称排列。

正呼肠孤病毒的外衣壳比较脆弱，易被热和胰凝乳蛋白酶（Chymotrypsin）等蛋白水解酶破坏，正是由于这种特性，一般说来，蛋白水解酶能增强病毒在肠道中的感染性，这是由于脱去病毒外衣壳的缘故。内衣壳却很稳定，不仅对热和胰凝乳蛋白酶处理具有较大的抵抗力，而且能耐高浓度的尿素、二甲亚砜（DMSO）和 SDS 的处理。

呼肠孤病毒可在体外培养的敏感细胞内形成胞浆内包涵体，包涵体内具有许多结晶状排列的病毒粒子。

将提纯的病毒粒子置于蒸馏水中，可使外衣壳结构疏松，病毒粒子的直径增大。

也常见到呼肠孤病毒的空衣壳，这是病毒粒子中缺乏核酸的缘故。

［培养特性］呼肠孤病毒可在许多种类的培养细胞中增殖，包括原代猴肾细胞、KB 细胞、HeLa 细胞、人羊膜细胞以及 L 细胞等，并于 7～14d 内产生细胞病变，主要是在感染细胞内形成嗜酸性胞浆内包涵体。电子显微镜检查，可在包涵体内看到完全和不完全的病毒粒子。这些病毒粒子经常呈结晶状排

列，并常连接于胞浆内的梭形微管上。感染细胞最后崩解，病毒被释出于细胞外。

不同于禽呼肠孤病毒，哺乳动物呼肠孤病毒虽可在鸡胚内增殖，但不呈现规律性。来源于人的呼肠孤病毒株通常不能在鸡胚卵黄囊内增殖。

[理化学特性] 正呼肠孤病毒的整个基因组由 10 个片段的双股 RNA 组成，节段相对分子质量为 $0.5\times10^6\sim2.7\times10^6$，RNA 的总分子量 $14\times10^6\sim15\times10^6$Da。在氯化铯中的浮密度为 1.61g/cm³。$S_{20}w\approx730$。RNA 含量约占病毒粒子总重的 14%，病毒共含 3 000 个寡核苷酸，其长度在 2～20 核苷酸间，核心含 44% RNA。G+C 含量为 44mol%。

双股 RNA 在 78～85℃温度中发生变性，成为对 RNA 酶敏感的单股 RNA，说明其中存在不耐热的结合键。

病毒粒子相对分子质量 130×10^6，本属病毒的基因组与呼肠孤病毒科其他属成员无同源性序列。正呼肠孤病毒的蛋白质占病毒粒子总重的 86%，分布于两层衣壳内，一共有 9 种蛋白质，相对分子质量 $33\times10^3\sim155\times10^3$，7 种主要多肽，即 λ1、λ2、μ1、μ2、δ1、δ2、和 δ3。外衣壳由 μ2、σ1 和 σ3 三种蛋白质组成。在感染细胞中提取"亚病毒单位"，也就是除掉外衣壳的病毒粒子，随后加入 σ3 蛋白，则可在试管内组装成完整的呼肠孤病毒粒子，从而证明 σ3 蛋白是外衣壳的主要成分。

但在仔细研究胰凝乳蛋白酶降解外衣壳的过程中，发现与衣壳稳定性和病毒粒子感染性有关的主要成分是 μ2 而不是 σ3。胰凝乳蛋白酶可将 σ3 完全除去，但病毒粒子仍保持高度感染性。但在将 μ2 降解时，病毒粒子的感染性明显下降。最后除去的是 σ1，结果遗留 52nm 直径的内衣壳，即核心。λ1、λ2、μ1 和 σ2 等几种蛋白质存在于内衣壳内。

正呼肠孤病毒不含糖类和脂质，对乙醚有抵抗力。

正呼肠孤病毒含有转录酶、复制酶、核苷酸磷酸水解酶、帽化酶。

正呼肠孤病毒对去氧胆酸盐、醚和氯仿具有很大抵抗力，能耐 56℃ 2h 或 60℃ 30min 的加热，在 4℃，其传染性至少可维持 2 个月。在有 1～2mol/L $MgCl_2$ 存在的情况下，50～55℃加热 5～15min，可以明显提高正呼肠孤病毒的感染力。一般认为，这是除去外衣壳或改变外衣壳结构或性质的结果。

在冰冻的病毒液中加入上述浓度的 Mg^{2+} 和 Cl^- 离子，却使病毒明显灭活，原因不明。

用胰凝乳蛋白酶处理病毒标本，有提高其感染力的作用。

正呼肠孤病毒可被某些染料的光动力作用所破坏，包括常用于蚀斑试验的中性红。紫外线也有破坏病毒的作用，但是已经在紫外线灭活的病毒标本内多次发现多数感染复活现象。

正呼肠孤病毒在 pH2.2～8.0 的广泛酸碱范围内保持稳定。在室温条件下，能耐 1% H_2O_2、3%福尔马林、5%来苏儿和 1%石炭酸 1h。但 70%乙醇在较长时间作用后使其灭活，过碘酸盐也可迅速杀死呼肠孤病毒。

[抗原性] 正呼肠孤病毒具有共同的群特异性抗原 λ2 和 σ3，另外还有型特异型抗原 σ1。

哺乳动物的呼肠孤病毒共有一个补体结合性抗原，应用血清中和试验和血凝抑制试验，则可将其区分为 3 个不同的血清型。2 型呼肠孤病毒更进一步区分为 4 个亚型。这些血清型与禽呼肠孤病毒没有血清学关系。

奇怪的是，哺乳动物的呼肠孤病毒竟与三叶草的伤瘤病毒具有一个共同的抗原成分，而且这种植物病毒与哺乳动物的呼肠孤病毒具有同样的形态结构以及双股 RNA 构型。

呼肠孤病毒的 3 个哺乳动物血清型都能凝集人的 O 型红细胞，这种红细胞凝集现象发生于 4～37℃温度中。56℃加热使呼肠孤病毒迅速丧失血凝特性。3 型呼肠孤病毒还能凝集牛的红细胞。

分离自猪的病毒株常可凝集猪的红细胞，但不能凝集豚鼠和鸡的红细胞。

应用蔗糖密度梯度技术可由病毒粒子中提取两种血凝素，其中一种与病毒的感染性有关。乙醚不能破坏呼肠孤病毒的血凝性和感染性；氯仿能破坏其血凝性，但不破坏其感染性。呼肠孤病毒的血凝现象可被特异抗血清所抑制，故可进行血凝抑制试验检测抗体或用已知抗体鉴定病毒。

[病原性] 鼠类能发生 3 型呼肠孤病毒的自然感染，有时称肝脑脊髓炎，其临床表现为黄疸、运动

失调、油性被毛、生长发育迟缓等。给乳幼鼠作滴鼻感染，也可使其发生呼吸道疾病而死亡。将 1 型呼肠孤病毒给小鼠作腹腔内接种，可于 5～7d 内致死，并可由死亡小鼠的各器官分离到呼肠孤病毒。对新生仓鼠、雪貂、大鼠也会引起同样病变。将 3 型病毒直接注入乳鼠脑内，可使其发生坏死性脑炎和死亡。剖检中枢系统，可见病毒主要在神经细胞内增殖，胶质细胞和室管膜细胞内显然不发生病毒增殖。此外，呼肠孤病毒对大鼠、小鼠还有致畸变作用。1 和 2 型呼肠孤病毒感染小鼠，病毒可通过怀孕鼠的子宫垂直传播，致胎儿或新生儿死亡。其他哺乳动物和人的呼肠孤病毒感染大多呈无症状经过。

第 1 株牛呼肠孤病毒是由健康牛的粪便中分离获得的，至今已分离到 50 多个牛呼肠孤病毒株，包括 1、2、3 三个血清型。1 型最为常见。在某些国家的牛群中，阳性抗体率达 57%。一般认为，牛在一岁以内普遍发生呼肠孤病毒感染，但不出现症状，牛在发生呼吸道疾病后，呼肠孤病毒抗体的效价经常上升。1 型与 2 型混合感染对牛地方性支气管肺炎的流行起重要作用。给牛作呼吸道感染试验，虽然没有症状，但肺和其他组织中含有高滴度病毒，鼻液中也出现病毒，随后则可测出血清中较高效价的抗体。给不吃初乳的新生犊牛作人工感染，常可产生轻微的肺炎病变，但不像组织培养细胞那样形成胞浆内包涵体。

马呼肠孤病毒的 3 种血清型均有发现，调查表明其抗体阳性率分别为 1 型 29%，2 型 1.9%，3 型 61%。1 型与 3 型可致马上呼吸道疾患，此外还可与马流感病毒一起引起咳嗽综合征。

绵羊也存在 3 个型的呼肠孤病毒，但抗体检测以 3 型为主。

用猪株呼肠孤病毒给 6 周龄幼猪作经鼻接种，幼猪体温升高，血清中的血凝抑制抗体可增高 4 倍以上。

犬呼肠孤病毒只分离到 1 型，2 型与 3 型的抗体亦有阳性。用 1 型实验感染幼犬时发生间质性肺炎，抗体效价上升。

猫呼肠孤病毒分离率最高的是 3 型，人工感染可致温和的呼吸道症状。1 型是从猫的肿瘤细胞中分离所得。

人类的呼肠孤病毒感染十分普遍，3 种血清型均有发现，血清学调查的阳性率很高，最重要的是 1 型，但也大多呈无症状经过。曾从普通感冒、脑炎、肝炎、脑膜炎、脑脊髓膜炎以及致死性肺炎患者体内分离到不同血清型的呼肠孤病毒。

[分离鉴定] 应用敏感的组织培养细胞从发病早期的粪便、呼吸道分泌物、滑液或其他组织样品中分离病毒。为消除细菌和其他病毒的干扰，应视情况先将病料作 50～55℃加热或用乙醚、丙酮处理。根据特征性细胞病变——核周围包涵体的出现，也可人工感染乳鼠致病，初步判定病料中是否有呼肠孤病毒存在。随后应用已知抗体进行鉴定：先以补体结合反应检测群抗原，随后再用中和试验或血凝抑制试验检测型特异抗原。

鉴于症状及病理剖检变化都不具特征性，诊断通常有赖于抗体的检测，现症病例的诊断，则需发病期及康复期的双份血清。ELISA 的敏感性远远高于琼脂扩散和间接血凝试验，以纯化病毒为抗原，并且用高岭土处理血清，以排除非特异性反应，其结果与中和试验一致。

[免疫性] 对某些由呼肠孤病毒参与所致的疾病可用灭活的呼肠孤病毒与其他抗原混合而成的联合灭活苗进行预防。

禽正呼肠孤病毒（*Avian orthoreovirus*）

本病毒是正呼肠病毒属成员，主要引起禽病毒性关节炎综合征和暂时性消化系统紊乱等。

[形态结构] 禽呼肠孤病毒具有典型的呼肠孤病毒形态，该病毒由一个核心和一个衣壳构成。无囊膜。在感染细胞浆中呈晶体状排列。核心直径约 45nm，衣壳直径约 75nm。衣壳为二十面体，由 92 个壳粒组成。

[培养特性] 禽呼肠孤病毒很容易从禽源细胞培养物中分离。常用的细胞培养是禽原代细胞，包括鸡胚成纤维细胞、肝、肺、肾、巨噬细胞和睾丸细胞。最常用的是雏鸡肾细胞（2～6 周龄），分离火鸡

株时可用火鸡肾细胞。

做蚀斑和分离病毒时，应选择鸡胚肝细胞。

用各种方法分离本病毒的比较结果表明，以鸡肝细胞最敏感，其次为鸡肾细胞，而成纤维细胞敏感性最差。感染呼肠孤病毒的鸡源细胞培养物能够形成合胞体（一般在合胞体形成前细胞内产生空泡），细胞浆内有包涵体（初期嗜酸性，后变嗜碱性）。

某些毒株亦可适应于许多哺乳动物细胞系，如在绿猴肾（Vero）、乳仓鼠肾（BHK-21）、猫肾（CRFK）、Georgia 牛肾（GBK）、兔肾（RK）和猪肾（PK）细胞内生长，但大多数毒株只有在 Vero 细胞中产生 CPE。

经卵黄囊或绒毛尿囊膜接种，呼肠孤病毒容易在鸡胚内生长。初次分离选用卵黄囊接种，一般在接种后 3～5d 鸡胚死亡，胚体因皮下出血而呈淡紫色。绒毛尿囊膜接种，通常在 7～8d 后鸡胚死亡，绒毛膜上有隆起的、分散的痘疮样病灶，未死胚胎生长滞缓，肝淡绿色，脾肿大，心脏有病损。

[理化特性] 纯化的禽呼肠孤病毒只含有 RNA 和蛋白质，平均含量分别为 18.7%和 81.3%。RNA 中既有 ss 又有 ds，其中 ssRNA 约占 RNA 总量的 30%。禽株 RNA 的含量高于哺乳动物株（14%），这种差别归因于禽株含有 ssRNA。

根据 SDS-PAGE 电泳迁移率的不同，可将禽呼肠孤病毒的 10 个 RNA 节段分为三类，依次为 L、M 和 S。其中大节段 L（L1、L2 和 L3）相对分子质量为（2.42～2.25）$\times 10^6$；中节段 M（M1、M2 和 M3）相对分子质量为（1.6～1.34）$\times 10^6$；小节段 S（S1、S2、S3 和 S4）相对分子质量为（0.98～0.64）$\times 10^6$，与哺乳动物株比较稍有差异，但禽株 S1 的相对分子质量远远大于哺乳动物株。不同分离株（包括不同血清型和同型不同毒株）的 dsRNA 核酸电泳迁移有明显多样性，但与致病力无相关性。嗜关节性的 S-1133 株及其无致病力的疫苗株 P100，它们的 dsRNA 节段在 SDS-PAGE 中的迁移形式完全相同，但蛋白质却有差别，推测蛋白质的改变与毒力强弱和生长特性有关。应用更灵敏的核酸杂交试验表明，疫苗株 P100 的 dsRNA 至少有 4 个节段发生了变化。

禽呼肠孤病毒对热有抵抗力，能耐受 60℃ 8～10h，56℃ 22～24h，37℃ 15～16 周，22℃ 48～51 周，4℃ 3 年以上，－20℃ 4 年以上，－63℃10 年以上。半纯化病毒于 60℃ 5h 条件下尚不能完全灭活，$MgCl_2$ 能增强病毒对热的稳定性，但浓度太大反而促进其灭活。

对乙醚不敏感，对氯仿轻度敏感，对 pH3 有抵抗力，室温下过氧化氢作用 1h 不能使其灭活；2%苯酚部分灭活病毒，2%甲醛在低温（4℃）无效。对 2%来苏儿、3%福尔马林、DNA 代谢抑制物、放线菌素 D、阿糖胞苷、5-氟-2-脱氧尿嘧啶有抵抗力。70%乙醇和 0.5%有机碘可灭活病毒。

不同于哺乳动物呼肠孤病毒，禽呼肠孤病毒不能凝集鸡、火鸡、鸭、鹅、人 O 型、牛、绵羊、兔、豚鼠、大鼠或小鼠的红细胞。只有两个例外报道。

[抗原性] 禽呼肠孤病毒各毒株之间具有共同的群特异抗原，而与哺乳动物株和纳尔逊海湾病毒无交叉，这种共同的沉淀抗原可用琼扩或补结试验检测。使用血清学方法可对呼肠孤病毒进行分类，或根据对鸡的相关致病性分群。日本的禽呼肠孤病毒分为 5 个血清型。到目前为止凭借中和试验将禽呼肠孤病毒分为 11 个血清型。

由于交叉反应大量存在，因此有些群只能作为亚型而不作为独立血清型。由此说明呼肠孤病毒经常以抗原亚型，而不是以独特的血清型存在。

[病原性] 呼肠孤病毒的感染在鸡群中普遍存在，常不表现临床症状，也可表现为禽病毒性关节炎综合征（Viral arthritis syndrome，VAS）以及"暂时性消化系统紊乱"（Transient digestive system disorder，TDSD）。VAS 又名禽病毒性关节炎和滑膜炎，主要发生 5～7 周龄肉鸡，表现为不同程度的跛行，跗关节剧烈肿胀，趾及跖部肌腱和腱鞘发炎，发病率可达 10%，死亡率一般低于 2%。TDSD 曾称为吸收不良综合征（Malabsorption syndrome，MAS），特点为鸡羽毛稀疏、生长迟缓、矮小化、腹泻、粪中带有肠黏膜以及未消化的饲料、饲料转化率降低等。比较分离的禽呼肠孤病毒不同毒株，根据致病性可将它们分为 3 型，1 型引起 TDSD，2 型引起 VAS，3 型兼而有之，既能引起 TDSD，又能引起 VAS。

禽呼肠孤病毒常见于鸡马立克病病毒、鸡传染性法氏囊病病毒等感染的病例，一般认为由于它的混合感染，加剧了病情。

病毒可天然或人工感染鸡及火鸡，鹌鹑有无症状感染的报道，该病毒不感染金丝雀、鸽、豚鼠、大鼠、小鼠、仓鼠和兔。该病毒既可水平传递也可经卵垂直传递。法氏囊是病毒最先增殖的部位。

[分离鉴定]

(1) *病毒分离*　用无菌拭子采集胫股关节或胫跗关节的滑液或制备10%水肿滑液膜（腱膜）组织悬液分离病毒，是较能确诊呼肠孤病毒感染的方法。还可由脾制备匀浆或从泄殖腔、气管无菌棉拭子取样分离病毒。污染的病料需用抗生素处理，再经低速离心沉淀，除去较大颗粒后作接种用。

鸡胚接种：优选的接种途径为5～7日龄鸡胚卵黄囊，鸡胚在接种后4～15d内死亡，死胚明显出血，胚体微紫，内脏器官充血、出血。17～21d仍存活的胚略显矮小，肝、脾和心脏肿大并有坏死灶。也可接种绒毛尿囊膜，4～6d后在绒毛尿囊膜上形成痘样病斑和细胞浆包涵体，常于7～8d后死亡，病变与卵黄囊接种相似。

细胞培养：2～6周龄鸡的肾原代细胞对于培养禽呼肠孤病毒优于鸡胚成纤维细胞，亦可用鸡胚肝细胞，最好选用5% CO_2 的培养箱培养。某些毒株可用Vero细胞培养，病毒可在细胞上产生合胞体及胞浆包涵体，包涵体内的病毒颗粒可呈晶格样排列。

检测病毒可作病毒核酸电泳。

(2) *血清学鉴定*　主要采用琼脂扩散试验、中和试验、荧光抗体试验、ELISA试验等检查呼肠孤病毒的群特异性抗体和检测感染组织内的病毒抗原。

[免疫性] 由于一日龄雏鸡对致病性的呼肠孤病毒最易感，最早在2周龄才开始有年龄抵抗力。通常在7日龄左右接种S1133或UMO207株弱毒苗。一日龄使用活疫苗能干扰马立克病疫苗的免疫效果。灭活疫苗主要用于母鸡，以保证雏鸡体内存有保护性母源免疫力。这种免疫力通常对同源性的血清型效果佳，因此呼肠孤病毒灭活油乳剂苗往往是由抗原性相似的几株病毒制备（S1133、1733、2408和C08），也可考虑应用当地分离株病毒。

第二节　环状病毒属（*Orbivirus*）

环状病毒属在某些形态、理化和生物学特性上不同于正呼肠孤病毒。正呼肠孤病毒经常含有两层衣壳，对热及酸性环境（pH3.0）具有强大抵抗力，不发生虫媒传播方式，而环状病毒虽有双层衣壳，外衣壳结构模糊，内衣壳由32个大的环状壳粒组成，故称环状病毒。对热和pH3.0的抵抗力不高，多数成员可在节肢昆虫和脊椎动物体及其细胞内增殖。

病毒粒子呈二十面立体对称，直径为65～80nm，核衣壳的直径为54～60nm，但无棘状突起，衣壳由32个大型壳粒组成。

病毒粒子的相对分子质量为80×10^6，$S_{20}w$为550，在pH6～8稳定，感染性在pH3.0丧失。在蛋白质存在下，病毒非常稳定，如由室温存放的血液中25年后仍能重新分离出蓝舌病病毒。

病毒基因组由10个节段的双股RNA组成，节段相对分子质量大小为0.5×10^6～2.8×10^6，总相对分子质量约15×10^6，占病毒粒子重量的20%，G+C含量为（42～44）mol%。有7条结构多肽，相对分子质量为35×10^3～150×10^3，占整个病毒粒子重量的80%。主要核心蛋白是VP3和VP7，相对分子质量分别为10^3和38×10^3，其中VP7是存在于核心表面上壳粒的主要成分，核心也含有VP1、VP4和VP6。外衣壳层含VP2（Mr=111×10^3Da）和VP5（Mr=59×10^3Da）。有3种非结构蛋白NS1、NS2和NS3，相对分子质量分别为64.4×10^3、41×10^3和25.6×10^3，其中NS2是磷蛋白。

目前已知的成员根据其血清学的亲缘关系可分为12个群，其中蓝舌病病毒、非洲马瘟病毒、鹿流行性出血病病毒、茨城病病毒及科罗拉多蜱传热病毒5个群对家畜致病（表43-1）。没有检测到属特异性抗原，但可通过荧光抗体、免疫扩散和补结反应证实群内有共同的抗原。个别毒株呈现低水平交叉反应，通常被报道为血清群中的独特成员。

表 43-1 环状病毒病的分群

群名称	血清型	生物媒介
非洲马瘟病毒	1～9	
蓝舌病病毒	1～24	库蠓
鹿流行性出血症病毒	1～7	库蠓
马器质性脑病病毒	1～5	
Eubenangee 病毒	1～3	蚊
Palyam 病毒	1～6	库蠓
Changuinola 病毒	1～7	白蛉
Corriparta 病毒	1～3	蚊
Warrego 病毒	1～2	库蠓
Wallal 病毒	1～2	

环状病毒在宿主细胞的胞浆内合成和增殖，进入宿主细胞脱去外壳需要依赖 RNA 的 RNA 聚合酶活化。感染细胞内质网肿大，出现颗粒性近核包涵体，线粒体变形，同时常在胞浆内形成微管样构造。这种微管样构造可在蔗糖密度梯度上提纯；电子显微镜下观察，直径约 50nm，表面还有线状周圈性的微细结构，使整个微管样构造呈楼梯样外观。据生化学和抗原性分析，这种微管样构造由病毒特异的非衣壳性多肽组成，至少有一种以上。成熟的病毒粒子也常与之黏附。敏感细胞感染病毒后，胞浆内形成包涵体。病毒粒子释出是挤出式而不是芽生。本属代表种为蓝舌病病毒，其他成员包括 11 个血清群（表 43-1）。

还有一些未分群的毒株，包括 Ife，Japanant，LLano Seco，Orunga，Paroo River，Vmatillam，T-50616（分离自臭鼬）。

蓝舌病病毒（*Bluetongue virus*）

蓝舌病病毒又叫绵羊卡他热病毒、嘴疼病病毒、草原强直症病毒。

蓝舌病是绵羊的一种急性传染病，其特征是颊黏膜和胃肠道黏膜严重的卡他性炎症。病羊发热，大量流涎，并由鼻孔流出多量浆液性或黏液性鼻涕，干涸后结痂于鼻孔周围。舌、齿板、齿龈和颊黏膜充血肿胀，并出现淤点，此后变为青紫色，蓝舌病的名称即由此而来。

乳房和蹄冠等部位也常出现病变——上皮脱落，但不发生水疱。死亡率 5%～30%不等。除绵羊外，牛及其他反刍兽也罹患本病，但症状较轻，死亡率也低。

蓝舌病最早于 1876 年发现于南非的绵羊。1959 年在俄勒冈首次从牛中分离到病毒。1978 年在澳大利亚的库蠓体内分离到蓝舌病病毒。目前在热带和亚热带地区的绝大多数国家的易感动物中都可能感染蓝舌病病毒或与之密切相关的病毒。我国的蓝舌病于 1980 年在云南首先发现，并相应分离出蓝舌病病毒，从而确定了本病在国内的存在。

[形态结构] 病毒呈圆形。衣壳为等轴立体对称二十面体。表面壳粒体排列有序，由 32 个壳粒组成，壳粒直径为 8～11nm，呈中空的短圆柱状。核衣壳呈环状结构，直径为 53～60nm，其周围绕有细壳组成。周围绕有细绒毛状外层，绒毛层中的绒毛似乎是从衣壳壳粒上延伸出来。成熟的病毒粒子经常包围于一个外层囊膜样结构，这种囊膜样结构可被乙醚或吐温-80 除去，但病毒活性不受影响。因此，认为绒毛层并非是病毒壳粒的必要组成成分，而是病毒在释放过程中穿透核膜、细胞器外膜或细胞膜“抢来”的细胞性物质，故称“假囊膜”。病毒粒子直径为 70～80nm。

[培养特性] 蓝舌病病毒易在 6 日龄鸡胚的卵黄囊内生长，但鸡胚在接种病毒后，应将孵育温度降

至 33.5℃。分离样品最好来自临床早期或发热期的血样品，尤其用淋巴细胞较好。绒毛尿囊膜接种也可引起感染。鸡胚通常在接种后 36～72h 病毒即达最高滴度，因毒株而异，含毒量可在 $10^{5.75}$～$10^{8.0}$ EID_{50}。

已发现个别对鸡胚不敏感的毒株。病毒经鸡胚传代，毒力迅速减弱，而免疫原性不变。

鸡胚在接种后 4～8d 死亡。胚体广泛出血。10～11 日龄鸡胚静脉内接种的敏感性最高，至少比卵黄囊接种敏感 100 倍。

蓝舌病病毒初次分离株在细胞培养上不敏感，能适应在羊胚肾细胞或肺细胞、牛肾细胞、仓鼠肾原代细胞和继代细胞（BHK-21）、Vero 细胞、鸡胚原代细胞以及 L 细胞等细胞培养物中增殖，并产生蚀斑或细胞病变。一般在 1～3d 内开始出现细胞病变，最后整个细胞单层变性脱落。此外，也可用人的某些细胞系，如张氏肺细胞、HeLa 细胞、羊膜细胞等。

蓝舌病病毒在 L 细胞内的隐蔽期约 4～5h。于接种后 12h，细胞培养物内即有高价病毒，宿主细胞的蛋白质合成发生严重障碍。也已报道蓝舌病病毒可在组织培养的库蠓唾液腺细胞内增殖。

蓝舌病病毒不能在猪、犬和猫等动物的肾细胞培养物内增殖。放线菌素 D、丝裂霉素 C 不能抑制病毒的复制。

[理化学特性] 蓝舌病病毒含有 20%的 RNA，由 10 个片段的双股 RNA 组成。RNA 的相对分子质量为 11.8×10^{6}。在吖啶橙着染感染细胞时，特别是在感染后期，常可发现橘红色的包涵体，说明除双股 RNA 外，还有部分单股 RNA 的存在。G+C 含量为 43mol%。

蓝舌病病毒含有 7 种结构多肽，包括 4 种主要多肽和 3 种次要多肽，组成外壳的 VP2 和 VP5 由 RNA 第 2 及第 5 节段编码，内壳 VP1、VP3、VP4 及 VP6 由 RNA 第 1、3、4、9 节段编码，核衣壳内 VP7 由 RNA 第 7 节段编码。

蓝舌病病毒可在干燥的感染血清或血液中长期活存，甚至长达 25 年。也可长期存活于腐败血液或含抗凝剂的血液中。对乙醚、氯仿和 0.1%去氧胆酸钠有一定抵抗力，但 3%福尔马林和 70%酒精能使其灭活，这是蓝舌病病毒与呼肠孤病毒的明显区别。在病毒培养液中加入蛋白质，例如血清、白蛋白以及蛋白胨等，可以明显提高其存活率。将感染血液或含毒组织乳剂混于等量的草酸盐-石炭酸-甘油缓冲液（即 O.C.G. 溶液，其配方是：水 500mL，甘油 500mL，草酸钾 5g，石炭酸 5g）内，置于 4℃冰箱保存，蓝舌病病毒至少可以存活半年以上。60℃加热 30min 以上灭活，75～95℃使之迅速灭活。

蓝舌病病毒株具有血凝素，位于病毒粒子最外层的 VP2，与血凝活性有关，可凝集绵羊及人 O 型红细胞。血凝特性不受 pH、温度、缓冲系统和红细胞种类的影响。血凝抑制试验具有型特异性。

蓝舌病病毒是高效的干扰素诱生剂，给小鼠静脉注射蓝舌病病毒，8h 后测定其血浆中的干扰素，每毫升高达 60 万 U，是迄今比任何其他病毒性或非病毒性诱导剂都高 5～10 倍的干扰素诱生剂。

[抗原性] 应用细胞培养或敏感实验动物进行中和试验和 RNA 杂交试验，已经证明蓝舌病病毒至少有 24 个血清型。

VP7 是群特异性抗原，可用补结、琼扩或荧光抗体检测，VP2 是型特异性抗原。

[病原性] 蓝舌病病毒主要感染绵羊，特别是羔羊。潜伏期约一周。病羊发热，高达 42℃，精神沉郁，食欲丧失，随后出现口鼻部典型的“蓝舌”病变。在发热后 5～7d 检查口腔，可见黏膜上有多数糜烂，并常因胃肠道发生病变而出现血样下痢。头、耳和颌间组织和喉部经常发生水肿，并常因蹄部知觉层发生病变而出现跛行。病羊被毛断裂，甚至全部被毛脱落。急性期的死亡率为 20%～30%。该病的严重性依据病毒毒株、绵羊品种和局部生态学条件而不同。在非洲和欧洲的某些严重暴发中，死亡率有时高达 99%。但在美国，死亡率一般不超过 1%～7%。美利奴品种的绵羊，特别是其羔羊，似乎对本病最为敏感，病死率在 70%以上。

蓝舌病病毒可经胎盘感染胎儿，引起流产、死胎或胎儿先天性异常，严重时甚至可使整个羊群丧失一个产羔期的全部羔羊。

用含病毒的血液、血清或磨碎组织给绵羊接种，很易引起人工感染。

蓝舌病病毒几乎感染所有的反刍兽，包括家养和野生的，牛和山羊以及某些野生动物（尤其是北美的白尾鹿）也可严重发病，症状和病变与绵羊相似。通常只有2%～10%的牛感染后有临床症状；且大多比较缓和，可能发生长期持续的病毒血症。病变包括肺充血以及肌肉和结缔组织的出血和水肿，口和蹄部也可能有病变。心肌、骨骼肌出现弥漫性混浊肿胀和灶状变性，但组织学检查不易发现包涵体。

蓝舌病病毒可能使猪发生蹄部病变。

脑内接种时，蓝舌病病毒可以适应于1～4日龄乳鼠和乳仓鼠，适应株病毒在脑内的滴度较高，可用其制造补体结合试验的抗原。日龄较大者则不易感，多数耐过不死。

［**生态学**］蓝舌病多呈地方性流行，病的发生、流行与媒介昆虫的分布、习性和生活史密切相关。该病有明显的季节性，即以晚夏与早秋发病率最高。库蠓是蓝舌病病毒的主要传播媒介。

已有羊蜱蝇（*Melophagus ovinus*）可以携带并传播蓝舌病病毒的报道，但尚未证实蓝舌病病毒能在羊蜱蝇体内增殖。

牛、山羊和鹿以及羚羊等野生反刍兽可能长期携带病毒，并在疾病流行的间歇期内扮演病毒储主的角色。某些犊牛在感染6个月内发生病毒血症。

［**分离与鉴定**］对本病的确诊必须依靠病毒分离鉴定以及特异性血清学试验。

病毒分离可由急性期病畜或新鲜尸体采取血液或脾脏，接种易感绵羊或乳鼠和鸡胚。血液标本最好离心取白细胞，先作超声波处理使细胞释放病毒，直接接种组织培养细胞。

分离获得病毒以后，即可进行理化学特性鉴定，并用感染的鼠脑、绒毛尿囊膜或组织培养液作为抗原，与标准阳性血清进行补体结合试验、琼脂扩散试验鉴定之。国际通用诊断方法是采用琼扩、荧光抗体或补结试验检测群特异性抗体，常常取病初期和病后期的双份血清以比较血清阳转的变化，其中以琼扩试验最为方便实用，感染后4d即可检测到抗体，且可持续1年，我国已定点生产琼扩抗原。补体结合抗体则要在11d以后才出现，而中和抗体在感染后10d出现。鉴定血清型时，可用各型标准血清与新分离病毒在组织培养细胞上作中和试验。中和试验也用于检测型特异性抗体，荧光抗体也可用于检测感染组织内的病毒抗原。

鉴于蓝舌病亚临床感染普遍存在，检出抗体后必须结合临床症状才能进行判断，最好作病毒的分离鉴定及定型。

［**免疫**］病后康复动物对同型病毒具有坚强免疫力，且可持续2年。

接种疫苗是防治本病的有效方法，目前普遍应用冻干的鸡胚化弱毒疫苗。这种疫苗分单价和多价两种，可根据各地流行的病毒血清型选用相应种类的疫苗。在非洲地区，由于几乎存在所有的血清型，因此必须应用多价疫苗。疫苗引起的免疫期可达1年左右。多价疫苗中各毒株之间的相互干扰，在一定程度上影响疫苗的免疫效力。而疫苗株在免疫原性上的差异和动物个体反应性的不同，可能也是疫苗接种效果不一致的原因。绵羊在接种弱毒疫苗后，经常发生病毒血症。

疫苗接种羊的病毒血症的滴度，有时高达足以感染媒介昆虫的程度。

鸡胚化弱毒疫苗不能用于妊娠母羊，因其可能导致死胎、胎儿脑及其他组织产生病变。这种疫苗还可能影响母羊发情，所以通常是在母羊发情前几周接种。每年注射1次。于接种后10d左右出现免疫性。由于仔羊可经初乳获得母源抗体，故羔羊需在出生后3个月以上才能进行疫苗接种，以免母源抗体影响自动免疫的效果。

因为蓝舌病病毒是一种抗原多变的虫媒病毒，多价弱毒疫苗的广泛使用，可能导致基因型重组和毒力变异增强，所以灭活疫苗列为首选。

虽然已应用合成肽抗原和重组DNA克隆化方法制备亚单位疫苗，但目前尚未作为商品疫苗出售使用。

非洲马瘟病毒（*African horse sickness virus*）

本病毒是呼肠病毒环状病毒属的成员，是引起非洲马瘟的病原体。

非洲马瘟病毒又叫马瘟病毒。马瘟是马属动物的一种急性或亚急性虫媒传染的病毒性疾病，呈地方性和季节性流行，以发热和皮下结缔组织与肺的水肿以及内脏出血为特征。

马瘟起源于非洲，最早发生于1780年，最初仅在撒哈拉沙漠以南流行，后来不断向北推进，第二次世界大战后侵入中东。1959—1961年蔓延到巴基斯坦、阿富汗、印度等，1965—1966年涉及北非诸国，直至西班牙南部。80年代西班牙、葡萄牙和摩洛哥仍有局部流行。以前的流行据载至少有300 000匹马、骡、驴死亡。本病一直是危害美国养马业的最严重外来病。

马瘟主要发生于春夏多雨季节，特别是在地势低洼的沼泽地区，最易发生流行。严重暴发时，可使整个流行地区的马匹死亡殆尽。

在自然条件下，马瘟不直接由病马传染给健康马，必须以节肢昆虫为传播媒介。

[形态结构] 马瘟病毒的形态结构极像蓝舌病病毒。超薄切片中的病毒粒子直径为75nm，内有一个致密的核心，直径约50nm。于负染标本内，病毒粒子的总直径为60～80nm，衣壳的直径约55nm，由32个壳粒组成。有时看到带有细胞性囊膜的病毒粒子。所谓细胞性囊膜，是指囊膜全部来自细胞，不含病毒成分。甚至可在一个细胞源性膜样结构中看到大量病毒粒子的堆集。

[培养特性] 各型马瘟病毒均可经卵黄囊接种后于鸡胚内增殖。鼠脑适应株还常可在鸡胚绒毛尿囊膜上生长。胚体各组织的病毒含量随各毒株的嗜性而不同。接种嗜神经性毒株时，鸡胚脑内的病毒含量最高；接种嗜内脏性毒株时，鸡胚的脾、肝、肺等脏器和血液中含有大量病毒。

马瘟病毒可在马肾、绵羊羔肾、鸡胚肾等原代细胞及Vero、MS、BHK-21等细胞系内增殖，并出现大型的胞浆内包涵体。其中以仓鼠肾细胞系和猴肾细胞系最常应用。有谓恒河猴肾细胞和非洲绿猴肾细胞即Vero细胞，是对马瘟病毒最敏感且能产生大量病毒的细胞。恒河猴肾细胞培养物的细胞病变是细胞变圆和缩小，但常继续黏附于瓶壁上。Vero细胞则变形和自瓶壁脱落，并出现胞核周围性包涵体。

应用荧光抗体技术，可在核周围和胞浆内发现病毒抗原。

[理化学特性] 马瘟病毒含有双股RNA。病毒粒子在氯化铯中的浮密度为1.25～1.33g/cm^3。

马瘟病毒对乙醚、氯仿和去氧胆酸盐有一定抵抗力，抗胰蛋白酶。在pH6～10稳定，但在pH3.0迅速灭活。

血液或血清中的病毒可以长期存活，在4℃甚至室温条件下存活多年。将其混入等量的草酸盐-石炭酸-甘油保存液中，保存时间更长。血液或血清即使腐败，也不明显影响马瘟病毒的存活。60℃ 30min内使其灭活。保存病毒的适宜温度是4℃或－70℃，马瘟病毒在－20～－50℃温度中较易灭活。加入5%蔗糖、5%乳白蛋白或蛋白胨以及健康血清，均有利于马瘟病毒的活存。

0.1%福尔马林能在22℃条件下在48h内杀死马瘟病毒。在制备马瘟病毒的灭活抗原时，经常应用0.1%～0.4% β-丙内酯。

某些毒株感染鼠脑的抽提物能够凝集马的红细胞，红细胞凝集的最适条件是pH6.4，37℃孵育2h。

[抗原性] 应用中和试验和血凝抑制试验可将马瘟病毒分为9个血清型，推测在非洲其他地方还存在其他血清型。但是这些血清型并不彼此泾渭分明，经常在血清学反应或免疫保护力上呈现某种程度的交叉反应，因此有人认为，各型马瘟病毒可能具有同样的抗原成分，仅其含量明显不同而已。已在非洲发现所有的9个血清型，但在某一地区，则常以1个或2个血清型为主，例如阿尔及利亚的马瘟流行暴发，主要是由第9型引起的。

补体结合试验呈群特异性，可以测出各型马瘟病毒共有的特异性抗原。琼脂扩散试验也是群特异的，通常出现2条或2条以上的沉淀线，因此必须应用同样制备的对照阴性抗原进行对比观察。

[病原性] 马、骡、驴是马瘟的主要宿主。马最敏感，骡、驴的感染性较差，斑马多呈亚临床感染。自然感染的潜伏期约为3～10d。马瘟在临床上大体分为4个类型，即发热型，肺型、心型和混合型。

发热型为轻症感染，体温升高达41℃，持续3～5d即恢复正常。但只有部分病马呈轻微症状。如食欲不振、结膜潮红、呼吸困难等。

肺型为最严重的病型，体温急剧上升达41℃以上，出现急性水肿症状，头颈伸长、鼻孔扩大，阵咳后排出淡黄色和泡沫液体。病畜可在数小时内死亡。

心型主要是皮下、浆膜下组织和肌间组织呈水肿性浸润，心包积液、心外膜有出血点，心肌出血。体温升高持续 7～10d，病畜呼吸困难，多因缺氧和心肌病变死亡。

混合型有上述各型症状。

山羊也可感染，但感染率不高。在马瘟流行地区，犬也可发生自然感染，但不发病。牛、绵羊和家兔无感染性，大鼠、小鼠、豚鼠也可实验性感染。人和禽类不感染马瘟病毒。

[生态学] 马瘟不直接由病马传染给健康马，必须通过媒介昆虫叮咬病马、骡等动物才能传播。库蠓是马瘟病毒的主要传播者，曾多次从库蠓体内分离到病毒。

在土耳其，虻和螫蝇被认为是马瘟病毒的传播者。

于春夏季节，新羽化的库蠓或其他媒介昆虫在叮吸这些储主的血液时遭受感染。

经库蠓等媒介昆虫越冬的可能性，尚未获得实验证据。

传染媒介的控制，可用杀虫剂在马匹安定而吸血昆虫最活跃的夜间进行。

[分离鉴定] 马瘟的典型临床症状和病理剖检变化，对本病具有一定的诊断价值。但是确诊必须依靠病毒分离鉴定以及特异性血清学检查。特别是在老疫区，或因疫苗注射而已具有部分免疫力的马骡，感染发病时一般不呈现典型的症状和病变，那就更应进行特异性诊断。

（1）*病毒的分离和鉴定* 采取发热期的病马血液，加入肝素抗凝，或者剖取濒死期扑杀或新鲜尸体的脾脏，于 pH7.4 的缓冲液内作成乳剂，脑内接种 2～6 日龄小鼠。因为某些病马的病毒血症时间可能很短，因此必须在发热初期采血。2～6 日龄乳鼠在接种后 5～10d 发病死亡。较大日龄小鼠的潜伏期为 10～15d，病鼠被毛蓬乱，呈现过敏状态，继则发生不全麻痹，最后波及全身，于昏迷状态下死亡。连续通过鼠脑几代后，潜伏期明显缩短（3～5d）。

随后即可进行病毒的初步鉴定。由于补体结合试验呈群特异性，可以检出各血清型病毒共有的群特异性抗原，故最适于作病毒的初步鉴定。

荧光抗体技术也呈群特异性，可以直接用以检测细胞培养物中的马瘟病毒抗原。也可应用琼脂扩散试验进行初步鉴定，即用标准阳性血清与感染鼠脑或细胞培养物的超声波裂解物进行琼脂扩散试验。

病毒血清型的鉴定，须用中和试验以及血凝抑制试验。

（2）*血清学试验* 包括补体结合试验、琼脂扩散试验、中和试验、血凝抑制试验和酶联免疫吸附试验等。

[免疫] 自然发病后恢复的马骡，一般具有坚强的免疫力，即使长期处在严重疫区，也不出现感染症状。看来不仅对同型病毒具有坚强的免疫力，而且也可能在一定程度上抵抗异型病毒的感染。奇怪的是这些马骡的血清大多没有明显的免疫性能，而人工免疫血清却有较高的保护力。人工接种嗜内脏性或嗜神经性马瘟病毒，均可引起对同型同代次病毒的持久免疫力。

马瘟病毒常在连续通过马体时发生抗原变异—型内的抗原变异。故在应用同型不同代次的病毒攻击或感染时，可能出现不抵抗或者抵抗力不高的现象。

目前主要应用疫苗预防和控制马瘟。马瘟疫苗有下列各类：

（1）*福尔马林灭活组织疫苗* 这是过去曾经用过的一种疫苗，也是制造方法十分原始的一种疫苗。取濒死期典型病马的脾脏，研磨成乳剂，加入 0.2%～0.4%福尔马林灭活后，即可在当地直接用作预防接种。这种疫苗目前只在个别地区用作紧急预防注射。

（2）*福尔马林灭活细胞培养苗* 先使马瘟病毒在传代株猴肾细胞上大量增殖，随后在病毒培养液内加入 0.3%福尔马林，32℃处理 72h，并加入氢氧化铝佐剂，制成单价或多价疫苗。这种疫苗的优点是安全，但用量大，且常需作多次注射。

（3）*小鼠化嗜神经性弱毒疫苗* 是将各型马瘟病毒连续通过小鼠脑内传 100 代以上而育成的弱毒疫苗株。非洲地区大多应用由 7～8 个血清型混合制成的多价疫苗，并已取得较好效果。美国产的 9 种血清型弱毒疫苗，已在生产中应用。

（4）*细胞培养弱毒疫苗* 是将鼠化弱毒株接种仓鼠肾细胞或猴肾细胞，再经适当选育而成的弱毒毒株。按其不同的血清型，也可作成多价冻干疫苗。这种疫苗已经大规模用于南非和中东地区，效果较好。

（5）*鸡胚弱毒疫苗*　将弱毒疫苗株接种鸡胚，制成鸡胚弱毒疫苗。用马进行免疫保护试验，效果与鼠脑弱毒疫苗相似，均能抵抗强毒株的攻击。

（6）*豚鼠化弱毒疫苗*　是将马瘟病毒连续多代通过幼豚鼠脑而育成的嗜神经性弱毒疫苗株。据称此株对马安全，并能引起较好的免疫性，但尚缺乏大量临床应用的数据。

茨城病病毒

茨城病病毒（*Ibaraki disease virus*，IBAV）又叫牛类蓝舌病病毒，是环状病毒属的成员，是流行性出血热病毒的一个血清型。

茨城病病毒是牛急性、热性病毒性传染病。感染牛高热，发生口膜炎，流鼻涕，咽喉麻痹。该病1959年首先报道于日本，在菲律宾、印度尼西亚等东南亚的许多地区存在本病毒。在澳大利亚、美洲一些国家和我国的台湾省也从牛群中检测到抗体。本病给养牛业带来一定的经济损失。

［形态结构］与蓝舌病病毒病毒相似，病毒呈圆形，直径55nm。

［培养特性］病毒培养可用牛、绵羊、仓鼠肾细胞，也可用小鼠细胞系（L细胞）和BHK-21，病毒产生细胞病变，能在鸡胚及脑内接种的吮乳小鼠内增殖。

［理化特性］对乙醚、氯仿及去氧胆酸钠有抵抗能力。在56℃ 60min或60℃ 5min，其滴度下降到原有值的$10^{-4.5}$。于37℃较稳定，放置3周后滴度下降1 000倍。于4℃稳定，但于−20℃冰冻储存时迅速消失其感染性。在pH5以下酸性环境中不稳定。

超浓缩的病毒抗原具有血凝活性。用牛红细胞进行血凝试验效价很高，其次为绵羊、山羊、马、家兔红细胞。人工感染的牛血清中血凝抑制以及中和抗体可持续16个月。

［抗原性］茨城病病毒为环状病毒属，是鹿流行性出血病病毒群成员。可用补结试验、荧光抗体检测。与鹿流行性出血病病毒一样，其理化特性、生物学性质与蓝舌病病毒相似，但无抗原性关系。通过中和试验，可将茨城病病毒与蓝舌病病毒相区别，而与鹿流行性出血病病毒在抗原上有亲缘关系。可能是其第3个血清型。

［病原性］感染动物似乎仅限于牛，对绵羊无致病性，从患病的季节性、流行的地理分布及从节肢动物分离出该病毒推断，节肢动物是传播媒介。

本病毒人工接种潜伏期3～5d。突然发生高热，40℃以上可持续2～3d，少数可以7～10d。病畜精神沉郁，厌食，流泪，反刍停止。一般病情轻微的在2～3d可恢复正常。病重者，口腔、鼻腔黏膜、鼻镜或唇上发生糜烂或溃疡。关节疼痛。有些病畜发生吞咽困难。有的病畜头低下时，食道内容物自口鼻流出。有的只有吞咽困难，可引起脱水及消瘦，偶有吸入性肺炎，成为死亡的主要原因。

［生态学］库蠓是病毒的传播者。病毒感染牛，不感染绵羊，这是与蓝舌病病毒的区别。也不感染其他家畜。牛感染率很高，但很多为隐性感染。实验动物以乳鼠最为敏感。本病毒发生季节多在夏秋季。高温高湿季节容易发病。

［分离鉴定］病毒分离应采取发病初期的血液或淋巴结制成乳剂，接种于牛胚肾、Hala-1细胞培养物，盲传2～3代，观察细胞病变。将病料接种乳鼠脑内分离病毒效果较好，或接种鸡胚卵黄囊内，在33.5℃培养。应用荧光抗体技术检查感染细胞内的抗原。用补体结合试验测定群特异性抗原，用血凝抑制及中和试验鉴定病毒血清型。

［免疫性］弱毒细胞培养疫苗可用于本病的控制。

马器质性脑病病毒

马器质性脑病是由马器质性脑病病毒（Equine encephalosis）引起的不同于非洲马瘟的急性死亡的病毒性传染病。最早报道于1967年，并仅在南非发生。

本病的临床特征是高度兴奋和抑制交替进行（因而又称马脑炎），呈散发性流行。尸体剖检可见全身性病变，如静脉充血、脂肪肝、脑水肿、卡他性肠炎等。

血清中和试验证实本病毒至少有5个血清型，每个血清型毒株都有很高的感染率。

取患马各种脏器和血液作为病料接种BHK-21细胞，能分离到环状病毒，但尚需进一步弄清其起源和在兽医学上的重要性。

第三节 轮状病毒属（*Rotavirus*）

轮状病毒属（*Rotavirus*）又叫双层病毒（*Duovirus*）。

轮状病毒是各种幼龄动物非菌性腹泻的主要病原之一。最早于1968年由Charles Mebus等在美国内布拉斯加州一农场犊牛腹泻病例中发现，欧、美洲各国以及澳大利亚、新西兰和日本等都发现了牛轮状病毒引起的犊牛腹泻，澳大利亚和英、美等国均报道有轮状病毒引起的仔猪腹泻。此外，在绵羊、山羊、幼驹、鹿以及兔和小鼠等也有发生轮状病毒性腹泻的报道。小鼠的流行性腹泻就是轮状病毒引起的。鸡和火鸡等多种禽类中亦有轮状病毒感染的存在。我国亦有猪、牛、羊和犬等轮状病毒感染的报道，并已发现或分离鉴定了病毒。

轮状病毒感染引起严重的经济损失。以英国为例，犊牛轮状病毒性腹泻的发病率为60%～80%，死亡率为0～50%，1～4周龄仔猪群的发病率超过80%，死亡率7%～20%。

轮状病毒感染引起的腹泻是一种世界性传染病。据初步统计，全世界幼儿发生的肠炎至少有50%是由轮状病毒引起的。

该属代表种为人轮状病毒，其他成员包括从人、牛、小鼠（EDIM）、豚鼠、绵羊、山羊、猪、猴（SA11）、马、羚羊、北美野牛（Bison）、鹿、家兔、犬、禽的分离株。

[形态结构] 病毒粒子略呈圆形，直径为65～75nm，无囊膜，核衣壳呈二十面体对称。电子显微镜观察，轮状病毒的完整形态是一个带有短纤突和外缘光滑的近似轮状的粒子（直径约75nm）。这种粒子由3层蛋白衣壳组成：外层衣壳（VP7和VP4）、中间衣壳（VP6）和内层衣壳（VP2）。病毒基因组由11个双链RNA片段组成，被VP2、RNA依赖性RNA聚合酶（VP1）包裹。通常情况下，只有包裹3层衣壳的病毒粒子具有感染性。没有外层衣壳的粒子是比较小的（约65nm），边缘粗糙（图43-1）。

[培养特性] 尽管最初分离的几个轮状病毒株如猴的SA11株、牛的Nebraska株和O株都易在细胞

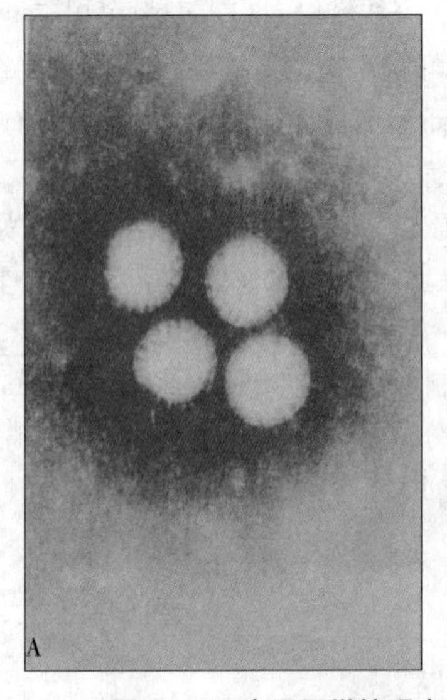

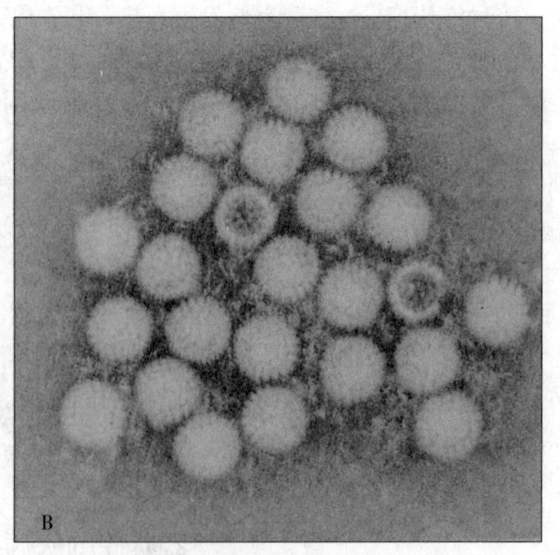

图43-1 电子显微镜观察（负染色）粪便中的轮状病毒粒子（13 000×）

A. 有完整外层衣壳的三层病毒粒子表面光滑

B. 没有外层衣壳的双层病毒粒子表面有突起

培养中增殖，但在应用胎肠器官培养以及胎肠单层细胞和胚肾等许多原代或细胞系单层细胞培养物分离和增殖其他一些轮状病毒时，如牛、猪和人的轮状病毒时，都常不易成功或增殖率不高，或不易传代。

培养轮状病毒使用最普遍的是 MA-104（恒河猴胎肾传代细胞系），其他敏感细胞尚有 AGMK（原代非洲绿猴肾细胞）、CMK（一种猴的原代肾细胞）以及 CV-1（非洲绿猴肾细胞系）。火鸡和鸡等禽轮状病毒的初次分离也可用雏鸡肾或鸡胚肝细胞的原代培养物。某些禽 A 群轮状病毒既能够感染未致敏的禽脾淋巴细胞。又能感染禽淋巴母细胞转化细胞系。连续转动培养有利于分离和复制轮状病毒。

为了在细胞培养中复制轮状病毒和连续传代，通常需要用胰蛋白酶处理激活。病毒需经 10μg/mL 胰酶处理和无血清培养基维持，认为这对感染是必需的。胰蛋白酶的活性受保存时间、不同的生产批号等因素的影响。因此，建议在接种病毒之前，可以先测定维持液中胰蛋白酶的需要量。方法是在维持液中加入不同浓度的胰蛋白酶（通常为 0.5、1.0、1.5……10μg/mL），当旋转培养中的 MA104 细胞长成单层后，不要接种病毒，而是换上加有胰蛋白酶的维持液。一般在数小时之内，高浓度的胰蛋白酶将引起细胞单层脱壁。24h 之后，最适浓度的胰蛋白酶至少应有 50%的细胞单层未脱壁。

除某些牛、猪轮状病毒株外，其他动物的轮状病毒在细胞培养物中增殖时，一般不产生细胞病变，或只产生轻微而不稳定的细胞病变。大多数初代分离物需要在细胞培养物中连传几代才能见到细胞致病作用。细胞病变表现为细胞肿大变圆、脱落、颗粒增多、细胞变暗，有时出现融合灶及拉网现象。但有时仅表现粗糙感，细胞并不脱落。有的毒株不产生细胞病变，需要用荧光抗体法等手段检测。轮状病毒在乙酰化胰酶（3μg/mL）、DEAE-Dextran（50μg/mL）条件下也可产生蚀斑。

除 A 型轮状病毒外，其他轮状病毒的许多毒株迄今未能适应细胞培养，分离的成功率在 40%～70%，因此有时只能用经口感染易感动物来分离和复制病毒。自情侣鹦鹉分离的一株轮状病毒，经卵黄囊接种可致死鸡胚。到目前为止，没有有关其他禽轮状病毒在鸡胚中增殖的文献报道。悉生仔猪、悉生羔羊可用来增殖猪、犬、猴、马、牛或人的病毒。更为理想的动物模型是小鼠，4～14 日龄抗体阴性者感染率可高达 95%，牛、猴或人的毒株均可诱发腹泻。

[理化特性] 病毒基因组由 11 个节段的双链 RNA 组成，大小为 0.6～3.3kb。11 个片段编码 6 个病毒结构蛋白和 6 个非结构蛋白，结构很稳定。这 6 个结构蛋白是：核心蛋白 VP1 到 VP3，非糖基化衣壳蛋白 VP4，病毒粒子的主要结构组成部分 VP6，以及外部衣壳糖基化蛋白 VP7。VP4、VP5、VP8 对于病毒感染是非常重要的。

通过蔗糖或氯化铯梯度离心法可以分离 3 层或双层轮状病毒粒子。用氯化铯方法分离的 3 层粒子的密度是 1.36g/mL，用蔗糖分离出的 3 层粒子的沉降系数是 520～530S。双层粒子的密度是 1.38g/mL，沉降系数是 380～400S，单层核心颗粒在氯化铯中的密度是 1.44g/mL，沉降系数是 280S。

轮状病毒 RNA 的 11 个节段，在聚丙烯酰胺凝胶电泳后，易于分开，形成特定的电泳带组合模式，即电泳图形模式，简称电泳型。这 11 条带分为 4 个区域：Ⅰ、Ⅱ、Ⅲ、Ⅳ（图 36-2）。Ⅰ区为大片段，共 4 段（1、2、3、4）；Ⅱ区为中等大小片段，共 2 段（5、6）；Ⅲ区为小节段，共 3 条（7、8、9）；Ⅳ区为最小节段（10 和 11）。常见的动物和人的轮状病毒的 4 个区段中，各带的排列位置为 4∶2∶3∶2，统称 A 群。根据第 10 和第 11 节段之间距离的长短，又分长型和短型。后来又发现了一些新的轮状病毒，其电泳型与 A 群不同，称为 B、C、D、E 和 F 群，见表 43-2。

尽管不同的血清型可能呈现相似的电泳型，而同一血清型又可能显示不同的电泳型，但国内外迄今还常应用电泳分型法作为鉴定轮状病毒的主要手段。

应用 SDS-PAGE，可在不同毒株间发现 RNA 节段的电泳迁移图谱有一定程度的差异，不同种动物的轮状病毒之间的差异更明显。其中最重要的是根据第 10 和 11 节段之间距离的长短划分的所谓长型与短型。

一些 A 群轮状病毒具有血凝性，例如牛 NCDV 株能凝集人 O 型以及豚鼠、马、绵羊等红细胞。绵羊和人株能凝集鸡、绵羊、兔、豚鼠及人的红细胞。我国江苏省的分离株能凝集豚鼠、马、人 O 型、绵羊及犊牛红细胞。最适 pH7.2～7.4，温度为 37℃，血细胞浓度为 0.5%。血凝和血凝抑制试验亦可提供一种毒株分类方法。

表 43-2　轮状病毒分群特征

群	群特异性抗原	电泳型	宿　主
A	A	4∶2∶3∶2	多种动物和人
B	B	4∶2∶2∶3	猪、牛、大鼠、中国成人、小儿
C	C	4∶3∶2∶2	小儿、猪
D	D	5∶2∶2∶2	禽
E	E	4∶2∶2∶3	猪
F	F	3∶3∶3∶2	禽

轮状病毒对环境因子和许多常见消毒剂如碘伏和次氯酸盐有较强的抵抗力，能耐受乙醚、氯仿和去氧胆酸钠处理而不影响其感染性。对酸（pH3.0）和胰酶稳定，56℃ 30min 使其感染力降低 2 个对数。1mol/L $MgCl_2$不能增高其对 56℃ 60min 的稳定性。粪便中的病毒在 18～20℃室温中，经 7 个月仍有感染性。能耐 1%甲醛 1h 以上。10%聚维酮碘（povidone-iodine）、95%乙醇和 67%氯胺 T 是有效消毒剂。总的来说，蛋白水解酶如胰凝乳蛋白酶，能增强轮状病毒和正呼肠孤病毒的感染性，由于轮状病毒对外界环境因素及消毒药作用有抵抗力，所以当清洗和消毒畜禽舍时必须注意到这个特点。

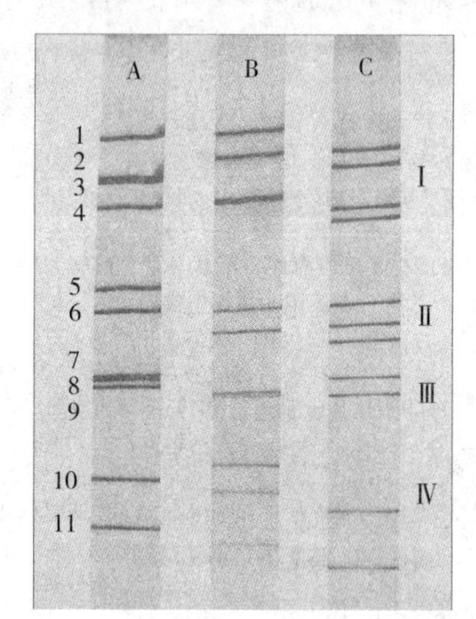

图 43-2　轮状病毒的 A、B、C 群的聚丙烯酰胺凝胶电泳银染后的电泳图（电泳型）

双链 RNA 主要集中在 4 个区域，即Ⅰ、Ⅱ、Ⅲ、Ⅳ。A、B、C 群轮状病毒在这 4 个区域的条带比分别是 4∶2∶3∶2，4∶2∶2∶3，4∶3∶2∶2。

[抗原性] 病毒粒子表面有 3 种抗原，即群抗原、中和抗原及血凝素抗原。

群抗原与多种结构蛋白有关，主要是由第 6 节段编码的内壳蛋白 VP6；中和抗原主要是由第 9 节段编码的外壳糖蛋白 VP7；血凝素抗原是由第 4 节段编码的外壳蛋白 VP4，可被蛋白水解酶水解。不是所有的轮状病毒都有血凝素。

根据群抗原的差异及病毒 RNA 末端指纹图的分析将轮状病毒分为 A～G 7 个群。

绝大多数哺乳动物轮状病毒，具有一种相同的群抗原。这些轮状病毒被命名为 A 群或典型轮状病毒，包括大多数哺乳动物和禽 A 群轮状病毒，是研究的主要对象。

B～G 群只在原代宿主上生长，为非典型轮状病毒或副轮状病毒（*Pararotavirus*），缺乏共同抗原，其基因片段只有第 5、7、9 节段 RNA；其中 B 群出现在人、猪、牛、绵羊和大鼠，在我国发现的成人轮状病毒是重要代表（Hung 等，1984）；C 群主要见于猪，也可感染人，但比较少见；D、F 和 G 群仅在禽类体内检测到，E 群仅在猪群中检测到。禽轮状病毒与哺乳动物无抗原相关性。

尽管用免疫荧光、ELISA、补结试验、琼扩等方法检测群抗原，但同群轮状病毒仍有不同的抗原。此种抗原可用血清中和试验或蚀斑减数中和试验鉴别。根据中和抗原 VP7 的差异可将 A 群轮状病毒分为 14 个血清型，分别用阿拉伯数字 G1～11 标记；依据 VP4 差异大约有 8 个血清型，标记为 p1～8，它们间有部分抗原交叉。

[病原性] 小日龄的幼畜最为易感，症状也较严重。成年人、畜血清中的抗体检出率高达 40%～100%，大多呈隐性感染。畜、禽群一旦发生本病，随后将每年连续发生，这是因为轮状病毒在体外具有较强的抵抗力，而且隐性感染的成年动物不断排出病毒的缘故。腹泻是本病的主要症状，严重者带有黏液和血液，部分病例因严重脱水和酸碱平衡失调而死亡。病毒感染主要局限于小肠，特别是其下 2/3

处即空肠和回肠部。病毒对小肠上皮细胞有极强的偏嗜性，幼畜在感染数小时后小肠绒毛萎缩、柱状上皮细胞脱落，从而使肠道分泌和吸收机能失调。利用轮状病毒实验感染鸡和火鸡进行的免疫荧光研究表明，病毒增殖的主要部位是小肠成熟绒毛吸收上皮细胞的胞浆。绒毛的上 1/3 感染细胞较多。少量感染的细胞也见于结肠上皮、盲肠和某些绒毛的固有层。腺胃、肌胃、脾、肝或肾中未见到免疫荧光。

轮状病毒宿主范围甚广，已知的有人、小鼠、牛、牦牛、猪、绵羊、山羊、马、犬、猫、猴、羚羊、鹿、兔、鸡、火鸡、雉鸡、鸭、珍珠鸡、鸽和情侣鹦鹉等。各种动物的轮状病毒都对各自的幼龄动物呈现明显的病原性。成年动物大多呈隐性感染经过。人的轮状病毒能够实验感染犊牛、猴、仔猪、羔羊，并可能引起临床发病；但不能使小鼠和家兔感染发病。牛轮状病毒和鹿轮状病毒也能感染仔猪。猪轮状病毒似乎只能使仔猪感染发病。分离自火鸡和雉的轮状病毒可感染鸡。没有迹象表明，禽类轮状病毒可感染哺乳动物，反过来也是一样。

在大多情况下，肠道感染后的回忆应答时间短。如人工感染猪 14～21d 后用同样的猪轮状病毒攻毒，可获得完全保护，但 28d 后不能抵抗重复感染。人轮状病毒感染后很快出现特异性抗体，IgM 在感染后 5～10d 效价最高，IgG 则在感染后 15～20d 时达高峰。犊牛在感染后第 3 天即可检出肠道的分泌抗体，能维持 40～50d，再次感染时可再分泌 30～40d。猪感染后 5～10d 就能检测到轮状病毒粪抗体（Coproantibody）。鸡和火鸡口服接种轮状病毒时，早在感染后 4～6d 即出现血清抗体的应答。母乳中的抗体滴度及持续时间因动物的种类及免疫状况而异。

［生态学］ 病毒存在于病畜肠道内，随粪便排出体外，污染饲料、饮水、垫草及土壤，不良的卫生条件、饲喂不全价饲料和其他疾病的侵袭等可促使发病和流行。本病多生在晚秋、冬季和早春，呈水平传播。

［分离鉴定］ 由于人和动物的轮状病毒感染极为普遍，而动物的临床发病及其血清中的抗体效价又无明显的线性平行关系，因此，抗体测定在轮状病毒感染的现症诊断上的价值不大，只能说明感染率。即使应用双份血清亦然。有认为血清中 IgM 的含量与感染的关系比较密切，IgM 测定可能具有较大的现症诊断意义。

病畜在腹泻时随粪排出大量病毒，每克排泄物中有时含有高达 $10^{9\sim10}$ 个病毒粒子。因此可用粪滤液接种敏感的组织培养细胞来分离病毒。如果扑杀 1 头典型病畜，采取小肠后段的肠内容物作病毒分离，效果更好。由于排泄物或肠内容物中的病毒含量较高，也为病毒粒子或病毒抗原的直接检出提供了可能性。

（1）*病毒分离* 以猪的轮状病毒为例。如上制备粪滤液，加胰蛋白酶处理后，接种已经长成单层的 MA104 细胞和猪肾 PK-15 细胞。生长液为内含 0.5%乳白蛋白水解物和 10%犊牛血清的 E-MEM。倾弃营养液后，种入粪滤液，37℃感作吸附 1h，吸弃接种物，换入不含血清的维持液。37℃孵育 18～24h，即可应用直接或间接法荧光抗体检出荧光细胞。或在接种后 48～72h 收获培养物，经超声波和胰蛋白酶处理后接种已经冲洗的新的单层细胞，37℃吸附 1h 后，吸弃接种物，再如上换入不含血清的维持液。维持液内也应加入胰蛋白酶。

（2）*电镜观察* 采取腹泻粪汁或后段小肠内容物 10mL，用 0.15mol/L pH7.6 磷酸盐缓冲盐水作 1∶4 稀释，倾入盛有玻璃珠的灭菌玻瓶中，充分振荡 30min。吸取悬液，以 3 000r/min 离心沉淀 20min，除去粗大的纤维和颗粒。吸取上清液，再以 10 000r/min 离心沉淀 30min。将上清液用灭菌 G-6号玻璃滤器或孔径为 0.22μm 的滤膜过滤，再以 38 000r/min 超速离心沉淀 90min。倾弃上清液，将沉淀物研磨或用超声波处理，悬浮于几滴蒸馏水中，并滴加于铜网上，用磷钨酸负染后镜检。根据轮状病毒的特征性形态进行识别。

也可将病料标本置－20℃冻融处理，加入等量蒸馏水，如上充分振荡混匀，用粗铜网初滤后作为悬液。于 1 份悬液中加入 1 份三氯三氟乙烷（$CCl_2F-CClF_2$），振荡混合 30min，或置组织捣碎器中高速处理2×2min（10 000r/min）。收集混合悬液，以 3 000r/min 离心沉淀 20min，吸取上清液，再用 1 000r/min离心沉淀 30min，并以 G-6 号玻璃滤器或孔径为 0.22μm 的滤膜过滤。收集滤液，以 38 000r/min离心沉淀 90min，如上滴加于铜网上，负染后镜检。

（3）*血清学方法* 已有许多血清学检测手段可用于轮状病毒诊断，主要检测轮状病毒抗原或特异性抗体，但以检测抗原为主。检测方法有 ELISA、凝胶沉淀试验、免疫荧光抗体技术等。

（4）其他检测技术 包括核酸的PAGE凝胶电泳技术、核酸探针杂交及PCR等分子生物学检测技术，近年也已广泛用于轮状病毒诊断。

[**免疫性**] 人用口服轮状病毒活疫苗可使儿童获得保护。美国已有用于犊牛的冻干弱毒疫苗。弱毒毒株是牛轮状病毒经牛胎肾细胞传200代以上（最后60代培养于29～30℃）减毒培育而成的。对刚出生而尚未吮吸初乳的新生犊牛，经口给予融化后的疫苗4mL，可使发病率明显降低，即或发病，症状也较轻微。

另一种免疫方法是用灭活疫苗给母畜作免疫注射，通过乳汁免疫，保护新生仔畜。已经明确，初乳抗体能够防止腹泻或降低其剧烈程度。据测定，牛羊在产后第1d，初乳中抗体含量最高，产后3d迅速下降至不可测出的水平。用甲醛灭活的牛轮状病毒疫苗5mL给分娩前60～90d的母牛作皮下注射，分娩前30d再作第2次注射，也可降低新生犊牛的发病率。

仔猪的轮状病毒性腹泻大多发生于10～23日龄幼猪，更小的猪可能因有充分的乳源性免疫力而较少发病。许多学者建议给母猪作免疫注射，通过提高初乳免疫的途径，预防仔猪的轮状病毒性腹泻。就单胃动物来说，乳中的IgA抗体可能比IgG更为有效。因为乳中IgA的浓度较高，且对酶的降解作用具有较大抵抗力。

也可采用初乳免疫方法，即在出生后24h内口服初乳能保护幼畜在生后数天内不受轮状病毒的感染，并能抵抗强毒的攻击，但如口服初乳的量不足，则在攻毒后发生腹泻。为使新生幼畜不受轮状病毒感染，在出生后必须尽快给予足量的含高效价特异性抗体的初乳（犊牛不少于2 000mL），一次口服初乳，只产生短暂的免疫力（近2d），重复给予初乳或高免血清则有较长的免疫力，因为初乳中的抗体效价下降很快，而被动免疫效果又取决于在肠道黏膜上的特异性抗体量的多少。

禽轮状病毒的母源抗体是通过卵黄传递到禽胚，但抗体效价逐渐减低，在3～4周龄时即检测不到。

最近研制的基因工程疫苗有所进展，用编码中和抗原VP7一个区段的基因片段的cDNA重组基因工程疫苗可产生良好免疫原性的融合蛋白，但要付诸实际应用还有许多有待解决的技术问题。

第四节 科罗拉多蜱传热病毒属（*Coltivirus*）

科罗拉多蜱传热病毒属的病毒原为环状病毒属成员，由于其对人有致病性，可引起人的发热和脑炎，病毒核心的衣壳表面结构不同于典型的环状病毒，尤其是病毒基因组由12个双链RNA节段而不是环状病毒的10个节段组成，核酸总量达27kb，远比环状病毒（18kb）大，且血清学与环状病毒也没有交叉反应，于是1991年在ICTV公布的第五次病毒分类报告中正式把12节段双链RNA病毒（dsRNA virus）作为一个新属并定名为Colti病毒属。

科罗拉多蜱传热病毒（*Colorado tick fever virus*，CTFV）为该属代表株。该属成员除科罗拉多蜱传热病毒外，还包括Eyach和Eyach血清型的变异株Fr577和Fr578等。此外从我国云南分离的Banna病毒、辽宁病毒以及印尼分离株Kadipiro病毒在ICTV公布的第五次病毒分类报告中也被列为Colti病毒属。但由于这些病毒与科罗拉多蜱传热病毒在生物学特性及致病性等方面均存在较大差异，2005年国际病毒分类委员会（ICTV）第八次分类报告中正式将Banna病毒、辽宁病毒以及Kadipiro病毒列为呼肠孤病毒科中的一个新属，即东南亚十二RNA病毒属。

科罗拉多蜱传热病毒属的病毒见于美国和欧洲，根据目前的报道，我国还没有分离到该病毒。

科罗拉多蜱传热病毒（*Colorado tick fever virus*，CTFV）

该病毒为科罗拉多蜱传热病毒属的代表株。

[**形态结构**] 科罗拉多蜱传热病毒颗粒为球形，由致密的核心和包围着核心的双层衣壳组成，病毒直径为60～80nm。核衣壳直径约50nm。

[**培养特性**] 本病毒可在多种脊椎动物和昆虫细胞中复制。已报道的有人、鹿、仓鼠、吮乳或成年小鼠、硬蜱、蚊子以及多种人类细胞系。科罗拉多蜱传热病毒的敏感细胞株为BHK细胞并能形成空

斑，对 Vero 细胞和 C6/36 细胞等多种细胞也可致病变。

[理化性质] 病毒对酸（pH3.0）和热（56℃，30s）均敏感，pH3.0 能使病毒感染性丧失，对乙醚和 5-碘脱氧尿苷（5-IDU）抵抗。病毒核酸由 12 个节段的双股 RNA 组成，相对分子质量在 $0.24\times10^6\sim2.5\times10^6$，总相对分子质量为 1.8×10^7。

[抗原性] 在迄今分离到的所有病毒株中，已知有两个血清型，分别代表美国北部的分离株和欧洲分离株（Eyach）。1985 年从美国科罗拉多、洛基山等地蜱和病人血液分离到多株不同基因型变异株，在 1986 年分离的 3 株病毒有两株的基因型不同于 1985 年分离株。由于本病毒具有多节段双链 RNA 基因组，易于发生不同基因型病毒 RNA 的重组，从而产生不同的变异株。

[致病性] 科罗拉多蜱传热病毒感染人后主要引起发热和脑炎，潜伏期为 3～7d，临床主要表现为骤起的畏寒，头痛，背、腿部肌肉疼痛，发热可达 38～40℃，常有双峰热，为科罗拉多蜱媒热的特征表现之一。小儿感染还可致无菌性脑膜炎或脑炎症状，白细胞总数减少。科罗拉多蜱媒热发病年龄多见于 10 岁以下儿童和 21～30 岁的青壮年，男性多于女性，这可能与个体的免疫水平、工作及活动习性以及与携带病毒的吸血节肢动物接触的多寡有关。预防科罗拉多蜱媒热病毒感染主要是减少与媒介蜱的接触，如进入疫区时要注意作好个人防护等。自然感染的人和动物可获得长期免疫力。

科罗拉多蜱传热病毒脑内接种可致 1～3 日龄小鼠死亡。

[生态学] 安德逊革蜱是主要生物传播媒介，蚊子也可能有传播病毒的作用。松鼠和金花鼠是病毒贮主。

[分离鉴定]

（1）*病毒分离*　科罗拉多蜱传热病毒对组织培养细胞和实验动物等都有不同程度的致病性。其中敏感细胞株为 BHK 细胞，并能形成空斑。对 Vero 细胞和 C6/36 细胞等多种细胞也可致病变。

（2）*血清学诊断*　如用 ELISA 法查特异性抗体和 Westen blot 法检查针对于科罗拉多蜱传热病毒 38-kD 蛋白的特异抗体，该方法比较敏感，甚至能检出 ELISA 检测阴性的血清标本中的抗体。另外，根据病毒基因组第 12 片段合成了一段多肽，在血清中检测针对该段多肽的急性期 IgM 抗体的方法也已建立起来。

但由于病毒属内和属间在血清学上有明显交叉，血清学分类不够准确。

（3）*分子生物学诊断方法*　如 RT-PCR 方法可从少于 10～100pfu 的标本中同时特异扩增出 3 个基因片段，另一个系统是病毒 S2 片段的 RT-PCR 扩增方法，该方法不但灵敏特异，而且可以对美国和欧洲分离株进行分类。

[免疫性] 灭活疫苗及减毒活疫苗均可用于本病的预防，但免疫效果均不理想。

第五节　东南亚十二 RNA 病毒属（*Seadornavirus*）

2005 年国际病毒分类委员会（ICTV）第八次分类报告中正式公布在呼肠孤病毒科中增加一个新属，即东南亚十二 RNA 病毒属，其拉丁学名为 *Seadomavirus*。新建立的属目前包括 3 种病毒，版纳病毒（*Banna virus*，BAV）、Kadipiro 病毒（KDV）和辽宁病毒（*Liaoning virus*，LNV），其中版纳病毒为我国科学家首次在云南省西双版纳地区分离的病毒，辽宁病毒是首次在我国辽宁分离到的病毒。该属代表病毒为版纳病毒，这是国际上首次以我国科学家分离的病毒建立病毒属，同时也是首次以我国分离到病毒的地名命名病毒。

东南亚十二节段 RNA 病毒是于 1987 年由徐普庭等首次从我国云南西双版纳自治州采集的病毒性脑炎和无名热患者标本中分离到的，因其毒粒形态及基本理化性质与环状病毒相似，因此将其归为新环状病毒，当时暂定名为版纳病毒（*Banna virus*）。后来我国和印度尼西亚多次分离到该类病毒，其 PAGE 电泳带型（12 条带）与环状病毒（10 条带）明显不同，且血清学与环状病毒也没有交叉反应，于是 1991 年在 ICTV 公布的第五次病毒分类报告中正式把十二节段双链 RNA 病毒（dsRNA virus）作为一个新属并定名为Colti病毒属，科罗拉多蜱传热病毒（*Colorado tick fever virus*，CTFV）为代表株。Billoir等根据各株病毒基因组小片段核苷酸序列同源性把Colti病毒属分为A组和B组，A组主要是CTFV和欧洲分离株EYACH及它们的变异株，B组就是东南亚十二节段RNA病毒。但当各组代表病毒的全基因组序列测定完成后，他们发现CTFV和亚洲分离的十二节段dsRNA病毒基因组长度和核苷酸序列同源性都相差甚远，再结合上述其他不同特征，提议将亚洲分离的十二节段dsRNA病毒从Colti病毒属中分离出来建立新的病毒属，即东南亚十二节段RNA病毒属，并于1999—2001年提交国际病毒分类委员会。

版纳病毒（*Banna virus*，BAV）

[形态结构] 东南亚十二节段RNA病毒的形态为典型的无突起的呼肠孤病毒科病毒的形态。平均直径为72～75nm，和轮状病毒相似。表面有纤维蛋白突起，只是东南亚十二节段RNA病毒的突起比轮状病毒多且短。用氯化铯或Optiprep进行密度梯度离心纯化后，病毒颗粒会失去外层衣壳，平均直径为52～55nm，具有典型的呼肠孤病毒科病毒的核心颗粒结构特征。

[培养特性] 病毒感染C6/36细胞后36～43h即出现细胞病变，病变特点以细胞收缩、折光增强和脱落为主。在BHK-21、Vero传代细胞和鸡胚原代细胞中，病毒不引起细胞病变。脑内或皮下注射2～4日龄乳小鼠和3周龄小鼠均不出现明显的症状，但病毒在乳鼠脑内能繁殖，且3周小鼠脑内注射病毒后能诱生高滴度抗体。

[理化特性] 版纳病毒在pH7.0时稳定，酸性条件可以使其感染性降低（pH3.0时感染性完全丧失），纯化后病毒可保存于4℃或能在−80℃保存很长时间。当加热至55℃时病毒感染性显著下降。可以用氟利昂113和vertrel XF等有机溶剂从细胞裂解液中纯化病毒颗粒而不会影响其感染性。

版纳病毒基因组含有12个dsRNA基因节段，在凝胶电泳时随相对分子质量依次下降分别命名为1～12节段（Seg1～Seg12）。PAGE电泳带型表现为6-6型，版纳病毒基因组全长约21kb，各基因片段长度为759～3 747bp，大小不等。完整的版纳病毒颗粒含有7个结构蛋白，其中2个（VP4和VP9）形成外层衣壳，另外5个（VP1、VP2、VP3、VP8和VP10）位于核心颗粒上。

病毒未能凝集鹅红细胞及绵羊红细胞。

[抗原性] 血清学试验结果表明，版纳病毒与科罗拉多蜱传热病毒血清学上不发生交叉。同一地区分离的版纳病毒毒株间血清学上有交叉，但不同地区分离株间不能交叉中和，提示该病毒具有不同于呼肠病毒科其他成员的独特抗原性，该病毒可能存在很多血清型。

[病原性] 版纳病毒感染人体后，除引起发热、病毒血症外，病毒可以通过血脑屏障感染中枢神经系统，引起脑炎。因而在临床上，常把这种脑炎误诊为乙型脑炎或笼统地诊断成病毒性脑炎。此外，该病毒感染人体后，也可能引起心肌损害。该病毒既可在哺乳类动物体内增殖，引起长期、高滴度病毒血症，又可在蜱、蚊、蠓、白蛉等吸血节肢动物体内繁殖，并由其传播扩散。

此外，同时从西双版纳屠宰场采集的牛和猪血清中也分离到和人体来源的病毒在血清学上有交叉的、带形完全相同的病毒，这表明版纳病毒也能感染牛、猪等家畜，而长期带有病毒的家畜在传播扩散病毒过程中可能起更重要的作用。

版纳病毒另一特点是只在蚊虫细胞繁殖，对哺乳动物细胞不产生细胞病变，无论是腹腔还是脑内接种小鼠均不发病，这一点与其他虫媒病毒不同，因此该病毒是否为人或动物的病原一直存有争议。但BAV能在小鼠体内繁殖，小鼠感染BAV 2～3d后即可在血清中检测到核酸，并能诱生高滴度特异性抗体，提示该病毒可在动物体内繁殖。

[生态学] 该病毒由蜱、蚊等多种吸血昆虫传播，具有明显的季节性，常呈地方性流行。

[分离鉴定] 对虫媒病毒具有广泛敏感性的C6/36细胞可用于分离该病毒，可采集病人和患病动物的血清或脑脊液进行病毒分离。病毒感染C6/36细胞后36～43h即出现细胞病变，病变特点以细胞收缩、折光增强和脱落为主。

Mohd Jaafar 等已经建立了基于原核系统表达的 BAV 的 VP9 蛋白的血清学检测方法，用从法国和马来西亚等国家收集的正常人血清标本检测时显示较好的敏感性和特异性，可利用该方法在我国开展健康人群感染率调查。针对 BAV 的 RT-PCR 检测方法也已经建立，该方法用感染的小鼠模型得到了确认，可以从感染后 3d 的小鼠血中检测到病毒核酸。

徐丽宏等也建立了 BAV 病毒的荧光定量 PCR 检测方法，无论用感染的小鼠模型以及人血清标本还是蚊虫研磨液标本检测时都显示了很好的敏感性和特异性，而且试剂的稳定性和可重复性也非常好，可用于临床标本和媒介蚊虫标本的检测。利用针对第 9 片段设计的引物还可根据 PCR 产物相对分子质量大小的不同而进一步鉴别 A 或 B 型 BAV 病毒。

[免疫性] 目前尚无有效的疫苗由于本病的防制。

◆ 参考文献

[美] Barbara E. Straw，等，主编．赵德明，等，主译．2008. 猪病学 [M]．第九版．北京：中国农业大学出版社．

哈尔滨兽医研究所．1998. 兽医微生物学 [M]．北京：中国农业出版社．

陆承平．2001. 兽医微生物学 [M]．第三版．北京：中国农业出版社．

徐丽宏，梁国栋．2006. 引起人类脑炎的新双链 RNA 病毒 [J]．中华实验和临床病毒学杂志，3.

徐丽宏，等．2002. Coltivirus 病毒属研究进展 [J]．中国病毒学，17 (4)：385－391.

殷震，刘景华．1997. 动物病毒学 [M]．第二版．北京：科学出版社．

Murphy F A，Gibbs E P J，Horzinek M C，et al. 1999. Veterinary Virology 3rd ed，Academic Press，San Diego London. 391－409.

Fauquet C M，et al. 2005. Virus Taxonomy. VIII th Report of the International Committee on Taxonomy of Viruses. San Diego：Elsevier Academic Press.

沈国顺 编

第四十四章　双 RNA 病毒科

双 RNA 病毒科（Birnaviridae）病毒无囊膜、表面无突起。病毒的基因组是由两个节段的双链 RNA 构成，因此命名为双 RNA 病毒。本科有 4 个属，即禽双 RNA 病毒属（*Avibirnavirus*）、水生双 RNA 病毒属（*Aquabirnavirus*）、昆虫双 RNA 病毒属（*Entomobirnavirus*）和 *Blosnavirus*，其中禽双 RNA 病毒属的传染性法氏囊病病毒与兽医关系十分密切。

［形态结构及理化特性］ 本科病毒粒子为六角形，二十面体对称，直径 55～65 nm。病毒核心直径为 45 nm。囊膜表面无突起，核衣壳单层（与呼肠病毒不同之处），由 92 个壳粒组成，直径 12 nm。核酸在病毒颗粒内，基因组为双链双节段 RNA，分为 A、B 两个节段，相对分子质量分别为 2.5×10^6 和 2.3×10^6。RNA 占病毒质量的 8.7%，无感染性。编码 VP1、VP2、VP3、VP4、VP5 五个蛋白。VP2 和 VP3 是 IBDV 的主要结构蛋白。蛋白质占病毒质量的 91.3%。无脂类，碳水化合物尚不详。

病毒的相对分子质量 5.5×10^7，沉降系数（S_{20}w）为 435。在 CsCl 溶液中浮密度为 1.33g/cm^3。在 pH3.9 稳定。对 20℃和 pH7.5 有抵抗力，在 1%十二烷基磺酸钠 30min 可以灭活。

［复制］ 双 RNA 病毒科的病毒在胞浆内复制，成熟的病毒粒子聚集在胞浆中，细胞裂解时释放出大约半数的子代病毒，另一半仍与细胞结合。最近研究发现，病毒侵染细胞的前提是病毒蛋白（配体）与细胞膜表面特定蛋白（受体）的特异性结合。由于 VP2 是 IBDV 的衣壳蛋白，所以推测 IBDV 的配体主要集中在 VP2 上，但关于受体的分子定位等更深入的信息还有待研究。B 节段编码的 VP1 蛋白与双链 RNA 结合后，使之环化，在双链 RNA 被释放入胞浆后，VP1 即起到聚合酶的作用，病毒无需脱衣壳或衣壳降解即具有转录活性，以双链 RNA 为模板，以半保留半置换方式合成新的单链 RNA，出现一个 24SmRNA 和一个 14SmRNA，24SmRNA 可作为模板进一步合成 dsRNA。同时，利用宿主的蛋白合成系统，以正链为模板翻译合成蛋白前体，然后加工成 VP2、VP3、VP4，后者随即组装成衣壳，包裹新合成的病毒双链 RNA 基因组形成新的病毒粒子，以出芽方式从细胞释放。

病毒的宿主可因毒株的不同而各异。如水生双 RNA 病毒属感染鱼；禽双 RNA 病毒属感染鸡、鸭和火鸡；昆虫双 RNA 病毒属感染果蝇。

双 RNA 病毒科的所有病毒均可水平和垂直传播。

传染性法氏囊病病毒（*Infectious bursal disease virus*，IBDV）

传染性法氏囊病病毒是鸡传染性法氏囊病的病原体。1957 年，该病在美国特拉华州甘博罗(Gumboro)的肉鸡群中首次被发现，又称甘博罗病。后来，从病鸡体分离获得病毒。

本病毒的分类地位曾有数次变动。1969 年 Cho 和 Edgar 曾将其划属小核糖核酸病毒科；1970 年 Pelek 将其归为呼肠病毒科；1973 年 Almedln 将其归属为腺病毒科；1979 年，根据 IBDV 在形态、蛋白结构、核酸基因型等特点，Dobos 等将其与鱼传染性胰腺坏死病病毒（*Infectious pancreatic necrosis virus*，IPNV）和果蝇 X 病毒（*Drosophila X virus*，DXV）共同归为双 RNA 病毒科。

［形态结构］ 病毒无囊膜，由核酸芯和核衣壳组成。衣壳为单层，壳粒 92 个，直径为 12 nm。病毒呈六角形二十面体对称，直径约 60 nm。在感染的细胞内病毒呈晶格状排列（图 44-1）。

病毒基因组由两个双链 RNA 节段组成，即 A 节段和 B 节段，分别约为 3.3 kb 和 2.9 kb。两个节

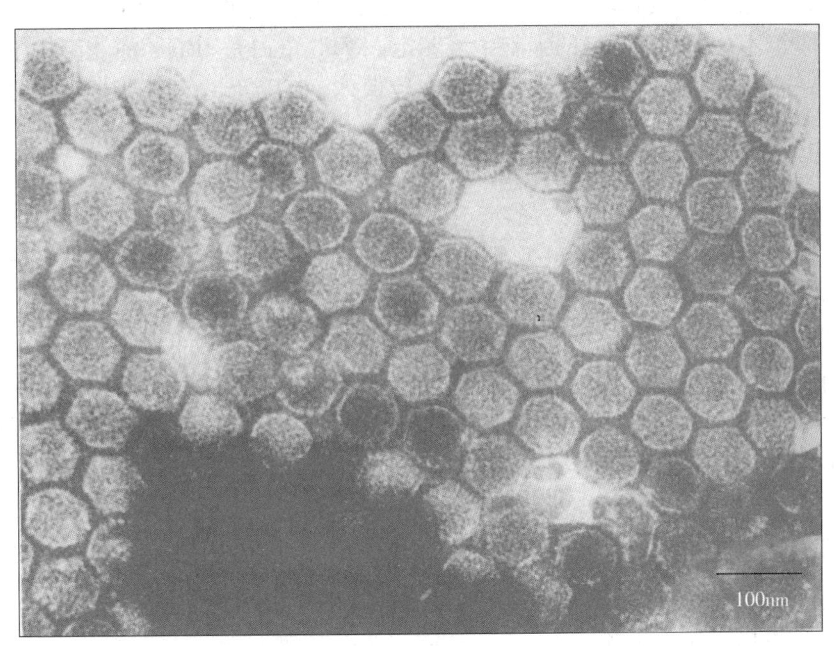

图 44-1 传染性法氏囊病病毒（负染色）
（谷守林等提供）

段均包括 5’端非编码区、编码区和 3’端非编码区。A 节段包括两个开放阅读框（ORF），小 ORF 在前，大 ORF 在后，二者部分重叠。大 ORF 编码一个多聚蛋白 NH_2 - pVP2 - VP4 - VP3 - COOH（110 000），该多聚蛋白（在 IBDV 感染的细胞中能被检测到）在加工过程中被蛋白水解酶 VP4 剪切成三个蛋白 pVP2（48 ku）、VP3（33 ku）和 VP4（29 ku），pVP2 进一步被加工成 40～42 ku 的 VP2 蛋白。小 ORF 编码 VP5 蛋白（17 ku）。B 节段只有一个 ORF，编码 VP1 蛋白（90 ku）。

［**病毒蛋白质**］自 IBDV 反向遗传操作系统诞生以来，IBDV 的基础研究逐步深入，IBDV 基因及其编码蛋白的功能研究方面取得了良好进展。

VP1 蛋白是成熟 IBDV 中相对分子质量最大的蛋白，但含量却很低，仅占总蛋白的 3%，具有依赖 RNA 的 RNA 聚合酶（RdRp）活性，是病毒复制的必需蛋白。VP1 以游离和与基因组结合两种形式存在，与病毒基因组共价连接的 VP1 又称为 VPg。VP1 在 IBDV 的组装中起重要作用，VP1 和 VP3 形成的复合物是形成完整的病毒形态所必需的。

VP2 蛋白构成病毒的外衣壳，是 IBDV 的主要结构蛋白，约占病毒总蛋白的 51%。VP2 可诱导机体产生中和性抗体，是 IBDV 主要的宿主保护性抗原。不同毒株的 VP2 在第 206 - 350 位氨基酸（Amino acid，aa）区域内变化很大，故该区域被称为 IBDV 高变区。IBDV 高变区有两个明显的亲水区，即亲水区Ⅰ（210～225aa）和亲水区Ⅱ（312～324aa），前者起稳定构象的作用，后者是与单克隆抗体结合所必需的。第二个亲水区后有一个富含丝氨酸的七肽区（326 - 332aa）。另外，两个亲水区之间存在两个小亲水区，即 247～254aa 和 281～292aa，也与 IBDV 的抗原性有关。VP2 也是 IBDV 重要的毒力基因，影响 IBDV 细胞嗜性的分子基础也在 VP2 上，其 253、279、284 位氨基酸是其效应的重要分子基础。

VP3 蛋白是 IBDV 另一个重要的结构蛋白，占病毒蛋白总量的 43%。VP3 对 IBDV 起着脚手架的作用，与 VP1、VP2、基因组 dsRNA 以及其自身都存在相互作用。最近研究表明，VP3 不是 IBDV 衣壳的组成成分，不能诱发机体产生中和性抗体，但具有 IBDV 的群特异性抗原（非构象依赖）。研究证明，IBDV 免疫机体后最先出现的血清抗体是针对 VP3 的，这种抗体可以抑制病毒对敏感细胞的吸附。

VP4 蛋白是 IBDV 的非结构蛋白，不是成熟病毒粒子的组成成分，但与病毒感染细胞后形成的微管状结构有关。VP4 蛋白属于真核丝氨酸蛋白酶，具有水解蛋白活性，但其作用机制还不很清楚。

VP5 蛋白 1995 年才在 IBDV 感染的细胞中被鉴定。VP5 蛋白是 IBDV 的非结构蛋白，是富含半胱氨酸（Cys）的强碱性蛋白，在所有血清Ⅰ型毒株中较保守。VP5 蛋白对于 IBDV 的复制非必需，但能影响病毒的释放，并且被认为是毒力因子之一。

[理化特性] 病毒在 CsCl 中的浮密度为 1.32～1.35g/cm^3。病毒能耐乙醚、氯仿、吐温 80 及胰酶的处理。对紫外线有抵抗力。对热抵抗力强，56℃ 3h 病毒毒价不受影响，56℃ 8h、60℃ 90 min 病毒不被灭活，70℃ 30min 可灭活病毒。－58℃保存 18 个月毒价降低，病毒经超声波裂解不能被灭活。在 pH2 的环境中 60min 仍存活，pH12 60min 可以灭活病毒。

[抗原性] 本病毒有两个血清型（Ⅰ型和Ⅱ型），两者交叉保护性较低。血清Ⅰ型病毒是从病鸡中分离的，Ⅱ型来源于火鸡。仅Ⅰ型病毒对鸡致病，但对火鸡无致病性。血清Ⅱ型对鸡和火鸡均不致病，呈亚临床感染。病毒的Ⅰ型和Ⅱ型不能用琼脂扩散试验、ELISA 区别，这表明两型有共同的型特异抗原。分亚型可用中和试验，有的学者在Ⅰ型中分出 6 个或 8 个亚型。

[培养] SPF 鸡胚是培养 IBDV 的最好材料。多用 7～8 日龄鸡胚作卵黄囊接种，9～11 日龄的鸡胚作绒毛尿囊膜或尿囊腔接种。一般尿囊膜接种途径敏感。另外可以利用鸡胚成纤维细胞培养，可出现明显细胞病变并形成蚀斑。本病毒也可以在 Vero、DF-1、MA-104、BGM-70、PK-13 等传代细胞以及雏鸡的胸腺和脾的淋巴细胞中生长。

[病原性] 病毒只对鸡有感染性，3～6 周龄的雏鸡最易感。目前已经证实，从不同地区、不同日龄、不同 IBD 免疫状态的鸡群中分离到的不同 IBDV 毒株的致病性有很大差别。有的毒株的死亡率达到 30%～80%，而有的毒株不致死鸡，仅为亚临床感染。

本病的早期，病毒存在于除脑以外的绝大多数组织器官中，以法氏囊和脾脏中病毒含量最高。人工将病毒接种 3～6 周龄雏鸡，易引起感染，在接种 3～4d 就能在法氏囊内发现特征性病变。采血作琼脂扩散试验，大多数在感染后 5～7d 阳转。以荧光抗体检查肾脏的冰冻切片，可在接种后 6～7d 开始发现肾小球有点状荧光。淋巴细胞是 IBDV 早期感染的靶细胞。

1985 年，变异株首次分离于美国特拉华州，具有很强的免疫抑制性，并能逃避传统疫苗的保护，主要流行于美国、澳大利亚、中国等地。1989 年，超强毒 IBDV（Very virulent IBDV，vvIBDV）首次发现于比利时。vvIBDV 虽然在抗原性上与经典毒株类似，但能引起更强的致病性、更高的致死率、更能够突破传统疫苗的保护。vvIBDV 流行迅速，现已大面积流行于欧洲、东南亚、非洲、南美洲等地。我国已证实有 vvIBDV 的流行。

[免疫] 免疫母鸡的抗体可以通过卵黄转移给后代。这些有母源抗体的雏鸡在孵出后可以受到 2～3 周的保护。雏鸡接种疫苗时也应考虑母源抗体的消长。

目前应用较多的弱毒疫苗，是通过鸡胚或细胞培养传代方法驯化培育的。另外，强毒株灭活疫苗、基因工程亚单位疫苗也有应用。

[病毒分离与检测] 包括病毒的分离与鉴定、血清学试验、分子生物学试验等技术。

病毒分离鉴定：采取发病典型的新鲜法氏囊，剪碎后制成乳剂，以 1 000r/min 离心 10min 取上清液，以 0.2mL 接种或点眼 SPF 雏鸡，于接种后 72h 采集典型发病鸡的法氏囊，按同法接种雏鸡传 2 代后，作中和试验等鉴定病毒。

血清学方法：主要应用琼脂扩散试验、中和试验、间接免疫荧光试验、ELISA 试验等。

分子生物学方法：主要有 RT-PCR、荧光定量 RT-PCR 等。

◆ 参考文献

〔美〕B W 卡尔尼克，等，编．高福，等，译．1991. 禽病学［M］．第九版．北京：北京农业大学出版社．

刘光清，等．2009. 动物病毒反向遗传学［M］．北京：科学出版社．

祁小乐，王笑梅，高宏雷，等．2006. 鸡传染性法氏囊病病毒的反向遗传研究［J］．病毒学报．

祁小乐，王笑梅，高玉龙，等.2008. 鸡传染性法氏囊病病毒 VP2 蛋白研究进展［J］. 中国预防兽医学报.

秦立廷，祁小乐，高宏雷，等.2008. 鸡传染性法氏囊病病毒 Gt 株 VP5 基因缺失株感染性克隆的构建［J］. 微生物学报.

王笑梅，王牟平，高宏雷，等.2003. 传染性法氏囊病毒 VP2 在酵母细胞内的高效表达及其免疫原性研究［J］. 中国农业科学.

扬本升，等.1995. 动物微生物学［M］. 长春：吉林科学技术出版社.

殷震，等.1997. 动物病毒学［M］. 第二版. 北京：科学出版社.

中国农业百科全书编委会.1993. 中国农业百科全书・兽医卷［M］. 北京：中国农业出版社.

Boot H J，ter Huurne A A，Hoekman A J，et al. 2002. Exchange of the C-terminal part of VP3 from very virulent infectious bursal diease virus results in an attenuated virus with a unique antigenic structure［J］. Virol.

Brandt M.，Yao K.，Liu M.，et al. 2001. Molecular determinants of virulence，cell tropism，and pathogenic phenotype of infectious bursal disease virus［J］. Virol.

Coulibaly F.，Chevalier C.，Gutsche I.，et al. 2005. The birnavirus crystal structure reveals structural relationships among icosahedral viruses［J］. Cell.

Fauquet C M，Mayo M A，Maniloff J，et al. 2005. Virus Taxonomy［M］. 8th Report of the International Committeeon Taxonomy of Viuses. Amsterdaml：Elsevier Academic press.

Gao H L，Wang X M，Gao Y L，et al. 2007. Direct evidence of symposium reassortment and mutant spectrum analysis of a very virulent infectious bursal disease virus. Avian Dis.

Garriga D，Querol-Audi J，Abaitua F，et al. 2006. The 2. 6-Angstrom structure of infectious bursal disease virus-derived T-1 particles reveals new stabilizing elements of the virus capsid［J］. Virol.

Jackwood D J，Sreedevi B，LeFever L J，et al. 2008. Studies on naturally occurring infectious bursal disease viruses suggest that a single amino acid substitution at position 253 in VP2 increases pathogenicity［J］. Virology.

Letzel T，Coulibaly F，Rey F A，et al. 2007. Molecular and Structural Bases for the Antigenicity of VP2 of Infectious Bursal Disease Virus［J］. Virol.

Liu M，Vakharia V N. 2004. VP1 protein of infectious bursal disease virus modulates the virulence in vivo. Virology.

Luque D，Saugar I，Rodriguez J F，et al. 2007. Infectious Bursal Disease Virus capsid assembly and maturation by structural rearrangements of a transient molecular switch［J］. Virol.

Mundt E，de Haas N，van Loon A A. 2003. Development of a vaccine for immunization against classical as well as variant strains of infectious bursal disease virus using reverse genetics［J］. Vaccine.

Mundt E，Köllner B，Kretzschmar D，et al. 1997. VP5 of infectious bursal disease virus is not essential for viral replication in cell culture［J］. Virol..

Müller H，Islam M R，Raue R. 2003. Research on infectious bursal disease-the past，the present and the future. Vet. Microbiol..

Qi X，Gao H，Gao Y，et al. 2009. Naturally occurring mutations at residues 253 and 284 in VP2 contribute to the cell tropism and virulence of very virulent infectious bursal disease virus［J］. Antiviral Res.

Qi X，Gao Y，Gao H，et al. 2007. An improved method for infectious bursal disease virus rescue using RNA polymerase Ⅱ system［J］. Virol. Methods.

Qin L，Qi X，Gao H，et al. 2009. Exchange of the VP5 of infectious bursal disease virus in a serotype I strain with that of a serotype II strain reduced the viral replication and cytotoxicity［J］. Microbiol.

Saugar I，Luque D，Ona A，et al. 2005. Structural polymorphism of the major capsid protein of a double - stranded RNA virus：an amphipathic alpha helix as a molecular switch［J］. Structure.

Van Loon A A，de Haas N，Zeyda I，et al. 2002. Alteration of amino acids in VP2 of very virulent infectious bursal disease virus results in tissue culture adaptation and attenuation in chickens［J］. Gen. Virol..

Von Einem U I，Gorbalenya A E，Schirrmeier H，et al. 2004. VP1 of infectious bursal disease virus is an RNA-dependent RNA polymerase［J］. Gen. Virol.

Wang X，Fu C，Gao H，et al. 2003. Pathogenic antigenic and molecular characterization of very virulent strain (Gx) of infectious bursal disease virus isolated in China［J］. Agri. Sci. China.

Wang X，Zeng X，Gao H，et al. 2004. Changes in VP2 gene during the attenuation of very virulent infectious bursal disease Virus strain Gx isolated in China [J] . Avian Dis.

Wang X.，Zhang H，Gao H，et al. 2007. Changes in VP3 and VP5 genes during the attenuation of very virulent infectious bursal disease virus strain Gx isolated in China [J] . Virus Genes.

Wei Y，Li J，Zheng J，et al. 2006. Genetic reassortment of infectious bursal disease virus in nature [J] . Biochem. Biophys. Res. Commun.

王笑梅　祁小乐　编

第四十五章　副黏病毒科

副黏病毒科病毒的某些性质类似正黏病毒，但在形态、核酸性质及复制等方面和正黏病毒不同，是一类单股负链 RNA 病毒。本科病毒属于单分子负链 RNA 病毒目（Mononegavirales），有两个亚科，其中，副黏病毒亚科（Paramyxovirinae）有 5 个属，为呼吸道病毒属（*Respirovirus*）、腮腺炎病毒属（*Rubulavirus*）、禽腮腺炎病毒属（*Avulavirus*）、亨德拉尼帕病毒属（*Henipavirus*）、麻疹病毒属（*Morbillivirus*）；肺病毒亚科（Pneumovirinae）有两个属，为肺病毒属（*Pneumovirus*）和异肺病毒属（*Metapneumovirus*）。

[形态结构] 本科病毒粒子较正黏病毒大，直径为 150nm 或更大些，偶尔可见直径为 800nm 的巨大粒子。多形性，一般呈球形，有的可见丝状体长达数微米。有囊膜，是由细胞外膜的脂类衍生的，结合病毒的一些糖蛋白和一种非糖基化的病毒蛋白质；表面突起的大小为 8nm×10nm×8nm，相隔8～10nm。脂蛋白包膜脆弱，易破坏。核衣壳呈螺旋对称，直径为 12～17nm，比正黏病毒约大一倍。

病毒核酸（基因组）是单分子负链 RNA，相对分子质量为 5×10^6～7×10^6，占病毒颗粒的 0.5%。病毒核酸不分节段。蛋白质有 5～7 种多肽，相对分子质量为 35×10^3～$2\ 000\times10^3$。病毒基因组长为 13 335～18 246 nt，G+C 含量为（35～48）mol%，编码 7～9 或 9～11 种蛋白。副黏病毒 RNA 本身无感染性。

结构蛋白在不同种属不完全一致。一般有 P（ RNA 多聚酶）、HN（血凝素-神经氨酸酶）、NP（核蛋白）、Fo（F 前体）、F（血溶素）、M（膜蛋白）等。麻疹病毒属含有 6～8 种多肽。蛋白占病毒粒子重量的 75%～80%。脂类占病毒粒子重量的 20%～25%，成分依赖宿主细胞而定。碳水化合物占病毒粒子重量的 6%，其成分按宿主细胞确定。融合素是新城疫病毒和仙台病毒囊膜中的一种蛋白。

[理化学特性] 病毒粒子相对分子质量约 500×10^6，在氯化铯溶液中的浮密度为 1.18～1.31g/cm³，在蔗糖溶液中的浮密度为 1.18～1.20g/cm³，沉降系数（S_{20}w）至少为 1 000S。病毒对热不稳定，在酸、碱性溶液中易破坏，在中性溶液中较稳定，对脂溶剂、非离子去污剂、甲醛和氧化因子均敏感。在复制时，对放线菌素 D 有抵抗力。

[复制] 在病毒粒子侵入敏感细胞后，其囊膜与细胞膜融合时，核衣壳释放于胞浆中。带衣壳的 50S RNA 呈转录模板的作用，但裸露的 RNA 无此功能。核衣壳内含有的转录酶能合成病毒 mRNA。核衣壳对核糖核酸酶不敏感，使核酸受到保护。核衣壳呈螺旋形对称，如弹簧可伸缩，平时弹簧呈压紧状态，感染时螺旋松开，RNA 的碱基暴露，从而被转录酶所识别。螺旋的伸展不发生于整个核衣壳，也可能是局部的，也可以重新恢复原状。因此在 RNA 模板的利用过程中，并不破坏共价键，也不除去核衣壳蛋白，是依赖于核衣壳结构的改变。但有人认为衣壳蛋白质此时可能受到部分破坏。随后则是 mRNA 在核蛋白内（上）译制病毒的各种多肽和蛋白质。只有在病毒 RNA 发生转录以及 mRNA 译制为病毒多肽之后，才能发生病毒 RNA 的复制。这是因为病毒 RNA 的复制需要有一种或更多的新的病毒特异蛋白质，这可能是一种新的 RNA 聚合酶或复制酶。这种复制酶在结构和对病毒基因模板的应用上显然不同于上述的转录酶。这些基因产物，亦是病毒特异蛋白质，在与病毒 RNA 相互作用时，使其转录过程改变为复制过程。但也有人认为新蛋白质作用于 RNA 转录酶，改变其功能，使之完成复制。副黏病毒不能进行基因重组，也不表现多数感染复活现象。

[抗原性] 所有副黏病毒，在血清学上没有一种抗原为本科几个属病毒所共有，只有一些次要抗原可为2～3个种所共用。有些病毒有一种或多种表面抗原参与病毒中和作用。抗原的特异性因属而异。

对细胞作用，通常为细胞溶解性，是温和的持续性感染。其他特征是有包涵体、合胞体形成以及血细胞吸附作用。

[培养] 呼吸道病毒属和麻疹病毒属中的大多数病毒在鸡胚中增殖较差或不能增殖，只有适应于细胞培养物的毒株才能在鸡胚中增殖。而新城疫、流行性腮腺炎和仙台病毒等可以在鸡胚的尿囊和羊膜细胞中增殖。

副黏病毒能在多种细胞培养物中增殖，如新城疫病毒可以在禽类的原代和继代细胞中增殖，但在哺乳动物细胞培养物中增殖很差。仙台病毒在禽类原代和继代细胞及各种脊椎动物上皮细胞培养物中均能增殖。

副黏病毒在细胞培养物中引起合胞体的病灶区在感染细胞内产生许多嗜酸性物质，凝集成12个形状不规则的胞浆内包涵体。

[生态学] 在自然条件下和实验室中，各种病毒均有各自的宿主范围。传播方式为水平传播，主要是空气传播，没有昆虫媒介。

[诊断] 对副黏病毒的诊断，主要是分离病毒，即采用易感细胞培养物进行分离，并观察血凝、血细胞吸附抑制和血清中和试验予以鉴定。可应用血清学如中和试验、补体结合试验、免疫荧光技术以及琼脂扩散等方法进行诊断。还可应用反转录-聚合酶链反应（RT-PCR）检测病毒RNA，来达到诊断的目的。

第一节 呼吸道病毒属（*Respirovirus*）

呼吸道病毒属为副黏病毒亚科的一个属，代表种是仙台病毒（*Sendai virus*）[又称鼠副流感病毒1型（*Murine parainfluenza virus* 1)]，主要成员有人副流感病毒1型（*Human parainfluenza virus 1*，HPIV-1)、牛副流感病毒3型（*Bovine parainfluenza virus 3*，BPIV-3）、人副流感病毒3型（*Human parainfluenza virus 3*，HPIV-3）、猴副流感病毒10型（*Simian parainfluenza virus 10*，SPIV-10）。

呼吸道病毒属中的病毒粒子含有血凝素和神经氨酸酶，核衣壳为螺旋对称，直径18nm，螺距为5～8nm，囊膜突起——纤突长8nm，相互间隔8～10nm。

呼吸道病毒属中的病毒除能引起人发病外，还可引起牛、猪、小鼠、猴等呼吸器官疾病。牛的运输疾病症候群是以牛副流感病毒3型为主要病原体。从各种动物中可分离出许多毒株，它们之间虽然有共同抗原，但仍可明显区分开。

人副流感病毒1型（HPIV-1）是在1957年由Chanock等首先分离到的，当时命名为血细胞吸附病毒2型，又称HA-2病毒，之后定名为副流感病毒1型。我国于1962年也分离到本病毒，自然宿主为人，与兽医无关，故省略。

仙台病毒（*Sendai virus*）

本病毒是副黏病毒属的成员，又称鼠副流感病毒（*Murine parainfluenza virus*），本病毒一旦感染则最难控制。

1952年，日本仙台市婴儿发生肺炎，于1953年Kuroya等首次从病儿肺组织分离到病毒，曾命名为日本血凝病毒（HVJ），经研究证明其自然宿主是小鼠和猪。1956年我国也分离到本病毒。

[形态结构] 病毒粒子呈圆形，直径为130～250nm。内部由直径18nm螺旋结构的核蛋白组成。外面包有脂蛋白囊膜，并有长8～15nm、宽2～4nm，放射状排列的纤突。核酸为线性单股负链RNA，相对分子质量为4.76×10^6。病毒基因组全长为15 384 nt，G+C含量为46mol%，编码区占94%。病毒基因编码9种蛋白，基因顺序为3′-NP-C′/P/C/Y1-M-F-HN-L-5′。纯化病毒粒子含有6种结构

蛋白，即 NP、P、L、F、HN 和 M。前 3 种与核衣壳有关，后 3 种与囊膜有关。HN 与血凝和神经氨酸酶活性有关。F 与溶血、感染性和细胞融合有关。

［理化特性］病毒在 pH3 条件下易灭活，对乙醚及热敏感。病毒血凝素对温度的抵抗力取决于病毒溶液的组成，纯病毒在盐溶液中或 1%柠檬酸钠溶液中，45℃ 80 min 失去血凝活性；但在肉汤溶液中并在上述条件下，血凝集活性不被破坏。56℃ 10 min 可灭活病毒的溶血活性。

［抗原性］病毒只有一个血清型，但中国学者证明仙台病毒有两个亚型：日本变异株和海参崴变异株。前者溶血性高于后者。抗原性海参崴变异株的大鼠免疫血清不能完全中和日本变异株。

病毒在 5℃或室温条件下，可凝集多种动物的红细胞，如鸡、豚鼠、仓鼠、小鼠、大鼠、绵羊、人（O 型）、猴、犬、兔、牛等动物。病毒也能溶解小鼠、豚鼠、鸡、大鼠、绵羊、家兔和人（O 型）的红细胞。

［培养］病毒易在鸡胚羊膜腔和尿囊膜中生长；鸡胚绒毛尿囊膜可以产生局部病灶；在猴肾细胞、人胚肺纤维细胞、乳猪肾细胞、BHK-21 细胞、Vero 细胞培养物中增殖并产生细胞病变。病毒经鸡胚连续传代后毒力明显减弱。

［病原性与生态学］病毒感染鼠类后，可以形成急性型和慢性型。急性型病鼠的临床表现为，被毛粗乱、弓背、呼吸困难、发育不良、消瘦等。孕母鼠妊娠期延长、新生仔死亡率高。慢性型常呈地方性流行，病毒在鼠群中长期存在，呈亚临床症状。

病毒可引起人的呼吸道疾病，特别是婴儿易引起气管炎、支气管炎和肺炎、喉炎等。在自然条件下，病毒可感染小鼠、大鼠、仓鼠等啮齿类动物，有时在实验室的乳鼠也发生流行。直接接触和空气传播是本病毒的主要传播方式。一年四季均可传播，但以冬春季多发，气温骤变可以加重发病和流行。

［免疫］国内外曾用甲醛灭活疫苗免疫小鼠，效果很好，国外有用温度敏感致弱的弱毒疫苗和依赖胰酶弱毒疫苗，经气溶胶免疫有一定效果。

［诊断］主要应通过病毒分离，采取鼠鼻咽分泌物，经无菌处理，接种 BHK-21 或 Vero 细胞单层细胞培养物上，观察病变或用补体结合试验、免疫荧光试验测定结果。可用反转录-聚合酶链反应(RT-PCR) 检测其 RNA 来诊断病毒。还可用血清学试验，如血凝抑制试验、补体结合试验、微量中和试验、琼脂扩散试验和酶联免疫吸附试验等。

牛副流感病毒 3 型（*Bovine parainfluenza virus* 3，BPIV-3）

本病毒是呼吸道病毒属的成员，又称运输热病毒（*Shipping fever virus*）。

1959 年 Reisinger 等与 Hoerlein 等在美国分离到病毒。我国于 2008 年也分离获得病毒。

［形态结构］病毒的形态结构和理化特性与呼吸道病毒属其他成员基本类似。病毒粒子相对分子质量为 500×10^6，大小为 120～180nm。囊膜厚约 10nm（图 45-1）。病毒核酸为线性单股负链 RNA。基因组全长为 15 456nt，G+C 含量为 35mol%，编码区占 93%。病毒至少含有 6 种蛋白，即 N、P、M、F、HN 和 L 等蛋白，具有血凝素和神经氨酸酶活性。

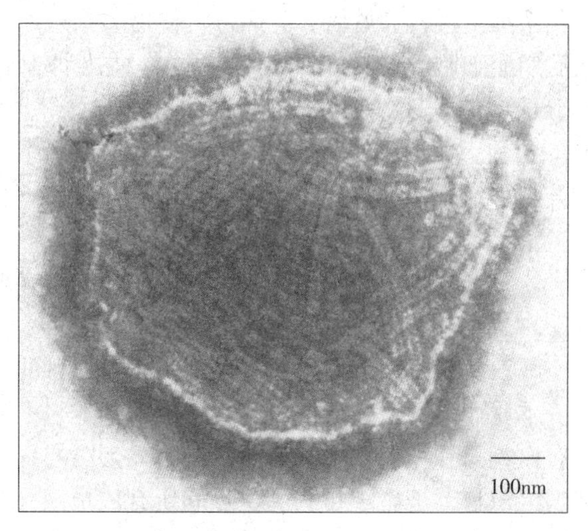

图 45-1　牛副流感病毒（牛副黏病毒）（负染色）

［理化特性］在蔗糖中的浮密度为 1.18～1.20g/cm^3，沉降系数 $S_{20}w$ 约为 1 000S。病毒对热的稳定性较其他副黏病毒低，感染力在室温中迅速降低，几天后完全丧失。55℃ 30 min 灭活，在−25℃能良好存活。在 pH3 不稳定。对乙醚和氯仿敏感。

病毒具有血凝性，能凝集人 O 型、豚鼠、牛、猪、绵羊和鸡的红细胞，但不凝集马红细胞。人和牛（PIV-3）之间有密切的亲缘关系，但不完全一致。新分离的牛株比人株更易产生血凝作用。马株能凝集人和豚鼠的红细胞，但对鸡红细胞的活性较差。如欲从细胞培养物中检出新分离的毒株，血细胞吸附试验较血凝试验更敏感。

[**抗原性**] 病毒的可溶性补体结合抗原和血凝素抗原具型特异性，与其他型副流感病毒可呈现不同程度的交叉反应。用中和试验、血凝抑制试验、血细胞吸附试验、补体结合试验和琼脂扩散试验，可以将人分离株和牛分离株加以区分。

[**培养**] 病毒可以在鸡胚、羊膜腔接种生长良好。鸡胚液中产生血凝素。但在尿囊腔不能生长，是与其他副流感病毒的区别。新分离的毒株在细胞培养物中大多数不能产生细胞病变和血凝素，但用血细胞吸附试验容易检出。连续传代可以产生细胞病变——多核巨细胞（合胞体）。病毒可以在犊牛、山羊、水牛、骆驼、马和猪肾细胞以及 Hela、HEP-2（人喉癌细胞系）细胞培养物中良好生长，可形成大的合胞体以及大小不同和形状不一的嗜酸性胞浆内包涵体，核内也有圆形的单个或多个小包涵体。在每个包涵体的外周都有一层透明带。

从马新分离的病毒不易在鸡胚羊膜腔内生长，在猴肾细胞培养时的第一代没有细胞病变，培养 10d 后，可用血细胞吸附试验检出。马分离株连续传代后，可以在鸡细胞内良好生长，产生细胞病变，并形成嗜酸性胞浆包涵体。马分离株在人羊膜细胞及犬、猪和牛肾原代和犬传代细胞也能良好生长。

将本病毒和新城疫病毒同时或先后接种同一细胞培养时，本病毒有促进新城疫病毒增殖和产生细胞病变的作用。

[**病原性与生态学**] 本病毒是在副流感病毒中传播最快的病毒，可以引起小的流行，全年都可以流行，以早秋和晚冬发病率较高。

本病毒常从“运输热病”牛中分离到，经血清学研究发现，健康牛血清中普遍存在本病抗体。动物往往受到运输或其他外界因素影响或因其他微生物的协同作用而发病。

本病毒可使牛和猪发生呼吸道疾病，对绵羊、羔羊可以引起肺炎。曾从公牛精液和母牛生殖道中发现本病毒，并可引起不育。将牛株病毒实验性接种牛犊，能引起发热、结膜炎、黏液-脓性鼻炎和阴道炎等。

本病毒对大多数实验动物无致病性，豚鼠和仓鼠经鼻腔可被感染，但无明显症状。

[**免疫**] 牛副流感病毒 3 型疫苗有减毒疫苗和灭活疫苗两种，比较安全有效。由于牛副流感病毒 3 型多见混合感染，因此减毒活疫苗可与牛传染性鼻气管炎病毒、牛病毒性腹泻/黏膜病病毒和牛呼吸道合胞体病毒疫苗等组成联苗，效果更好。灭活疫苗以感染细胞培养物为原料，用甲醛或 β-丙内酯等灭活，添加铝胶和佐剂制造而成，在预防上效果较好。新生犊牛食初乳可以获得被动免疫并能防御感染，应充分给予初乳，必要时可以给妊娠母牛进行疫苗接种。

[**诊断**] 病毒诊断可采取病畜呼吸道分泌物，用牛胎肾原代细胞或用猪肾、牛肾、猫肾原代细胞及传代系细胞进行分离培养。病毒可使培养细胞产生明显的细胞病变。在牛胎肾细胞培养时可形成蚀斑。然后用血细胞吸附试验或用抗血清作血凝抑制试验予以鉴定。还可用反转录-聚合酶链反应（RT-PCR）检测其 RNA 来诊断病毒。

在血清学诊断时，最常用血凝抑制试验和中和试验，效果良好。另外，还可用双份血清试验效价有所升高来诊断。

第二节 腮腺炎病毒属（*Rubulavirus*）

腮腺炎病毒属为副黏病毒科副黏病毒亚科的一个属，是在 1995 年 ICTV 第六次报告中划分的属。

本属病毒的形态结构、理化特性等基本与本科其他病毒属相似。本属的主要特点是所有病毒成员，都有血凝素和神经氨酸酶活性；在相关蛋白的系列中显示低度或中等度水平的同源性；有些成员还有外基因（SH），是在 F 和 HN 位点间所有成员缺少 C 蛋白的开读框（ORF）。病毒的基因顺序是 3′-N-P/C/V-M-F-H-L-5′。

本属的代表种为腮腺炎病毒（*Mumps virus*）。其他成员主要是人副流感病毒 2 型（*Human parainfluenza virus 2*）、人副流感病毒 4 型（*Human parainfluenza virus 4*）、猪腮腺炎病毒（*Porcine rubulavirus*）、副黏病毒 5 型（*Parainfluenza virus 5*）和猿猴病毒 41（*Simian virus 41*）。

腮腺炎病毒（*Mumps virus*）

腮腺炎病毒是腮腺炎病毒属的代表种，引起人腮腺炎的病原体，猴、犬、猫也感染。

1934 年 Johnson 等通过感染猴的试验，证明病毒可引起腮腺炎。1946 年 Beveridge 从患者采样，通过鸡胚卵黄囊接种分离病毒成功。病毒的自然宿主是人。

腮腺炎病毒核酸为线性单股负链 RNA，基因组全长为 15 384nt，G+C 含量为 42mol%，编码区占 92%。病毒核酸编码 8 种蛋白，即 N、P、V、M、F、SH（小疏水性膜相关蛋白）、HN、L 等蛋白。

猪腮腺炎病毒（*Porcine rubulavirus*）

猪腮腺炎病毒感染（又称蓝眼病）最早于 1980 年发生于墨西哥中部米却肯州（Michoacan）的拉帕丹镇（La Piedad）及邻近的哈利斯科州（Jalisco）和瓜纳华托州（Guanajuato）。该病的特点是仔猪发生脑炎和呼吸系统疾病，成年猪不育，有时在所有年龄段的猪都出现角膜混浊。蓝眼病是由猪腮腺炎病毒引起，该病毒又称为 La-Piedad-Mochoacan 副黏病毒（LPMV）。猪腮腺炎病毒在 20 世纪 80 年代早期首次分离自墨西哥，为副黏病毒科腮腺炎病毒属的成员。

[形态结构] 猪腮腺炎病毒核酸为线性单股负链 RNA，基因组全长为 15 180nt，G+C 含量为 46mol%，编码区占 92%。病毒核酸编码 9 种蛋白，即 N、P、V、W、C、M、F、HN、L 等蛋白。

[抗原性] 该病毒只有一个血清型。

[培养] 猪腮腺炎病毒可在猪肾细胞系（PK-15）和鸡胚中生长。其他猪源细胞系和原代细胞培养物、BHK-21 和 Vero 细胞系也对本病毒敏感。

[病原性] 猪是已知的唯一宿主。经鼻腔实验接种仔猪 3～5 d 后，可见到临床症状。患蓝眼病的 2～21 日龄乳猪的症状有脑炎、肺炎和角膜混浊。典型病例表现为突然发热，弓背，喜卧，精神沉郁。同时伴有进行性神经症状，表现为虚弱，共济失调，肌肉震颤，步履蹒跚，多出现后肢僵直。1%～10%仔猪发生单侧或双侧角膜混浊，通常会自愈。其他症状有结膜炎、失明、眼球震颤、便秘及腹泻。感染小猪常死亡。仔猪最早可在发病后 48 h 内死亡，之后可在 4～6 d 时出现死亡。30 日龄以上的断奶仔猪通常出现短暂的症状。在饲养管理条件差的农场，在 15～45 kg 的育肥猪中会出现严重的神经症状，病死率可达 20%。在其他农场将有 30%的猪出现角膜混浊。在大龄猪中会引起一定程度的不育，母猪表现为受孕率下降、流产、死产和木乃伊胎；公猪表现为附睾炎、睾丸炎及精液质量下降。个别猪出现角膜混浊和轻度的食欲下降。

[生态学] 本病主要经呼吸道传播，尿液中有大量具感染性的病毒，在子宫内发生垂直传播。只有墨西哥报道有蓝眼病。但在其他一些国家也发现了关系非常密切的猪副黏病毒，其中有澳大利亚、加拿大、日本和以色列。

[诊断] 如幼龄仔猪发生神经和呼吸道疾病，成年猪出现不育，所有年龄段的猪都出现角膜混浊时，应怀疑为本病毒感染。可以用猪肾细胞系（PK-15）、鸡胚、BHK-21 和 Vero 等细胞系来培养分离病毒，然后用免疫组化染色等方法鉴定。现已开发出了一种可以检测病毒抗原的触片免疫染色法快速诊断试验。还可用反转录-聚合酶链反应检测病毒的 RNA。

血清学方法有血凝抑制试验、病毒中和试验、间接免疫荧光试验和酶联免疫吸附试验（ELISA）等。所有这些血清学方法都可在感染 8 d 后测到血清抗体。

副流感病毒 5 型（*Parainfluenza virus 5*）

副流感病毒 5 型是腮腺炎病毒属的成员。在猴群中多呈隐性感染，多不致病。

1956年赫尔（Hull）等首次在猴体分离到病毒。副流感病毒5型广泛存在于亚洲和非洲的猴群中，以恒河猴居多。

［**形态结构**］病毒粒子呈圆形，直径150～250nm，内含有螺旋形对称的核蛋白，直径15～18nm，外围为脂蛋白的囊膜，膜上有长10～15nm的纤突，是病毒的血凝素和神经氨酸酶部分。病毒核酸为线性单股负链RNA，基因组全长为15 246 nt，G+C含量为42mol%，编码区占92%。病毒核酸编码8种蛋白，即NP、P、V、M、F、SH、HN、L等蛋白。

［**理化特性**］病毒不耐酸，pH3条件下1 h可以失活；对乙醚敏感。对37℃以上温度不稳定，4℃保存数周，但部分病毒失去活力，－70℃可长期保存。

［**培养**］病毒可以在猴、狒狒、牛、犬、仓鼠和豚鼠等多种动物的原代肾细胞及BHK-21、Vero细胞等传代细胞培养物中增殖，并可产生嗜酸性胞浆内包涵体，但细胞病变不明显。

［**病原性**］在自然条件下，猴感染本病毒多无临床症状。病毒存在于猴组织器官中，特别是肾脏细胞常广泛存在。经鼻腔人工感染恒河猴，3 d后即可从咽拭子中发现病毒，7 d后从肺及气管中分离到病毒，但感染猴无任何症状表现。人工感染豚鼠不能引起明显发病，但可刺激机体产生抗体。经鼻感染仓鼠较容易，可以发生脑炎等症状。

［**生态学**］病毒常在亚洲和非洲猴中广泛存在，野生猕猴一般抗体较低，豚鼠、犬、母牛、山羊和绵羊血清中也含有高滴度的病毒抗体。

病毒的流行无明显季节性，但以冬季为主，非洲绿猴以早春带毒率最高。

［**免疫**］目前国外有人用赤猴肾细胞培养物，再以牛肾细胞传代后研制的过氧乙烯灭活铝吸附疫苗，给猴两次免疫表明安全有效。

［**诊断**］方法主要是病毒分离，采取病料，经过处理接种猴肾原代细胞进行分离，然后用血凝试验和血凝抑制试验鉴定。还可用反转录-聚合酶链反应检测病毒的RNA。

血清学试验常包括补体结合试验、血凝抑制试验等。

第三节　禽腮腺炎病毒属（*Avulavirus*）

禽腮腺炎病毒属为副黏病毒科副黏病毒亚科的一个属，以前归属于腮腺炎病毒属，2001年4月被划分为一个新的属。禽腮腺炎病毒属的所有成员都感染禽类，故称为禽腮腺炎病毒。

本属病毒的形态结构、理化特性等基本与本科其他病毒属相似。本属的主要特点是所有病毒成员，都有血凝素和神经氨酸酶吸附蛋白，从编辑的RNA转录文本可翻译出V蛋白，但不产生非结构蛋白C。病毒的基因顺序是3′-N-P/C/V-M-F-H-L-5′。

本属的代表种为新城疫病毒（*Newcastle disease virus*，NDV），其他成员主要是禽副黏病毒2～9型。

禽副黏病毒有9个血清型（表45-1），即APMV 1～9个型，其中新城疫病毒（NDV）是禽副黏病毒1型（APMV-1），是最重要的病毒。另外，APMV-2和APMV-3也能引起鸡较严重的疾病。鹅副黏病毒是该属的一个临时成员。

表45-1　APMV 9个血清型的自然宿主及所致疾病

病毒原型	主要宿主	其他禽类（鸟）	相关疾病
APMV-1/NDV	多种禽	有236种鸟可自然和人工感染	广泛流行，引起严重疾病
APMV-2/鸡/龙凯帕/56	鸡、火鸡	鹦鹉、秧鸡	呼吸道疾病，产蛋下降
APMV-3/火鸡/盛斯康星/68	火鸡	无	呼吸道疾病，产蛋下降
APMV-4/鸭/香港/D3/75	鸭	鹅、秧鸡	商品鸭的不明显感染

（续）

病毒原型	主要宿主	其他禽类（鸟）	相关疾病
APMV-5/澳洲长尾小鹦鹉/日本 kunitachi/75	澳洲长尾小鹦鹉	无	不清
APMV-6 鸭/香港/199/77	鸭、鹅	火鸡	鸭与鹅不明显感染，引起火鸡呼吸道病和产蛋下降
APMV-7/鸽/田纳西/4/75	野鸽、家鸽	无	不清
APM V-8/鹅/达拉瓦/1053/75	鸭、鹅	无	不清
APMV-9/鸭/纽约/22/78	鸭	无	商品鸭不明显感染

新城疫病毒（*Newcastle disease virus*，NDV）

新城疫病毒又称禽副黏病毒1型（*Avian paramyxovirus 1*，APMV-1），引起禽的一种急性烈性传染病的病原体，是副黏病毒亚科禽腮腺炎病毒属的成员。

1926年首先发现于印度尼西亚的西爪哇。1927年多依尔（Doyle）在英国的新城（Newcastle）附近的一次家禽流行病中分离到病毒，随后定名新城疫病毒。1934年Topacio在鸡胚组织块中培养成功。本病毒又称多形黏病毒和禽肺脑病毒。在英国称鸡疫（fowl pest）病毒。2001年4月将此病毒列为禽腮腺炎病毒属的成员。

［形态结构］本病毒一般呈球形，直径为100～200nm，偶尔有大约600nm的多形性，也有丝状体。核壳体为螺旋对称，直径17nm，螺距5nm，中空部分为4nm，有囊膜，表面上的纤突长约8nm。具有血凝活性、神经氨酸活性及溶血活性。病毒粒子破坏时也可以看到许多核蛋白碎片，形以多非鱼骨为特征（图45-2）。

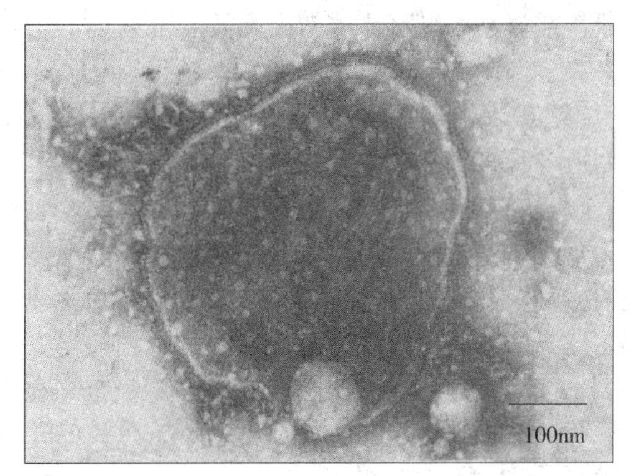

图45-2　新城疫病毒（负染色）
（李成等提供）

病毒核酸含量为5.7%，为单分子线性单股负链RNA，相对分子质量为7.5×10^6。病毒基因组全长为15 186nt，G+C含量为46mol%，编码区占90%。病毒基因编码6种蛋白，即NP、P、M、F、HN、L蛋白。

［理化特性］病毒在蔗糖中的浮密度为1.18～1.20g/cm³。对热不敏感，55℃经45 min或在直射日光下，经30 min可以灭活。但在4℃经几周，在−20℃经几个月，在−70℃经几年其感染力不受影响。病毒在pH2.4或105 d可以灭活；1∶500福尔马林1 h可以灭活。碳酸钠和氢氧化钠的消毒效果不稳定，大多数去污剂可迅速灭活。煤酚皂、酚、甲醛等的2%～3%溶液可在5 min内灭活。

［血凝性（HA）］病毒粒子表面具有血凝素，可以凝集多种动物的红细胞，包括禽类和哺乳动物的红细胞，以鸡、豚鼠和人O型红细胞最常用。血凝试验最好在4℃或室温下进行，血凝试验时溶液pH影响不大。NDV能使红细胞吸附在细胞培养物中感染细胞的表面，即为血细胞吸附现象，一般在开始出现感染后的4 h。病毒浓度高时，能溶解鸡的红细胞。血凝、血细胞吸附和溶血现象均由病毒囊膜上的糖蛋白所致，能被特异性抗体抑制。

［抗原性］本病毒与正黏病毒和副黏病毒其他成员的抗原有差异。用乙醚处理可将病毒粒子裂解为血凝性的V抗原和内部的核衣壳成分，后者类似流感病毒的可溶性S抗原。NDV有一种抗原与流行性腮腺炎病毒、仙台病毒有血清学交叉反应。不同NDV病毒株之间有小的抗原性差异。

［培养］大多数病毒株可在10～12日龄鸡胚的绒毛尿囊膜上或尿囊腔中良好增殖，鸡胚经24～72 h

死亡，呈出血性病变和脑炎。感染的尿囊液能凝集红细胞。病毒可在鸡肾原代或传代细胞培养物中增殖，也可在包括兔、猪、犊牛和猴的肾细胞和 Hela 细胞培养物中增殖，可在细胞培养上融合成蚀斑。病变是在细胞质内形成嗜酸性包涵体和多核融合细胞。

［病原性］新城疫病毒株间致病力的差异较大。有的毒株可以在感染后 72 h 致死成年鸡，有的竟然不能致死鸡胚。

自然发病的潜伏期平均 5～6d。毒力强的可在 3d 内出现症状；弱的可以延长几周。临床症状变化较大，强毒引起的急性病例中，常有呼吸道紊乱、伴有啰音、气喘和咳嗽，也有抑郁、虚脱和严重腹泻、排出淡绿色稀粪。随之出现神经症状。毒力强的病死率高达 90%～100%。亚急性病例中，死亡率要低得多，症状不太典型。毒力中等的可导致神经症状，多数康复，很少有后遗症。温和性病鸡只能用血清学或分离病毒的方法检出。NDV 感染火鸡后其症状与鸡相仿，但通常表现轻微。对鸭、野禽症状很轻，往往不被察觉。

本病毒对人无致病性，但在禽类加工厂或对兽医和实验室工作人员，可在接触本病毒或处理病禽时受到感染。潜伏期为 48 h，可引起急性结膜炎，也可以侵害角膜，或发生轻微流感症状，不经治疗可以自愈。

实验性感染时，本病毒可引起仓鼠、小鼠发生非传染性脑炎。脑内接种恒河猴和猪可引起脑膜脑炎。

［生态学］疾病的传播，主要是健康鸡直接或间接接触病鸡、被污染的垫料、饲料、饮水以及运输工具和鸡舍等。温和型新城疫容易形成持久性的传染源，因长期不断污染周围环境而造成疾病的发生和不断传播。从外观健康家鸡的泄殖腔可离到 NDV，分离率高达 6.5%～9.3%。在流行病学上有着重要意义。

［免疫］世界各国主要应用灭活疫苗和活疫苗来防制本病的发生和流行。但各国都结合本国具体情况制造各种疫苗。

（1）灭活疫苗　应用鸡胚，以福尔马林、氯仿或 β-丙内酯等灭活剂制造疫苗。其优点是疫苗安全可靠，无散毒危险。适用于雏鸡、初产鸡和健康状态较差的鸡。但免疫期较短，如加入佐剂可延长免疫期。

（2）活疫苗　有弱毒疫苗和中等毒力疫苗。①弱毒疫苗，包括自然弱毒株，如 F 株（Ⅲ系疫苗）、B_1 株（Ⅱ系疫苗）和 La Sota 株（Ⅳ系疫苗）和 V_4 株。这些疫苗一般无致病力，偶尔也发生轻微呼吸道症状和其他反应。弱毒疫苗可用于 1 日龄鸡和幼龄雏鸡。每只鸡接种的适宜剂量为 $10^{6.5}$～10^7 EID_{50}。②中等毒力疫苗，有Ⅰ系疫苗、Roakin 株、Komorov 株、Hertfordshire 株（Herts33）和 Muktesuar 株。每只鸡的适宜剂量为 10^5 EID_{50}，一般作肌肉注射。中等毒力疫苗的免疫效果好，但不能用于 8 周龄以下的鸡。所有中等毒力疫苗均可作为加强免疫之用。

［诊断］可分为两部分，即病毒分离和血清学试验。

（1）病毒分离　从感染后 3～5d 病禽的呼吸道分泌物或肺组织较易分离到病毒。在症状较严重的病例，可从脾脏、血液、扁桃体分得病毒。分离病毒时，最好应用 9～11 日龄鸡胚（鸡蛋必须来自健康鸡或 SPF 鸡蛋），作尿囊腔接种，置 37～38℃培养，通常鸡胚在 36～96 h 死亡，鸡胚全身充血、头和翅出血、尿液清朗，内含大量病毒，有较高血凝性。弱毒可使鸡胚不死，但鸡胚液能凝集红细胞。可疑病料不使鸡死亡的，可连续传 3 代观察结果。

可用细胞培养分离病毒，用鸡胚细胞或鸡胚肾细胞，其细胞培养物不出现细胞病变，但某些毒株可出现蚀斑，一般在感染后 24～72 h 出现。还可用反转录-聚合酶链反应（RT-PCR）检测其 RNA 来诊断病毒。

（2）血清学试验　主要有血凝抑制试验、血细胞吸附试验及中和试验等。

禽副黏病毒 2 型（*Avian paramyxovirus* 2，APMV-2）

禽副黏病毒 2 型又称尤凯帕病毒（*Yucaipa virus*），是禽腮腺炎病毒属的成员，为主要引起鸡和火鸡呼吸道疾病的病原体。

1956 年，Bankowski 等在美国加利福尼亚州尤凯帕的一个鸡场暴发鸡传染性喉气管炎的病鸡中分得病毒，故称尤凯帕病毒。后来在 70 年代初发现笼养鸟可分离到本病毒，主要是鹦鹉。其他野鸟中也分离到病毒，并研究认为其血清型在家禽中常见。

病毒的形态、理化特性等基本上与副黏病毒科病毒相似。抗原性与禽副黏病毒 1 型（新城疫病毒）并不相同。病毒之所以被列入禽腮腺炎病毒属，是由于它是一种单股负链 RNA 病毒，对乙醚和氯仿敏感，能凝集鸡、豚鼠和人（O 型）红细胞等。

病毒在猪肾和 Hela 细胞中产生细胞病变。在敏感细胞浆中复制。病毒能形成溶血素。

火鸡感染本病毒的致病性较鸡严重，发生严重的呼吸道疾病、鼻窦炎、产蛋减少、孵化率下降及死亡率上升等。

第四节　亨德拉尼帕病毒属（*Henipavirus*）

本属病毒为副黏病毒科副黏病毒亚科的一个属。代表种为亨德拉病毒（*Hendra virus*）和尼帕病毒（*Nipah virus*）。这些病原可引起人的致死性感染，已被列为生物安全 4 级病原。

亨德拉病毒（*Hendra virus*，HeV）

亨德拉病毒是 1994 年于澳大利亚布里斯本（Brisbane）市郊亨德拉地区的马和人呼吸道和神经系统疾病急性暴发病例的样品中分离的。在这次暴发中有 13 匹马死亡，并有一位马匹训练者死亡。在此之前一个月，昆士兰州北部有 2 匹马急性发病死亡，但直到养马主在 13 个月后因亨德拉病毒引发的脑炎去世后才确认了其病原为亨德拉病毒，该养马主可能是在剖检马时被感染。另一例马死于 1999 年 1 月，但没有人感染发病。在 2004 年发生的另外 2 例马感染病例，一例当时被确诊，另一例是因出现了人感染病例才被确认。在 2006 年澳大利亚又有 2 例发病马，一例在昆士兰州南部，另一例在新威尔斯州北部。自 1995 年以来所有的暴发病例都是在草场上只有一匹马感染，没有发生接触动物之间的传播。

[形态结构] 病毒粒子呈球形，由囊膜与核衣壳组成。核衣壳为丝状拉长型，呈螺旋对称。病毒基因组不分节，为一单分子的线性单股负链 RNA。基因组全长为 18 234nt，G+C 含量为 39mol%，编码区占 82%。病毒基因组编码 8 种蛋白，即 N、P、非结构蛋白 V、非结构蛋白 C、M、F、G、L 等蛋白。

[培养] 病毒可在很多培养细胞快速生长，达到较高的病毒滴度，其中非洲绿猴肾细胞（Vero）和兔肾细胞（RK-13）最为敏感。还可在乳鼠脑和鸡胚中生长。病毒在细胞培养物内通常在 3d 之内就可产生细胞病变（CPE）。如果经 2 次 5d 传代后仍未见 CPE，才能确定分离阴性。在低剂量接种细胞的情况下，可在 24～48 h 后观察到合胞体，细胞核数可高达 60 或 60 以上。

[病原性] 病毒的自然宿主为水果蝠，即人们熟知的“飞狐蝠”，为狐蝠属的成员。在澳大利亚的 4 种狐蝠中约有 50%有亨德拉病毒的抗体，并从澳大利亚的飞狐蝠中分离出了病毒。亨德拉病毒可以感染马，但传染性较低。人可通过接触感染病马的组织或分泌物而感染本病。

[诊断] 可通过临床样品或尸检材料进行病毒分离、RNA 检测或病毒抗原检测来诊断病毒。由于本病对马有很强的致死性，检测马体中的抗体意义不大。对人感染亨德拉病毒的血清学检测可进行回顾性诊断。由于亨德拉病毒感染比较罕见，同时存在严重的公共卫生问题，因此对其他动物和人的亨德拉病毒抗体的检测具有重要的诊断意义。

尼帕病毒（*Nipah virus*，NiV）

在马来西亚，对保存的组织样品的回顾性研究表明，自 1996 年以来，尼帕病毒在猪群中只引起较低的死亡，在 1998 年开始成为人脑炎的一个病原，但尼帕病毒保持不为人所知的状况一直延续到 1999

年。与亨德拉病毒在马匹中引起的呼吸道疾病的高致死性与低传染性不同，尼帕病毒在猪群中引起的呼吸道疾病常为亚临床型，但具有高度的传染性，结果导致了该病毒在马来西亚猪群中的快速传播，政府不得已采取了以扑杀为主的防控措施。约有一百多万头猪被扑杀销毁。被感染的 267 人中有 106 人死于脑炎，这些人大部分为马来西亚的养猪户，其他为新加坡屠宰厂工人，都有与生猪直接接触史。

后来又在孟加拉和印度出现了新的人感染尼帕病毒的病例。在 2004 年的一次暴发流行中，被感染的 36 人有 27 人死亡，流行病学调查表明人类可能是因误食了被水果蝠唾液、尿液或排泄物污染的枣椰树汁而被感染，结果导致了野生动物这个保毒宿主向人类的传播。由于新病例的不断暴发，预计新加坡、马来西亚、孟加拉和印度到目前为止共有 400 例人感染尼帕病毒的病例，约有 200 人死亡。

[形态结构] 病毒粒子呈球形，由囊膜与核衣壳组成。核衣壳为丝状拉长型，呈螺旋对称。病毒基因组不分节，为一单分子的线性单股负链 RNA。基因组全长为 18 246nt，G+C 含量为 38mol%，编码区占 82%。病毒基因组编码 8 种蛋白，即 N、P、非结构蛋白 V、非结构蛋白 C、M、F、G、L 等蛋白。

[培养] 病毒可在很多培养细胞快速生长，达到较高的病毒滴度，其中非洲绿猴肾细胞（Vero）和兔肾细胞（RK-13）最为敏感。病毒在细胞培养物内通常在 3d 之内就可产生细胞病变（CPE）。如果经 2 次 5d 传代后仍未见 CPE，才能确定分离阴性。在低剂量接种细胞的情况下，可在 24～48 h 后观察到合胞体，细胞核数可高达 60 或 60 以上。尼帕病毒在 Vero 单层细胞中形成的合胞体要明显大于亨德拉病毒在同一时间形成的合胞体。尼帕病毒在感染细胞早期引起的合胞体类似于亨德拉病毒，即细胞核积聚在合胞体的中央，但尼帕病毒感染所形成的成熟合胞体的细胞核则位于巨细胞的外侧。

[病原性] 病毒的自然宿主为水果蝠，即人们熟知的"飞狐蝠"，为狐蝠属的成员。血清抗体检测表明，马来西亚狐蝠属的蝙蝠中约有 20%具有尼帕病毒的抗体。在孟加拉、柬埔寨、印度尼西亚、马达加斯加和泰国的狐蝠属蝙蝠中也检测到了尼帕病毒及其他关系密切的病毒的抗体，在马来西亚和柬埔寨的飞狐蝠中分离到了病毒。在泰国的狐蝠属蝙蝠的尿液、唾液和血液中用 PCR 检测到了尼帕病毒的 RNA。尼帕病毒可以感染猪，具有高度的传染性。人可通过与感染猪的直接接触而感染。

[诊断] 可通过临床样品或尸检材料进行病毒分离、RNA 检测或病毒抗原检测来诊断病毒。在猪群中检测尼帕病毒的特异性抗体是非常实用的，特别是对不为人所知的猪群的感染。对人感染尼帕病毒的血清学检测可进行回顾性诊断。由于尼帕病毒感染比较罕见，同时存在严重的公共卫生问题，因此对其他动物和人的尼帕病毒抗体的检测具有重要的诊断意义。

第五节 麻疹病毒属（*Morbillivirus*）

麻疹病毒属为副黏病毒科副黏病毒亚科的一个属，代表种为麻疹病毒（*Measles virus*，MeV）。其他主要成员是犬瘟热病毒（*Canine distemper virus*，CDV）、牛瘟病毒（*Rinderpest virus*，RPV）、小反刍兽疫病毒（*Peste-des petits-ruminants virus*，PPRV）。还有几种与兽医微生物无关的成员，特省略。

1905 年 Hektoen、1911 年安德森（Andevsen）等相继证实，麻疹的病原是一种滤过性病毒。1954 年提出麻疹病毒和犬瘟热病毒在生物学特性上的关系密切。随后于 1957 年研究了两种病毒康复血清中存在相应的中和抗体。同年，Poldin 和辛普森（Simpson）提出牛瘟和犬瘟热病毒之间在抗原性上的关系，以后研究证明牛瘟血清含有对犬瘟热的中和抗体。之后有人用琼脂扩散试验证实了 4 种病毒（犬瘟热病毒、牛瘟病毒、小反刍兽疫病毒以及麻疹病毒）在抗原性的关系并不完全一致，但经电镜检查 4 种病毒的形态和微细结构基本一致，而且和其他副黏病毒也很相似。

[形态结构] 病毒粒子直径为 120～300nm，有时看到畸形和长丝状的病毒粒子。核衣壳呈螺旋状，总长度约 1 000nm。螺旋直径 15～19nm，螺距为 5～6nm。核衣壳缠绕成团，外有囊膜，囊膜上的纤突只含血凝素，无神经氨酸酶。敏感细胞在感染病毒后，细胞质和细胞核内积聚微管状结构，类似核衣壳。病毒在已改变的细胞膜上出芽成熟。

病毒核酸为线性单股负链 RNA，沉降系数（$S_{20}w$）为 50S，相对分子质量为 6×10^6。由麻疹病毒和犬瘟热病毒提纯的核衣壳含有 4%～5%的 RNA，RNA 含有丰富的尿嘧啶，碱基组成基本相似。

本属病毒的蛋白质组成相似，与其他副黏病毒也相似，在结构蛋白中有 6～8 种多肽，相对分子质量为 40 000～80 000。囊膜的纤突中有两种糖蛋白，一大一小。核衣壳中含一种蛋白质，还有一种相对分子质量较低的蛋白质 M，相当其他副黏病毒的“膜”成分。本属病毒对脂溶剂敏感，对热较敏感，对酸不稳定。麻疹病毒和牛瘟病毒的沉降系数 $S_{20}w$ 为 200～300S。

麻疹病毒凝集红细胞，牛瘟病毒凝集兔、豚鼠、小鼠、大鼠和猴的红细胞，犬瘟热病毒能使雏鸡和豚鼠红细胞产生不规律的部分凝集。

应用血清学和交叉保护试验证明，这 4 种病毒具有相当程度的抗原关系。核蛋白、血凝素和其他囊膜抗原有交叉反应。4 种病毒的核蛋白非常相似。免疫荧光、铁蛋白标记抗体和迟缓型过敏试验都表明本属病毒之间具有交叉反应。

人的麻疹抗血清、牛的牛瘟抗血清和犬的犬瘟热抗血清以及小反刍兽疫病毒抗血清和异源病毒都能呈现不同程度的中和作用，但犬瘟热血清对麻疹病毒反应极为微弱。

麻疹病毒（*Measles virus*，MeV）

麻疹病毒是副黏病毒亚科麻疹病毒属的代表种。是人和猴的麻疹病的病原体。1911 年 Anderson 等研究证实麻疹病原体是滤过性病毒，1954 年 Enders 等在人羊膜、人胚细胞培养物上培养麻疹病毒成功。病毒基因组全长为 15 894nt，G+C 含量为 47mol%，编码区占 89%。病毒基因编码 7 种蛋白，即 N、P、非结构蛋白 C、M、F、H、L 等蛋白。自然宿主是人和猴。

犬瘟热病毒（*Canine distemper virus*，CDV）

本病毒是麻疹病毒属的成员，是犬瘟热和貂瘟的病原体。1905 年 Carre 证实了本病原体的滤过性，1926 年 Laidlaw 和 Dunkin 两人证实其病毒特性。

［形态结构］病毒粒子呈圆形或不整形，有时呈长丝状，直径为 115～160nm。核衣壳呈螺旋形，直径为 15～17nm，外被覆近似双层轮廓的膜，膜上排列杆状纤突，长约 1.3nm。

病毒核酸为线性单股负链 RNA，基因组全长为 15 690nt，G+C 含量为 42mol%，编码区占 92%。病毒基因编码 7 种蛋白，即 N、P、非结构蛋白 C、M、F、H、L 等蛋白。

［理化特性］病毒对热和干燥敏感，50～60℃ 30 min 即可灭活，在－10℃可存活几个月，在－70℃或冻干条件下可长期保存。干燥病毒在室温下较稳定，但在 32℃以上易灭活。冻干保存病毒是最好方法。

病毒对紫外线和有机溶剂敏感，最适 pH7.0，pH4.5～9.0 条件下均可存活。0.75%石炭酸和 3%季铵类消毒剂 4℃10 min 能灭活病毒。

病毒的囊膜内含有血凝素，不含神经氨酸酶。根据毒株的不同，并有较大差异。适应鸡胚细胞的貂瘟病毒能对鸡红细胞产生 1∶320 的凝集滴度。新分离的毒株多数仅能与鸡和豚鼠红细胞产生不规律的凝集，可应用已知的免疫血清进行血凝抑制试验。

［抗原性］犬瘟热病毒的不同毒株拥有共同的可溶性抗原，各毒株在抗原性上没有区别。将犬瘟热的特异性抗原与犬瘟热、麻疹和牛瘟三种的抗血清作琼脂扩散试验，经 6～8 h 出现沉淀线，证明三种病毒之间有密切关系。试验证明：①牛瘟病毒能使机体对犬瘟热产生一定程度免疫力；②牛瘟抗血清中含有对麻疹病毒的中和抗体；③犬瘟热康复犬的血清中含有对麻疹病毒的抗体；同样，麻疹患者的血清中也含有对犬瘟热的中和抗体；④犬和雪貂接种麻疹病毒后，对犬瘟热有一定的免疫力。

［培养］通过各种途径接种雪貂、犬和水貂可发生具有临床症状的感染。本病毒连续通过雪貂可增强对雪貂的致病力，而对犬的毒力逐渐减弱。将适应于雪貂的病毒接种鸡胚绒毛尿囊膜，可以减弱病毒的毒力并用作弱毒疫苗。病毒可在貂、犬肾原代培养细胞上增殖，但毒株之间有差异。某些毒株可使培

养细胞产生病变或形成空胞、巨细胞和合胞体，并在胞浆内出现包涵体。

[病原性] 在自然条件下，犬瘟热病毒感染犬科（犬、狐、狼）和鼬科（貂、雪貂、臭鼬）等多种动物。但熊和猫科（猫、狮、虎）动物不易感染。小鼠、家兔、豚鼠、鸡、仔猪不敏感。

病毒感染犬，潜伏期为3～5d，随后出现双相型发热（体温两次升高），眼、鼻有卡他性或脓性分泌物。在第二次发热时表现呕吐、腹泻、呼吸道卡他炎症，有时发展成肺炎。有的有神经抑郁、体重不断下降、脱水、脚垫和鼻过度角质化、肌肉痉挛或后肢瘫痪等。

水貂的犬瘟热，又名貂瘟。潜伏期随传染来源不同而异。貂属动物为传染源时，经3～4周即可在貂群中引起广泛的发病，症状严重，死亡率高，有时达到80%～90%。如传染来源于犬或狐时，则常有2～4个月的隐性经过，初期症状不典型，当适应貂时，才引起广泛发病。

水貂的犬瘟热呈慢性或急性经过。慢性的病程为2～4周，主要表现为皮肤病变。脚爪明显肿胀，脚垫变硬，鼻、唇和脚爪部皮肤上出现水疱状疹，化脓破溃后结痂。急性型的病程为3～10d，除上述皮肤病变之外，还出现先是浆液性而后是黏液-脓性的结膜炎和鼻炎。病貂体温上升至40℃以上，并发生下痢和肺炎。超急性型者外表似乎健康，但突然发病死亡，有神经症状，发出刺耳叫声，口吐白沫，抽搐而死。

[生态学] 犬瘟热病毒是一种传染性极强的病原体，在犬和水貂中极易传染。病毒在带毒犬体中持续时间较长，甚至可以感染下一代的仔犬。传播可通过直接接触或近距离飞沫传染，因此在同一建筑物内的动物大多均会感染。侵入途径为扁桃体及淋巴组织、呼吸道上皮和眼结膜。

[免疫] 犬瘟热康复后可以产生持久的免疫力。一般使用弱毒疫苗，如鸡胚化弱毒疫苗，效果良好。后来研制的细胞弱毒疫苗效果也很好。灭活疫苗目前较少应用，因为抗体滴度下降较快，免疫期较短。

[诊断] 主要有如下方法：

（1）病毒分离鉴定：采取病（死）动物的淋巴组织（脾脏、淋巴结、胸腺）或肝、肺和膀胱等脏器容易分得病毒，把所采取的病料经过处理后接种犬肾或貂肾原代细胞进行培养，也可以用犬和貂的巨噬细胞培养，然后可用免疫荧光抗体技术或琼脂扩散试验进行检查鉴定。还可用反转录-聚合酶链反应（RT-PCR）检测其RNA来诊断病毒。

（2）血清学试验：主要应用中和试验、补体结合试验、免疫荧光技术和琼脂扩散试验等。

牛瘟病毒（*Rinderpest virus*，RPV）

牛瘟病毒是麻疹病毒属的成员，引起牛瘟传染病的病原体。

1902年Nicolle和Adilber证实了牛瘟病毒的滤过性，1962年Plowright等利用电镜观察到病毒形态。

[形态结构] 病毒粒子呈圆形，大小不一，直径为84～126nm。有时可见到长丝状粒子和畸形粒子。外层有囊膜，其上有纤突，内部为核壳体。病毒在胞浆成熟，以出芽方式脱离细胞膜。囊膜含脂质和特异性蛋白。有两种糖蛋白。病毒纤突含血凝素，无神经氨酸酶。病毒的核壳体为单股RNA和多种蛋白组成，呈螺旋形，总长约为1 000nm，螺旋数为200～220个，螺旋直径17.5nm；螺距5～6nm。一般成熟病毒核酸为线性单股负链RNA，不能作为mRNA，不带有译制蛋白的信息，要通过自己的RNA聚合酶转录一股互补链作为mRNA，称正链，故在培养物中有单股的负链RNA，也有负和正双股RNA以及正链RNA三种粒子。病毒基因组全长为15 882nt，G+C含量为47mol%，编码区占88%。病毒基因组RNA不含5′端帽位点及共价结合的蛋白，3′端无Poly A尾信号。结构蛋白亚单位相对分子质量为6 000u，亚单位蛋白数为1.6×10^3～2.0×10^3，每转螺旋的亚单位为11～13个。

病毒粒子相对分子质量为500×10^6。病毒有6种结构蛋白，即核衣壳蛋白（NP）、磷酸化蛋白（P）、聚合酶（L）、基质蛋白（M）、融合蛋白（F）和血凝素（H）。核衣壳蛋白包裹在病毒基因组RNA之外，磷酸化蛋白则与聚合酶结合在一起。基质蛋白与病毒囊膜表面紧密地联在一起，使核衣壳与病毒外部糖蛋白成为一体。融合蛋白和血凝素的纤突长9～15nm，间距为7～10nm。融合蛋白和血凝素与病毒的吸附和侵入有关。除结构蛋白外还有酶多肽和一种非酶型多肽。

[理化特性] 病毒粒子在蔗糖中的浮密度为1.18～1.12g/cm^3。病毒的沉降系数（S_{20}w）为200～300 S。牛瘟病毒对理化因素的抵抗力不强。在37℃，细胞培养物中的牛瘟病毒感染的半衰期为1～3 h，在56℃仅1min。在56℃经60min仍有少数病毒存活。在4℃可保存数月，感染力明显下降；在－70℃经1年，感染滴度有降低。病毒最好是冻干保存或加入二甲基亚砜后保存在4℃下。不同毒株对pH的稳定性有差异，但大多数在pH4.0以下灭活。最稳定的pH为7.2～8.0。用20%乙醚或氯仿在4℃过夜可以灭活。牛瘟病毒在甘油中非常脆弱，不宜保存。腐败可使病毒迅速灭活。

强碱的消毒作用最好，甘油、酚、甲醛或β-丙内酯都能很快破坏牛瘟病毒的感染力，但不影响抗原性。

[抗原性] 病毒各毒株的抗原性都一样，血清学证明病毒粒子中含有许多与感染力无关的可溶性抗原，包括补体结合抗原和一些沉淀抗原，其中有两种对热稳定；第三种在电泳时移动最慢，对热敏感。补体结合抗原和沉淀抗原可因腐败而迅速破坏。

[培养] 病毒可在鸡胚中生长，并在牛、绵羊、山羊、猪、仓鼠、犬和猴、人类的组织细胞培养物中生长，并产生病变，形成多核巨细胞（合胞体），每个合胞体中有几个巨大的嗜酸性胞浆内包涵体，有时还有一个或多个较小的核内包涵体。将病畜白细胞中的牛瘟病毒接种于原代犊牛肾细胞培养物，在37℃培养3～12d，可出现典型的细胞病变。培养10～12d后80%的细胞均被感染。

[病原性] 牛瘟的自然宿主为牛及偶蹄兽目的其他成员。牛属动物最易感，如黄牛、奶牛、水牛、瘤牛、牦牛、牛等，但其他家畜如猪和骆驼也可能感染发病。许多野兽如野猪、疣猪、鹿、长颈鹿、大羚羊、角马等均易感。

病毒的感染途径主要是鼻喉黏膜，其他途径也可感染。本病病程可分4个时期，即①潜伏期。通常为2～9d。视毒株的毒力强弱而定。②前驱期。从体温开始升高，可达41～42℃持续约3d，直到口腔出现病变。病畜精神抑郁或烦躁不安、食欲不振、鼻镜干燥、被毛竖立，多数病畜便秘，白细胞开始减少。③黏膜期。是从下唇内部和邻近齿龈处出现口腔病变开始到3～5d病畜死亡或开始康复。此期可见黏膜常充血，口腔病变为隆起的淡灰色针头大病灶，中央坏死，以后扩大和融合，极易磨破而显现浅表的糜烂区。病畜不安，有强烈渴感，腹泻加重，体温很高，逐渐衰弱而死亡。如果腹泻停止发展，病畜往往康复。④康复期。在临床症状出现后9～10d，所有组织和分泌物均不含病毒，口腔病变开始出现愈合，病变上皮迅速再生。病畜逐步康复，但较迟缓，经过几个月才能完全康复。

[生态学] 在病牛急性期，牛瘟病毒分布于宿主的全身，肉尸、内脏淋巴结、消化道黏膜、脾和肺中的病毒滴度很高。在病畜发热期间，病毒也发现于所有分泌物和排泄物中。鼻分泌液可能是病毒的主要排出途径，特别在体温升高以前的2～3d内。眼和口的分泌物也能排出病毒。尿也排出病毒，但不如粪便高。病畜排泄的病毒可污染饲料、牧草、土壤、饮水及其他用具成为感染源。

病畜与易感动物接触可以传染。病毒可通过呼吸道黏膜侵入，在局部淋巴结引起原发病灶，随后通过淋巴和血液成为全身性感染。病毒经滴眼和滴鼻或皮下注射以及其他途径均可实验感染。灌服含病毒病料常不引起发病。蝇、蚊、蜱等昆虫对病毒传播似乎无重要作用。

野兽是牛瘟流行的重要传播因素，流行地区内先天性免疫坚强的野兽可成为带毒者或保毒宿主。

[免疫] 牛瘟的康复牛可获得终身免疫。康复母牛或被免疫的母牛所生的犊牛，均能从初乳中获得被动免疫。其母源抗体半衰期约为37d。高免血清的保护期随剂量和抗体滴度不同，由9d到3个月。

弱毒疫苗是通过家兔、绵羊、山羊或鸡胚传代减毒而成。我国用牛瘟兔化绵羊化弱毒疫苗，在很短时间内消灭了牛瘟。疫苗的免疫期1～2年，效果很好。近年来研制出细胞培养弱毒疫苗，在亚洲一些地区的国家广为应用，效果良好。

[诊断] 主要采取以下几种方法。

（1）*病毒的分离鉴定*　在特征病症出现前3～4d，无菌采集血液及其他组织。病死牛采取脾脏和淋巴结。如果在病的晚期可采集病畜扁桃体或肺组织等制成乳剂，取其上清液接种牛肾原代细胞，观察细胞病变。最早在接种后 3d 细胞单层的边缘开始出现病变即形成星状细胞或合胞体，核内和细胞质内包涵体。高滴度康复血清或高免血清能抑制细胞病变的出现。用此种方法可做病毒抑制试验鉴定病毒。

动物接种试验，将带毒血液或组织接种易感牛观察发病情况。

（2）*病原检测*　病毒抗原检测可以用琼脂免疫扩散试验（AGID）、对流免疫电泳（CIEP）和免疫捕获鉴别试验检测牛瘟病毒的抗原，对流免疫电泳出现阳性反应比琼脂免疫扩散试验稍快。其中免疫捕获鉴别试验是利用牛瘟和小反刍兽疫两种病毒 N 蛋白单克隆抗体（MAb）进行的。用一种与这两种病毒都反应的 MAb 来作为捕获抗体，用另外一种针对 N 蛋白非重叠位点、且对牛瘟病毒或小反刍兽疫病毒特异的 MAb 来确定所捕获的 N 蛋白，以鉴别这两种病毒。该试验可用于野外样品或组织培养物中病毒的检测。

还可用反转录-聚合酶链反应（RT - PCR）检测牛瘟病毒的 RNA，可进行小反刍兽疫和牛瘟病毒 RNA 的鉴别，试验时应设严格的对照。

（3）*血清学试验*　多采用琼脂扩散试验、补体结合试验、中和试验等方法。

小反刍兽疫病毒（*Peste-des-petits-ruminants virus*，PPRV）

本病毒是麻疹病毒属的成员，是引起小反刍兽疫的病原体。病毒不感染牛。

［形态结构］病毒的形态结构与牛瘟病毒相似。病毒粒子呈多形性，囊膜表面有纤突，病毒粒子的直径 130～390nm。核衣壳为螺旋对称，纤突中不含血凝素。病毒粒子相对分子质量为 500×10^6。病毒核酸为线性单股负链 RNA，基因组全长为 15 948nt，G+C 含量为 48mol%，编码区占 88%。病毒有 6 种结构蛋白，即核衣壳蛋白（NP）、磷酸化蛋白（P）、聚合酶（L）、基质蛋白（M）、融合蛋白（F）和血凝素（H）。核衣壳蛋白包裹在病毒基因组 RNA 之外，磷酸化蛋白则与聚合酶结合在一起。基质蛋白与病毒囊膜表面紧密地联在一起，使核衣壳与病毒外部糖蛋白成为一体。融合蛋白（F）和血凝素与病毒的吸附和侵入有关。

［理化特性］病毒粒子在蔗糖中的浮密度为 1.18～1.20g/cm^3，沉降系数 $S_{20}w$ 约为 1 000S。病毒悬液在 37℃的半衰期为 2 h，在 50℃半小时即被灭活，病毒在 1 mol/L 硫酸镁溶液中可增大抗热能力。对乙醚敏感，在 4℃ 12 h 被灭活。在 pH3.0 3 h 可灭活，而抑制 DNA 病毒繁殖的溴脱氧尿苷对本病毒无作用；放线菌 D 也无作用。

［复制］一般于病毒接种细胞后 10～30min，可见到一个吸附期，而后是隐蔽期（在第 2～6h），自第 24h 直到第 7d 病毒以出芽生出。当多核细胞出现芽生似即停止。

［抗原性］自然感染或人工感染病毒的动物可产生抗体，用血清中和、补体结合和琼脂扩散试验均可检出。用猴、牛、绵羊、山羊、马、犬、猫、鸡、豚鼠等动物的红细胞进行血凝试验均无反应。

本病毒和牛瘟之间的抗原关系：①交叉保护反应。牛接种小反刍兽疫病毒后可以抵抗牛瘟；弱毒牛瘟病毒可使绵羊和山羊免于小反刍兽疫病毒感染。②交叉血清学反应。在补体结合反应中，抗体对两种病毒抗原都发生阳性反应，但在异源系统效价较低。关于中和抗体，有人认为抗体只能中和同源病毒；也有人认为和补体结合抗体一致，中和抗体对两种病毒都发生反应，但对异源病毒的效价不如同源病毒的效价高。用琼脂免疫扩散方法观察到两个系统（同源和异源）都有两条沉淀带，但在沉淀接合处出现交叉，所以认为两者的抗原不是完全相同的。

病毒和同属其他病毒的抗原关系：本病毒和犬瘟热及麻疹病毒的种属关系已由交叉血清中和反应和补体结合反应所证实，但反应效价较低。

［培养］病毒在绵羊、山羊胚胎肾原代细胞、犊牛肾原代细胞、人羊膜原代细胞以及 MDBK、MS（非洲绿猴肾）、BHK - 21、Vero、BSC（猕猴肾）等传代细胞培养物中均可良好增殖。一般在 6～15d 出现细胞病变。特点是出现多核细胞，细胞中央为一团细胞质，周围有一个折光环，呈“钟面”状。核的数目随所用细胞的种类而不同，在绵羊和山羊胚胎肾细胞培养物中可达 100 个。细胞核内有嗜酸性包涵体（1～6 个），其周围有一较亮的晕环。也有以晕环围绕的胞浆内包涵体。

［病原性］不同品种的羊存在不同的易感性。绵羊比山羊抵抗力强，山羊中的小型品种又特别易感。幼龄动物比成年动物易感，而哺乳期的幼畜抵抗力强。动物感染病毒发病大体可分几种类型：①最急性型。多见于山羊，平均潜伏期2d，出现高热40～41℃，有的达42℃；精神沉郁，感觉迟钝，不食，毛竖立。出现流泪及浆液性鼻液。口腔黏膜出现溃烂或在出现前死亡。但常见齿龈出血。便秘随后腹泻而死亡。②急性型。潜伏期3～4d，症状和最急性的基本一致，但病程较长，从发病第5天起在齿龈、舌面、颊、上颚和咽部黏膜出现溃疡，舌被覆恶臭浮膜，病畜口渴、不食、腹泻、咳嗽。病程8～10d死亡。有的康复，也有的转为慢性。③亚急性或慢性型。病程为10～15d，常见在急性之后，早期病状同急性型，口腔和鼻孔周围以及下颌部发生结节和脓疱是本型晚期的特有症状。

［生态学］病毒的传播主要是直接接触感染。以鼻咽为途径。病畜的鼻汁、唾液、粪便均含毒，可以污染饲料、牧草、畜舍和用具等。一般在雨季和干冷季节多发病。病的流行常以零散疫点发生，而有时形成年份暴发流行。有的为5～6年的缓和期，但也有的经常出现疫点的发生。

［免疫］病羊痊愈后可以获得免疫力。研究发现感染后4年仍有抗体存在，免疫保护作用可能是终生的。有的国家采用抗血清和病毒共同接种可获得效果，但不够安全且能散毒。有些国家应用异源牛瘟弱毒疫苗或同源小反刍兽疫弱毒疫苗，可获得稳定的免疫效果，免疫期分别为12个月和3年。

［诊断］病毒的分离费时费事，现在多不采用，但在必要时仍需采用。

病毒抗原检测可采取对流免疫电泳（CIEP），此法是检测病毒抗原的最快速方法，还有琼脂免疫扩散试验、免疫捕获酶联免疫吸附试验、间接免疫荧光抗体试验以及电镜观察病毒形态等。其中免疫捕获鉴别试验是利用小反刍兽疫和牛瘟两种病毒N蛋白单克隆抗体（MAb）进行的。用一种与这两种病毒都反应的MAb来作为捕获抗体，用另外一种针对N蛋白非重叠位点、且对小反刍兽疫病毒或牛瘟病毒特异的MAb来确定所捕获的N蛋白，以鉴别这两种病毒。该试验可用于野外样品或组织培养物中病毒的检测。

还可以用反转录-聚合酶链反应（RT-PCR）扩增该病毒的核衣壳蛋白（NP）和融合蛋白（F）基因进行检测，该法非常敏感，包括RNA提取在内5 h就可获得结果。操作时应设严格的对照。该法也可用于小反刍兽疫病毒和牛瘟病毒RNA的鉴别。

血清学诊断可采用琼脂扩散试验检测抗体。此外应用免疫电泳效果较好，但不能区分牛瘟病毒的感染。回顾诊断方法则是应用补体结合试验和中和试验，适合流行病学调查。

第六节　肺病毒属（*Pneumovirus*）

本属病毒为副黏病毒科肺病毒亚科的一个属。病毒基因组是单分子单股负链RNA。人呼吸道合胞体病毒（HRSV）为代表种。主要成员包括牛呼吸道合胞体病毒（BRSV ）和小鼠肺炎病毒（PVM）。

病毒的形态结构及理化学特性与副黏病毒科的其他病毒属基本相似。病毒粒子由囊膜与核衣壳组成，直径为60～300nm，长1 000～10 000nm。病毒粒子表面均匀地覆盖着由血凝素（H）和融合蛋白（F）形成的纤突，长为11～20nm，间距6～10nm。核衣壳有包膜，呈螺旋对称，长为600～1 000nm，宽12～15nm，螺距7nm。病毒核酸占病毒粒子重量的0.5%，脂类占20%～25%。

病毒对热不稳定，在56℃ 10min完全灭活，在4℃和－20℃保存一个月分别降低2 log和1 log；－180℃保存感染价不降低。由于对温度和冻融敏感，故病毒难以分离。

病毒可在牛体细胞培养物中增殖，在牛肺细胞培养物上生长最好。用BHK-21、Vero和Hela等传代细胞容易增殖。但在鸡胚成纤维细胞培养物中不能增殖。病毒在培养中的细胞病变，主要是出现合胞体和胞浆内包涵体。

采用早期病例的肺组织为材料，用免疫荧光抗体技术检查病毒抗原性较敏感。人呼吸道合胞体病毒与牛呼吸道合胞体病毒的抗原性极相似，但在血清学上完全无关。

人呼吸道合胞体病毒（*Human respiratory syncytial virus*，HRSV）

本病毒是副黏病毒科肺病毒属的代表种。1956年莫里斯（Morris）从黑猩猩的鼻炎分泌物中分离到。1957年Chanock等从支气管肺炎和喉支气管炎患儿又分离到，两种病毒相似。Chanock定名为人呼吸道合胞体病毒。

病毒核酸为线性单股负链RNA，基因组全长为15 225nt，G+C含量为33mol%，编码区占89%。病毒基因组编码10种蛋白，即NS1、NS2、N、P、M、SH、G、F、M2和L等蛋白。

本病毒可以引起婴儿严重的下呼吸道感染和成年人的上呼吸道感染，也可以引起肺炎。

牛呼吸道合胞体病毒（*Bovine respiratory syncytial virus*，BRSV）

本病毒是副黏病毒科肺病毒亚科肺病毒属的成员。1970年Wellmant等在比利时从牛体分离获得，同年Paccaud在瑞士的牛体中发现本病毒，1971年以后，有许多国家证明在牛的呼吸道疾病有牛呼吸道合胞体病毒的参与。

[形态结构] 与人合胞体病毒基本相似，呈球形及长丝状。病毒粒子大小80～860nm，有囊膜。核衣壳为螺旋状，直径约为13.5nm，螺距6.4nm。无血凝活性和神经氨酶活性。病毒基因组全长为15 140 nt，G+C含量为33mol%，编码区占89%。

病毒粒子相对分子质量约为5.9×10^7。病毒在感染细胞中产生10种病毒特异性mRNA，编码10种病毒蛋白，其中的G、F、SH、M2-1是病毒囊膜的主要成分，N、P、L是核衣壳的主要成分，M蛋白位于囊膜和衣壳之间。

F蛋白（融合蛋白F）：可引起病毒囊膜或病毒感染细胞与未感染细胞发生感染。相对分子质量为90 000，含574个氨基酸，由相应的mRNA（包括1 899个核苷酸，一个开放阅读框架）编码。Taylor等研究表明，针对F蛋白的特异性单抗虽不能阻止病毒黏附，但可以中和病毒的感染力，并阻止感染细胞的融合，因此可有效地防止BRSV的感染。BRSV至少有两个折叠的抗原决定簇与中和反应有关，一个在第212～232位氨基酸，另一个是位于第283～299位的氨基酸。

G蛋白：表面糖蛋白G为黏附蛋白，与病毒的黏附有关。G蛋白相对分子质量为70 000，含257个氨基酸，编码它的mRNA含838个核苷酸，有一个开放阅读框架。BRSV与HRSV两个病毒G蛋白氨基酸序列的同源性仅为29%～30%。BRSV不感染人，而HRSV可感染牛，它的差异可能与两者G蛋白的氨基酸序列差异有关，HRSV的G蛋白有一个含13个氨基酸的受体结合位点，而BRSV的G蛋白则无。

N蛋白：核衣壳蛋白（N）相对分子质量为45 000，含391个氨基酸。编码它的mRNA含1 197个核苷酸，具有一个位于第16～1188位核苷酸的大开放阅读框架。它与HRSV的N蛋白的基因同源性达80.7%，氨基酸同源性达93.3%。

M蛋白：基质蛋白（M）位于病毒囊膜内层，相对分子质量为25 000，含256个氨基酸，编码它的mRNA含948个核苷酸，其3′端非编码区较HRSV相应部位少8个核苷酸。

SH蛋白：小疏水性膜相关蛋白（SH）曾名为1A蛋白。其mRNA含66个核苷酸，编码区位于第1 057～1 237位，具有一个开放阅读框架，产物的相对分子质量为8 400，含73个氨基酸。

[理化特性] 病毒粒子在蔗糖中的浮密度为1.18～1.20g/cm³，在CsCl溶液中的浮密度为1.225g/cm³，沉降系数$S_{20}w$约为1 000S。对热敏感，56℃ 10min可以灭活。对酸也敏感，最适宜保存的pH为7.5。对脂类溶剂如乙醚、氯仿等敏感。

[抗原性] 牛感染病毒后可以检测出免疫沉淀、补体结合、中和、免疫荧光血清抗体，并证明牛和人的呼吸道合胞体病毒（HRSV）存在着抗原交叉关系。

[培养] 病毒可在牛源细胞（胚胎、犊牛肾和气管细胞）培养物中生长，并能形成为数较多的合胞体及嗜酸性胞浆包涵体。病毒在传代细胞上比在原代细胞上生长好，如能在猪、仓鼠、猴和人肾细胞以

及 Hela 和 HEP-2（人喉头癌细胞系）细胞培养物中生长。牛鼻甲骨细胞系对本病毒敏感。

［病原性］牛是本病毒的主要宿主，人工试验可以感染豚鼠、田鼠、白鼬、猴以及山羊等。动物感染本病毒后，潜伏期为 5～7d，呈现急性型或温和型。

急性型：牛突然发病，表现沉郁和厌食。体温达 41℃，有结膜炎、流泪、浆液性鼻分泌物伴有呼吸困难或干咳。肺部听诊有肺泡音增强。

温和型：病牛出现轻微沉郁，有高温，但较快消失。有少量浆液性鼻汁和干咳，约 2 周后可以康复。

［生态学］病毒的传播主要是通过直接接触，多在秋冬季节流行。有 90%以上的犊牛可感染，特别是 2～4.5 日龄的犊牛更易感。发病率高，病程 10～14d。曾发现人呼吸道合胞体病毒对犊牛有致病性。

［免疫］目前应用的减毒活疫苗和灭活苗都有较好的免疫效果，可以减少病的流行和发病的严重性。减毒活疫苗可用于健康牛（包括怀孕母牛）的免疫，间隔 3～4 周需加强免疫一次。6 月龄以下免疫的犊牛，至 6 月龄时需补免一次，以免受母源抗体的干扰。灭活苗可用于带有母源抗体犊牛的免疫。母源抗体虽然不能很好抵抗犊牛的感染，但可降低疾病的严重性。此外，还有一些联苗可供选用，如牛呼吸道合胞体病毒、牛传染性鼻气管炎、牛副流感病毒 3 和牛病毒性腹泻四联疫苗等。

［诊断］病毒分离培养费事，且成功率较低，一般不多用。现在多用免疫荧光技术、单克隆抗体技术、中和试验、补体结合试验、免疫酶技术以及放射免疫技术等进行确诊。还可用反转录-聚合酶链反应（RT-PCR）检测病毒 RNA，同时设立严格的对照。

鼠肺炎病毒（*Murine pneumonia virus*，MPV）

鼠肺炎病毒是肺病毒亚科肺病毒属的成员，是啮齿类动物中常见的病毒之一，存在于小鼠和大鼠群中，有严格嗜肺性。

1940 年霍斯福尔（Horsfall）等首次从正常小鼠肺组织中分离到本病毒。1944 年米尔（Mille）等正式命名为小鼠肺炎病毒。分布于美、德、荷兰及日本等国的啮齿类动物群中，我国于 1988 年也报道发现本病毒。

［形态结构］病毒粒子呈多形性，直径 100nm，长 3μm 的丝状体，有囊膜，膜上的纤突长 12nm，间距 6nm。病毒核酸为线性单股负链 RNA，基因组全长为 14 885nt，G+C 含量为 40mol%，编码区占 91%。病毒核酸编码 12 种蛋白，即 NS1、NS2、N、P、P2、M、SH、G、F、M2-1、M2-2 和 L 等蛋白。

［理化特性］病毒对热、乙醚、pH 等理化因素敏感。室温下 1 h 可失去感染性，56℃ 30min 可完全灭活，－70℃可长期存活。对干燥有抵抗力，胰酶能破坏血凝素。

［抗原性］病毒在室温和 5℃下可凝集小鼠、大鼠、仓鼠的红细胞。

本病毒同副黏病毒科其他成员的抗原性不同，但从小鼠、仓鼠体内分离的病毒株抗原性相同。经小鼠肺连续传代毒力可增强。

［培养］病毒可在初代仓鼠肾细胞、胚细胞、BHK-21 细胞和 Vero 细胞培养物中增殖。在 Vero 细胞上形成病变，但较慢（11d 仍不完全），不形成合胞体。在 BHK-21 细胞上，感染后 48 h 开始形成细胞病变。在初代仓鼠肾细胞（HKCC）上，感染后 7d 产生细胞病变，以局部细胞的破坏和再生为特征，不适宜定量测定。鸡胚和鸭胚对本病毒均不易感。

［病原性与生态学］人工经鼻感染潜伏期为 5～7d，被感染的小鼠临床表现食欲不振，被毛粗乱，弓背，消瘦，呼吸急促或困难，耳、尾发绀等症状。多在感染后 12～13d 死亡。

本病毒的自然宿主为小鼠、大鼠、仓鼠和豚鼠。兔、猴、黑猩猩和人也有感染的。饲养室寒冷、潮湿易诱发本病。

［诊断］多采取病毒分离鉴定。采取病料，经过处理接种初代仓鼠肾细胞或 BHK-21、Vero 细胞分离，再用免疫荧光技术或血凝试验进行鉴定。还可用反转录-聚合酶链反应（RT-PCR）检测病毒

RNA，同时设立严格的对照。

血清学试验多用血凝抑制试验、补体结合试验和中和试验等。近年来多用酶联免疫吸附试验，效果良好。

第七节 异肺病毒属（*Metapneumovirus*）

本属病毒为副黏病毒科肺病毒亚科的一个属。病毒基因组是单分子单股负链 RNA。禽异肺病毒（*Avian metapneumovirus*）为代表种。其他成员为人异肺病毒（*Human metapneumovirus*）。

禽异肺病毒（*Avian metapneumovirus*）

禽异肺病毒（AMPV）以前称为禽肺病毒或禽鼻气管炎病毒，可引起火鸡和鸡的急性、高度传染性上呼吸道感染。该病毒在火鸡中可引起一种称为火鸡鼻气管炎的病，在鸡则称为鸡肿头综合征。

［**形态结构**］禽异肺病毒为不分节的单股负链 RNA 病毒，基因组长约为 15 000nt，呈螺旋对称。该病毒为肺病毒，但在分子水平上与哺乳类动物的肺病毒有所不同，最近被划入副黏病毒科新设立的异肺病毒属。近来的报道表明在儿童上呼吸道感染中检测到了类似的病毒，即人异肺病毒。禽异肺病毒无非结构蛋白 NS1 和 NS2，其基因顺序是 3′- N - P - M - F - M2 - SH - G - L - 5′，与哺乳动物肺病毒基因顺序 3′- NS1 - NS2 - N - P - M - SH - G - F - M2 - L - 5′有所不同。

［**抗原性**］在核苷酸序列分析和单克隆抗体中和试验的基础上，可将禽异肺病毒分为 4 个亚型，即 A、B、C 和 D 亚型。

［**培养**］禽异肺病毒最初可在气管培养物或火鸡和鸡胚中生长，经气管培养物或火鸡和鸡胚适应后，能在细胞培养物中生长。南非在 20 世纪 70 年代最早的禽异肺病毒的分离及新近科罗拉多禽异肺病毒的分离都是用鸡胚进行的。但禽异肺病毒 A 和 B 亚型的分离是用气管培养分离的。禽异肺病毒 C 亚型及其他未知的禽异肺病毒需要先用鸡胚培养，然后再进行细胞培养来分离病毒。

［**病原性**］火鸡在很低的日龄时即可感染发病，临床症状有喘鸣、打喷嚏、流鼻涕、结膜炎、眶下鼻窦肿胀、下颌水肿等。继发感染会明显加重临床症状。在单纯感染下，感染动物恢复很快，约在 14d 后恢复正常。在饲养条件差或继发细菌感染后，感染动物会因气囊炎、心包炎、肺炎和肝炎等导致发病率与病死率增高。现已证实可加重和延长临床疾病的继发病原有禽博氏杆菌、类巴氏杆菌、鸡败血支原体、禽鼻气管炎菌和大肠杆菌等。发病率可高达 100%，成年火鸡的病死率为 0.5%，幼龄火鸡的病死率为 80%。感染鸡的临床症状不如火鸡明显。感染的肉鸡在继发传染性支气管炎病毒、支原体和大肠杆菌时可发生严重的呼吸道症状。

与亚型 A 和 B 不同的是美国分离株亚型 C 在自然情况下并不引起鸡发病，尽管鸡的实验感染表明鸡对火鸡分离株 C 亚型敏感。不同毒株间对鸡和火鸡有不同的嗜性。有证据表明其他种类的鸟类也可感染禽异肺病毒，但很少有临床病例的报道。在法国的鸭中有 C 亚型感染的报道，可引发呼吸道病和产蛋下降。在法国对 20 世纪 80 年代火鸡分离毒株的分子生物学回顾性分析表明，还有第四种亚型的存在，即 D 亚型。实验研究结果表明直接接触可传播本病。该病的表现仅限于呼吸道，因此经空气传播可能是另一种传播方式。用禽异肺病毒单独接种 2 周龄火鸡后，只能在几天之内检测到病毒。但用禽异肺病毒和博代菌共同接种后，可在接种后 7 d 之内检测到病毒。禽异肺病毒不引起潜伏感染，也无带毒者。尽管新生火鸡有时被感染，但尚未见到垂直传播的报道。

禽异肺病毒在育成火鸡体内的复制仅限于上呼吸道，周期较短。致弱毒株和强毒株的复制在感然后可持续 10 d。在自然感染中，只在气管和肺内发生有限的复制，不能在其他组织中复制。病理组织学和细胞免疫组化研究表明，病毒可在鼻甲中复制，在接种 2 d 后可引起严重的鼻炎，同时伴有黏膜下的腺体活化、上皮脱落、局部纤毛缺如、充血和轻度的单核细胞浸润。在接种 3～4 d 后，可观察到卡他性鼻炎和黏液脓性分泌物，在黏膜下可见到上皮细胞层受损与大量的单核细胞炎性浸润。气管可出现短暂的损伤，结膜和其他组织无病变或病变轻微。产蛋火鸡的呼吸道病比较轻，但会有70%的火鸡出现产蛋量下降，在恢复期的3周内蛋的质量较差。

禽异肺病毒是鸡肿头病的一个病原，症状有呼吸道病、迟钝、眶下鼻窦肿胀、单侧或双侧脸肿大，可延伸到头部。同时常伴有脑定向障碍、斜颈和角弓反张。尽管病死率通常不超过1%～2%，但发病率可达10%，产蛋量常受到影响。

［生态学］ 血清学调查表明禽异肺病毒为世界性分布，具有重要的经济意义，特别是对火鸡。目前只有大洋洲和加拿大无禽异肺病毒的报道。血清学和分子生物学研究结果表明，禽异肺病毒可感染其他禽类，有野鸡、珍珠鸡、鸵鸟、雀形目鸟和不同种类的水禽，但不引起严重的疾病。

［诊断］ 可以用细胞、火鸡或鸡胚和气管培养及对核酸的分子生物学方法鉴定来诊断病毒。是否成功取决于病毒毒株的型、样品的采集时间、储存和处理方法，在发病早期采集病料易检测到病原。电镜观察、病毒中和试验及反转录-聚合酶链反应（RT-PCR）已广泛应用于病毒的鉴定。在RT-PCR中，使用针对N蛋白基因的引物能够检测A和B亚型，可能会成为检测禽异肺病毒的通用引物。

由于禽异肺病毒较难分离和鉴定，因此常用血清学方法来证实感染，特别是在未免疫鸡群中常用此法。ELISA是最常用的血清学方法，其他方法还有病毒中和试验、免疫荧光试验和免疫扩散试验。需要注意的是鸡的血清学反应要比火鸡弱一些。

人异肺病毒（*Human metapneumovirus*）

人异肺病毒（HMPV）首次于2001年分离自荷兰，当时是用RNA指纹技术（RAP-PCR）鉴定了在培养细胞中生长的一种未知病毒。HMPV是一种单股负链RNA病毒，为副黏病毒科肺病毒亚科异肺病毒属的成员，与禽异肺病毒C亚型关系密切。

人异肺病毒核酸为线性单股负链RNA，基因组全长为13 335nt，G+C含量为36 mol%，编码区占92%。人异肺病毒无非结构蛋白NS1和NS2，其基因顺序是3′-N-P-M-F-M2-SH-G-L-5′。病毒核酸编码9种蛋白，即N、P、M、F、M2-1、M2-2、SH、G和L等蛋白。

该病毒是幼儿下呼吸道感染的第二个常见病原（仅次于人呼吸道合胞体病毒）。与呼吸道合胞体病毒相比，人异肺病毒感染更倾向于年龄大一些的儿童，所引发的疾病也较轻。人异肺病毒和呼吸道合胞体病毒可发生混合感染，一般会引起较为严重的疾病。人异肺病毒约占由非已知病毒引发的呼吸道感染的10%。

该病毒可能为世界性分布，其发病与冬季发生的流感病毒相比有一定的季节性。血清学调查表明儿童到5岁时都感染过本病毒，重复感染很普遍。人异肺病毒只引起和缓的呼吸道感染，但在儿童中，对于那些年龄偏小且处于免疫抑制状态的个体来说，则会出现严重的疾病，需入院治疗。

参考文献

费恩阁，李德昌，丁壮.2004.动物疫病学［M］.北京：中国农业出版社.

洪健，周雪平，译.2006.ICTV第八次报告的最新病毒分类系统［J］.中国病毒学，21（1）：84-96.

金奇.2001.医学分子病毒学［M］.北京：科学出版社.

［美］S.R莫汉蒂，等，著.罗伏根，等，译.1987.兽医病毒学［M］.北京：农业出版社.

农业部畜牧兽医局.2003.中国消灭牛瘟的经历与成就［M］.北京：中国农业科学技术出版社.

史鸿飞，朱远茂，高欲燃，等.2010.套式RT-PCR检测牛呼吸道合胞体病毒的研究［J］.中国预防兽医学报，32（3）：238-240.

殷震，刘景华.1997.动物病毒学［M］.北京：科学出版社.

中国农业百科全书编辑委员会.1993.中国农业百科全书·兽医卷［M］.北京：农业出版社：416-664.

中国农业科学院哈尔滨兽医研究所.2008.动物传染病学［M］.北京：中国农业出版社.

中国农业科学院哈尔滨兽医研究所.1998.兽医微生物学［M］.北京：中国农业出版社.

中国医学百科全书编辑委员会.1986.中国医学百科全书·病毒学卷［M］.上海：上海科技出版社：68-71.

Aldous E W, Alexander D J. 2001. Technical Review: Detection and differentiation of Newcastle disease virus (avian paramyxovirus type 1) [J]. Avian Pathology, 30: 117-128.

Alkalf A N, Ward L A, Dearth R N, et al. 2002. Pathogenicity, transmissibility and tissue distribution of avian pneumovirus in turkey poults [J]. Avian Disease, 46: 650-659.

Chua K B, Bellini W J, Rota P A, et al. 2000. Nipah virus: a recently emergent deadly paramyxovirus [J]. Science, 288 (5470): 1432-14355

Couacy R F, Hurard C, Gullou J P, et al. 2002. Rapid and sensitive detection of peste des petits ruminants virus by a polymerase chain reaction assay [J]. Journal of Virological Methods, 100: 17-25

Dong X M, Zhu, Y M, Cai H, et al. 2012. Studies on the pathogenesis of a Chinese strain of bovine parainfluenza virus type 3 infection in Balb/c mice. Veterinary Micobiology, 158 (1-2): 199-204.

Fujii Y, Sakaguchi T, Kiyotani K, et al. 2001. Identification of mutations associated with attenuation of virulence of a field Sendai virus isolate by egg passage [J]. Virus Genes, 25 (2): 189-193

He B, Paterson R G, Ward C D, et al. 1997. Recovery of infectious SV5 from cloned DNA and expression of a foreign gene [J]. Virology, 237 (2): 249-260.

Hernandez-Jauregui P, Ramirez M H, Mercado G C, et al. 2004. Experimental porcine rubulavirus (La Piedad-Michoacan virus) infection in pregnant gilts [J]. Journal of Comparative Pathology, 130 (1): 1-6

Hyatt A D, Zaki S R, Goldsmith C S, et al. 2001. Ultrastructure of Hendra virus and Nipah virus within cultured cells and host animals [J]. Microbes and Infections, 3: 297-306.

Lednicky J A, Meehan T P, Kinsel M J, et al. 2004. Effective primary isolation of wild-type canine distemper virus in MDCK, MV1 Lu and Vero cells without nucleotide sequence changes within the entire haemagglutinin protein gene and in subgenomic sections of the fusion and phosphor protein genes [J]. Journal of Virological Methods, 118 (2): 147-157.

Manual of Standards for Diagnostic Tests and Vaccines for Terrestrial Animals [M]. Edited by OIE. Web format, 2008

Meyer G, Deplanche M, Schelcher F. 2008. Human and bovine respiratory syncytial virus vaccine research and development [J]. Comparative Immunology, Microbiology and Infectious Diseases, 31: 191-225

Murphy F A, Fauquet C M, D H L Bishop, D H L, et al. 1995. Virus Taxonomy: Sixth Report of the International Committee on Taxonomy of Viruses [M]. Wien, New York: Springer-Verlag.

Takeuchi K, Miyajima N, Kobune F, et al. 2000. Comparative nucleotide sequence analyses of the entire genomes of B95a cell-isolated and vero cell-isolated measles viruses from the same patient [J]. Virus Genes, 20 (3): 253-257

Thorpe LC, Easton A J. 2005. Genome sequence of the non-pathogenic strain 15 of pneumonia virus of mice and comparison with the genome of the pathogenic strain J3666 [J]. Journal of General Virology, 86: 159-169.

Toquin D, De Boisseson C, Beven V, et al. 2003. Subgroup C avian metapneumovirus (MPV) and the recently isolated human MPV exhibit a common organization but have extensive sequence divergence in their putative SH and G genes [J]. Journal of General Virrology, 84: 2169-2178.

Valarcher J F, Tailer G. 2007. Bovine respiratory syncytial virus infection [J]. Veterinary Research, 38: 153-180.

Zhu Y M, Shi H F, Gao Y R, et al. 2011. Isolation and genetic characterization of bovine parainfluenza virus type 3 from cattle in China [J]. Veterinary Micobiology, 149 (3-4): 446-451.

薛飞 编

第四十六章　弹状病毒科

弹状病毒科是属于单分子负链 RNA 病毒目的一个科，是一类有囊膜 RNA 病毒。由于具有与其他病毒科不同的独特形态，状似子弹而得名。本科病毒存在于脊椎动物、昆虫及植物体内，有些是引起人和动物重要疾病的病原体。

本科病毒分为 6 个属，有水疱性病毒属（*Vesiculovirus*）、狂犬病病毒属（*Lyssavirus*）、暂时热病毒属（*Ephemerovirus*）、非毒粒蛋白弹状病毒属（*Novirhabdovirus*）、细胞质弹状病毒属（*Cytorhabdovirus*）和细胞核弹状病毒属（*Nucleorhabdovirus*）等。后两个病毒属均属于植物或无脊椎动物病毒，特作略。

感染脊椎动物和无脊椎动物的弹状病毒呈子弹形或锥形，感染植物的病毒通常则呈杆状，有时呈子弹形或多种形态。一些植物弹状病毒无囊膜结构。病毒粒子长 100～430 nm，直径为 45～100 nm。病毒粒子表面的纤突（G 蛋白）长 5～10 nm，直径约 3 nm。在超薄切片上可见病毒粒子中央呈槽样，负染标本可见交叉的细条纹。除植物病毒外，有时可见截去顶端的病毒粒子和比正常病毒粒子长 2 倍呈串联样排列的病毒。在病毒粒子的内部，有直径 30～70 nm 螺旋对称的核衣壳。核衣壳由 RNA 和 N 蛋白复合物与 NS（ML）蛋白构成，外面包绕着含有 M 蛋白、双层脂质囊膜和囊膜上的突起。将螺旋样核衣壳层展开，可长达 20 nm×70 nm。核衣壳具有转录酶活性，并具感染性。

病毒粒子的相对分子质量为 300×10^6～$1\ 000\times10^6$；沉降系数（$S_{20}w$）为 550～1 045S；在 CsCl 中的浮密度为 1.19～1.20g/cm^3，蔗糖中为 1.14～1.20g/cm^3。在 pH5～10 范围内感染力稳定；在 56℃或紫外线、X 线照射迅速被灭活；对脂溶剂敏感。病毒的核酸为单一分子的线状单股负链 RNA，其相对分子质量为 3.5×10^6～4.6×10^6，沉降系数（$S_{20}w$）为 38～45S，占病毒分子质量的 1%～2%。

弹状病毒具有 5 种蛋白，如水疱性口炎病毒印第安纳株（VS - IV）的 5 种蛋白为：大蛋白 L、糖蛋白 G、核蛋白 N、非结构磷酸化蛋白 NS 和基质蛋白 M。在狂犬病病毒和其他弹状病毒中，把 NS 蛋白称作 M1 蛋白，M 蛋白被称作 M2 蛋白。这 5 种结构蛋白占病毒分子质量的 65%～75%。弹状病毒基因组的转录是由 N、L、NS 三种蛋白形成一种功能性的转录复合物来完成的。N 蛋白与 RNA 的互相作用可抵抗高盐浓度，同时保护 RNA 不被核酸酶所降解，但可被蛋白变性剂 SDS 所裂解。N 蛋白还能刺激机体产生细胞免疫和体液免疫。NS（ML）蛋白是病毒聚合酶的一种成分，在感染细胞中以可溶性形式存在。它能阻止 N 蛋白的自身凝集，帮助 N 蛋白 RNA 脱离核衣壳。NS（ML）也具刺激机体产生细胞免疫反应的作用。位于病毒表面纤突的 G 蛋白，构成与宿主细胞受体结合的表面多聚体，诱导病毒的内吞和融合。G 蛋白诱导的抗体能中和病毒活性，并刺激产生细胞免疫反应。某些成员 G 蛋白血凝素具有凝集鹅红细胞的功能。M（M2）蛋白是构成病毒粒子内部的主要蛋白质，结合于核衣壳与 G 蛋白的胞质区，它好似一种胶合剂使病毒的脂质膜与核衣壳装配成紧密的结构。M 蛋白是涉及病毒粒子出芽过程的唯一多肽，是病毒成熟不可缺少的成分。

脂质和碳水化合物分别占病毒分子质量的 15%～25%和 3%。在脂质中，其磷脂占 55%～60%，固醇和糖脂占 35%～40%，其组成随宿主细胞而不同。碳水化合物结合于表面突起和糖质，随宿主细胞类型而稍有不同。

第一节 水疱性病毒属（*Vesiculovirus*）

本属病毒粒子呈子弹形，长约170 nm，直径约70 nm。含有5种蛋白质（L、G、N、NS、M）成分。可在脊椎动物和昆虫体内增殖。能凝集鹅的红细胞。病毒可在去核细胞内复制。本属病毒以水疱性口炎印第安纳型病毒（*Vesicular stomatitis Indiana virus*，VSIV）为代表种，其成员除水疱性口炎阿拉戈斯型病毒（*Vesicular stomatitis Alagoas virus*，VSAV）和水疱性口炎新泽西型病毒（*Vesicular stomatitis New Jersey virus*，VSNJV）外，还有分离自脊椎动物和无脊椎动物的昌迪普拉病毒（*Chandipura virus*）、可卡病毒（*Cocal virus*）、伊斯法汉病毒（*Isfahan virus*）、马拉巴病毒（*Maraba virus*）、卡拉汉斯病毒（*Carajas virus*）和帕莱病毒（*Piry virus*）等。

水疱性口炎印第安纳型病毒（*Vesicular stomatitis Indiana virus*）

本病毒广泛存在于自然界，它可感染多种动物和昆虫，但绵羊、山羊不发生自然感染，人偶有感染。目前已知水疱性口炎印第安纳型病毒可致牛、马、猪发病并引起流行。

[形态结构与理化特性] 水疱性口炎印第安纳型病毒呈子弹形或圆形，长150～180 nm，直径50～70 nm。病毒粒子表面有囊膜，囊膜上均匀密布的纤突长约10 nm。病毒粒子内部为密集盘卷的螺旋状结构。除典型的病毒粒子外，还常可见到短缩的缺陷病毒粒子。该粒子含有正常病毒粒子的全部结构蛋白，但无转录酶活性，其RNA的全部含量只有正常病毒粒子的1/3。病毒含有RNA、蛋白质和脂质。RNA仅占病毒粒子总量的2%，呈线状，为单股负链RNA。水疱性口炎印第安纳型病毒基因组全长为11 161nt，G+C含量为41 mol%，编码区占95%。

病毒粒子内含有5种蛋白质（L、N、G、NS、M）。病毒脂质（包括磷脂、中性脂质、固醇和糖脂）约占病毒总量的20%。病毒脂质是在其发芽时由宿主细胞获得的，其成分的含量依其寄生的宿主细胞而有不同。病毒对可见光、紫外线、脂溶剂（乙醚、氯仿）和酸类敏感。在58℃ 30 min能使其灭活。病毒可在4～6℃的土壤中存活数天。0.05%结晶紫可使其失去感染性。

[抗原性] 运用血清学方法（中和试验和补体结合试验）可将水疱性口炎病毒（VSV）分为两个血清型，即印第安纳（Indiana）株血清型和新泽西（New Jersey）株血清型。对水疱性口炎多株病毒进一步的研究发现，印第安纳血清型又分为三个亚型，它们是印第安纳1型（典型株）、印第安纳2型（包括可卡株和阿根廷株）、印第安纳3型（巴西株）。VSV的囊膜糖蛋白使动物产生中和抗体，呈现型、亚型乃至株的特异性，而核蛋白抗原则呈群特异性。在弹状病毒科中各个病毒属成员之间不存在共同的抗原成分。

[培养] 经各种途径接种鸡胚，VSV均可在鸡胚内增殖。绒毛尿囊膜接种时可引起痘斑样病变。感染鸡胚通常在接种后的1～2 d内死亡。VSV在牛、猪、恒河猴、豚鼠以及其他动物的原代肾细胞和鸡胚细胞内生长并迅速引起细胞病变。在肾细胞单层上产生大小不同的蚀斑。在病毒感染细胞培养物中可产生凝集素，在0～4℃、pH6.2时可凝集鹅的红细胞。将凝集在鹅红细胞上的病毒粒子洗脱后，红细胞还能再次凝集，从而证明VSV无受体破坏酶。VSV可以适应蚊体，并在蚊的组织培养细胞内增殖，但释放于培养液中的病毒粒子较少，细胞培养物有时呈持续感染状态。为避免在病毒细胞培养过程中缺陷病毒粒子干扰正常病毒粒子的增殖，在病毒传代接种时必须应用高度稀释的病毒液。

[病原性] 呈嗜上皮性。牛感染时的潜伏期为3～7 d，出现轻度发热，在舌、齿龈、唇和颊黏膜上突然出现水疱，水疱迅速破溃而呈浅在性糜烂。大量流涎和厌食。多数病例的病变可在几天内愈合。马感染的主要病变在舌背部。猪则在鼻镜和唇部出现水疱，足部病变可导致跛行。可使多种实验动物（羊、兔、豚鼠、小鼠、仓鼠、鸡、鸭、鹅和雪貂）发生实验感染。

[生态学] 水疱性口炎常呈地方性，有规律地流行和扩散。一般间隔10 d或更长。通常流行常有季节性，夏初开始，夏中期为高峰直到初秋。最常见牛和马的严重流行。猪的发病通常是由原发动物的接

触或感染动物的运输，造成扩散所致。

［**免疫**］病愈动物的血清中具有高效价的中和抗体，对同型病毒的再感染具有坚强的免疫力。但目前仍未见有人工免疫接种和疫苗研制的报道。

［**诊断**］水疱性口炎与水疱疹、猪水疱病和口蹄疫相似。这四种病在猪的临床上极为相似，很难区别。为此应从以下几个方面对 VSV 进行确诊。

病毒分离：用病畜的水疱液或感染组织乳剂接种鸡胚或组织培养细胞进行病毒分离。对分离的病毒用中和试验、补体结合试验和琼脂扩散试验进行鉴定。但需指出的是，VSV 接种 8 日龄鸡胚绒毛尿囊膜，在 37℃孵育 1～2 d 一般可使鸡胚死亡，且有明显充血、出血病变；也有初代分离不致鸡胚死亡，而绒毛尿囊膜常肥厚，应收获绒毛尿囊膜进行传代。还可用反转录-聚合酶链反应（RT - PCR）来检测病毒 RNA，而实时复合 RT - PCR 可以检测和鉴别不同血清型的水疱性口炎病毒。

血清学检查：用补体结合试验检查病变组织中的病毒抗原，也可用血清学方法（补反、中和试验等）检测病畜的血清抗体。在检测抗体时，需取病畜急性期和恢复期的双份血清进行检验。

动物接种进行鉴别诊断：将 VSV 病毒材料接种于马、牛、猪的舌皮内均能引起水疱性口炎。应用舌内接种水疱疹病毒和猪水疱病病毒只能使猪发病，而口蹄疫病毒则能使牛、猪发生感染。豚鼠对 VSV 和口蹄疫病毒的足垫皮内注射高度敏感，但对水疱疹病毒和猪水疱病病毒不敏感。

水疱性口炎阿拉戈斯型病毒（*Vesicular stomatitis Alagoas virus*）

水疱性口炎阿拉戈斯型病毒（*Vesicular stomatitis Alagoas virus*）属于弹状病毒科水疱性病毒属，为水疱性口炎印第安纳型病毒 3 亚型（Indiana 3，IND - 3）。该亚型只在南美洲流行，1964 年首次在巴西阿拉戈斯的一头骡子体内分离。在 1979 年以前 IND - 3 亚型只能自马身上分离出来，但后来从牛身上也分离到了病毒。进一步的研究证实了 IND - 3 亚型会先感染马，再继发感染牛群及猪群。而牛感染 IND - 3 的症状比马轻微。水疱性口炎阿拉戈斯型病毒核酸为线性单股负链 RNA，基因组长为11 070 nt，G+C 含量为 43 mol%。

第二节 狂犬病病毒属（*Lyssavirus*）

本属病毒粒子的形态与水疱性病毒属的病毒相似。病毒粒子长 180 nm，直径约 75 nm。含有 5 种蛋白质（L、N、G、M1 和 M2）。病毒可在脊椎动物和昆虫体内增殖。病毒复制则在胞浆空胞膜及胞膜上成熟和出芽。本属病毒具有凝集鹅及 1 日龄雏鸡红细胞的作用，属内病毒无血清型之分。本属病毒成员除狂犬病病毒（*Rabies virus*）外，还包括分离自脊椎动物、蝙蝠和昆虫等一些其他病毒。如杜文哈奇病毒（*Duvenhage virus*）、欧洲蝙蝠 1 型狂犬病毒（*European bat lyssavirus 1*）、欧洲蝙蝠 2 型狂犬病毒（*European bat lyssavirus 2* ）、拉哥斯蝙蝠病毒（*Lagos bat virus*）、莫柯拉病毒（*Mokola virus*）和澳大利亚蝙蝠狂犬病毒（*Australian bat lyssavirus*）等。

狂犬病病毒（*Rabies virus*）

本病毒是狂犬病病毒属的代表种，是引起人和温血脊椎动物狂犬病的病原。广泛流行于世界各国。造成重大经济损失。

狂犬病是最早发现的人和动物的共患疾病。公元前 335 年，Aristotle 发现疯狗咬人而感染发病。1804 年，津克（Zinke）证明唾液有感染性，1826 年有些国家实行检疫隔离。1885 年，Pasteur 首次将病毒接种兔脑内传代获得弱毒。1903 年，Remlinger 证明其病毒因子可以通过滤器，同年 Negri 在神经组织内发现胞浆内包涵体，即内基氏小体，建立了显微镜诊断方法。

［**形态结构与理化特性**］病毒粒子呈圆柱体，底部平，另一端钝圆，其整体的外形呈子弹形。长约 180 nm（130～200 nm），直径约 75 nm（60～110 nm）。病毒粒子表面纤突排列整齐，每个纤突长约

10 nm。病毒内部为螺旋形的核衣壳，由单链 RNA 和蛋白质组成。病毒粒子的相对分子质量为 475×10^6，沉降系数（$S_{20}w$）为 600～625S，CsCl 中浮密度为 1.16～1.2g/cm^3。

本病毒为单股负链 RNA，因而病毒 RNA 不能呈现 mRNA 的作用。病毒基因组全长为 11 932nt，G+C 含量为 45 mol%，编码区占 91%。病毒核酸编码 5 种蛋白，即 N、M1、M2、G 和 L 蛋白。L 蛋白呈现转录作用；G 蛋白为糖蛋白，有红细胞凝集能力，为病毒表面的突起；N 蛋白是组成病毒粒子的主要核蛋白；M1 蛋白为属特异性抗原，并与 M2 构成病毒表面抗原（图 46-1）。

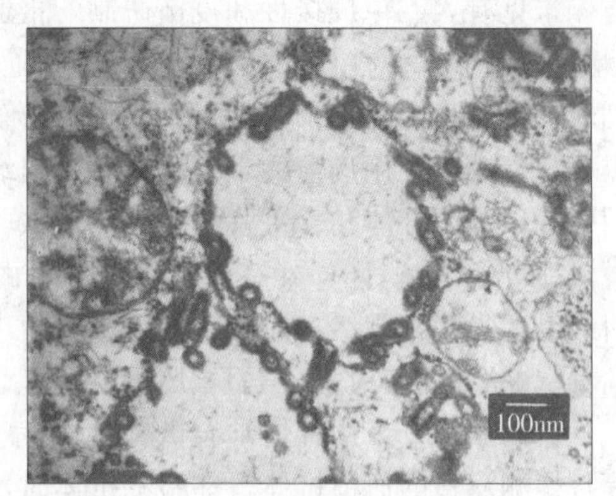

图 46-1 狂犬病病毒（超薄切片）
李成等提供

病毒能抵抗自溶和腐败，在自溶脑组织中可存活 10 d 左右。冻干可长期保存。病毒保存活力依其温度不同而有差异。室温中不稳定。反复冻融可使病毒灭活。自然光、紫外线、酸类、胆盐、蛋白酶、甲醛、升汞和乙醚等都可迅速降低病毒活力。煮沸 2 min 可杀死病毒。56℃ 15～30 min 内使病毒灭活。细胞培养增殖的病毒用 1/6 000 β-丙内酯处理 2 h 即可灭活。pH<3.0 和>11.0 均可使病毒灭活。60%以上的酒精也能很快杀死病毒。狂犬病病毒可以凝集鹅和 1 日龄雏鸡的红细胞，最适凝集条件是 pH6.2、0～4℃以及血凝抗原内不含血清。狂犬病病毒凝集鹅红细胞的能力可被特异性抗体所抑制。

[抗原性] 在自然界中分离的狂犬病病毒流行毒株称“街毒”，对动物的感染力强。将其直接接种到兔和其他动物脑中进行长时间的连续继代，可使潜伏期缩短和固定化，末梢感染性减少、尼氏小体出现频度降低、神经组织亲和性增强，这种病毒称为“固定毒”。

实验证实，即使流行的时间和地域不同，分离的毒株在抗原性上十分接近。用补体结合试验、琼脂免疫扩散试验和荧光免疫技术等均可测出具有共同的核蛋白抗原，但应用“肽链图谱法”却发现同地区分离的街毒之间存在抗原差异。有人证明这种抗原差异似乎不影响对动物的免疫保护力。又证明狂犬病病毒与其他弹状病毒没有抗原关系。

[培养] 狂犬病病毒可在鸡胚内增殖，特别是对 5～6 日龄鸡胚作绒毛尿囊膜接种，可使病毒在绒毛尿囊膜和鸡胚的中枢神经系统内增殖，直至鸡胚达 12 日龄病毒滴度逐渐下降。狂犬病病毒可在多种原代细胞（鸡胚成纤维细胞、小鼠和仓鼠肾上皮细胞）培养物中增殖，还可在适当条件下形成蚀斑。但细胞培养物内的感染细胞较少，细胞病变不明显，病毒产量低，这与狂犬病病毒具有较高细胞结合性相关。经适应于鸡胚成纤维细胞的毒株（如 Flury 毒株的 LEP 和 HEP 株）在细胞培养物中的病毒产量较高。狂犬病病毒还可在多种细胞系（BHK-21、兔内皮细胞系、蝰蛇细胞系 VSM 株、小鼠脊管膜瘤细胞系）中增殖。对 BHK-21 和 VSM 细胞甚为敏感，滴度可达 10^7PFU/mL 以上。人二倍体细胞 HDCS 株常用于狂犬病病毒的培养。接种病毒的组织培养单层细胞可用静止或旋转法培养，也可进行悬浮培养。病毒粒子出芽成熟在胞膜或胞浆空胞膜上，同时获得外膜（囊膜）。

[病原性] 狂犬病病毒可以感染各种哺乳动物，常因疯狗或其他狂犬病患畜咬伤而发病。病毒在伤口皮下初步增殖后，沿传入神经向心传播到大脑、延脑等中枢神经。病毒大量增殖后，再从中枢神经系统沿传出神经分布至唾液腺和机体的其他组织。病毒在由唾液腺的分泌细胞出芽时进入唾液内。在感染传播途径方面，除创伤性感染之外，还存在非创伤性途径感染，如皮肤接触、消化道摄入和呼吸道吸入等。

在实验动物中，仓鼠、小鼠、豚鼠、大鼠和家兔等均可因人工接种而感染。幼龄小鼠和仓鼠以及家兔常用于实验研究和病毒分离，因其敏感性高，潜伏期短而恒定（5～7d）。鸽子和鹅对狂犬病有天然的免疫性，人也有易感性。

犬感染狂犬病病毒后，潜伏期一般为 2～8 周，长的可达一年或数年。犬患病初期常有逃跑或躲避趋势。狂躁发作时，病犬到处奔跑，沿途随时都可能扑咬伤人及各种家畜。行为凶猛，拒食或出现狂食现象，吞食木、石、煤和金属块等，继而发生呕吐。病犬最后麻痹而死亡。

猫的狂犬病症状与犬相似。病猫喜隐藏于暗处，发出粗厉叫声，继而狂暴，凶猛地攻击人畜。病程2～4d。

马患狂犬病初期啃咬或摩擦被咬伤的部位。病马极易惊恐，两眼呆滞，瞳孔散大，随之呈现脑炎症状，在短期狂暴后发生进行性麻痹，由鼻、口逆流出食物和液体，最后后肢强直，呈现不全麻痹而死亡。

牛、羊患狂犬病时表现不安、用蹄刨地、高声吼叫并啃咬周围物体，磨牙、流涎，最后出现麻痹症状，于3～6 d内死亡。

猪患狂犬病初期呈现应激性增高现象。病猪拱地，啃咬被咬部位。继则狂暴且有攻击性，咬伤人畜。最后麻痹，于2～3 d内死亡。

成年禽类对狂犬病具有较大的抵抗力，但也偶有自然病例发生。病禽羽毛逆立，乱飞乱走，用喙和爪攻击其他禽类和人畜。最后麻痹、死亡。

在狂犬病流行的国家中，比较普遍存在的一种非典型的临床症状为病程极短，症状速退，但体内仍带病毒。把这种情况的感染称为“顿挫型感染”。“顿挫型感染”常见于犬、狐、鼬等野兽，也见于人工接种的大鼠等实验动物。“顿挫型感染”可能成为传播狂犬病的一种潜在危险。

[生态学] 几乎所有温血动物对狂犬病病毒都易感。由于患病动物唾液中均含有病毒，通过咬伤的皮肤、黏膜感染；也可以通过气溶胶经呼吸道感染；人误食患病动物的肉可经消化道感染；在人、犬、牛及实验动物也有经胎盘垂直传播的报道。本病一年四季均可发生，春夏季发病率较高。本病流行连锁性很明显，一个接着一个呈散发形式出现。伤口的部位越靠近头部和前肢或伤口越深，发病率越高。年龄与性别之间无差异。

[免疫] 感染狂犬病病毒的动物几乎无一例耐过均以死亡告终，故无病后免疫而言。因此狂犬病疫苗的接种应采取以下对策：对犬等动物，主要实施预防性接种；对人，则是被患病动物咬伤后进行紧急接种，亦即暴露后接种。使机体在“街毒”侵入中枢神经系统以前产生较强的主动免疫，从而防止临床发病。

为了控制犬的狂犬病，降低人群被咬伤率，应对犬定期预防接种疫苗。用于预防接种的狂犬病疫苗分为两大类：一类为鸡胚疫苗，目前应用最为广泛的是Flury疫苗。此类疫苗又分LEP（鸡胚低代株）和HEP（鸡胚高代株）疫苗。LEP系经鸡胚传代40～50代毒株，仍具较大毒性，但对犬不致病且仍保有其免疫原性，活毒1次免疫犬的有效期为3年。另一类为组织培养疫苗，其中包括鸡胚成纤维细胞LEP疫苗（LEP-CETC）、仓鼠肾细胞LEP疫苗（LEP-HKTC）、猪肾细胞ERA疫苗（ERA-PK-TC）、犬肾细胞HEP疫苗（HEP-CKTC）和仓鼠肾细胞CVS疫苗（CVS-HKTC），前4种为活毒疫苗，另一种为灭活疫苗。用上述疫苗免疫接种犬的免疫期可达3年。因LEP疫苗对牛毒力过强，可使牛致病，发生麻痹，故有的国家对牛进行预防接种时，常使用在鸡胚上传代180代以上的HEP毒株制备的活毒疫苗。

我国用于犬的狂犬病疫苗有仓鼠肾原代细胞弱毒疫苗、羊脑弱毒疫苗或灭活疫苗以及Flury病毒LEP株的BHK-21细胞培养弱毒疫苗。上述疫苗的免疫期均在1年以上，在控制犬的狂犬病、降低人群被咬伤率和死亡率方面起到了积极作用。

目前人类应用原代仓鼠肾细胞培养的狂犬病疫苗，采用常规5针法（即0、3 d、7 d、14 d和30 d各肌注2 mL）免疫，在免疫后90 d血清中和抗体出现高峰。

[诊断]

(1) 内基（Negri）小体检查　取濒死期或死于狂犬病患畜的脑组织（延脑、海马角、小脑等）作触片或组织切片染色镜检，检查特异性包涵体即内基氏小体。

检查内基小体专用Seller染液的配制：①母液，包括两种成分：a. 甲基蓝1 g，甲醇加至100 mL；b. 碱性复红0.5 g，甲醇加至50 mL。②染液：取母液a（甲基蓝）2份，母液b（碱性复红）1份，充分混合不过滤，静置24 h后使用。

染色时，在已固定的标本上滴加染色液数滴，染8～10 s，流水冲洗，待干后镜检。内基氏小体位于神经细胞浆内，直径3～10 nm不等，呈棱形、圆形或椭圆形，呈嗜酸性染色——鲜红色。神经细胞呈蓝色，间质呈粉红色，红细胞呈橘红色。犬脑阳性检出率为70%～90%，牛、羊检出率较低，人约70%。

（2）*动物接种* 将研磨的脑组织用生理盐水制成10%悬液，低速离心15～30 min。取上清液（应为无菌的，如系污染可加青霉素、链霉素各1 000 U/mL，作用1h）脑内接种小鼠10只，剂量为0.01 mL，一般在接种后9～11 d死亡。为了及时确诊，可于接种后5 d开始，逐日杀死1只小鼠，检查其脑内的内基氏小体。但必须注意与其他病毒感染引起的胞浆内包涵体相区别，其他病毒感染出现的包涵体大小不像内基氏小体那样大小悬殊。

（3）*荧光抗体检查* 取病死动物脑组织制成触片或切片，待干后，于－20℃用丙酮固定4 h，用直接荧光法或阻断对比法进行荧光抗体染色检查。若以正常鼠脑组织悬液吸附的阻断对比法和直接荧光法的荧光抗体染色触片或切片，则呈现特异性荧光（胞浆内亮黄色的荧光颗粒和荧光斑块）；而以感染鼠脑液吸收的阻断法和直接荧光法的阴性对照荧光抗体染色，则不呈现特异荧光，即可确诊为狂犬病。

（4）*病毒分离* 取脑和唾液腺等材料用缓冲盐水或含10%灭活豚鼠血清的生理盐水研磨成10%乳剂，低速离心或静置，取上清液脑内接种5～7日龄乳鼠，每只注射0.03 mL，每份标本接种4～6只乳鼠。唾液或脊髓液则经离心沉淀和以抗生素处理后，直接用于接种乳鼠。乳鼠在接种后继续由母鼠同窝哺养，3～4 d后如发现哺乳能力减弱、痉挛、麻痹死亡，即可取脑作包涵体检查，并制成抗原，进行病毒鉴定。如经7 d仍不发病，可杀其中2只，剖取鼠脑制成悬液，通过乳鼠传代。如第二代仍不发病，可再传代。连续盲传3代。第1、2、3代总计观察4周而仍不发病者，视为阴性结果。

新分离的病毒可用电子显微镜直接观察，或者应用抗狂犬病特异免疫血清进行中和试验或血凝抑制试验加以鉴定。还可用反转录-聚合酶链反应（RT-PCR）来检测狂犬病病毒RNA，达到快速诊断的目的。

（5）*血清学试验* 由于血清阳转较晚及感染宿主多死亡，血清学试验（病毒中和试验或ELISA）不适合常规的诊断，但可用于流行病学调查。

澳大利亚蝙蝠狂犬病病毒（*Australian bat lyssavirus*）

澳大利亚蝙蝠狂犬病病毒（*Australian bat lyssavirus*，ABL）属于弹状病毒科狂犬病病毒属，是在1996年确认的，存在于澳大利亚的飞狐蝠和蝙蝠中。ABL与经典的狂犬病病毒关系密切，但不同于经典的狂犬病病毒。澳大利亚蝙蝠狂犬病病毒核酸为线性单股负链RNA，基因组全长为11 822nt，G+C含量为44 mol%，编码区占91%。病毒编码的基因顺序为3′-N-P-M-G-L-5′。病毒核酸编码5种蛋白，即N、P、M、G、L蛋白。

目前已确认了2个变异毒株，一株与飞狐蝠有关，另一毒株与微小蝙蝠有关。进一步对蝙蝠的血清学和病毒学研究表明，该病毒广泛分布于澳大利亚。已报道有2例因感染ABL发生脑炎的病人，一例发生在1996年，另一例在1998年。2例病人都有被蝙蝠叮咬史，且都死于感染。第一例是由一个与食昆虫蝙蝠有关的毒株引起的，另一例是由一个与飞狐蝠有关的毒株引起的。该病毒感染在人类引发疾病的潜伏期尚不清楚。

第三节 暂时热病毒属（*Ephemerovirus*）

暂时热病毒属的病毒粒子呈弹状或圆锥形。含5种蛋白，即L、N、G、M1和M2。病毒可在脊椎动物和昆虫体内增殖。本属病毒无血清型之分，属内病毒之间存在低弱的交叉中和反应，但补体结合反应或间接免疫荧光试验存在着较强的交叉反应。本属病毒成员包括牛暂时热病毒（*Bovine ephemeral fever virus*，BEFV）、阿德莱德江河流域病毒（*Adelaide river virus*）和贝尔玛病毒（*Berrimah virus*）。

牛暂时热病毒（*Bovine ephemeral fever virus*）

牛暂时热病毒又名牛流行热病毒（*Bovine epizootic fever virus*），是暂时热病毒属的代表种，是引起牛和水牛暂时热的病原体。病牛突然发热，伴随呼吸道、消化道及四肢关节机能障碍，出现呼吸迫促、厌食、反刍停止、流鼻液、流涎、产奶量下降、跛行以及瘫痪等。发病率高，但死亡率低。本病在1867年于非洲发现，在部分地区流行，之后在欧洲和亚洲的热带和亚热带地区发生流行。我国也有本病流行，并分离到病毒。

［**形态结构与理化特性**］暂时热病毒呈子弹形或圆锥形。成熟病毒粒子长160～180 nm，直径60～90 nm。病毒粒子有囊膜，囊膜厚约10～12 nm，表面有纤突。病毒粒子中央有紧密缠绕螺旋样的核衣壳。在超薄切片中可以看到以出芽方式从胞膜或胞浆空胞膜上向细胞外或胞浆空胞内释放的病毒粒子。宿主细胞胞浆中有毒浆结构。病毒核酸是线性单股负链RNA，RNA占病毒粒子总量的2%。基因组全长为14 900nt，G+C含量为33 mol%，编码区占95%。病毒有5种蛋白，即L（转录酶）、G（糖蛋白）、N（核衣壳蛋白）、NS（磷酸化的结构蛋白）和M（基质蛋白），另外还有类脂质等。病毒粒子相对分子质量为3.5×10^7，在蔗糖中的浮密度为1.17～1.19g/cm^3，在氯化铯中的浮密度为1.19g/cm^3，沉降系数$S_{20}w$为625S（图46-2）。

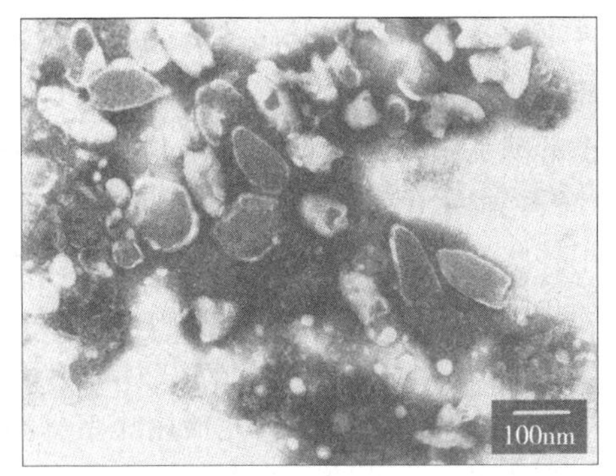

图46-2　牛暂时热病毒（负染色）
谷守林提供

把含病毒的病牛抗凝血液于－2℃～2℃保存8 d，－15℃保存45 d和冻干含毒血液在－40℃下保存958 d仍有致病性。感染鼠脑悬液和BHK-21细胞病毒培养液于4℃下保存30 d和40 d毒力无明显下降。病毒反复冻融2～10次毒力不变。56℃ 30 min、37℃ 18 h、pH<2.5或>9.0于10 min内病毒可被灭活。病毒对乙醚、氯仿和去氧胆酸盐等脂溶剂和胰蛋白酶以及紫外线敏感。

［**抗原性**］病毒粒子表面糖蛋白G有4个主要抗原位点，为中和抗体作用位点，是一种非常有效的疫苗抗原成分。通过对来自澳大利亚、日本、南非的牛暂时热不同分离株的交叉中和试验，以及澳大利亚与中国毒株间的交叉中和试验表明，上述毒株在血清学上没有差异，不能分为不同的血清型。

［**培养**］牛暂时热病毒可在BHK-21（幼地鼠传代细胞）、HmLu-1（乳地鼠肺传代细胞）、MS（猴肾传代细胞）、Vero（非洲绿猴肾传代细胞）、HmT（从劳氏肉瘤病毒Schinldt-Rupplu株诱变的肿瘤细胞）以及地鼠肾和牛胎肾原代细胞上增殖并伴有明显的细胞病变（CPE）。用MS和Vero细胞培养病毒，于接种后2～4 d还能形成蚀斑。用BHK-21细胞培养病毒时，出现CPE的孵育温度以34℃优于37℃。旋转培养有利于病毒增殖和CPE产生。在培养液中添加干扰素抑制剂17α羟基皮质固酮可提高BHK-21细胞培养病毒的感染价。值得指出的是，牛暂时热病毒随着在细胞上培养传代代次的增高，其免疫原性随之下降乃至消失。

［**病原性**］牛是本病毒唯一的敏感动物。不同种的牛易感性不同，黄牛和奶牛高于水牛。各种年龄的牛都能感染发病，青壮年牛、高产牛病情严重。发病率为40%～60%，死亡率为2%～4%。在自然条件下，病牛的潜伏期为3～7 d。对牛人工静脉大量接种病牛高热期血液，可使潜伏期缩短至2～3 d。最小感染量的测定结果表明，以病牛高热期血液0.001～0.002 mL即可引起感染。用病牛白细胞悬液作感染试验，毒力比血清和红细胞高。

本病的临床症状主要为体温突然升高至40℃以上，呼吸迫促、厌食。流泪、流涎、流鼻液，鼻液初为浆液性，随后变为黏液-脓性。病牛全身寒战，四肢僵硬、跛行，躺卧或瘫痪。下颌部、胸下部皮下气肿，重病例呈全身性气肿。病程3～4 d，随后迅速恢复。病牛高热期的白细胞，特别是中性粒细胞异常增多，血浆纤维蛋白的含量超出正常值的1～3倍。

以病牛高热期血液的白细胞层对生后1～3日龄乳鼠、乳仓鼠和乳大鼠脑内接种可使其发病死亡。连续传代可使这些实验动物规律地于接种后2～3 d发病麻痹死亡。成鼠一般不发病，但把病毒脑内或心内接种成熟大鼠，临床无异常而在血清中可检出中和抗体。

用高热期病牛血清接种绵羊和鹿临床不见发病，但可产生中和抗体。牛暂时热病毒对马、猪、犬、山羊、骆驼、家兔、豚鼠以及人均不引起感染。

[免疫] 牛暂时热病康复牛具有 2 年以上免疫力。

目前各国均已研制和应用了相关疫苗。在日本，以 HmLu-1 细胞培养病毒，用蚀斑纯化法选育的牛暂时热弱毒株制备了弱毒冻干疫苗和灭活疫苗。对牛先用弱毒免疫，间隔 3～4 周再用灭活疫苗免疫接种 1 次，这种先注射活苗后注死苗的方式对牛安全有效。在南非，用乳鼠和 BHK-21 细胞交叉传代毒株制备疫苗效果良好。在澳大利亚，针对用 Vero 细胞培育的 919 弱毒株制备的疫苗使用剂量大和反应重的缺点，又进行了 919 株 Quil A 佐剂结合疫苗的研究，表明这种疫苗安全效果良好，并已制成商品出售。CSIRO 长袋实验室提取病毒 G 蛋白为免疫原，开展的 G 蛋白疫苗的研究取得良好进展。而最近用杆状病毒表达的可溶性 G 蛋白具有良好的反应性，有望开发成一种亚单位疫苗。

我国于 1976 年分离到本病毒以后，便开始了牛暂时热疫苗的研制工作。广东省用本地分离株 771214 株制备了鼠牛交叉传代的鼠脑疫苗，用两次注射法免疫奶牛效果良好，但接种反应较重，没有继续使用。哈尔滨兽医研究所用北京分离株 JB76 株研制出的牛暂时热亚单位疫苗和灭活疫苗，对牛两次免疫注射，免疫效力均在 90%以上。经多年区域试验和扩大应用近十数万头牛的结果证明，该疫苗安全有效。特别是在一次暴发流行期间应用亚单位疫苗和灭活疫苗对牛实施了紧急接种，效果很好。

[诊断] 确诊牛暂时热应采取如下方法。

（1）*病毒分离* 将可疑病牛高热期的脱纤或抗凝血液脑内接种 1～3 日龄乳鼠，每只鼠接种 0.03mL，取病鼠脑制成乳剂再行传代，至第 3 代则出现规律性的发病；用脱纤或抗凝血液或传代发病乳鼠的脑悬液接种 BHK-21 细胞单层进行培养传代，病毒增殖出现 CPE 后，用特异性血清作中和试验，鉴定分离的病毒。可以用反转录-聚合酶链反应（RT-PCR）检测组织细胞培养物中的病毒 RNA。

（2）*血清学检查* 以感染的鼠脑毒或细胞毒制备抗原，对病畜急性期和恢复期双份血清做补体结合试验、免疫荧光试验、ELISA 以及病毒中和试验，以检测特异性血清抗体。

阿德莱德江河流域病毒（*Adelaide river virus*）

阿德莱德江河流域病毒属于弹状病毒科暂时热病毒属，与其同属的病毒还有牛暂时热病毒和贝尔玛病毒。该病毒于 1981 年分离自澳大利亚的牛，由昆虫传播。对阿德莱德江河流域病毒和牛暂时热病毒的 L 基因与基因组末端核苷酸序列分析表明，这 2 种病毒与水疱性口炎病毒关系密切。

第四节 非毒粒蛋白弹状病毒属（*Novirhabdovirus*）

非毒粒蛋白弹状病毒属属于弹状病毒科。其代表种为传染性造血器官坏死病毒（*Infectious hematopoietic necrosis virus*）。其他成员有病毒性出血性败血性病毒（*Viral hemorrhagic septicemia virus*）、比目鱼弹状病毒（*Hirame rhabdovirus*）和鳢鱼病毒（*Snakehead virus*）。该属的病毒只感染鱼类。

传染性造血器官坏死病毒（*Infectious hematopoietic necrosis virus*）

传染性造血器官坏死病毒是引起鲑、鳟鱼造血器官坏死的病原。本病在 1940 年首次报道，即美国西海岸虹鳟的病毒病。1960 年又报道了大鳞大麻哈鱼的病毒病。1969 年 Amend 等人进行了病理组织学研究，1971 年 Maccain 等进行了血清学比较试验，结果证实这些疾病均为传染性造血器官坏死病。1971 年日本北海道从异常病死鱼中分离出病毒，1973 年确诊为本病。于 1985 年传入我国。

[形态结构] 病毒粒子的大小为（60～100）nm×（120～300）nm，为弹头型，部分病毒为球形，表面有纤细的刺突。病毒核酸为线性单股负链 RNA，基因组全长为 11 131nt，G+C 含量为 51 mol%，编码区占 92%。编码 6 种蛋白，即 N、M1、M2、G、非病毒粒子（NV）和 L 蛋白。

[理化特性] 病毒对乙醚、氯仿均敏感。不耐热，加热 31℃ 15 min 侵袭率为 20%，45℃ 为 0.01%～0.1%，60℃为 0%。不耐酸，在 pH3.0 时，30 min 侵袭率为 0.01%；pH7.5 时侵袭率为 100%；pH11 时侵袭率为 50%。在 50%甘油保存 1～2 周会失去活力。在－20℃下保存病毒活力不变。

［培养］病毒在鲑鱼疱疹上皮瘤（Epithelioma papulosum cyprinid，EPC）或蓝鳃鱼（Bluegill fry，BF－2）细胞中培养，生长良好，病变细胞为圆形，最后形成蚀斑。生长温度为15～18℃。

［病原性与生态学］本病对姬鳟、虹鳟、大鳞大麻哈鱼和白鲑等大部分鲑科鱼类均可感染。尤其一些淡水饲养的苗鱼和种鱼，病死率高达90%。但银鳟无感染性。幼鱼在一年四季均可发病，从早春到初夏水温10℃左右时常年发病。病鱼是主要传染源。本病主要通过病鱼的排泄物污染水而传播。繁殖种鱼产的卵外部被污染，病毒随卵的运转而传播，但是病毒不能污染鱼卵的内部。本病的潜伏期为5～45 d。苗鱼和种鱼的死亡率突然上升，在发病后8～14 d出现死亡高峰。

传染性造血器官坏死病毒分离株可分为3个基因型，主要与其地理分布相一致。U基因群包括阿拉斯加、英属哥伦比亚、华盛顿海岸线、哥伦比亚河盆地、俄勒冈、加利福尼亚和日本的分离株。L基因群包括俄勒冈和加利福尼亚海岸的绝大部分分离株。M基因群包括爱达荷、哥伦比亚河盆地、华盛顿海岸和欧洲的分离株。

［诊断］可以用病毒分离和血清学方法来诊断该病毒。取病鱼脏器如肝、肾、脾等制成乳剂，或用雌性繁殖种鱼的体腔液接种于鲑鱼疱疹上皮癌（Epithelioma papulosum cyprinid，EPC）或蓝鳃鱼（bluegill fry，BF－2）细胞，在15～18℃条件下培养。接种后4～5 d，感染的细胞变成圆形，可见到葡萄状团块的细胞病变。蚀斑中心部几乎无崩溃细胞存在，边缘不整，并被多量细胞围绕。可以用病毒中和试验、免疫荧光、ELISA和反转录-聚合酶链反应（RT－PCR）来鉴定病毒。血清学方法有中和试验和免疫荧光技术，效果也很好。

病毒性出血性败血性病毒（*Viral hemorrhagic septicemia virus*）

病毒性出血性败血性病毒属于弹状病毒科非毒粒蛋白弹状病毒属，可引起鱼的病毒性出血性败血症。本病于1938年首次在德国发现，以后在波兰、捷克、丹麦、法国、瑞典、美国、日本及欧洲各国蔓延。Schaperclau报道为传染性肾肿胀和肝脏变性。1963年Jensen以丹麦最初发病地命名为Egtved病。最后定名为病毒性出血性败血症。

［形态结构］病毒粒子大小为180nm×（60～70）nm，一端椭圆，另一端扁平。衣壳呈螺旋对称，外围直径50nm，核心直径20nm。病毒核酸为线性单股负链RNA，基因组全长为11 158nt，G+C含量为50 mol%，编码区占92%。编码6种蛋白，即N、P、M、G、非病毒粒子蛋白（VN）和L蛋白等。

［理化特性］本病毒非常脆弱，在14℃蒸馏水中24 h侵染率为10%～20%。不耐高温，加热31℃ 15 min侵染率为50%，60℃无侵染力。对酸和乙醚敏感。在pH3.0中30 min侵染率为0.01%，pH7.5时为100%。类脂溶剂能使病毒失去侵染力。在1%漂白粉溶液、0.2%石炭酸、50mg/L碘剂、200mg/L季铵溶液中失活。病毒在鱼体内于－20℃条件下可保存数月，冻干2年后侵染率为50%。

［抗原性］病毒性出血性败血性病毒只有一个血清型，但用多克隆和单克隆抗体进行的中和试验表明该病毒含有3个亚型。亚型Ⅰ包括丹麦F1株和Hededam株。亚型Ⅱ包括23/75、DK－5131和DK－5276株。亚型Ⅲ包括DK－5151和DK－5422株。

［培养］病毒在虹鳟鱼性腺（Rainbow trout gonad，RTG－2）和蓝鳃鱼（Bluegillfry，BF－2）细胞培养，生长良好，病变细胞为针形，后变球形，最后溶解、脱落。生长温度为12～14℃，不超过22℃，但在4℃也能生长。

［病原性］本病毒主要侵害各种年龄的虹鳟和溪点鳟，尤其以鱼种和1月龄鱼最为严重，死亡率高。其次也感染大西洋鲑和河鲑。于8～15℃的冬末春初，水温低于14℃易暴发流行，超过15℃为散发或不发生。本病的潜伏期为7～25 d。病鱼及污染的水为传染源。通常病鱼的排泄物污染水，病毒经健鱼的鳃侵入鱼体而感染。鱼的移动和污染的饲具能传播本病。但病毒不能污染鱼卵，不造成垂直传播。

［诊断］可以用病毒分离和血清学方法来诊断该病毒。取病鱼脏器如肝、肾、脾等制成乳剂，或用雌性繁殖种鱼的体腔液接种于RTG－2或BF－2细胞，在15℃条件下培养，其培养液最适pH为7.6～7.8。接种3～4 d后，感染的细胞呈颗粒状，自动脱落。产生边缘不整的圆形蚀斑，在此部有均匀散在

的颗粒细胞。可以用病毒中和试验、免疫荧光、ELISA 和反转录-聚合酶链反应（RT - PCR）来鉴定病毒。血清学方法有中和试验和 ELISA，可检出带毒鱼。

参考文献

孙伟，龚祖埙 . 1988. 弹状病毒的分子生物学研究进展 [J] . 病毒学杂志，41：400 - 408.

王世若，等 . 1989. 兽医微生物学及免疫学 [M] . 长春：吉林科学技术出版社：455 - 458.

侯云德 . 1990. 分子病毒学 [M] . 北 京：学苑出版社：329 - 368.

殷震，刘景华 . 1997. 动物病毒学 [M] . 北京：科学出版社 .

中国农业科学院哈尔滨兽医研究所 . 1998. 兽医微生物学 [M] . 北京：中国农业出版社 .

金奇 . 2001. 医学分子病毒学 [M] . 北京：科学出版社 .

费恩阁，李德昌，丁壮 . 2004. 动物疫病学 [M] . 北京：中国农业出版社 .

洪健，周雪平，译 . 2006. ICTV 第八次报告的最新病毒分类系统 [J] . 中国病毒学，21 (1)：84 - 96.

中国农业科学院哈尔滨兽医研究所 . 2008. 动物传染病学 [M] . 北京：中国农业出版社 .

Gard G P, Cybinski D H, St George T D. 1983. The isolation in Australia of a new virus related to bovine ephemeral fever virus [J] . Australian Veterinary Journal, 60 (3): 89 - 90.

Vanselow BA, Abetz I, Trenfield K. 1985. A bovine ephemeral fever vaccine incorporating adjuvant Quil A: a comparative study using adjuvants Quil A, aluminium hydroxide gel and dextran sulphate [J] . Veterinary Record, 117: 37 - 43.

Murphy F A, Fauquet C M, D H L Bishop, D H L, et al. 1995. Virus Taxonomy: Sixth Report of the International Committee on Taxonomy of Viruses [M] . Wien. New York: Springer-Verlag.

Dhillon J, Cowley J A, Wang Y, et al. 2000. RNA polymerase (L) gene and genome terminal sequences of ephemeroviruses bovine ephemeral fever virus and Adelaide River virus indicate a close relationship to vesiculoviruses [J] . Virus Research, 70 (1-2): 87 - 95.

Guyatt K J, Twin J, Davis P, et al. 2003. A molecular epidemiological study of Australian bat lyssavirus [J] . Journal of General Virology, 84 (Pt 2): 485 - 496.

Kurath G, Gaever K A, Troyer R M, et al. 2003. Phylogeography of infectious haemotopoietic necrosis virus in North America [J] . Journal of General Virology, 84: 803 - 814.

Manual of Diagnostic Tests for Aquatic Animals [M] . Edited by OIE. Web format, 2006.

Hole K, Clavijo A, Pineda L A. 2006. Detection and serotype-specific differentiation of vesicular stomatitis virus using a multiplex, real-time, reverse transcription-polymerase chain reaction assay [J] . Journal of Veterinary Diagnostics and Investigations, 18: 139 - 146.

Pauszek S J, Allende R, Rodriguez L L. 2008. Characterization of the full-length genomic sequences of vesicular stomatitis Cocal and Alagoas viruses [J] . Archives of Virology, 153 (7): 1353 - 1357.

Johal J, Gresty K, Kongsuwan K, et al. 2008. Antigenic characterization of bovine ephemeral fever rhabdovirus G and G (NS) glycoproteins expressed from recombinant baculoviruses [J] . Archives of Virology, 153 (9): 1657 - 1665.

Manual of Standards for Diagnostic Tests and Vaccines for Terrestrial Animals [M] . Edited by OIE. Web format, 2008.

薛飞　编

第四十七章　丝状病毒科

丝状病毒科是在1991年国际病毒分类委员会（ICTV）认定的单分子负链RNA病毒目（Mononegavirales）的3个科之一，目前单分子负链RNA病毒目有4个科。本科病毒有马尔堡病毒属（*Marburgvirus*）和埃博拉病毒属（*Ebolavirus*）。马尔堡病毒属只有维多利亚湖马尔堡病毒（*Lake Victoria marburgvirus*）一个成员。埃博拉病毒属（*Ebolavirus*）的代表种为扎伊尔埃博拉病毒（*Zaire ebolavirus*），其他成员为雷斯顿埃博拉病毒（*Reston ebolavirus*）、苏丹埃博拉病毒（*Sudan ebolavirus*）和塔伊森林埃博拉病毒（*Tai Forest ebolavirus*）。本属病毒的自然宿主是人，猴也感染。现仅概括介绍。

［形态结构］ 病毒粒子呈长形或“U”形、6形和环形，直径约为80nm，长为1 400nm，或790～970 nm。囊膜上有7 nm长的表面纤突，间距为10nm。病毒粒子相对分子质量为382×10^6。病毒核酸占病毒粒子重量的1.1%，相对分子质量为4.2×10^6，RNA本身无感染性。病毒核酸不分节，为线性单股负链RNA，3′端无polyA尾。病毒核酸编码7或9种蛋白，病毒粒子由5种结构蛋白组成。有脂质。碳水化合物是在病毒表面纤突上的糖脂质。

［理化特性］ 病毒在CsCl溶液中的浮密度为1.32g/cm^3，在酒石酸钾梯度中的密度为1.14g/cm^3。沉降系数（$S_{20}w$）为1.4S。对脂溶剂敏感。在室温条件下稳定，60℃作用30min可以灭活。

［抗原性］ 病毒在体外不能被中和，马尔堡和埃博拉两病毒之间无血清交叉反应。埃博拉病毒的两个生物型：扎伊尔和苏丹，在抗原性上不能区分。G蛋白可能是决定血清型的蛋白。

［复制］ 病毒蛋白由单顺反子mRNA转译。病毒具有转录酶活性。合成的蛋白在胞浆中积累，通过胞浆膜出芽，在感染细胞里很少有病毒RNA积累，说明这是一个有效的成熟过程。

［病原性］ 人和猴是两种病毒主要的自然宿主。在实验室条件下，猴、鼠、豚鼠和仓鼠均可感染。人多为接触感染而发病，病死率可高达90%。丝状病毒可在人类和非人灵长类动物中引发严重的致死性出血热，因而被定为生物学安全4级病原。

第一节　马尔堡病毒属（*Marburgvirus*）

马尔堡病毒属为丝状病毒科的一个属，其代表种是维多利亚湖马尔堡病毒（*Lake Victoria marburgvirus*）。维多利亚湖马尔堡病毒是引起人和猴出血热的病原体。

维多利亚湖马尔堡病毒（*Lake Victoria marburgvirus*）

本病毒于1967年首次于德国马尔堡的实验室工作人员中发现。1975年在南非约翰内斯堡再次发现。最大的一次暴发流行于2004—2005年发生在安哥拉，当时有252人受到感染，死亡率高达91%。

［形态结构］ 病毒粒子呈弯曲丝状、条状或柱状，卷曲或有分枝，两端似钩形等。直径为70～90nm，长可达1 400nm，内部结构为一螺旋形环绕核心，直径45 nm，外部为一层有表面突起的包膜，厚20nm，有间隔为5nm的横纹。病毒粒子相对分子质量为382×10^6。病毒核酸占病毒粒子重量的1.1%，不分节，为线性单股负链RNA，基因组全长为19 111nt，G+C含量为38 mol%，编码区占76%。病毒核酸3′端无polyA尾，编码7种蛋白，即NP、VP35、VP40、GP、VP30、VP24、L蛋白。

病毒粒子由 5 种结构蛋白组成。糖蛋白 GP 相对分子质量为 74 800，以三聚体的形式形成病毒的纤突。核衣壳蛋白 NP 相对分子质量为 77 900，结合在病毒基因组 RNA 上。核衣壳蛋白 VP30 相对分子质量为 31 500。基质蛋白 VP40 相对分子质量为 31 700，是一种膜结合蛋白。基质蛋白 VP24 相对分子质量为 28 800，也是一种膜结合蛋白。

[理化特性] 病毒在 CsCl 中浮密度为 1.32g/cm^3，在酒石酸钾梯度中的密度为 1.14g/cm^3。沉降系数 $S_{20}w$ 为 1.4S（时间越长病毒粒子浓度越高）。在室温或 4℃，5 周内病毒的滴度很少下降，8 周后则明显下降。但在 15～20℃保存时相对比较稳定。60℃ 30min 或 56℃ 60min 可使病毒灭活。在－70℃可长期保存。对乙醚、氯仿和去氧胆酸敏感。在室温 10%福尔马林作用 1h 可使病毒感染力丧失。在 4℃ 1∶2 000 β-丙内酯作用 1h 可使病毒灭活。病毒对紫外线、γ 射线抵抗力弱。

[抗原性] 病毒抗原成分尚不十分清楚。含有脂蛋白，没有血凝素和血溶素，可被特异抗血清中和，感染的动物器官或组织培养物制备的补体抗原效果很好，用直接或间接免疫荧光技术可检测病毒抗原。

[培养] 病毒在原代南非猴肾、恒河猴肾、人羊膜、鸡成纤维细胞培养物中可以复制。在来源于非洲小猴肾的 AH-1 和 Vero 细胞系、BHK-21 细胞系、人肺成纤维细胞培养物和传代后可以产生细胞病变，但不完全。还可以在恒河猴肾细胞系（LLC-MK2）、人肺二倍体细胞系和人包皮纤维细胞培养物中复制，在细胞质内形成包涵体，可用免疫荧光技术检测病毒。

[病原性] 病毒感染非洲绿猴，潜伏期为 2～6d，体温达 41.5℃左右，厌食、精神不振，对外界刺激反应较差。在臂部和股部皮肤出现瘀点状丘疹。病的后期，呼吸困难，触诊肝肿大。濒死期发生腹泻，直肠、阴道黏膜出血，多在发病后 6～13d 死亡。

[生态学] 在自然界中，猴是否为储存宿主尚待深入研究。据实例观察，人主要是通过接触感染，另外也曾报道吸血昆虫叮咬，但尚未确定具体昆虫。

[免疫] 目前还没有注册使用的疫苗。用表达马尔堡病毒多种抗原的腺病毒载体疫苗接种食蟹猴（*Macaca fascicularis*）后，用高致死剂量的马尔堡病毒攻击后，可观察到 100%的保护。这一研究为疫苗的研发奠定了基础。

[诊断] 用补体结合试验、免疫荧光技术检测急性期和恢复期血清中的抗体。也可以腹腔接种豚鼠或接种 Vero 细胞培养分离病毒，然后用电镜检查血和肝组织，或检查肝的包涵体。还可以用反转录-聚合酶链反应（RT-PCR）检测病毒 RNA。

第二节　埃博拉病毒属（*Ebolavirus*）

埃博拉病毒属的代表种为扎伊尔埃博拉病毒（*Zaire ebolavirus*），其他成员为雷斯顿埃博拉病毒（*Reston ebolavirus*）、苏丹埃博拉病毒（*Sudan ebolavirus*）和塔伊森林埃博拉病毒（*Tai Forest ebolavirus*）。

扎伊尔埃博拉病毒（*Zaire ebolavirus*）

本病毒是埃博拉病毒属的代表种，可以引起人和猴严重出血热，病死率很高。

1976 年夏秋，非洲扎伊尔的埃博拉河地区暴发本病，几乎同时，苏丹的南部地区也发生了本病。1989 年，美国雷斯顿的一个试验室的恒河猴感染本病；同年，瑞士一个公园的黑猩猩感染发病死亡。1995 年又在扎伊尔的一些地区暴发了本病。

[形态结构] 病毒粒子呈长丝状，直径为 80nm，长为 970nm。呈管形、U 形、6 形、树枝分叉形等。有囊膜，表面密布 8～10nm 的纤突。病毒内部为一个直径 50nm 的螺旋管状形核衣壳。病毒粒子相对分子质量为 382×10^6。病毒核酸占病毒粒子重量的 1.1%，不分节，为单分子线性单股负链 RNA，全长为 18 959nt，G+C 含量为 41 mol%，编码区占 76%。病毒核酸 3′端无 polyA 尾，编码 9 种蛋白，即 NP、VP35、VP40、病毒粒子纤突糖蛋白前体、sGP、ssGP、VP30、VP24、L 蛋白。病毒核酸无感

染性。

病毒粒子由 5 种结构蛋白组成。糖蛋白 GP 分子质量为 74 500u，以三聚体的形式形成病毒的纤突。核衣壳蛋白 NP 分子质量为 83 300，结合在病毒基因组 RNA 上。核衣壳蛋白 VP30 相对分子质量为 29 700，是一种 RNA 结合蛋白。基质蛋白 VP40 分子质量为 35 800u，是一种膜结合蛋白。基质蛋白 VP24 分子质量为 28 300，也是一种膜结合蛋白。

［理化特性］病毒对脂溶剂敏感。用去污剂处理病毒时会释放出一种浮密度为 1.32g/cm^3 的结构物，这很可能是病毒的核糖核蛋白体。60℃ 30min 可被破坏。病毒在室温下稳定。紫外线、γ 射线、0.1%甲醛、次氯酸、酚类等消毒剂可灭活病毒。

［病原性］猴感染后，潜伏期为 4～16d，急性发热，表现为病毒血症，高热，皮肤出现斑状丘疹。实质脏器淤血，齿龈、结膜、口腔黏膜有不规则斑点状出血。

［生态学］病猴相互接触而发病。另外，有报道本病的自然载体可能是某些啮齿动物或节肢动物，因为病毒可以在一些实验动物如小鼠、豚鼠、仓鼠体内增殖。

本病的传播途径主要是病人或患病动物的密切接触。实验证明，病人或动物的血液和分泌物中含有病毒。

［免疫］目前还没有注册使用的疫苗。用表达埃博拉病毒多种抗原的腺病毒载体疫苗接种食蟹猴（*Macaca fascicularis*）后，用高致死剂量的埃博拉病毒攻击后，可观察到 100%的保护。这一研究为疫苗的研发奠定了基础。

［诊断］在实验室里，主要应用免疫荧光技术及放射免疫分析法以及用 Vero 细胞和实验动物分离病毒，或以电子显微镜进行病毒形态鉴定等。还可以用反转录-聚合酶链反应（RT - PCR）检测病毒 RNA。

◈ 参考文献

洪健，周雪平，译 . 2006. ICTV 第八次报告的最新病毒分类系统［J］. 中国病毒学，21（1）：84 - 96.

谢天恩 . 1992. 病毒的分类与命名进展概况［J］. 中国病毒学，4（7）：375 - 382.

殷震，刘景华 . 1997. 动物病毒学［M］. 北京：科学出版社 .

中国农业科学院哈尔滨兽医研究所 . 1998. 兽医微生物学［M］. 北京：中国农业出版社 .

中国医学百科全书编委会 . 1986. 中国医学百科全书・病毒学卷［M］. 上海：上海科学技术出版社 .

Enterlein S，Volchkov V，Weik M，et al. 2006. Rescue of recombinant Marburg virus from cDNA is dependent on nucleocapsid protein VP30［J］. Journal of Virology，80（2）：1038 - 1043.

John S P，Wang T，Steffen S，et al. 2007. Ebola virus VP30 is an RNA binding protein［J］. Journal of Virology，81（17）：8967 - 8976.

Murphy F A，Fauquet C M，D H L Bishop，D H L，et al. 1995. Virus Taxonomy：Sixth Report of the International Committee on Taxonomy of Viruses［M］. Wien，New York：Springer - Verlag，289 - 292.

Swenson D L，Wang D，Luo M，et al. 2008. Vaccine to confer to nonhuman primates complete protection against multistrain Ebola and Marburg virus infections［J］. Clinical and Vaccine Immunology，15（3）：460 - 467.

薛飞　编

第四十八章　波那病毒科

波那病毒科属于单分子负链RNA病毒目。本科病毒只有一个波那病毒属（*Bornavirus*），而波那病病毒为其代表种。

[形态结构] 波那病毒由病毒囊膜和核心组成，病毒衣壳有囊膜，呈球形，直径为80～100 nm。病毒粒子表面有明显的均匀分布的棒状包膜粒突起，长约7 nm。没有衣壳结构，病毒粒子内部有一电子密度核心，呈球形，直径为50～60 nm。

病毒基因组不分节，含有单一分子的线性单股负链RNA。基因组全长为8 910nt，G+C含量为50 mol%，编码区占94%。RNA的3′端与5′端有部分互补的序列。3′端无多聚A尾，基因之间无多聚A区。病毒基因组编码结构蛋白与非结构蛋白。病毒粒子由5～7种结构蛋白组成，分别形成病毒的囊膜、膜、棒状包膜粒、基质、核衣壳蛋白复合体和多聚酶复合体。

结构蛋白有囊膜蛋白p56和p16。p56相对分子质量为56 000，在病毒转录早期表达，是一种表面蛋白。p16相对分子质量为16 000，可能是一种病毒吸附蛋白。囊膜蛋白有翻译后的修饰，如糖基化作用。核心蛋白p40相对分子质量为40 000，是一种核蛋白，其异构体为p38。非结构蛋白是一种依赖RNA的RNA聚合酶p180，其相对分子质量为180 000，与L-家族同源。病毒粒子不含脂类和碳水化合物。

[理化特性] 病毒粒子在氯化铯中的密度为1.16～1.22g/cm^3，在蔗糖中的浮密度为1.22g/cm^3，在复方泛影葡胺溶液中的密度为1.13g/cm^3。加热至56℃以上可使病毒感染性迅速失活。血清存在时失活作用减弱。在自然条件下，病毒粒子在37℃下相对比较稳定，但在与血清共同孵育24 h后会失去感染性，pH5以下的酸性环境可使病毒失活。对有机溶剂和去污剂敏感。含氯的消毒剂或福尔马林可使病毒迅速完全失去感染性。辐照可降低其感染性。

[复制] 病毒RNA只有一种定向编码策略，有6个开读框架（ORF）（N、P、X、M、G、L）。ORF-1编码核蛋白NP（p40，p39/38）。ORF-2位于3′端中部的下游，编码磷酸化蛋白P（p24）。p10位于病毒的mRNA转录文本中，与其他翻译区有重叠，它起始于p24上游的46位核苷酸，与p24氨基端有71个氨基酸重叠，大约有200个核苷酸。波那病病毒会以一种通读的转录方式来很好地调节N、X、P基因的表达，依此来影响病毒聚合酶的活性。病毒基因组在细胞核内复制。

[抗原性] 病毒核苷酸序列与ORF的相似性表明与弹状病毒科关系密切。可靠的病毒检测与鉴定的方法有血清学试验、抗原对照物及病毒核酸扩增等。

[生态学] 病毒生活周期中只感染一种脊椎动物。病毒主要感染神经系统和大脑，临床症状有乏力、脊髓炎和脑膜炎。

[病原性] 波那病病毒感染通常呈慢性经过，也叫振颤病，可以感染多种温血脊椎动物及人类。

[地理分布] 该病毒可能呈世界性分布，病毒主要在中欧传播，发生于气候温和地区。病毒宿主生活在有氧空气环境下。病毒感染发生在德国。

波那病毒属（*Bornavirus*）

波那病毒属属于波那病毒科，其代表种为波那病病毒（*Borna disease virus*）。

波那病病毒（*Borna disease virus*）

波那病病毒（Borna disease virus，BDV）可引起马的一种传染性脑脊髓炎，亦称马地方流行性脑脊髓炎。本病因于1894年在德国波那地区严重流行而得名。本病在德国曾周期性发生，以后在东欧、中东及北非相继发生。现已在美国、德国、荷兰、波兰、法国、意大利、以色列、伊朗、北非和日本检出了临床健康而血清学阳性的马匹。迄今为止，已确认的临床发病马仅存在于德国、瑞士和奥地利。

20世纪90年代波那病病毒的特异性抗原和核酸在动物和人类的外周血单核细胞中的发现引起了世界范围内的研究兴趣。目前逐渐增多的证据表明，波那病病毒感染在包括人类在内的脊椎动物中呈世界性分布，特别是发现了波那病病毒在人类精神病患者中的作用及从人体内分离到病毒的事实，使得波那病病毒的流行病学研究已经成为医学和兽医学病毒学家共同关心的问题。

［形态结构］波那病病毒是一种嗜神经性病毒，是新近设立的波那病毒科的一个原型病毒。它是一种单股负链RNA病毒，病毒粒子大小为85～125nm。病毒基因组不分节，大小为8 910nt，G+C含量为50mol%，编码区占94%。

［理化特性］病毒粒子在氯化铯中的浮密度为1.16～1.22g/cm^3，在蔗糖中的浮密度为1.22g/cm^3，在复方泛影葡胺溶液中的密度为1.13g/cm^3。在50%甘油中能存活6个月以上，干燥冷藏可保持活力达2～3年。加热至56℃以上可使病毒感染性迅速失活。血清存在时失活作用减弱。在自然条件下，病毒粒子在37℃下相对比较稳定，但在与血清共同孵育24h后会失去感染性，pH 5以下的酸性环境可使病毒失活。在外界环境中，病毒能较长期地存活，水中1个月，奶中100d，腐败物中3个月。对有机溶剂和去污剂敏感。含氯的消毒剂或福尔马林可使病毒迅速完全失去感染性。辐照可降低其感染性。

［抗原性］本病毒的血清型是一致的。与其他脑炎病毒无交叉反应。较难测出病毒及免疫动物体内的中和抗体。由人工感染的兔脑制备的抗原具有补体结合特性。

［培养］病毒可在5～11日龄鸡胚绒毛尿囊膜上生长（孵育温度为35℃），也能在羊胎睾丸、皮肤、肾和脑细胞以及Vero（猴肾细胞）和MDCK（犬肾细胞）上生长。其中以羊胎脑和肾细胞生长最佳，在脑细胞上毒价最高，一般不出现细胞病变（CPE），呈持续性感染。其次在感染的家兔和仓鼠脑组织块培养中，在几个月内其毒力不丧失。

［复制］病毒在宿主细胞核内增殖和转录，利用细胞RNA剪切系统来调节基因的表达，并在感染的神经细胞内形成核内包涵体。病毒主要存在于中枢神经系统，乳腺、唾液腺、鼻黏膜及肾脏也含有病毒。病毒可被高滴度的抗波那病病毒血清中和，可在实验感染兔体内引起波那病，并能重新分离到病毒。其不同分离株在宿主体内虽有不同的生物学表型，但在复制过程都不产生溶细胞作用，对神经细胞具有高度的亲和性，非神经细胞类的组织和细胞的感染性较低。

［病原性］在自然情况下，波那病病毒主要感染马，绵羊、牛、猫、犬、狐狸和鸵鸟也可感染，近年来发现该病毒也能感染人类。本病的潜伏期为数周至数个月。不同的感染宿主具有不同的临床表现，但都具有神经系统症状。

马：临床表现为体温升高，食欲减退，黄疸，便秘，疲倦无神，并出现摇摆、强制性圆圈运动、反射性增强等神经症状。严重者全身痉挛，瞳孔放大，吞咽困难，颈项强直。病末期卧地不起，呈游泳样姿势。典型病例的病程为1～3周，预后不良。

绵羊：主要表现为中枢神经系统的运动失调，但症状比马轻。早期的行为变化和共济失调类似于痒疫，但到后期可与痒疫区别。病情进一步发展时，绵羊在4～10d时出现典型的抵墙姿势（为头痛和脑脊髓液压力增高的症状）及摇摆和共济失调的症状，此时可发生死亡。而痒疫的发病时间较长，约为几个月。

牛：与马和绵羊相比，牛的感染和发病相对较少。发病牛可因进行性瘫痪而死亡。其部分临床表现类似于牛海绵状脑病。

猫：病猫出现明显的摇摆运动，同时发生共济失调和瘫痪，主要发生在后肢，行为也出现典型的变化。猫的叫声比平时多，焦躁，疲倦无神。停止采食，畏光，对声音敏感。猫的瞳孔放大，爪不能缩回。大部分患猫在1～4周内死亡，或因严重的神经症状而施以安乐死。

犬：出现过敏性皮肤病、肌肉炎及神经症状，多因出现攻击性而采取安乐死。

鸵鸟：幼龄鸵鸟出现神经症状，表现为痉挛性麻痹，病情逐步加重并导致死亡。

人类：在自愿人群中的研究表明，波那病病毒感染与人的精神失常有关。

病理变化主要表现为脑膜脑脊髓炎变化。肉眼可见的病变为中度的脑膜充血或出血。主要的组织学变化为中枢神经系统血管周围的淋巴细胞、浆细胞和其他单核细胞的浸润。在自然感染宿主体内，神经细胞变性和噬神经细胞现象不明显。在组织学变化方面，以脑干的病变最为显著。本病的一个特征性病变是在神经细胞，特别是海马角和嗅球的神经细胞内具有小型的圆形嗜伊红核内包涵体，即Joest-Degen小体，该小体对本病毒具有诊断意义。

［生态学］ 病马和带毒马是本病的主要传染源，其他种类的感染动物也是可能的传染源。引入带毒动物或输入被污染饲料是传播本病的主要原因。病毒可随病畜的唾液、鼻液、粪便、乳汁等排出，可经消化道和呼吸道传播。本病一年四季均可发生，以5—6月份发生的病例最多，这说明本病的传播与吸血昆虫无关。

波那病病毒感染的一个主要特点是动物群中的大部分动物是病毒携带者，因而在某一时间内会引起病毒的传播。波那病病毒不同分离株所表现出来的生物学和分子特性的一致性，说明动物与人类病毒间具有密切的相关性。

［免疫］ 对本病目前尚无有效的疫苗，只能采取综合防制措施。

［诊断］ 本病的生前诊断比较困难。目前常用的诊断方法主要有如下几种。

病毒分离和鉴定：可以用幼兔脑组织原代细胞从发病动物脑组织中分离病毒，出现阳性结果后可确诊。还可以用反转录-聚合酶链反应（RT-PCR）或套式RT-PCR来检测病毒RNA，以达到诊断的目的，但应注意避免核酸样品的污染。

动物接种试验：可以用病马脑组织的悬液对家兔进行脑内感染试验，出现阳性结果后可确诊。

血清学试验：可以用间接免疫荧光试验、免疫印迹试验和酶联免疫吸附试验来检测感染动物体内存在的抗体。但这些血清学方法的特异性仍有待进一步证实。

生前被诊断为波那病的患畜，在死后应对脑组织进行组织学检查以确诊。

◆ 参考文献

费恩阁，李德昌，丁壮．2004．动物疫病学［M］．北京：中国农业出版社．

洪健，周雪平译．2006．ICTV第八次报告的最新病毒分类系统［J］．中国病毒学，21（1）：84-96.

殷震，刘景华主编．1997．动物病毒学［M］．北京：科学出版社．

中国农业科学院哈尔滨兽医研究所主编．1998．兽医微生物学［M］．北京：中国农业出版社．

Berg AL，Dörries R，Berg M. 1999. Borna disease virus infection in racing horses with behavioral and movement disorders［J］. Arch Virol. 144（3）：547-559.

Dauphin G，Legay V，Pitel P H，et al. 2002. Borna disease：current knowledge and virus detection in Francep［J］. Vet Res. 33（2）：127-138.

Inoue Y，Yamaguchi K，Sawada T，et al. 2002. Demonstration of continuously seropositive population against Borna disease virus in Misaki feral horses，a Japanese strain：a four-year follow-up study from 1998 to 2001.［J］J Vet Med Sci. 64（5）：445-448.

Matsunaga H，Tanaka S，Fukumori A，et al. 2008. Isotype analysis of human anti-Borna disease virus antibodies in Japanese psychiatric and general population［J］. J Clin Virol. 9.［Epub ahead of print］.

Perez M，Sanchez A，Cubitt B，et al. 2003. A reverse genetics system for Borna disease virus［J］. J Gen Virol. 84（11）：3099-3104.

Pisoni G，Nativi D，Bronzo V，et al. 2007. Sero-epidemiological study of Borna disease virus infection in the Italian equine population [J] . Vet Res Commun. 31 Suppl 1：245 - 248.

Poenisch M，Wille S，Staeheli P，et al. 2008. Polymerase read-through at the first transcription termination site contributes to regulation of borna disease virus gene expression [J] . J Virol. 82（19）：9537 - 9545.

Porombka D，Baumgärtner W，Eickmann M，et al. 2008. Implications for a regulated replication of Borna disease virus in brains of experimentally infected Lewis rats [J] . Virus Genes. 36（2）：415 - 420.

Staeheli P，Sauder C，Hausmann J，et al. 2000. Epidemiology of Borna disease virus [J] . J Gen Virol. 81（9）：2123 - 2135.

薛飞　编

第四十九章　正黏病毒科

正黏病毒科（Orthomyxoviridae）是指对黏蛋白具有特殊亲和性的一类RNA病毒，Orthomyxoviridae一词包含希腊文“Ortho”（正）和“Myxo”（黏液）。正黏病毒科原来只有一个属，即流感病毒属，2005年国际病毒分类委员会（ICTV）发布的第八次病毒分类报告将正黏病毒分为5个属，即A型流感病毒属（*Influenza virus A*）、B型流感病毒属（*Influenza virus B*）、C型流感病毒属（*Influenzavirus C*）、托高土病毒属（*Thogotovirus*）和传染性鲑贫血病毒属（*Isavirus*）。属的代表分别为A、B、C型流感病毒，托高土病毒，传染性鲑贫血病毒。2011年ICTV发布的第九次病毒分类报告中增加了一个新的属。

流感A、B和C三个血清型的划分是根据流感病毒核蛋白（NP）和基质蛋白（MS）抗原性的不同确定的。A型流感病毒能感染多种动物，包括人、禽、猪、马、海豹等；B型和C型则主要感染人，很少感染家畜。而且A型流感病毒的表面糖蛋白比B型和C型的变异性高。

A、B和C三型流感病毒都具有多形态，多节段单股负链RNA，增殖时依赖于宿主细胞DNA的合成；有囊膜、囊膜外的表面抗原、血凝素和神经氨酸酶（C型病毒缺乏神经氨酸酶），易发生变异；囊膜内含有螺旋对称的核衣体；增殖病毒粒子是通过细胞膜芽生释放，同型病毒株间易产生基因重组等共同特点。

第一节　A型流感病毒属（*Influenzavirus A*）

A型流感病毒为有囊膜、负链单股多片段RNA病毒。该病毒普遍流行于多种家畜和人群之中，而且历史已久。因翻译习惯，很多医学资料将A型流感表述为甲型流感。有关本病的最早报道，1878年在意大利出现“鸡瘟（Fowl plague）”（实为禽流感）。1918年第一次世界大战结束后，Koen在美国艾奥瓦州的猪体中发现类似的疾病。1931年Shope从猪体分离到A型流感病毒。1933年史密斯（Smith）等人首先分离到人甲型流感病毒。1956年Sovinova和1963年沃德尔（Waddell）等先后分离到马甲1型和马甲2型流感病毒。人类流感至今已流行上百次，其中有详细记载的世界大流行7次（1918年、1946年、1957年、1967年、1976年、1997年和2009年），而且每次流行均与家畜流感有关。A型流感病毒分布于全世界，感染诸多禽类和哺乳动物，发病急剧，蔓延迅速，危害很大，特别是1997年以来，流感在全球范围内又有泛滥、肆虐之势，已引起世界各国的高度警惕。

[形态] A型流感病毒具有多形性，典型的A型流感病毒粒子呈球形，直径80～120nm，平均100nm。某些毒株，特别是在初分离时常呈丝状（Kilboure，1987；Murphy，1985），丝状长短不一，有的可达数微米。初分离的多形态病毒粒子经过鸡胚或细胞培养物连续传代后主要变为球形。病毒粒子不管呈长丝状还是球状，其直径都相似，均为100nm左右。流感病毒多形性是一种遗传特征，在病毒遗传学研究中可作为一种遗传标志。

[结构] 病毒粒子分为3层，最外层为双层类脂囊膜，中间层为基质（M1）蛋白，里层是核衣壳。

最外层的双层类脂囊膜来自宿主细胞，膜上有3种致密的钉状蛋白突起物。一种能凝集红细胞的称为血凝素（HA）；另一种能使病毒颗粒从凝集的红细胞表面释放下来的，称为神经氨酸酶（NA）；第三种突起为 M2 蛋白。3 种突起均插入并以疏水性氨基酸为锚，以放射状固定在类脂膜，形成球形蛋白壳。

球状表面突起物总数约 500 个，HA 与 NA 比例约 4～5∶1。HA 直径 4nm，长 13.5nm，由 3 个均质亚单位组成，为棒形三聚体。α-螺旋伸出囊膜表面 7.6nm，远端的球形体主要由反平行 β-折叠片构成，分布有受体结合位点。NA 为蘑菇形四聚体，柄长 100nm，植入于病毒囊膜中，远端有一个 10nm×10nm×6nm 的 60x-shaped 头部，每一个 NA 亚单位均有 6 个彼此邻近并相同的 β-折叠片构成螺旋桨（propeller）状。

M1 蛋白在类脂层下形成一内层，紧密包裹着核衣壳。病毒核衣壳螺旋对称，直径 9～15nm，两端具有环状结构，存于病毒囊膜内。

［化学组成］ 病毒颗粒含有 0.8%～1.1%的 RNA、60%～70%蛋白质、6%碳水化合物和 18%～37%的类脂。碳水化合物包括核糖（在 RNA 中）、半乳糖、甘露糖、墨角藻糖和氨基葡萄糖等，组成成分和含量依宿主和病毒粒子而定。主要存在于 3 种病毒糖蛋白中。在 HA 和 NA 中各占 15%。脂类构成病毒囊膜，大部分为磷脂，还有少量胆固醇和糖脂，来源于宿主细胞的原生质膜。

［基因组与病毒蛋白］ 流感病毒基因组为负链 RNA。A 型流感病毒基因组含有 8 个独立节段，分别以 1、2、…、8 命名，8 个节段的核苷酸数为 900～2 350，总长 13.6kb，总相对分子质量 5.9×10^6～6.3×10^6，AU∶GC 比率为 1.25。裸露的 RNA 不具有感染性，从病毒粒子 RNA 转录成 mRNA 需要依赖于病毒颗粒的 RNA 多聚酶。每一个片段在病毒粒子内都是以核糖核蛋白复合体的形式单独存在。8 个节段共编码 10 种蛋白质，包括 PB2、PB1、PA、HA、NP、NA、M1、M2、NS1 和 NS2，其中 NS1、NS2 为非结构蛋白。所有流感病毒各个 RNA 节段其 5′和 3′末端均具有保守性，RNA 5′末端由 13 个高度保守的核苷酸组成，序列为：3′- GGAACAAAGAVGAppp - 5′；3′末端 12 个高度保守的核苷酸序列为：3′- HO - UCGU/CUUUCGUCC - 5′；研究发现 5′和 3′末端序列部分互补，形成锅柄状结构，该结构对于病毒 RNA 聚合酶的结合是必需的。RNA 片段核酸外被螺旋排列的壳粒，主要由核蛋白构成。

（1）*聚合酶 PB2、PB1 和 PA*　分别由病毒 RNA1、2、3 编码，3 种蛋白构成病毒 RNA 聚合酶复合体，具有转录酶和核酸内切酶活性。RNA1 和 RNA2 长度都是 2 311（mRNA 均为 2 320）个碱基，分别编码 759 个氨基酸的 PB2 和 757 氨基酸的 PB1。每个病毒粒子含 30～60 个分子，它们与具有转录活性的 RNP 关系密切。PB2 是依赖于 RNA 的 RNA 聚合酶活性的蛋白复合物成分之一，识别和结合由宿主细胞多聚酶Ⅱ转录的帽子结构（7mGpppGPNm），以此作为病毒 mRNA 转录的引物并启动 RNA 转录。PB1 功能是负责启动新生病毒颗粒 RNA 合成的延伸。RNA3 长度为 2 233（mRNA 为 2 211）碱基，编码 716 个氨基酸的 PA 蛋白，PA 为酸性蛋白，功能未明，可能是螺旋-解链蛋白（helix-unwinding）或具有蛋白激酶活性。

（2）*血凝素（HA）*　HA 是病毒表面主要糖蛋白之一，与流感病毒的致病性和流行关系最为密切，由病毒 RNA4 编码。RNA4 的长度为 1 742～1 778 个碱基，编码 562～566 个氨基酸长的多肽链。在细胞蛋白酶作用下裂解产生重链 HA1，长为 319～326 个氨基酸残基，和轻链 HA2 长为 221～222 个氨基酸残基，这个过程对病毒的感染性是必需的。HA1，具有病毒的大多数表面抗原决定簇，并使病毒和宿主受体结合。HA2 的自由氨基末端介导细胞和病毒囊膜融合，H 基端主要由疏水氨基酸组成，根植于病毒囊膜内。

HA 基因组在起始密码子之前有一个 5′末端非编码区，接着为编码的开放阅读框，氨基端有 16 个疏水氨基酸组成的信号肽，在加工过程中被信号肽酶切掉。紧接信号肽的氨基酸残基是 HA1 部分，在 HA1 和 HA2 之间有一精氨酸残基，在加工过程中被切掉，经过切割后产生的 HA1 和 HA2 由一个二硫键和许多非共价键连在一起，两多肽链间二硫键在 HA1 的 14 位和 HA2 的 137 位半胱氨酸之间形成。未经水解的 HA 能识别红细胞表面的受体，使红细胞发生凝集，也能识别宿主细胞表面受体，但不能与宿主细胞膜发生融合，故不具有感染性。HA2 的羧基端（135～211 氨基酸区域）主要由疏水性氨基酸组成，HA 靠这一部分插入病毒囊膜的脂质双层，最末端的 10 个氨基酸残基多数是亲水性的，因此可伸出脂质双层进入病毒粒子内。HA 上一般有 7 个糖基化位点，HA2 上有一个 1 个糖基化位点，糖基化在宿主细胞的高尔基体中进行，糖基化是糖链通过 N-糖苷键结合在 Asn-X-Thr 或 Asn-X-Ser 的 Asn 残基上。未糖基化的 HA 蛋白称融合蛋白，它不能诱导机体产生保护性的中和抗体。HA 单体间通过非共价相连，在病毒囊膜表面形成一个三聚体，相对分子质量为 2.246×10^5，它占整个病毒颗粒蛋白重量的 30%。

HA 蛋白功能是识别靶细胞表面受体并与受体相结合。HA 蛋白上具有受体结合位点，即 RBS，RBS 呈 D 状，位于 HA 分子的球区末端。大多数流感病毒株 HA 的 RBS 是由 98、153、183、190、194 位氨基酸组成的，这些氨基酸是高度保守的，具有与宿主细胞膜融合活性。流感病毒 HA 的 N-末端含有与副黏病毒相似的融合序列 N-Gly-Leu-Phe-Gly-Ala-Ile-Ala-Gly-Phe-Ile-Glu-Gly-Gly。流感病毒借其 HA 球部的 RBS 与宿主细胞表面受体结合后被吞噬（endocytosis），形成吞噬体（endesome），而吞噬体内的 pH 为 5.0。在此 pH 条件下，HA 结构发生改变，三聚体的聚合力下降，带有融合序列的 HA2 N 端裸露出来，并与细胞膜发生融合，病毒基因组释放到细胞质内，病毒开始复制，诱导保护性中和抗体。通过单抗诱导抗原性变异株和自然变异株及基因诱导点突变株分析与比较，并结合 HA 三维结构的研究，发现 HA 蛋白上有 5 个抗原位点（A、B、C、D 和 E）。位点 A 位于 140～146 位氨基酸形成的突出环上，及 33～137 位氨基酸；B 位于 155 位上面的主环（156～160）及球区末端围绕螺旋结构的 187～198 氨基酸；C 位于球区下方的 53、54、275 和 278 所在区，由 52Cys 和 277Cys 间二硫键相连形成三维结构的膨胀部；D 位于 HA 三聚体交界处，由 207、171 氨基酸组成；E 位于 63、78、81、83 位氨基酸表面区。上述抗原位点易发生替换，一般均可引起 HA 蛋白抗原漂移。

（3）*核蛋白*（nucleoprotein，NP） NP 由病毒 RNA5 编码，RNA5 长度为 1 565 个核苷酸，5′和 3′末端分别有 45 和 20 个核苷酸长的非编区，开放框架含 1 494 个核苷酸，编码 498 氨基酸的蛋白质。NP 与病毒颗粒 RNA 节段相互作用形成复合体，即核糖核蛋白颗粒（RNA ribonucleoprotein particle，RNP），又称核衣壳。RNP 与三种 RNA 聚合酶 PB2、PB1、PA 相连，在 RNP 中每个 NP 分子与 20 个核苷酸相连。NP 是病毒中第二个丰富的蛋白，占病毒颗粒总蛋白的 25%，具有型特异性，是 A、B、C 三型流感病毒划分的主要依据之一。

（4）*神经氨酸酶*（neuraminidase，NA） 由病毒 RNA6 编码。RNA6 是包含 1 443～1 492 个核苷酸的单一阅读框架，编码 450～470 个氨基酸，相对分子质量 24 000，有 4～5 个糖基化位点，占病毒颗粒总蛋白的 5%～10%。NA 为四聚体，呈蘑菇状，4 个独立的多肽链通过二硫键连在一起，通过 N 末端的疏水氨基酸锚定在病毒囊膜上，是病毒另一个主要的糖蛋白和表面抗原，也是 A 型流感病毒亚型划分的依据之一。

NA 多肽 N 末端有 6 个极性氨基酸组成的亲水区，在所有 9 个 NA 亚型中都是保守的。接着为疏水跨膜区，氨基酸序列在不同亚型间是不同的，接下去为基区；最后为头部也称球区。糖基化位点在不同毒株间不完全一样，大部分糖基化位点位于基部，而不是头部。NA 催化裂解末端唾液酸和邻近 D-半乳糖或 D-半乳糖胺间 α-糖苷键，NA 与病毒从含唾液酸结构中游离出来有关；允许病毒转运通过呼吸道黏液结合上皮靶细胞；NA 上唾液酸可促进 NA 被蛋白酶水解。虽然 NA 抗体不具有中和病毒感染能力，但它能减轻症状。

（5）*基质蛋白*（matrix proteins，M） 由病毒 RNA7 编码，长度为 1 027 个核苷酸，5’和 3’末端均具有非编码区。RNA 7 有两个阅读框，第一个为 M1，大约有 250 个氨基酸，是病毒粒子内含量最高的蛋白，占病毒总蛋白量的 42%，具有型特异性抗原活性。M1 在病毒囊膜下面延着囊膜形成一个壳，它既存在于感染细胞的胞浆，也存在于核内。M1 在子代病毒装配中起重要作用，同时对病毒颗粒核心部分起保护作用。

第二个阅读框架编码 97 个氨基酸，称 M2 蛋白，ORF2 与 ORF1 有 68 个核苷酸重叠，M2 的 mRNA 有一段长间隔区。M2 为非糖基的跨膜蛋白，以四聚体形式组成寡聚物，大量存在于感染细胞表面，但在成熟病毒粒子内和囊膜表面含量很少，仅有40～63个蛋白分子。M2的功能还未完全阐明，有报告指出，M2在感染细胞内作为质子通道，一方面控制高尔基体的pH，保证HA经过时的完整性，一方面在病毒粒子脱壳时形成酸化环境。这一酸性环境可以激活HA的融合功能。近年来发现，耐盐酸金刚烷胺病毒株的出现与M2蛋白跨膜区25～43位残基中个别氨基酸发生替换密切相关，常见的为27、30、31和34位残基的替换。

（6）非结构蛋白NS1和NS2 由A型流感病毒RNA8编码，长度890个核苷酸。RNA8编码两种蛋白，即非结构蛋白1（NS1）和非结构蛋白2（NS2），它们分别由线性和拼接的mRNA所编码。NS1长度为202～237氨基酸，NS1合成后很快移到核内聚积，参与关闭宿主细胞蛋白合成或参与VRNA的合成，而NS2在胞质内。它们的功能未完全阐明，NS1可能与形成包涵体有关，NS2可能参与NS的合成。

［理化特性］ 病毒粒子总相对分子质量约250×10^6。非线状颗粒的沉降系数（S_{20}w）700～800S，在蔗糖中的浮密度约1.19g/cm^3。病毒对热、冻融和脂溶剂的灭活比较敏感，56℃ 30min即被灭活，灭活的顺序为：病毒颗粒的感染性，神经氨酸酶活性，红细胞凝集活性。室温下敏感性丧失很快；病毒在4～40℃条件下不稳定，只能短暂保存，否则感染性丢失。－40～－10℃保存两个月以上，常常使红细胞凝集活性丢失，－70℃可保存数年，冰冻干燥后置4℃可长期保存。干燥、日光、紫外线、γ射线和蛋白质变性剂如乙醚、甲醛、酚、升汞和氯等均可灭活病毒，但用紫外线灭活流感病毒能引起病毒的多重复活。最适pH为7.0～7.5，在酸性环境比在碱性环境下容易失活，pH3.0以下或pH10.0以上感染力很快被破坏，pH5.0左右能使流感病毒血凝素蛋白构型发生改变，其轻链HA2区溶血序列裸露，使红细胞发生溶解，乳酸、醋酸和食醋可以用来熏蒸灭活病毒。对化学试剂乙醚、氯仿、丙酮等有机溶剂均敏感。20%乙醚4℃处理过夜，病毒感染力被破坏，对氧化剂、卤素化合物、重金属、乙醇和甲醛也均敏感，0.1%高锰酸钾、0.1%升汞处理3min、75%酒精5min、0.1%碘酒和1%盐酸3min，0.1%甲醛30min，流感病毒均被灭活。

［复制］ 流感病毒的复制是一个高度有序的过程。首先病毒粒子表面含识别受体结构的HA识别和结合宿主细胞表面含唾液酸的糖蛋白或糖脂受体。含唾液酸的糖蛋白广泛分布于各种组织细胞表面，包括对流感病毒不敏感的细胞。吸附不一定就会造成感染。流感病毒识别并结合到其末端部带有N-乙酰神经氨酸的寡糖，不同类型流感病毒对末端连有salα2.3半乳糖（Gal）还是salα2.6半乳糖N-乙酰神经氨酸的识别是不一样的。流感病毒HA蛋白分子中，个别氨基酸的替换就能改变其受体结合的特异性。吸附后病毒通过内吞作用进入吞饮泡，吞饮泡与溶酶体融合并使融合体内的pH降至5.0左右，在此pH条件下，导致HA构型变化，使轻链（HA2）N端的融合序列裸露，引起病毒囊膜与细胞膜融合，通过细胞膜融合或（和）细胞内吞作用使病毒进入胞浆并脱壳，核衣壳进入胞浆并移向胞核。

在感染细胞核内启动转录，病毒的核酸内切酶（PB2）能识别和切割宿主细胞mRNA的5’-帽子结构，并把它连在病毒mRNA的5’端，作为转录病毒mRNA的引物，合成6个单顺反子mRNA，转译为PB2、PB1、PA、NP、HA和NA，病毒RNA7和RNA8的互补RNA经拼接各产生两个mRNA，产生M1、M2和NS1、NS2，其中NP和NS1含量最高。高浓度NP触发病毒RNA的合成，在核内组装病毒核衣壳，同时也作为转录第二代mRNA的模板。HA和NA在粗面内质网内糖基化，在高尔基体内修饰，随后移植于细胞膜中。M1在核内积储，紧密包裹着核衣壳并移行于布满HA和NA的细胞质膜下面，M1经过与细胞浆中HA、NA和M的相互作用，发出芽生的信号。NA使子代病毒从细胞膜上释放出来。完成这一复制周期需5～6h。在感染细胞内无完整的子代病毒。

［抗原性］ 流感病毒的主要抗原成分有NP、M1、HA和NA。NP、M1具有型特异性，相应抗体对病毒感染无保护力。HA、NA是亚型特异性抗原，HA能使动物产生中和抗体，对机体有保护作用；NA抗体不能中和病毒，但能减少病毒增殖改变病程。HA和NA的抗原性变异频率很高，至今已发现16种HA亚型和9种NA亚型。各亚型之间没有或仅有微弱的血清学交叉反应。来自不同种宿主但亚型相同的流感病毒之间有一定的或者有很高的血清学交叉反应，提示病毒可能会有种间传播。

流感病毒与所有其他RNA病毒一样，突变率极高，抗原逃逸突变株在单克隆抗体或自然免疫应答的选择压力下进化的速度十分迅速。流感病毒变异主要是由于HA和NA抗原结构的改变，尤其是HA，这是因为机体针对HA产生的抗体是中和性抗体，流感病毒通过改变HA的抗原特性可有效地实现免疫逃逸。诱导流感病毒抗原性变异的原因主要有4种：漂移、转变、缺损颗粒干扰和RNA重组。抗原漂移是由编码HA和（或）NA蛋白的基因发生点突变引起，这种变异仅发生在亚型内，导致病毒新变种的出现，有时伴随着其他基因的点突变可能会造成病毒感染宿主的改变。抗原性转变仅限于A型流感病毒，是指两种不同亚型的病毒同时感染宿主细胞时，病毒基因组之间发生的遗传重组，理论上会产生256种遗传学上不同的后代，导致病毒新亚型的出现。这种现象在实验室和自然界已得到证实，日本在20世纪80年代和90年代曾从发生猪流感病毒（H3N2、H1N1）混合感染的猪群中分离到H1N2基因重组型流感病毒。缺损干扰（defective interfering，DI）颗粒是指在病毒繁殖过程中产生的比标准病毒略小，多形态性更强，缺少病毒最大RNA片段并只有血凝性而无感染性的病毒颗粒，也称为“不完全”病毒。它能干扰标准病毒的复制，这种现象也称为“Von Magnus”现象。RNA重组（recombination）是近年发现于病毒负链RNA分子内的重组现象，在感染细胞内，细胞mRNA插入替代部分HA的片段而导致子代病毒获得致病力。这种方式比较罕见，但却提供了病毒快速进化的一种模式。当两个或两个以上的不同病毒粒子同时感染一个宿主细胞时，在病毒增殖过程中，不同病毒粒子的8个基因组片段可以随机互相交换，从而发生核苷酸片断水平上的重新组合，这种现象称为基因重排（reassortment）。不同毒株的基因重排现象是Burnet等在1949年最早发现的。基因重排只能发生在同型病毒之间，与基因重组（recombination）不同，基因重组时，发生基因断裂、交换和连接三个过程，而基因重排时不发生断裂和连接，只有基因交换。

流感病毒遗传物质的改变是进化的物质基础。病毒在宿主间传播和选择，机体免疫力、地理分布和季节变化是影响病毒进化的外部因素。水禽流感病毒是所有流感病毒的共同祖先。病毒的遗传学系统发育研究揭示：全球A型流感病毒划分为欧亚和澳洲、北美洲两大谱系，与水禽的迁徙路线极尽吻合，遵循各自的变异趋势不断进化。种间传播是病毒脱离固定宿主向新宿主适应发展的第一步。新宿主不同的选择压力和进化强迫倾向使病毒基因在不同方面发生不同程度的改变，以逃避新宿主的免疫系统，求得生存。由于表面蛋白〔HA或（和）NA〕受到的抗体压力最大，因而编码它们的基因变异以至重组更加频繁，导致新表型或亚型的毒株不断出现，以至流行，并在一段时期内在流行病学中占据主要地位，原表型或亚型毒株则逐渐和暂时被取代。这种规律在人类流感病毒的进化中比较明显。

流感病毒的进化速率依不同宿主有很大不同，表面抗原和内部蛋白的进化速率也很不一致，因而各种病毒的蛋白组分循环变化周期也不一样。以现有资料记载，人甲型流感病毒HA亚型是以时间顺序连续出现的：1889年H2、1900年H3、1918年H1；而再次出现为：1957年H2、1968年H3、1977年H1。再次出现的病毒株在遗传特性、基因组成和抗原性方面与原有毒株相比已发生很大变异，说明一个同亚型新表型毒株的再现需要至少60年。相比之下，禽类中流感病毒的进化十分缓慢，无毒力流感在野鸭中至少已存在几个世纪，仍未发现致病力毒株，其原因可能与鸟类生命周期短有关。

流感病毒的种间传播宿主——猪在病毒进化过程中具有突出作用。多基因比较分析表明：编码人流感病毒大多数内部蛋白的基因与大多数猪流感病毒的等位基因有一个共同祖先，这个祖先并不是一个重组病毒，而是最早由禽源病毒的一个分支逐步进化形成的一个全新病毒。猪对人源或禽源的H1N1和H1N2都易感，为流感病毒的基因重组提供了被称作“混合器”的适当场所。猪流感重组病毒H1N2的产生证实了这个推论。

[培养] 各型流感病毒都能在鸡胚内以及牛、鸡、猴和人原代肾、CEF和MDCK等单层细胞培养物中良好增殖。在实验研究中，最好使用天然宿主或来源的细胞。雪貂是A型流感病毒最敏感的宿主。在进行蚀斑分析时，需要在细胞培养液中加入胰蛋白酶。

[致病性] 流感病毒的致病力变化范围很大，是病毒多基因或（和）多因素综合作用的结果。因感染禽的种类、年龄、性别、并发感染情况及所感染毒株的毒力及其他环境因素等不同而表现出的症状很

不一致。典型 AI 主要表现为体温升高，呼吸困难，精神萎靡，食欲不振或废绝，肿头，眼分泌物增多，冠和肉髯边缘有紫黑色坏死斑点，跖部鳞片下有紫黑色出血，有的鸡出现神经症状和下痢，母鸡产蛋量急剧下降；非典型 AI 则仅见轻微的呼吸道症状及母禽产蛋量迅速下降；隐性感染则无任何症状。因毒株的致病力不同，发病率由亚临诊感染到 100%，死亡率从 0 到 100%不等；同时，不同种类禽的易感性也不同，如 H5N8 亚型对火鸡致病，对鸭则不致病。野生鸟类的流感病毒感染，一般没有明显症状，但燕鸥感染 A/tern/South Africa/1/61（H5N3）时可引起大量死亡。高致病性禽流感暴发，大批急性死亡，发病率和死亡率可达到 100%；低致病性禽流感无症状，呈隐性感染，死亡率 5%～15%，产蛋率下降 5%～50%。禽流感的病理变化因病毒毒力强弱、病程长短和禽种的不同而有所差异。最常见的大体病变是全身皮下尤其是头部皮下出现胶冻样浸润；气管、支气管充血、出血；腹腔内有多量干酪样渗出物；卵巢退化、出血、卵泡畸形和卵子破裂，内脏尿酸盐沉积（内脏型痛风），肾肿胀，肺充血和水肿，气管炎、肠炎、气囊炎、输卵管炎，“纤维素性或蛋性腹膜炎”、肾小管坏死、肝坏死；泄殖腔黏膜充血、出血。病理组织学变化为水肿、充血、出血和血管套形成，主要表现在心肌、肺、肝、脾等。此外还有严重的坏死性胰腺炎和心肌炎。如果感染高致病性毒株，因死亡很快，可能见不到明显的病理变化。低毒力毒株可引起蛋鸡产蛋率、受精率、孵化率下降，呼吸道及生殖道黏膜出现轻微的炎症，可见轻度充血、出血；而隐性感染病例则无裸视病理变化。

[致病性的分子基础] 从病毒的分子角度，HA 裂解成 HA1 和 HA2 是产生传染性病毒的基础。强毒株可以引起家禽全身性感染，而弱毒株只引起呼吸道或肠道的局部感染，这种差别是由 HA 蛋白裂解活性决定的，与 HA 蛋白裂解位点上游的氨基酸组成和裂解位点附近糖侧链的存在与否密切相关，只有强毒株 HA 含有能被宿主细胞蛋白酶其切割的多个碱性氨基酸。大多数流感病毒 HA1 的羧基端为精氨酸（R），HA2 氨基端为甘氨酸（G）。H5 亚型流感病毒谷氨酰胺（Q）位于紧靠近的 HA1 的氨基端，不同毒株间是保守的。在 Q 和 G 之间的氨基酸称为连接肽。连接肽的氨基酸组成和数量是由流感病毒株决定的。所有自然分离的 H5 亚型无毒力毒株连接肽都是由 4 个氨基酸组成。例如：A/Turkey/Minnesota/1550/80（H5N2）为 Q-R-E-T-R\G（E 为谷氨酸，T 为苏氨酸）。如果连接肽的 4 个氨基酸都是碱性氨基酸，同时附近有糖侧链则病毒可以保持为无毒力的特性。例如：A/Chicken/Pennsylvania/1/83（H5N2）为 Q-K-K-K-R\G（K 为赖氨酸）。如果无糖侧链，含 4 个碱性氨基酸的毒株则为高致病力毒株，例如：A/Chicken/Scotland/59（H5N1）连接肽为 Q-R-K-K-R\G。对于附近有糖侧链的流感病毒，其连接肽必须有另外的氨基酸。例如：A/Turkey/Ire/83（H5N8）其连接肽为 Q-R-K-R-K-K-R\G。通过对 HA 裂解位点突变株的研究发现，在有糖侧链存在的条件下，H5 亚型强毒所需最小氨基酸序列为：Q-R/K-X-R/K-R\G（X 为非碱性氨基酸）。如果糖侧链存在，只需两个氨基酸插入即可是毒力保持（Q-X-X-R/K-X-R/K-R\G），或者第 5 位的谷氨酰胺或第 6 位的脯氨酸改变 [B（X）-X（B）-R/K-X-R/K-R\G B 为碱性残基]。

棕榈酸共价修饰的 HA Cys_{563}、Cys_{560} 和 Cys_{553} 在多种病毒亚型中有高度保守性，当 Cys_{560} 改变为 Ala_{560} 或 Tyr_{560} 时病毒致弱，回复突变时总复变为 Cys_{560} 而不是其他氨基酸，Cys_{553} 改变为 Ala_{553} 或 Ser_{553} 对病毒的表型影响不大；Cys_{563} 为形成流感性颗粒所必需。另外宿主细胞对 HA 的裂解能力也可能是决定病毒复制强度并产生致病力的因素之一。源自海豹而对鸡无致病力的毒株，经过传代并适应鸡胚肾细胞后，发现 HA 裂解位点碱性氨基酸被改变，导致这种病毒株对鸡有致病力。其次从受体角度，已经查明人、猪、马和禽类病毒 HA 的受体特异性互不相同，在所有流感病毒 HA 受体结合中心部位的保守氨基酸，主要有 Tyr_{98}、Trp_{153}、His_{183}、Glu_{190}、Leu_{194} 和 Glu $(Len)_{226}$；而紧邻的 Ser（Ala、Gly、Arg、$Lys)_{227}$、Gly $(Ser)_{228}$、Trp $(Arg)_{229}$ 氨基酸基因点突变有可能改变病毒感染不同宿主的能力，它也是产生致病力病毒株的基础之一。有资料表明，流感病毒其他 9 个病毒蛋白尤其是 NP，也参与了宿主范围识别，NA 还可能与病毒的致病力和形成蚀斑的能力有关。此外，病毒的致病力也可能受病毒组织趋向性的影响，局限于呼吸道或消化道的病毒与能侵害全身并能到达生命重要器官的病毒可以产生完全不同的病毒。目前，受体识别愈来愈受到人们的关注，普遍认为它对病毒的宿主范围、组织趋向性和致病力是一个重要因素。

［诊断］A 型流感病毒的确切诊断有赖于病毒的分离和鉴定，此外检测病毒特异的抗体和核酸也是非常有效的间接诊断方法。由于禽流感病毒亚型众多，毒力差别很大，临床症状也千差万别，高致病性禽流感除具有大流行的特性外很难与其他传染病区分，因此单靠临床诊断常常难以定性，确诊必须进行病毒分离、亚型鉴定或（和）血清学试验。

（1）*病毒分离* 因为病毒通常在呼吸道和消化道复制，所以一般从活禽或死禽的气管和泄殖腔分离病毒。消化道和呼吸道的组织、分泌物、排泄物也都适合于病毒分离。在高致病性禽流感病毒造成全身感染的条件下，由于严重的病毒血症，实际上每一器官都能分离到病毒。可用棉拭子拭取气管和泄殖腔分泌物，棉拭子放在含有抗生素的平衡盐溶液中（如 MEM 培养液），以抑制细菌的生长。器官可收集并放在灭菌的小瓶中。在对器官进行取样时，应尽力把不同脏器的样品分别收集，因为从内脏器官分离到流感病毒通常意味着全身感染，这常与高致病性禽流感病毒有关。病毒样品如能在采集后 48h 内分离，可保存于 4℃。但如果样品必须存放更长的时间，应尽可能－70℃储存。

通常选用 9～11 日龄鸡胚尿囊腔接种 0.1～0.2mL 的样品；为了增加病毒分离的机会，可在同一鸡胚上采用尿囊腔和羊膜腔两种途径同时接种。接种后 24～96h 收集鸡胚尿囊液，24h 内死亡的鸡胚可能是细菌污染所致，应予废弃，但也发现高致病禽流感初次接种鸡胚 24h 内可致死鸡胚，需要通过特异性试验鉴别。鸡胚置 4℃冰箱冷却过夜使血管收缩，以免收集尿囊液时红细胞漏出。用鸡红细胞检测尿囊液血凝活性来证实病毒的增殖和存在。一般而言，样品中如初次传代未分离到病毒，可再行鸡胚盲传三代。

实验室内最常用的病毒亚型鉴定方法是血凝抑制试验（HI）、中和试验（NT）、神经氨酸酶抑制试验（NI）和 RT-PCR。对同种或异种动物同一亚型相关病毒的比较可以用特异性单克隆抗体进行表面抗原决定簇的定位或核苷酸序列分析。

（2）*血清学试验* 一般在病毒感染 7～10d 就可以检测到抗体。常用的检测抗体的技术包括 HI 试验、琼脂双扩散试验（AGP）、病毒中和试验、神经氨酸酶抑制试验（NI）和酶联免疫吸附试验（ELISA）。试验中 HI 是最常用的方法，对大范围的流行病学调查比较实用。用 HA 可检测病料培养物的血凝活性；用 HI 试验可排除新城疫病毒（NDV）。HA 和 HI 试验常用于 A 型流感病毒亚型的鉴定。HA 和 HI 试验采用世界卫生组织推荐的常量法和微量法。应该注意的是，许多禽类都含有非特异性血凝抑制因子（即抑制素），与红细胞表面受体竞争病毒表面的血凝素，发生非特异性凝集反应。常用的方法是用受体破坏酶（RDE）即霍乱菌培养滤液处理法或高碘酸钠处理（Dowdle，1975）。HA 和 HI 试验特异性较好，是亚型鉴定的常规方法。对患病动物进行血清学诊断的同时必须检测急性期和恢复期双份血清抗体后才能确定。一般认为抗体价增高 4 倍以上，即可判为流感病毒感染。

AGP 是在琼脂凝胶中进行的抗原抗体免疫沉淀反应。其特点是简便、快捷。由于禽流感病毒不同亚型均具有共同的型特异性抗原（即核心抗原 NP 或 MP），而且比较保守，基本不发生变异，所以，可用一种禽流感抗原或抗体对所有 A 型禽流感病毒的抗体或抗原进行检测。AGP 不能鉴定亚型。

NI 主要用于 AIV 表面抗原神经氨酸酶的亚型鉴定。1983 年，Van Deuson 等对常量 NI 试验方法进行了改进，建立了微量 NI 试验方法，既降低了抗原用量，又可对多种分离物同时进行抗原分类，为此一直被世界卫生组织推荐用于 NA 亚型的分类。该试验因为需要有已知的 N 亚型（N1～N9）抗血清，所以一般只能在禽流感中心实验室进行。

用病毒 NT 来鉴定或滴定流感病毒时，可用鸡胚或组织培养细胞。一般常用固定病毒稀释血清法：用 100EID_{50}病毒与 RDE 处理过的倍比稀释的血清等量混合，室温作用 1h，每枚鸡胚（9～11 日龄）或每瓶细胞接种 0.2mL，每个稀释度接种不少于 4 个胚或细胞瓶，37℃培养 3～7d，检查接种鸡胚尿囊液的血凝活性或细胞培养的鸡红细胞吸附作用。按标准方法算出中和效价，能使不出现血凝活性或血细胞吸附作用的最高稀释度即为血清中和抗体滴度。中和试验结果大致与 HI 结果平行，因其操作繁琐，费时费力，已不常用。

禽流感病毒（*Avian influenzavirus*，AIV）

禽流感是由A型流感病毒引起的一种禽类的感染和/或疾病综合征。感染后的禽可表现出临床症状：呼吸系统疾病、产蛋量下降、致死率很高的急性出血性疾病，也可表现为亚临床症状：轻的呼吸系统感染到无症状带毒（隐性感染）等多种流行形式。疾病的严重程度取决于病毒毒株的毒力、被感染的禽种、有无并发病及其他条件。

1878年，首次报道在意大利鸡群暴发的一种严重疾病，当时称为鸡瘟（fowl plague），即所谓的“真性鸡瘟或欧洲鸡瘟”。1901年，Centannic和Sarunozzi证实了病原体是一种滤过性因子。1955年证实“鸡瘟”的病原为A型流感病毒感染，1956年发现A型流感病毒能引起鸭发病。1981年在美国马里兰州召开的首届禽流感学术会议上建议取消“鸡瘟”这一病名，将高毒力（highly virulent）禽流感正式命名为高致病性禽流感（high pathogenic avian influenza，HPAI），并建议用标准操作程序来确定分离毒是否属于HPAI病毒。OIE确定的高致病性禽流感病毒的分类标准是：①取HA滴度＞1/16的无菌感染流感病毒的鸡胚尿囊液用等渗生理盐水1∶10稀释，以0.2mL/羽的剂量翅静脉接种8只4～8周龄SPF鸡，在接种10d内，能导致6～7只或8只鸡死亡，判定该毒株为高致病性禽流感病毒株。②如分离物能使1～5只鸡致死，但病毒不是H5或H7亚型，则应进行下列试验：将病毒接种于细胞培养物上，观察其在胰蛋白酶缺乏时是否引起细胞病变或形成蚀斑。如果病毒不能在细胞上生长，则分离物应被考虑为非高致病性禽流感病毒。③所有低致病性的H5和H7毒株和其他病毒，在缺乏胰蛋白酶的细胞上能够生长时，则应进行与血凝素有关的肽链的氨基酸序列分析，如果分析结果同其他高致病性流感病毒相似，这种被检验的分离物应被考虑为高致病性禽流感病毒。欧盟国家根据OIE规定的标准对高致病性禽流感病毒判定标准进行了更加明确的定义，其内容是接种6周龄的SPF鸡，其IVPI大于1.2的或者核苷酸序列在血凝素裂解位点处有一系列的连续碱性氨基酸存在的H5或H7亚型流感病毒均判定为高致病性病毒。

高致病性禽流感（HPAI）可以造成鸡群75%～100%死亡，其潜伏期短、死亡率高、传播迅速，各种禽类均易感染发生；低致病性禽流感可使禽类出现轻度呼吸道症状，食量减少、产蛋量下降，出现零星死亡；非致病性禽流感不会引起明显症状，仅使感染的禽鸟体内产生病毒抗体。病毒分离和监测发现所有高致病性毒株全部属于H5和H7两个亚型，但是并非所有的H5和H7亚型禽流感病毒都是高致病性的，只有一部分具有高致病性。然而正是这很少的一部分高致病性毒株，常常对养禽业造成毁灭性打击，带来无法估量的经济损失。

禽流感病毒广泛分布于各种家禽（火鸡、鸡、珍珠鸡、石鸡、鹌鹑、野鸡、鹧鸪、鸽、鹅及鸭）和野禽（包括鸭、鹅、矶鹬、燕鸥、鹭、海鸥、天鹅等）。世界各地已分离出上千株的禽流感病毒，从迁徙水禽，尤其鸭中分离的病毒最多，流感在家禽中对鸡和火鸡的危害最严重。

禽流感暴发造成的损失是巨大的，近年来国外及我国有不少禽流感感染人的报道，人感染后的症状主要表现为高热、咳嗽、流涕、肌痛等，多数伴有严重的肺炎，严重者心、肾等多种脏器衰竭导致死亡，病死率很高。因此本病备受人们关注。世界动物卫生组织（OIE）将HPAI列入必须申报的传染病之一，我国《家畜家禽防疫条例》将此病列为一类传染病。

［形态结构］ 病毒呈球形、杆状或长丝状，为多形性。直径80～120nm。病毒粒子表面有长10～20nm的密集钉状物或纤突覆盖。囊膜内有螺旋形核衣壳。两种不同形状的表面钉状物是HA（棒状体）和NA（蘑菇状）。前者为血凝素，后者为神经氨酸酶。

病毒粒子由0.8%～1.1% RNA、10%～75%蛋白质、20%～24%脂质和5%～8%碳水化合物组成。

［理化特性］ 病毒对去污剂、脂溶剂敏感。在4℃下可保存数周，在－70℃或冻干可长期保存。病毒在直射日光下40～48h、65℃数分钟可迅速灭活。

［抗原性］ 所有禽流感病毒均为A型流感病毒，具有共同的型特异性NP和M1抗体；表面抗原变

异频率较高，HA 有 16 种亚型，NA 有 9 种亚型。病毒的抗原性与病毒的生物学特性尤其是毒力之间没有必然的联系，抗原性相同的不同毒株，其毒力强度很不一致。引人注目的事实是：历史上曾引起严重疾病的流感病毒都是 H5 或 H7 亚型。

[培养] 病毒可在 9～11 日龄鸡胚中生长，病毒可以达到较高滴度，有些毒株在接种鸡胚尿囊腔后可使鸡胚死亡。多数毒株能在鸡胚成纤维细胞培养物中生长，并产生细胞病变或形成蚀斑，鸡胚成纤维细胞是最常用的原代细胞培养物。犬肾传代细胞系（MDCK）是最常用的传代细胞系，也有用 Hela 传代细胞增殖病毒的报道。

[病原性] 禽类流感病毒的易感动物包括鸡、火鸡、珠鸡、鹌鹑、鹧鸪、燕鸥、鸽、鸭和鹅等。流感病毒对禽类的致病性多种多样，致病力的差异很大，临床主要表现为隐性感染、呼吸系统疾病和急性出血性感染三种类型。临床症状和组织病变可能表现在呼吸道、肠道、生殖系统、神经系统及部分脏器，并随病毒种类、动物种别、性别、年龄、间发感染、有无并发症、周围环境及宿主免疫状态而不同，即或是同一病毒株其致病性也会由于禽种而各异，有时即使同一病毒株生物学性状的微弱差异也会导致对同种禽类致病性的差异。

禽流感的传染源主要是病禽，临床症状根据病毒致病性不同大致分为三类：①隐性感染：在水禽、野鸟中普遍存在，部分家禽也时有发生。感染禽不表现临床症状，经呼吸道、粪便排毒。自然界中存在的大多数禽流感病毒都是无致病力的。②呼吸系统感染：主要见于火鸡，鸡较少发生。临床常见咳嗽、打喷嚏、啰音、流泪、副鼻窦腔肿大、羽毛蓬松、减蛋及孵化率降低，发病率高，死亡率低。病理变化主要为眼结膜、气管、副鼻窦腔和气囊卡他性浆液性炎。③出血性感染：分为急性型和最急性型。最急性感染鸡不出现前驱症状即急剧死亡，剖检仅能在内脏浆膜面和心冠部脂肪组织上见到点状出血。一般在感染后 2～3d，病程转变为急性型，潜伏期比较短，一般为 2～5d，感染鸡体温急剧上升，死亡率很高，有时可达 100%。临床表现精神沉郁、废食、产蛋减少、头颈部水肿并伴有不同程度的呼吸道症状，后期呈现明显的呼吸困难，陷于嗜睡状态、全身麻痹。剖检可见口腔、腺胃、肌胃角质膜下层和十二指肠出血等特征性病变，腹部脂肪、心脏有散在出血点。病理组织学检查常发现肝、心、脑、胸膜、法氏囊、脾、肾、卵巢或睾丸等出现以渐进性坏死为特点的退行性变化。鉴别诊断须注意与鸡新城疫相鉴别。

禽流感的临床症状有时会因毒株致病力的迅速改变发生显著变化。1983 年美国禽流感发病初期，临床主要表现为急性呼吸道症状，产蛋量降低，病鸡死亡率为 0～15%，毒力鉴定为弱致病力毒株，因而未给予充分注意。仅 4 个月后，同一病毒株（H5N2）的致病力迅速增强。此时感染鸡极度沉郁，震颤，产蛋完全停止，死亡率升至 50%～89%。相反，病鸡的呼吸道症状则不明显，剖检以出血性坏死为特征。

[生态学] 禽流感病毒几乎存在于所有家禽和野禽，遍布于全世界。在野禽中的分布主要受迁徙路线、季节变化的影响；家禽则主要受产地的地理环境如是否靠近水禽栖息地等影响。另外进行可靠的检测，对阐明病毒的分布或流行也会起到很重要的作用。

多年来，一直怀疑家禽暴发禽流感起因于野禽，特别是水禽。近 20 年来统计分析表明，全球范围内的家禽感染或暴发禽流感通常见于水禽的迁徙途中或水禽聚集的水域附近。

[免疫] 禽流感免疫可使机体产生坚强的免疫力，抗 HA 的中和抗体在免疫保护中起决定作用，HA 亚型相同的病毒之间能够交叉保护。目前，我国应用最为广泛的是重组禽流感油乳剂灭活苗。该疫苗采用反向遗传操作技术，将广泛适应我国禽流感抗原性的高致病性禽流感分离毒株的 HA 裂解位点进行敲除，将其人工致弱，致弱后的病毒保持了原有的抗原性，并获得了高度鸡胚生长特性，产量高，安全，免疫原性好。该疫苗不仅在我国广泛应用，还出口到埃及、越南等地，用于高致病性禽流感的防控。

[诊断] 主要采用病毒分离与鉴定和血清学试验。

(1) *病毒分离* 采取新鲜病料，经过无菌处理，接种鸡胚尿囊腔，可致死鸡胚，或接种鸡肾细胞培养观察细胞病变，再用血凝抑制试验进行鉴定。

（2）血清学试验　主要应用血凝抑制试验，效果最佳。还可用酶联免疫吸附试验或琼脂扩散试验。

猪流感病毒（*Swine influenza virus*）

猪流感（Swine influenza，SI）是由 A 型流感病毒引起的一种猪的急性呼吸道传染病。这种病在猪中经常发生，但很少导致猪的死亡。猪流感有很多个不同的亚型，目前已发现的猪流感病毒至少有 H1N1、H1N2、H2N3、H3N1、H3N2、H5N1 和 H9N2 等多个不同亚型。

1918 年，在美国首次发生了 SI，同年在匈牙利和中国也有 SI 发生的记载，这与最具灾难性的西班牙人流感发生的时间一致。当时猪群所表现的临床症状和病理变化与人群中流行的流感有许多相似之处。但直到 1931 年 Shope 才分离并鉴定了第一株 SIV，即古典猪 H1N1。此后，猪 H1N1 以地方流行性存在于美国和欧洲的猪群中。70 年代末，与古典猪 H1N1 抗原关系不一致的一株禽源 H1N1 引起欧洲猪流感暴发。1968 年以来，先后在我国台湾省以及北美、欧洲分离到的猪流感病毒 H3N2 与人 H3N2 的抗原性关系密切，开始不引起猪的明显临床症状。在欧洲由于禽源猪 H1N1 的 NP 和 NA1 基因取代了猪 H3N2 的等位基因而引发典型的猪流感症状。而部分亚洲猪 H3N2 则完全是禽源的，引发有限的疾病。重组型 H1N2 1980 年首先在日本神奈川和爱媛县发现，遗传学分析是由猪 H1N1 和 H3N2 重组产生，当时并没有成为流行株。数年后进行了流行病学初步调查，H1N2 已在日本和法国猪群中广为传播，并引发有限的临床症状。2009 年，发生大规模与猪流感病毒关系密切的人流感疫情，期间从猪和人体内分离到多株 H1N1 亚型猪流感病毒。

病毒的形态、理化特性和抵抗力均符合 A 型流感病毒的一般特征。

[抗原性] 感染猪的流感病毒已发现至少有 7 种亚型，即 H1N1、H1N2、H2N3、H3N1、H3N2、H5N1 和 H9N2，各亚型间有不同程度的血清学交叉反应。只有 H1N1 与欧洲型 H3N2 能引起猪广泛的疾病，它们的抗原性与同时期引起人流感大流行的人 H1N1 和 H3N2 关系密切。

[培养] 猪流感病毒培养最常用的方法是用 10～12 日龄鸡胚，接种尿囊内或羊膜腔内，但病毒不能致死鸡胚，通过血凝试验测定结果。病毒可以在猴肾细胞、犊牛肾细胞、猪肾系、胚猪细胞以及鸡胚成纤维细胞等培养物中生长。病毒也能在猪胚气管、肺或鼻上皮细胞的器官培养物中增殖。

[病原性] 不同品种、性别和年龄的猪对本病毒均易感。亚型不同的毒株引起的临床症状轻重也不同。临床表现病猪体温突然升高，食欲减退或废绝，腹式呼吸急促并伴有咳嗽，眼和鼻黏液性分泌物增多，有时带血。怀孕母猪有时出现木乃伊胎、流产和死胎等。病理变化可见呼吸道黏膜充血，表面有大量泡沫状黏液，有时杂有血液，肺水肿，病变部呈紫红色，颈淋巴结和纵隔淋巴结肿大、充血、水肿。仔猪感染常出现增生性和坏死性肺炎。猪嗜血杆菌并发感染可加重病状。鉴别诊断应与急性猪气喘病、猪肺疫等相区别。

[生态学] 病毒经呼吸道传播，大多发生在冬季，传播迅速，2～3d 全群发病。常呈地方性流行或大流行。猪流感分布于全世界，美国经过对全境所有猪群长期连续的追踪监测，发现大约有 25%的猪感染流感病毒并贯穿全年。认为隐性感染或带毒猪是猪流感的主要传染源。

猪流感病毒在公共卫生方面占有突出的地位。猪呼吸道上皮细胞表面既有禽流感病毒的受体唾液酸 α-2，3-半乳糖苷（SAα2，3Gal），又有人流感病毒的受体唾液酸 α-2，6-半乳糖苷（SAα2，6Gal），所以禽流感病毒和人流感病毒均可感染猪。猪被认为是人、禽和/或猪流感病毒通过基因重排产生新的亚型流感病毒的“混合器”。SIV 不仅感染猪，同时具有感染人和禽的潜力，因此 SI 在人和动物流感的病原学、生态学及流行病学中占有举足轻重的地位。

几乎每次在人流感新变异株引起人流感暴发或流行前后均有猪流感的发生和流行，并分离到抗原和遗传学关系十分密切的类似病毒株。已经证实猪和人流感病毒在猪和人宿主之间可以交叉感染、传播，并能引发一定的临床症状。猪在禽—猪—人的种间传播链中，扮演着流感病毒中间宿主及多重宿主的作用，猪作为流感病毒的储存宿主，先前在人群中流行的流感毒株一直储存在猪体内，等人群中该流感病毒消失后，该流感毒株又可以由猪传给人。研究证实，引起 1957 年“亚洲流感”和 1968 年“香港流感”的 H2N2 和 H3N2 毒株都是重组病毒，都经过了猪体内的基因重排过程。2009 年人群中出现的大规模 H1N1 流感疫情，据科学家分析其主要致病基因就是来源于猪，与猪流感病毒关系密切。我国对 H1N1 和 H3N2 在猪群和人群中的流行情况进行数年的血清学试验调查表明：两者 HA 阳性检出率呈平行状态。

[免疫] 猪流感病毒能使机体产生坚强的免疫力，康复猪极少发生第二次感染，却可能较长期带毒和排毒，成为传染源。

曾用猪流感病毒试制了一些疫苗，包括亚单位疫苗、灭活疫苗、弱毒疫苗，均未得到实际应用。

[诊断] 分离病毒，采取扑杀急性病猪的脾、肝和肺淋巴结或急性病猪鼻分泌物或气管、支气管渗出物，经过处理后接种 9～11 日龄鸡胚，置 33～35℃孵育 3d，采取羊水和尿液进行红细胞凝集试验确定结果。CDC 推荐采用荧光定量 RT - PCR 方法检测 2009 年流行的猪流感。

抗体检测可采取急性末期和恢复期双份血清，进行血凝抑制试验。

马流感病毒（*Equine influenza virus*）

马流行性感冒（Equine influenza，EI，简称马流感）病毒属于 A 型流感病毒属成员，引起马属动物常见的急性接触性呼吸道传染病，以高度接触性，发病率高，死亡率低为特点。马流感是对养马业影响最为严重的传染病之一，世界动物卫生组织将其列为法定报告动物疫病。

1956 年，Sovinova 等在布拉格从患流感病马分离到一株病毒，经鉴定为 A 型流感病毒，命名为 A/马/1/布拉格/1/56，即马甲 1 型（H7N7）；1963 年，Waddell 等在美国的迈阿密州，从病马体又分离到一株在抗原性与马甲 1 型流感病毒不同的 A 型流感病毒，命名为 A/马/2/迈阿密/1/63，即马甲 2 型（H3N8）。迄今发现马流感病毒只有 H7N7 和 H3N8 两个亚型。病毒适宜在鸡胚上增殖，病毒生长与否可用鸡红细胞进行红细胞凝集（HA）试验鉴定。马流感在马属动物极易传播，近年来，马流感在欧洲、北美洲、南美洲、大洋洲、亚洲、非洲超过 30 个国家都有发生的报道，表现出全球性流行、流行范围广和发病频次高的趋势。我国历史上曾多次发生马流感的流行，最近一次发生在 2007 年，新疆出现 H3N8 亚型马流感疫情。

[病毒的形态结构与理化特征] 与 A 型流感病毒相类似（图 49 - 1）。

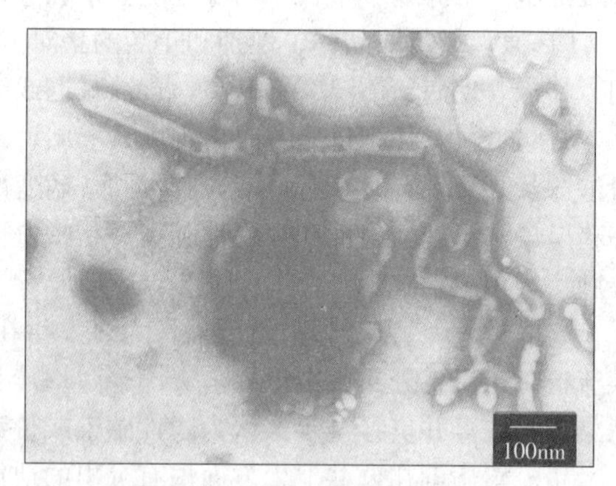

图 49 - 1 马流感病毒（负染色）
（李成等提供）

[抗原性] 马流感病毒只有 H7N7 和 H3N8 两个亚型。这两个亚型的血凝素和神经氨酸酶抗原之间均无抗原性关系；但是它们之间存在有共同的次要抗原。现已在马流感病毒、A 型禽流感病毒和人源病毒之间观察到某些抗原性关系。

此外，也发现 H7N7 和 H3N8 表面抗原互不相同，但可以同时在同一马群中流行。致使两病毒的内部蛋白基因频繁交换，但未出现新的亚型。资料表明，H3N8 的 HA 变异频率很高，1979 年的分离株 A/equine/Fontainebleau/79 与古典株 equine/Miami/63（H3N8）进行比较后发现，HA 上的 5 个抗原位点已有 4 个发生变异，但未出现亚型转变。1989 年，中国北方分离的 H5N8 变异株其抗原性发生了显著改变，与古典型株和 A/equine/Tennessee/86（H3N8）仅有微弱的交叉反应，但同 A/duck/Beijing/78（H3N8）有很高的血清学交叉反应，证实禽流感变异型病毒已进入马群。

[培养] 马流感病毒可在鸡胚的羊膜腔和尿囊腔内生长。在鸡胚成纤维细胞、仓鼠肾细胞、猴肾细胞、牛肾细胞培养物内增殖并形成细胞病变（合胞体）。

病毒可在绿猴肾（Vero，GMK-2）、牛肾（MDBK）、犬肾（MDCK）、猪肾（SK-K）、猪胚肾（ESK）传代细胞培养物上生长并产生病变。

［病原性］ 马流感病毒可自然感染马属动物，经飞沫传播，侵袭敏感宿主的呼吸系统。潜伏期1～3d，传播迅速。发病率高，死亡率低。临床表现高热、咳嗽、精神沉郁、食欲减退，鼻腔内有浆液性-黏液脓性分泌物，严重时继发支气管炎、肺炎及或心肌炎。病理变化可见颌下、颈部及肺门淋巴结肿大，肺广泛水肿，咽喉及四肢胶样浸润。鉴别诊断应注意与马鼻肺炎、马病毒性动脉炎相区别。

［生态学］ 种间传播是流感病毒进化的基础之一。马流感病毒在马和其他动物之间传播能力较差，很大程度上限制了马流感病毒基因的种间交换，使马有可能成为A型流感病毒的终末宿主。1977年以来，已很难从马流感病马中分离到H7N7，经过广泛的血清学调查，仅有中亚地区检测到马H7N7抗体，推测该病毒正逐步从马群内消失。

据资料表明：马H3N8早在1963年以前已从禽传播到马，经对1963—1988年间在世界各地不同时间分离的15株马H3N8 HA1氨基酸和相应核苷酸序列分析表明，目前在全球广泛流行的马H3N8，具体划分为两大分支，各群内病毒间的同源性高达98.2%～99.2%和97.2%～98.0%，并按照各自的模式继续进化。有趣的是，古典株H3N8与相隔24～25年后分离的同分支内A/equine/Laplata/88（H3N8）和A/equine/Brazil/57（H3N8）仅有8个核苷酸不同，对多变的HA基因来说，这是不合常规的，提示HA基因内存在一个“分子钟”（molecular clock），古典株H3N8在这段时间以某种方式在自然界沉寂（frozen），而今又重新“复活”。同时也说明，马流感病毒的进化十分缓慢，进化速度仅有人H3N2 HA基因的1/5。令人关注的是，两大分支内的病毒在同一流行地区同时存在，为分支间病毒的重组变异提供了条件。

引发1959—1990年中国北方马流感局部暴发的A/equine/Jilin（China）/89（H3N8）与当今众多H3N8流行株在遗传将性上有本质的不同。病毒的6个基因更似禽流感病毒，与A/duek/Ukraine/63（H3）的HA核苷酸同源性高达93%，而与流行株A/equine/Kentucky/87（H3N8）的HA仅有79%的同源性。出人意料的是，变异型马H3N8连续暴发两次后并未迅速扩散形成大流行，次年即神秘消失，推测该变异株可能是与马H3N8流行重组的杂合病毒潜伏下来，发展趋势让人难以预测。

［免疫］ 马流感病毒可使机体产生持久免疫力，自然康复马血清抑制抗体可持续存在数年之久。马流感病毒各种灭活佐剂疫苗已有销售，由于马流感病毒有变种，对免疫效果有不同程度的影响，必要时可以选择双价或多价疫苗。目前市场上常见的商业疫苗不能有效地抵抗A/equine/Jilin（China）/89（H3N8）的攻击，但能减少死亡率。而中国株灭活疫苗却能抵抗普遍株A/equine/Kentucky/1277/90（H3N8）的攻击。马流感灭活疫苗的免疫程度有多种，需要考虑马流感的流行情况和特点。一般采用前两次免疫间隔8～12周，6个月以后第3次接种，以后每9～12个月接种一次。

［诊断］ 确诊应进行病毒分离和血清学试验。病毒分离多采取急性期病马鼻腔分泌物，接种9～11日龄的鸡胚羊膜腔、尿囊腔，在35℃培育3～4d，收尿囊液和羊水，进行血凝试验。必要时可经鸡胚传3～5代后再判定结果。

血清学试验常用血凝抑制试验，应采取病马的急性期和恢复期双份血清，如果抗体升高4倍以上可诊断为流感病毒感染。

第二节　B型流感病毒属（*Influenzavirus* B）

B型流感病毒（*Influenza virus B*）

B型（乙型）流行性感冒病毒是流感的主要病原之一，它与A型流感在形态、结构和生物学功能均相似。1940年首次发现了与A型流感病毒抗原性完全不同的B型流感病毒，毒株命名为B/Lee/40。A型流感病毒的抗原变异较快，一般认为1～3年可发生一次，而B型流感病毒的抗原变异很慢。目前，世界各地均可分离到抗原性不同的两个进化系的B型流感病毒，分别是B/Victoria/2/87（B/VI）和B/Yamagata/16/88（B/YM）。B型流感也可引起世界范围内的流行，但不如A型流感的感染性强。B型流感的宿主特异性较强，至今只发现感染人和海豹，且不分亚型。

[形态结构] B型流感病毒与A型流感病毒相似，初分离时呈球形或丝状，病毒粒子包括膜蛋白、核蛋白、核衣壳及聚合酶复合体。基因组包含8条单股负链RNA，全长为14 648个核苷酸。所有的节段都具有保守的5′端和3′端，5′端和3′端部分互补，形成锅柄状结构，此结构在病毒RNA多聚酶的结合中发挥重要作用。病毒基因组的转录和复制发生在核内，不同节段的基因组编码不同的蛋白，整个基因组至少编码11种蛋白。其基因组与核蛋白（nucleoprotein，NP）及PB1、PB2、PA蛋白结合在一起轻度螺旋化形成核衣壳。核衣壳的外面是由基质蛋白和双层类脂形成的包膜，包膜上有许多突起，为病毒的表面抗原——血凝素抗原（hemagglutinin antigen，HA）、神经氨酸酶抗原（neuraminidase antigen，NA）和M2抗原。

[病毒的进化系] 根据B型流感病毒的抗原特性和HA1区的核苷酸序列，可以将其分为两大谱系（lineage），代表的毒株分别为B/Yamagata/16/88和B/Victoria/2/87（这两大谱系分别简称为Yamagata系和Victoria系）。研究表明，这两个谱系至少在1983年就开始在世界范围内同时流行，它们起源于1979年B/Singapore/222/79毒株，也有人根据两个谱系的遗传距离推测，这两个系大约起源于1969年。但是，两个谱系的形成发展规律尚不能定论，特别是Victoria系，文献报道1985年最早分离出B/Canada/3/85、B/Victoria/3/85等该谱系的毒株，此时，Victoria系已经和另一个系有显著的差异了，也正是在1985年，Victoria系在全球开始呈现大规模的流行。1990年以后，人们才开始认识到这个谱系的存在具有重要的流行病学意义。因此尚不能明确该谱系是在1985年突然产生的，还是以某种方式在某地域中渐渐形成的。

[抗原变异和进化] B型流感不存在亚型之分，抗原性比较稳定、变异慢，常引起局部暴发。病毒的抗原变异通过碱基点突变或多点突变等所形成的抗原性漂移（antigenic drift）及基因重配。病毒进化速度比人A型流感病毒慢，其抗原的改变速度只有人A型流感病毒的10%～20%，其中表面抗原HA和NA其核苷酸变异的速度只有人A型流感病毒的20%～30%。进化的速度主要取决于两个方面：一是基因本身所具有的基础突变的速度；二是外界环境，特别是宿主的免疫选择所形成的选择压力。基因突变的基础主要是由于多聚酶的校正能力决定的。B型流感病毒RNA多聚酶没有校正功能（proof-reading activity），它在HA中的错配率为10^{-7}～10^{-8}，而A型流感病毒则为10^{-5}，二者NA的错配率都为10^{-5}，因此不能确定这两种RNA多聚酶的错配率是否存在差别。

在过去的20多年里，整体上来看Yamagata系是流行的主流，这可能是因为Yamagata系变异比较快所致。1978—1998年间，Yamagata系累积变异26个氨基酸残基并插入1个Asp；而在1977—1997年间Victoria系累积变异只有16个氨基酸残基并插入一个Asp。

[流行特点] A、B两型流感均可引起世界范围内的流行，但B型流感不如A型流感的感染性强。B型流感的宿主特异性较强，至今只发现感染人和海豹。B型流感患者及隐性感染者为主要传染源，发病后与A型流感病毒一样，都是通过空气、飞沫等直接或间接途径传播。四季均可发生，以冬春季为主。南方夏季和秋季也可见B型流感病毒的流行。

[临床症状] 无论是何种类型的流感，表现出的临床症状较为相似，主要是畏寒、发热，体温在数小时至24h内升达高峰，可达39～40℃甚至更高，伴有头痛、头晕、全身酸痛、乏力、面颊潮红、眼结膜充血。呼吸道症状较轻，咽部充血，咽干喉痛，干咳。据临床观察，与其他类型流感相比，B型流感的流涕、腹痛和胃肠症状出现的较多。B型流感在老年人和儿童中也会引起继发致死性肺炎，还可在儿童中引起Reye's综合征，该病致死率较高。

第三节　C 型流感病毒属（*Influenzavirus C*）

C 型流感病毒（*Influenza virus C*）

C 型流感病毒很少引起明显的流行，在流行病学上不很重要。主要感染小儿的呼吸系统，症状与普通上呼吸道感染不易区别。第 1 株 C 型流感病毒分离于 1949 年，近年相继从猪和犬体内分到 C 型流感病毒。

C 型流感病毒的形态、理化特性、抵抗力、复制和传播方式与 A 型流感病毒基本一致。

［组成成分］ 病毒基因组由 7 个负链 RNA 组成，分别有 975～2 350 个核苷酸。总相对分子质量 4×10^6～5×10^6。各片段 3′和 5′端分别具有 10～11 个共同的保守核苷酸序列。7 个 RNA 片段共编码 6 个结构蛋白和 2 个非结构蛋白。PB2（774 氨基酸）、PB1（754 氨基酸）、PB3（709 氨基酸，类似于 PA）、NP（565 氨基酸）以及大量的 M1，结构和功能基本与 A 型流感病毒一致，不同的是 C 型流感病毒 RNA4 编码的唯一糖蛋白 HEF（655 氨基酸）担负了 A 型流感病毒 HA 和 NA 两个蛋白的功能。mRNA 拼接后编码的 NS1（286 氨基酸）和 NS2（122 氨基酸）的功能尚不清楚。

［抗原性变异与进化］ C 型流感病毒只有一个血清型，与 A 型、B 型流感病毒来自于共同的禽源祖先，C 型流感病毒最先分出，以多样性进化，逐步形成目前的两大分支。分支间病毒的抗原性和基因结构已有显著不同，但还不足以构成各自的亚型。它们可同时同地发生以致流行。C 型流感病毒的抗原变异相当稳定。流行病学和进化模式分析表明，C 型流感病毒正在或已经与人类宿主达成进化平衡。至今还未找到 C 型流感病毒基因与 A 型流感病毒或其他病毒发生基因重组并产生稳定后代的证据。而 A 型流感病毒却可经重组或其他方式，不断从禽流感病毒获取基因，打破这个平衡，不断进化。

第四节　托高土病毒属（*Thogotovirus*）

托高土病毒（*Thogoto virus*）

托高土病毒属有 3 种病毒，一个是托高土病毒（*Thogoto virus*，THOV），为托高土病毒属的代表种，另外包括托里病毒（*Dhori virus*，DHOV）和巴特肯病毒（*Batken virus*，BATV）。

THOV 和 DHOV 的形态和形态发生与流感病毒相似，病毒基因组为负链反义单链 RNA，分别为 6 个（THOV）或 7 个（DHOV）节段，全长约 10kb。vRNA 序列的末端与流感病毒一样部分互补。THOV 的 RNA 末端保守序列是 5′- AGAGA（U/A）AUCAA（G/A）GC 和 3′- UCGUUUUUGU（C/U）CG（节段 1 - 5）或者 3′- UCACCUUUGUCCG（节段 6）。链内碱基配对优于链间碱基配对，形成钩状或锅柄状螺旋结构。THOV 的 RNA 节段 1 - 3 与流感病毒相同，分别编码 PB2、PB1 和 PA 蛋白（相对分子质量分别为 88 000、81 000 和 71 500）。节段 4 编码糖蛋白 GP（THOV：75 000；DHOV：65 000），该蛋白氨基酸序列与流感病毒的血凝素不同。节段 5 编码 NP（THOV：52 000；DHOV：54 000），与流感病毒 NP 属于同一种类。THOV 的节段 6 翻译 mRNA 后生成两种 mRNA，一个是由未拼接的 mRNA 翻译成 ML 蛋白（Mr32 000），另一个拼接的 mRNA 编码 M 蛋白（Mr29 000）。ML 蛋白 C 端增加一个 38 个氨基酸的延伸序列。DHOV 的节段 6 编码 M1 蛋白（Mr 30 000）并且可能编码另一个未知功能的 M2 蛋白（Mr 15 000，但是至今没有检测到）。DHOV 的节段 7 是推测其存在的，功能未知。

THOV 和 DHOV 之间的抗原相关性不明显，并且与流感病毒也不相关，目前仅仅证明 DHOV 和巴特肯病毒之间存在血清学交叉反应。

THOV 和 DHOV 以蜱为媒介在脊椎动物之间传播。细胞感染在酸性 pH 条件下进行，并且能够被抗 GP 单克隆中和抗体阻断，与流感病毒一样，通过吞饮途径进入细胞。复制可以被放射菌素- D 或者 α-鹅膏菌素抑制。复制早期核蛋白最早在细胞核内逐渐积聚。THOV 的 M 蛋白是产生病毒样颗粒和重组病毒反向遗传操作所必需的。相反，ML 蛋白对细胞培养过程中病毒的增殖是非必需的，但是该蛋白有颉颃干扰素增加致病力的功能。

在病毒增殖早期，THOV 被干扰素诱导的 Mx GTP 酶抑制。温度敏感变异株之间的重配在蜱或脊椎动物交叉感染实验中得到证实。

THOV 从肯尼亚和西西里岛的牛蜱属和扇头蜱属，尼日利亚的杂色花蜱属，尼日利亚和埃及的璃眼蜱属的蜱中分离到。在自然条件下，THOV 可以感染人，血清学证据表明还可以感染其他动物（包括牛，绵羊，驴，骆驼，水牛和鼠）。THOV 在非洲中部，喀麦隆，乌干达，埃塞俄比亚以及欧洲南部分离到。DHOV 稍微不同，除了上述重叠的地理分布外还包括印度，俄罗斯东部，埃及和葡萄牙南部。DHOV 从璃眼蜱属蜱中分离到，偶然发生的实验室工作人员感染证明 DHOV 能够感染人，引起发热和脑炎。血清学证据表明牛、山羊、骆驼和水禽易受该病毒感染。THOV 和 DHOV 不存在可检测到的血清学反应，并且它们的结构也是不同的，THOV 包含 6 个 RNA 节段，而 DHOV 有 7 个 RNA 节段，其核蛋白和囊膜蛋白的序列同源性分别为 37%和 31%，这些数据表明 THOV 和 DHOV 是两个相对独立的种。

巴特肯病毒在俄罗斯的蚊子和蜱中分离到，它与 DHOV 的核蛋白有 98%同源，与囊膜蛋白同源率达 90%。这些数据暗示从蚊子和蜱分离到的巴特肯病毒与 DHOV 密切相关，应该属于一个种。

第五节　传染性鲑贫血病毒属（*Isavirus*）

鲑传染性贫血病毒（*Infectious salman anemia virus*）

传染性鲑贫血病毒形态学与流感病毒类似，表面突起有 10nm 长。病毒表面有血凝素和破活性坏受体两种糖蛋白，后者具有乙酰酯酶活性，对不同的糖蛋白作用活性不同。传染性鲑贫血病毒含有 8 条负链反义单股 RNA，它的 vRNA 5′- AGUAAAAA（A/U）和 3′- UCG（U/A）UUCUA 末端序列保守并且部分互补，这一点和流感病毒相似。基因组全长大约 13.5kb。节段 1、2 和 4 编码 P 蛋白，与其他核糖核酸依赖核糖核酸聚合酶有一定同源，估计蛋白相对分子质量分别为 79 900、80 500 和 65 300；节段 3 编码磷酸化的 NP，相对分子质量为 68 000；节段 5 编码的蛋白是未知功能的，推测其属于Ⅰ型膜蛋白，相对分子质量 48 800；节段 6 编码 HA，属于Ⅰ型膜蛋白，相对分子质量 42 700；节段 7 编码蛋白功能是为未知的，相对分子质量分别为 34 200 和 17 600；节段 8 编码两种蛋白，相对分子质量为 27 600和 22 000，后者是主要的结构蛋白。

传染性鲑贫血病毒和流感病毒之间的抗原相关性是未知的。抗 ISAV - HA 抗体可以中和病毒的感染性。宿主的体液免疫反应主要是针对 HA 和 NP。ISAV 大多数分离毒株，根据 HA 的特性目前将其划分为两个抗原群。

ISAV 通过水传播。该病毒可以凝集多数鱼类的红细胞，不能凝集禽类或者哺乳动物的红细胞。病毒和感染细胞的融合发生于酸性条件（低 pH）下，通过吞饮作用进入细胞内。病毒增殖经常使用的细胞是鲑鱼头肾细胞系（SHK - 1），最佳培养温度范围为 10～15℃；在 20℃病毒产量下降 99%或者更多，在 25℃条件下病毒不能复制。病毒复制可以被放射菌素- D 或者 α-鹅膏菌素抑制。复制早期核蛋白最早在细胞核内逐渐积聚。HA 在细胞浆内合成并分泌到细胞表面。

ISAV 是从鲑鱼养殖区域的大西洋鲑鱼（大西洋鲑）体内分离到的，实验条件下 ISAV 可以传染给其他一些鱼类，但是该病毒导致的疾病主要发现在大西洋鲑鱼。

◆ 参考文献

侯云德．1990. 分子病毒学［M］. 北京：学苑出版社．

殷震，等．1997. 动物病毒学［M］. 北京：科学出版社：644 - 665.

Alexander DJ. Vet Microbiol，2000. 22，74（1 - 2）：3 - 13.

Bouvier NM ，et al. Vaccine. 2008. 12 (26 Suppl 4)：D49 - 53.
Chen H. Sci China C Life Sci. 2009，52 (5)：419 - 427.
Daly JM，et al. Vet Res. 2004，35 (4)：411 - 423.
Faruqui F，et al. Vet. Curr Opin Pediatr. 2010，22 (4)：530 - 535.
Murphy F A，et al. 2005. Virus Taxonomy Eighth Reprt of the International committee on Taxonomy of Viruses. 681 - 693.
Neumann G，et al. 2010. Cell Res. Jan，20 (1)：51 - 61.
Webster R. G，et al. Microbiol. Rev. 1992. 56 (1)：152 - 179
W. B. 卡尔尼克，主编 . 高福，苏敬良，主译 . 1999. 禽病学 [M] . 北京：中国农业出版社 .

王秀荣　编
陈化兰　校

第五十章　布尼亚病毒科

布尼亚病毒科是虫媒病毒中最大的一个科，于1975年正式命名，已有成员达300种以上。各成员的命名比较混乱，无规律可循。科内病毒的显著特征是病毒基因组均由3个单股负链和双义RNA片段组成，为分节段的单股负链和双义RNA病毒。病毒形态相同或相似，不含有一般有囊膜RNA病毒常有的基质蛋白，因而缺乏明显的属或群特异性抗原。科内分类主要根据病毒RNA3′与5′端保守序列。本科有5个属，即正布尼亚病毒属（*Orthobunyavirus*）、白蛉热病毒属（*Phlepovirus*）、汉坦病毒属（*Hantavirus*）、内罗病毒属（*Nairovirus*）和番茄斑萎病毒属（*Tospovirus*）。这5个属中，番茄斑萎病毒属为植物病毒（略），其余4个属中，除汉坦病毒在啮齿类动物间传播并感染人类外，其他病毒均以蚊、蜱、白蛉或蠓等节肢动物作为媒介，经过叮咬或其他途径感染哺乳动物或鸟类，主要引起以发热为特征的综合疾病。

布尼亚病毒科的成员，血清型及群多样性、基因组的多片段组成和虫媒病毒特有的媒体循环给病毒抗原漂移和RNA片段重组以及进化提供了必要条件和充足机会。病毒基因组变异的综合作用是决定病毒生物学特性的分子基础。抗原漂移和基因重组在自然界中普遍存在，在野外捕捉的感染蚊子中已证实这种变异可经卵巢传给子代病毒。体外试验中，病毒的致病性经细胞培养传代可迅速改变，表现出与原始分离株不同的病原性或致细胞病变作用，这种现象是基因随机变异（包括点突变、序列缺失或插入）选择的结果，并不是变异前存在的基因重组所致。虽然基因变异存在于病毒自然感染的蚊子中，但在实验感染的蚊子体内还未得到证实。基因重组仅存在于同源病毒的双重感染，在脊椎动物细胞体外培养中具有很高的基因重组频率，然而在自然感染或实验感染的脊椎动物体内还未发现。

[形态结构及理化特性] 布尼亚病毒呈卵圆形颗粒或多形态，有囊膜，直径80～120nm，表面有糖蛋白突起。病毒粒子相对分子质量3×10^8～4×10^8，沉降系数（$S_{20}w$）350～500S，在CsCl中的浮密度为1.20～1.21g/cm³，在蔗糖中为1.16～1.18g/cm³。病毒核衣壳由3个环状、高度缠绕的单股负链和双义RNA片段与核蛋白（NP）组成，直径2～3.5nm，长度由超螺旋方式决定，一般为0.2～0.3μm。病毒对脂溶剂和去污剂敏感，能凝集多种动物红细胞。

布尼亚病毒主要由RNA、蛋白质、碳水化合物和脂类构成，分别占病毒总量的1%～2%、61%～77%、2%～7%、20%～30%。

（1）核酸　病毒RNA无感染性，基因组由大（large，L）、中（medium，M）和小（small，S）3个RNA片段组成（表50-1）。同属内病毒RNA 3个片段的3′和5′端有8～11个相同并互补的核酸保守序列，每个RNA片段两末端配对，常组成环状二级结构。核酸3个片段末端两两配对可以构成链状或花瓣状二级结构，但在自然界中比较少见。

（2）蛋白质　病毒的结构蛋白主要有4种。两种为内部蛋白，即RNA聚合酶（L）和核衣壳蛋白（NP），由L RNA和S RNA分别编码；另两种为等量的糖蛋白G1和G2，由M RNA编码。糖蛋白富含（>5%）赖氨酸，形如纤突植于囊膜表面，具有血凝活性，能够刺激产生血凝抑制抗体和中和抗体，并与病毒的致病性、宿主范围、组织趋向性、传播能力和膜融合功能有关。完整病毒经膜蛋白酶处理，可使G1降解为G2，使病毒对脊椎动物细胞的感染力随之降低，但对蚊子细胞的攻击性却得到提高。各属病毒结构蛋白的相对分子质量见表50-1。

表 50-1　各属病毒的核酸和蛋白构成

		正布尼亚	汉坦	内罗	白蛉热	TSWV
L	RNA[a]	6.875	6.5～8.5	11～14.4	6.5～8.5	8.2
	L[b]	259 000	246 000	>200 000	341 000	331 000
M	RNA	4.45～4.54	3.6	4.4～6.3	3.2～4.3	5.2
	G1	108～120	68～76	72～84	55～70	78
	G2	29～41	52～58	30～45	50～70	52～58
	NSm[c]	15～18	无	70～110	无或 78 78 和 14	34
S	RNA	0.85～0.99	1.7	1.7～2.1	1.7～1.9	3.4
	NP	19～25	50～54	48～54	24～30	29
	NSs[d]	10～13	无	无	29～31	52

注：a. 核苷酸数为 kb。b. 相对分子质量（$\times 10^3$）。c. 为 M RNA 编码的非结构蛋白，可能是一种膜结合蛋白，功能未明。d. 为双义 S RNA 编码的非结构蛋白，与病毒的致病性有关。

（3）碳水化合物　在病毒粒子中以糖蛋白或糖脂形式存在，参与构成病毒的功能基团。

（4）脂类　来源于宿主细胞，构成病毒囊膜。

［培养］布尼亚病毒（除汉坦病毒）可在多种细胞中培养增殖，在脊椎动物允许细胞上往往出现细胞病变并死亡，形成蚀斑。在非脊椎动物，如蚊子细胞上感染则表现出有限的、无症状或持续感染等不同形式。持续感染的细胞代谢正常，但不断排出感染性病毒颗粒，此时感染细胞对同源或相关病毒感染呈现耐受性。有限感染细胞则可能与病毒 NP 的转录调控有关，机理未明。脑内接种乳鼠是分离或获取高滴度病毒的常用方法。

［复制］布尼亚病毒的复制规律符合负链 RNA 病毒复制的一般特征。首先病毒表面糖蛋白和细胞受体相互识别，经细胞内吞作用和膜融合，病毒进入细胞质中并脱壳。此时病毒 RNA 聚合酶被激活，以病毒基因组为模板，在细胞引物协助下开始病毒 RNA 的早期转录，分别合成 L、M 和 S RNA 的 mRNA；随后 L 和 S 片段的早期 mRNA 则由宿主游离核糖体转译，M 片段的早期 mRNA 则由宿主膜结合核糖转译合成一个前体蛋白，经特异裂解和糖基化形成 G1 和 G2。这时开始病毒基因组的第 2 轮转录，以 mRNA 为模板合成大量的子代病毒 RNA，与富集在高尔基体的 G1、G2 和 NP 组装成子代病毒颗粒，输送至细胞膜处经囊泡与胞膜融合而释放出成熟病毒。

［抗原性］布尼亚病毒的基因变异直接导致病毒抗原性的改变，病毒的不断进化使抗原特异性出现多样性，病毒种、群或属间抗原关系的多重性也随之出现。一种单克隆抗体特异的病毒抗原决定簇可以在不同种、群甚至属间病毒上出现，从抗原性角度进行病毒分类，一般以检测比较保守的 NP 抗原特异性的 CF 试验在属内将病毒分为不同的血清群，而以检测糖蛋白的血凝抑制试验和试验鉴别病毒不同的种。但也有例外，如白蛉热病毒的糖蛋白与 NP 相比还要保守，因此血凝抑制试验和病毒中和试验也适用于白蛉热病毒血清群的分类。目前有多种单克隆抗体（抗 G1、G2、NP 和 NS）用于阐述病毒之间的抗原相关性、抗原变异及筛选变异株，并试用于病毒分类。但是一种病毒的最终分类仍要由 ICTV 来确定。在目前条件下，一般认为各属病毒间没有抗原相关性，血清群之间没有或仅有微弱的 CF 交叉反应。

第一节　正布尼亚病毒属（*Orthobunyavirus*）

正布尼亚病毒属是本科病毒中最大的一个属，包括 18 个血清群，至少 162 种病毒，各群之间没有或仅有微弱的血清学交叉反应。本属病毒感染的脊椎动物宿主的范围很大，蚊子是主要的传播媒介，某些病毒可经卵传播，Tete 群则以壁虱为媒介。对家畜和人有致病性的病毒超过 30 种。本节仅对布尼亚维拉病毒（*Bunyamwera virus*）和（*Akabane virus*）阿卡班病毒作一概述。

布尼亚维拉病毒（*Bunyamwera virus*）

布尼亚维拉病毒（*Bunyamwera virus*）于 1943 年分离自乌干达的黑斑蚊（*Aedes mosquitoes*），是

本属的代表种，分属于布尼亚维拉血清群。该群包括33种病毒，感染宿主从鸟类、啮齿类至大动物，包括人。目前布尼亚维拉病毒仅在非洲流行，在人、灵长类以及家畜中已检测到病毒抗体。人类感染表现为发热、皮疹等症状，对家畜尚未发现诱发疾病的报道。病毒基因组由L、M和S 3个RNA片段组成，每个片段都为线性单股负链和双义RNA，其中L片段长为6 875nt，M片段长为4 458nt，S片段长为961nt。

阿卡班病毒（*Akabane virus*）

阿卡班病毒属于正布尼亚病毒属，20世纪30年代曾在澳大利亚牛、绵羊和山羊中流行，引起一种先天性发育异常的疾病。1959年日本阿卡班村出现了类似疾病的暴发，并首次从蚊子体内分离到病毒。1980年证实了阿卡班病毒为阿卡班病（或称赤羽病）的病原体。除日本和澳大利亚之外，以色列也有报道。肯尼亚、南非、印度尼西亚和泰国等均已分离到病毒。1990年我国在上海、北京和天津等地证实了本病的存在。

[形态结构] 病毒粒子呈球形，有囊膜，直径90～100nm。表面有糖蛋白纤突，核衣壳由3个环状螺旋链组成，其直径2～2.5nm。病毒在胞浆内复制，以出芽的方式释放。病毒基因组由L、M和S 3个RNA片段组成，每个片段都为线性单股负链和双义RNA，其中L片段长为6 868nt，G+C含量为35 mol%；M片段长为4 309nt，G+C含量为37 mol%；S片段长为858nt，G+C含量为45 mol%。

[理化特性] 病毒对脂溶剂敏感，20%乙醚可在5min内使其灭活。在较高NaCl浓度下病毒可凝集鸭、鹅等红细胞，对鸽红细胞也有溶血作用。

[抗原性] 阿卡班病毒只有一个血清型，在世界各地不同时期分离的病毒之间没有明显的抗原差异，与辛波群的其他病毒之间具有共同的群特异性抗原，但在病毒中和试验、血凝抑制试验和溶血抑制试验中具有很高特异性，不出现交叉反应。

[培养] 阿卡班病毒可在多种脊椎动物细胞培养物中生长，并产生细胞病变，其中以仓鼠肺HmLu-1细胞最敏感。脑内接种乳鼠可显著提高病毒滴度。

[病原性] 阿卡班病毒主要感染牛、绵羊和山羊，受感染动物一般不表现明显的临床症状，但病毒可经胎盘侵袭胎儿，继而发生流产、死产、早产或弱产。病理变化主要表现为先天关节弯曲-积水性无脑（AH）综合征。病变特征与孕牛受病毒感染的时间有关，怀孕3～4个月龄的母牛感染后出生的牛犊常出现积水性无脑症病变，而关节弯曲则常为孕牛在妊娠4～6个月龄时感染所致。组织学检查感染胎儿呈现非化脓性脑脊髓炎和多发性肌炎，流产或早产的胎儿病变最为严重，存活胎儿则发生脑脊髓病变——脑水肿或在神经细胞内发生海绵样病变，脊髓腹角的运动细胞明显减少。

阿卡班病毒能够实验感染啮齿类动物，成年鼠脑内接种可以发生致死性脑炎，腹腔内接种则无感染性。接种怀孕仓鼠可导致胎儿的致死性感染，出现死产；接种6日龄鸡胚卵黄囊或15日龄鸡胚静脉，则出现类似于牛羊AH综合征的病理学变化，脑新纹状体和视叶发生灶性炎性病变，脑缺损、积水、关节弯曲等，因而鸡胚已被用来作为研究阿卡班病毒的实用模型。

在马、水牛、鹿、骆驼和犬体内也检测到了阿卡班病毒的抗体，但不显现任何临床症状。对人的感染至今尚未见到致病性的报道。

[生态学] 阿卡班病的流行呈明显的季节性和区域性，广泛分布于世界范围内的热带和温带地区。常发生于热带及北纬35°和南纬35°之间的亚热带地区。至今已从流行地区的多种库蠓，以及骚扰伊蚊和（或）布吉安蚊体内分离到病毒，这些节肢动物的活动季节与病毒感染高峰一致。成年动物感染后一般没有症状，于感染后1～6d时发生病毒血症，通常持续1～9d。当病畜处于毒血症时才能成为传染源。除家畜外，非洲多种野生动物和东亚的猴也受到阿卡班病毒感染。

[免疫] 阿卡班病毒感染能使宿主机体获得坚强的特异性免疫力。经实验证明，这种免疫力与血清中的中和抗体滴度呈线性关系。至今已有灭活疫苗和弱毒疫苗在现地使用，效果良好。

[诊断] 由于引起母畜异常生产的病因很多，必须采用多种相关病毒抗原进行血清学比较试验。对

于成年动物的感染可进行感染前后或流行前后双份血清的检查，对于新生而未吃初乳犊牛或羔羊血清的检查结果往往具有较高的诊断意义。确诊仍需分离和鉴定病毒。可以用反转录-聚合酶链反应（RT-PCR）检测病毒RNA。

第二节 白蛉热病毒属（*Phlebovirus*）

白蛉热病毒属原有成员50种。根据交叉中和试验将其中34种病毒分为9个血清群，另外16种病毒未分群。病毒主要由白蛉传播，部分由蚊或蝇传播。乌孔尼米血清群曾是布尼亚病毒科中一个独立的属，随着病毒分子生物学研究的进展，发现它们与白蛉热病毒属有许多一致性：①它们的S RNA都具有同样的双义编码功能；②三片段RNA 5′和3′端具有同样的核苷酸序列；③糖蛋白之间具有明显的同源性；④NP之间也具有很高的同源性；⑤它们的成员相互间具有明显的抗原相关性，但与其他属病毒均没有血清学交叉反应。因此现已初步将它们归于一个属，不同的是，乌孔尼米血清群主要由蜱传播。对家畜和人有致病性的病毒主要有白蛉热病毒和裂谷热病毒。

裂谷热病毒（*Rift valley fever virus*）

裂谷热病毒又称立夫特谷热病毒，是白蛉热病毒属的代表种。在非洲地区引起绵羊和牛的一种传染病，使母畜发生流产、仔畜死亡。

1931年多布尼（Daubney）、赫德森（Hudson）和Garnham等在肯尼亚最先报道。1951年又突然在南非发生，1978年在埃及使许多人和动物发病与死亡。

［形态结构］病毒直径约60～100nm。表面被覆有中空柱状短突起。内有核心，还有核衣壳。病毒基因组由L、M和S 3个RNA片段组成，每个片段都为线性单股负链和双义RNA，其中L片段长为6 606nt，G+C含量为44 mol%；M片段长为3 885nt，G+C含量为45 mol%；S片段长为1 690nt，G+C含量为49 mol%。

［理化特性］病毒在冻干下可长期保存，-4℃保存3年，室温可达3个月。56℃ 4min灭活病毒。pH3.0可迅速灭活。对乙醚、去氧胆酸盐敏感。0.1%福尔马林可迅速灭活。病毒有血凝素，可凝集小鼠、豚鼠和人的A型红细胞。

［抗原性］裂谷热病毒至今只发现一个血清型，将59种单克隆抗体（其中25种抗G2、14种抗G1、18种抗NP、2种抗NSp-31）对不同来源（人、节肢动物或其他动物）分离的裂谷热病毒抗原分析发现，其中55种单克隆抗体均与所有分离株出现血清学反应。抗G1和G2单克隆抗体可以体外中和病毒的感染性。目前发现G1有8个抗原决定簇，G2有7个，NP有2个，并初步证实G2主要的抗原决定簇可能是线性的，为研制基因工程亚单位疫苗提供了可能。

裂谷热病毒与属内病毒有较高的核苷酸序列同源性，与托洛角（Punta Toro）病毒的M RNA比较发现，裂谷热病毒G2和托洛角病毒G1有35 %的同源性，裂谷热病毒G1和托洛角病毒G2有49%的同源性（裂谷热病毒G2与托洛角病毒G1对应）。但抗原活性却有一定差异，一种能中和托洛角病毒活性的抗体虽然在ELISA或IFA中与裂谷热病毒有交叉反应，却不能体外中和裂谷热病毒活性或保护小鼠免遭裂谷热病毒感染。

［培养］裂谷热病毒呈泛嗜性，对肝脏、肾脏等实质细胞有特殊亲和力，并能使大多数单层细胞出现病变，形成蚀斑。病毒经鸡胚卵黄囊或小鼠脑内接种传代后能变为嗜神经性，对羊的毒力明显降低，这种技术已成为研制弱毒疫苗的有效途径。

［病原性］以蚊子自然传播发生的裂谷热病毒感染的致病性已得到实验证实，病毒首先由叮咬部位移向附近的淋巴结，在此处或巨噬细胞内复制后扩散。肝脏是病毒进犯的第一个器官，病毒可能经由星形细胞进入肝实质区，病毒开始大量复制，出现高滴度持续3～5d的病毒血症。此时，肝脏出现大面积坏死或出血性综合征。病毒也可能通过血-脑屏障感染神经元或神经胶质细胞，2～3周后发展为脑膜炎

或视网膜炎。

裂谷热病毒能造成严重危害，绵羊最易感，潜伏期约 2～4d，羔羊潜伏期略短。病羊表现为发热、厌食、流鼻涕、恶臭的腹泻，羔羊有时不表现任何症状即突然死亡，死亡率超过 90%，成年绵羊约 25%；怀孕母羊往往流产。山羊和牛的病情一般较轻。

感染羔羊的明显病理变化仅限于肝脏，肝实质内有大量灰黄色病灶，病灶周围环绕红色充血带，成年绵羊病变程度较轻。组织学变化的显著特征是在肝细胞浆内出现大量嗜酸性颗粒物质及核内嗜酸性包涵体。

实验室内裂谷热病毒能对多种实验动物产生致死性感染。病毒主要侵袭肝脏（灶性坏死）和大脑（坏死性脑炎）。啮齿类动物是实验室常选用的实验模型，接种小鼠出现急性致死性肝感染；接种沙土鼠（gerbils）出现没有神经外损伤的脑炎；不同纯系大鼠对同种病毒感染呈现不同的反应：感染大鼠分别出现致死性肝炎、脑炎，或仅出现亚临床症状或对感染有抗性。抗病原因是病毒未能侵入肝实质区而仅在肝表层有限复制。不同病毒株对同种大鼠也可能表现出不同的致病性：1977 年的埃及分离株对大鼠是有致病性的，而撒哈拉周边地区的分离株相对来讲则是无毒力的，其原因在于埃及分离株的 NP 基因发生了突变，当经乳鼠脑内连续传代，对大鼠的致病力明显降低。

裂谷热病毒也能感染水牛、骆驼和家兔，对幼猫、幼犬发生致死性感染，禽类以及马、猪对感染有抗性。感染恒河猕猴，约有 20%实验动物出现一种类似于人类感染的出血性综合征。外源性 α-干扰素能延缓病毒血症并降低死亡率。

[生态学] 裂谷热仅发生于非洲，目前有 24 个国家报道有裂谷热的暴发或流行。早在 1912 年，肯尼亚即有关于本病的报道。1950—1951 年发生在南非的暴发流行使 10 万只绵羊死亡。1977 年裂谷热病毒第一次出现在埃及，造成尼罗河流域大规模的暴发流行，25%～50%的绵羊和牛受到感染。有意义的是，自 1981 年以来，裂谷热在埃及未见发生，说明当地不具备病毒持续存在的某个环节。1987 年第一次在西非国家毛里塔尼亚暴发的裂谷热可能与刚建成的塞内加尔河大坝有关——它改变了当地的生态环境，进一步证实裂谷热的发生与生态条件密切相关。

裂谷热病毒主要由蚊子传播，至今已从 23 种蚊子中分离到病毒。病毒进入蚊子体内首先在中肠出现，随后感染血淋巴（hemolymph）、唾液腺及卵巢，感染蚊子的生存能力有所下降但不因此死亡。此时病毒的传播向两个方向进行，一方面经过叮咬感染脊椎动物形成水平传播循环；一方面大量子代病毒随虫卵排出体外，致使病毒在不同生态条件下长期持续存在。裂谷热大范围的暴发流行往往发生在多雨潮湿的季节，蚊子密度较高或长期大雨将结束时，从洪水中的孑孓分离到的病毒证实，大量降雨使已干涸的洼地积水，使虫卵迅速大量地孵育为成虫，携带病毒的蚊子经水平和垂直传播，以及绵羊中可能存在的同居感染，最终使裂谷热首先在绵羊中暴发。肉食兽可因大量吞食感染组织而发生感染，人类尤其是兽医工作者及接触感染动物的有关人员随后受到感染。不排除病毒经气溶胶传播的可能性。

[免疫] 裂谷热病毒感染可使机体产生坚强免疫力，免疫母羊所产羔羊具有长达 3～6 个月的被动免疫，其中 G2 中和抗体起主要作用。目前使用的各种疫苗均已证明是有效的。家畜用弱毒疫苗一般都是经小鼠或鸡胚连续传代致弱后制成，由于弱毒疫苗接种后也能引起病毒血症，因而不宜用于孕羊，对公羊也能诱发短期的精子活力下降。目前进一步致弱的疫苗株正在选育之中。灭活疫苗主要应用于接触裂谷热病毒的有关人员。

[诊断] 临床上取双份血清检查，以及组织学检查肝脏细胞嗜酸性核内包涵体对诊断具有很大价值。确诊仍需分离和鉴定病毒，特异免疫血清中和试验是实验室鉴定病毒的最常用方法。反转录-聚合酶链反应（RT-PCR）也用于病毒 RNA 的检测。用重组表达的 N 蛋白建立的间接 ELISA 可以检测人和动物体内的抗体。

白蛉热那不勒斯型病毒（*Sandfly fever Naples virus*）

白蛉热那不勒斯型病毒（*Sandfly fever Naples virus*，SFNV）属于白蛉热病毒属，是由 Sabin 和

Paul 于 1924 年在意大利那不勒斯县的一次暴发流行中发现的。1951 年 Sabin 证实了该病毒为中东白蛉热的一种病原。SFNV 与白蛉热病毒属中另一成员——白蛉热西西里型病毒有明显的抗原差异。白蛉热那不勒斯型病毒主要感染人类。作为白蛉热那不勒斯型病毒之一的托斯卡纳病毒（Toscana virus），夏季在地中海周围的国家可引发人的脑炎。托斯卡纳病毒基因组由 L、M 和 S 3 个 RNA 片段组成，每个片段都为线性单股负链和双义 RNA，其中 L 片段长为 6 406nt，G+C 含量为 43 mol%，编码区占 98%；M 片段长为 4 215nt，G+C 含量为 44 mol%，编码区占 95%；S 片段长为 1 869nt，G+C 含量为 47 mol%，编码区占 91%。

白蛉热西西里型病毒（*Sandfly fever Sicilian virus*）

白蛉热西西里型病毒在 1943 年分离于意大利。早在 1886 年此病即有较详尽的临床描述，1909 年证实病原为滤过性因子，由一种称为 Papatasi（拉丁文）的白蛉传播。与白蛉热病毒属中另一成员——白蛉热那不勒斯型病毒有明显的抗原差异。白蛉热西西里型病毒主要感染人类，它是第 2 个得到证实由节肢动物传播的疾病，引起高热和身体不适等类似流感的症状，但不引发神经系统的症状。病毒对家畜没有致病性，但已在牛、羊血清中查到白蛉热西西里型病毒的抗体。

意大利、埃及、巴基斯坦、伊朗和塞浦路斯都有人感染白蛉热西西里型病毒的报道。最近在阿尔及利亚也检测到了该病毒。病毒基因组由 L、M 和 S 3 个 RNA 片段组成，每个片段都为线性单股负链和双义 RNA，其中 S 片段长为 1 747nt，G+C 含量为 47 mol%。

第三节 汉坦病毒属（*Hantavirus*）

汉坦病毒属是布尼亚病毒科中唯一在啮齿类动物间传播并感染人类的非虫媒病毒。随着病毒结构及生化性质的不断阐明，ICTV 于 1987 年将它列入布尼亚病毒科，命名为汉坦病毒属。

实验室诊断汉坦病毒时，可用 ELISA、免疫印迹、重组免疫印迹试验来检测病人血清中的抗体。还可用反转录-聚合酶链反应（RT-PCR）检测病人组织中特异的汉坦病毒 RNA，或用免疫组化试验检测其抗原。

汉坦病毒（*Hantaan virus*）

汉坦病毒是汉坦病毒属的代表种，可引起以发热、出血、肾脏损伤为主要特征的烈性传染病，称为肾综合征出血热。该病常发生于人类，早在 20 世纪 30 年代就有报道，50 年代侵略朝鲜的联合国部队士兵中曾发生本病，随后又在独联体、日本和中欧的一些国家发生。在我国亦有本病存在，分布于 27 个省、市、自治区，最高年发病人数达 5 万人，死亡率在 5%～10%之间。我国是受汉坦病毒危害最严重的国家，全世界 90%以上的肾综合征出血热病例发生在我国，汉坦病毒在我国又称为流行性出血热病毒。此病毒是实验动物的一种重要传染病，最早是由韩国学者李镐汪在汉坦河（Hantaan）流域捕获的黑线姬鼠肺组织中分离到的。

[形态结构] 病毒粒子呈球形或多形性，直径为 90～120nm，有囊膜。汉坦病毒基因组由 L、M 和 S 3 个 RNA 片段组成，每个片段都为线性单股负链 RNA，其中 L 片段长为 6 533nt，G+C 含量为 36 mol%；M 片段长为 3 616nt，G+C 含量为 39 mol%；S 片段长为 1 696nt，G+C 含量为 42 mol%。

[理化特性] 病毒对脂溶剂、紫外线、甲醛、β-丙内酯敏感，60℃ 2h 可使病毒完全灭活。病毒在 pH5.8 条件下，可凝集鹅红细胞。

[抗原性] 病毒表面的糖蛋白 G1 和 G2 是型特异性抗原，可刺激机体产生中和抗体。核衣壳蛋白是群特异性抗原，可刺激机体产生补体结合抗体。

[培养] 对本病毒最敏感的细胞系是 Vero-E6 和 A549，也可在 BHK-21-C13、人血管内皮细胞、巨噬细胞、白细胞等增殖。能在 Vero-E6 细胞内形成细胞病变。病毒在细胞内增殖较慢，于感染后 8d

达到高峰。

[病原性与生态学] 天姬鼠是该病毒主要的自然宿主，小鼠、大鼠、仓鼠、家鼠均可携带病毒。我国学者还从猪、兔和麻雀体内分离到本病毒。这些动物可以持续感染，从尿、粪、唾液等排泄物中向外排毒。人类感染主要是与带毒鼠接触较多者，呼吸道是主要的传播途径，亦有通过子宫感染胎儿的报道。最初表现为发热、头痛、肌肉痛和严重不适。发热期常持续 3～7d，随后过渡到低血压期，几小时或几天，伴有出血、蛋白尿、血小板减少，发生低血容量性休克的病人有 1/3 死亡。在血压恢复正常或高压后，过渡到少尿期，常持续 3～7d，有一半的病人在此阶段死亡。恢复期是以多尿开始的，常持续几天到几周，康复缓慢，需 3～6 个月的时间。死亡病例的病理变化主要表现为弥漫性出血和肾脏的异常。

哺乳小鼠感染本病毒后发生致死性疾病，亦能产生持续性感染，病毒在肺、脑、肾脏中滴度较高，毛细血管内皮是主要的增殖部位。成年小鼠在 2～3 周内产生脑、肺、肝的损伤。存活鼠经尿、粪、鼻腔分泌物等排毒，排毒时间达 180d 以上。

哺乳大鼠感染后，可发生全身感染，病毒可侵害脑、肺等组织。但肺适应株主要侵害肺。经肌肉注射和滴鼻均可感染。

[免疫] 我国人用灭活疫苗已获卫生部批准。

[诊断] 可进行病毒分离鉴定和血清学方法诊断本病。分离病毒常用小鼠或 Vero 细胞系。可以用间接免疫荧光、病毒中和试验和反转录-聚合酶链反应（RT-PCR）来鉴定病毒。血清学诊断方法有间接免疫荧光试验、免疫酶及 ELISA、血凝和血凝抑制试验、蚀斑减数中和试验等。

安第斯病毒（*Andes virus*）

安第斯病毒属于布尼亚病毒科汉坦病毒属，可感染人类。安第斯病毒是引起汉坦病毒肺病综合征（hantavirus pulmonary syndrome，HPS）已知的 5 种病原之一，首次在 1995 年发生于阿根廷的西南部。后来在玻利维亚、巴西、加拿大、智利、巴拿马、巴拉圭、美国和乌拉圭都有报道。棉鼠类啮齿动物为其自然宿主，感染鼠终生带毒，但不直接感染人。人是通过吸入棉鼠类啮齿动物的排泄物所形成的气雾而感染的。

安第斯病毒基因组由 L、M 和 S 3 个 RNA 片段组成，每个片段都为线性单股负链和双义 RNA，其中 L 片段长为 6 562nt，G+C 含量为 36 mol%；M 片段长为 3 671nt，G+C 含量为 40 mol%；S 片段长为 1 871nt，G+C 含量为 41 mol%。

安第斯病毒感染人后首先表现为非特异性的发热，类似于其他常见病毒感染引起的初期症状。然后病人很快出现非心源性肺水肿、呼吸衰竭和休克。安第斯病毒在阿根廷、智利和乌拉圭已引起了 400 多例人感染的病例，总的致死率约为 40%。

牛轭湖病毒（*Bayou virus*）

牛轭湖病毒属于布尼亚病毒科汉坦病毒属，可感染人类，发病初期引起一种类似流感的发热症状，然后病人很快出现呼吸衰竭和休克。牛轭湖病毒是引起汉坦病毒肺病综合征（Hantavirus pulmonary syndrome，HPS）已知的 5 种病原之一，是由 1993 年发生于美国路易斯安那州和得克萨斯州东部地区死亡病人的病理解剖组织和血液的 cDNA 中扩增到的核苷酸序列而确认的。分子流行病学调查表明美国南部的食米鼠是主要的保毒宿主（reservoir host）。

第四节　内罗病毒属（*Nairovirus*）

内罗病毒属现有成员 34 种以上，根据补体结合试验、血凝抑制试验和病毒中和试验分为 7 个血清群，各群之间没有或仅有微弱的抗原相关性，与其他属病毒没有血清学交叉反应，其中大多数成员具有布尼亚病毒科的主要特征，而部分病毒具有一些特殊的形态结构。如卡洛勃（Qalyub）病毒的表面糖蛋白呈有序排列，形似晶格；哈扎拉（Hazara）病毒除含有 G1 和 G2 两种糖蛋白外，在病毒组成中还发现了第 3 种糖蛋白。目前对此蛋白尚缺乏足够的了解。内罗病毒主要由蜱传播，遍布亚洲、非洲和欧洲。对家畜和人有明显危害的病毒主要是内罗和克里米亚-刚果出血热（CCHF）血清群成员。

杜贝病毒（*Dugbe virus*）

杜贝病毒是内罗病毒属的代表种，为内罗毕绵羊病（NSD）血清群的另一个成员，不仅与内罗毕绵羊病病毒有一定程度的抗原相关性，而且可感染人，能引起一种类似流感的发热症状，表现为血小板减少症。杜贝病毒基因组由 L、M 和 S 3 个 RNA 片段组成，每个片段都为线性单股负链和双义 RNA，其中 L 片段长为 12 255nt，G+C 含量为 39 mol%；M 片段长为 4 888nt，G+C 含量为 41 mol%；S 片段长为 1 716nt，G+C 含量为 43 mol%。杜贝病毒感染仅发生于非洲。

内罗毕绵羊病病毒（*Nairobi sheep disease virus*，NSDV）

内罗毕绵羊病病毒属于布尼亚病毒科内罗病毒属，是引起绵羊或山羊以发热为特征疾病的病原。1910 年该病首次证实于肯尼亚首都内罗毕，故而得名。本病主要发生在东非，在肯尼亚、乌干达、坦桑尼亚、索马里和埃塞俄比亚都有动物感染的报道。不同发育阶段的具尾扇头蜱（*Rhipicephalus appendiculatus*）是传播该病的重要媒介，发热期的感染绵羊或山羊也是重要传染源。另外从中非的人、反刍类动物和棕耳（brown-eared）蜱已分离到内罗毕绵羊病病毒。杜贝（Dugbe）病毒是内罗毕绵羊病（NSD）血清群的另一个成员，不仅与内罗毕绵羊病病毒有一定程度的抗原相关性，而且感染人，亦能引起一种类似流感的发热症状。甘贾姆（Ganjam）病毒原是 NSD 血清群的最后一个成员，它分离于印度，主要感染绵羊和山羊，现已证实它是 NSD 病毒的一个变异株，已归属于 NSD 病毒种内；除硬蜱外，蚊子、库蠓也能传播该病毒。

［形态结构］病毒粒子呈球形、卵圆形及长杆型。病毒粒子直径约 70nm，有的粒子长达 500nm 左右。病毒粒子内部有电子散射力强的核心，其外面由双层囊膜包裹。病毒粒子相对分子质量为 300×10^6～400×10^6。病毒基因组由 L、M 和 S 3 个 RNA 片段组成，每个片段都为线性单股负链和双义 RNA。

［理化特性］病毒粒子在蔗糖中的浮密度为 1.16～1.18g/cm^3，在氯化铯中的浮密度为 1.20～1.21g/cm^3，沉降系数 S_{20}w 为 350～500S。对脂溶剂敏感，耐 50℃加热 1h，血清或血液中的病毒 4℃下可长期存活，60℃加热 5min 可使病毒迅速灭活。

［抗原性］病毒能凝集部分动物红细胞，尚未见到血清分型的报告。

［培养］病毒能感染多种脊椎动物细胞并形成蚀斑，野毒株经鼠脑继代，对绵羊的致病力迅速降低，并可在鸡胚中繁殖，这已成为研制弱毒疫苗的有效途径。

［病原性］病毒主要感染绵羊，潜伏期约 1 周，随后高热并伴有出血性胃肠炎，机体衰竭，往往在发病后几天内死亡。母羊流产，羊群发病率很高，死亡率为 40%～90%。病理变化主要表现为消化道黏膜充血、出血。山羊感染一般呈亚临床症状。

［免疫］康复羊具有坚强持久的免疫力，弱毒苗已得到广泛应用，效果显著。

［诊断］内罗毕绵羊病的诊断并不困难。确诊需要作病毒的分离与鉴定。脑内接种乳鼠是实验室常用的病毒分离方法，然后用病毒中和试验鉴定。可以用反转录-聚合酶链反应（RT - PCR）来检测病毒 RNA。

血清学试验有补体结合试验、酶联免疫吸附试验、间接免疫荧光抗体技术、间接血凝试验和琼脂免疫扩散试验等，已成功地应用于本病的血清学诊断，检测时应采取双份血清。其中病毒中和试验的结果不可靠，因为该试验也能检测内罗毕病毒属的其他成员。

克里米亚-刚果出血热病毒（*Crimean-Congo hemorrhagic fever virus*）

本病毒是内罗病毒属的成员，属于克里米亚-刚果出血热血清群。1944年首次记载于前苏联的克里米亚，1956年在非洲刚果出现类似疾病的流行，1969年研究证实引起这两次流行的病毒抗原性无差别，为同一病毒，故称为克里米亚-刚果出血热（CCHF）病毒。CCHF主要流行于亚洲、非洲、中东和欧洲。

病毒形态结构和理化性质符合布尼亚病毒科的一般特征。病毒基因组由L、M和S 3个RNA片段组成，每个片段都为线性单股负链和双义RNA，其中L片段长为12 108nt，G+C含量为41 mol%；M片段长为5 366nt，G+C含量为43 mol%；S片段长为1 672nt，G+C含量为45 mol%。

CCHF病毒可能是宿主范围及分布最广的虫媒病毒，主要由蜱传播，至今已从29种或亚种蜱中分离到病毒，并证明其中17种能作为病毒传播的媒体。自然条件下，病毒除以一般虫媒病毒常有的以卵传播和蜱-脊椎动物循环传播外，已经证实病毒在野外蜱间能长期持续传播，因而这些媒介昆虫及其众多的寄生动物的广泛分布最终决定了CCHF病毒存在于多种脊椎动物并广泛分布于欧、亚、非三大洲。

CCHF病毒能引起人类比较严重的临床症状，但不常发生，感染途径主要经由感染蜱叮咬、接触感染动物或组织以及人之间的水平传播。潜伏期3～6d，起初呈严重的似流感症状，高热，几天后出现出血症状并伴有肝炎症候，死亡率约10%。除人外，病毒也感染大多数草食动物及刺猬、小鼠等，但不引起明显的疾病。南非曾发生CCHF病毒在牛群中的广泛流行。

可以用血清学和分子生物学方法来诊断该病毒。血清学方法有间接免疫荧光试验和酶联免疫吸附试验（ELISA），可以检测血清中的IgM和IgG。近来用哺乳动物细胞表达的CCHF病毒重组核衣壳蛋白已用于CCHF病毒感染的血清学诊断中。分子生物学方法为反转录-聚合酶链反应（RT-PCR），可检测CCHF病毒的RNA。伊朗自1999年使用上述方法来监控CCHF病毒感染以来，已使人的死亡率从2000年的20%降到了2007年的2%，防治效果十分显著。

◆ 参考文献

洪健，周雪平，译. 2006. ICTV第八次报告的最新病毒分类系统［J］. 中国病毒学，21（1）：84-96.

中国农业科学院哈尔滨兽医研究所. 2008. 动物传染病学［M］. 北京：中国农业出版社.

中国农业科学院哈尔滨兽医研究所. 1998. 兽医微生物学［M］. 北京：中国农业出版社.

Bridgen A, Dalrymple D A, Elliott R M. 2002. Dugbe nairovirus S segment: correction of published sequence and comparison of five isolates［J］. Virology, 294（2）: 364-371.

Bridgen A, Weber F, Fazakerley J K, et al. 2001. Bunyamwera virus nonstructural protein NSs is a nonessential gene product that contributes to viral pathogenesis［J］. Proceedings of the National Academy of Sciences of the United States of America, 98: 664-669.

Chinikar S, Goya M M, Shirzadi M R, et al. 2008. Surveillance and laboratory detection system of Crimean—Congo haemorrhagic fever in Iran［J］. Transboundary and Emerging Diseases, 55（5—6）: 200-204.

Garcia S, Chinikar S, Coudrier D, et al. 2006. Evaluation of a Crimean—Congo hemorrhagic fever virus recombinant antigen expressed by SemLiki Forest suicide virus for IgM and IgG antibody detection in human and animal sera collected in Iran［J］. Journal of Clinical Virology, 35（2）: 154-159.

Grò MC, Di Bonito P, Fortini D, et al. 1997. Completion of molecular characterization of Toscana phlebovirus genome: nucleotide sequence, coding strategy of M genomic segment and its amino acid sequence comparison to other phleboviruses［J］. Virus Research, 51（1）: 81-91.

Izri A, Temmam S, Moureau G, et al. 2008. Sandfly fever Sicilian virus, Algeria［J］. Emerging Infectious Diseases, 14（5）: 795-797

Jansen Van Vuren P, Potgieter A C, Paweska J T, et al. 2007. Preparation and evaluation of a recombinant Rift Valley fever virus N protein for the detection of IgG and IgM antibodies in humans and animals by indirect ELISA［J］. Journal of Virological Methods, 140: 106-114.

Kinsella E，Martin SG，Grolla A，et al. 2004. Sequence determination of the Crimean—Congo hemorrhagic fever virus L segment [J] . Virology，321 (1)：23 - 28.

Léonard V H，Kohl A，Hart T J，et al. 2006. Interaction of Bunyamwera Orthobunyavirus NSs protein with mediator protein MED8：a mechanism for inhibiting the interferon response [J] . Journal of Virology，80 (19)：9667 - 9675.

Manual of Standards for Diagnostic Tests and Vaccines for Terrestrial Animals. Edited by OIE. Web format，2008.

Marriott A C，Nuttall P A. 1996. Large RNA segment of Dugbe nairovirus encodes the putative RNA polymerase [J] . Journal of General Virology，77 (Pt 8)：1775 - 1780.

McElroy A K，Smith J M，Hooper J W，et al. 2004. Andes virus M genome segment is not sufficient to confer the virulence associated with Andes virus in Syrian hamsters [J] . Virology，326 (1)：130 - 139.

Mcintyre N E，Chu Y，Owen R D，et al. 2005. A longitudinal study of Bayou virus，hosts，and habitat [J] . The American Journal of Tropical Medicine and Hygiene，73 (6)：1043 - 1049.

Meissner J D，Rowe J E，Borucki M K，et al. 2002. Complete nucleotide sequence of a Chilean hantavirus [J] . Virus Research，89 (1)：131 - 143.

Ogawa Y，Kato K，Tohya Y，et al. 2007. Sequence determination and functional analysis of the Akabane virus (family Bunyaviridae) L RNA segment [J] . Archives of Virology，152 (5)：971 - 979.

Ozdarendeli A，Aydin K，Tonbak S，et al. 2008. Genetic analysis of the M RNA segment of Crimean—Congo hemorrhagic fever virus strains in Turkey [J] . Archives of Virology，153 (1)：37 - 44.

Shi X，Kohl A，Li P，et al. 2007. Role of the cytoplasmic tail domains of Bunyamwera orthobunyavirus glycoproteins Gn and Gc in virus assembly and morphogenesis [J] . Journal of Virology，81 (18)：10151 - 10160.

Tavana A M. 2001. The seroepidemiological studies of Sand fly fever in Iran during imposed war [J] . Iranian Journal of Public Health，30 (3—4)：145 - 146.

薛飞　编

第五十一章　砂粒病毒科

砂粒病毒科病毒是在病毒颗粒内部存在有类核体颗粒嵌在病毒粒子上，形成病毒内嵌入砂粒。病毒基因组为分节段负链 RNA，为有囊膜的分节段单股负链 RNA 病毒。

1970 年罗（Rowe）等首次提出"Arenovirus"这一命名，因为不是病毒本身的形态似砂粒，而是像有些砂粒嵌在病毒粒子内，故有人建议称为"砂粒样病毒"。这些砂粒样物质，多尔顿（Dalton）等（1968）认为是细胞的核蛋白体。后来经佩德森（Pedersen）（1973）、Earber 及 Ravis（1975）证实，这些核蛋白体可能是在病毒粒子芽生成熟时从细胞中获得的。但 Kojima 及 Majde（1970）认为是似肝糖的颗粒。又有人认为是类核糖体颗粒。本科病毒只有一个砂粒病毒属（*Arenavirus*）。

第一节　砂粒病毒属（*Arenavirus*）

砂粒病毒属的代表种为淋巴细胞性脉络丛脑膜炎病毒（*Lymphocytic choriomeningitis virus*，LCMV）。在血清学上有两个可以区别的病毒复合群。第一个群是 LCMV-LASV（拉沙病毒）复合群，包括 5 种病毒。其中的典型种为拉沙病毒（*Lassa virus*，LASV）；与动物关系较密切的病毒为淋巴细胞性脉络丛脑膜炎病毒（*Lymphocytic choriomengitis virus*，LCMV）。其余三种病毒（*Lppy virus*、*Mobala virus* 和 *Mopeia virus*）本节则从略。第二个群是塔卡里伯病毒复合群（*Tacaribe virus* complex），有 9 种病毒成员，它们之间有明显的抗原交叉反应。本节仅简要介绍其中与兽医有关的塔卡里伯病毒（Tacaribe virus，TACV），其余几种与兽医无关的病毒则从略。

病毒对淋巴网状组织细胞有特殊嗜性。对啮齿动物造成持续性感染，感染的动物一般不发病，但长期带毒，人是偶然的自然宿主。

[形态结构] 本属病毒的共同形态特征是病毒粒子呈球形或多形态性，平均直径为 110～130 nm，变动范围为 50～300 nm。病毒颗粒表面覆盖有 8～10 nm 长的棱柱状突起的囊膜，是由两层致密的脂质膜形成。病毒颗粒内部有直径为 20～25 nm 类似核糖体颗粒，形似砂粒，有时呈环状排列并由丝状物相联接。LCM 病毒和 Pichinde（皮秦特）病毒的内部颗粒已纯化并鉴定为核糖体，数目并不相同。病毒颗粒通过改变了的质膜芽生释放，在感染细胞的脂质内能见到由核糖体的团块改变了的质膜形成的不定形或曲卷状的包涵体。

病毒核酸为分节段的单股负链或双义 RNA。尚未分离到感染性 RNA。其基因与 mRNA 是互补的。病毒的复制需要至少部分转录成 cRNA，而这种 cRNA 才能起到 mRNA，即转译蛋白的作用。病毒基因组编码结构蛋白和非结构蛋白。病毒粒子由位于囊膜和核糖核蛋白复合体的 5 种结构蛋白组成。囊膜蛋白前体 GPC 相对分子质量为 75 000～76 000，在翻译后加工过程中裂解形成 GP-1 和 GP-2，并以四聚体的形式形成病毒的纤突。囊膜蛋白 GP-1 或称为 G1 相对分子质量为 44 000，可与病毒受体结合，具有病毒中和活性。囊膜蛋白 GP-2 或称为 G2 相对分子质量为 34 000～44 000，与病毒入侵细胞的膜融合作用有关。核衣壳蛋白 N 或称为 NP 相对分子质量为 63 000～72 000，与基因组 RNA 结合形成核糖核蛋白复合体。核衣壳蛋白 Z 或称为 p11 相对分子质量为 10 000～14 000，是一种锌指结合蛋白，为形成病毒内部的一种成分。病毒编码的非结构蛋白有 3～4 种，除了依赖于 RNA 的 RNA 聚合酶之外，还有转录酶、复制酶和蛋白酶等。L 蛋白即依赖于 RNA 的 RNA 聚合酶，相对分子质量为 25 000。

提纯的病毒至少有 5 个 RNA 片段，其中有 3 个来自宿主细胞，另 2 个来自病毒 RNA。病毒基因组是分节的，由 2 个线性单股负链或双义 RNA 片段组成，分大小两个片段，分别为 7.5 及 3.5kb，相对分子质量为（2.1～3.2）$\times 10^6$ 及（1.1～1.6）$\times 10^6$。小片段（S）基因产物为核蛋白（N）及糖蛋白的前体（GPC），GPC 裂解后形成结构糖蛋白 GP-1 和 GP-2。大片段（L）编码聚合酶。病毒基因组全长为 10 000～11 000nt，G+C 含量为（40～45）mol%。

［理化特性］ 病毒粒子的沉降系数（$S_{20}w$）为 325～500S，在蔗糖中的浮密度为 1.17～1.18g/cm^3，在 CsCl 中的浮密度为 1.19～1.20g/cm^3，在泛影化合物中的浮密度为 1.14g/cm^3。

病毒在体外不稳定，在 56℃以上处理时能很快灭活。紫外线、γ 射线、中性红、β-丙内酯易使之灭活。病毒在 −70℃或冻干条件下可延长保存期。pH 高于 8.5 或低于 5.5 时可迅速失去感染性。对脂溶剂（如乙醚、氯仿）及脱氧胆酸盐敏感。用非离子去污剂（NP-40）处理可使皮秦特病毒的包膜与核心分离。

［复制］ 病毒在细胞质内复制。抑制 DNA 合成的化学物质对本属病毒的复制无影响，但高浓度（1μg/mL）的放线菌素 D 可以抑制这类病毒的复制。5-溴脱氧尿嘧啶核苷和 5-碘脱氧尿嘧啶核苷对病毒合成很少有影响。

［抗原性］ 本属病毒至少有两种不同的抗原分子。一为病毒颗粒内部释放的和受感染细胞膜匀浆或细胞培养上清液中的可溶性抗原，在补体结合试验中有广泛的、不同程度的交叉反应；另一种是病毒颗粒的表面抗原，它可以诱发产生中和抗体。一般情况下两者彼此间没有明显的交叉反应或保护，但有些病毒在动物试验中却有不同程度的保护，这可能是产生同种或异种中和抗体的结果。

在病毒感染后，人体能产生抗体，可用补体结合、中和试验及免疫荧光技术查到。补体结合抗体可在感染后 8d 左右产生，持续时间短，一般不超过 1 年；中和抗体产生时间较晚，在 5 周左右产生，可持续数年。用免疫荧光技术可以测得早期抗体。中和抗原可以对本属病毒鉴定到种。

用免疫扩散法可以显示出 LCM 病毒与皮秦特病毒都有两个不同的抗原。有人以免疫电泳法获得多条沉淀线，并能以此将阿马帕（Amapari）、胡宁（Junin）、太米阿米（Tamiami）、塔卡里伯（Tacaribe）等病毒相互区别，同时证明这些病毒与 LCM 病毒无关。

根据补体结合性抗原，可将本属病毒区分为 LCM 病毒、拉沙（Lassa）病毒群和塔卡里伯病毒群。

但应用塔卡里伯病毒中的胡宁病毒、阿马帕病毒、塔卡里伯病毒或拉沙病毒制备的抗体，在补体结合试验中可与 LCM 病毒抗原发生低滴度的交叉反应。用荧光抗体技术，则可发现拉沙病毒抗体与塔卡里伯病毒群中的一些病毒发生反应。各种嵌沙样病毒在免疫荧光中至少含有一种共同的群特异性抗原。

［培养］ 细胞培养，常用的细胞为 BHK-21 和 Vero 细胞。除 LCM 病毒外，所有其他本属病毒均能在 Vero 细胞中形成蚀斑。LCMK2（患 LCM 病毒牲畜的细胞）、Hela、猴肾和仓鼠胚胎细胞对本属某些病毒敏感并产生细胞病变。LCM 病毒在许多细胞中能增殖到相当高的滴度，但不产生细胞病变和蚀斑。在 Detroit-6、L 细胞及 BHK-21 等传代细胞中能形成持续性感染。

［病原性］ 本属大多数病毒较为严格地以啮齿类动物为自然宿主，并在这些动物体内呈持续性感染。有的动物则发生病毒血症或病毒尿症，经常从其排泄物或分泌物中大量排毒而传染其他哺乳动物及人。病毒在淋巴网状细胞和单核细胞、巨噬细胞或淋巴细胞中增殖，并可达到相当高的滴度。

本属病毒对小鼠、小家鼠、仓鼠、豚鼠、恒河猴等有致病力，而对断奶后的小鼠无致病作用。在人或其他动物或不同年龄的动物中，可引起急性感染产生不同类型的疾病。人感染拉沙（Lassa）病毒产生严重疾病，病死率高达 36%～67%。LCM 病毒对新生小鼠不致死，表现症状为持续性感染，但成年小鼠则出现死亡。大多数嵌沙样病毒经脑内接种 1～4 日龄小鼠，会产生致死性疾病，但拉丁诺（Latino）病毒不感染。帕腊南（Parana）病毒接种后能发病而不死亡。新生仓鼠用 LCM 野病毒株感染产生的病毒血症可持续数月，有的终生带毒；但断乳仓鼠在病毒感染后长期带毒的则极少，病毒滴度也低。

胡宁（Junin）、拉丁诺（Latino）、马休波（Machupo）、帕腊南（Parana）和皮秦特（Pichinde）等病毒对新生仓鼠产生致死性感染。LCM和胡宁（Junin）病毒对豚鼠也敏感。本属有些病毒还能在鸡胚绒毛尿囊膜上增殖，但无明显病损。

病毒在自然宿主中发现有垂直传播，经子宫、卵巢传播。

淋巴细胞性脉络丛脑膜炎病毒（*Lymphocytic choriomeningitis virus*）

淋巴细胞性脉络丛脑膜炎（LCM）是小鼠和小家鼠的一种地方性病毒感染，引起中枢神经系统，尤其是脉络丛及脑膜的病变，往往呈亚临床经过，对犬、猪、猴、猩猩及人也传染。人表现多种类型症状。

本病毒最早是阿姆斯特朗（Armstrong）及莱尔（Lill）等在研究圣路易脑炎时，于1933年从猴体分离获得的。随后里佛斯（Rivers）和斯科特（Scott）等于1935年在临床诊断为良性无菌性脑炎病人的脑脊髓液中分离出此病毒。后来又从鼠类分离到这种病毒，之后又有多起人自然感染病例的报告。特劳巴（Trauba）（1936）发现啮齿类动物，特别是小家鼠，既是保毒者又是疾病的传播者。

［形态结构］ 病毒粒子呈圆形、椭圆形或多形态。大多数病毒直径接近50～300 nm，但有时可见大的达300 nm，负染时病毒粒子的直径为85～90 nm，衣壳的对称不详。囊膜突起明显。病毒粒子相对分子质量为3.5×10^6。

病毒基因组是分节的，由大小2个RNA片段组成，大片段（L）为6 680nt，G＋C含量为40mol%，相对分子质量2.8×10^6，沉降系数（S_{20}w）为31S；小片段（S）为3 376nt，G＋C含量为46mol%，相对分子质量1.34×10^6，沉降系数（S_{20}w）为23S。

病毒主要含有5种结构蛋白，其中有4种为主要的结构蛋白。NP为内部核蛋白，刺激宿主产生补体结合抗体。GP-1和GP-2位于囊膜上，GP-1刺激宿主产生中和抗体，GP-2参与病毒侵入细胞的过程。病毒囊膜表面有两种纤突，对维持病毒粒子形态和稳定性起重要作用。

［理化特性］ 病毒对乙醚和去污剂敏感，不耐热，56℃ 20 min即可灭活。在－70℃或冻干条件下可长期保存。在50%甘油中稳定。偏酸或碱、0.1%甲醛、紫外线均可灭活，使感染力降低。用蛋白酶、透明质酸酶和磷脂酶C处理病毒，可使病毒糖蛋白和核蛋白不同程度降解，但感染性却有增加。

［抗原性］ 病毒的结构蛋白（内部核蛋白）结合于病毒RNA，为群特异性抗原，并刺激宿主机体产生补体结合抗体。囊膜上的几种蛋白为型特异性抗原，引起产生中和抗体。L蛋白位于病毒内部，为依赖于RNA的RNA多聚酶。人及多数动物在病愈后有中和抗体，并保持较长时间。

［培养］ 本病毒可在鸡胚尿囊膜上生长，但不产生可见的病变。在来自人、鸡、小鼠、猴、牛原代或传代细胞培养物中生长，不产生细胞病变，而在细胞质内形成包涵体。病毒在细胞上适应后，可出现细胞病变。如鸡胚细胞、仓鼠肾细胞、KB（人宫颈癌细胞系）细胞和Hela细胞等，特别是BHK-21细胞，可以产生规律性细胞病变，因此常用BHK-21细胞分离病毒，敏感细胞在感染病毒后48～72 h，细胞质内形成包涵体。在鸡胚细胞培养物中，蚀斑的出现要在培养12 d才能见到。在L细胞（正常雄C3H/Am系小鼠的皮下组织分离出来的连续继代培养的成纤维细胞系）和BHK-21细胞中会产生持续感染，而缺陷型干扰病毒颗粒可能在其中起作用。病毒也能在小鼠腹水瘤S_{180}、猴肾传代细胞中增殖。

［病原性］ 病毒在自然条件下为小鼠所固有，终身带毒。病毒通过胎盘可以传给后代，胎儿和新生的仔鼠对病毒产生免疫耐受。感染的幼龄小鼠可出现病毒血症，但无明显症状，并能抵抗再感染。

本病毒不同毒株的毒力有差异。有的毒株对小鼠脑内接种，可迅速引起全身性感染而致死。小鼠子宫内感染或出生后不久感染时，可引起全身性持续性感染，但对宿主无大损害。此种情况下，宿主的各组织器官均含有高滴度的病毒，对同一毒株的再感染有抵抗力。被感染的小鼠群，繁殖率、成长率均低于正常鼠群。死亡率则高于正常鼠群。LCMV感染小鼠可以引起淋巴细胞减少症、肝炎、胸膜炎、腹膜浸润，经各种途径感染小鼠，以脑内最敏感，其次为鼻内。感染后5～12 d毛变粗糙、震颤、强直、惊厥以及死亡。新生或经免疫抑制剂处理的小鼠形成“迟发性疾病”，变得矮小，并累及肾脏。

在豚鼠常引起致死性的肺部感染，继而成为浆液性空洞的全身感染。仓鼠感染呈较长期的病毒血症。各种猴、黑猩猩、犬、大鼠也能感染。

人感染LCM病毒后，潜伏期6～13 d，主要表现无菌性脑膜炎、类流感（或非神经系统型）和脑膜脑脊髓炎三个型。后两者多见。类流感型有发热、不适、肌痛、鼻卡他和气管炎；脑膜脑脊髓炎型初期也像流感，以后出现脑膜脑脊髓炎的典型症状等。

［**免疫**］已利用反向遗传操作系统开展了基因重排减毒疫苗的实验研究，目前尚无注册使用的疫苗。

［**诊断**］主要方法如下。

（1）*病毒的分离和鉴定* 将含毒的组织悬液，如被检动物的脑组织和肝的乳剂或血液，接种易感小鼠脑内，在接种后4～5 d发病。病鼠发生震颤、痉挛、死亡。可用荧光抗体染色法检出肝细胞浆中的病毒抗原。豚鼠脑内接种，于2～5 d体温高达40℃，并在接种后5～10 d出现不同比例的死亡。接种细胞培养，如原代猴肾细胞、KB（人宫颈癌细胞）和BHK-21，可用免疫荧光技术证实细胞质内有特异性抗原存在，或者观察细胞出现轻微或明显的细胞病变。还可用反转录-聚合酶链反应（RT-PCR）来检测病毒RNA。

（2）*血清学试验* 一般对病毒的鉴定多用中和试验，也用补体结合试验以及免疫荧光技术和酶联免疫吸附试验等。

塔卡里伯病毒（*Tacaribe virus*）

本病毒为塔卡里伯病毒复合群（*Tacaribe virus* complex）成员，是从特立尼达多巴哥的塔卡里伯族居住地区的蝙蝠和蚊虫中分离获得的。病毒基因组是分节的，由大小2个RNA片段组成，大片段（L）为7 102nt，G+C含量为40 mol%；小片段（S）为3 432nt，G+C含量为43 mol%。塔卡里伯病毒感染豚鼠但不表现症状。对哺乳小鼠有致病力，感染小鼠可发生麻痹，但对断乳后小鼠无致病作用。本病毒不感染人。

塔卡里伯病毒基因组编码4种蛋白，即N、GPC、L和Z蛋白。利用反向遗传操作系统证实了N和L蛋白可以启动由类塔卡里伯病毒RNA介导的转录和复制，而Z蛋白可以抑制这一过程。对Z和L蛋白的相互作用研究表明，Z蛋白是通过结合到L蛋白上而发挥抑制作用的。进一步研究表明L蛋白的羧基端不影响其相互作用，并确认了2个不连续的区域与Z和L蛋白的相互作用密切相关，其中一个是L蛋白的氨基端156～292位氨基酸残基，另一个位于L蛋白结构域Ⅲ中。

拉沙病毒（*Lassa virus*，LASV）

拉沙病毒为LCMV-LASV（拉沙病毒）复合群成员，又称拉沙热病毒（*Lassa fever virus*），主要引起人严重出血热。拉沙热的症状为发热、肌肉痛、咽喉肿痛、恶心、呕吐、胸部和腹部疼痛等。拉沙热病毒是由大鼠传给人的，可通过直接接触或黏膜感染。拉沙热常表现为一种急性致死性疾病，流行于西非。据估计每年有30万～50万人的病例，死亡率为15%～20%。

病毒基因组是分节的，由大小2个RNA片段组成，大片段（L）为7 278nt，G+C含量为41 mol%；小片段（S）为3 402nt，G+C含量为44 mol%。拉沙病毒与LCM病毒有共同的群抗原。已利用反向遗传操作系统开展了基因重排减毒疫苗的实验研究，目前尚无注册使用的疫苗。

可以用针对拉沙病毒L基因的反转录-聚合酶链反应（RT-PCR）来检测其RNA，可用于未知病料及潜在保毒宿主的筛查。此外，用大肠杆菌表达的拉沙病毒重组蛋白具有良好的反应性，有望开发出拉沙热的血清学检测试剂。

参考文献

洪健，周雪平，译．2006. ICTV第八次报告的最新病毒分类系统［J］．中国病毒学，21（1）：84-96.

李成，等.1987. 畜禽病毒图谱［M］. 北京：农业出版社，36-39.
殷震，刘景华.1997. 动物病毒学［M］. 北京：科学出版社.
中国农业百科全书编辑部.1993. 中国农业百科全书·兽医卷［M］. 北京：农业出版社：447.
中国农业科学院哈尔滨兽医研究所.1998. 兽医微生物学［M］. 北京：中国农业出版社.
中国医学百科全书编辑部.1986. 医学百科全书·病毒学卷［M］. 上海：上海科学技术出版社：81-83.
Branco L M, Matschiner A, Fair J N, et al. 2008. Bacterial-based systems for expression and purification of recombinant Lassa virus proteins of immunological relevance [J]. Virology Journal, 5: 74.
de la Torre J C. 2008. Reverse genetics approaches to combat pathogenic arenaviruses [J]. Antiviral Research, 80 (3): 239-250.
Djavani M, Lukashevich I S, Salvato M S. 1998. Sequence comparison of the large genomic RNA segments of two strains of lymphocytic choriomeningitis virus differing in pathogenic potential for guinea pigs [J]. Virus Genes, 17 (2): 151-155.
Djavani M, Lukashevich I S, Sanchez A, et al. 1997. Completion of the Lassa fever virus sequence and identification of a RING finger open reading frame at the L RNA 5′ End [J]. Virology, 235 (2): 414-418.
Lukashevich I S, Patterson J, Carrion R, et al. 2005. A live attenuated vaccine for Lassa fever made by reassortment of Lassa and Mopeia viruses [J]. Journal of Virology, 79 (22): 13934-13942.
Murphy F A, Fauquet C M, D H L Bishop, D H L, et al. 1995. Virus Taxonomy: Sixth Report of the International Committee on Taxonomy of Viruses [M]. Wien, New York: Springer-Verlag.
Salvato M, Shimomaye E, Oldstone M B. 1989. The primary structure of the lymphocytic choriomeningitis virus L gene encodes a putative RNA polymerase [J]. Virology, 169 (2): 377-384.
Tomaskova J, Labudova M, Kopacek J, et al. 2008. Molecular characterization of the genes coding for glycoprotein and L protein of lymphocytic choriomeningitis virus strain MX [J]. Virus Genes, 37 (1): 31-38.
Vieth S, Drosten C, Lenz O, et al. 2007. RT-PCR assay for detection of Lassa virus and related Old World arenaviruses targeting the L gene [J]. Transactions of the Royal Society of Tropical Medicine and Hygiene, 101 (12): 1253-1264.
Wilda M, Lopez N, Casabona J C, et al. 2008. Mapping of the Tacaribe arenavirus Z protein binding sites on the L protein identified both amino acids within the putative polymerase domain and a region at the N-terminus of L that are critically involved in binding [J]. Journal of Virology, 82 (22): 11454-11460.

薛飞　编

第五十二章　小RNA病毒科

小RNA病毒科（Picornaviridae）的成员是一类小型的在属间没有血清学相关性的无囊膜病毒，病毒基因组为单股（ssRNA）正链RNA。该科病毒很多是感染人类和引起动物疾病的病原。

小RNA病毒对于现代病毒学的发展具有重要意义。其中口蹄疫病毒是由Loeffler and Frosch于1898发现，也是最早发现的动物病毒。10年之后，在患有流行性小儿麻痹症的患者体内发现了脊髓灰质炎病毒，1949年发现脊髓灰质炎病毒可以在细胞培养物中传代，开始了有关病毒复制的研究，并开发出了蚀斑试验，成为测定脊髓灰质炎病毒的病毒含量的重要方法。在门戈病毒（*Mengovirus*）最早发现了RNA依赖的RNA聚合酶，这也是一个小RNA病毒，从脊髓灰质炎病毒感染的细胞中鉴定出病毒蛋白是由病毒合成的前体多聚蛋白通过蛋白水解酶水解获得的。也是通过小RNA病毒，首先发现了病毒RNA具有感染性，但其活性仅仅是病毒粒子的百万分之一，并由此发现了病毒在细胞上的受体。第一个动物RNA病毒的感染性DNA克隆就是脊髓灰质炎病毒，脊髓灰质炎病毒和鼻病毒还是通过X-射线结晶学方法确定三维结构的第一个动物病毒。脊髓灰质炎病毒是第一个证明不具有5′帽子结构的mRNA，随后发现的脊髓灰质炎病毒基因组以及其他小RNA病毒基因组解释了这一发现，病毒的mRNA的翻译是通过内部核糖体结合位点实现的，现在知道这一过程存在于细胞mRNA中。

［病毒分类］ 小RNA病毒科有12个属：口蹄疫病毒属（*Aphthovirus*）、禽肝病毒属（*Avihepatovirus*）、心病毒属（*Cardiovirus*）、肠道病毒属（*Enterovirus*）、马鼻病毒属（*Erbovirus*）、肝病毒属（*Hepatovirus*）、嵴病毒属（*Kobuvirus*）、双埃柯病毒属（*Parechovirus*）、撒佩罗病毒属（*Sapelovirus*）、塞内卡病毒属（*Senecavirus*）、猪肠病毒属（*Teschovirus*）和脑脊髓炎病毒属（*Tremovirus*）。所有这些病毒属的病毒均含有感染脊椎动物的病毒。

肠道病毒属的病毒在消化道内复制，正如大家所预期的那样，该属病毒对低pH具有耐受性。该属的病毒包括10个种：牛肠道病毒（*Bovine enterovirus*，BEV）有2个血清型；人肠道病毒A（*Human enterovirus* A）有21个血清型，包括某些A组柯萨奇病毒（*Coxsackie* A *virus*）和肠道病毒（*Enterovirus*）；人肠道病毒B（*Human enterovirus* B）有59个血清型，包括某些肠道病毒、B组柯萨奇病毒（*Coxsackie* B *virus*）、埃柯病毒（*Echovirus*）和猪水疱性口炎病毒（*Swine vesicular disease virus*）；人肠道病毒C（Human enterovirus C）有19个血清型，包括脊髓灰质炎病毒（*Poliovirus*，3个血清型）、某些A组柯萨奇病毒和肠道病毒；人肠道病毒D（*Human enterovirus* D）有3个血清型，即肠道病毒-68（EV-68）、肠道病毒-70（EV-70）和肠道病毒-94（EV-94）；猪肠道病毒B（*Porcine enterovirus*）有2个血清型，即猪肠道病毒血清9型和血清10型；猴肠道病毒A（*Simian enterovirus* A）有1个血清型，即猴肠道病毒A1血清型；人鼻炎病毒A（*Human rhinovirus* A）有75个血清型；人鼻炎病毒B（*Human rhinovirus* B）有25个血清型；人鼻炎病毒C（*Human rhinovirus* C）有7个血清型。

心病毒属分为两个群。第一群是脑心肌炎病毒（*Encephalomyocarditis virus*），是鼠类病毒，也能感染其他宿主（如人、猴、猪、大象和松鼠），只有1个血清型，即脑心肌炎病毒（*Encephalomyocarditis virus*），哥伦比亚SK病毒（*Columbia SK virus*）、鼠埃伯菲尔德病毒（*Maus Elberfeld virus*）和门戈病毒（*Mengovirus*）都是脑心肌炎病毒的毒株；第二群是泰勒病毒（*Theilovirus*），包括12个血清型，即泰勒鼠脑脊髓炎病毒（*Theiler's murine encephalomyelitis virus*）、维柳伊斯克人脑脊髓炎病毒（*Vilyuisk human encephalomyelitis virus*）、大鼠泰勒样病毒（*Thera virus*，曾称为 *Theiler-like rat virus*），萨富德病毒（*Saffold virus*）1～9 型。

口蹄疫病毒属包括 3 个种，即口蹄疫病毒、A 型马鼻炎病毒和 B 型牛鼻炎病毒。口蹄疫病毒感染偶蹄动物（如牛、山羊、猪和绵羊），但很少感染人，目前已经鉴定出了 7 个血清型的病毒，在每个血清型中还有很多亚型。口蹄疫病毒很不稳定，在低于 pH7.0 的条件下很快失去感染性。

过去属于肠道病毒属成员的人甲型肝炎病毒（1 个血清型）现在已经从肠道病毒属中独立出来，重新划分为 1 个独立的属，即肝病毒属。该病毒的重新分类是基于该病毒独特的生物学特性，这些独特性质包括与其他病毒的核苷酸和氨基酸序列的不同，在细胞培养物上培养时不出现细胞病变，而且只存在 1 个血清型。

双埃柯病毒属含有 2 个种，即人双埃柯病毒（*Human parechovirus*）和近永安河病毒（*Ljungan virus*）。人双埃柯病毒有 14 个血清型，即血清型 1～14；近永安河病毒有 4 个血清型，即血清型 1～4。

马鼻病毒属由 3 个血清型的乙型马鼻病毒（*Equine rhinitis* B *virus*）组成，即乙型马鼻病毒 1 型、2 型和 3 型。

嵴病毒属由牛嵴病毒（*Bovine kobuvirus*）和爱知病毒（*Aichi virus*）组成，爱知病毒是一个新近鉴定的引起人类胃肠炎的病毒。

猪肠病毒属由猪捷申病毒（*Pocine teschovirus*）组成，包括 11 个血清型。某些毒株能引起猪的脑灰质炎。

撒佩罗病毒属只有 1 个种，即猪撒佩罗病毒，过去曾称为猪肠道病毒 A（*Pocine enterovirus* A），只有 1 个血清型，即过去被称为 PEV-8 的血清型。

塞内卡病毒属仅有 1 个种，塞内卡山谷病毒（*Seneca valley virus*），目前只有 1 个血清型。

禽脑脊髓炎病毒属也只有 1 个种，1 个血清型，禽脑脊髓炎病毒（*Avian encephalomyelitis virus*）。

禽肝病毒属只有 1 个种，鸭甲型肝炎病毒（*Duck hepatitis* A *virus*），包括 3 个血清型。

[**形态结构**] 小 RNA 病毒粒子呈球形，直径约 30nm。病毒粒子简单，由蛋白质外壳包裹裸 RNA 基因组构成。病毒粒子缺乏脂质囊膜，病毒感染性对有机溶剂不敏感。衣壳内为线状单股 RNA，相对分子质量为 1.5×10^6～1.9×10^6。

小 RNA 病毒的衣壳由 4 个结构蛋白组成：VP1、VP2、VP3 和 VP4，唯一例外的是双埃柯病毒，该属病毒只有 3 个衣壳多肽，VP1、VP2 和 VP0，其中 VP0 是未切割的 VP2 和 VP4 前体蛋白。二十面体由结构稳定的 20 个三角形的面和 12 个顶组成，组成这样一个稳定结构的最少亚单位数量是 60 个，病毒粒子及其解离产物的 X 射线衍射研究、电子显微镜观察和生物化学研究结果分析表明，小 RNA 病毒粒子衣壳可能是由 60 个结构蛋白排列而成的二十面体晶格样结构。

小 RNA 病毒衣壳的基础结构是原体（protomer），该原体各含 1 分子的 VP1、VP2、VP3 和 VP4，其中 VP1、VP2 和 VP3 构成原体的外壳，VP4 位于原体的内侧。VP1、VP2 和 VP3 的氨基酸序列没有同源性，但 3 个蛋白却具有相同的拓扑结构。

多数小 RNA 病毒的衣壳表面粗糙不平，具有皱纹，其凸凹差别可达 2.5nm；五重对称轴上有一个凸起的星形的平顶，外围是深沟（峡谷），在三次轴上是另一个凸起。五重对称轴周围的峡谷是受体结合部位，细胞受体 ICAM-1 插入此峡谷，与谷底的氨基酸发生接触。峡谷下方是 VP1 蛋白的核心，形成一个疏水性的隧道或口袋，与峡谷相通。某些抗病毒的化合物可以进入此口袋，取代口袋中的脂质，使病毒峡谷底部完全失去同 ICAM-1 受体结合的能力，病毒不能脱壳，从而抑制病毒的复制。但是并不是所有的小 RNA 病毒均具有峡谷，口蹄疫病毒和心病毒的表面就没有峡谷，而且表面更加平滑。

[**理化特性**] 小 RNA 病毒科病毒之间的浮力密度相差很大（表 52-1）。心病毒和肠道病毒的浮力密度为 1.34 g/mL，口蹄疫病毒的浮力密度为 1.45 g/mL，鼻病毒的浮力密度位于两者之间，为 1.40g/mL。浮力密度存在差异取决于病毒衣壳对铯的渗透性。脊髓灰质炎病毒的衣壳不允许铯到达病毒 RNA 的内部，因此病毒反常地出现低密度带。相比之下，口蹄疫病毒的衣壳上存在小孔，这些小孔容许铯进入病

毒粒子内部。鼻病毒的衣壳对铯具有渗透性，但是衣壳上多胺的存在保证了只能是最少量的铯可以进入，这就解释了为什么鼻病毒的浮力密度位于这两者之间。

表 52-1　部分小 RNA 病毒的物理特性

（自 Vincent，2007）

病毒属	pH 稳定性	病毒粒子浮力密度	沉降系数
口蹄疫病毒属	不稳定，<7	1.43～1.45	142～146S
心病毒属	稳定，3～9	1.34	160S
肠道病毒属	稳定，3～9	1.34	160S
肝病毒属	稳定	1.34	160S

心病毒、肠道病毒、肝病毒和双埃柯病毒对酸具有抵抗性，在 pH3.0 或者更低的环境下仍然保持感染性。相比之下，鼻病毒和口蹄疫病毒对于低于 pH6.0 的环境敏感，对 pH 稳定性上的差异影响了病毒的复制部位，因为对酸敏感，它们不能在消化道复制。心病毒、肠道病毒、肝病毒和双埃柯病毒通过胃到达肠，因而必须对低 pH 具有抵抗力。

小 RNA 病毒对乙醚、氯仿和胆盐等有机溶剂具有极大的抵抗力。病毒粒子可以被光动力染料灭活，例如中性红和普鲁士黄等。二价阳离子具有稳定病毒的作用。热稳定性随病毒属而异。病毒缺少类脂成分。病毒的蛋白都未被糖基化。

［基因组结构与基因组织］小 RNA 病毒基因组是单股正链 RNA 分子。病毒 RNA 具有感染性，在病毒 RNA 进入细胞后翻译产生病毒复制所需要的全部蛋白。小 RNA 病毒的基因组 RNA 很特殊，因为病毒 RNA 的 5′末端共价连接在 VPg 蛋白（病毒粒子蛋白，连接在基因组上）上。不同小 RNA 病毒的 VPg 蛋白的长度会有所变化，从 22 个氨基酸残基到 24 个氨基酸残基不等，除了口蹄疫病毒基因组之外，其他病毒均是编码一个 VPg 蛋白基因，而口蹄疫病毒基因组编码 3 个 VPg 蛋白基因。VPg 蛋白并不是脊髓灰质炎病毒感染性必需的蛋白；通过蛋白酶处理将该蛋白去除之后，并不会减弱病毒 RNA 的特异性感染性。对大量的小 RNA 病毒的核苷酸序列分析的结果证明，所有的小 RNA 病毒均具有共同的基因组形式，不同的只是基因组长度的变化，从 7 209～8 450nt。小 RNA 病毒的 5′端是一个长的（624～1 199nt）而且是高度结构化的区域，基因组的该段区域含有控制基因组复制和翻译的序列。5′-非编码区含有内部核糖体进入位点（internal ribosome entry site，IRES），通过内部核糖体的结合指导

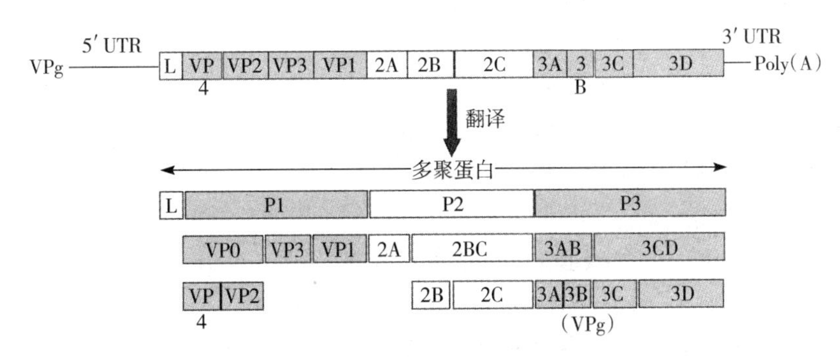

图 52-1　小 RNA 病毒基因组织（自 Vincent，2007）

上部：病毒 RNA 基因简图，包括基因组 5′-端的基因组连接蛋白 VPg、5′-端非翻译区、蛋白编码区、3′-端非翻译区以及 poly（A）尾巴；L 是心病毒和口蹄疫病毒基因组编码的引导蛋白，在其他的小 RNA 病毒基因组中不存在，病毒蛋白编码区的位置在图中已经标示了出来。

下部：小 RNA 病毒多聚蛋白的翻译后加工过程，编码区分为 P1、P2 和 P3 三个部分，这三个部分通过 $2A^{pro}$ 和 $2C^{pro}$ 这两个病毒蛋白酶切割形成；图中标出了蛋白切割的中间产物和最终产物

mRNA 的翻译。口蹄疫病毒和心病毒的5′端非翻译区含有一个 poly（C）结集区，这一区域的长度因病毒的不同而存在差异（心病毒为 80～250nt，口蹄疫病毒为 100～170nt）。在心病毒，poly（C）的长度与病毒的毒力的高低具有相关性。

小 RNA 病毒的 3′-端非编码区短，长度从人鼻病毒 14 型的 47nt 到脑心肌炎病毒的 125nt。这一区域也含有二级结构，包括一个假结，这个假结与控制病毒 RNA 的合成有关。然而，在脊髓灰质炎病毒和鼻病毒中 3′-端非编码区并不是必需的。脊髓灰质炎病毒的病毒 RNA 和 mRNA 均含有 3′-端poly（A）结构，负链的 RNA 含有 5′-端 poly（U）结构，用以形成正链的 poly（A）。poly（A）的平均长度为脑心肌炎病毒的 35nt 到口蹄疫病毒的 100nt。去除了 poly（A）部分的病毒 RNA 是没有感染性的。

病毒 RNA 只编码一个长的开放阅读框，经过加工处理之后形成各个病毒蛋白，在翻译的过程中多聚蛋白被切割，所以观察不到全长产物。切割是由病毒编码的蛋白完成的，切割之后产生 11～12 个最终裂解产物。某些未切割的前体蛋白在病毒复制的过程中也有功能。为了统一小 RNA 病毒蛋白的命名，多聚蛋白被分成了 3 个部分，P1、P2 和 P3，口蹄疫病毒和心病毒在 P1 区之前编码一个前导蛋白（L），P1 区编码病毒的衣壳蛋白，P2 区和 P3 区则编码蛋白加工（$2A^{pro}$、$3C^{pro}$和 $3CD^{pro}$）和基因组复制的蛋白（2B，2C，3AB，$3B^{VPg}$，$3CD^{pro}$，$3D^{pol}$）。

[病毒复制] 小 RNA 病毒在细胞浆内完成其复制过程。复制的第一步是附着在细胞受体上，然后 RNA 基因组脱衣壳，这是一个病毒衣壳发生结构变化的过程。一旦正链的病毒 RNA 进入细胞浆它就开始翻译过程，以提供病毒基因组复制和形成新的病毒粒子所必需的病毒蛋白。病毒蛋白是由多聚蛋白前体经加工形成的，前体蛋白的剪切过程主要由病毒的两个蛋白酶完成，这就是 $2A^{pro}$ 和 $3C^{pro}$ 或者 $3CD^{pro}$。在合成的蛋白中，病毒 RNA 依赖的 RNA 聚合酶及其辅助蛋白是基因复制和 mRNA 合成所必需的蛋白。基因组复制的第一步是正链 RNA 的复制形成负链的中间体，紧接着是产生另外的正链 RNA。这一过程由几个病毒性的蛋白诱导，在小胞囊中完成。一旦囊膜蛋白累积到足够多，就开始壳体化过程。外壳蛋白前体 P1 经剪切形成一个不成熟的原体，然后组装到五聚体上，新合成的正链 RNA 与五聚体发生联系形成感染性的病毒。在感染细胞中发现的空衣壳可能是五聚体的贮存形式。一个完整的复制周期需要 5～10 h，有许多因素都可以影响病毒的复制周期，包括特定的病毒、温度、pH、宿主细胞以及多重感染等。许多小 RNA 病毒随着细胞完整性的丧失和溶解而释放出病毒粒子，其他小 RNA 病毒（如甲型肝炎病毒）的释放的过程不会引起细胞的病理变化。

[抗原性] 病毒具有型特异性，但稍加热后则转变为群特异性。应用感染交叉保护中和试验、补体结合试验、ELISA 或者琼脂免疫扩散试验可以对血清型进行分类。某些血清型可由血凝试验进行鉴定。

[培养] 大多数小 RNA 病毒可在组织培养细胞内生长，并常引起明显的细胞病变，感染细胞发生颗粒变性，变圆，48～72h 内完全破坏。某些病毒的细胞感染范围极窄，例如脊髓灰质炎病毒只能在灵长类细胞中增殖，另一些病毒，例如口蹄疫病毒，可在多种动物细胞内增殖，包括原代细胞以及传代细胞。心肌炎病毒则几乎可以感染所有的脊椎动物细胞。

第一节 口蹄疫病毒属（*Aphthovirus*）

口蹄疫病毒原来属于鼻病毒属，后来独立成属。口蹄疫病毒属下有 3 个种：口蹄疫病毒、A 型马鼻炎病毒和 B 型牛鼻炎病毒。口蹄疫病毒包括 7 个血清型和 65 个以上的亚型。口蹄疫病毒与鼻病毒的区别，除抗原性不同外，在病原性以及感染动物和细胞范围方面也有比较大的差别。

口蹄疫病毒（*Foot-and-mouth disease virus*，FMDV）

口蹄疫（Foot-and-mouth disease，FMD）是世界上最重要的动物传染病之一，严重影响国际贸易，因此既是一种经济性疾病，又是一种政治性疾病，被列为世界法定的传染病之一，由于其高度传染性和对农业经济的重大影响，世界动物卫生组织（OIE）曾将其列为需要呈报的传染病之一。易感动物主要包括牛、水牛、绵羊、山羊、骆驼和猪等 20 个科的 70 多种家养和野生哺乳动物，在各种畜牧动物中，牛、羊、猪都敏感，其中牛最易感，猪和牛的临床表现最严重，羊只表现亚临床感染。

阿拉伯学者早在 14、15 世纪就已经记载了类似口蹄疫的疾病。1514 年，意大利学者比较详细地记述了口蹄疫。17、18 世纪，德国、法国、意大利等国暴发口蹄疫。19 世纪，欧洲大陆曾多次发生和广泛流行。1898 年，Loffler 和 Frosch 等证明口蹄疫的病原体为滤过性病毒，这是口蹄疫历史上的一个里程碑。但是直到 20 世纪 20 年代才开始对口蹄疫病毒有组织地进行系统的研究，并取得了成果。

［形态结构与理化特性］病毒粒子是已知最小的动物 RNA 病毒。病毒粒子直径为 20～25 nm，呈大致的圆形或六角形。口蹄疫病毒壳粒大于其他的小 RNA 病毒的壳粒。在以超速离心技术制备的病毒制品中，可以见到不同大小的几种粒子。最大的颗粒为完整的病毒，直径 25nm，沉降系数为 146S，在氯化铯中的浮力密度为 1.34g/cm^3，相对分子质量为 8.08×10^6；稍小的病毒颗粒为空衣壳，直径为 21nm，沉降系数为 75S，相对分子质量为 4.7×10^6，在氯化铯中的浮力密度为 1.31g/cm^3，空衣壳不含 RNA，所以没有感染性；最小的一种颗粒为衣壳蛋白亚单位，其直径是 7nm，沉降系数为 12～14S，在氯化铯中的浮力密度为 1.5g/cm^3，相对分子质量为 3.8×10^6。

口蹄疫病毒在 4℃比较稳定，于－20℃，特别是－50～－70℃十分稳定，可以保存数年之久；37℃于 48 h 内使病毒灭活。最适 pH 为 7.4～7.6，于酸性环境中迅速灭活。但是各毒株对热和酸的稳定性不尽一致。1mol/L 氯化镁对热灭活有促进作用。直射阳光迅速使病毒灭活，但污染物品，例如饲草、被毛和木器上的病毒却可存活几周之久；厩舍墙壁和地板上的干燥分泌物中的病毒至少可以存活 1 个月（夏季）到 2 个月（冬季）。常用消毒剂，例如石炭酸、酒精、乙醚、氯仿等有机溶剂和吐温-80 等去垢剂的灭活作用不理想；乳酸、次氯酸和福尔马林对病毒的灭活作用比较有效。野外条件下常用 2%氢氧化钠或 4%碳酸钠作为消毒剂，但病毒似乎对酸更敏感。乳品中口蹄疫病毒，于 70℃加热 15s 灭活，4℃存活 12 d；乳变酸时，病毒迅速灭活。尸体中的病毒因为尸僵后迅速产酸，故肌肉中的病毒很快灭活；但在腺体、淋巴结和骨髓中的病毒，由于这些组织中产酸不多，病毒长期存活达几周之久。

［基因组特征］成熟的口蹄疫病毒粒子约含有 30%的 RNA，其余 70%为蛋白质。口蹄疫病毒的 RNA 由约 8 500 个核苷酸组成的正链的 RNA，具有感染性，相对分子质量为 2.6×10^6～2.8×10^6，其碱基组成为 A/G/U/C＝26/24/22/28。其基因组 RNA 由 5′非编码区（Untranslated region，UTR）、开放阅读框架（Open reading frame，ORF）和 3′ UTR 构成。5′ UTR 长度约为 1 300nt，含有 VPg、二级结构、P10 基因 poly（C）区段和内部核糖体进入位点等，3′UTR 由 poly（A）尾和 ORF 之间的 92nt 组成，全长为 172nt。

与大多数真核细胞 mRNA 不同，FMDV RNA 5′端没有甲基化帽子结构，取代甲基化帽子结构位置的是一个病毒编码的小蛋白质（3B），与 FMDV RNA 5′末端的尿嘧啶残基共价结合在一起。FMDV 基因组中的 3 个 VPg 均由病毒 3B 基因编码，分别称为 VPg1（3B1）、VPg2（3B2）和 VPg3（3B3），相对分子质量均为 23 000，其前体为 3AB。它们都含有一个酪氨酸残基，并与病毒 RNA 5′末端尿嘧啶共价相连，因此又称为基因组连接蛋白，VPg 似乎与 RNA 感染性无关。

小 RNA 病毒科 RNA 5′ UTR 中有一个调控内部翻译起始的顺式作用元件，称为内部核糖体进入位点（IRES）。FMDV IRES 距 RNA 5′ UTR 末端下游约几百个 nt，长度 465nt。虽然本科病毒的 IRES 一级结构彼此不同，但在 IRES 中都有一个相似的折叠结构，内有保守的结构域，这是小 RNA 病毒共有的特征。FMDV IRES 有 5 个保守的茎环结构，以 5′到 3′方向顺次为第 1、2、3、4 和 5 茎环，富含嘧啶区段，AUG 起始密码子。中心域位于第 3 茎环，内有多个亚域，环中有 GAAA 基序，这个基序在所有小 RNA 病毒的 IRES 中都位于相似的位置，表明它可能是三级结构的组件。FMDV IRES 第 4 茎环位于第 649～755 之间，有 3 个亚域，是 eIF4B 和 PTB 的结合位点。此外，小 RNA 病毒还需要其他特殊的细胞蛋白的参与，如嘧啶区段结合蛋白（PTB）。PTB 可与几种 IRES 元件结合，并促进 FM-DV 的翻译效率，主要 PTB 结合位点的突变可同时影响起始复合物的形成和翻译。FMDV 第一 AUG 的起始频率依赖于它的侧翼序列，但偏爱于第二 AUG。当第一 AUG 被反义 RNA 封闭时，第二 AUG

的起始频率不受影响。

FMDV RNA 蛋白编码区 ORF 约含有 7 000 个 nt，第一起始 AUG 位于第 805nt，编码最长长度为 2 332 个氨基酸的多肽，相对分子质量 258 000。ORF 可分为 L、P1、P2、P3 四个区。L 区编码 Lb 和 Lab 两种重叠的非结构蛋白，这两种蛋白是从 2 个不同的功能性启始密码子启始翻译形成的，两者的差别主要在 N 末端，相差 28 个氨基酸，相对分子质量分别为 244 000 和 212 000。L 区为病毒复制的非必需区，L 区缺失的突变病毒株仍能在宿主细胞内复制。P1 区依次编码 VP4（1A）、VP2（1B）、VP3（1C）和 VP1（1D）4 种结构蛋白，最后组装成病毒的衣壳蛋白。P2 位于聚合蛋白的中部，P2 区依次编码 2A、2B 和 2C 3 种非结构蛋白，2A 为含有 16 个氨基酸残基组成的多肽，能够自我催化 P122A 同 2C 的解离，因而认为 2A 是一个顺式裂解元件，可以利用 2A 基因同时表达几种病毒的主要抗原基因，制备多价疫苗或诊断试剂。P2 的 N 末端与 VP1 的羧基末端相连。P3 区编码 4 种非结构蛋白 3A、3B、3C 和 3D，3A 与 FMDV 的致病性有密切的关联，不同血清型 FMDV 3A 编码区的细微差别都会减弱其对牛的致病力；3B 蛋白是由编码区 3 个串联重复的非等同的基因编码的，因而可以产生 3 种不同的 3B 蛋白。VPg 基因的拷贝数与 RNA 病毒的感染力有关，携带有 pUpU 结构的 VPg 蛋白可以与 poly（A）结合作为病毒 RNA 合成时的引物蛋白，这种特殊的 RNA 复制方式与宿主 mRNA 转录不同，因而在宿主 RNA 合成受到抑制时，并不影响病毒 RNA 的合成。

［抗原性］ 口蹄疫病毒目前有 O、A、C、Asia1（亚洲 1 型）、SAT1（南非 1 型）、SAT2 和 SAT3 等 7 个血清型。各型之间彼此几乎没有交叉免疫力，感染过其中 1 种血清型的病毒仍然可以感染另一血清型的口蹄疫病毒而发病。即使是同一血清型的病毒株之间，抗原性也有不同程度的差异，差异达到一定程度以上的病毒株，称为亚型。核苷酸序列分析表明，O、A、C 和 Asia1 的 RNA 序列同源性为 60%～70%，SAT1、SAT2 和 SAT3 的 RNA 序列同源性也是 60%～70%，但是两群之间的 RNA 碱基序列同源性则是 25%～40%；A 型与 O 型内的同源性为 80%。欧洲型（O、A、C）和亚洲型（Asia1）与非洲型（SAT1、SAT2、SAT3）之间存在着显著差异。

完整的病毒粒子和空衣壳具有型特异的抗原性，异型血清不能引起补体结合反应。但 12S 蛋白亚单位和 VP4 则可能发生交叉反应。完整的病毒粒子有 3 个抗体结合部位，一个是 IgM 吸附部位，位于病毒粒子的顶点；一个是 IgG 吸附部位，位于病毒粒子顶点及其周围；第三个吸附部位在病毒粒子表面，也是吸附 IgG 的。

［培养］ 口蹄疫病毒可在犊牛肾细胞、仔猪肾细胞、仓鼠肾细胞、牛舌上皮细胞、牛甲状腺细胞、牛胎皮肤-肌肉细胞、羊胎肾细胞、胎兔肺细胞等培养物内增殖，并常引起细胞病变。许多国家用传代细胞，如 BHK - 21 细胞培养病毒。培养方法有单层细胞培养和深层悬浮培养。口蹄疫病毒在猪肾细胞中产生的细胞病变常较牛肾细胞病变更为明显，犊牛甲状腺细胞培养物对口蹄疫病毒极为敏感，并能产生极高滴度病毒，所以特别适于野外病料的病毒分离。

［病原性］ 口蹄疫病毒的传播方式主要包括消化道、呼吸道、皮肤和黏膜。本病一年四季均可发生，但往往是秋末开始，冬季加剧，春季减轻，夏季平息。动物感染病毒后通常经历一段潜伏期，牛平均 2～4d，猪 1～2d，羊 1～7d。潜伏期过后，以牛为例，患病动物通常表现如下症状：患牛体温升高到 40～41℃，精神沉郁，闭口流涎，1～2d 后，口腔出现水疱，此时嘴角流涎增多，呈白色泡沫状，采食反刍完全停止。水疱经一昼夜破裂后，体温降至正常，糜烂逐渐愈合，身体状况逐渐好转。在口腔发生水疱的同时或稍后，趾间、蹄冠的柔软皮肤上也发生水疱，并很快破溃，出现糜烂，然后逐渐愈合。但若病牛体弱或烂斑被粪尿等污染，可能化脓，形成溃疡、坏死，甚至蹄壳脱落。当乳头皮肤出现水疱（主要见于奶牛），多波及乳腺引起乳房炎，泌乳量显著减少。患病的成年家畜一般呈良性经过，病死率不超过 3%。但是有时在病势趋向好转时，病情突然恶化死亡，即恶性口蹄疫，死亡率很高，犊牛可达 25%～50%，仔猪达 100%，羔羊可达 20%以上。在自然状态下 FMDV 可经消化道感染，经呼吸道感染是最主要的传播途径，数个感染性病毒颗粒即可引起动物发病。动物、人员及运输工具等均可机械性地散播病毒。

口蹄疫感染发生与感染的剂量和感染途径关系密切。牛在舌部上皮注射一个单位的病毒就可以发生感染，但是如果通过气溶胶传播就需要 10～100 倍的病毒量才能发生感染；猪通过足跟注射建立感染需要的病毒量就非常小，只需要 1～10U 的病毒，但是通过鼻腔建立感染猪的模型就需要 1 000U 甚至更高的病毒量；相比之下，羊通常不容易发生口蹄疫感染，鼻咽途径感染需要的病毒至少 10 000U，在感染敏感度非常低的同时，羊在感染后分泌的口蹄疫病毒量也非常小。

［**生态学**］口蹄疫的自然感染主要发生于偶蹄兽，尤以黄牛（奶牛）最易感，其次是水牛、牦牛、猪，再次是绵羊、山羊、骆驼等。野生偶蹄兽也能感染和发病，犬、猫等动物可以人工感染。

本病的传染源主要为患病动物和带毒动物，甚至在出现症状之前就能排毒。感染了口蹄疫病毒的患病动物可能通过皮肤黏膜损伤处的分泌物、唾液、乳汁、粪便、精液甚至呼吸的空气释放体内产生的病毒颗粒。病毒的分泌通常在临床症状发生 24 h 之前产生。在皮肤黏膜损伤发生 5～7 d 后，病毒的传播能力会大大下降。康复动物的带毒现象可能具有重要的生态学意义。

人与非易感动物（犬、马、候鸟等）都可成为本病的传播媒介。空气亦是重要的传播媒介，病毒能随风散播到 50～100 km 以外的地方。

［**免疫**］自然感染口蹄疫病毒的动物，耐过后具有相当强的免疫性。牛耐过口蹄疫后有 18 个月的免疫性，猪可到 10～12 个月。注射康复动物的全血、血清、血浆所形成的被动免疫其免疫期一般不超过 2 周。

口蹄疫疫苗接种是特异性预防口蹄疫的更为可靠和有效的手段，安全有效的疫苗是成功预防、控制乃至最终消灭口蹄疫的先决条件。早在 20 世纪 50 年代，Waldmann 等人就研究开发了最早的口蹄疫疫苗，即铝佐剂甲醛灭活病毒疫苗。后来 Sellers 等人在猪肾脏细胞内成功培养了口蹄疫病毒，这使得细胞疫苗的批量生产成为可能。口蹄疫弱毒疫苗和灭活疫苗等常规疫苗都具有良好的免疫原性，在预防和控制口蹄疫的过程中发挥着重要作用。

口蹄疫弱毒疫苗采用经典的弱化病毒的方式，将母毒通过在豚鼠、鸡胚或者细胞中经过多代的培养弱化，使病毒逐渐发生基因突变，产生弱毒毒株。弱毒毒株在组织培养物中经过大量扩增后，加入佐剂等制成疫苗。口蹄疫弱毒疫苗在进行免疫预防的过程中，能产生一定水平的保护，对口蹄疫的流行有一定的控制作用。但是由于弱毒疫苗也是活病毒，在预防接种的过程中造成动物携带病毒的状态，在易感动物体内长期存活的过程中，弱毒的口蹄疫病毒毒株很有可能恢复被减弱了的毒力。同时，弱毒病毒在易感动物体内的增殖也会对产生的保护免疫有抑制的作用，不能达到最佳的免疫效果。正是由于上述的原因，弱毒疫苗已经逐渐被人们摒弃不用。

目前，灭活疫苗在许多国家和地区得到了广泛应用。灭活病毒疫苗的发展是和病毒细胞培养技术和病毒灭活试剂的研究开发密切相关的。Frenkel 等人在 1947 年就在牛舌头的上皮组织中成功地大量培养了口蹄疫病毒，进而得到了大量的病毒抗原。20 世纪 60 年代后，应用大型的生物反应器（发酵罐）培养细胞增殖病毒，来制备疫苗的技术成功地使口蹄疫灭活疫苗的制备更加简单廉价。至于病毒的灭活，在口蹄疫疫苗发展的早期，甲醛是最早使用的使口蹄疫病毒灭活的化学试剂。目前，胺类衍生物作为口蹄疫病毒灭活剂，已经得到了广泛的应用。有实验表明，经过 BEI 灭活的病毒在细胞连续传代培养过程中未产生任何可见的细胞病理反应；在将灭活的病毒接种动物后，动物未发病，而且无细胞病变发生，同时产生良好的免疫反应，能 100%保护免疫豚鼠，使其能有效地抵抗同型强毒的攻击。和弱毒疫苗相比，口蹄疫灭活疫苗在使用过程中安全可靠，而且产生相当的免疫保护。

近年来，随着分子生物学技术的飞速发展，口蹄疫基因工程疫苗等多种新型的疫苗都在不断研究开发中，基因工程亚单位疫苗、转基因植物疫苗、合成肽苗、融合蛋白质疫苗、基因缺失疫苗、病毒载体疫苗和核酸疫苗均有良好的研究进展。基因工程疫苗具有安全性高，同时可以根据需要制备同一病毒多个成分或多价病毒疫苗，大幅度节约生产成本等优点，因此，口蹄疫基因工程疫苗是未来的发展方向。

［**诊断**］口蹄疫与水疱性口炎、猪水疱疹和猪水疱病的临床症状极为相似，因此必须采集水疱液或水疱皮做实验室诊断。可采集牛舌面水疱皮或猪蹄部水疱皮或水疱液，做补体结合试验或微量补体结合试验鉴定毒型，或用恢复期血清进行乳鼠中和试验、琼脂免疫扩散试验、放射免疫、免疫荧光抗体试验

以及被动血凝试验来鉴定毒型。

B型牛鼻炎病毒（*Bovine rhinitis B virus*）

牛鼻炎病毒对牛有高度的特异性，对呼吸道黏膜，特别是鼻黏膜有严格的亲和力。

自1925年Bögel等从德国分离到牛鼻炎病毒以来，相继在英国、美国、日本的健康牛或有呼吸道症状的牛的鼻汁中分离到病毒。根据各国的牛鼻炎病毒抗体调查结果，阳性牛检出率很高，感染范围广泛。

牛鼻炎病毒仅能在牛的肾细胞、睾丸细胞、鼻甲细胞和甲状腺细胞等培养物内增殖，不能在其他哺乳动物细胞或鸡胚细胞培养物内增殖。当前最常应用原代牛肾细胞进行牛鼻炎病毒的分离培养，应用牛胚鼻甲或气管上皮的器官培养也易分离获得病毒。

病毒粒子直径35～40nm。对酸极为敏感，在pH3时迅速灭活。对热的抵抗力较弱，37℃很快被灭活。对氯仿、乙醚、十二烷基磺酸钠等溶剂有抵抗力。

牛鼻炎病毒的病原性不高，即使接种未吃初乳的犊牛也常常只能使其发生轻度的鼻炎，但也可能诱发严重的呼吸道疾病。对其他动物没有致病性。

牛感染牛鼻炎病毒后主要表现呼吸系统症状，排鼻汁，并有发热、精神沉郁、咳嗽、食欲减退、呼吸急速和困难，以及轻度鼻炎等。病理变化为鼻绒毛消失，上皮细胞角质化，上皮细胞下的中性粒细胞、单核细胞浸润等病变的灶性鼻炎。有时也见到间质性肺炎。

由鼻汁中分离和鉴定病毒，仍是目前可用的主要方法，当然可以采取急性期和康复期血清进行中和抗体测定，然后根据测定结果进行确定。牛鼻炎病毒感染不易与其他呼吸系统疾病相区别。

第二节 心病毒属（*Cardiovirus*）

小RNA病毒科心病毒属由两个亚群的病毒组成，即泰勒鼠脑脊髓炎病毒（*Theiler's murine encephalomyelitis virus*，TMEV）及其相关病毒（维柳伊斯克人脑脊髓炎病毒*Vilyuisk human encephalomyelitis virus*，大鼠泰勒样病毒*Thera virus*，萨富德病毒*Saffold virus*）和脑心肌炎病毒（*Encephalomyocarditis virus*，EMCV），感染啮齿类动物或者人，在胃肠道复制，通过粪-口途径进行传播。通过肠道途径感染后常常发病轻微或者没有临床症状，肠道外途径也可发生传播，并能导致全身性的感染。顾名思义，EMCV病毒能引起脑炎和心肌炎，而TMEV亚群的病毒则引起中枢神经系统感染。在实验性感染模型中，对小鼠脑内接种TMEV能引起急性脑脊髓炎和（或）亚急性的脱髓鞘，类似于人多发性硬化，不同的发病类型与所使用的毒株相关；口服感染TMEV可能会引起脑心肌炎，特别是在大剂量对新生鼠接种的情况下。

脑心肌炎病毒（*Encephalomyocarditis virus*，EMCV）

脑心肌炎病毒（*Encephalomyocarditis virus*，EMCV）引起猪和某些哺乳动物、啮齿动物乃至灵长类动物的一种以脑炎、心肌炎和心肌周围炎为主要特征的急性传染病。1945年从佛罗里达州一只患急性致死性心肌炎的黑猩猩体内分离得到第一株EMCV，随着研究的进行，该病毒感染的宿主范围扩大到了多种动物，包括狒狒、非洲绿猴、松鼠、大象、疣猪、貘、长颈鹿甚至蚊子等。直到1958年，巴拿马首次报道EMCV能够感染猪并引起猪急性致死性心肌炎，EMCV还是1960—1966年间美国佛罗里达州大批猪死亡的原因之一。但直到1986年才将EMCV与猪的繁殖障碍联系起来。EMCV感染可引起仔猪致死性心肌炎，造成急性死亡，病死率最高可达100%；导致怀孕母猪流产、产死胎、弱胎、木乃伊胎，通常不发生猪只死亡。EMCV还以亚临床感染的形式存在。

啮齿动物是脑心肌炎病毒的自然宿主，并由啮齿类动物传播给人、猴、马和猪，大多数呈隐性感染，但有时引起脑炎和心肌炎，特别在猪，已经多次发现由EMCV引起的脑心肌炎暴发，而且均与鼠类密度增高及其严重感染有关。因此，脑心肌炎病毒的这些毒株曾被统称为鼠类病毒或鼠肠道病毒。

根据毒株的来源不同，EMCV 又分别称为门哥病毒（*Mengovirus*）、鼠埃伯菲尔德病毒（*Maus Elberfeld virus*，MEV）和哥伦比亚 SK 病毒（*Columbia SK virus*），门哥病毒、鼠埃伯菲尔德病毒和哥伦比亚 SK 病毒都是 EMCV 的毒株名称。

[理化特征] 脑心肌炎病毒具有类似于其他小 RNA 病毒，特别是肠道病毒的形态结构和理化学性质。病毒粒子沉降系数为 156S，病毒粒子在氯化铯中的浮密度为 1.33～1.34g/cm^3。EMCV 对醚和 SDS 等强离子去污剂具有抵抗力。在 pH3～9 稳定。

[基因组特征] EMCV 病毒粒子呈圆形，直径 27nm，不带囊膜，为裸露的核衣壳。基因组由 7 840 个核苷酸组成，3′末端有 poly（A），5′末端没有帽子结构，但有一个相对分子质量只有 2 000 的小蛋白 VPg。RNA 含有 5′UTR、3′UTR 和一个较大的阅读框架（ORF），ORF 所编码的病毒蛋白被称为“多聚蛋白”，在蛋白质的翻译过程中，合成的多聚蛋白在病毒自身所编码的三种不同蛋白酶的作用下不断被水解成小片段蛋白。RNA 本身具有感染性，如将 poly（A）除去，感染性即丧失。

[培养] EMCV 可在许多细胞培养物中生长，例如鼠胚成纤维细胞、仓鼠细胞系 BHK - 21 以及猪源乃至人源的许多肾细胞和细胞系，并可产生迅速而明显的细胞病变——细胞溶解。

[病原性] 致死性感染发生于 20 周龄内的幼猪，仔猪更为敏感。幼猪在人工感染后，经过 2～4d 的潜伏期，出现短暂的发热，并可能出现急性心脏病的特征。但多数病猪不出现任何症状而突然死亡。某些病猪出现精神沉郁，厌食、震颤、步履蹒跚、麻痹、呼吸困难，随即死亡。本病在猪的发病率和死亡率随饲养管理条件和毒株的强弱而不同，发病率为 2%～50%，病死率为 80%～100%。马、猴以及人类在感染后大多呈隐性经过，偶见心肌炎乃至脑炎。研究认为，不同 EMCV 分离毒株之间存在致病力的差异，这种差异除了与 VP1 蛋白的氨基酸组成有关外，还与病毒的 poly（C）的长度有关。

[免疫] 病后免疫坚强，但不排除长期隐性带毒和排毒的可能性。在暴发本病的地区可参照其他小 RNA 病毒疫苗的制备方法，生产灭活疫苗。

[诊断] 由急性死亡的病猪采取右心室和脾脏，按常规方法制成乳剂后脑内接种或腹腔接种小鼠，通常 2～5d 后小鼠出现后腿麻痹症状而死亡，剖检可见心肌炎和脑炎等病变。也可接种原代或继代的鼠胚成纤维细胞或仓鼠传代细胞系 BHK - 21 等，感染细胞常迅速崩解，随后可用特异免疫血清做病毒中和试验进行鉴定。实验室诊断技术可用于病毒抗原和抗体的检测，主要包括用于血清抗体检测的中和试验、ELISA 方法、血凝抑制试验（HI）及琼脂免疫扩散试验等，以及用于抗原检测的免疫组化试验、核酸原位杂交、核酸探针技术、RT - PCR 等。

鼠脑心肌炎病毒（*Theilovirus*）

同义名：泰勒鼠脑脊髓炎病毒，泰勒小鼠脊髓灰质炎病毒（*Theiler's murine encephalomyelitis virus*，TMEV）

TMEV 是属于心病毒属的肠道病原，与 EMCV 的关系很近，是 Theiler 于 20 世纪 30 年代从患有自发性麻痹的小鼠体内分离获得。TMEV 是生物医学研究人员非常熟悉的病毒，因为该病毒在非隔离条件下饲养的小鼠中普遍存在。在自然情况下，TMEV 在小家鼠中广泛流行，甚至一定程度上在河鼠（Water voles）也有流行。

病毒通过粪-口途径传播，感染鼠随粪便排出病毒，病毒随饲料、饮水进入体内，先在咽喉部和小肠的淋巴结内增殖，导致肠道的隐性感染，随后扩散而导致病毒血症。病毒偶尔可以扩散到中枢神经系统，导致脊髓前柱细胞的裂解性感染和后肢的松弛性瘫痪，即小鼠急性脊髓灰白质炎。小鼠感染低神经毒力的 TMEV 毒株后可以建立人的多发性硬化的实验动物模型。低神经毒力的 BeAn 株和 DA 株感染后可以造成小鼠中枢神经系统的持续感染，引起单核细胞的炎症和脱髓鞘作用，而高神经毒力的 GDVII 株或 FA 株的感染则会迅速引起致死性脑炎。

病毒特性与其他的肠道病毒和心病毒相似。啮齿类动物易感，特别是小鼠。

第三节　肠道病毒属（*Enterovirus*）

肠道病毒是脊椎动物肠道中原有的栖居者，但常因侵犯其他器官而引起各种临床综合征。本属的成员有人肠道病毒A、B、C和D型，人鼻病毒A，B和C型，牛肠道病毒，猪肠道病毒B型和猴肠道病毒A型，共10种病毒。本属的代表种是人肠道病毒C型和人鼻病毒A型，其成员中与畜禽有关的病毒为牛肠道病毒、猪水疱病病毒、猪肠道病毒。

病毒粒子呈大致的球形，直径20～30nm，二十面体对称。RNA约占病毒粒子总重量的22%～30%，其相对分子质量为2.5×10^6～2.9×10^6。基因组编码VPg，不编码L蛋白。由病毒粒子中提取的病毒RNA常有感染性。同种病毒之间核苷酸序列具有较高的同源性，异种病毒之间则有较大差别。

肠道病毒科的病毒具有与其他小RNA病毒科成员不同的物理特性，包括在氯化铯中的浮密度以及在弱酸环境中的稳定性等。肠道病毒所表现出的病理学、病毒的传播和流行病学特性均直接与病毒的物理性质及其细胞裂解周期有关。感染性的病毒对于许多实验室常用的消毒剂具有一定的抵抗力，包括70%乙醇、异丙醇、来苏儿溶液和季铵化合物等。病毒对乙醚和氯仿等脂溶剂敏感，室温条件下对许多去污剂稳定。甲醛、戊二醛、强酸、次氯酸钠和游离性余氯可以灭活病毒，浓度、pH、外部是否存在有机物质以及接触的时间等因素影响这些物质对病毒的灭活程度。肠道病毒具有一定的热稳定性，多数肠道病毒在42℃条件下容易灭活，尽管某些巯基还原剂和镁离子能够对病毒起到稳定作用，甚至使病毒在50℃的条件下保持稳定。热灭活病毒的过程中包括几个步骤，最后一个不可逆的步骤是病毒RNA从结构改变的病毒粒子中释放出来。因此，可以利用病毒对于适度升高的温度具有敏感性这一特性，对生物活性制品进行巴氏消毒以灭活其中可能存在的肠道病毒。

正如其他病原微生物一样，紫外线可以用于灭活肠道病毒，特别是物体表面的肠道病毒。另外，干燥可以显著地降低物体表面的病毒滴度，干燥引起的病毒滴度的下降与物体表面的多孔性和有机物质的存在情况有关。

病毒核酸分子与肠道病毒抗原性具有相关性。可以根据VP1蛋白的核苷酸序列分析毒株之间的相关性以及病毒中和试验结果进行病毒抗原的分型，以辨别肠道病毒的血清型。如果分离株与血清型原型毒株之间VP1核苷酸序列的同源性不低于75%（氨基酸同源性85%），同时与第二高的血清型原型毒株的VP1核苷酸同源性低于70%，就可以认为该分离株与原型毒株的血清型相同。

肠道病毒属病毒在细胞培养物上生长的一个突出特征是引起细胞溶解。多年来，一直把脊髓灰质炎病毒作为细胞裂解性病毒感染的典型代表。在显微镜下观察，感染后1～7 d出现特征性的细胞病变，表现为细胞变圆、收缩、核浓缩、折光率增加、细胞发生退行性变化。在接种病毒含量大的情况下，24 h内即可观察到细胞变化；但是，如果接种物中的病毒粒子的含量很低，即使已经有足够多的细胞受到了病毒的感染也可能需要几天才能观察到细胞病变。另外，某些肠道病毒根本就不产生细胞病变，或者需要经过连续传代后才能形成细胞病变。一般情况下，只要细胞培养物中出现了蚀斑，就会迅速感染整个培养物中的细胞，导致细胞单层的完全破坏，有时可能只需大约几个小时。所以，根据上述细胞病变特征，很快就可以做出肠道病毒感染的意向性诊断。由于某些样品中的成分在接种后的最初24 h具有细胞毒性，会对病毒产生的细胞病变产生影响，为了有效区分细胞病变和细胞毒性，可以将初代细胞培养物再通过细胞传代一次，以使样品中的有毒成分得到稀释，这样可以保持细胞的活力，使病毒得到扩增，产生细胞病变。

所有已知的肠道病毒均可以通过细胞或乳鼠进行传代，多数血清型的病毒可以在至少一种人或灵长类的传代细胞培养物中生长，同时没有一种细胞系可以支持所有的可培养的肠道病毒在其中生长。能否在特定的细胞中生长取决于细胞表面的与病毒结合的细胞受体。

猪水疱病病毒（*Swine vesicular disease virus*，SVDV）

猪水疱病是猪的一种高度接触性的传染病，于1966年10月首先发生于意大利Lombardy的猪群中，认为是一种与口蹄疫具有相似症候群的疾病。该病同时发生在两个猪场，都因从同一来源引进猪而发病。意大利 Brescia 口蹄疫研究所和英国的 Pirbright 动物病毒研究所进行了一系列检验，都未能证明有口蹄疫病毒的存在，但发现一种肠道病毒，因此认为这是一种不同于口蹄疫、水疱性口炎和水疱疹的一种新的水疱性疾病，当时称猪肠道病毒感染（porcine enterovirus infection）。1973 年 1 月，世界动物卫生组织和欧洲防制口蹄疫委员会召开了发生猪水疱病国家的代表大会，会上建议定名为"猪水疱病"。中国香港、英国、澳大利亚、波兰、法国、瑞士、德国、荷兰和日本等国家和地区都有本病发生的报道。

猪水疱病病毒在电镜下呈球形，直径 25～30nm，基因组大小为 7 400nt。该病毒与人类的柯萨奇病毒 B5 关系较近，核苷酸的同源性达到 75%～85%，现在把该病毒定位于人柯萨奇病毒 B5 猪变种。猪水疱病毒与人柯萨奇病毒 B16 也有一些共同的非中和性的抗原表位，这些表位与位于 VP1 蛋白上的线性表位部分重叠。到目前为止，尽管猪水疱病病毒还只有 1 个血清型，但通过 VP1 基因或者 3BC 基因的比较发现，该病毒至少存在 4 个不同的进化群。

［理化特征］病毒在氯化铯中的浮密度为 1.34g/cm^3，沉降系数为 150S。在 1mol/L 的氯化镁溶液中能抵抗 50℃加热，对乙醚有抵抗力，对 pH5 表现稳定；在 50℃加热 30 min，仍不丧失感染性。

［基因组特征］猪水疱病病毒基因组由单股的正链具有 mRNA 活性的 RNA 组成，5′端是 52nt 的非编码区，随后是编码病毒结构蛋白（P1）和非结构蛋白（P2 和 P3）的开放阅读框架，其后是一个短的 32nt 的非编码区，紧接着就是 poly（A）结构。52nt 非编码区的 5′末端共价连接在 VPg 蛋白上。对已经测定的毒株的全基因序列分析表明，SVDV 的基因组与脊髓灰质炎病毒血清 1 型相同，除 poly（A）之外的核苷酸序列长度为 7 400～7 401nt，不同毒株之间基因组长度上的差异出现在 52 - NCR 上，所有的毒株都有 1 个开放阅读框，编码一个预计为 2 185 个氨基酸的多聚蛋白，通过蛋白酶加工后形成 11 个功能性的蛋白。其中，P1 经酶切后形成 4 个结构蛋白，即 VP1、VP2、VP3 和 VP4，P2 和 P3 被加工成 7 个非结构蛋白，多聚蛋白的切割是由蛋白酶 2A 和 3C（或者其前体蛋白 3CD）完成的。

［抗原结构］尽管 SVDV 目前只有一个血清型，但不同的 SVDV 分离株之间仍存在抗原性差异。在 SVDV 日本分离株 H/3′76 的病毒粒子上鉴定出了 5 个抗原位点，分别称为位点 1（VP1 蛋白的 87 和 88 氨基酸残基）、2a（VP2 的 165 位氨基酸残基）、2b（VP2 的 154 位氨基酸残基）、3a（VP1 的 272 和 275 位氨基酸残基，VP3 的 60 位氨基酸残基）和 3b（VP2 的 70 和 233 位氨基酸残基，VP3 的 37 和 76 位氨基酸残基）。所有 11 个氨基酸残基均位于茎环结构的环上或者 C -端。抗原位点 1 位于原体的上边，靠近五重对称轴的位置，而且位于 VP1 蛋白的突出的 BC 环上，在 BC 环上具有所有小 RNA 病毒共同的中和位点。目前，在欧洲分离株 ITL/9/93 上鉴定出了 4 个中和性抗原表位（Nijhar 等，1999），其中有两个表位与日本株的相同，即位点 2a 和位点 3b，另两个是新发现的表位，它们是 VP1 蛋白的 261 位氨基酸残基和 VP3 蛋白的 234 位氨基酸残基。在已鉴定的这些抗原表位中，2a 位点看来是最保守的，针对该表位 5B7 单克隆抗体对除了 ITL/1/66 株之外的所有其他的分离株均具有中和作用。

［培养］应用仔猪原代肾细胞，以及 IB - BS - 2、PK - 15 等传代细胞系培养猪水疱病病毒，都能产生明显的细胞病变，细胞变圆，并呈颗粒状，聚集或成堆散在。最后细胞层完全崩解脱落。在猪睾丸、乳鼠胚与仓鼠肾等原代细胞也能增殖，并产生细胞病变。人羊膜细胞对猪水疱病病毒十分敏感，传 20 代之后对猪的毒力不变，用于研究病毒的理化特性和生物学特性。本病毒对牛源细胞培养物（如原代犊牛肾细胞、原代犊牛甲状腺细胞）和 BHK - 21 细胞不引起细胞病变。

［病原性］猪水疱病病毒除引起动物（猪）感染发病之外，对其他家畜、家禽，如奶牛、水牛、黄牛、绵羊、山羊、马、驴和鸡均不引起发病。病猪发热（41～42℃），鼻镜、蹄冠、蹄球和趾间皮肤上出现水疱，水疱直径 1～3 cm，常在 2～3 d 内融合和破溃，并迅速愈合。皮下或皮内注射感染组织浸液或水疱液于蹄球或蹄冠部，常可在 36h 内于接种部或其周围出现水疱。此后迅速发展为全身感染，并于趾间、鼻镜和舌上出现水疱。实验动物，如 2～3 日龄的乳鼠和 1～2 日龄的乳仓鼠、吮乳大鼠都能感染发病。

［致病机理］本病毒可以通过多种途径进入猪体，其中最敏感的途径是通过损伤的皮肤或者溃疡的黏膜表面发生的感染。需要大剂量接种才能通过摄食的方式发生感染。病毒最初在感染局部增殖，然后

通过淋巴途径扩散进入血流，在第一次出现临床症状之前，病毒大量出现在感染猪的分泌物和排泄物中。随着病程的发展，在水疱和机体中的组织内发现高滴度的病毒。临床发病后 1 周出现抗体，一旦抗体形成病毒数量开始下降。病猪的康复和能否复发与血液中中和抗体密切相关。在感染后的第一周，病猪向体外排毒，随后病毒从感染猪体内消失，一般情况下病毒在体内持续的时间不会超过 28d。然而，也有发生病毒持续感染的报道。免疫组化和原位杂交试验证实，在感染后 4.5 h，上皮细胞和真皮细胞为病毒阳性，某些病毒阳性的真皮细胞具有树突状细胞的形态，感染后 8d 的扁桃体上皮细胞也可观察到病毒阳性的细胞。

［**临床症状**］猪感染猪水疱病病毒后的潜伏期一般为 2～7d，但如果感染剂量低潜伏期可能会更长。猪水疱病的临床表现与口蹄疫相同，主要表现为水疱性口炎、水疱疹，病毒感染后的 1～5d 体温升高到 41℃，高温持续 2～3d。采用欧洲分离株进行的病毒感染试验证明，水疱发生包括以下几个阶段，首先是上皮变白，然后是冠状带周围和四肢远端的皮肤出现水疱，病变可以出现在病猪的鼻镜、唇部、舌以及四肢的皮肤等部位，特别是身体上受压迫的部位。感染猪可能发生跛行。用稻草作为垫料的圈舍中饲养的猪的严重程度要轻于水泥地面的圈舍。待水疱破裂后，跛行消失，暴露出肉芽组织。

［**免疫**］动物在自然感染猪水疱病病毒后 4 d 就产生一定滴度的中和抗体，且能持续较长时间，康复动物能产生坚强的免疫力。

目前有灭活疫苗和弱毒活疫苗可供使用。弱毒活疫苗有鼠化弱毒活疫苗和仔猪肾原代细胞培养弱毒疫苗，灭活疫苗则有仓鼠肾组织灭活疫苗和细胞培养灭活疫苗，两种疫苗的保护率均达 80%以上，后者的安全性和效果均较好，而且广泛使用。另外，在紧急情况下，可应用自然发病后痊愈的猪血清，也可应用人工制备的猪免疫血清，作紧急预防接种。

［**诊断**］本病在临床上与口蹄疫、水疱性口炎、猪水疱疹不能区别，所以必须用病毒分离、中和试验、反向红细胞凝集试验、间接免疫荧光试验、酶联免疫吸附试验和补体结合试验等进行诊断。

第四节 马鼻病毒属（*Erbovirus*）

马鼻病毒是 1962 年由 Plummer 从马呼吸道的鼻分泌物中分离出的一株病毒，在形态和生化特性上与人的鼻病毒相似。随后发现在马匹中广泛存在这种病毒，引起类似人类普通感冒的症状：浆液性鼻炎和咽炎，病马发热，后期出现大量的黏液-脓性鼻涕，咳嗽和颌下淋巴结发炎。亚临床感染后会出现血清抗体阳转。

马鼻病毒引起全球范围内马的上呼吸道临床感染和亚临床感染。过去马鼻病毒属于小 RNA 病毒科鼻病毒属的成员，有两个血清型。但是，病毒序列分析结果表明，这两个血清型的病毒属于不同的病毒，而将血清 1 型马鼻病毒重新命名为甲型马鼻炎病毒（*Equine rhinitis* A *virus*，ERAV），这也是第一个分离鉴定的马鼻病毒（Plummer，1962），1999 年将其归入口蹄疫病毒属（Stanway，2005）。血清 2 型鼻病毒首次从瑞士分离（Steck，1978），重新命名为乙型马鼻炎病毒（*Equine rhinitis* B *virus*，ERBV），并设立了一个新的病毒属，即马鼻病毒属（*Erbovirus*），该名称来源于“*Equine rhinitis* B *virus*”。马小 RNA 病毒的第 3 个血清型是 P313/75 株病毒，该血清型原型株分离于瑞士（Steck，1978），病毒血清中和试验证明无论是 ERAV 还是 ERBV 抗血清均不能中和 P313/75 型病毒，随后的序列分析结果证明该病毒是马鼻病毒的第二个血清型，称为 ERBV2。ERBV1 由两个截然不同的系统发育群的病毒组成，一群对酸稳定，另一群对酸不稳定。

酸稳定小 RNA 病毒（*Acid-stable equine picornaviruses virus*，ASPV）、ERAV、ERBV1 和 ERBV2 均是从临床表现为发烧（41℃维持 1～3d）、严重的浆液性到黏液脓性鼻涕、食欲不振、腿部水肿、昏睡、颈部淋巴结水肿化脓以及有压痛的病马分离的病毒。

对 3 株被称为 ASP 毒株的表达结构蛋白的 P1 核苷酸序列分析结果表明，分离自英国与其他小 RNA 病毒血清型明显不同的这 3 个毒株与马鼻病毒属的酸稳定 ERBV1 分离株密切相关，属于同一个进化群。因而，把ASP毒株归入马鼻病毒属，称为ERBV3。

根据Wesley等（2006）的研究，将三个血清型的病毒分成了3个不同的进化群，第一群是酸不稳定的ERBV1，第二群是ERBV2，第三群是酸稳定ERBV1和ERBV3。

自从在瑞士、英国、美国、加拿大和日本的马中分离到ERBV1和ERBV2以来，目前50%～80%的瑞士、奥地利、英国、加拿大、新西兰、荷兰和阿联酋的马匹中均存在ERBV1和ERBV2中和抗体，澳大利亚马匹中这两个病毒的阳性率也大致相似。

除直接接触感染外，还可能经过饲料、饮水或者用具等间接感染。病马鼻咽部带毒可达一个月。鼻咽部接种可以引起人工感染。大多数易感马发生4～5d的病毒血症，病毒血症随血清中抗体的出现而告终。家兔、豚鼠、猴和人可能发生实验性感染，但无明显症状。

马鼻病毒与人和牛的鼻病毒有大致相同的生物学特性，能在马、猴、兔、犬、地鼠的原代肾细胞、马肾二倍体细胞、HeLa、Hep-2、LLC-MK2、RK-13的各种传代细胞等比较多的细胞培养物内增殖，并常产生典型的细胞病变，初代分离病毒时通常用马肾原代细胞培养物。胚胎气管或鼻甲的器官培养似对新分离的病毒更为敏感。

在疾病急性期，从血液或鼻分泌物中分离和鉴定病毒，或者应用病毒中和试验检测急性期和恢复期的病马血清确定抗体是否升高是本病的特异性诊断方法，现在还有采用RT-PCR方法进行疾病诊断和病原鉴定的报道。但因为其他一些病毒和细菌，乃至理、化刺激因素，均可引起鼻炎症状，而鼻炎又常常是某些疾病的前驱或早期症候，因此即使分离到病毒或者抗体效价增高，现症诊断仍需慎重。

第五节 脑脊髓炎病毒属（*Tremovirus*）

禽脑脊髓炎病毒（*Avian encephalomyelitis virus*，AEV）

禽脑脊髓炎（Avian Encephalomyelitis）是一种引起雏鸡、雉鸡、鹌鹑和火鸡感染的病毒性传染病，其特征是共济失调和快速震颤，因此，过去曾称为“流行性震颤”。基于病毒基因组特征，禽脑脊髓炎病毒（*Avian encephalomyelitis virus*，AEV）属于小RNA病毒科。过去的研究认为AEV属于肠道病毒属，但最近的研究发现与A型肝炎病毒具有很高的蛋白同源性，因此曾定在肝病毒属中，国际病毒分类委员会的最新报告中将其独立为脑脊髓炎病毒属。

[理化特征] 病毒直径24～32nm，平均直径（26.1±0.4）nm，在感染鸡的蒲金野细胞中，发现了呈晶格状排列的病毒粒子，直径22nm或25nm。病毒的浮密度为1.31～1.33g/mL，沉降系数为148S。AEV对氯仿、酸、胰酶、胃蛋白酶和DNA酶具有耐受性，在二价镁离子保护下可耐热。AEV对甲醛熏蒸敏感，β-丙内酯可灭活病毒。

[基因组特征] AEV基因组包含7 032个核苷酸。

[培养] AEV能在易感鸡群的雏鸡、鸡胚和多种细胞培养系统上繁殖。鸡和鸡胚必须来自易感鸡群，否则，只有通过脑内途径才能感染鸡。鸡胚接种，一般选择卵黄囊途径接种5～7日龄SPF鸡胚，仅鸡胚适应株可引起大体病变。鸡胚成纤维细胞、肾细胞、神经胶质细胞和雏鸡胰细胞均可用于鸡胚适应株和野毒株的培养，病毒滴度一般较低。

[病原性] 尽管所有的AEV分离株在血清学上相似，但仍存在两种不同的致病型。一种为嗜肠型，以自然界的野毒株为代表，这些毒株易经口感染鸡群，通过粪便散毒。这些毒株致病力相对较弱，但可经种卵垂直传播或使易感鸡早期水平感染，并引起神经症状，实验条件下脑内接种易感鸡可引起神经症状。AEV鸡胚适应株构成另外一种致病型，这类病毒高度嗜神经，脑内接种或非肠道途径接种均可引起严重的神经症状，除非剂量很高，口服一般不引起感染，也不能水平传播。

[致病机理] AEV鸡胚适应株和野毒株的致病机理明显不同，主要是因为鸡胚适应株一般都失去了嗜肠特性。雏鸡口服感染AEV野毒株后，最早感染的是肠道，特别是十二指肠，很快出现病毒血症，随后感染胰腺和其他内脏（肝、心、肾、脾）和骨骼肌，最后感染中枢神经系统。消化道感染可侵害到

肌层，胰脏感染时病毒可侵害腺泡和胰岛细胞，而后者持续时间更长。中枢神经系统病毒抗原含量相对更大，小脑的蒲金野细胞和分子层是病毒复制的主要部位，神经胶质细胞也有可能被感染。

[临床症状] 自然暴发时，在出雏时就可能观察到病鸡，但只有在雏鸡1～2周龄时才表现临床症状。病鸡首先表现为：眼睛反应轻微地迟钝，紧接着由于肌肉运动不协调而出现渐进性共济失调，在强迫雏鸡运动时更容易看到。随着共济失调的加剧，雏鸡斜坐在跗部，当被惊扰时表现出运动速度和运动步态失控，停下来休息或倒向一侧。有些病鸡不愿走动，或用跗部或胫部行走。鸡的反应越来越迟钝，且伴有衰弱的叫声，头颈震颤明显。幸存的鸡可能由于晶状体蓝色褪去变混浊而失明。

[免疫] 自然和实验感染的康复鸡能产生中和病毒的循环抗体，体液免疫在抗病毒感染中发挥重要作用。当鸡体的系统功能正常时，血清学反应相对较快。鸡感染后11d所产蛋孵出的雏鸡已有被动免疫抗体，因此出壳后能够抵抗接触性感染；来源于免疫母体的幼雏8～10周龄对口服感染仍不完全敏感，4～6周龄时，血清仍可检出抗体。感染后4～10d，琼脂免疫扩散试验阳性，11～14d病毒中和试验阳性。血清阳性的鸡群很少再次暴发禽脑脊髓炎。被动获得的抗体可以防止疾病的发生，也能防止或缩短粪便排毒时间。在育成期接种疫苗，能控制鸡群在性成熟后不再发生感染，同时也能防止病毒经蛋途径扩散；商品鸡群也可以进行免疫接种，以防止由于AEV引起的一过性产蛋下降。

[诊断] 当有大量幼雏发生共济失调和震颤时，即应怀疑是本病，也可对病鸡的脑脊髓、胰腺和腺胃等组织作组织病理学检查。确诊依靠病毒的分离和鉴定，通常采取病鸡脑脊髓液制成乳剂，接种5～7日龄鸡胚卵黄囊或脑内接种1日龄雏鸡。某些毒株对鸡胚的毒力较低，必须多次盲传。分离获得病毒以后，再用已知阳性血清在鸡胚或组织培养细胞上做中和试验，以便与其他病毒相区别。

第六节 猪肠病毒属（*Teschovirus*）

猪捷申病毒（*Porcine teschovirus*，PTV）

猪捷申病（porcine teschen disease）是一种由猪捷申病毒引起的猪脑脊髓灰质炎、生殖障碍、肺炎、下痢、心包炎和心肌炎，皮肤损伤及无症状等多种表现的一种病毒性传染病。繁殖障碍主要表现为死木胎（SMEDI）症候群，即死产（stillbirths）、木乃伊胎（mummification）、死胎（embryoinc-death）、不孕症（infertility）新生胎儿畸形和水肿。该病有多种血清型，因感染毒株血清型的不同，临床上会出现多种临床表现。

猪捷申病于1929年由Trefny最先发现于原捷克斯洛伐克的捷申小镇，这也是本病名称的由来。当时发病的猪主要表现脊髓灰质炎的症状，神经系统紊乱，发病猪有较高的死亡率，高达90%以上。在20世纪50年代该病蔓延整个欧洲，给集约化养猪带来了巨大的经济损失。20世纪50年代，在英国还发现了一种危害程度较轻的疾病，可以引起中度的神经系统紊乱，病死率也很低，与1929年发现的捷申病一样，均是由捷申病毒的血清1型引起的，当时人们把该病称为塔尔凡病（Talfan disease）（塔尔凡是威尔士界内一座山的名称）。本病主要发病于欧洲、非洲、北美和澳大利，亚洲的日本和我国也有本病的报道。

表52-2 猪捷申病毒不同血清型毒株的致病性

血清型	临床综合征
1，3，6，8	繁殖障碍
1，2，3，8	肺炎
1，2，3，5，8	心肌炎和心包炎
1，2，3，5	腹泻
1，2，3，5	脑脊髓炎

王云峰 编

第五十三章　嵌杯病毒科

嵌杯病毒科因病毒核衣壳上排列有暗色中空的杯状结构而得名，2008年前有4个属，分别为水疱疹病毒属（*Vesivirus*）、兔病毒属（*Lagovirus*）、诺如病毒属（*Norovirus*）、札幌病毒属（*Sappovirus*），2008年新增了*Nebovirus*属（代表*Newbury1 virus* and *Nebraska virus*及*bovine enteric calicivirus*，目前没有合适的中文）。其中前两属对兽医学很重要。感染人和猪等动物的戊型肝炎病毒所属的戊型肝炎病毒属，曾归于嵌杯病毒科，由于其独特性质目前已单独建科。

嵌杯病毒科的成员有猪水疱疹病毒（*Vesicular exanthema of swine virus*，VESV）、猫嵌杯病毒（*Feline calicivirus*，FCV）、兔出血症病毒（*Rabbit hemorrhagic disease virus*，RHDV）、圣米吉尔海狮病毒（*San Miguel sea lion virus*，SMSV）、犬嵌杯病毒（*Canine calicivirus*，CaCV）、人的诺瓦克病毒（*Norwalk virus*，NV）和札幌病毒（*Sapporo virus*，SaV）。此外，在多种动物如牛、貂、海象、海豚、鸡、爬行动物、两栖动物和昆虫中还发现了多种具有典型杯状病毒形态的病毒粒子，但大多未被全面鉴定。

［**形态结构**］病毒颗粒呈球形或近似球形，直径30～38nm，无囊膜，核衣壳呈二十面体对称。衣壳表面镶嵌有32个杯状结构。RHDV、NV衣壳的这种杯状结构不典型。

病毒基因组为单分子线状单股正链RNA，大小为7.4～7.7kb。其3′末端为poly（A）结构，5′端无帽结构，仅与一个小分子量的蛋白（VPg）共价连接。目前已完成了FCV、RHDV、HEV、NV、SHV等几种主要嵌杯病毒的基因组序列测定。基因组中包含有2～4个开放阅读框架（ORF）。猫嵌杯病毒（FCV）和人诺瓦克病毒（NV）近3′端的ORF编码非结构蛋白前体，中间的ORF编码衣壳蛋白，3′末端ORF很短，推测其编码一个小蛋白。兔出血症病毒（RHDV）的非结构蛋白和衣壳蛋白由含有的两个ORF分别编码。

嵌杯病毒的相对分子质量大约为15×10^6，沉降系数为$S_{20}w=170\sim187$。在CsCl中的浮密度为$1.33\sim1.39g/cm^3$，在甘油酒石酸钾中的浮密度为$1.29g/cm^3$。对乙醚、氯仿和温和性去垢剂不敏感。pH3～5时可将其灭活。高浓度的Mg^{2+}能够加快热对嵌杯病毒的灭活。胰酶作用可灭活某些嵌杯病毒，而对另一些病毒则加速其复制。有一些嵌杯病毒易经冻融灭活。

第一节　水疱疹病毒属（*Vesivirus*）

猪水疱疹病毒（*Vesicular exanthema virus*，VESV）

猪水疱疹病毒（*Vesicular exanthema virus*）可引起猪的以唇、齿龈、舌、腭、鼻镜及四肢的蹄踵和趾间发生水疱性炎症为主要特征的一种急性、热性、高度接触性传染病，临床上很难与口蹄疫、猪水疱病等区别。

该病于1932年首次发现于美国加利福尼亚州，此后每年均有发生。1953年后蔓延至美国其他各州。美国于1959年宣布在全国范围内消灭了本病。1973年从海狮体内分离到的圣米吉尔海狮病毒，其特性与水疱疹病毒相同，猪接种后，亦可引起典型的水疱疹病变。应用RT-PCR技术证明圣米吉尔海狮病毒和猪水疱疹病毒的核苷酸和氨基酸序列均相似。

［**形态结构**］病毒粒子近似球形，直径35～39nm，无囊膜，表面镶嵌着32个暗色中空的杯状结构。

核衣壳呈二十面体对称。病毒主要存在于胞浆中，呈晶格状排列。

[培养特性] 病毒能在猪的肾、肺、睾丸等组织培养细胞中增殖，并产生细胞病变。在马、犬和猫的组织细胞中亦可有一定程度的增殖。在猪肾单层细胞上产生的细胞病变最明显，强毒株形成的蚀斑大而透明，弱毒株产生的蚀斑小而混浊。病毒不能在鸡胚中增殖。

[理化特性] 成熟的病毒粒子中含有20%～24%的单股RNA，另外80%为蛋白质。RNA相对分子质量约为2.6×10^6，具有感染性。对乙醚、氯仿、去氧胆酸盐和0.3%吐温有抵抗力，但易被2%氢氧化钠灭活，不耐pH3。水疱皮内的病毒在50%甘油中4℃可以存活多年，室温下可存活6周。

[抗原性] 水疱疹病毒至少有13个血清型，分别以A、B、C、D等字母表示，彼此之间没有交叉保护力。可以应用中和试验或补体结合试验进行分型。大多血清型仅见于美国加利福尼亚州。不能凝集各种动物红细胞。

[病原性] 自然条件下病毒只感染猪，不感染牛、绵羊、小鼠、大鼠、豚鼠和鸡等动物。易感猪感染后，皮肤可出现特征性水肿。病初体温可升至40～42℃，趾间、蹄冠和蹄踵部皮肤、鼻镜和舌、唇发生水疱，食欲下降，跛行，水疱通常在5～7d内愈合。死亡率一般不超过5%。妊娠母猪可流产。某些毒株感染后可引起马、犬、仓鼠产生局限性病变。不感染乳鼠，可与口蹄疫病毒和水疱病病毒相区别。

[诊断] 临床上应与口蹄疫、水疱病和水疱性口炎相鉴别。实验诊断时，可以接种组织培养细胞分离病毒，并应用中和试验进行鉴定。也可采取发病早期和恢复期的双份血清，用标准抗原作中和试验或补体结合试验进行诊断。

猫嵌杯病毒（*Feline calicivirus*，FCV）

猫嵌杯病毒（*Feline calicivirus*）感染是猫的一种多发性口腔和呼吸道传染病，又称为猫传染性鼻结膜炎。

1957年，Fastier等首次分离到猫嵌杯病毒。随后，人们从家猫和猎豹中也分离到FCV。目前FCV呈世界性分布，我国猫群中亦存在FCV抗体。

[形态结构] 病毒直径37～40nm，衣壳呈二十面体对称，由32个中央凹陷的杯状壳粒组成，衣壳由180个相对分子质量为73×10^3～76×10^3的多肽组装而成。

[培养特性] FCV可在猫肾、口腔、鼻腔、呼吸道上皮和猫胎肺等原代细胞上增殖，也能在二倍体猫舌细胞系以及胸腺细胞系上生长，通常在48 h内产生明显的细胞病变。还能在来源于海豚、犬和猴的细胞上生长。病毒存在于细胞质中，呈分散或晶格状排列，不形成包涵体。目前尚不能使其感染鸡胚或其他实验动物。

[理化特性] FCV在CsCl中的浮密度为1.37～1.42g/cm³。对乙醚和氯仿不敏感。pH3时不稳定，pH5时较稳定。50℃ 30min可灭活，Mg^{2+}对病毒无热保护作用，2% NaOH能有效地将其灭活。

[抗原性] FCV只有1个血清型，各种不同毒株都是该单血清型的变异株。FCV抗原很容易发生变异，即使同一猫群分离的两个毒株也不一定完全相同。不同毒株间可用琼扩试验区别。病毒不能凝集各种动物的红细胞。

[病原性] 因毒株和动物的抵抗力不同，症状差别很大。潜伏期2～3d，而后发热达39.5～40.5℃。症状的严重程度随感染病毒毒力的强弱和动物年龄的差别而不同。口腔溃疡是常见的特征性症状，感染通常局限于口腔和上呼吸道。毒力强大者也可波及肺部，造成肺水肿和间质性肺炎，表现出呼吸困难等症状。引起的幼猫死亡率可达30%。

所有猫科动物对FCV均有易感性。1岁以下的猫最易感，1岁以上的猫感染后常呈温和型或隐性经过。自然条件下FCV也感染犬。

[诊断] 嵌杯病毒感染引起的上呼吸道症状与猫鼻气管炎难以区分，应结合临床症状、病理变化、病毒分离鉴定和血清学试验结果综合判定。可采集呼吸道组织或鼻分泌液接种猫原代或传代细胞进行病

毒分离。注意观察细胞病变，FCV 细胞病变的特征为核固缩，而猫鼻气管炎病毒引起的细胞病变为合胞体。再做中和试验、琼脂扩散试验、免疫荧光试验或补体结合反应试验进一步鉴定。亦可采取眼结膜组织进行荧光抗体染色，检测抗原。

第二节　兔病毒属（*Lagovirus*）

兔出血症病毒（*Rabbit hemorrhagic disease virus*，RHDV）

兔出血症（Rabbit hemorrhagic disease）又称兔瘟，是由兔出血症病毒引起的一种急性、烈性、高度接触性传染病，其特征是呼吸系统出血、实质器官淤血肿大和点状出血。本病潜伏期短，发病迅速，发病率、死亡率均高。1984 年初首先被发现于我国江苏，随即蔓延到全国多数地区。目前，世界多个国家均有报道。

［形态结构］ 病毒粒子直径大约 30nm，无囊膜，病毒衣壳由 32 个长 5～6nm 的圆柱状壳粒组成，电镜下可见到少数没有核心的病毒空衣壳。

［培养特性］ 兔出血症病毒（图 53 - 1）不能在鸡胚上增殖，也难于在各种原代或传代细胞中稳定增殖，至今尚未真正找到一种能够使其长期传代的细胞。有报道称，病毒可在乳兔肾（RK）细胞、乳兔肺（RL）细胞、兔肾传代细胞、Vero 细胞、MA104 细胞上产生细胞病变。这些结果都有待于进一步证实。

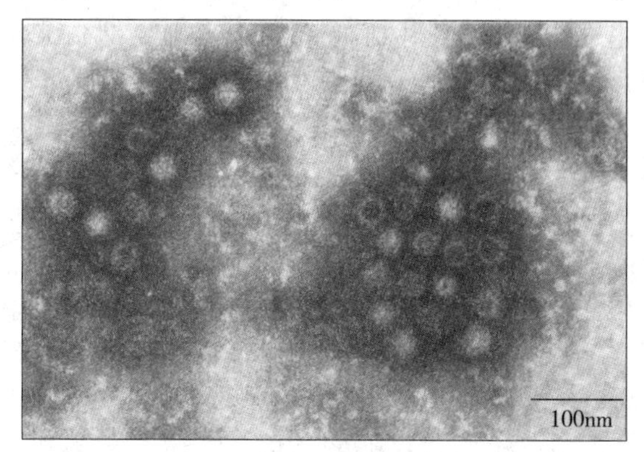

图 53 - 1　兔出血症病毒（负染色）

（李成等提供）

［理化特性］ 在氯化铯中的浮密度为 1.28～1.38g/cm^3，沉降系数为 $S_{20}w$＝85～162。对乙醚、氯仿有抵抗力，pH3.0 时较稳定，50℃处理 1h 不被灭活。

病毒基因组为单股正链 RNA，含有两个开放阅读框架。比较分离自埃及、法国、德国、西班牙的多株 RHDV，发现病毒自出现以来尚未发生大的变异。

兔出血症病毒具有血凝性，能够凝集人、绵羊、鸡、鹅的红细胞，不凝集其他动物的红细胞。红细胞凝集试验（HA）在 pH4.5～7.8 的范围内稳定，最适 pH 为 6.0～7.2。

［抗原性］ RHDV 只有一种血清型。欧洲野兔综合征病毒（EBHS）与 RHDV 抗原性相关，但血清型不同，前者的抗血清不能抑制 RHDV 的血凝作用。

［病原性］ 人工感染的潜伏期为 16～72h，自然病例的潜伏期为 48～72h。

最急性病例多见于新疫区及流行初期，患兔一般无任何前驱症状，突然倒地，挣扎、抽搐，尖叫后猝死，典型病例可见鼻孔流出鲜血。

急性病例体温升高至 40.5～41℃或更高，精神委顿，皮毛松乱，食欲废绝，呼吸迫促，临死前狂躁、瘫软、抽搐、尖叫，死后出现角弓反张，鼻孔流出泡沫样血状液体。一般在症状出现后 12～48h 内死亡，孕兔会发生流产。最急性病例和急性病例死亡率可达 100%。

慢性型病例多见于老疫区及流行后期。病兔仅出现轻度体温升高，精神不振，食欲减少和呼吸加快等，病程 4～5d，一般不死亡，但生长缓慢，发育较差。

该病的病变特点是各组织器官弥漫性的点状出血和实质器官的瘀血、水肿和变性。鼻腔、喉和气管黏膜弥漫性充血、出血，气管内充满大量血染泡沫，呈“红气管”外观；肺脏充血，出血，并有水肿；心脏瘀血，心包积液，心包膜点状出血；肝脏呈“槟榔肝”，肿大，呈土黄色或淡黄色，水肿，质脆；脾脏瘀血，肿大，肾脏瘀血，呈暗紫色；消化道以小囊病变最为明显，囊内有蛋白渗出物，黏膜有出血点，十二指肠黏膜、回肠黏膜、内分泌腺、性腺、输卵管和脑膜亦可见充血和出血。组织学检查可见肝、肺、心、延髓等重要组织器官的微血管形成弥漫性血管内凝血，间质水肿，实质细胞广泛变性和坏死。

[生态学] 自然条件下，2月龄以下仔兔自然感染不发病。野兔和其他动物均无易感性。病死兔的内脏、肌肉、皮毛、排泄物、分泌物均可带毒，可通过直接接触而传播，也可以通过被污染的饲料、饮水、笼具以及剪毛、医疗器械和人员来往而间接传播。可经消化道、呼吸道、生殖道及损伤的皮肤等传播。

[防治] 灭活疫苗具有良好的免疫效果，一般在接种后6～8d产生HI抗体，16～18d HI抗体滴度可达2^{11}以上，以后缓慢下降。铝胶苗的免疫期可达8～10个月，油佐剂疫苗的免疫期可达1年以上。2月龄以上家兔每只肌肉或皮下注射1mL，7d后即可产生免疫力，免疫期可达6～7个月，保护率为98%～100%。被动免疫也有良好的预防和治疗作用，肌肉注射高免血清0.2mL即可抵抗强毒攻击。发病体温升高时，立即用1mL高免血清治疗，大部分病兔可被治愈。

[诊断] 兔出血症大多数为最急性型和急性型，发病后精神沉郁，呼吸困难，很快死亡。剖检可见死兔营养良好，全身血液循环障碍，实质器官充血、出血，根据这些特点可作出初步诊断。确诊需做病毒分离和血清学诊断。

病毒分离可先取病兔肝、脾等组织制成悬液，超速离心后，通过电镜负染观察病毒的形态。

血清学方法常用血凝（HA）和血凝抑制试验（HI）、间接血凝试验、琼脂扩散试验（AGP）、双抗体夹心ELISA法、间接荧光抗体技术等。还可以应用RT-PCR方法等分子生物学手段检测病毒核酸。

◇ 参考文献

矫正德，等.1987.免疫扩散法诊断“兔瘟”的研究[J].中国畜禽传染病，5：28-30.

军事医学科学院实验中心.1992.实验动物病毒性疾病[M].北京：农业出版社：203-214.

刘胜江，等.1984.兔的一种新病毒病——兔的病毒性出血症[J].畜牧与兽医，6：253-255.

罗经，等.1992.兔出血病毒体外复制的研究[J].中国病毒学，7(3)：343-349.

毛春生，等.1996.杯状病毒的分类和分子生物学研究进展[J].中国病毒学，11(2)：100-115.

杨汉春，等.1989.间接血凝试验检测兔出血病病毒抗体的研究[J].畜牧与兽医，3：100-101.

杨汉春，等.1988.兔出血症病毒血凝特性研究[J].畜牧兽医学报，增刊1：55-59.

Boniotii B, et al. 1994. Identification and characterization of 3C like protease from rabbit hemorrhagic disease virus, a calicivirus. J. Virol. 68: 6487-6495.

Carter M J, et al. 1989. Feline calicivirus protein synthesis investigated by Western blotting [J]. Arch. Virol., 108: 69-79.

Dawson S, et al. 1993. Typing of feline calicivirus isolates from different clinical groups by virus neutralisation tests [J]. The Veterinanry Record, 3: 13-17.

Lambden P R, et al. 1993. Sequence and genome organization of a human small round structure (Norwalk like) virus [J]. Science, 259 (22): 516-518.

Meyers G, et al. 1991. Rabbit hemorrhagid disease virus molecular cloning and nucleotide sequencing of calicivirus genome [J]. Virology, 184: 664-676.

Mohanty S B, Dutta S K. 1982. Veterinary virology [J]. Lea & Febigar Nohiladle philadophia. 375-1381.

Moussa S, et al. 1992. Calicivirus the etiology agent of rabbit and hare heamorrhagic disease. Vet Microbiol, 375-381.

Neill J D, et al. 1994. Genetic relatedness of the caliciviruses: PCR amplication and sequence analysis of specific regions of the genomic RNAs of San Miguel sea lion and vescular exanthema of swine viruses. Amer Soc Virol. 13th Anneual Meeting, 268.

Ohlinger V F, et al. 1990. Identification and characterization of the virus causing rabbit hemorrhagic disease. J Virol. 64: 3331-3336.

Parra F, Prieto M, 1990. Purification of a calicivirus as the causative agent of a lethal hamorrhagic disease in rabbits. J Virol. 64: 4013-4015.

盖新娜　编

第五十四章　星状病毒科

星状病毒的名称来源于希腊字“astron”，意思为“星”，因病毒呈“星”样的轮廓而得名。1975年，Madeley和Cosgrove在苏格兰患胃肠炎的婴儿粪便中，发现了一种圆形的，具有5～6个小角，呈星状结构的病毒颗粒。随后，在犊牛、羔羊、猪、火鸡、鹿、雏鸭、鼠、猫等多种动物体内也分离到该种病毒，世界各地均有该病毒的分离报道。1995年根据国际病毒分类委员会第九次会议第六次报告，建立了星状病毒科。本科设两属：禽星状病毒属（*Avastrovirus*）和哺乳动物星状病毒属（*Mamastrovirus*）。前者包括火鸡、鸭及鸡的星状病毒。鸡星状病毒旧称禽肾炎病毒，曾属微RNA病毒科。

[形态结构] 在婴儿及幼畜粪便中发现的星状病毒形态基本相似。电镜负染可见病毒颗粒呈球形，无囊膜，直径为28～30nm。人星状病毒在磷钨酸钾负染观察时10%的病毒粒子呈五角或六角星状结构。病毒粒子在细胞质内呈晶格样排列，或以包涵体的形式出现，还可见到无核心的病毒粒子。

[培养特性] 人、牛、猫、猪、鸭的星状病毒可在同源原代胚肾细胞中生长，但进行培养时需加入10 μg/mL的胰蛋白酶。除了猪、鸭星状病毒外，均不产生细胞病变。猪星状病毒在猪肾传代细胞系上培养时可出现细胞增大、胞浆中有细小颗粒等细胞病变特征。鸭星状病毒感染的鸡胚会出现发育障碍，并使胚体变绿、呈现坏死性肝炎症状。

[理化特性] 星状病毒的相对分子质量为8×10^9，沉降系数为$S_{20}w=160$。在氯化铯中的浮密度为1.36～1.39g/cm^3，在蔗糖梯度溶液中的沉降系数为$S_{20}w=35$。病毒对有机溶剂氯仿、乙醚，高浓度盐（2mol/L NaCl，2mol/L CsCl等），表面活性剂1% SDS、1%十二烷基肌氨酸钠、1% Triton - X100，胰蛋白酶及两性离子消毒剂等不敏感。3mol/L尿素37℃ 30min处理不稳定。对热处理稳定，能抵抗50℃ 1h，60℃ 5min。对酸处理稍不稳定。

病毒核酸为单分子线性单股RNA，基因组大小为6.8～7.9kb。从悉生羔羊的小肠绒毛上皮细胞中提纯的星状病毒含有相对分子质量约为3.3×10^4的2种多肽，猪星状病毒含5种多肽。细胞浆为病毒蛋白聚集的地方，感染早期可在细胞核中检测到病毒蛋白。

[抗原性] 用单克隆抗体分析星状病毒至少有一个共同的抗原决定簇。通过中和试验可将人星状病毒分为8个血清型，牛星状病毒分为2个血清型，绵羊、猪、鸭星状病毒则各只有1个血清型。各种之间未发现有抗原交叉性。

[病原性] 人星状病毒主要感染2～5岁幼儿，引起轻度胃肠炎。也可感染成年人。牛星状病毒单独接种犊牛时不表现临床症状，而与轮状病毒联合接种时则可引起严重的腹泻。羔羊在接种48h左右发生轻度腹泻，持续1～2d，腹泻出现的同时即可在粪便中检出病毒。组织切片可见病毒主要在小肠绒毛尖端的上皮细胞中增殖。病变见于小肠的中后段，小肠绒毛短而钝，呈钝齿状。绒毛细胞层内可见巨噬细胞、淋巴细胞及中性粒细胞浸润，偶尔可见细胞浆内有包涵体存在，电镜检查证实包涵体是由大量的病毒颗粒组成。

猪星状病毒自然感染多发生于1日龄至8周龄的仔猪，患猪腹泻，呈糊状乃至黄色水泻。用克隆化的猪星状病毒接种4日龄仔猪，只出现温和性腹泻，未引起死亡。粪便中排毒。

猫星状病毒实验接种幼猫出现腹泻，程度比自然感染轻。

星状病毒接种SPF雏火鸡后，雏火鸡盲肠膨大，含有淡黄色泡沫状内容物，肠道内含有泡沫状液体。接种火鸡体重明显减轻，表现致死性出血性肝炎。

据报道，雏鸭发生的鸭Ⅱ型肝炎与星状病毒感染有关。鸭星状病毒感染雏鸭常呈剧烈的角弓反张，肝脏广泛出血，多数表现为肝炎特征，肾脏常常肿大，血管充盈。电镜检查在自然感染病例的肝和粪样中可见许多星状病毒样粒子。

[生态学] 星状病毒的分布遍及全世界，且感染率非常高，它既可感染人，也可感染牛、羊、猪、猫、犬、鹿、火鸡、鸭、鼠等多种动物。病毒的传播主要是通过粪-口途径。人类主要感染儿童，5岁以下儿童的抗体阳性率达70%，其特征是引起胃肠炎和腹泻，并常呈暴发性流行。临床多见星状病毒与冠状病毒、杯状病毒、轮状病毒及其他肠道病毒混合感染的情况。

[防治] 目前尚无有效疫苗。

[诊断] 由于星状病毒的细胞培养较困难，所以粪便样品的直接电镜检查是病毒诊断的常用方法。可将粪便用蒸馏水稀释成20%悬液，离心后取上清液，1%磷钨酸钾液（pH7.0）染色后，电镜检查。必要时可将粪便浓缩后再做检查。人、牛、猪、猫的星状病毒可在人胚肾、牛胚肾、猪胚肾及猫胚细胞中分离培养。但培养液中必须不含有血清，而需要添加一定量的胰蛋白酶。然后用电镜及免疫荧光等方法鉴定。

对细胞培养物或组织切片中的星状病毒可用免疫荧光试验进行抗原定位检测。

从腹泻的粪便中提取星状病毒RNA，采用RT-PCR方法特异性扩增病毒RNA。该方法特异、敏感，可用于病毒不同血清型的鉴定及其序列分析。

◆ 参考文献

侯云德.1990. 分子病毒学［M］. 北京：学苑出版社.

徐为燕.1992. 兽医病毒学［M］. 北京：农业出版社.

Aroonprasert D, et al. 1989. Cultivation and partial charactrization of bovine astrovirus [J]. Vet. Microbiol., 19 (2): 113-125.

Herrmann J E, et al. 1988. Antigenic characterization of cell cultivated astrovirus serotypes and development of astrovirus specific monoclonal antibodies [J]. Infect. Dis., 159 (1): 182-185.

Jonassen T O, et al. 1995. Detection of all serotypes of human astrovirus by the polymerase chain reaction [J]. Virol. Meth., 52 (3): 327-334.

Jonassen T O, et al. 1993. Detection of human astrovirus serotype 1 by the polymerase chain reaction [J]. Virol. Meth., 44 (1): 88-88.

Reynolds D L, et al. 1987. A Survey of enteric viruses of turkey poults [J]. Avian Sis., 31 (1): 89-98.

Reynolds D L, et al. 1986. Astrovirus: A cause of an enteric disease in turkey poults [J]. Avian Dis., 30 (4): 728-735.

Shimizu M, et al. 1990. Cytopathic astrovirus isolated from porcine acute gastroenteritis in an estabished cell line derived from porcine embryonic kidney [J]. Clin. Microbiol., 8 (2): 201-206.

Tzipor I S, et al. 1987. Detection of astrovirus in the faces of red deer [J]. Vet. Rec, 108 (13): 286-287.

Willcocks M M, et al. 1994. The complete sequence of a human astrovirus [J]. Gen. Virol., 75: 1785-1788.

盖新娜 编

丛明善 审

第五十五章　冠状病毒科

冠状病毒科属于套式病毒目，是一类有囊膜的单股正链 RNA 病毒。由于病毒外膜有似日冕状或王冠状突起，故名冠状病毒。是引起人和某些动物发生肠炎、脑脊髓炎、肝炎、浆膜炎等疾病的重要病原之一。

根据国际病毒分类委员会（ICTU）第九次报告（2009），冠状病毒科包括两个亚科，即冠状病毒亚科（Coronavirinae）和环曲病毒亚科（Torovirinae）。冠状病毒亚科包括 α 冠状病毒属、β 冠状病毒属、γ 冠状病毒属和 δ 冠状病毒属。环曲病毒亚科包括巴菲尼病毒属（*Bafinivirus*）和环曲病毒属（*Torovirus*）。

冠状病毒于 1931 年在美国首次报道于鸡传染性支气管炎，于 1936 年确证了它的病原为病毒。1945 年在美国首次报道了猪传染性胃肠炎，并于 1946 年确定为病毒。1961 年 Pyrrell 等从普通感冒患儿标本通过人的器官分离获得人的冠状病毒。

［形态特征及理化特性］冠状病毒形态具有多形性，多为不规则圆形，直径为 120～160nm；环曲病毒多为圆盘形、肾形或杆状，直径为 120～140nm。表面有纤突（糖蛋白），在大小和外观上存在差异，平均约 20nm。冠状病毒的核衣壳为螺旋形，而环曲病毒的呈扁平状。

病毒具有 4 种主要结构蛋白：纤突蛋白（S）、膜蛋白（M）、小膜蛋白（E）和核衣壳蛋白（N）。S 蛋白可连接到细胞上，促进血液和膜融合，诱导中和抗体的生成。此外一些冠状病毒还具有血凝脂酶蛋白（HE），如在牛冠状病毒。HE 形成短的表面纤突，具有受体连接、血凝和受体破坏活性。病毒的相对分子质量为 400×6^6，在蔗糖中浮密度为 1.15～1.19g/cm^3，CsCl 中为 1.23～1.24g/cm^3。病毒沉降系数（S_{20}w）为 300～500。病毒对理化因子的耐受力较弱，硫酸十二酯钠、去氧胆酸钠、丙内酯、乙醚、吐温、H_2O_2、紫外线及 56℃加热，都能使病毒感染性消失，有的还使抗原性明显降低。不同冠状病毒对酸及胰酶的耐性有明显差别。

［基因组］冠状病毒的基因组含有一条线性、不分节段的单股正链（+ss）RNA 分子，大小为27～30kb（冠状病毒）或 20kb（环曲病毒），病毒基因组本身具有感染性。病毒 RNA 具有 5′帽子结构和 3′多聚腺苷酸尾。在感染细胞中至少有 4 种冠状病毒特异性 RNA：基因组 RNA、双股复制中间型、mRNA、缺损或缺失的 RNA。基因组 RNA 是 RNA 聚合酶（Pol）的 mRNA，在转录时 Pol 产物能够扩增病毒基因组，形成全长病毒互补 RNA 和亚基因组 mRNA。Pol 来源于 5′端基因产物，该基因含有 Pol1a/pol1b 两个重叠 ORF。冠状病毒 Pol1a 相对分子质量 440 000～500 000、Pollb 相对分子质量为 300 000～308 000。环曲病毒：Pol 大小尚不清楚。病毒基因组除包含 Pol 和结构蛋白基因外，还包含几个额外 ORF。

［复制］冠状病毒以负链 RNA 为模板来合成具有 5′帽状结构和 3′多聚尾的亚基因组 mRNA。病毒 mRNA 的合成是一个不连续的转录过程。当 mRNA 的负链亚基因组 RNA 腺苷酸［poly（A）］存在于感染细胞时，mRNA 可作为模板进行复制，通过从基因组不连续转录也可能出现负链亚基因组 RNA。只有 mRNA 5′区具有翻译活性。病毒在胞浆内通过内质网和高尔基膜出芽成熟。

［抗原性］冠状病毒可分为 4 个抗原群（表 55-1），每群病毒具有一些抗原交叉性。

［培养］冠状病毒可在多种细胞上增殖，如鸡传染性支气管炎病毒适应鸡胚、幼鸡气管环器官培养及雏鸡原代肾细胞上增殖。猪传染性胃肠炎病毒和猫血凝性脑脊髓炎病毒适应猪原代肾细胞、脾细胞、甲状腺细胞和睾丸细胞。人冠状病毒适应继代人胚肾细胞、WI-38 细胞、Hela 细胞、人胚气管环器官培养及人胚肺细胞等。冠状病毒在细胞培养中引起的细胞病变较轻。

表 55-1 冠状病毒的分类及其致病性

抗原群	病毒名称	所致疾病
Ⅰ（哺乳类）	猪传染性胃肠炎病毒（TGEV）	胃肠炎
	猪呼吸道冠状病毒（PRCV）	呼吸道症状
	猫传染性腹膜炎病毒（FIPV）	腹膜炎，肺炎，脑膜炎
	猪流行性腹泻病毒（PEDV）	胃肠炎
	猫肠道冠状病毒（FECoV）	腹泻
	犬冠状病毒（CCoV）	肠炎
	人冠状病毒（HCoV 229E）	普通感冒，呼吸道
	人冠状病毒（HCoV NL63）	呼吸道症状
Ⅱ（哺乳类）	鼠肝炎病毒（MHV）	肝炎，肠炎，脑脊髓炎
	大鼠唾液腺炎病毒（Ra CoV）	唾液腺炎
	人冠状病毒（HCoV OC43）	普通感冒
	初生犊牛腹泻冠状病毒（BCV）	肠炎
	猪凝血性脑脊髓炎冠状病毒（HEV）	呕吐，消瘦，脑脊髓炎
	严重急性呼吸道综合征冠状病毒（SARS CoV）	肺炎，呼吸困难
Ⅲ（禽类）	传染性支气管炎病毒（IBV）	支气管炎，肾炎
	火鸡冠状病毒（TCoV）	肠炎
待分群	兔冠状病毒（RbCoV）	肠炎

[病原性] 冠状病毒的自然宿主范围较广，从人到畜禽、犬、猫、小鼠、大鼠等。动物年龄、遗传因素、感染途径和毒株等都可能对病毒的感染产生影响。病毒经口、鼻感染后，对淋巴细胞、网状内皮细胞、上皮细胞和实质细胞呈现杀伤作用，而损害多种器官。慢性感染时也可能发生第三型过敏性疾病。冠状病毒急性感染后，还可能发生持续性感染，病毒在细胞与细胞之间慢性传播，引起器官的病理变化和细胞死亡。

[诊断] 冠状病毒感染的实验诊断，主要是病毒分离、鉴定和血清学检查和分子生物学诊断。

从动物（畜禽）初次分离冠状病毒，禽类可用鸡胚或鸡胚细胞，猪或牛可用猪原代肾细胞，牛以用牛胚肾细胞培养易于观察细胞病变。为提高病毒检出率，细胞培养阴性的标本最好再次接种器官培养。冠状病毒的鉴定应用电镜观察。应用理化试验可作为参考。

血清学试验，主要是中和试验或补体结合试验、血凝试验、免疫荧光试验、酶联免疫吸附试验、免疫电镜等。

分子生物学方法有：RT-PCR 法、免疫层析法（胶体金）、序列测定和限制性长度多态性分析（RFLP）等。

第一节 冠状病毒亚科（Coronavirinae）

冠状病毒亚科分为 α、β、γ、δ 冠状病毒属 4 个属，代表种分别为 α 冠状病毒 1、小鼠肝炎病毒、禽冠状病毒、白头鸭冠状病毒（HKU11）。严重急性呼吸综合征的病原 SARS-CoV（*Severe acute respiratory syndrome-related coronavirus*）为冠状病毒亚科 β 冠状病毒属的成员。

[形态结构] 病毒粒子呈圆形、椭圆形或多形性，直径为 75～160nm，囊膜表面有纤突，长为 12～24nm，其末端呈球形，纤突规则排列为皇冠状。病毒内部为 RNA 和蛋白质组成的核蛋白，其核心呈螺旋结构。外膜由双层脂蛋白组成。

[理化特性] 病毒在蔗糖中浮密度为 1.16～1.23g/cm^3，在酒石酸钾中是 1.18g/cm^3，在 CsCl 中是

1.23～1.24g/cm³。沉降系数（$S_{20}w$）为374～416。

病毒对理化因子耐受力较差，56℃ 30min被破坏，37℃ 72h可使其感染性消失，在4℃中稳定，在-60℃以下保存时间长。pH3时病毒很快被灭活。乙醚、氯仿、吐温、胰酶及紫外线都可灭活病毒。病毒含有血凝素，可以凝集人O型红细胞及猴红细胞以及大鼠、小鼠和鸡红细胞。

病毒复制时，在RNA聚合酶作用下，产生6～7种单链3′末端多腺苷酸化亚基因组mRNAs。病毒蛋白质的合成发生于聚核蛋白体上，在内质网和高尔基氏体的囊状膜上出芽成熟，病毒就在此时附加囊膜纤突。聚集于感染细胞浆空胞内的病毒粒子借助空泡与细胞膜的融合，或在细胞溶崩时释放。

[抗原性] 本属内的犬冠状病毒、猪传染性胃肠炎病毒、猪流行性腹泻病毒与猫传染性腹膜炎病毒的毒株间，具有血清学上的交叉反应性。但哺乳动物与禽类冠状病毒则无反应关系。

[培养特性] 冠状病毒能在宿主动物的细胞上培养生长或增殖，也可以在非宿主组织细胞上培养。

[生态学] 冠状病毒的自然宿主范围很广，包括畜禽和人。病毒经口、鼻感染后，对淋巴细胞、网状细胞、上皮细胞和实质细胞均有杀伤作用，从而损害多种器官；冠状病毒急性感染之后，还可能发生持续性感染，病毒在细胞与细胞之间慢性传染，引起细胞死亡和器官病理变化。这种现象在鸡传染性支气管炎病毒、小鼠肝炎病毒已得到证实。另外，慢性感染时可能发生第三型过敏反应性疾病。

禽传染性支气管炎病毒（*Avina infectious bronchitis virus*）

鸡传染性支气管病毒是γ冠状病毒属的成员可引起鸡的急性、高度接触传染性呼吸道疾病，其特征是：病鸡咳嗽、打喷嚏、气管啰音；肾脏肿大、苍白，输尿管扩张、有大量尿酸盐沉积，外观呈现典型的“花斑肾”。不同日龄、品种和性别的鸡均易感，雏鸡常由于呼吸道或肾脏感染而引起死亡；幼鸡流鼻涕；蛋鸡产蛋数量和蛋的品质下降，但死亡率通常较低。

该病于1931年最早发现于美国，现在几乎遍及全世界，是鸡的重要疫病之一，危害极大。IBV的一个显著特点是血清型众多，不同血清型之间交叉保护性差，给免疫预防增加了难度和费用。

[形态特征] IBV具有多形性，但常为圆形，有囊膜。直径为90～200nm，表面具有长而粗的棒状纤突，长约20nm。外观很像皇冠。这种纤突易从病毒粒子上脱落（图55-1）。

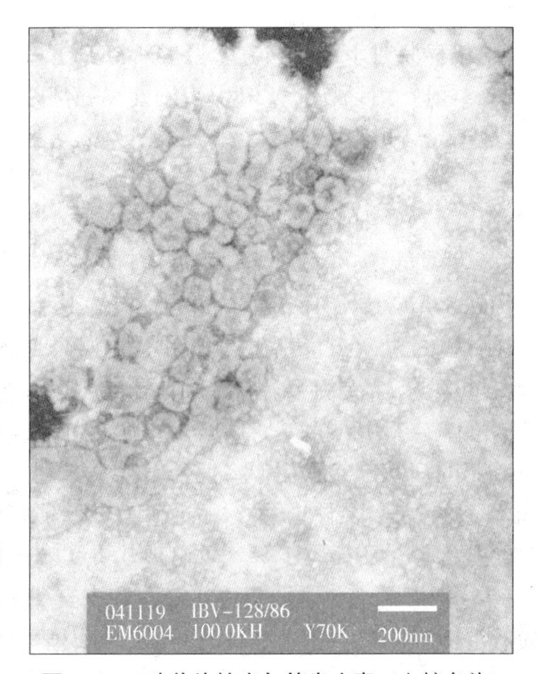

图55-1 鸡传染性支气管炎病毒（电镜负染）

IBV的基因组为线性、不分节段的单股正链RNA，本身具有感染性，具有5′端帽子结构和3′端poly（A）尾巴。其中5′端2/3的基因组编码具有活性的复制酶，包括依赖RNA的RNA聚合酶（RdRp）、螺旋酶和蛋白酶；3′端1/3的基因组编码结构蛋白和小的群特异性ORFs。IBV各基因从基因组5′端到3′端的定位次序依次为：5′cap-Replicase-S-3a-3b-3c-M-5a-5b-N-poly（A）3′。

IBV有4种主要结构蛋白：S蛋白、M蛋白、N蛋白和E蛋白，此外还有几个功能尚不清楚的小蛋白。S蛋白构成病毒纤突，位于病毒的最外面。180ku的S在宿主细胞内可裂解成两个亚单位（90ku的Sl和84ku的S2）。裂解处的序列为（N）-Arg-Arg-Ser-（Phe）-Arg-Arg-（C）。该序列在大多数IBV中都是保守的。S1由514～519个氨基酸组成，S2由625个氨基酸构成。S蛋白在免疫学上是最重要的蛋白，其作用表现为：刺激机体产生中和抗体，决定病毒的组织嗜性，并在病毒与细胞吸附过程中起重要作用。经研究发现，S蛋白抗原决定簇中某些氨基酸发生改变，都可能产生一个新的突变种。

M蛋白含有224～225个氨基酸，相对分子质量为23 000，占整个病毒蛋白总量的40%。M蛋白也可糖基化，随糖基化的程度不同，形成一系列如下相对分子质量不同的蛋白：23 000（未糖基化）、26 000、28 000、30 000和34 000。M蛋白的作用与病毒复制有关，M蛋白在内质网中聚集的地方可能是病毒出芽的位点。

N蛋白是病毒内的一种蛋白，由409个氨基酸组成，相对分子质量为46 000，被磷酸化，占整个病毒蛋白总量的40%，在进化上最为保守。主要作用是包裹核酸，使之容易装于病毒壳内，并参与RNA复制。

E蛋白的大部分嵌入在囊膜中，由$mRNA_3$的ORF 3c编码，相对分子质量约为12 400。在病毒的复制过程中，E蛋白参与病毒样颗粒（Virus-like particle，VLP）形成和病毒出芽，其与M蛋白协同作用，形成的VLP在IBV的黏膜免疫中发挥作用。

［理化特性］ IBV在蔗糖中浮密度为1.15～1.18g/cm^3。病毒在提纯过程中纤突容易丢失。有的毒株即使在37℃孵育，纤突的某些成分也可丧失。

大多数IBV毒株经56℃ 15min及45℃ 90min便可被灭活。IBV应避免在－20℃下保存，但感染的尿囊液在－30℃保存数年仍具有感染性。采集的病料可用50%甘油生理盐水保存而不需冰冻。硫酸镁对IBV有稳定作用。真空封存于冰箱的感染尿囊液可保存30年。10%葡萄糖对冻干和冷冻状态下的IBV具有稳定作用。IBV对pH的稳定性因毒株而异。一般情况下，感染性在pH11比pH3下降得快，在pH6.0和pH6.5比pH7.0～8.0稳定。IBV对乙醚敏感，50%氯仿室温10min或0.1%脱氧胆酸钠4℃ 18h，0.1%乙丙酸或0.1%福尔马林均可彻底灭活其感染性。IBV对普通消毒剂敏感。在一定温度下，在10%双氧乙烷中可存活16h。

［抗原性］ IBV现在至少有20多个血清型和为数更多的突变种。新的血清性不断出现表明，IBV在自然流行过程中经常发生变异，但变异机制还不清楚。核酸序列分析发现，某些血清型的S蛋白基因相差25%～50%，而其他血清型的氨基酸反差2%～3%，这些结果表明血清型的改变可能是由少数氨基酸的变化而引起的。

［培养特性］ IBV可在鸡胚、鸡胚气管及鸡胚的多种细胞培养物中生长。初代分离以鸡胚最好。采集病料经尿囊接种9～12d血清阴性鸡胚，在19d时可见典型的僵化胚，但这种变化在初次鸡胚接种后出现率低，随着在鸡胚传代次数的增多，僵化胚和死亡胚增多。适应IBV生长的细胞种类不多，其中鸡肾细胞（CK）和鸡胚肾细胞（CEK）是最易感的细胞，适应CK或CEK的代次因毒株不同而异。最初几代不产生细胞病变（CPE），随着代数增多开始出现CPE并且病毒滴度升高。用19日龄的鸡胚制备气管培养物也可用来繁殖病毒，感染IBV后3～4d，病毒在细胞培养物中增殖并使纤毛摆动停止。此法优点是IBV野毒不需适应过程便可在其中生长，并可导致纤毛摆动停止。

［病原性］ 在自然情况下，IBV可感染各种年龄的鸡，主要侵害1～4周的雏鸡。实验感染的潜伏期为18～36h。临床症状以10日龄至6周龄鸡较明显，主要表现精神沉郁，常聚集到热源处，呼吸困难，喘、咳嗽、打喷嚏，气管啰音等。症状可持续6～18d，幼鸡死亡率约25%，雏鸡可达90%。6周以上或成鸡的症状与幼鸡相似，但轻微得多，通常不发生死亡。肉鸡感染肾型IBV可从典型的呼吸道症状开始，之后表现精神不振，羽毛蓬松，粪便稀薄，饮水量增加。蛋鸡除呼吸道症状外，常有尿酸盐沉积，蛋的产量和质量下降，可出现软蛋和畸形蛋，不同的毒株引起产蛋下降程度也有不同。

IB的病理变化主要集中在气管和支气管。气管和鼻道有卡他性或干酪样渗出，黏膜水肿，有时气囊有混浊，附有黄色干酪样分泌物，组织学发现气管纤毛脱落，上皮细胞圆缩脱落。感染肾型IBV后，肾脏肿大，苍白，由于输尿管和肾小管膨大，充满白色的尿酸盐而呈斑驳状。

在实验室条件下，适应鸡胚的Beaudette和Mass株脑内接种乳鼠，可引起上行麻痹并死亡，给2日龄的兔作脑内接种也引起死亡。雉也可感染，火鸡人工感染接种可保持48h的病毒血症，豚鼠有抵抗力。

［生态学］ 鸡对IBV高度易感，该病毒传播迅速，几天便可波及全群。感染鸡排毒时间可达2～3

周。病毒存在于感染鸡的精液和急性期病鸡所产蛋内。本病既可水平传播，又可垂直传播。我国 IBV 主要以肾致病性毒株为主，而且我国地方毒株的基因型与国外的不同。我国地方流行毒株的基因型与目前我国使用的主要疫苗株（H52、H120）的基因型不同。

［免疫］自然发病和人工感染均可获得主动免疫，可使鸡对同种毒株具有抵抗力（同源性保护）。而对其他毒株的抵抗力则因毒株而异（异源性保护）。由于 IBV 血清型多、毒株差异等因素致使对 IB 免疫机制和持续时间研究复杂化。

现已发现，纤突蛋白在引起保护性免疫中起重要作用，鼻腔分泌液中局部中和抗体能够防止再次感染。循环抗体水平不代表其免疫力，呼吸道的局部免疫对抗感染起重要作用，哈德氏腺在局部应答反应中也起重要作用。细胞免疫可能也起重要作用。

母源抗体可持续 4 周，虽不能防止感染，但可延缓 IBV 对呼吸道的病理损害和严重程度，降低肾型 IB 的死亡率，也可影响同型疫苗的反应强度和效力。世界上普遍应用 H120 和 H52 弱毒苗，已证明死苗对呼吸型和肾型 IBV 无效。但油乳剂对育成鸡加强免疫后可有效地预防 IBV 引起的产蛋下降。饮水法是最常用的免疫途径，为保护疫苗毒，可在水中加入脱脂乳（9mL 水＋1mL 脱脂乳）。滴鼻、点眼或同居感染比饮水效果好。肉鸡一般在 1 日龄接种，在 10 日龄或 4 周龄重复免疫一次。也可采用气雾接种。后备种鸡 8～10 日龄首免，12～16 周龄二免。对于无母源抗体的雏鸡免疫时要特别注意，疫苗毒可损害输卵管从而影响以后的产蛋能力。有母源抗体的雏鸡可在 1 日龄免疫，因为母源抗体可以保护输卵管免受损伤。

由于 IBV 血清型众多，为使鸡群获得较高的免疫水平，必须根据当地流行情况不断选择出变异株，或制作疫苗或使用多价疫苗。IB 疫苗可与新城疫活苗联合使用，但二者比例必须适合，IB 疫苗比例大可干扰 NDV 增殖，而 ND 疫苗比例大对 IBV 无影响。

［分离与鉴定］IBV 通过分离病毒和确定血清型做出诊断。

（1）*病毒的分离及其鉴定*　气管是 IBV 的主要靶器官，是采样的首选部位。也可根据病史考虑从肺、肾、输卵管、盲肠、扁桃体及泄殖腔采样。活鸡可从气管和泄殖腔棉拭分离。对于特大鸡群，可将易感哨兵鸡放入发病鸡群，1 周后取出并采集病料分离病毒，这种方法成功率很高。然后将采取的病料制成无菌匀浆，经尿囊膜接种 9～10 日龄鸡胚或气管轮培养物，经 48～72h 收集尿液或气管轮培养物，至少盲传 4 代，然后根据鸡胚死亡、特征性病变或纤毛停止摆动等判定分离结果。

感染鸡胚的尿囊液直接负染后在电镜下观察可见典型的冠状病毒，但在气管轮培养液和初代鸡胚尿囊液中，不易发现病毒，这可能由于病毒滴度太低所致。

（2）*血清型检测*　由于 IBV 毒株间具有血清型差异，可将 IBV 的血清学方法分为群特异性方法和型特异性方法。酶联免疫吸附试验、免疫荧光和琼脂扩散试验可对 IB 进行初步诊断，常采用中和试验（VN）和血凝抑制（H1）试验对 IBV 进行血清型鉴定。但必须使用初次反应抗体，否则 VN 和 HI 也无法定型。在 VN 和 HI 试验中，二次抗体反应具有较广泛的交叉反应，其证据是二次反应抗体能与两种以上 VN 和 HI 抗原反应，如这种交叉存在时，感染毒株不能用血清学方法进行鉴定。对于病原可以采取 RT-PCR 方法进行鉴定。

火鸡冠状病毒（*Turkey coronavirus*）

火鸡冠状病毒是 γ 冠状病毒属成员，是引起火鸡蓝冠病的病原体。火鸡蓝冠病是火鸡一种急性高度传染性疾病。幼火鸡最敏感，症状明显，死亡率高。1951 年在美国华盛顿州和明尼达州首先发现，随后加拿大和澳大利亚也有发生的报道。1971 年 Adams 和 Hofstad 以火鸡胚培养分离到病毒。

［形态特征］本病毒在形态上是比较典型的冠状病毒，病毒粒子直径约为 135nm，有囊膜，囊膜上具有花瓣样的突起。

［理化特性］在蔗糖中浮密度为 1.16～1.24g/cm³。对 pH3 和 56℃加热有抵抗力。对氯仿敏感，4℃处理 10min 即可灭活。

[培养特性] 火鸡冠状病毒可在 15 日龄以上的火鸡胚培养生长。能在鸡胚、火鸡胚、鹌鹑胚的肝和肾细胞及 Hela 和猴肾细胞培养物中增殖，并可较长时间存活。

[病原性] 火鸡是自然或人工感染冠状病毒的唯一禽类。鸡、鸭、雉和其他鸟类以及哺乳动物均不感染。各种年龄的火鸡均可感染本病毒，但以幼雏最敏感。潜伏期 2～3d，发病突然、厌食、精神委顿，头部和皮肤呈暗蓝色，病鸡排出水样便，呈淡绿色。幼雏死亡率可高达 100%。病理变化主要在肠道，小肠绒毛上皮细胞脱落，黏膜固有层发生粒细胞浸润等。

[生态学] 在自然条件下，本病毒能够迅速传播，从一个鸡群传到另一个鸡群。并可通过工作人员、被污染的运输工具、孵化器、饲料、垫草等传染，特别是病鸡粪便更易传染。

[免疫] 病鸡恢复后具有坚强免疫力，很少再次感染。灭活疫苗效果不佳，尚无有效的弱毒疫苗。

[分离与鉴定]

分离：本病毒应采取病死鸡小肠和盲肠病料，经过无菌处理，接种火鸡胚或 1～4 日龄鸡雏作感染试验进行分离。此外，由感染本病毒的火鸡胚孵出的火鸡雏经常发病死亡，并可从其卵黄囊、肠道和腔上囊中分离出病毒。

鉴定：可用免疫荧光抗体技术在感染火鸡胚或火鸡雏的肠上皮细胞中检出病毒抗原。另外，还可用 RT - PCR 等分子生态学进行病毒鉴定和流行病学调查。

猪传染性胃肠炎病毒（*Swine transmissible gastroenteritis virus*）

猪传染性胃肠炎病毒（TGEV）是 α 冠状病毒属的成员，是引起猪的一种急性、接触性肠道传染病的病原体，以呕吐、严重腹泻、脱水及仔猪的高死亡率为特征。

1945 年 Doyle 等首次报道猪传染性胃肠炎在美国发生，于 1946 年又做了感染因子的描述，并提出病原为病毒。以后本病在欧洲、亚洲（日本、中国、菲律宾）等地发生。1970 年确定 TGEV 属于冠状病毒科冠状病毒属成员。

[形态特征] 形态多样，呈圆形、椭圆形或多边形。直径为 90～160nm，有囊膜，在膜上有花瓣状突起，长 18～24nm。以及小的柄连接在囊膜表面，其末端呈球形，大小约为 10nm，在电镜制片过程中极易使其脱落（图 55 - 2）。TGEV 包含一个正单链无节段的 RNA 基因组，基因组全长约 30kb，在感染细胞中可以分离出病毒的 RNA，在病毒复制中，可产生 6 种亚基因组 mRNA，这些 mRNA 具有共同的末端。病毒的基因组 3′端含有一个 poly（A）尾巴，在 5′末端具有一个帽子结构。

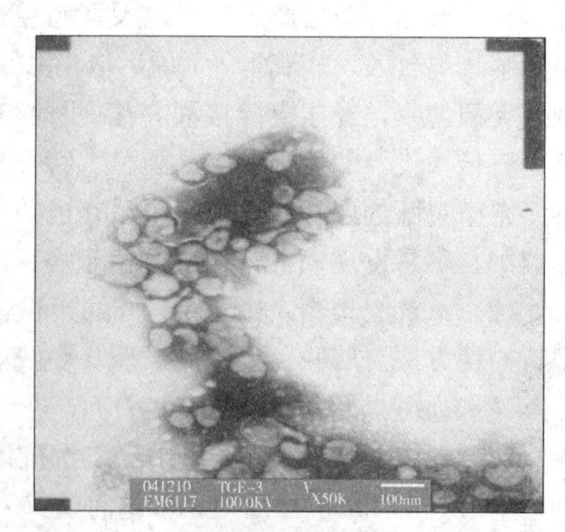

图 55 - 2 猪传染性胃肠炎病毒（电镜负染）

通过对 TGE 克隆毒株 RNA 的部分序列分析及细胞内病毒特异性 RNA 的特异性的鉴定，已经提出了基因组的结构及表达模型，如图 55 - 3。TGEV-purdure-115 株基因组 3′端近 8 300 个核苷酸序列大部分已经确定。它包括了通过亚基因组 mRNA 表达的全部基因，基因组的其余部分（长约 20kb），靠 5′端占基因组 2/3 部分，包含两个 ORF（ORF1a、ORF1b）；ORF1a、ORF1b 分别编码相对分子质量为 440 000 和 300 000 的多肽，ORF1a 与 ORF1b 在不同的阅读框内，并且有 42 个核苷酸的重叠。此部分被认为是编码病毒的复制/转录酶。如 IBV 的情况一样。在另外 8.3kb 编码主要结构蛋白的核苷酸片段内，除 mRNA3 之外，其余包含的 ORF 均为单顺反子，mRNA3 包括两个 ORF，ORF3a、ORF3b，其中 ORF3a 可能在病毒的复制中是非必需的。在 TGEV 的变异株 SP 和呼吸道冠状病毒（PRCV）中，发现 ORF3 缺失。但这种缺失可影响病毒的毒力及组织嗜性。

在每个 mRNA 的 5′端区域，表达相关的蛋白产物，而在克分子量次小的 mRNA 中，则缺少该区

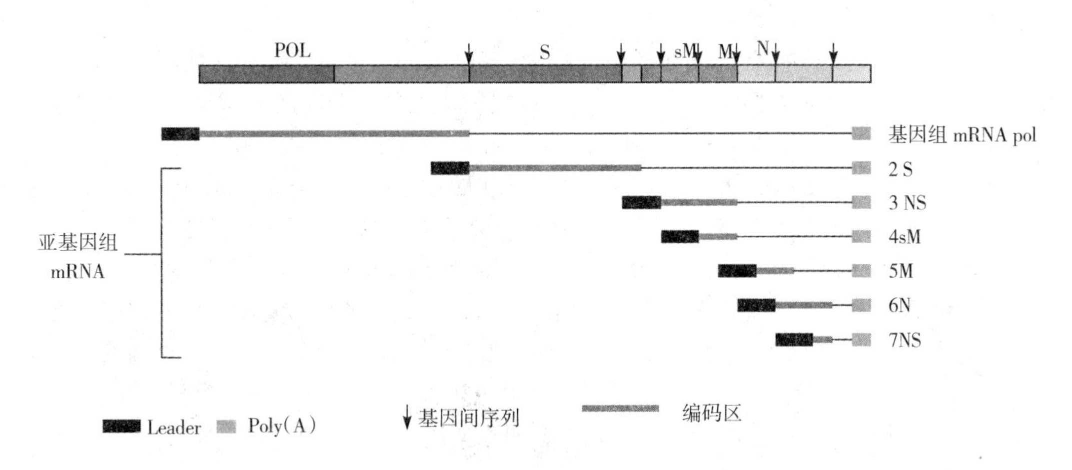

图 55-3　TGEV 基因组的结构与蛋白表达模式图

域。不同的 mRNA 编码不同的蛋白，S 蛋白由 mRNA2 编码，mRNA3 包含 ORF3a、ORF3b、mRNA4 包含 ORF4，其编码 sM，mRNA5 编码膜蛋白 M，mRNA6 编码 N 蛋白，mRNA7 编码结构蛋白。

四种结构蛋白基因按冠状病毒的共同基因顺序定向于 5′-S-sM-M-N-3′，其余的 ORF 可能编码外结构多肽。和其他冠状病毒一样，在 TGEV 基因组中，在每个基因间区域中，均发现了一个共同序列，为五、六或七聚体。UCUAAAC 或 CUAAAU（在 cDNA 中则为 ACTAAAC），这个共同序列在 mRNA 亚型基因组引导序列中也存在。推测其作用为引导序列一聚合酶合体的识别位点及转录起始信号。每个 mRNA 翻译的活跃部分均与该片段相对应。基因间的共同序列决定冠状病毒 mRNA 的种类及数量。

［理化特性］ 病毒为单股 RNA，相对分子质量为 6.8×10^6，正股极性。在蔗糖中浮密度为 1.19～1.21g/cm^3。病毒囊膜中有磷脂和糖脂，可能来自宿主细胞。病毒含有 3 种主要多肽和两种次要多肽，最大的多肽 VP1（S 蛋白），其次是 VP2（N 蛋白），非糖基化。VP3（M 蛋白）是最小的多肽，糖基化，与病毒囊膜相连。只有 VP1 刺激猪能产生中和抗体，认为这类抗体能阻止病毒吸附靶细胞——上皮细胞）。

病毒对冷冻很稳定，但对室温及以上温度则不稳定。在－20℃存放 6 个月不见毒力下降，在－18℃存放 18 个月滴度有所下降。猪肠中的病毒在 21℃及干燥、腐败条件下很不稳定，10d 后则无毒。－18℃存放 1 年滴度无明显下降。但在 37℃，4d 则无感染性。化学药物中，可被 0.03％福尔马林、1％lysovet、0.01％ β-丙内酯、次氯酸钠、氢氧化钠、碘、醚和氯仿等灭活。在 pH3 的条件下稳定。

［抗原性］ 通过对来自美、英、日等一些国家十几个毒株进行交叉中和试验和蚀斑减数试验证明，本病毒只有一个血清型，包括后来发现的嗜呼吸道变异毒株猪呼吸道冠状病毒（PRcV）。与猪的另外两种冠状病毒，猪流行性腹泻与猪凝血性脑脊髓炎病毒均无血清交叉反应，但是与犬的冠状病毒（CCoV）和猫的冠状病毒（FIPV）有血清学交叉反应。

［培养］ TGEV 和 PRCV 可以在猪肾原代细胞培养物中生长，在传若干代次后，有明显的细胞病变，但某些毒株即使是盲传多代次也不发生病变。另外也有用猪甲状腺细胞、唾液腺细胞、犬肾细胞以及猪食管、回肠、盲肠、结膜、鼻黏膜上皮细胞进行病毒分离培养传代的报道。初代次培养细胞病变较轻，易被忽略。病毒不易在鸡胚和各种实验动物体内生长。病毒在细胞浆中增殖，不能在核内增殖，不产生包涵体。

［病原性］ TGEV 仔猪感染病毒后潜伏期较短，一般为 12～18h 发病。病仔猪先发生呕吐，继而发生频繁的水样腹泻以致脱水死亡。3 周龄以上的猪通常可恢复，但在此期间体质衰弱。生长期的猪或成年猪、母猪，临床上只见到厌食和腹泻数天，偶有呕吐，极少死亡。

主要病理变化为急性肠炎，伴有充血和黏膜上皮坏死；小肠壁变薄，空肠和回肠绒毛显著萎缩。

心、肾有退行性变化。

PRCV 临床症状可能被忽略或只见到轻微的呼吸道症状，并伴有发热和食欲减退。没有与 PRCV 相关的肠道系统的紊乱。PRCV 所引起的临床症状及严重程度取决于不同的 PRCV 毒株，据推测，产生这种现象与由于轻度的基因缺失的不同有关。另外，猪群感染其他呼吸道病毒尤其感染 PRRSV，也可改变其疾病的严重程度和临床症状。呼吸道疾病的症状决定于多种因素，包括环境、季节、管理、病毒量的多少以及其他细菌和病毒在猪群中的感染状况。在感染 PRCV 的猪中没有检测到肠绒毛萎缩。但是在感染 PRCV 而无症状的猪中，组织病理检查可见到肺脏的扩散性间质肺炎。

[生态学] TGEV 存在于动物机体的消化器官和体液以及排泄物中，很容易造成传染。在正常情况下，传播是通过与病猪排出的腹泻物直接或间接接触而发生。本病毒通常在寒冷季节流行。有时可由人从一个感染猪场传到另一个清洁猪场或地区。鸟类也可以传播病毒，因为有些鸟类吃了 TGEV 污染物后 32h 左右就能排出有感染性的粪便。另外，试验证明除猪以外，犬和狐狸也是带毒者，可以从一个猪群传到另一个猪群。

PRCV 主要存在于呼吸道中，感染肺脏，可通过呼吸道传播。

[免疫] 对本病毒发挥抗感染作用的是黏膜免疫，各国做了许多研究工作。大多对哺乳仔猪提供乳汁免疫。主要使用弱毒疫苗，给临产前 20～40d 的妊娠母猪经口接种可以得到良好效果。中国农业科学院哈尔滨兽医研究所研制的细胞培养弱毒疫苗，给妊娠母猪接种或给仔猪肌肉注射均获得很好的免疫效果，已在全国推广应用。另据报道，灭能疫苗效果不好，因为不能产生乳汁免疫。

猪场一旦感染了 PRCV，没有很好的方法控制本病。通过剖腹产和早期断奶隔离的措施有助于清除本病。

[分离与鉴定] 确诊须作病毒抗原检测、电镜检验、病毒分离鉴定及血清学试验。

(1) *病毒抗原检测* 在病猪小肠上皮细胞中检测 TGEV 抗原是诊断猪 TGE 的简单和常用的方法。对病死猪刮取空肠和回肠黏膜上皮，制备冷冻切片进行直接或间接的 IF 检查。可通过琼脂扩散、免疫电泳或对流免疫电泳检测病、死猪小肠提取物中的抗原。

(2) *电镜检验* 采取病死猪肠内容物或粪便，通过负反差透视电镜检验病毒粒子，或用免疫电镜方法检验。

(3) *病毒分离鉴定* 采取病料经过无菌处理，接种原代或传代猪肾细胞、猪唾液腺原代细胞、猪原代甲状腺细胞或 ST 传代细胞培养物进行培养，观察细胞病变、蚀斑或用 IF 试验进行鉴定。

(4) *血清学试验* 主要应用中和试验、免疫荧光抗体技术和琼脂扩散试验。有的应做间接血凝试验或皂土凝集试验等。

猪流行性腹泻病毒（*Porcine epidemic diarrhea virus*，PEDV）

猪流行性腹泻病毒是 α 冠状病毒属成员，是猪流行性腹泻（Porcine epidemic diarrhea，PED）的病原体，可引起以腹泻、呕吐、脱水和对哺乳仔猪高致死率为特征的高度接触性肠道传染病。在 70 年代，该病最早发现于西欧。由于 PED 与猪传染性胃肠炎（TGE）极为相似，因此直到 1978 年，Pensaert 等分离出致病因子——类冠状病毒（CVL）（CV777 株），才确认是一个独立的疫病，并建议称为猪流行性腹泻，同时将其病原称为猪流行性腹泻病毒。PED 于 1978 年在英国和比利时首次报道，此后中国、加拿大、匈牙利、德国、日本、韩国等多个国家相继报道了该病的发生。目前，我国对该病研究已取得很大进展，但该病仍然在现地猪群中存在。

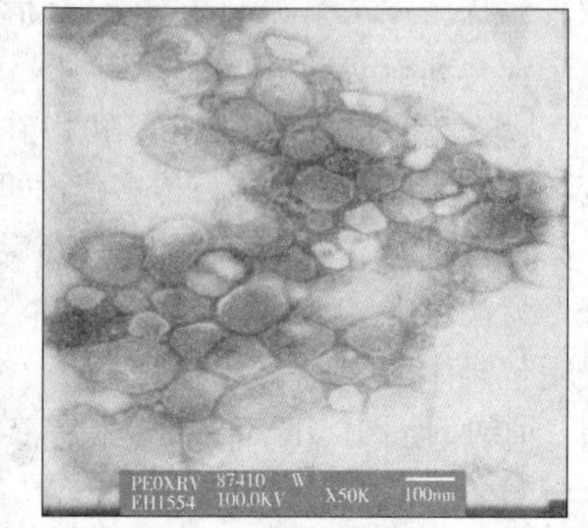

图 55-4 猪流行性腹泻病毒
（电镜负染）

[形态特征与理化特性] PEDV 属于甲型冠状病毒属（*Alphacoronavirus*），具有冠状病毒的形态特征（图 55-4）。从粪便中检出

的病毒粒子具有多形性，近似球形，其直径（包括纤突）为 95～190nm，平均 130nm，纤突长18～23nm，规则地呈花瓣状排列。不同地区测得 PEDV 大小不尽相同，可能是由于病毒在制备过程中发生纤突全部或部分丢失所致。

PEDV 基因组是单股正链 RNA，本身具有感染性，与其他冠状病毒相似，其基因组 5′端有一个帽子结构（cap），3′端有一个 Poly（A）尾，基因组全长为 28 033nt。基因组 5′端非翻译区（5′UTR）位于基因 1 上游，长 296nt；5′UTR 内含有长为 65～98nt 的前导序列（L）和一个以 AUG 为起始密码子、拥有 Kozak 序列（GUUCaugC）、编码 12 个氨基酸的开放阅读框架（ORF）。目前，除人冠状病毒 229E 毒株（HCoV-229E）外，已知的其他冠状病毒成员都有 Kozak 序列，但序列有所差异。基因组 3′端非翻译区（3′UTR）长度为 334nt，末端连有 Poly（A）序列，3′UTR 内含有由 8 个碱基（GGAAGAGC）组成的保守序列，起始于 poly（A）上游的 73nt 处，所有冠状病毒成员都包含这个序列，只是在基因组中位置不同。剩余基因组序列包括 6 个 ORF，从 5′到 3′端依次为编码复制酶多聚蛋白 1ab（pp1ab）、纤突蛋白（S）、ORF3 蛋白、小膜蛋白（E）、膜糖蛋白（M）和核衣壳蛋白（N）的基因；复制酶多聚蛋白基因（基因 1）占全基因组 2/3，长 20 346nt，包括 ORF1a（12 354nt）和 ORF1b（8 037nt）两个开放阅读框架，二者之间有 46nt 的重叠序列，重叠处有滑动序列（UUUAAAC）和假结结构，它们能使核糖体进行移码阅读（frameshifting）从而保证基因 1 的正确翻译；S 基因、E 基因、M 基因和 N 基因分别编码病毒的结构蛋白，长度分别为 4 152nt、231nt、681nt、1 326nt；ORF3 基因长 675nt，编码非结构蛋白；在每两个相邻基因之间有基因间隔序列（IS），它与基因组和亚基因组 mRNA 的 L 序列 3′端有 7～18nt 相同，在病毒基因组复制和翻译过程中发挥重要作用（图 55-5）。

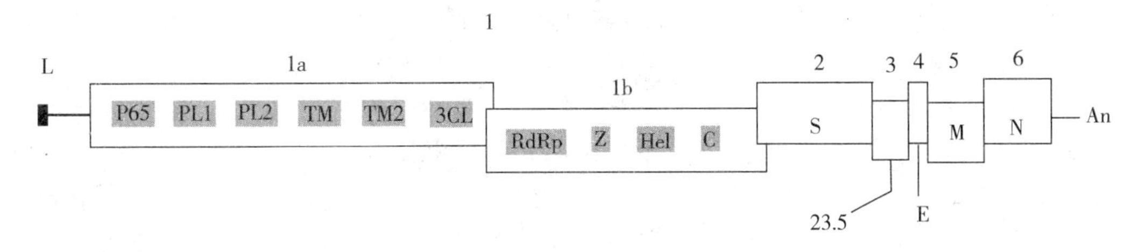

图 55-5　PEDV 基因组结构

PEDV 对乙醚和氯仿敏感。在蔗糖中的浮密度为 1.18g/cm^3。病毒不能凝集 12 种不同动物的红细胞。

［培养特性］与其他冠状病毒相比，PEDV 的细胞培养相对比较困难。从 PEDV 被发现开始，很多研究人员尝试用不同的方法将 PEDV 适应细胞，都没有取得成功，这在一定程度上制约了 PEDV 研究进程。早在 1982 年时，我国学者宣华等曾经用胎猪肠组织原代单层细胞培养物成功地分离出 PEDV，并将其适应于猴肾传代细胞，但是后续的研究没有报道。直到 1988 年，Hofmann 等首次在培养基中含胰酶的 Vero 细胞上成功繁殖了 PEDV，并认为胰酶对 PEDV 纤突糖蛋白切割作用增强了病毒对 Vero 细胞的感染力，此方法在后续的 PEDV 分离、细胞培养和疫苗的研究中被广泛应用。此后，各国研究者对 PEDV 细胞培养进行了深入研究，相继在仔猪膀胱、肾脏的原代细胞和 KSEK6、IB-RS-2、MA104、CPK、ESK 的传代细胞系上成功培养了 PEDV。

［病原性］PEDV 主要通过感染动物的粪便等污染物经消化道感染，各种年龄的猪均可发病，哺乳仔猪受害最严重，平均致死率为 50%。人工口服感染潜伏期为 24～48h，自然病例潜伏期可能很长。仔猪表现水泻、呕吐，新生仔猪往往发生严重脱水而死亡。断奶猪和育肥猪水泻持续 4～6d 后，大多数可恢复。PEDV 常与 TFEV 或轮状病毒及大肠埃希氏菌混感，使症状加重。

［抗原性］PEDV 只有一个血清型。PEDV S 蛋白具有中和表位和 B 细胞表位，能诱导机体产生中和抗体。研究表明 PEDV N 蛋白和猫传染性腹膜炎病毒 N 蛋白具有抗原交叉性。

［免疫］猪在自然感染或人工感染病毒后，其血清中可检测出特异性抗体，有一定免疫力。哈尔滨

兽医研究所研制的PEDV氢氧化铝灭活疫苗效果良好；同时，该研究所研制的猪传染性胃肠炎、猪流行性腹泻二联苗（灭活苗和弱毒疫苗）也可用于本病的预防，疫苗通过后海穴位途径免疫。可进行主动免疫和被动免疫，免疫保护率灭活苗在85%以上，活疫苗在90%以上。

[分离与鉴定]

病毒分离：采取病料如病变的小肠组织经过无菌处理，接种Vero或Vero-E6细胞进行传代培养，观察细胞病变。

鉴定：应根据病史作出初步诊断。PED较TGE死亡率低，2周龄以上仔猪很少死亡。与TGE相比，PED在猪群中传播较慢。已建立起的血清学诊断方法中，直接免疫荧光抗体技术检查病料中PEDV抗原最有实际应用价值，间接荧光抗体技术和血清中和试验可用于抗体检测。ELISA双抗体夹心法可从粪便中直接检测PEDV抗原，准确性较高。还可用免疫胶体金试剂盒快速检测PEDV抗原，此外，还可用RT-PCR对现地流行毒株进行分子流行病学分析。

牛冠状病毒（*Bovine coronavirus*）

本病毒是β冠状病毒属的成员，是新生犊牛腹泻的重要病原之一，还可引起牛的呼吸道感染和成年牛的冬季血痢。

1973年，美国学者首次报道了由冠状病毒引起的犊牛腹泻，此后，世界许多国家和地区都发现了该病。犊牛感染BCoV与感染轮状病毒很相像，而且两者容易混合发生。

[形态特征与理化特性] BCoV是具有多形性的球形粒子，直径80～160nm，平均直径约120nm，含单股不分片段的（+）RNA。病毒囊膜具有向外辐射生长的指状纤突，长约20nm。还有一种较短的指状突起，分别由纤突糖蛋白（gPS）和血凝酯酶糖蛋白（HE）构成。这两种纤突结构可在样品的储存和制备时丢失。所见到的病毒颗粒均不同程度地丢失了这些结构。

病毒粒子具有4种主要结构蛋白：核衣壳蛋白（N）、整体膜糖蛋白（M）、囊膜纤突糖蛋白（S）和血凝酯酶糖蛋白（HE）。N是非糖基化蛋白，相对分子质量为50 000～52 000。为核衣壳的主要成分。M是糖蛋白，序列分析发现M具有三个不同区。其中央区3个亲水的螺旋位于病毒的囊膜内表面，与核衣壳相连。S是重要蛋白，或以前体（相对分子质量为190 000）或以两个分裂开的蛋白（相对分子质量约90 000）的形式存在。S具有几种重要功能，其一，可连接宿主细胞受体，S和完整的病毒颗粒能够凝集鼠、小鼠、成鸡红细胞。其二，S在膜融合过程中起重要作用，在感染后期促进细胞膜和病毒囊膜的融合，并加速病毒的扩散以及合胞体的形成。S还包含重要的中和表位。HE相对分子质量为120 000～140 000，HEtts凝血活性弱，只能凝集鼠、小鼠的红细胞，不凝集成鸡红细胞。HE还具有中和表位以及受体破坏活性。

[培养特性] BCoV可在气管和内脏器官增殖，也可在许多细胞系中生长，如人直肠腺癌细胞18（HRT-18）、Vero、MadinDarhy犬肾1（MDCK1）、MadinDarby牛肾（MDBK）等细胞。用Vero、牛胚甲状腺（BETY）、牛胚脑（BEB）和牛胚肺（BEL）等细胞系培养时，加入胰蛋白酶可促进BCoV生长。初代细胞培养不产生典型的细胞病变，而继代培养则产生以合胞体形成和细胞分离为特征的细胞病变。

[病原性] 肉用或奶用犊牛感染多见于1～90日龄，而腹泻常发生在1～2周龄内。在冬季流行更为严重。在有BCoV腹泻的牛场，几年内此病可连续发生。

BCoV引起肠炎的严重程度，随犊牛的日龄、免疫状况、病毒毒株和感染剂量的不同而异。犊牛越小腹泻发生的也越快，并且严重。试验感染48h后出现黄色腹泻便，并持续3～6d。急性感染期犊牛表现倦怠，食欲不振，严重的可以出现发热和脱水。感染后大多数犊牛可以康复，如果腹泻特别严重，少数犊牛可发生死亡。

[生态学] 成年肉牛或奶牛冬季可发生血痢。特征为突然发病，黑血样腹泻便，随之产奶量急剧下降。患牛可出现鼻涕、咳嗽、精神沉郁、食欲不振等症状，发病率50%～100%，但死亡率低。

BCoV还可使各种年龄的犊牛发生呼吸道感染，通常呈亚临床症状，最常见于12～16周龄牛。可出现轻度的呼吸道症状，也可侵害下呼吸道，造成肺轻度损害，通常不表现临床症状。

[免疫] 目前尚无有效疫苗，有人利用 BCoV 强毒或弱毒对犊牛进行黏膜免疫和体液免疫试验，但在现地和实验室条件下，减毒疫苗无效。初生犊牛通过吸吮初乳可获得被动免疫。

[分离与鉴定]

分离：由于牛冠状病毒可在多种细胞上增殖并产生明显的细胞病变，因此可以将病料无菌处理后接种 HRT-18，进行病毒的分离。

鉴定：目前常用的诊断方法有电镜检查、免疫电镜、血凝-血凝抑制、直接或间接免疫荧光、ELISA 等。应用单克隆抗体可提高诊断效果。利用 RT-PCR 方法可以检测该病毒的结构蛋白基因，如核衣壳蛋白基因。

猪凝血性脑脊髓炎病毒（*Porcine hemagglutinating encephalomyelits virus*，HEV）

本病毒为 β-冠状病毒属成员，是引起猪凝血性脑脊髓病的病原体。该病是仔猪的一种急性发作的具有高度传染性的病毒性疾病。患病仔猪发生呕吐、厌食、便秘和进行性消瘦，某些病例迅速发展成为致死性的脑脊髓炎。

20 世纪 50 年代后期，在加拿大的乳猪中发现两种疾病。1958 年 Roe 和 Alexander 发现一种乳猪呕吐-消耗病。1959 年 Alexander 又发现病猪除呕吐-消耗病外，迅速发生脑脊髓炎，死亡较快。1962 年 Greg 等从乳猪脑脊髓炎病猪中分离到病毒，1969 年在英国、1972 年在美国相继发生此类疾病并分离到病毒。1971 年 Gireg、Phillip 等将该病毒归为冠状病毒。

[形态特征与理化特性] 病毒粒子一般呈球形，直径为 120～150nm，内有一个致密的核心，直径为 70～130nm。表面有囊膜，囊膜突起物排列成“日冕状”，长 20～30nm。病毒粒子具有两层膜，即外膜和内膜，包裹着髓心。

病毒含有 5 种多肽，其中 4 种被糖基化，相对分子质量为 18 000～31 000，在 CsCl 中浮密度为 1.21g/cm^3、酒石酸钾中为 1.18g/cm^3。病毒在 pH4～10 稳定。对热敏感，56℃ 30min 可使病毒感染性丧失。对脂溶剂敏感，包括脱氧胆汁酸钠。紫外线照射也能使感染性明显减弱。

[抗原性] 病毒仅有一个血清型，可以通过中和试验、血凝抑制试验、IF 和免疫电镜技术证明 HEV 和牛冠病毒之间的关系。

[培养特性] 病毒可以在猪原代肾细胞培养物中生长，并产生细胞病变和形成合胞体。还可以在猪甲状腺、胎肺、睾丸细胞系、PK-15 细胞系、IBRS2 细胞系、SK 细胞系培养物中生长和增殖，但非猪源细胞培养多不易生长。用电镜观察在胞浆中可看到病毒粒子。

病毒有血凝素，能凝集小鼠、大鼠、鸡和其他动物的红细胞。由此也可以证明接种细胞培养物是否有病毒生长。

[病原性] 猪感染了 HEV 后，潜伏期为 4～7d，通常在 3d 内病死。病的主要特征为精神抑郁，体重下降，感觉敏感，共济失调，偶有呕吐。年龄较大的猪以食欲不佳、消瘦等为特征，有时呕吐，数周后死亡。仔猪死亡率高达 100%，如有存活则成僵猪。

病理组织变化呈现一种单核细胞的血管套。脑神经胶质增生，神经细胞死亡和呈卫星状态为特征的显著非化脓性脑脊髓炎。

[生态学] 猪是 HEV 自然易感的唯一动物。但大部分感染猪为亚临床状态。经血清学调查证明，猪感染 HEV 较普遍，可能是世界性的。在实验室条件下，当非免疫猪，特别是初生几周的猪，以口鼻途径接种 HEV，可以造成发病，但临床症状不同，可能与感染毒株的毒力有关。但是较大的猪，有的已从初乳中获得母源抗体，在相同条件下，在临床上常常差异不大。呈地方流行的猪场或地区，大多数仔猪经获得母源抗体而有一定抵抗力，感染发病率不高。

[免疫] 尚无全效疫苗。一般是在母猪产前 2～3 周使母猪感染 HEV，经数天后可产生免疫，仔猪可通过初乳获得被动免疫。

［分离与鉴定］

（1）病毒分离和鉴定 无菌采取呼吸道分泌物、脑或脊髓液，按常规制成接种材料。如接种猪原代肾细胞，在接种后 12h 观察培养物中有无融合细胞形成；接种后 48h，用鸡红细胞进行吸附试验，如阳性再进行血凝抑制试验或中和试验予以确诊。

（2）血清学试验 猪感染 HEV 后，第 7 天产生抗体，2～3 周达到最高效价，从而采同窝母猪和仔猪的血清进行血凝抑制试验、血细胞吸附抑制试验或中和试验。

严重急性呼吸综合征病毒（*Severe acute respiratory sydrome coronavirus*）

严重急性呼吸综合征（Severe acute respiratory syndrome，SARS），又称非典型肺炎，于 2002 年年底，在中国广东省最先出现，随后在全球 30 多个国家和地区暴发流行；其致病因子于 2003 年 4 月被鉴定为一种新的冠状病毒，命名为 SARS 冠状病毒（SARS coronavirus，SARS-CoV）。

［形态特征］该病毒属 β 冠状病毒属（*Betacoronvirus*）。病毒粒子呈球形，大小为 90～120nm，外有包膜和纤突的单正链 RNA 病毒。2003 年 4 月 12 日，加拿大温哥华的 Michael Smith 基因组科学中心的科学家首次完成了基因组全序列，其基因组长约 30kb，结构为：5′-帽状结构-复制酶（rep）-刺突糖蛋白（S）-小包膜蛋白（E）-膜糖蛋白（M）-核衣壳蛋白（N）- polyA 尾 3′。N 蛋白包绕着基因组 RNA 形成核衣壳，核衣壳外是含 S、M、E 蛋白的脂质包膜。具有冠状病毒的典型特征。Rota 等测定了 SARS - CoV URBANI 株基因组全序列，其基因组由 29 727 个核苷酸组成，3′端有 polyA 尾巴，G+C 含量为 41mol%。SARS - CoV TorZ 株的全基因组序列由 29 751 个核苷酸组成；与其他 3 株SARS -CoV 序列进行比较，发现仅有 24 个核苷酸不同。SARS - CoV 与已知冠状病毒核苷酸序列的同源性为50%～60%。基因序列测定结果表明，该病毒是与已发现的其他冠状病毒截然不同的一个新病毒。

SARS - CoV 具有典型的冠状病毒基因组结构特征。与其他冠状病毒比较，SARS - CoV 没有明显的主要基因组的重排，在编码 rep、S、E、M 和 N 蛋白的基因区也没有大的插入或缺失。*rep* 基因占全基因组的 2/3，可编码 2 个多聚蛋白（分别由 ORFla 和 ORFlb 编码），它们经蛋白水解酶加工为酶蛋白。Rep 基因下游有 4 个开放读码框架，编码 4 个结构蛋白 S、E、M 和 N，这与所有已知冠状病毒相同。SARS - CoV 基因中不存在血凝素脂酶基因（haemagglutinin - esterase，HE）。

［理化特性］SARS - CoV 对脂溶剂敏感，戊二醛、甲醛、过氧化氢、表面活性剂、紫外线照射等可使病毒失去感染性。

［培养特性］已知 SARS - CoV 的体外敏感细胞有 Vero - E6 细胞、二倍体细胞等，而且已适应 Vero -E6 细胞。

［病原性］SARS 是一种典型的病毒性肺炎，临床症状包括发热、干咳、呼吸困难（短促的呼吸）、头痛和低血氧等。典型的实验室指标包括淋巴细胞减少和轻度的转氨酶升高（表明肝脏的损伤），死亡是由于肺泡损伤导致的进行性呼吸衰竭，典型的临床过程包含感染第一周的症状的改善，第二周的恶化。研究表明，恶化可能与病人的免疫应答有关，而不是与没有控制病毒的复制有关。

［生态学］病原可以通过呼吸道的分泌物颗粒、排泄物-口腔和机械传播，WHO 估计 SARS 的死亡率占发病人数的 4%左右，通常在患有心脏病、糖尿病和免疫功能低下的患者发生死亡，约 90%的病例发病一周以后康复。目前还没有抗病毒药物可以成功治疗 SARS 和其他冠状病毒感染，也没有用于预防 SARS 的任何疫苗。

［分离与鉴定］实验室以细胞培养分离 SARS 冠状病毒，并以经认可的 PCR 方法确认。以 Vero - E6细胞株，培养病人口咽部的组织或痰液（其病毒量较高），可于 2～4d 内发现细胞病变。鉴定方法主要有：RT - PCR 试验，抗体试验（ELISA 和 IFA），电镜检查，组织病理学检查，免疫组织化学染色法和间接免疫荧光染色法。

小鼠肝炎病毒（*Murine hepatitis virus*，MHV）

小鼠肝炎是由小鼠肝炎病毒引起的一种传染病，带毒小鼠分布于全世界，但是在正常情况下多不表现症状，只有在应激因素激发下才能成为致死性疾病，主要为肝炎和脑炎。我国于1979年在裸鼠中发现小鼠肝炎，并分离获得病毒。

［形态特征］小鼠肝炎病毒呈球形，有囊膜，表面有许多长20nm的花瓣状纤突。病毒为β-冠状病毒属的成员，为单股正链RNA病毒，病毒在38.5℃培养4h即可检出。

［理化特性］MHV于56℃ 30min灭活，对乙醚和氯仿敏感，对去氧胆酸钠具有中等程度的抵抗力，在-76℃或低温冻干后能长期保存。

［抗原性］MHV的主要毒株有MHV1、MHV2、MHV3、HHV4、A59、MHV-S、MHV-Z和MHV-U等，这些毒株在抗原上相似，但也存在一些差异。在MHV感染的17CL-16细胞内发现有MHV特异性核内颗粒和斑点状的胞浆内抗原，核内抗原出现于细胞质抗原和表面抗原之前，感染剂量小时，含有核内抗原的细胞将继续产生胞浆和表面抗原。用小鼠制成的高免血清，含有低效价的中和与补体结合抗体。

［培养特性］本病毒可以在小鼠肝细胞（如NCTC1469）以及胎鼠细胞和DBT细胞内培养，并产生细胞病变，鼠支气管培养也可支持鼠肝炎病毒的生长。据Mosley等报道，在小鼠的巨噬细胞和小鼠原代或继代细胞中培养病毒时，见有融合细胞形象横蚀斑。在大的融合细胞中，有的可以见到200个以上的核，在多型瘤病毒，SV40或小鼠乳腺瘤病毒引起的变异细胞中，小鼠肝炎病毒的生长和蚀斑形成能力增强。MHV不能在鸡胚内生长。

［病原性］MHV一般使健康小鼠发生隐性感染。将MHV1株注射刚断奶的易感小鼠，几乎不引起肝脏损伤，但是在附红细胞体的参与下，却能引起致死性肝炎，而附红细胞体本身对肝脏无损害。对于新生小鼠，即使没有附红细胞体的参与，也能引起这样的结果。采用不同的途径注射或者口服，均可感染。白血病和肿瘤，可的松制剂、氨基甲酸乙酯、革兰阴性菌的内毒素以及胸腺切除等，均能促进小鼠肝炎病毒的活化。

MHV1株致死的乳鼠，或在附红细胞体参与下感染的成年小鼠，肝呈黄色或褐色，并有出血点，肾肿胀而苍白，血管内出现多核细胞。

MHV2毒株在有白血病存在的小鼠体内被激活，即使没有球状附红细胞体的参与，MHV2对这种小鼠仍有致病性，球状附红细胞体能加强MHV2对瑞士小鼠的致病作用。MHV2对小鼠的某些品系能引起消耗病和麻痹。MHV2对3～4周龄的Princeton小鼠的发病率为100%，病死率为98%；8～9周龄的小鼠的发病率为88%，病死率为50%，其他品系的小鼠感受性较低。

MHV3对断乳小鼠有致病作用，经过传代之后，能规律地致死小鼠，对老龄小鼠，经常引起腹水。

MHV4株能引起小鼠的脱髓鞘性脑脊髓炎，并伴发局限性肝坏死。此外，嗜神经性毒株在脑内注射时，还能感染棉鼠和仓鼠，其他动物不易感。

小鼠肝炎病毒无论在体内外，均易建立持续感染。中和抗体只能降低细胞中的病毒载量，不能根除持续感染。

［生态学］病毒存在于血液和内脏，特别是肝脏和肾脏，也见于粪尿中。对幼鼠有高度的传染性，胎盘感染试验阴性。

［分离与鉴定］

实验室诊断：①病毒分离。利用NCTC1469、17CH、DBT、BALB/C-3T3或CMT-93细胞株进行病毒分离，最好的方法是将裸鼠（nu/nu）与感染动物接触，待发病之后，利用裸鼠的肝脏进行病毒分离。②酶联免疫吸附法（ELISA）是例行检查中最常使用的方法，其次可用免疫荧光抗体染色法（IFA），免疫组织化学染色法（IHC）。

病理学诊断：一般正常小鼠感染后7～10d病变出现，尤其是呼吸型，病变很轻微且非特异性。肉眼变化，肝脏皱缩，出现深色凹痕（肝细胞丧失）及淡色（正常肝细胞）斑驳样相间变化。肠道型MHV病变一般局限于消化道且在初生小鼠，因为黏膜上皮代换速率相对较慢，所以病变较严重；小肠绒毛上皮溶解，绒毛钝化，且出现许多多核融合巨细胞。类似变化发生于盲肠与上行结肠，严重者可见小肠溃疡及盲结肠炎，同时可见多发坏死性肝炎或脑炎。

分子生态学诊断：取感染动物的肝脏、结肠前段内容物或粪便，利用RT-PCR法进行检测。

大鼠唾液腺泪腺炎病毒（*Rat sialodacryoadenitis virus*）

大鼠唾液腺泪腺炎病毒（*Rat sialodacryoadenitis virus*，SDAV）是β冠状病毒属成员，是大鼠族群高度传染性的主要病原，族群感染率在15%～68%之间。一般以近亲品系大鼠如Lewis、WAG/Rij、TAC：SHR/N较易受感染。

最早在1961年Innes及Stanton发现一种离乳大鼠的传染病，出现颈部肿大，眼睑周围呈红色紫质色素沉积，此病命名为唾液腺泪腺炎。1963年Hunt发现类似的病变，但病变主要发生于哈氏腺及眼眶周围泪腺，且伴随角膜炎、结膜炎及嗜碱性核内包涵体。1970年Parker等首次从大鼠肺脏分离到冠状病毒，命名为RCV。1972年Bhatt等使用初代大鼠肾脏细胞自患鼠分离到冠状病毒，命名为SDAV。

[形态特征] SDAV是冠状病毒科、β-冠状病毒属成员。病毒粒子直径为131～209nm。RCV（*Rat coronavirus*）、CARS（Causative agent of rat sialoadenitis）等分离自大鼠，被认为是另一类亚株。SDAV基因组大小约31kb，至少具有3种结构蛋白，分别为纤突蛋白（S），膜蛋白（M），及核衣壳蛋白（N），表面具冠状突出物。

[理化特性] 病毒在环境中不稳定，感染力在室温下加热至56℃或冷藏于－20℃或暴露于脂溶剂，如乙醚及氯仿等会迅速丧失。对小鼠、鸡、天竺鼠、绵羊或人类红细胞无血凝性。SDAV及RCV可以继代于初代大鼠肾脏细胞，CARS亚株可生长于3TC细胞。

[病原性] SDAV对浆液腺泡或混合型腺泡的管泡腺体上皮细胞具有亲和性。主要成分为黏液腺的舌下唾液腺较不易出现病变。颈部淋巴结、胸腺和肺脏病变较轻微。病毒复制及病变先出现于呼吸道鼻腔及气管支气管上皮，然后至唾液腺主要分泌管及腺泡组织及眼眶外泪腺，最终至眼眶内泪腺。传播方式一般为由泪液或唾液直接接触、空气或垫料传播，发病率高（30%～100%），但死亡率极低。大部分症状在一周内自行消失。

[生态学] 感染可分为潜伏型感染和流行型感染。潜伏型感染发生于繁殖族群，成年大鼠已免疫，哺育大鼠出现短暂感染，通常少于7d的结膜炎，症状包括眨眼及眼睑粘连等，通常很轻微不易发现，且会自行消失。流行型感染发生于敏感品系离乳鼠或成年鼠，潜伏期少于7d。大规模患鼠突然出现颈部水肿、打喷嚏、畏光、鼻眼有分泌物、角膜炎及圆锥形角膜等症状。高发生率，但死亡率极低。大部分症状在一周内消失，但眼睛的症状及紫质分泌物可持续1～2周。一般而言，在急性感染期，眼睛病变发生率平均在10%～30%之间。在繁殖族群慢性感染期时，眼睛病变率更高。

[分离与鉴定]

（1）*病毒分离*　SDAV可在初代大鼠肾脏细胞（PRK）形成多核细胞。一般而言，细胞在培养一周时最敏感，适合接种SDAV。较老的细胞不适合病毒复制且不形成CPE。接种后12h可以在细胞质发现荧光，CPE则在接种24h后可见，SDAV不易在BHK-21、Vero、Hep-2、Py-AI/N或NCTC1469细胞株复制。最适合的病毒分离组织为发病4～5d时的下腭唾液腺，其他组织包括鼻腔冲出物、肺、哈氏腺、泪腺及耳下腺等。一般SDAV不攻击舌下腺，故不适合做病毒分离。

（2）*临床诊断*　临床症状不易区别SDAV与RCV两种大鼠冠状病毒，但上颈部水肿及唾液腺较易出现于SDAV；RCV较易发生间质性肺炎。

（3）*实验室诊断*　SDAV可用血清学诊断（ELISA），但目前市售ELISA系统是利用鼠肝炎病毒（MHV）与SDAV/RCV的血清交叉反应来诊断SDAV，所以即使以大鼠血清得到ELISA阳性抗冠状病毒抗体效价，并无法完全证明过往病史曾有SDAV，RCV，CARS，MHV感染，但大鼠不会自发感染鼠肝炎病毒。以ELISA阳性血清进行间接免疫荧光染色（IFA）是第二种确定是否有SDAV感染的方法。

（4）*病理学检查*　肉眼病变可呈双侧或单侧哈氏腺、下腭唾液腺及耳下腺腺体肿大，严重的病例腺体周围的结缔组织呈水肿，甚至出血。组织病理学及免疫化学染色是两种形态学的方法，必须采哈氏腺、泪腺、下腭唾液腺、耳下腺及肺脏。不同的自发病例在唾液腺、泪腺及呼吸道的病变程度不同，可能和病毒的毒性、宿主品系有关。眼睛病变包括间质性角膜炎、结膜溃疡、圆锥形角膜、虹膜粘连、前房出血及结膜炎并进一步造成大眼症及视网膜退行性变化。眼睛病变易出现于 Lewis 及 SHR/N 等品系。其他病变包括胸腺皮质部及髓质部局部坏死、颈部淋巴结局部坏死、淋巴组织增生及间质性肺炎。

（5）分子生态学诊断　利用 RT - PCR 法检测感染动物的哈氏腺、泪腺及耳下腺等组织中的核衣壳蛋白基因或其他基因。

犬冠状病毒（*Canine coronavirus*）

犬冠状病毒是 α 冠状病毒属成员是引起犬发生胃肠炎的病原体。该病以频繁呕吐、腹泻等临床症状消失后 14～21d 复发为特征。

1974 年 Binns 等在美国首次发现，随后在德国、法国、比利时、澳大利亚和英国等许多国家均有报道。

[形态特征] 病毒粒子呈圆形、椭圆形。有囊膜，其上被覆有长约 20nm 呈花瓣状的纤突，冻融极易脱落，并失去感染性。核酸型为单股正链 RNA。病毒提纯证明含有与小鼠肝炎病毒（MHV）相似的 3 种多肽，并含有 2 种糖蛋白，相对分子质量 29 000～37 000 和 128 000～158 000；前一种与 MHV 的膜多肽（E1）一致，后一种则与纤突多肽（E2）一致；另一种主要多肽不含糖结构，而与核衣壳蛋白（N）相同。

[理化特性] CCV 在 CsCl 中浮密度为 1.24～1.26g/cm^3，对乙醚、氯仿、脱氧胆酸盐敏感，对热也敏感，容易被甲醛、紫外线等灭活，但对酸和胰酶的抵抗力强，pH3.0、20℃条件下不能被灭活，这是病毒经胃后仍有感染活性的原因。

[抗原性] CCV 只有 1 个血清型，但在细胞分离培养中，曾发现抗原性存在差异。经免疫荧光试验证明，CCV 可与猫传染性腹膜炎病毒（FIPV）、猪传染性胃肠炎病毒（TGEV）的抗血清发生反应，认为与 FIPV、TGEV 有部分共同抗原，而不同于同科的其他成员。

[培养特性] CCV 在细胞质内复制，病毒粒子经过内质网膜出芽成熟。CCV 在犬的原代和传代细胞培养物内增殖并产生细胞病变。包括犬肾、胸腺、滑膜细胞、A - 72 细胞系。病毒也能在 CRFA 猫肾细胞和猫胚成纤维细胞培养物中生长。

[病原性] CCV 感染犬后的自然潜伏期 1～3d，临床症状轻重不一。明显症状为嗜眠、衰弱、厌食、呕吐、腹泻，有的粪混有血液，有些幼犬在发病后 24～36h 死亡。成犬很少死亡。其所致病理变化则表现为不同程度的胃肠炎。有的严重脱水，胃肠道扩张，肠壁菲薄，肠黏膜充血，肠系膜淋巴结肿大，胃肠黏膜脱落，胆囊肿大。

[生态学] CCV 感染犬科动物，如犬、貉、狐等。传染来源主要是病犬和带毒犬，多经过呼吸道、消化道随口涎、鼻液、粪便向外排毒，被污染的饲料、饮水、笼具和周围环境，直接或间接传给易感动物。一年四季均可发生，以冬季多发。饲养管理不当，气温骤变等都会促进感染，其他病原微生物混合感染可促进病的发展。

[分离与鉴定]

分离：取典型病犬的粪便，经常规处理后，接种于犬肾原代细胞上培养，在出现细胞病变后，去培养物与已知标准阳性血清进行中和试验，以鉴定病毒。此外，应用 A - 72 细胞，从粪便和小肠内容物分离病毒并用荧光抗体技术检测病毒效果很好。

鉴定：取病犬粪样制成悬液，负染后进行电镜检测是最迅速的方法。或取其粪便经免疫血清处理，使病毒粒子特异性凝集，进行诊断。在血清学上可采取中和试验、酶联免疫吸附试验测定 CCV 抗体效果也很好。此外，还可用 RT - PCR 等分子生物学方法进行鉴定。

猫传染性腹膜炎病毒（*Feline infectious peritonitis virus*）

猫传染性腹膜炎病毒（*Feline infection peritonitis virus*，FIPV）是引起猫的一种重要传染病的病原体，该病特征为弥漫性脉管炎、纤维性腹膜炎或胸膜炎和弥散性脓性肉芽肿。该病广泛分布于世界各地，血清学调查经常可以发现90%的猫FIPV抗体阳性，尽管FIP发病率较低（小于10%），但亚临床感染很普遍。

FIP常与猫的其他疫病共同发生，如猫白血病、猫的免疫缺陷病、猫泛白细胞减少症等，可能与导致免疫抑制有关。

［**形态特征**］FIPV具有冠状病毒科的特征，病毒粒子具有多形性，直径为90～110nm，病毒表面具有不规则的纤突。病毒核芯由单股正链RNA构成。

［**理化特性**］FIPV对外界环境抵抗力差，室温条件下仅存活1d。常用的消毒剂均可灭活病毒，加热可使病毒灭活；对酚、低温和酸性环境有较强抵抗力。

［**病原性**］FIP主要有两种表现形式，“湿”型和“干型”。有时这两种形式可同时出现，但比较少见。湿型表现在腹膜、胸膜、心包和肾包膜，空间充满富含纤维蛋白的液体，腹水积聚、腹腔膨胀，触诊一般无痛感。患猫表现有厌食、体重减轻、倦怠、脱水和发热、呼吸困难、逐渐衰弱，并可出现贫血症状，最后死亡。

“干”型症状则因分散的器官内脓性肉芽肿损害很难诊断，仅仅可见到发热，有的病例还可侵害眼、中枢神经系统、肾和肝脏。中枢神经受损表现上行运动神经元麻痹，运动失调；大脑或脑脊髓受损出现运动失调和痉挛。侵害眼表现有虹膜炎、眼色素层炎；肝脏受侵害的病例可能发生黄疸。肾脏受侵害时，常能在腹壁触诊肾脏肿大，出现肾衰。

［**生态学**］FIPV可感染各种年龄的猫，最常见于6月龄至5岁的猫，其中小于1岁的猫的病例占多数。纯种猫发病率较高。病毒主要通过猫与猫接触传播，也可经消化道和呼吸道散播病毒。该病潜伏期差异大，最短2周，最长的可达数月甚至数年。

［**免疫**］对FIPV的免疫，虽然有人研究弱毒疫苗，但效果不佳。

［**分离与鉴定**］取患猫腹腔渗出物、血液和腹腔及胸腔匀浆液接种于猫胎肺细胞培养物进行病毒分离和鉴定。FIP诊断比较困难，应根据剖检和病理组织观察做出初步诊断，理化指标如肝内酶活性升高、血清尿氮和肌酸酐水平升高、纤维蛋白原升高以及中性粒细胞数量减少等均有利于FIPV诊断。

血清学检测则因猫还可感染猫肠道冠状病毒（FECV）而不表现明显的症状，所以也可出现阳性。最近Corapic等建立了鉴别FIPV79～1 146和FECV1683的单克隆抗体，已为进一步用ELISA区分FIPV和FECV打下基础。

第二节 环曲病毒属（*Torovirus*）

环曲病毒属是套式病毒目冠状病毒科环曲病毒亚科的一个属，环曲病毒亚科的另一个成员是*Bafinivirus*。Toro源于拉丁文torus，意指核衣壳形态的屈曲凸起，因此也译为环曲病毒。在基因组组织结构和复制机理上，环曲病毒和冠状病毒相似，但病毒粒子形态与冠状病毒不同。环曲病毒是有囊膜包被的内部含有一个长管状的呈螺旋形的核衣壳。研究发现，环曲病毒与马、牛、猪以及人的肠道感染存在密切的相关性。主要是通过粪-口途径进行传播。目前，环曲病毒属主要包括牛环曲病毒（*Bovine torovirus*，BToV）如布雷达病毒（*Breda virus*，BRV），马环曲病毒（*Equine torovirus*，EToV）如伯尔尼病毒（*Berne virus*，BEV），人环曲病毒（*Human torovirus*，HToV）和猪环曲病毒（*Porcine torovirus*，PToV）。此外，通过电镜观察还在犬和猫的粪便中检测到环曲病毒。

［**与冠状病毒区别特征**］冠状病毒的mRNAs含有环曲病毒所没有的5’前导序列。冠状病毒含有一个被核壳保护的螺旋核衣壳，然而环曲病毒含有一个管状的核衣壳。两属中的病毒都具有由大的糖蛋

白形成的突出纤突，但是，HE 蛋白只在一些病毒中出现；冠状病毒的 N 蛋白比环曲病毒的大的多；而且只有冠状病毒的 M 蛋白是糖蛋白。总体来说，两属病毒在蛋白序列方面具有很低的序列相似性。

[分子进化关系] 冠状病毒和环曲病毒的许多基因序列为两属之间的系统发育关系提供了分析数据，如 S 基因、N 基因和 M 基因的系统发育分析。环曲病毒和冠状病毒聚合酶与解旋酶序列同源性在 40%～50%之间（而冠状病毒属成员间的同源性在 70%～90%之间）。环曲病毒和冠状病毒基因之间有限而使人信服的序列相似性证明它们是同一科的两个属。目前，没有足够的序列数据来评价环曲病毒的进化关系，但有效的数据表明环曲病毒在遗传学和血清学方面密切相关。

[划界标准] 马环曲病毒、牛环曲病毒、猪环曲病毒和人环曲病毒在遗传学和血清学上密切相关，但是可通过序列、宿主特异性和发病机理进行区别。马环曲病毒和牛环曲病毒基因组 3 端序列（约 3kb）具有 84%的相似性。从猪环曲病毒核衣壳蛋白序列来看其与马、牛环曲病毒的亲缘关系更疏远，只有 68%的同源性；也可通过 N 基因中包含的一个小而完整的 ORF，将猪环曲病毒与马、牛环曲病毒相鉴别。这个编码相对分子质量约为 10 000 多肽的 ORF 在猪环曲病毒中由于终止密码子而被取消。人环曲病毒、牛环曲病毒和马环曲病毒 N 基因羧基端和 3 非编码序列的同源性大于 93%。然而，5 株人环曲病毒分离株和马环曲病毒之间有小而连续的序列差异。牛环曲病毒、猪环曲病毒和人环曲病毒能引起胃肠炎。牛环曲病毒零星地感染呼吸系统，与马环曲病毒不同，该病毒仍然被确定为疾病研究中的一种病毒。

[形态学] 环曲病毒呈多形性，直径 120～140nm，病毒粒子呈球形、长椭圆形和肾形（图 55-6）。环曲病毒的两个显著特征是：①在病毒的囊膜上具有纤突，与冠状病毒类似；②核衣壳呈长管状，螺旋对称，而其决定病毒粒子的形态。

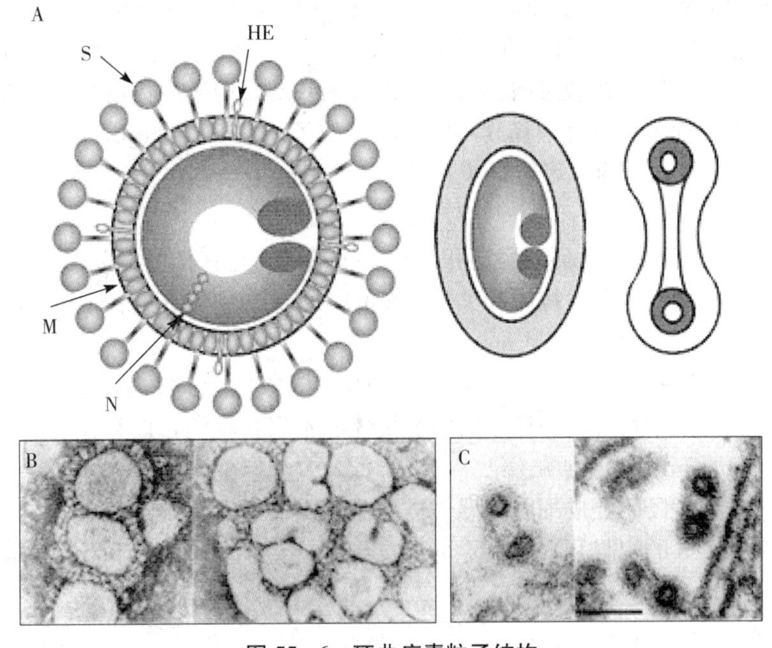

图 55-6　环曲病毒粒子结构

A. 马环曲病毒结构示意图。S 为纤突蛋白；M 为大膜蛋白；HE 为血凝素酯酶；N 为核衣壳蛋白

B. EqTV Berne 株病毒粒子负染电镜照片

C. EqTV 感染马真皮细胞超薄切片中病毒粒子的不同形态。细线表示长度为 100nm

[理化特性] 马环曲病毒粒子、牛环曲病毒粒子和人环曲病毒粒子在蔗糖中的浮密度分别为 1.16/cm^3、1.18/cm^3和 1.14/cm^3。环曲病毒病毒粒子包含类脂双层膜，易被有机溶剂和甲醛及去垢剂破坏。病毒对温度较敏感，在 31～43℃中毒力呈线性关系迅速下降；在－21℃中，其毒力可保持 6 个月不变；在 4℃中，经 92～185d 毒力损失显著。冻干或 22℃烘干无显著影响。病毒在 pH2.5～10.3 之间稳定，

对紫外线敏感，对链霉蛋白酶及枯草杆菌蛋白酶敏感，对胰酶及糜蛋白酶不敏感，磷酸激酶C及RNA酶单独或协同作用均不能灭活病毒，0.1%脱氧胆酸钠（DOC）对病毒无显著影响，而吐温-100（0.1%及1%）则能使其毒力迅速降低。

[基因组结构] 环曲病毒基因组由一种聚腺苷化的线性、单股正链RNA分子组成，大小约为30kb，可能包括6个ORFs。除了poly（A）外在3′端的非翻译区（non-translated region，NTR）包括200nt核苷酸。到目前为止，还没有在环曲病毒的mRNAs上鉴定出RNA前导序列。

环曲病毒有4种主要结构蛋白：纤突（S）蛋白，相对分子质量为180 000，由1 581个氨基酸残基组成（翻译后裂解成S1、S2两个亚单位）；膜蛋白（M），相对分子质量为26 000，由233个氨基酸残基组成；血凝素-酯酶蛋白（HE），相对分子质量65 000；核衣壳蛋白（N），相对分子质量19 000，由160个氨基酸组成。

S蛋白含有N末端信号序列，一个假定的C末端跨膜锚定区，以及两个假定的7套重复区域和一个胰蛋白酶样蛋白酶切割位点。S蛋白发生糖基化，并且含有18个潜在的N-糖基化位点。BToV的HE蛋白含有7个潜在的N-糖基化位点。M蛋白是非糖基化的，占病毒蛋白的13%，不含N末端信号序列。HE属于Ⅰ群膜蛋白，与冠状病毒和流感正黏病毒C系列的血凝素酯酶有30%序列同源。N蛋白是含量最多的结构蛋白，占蛋白总量的80%，是具有RNA结合性质的磷酸化蛋白。HE在体外复制时是非必需蛋白，马环曲病毒Berne株的大部分HE基因已经缺失，仅保存了3′末端的436nt。

环曲病毒和冠状病毒的HE蛋白有30%同源序列，与流感正黏病毒C型血凝素酯酶融合蛋白亚基1序列同源性相似。尽管假定基因获得的本质尚不清楚，但是环曲病毒和冠状病毒显示可以通过独立的异源RNA重组获得HE基因。

[复制] 经用IF和EM试验认为，BRV仅在犊牛体内的结肠、空肠和回肠后部上皮细胞内，可延至肠腺内；BEV在驴胚皮细胞上。病毒的“出芽”释放主要发生在高尔基器膜、粗面内质网膜和核周隙膜样结构上。它的“出芽”是在胞浆内核衣壳，以它的一端吸附腔隙内游离的带囊膜杆菌形粒子，含病毒的空泡与周围相邻的细胞膜融合，释放出成熟病毒粒子。在BEV和BRV感染的细胞核和胞浆内，出现直径为22～24nm的管状结构，可能是核衣壳，这与其他有囊膜的RNA病毒复制过程中出现的情况相类似。

[抗原特性] 免疫学试验证实马环曲病毒和牛环曲病毒之间存在抗原相关性。研究表明人环曲病毒、猪环曲病毒与牛环曲病毒之间也存在抗原相关性。S蛋白可以被具有中和活性和血凝素抑制活性的单克隆抗体所识别。

[病原性] 环曲病毒的感染范围较广，可使牛、马、人发生急性腹泻，血清学检测证明，马、牛、猪、绵羊、山羊、兔、野鼠中均有较高比率的中和抗体。不仅在欧洲，而且在北美洲也有类似情况，在我国的部分马、牛、貂等有此类病毒的感染。

环曲病毒感染小肠和大肠的上皮细胞，感染进程是从空肠中部区域到回肠和结肠的肠道上皮细胞。在小肠组织中，隐窝上1/3的细胞和Peyer隐窝上皮细胞，包括M细胞都会被感染。慢性环曲病毒感染也时有发生。

[生态学] 牛环曲病毒已被鉴定为犊牛胃肠炎和成年牛肺炎的致病因子。虽然牛环曲病毒偶尔感染牛的呼吸道系统，但其通常感染牛的消化道。至今仍未发现与马环曲病毒相关的疾病的报道。血清学调查显示牛环曲病毒感染牛、绵羊、山羊、猪等偶蹄兽、鼠、兔以及一些野生的鼠类。研究人员已通过电镜在人、犬和猫中检测到了环曲病毒的存在。在人样品中已发现与牛环曲病毒具有抗原交叉反应的环曲病毒样粒子，同时应用PCR技术进行了序列相似性分析。在猫的血清样品中没有检测到环曲病毒抗体。奶牛感染环曲病毒的病例时有发现。牛体中存在的母源抗体并不能抵抗环曲病毒的感染，但是可以在一定程度上缓和疾病的发生。通过对西欧、北美、印度、南美和新西兰等多个国家的血清学和病原学调查发现：牛环曲病毒感染普遍存在。

[免疫] 应采取一般的卫生措施，疫苗还在研制中。

［诊断］ 可用免疫荧光在小肠上皮细胞内检测出布雷达病毒抗原，荧光位于胞浆内，在组织损伤最小的肠道内最明显。必须在腹泻出现后尽早采样，根据病程的发展，早期应采肠道。抗体检测可用血清中和试验或 ELISA；可用 RT - PCR 等分子生物学方法进行病毒的诊断和鉴定。

马环曲病毒（*Equine torovirus*）

马环曲病毒是一种引起马急性肠腹泻的病原体。1972 年 Weis 等在瑞士首都伯尔尼（Berne）从马患急性腹泻的排泄物中分离出马环曲病毒，该病毒因分离自瑞士首都伯尔尼而得名，伯尔尼病毒（*Berne virus*，BEV）是环曲病毒属的代表种，该病毒所致的马病仅有一个病例，该马因腹泻而死亡。

［形态特征］ 具有本属病毒的一般形态结构，成多形态性，如双凹蝶形、肾形、球形或棒状，大小 120～140nm；有囊膜，囊膜纤突呈鼓槌状，长为 7.6～9.5nm，最长的可达 17～24nm。芯髓多为杆状或新月状，芯髓直径为 22～24nm。核衣壳长约 104nm，宽约 23nm，呈螺旋对称。

［理化特性］ BEV 含有单股线状 RNA，具有感染性，沉降系数为 400S 左右，蔗糖浮密度为 1.16～1.18g/cm^3。对热敏感，在 31～43℃之间均可使其灭活；置－20℃以下保存可保持感染性，但 4℃保存 92～1 858d 感染性即丧失，冻干或 22℃干燥其活性丢失不明显；在 pH 2.5 和 pH 10.3 中稳定。紫外线和 Triton - X 100 可使其迅速灭活；对蛋白酶敏感，但对胰酶不敏感，而且经胰酶处理后，其感染性提高。BEV 能凝集人 O 型红细胞及兔、豚鼠红细胞，不凝集大鼠、牛、绵羊、鸡、鹅红细胞。

在聚丙烯酰胺凝胶电泳中，BEV 和 BRV 结构蛋白分子的迁移率相近。BEV 的碘代谢标记显示其蛋白相对分子质量为 75 000～100 000、37 000、22 000 和 20 000 范围，其中 20 000 和 37 000 为磷酸化多肽。20 000 多肽是病毒核衣壳的主蛋白，约占病毒蛋白总量的 60%左右，它能结合 RNA，是较高密度的结构成分。22 000 多肽约占 13%，是病毒囊膜多肽的主要成分，连同 37 000 多肽共同具有基质蛋白功能，75 000～100 000 范围内糖基多肽是病毒纤突的主要成分。

［培养特性］ BEV 可在马真皮细胞及驴胚皮细胞培养物生长并可见细胞病变。另外，还可在马肾原代细胞、马胚肺细胞上增殖。如在细胞培养物加入放线菌素 D，则可干扰该病毒的复制，这与冠状病毒恰好相反。

［病原性］ BEV 除感染马外，其他动物如绵羊、山羊、兔、猪及部分野生小鼠也存在其抗体，而犬、猫和狐狸则未检出抗体。

［生态学］ BEV 的自然感染病例很少，临床症状很不明显。从生态学上，在瑞士对 500 匹随机抽查的成年马当中，有 80%含 BEV 中和抗体，在德国、法国、意大利和美国抽查小数量的马血清中，也出现大致相同比率的中和抗体。

［分离与鉴定］ 将病料经常规处理后，接种马真皮细胞或驴胚皮细胞培养物，进行传代培养，待出现细胞病变后，对病原进行鉴定。对 BEV 的诊断，多采用 IF、ELISA 和 RIP 等检查抗体的方法；同时，还可用 RT - PCR 等分子生物学方法对该病毒进行鉴定和流行病学调查。

牛环曲病毒（*Bovine torovirus*）

牛环曲病毒是引起新生牛、犊牛和成年牛腹泻的一种传染性致病因子。布雷达病毒（*Breda virus*，BRV）是牛环曲病毒的代表株。1982 年 Woode 等从美国艾奥瓦州布雷达市（Breda）的一群新生犊牛急性腹泻粪便中首次分离到该病毒。随后 1985 年，Moussa 等在法国里昂患腹泻犊牛睾丸组织分离到病毒，并证实与 BRV 的抗原性一致。1987 年我国李成等在对牛腹泻粪便经电镜观察发现与 BRV 形态相似的病毒颗粒。目前，该病毒在日本、韩国等国家流行。

［形态特征］ 本病毒形态结构与伯尔尼病毒基本一致。但其纤突长 7.6～9.5nm，最长纤突可达 17～24nm，BRV2 的长纤突比 BRV1 的多。

［理化特性］ 在蔗糖中的浮密度，BRV1 为 1.18～1.21g/cm^3，BRV2 为 1.198g/cm^3。沉降系数 BRV1 为 480～520S，BRV2 为 350S。对热敏感，对 pH 有较强的抵抗力。对链霉蛋白和枯草杆菌酶敏

感，磷酸激酶C、RNA酶、0.1%脱氧胆酸钠（POC）等对病毒均无作用，吐温-100能迅速降低毒力。以放射碘标记BRV，其结构蛋白相对分子质量分别为105 000、85 000、37 000和20 000。105 000和85 000多肽是该病毒纤突的组分，10 000多肽为共同抗原决定簇。

[抗原性] 该病毒有两个血清型（BRV1、BRV2），与已知的牛冠状病毒（BCoV）、副流感Ⅲ型病毒、牛轮状病毒、牛细小病毒以及牛病毒性黏膜病毒（BVD-MD）均不相同。

[培养特性] 牛环曲病毒除在犊牛体内传代外，还能在人直肠腺癌细胞系（HRT-18）上增殖，并产生明显的细胞病变。

[病原性] 对无菌接种犊牛和不吃初乳的犊牛有致病性，出现水样腹泻或黄痢。被感染犊牛病理组织学变化主要是空肠至回肠、盲肠和结肠黏膜损伤，绒毛萎缩，上皮微绒毛和肠腺坏死，出现以细胞渗出为主的急性发病和毛细血管变化，感染细胞肿大，高尔基体扩张，出现自噬溶酶体，微绒毛缩短，线粒体退化。对新生的悉生牛及未免疫的普通牛犊具有致病性。表现为水样腹泻，可持续4～5d，此后3～4d排毒。具有正常肠道菌群的牛，腹泻比悉生牛更为严重。小肠绒毛萎缩，大肠有坏死区，肠腺的上皮细胞及绒毛感染，肠黏膜集合淋巴结淋巴细胞缺失，偶致出血。M细胞与绒毛呈现同样的细胞毒性变化。

[生态学] 流行病学调查表明，牛环曲病毒与两种牛的肠炎有关：一种是2月龄以内的犊牛腹泻，另一种是成年牛的冬痢，至少在荷兰及哥斯达黎加是如此。此外，还有可能与成年牛肺炎有关。牛环曲病毒感染很普遍，90%～95%的随机抽样的牛血清样本含有抗体。凡作该病毒抗体检测的国家，均发现阳性牛；山羊、绵羊、牛、猪、大鼠、兔及某些野鼠也监测到中和抗体。

[分离与鉴定] 将病料经常规处理后，接种HRT-18细胞进行病毒分离。该病毒可用IF、HA和ELISA等检测抗体的方法予以确诊，同时还可用RT-PCR等分子生物方法进行诊断。

人环曲病毒（*Human torovirus*）

人环曲病毒是引起人，尤其是儿童的病毒性胃肠炎的一种重要病原，目前对人环曲病毒的了解相对较少。1984年，Beards等用电镜检测法首次在患胃肠炎的儿童和成年人的粪便样品中发现环曲病毒样颗粒，该病毒颗粒类似牛的布雷达病毒；后来，此病毒被证实为人环曲病毒。研究表明人环曲病毒和新生婴儿的坏死性小肠结肠炎有关，能够引起儿童的急性和持续性腹泻。人环曲病毒和轮状病毒、星状病毒是目前已确定的3种与人胃肠炎有关的病毒。人环曲病毒引起的临床症状主要有呕吐、腹泻、血便、腹痛和发烧（>38.5℃）。与轮状病毒和星状病毒不同的是人环曲病毒病人的血便比例高，呕吐比例偏低而且治疗需要的时间较长。1998年一份对住院儿童的研究报告显示，环曲病毒和胃肠炎的发生密切相关，但是病毒也倾向于感染免疫应答弱的住院儿童。感染产生两方面副作用：病毒性肠炎中罕见的呕吐和腹泻。尽管很难对其进行明确诊断而且其在非住院人群的流行病学情况也不甚清楚，但可以用电镜法、酶免疫测定法、ELISA和RT-PCR等方法对人环曲病毒进行鉴定和流行病学调查。

猪环曲病毒（*Porcine torovirus*）

猪环曲病毒是一种引起断奶仔猪发生腹泻的胃肠道病毒。1984年，Weiss等在瑞士进行的血清学调查中发现，81%被调查猪的血清能检测到猪环曲病毒中和抗体。1987年我国李成等在对猪腹泻粪便经电镜观察发现与BRV形态相似的病毒颗粒。1987年，Peter等通过免疫荧光、电镜或细胞培养等方法在加拿大的腹泻猪群中发现类布雷达病毒颗粒。1992年，Vorster在南非的猪群中发现类布雷达病毒颗粒。1998年，Kroneman等通过血清中和试验、电镜、免疫电镜、RT-PCR和序列分析等方法在断奶仔猪中鉴定出猪环曲病毒。2002年，Matiz在匈牙利的健康断奶仔猪中检测到猪环曲病毒。猪环曲病毒感染与断奶期的腹泻有关。

猪环曲病毒颗粒长120nm、宽55nm。病毒粒子表面有两种表面突起。18～20nm长的花瓣样较长突起是S蛋白寡聚体，6nm长的较短突起是HE蛋白。猪环曲病毒的基因组是不分节段的、多腺苷酸的单股正链RNA大小25～30 kb。基因组5′端的2/3区域由两个大的重叠的开放阅读框（ORF1a、

ORF1b）组成，编码一多聚蛋白；基因组 3′端的 1/3 区域编码 4 种主要结构蛋白：即相对分子质量 180 000的 S 蛋白前体、26 000 的膜蛋白、65 000 的具有乙酰酯酶活性的血凝素-酯酶（HE）蛋白和 19 000的核衣壳蛋白。

目前，可以用血清中和试验、酶联免疫吸附试验（ELISA）对现地猪环曲病毒进行流行病学调查；可以用电镜、免疫电镜和 RT - PCR 等方法对猪环曲病毒进行分离鉴定；通过序列测定来分析该病毒的遗传变异情况和不同毒株之间的系统发育关系。

◇ 参考文献

白兴华，冯力，陈建飞，等．2007. 猪传染性胃肠炎病毒 TaqMan 荧光定量 RT - PCR 检测方法的建立 [J]．畜牧兽医学报，38（5）：476 - 481.

陈建飞，冯力，时洪艳，等．2007. 猪流行性腹泻病毒 CH/S 株 N 蛋白基因的遗传变异及其原核表达 [J]．中国预防兽医学报，（29）11：856 - 860.

崔现兰，马思奇，王明，等．1990. 猪流行性腹泻免疫荧光诊断方法的研究 [J]．中国畜禽传染病，5：20 - 24.

冯力，孙东波，陈建飞，等．2008. 猪流行性腹泻病毒 N 蛋白单克隆抗体的制备与鉴定 [J]．中国预防兽医学报，30（3）：190 - 193.

马思奇，王明，冯力，等．1995. 猪传染性胃肠炎与猪流行性腹泻二联氢氧化铝灭活疫苗的研究 [J]．中国畜禽传染病，17（6）：23 - 27.

马思奇，王明，王玉春，等．1985. 猪传染性胃肠炎免疫的研究 1. 猪传染性胃肠炎弱毒疫苗的培育 [J]．家畜传染病，2：4 -10.

马思奇，王明，周金法，等．1994. 猪流行性腹泻病毒适应 Vero 细胞培养及以传代细胞毒制备氢氧化铝灭活苗免疫效力试验 [J]．中国畜禽传染病，2：15 - 19.

孙东波，冯力，陈建飞，等．2007. 猪流行性腹泻病毒 CH/JL 毒株 S 基因的克隆、序列分析及线性抗原表位区的鉴定 [J]．病毒学报，23（3）：224 - 229.

孙东波，冯力，时洪艳，等．2006. 猪传染性胃肠炎病毒重组 N 蛋白抗原间接 ELISA 抗体检测方法的建立 [J]．中国预防兽医学报，28（5）：572 - 576.

孙东波，冯力，时洪艳，等．2007. 猪流行性腹泻病毒 S 蛋白中和抗原区单克隆抗体的制备与鉴定 [J]．中国预防兽医学报，（29）·11：887 - 890.

孙东波，朗洪武，时洪艳，等．2007. PEDV S 蛋白 B 细胞抗原表位的筛选和鉴定 [J]．生物化学与生物物理进展，34（9）：971 - 977.

佟有恩，冯力，李伟杰，等．1999. 猪传染性胃肠炎与猪流行性腹泻二联弱毒疫苗的研究 [J]．中国预防兽医学报，21（6）：406 - 410.

佟有恩，冯力，李伟杰，等．1998. 猪流行性腹泻弱毒株的培育 [J]．中国畜禽传染病，20（6）：329 - 332.

王明，马思奇，周金法，等．1997. 猪传染性胃肠炎与猪流行性腹泻穴位针刺免疫的研究 [J]．中国畜禽传染病，19（6）：6 -13.

王明，马思奇，周金法，等．1993. 猪流行性腹泻灭活疫苗的研究 [J]．中国畜禽传染病，5：17 - 19.

宣华，邢德坤，王殿瀛，等．1984. 应用猪胎肠单层细胞培养猪流行性腹泻病毒的研究 [J]．中国人民解放军兽医大学学报，4（3）：202 - 208.

殷震，刘景华．1997. 动物病毒学 [M]．第 2 版．北京：科学出版社．

Carstens E B，Ball L A. 2009. Ratification vote on taxonomic proposals to the International Committee on Taxonomy of Viruses（2008）[J]．*Archives of Virology*，154（7）：1181 - 1188.

Carstens E B 2010. Ratification vote on taxonomic proposals to the International Committee on Taxonomy of Viruses（2009）[J]．*Archives of Virology*，155（1）：133 - 146.

Chen J，Wang C，Shi H，Qiu H，Liu S，Chen X，Zhang Z，Feng L. 2010. Molecular epidemiology of porcine epidemic diarrhea virus in China [J]．Arch Virol.，155（9）：1471 - 1476.

Chen J F，Sun D B，Wang C B，Shi H Y，Cui X C，Liu S W，Qiu H J，Feng L. 2008. Molecular characterization and phylogenetic analysis of membrane protein genes of porcine epidemic diarrhea virus isolates in China [J]．Virus Genes. 36（2）：355 - 364.

Fouchier R A, Kuiken T, Schutten M, et al. 2003. Aetiology: Koch's postulates fulfilled for SARS virus [J]. Nature, 423 (6937): 240.

Herrewegh A A, Vennema H, Horzinek MC, Rottier P J, de Groot R J. 1995. The molecular genetics of feline coronaviruses: comparative sequence analysis of the ORF7a/7b transcription unit of different biotypes [J]. Virology. 212 (2): 622-631.

Hofmanm M, Wyler R. 1988. Propagation of the virus of porcine epidemic diarrhea in cell culture [J]. *Journal of Clinical Microbiology*, 26: 2235-2239.

Jeong Y S, Makino S. 1994. Evidence for coronavirus discontinuous transcription [J]. Virol, 68 (4): 2615-2623.

Lau S K, Woo P C, Li K S, et al. 2005. Severe acute respiratory syndrome coronavirus-like virus in Chinese horseshoe bats [J]. Proc. *Natl. Acad. Sci. U. S. A.* 102 (39): 14040-14045.

Li W, Shi Z, Yu M, et al. 2005. Bats are natural reservoirs of SARS-like coronaviruses [J]. *Science* (*journal*), 310 (5748): 676-679.

Liu S, Chen J, Chen J, Kong X, Shao Y, Han Z, Feng L, Cai X, Gu S, Liu M. 2005. Isolation of avian infectious bronchitis coronavirus from domestic peafowl (Pavo cristatus) and teal (Anas) [J]. Gen Virol, 86 (Pt 3): 719-25.

Liu S, Chen J, Han Z, Zhang Q, Shao Y, Kong X, Tong G. 2006. Infectious bronchitis virus: S1 gene characteristics of vaccines used in China and efficacy of vaccination against heterologous strains from China [J]. Avian Pathol, 35 (5): 394-399.

Liu S, Han Z, Chen J, Liu X, Shao Y, Kong X, Tong G, Rong J. 2007. S1 gene sequence heterogeneity of a pathogenic infectious bronchitis virus strain and its embryo-passaged, attenuated derivatives [J]. Avian Pathol, 36 (3): 231-234.

Liu S, Wang Y, Ma Y, Han Z, Zhang Q, Shao Y, Chen J, Kong X. 2008. Identification of a newly isolated avian infectious bronchitis coronavirus variant in China exhibiting affinity for the respiratory tract [J]. Avian Dis., 52 (2): 306-314.

Liu S, Zhang Q, Chen J, Han Z, Shao Y, Kong X, Tong G. 2008. Identification of the avian infectious bronchitis coronaviruses with mutations in gene 3 [J]. Gene. 412 (1-2): 12-25.

Marra M A, Jones S J, Astell C R, et al. 2003. The Genome sequence of the SARS-associated coronavirus [J]. *Science* (*journal*), 300 (5624): 1399-1404.

Namy O, Moran S J, Stuart D I, Gilbert R J, Brierley I. 2006. A mechanical explanation of RNA pseudoknot function in programmed ribosomal frameshifting [J]. Nature. 441 (7090): 244-247.

Pensaerd M B, D E Bouck P. 1978. A new coronavirus-like particle associated with diarrhea in swine [J]. Arch Virol, 58: 243-247.

Plant E P, Dinman J D. 2006. Comparative study of the effects of heptameric slippery site composition on -1 frameshifting among different eukaryotic systems. RNA, 12 (4): 666-673.

Su MC, Chang C T, Chu C H, Tsai C H, Chang K Y. 2005. An atypical RNA pseudoknot stimulator and an upstream attenuation signal for -1 ribosomal frameshifting of SARS coronavirus [J]. Nucleic Acids Res, 33 (13): 4265-4275.

Sun D, Feng L, Shi H, Chen J, Cui X, Chen H, Liu S, Tong Y, Wang Y, Tong G. 2008. Identification of two novel B cell epitopes on porcine epidemic diarrhea virus spike protein [J]. Vet Microbiol, 131 (1-2): 73-81.

Sun D B, Feng L, Shi H Y, Chen J F, Liu S W, Chen H Y, Wang Y F. 2007. Spike protein region (aa 636-789) of porcine epidemic diarrhea virus is essential for induction of neutralizing antibodies [J]. Acta Virol, 51 (3): 149-56.

Wang C, Chen J, Shi H, Qiu H, Xue F, Liu C, Zhu Y, Liu S, Almazán F, Enjuanes L, Feng L. 2010. Molecular characterization of a Chinese vaccine strain of transmissible gastroenteritis virus: mutations that may contribute to attenuation [J]. Virus Genes. 40 (3): 403-9.

Wang C, Chen J, Shi H, Qiu H J, Xue F, Liu S, Liu C, Zhu Y, Almazán F, Enjuanes L, Feng L. 2010. Rapid differentiation of vaccine strain and Chinese field strains of transmissible gastroenteritis virus by restriction fragment length polymorphism of the N gene [J]. Virus Genes, 41 (1): 47-58.

Wang C B, Feng L, Chen J F, Shi H Y, Qiu H J, Xue F, Zhu Y M, Liu S W. 2010. Analysis of the gene 3 region sequences of Chinese field strains of Transmissible gastroenteritis virus [J]. Acta Virol, 54 (1): 61-73.

冯力 编

第五十六章　动脉炎病毒科

动脉炎病毒科只含有一个属——动脉炎病毒属（*Arterivirus*）。动脉炎病毒属是 1995 年 ICTV 第 6 次报告中从披膜病毒科中分出来成为一个独立属，代表种为马动脉炎病毒（*Equine arteritis virus*，EAV），其成员还包括小鼠乳酸氢酶病毒（*Lactate dehydrogenase-elevating virus*，LDV）、猪繁殖与呼吸综合征病毒（*Porcine reproductive and respiratory syndrome virus*，PRRSV）及猴出血热病毒（*Simian hemorrhagic fever virus*，SHFV）。

[形态特征] 病毒粒子呈圆形，直径为 60nm，有囊膜，囊膜表面有纤突，为 12～15nm 环状结构。核衣壳直径为 35nm。病毒粒子含有一个正股 RNA，大小约 13 kb，病毒 RNA 有一个 5′端帽子结构和一个 3′端聚腺苷酸。病毒粒子的蛋白组成部分：核衣壳蛋白（N），相对分子质量约 12 000；一个非糖基化的跨膜蛋白（M），相对分子质量约 16 000；以及至少有两个 N-糖基化的表面蛋白，病毒囊膜含有类脂。基因组结构类似冠状病毒科的病毒成员。在 RNAs 有前导区。

[理化特性] 病毒在蔗糖中的浮密度约为 1.13～1.17g/cm^3，在 CsCl 中的浮密度为 1.17～1.20 g/cm^3。沉降系数（$S_{20}w$）为 200～230。

[抗原性] 在 EAV、LDV 和 PRRSV 之间仍未发现抗原关系。

[生态学] 动脉炎病毒可以感染马（EAV）、鼠（LDV）、猴（SHFV）和猪（PRRSV）。EAV 能引起流产及小动脉的肌肉细胞坏死。病毒感染的原发细胞是巨噬细胞。病毒常常造成持续性感染，呈水平传播，也可由精液传播。

马动脉炎病毒（*Equine arteritis virus*）

马动脉炎病毒是引起马传染性动脉炎的病原。该病是马的一种急性传染病，其临床特征为病马发热，白细胞减少，呼吸道和消化道黏膜卡他性炎，并常伴有结膜炎、眼睑水肿和四肢浮肿等。

1957 年美国 Doll 等从美国俄亥俄州发生的以母马流产为特征的病马中分离出病毒，称为马病毒性动脉炎。此后在瑞士、维也纳及印度等相继分离到病毒。Doll 等分离的"Bucyrus 株病毒"被认为是原型病毒。

[形态特征] 病毒粒子呈球形，其直径为 55～70nm。核心直径为 36nm±3nm。病毒囊膜有环样结构，长 3～5nm。结构蛋白有 gE1、E2 及 C 蛋白，相对分子质量分别为 21 000、14 000 和 12 000。

[理化特性] 病毒粒子有一层由脂蛋白组成的囊膜，对乙醚，氯仿等脂溶剂敏感。去氧胆酸盐易使病毒灭活。病毒在蔗糖梯度中的浮密度为 1.18～1.20/cm^3。

[抗原性] 从美国的俄亥俄、印第安纳、加利福尼亚、宾夕法尼亚和肯塔尼基等州分离的病毒株，在血清学上与 Bucyrus 原型毒株一致。另外，从瑞士、奥地利及维也纳分离的毒株与 Bucyrus 原型毒株一致，所以马动脉炎病毒迄今只有一个血清型。

[培养特性] EAV 可以在马、猪、猫、仓鼠和家兔等原代肾细胞培养物中增殖，也可以在 Vero、B-SC-1、BHK-21 等传代细胞系培养物中增殖。马的皮肤细胞株 E、dermNBL-6 非常适合于马动脉炎病毒的增殖，病毒复制快，产量也高。

[病原性] 马动脉炎病毒感染马后，潜伏期为 3～5d。病马发热，但其他症状则取决于动脉被损害

部位及程度。死亡病例的其他症状有明显的结膜炎以及眼睑和瞬膜水肿，流泪，鼻黏膜充血并有浆液性鼻分泌物。常见呼吸困难。病马明显衰竭，并常伴有轻重不一的腹痛和水泻以及躯干部水肿。偶见角膜炎、黄疸并出现以淋巴细胞减少为特征的泛白细胞减少症。所有年龄的马都易感，以孕马最为严重，幼驹以及患有严重寄生虫疾患的马也易发生中毒症状。人工感染可导致死亡，自然发病的死亡率较低。易感孕马的流产率可达90%以上，流产发生在感染后的10～33 d，通常出现在临床发病期或恢复早期。动脉炎病毒可以突破胎盘屏障而感染胎儿，胎儿常在发生流产之前就已死亡。流产胎儿水肿，呼吸道黏膜和脾包膜上有出血点。但流产胎儿或在子宫内死亡的胎儿，都没有特征的动脉炎变化。在胎儿的肝、脾和淋巴结中找不到核内包涵体，但易从流产胎儿（特别是脾脏）中分离出马动脉炎病毒。

死亡病例主要的剖检变化是全身较小动脉管内肌层细胞的坏死，内膜上皮的病变可导致特征性的出血和水肿以及血栓形成和梗死。常见大叶性肺炎和胸膜渗出物。

所有浆膜和黏膜以及肺和中隔等都有点状出血。肾上腺也有出血。在心、脾、肺、肾以及孕马的子宫、眼结膜、眼睑、膝关节或跗关节以下的皮下组织，以及阴囊和睾丸内，均能发现出血性以及水肿样变化。浆膜腔中含有大量富含蛋白质和纤维素絮状物的液体。病程末期淋巴结大量坏死，盲肠和结肠的黏膜坏死。恢复期病马出现全身性动脉炎和严重的肾小球性肾炎。

［生态学］马属动物是自然宿主，病毒存在于鼻液、唾液、血液、精液和发热期的粪便中，存在于感染后5～7 d内死亡的马脾脏及血液里，流产胎儿组织中亦有病毒。在自然条件下，此病只感染马属动物。病的传播方式尚不明，一般认为摄食被污染的饲料，吸入有传染性的悬滴以及交配都可传播此病。马匹在感染后8周内能传播此病。

［免疫］易感马在自然感染后康复或者在用弱毒株接种后，都可产生坚强持久甚至终生的免疫力。国外有用分离的病毒株通过马肾细胞传代，再通过家兔肾细胞传代，培养成弱毒株，制成弱毒疫苗，肌注易感马，3年后仍可耐受强毒攻击。自然发病及人工接种弱毒疫苗的马都可产生坚强持久的免疫力。用补体结合试验、病毒中和试验、蚀斑减数试验以及琼脂扩散试验均可检出抗病毒抗体。

［分离与鉴定］单独的动脉炎病例不易诊断。如流行暴发有大量病例时，临床观察必须与实验室检查相结合，才能鉴别临床症状与马动脉炎相似的其他疾病，如马鼻肺炎、马流感和非洲马瘟等。

在病马的发热期，用棉拭子采取鼻液，接种原代马肾单层细胞组织培养，并进行中和试验，可检出病毒。另从急性死亡病例的脾脏分离病毒，或进行中和试验及交叉保护试验以及补体结合试验和蚀斑减数试验等，其中以蚀斑减数试验为最敏感。动物接种也可以作为诊断的方法。

猪繁殖与呼吸综合征病毒（*Porcine reproductive and respiratory syndrome virus*）

猪繁殖与呼吸综合征病毒是一种有囊膜的RNA病毒，病毒专在猪肺泡巨噬细胞内生长，引起母猪发生繁殖障碍及呼吸症状等。猪群发病会导致群体繁殖失败。

本病于1980年首先发生于美国，1988年在加拿大暴发。1990年后，德国、荷兰、英国、法国、丹麦等许多欧洲国家相继发生。日本也有报道。1991年在荷兰首次分离到病毒。我国也于1996年分离到病毒。根据病毒的生化特性和形态特点，将其归类于动脉炎病毒属。

［形态特征］病毒粒子为球形，直径45～55nm。核衣壳直径30～60nm。周围为脂质双层膜。在负染标本中，病毒粒子常呈卵圆形，大小为50～60nm。基因组大小为18 088个碱基。在正链上有8个开放编码框架，可编码病毒特异性蛋白。ORF1a及ORF1b位于基因组5′末端12 kb区内，编码蛋白与RNA复制及转录有关。ORF2～7位于基因组3′末端3～5 kb区内，编码病毒膜结合蛋白（ORF2～6）及核衣壳蛋白（ORF7）。病毒结构蛋白由6个基因组RNA翻译；其ORF2～5产物是糖基化的，ORF 6～7产物是非糖基化的。病毒粒子含有一个核衣壳（由ORF7编码），周围包以病毒囊膜（含ORF6编码的跨膜蛋白）。

［理化特性］病毒粒子在CsCl中的浮密度为1.19g/cm^3，在蔗糖中的浮密度为1～1.4g/cm^3。易被脂溶剂（乙醚、氯仿）及常用消毒剂和去污剂灭活，不凝集红细胞。病毒可保存于－20℃或－70℃，但

在 4℃下则降低感染性；在低 pH 和高 pH（低于 6.0 和高于 7.5）很快被灭活。

[培养特性] 北美型 PRRSV 在猪肺巨噬细胞（PAM）、CRL－11171、非洲绿猴肾细胞（MA－104）和衍生株（CL2621 或 MARC145）复制。欧洲型 PRRSV 能在 PAM 上最佳或大量复制，然而欧洲分离株已适应于在 CL2621 细胞系上生长。PRRSV 疫苗株在猴肾细胞衍生株上比在 PAM 上更有效（100～1 000 倍）复制。

[抗原性] 从欧洲和美国分离的毒株，在抗原性上有差异。其基因组序列也有差异。认为本病毒可分为 2 个亚群，即 A 群和 B 群。

[病原性] 病毒感染猪群的发病特征是引起群体繁殖失败，母猪发病厌食，有呼吸困难症状，有些猪体温升高，双耳、腹部皮肤及阴唇发蓝。母猪于妊娠后 107～112 d 流产，产出木乃伊胎或衰弱仔猪，生后不久死亡。仔猪生后不久也可感染，发生厌食，有一过热并有呼吸困难症状。被毛粗刚，生长缓慢和明显的间质性肺炎。病仔猪往往由于二次感染而症状恶化。较大仔猪和育肥猪感染后不太发病，往往只有短时厌食，轻度呼吸困难症状，有时耳发蓝。也有的肥育猪转为恶化症状而死亡。

2006 年，在中国首先发现了高致病性猪蓝耳病，是由猪繁殖与呼吸综合征（俗称蓝耳病）病毒变异株引起的一种急性高致死性疫病。仔猪发病率可达 100%，死亡率可达 50%以上，母猪流产率可达 30%以上。其病毒基因组的显著特征是在其 NSP2 蛋白缺失 30 个氨基酸，分别在 480 位和 532～560 位。

[生态学] 本病毒传播较猛烈。在养猪密度小的地区，其传播不太快。猪的接触传染是主要途径，也可通过空气传播。此外，通过人对猪及猪肉和肉制品的接触也可造成传染。猪群一旦感染，则在群内持续感染。

[免疫] 对于猪 PRRSV 感染，尚没有有效的治疗方法。弱毒苗和灭活苗已用于防治 PRRSV 感染。这些疫苗已被用于母猪或哺育仔猪的免疫。与灭活苗相比，弱毒苗诱导更长久的保护，但仍不能完全阻止野生毒株的再感染及随后的病毒扩散。

[分离与鉴定]

(1) *病毒分离及鉴定*　病毒分离专用猪肺泡巨噬细胞或 CL2621 细胞，接种病料后并不立即产生 CPE，有时需要盲传 2 或 3 代，然后用特异性血清作免疫荧光抗体试验确定结果。

(2) *抗体检测*　主要是应用血清学试验，即免疫过氧化物酶细胞单层试验（JPMA）。间接免疫荧光抗体试验（HL－FT）和酶联免疫吸附试验（ELISA）或中和试验等，目前只能作为群体血清学诊断，对个体猪还不大适用。

(3) *利用 RT－PCR 等分子生物学方法进行病毒的鉴定和流行病学调查*

小鼠乳酸脱氢酶病毒（*Lactate dehydrogenase-elevating virus*）

本病毒是动脉炎病毒属的成员。感染小鼠多呈隐性经过，无临床症状表现，但能干扰实验研究结果。

[形态特征] 病毒粒子呈圆形或椭圆形，有时为多角形，直径为 40～70nm，有囊膜。病毒粒子中央为一无定形类核体，直径为 25～33nm，外由致密的双层膜所围绕。病毒由 3 种结构蛋白组成，VP1 为衣壳蛋白，VP2 为非糖化蛋白，VP3 为糖蛋白。

[理化特性] LDV 在蔗糖中的浮密度为 1.15g/cm^3，毒粒中 RNA 相对分子质量为 4.1×10^6。

病毒对乙醚、氯仿及丁醇敏感。不耐热，100℃ 10 min 或 60℃ 40 min 可使之完全灭活。37℃ 24 h 感染性丧失 99%。病毒可耐受真空冷冻干燥。在 pH6～8 时最适合，pH3 环境中迅速灭活。

[培养特性] LDV 在正常小鼠的原代细胞，如小鼠脾脏、骨髓和胚胎培养物中增殖。不能在大鼠原代细胞、乳仓鼠肾细胞、鼠肿瘤细胞系培养物中复制。

[病原性] 小鼠感染 LDV 后可在网状内皮系统的细胞中迅速复制，导致长期的病毒血症，但感染小鼠常不表现临床症状并保持正常的生命活动。在血浆中可查得 LDH（乳酸脱氢酶）和其他几种酶的

变化不一样，其水平持续增高。小鼠感染 LDV 可对免疫系统产生影响。在感染后 6～10 d 时机体产生抗体，并以抗原抗体复合物的形式存在，在血流中不易测到游离抗体。因为 LDV 在巨噬细胞中增殖，所以感染早期可能引起免疫抑制，致使病鼠抗体产生的应答反应和细胞免疫功能降低，并使网状内皮系统和胸腺发生损害。由于 LDV 抗体在血流中是以抗原抗体复合物形式存在，所以在慢性感染的小鼠肾小球内可见免疫复合物沉积，造成免疫复合物疾病的症状。

［生态学］ LDV 只感染小鼠，各品系小鼠均易感。感染病毒的小鼠通过粪便、尿、乳汁或唾液向外排毒，鼠和鼠之间可通过污染的饲料或伤口感染。在实验过程中也可人为造成感染等。

［分离与鉴定］ 诊断主要是检测感染 LDV 小鼠的血浆中 LDH 水平升高与否。主要判定结果是：正常小鼠血浆的 LDH 水平为 400～800 常规单位/mL，LDV 感染小鼠的 LDH 水平达 1 800～16 000 常规单位/mL。

猴出血热病毒（*Simian hemorrhagic fever virus*）

猴出血热病毒是猴的一种高致病性病毒，是动脉炎病毒科的成员之一。SHFV 于 1964 年首次从前苏联和美国猿类研究中心患出血热的短尾猕猴中分离到。

［形态特征］ SHFV 是单股正链的 RNA 病毒，病毒粒子大小为 40～50nm，球形，无可见纤突。基因组全长 15kb，5′端具有Ⅰ型帽子结构，3′端具有 poly - A 尾。在其基因组的 5′端编码一个大的非结构蛋白，在其 3′端编码结构蛋白。与冠状病毒一样，在病毒的复制过程中，其 mRNA 的 3′端具有共末端的嵌套式结构，亚样基因组 5′端具有相同的前导序列。

［培养特性］ SHFV 在恒河猴和赤猴的腹腔巨噬细胞原代培养物中感染并复制，也可在 MA - 104 细胞上产生细胞病变（CPE），还可在 BS - C - 1 细胞上繁殖，但是不产生细胞病变。

［病原性］ 猴的临床症状包括厌食、发热、发绀、黑粪症、皮肤淤血和出血、皮下出血、鼻出血、眼球后出血、脸部水肿、血样腹泻、脱水、无渴感、蛋白尿和血小板减少症。典型的临床过程持续10～15d，死亡通常发生在临床症状出现后 10～15d，致死率接近 100%。在短尾猴中观察到的高致死率可能是由于其巨噬细胞对于溶细胞性的 SFHV 感染特别敏感。从呈持续性感染赤猴中分离到的 SHFV 对捕捉的赤猴产生无临床症状的持续性感染，而从发病猴分离的 SHFV 感染捕捉的赤猴，会引起短暂的轻微症状，从而表明在短尾猴中筛选出了更强毒力的变异株。对 SHFV 的免疫反应随着猴的种属和所感染的毒株变化，实验感染 7d 后，SHFV 可在赤猴中诱导中和抗体。然而，在许多呈持续性感染的赤猴，只发现有低水平的抗 SHFV 抗体。

［生态学］ 赤猴被认为是该病毒的自然宿主，50%的野生赤猴含有抗 SHFV 抗体，据估计约 10%的赤猴是隐性的病毒携带者；然而其他种类的猴，如绿猴、狒狒等的抗体水平却很低；但猕猴感染该病毒后能够引起高死亡率的急性严重疾病。在野生状态下，非洲猴的 3 个属——非洲绿猴、赤猴和狒狒呈 SHFV 持续性感染，但不表现任何临床症状。SHFV 偶尔从非洲猴传播到亚洲短尾猴的 3 个属（*Macaca mulatta*、*Macaca arctoides* 和 *Macaca fascicularis*），并引起致死性出血热。

在非洲，该病呈地方性流行，绿猴 SHFV 感染的流行和发病率还不清楚，但在野生赤猴中，呈持续性亚临床感染的发生率很高，野生绿猴间 SHFV 传播的方式也不清楚。很可能是通过伤口和咬伤发生感染，但还不能排除性传播。SHFV 不能从持续性感染母猴经胎盘传递给子代。在捕捉到的短尾猴中，几次 SHF 的流行起源于无症状 SHFV 持续性感染的非洲绿猴，造成意外的机械传播。在短尾猴群中，一旦出现明显病症，SHFV 极可能通过直接接触和空气传播，快速扩散到整个猴群。

持续性感染猴可通过恒河猴和赤猴腹腔巨噬细胞原代培养物中的 SHFV 复制而得到鉴定。检测持续性感染的最敏感方法是短尾猴的接种实验。

［分离与鉴定］ 间接免疫荧光（IFA）、ELISA 和中和试验已用于 SHFV 感染的血清学诊断，但由于持续性感染猴仅存在低水平的抗 SHFV 抗体，这些试验还不可靠。同时，血清学试验不能区分早期感染动物和病毒携带者；而病毒分离通常对临床诊断是不可靠的。目前，可用 RT - PCR 等分子生物学

方法检测 SHFV。

参考文献

童光志，周艳君，郝晓芳，田志军，仇华吉，彭金美，安同庆．2007. 高致病性猪繁殖与呼吸综合征病毒的分离鉴定及其分子流行病学分析［J］．中国预防兽医学报，29（5）：323-326.

殷震，刘景华．1997. 动物病毒学［M］．第二版．北京：科学出版社：681-688.

An T Q，Zhou Y J，Liu G Q，Tian Z J，Li J，Qiu H J，Tong G Z 2007. Genetic diversity and phylogenetic analysis of glycoprotein 5 of PRRSV isolates in mainland China from 1996 to 2006：coexistence of two NA-subgenotypes with polar diversity［J］. Vet. Microbiol，123：43-52.

Anderson G W，Rowland R R，Palmer G A，Even C，Plagemann P G. 1995. Lactate dehydrogenase-elevating virus replication persists in liver，spleen，lymph node，and testis tissues and results in accumulation of viral RNA in germinal centers，concomitant with polyclonal activation of B cells［J］. Virol.，69（8）：5177-5185.

Barboza，David. 2007. Chinese Pig Virus Causes Concern Around the Globe［J］. The New York Times.

Benfield D，Collins J，Dee S，Halbur P，Joo H，Lager K，et al. 1999. Porcine reproductive and respiratory syndrome. In：Straw BE，D'Allaire S，Mengeling WL，Taylor DJ，editors. Diseases of the swine［M］. 8th. Ames，Iowa：Iowa State University Press；p. 201-232.

Cavenagh D. 1997. Nidovirales：a new order comprising Coronaviridae and Arteriviridae［J］. Arch Virol，142：629-633.

Collins J，Benfield D，Christianson W，Harris L，Hennings J，Shaw D，et al. 1992. Isolation of swine infertility and respiratory syndrome virus（isolate ATCC VR-2332）in North America and experimental reproduction of the disease in gnotobiotic pigs［J］. Vet Diagn Invest，4：117-126.

Gao Z Q，Guo X，Yang H C. 2004. Genomic characterization of two Chinese isolates of porcine respiratory and reproductive syndrome virus［J］. Arch Virol，149（7）：1341～1351.

Kapur V，Elam M R，Pawlovich T M，Murtaugh M P. 1996. Genetic variation in porcine reproductive and respiratory syndrome virus isolates in the midwestern United States［J］. Gen Virol，77（6）：1271-1276.

Lee C，Yoo D. 2005. Cysteine residues of the porcine reproductive and respiratory syndrome virus small envelope protein are non-essential for virus infectivity［J］. Gen Virol，86（11）：3091-3096.

Meng X J，Paul P S，Halbur P G，Morozov I. 1995. Sequence comparison of open reading frames 2 to 5 of low and high virulence United States isolates of porcine reproductive and respiratory syndrome virus［J］. Gen Virol.，76（Pt 12）：3181-3188.

Meulenberg J J，Hulst M M，de Meijer E J，Moonen P L，den Besten A，de Kluyver E P，Wensvoort G，Moormann R J. 1993. Lelystad virus，the causative agent of porcine epidemic abortion and respiratory syndrome（PEARS），is related to LDV and EAV［J］. Virology，192（1）：62-72.

Nelsen C，Murtaugh M，Faaberg K. 1999. Porcine reproductive and respiratory syndrome virus comparison：divergent evolution on two continents［J］. Virol，73：270-280.

Thiel H J，Meyers G，Stark R，Tautz N，Rumenapf T，Unger G，Conzelmann K K. 1993. Molecular characterization of positive-strand RNA viruses：pestiviruses and the porcine reproductive and respiratory syndrome virus（PRRSV）［J］. Arch VirolSuppl. 1993，7：41-52.

Wensvoort G. 1993. Lelystad virus and the porcine epidemic abortion and respiratory syndrome［J］. Vet Res，24：117-124.

Wood J L，Chirnside E D，Mumford J A，Higgins A J. 1995. First recorded outbreak of equine viral arteritis in the United Kingdom［J］. *Vet. Rec*，136（15）：381-385.

冯力 编

第五十七章　杆套病毒科

杆套病毒科属于套式病毒目（Nidovirales），是2005年新建的科，因其是外形杆状的套式系列转录的病毒（nidovirus），取ro及ni两词头合成此名。本科只有一属：头甲病毒属（*Okavirus*）。目前，该属主要包括两种无脊椎动物病毒：黄头病毒（*Yellow head virus*，*YHV*）和鳃相关病毒（*Gill-associated virus*，GAV）。

黄头病毒（*Yellow head virus*）

黄头病是由黄头病毒引起的对虾的一种病毒性疾病，其临床症状主要表现为病虾摄食停止、游到水面和池塘边、头胸部和鳃部呈黄色。黄头病于1990年在泰国首次出现，现已蔓延至我国及整个东南亚以及美洲。在澳大利亚的斑节对虾发现的鳃相关病毒分离株属不同基因型，引起的病症及病变也有区别。

最初根据病毒形态和单链RNA基因组，黄头病毒被认为是一种杆状病毒。然而，随后证实黄头病毒基因组是正链RNA。序列分析也表明，黄头病毒与澳大利亚鳃相关病毒密切相关，含有一个大的复制酶基因，在预测的假结结构上游的光滑序列处通过核糖体移码表达多聚蛋白。黄头病毒现定位为鳃相关病毒（*Gill-associated virus*，GAV）的一个基因型。

[形态特征] 黄头病毒颗粒大小约40nm×170nm，呈杆状，具有囊膜，表面有纤突样突起（约11nm），内部有螺旋对称的核衣壳，核衣壳在感染细胞的胞浆中可离散呈长丝状。在内质网出芽获得囊膜形成成熟的病毒颗粒，后者可呈晶格样排列。黄头病毒基因组为线状、不分节段的单股正链RNA，本身具有感染性，大小约26 000nt，有5个阅读框，以套式系列的mRNA转录。主要编码3种主要结构蛋白：大纤突糖蛋白（S1，gp116）、小纤突糖蛋白（S1，gp64）和核衣壳蛋白（N，p20）；S1及S2由ORF3编码，而且是糖基化蛋白，N由ORF2编码。

[理化特性] 病毒在60℃ 15～30min、次氯酸钙或SDS处理可被灭活，在25～28℃的咸水中至少可存活4d。

[病原性] 感染虾通常在疾病的可见症状首次出现后2～3 d内死亡。濒死虾的淋巴样器官有坏死灶，含有具有肥大细胞核的空泡细胞和稠密的嗜碱性胞浆包涵体。急性感染在2～4 d即出现停食等症状，死亡率高，濒死虾头胸部因肝胰腺发黄而变成黄色。鳃及皮下组织做压片或切片染色后可见坏死细胞形成的圆形嗜碱性胞浆包涵体，直径≤2μm。

[生态学] YHV是OIE规定通报的虾病病原。斑节对虾可能是YHV的自然宿主，南美白对虾（凡纳滨对虾）亦易感，其他对虾也可人工感染。水平或垂直传播，表现为急性或慢性感染。

[鉴定] 仅检测包涵体不可靠，可用RT-PCR、单克隆抗体、Western blot等分子生物学方法进行检测。严格检疫亲虾及虾苗是预防本病的可行措施。

鳃相关病毒（*Gill-associated virus*，GAV）

鳃相关病毒是杆套病毒科、头甲病毒属的代表种。GAV于1996年首先在澳大利亚东部的野生和人工养殖的斑节对虾（黑虎对虾）中发现，并呈地方流行性，从那时起该病毒引起的疾病呈散发性暴发。

［**形态特征**］GAV是有囊膜的，杆状的RNA病毒。GAV有致病性和非致病性两种形式；其非致病形式是淋巴样器官病毒（*Lymphoid organ virus*，LOV），该病毒是从健康斑节对虾淋巴样器官中的肥大细胞分离出来的。序列分析表明LOV和GAV是同种病毒的变种。

病毒粒子由囊膜、纤突和核衣壳组成。病毒衣壳有单层的囊膜包围。病毒粒子呈杆状，直径宽40～60nm，长150～200nm。囊膜有表面纤突，表面纤突是有特征性的包膜突起。核衣壳是长的螺旋对称的卷曲管状，宽13～18nm。GAV是单股正链的RNA病毒，病毒基因组含有一个不分节段的、线状的、单股正链RNA分子，由26 235个核苷酸组成。GAV基因组有4个ORFs，即ORF1、ORF2、ORF3和ORF4，分别编码复制酶多聚蛋白pp1ab（相对分子质量759 000），核衣壳蛋白（相对分子质量20 000），纤突蛋白（相对分子质量116 000，64 000）和假设蛋白（相对分子质量9 300）。

［**理化特性**］病毒粒子的蔗糖浮密度是1.18～1.2g/cm^3，病毒在60℃ 15～30 min、次氯酸钙或SDS处理可被灭活，在25～28℃的咸水中至少可存活4d。

［**分离与鉴定**］GAV引起的临床症状与YHV引起的类似，而且在形态学上不易与YHV相区别。目前，用多重RT-nested PCR方法可以将GAV与YHV区别开。目前，可用ELISA（enzyme linked immunosorbent assay，ELISA）和RT-PCR方法对GAV进行检测和流行病学调查。严格检疫亲虾及虾苗是预防本病的可行措施。

◈ 参考文献

蔡宝祥，等.1989. 实用家畜传染病学［M］. 上海：上海科技出版社.
侯云德.1989. 分子病毒学［M］. 北京：学苑出版社.
刘振轩，等.2003. 动物冠状病毒疾病［M］. 台北：农业委员会动植物防疫检疫局，台湾大学兽医学系.
陆承平.2007. 兽医微生物学［M］. 第四版. 北京：中国农业出版社：434-447.
徐宜为，等.1993. 最新禽病与防制［M］. 北京：中国农业科学出版社：160-174.
殷震，刘景华.1997. 动物病毒学［M］. 第2版. 北京：科学出版社.
越智勇，主编. 王殿瀛，等，译.1985. 兽医传染病学［M］. 长春：吉林科学技术出版社.
中国农业科学院哈尔滨兽医研究所.2008. 动物传染病学［M］. 北京：中国农业出版社.
B E 斯特劳，等，主编. 赵德明，等，译.2000. 猪病学［M］. 第8版. 北京：中国农业大学出版社.
B W 卡尔尼克，主编. 高福，等，译.2005. 禽病学［M］. 第11版. 北京：中国农业出版社.
D C 赫什，等. 编著. 王凤阳，等，译.2007. 兽医微生物学［M］. 第2版. 北京：科学出版社.
Glass RI，Bresee J，Jiang B，et al. 2001. Gastroenteritis viruses：an overview［J］. Novartis Found Symp. 238：5-19.

冯 力 编
马思奇 审

第五十八章　黄病毒科

黄病毒科（Flaviviridae）是一群正链单股有囊膜 RNA 病毒，某些病毒可以引起严重的动物传染病，如猪瘟病毒、牛病毒性腹泻病毒等以及引起重要的人畜共患病病毒如日本脑炎病毒。自 1980 年年初认识到黄病毒与披膜病毒在分子结构、复制方式和基因序列等有差异而建立了黄病毒科。本科有 3 个属：黄病毒属（*Flavivirus*）、瘟病毒属（*Pestivirus*）和丙型肝炎病毒属（*Hepacivirus*）。

本科病毒呈圆形，病毒粒子直径为 40～70nm，基因组为正链单股 RNA，大小约为 10.6～10.9 kb（黄病毒属）、12.5 kb（瘟病毒属）或 9.5 kb（丙型肝炎病毒属），相对分子质量约为 4×10^6。RNA 占病毒粒子质量的 4%～8%。G+C 含量为 48mol%。病毒基因组 5′末端有帽子结构，3′末端无 poly A 尾，无病毒转录酶。病毒粒子有囊膜，由表面脂质双层结构和核衣壳共同构成。脂质双层由两种或者多种外膜蛋白构成，而核衣壳由病毒衣壳蛋白和正股病毒基因组 RNA 组成。病毒吸附和穿入宿主细胞，需要通过病毒囊膜蛋白与细胞受体介导的内吞作用。病毒进入宿主细胞后，进行脱衣壳，从而将基因组 RNA 释放到细胞浆中。核衣壳为二十面体对称，在复制过程中无 DNA 阶段。病毒基因组在病毒的生命周期中具有 3 种作用，作为信使 RNA（mRNA）翻译病毒蛋白，作为 RNA 复制的模版以及新病毒粒子装配的遗传材料。病毒基因组仅含一个开放阅读框，编码一个多于 3 000 个氨基酸的多聚蛋白前体，编码产物经丝氨酸蛋白酶、RNA 解旋酶和 RNA 依赖性的 RNA 聚合酶（RdRp）裂解和加工形成约 10 个蛋白。这些病毒蛋白中含有 3 种结构蛋白：囊膜蛋白 E1 为糖蛋白，相对分子质量为 51 000～63 000;囊膜蛋白 E2 含有能诱导产生中和抗体的抗原表位，相对分子质量 8 000～12 000；衣壳蛋白 C 相对分子质量约为 14 000。结构蛋白基因位于 RNA 的 5′末端。此外还有 7 种非结构蛋白。

本科病毒对热、脂溶剂、胰酶敏感。病毒可在许多哺乳动物的原代和传代培养细胞中增殖，并常引起细胞病变。有些病毒还可以在蚊或蜱体内及其组织细胞培养中增殖，但常不产生细胞病变。实验动物小鼠，特别是乳鼠对本科病毒最敏感。本科病毒成员之间的抗原关系，可在血凝抑制试验中表现出来。该科属内成员间在血清学上彼此有交叉反应，但与其他属的成员没有交叉反应。对其成员病毒的鉴定，需通过中和试验和定量补体结合试验等。

第一节　黄病毒属（*Flavivirus*）

黄病毒属过去曾称 B 群虫媒病毒，本属病毒有脂质囊膜，病毒粒子呈圆形，直径约 50nm，其内部含有一个大约 30nm 的病毒核心。病毒沉降系数为 170～210S，浮密度为 $1.19\sim1.23g/cm^3$。本属病毒基因组具有感染性，应用反向遗传学技术构建 cDNA 能够拯救病毒粒子。黄病毒属基因组是正股单链 RNA 病毒，基因组大小约为 11kb，5′末端有帽子结构（$m^7GpppAmpN_2$）。但是不同于细胞的 mRNA，本属病毒 3′末端没有多聚腺苷酸（A）尾。成熟病毒粒子含有 7%～8%的单股 RNA，相对分子质量约 4×10^6，G+C 含量为（47～49）mol%。黄病毒属病毒含 3 种结构蛋白质；囊膜蛋白 E（糖蛋白）、跨膜蛋白 M、核衣壳蛋白 C。

本属病毒在胞浆内增殖，病毒粒子在空泡内出芽而成熟，并随空泡移向表面而逸出。黄病毒属病毒通过网格蛋白（clathrin）小窝进入宿主细胞，之后被转移到 pH 较低的前溶酶体内吞小室，病毒与细胞膜蛋白融合后释放病毒核衣壳。在这个过程中，病毒的囊膜蛋白有二聚体分解成单体，之后形成三聚体。此外，病毒的脂质成分通过对 pH 的调节，从而对病毒连接和进入宿主细胞起到重要的作用。

本属病毒对乙醚、脱氧胆酸盐敏感，56℃加热 15min 可使之灭活。病毒粒子在 pH 7～9 稳定。在温度高于 40℃，pH 10.7 以上可使病毒灭活。用胰酶处理后可使感染性丧失，这是其与甲病毒不同之处。

本属病毒成员之间的抗原关系，可在血凝抑制试验中表现出来。对各成员病毒的鉴定，可用中和试验和补体结合试验。其与甲病毒的区别，也主要表现在免疫原上。黄病毒属的病毒大多能凝集成年鹅、鸽和雏鸡的红细胞，但其血凝素易于被破坏，而且血凝反应要求严格的 pH 范围。同一种病毒的血凝反应所需的 pH 范围，还常随毒株的不同而有一定差别。

本属病毒引起哺乳动物的隐性感染，鸟类也可被感染，多数无症状。但某些病毒可以引起严重疾病，临床症状和病程变化较明显。实验动物以小鼠、乳鼠较为敏感，并且病毒可感染并致死新生小鼠，因此常用它来分离本病毒属的成员。病毒成员可在鸡胚、多种原代和传代细胞中增殖，如仓鼠肾细胞、猪肾细胞、Vero 细胞、BHK - 21 细胞，常产生明显的细胞病变。

日本脑炎病毒（*Japanese encephalitis virus*，JEV）

日本脑炎病毒（*Japanese encephalitis virus*，JEV）是流行性乙型脑炎的病原体，过去曾被称为流行性乙型脑炎病毒（*Epidemic encephalitis virus* B），是黄病毒属的成员。该病毒是以蚊特别是三喙库蚊为主要传染媒介的人畜共患流行性脑炎的病原体。在动物中，日本脑炎病毒的主要传染源是猪，对猪的主要危害是引起母猪的繁殖障碍。

[形态结构] 日本脑炎病毒是黄病科中最小的病毒之一，呈球形，二十面体对称，基因组为单股正链 RNA，全长约 11 kb。病毒粒子的直径为 30nm 左右，核心为 29.8 ± 2.5nm，外面包有脂蛋白包膜，包膜上面有含糖蛋白突起，有血凝活性和溶血活性，能凝集鸡、鸽和新生雏鸡的红细胞。病毒 RNA 相对分子质量 4×10^6，约 12kb，其 3′端缺乏 poly（A）尾，5′末端有帽子结构。日本脑炎病毒基因组只含有一个开放阅读框架（ORF），其编码多聚蛋白前体，在病毒蛋白酶（NS3）和宿主蛋白酶水解下，形成 3 个结构蛋白和 7 个非结构蛋白。病毒的结构蛋白主要包括衣壳蛋白（C），外膜蛋白（M）以及包膜蛋白（E）。衣壳蛋白与病毒 RNA 一起装配成核衣壳包裹病毒基因组，保护基因组免受核酸酶或其他因素的破坏。M 蛋白和 E 蛋白均能诱导机体产生中和抗体。此外，M 蛋白参与病毒的感染过程，E 蛋白在病毒的吸附、融合、穿入宿主细胞，决定细胞嗜性、病毒毒力方面起到重要作用。非结构蛋白主要有 NS1、NS2A、NS2B、NS3、NS4A、NS4B 以及 NS5。非结构蛋白 NS1 含有 2 个保守的 N 连接的糖基化位点，是一种分泌型蛋白质，其没有中和及血凝活性，主要通过补体介导的细胞融合获得中和病毒的能力，但是其免疫动物后能够抵抗病毒攻击的保护力比 E 蛋白诱导的低。NS2A/NS2B 是小分子蛋白，其中 NS2B 可能与病毒诱导的细胞毒性有关。NS3 为亲水性蛋白质，具有 RNA 解旋酶活性，其主要存在于细胞的粗面型内质网和膜囊泡中。NS4A、NS4B 和 NS5 可能与 RNA 复制有关。

[理化特性] 病毒对外界抵抗力不强，56℃ 30min 或 100℃ 2min 即可被灭活，在－20℃时病毒可存活数月，－70℃可保存数年。但其存活时间又与稀释剂的种类和稀释程度有很大关系，例如在以脱脂乳为稀释剂时，于 30℃放置 120 h 后还有活存病毒，但如以生理盐水稀释，则迅速灭活。病毒的稀释度越高，病毒死亡也越快。在 5%甘油盐水中在 4℃可保存数月，pH 7.0～8.5 较适宜，pH 7.8～8.4 最佳，pH 7.0 以下活性迅速降低。日本脑炎病毒囊膜糖蛋白具有血凝特性，能凝集鹅、鸽、雏鸡红细胞，在 pH 6.2～6.4 条件下凝集滴度高。病毒血凝素与红细胞结合是不可逆的，但这种病毒与红细胞形成的复合物仍有感染性，加入特异性抗体可抑制这种血凝现象。

病毒对乙醚、酒精、丙酮、氯仿、甲醛等脂溶性物质较敏感，但不失抗原性。病毒粒子经蛋白酶处理后，不仅灭活，且纤突和血凝活性消失。在1%、3%和5%来苏儿溶液中分别经5 min、2min和1min可灭活。

[抗原性] 日本脑炎病毒抗原性稳定，在同一地区不同年代分离的毒株之间未发现明显的抗原变异。囊膜糖蛋白上有中和抗原表位和血凝抗原表位，可诱发机体产生中和抗体和血凝抑制抗体，在感染与免疫中有重要作用。针对囊膜糖蛋白的不同特异性单克隆抗体可以用于研究日本脑炎病毒抗原结构与功能以及鉴定新分离的毒株，解决了常规免疫血清特异性低的问题。病毒囊膜糖蛋白在补体结合试验中具有属的特异性，可溶性补体抗原（无结构性）亦有型特异性。

[病毒培养] 日本脑炎病毒可在原代或传代细胞上培养，包括蚊细胞、仓鼠肾细胞、猪肾、羊胚肾细胞培养物上增殖，但只有在仓鼠肾原代细胞、猪肾和羊胎肾细胞上恒定地引起明显的细胞病变。在鸡、鼠胚（肝、肾、心、脾）、人胚（皮肤、肌肉、脾、肾）、人羊膜、猴心肌等细胞培养物中增殖，并在仓鼠肾、鸡胚、獭猴肾细胞培养物上传代，可形成蚀斑。

[致病性] 日本脑炎是一种自然疫源性疾病。马、骡、驴、猪、牛、绵羊、山羊、骆驼、犬、猫、鸡、鸭、人以及许多野生动物等均有感染性，并出现病毒血症。除人、马和猪外，一般不出现临床症状，多数为隐性感染。

马：在自然感染后，潜伏期为1～2周，随后发热，达39.5～41℃，精神沉郁，食欲不振，多数病畜在1～3d恢复正常。但重症病马常高热稽留。在病毒侵入中枢神经系统后，可引起精神沉郁或狂暴症状。沉郁型病马反射迟钝或消失，呈睡眠状态，站立不稳，走路摇晃；狂暴型病畜则狂暴不安，乱走乱撞，做圆圈运动，卧地不起，在1～2d死亡。

猪：自然感染一般不显症状。人工接种潜伏期3～4d，病猪呈神经症状而死。体温升高至40～41℃，常发生睾丸肿大，精神不振，喜卧，食欲不振等。妊娠母猪发生流产，胎儿死亡。

牛：感染发热后不食，呻吟，转圈运动和四肢强直，最后昏迷于1～2d内死亡。

[生态学] 日本脑炎的传播环节是哺乳动物→蚊→哺乳动物。本病毒的流行因气温、雨量、地理条件及家畜饲养状况的不同而异。在气温暖和、潮湿多雨及沼泽地区，特别是媒介蚊大量孳生时极易流行。马对日本脑炎病毒比较敏感，但隐性感染率极高，在流行地区的阳性率为90%～100%。牛、绵羊、山羊等仅有一定的感染性。人类感染日本脑炎病毒后，只有少数人出现明显的临床症状，但大多为隐性感染，基本出现1～5d的病毒血症，毒价不高。

[免疫] 国内外广泛应用的日本脑炎疫苗有鼠脑纯化灭活疫苗、地鼠肾细胞灭活疫苗和地鼠肾细胞减毒活疫苗。日本脑炎灭活疫苗是用地鼠肾细胞培养增殖，经甲醛灭活制成，能够提供一定的保护。此外，研究表明，基因工程疫苗包括DNA疫苗、嵌合病毒疫苗以及日本脑炎减毒活疫苗能够诱导良好的免疫力。流行区当年饲养的仔猪接种日本脑炎疫苗，可以杜绝传染。防蚊灭蚊是预防本病的有效措施。

[诊断] 主要是进行病原学检测和血清学诊断。病原学检测主要包括病毒分离鉴定、核酸分子杂交和PCR诊断技术用于实验室和临床样品中JEV的检测。实时荧光PCR和基因芯片技术的发展，为日本脑炎的诊断提供了更好的方法。

病毒分离鉴定：在病畜发热初期采血清（或血液）或死后尽快采取脑或脾，接种鸡胚或鼠胚肾、牛胚肾细胞培养，观察细胞病变，并用补体结合试验等进行鉴定。

血清学诊断：主要包括补体结合试验、血凝抑制试验及中和试验，此外，间接血凝抑制、乳胶凝集、酶联免疫和免疫荧光试验等，也用于流行病学调查和实验研究中。

跳跃病病毒（*Louping ill virus*，LIV）

本病毒是黄病毒属的成员，是引起绵羊发生跳跃病的病原体。跳跃病即绵羊传染脑脊髓膜炎，于1807年发生于苏格兰。1903年普尔（Pool）等首次将病料接种绵羊脑内而致病。1931年格雷格（Greige）等证明跳跃病的病原是滤过性病毒。跳跃病的特征性神经症状为高度兴奋、小脑共济失调和进行性麻痹。该病是因观察到共济失调动物有时表现的跳跃步态而得名。跳跃病是一种人畜共患病，该病有时发生在牛、马和山羊。蓖子硬蜱（*Ixodes ricinus*）是自然界中传播本病毒的主要传播媒介和病毒储存宿主。跳跃病暴发于初夏，中夏则有下降，在初秋又有上升，这主要与蜱的活动有关。

［**形态结构**］本病毒呈球形，二十面体对称，病毒粒子直径为40～50nm。病毒能凝集红细胞。病毒的抵抗力不强，56℃ 10min、60℃ 2～5min、80℃ 30s能使其灭活，4℃可保存2周，在甘油盐水中存活4～6个月，对酸敏感。

［**理化特性**］本病毒可凝集鸡红细胞，在血凝抑制试验中与本属其他病毒呈现一定程度的交叉反应，但以同种病毒的反应效价最高。

［**病毒培养**］病毒可在鸡胚细胞和猪肾细胞上生长。

［**致病性**］该病毒可使鸡胚死亡，其病变主要是肝坏死、水肿。跳跃病主要发生于绵羊、羔羊和1岁幼羊，但有时牛也可感染发病。人对此病毒也有易感性。

绵羊的潜伏期为6～18d。体温呈双相曲线或称双相病期。第一病期体温达41～42℃，同时出现高滴度的病毒血症，病羊精神不振；经1～2d，体温下降，症状减轻，但在第5d左右发生第二次体温升高，亦即第二病期，此时病羊发生神经症状，共济失调，肌肉震颤，痉挛，最后麻痹，此种病例大多死亡，幸存者发生四肢麻痹后遗症。但有些病羊在发生第一次体温升高后即康复。牛的症状与绵羊相似，但较缓和，死亡率不高。人和羊一样，也可能出现双向体温曲线，严重病例发生脑膜炎。

人工感染马、猫、犬、猴、小鼠、大鼠均可发病，但家兔及豚鼠不感染。实验感染跳跃病病毒山羊的奶中能分泌跳跃病病毒，这可能对跳跃病病毒的传染具有重要意义。

［**诊断**］主要是病毒分离和鉴定。采取病畜首次发热的血液或濒死期的脑和脊髓，接种鸡胚或乳鼠脑内可分得病毒，再用已知免疫血清进行鉴定。

血清学试验最常用的是用小鼠作中和试验，因其特异性较高，有利于跳跃病病毒与其他黄病毒的鉴别。由于补体结合抗体消失较早，故常用于近期疫情调查。血凝抑制试验的交叉反应较多，仅可作为疫情普查的参考。发病期和恢复期双份血清特异性抗体效价比较测定，是常用于临床诊断的方法。

韦赛尔斯布朗病病毒（*Wesselsbron virus*，WESSV）

本病毒是黄病毒属的成员，是引起韦赛尔斯病的病原体。1954年于南非韦赛尔斯布朗地区的绵羊发病并分得病毒而得名。伊蚊，特别是神秘伊蚊（*Aedes caballus*）和黄环伊蚊（*Aedes circumluteolus*）是本病毒的主要传播媒介。

［**理化特性**］本病毒的直径约30nm，能被环境因素和多种化学试剂快速灭活，但在pH 3～9稳定，能凝集1日龄雏鸡的红细胞。病毒可在鸡胚卵黄囊内增殖，而主要存在于胚体内。可以在羊肾细胞内生长，形成胞浆内包涵体。

［**致病性**］本病是绵羊的一种虫媒急性热性传染病，潜伏期1～3d。发病后体温升高，持续2～3d。新生羔羊呈现衰弱、食欲丧失，并发脑炎及昏睡，于3～4d内死亡。羔羊和妊娠母羊的死亡率20%～30%。黄疸为常见的典型症状。最典型的死后病变是肝脏的弥漫性坏死和脂肪浸润。胆囊肿大，呈黑色，并有线状出血。马、牛和猪也感染本病毒，但呈隐性症状。妊娠母牛可能发生流产。人在实验室也可感染，呈流感样症状。

［**诊断**］采取病羊高热期血液或血清、流产胎儿肝脏和脑接种羊肾细胞或吮乳小鼠脑内，可分离到病毒，再以血凝抑制试验和中和试验鉴定。此外可用血清学的中和试验、补体结合试验及血液凝集抑制试验等。

登革热病毒（*Dengue virus*）

本病毒是黄病毒属登革病毒群的成员，有4个血清型，每一种都有传染性并能致病。人感染后发热、头痛，全身肌肉、骨骼、关节痛，有的人伴有恶心，呕吐等，部分患者于发热2～4d发生出血、休克而死亡。我国的广东、广西曾发生过本病，畜禽也有感染的报道（略）。

第二节 瘟病毒属（*Pestivirus*）

瘟病毒属包括能够引起重大经济损失的动物疫病病原，包括牛病毒性腹泻病毒（BVDV），猪瘟病毒（CSFV）和羊边界病病毒（BDV）。根据病毒的核苷酸序列和抗原相关性，BVDV 可以分为 BVDV-1 型和 BVDV-2 型。瘟病毒不能在无脊椎动物体内增殖，并且本属的各个成员不通过节肢动物传播。

该属病毒粒子呈球形至多球形，直径 40～60nm，有囊膜，囊膜上有小的表面突起（纤突），包裹在囊膜内部有一个病毒核心，直径为 30nm。本属病毒是单股、正链、有囊膜的 RNA 病毒，基因组长度大约 12.3kb。瘟病毒属成员没有 5′端帽子和 3′多聚 A 结构。病毒基因组编码一个大的多聚蛋白，该多聚蛋白在翻译的同时和翻译后，被裂解成不同的结构和非结构蛋白。4 种结构蛋白为衣壳蛋白和 3 种囊膜蛋白（E^{ms}、E1 和 E2）。在病毒复制过程中可产生 7～8 种非结构蛋白。

病毒在宿主细胞浆内增殖和发育成熟。病毒通过细胞受体结合，内化作用，细胞膜融合等一系列的过程黏附和进入宿主细胞。在病毒的囊膜蛋白中，E2 蛋白对细胞嗜性起到关键性作用，E2 蛋白通过与细胞宿主细胞受体的作用帮助病毒进入宿主细胞中。对于 BVDV，CD46 蛋白被鉴定为其受体之一，而其配体很可能是病毒蛋白 E2，另外一个被鉴定的受体是低密度脂蛋白（LDL）。BVDV 通过与受体结合后，通过网格蛋白内吞作用进入靶细胞中进行复制。

病毒在蔗糖中浮密度为 1.134g/cm^3，沉降系数（S_{20}w）140S。病毒能够被热、有机溶剂和去污剂所灭活。不同于黄病毒属成员被低 pH 灭活，瘟病毒属成员能够在较宽 pH 范围内存活。瘟病毒均具有抗原相关性，并拥有交叉反应性表位。但与黄病毒科其他属的成员病毒没有交互关系。如猪瘟病毒和牛病毒性腹泻病毒，在理化及生物学方面有紧密关系，此两种病毒对胰酶较敏感，两种病毒具有共同的可溶性抗原。已分离到几株在遗传上与 BVDV（Ⅰ型和Ⅱ型）、BDV 及 CSFV 不同的瘟病毒。例如，有人建议将从长颈鹿和驯鹿分离的瘟病毒确定为新种。该属病毒产生的中和性抗体是针对 E^{ms} 和 E2 囊膜糖蛋白。被感染动物还产生针对 NS3 蛋白的强免疫反应，而针对其他病毒蛋白的抗体反应通常较弱。

牛病毒性腹泻病毒（*Bovine viral diarrhea virus*，BVDV）

牛病毒性腹泻病毒（*Bovine viral diarrhea virus*，BVDV）是瘟病毒属的代表种，是引起牛病毒性腹泻-黏膜病（BVD-MD）的病原体，分为 BVDVⅠ型和 BVDV Ⅱ型。本病毒 1946 年首先发现于美国纽约州，1971 年，美国兽医协会将病毒命名为牛病毒性腹泻-黏膜病病毒，简称 BVD-MDV，以后又定名为牛病毒性腹泻病毒。牛病毒性腹泻病毒可分为牛病毒性腹泻病毒 1 型（*Bovine viral diarrhea virus 1*，BVDV-1）和牛病毒性腹泻病毒 2 型（BVDV-2），该病导致犊牛死亡率较高，能够对养牛业造成巨大的经济损失。

［形态结构］牛病毒性腹泻病毒基因组为单股正链 RNA，约为 12～13kb。成熟的牛病毒性腹泻病毒呈球形或多形性，直径 40～60nm，RNA 核心的直径为 24±4nm，有囊膜，表面光滑，偶见有明显的表面突起——纤突。整个基因组可分为 5′端非编码区（5′-UCR）、一个大的开放阅读框架（ORF）、3′端非编码区（3′-UCR）。病毒大的 ORF 编码一个由 3 988 个氨基酸组成的多聚蛋白，顺序为 5′-p20-p14-gp48-gp25-gp53-p125（p54/p80）-p10-p30-p58-p75-3′。多聚蛋白经细胞和病毒基因编码的蛋白酶在翻译的同时或翻译后加工，至少生成 11 种成熟的蛋白质，包括 4 种结构蛋白和 7 种非结构蛋白（如图 58-1 所示）。

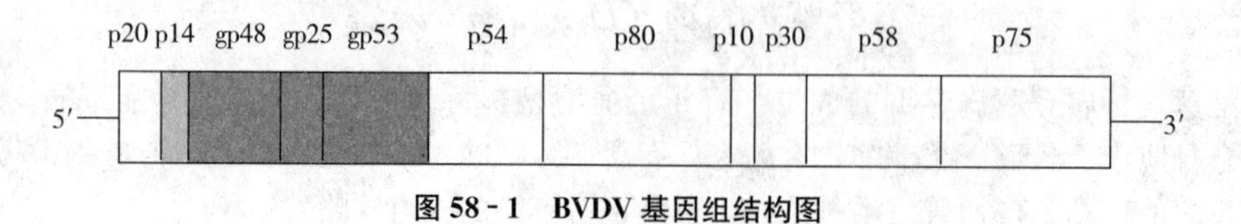

图 58-1 BVDV 基因组结构图

病毒编码的结构蛋白有 p14、gp48、gp25、gp53，其余的为非结构蛋白。其中 p14 是核衣壳蛋白，gp48、gp25 和 gp53 是病毒囊膜糖蛋白。核衣壳蛋白 p14 与病毒基因组 RNA 构成病毒的核心。gp48 又称 E0 或者 E^{rns}，具有 RNase 活性，两个 gp48 分子间以二硫键连接，结合形成同二聚体，构成病毒囊膜结构的一部分，对病毒粒子的装配起到重要作用。由于缺乏疏水序列，gp48 可能与 gp25 或 gp53 结合，也可被分泌到宿主细胞外。gp25 又称 E1，能够与 gp53 形成二聚体，构成病毒囊膜结构，gp25 可能在病毒装配、成熟过程中具有一定的作用。gp53 又称 E2，是牛病毒性腹泻的主要保护性抗原，也是与抗 BVDV 抗体结合、介导免疫中和反应及与宿主细胞识别、吸附的主要部位。病毒的非结构蛋白 p20 又称 NS1 或者 N^{pro}，具有蛋白水解酶活性，能够将自身从病毒的多聚蛋白上裂解下来。p125 又称 NS2－3，经宿主细胞的信号肽酶剪切后产生 p54 和 p80 即 NS2 和 NS3。p10、p30、p58、p75 是病毒的复制相关蛋白。

[理化特性] 病毒对乙醚、氯仿及 pH 3 敏感，在 pH 5.9～9.3 范围内相当稳定，在 pH 7.4 最稳定。病毒粒子在蔗糖溶液中的浮密度是 1.13～1.14g/cm^3，在 CsCl 中的浮密度为 1.15g/cm^3，病毒的沉淀系数为 80～90S。病毒不耐热，56℃很快灭活，在 37℃ 24h 失去 10%感染性，氯化镁不起保护作用。在低温下稳定，真空冻干和在－60～－70℃下可保存多年。大多数学者认为本病毒没有血凝活性，但也有某些毒株试验后证实能够凝集恒河猴、猪、绵羊和雏鸡的红细胞。

[抗原性] 牛病毒性腹泻病毒只有一种血清型，但有许多基因亚型。根据可否使细胞发生病变效应而将牛病毒性腹泻病毒分为致细胞病变型 CP（cytopathic）和非致细胞病变型 NCP（noncytopathic）两种生物型。CP 型可以形成细胞聚集、圆缩、细胞内空泡、拉网等病变，而 NCP 型只能使培养细胞发生较少的可见变化，感染细胞一般表现正常状态。此外，在抗原性上牛病毒性腹泻病毒与猪瘟病毒存在交叉反应，因此对其很难辨别。目前，有学者利用单克隆抗体技术，能够区别 CP 型牛病毒性腹泻病毒、NCP 型牛病毒性腹泻病毒以及猪瘟病毒。

[病毒培养] 牛病毒性腹泻病毒能在胎牛肾、睾丸、脾、肺、皮肤、肌肉、气管、鼻甲、胎羊睾丸、猪肾等细胞培养物中增殖传代。BVDV 的组织培养宿主范围相当广，因此经常导致培养细胞污染来自血清的 BVDV，故在用组织细胞培养 BVDV 时，一定要检测细胞及血清中是否已污染 BVDV。常用牛肾传代细胞株（MDBK 细胞）培养牛病毒性腹泻病毒，并用来制造疫苗。

[致病性] 易感动物主要是牛、猪、绵羊，鹿偶尔感染。犊牛（6～18 日龄）潜伏期 7～9d，突然发病，体温上升到 40～42℃，食欲减退，沉郁，有浆液鼻液。在口腔出现病变后迅速发生腹泻，初为水样，后为含血液和黏液，并排出成片的肠黏膜。病程几天或延至 1 个月，发病率为 2%～5%，犊牛死亡率可达 90%，但也有隐性感染。妊娠母牛经常产出发育不全的犊牛，血清中含中和抗体。黏膜病主要侵害 6～18 月龄的幼牛。此外该病毒还能够感染猪、羊、鹿、骆驼等动物。

[免疫] 病牛愈后能够产生高滴度的中和抗体，使其具有坚强持久的免疫力，感染康复牛可维持长期免疫。动物子宫感染 BVDV 可产生持续性的母体-后代感染。这些动物几乎没有或有低滴度的病毒特异性抗体。犊牛在感染后，在形成中和抗体前就已产生补体结合抗体，较高的补体结合抗体可以保持 15 周以上。目前已研制成弱毒疫苗，证明安全有效，但这种弱毒疫苗对孕畜还不够安全，容易引起流产。针对 BVDV 的 E2 蛋白的亚单位疫苗、DNA 疫苗、弱毒疫苗的研制也在进行中。

[诊断] 目前常用的牛病毒性腹泻病毒诊断方法主要包括以下几种：

（1）*病原学检测*　抗原检测包括病毒分离，即收集发病牛持续病毒血症的血液或病死尸体的肠系膜淋巴结、脾脏或骨髓，经无菌处理后接种犊牛肾、肺细胞或睾丸细胞，观察细胞病变或用中和试验予以鉴定。抗原检测方法还包括免疫荧光技术、动物接种实验、电镜技术、免疫过氧化物酶技术、核酸杂交技术、反转录-聚合酶链反应（RT－PCR）技术、双抗体夹心酶联免疫吸附（ELISA）技术等。

（2）*血清学检测*　血清中和试验技术、免疫琼脂扩散试验技术、ELISA 技术、补体结合试验、间接红细胞凝集试验、蚀斑形成试验等。

猪瘟病毒（*Classical swine fever virus*，CSFV）

猪瘟病毒是瘟病毒属的成员，是引起猪瘟的病原体。1833年，猪瘟首先发现于美国的俄亥俄州，1903年，De Schweinitz和Dorset证明了猪瘟的病原体是病毒。猪瘟严重危害养猪产业，世界动物卫生组织将其列为法定报告的疫病之一，我国将其列为一类传染病。

［形态结构］ 猪瘟病毒基因组为单股正链RNA，全长为12.3kb。猪瘟病毒病毒粒子呈球形，二十面体对称，直径为34～50nm，核衣壳直径约29nm，内部核心的直径约29～30nm，具有脂蛋白囊膜，包裹着呈立方体对称的核芯，病毒表面有6～8nm类似穗样的突起。病毒的整个基因组编码一个大的开放阅读框架（ORF），编码一个由3 898个氨基酸组成的多聚蛋白。此多聚蛋白经病毒自身蛋白和细胞蛋白酶裂解后形成4个结构蛋白和8个非结构蛋白。

结构蛋白包括衣壳蛋白C以及3种囊膜糖蛋白E^{rns}（gp44/48）、E1（gp33）和E2（gp55）。衣壳蛋白主要与病毒基因组RNA结合，包装形成核衣壳，此外，衣壳蛋白能够充当基因转录的调控因子。E^{rns}旧称E0，是瘟病毒属成员所特有的一种囊膜糖蛋白，主要以同源二聚体的形式存在于病毒粒子和被CSFV感染的细胞中，E^{rns}没有跨膜结构，是分泌到猪瘟病毒培养细胞上清中的糖蛋白。此外，E^{rns}蛋白在病毒吸附和进入宿主细胞过程中发挥重要作用。E1蛋白是猪瘟病毒中相对分子质量最小的囊膜糖蛋白，主要功能是与E2形成二聚体结构，起到稳固病毒衣壳蛋白结构功能的作用。E2蛋白是一种跨膜糖蛋白，能够诱导机体产生中和抗体，是猪瘟病毒的主要免疫原性蛋白。此外，E2在病毒的吸附与传入宿主细胞以及对病毒毒力的影响都发挥着重要的作用。猪瘟病毒的8种非结构蛋白中（N^{pro}、p7、NS2、NS3、NS4A、NS4B、NS5A和NS5B），N^{pro}蛋白是瘟病毒属特有的蛋白，能够抑制依赖于干扰素的抗病毒反应；p7能够与E2形成E2p7蛋白复合物，可能与病毒粒子的形成和释放有关；NS2蛋白与病毒基因组结合调控基因表达；NS3蛋白与病毒的致细胞病变机制联系紧密；NS4A、NS4B和NS5A共同形成复制复合体，而NS5B是猪瘟病毒的复制酶，此4种非结构蛋白参与病毒的复制过程。

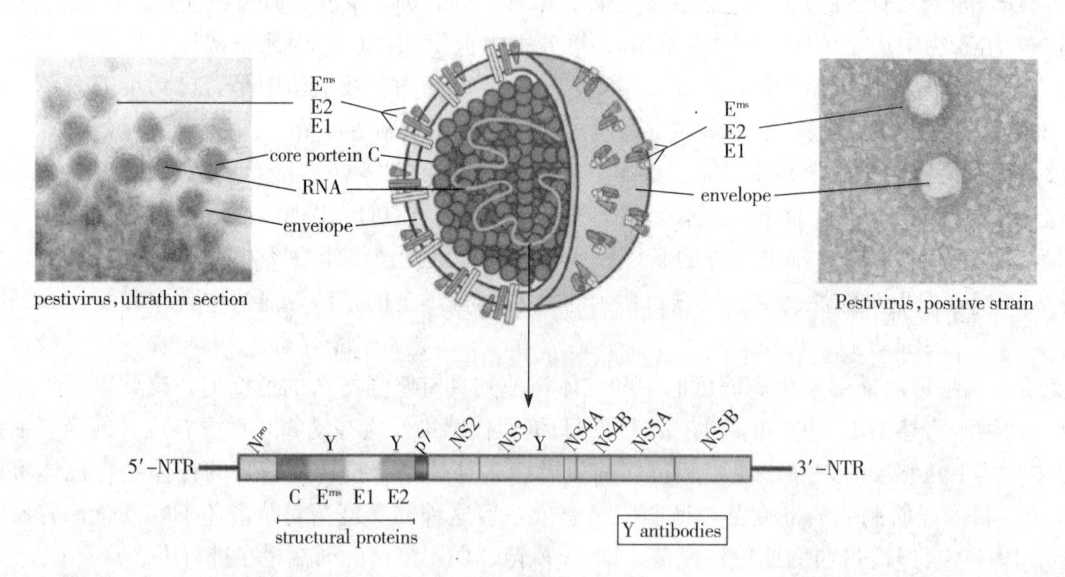

［理化特性］ 猪瘟病毒不耐热，56℃ 60min可以被灭活，60℃ 10min使其完全丧失致病力。在冻肉中可存活6个月，冻干后在4℃下可保存1年，在－70℃可保存数年毒价不变。在pH 5～10稳定，但不耐受pH 3。病毒对乙醚、氯仿和去氧胆酸盐敏感，病毒经乙醚、氯仿和去氧胆酸盐处理，迅速丧失感染力，此外猪瘟病毒对胰蛋白酶有中等程度的敏感性。二甲基亚砜（DMSO）对病毒囊膜中的脂质和脂蛋白有稳定作用，在10% DMSO溶液中对病毒反复冻融有耐受性。病毒不能凝集动物红细胞。经5%石炭酸和含有1.66%有效氯的次氯酸溶液作用15min可杀死病毒。2%克辽林、2%烧碱、1%次氯酸钠在室温30min可灭活猪瘟病毒。

[**抗原性**] 多年来人们认为猪瘟病毒为单一抗原型，而许多学者根据血清中和试验证明，该病毒具有不同的血清学变种。目前，对于猪瘟病毒存在的血清学变种至少有两个血清学亚组：一组包括许多强毒株和绝大多数的疫苗用弱毒株，如猪瘟病毒 Shimen 株；另一组包括引起慢性猪瘟的低毒力毒株，如美国的 331 毒株以及通常分离的几株致病力低的猪瘟病毒。这些低毒力毒株对猪的免疫力与弱毒疫苗株病毒不同，通常不能产生明显的血清学中和抗体，在用强毒攻击时，感染猪往往出现厌食和高热等症状。但是 C 株和 Thiveoval 株等弱毒疫苗株可完全保护猪群不受这些血清学变种的感染。

猪瘟病毒和牛病毒性腹泻病毒具有共同的糖蛋白抗原，既有交叉保护作用，又有血清学的交互反应。两种病毒在核酸类型、形态和理化特性等方面均较相似，只能用单克隆抗体制成荧光抗体或酶标抗体而将两种病毒鉴别出来。实验证实，猪在接种无毒力的猪瘟病毒以后，仅产生对这株病毒的中和抗体，随后再以猪瘟强毒攻击，使其对猪瘟病毒的抗体增加，但对 BVDV 仅有很低或者根本没有抗体反应。相反，猪在接种 BVDV TVM2 株以后，虽不产生任何临床症状，但却可以产生一定程度的抗猪瘟强毒攻击的保护力。有人认为，BVDV 可能是猪瘟病毒的一个特殊的血清学变种，对猪似已减毒，但充分适应了牛和羊。

[**病毒培养**] 猪瘟病毒可在猪肾、脾、骨髓、睾丸、淋巴结、胚胎等细胞及白细胞和传代 PK－15 细胞系中增殖，但不出现细胞病变，故通常应用荧光抗体技术检测病毒生长情况。另外，病毒在无细胞病变情况下，可在细胞中长期存在并不断复制，还可以随着细胞传代而继续传下去，同时在每次换液时收获病毒。此外，猪瘟病毒和新城疫病毒在猪睾丸细胞中的协同作用可致细胞病变。病毒可能是在胞浆膜内成熟，这与在感染细胞表面检不出抗原的结果一致。

[**致病性**] 家猪和野猪是该病毒唯一的自然感染状态下的易感种属。不同品种和年龄的猪对猪瘟病毒均易感，幼龄猪最易感。自然感染的潜伏期为 3～8d。病猪初期精神和食欲不振，体温升高到 41～42℃，有的猪高温常持续到死亡之前才下降，有的猪表现后肢无力、运动失调、结膜炎、呕吐、先便秘后下痢。腹部皮肤及鼻镜上常有红色或紫色出血点，甚至皮肤坏死。呼吸困难、支气管炎、咳嗽，有些猪发生神经症状，病程一般 5～16d。最急性型无任何明显症状即突然死亡。慢性的则可拖延至 1 个月以上。急性型的死亡率高达 90％以上。

人工可使犊牛、绵羊、山羊和鹿发生无症状感染。家兔在感染后出现暂时发热。

[**生态学**] 猪瘟是通过直接或间接接触而感染。由病猪的分泌物和排泄物污染的饲料、饮水、畜舍用具、垫草以及车辆，还有喂饲未煮熟的泔水和下脚料等是传播病毒的重要原因。外表无症状的带毒猪，与易感猪混饲或混放极易传染本病。猪瘟病毒可经胎盘传播，引起死胎或弱仔，在出生不久则死亡。另据现地流行病学观察，昆虫也可以传播本病毒，如厩蝇、家蝇和埃及黑斑蚊均可传播。

[**免疫**] 目前应用的猪瘟弱毒疫苗能够使免疫猪只获得良好的免疫效果。常用的弱毒疫苗包括中国的 C 株、日本的 CPE⁻ 株和法国的 Thiveraval 株，疫苗的广泛应用，对于防控猪瘟起到关键性作用。其中应用较广的是中国兔化弱毒疫苗（Lapinized Chinese Strain）株，即 C 株兔化弱毒苗，它是 1954 年中国兽医药品监察所将猪瘟强毒强行适应家兔后，选育出的一株对猪基本无毒力，仍能保持其免疫原性的兔化毒。该毒接种猪体后产生免疫力快而强，并且持久，可以抵抗猪瘟强毒株的攻击，时至今日仍是世界上广泛使用的 CSFV 弱毒疫苗。随着基因工程技术的发展，研究能够产生良好免疫效果的新型的猪瘟疫苗将是猪瘟预防和控制的一个重要组成部分。

[**诊断**] 在猪瘟病毒感染猪后，会呈现不同程度的临床症状和病理变化，对于急性和典型的猪瘟，根据临床症状及流行病学特点和特征性病变，可以做出诊断，但是如果要确诊，特别是对于非典型猪瘟，就必须借助现代化的和有效的实验室诊断方法，目前实验室常用的诊断方法主要有动物实验、病毒分离、分子生物学、血清学诊断方法。

（1）*动物实验* 主要包括兔体交互免疫试验、易感仔猪接种试验、猪瘟高免血清保护试验以及鸡新城疫病毒强化试验等。

（2）*病毒分离* 猪瘟病毒可以在多种猪源细胞中增殖，但猪源细胞是最常用的体外增殖体系，感染性最强的是PK-15、ST等猪肾和猪睾丸细胞系。病毒分离鉴定采取发病猪的血液或病死猪的脾脏、淋巴结、扁桃体等制成乳剂，之后接种易感细胞系，之后使用分子生物学方法进行鉴定。

（3）分子生物学诊断 目前主要应用的分子生物学诊断技术包括反转录-聚合酶链式反应（RT-PCR）、荧光定量RT-PCR、核酸探针杂交试验、基因芯片技术。

（4）血清学试验鉴定 可采用琼脂扩散试验、免疫荧光技术、血清中和试验、酶联免疫吸附试验（ELISA）、单克隆抗体鉴别试验等方法。

边界病病毒（*Border disease virus*，BDV）

本病毒是瘟病毒属的成员，是引起羊边界病的病原体。该病于1959年由Huges首先报道。因最先发生于苏格兰和威尔士的边界地区而得名。目前，该病在我国报道较少。

本病毒的形态结构、理化特性与牛病毒性腹泻病毒极为相似。病毒粒子可通过50nm滤膜。病毒在蔗糖溶液中的浮密度为1.115g/mL。56℃水浴30min可使其灭活，对乙醚中等敏感。

[抗原性] 无论自然或实验感染的绵羊均可产生对牛病毒性腹泻病毒和猪瘟病毒的沉淀抗体和中和抗体。用感染边界病病毒羔羊的脑或脾乳剂接种孕母牛，可发生流产和胎儿发育不良，同时母牛可产生对牛病毒性腹泻病毒的抗体。因此，边界病病毒与牛病毒性腹泻病毒存在交叉反应，两者是很相似的病毒。此外边界病病毒与猪瘟病毒也存在着相关性。

[病毒培养] 病毒可在羊胎肾细胞、羔羊肾细胞培养物上生长并能产生细胞病变，犊牛肾、睾丸细胞以及山羊肾细胞培养物也可培养。最初病毒比较难于培养，需要培养一个月才能产生致细胞病变现象。本病毒在原代犊牛睾丸细胞上可以干扰牛病毒性腹泻病毒的生长，而且这种干扰作用可被特异性抗血清所中和。故在难以分离获得病毒的情况下，可用这种干扰试验证明边界病病毒的存在。

[致病性] 边界病主要感染绵羊和山羊。绵羊发病的主要特点是母羊不育、流产、死胎和生产弱羔羊，而羔羊中有一定比例发生震颤，体型异常和多毛。人工感染可使孕母牛和山羊感染，但对实验用小动物尚无感染的报道。患有边界病的病羊在其生长期间，可多年保持对其后代的感染性。母羊不显任何临床症状。试验证明感染羔羊的皮肤和肾脏中有持续性存在的病毒，是畜群中的传染源。子宫、卵巢或睾丸等生殖器官中存在的病毒可引起本病毒垂直感染或人工授精感染。人工接种经肌肉、腹腔、皮下、口腔、眼结膜均可引起感染。

[免疫] 有研究者使用高滴度的病毒培养物，加BCG或dsRNA作为佐剂，制备灭活苗，两次接种实验动物，免疫效果较好。此外，使用弱毒疫苗也具有一定免疫力。

[诊断] 采集病死羔羊的脑分离病毒。通过免疫荧光技术、琼脂免疫扩散试验、补体结合试验检验抗原。另外，在血清学上应用免疫荧光技术、中和试验、琼脂免疫扩散试验和补体结合试验检测抗体。

◆ 参考文献

谢天恩.1992.病毒的分类与命名进展概况[J].中国病毒学.375-382.
殷震，等.1985.动物病毒学[M].北京：科学出版社：448-531.
中国农业百科全书编辑部.1993.中国农业百科全书·兽医卷[M].北京：农业出版社.
中国农业科学院哈尔滨兽医研究所.1989.家畜传染病学[M].北京：农业出版社：401-430.
中国医学百科全书编辑部编.1986.中国医学百科全书·病毒学卷[M].上海：上海科学技术出版社：76-78.
Knipe D M，Howley P M. 2007. Fields Virology [M]. 5th. Lippincott Williams and Wilkins.
Murphy C M，et al. 1995. Virus Taxonomy sixth Report of the International Committee on Taxonomy of Viruses [M]. New York：Springer-Verlag Wien.

仇华吉 编

第五十九章 披膜病毒科

披膜病毒科（Togaviridae）是一类单股正链RNA病毒，由于病毒核心的外面披盖着一层保护其活性的脂蛋白包膜而得名。披膜病毒又称披盖病毒或有膜病毒。披膜病毒一词于1970年以前便已提出，1974年正式由国际病毒分类委员会（ICTV）命名。1976年分为4个属。根据1995年ICTV的第6次报告，将该科病毒分为两个属：即甲病毒属（*Alphavirus*）和风疹病毒属（*Rubivirus*）。病毒由节肢动物传播，因此以前也被称作传媒病毒。尽管甲病毒和风疹病毒被分在相同的家族里，它们之间的进化关系并不明确。它们有相同的基因组成，病毒粒子有相同的物理性状，然而它们的复制和组装策略却很不一样，因此推测它们是否起源于一个直接的祖先。

［**形态结构**］披膜病毒有囊膜，病毒粒子呈球形，直径60～70nm，病毒粒子由蛋白外壳、双层类脂膜和含有RNA的核心组成，其外壳由微小的糖蛋白突起构成，如在Sindbis病毒粒子表面，每3个纤突组成一个三聚体，整个病毒粒子有240个纤突（形成80个三聚体）和240个衣壳蛋白单位。在病毒粒子表面排列成二十面体的晶格，核衣壳成二十面体对称，直径40nm，核衣壳主要由衣壳蛋白和病毒RNA构成。

基因组是单股正链RNA，相对分子质量4.3×10^6，具有感染性。病毒RNA有3′端poly（A）尾，5′端有一帽子结构。RNA序列的两端彼此互补，因而病毒RNA能够形成环状分子。基因组分为复制区和病毒蛋白编码区两部分。复制区占据5′端的2/3部分，结构区占据3′端的1/3部分。尽管在翻译区和非翻译区都有一些序列具有同源性，但在这两个属的基因组之间的核苷酸序列的同源性却是有限的。病毒的非结构或者复制蛋白由基因组RNA翻译，然而结构或者病毒粒子蛋白是由亚基因mRNA来翻译。

病毒的结构蛋白有一个主要衣壳蛋白（C）和两个外膜糖蛋白（E1和E2）。某些甲病毒如塞姆利基森林病毒（*Semliki forest virus*，SFV）还有第三种外膜蛋白（E3），其相对分子质量约10 000。病毒的结构蛋白是由来源于基因组的具有共同3′末端的亚基因组mRNA翻译而来。

类脂占病毒粒子干重的30%，来源于宿主细胞的胞浆膜。类脂的成分则依赖于病毒感染的细胞类型。甲病毒的磷脂和胆固醇的摩尔比为2∶1，风疹病毒为4∶1，这可能与风疹病毒在胞内膜成熟有关。糖约占病毒粒子重量的6%，存在于糖蛋白中，主要有甘露糖和N连接的聚糖（N-linked glycan）。此外风疹病毒E2蛋白还有O-聚糖。

［**理化特性**］病毒粒子的相对分子质量约为52×10^6。甲病毒在蔗糖中的浮密度为$1.22g/cm^3$，风疹病毒在蔗糖中的浮密度为$1.18\sim1.19g/cm^3$，甲病毒在pH 7～8间稳定，在酸性pH下可被迅速灭活。病毒粒子在37℃下的半衰期约为7h。但58℃时很快灭活。风疹病毒的稳定性不如甲病毒，在37℃下半衰期为1～2h，58℃下的半衰期仅有5～20min。所有披膜病毒对有机溶剂（乙醚和氯仿等）和去垢剂敏感。稀释的福尔马林（0.2%～1.4%）、紫外线和60℃加热，均可在短时间内使病毒灭活。甲病毒的囊膜由脂蛋白组成，故对乙醚、氯仿等脂溶剂敏感。甲病毒对胰酶有抵抗力，丙酮似乎只能破坏病毒外壳，核衣壳几乎不受任何影响。因此，应用蔗糖-丙酮法制备的血凝素抗原通常依然具有感染性。冷冻干燥是最理想的病毒保存方法，病毒活力可以长达5～10年以上，但在操作过程中毒力可能有些损失。迅速冷冻并保存在－70℃，也是保存病毒的良好方法。50%甘油缓冲盐水有较好的保存作用，置－10℃

下可保持活力 3～6 个月。病毒对辐射的敏感性与病毒基因组的大小呈正比关系。

病毒对酸敏感，在 pH 8～9 的环境中最稳定。甲病毒具有凝集鹅、鸽和新生雏鸡红细胞的能力，但血凝素易于失效，且血凝反应发生在较窄的 pH 范围内。

［**复制**］由病毒对细胞表面的特异受体的吸附开始，吸附以后，病毒核衣壳因病毒囊膜与细胞浆膜融合而侵入胞浆内，也可借助细胞的胞饮作用进入细胞。脱衣壳的病毒基因组 RNA 可作为 mRNA 合成非结构蛋白，后者对 RNA 复制很需要。在受感染的细胞内合成两种正链 RNA，即 49S 病毒 RNA 和 26SmRNA，它们均是从病毒 RNA 的全长拷贝（负链）转录的。26SRNA 编码结构蛋白，而 49SRNA 翻译非结构蛋白。26SRNA 作为一种单顺反子的 mRNA 产生一种多聚蛋白，通过其自身的切割活性，首先切出衣壳蛋白，然后是其他结构蛋白。

外膜蛋白糖基化后，通过内质网和高尔基体转运到胞浆膜，成为二种穿膜蛋白。核衣壳蛋白则能识别插入的位点，最终包装成病毒粒子，由细胞表面芽生释放病毒。甲病毒的成熟包括以下几个步骤：①在细胞质上出现病毒糖蛋白；②病毒核衣壳与被改变了性质的胞浆的内面结合；③核衣壳通过已改变了性质的细胞表面出芽。

RNA 复制的第一步是合成全长的负链 RNA，这在感染后 1h 即可发生。在感染后 3h 正链与负链均已合成。在感染后 5～6h，负股合成关闭，而正股的合成则持续数小时。在整个感染周期中，合成的正股 RNA 由 49S 基因组 RNA 和 26S 的亚基因组 RNA 所组成。在负链上一个内部的起始位点，用以产生亚基因组 RNA，除加帽外不经剪切或其他加工过程。合成这两种 RNA 的模板，以及酶系统是不同的。

［**抗原性**］因为甲病毒属的成员是根据血清学交叉反应而确定的，所以所有甲病毒的抗原性彼此相关。并可分为不同的抗原复合体，其中又含有不同的亚型或毒株。它们在另外一些趋异进化结构蛋白内有大约 40%的最低氨基酸序列一致性，而在非结构蛋白内则大约有 60%的一致性。风疹病毒血清学不同于甲病毒，在甲病毒和风疹病毒的结构蛋白之间则未发现氨基酸序列的相似性。

［**培养**］甲病毒可在许多哺乳类和禽类的组织培养细胞内增殖，实验室主要应用鸡胚或鸭胚原代细胞、仓鼠肾原代细胞和 BHK-21 细胞以及绿猴肾细胞（Vero 或 BSC-1）等作为增殖和研究这类病毒的宿主细胞。也曾成功地应用其他传代细胞系。甲病毒可在蚊体细胞内良好增殖。但在蚊细胞内不产生细胞病变。蚊细胞在感染病毒后常慢性感染。慢性感染细胞可以继续正常生长和增殖。这种带毒传代状态可以维持几个月，许多病毒世代。而此时细胞的产病毒量明显降低。

第一节 甲病毒属（*Alphavirus*）

甲病毒属是一类在血清学上相互有关，并在蚊和脊椎动物体内增殖的病毒。甲病毒主要引起人和动物的各种疾病，包括脑炎、关节炎、发热、疹子和关节痛，主要由节肢动物为媒介而传播。尽管发病率不是太高，但由一些成员引起的疾病的严重性还是值得关注的。到目前为止，本属有 29 个公认的成员，其代表种为辛德毕斯病毒（*Sindbis virus*，SINV）。主要成员有危害人畜的东方型和西方型马脑脊髓炎病毒（*Eastern equine encephalitis virus* and *Western equine encephalitis virus*，EEEV & WEEV）、委内瑞拉马脑炎病毒（*Venezuelan equine encephalitis virus*，VEEV）以及盖他病毒（*Getah virus*，GETV）。

甲病毒属病毒粒子的直径是 60～70nm，相对分子质量 52×10^6，浮密度 1.22g/mL。它是由跨膜糖蛋白 E1 和 E2 的重复单元、衣壳或者核衣壳蛋白 C、宿主来源的脂质双分子层和单一分子的基因组 RNA 组成。总之，甲病毒是由多重有序的分子壳组成，这样可以有效地保护和递送病毒 RNA 到易感的宿主细胞。

本属病毒基因组大小为 11～12kb，5′端有帽子结构，3′端有 poly（A）尾。用比较基因组分析和功能遗传学研究缺损性干扰颗粒和病毒发现：已经鉴定出甲病毒基因组的 4 个保守区（conserved sequence element，CSE）是作为复制的重要顺式作用元件。接近基因组 5′末端有两个保守区，一个是位于非结构基因和结构基因的连接区，另一个在 3′端的早期前导 poly（A）中。前三个保守区在风疹病毒中也有发现。在甲病毒中，每一个保守区都以一种宿主依赖的方式互相作用。表明宿主在它们的功能中也起作用。多项研究已经表明，宿主蛋白结合到 SINV 负链 RNA 的 3′末端，其中一项研究发现宿主蛋白是蚊子的同源 La 蛋白。

基因组 RNA 的非结构蛋白的基因顺序为 nsp1、nsp2、nsp3 和 nsp4。它们作为多蛋白前体，被 nsp2 蛋白酶处理加工。26SmRNA 的基因序列是 C - E3 - E2 - 6K - E1，它们编码一个多聚蛋白。多聚蛋白由衣壳蛋白内的自动裂解活性，以及细胞单脉和高尔基体上的一种酶共同进行加工处理。糖蛋白 E2 作为一种前体 PE2 而出现，它在病毒成熟期被裂解。E2 糖蛋白是一个跨膜蛋白，有两个或三个 N -连接的糖基化位点，包含了中和抗体最重要的表位。某些病毒，如甲病毒，PE2 的 N -端裂解产物 E3 与病毒粒子保持联系。甲病毒粒子的外膜糖蛋白中的碳水化合物占 14%，而占整个病毒粒子的 5%。

甲病毒已经被分类成 7 种抗原相关复合群（antigenically related complexes）。大部分形态学分析都支持这种分类。甲病毒呈世界性的地理分布甚至包括南极大陆。根据甲病毒的分布和可能发生的一些越洋交易，把甲病毒描述成要么是旧大陆要么是新大陆的病毒。大部分甲病毒都是以节肢动物为媒介传播的，这可能控制了它们的地理分布。然而，近来鉴定出鱼类病毒、大麻哈鱼胰腺病病毒和睡眠病病毒（感染虹鳟）就是不以节肢动物为媒介传播的。在甲病毒进化早期，这些鱼类病毒与旧大陆-新大陆的谱系不同，它们没有现代的亲密亲属。另外新鉴定出的甲病毒，比如南方海象病毒，已经从 *Lepidophthirus macrorhini* 虱子中分离出来。这种分离证明甲病毒不仅能够通过虱子传播，而且它们也可以感染海生哺乳动物。考虑到这种广泛的宿主范围，两栖类和爬虫类特异性的甲病毒似乎可能有待于将来的鉴定。

甲病毒在无脊椎动物媒介昆虫和脊椎动物储存宿主之间循环，对于大部分甲病毒来说，昆虫载体是蚊子，但是其他食血为生的节肢动物（如虱子或者螨虫类）也是少量甲病毒的载体。脊椎动物宿主通常是哺乳动物或者鸟类，但是鱼类也是水生甲病毒的宿主。通常根据甲病毒对人的致病性被划分为引起疹子、关节炎为疾病特征的，最初在旧大陆里发现的一类和引起脑炎最初在新大陆里发现的一类。发展成严重的或致死性疾病的较大的哺乳动物是通常以死亡为结束的宿主，它们在地方性的病毒传播循环中不重要，但是对于流行病的维持可能起重要作用。

甲病毒在蚊体中能复制和水平传播，某些昆虫可由卵巢传播。每种病毒通常有一个媒介蚊，然而作为一组病毒，它们有广泛的媒介蚊，就 SINV 来说，每个蚊细胞每天只能产生 1～5 个蚀斑形成单位的病毒，而在脊椎动物，每个细胞每小时可产生 2 000 个蚀斑形成单位的病毒。摩根堡病毒（*Fort Morgan virus*，FMV）可通过与家雀有关的臭虫科的节肢动物传播。多数甲病毒能感染许多脊椎动物。许多甲病毒株能把不同种类的鸟类作为它们的初级脊椎动物宿主。某些甲病毒，例如罗斯河病毒（*Ross River virus*，RRV）在鸟类中复制不佳。从爬虫类和两栖类动物中可分离到甲病毒。目前除南极洲和许多岛屿外，在所有地方都发现了甲病毒。然而多数病毒的分布范围较为有限。从欧洲的许多地区，以及非洲、亚洲、澳大利亚都分离到了 SINV。WEEV 在加拿大到阿根廷之间的分布是不连续的，*O'nyong-nyong virus*（ONNV）仅从东非分离到，并在 1959—1960 年引起流行，以后就消失了。东半球的许多甲病毒可引起较严重的疾病，但并不致命，仅仅是发热、发疹和关节痛等。RRV、MAYV 和 SINV 的 Ockelb 株可引起人多发性关节炎，症状可持续数月或数年。西半球的甲病毒 EEEV 和 WEEV 经常引起人的致死性脑炎，但临床症状却较少见。这些病毒和 VEEV 能引起马的脑炎，并严重威胁人和其他动物。

缺损性干扰（DI）基因组能够复制并且能够包装到辅助病毒里，保留了 RNA 复制所需要的全部顺式作用序列。一些甲病毒 DI 基因组已经具有分子的特征，全都保留了 3′端的保守序列。发现 DI 基因组的 5′末端更具有非均一性，5′端的保守序列、细胞的 tRNA 序列或者是 5′端的 142 个核苷都来自于 DI RNA 5′末端的亚基因组 mRNA。DI 基因组的研究为鉴定必需的顺式作用序列的位置和功能提供了一个强有力的遗传工具。DI基因组的开发为复制子的构建开辟了道路。复制子支持RNA复制但是因为缺损了结构蛋白而不能感染新的细胞。结构蛋白由另外的辅助RNA来提供，所以复制子能够被包装并且用于高效地感染靶细胞。

甲病毒复制子已经成为标准的基因表达系统，这个系统已经证明在异源体系里检验蛋白的表达和疫苗的开发中是很有用的。SINV、SFV和VEEV复制子已经得到广泛使用并且能够靶向特定细胞。对于SINV来说，通过在nsP2引入一个突变来提供复制子的非细胞病变性，在细胞不死亡时持续复制，这是能够发生的。对于VEEV来说，在5′端的非翻译区和nsP3的突变也能满足复制子持续感染的要求。多种亚基因启动子可能以一种调控的方式用于一些外源蛋白的表达。为了进一步降低复制子和辅助RNA之间重组而产生一个有感染性的基因组的几率，每个细胞能够产生至少1 000个包装的复制子的三元复制子体系已经被开发出来。

东方型和西方型马脑炎病毒（*Eastern equine encephalitis virus and Western equine encephalitis virus*，EEEV & WEEV）

东方型和西方型马脑炎主要发生于美国。阿巴拉契山脉以西发生的马脑炎与该山脉以东的马脑炎，虽然症状相似，但在较早的研究中，东部地区发生的马脑炎病死率达到60%～70%，在许多近来的研究中发现其病死率达到30%～40%。西部地区发生的马脑炎病死率达到20%～40%，低于前者。两者的主要区别在于不交互免疫，故分别正式命名为东方型马脑炎病毒和西方型马脑炎病毒。马脑炎也见于加拿大西部，阿根廷发生的马脑炎也甚似西方型马脑炎。美洲其他几个国家的某些地区也曾发现有东方型马脑炎或其抗体。

[形态特征] 东方型马脑炎在感染鼠脑和哺乳动物的培养细胞后，在细胞的膜样结构上出现大量核衣壳的堆集，但在蚊体唾液腺细胞内则只形成少数核衣壳，且在通过胞浆膜进入唾液酸或内质网池时并不形成囊膜。

[理化特性] 病毒可保存在甘油中，能抵抗干燥5个月，冻干可保持很久，但温热和酸可迅速杀死病毒。对乙醚、去氧胆酸钠敏感，福尔马林能迅速使之灭活，对苯酚有抵抗力，能耐胰蛋白酶。

[抗原性] 东方型马脑炎和西方型马脑炎病毒各毒株之间可能存在细微的抗原性差异，但在实验室多次传代后，这种差异有消失的倾向。东方型马脑炎病毒与西方型马脑炎病毒的鉴别以及与另一马脑炎病毒——委内瑞拉马脑炎病毒的鉴别，最好依靠中和试验，包括交叉保护试验和交叉蚀斑抑制试验。

[培养] 病毒培养于仓鼠肾细胞内，能形成细胞病变，在鸡胚单层细胞内能形成空斑。鸡胚高度易感，绒毛尿囊膜接种后，经15～24h死亡，其组织内病毒滴度甚高，绒毛尿膜上有痘斑。小鼠脑内接种或滴鼻后2～8d发生神经症状；豚鼠脑内接种发热，震颤，腹部肌肉软弱，流涎，疾走4～6d死亡。

[病原性] EEEV和WEEV专门侵害神经系统，引起脑炎。前者对神经系统的侵害性和毒力明显强于后者，所以它引起的脑炎更严重，死亡率更高。人和马是EEEV和WEEV的靶子宿主，可以引起严重的脑炎。该病在马群经常发生大规模流行。有记载的最大一次EEEV暴发在1947年，在路易斯安那和得克萨斯州发生了14 344例马脑炎，导致11 777匹马死亡。潜伏期为1～3周，病初体温上升，寒战、轻度沉郁，有病毒血症，随后出现中枢神经症状，开始时兴奋不安，呈圆圈状运动，冲撞障碍物，拒绝饮食，后来出现嗜眠，两前肢交叉站立，或呈其他异常姿势，或以臀部坐于地上。随后唇舌麻痹，以致卧地不起。病程为1～2d。东方型马脑炎的死亡率有时高达90%，西方型马脑炎的死亡率为20%～30%，高时达50%，不死的或完全康复，或遗留永久性脑损害，对刺激失去反应能力。尸体剖检不见明显病变，组织学检查可见大脑皮质、丘脑和丘脑下部的病变最为明显。主要是神经细胞变性、单核细胞性和多核细胞性血管套、灰质中的多形核细胞浸润以及胶样细胞增生。

[生态学] EEEV和WEEV都是由节肢动物传播的，蚊是主要传染媒介，又是一种储存宿主。病毒在一些蚊体内能经久维持。自伊蚊、库蚊、按蚊和库利赛特蚊的虫体都分离出过病毒，从美洲刺皮螨、鸡刺皮螨、矩头蜱和鸟虱也发现过病毒。在蜱体内可经卵传代。通过鸡螨虫，病毒可从一只鸡传至其他

鸡，野雉、鹦鹉、鸽和野鸽、麻雀、画眉、幼鸡、鸭雏、鸡和一些野禽感染病毒后，不表现任何临床症状，却有很高滴度的病毒血症，从而可以扩大传播范围。也曾在越冬的小啮齿类甚至爬行类和两栖类动物分离到 EEEV 和 WEEV。

［流行病学］ EEEV 在夏季能引起马、野鸡和人脑炎的局部性暴发。EEEV 在北美是地方性动物病，从新汉郡普向南沿着大西洋海岸和墨西哥湾岸区到得克萨斯州，在加勒比海和中美也成地方性流行。EEEV 沿着南美的北部和东部海岸和亚马逊河盆地也成地方性流行，但是这些地区的人感染后会出现轻度或者亚临床疾病。在北美，这种地方性疾病（enzootic）最初在林荫遮蔽的沼泽地里维持循环。那里的媒介是 *Ornithophilic* 蚊。在加勒比海地方性疾病的媒介可能是 *Cx. Taeniopus*。在南美和中美，此动物性疾病在 *Cx.*（*Melanoconion*）spp. 生长的潮湿的树林里维持循环，表明 *Cx.*（*Melanoconion*）spp. 是此病在这里的主要媒介。许多物种（比如 *Coquillettidia perturbans* 和各种伊蚊）或许都充当在易感哺乳动物之间传播的桥梁媒介。

鸟类是主要的储存宿主，其中的许多物种都对感染敏感，尽管有持续很久的病毒血症，但经常保持无症状状态。在北美，把 EEEV 放大的物种（amplifying species）是涉禽、迁移的鸣禽和八哥。青年鸟对于病毒的放大可能是重要的，因为它们对感染敏感、有一个持续长时间的病毒血症，对蚊子缺乏防御。在中美和南美，生活在森林中的啮齿类、蝙蝠、有袋目的哺乳动物都经常受到感染，这或许提供了另外的储主，但这些传播循环并不具有明显的特征。爬行类和两栖类动物的感染也是有可能的。

WEEV 广泛分布在美国的西部平原和山谷、加拿大以及南美。在北美，WEEV 维持在一个涉及家雀类以及 *Cx. tarsalis*（一种已经非常适应灌溉性农业区域的蚊子）在内的地方性循环（尤其是雀类和麻雀）。血清学调查和病毒分离提供了病毒能够在雏鸡、野鸡、啮齿类、兔子、有蹄类、龟和蛇等动物上自然感染的证据。在南美的一些区域，从主要以哺乳动物为食的大部分蚊子体内已经分离到了 WEEV，抗体通常存在一些小的哺乳动物包括鼠和兔子体内。然而在其他地区，发现抗体主要存在于鸟类。WEEV 在地方性区域越冬的机制还不清楚。

［免疫］ 动物在自然感染后具有比较坚强的免疫力。特别是临床发病后恢复的动物，具有对同种病毒长达多年的免疫性。隐性感染动物也产生免疫力。免疫强度与血液中的中和抗体水平相符。人工免疫注射可产生良好的免疫保护效果，一般都能防止疫病的发生，人工免疫可使用弱毒疫苗和灭活疫苗。

最早的弱毒疫苗是由 Traub 等（1935）以连续多代通过鸽而培育成的弱毒株，将此弱毒株脑内接种羔羊，制造成弱毒疫苗。最早的灭活疫苗是通过自然感染马和人工感染的小鼠脑，制成乳剂后加入 0.4%福尔马林灭活而成。这两种灭活疫苗主要用于马及实验室工作人员。EEEV 的灭活疫苗源于北美株的 PE－6，但此疫苗不能诱导针对 EEEV 北美株的有效的中和抗体或者抗 E2 抗体。鸡胚制苗效果更为理想，不仅方法简单适于大规模生产，而且免疫效果良好。鸡胚细胞组织培养灭活疫苗已开始广泛应用。WEEV 的试验性 DNA 疫苗对小鼠产生了保护。

［诊断］ 马群中如有数匹发病，可根据临床症状、脑组织学变化、流行的季节性和地区性等作出诊断。

但诊断主要还是基于病毒分离和抗体检测。用新鲜的病马脑乳剂脑内接种豚鼠或发育鸡胚的绒毛尿囊膜，也可以在小鼠腹腔内注射 50%甘油 1mL，稍后再脑内接种病毒材料。怀疑是东方型马脑炎可用猪分离病毒。感染动物或鸡胚死亡时取病料感染仓鼠单层细胞培养，做中和试验或补体结合试验，鉴定病毒的型。采取感染马血清作血清学试验时，要做双份血清检查，即采取发病初期的血清和恢复期的血清同时作补体结合试验，看其抗体的滴度是否显著升高才能确诊。

EEEV 在蚊群中的感染可以通过病毒分离、核酸扩增或者哨兵野鸡或雏鸡体内的血清转阳来监测。这个信息可以用来指导杀虫剂的喷洒以降低成虫和幼虫蚊群并且预防人类感染。

委内瑞拉马脑炎病毒（*Venezuelan equine encephalitis virus*，VEEV）

委内瑞拉马脑炎首先在 1936 年报道于哥伦比亚，翌年蔓延至委内瑞拉，后来南美、中美和美国南部的某些地区也发现有此病流行。病毒最初从患脑炎的马脑中分离出来，虽然引起的症状和病理变化与东方型和西方型马脑炎很相似，但在抗原上却不同于东方型和西方型马脑炎病毒，成为第三个在美洲鉴定出的能引起脑炎的甲病毒。最初报道的人感染 VEE 的病例是实验室的工作人员。后来在马匹大批暴发此病时，就常见有此病在普通人群中传播的记载，患者大多呈流感样症状，但也有出现神经症状者，特别是儿童，并有较高的死亡率。

[形态特征] 委内瑞拉马脑炎病毒的形态不易与东方型和西方型马脑炎病毒相区别。一般呈球形，具有明显的表面突起。病毒粒子的直径为 60～70nm，核衣壳直径为 30～35nm，呈五角或六角形。外有囊膜，超薄切片中的病毒粒子直径为 55nm，有一电子密度高的中空核心及清楚的晕圈。这个晕圈就是带有突起的囊膜。

[抗原性] 应用中和试验和血凝抑制试验，特别是应用动态中和试验和动态血凝抑制试验检查委内瑞拉各个毒株之间时发现，它们之间具有比较明显的毒力差异。因此一般将其称为委内瑞拉马脑炎病毒复合群（VEEV complex），群下分为Ⅰ、Ⅱ、Ⅲ、Ⅳ等 4 个亚型，Florida 株、Mucamber 株和 Pixuna 株分别是Ⅱ、Ⅲ、Ⅳ亚型的代表型。后来又分离到 Cabassou（CAB）和 AG80 - 663（Rio Negro）病毒，并且已经证明它们也属于 VEEV 抗原复合群，因此它们分别成为亚型Ⅴ和亚型Ⅵ。近来，VEEV 复合群被分成 6 种亚型：VEE（亚型Ⅰ）、Everglades（EVE，亚型Ⅱ）、Mucambo（MUC，亚型Ⅲ）、Pixuna（PIX，亚型Ⅳ）、CAB（亚型Ⅴ）和 Rio Negro（AG80 - 663）（亚型Ⅵ）。根据血清型的不同，VEE 亚型Ⅰ病毒又进一步被划分为 IAB、IC、ID、IE 和 IF。MUC 亚型Ⅲ病毒也被分为ⅢA、ⅢB、ⅢC、ⅢD。

随后又发现在南美热带雨林地区啮齿类动物中，呈地方性流行的委内瑞拉马脑炎病毒株不仅在毒力上与流行于马群中的毒株不同，对马属动物没有或者只有极低的毒力，而且在血清学上也有明显区别。实验感染证实 IA、IB、IC 株或其血清学上相关的一些毒株可使马匹发生流行性疾病，病马呈现典型的脑炎症状，死亡率高达 50%。皮下接种Ⅱ型的 Florida 株以及 ID 和 IE 株不能使马发生典型的脑炎症状。Ⅲ型和Ⅳ型对马的毒力也很低，人工感染时只引起轻度发热和白细胞减少，通常不出现病毒血症，对马完全没有毒力的毒株也较常见。

[培养] 本病毒易在鸡胚内生长，于 48h 内使鸡胚死亡。鸡胚和鸭胚原代细胞、仓鼠肾原代细胞、豚鼠细胞以及 Vero 细胞、BHK - 21 细胞、HeLa 细胞等均可用于增殖委内瑞拉马脑炎病毒，于接毒后约 48h 出现细胞病变。但在鸡胚细胞、HeLa 细胞和豚鼠心肌细胞内连续传代后，易于降低毒力。

[致病性] 本病以发热和病毒血症开始，持续约 5d，通常第 5～6 天发生腹泻和神经症状，再经 1～2d 死亡。也常有不表现神经症状而死亡的。VEEV 常呈双相热型，第一相时体温增高，有病毒血症。第二相病毒血症结束（出现免疫应答）、白细胞减少。症状比较温和，包括厌食、站立不稳、烦躁、震颤或者肌阵挛，还伴有中枢神经症状，除高热外，尚有虚脱、共济失调、眼球震颤、下唇下垂等。病理变化主要是淋巴结和骨髓的坏死性变化。生前呈现神经症状的马属动物，死后脑内呈弥漫性坏死性脑膜脑炎。包括神经细胞坏死、出血和严重的中性粒细胞浸润，在病理学上难于与 EEEV 和 WEEV 区别。人对本病毒比较敏感，出现流感样症状，如发冷、头痛、呕吐、嗜睡、腹泻、咽炎等，潜伏期 2～5d。少数患者，特别是儿童可出现脑炎症状，如震颤及复视，并有较高的死亡率——10%左右。在成人，临床上脑炎的发病率通常低于 5%，死亡率低于 1%，所有的死亡都发生于儿童。患脑炎恢复的儿童可能会留下神经系统缺陷，尤其是癫痫。病变主要见于白细胞生成器官，如淋巴结、脾脏、骨髓和肝脏中心小叶的坏死。生前呈现脑炎症状的患者，则有脑的组织病理变化。

[生态学] 蚊类和马蝇是传染媒介，许多鸟类包括一些候鸟也有易感性，爬行类也可感染和保存病毒。

委内瑞拉马脑炎主要呈马→蚊→马传播方式。最少有 5 种蚊参与其间，包括库蚊、按蚊、曼蚊、伊蚊和鳞蚊，其中黑色库蚊可能是最主要的昆虫媒介。虻、螯、蝇等可能仅起机械传播作用。

[免疫] 无论是感染还是疫苗接种，VEEV 均可诱导机体产生坚强持久的免疫力，其疫苗包括灭活

疫苗和弱毒疫苗。灭活疫苗有灭活鸡胚疫苗和灭活鸡胚细胞培养疫苗。动物实验证明，后者可产生高效价的中和抗体，获得较好的免疫效果。但也多次发现，某些灭活疫苗虽然已对实验动物没有感染性，但却仍可引起马和人的实验感染。因此，安全试验必须十分严格。除豚鼠和小鼠等实验动物以外，还应增加新出壳雏鸡和鸡胚的安全试验。比较成功的弱毒疫苗是用强毒 TrD 株连续通过豚鼠胎儿心脏细胞培养减毒的 TC-83 疫苗，此疫苗效力较好，可以较好地保护马和实验室工作人员，但是 15%～30%的接受者有发热和咽部排毒的现象。因此又生产了福尔马林灭活的 TC-83 疫苗。这两种疫苗都有较好的免疫原性，但是活的 TC-83 疫苗对于仓鼠用喷雾器攻毒提供了更好的保护，因此尽管有上述一些不良反应，但是活的 TC-83 疫苗还是首选疫苗，已广泛用于人和动物的免疫接种。为了获得更佳的疫苗，新的 VEEV 疫苗目前正在研发中。

［**诊断**］应注意与霉玉米中毒、霉饲草中毒、狂犬病、非洲马瘟、肉毒梭菌中毒、矿物质中毒和紫斑性头肿病等相区别。

确诊则需分离病毒或者证明抗 VEEV IgM 的存在或者 IgG 抗体的升高。HI、CF、中和试验或者 EIA 试验都可以作为血清学诊断方法，还可以通过 PCR 方法扩增病毒 RNA。病毒分离培养宜采取脑组织、血液和鼻咽洗液，分离方法参照东方型和西方型马脑炎。血清中和试验宜由发病 2 周未死亡的马采血清作中和试验，但不适用于病马的诊断。微量沉淀试验与东方型和西方型马脑炎的方法相同。

辛德毕斯病毒（*Sindbis virus*，SINV）

本病毒是披膜病毒科甲病毒属的代表种，由于它能在细胞培养中生长以及在人类中能够引起温和的或者不明显的疾病已经得到广泛研究。本病毒可能是由一种库蚊传播的一种鸟类病原，鸟感染后可产生病毒血症，但不发病。在地方性疫源地的伊蚊和赛蚊中也能分离到病毒。也常在地方性流行区的人和偶蹄家畜血清中检出中和抗体。本病毒最初在埃及和南非的库蚊体内分离到，也曾在当地鸟类中分离到，此后发现于南美及南非、埃及、印度、菲律宾、澳大利亚等国家，是甲病毒中分布范围最广的成员。在人类，SINV 最先于 1961 年在乌干达从发热人群中的血液中分离到，于 1963 年意识到本病毒是引起南非的疹子和关节炎的病原。根据本病毒生活周期的知识已经开发出了甲病毒表达载体，而且本病毒群的许多成员已经被用于研究它们在致病原因方面所起的作用。

抗原和遗传学分析来自于不同地方的毒株表明，来自于非洲和欧洲的病毒形成了一个主要的谱系（lineage），来自于亚洲和澳大利亚的病毒形成了另一个谱系，暗示最原始的 SINV 被分成了两个不同的群。近来在澳大利亚西南部鉴定出了第三个谱系。在一个地区，毒株变异是暂时的而不是地理上的，与充当主要脊椎动物宿主的迁徙的鸟类一致。

本病毒具有甲病毒的典型的形态结构和理化特性。病毒基因组 RNA 大小为 11.7kb，5′端有帽子结构，5′端非翻译区（NTR）有 59 个核苷酸，相当于甲病毒的平均水平。3′末端有 poly A 尾，也相当于甲病毒的平均长度 322 个核苷酸。病毒粒子呈二十面体对称。病毒的毒力主要是由 5′-NTR 和 E2 糖蛋白决定，但是也可能因 E1 和非结构蛋白的改变而受到影响。E2 糖蛋白上许多氨基酸的变化会改变病毒进入 CNS 的效力或者增加神经元的感染而影响病毒的毒力。病毒核酸的碱基组成为 A（29）：G（26）：C（25）：U（20）。其抗原性比较接近西方型马脑脊髓炎病毒，在补体结合试验、血凝抑制试验和蚀斑抑制试验中，两者有较明显的交叉反应。

SINV 容易培养，可在鸡胚内增殖，并使鸡胚死亡。也可在鸡胚、人和猴等的组织培养细胞内增殖，引起细胞病变，因此是研究甲病毒形态发生、理化学特性、增殖过程、病毒-细胞相互关系以及分子生物学特点等的理想模型。目前对甲病毒的认识主要来自 SINV 的研究结果。

诊断主要应与引起急性疹子和关节炎的其他病原（比如 PRV B19 和风疹病毒）作鉴别诊断。最常用的诊断方法是血清学方法。在疾病的急性期，SINV 特异的 IgM 会升高，但在感染后 3～4 年会缓慢下降，而与持续存在的症状无关。

病毒对人畜没有明显病原性，对实验动物的乳鼠有致死性。

盖他病毒（*Getah virus*，GETV）

本病毒于1955年首次在马来西亚分离到，一年后在日本也分离到这种病毒。目前该病毒主要分布于日本、我国台湾、东南亚和澳大利亚等地。据上述各地分离得到的毒株进行试验证实，这些毒株无明显差异，经进一步研究证明属于甲病毒属成员。在动物传染病中是一种重要病原。1978年，日本早野首次在日本赛马群中发现了由盖他病毒引起的传染病。病马体温升高达38.5～41℃，持续1～4d。有些马发生浮肿和发疹，1周后痊愈，痊愈马血清中出现特异性中和抗体、补体结合抗体和血凝抑制抗体。之后有人证明盖他病毒对人也有感染性，临床症状不明显。

第二节 风疹病毒属（*Rubivirus*）

本属病毒代表种为风疹病毒，它与甲病毒有许多相似的地方，对人有致病性，猴也敏感，但对畜禽无感染性，故省略。

◆ 参考文献

蔡宝祥，等.1989. 实用家畜传染学［M］. 上海：上海科学技术出版社，145.

侯云德.1989. 分子病毒学［M］. 北京：学苑出版社，426.

殷震，等.1985. 动物传病毒学［M］. 北京：科学出版社，464.

Baron M D，Ebel T，Suomalainen M. 1992. Intracellular transport of rubellavirus structural proteins expressed from cloned cDNA［J］. Gen. Virol.，73：1073-1086.

Choi H K，Tong L，Minor W，Dumas P，Boege U，Rossmann M G，Wengler G. 1991. Structure of Sindbis virus core protein reveals a chymotryspin-1ike serine proteinase and the organization of the virion［J］. Nature，354：37-43.

Dominguez G，Wang C Y，Frey T K. 1990. Sequence of the genome RNA of rubella virus：evidence for genetic rearrangement during togavirus evolution［J］. Virology，177：225-238.

Murphy F A，et al. 1995. Virus Taxonomy［M］. Sixth Report of the International Committee on Taxonomy of Viruses. Wien New York：Springer-Verlag.

仇华吉 编

第六十章　亚病毒

亚病毒（Subvirus）的确立是在1983年意大利Bellagio召开的“植物和动物亚病毒病原：类病毒和朊毒体”国际会议上，正式把类病毒（Viroid）、拟病毒（Virusoid）和朊毒体（Prion）归于亚病毒。2005年出版的国际病毒分类委员会第八次报告中将类病毒、卫星因子（Satellites）和朊毒体归于亚病毒。

第一节　类病毒

类病毒（Viroid）是一类无壳包裹的，低分子量的，单链环状RNA。目前发现的所有类病毒，其宿主均为植物，类病毒感染植物后在植物体内进行繁殖，有些能引起宿主发生病理变化，另外一些则无明显临床变化。1971年，Diener在马铃薯纺锤形块茎病（PSTVD）首先发现类病毒。目前，类病毒有两个科：马铃薯纺锤形块茎类病毒科（Pospiviroidae）和鳄梨日斑类病毒科（Avsunviroidae），共7个属。

［**结构特征**］类病毒相对分子质量80×10^3～125×10^3，内有较多互补配对碱基序列，成棒状或类似棒状结构，长度50nm左右。大部分类病毒的结构都包括5个功能结构域：C（central）、P（pathogenic）、V（variable）、T_R（terminal right）和T_L（terminal left），C区包含一个中心保守区域（CCR），CCR上游为发卡结构或回文序列寡聚体，被认为与类病毒的复制有关。另外还有2个保守基序存在于不同属的类病毒中，TCR（terminal conserved region）存在于马铃薯纺锤形块茎类病毒属和苹果锈果类病毒属所有成员以及锦紫苏类病毒属的两个最大成员中；TCH（terminal conserved hairpin）存在于啤酒花矮化类病毒属和椰子死亡类病毒属。这两个基序核酸序列的高度保守特性和位于左端暗示着它可能具有关键性的功能（图60-1）。

类病毒是迄今所知道的最小的能独立引起感染的病原体，核酸为200～400bp。目前发现的类病毒中，最小的是246bp的可可树类病毒（Coconut cadang-cadang viroid），最大的是375bp的Citrus exocortis类病毒（Citrus exocortis viroid）。

［**生物学特性**］类病毒不编码任何多肽，它的复制是借助寄主的RNA聚合酶Ⅱ在细胞核中进行的。

比较类病毒核酸序列时可以发现，它们之间有相当大的区别，这作为类病毒不同种的分类依据。但是也发现，这些类病毒同时存在部分共同的核酸序列，而且具有核酶的酶活性（一种催化切割自身或其他RNA分子的酶活性）。这种酶活性在RNA转录后加工中起着切割多体的作用，可以用于基因治疗。其他的类病毒则利用寄主细胞的酶来切割加工多体结构已形成单体，完成复制过程。

类病毒对寄主的致病性强弱不同，目前的致病机制还不是十分清楚，但显然与类病毒扰乱寄主的正常生理代谢有关。比较类病毒和宿主核酸序列显示，类病毒与细胞中的一些RNA序列有相似性，尤其与5.8S和28S的核糖体RNA的内含子序列有相似性。还发现它们与U3小片段细胞核RNA（SnRNA）有序列相似性，这个U3 SnRNA在RNA转录后加工中，具有切割和连接RNA分子的功能，因此，类病毒的致病机制可能与影响细胞中mRNA转录后加工过程有关。

［**宿主范围**］目前，所有类病毒的宿主均为植物，动物上还没有类病毒被发现。

类病毒的起源至今还不清楚，其中一种假说认为类病毒是最原始的RNA分子，在生物进化以前地球上所形成的“RNA的世界”中遗留下来的幸存者。另一种说法是它们是近代进化的结果。

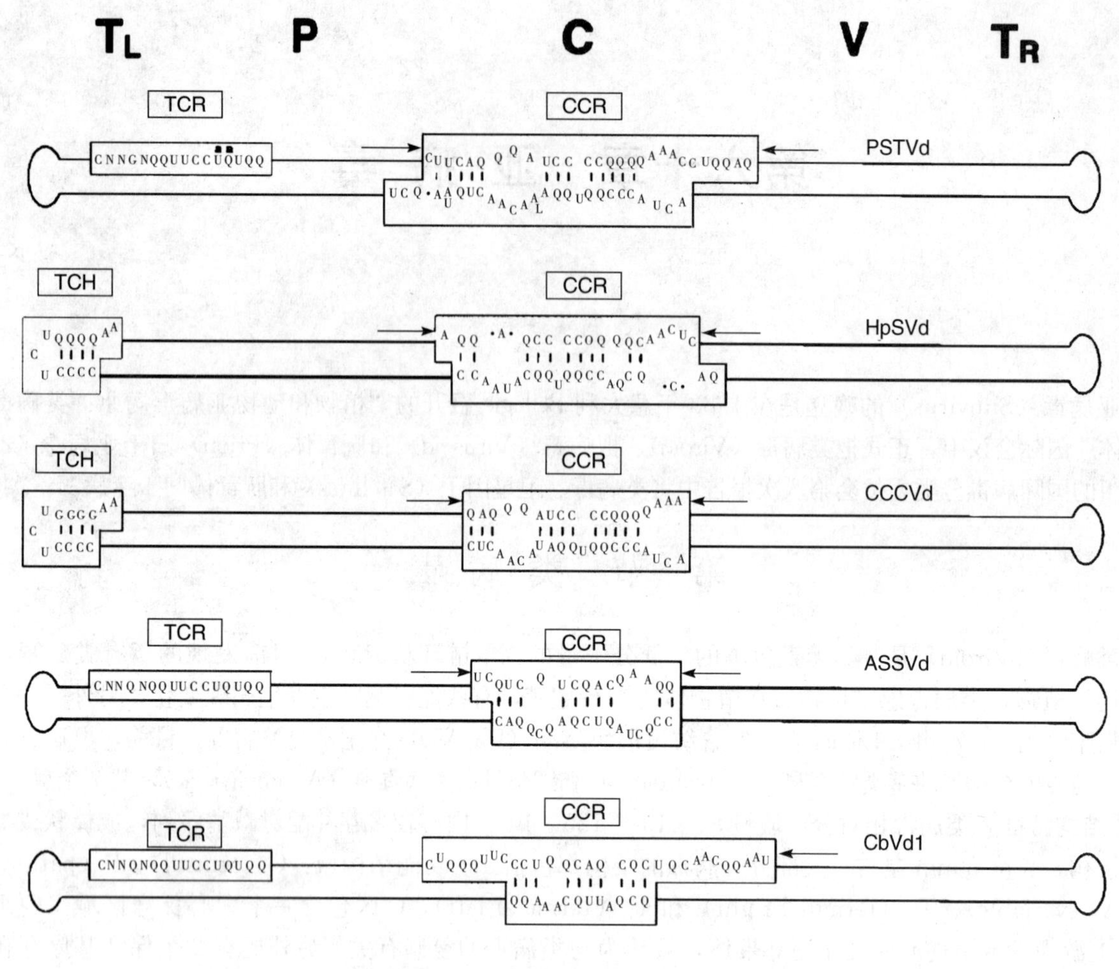

图 60-1 类病毒结构示意图

第二节 卫星因子

卫星因子（satellites）是一类含有核酸分子的亚病毒，包括卫星病毒（Satellite virus）和卫星核酸（satellite nucleic acids）。卫星因子本身缺乏自身复制必需的功能基因，它的复制需要与其辅助病毒（helper viruses）一起共感染宿主细胞进行。卫星因子的部分或全部核酸序列与其辅助病毒基因组无同源性。

卫星病毒的特征是有自己的核蛋白，核蛋白在其辅助病毒颗粒装配形成时期形成。卫星病毒基因组能编码一种结构蛋白，此结构蛋白形成后将基因组包裹，形成卫星病毒颗粒。而卫星核酸则不同，它只能编码非结构蛋白或者不编码任何蛋白，其基因组靠辅助病毒的外壳蛋白（coat protein，CP）包裹。

还有一些类似于卫星因子的 RNA 感染因子，这些 RNA 感染因子有部分编码基因是其关联病毒生命活动所必需的。普遍的观点认为这部分 RNA 感染因子可能是对缺陷病毒必要的补充。

另外，关于分类方面，国际病毒分类委员会第六次报告中，因为下面这些病毒复制时需辅助病毒（腺病毒或疱疹病毒）存在时才能实现，所以将腺联病毒 1～5 型（*Adeno-associated virus* 1～5）、禽腺联病毒（*Avian adeno-associated virus*）、牛腺联病毒（*Bovine adeno-associated virus*）、犬腺联病毒（*Canine adeno-associated virus*）、马腺联病毒（*Equine adeno-associated virus*）、绵羊腺联病毒（*Ovine adeno-associated virus*）归于细小病毒科（Parvoviridae）依赖病毒属（*Dependovirus*）成员。另外，原来属于卫星因子亚群 1 的丁型肝炎病毒在第八次报告中被单列为 δ 病毒属（*Deltavirus*），不再属于亚病毒范畴。

［特征］一般来讲，卫星因子在核酸序列上与其辅助病毒是不同的。然而，一些卫星因子的核酸序列末端经常存在与辅助病毒相同的短片段核酸序列，推测可能是因为两者在复制过程中使用相同的酶和

宿主编码蛋白有关。卫星因子与缺损干扰颗粒（defective interfering particles）和缺失性 RNAs（defective RNAs）的区别之处在于后两者的核酸（目前发现的缺损干扰颗粒和缺失性 RNAs 的核酸都是 RNA）来源于它们的辅助病毒基因。

卫星因子不存在严格分类学意义上的组。目前的分类只是提供一个分类框架和命名法，用于卫星因子的鉴别和描述。所采用的分类方法首先主要依赖于卫星因子的遗传学特征，其次是辅助病毒和辅助病毒宿主的理化和生物学特性。

卫星因子和其辅助病毒在分类上不存在相关性。卫星因子可能是在病毒进化的某一时期独立出现的。更进一步说，有些病毒，一种病毒可以作为几种卫星因子的辅助病毒；而有些卫星因子，一种卫星因子可以有几种病毒作为其辅助病毒；而且，有些卫星因子甚至需要同时依赖另一种卫星因子和辅助病毒进行复制。

目前已知的卫星因子大多数是 ssRNA，辅助病毒大多数是植物 ssRNA 病毒，所以很难区分到底是卫星因子的 RNA 还是辅助病毒基因组 RNA，因此可能还有其他的卫星因子没有被发现。目前在动物上发现的卫星因子只有慢性蜜蜂麻痹卫星病毒。

卫　星　病　毒

卫星病毒（Satellite viruses）的核酸为 ssRNA，具有编码结构蛋白（衣壳蛋白）的基因，能编码结构蛋白。所有已知的卫星病毒在抗原性和形态上有别于它们的辅助病毒。

卫星病毒分为两个亚组：慢性蜜蜂麻痹卫星病毒亚组和烟草坏死卫星病毒亚组。

慢性蜜蜂麻痹卫星病毒

慢性蜜蜂麻痹卫星病毒（*Chronic beeparalysis satellite virus*，CBPSV）是目前发现的唯一一种存在于动物的卫星病毒，发现于感染有慢性蜜蜂麻痹病毒（*Chronic bee paralysis virus*，CBPV）的蜜蜂体内。CBPSV 颗粒直径 12nm，与 CBPV 无血清学相关性。

［核酸特征］ CBPV 有 5 种 RNA，分别为 RNA1（4 200bp）、RNA2（2 800bp）、RNA3a（1 100bp）、RNA3b（1 100bp）和 RNA3c（1 100bp）；CBPSV 的 RNA 包含 3 种类型，分别为 RNA A（1 100bp）、B（1 100bp）和 C（1 100bp）。将病毒用 8M 尿素变性处理后电泳结果显示，A、B、C 和 3a、3b 和 3c 处于不同的条带（图 60－2）；完全变性处理后，电泳结果显示为单一条带（图 60－3）。说明 A，B，C 或者 3a、3b 和 3c 具有不同的二级结构和核酸序列，但是碱基数相同。

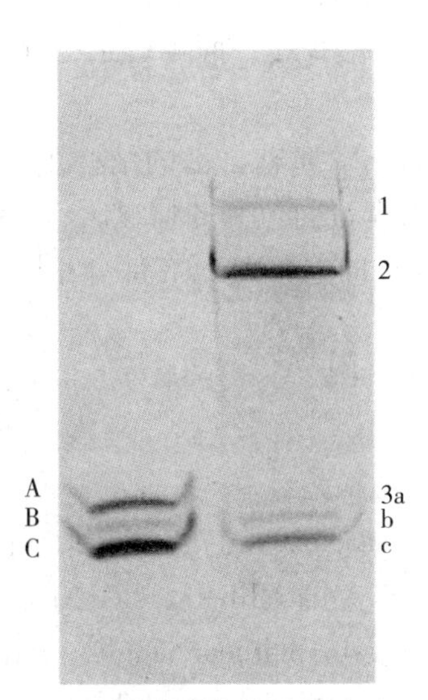

图 60－2　8M 尿素变性处理后，CBPSV 和 CBPV 核酸电泳图

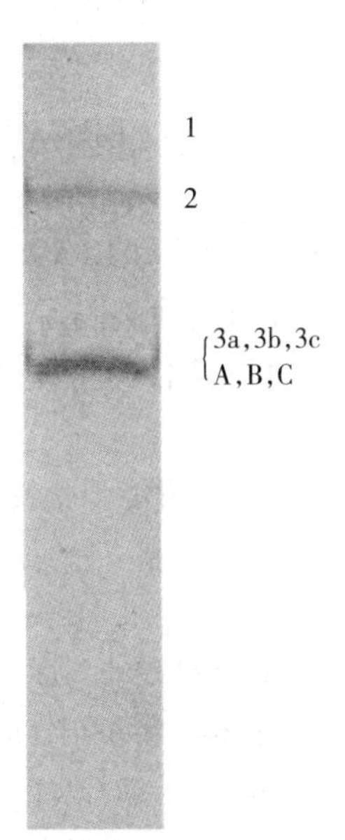

图 60－3　完全变性处理后，CBPSV 和 CBPV 核酸电泳图

利用T1 RNA酶对三种类型的RNA消化后，做二维PAGE电泳，结果显示在三者上游存在少量共同的RNA片段，下游则存在大量不同的RNA片段。比较三者二维PAGE电泳指纹图谱，三者共同存在的寡核苷酸片段共有9个，还有其他一些寡核苷酸片段存在于其中两个类型的RNA中，另外三者都有一部分自身特有的寡核苷酸片段。此外，分别将CBPSV的A、B、C与CBPV的3a、3b、3c比较，除了（g）（h）图中箭头显示的寡核苷酸片段不同外，其他位置大体相同，暗示两者可能具有相同或相似的核酸序列，箭头所指的寡核苷酸片段据分析可能是CBPV的RNA2污染所致（图60-4）。

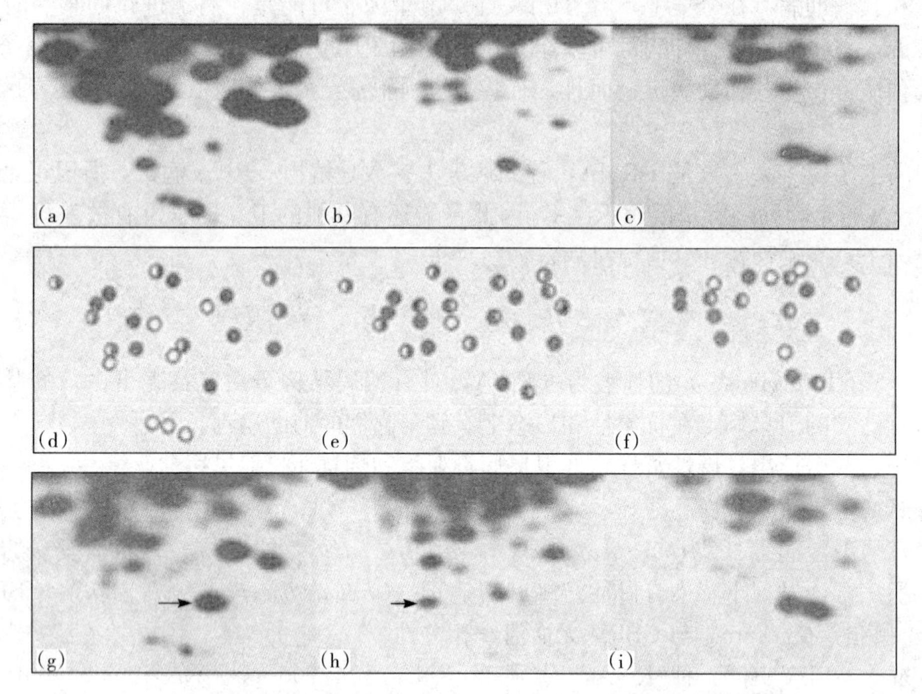

图60-4　CBPSV和CBPV三种类型RNA的T1 RNA酶切指纹图谱

（a）为CBPSV的RNA A；（b）为CBPSV的RNA B；（c）为CBPSV的RNA C；（g）为CBPV的RNA 3a；（h）为CBPV的RNA 3b；（i）为CBPV的RNA 3；（d）、（e）、（f）分别为A、B和C的示意图，◎为单独存在片段；◑为A和B共有片段；◐为B和C共有片段；●为A、B和C共有片段。

采用T1 RNA酶切指纹图谱分析CBPV的RNA1、2与CBPSV的RNA A、B、C结果显示，CBPV的RNA2中存在大量与CBPSV的RNA A、B、C相同的寡核苷酸片段。推测CBPSV可能由CBPV的RNA2进化而来（图60-5）。

[编码蛋白] CBPSV与CBPV没有血清学相关性，说明CBPSV拥有自己的结构蛋白编码基因。CBPSV的RNA除了被自身编码蛋白包裹外，还存在被CBPV衣壳蛋白包裹的情况。CBPV衣壳蛋白能有效包裹CBPSV的原因，可能是由于CBPSV的RNA与CBPV的RNA2具有部分相同或相似的起始位点核酸序列。

慢性蜜蜂麻痹卫星病毒能干扰慢性蜜蜂麻痹病毒的复制。

卫 星 核 酸

卫星核酸主要分为双股RNA卫星（double stranded RNA satellites）、单股RNA卫星（single stranded - RNA satellites）、单股DNA卫星（single - stranded DNA satellites）、巨大单股RNA卫星（large single - stranded RNA satellites）、线性小单股RNA卫星（small linear single - stranded RNA satellites）和环状单股RNA卫星（circular single - stranded RNA satellites）。目前已知的卫星核酸全部在植物上发现，这里不做详述。

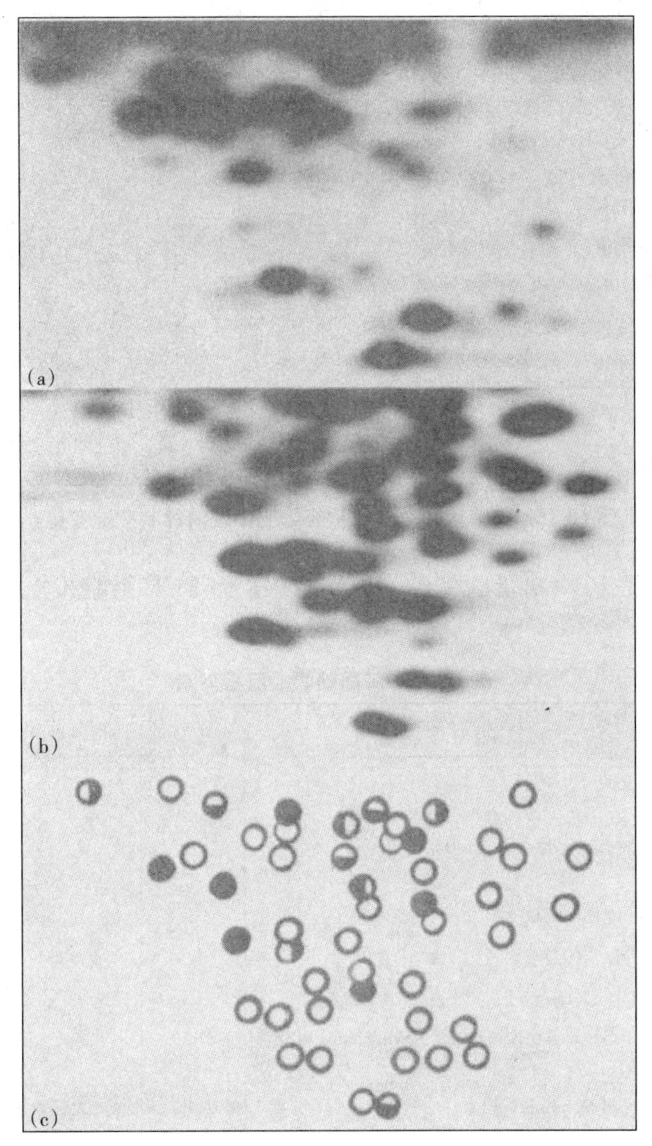

图 60-5　CBPV RNA1 和 RNA2 的 T1 RNA 酶切指纹图谱

(a) 为 RNA1；(b) 为 RNA2；(c) 为 RNA2 与 CBPSV 三种类型 RNA 的比较示意图，◒为 RNA2 与 A、B 或 C 中任何一种的共有片段；◑为 RNA2 与 A 和 B 的共有片段；◐为 RNA2 与 B 和 C 的共有片段；●为 RNA2 与 A、B 和 C 的共有片段；○为 RNA2 与 A、B 和 C 无共有片段。

第三节　朊 毒 体

朊毒体可引起多种动物发生传染性海绵状脑病（Transmissible spongiform encephalopathies，TSE，又叫朊毒体病），是一类慢性、致死性、神经性疾病。TSE 的病变特征是在中枢神经特定区域出现光学显微镜下可见的海绵状空泡变化。TSE 潜伏期长，动物为半年至数年，人为 10～50 年。目前尚无治疗方法，病死率为 100%。不同动物的朊毒体病见表 60-1。

［病原学］朊毒体病的病原是一种无核酸的蛋白侵染颗粒，是由宿主神经细胞表面正常的朊蛋白（prion protein of normal cell，PrP^{C}）在高级结构发生转变后形成的一种异常蛋白（prion proein of Scrape，PrP^{Sc}，朊毒体，曾称“朊病毒”或“朊粒”）。朊毒体是人和动物体内存在的朊蛋白的致病型异构体，转变前后二者在蛋白氨基酸序列上没有差异，但在二级结构上存在着从 α 螺旋到 β 折叠的转

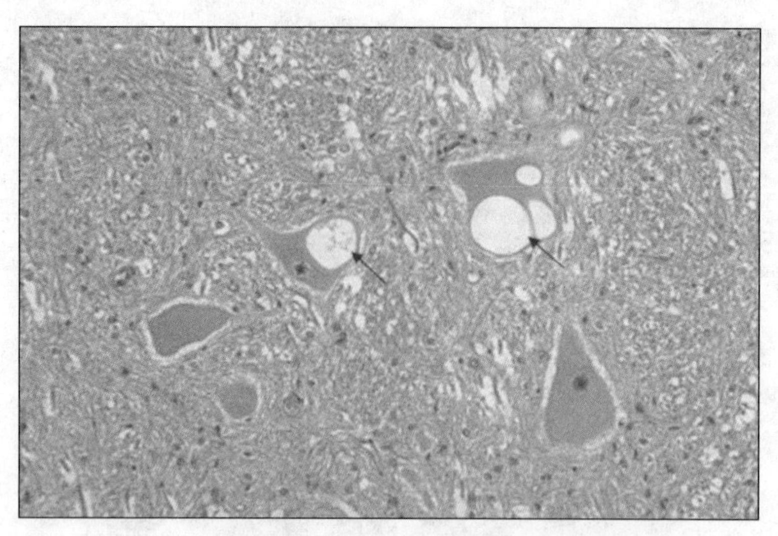

图 60-6 患病动物脑组织神经细胞出现海绵状空泡变化

变。两者的主要区别特征是 PrP^{C} 对蛋白酶 K（PK）敏感，而 PrP^{Sc} 则能部分抵抗，这一特征是朊毒体检测技术的基础。

表 60-1 不同动物的朊毒体病

病 名	英文名及缩写	发现时间	宿 主	发病原因
库鲁病	Kuru disease	1951	人	巴布亚新几内亚 Fore 语族食人部落
家族性克雅症	Creutzfeldt-Jakob disease，fCJD		人	家族遗传性 PrP 基因变异（1/1 千万）
医源性克雅症	Iatrogenic CJD，iCJD	1920 s	人	医源性感染 Prion
新型克雅症	Variant CJD，vCJD		人	食入含 Prion 的食物
散发性克雅症	Sporadic CJD，sCJD		人	?（1/1 百万）
格斯特曼-斯特斯勒-史茵克综合征	Gerstmann-Straussler-Scheinker's Syndrome，GSS	1928	人	家族遗传性 PrP 基因变异（1～2/亿）
致死性家族性失眠症	Fatal familial insomnia，FFI	1986	人	家族遗传性 PrP 基因变异
散发性致死性失眠症	Fatal sporadic insomnia，FSI	?	人	自身变异或 PrP 自发转变
牛海绵状脑病	Bovine spongiform encephalopathy，BSE	1984	牛	摄入 Prion 污染的肉骨粉
痒病	Scrapie	1973	羊	绵羊遗传学上易感
水貂传染性脑病	Transmissible mink encephalopathy，TME	1964	水貂	摄入牛羊的 Prion
鹿慢性消耗性疾病	Chronic wasting disease，CWD	1967	长耳鹿、麋鹿	?
猫海绵状脑病	Feline spongiform encephalopathy，FSE	1985	猫	摄入 Prion 污染的牛组织或 MBM

（1）*编码基因* 编码 PrP^{C} 的基因存在于所有正常哺乳动物和大多数鸟类中，其他大部分物种也有 PrP^{C} 的编码基因或类似基因，产生 PrP^{C} 的基因在动物体内习惯上称为 *Prnp*，而在人体内称为 *PRNP*。*Prnp* 基因在哺乳动物分化之前就已存在。

PrP^{C} 由宿主 *Prnp* 基因编码，该基因位于人的第 20 号染色体、小鼠的第 2 号染色体上。牛、绵羊、小鼠和大鼠 *Prnp* 都含有三个外显子，人和仓鼠的 *Prnp* 含有两个外显子，但开放阅读框架（ORF）都局限于最后一个外显子中，其余外显子及最后外显子的 3′端为基因转录与表达的调控序列。*Prnp* 基因 5′端富含与转录因子 SP1 结合的 GC 重复，但缺乏决定转录起始位点的 TATA-box。人与动物 *Prnp* 的 ORF 长度约为 760bp，编码的氨基酸序列同源性在 80%以上。已测定的 25 种非人灵长类 *Prnp* 基因结构及其编码蛋白同源性为 92.9%～99.6%。已报道的 23 个物种的 PrP^C mRNA 序列各不相同。PrP^C mRNA 在神经系统和免疫系统均有表达，其中以神经元中的表达量最高。在成熟动物脑中的 PrP^C mRNA 不断得到表达，而脑中隔内的胆碱已酰化酶也同步增加，其他区域则只在幼龄期有表达。不过发育过程中 PrP^C mRNA 的表达受严格调控。

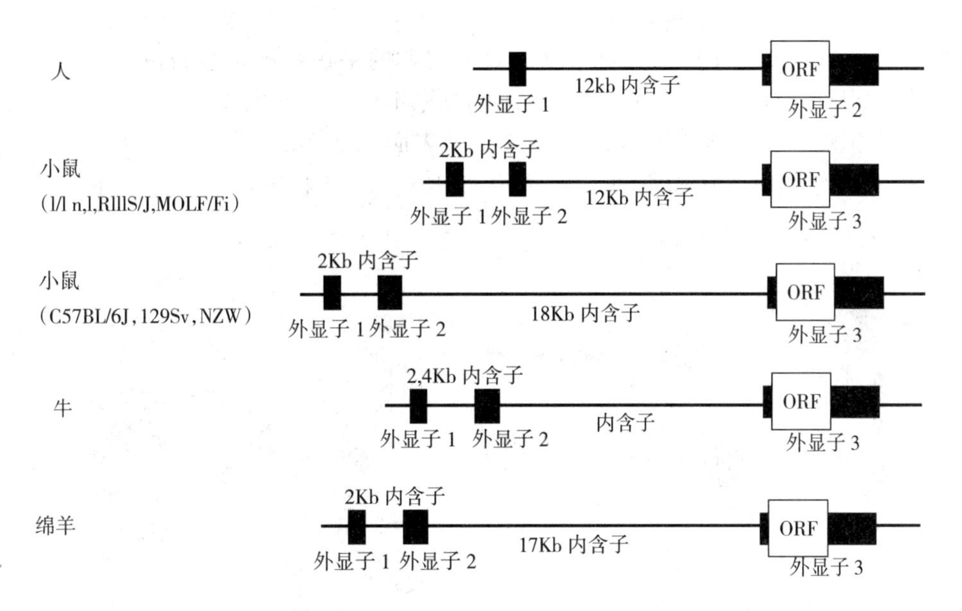

图 60-7 不同动物 PrP 基因结构

（2）PrP 的结构 PrP^C 的 N 端是由 22～24 个氨基酸组成的信号肽，在完成穿膜功能后被切除；184 和 200 位的两个天冬酰胺（Asn）为糖基化位点，正常 PrP 可全部双糖基化；PrP 分子有两个疏水区，一个位于 111～134 号氨基酸，一个位于 231～253 号氨基酸，其中第二疏水区为糖基磷脂酰肌醇锚（Glycosylphosphatidylinisotol，GPI）细胞膜锚定位点；成熟 PrP 蛋白 N 端 23～124 区域是一段高度柔性区域，无固定结构，富含 Gly 和 Pro 的 8 肽重复区，6 肽重复 2 次，8 肽重复 5 次，但牛多为 6 次，该重复区的主要功能是结合 Cu^{2+}，有 4 个结合位点，通过内环境中 pH 的改变决定 Cu^{2+} 的结合和分离。N 端 23～28 氨基酸残基类似于核定位序列（NLS），同时在 PrP 通过神经细胞内吞作用而内陷入神经细胞中发挥重要作用。实验表明，将 23～28 残基中的赖氨酸（Lys）突变后，内陷不能完成，N 端 23～100 残基区域完成整个 PrP 的内陷；C 端结构相对固定，呈球形，含有 3 个 α-helix（A、B、C）和两个 β-sheet，α-helixB 和 α-helixC 之间以二硫键相连。正常 PrP 转录完成后，通过 GPI 锚定在细胞外表面，PrP^C 在细胞膜上的半衰期为 20 min，之后通过磷脂酰肌醇磷脂酶 C（PIPLC）的作用切除 GPI 并从细胞膜上分离，内吞进入细胞。

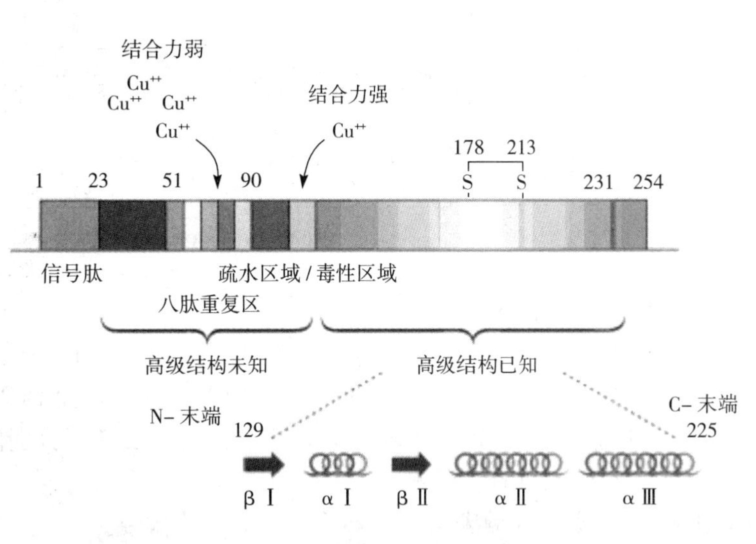

图 60-8 PrP^C 蛋白结构示意图

（3）PrPC 向 PrPSc 的转化 朊毒体病的致病机理即 PrP^C 是如何向 PrP^{Sc} 转化的，现在还停留在假说的层次。目前有两种假说占主导地位：即重折叠模型（template-directed refolding）假说与晶核模型

(Seeded nucleation) 假说。

①重折叠模型：a. PrP^C变成 PrP^{Sc}的过程是一个 PrP “解折叠”与“重折叠”的过程，需要很高的能量，通常是不会发生的。b. PrP^C发生某些变异后，能以极低频率（$1/10^6$）转变成 PrP^{Sc}，这就是家族CJD发生的原因。c. 外源性 PrP^{Sc}能促进 PrP^C向 PrP^{Sc}的转变，并在此过程中充当模板，此外还需要一种酶或称伴侣蛋白的参与，以降低能量需要。

②晶核形成模型：a. PrP^C与 PrP^{Sc}之间处于一种不对称的平衡状态，强烈偏向 PrP^C 方向；只有当 PrP^{Sc}结合到多聚 PrP^{Sc}形成的晶体“种子”上，才具有稳定性。b. 自然条件下“种子”形成是个小概率事件，然而一旦出现，就会加快单体 PrP^{Sc}的聚集（表面积加大的原因）。c. 大量外源性 PrP^{Sc}的进入，有利于“种子”的形成，从而促进大量内源性 PrP^{Sc}的产生与聚集，甚至形成不同的淀粉样纤丝。

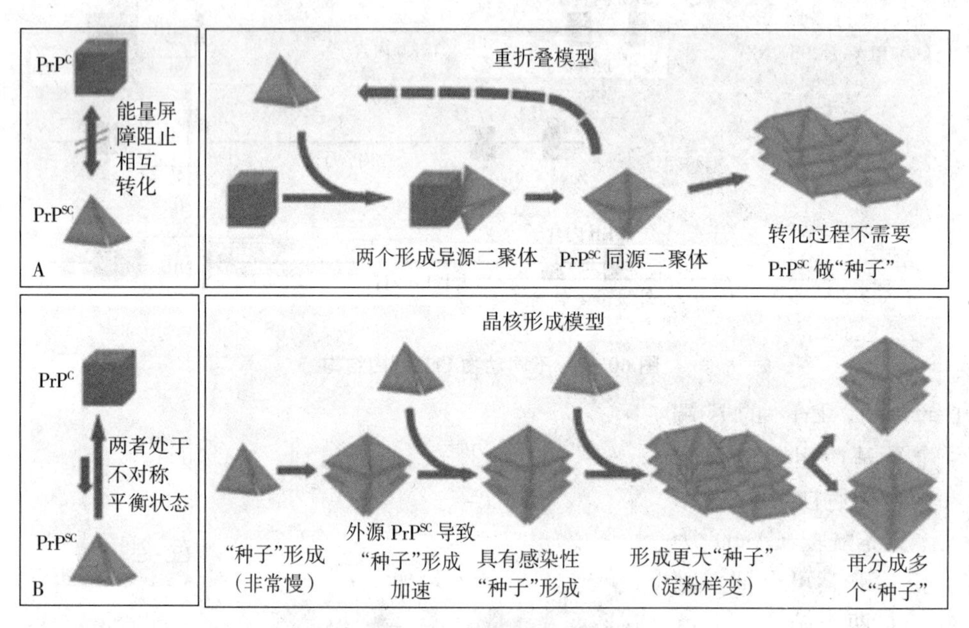

图 60-9 PrP^{Sc}形成假说模式图

（4）PrP^C 和 PrP^{Sc}的差异

①结构差异：PrP^C 含有约 40%的 α-螺旋（分别位于第 144～157、172～193 和 200～227 号氨基酸）和少量的 β-折叠（分别位于 129～131 和 161～163），而 PrP^{Sc} 含 45%的 β-折叠（分别位于 108～113、116～122、128～135 和 138～144）和 30%的 α-螺旋（分别位于 178～191 和 208～218）。

②糖基化差异：PrP^C 可被糖基化修饰，可以双糖基化、单糖基化或无糖基化三种分子形式存在。在不同的疾病形式下，这三种糖基化分子的比例有所改变，因而可根据电泳图将 PrP^{Sc} 分成不同的型，其中 PrP^{Sc} 以双糖基化分子形式为主。

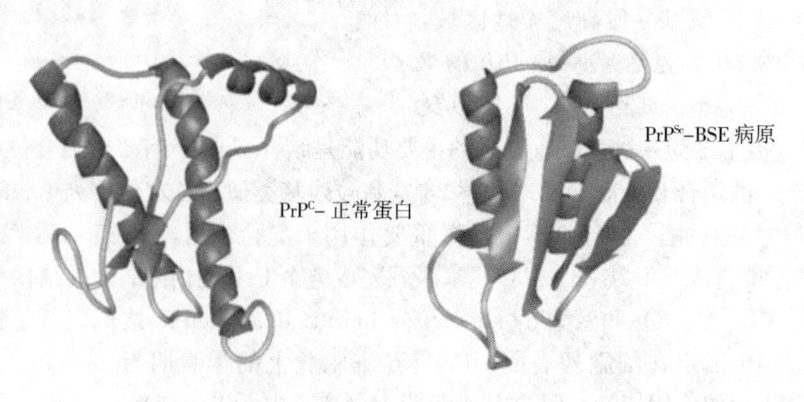

图 60-10 PrP^c 和 PrP^{Sc}结构比较模式图

③对蛋白酶 K（PK）的抵抗力：PrP^C 能被 PK 完全消化，而 PrP^C 转变为 PrP^{Sc}后，均对蛋白酶有一定的抵抗力。这一特征是鉴别 PrP^C 与 PrP^{Sc}的化学基础。

表 60-2 PrP^{C} 与 PrP^{Sc} 的主要特征

特 征	PrP^{c}	PrP^{Sc}
对蛋白酶的抵抗力	—	+
存在部位	细胞表面	细胞内
GPI 锚	有	有
PIPLC 作用	+	—
合成时间（1/2）	＜30 min	6～15 h
半衰期	3～6 h	＞6 h
α-螺旋	42%	30%
β-折叠	3%	45%

（5）PrPSc 特性 与常规病原比较，朊毒体的理化特性非常独特：在土壤中可存活 3 年，朊毒体可以抵抗高温高压、紫外线、离子辐射（如 γ-射线）、超声波、强酸（pH2.1）、强碱（pH10.5），对福尔马林、乙醇、戊二醛、非离子型去污剂、蛋白酶等能使普通病原灭活的理化因子具有较强的抵抗性。134～138℃高压蒸汽 18min 只能使大部分病原灭活，360℃干热条件下，朊毒体可存活 1h；在福尔马林固定的病牛脑组织中可以长期存活。十二烷基磺酸钠（SDS）、尿素、苯酚等蛋白质变性剂能使之灭活；含 2%有效氯的次氯酸钠 1h 或 90%的石炭酸 24h 处理可使之灭活；含 2%有效氯的次氯酸钠及 2mol/L 的氢氧化钠，20℃ 1h 以上可用于表面消毒。只有焚烧才是朊毒体最可靠的杀灭办法。

另外，朊毒体的致病特征与常规病原差异很大。主要表现为：感染后潜伏期相对比较长；宿主不产生免疫应答，通常检测不到抗体；没有发现炎症反应，慢性进行性病理变化（有淀粉样斑块，神经胶质增生等）；患病动物不能康复，难以治愈，最终以死亡告终；细胞培养不产生细胞病变，感染细胞内未发现包涵体；免疫抑制剂、免疫增强剂、干扰素、胸腺切除、脾切除等不能改变本病的潜伏期和病程。

[发病机理] 经口感染和经消化道外感染（如通过腹腔感染）的传播路线有所不同。如果是经口感染，病原体先在陪氏淋巴结和肠系膜淋巴结的树突状细胞中复制，而树突状细胞又通过细胞因子（如 TNFα 和 IL-6）将信号传给淋巴细胞。由于陪氏淋巴结直接与肠上皮接触并与流入肠系膜淋巴结的淋巴管相连，因此腹腔内的淋巴细胞又可通过毛细血管进入血流并将病原体带到网状淋巴系统（如脾和消化道外的淋巴结），然后朊毒体在脾树突状细胞中进行第二次复制；如果是经腹腔感染，则脾为最初复制场所，然后才是陪氏淋巴结和肠系膜淋巴结以及消化道外的淋巴结（如腋下淋巴结）。这样，PrP 病原体散布于肠道相关淋巴组织（GALT）并进入与其相连的支配神经（肠神经丛）。这些神经丛又与迷走神经中的副交感神经相连。这样 PrP 沿肠神经，经轴突同时进入迷走神经背动核、孤束核和胸脊髓中。此时病原体即已通过迷走神经从内脏传向中枢神经系统并最终到达复制终点站——脑。

无论是经口感染还是腹腔感染，如果感染剂量较大或者病原体对神经的侵袭能力较强，那么该病原体就能直接进入外周神经而几乎不在内脏器官复制。在外周神经中表达的 PrP 足以将感染延续到脑部。对于牛而言，也许这种情况更易发生，因为研究发现，经口感染 BSE 病料后，只能在中枢神经、肠和腹腔神经中检测到病原体，而在其他内脏器官中则检测不到感染的存在。

PrP^{Sc}在上述传播过程中每到达一个复制位点就按重折叠模式或结籽模式促发神经细胞内或膜上的 PrP^{C} 转化成 PrP^{Sc}，而 PrP^{Sc}具有潜在的神经毒性。PrP106～126（PrP 第 106 至 126 号氨基酸之间的多肽）为神经肽，这一段小肽单独存在也能使在体外培养的神经细胞发生凋亡。而大量 PrP^{Sc}在中枢神经系统（CNS），尤其是在脑内的积累可抑制 Cu^{2+} 与 SOD 或其他酶的结合，从而使神经细胞的抗氧化作用下降；PrP^{Sc}还可抑制星形细胞摄入能诱导其增殖的谷氨酸（Glu）；此外，细胞内的 PrP^{Sc}还可能抑制微管蛋白的聚合，导致 L-型钙通道发生改变，使细胞骨架失去稳定性。上述这些原因及其他一些尚未明了的原因，最终都可使神经细胞发生凋亡并形成空泡状结构，使各种信号传导发生紊乱，从而使动物表现出自主运动失调、恐惧、生物钟紊乱等神经症状。

［生态学］

（1）牛科 家牛、大羚羊、野牛等。易感性与品种、性别、遗传等因素无关。因奶牛存养时间比肉牛长，且肉骨粉用量大，因而奶牛多发。

（2）猫科 家猫、虎、豹、狮等。

（3）实验感染 牛、猪、绵羊、山羊、鼠、貂、猴等动物。猪对口服攻毒具有抵抗力，经口攻毒的猪，7年后，均未出现朊毒体病临床症状。经非胃肠道途径攻毒的猪在感染后17～35个月死亡。这说明在肠道水平上的天然种间障碍是有效的。鸡对任何形式的攻毒均有抵抗力，经胃肠道或非胃肠道对鸡攻毒，5年宰杀，在脑组织中未见海绵状变化。

［检测方法］ 由于朊毒体病的特殊性，目前所有检测方法都是针对PrP^{Sc}的病原检测方法。

（1）组织病理学方法（Histopathology） 组织病理学方法是朊毒体病检测方法中最经典的方法。病理变化主要在中枢神经系统，但肉眼不能辨别，只能通过常规H·E染色的组织病理切片用生物显微镜观察才能诊断。朊毒体病患病动物的病理变化以脑干部灰质的空泡化为特征，且呈现双侧对称。在神经纤维网（Neuropil）中也有一定数量的散在空泡存在，呈海绵状病变。空泡主要集中在脑干的某些神经核团，主要的有迷走神经背侧核、孤束核、三叉神经脊束核、红核、中央灰质和前庭复合体，其中孤束核、三叉神经脊束核和中央灰质出现空泡变化的概率为最高。空泡呈规则的圆形或卵圆形，胞核常被空泡挤在一侧，有时一个神经元里有多个空泡存在，神经纤维网中的空泡则呈海绵状变化。患病动物的另一个脑部病理变化是星形胶质细胞增生。

本方法耗时较长，约需14d才能出结果。用本方法诊断朊毒体病时必须有较高的专业水平和丰富的神经病理学观察经验。在组织切片效果较好时，确诊率可达90％。

（2）免疫组织化学方法（Immunohistochemistry） 朊毒体病的免疫组织化学方法也是一种经典的检测方法，而且还是世界动物卫生组织规定的疯牛病和羊痒病检测“金标准”，是朊毒体病确诊方法之一。该方法的原理是待检样品的组织切片经过PK酶消化后，先用PrP抗体与脑部朊毒体发生免疫反应，然后用标记有生物素的二抗与PrP抗体结合，再用亲和素与过氧化物酶的结合物进行孵育，每个生物素有4个部位可以与亲和素发生反应，并且结合紧密，因此一个朊毒体分子可以被放大4倍，最后用AEC底物孵育处理显示颜色并镜检观察结果。免疫组织化学的反应时间约需6h，但从样品处理到出结果共需时15d。如果PrP抗体的性能是优良的，那么本方法的特异性和敏感性均为100％。

（3）免疫印迹方法（Western blot） 本方法是一种价格昂贵、快速准确的疯牛病检测方法之一，也是国际公认的确诊方法之一，1999年通过欧盟认证。本方法由瑞士Prionics AG公司开发研制。该方法的原理是将脑部匀浆液经PK酶消化处理后，用SDS-PAGE电泳分离脑部各种蛋白质（包括朊毒体），经电转印将分离的蛋白质转移到NC膜或PVDF膜上，再用PrP抗体孵育膜，最后用二抗和化学发光底物孵育膜，在化学发光自动曝光仪或X胶片洗片机中处理，得到蛋白条带，根据条带大小判定结果。本方法耗时约6h，特异性和敏感性均为100％。

（4）夹心酶联免疫吸附测定（ELISA） 本方法是一种快速、准确性高的朊毒体病检测方法之一，具有反应时间短，成本低，反应步骤少的特点。本方法的原理是用试剂和蛋白酶K对朊毒体病脑干部的朊毒体进行消化、纯化、浓缩和溶解，然后与PrP抗体进行ELISA反应。目前，疯牛病夹心ELISA方法已被法国原子能委员会（French Atomic Energy Commission）研制出来并通过了欧盟认证，现被美国Bio-Rad公司收购。

目前，市面上有很多针对朊毒体病，特别是疯牛病的检测试剂盒出售，特异性和敏感性都非常高。但是所有方法都只能对死亡患病动物进行检测，活体检测方法目前还没有或者不具有权威性。

◆ 参考文献

洪健，周雪平．2006. ICTV第八次报告的最新病毒分类系统［J］．中国病毒学，21（1）：84-96.

刘雨田，王志亮．我国朊病毒及朊病毒病的研究现状［C］．人畜共患传染病防治研究新成果汇编：136-138.

陆承平.2005. 最新动物病毒分类简介［J］. 中国病毒学，20（6）：682－688.
王志亮，李金祥，马洪超.2006年. 动物外来病诊断图谱［M］. 青岛：中国海洋大学出版社.
王志亮，刘雨田，邹艳丽，等.2003. 牛海绵状脑病诊断技术（GB/T19180－2003）［M］. 北京：中国标准出版社.
王志亮，王长杰，吴晓东.2002. 中国黄牛PrPc成熟蛋白基因的克隆和序列分析［J］. 中国动物检疫，19（4）：21－22.
王志亮，谢仲伦，肖肖.2001. 牛传染性海绵状脑病［M］. 北京：兵器工业出版社.
B V Ball，H A Overton，K W Buck，et al. 1985. Relationships between the multiplication of chronic bee－paralysis virus and its associate particle［J］. J. gen. Virol，66：1423－1429.
Fauquet C M，Mayo M A，Maniloff J，et al. 2005. Virus Taxonomy. Ⅷth Report of the International Committee on Taxonomy of Virus［M］. San Diego：Elsevier Academic Press.
H A Overton，K W Buck，L Bailey，et al. 1982. Relationships between the RNA components of chronic bee－paralysis virus and those of chronic bee－paralysis virus associate［J］. gen. Virol. 63：171－179.

王志亮　张永强　编
丛明善　审

第六十一章　鱼类病原性的病毒

第一节　水生动物呼肠孤病毒属（*Aquareovirus*）

草鱼出血病病毒（*Grass carp hemorrhagic disease virus*，GCHV）

GCHV是草鱼出血病的病原，此病毒最早由中国科学院水生生物研究所观察到，是我国分离得到的第一株鱼类病毒。国际病毒分类委员会称之为草鱼呼肠孤病毒（Grass carp reovirus，GCRV）。

[形态结构] 病毒为二十面体对称，其上附着有长7.5nm、内径6.4nm、外径10.7nm的圆柱形钉状物。病毒核酸为分节段的双链RNA，由11个节段组成，总相对分子质量为1.5×10^{7}。聚丙烯酰胺凝胶电泳图形为3∶3∶3∶2。病毒多肽组成成分也有11个，其中内层衣壳由6种多肽构成，外层衣壳由5种多肽组成，32～137kb。

[培养特性] GCHV能够在草鱼鳍条细胞（CF）、草鱼性腺细胞（CO）、草鱼肾脏细胞（CIK）、草鱼吻端细胞（ZC-7901）中增殖。病毒接种细胞后，置26～28℃中培养，一般在72h以后可引起细胞发生一系列相应的病理变化。病变初期细胞核质增多，出现一些颗粒状物，致使细胞间隔不清晰；中期细胞继续收缩，整个细胞单层拉成网状；晚期细胞裂解成球状物，常常堆积在一起；最后从瓶壁脱落，浮在培养基上层。经Selles染色，在细胞质中可见到开头为月牙形或块状、位于细胞核周围的嗜酸性包涵体。增殖温度范围为20～35℃，一般在培养第6d时的病毒感染价最高，可达到$10^{7.2}$ $TCID_{50}$/mL。

[理化特性] GCHV蔗糖浮密度1.30g/cm^3，氯化铯中浮密度1.36g/cm^3。实验证实，该病毒具有微弱凝集人的O型红细胞的能力，一般需在显微镜下辨认。其抗体与其他哺乳动物的呼肠弧病毒不发生交叉反应。尚未查明本病毒有不同血清型。

[病原性] 草鱼、青鱼和麦穗鱼对本病毒易感，从2.6cm的夏花草鱼开始感染，而以6～10cm的当年鱼种最为普遍而严重。1周龄以上的草鱼亦可发病。将感染的细胞培养液注射草鱼，在28℃中饲养，4～6d发病死亡。本病除注射能感染外，浸泡和接触感染亦能使草鱼发病死亡。成熟的草鱼卵也可带毒。而鳙、鲢、鲤、鳊等鱼不论在自然情况下，还是人工接种均不发病，但可成为病毒的携带者。病鱼主要表现为全身各器官组织出血。

[抵抗力] GCHV对酸（pH为3）、碱（pH为10）、乙醚和氯仿不敏感，对热（56℃，30min）稳定，而在65℃1h完全灭活。病毒的外层衣壳可被胰蛋白酶消化除去，经此处理过的病毒悬液，其感染性提高。反复浆融，毒力下降甚至完全丧失。用1%洗衣粉或肥皂处理1h可完全失活。聚乙烯戊环酮碘（PVP-1）对病毒有杀灭作用。组织中的病毒（置50%甘油磷酸缓冲液中）在－15℃～－20℃保存两年仍有活力。

[生态学] 本菌引起的出血病流行季节很长，通常在4—5月份即开始流行。5月份，2龄草鱼开始发病。6月下旬，当年草鱼出现流行，直至9月底为流行季节。水温在25～30℃时，发病普遍。28℃水温下人工感染，注射的需4～7d可发病，浸泡感染的需7～9d才发病。

[分离与鉴定]

病毒的分离：取病料加PBS匀浆冻融2次，离心取上清液加双抗，以10倍稀释液接种于CF-84

单层细胞，置28℃培养72h以上，观察细胞病变。对分离病毒可进行草鱼接种试验或用血清学方法进行鉴定。

血清学检查：对流免疫电泳、荧光抗体技术、酶联免疫吸附试验及SPA协同凝集试验均可用于本病毒的鉴定。荧光抗体技术可用于检测细胞培养或组织切片中的病毒，双抗夹心ELISA可检测病鱼组织悬液或细胞培养冻融上清液中的病毒。此外，PAGE及电镜等手段也已用于本病毒的检测。

[免疫性] 福尔马林灭活的组织疫苗和细胞疫苗注射免疫草鱼，其中组织灭活苗的免疫保护期可达14个月，已在我国普遍使用。

鲑呼肠孤病毒（*Chum salmon reovirus*，CSV）

此病毒于1981年由Winton从鲑分离。病毒直径为75nm。外层衣壳可见20个外周壳粒围绕，其可被α-胰蛋白降解，形成只含内层衣壳，直径为50nm的亚病毒，亚病毒粒子的感染性更强。本病毒可在CCO、CHSE-214、CHH-1细胞中增殖，在CCO细胞中产生小的、在CHH-1细胞中产生中等大小的、在CHSE-214细胞中产生较大的空斑。人工接种鲑和大鳞大麻哈鱼，可引起低的死亡率，其病变主要为肝脏坏死。

金体美鳊鱼呼肠病毒（*Golden shiner reovirus*，GSRV）

由Plumb于1977年从发病的金体美鳊鱼分离，电镜观察为二十面体对称，直径20nm。可在FHM细胞、CHSE-214和BB细胞中增殖。在CHSE-214细胞上形成微小空斑。在FHM细胞上，空斑形成较为明显。空斑为被感染细胞的融合或坏死。最适宜增殖温度为30℃，潜伏期8h。本病毒对乙醚不敏感，对热也有一定的抵抗性，于pH为3、7、10时均稳定。在人工饲养的金体美鳊中感染率较高。

大菱鲆呼肠病毒（*Turbot aquareovirus*，TRV）

TRV首先由Lupiani等在西班牙的养殖大菱鲆中发现。

病毒不具囊膜，含有两个同心的二十面体衣壳，直径70nm，相对分子质量为6.5×10^7～1.6×10^8，基因组由10～12段双链RNA组成，相对分子质量为1.2×10^7～2.0×10^7，病毒粒子含10～12种结构多肽，有些多肽被糖基化并具转录酶活性。

患病的大菱鲆腹部膨胀，肛门和鳍基部呈点状出血，解剖检查发现病鱼胃和肠膨胀、出血、无食物并充满黏液，肝脏苍白、有瘀血，腹腔内壁大面积出血，腹腔内集聚了大量红色液体。

CHSE-214细胞系是RTV的敏感细胞系，病毒在CHSE-214培养细胞上产生多核的CPE，也可在BF-2培养细胞上产生CPE，但不能使RTG-2、BB和FHM培养细胞产生CPE。

第二节　疱疹病毒属（*Herpesvirus*）

斑点叉尾鮰病毒（*Channel catfish virus*，CCV）

CCV可引起斑点叉尾鮰幼鱼群暴发死亡率很高的急性致死性传染病。1968年，首次由Fijan分离到病原。目前仅在北美洲流行。

[形态结构] 病毒衣壳二十面体对称，直径为95～105nm，壳粒数162。在细胞外或细胞质空泡、核膜上的病毒粒子有囊膜包裹，大小为170～200nm。核酸为DNA，沉降系数为53S，相对分子质量为8.5×10^7，其中G+C含量是50mol%。病毒颗粒的CsCl浮密度为1.7g/cm^3。

[培养特性] BB细胞适用于本病毒的培养。病毒在核内增殖，核变成嗜碱性，染色质着边，并在核内形成包涵体，随后细胞核发生退行性变化、崩解。最后，整个细胞也崩解，形成空斑。一般在30℃培养40h左右，可形成比较明显的空斑。增殖温度10～33℃，最适温度为25℃，37℃不增殖，在

RTG-2 细胞、FHM 细胞和 BF-2 细胞中不产生细胞病变，形成不具有感染性的病毒粒子。

［抵抗力］不耐热，对脂溶剂敏感。鱼体内的病毒在－20℃或－80℃时感染力长时间不变；而 22℃放置 3d 就会失去活性。不过，在水温为 25℃的清洁水中，病毒的感染力仍可维持数周。

［病原性］本病毒只感染斑点叉尾鮰，尤其是 1 周至 6 月龄的幼鱼，8 月龄后则很少发病。野生鱼较人工养殖更易感染。病毒通过水传播，经口侵入鱼体。人工接种感染时，病毒最初侵害肾脏，然后是肠和肝脏，最后侵害神经系统。病毒在这些脏器中的细胞内增殖后形成包涵体，引起各脏器的出血和坏死。病鱼呈异常的游泳姿势。本病发生于夏季，最适水温 25℃，死亡率可高达 90%～100%。在 20℃时潜伏期为 10d，30℃时可缩短为 2～3d。

［病毒分离］取病料接种于 BB 或 CCO 细胞于 30℃培养。检查细胞病变特点。用中和试验或荧光抗体技术鉴定分离病毒。该病毒的特异性 DNA 探针也可用于检测成年斑点叉尾鮰组织中的病毒。

［免疫］减毒疫苗的保护率可达到 97%。

鲤疱疹病毒（*Cyprinid herpesvirus*）

鲤疱疹病毒是鲤痘疮病的病原。此病发现于 16 世纪，1964 年由 Schucert 从患病鱼的表皮中观察到；1984 年 Sano 等人用 EPC 细胞分离培养成功。

［形态结构］病毒颗粒有囊膜，直径为 190nm。囊膜上有纤突，长为 20.5nm。衣壳直径 113nm。

［培养特性］本病毒可在 FHM、EPC、MCT、CE-1 细胞中增殖。在 FHM 和 MCT 细胞上产生细胞病变。被感染的 FHM 细胞开始出现空泡。5d 后，细胞变圆，最后从瓶壁上脱落。细胞核内可形成形状不规则的 A 型包涵体。在 MCT 细胞中，被感染细胞发暗，细胞变圆，最后萎缩，但并不脱壁。

［抵抗力］本病毒对酸（pH 为 3）、热（50℃ 30min）和 IudR 均敏感。

［病原性］鲤痘疮病是鲤、拟鲤、红眼鱼等鲤科鱼的一种表皮肿瘤病。肿瘤发生于头部、躯干、尾部等处的皮肤，病初体表出现乳白色小斑点。随着病情发展，白色斑点增厚而成石蜡状增生物，形如痘疮。病鱼在清水或流水中养殖一段时间后体表的增生物会慢慢脱落。一般在秋季至冬初或春季，水温为 10～15℃时出现病例。将分离的病毒人工接种鲤鱼，15℃下养殖 5 个月试验鱼会出现与自然发病鱼相同的症状。

［病毒分离］可采用 FHM 细胞进行细胞分离。

鲑疱疹病毒（*Herpesvirus salmonis erpesvirus*）

［形态结构］具有囊膜，大小 150nm，衣壳直径为 90nm，由 162 个质料组成。病毒核酸为双链 DNA，在 CsCl 中的浮密度为 1.79g/cm^3，G+C 含量为 50mol%。无血凝性，不凝集人的 O 型红细胞。

［培养特性］本病毒可在 RTG-2 、RTT、RTH 、RTE 、STE 、CHSE-214、SE、YNE、CHE-1、HIME、ASE、As-6、KO-6 细胞中增殖，但不能在 FHM 、BB、BF-2、EK-1 、EO-2 细胞中繁殖。被感染细胞融合，形成多核巨细胞。本病毒在宿主细胞内形成包涵体。最适增殖温度为 10℃。

［抵抗力］对乙醚敏感，在 pH3 以下失活。与温血动物的疱疹病毒不同，其对热极为敏感，在 20℃以上，迅速失活。

［抗原性］与麻苏大麻哈鱼病毒在血清上无交叉中和反应。

［病原性］虹鳟和红大麻哈鱼对本病毒易感，大西洋鲑、河鳟、溪鳟等无感受性。人工浸渍感染尚未成功。腹腔注射虹鳟幼鱼，于 10℃ 2～4 周后开始发病。病鱼表现为厌食、昏睡、体表发黑、眼睛突出。病理解剖可见肝脏、脾脏坏死，肾脏造血组织增生。死亡率达 50%～70%。自然发病者见于产卵后的虹鳟亲鱼，其死亡率为 30%～50%。

［病毒分离］可采用 RTG-2 等鲑鳟鱼类细胞培养，其可形成细胞融合等特征性的细胞病变。但在对其他病毒易感的 FHM 细胞上不增殖。

［免疫］尚无疫苗生产。

麻苏大麻哈鱼病毒（*Oncorhynchus masou herpesvirus*）

由木村等人（1978）从日本北海道的马苏大马哈亲鱼体内分离得到。

［形态结构］ 本病毒囊膜直径为200～240nm，衣壳直径为115nm。核酸为双链DNA。

［培养特性］ 本病毒可在RTG-2、RTT、RTH、RTE、STE、CHSE-214、SE、YNE、CHE-1、HIME、ASE、As-6、KO-6细胞中增殖，但不能在FHM、BB、SBK、EK-1、EO-2细胞中繁殖。细胞病变与鲑疱疹病毒相同，适宜增殖温度为10～15℃。

［抵抗力］ 在宿主细胞外的马苏大麻哈鱼病毒，于-20℃保存17d，99.9%失去活性，15℃以上则完全失活。而在-80℃十分稳定可保存1年。

［抗原性］ 本病毒与NeVTA有交叉中和反应。

［病原性］ 本病毒与鱼病的关系尚不清楚，但人工接种可感染虹鳟、红大麻哈鱼、马苏大麻哈鱼、鲑、细鳞大麻哈鱼、银大麻哈鱼等鲑科鱼类。

浸渍感染鲑幼鱼，在10℃ 2～3周后，试验鱼开始发病，3～5月龄幼鱼的死亡率达80%以上。病变表现为肝脏重度坏死，肝细胞巨细胞化，脾脏坏死，心肌水肿。试验耐过鱼在4个月后，以头部为主出现肿瘤病变，到第8个月，60%以上试验耐过鱼可见肿瘤。

［病毒分离］ 同鲑疱疹病毒。

第三节　短浓核病毒属（*Brevidensovirus*）

传染性皮下及造血组织坏死病毒（*Infectious hxpodermal hematopietic necrosis virus*，IHHNV）

IHHNV分布广泛，可感染世界各地的养殖和野生对虾。

IHHNV为无囊膜的二十面体结构，病毒粒子直径大小为22nm，在氯化铯中的浮密度为1.40g/mL。含线状单链DNA，长度为4.1kb，核衣壳蛋白至少由4个相对分子质量分别为74 000、47 000、39 000、37 500的多肽组成。IHHNV全基因序列已经测出，GenBank序列号为AF208266，序列全长4 075bp，基因组中A+T含量56.96%，G+C含量43.04mol%。

IHHNV在自然状态下可感染多种对虾，其中对细角滨对虾有较高的致病性和死亡率，对凡纳滨对虾可导致慢性矮小残缺综合征。研究表明，感染IHHNV或患病后存活下来的细角滨对虾和凡纳滨对虾会终生带毒，并可通过垂直和水平传播方式把病毒传给下一代和其他种群；也有报道养殖的中国对虾携带病毒，且通过电子显微镜可观察到受精卵细胞内感染上IHHVN。研究表明，IHHNV可以引起细角滨对虾、凡纳滨对虾和斑节对虾发病，在天然及人工条件下能感染其他对虾品种，但并不引起这些对虾发病。目前尚未有关于该病毒感染虾类以外其他生物的报道。

养殖水体中养殖密度过大和水质恶化包括低溶氧、高水温、高氨氮、高硝酸盐等条件会激发低水平感染IHHNV的对虾出现出症状，并使病原由携带者传播给健康虾，导致疾病的流行及感染程度的加重。

IHHNV主要感染源于外胚层的器官（中枢神经、神经索、表皮、前肠和后肠上皮）和中胚层的器官（淋巴器官、造血组织、结缔组织、触角腺和性腺）组织细胞，但很少感染中肠、中肠盲囊和肝胰腺等源于内胚层的组织。

虾肝胰腺细小病毒（*Hepatopancreatic parvo-like virus*，HPV）

HPV可感染包括野生和养殖的多种海水和淡水对虾品种，在许多国家和地区也有相关报道。

感染HPV的病虾生长缓慢、厌食，停留在岸边浅水处，反应迟钝，肌肉混浊，体色变深，体表布满黑色斑点及其他附着物。HPV主要感染对虾胰腺上皮细胞。

薛清刚等（1996）由中国对虾病虾肝胰腺样品中利用酒石酸钾钠-甘油密度梯度离心法，对病毒进行了分离纯化，通过电子显微镜观察提取病毒核酸，用不同核酸酶处理并结合电泳等方法，对病毒的基本生物物理和生物化学特性作鉴定，结果表明：病毒颗粒在 CsCl 中的平均浮密度为 1.360g/mL。病毒颗粒具有二十面体立体对称的特点，颗粒直径 23.3～29.8nm，平均直径为 26.3nm。空的衣壳直径为 22～24nm，平均为 23.2nm。病毒基因组则具有以下特点：①对 DNA 酶敏感，而对 RNA 酶耐受；②能被低浓度的 S1 核酸酶降解，而 S1 核酸酶在低浓度时只选择性降解单链核酸；③在琼脂糖凝胶电泳中显示分子大小相当于 4.3bp 的单链 DNA 分子。病毒结构多肽的分析结果显示，该病毒具有 4 条大小不等的结构多肽，相对分子质量分别为 86 100、58 200、40 900 和 39 800。

第四节 粒外弹状病毒属（*Rhabdovirus*）

传染性造血组织坏死病毒（*Infectious hematopoietic necrosis virus*，IHNV）

[形态结构] 传染性造血组织坏死病病毒（IHNV）属粒外弹状病毒属（*Novirhabdovirus*）呈子弹形，大小为（120～300）nm×（60～100）nm，单链 RNA。其碱基成分：胞嘧啶 25.4%，腺嘌呤 22.5%，尿嘧啶 27.2%，鸟嘌呤 24.2%。

[培养特性] 病毒易在 FHM、RTG-2、CHSE-214、PG、R、EPC、STE-137 等细胞株上复制生长，并发生 CPE，核染色质趋向边缘、颗粒状，核膜肥厚，核变大，有时出现双核现象，不久细胞变圆，陀螺，在空斑边缘可看到细胞互相牵连，堆积成葡萄状，空斑的边缘能部分或全部地看到这种现象，这也是 IHNV 细胞病变的特征之一；空斑的中央通常是空洞，有时也出现细胞碎片。生长温度 4～20℃，最适温度 15℃。18℃时，病毒在 CHSE-214 细胞株上生长，4h 内产生新病毒，以后 16h 内出现指数生长期，随后病毒生长趋于平稳。病毒最大滴度可达 10^7 PFU/mL。

[理化特性] IHNV 完整的病毒粒子大小为 120～300nm×60～100nm，对乙醚、甘油、氯仿敏感，有囊膜；浮密度（硫酸铯）1.59g/cm^3，沉降系数（5%～25%蔗糖液）38～48S；不耐热，加热 15min，31℃侵染率为 20%，45℃时为 0.01%～0.1%，60℃时为 0%；不耐酸，在中性 pH 和偏碱的溶液中比较稳定，在 pH3，30min 后侵染率为 0.01%，pH7.5 时侵染率为 100%，pH11 时为 50%；在 50%甘油中保存 1～2 周失去活力。病鱼组织匀浆在 4℃下 3d 仍能分离出病毒，35d 之内用 RT-PCR 方法能检测出病毒 RNA；在 25℃只有第 1 天才能分离出病毒，8 天之内可以检测出病毒 RNA。在含血清的培养液中，-20℃可存活几年，4℃时在组织匀浆中可短期保存几周。病毒感染后的细胞上清液在 4℃储存 36d 或 25℃储存 16d 均可检测到病毒。组织匀浆反复冻融会明显降低病毒效价，而细胞培养上清反复冻融对病毒效价影响不大。因此，在实验室储存病毒时应注意选择合适的保存方法。

[抗原性] IHNV 全基因组序列已确定，基因组长 11.1kb，含 6 个基因，从 3′～5′分别编码 N、P、M、G、NV 和 L 蛋白，基因链接区域序列保守，保守序列为 UCURUC（U）-7RCCGUG（N）4CACR（vRNA），具有典型的弹状病毒的转录终止和多聚腺苷酸化信号，基因组 3′端和 5′端序列互补。在同一地域不同宿主分离到 IHNV 部分基因序列（G 蛋白）的分析表明，它们之间存在很小的基因变异。用 RNA 酶保护试验和序列分析方法对从虹鳟体内分离到 84 株 IHNV 分析结果说明，存在有 4 个显著不同的进化分支，但基因型只有 2 个，欧洲和北美的 IHNV 是两个不同的基因型。

[病原性] 本病毒主要侵害红大麻哈鱼、大鳞大麻哈鱼、虹鳟、麻苏大麻哈鱼等鱼苗和鱼种，银大麻哈鱼有较强的抵抗力。病毒经鳃和消化管侵入鱼体，病鱼表现为活动迟缓，死前鱼体发黑、鳍部出血。

[抵抗力] 电解质或盐可加速病毒失去感染力，15℃时病毒在淡水中可生存 25d。为海水中生存时间的两倍；在 14℃蒸馏水中，24h 侵染率为 10%～20%，72h 仅 0.1%～1%；病毒在含血清的培养液中，-20℃可生存几年；4℃时病毒在卵巢液和鱼苗、卵、脾、脑的匀浆中可短期保存，感染力可维持几星期；-20℃时病毒在肾脏和肝脏匀浆中科保存 1 个月，但 1 年后失去感染力。病毒在含 10%血清

或其他蛋白的液体中保存的最好方法是冷冻干燥法，在冷冻后解冻处理过程中病毒不受损害。

[生态学] IHNV 主要危害虹鳟（*Salni gairdneri*）、红大麻哈鱼（*Oncorhynchus nerka*）、大鳞大麻哈鱼（*O. tshawytscha*）和大麻哈鱼（*Oncorhynchus*）等鲑科鱼类，能导致高达 90%的死亡率。鱼龄越小，对病毒越敏感，疾病发生水温通常为 10～15℃，高于 15℃不易发病。IHN 通常发生在年幼的鲑形目鱼（Salmoniformes），但是鲟目（Acipenseriformes），鲽形目（Pleuronectiformes）和鲈形目（Perciformes）也对病毒敏感。该病主要流行于北美的西部，但有进口感染的鱼和鱼卵，疾病也传播到欧洲和远东地区。病毒的主要传播途径是水平传播，粪便、尿液、性腺分泌液和外分泌液都可以隐藏病毒，但也有通过带毒的卵垂直传播病毒的证据。

[分离与鉴定] 细胞分离（EPC）、免疫诊断（NT，IFAT，ELISA）和分子生物学方法（PCR，DNA 探针）等均能用于该病毒的诊断。详细试验方案见 OIE 公布的水产动物检测手册（http://www.ore.int/eng/normes/fmanual/A-summry.htm）。

[免疫性] 病毒的 G 蛋白能诱导机体产生免疫保护反应和中和抗体，因此被病毒感染后存活的鱼对 IHNV 有一定的抵抗能力。有研究表明，编码 G 蛋白的 DNA 疫苗能在虹鳟幼鱼体内诱导免疫保护和产生中和抗体。

艾特韦病毒（*Egtved virus*）

病毒性出血败血症（Viral haemorrhagic septicemia，VHS）可感染梭子鱼，此病最早于 1949 年在丹麦的 Egtved 地区发生，故亦称为艾特韦病。

[形态结构] 艾特韦病毒（EV）属弹状病毒，曾有学者提议叫艾特韦弹状病毒（*R. egtvedi*）。大小为（170～180）nm×（60～70）nm，含单链 RNA。

[培养特性] 病毒能在哺乳动物细胞株 BHK-21、WI-38 和两栖动物细胞株 GL-1 上生长，但更易在鱼细胞株如 BF-2、CHSE-214、EPC、FHM、PG 和 RTG-2 上生长，最大滴度可达 10^7PFU/mL 以上。感染病毒后的 RTG-2 细胞变圆，核固缩，并很快坏死崩解，在 15℃培养 3d 就能明显地看到空斑，坏死的细胞像分散的颗粒留在空斑内，与 IPNV 不同的是没有抵抗细胞，空斑周缘十分清晰。培养基的 pH 能影响 CPE 的产生，当 pH7.6 时 CPE 明显表现，而 pH7.6～7.8 时，生长温度范围为 4～20℃，产生最高病毒滴度在 10～15℃，在 20℃以上病毒失去感染力，但一株产生疫苗的耐热病毒株能在 25℃生长。

[理化特性] VHSV 的全基因组序列长 11 158 个碱基，编码 6 个基因。基因组序列分析结果表明，VHSV 和 IHNV 非常相似。病毒在氯化铯中的浮力密度为 1.69g/mL，在 5%～25%的蔗糖液中沉降系数为 38～40S，碱基成分：胞嘧啶 29.3%，腺嘌呤 23.6%，尿嘧啶 14.5%，鸟嘌呤 32.6%。

[抗原性] 病毒侵袭病鱼的各种组织，其中以肾及脾中含病毒量最高。欧、美和日本等地域有许多不同的 VHSV 分离株，在血清学水平上难以区分开来，但从基因型上有明显的地域差别。用核糖核酸酶保护试验（Ribonuclease protection assay，RPA）和序列测定的方法将 VHSV 分离株分为 4 个基因型：Ⅰ型包括欧洲淡水鱼病毒分离株和波罗的海海洋类病毒分离株；Ⅱ型包括在波罗的海循环的病毒分离株；Ⅲ型包括从北海、斯卡格拉克海峡（在丹麦日的蓝半岛与挪威南部之间）、卡特加特海峡（在瑞典和丹麦之间）海洋鱼类分离到病毒株；Ⅳ型包括北美的 VHSV 分离株。日本的 VHSV 有 2 个基因型，分别与欧洲和北美的分离株有亲缘关系。

[病原性] VHSV 是影响欧洲虹鳟（*Oncorhynchus mykiss*）养殖业的重要病毒病原，主要感染虹鳟鱼苗，死亡率高达 90%～100%，发病时养殖水温 4～14℃，一般在春天水温升高和波动较大的时候容易发病。在 1989 年以前，报道的 VHSV 主要感染淡水鲑类，但在最近十几年里，在太平洋和大西洋的北美部、北大西洋、北海、波罗的海和日本海域的野生海洋鱼类中分离该病毒的报道越来越多。目前已经证明有 45 种鱼可以被 VHSV 感染，这些病毒敏感宿主包括鳗鲡目（Anguilliformes）1 种，鲱形目（Clupeiformes）4 种，狗鱼目（Esociformes）1 种，鲈形目（Perciformes）6 种，鲽形目（Pleuronectiformes）7 种和鲑形目（Salmoniformes）7 种，鲉形目（Scorpaeniformes）2 种和刺鱼目（Gasterosteiformes）2 种等。通常海洋鱼类分离的 VHSV 对海洋鱼类有高致病力，对淡水鱼类有很低的或没有致病性。年幼的鱼对病毒更敏感，但高致病力的毒株能感染所有龄期的鱼类。

[抵抗力] 该病毒很脆弱，在 14℃蒸馏水中 24h，侵染率为 10%～20%；72h 侵染率仅 0.1%～1%；不耐热，3℃，15min，侵染率为 50%，45℃仅 0.01%～0.1%，60℃时为 0%；不耐酸，在 pH3 中 30min，侵染率为 0.01%；pH7.5 时侵染率为 100%，pH 11 时为 50%。类脂质溶剂可使病毒失去感染力，对乙醚很敏感，保存在 50%甘油中数天即使去感染力。在下列药品中 1min，病毒即失活：1%漂白粉溶液（12℃）、0.2%碳酸钠溶液、200mg/kg 季铵溶液、50mg/kg 碘液。在低温下感染力经久不变，病毒在鱼体内，在−20℃可保持数月；冻干两年后，侵染率为 50%。

[生态学] 重要的传染源是带病毒的鱼，病毒在池水中可长期保持感染力，因此发病池底泥及池内的无脊椎动物上都可能残留病毒颗粒，成为传染源；病毒不耐高温，人工喂养海鸥，在其排泄物中查不到病毒颗粒，因此不可能通过鸟或其他温血动物传播（携带除外）；病鱼产的卵表面带有病毒，在流水中孵出的苗上则没有发现有病毒，因病毒颗粒较大，只能附在卵膜表面，而不能进入卵的内部，所以 VHS 不进行垂直传播。

感染途径尚未完全查明，人工感染通常接触、腹腔注射及涂在鳃上均可获得成功。主要危害在低温季节淡水中养殖的虹鳟，全场 5cm 至体重 200～300g 的商品鱼受害最严重，人工感染可使河鳟、每周红点鲑、茴鱼、白鲑、湖红点鲑等发病，大鳞大麻哈鱼、银大麻哈鱼、虹鳟鱼银大麻哈鱼杂交三倍体杂交种不感染，Pfitzner（1966）报道温水性鱼类中的银鲫具有感受性。潜伏期的长短随水温、病毒的毒力、寄主年龄及鱼体抵抗力而异，一般为 7～15d，有时可长达 25d 以上；流行于冬末春初，水温在 14℃以下容易暴发，但也有在水温超过 15℃时零星发生的。该病最早在丹麦、德国流行，现已在捷克、斯洛伐克、法国、意大利、挪威、波兰、瑞典、比利时、瑞士等欧洲国家广为流行。

[分离与鉴定] 病鱼的主要症状为体表两侧出血，上下颌、吻部出血，胸鳍、背鳍基部充血，严重时患鱼部分鳞片脱落，有的溃疡。解剖病鱼，肝脏失血，肠管充血。可用 RTG‑2 细胞株分离病毒，观察 CPE，可作出进一步诊断。最后确诊，可以用直接荧光抗体法、间接荧光抗体法或抗血清中和试验，免疫组织学和 RT‑PCT。

[免疫性] VHSV 感染早期能诱导集体产生干扰素，被病毒感染后存活下来的鱼产生的中和抗体对病毒有抵抗能力。G 蛋白是诱导鱼体产生中和抗体的靶分子。在病毒感染过程中，虹鳟的脾和肾内一个被称作 vig‑1 的基因被激活而导致病毒的灭活，这个基因的表达有可能是由干扰素或 G 蛋白诱导的。

鲤弹状病毒（*Carp habdovirus*）

[形态结构] 鲤弹状病毒，大小为（90～180）nm×（60～90）nm，直径 70nm。为圆筒状，形如子弹。具囊膜，囊膜上具突起，病毒核酸为单链 RNA。

[培养特性] 病毒能在鲤鱼性腺、鳔初代细胞、BB、BF‑2、EPC、FHM、RTG‑2 等鱼类细胞株上增殖，并出现 CPE，其中在 FHM 和 EPC 细胞上增殖最好，BB 细胞上最差；病毒也能在猪肾、牛胚、鸡胚及爬行动物细胞株上增殖。最适生长温度为 20～22℃。病变细胞染色质颗粒化，分布在核膜边缘，细胞变圆，最后坏死脱落。在 20℃培养 3d 空斑直径达 2～3mm，但轮廓不清晰。

[理化特性] 该病毒在氯化铯中的浮密度为 1.95～1.20g/mL，在 15%～60%的蔗糖液中为 1.16 g/mL，在 5%～25%的蔗糖液中的沉降系数为 38～40S。不耐酸、碱和热，在 pH 7～10 中稳定。病毒在含 2%的血清培养液中稳定，冷冻干燥可长时间保存。

病毒的内核衣壳包含一个 RNA 蛋白复合物，由 L、N 和 P 蛋白组成。基因组大小 11 019bp，病毒基因组编码 5 个机构蛋白，基因顺序和典型的弹状病毒基因组相同，分别为 3′‑N‑P‑M‑G‑L‑5′，不含 nv 蛋白。短引导区和尾巴序列与水疱病毒属的相似。因此 SVCV 被列入水疱性病毒属的特定分离株。

[抗原性] VSCV 只有一个血清型，存在具有不同毒力的分离株。

[病原性] 此病是一种以出血为主的急性传染病，死亡率 80%～90%。在春季水温低于 15℃时，鲤鱼极易感染，水温超过 22℃就不再发病。大小不同的鲤鱼对本病毒均易感，由于季节的关系，以 9～12 月龄和 21～24 月龄的鲤鱼为主要受害者。此外，草鱼、白鲢、鲫鱼、须鲶也可自然感染发病。

病毒主要由水经鳃侵入鱼体。被感染鱼即出现以出血为主的病毒血症，病鱼表现为体色变黑、眼球突出，腹部膨胀，肛门红肿，鳃、皮肤、肌肉及各内脏器官均表现出症状。感染在秋季选种时，在第二年春水温上升时引起发病。本病毒为鲤春病毒血症的病原。

[抵抗力] 在鱼体内的病毒或在含 10%胎牛血清培养基中的病毒，于－70℃条件下，可存活 20 个月以上。在含 2%血清的培养基中的病毒可以通过冻干保存，但于 4℃ 3d，90%的病毒粒子失去感染性，该病毒在 pH3 时不稳定。45℃ 15min 被灭活。对乙醚敏感，在 pH3 中 30min，侵染率仅 1%；在 pH 7～10 中稳定，侵染率 100%；pH 11 时侵染率 50%～70%。对热敏感，加热 15min，45℃时侵染率仅 1%，60℃时为 0%。血清对病毒的侵染具保护作用，保存在含 2%血清培养液中的病毒，在 4 次冷冻和解冻过程中侵染率仅损失 10%，缺乏血清时则损失 95%；用冷冻干燥法可长时间保存病毒。在 FHM 细胞株上增殖的温度范围为 15～30℃，适温为 20～22℃，6℃不能增殖；保存在－70℃的鲤鱼组织内，或在含 10%胎儿血清培养液中，其感染力至少可维持 20 个月，而在－5～－20℃时感染力低下。

[生态学] 病鱼、死鱼及带病毒鱼是传染源，可通过水传播；病毒侵入鱼体可能是通过鳃和肠，鲺和蛭也有可能是其媒介者。人工感染还可使白斑狗鱼、草鱼、虹鳟等发病。人工感染的潜伏期随水温、感染途径、病毒感染量而不同，为 1～60d；在 15～20℃时潜伏期为 7～15d。流行取决于鱼群的免疫能力，血清抗体价在 1∶10 以上者都不感染，发病后存活下来的鱼很难再被感染。除采取一般卫生措施外，应为越冬鲤鱼清除寄生虫（鲤虱和水蛭），并可用消毒剂处理空塘。也可利用升高水温防止发病。也可用一些灭活疫苗和减毒疫苗，但效果不理想。

[分离与鉴定] 病鱼呼吸缓慢，沉入池底或是去平衡侧游；体色发黑，常有出血斑点，腹部膨大，眼球突出和出血，肛门红肿，贫血，鳃颜色变淡并有出血点；腹腔内积有浆液性或带血的腹水，肠壁严重发炎，其他内脏上也有出血斑点，其中以鳔壁为最常见；肌肉也因出血而呈红色；肝、脾、肾肿大，颜色变淡，造血组织坏死，心肌炎，心包炎。血红蛋白量减少，中性粒细胞及单核细胞增加，血浆中糖原及钙离子浓度降低。

①根据流行情况及症状进行初步诊断。②采集病鱼的内脏或鳔制成乳剂接种于 FHM 细胞或 EPC 细胞株分离培养，20～22℃培养 10d。一般接种后 3d，细胞出现病变。③用中和试验鉴定分离病毒。

[免疫性] 被病毒感染后成活的鱼产生中和抗体，因此有很强的抵抗力。

牙鲆弹状病毒（*Hirame rhabdovirus*，HIRRV）

1986 年，HIRRV 分离于日本养殖的日本牙鲆，1997 年分离于韩国的养殖牙鲆。该病毒引起的疾病症状与 IHN 相似，被感染牙鲆在鳍、肌肉和内脏器官出血和造血组织坏死。其病原为一种弹状病毒，其形态结构、大小和 IHNV 相似。

[形态结构] 牙鲆弹状病毒（HRV）大小 80nm×（180～200）nm。

[培养特性] 在 RTG-2 细胞中培养，出现与 IHNV 类似的细胞病变；5～20℃可生长，适温为 15～20℃，可在 FHM、EPC、RTG-2、BF-2、HF-1、BB、CCO 等细胞中复制并出现病变，但用 CHSE-214、KO-6、CHH-1 细胞培养不出现细胞病变；在 FHM 和 EPC 中的最高增殖量是 10^{10} $TCID_{50}$/mL。

[理化特性] 其全基因组序列已经确定，全长 11 034bp，含 NV 基因。全基因组序列分析表明，基因组与 HIRRV 蛋白一致率最高，VHSV 和 SHRV 也有很高的同源性，尤其在 L 蛋白序列上和 IHNV、VHSV 和 SHRV 的一致率分别达 92%、76%和 74%，但和水疱性口炎病毒的 L 蛋白质有 29%的一致率。

[抗原性] 从韩国分离到病毒株（HIRRV-like virus）与 HIRR 从临床症状、病毒形态和理化性质

等方面与从日本分离的HIRRV非常相似。研究表明，被感染的牙鲆白细胞和内脏器官表达干扰素诱导的Mx（Myx-ovirus resistance）蛋白，该蛋白可以在体内和体外抑制病毒的复制。

[病原性] 该病毒也感染香鱼、黑菱羊鲷和无备平鲉。

[抵抗力] 5℃时失活，对酸、乙醚敏感；50℃，2min，60℃，1min失活；对IUdR（50μg/mL）不敏感。试验证明HRV经浓度为5.0×10^{-5}的有机碘20min处理后不活化。

[生态学] 该病1984年起发生在日本养殖的牙鲆、香鱼幼鱼及黑鲷，流行水温为15℃左右。

[分离与鉴定] 病鱼体表及鳍充血，腹部膨大，肌肉出血，生殖腺瘀血；肾间质，特别是造血组织坏死严重，脾脏内实质细胞大面积坏死，肠黏膜层出血、细胞变性。

[免疫性] 该病毒不与IHNV、VHSV、SVCV、EVA、EVX等弹状病毒的抗血清中和；人O型红细胞凝集反应阴性；－80℃保存稳定。

第五节 淋巴囊肿病毒属（*Lymphocystivirus*）

[形态结构] 淋巴囊肿病毒（LCDV）Ⅰ型直径一般198～227nm，有的则达到380nm。用SDS-PAGE可以从纯化的病毒粒子中分离到33个结构多肽。病毒粒子表面有纤细丝状物，衣壳有两层蛋白。

[培养特性] LCDV可以在BF-2、LBF-1和CF细胞株上复制，生长温度20～30℃，最适温度为23～25℃。LCDV-C可以在草鱼卵巢细胞（GCO）增殖，细胞病变在接种后1d观察到，第3d达到75%，4d后没有进一步细胞病变，超微结构显示病变细胞出现染色质浓缩和边缘化、形成空泡、细胞表面凹陷等现象。

[理化特性] LCDV-1全基因组序列测定，长102 653kb，有195个可能的阅读框。基因组DNA有环状变换、末端重复和胞嘧啶高度甲基化特征。序列分析发现基因组编码的依赖于DNA的RNA聚合酶亚基、DNA聚合酶、蛋白激酶、核糖核苷酸还原酶、DNA甲基化转移酶、病毒衣壳蛋白、胰岛素样生长因子和肿瘤坏死同源物等基因。

[抗原性] 2004年中国研究人员又报道一株从日本牙鲆体内分离的LCDV，命名为LCDV中国分离株（LCDV-C），其全基因组序列长186 250bp，有240个可能的阅读框和176个不重叠的潜在基因。LCDV-C的基因组长度几乎是LCDV代表株基因组的2倍，176个潜在基因中有103个找到了LCDV-1的同源基因，而另外73个潜在基因中，有8个基因含有细胞基因的保守序列，其他65个基因在GenBank数据库中没有找到同源或相似基因序列。序列分析表明，尽管LCDV-C和LCDV-1属于同一进化分支，但两者在基因组序列、基因排列和基因相似程度上均有一定差别。

病毒对寄主有专一性，所以可能有许多血清型。

[病原性] LCDV是引起庸鲽、牙鲆和泥鲽囊肿的病原。LCDV-1感染庸鲽和牙鲆，LCDV-2感染泥鲽。迄今为止，已经从140多种淡水、淡盐水和海水鱼类分离到该类病毒。

[抵抗力] 病毒对乙醚、甘油和热敏感，对酸不清楚；对干燥和冷冻很稳定，冷冻干燥保存10年，病毒仍具侵染力，不发生血细胞凝集反应。病毒衣壳蛋白的外层可以被蛋白酶K消化；内层可以被磷脂酶A2消化。病毒对乙醚、甘油和热敏感，在干燥冷冻环境中稳定；不凝集和吸附动物红细胞。

[生态学] LDC是最早发现的鱼类病毒病。现在知道至少有34科97种野生和养殖的海水鱼、咸淡水鱼及淡水鱼类受害，其中主要是较高等的鲈形目。

[分离与鉴定] LCDV引起皮肤和鳍上形成单个或成串的透明囊。组织切片染色观察，淋巴囊肿常易与上皮囊肿相混淆，前者具有厚的透明囊，细胞中央有一个增大的核和核仁，胞浆内有多个嗜碱性包涵体；开始衰老的淋巴囊肿细胞可能缺乏核及包涵体，但大量嗜酸性胞浆是同质的。相反，上皮囊肿细胞有一个偏心的核及1个巨大颗粒状的嗜碱性包涵体。超薄切片、电镜可以观察到淋巴囊肿细胞内有大量二十面体的病毒粒子。

［**免疫性**］有研究表明：无外观症状的牙鲆血清中特异性抗体水平很低（平均 OD 值为 0.092），个别鱼体偏高，证明已感染 LCDV，处于潜伏期；患淋巴囊肿病且症状显现的牙鲆血清中特异性抗体水平升高（平均 OD 值为 0.165），患淋巴囊肿病后处于恢复期的牙鲆抗体水平最高（平均 OD 值为 0.231）；健康牙鲆接种 LCDV 灭活疫苗后，特异性抗体水平显著升高。

第六节　水生动物双 RNA 病毒属（*Aquabirnavirus*）

传染性胰腺坏死病毒（*Infectious pancreatic necrosis virus*）

传染性胰腺坏死病毒又名为鳟鱼传染性胰腺坏死病毒（*Infectious pancreas necrosis virus* of trout）。

传染性胰腺坏死病是鲑科鱼的一种高度接触传染性的急性病毒性疾病，主要发生于人工养殖的虹鳟鱼场，20 周龄以内（一指长，开食后不久）的虹鳟鱼苗最为易感。病鱼典型症状为游动异常，沿身体纵轴剧烈转圈，此后可能因衰竭而卧底不起，不久死亡。病鱼体色深暗，腹部膨胀，眼球突出。皮下出血，死亡率 10%～90%。剖检见胃及前肠中有黏稠的牛奶样内容物，并常见有出血斑。病理组织学变化主要是胰腺组织坏死，有时波及附近的脂肪组织，在变性的胰腺腺泡组织内，可见圆形或卵圆形的胞浆内包涵体。

本病最早于 1941 年在北美发现，Dobos 等建议 IPNV 为双 RNA 病毒属（*Birnavirus*）。1960 年证实其病原为传染性胰坏死病毒（*Infectious pancreasic necrosis virus*，IPNV）。此后传至欧洲。目前除澳大利亚和新西兰外，其他各产鱼国均有发现，是最重要的鱼病之一，许多国家均将本病列为鱼类进口的重点检疫项目。我国山西从日本进口的虹鳟鱼中也发生了此病，在台湾省从日本鳗及泥鳅分离到的适应于 30℃水温的毒株，对非鲑科鱼有致病性，令人关注。

［**形态结构**］病毒颗粒呈正二十面体，无囊膜，有 92 个壳粒，直径 50～75nm，衣壳内包有由 2 个片段组成的双股 RNA 基因，是已知鱼类病毒中最小的 RNA 病毒。

［**培养特性**］病毒易于适应新鳍类鱼的传代细胞培养物，最常用的易感细胞有 RTG-2、PG、RI、CHSE-214、AS、BF-2、EPC 等鱼细胞株，在其上增殖并出现 CPE；而接种到 CAR、CLC 及 CO 等鱼细胞株上无 CPE 出现，病毒滴度也低。生长温度为 4～27.5℃；如在培养时温度慢慢地升高，病毒能在 30℃生长；最适生长温度为 15～20℃。病毒在胞浆内合成和成熟，并形成包涵体。病毒生长在 RTG-2 细胞株上，24℃时 5h 内产生新病毒，而 15℃时产生新病毒须 8h，但此温度产生病毒量更多。病毒引起 RTG-2 细胞病变，26℃时在感染 9h 后出现，20℃在感染 18h 后出现，4℃需几天后才出现；20℃时 2～3d 就可看到空斑，核固缩，细胞变长，相互分离。并脱离瓶壁；但对病毒抵抗力强的细胞，核虽然已固缩，仍贴在瓶壁上，因此空斑大多呈网状，特别是空斑的边缘，健全和变形的细胞相互混杂。Ab 株不能在 FHM 细胞株上生长。来源于两栖类、鸟类或哺乳动物的细胞不能支持 IPNV 增殖。

病毒可在培养细胞上诱导产生干扰素，VR299 株在 FHM 细胞株上诱导干扰素的数量取决于温度，在 15℃、20℃、26℃、30℃中，26℃干扰素产量最高。干扰素对热、pH 不敏感，并具有不透析性，在高速离心下不沉淀，其活力易受胰酶和巯基乙醇影响，对 DNA 和 RNA 酶有抗性。在 RTG-2 细胞株上产生的干扰素的相对分子质量估计为 94 000。

［**理化特性**］IPNV 具有 4 种主要结构多肽，其相对分子质量分别为 VP1：94 000，VP2：54 000，VP3：31 000，VP4：29 000。VP1 是一种次要蛋白，既能以游离形式又能以结合蛋白形式与基因组 5′末端链接；VP2 为糖蛋白，是衣壳蛋白的主要成分；VP4 是 VP3 的裂解产物，而传染性法氏囊病病毒和果蝇 X 病毒的 VP4 是独特存在的多肽。基因组大片段为 3 097bp，内含 2 个在 5′端重叠的阅读框，其中大阅读框编码一个相对分子质量为 106 000 的多聚蛋白，后被蛋白酶剪切为前 VP2（63 000）、NS（VP4，29 000）和 VP3（29～31 000），在病毒粒子成熟过程中，前 VP2 进一步剪切成前 VP2（50 000～55 000）；小阅读框编码一个相对分子质量为 17 000 富含精氨酸的次要结构蛋白（VP5）。基因组小片段（2 784bp）编码转录酶（VP1，90 000～110 000），VP1 在体外能引导病毒 RNA 的合成。

IPNV 在氯化铯中，病毒的浮力密度为 1.33g/mL，沉降系数为 435S，病毒颗粒相对分子质量为 5.5×10^{7}，全部衣壳蛋白相对分子质量为 50.2×10^{6}；RNA 为 4.8×10^{6}，占病毒颗粒重量的 8.7%；RNA 在硫酸铯中的浮力密度为 1.60～1.615 g/mL，在蔗糖梯度溶液中沉降系数为 14S。病毒的结构蛋白按大小可分为三个等级：最大的一个多肽相对分子质量 105 000，占整个的 4%，它是连接 RNA 的多聚酶；中等大小多肽相对分子质量 54 000，占总重的 62%，它是主要的壳粒蛋白，抗体由它刺激产生；两个内部的小蛋白相对分子质量分别为 31 000，占总重 28%和 29 000，占总重 6%。

［抗原性］ 1985 年 Hill 将所报道的毒株重新分类，按其血清学关系分为两组，第一组有 9 个血清亚型，第二组有 1 个亚型。又根据抗原性的差异，将传染性胰坏死病毒分为 3 个亚型，即 IPNV - Sp、IPNV - Ab、IPNV - VR299，前两株作为欧洲毒株的代表，后一株作为美洲株的代表，这些株在血清学上、敏感性上及病原性上都有些不同，据江育林等（1989）报道，我国山西省分离到的 IPNV 在血清学交叉中和反应中与抗 IPNV - Sp 株的抗血清有强烈的交叉反应，显示为 IPNV - Sp 株。童裳亮等（1990）报道山东省的为 IPNV - VR299 株。

已在实验室内证实 IPNV 血清型间的基因片段重组。

毒株间的毒力亦有较大的差异，在自然条件下 IPNV - Sp 株的毒力较强，经细胞培养传代可致弱，最终变为无毒株。IPNV 中的一些分离株（如 IPNV - Sp、IPNV - Ab 及 IPNV - WB）在 pH6.0 的条件下能凝集某些品系小鼠（BALB/C）的红细胞。

［病原性］ 病毒主要危害鲑科鱼，20 周龄的虹鳟鱼最为易感。成年鲑科鱼感染后常无症状，成为带毒者，此种鱼在疫区占有相当比例，终身排毒。主要经粪、精液或卵，尿也有传播。粪的含毒量很大，污染池水中的病毒高达每升 10^{5} $TCID_{50}$。非鲑科鱼及贝类可能作为病毒贮主，但从它们体内所分离到的毒株对虹鳟多不致病。

水温对鱼病来说至关重要，已证实感染 IPNV 的虹鳟鱼苗在 6℃下死亡率要大大低于在 10℃的死亡率，而在 16℃时则完全没有损失。河鳟也有类似情况，在 10℃时感染 IPNV 的死亡率为 74%，15℃时为 46%，而在 4.5℃时所有鱼都能耐过，这是因为 15℃是鱼体免疫防卫的最佳温度，而在 4.5℃则抑制了病毒的复制。

病毒经水平和垂直途径传播，潜伏期短，典型者只需 3～5d，最初入侵的门户为消化道或鳃。病毒对胰腺、性腺及肾组织有亲嗜性。

近年来研究发现这种病毒有非常广泛的感染谱。据统计，目前已发现本病毒感染的动物至少有一种环口动物、37 种硬骨鱼、6 种贝类、2 种蜗牛及 3 种虾。不仅能感染淡水鱼，也能感染咸水鱼；除冷水鱼外，在 30℃高温生长的日本鳗及泥鳅也发现有感染。

［抵抗力］ IPNV 对环境因素的抵抗力极强，是已知鱼类病毒中最稳定的。在水中存活时间可超过 230d，在黏液中超过 210d。对乙醚及氯仿不敏感，对甘油也很稳定，能保存在 50%甘油中 4℃存活 2 年半；pH 的忍耐范围是 4～10；较能耐高温，在 60℃的生理盐水中 30min 才失活；在过滤除菌的 4℃水体，感染力可保持 5～6 个月以上；在 10℃自来水中，可保持 7 个月以上；但在未经处理、且有藻类的水中，14d 后就不能检测到病毒；大部分株能耐－20℃以下低温，冷冻干燥后，保存在 4℃，至少在 4 年内不丧失感染率。对酸不敏感，pH3 中 30min，侵染率为 100%；对碱敏感，pH11 时侵染率仅 0.01%。氯、3%福尔马林、2%烧碱、有机碘、臭氧和 pH 在一定浓度和时间下都具有杀病毒作用。

［生态学］ 传染性胰腺坏死病（IPN）病最早在北美发现，现已传播到欧洲和亚洲，主要发生在人工养殖的虹鳟鱼场，20 周龄以内的鱼苗最敏感。水温在 10℃左右时最易发病。敏感宿主主要是鲑科鱼类，但也感染鲑科以外的淡水和海水鱼类。病毒可通过带毒鱼的粪便、尿液和性腺分泌物排入水中，进行水平传播，鸟类、水环境的一些生物是病毒携带者，也会传播病毒。另外，病毒还能通过带毒鱼卵进行垂直传播。

［分离与鉴定］ 临床上病毒性出血性败血症病毒（VHSV）、传染性造血器官坏死症病毒（IHNV）都能感染虹鳟等鲑科鱼，引起与传染性胰腺坏死病相似的症状，确诊必须依靠病原分离与鉴定或血清学

检查。

(1) 病原分离与鉴定 采集病鱼的脏器、粪液或卵液，供诊断用。带毒鱼则多采集其粪、精液或卵液。脏器的含毒量以肾最高，其次为胃、肝和脾，肌肉的含毒量最低。脏器制成匀浆后，再做 1∶10 或更高稀释后才可接种细胞分离病毒；粪至少应作 1∶20 至 1∶50 稀释，以降低其毒性；卵液或精液不必稀释可直接接种细胞。

分离病毒首选的敏感细胞为 CHSE-214 或 RTG-2，置 20℃孵育，5d 后如仍不出现细胞病变则盲传数代，即可能产生明显的病变，进一步用免疫荧光试验、ELISA 或中和试验确诊。

有报道，直接将病鱼或带毒鱼的内脏用胰蛋白酶消化，或由带毒鱼分离到白细胞，与 RTG-2 同步混合培养，分离效果最好，此法比直接接种肾组织悬液敏感 2 倍。

(2) 血清学检测 最常用的方法为中和试验、荧光抗体法、ELISA 及 SPA 协同凝集试验。中和试验鉴定分离株应采用 IPNV 多价抗血清。进一步鉴定分离株的血清型则需要用特异性血清作中和试验。荧光抗体可用直接法或间接法检测抗原以及培养的感染细胞、感染鱼的组织材料等。ELISA 法适用于流行期大量样本抗原的检测，检测的灵敏度为 $10^{3.5}\sim10^{5.5}$ $TCID_{50}$。SPA 致敏 IPNV 抗血清后，作凝集试验能直接快速地检测样品材料中的病毒。

IPNV 抗体检测缺乏实际意义，一方面由于耐过 IPNV 感染的虹鳟血清内的抗体可持续数年，另一方面 IPNV 的带毒者不含或只含滴度很低的抗体。此外，正常虹鳟血清中还存在非特异的抗病毒成分，即是稀释至 1∶5 000 仍能中和 IPNV 细胞适应毒，所以在大多数情况下难以判断抗体的水平及其意义。

在肝质细胞中能观察到病毒粒子，从超微结构水平上，在胰肝和肾脏组织中都能观察到 IPNV，在被感染细胞的细胞质中，病毒粒子披有一层膜，成晶格排列，被感染鱼的组织中，病毒的滴度高达 $10^{7}\sim10^{10}$ $TCID_{50}$/mL。

[免疫性] 人工感染的虹鳟在 10℃水温的环境中约 30d 后产生 IPNV 中和抗体，抗体为类似 IgM 的四聚体球蛋白，在 12～14 周后达最高滴度，此后长期存在，可持续数年，但是中和抗体的真正意义尚不完全清楚。不同亚型之间没有交叉免疫作用，例如耐过 IPNV-Ab 感染的虹鳟对 IPNV-Sp 毒株仍易感。免疫可以被动传递，但已不存在母源抗体。在正常虹鳟血清内还存在一种能中和 IPNV 的蛋白质—6S 因子，它与抗体不同，被认为是非特异性抗病毒因子。VP2 和 VP3 都具有免疫原性，且 VP3 的免疫原性更强。

免疫预防尚处于试验阶段，发病鱼池可用有机碘做消毒剂；降低水温，有时也可见效。

第七节 杆状病毒属（*Baculovirus*）

斑节对虾杆状病毒（*Monodon baculovirus*，MBV）

[形态结构] 斑节对虾杆状病毒属杆状病毒科。双股 DNA，病毒颗粒杆状，具囊膜，平均大小（324±33）nm×（75±4）nm，核衣壳长（246±15）nm，直径（42±3）nm，囊膜（横切面）厚（17±4）nm。在长毛对虾体内的病毒颗粒略小，大小为（265±12）nm×（48±4）nm。病毒在对虾的肝胰腺和前中肠的上皮细胞核内形成球形嗜酸性包涵体。

MBV 多角体晶格结构由大小为 21～23nm 的结构蛋白组成，Bonami 等认为 MBV 多角体完全由有 12 个蛋白亚单位组成的空心的“玫瑰花结”结构排列而成，每个“玫瑰花结”由 4 个三重体组成，在这种“玫瑰花结”结构里，只有 1 个真正的三重体坐落在 1 个环的顶端或底部，而这个环是由其他 3 个三重体的 6 个亚单位组成，这 3 个三重体的另 3 个蛋白亚单位相互连接形成 1 个假的三重体，和真正的三重体呈相对方向。MBV 的多角体就由这些“玫瑰花结”按紧密-疏松交替顺序堆积而成，每一个“玫瑰花结”与它周围的上、下、左、右平面里的“玫瑰花结”共享一个蛋白亚单位，在 MBV 的多角体结构里，每一个蛋白亚单位与 8 个蛋白亚单位相邻，排列后形成的蛋白亚单位行列相互切割形成在电镜下观察到 60°角。

[培养特性] MBV在细胞内的感染有明显的3个阶段：第一阶段表现出肝胰腺细胞略微增大的细胞核，有少量完整的病毒粒子，但不含包涵体；第二阶段靶细胞核肿大，病毒的包涵体形成并拥有完整的病毒粒子，但不含包涵体；第三阶段靶细胞核里充满病毒的包涵体和游离病毒粒子，随着第三阶段的出现，细胞肿胀、坏死和裂解或释放病毒粒子和包涵体。在细胞内，病毒粒子的直径为（320±33）nm，长度为（75±4）nm，核衣壳的直径为（236±15）nm，长度为（42±3）nm。细胞外，负染的病毒粒子囊膜在一端有突起，长度为265～282nm，直径为68～77nm，核衣壳表面有交叉的花纹结构，长度为250～269nm，直径为62～68nm。

MBV在靶细胞内形成不规则的球形多角体、被病毒感染的细胞核肿大。多角体用H.E.染色时颜色很浅，姬姆萨染色呈深颜色，孔雀绿染色可以区分染色深度多角体和染色浅的脂肪粒，过碘酸-烯夫染色反应阴性，福尔根染色呈弱阴性反应。

[理化特性] 提纯的MBV粒子在SDS-PAGE中表现出一条相对分子质量为58 000的主要多肽，其基因组经*Bam*H Ⅰ内切酶切割后估计的长度为160kb（58×10^3～110×10^3）。

[抗原性] 关于MBV血清学性质，Vickers等用AcNPV多角体蛋白的抗血清与MBV的多角体蛋白进行结合实验，结果表明二者具有某些共同的血清学特性。而由BP和MBV制备的核酸探针进行的杂交结果却表明，MBV和BP是两种不同的对虾杆状病毒，但没有进行二者基因组序列的深入研究。根据已有的生物学证据，国际病毒学命名委员会已将BP和MBV划分到杆状病毒科的核型多角体病毒属。

有研究报道：比较我国沿海不同海域对虾白斑综合征杆状病毒3个分离株：即唐海分离株（渤海湾），宁波分离株（东海），深圳分离株（南海）的同源性，3个WSSV分离株基因组的限制性内切酶（*Sac* Ⅰ，*Hin* dIII，*Pst* Ⅰ）酶切多态（RFLP）以及病毒结构蛋白图谱完全一致，证实造成我国从南至北对虾暴发性流行病的对虾白斑杆状病毒为同一种病毒。利用高保真Taq酶，分别以报道的日本对虾杆状病毒（RV－PJ＝PRDV），斑节对虾白斑综合征杆状病毒（WSBV＝PmNOBⅢ）基因组核酸片段特异性引物进行PCR扩增，结果均能从中国对虾白斑杆状病毒（WSSV）基因组中扩增得到相应大小的PCR产物，扩增产物序列分析表明中国对虾白斑杆状病毒（WSSV）与斑节对虾白斑综合征杆状病毒（WSBV＝PmNO BⅢ），日本对虾杆状病毒（RV－PJ＝PRDV）同源率分别为100%与97%，其结果为证实亚洲及太平洋地区对虾白斑综合征杆状病毒为同一种病毒或同一种病毒的不同株系提供了证据。

[病原性] MBV危害斑节对虾的幼体、仔虾和成虾，其中对仔虾危害最大，通常死亡高峰出现在幼体后30d左右的仔虾，100d以后死亡率才逐渐降低，并可延续至成虾。MBV的靶细胞组织是对虾后期幼体、子虾和成虾的肝胰腺小管和导管上皮组织以及对虾后期幼体的后中肠上皮组织。

[抵抗力] 有研究表明：将部分纯化的WSBV暴露于不同理化条件下，通过人工感染的方法测定WSBV的感染力。结果表明，病毒在纯水中1h能保持感染活性，但在3mol/L NaCl的高盐溶液中1h失去感染力；WSBV在30℃中4h感染活性丧失，在70～90℃中10min均失去感染力；当环境pH为5以下或12.6以上时，WSBV在1h后丧失感染活性；NP-40，Triton X-100，甲醛等均能灭活WSBV。

[生态学] 斑节对虾的整个生活期都可以感染MBV，但死亡率与养殖环境有很大关系。池塘养殖的早期也有发生大量死亡的病例，但如能控制较适宜的水质和其他微生物的继发感染，带毒虾仍能生长，只是养殖群体中的个体生长差异较大，出现所谓“公孙虾”。

该病流行于墨西哥、菲律宾、法属波利尼西亚群岛、马来西亚及我国的台湾省。该病死亡率低，有时只检查到肝胰腺发生病变。病虾肝胰腺细胞核中的病毒颗粒，随寄主细胞的坏死，与细胞残片一同被排出体外，再感染其他健康虾。

[分离与鉴定] 早期感染的肝胰腺和前中肠的上皮细胞，胞核略肥大，核仁移至边缘，染色质边缘化；感染后期，胞核更加肥大，核内常可看到1个或多个圆形或椭圆形的嗜酸性包涵体，核及细胞结构被破坏，坏死的细胞周围有多层淋巴细胞围绕。在电子显微镜下可看到包涵体及核质中有许多杆状的病

毒颗粒。

在载玻片上加一滴0.1%孔雀绿水溶液，然后放入病虾的肝胰腺一小块，盖上盖玻片，压成薄片，在光镜下检查，如发现核肥大，核内有绿色的圆形或椭圆形的包涵体，可作出进一步诊断（病毒包涵体呈绿色，核仁及脂肪滴则呈淡绿色）。

取病虾的肝胰腺进行石蜡切片，H.E.染色，发现上皮细胞核肥大，核内有1个或多个球形的嗜酸性包涵体；电镜超薄切片检查，看到包涵体和核质中有许多杆状病毒，即可做出诊断。

也可采用组织切片法，受MBV感染的肝胰腺以及前中肠上皮细胞的细胞核明显肥大，内有单个或多个包涵体，使染色质减少并向边缘迁移。包涵体用H.E.染色呈亮红色。

也可以采用PCR方法进行判定。

虾杆状病毒（*Baculovirus penaei*，BP）

［形态结构］虾杆状病毒属杆状病毒科。双股DNA，杆状，具囊膜；核衣壳平均长度为269nm，平均直径50nm，核衣壳加上囊膜的平均直径是74nm。

［培养特性］BP感染的细胞部位是肝胰腺上皮细胞和中肠上皮细胞的细胞核并形成多角体。BP的多角体是由三角形的侧面形成的金字塔形的四面体，用新鲜研磨的组织碎片在光镜下即可以看到。从金字塔的顶部到底的高度为0.5～0.2μm。包涵体是四面体或三锥的金字塔形，多角体用汞溴酚蓝染色时呈淡蓝到深蓝，用甲基绿和焦宁染色呈亮红色，说明多角体有核糖蛋白存在，PAS反应呈阴性，大部分为福尔根阴性反应，用H.E.染色时呈嗜碱性反应，多角形核内包涵体呈晶格构造，是由圆形的亚基整齐排列组合而成。

在细胞内，成熟的BP多角体包含有杆状的、具囊膜的核衣壳，有些病毒粒子在一端会出现突起的结构，病毒粒子的长度为260～320nm，直径为50～80nm。多角体的晶格结构由15～18.5nm的蛋白亚单位排列组成网格结构。在高倍镜下，可以看到这些对称的、球形的蛋白亚单位有一个电子密度高的外壳和电子密度低的核心。它们呈平行的线性排列，这些线性排列行可以被想象为等腰三角形切割。Bonami等提出了BP多角体晶格结构的模型，他们认为，BP多角体的晶格结构是由三个蛋白亚单位组成的三重体，从3个方向交替排列形成的。这种排列不仅形成多角体的四面体结构，也形成了呈60°切割的亚单位排列线。以这种方式排列的结果是，每一个亚单位要与相邻的12个亚单位接触。在多角体晶格里，一些病毒粒子被包围在网格结构内，一些病毒粒子被包含在网格的周围，每一个囊膜包含一个病毒核衣壳。

在细胞外，负染的病毒粒子在一端有一个尾巴状结构，另一端有一个小的突起，核衣壳表面有交叉的花纹结构，两端稍微变窄为平头。负染的病毒粒子长度为312～320nm，直径为75～87nm，核衣壳的长度为306～312nm，直径为62～68nm。

［理化特性］提纯的BP病毒粒子的氯化铯浮密度为1.265g/cm³，估计的DNA长度为114kb，其中40%的基因组片段已被克隆，部分基因组片段已被用来制备探针进行BP的早期诊断。用12%的聚丙烯酰胺进行SDS-PAGE确定了BP的多角体蛋白由一条相对分子质量为52 000的多肽组成。

［抗原性］用抗苜蓿银纹夜蛾核型多角体病毒（*Autographa californica nuclear polyhedrosis virus*，AcNPV）多角体蛋白的抗血清与BP的血清学反应表明，BP的多角体蛋白和AcNPV多角体蛋白具有某些共同抗原决定簇，同时发现二者之间具有不同的抗原决定簇。但没有文献报道该病毒的基因组与昆虫杆状病毒的基因组进行比较的结果。

在电镜下观察，BP的易感细胞是肝胰腺的吸收细胞，其次是胚胎细胞和分泌细胞。病毒颗粒在肝胰腺及前中肠上皮细胞核内增殖，平常观察到BP在肝胰腺上皮细胞形成多角体的情况比在中肠细胞普遍的多。

［病原性］BP可感染桃红对虾、褐对虾、白对虾（*P. setiferus*）、万氏对虾、蓝对虾（*P. stylirostis*）、长毛对虾（*P. penicillatus*）、许氏对虾（*P. schmitti*）、缘沟对虾、加州对虾（*P. californiensis*）以及

P. paulensis 和 *P. subtilus* 等十几种对虾。

BP对不同种类的对虾的病原性有较大差异，上述种类中以对桃红对虾、褐对虾、万氏对虾和缘沟对虾的危害较大。Overstreet 和 Howse 经多年的调查发现，美国密西西比河口的野生白对虾未被 BP 感染；而同一地区的某些褐对虾却受 BP 轻度至中度感染；LeBlane 用 BP 对褐对虾和白对虾等的经口感染也得到相似的结果：褐对虾的感染率为 25%，而白对虾却未被感染；郑国兴用不同家系的万氏对虾经口作 BP 感染试验，证实相同家系来源的幼体感染率比不同家系来源的幼体高 3.5 倍以上。

幼体受害较为严重，是育苗期间的严重疾病之一，通常表现为急性死亡。随着日龄的增长，感染率和死亡率逐渐降低。LeBlane 和 Overstreet（1990）对不同日龄的万氏对虾的经口感染试验表明，3 日龄的后期幼体（PL3）的感染率达 100%，PL30 和 PL42 的感染率分别降低为 30%和 42%，而 PL120 和 PL157 的成虾感染率只有 10%和 20%。

[抵抗力] IHHNV 是目前已知最小的对虾病毒，对虾杆状病毒（BP）的大小介于 IHHNV 和 WSSV 之间，日本对虾幼虾的 BMNV 在 4℃下用乙醚处理活不到 18h；在 25%、12.5%、0～6.0% NaCl 溶液中分别于 10h、24h 和>24h 内不再活动。当 pH 为 1、1.5～2.0、2.5、3～4 时，BMNV 分别在 10、30、60 和 180min 内不再活动。在 15W 灯、距离 30cm 的条件下照射 30min，或在 30℃、45℃、50～55℃、60℃下，晒 3h，120min，30min 和 5min 后，BMNV 不再活动而失活。斑节对虾白斑综合征杆状病毒经紫外线照射 60min 后失去感染力；在 55℃和 70℃下分别处理 90min 和 5min 失去致病力；在 25℃时，在 pH 为 1 时 10min、pH 为 3 时 1h、pH 为 12 时 10min 失去感染能力；臭氧为 0.5g/mL 10min、1.0×10^{-4}次氯酸钠和聚乙烯铜碘、7.5×10^{-5}新洁尔灭处理 10min，可以杀死这些杆状病毒；0～10%氯化钠无杀病毒作用。

[生态学] BP 可经口感染，通过消化道侵害肝胰腺和中肠上皮。本病的病理变化以肝胰腺和中肠上皮细胞核内存在数量不等的金字塔状的包涵体为特征。病毒在细胞核内复制，自由存在或胶合于包涵体内，随着病毒的复制和增殖，包涵体体积增大及数量增多，细胞核体积增大、破裂，病毒包涵体被释放到腺腔内，并通过消化道排出体外。根据 Couch（1974）的研究，受 BP 感染的桃红对虾肝胰腺上皮的细胞病理变化经过 3 个阶段：早期、中期和发展期。早期可见细胞核胀大，异染质减少，核质分化成颗粒区和纤维基质区，随后核质中出现少量病毒核心或类核体的小体，提示病毒的早期发生。早期仅可见少量的病毒粒子。细胞病变的中期以细胞核胀大和细胞膜增生为特征。病变细胞的细胞核比正常细胞核大 1.5～2 倍。核基质畸变，异染色质减少，核仁崩解，核膜增生变厚。此阶段可见少量不含包涵体的病毒颗粒。发展期是在中期细胞膜增生的基础上进一步发展，使细胞膜变成多层膜，同时与细胞质分离，细胞核内出现包涵体，包涵体迅速增大，从而使细胞核破裂，细胞崩解。

[分离与鉴定] 取病虾鲜肝胰腺组织，加 1 滴 0.1%孔雀绿水溶液，压成薄片，用光镜检查。包涵体被染成绿色，颜色比肝胰腺中其他球形物，如核仁、脂肪滴的颜色深。

按常规方法制备病虾肝胰腺组织切片，在光镜下检查，发现上皮细胞核肥大，核内有一个或多个球形嗜酸性包涵体，核及细胞结构被破坏，坏死的细胞周围有多层细胞围绕。

制备病虾中肠腺的超薄切片，用透射电镜检查，在包涵体和核质中可看到许多杆状病毒颗粒。

中肠腺坏死杆状病毒（*Baculoviral midgut gland necrosis virus*, BMN）

中肠腺坏死杆状病毒病（BMN）又称中肠腺白浊病，1971 年首先发现于日本山口县，1975 年，山东等地饲养的日本对虾发病。BMN 通常感染 9mm 以下日本对虾的糠虾、仔虾及幼虾期，死亡率可达 90%以上。

[形态结构] 中肠腺坏死杆状病毒属杆状病毒科（Baculoviridae）。双股 DNA，病毒颗粒杆状，大小为 310nm×72nm；核衣壳长 250nm，直径 36nm；有内外两层囊膜，多数囊膜略有些凸起，有的则有些凹进，凸起囊膜的平均直径是 130nm，未发现包涵体。

[培养特性] 取仔虾的中肠腺压片，使中肠腺成薄膜状，可见细胞内有大小 10～30μm、轮廓分明

的圆形或长椭圆形白色物体，即肥大的中肠腺上皮细胞核，以此可判断为核内繁殖病毒颗粒所致。

［抵抗力］ 病毒在25℃海水中可存活7d，用含氯消毒液和紫外线均可灭活此病毒。

［生态学］ 中肠腺白浊病于1971年在日本山口县首先被发现，以后在日本南部海岸的各对虾育苗场相继发生，是日本对虾育苗期危害最大的疾病之一，流行于5～9月，主要危害幼体及仔虾，特别是糠虾幼体和幼体后2d对病毒特别敏感，幼体后8～9d累计死亡率可高达90%。带病毒的亲虾是本病的主要传染源，该病毒在幼体中肠腺上皮细胞核内增殖，使核肥大、崩溃，病毒颗粒随上皮细胞的坏死而被排出体外，释放于水中，成为新的传染源。Sano等将病虾的中肠腺喂给健康幼体吃，或把从病虾中肠腺制成的病毒悬液添加到饲养健康幼体的海水中，都能使健康幼体患病，感染后第4天的死亡率分别为83%和51.5%。初期仔虾受害严重，但能否危害成虾以及环境因素与发病的关系，仍不太清楚。

［分离与鉴定］ 患病幼虾无力地漂浮水面，行动迟缓，或弯成弓形，有的头朝上垂直在水中打转。病毒的感染靶器官是中肠腺，患病虾苗中肠腺白浊、软化，并扩及肠道变白。肝脏较柔软，有的有褐色或黑褐色素沉积，有时消化管上有白色或粉红色线状物。肝脏组织切片，可见上皮细胞排列紊乱，细胞核明显肥大，呈现无构造性病变。有不同程度的坏死或变形细胞，但不形成包涵体。肝脏触片或肠道有时见大量的革兰阴性短杆菌，但无细菌病变的直接证据，故认为是继发性感染。

日本虾病专家挑山和夫介绍用新鲜中肠腺暗视法，可方便、迅速、正确地获得诊断。其方法是：首先在滴加少量海水的载玻片上，放入病虾苗，用两支解剖针在解剖镜下尽量完整地取出中肠腺，盖上盖玻片，将中肠腺压成薄片，用暗视野显微镜观察，如看到大小10～30μm、轮廓清晰的圆形或长椭圆形的白色物体，这些白色物体就是感染了病毒而肥大的中肠腺上皮细胞核。福尔马林固定的标本也可用此法诊断。

第八节　虹彩病毒属（*Iridovirus*）

日本鳗虹彩病毒（*I. japonic anguillarum*）

［形态结构］ 日本鳗虹彩病毒大小为100～200nm。

［培养特性］ 能在EPC和TG-2细胞株上复制生长并产生细胞病变，最大滴度10^7 $TCID_{50}$/mL，生长温度范围15～20℃。该病毒在日本鳗的EK-1及EO-2细胞株上复制生长更好。

［病原性］ 可引起日本鳗虹彩病毒病，患病鱼表现为体色发黑，游动无力，有些病鱼鳃上有黑褐色颗粒，有出血现象，内脏器官褪色，脾脏肿大。水温为20～25℃时易发此病。

［抵抗力］ 日本鳗虹彩病毒（EV-102）对热、酸和乙醚敏感。—80℃中保存后，人工感染日本鳗，可引起发病死亡。

［免疫性］ 注射细胞灭活疫苗，可有效地防治此病的发生。

第九节　戊型反转录病毒属（*Epsilon retrovirus*）

大眼梭鲈鱼皮肤肉瘤病毒（*Walleye dermal savoma virus*）

最早关于鱼皮肤肉瘤由反转录病毒引起的证据，是在北方梭子鱼的淋巴肉瘤内检测到反转录酶的活性并观察到Type-C病毒粒子，这种在梭子鱼皮肤上的赘生物具有季节周期性。病原及所致疾病为梭鲈皮肤增生病毒1型和2型（*Walleye epidermal hyperplasia virus* type 1，WEHV-1；*Walleye epidermal hyperplasia virus* type 2，WEHV-2）和梭鲈皮肤肉瘤/增生病（WDS/WEH）病毒。

［理化特性］ WEHV-1和WEHV-2全基因组序列已经确定，分别为12 999和13 125kb，这两种病毒的基因组序列的同源性及其与WDSV的同源性非常高。病毒基因组除了编码核心蛋白基因（*gag*）、聚合酶基因（*pol*）和囊膜蛋白基因（*env*）外，还有开放阅读框A、B和C，ORFA和ORFB相邻，处于env基因的下游。该基因在生物进化中非常保守，但基因功能还不清楚。

[抗原性] 现分离两种 WEHV（WEHV-1 和 WEHV-2）和一株 WDSV，多聚酶基因序列表明，两种 WEHV 的一致率为 77%，和 WDSV 的多聚酶基因序列一致率为 64%。WDSV 和 WEHV 还编码 D-细胞周期蛋白同源物——反转录病毒细胞周期蛋白，并且在正在生长的肿瘤内检测到病毒编码的细胞周期蛋白的 mRNA。WDSV 的细胞周期蛋白基因在转基因小鼠体内引起典型的皮肤增生现象，辨明病毒编码的细胞周期蛋白基因在鱼肉瘤形成过程中可能起重要作用。

[生态学] WDS 和 WEH 于 20 世纪 60 年代就有报道，最早在纽约奥奈达湖底梭鲈体表发现，随后在北美的梭鲈也有报道，这两种疾病的病灶均在皮肤。在奥奈达湖春季捕获的产卵梭鲈中，有 30%的梭鲈呈现皮肤肉瘤，10%表现皮肤增生。病灶可持续整个春季，在秋季出现多处轻微的空泡化的肿瘤病灶，皮肤增生在秋季就能观察到多处皮肤异常增生，增厚的皮肤形成明显的斑块。恢复期的皮肤肉瘤出现在春季梭鲈产卵时，病灶部位软化、颜色变淡而退化。皮肤增生在春季梭鲈产卵时观察不到明显的回复现象。没有报道这两种疾病导致梭鲈死亡的情况。梭子鱼淋巴肉瘤病毒是诱导野生脊椎动物产生赘生物的原因，流行于北美、瑞典和芬兰。

第十节　传染性鲑贫血病毒属（*Isavirus*）

传染性鲑贫血症病毒（*Infectious salmon anemia virus*，ISAV）

[形态结构] ISAV 呈多形态，直径 80～120nm，表面有蘑菇状突起是该病毒的特征，与表面有棒状突起的流感病毒有明显的形态区别。

[培养特性] ISAV 在 10～15℃能在鲑肾细胞（SHK-1）和大鳞大麻哈鱼（CHSE-214）增殖，大西洋鲑（AS）和大西洋鲑肾（ASK）细胞也能增殖病毒。15℃时病毒可在 SHK-1 细胞内产生大量的多形态病毒粒子，25℃没有病毒粒子复制，在培养基内加入胰蛋白酶能增强病毒的复制。

[理化特性] 在蔗糖和氯化铯中的浮密度是 1.18g/cm^3，SDS-PAGE 可以区别病毒粒子 4 条主要结构多肽（相对分子质量分别为 71 000，53 000，43 000 和 24 000）和 3 个次要结构多肽。ISAV 的基因组序列和编码的蛋白已经被确定，病毒基因组总长度为 14.5kb，包含 8 个 1.0～2.4kb 的基因组片段，片段 1～6 只有一个阅读框，分别编码 P1，PB1（依赖于 RNA 的 RNA 聚合酶），NP（衣壳蛋白），P2，P3 和 HA（红细胞凝集素酯酶），片段 7 编码蛋白 P4/P5，片段 8 编码蛋白 P6/P7。已经确定的是：片段 2 编码 PB1 蛋白；片段 3 编码 71 000 蛋白，是病毒的衣壳蛋白，氨基酸序列中有保守的 RNA 结合序列和核定位信号序列；片段 5 编码 53 000 蛋白，功能未知；片段 6 编码 43 000 蛋白，是病毒的红细胞凝集素酯酶；片段 8 编码 24 000 蛋白，被认为是基质蛋白。另外，基因序列分析还表明，RNA 的末端和流感病毒在序列和二级结构上相似，预示着 ISAV 的复制机制与其他正黏病毒相似。

[抗原性] ISAV 欧洲分离株与北美分离株存在着明显的地域差别，已经发现不同分离株拥有不同的基因型。

[病原性] 病毒主要感染鲑，虹鳟和大西洋鲱对 ISAV 敏感，但不表现临床症状，可能作为病毒的传播载体。感染实验证明，鲑鱼虱子能传播病毒。系统性的感染对动物可能是致死的，死亡率为15%～100%。临床症状包括腹水，充血，肝变暗，肝肾肿大和腹膜有斑点，还可观察到眼出血症状。典型发病的鱼表现为肝细胞崩解、坏死和肾小管出血和坏死。

[抵抗力] 病毒对氯仿、热和酸性 pH 敏感，能凝集鱼类红细胞，不能凝集哺乳类动物和鸟类的红细胞。

[生态学] 传染性大西洋鲑（*Salmo salar*）贫血症自 1988 年开始一直是挪威重要的鱼类疾病，造成大西洋鲑重大经济损失。该病 1996 年在加拿大报道，两年后其病原 ISAV 在苏格兰的大西洋鲑中被检测到，2001 年在智利的银大麻哈鱼（*Oncorhynchus kisutch*）中也分离到，在英国和美国均有报道。

[分离与鉴定] 病毒诊断借助于感染的宿主及其临床症状和组织病理，需要通过细胞培养分离后，用 ELISA、荧光抗体检测和 RT-PCR 进行确诊。

第十一节　细胞肥大病毒属（*Megalocytivirus*）

传染性脾肾坏死病毒（*Infectious spleen and kideney necrosis virus*）

［形态结构］超薄切片显示，病毒粒子直径为（135±10）nm，成熟病毒粒子由3部分组成，由中心向外依次为核心、电子致密区和囊膜。核心球形，直径（90±5）nm，胞膜厚（27±5）nm。成熟的病毒粒子在细胞内呈晶格排列。

［培养特性］目前没有细胞系能培养该病毒。

［理化特性］ISKNV基因组全长11 362bp，比ICDV-1长9kb。G+C含量为54.8mol%，和FV3的相近（G+C含量53mol%），但比LCDV-1（G+C含量29.07mol%）高许多。预测ISKNV基因组有124个大小在40～1 208aa的阅读框。其中有35个阅读框在已知数据库里找到了相似或同源基因，这些基因包括参与病毒复制、转录、蛋白质修饰和病毒与宿主相互作用的酶。序列比较发现，ISKNV和RSIV基因组有很近的亲缘关系，并建议将ISKNV、RSIV和报道的鲈鱼虹彩病毒、石斑鱼虹彩病毒归为虹彩病毒科一个新属——细胞肿大虹彩病毒。

［病原性］人工感染实验证明，大口黑鲈（Large-mouth bass *Micropterus salmoides*）对ISKNV最敏感，死亡率同鳜；草鱼感染组织出现细胞肿大，但没有死亡；其他真骨鱼对ISKNV不敏感。

［抵抗力］病毒对碘处理不敏感；100g/m^{3}的高锰酸钾能灭活病毒；2 000g/m^{3}福尔马林能灭活病毒，1 000g/m^{3}的福尔马林使病毒丧失部分活性；次氯酸钠在200g/m^{3}浓度时能灭活病毒，100g/m^{3}处理的病毒能使宿主致死率达60%。病毒在50℃ 30min被灭活；在40℃ 30min，30℃ 30min，25℃ 15d，4℃ 6个月和20℃、70℃ 18个月病毒仍保持活性；病毒在pH11被灭活，在pH3和pH7仍保持活性；病毒对紫外线照射不敏感。

［生态学］鳜病毒暴发疾病的暴发流行与季节有关，为3～11月份，12月份至次年4月份不暴发流行，发病时水温在20～32℃，水温低于20℃不发病。发病期间，鱼活动力弱，静止塘边，对外界干扰不敏感，10d内死亡率接近100%。

［分离与鉴定］检测方法有H.E染色、电镜观察、PCR检测技术。

◈ 参考文献

蔡完其，孙佩芳，官兴文.1999. 中华鳖台湾群体耶尔森菌病的研究［J］. 水产学报，23（2）：175-180.
曹海鹏，杨先乐，王玉洁，等.2007. 鲟源致病性豚鼠气单胞菌的分离及其生长特性［J］. 动物学杂志，42（6）：1-6.
樊海平.2001. 恶臭假单胞菌引起的欧洲鳗鲡烂鳃病［J］. 水产学报，25（2）：147-150.
甘西，陈明，余晓丽，等.2007. 罗非鱼海豚链球菌16S r RNA基因的序列测定和系统进化分析［J］. 水产学报，31（5）：618-623.
江育林，陈爱平.2003. 水生动物疾病诊断图鉴［M］. 北京：中国农业出版社.
李惠芳，汪成竹，陈昌福.2006. 斑点叉尾鮰对3种致病菌灭活菌苗的免疫应答［J］. 华中农业大学学报，25（5）：654-658.
潘炯华，张剑英，黎振昌，等.1990. 鱼类寄生虫学［M］. 北京：科学出版社.
史成银，王印庚，黄捷，等.2003. 大菱鲆病毒性疾病研究进展［J］. 高技术通讯（9）：99-105.
舒新华，萧克宇，金宏.1997. 牛娃腐皮-红腿病并发症致病菌研究Ⅱ荧光假单胞菌的分离和鉴定［J］. 1（1）：54-59.
孙宝剑，聂品.2001. 柱状嗜纤维菌的外膜蛋白和脂多糖及对鳜的免疫源性［J］. 水生生物学报，25（5）：524-527.
王国良，袁思平，金珊，等.2006. 大黄鱼结节病病原菌——诺卡菌的鉴定及其系统发育分析［J］. 中国水产科学，13（3）：410-414.
夏春.2005. 水生动物疾病学［M］. 北京：中国农业大学出版社.
肖克宇，江为民，舒新华，等.1998. 鮰爱德华氏菌变异株C9605及对鳖的致病性研究［J］. 微生物学通报，25（5）：262-264.

杨冰，宋晓玲，黄捷，等．2005. 对虾传染性皮下及造血组织坏死病毒的流行病学与检测技术研究进展［J］. 中国水产科学，12（4）：519-524.

余晓丽，陈明，李超，等．2008. 斑点叉尾鮰暴发性海豚链球菌病的研究［J］. 大连水产学院学报，23（3）：185-191.

张建丽，刘志恒．2001. 诺卡菌型放线菌的分类［J］. 微生物学报，41（4）：513-517.

张明，王建华，赵毅，等．2005. 20味中药对鳗弧菌的药敏试验［J］. 动物医学进展，25（8）：77-79.

张奇亚，桂建芳．2008. 水生病毒学［M］. 北京：高等教育出版社．

张正，王印庚，杨官品，等．2004. 大菱鲆（*Scophthalmus maximus*）细菌性疾病的研究现状［J］. 海洋湖沼通报，3：83-89.

赵化冰，陈威，蔡宝立．2007. 恶臭假单胞菌ND6菌株catA基因的克隆和表达及其儿茶酚裂解途径探讨［J］. 微生物学报，47（3）：387-391.

K Buchmann，J Bresciani，C Jappe. 2004. Effects of formalin treatment on epithelial structure and mucous cell densities in rainbow trout，*Oncorhynchus mykiss*（Walbaum），skin［J］. Journal of Fish Diseases，27，99-104.

卢彤岩　编

第六十二章 家蚕病原性病毒

第一节 核型多角体病毒属（*Nucleopolyhedrovirus*）

家蚕核型多角体病毒（*Bombyx mori nuclear polyhedrosis virus*，BmNPV）

家蚕核型多角体病毒是家蚕核型多角体病的病原，属杆状病毒科（Baculoviridae），真杆状病毒亚科（Eubaculovirinae），核型多角体病毒属（*Nucleopolyhedrovirus*）（Francki，1991）。病毒寄生在家蚕血细胞和体腔内各组织细胞的细胞核中，并在其中形成多角体（polyhedron），又称血液型脓病。

［形态结构］ 病毒粒子呈杆状，大小为330nm×80nm，沉降系数S_{20}w=1 870。外被有囊膜和衣壳。囊膜又称外膜或发育膜，是一层脂质膜，有典型的膜结构。衣壳又称内膜或紧束膜，主要成分是蛋白质。衣壳内为髓核，髓核由双链DNA组成。由衣壳和髓核构成了核衣壳。在NPV中，一个囊膜可以包埋一个至多个核衣壳，前者称单粒包埋型病毒粒子，后者称多粒包埋型病毒粒子。

关于病毒粒子的结构，人们有不同的推测和设想，小林正彦提出的结构模型认为，髓核是病毒核酸和蛋白质的复合体，核蛋白沿一条粗1～10nm的中心轴呈螺旋卷曲状，但并不连续。病毒粒子的囊膜具有典型的膜构造，整个囊膜7.5～8nm，核衣壳呈圆柱状，长300nm，直径35～45nm。衣壳由蛋白质的结构单位构成。病毒粒子的横切面可见23～25个结构单位，每个病毒粒子核衣壳共计有1 200～1 300个结构单位。此外，衣壳的一端存在数层突起结构，可能为病毒感染细胞的吸着装置，另一端则有厚约13nm的底板。

病毒在蚕体组织细胞核内复制和装配过程中，形成一种特异的包涵体，称多角体。它是结晶的蛋白质，表面有一层含硅的膜，其中包埋着许多病毒粒子。由于这种多角体在细胞核内形成，称为核型多角体。在普通显微镜下能清楚看到，其大小为2～6μm，平均3.2μm，多数是比较整齐的六角形十八面体，但由于受病毒基因组和蚕体内条件以及外界因素的影响，偶尔形成四角形、三角形或不定形的多角体。家蚕核型多角体的表面有一层电子密度高、结构特殊的含硅多角体膜。多角体被碱液溶解后常常保留完整的多角体膜，把病毒粒子网罗在其塌垮的结构之内。多角体膜是由多角体膜蛋白基因控制的。多角体的超薄切片在高分辨率电子显微镜下观察可见多角体的蛋白晶格具有高度的规则性，排列非常整齐、均一（Rohrmann，1986）。杆状的病毒粒子在多角体内是随机分布的，病毒粒子不干扰多角体蛋白（polyhedrin）的晶格结构。多角体的形态不一样，多角体蛋白的晶格结构也不一样（贡成良，1993）。

［理化特性］ 病毒粒子主要含DNA、蛋白质、脂质和碳水化合物，同时也存在一些金属和非金属元素。杆状病毒的基因组是单分子共价闭合环状的dsDNA，在病毒粒子内核酸的含量约为7.9%。杆状病毒具有编码150种以上基因的潜在能力，双向凝胶电泳分离病毒结构蛋白，可测出85～95个多肽。NPV中含蛋白质77%左右，此外，还含有0.2%的脂质和1.2%的糖类（华南农业大学，1993）。

家蚕核型多角体有较强的折光性，折光率为1.532 6。相对密度为1.26～1.28，在临时标本中常沉于下层。不溶于水、乙醇、氯仿、丙酮、乙醚、二甲苯等有机溶剂，但易溶于碱液，在0.5%碳酸钠、碳酸钾、碳酸锂溶液中浸渍2～3min，多角体就能被溶解而释放出病毒粒子。多角体被家蚕食下之后，在碱性消化液（pH9.2～9.4）的作用下，多角体溶解释放出游离的病毒粒子引起食下感染。多角体中除3%～5%的病毒粒子以外，其余绝大多数成分为多角体蛋白。多角体蛋白对病毒粒子起着保护作用。

[病原性] 家蚕核型多角体病毒寄生的部位，一定是在可感染组织的细胞核内。病毒进入蚕的消化管中，通过围食膜的组织间隙到达中肠上皮细胞，吸附于微绒毛上，病毒粒子脱去囊膜进入上皮细胞内，继而病毒核酸进入细胞核，并在其中复制。也可由外伤感染，病毒通过皮肤伤口直接进入体腔，寄生于各组织的细胞核内进行繁殖。在中肠圆筒形细胞内增殖的病毒不能形成多角体，但可进入体腔，侵入易感组织细胞内寄生。由于蚕体组织不同，多角体形成的易难不一，蚕染病以后，在血液、脂肪、皮肤的真皮细胞和气管皮膜细胞等易感组织，首先发生病变。在细胞核内增殖的同时形成具有特征性的多角体。初期形成的多角体形态较小，随着疾病的进展，其周围的蛋白质进一步沉积，形成较大的多角体。多角体的体积增大，数量增多，细胞核也不断膨大，以致被胀破，大量多角体和病毒被释放到血液中，使血液变成乳白色，体腔内正常的组织结构被破坏，病蚕死亡。

核型多角体病属于亚急性传染病，当蚕感染病毒后，稚蚕一般经3～4d发病死亡，壮蚕经4～6d发病死亡，温度高则病程短，发病快。

核型多角体病在1～5龄均可发生，由于发育阶段不同，外部症状也颇有差别。

蚕患核型多角体病后，一般均表现狂躁爬行，体躯肿胀，体色乳白和体壁易破等主要症状。严重发病时，常在匾内不定地徘徊狂躁爬行，当爬到蚕匾边缘常坠地而死。病蚕体躯肿胀，有的环节拱起，有的节间膜突出，也有前后环节套起褶皱。大多数病蚕体壁紧张发亮，尤其是在眠前和上蔟后发病的更为明显。体色乳白，在腹脚基部及气门周围处观察更为明显。体皮易破，在狂躁爬行时，体壁易出现微细裂缝，一边爬行，一边流出乳白脓汁，经过之处留下脓汁痕迹，最后脓汁流尽死亡。本病因发病时期不同症状有异，常有不眠蚕、起缩蚕、高节蚕、脓蚕和黑斑蚕等几种。

[抵抗力] 在宿主体内形成的病毒粒子有较强的感染能力，一旦离开宿主细胞以后，在外界物理、化学因素的作用下，会逐渐丧失感染力。NPV的稳定性与其存在的状态有关。包埋在多角体内的病毒粒子比游离病毒粒子的稳定性强得多，存在于病蚕尸体内的病毒稳定性比分离纯化的病毒强。病毒的稳定性与温度的高低有很大关系，游离病毒在37.5℃下约1d就失去致病力。在高温下，病毒失去活性较快。家蚕核型多角体在湿热（100℃蒸汽或煮沸）条件下，3min即失去活性，而干热（100℃，干燥）条件下需45min才能完全失活。日光直射对NPV有灭活作用，但失活的快慢与病毒的状态、日光的强度，以及病毒的载体有关。紫外线对病毒也有灭活作用。家蚕核型多角体经家禽、鱼的消化液作用后仍不丧失活性。病毒对各种物理、化学因素的抵抗力是养蚕生产上拟定防病消毒措施的依据。游离病毒在化学药剂的作用下很易失活。在25℃下，0.3%升汞液10min、1%甲醛液3min、0.3%有效氯漂白粉液1min、70%乙醇5min均可使之失活；而存在于多角体内的病毒对化学药剂的稳定性较强，1%的甲醛液需经过30min以上，2%的甲醛液需15min以上，0.3%有效氯的漂白粉液3min，2%～3%的升汞液处理72h以上才能使多角体内的病毒完全失活。新鲜石灰浆对核型多角体有很强的杀灭能力，1%的混浊液3min处理就完全失去活力，但多角体对澄清石灰水有较强的抵抗力，即使浸泡24h仍能感染发病。

[生态学] 核型多角体病毒病的传染有两种途径：一是病毒由蚕体壁创伤处侵入体内而引起的创伤传染；二是食下被病毒或多角体污染了的桑叶而引起的经口食下传染。在人工创伤接种下，可以100%个体发病，而在生产中，一般由食下传染引起发病为主。由于发病后病蚕边流脓汁边爬行，大量病原污染桑叶，健康蚕食下这种污染桑叶即感染发病。

核型多角体或病毒，大量潜藏在病蚕尸体、烂茧里，并借助养蚕操作以及空气流动等条件，扩散污染到蚕室和蔟室的地面、墙壁、屋顶及周围的尘埃和一切养蚕用具，包括洗涤蚕具的死水塘，堆放过蚕沙、旧簇的地方，也是病毒存在的场所。如果对病蚕及蚕沙处理不当，用来喂饲家畜家禽，或直接施入桑园，都将造成病毒的扩散污染，成为传染发病的污染源，给消毒防病工作带来很大困难。

核型多角体病传播方式，在养蚕生产中主要由于前一蚕期消毒不彻底，残留在蚕室内的病毒多角体成为传染源，而导致后一期蚕感染发病。但也可与桑蟥、野蚕、樗蚕和蓖麻蚕等野外昆虫的核型多角体病毒引起交叉感染。这些昆虫患核型多角体病后，泄出的病毒或多角体都能污染桑叶而传染家蚕。

［**分离与鉴定**］将发病蚕逐头剪去腹脚，收集病变血液（脓汁），经垫有纱布或薄层棉花的巴氏漏斗或玻璃漏斗过滤，收集与玻璃瓶内。将取得的血液加水混合、震荡，3 000r/min 离心 15min，取白色沉淀，用上述方法反复洗涤数次，直至得到较纯净的多角体悬液。

鉴定时，可取病蚕的血液或经过离心纯化的多角体悬液制成临时标本，用 400 倍以上的显微镜观察，如在标本中看到的是六角形十八面体的多角体，基本上可确定为家蚕核型多角体。利用胶乳凝集反应等血清学方法和 PCR 方法也可对家蚕核型多角体病毒进行鉴定。

第二节　呼肠弧病毒属（*Reovirus*）

家蚕质型多角体病毒（*Bombyx mori cytoplasmic polyhedrosis virus*，BmCPV）

家蚕质型多角体病毒属呼肠弧病毒科（Reoviridae）的呼肠弧病毒属（*Reovirus*）。该病毒的发现晚于 NPV，日本蚕病学家石森直人于 1934 年观察到家蚕中肠上皮细胞细胞质内存在多角体，并称之为中肠型脓病。由于这种病毒仅寄生于消化管，且只在细胞质中形成多角体，因此称为质型多角体病毒，由这种病毒引起的疾病称为质型多角体病。

［**形态结构**］病毒粒子呈球形，直径 60～70nm，为六角型正二十面体，具有两个同心的正二十面体壳，每个壳有 12 个亚单位，分别位于二十面体的 12 个顶角上，两个壳上相应的亚单位由 12 条管状结构相连。外壳的亚单位是一个中空的五角形菱柱，从那里伸出一个由 4 节管子构成的突起，长度为 25～27nm，突起的一端有一直径 12nm 的球状体，遮盖先端两节。这种球状体可能与 CPV 对宿主细胞的吸附有关。

质型多角体病毒寄生家蚕后，在被寄生的中肠细胞质内形成多角体。多角体有六角型十八面体、四方形六面体以及偶尔出现的钝角四方形和三角形。多角体个体间相差较大，一般在 0.5～10μm，平均为 2.62μm。四方形多角体比六角形多角体稍大。多角体的大小受许多因素影响，如中肠后部形成的多角体较小，前部形成者较大，潜伏期短的较小，长者较大；蚕在饥饿条件下形成的多角体不仅小而且数量也少。与核型多角体一样，质型多角体主要由蛋白质构成。多角体蛋白呈结晶状排列，多角体蛋白晶格中心间的距离为 7.4nm，近于球形的 CPV 病毒粒子的存在并不影响晶格的整齐排列。质型多角体的表面无核型多角体那样的膜状结构。

［**理化特性**］CPV 的蛋白至少有 4 种，相对分子质量为 3.0×10^4～1.51×10^5，约占病毒粒子重量的 70%～75%。病毒的沉降系数 $S_{20}w$＝415～440。核酸为双链核糖核酸（dsRNA），含量为 25%～30%，由 10 个基因片段组成。CPV 的 10 个片段都可以作为一个独立的系统，在无细胞翻译体系上独立地合成蛋白质。CPV 本身具有 RNA 聚合酶、核酸外切酶、核苷磷酸水解酶、甲基化酶和鸟苷酸转移酶等 5 种酶。在病毒粒子内可能与基因组形成酶的复合体形式。病毒 10 个基因组片段的任何一个至少含有一个酶系复合体。

质型多角体不溶于水、乙醇、乙醚和丙酮，易溶于碱液，但它的溶解性相对比核型多角体差，常常只有部分溶解，并留下一个多孔的蜂窝状基质，而没有留下像核型多角体那样的膜。多角体的溶解性取决于碱性溶液的量和 pH，质型多角体进入家蚕中肠后，受碱性消化液的作用而溶解，释放出病毒粒子。质型多角体虽不溶于水，但长期在水中保存的多角体表面会被蚀刻（Smith，1967）。

质型多角体较难被碱性染料染色，而易被焦宁、硫堇、甲苯胺蓝染色。质型多角体较易被酸性染料染色，橙黄 G、曙红、四溴二氯荧光黄都能很好地使多角体染色，但能使核型多角体染色的甲基绿和孚尔根试剂却不能使质型多角体染色。

［**病原性**］蚕食下被污染的桑叶后，质型多角体经碱性消化液作用后被溶解，释放出病毒粒子，通过中肠围食膜侵入圆筒形细胞，随后病毒的核酸进入细胞核，合成与自身相同的双链 RNA。然后，合成的病毒核酸移行到细胞质中，在成病毒基质中出现大量新合成的病毒蛋白，并完成病毒粒子的装配。此时在细胞质中出现大量多角体，导致感染细胞破裂、脱落。多角体游离于肠腔内，肠组织被破坏，蚕

死亡。

本病的主要特点是病势缓慢，病程长，病蚕可以维持相当长的时间。因此，发病的症状也各异，主要表现有空头、起缩、下痢和群体发育极不整齐等症状。

空头：蚕感染质型多角体病毒后，随着病势的进展，食桑减少，渐渐停食、呈空头状（即胸部空虚）。胸部较健蚕小，与腹部粗细开差不大。体色失去青白色，第5龄发病体色变黄，特别在后半身的背面呈现黄白色。体壁缺乏弹性，发病严重的常静伏在蚕座四周。各龄将眠时患病的即成迟眠蚕或不眠蚕。发病轻的虽然能缓慢入眠，但随着病势的加剧，有的在眠中死去，也有的至起蚕时呈起缩下痢症状死去。第5龄后期发病的，形似熟蚕，俗称假熟蚕，临死时，吐消化液致使周围的蚕座被污染，容易误将本病假熟蚕当作正常蚕捉到蔟上，但它不会营茧，成为不结茧蚕，死亡蔟中。

起缩：有些病蚕虽能通过眠期，但饷食后1～2d内发病，停止食桑，体壁多皱，体色灰黄，蚕粪黏腻。生产上在第4、第5龄饷食后较为多见。

下痢：病蚕都伴有下痢，粪形不整，呈糜烂黏着症状。粪色呈褐色、绿色以至白色。

群体症状：由于本病属于慢性传染病，在稚蚕期感染发病，开始看到蚕体发育慢和特小蚕，以后蚕体大小开差越来越大，在同一蚕匾内出现不同发育龄期的蚕。病蚕食桑减少，身体软弱无力，常静伏于蚕座或爬向蚕座边缘。

本病潜伏期较长，一般第1龄感染的在第2～3龄发病，第2龄感染的在第3～4龄发病，第3龄感染到第4～5龄发病，第4龄感染到第5龄发病。潜伏期的长短与病毒感染量及病毒活性有关。感染病毒量多，病毒活性强的发病快且发病率高，蚕龄小、发病快，饲育温度高、发病亦快。

[抵抗力] CPV的稳定性与其存在的状态及环境有关。游离病毒的抵抗力很弱，而多角体内的病毒抵抗力较强。一般高温容易失活，在0℃下保存，其致病力几乎不变。在普通蚕室条件下，其致病力可以保持3～4年。质型多角体对福尔马林消毒液（甲醛）的抵抗力较强，用含2%甲醛的福尔马林液处理5h才完全失去活性，如处理4h仍有活性。所以用甲醛制剂作蚕室、蚕具消毒时，必须加入新鲜石灰配制成混合消毒液。

[生态学] 质型多角体病传染途径为经口传染和创伤传染。生产中多以前者为主，而创伤传染在人工接种下发病率也很高。质型多角体病毒的传播往往由于前一蚕期发病后，病毒留存扩散污染养蚕环境，下次养蚕若消毒不彻底，残存的病原体再污染桑叶，蚕食下这种沾有病毒的桑叶而发病。此外，野蚕、桑蟥、美国白蛾、赤腹舞蛾等野外昆虫和樗蚕、蓖麻蚕的质型多角体病毒能与家蚕质型多角体病毒引起交叉感染。群体内一旦有本病发生，极易通过蚕座传染扩散蔓延。质型多角体病毒在病蚕体内增殖，随着寄生细胞的破坏向肠腔脱落，随粪便排出体外，污染蚕座、桑叶，造成蚕座内传染。发病率的高低，随着混育时间的缩短而下降，在同一龄期中随着混入病蚕比例的提高而增加。第1龄蚕座内混入1%质型多角体病蚕后，发病率高达89.2%，第2龄混入的发病率为44%，第3龄混入的发病率为22%，第4龄混入的发病率为2.3%，第5龄混入的很少发病。

蚕座内混育传染率，不仅与混入病蚕数量成正相关，且与蚕座面积和饲育季节等环境条件密切相关。密饲因增加蚕座内混育的传染机会而增加发病率。在不同季节饲育相同的蚕品种，蚕座混育发病率也有很大差别。春季饲育，由于温度、饲料等环境条件好，蚕体抗病力强，混育传染率低。夏秋季，由于温度、饲料等条件不及春季好，混入同量病蚕，发病率显著增加。

另外，质型多角体病的感染发病率，与蚕品种对病毒的抵抗性、蚕的生长发育时期以及营养等条件都密切相关。

[分离鉴定] 取质型多角体病蚕中肠研磨，加灭菌水，经铺放双层纱布的漏斗过滤，3 000r/min离心15min，取沉淀反复离心洗涤数次，并不断用吸管冲除沉淀中上层杂质，直至得到乳白色的多角体悬液。

鉴定时，可剖取病蚕中肠后半部组织小块，置于载玻片上，用盖玻片轻轻压碎，或将纯化的多角体悬液制成临时标本，用400倍以上的显微镜观察，如在标本中看到的是六角型十八面体或四方形六面体的多角体，基本上可确定为家蚕质型多角体。应用双向免疫扩散法等血清学方法和PCR方法也可对家蚕质型多角体病毒进行鉴定。

第三节　艾德拉病毒属（*Iteravirus*）

家蚕浓核病毒（*Bombyx mori densovirus virus*，BmDNV）

浓核病是在大蜡螟（*Galleria mellonella*）成虫中首先发现的一种传染性非常强的病毒病，感染后的大蜡螟成虫几乎所有组织都发生病变。用孚尔根反应可使感染细胞的细胞核染色很浓，故得此名。

家蚕浓核病是日本学者清水从日本长野伊那收集到的一株使蚕表现软化症状的病毒，但其病原特性、组织病理、品种的感受性均与原来的FV不同，后来查明这是与FV完全不同的另一类病毒，与大蜡螟DNV相似。20世纪80年代亦证实了中国1959年发现的由非包涵体病毒引起的空头性软化病，在其病死蚕组织干样品中同样有浓核病毒的存在（Iwashita，1982），并认为中国各蚕区表现出软化症状的病蚕都为浓核病毒感染引起（胡雪芳，1983），此后又在日本山梨县、长野县佐久郡分别分离到浓核病毒的不同株系。上述4种病毒株系分别称为伊那株、中国株、山梨株和佐久株。

根据伊那株、中国株、山梨株和佐久株病毒的物理化学性状、品种感受性、血清学特性方面的差异，把伊那株称为家蚕浓核病毒Ⅰ型（BmDNV-Ⅰ），其他3种称为家蚕浓核病毒Ⅱ型（BmDNV-Ⅱ）（Watanade，1988）。根据1995年ICTV第Ⅵ报告（Murphy，1995），家蚕浓核病毒属细小病毒科（Parvoviridae），浓核病病毒亚科（Densovirinae），艾德拉病毒属（*Iteravirus*）。

［形态结构］病毒粒子球形。BmDNV-Ⅰ的直径为22nm，BmDNV-Ⅱ约为24nm。BmDNV-Ⅰ的病毒粒子具有2.3.5度对称轴，其超微结构符合12壳粒的正二十面体模型；病毒粒子的沉降系数$S_{20}w \approx 102$，浮密度为$1.40g/cm^3$。

［理化特性］DNV的结构蛋白因各株系的不同而有差异，伊那株由4种多肽构成（VP1、VP2、VP3和VP4），相对分子质量分别为50 000 000、56 000 000、70 000 000、77 000 000（Nakagaki，1980），其中主要为VP1，占全部结构蛋白的65%，这4种结构蛋白的相对分子质量合计约为2.5×10^5，超过病毒基因组编码能力。用分子作图、氨基酸分析、免疫扩散、酶联免疫吸附（ELISA）分析表明这些结构蛋白之间存在同源序列，VP1与VP2、VP3与VP4非常相似，所有的结构蛋白都能与VP1的抗血清进行反应。佐久株的多肽相对分子质量为50 000、53 000、116 000、121 000，山梨株有6种多肽，相对分子质量分别为46 000、49 000、51 000、53 000、118 000、120 000，中国株有5种多肽，相对分子质量分别为41 000、43 000、48 000、51 000、100 000。

DNV的核酸为小型线状ssDNA，相对分子质量$1.5\times 10^6 \sim 2.2\times 10^6$。单分子的ssDNA或为正链，或为互补负链，分别被包围在不同的病毒粒子中，抽提出来的正链与负链在体外可形成双链dsDNA，琼脂糖电泳也显示相对分子质量不同的二条带（Kawase，1985；李永芳，1986）。BmDNV-Ⅰ病毒粒子含DNA约28%。浓核病毒与软化病病毒一样，都是不形成多角体的裸露病毒。

［病原性］DNV主要通过食下传染。当病毒粒子进入敏感品种蚕的消化道后，可以通过围食膜而侵入圆筒形细胞，病毒在中肠圆筒形细胞的细胞核内增殖，使细胞极度膨大，核膜破裂，病毒进入细胞质中，核质呈集块状变性。与软化病病毒不同，DNV先从中肠前部与后部开始寄生，逐步向中肠中部扩展。病蚕的中肠围食膜消失。随着细胞质的崩解，游离的变性细胞及病毒粒子脱落到中肠管腔，至感染末期，中肠组织几乎全部被杯形细胞占据。DNV中国株感染初期感染中肠圆筒形细胞，但发病后期也能感染杯状细胞。病的外部病症与病毒性软化病极为相似。感染初期无任何外部症状，3d后才出现食欲减退、发育延缓、迟眠、特小等症状。一周左右则很少进食，消化管内充满黄褐色液体，外观明显空头，并出现下痢、吐液现象，不久死亡。肉眼观察其症状及中肠病变与病毒性软化病没有什么区别。但观察中肠肠壁的病理切片时可以看到杯状细胞普遍正常，而圆筒形细胞的细胞核异常膨大。这和以中肠杯状细胞退化脱落为主的病毒性软化病有明显的区别。

[抵抗力] 本病毒暴露在空气中可存活25d，埋于土壤中可存活32～38d，病毒与土壤混合时，需100d以上才失活；经55℃及60℃条件下处理10min，DNV的病原性就明显下降；90℃处理10min就不显示抗原性和病原性。DNV病毒粒子经含2%甲醛的福尔马林消毒液在26℃下处理20min就失去病原性。用0.3%有效氯漂白粉液、1%优氯净液、0.5%石灰水、相对密度1.075的盐酸等，在室温条件下处理3min，即失去病原性。紫外线对DNV的灭活效果十分迅速而彻底；长时间处于pH3条件下时，对DNV的病原性和抗原性都有明显影响；乙醇、氯仿、乙醚对DNV的抗原性有轻度影响（胡雪芳，1987）；但短时间的接触则变化不大。

[生态学] 家蚕浓核病与病毒性软化病相同，亦为经口食下传染。病蚕或带毒昆虫的尸体和粪中均存在大量病毒，这些病毒所污染的桑叶被蚕食下后就引起感染发病。病毒经体壁穿刺接种亦能发病，但生产上以经口传染为主。

不同品种对DNV的抵抗性存在显著差异。抗病性品种，即使接种高浓度的病毒液也完全不发病。一般认为这是感染抵抗性，而不是发病抵抗性。关于家蚕对浓核病的抵抗性，大部分是根据对BmDNV-Ⅰ的研究结果所得出的。家蚕对BmDNV-Ⅰ的非感受性是由2个基因起作用的，一个是隐性基因nsd-1（Watanabe，1981），另一个是显性基因（Eguchi，1986），这两个抗性基因位于不同的染色体上，无连锁关系。nsd-1位于第21染色体的8.3座位。蚕品种苏4对DNV的抗性受1对隐性基因控制（钱元骏，1986）。蚕农饲育非感受性同质结合品种可以防止浓核病的流行。

[分离鉴定] 取新鲜的病蚕肠组织30g，加入0.05mol/L pH7.2磷酸缓冲液150mL，经捣碎制成匀浆，在5℃中经12 000r/mim离心20min除去杂质，将上清液与等体积的冷三氯甲烷相混合，振摇5min，5 000r/min离心15min，收集上层病毒液再加等体积三氯甲烷振摇，反复处理3次，以除去脂质蛋白等杂质。将上清液置于烧杯中，在电动搅拌下慢慢加入经研磨粉碎的硫酸铵，达40%饱和度，置于冰箱1h，7 000 r/min离心15min，取沉淀物溶于一半体积的0.05mol/L pH7.2磷酸缓冲液中，3 000 r/min离心15min，弃沉淀，上清液中再加硫酸铵达40%饱和度，置冰箱中1h，在5℃中7 000r/min离心20min，沉淀用少量0.05mol/L pH7.2磷酸缓冲液悬浮，悬浮液再经5℃下18 000r/min离心60min，上清液即为DNV病毒颗粒悬液，所得DNV悬液用紫外分光光度计测定230～300nm波长下的光密度，吸收高峰在260nm处，低峰在242nm处，$A_{260}/A_{242}=1.20$，$A_{260}/A_{280}=1.42$。

应用凝胶双扩散等血清学方法和PCR方法也可对家蚕浓核病毒进行鉴定。

第四节　小RNA病毒属（*Picornavirus*）

家蚕病毒性软化病病毒（*Bombyx mori flacherie virus*，BmFV）

家蚕病毒性软化病病毒属小RNA病毒科（Picornaviridae），小RNA病毒属。该病毒主要感染家蚕中肠杯形细胞，引起家蚕发生病毒性软化病。病毒在蚕体内不形成多角体，为非包涵体裸露病毒，但在圆筒形细胞质内可形成由杯状细胞退化变性的嗜焦宁-甲基绿染成的桃红色球状体，可在显微镜下检测识别并作为诊断的依据。

[形态结构] 病毒粒子呈正二十面体（球状），直径26±2nm，沉降系数$S_{20}w=183$，氯化铯中的浮密度为1.375g/cm³。一般脊椎动物小RNA病毒由32个壳粒构成，而BmFV坂城株有42个壳粒（Watanabe，1991）。

[理化特性] BmFV的结构蛋白由4种组成，即VP1、VP2、VP3和VP4，相对分子质量分别为35 200、33 000、31 200和11 600。每个病毒粒子中含这4种蛋白质分子的数目分别为62、57、54与51。其氨基酸组成，VP1、VP2、VP3之间相互相似，而VP4略有不同；所有4种结构蛋白的酸性氨基酸残基数均比碱性氨基酸多。不含半胱氨酸。而甘氨酸、丙氨酸、赖氨酸和丝氨酸含量都相对较高，这大致与脊椎动物小RNA病毒相似。前3种蛋白（VP1、VP2、VP3）与VP4在氨基酸组成上最大的差别表现在谷氨酸、脯氨酸、甘氨酸、蛋氨酸、苯丙氨酸和赖氨酸残基上，VP4含有较多的谷氨酸、

甘氨酸和丙氨酸残基，而脯氨酸、苯丙氨酸及赖氨酸残基相对较少，除半胱氨酸由于含量太少在氨基酸自动分析仪上测不出来外，蛋氨酸是测出诸氨基酸中含量最少的一种（吕鸿声，1998）。BmFV 的 4 种主要结构蛋白的等电点分别为 7.7、6.7、4.8 和 5.5，即 VP1 为碱性蛋白，而 VP3 为酸性蛋白。

BmFV 的核酸为线性单链 RNA，相对分子质量 2.4×10^9，核酸含量 28.5%。BmFV 基因组的 3′末端有 poly（A）尾巴，但 poly（A）尾巴的长度存在异质性；5′末端无帽子结构，而 VPg 蛋白（基因组病毒结合蛋白）与 5′末端基因组共价结合，在麦胚无细胞系统中能高效转录，这与小 RNA 病毒科的分类特征很相符。由 cDNA3′末端的序列可知，3′末端非编码序列长达 200bp 与脊椎动物小 RNA 病毒相比是非常长的。

［病原性］ BmFV 主要是通过食下传染，创伤传染的可能性极小。BmFV 侵染的过程尚未完全明了。BmFV 进入蚕体后，主要感染蚕的中肠杯形细胞，由于杯形细胞的生理机能是分泌消化液，消化液既有消化分解桑叶的作用，又有抑菌的功能。感染后杯形细胞退化脱落，致使消化及杀菌功能下降或丧失，肠道内的细菌极易快速繁殖。在病毒和细菌的共同作用下，加速了蚕的死亡。在人工饲料无菌饲育情况下，接种软化病病毒的蚕，其死亡期明显延长，这可能是在无菌状况下，杯形细胞的脱落与中肠的再生能力容易保持动态平衡的缘故。细菌与软化病病毒同时混合感染，或在接种软化病病毒前后接种细菌，其发病率明显提高，并且潜伏期缩短。BmFV 感染末期，家蚕中肠杯形细胞缩小，变成球形；细胞核和缩小，线粒体等细胞器都变形消失。这种退化、小球化的杯状细胞或者脱落到肠腔，或者被周围的圆筒状细胞所吞噬，而成为病毒性软化病特有的球状体。这种球状体有两种类型，A 型球状体较小，约 5.2μm，常在圆筒状细胞核附近出现，球形或椭圆形，易被焦宁染成红色；B 型球状体较大，约 6.2μm，常出现于细胞质的近体腔部位，对焦宁也表现好染性。

本病的病症因不同的发病时期而异。发病的初期仅见蚕食桑减少，发育不良，眠起不齐，个体间大小开差较大。主要的病症有空头和起缩两种，还有下痢和吐液等症状，死后尸体扁瘪。这种病程和病变上的多样性，大多与伴随病毒感染而繁殖的细菌种类和数量有关。单独的 BmFV 感染时病程较长。

［抵抗力］ 此病毒的抵抗力因其存在的状态及环境而有差异。裸露病毒，容易受外界理化因素的影响而失活。但存在于病蚕尸体或组织块内的病毒，在室内自然状态下存放 2 年以上仍有致病力。在蚕粪中，经 100℃干热处理 30min，仍未完全失活。蚕粪作成堆肥需经 8 个月，埋入土壤中需 1 年以上才能失活。本病毒经胰蛋白酶及胃蛋白酶 30℃处理 24h，对感染力无影响，经家畜家禽食入后并随粪便排出的病毒对家蚕仍具感染力。病毒粒子在日光下直晒 29h，100℃湿热处理 3min，2%甲醛液在 20～27℃接触 3～10min，0.3%有效氯漂白粉液内经过 3～5min，0.5%石灰浆中经过 3～4min，均能失去致病力。

［生态学］ 不同蚕品种对病毒性软化病的抵抗性存在差异，一般日本系统的品种对软化病的抵抗力较差，中国系统的品种抵抗力较强。蚕体对软化病病毒的感受性随着龄期的增进而下降。稚蚕的抵抗力弱，壮蚕的抵抗力强，在同一龄期里则以起蚕及将眠蚕的抵抗力最弱，盛食期最强。细菌与软化病病毒混合感染则发病率比单独接种软化病病毒为高，发病潜伏期也短。在接种软化病病毒的前后接种细菌，病毒性软化病的发病率也高。

［分离与鉴定］ 取病蚕中肠壁一小块，在载玻片上用解剖刀的刀面轻压成糜烂状，然后制成涂片标本。用卡诺氏固定液滴在上面固定约 1min，用水轻轻冲洗后，用焦宁-甲基绿染色 5～10min。水洗除去多余的染料后，盖上盖玻片，在 400～600 倍的显微镜下镜检。如在圆筒状细胞的中央有紫红色的细胞核，靠近核的细胞质处有被焦宁染成桃红色的 A 型球状体以及单独存在的 B 型球状体，则为本病。利用胶乳凝集反应等血清学方法和 PCR 方法也可对 BmFV 进行鉴定。

◆ 参考文献

胡雪芳，王红林，郭锡杰，等.1987. 家蚕浓核病毒对理化消毒剂的稳定性［J］. 蚕业科学，13：124-125.
胡雪芳，王红林，钱元骏，等.1983. 我国部分蚕区软化病毒性状鉴定［J］. 蚕业科学，9：156-159.

华南农业大学．1993. 蚕病学［M］．第二版．北京：农业出版社：15、30、38.
李永芳，孙玉昆，胡雪芳，等．1986. 家蚕浓核病毒DNV的研究［J］．蚕业科学，12：238－239.
吕鸿声．1998. 昆虫病毒分子生物学［M］．北京：中国农业科技出版社：13、240－243、447.
钱元骏，胡雪芳，孙玉昆，等．1986. 家蚕浓核病毒的研究［J］．蚕业科学，12（2）：89－94.
浙江大学．2001. 家蚕病理学［M］．北京：中国农业出版社．
Dauenhauer S A，Hull R A，Willams R P. 1984. Cloning and Expression in *Escherichia coli* of *Serratia marcescens* Genes Encoding Prodigiosin［J］. Bacteriol.，158（3）：1128－1132.
Eguchi R.，Furuta Y，Ninaki O.，1986. Dominant nonsusceptibility to densonucleosis virus in the silkworm，*Bombyx mori*［J］. Seric. Sci.，55（2）：177－178.
Francki R I B，Fauquet C M，Knudson D L，et al. 1991. Classification and nomenclature of virus［J］．Arch. Virol.（Supplementum 2）.
Holt J G. 1994. Bergey’s Manual of Determinative Bacteriology［M］. 9 th. Baltimore：Willian & Wilkinsl.
Iwashita Y，Chao Y C. 1982. The development of a densonucleosis virus isolated from silkworm larvae，*Bombyx mori*，of China，In：Akai H.. ed.，The Ultrastructure and Functioning of Insect cell. Tokyo：Soc. for Insect Cell，161－164.
Kawase S. 1985. Pathology associate with densonucleosis. In：K Maramorosch K E. Sherman eds. Viral Insecticide for Biological Control. Academic，New York，197－231.
Kodama R，Nakasuji Y. 1968. Bacteria isolated from silkworm larvae：Ⅰ The pathogenic effects of two isolates on aseptically reared silkworm larvae［J］. Sericult. Sci. Jpn.，37：477－482.
Lysenko O. 1958. *Streptococcus bombycis*，its taxonomy and pathogenicity for silkworm caterpillars［J］. Gen. Microbiol.，18：774－781.
Murphy F A，Fauquet C M，Bishop D H L，et al. 1995. Virus Taxonomy［M］. Sixth report of international committee on taxonomy of virus. Archives of Virology，Supplement 10. Wien：Spring-Verlag.
Nagae T. 1974. The pathogenicity of Streptococcus bacteria isolated from the silkworm reared on an artificial diet Ⅰ. Difference in the pathogenicity of the bacteria to silkworm larvae reared on an artificial diet and to those reared on mulberry leaves［J］. Sericult. Sci. Jpn.，43：471－477.
Nakagaki M，Kawase S. 1980. Structural proteins of densonucleosis virus isolated from silkworm，*Bombyx mori* infected with the flacherie virus［J］. Invertebr. Pathol.，35：124－133.
Rohrmann G F. 1986. Polyhedrin structure［J］. Gen. Virol，67：1499－1513.
Smith K M，. 1967. Insect Virology. New York，Academic.
Watanabe H，Maeda S. 1981. Genetically determined nonsusceptibility of the silkworm，*Bombyx mori* to infection with a densonucleosis virus［J］. Invertebr. Pathol.，38：370－373.
Watanabe H. 1991. Infection flacherie virus. In：Adams J. R. and Bonami J. R.，eds. Atlas of Intertebrate Virus. Bocaraton：CrC Press. 515－523.
Watanade H，Maeda S. 1988. Comparative histopathology of two densonucleoses in the silkworm，*Bombyx mori*［J］. Invertebr. Pathol.，51：287－290.

周婷 吴艳艳 沈中元 编
冯峰 审

第六十三章　蜜蜂致病性病毒

第一节　传染性家蚕软化症病毒属（*Iflavirus*）

囊状幼虫病毒（*Sacbrood virus*，SBV）

1917年，White首先发现蜜蜂患囊状幼虫病，1963年，英国学者Bailey L从患该病的幼虫中分离到该病毒并定名，近几年才将其归为小RNA样病毒科软化病毒属。

［形态结构］ 该病毒粒子空间构型为球形，二十面体，直径为28～30nm；无囊膜，核酸型为RNA型，核酸相对分子质量为2.8×10^6。该病毒是一类小核糖核酸病毒（*Picornavirus*），正链RNA病毒，基因组全长8 832nt，比一般的哺乳动物小核糖核酸病毒（7 500nt）稍大一些，只有一个大的编码框（179nt到8 752nt），编码2 858个氨基酸，其中结构基因部分在编码框的5′末端，非结构基因在3′末端。病毒蛋白含有3种多肽，相对分子质量分别为25 000、28 000和31 500。

［理化特性］ 沉降系数为$S_{20}w=160$，病毒在59℃的水中和70～73℃的蜂蜜中10min能被杀死，日光照射5～6h可杀死病毒。纯化的病毒A260/280为1.40，最高吸收峰在260nm，最低吸收峰在245nm。对乙醚具有抵抗力。

［病原性］ 该病毒对蜜蜂侵染力很强，一只病虫体内所含的病毒可使3 000只健康的幼虫发病。病毒可在蜜蜂幼虫的大多数组织中繁殖，例如脂肪体细胞，肌肉细胞，气管上皮细胞，中肠细胞，神经细胞，血细胞等，可将细胞质几乎完全破坏，在特定区域形成带膜的呈晶状排列的病毒粒子集合体——包涵体，这些包涵体的直径为100～800nm，包涵体外围有双层膜结构，也有部分含有实心和空心的病毒粒子的包涵体出现在细胞核中。该病毒也可以在成虫体内存在和繁殖，它们能在成虫的许多组织中找到，但在马氏管和唾液腺中未发现病毒。一般来说导致的后果不如在幼虫体内严重，病毒在成虫脂肪体，围绕脑气囊的气管上皮细胞组织，唾液组织和肌肉组织等的细胞的细胞质中形成包涵体，有些包涵体中含有实心和空心的病毒粒子，和幼虫情况不同的是这些包涵体周围没有明显的膜。

该病毒引起蜕皮液积聚在虫体与未脱落的皮之间，致使染病幼虫具有囊状外观。染病幼虫不能化蛹，虫体由白变黄，最后变成棕褐色，死亡通常发生在预蛹期。

［分离与鉴定］ 该病毒可利用抗血清反应鉴定，也可利用RT-PCR、巢式PCR和ELISA方法鉴定。Chen等设计了引物SBV-F：5′-GCTGAGGTAGGATCTTTGCGT-3′和SBV-R：5′-TCATCATCTTCACCATCCGA-3′，能扩增到该病毒一种结构蛋白基因824bp的片段。

［免疫性］ 用蜜蜂健康蛋白抗原对该病毒的抗血清进行充分吸收，除去杂蛋白产生的抗血清部分，余下部分即为特异性抗血清，经对流免疫电泳测定，抗体抗原沉淀反应，其抗血清效价为1∶128。

中蜂囊状幼虫病病毒（*Chinese scabrood virus*，CSBV）

1971年，在广东省佛岗、从化和增城等地暴发了中华蜜蜂囊状幼虫病，随后分离到该病毒，此病迅速蔓延全国乃至东南亚。

［形态结构］ 该病毒粒子呈球状，二十面体，直径大小不一，28～32nm，粒子带有一个圆形“白

帽”；无囊膜，属于小 RNA 病毒科，含有一条正链 ssRNA，该病毒衣壳有 3 种结构蛋白，相对分子质量分别为 30 500、31 600 和 37 800。病毒晶体呈菱形结构的片状晶体，经常生长成直径几毫米，厚度约 1mm 的大块晶体。在发生振荡后，晶体会被溶解，静置一段时间后又会再生长出晶体来。

［**理化特性**］沉降系数为 $S_{20}w$=154，该病毒和 SBV 二者在结构、生理、生化性质上相似，在 pH 8.0、0.5mol/L 磷酸缓冲液中稳定，在低 pH 下容易凝聚，pH 低于 6.0 时出现空壳；纯化的病毒 A260/280 为 1.53，最高吸收峰在 260nm，最低吸收峰在 245nm；对乙醚也具有抵抗力。

该病毒具有如下特性：室温下在病死幼虫体内能存活 1 个月；在－20℃时能存活 1 年；在 59℃热水中能存活 10min；在 70℃的蜂蜜中能存活 10min；常温下在蜂蜜里能存活 30d；在 8℃时贮藏 10 个月才丧失感染力；在病虫腐败的状态下能存活 7～10d；在阳光直射和干燥状态下能存活 4～7h。

［**病原性**］该病毒主要侵染 2～3 日龄幼虫，潜伏期 4～5d，成年蜂一般不发病；中蜂较意蜂敏感得多。中蜂情况也类似于意蜂，该病毒粒子大量出现在工蜂和幼虫中肠，咽腺，气管等多种组织细胞中，病毒粒子的形态，大小和排列方式与意蜂囊状幼虫病病毒近乎一致，也是大小约为 30nm 的二十面体颗粒，在细胞的细胞质中形成被脂肪包被，呈晶状排列的包涵体；而且二者的病理特征也一样。患病蜂群通常是 5～6 日龄的大幼虫死亡，发病高峰期患病幼虫约有 1/3 死于封盖前，2/3 死于封盖后。在封盖前死亡的病虫头部上翘、白色、无臭味，体表失去光泽，用镊子很容易从巢房中拉出，内部组织液化，外皮坚韧，提起末端呈“囊状”。在封盖后死亡的病虫，其巢盖变成暗黑色，下凹，有穿孔。

［**分离与鉴定**］患病幼虫与等量 pH 7.6 的 PSB 先混匀，用研钵磨碎。加入等量的氯仿，在 37～40℃下匀浆 10min，然后 1 000r/min 离心 10min 取上清。在上清中加入等体积的氯仿，在 37～40℃水浴中振摇 10min，1 000r/min 离心 10min，上清和沉淀分别收集，上清继续加等体积的氯仿在 37～40℃水浴中振摇 10min，1 000r/min 离心 10min，上清继续用此法处理 2～4 次。每次沉淀收集在一起，用适量 PSB 洗脱后，1 000r/min 离心 10min，取上清液，与以前上清液混合，然后 5 000r/min 离心 30min，取上清，15 000r/min 离心 30min，再取上清，35 000r/min 离心 1h，弃去上清，用 PBS 洗脱沉淀，重复两次差速离心，可得足够浓度和高纯度的病毒。可利用血清学（抗血清效价为 1∶256）、RT-PCR、巢式 PCR 和 ELISA 方法鉴定。

囊状幼虫病病毒泰国毒株（*Sacbrood virus* Thai strain）

1981 年报道了泰国的印度蜜蜂上分离的一株囊状幼虫病病毒毒株，与西方蜜蜂的囊状幼虫病病毒密切相关，但有其独特性。其症状与西方蜜蜂囊状幼虫病十分相近，但经生物学和血清学试验两种病毒有差异。

［**形态结构**］该病毒直径为 30nm，二十面体，单链 RNA，相对分子质量为 2.8×10^6。这些特性与囊状幼虫病病毒一致，但其蛋白质组分与囊状幼虫病病毒不同。

［**理化特性**］沉降系数为 $S_{20}w$=160，在氯化铯溶液中的浮密度为 1.35g/cm^3。

［**病原性**］该病毒导致的典型症状与欧洲和北美报道的西方蜜蜂囊状幼虫病相似，通常在饲喂病毒悬液 4～10d 内出现症状；母群比后代蜂群出现病状较早。Verma LR 等对东方蜜蜂群感染该病毒进行试验和观察，得知东方蜜蜂存在抗该病毒的某些机制，即西方蜜蜂较东方蜜蜂敏感。

［**分离与鉴定**］将病蜂幼虫研磨，磷酸钾缓冲液（含 0.2%DIECA 和 0.2mol/L 乙二胺四乙酸），再加 10%四氯化碳；8 000×*g* 和 100 000×*g* 离心纯化该病毒，可通过血清学试验和 RT-PCR 方法鉴定。

第二节 蟋蟀麻痹病毒属（*Cripavirus*）

急性蜜蜂麻痹病毒（*Acute bee paralysis virus*，ABPV）

1963 年，Bailey 等人在患麻痹病的蜂体内分离到该病毒，近几年才将其归入二顺反子病毒科蟋蟀麻痹病毒属。

［**形态结构**］该病毒粒子为球形，直径 30nm，等轴粒子，二十面体，无核膜，正链 RNA，基因组

由9 470nt构成，两个开放阅读框，ORF1编码非结构蛋白，ORF2编码主要的结构蛋白（相对分子质量分别为35 000，33 000和24 000），次要蛋白（相对分子质量9 400）。该病毒比传统的小核苷酸核酸病毒大很多（9 500nt对应7 500nt），有人建议归为类蟋蟀麻痹病病毒属，抗原性及序列与克什米尔病毒相近，两者核酸序列相关性约70%。该病毒复制较慢性麻痹病病毒快，很快达到较高浓度。

［理化特性］ 沉降系数为S_{20}w＝160，在氯化铯溶液中的浮密度为1.378g/cm^3，A260/280比值为1.22。

［病原性］ 该病毒是已知的唯一自然交替寄主的蜜蜂病毒。与慢性麻痹病病毒相似，该病毒摄入量少于致死值时，喂后不久，病毒积聚在成年蜜蜂的各种组织内。随后病毒数量逐渐减少，不引起明显的症状。只有当病毒进入血淋巴内，才会引起全身染毒而致死。该病毒在蜜蜂幼虫中不繁殖，除了注射外，不容易感染。雅氏瓦螨是病毒的高效传播媒介，它将病毒刺入成年蜜蜂的血淋巴，病毒在其中复制并导致疾病的发生与死亡。该病毒侵染蜜蜂的脂肪细胞、脑、咽下腺及血淋巴。足、翅震颤，腹部膨大，不飞翔，是病蜂的典型症状，往往在5～9d死亡。但也常见隐性感染，特别在35℃条件下，被感染的蜜蜂几乎无症状。但该病毒毒力较强，给蜜蜂注射约100个病毒粒子，蜜蜂即开始震颤，在2～3d内出现半瘫，于症状发作后1～2d死亡。

［分离与鉴定］ 从患急性麻痹病的病蜂分离该病毒，将病蜂置无菌研钵中，加入液氮或无菌PBS研磨，20 000×*g*离心10min。也可将收集的病毒在蜂蛹中增殖后，经氯化铯溶液超速离心，透析。通过电镜、血清学试验、RT－PCR进行鉴定，DonStoltz报道该病毒RNA聚合酶基因引物KBV1：5′-GATGAACGTCGACCTATTGA－3′和KBV2：5′TGTGGGTTGGCTATGAGTCA－3′，能扩增到414bp的片段。

克什米尔蜜蜂病毒（*Kashimir bee virus*，KBV）

1974年，该病毒最初被认为是彩虹病毒（*Bee irideseent virus*）的污染物，在1977年，从患病克什米尔的东方蜜蜂（印度蜂）体内分离到该病毒。随后在澳大利亚、加拿大、西班牙、新西兰的蜜蜂体内检测到该病毒；但Ball指出澳大利亚、加拿大和西班牙的毒株是独特的。

［形态结构］ 病毒粒子直径为30nm，二十面体，核酸型为RNA。5′端有一个非结构蛋白的开放阅读框，3′端有一个结构蛋白的开放阅读框。从不同地域分离的该病毒的蛋白，经SDS－PAGE电泳通常得到不同条数的肽段，印度东方蜜蜂得到5条、加拿大和西班牙的得到3条，澳大利亚南部和新西兰的得到6条。

［理化特性］ 沉降系数S_{20}w＝172，在氯化铯溶液中的浮密度为1.37g/cm^3。从免疫扩散反应中得知5株病毒的血清型相近，并均与急性麻痹病病毒相近。两者基因组序列相关性约为70%。

［病原性］ 该病毒随蜂螨传播，螨刺破各个时期的蜜蜂身体，病毒进入，蜂蛹最敏感。该病毒不引起损伤的病原体持续存在于蜜蜂的所有生活阶段。Anderson和Oibbs提供的证据显示，在隐性感染期间，KBV存在于蜜蜂肠道某些部位的细胞中，在其中能够低水平地增殖，但是有时当与孢子虫病（病原体：蜜蜂微孢子虫Nosema apis）和欧洲幼虫腐臭病合并感染时，KBV则引起较大的损失。有可能是其他病原体损伤蜜蜂的肠道，使KBV从脑进入其他组织，并迅速增殖而引起蜜蜂死亡。由于KBV在病理学上与急性蜜蜂麻痹病病毒相似，不同株的病毒可以在同一只蜜蜂体内共存。

［分离与鉴定］ 分离与鉴定方法与急性麻痹病病毒相似。PCR扩增KBV的RNA聚合酶基因414bp，引物KBV1：5′-GAT－GAACGTCGACCTATTGA－3′，KBV2：5′-TGTGGGTTGGCTAT-GAGTCA-3′。

第三节　虹彩病毒属（*Ividovirus*）

蜜蜂虹彩病毒（*Bee iridescent virus*）

该病毒引起蜜蜂虹彩病毒病（Bee iridescent virus disease），现仅在印度与克什米尔地区发现，侵染印度蜜蜂。

[形态结构] 该病毒粒子直径为150nm，二十面体，核酸型为DNA型。

[理化特性] 沉降系数为 $S_{20}w$=2 216，在氯化铯溶液中的浮密度为1.328/cm^3。地衣酚反应阴性，二苯胺反应阳性。

[病原性] 该病毒使蜜蜂失去飞翔能力，在蜂箱周围的场地上爬行，并大量群集直至死亡。病害主要发生在夏季。与其他虹彩病毒不同，它不能在大蜡螟幼虫体内繁殖。该病毒在蜜蜂的脂肪体、消化道、舌腺和卵巢等处繁殖，被感染的组织变成蓝色，与周围的乳白色正常组织有明显区别。

[分离] 该病毒可利用患病蜜蜂通过密度梯度离心分离到。

[免疫性] 病毒（2×10^{12}个病毒粒子悬浮于1mL 0.01mol/L磷酸钾）用1mL Freund's完全佐剂乳化后注射兔子，得到的抗血清与其他虹彩病毒（TIV，SIV，CIV，WIV和OIV）进行环状沉淀反应，没有反应或很弱，得知该病毒与它们存在差异。

第四节 未定属

慢性蜜蜂麻痹病毒（*Chronic bee paralysis virus*，CBPV）

1963年，Bailey等首次在患慢性麻痹病的蜂体内分离到该病毒。

[形态结构] 该病毒粒子大多为椭圆形颗粒；纯化的该病毒制剂含有许多不等轴的颗粒，包括4种长度，分别为30，40，55与65nm，直径大约为23nm；单链RNA。在弱酸或弱碱溶液中保温时，病毒颗粒形成圆形蛋白质空壳。含有5条单链RNA组分，其中2条RNA链较大，相对分子质量分别为1.35×10^6和0.9×10^6，另有3条较小的RNA链（RNA3a，RNA3b与RNA3c），相对分子质量均约为0.35×10^6，无核膜。Bailey早期提出，不同大小的慢性麻痹病病毒颗粒核酸含量不同，最短的颗粒含有最小的RNA，长形颗粒含有较大的RNA。含有最短颗粒的制剂较含有最长颗粒的制剂感染性低。利用蔗糖密度梯度超速离心将不同大小的病毒颗粒分开。该病毒仅含有一种病毒蛋白质，相对分子质量大约为23 500。病毒核衣壳是由若干相对分子质量相同的蛋白质亚单位组成的。

[理化特性] 该病毒4个组分的沉降系数分别为 $S_{20}w$=82，97～106，110～124与125～136。但大小不同的颗粒在氯化铯溶液中，都具有相同的浮力密度（1.33g/cm^3），在蛋白电泳过程中呈单一成分迁移，说明它们的沉降系数是由长度决定的。不同地区取样获得的慢性蜜蜂麻痹病病毒的沉降系数可能不同。例如美国分离的慢性蜜蜂麻痹病病毒的沉降系数较英国的小，纯化的病毒制剂沉降系数（$S_{20}w$）仅为86、96与109，长形颗粒也较英国分离的病毒制剂中少得多。我国分离的慢性蜜蜂麻痹病病毒所含有的长颗粒也较英国的少。尽管病毒颗粒大小的比率存在地理差异，但用同源与异源抗血清检测，都表明它们在血清学上是相同的。

[病原性] 该病毒寄生于成年蜜蜂头部（胸、腹部神经节）的细胞质内或肠、上颚和咽腺内。该病毒在蜂群中传播迅速，通过蜜蜂口器感染需要10^{10}个病毒颗粒才能引起麻痹；但注射血淋巴只需要100个或更少的病毒颗粒即可引起疾病。混入水中的喷洒剂量需10^9～10^{10}个病毒颗粒，喷洒的病毒可能是通过气管感染的。在自然界，仅需几个病毒颗粒即可使蜜蜂患病，原因可能是病毒通过毛脱落后留下的表皮微孔直接作用于上皮细胞组织浆。最大感染力与最长颗粒有关，长颗粒可能具有完整的遗传信息，感染力强，而短颗粒的遗传信息可能有缺损。

慢性麻痹病的病蜂表现2种症状，秋季以“黑蜂型”为主，病蜂身体瘦小，绒毛脱落，全身油黑发亮，像油炸过一样，反应迟缓，翅残缺，失去飞翔能力，不久衰竭死亡。春季以“大肚型”为主，病蜂腹部膨大，解剖后观察，蜜囊内充满液体，身体不停地颤抖，翅与足伸开呈麻痹状态。

[分离与鉴定] 从患慢性麻痹病的工蜂体内能分离纯化到该病毒，将死亡工蜂研磨，加等量pH 7.0 0.01mol/L磷酸缓冲液，以1/5体积的乙醚提取，再加1/5体积四氯化碳乳化，经低速和高速离心后，上清液再以75 000×*g*离心2.5h或用半饱和硫酸铵沉淀，可得到纯净的具有不同大小的椭圆形病毒颗

粒；也可采用蔗糖密度梯度离心进一步纯化病毒。该病毒可通过血清学试验鉴定，也可利用 ELISA 方法进行鉴定；另外可进行 RNA 提取，再进行 RT-PCR 鉴定，Ribiere 等设计了引物 CBPV-F：5′-AGTrGTCATGGTFAACAGGATACGAG-3′和 CBPV-R：5′-TCTAATCTTAGCACGAAAGCCGAG-3′，用于扩增 CBPV 的 RNA 聚合酶基因 455bp 的片段。

缓慢性麻痹病病毒（*Slow paralysis virus*，SPV）

用 Triton X-100 纯化慢性麻痹病病毒，病毒裂解，但另一些病毒不受影响，并且此病毒与上述病毒抗血清不起反应，这种病毒称为缓慢性麻痹病病毒，引起的病症为缓慢性麻痹病（Slow Paralysis disease）。

［形态结构］ 该病毒粒子为二十面体，对称性颗粒，直径大约为 30nm，核酸型为 RAN 型。

［理化特性］ 沉降系数大约为 S_{20}w＝146～178，在氯化铯溶液中的浮密度为 1.378g/cm^3。

［病原性］ 该病毒与前述三种麻痹病病毒无血清学关系。病毒注射成年蜜蜂后 12d 左右死亡。在死亡前 1～2d，前二对足出现典型的麻痹症状；目前我国尚未分离到该病毒。

慢性蜜蜂麻痹病相关病毒（*Chronic bee-paralysis virus associate*，CPVA）

该病毒颗粒在血清学上与 CBPV 不发生关系，单独注射蜜蜂也不能增殖，除非在接种液中同时含有 CBPV，这种病毒称为慢性蜜蜂麻痹病相关病毒。该病毒可能作为卫星病毒或辅助病毒与 CBPV 发生作用。

［形态与结构］ 该病毒为对称颗粒，直径为 17nm，颗粒大小相同。相对分子质量为 1.5×10^4，核酸型为 RNA 型，单链。具有 3 个单链 RNA 组分，相对分子质量为 3.5×10^5，大小为 1 100nt。这 3 个组分（RNA A，RNA B 与 RNA C）与 CBPV 的 3 个小 RNA 组分非常相似，也有可能是同样的，即这 3 个 RNA 有可能被装配成血清学不相关，形态上不相同的两种颗粒。

［复制］ CPVA 与若干动物和植物中存在的卫星病毒类似，必须依赖其他病毒的遗传信息才能复制。向蜜蜂体内注射含有 CBPV 但测不出 CPVA 的制剂，有时能复制出 CPVA。在某些情况下，CPVA的 RNA A，B 与 C 高度有效地装配在 CBPV 粒内，与其他辅助病毒类似，在复制过程中，CBPV 与 CPVA 相互之间竞争病毒蛋白质。因此，当 CPVA 加到 CBPV 接种液时，前者干扰后者的复制。在接种 CBPV 的蜜蜂中，产生 CPVA 的数量与复制 CBPV 的数量、颗粒长度及最大沉降系数呈反比关系；CBPV 与 CPVA 的 RNAs 复制也呈反比关系。

CBPV 与 CPVA 在血清学上无关，CPVA 在 CBPV 存在的情况下可以复制，这些现象提示，CPVA 的核衣壳多肽是由它的一个 RNA 组分编码的，然而 CPVA 的 RNA 也可被 CBPV 的核表壳多肽装配。一种病毒的 RNA 被另一种病毒的核衣壳蛋白质包住，在相关病毒之间经常有效地发生，而在非相关病毒之间低效甚至完全不可能发生。CPVA 的 RNA 有效地被 CBPV 核衣壳蛋白质装配，可能是由于两者 RNA 存在共同的序列，也有可能含有 CBPV 核衣壳装配的启动子。

［理化特性］ 沉降系数为 S_{20}w＝41，在氯化铯溶液中的浮力密度为 1.38g/cm^3，具有典型的核蛋白吸收光谱。

蜂蛹病毒（*Honeybee pupa virus*）

1986 年，我国意大利蜜蜂暴发蜜蜂蛹病（Honeybee pupae disease），这是危害我国养蜂生产的一种新的传染病。

［形态结构］ 该病毒粒子呈球形，形态均一，直径大约为 20nm，无囊膜，核酸型为 RNA 型，双链，病毒核酸分子有 6 个组分，其相对分子质量分别为 9.4×10^5、8.4×10^5、8.3×10^5、7.5×10^5、7.1×10^5 和 6.8×10^5，蛋白质相对分子质量为 25 800。

[理化特性] 沉降系数为 $S_{20}w=50.8$，该病毒对乙醚和氯仿有抵抗力。

[病原性] 该病毒寄生于患病工蜂蛹头部、中肠组织以及病蜂王卵巢组织细胞内。典型症状是死亡的工蜂蛹多呈干枯状，发病初期呈灰白色，随着病情的发展逐渐变成浅褐或深褐色，死亡的蜂蛹后期呈暗黑色，多数巢房盖被工蜂咬破，露出头部，呈“白头蛹”状。这种病群中也可看到体质衰弱，不能出房死于巢房内的发育不全的幼蜂；病群中工蜂行动疲惫，采集力、分泌王浆的能力和对幼虫的哺育力极差，蜂蜜和王浆产量明显降低，有的病群出现失王和自然交替现象，也有的病群出现飞逃。

[分离与鉴定] 为了分离纯化该病毒，取患蜂蛹病死亡的工蜂蛹，研磨，匀浆，加等量 pH 7.2 0.01mol/L 磷酸缓冲液（含 0.02%DIECA），再分别加 1/10 体积的乙醚、四氯化碳乳化，经差速离心，沉淀重悬浮于磷酸缓冲液中，4℃过夜，10 000r/min 离心 30min，上清液经蔗糖密度梯度离心，制备 10%～40%蔗糖溶液梯度管，每管置 0.5mL 病毒液，100 000×*g* 离心 3h，合并 254nm 峰值部分，透析浓缩或超速离心，悬浮液于－20℃保存。血清学诊断时，琼脂免疫扩散为 1∶64。对流免疫电泳为 1∶128。镜检取发病蜂蛹样品 20～30 只研碎，制成镜检液在高倍显微镜或电子显微镜下检查，若发现有较多的大小约为 20nm 的椭圆形病毒粒子，可鉴定为该病毒。

黑蜂王台病毒（*Black queen cell virus*，BQCV）

该病毒引起蜜蜂蜂王幼虫病害——黑蜂王台病毒病（Black queen cell virus disease），在北美洲、英国、澳大利亚均有发现。

[形态结构] 该病毒粒子直径 30nm，二十面体。

[理化特性] 沉降系数为 $S_{20}w=151$，在氯化铯溶液中的浮密度为 1.34g/cm^3。

[病原性] 该病毒仅在被蜜蜂微孢子虫侵染的蜂王幼虫体内增殖。幼虫死亡发生于前蛹期，虫尸为暗黄色，有一层坚韧的囊状外表皮，类似蜜蜂囊状幼虫病。王台同时变成黑色。在育王群中，由于王台数量大而集中，发病率较高。

[鉴定] Elize Topley 等人于 2005 年报道了该病毒引物 BQCVF：5′-GGAGATGTATGCGCTT-TATCGAG-3′，BQCVR：5′-CACCAACCGCATAATAGCGATTG-3′，能扩增到 316bp 的片段。

蜜蜂 X 病毒（*Bee virus X*）

该病毒引起蜜蜂 X 病毒病（Bee virus x disease），此病是一种蜜蜂成蜂病害，已在英国、法国、美国及澳大利亚发现。

[形态结构] 该病毒粒子直径为 35nm，二十面体；核酸型为 RNA 型，其主要蛋白的相对分子质量为 52 000。

[理化特性] 沉降系数为 $S_{20}w=187$，在氯化铯溶液中的浮密度为 1.358g/cm^3。

[病原性] 该病毒由蜜蜂马氏管变形虫传播，侵染蜜蜂肠道组织。两者共同存在比该病毒单独存在具有更强的毒力。在两者共同作用下，蜜蜂寿命明显缩短，越冬蜂大量死亡，给蜂群越冬带来极大损失。

蜜蜂 Y 病毒（*Bee virus Y*）

该病毒引起蜜蜂 Y 病毒病（Bee virus Y disease），此病是一种蜜蜂成蜂病害，已在北美洲、英国、澳大利亚发现。

[形态结构] 该病毒粒子直径 35nm，二十面体。核酸型为 RNA 型。

[理化特性] 沉降系数为 $S_{20}w=187$，在氯化铯溶液中的浮密度为 1.358g/cm^3。

[病原性] 该病毒仅能通过蜜蜂微孢子虫在蜜蜂肠道内造成的伤口侵入细胞，引起的症状尚不清楚，但该病毒的存在增加了蜜蜂微孢子虫的致病作用。

阿肯色蜜蜂病毒（*Arkansas bee virus*）

阿肯色蜜蜂病毒引起阿肯色蜜蜂病毒病（Arkansas bee virus disease），最初是在美国通过从采集蜂取出的花粉团浸出物接种健康蜂分离到的。此病是一种蜜蜂成蜂病害，仅在美国发现。

[形态结构] 该病毒粒子直径 30nm，二十面体；核酸型为 RNA 型，包含一个主要蛋白，相对分子质量为 4.3×10^4，一条单链 RNA，相对分子质量为 1.8×10^6。

[理化特性] 沉降系数为 $S_{20}w=128$，在氯化铯溶液中的浮密度为 1.37g/cm³。

[病原性] 该病毒为隐性感染，使病蜂于患病后 10～25d 死亡，不表现明显可识别的症状；常与蜜蜂慢性麻痹病并发。

埃及蜜蜂病毒（*Egypt bee virus*）

1979 年，在埃及的西方蜜蜂体内分离到该病毒；此后，在日本和俄罗斯也分离到该病毒。1990 年，冯峰首次在国内意蜂体内分离到该病毒。埃及蜜蜂病毒病（Egypt bee virus disease）是一种蜜蜂成蜂病害。

[形态结构] 该病毒粒子直径为 30nm，二十面体。核酸型为 RNA 型。

[理化特性] 沉降系数为 $S_{20}w=165$，在氯化铯溶液中的浮密度为 1.37g/cm³。

[病原性] 该病毒为隐性感染，除分离出病毒粒子外，对其引起的症状及发病规律尚不清楚。

蜜蜂线病毒（*Bee lilamentous virus*）

该病毒引起蜜蜂线病毒病（Filamentous virus disease of bee），此病是一种蜜蜂成蜂病害，已在北美洲、澳大利亚、日本、俄罗斯境内发现，是英国最常见但致病力最小的蜜蜂病毒。

[形态结构] 该病毒呈线状，大小为 150nm×450nm，核酸型为 DNA 型。

[理化特性] 沉降系数未测定、在氯化铯溶液中的浮密度为 1.288g/cm³。

[病原性] 此病毒引起成年蜂的病害，仅在被蜜蜂微孢子虫侵染个体的脂肪及卵巢组织增殖。病蜂血淋巴由无色透明变成不透明的乳白色，同时病毒能增强蜜蜂微孢子虫的致病作用。在两者的协同作用下，加速了病蜂的死亡。

蜜蜂云翅粒子（Bee cloudy wing particle）

该病毒引起蜜蜂云翅粒子病（Bee cloudy wing particle disease），此病是一种蜜蜂成蜂病害，已在英国、埃及、澳大利亚发现，在英国发病率达 15%。

[形态结构] 该病毒粒子直径 17nm，二十面体。核酸型为 RNA 型。

[理化特性] 沉降系数为 $S_{20}w=49$，在氯化铯溶液中的浮密度为 1.38g/cm³。

[病原性] 该病毒经由蜜蜂气管系统传播，侵染翅基的肌纤维，使双翅翅膜混浊不清，失去透明性，患病个体迅速死亡。

◈ 参考文献

曹剑波．2006. 中蜂囊状幼虫病毒基因组序列分析及其结构蛋白结构预测［D］．广州：中山大学生物物理学．
冯峰，陈淑静．1989. 蜜蜂麻痹病病毒研究进展［J］．病毒学杂志（3）：227－232.
冯峰．1995. 中国蜜蜂病理及防治学［M］．北京：中国农业科技出版社．
冯建勋，等．1998. 中蜂囊状幼虫病毒的纯化、晶体与结构研究［J］．电子显微学报，17（4）：387－388.
冯蟹，陈淑静，康雪冬．1993. 蜜蜂蛹病病理及诊断的研究［J］．中国养蜂（6）：15－17.
蜜蜂保护学术语［EB/OL］．http：//www. china-bees. cn/fxsy/ _ notes/fxsy—js/fxsybch2－1. htm.
吴杰，周婷，韩胜明．2001. 蜜蜂病敌害防治手册［M］．北京：中国农业出版社．
许益鹏，章奕卿，李江红，等．2007. 蜜蜂囊状幼虫病毒病的 Nest—PCR 检测［J］．科技通报，23（6）：824－827.

颜殉，韩日畴 . 2008. 我国蜜蜂主要病原检测技术［J］. 昆虫知识，45（3）：483 - 488.

袁耀东，等 . 1999. 养蜂手册［M］. 北京：中国农业大学出版社 .

周婷，姚军，兰文升，等 . 2004. 蜜蜂 KBV 和 APV 病毒 RT - PCR 检测技术研究［J］. 畜牧兽医学报，35（4），459 -462.

B V Ball，H A Overton，K W Buck，et al. 1985. Relationships between the Multiplication of Chronic Bee-Paralysis Virus and its Associate Particle［J］. J. gen. Virol，(66)：1423 - 1429.

Elize Topley，Sean Davison，Neil Leat，et al. 2005. Detection of three honeybee viruses simultaneously by a single Multiplex Reverse Transcriptase PCR［J］. African Journal of Biotechnology. 4（7）：763 - 767，2005

J R de Miranda，M Drebot，S Tyler，et al. 2004. Complete nucleotide sequence of Kashmir bee virus and comparison with acute bee paralysis virus［J］. Journal of General Virology.（85）：2263 - 2270.

L Bailey. 1981. Honey bee pathology［M］. London：Academic Press London.

L Bailey，Brenda V B，R D Woods. 1976. An Iridovirus from Bees［J］. gen. Viral，(3)：459 - 461.

Verma，LR Rana，B S Verma，et al. 1997. 对于感染囊状幼虫泰病毒存活的东方蜜蜂群的观察［J］. 蜜蜂杂志（11）：32 -42.

周婷　吴艳艳　编

冯峰　审

第三篇

实验技术

第六十四章　常用精密仪器实验技术

第一节　超速离心技术

物体绕固定旋转轴水平旋转时，受离心力的影响产生模拟重力场的作用，使物体产生沉降运动，从而使物质中按不同密度、不同分子质量的级分得到分离。这种应用离心沉降进行物质的分析和分离的技术就称为离心技术。实现这种目的的仪器就是离心机。目前，离心技术已广泛应用于诸多科学研究和生产部门，离心机也已成为现代科学研究重要的仪器设备之一。

1923 年，T. Svedberg 开始研究超速离心机，并于 1926 年制造出第一台样机。1934 年 Bauev 利用 BP 超速离心机分离了“黄热病毒”，离心机第一次得到应用。1946 年 Sveabevg 应用超速离心机开始研究密度梯度法、沉降速度法、沉降平衡法，至今已有 60 多年的历史，使得不同结构形式、不同转速的超速离心机不断出现。

我国离心机的研制工作始于 20 世纪 60 年代。1975 年中国科学院生物物理研究所研制成第一台制备超速离心机，最高转速为60 000r/min，最大离心力为 300 000×g。目前，我国已能生产 60 000r/min 制备超速离心机、20 000r/min 高速冷冻离心机和台式高速冷冻离心机。

一、基本原理

超速离心机是根据力学定律，在物体和混合液中的溶质颗粒下沉的快慢和它们本身的质量大小的比例（一般成正比）而形成的离心作用。如在混合液中的溶质颗粒很小并在静止不动时，仅利用重力的作用来观察其沉降速度是不可能的，因而必须人为地模仿重力场的作用加在颗粒上，加快沉降的速度，用适当的时间才能达到沉降的目的。这种人为的动力就是旋转物体所受的离心力。利用转子高速旋转时所产生的强大离心力，加快颗粒的沉降速度，把样品中不同沉降系数或浮力密度差的物质分离开。另外，分析物质（如细菌、病毒、细胞）在离心力场下的沉降情况都与沉降速度和沉降时间相关，沉降的时间和速度取决于离心力、颗粒大小、形状、密度和沉降介质的密度及黏度。

二、离心机的种类

根据离心机使用速度的不同，一般把每分钟旋转几千转的称为低速离心机，1 万～2 万转的叫做高速离心机，3 万转以上的称为超速离心机。如果按照用途，又可分为分析超速离心机（专用于成分分析、测定沉降速度、计算分子质量等）和制备超速离心机（用于颗粒分离、纯化）。在此我们主要介绍纯化、分离生物颗粒所用的制备超速离心机技术。

净离心转头是离心机用以装纳样品（样品的载体），并由驱动轴带动做旋转的部件。根据实验要求、目的和容量不同，所需的离心转头也不相同。超速离心机上最常用的转头有：固定角度转头、水平转头、连续转头、区带转头、垂直转头和分析转头等。

差速离心方法多用固定角度转头，速度区带离心法最好用水平转头，等密度区带离心法可以用固定角度转头或水平转头，但是还有一些其他因素需要考虑使用其他转头。

三、离心方法

制备超速离心机分为差速离心法和密度梯度离心法，其中又分为速度区带离心法和等密度区带离心法。

（一）差速离心法

采用逐渐增加离心速度或低速和高速交替离心，使沉降速度不同的颗粒，在不同离心速度及不同离心时间下分批分离的方法。差速离心法一般用于分离沉降系数相差较大的颗粒。

在分离一种颗粒成分时，一般要进行一系列的离心操作。通常先选择一个速度和时间，离心去掉大部分不需要的较大颗粒成分，但所需大部分颗粒仍存在于上清液中，收集其上清液。选用足够高的速度沉淀所需的颗粒，但是有些较小的颗粒仍然留上清液内。为了取得更好效果，可将沉淀物再均匀地溶于介质中，按原来的沉淀过程及同样的条件进行再离心。这样高低速离心重复几次，以达所需纯度（图 64－1 和图 64－2）。

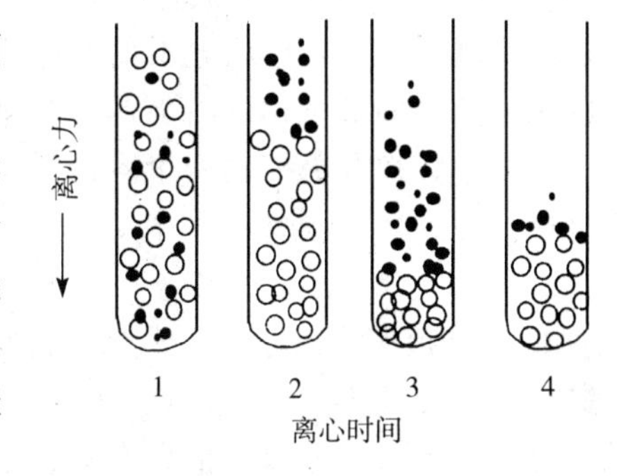

图 64－1 差速离心

差速离心时最好选用固定角度转头。这是由于在离心过程中颗粒顺着离心方向的外侧管壁向下滑动，在管底形成沉淀，这是管壁效应加速沉淀过程。差速离心法主要用于分离浓缩病毒和亚细胞成分。通过分析差速离心还可以测定沉降系数。

本法的缺点是分离效果不够理想，不能一次得到纯净颗粒。由于长时间离心往往会使颗粒变形、聚集而失活。

（二）密度梯度离心法

又称密度梯度区带离心法。本法在离心时要求一个支持的液体介质，它的密度向离心管底的方向增加。这个密度则是个溶质，例如蔗糖的浓度梯度，蔗糖浓度越高，溶液的密度也越高。如果是一种不同沉降系数的大分子混合物，在这样的梯度内离心，其不同的成分会根据这些性质分离开而形成提纯的带，这些带随着相同密度梯度而稳定存在，并能消除对流干扰。

本法由于形成带，可以克服差速离心纯化时快速离心沉淀成分与慢速成分相互混杂的困难，而且形成漂浮带，不会在离心管底形成紧密的沉淀。对一些“脆弱”的样品也很适用。

本法分离好，一次就能获得较纯的颗粒，应用范围广，保持颗粒活性。但是离心时间长，需要制备梯度，操作技术较复杂。

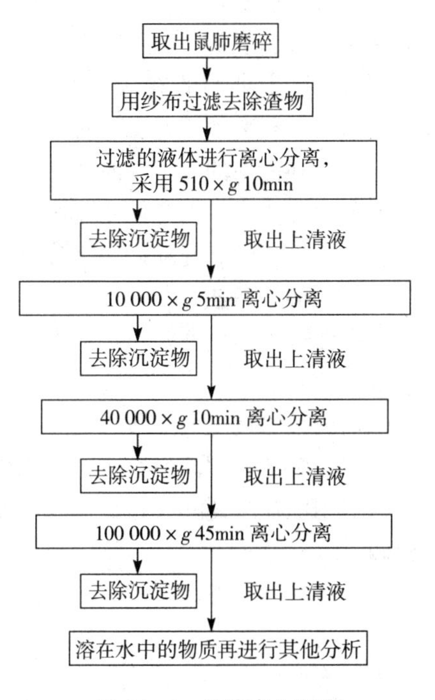

图 64－2 差速离心程序

密度梯度中的离心方法较多，根据现在普遍使用的方法仅介绍其中两种，即主要依靠物质沉降速度不同达到分离目的的速度区带离心法和依靠物质密度（浮密度）的不同达到分离目的的等密度区带离心法。

1. 速度区带离心法 在含有不同颗粒的混合物样品中存在沉降速度差时，在一定离心力作用下，颗粒各自以一定速度沉降，在密度梯度的不同区域上形成区带称为速度区带离心法。在离心时先将小体积的样品溶液铺在预先形成梯度柱的离心管内液柱顶上，然后开始离心。在离心过程中，由于各种成分的沉降速度不一，它们便在液柱中形成相互分开的一系列高度纯化的区带（图 64－3）。用这种方法可以分离沉降速度差为 10％～20％的颗粒，所以速度离心的分辨力比差速离心法高很多。

密度梯度柱的形成，要求所采用的材料不能使样品溶质变性，同时还应能够配成密度足够高的溶液。最常用的梯度物质是蔗糖。在速度区带离心法中，梯度柱密度范围的最高值应比样品溶质的密度小，以使样品不断沉降。一般蛋白质可用15%～45%的蔗糖梯度，核酸用25%～55%的蔗糖梯度，氯化铯可提供更高的密度梯度。

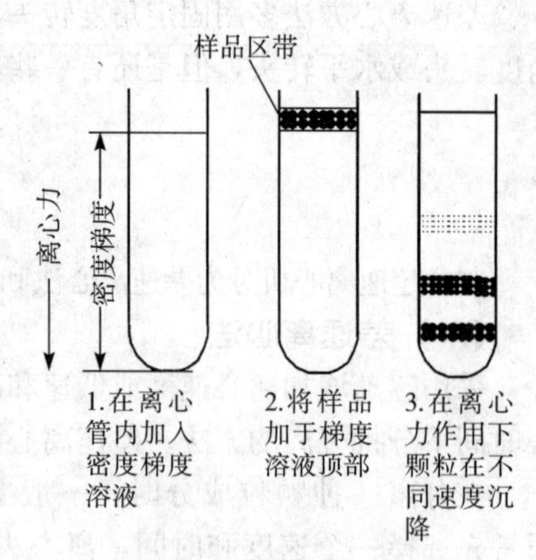

图 64-3 速度区带离心

蔗糖密度梯度柱的形成有两种方法，一种是手工操作法，另一种是机械泵制作法。手工操作法是配成几种预先设计好的蔗糖浓度液，先将最稀的溶液加到离心管底部，然后依次通过长注射针头由稀至浓把固定体积的溶液慢慢加入管底，密度小的溶液依次顶到上层（管顶留出铺放样品的空间）。然后放置过夜，使蔗糖扩散，层间界消失，形成光滑的密度梯度。机械泵制作法采用的梯度泵是两个储放蔗糖的容器，一个是高浓度的，另一个是低浓度的。通过程控开关控制两个容器的流量。可以使混合液顺离心管壁慢慢流下，加到离心管中，浓度逐渐减小，形成所需要的梯度柱。

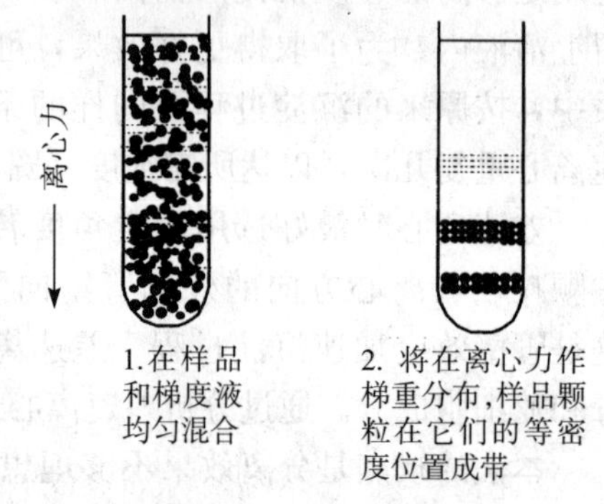

图 64-4 速度区带离心

2. 等密度区带离心法 本法是将要分离的颗粒混合物铺于预先制成的梯度顶部，或均一地分布于未制成梯度的溶液内。选择的梯度范围应包含被成带的所有颗粒的密度，通过离心颗粒的上浮与下沉，分别到达梯度中与其各自密度相同的位置。这样不管离心持续时间多寡，它们仍停留在那个区带，并按照各自的浮力密度形成一系列区带（图 64-4）。

等密度区带离心的有效分离结果取决于颗粒的浮力密度差。密度差越大，分离效果越好，一般与颗粒大小和形状无关，后二者决定着达到平衡的速度、时间和区带的宽度。在等密度区带离心时不需要慢加速转头，在减速时不宜使用刹车的方法，特别是使用盐类制的梯度更应注意。低黏度的盐溶液如 CsCl 溶液极易混合，如果转头减速太快，会引起旋动而影响分离效果。

（三）取样方法

在取样过程中应严防污染。大体有如下几种取样方法。

（1）切割法：使用切割取样器，把离心管切成薄层，分层收集样品。

（2）用吸管从上而下分层吸取。

（3）穿刺法：用注射针头，在离心管底部穿一个小孔，使液体滴出。可连续分取或用气泵吸取。

（4）用取样泵使样品慢慢流出，有的取样泵在流出时还能测定流出样品的光密度，使样品的收集更为精确。

四、离心程序的设计

在分离提纯某种颗粒前，应根据欲分离颗粒的性质、所具有的离心条件与要求，以及前人的类似经验，设计出具体的离心程序。

（一）梯度材料的制备

梯度材料可分为 3 类，即碱金属盐、蔗糖（亲水小的有机分子）和聚蔗糖（亲水大的分子）。

在选用梯度材料时应注意如下事项：①溶液的最大密度范围是否合适；②选用的物质是否会影响样品的活性及分离样品的测量分析；③形成的溶液黏度低、离心后易于除去，对转头和离心管的腐蚀作用等。

表 64-1　常用密度梯度材料的性质

材　料	相对分子质量	水溶液最大密度	溶液的离子强度	20%溶液的黏度	紫外吸收值	用　途
氯化铯（CsCl）	169.4	1.888	高	低	低	核酸、核蛋白和病毒区带法
溴化钠（NaBr）	102.9	1.5	高	低	低	脂蛋白的分离
柠檬酸钾	235.3	1.485	高	低	低	病毒区带法
甘油（Gycerine）	92.09	1.26	无离子	较高	低	蛋白质的速度区带分离法
蔗糖（Saccharose）	342.3	1.3	无离子	较高	低	亚细胞颗粒病毒和核酸区带法
聚蔗糖（Ficoll）	400.000	1.23	无离子	高	低	细胞和亚细胞颗粒分离等

关于梯度溶液密度的测量方法，有密度球法、折射率法和振荡频率法。密度球法是将直径为 1mm 左右的小球标以不同颜色，分别代表不同密度值。离心前将塑料小球加进梯度液里，离心后由不同颜色的球停留的位置来判断梯度溶液及样品的密度。振荡频率法是通过测量振荡器作用下的梯度溶液的频率来推算其密度的方法。折射法则可用阿贝斯折射仪测出溶液的折射率，便可求出其密度。

（二）离心方法的选择

离心方法的选择是离心操作中的重要一环，因为生物颗粒的沉降系数有它的广泛性。有时可以根据其沉降系统或浮力密度来分离某种颗粒。但是为了得到最好的结果，则必须同时考虑它们的特性。在从细胞裂解溶液或组织浆液中分离时，应当考虑其他成分性质的存在，并要与所希望分离的颗粒性质做比较；如果它们的沉降系数和浮力密度有重叠时，应考虑通过调节溶剂的离子成分来达到分离的目的。如果还不能分离，则可同时结合速度区带和等密度区带技术的复合梯度可能会分离开。

（三）离心时间

离心时间是由实验要求所决定的。为了避免不稳定颗粒的凝聚、挤压损伤或变性失活，并使扩散所导致的区带加宽现象减弱，在保证分离的前提下，应尽可能缩短离心时间。相反，在分离某些沉降较快的大颗粒时，往往使用黏度较大的梯度介质，以阻止颗粒的过度沉降。离心时间的计算，应根据各种离心机使用说明书提供的 K 因数值加上所用介质常数即可估算。这个时间包括转头加速、减速和恒速的时间。

注意事项：转头对重盐梯度的速度限制。转头的最大转速是根据离心管内装入一定密度溶液计算的，如果所装溶液的密度超过此速度时，则最大的允许速度应降低。另外，如所用介质是 CsCl 时，离心后则可能发生沉淀，而影响分离结果。另外，在密度为 4g/cm^3 的 CsCl 沉淀将会严重影响和危及转头的安全。

第二节　电子显微镜技术

电子显微镜（简称电镜）是利用电子光学原理，将电子枪发射出来的电子，经过电磁场的聚焦作用，而使物体放大成像的。这种仪器分辨率高，放大倍数可达百万倍。

它的成像原理是当电子束轰击样品时，使样品激发产生各种信号，这些信号都带有样品材料本身的物理和化学性状的信息，接受这些信息并利用它做为成像分析，能得到样品的微观形象、超微观结构等的图像。

根据电子与标本作用方式的不同，可制成各种功能不同的电镜：在电子透过标本而在荧光屏上成像的称为透射电镜；通过电子束打到标本激发出二次电子而成像的叫做扫描电镜；在电子束打到标本上激发出来的 X 射线光谱和能谱进行分析的称分析电镜。

1932 年，德国科学家诺尔（Knoll）和鲁斯卡（Ruska）发明了世界上第一台透射电镜以来，直到 20 世纪 70 年代，人们从微观世界进入到超微观世界，在分子水平上可以直观地研究生命科学。在透射电镜发展的同时，扫描电镜也相继问世。1935年诺尔（Knoll）首先提出其设计和原理。1942年英国剑桥大学第一台扫描电镜诞生，到20世纪70年代，这种电镜也得到了很快发展，分辨率一般可达3nm，场发射可达0.5nm左右。

随着时代的发展和科学技术的进步，又相继研制出许多高技术产品。如能进行活体观察的高压电镜；既能在观察样品形态结构的同时又能进行微区化学成分分析的分析电镜；具有原子尺度的高分辨力并直接可在大气条件下或液体状态下观察的扫描隧道显微镜；以细胞CT而著称的共焦激光扫描电镜等。电镜技术的进展不仅表现在仪器本身性能的高度完善和种类的增多上，同时也反映与其相应的各种样品制备和应用技术上。除常规的超薄切片、金属投影和样品表面复型、负染色技术外，还有能够暴露出生物样品内部结构的冷冻断裂和冷冻复型技术；能进行生物合成转移定位研究的电镜放射自显影技术；利用抗原抗体相互作用的免疫电镜技术；利用特异的化学反应产生细胞化学产物（不溶性电子散射力强的沉淀物）来识别和定位的电镜细胞化学技术；观察病毒核酸、蛋白质等单分子展层技术和电镜原位核酸杂交技术；用来分析各种不同组织细胞中存在的元素微区分析技术等。此外，近年来电镜图像光学处理和计算机处理技术，不仅能对肉眼观察是“杂乱无章”的图像进行去伪存真，还原细节，重构三维图像，还能存贮图像信息及构制彩色电镜图像等。由此可见，电镜和多种新技术相结合而形成的综合性电镜技术，已在生命科学各学科的基础研究和应用研究工作中成为卓有成效的技术手段和研究方法。

一、电镜基本类型和特点

（一）透射电镜

利用磁透镜对穿过样品的电子束进行放大，这种电子束当通过样品时与样品发生作用，带有样品中超微结构的信息，可以在荧光屏上显示出超微结构的放大电子图像。其主要特点：①分辨率高，已接近或达到了仪器的理论极限分辨率，JEM-1200EX型电镜分辨率为144pm；②放大倍率高、变换范围大，一般从数百倍到100万倍；③样品制备比较复杂，难度大；④图像一般为二维结构（平面结构）。视野较小，但也有超低倍数图像，其视野较大；⑤应用范围广，通常用于研究生物样品局部切面的超微结构、大分子结构以及冷冻蚀刻复型膜上的超微结构。另外，加用分析附件可增加多种功能。

该型电镜基本由如下部分组成：照明系统（电子枪、聚光镜）、成像系统（样品室、物镜、中间镜、投影镜）及观察记录系统（荧光屏、照相机构）；此外还包括真空系统和电路系统。

（二）扫描电镜

该种电镜是将电子束照射在样品表面上进行动态扫描的仪器。电子束以一定的速度，成行成帧地扫完待检面积，在此范围内，样品也逐渐发出带有形态结构和化学成分信息的二次电子。这些电子被送到检测器，在屏幕上显示该范围内的形态画面。正因为是一点一点地扫描，所以样品表面上深凹高凸的信息，就如实地以三维（立体）影像反映在屏幕上。扫描电镜图像实为间接成像。其特点：①分辨率较高，一般为3～6nm，场发射式可达1～2nm，放大倍数为20万倍，场发射式可达40万倍；②制样技术较简单，主要观察表面结构，也可观察大而厚的样品；③图像景深长，层次丰富，立体感强，为三维结构图像；④应用范围广，主要用于样品表面、断面立体形貌的观察。另外，如加分析附件，功能可增多。扫描电镜的结构主要由电子光学系统、信号检测及显示系统、真空系统和电路系统等组成。

（三）分析电镜

为装有扫描附件，如能谱仪（EDX）和波谱仪（WDX）的透射电镜。其特点除具有透射和扫描电镜性能外，还可对样品微区内的元素进行定性、定量综合分析。

（四）超高压电镜

通常指加速电压在500kV以上的透射电镜。目前世界上超高压电镜的最高加速电压为3 000kV。

其特点是：分辨率高，并可利用特殊“压力样品室”观察活的生物样品和含水的样品；通过“叠加法”对图像进行立体化处理。

二、电镜样品制备技术

根据电镜的种类和应用目的，可把各种生物样品的制备技术分为两大类。用于透射电镜的有：超薄切片（正染色）、负染色、冷冻超薄切片以及低温包埋技术、免疫电镜技术、细胞化学技术、放射自显影技术、金属投影技术、表面复型技术、冷冻蚀刻技术、单分子展层技术、核酸原位杂交技术等。用于扫描电镜的有：表面喷镀技术、临界点干燥技术、组织导电技术、冷冻干燥技术、冷冻断裂技术、铸型技术、免疫扫描电镜技术、离子蚀刻技术、低压低温观察技术等。下面仅介绍几种常用技术。

（一）超薄切片技术

超薄切片是研究微生物尤其是病毒的特征以及病毒与细胞之间相互作用的主要手段（图 64－5）。切片厚度很薄，通常用环氧树脂作包埋剂，一般可以制成 50nm 左右的切片。超薄切片的制备包括载网清洗及支持膜制作，取材，固定，脱水，包埋，切片和染色。

1. 取材　由于生物材料在离开机体或正常生长环境后，其组织结构往往在自溶酶作用下迅速发生各种“死后”变化。为尽可能保持生物材料原生活状态的结构，故要求取材时要准确、迅速，在离体 1min 之内放入固定液；体积要小，组织块不要超过 $1mm^3$；低温（在 0～4℃）下取材；防损伤，器械要锋利。

对体外培养细胞取材，先用橡皮刀剥下培养瓶壁上的单层细胞，以 1 000～2 000r/min 离心 10min，形成细胞块。

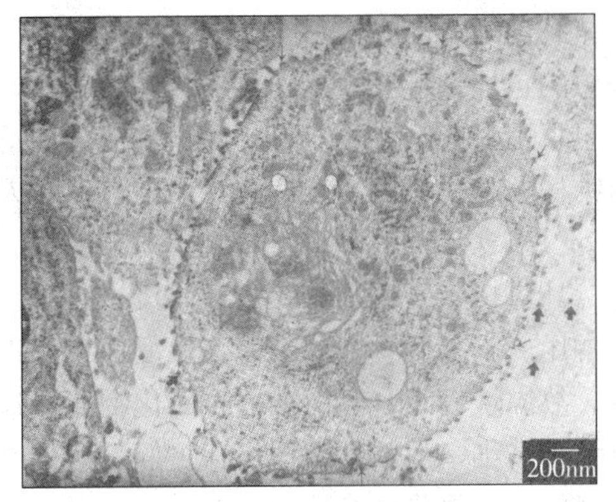

图 64－5　超薄切片应用

该图显示牛白血病病毒感染的羊胎肺细胞表面上呈现出锯齿状芽生病毒形态（细），细胞外有成熟的病毒粒子（粗）（李成等提供）

2. 固定　要保存细胞超微结构的每一细节，在样品制备中，常用固定剂有四氧化锇、醛类、高锰酸钾等。

（1）醛类　醛类固定剂有甲醛、戊二醛、多聚甲醛和丙烯醛，最常用的是戊二醛。

戊二醛（$C_5H_8O_2$）呈浅黄色，稍酸，pH4.5～5.0，商品为 25％水溶液。遇氧、高温、碱性物质都能使其发生聚合变黄，降低效力。具有两个醛基，对细胞结构有很高的亲和力。有稳定糖原、保存核酸、核蛋白的特性，尤其对微管、内质网等细胞膜性系统和细胞基质有良好的固定作用。可长期保存样品或远距离运输保存样品。另外，由于戊二醛单体分子小，穿透力强，固定速度快。其缺点为不能保存脂肪，无电子染色作用。常用浓度为 1％～4％水溶液。浓度过高易造成组织收缩，浓度过低易使样品成分被抽提。

（2）四氧化锇（OsO_4）　又称锇酸，其水溶液呈中性，为一种非电解质的强氧化剂。为淡黄色单斜晶体，密封在小安瓿内。其水溶液易挥发，有毒性，对眼、鼻、喉黏膜有强烈的刺激作用。配制和使用时需在通风橱中进行。

四氧化锇是目前电镜技术中最常用的化学固定剂。它对蛋白质和脂肪有强力的固定作用，还能固定脂蛋白、核蛋白，但不能固定核酸和糖类，同时对样品有较强的染色作用。使用浓度为 1％～2％。

（3）高锰酸钾（$KMnO_4$）　是磷脂蛋白的优良固定剂，适用于细胞膜性结构的固定。但几乎不能固定细胞的其他成分，其使用浓度为 0.6％。

缓冲液通常使用磷酸盐缓冲液、醋酸-巴比妥盐缓冲液、二甲胂酸盐缓冲液等。

（4）固定方法　分单固定法和双固定法。单固定法，一般单独用 1％～2％ OsO_4 固定 1～2h；双固定法则先用 2%～4%戊二醛固定 30min，而后用 OsO_4 固定 30min，也分别称为预固定和后固定。固定过程均在 4℃冰箱中进行。

当每种固定液固定后，都需要用缓冲液冲洗以除去多余的固定液，这样可避免组织样品的环境发生突然剧烈变化，并防止戊二醛和四氧化锇相互反应而减弱固定能力，同时也避免固定剂与脱水剂（乙醇、丙酮）相互反应，产生沉淀，影响固定和脱水效果。

3. 脱水 系指用适当的有机溶剂取代组织细胞中的游离水。由于水分的存在会使组织结构在电镜高真空状态下急骤收缩而遭破坏；还因常用的包埋剂是非水溶性的，细胞中游离水影响包埋剂的浸透，以致影响包埋聚合效果，这关系到样品制备的成败。

常用的脱水剂有乙醇、丙酮、甲醇、乙二醇、聚乙二醇、氧化丙烯（环氧丙烷）、乙烯甘醇、水溶性环氧树脂等。最常用的脱水剂是乙醇和丙酮。乙醇不会使组织变硬变脆，对细胞中脂类物质的抽提也少。但它不易与包埋用的环氧树脂相混溶，需用“中间”脱水剂（环氧丙烷）过渡。

脱水方法：通常采用等级系列脱水法，即 30%→50%→70%→80%→90%→95%→100%，样品在每一浓度停留约 10min，80%以前在 4℃下操作，80%以后转入室温操作。70%是对组织体积影响最小的浓度，因此，通常可让样品在 70%的脱水剂中停留过夜。100%乙醇和丙酮脱水时，必须先用无水硫酸铜或无水氯化钙吸收脱水剂中的水分，以保证组织细胞充分脱水。

4. 包埋 包埋是用包埋剂逐步取代组织样品中的脱水剂，并制备出适合机械切割的固体包埋块。理想的包埋剂应具有以下特点：黏稠度低、容易渗透；聚合均一，不产生体积收缩；能耐电子束轰击，高温下不易升华，不变形；对组织成分抽提小，能良好地保存精细结构；本身在电镜高放大倍数下不显示结构；有良好的切割性能；易染色；对人体无害。

（1）包埋剂的种类

环氧树脂类：Epon 812 和 Quetol 812 以及国产环氧树脂 618 是常用的包埋剂，尤其是 Epon812 更为常用。它是由甘油和表氯乙醇反应而来的 7 个单体组成，对电子束稳定，但由于含有较高的疏水成分，故黏性较大，且因含二环氧化物而有致癌作用。618 为二酚基丙烷型环氧树脂，对组织损伤小，保存结构精细，对膜性结构保存更好，但黏度大，浸透不均匀，操作不大方便，若与国产 600 型环氧树脂混合使用，可降低其黏度。Araldites 属芳香族类，对热及电子束有很好的稳定性，交联程度低，黏度小。Spurr（ERL-2406）是一种乙烯环乙烷二氧化物，黏度低，但毒性大并有致癌作用。Drucupon 为脂肪族多聚环氧化物，黏度低，常代替环氧丙烷用做浸透剂。

丙烯类树脂：Lowicryl 是一种丙烯树脂，由脂族乙醇二异丁烯酸交联，与 Epon 一样对电子束稳定，在低温下具有黏度低、脱水快和浸透好的特点，聚合时用苯偶姻甲酯作始动剂，在波长 360nm 紫外线间接照射下低温（－30～－50℃）聚合过夜。Lowicryl 包括亲水性的 K_4M、$K_{11}M$ 及疏水性的 HM_{20}、HM_{23}。前二者的脱水剂可用甲醇、乙醇、丙酮、甘油等，因在组织中含有 5%水分时也可聚合，所以浸透可在部分水化状态下进行。后二者的脱水剂不能用甘油和乙醇，它可在－70℃下使用，许多生物物质可保持稳定，甚至可保存结合水。LR White 与 LR Gold 是亲水性丙烯酸单体混合物，交联稳定，黏度低，可迅速浸透组织，对电子束稳定，组织经 70%酒精脱水即可进入 LR White 中浸透。聚合可在 50℃或室温下进行，如果使用加速剂则可在 10～20min 内聚合。丙酮在该树脂内可做为一种自由基清除剂，但只要有一点丙酮残留都会影响聚合，因此一般不用丙酮作脱水剂。在聚合时要注意尽量减少氧气的存在，用带盖胶囊聚合。GMA 是由乙二醇甲基丙烯酸酯组成，含有 3%水分，多用于细胞化学研究，不需除去树脂就可用很多特殊染料染色，组织先在含有 7%蔗糖缓冲液中放置，然后用含水量渐少的 GMA 及纯 GMA 浸透包埋，紫外线照射下 4℃环境中聚合。

（2）操作方法

①环氧树脂包埋法：环氧树脂为热塑性树脂，它和一定的硬化剂、加速剂在一定温度作用下形成不可塑性交链的固体。硬化剂为酸酐类物质，常用的有十二烷基琥珀酸酐（DDSA）和甲基内次甲基二甲酸酐（MNA）。加速剂为胺类物质，常用的是 2，4，6-三（二甲氨基甲基）苯酚（DMP-30）。为了调

节包埋块的韧性和弹性，有时向包埋剂中加入“增塑剂”，常用的是苯二甲酸二丁酯（DBP）。但通常通过调节 DDSA 和 MNA 的比例来调整包埋块的软硬度，DDSA 偏软，MNA 偏硬。

包埋剂配方：

A. 国产环氧树脂“618”包埋剂配方：

618　6mL　　DBP　0.3～0.8mL　　DDSA　4mL　　DMP-30　0.1～0.2mL

B. Epon 812 包埋剂配方：

甲液　Epon 812　　10mL　　DDSA　　16mL

乙液　Epon 812　　10mL　　MNA　　8.9mL

上述两液宜分别配制贮存，使用时可根据不同的硬度要求，量取不同比例予以混合。一般冬天用甲：乙＝1：4，夏天用 1：9，乙液比例越大，包埋块越硬。待上述二液混匀后，再按 1.5%～2.0%的体积比，在充分搅拌中逐滴加入 DMP-30。

如按重量比例配制，每次可根据需要量按表 64-2 配制。

一般在电子天平上量取，用磁力搅拌器进行搅拌，达一定程度时，再一边加入加速剂，一边搅拌，完毕后放入真空条件下待用。

表 64-2　重量比例配制表

包埋剂数量（g）	MNA（g）	DDSA（g）	Epon812（g）	DMP-30（g）
10	3.0	1.5	5.5	0.15
20	6.0	3.0	11.5	0.30
30	9.1	4.5	16.5	0.45
40	12.1	6.0	21.9	0.60
50	15.1	7.5	27.4	0.75

浸透：用包埋剂置换样品内的脱水剂时，一定要彻底。一般情况下，脱水剂与包埋剂等比混合液过渡，然后再用纯包埋剂置换。或者用环氧丙烷作为中间溶剂置换脱水剂，再用环氧丙烷与包埋剂等比混合液过渡，纯包埋剂置换。最好在减压条件下进行浸透。

聚合：即固化过程。方法有加热或紫外线照射。一般用 35℃，45℃，60℃各 12h 聚合或直接升高至 60℃ 24～48h 聚合。为了不破坏组织中酶的活性，采用紫外线照射聚合，50℃需 48h，40℃需 70h。

②水溶性包埋剂包埋法：样品经固定水洗后，不必经过脱水，可直接进入各级 Durcupan 中，最后入 Araldite 包埋。其具体步骤顺序如下：

50% Durcupan	水溶液	20min
70% Durcupan	水溶液	20min
80% Durcunan	水溶液	20min
90% Durcupan	水溶液	20min
100% Durcupan	水溶液	20min
Durcupan：Araldite（3：1）	60min	
Durcupan：Araldite（1：1）	60min	
Durcupan：Araldite（1：3）	60min	
Araldite（纯）	60min	

③Lowicryl K_4M 低温包埋剂包埋方法：Lowicryl K_4M 低温包埋主要用于制备免疫标记电镜的样品。将固定的细胞块（样品），用 0.1mol/L 二甲胂酸钠缓冲液冲洗三次，每次 10min；50%，60%，70%，80%，90%，95%酒精脱水各 5min，100%酒精脱水 3 次，每次 30min；100%酒精：树脂（Lowicryl K_4M）＝2：1，1：1，1：2，各 1h，纯树脂浸透过夜，以上各步骤均在低温下进行。最后包

埋在特制的模具中，置紫外线下－25℃，前1h时将温度降至－25℃，然后开紫外线灯聚合24h，室温放置2d，常规切片。

Lowicryl K_4M 包埋剂配方：

Crosslinker A 2.70 Monomer B 17.30 Mitiator C 0.10

配制时按顺序分别加入即可。

5. 超薄切片 超薄切片要求厚度适中、均匀、平整、无刀痕、无颤纹和皱折。

（1）修块 除去组织周围的包埋介质和无关部分，使需要观察的组织尽可能暴露在切面处。一般将其修整成锥体，锥体尖端面为梯形、正方形或长方形。修整后的顶面一般为0.5mm×0.5mm左右。可用手工、修块机、超薄切片机修整。

（2）制刀 刀片一般用玻璃刀或钻石刀。钻石刀多用于硬度高的样品，因价格昂贵而不常用。玻璃刀是用5～7mm厚的硬质玻璃制成。制前应将玻璃清洗干净，用手工或制刀机制刀。在切片前要严格检查刀的质量，一般最佳刀刃部分占整个刀刃长度的1/5～1/4。在切片机的显微镜下，好的刀刃是一条平直的亮线，并可观察到一条弧形的应力线，最佳部分在应力线一侧。凡有闪烁反光“锯齿”的刀刃为不可用的部分。切片时应在刀上安装一水槽，便于收集切片。水槽可用塑料胶布或氧化锌橡皮膏围成，刀与胶布接触处要烫上一层蜡，以防漏水。

（3）切片 其步骤包括刀刃位置的选择、水槽液面的调整、样品和刀的校对、切片、拨片、展片、打捞等。一般软硬度适中的包埋块可选用45°刀角，3°～5°倾斜角，2mm/s的切速。偏硬的块可用较小角度的刀和较小间隙角及较慢的切速；偏软的块用大角度的刀，较大的间隙角及较快的切速。切片厚度的判断，一般利用切片表面反射的光和从切片下面反射的光产生的干涉现象为依据，不同厚度的切片呈现不同的干涉颜色。普遍认为由树脂包埋的超薄切片的厚度与干涉色的关系如表64-3。

表64-3 用干涉色判断切片厚度

干涉颜色	暗灰色	灰色	银白色	金黄色	紫色
切片厚度（nm）	40以下	40～50	50～70	70～90	90以上

一般材料的观察以用银白色的切片较好，即显示出一定的结构，又能有较好的反差；灰色、暗灰色的切片较薄，有较高的分辨率，但反差较弱；金黄色的切片反差好，但分辨率低；紫色切片太厚，不能用作观察。

6. 染色（正染色） 因为生物样品中元素原子序数较低，散射电子的能力较弱，产生的图像反差弱，所以必须进行电子染色。常用电子染色剂有如下两种：

（1）醋酸铀［$UO_2(CH_3COO)_2 \cdot 2H_2O$］ 又称醋酸双氧铀，具有放射性和化学毒性，对光不稳定，贮藏和染色最好避光，溶液变混浊则失效。它对核酸、蛋白质和结缔组织纤维染色较好，对膜染色效果差。染液常用浓度为1%～3%的饱和溶液，可用50%～70%乙醇配制，也可用双蒸馏水配制，染色时间在室温下30min左右。

（2）柠檬酸铅染液

柠檬酸钠〔$Na_3(C_6H_5O_7) \cdot 2H_2O$〕 1.76g （或〔$Na_3(C_6H_5O_7) \cdot 5H_2O$〕 2.08g）

硝酸铅〔$Pb(NO_3)_2$〕 1.33g 蒸馏水 30mL

将上述药品和蒸馏水放入50mL容量瓶内，用力摇动1min后，间隔摇动数次，30min后可见溶液呈乳白色，加1mol/L氢氧化钠8mL，溶液变为无色透明后加馏水至50mL，摇匀，pH约为12，冰箱密闭保存备用。此染色液对各种细胞结构都有广泛的亲和力，尤其对细胞膜性系统及脂类物质的反差更好。铅盐毒性大，与空气中的CO_2接触易产生白色碳酸铅沉淀污染切片，电镜下呈黑色致密不定型颗粒。为避免CO_2的污染，配制时所用蒸馏水最好先煮沸，除去水中CO_2，在染色时，加一些固体NaOH于样品一侧，以便吸收CO_2。

染色方法，通常用双染法，即先用醋酸铀，后用柠檬酸铅染色，以达到互补染色的效果。染色时间在室温各需 30min 左右。

三、负染色技术

负染色（Negative staining）又称阴性染色。是利用了重金属盐类染色液里的重金属在样品周围堆积而加强样品外周的电子散射力的原理。经过染色的生物样品（病毒），在电镜下呈暗背景的亮物像，与通常的正染色性质相反，所以称为负染色。其原理虽然尚需进一步探讨，但一般认是用电子散射力强的重金属衬托电子散射力弱的物体的像。经染色后，染色液在病毒的疏松处或空隙处滞留，因而在电镜下病毒的这些部位呈黑色，或者染色液将病毒包围，病毒周围的背景呈黑色，而病毒本身因电子散射力弱而较透明，呈白色如图 64-6。本法的优点是：简便易行，反差好，分辨率高，染色后的病毒不失活性，是对病毒进行快速鉴定的一项重要技术。

（一）染色液

所用染色液，原则要求必须是密度比生物样本大 4 倍以上的重金属溶液。经常用的有磷钨酸、磷钼酸、硅钨酸和醋酸铀等。最常用的是 pH6.8～7.0 的 2%磷钨酸溶液，适用于多种病毒，使用范围广。

配制方法：用蒸馏水配成 2%磷钨酸溶液，以 1mol/ L 氢氧化钠或氢氧化钾调 pH 至 6.8～7.0，滤过后，置 4℃贮存。

经验证明，染色液的 pH 对其染色效果影响较大。一般宜偏酸（pH6～7 之间），不宜偏碱，因为碱性往往造成生物标本的凝集变形。但有些病毒怕酸，如鼻病毒、口蹄疫病毒等，染色时应将 pH 调至 8。

（二）操作方法

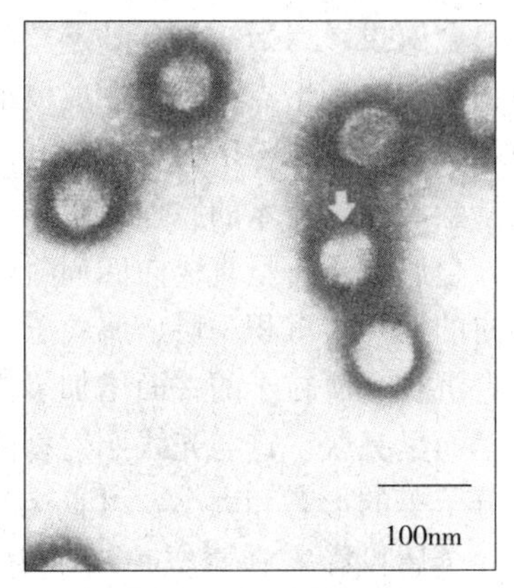

图 64-6　负染应用

用负染色制备的犬传染性喉气管炎病毒（CAV_2）粒子。可清楚地看到该病毒的壳粒构成正二十面体的衣壳（白色箭头所指）

（李成提供）

1. 样品的选用　被观察材料最好是比较纯净的病毒悬液。感染细胞培养物需反复冻融三次以上或用其他方法使细胞裂解，释放出病毒粒子。然后以 3 000r/min 离心 30min，除去细胞碎片，用上清液制片。粪便或组织可加适量缓冲液制成匀浆后，3 000r/min 离心 30min，取上清液制片。黏液性粪便，如果能预计是能够抵抗有机溶剂的病毒，如细小病毒科和呼肠病毒科（轮状病毒）的病毒，则可在粪便内按 1∶1 容量加入氯仿或乙醚，充分振荡 15min 后，3 000r/min 离心 15min，取上清液制片。水疱液、尿液、气管洗液和脑脊髓液等液体样品在低速离心沉淀后，取上清液直接制片。

如果液体内的病毒粒子含量过少，不易直接制片检出，则可按上述制备上清液的程序作100 000×g 1h 离心，弃上清，将沉淀悬浮后制片。

2. 染色方法　通常用悬滴法。该法是用微量移液器吸取样品悬液，直接滴在有支持膜的铜网上，悬液在网上呈半球形。待 1min 左右，用 1 片净滤纸从网边吸去液体，稍干后用移液器取染液滴在网上染色 30 s 或 1min 左右。用滤纸吸去染液，待干后立刻电镜观察或置干燥器内短期保存。

染色时应注意以下几点：

（1）悬液内的被检病毒要有一定的浓度，过稀和过浓都不易观察，一般要求以 10^5～10^{10} 个病毒粒子/mL 较好。

（2）不同的病毒可用不同 pH 的染液试染。

（3）染液的浓度与染色时间应视样品的不同而异。大而疏松的样品，浓度应低些，染色时间也要短些；小而致密的样品，染液浓度应适当高些，染色时间长些。一般情况下游离病毒粒子用 2%磷钨酸 pH7.0 时，染色时间为 1min 之内。

（4）支持膜特别是碳膜呈疏水性，需要时可在悬液内加数滴 0.005%～0.05%的牛血清蛋白或

0.4%蔗糖等扩散剂，使被检样品和染液均匀地散布在网上。

(5) 用滤纸吸去病毒悬液后，要在肉眼看不出载网上残留液体时立刻加染液，否则样品与染液易形成团块状聚集，影响微细结构的观察。

(6) 不同的染液可能会选择性地显示样品的不同结构，所以对每一样品应使用几种染液试验，要选择最好的染液使用之。

(7) 染色后要及时观察或干燥保存。

(8) 观察时要先用较暗的光斑照射 1～2min，再逐渐用强光照射，避免出现支持膜破裂或收缩等现象。

(9) 制备每个样品后，要将夹过铜网的镊子通过火焰或其他方法彻底清洁，防止不同被检样品相混。

四、金属投影和复型技术

金属投影（Matal shadow）技术和复型（Replica）技术的共同特点是采用真空喷镀仪将某些重金属物质加热到熔点以上，形成极细小的颗粒投射到样品上，产生电子反差。

(一) 金属投影

金属投影技术的原理是将一些高原子序数、分子质量和熔点高的金属或合金，在高真空加热蒸发时，金属粒子将呈直线向四周喷射。如果在与喷射源成一定角度的地方放样品，那么，样品朝向喷射源方向的一面将沉积一层金属粒子，而背向喷射源的一面，由于样品的阻挡，无金属粒子沉积。电镜观察时，沉积金属粒子的一面增加了样品对电子的散射呈暗区；无金属粒子沉积的样品背面散射电子能力弱，而呈亮区。这与光线照射物体形成的影子相同，故称为投影法。投影法常用于观察细菌、病毒及核酸分子等的形态和大小，可直接测出样品的长度和宽度，还可计算出高度（图 64-7）。

金属投影需在真空喷镀仪中进行。应注意以下几点：

(1) *对投影用金属应有一定要求* 一般要求电子散射力强、粒子小、易蒸发、化学稳定，在电子束轰击下不粒化。常用铬、铂、金、铂钯、铂铱合金等。铬易蒸发，但粒子大，约 6nm；铂密度大、化学稳定，电子束轰击不粒化，粒子小，约 2.5nm，但蒸发难；铂钯合金（3∶1～4∶1）易蒸发，粒子小，约 2.5nm，但电子散射力弱，在电子束轰击下易粒化。一般高放大倍数的样品用铂和铂钯、铂铱合金投影，低放大倍数用铬投影。

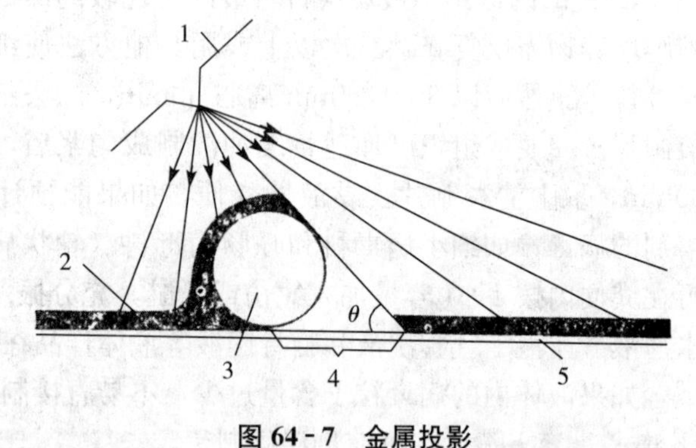

图 64-7 金属投影

1. 金属源 2. 喷镀金属 3. 样品 4. 阴影 5. 支持膜

(2) *投影角度* 根据样品的大小选择不同的投影角。核酸分子或小型病毒选用较小的角度，$\tan\theta=1/10\sim1/5$，大型病毒可用较大的投影角，$\tan\theta=1/5\sim1$。

(3) *投影金属用量* 通常通过试验确定所需量，以后投影时，放固定的金属量，蒸发完为止。

(4) *真空度* 越高越好，一般需 133.322×10^{-5}Pa。如果真空度低时，金属粒子容易与气体分子碰撞，落入阴影区后影响反差。

投影法的优点是制成的样品反差高，样品具有立体感，但分辨率偏低。

(二) 复型技术

复型是将样品的表面结构复制下来，图像富有立体感。在扫描电镜应用之前，复型技术是唯一能用于透射电镜观察样品表面结构的制样方法。自扫描电镜问世后，虽然应用扫描电镜能够直接观察样品结构，但是复型技术仍有其独到之处：①对于大块不可分割的样品，或是不易作前处理或易受电子束损害的样品必须用复型法制备；②复型法制备的样品用透射电镜观察，其分辨率比扫描电镜高。同时，复型法制样方法简便，因而仍在广泛使用。其方法大致有以下几种：

1. 一级复型 该法通常用 0.5%～1%火棉胶醋酸戊酯或 0.5% Formvar 氯仿溶液滴在样品上，待挥发后，在样品表面形成一层薄膜，然后将样品放入蒸馏水中，通过水的浮力将薄膜与样品分开或用化学试剂溶掉样品，再用蒸馏水清洗复型膜，将复型膜打捞在载网上，进行金属投影和喷碳，作电镜观察（图 64-8）。此复型的分辨率可达 2～5nm。缺点是剥离时容易变形，且难与样品分离。

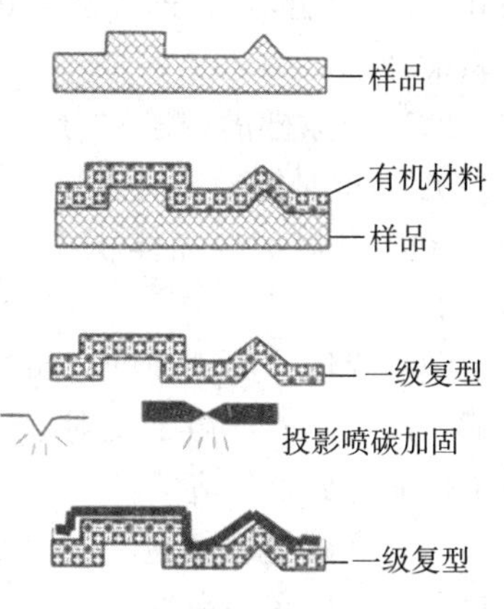

图 64-8 一级复型

2. 预投影一级复型 此法直接在样品表面上进行金属投影和喷碳，形成碳复型膜，再用化学试剂溶掉样品，复型膜经蒸馏水清洗后，将其打捞在载网上，进行电镜观察（图 64-9）。

3. 二级复型 先用比较厚的有机材料制成样品的一级复型，剥离后以此为模板，经金属投影及喷碳后制成二级复型，再用有机溶剂溶掉一级复型，留下二级复型，此为负复型（图 64-10）。常用的是醋酸纤维素纸（AC 纸）—碳复型法。该法先清洁样品表面，然后滴上少量醋酸甲酯，将适宜大小的 AC 纸（厚度 0.02～0.03mm）贴上去，样品表面结构就印在 AC 纸上，再将 AC 纸印有样品结构的面朝上，进行金属投影和喷碳，制成二级复型膜。用醋酸甲酯溶液溶掉 AC 纸，留下的复型膜用丙酮和蒸馏水多次清洗，将其打捞在载网上即可观察。

4. 拟复型和微粒复型法 此法常用于微粒材料研究。将颗粒材料制成悬浮液，用微量喷雾器喷到刚剥开的云母片上，干燥后进行金属投影和喷碳，以斜方向将云母片播入 10%丙酮水溶液中，其复型膜就漂浮在液面上，用载网打捞后就可进行电镜观察，称为拟复型法。如果将微粒物质腐蚀掉，就得到该微粒的复型膜，称为微粒复型法（图 64-11）。

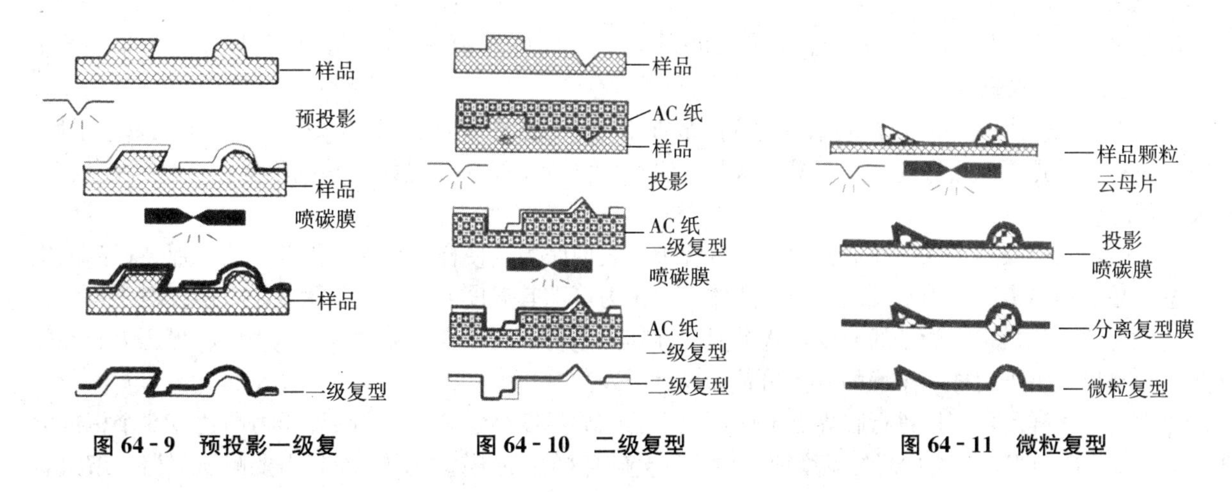

图 64-9 预投影一级复 图 64-10 二级复型 图 64-11 微粒复型

五、扫描电镜技术

扫描电镜（SEM）具有分辨率高和景深长等特点，因此图像层次丰富，立体感强，能够显示细胞和组织的三维形貌（图 64-12），广泛应用于生物样品表面及其断面微细结构的观察。自 1966 年第一台商品 SEM 诞生以来发展一直很快，随着仪器本身性能如分辨率和多功能等不断提高外，样品制备技术也不断改进与完善。现仅就样品制备及其他事项做一介绍。

（一）掌握的原则

由于生物样品质地柔软、容易变形、导电性差、二次电子发射率低以及含水量多等特点，在制备

SEM 样品时，必须掌握以下原则：

（1）每一操作过程，都应注意防止对样品的污染和损伤，使被观察的样品尽可能保持原有的外貌和微细结构；

（2）去除样品内的水分，以利维持 SEM 的真空度并防止对镜筒的污染。但在脱水和干燥处理时，要尽量避免样品体积变小和收缩变形等人工损伤；

（3）降低样品表面的电阻率，增加样品的导电性能，以提高二次电子发射率，建立适度的反差和减少样品充放电效应；

（4）观察组织细胞的表面或内部微细结构，应注意和保护样品的观察面。

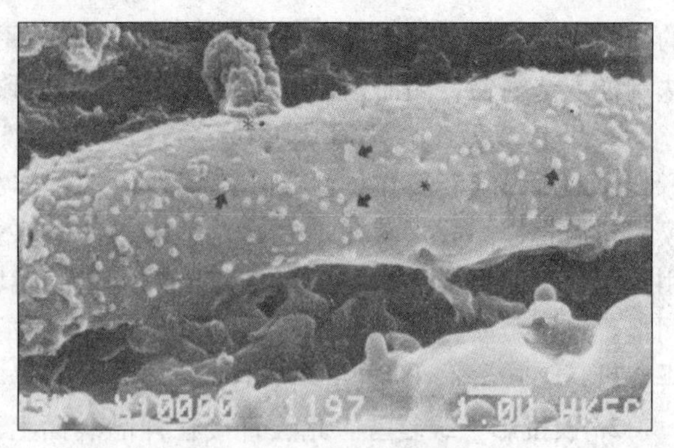

图 64-12 扫描电镜图像

扫描电镜观察的马传染性贫血病毒感染驴胚真皮细胞培养物。在感染细胞表面上可看到病毒粒子出芽及附着细胞表面上的形态（⬆）（李成等提供）

（二）SEM 样品的制备过程

1. 取材 根据需要，切取适当大小的样品。专门的 SEM 备有灵活可动、范围较大的样品盒时，样品可大些。装在透射电镜上的扫描附件一般活动范围较小，样品直径应在 3～4mm 左右。

2. 漂洗 用缓冲液把组织表面洗净，否则会影响正常形态，但以快速和轻巧为宜；尽量保护器官或组织的表面结构，使其不致因不慎的操作造成人为损伤。

3. 固定 用 2.5%～5%戊二醛固定 30min 或更长时间。Boyde 建议用戊二醛固定几天到几个月，这样会增加组织的韧性，减少脱水造成的萎缩。

4. 漂洗 用缓冲液洗三次，洗去未结合的戊二醛。

5. 重固定 1%锇酸固定 1～2h。

6. 漂洗 用缓冲液洗三次。

7. 脱水 用 30%、50%、70%、80%、90%、95%、100%丙酮或乙醇溶液各脱水 10min，大于 $1mm^3$ 的样品可脱水 10～20min。

8. 干燥 一般情况下，可把脱水后的样品放在空气中自然干燥或 45℃热风吹干，也可用真空干燥、冷冻干燥和临界点干燥法等使样品干燥。这些方法都比空气干燥法效果好。其中临界点干燥法优点多，多被采用。

（1）*临界点干燥法原理* 在通常的干燥过程中，表面张力会使样品变形。因此，为了保持样品的完好状态，必须消除表面张力造成的影响。液体表面张力可随其温度的升高而急骤变小，所以对于每一种液体，都有一个表面张力为零的温度，这个温度称临界温度。与临界温度对应的压力叫临界压力。在临界温度和临界压力下使样品干燥的方法叫做临界点干燥法。

照理，含水样品可直接进行临界点干燥，但水的临界温度高达 374℃，临界压力高达 218 个标准大气压（约 2.2×10^7Pa），这样高的温度和压力不仅会破坏样品的形态构造，而且需要耐压仪器。解决这个问题的办法就是选择临界温度接近室温，临界压力接近大气压的液体取代样品中的水，然后对这种液体进行临界点干燥，使样品达到干燥的目的。这种液体叫做转移液。对转移液的要求，除要求其适当的临界温度和临界压力外，还应考虑其毒性、密度、成本和溶剂性质等，一般常用液体 CO_2。

（2）*临界点干燥过程* 脱水前的处理同空气干燥法。此后的步骤依次如下。

①中间液替换：因为样品要从脱水剂（丙酮或乙醇）经中间液过渡到转移液。因此，中间液既要和脱水剂互溶，又要和转移液互溶。

具体步骤是：脱水后的样品在 70%乙醇（或丙酮）与 30%醋酸异戊酯混合液中浸 10～20min，然后再在 30%乙醇（或丙酮）与 70%醋酸异戊酯混合液中浸 10～20min，随后用 100%中间液（醋酸异戊酯）浸两次，每次各 10～20min。

②转移液替换：用 CO_2 作转移液替换中间液的过程，是在封闭的耐压室内进行的。用酒精或丙酮清洗临界点干燥器的进气管道和耐压室，吹干后，反复 1～2 次放入和排出液体 CO_2，然后在耐压室底部放数层滤纸，并将装有样品的样品架放入。拧紧耐压室盖，慢慢放入液体 CO_2。然后稍开排气阀，以 5L/min 的流量排出耐压室原有气体，此时可闻到醋酸异戊酯味，待醋酸异戊酯味消失后，关闭排气阀，此时通过观察窗观察室内液体 CO_2 应浸没样品（如果不能浸没样品，说明耐压室温度高，应降温后再行操作），关闭进气阀，停放 1～2h 以完成 CO_2 的置换过程。此时压力为 559×10^4～637×10^4 Pa。

③加热：用 60℃温水或自动调温装置对耐压室加温，压力很快增加，使压力维持在 $1\ 078.7\times10^4$ Pa 左右。5～10min，CO_2 全部汽化，从观察窗可看到其汽化过程是：液面上升→界面模糊→完全混浊→透亮无液体。这时的压力约为 931.6×10^4 Pa。

④排气：在排气口放一温水杯，这样既可通过观察排出的气泡数来控制排气速度，又可避免排气管路产生干冰而造成堵塞。慢慢打开排气阀，使压力缓缓下降，并维持耐压室温度在 50℃左右。排气不可太快，否则会损伤样品，一般控制在 10 泡/s 左右（约 49×10^4～90.8×10^4 Pa/min 的降压速度）。经一个多小时排气后，压力表指示为“零”，排气口无气泡，即可打开耐压室，取出已干燥好的样品。

9. 粘样　一是保证样品在样品台上不移动或掉落，尤其是做倾斜、旋转观察时更需粘贴；二是所用导电胶可增强样品与样品台之间的导电性。常用的有银粉导电胶、石墨粉导电胶。

10. 镀膜　把粘贴到样品台上的样品和样品台的表面同时喷镀一层金属膜。镀膜必须薄而均匀，膜本身无结构，能再现样品表面固有形态，不掩盖和改变样品表面微细结构，化学性质稳定，不与样品成分发生反应。镀膜方法有两种，一种是离子溅射法，另一种是真空喷镀法。其操作方法按每种仪器操作说明书的使用步骤进行。

六、免疫电镜技术

免疫电镜技术（Immuno electron microscopy）是把免疫化学技术与电镜技术有机地结合起来，研究抗原-抗体相互作用的一种免疫学方法。抗原-抗体之间的相互作用是免疫化学反应的基础，它具有高度的特异性，结合电镜的高分辨力和放大等功能后，可在超微结构和分子水平上研究各种组织和细胞内的免疫反应，并能精确定性、定位和半定量，使形态与机能紧密结合。

目前免疫电镜主要分为有标记物和无标记物两大类。无标记物类常用于抗原-抗体直接作用后形成的免疫复合物的电镜观察。该技术在“临床电镜快速检测病毒技术”中叙述。有标记物类则始于 Singer 1959 年建立的铁蛋白（ferritin）标记抗体技术。之后，Nakane 和 Pierrce 在 1971 年又建立了胶体金标记抗体技术。此外，还有杂交抗体技术（Hybrid antibody）和凝集素（lectin ）电镜标记技术等。本文仅介绍电镜免疫细胞化学技术中最常用的免疫酶和免疫金标记技术。

(一) 免疫酶标记

免疫标记技术（Immunoenzymatic technique）是以酶为抗原抗体反应的标记物，它必须不改变抗原抗体的免疫反应特异性，也不降低酶活性，而且与相应底物作用后形成不溶性的反应物。其结果是：光镜下为有色的可观察性终末产物，电镜下为电子散射力强的终末产物（图 64－13）。用于免疫电镜标记的酶有辣根过氧化物酶（HRP）、碱性磷酸酶（AKP 或 ALP）、酸性磷酸酶（ACP）、葡萄糖氧化酶（GOP）等，目前最常用的是（HRP）。免疫电镜技术对 HRP 的纯度要求高，一般使用 Rz3.0 以上者为好，而商品酶往往低于此值，在实验前要对 Rz 低于 3.0 的酶进行纯化。

酶标记抗体的制备方法甚多，免疫电镜技术多采用戊二醛二步法。有关电镜样品制备的简介如下：

1. 取材　如为单层细胞培养物，可先倾去培养液，用缓冲液洗 1 次后刮下贴壁细胞。离心成细胞小块。如为组织，则需快速冷冻切片（切成 10～15μm 厚的切片），融化后置离心管内离心成细胞小块。离心后倾去上清液，加适量过碘酸-赖氨酸-多聚甲醛（PLP）固定液或者戊二醛-多聚甲醛固定液固定。单层细胞于 4℃固定 0.5～1h，组织则于 4℃固定 2～4h。

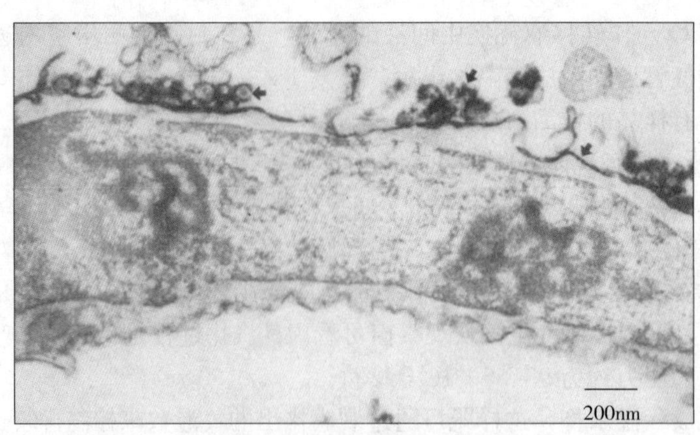

图 64-13 牛白血病病毒感染细胞的辣根过氧化物酶标记的免疫电镜图像

HRP 标记的牛白血病毒感染的羊胎肺细胞培养物，图中可看到着色较深的牛白血病病毒粒子和宿主细胞膜抗原结构（⬆）

（李成等提供）

2. 抗体球蛋白感作 倾去固定液，用 PBS 洗 3 次，每次 10min，洗去剩余固定液。然后加入适当稀释的抗体球蛋白，37℃或室温感作 2～4h。感作后用磷酸盐缓冲液洗 3 次，每次 10min，洗去未结合的抗体球蛋白。用 2.5%戊二醛固定 15～30min 后倾去固定液，用 PBS 洗 3 次，每次 10min，去掉剩余的戊二醛。

3. 标记抗体（抗抗体）感作 加入酶标抗抗体，37℃或室温感作 2～4h，用磷酸盐缓冲液洗 3 次，每次 10min，洗去未结合的酶标抗体，用 2.5%戊二醛固定 15～30min，磷酸盐缓冲液洗 3 次，每次 10min，洗去剩余的戊二醛。

4. 显色 用 0.05mol/L，pH7.6 Tris-HCl 缓冲液洗 5min，倾去缓冲液。加入显色液（取 75mg 3，3-二胺基联苯胺溶于 100mL 0.05mol/L，pH7.6 Tris-HCl 缓冲液内，临用前取所需量，于每毫升中加 1μL 30%H_2O_2，使 H_2O_2 的终浓度为 0.03%）。室温避光显色 15～30min 后，再以 Tris-HCl 缓冲液洗数次。加入适量 1%锇酸固定液室温固定 1h，用蒸馏水洗去剩余的固定液。

（二）免疫胶体金标记技术

又称免疫金染色技术（Immunogold staining technique），是利用胶体金（colloidal gold）在碱性环境中带负电荷的性质，使其与抗体相互吸引，从而将抗体标记，制成免疫胶体金来研究抗原-抗体的关系。

氯化金（又名氯金酸，$HAuCl_4$）水溶液在还原剂作用下形成的金颗粒因静电作用而互相排斥，保持一个较稳定的胶体状态，故称胶体金。胶体金具有高电子密度、表面能结合生物大分子的特性，现已广泛应用于免疫组织化学和细胞化学等方面的研究。该技术把免疫学中抗原抗体反应的高度特异性、敏感性与组织化学中形态可见性有机地结合起来，可以在组织、细胞、亚细胞及分子水平上研究免疫作用。在透射电镜领域内，该技术已成功地应用于标记病毒、细菌、红细胞、骨髓细胞、淋巴细胞、血小板、肾细胞、肝细胞、神经元、垂体组织、十二指肠和血原虫等的抗原和大分子方面的研究。目前应用胶体金单克隆抗体技术研究病毒结构，则更精确地将结构与功能有机地结合起来（图 64-14 和图 64-15）。

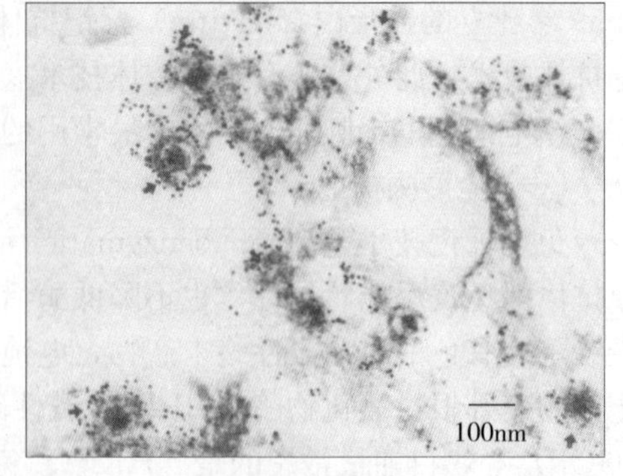

图 64-14 免疫金标记的牛白血病病毒粒子及抗原成分（⬆）

（李成等提供）

1. 免疫胶体金标记技术的优点

（1）胶体金是一种粒性标记物，具有较精确的定位能力，对超微结构分辨影响较小，最小的粒子能在高分辨电镜下观察。此点优于酶标，因酶标产生弥散、形态不整等产物，往往会影响对被标记物结构的观察。

（2）胶体金具有比铁蛋白更高的电子密度，它不易与动物机体内存在的铁蛋白及其他产物相混淆。

（3）胶体金比其他标记物制备简易，只要有精确的试剂浓度、pH 和离子强度，就容易生产出好的产品。

（4）包被后胶体金颗粒的非特异性吸附比其他标记物低。

（5）胶体金颗粒具有较高的电子密度，因此具有较好的发射二次电子的能力，此点可用于扫描电镜观察。

（6）胶体金具有颜色反应，可用于光学显微镜观察。

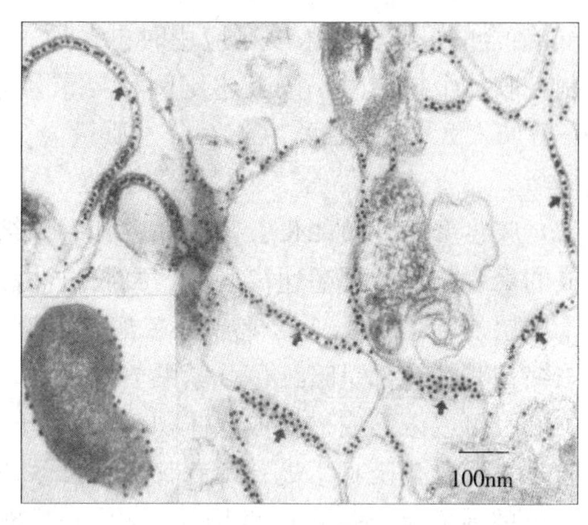

图 64-15 单克隆抗体金标记的牛血原虫膜抗原（⬆）
胶体金粒径为 15nm
（李成提供）

（7）采用不同还原剂或通过其剂量的控制，可制成不同粒径（3～15 nm）的胶体金颗粒。小颗粒可在高分辨率的水平上进行观察，同时由于颗粒空间位阻小，能与特异部位更多地结合而提高敏感性；应用大颗粒胶体金标记，可在较低分辨率的水平上进行透射、扫描电镜观察；应用不同大小的胶体金颗粒同时标记一个样品，可用于多标记研究。

2. 免疫胶体金标记程序

（1）胶体金的制备

①枸橼酸三钠还原法：取 0.01% $HAuCl_4$ 水溶液 100mL 加热至沸，迅速加入 1%枸橼酸三钠水溶液 4mL，约 5min 后出现橙红色，所制备的胶体金粒径约 15 nm，如将枸橼酸三钠的量分别减至 1.5，1.0 或 0.75mL，则胶体金的粒径分别增至约 30、50 或 60 nm。

②抗坏血酸还原法：将预冷至 4℃的 1% $HAuCl_4$ 水溶液 1mL、0.2mol/L K_2CO_3 溶液 1.5mL、双蒸水 25mL 混匀后，在磁力搅拌器的搅拌下加入 0.7%抗坏血酸水溶液 1mL，混合后立即呈紫红色，随后加入双蒸水至 100mL，加热至溶液呈红色。此法制备的胶体金粒径为 8～13nm。

③白磷还原法：将双蒸水 120mL、1% $HAuCl_4$ 水溶液 1.5mL 与 0.1mol/L K_2CO_3 水溶液 2.7mL 混合，在缓慢搅拌中快速加入白磷-乙醚溶液（见本部分“免疫电镜技术”之附 1）1mL，在室温中慢速搅拌 15min，然后置 100℃水浴 30min，贮存备用。此法所制备的胶体金粒径 5～12nm。

④鞣酸-枸橼酸三钠还原法：将 1% $HAuCl_4$ 水溶液 1mL 加入双蒸水 79mL 中混匀，称为 A 液。另将 1%枸橼酸三钠 4mL、1%鞣酸 0.7mL 及 0.1mol/L K_2CO_3 水溶液 0.2mL 混合，加双蒸水至 20mL，称为 B 液。二者同时加热至 60℃，在磁力搅拌下将 B 液迅速加入 A 液中，继续加热搅拌至溶液呈亮红色。此法所得胶体金粒径为 5nm。如将 1%鞣酸用量变为 0.01～4mL 时，则粒径可从 15nm 减至 3.3nm。

若需制备 5nm 左右的胶体金颗粒，最好应用鞣酸-枸橼酸三钠还原法，该法所制备的金颗粒较均匀，而应用白磷法毒性较大，一般情况下不用。

（2）胶体金抗体的制备（胶体金包被） 胶体金对第二抗体（IgG）或葡萄球菌 A 蛋白（SPA）的吸附取决于其 pH。在接近蛋白质等电点或略偏碱的条件下，二者容易形成牢固的复合物，如果胶体金的 pH 低于蛋白质等电点，则会聚集而失去结合能力。胶体金的 pH 可用 0.1mol/L K_2CO_3 或 0.1mol/L HCl 液调至待结合蛋白质的等电点或略偏碱（IgG 的 pH 为 9.0，单克隆抗体的 pH 为 8.2，亲和层析抗体的 pH 为 7.6，SPA 的 pH 为 5.9～6.2）为宜。

首先找出胶体金和第二抗体（IgG）或 SPA 最适结合比例，即用第二抗体或 SPA（含量为 1～2mg/mL）50μL，以 0.005mol/L NaCl 倍比稀释，分别于每一管中加入胶体金 250μL，5min 后，各管再加 10% NaCl 液 250μL，即可观察到颜色变化。以没有颜色改变的最高稀释度作为胶体金和第二抗体或 SPA 结合的最适比例浓度。应用时再多加 10%～20%的抗体，以稳定蛋白质的实际用量。

制备胶体金抗体时，按上述比例和要求，分别取所需量的胶体金及相应量的第二抗体或 SPA 液，10min 后加入 3%聚乙二醇（相对分子质量为 20 000）至最终稀释浓度为 0.05%，以进一步稳定包被后的胶体金。

（3）胶体金抗体的纯化：为了除去其中未结合的第二抗体或 SPA 及未充分稳定的胶体金和各种可能形成的聚合物，常用超速离心法、凝胶过滤法纯化，但最常用的是超速离心法。该法是在装好液体的离心管底层加 5%甘油-0.05%聚乙二醇-0.02%叠氮钠溶液 2mL 作垫层，经 120 000×g 离心 1h，液胶最后浓缩在其管底部呈暗红色（紧贴管壁的圆形液胶块不要收集，收集时应避免上清液混入液胶中）。收集的液胶可以浓缩或稀释成原体积 10 倍，于 4℃下保存。

（4）应用胶体金抗体进行细胞抗原标记方法

①包埋前的标记法：以选用粒径约 5nm 的胶体金为例。首先将被病毒感染的组织或培养细胞用 1%多聚甲醛-0.02%皂素-0.025%戊二醛液固定 1h（4℃），然后用 0.05mol/L TBS（pH7.4）溶液（见本部分“免疫电镜技术”之附 2）洗 30min，加适当稀释的相应高免血清（第一抗体）于室温作用 30min 后，4℃过夜，以 0.02mol/L TBS（pH8.2）溶液洗 2～3h，加适当稀释的胶体金抗体，于室温作用 30min，4℃过夜（最好伴有轻微搅拌），用 0.02mol/L TBS 液洗 5 次以上，持续数小时（伴有轻微振动）。以后各步骤（戊二醛、锇酸固定、脱水、包埋、切片、铀铅双染色及电镜观察）按常规进行。

②超薄切片后标记法：该法通常是在冷冻切片、低温包埋切片或常规包埋切片后进行。

后标记的优点是可以标记细胞中任何部位的抗原成分，对细胞的超微结构和功能生物大分子的发生、分布和相互作用的研究都很有意义。

3. 具体染色与标记步骤

（1）常规包埋切片的免疫染色法步骤

A. 超薄切片 80nm 左右（也可 50～70nm），置于无支持膜的孔径 38～53μm 的镍网（或铜网）上；

B. 置 1%～10% H_2O_2 液中处理 10～60min，视环氧树脂硬度和切片厚度而定（环氧树脂越硬，需 H_2O_2 浓度越高），以除去锇酸和增进树脂的穿透性，利于抗体进入；

C. 双蒸水洗 3 次，每次 5～10min；浮于正常羊血清（1∶50～1∶100）滴上，室温 30～60min；

D. 在 pH8.2 的 PBS（内含 1%牛血清白蛋白）中漂洗 5min；

E. 加适当稀释的胶体金标记抗体液（1∶30～1∶100），淡红色为适宜稀释浓度，4℃ 20h 或室温 10～120min；

F. 双蒸水洗 3 次，每次 3min；

G. 醋酸铀和枸橼酸铅电子染色，待干后电镜观察。

（2）Lowicryl K_4M 低温包埋切片的染色步骤

A. 1 % BSA 室温孵育 30min；

B. 第一抗体作用，于 4℃过夜或室温 2h；

C. 水洗，用 PBS 洗 3 次，每次 10min；

D. 蛋白 A-胶体金（PAG）在室温作用 1h；

E. 水洗，用 PBS 洗 1 次，双蒸馏水洗 1 次；

F. 电子染色，用醋酸铀和枸橼酸铅液按常规法染色。

（3）胶体金抗体对病毒悬浮样品的标记方法

A. 吸取病毒悬浮液 10μL，滴在蜡盘上，将载膜的铜网膜面向下放在悬滴上，经 10～15min 吸附，多余的液体用滤纸吸干；

B. 吸取适当稀释的相应抗血清（第一抗体）10μL 滴在蜡盘上，将载样品的铜网放在液滴上，感作约 2min；

C. 用 0.15%磷酸盐缓冲液（pH7.2）冲洗 5 次；

D. 吸取胶体金第二抗体 10μL 滴在蜡盘上，将上述冲洗后的铜网放在胶体金液滴上，经 3～5min 感作；

E. 用上述磷酸盐缓冲液冲洗 6 次，双蒸水洗 2 次，用滤纸吸干；

F. 用 2%磷钨酸（pH6.5）负染色约 30 s，用滤纸吸干，电镜观察。

4. 操作中的注意事项

（1）为防止包被后胶体金出现凝集，应使滤液中少含盐或不含盐。另外，液胶 pH 应调整到蛋白质等电点或略偏碱。

（2）防止非特异性反应，应注意以下几点：①第一抗体及胶体金抗体应稀释到最佳稀释倍数；②抗体成分要纯；③操作步骤中的冲洗要充分，除去未作用的反应物。

附 1　白磷溶液制备：在水中将白磷切成小块，用镊子快速投到约 20mL 乙醚中达饱和量，轻轻摇动至少 2h 后，取上清液，以 4 800×*g* 离心 20min，吸取上清液用乙醚稀释 5 倍，立即使用（注意，白磷的剩余物必须用适量硫酸铜溶液破坏其毒性后方可倒掉）。

附 2　0.05mol/L TBS（pH7.4）溶液配制：

Tris（三羟甲基胺基甲烷）12.1 g　　NaCl17.5g　　蒸馏水 1 500mL

在磁力搅拌下滴加浓 HCl 至 pH7.4，再加蒸馏水至 2 000mL。

附 3　0.02mol/L TBS（pH8.2）溶液的配制：

Tris 4.84 g　　NaCl 17.5g　　牛血清白蛋白（BSA）2.0g　　NaN_3（叠氮钠）1.0g

蒸馏水 1 500mL

在磁力搅拌下用浓 HCl 滴至 pH 为 8.2，再加蒸馏水至 2 000mL。

七、临床电镜快速检测病毒技术

近年来，国内外应用电镜技术检查临床样品已相当普及，该技术与一般常用的血清学特异性诊断相比有其独到之处。血清学诊断一次只能检出一种病原，而对于非典型的或混合感染的病例，尤其对新发生、新发现的病毒，由于没有现成的相应抗体，更是束手无策。而电镜技术却可在此领域发挥积极作用。经电镜检测，病料中的任何病原均能检出。特别是对新发现或由国外新传入的病原，电镜检测可以作为先锋手段，甚至可在一个视野内观察到几种病原体（图 64-16）。

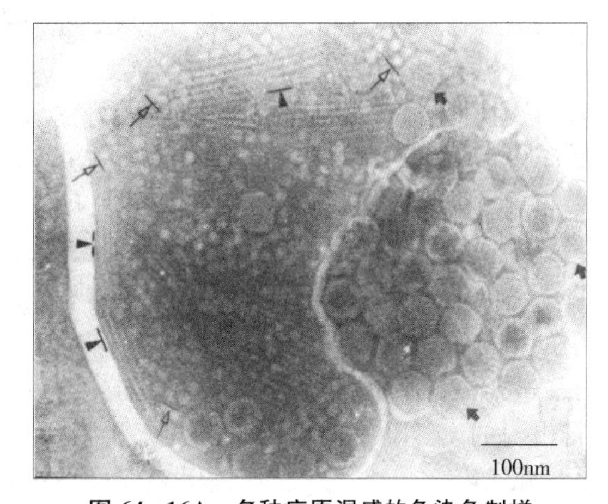

图 64-16A　多种病原混感的负染色制样

在一个视野内，可看到三种病毒成员，即鸡法氏囊病病毒（⬆）、鸡传染性贫血病毒（⇧）、副黏病毒样螺旋对称的核衣壳（▲）

（李成提供）

在许多情况下，应用电镜技术可在 1h 之内对可疑的病原（病毒）作出初步鉴定、分群，进而做出诊断。当然这种技术也具有一定的复杂性和难度，尤其在电镜下如何识别不同特征的病毒粒子，需有一定的摸索、熟练和累积经验的过程。若想检出率高，取材部位和时间是关键。取材部位应根据病毒的分布特点而定，力求准确，否则难以成功。例如猪传染性胃肠炎病毒应取仔猪的小肠（空肠）黏膜层，鸡传染性法氏囊病病毒应取感染鸡的法氏囊黏膜层，羊接触传染性脓疱性皮炎病毒应取感染羊舌、唇的上皮层细胞。对这类病毒病，如果取其肌层或其他组织，就很难观察到病毒。取材时间则应根据观察的目的不同而定。如果想要寻找大量的病毒粒子，一般是在病程的中、后期取材。如果是体外细胞培养材料，则因接种不同的病毒而有不同的收毒期。牛白血病、牛流行热病毒应在出现早期病变时采毒，马传染性贫血、猪水疱病病毒应在出现晚期病变时采毒，此时进行电镜检查较易观察到病毒粒子。

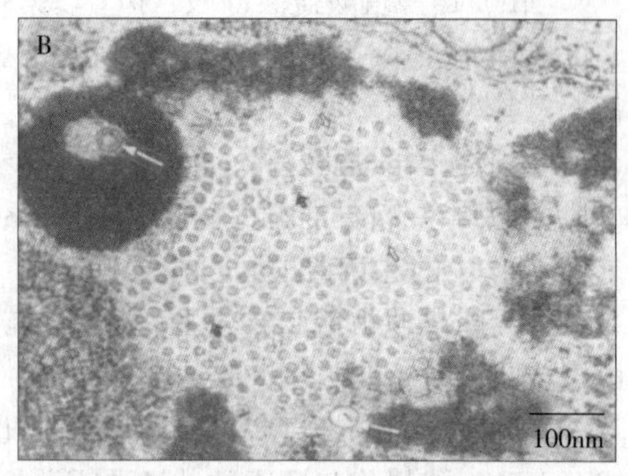

图 64-16B 马立克氏病病毒与鸡传染性贫血病病毒混感的超薄切片制样

鸡传染性贫血病毒在宿主细胞核中呈晶格排列，该粒子分空心和实心粒子（空心和实心箭头所指）。白箭头指的是马立克氏病病毒核衣壳

（李成等提供）

电镜下如何识别病毒？是一个非常重要的问题。在电镜视野中，常可观察到许多形态不整和大小不一的颗粒样物质，尤其未经纯化的样品更是这样。应该怎样识别呢？主要是根据病毒形态结构的规律性进行细致的观察。病毒粒子基本由以下部分组成：

（1）*核心* 位于病毒中央部位，它是病毒的基因物质——DNA 或 RNA 与核心蛋白结合构成的核蛋白结构。在超薄切片上是不透明的着色很深的结构物，在负染样品上呈明亮的不着色结构。但是，在不成熟或基因有重大缺失的病毒粒子中，核心结构缺乏或不足，往往被磷钨酸填充而呈现空心状。

（2）*衣壳* 衣壳包在核心之外，它是由许多蛋白质或核蛋白组成的形态学亚单位，即壳粒，按严格规律排列而成。在超薄切片上，呈深色的环状，而在负染样品上呈清晰的晶格状。衣壳的大小和形态是鉴别病毒的重要标志。

（3）*囊膜* 有的病毒，除了衣壳包着的核心之外，在衣壳外面还包有一层来自宿主细胞膜的囊膜结构。囊膜一般与衣壳之间有较大距离，并呈波浪状。囊膜有时破裂而脱失或衣壳和核衣壳未被囊膜包裹而呈“裸体”病毒。根据以上病毒的基本特征，再加上每次观察时，病毒形态结构的同一性和可重复性及其在宿主细胞内分布、装配部位和成熟方式等，都是鉴定病毒的指标。

直接利用电镜技术最简便的悬滴负染法，可在水疱液及分泌物等病料中，于几分钟之内对诸如痘病毒、轮状病毒、疱疹病毒、腺病毒、弹状病毒等作出初步鉴定。

但是，为了提高检测效果，临床上常用以下几种电镜检测技术：

八、离子交换捕捉

离子交换捕捉（Ion-exchange capture）技术是一种纯化病毒技术，常用于从粪便样品纯化病毒。其原理至今不太明了，一般认为是通过磷酸氢钙（$CaHPO_4$）的静电引力将悬浮样品中的蛋白颗粒吸附下来，再用溶解剂 EDTA（乙二胺四乙酸二钠）将 $CaHPO_4$ 溶解，使蛋白颗粒游离下来。它的具体方法包括以下步骤：

1. 试剂的制备 ①$CaHPO_4$ 的制备：将 0.3 mol/L 氯化钙（11.1 g $CaCl_2 \cdot H_2O$ 溶解在 200mL 蒸馏水中）和 0.3mol/L 磷酸氢二钠（14.2 g Na_2HPO_4 溶解在 200mL 蒸馏水中）以相同流速（120 滴/min）分别从两个各自的容器中流入一个盛有 100mL 蒸馏水的烧杯里，同时用磁力搅拌器搅拌。将粗制的 $CaHPO_4$（呈絮状沉淀）再反复 4 次蒸馏水悬浮和沉淀，最后将沉淀的 $CaHPO_4$ 用 0.15mol/L PBS（pH7.2）悬浮，保存于 4℃ 中待用。②EDTA 饱和液配制：将 9.8g EDTA 加到 100mL 蒸馏水中，强烈振荡，溶解后，调 pH 到 7.2，置于 4℃ 备用。

2. 粪样处理 将采自腹泻动物的粪便制成 10%～20%悬液，以 1 500r/min 离心 10min，取上清液约 1mL，加 $CaHPO_4$ 2 滴，充分搅匀，以同样速率离心，弃上清，取沉淀再加 2 滴 EDTA 饱和液，使 $CaHPO_4$ 溶解。

3. 负染色 将处理后的粪便液滴附在碳-福尔马膜上，用 2% PTA 负染，电镜观察。

经对比试验表明，此法制备样品的纯度相当超速离心法所制备的样品。电镜观察结果表明，图像背景清晰，杂质少，病毒数量增多（图64-17）。适用于临床上检验各类病毒而进行快速诊断。

4. 注意事项　①配制$CaHPO_4$时，离子浓度pH要准确；②取材一定要新鲜，经冻触的样品纯化效果不好，这可能是由于样品中一些大的杂蛋白经冻触后变成小蛋白分子，抢先占据了$CaHPO_4$的结合位点而致使$CaHPO_4$对病毒吸附效果差。

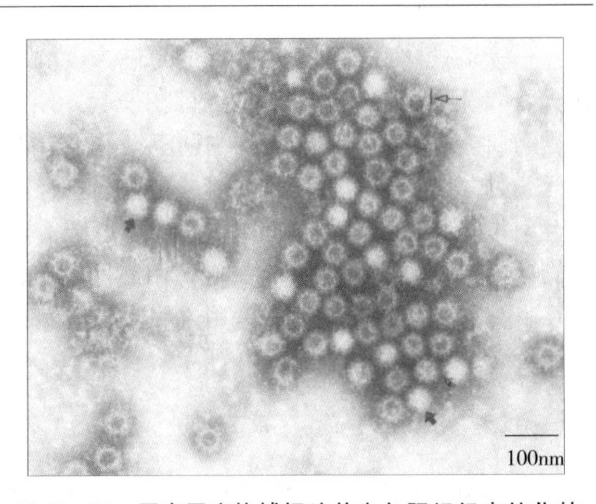

图64-17　用离子交换捕捉法从患兔肝组织中纯化的兔出血热病毒

该病毒分空心与实心粒子（空心和实心箭头所指）（负染色）

（李成等提供）

九、高速离心

为了提高样品的含病毒量，一般采取超速离心沉淀法来实现，但此法要求超速离心设备，也很麻烦。经作者摸索，对于组织培养的细胞培养物或悬浮样品（包括腹泻粪便、尿液、痰、脑脊髓液、血清、水疱液、黏膜分泌物、鸡胚尿囊液、羊水等），采用台式高速离心机即能达到检测病毒的目的。这是因为样品中含的杂质（细胞碎片等）经高速离心很容易被沉淀下来，而含本样品中的病毒粒子由于杂质的沉淀也随之被裹挟下来。实践证明，这些细胞碎片及杂物不影响电镜观察。此法尤其对体外细胞培养物及鸡胚尿囊液特别实用。具体方法为：①用吹打、超声波或冻融法等将样品中的病毒充分释放出来。②以3 000r/min速率低速离心15～20min，将大的组织物沉淀下来，取上清液。③以15 000r/min速率离心20min，取沉淀物。④用一滴蒸馏水悬浮。⑤2% PTA负染色。⑥电镜观察（图64-18）。

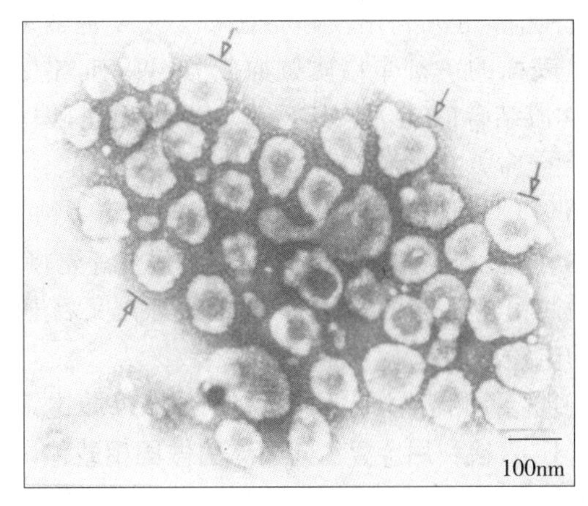

图64-18　用高速离心法从鸡胚尿囊液中获得的鸡传染性支气管炎病毒粒子

箭头所指的是该病毒纤突部分（负染色）

（李成提供）

十、液相免疫电镜

液相免疫电镜（Liquid-phase immuno-electron microscopy）亦即常规的抗原-抗体免疫复合物法。是抗原和相应抗体特异性结合后，形成大分子复合物或聚合物，易于沉淀，便于电镜观察。此法最常用，也简便易行。通常将一定量抗原与等量稀释后的抗体混合，37℃作用1h，高速离心，取其沉淀物，经少许缓冲液悬浮，负染后，即刻观察（图64-19）。

本法中有以下几点值得注意：

（1）抗原与抗体的合适比例是关键，因为抗原或抗体过量或不足都不易形成理想的便于观察的大块复合物。为此，常用琼脂免疫扩散试验，预先找出抗原、抗体合适比例。

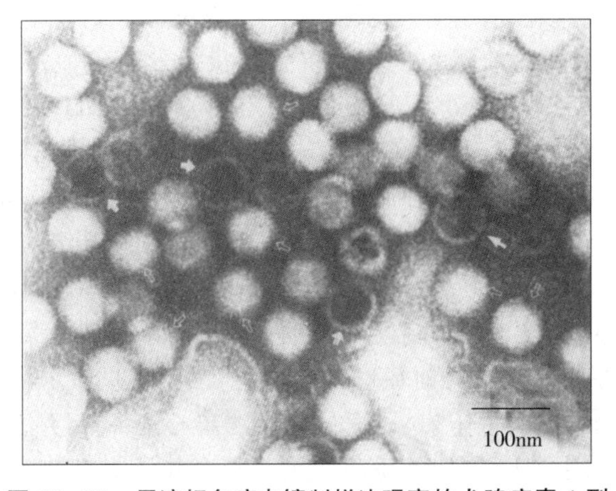

图64-19　用液相免疫电镜制样法观察的犬腺病毒1型（CadV-1）粒子

该粒子分空心和实心粒子（实、空箭头所指）

（李成提供）

（2）高速离心法可用琼脂扩散滤过法代替。其方法是：①将小滤纸叠成4～6层，一般为半个载玻片大小，用钉书机将两端平整地钉在一起，浸泡于饱和聚乙二醇（30g聚乙二醇溶于100mL水中）内约数分钟，取出后，置干燥器内防潮备用。②制备1%琼脂糖板。将琼脂糖以pH7.2巴比妥缓冲液或生理盐水加热融化，取约1.5mL铺于普通玻片上，冷凝后置于潮湿盒内并放在4℃冰箱中备用。③以刀片切取小块琼脂糖板，铺于聚乙二醇滤纸上，取1滴抗原-抗体复合物悬浮液滴附在琼脂糖板上，当复合物悬液还未被全部吸收完时，用载网，膜面朝下浮于复合物液滴上，取下载网，经负染后电镜观察。此法快速、敏感度高，常用于快速检测病毒。

十一、固相免疫电镜

固相免疫电镜技术（Solid-phase immuno-electron microscopy）是将抗体固定在固相载体上，在悬浮样品中捕捉相应抗原（病毒粒子），便于在电镜下观察和鉴定。此法优点在于图像背影比较清晰，较好地除去非特异性杂质，病毒粒子容易被观察到。尤其近年来，应用金黄色葡萄球菌A蛋白（SPA）后，克服了抗血清（抗体）直接铺盖铜网膜的缺点，即使应用效价较低的抗血清，也可得出较好的效果。SPA是金黄色葡萄球菌细胞壁表面的一种蛋白质抗原成分，具有与人和动物IgG的Fc片段结合的能力。其反应力不尽相同，其中以猪的IgG分子同SPA的反应最强，其次为人、豚鼠、小鼠、犬、猴、水貂等。一般认为马、牛、羊、鸡等动物的IgG分子与SPA不能反应。1979年，Shukla等人首先将SPA应用于电镜检测植物病毒。以后Nicolaieff等人又将其应用于轮状病毒的电镜检测。

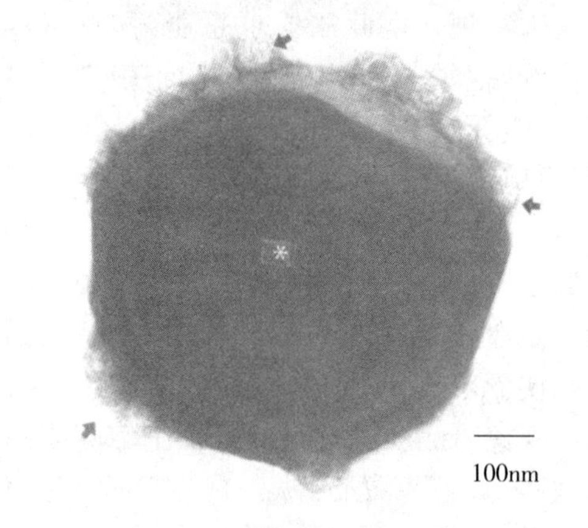

图64-20 用经处理的金黄色葡萄球菌（*）作载体，其表面吸附了猪轮状病毒粒子（⬆）

（李成提供）

现以检测猪轮状病毒为例介绍固相免疫电镜检测的方法。

1. 直接利用金黄色葡萄球菌做固相载体（图64-20）水浴加热80℃约5min处理该菌，使其充分暴露细胞壁上的SPA，利用它具有吸附某些动物血清中IgG的特性，使在该菌表面上包被一层特异性抗体。在悬浮的样品中，它就像滚雪球一样，黏附相应的抗原（病毒粒子），便于电镜观察。该法从制样到观察，整个过程只需2h左右。

操作步骤：①将兔抗猪轮状病毒高免血清（抗体）用0.1mol/L PBS（含0.02%叠氮钠pH7.2）稀释10倍，与金黄色葡萄球菌菌体（每毫升含3×10^{8}个）等量混合并将混合液置于37℃水浴中孵育5min；②取1mL混合液，以3 000r/min离心15min，弃上清，将沉淀物用PBS液悬浮，按同法离心2次，除去未结合的抗体；③用1mL含病毒粪样将带有抗体的葡萄球菌再次悬浮，于37℃水浴中，轻微振荡感作30min；④按上法离心2min，弃上清；⑤用0.1mL PBS液将沉淀悬浮，并滴附在蜡盘上，用0.5%～1.0%磷钨酸水溶液负染0.5～1min左右；⑥电镜观察。

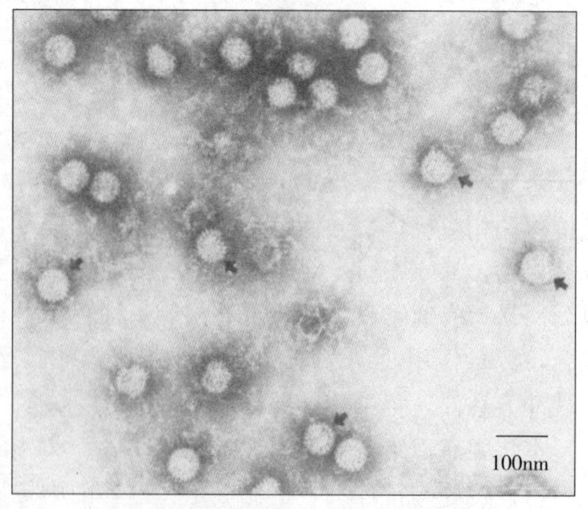

图64-21 用铜网膜作载体的固相免疫电镜法观察的猪轮状病毒粒子（⬆）

（李成提供）

2. 利用铜网上的膜作固相载体 通过SPA将特异性抗体固定在铜网膜上（图64-21）。

具体操作步骤：①滴 10μL SPA（0.1～0.5mg/mL）于蜡盘上，将铜网膜面向下漂浮在 SPA 液滴上，约 1min；②用滤纸吸去多余的 SPA；③将 10μL 稀释好的（1∶10 倍）兔抗猪轮状病毒血清滴于蜡盘上，再将附有 SPA 的铜网膜面向下漂浮在血清液滴上，约 1min；④用同样的液滴漂浮法，在蒸馏水液滴上漂浮 5 次，洗去抗血清中未被 SPA 吸附的杂质；⑤将 20μL 含病毒粪样滴附在蜡盘上，再将吸附抗血清的铜网膜面向下漂浮在含病毒的粪样滴上，置于 37℃温箱中，约 30min；⑥水洗，分别在 PBS 液滴上漂浮 5 次，在蒸馏水上漂浮 5 次；⑦负染用 2%磷钨酸染 1min 左右，电镜观察。

在固相免疫电镜操作中，应注意下列问题：①在以金黄色葡萄球菌菌体为固相载体时，要选择含 SPA 丰富的菌体，此点是试验成功的关键；②葡萄球菌与抗血清感作后，要尽量将过剩游离抗血清通过反复悬浮和离心除掉，以免影响葡萄球菌对病毒的捕捉；③包被抗体的葡萄球菌与病毒粒子相作用时，要充分搅拌，使二者有足够的相互作用机会；④负染葡萄球菌时，染液浓度要低，防止浓染，否则会影响吸附在葡萄球菌周围的病毒粒子的观察；⑤第二种方法中的 SPA 浓度，试验证明以 0.1mg/mL 的效果最好，浓度太高会影响吸附效果；⑥两种方法中所需的抗血清都应 56℃ 30min 灭活，以消除非特异性反应物质。

十二、悬浮样品的免疫金标记

悬浮样品的免疫金标记法容易产生非特异性反应，这主要是抗原、抗体以及胶体金抗体比例不合适的缘故。作者在实验中发现，应用高速离心法除去过量的抗原或胶体金抗体，不仅有助于除去非特异性反应，而且不会降低敏感性。

具体步骤：①取抗原（病毒液）50μL 和相应的抗体（高免血清）50μL 混合，混匀；②置于 37℃温箱中作用 1h，加蒸馏水至满管，以 10 000r/min 离心 30min，弃上清；③将沉淀物用蒸馏水 100μL 悬浮；④加 50μL 葡萄球菌 A 蛋白或第二抗体包被的胶体金溶液，混合，混匀；⑤置于 37℃温箱中作用 30min；⑥加蒸馏水至满管并以同样速率和时间离心；⑦弃上清，取其沉淀物，用 100μL 蒸馏水将其悬浮，负染后电镜观察（图 64－22）。

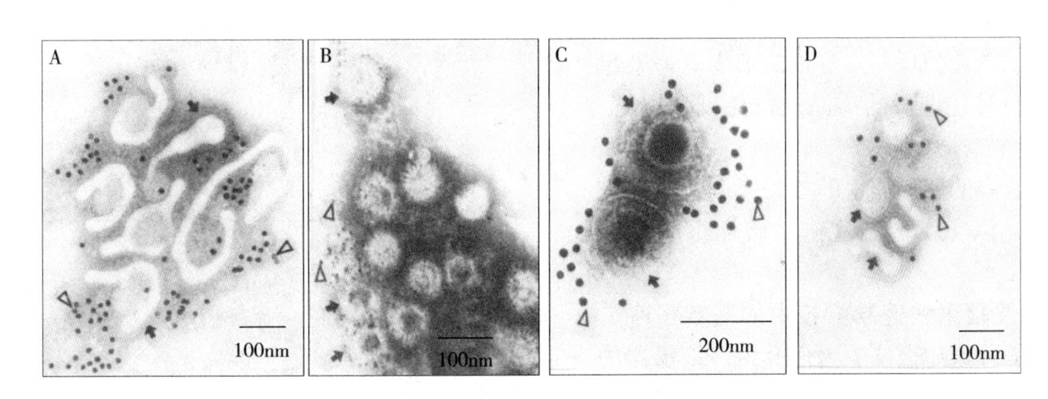

图 64－22　悬浮样品的免疫金标记

A、B、C、D 图，分别为免疫金标记的犬瘟热病毒、猪轮状病毒、鸡传染性喉气管炎病毒、H5 亚型禽流感病毒悬浮样品。A、D 样品使用的胶体金粒径约为 15nm，B 约为 5nm，C 约为 20nm。实箭头（⬆）所指为病毒粒子，空箭头（△）所指为胶体金颗粒（负染色）

（李成等提供）

十三、快速包埋超薄切片

一般包埋方法需时较长，大致需 2～3d 甚至长达 1 周左右的时间，哈尔滨兽医研究所建立了适于口岸动物检疫和临床快速诊断病毒的快速包埋方法。该法具体操作步骤如下：①固定，4%戊二醛溶液固定 10min，15mol/L 磷酸盐缓冲液（PBS）pH7.4 冲洗数次，1%四氧化锇溶液固定 10min，PBS 冲洗一次；②脱水，70%，95%，100%丙酮各5min，内含无水硫酸钠的100%丙酮换2次；③浸透，1份100%丙酮加1份包埋剂（Epon812 6.5mL，DDSA 4.0mL，MNA 3.75mL，DMP-30按全量的2%加入或国产环氧树脂618 1.0mL，DDSA 1.0mL，DMP-30按全量的2%加入），在37℃温箱中浸透10min，纯包埋剂混合物浸透10min；④聚合包埋，用牙签将样品挑入胶囊或模具中，然后灌注适量包埋剂，置于95℃烤箱中，经1h聚合，待冷却后切片，2%醋酸铀水溶液染色2min，枸橼酸铅染色5min，即可电镜观察（图64-23）。

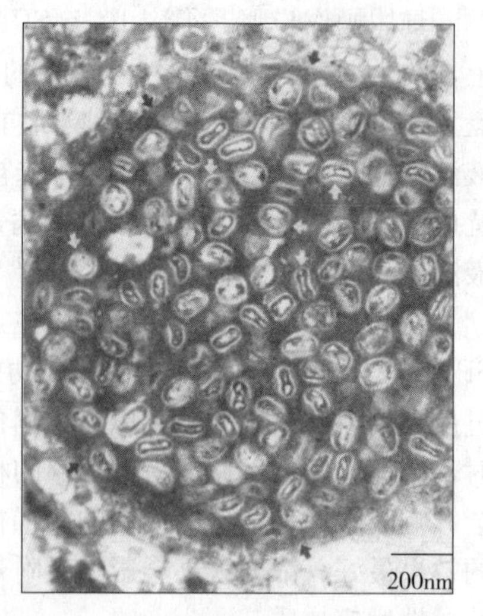

图64-23 快速包埋法制备的样品

图中可看到鸡痘病毒在宿主细胞浆中的病毒包涵体（⬆），包涵体内充满了不同切面的痘病毒粒子（白）

（李成等提供）

十四、微波辐射制样

微波辐射制样方法是将生物样品的固定、脱水、浸透、包埋、染色各操作过程均放入微波炉中，进行一定“火力”和时间的微波辐射，从而加速制样过程。

1. 微波辐射制样技术的原理 微波（microwave，MW）是一种非电离辐射的电磁波，其波长在1mm至1m之间，常用频率为2 450M Hz。生物样品中的一些双极分子，如H_2O、有极性侧键的蛋白分子以及电荷不均一的其他任何分子，一旦暴露于电磁波的照射下，这些分子以180°的角度并以2 450M/s的高速进行转动与震动，在短时间内组织内部产生高热以加速固定、包埋、染色，甚至免疫反应、组化反应等，提高制备质量，利用家用微波炉即可在2h内制备出高质量的包埋样品供电镜观察。图片的反差良好，精细度高，染色沉淀很少。对包埋后的样品进行免疫金标记，亦可大大地加速反应（图64-24）。通常利用在微波炉舱室的四周加水的方法来调节微波炉内的温度，以免炉内温度过高破坏组织的抗原性。

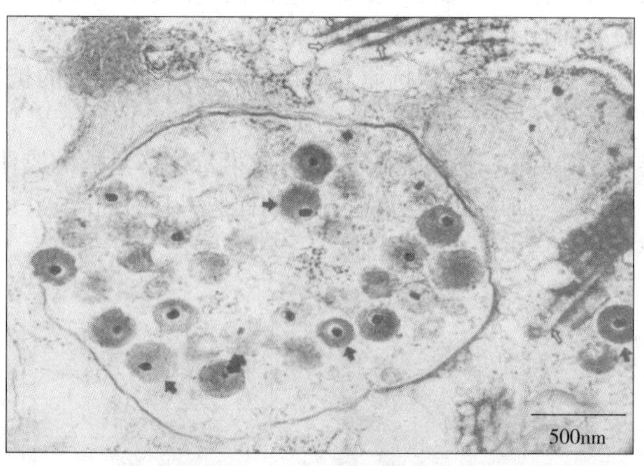

图64-24 用微波辐射法快速包埋制备的鸡传染性喉气管炎病毒照片

图中可在宿主细胞浆的空泡中观察到大囊膜的疱疹病毒粒子（⬆），同时在细胞基质中也看到了微管结构（空心箭头所指）（超薄切片）

（李成等提供）

2. 微波辐射快速制样技术的基本程序 以国产蚬华牌家用微波炉为例介绍。该仪器的功率为550W，并设有P1～P10共10个火力段。

（1）取材 取新鲜材料，按超薄切片常规法进行。

（2）固定 将样品置于2.5%戊二醛溶液中，并放入微波炉，在P1火力段下辐射15s，作前固定；用磷酸缓冲液冲洗样品三次；再用1%锇酸液浸泡并放入微波炉中，于P1火力段下15s，作后固定。

（3）脱水 在室温下放置60s，经磷酸缓冲液冲洗三次（每次3min），用50%～100%系列丙酮逐级脱水，每级脱水均在P1火力段下辐射1min。

（4）浸透 先将样品放入环氧丙烷中，在室温下放置10min，然后依次投入环氧丙烷与环氧树脂1∶1和1∶2混合液中，在P1火力段下2min；然后将样品放入纯环氧树脂中，在P1火力段下3min。

（5）包埋 将样品置于配制好的包埋液中，并于周边放一盛有300mL水的烧杯，在P1火力段下

30min；再移去周边的烧杯，继续在 P1 火力段下辐射 30min。

（6）切片与常规超薄切片法相同。

（7）染色　铀染色动植物组织切片最佳辐射时间均为 30s；铅染色动物组织切片最佳辐射时间为 30s，而植物组织切片为 20s。染色液经微波辐射后的温度应控制在 20～40℃。

3. 微波辐射制样注意事项

（1）严格控制辐射温度。微波辐射时固定的温度控制在 40～50℃之间为宜，否则易引起微波损伤；脱水时的温度宜在 20℃左右。为了掌握微波炉各功率段下各种溶液的不同温度，最好在实验前测定。

（2）严格掌握辐射功率。制样过程中每一步骤所使用的功率（火力段）不尽相同，但总的说应以小功率辐射为主；而且在需要长时间辐射时（如脱水、聚合和包埋），最好采用小功率、间断辐射的方式，这样才能够保存好组织的超微结构。

（3）在每一步微波辐射之后，最好使样品在药液中停留一段时间，以保证药液渗入样品，并与组织充分结合。

（4）由于微波炉的生产厂家及型号不同，其功率大小和火力段的功率分配亦不相同，故实验时应根据所选用的微波炉来确定每一步骤所用的火力与辐射时间。

十五、免疫快速包埋超薄切片

在某些情况下，用单纯超薄切片法不能达到检测病毒及抗原的目的时，必须运用免疫标记方法才行。因此，将免疫标记与快速包埋超薄切片相结合，建立了免疫快速包埋超薄切片法。此法比常规超薄切片法快得多。免疫酶标记和免疫胶体金标记均可使用快速包埋或微波辐射包埋法，这样就大大提高了鉴定病毒及抗原的速度和准确性，便于临床应用。

附　电子显微镜技术常用溶液配方

1. Millonig 磷酸缓冲液

（1）贮存液

A 液：2.26％磷酸二氢钠（$NaH_2PO_4 \cdot 2H_2O$）水溶液

B 液：2.52％氢氧化钠水溶液

C 液：5.4％葡萄糖水溶液

D 液：1％氯化钙水溶液

E 液：A 液 41.5mL＋B 液 8.5mL

（2）使用液

E 液 45mL＋C 液 5mL＋D 液 0.25mL（pH 7.3），调整 B 液的量可得到不同 pH 的缓冲液。

也可不加 C 液和 D 液，只用 A 液和 B 液配制缓冲液。摩尔浓度为 0.13mol/L。

2. Sabatini 二甲胂酸钠缓冲液

（1）贮存液

A 液：	二甲胂酸钠［$(CH_3)_2AsO_2Na \cdot 3H_2O$］	21.4 g
	蒸馏水	加至 250mL
B 液：	36％盐酸	1.7mL
	蒸馏水	加至 100mL

（2）0.2mol/L 使用液

A 液 50mL＋B 液 8mL＋蒸馏水 42mL，pH 约 7.2。调整 B 液的量可得到不同 pH 缓冲液。

3. Zetterqvist 巴比妥-醋酸缓冲液

(1) 贮存液

A 液：巴比妥钠　　2.94g
醋酸钠　　1.94g
蒸馏水　　加至 100mL

B 液：氯化钠　　8.05g
氯化钾　　0.42g
氯化钙　　0.18g
蒸馏水　　加至 100mL

C 液：36%盐酸　　0.86mL
蒸馏水　　加至 100mL

(2) 使用液　A 液 10mL＋B 液 3.4mL＋C 液 11mL＋蒸馏水 25mL。pH 为 7.2～7.4，渗透压 0.34mol/L。此缓冲液不稳定，不能贮存。调整 C 液的量可得到不同 pH 的缓冲液。

4. 用 Millonig 磷酸缓冲液配制不同浓度的戊二醛固定液

磷酸缓冲液（mL）	96	94	92	90	80
25%戊二醛水溶液（mL）	4	6	8	10	20
戊二醛最终浓度（%）	1.0	1.5	2.0	2.5	5.0

5. 用二甲胂酸钠缓冲液配制不同浓度的戊二醛固定液

0.2mol /L 二甲胂酸钠缓冲液（mL）	50	50	50	50
25%戊二醛水溶液（mL）	4	8	10	20
蒸馏水（mL）	46	42	40	30
戊二醛最终浓度（%）	1.0	2.0	2.5	5.0

固定液的 pH 比原缓冲液的 pH 稍低，因此可用 pH 稍高的缓冲液配制固定液，或配好后再用 1mol/L 氢氧化钠溶液调整到需要的 pH。另外，长期贮存时，溶液的 pH 稍有下降，使用前应校正。

6. 用 Millonig 磷酸缓冲液配制锇酸固定液

磷酸缓冲液　　50mL
锇酸　　0.5 g
固定液含锇酸　　1%

7. 用 Zettergvist 巴比妥-醋酸缓冲液配制锇酸固定液

缓冲液　　50mL
锇酸　　0.5 g

固定液含锇酸 1%。

固定液在 4℃可保存数周。

配制锇酸固定液需注意下面几点：

(1) 锇酸溶液易氧化，要用棕色磨口玻璃瓶贮存；盛放锇酸的器皿要彻底清洗干净，否则，锇酸溶液很快由淡黄色变成红、紫、黑等色而失去固定作用。

(2) 把锇酸安瓿彻底清洗干净后，放入已洗好的容器内打碎，加入适量缓冲液，需 1～2d 时间锇酸方能充分溶解。

(3) 锇酸溶液易挥发，其蒸气刺激眼、鼻、喉等，最好在通风橱内处理。

(4) 避免强光直射。

8. 多聚甲醛固定液的配制　取 40g 多聚甲醛粉末溶于 100mL 60～65℃馏水中，边搅动边加入几滴 1mol/L NaOH 水溶液，直到溶液完全清亮为止，制成 40%水溶液。

0.2mol/L 磷酸缓冲液或二甲胂酸钠缓冲液　　50mL

40%多聚甲醛水溶液　　10mL

蒸馏水　　加至 100mL

如果需要可加葡萄糖或蔗糖调节渗透压。

9. 过碘酸-赖氨酸-多聚甲醛（PLP）固定液的配制　用蒸馏水制成 0.2mol/L 赖氨酸溶液，用 0.1mol/L 的 Na_2HPO_4；调至 pH7.4，用 0.1mol/L pH7.4 的 PBS 将溶液稀释至含赖氨酸 0.1mol/L。用前取 3 份 0.1mol/L 赖氨酸溶液和 1 份 8%多聚甲醛水溶液混合后再加入过碘酸钠，使其最终浓度为 0.01mol/L。

10. 戊二醛-多聚甲醛（PG）固定液的配制　用 0.1mol/L pH 7.4 的磷酸缓冲液稀释 8%多聚甲醛水溶液，使其最终浓度为 1%，再加戊二醛至含量为 0.012 5%。

李成　编

第六十五章　培养基制造技术

培养基是用人工方法，将多种营养物质按照各类微生物的需要合成的一种混合养料制品。通常用于培养和分离细菌，也可用于鉴别微生物、生产菌苗等。由于细菌种类繁多，所需要的培养基也不同。因而，培养基的种类很多，如基础培养基、厌氧培养基、鉴别培养基、增长培养基等。

第一节　制造培养基必须遵循的要求

（1）培养基必须含有细菌所需要的各种营养物质。

（2）因为细菌主要靠液体的扩散和渗透来摄取营养，所以培养基必须含有一定的水分。

（3）培养基在用前不能混有细菌，不能有抑制细菌生长的物质。制造培养基的原材料和容器及成品须彻底灭菌。

（4）培养基一定要均质、透明，以便于对细菌生长状况进行观察。

（5）培养基的酸碱度要适合细菌的生长要求，通常以pH7.2～7.6为宜。

（6）制造培养基用的化学药品，必须符合药典规定标准，称量要准确。

（7）根据需要将培养基分装于不同容量的三角瓶及大、中、小试管，分装量不宜超过容器的2/3，以免灭菌时外溢。

（8）不同成分、性质的培养基灭菌温度和时间有所不同，一般培养基为121℃ 30min，含糖的培养基为116℃15min，以免糖类破坏。

（9）制备好的培养基置18～24℃存放，应在2周内使用。

第二节　培养基的制造

一、纯水的制备

（一）蒸馏水

将自然水用蒸馏器蒸馏冷却后所得的水称为蒸馏水。通常一次蒸馏。必要时可进行二次蒸馏，称双蒸水或重蒸水。

蒸馏器有多种，大型的用铜制成，挂以锡裹；也有用不锈钢制的。小型的用玻璃制成。实验室主要用小型玻璃蒸馏器。实验室制备重蒸馏水的方法如下：用硬质玻璃蒸馏器，在蒸馏水中加入少量高锰酸钾碱性溶液，重新蒸馏，去掉蒸出水的最初1/4，收集中段的蒸馏水，再去掉蒸馏器中的尾液。接收器应防止二氧化碳和氨的侵入，可得到标准的蒸馏水，如质量不合格，可进行重蒸一次，获取二次蒸馏水。

（二）去离子水

用离子交换法制取的纯水，称去离子水或无离子水。

1. 制法　①以自来水作为原水最好，其次也可用井水、河水或泉水等。对各种原水（自来水除外）

均应先用物理或化学方法进行处理，使其澄清和除去热原。②将树脂装柱，然后将自来水或已经处理好的原水接通交换柱的进水口。在交换前，如发现柱内有气泡时可用反冲法排出。柱内的树脂量应为容积的4/5，并且树脂上应有一定的积水层。交换中应保持一定的流速，但不宜流速过快或过慢。通常树脂量少，流速要慢。制水暂停时应关闭水源，将出水管夹住。如停放一天以上再制水时，对水质应进行检查。注意：树脂在装柱前应进行浸泡和洗涤。

2. 水质的检查 ①酸碱度。一般pH为5～7。取成品水10mL，加甲基红指示剂2滴，应不显红色。此外，取成品水10mL，加溴麝香草酚蓝指示剂5滴，不呈蓝色为合格。②氯化物。取成品水10mL，加硝酸2滴，硝酸银试剂4滴，不应混浊。③硫酸盐。取成品水10mL，加氯化钡液（氯化钡12g，蒸馏水100mL）4～8滴，应不出现混浊。④钙盐。取成品水10mL加铬黑-T指示液［铬黑-T0.5g，氨-氯化铵缓冲液（氯化铵2g，加氨水7.5mL，再加蒸馏水至100mL）10mL，加适量酒精稀释至100mL］2滴，不出现红色或蓝色。⑤电阻率。用电导仪测定的电阻率应为$1\times10^6\Omega/cm$以上。

3. 树脂的再生处理 树脂使用一段时间后会变色、老化，须进行再生处理，以恢复交换能力。阳离子交换树脂，先用30～40℃温水浸泡2～3h（或用常水浸泡过夜），后用常水洗去可溶物质，使溶液无色透明。阴离子交换树脂，先用95%酒精浸泡12～24h，或者在酒精中加10%氯化钠浸泡，再用常水洗去酒精。经上述处理后，对阴离子树脂加7%盐酸，将水全部替换出来，放3～4h，用水洗至洗出液pH为3～4，再用8%氢氧化钠按上法处理，最后洗出液pH为9～10。阳离子树脂先用8%氢氧化钠液浸泡，处理方法同阴离子树脂，其洗出液pH为9～10。再用7%盐酸，同上法处理，洗出液pH为3～4。新购入的阳离子树脂为钠型需转为氢型。阴离子树脂为氯型需转为氢氧型。

二、培养基pH测定

培养基的酸碱度（pH）对微生物的生长和繁殖都有很大影响，而且每种微生物所需pH不尽相同。因此，测定培养基的pH非常重要。常用的方法有：

（一）试纸法

是一种古老的方法，现在很少使用或已不用，因此不作介绍。

（二）标准比色管法

本法是用各种pH界限内不同的指示剂配制而成的。最常用的是溴麝香草酚蓝或酚红为指示剂，其他指示剂用得较少。所有指示剂的色调均因pH的高低而变动，有利于测定时鉴别。标准比色管是将指示剂加入不同pH的缓冲液所制成的。

1. 指示剂的配制方法 取指示剂0.1g，放于洁净的乳钵内研磨成粉末。按下表加0.05mol/L氢氧化钠溶液，溶解后用蒸馏水稀释成25mL，称为0.4%原液。然后按下表稀释成规定的浓度。例如，取溴麝香草酚蓝0.1g，放于乳钵内研磨，然后滴加0.05mol/L氢氧化钠3.2mL。溶解后加蒸馏水25mL，即成0.4%溴麝香草酚蓝原液。用时取原液1mL，加蒸馏水9mL，稀释成10倍，备用。

2. 比色法 取三只大小一致的标准试管。第一只装5mL蒸馏水；第二只装5mL培养基，加0.25mL指示剂；第三只加5mL培养基，不加指示剂作为对照。将这三只试管与要测的反应标准比色管，均放于比色箱中对光观察，慢慢加0.05mol/L盐酸溶液，使其颜色与标准比色管相同。记下氢氧化钠或盐酸溶液的用量，再计算出每升培养基加的1mol/L氢氧化钠或1mol/L盐酸溶液的量。

3. 赫氏比色器用法 该比色器没有标准比色管，有制好的比色盘。首先将两只小试管各加入培养基5mL，其中一只加入0.25mL指示剂，另一只不加指示剂作对照，再将这只管放于比色器中，对照管放于比色盘的一边，对光观察。此时用右手旋转比色盘，到视野两端的颜色相同为止。这时右下方小孔指示的数字即为pH。然后按上法用0.05mol/L氢氧化钠或0.05mol/L盐酸调整所需pH，记下碱或酸量，再算出调整培养基所需的碱量或酸量。

表65-1 几种常用指示剂配制法及浓度表

指示剂名称	色调变化	可测知的pH范围	常用浓度%	0.1g应加0.05mol/L NaOH量（mL）
麝香草酚蓝（酸）（T.B）	红—黄	1.2～2.8	0.04	4.3
溴酚蓝（B.P.B）	黄—蓝	3.0～4.6	0.04	3.0
甲基红（M.R）	红—黄	4.4～6.0	0.04	7.4
溴甲酚紫（B.C.P）	黄—紫	5.2～6.8	0.04	3.7
溴麝香草酚蓝（B.T.B）	黄—蓝	6.0～7.6	0.04	3.2
酚红（C.R）	黄—红	6.8～8.4	0.02	5.7
甲酚红（C.R）	黄—红	7.2～8.8	0.02	5.3
麝香草酚蓝（碱）（T.B）	黄—蓝	8.0～9.6	0.04	4.3

（三）酸度计法

溶液pH的测定可采用pH计。pH计又称酸度计，有两个电极。其中一个电极具有恒定的电位，叫做参比电极；另一个电极的电位随待测溶液的pH而变化，叫做指示电极。常用的参比电极是甘汞电极，常用的指示电极是玻璃电极。玻璃电极是一种对氢离子非常敏感的指示电极，它不受氧化性或还原性物质的影响，可用于有色的、混浊的胶状溶液的pH测定。测定前应先用标准pH液进行校正。测定时需要的溶液量较少，使用方便，操作简单。

第三节 培养基的分类

培养基的种类很多，从形态上分有固体、半固体、液体培养基。从用途上分有基础培养基、鉴别培养基、选择培养基、增菌培养基和厌氧培养基等。按培养基成分又可分为天然培养基和合成培养基。现将几种基础培养基的制作方法介绍如下。

1. 肉水的制作 肉水是制备各种培养基的基础。首先取牛肉去掉脂肪、腱膜，将瘦肉切成小块或绞碎，称500g，加水1 000mL浸泡一夜（冷处理）。然后煮沸1h，用纱布过滤，挤出肉水，弃去肉渣。再用滤纸过滤，补足原有水分，装入烧瓶中，放于高压灭菌器内，以0.1MPa（$15lb/in^2$）压力灭菌20min后，放于冷暗处保存，备用。

2. 营养肉汤培养基的制作 取肉水1 000mL，加入蛋白胨10g，磷酸二氢钾1g，食盐5g，稍加温溶解。每升加1mol/L氢氧化钠20mL，调整pH到7.4～7.6，然后放于蒸汽锅中加热30min，必要时再测一次pH，如需调节pH，可再加温一次。最后用滤纸过滤，分装于试管中，每管5～10mL。物理性状检查，应完全透明。放于高压灭菌器内，120℃15～20min灭菌。用于细菌生长、繁殖。也可作为固体培养基的基础。

3. 营养琼脂培养基的制作 取琼脂20～30g，用冷水洗净，放于1 000mL肉水中，加温使其融化。调整pH为7.4～7.6。凉到50～60℃左右，再加入1～2个鸡蛋卵白搅匀。用蒸汽锅加热1h，蛋白凝固浮于上面，下面透明，如加热不足，液体会混浊。为防止琼脂凝固，可用保温漏斗过滤。然后分装于试管中，每管5～8mL，放于高压灭菌器内120℃ 20min灭菌。用此琼脂溶液可制作平板培养基、斜面培养基、高层培养基。最后将已制好的培养基放于37℃恒温箱中24h，作无菌检验。主要用于细菌的分离培养、纯培养，观察菌落形态及保存菌种。也可作为特殊培养基的基础。

4. 半固体培养基的制作 大体上同营养琼脂培养基的制备，但琼脂要少，1 000mL肉水中加5～7g琼脂，呈半固体状态，装在容器内，使不流出。如强烈振荡则会使其破碎。

第四节　常用培养基的制作

根据不同种细菌生长繁殖时的不同要求，在第三节介绍的基础培养基中加入各种不同的化学药品，制成实验室常用的选择培养基、鉴别培养基和特殊培养基等。种类繁多，有关配方及制作方法，请参考有关培养基制作专著。

薛飞　编

第六十六章　细菌培养技术

细菌的培养除对培养基有较宽或较严格的要求外，培养方法也必须得当，才能收到满意效果。操作前，应做好三项工作：①应准备培养基和实验用具（如酒精灯、接种棒等）；②对接种环境进行无菌处理；③作好被检材料的编号。接种后，对所接种的培养皿或试管，应写上与被检材料相一致的编号，并应核对无误后写上培养日期，放恒温箱中培养。

第一节　细菌的接种方法

1. 倾注平皿接种法　取无菌平皿数个，将液体待检材料滴加其中，然后将预先融化好的琼脂培养基（约50℃）倾注于平皿中，摇匀，平放，凝固后放入恒温箱中培养。本法适用于牛奶、饮水、尿液等的含菌计数。

2. 平板划线接种法　常用的有分区划线法和连续划线法。

（1）分区划线法　取少量样品，先涂布于平板培养基的一个区内，然后用火焰烧一下接种环，稍凉或平板冷却后，在一个区内擦划数次，再在2、3、4……个区依次用接种环划线。每划完一个区，烧一次接种环，稍凉后再划下一个区。每一个区的划线仅接触上一个区的接种线，使菌量逐渐减少，目的在于得到单个菌落。接种完后盖好平板，将板底朝上，放于适宜的环境中培养。本法适合粪便、脓汁等含菌量多的样品。

（2）连续划线法　首先将样品均匀涂布于平板培养基边上的一个小区内，然后再向左右两侧划线，逐渐向下移动，直到下个边缘。注意不要划破培养基表面，最好使接种环与平板培养基表面成45°角，如含菌多的样品，用接种环直接划完，中途不要灭菌。本法适用于含菌多的样品。

3. 斜面接种法　培养者右手持接种环，左手持培养物，接种环经火焰灭菌后，稍凉挑取培养物，将培养物放下，立即拿起斜面培养基试管，再用右手小指和无名指拔掉棉塞，夹于指间，勿放下，防止污染。迅速将试管口经火焰灭菌后，将挑取培养物的接种环插入管内，从斜面底部向上涂布，密而匀，或划曲线接种。此法适于移种纯菌，使其增殖后进行鉴定或保存菌种。

4. 穿刺接种法　用接种针挑取菌落或液体培养物，由高层培养基上部中心刺入距管底0.3～0.5cm处，将接种针按原位退出。对含有双糖的带有斜面的高层培养基，应先进行穿刺，退针后再划曲线接种斜面。此法适合半固体、明胶、双糖等高层培养基的接种和保存菌种。

5. 液体培养基接种法　接种要领大致同前述几种方法，所不同的是先将培养物在装有液体培养基的试管壁上研磨一下，后在液体培养基中摇动接种环2～3次，塞好棉塞，放恒温箱培养。

第二节　细菌的培养方法

1. 需氧培养法　本法是将已接种的培养基，如平板培养基、肉汤培养基等，在自然条件下给予适宜的温度，培养18～24h，观察菌落生长情况。在培养基中加入药品进行抑菌、杀菌等试验。如在培养基中加入结晶紫或青霉素抑制革兰阳性细菌的生长，可分离到革兰阴性细菌。加入氯霉素能抑制革兰阴性细菌及部分阳性细菌的生长。由于结核分枝杆菌具有抗酸性能，所以在结核病料中加15%硫酸溶液，能杀死杂菌。

2. 厌氧培养法

（1）生物学方法　①在平皿培养基内一半接种需氧菌，一半接种厌氧菌，然后将平皿倒置在一块玻璃板上，再用石蜡封好，放于37℃温箱中培养2～3d。②在培养基中加入某种新鲜的动物组织或已灭菌的某种动物的心、肝、脑等组织。这些组织具有呼吸作用能消耗氧。还原性化合物也有消耗氧的作用，但这些作用较弱。

（2）化学方法　①将厌氧菌接种血液琼脂平板。取方形玻璃板一块，中部放纱布或棉花，在其上部放焦性没食子酸0.2g及10%氢氧化钠溶液0.5mL。速去皿盖，将平皿倒置于其上面，周围用石蜡密封。然后将覆有培养皿的玻璃板放于37℃恒温箱中24～48h，进行培养观察。②取一支大试管，在管底放上焦性没食子酸0.5g，玻璃珠4个。然后再将已接种培养物的试管放于大试管中，并迅速加入20%氢氧化钠溶液0.5mL，立即用橡胶塞塞紧，周围用石蜡封好。放于37℃培养24～48h。

（3）物理学方法　①将已接种的培养皿放于厌氧培氧罐中，抽出部分空气。通电使罐中的氧气全部消失。再将整个罐放于培养箱中培养。②首先加热融化高层琼脂，待冷却至45℃左右接种厌氧菌。可见细菌在底部生长。③将液体培养基放于阿诺氏蒸锅内，加热10min，取出后放于冷水中冷却，立即接种厌氧菌，在液面上覆盖一层0.5cm厚的凡士林或液体石蜡，放于37℃培养。

3. 二氧化碳培养法　在细菌培养中，有少数细菌（如布鲁菌等）培养时需要添加5%～10%二氧化碳才能生长。

（1）首先将已接种好的培养皿放于带盖的玻璃缸内，然后再将点燃的蜡烛放于缸内，立即将盖盖好（缸口处涂以凡士林），蜡烛自然熄灭。此时二氧化碳量达到5%～10%。最后将玻璃缸放入37℃温箱中培养。注意防止蜡烛倒下或倾斜。

（2）取重碳酸钠0.4g，盐酸3.5mL，按此比例放于同一容器内，将此容器放于标本缸内，盖上盖，使容器倾斜，使两种药品混合，产生二氧化碳。也可用二氧化碳培养箱培养。

4. 振荡培养法　将培养基通过振荡的方法进行培养。常用的有旋转式振荡培养、往复式振荡培养、通气培养（伴有搅拌）等。此法适于好氧微生物的培养。振荡培养的结果，可得到纤维糊状培养物，如同滤纸泡散那样，也称为纸浆状生长。如果振荡不充分，就会形成小球状菌团，称为颗粒状生长。

首先将液体培养基分装于不同的容器内，如三角烧瓶、大型培养瓶、T型管等，接种后进行培养。

振荡培养装置有许多种，将多个容器以一定的倾斜度放于水浴内进行往复振荡培养，也可将小型容器或试管装在架上放于水浴内进行往复振荡培养。但试管和水平面要保持30°以下的倾斜，方向要与振荡方向一致。振荡时培养基的液面要在水浴的水面以下。

此外，也可进行通气培养。本法除运用于细菌外，也适用于霉菌等。

旋转培养是将接种细菌的大型培养瓶放于恒温室中的旋转培养架上培养的方法。该法可获得大量培养物，适合生物制品厂使用。工厂化生产生物制品时多采用固定转数（如8r/min）。哈尔滨兽医研究所研制成功一种旋转培养箱，转数在7～12r/min之间，可调。并备有蓄电装置，不受停电干扰。适于实验室小量培养。

5. 发酵培养法　发酵培养是一种通气搅拌培养。有许多优点，主要是可以大量生产微生物细胞及其代谢产物，尤其是在工厂化大量生产疫苗时最为适用。常用的工具是发酵罐。首先对培养槽进行清洗、消毒、灭菌。将已灭菌的培养基由接种口注入。如培养槽用高压锅灭菌时，则将已配好的培养基注入槽内，在空气出口加棉塞，放于高压灭菌锅内，121℃灭菌15min。通过空气需无菌。将恒温槽调至所需温度，确定搅拌速度及空气流量，接好各种控制装置，然后进行接种和培养。接种量大体上是培养液的百分之几，细菌为10^6个细胞1mL。在培养过程中要不断地取样，检查细胞的生长情况。

6. 透析培养法　本法是菌液与培养基之间隔一层透析膜的培养方法。透析器有封闭式和循环式两种。封闭式（又称批式）是在同一容器内，用透析袋或透析膜将培养基与菌液分开；循环式是将培养基与菌液分为两个独立系统，各用管道与透析器连接。装置透析器时必须严密、无渗漏。透析膜需经测试选择，以易于消毒，不易破损，能阻挡微生物与大分子物质渗透，并对溶质有较高的扩散效率，不被细菌产生的酶所分解为原则。

由于透析膜只能透过小分子的营养成分，不能透过大分子的细菌或毒素，使培养基中高浓度的营养物质通过透析膜不断扩散到菌液中，使细菌不断获得必需的生长因子，因而，能获得高浓纯菌或毒素。

薛飞 编

第六十七章　细菌形态的检查技术

细菌形态学检查是鉴定细菌的重要手段之一。细菌种类繁多，形态各异。大体上虽然可分为杆状、球状和螺状三大类，但就种和属的形态大小、排列、着色能力来讲，也是千差万别。通过一些方法，对细菌进行一系列染色处理，然后在适宜的显微镜下进行观察，一般可根据其表现出的不同特性作出初步鉴定。

第一节　不染色细菌标本的检查

1. 暗视野显微镜检查法　用普通显微镜检查时，应先将明视野聚光器取下，换上暗视野聚光器，卸下油镜，加上光阑，或换上带有缩光圈的油镜头，使镜口率在0.9以下。在暗视野聚光器上加上一滴香柏油，稍下降聚光器。用接种环取一滴生理盐水，再取少量被检材料放于载玻片上混匀，如液体材料可直接滴在载玻片上，制成菌悬液，再盖上盖玻片，但菌液不能溢出，也不能产生气泡。然后，把制成的压滴载玻片放于显微镜镜台上，上升聚光器，使其表面的油镜与载玻片接触，但不能产生气泡，转换平面反光镜，使光线集中在暗视野聚光器上，用低倍镜观察。如暗视野有光环时，移动聚光器上的调节柄，使光环移至视野中央，再将香柏油滴于盖玻片上，然后进行观察。此法适于细菌活力及螺旋体形态的检查。

2. 相差显微镜检查法　首先将相差显微镜的聚光器装好，再将滤片及隔热片放好，对准光源。制标本时，用接种环取一滴生理盐水放于载玻片中部，再取少量被检物，混匀，盖上盖玻片，放于载物台上，用低倍镜进行检查。此时应将低倍镜移到镜筒下，转动聚光器旋盘，使光线通过明视野，调节距离和光度到物象清晰，转动转盘，使光线通过低倍镜的环形光阑。取下目镜，换上辅助镜。上下抽动其管，如看到接物镜中相差板上的暗圈和光阑上的亮圈时，再固定抽筒旁的螺旋，操纵转盘两侧的调节柄，使暗、亮两圈重叠。此时取下辅助镜，换上目镜，进行观察。如用高倍镜或油镜观察时，只是换上高倍镜或油镜的光阑，其他方法相同。

3. 压滴法　此法也称湿片法。首先制压滴标本。用接种环取一滴生理盐水和被检物（如被检物为液体即可不用生理盐水）放于载玻片中央部，制成均匀的混悬液，再盖上盖玻片（菌液不溢出，也无气泡），放于油镜下进行观察，先用低倍镜找到合适位置，再用高倍镜进行观察。观察时要缩小光圈，下降聚光器，使光线较弱，能看到细菌的运动。

4. 悬滴法　首先用接种环取一滴生理盐水，再取少量被检物，均放于洁净的载玻片中部，如被检物为液体，可直接取一滴被检物放于载玻片上。再将凹玻片的凹窝四周涂一薄层凡士林，将其凹面向下，覆在盖玻片的菌液上，迅速翻转，使液滴向下，稍加轻压，使盖玻片与凹玻片的凹窝粘紧。此时，把已制好的悬液标本放于显微镜的载物台上，先用低倍镜找到悬滴边缘，再换上高倍镜观察，观察应从边上开始，仔细调节光线，可看到细菌的运动。但应注意，不要将细菌在原位上的布朗运动误认为是细菌从一处向另一处的运动。本法一般不用油镜观察。

第二节 染色细菌标本的检查

一、染料及染色程序

细菌细胞微小，无色透明，在普通光学显微镜下可见其形态，如果经过抹片、染色后，即可观察其形态和结构。由于细菌的等电点较低，通常带有负电荷，容易与带正电荷的碱性染料相结合而着色，如沙黄、美蓝和甲基紫等，但也有酸性和中性染料，有的细菌需要单纯的一种染料染色，有的细菌则需两种或两种以上的染料进行染色。由于毛细管具有吸附、吸收、渗透及离子交换、酸碱中和等作用，不同性质的染料会使细菌表现出不同的染色反应。

染色的程序如下：

1. 抹片 首先准备一个洁净的玻片，如玻片不洁可用95%酒精和纱布擦净。检样为血液、体液及乳汁等时，可用接种环取一滴涂于玻片中央，使其成均匀的薄层。检样若为菌落、脓汁和粪便等，则用接种环取少许，在液滴中混合，在玻片中部涂一大小适宜的薄层。对于脏器材料，可取一小块，用其新鲜切面在玻片压印或涂抹一薄层。如有多种检样同时需要抹片，而染色方法又不同，可同时在同一张玻片上划成小方格进行涂片。

2. 固定 在涂片自然干燥后进行固定。固定的方法有两种：

（1）*火焰固定* 将玻片的涂抹面向上，使背面在酒精灯的火焰上通过几次即可。

（2）*化学固定* 即采用甲醇固定，可将标本浸入甲醇中 2～3min，或在抹片上滴加几滴甲醇作用 2～3min，自然干燥。

3. 染色 染色有单染和复染两种。应用一种染料进行染色的方法称为单染色，如美蓝染色法；应用两种或两种以上的染料或再加媒剂的方法称为复染色法，或鉴别染色法，如革兰染色法和抗酸染色法等。

二、几种常用染色及检查方法

1. 碱性美蓝染色法 取一张洁净玻片，制成抹片，干燥、固定后，滴加一定量的美蓝染色液，经 1～2min，水洗，用吸纸吸干或自然干燥，最后进行镜检。

2. 稀释石炭酸复红染色法 在玻片抹片、干燥、固定后，滴加适量的稀释石炭酸复红染色液，作用 1min，干燥后镜检。

3. 革兰染色法 在干燥、固定好的抹片上，滴加草酸氨结晶紫染色液，作用 1～2min 后，水洗，然后滴加革兰碘溶液进行媒染，1～3min 后，水洗。再以 95%酒精将抹片脱色 1min，水洗。继而加稀释石炭酸复红（或沙黄）复染 30s 后，水洗。干燥后镜检。革兰阳性菌为蓝紫色，革兰阴性菌为红色。

4. 抗酸染色法

（1）*萋-尼氏抗酸染色法* 在干燥、固定好的抹片上，滴加多量的石炭酸复红染色液，然后在酒精灯上稍加热，使染色液蒸发，但不可使其煮沸，经 1～3min 水洗，再用 3%盐酸酒精脱色，水洗，接着用碱性美蓝液复染 1min 后，水洗，吸干，镜检。结果抗酸性菌为红色，而非抗酸性菌为蓝色。

（2）*萋-尼氏改良法* 将已固定好的抹片滴加萋-尼氏石炭酸复红液，经火焰微热、蒸发，待冷却水洗后，用 5%盐酸酒精脱色，水洗。然后用稀释美蓝液复染 30s、水洗、干燥、镜检。结果，抗酸性菌为红色，非抗酸菌为蓝色。

5. 荚膜染色法 此法有三种，即碱性美蓝染色法、雷比格尔染色法和沙黄染色法。

（1）*碱性美蓝染色法* 将干燥好的抹片用甲醇固定 3～5min，水洗后，滴加碱性美蓝液数滴，作用 2～3min，去液，水洗，干燥后镜检。结果，荚膜染成红色，菌体为蓝色。

（2）雷比格尔染色法　将干燥抹片用福尔马林龙胆紫液固定、染色5s，水洗、干燥、镜检。结果，荚膜呈淡紫色，菌体为强紫色。本法多用于检查炭疽杆菌的荚膜。

（3）沙黄染色法　将干燥抹片放于10%福尔马林液中浸泡10～15min，晾干。然后滴加3%沙黄水溶液，稍微加热、蒸发3～5min，水洗，干燥后镜检。结果，荚膜呈黄色，菌体为赤褐色。

6. 鞭毛染色法

（1）镀银染色法　将自然干燥的抹片，滴加第一种溶液（鞣酸5g，$FeCl_3$1.5g，15%甲醛液2mL，1%氢氧化钠液1mL，蒸馏水100mL）作用3～5min，再用第二种溶液（硝酸银2g，蒸馏水100mL）冲去残水后，加第二溶液30～60s，并在酒精灯上稍加热（抹片勿烤干）。再以蒸馏水冲洗，待干燥后镜检，结果：鞭毛呈褐色，菌体为深褐色。

（2）卡沙列-吉尔染色法　抹片自然干燥后，将媒染剂（鞣酸10g，氯化铅18g，氯化锌18g，碱性复红1.5g，60%酒精40mL）按1∶4稀释，以滤纸过滤后，滴加于抹片上2min，水洗后，以石炭酸复红液染5min，水洗，干燥，镜检。结果，菌体及鞭毛均呈红色。

（3）莱佛逊染色法　将染色液（钾明矾饱和水溶液20mL，20%鞣酸水溶液10mL，95%酒精15mL，蒸馏水10mL，碱性复红酒精溶液3mL，混合）滴加于自然干燥的抹片上，在温暖处染色10min后，水洗，干燥、镜检。结果，菌体及鞭毛均呈红色。

（4）申云生染色法　取24h的斜面培养试管内的凝集水0.5mL，加蒸馏水3mL，摇匀，离心沉淀5min，弃上清液。重复两次后，加生理盐水3mL制成悬液，加10%甲醛液2mL，置37℃温箱培养2h，取其液滴于玻片上，并略侧动玻片，使菌液成薄膜，自然干燥后，再滴加染色液（20%鞣酸水溶液2mL，20%钾明矾液2mL，1∶20石炭酸饱和液5mL，无水乙醇复红饱和液1.5mL）作用2.5～3min，水洗、干燥、镜检。结果，菌体呈深红色，鞭毛为红色。

7. 芽孢染色法

（1）复红美蓝染色法　将石炭酸复红液滴加于干燥的抹片上，加热出蒸气，染色5min，水洗。再用95%酒精脱色2min，呈淡红色，水洗。再用碱性美蓝液复染1min，水洗，干燥，镜检。结果，菌体呈蓝色，芽孢呈红色。

（2）美勒氏芽孢染色法　用5%铬酸水溶液将干燥抹片处理2～5min，水洗、自然干燥。再滴加石炭酸复红液，加温染色2～3min，冷却，水洗。再以2%盐酸酒精脱色5～10min，水洗，加碱性美蓝溶液复染1～3min，水洗，干燥，镜检。结果，菌体呈蓝色，芽孢为红色。

（3）孔雀绿、沙黄染色法　在干燥抹片上滴加5%孔雀绿水溶液，加温染色0.5～1min，出现蒸汽3～4次，水洗30s。再用5%沙黄水溶液复染30s，水洗、干燥、镜检。结果菌体呈红色，芽孢呈绿色。

8. 异染颗粒染色法

（1）美蓝染色法　将抹片用陈旧美蓝染色液染30s，水洗、干燥、镜检。结果，菌体呈蓝色，异染颗粒为淡红色。

（2）阿伯特染色法　用已制好的染色液（将苯胺蓝0.15g、孔雀绿0.2g，溶于95%乙醇2mL中，加冰醋酸1mL，蒸馏水100mL）染5min，水洗。再用碘溶液染色1min，水洗，干燥、镜检。结果菌体呈绿色，异染颗粒呈黑色。

9. 负染色法　背景着色而菌体不着色的染色方法，称为负染色法。主要用于检查真菌和细菌荚膜。

取被检标本或细菌培养物与生理盐水混合涂于玻片上，然后滴加印度墨汁或碳素墨水1滴，混匀，加盖玻片，镜检。结果，背景为黑色，细菌荚膜呈明显透明圈。

薛飞　编

第六十八章　细菌的生化试验

细菌在生命活动过程中与其他生物一样，进行着各种生物化学反应。这些分解代谢与合成代谢几乎都是依靠各种酶系统来催化完成的，并由此产生各不相同的分解产物和合成产物。利用生物化学方法对细菌在代谢过程中所产生的特征性物质及其变化来鉴别细菌，称为生化反应试验。此类试验的方法很多，特别是细菌分解的各种碳水化合物、蛋白质、氨基酸和生物氧化（呼吸）的酶和产物的测定。兹介绍较为常用的一些生化反应试验方法。

第一节　糖（醇）类代谢试验

一、糖（醇）发酵试验

绝大多数细菌具有分解糖、醇和糖苷的能力，而细菌又各自具有不同的酶系统，所以对糖（醇）的分解能力亦不尽相同。有些细菌能分解某些糖类而产酸产气，有些细菌分解糖类只能产酸不能产气。细菌的发酵类型通常是特定菌群或菌种的特征，因而可以借此进行鉴别。

[方法] 将需要鉴别的细菌纯培养物接种在含指示剂的糖（醇、苷）发酵培养基内，置37℃温箱中培养，待其发酵后，观察培养基中指示剂颜色变化。时间的长短随试验的要求及细菌分解能力而定，由数天至1个月，可按各类细菌鉴定方法所规定的时间进行。

常用的单糖主要有葡萄糖、阿拉伯糖、甘露醇、果糖、木糖及半乳糖等；双糖主要有乳糖、麦芽糖、蔗糖及覃糖等；多糖主要有菊糖、肝糖、糊精、淀粉等；醇类主要有甘露醇、卫矛醇、山梨醇、侧金盏花醇（福寿草醇）、肌醇、甘油等。糖苷主要有水杨苷（水杨素）、七叶苷（马栗苷）、松柏苷等。

[结果] 产酸产气时，可使培养基的酚红指示剂变黄，并可在液体或半固体的倒置小发酵管产生气泡；产酸时只能使指示剂变色；不分解者则无反应。

二、甲基红试验（MR试验）

由于某些细菌能分解葡萄糖产生丙酮酸，丙酮酸又被分解，可产生甲酸、乙酸、琥珀酸、乳酸等，使培养基的pH降至4.5以下，此时加入甲基红指示剂则呈红色为阳性。甲基红变色范围为pH4.4（红色）～6.2（黄色）。如细菌分解葡萄糖少，或产生的酸进一步转化为其他物质（如醇、酮、醛、气体和水等），则培养基的酸度仍在pH6.2以上，在加入甲基红指示剂时呈黄色为阴性。可用于鉴别某些菌属。

[试剂] 甲基红　0.04g　　95%酒精　120mL　　蒸馏水　80mL

[方法] 将细菌接种在葡萄糖蛋白胨水中，在37℃培养3～4d，滴加MR试剂数滴，观察反应结果。

[结果] 呈红色反应为阳性，如大肠埃希菌；呈黄色反应为阴性，如产气荚膜梭菌。

三、V-P（Voges-proskauer，VP）试验

本试验用于检查某些细菌发酵葡萄糖产生中性最终产物乙酰甲基甲醇的能力。某些细菌（如产气荚膜梭菌、大肠埃希菌及阴沟杆菌等）能分解葡萄糖产生丙酮酸，进一步将丙酮酸脱羧，变为乙酰甲基甲醇，在碱性环境中，乙酰甲基甲醇被空气中的氧氧化为二乙酰，二乙酰与培养基内蛋白胨中精氨酸所含的胍基发生反应，生成红色化合物。在培养基中加入少量含胍基化合物（如肌酸或肌酐等）可以加速反应。

介绍以下两种方法：

1. 奥梅拉（O-Meara）法

[试剂] 氢氧化钾　40g　　肌酸（或肌酐）　0.3g　　蒸馏水　100mL

先将氢氧化钾溶于水中，然后再加肌酸或肌酐，溶解后即成。

[方法] 首先将被检菌接种在葡萄糖蛋白胨水中，在37℃培养48h后，再按每2mL培养液滴加上述试剂0.2mL，并在48～50℃水浴中加热2h或37℃中4h，充分摇匀，观察结果。

[结果] 呈红色反应为阳性。

2. 贝立脱（Barritt）**法**

[试剂] 分甲乙两液。甲液为60g/L α-萘酚酒精溶液；乙液为400g/L氢氧化钾溶液。

[方法] 先将被检菌接种于葡萄糖蛋白胨水中，经37℃培养4d。再按每2mL培养液中加入甲液1mL，乙液0.4mL，充分摇动试管，观察结果。

[结果] 立即或于数分钟内出现红色反应者为阳性；若为阴性反应，可将试管置37℃中4h后再观察结果。本法较O-Meara法敏感。

产气荚膜梭菌为阳性，大肠埃希菌为阴性。

四、石蕊牛乳试验

牛乳中含有大量乳糖和酪蛋白，一般细菌均可在其中生长。各种细菌对这些物质的分解能力不同，反应也不一，如产气荚膜梭菌，对牛乳具有强烈发酵反应，产酸、产气、凝固、胨化几乎同时发生，所产生的气体，可将培养基表层的凡士林冲至管口，牛乳可被全部胨化变清，这种现象被称为“汹涌发酵”，是该菌所特有。有的细菌不发酵乳糖，分解含氮物质，生成氨及胺，使培养基变为碱性，石蕊指示剂变为蓝紫色。

[方法] 将被检细菌接种于石蕊牛乳培养基中，置37℃温箱中培养1～7d，观察结果。

[结果]

（1）产酸、凝固，培养基变黄。细菌分解乳糖产酸时，培养基则由紫变黄。如产酸量多，还可使干酪素凝固，如大肠埃希菌。

（2）产碱、凝固，培养基变成深紫色。产生蛋白酶时可将干酪素分解产生胺或氨，培养基变成深紫色，如马流产沙门菌。如果细菌产生凝乳酶时，可将干酪素凝固，此时培养基凝固，但仍为紫色，如炭疽杆菌。

（3）胨化：有的细菌如炭疽杆菌及肉毒梭菌，产生的蛋白酶可将凝固的干酪素继续分解成水溶性蛋白胨，使牛乳培养基变成透明的水状，称为胨化。

五、淀粉水解试验

有些细菌能产生淀粉水解酶，可分解培养基中的淀粉，如向培养基中滴加碘液，位于菌落周围的淀

粉被水解，不起碘反应，而呈现一个白色透明环。未被水解的部分，由于发生碘反应则呈蓝紫色。

［方法］将被检细菌划线接种于含 1%淀粉血清琼脂平板上，经 37℃24～48h 培养后，在菌落上滴革兰碘液，数分钟后弃去碘液，观察结果。

［结果］呈蓝紫色者为阴性，说明淀粉未被分解，如大肠埃希菌等；如果菌落周围呈白色透明区为阳性，说明该菌产生淀粉酶，淀粉已被水解，如马铃薯杆菌等。

六、甘油品红试验

甘油经酵解作用生成丙酮酸，进一步脱羧生成乙醛，可与无色的品红生成醌式化合物，为深紫红色。

［方法］取琼脂培养物接种于甘油品红肉汤中，置 37℃培养，观察 8d，同时用未接种的同样培养基于同一条件下作为阴性对照。

［结果］＋＋：紫色；＋：紫红色；与对照管色颜色一致（阴性）。

七、七叶苷水解试验

有些细菌（如粪链球菌）可水解七叶苷，生成葡萄糖和七叶素（为一种珊瑚状白色结晶）。七叶素可与培养基中的枸橼酸铁试剂的二价铁离子起反应生成黑色的化合沉淀物，使培养基变黑。

［方法］将试验菌接种于七叶苷琼脂斜面上，经 37℃培养 18～24h 后观察结果。

［结果］培养基变黑色者为阳性。

第二节 氨基酸和蛋白质代谢试验

一、靛基质（吲哚）试验

本试验检查细菌裂解色氨酸形成靛基质的能力。某些细菌（如大肠埃希菌、变形杆菌等）能够分解培养基内蛋白胨中的色氨酸，生成靛基质，若再与二甲基苯甲醛作用后，形成玫瑰靛基质而呈红色。

［试剂］对二甲基氨基苯甲醛 1g 95%酒精 95mL 浓盐酸 50mL

先将对二甲基氨基苯甲醛溶于酒精中，再徐徐加入浓盐酸即成。如果酒精用丁醇或戊醇代替则更好。

［方法］将被检细菌接种于童汉氏蛋白胨水中，置 37℃培养 2～3d，沿试管壁滴加上述试剂 1mL 于培养基液面上，即可观察。

［结果］阳性者在培养物与试剂的接触处产生红色环状物，如大肠埃希菌等；阴性者培养物仍为淡黄色，如沙门菌等。

二、霍乱红试验

有些细菌能还原培养基中的硝酸盐为亚硝酸盐，并能分解培养基中的色氨酸产生靛基质，故在培养基中加入硫酸后能形成亚硝酸靛基质而呈红色。

［试剂］浓硫酸

［方法］试验菌接种到碱性蛋白胨水中，37℃培养 24～48h 后，加入浓硫酸 1 滴或数滴，可立即观察结果。

［**结果**］呈红色或紫红色为阳性，如霍乱弧菌。

三、硫化氢试验

某些细菌能分解蛋白质中的含硫氨基酸如半胱氨酸等，生成硫化氢，如遇培养基中的铅盐或铁盐，则形成黑色的硫化铅或硫化铁沉淀物。通过酶的作用由含硫氨基酸产生一种肉眼可见的黑色反应，以测定是否释放硫化氢。

［**方法**］将细菌以穿刺法接种于醋酸铅琼脂培养基中，置37℃中培养18～24h，观察结果。

［**结果**］培养基变黑为阳性，如普通变形杆菌等。不产生黑色为阴性，如大肠埃希菌等。

本试验也可用浸渍醋酸铅的滤纸条进行。将滤纸条夹在已接种细菌的试管壁与棉塞间，若细菌产生硫化氢，则滤纸条呈棕黑色为阳性。

四、尿素酶试验

本试验是检查细菌通过尿素酶分解尿素并产生氨的能力。有些细菌能产生尿素酶并分解尿素形成氨，使培养基呈碱性，使酚红指示剂变为红色。主要用于鉴别尿素酶阳性的变形杆菌与其他肠杆菌科细菌。

［**方法**］将试验细菌接种到尿素固体斜面培养基中，或接种到尿素液体培养中，37℃培养4～18h观察结果。

［**结果**］培养基呈粉红色者为阳性，如普通变形杆菌；培养基不变色为阴性，如沙门菌。

五、脱羧酶试验

用于细菌脱羧酶试验。基础液中含蛋白胨、酵母浸粉、葡萄糖，以溴甲酚紫为指示剂。将基础液分为4份，其中3份分别加入0.5%的赖氨酸、鸟氨酸和精氨酸，另一份基础液为对照。接种待检菌置35℃培养24～48h。由于细菌发酵葡萄糖产酸，在培养初期培养基应为黄色，继续培养时，若氨基酸经脱羧或水解产生胺类培养基变碱，呈紫色或紫红色，即为阳性；如至培养末期培养基如同对照管均呈黄色则判为阴性。

六、脱氨试验

脱氨试验的底物为L-苯丙氨酸，有脱氨酶的细菌使之脱氨形成苯丙酮酸。用10%氯化铁4～5滴流过培养细菌的斜面培养基，若有苯丙酮酸形成，则呈绿色为阳性。

七、明胶液化试验

有些细菌具有胶原酶，能分解明胶原，使明胶失去凝固力，呈液体状态。用于检查细菌产生液化明胶的类蛋白水解酶能力。

［**方法**］将试验细菌纯培养物穿刺接种于明胶培养基中，20℃培养5～7d，每天观察结果。有些液化明胶缓慢的细菌，需培养30d。

有的细菌在20℃不易生长，可放37℃温箱中培养。但在37℃条件下明胶往往呈液体状态，需要将培养物置4℃冰箱中30min后观察结果。

［**结果**］培养基液化，不再凝固时为阳性，如炭疽杆菌、肉毒梭菌等。明胶不液化者为阴性，如布

鲁菌、巴氏杆菌等。

八、凝固血清液化试验

有些细菌产生一种胞外蛋白酶，可液化凝固血清。

［方法］将试验菌接种于吕氏血清斜面上，37℃培养数日，观察结果。

［结果］凝固血清发生液化为阳性。

九、肉渣消化试验

肉渣消化试验是测定细菌对蛋白质的另一种分解能力，如肉毒梭菌等在生长过程中可将肉渣消化，使庖肉培养基呈黑色烂泥状，这一现象有助于和其他梭菌的鉴别。

［方法］将被检细菌接种于庖肉培养基内，置37℃培养数日，观察培养管内肉渣有无变化。

［结果］肉渣被消化呈黑色烂泥状为阳性。

第三节　有机酸盐和铵盐利用试验

一、枸橼酸盐利用试验

枸橼酸盐培养基是一种综合性培养基，其中的枸橼酸钠为碳的唯一来源，磷酸二氢铵为氮的唯一来源。有的细菌（如产气荚膜梭菌等）可利用枸橼酸盐作碳源，能在此培养基上生长，并能分解枸橼酸盐，最后产生碳酸盐使培养基变为碱性。另外此种培养基中的溴麝香草酚蓝由绿色变为深蓝色，表示枸橼酸盐利用试验阳性；若细菌不能利用枸橼酸盐作为碳源，表示枸橼酸盐利用试验阴性。

［方法］将细菌接种于西氏枸橼酸盐培养基上，经37℃培养24h后，观察结果。

［结果］培养基变深蓝色为阳性，如产气荚膜梭菌；阴性者不生长，培养基仍为原来颜色。

二、马尿酸钠水解试验

一些B群溶血性链球菌具有马尿酸水解酶，可使马尿酸水解为苯甲酸及乙氨酸，苯甲酸与氯化高铁试剂相结合，形成有色苯甲酸铁沉淀。通过马尿酸盐水解酶的作用，测定细菌酶促水解马尿酸钠为苯甲酸和甘氨酸的能力，并测定酶的活性。

［试剂］氯化铁（$FeCl_3 \cdot 6H_2O$）　12g　　2%盐酸　　100mL

［方法］将试验菌接种于马尿酸钠培养基中，置37℃培养48h，离心沉淀，吸收上清液0.8mL，加入氯化高铁试剂0.2mL，立即混匀，经10～15min，观察结果。

［结果］振荡10min后仍保持恒久沉淀物为阳性；振荡后沉淀物溶解为阴性。

三、缩苹果酸盐利用试验

缩苹果酸盐培养基中的缩苹果酸钠为碳的唯一来源，硫酸铵为氮的唯一来源。有的细菌可利用培养基中的缩苹果酸盐作为碳源而生长，使该培养基呈碱性反应。此时培养基中的指示剂溴麝香草酚蓝则由绿色变为深蓝色。但有些细菌不能利用缩苹果酸盐为碳源，在此培养基上不能生长，故培养基的颜色无变化。

［方法］将试验菌接种于缩苹果酸盐培养基中，37℃培养 48h，观察结果。

［结果］如果培养基由绿色变为深蓝色为阳性，如亚利桑那杆菌。若培养基颜色仍是绿色，为阴性，如大肠埃希菌、沙门菌等。

四、醋酸盐利用试验

当细菌利用铵盐作为氮源，同时又利用醋酸盐作为碳源时，可在醋酸盐培养基上生长。细菌生长时，生成碳酸钠，使培养基变碱。

［方法］将试验菌制成盐水悬液接种于醋酸盐培养基斜面上，经 37℃培养 7d，每天观察结果 1 次。

［结果］阳性菌在斜面上有菌落生长（如大肠埃希菌），培养基由绿色变为蓝色。

五、克氏枸橼酸盐试验

当有少量的葡萄糖和半胱氨酸存在时，大肠埃希菌常能分解枸橼酸盐而产碱。

［方法］将细菌接种于克氏枸橼酸盐培养基斜面上，经 37℃培养 7d，观察结果。

［结果］阳性者产碱，培养基变为红色。

第四节　呼吸酶类试验

一、氧化酶试验

氧化酶又称细胞色素氧化酶，是细胞色素呼吸酶系统的终末呼吸酶。在进行试验时，此酶不直接与氧化酶试剂起反应，而是先使细胞色素 C 氧化，生成氧化型细胞色素 C，再使试剂——四甲基对苯二胺氧化，产生颜色反应，以证明细菌氧化酶的存在。因而本试验的结果又与细胞色素 C 的存在有关。主要用于鉴别假单胞菌科与氧化酶阴性的肠杆菌科细菌。

［试剂］将配好的 1%盐酸四甲基对苯二胺溶液或 1%盐酸二甲基对苯二胺（又名盐酸对二甲氨基苯胺或盐酸对氨基二甲苯胺）溶液放入棕色玻璃瓶内，盖好塞，置 4℃冰箱可保存 2 周。

［方法］取白色洁净滤纸一角，沾取少量被检菌，加试剂 1 滴，阳性菌立刻呈粉红色，并于 5～10s 内呈深紫色反应。也可用毛细管吸取试剂，直接滴加于菌落上。

［结果］阳性菌落立即呈粉红色，然后变为深红色，并在 10～30s 内变为紫黑色。

［注意事项］

（1）试验时应避免含铁物质，遇铁时会出现假阳性反应。

（2）试剂应新鲜，空气中易氧化。如变成深蓝色时，不可使用，最好现用现配。

二、触酶试验

在呼吸链中，黄酶系统的呼吸酶能把氢交给分子氧而生成过氧化氢，这种过氧化氢对活细胞有毒，有些细菌具有触酶（即过氧化氢酶）能催化过氧化氢放出新生态氧，形成氧分子而出现气泡。

［试剂］3%过氧化氢溶液，现用现配。

［方法］取 3%过氧化氢 0.5mL，滴到不含血液的琼脂培养物上，或加入不含血的肉汤培养物中，立即观察结果。也可挑取培养基上的一接种环菌落，置于洁净玻片上，再滴加 3%过氧化氢一大滴，立即观察结果。

［结果］在 30s 内产生大量气泡者为阳性，如葡萄球菌。不产生气泡者为阴性。

三、过氧化物酶试验

过氧化物酶的作用是将过氧化氢中的氧转移给可被氧化的物质。反应如下：

$$RH_2 + H_2O_2 \xrightarrow{\text{过氧化物酶}} R + 2H_2O$$

在试验时，若以联苯胺作为被氧化的物质，试验菌如有过氧化物酶存在时，在加入过氧化氢后可使苯胺氧化成为蓝色。

[试剂] 包括1%盐酸联苯胺溶液（盐酸联苯胺5g溶解于30mL冰醋酸中）和3%过氧化氢溶液。

[方法] 将盐酸联苯胺溶液与过氧化氢溶液等量混合后，滴在菌落上，立即观察结果。

[结果] 阳性者于2min内即可呈现蓝色。

四、氯化三苯基四氮唑试验（TTC试验）

尿液中的部分细菌可还原无色可溶性的氯化三苯四氮唑成红色的三苯甲替。

[试剂]

（1）*贮存液* ①用无菌蒸馏水配制 Na_2HPO_4 饱和液。②取三氯化苯四氮唑（TTC）775mg，溶于100mL Na_2HPO_4 饱和液中，混匀后，置暗处，可保存2～3个月。

（2）*应用液* 取贮存液4mL，加 Na_2HPO_4 饱和液至100mL，置暗处可使用2～4周。

[方法] 无菌吸取清洁中段的尿2mL放于试管中。加TTC试剂应用液0.5mL。混匀后，置37℃培养8h后观察。

[结果] 出现红色者为阳性，淡红色者为弱阳性，不变色者为阴性。

五、硝酸盐还原试验

本试验检查细菌将硝酸盐还原为亚硝酸盐的能力。有些细菌能将培养基中的硝酸盐还原为亚硝酸盐，亚硝酸盐与对位氨基苯磺起作用后，再与α-萘胺反应，生成可见的橙黄色偶氮化合物。主要用于嗜血杆菌和肠杆菌科细菌。

[试剂] 可分为A液和B液。

A液：氨基苯磺酸0.5g，5mol/L醋酸100mL。

B液：α-萘胺0.8g，5mol/L醋酸100mL。

[方法] 将被检细菌接种于硝酸钠蛋白胨培养基内，培养4～6d后，加A液0.2mL，B液0.2mL，观察反应结果。

[结果] 阳性者呈橙黄色，阴性者不变色。须设一支未培养细菌的对照管，在对照管阴性时，才能对试验结果作出判定。

第五节 毒性酶类试验

一、脂酶试验

细菌的脂酶能使脂肪分解为游离的脂肪酸。加入培养基中的维克多利亚蓝可与脂肪结合为无色化合物，如果脂肪分解，则维克多利亚蓝释出，呈现深蓝色。

[方法] 将试验菌的琼脂培养物接种于脂酶培养基上，置37℃中培养24h，观察结果。

［结果］若细菌具有脂酶，可使培养基变为深蓝色，否则呈粉红色。

二、卵黄沉淀试验

本试验是测定产气荚膜梭菌的卵磷脂酶（α 毒素）。在卵黄中含有可溶性磷脂蛋白复合物时，经产气荚膜梭菌的卵磷脂酶作用后，可分解为磷脂类及蛋白质类的沉淀物。

［方法］吸取 20％卵黄盐水悬液 0.4mL，放入小试管中，再加入 0.2mL 被检细菌培养液体，充分摇匀后，置 37℃温箱中，间隔 2、4、8、24h 进行观察。

［结果］若试验管出现混浊沉淀现象，对照管无混浊沉淀时可判定为阳性。

三、DNA 酶试验

某些革兰阳性菌（如葡萄球菌、链球菌、芽孢杆菌）均能产生细胞外 DNA 酶，可使培养基中的 DNA 长链水解，成为由几个单核苷酸组成的寡核苷酸链。

［方法］以琼脂培养物作点状接种于 DNA 琼脂平板上，置 37℃培养 24～48h。用 1ml/L 的 HCl 覆盖平板。

［结果］阳性者在接种部位的周围出现透明环。

四、溶血试验

某些细菌在代谢过程中可产生溶血素，致使人或动物的红细胞溶解，借此来鉴别细菌。

［方法］

（1）*平板法*　将试验菌接种到血液琼脂平板培养基上，经 37℃培养 24h 后，观察结果。

（2）*试管法*　用试验菌 16～18h 培养物，加等量的经生理盐水洗涤 3 次的 2％羊红细胞悬液，混合后，置 37℃水浴中 30min，观察结果。同时还应取同批未接种的肉汤与同批羊红细胞悬液混合，作为对照管，也置 37℃水浴 30min，观察结果。

［结果］

（1）*平板法*　若菌落周围出现溶血环（完全溶血），或出现草绿色溶血环（不完全溶血）为阳性。若菌落周围无溶血现象为阴性。

（2）*试管法*　在对照管完全不溶血的情况下，而试管出现溶血者为阳性。

五、链激酶试验

A 族链球菌可产生链激酶（又称溶纤维蛋白酶），能激活血浆蛋白酶原，使之变为活动性的血浆蛋白酶，可溶解血块或阻止血浆凝固。

［方法］取健康人血浆 0.2mL，加入盛有 0.8mL 生理盐水的试管中，再加入试验细菌 18～24h 肉汤培养物 0.5mL，混合后，再加入 0.25％氯化钙水溶液 0.25mL，置于 37℃水浴中，10min 内血浆即先凝固，之后开始溶解。溶解的时间与链激酶含量有关，链激酶含量越多，溶化所需时间越短。一般在 20min 内，凝固的血浆完全溶解，若无变化应在水浴中持续 2h、24h 后再观察。

［结果］凝块全部溶解为阳性，强烈者 15min 可全部溶解。若 24h 后不溶解的为阴性。

六、血浆凝固酶试验

本试验专门用于葡萄球菌属细菌病原性的鉴别。

病原性葡萄球菌能产生血浆凝固酶，使血浆中的纤维蛋白原变为不溶性纤维蛋白，附于细菌表面，生成凝块，因而具有抗吞噬作用。凝固酶试验是判定葡萄球菌有无致病力的方法之一。凝固酶阳性通常作为毒力或致病性的指征。

[方法]

（1）玻片法　取未稀释的血浆和盐水各 1 滴，分别放在清洁的玻片上，挑取试验菌，分别与盐水及血浆混合，立即观察结果。

（2）试管法　取 3 支小试管，每管加 1∶4 稀释的兔血浆或人血浆 0.5mL。其中一支加试验细菌的生理盐水悬液或肉汤培养基 0.5mL 作阳性对照。再一支加生理盐水或肉汤培养基 0.5mL 作阴性对照。放置在 37℃水浴箱中每间隔 30min 观察一次，3～4h 观察结果。

[结果]

（1）玻片法　血浆中出现明显的凝固颗粒，而生理盐水中无自然凝集现象者为阳性。如果超过 2min 出现凝块者，一般认为是非致病菌。

（2）试管法　在 3h 内如果阳性对照管和试验管都使血浆凝固，而阴性对照管不凝固者为阳性。多数致病菌株在 0.5～1h 内出现凝固，也有少许菌株凝固力弱，在 24h 后开始出现凝固。

第六节　抑菌试验

一、氰化钾抑菌试验

本试验检查细菌在含氰化钾培养基中生长和繁殖的能力。氰化钾能抑制某些细菌的氧化酶或其辅基系统，从而使细菌生长受到抑制。主要用于属间鉴别。

[方法] 将试验菌 24h 培养液适量接种于氰化钾培养基内，经 37℃培养 24～48h 取出观察结果。

[结果] 阳性者，细菌不生长，使培养基变深，表示细菌生长被抑制，如大肠埃希菌；阴性者生长，如克雷伯菌-肠杆菌群。

二、染料抑菌试验

染料具有明显的抑菌作用。细菌通常带负电荷，故均使用带阳电荷的碱性染料作抑菌剂。但染料对细菌的抑制作用是有选择性的，由于细菌的种类不同所表现的结果也不一致。因此，用一定浓度的染料做抑菌试验可以鉴别不同的细菌。其中苯胺类染料抑菌试验是鉴别布鲁菌菌型的一种有效方法。

[方法] 先将试验菌株和标准菌株（布鲁菌 3 个型）分别接种于琼脂斜面上，经 37℃48h 培养后用无菌盐水洗下，稀释成每毫升含 10 亿个菌。然后用直径 2mm 的接种环取菌液一环，接种于染料抑菌试验用的硫堇和碱性复红半固体琼脂的表层以下，每一株菌应接种 2 份，分别置普通环境和二氧化碳环境培养，并于 2、4、6d 后观察结果。

[结果] 布鲁菌开始仅在培养基表面的下层有模糊不清的生长，继而浮于琼脂表面，甚至形成菌膜。

三、乙基氢化羟基奎宁敏感性试验

乙基氢化羟基奎宁（optochin）对于肺炎球菌的抑菌可能是干扰其叶酸的生物合成，但由于本药有强烈的毒性仅可用于临床细菌学诊断。这种试验对肺炎链球菌敏感，对其他链球菌则不敏感。肺炎链球菌的各个血清型对 optochin 的敏感性无差异。

[方法] 将试验菌划线接种于血琼脂平板上，放置一张浸有 10μg（或 1∶4 000 水溶液 0.82mL）的 Optochin 灭菌滤纸片（纸片直径为 6mm），37℃培养 18～24h 后取出观察结果。

[结果] 阳性者抑菌直径为 18mm 以上；阴性者无抑菌圈，或者抑菌圈在 18mm 以下。

第七节　其他试验

一、美蓝还原试验

本试验用美蓝作为指示剂，以测定细菌脱氢酶的活力。以美蓝作为受体，当有脱氢酶存在时能使美蓝还原呈无色的还原型美蓝。有些细菌则无这种能力，仍为蓝色。

[方法] 将细菌接种到美蓝牛乳培养基中，置 37℃温箱培养 24～48h，观察结果。

[结果] 培养基由蓝变为无色时，表明美蓝已被细菌脱氢酶还原，如多杀性巴氏杆菌；若仍为蓝色时，表明细菌不能还原美蓝，如马腺疫链球菌。

二、中性红试验

致病性结核分枝杆菌有一种特有的细胞化学性质，将其菌落用 50%甲醇加温处理后，再加入新配制的碱性缓冲液和中性红溶液能呈现粉红色或红色。

[试剂] 碱性缓冲液（5%氯化钠，1%巴比妥钠）　50%甲醇溶液　0.05%中性红溶液

[方法] 取可疑菌落数个置盛有 50%甲醇 5mL 的小试管内，经 37℃作用 1h 后弃去上清液。然后再加入盛有 50%甲醇 5mL 的小试管内，经 37℃作用 1h 后再弃去上清液。最后加入新配制的碱性缓冲液（5mL）及 0.05%中性红溶液 0.2mL 中，置 37℃水浴中 1h，每隔 15min 取出摇动一次观察结果。

[结果] 如于黄色的缓冲液中菌落呈粉红或红色者为阳性反应，证明是致病菌株。若菌落呈黄白色或不变者为非致病或无毒菌株。

三、胆汁（胆盐）溶菌试验

本试验以在特定时间和温度条件下测定胆汁溶解细菌的能力。肺炎球菌与 α-链球菌的菌落形态很相似，难以鉴别，但胆汁或胆盐能溶解肺炎球菌，而不能溶解 α-链球菌。胆汁或胆盐所以能溶解肺炎球菌，一般认为是肺炎球菌具有自体溶解酶，胆汁或胆盐可促使自体溶解酶产生自溶现象。

[方法]

（1）试管法　取小试管 2 支，各加试验菌 18～24h 培养物 0.9mL（或 0.8mL）。一支加 10%去氧胆酸钠溶液 0.1mL（或纯牛胆汁 0.2mL），另一支加生理盐水 0.1mL 做对照。摇匀，置 37℃水浴箱中 10～15min 观察结果。

（2）平板法　取 10%去氧胆酸钠溶液适量，滴于试验菌的菌落上，置 37℃温箱 30min 后观察结果。

[结果]

（1）试管法　加胆盐（或牛胆汁）管培养物变透明为阳性，表明细菌被溶解，如肺炎球菌。而对照管仍混浊者为阴性，如 α-链球菌或其他细菌。

（2）平板法　菌落消失为阳性。

[注意事项]

（1）去氧胆酸钠溶液在酸性环境下容易发生沉淀，故作试验时应先矫正 pH 为弱碱性后，再进行

试验。

（2）牛胆汁溶液作用比胆盐差，故时间要长些，并不适于平板法试验。

（3）胆盐（或胆汁）只促使活菌自溶，对死菌则无作用。

四、嗜盐性试验

肠道杆菌在3%氯化钠浓度的培养基上不生长或生长发育不好，但可在无盐培养基上生长。致病性嗜盐菌在3%～6%氯化钠的高盐培养基上生长良好，但不能在无盐培养基上生长。也有少数细菌如葡萄球菌、绿脓杆菌、变形杆菌、鼠疫杆菌等，有耐盐性，在无盐或高盐培养基中均能生长。

［**方法**］取试验菌分别接种1支无盐葡萄糖蛋白胨水和一支5%～6%氯化钠葡萄糖蛋白胨水中，37℃培养6～12h观察生长情况。

［**结果**］按表68-1判定结果。

表68-1 嗜盐性试验结果判定

生长情况 无盐葡萄糖蛋白胨水	5%～6%氯化钠葡萄糖蛋白胨水	判定结果
－	＋＋＋	嗜盐菌
＋＋＋	－	非嗜盐菌
＋＋	＋＋	耐盐菌

注："－"为不生长，"＋＋、＋＋＋"为生长程度。

薛飞 编

第六十九章　细菌计数技术

细菌计数技术是在细菌试验研究中，对其样品中含菌数量的测定技术。特别是在研制菌苗或抗原时要求菌数含量很严格，如果达不到要求的菌数，将会影响菌苗和抗原的效果。菌数的测定与环境保护、食品卫生关系重大，如对空气、水和食品中含菌量的测量，均要求定期深入作好检测，以保障人民健康。另外，研究菌量与致病力、毒力关系是研究流行病学和发病关系不可缺少的手段，因此细菌计数技术是研究细菌的基础技术之一。

细菌计数方法，可分为两类：一是物理法，常用于总菌数的计数，如显微镜直接计数法、麦氏比浊管法、标准比浊管法；另一种是生物学法，常用于活菌计数，如平板培养计数法、似数测定法及还原计数法等。

第一节　总菌数的计数技术

一、显微镜直接计数法

这种方法是利用血细胞计数器在显微镜下直接计数。将经稀释的菌悬液滴入血细胞计数器的计数室中，然后在显微镜下逐格计数。最后根据在显微镜下观察到的菌数来计算单位体积内的细菌总数。

［器材］ 显微镜、白细胞计数器、盖玻片、菌液。在此仅对血细胞计数器作一介绍。

血细胞计数器（图 69-1）由两条平行槽构成三个平台，中间的平台较宽，此平台中间又被一短槽隔成两半，每边平台上面各刻有一个方格网，每个方格网共分 9 个大格，中央大格即为此计数器的计数室。计数室的边长为 1mm，中间平台下陷 0.1mm，盖上玻片后计数室的容积为 0.1mm³。

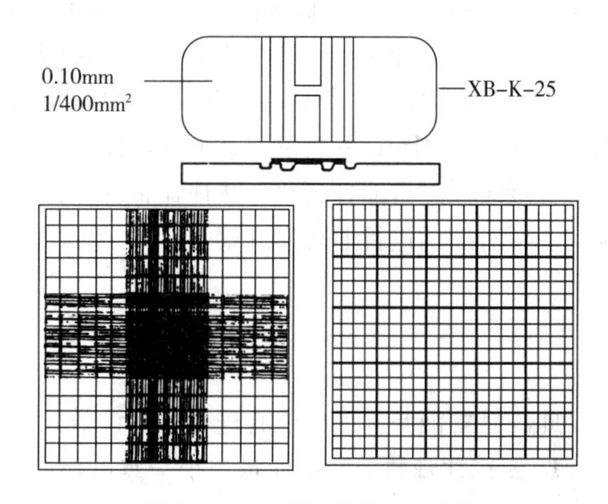

图 69-1　血细胞计数器的构造

常用血细胞计数器的计数室有两种规格，一种是一个大方格分成 16 个中方格，而两个中方格又分成 25 个小方格；另一种是一个大方格分成 25 个中方格，每个中方格又分成 16 个小方格。不管是哪种规格，其计数的小格数相同，即由 400 个小方格组成。计数时，通常只计一个中格内的菌数，求得平均数，再乘上 16 或 25 就得到一大方格中的总菌数，然后再换算成 1mL 菌液中的总菌数。下面以一个大方格分为 25 个中方格的血细胞计数器为例进行计算：

假设 5 个中方格的总菌数是 50，均数则是 10，故一个大方格中的总菌数（即 0.1mm³ 中的总菌数）为 10×25。1mL＝1cm³＝1 000mm³，所以 1mL 中的总菌数＝10×25×10×1 000＝25×10⁵，再将此数乘上被计数菌液的稀释倍数，即为该样品的每毫升总菌数。

［方法］先将菌液进行灭菌处理，加入1%甲醛液，充分振荡，使细菌灭活，并使菌体分散成单个菌。视菌液的浓度做适当稀释。可向菌液中加入少量1%美蓝酒精液，使细菌着色以利观察。

(1) 加样　取清洁干燥的血细胞计数器盖上盖玻片，用无菌滴管由盖玻片边缘滴一小滴被测菌液，即可自行渗入，注意不可有气泡产生。

(2) 显微镜计数　静置5min后镜检，将血细胞计数器置于显微镜载物台上，先用低倍镜找到计数器上的大方格网位置。然后顺着大方格线，并移动计数器，使计数室位于视野中间。然后转至高倍镜，适当调节亮度，使菌体计数室线均清晰为止。然后将计数室一角的中格移至视野中。通常以计5个中格的菌数来代表计数室中的含菌量。将凡要计数的中格中的菌体逐一计数，为了避免重复计数或遗漏，可将分布在方格线上的菌体，均按接触方格底线和右侧线上的菌体作为计入本格内的菌数，以减少人为计数误差。一般样品稀释度要求每小格约有5～10个菌体。计数需要重复两次，若两次数据相差太大，再重复计数。

(3) 清洗　计数完毕，计数器先用95%酒精轻轻擦洗，再用蒸馏水淋洗，然后吸干，最后用擦镜纸揩干净。若计数的样品是病原微生物，需先浸泡在5%石炭酸溶液中进行消毒，然后再进行冲洗。

二、直接涂片计数法

本法是以一定量的菌液制成一定面积的涂片，染色后放在已知视野面积油镜下，直接计数每个视野的平均数，从而推算一定量菌液的含菌数。

［方法］

(1) 显微镜油镜视野面积的测定　先将黑色硬纸片中央用利刀切成大小约3mm×3mm的小四方形空洞，也可按具体情况大些或小些，或切成圆形。然后把此硬纸圆片放入目镜的中隔上（如放置接目测微尺一样）。目镜按正常使用情况安放回镜筒内。这样视野可相应缩小，便于计算菌数。将一个接物测微尺放在油镜下观察，以其刻度测量视野的长、宽或直径，然后计算出视野的面积，再将此数值除$1cm^2$而得出比值。

(2) 涂片的制作　以灭菌的微量吸管吸取充分混合的被测菌液0.01mL，滴加于清洁的划有$1cm^2$方格的载玻片上，滴液要恰好在方格中，不可外流。然后用无菌针头将方格内的菌液均匀地涂布于整个$1cm^2$的面积上。将玻片标本固定，以碱性美蓝染色5min，水洗、干燥后，即可镜检。

(3) 镜检和计数　将涂片置于已测知视野面积的油镜下观察。检查10～50个视野（按菌数多少决定），计算每一视野中所见的细菌，并算出平均数，以此平均数乘视野与$1cm^2$的比值，即得出$1cm^2$面积中的亦即0.01mL菌液中的总菌数，以此数乘100，所得数值就是1mL样品中的含菌数。

直接涂片测得的含菌数，往往比稀释倾注平皿计数法得出的约大4倍左右。另外，在计算菌数的同时，还可对细菌进行形态学观察。

三、比浊计数法

此法是菌液与标准比浊管进行比浊计数，能概略计算出每毫升菌液中的菌数。

1. 麦氏比浊管法　取质量大小一致的试管10支，分别加入1%纯氯化钡液0.1、0.2、0.3、0.4、0.5、0.6、0.7、0.8、0.9、1.0mL，再于各管中添加1%纯硫酸液，使各管中的液体总量均为10mL，即生成不同量的硫酸钡，然后用火焰将管口封闭或用胶塞塞紧，并在管上标出1、2、3……10字样，各管浊度相当每毫升菌数见表69-1。

2. 标准比浊管法　本法是由一支细菌比浊标准管及若干支同一批号的空管组成，其标准管内容物具有适宜浊度的玻璃粉悬液。可用目测法测定每毫升细菌盐水悬液中含有的菌数。使用方法如下：

表 69 - 1　麦氏比浊管配制法及相当的菌数

试管号	1	2	3	4	5	6	7	8	9	10
1%氯化钡溶液（mL）	0.1	0.2	0.3	0.4	0.5	0.6	0.7	0.8	0.9	1.0
1%硫酸液（mL）	9.9	9.8	9.7	9.6	9.5	9.4	9.3	9.2	9.1	9.0
相当每毫升菌数（亿）	3.0	6.0	9.0	12.0	15.0	18.0	21.0	24.0	27.0	30.0

（1）使用前，标准管及样品管需洁净，标准管应充分摇匀，并检查管壁上的批号是否一致。

（2）如待测菌较浓时，要先稀释，然后将待测样品定量加入样品管内。

（3）比浊时，把标准管和样品管并列，紧贴于比浊用的图片上。置于光线明亮处，并使两管所受光照的亮度一致，然后透过两管管壁对比观察目测图片上的图形清晰程度，并将两管左右换位，反复对比。如果待测菌液管较标准管为浓时，应在待测菌液管中加入适当量的生理盐水调整。经反复比浊，直至两管的图形清晰程度相等后为止，然后计算样品中所含的菌数。

（4）试验完毕，用水清洗样品管，并以绸布擦干备用，如系用活菌比浊，应将有活菌的样品管用适宜方法杀菌，随后及时清洗，以免玻璃变质。

（5）若发现标准浊度有变化或样品管透明度降低则不能继续使用。

（6）标准管和样品管不得在仪器上直接对比。

（7）标准比浊管的有效期为 1 年，应逐年更换。

第二节　活菌计数法

本法又称菌落总数测定。是先将待测样品作精确系列稀释，然后再吸取一定量的某稀释度的菌液样品，用不同方法进行培养，从长出的菌落数及其稀释倍数换算出样品的活菌数，通常用菌落形成单位（CFU）表示。

一、倾注平板培养法

按标本中菌数的多少，用普通肉汤或生理盐水将标本作 10^{-1}、10^{-2}、10^{-3}、10^{-4}……十进位稀释，在稀释过程中分别取其 1mL 加入无菌平皿中，再取预先加热、融化好并冷至 50℃左右的琼脂培养基分别倾入上述平皿中，立即摇匀，放平面上待其充分凝固，置 37℃温箱中培养，统计平皿上生长的菌落数，乘以稀释倍数，即为每毫升标本中所含的活菌数。

二、平板表面涂布法

将普通琼脂平板在用前置 37℃温箱中开盖烘干 1h，使其表面水分蒸发。菌液（或标本）的稀释法与倾注平板培养法相同。稀释后分别取不同稀释度的菌液 0.1mL 滴加于平板上，并使其均匀散开，或用弯曲的玻璃棒涂布均匀，然后置 37℃温箱开盖烘干 20min 后，闭合皿盖，再培养 24h。统计平皿上生长的菌落数，乘以稀释倍数，再乘 10，即为每毫升标本中含有的活菌数。

三、微量点板计数法

本法使用的平皿培养基的制备、处理及样品液的稀释与平板表面涂布法相同，只是每个稀释度的接种量为 0.02mL，使其自然扩散。在一块平板上可接种 8 个标本，可节省培养基。计算菌落乘以稀释倍数，再乘 50 即可。

四、玻片琼脂薄层法

1. 涂片器的制作 选一定规格的厚壁玻璃管或破旧移液吸管，用砂轮割成长约20cm的管段。将管的一端在煤气灯上加热软化，并用镊子不断对着管口转动，可使管壁不断加厚，管口端不会闭合。将烧红软化的厚壁玻璃管移出火焰，再用镊子将管口端张开成耙状，使耙的宽度约与载玻片宽度大致相等，并且两端能流出培养液。使用前，要在涂片器的末端接上橡胶滴头即可。

2. 玻片琼脂薄层的制备及检测方法

（1）涂片时，左手拿载玻片（已灭菌）的一端（保持水平），右手持涂片器吸取融化温度在60℃左右的培养基2～3mL。将涂片器沿着载玻片至手持端约0.5cm处开始涂片，先慢后快直至玻片的另一端。待涂片凝固后，将其放入指形管中，每只指形管可放两片，并塞上灭菌的橡胶塞。

（2）检测方法：将待测菌液作一系列稀释，用制备好的琼脂玻片浸入稀释的样品中，然后取出用无菌滤纸吸去多余的菌液，放回指形管中，塞紧橡胶瓶塞，放37℃培养24h。观察各种稀释度玻片琼脂薄层上菌落的生长情况，并进行计数。

上述各法在进行菌落计数时，一般选取菌落数在30～300之间的平板可作为菌落总数测定标准。如1个稀释度使用两个平板时，应采用两个平板的平均数，其中1个平板有较大片状菌落生长时，则不宜采用，应以无片状菌落生长的平板作为稀释度的菌落数，若片状菌落不到平板的一半，其余的一半中分布又很均匀，即可以计算半个平板乘2的积代表全板菌落数。

菌落数在100以内时，按其实有数报告；大于100时，采用2位有效数字，在2位有效数后面的数值，按四舍五入法计算。为了缩短数字后面的零数，也可用10的指数来表示。

五、还原试验

1. 美蓝还原试验 细菌在生长繁殖活动中能分泌出还原酶，可使美蓝还原退色。还原反应的速度与存在细菌的数量有关，因此可用以估算样品中菌数的多少。本法常用于鲜乳细菌的测定。

方法是用灭菌吸管吸取10mL被检样品放于灭菌试管中，水浴加热到28～40℃，再用1mL吸管加入1mL美蓝溶液，塞上消毒过的橡胶塞，上下倒转试管几次，使颜料与样品混合均匀，置37℃水浴内，每30min倒转1次。根据颜料褪色的时间，估算样品中细菌的含量。

2. 刃天青试验 刃天青为氧化还原反应的指示剂，加入到正常乳中呈青蓝色，若乳中有细菌活动，则能使刃天青还原，由青蓝色→紫色→红色→白色。因此可根据变色程度和变到一定颜色所需时间推断乳中的细菌概数，进而判定乳的质量。

六、过滤膜技术计数法

本法是通过微孔滤膜过滤测定空气或水、食品卫生中所涉及的某些材料中的细菌数目。将定量的样品通过滤膜后，菌体便被阻留在滤膜上。取下薄膜进行培养，计算其菌落数，即可求出样品的含菌数。微孔滤膜有不同型号，孔径大的滤膜供清朗液体，小的可截留病毒。供细菌用的型号，多用HA型（孔径0.45μm±0.02μm）和PA型（0.30μm±0.02μm）。

［方法］

（1）滤膜法 将微滤膜上下各放一张滤纸装于微孔滤膜器上，高压灭菌后将待测的样品进行过滤，细菌被留在膜上，然后将滤膜以无菌手术取下进行培养、计数。作需氧细菌计数时，可将滤后的滤膜含细菌一面朝上，贴于富有营养的琼脂平板上，再加上0.5mL的液体培养，培养后取出滤膜，置少量脱脂棉的平皿中，以0.01%的美蓝溶液覆盖，使菌落着色比滤膜深，即可计数。如作厌氧菌计算时，可将滤膜的含菌面朝下，贴于琼脂面上，作厌氧培养或在滤膜上覆盖一层同下面一样营养成分的琼脂，上下两层琼脂均含氢硫基乙酸钠为0.5%～1.0%，以形成厌氧环境，培养后取出滤膜计数。

（2）吉亚科诺夫法　用盛有肉汤和玻璃珠的滤过瓶连接抽气泵，以10L/min速度采样。将瓶震荡，使阻在肉汤中的气溶胶完全混合，从而使细菌均匀散布在肉汤中。取肉汤1mL与融化并冷却到45℃的琼脂作倾注培养，置37℃温箱培养48h，计算菌落数。

按下述公式计算

$$每立升菌数=\frac{1\ 000VsN}{Va}$$

Vs＝吸收液体量（mL），Va＝滤过空气量（L），N＝每毫升肉汤中的细菌数。

第三节　细菌生长曲线的测定

将细菌接种到一只具有侧壁试管的三角烧瓶内的培养液中，在适宜的培养温度和良好的通气状态下，定时取出此三角烧瓶，用“721”分光光度计测定菌浓度（光密度值，OD值），并将所得结果与相对应的培养时间绘制出坐标图，就可获得该菌的生长曲线。此测定法的优点是不改变菌液体积并用同一培养容器的正常生长条件下，连续读取OD值，故不但可测出细菌生长曲线，还可比较同一菌株在不同的培养基和培养条件下的生长规律。主要方法如下：

［**菌液培养**］在菌株的斜面培养物上挑取一环菌苔，接种于肉汤培养基中，37℃静止培养12h左右，此菌液即为种子培养液。

［**分装培养液及校正零点**］用无菌移液管吸取25mL培养基加至有侧臂试管的三角烧瓶中。将未接种的培养液倾入其侧臂试管中，并在光电比色计上调节零点。即使光电比色计上的OD值在零点上。

［**接种及零时测定**］用移液吸管吸取2.5mL种子培养液接种瓶中，并充分摇匀。将刚接种的培养液倾入侧臂试管中，测定光电比色计OD值。此时的读数为接种后菌种生长曲线中的零时读数值（即接种量）。

［**培养及生长量测定**］将零时测定后的三角烧瓶立即放入恒温水浴摇床上震荡培养，培养温度为37℃，摇床的频率为100次/min左右（温度和频率可随时调节）。在培养中，应每隔30min从摇床上取下三角烧瓶，将菌液倾入侧臂试管中，并在光电比色计上读取OD值。记录每次所测得的数据。在每次测定时，均要用空白对照管的培养液来校正光电比色计的零点。

［**绘制生长曲线**］以测定的时间为横坐标，菌数的对数（OD值）为纵坐标，在半对数坐标纸上描点绘图，所得的曲线即为被测菌在实验条件下的生长曲线。

第四节　影响细菌计数的因素

（1）在活菌计数时，由于形成的菌落并不完全是一个细菌形成的，所以样品中的细菌通常以团块状或链条状排列存在，特别是繁殖活跃期往往集聚成团，在稀释样品时也不能将其完全分开，故有的菌落可能是由多个细菌形成的，所以用平皿法得出的结果往往小于实际值。

（2）细菌培养环境（培养基的成分、pH、温度、气体条件等）不可能对任何一种细菌都适合，只能使多数细菌生长，而总有一小部分不能生长，往往影响菌数的精确。

（3）要注意严格的无菌操作，任何污染都会造成结果的错误。

现有的测定菌数方法，都有一定的误差。故在操作时要尽量做到条件一致，操作精细，减少误差。

薛飞　编

第七十章 实验动物及动物实验技术

实验动物是指经人工饲育，对其携带微生物实行控制、遗传背景明确或者来源清楚的，用于科学研究、教学、生产、检定以及其他科学实验的动物。实验动物已成为生命科学研究的重要基础和条件之一。我国实验动物学研究在20世纪80年代以来快速稳步发展，目前国家实验动物种子中心已逐步形成，相继建立了无特定病原体级或清洁级的小鼠、大鼠、鸡、鸭、兔、猪、豚鼠等种群和生产群，部分已向国外供应。动物实验技术是常用的基本实验技术之一，广泛应用于微生物学检验中。

第一节 实验动物

一、实验动物的分类

（一）传统的生物学分类

人类为认识自然，必须对生物物种进行分类，一切生物物种，不论是动物、植物还是微生物，都离不开传统的、被学术界公认的统一认定的生物学分类法则。对不同物种，通常采用界（Kingdom）、门（Phylum）、纲（Class）、目（Order）、科（Family）、属（Genus）、种（Species）等划分分类阶元。以小鼠为例，小鼠属于动物界（Animalia），脊索动物门（Chordata），哺乳纲（Mammalia），啮齿目（Rodentia），鼠科（Muridae），鼠亚科（Murinae），小鼠属（Mus）。

生物学传统分类法把生物种分到亚种为止，而实验动物在根据传统分类法划分为动物物种、亚种基础上，通常将实验动物种和亚种以下划分为不同品系。如常用的大鼠品系有Wistar、SD、SHR等，而常用的小鼠品系有BALB/c、C57BL/6、DBA/1、ICR、KM等。

（二）实验用动物分类

实验用动物不同于实验动物。实验用动物是指一切可以用于实验的动物，在脊椎动物中有鱼类、两栖类、爬行类、鸟类、哺乳动物类，在无脊椎动物中有原生动物、腔肠动物、节肢动物（特别是各种昆虫）。以鱼类为例，常用的品种有斑马鱼、青鳉、新月鱼、剑尾鱼、红鲫等，由于鱼类终生生活在水中，材料易得、且绝大部分是体外受精、体外发育等，所以是毒性试验、环境监测、发育生物学、生理学、生态学、遗传学等研究常用的实验材料，在各个领域得到广泛应用。

一些常用的哺乳类实验用动物列于表70-1中。

表70-1 常用哺乳类实验用动物

目	种	目	种
啮齿目 Rodentia	大鼠、小鼠、豚鼠	鲸目 Cetacea	江豚
有袋目 Marsupialia	袋鼠	食肉目 Carnivora	猫、犬、鼬
贫齿目 Edentata	犰狳	鳍足目 Pinnipedia	海狗
食虫目 Insectivora	刺猬、鼩鼱	奇蹄目 Perissodactyla	马、骡、驴
翼手目 Chiroptera	蝙蝠	偶蹄目 Artiodactyla	猪、牛、羊、鹿
灵长目 Primates	猕猴、狨猴、黑猩猩	兔形目 Lagomorpha	兔、鼠兔

（三）实验动物分类

实验动物是指经人工饲育，对其携带微生物实行控制、遗传背景明确或者来源清楚的，用于科学研究、教学、生产、检定以及其他科学实验的动物。实验动物可按遗传学和微生物学进行分类。

1. 按遗传学控制原理分类　遗传和变异是生物界普遍存在的生命现象。生物在自然界中生存，不仅需要维持生命过程的正常新陈代谢，而且要延续种族，繁殖与自身相同的种族后代。所谓“种瓜得瓜，种豆得豆”这种子代与亲代在形态结构、生态、生理、行为、本能等方面的相似性，就是自然界普遍存在的生物遗传现象。另一方面，若仔细检查子代与亲代在形态结构、生态、生理、行为、本能等方面，又存在差异性，所谓“一母产九仔，连母十个样”，这种亲代与子代，子代与子代之间或多或少存在的差异性，就是自然界普遍存在的生物变异现象。生物的遗传特性使生物物种能保持相对遗传稳定性；生物遗传的变异性使生物物种保持多样性，从而使生物物种产生新的性状，形成新的物种，适应新环境，使生物物种不断进化。生物的遗传变异，不断循环，是生物进化的最基本动力。而实验动物遗传学是遗传学原理在动物科学中的具体运用与发展。

从遗传学角度分类，可将实验动物分为同基因型和不同基因型动物。同基因型动物中又可分为近交系、突变系、杂交群动物；不同基因型动物可分为远交系和封闭群动物。无论同基因型和不同基因型动物，都具有各自的遗传学特性，在应用上都各具特点。

（1）*近交系动物*（inbred strain animals）　是属于遗传上达到高度一致的动物群，一般称纯系动物。它是采用连续 20 代以上全同胞兄妹交配或亲子交配培育而成。品系内所有个体都可以追溯到起源于第 20 代或以后代数的一对共同祖先。纯系动物具有稳定的遗传基础，个体间均一，比较相似。在理论上其基因纯合程度可达 98.6%～99.8%。近半个世纪以来，随着遗传学、肿瘤学、免疫学的迅速发展，近交系动物从 1913 年至今，相继培育了 DBA、BALB/c、C3H、CBA、C57 等许多近交系，随后又培育出重组近交系（recombinant inbred strain）、同源导入近交系（congenic inbred strain）、源突变近交系（coisogenic inbred）、重组同类系（recombinant congenic strain）、染色体置换系（consomic strains）。

（2）*遗传修饰动物*（genetic modified animals）　是经人工诱发突变或特定类型基因组改造建立的动物。正常染色体基因发生突变，并具有各种遗传缺陷的品系动物。在长期繁殖过程中，动物的子代突然发生变异，变异的基因位点可遗传下去，或者即使没有明确的基因位点，经选育后，仍能维持其稳定的遗传性状，如无胸腺裸鼠（nu/nu）以及各种免疫缺陷型品系动物等。目前，国际上已发现小鼠突变基因 1 000 余个，已培育出突变系小鼠品系、大鼠品系以及无毛无胸腺裸鼠。

（3）*杂交群动物*（hybrid animals）　是两个不同近交系动物杂交产生的后代群体，子一代亦称杂交一代（简称“F1 代”）。由于双亲都是纯种，从遗传上是异型结合体，具有两系双亲所有的遗传特性，子代个体间是杂种，但杂合的纯度一致，个体基本相同。F1 代动物具有基因型相同、个体相同、表现型变异低、适应性强等特点。目前广泛用于各种实验，国际上应用较为普遍。

（4）*封闭群动物*（closed colony animals）　是以非近亲交配方式进行繁殖生产的一个实验动物种群，在不从外部引入新个体的条件下，至少连续繁殖 4 代以上的群体。对群体大小、封闭时间、繁殖结构均有明确规定。通常分为同起源于近交系动物和不同起源于近交系动物两类，但都不进行兄妹交配，避免亲子、表兄妹间交配，以保持遗传差异性。

2. 按微生物学分类　实验动物所处的周围环境、实验动物本身，包括体表和体内，都寄生着大量种类繁多的微生物和寄生虫。标准合格的实验动物，对携带的病原微生物必须实行控制，确保试验结果可比性、可重复性和科学性。因实验动物在饲养和实验过程中感染了致病微生物或寄生虫，因而导致实验动物意外死亡，以致实验工作完全失败的事例屡见不鲜。目前，通过对实验动物进行微生物控制、检疫、消毒和剖腹产净化等措施，进行实验动物的微生物学净化。按照对微生物学等级分类，把实验动物划分为无菌级动物（包括悉生动物）、无特定病原体级动物、清洁级动物和普通级动物。

（1）*无菌级动物*　是指无可检出的一切生命体的实验动物，简称无菌动物。这种动物在自然界是没有的，它是经人工剖腹产净化培育出来的。一般是从临产健康母代动物剖腹净化而获得的子代动物。通常是放在无菌环境内，经人工喂乳或无菌母代动物代乳哺育而成。目前，无菌鱼类（1942—1954）、无菌两栖类（1901—1913）、无菌禽类（1947—1949）、无菌豚鼠（1959）、无菌大鼠（1950）、无菌小鼠（1959）、无菌犬（1946）、无菌猴（1943）先后被培育成功。我国从20世纪70年代到80年代先后培育成功无菌豚鼠、无菌兔和无菌大鼠。北京、上海等地建立了培育无菌动物的基地，利用无菌动物进行的科学实验工作已广泛开展起来。

（2）*悉生动物* 是指其体内携带的微生物是经人工有计划引进的已知菌或动物生存必须菌（益生菌），对这种携带已知微生物的动物称悉生动物。它是在无菌动物基础上经人工投饲已知菌而获得的。如使大肠杆菌或双歧杆菌定居于无菌豚鼠体内，在进行微生物检测时，只能检测出大肠杆菌或双歧杆菌。当向无菌动物植入一种细菌时叫单菌动物（monognotoxenic），二种细菌的叫做双菌动物（dignotoxenic），三种细菌的叫三菌动物（trignotoxenic），三种以上细菌叫多菌动物（polygnotoxenic），不同国家的悉生动物所带的细菌种类和数量不尽相同。通常把悉生动物，无菌动物分别放在无菌环境下饲养，防止其他微生物污染。实验工作同样要求在无菌环境下进行。

（3）*无特定病原体级动物* 是指除清洁动物应排除的病原外，不携带主要潜在感染或条件致病和对科学实验干扰大的病原的实验动物，简称SPF动物。它们最初的来源和悉生动物是一样的，都是通过剖腹取胎或对禽卵壳熏蒸消毒后，在隔离器内饲养和繁殖，微生物检测确诊无特定病原体污染后，移入屏障动物房内饲养。SPF动物是在屏障环境饲育繁殖和进行实验的，所以必须十分注意工作人员、饲料、饮水、器具被污染的情况。应建立严格的检疫、消毒、隔离和定期剖腹净化制度。在SPF动物群中无需控制非特定生物体的存在。

（4）*清洁级动物* 除普通级的动物应排除的病原外，不携带对动物危害大和对科学研究干扰大的病原的实验动物，简称清洁动物。清洁动物的卫生标准，大体和SPF动物类同，不同之处是微生物和寄生虫检测项目少于SPF动物，因此，可查出一些病原体的抗体，但不允许出现临床症状、病理改变和自然死亡。

（5）*普通级动物* 普通级动物是指不携带所规定的人畜共患病病原和动物烈性传染病病原的实验动物，饲养在开放环境。所用垫料应高压消毒；饮水符合城市饮用水标准；饲养室要有防野鼠设备；坚持经常性的环境卫生和笼器具的清洗消毒；外来动物应经过隔离检疫后再引入饲养室；对大型实验动物应按照国家标准要求进行疫苗接种；严禁无关人员进入饲养室。普通级动物用于教学和预实验。

追根溯源，实验动物科学是研究实验动物（laboraltory animal）和动物实验（animal experiment）的科学。古时人们就开始用动物代替人进行实验，如在公元前，一些人就用鸟或猴子做药物的毒性试验。20世纪40年代开始，实验动物学逐渐成为一门独立的新兴学科，发展到现在，实验动物科学已在生命科学的各个领域占有一席之地，特别是在生物学、医学、基因医学、免疫学、麻醉学、肿瘤学、药学和生命科学中广泛应用。随着生命科学研究的深入发展，科学研究依赖于实验动物科学的发展越来越密切。伴随着生命科学的发展，实验动物科学也将突飞猛进，在相互促进的基础上，实验动物科学必将利用新技术和新方法，创造出能适应生物科学发展的实验动物新品系。

二、微生物学中主要使用的实验动物品种品系

实验动物在生物学领域，可用于异种核移植研究、基因功能研究；在医学领域，可用于器官移植、激素、动物模型；在药学领域，可用于临床前药效评价、新药安全性评价和毒理学研究；在免疫学领域，包括免疫药物治疗效果的研究、免疫学疾病致病机理、疫苗效力等研究。但总而言之，作为遗传疾病、肿瘤疾病动物模型，以及免疫学研究，是目前实验动物最主要的用途。

下面就实验动物各常用品种品系的主要特性和用途作一简单介绍。

1. 小鼠

（1）BALB/c小鼠 白色。主要特性：①乳腺肿瘤自然发生率低，但用乳腺肿瘤病毒诱发时发病率

高；卵巢、肾上腺和肺的肿瘤有一定的发生率。②易患慢性肺炎。③对放射线甚为敏感。④与其他近交系相比，肝、脾与体重的比值较大。20月龄的雄鼠脾脏有淀粉样变。⑤有自发高血压症，老年鼠心脏有病变，雌雄鼠均有动脉硬化。⑥对鼠伤寒沙门菌补体敏感，对麻疹病毒中度敏感。对利什曼原虫属、立克次体和百日咳组织胺易感因子敏感。广泛地应用于肿瘤学、生理学、免疫学、核医学研究，以及单克隆抗体的制备等。

（2）C57BL小鼠　黑色。主要特性：①乳腺肿瘤自然发生率低，化学物质难以诱发乳腺和卵巢肿瘤。②12%有眼睛缺损；雌仔鼠16.8%，雄仔鼠3%为小眼或无眼。用可的松可诱发腭裂，其发生率达20%。③对放射物质耐受力中等；补体活性高；较易诱发免疫耐受性。④对结核杆菌敏感。对鼠痘病毒有一定抵抗力。⑤干扰素产量较高。⑥嗜酒精性高，肾上腺素类脂质浓度低。对百日咳组织胺易感因子敏感。⑦常被认作“标准”的近交系，为许多突变基因提供遗传背景，是肿瘤学、生理学、免疫学、遗传学研究中常用的品系。

（3）C3H/He小鼠　野鼠色。主要特性：①乳腺癌发病率高，6～10月龄雌鼠乳腺癌自然发生率达85%～100%，乳腺癌通过乳汁而不是胎盘途径传播；14月龄雌鼠肝癌发生率为85%。②补体活性高，干扰素产量低。③仔鼠下痢症感染率高。④对狂犬病病毒敏感，对炭疽杆菌有抵抗力，主要用于肿瘤学、生理学、核医学和免疫学的研究。

（4）DBA小鼠　淡棕色。DBA/1主要特性：①对疟原虫感染有抵抗力。②对结核菌敏感；对鼠伤寒沙门菌补体抗性较强。白血病发病率为8.4%。DBA/2主要特性：①对鼠伤寒沙门菌补体有抗力，对疟原虫感染有一定的抗性。②雌雄鼠均会自发产生淋巴瘤。③雌鼠乳腺肿瘤发生率，经产母鼠为66%，未开产鼠为3%。④白血病的发生率，DBA/2J雌鼠为34%，雄鼠为18%；而DBA/2N雌鼠为6%，雄鼠为8%。⑤对百日咳组织胺易感因子敏感。DBA/2常用于肿瘤学、遗传学和免疫学的研究。

（5）CBA小鼠　野鼠色。主要特性：①CBA/J/Olac雌鼠的乳腺肿瘤发生率为33%～65%；雄鼠肝细胞肿瘤发生率为25%～65%准鼠中15%患淋巴细胞癌。②CBA/J/Ola对麻疹病毒高度敏感。③CBA/n携带性连锁隐性基因xid，该基因使小鼠脾脏B淋巴细胞数目减少，并有缺陷，导致成熟B细胞缺少，从而对某些B细胞抗原缺乏免疫应答。主要用于乳腺肿瘤、B细胞免疫功能等研究。

（6）昆明（KM）小鼠　白化。主要特性：①雌鼠乳腺肿瘤发生率为25%。②抗病力和适应性很强。主要应用于药理、毒理、病毒和细菌学的研究，以及生物制品、药品的检定。

（7）ICR小鼠　白化。主要特性：繁殖力强，生长速度快，雌鼠自发性畸胎瘤和管状腺瘤发病率为0～1%，离乳个体管状腺瘤和囊瘤发生率为30%，孕鼠为3%。广泛用于药理、毒理研究、肿瘤、放射性、复制病理模型和生物制品的科研、生产和检定。

（8）裸小鼠（nude mice）　主要特性：①无毛、无胸腺。随着年龄增长，皮肤逐渐变薄、头颈部皮肤出现皱折、生长发育迟缓。②由于无胸腺而仅有胸腺残迹或异常胸腺上皮（该上皮不能使T细胞正常分化），导致缺乏成熟的T淋巴细胞，因而细胞免疫功能低下；但6～8周龄裸小鼠的NK细胞活性高于一般小鼠。③B淋巴细胞正常，但其免疫功能欠佳。表现在B淋巴细胞分泌的免疫球蛋白以IgM为主，仅含少量的IgG。④抵抗力差，容易患病毒性肝炎和肺炎。因此必须饲养在屏障系统中。广泛应用于肿瘤学、免疫学、毒理学等基础医学和临床医学的研究。

（9）SCID小鼠（severe combined immure deficiency）　即严重联合免疫缺陷小鼠。主要特性：①胸腺、脾脏、淋巴结中的T淋巴细胞和B淋巴细胞大大减少，细胞免疫和体液免疫功能缺陷，但巨噬细胞和NK细胞功能未受影响。②骨髓结构正常，外周血中的白细胞和淋巴细胞减少。广泛应用于免疫细胞分化和功能的研究、异种免疫功能重建、单克隆抗体制备、免疫缺陷性疾病的研究、病毒学和肿瘤学研究等。

2. 大鼠

（1）Wistar大鼠　白化。主要特性：①对传染病的抵抗力较强。②自发性肿瘤发生率低。用途广泛。

(2) SD大鼠 白化。主要特性：①对疾病的抵抗力较强，尤其对呼吸道疾病的抵抗力很强。②自发性肿瘤的发生率较低。常用做营养学及内分泌系统的研究。

(3) 裸大鼠（nude rat） 主要特性：①因免疫力低下易患呼吸道疾病。②先天无胸腺、T淋巴细胞功能缺陷，对结核菌素无迟发性变态反应，血中未测出IgM及IgG，淋巴细胞转化试验为阴性。B淋巴细胞功能一般正常，NK细胞活力增强，可能与干扰素水平有关。主要用于多种肿瘤移植研究。

(4) F344/N大鼠 白化。主要特性：①原发性和继发性脾红细胞免疫反应性低。②肾脏疾病发生率低，对血吸虫的囊尾蚴易感。③易患自发性肿瘤。广泛用于毒理学、肿瘤学、生理学研究。

(5) Lou/CN大鼠 白化。主要特性：60%的免疫细胞合成并分泌单克隆免疫球蛋白。常用于免疫学研究，特别是制备单克隆抗体。Lou/CN大鼠的腹水量比BALB/c小鼠大几十倍，可大量生产单克隆抗体。

3. 沙鼠 长爪沙鼠主要生物学特性：①能耐受动脉粥样硬化，但高胆固醇饲料会引起肝脂沉积和胆结石。②研究马来丝虫的模型。③2年龄沙鼠中10%～20%可自发产生肿瘤（皮肤、肾上腺皮质、卵巢）。

4. 豚鼠 有白色、黑花、沙白、两色、三色等。主要特征：①对抗生素敏感，尤其是对青霉素、红霉素、金霉素等。②过敏反应灵敏。给豚鼠注射马血清，很容易复制出过敏性休克动物模型。常用实验动物接受致敏物质的反应程度顺序为豚鼠＞兔＞犬＞小鼠＞猫＞蛙。主要用于传染病研究、免疫学研究、血管通透性变化的实验研究和实验性肺水肿实验。

5. 兔

(1) 日本大耳白兔 白色。主要特性：生长快，繁殖力强，抗病力较差。已用于动脉粥样硬化及相关原癌基因、抗体制备、神经细胞凋亡、免疫学、动物模型等研究。

(2) 新西兰白兔 毛色：白色。主要特性：红眼，繁殖力高，早期生长快、产肉率高。用于动物模型、热源检查、药理学和免疫学研究。

6. 比格犬 主要用途：①实验外科学。②药理、毒理学实验。③基础医学实验研究。④非传染病学研究。⑤传染病学研究。⑥肿瘤学研究。

7. 猫 主要用于神经系统的研究、药理学研究、血压实验及其他疾病动物模型等。

8. 猕猴 主用品种有猕猴、食蟹猴、恒河猴等。主要用于传染病学研究、营养性疾病研究、老年病研究、行为学和精神病研究、生殖生理研究等。

9. 实验用小型猪 国外常用品种有明尼苏达-荷曼系小型猪（Minnesota - hormel）、毕特曼-摩尔系小型猪（Pitman-Moor）、海福特小型猪（Hanford）、葛廷根系小型猪（Gottinggen），国内的小型猪品种有贵州小香猪、藏猪、海南五指山猪、西双版纳的版纳微型猪。主要生物学特性：①体型矮小，皮肤组织结构与人很相似。②脏器占体重的比例接近于人。③母源抗体不能通过胎盘屏障。主要用于肿瘤、烧伤、免疫学、糖尿病、环境监测、畸形学和遗传性疾病。

10. SPF鸡 主要品系：国内目前自己培育的SPF鸡品系有BWEL - SPF鸡（8个家系）和Line - 22（3个家系），利用位于主要组织相容性复合物（MHC）的微卫星DNA位点已培育成为单倍型鸡品系。主要用于禽免疫学、禽病学研究和禽用生物制品。

11. SPF鸭 我国从2004年开始培育SPF鸭，目前已经过选育成功HBK - Q和HBK - B 2个品系。已经排除了高致病性禽流感、鸡新城疫、减蛋综合征、鸭瘟、鸭肝炎、鸭疫里默杆菌病、禽曲霉菌病等。主要用于乙肝、戊肝研究和水禽病的研究。

三、实验动物设施

实验动物设施的环境条件除对温湿度、通风、噪声、光照等因素加以控制外，特别应对携带微生物实行控制。设施应以科学研究的目的以及使用动物的品种/系和微生物学级别而定。动物舍的设计和建筑相适应，装备各种有效设施，以维持各种气候和物理条件的稳定，杜绝化学和生物学污染因素，保证动物生活环境符合具体科研要求。广义的实验动物设施是指进行实验动物生产和从事动物实验的设施的总和。

1. 实验动物设施要求

（1）选址　实验动物的繁育、生产及动物实验场所应避开自然疫源地，选择环境空气质量及自然环境较好的区域，远离铁路、码头、飞机场、交通要道以及散发大量粉尘和有害气体的工厂、仓库、堆场等有严重空气污染、振动或噪声干扰的区域。

（2）建筑卫生要求　动物的繁育、生产及实验场所所有围护结构材料均应无毒、无放射性、耐腐蚀；内墙表面光滑平整，阴阳角均为圆弧形，易于清洗、消毒；墙面应不易脱落、耐腐蚀、无反光、耐冲击；地面防滑、耐磨无渗漏；天花板应耐水、耐腐蚀。

（3）建筑设施要求　建筑的门窗应有良好的密封性，走廊宽度不应少于 1.5m，动物繁育生存及实验室通风空调系统保持正压操作，合理组织气流、布置送排风口的位置，避免死角，避免断流和短路。

2. 实验动物设施种类

（1）按设施的用途分类

①实验动物繁育、生产设施。用于实验动物繁育、生产的建筑物、设备及运营管理在内的总和。

②动物实验设施。指以研究、试验、教学、生物制品、药品生产等为目的进行实验动物饲育、试验的建筑物、设备及运营管理在内的总和。

（2）按微生物控制程度分类

①普通环境：适用于饲养普通级实验动物，符合动物居住的基本要求，不能完全控制传染因子。

②屏障环境：适用于饲育清洁级实验动物及 SPF 动物，严格控制人员、物品和环境空气的进出。

③隔离环境：适用于饲育 SPF、悉生及无菌动物，采用无菌隔离装置以保持无菌或无外来污染动物，隔离装置内的空气、饲料、水、垫料和设备均为无菌，动物和物料的动态传递须经特殊的传递系统，既能保证与环境的绝对隔离，又必须满足转运动物时保持内环境一致。

第二节　动物实验技术

一、实验动物的选择

实验动物的选择应根据动物实验的目的和要求而定，其次是考虑是否容易获得，是否经济和是否容易饲养管理。一切实验动物应具有个体间的均一性、遗传的稳定性和容易获得三项基本要求。

（1）对实验动物除严格的遗传学和微生物学要求外，还应具备下列特点：①对监测目标的反应出现率高，并具有精确性和再现性；②能在实验室条件下长期传代而保持原有生物学性质，具有可比性；③体型适宜，既易于实验操作，又利于多次多点取得足够分析的样品；④生长发育的阶段和寿命明确，能维持正常生存；⑤世代间距短，个体生命周期快，有利于在短期内观察研究潜在因素对生物个体各阶段以至可能多世代的累积作用。

（2）在作病原性及毒力测定时，必须选用易感动物，如检查猪丹毒丝菌病原性时，须选用易感的小鼠或鸽子。

（3）根据实验要求选用具有特殊反应的动物，如家兔体温反应灵敏，可利用这一特性测定猪瘟兔化弱毒产生的体温变化。

（4）在同一实验中要选择性状一致的动物，做与生殖无关的实验时，并尽量排除性别的影响。

常用的实验动物有小鼠、大鼠、家兔、豚鼠、蛙、鸽、鸡、猫、猴、猪和羊等。

二、实验动物保定法

1. 小鼠保定法　先用右手抓住小鼠的尾巴，提起两后肢，令其前爪抓住饲养盒的铁丝网盖，然后用左手拇指和食指夹住其颈背部皮肤，并翻转左手，使小鼠腹部朝上，将其尾巴夹在左手掌与小手指之间，右手即可进行操作。

2. 大鼠保定法 大鼠牙齿很锐利，容易咬伤手指，取用时应轻轻抓住其尾巴向后提起，置于实验台上，用烧杯扣住，即可进行尾静脉采血或注射。或用右手轻轻将大鼠的尾巴向后拉，左手抓紧鼠的两耳和头部皮肤，将鼠提起并翻转置于左手掌中，右手即可进行操作。

3. 豚鼠保定法 由助手以左手握豚鼠的颈部背侧，拇指固定其前右足，并使其左足介于食指与中指之间，然后用右手紧握其两后腿，使其腹部朝上，术者即可进行注射。

4. 家兔保定法 由助手用双手将兔的四腿捉住，使其腹部朝上，即可行皮下注射；若行耳静脉注射，助手用右手捉兔的背部皮肤提起将兔按于实验台上，两前臂夹住兔头，手指固定兔耳即可注射。也可用保定器保定。

5. 鸡、鸭保定法 由助手一手握住两翼根部，另一手握住两爪将鸡在实验台上固定好，即可采血或注射。

三、实验动物接种法

根据实验目的和要求的不同，可采用不同的接种方法。先除去接种部位的毛，除毛的方法有剪毛法、拔毛法、剃毛和化学脱毛等，除毛后，先用碘酊，再用75%酒精消毒。注射病原微生物材料后，实验动物必须同未注射材料的正常动物隔离开饲养，在动物笼上应贴上标签，注明注射日期、注射方法及材料。接种量一般采用根据体重定容量不定浓度的方式。

1. 皮下注射 皮下注射一般是选择皮下组织疏松、便于注射易于吸收的部位。小鼠、豚鼠、家兔等小型实验动物可在腹部中线两侧或后肢内侧，羊和猪可在前后肢内侧，犬、猫一般多在后肢外侧，马、牛大动物可在颈部。注射部位表面消毒后，将针斜刺入皮下2～3cm（若在腹部进行皮下注射，注意勿刺入腹腔）。

家兔或豚鼠的注射量为0.15～1mL，成年小鼠为0.2～0.5mL，3～7日龄的乳鼠为0.05～0.1mL。

2. 皮内注射 常以家兔、豚鼠背部或腹部皮肤为注射部位，去毛消毒后，将皮肤绷紧用1mL注射器的4号针头，平刺入皮肤，缓缓注入接种物，此时皮肤应出现小圆形隆起。注射量一般为0.1～0.2mL。

3. 肌肉注射 肌肉注射部位在禽类为胸肌，其他实验动物则为臀部肌肉或后肢多肌肉处。注射量可视实验目的和要求而定。

4. 腹腔注射 固定小动物可将其倒提，使其肠管向横膈聚集，然后在腹腔的后部注射，以免刺伤肠管。注射量家兔可达5mL，豚鼠不超过2mL，小鼠不超过1mL，体重25～35kg的猪可注射100～200mL。

5. 静脉注射 家兔选择耳边缘静脉，可事先以手指轻弹或用酒精棉摩擦耳部，使耳边静脉扩张隆起。操作时，将兔耳拉紧，助手按住静脉的近心端，术者的食指放在兔耳下面，针尖与血管平行，朝着向心方向刺入，令助手松开按住血管的手指，即可将注射液徐徐注入静脉，若注射部位出现小泡，说明注射液未注入血管内。

小鼠可取尾静脉注射。先将鼠尾浸于50℃热水中1～2min，使其皮肤变柔软，血管舒张，这时可明显见到暗红色静脉，注射时常用左右两侧的两根尾静脉，这两根静脉比较固定，容易注入。术者用左手指捏住鼠尾，右手取装有4号针头的注射器，使针头与尾巴成小于30°的角度刺入尾静脉，如进针和注射药液均很通畅，表示针头确实已刺入静脉，则可按规定剂量及速度（一般为0.05～0.1mL/s）推入药液，注入量一般不超过1.5mL。

禽类选翼下静脉注射。注射时可先用酒精棉消毒，使针头沿血管平行刺入。

6. 脑内注射法 小鼠的注射部位在颅骨正中线的两侧，内眼角与耳根连线的中点，注射剂量为

0.03～0.05mL。兔在两眼外眼角连接线上离颅骨正中线约2mm处。豚鼠的注射部位同兔，因家兔与豚鼠头骨较厚，注射针头不能直接刺入，故需用消毒的穿颅锥进行穿颅，再用26号针头经穿颅孔将接种样品徐徐注入，注射量为0.1～0.2mL。

7. 鼻内接种法 将小鼠放入一个有盖的玻璃缸内，缸内放一块浸有乙醚的脱脂棉，通过缸壁看到动物麻醉后，即可将其由缸内取出，进行滴鼻接种，剂量为0.03～0.05mL。豚鼠、家兔和较大动物的乙醚麻醉，可用麻醉口罩，也可用戊巴比妥作腹腔或静脉注射（需特别缓慢!）进行麻醉。注射量为每500g体重20～25mg。

8. 胃内接种法 将小鼠固定，用钝头注射针头从口腔慢慢插入食道，注入接种液。

9. 气管内接种法 对兔、豚鼠进行肺部感染时可采用气管接种。注射部位先行脱毛，局部消毒后，用注射器在喉头下部气管环处直接刺入，将接种材料注入。

鸡气管内接种时，由助手固定鸡的两翼及头部，迫其将喙张开，术者左手拿一扁平镊子将鸡舌钳住向外稍拉出。用右手持装有16号钝头注射针头的注射器，将注射针头插入张开的喉头，向气管注入接种液。

10. 眼内接种法 常用实验动物为家兔和鸡，常用的接种方法为结膜接种法。将实验动物头固定好，用注射器或滴管直接将接种物滴入眼内，鸡接种量一般为0.03mL/眼。

表70-2 不同种类实验动物一次给药能耐受的最大剂量（mL）

动物	灌胃	皮下注射	肌肉注射	腹腔注射	静脉注射
小鼠	0.9	1.5	0.2	1	0.8
大鼠	5.0	5.0	0.5	2	4.0
兔	200	10	2.0	5	10
猫	150	10	2.0	5	10
猴	300	50	3.0	10	20
犬	500	100	4.0	—	100

四、实验动物的采血技术

根据试验目的和要求可采取不同的血液处理方法。一般在采血前12h禁食，只给饮水，保证血清中无乳糜存在。如欲分离血清，则可直接将血液采集于无菌试管内，放成斜面。先置37℃ 30min使凝固后，再放4℃过夜，次日分离血清。如大量采血分离血清时，可在采血后立即进行离心，这样可得到多量的血清，如需要抗凝血，可在容器内加入抗凝剂或玻璃珠振摇，即可得到抗凝血或脱纤维血液。

1. 家兔的采血 家兔心脏采血最适部位在左胸由下向上数第3与第4肋骨之间，心脏搏动最强的部位。将针头刺入心脏，血液自动流入针管内。

（1）*耳静脉采血* 操作与兔静脉注射相同。待耳缘静脉充血后，在靠耳尖部的血管用7～8号针头采血。

（2）*颈动脉采血* 将家兔仰卧保定，颈部剪毛、消毒，沿颈静脉沟切开，剥离肌肉，找到颈动脉（用手指按捏时可以感到搏动）紧紧捏住近心端，用刀尖挑破动脉壁，插入细塑料管，接血于采血瓶，2kg以上家兔可采血100mL以上，此法常将动物放血致死。

2. 豚鼠的采血 豚鼠一般采用心脏采血法，助手保定豚鼠后，术者用碘酊或酒精将左侧胸部皮肤消毒，然后用手触诊心脏，在心搏动最明显处，将针头刺入进行采血。

3. 鸡的采血 一般自翼下静脉采血。将动物侧卧保定，掀起一翼，即可见有一条粗大静脉，局部消毒，采血。

（1）*心脏采血* 由助手将鸡作右侧卧，使左侧向上。自龙骨突起前缘引一直线到翅基，再由此线中点向髋关节引一直线，此线前1/3和中1/3的交界处就是心脏采血部位。或由肱骨头、股骨头、胸骨前端三点所形成三角形中心而稍偏前方处找出心脏位置，以食指摸到心搏动后，用20mL注射器配12～16号针头（2英寸），由选定部位垂直刺入，如刺入心脏，可感到心搏动，一次采不到可更换角度再行刺入心脏，成鸡一般采血30～40mL不致造成死亡。

（2）*鸡冠采血* 即刺破鸡冠取少量血。

4. 绵羊采血 一般由颈静脉采血，由助手固定羊身羊头，剃去一侧颈毛，以碘酊、酒精消毒局部皮肤，用左手按压近心部位，使颈静脉显著怒张，用右手持装有橡胶管的采血针或大号注射针头刺入静脉内，血液即可由针头经胶管流入含有玻璃珠的无菌烧瓶内，随即振摇脱纤，防止凝固。成年绵羊一般每隔3～4周可采血300～400mL。采血完毕，应立即用脱脂棉球紧按刺破伤口。直至无血液流出为止。

5. 犬与猫采血 犬与猫通常采血的部位有头静脉、趾静脉、颈静脉和股静脉。从头静脉采血时通常将动物呈胸骨卧位保定，在肘关节后握住前腿便可使静脉固定并使回流受阻，然后在前肢的背面便可看到和触摸到静脉。跖静脉位于后肢踝关节的侧面，通常使动物呈侧卧位固定，握住动物的跗关节，使肢伸展便可使跖静脉怒张，可以清楚地看到该静脉跨过跗关节的外侧面。若要大量采血最好自颈静脉采血，动物固定时将颈伸直并稍向一侧歪，对颈基部施加压力可阻止静脉回流，剪去颈部的毛即可看清血管。自颈静脉采血，通常需两个人操作，一个固定犬或猫，另一人采集血样。行股静脉采血时，将动物呈侧卧位保定并使其后腿伸直，虽看不见股静脉，但其位置紧靠股动脉搏动的内侧。

6. 牛、马采血 牛、马颈静脉采血方法与羊颈静脉采血法相同。

牛颈动脉放血：将采血动物横侧卧保定于采血架上，沿颈静脉沟切开皮肤，将皮瓣向两侧分离，细心剥开肌肉，并将迷走神经和颈动脉剥离2～3cm长的一段，结扎远心端，近心端用动脉钳夹住，在中央切一小孔，插入装有橡胶管的玻璃弯管，用丝线扎紧，放松动脉钳，此时血液即可沿橡胶管喷射于无菌容器中。

7. 猪采血 前腔静脉是常用采集猪血的部位，仔猪可采取仰卧位保定，较大的猪可采用站立保定，将针头从向前端和颈腹侧肌之间的凹陷处刺入。成年猪可自耳后静脉采血。

五、实验动物的处死方法

实验动物的处死方法很多，应根据动物实验目的、实验动物品种（品系），以及需要采集标本的部位等因素，选择不同的处死方法。无论采用哪一种方法，都应遵循安乐死的原则。安乐死是指在不影响动物实验结果的前提下，使实验动物短时间无痛苦地死亡。处死实验动物时应注意，首先要保证实验人员的安全；其次要确认实验动物已经死亡，通过对呼吸、心跳、瞳孔、神经反射等指征的观察，对死亡作出综合判断；再者要注意环保，避免污染环境，还要妥善处理好尸体。

1. 颈椎脱臼处死法 此法是将实验动物的颈椎脱臼，断离脊髓致死，为大、小鼠最常用的处死方法。操作时实验人员用右手抓住鼠尾根部并将其提起，放在鼠笼盖或其他粗糙面上，用左手拇指、食指用力向下按压鼠头及颈部，右手抓住鼠尾根部用力拉向后上方，造成颈椎脱臼，脊髓与脑干断离，实验动物立即死亡。

2. 断头处死法 此法适用于鼠类等较小的实验动物。操作时，实验人员用左手按住实验动物的背部，拇指夹住实验动物右腋窝，食指和中指夹住左前肢，右手用剪刀在鼠颈部垂直将鼠头剪断，使实验动物因脑脊髓断离且大量出血死亡。

3. 击打头盖骨处死法 主要用于豚鼠和兔的处死。操作时抓住实验动物尾部并提起，用木槌等硬物猛烈打击实验动物头部，使大脑中枢遭到破坏，实验动物痉挛并死亡。

4. 放血处死法 此法适用于各种实验动物。具体做法是将实验动物的股动脉、颈动脉、腹主动脉剪断或剪破、刺穿实验动物的心脏放血，导致急性大出血、休克、死亡。犬、猴等大动物应在轻度麻醉状态下，在股三角做横切口，将股动脉、股静脉全部暴露并切断，让血液流出。操作时用自来水不断冲洗切口及血液，既可保持血液畅流无阻，又可保持操作台清洁，使实验动物急性大出血死亡。

5. 空气栓塞处死法 处死兔、猫、犬常用此法。向实验动物静脉内注入一定量的空气，形成肺动脉或冠状动脉空气栓塞，或导致心腔内充满气泡，心脏收缩时气泡变小，心脏舒张时气泡变大，从而影响回心血液量和心输出量，引起循环障碍、休克、死亡。空气栓塞处死法注入的空气量，猫和兔为20～50mL，犬为 90～160mL。

6. 过量麻醉处死法 此法多用于处死豚鼠和家兔。快速过量注射非挥发性麻醉药（投药量为深麻醉时的 30 倍），或让动物吸入过量的乙醚，使实验动物中枢神经过度抑制，导致死亡。

7. 毒气处死法 让实验动物吸入大量 CO_2 等气体而中毒死亡。

六、感染或死亡动物的剖检和尸体处理

感染动物死亡后，不论其死因如何，均应进行解剖检查。首先肉眼检查体外病变，尤其在接种部位更应注意，再进行解剖，观察内脏病变情况，方可肯定结果。剖检感染动物必须在无菌条件下进行，其操作顺序如下。

（1）小动物的尸体应先用 5%煤酚皂溶液浸泡消毒，取出后将动物仰卧固定于解剖台上，用钉将其四肢展开固定，家禽可固定其两翼和两腿。

（2）以无菌刀、镊沿尸体胸腹部正中线切开颈至耻骨部的皮肤，并在上下端各作一直角切开，将皮肤自肌肉层剥离，翻向左右两侧，使肌肉外露，检查皮下组织与腿下、腹股沟部淋巴结有无病变情况，必要时，应作涂片及培养检查。

（3）用 70%酒精揩擦消毒外露肌肉，另换无菌剪、镊，自横膈沿中线向耻骨处剪开腹壁，并在两端作一直角剪开，将腹壁扯向左右两侧，检查腹腔，如有渗出液，应用无菌毛细吸管或接种环取出作涂片与培养检查，并仔细观察肝、脾、肾等各种脏器有无病变，必要时均应作涂片与培养检查。

（4）另换无菌剪、镊，将两侧肋骨沿锁骨中线剪开，用镊子夹紧剑状软骨，沿两侧剪断肋骨，掀起胸骨反向头部，使心、肺露出，如见有渗出液，应作涂片与培养检查。如采心血培养，可先用镊子固定心脏，另取烧成赤热的剪刀灼心脏表面，再以无菌毛细吸管，由烙灼处刺入心室，吸取心血作涂片与培养。

（5）如需作组织切片检查，可将取出组织投入 10%甲醛液内固定。

（6）必要时，再将颅骨打开，取出脑组织检查。

解剖人员必须遵守各种防护规定，严密隔离消毒，以保证生物安全。

解剖结束后，即将动物尸体用原衬垫纸或旧布包好，焚烧。一切解剖用具，均应分别用煮沸、高压等妥善消毒处理后，方可洗涤备用。

病料需进一步实验室检查时，要注意将病料严密包装低温保存，或将病料放入无菌 30%甘油－磷酸盐缓冲盐水（甘油 30mL，氯化钠 0.42g，磷酸氢二钠 1.0g、蒸馏水 70.0mL）中，尽快送检。

感染动物的观察、解剖以及最后处理的全过程均应作详细记录。

◈ 参考文献

蔡月琴，陈民利，潘永明，等．2008. 日本大耳白兔红细胞调控淋巴细胞和 NK 细胞活性研究［J］．中国养兔杂志，5：26，39-41.

陈雪岚，许杨，熊勇华．2003. 中国大耳白兔与罗曼母鸡对赭曲霉毒素 A 抗原免疫应答性的研究［J］．卫生研究，32（1）：24-26.

方喜业，邢瑞昌，贺争鸣．实验动物质量控制．北京：中国标准出版社．

高鹏飞，韩凌霞，王钦德，等．2005. 无特定病原体京白鸡的 G 带和 C 带研究［J］．山西农业大学学报（自然科学版），25（5）：113-115.

韩凌霞，高鹏飞，关云涛．2005. 无特定病原体京白鸡的核型研究［J］．中国家禽，9（1）：98-101.

冷超，韩凌霞，于海波，等.2007.不同周龄BWEL-SPF种鸡生理生化指标的测定［J］.中国比较医学杂志，17（12）：697-701.
李淑兰，韩凌霞，高欣，等.2008.BWEL-SPF无特定病原体鸡消化道嗜银细胞的分布及形态［J］.解剖学杂志，31（1）：115-116.
李淑兰，韩凌霞，甄靓靓，等，2008.40周HBK-SPF鸭胃肠道5-羟色胺细胞的免疫组织化学定位［J］.中国比较医学杂志，18（1）：27-36.
罗洁，许辉，刘毅.2006.高糖高脂诱导新西兰兔肝纤维化的实验研究［J］.长沙医学院学报，14（2）：311-315.
苏友新，刘晓平，郑良朴，等.2008.痛风宁颗粒对尿酸钠致新西兰兔痛风性关节炎模型关节液IL-1β、TNF-α的影响［J］.福建中医药，39（4）：45-46.
万跃明，徐明，蒋从斌，等.2004.大耳白兔蛛网膜下腔出血神经元细胞凋亡的研究［J］.武警医学，15（3）：186-189.
汪建高，黄莺.2008.卡托普利对日本大耳白兔动脉粥样硬化及相关原癌基因c-myc、c-fos的影响［J］.临床心血管病杂志，24（7）：530.
吴清洪，陈丽，那顺巴亚尔，等.2008.SPF级新西兰兔用于热原检查的试验探讨［J］.实验动物与比较医学，28（3）：174-176.
肖兵兵，韩凌霞，于海波，等.2008.无特定病原体HBK-B和HBK-Q种鸭的遗传多样性分析［J］.中国家禽，30（18）：23-26.
徐风华，陈宜鸿，方翼，等.2006.复方硫酸铝注射液新西兰兔静脉注射和局部注射药代动力学研究（英文）［J］.中国临床药理学与治疗学，11（6）：691-692.
张传海，郭中敏，郑焕英，等.2006.新西兰兔对SARS-CoV实验灭活疫苗的体液免疫应答［J］.中国免疫学杂志，22（5）：420-421.
中华人民共和国国家标准《实验动物 环境及设施》GB14925-2010
中华人民共和国国家标准.实验动物 微生物学等级及监测.GB14922.2-2011.

曲连东 韩凌霞 编

第七十一章　药物敏感性试验

准确的药敏试验要先有标准的药敏检测试剂，包括药敏纸片和培养基等，其次要求药敏试验方法的标准化，对于临床选择适当的抗微生物药物非常关键。1999年我国卫生部制订了《纸片法抗菌药物敏感试验标准WS/T 125-1999》，从2000年5月1日开始实施，对药敏纸片的各种抗生素含量和使用的培养基等都有严格的规定，是我国临床微生物工作者必须遵循的基本法规。

1. 纸片琼脂扩散法　纸片扩散法（K-B法）选用琼脂培养基（MHA），适合快速生长的致病菌，对于苛养菌则需使用嗜血杆菌专用琼脂平皿（HTMA/GCA）。该法简便、经济，但并不适合于所有细菌。发酵菌中只适用绿脓假单胞菌和不动杆菌属的判断标准，其他非发酵菌，如嗜麦芽窄食单胞菌等建议用最低抑菌浓度（Minimal inhibition concentration，MIC）法检测耐药性。如果疑似为多重耐药致病菌，还需要进一步确定各种药物的MIC，根据MIC监测，以保证临床用药的有效性。

2. 液体稀释法　用于测定MIC、最小杀菌浓度（Minimal bacteriocidal comcentratin，MBC）、MIC50（能抑制50%试验菌的MIC）和MIC90（能抑制90%试验菌的MIC）。液体稀释法比较繁琐，一般不作为常规试验。通常用于罕见耐药、调查药敏试验敏感但临床疗效不佳的原因、确定中介度的敏感性，以及评价新药。MIC药敏测定必须考虑在培养基制备和测定过程中药物会失活，在不同培养基中，因为成分和制备过程中药物变化程度不同出现不同的MIC。

3. 浓度梯度法　是一种新型的检测细菌或真菌对抗菌药物敏感性的方法，主要包括一个含有连续抗菌剂梯度的试条。该法与微量稀释法具有良好的一致性，只是浓度梯度（Etest法）所测MIC值普遍略高于微量稀释法，可能与Etest法所采用的连续抗菌剂梯度，以及椭圆抑菌环内有微小菌落存在，导致终点判读误差。Etest法药敏试验对于探讨耐药机制、准确鉴定耐药性、指导临床合理使用抗生素治疗、对大量使用抗生素的医院选药监测和对新抗生素的评价具有重要意义。

4. 联合药敏试验　对临床上病原菌不明的感染、单一药物不能控制的混合感染、全身性绿脓假单胞菌感染、长期用药可能产生耐药的感染（结核、慢性骨髓炎）及病原菌为多重耐药菌株等，宜作联合药敏试验。

敏感性试验的目的是测定细菌对药物的敏感度，有助于选择合适的药物，提供对药物使用的依据；对新的抗生素药物的鉴定，明确抗菌谱和抗菌作用的规律。细菌对药物的敏感度和临床的疗效虽然大体是符合的，但也有不一致之处。目前测定细菌对抗菌类药物的试验，大体分为物理学方法、化学方法和微生物学方法。后者最为常用，是本书介绍的主要内容。

微生物学的方法分为三类，即稀释法、扩散法。评定结果的标准是：①以抑菌生长为标准；②以杀菌为标准；③以细菌对某种抗菌药物敏感或轻度敏感或耐药为标准。

第一节　稀释法

本法是将抗菌药物稀释成不同浓度，作用于被检细菌，测定药物对细菌的最低抑制浓度或最低杀菌浓度，可在液体培养基或固体培养基中进行。

一、液体二倍稀释法

1. 抗生素原液的配制及保存　将抗生素溶于蒸馏水或磷酸盐缓冲液中，稀释成所需的浓度。抗生素的最初稀释液，多用蒸馏水，但有些抗生素必须用其他溶剂作初步溶解（如表71-1）。如果制剂被细菌污染，可用微孔滤膜（孔径0.22μm）过滤除菌，但不可用纤维垫滤器。过滤后分装小瓶，在20℃冷冻保存3个月或更长。每次取一瓶，保存在4℃冰箱，可用1周左右。

表71-1　抗生素原液的溶剂和稀释剂

抗生素	溶　剂	稀释剂	抗生素	溶　剂	稀释剂
氨苄西林	0.1mol/L PBS（pH 8.0）	0.1mol/L PBS（pH 6.0）	克林霉素	蒸馏水	蒸馏水
头孢菌素Ⅰ	0.1mol/L PBS（pH 6.0）	蒸馏水	多黏菌素B或E	蒸馏水	蒸馏水
红霉素	甲醇	0.1mol/L PBS（pH 8.0）	庆大霉素	蒸馏水	蒸馏水
萘啶酸	0.1mol/L NaOH	蒸馏水	卡那霉素	蒸馏水	蒸馏水
丁胺卡那霉素	蒸馏水	蒸馏水	新青霉素Ⅰ、Ⅱ或Ⅲ	蒸馏水	蒸馏水
杆菌肽	蒸馏水	蒸馏水	青霉素G	蒸馏水	蒸馏水
羧苄西林	蒸馏水	蒸馏水	链霉素	蒸馏水	蒸馏水
头孢羟唑	蒸馏水	蒸馏水	四环素	蒸馏水	蒸馏水
头孢唑啉	蒸馏水	蒸馏水	妥布霉素	蒸馏水	蒸馏水
头孢甲氧霉素	蒸馏水	蒸馏水	万古霉素	蒸馏水	蒸馏水

2. 培养基　一般使用肉汤，有的细菌生长较慢，可加入0.25%～1%葡萄糖或10%血清。

3. 操作方法

（1）被测细菌悬液的制备　将细菌接种于肉汤培养基中，37℃温箱培养6h（生长缓慢的细菌可以培养过夜），使细菌生长浊度达到9×10^{8}（相当于麦氏比浊管第3管）。

（2）抗生素溶液的稀释　采用二倍连续稀释法，即取13mm×100mm灭菌试验管13支（管数多少可按需要确定）。另将上述菌液作1∶10 000倍稀释（生长缓慢的细菌可稀释1∶1 000或更少），除第1管加入稀释菌1.8mL外，其余各管均加入1.0mL。继之于第1管加入抗生素原液0.2mL。充分混合后吸出1mL加入第2管中，按同法稀释至第12管，弃去1mL，第13管为空白生长对照。

（3）结果观察　将试管放入37℃培养16～24h，观察结果。凡药物最高稀释管中无细菌生长者，该管的浓度为最低抑菌浓度。从无细菌生长的各管取材料，分别划线接种于琼脂平板培养基，于37℃培养过夜（或48h），观察结果。琼脂平板上无菌生长，其含抗生素最少的1管，即为最低杀菌度。再将上述各管在37℃继续培养48h，无细菌生长的为最低浓度，即相当于该抗生素的最低杀菌度。

（4）结果判定　一般是以最低抑菌浓度作为细菌对药物的敏感度，如第1～8管无细菌生长，第9管开始有细菌生长，则把第8管抗生素的浓度判定为该菌对这种抗生素的敏感度。如全部试管均有细菌生长，则结果为该菌对这种抗生素的敏感度大于第1管中浓度或对该菌耐药。除对照管外，全部不生长细菌时，则结果为细菌对该抗生素的敏感度等于或小于第12管的浓度或高度敏感。

4. 影响因素

（1）细菌量接种：接种细菌量的多少与最低抑制细菌浓度有关。如用敏感葡萄球菌对氨苄青霉素进行测验时，其接种量增加1 000倍，MIC只略有增加，但对甲氧苯青霉素的敏感度，会因接种量的不同而有较大变化，即使是同一菌株，接种量小时为敏感，接种量增大时，其MIC则增加许多倍。

（2）培养基成分和培养条件：培养基的成分应恒定，外观清晰、透明，pH适当。为便于观察，可以向各管中加适量的葡萄糖和指示剂，以指示剂颜色的改变判定其细菌生长与否。要注意选择好培养温度，一般培养12～18h观察试验结果，如果时间过长，细菌会在高浓度的药物中生长。这是因为被轻度抑制的细菌开始繁殖，另外，有些抗生素在37℃下不够稳定。如被破坏，受抑制的细菌则会再次生长繁殖。

（3）有些中草药，其本身色深、混浊，在试验管培养后不易观察细菌的生长，可以从试管移植到平板培养基上，观察各管中的细菌生长或被杀死的情况。此法只能测定药物的最低杀菌浓度。

（4）在进行稀释时，每次稀释都应更换新吸管，以保证菌液及抗生素的加量准确。

二、固体培养稀释法

本法是将不同剂量的药物，加入融化后冷至45℃的定量琼脂培养基中，混合均匀，倾注平皿或注入试验管成斜面，琼脂凝固后，倒置于37℃温箱中30min烘干表面水分，这是含不同递减浓度药物培养基。一般接种幼龄菌于培养基中培养，在次日观察细菌生长情况，无细菌生长的最低含药平皿中的剂量则为该药物的MIC。也有以少于5（或10个）菌落作为MIC标准的。具体方法如下：

（1）无菌试管10支（或可按需要确定支数），将抗菌药物原液，用稀释液递减稀释到第9管，第10管作为对照。

（2）培养基的选用应根据被测细菌的不同而定，一般多选用牛心浸液琼脂；链球菌、肺炎球菌选用牛心浸液血液琼脂；嗜血杆菌采用加0.5%兔血琼脂培养基，将培养基融化并冷至55℃左右加入兔血混匀，置55℃水浴中备用。

（3）将各浓度药液10mL加入上述培养基90mL中混匀，倾注平皿，等凝固后，掀开平皿盖于温箱中烘干30min，取出后在平皿底面，用玻璃铅笔划成若干等份的放射状格并编号。

（4）接种时用接种环钓取菌液划线接种于平皿小格内。每含药平皿上可接种多份被检菌株，并同时接种标准菌株，置37℃培养18～24h，观察结果。判定MIC。生长慢的细菌，可接种于斜面培养基并延长观察时间。

第二节　扩 散 法

扩散法是将含有抗菌药物的纸片置于接种待测菌的固体培养基上，抗菌药物通过向培养基内的扩散，抑制细菌的生长，从而出现抑菌环（或称带）。由于药物扩散的距离越远，达到该距离的药物浓度越低，由此可根据抑菌环的大小，判定细菌对药物的敏感度。抑菌环（带）边缘的药物含量即该药物的敏感度。此法操作简便，易掌握，仅用于定性。但是由于受纸片含量的不均匀及接种量等多种因素影响，其结果往往不很理想，因此在作试验时应同时放已知敏感度的标准菌株作为对照。

一、含药纸片的制备

含有各种抗生素的滤纸片在扩散法中应用最多。要少购市售品，以自制为好。

1. 滤纸片　最好选用新华1号定性滤纸，用打孔机打成直径为6mm的小圆纸片。根据需要将纸片用纸包成包，放在小瓶中或平皿中，在120℃灭菌15min，再置100℃干燥箱内烘干备用。

2. 药液的配制　常用药物的配制法及所用浓度见表71-2。

3. 含药纸片的制备　将灭菌的滤纸片用无菌镊子摊布于灭菌平皿中，以每张滤纸片饱和吸水量为0.01mL计算，50张滤纸加入药液0.5mL。要不时翻动，使滤纸充分吸收药液，一般浸泡30min，取出含药纸片放于纱布袋中，以真空抽气机使之干燥，或将纸片摊于37℃温箱中烘干，以防抗生素失效。对青霉素、金霉素纸片的干燥宜用低温真空干燥法。干燥后立即放在瓶中加塞，放干燥容器内保存，也可以放在－20℃冰箱中。

表 71-2 药敏纸片的制备及含药浓度

药 物	剂 型	制备方法	药物浓度（μg/mL）	纸片含量（μg）
青霉素	注射用粉剂	20mg 加 pH 6.0PB 15.5mL，取 1mL 加 PB 9mL	200	20
新青霉素	注射用粉剂	20mg 加 pH 6.0 PB 20mL	1 000	10
链霉素	注射用粉剂	20mg 加 pH 7.8 PB 8mL	2 500	25
	注射用针剂	以 pH 7.8 PB 作 100 倍稀释	2 500	25
土霉素	口服粉剂或片剂	25mg 粉末，加 2.0mol/L HCl 5mL 溶解后，以 pH 6.0 PB 或水稀释	1 000	10
四环素	口服粉（片）剂	25mg 粉末，加 2.0mol/L HCl 5mL 溶解后，以 pH 6.0 PB 或水稀释	1 000	10
	注射用粉剂	以生理盐水稀释	1 000	10
金霉素	口服片剂	同土霉素，以 pH 3.0 PB 稀释	1 000	10
	口服粉剂	以 pH 6.0 PB 稀释	1 000	10
新霉素	口服片剂	以 pH 8.2 PB 溶解后稀释	1 000	10
红霉素		以水溶解，以 pH 7.8PB 稀释	1 500	10
卡那霉素		以水溶解，以 pH 7.8PB 稀释	3 000	30
	注射用针剂	以 pH 7.8PB 稀释	3 000	30
庆大霉素	注射用针剂	以 pH 7.8PB 稀释	1 000	10
多黏菌素	注射用粉剂	以 pH 7.2PB 稀释	30 000	300
万古霉素	注射用粉剂	以 pH 7.8PB 稀释	1 000	10
呋喃西林	粉剂或片剂	以 1mol/L NaOH1mL 溶解 1 片，用 pH 60PB 稀释	1 000	10
呋喃妥因	粉剂或片剂	以 1mol/L NaOH1mL 溶解 1 片，用 pH 60PB 稀释	1 000	10
磺胺嘧啶钠	粉剂或针剂	以水稀释	1 000	100
磺胺二甲基嘧啶	针剂	以水或 pH 8.2PB 稀释	10 000	100
长效磺胺	片剂	100mg 加 2.5mol/L HCl 1.25mL，加水至 5mL，以 pH 6.0PB 稀释	1 000	100
周效磺胺	片剂	100mg 加水 1mL，浓 HCl 0.7mL 溶解，以 pH 8.2PB 稀释	10 000	100
磺胺甲基异噁唑	片剂	100mg 加水 2mL，浓 HCl 0.5mL 溶解，以 pH 8.2PB 稀释	10 000	100
磺胺 5-甲氧嘧啶	片剂	100mg 加浓 HCl 1mL，溶解后以 pH 6.0PB 稀释	10 000	100
磺胺增效剂	片剂	1 片研碎后加水 2mL，浓 HCl0.25mL，以 pH 6.0 及 7.8 PB 稀释	125	1.25

4. 药敏纸片的鉴定 取制好的纸片 3 张，以标准敏感菌株测其抑菌环，大小符合标准的为合格。纸片有效期一般为 4～6 个月。

二、测验方法

1. K-B 法 用含一定量抗生素的药敏纸片，贴在已接种试验菌的琼脂平皿上，经 37℃培养后，抗生素浓度梯度通过纸片的扩散作用而形成，在敏感抗生素的有效范围内，细菌生长受到抑制，在有效范围外，细菌则能生长，由此形成一个明显的抑菌环。按是否有抑菌环及形成环的大小来判定试验菌对某种抗生素是否敏感或敏感程度。具体方法如下：

（1）挑取菌落 4～5 个，接种于肉汤培养基中，置 37℃培养 4～6h。

（2）菌液稀释：用灭菌生理盐水稀释培养菌液，使其浊度相当于硫酸钡标准管（配制方法：1%～1.5%氯化钡 0.5mL、1%硫酸溶液 99.5mL，充分混匀，将此液置于肉汤培养基相同的试管中，用前应充分振动）。

（3）用无菌棉拭子蘸取上述肉汤培养液，在试管上挤压，除去多余的液体，用棉拭子涂满琼脂表面，盖好平皿。在室温中干燥 5min，待平皿表面稍干后再放含药纸片。

（4）用灭菌镊子以无菌操作取出含药纸片贴在涂有细菌的平皿培养基表面。一个 9cm 平皿最多只能贴 7 张纸片，6 张均匀地贴在平皿离边缘 15mm 处，一张位于中心，贴纸片时可轻压，以保证与培养基密切接触，将平皿放在 37℃温箱中培养 16～18h，观察结果。

（5）结果判定：观察含药纸片周围有无抑菌环，并量其直径（包括纸片直径）大小，用毫米数记录。按抑菌环直径大小判定敏感度、中度敏感或耐药，具体标准见表 71-3。

表 71-3　抗菌药物的抑菌环与敏感标

抗菌药物	每片含药量（μg）	抑菌环的直径（mm）		
		耐药	中等敏感	敏感
丁胺卡那酶素	10	≤11	21～23	≥14 氨苄青霉素
肠杆菌、肠球菌	10	≤11	12～3	≥14
葡萄球菌和青霉素敏感细菌	10	≤20	12～23	≥24
嗜血杆菌	10	≤19		≥20
杆菌肽	10	≤8	9～12	≥13 羧苄青霉素
肠杆菌科	100	≤17	18～22	≥23
绿脓杆菌	100	≤13	14～16	≥17
先锋霉素Ⅰ	30	≤14	15～17	≥18
氯林可霉素	22	≤14	15～16	≥17
黏菌素	10	≤8	9～10	≥11
复方甲氧异噁唑	25	≤10	11～15	≥16
红霉素	15	≤13	14～17	≥18
庆大霉素	10	≤12	13～14	≥14
卡那霉素	30	≤13	14～17	≥18
甲氧苯青霉素	5	≤9	10～13	≥17
萘啶酸	30	≤13	14～18	≥19
新霉素	30	≤12	13～16	≥17
呋喃妥因	300	≤14	15～16	≥17
苯唑青霉素	1	≤10	11～12	≥13
青霉素 G				
葡萄球菌	10	≤20	21～28	≥
其他细菌	10	≤11	12～21	≥
多黏菌素 B	300	≤8	9～11	≥
链霉素	10	≤11	12～14	≥
磺胺	300	≤12	13～16	≥
四环素	30	≤14	15～18	≥
妥布霉素	10	≤11	12～13	≥
万古霉素	30	≤9	10～11	≥
氯洁霉素	2	≤14	15～16	≥

（6）注意事项

①K-B纸片扩散法必须用Mueller-Hinton（MHA）培养基，在普通冰箱中可保存2～3d，用前需放37℃下10 min，使形成的水雾干燥。此种培养基适合于快速生长的细菌。生长缓慢的细菌或厌氧菌，不宜采用K-B法。

②接种菌液的浓度必须标化，以细菌在平板上的生长恰呈融合状态为标准。接种后应及时贴上含药纸片并放入35℃或37℃中培养。

③培养的温度要恒定，时间为16～18h，结果判定不宜过早。但是培养过久，细菌可能恢复生长，使抑菌环缩小。培养时不宜增加CO_2浓度，以防抗菌药物形成的抑菌环大小发生改变和影响培养基的pH。

2. 纸条或挖沟法 如果测定数种细菌对同一种药物的敏感性，可分别用浸有不同待检菌液的棉拭子，在琼脂平板上划线接种，同时接种对照菌。将含有一定剂量药物的纸条与接种菌垂直方向紧贴于平皿直线上，培养后，观察抑菌情况。在贴滤纸条处，也可用挖沟槽来代替，即在琼脂平皿中间用灭菌刀切去一长条琼脂，再用滴管吸取热琼脂严密封住沟底两侧的琼脂与平皿底部紧密相连处，以免药液流至琼脂下部。在沟槽内注入一定浓度的药液或含一定浓度药物的琼脂后，按上法接种待检细菌及对照菌株。

3. TTC快速纸片扩散法 细菌的琥珀酸脱氢酶，可以把无色的氯化三苯基四氮唑（TTC）还原成红色的三苯甲唑，使培养基变红。含药纸片周围呈红色反应，表现细菌耐药。如果细菌被药物抑制不生长，则无此种能力，表示药物对细菌敏感。方法如下：

用无菌吸管吸取被检菌液0.5mL（浓度为30亿～60亿/mL），加于灭菌平皿中，再加TTC溶液（TTC 0.5g，20g/L琥珀酸钠生理盐水100mL，高压蒸汽灭菌后，4℃避光保存）0.4～0.5mL，混匀，倒入已融化并冷至45℃的琼脂培养基15mL，立即混匀，待凝固后，将各种抗菌药纸片贴于平皿上，继续培养1～3h，取出观察结果。

结果判定：敏感菌株纸片周围可见清晰、无色抑菌环，背景呈红色；耐药菌株无抑菌环。判定可按抑菌环直径大小，将对药物的敏感性分为四种：①无抑菌环出现的为耐药；②抑菌环的直径7～9mm的为低度敏感；9～11mm的为中等度敏感；大于16mm为高度敏感。多黏菌素B及黏菌素的标准要低一些，9～11mm为中等度敏感；12mm以上的为高度敏感。

4. 对照单一纸片法 将待检菌和对照菌接种在同一平板上，受同一药纸片的作用。便于相互对比。

将表面干燥的平皿等分为三格，中间部分用蘸有被检菌稀释液的棉拭子均匀涂布接种，两边两格分别接种对照菌，三格之间留一间隙，在间隙处放含药纸片。在直径9cm的平皿可同时放4张药纸片。培养后，计算并比较被检菌与对照菌的抑菌环大小。结果判定同TTC法。

第三节 细菌对联合抗生素的敏感性试验

两种抗生素同时应用，不仅可以出现协同作用和累加作用，有时也出现颉颃作用。因此，进行联合药敏试验，可作为临床选用各种抗生素组合的参考。

1. 纸片法 将含两种不同药的纸片贴在已接种被检菌株的平板上，两纸片的间距为2～3mm。置于37℃培养18～24h，观察结果。纸片上的抗生素在琼脂中扩散，由于两种抗生素的联合，可对细菌产生不同效果，即呈现对被检菌的协同作用和累加作用、无关作用或颉颃作用。

2. 试管法 将两种不同浓度的抗生素，加入含同一液体培养基试管内。同时，将各抗生素不同浓度的溶液，分别加入液体培养基的试管内，再接种被检细菌，置37℃温箱，培养18～24h，观察结果。根据两种混合抗生素抑菌作用浓度与单一抗生素的抑菌作用浓度的比较，得出两种抗生素的联合作用是协同、相加、无关或是颉颃。

具体方法：将低浓度、高浓度的抗生素溶液，分别加入含10mL培养基的试管中，可根据需要进行

2 种或 3 种甚至多种抗生素联合。一般以 2 种为宜。进行两种抗生素的联合敏感试验时，需试管 9 支。其中 4 支试管作联合药敏试验，加入两种抗生素；4 支试管作单一药敏试验，各加一种抗生素；1 支试管作对照，不加抗生素。最后，每管加试验菌液 0.05mL，混匀后置 37℃温箱中培养 18h，观察结果。

结果判定：肉眼观察管内培养物清晰者表示该管的单独的或联合抗生素能抑制细菌生长，混浊的则无抑菌作用。按试管内所含单独或联合抗生素的浓度作出初步判断。

最终结果：用接种环从所有肉眼观察清晰的试管内，取一环划线接种到血琼脂平皿上（一个平皿可接种 6～8 支试管中的培养物），对照管也同样移种。再将全部试管和血琼脂平皿，均置 37℃温箱培养 18h，观察试管内细菌生长情况和血琼脂平皿上的菌液，做最后结果判定。凡试管内的培养物一直保持清晰而无细菌生长的，为强抑菌能力；若原来培养清晰而再培养后又混浊的，说明细菌又恢复生长，是为暂时抑菌。血平皿上的菌落在 20 个以下的为强杀菌作用；20～50 个之间的为部分杀菌作用；50～200 个的为弱杀菌；200 个以上的仅有抑菌作用。

3. 纸条法

（1）*含药纸条的制备*　将滤纸剪成 20mm×6mm 的纸条，印上药物的名称，放在平皿内高压蒸汽灭菌、烘干，并按表 71-1 配制抗菌药物的浓度，每 100 个干纸条加抗生素液 8.5mL，使每一纸条都浸透药物，置 37℃温箱中烘干后放冰箱中保存。

（2）*试验方法*　将试验菌液均匀划线接种于平皿培养基上，用无菌镊子将药物纸条按田字形彼此垂直贴在培养基表面。在离平皿中心 4mm 处，先贴一种药物纸条，再垂直贴第二种、第三种、第四种，在贴好中心 4 种药物纸条后，再贴边缘的 8 种，每两种药物的交界处，要保持 1～2mm 的距离，以免药物经纸条彼此直接扩散。含药纸条贴好后，放 37℃温箱中培养 8～12h 观察结果。

先观察单独药物的抑菌情况，再观察联合敏感试验结果，以协同、相加、颉颃或无关进行结果判定。

4. 平板纸条交错法　将含有一定浓度的不同药物的滤纸条，以彼此垂直的方向紧贴于已接种被检菌的琼脂平皿上。根据需要，一个琼脂平皿可同时贴 2～4 张含药纸条。经培养后，如某一种药物有抗菌作用，另一种与之有颉颃作用，细菌则沿两种药物扩散交界处生长；如两种药物呈协同作用，在两种药物扩散相遇处出现增强抑菌作用。

5. 梯度纸条法　在平皿（9cm）中先倒入普通琼脂培养基约 10mL，随即倾斜平皿，使琼脂凝固成斜面，然后再倒入含有一定浓度药物的琼脂培养基 10mL，随即使平皿放平，含药琼脂的底层与不含药物琼脂的表层恰好互补相接。含药琼脂中的药物将向其下面不含药物的琼脂内扩散，形成了含药物浓度渐减的连续梯度，待琼脂表面干燥后，涂布被检细菌，将含其他药物的纸条与梯度一致的方向，平行贴于平皿板表面，培养后根据出现的图形进行结果判定。

注：关于抗生素微生物检定法（双碟法）可详阅《中华人民共和国兽药典》（2010 年版一部）。

第四节　药敏试验折点判断和统计学分析

（一）药敏试验质量控制和质量评价

现代微生物实验室的自动化、电脑化及微生物微量生化反应测试方法，可同时进行自动分析鉴定（ID）与药敏（MIC）检测，使细菌鉴定/药敏分析逐步走向规范化、标准化、现代化。此外，值得注意的是，要获得药敏试验的准确结果，还需遵守药敏试验的孵育温度范围：通常葡萄球菌属为 33～35℃，不超过 35℃，其原因是检测耐甲氧西林金黄色葡萄球菌（MRSA）和耐甲氧西林凝固酶阴性葡萄球菌（MRCoNS）时，若孵育温度超过 35℃可能会漏检。其他细菌的药敏试验孵育温度在（35±2）℃。测 MRSA 的温度以 33～35℃最好，绝不能高于 35℃。

1. 质量控制　质控是耐药性监测的基础，WHO 推荐的软件 WHONET-5 可以对室内和室间质控进行评价。为保障药敏试验的准确性，应当每日对监测数据进行评估，首先要按照标准做好室内质控，并参与室间质评（包括省临检中心和卫生部临检中心），将耐药数据与各种感染的发病率、流行率、预后联系起来，建立耐药数据与各种抗生素使用情况之间的关系，根据耐药数据，制订干预措施，控制抗生素的使用，并评价其效果。

2. 质控试验频率 按 M100 - S14 有关质控方面的修改意见：药敏试验用品来自新邮件或新批号要进行 1d 质控试验；来自新的厂家的 MIC 试验用品要进行 20～30d 质控试验。使用影响药敏试验的新的软件要进行 5d 质控试验，而且要检测本室所有正在使用的抗生素。添加任何新的未曾用过的抗生素，需要有 20～30d 满意的质控试验结果。接种用种子测浓度的方法改变时要进行质控试验，从目测到光电比浊要质控 5d。仪器修理好后质控 1d；更换仪器硬件，如阅读器、温箱，质控 20～30d。这些实验亦可与常规药敏同时进行，质控结果合格，常规结果也合格。常规质控一般为每日或每周进行质控试验，以保证得到准确的结果。当质控结果可以接受时说明药敏试验所使用设备、试剂、培养基及耗材和试验过程是符合要求的。

（二）药敏试验报告规则与药敏折点判断

1. 药敏报告规则 通常分敏感、耐药、中度敏感等 3 个档次。中度敏感或中介度，这一范围只是抑菌环直径介于敏感和耐药之间的缓冲域，以防止由于微小的技术因素失控所导致的较大的结果解释错误，抑菌环落入中介度范围，意义不明确，如果没有其他可以替代的药物，应重复或以稀释法测定 MIC。一般认为药敏结果与临床约有 80%～90%符合率，药敏试验是提供治疗感染性疾病最有力的依据，了解耐药菌株的耐药机制，利用药敏谱可对被检菌株进行鉴定。

2. 药敏折点判断 据美国 NCCLS 抗生素敏感试验实施标准 M100 - S14 手册中规定，超广谱 β-内酰胺酶（ESBLs）确证试验阳性时，产 ESBLs 菌要报告含头孢吡肟在内的所有青霉素类、头孢菌素类及氨曲南耐药。M100 - S14 手册还强调当前仍然坚持 3 种细菌（大肠埃希菌、肺炎克雷伯菌、产酸克雷伯菌）适用于 ESBL 确证试验规则，不能扩大到 3 种细菌之外。对于肠杆菌科中 ESBLs 的存在会使临床疗效不成功，MIC 值≤1μg/mL，不再测 ESBLs，MIC 在 1μg/mL 以下 ESBLs 对临床不起作用，MIC 值超过敏感折点范围 32μg/mL，不论 ESBLs 确证试验阳性与否，都报告耐药。比较 MIC 值/折点和产 ESBLs，似乎 MIC 值/折点与临床结局关系更密切。

（三）药敏试验统计

将临床细菌培养及其药物敏感试验结果定期进行统计、分析、反馈，将为临床诊断、治疗提供可靠的科学依据。药敏统计的项目包括：各类培养方法、各类标本的细菌分离率、各类细菌的比例及排位、真菌的分离率、各细菌对各类抗生素敏感或耐药比例；提供药物选择参考。综合药敏结果，临床治疗效果，经典抗生素参考书籍列出各部位细菌感染的首选，次选参考表。

做药敏试验统计时，要注意拒收不合格的临床标本；药敏试验统计要有连贯性，便于前后对照与往年同期相比较；要深入临床了解临床实际治疗效果，以评价药敏试验结果与临床治疗效果符合比例；药敏纸片的选择要标准化、规范化、不用天然耐药的药物；疑有葡萄球菌对万古霉素耐药的菌株应进一步鉴定。不可随意报告；药敏试验菌株数量少的不宜用百分比来报告；药敏统计出来的资料应进行信息反馈，让现地受益。

◆ 参考文献

宋春梅 . 2006. 细菌药敏试验结果的统计分析及反馈 [J] . 实用医技杂志，13 (2)：318.

朱庆义 . 2006. 加强临床微生物室药敏试验标准化与规范化的重要性 [J] . 中华检验医学杂志，29 (5)：390 - 392.

中国兽药典委员会 . 2010. 中华人民共和国兽药典：一部 [M] . 北京：中国农业出版社 .

曲连东 韩凌霞 编

第七十二章　病毒组织培养技术

病毒的组织培养是按照机体的生理条件，利用人工的方法使病毒在体外生长和增殖，以达到病毒分离、鉴定、诊断及疫苗生产的目的。病毒具有严格的活细胞内寄生性，所以培养方法需要采用活组织细胞系统。

病毒组织培养的历史刚刚百年。1907 年哈里森（Harrison）将组织细胞在体外人工培养成功后，一些病毒工作者经过十几年的研究探讨，1925 年帕克和奈（Parrer 和 Nye）证明了病毒能够在体外细胞中增殖，在以后的 16 年中虽有不少学者试图将组织培养技术应用于病毒的实验研究，但均未获得显著的进展。主要原因是由于未能在组织培养系统上直接判定病毒的增殖，识别病毒是否能够增殖还需再通过敏感动物的接种。1941—1943 年，我国黄稹祥建立了直接利用组织培养细胞进行西方马脑炎病毒的滴定及中和试验，使病毒组织培养工作向前迈进了一大步。但这些技术的广泛应用是在 1949 年恩德（Enders）发现人肾细胞对脊髓灰质炎病毒产生病变之后，继而发现许多病毒也能产生病变，从而组织培养病毒技术才蓬勃发展起来。并且证实用一些动物和鸡胚不能检测的病毒，可用组织培养方法获得结果。用胰蛋白酶消化组织而获得单层细胞，这一技术的建立加速了病毒研究的发展，又促进了传代细胞及二倍体细胞的建立，使大多数病毒能直接在组织培养上进行工作。1955 年 Dubecco 创立了蚀斑技术，使病毒的定量达到了更加精确的程度，并加速了病毒疫苗减毒株的获得。此外，抗生素应用于组织培养技术，也使该项技术得到更为普及和广泛的应用。组织培养的优点在于比较经济方便，可以消除其他外界因素的影响；用以生产疫苗，不仅产量大，而且更为重要的是减少宿主蛋白质成分，减少变态反应。因而，目前组织培养技术已经成为病毒分离、滴定和疫苗生产的主要工具或材料。

第一节　组织培养原理及基础技术

由于病毒本身缺少酶及代谢系统，必须依赖有生命的宿主供给才能得到增殖。因此，组织培养技术主要是供应及维持合适的细胞来维护病毒的增殖。病毒在敏感细胞上增殖时常引起细胞病变并使病毒释放到维持液中，可以作为病毒实验诊断抗原及疫苗的制备，但也有的病毒不引起细胞病变，有的是核内增殖而不释放到维持液中，前者可采用干扰另一种病毒的间接方法，后者可用冻融方法破坏细胞来获得病毒。

组织培养，一般采用分散的单个细胞，在玻璃壁表面生长成单层细胞。这种单层细胞是新生的，一般较组织块敏感，感染病毒后滴度较高，容易引起细胞病变，利于观察。在组织培养中，先是提供适宜的营养液；其次是维持的问题。维持液是使细胞停止增殖，但保持代谢，进而达到培养病毒的目的。现将每个步骤的具体要求分述如下：

一、组织来源

用于组织培养的常见组织，通常包括动物的某些脏器、禽的胚胎等，以及某些昆虫、癌瘤组织等。还有一类是建立的传代细胞。一般是用幼稚的组织，所用的组织要新鲜，采取后一般应在 6h 内处理完毕。

细胞的选择主要依细胞对病毒的敏感性而定，能引起病变的细胞，往往是取自该病毒的自然宿主的某些脏器组织，如研究动物病毒性疾病，常用某些幼畜的肾、肺、睾丸、脾、白细胞等，也可采用实验小动物的某些脏器、鸡胚。现在用的传代细胞及二倍体细胞则克服了组织来源的困难。

二、单细胞的制备

将组织块分解为单细胞的方法主要有机械分散法、酶消化法和螯合剂分散法，后两种方法多与机械法结合使用。

1. 机械分散法 所用的组织多为细胞间连接较松的组织，如鸡胚组织，可将鸡胚剪成 $1mm^3$ 的小块，放在底部有一块铜丝网的 10～20mL 注射器内，用手的压力将组织细胞挤过网孔。若选脾脏组织，则可将脾组织放在无菌平皿中，用 1mL 注射器芯或带钩的镊子轻压，使细胞分散开来。

2. 酶消化法 使用胰蛋白酶能消化细胞间的蛋白质成分。组织块受胰蛋白酶的作用后，细胞变为圆形，再用吸管吹打或电动搅拌可使细胞分散。胰蛋白酶用量过大或消化时间过长都会损伤细胞，影响细胞生长。因此，对不同来源、不同年龄的动物组织所用的胰蛋白酶的浓度均不相同，一般浓度是 0.25%～0.5%。使用的剂量为消化物的 5～10 倍，在 37℃下作用 20～30min，较大的组织块可延长到 60min。pH 范围一般在 7.4～7.6。消化后，吸出消化液，加入少量生长液，用大吸管吹打分散细胞。如果组织块较大，可以重复多次消化，消化后离心（1 000r/min 离心 5min），再用 Hank's 液洗 3～5 次，通过 2～4 层无菌纱布滤过为单细胞。亦可以采用冷消化法，将组织块浸入消化液中 4℃过夜，分散细胞方法同前。分散的细胞在没有胰蛋白酶的作用时，细胞会很快聚合成小团。因此，在加入生长液后应不断吹打，迅速分装。

配制缓冲盐水溶液（BSS）时，因 Ca^{2+} 及 Mg^{2+} 对酶的活力有抑制作用，故应除去这些离子。血清也有抑制酶活力的作用，故在营养液中残留少量酶对细胞无明显影响。

3. 螯合剂分散法 钙和镁离子是维持细胞间结合的离子。单层细胞在缺少钙和镁离子的环境下，细胞变圆，分散成单细胞。乙二胺四乙酸（EDTA）易与细胞间及细胞与玻璃培养瓶间的钙和镁离子螯合，经吸管吹打，即可达到细胞分散的目的。由于 EDTA 易与钙和镁离子螯合，因此在配制 EDTA 时，盐水不能含有钙和镁离子。应当指出，EDTA 对新鲜组织的分散效果不佳，因为细胞间还有蛋白成分，所以一般只用于单层细胞的分散。EDTA 不受血清的抑制，在消化后需要 Hank's 液洗去残留的 EDTA，以免影响细胞生长。

三、细胞培养的基本条件

从新鲜组织分散出来的单个细胞，在适当的培养条件下可以迅速增殖，但是遇到不良环境和条件则细胞变圆、停止生长或死亡，这是细胞的保护机制。细胞培养的基本条件主要是：细胞接种量、培养液、氢离子浓度及气体条件、温度、无菌条件和培养器皿的质量和清洁程度等。

1. 细胞接种数量 在一定培养条件下（10%小牛血清、0.5%水解乳蛋白 Hank's 液，即生长液），需要有一定量的活细胞才能增殖。细胞接种量与繁殖成单细胞速度有关，细胞接种量越大繁殖成单细胞的速度越快。但是过大的细胞量对生长也不利。一般情况下，肾细胞约为 30 万/mL、小鼠和仓鼠为 50 万/mL。细胞一般可在 3～7d 长成单层。

2. 培养液 过去多用天然培养液，现在多用合成培养液。合成培养液种类较多，如 Eagle's 液、RPMI-1640、199 等。不同培养液各具特点，但实际上往往也适用于各种细胞培养，其主要成分为氨基酸、糖、维生素、无机盐及其他成分。

维生素：是维持细胞生长和生物活性的物质，可作为酶的辅基或辅酶。对细胞代谢也有影响。

碳水化合物：各种培养液中均含有葡萄糖，是细胞代谢的能量来源。

无机盐：是细胞代谢不可缺少的并且是重要的细胞组成成分。所有用于组织培养的培养液均以无机电解质为生理盐溶液，对渗透压的维持、激活酶的活性、缓冲等有重要作用。常用的生理盐溶液有Hank's液及Eagle's液。

蒸馏水：主要用于溶解上述物质，含有重金属的水对细胞有破坏作用，一般用双蒸馏水、去离子水，但导电度须在10以下。

合成培养液的成分虽然不完全相同，但总的配制原则是要充分溶解每一种成分。近年来，市售的粉制剂培养基，节省人力、物力，只要将各种培养成分按一定量混合加水过滤除菌即可应用。Eagle's液不含谷氨酸，可高压灭菌；RPMI-1640在配制过程中常有细小悬浮颗粒不能充分溶解，可通入CO_2助溶。Eagle's培养基中含有13种氨基酸和8种维生素，成分简单，可根据需要增删某些成分。RPMI-1640是针对淋巴细胞培养而设计的，但对其他细胞，包括肿瘤细胞亦有良好效果。对于难培养的细胞McCoy 5A培养也较好。Hank's培养基中含有一些微量无机离子，特别适用于较小的细胞克隆培养。

合成培养液中不含有蛋白质成分，使用时应加入血清蛋白。它可以促进细胞增长，且能帮助细胞贴壁。血清蛋白以小牛血清最好，成年牛和马血清较次。任何批号的血清在使用前均需加热处理，一般灭活36℃ 30min，并要了解无细胞毒作用。10%血清能促进细胞增长，称生长液；2%～5%血清可维持细胞生长，称维持液；有些细胞维持液加入较多的蛋白质成分可加快细胞的病变进程。

3. 酸碱度　细胞生长最适宜的pH为7.0～7.4，某些细胞可以忍受较大范围的变化（pH6.6～7.8）。培养环境偏酸较偏碱适宜于细胞贴壁。培养液中缓冲体系主要是碳酸氢盐、磷酸氢盐和血清，其中碳酸氢盐/CO_2为主要的缓冲体系。细胞代谢产生的各种酸使pH下降，而培养液中的$NaHCO_3$生的CO_2经挥发又可使pH增加。pH的变化主要取决于HCO_3浓度、CO_2分压及细胞糖代谢能力。如用CO_2培养箱可提供稳定的5% CO_2，可以自动调节细胞代谢引起的pH变化。此外，在培养液中加入氢离子缓冲液，如羟乙基哌嗪乙烷磺核（HEPES）可使培养液有较强缓冲能力。

4. 温度　细胞培养的最适温度与细胞来源动物的体温相一致。如果温度增加2～3℃，对细胞生长不利，一般在24h会造成大部分细胞死亡。低温对细胞生命影响不大。细胞在－70℃以下保存后，重新在20～25℃环境中仍可生长，但很差。

5. 无菌条件　细胞培养液不仅对细胞是高度营养物，对细菌、霉菌也是最好的营养物。细胞在培养时如果污染了微生物，其繁殖要比细胞快，且能产生毒素。因此，细胞培养技术关键之一是防止污染。在细胞培养中，可能发生污染物的来源主要有：组织培养液、器皿、组织材料、工作人员、空气和不当的操作等。

防止污染的关键是对培养液、器皿用具、操作室的消毒，以及严格无菌操作。

6. 培养用器皿的处理　培养器皿处理的好坏，对细胞贴壁生长影响很大。目前常用的器皿主要有玻璃和塑料两大类。玻璃器皿一般须用清洁液浸泡过夜，再用清水洗10数次，然后用蒸馏水冲洗2～3次，烤干备用。96孔或24孔塑料板一般用2% NaOH浸泡1h后，清水洗净再用1mol/L HCl浸泡1h，用清水洗后再用蒸馏水漂洗。37℃干燥后，用紫外灯照射消毒。新橡胶塞须先用0.5mol/L NaOH煮沸15min，清洗后用蒸馏水洗5次，煮沸10min灭菌。目前使用的多为一次性用品，可减少人工清洗强度，使用方便。

第二节　组织培养技术

随培养组织或细胞种类以及培养目的的不同，可将组织培养方法分为器官培养、组织块培养和单层细胞培养以及胶原层培养等。

一、器官培养

器官培养不是常规技术，是研究组织生长分化过程的一种组织培养法，但也用于某些病毒的分离。如用单层细胞未能分离的冠状病毒，用器官培养就能分离到，是病毒分离的一个新途径。另外，由于器官培养时其组织按照生长分化规律生长，而并非细胞从组织边缘无规律地向四周伸展，如6～7日龄的鸡胚的肺刚出现支气管时，若将其取出作器官培养，可见到支气管分支逐渐增多；又如器官培养的内分泌腺如脑下垂体、甲状腺等，可在一定程度上继续呈现其生理功能，因而可为研究病毒感染机理提供又一新的工具。

器官培养物一般可在体外存活几天到几周，可以保存其原来的结构和机能。这一存活期可满足进行病毒分离或研究其致病作用。

培养方法（以气管环培养为例）如下。取新鲜羊胎儿（离体不超过6h），临时剖腹取得的胎儿更好。牛、马的胎龄应为4～6个月，猪3个月，羊4个月，兔为临产前。剪开颈部，连同甲状软骨取出整个气管和支气管，置于无菌平皿内，剥去气管周围的结缔组织，用眼科剪按气管环剪成1mm左右的环块。再用加抗生素的Hank's液或Earle's液，对气管环进行充分冲洗（3～5次）后，即可装于组织培养管（瓶）内进行转管或静置培养。如气管环较大，可剪成两半后培养。培养温度为34～35℃。每个培养管（瓶）培养一个气管环，加入1mL含5%犊牛血清的199营养液，pH为7.4。次日观察，可见活泼的纤毛运动，此时即可换液。维持液为含2%犊牛血清的199营养液。病毒可混于维持液内。此后逐日置低倍镜下观察，纤毛运动停止，是病毒增殖的指标。

二、组织块培养法

目前，此法在培养病毒工作中已不常用，但此法简便，不需用胰酶消化，不怕振动，可以携带到现场应用。此外，由于某些技术的改进，此法仍有其优点：①利用组织受病毒感染后代谢率下降，通过溶液颜色的变化来滴定病毒；②可以大量生产疫苗；③组织块培养细胞维持时间较长，可能有利于慢性病毒的分离。

培养方法：可分为悬浮培养及固定培养。

1. 悬浮培养技术 将无菌采取的组织剪成0.5～1mm小块，用Hank's液洗涤3次。新鲜的组织块很容易贴在玻璃壁上，为了避免损失过多的组织块，在用吸管冲洗时，应先将吸管用Hank's液洗一遍。按10～15块加入1mL营养液的比例加入营养液，pH为7.4。在试管或瓶内培养，培养温度37℃。

2. 固定培养技术 组织块的制备同上。将洗液吸干，加入小量营养液。用毛吸管吸取6～10块左右，使其分散并放在试管壁的下1/3一侧，最好成一直线。然后轻轻将细胞管转约180°，使贴组织块的玻璃面向上，溶液流走。加入1mL生长液，不要与组织块接触。将细胞管斜置37℃培养。此时组织块在玻壁上面，营养液在下面。在头几天，每天将细胞管轻轻旋转二次以润湿组织块。细胞开始由组织块长出后，就可使营养液浸泡组织块，继续培养。

三、单层细胞培养

这种培养是研究病毒生物学特性及病毒与细胞相互作用过程的模型。用单层细胞培养病毒，常可获得大量的高效价病毒液，可用以制造病毒抗原或疫苗；同时单层培养法的设备条件和操作方法较简单，因此单层培养细胞是当前培养病毒较广泛应用的方法。

1. 鸡胚原代细胞培养 在无菌条件下取9～10日龄鸡胚，置灭菌平皿中，除去头、爪和内脏，用

Hank's液充分冲洗后移入广口瓶中，用眼科剪将其剪成1mm大小的碎块，加入Hank's液或其他洗液，充分冲洗，静止20min，待组织块下沉，吸弃上层液体，再加洗液，如此反复冲洗2～3次后，吸弃上层液。于组织块内加入约4倍量的0.25%胰蛋白酶液，振荡混匀后置37℃水浴中感作30min，每10min振动一次，取出后以大吸管吹打十数次，此时可见大量细胞游离，液体变浊，用双层粗亚麻布或72孔不锈钢纱网过滤，收集于离心瓶（管）内，以100r/min离心沉淀5～10min，吸弃上清液，按每个鸡胚加入3～5mL营养液，再用吸管充分吹打，直至形成均匀的悬液，做细胞计数。

（1）细胞计数：取细胞悬液6.5mL，加入0.1%结晶紫枸橼酸（0.1mol/L）溶液2mL，置温箱中5～10min取出，充分振摇混匀后用毛细管或吸管吸取1滴，滴入血细胞计数器内，按白细胞计数法计数四角大格内的细胞总数。成堆细胞按一个细胞计算。将4大格内的细胞总数按下列公式换算成每毫升悬液中的细胞数：

每毫升细胞数=4大格细胞总数/4×10 000×稀释倍数

根据细胞计数结果，再用营养液将细胞悬液进一步稀释为每毫升50万细胞浓度，即可装瓶培养。小试管或小瓶装1mL；每25mL容量的长方瓶装3mL，每100mL容量长方形的培养瓶装10mL，置35～37℃温箱中培养。一般细胞在1～2h内即可贴壁，几小时后开始生长，24～48h长成单层。

（2）鸡胚细胞常用的营养液与维持液为：

[营养液] 0.5%乳白蛋白水解物97mL，犊牛血清2mL，抗生素溶液1mL。用$NaHCO_3$溶液调整pH至7.2～7.4。

[维持液] 0.5%乳白蛋白水解物98mL，醋酸钠溶液（240mg/mL）1mL，抗生素溶液1mL。

根据需要和细胞生长情况，加或不加1%犊牛血清，以$NaHCO_3$溶液调整pH至7.6左右。

2. 肾原代细胞培养　主要操作方法如下：

（1）无菌采取动物肾脏，然后将肾放入灭菌平皿，除去肾外膜及肾盂，用含5倍浓度抗生素的Hank's液洗2～3次。

（2）将肾放在广口瓶或沉淀瓶内，将组织剪成1mm^{3}小块。

（3）将剪成的小组织块移入瓶中，用Hank's液洗2～3次。

（4）加入50mL预热（37～39℃）的0.25%胰蛋白酶，37℃条件下磁力搅拌器搅动5min，弃初消化细胞，再加50mL预热的胰蛋白酶，37℃磁力搅拌器消化10～15min，将消化的细胞悬液收集于200mL沉淀瓶中，放入冰槽终止胰酶的作用。如此重复消化7～8次，直至组织全部消化完毕。用600r/min离心10min，吸弃上清液，立即加入50mL营养液，摇匀，用6层灭菌纱布过滤。细胞计数（与鸡胚细胞培养相同）。接种量为30万细胞/mL。一般3～6d可长成单层。如传二代，将营养液吸弃，加入0.1%～0.25%胰蛋白酶或EDTA 37℃作用几分钟，加入2～3倍营养液，吹打分散细胞后分装。

（5）冷消化法：将剪好的小组织块用Hank's液洗后放入消化瓶，加入2倍体积的0.15%胰酶，4℃过夜后吸弃上清胰酶，用Hank's液清洗一次，加入50mL生长液，用10mL吸管吹打，静置1～2min后取出分散的细胞，按30万/mL分装培养瓶（管）。

3. 马原代白细胞培养　主要是血液中的巨噬细胞，即大单核细胞。淋巴细胞不贴壁，只能作悬浮培养。由于马属动物血沉较快，易于由静置的抗凝血液的血浆部分取得白细胞。

在采血瓶中按采血量加入肝素溶液，放在冰箱内预冷，由动物颈部静脉采血，摇匀后放4℃冰箱，静置30～40min，待红细胞充分沉淀后，用吸管吸取上层血浆，置离心瓶（管）中，加入Hank's液或其他洗液，振荡混合后，以1 000r/min离心10min，吸弃上清液，再加少量洗液，摇起沉淀细胞，充分混匀，再加洗液至满瓶，以300r/min离心10min。弃上清液，加入犊牛血清，以吸管充分混匀进行细胞计数，按2 000万个/mL分装培养瓶。细胞在1～2h贴壁，24h后可见细胞出芽。此时或再待12～24h换液。

在培养白细胞时，所用的犊牛血清要求“对号”，即各批血清对白细胞的生长发育作用不一，有些批次血清不适于白细胞的发育，因此，要充分注意。

4. 二倍体细胞培养 二倍体细胞是正常组织细胞，不引起肿瘤，一般只能传40代±10代，可用于抗原和疫苗生产。

所用细胞多采自4个月以下胚胎的新鲜肾组织、肺组织或肌皮组织。将组织碎成1～2mm^{3}小块，用Hank's液洗涤3次，用0.25%胰蛋白酶在pH7～6条件下，4℃冷消化18～20h，或37℃ 30min，吸弃胰蛋白酶后用Hank's液清洗2次，加入少量营养液用10mL吸管吹打，分散细胞，计数。按30万～40万/mL分装（100mL）培养瓶（每瓶10～15mL），36～37℃的温箱中静止培养或旋转培养。原代细胞长成单层（成片）即可传代，一般间隔4～5d。传代时弃去营养液，按1∶4的比例加入37℃的0.5%胰蛋白酶和0.03%EDTA混合液，于室温放置3～5min，冬天可放在37℃温箱中3～5min。摇动培养瓶，使细胞从瓶壁脱落，加入适量新鲜预热的营养液，用吸管吹打分散细胞，将1瓶分装为2瓶，置36～37℃温箱静置或旋转培养。pH不可超过7.6。在选好细胞株传代的过程中，必须在10代以前大量进行细胞冻存，或保存于液氮中以备传代用。

5. 传代细胞培养 从人及动物组织，特别是肿瘤组织经过多次传代可以建立传代细胞系。这种细胞能无限地传代。但并非所有组织细胞均能建立传代细胞系。有些传代细胞对病毒敏感范围较广，可用于作病毒的分离鉴定，如Hela、Hep-2、KB细胞，这三种传代细胞均是由人肿瘤组织细胞建立的，并证明无致癌作用。目前仅用于病毒的分离和鉴定，不用于疫苗生产。另外还有BHK细胞，来源于仓鼠肾，使用较广泛，可用于生产疫苗。

恶性肿瘤组织与正常组织不同，可用剪刀剪后使癌细胞游离出来，采用机械法获得培养细胞。培养时接种细胞量可以多一些。从原代开始到10代左右，培养细胞的增殖很不稳定，故对细胞操作须慎重，必须确定适量的周期及适当的培养方法。在细胞增殖稳定后，再用4倍细胞培养液传代。

目前所用的传代细胞包括猪肾传代细胞、仓鼠（地鼠）传代细胞（BHK-21）、羊胎肾传代细胞（HLK/BLV）、驴胎传代细胞。Vero细胞系由非洲绿猴肾培育的稳定传代细胞。Hela细胞是从人的子宫癌分离培育的传代细胞等。Hep-2细胞是从喉头癌细胞分离获得的，是较稳定的传代细胞，对脊髓灰质炎三型病毒、腺病毒及人Echo病毒均敏感，也用于柯萨奇、腺病毒、疱疹病毒以及牛痘病毒等的分离。KB细胞来自上颚癌，这种传代细胞经证明还有致癌作用，仅可用于病毒的分离及鉴定以及一些病毒的研究用。

6. 克隆培养 从几种细胞混合培养中，分离出单细胞，使之成为克隆，称为克隆培养。其操作方法详见第七十六章。

7. 悬浮培养 为能获得大量均匀生长的细胞悬液，进行疫苗或病毒抗原生产，一般情况下，活细胞都有可能悬浮生长，但是必须指出，同一细胞株中的某些细胞可能更加适应悬浮培养，如作为口蹄疫疫苗生产用的仓鼠肾传代细胞株——BHK-21克隆13，是一株适于悬浮培养的细胞株。

四、胶原层培养方法

这种方法是用某些不易生长繁殖的组织或细胞，包括血细胞、成熟动物的脏器组织，特别是一些开始传代较难培养的恶性肿瘤细胞。在进行转化培养时，均可使用本法。由于这些组织或细胞自身贴壁能力较差，利用胶原层代替鸡血浆凝块起组织或细胞支架作用。其优点是清晰透亮不影响观察。

取一只鼠尾，放95%酒精浸泡15min，使腱纤维清亮，剥去皮毛，用尖镊子抽出尾腱放在含有5倍浓度抗生素双蒸馏水中，洗净细毛或脏物，然后将尾腱纤维移入盛有150mL1/1 000冰醋酸溶液250 mL的沉淀瓶中，4℃放置48h，不时摇动。此时腱纤维逐渐胀大，达透明的胶样物，经3 000r/min离心2h，吸出不透明胶状上清液，所剩透明残渣可再加入30mL 0.1%冰醋酸充分摇动混合，放置4℃ 24h，再次以3 000r/min离心2h，吸出上清，剩余物再加冰醋酸，再放置4℃24h。离心，取上清液，3次上清液混合，即是胶原液。一只鼠尾腱可得到胶原液60～120mL，在4℃可保存1年以上。

使用时用毛细管吸一滴涂于试管壁下 1/3 一侧，并按底面积大小涂一薄层，塞好棉塞，放室温 24h，使醋酸挥发并待胶原凝固，在接种细胞前应先加 Hank's 液，观察瓶（试管）内 pH 变化，待达到中性时可用。一般要准备好一批试管或瓶，放在 4℃保存备用。如急用时则可取以下两种方法之一。

（1）胶原凝固液过酸时，可用大量 Hank's 液洗至中性时再用。

（2）在管壁涂上胶原后，立刻用25%氨水蒸，胶原很快凝固，但管内又过碱，可用 Hank's 液洗至中性再用。如用氨水蒸后不急用时可用棉塞使碱挥发至中性再用。

试验时，按常规组织培养方法接种组织细胞悬液或组织块。

五、组织和细胞的保存方法

从动物或胚胎取组织时，必须尽量减少组织的污染及各种物理和化学损伤。其中尤应避免挤压，因其对组织细胞的损伤很大。组织取下后应放入带有抗生素的维持液中，不能立即消化时，应尽可能剪成 $1mm^3$ 左右的组织块，用 Hank's 液清洗 2～3 次，将组织块置入含 10%～20%牛血清、0.5%水解乳蛋白的 Hank's 液，放 4℃保存。一般可保存一周再进行消化还能良好地长成单层。

1. 单细胞的保存　单细胞包括原代、传代、二倍体细胞。

（1）每 0.5mL 沉淀的单层细胞，加入 8.5mL 10%牛血清 Eagle's 液或 10%牛血清、0.5%水解乳蛋白 Hank's 液、1mL 无菌甘油或二甲基亚砜。分装 10 个小管，组织浓度为 5%。

（2）缓慢冷冻：放 4℃ 2h，继之转为－20℃ 2h 或直到冰冻，再放－70℃以下保存。

2. 冷冻保存细胞的复活　放 37℃水浴快速融化，每管 1mL 5%细胞数，加入 24mL 牛血清 Eagle's MEM（E-MEM）液或 10%牛血清水解乳蛋白 Hank's 液，使细胞最后浓度为 0.2%。将 4mL 细胞悬液放入瓶的侧面，在 37℃下培养。

第三节　病毒的组织培养及检测技术

应用组织培养细胞接种病毒，首先选择敏感细胞，例如狂犬病病毒可以在鸡胚、小鼠、猪、兔、犬等动物的一些组织的原代细胞和继代细胞中生长，病毒的滴度较高，形成明显细胞病变；马传染性贫血病毒只能在马属动物原代白细胞和骨髓细胞及驴肺细胞和驴皮肤细胞上生长。

一、病料的采取

采取病料时操作必须迅速，特别是在温暖季节，应尽快将病料置于冰盐水混合的冰瓶内，送往实验室或冷藏室。对病料做病毒分离时，可根据病料种类作适当处理。

1. 脑、肝、肌肉等器官或组织　取一块组织充分剪碎后置乳钵加石英砂研磨，随后加入 5 倍量的 Hank's 液或其他等渗盐水溶液，作成乳剂后移入灭菌试管中，如果条件许可，可将其预冷至－20℃以下的酒精中迅速冰冻，然后置 37℃温水中融化，使细胞内的病毒充分释放出来。再以 2 000r/min 离心沉淀 10min，过后取上清液作为接种物。

2. 鼻液、乳汁、脓汁等分泌物或渗出物　一般这些分泌物或渗出物中含有大量细菌或霉菌，必须加入高浓度的抗生素作预处理，充分混合后，置 4℃冰箱中感作 2～4h，离心取上清液作接种用。

3. 咽喉拭子　用灭菌棉棒仔细擦拭咽喉部，然后将其泡入盛有 2～5mL Hank's 液的试管内。Hank's 液中含 2%牛血清和相应浓度的抗生素，充分洗刷棉棒，并反复冻融 3～5 次，收集液体部分，以 2 000r/min 离心沉淀 10min 后，取上清液用作接种。

4. 粪便　可用棉拭子插入肛门采取或捕杀病畜后由肠管采取，低温保存。用时可按鼻液的处理方法，稀释于含有2%牛血清的Hank's液内，加入抗生素，4℃感作4h后，离心取上清液用于接种。

5. 无菌液体或鸡胚液 一般不作任何处理，直接用于接种。

二、接种方法

选择生长旺盛的敏感细胞，弃去营养液，用Hank's液洗1～2次，加入上述处理后的接种物（病毒液或病毒悬液），接种量以能使病毒液盖满细胞层为度。摇匀后置37℃温箱中吸附30～60min后弃去。加新鲜维持液。逐日观察细胞病变。如果接种物毒性太大，如粪便悬液，则在吸附细胞后，将其吸出，用洗液轻轻洗涤一次细胞后，再加入维持液，以便减轻有毒物质对细胞生长的影响。

某些病毒，如腺病毒、马传染性贫血病毒等，可将接种物直接加入维持液中，而不必预先吸附。

三、病毒的检测

病毒接种组织培养后的检测方法，除观察细胞病变外，主要为蚀斑试验、中和试验、代谢抑制试验、红细胞吸附试验、干扰现象等。

1. 细胞病变 细胞病变（CPE）是病毒在细胞内增殖及其对细胞产生损害的明显表现，包括细胞质的颗粒性变及胞核的变形和碎裂等。细胞病变主要包括：①细胞圆缩，如肠道病毒、痘病毒、呼肠病毒、披膜病毒、鼻病毒等；②细胞聚合，如腺病毒；③细胞融合形成合胞体，如副黏病毒、疱疹病毒；④轻微病变，如狂犬病毒、冠状病毒、反转录病毒、嵌沙样病毒等。有些病毒引起的病变有一定特征，有经验的工作者可仅凭细胞病变即可判断病毒的种类。细胞病变程度以细胞受累为标准，如25%细胞受累标准为病变“＋”，50%细胞受累则为“＋＋”以此类推。在细胞病变为“＋＋”～“＋＋＋”时可收获病毒，此时病毒量及活性最高。

2. 蚀斑试验 这是一种测定病毒感染较精确的方法。将各种稀释好的病毒悬液种入培养瓶的单层细胞上，让细胞吸附病毒一定时间，然后在单层细胞上覆以营养琼脂培养基。在细胞中感染的病毒颗粒，由于琼脂层覆盖的限制，只能感染周围的细胞，而形成名为“蚀斑”的退化细胞区。被感染病灶可用活性染料（如中性红）将细胞单层染色而显示出来。由于“蚀斑”不能摄入活性染料，所以出现清晰而不染色的区域，衬托于染色的活细胞背景中。由于蚀斑是由单个感染颗粒形成，是感染力测定的定量方法，也可用于病毒的纯化。

测定方法：覆盖的琼脂一般用双倍营养液和等量的2%琼脂液制成。双倍营养液的配制如下：10倍Eagle's液、MEM 20mL，3%谷氨酰胺2.0mL，牛血清3.6mL，8.3% $NaHCO_3$ 5.0mL，抗生素2.0mL，水46.6mL。

培养瓶内细胞长成单层后，接种各种稀释度病毒悬液0.2mL，每个稀释度为4瓶，37℃ 90min培养使之吸附。吸附后用Hank's液洗1次，将琼脂加温46～47℃，加入培养瓶，一般每瓶1mL，注意要铺平，放置1h后使琼脂凝固，然后将培养瓶翻转培养于36～37℃温箱，逐日观察蚀斑出现情况。

3. 中和试验 分离的病毒需通过血清学方法鉴定，即中和试验。观察的标准是免疫血清能否中和所分离的病毒。一般用3组培养的细胞管，每组设4管。按下列程序处理：①细胞加抗血清；②细胞加病毒（100～1 000$TCID_{50}$病毒量）；③细胞加病毒加抗体血清（应先将病毒与抗体血清混合作用37℃ 1h，再加入培养管）。

结果判定：如第1组和第3组细胞存活，而第2组细胞发生病变，则表明所分离的病毒与所用的特异性血清是相对抗的。

4. 红细胞吸附试验 有些病毒不使培养细胞产生病变，而可通过红细胞吸附试验予以鉴定。将红细胞悬液加入受病毒感染并培养一定时间的单层细胞，让红细胞与感染细胞接触几分钟，将液体倒掉，轻洗一次，如有病毒感染，可在显微镜下观察到有细胞吸附于受感染部位，可判定阳性。

5. 荧光染色试验　本法是目前病毒分离和鉴定较为常用的方法。可用小玻璃片放入细胞培养瓶中，使细胞在其上生长后再感染病毒。在细胞病变未出现前可用荧光染色法检查病毒（具体方法见第七十五章第二节）。

6. 细胞代谢的测定　在细胞培养病毒后，由于病毒代谢而改变了维持液的pH，通过观察维持液颜色的变化（一般对照组颜色变黄而感染组液体颜色仍为红色），可以初步认定有无病毒增殖。但是这种测定结果只反映量的差异。应当注意，腺病毒的细胞培养与此不一致，培养物中的pH经常低于未感染的对照细胞培养物。

7. 病毒间的干扰现象　病毒与病毒间经常出现干扰现象。即一种病毒感染细胞后，可以干扰另一种病毒在该细胞上的增殖。利用这种干扰现象可以查出一些既不引起细胞病变，也不能通过血凝及细胞吸附试验测出的病毒。如流感病毒能够抑制西方马脑炎病毒的增殖。

8. 电子显微镜观察　利用电子显微镜直接观察细胞内、外的病毒，并可了解病毒的形态、大小以及有无支原体及其他细菌的污染（具体方法可参见第六十四章第二节）。

9. 实验动物或鸡胚接种　将病毒感染的培养物或组织块制成乳剂接种敏感动物或鸡胚，根据实验动物或鸡胚的症状、死亡和病理变化等，判定接种物中病毒的存在。也可以用免疫血清在实验动物或鸡胚做中和试验或做病毒抗原鉴定和病理学检查等。

10. 病毒感染力的滴定（毒力滴定）　有两种方法：一种是用实验动物测定 LD_{50}（半数致死量）；另一种是在组织培养细胞上测定 $TCID_{50}$（半数组织培养感染量）。在此仅介绍 $TCID_{50}$的测定方法。

测定 $TCID_{50}$可用 Reed-Muench 或 Karber 氏法。

将病毒液在灭菌小试管内做成10倍稀释液，即用1mL吸管吸取0.2mL病毒液，加入装有1.0mL的Hank's液或Earle氏液的第1支小试管内，将混合液充分振荡，并另换1支新的1mL吸管，再吸吹混匀后，吸取0.2mL移入第2支1.8mL的Hank's液管中，更换吸管，并如法充分振荡吸吹混匀后，再吸取0.2mL加入第3管。连续如此操作，即可做成递增的一系列10倍稀释液。吸取每一稀释度的病毒0.1mL，加入培养在小试管并已长成单层的敏感细胞培养物中，每个稀释度的病毒接种4～10支细胞管。于37℃旋转或静止培养，逐日观察（一般需7～10d），直至终点。按表72-1和表72-2举例计算 $TCTD_{50}$。

出现病毒增殖现象（根据CPE）的细胞管数分别列入表中的第2和第3列，累计数分别列于第5列（根据箭头指示方向），第6列为细胞管总数，第7管为出现病毒增殖现象的细胞管数所占细胞管总数的百分率，可见该毒株的 $TCID_{50}$在 10^{-3}（91.6%）和 10^{-4}（40%）之间，其确切稀释倍数按下列公式计算。

表72-1　$TCID_{50}$的测定（Karber氏法）

病毒液稀释度	出现CPE的细胞管（阳性管）的比率
10^{-1}	8/8=1
10^{-2}	8/8=1
10^{-3}	7/8=0.875
10^{-4}	3/8=0.375
10^{-5}	1/8=0.125
10^{-6}	0/8=0

L=最低稀释度的对数；d=稀释度对数之间的差；s=阳性管比率总和。

应用公式 $\log TCID_{50}=L-d(s-0.5)$

$\log TCID_{50}=-1-1(3.375-0.5)=-3.875$

$TCID_{50}=10^{-3.875}$

（计算结果与Reed-Muench百氏法近似）

表 72-2　$TCID_{50}$的测定（Reed-Muench 西氏法）

病毒液稀释度	细胞管观察结果		累计细胞管数			出现 CPE 的细胞管所占的%
	出现 CPE	不出现 CPE	出现 CPE	不出现 CPE	总数	
10^{-1}	8	0	27	0	27	100（27/27）
10^{-2}	8	0	19	0	19	100（19/19）
10^{-3}	7	1	11	1	12	91.6（11/12）
10^{-4}	3	5	4	6	10	40（4/10）
10^{-5}	1	7	1	13	14	0.7（1/7）
10^{-6}	0	8	0	21	21	0（0/21）

$$\frac{91.6\text{（高于 50\%的\%）}-50}{91.6\text{（高于 50\%的\%）}-40\text{（低于 50\%的\%）}}=\frac{41.6}{51.6}=0.86$$

由上式获得的 0.86%，加在低于 50%的稀释因子（3），即为 50%的稀释因子，因此，该病毒的 $TCID_{50}$应是 0.1mL 的 $10^{-3.86}$稀释的病毒液。

第四节　病毒培养物的污染（支原体）检查、控制和消除

支原体（*Mycoplasma*）在组织培养中是常见的污染微生物，往往被忽视，因为它在组织培养中繁殖虽高达 10^7 或 10^8 而不引起明显的病变和肉眼能观察到的混浊，所引起的细胞病变一般是间接的。在其繁殖过程中，消耗培养液中细胞生存必要的氨基酸，可改变正常细胞的结构和功能；能抑制细胞代谢和生长，改变核酸合成，影响细胞抗原性，导致细胞染色体改变，干扰病毒复制等。

支原体的污染主要出现在连续传代的细胞，污染率为 1%～3%。污染的来源既有细胞源性的（由细胞本身带来的），又有动物血清、胰酶以及操作时污染的。

一、支原体污染的检查

将被检查的细胞培养物至少培养 3d，然后从细胞生长液内取 0.2～0.3mL 接种到 2～3mL 已补充营养的支原体肉汤中，在 37℃培养 6d；用数滴生长液直接接种在 4 个已补充营养的支原体琼脂平板上划线，两个置 37℃下培养，两个置厌氧条件下培养 6～14d。

支原体在肉汤培养基中生长不易观察。一般采取肉汤培养物经 6d 培养后，划线接种补充营养的琼脂平板上，通常经 1～3 周可在平板上出现集落（直径 10～500μm），中心不透明，周围透明，如煎蛋状。支原体集落的特征是向琼脂内生长，以致陷入，不易移出。

支原体集落可用 Diene 法染色与细菌相区别，染色液（2.5g 美蓝，1.25g 天青-Ⅱ，50g 麦芽糖，0.25g 碳酸溶解于 100mL 蒸馏水中）涂拭集落区。支原体可被染成深蓝色中心，浅蓝边缘，不易脱色，而细菌 30min 即可退色。

二、支原体的控制和消除

细胞培养应严格遵守无菌操作。所用的培养液、牛血清等应经过严格的支原体检验，证明无菌时再用。

消除的方法有三种：抗生素处理（四环素、金霉素、卡那霉素、泰乐霉素等）、41℃较高温度连续感作 18h，以及加入特异的抗支原体高价免疫血清。

附　组织培养试剂

一、抗生素

1. 配制　用无菌去离子水（或蒸馏水）溶解，使之达贮存浓度。金霉素须用预热 37℃的去离子水溶解，使呈清澈的琥珀色。制霉菌素几乎不溶于水，则配制成悬液。

2. 保存　分装，−20℃冰冻保存。

3. 使用　应用时将配制好的贮存液加入营养液（或维持液）中，达到最终使用浓度。各种抗生素性质不同，联合应用比单用效果好，预防应用比污染后处理更好。

贮存液通常含青霉素 G 10 000U 和链霉素 10 000μg，应用时最终浓度每毫升分别含 100U 青霉素和 100μg 链霉素，即 100mL 营养液（或维持液）内加上述混合试剂 1mL。

近年来国外多用一种 Fungizone 抗霉菌素，用 Hank's 使用液配制成每毫升含 100μg 溶液，分装，−20℃冰冻保存。使用时最终浓度为 1～5μg，即 100mL 营养液（或维持液）内加 1～5mL 上述溶液。

抗生素浓度及效用表

抗生素名称	浓度（量/mL）		效　果		
	贮存	使用	真菌	细菌	支原体
青霉素 G	10 000U	100U		+++	
链霉素	10 000μg	100μg		+++	
庆大霉素	10 000U	50U		+++	
卡那霉素	5 000μg	50μg		++	+
多黏菌素	5 000μg	50μg		++	
四环素	1 000μg	10μg		++	++
红霉素	5 000μg	50μg		++	
两性霉素 B	500μg	5μg	+	++	
制霉菌素	5 000U	25μg		++	
金霉素	10 000μg	50μg		++	++

二、消化液

1. 胰酶（0.25%溶液）

胰酶	2.5 g
Hank's 液	1 000mL
青霉素	10mL
链霉素	10mL

（1）加胰酶和抗生素于 Hank's 液中，振荡使其溶解，总量到 1 000mL。

（2）加压过滤除菌，分装，−20℃冰冻贮存。

（3）一瓶最好用一次，不宜反复冻融。

2. 胰酶-乙二胺四乙酸二钠（Trypsin-EDTA）

胰酶	2.5g
乙二胺四乙酸二钠	0.2g
青霉素	10mL
链霉素	10mL
无钙镁磷酸缓冲液	1 000mL

（1）加胰酶、乙二胺四乙酸二钠和抗生素于无钙镁磷酸缓冲液中振荡使其全溶。

（2）加压过滤除菌，分装，－20℃冰冻贮存。

（3）一瓶最好用一次，不宜反复冻融。

3. 乙二胺四乙酸二钠 0.02%溶液（EDTA pH7.3）

乙二胺四乙酸二钠	0.2g
无钙镁磷酸缓冲液	1 000mL

（1）将乙二胺四乙酸二钠溶解于无钙镁磷酸缓冲液中。

（2）分装，高压消毒。

（3）保存于 4℃。

使用时，用 0.02% EDTA 液稀释 0.25%的胰酶，根据需要作出 1∶2、1∶3 等稀释（0.25%胰酶∶0.02%EDTA）。

三、营养液和维持液

合成培养液的种类较多，目前有市售的培养液粉剂，用此粉剂制备 10 倍、2 倍以及使用液。可按产品说明配制，其成分、含量也可得知。

10 倍培养液为贮存母液，2 倍培养液用于哺乳类动物细胞空斑计数时营养琼脂的制备。1 倍培养液用于细胞培养的生长液或维持液。

主要有如下几种培养基：Eagle's MEM、199 综合培养基、RPMI－1640 培养基。

用去离子水（或双蒸水）溶解。199 综合培养基、RPMI－1640 培养基通过加压过滤除菌。Eagle's MEM 培养基通过高压灭菌，然后 4℃保存。

使用液应用时每 100mL 中含配制好的谷氨酰胺 1mL、5.6% $NaHCO_3$ 2mL 以及抗生素和血清。营养液血清量最终浓度为 20%、10%、5%，根据需要选择。2%用于维持细胞生存以及感染病毒，有时也用无血清维持液。

水解乳蛋白液：一般制备 5%母液

水解乳蛋白	50g
去离子水	1 000mL

四、缓冲液

1. 磷酸盐缓冲溶液（使用液 pH 7.3）

A 液：	NaCl	8.0g
	KCl	0.2g
	Na_2HPO_4	1.15g
	去离子水	800mL
B 液：	$CaCl_2$	0.1g
	$MgCl_2 \cdot 6H_2O$	0.1g
	去离子水	200mL

（1）按上述次序将盐类在去离子水中溶解。

（2）分装，高压灭菌。

（3）室温或 4℃贮存。

2. 无钙镁磷酸缓冲液（使用液 pH7.3）

NaCl	8.0g
KCl	0.2g
Na_2HPO_4	1.15g

KH_2PO_4	0.2g
去离子水	1 000mL

（1）按上述次序将盐类在去离子水中溶解。

（2）分装，高压灭菌。

（3）室温或4℃贮存。

3. Tris（三羟甲基氨基甲烷）缓冲液

此缓冲液主要用于少用或不用 $NaHCO_3$ 的细胞培养中，其好处在于可不用 CO_2 培养箱，pH 范围在7.0～9.0（7.5～8.5 最稳定），低于 7.0 以下无效。经过改良的 Gey's 盐溶液将 Tris 制备成0.05mol/L（pH7.6）的母液。使用时的最终浓度为0.002～0.02mol/L。

- Gey's 溶液

A液：NaCl	70.0g
KCl	3.7g
Na_2HPO_4	1.19g
KH_2PO_4	0.237g
葡萄糖	10g
1%酚红	10mL
去离子水	990mL

按上述次序在去离子水中溶解盐类及葡萄糖，此即为10倍浓缩母液，4℃贮存，用时去离子水稀释10倍，高压灭菌，室温或4℃贮存。

B液：$MgCl_2 \cdot 6H_2O$	0.42g
$MgSO_4 \cdot 7H_2O$	0.14g
$CaCl_2$	0.34g
去离子水	100mL

依次在去离子水中溶解盐类；高压灭菌；室温或4℃贮存。

- 0.05mol/L Tris 缓冲液的制备：①取20mL B液加到60mL A液中，即为改良的Gey氏溶液；②取2.42g Tris 溶解在约100mL的上述溶液中；③加76.8mL 0.2mol/L HCl到2中（0.2mol/L HCl需事先配制）；④用1使2的总量到400mL，此即为0.05mol/L Tris 缓冲液，pH7.6；⑤过滤除菌，分装，4℃贮存。

五、其他

1. pH 调整液

在许多情况下，为使营养成分稳定并延长贮存时间，配制生理盐溶液和培养液时，都不预先加入 $NaHCO_3$，而在使用前再加入。为了保持培养液pH恒定，以利于细胞的生长和增殖，还可用 HEPES [2 - hydrox yethl peperazine-ethanesul Phonicacid] 作添加剂。

（1）$NaHCO_3$　调整pH常用浓度有7.5%、5.6%、3.7%三种。配制时用去离子水（或双蒸水），高压灭菌，分装，4℃保存。当pH超过后，可用高压灭菌10%醋酸溶液或通入 CO_2 调节。

（2）HEPES　为了较长时间控制恒定的pH范围，可使用氢离子缓冲液，HEPES就是其中的一种，它具有较强的缓冲能力。使用最终浓度为10～50mmol/L，可以根据缓冲能力的要求而定。

HEPES 可按照所需的浓度，直接加入到配制的培养液内，再过滤除菌。通常配制成500mmol/L的浓度。用200mL双蒸水溶解47.6g HEPES，用1mol/L NaOH 调节pH至7.5～8.0。过滤除菌后，分装，4℃保存。

2. 谷氨酰胺溶液

(1) L谷氨酰胺12.0g溶于400mL去离子水中。

(2) 加压过滤除菌。

(3) 分装成50mL。

(4) -20℃贮存。

此液不加在母液里，在配使用液（即生长液或维持液）时加入。

3. Hank's液

A液：	NaCl	80.0g
	KCl	4.0 g
	$CaCl_2$	1.4 g
	$MgSO_4 \cdot 7H_2O$	2.0 g
	去离子水	约450mL
B液：	Na_2HPO_4	0.6g
	KH_2PO_4	0.6g
	葡萄糖	10.0g
	去离子水	约450mL
C液：	1%酚红溶液	16mL

（注：酚红1.0 g，在乳钵内加入1mol/L NaOH溶液4～7 mL，研磨使其完全溶解，再用去离子水稀释剂100 mL，高压消毒，在室温或4℃贮存）

(1) 依次在水中溶解上述成分。

(2) 将B液慢慢地加到A液中，同时不断搅拌。

(3) 然后加入C液。

(4) 加去离子水到1 000mL。

(5) 加压过滤除菌（或加氯仿2mL）。

(6) 4℃贮存。

上述溶液为Hank's母液，其使用液的制备如下：

10倍Hank's母液	500mL
去离子水	4 500mL

(1) 将母液加到水内，摇匀。

(2) 分装、0.785Mpa（8 lb/in^2）高压灭菌20min，室温或4℃贮存。

应用前可用$NaHCO_3$调整pH。有时加入一定量的抗生素，配成含抗生素的Hank's，用于洗涤活组织或细胞。

4. 小牛血清

血清种类较多，常用的有小牛血清、胎牛血清、马血清、兔血清等。目前使用的主要是小牛血清和胎牛血清。使用前应在56℃30min灭活处理，以破坏补体。灭活处理的血清促生长能力有所下降，但它可以安全地贮存于4℃。未加热的血清不稳定，应保存于-20℃。

5. 细胞冷藏保存液

主要用以保存活细胞。

培养基使用液加谷氨酰胺、$NaHCO_3$、抗生素如前细胞生长液和维持液，并加入10%牛血清以及10%甘油（高压灭菌）或用10%二甲基亚砜（DMSO）。

王云峰 编

第七十三章　病毒的分离和提纯技术

由于病毒只能在宿主细胞内进行复制和增殖。所以，培养病毒的液体内含有大量的宿主细胞及其他一些杂质成分。因而，病毒的分离与鉴定是病毒研究中的一项基本工作。这项工作是确诊病毒性传染病的可靠方法，又可为制定防制措施和疫苗研究提供服务，所以十分重要。

病毒提纯方法取决于该病毒的来源、理学性质及病毒成熟的情况等因素。由于一些条件的差异，不可能提出一个适用于任何病毒的提纯方法。但各种病毒提纯的基本原则是一致的。因而在此除分别介绍普通病毒和反转录病毒的分离与鉴定外，其余的内容均一并介绍。

第一节　普通病毒的分离和鉴定

一、标本的采集和处理

在采集标本时，应根据病畜（禽）的临床症状、流行病学和病理解剖病变进行分析，初步推断可能是哪一种病。病料应尽可能新鲜。组织块应放入50%中性甘油中，4℃或冷冻保存最好。血液一般是加0.1%肝素或把血液放入含灭菌玻璃球的瓶内振荡脱纤。采集的病料须在48h内送到实验室。

除菌处理：采集标本尽可能无菌操作，但有些标本，如粪便、鼻拭子等必须除菌，一般使用抗生素，抗生素的浓度及作用时间依标本而定。

研磨和稀释：用脑、脊髓和其他脏器组织分离病毒时，为使细胞内病毒游离，以研磨器或乳钵充分研磨，研磨时最好加入少许无菌玻璃砂。稀释液常用pH7.2～7.6的肉汤，10%脱脂乳生理盐水，0.5%水解乳蛋白Hank's液。将组织制成10%悬液，以2 000r/min离心20min，用上清液接种动物、鸡胚或细胞。

二、标本的接种

处理后的标本，接种哪种动物或细胞，采用什么途径，主要取决于病毒的嗜性。一般嗜神经性病毒主要接种于动物脑内；嗜呼吸道病毒接种于动物鼻腔及鸡胚羊膜腔；嗜皮肤性病毒接种于动物皮内、皮下或鸡胚绒毛尿囊膜；嗜内脏病毒可接种动物的腹腔、静脉、肌肉。由于组织培养技术的广泛应用，许多病毒都用组织培养进行分离鉴定。

1. 动物接种　选择健康动物，并应排除动物自发性病毒。最好使用SPF动物，以防止其他病毒的干扰。

2. 鸡胚接种　选用SPF鸡胚，勿用一般鸡胚，因为有隐性病毒存在，干扰病毒分离。

3. 细胞培养接种　细胞培养是分离病毒的一种主要方法。一般采用原代细胞和细胞系细胞，如BHK-21、Vero、MDCK、Hela等。

一般初次从自然界分离病毒，经盲传二代为阴性时，才能判断为阴性。有时第一代病毒引起动物死亡和细胞病变不规律，常常只有个别出现病变，应抓紧时机盲传，才可能分离到病毒。

三、病毒的鉴定

经过动物、鸡胚或组织细胞培养接种分离到并能稳定传代的病原，或经过滤器（玻璃滤器 G-5）证明无菌，并无碍其繁殖力与致病力，可认为分离到病毒。然后应进一步鉴定是哪一种病毒，可以采取免疫血清学检验技术、电子显微镜和免疫电镜等方法进行检测。

1. 免疫血清学检验技术

（1）将分离到的病毒和病畜急性期恢复期血清进行补体结合试验、血凝抑制试验，其血清抗体可升高 4 倍，并确定本病的病原。

（2）将分离到的病毒与已知病毒的标准血清作中和试验、补体结合试验或血凝抑制试验进行鉴定。

（3）可以用交叉保护试验作鉴定。用分离的病毒和已知的标准病毒分别免疫动物，同时留一组健康动物作对照，经约 2 周时间，用标准病毒攻击，观察保护效果。

（4）免疫荧光试验（IF）、酶联免疫吸附试验（ELISA）、固相放射免疫试验（SPIAS）、琼脂免疫扩散试验等方法检测可获得结果。这些试验的具体方法可参见本书有关章节。

2. 病毒基因组织限制性内切酶的分析鉴定及病毒核酸检测 限制性内切酶能在病毒 DNA 的一个特异性核苷酸序列进行切割，可使病毒基因组的 DNA 成为多个片段，经凝胶电泳分离，可以得出病毒基因组具有特性的“限制性内切酶图谱”。另外，应用标记的核酸探针，可为鉴定病毒感染提供一种特异性高、敏感性强的技术。

3. 电子显微镜和免疫电镜技术 用含有高浓度病毒颗粒（10^7/mL）的样品，可以直接用电子显微镜进行观察，是鉴定病毒最快的方法。另外，利用病毒特异性抗体结合的免疫电镜可以提高鉴定效果，特别是有些病毒不能作组织细胞培养（如轮状病毒等）用此法非常合适。具体方法可参见第六十四章第二节。

第二节 反转录病毒的分离和鉴定

反转录病毒与大多数动物病毒不同，病毒的成熟一般以细胞出芽为主，但不引起细胞病理效应。受染细胞被转化的同时，产生子代病毒。但是有人认为反转录病毒的复制并非细胞转化所必需，反之细胞转化也并非病毒复制所必需，是两个不同的过程。

反转录病毒与其他 RNA 病毒不同点在于它的 RNA 基因组，其在复制过程中，借助于反转录酶以基因组 RNA 为模板合成“前病毒”DNA，进而整合到宿主基因组内，依赖于一定的病毒遗传结构，可以导致宿主细胞发生转化。反转录病毒与 DNA 肿瘤病毒存在本质的差异，虽然用实验方法可以建立 DNA 肿瘤病毒整合基因组，但在正常状态生活周期中，DNA 肿瘤病毒的整合基因组较少存在。相反，反转录病毒的整合基因组，即“前病毒”DNA 是正常复制周期的中间体。

一、反转录病毒的分离

目前已从许多脊椎动物体内分离出反转录病毒。如从患有人恶性皮肤 T 细胞淋巴瘤和白血病患者的血细胞以及淋巴结体外培养获得的人恶性 T 淋巴细胞中，分离出人 T 细胞淋巴瘤白血病病毒的 C 型病毒。从牛白血病患畜的 T 淋巴细胞中分离到牛白血病病毒。从鸡的血液中也分离到鸡白血病病毒。从艾滋病（AIDS）患者的外周血、骨髓和淋巴结单核细胞中可以直接分离到 HIV。现以人Ⅰ型 T 细胞淋巴瘤白血病病毒（HTLV）的分离为例进行介绍：

将 HTLV 血清学检测为阳性的血液样品，经聚蔗糖-泛影葡胺分层液离心分离外周血单核细胞（PBMC）。约 5×10^6 个 PBMC 转移到 50mL 细胞培养瓶中，加入 5mL 含 20%胎牛血清（灭活处理）的

RPMI 1640 细胞培养液培养 1 天，然后向培养液中加入植物凝集素（13 μg/mL）继续培养 3d。最后将 PBMC 在含有 20%胎牛血清（灭活处理）、2%白细胞介素-2 以及 100μg/mL 青、链霉素的 RPMI 1640 中继续进行培养，间隔 3～4 天换一次细胞液，细胞培养密度不大于 10^6 个/mL。为了进一步确定临床样品中的 HTLV，收集的细胞培养悬液可再次接种非感染的 PBMC。细胞培养物 1 000r/min 离心 10min，上清液中的病毒颗粒用无 RNase 的蔗糖密度梯度（22%～65%）离心进行浓缩纯化，将浮密度为1.19～1.12g/mL 处合并，分部收集，用 TNE 缓冲液（10mmol/L Tris-HCl，pH7.4，含 0.1mol/L NaCl，1mmol/L EDTA）按 1∶1 稀释，18 000r/min 离心 2h，沉淀用 TNE 缓冲液重悬，测定 DNA 聚酶的活性，负染色检测病毒，然后重悬病毒的颗粒，加到上层是 30%，下层是 100%的双层甘油上，以 30 000 r/min离心 2h。沉淀重悬于 TNE 缓冲液中，加到 10mL 蔗糖梯度（22%～65%）上，分部收集。浓缩纯化的病毒粒子可进行后续的病毒鉴定。

二、反转录病毒的鉴定

1. 病毒结构蛋白质的测定　HTLV 结构蛋白质 P24 的放射免疫测定灵敏度较高，其方法是：首先是纯化病毒核心蛋白质 P24，其步骤为：25%～60%蔗糖梯度离心纯化反录病毒颗粒，用含 0.5% Triton X-100 与 0.8mol/L NaCl 的缓冲液 A [20mmol/L Tris-HCl，pH7.5，20%甘油，1mmol/L DTT，0.5mmol/L 苯基甲基磺酰氟化物（PMSF）] 裂解。在冰浴中搅拌 1 h 后，Spinco40 转头35 000r/min 离心 10 min。取上清用缓冲液 A 透析，过 DEAE 纤维柱。透析后，加到 5mL 磷酸纤维素柱上，用 100mL 0～0.6mol/L NaCl 线性梯度洗脱，每管 1.5 mL 自动收集。12%聚丙烯酰胺凝胶电泳分析，在 150～250mmol/L NaCl 范围内，出现单一的 P24 峰。将含有 HTLV P24 的部分合并，真空干燥浓缩。纯化的 P24 用氯胺 T 法碘化标记，再测定。双抗体放射免疫测定可用于检测样品中的 P24 抗体滴度。

2. 反转录酶的免疫学测定　经两次蔗糖密度梯度超速离心纯化的反录病毒颗粒，以超声波裂解病毒，然后过 DEAE 纤维柱除去核酸，约每毫克蛋白质用 1mL DEAE 纤维素，洗脱液透析后，加到硫酸纤维柱上，用 KCl 梯度洗脱。0.2mol/L KCl 洗脱的酶液，用缓冲液 5 倍稀释后，加到 Poly（C）琼脂糖柱上，0～0.5mol/L KCl 梯度洗脱，0.2mol/L KCl 洗脱的纯化酶液对 50mmol/L Tris-HCl，pH7.9，50mmol/L KCl，2mmol/L DTT，0.01% Triton X-100 及 20% Ficoll 缓冲液透析、浓缩，经聚丙烯酰胺凝胶电泳分析，其相对分子质量约为 95 000。

3. 核酸杂交分析　核酸杂交是鉴定反录病毒的一项指标。先制备 ^3H-cDNA，再分离 HTLV 70S RNA，进行杂交反应。此反应在 ^3H-cDNA 与 70S RNA 在 5.0%甲酰胺/0.45 mol/L NaCl/0.045mol/L柠檬酸钠反应混合液中进行。HTLV-Ⅰ ^3H-cDNA 与本身的 70S RNA 杂交，同源性为 9.0%，但不能与任何动物反录病毒的“前病毒”DNA 或 RNA 杂交。

4. 间接免疫荧光试验（IFA）　IFA 可以用于检测细胞培养物中的病毒抗原。8 孔磨砂载玻片每孔加 10μl 细胞悬浮液（10^6 个/mL），室温下干燥，丙酮固定 15min，PBS 洗涤。向固定的细胞上加鼠抗 HTLV p19 或 p24 单克隆抗体，37℃ 孵育 1h。PBS 洗涤后，加入异硫氰酸荧光素标记的羊抗鼠 IgG，37℃ 孵育 1h。最后，荧光显微镜观察结果。试验同时设 HTLV 感染细胞，未感染的 T 细胞，人疱疹病毒第四型转化的 B 细胞，抗 B 细胞鼠单克隆抗体，1%的牛血清白蛋白溶液作为对照。

5. 电子显微镜技术　电镜观察 HTLV 粒子的超微结构。PBMC 培养悬液（10^7 个/mL）用生理盐水漂洗，含 2.5%戊二醛的磷酸缓冲液重悬（pH 7.4，4℃ 2h），pH 7.4 的磷酸缓冲液漂洗细胞。1%锇酸再固定细胞，磷酸缓冲液漂洗细胞，最后用 1%醋酸铀染色。

第三节　病毒的提纯技术

病毒的提纯，即从受感染的细胞悬液中提取病毒，进行浓缩和纯化，为深入研究病毒的本质打下基础，也为制备高纯度的病毒疫苗和诊断用抗原及寻找抑制病毒复制的化学药物等作准备，因此十分重要。

一、病毒纯度的标准

对病毒的纯度很难确定绝对标准，只能是相对的。主要是：①理化学的均一性；②蛋白质含量与病毒滴度的比例关系适应；③免疫学反应单一而不表现有其他非特异性反应；④形成结晶，只含有核蛋白核衣壳的病毒颗粒，它和其他蛋白质一样，能够形成结晶。

二、提纯病毒的一般原则

每种病毒都有其特性，所以提纯方法需根据该种病毒的性质、成熟情况及培养条件而定，因此提纯方法不可能完全相同。在此只能提出一些各种病毒提纯时应注意的通用原则。

1. 将病毒释放到细胞外 有些病毒，如痘类病毒、披膜病毒、正黏病毒和副黏病毒等，它们可以通过芽生释放到细胞外。而大多数病毒必须在宿主细胞破碎以后才能被释放出来，如疱疹病毒、腺病毒、小 DNA 病毒和小 RNA 病毒等。对于易从细胞中释放出的病毒，可以直接收集培养液或鸡胚尿囊液进行提纯。而对不容易从细胞内释放出来的病毒，就必须先将宿主细胞破碎，然后做进一步提纯。细胞破碎一般采用研磨、高速捣碎、冻融、超声波处理、高压冲击、中性去污剂处理裂解、蛋白酶解等方法。其中最常用的为冻融、研磨、NP40 裂解及蛋白酶处理等。

2. 除去病毒材料中的细胞碎块 在病毒材料中，除去细胞碎块或其他杂质，应先用低速离心机以 2 000～6 000r/min 离心 30～40min，可以除去大部分细胞碎块及其他杂质，可获得比较纯的病毒悬液，可供生物学实验用。

3. 病毒悬液的初步浓缩 根据病毒的特性，将病毒悬液浓缩到最小体积，以便进一步纯化。

(1) 物理化学浓缩法

①聚乙二醇（PEG）浓缩法：利用相对分子质量为 6 000 以上的聚乙二醇粉 20 g 制成 50%左右的溶液，将浓缩的病毒悬液约 100 mL 置于透析袋内浸于其中、将透析袋置于 2～4℃冰箱中，经 24h 可浓缩到 10 mL 左右。浓缩后盐分不升高。

另一种方法是直接将 8%～10% PEG 加入病毒悬液中，搅匀，使病毒沉淀，但病毒沉淀物中有聚乙二醇，必须再以密度梯度离心去除。

②超滤法：利用孔径比病毒颗粒的半径还小的截流膜，经高压过滤，使液体及较小分子质量物质通过，而病毒被截住、浓缩，也是一种较常用的浓缩方法。目前有些厂家生产的超滤膜明确标有所截流分子质量的大小。所以根据病毒颗粒大小，适当选择截流膜，将病毒截住，而其他较小分子质量的蛋白质等杂质透过。这样不但浓缩了病毒，而且在一定程度上使之纯化。

③超高速离心法：利用超高速离心机，选择在 60min 内能够沉淀 80%以上病毒粒子的较高转速离心 1～2h，使病毒沉淀。病毒沉淀物可用移液管吹打、研磨及超声波振荡等方法打碎后溶于缓冲液中。

超速离心法常与高速离心法配合使用，即首先将病毒悬液经高速离心，去除其中的细胞碎片等杂质，然后再经超速离心将病毒沉淀下来。这种方法人们称之为差速离心法。差速离心法往往被用作从组织培养液、鸡胚尿囊液及其他病毒悬液中提纯病毒的第一步。在差速离心过程中，由于往往有一些细胞亚单位及碎片同病毒一道被沉淀下来，所以得到的只能是病毒粗提物，如果需要很纯的病毒，则需对此病毒粗提物再进行纯化。

(2) 红细胞吸附浓缩法 能与红细胞吸附的病毒，可以用适当动物如鸡红细胞进行吸附浓缩。通常用 1%～3%鸡红细胞于 2℃吸附过夜（长时间放置前、应每隔一段时间如 1～2h 振荡一次，共 2～3 次）。然后 1 000r/min 离心 10min，去除上清，用冷（2～4℃）生理盐水洗涤 2 次，再用 1/50 原体积的

0.1mol/L pH7.5 磷酸缓冲液，将细胞悬浮，于 37℃水浴中保温 2～3h，取出，再用 1 000～2 000r/min 离心 10min，取上清即为浓缩并部分纯化的病毒悬液。

（3）病毒的高度纯化

①密度梯度离心法：密度梯度离心法是在密度呈连续或阶梯形变化的溶液中离心沉降病毒粒子的一种分离方法。根据病毒的密度与细胞碎块不同这一事实，可用本方法分离。即使细胞碎块与病毒颗粒的大小相同，在密度梯度中亦能将其分开。本方法常用蔗糖、甘油、聚蔗糖、氯化铯、氯化铷等密度大于水，而且在水中溶解度较大的物质作为溶质，手工或利用梯度混合仪制备连续或非连续密度梯度。应选择适宜的密度梯度范围，最好使病毒密度处于梯度介质的中部或近介质底部 1/3 处。将病毒溶液小心铺加于梯度介质上，然后进行超速离心，病毒粒子及其他成分即可按不同的密度排列成带状，回收不同的带，用生物学或其他方法（如电镜等）检查确定病毒带。经过本方法提纯病毒，可以得到相当纯净的病毒。有时可以根据实验需要，简化密度梯度法，仅使用两个或一个密度梯度，虽然最后提纯效果有一定程度的降低，但因其操作简单、快捷，所以仍被许多实验工作人员所采用。

②平衡密度梯度离心法：平衡密度梯度离心法是根据粒子的浮密度不同而加以分离。一般利用重金属盐如 CsCl、氯化铷、溴化钾、酒石酸钾等盐类的溶液制备梯度。制备梯度的方法有两种：一种是在饱和盐溶液上面直接加病毒样品（容量比 1∶4）；另一种是将病毒样品与盐溶液均匀混合。一般利用水平转头，经较长时间的超速离心，使盐溶液在离心管中形成密度梯度，同时在离心力的作用下，病毒粒子分布于相应密度的区域内。离心力越大，离心时间越长，越能接近平衡状态，分离效果也就越好。此法亦可根据需要重复进行，所得病毒制品比用其他方法纯净。

第四节　病毒组成成分的提取和鉴定

病毒组成成分的提纯是以病毒的提纯为基础，是为了深入研究病毒的化学组成，以了解其化学本质；提纯病毒核酸和蛋白质亚单位，分析蛋白质亚单位的氨基酸排列序列及核酸的核苷酸排列序列；研究病毒遗传、变异的本质；制备单价抗原、单价疫苗或混合多价疫苗，提纯基因，进行病毒基因工程研究等。

一、病毒核酸的提取及鉴定

1. 病毒核酸的提取　病毒核酸的提取过程实质上就是使病毒蛋白质变性并有效地去除，从而获得完整、纯净的核酸链的过程。当病毒核酸从病毒衣壳中释放出来后，如果体系中有核酸酶存在，那么核酸就会被水解。因此在提取核酸过程中，必须有效地抑制或去除核酸酶。对于核糖核酸酶（DNase），可以通过加入蛋白变性剂或降低 Mg^{2+}、Mn^{2+} 的浓度而有效地抑制其活性。而对于 RNase 则是一个很棘手的问题。RNase 是一种非常稳定的酶类，它广泛存在于环境中，尘土、各种器皿和试剂、人体的汗液、唾液中均存在 RNase。RNase 耐热、耐酸、耐碱，煮沸不能使之完全失活，蛋白变性剂只能使之暂时失活，但变性剂去除之后，又可恢复活性。RNase 的活性不需要任何辅助因子。所以在提取 RNA 的过程中，既要避免外源 RNase 的污染，同时尽力抑制内源性 RNase 的活性。这就要求在比较清洁的环境中提取 RNA。所有器皿应用 0.1%二乙基焦碳酸盐（diethyl pyrocarbanate，DEPC）浸泡处理（37℃2h），然后高压蒸汽除去 DEPC。所有溶液应用 DEPC 处理过的超纯水配制，高压灭菌后使用。必要时，可向体系中加入皂土（$Al_2\cdot 4SiO_2\cdot H_2O$）、肝素、RNasin 等 RNase 抑制剂。

（1）病毒核酸的酚抽提法

水饱和酚的配制方法：500g 分析纯的酚加入 200mL 水、0.7g 8-羟基喹啉，37℃放置过夜，振荡均匀，置棕色瓶中，塞紧于室温下保存。取一定量纯病毒，加等体积的水饱和酚，用力振荡 10～15min，10 000r/min 离心 5min。悬液分为两相，上层水相含病毒核酸，下层酚相内含变性蛋白质，有时中间有一层胶状物质。轻轻吸取上层水相，再加1/3体积的水饱和酚抽提、离心，取上层水相。加二倍体积的冷乙醇及1/10体积的2 mol/L乙酸钠（pH5.0），冰冻放置2h以上，10 000r/min离心20min，去除上清，加75%冷乙醇沉淀1～2次，再以10 000r/min离心20min，沉淀真空干燥，溶于适量缓冲液或水中。

此法用于抽提病毒DNA时，须温和振荡，以免DNA链断裂。用于抽提RNA时，可根据具体情况，加入RNasin、皂土、肝素。

（2）*病毒核酸的去污剂抽提法* 取适量纯化病毒，加入十二烷基磺酸钠（SDS）使终浓度为0.5%～1%，加入蛋白酶K至终浓度为500μg/mL，37℃反应1h。加入等体积酚：氯仿：异戊醇（25：24：1）（酚必须被0.5mol/L pH8.0 Tris-HCl缓冲液平衡至pH7.78），充分振荡，12 000r/min离心几秒钟，取上层水相，同（1）所述用乙醇将核酸沉淀下来。

2. 病毒核酸的测定

（1）*纯度的鉴定* 利用紫外分光光度计测OD_{260nm}、OD_{280nm}值。如OD_{260nm}/OD_{280nm}在2左右，则纯度能够满足一般实验要求；如$OD_{260nm}/OD_{280nm}>2$，则说明是十分纯净的。但是如果样品中酚不去除干净，OD_{260nm}会降低。

（2）*核酸的定量*

①紫外法：吸取DNA或RNA样品，稀释至1mL，用紫外分光光度计测OD_{260nm}，DNA样品浓度为OD_{260nm}×核酸稀释倍数×50/1 000μg/μL，RNA样品浓度为OD_{260nm}×核酸稀释倍数×40/1 000 μg/μL。

②荧光法：制备1%的琼脂糖平板，含EB 0.5 μg/mL。将5μL样品及DNA或RNA对照样品（浓度为0.5～20 μg/mL）点在琼脂板上。室温下放置数小时后，将凝胶放在紫外灯下观察，通过比较样品与标准样品之间的荧光强度，估计核酸浓度。

3. 病毒核酸的序列分析 核酸序列分析现较常用的有化学法和双脱氧核苷酸末端终止法。由于篇幅有限，这里仅简单介绍最常用的双脱氧核苷酸末端终止法。

单链DNA或RNA模板，在引物存在的条件下，加入DNA多聚酶或逆转录酶，可在体外合成互补链小cDNA。如果在体系中加入双脱氧核苷酸，在链延伸过程中，一旦掺入双脱氧核苷酸，则因缺少3′-OH基因反应终止。控制底物中脱氧核糖核酸和双脱氧核糖核酸的比例，可产生一系列不同大小的DNA片段。它们具有同样的5′末端，3′末端为同一种双脱氧的核苷酸。如果引物或所加dNTP中有一种用^{32}P或^{35}S标记，经尿素-丙烯酰胺凝胶电泳及自显影后，可读出核苷酸顺序。

二、病毒蛋白亚单位的提取

病毒粒子由数目不等的蛋白亚单位构成。这种蛋白亚单位构成病毒粒子的称外壳子粒，构成核壳的为核壳粒子；存在于核心内部的称核心蛋白。病毒结构蛋白之间以疏水键、氢键等非共价键紧密地结合在一起，形成形态稳定的病毒粒子。欲分离和提取病毒蛋白亚单位，必须首先破坏它们之间的键，然后进行分离。最常用的方法为去污剂法。

1. 病毒蛋白外壳的分离

（1）*CsCl密度梯度离心法* 将纯化病毒5～10 mg溶于总体积为1mL 2～4℃的生理盐水中，制备CsCl梯度溶液。以35 000r/min（100 000×*g*）离心2.5～3.5h，任其自然停止。在暗室中通过强光可在介质中见到一系列的蛋白质带，病毒外壳蛋白质形成的带在梯度中部，吸出后，再经1～2次按上述密度梯度离心可获得纯制品，用水透析去除CsCl。

（2）*蔗糖密度梯度离心法* 用5%～20%或5%～45%蔗糖密度分离。蔗糖溶液以0.05mol/L NaCl，0.5mol/L Tris-HCl，pH7.2配制。纯净病毒0.2mL，加于蔗糖连续梯度上，以35 000r/min在4℃离心90min，通过在离心管底部打孔，收集底部区带，适当稀释后，在230nm波长测定其OD

值，分别合并各峰，测定感染性及血清学活性，透析去除蔗摣，浓缩后以40 000r/min离心4h，回收蛋白外壳。

2. 用SDS裂解法分离病毒蛋白亚单位 一般是将病毒悬于磷酸缓冲液pH7.2或Tris-HCl pH7.0，加入SDS到最终浓度为1%～2%，巯基乙醇5%，在100℃加热2min裂解病毒蛋白质，然后以密度梯度离心分解或用聚丙烯酰胺电泳分离。

3. 用十二烷酰肌氨酸NL30裂解病毒 将病毒裂解浓缩后，以含十二烷酰肌氨酸0.1%的聚丙烯酰胺凝胶电泳分离。

4. 以Triton X-100裂解病毒 以40 000r/min在4℃离心1.5～2h，将沉淀重悬于1mL不含酚红的HBSS中，加入Triton X-100到最终浓度为2%，并加入NaCl到最终浓度为0.4或0.5 mol/L，于30℃置30～60min，将悬液铺在加20%蔗糖的HBSS上，以40 000r/min离心2h，取上清液，用10% TCA洗沉2次，重悬于上述2% Triton裂解中，用SDS聚丙烯酰胺凝胶电泳分离。

三、病毒脂质的提取

病毒脂质常用氯仿-甲醇（2∶1，V/V）系统抽提。其方法为：

（1）取冻干的病毒样品，用氯仿∶甲醇∶水＝65∶25∶10的溶剂在室温下抽提二次，每次20min，接着在氮气下用沸腾的溶剂抽提一次20min。

（2）合并抽提物，加入其1/6体积的水，混合后分为水相和有机相。脂类一般存在于有机相中。

（3）将这部分溶剂移至旋转蒸发器中，在氮气下驱逐有机溶剂，则获得总的脂质。

四、病毒糖类的提取

（1）用1% SDS、0.05 mol/L 2-巯基乙醇，37℃处理病毒30min，将病毒裂解。

（2）病毒裂解物中加入5倍量的乙醇，沉淀病毒蛋白和糖蛋白。将此沉淀物溶于0.1% SDS、0.1mol/L pH8.0的Tris缓冲液中。

（3）用水饱和酚抽提病毒蛋白和糖肽，在酚相中加入5倍量的乙醇（内含2 mol/L醋酸铵）沉淀回收蛋白和糖肽。此沉淀物用75%乙醇洗二次，再溶解于上述0.1% SDS-0.1mol/L pH8.0的Tris缓冲液中。

（4）用灰色链丝菌酶（Pronase）1 mg/mL处理48h，接着用此酶0.05mg/mL再处理48h，以水解上述混合物中的蛋白氮。

（5）最后，将此混合物通过Sephadex G-50凝胶层析，分离获得糖肽。

王云峰 编

第七十四章　常规血清学检验技术

第一节　凝集反应试验

本试验方法是以颗粒抗原（凝集原）与相应抗体（凝集素）结合后，在有电解质存在的适宜条件下产生凝集现象的一种血清学试验。参加反应的凝集素是IgG和IgM。凝集原是细菌或红细胞。

本试验有直接和间接两种方法，通常的凝集试验是指直接凝集试验。间接凝集试验是将可溶性抗原吸附于某均质的载体颗粒，用作凝集原进行凝集反应，又称被动凝集试验。

一、直接凝集试验

本法按操作方法可分为玻片法、平板法、试管法及微量凝集法等。

1. 玻片凝集试验法　亦称定性凝集试验法。

（1）操作方法

①取洁净载玻片，一端滴生理盐水1滴，另一端滴加诊断血清1滴。

②用接种环取待检菌的纯培养物少许，于生理盐水和被检血清中分别混匀。

③将玻片轻轻反复摆动，注意勿使试验区和对照区相混合。

④静置数分钟后判定结果。

（2）结果判定　玻片上试验区出现乳白色凝集块的为阳性反应；如无凝集块，为均匀的乳白色的为阴性反应。盐水对照为均匀乳白色。

2. 玻板凝集试验法　本试验又称平板凝集反应试验。按家畜布鲁菌病平板凝集反应技术操作及判定标准为例。

（1）操作方法

①备一个方形洁净的玻璃板，划成25个方格（或更多），横数5格，纵数5格。

②用0.2mL灭菌吸管按下列剂量加受检血清于任何一行（横格）的各格中：第一格0.08mL，第二格0.04mL，第三格0.02mL，第四格0.01mL。

③加入布鲁菌平板凝集反应抗原0.03mL于上述各血清量中，用牙签混匀，由血清量最少的一格（即第四格）混起。每格血清用一根牙签。用后牙签烧掉。

④混匀后，将玻璃板置酒精灯或凝集反应箱上，均匀加温，达30℃左右，5～8min内记录反应结果。

⑤每次试验要用已知的阳性和阴性血清1～2份做对照。

（2）按下列标准用加号记录试验反应强度

＋＋＋＋：出现大的凝集片或小的粒状物，液体完全透明，即100％凝集。

＋＋＋：有明显的凝集片，液体几乎完全透明，即75％凝集。

＋＋：有可见的凝集片，液体不甚透明，即50％凝集。

＋：液体混浊，有仅仅可见的粒状物，即25％凝集。

一：液体均匀混浊。

平板凝集反应与试管凝集反应的关系：用兽医生物药品厂生产的平板抗原作平板凝集反应时，其0.08mL的血清反应，相当于试管法中的1∶25血清稀释液的反应，0.04mL的反应相当于1∶50，0.02mL相当于1∶100，0.01mL相当于1∶200。

（3）结果判定

①牛、马、骆驼于0.02mL的血清量，山羊、绵羊、猪和犬于0.04mL血清量，出现“++”以上凝集时，被检血清判定为阳性反应。

②牛、马、骆驼于0.04mL的血清量，山羊、绵羊、猪和犬于0.08mL血清量，出现“++”以上凝集时，被检血清判定为可疑反应。

③可疑反应的牲畜，经3～4周须重新采血检验。牛和羊，如果重检时仍为可疑，可判定为阳性。猪和马重检时，如果仍然保持在可疑反应水平，而农场中的牲畜没有临床症状和大批阳性反应的患畜出现，该血清可判定为阴性。

3. 试管凝集试验法　试管凝集试验是一种用于测定被检血清中有无某种抗体及其滴度的定量试验方法。以家畜布鲁菌病为例，我国制定了试管凝集反应试验技术操作规程及判定标准。请参照1979年国家颁布的《家畜布氏杆菌病试管凝反应操作规程及判定标准》，此不赘述。

4. 微量凝集试验法　以军团菌抗体检测技术为例。

（1）材料

①抗原：将军团菌（1～6型）接种在PCYE琼脂斜面上，在35～36℃烛缸中培养4d，刮下菌苔，悬浮于含1%福尔马林pH6.4 0.01mol/L PBS中，4℃冰箱过夜．以3 000r/min离心30min，弃上清液。加适量pH6.4 0.01mol/L PBS将其沉淀物进行稀释，并以分光光度计（420nm）测其OD值，再用上述PBS将OD值调整为0.9～1.01，加入0.5%福尔马林，4℃冰箱中保存备用。

②标准阳性血清：效价1∶2 560以上。

③被检血清：无菌采血，分离血清，于－20℃保存。用前经56℃灭活30min。

（2）操作方法　通常用V型96孔血清反应盘，按下述方法进行试验。

①每孔加入0.01mol/L pH7.2 PBS 0.025mL，然后用微量稀释棒分别蘸取被检血清0.025mL，加于反应盘每行第一孔中。

②用手捻搓稀释50～60次进行倍比稀释，每份被检血清稀释为2、4、8、16、32、64、128倍，第8孔不加血清为PBS对照。

③稀释后，每个孔内滴加抗原液0.025mL，然后将反应盘置于微量血液振荡器上，振荡3～5min，充分混匀。

④结果判定：通常在日光灯下肉眼判定结果。在判定时，应先看对照，只有在各个对照孔完全正常的情况下，方能对被检血清列的结果进行判定。凝集反应的强度等级为：

++++：抗原全部凝集，上层液体稍有混浊。

+++：约有3/4的抗原被凝集，上层液体稍混浊。

++：约有1/2抗原被凝集，有中等量的抗原凝集于管底，上层液呈淡乳白色混浊。

+：约有1/4抗原被凝集，上层液体混浊不透明。

一：抗原不被凝集，呈圆点状沉于管底，液体混浊。

判定：以出现“++”的最高稀释度为微量凝集试验滴度。

二、间接凝集试验

本试验是利用某些与免疫反应无关的均一小颗粒物质，如聚苯乙烯乳胶、红细胞乃至细菌和活性炭等作为载体，将可溶性抗原（或抗体）吸附于其表面。当其与相关的抗体（或抗原）相遇时，在有电解质存在的适宜条件下，即发生凝集现象。

在现有的血清学反应中，认为间接凝集反应是一种快速、敏感、特异、简便的方法。4℃可长期保存不变质，非常适合基层单位应用。

1. 间接红细胞凝集反应 间接红细胞凝集反应是将抗体或抗原如蛋白质、多糖、核酸或脂质等经直接吸附或化学偶联的方法结合在红细胞表面上，进而与其相应的抗原或抗体发生的凝集反应。多糖抗原可以直接吸附于红细胞，不需任何处理，蛋白质抗原则需借助于某些媒介化合物偶联于红细胞。常用的方法有鞣酸处理法、双重氮联苯胺（bis-diagotiged bengcdine，BDB）、戊二醛或丙酮醛、三氯化铬和碳二亚胺［1-ethyl-3-（3-dimehylaminopropyl）carbodimide HCl，EODI］等偶联法。

戊二醛或丙酮醛与甲醛双醛化处理的红细胞，致敏后不但敏感性大为提高，而且对某些抗原-抗体系统可不经鞣酸或其他方法处理直接吸附蛋白抗原，成为非常敏感的致敏血细胞，但致敏时的 pH 条件很重要，多须在 pH4～5 的酸性环境中，应针对不同抗原找出适宜的 pH、时间和温度条件。

间接血凝试验分正向、反向及间接血凝抑制试验。正向间接血凝试验是将抗原吸附在红细胞表面与其相应抗体发生凝集反应；反向血凝是将抗体吸附在红细胞表面与相应抗原发生凝集反应；血凝抑制试验则是将待检抗体样品中先加入相应抗原，然后再加入经同一抗原致敏的红细胞，应不发生凝集反应，本法常用来检验间接血凝结果的特异性。现以口蹄疫的反向间接血凝反应为例予以说明。

（1）*丙酮醛、甲醛双醛化红细胞制备方法*：由绵羊采血脱纤，红细胞用 0.1mol/L pH7.2 PBS 洗 5 次，配成 8%红细胞悬液。取 100mL 8%红细胞悬液，加 100mL 3%丙酮醛溶液（丙酮醛 15mL，pH7.2 PBS 80.2mL，4mol/L NaOH 4.8mL）24℃缓慢搅拌 17h。将上述丙酮醛固定的红细胞用 PBS 洗 5 次（转速 2 000r/min，每次 5min，每次下沉的红细胞先加少量 PBS 摇起），最后一次洗涤后，再配成 8%丙酮醛化红细胞悬液。取 100mL 3%甲醛溶液（36%甲醛溶液 8mL，pH7.2 PBS 9.2mL），加 8%丙酮醛化红细胞 100mL，24℃缓慢搅拌 17h。将丙酮醛、甲醛双醛化的红细胞用 PBS 洗 5 次，再用 PBS 配成 20%双醛化红细胞悬液，加 0.5% NaN_3，4℃保存，可用 2 个月以上。

（2）*红细胞的致敏*：用 pH7.2 PBS 将双醛化红细胞洗涤一次，再用 pH3.4～3.8 的 0.1mol/L 醋酸缓冲液配成 2%悬液，用 pH7.2 PBS 将 O 型口蹄疫抗体（此为阳性致敏红细胞）和正常 IgG（此为阴性致敏红细胞）分别稀释成 50μg/mL 稀释液。

将上述以醋酸缓冲液配成的 2%红细胞悬液分别与等量 IgG 稀释混合，37℃水浴 4h，其间每 15～20min 用吸管轻轻吹吸混合 2～3 次，随后置 4℃过夜，再用 4℃pH7.2 PBS 洗涤 5 次，最后用 1%灭活兔血清稀释液配成 1%红细胞悬液。

（3）本试验应选择病畜冠部、蹄叉间或鼻镜部新鲜未破溃的水疱，用注射器抽取水疱液，并用干净剪子剪取水疱皮，混合研磨，并加入 3～5 倍的巴比妥缓冲液（pH7.2～7.4），再充分研磨成乳剂，4℃浸渍过夜或室温浸出 4h，3 000r/min 离心 15min，吸取上清液，58℃灭活 30min 后作为样品供检验用。

用巴比妥缓冲液将待检样品浸出液作 1∶5～1∶160 稀释，于微量反应板的第一排和第二排的 1～6 孔分别加入不同稀释度的待检样品浸出液 2 滴，第 7 孔分别加入稀释液 2 滴作为阴性对照，第 8 孔分别加入 5 倍稀释的 O 型标准抗原 2 滴作为阳性对照。

于第一排各孔内滴加 O 型阳性致敏红细胞悬液 1 滴。于第二排各孔内滴加阴性致敏红细胞悬液一滴，振荡混匀后，室温静置 1～1.5h 判定。

（4）*判定标准*：根据红细胞的凝集程度分别判为＋＋＋＋、＋＋＋、＋＋、＋和－。

＋＋＋＋：红细胞呈薄膜状凝集，均匀地覆盖于孔底，有时凝集的薄膜皱缩成团状沉于孔底。

＋＋＋：凝集的红细胞明显地布满孔底，但似有少量红细胞沉积于中央。

＋＋：约半数凝集的红细胞沉于孔底，其他红细胞圆点状下沉孔底。

＋：多数红细胞沉于孔底，周围有少量散在凝集红细胞。

－：全部红细胞呈圆点状沉于孔底。

使红细胞呈反应的最高样品稀释度就是其效价。第一排（即阳性致敏红细胞排）与第二排（即阴性致敏红细胞排）相比，效价相差2个孔及以上者，即可判为阳性。

如果以A、C、亚洲Ⅰ型的抗体分别加上致敏双醛化红细胞，并与O型致敏红细胞同时进行本试验，则可迅速鉴定毒型。

附 溶液配制

1. pH7.2 0.11mol/L PBS

A液：磷酸氢二钠（$Na_2HPO_4 \cdot 12H_2O$）39.4g用蒸馏水稀释至1 000mL。

B液：磷酸二氢钠（$NaH_2PO_4 \cdot 12H_2O$）17.2g用蒸馏水稀至1 000mL。

在72mL A液中加入28mL B液混合即成。

2. pH7.2～7.4巴比妥缓冲液

氯化钠	8.5g
二乙基巴比妥酸	5.75g
氯化镁（$MgCl_2 \cdot 6H_2O$）	1.68g
无水氯化钙	0.28g

先溶二乙基巴比妥酸于500mL蒸馏水中，待其溶解并冷却后加入其他成分，并加水至2 000mL，分装后高压灭菌，此为原液。取原液1份，加蒸馏水4份即成使用液。

3. pH3.4～3.8 0.1mol/L醋酸缓冲液

A液：醋酸钠（$CH_3COONa \cdot H_2O$）18.61g，加水稀释至1 000mL。

B液：冰醋酸（CH_3COOH）6mL，加水至1 000mL。

取16mL A液，84mL B液混合后测定pH，必要时要适当校正。

4. 1%兔血清稀释液

聚乙二醇（12 000）	0.5g
灭活兔血清	1.0mL
NaN_3	0.1g

用pH7.2 PBS稀释至100mL即成。

2. 间接胶乳凝集反应 间接胶乳凝集反应是应用惰性颗粒如聚苯乙烯胶乳（polystyrene latex）或皂土（bontonite）替代红细胞。乳胶颗粒对蛋白质等多种生物高分子物质具有良好的吸附性能，因此利用它作为载体吸附抗原或血清中的抗体后，当其与相应抗体（或抗原）相遇时并在适宜件下，即可发生颗粒凝集现象，称为胶乳凝集反应。因此方法简便，干扰因素少，在临床免疫测定广泛应用于钩端螺旋体病、炭疽、沙门菌病、流行性脑膜炎、隐球菌病、囊虫病等传染病和寄生虫病的诊断。

（1）乳胶的人工合成 先将所需的蒸馏水煮沸5min，以除去溶于水中的氧（因氧有阻止聚合的作用，使苯乙烯转化为聚苯乙烯的诱导期延长，聚合反应不充分）。加入乳化剂0.1%十二烷基磺酸钠0.1mL，催化剂硫酸钾（$K_2S_2O_8$）0.2g，促使苯乙烯聚合成聚苯乙烯的三聚磷酸五钠（$Na_5P_3O_{10}$）0.2g，充分搅拌，使之溶解。将上述溶液倒入三角烧瓶中，加入苯乙烯20g后，将三角瓶置于85℃水浴中，以180～300r/min搅拌液体，反应6h。在聚合过程中须通入少量氮气，能在水封管处看到每秒出现1～2个气泡为适宜，以防止空气中的氧气进入反应相。当聚合反应完成后可以嗅到聚苯乙烯乳胶的杏仁样的香味。反应结束后，冷却，以棉花漏斗过滤，乳胶的最后含量为9%～10%为合格。

（2）乳胶致敏前的预处理 取上述10%乳胶原液1.0mL，加双蒸馏水4mL，稀释成4%，再加pH8.2的BBS（即硼酸盐缓冲盐水，由$Na_2B_4O_7 \cdot H_2O$ 6.67g，H_3BO_3 8.04g，NaCl 8.5g，溶于1 000g双蒸馏水中配制）12mL，1%胰蛋白酶溶液（用pH8.2 BBS配制）2mL，充分混匀，置45℃水浴槽中作用13h，以10 000r/min离心30min，弃去上清液，向沉积的乳胶中加入pH8.2的BBS 10mL，轻轻摇匀即为10%乳胶悬液待用。经预处理的乳胶稳定性高，吸附力强，可减少非特异性凝集。

(3) 抗原制备 应用热酚法或超声波法均可获得特异性和敏感性较好的胶乳凝集抗原。

①热酚法：在100倍浓缩的钩端螺旋体菌液（常用黄疸出血型）9份中加10%石炭酸液1份，于约130℃的油浴中加热处理15min，待冷后，加9倍量的无水乙醇，混匀。置4℃冰箱中2d。3 000r/min离心沉淀30min，取沉淀物，加入pH8.2 PBS至菌液原量，振荡使其溶解再行3 000r/min离心10min，除去不溶性物质，其上清液即为致敏用的抗原。

②超声波法：将浓缩的钩端螺旋体菌液置于三角瓶中，放入盛有少量水的超声波洗涤池内，使烧瓶半悬于水中，开动CFS-1型超声波机（功率250W），调节电流至320～400mA，处理30min，再加9倍量的无水乙醇，混匀后置4℃冰箱2d，再经3 000r/min离心沉淀30min，倾去上层乙醇。沉淀物处理同（2）。

(4) 乳胶的致敏 将抗原逐滴加入经胰蛋白酶处理的等量乳胶中，边加边摇，或用电磁搅拌器搅拌。使抗原与乳胶均匀混合，然后置50℃水浴中18～24h，其间摇动混合，然后置50℃水浴中18～24h，其间摇动2～3次，取出置4℃冰箱备用。如拟大量制备后，可加0.01%硫柳汞防腐，但切勿冻结。

上述致敏乳胶呈均匀乳状，显微镜下检查可见悬液中有许多均匀散在的环状小颗粒，不允许有自凝现象，在遇缓冲盐水和正常血清时也不发生凝集。

(5) 乳胶抗原的鉴定 取钩端螺旋体阳性诊断血清、正常动物血清及待检病畜血清和生理盐水各1滴，分置于乳胶凝集反应板上，各加乳胶抗原1滴，用玻璃棒搅拌均匀，摇动1～2min，于3～5min内观察结果。如果阳性血清和病畜血清出现明显凝集，而正常动物血清及生理盐水不凝集，则证明胶乳抗原合格。

(6) 致敏乳胶血清的制备（以炭疽血清为例） 以pH7.2 PBS将炭疽高免血清稀释成1：20后，在56℃水浴槽中作用30min，取0.2mL缓慢滴入胰蛋白酶处理的1%乳胶混悬液1mL中，边加边摇，以促进吸附，然后将其置于56℃水浴槽中致敏2h，中间振荡2～3次，再置室温下稳定4h即成。加0.01%硫柳汞防腐，置4℃保存。

(7) 乳胶血清的鉴定 取标准炭疽抗原和待检标本液各2滴，分置于乳胶反应板上，再分别滴加炭疽乳胶血清及正常乳胶血清各1滴后，用玻璃棒把上述四种液滴搅拌均匀，室温下静止，于5min内判定。炭疽乳胶血清加炭疽标准抗原出现凝集，而正常乳胶血清加被检标本与正常乳胶血清加炭疽标准抗原为“一”，均不出现凝集可判为阳性。

(8) 判定标准：

++++：全部乳胶凝集，颗粒聚于液滴边缘，液体完全透明。

+++：大部分乳胶凝集，颗粒明显，液滴仅稍混浊。

++：约有50%乳胶凝集，颗粒较细，液体较混浊。

+：仅少量乳胶凝成肉眼微见的小颗粒，液滴混浊。

一：液滴呈原来的均匀乳状。

以凝集达到“++”作为判定反应的终点，即炭疽乳胶血清与被检标本滴发生“++”或“++”以上者为阳性反应，不发生凝集为阴性反应。

3. 间接炭粉凝集反应 这也是间接凝集反应常见的一种血清学反应，但它是以极细的炭粉为载体，若将已知的抗体如马副伤寒性流产免疫球蛋白吸附在该载体的表面上，制成致敏炭粉，即为用以鉴定马流产杆菌的炭粉诊断液，当与相应抗原相遇时，在电解质的参与下，二者发生特异性结合，便形成肉眼明显可见的炭凝集块，液体变得清朗，即为阳性反应；如果二者不相应，炭粉则聚集于液滴的中央，成为一个摇而不散的黑炭粉团，即为阴性。

(1) 材料准备 致敏用的炭粉粒度为0.125～0.15mm。试验用炭粉需做预处理，最常用离心法，即取炭粉30g放于大离心管中，加蒸馏水约1 000mL，边摇边研磨，直至均匀分布开为止。然后以3 000r/min离心30min，去上清，沉于离心管底的沉淀物即为供致敏用的湿木炭粉。另外，也可用过筛法制备干炭粉，即将木炭粉置于乳钵中研磨后，再用53～75μm/3.3cm^{2}的标准过筛，收集筛后的炭粉备用。以该法筛选的炭粉颗粒较大，适合于塑料反应盘实施时应用。

（2）致敏炭粉血清的制备（以马副伤寒性沙门菌为例）　取湿木炭粉0.25g，加事先经56℃ 30min灭活后，以pH6.4 PBS稀释成1∶400的马副伤寒沙门菌高免血清（以具有丰富鞭毛的马流产沙门菌制备H抗原，免疫家兔制成，效价不低于1∶5 600）3mL，混匀后于37℃水浴中致敏10min，其间不断振摇，取出后以3 000r/min离心10min，去上清液，按同样方法洗1次后，再向沉淀物中加1%兔血清（56℃ 30min灭活）1%硼酸pH6.4 PBS 3mL，混匀，以3 000r/min离心10min，去上清，最后向沉积物中加入1%兔血清、1%硼酸pH6.4 PBS 3mL及1%硫柳汞溶液0.03mL，充分混匀后，即为诊断马流产沙门菌的阳性炭粉血清。对照用正常炭粉血清的制备，按上述方法进行。即用56℃ 30min灭活后的正常家兔血清代替马副伤寒沙门菌高免血清处理炭粉即可。

（3）操作方法　用1mL吸管向玻片上依次滴加不同稀释度的被检马流产沙门菌培养物0.1mL。用1%兔血清1%硼酸pH6.4 PBS 0.1mL/滴2滴作为对照。向每滴菌液及供对照用2滴中，分别加入阳性炭粉血清及正常炭粉血清各0.05mL，用小木棒在每一混合液滴中充分搅拌，并摇动玻璃板，使炭粉血清均匀分散在液滴中，置室温放置待观察。

如为动物脏器标本，需用乳钵研碎后，加入1∶10～1∶20生理盐水，制成混悬液，以脱脂棉滤过，取过滤的悬液供做试验用。

（4）判定标准　在室温下放5min后，在明亮处倾斜玻璃反应板，按以下标准判定。

＋＋＋＋：全部炭粉在数秒钟内迅速凝集，倾斜玻璃板时，凝集的炭粉颗粒向下呈闪光样滚动，液滴清朗。

＋＋＋：大部分炭粉呈微粒状凝集，液滴透明。

＋＋：半量炭粉凝集，另一半炭粉约黄豆粒大胶粘在一起，摇而不散。

＋：炭粉微见凝集，液滴不透明，炭粉黏结在一起。

－：炭粉不凝集，呈浓墨汁状胶粘一起。

如果在塑料反应盘实施反应，炭粉凝集物沉淀在盘孔底部，上液透明为阳性反应；如只有部分炭粉下沉，并布满盘孔，上液混浊，为阴性反应。

以“＋＋”作为判定试验滴度的终点，该反应可检出每毫升含2 500万个以上的马流产沙门菌。

间接炭粉凝集反应具有制备炭粉血清方法简单的优点，制备的炭粉血清在冰箱中可长期保存，保存期可长达5年。另外反应要求条件稍低，受标本中所含杂质的干扰较小，能从各种不同类型的标本中直接检出特异性抗原，但其敏感性略低。

三、协同凝集试验

协同凝集试验是葡萄球菌A蛋白（SPA）能与多种哺乳动物血清中的IgG分子的Fc片段相结合，结合后的IgG仍保持其抗体活性。当这种覆盖着特异性抗体的葡萄球菌与相应抗原结合时，可以相互连接引起协同凝集反应，在玻片上数分钟内即可判定结果。现在已广泛应用于快速检测细菌、支原体、病毒等颗粒抗原。现以猪败血链球菌为例做一介绍。

1. 材料

（1）器材　同乳胶凝集试验。

（2）稀释液　0.1mol/L pH7.2 PBS，按常规方法配制。

（3）SPA菌液　用标准菌株Cowan 1葡萄球菌在葡萄糖营养琼脂上培养18～24h，用PBS将菌苔洗下，将收集沉淀物用PBS洗涤2次。加0.5%甲醛生理盐水，制成10%（V/V）菌悬液，置室温3h，离心去上清，用PBS洗2次。积压菌体再用生理盐水恢复到10%菌悬液，加叠氮钠至0.1%浓度即为SPA菌液。在4℃保存数月。

（4）致敏SPA菌液　取上述SPA菌液1mL，用PBS洗涤2次，将沉淀恢复至1mL，加入猪败血链球菌抗血清0.1mL，充分混合后，置37℃水浴30min，不时轻轻摇动，使抗体充分与SPA结合，离心去其上清，再用PBS洗2次、沉淀用含有0.1%叠氮钠的生理盐水制成1% SPA致敏菌液。

（5）待检菌液 将猪败血链球菌接种于血清肉汤中，37℃培养过夜，同时接种1支猪丹毒丝菌作对照用。

2. 操作方法和判定 取洁净玻片用蜡笔划成3格，第1格加猪败血链球菌液体培养物1滴，第2格加猪丹毒培养物1滴，第3格加空白培养基1滴，各加入致敏SPA菌液1滴，混合后，在半分钟之内即出现明显凝集。根据下面标准确定凝集的强弱，以"2+"以上凝集判断为阳性。

"4+"：很强，液体澄清透明，金黄色葡萄球菌凝集成粗大颗粒。

"3+"：强，液体透明，金黄色葡萄球菌凝集成较大颗粒。

"2+"：中等强度，液体稍透明，金黄色葡萄球菌凝集成小颗粒。

"+"：弱，液本稍混浊，金黄色葡萄球菌凝集成可见颗粒。

"—"：不凝集，液体混浊，无凝集颗粒可见。

3. 注意事项

（1）犊牛、山羊和禽类IgG不能与SPA结合，不能应用致敏SPA菌液。

（2）本法用于肠道传染病效果好，一般需在增菌培养基上培养过夜再测，粪便中菌数高时亦能直接测出。

第二节 沉淀反应试验

沉淀反应试验是由可溶性抗原与相应抗体在溶液中结合。在适量的电解质存在下，经过一定时间形成肉眼可见的沉淀，称为沉淀反应。沉淀反应的抗原主要是多糖、蛋白质、类脂等。如细菌的内毒素、外毒素、菌体裂解物、病毒悬液、病毒的可溶性抗原、血清、组织浸出液等。

由于抗原的分子小，单位体积内所含抗原量多，与抗体结合的总面积大，在做定量试验时，为了不使抗原过剩，应稀释抗原，并以抗原的稀释度作为沉淀反应的效价。

经典的沉淀反应包括环状沉淀反应、絮状沉淀反应等。后来建立的有琼脂免疫扩散沉淀反应，与电泳技术结合而形成的免疫电泳等。

一、环状沉淀反应试验

环状沉淀反应试验是一种快速测定溶液中的可溶性抗原或抗体的方法，是将可溶性抗原叠加于细玻璃管中抗体的表面，在抗原抗体相接触的界面出现环状沉淀带。如用于炭疽病诊断的Ascoli氏试验、链球菌血清型鉴定、血迹鉴定和沉淀素的效价测定等。

1. 操作方法

（1）取试管（5mm×50mm）5支，置于小试管架上，其中第1、第2管内加抗血清，第3、4管内加正常血清，第5管内加抗原，分别用毛细滴管加至4～5mm高。

（2）在1、4、5管上轻轻滴加等量缓冲液，2、3管上轻轻加等量待检抗原。

（3）置37℃温箱或15～20℃以上室温下，数分钟后观察结果。

2. 结果判定 第2管出现白色环状沉淀带，其余管无此种沉淀带时判为阳性。

如用于沉淀素效价滴定时，须将抗原作100×、1 000×、2 000×、4 000×、8 000×、16 000×稀释，分别叠加于血清上，出现环状沉淀的最大稀释倍数的即为该血清的沉淀效价。

二、絮状沉淀反应试验

通常应用固定抗体稀释抗原，二者也可同时稀释进行方阵滴定。抗原抗体在小试管内按不同比例混合后，置37℃水浴，每隔一定时间观察一次，记录出现反应的时间和出现絮状物的数量。出现反应最快和絮状物最多的管，即为最适比例。所测的单位称为絮状单位。本法常用于毒素、类毒素和抗毒素的定量测定。

三、琼脂免疫扩散试验

琼脂是一种网格样的半固体，网孔内充满水分，孔径大小因琼脂浓度而定。常用的琼脂浓度为1%，其网格孔径约85nm。此孔径允许可溶性抗原和微小病毒及抗体分子在琼脂中自由扩散，形成梯度浓度。若抗原抗体比例适当并相互结合即形成肉眼可见的沉淀线。每种抗原成分在琼脂中扩散系数虽然不同，但均能形成特定的沉淀线，并反应出一定的量的关系。此试验广泛用于生物科学诸多研究领域的抗原鉴定、组成成分的分析和定量。

1. 双向单扩散法　本法亦称辐射扩散。是在含抗血清的琼脂板上打孔，加入抗原，由孔内向四周辐射扩散，与琼脂中的抗体反应形成沉淀环。此沉淀环可随扩散的时间而增大，直到抗原抗体反应平衡为止。沉淀环的直径与抗原浓度呈正比。因此可用已知浓度的抗原制成标准曲线，来检测未知抗原的量。

（1）操作方法

①用含0.01%硫柳汞（pH7.2）的0.01mol/L磷酸盐缓冲液配制2%琼脂糖，融化后以10mL分装试管，置56℃水浴中保温。

②吸等量抗血清于另一试管中，置同一水浴中保温，玻片、吸管等用具同样保温（45～50℃）。

③将预温好的抗血清和等量琼脂混匀，倾注于玻片上。

④待琼脂凝固后打孔，孔径为3mm，孔距应是出现沉淀环直径的1.5～2倍，一般孔距为2cm。

⑤将琼脂板置于水平台上，用微量进样器加样，每孔加入10 μL。

⑥将做好的琼脂板置密闭的湿盒中37℃进行扩散，直到出现明显的沉淀环。

（2）结果判定　当出现沉淀环时，测定其直径。一般浓度低的出现早，浓的出现迟，分别记录。

用已知浓度的抗原测定标准曲线，抗原浓度与环的直径的平方呈线性关系，以抗原浓度为横坐标，沉淀环直径的平方为纵坐标，连接图上各点，只有其中直线部分适用。未知浓度的抗原按沉淀环直径可在标准曲线上查出其含量（图74-1），也可按直线回归方程计算含量。

（3）注意事项

①绘制标准曲线时首先选出最适当的抗体浓度。然后固定抗体浓度，将已知浓度的标准抗原稀释成不同浓度与之进行反应，以绘制标准曲线。

②本法亦可用于抗体的定量，即将抗原混入琼脂中，抗体在其内扩散。

2. 双向双扩散法（简称双扩散法）　本法是抗原抗体在琼脂中互相扩散时，各自产生一个扩大的小圆环，两个圆环相遇时，如果抗原抗体的结合比例适当，则出现一条不透明的白色沉淀线，否则不出现沉淀线。在复合抗原中其所含抗原的化学结构、分子质量、带电情况的不同，其扩散速度就不相同，与相应抗体结合的最适比例也会不一样，而且这种沉淀线一旦形成就成为一道“特异性的屏障”，能阻止相同的抗原抗体继续扩散，但允许不同的抗原抗体继续扩散，因而若有多对抗原抗体存在时可以看其分别形成的沉淀线。

（1）操作方法

①用含0.01%硫柳汞生理盐水配制1%琼脂或琼脂糖，在水浴锅中加热融化，倒入灭菌清洁的平皿中约3mm厚，冷却凝固。

②将打孔图放在平皿下打孔（孔径0.5cm、孔距0.7cm），再将孔内琼脂挑出，向孔底补滴琼脂，以免孔底有渗漏。

③按试验目的和要求不同设计加样方案。用微量进样器加样。

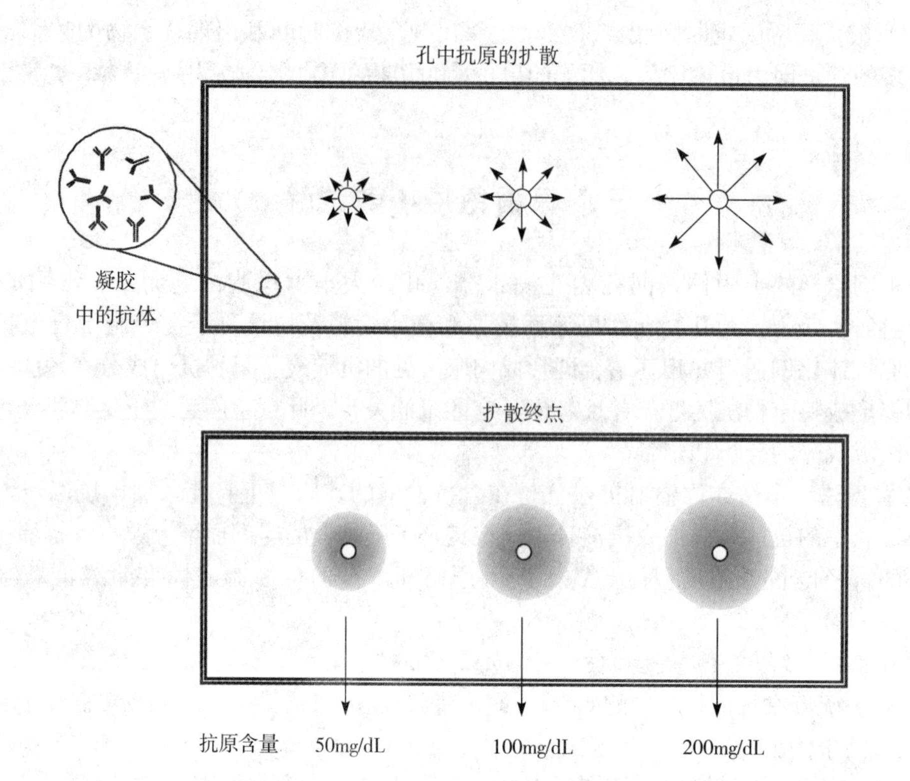

图 74-1 辐射扩散沉淀环形成

④将琼脂平皿水平放于密闭、潮湿的容器中，室温扩散，每天观察 1～2 次至出现肉眼可见的白色沉淀线为止。有的也可以放温箱中约 12～24h 观察结果。

（2）结果判定

①用于检测抗原或比较抗原差异时，将抗血清置于中心孔，待检抗原和需要比较的抗原放入周围相邻孔。若出现沉淀完全融合，证明是同种抗原。若二者有部分相连，并有交角时，表明二者有共同抗原决定簇；若二条沉淀线互相交叉，说明二者完全不同。

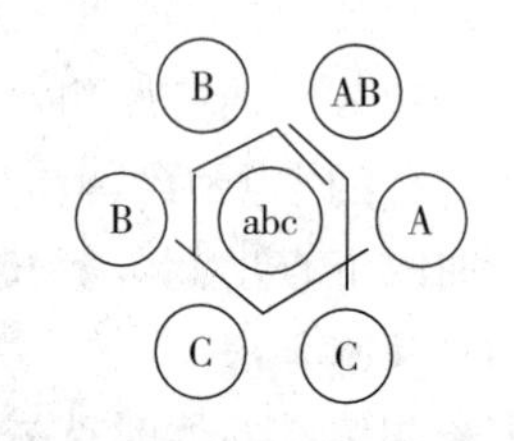

图 74-2 琼脂双扩散试验

中心孔含 a、b、c 三种抗体
A、B 和 A、C 为不同型的抗原（呈双线或交叉），B、C 为同一血清型的不同亚型（部分融合有交叉）

②用作血清学诊断时，将标准抗原置中心孔，周围 1、3、5 孔加标准阳性血清，2、4、6 孔分别滴入待检血清。待检孔与阳性孔出现的沉淀线完全融合者，判为阳性；待检血清无沉淀线或所出沉淀线与阳性对照的沉淀线交叉的判为阴性。

③待检孔虽未出现沉淀线，但两侧阳性孔的沉淀线在接近待检孔时，两端均向内弯曲的，可判为弱阳性；若仅一条弯曲，而另一条仍为直线的，判为疑似应重检，重检时可加大检样的剂量。

④待检孔无沉淀线，但两侧阳性孔的沉淀线在接近检样孔时模糊、消失，可能是待检血清中抗体浓度过大，溶解了沉淀线，应对检样血清稀释后重检。

⑤如果用于抗血清效检时，将抗原置中心孔，抗血清作倍比稀释后，滴入周围孔，出现沉淀线的血清最高稀释倍数即为琼扩效价。

本法应用范围较广，可用于抗原成分分析，比较抗原的异同。可用于诊断诸多畜禽传染病。

四、琼脂免疫电泳

琼脂免疫电泳是将琼脂平板区带电泳和双免疫扩散两种方法结合起来的一种血清学检测技术。本法分两步进行，先是复合抗原各成分因各自电泳迁移率的不同经电泳向两侧分开，然后加入抗血清，与已分开的各种成分在琼脂中相向扩散。使每种蛋白都和相应的抗血清反应，从而形成大小、弧度和位置不同的沉淀线。

具体操作方法如下：

（1）用含 0.01%硫柳汞（pH8.6）的 0.05 mol/L 巴比妥钠电泳缓冲液配制成 1%琼脂糖溶液，在水平台上将琼脂液滴于载玻片上，每片约 3.5mL。

（2）将图型放于玻片下，进行打孔和开槽。如用高渗的琼脂糖制备时，抗原孔要打在中央；用低或中等电渗的琼脂糖时，打孔应靠近阴极端，挑出孔中琼脂。

（3）将琼脂板放电泳槽中，槽内分别装好电泳缓冲液，使液面平衡。

（4）将缓冲液浸湿的滤纸或纱布均匀搭在琼脂板的两端。

（5）用微量进样器把抗原加入孔中，同时加入微量的 0.1%溴酚蓝液为指示剂。

（6）盖好电泳槽盖，按玻片宽度为 2～3mA/cm 的电流进行电泳。当指示剂距纱布或滤纸 10mm 左右时，可关闭电源。电泳时间一般为 1～3h。

（7）泳完取出琼脂板，并将槽中琼脂挑出，向槽中滴加抗血清，置湿盒中，在 37℃扩散出现清晰沉淀线，常为 24h 染色后摄影保存。

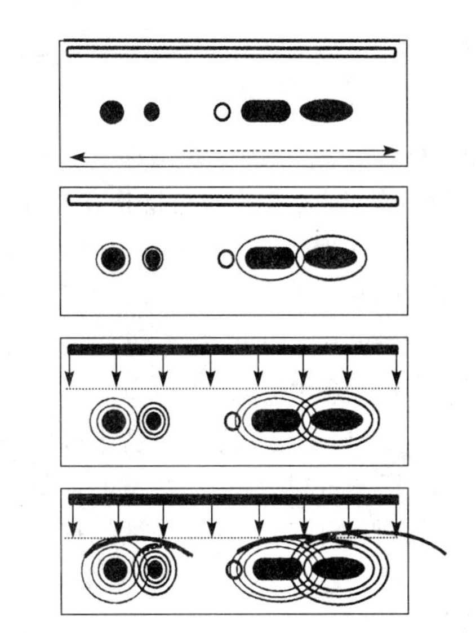

图 74-3　琼脂免疫电泳沉淀线形成（自上而下）

本法广泛用于生物化学、分子生物学和临床检验、抗原成分分析和血清纯度鉴定。

五、对流免疫电泳

对流免疫电泳是在电场的作用下，利用抗原抗体相向扩散的原理，使抗原、抗体在电场中定向移动，限制了双向双扩散时抗原、抗体向多方向自由扩散，可以提高试验的敏感性，缩短反应时间。

1. 操作方法

（1）用 0.05 mol/L 巴比妥-巴比妥钠缓冲液（pH8.6）配制 1%琼脂溶液，在水平台上将融化的琼脂液滴于载玻片上（要铺平），每块板加 3.5～4mL。

（2）制出孔径 3mm，抗原、抗体间距 4mm 的图案（图 74-4）并置于琼脂板下，打孔并将孔内琼脂挑出。孔径 3mm，抗原、抗体间距为 4mm。

（3）将打好孔的琼脂板平放于装好电泳缓冲液的电泳槽上，用缓冲液浸湿的滤纸或纱布均匀搭在琼脂板的两端。

（4）用微量进样器将抗血清加入阳性孔，抗原加于阴性孔，用2～4 mA/cm 电流电泳 1h，观察肉眼可见的沉淀线。

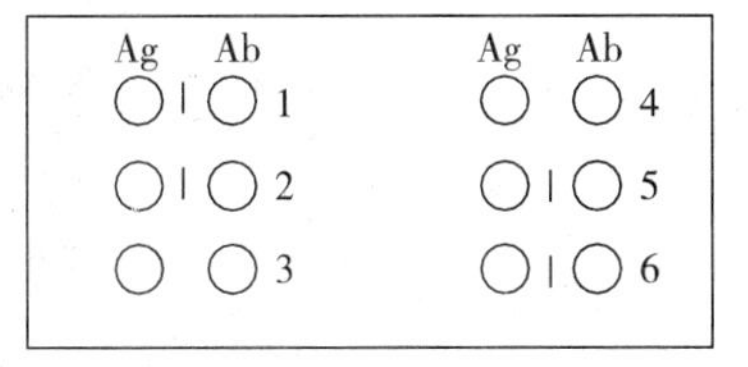

图 74-4　对流免疫电泳

（5）电泳毕，若无沉淀线出现，再放置 15～30min，使其扩散并出现沉淀线。

2. 注意事项

（1）琼脂应选用电渗作用大的，不宜采用琼脂糖。

（2）带正电荷的抗原，要放于正极孔，抗体置负极孔，并适当降低电泳缓冲液 pH，进行反向对流电泳。

（3）抗原抗体比例不适会严重影响沉淀线的出现。除应用高亲和力的血清或单克隆抗体外，对每份检样应选 2～3 个稀释度再进行试验。

（4）为排除假阳性反应，可按图 74-5 在待检样品孔旁并列一个阳性抗原孔作对照，只有在这两条沉淀线完全融合时才能判为阳性。

（5）对流电泳可与酶标技术相结合，称酶标对流电泳，可提高敏感性 8～16 倍。

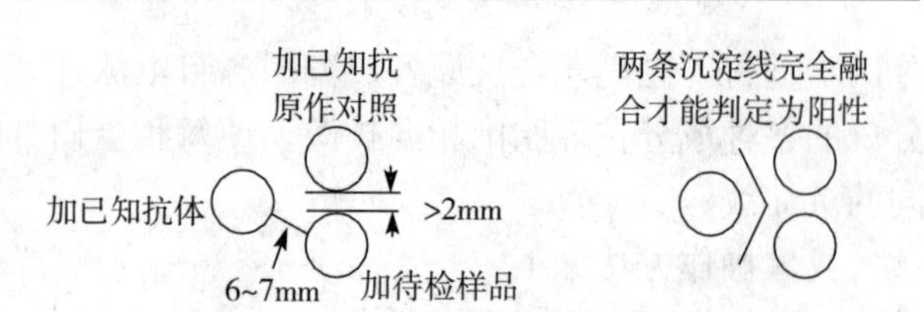

图 74-5 可检查特异性的对流免疫电泳

六、火箭免疫电泳

火箭免疫电泳是单向单扩散和电泳技术相结合的一种血清学试验。本法是让抗原在电场的作用下在含抗体的琼脂中定向泳动，二者比例合适时形成类似火箭样的沉淀峰。此峰的高度与抗原的浓度成正比。

1. 操作方法

（1）用 0.05 mol/L 巴比妥-巴比妥钠缓冲液（pH8.6）配制 2%琼脂糖溶液，融化后以 10mL 分装试管，置 56℃水浴中保温。

（2）吸等量抗血清于相同试管中置同一水浴液中保温，玻板和吸管等用具也应预温 45～50℃。

（3）将预温好的抗血清和等量的琼脂液混匀，倾注玻板上要辅平。

（4）在琼脂凝固后，在玻板两端打一排孔，孔径 0.3cm，孔距 0.8cm，取出孔中琼脂。

（5）将琼脂板平放于装好电泳缓冲液的电泳槽上，将缓冲液浸湿的滤纸或纱布均匀搭在琼脂的两端。

（6）用微量进样器将已知浓度抗原和未知浓度的抗原加于孔中，每孔为 10μL，以玻板宽度 2～4mA/cm 的电流电泳 1～5h，使大部分抗原于孔前出现顶端且完全闭合的火箭状沉淀线。

（7）以火箭的高度为纵坐标，抗原浓度为横坐标作成标准曲线。从标准曲线上可查出未知样品的浓度。

2. 注意事项

（1）在绘制标准曲线前，应选出最适当的抗体浓度，加入已知量标准抗原，所形成的火箭状沉淀线轮廓最清晰，前端窄而闭合，不同浓度抗原所形成的火箭状沉淀线高度比例适当。在选定抗体浓度后，将已知浓度的标准抗原稀释成不同浓度与之反应并绘制标准曲线。

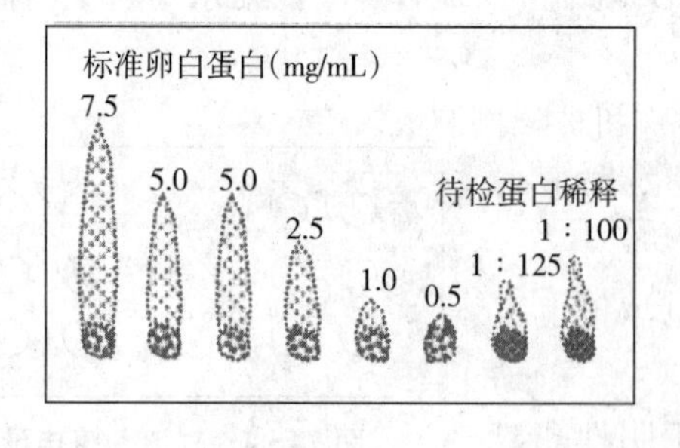

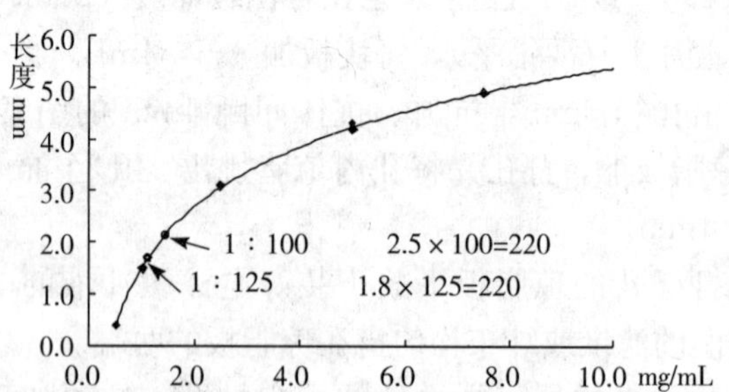

图 74-6 火箭电泳

（2）抗原抗体比例不适当时，则不能形成火箭状沉淀峰。抗原大量过剩则不能生成沉淀线，或沉淀线不完全闭合，抗原中等过剩沉淀峰成圆形，只有在比例适合时才能形成火箭样高峰。

七、圆盘免疫电泳

圆盘免疫电泳是近几年来新兴的一种免疫电泳技术。是用凝胶（系由 N，N-亚基双丙烯酰胺及丙烯酰胺）聚合而成的一种大分子聚丙烯酰胺。它具有分子筛和电泳的双重作用，能将鉴定的蛋白样品作出极精细的分离。这种电泳所用的凝胶透明度大，分辨率高，样品用量少（μg），分离时间快，所以被广泛应用。

1. 基础操作技术

（1）单体纯化

①丙烯酰胺的纯化：取丙烯酰胺 70g 溶于 1 000mL 氯仿中，50℃加热滤过，凉后置于－20℃低温冰箱析出结晶、过滤，再用氯仿快速洗涤结晶，于真空干燥器内干燥，放避光色瓶中保存。

②双丙烯酰胺的纯化：双丙烯酰 10～12g 溶于 1 000mL 丙酮中，在通风橱内加热 40～50℃，溶解 30min，进行热过滤，滤液置于－20℃低温冰箱中析出结晶。用冷丙酮洗后过滤，重结晶，真空抽干，提出双丙烯酰胺避光保存。

（2）凝胶缓冲溶液的配制

① 贮藏液的配制：配制后放 0℃下保存。

A 液：NH_4Cl 48mL ＋ Tris 36. 6g 加水到 100mL，用前加 DMPN 0. 4mL（pH8. 9）。

B 液：丙烯酰胺 28g ＋双丙烯酰胺 0. 735g 加水到 100mL。

C 液：NH_4Cl 48mL ＋ Tris 98g 加水到 100mL，用前加入 DMPN。

D 液：丙烯酰胺 10g ＋双丙烯酰胺 2. 5g 加水到 100mL。

E 液：优质核黄素 4 mg 加水到 100mL。

F 液：Tris 6g ＋甘氨酸 28. 8g 加水到 1 000mL，应用时稀释 10 倍（pH8. 3）。

②工作液的配制：工作前将贮存液按下述比例配制。

分离胶：甲液（由 A 液 1 份，B 液 2 份，水 1 份组成，pH8. 9）1 份与乙液（过硫酸铵 0. 4g 加水到 100mL）1 份混合于小玻璃杯中，置干燥器中抽气 5min，除去胶中溶解的空气，用毛细管吸取凝胶，加在下口处用小玻璃球堵塞好的小玻璃管中，高约 6cm，在胶面上滴加少量水层，高约 5mm，经 5～30min 聚合后，吸除水层。

隔层胶：C 液 1 份，D 液 2 份，E 液 1 份，水 4 份混合于小杯中，pH6. 7，抽干 5min。用毛细管吸取凝胶加至已聚合好的胶面上约 1cm 高，其上覆以约 5cm 高的水层，在荧光灯下照射 30min，吸去水层。

电极缓冲液：应根据样品性质选择缓冲液，常用甘氨酸缓冲液（F 液），蛋白质在此 pH 下荷阴电，向阳极泳动，样品垂直放入电泳槽后，上槽接阴性，下槽接阳性。

（2）仪器装置　圆盘电泳系由上下两个圆形的有机玻璃电泳槽组成，两槽的阳、阴电极分别连接在整流器上。上槽高 10cm，内径 10cm，圆槽底部有 6～10 小孔，可将玻璃管（7. 5cm×0. 5cm）用橡胶管固定在每个小孔中，下槽可用同等大小的圆形玻璃缸或有机玻璃槽制成。

（3）染色液与脱色液　染色液为 0. 05％氨基黑 10B、7％醋酸水溶液 100mL；脱色液为 7％醋酸水溶液。

2. 操作方法

（1）安装凝胶玻璃管　将 6～10 支凝胶管依次安装在圆槽上面的小孔中，样品 10～50μg 加在胶面上，粗样品也可加 200 μg，血清加 3～5μL，约含 200～400μg 蛋白，免疫球蛋白 5～10μL（2 mg/mL），再往样品上加一滴 20％蔗糖，以增加密度。还可于样品中滴加少量 0. 5％溴酚蓝作指示剂。样品管及电泳槽中加满甘氨酸缓冲液。

（2）电泳　电流按每管 3 mA，电压 200V 通电。当指示剂接近小玻璃管底部时，约泳动 30min 至 4h。停止电泳，并闭电源，取出玻璃管。

（3）染色与脱色　用长针头（7～8cm）的注射器向凝胶与玻璃管壁之间注入自来水，边轻微旋转边注入，使凝胶脱离管壁。

随后将脱出的凝胶柱浸入 0. 05％氨基黑 10B 染色 10～30min。用水冲去多余染料，放入 7％醋酸水溶液中脱色，至无余色脱出为止。

（4）标本保存 染色后的标本可放在加水的玻璃管中，至少可以保存3个月。

第三节 补体结合试验

补体结合试验有两个反应系统，一是检验系统（溶菌系统），包括已知抗原或抗体、被检抗体或抗原和补体；二是指示系统（溶血系统），包括绵羊红细胞和溶血素。该试验是以溶血系统为指示剂，在补体参与下测定被检系统中是否存在相应的抗原或抗体的一种血清学试验。补体不能单独与抗原或抗体结合，只能与抗原抗体复合物结合。羊的红细胞和它的抗体（溶血素）的复合物不仅能结合补体，而且在结合补体后可出现溶血现象。在试验时，先将被检系统的抗原或抗体及补体滴加于试管中，如果抗原和抗体是对应的，则发生特异性结合成为抗原抗体复合物，其补体被抗原或抗体复合固定，不再游离存在。在抗原抗体不对应或没有抗体存在时，就不能形成抗原抗体复合物，在加入补体后，补体不被固定，仍游离存在，这种反应用肉眼观察不到，还应加入溶血系统。如果不发生溶血反应，则表示补体不游离存在，表明溶菌系统抗原抗体是相对应的，它们所组成的复合物把补体结合了。如果发生溶血现象，就表示补体游离存在，表明溶菌系统中的抗原抗体不相对应，或者两缺一。

参与补体结合的抗体主要是IgG和Ig M，IgA和IgE一般不能结合补体。

补体结合试验根据反应量的不同，可分为全量法、半量法、半微量法和微量法，其中以半微量法和微量法应用较广泛。根据稀释试剂的不同，有稀释抗体法、稀释抗原法和稀释补体法三种，此外还有固相补体结合试验和间接补体结合试验等。

补体结合试验是一种常规的诊断技术。我国农业部于1979年相继颁布了家畜布鲁菌病补体结合反应技术操作规程及制定标准，以及马传染性贫血补体结合试验操作方法。因此不作介绍，请参照规程。

团集反应试验

团集反应试验又称胶固反应，是由颗粒性抗原与抗体结合后在补体和团集素的参与下出现团集现象的一种血清学试验。它以加热灭活的正常牛血清（含团集素）代替补体结合反应中的溶血素，以新鲜马血清代替豚鼠血清作补体进行反应试验。试验时，将检验系统和指示系统的材料先后加入试验管中，作用一定时间。如果被检血清中没有与已知抗原相对应的抗体存在，绵羊红细胞在马血清（补体）存在下，被团集素团集成片状物沉于反应管底部，成为阴性反应。相反，如果在试管中有与已知抗原相对应的抗体存在时，可将马血清中的补体消耗掉，指示系统中的红细胞不被凝集呈阳性反应。

1. 操作方法

（1）做好团集素、补体、抗原的测定，以确定这三种要素的最适用量。

（2）将被检血清以56℃ 30min灭活，用1∶6倍稀释，取0.3mL加入试管中。

（3）加入抗原0.3mL，工作补体0.3mL，混匀，放置室温15min。

（4）加入工作浓度的团集素1.0mL，3%红细胞0.1mL，在37℃水浴箱中感作60min。

2. 结果判定

（1）初次判定在水浴中进行。取水浴中试管，先观察对照管（不加抗原）。如果团集现象明显，表示反应条件正常。

（2）检查被检管，如与第一管相同即判为阴性；若第2管出现团集不一或不团集时，则留到次日进行第二次判定，但应放冷暗处，如仍为上述现象的则判为阳性。

3. 应用 此试验在用于布鲁菌病试管凝集试验中加入新鲜牛血清，可提高敏感性4～8倍，并可克服因不完全抗体干扰引起的假阳性。

第四节　中和试验

中和试验是有生物活性的抗原与相应抗体结合后，可使其失去原有生物活性的一种血清学试验。该反应具有高度特异性，并有严格的量的关系。

一、毒素中和试验

有些细菌含有外毒素，这些毒素都是蛋白质，有良好的免疫原性，能刺激动物产生中和活性的抗毒素。该试验的机理视抗毒素的性质和作用部位而异。主要是：①抗毒素与毒素结合后，可直接掩蔽毒素的活性部位，使之失去活性；②抗毒素与毒素结合能干扰毒素与细胞受体结合，阻止毒素的活性部分进入细胞。

毒素中和试验主要有体内和体外两种方法，视反应性质和试验要求不同而有很多形式。

1. 体内中和试验

（1）*毒素单位滴定*　以1单位（AU）标准抗毒素，或AU/1 000抗毒素与不同量的毒素在体外混合后，置37℃ 1～3h，分别接种实验动物（规定的），记录在规定时间内的死亡数和存活数。使实验动物全部存活的最大毒素量称无毒限量（L0）或1/1 000无毒限量（L0/1 000），中和后仍能使动物全部死亡的最小毒素量称为致死限量（L＋），或1/1 000死亡限量（L＋/1 000）。

（2）*抗毒素单位滴定*　标准抗毒素稳定，测定其单位时，须先用标准抗毒素测定毒素的L＋/1 000，然后将待检抗毒素血清10倍递进稀释，加入等量的L＋或L＋/1 000的毒素，置室温1～3h，接种实验动物，使动物全死或全部存活之间的稀释度倒数，即该血清的终点（AU/mL）。

（3）如用毒素中和试验滴定破伤风抗毒素，先用标准抗毒素测定所试破伤风毒素的L＋/1 000毒素剂量，然后再滴定抗毒素单位。具体操作如下：

①将标准抗毒素用含0.2%明胶的PBS（0.067mol/mL，pH7.4）稀释成0.004AU/mL，与系列稀释的破伤风抗毒素等量混合，共8～10支试管，轻度摇动后，在37℃作用1h，放于4～3℃。

②用体重15～18g小鼠，每只皮下注射混合液0.5mL，每一稀释度用4～10只小鼠，剂量中含抗毒素量为1/1 000AU。

③观察96h，能全部致死小鼠的最小毒素量，即为L＋/1 000剂量。

④滴定抗毒素血清，置56℃水浴灭活30min。

⑤在系列试管中作1×、10×、100×、1 000×稀释，加入等量每毫升1个＋/1 000剂量的毒素，对每只鼠接种混合物0.5mL，每只剂量含毒素L＋/1 000，观察96h，分析结果。

例：如10×稀释的血清全保护，而1 000×稀释的血清全死，则0.25mL的100×血清中含抗毒素＜0.000 25AU，该血清含抗毒素量应为＞0.01而＜0.1AU/mL，如以对数中点计算，该血清所含抗毒素量为0.03AU/mL。

2. 体外中和试验

（1）*细胞培养试验*　白喉毒素在Hela细胞上能够阻止细胞蛋白合成，可引起细胞病变。因此可以在细胞培养上进行毒素中和试验。方法同病毒中和试验。

（2）*溶血毒素中和试验*　有部分链球菌能产生溶血毒素，有溶血素O和S，有些A群链球菌能同时生产两种溶血素。对血清中抗溶血素O抗体测定试验是将待检血清作倍比稀释，加入定量的溶血素O，37℃作用30min，再加入红细胞悬液，观察结果，能抑制红细胞溶解的血清最大稀释倍数，即为该血清的抗链球菌溶血素的效价。

二、病毒中和试验

病毒抗体与病毒结合后，能使其感染性降低或消失。但抗体只能在细胞外中和病毒，对已进入细胞的病毒，则无作用。

抗体的中和作用机制主要是阻止病毒与细胞上的病毒受体结合，阻止病毒吸附。有的病毒被抗体包被后，可被吞饮进入细胞，被吞饮的病毒可能无法脱壳，即使脱壳，其核酸易被泡内溶酶体所分解，不能复制。

某些病毒与抗体结合并不都有中和活性，如马传染性贫血病毒与抗体结合后，仍保持高度感染力。

1. 毒价滴定 因为中和试验是以能中和一定量病毒的感染力为基础的，因此，在做试验之前必须进行毒价滴定。测定毒价必须注意：①根据病毒致病特性选择适合的细胞、鸡胚或实验动物；②将病毒原液作 10 倍递进稀释；③选择 4～6 个稀释度接种细胞培养（或鸡胚、实验动物）；④试验时每组设 3～6 管（只），接种后观察细胞病变（或发病死亡）；⑤按 Reed-Muench 法或 Korber 法计算 $TCID_{50}$。Korber 法简易，介绍如下：

Korber 法的公式为：

$$\lg TCID_{50}\ [\text{或}\ LD_{50}=L+d\ (S-0.5)]$$

用对数计算。

L 为病毒的最低稀释倍数；d 为稀释系数，即组距；S 为 CPE 比值的和。

本例 L＝－2，d＝－1，S＝4/4＋4/4＋4/4＋3/4＋2/4＋0/4＝4.25。

代入公式

$\lg TCID_{50}=-2+(-1)\times(4.25-0.5)=-5.75$。

$TCID_{50}=10^{-5.75}$，0.1mL。

查反对数表可得 $TCID_{50}=1/560\ 000$，0.1mL。

如以 mL 为单位，则 $TCID_{50}=1/56\ 000$mL

病毒毒价常以每毫升（mL）/或每克（g）含多少 $TCID_{50}$（或 LD_{50}、ELD_{50}）表示，本例病毒价为 56 000 $TCID_{50}$/mL，亦可写成 $10^{5.75}$ $TCID_{50}$/0.1mL 或 $10^{4.75}$ $TCID_{50}$/mL。

表 74-1 病毒 $TCID_{50}$ 滴定

病毒稀释	10^{-2}	10^{-3}	10^{-4}	10^{-5}	10^{-6}	10^{-7}
稀释度的对数	−2	−3	−4	−5	−6	−7
CPE 比值	4/4	4/4	4/4	3/4	2/4	0/4

接种剂量为 0.1mL。

2. 固定病毒稀释血清法

(1) 具体操作 ①将已滴定的病毒原液稀释成 2 000$TCID_{50}$（或 LD_{50}、ELD_{50}），与等量血清混合后，为 1 000$TCID_{50}$；②血清先用 5×稀释，置 56℃灭活 30min，再用 Hank's 液倍比稀释；③取病毒液与不同稀释度的血清等量混合，在 37℃水浴中作用 1～2h，每一稀释度接种 3～6 瓶细胞培养物（或鸡胚、实验动物），观察细胞病变（或死亡数）；④试验设不加血清的病毒液对照、高浓度血清对细胞毒性对照、空白对照、阳性和阴性血清对照。

表 74-2 固定病毒稀释血清法中和试验例

项　目	病毒 $TCID_{50}$，接种量 0.1mL/瓶，每个稀释度 4 瓶				
血清稀释	10×	20×	40×	50×	100×
稀释度对数	−1	−1.3	−1.6	−1.9	−2.2
保护比值	4/4	4/4	3/4	1/4	0/4

(2) 结果判定　按 Korber 法记算 50 %保护量（PD_{50}），即该血清的中和价。

上例 L=1，d=－0.3，S=4/4+4/4+3/4+1/4+0/4=3

代入 Korber 公式，$PD_{50}=-1-0.3\times(3-0.5)=-1.75$

待检血清中和价为 $10^{-1.75}=1/60$。

3. 固定血清稀释病毒法

(1) 具体操作　①将病毒原液作 10 倍递进稀释；②分装两组无菌试管，第一组加等量正常血清（对照组），第二组加待检血清，混合后置 37℃ 1 h，分别接种细胞培养物（或鸡胚、实验动物）。

(2) 结果判定　记录每组 CPE（或死亡数），分别计算 $TCID_{50}$ 或 LD_{50} 和中和指数。中和指数$=\frac{\text{中和组 } TCID_{50}}{\text{对照组 } TCID_{50}}$

本列中和指数$=\frac{10^{-2}}{10^{-4.25}}=10^{2.25}=177.8$

表 74-3　固定血清稀释病毒中和试验例

病毒稀释	10^{-1}	10^{-2}	10^{-3}	10^{-4}	10^{-5}	10^{-6}	$TCID_{50}$
正常血清对照组	4/4	3/4	0/4	0/4	$10^{4.25}$		
待检血清中和组	4/4	2/4	0/4	0/4	0/4	0/4	10^{-2}

通常待检血清中和指数>50 者即为阳性，10～49 为可疑，<10 为阴性。

王云峰　编

第七十五章　免疫标记技术

第一节　免疫酶技术

免疫酶技术是继免疫荧光技术和放射免疫技术之后发展起来的一种新的免疫学技术，它是把抗原抗体的免疫反应和酶的高效催化作用原理有机地结合起来，具有免疫荧光和放射免疫技术的优点，同时，酶标记试剂制备容易、稳定、有效期长。

免疫酶技术的敏感性接近放射免疫技术，可直接用肉眼观察，也可借助简单仪器定量测定，所得的结果比较客观，主要包括两个方面。①免疫过氧化物酶法，以过氧化物酶作为标记，与抗原或抗体结合，然后根据酶与其底物间所产生的不溶性颜色产物，借助于光学或电子显微镜观察细胞及亚细胞水平的抗原或抗体。②酶联免疫吸附试验（enzyome linked immunosorbent assay，ELISA），是将可溶性抗原或抗体与不溶性固相载体结合后，还保留其免疫活性，结合了作为标记的酶之催化作用。该法简便、特异，可作为多种抗原、抗体的定量测定，已广泛用于猪弓形虫病、猪瘟、马传染性贫血、猪传染性胃肠炎、乙型脑炎、鸡新城疫等许多畜禽传染病抗体和抗原的检测，充实或替代了其他血清学试验，如血清中和试验、补体结合试验、血凝抑制试验及免疫荧光法。

一、酶联免疫吸附试验（ELISA）

1. 原理　抗原或抗体结合到固体载体的表面仍保持其免疫活性。抗原或抗体与酶结合形成酶的标记物仍保持免疫学活性和酶的活性。酶标记物与相应的抗体或抗原反应后，结合在免疫复合物上的酶在遇到相应底物时，催化底物产生水解、氧化或还原等反应，从而生成可溶性或不溶性的有色物质。颜色反应的深浅与相应的抗体或抗原量成正比，因此可借助颜色反应的深浅来定量抗体或抗原。

2. 酶标记抗体的制备

（1）抗体的选择　从高效价的抗血清中提纯 IgG 进行结合，若能采用亲和层析法制备特异性抗体效果更好，为了降低标记抗体的分子质量和体积，还可以制备免疫球蛋白的 Fab 片段来标记。

（2）酶的选择　制备酶标抗体的酶应具备以下条件：来源方便、价廉、纯度高、活性高、特异性好、稳定、溶解性高，与底物作用后显色，且有高的光密度值，与抗体或抗原交联后仍保持酶的科学研究性，测定方法简便、敏感、快速、经济。符合上述条件的酶有辣根过氧化物酶、碱性磷酸酶、半乳糖苷酶和葡萄糖氧化酶等，其中以前两种为最常用，目前国内已有辣根过氧化物酶供应，在此着重介绍此酶。

辣根过氧化物酶（horse radish peroidase，HRP）是辣根的提取物，由无色的酶蛋白和深棕色的铁卟啉结合而成的一种糖蛋白。HRP 由多个同工酶组成，相对分子质量为 40 000，等电点为 pH3～9，酶溶于水和 58%以下饱和度硫酸铵溶液，HRP 的酶蛋白和辅基最大吸收光谱分别为 275nm 和 403nm，二者的比值（OD_{403nm}/OD_{275nm}）表示酶的纯度，纯度常以 Rz（德文 Reinheit zahl 缩写）表示。高纯度的制品 Rz 应为 3.0 左右，最高可达 3.4。

（3）*底物的选择* 对底物的要求是价廉、安全和容易得到，最好本身无色，反应后可出现颜色反应，底物反应进行一段时间，应加入强酸或强碱以终止反应，通常用 2mol/L H_2SO_4（浓硫酸 22.2mL，H_2O 177.8mL）做终止液。一般底物作用时间至少需要 20～30min（时间太短易引起误差），但不要超过 1h。

在 ELISA 时，过氧化物酶结合物的底物有多种，这些底物均能被加入的过氧化氢所氧化，而过氧化物酶起着触酶的作用，常用的底物有二氨基联苯胺（diaminobenyzine）、邻苯二胺（orthotolidine）、5-氨基水杨酸等。其中以 5-氨基水杨酸较常用，邻苯二胺适用于高敏感性的测定，它能产生强橘红色的反应产物，在暗处很稳定，并适用于目测和用分光光度计测定。

（4）*酶标记抗体的制备方法* 以戊二醛交联法和碘酸钠法为常用，因酶分子上活性氨基很少，所以戊二醛法产率很低，仅 2%～4%的酶被标记到免疫球蛋白分子上，未被标记的抗体蛋白约占 75%。而分子的含糖部分又与酶的活性无关。而过碘酸盐能氧化碳水化合物而形成醛基，再与蛋白质氨基结合，这种标记方法约有 70%的 HRP 被结合到 99%的 IgG 上。缺点是此法标记抗体的相对分子质量较大，为≥400 000 的多聚物，所以穿入细胞内的程度不如戊二醛二步法标记的抗体。但对光学显微镜和酶免疫定量试验的应用关系不大。

改良过碘酸钠标记法：此法简单易行，标记效果好，较适用于实验室的小批量制备。

①将 5 mg HRP 溶于蒸馏水中，加入新配制的 0.06 mol/L $NaIO_4$ 水溶液（$NaIO_4$ 0.128 g，加 H_2O 至 10 mL）0.5 mL 混匀，置冰箱 30 min。

②加入 0.16 mol/L 乙二醇水溶液（乙二醇 0.1mL，加 H_2O 至 10 mL）0.5 mL 置室温 30 min。

③加入 5 mg 纯化抗体的水溶液（或 PBS）1 mL，混匀后装入透析袋，以 0.05 mol/L pH9.5 碳酸盐缓冲液缓慢搅拌透析 6 h 或过夜。

④吸出后加 $NaBH_4$ 溶液（5mg/mL）0.2mL 置冰箱 2h。

⑤将上述结合的混合液加入等体积 pH7.2 饱和硫酸铵溶液，置冰箱 30min，离心，将所得沉淀溶于少许 0.02mol/L pH7.4 PBS 中，并对之透析过夜。

⑥离心除去不溶物，即得酶标记抗体结合物，加 0.02mol/L pH7.4 PBS 至 5mL 进行测定后，冷冻干燥或低温保存。

（5）*酶标记抗体的定量及其摩尔比值*

$$酶量（mg/mL）=OD_{403nm}\times 0.4$$

$$IgG 量（mg/mL）=（OD_{280nm}-OD_{403nm}\times 0.30）\times 0.62$$

$$酶标抗体的摩尔比值=\frac{mg/mL（酶）}{40\ 000}\div\frac{mg/mL（IgG）}{160\ 000}=\frac{mg（酶）\times 4}{mg/mL（IgG）}\times 100\%$$

式中 40 000 是 HRP 的相对分子质量，160 000 是 IgG 的相对分子质量，对 HRP 酶标抗体比值在 1～2 者为宜。

$$结合物产率=\frac{结合物中的酶量}{标记时加入酶量}\times 100\%$$

酶结合率为 7%时标记效果一般，9%～10%时较好，30%以上为最好。酶标记抗体首先需确定酶与免疫球蛋白是否结合，以及结合物有无酶的活性和免疫活性，还需要应用抗免疫球蛋白血清做双向琼脂扩散或免疫电泳试验，然后用酶的底物对沉淀弧显色，以鉴定酶活性。

（6）*酶结合物的保存* 以硫酸铵盐析法最后制备的结合物，可加纯甘油（最终浓度为 33%），4℃保存 1 年活性不变。

3. 酶联免疫吸附试验方法

（1）*间接法* 本法用于测定抗体，其步骤如下：

①微量滴定板每孔加 0.2mL 抗原（用 0.1mol/L pH9.6 碳酸缓冲液将抗原稀释成 1～10μg/μL），置 37℃水浴保温 3h，或 4℃过夜。

②微量板用含 0.05% Tween 20 的 0.02mol/L pH7.4 PBS 洗 3 次，将水甩干。

③微量板中每孔加 0.2mL 稀释的待检血清，置 37℃ 1h 或室温 3h。

④重复②。

⑤每孔加 0.2mL 稀释的酶标记抗免疫球蛋白（稀释液：PBS-Tween 20 含 1% 牛血清白蛋白），37℃ 1h 或室温 3h。

⑥重复②。

⑦加入适量的酶底物，底物改变时导致颜色反应，颜色深浅程度和速率与待检血清中的抗体含量有关。

⑧用分光光度计于 492nm 处测定或用肉眼观察。

（2）双抗体夹心法　用于测定大分子抗原的方法。

①用 0.1mol/L pH9.6 碳酸钠缓冲液将特异抗体稀释成含 1～10μg/mL，微量滴定板每孔加 0.2mL 特异抗体。

②用含 0.05% Tween 20 的 0.02mol/L pH7.4 PBS 冲洗 3 次，甩干。

③将含有抗原的待检液 0.2mL 加入致敏的微量板孔中，置 37℃ 1h 或室温 2h。

④重复②

⑤加稀释的酶标记抗体 0.2mL，置 37℃ 1h 或室温 2h。

⑥重复②。

⑦微量板加适量的酶底物，颜色的变化与③所加待检液的抗原量成正比。

⑧用分光光度计于 492nm 处测定或用肉眼观察。

（3）竞争法　是一种测定小分子抗原的方法。

①与“双抗体夹心法”相同，将特异性抗体吸附于固相载体，温育后清洗。

②将含有抗原的待检液先与酶标记的抗原混合后加入微量板孔，或是先加入待检液后再加入酶标记的抗原，温育后清洗，同前。

③加入酶的底物。仅加酶标记抗原所显示的颜色反应，和加有待检液及酶标记抗原所出现的颜色之差数，与待检液中抗原的含量成正比。

（4）结果表示　定量测定的结果有如下几点。①吸收值：用一个血清稀释度测定吸收值，如大于预实验所确定的吸收值则为阳性，小于此值则为阴性。②血清滴度：一系列稀释的血清达到预实验所确定的某一吸收值时的最高稀释度，即为滴度的终点。③检测样品与标准样品同时测定：计算前者为后者吸收值的百分数，根据事先确定的百分数判定实验结果。

（5）注意事项

①覆盖聚苯乙烯固相载体的蛋白质溶液的浓度通常为 1～10μg/mL，为保证反应的灵敏度、特异性和重复性，最好用纯化抗原和纯化抗体。

高 pH 和相对低的离子强度缓冲液，一般有利于蛋白质覆盖在聚苯乙烯表面，通常用 pH9.6 0.1mol/L Na_2CO_3 缓冲液。但不少蛋白质亦可在中性 pH 或弱碱性 pH 条件下有效地覆盖在聚苯乙烯表面，所以亦可用 0.02mol/L Tris-HCl pH8.0 缓冲液或 pH7.4 PBS。

覆盖量随蛋白浓度和覆盖时间的增加而增加。在通常应用覆盖的蛋白质浓度下，一般在 37℃ 3h 达到最大覆盖量（又称包被）。

②检测样品和标记抗体的浓度：标记抗体应选最适浓度，在这种浓度下，阳性和阴性血清有明显区别，可用不同稀释度阳性血清和阴性血清对不同稀释度标记的抗体作方阵滴定，从而确定最适浓度。当阳性血清的吸收值高，阴性血清吸收值低，且二者吸收值的比最大时的标记抗体浓度即为最适浓度，浓度过高易出现假阳性，浓度过低影响灵敏度。

③反应时间：对于抗体测定，抗血清和标记抗体达到最大反应是在 25℃ 4～5h 或 37℃ 1h。

④非特异吸附：用含 Tween 20 的 PBS 或生理盐水冲洗可有效地排除非特异性吸附的蛋白质。待检

血清和标记抗体用含牛血清白蛋白或0.1%白明胶的Tween 20 PBS稀释，对减少非特异吸附亦有较好的效果，同时还要结合最适反应剂浓度、反应时间等，才能充分减少非特异吸附的影响。

⑤用高活性纯酶和纯抗体制备标记抗体才能确保方法的灵敏。

二、斑点酶联免疫吸附试验

斑点酶联免疫吸附试验（Dot-ELISA）是近几年创建的一项免疫酶新技术，它不仅保留了常规ELISA的优点，而且还弥补了抗原或抗体对载体包被不牢等缺点，具有敏感性高、特异性强、被检样品用量少、节省材料、不需特殊仪器、便于肉眼判定结果和长期保存等优点。因此问世以来以其独特优势，广泛用于猪瘟、猪伪狂犬病、猪细小病毒病、牛副结核、马传染性贫血等多种家畜、家禽传染病抗体、抗原的检测和杂交瘤细胞的筛选。

1. 原理　Dot-ELISA的基本原理与ELISA有许多相同之处，它是以纤维素薄膜（如硝酸纤维素膜或混合纤维素酯微孔滤膜，孔径0.2～0.4μm）为固相载体，首先将抗原或抗体吸附在纤维素膜的表面，通过与相应的抗体或抗原和酶标记抗体的一系列免疫反应，形成酶标记抗原抗体复合物，加入底物后，结合上的酶催化底物使其水解后氧化成另一种带色物质，沉着于抗原抗体复合物吸附部位，呈现出肉眼可见的颜色斑点，试验结果可通过颜色斑点的出现与否和色泽深浅进行判定。

Dot-ELISA常用的检测方法与ELISA相同，也有直接法、间接法、双抗体夹心法和竞争法。

2. 材料和方法　以快速鉴定空肠弯杆菌为例。

（1）材料

①被鉴定的空肠弯杆菌。

②空肠弯杆菌共同抗原单克隆抗体，应用时细胞培养上清作4～8倍稀释。

③HRP标记的兔抗鼠IgG，用时作100～150稀释，腹水作1∶1 600稀释。

④混合纤维素酯微孔滤膜孔径0.22～0.4μm。

⑤洗液及稀释液0.1% Tween 20 pH7.4 PBS，pH9.6碳酸氢盐缓冲液，生理盐水。

⑥底物溶液pH7.6 0.05mol/L Tris-HCl 10mL，3，3-二氨基联苯胺盐酸盐5mg，H_2O_2加至最终浓度为0.03%。

（2）方法

①被鉴定菌株的抗原处理：取被鉴定菌株的新鲜培养物，用pH7.4 PBS稀释至浅乳白色，置水浴中煮沸15min，即为鉴定用抗原液。

②Dot-ELISA操作方法：A. 膜的处理及抗原包被。将纤维素膜用蒸馏水浸湿，待膜将干时进行点样，每个样品加样10～20μL，于60～70℃烘干（或室温自然干燥），然后用洗液漂洗3次，最后用滤纸吸干。B. 加单克隆抗体37℃湿盒中作用40min，漂洗方法同上。C. 再加HRP-IgG，37℃湿盒中作用40min，漂洗。D. 加入新配制底物溶液，避光感作15min，用蒸馏水漂洗3次，以终止酶反应，将膜晾干。

③结果判定：根据斑点有无及形成颜色深浅依次判为“＋＋＋＋”、“＋＋＋”、“＋＋”、“＋”和“－”。不形成斑点者为阴性，实验时应设阴、阳性对照。

三、免疫酶染色法

也称免疫酶组织化学法。本法的原理是将标本制片固定后，首先抑制其内源酶，接着加酶标记抗体，当其与标本中的相应抗原结合后，加入底物，底物分解产物为不溶性有色物质，可沉着于抗原上使其显色，在显微镜下判定结果。本法分直接法、间接法两种，直接法是固定标本中的抗原直接与酶标记抗体结合，加入底物使其显色；间接法是抗原先与第一抗体结合，然后再与酶标记的第二抗体结合，达到酶染色的目的。间接法较直接法应用范围更广，其酶标第二抗体可用酶标 SPA 或生物素-亲和素系统来替代。

1. 操作程序 以酶标记抗体直接法检测猪瘟病毒抗原为例。

(1) 制备染色标本：待检猪静脉采血，分离白细胞制作涂片或采取剖检猪脾脏、肾脏和扁桃体制作压片、空气中干燥。

(2) 固定：将制备的涂片或压片立即用丙酮（4℃）固定 10min（或室温 5min），干后置 4℃冰箱内保存备用。

(3) 消除内源酶：将涂片或压片浸在含 0.01% H_2O_2 的 0.01%叠氮钠溶液中，室温下作用 30min 以抑制内源酶。用 PBS 洗 3 次。

(4) 滴加 8～10 倍稀释的酶标记结合物，37℃湿盒内感作 40min 后，用 PBS 洗 3 次。

(5) 浸入 DAB-H_2O_2 底物溶液中，室温避光反应 30min，充分漂洗。

(6) 用无水酒精脱水、二甲苯透明，干燥后加中性甘油，加盖玻片镜检。

2. 结果判定 单核细胞和淋巴细胞的胞浆被染成棕黄色，脾脏红髓染成深棕黄色，肾皮质部细胞呈棕黄色，被判为酶染阳性，正常组织细胞不着色。

四、BAS 免疫酶技术

即生物素-亲和素系统（Biotin-avidin system，BAS）标记技术。

1. 简介 生物素（Biotin）是一种在动植物体内广泛分布的生长因素，尤其是蛋黄、肝和肾等组织中含量较高，它以辅酶形式参与多种羧化酶反应，相对分子质量为 244.31，为一环状结构，现已能人工合成，有商品供应。

亲和素（avidin）又称抗生物素蛋白或抗生物素，存在于蛋清、多种鸟的输卵管和蛙卵胶胨中，为相对分子质量 68 000 的糖蛋白，由 4 个亚单位组成，通过二硫键连接。

亲和素对生物素有很强的亲和力，是抗原抗体反应的百万倍，亲和素一旦结合生物素后就难以解离。酸、碱变性剂，蛋白溶解酶以及有机溶剂均不影响两者的结合作用，从而赋予生物素-亲和素系统（BAS）以高度稳定性。此外亲和素的每个亚基均可结合一个生物素分子，因此亲和素本身是一多价分子。

生物素经活化后，可与蛋白质和核酸分子呈偶联结合，达到很高的比活性，即一个大分子可接上多个生物素分子，生物素又可大量接在酶等标记物分子上，使标记物分子成为多价。上述生物素化分子的多价性，为 BAS 的多级放大作用提供了物质基础。近年来就是利用生物素与亲和素既可偶联抗体等一系列大分子生物活性物质，又可被酶与多种材料所标记的特性，发展了一种高灵敏度、高特异性和高稳定性的 BAS 系统。

酶联 BAS 具有以下特点：①对于所有的抗原-抗体系统都适用，应用范围极广，如用于 ELISA、免疫印迹、细胞免疫化学等。②BAS 在温和条件下可与各类生物大分子如蛋白质、脂多糖等结合，并且这种结合对原生物大分子的生物活性无影响。③每个亲和素分子可与 4 个生物素分子结合，所以可偶联更多的连接生物素的酶分子，从而大大提高了灵敏度。④生物素和亲和素间亲和力强，故二者一旦结合就极为稳定，不受在 ELISA 中的保温及多次洗涤的影响，而且这种结合的反应时间比抗原抗体反应所需时间短。⑤结果专一性强，非特异性显色或染色背景低。⑥第一抗体稀释度高，可节约抗体。

2. BAS 用于检测的基本方法 BAS 基本检测方法分为两大类，一类以游离亲和素居中，分别连接生物素化大分子反应体系和标记生物素，称为 BAS 法或桥联亲和素-生物素法（BRAB），其改良法称为 ABC 法。另一种以标记亲和素连接生物素化大分子反应体系，称为 BA 法或标记亲和素和生物素法（LAB）。兹分别介绍如下：

（1）BAS 法　先将待检抗原与生物素化特异性抗体共温，然后加游离亲和素，就可使抗原-抗体复合物通过生物素与多个亲和素分子结合。此后再加酶标生物素，将使大量酶分子聚集于复合物周围，这时再加相应的底物，就会产生强烈的酶促反应。与常规 ELISA 法相比，BAS 法中每个抗体分子所携带的酶分子数显著增加，故可提高灵敏度。

（2）BA 法　本法是以标记亲和素代替 BAS 法中的游离亲和素，省略加标记生物素的步骤，操作较为简便，也有相当高的灵敏度。本法是将特异性抗体生物素化，将酶分子标记在亲和素上，生物素化抗体与被检抗原结合后，再借 BAS 的高度亲和力将酶分子连接到抗原分子上，再经酶促反应即可检出抗原。

表 75-1　检测方法

检测方法		反应层次
直接法	BAS	Ag-（Ab-B）-A-B*
	BA	Ag-（Ab-B）-A*
	ABC	Ag-（Ab-B）-AB* C
间接法	BAS	Ag-Ab1-（Ab2-B）-A-B*
	BA	Ag-Ab1-（Ab2-B）-A*
	ABC	Ag-Ab1-（Ab2-B）-AB* C

注：Ab-B 和 Ab2-B 分别为生物素化抗体和生物素化抗抗体；A 和 A* 分别为亲和素和标记亲和素；B 和 B* 分别为生物素和标记生物素。

（3）ABC 法　本法是预先按一定比例将亲和素和酶标生物素共温，使形成复合物（ABC），当 ABC 与生物素化的抗体接触时，ABC 中尚未饱和的亲和素结合部位可与抗体分子上的生物素结合，使抗原-抗体反应体系与 ABC 连成一体，达到检测目的。据报道，若用 ABC 法检测细菌抗原，灵敏度可比常规免疫酶标法或免疫荧光法提高 4～16 倍。

BAS 在可溶性抗原及抗体反应系统方面的应用，主要集中在细菌、病毒和肿瘤相关抗原及其相应抗体的检测。

3. 材料和方法　以 BA-ELISA 法检测鱼源沙门菌为例。

（1）材料

①沙门菌多价 O 因子血清（AFO 群），凝集效价 1∶160。

②待检抗原：从鱼体表、鳃部取样，增菌后检测。

③BA 试剂、生物素化羊抗兔 IgG、HRP-亲和素。

④其他试剂和器材同 ELISA。

（2）BA-ELISA 操作方法

①标本的处理及包被：将采集的标本置亚硒酸盐胱氨酸选择性增菌肉汤，培养 17h，4 000r/min 离心 20min，去上清加 pH7.4 PBS 悬浮后煮沸 40min，煮沸液每孔加 0.1mL，37℃包被 1h。

②洗涤：用洗涤液洗涤 2 次，每次 2min。

③加 AFO 血清，用稀释液作 1∶40 稀释，每孔 0.1mL，室温下感作 30min。

④洗涤 3 次，方法同前。

⑤加生物素化羊抗兔 IgG，稀释成 1∶1 000，每孔 0.1mL，室温 30min。

⑥加 HRP-亲和素，稀释成 1∶2 000，每孔 0.1mL，37℃感作 20min。

⑦洗涤。

⑧加底物溶液，每孔 0.1mL，避光感作 30min。

⑨加终止液，每孔 0.05mL。

（3）判定结果：测定各孔 OD 值，P/N≥2 时为阳性。

五、其他免疫酶技术

1. 酶标 SPA-ELISA 葡萄球菌 A 蛋白（staphylococal protein A，SPA）是金黄色葡萄球菌细胞壁的一种蛋白成分，它具有能与人、豚鼠、小鼠、猪、犬、猴等多种哺乳动物血清 IgG 分子中的 Fc 部分结合的特性，其中以猪血清效价为最高，但对牛、马、羊和鸡等不能形成沉淀线，对正常兔血清无反应，而经免疫的家兔则有反应。由于 SPA 制备容易，性质稳定，易纯化，能与人和多种哺乳动物的 IgG 结合，不受种属特异性的限制。从而使用更趋方便，可用以代替间接 ELISA 中的酶标第二抗体进行间接 ELISA。酶标 SPA - ELISA 方法的原理与间接 ELISA 基本相同。目前，应用较多的是辣根过氧化物酶（HRP）标记的 SPA，其次是碱性磷酸酶标记的 SPA。SPA 酶标记法多采用过碘酸钠法，也有用戊二醛标记 SPA 的报道。

2. 琼脂扩散-ELISA（DiG-ELISA） 是 ELISA 与琼脂扩散相结合建立起来的一种检测方法。即先将抗原包被在透明的聚苯乙烯平皿上，37℃包被 1h 或 4℃过夜，倾注琼脂，冷凝后打孔，加入免疫血清，37℃扩散 24h，使抗体在抗原上形成扩散梯度，移去琼脂，漂洗后加入酶标记第二抗体，感作 2h，漂洗后倾注 50℃琼脂底物，5min 出现圆圈，圆圈直径大于或等于 3mm 时为阳性。本法有较高特异性、敏感性，不需特殊仪器设备，能定量分离 IgG 和 IgM（圆圈直径≥6mm 为 IgG，≥5mm 为 IgM）。

3. 荧光底物（4Mu-P）**ELISA** 本法是用四甲基伞形酮磷酸盐（4Mu-P）代替常规 ELISA 中的对硝基酚磷酸盐（PNP-P）作为碱性磷酸酶的底物，碱性磷酸酶分解 4Mu-P 产生荧光，用荧光仪测定荧光强度，采用荧光底物与产色底物比较，其敏感性可提高 16～39 倍，可检测皮克（pg）量级抗原水平。

4. 发光酶免疫测定法 本法是用发光化合物如鲁米诺代替常规 ELISA 中邻苯二胺作为过氧化物酶的底物，过氧化物酶含有血红素，能催化鲁米诺被 H_2O_2 氧化时产生化学发光反应。可用发光测量仪测定发光强度，达到检测抗原或抗体的目的。

5. 酶联免疫电泳扩散测定技术 通过免疫电泳扩散抗原与该抗原相应的 IgG 快速形成免疫复合物，接着用酶标记的抗 IgG 免疫球蛋白与免疫复合物孵育结合，然后用底物显色，此法增加了免疫电泳扩散的灵敏度，对分析复杂的抗原反应和不同类型的免疫球蛋白较为适宜。

6. 非标记免疫酶技术 在免疫酶标技术中，交联剂将酶与抗体（或抗原）结合成酶标抗体（或抗原），用抗酶抗体将酶与抗原-抗体-第二抗体复合物结合在一起。非标记免疫酶技术各种成分的结合方式如下。

$$Ag - Ab_1 - Ab_2 - (E - Ab_1) - E$$

产生酶抗体的动物应与产生第二抗体的动物是同种动物、否则酶抗体不能与第二抗体结合在一起。本法的优点是，可以避免酶标过程中酶和抗体活性减弱，可以避免未标记和标记的抗体之间由于竞争而产生对位点的干扰，从而大大提高了检测的灵敏度。其缺点是较难制备高效价的酶抗体。

第二节 免疫荧光技术

免疫荧光技术又称荧光抗体技术，是将抗体（或抗原）标记上荧光色素与相应抗原（或抗体）结合后，在荧光显微镜下呈现荧光现象的一种特异免疫学检查方法，是把免疫学的特异性与敏感性和显微镜的精确性有机地结合起来，因此可以特异、敏感、快速地检出和定位某些未知的抗原和抗体。近年来这项技术在兽医学领域应用比较普遍，特别是对一些流行严重的家畜、家禽传染病的快速诊断，提供了一条新的途径，现已广泛应用于狂犬病、猪瘟、猪传染性胃肠炎、乙型脑炎和猪丹毒等许多传染病的诊断，而且由于荧光抗体可在细胞乃至亚细胞水平上进行抗原定位，因此它又是研究细菌和病毒等微生物增殖和感染机理的有效手段。

免疫荧光技术主要包括以下七个步骤，即抗血清的制备，抗体的纯化、荧光标记抗体的制备，标记抗体的纯化，荧光标记抗体染色，免疫荧光染色标本的制备和荧光显微技术。

一、抗血清的制备

制备高效价的特异性抗血清是免疫荧光技术能否成功的关键，最常用的免疫动物是家兔、山羊和绵羊，哺乳动物及家禽的血清皆可用于制备荧光抗体。对动物的选择应根据抗原的生物特性和所要求的血清数量；用于制备抗 IgG 血清时，以血缘关系远者为佳。另外所用动物应适龄、健康，最好是雄性，血清量宜尽量多一些，能供一批实验用量，以免由于中途调换另批血清而影响实验结果。抗血清应酌量分装后于−20℃以下冻结保存，分批取用，保存时间可以更长些。

制备抗血清的免疫程序无统一标准，一般对于特异性要求高的抗血清应采用小剂量，无佐剂，短程免疫；如要求抗血清效价高，则应采用大剂量，加佐剂，长程免疫。某些病原体（特别是病毒）自然感染动物或人后可产生高效价抗体，如乙脑、猪瘟、鸡新城疫和马立克病等，这样的抗体可直接利用，特别是在直接荧光抗体染色中既方便、经济，又切实可行。

抗体效价的检测可用稀释抗原的环状试验或免疫双扩散试验，效价须达 1∶4 000；用稀释抗体的免疫双扩散试验须达 1∶32～1∶64；用于直接标记抗菌抗体效价，用直接定量凝集试验须达 1∶2 560；抗病毒抗体的效价，其血细胞凝集抑制试验、中和试验及补体结合试验，效价均宜在 1∶256 以上。

二、抗体的纯化

用于免疫荧光抗体技术的免疫血清必须高度纯化并具有高度的特异性。因血清白蛋白、α_1 球蛋白及其他蛋白带阴电荷很强，可与标本发生非特异性的吸附，而导致非特异荧光的发生，通常用硫酸铵盐析法、分子筛层析法（即葡聚糖凝胶过滤）以及离子变换层析法进行纯化。

1. 试剂

（1）pH7.2，0.145mol/L NaCl，0.01mol/L 磷酸盐缓冲液（PBS）

磷酸氢二钠（$Na_2HPO_4 \cdot 2H_2O$）	27g	氯化钠（NaCl）	8.5g
磷酸二氢钠（$NaH_2PO_4 \cdot 2H_2O$）	0.39g	蒸馏水	至 1 000mL

（2）pH7.4，0.005mol/L 磷酸盐缓冲液

氯化钠（NaCl）	5.86g	KH_2PO_4	0.11g
$Na_2HPO_4 \cdot 12H_2O$	1.5g	无离子水	至 1 000mL

（3）饱和硫酸铵溶液　称取化学纯硫酸铵 92g，加蒸馏水 100mL，加热 40～50℃助溶。以氨水（28%氨溶液）调整 pH8～9，至出现红棕色沉淀（此为铁盐杂质，易干扰荧光染色），趁热过滤去除沉淀，再以蒸馏水二倍稀释的浓硫酸将 pH 调至 7.0 左右，4℃贮存，底部析出结晶，用时吸取上清液（25℃时 d=1.205）。

（4）10%氯化钡溶液　氯化钡 10g，无离子水加至 100mL，用于测定硫酸根离子。

（5）奈氏试剂（Nesster's neagent）　称取碘化汞 11g，碘化钾 80g，加入不含氨的蒸馏水500mL，待溶解后过滤，滤液加入 20%氢氧化钠 500mL。测定时取样 3～4mL，加入奈氏试剂 1～2 滴，若有铵离子存在则出现砖红色反应，甚至可发生棕色沉淀。

（6）20%磺基水杨酸　磺基水杨酸 20g，无离子水加至 100mL，溶解待用，测定时取试剂 1mL，加待测样品 1～2 滴，若有蛋白存在时则呈白色反应。

2. 操作方法　以流程图（图 75－1）解释如下。

如采用血浆纯化需先加入等体积 pH7.2，0.01mol/L PBS，再加入 1/4 容积的饱和硫酸铵溶液，使饱和度为 20%左右，离心去纤维蛋白原沉淀后，再按上述流程图操作。

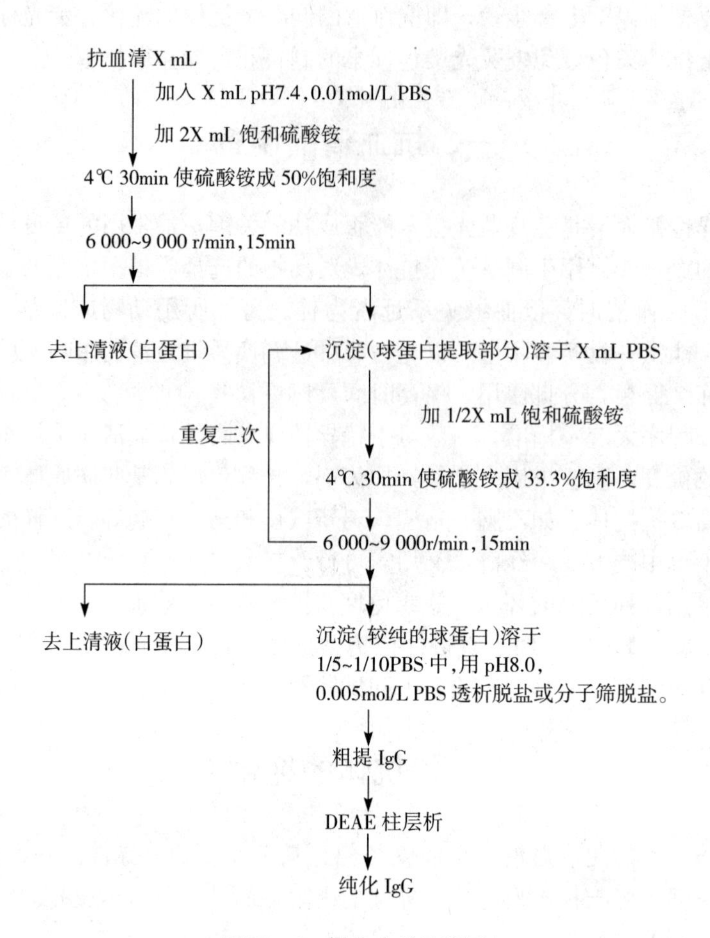

图 75-1 操作方法流程图

注：粗提 IgG 已可用于制备荧光抗体，DEAE 层析后所制得的 IgG 纯度高，但得率较低，而且抗血清效价明显降低

三、荧光标记抗体的制备

1. 荧光素的选择 用于标记抗体的荧光素必须具有活性基团，使之易与蛋白稳定结合，能发射可见的并对视觉敏感的荧光颜色，荧光效能应强，性质比较稳定，不影响抗体的活性，不影响抗原与抗体的特异性结合。目前广泛用于标记抗体的荧光素是异硫氰酸荧光素（fluorescein isoltuo cyomate，FITC）。本品为黄色、橙黄色或褐黄色结晶粉末，易溶于水或酒精等溶剂，有两种异构体，于低温干燥下可保存多年，室温下也可保存 2 年以上。FITC 相对分子质量为 389.4，最大吸收光谱为 490～495nm，最大发射光谱为 520～530nm，可呈明亮的黄绿色荧光。此外还有四乙基罗丹明（tetraethylr hodamine，又称 RB200）、四甲基异硫氰基罗丹明（tetromethylr hodamine，又称 TMRITC）和三氯三嗪基氨基荧光素（dichlorolriozinylaminofluorescein，DTAF）。

2. 荧光标记抗体的制备 由于荧光色素种类不同，标记的方法也不一样，但所要求的条件和步骤基本相同。一般要求低温（0～4℃），pH9.0～9.5，蛋白浓度 20mg/mL，抗体蛋白与荧光色素的比例为 1∶20～1∶100。

标记的步骤包括球蛋白的准备、荧光色素的准备、结合（标记）和除去未结合的游离荧光素、肝粉吸收、低温保存和鉴定等。

用 FITC 直接法标记荧光抗体是应用最广的方法，可适用于标记体积较大、蛋白含量较高的抗体。该法标记时间一般仅需 4～6h，荧光色素用量省，但影响此法因素较多，需通过实践加以控制。

（1）试剂和材料

①抗体球蛋白溶液：20mg/mL 以上。

②pH9.5 0.5mol/L 碳酸盐缓冲液：碳酸氢钠（$NaHCO_3$）3.7g，碳酸钠（Na_2CO_3）0.6g，加蒸馏水至 100mL。

③荧光色素 FITC。

④pH7.2 0.01mol/L PBS。

⑤Sephadex G25 柱。

（2）操作步骤

①将球蛋白以 0.01mol/L pH7.2 PBS 缓冲液调整抗体溶液的蛋白浓度为 20mg/mL。

②取相当于蛋白量 1/100～1/150 的 FITC，溶于相当于抗体溶液量 1/10 的 pH9.5 0.5mol/L 碳酸盐缓冲液中。

③将 FITC 溶液在搅拌的情况下，缓慢加入抗体溶液，并用磁力搅拌器搅拌，反应时间随反应温度不同而异。

2～4℃	6h
7～9℃	4h
20～25℃	1～2h
35～37℃	30min

④将标记抗体溶液装入透析袋，以大量 pH7.2 0.005mol/L PBS 进行透析，每隔 4h 更换透析液一次、共需 24h，或直接将结合物通过用 pH7.2 0.01mol/L PBS 平衡好的 Sephadex G25 凝胶柱以除去未结合的游离荧光素。按床体积的 1/6～1/10 加入已标记的抗体溶液，用上述缓冲盐水进行洗脱，一般仅 1h 左右荧光标记抗体即可先洗脱，可收集之，隔一段时间后游离荧光素才渐渐洗脱下来。可参照以下公式推算 FITC 标记荧光抗体各反应物的量及容积：

蛋白质含量（A）（mg/mL）

蛋白质容积（B）（mL）

总蛋白质含量（C）＝蛋白质含量（A）×容积（B）

20mg/mL 蛋白质容积（D）$=\frac{C}{20}$（mL）

FITC 量（E）$=\frac{C}{100}$（mg）

加入 FITC 的碳酸盐缓冲液容积（F）$=\frac{D}{10}$（mL）

加入蛋白质溶液中 PBS 液量（G）＝D－（B－F）（mL）

四、标记抗体的纯化、鉴定与保存

1. 标记抗体的纯化　通常应用离子交换法去除未结合荧光色素的抗体和过量结合荧光色素的抗体，以及用动物肝粉吸收去除某些不需要的抗体和抗原。

（1）离子交换法纯化荧光标记抗体　主要采用阴离子交换纤维素（如 DEAE 纤维素或 DEAE-Sephadex A50）逐步增加洗脱液的离子强度，由于未结合荧光素的抗体带的阴电荷较少，因此被先洗脱出来，随后洗脱出来的是荧光标记合适的抗体部分，而过量结合荧光素的抗体由于所带阴电荷较多，因此最后洗脱出来，这样就达到净化的目的。但经此法纯化，标记抗体损失达 50%。

DEAE 纤维素分步洗脱法：按每克蛋白质需用 DEAE 纤维素 10～15g 进行交换，将酸碱处理及用 pH7.6 0.01mol/L PBS 平衡的 DEAE 纤维素柱（柱大小 30cm×2cm）加入适量标记抗体液，以后按下列顺序依次更换洗脱液，分步洗脱。用部分自动收集器定时收集，一般每 5min 收集一管，pH7.6

0.01mol/L PBS 可洗脱标记低的或未标记的抗体部分：

pH7.6 0.01mol/L PBS+0.01mol/L NaCl

pH7.6 0.05mol/L PBS+0.01mol/L NaCl

pH7.6 0.14mol/L PBS+0.01mol/L NaCl

上述三个部分各有鲜绿色荧光抗体洗脱液，分别测定各管 F/P 值，将 F/P 值在 1～4 之间的各部分合并为荧光标记合适的抗体部分，再经 pH7.4 0.01mol/L PBS 4℃透析过夜，换透析液 4 次。分装小管 4℃冰箱保存。层析柱上潴留强黄绿色过度标记抗体分子。继续以 pH7.6 0.01mol/L PBS+2mol/L NaCl 可洗脱出来。

（2）*动物肝粉纯化标记抗体*：常用的是大鼠、小鼠和豚鼠的肝脏，以除去交叉反应的或不希望标记的抗体。每毫升标记抗体加 100mg 肝粉，用磁力搅拌器 4℃搅拌 1h，静止 1h，再以 1 800r/min 于 4℃条件下离心 20min，取上清标记抗体，分装小瓶，−20℃以下保存，以防肝粉中的酶分解免疫球蛋白。这一步处理对标记抗体来说损失是很大的，一般可省去这一步。

2. 结合物的鉴定 结合物的鉴定通常包括以下三项内容：荧光抗体的化学鉴定、染色滴度的测定以及染色特异性鉴定。

（1）*化学鉴定* 荧光抗体的质量直接取决于总蛋白质量（P）和荧光色素量（F）。F/P 比反映荧光抗体的光敏性，F/P 过高则非特异染色将显著增强。抗 IgG 荧光抗体的 F/P 比不宜高于 1～2。

测定 P 和 F 的含量常用分光光度计法。测定时可用固定波长（275～280nm，通常用 280nm）。荧光色素吸收峰 FITC 为 490nm，RB200 为 570nm，TMRITC 为 550nm。用已知量荧光素制成标准曲线，即可测定出结合物中的 F 值。测出 P 和 F 量后，按下式计算 F/P 比。

$$\text{F/P 摩尔比值}=\frac{\text{荧光色素}（\mu g/mL）}{\text{IgG}（mg/mL）}\times\frac{160\ 000\times10^{3}}{390\times10^{6}}=0.4\times\frac{\text{荧光色素}（\mu g/mL）}{\text{IgG}（mg/mL）}$$

IgG 相对分子质量为 160 000；FITC 相对分子质量为 390；RB200 相对分子质量为 580；TM RITC 相对分子质量为 443。

（2）*染色滴度测定* 其方法是将荧光抗体做连续倍比稀释。对相应抗原标本或对照标本进行染色，确定特异性或非特异性染色的最大稀释度，实际应用时取低于特异性染色滴度而高于非特异性染色滴度的稀释度。例如特异性染色滴度为 1∶64，非特异性染色滴度为 1∶8，则应用时可作 1∶32 稀释。

（3）*染色特异性鉴定* 一般通过特异性吸收试验和抑制试验确定染色的特异性。前者是在荧光抗体中加入过量的相应抗原，经作用后用于染色抗原标本，应无明显荧光；后者是在染色抗原标本之前，先用未标记的抗体与标本反应，然后再行荧光抗体染色，同样应无明显荧光。

3. 荧光抗体的保存 −20℃以下冻结可保存数年性质不变，4℃保存应加 0.01%硫柳汞或 0.02%叠氮钠防止细菌污染。不论冻结保存或在 4℃保存都应小量分装，尽量避免反复融冻和反复暴露，减少活性损失和污染的机会。

五、免疫荧光染色样品的制备

1. 染色标本的制备 临床常用的标本有涂片、印片、组织切片和组织培养盖片四种。在标本制备过程中应力求保持抗原的完整性，并在染色洗涤及封装过程中不发生溶解或变性，也不会扩散到邻近细胞或组织间隙中去。此外还要求标本尽可能薄，以便于抗体和抗原接触，形成抗体抗原复合物，有利于观察。

（1）*涂片* 临床上常用此法进行细菌培养物检查，涂片法是用接种环挑选待检材料（如细菌培养物等），均匀涂布于玻片上，一般宜薄，经电风扇吹干后，应立即应用或装在塑料袋中，−10℃保存，于 2 周内使用。

（2）*印片* 将小块组织用滤纸将创面血吸干，然后用玻片轻压创面，使之粘上 1～2 层细胞，然后按上法晾干或吹干。常用于检查脏器中的巴斯德氏菌、钩端螺旋体等。

（3）组织切片 这是组织学和细菌学中常用的显微镜观察标本，主要是冷冻组织切片，其优点是能较好地保持组织的抗原性，操作时间短，步骤简单，切片自发荧光较少、特异荧光强，一般采用冷冻切片机（CO_2 制冷或半导体电制冷）。在－16～－25℃的低温下将冷冻组织切片，厚度在 4μm 左右，切片应迅速贴在玻片上，立即吹干固定。

（4）组织培养标本 主要用于病毒研究，通常是在培养瓶中置小盖玻片，培养细胞在上面长成单层供使用。

2. 标本的固定 固定的目的有三个：①防止细胞或切片从玻片上脱落；②除去妨碍抗原-抗体结合的类脂，使抗原-抗体结合物易于形成，而获得良好的染色结果；③固定的标本易于保存。常用的固定方法见表 75-2。

表 75-2 各种抗原物质的常用固定方法

抗原物质	固定溶剂	固定条件
抗原性物质	95%～100%乙醇	室温 3～15min
免疫球蛋白	丙酮、甲醇	4℃，30min
酶	四氯化碳	
激素	95%乙醇加 1%～5%冰醋酸	4℃，30min
病毒	丙酮、无水乙醇、四氯化碳	室温 5～10min
		或：4℃ 30～60min
		或：－20℃ 60min
多糖（细菌）	丙酮、甲醇、10%甲醛	室温 3～10min
	微火加热	室温 3～10min
类脂（异嗜性抗原）	4%甲醛	室温 3～10min

抗原固定后必须即刻以冷 pH7.4 PBS 冲洗，顺序经三缸浸泡，每缸 3min，末次再以蒸馏水浸泡 1min 以脱盐。

标本固定干燥后最好立即进行荧光染色及镜检。如必须保存时则应保持干燥，置于 4℃以下保存。一般细菌涂片或组织切片经固定后可保存一个月以上。但病毒和某些组织抗原标本则需－20℃以下保存。

六、荧光抗体染色法

荧光抗体染色法有直接法、间接法、抗补体法和特殊染色法等四种。

1. 直接染色法 用荧光抗体直接检查抗原，其优点是方法简单，非特异染色因素少，缺点是不够敏感，且一种标记抗体只能测定一种抗原，方法如下。

（1）于玻片抗原标本上滴加相应荧光抗体，将玻片放置保湿盒（盒底加水以保证湿度）37℃温箱染色 30～60min 取出。

（2）先以 pH7.2 0.01mol/L PBS 流水轻洗一次，然后按顺序通过 pH7.2 PBS 三缸浸泡，每缸 3～5min，时时振荡，末次再用蒸馏水浸泡 1min 以脱盐，电风扇吹干。

（3）滴加缓冲甘油封片（缓冲甘油用甘油 9 份＋0.5mol/L pH9.5 碳酸盐缓冲液 1 份配成）。

2. 间接染色法 染色程序分为两步。第一步将已知未标记的抗体加到未知抗原上或用未知未标记抗体加到已知抗原上。第二步加相应的荧光素标记抗球蛋白抗体。如果第一步发生了抗原抗体反应，标记的抗球蛋白抗体就会和已结合的抗体进行结合，从而可鉴定未知抗原或未知抗体。因为中间层免疫球蛋白分子上有多个抗原决定簇，因而能结合多个荧光标记抗球蛋白抗体，所以间接法比直接法敏感 5～

10倍，且标记一种抗球蛋白，可用于多种抗原-抗体系统。间接法的缺点是参与因素多，比直接法易出现非特异荧光，故须条件严格，方法如下。

（1）于固体标本上滴加未标记的相应抗体，玻片放保湿盒内，37℃ 30～60min，取出以PBS轻轻冲洗。

（2）顺序浸入PBS三缸中，每缸3～5min，时时振荡，最后移至蒸馏水缸浸泡1min，电风扇吹干。

（3）滴加荧光素标记抗球蛋白抗体，放保湿盒37℃ 30min。

（4）再冲洗浸泡如（2）。

（5）滴加缓冲甘油，封片镜检。

3. 补体染色法 本法也属于间接法，其操作步骤是：第一步先将等量的灭能特异性抗血清（兔或山羊等）及豚鼠补体在试管内混合，以此混合物滴加于被检抗原片上，于37℃作用30min后，将玻片洗涤、干燥；第二步再滴上标记的抗豚鼠补体抗体，同以上条件再作用30min。以后的操作与间接法相同。

补体染色法的优点是标记一种抗补体抗体就可检查所有的抗原、抗体系统。缺点是非特异荧光甚多，由于补体易失活，因此每次试验时都需应用新鲜补体，比较麻烦。

七、特殊染色法

如双重染色法、反衬染色法和活体染色法（又分菌球沉淀染色法和活细胞膜染色法）等。

1. 反衬染色 为了加强特异荧光的鲜明性，也为了消除非特异荧光，对某些标本，尤其是组织标本，常需使用反衬染色法。最常使用的反衬染料是伊文思蓝，此染料发射橙红色光，不仅可使FITC的黄绿色荧光对比鲜明，而且还可以有效地掩盖轻度的非特异荧光。通常使用反衬染色的伊文思蓝（Evan's blue）浓度为1∶1 000～1∶10 000。此法简单方便，已广泛用于各种免疫荧光染色。标本可先行荧光标记物染色，然后浸入伊文思蓝溶液中数分钟，取出用PBS冲洗10min，然后封片。也可用适当比例的伊文思蓝溶液与荧光标记抗体液混合一步染色。

除应用伊文思蓝作反衬染色外，也可用RB200标记的牛血清白蛋白，因被标记的白蛋白具有非特异染色的性能，可将特异性抗原以外的部分染成红色，与FITC的黄绿色荧光构成鲜明对比。此外还可0.02%结晶紫溶液作反衬染色。

2. 荧光菌团染色法 是一种既具有集菌、增菌作用，又具有荧光抗体染色作用的染色方法。它可以克服被检材料中含菌数少，不能进行直接涂片检查的缺点。本法又分菌团培养染色法和菌团沉淀染色法两种。

（1）荧光菌团培养法 用胰胨水稀释的荧光抗体2滴，分别滴加于载玻片的两端，取一接种环被检标本与载玻片一端的荧光抗体混合，然后取此混合液一接种环移至另一端的荧光抗体中混合，将载玻片放湿盒中，37℃培养6～8h，于荧光显微镜下观察荧光菌团。

（2）荧光菌团沉淀染色法 取培养物1mL加两个单位荧光抗体1滴，混匀后，于500～1 000r/min离心，弃去上清，取沉淀物一滴加于载玻片上，于荧光显微镜下观察荧光菌团出现情况，阳转者可用接种环挑取菌团分离活菌，以作进一步鉴定。

3. 吖啶橙荧光染色法 用pH7.4 0.01mol/L PBS分别将吖啶橙和多价免疫血清稀释（最终稀释度吖啶橙为1∶90万，免疫血清为1∶80），再将两者混合制成吖啶橙诊断免疫血清。取此诊断血清与抗原悬液混合，以1 000r/min离心20min，弃去上清液，将沉淀物摇匀取一滴加于载玻片上，放37℃湿盒中培养3h，于荧光显微镜下观察菌团大小，判定。本法特异性强，操作简便，15～18h内报告结果。

4. 红细胞吸附免疫荧光抗体法 吸取少量特异性抗体致敏的红细胞悬液于载玻片上，涂成薄层，自然干燥，用克氏液（60%乙醇、30%氯仿和10%甲醛混合液）固定15min（或火焰固定）。在红细胞涂面上加入被检菌液0.015mL，置37℃ 30min，使待检菌吸附在红细胞载体上，取出用PBS冲洗。加特异性荧光抗体，置湿盒内放30min，用PBS冲去多余荧光抗体，再置PBS中漂洗2min，晾干，镜检。

结果判定：阳性者细菌吸附在红细胞上，且形态典型；细菌的荧光亮度在"++"以上，菌体肥大，荧光清晰；在整个涂抹面上可看到几个或几十个细菌者。

5. 荧光素标记葡萄球菌A蛋白染色法　由于葡萄球菌A蛋白（SPA）可与多种哺乳动物IgG的Fc段结合，可用SPA代替第二抗体，这样不仅不受第一抗体动物种属的限制，而且大大简化了操作步骤。试验时于1mL FITC-SPA特异性试剂（1mg/mL）加入已知病毒免疫血清0.1mL，充分摇匀后，于37℃作用30min，用PBS洗两次，最后加入PBS 1mL，即为标记试剂。检测病毒抗原时，将培养在玻片上的病毒感染细胞用PBS轻轻冲洗两次，然后用标记试剂覆盖，置4℃ 10～30min，用PBS洗两次，将玻片反置载玻片上，于荧光显微镜下观察。

八、荧光显微技术

观察时，应在较暗的室内进行，当高压汞灯点燃后3～5min再开始检查。经荧光抗体染色的片子，虽然可直接在荧光显微镜下观察，但封装后效果更好。常用的封装剂为一份pH9.0，0.05mol/L碳酸钠缓冲液与九份无荧光的甘油（AR）混合而成。观察标本的特异性荧光强弱一般用"+"号表示。

－：无荧光

±：极弱的可疑荧光

＋：荧光明亮

＋＋：荧光闪亮

一般标本在高压汞灯下照射超过3min，即有荧光减弱现象。标本片染完后应当天观察。

荧光显微镜每次观察时间以1～1.2h为宜。超过1.5h，灯泡发光强度下降，荧光强度亦减弱。

第三节　放射免疫技术

放射免疫技术（Radioimmuno-technique）又称放射免疫测定法（Radioimmunoassay，RIA），是用放射性同位素标记已知抗体或抗原，根据抗体复合物中的同位素放射性强度对被检材料中的抗原或抗体进行定性或定量的测定。因为同位素放射性强度在测定上具有高度敏感性，而放射免疫测定本身又是一种抗原-抗体反应，两者相结合，即能定量分析皮克（Picogram，pg），甚至飞克（Femtogram，fg）数量级的微量物质，因此它具有特异、敏感、精确，操作简便，易于标准化，样品用量小，而且一般不需要复杂的提纯等优点。目前，RIA已在许多领域中得到广泛应用，特别对分子生物学、医学、兽医学等实验研究和疾病诊断方面已成为不可缺少的技术手段。兽医病毒学已用RIA快速检出西方型马脑炎病毒、轮状病毒、疱疹病毒和马传染性贫血病毒等。

一、放射免疫测定原理

放射性免疫测定基本原理是用放射性同位素标记抗原与相应抗体特异性结合形成带有标记的抗原-抗体复合物，当同时在体系中同时加入标记抗原和未标记抗原时，两者则会相互竞争有限量的抗体。这一关系可以用下式表示

$$
\begin{array}{c}
{}^{*}Ag + Ab \leftrightarrow {}^{*}Ag-Ab \\
+ \\
Ag \leftrightarrow Ag-Ab
\end{array}
$$

由上式可得出，标记抗原与非标记抗原与抗体结合能力是相同的，两者与抗体结合分别形成标记抗

原抗体复合物和非标记抗原抗体复合物，且两者的含量在一定限度内呈反比关系，即随着未标记抗原量的增加，标记抗原相对浓度降低，继而形成的标记抗原-抗体复合物数量减少，放射性强度降低，我们便可以利用这一原理测定未知的抗原或抗体。以液相竞争法为例。RIA 是建立在标记抗原（*Ag）与非标记抗原（Ag）对特异性抗体（Ab）的竞争性抑制反应的基础上。先将被检标本与标定浓度的特异性抗体混合，并感作一定时间，如被检标本内具有相应的病毒抗原，则形成抗原-抗体复合物，随后加入标定量的放射性同位素标记抗原，后者只能与未被被检标本中抗原结合的剩余抗体发生反应。因此标记抗原在反应物中被结合量与被检标本中的抗原量成反比。也有人将被检标本和标记抗原同时加入已标定浓度的特异性抗体中进行感作。应用高速或超速离心沉淀法或硫酸铵沉淀等化学方法，将标记抗原-抗体复合物与游离的标记抗原分开，分别测定沉淀物中*Ag - Ab（B）和上清中游离型*Ag（F）的放射性强度，计算 B/F 或 B/T 值（T=B+F，是加入的标记抗原的总放射强度）就能测出样品中 Ag 的含量（图 75 - 2）。

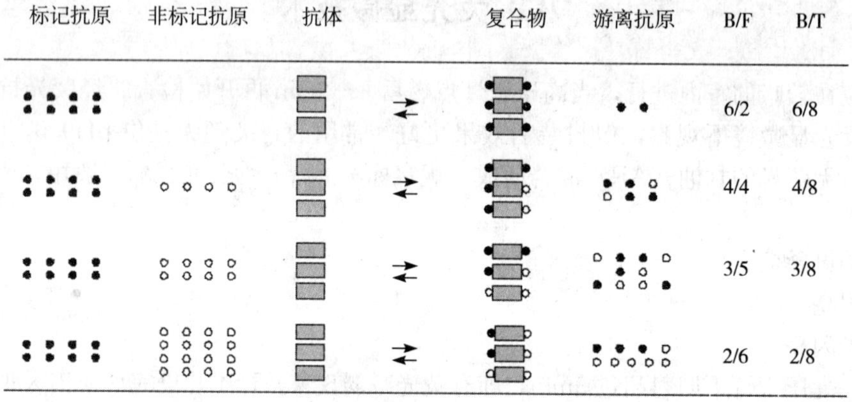

标记抗原	非标记抗原	抗体		复合物	游离抗原	B/F	B/T
			⇄			6/2	6/8
			⇄			4/4	4/8
			⇄			3/5	3/8
			⇄			2/6	2/8

图 75 - 2 RIA 测定原理的定量示意图（显示 Ag 的含量）

B. 结合物*Ag 含量 F. 游离的*Ag 含量

当标记抗原和抗体量不变时，结合率（B/T 和 B/F）随未标记抗原量的增加而降低，依此取一系列标准未标记抗原的浓度，可作出 B/F（或 B/T）对 Ag 量的关系曲线图，一般称为竞争性抑制曲线或标准曲线。它反映了标记抗原结合程度与标记抗原的函数关系，这一曲线是对样品进行定量测定的依据。

如被测定的生物液体或组织提取液中不含有与这个抗原、抗体有交叉反应的物质和干扰物质，当与同时作的标准曲线相比较时，可测得样品 B/T 值，在该曲线上查到相应抗原的含量。

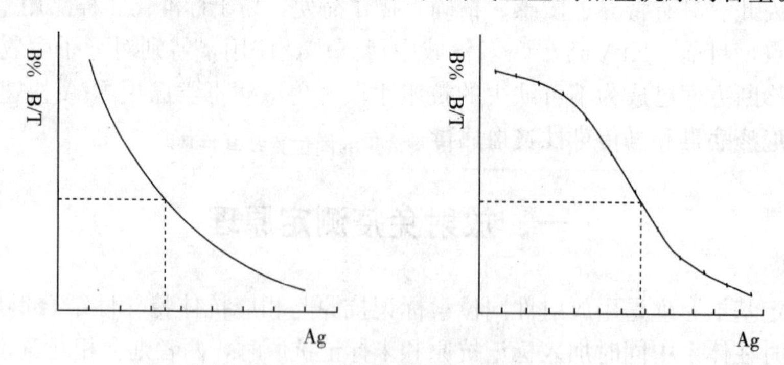

图 75 - 3 竞争结合抑制曲线示意图

二、抗原的制备与标记

凡是能刺激机体产生抗体（免疫原性），而且能与该抗体发生特异性结合反应（反应原性）的物质，称为完全抗原，如大多数蛋白物质（细菌、病毒、异种血清等）。仅有反应原性而缺乏免疫原性的物质称为不完全抗原或半抗原，如绝大多数的多糖、类脂和一些简单的化学物质。半抗原要获得较好的免疫原性就必须与蛋白质等大分子物质结合才能成为一个完全抗原，这一技术的应用给放射免疫测定法开辟了广阔领域。放射免疫测定需要高纯度抗原，其浓度至少要在90%以上，一般认为要达到“免疫纯”，即免疫电泳鉴定时仅见一条抗原-抗体结合沉淀线。

1. 高纯度完全抗原的制备

（1）*理化方法*　通常采用分离蛋白质的方法，如盐析法、无机和有机溶剂提纯法、各种电泳（琼脂、淀粉、葡聚糖、聚丙酰胺酸等）、层析（纸薄板等）分离法、离心交换法、凝胶过滤法及等电聚焦法等。

（2）*免疫法*

①抗原抗体复合物解离法：即先将抗原与特异性抗体结合形成复合物，然后离心沉淀，弃去上清杂质，再以化学试剂调节pH，使抗原抗体复合物解离，经凝胶过滤将抗原抗体分开得到纯抗原。

②免疫吸附剂层析法：先将特异抗体交联到琼脂糖珠上，然后用这种珠装成层析柱，当含杂质的抗原通过时，抗原与柱上的抗体相结合，吸附在柱上，杂质则不能与抗体结合通过柱流出，之后再用化学方法使吸附在柱上的抗原与抗体解离并洗脱下来，得到纯化的抗原。

（3）*理化方法与免疫法相互结合*　这是最常用的方法，一般先用理化方法粗提，再用免疫法纯化，所得到的抗原纯度较高。

2. 半抗原的制备

（1）*带羟基的半抗原*　一般可以用混合酸酐法或水溶性羰二亚胺法结合到蛋白的氨基上。

（2）*带有脂族氨基的半抗原*　可用羰二亚胺法结合到羧基上，或用双功能的二异氰酸结合到蛋白的氨基上。

（3）*芳香族胺*　可先重氮化后再与载体的酪氨酸结合。

（4）*带有连位羧基的半抗原*　用过碘酸盐氧化法可很容易地结合到蛋白载体的氨基上。

（5）*甾族半抗原*　使半抗原的羟基与琥珀酸酐形成半琥珀酸盐，然后用混合酸酐法或羰二亚胺法使半琥珀酸盐的羧基与蛋白质的氨基相结合。

（6）*苯酚类半抗原*　可用重氮化的对氨基苯甲酸反应变成活性的衍生物，像半琥珀酸衍生物一样可以通过它们的羧基与蛋白载体的氨基相结合。

制备好的半抗原结合物在免疫动物前，先要测定结合物中半抗原分子的数目，因为半抗原分子在结合物中数目太多或太少，其诱发抗体的能力较差，如用血清白蛋白作载体，则每个蛋白分子上的半抗原分子以10个左右为合适。先测定在一定波长下复合抗原和载体之间的分子质量光密度数差，然后把这个差与同样波长下半抗原的分子质量光密度相比较，就可以相当精确地计数结合的半抗原分子数。

表75-3　标记抗原常用的同位素及其性质

放射性同位素	半衰期（d）	射线的种类及能量（MeV）	
		β	γ
^{3}H	12.5	0.018 9	—
^{35}S	87.24	0.17	—
^{32}P	14.26	1.71	—
^{125}I	59.7	—	0.035
^{131}I	8.05	0.608，0.335，0.250	0.364，0.637，0.722

3. 抗原的标记

（1）*放射性同位素的选择*　选择同位素时要本着测定方法简单、价格便宜且容易获得不易脱落且不会使标记物辐射损伤使蛋白变性、操作人员易于防护、技术效率高等原则。目前用于放射免疫技术的放射性同位素有两大类，即具有γ射线的同位素和具有β射线的同位素。如^{125}I、^{131}I、^{35}S、^{32}P和^{3}H等，各种同位素的特性见表75-3。^{3}H具有半衰期长、能量低，便于防护等优点，并且所有的有机化合物中均含氢，因此以^{3}H来置换^{1}H，不会影响原有化合物的化学性质，但是标记需在真空条件下操作，推广困难；^{125}I标记半衰期较^{131}I长，标记方法简单，辐射损伤小，标记物可直接测定，因此尽管放射比活性仅为^{131}I的13%，^{125}I还是比^{131}I更为常用。

（2）标记方法

原理：碘标记一般采用氧化法，常用的氧化剂有过氧化氢、一氯化碘、氯胺T。近年还采用乳过氧化酶（Lactoperoxidase，LPO）法进行标记。最常用的氯胺T氧化法，是氯胺T在水溶液中能放出次氯酸将放射性$^{*}I^{-}$氧化成放射性碘分子$^{*}I_2$，$^{*}I_2$再裂成$^{*}I^{-}+{}^{*}I^{+}$，然后带正电荷的放射性碘离子取代酪氨酸分子苯环上的氢。其反应式如下：

氯胺T氧化

$$CH_3\text{—C}_6\text{H}_4\text{—}SO_2NNaCl + 2\,{}^{*}I^{-} \longrightarrow CH_3\text{—C}_6\text{H}_4\text{—}SO_2NNa^{-} + Cl^{-} + {}^{*}I_2$$

酪氨酸标记

$$HO\text{—C}_6\text{H}_4\text{—}CH_2CH(NH_2)\text{—}CO \pm {}^{*}I_2 \longrightarrow HO\text{—C}_6\text{H}_3({}^{*}I)\text{—}CH_2CH(NH_2)\text{—}CO + H^{+} + {}^{*}I^{-}$$

标记方法如下：为得到高比放射性的标记抗原，减少化学反应和放射碘过量造成的各种损伤导致的抗原性降低，标记时需保证最佳条件：

①供标记用的$Na^{*}I$放射线浓度$>20\times3.7\times10^{7}$ Bq/mL。

②反应体积要小，一般<0.2mL。

③氯胺T用量要低，5μg蛋白质只需25μg氯胺T（但国产放射性$Na^{*}I$中含有还原剂，需加至100～400μg）。

④控制标记反应液的pH，保持弱碱性条件，pH7.4～7.6时碘化产额最高。

⑤标记产物的放射性浓度应适当，一般^{125}I标记者应大于$50\times3.7\times10^{4}$ Bq/μg。

标记方法：以碘标记蛋白质的为例，其操作程序见表75-4。

表75-4　碘标记蛋白质操作程序表

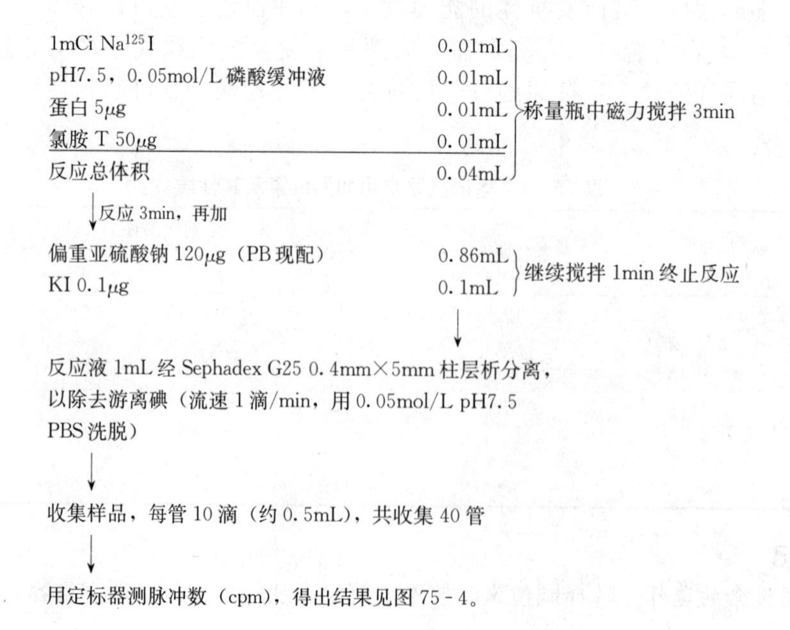

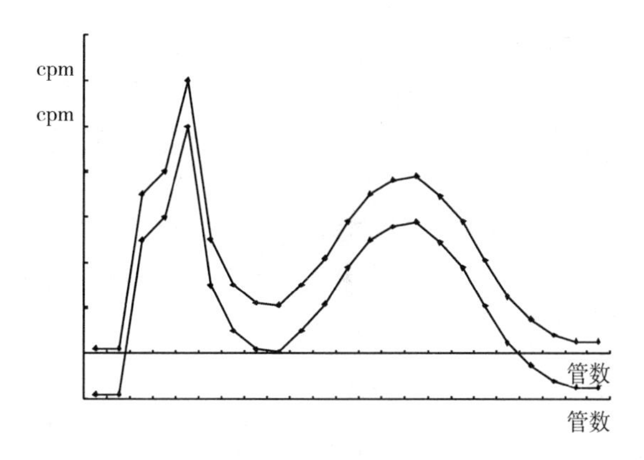

图 75-4　Sephadex G25 分离^{125}I 蛋白及 Na^{125}I 图

由图可见，第一个放射峰为^{125}I，第二峰为 Na^{125}I

4. 标记抗原的鉴定

(1) *放射活性的检测*　取 10μL 测 cpm，所得数×总体积即为^{251}I 蛋白质的总 cpm 数。

放射活性＝（第一峰放射性（μCi）/蛋白质总量）×80%

$$计算放射活性=\frac{第一峰\ \mu Ci\ 数}{加入蛋白质量\ (\mu g)}\times 80\%$$

(2) *标记蛋白游离碘率*　是指标记蛋白部分所含游离碘率。取微量收集的标记蛋白液，加入适量的兔血清为载体，再加 15%三氯醋酸，混匀静置，数分钟后，3 000r/min 离心 15min，测沉淀（标记抗原）及上清（含游离碘）放射性，一般要求游离碘占总放射碘的 5%以下，并且标记抗原储存过久标记物会出现脱碘现象，如果游离碘超过 5%则应重新纯化除去一部分游离碘。

标记蛋白游离碘率＝（上清液总放射性/标记抗原的放射性）×100%

为了提高放射免疫分析的精确度，必须使标记蛋白的游离碘率尽可能低于 5%为宜。

(3) *免疫活性的检测*　采用碘标记，会影响抗原的化学结构和免疫化学活性。检测方法是以小量标记抗原加入过量的抗体，充分反应后，分离 B 和 F，分别测定放射性，计算结合百分率（BT%），此值应在 80%以上。此值越大，表示标记抗原的免疫化学活性损失越少。

(4) *标记抗原用量*　标记抗原的用量一般根据测定所需要范围和放射性测量要求而定，标记物的浓度和样品中被测物浓度在同一水平，才能获得测定的最佳灵敏度。如 cAMP 的测量。血浆中 cAMP 的含量 10～20pmol/mL，如果取 50μL 测定，其含量为 0.5～1pmol，所以^{3}HcAMP 的用量也可选择0.5～1pmol。

(5) *放射性强度检查*　放射性强度以比度表示，即抗原在单位质量的放射性强度，要准确测量 B、F 的放射性，必须有足够的放射强度。^{125}I、^{131}I 半衰期都比较短，所选用的标记抗原用量，在新标记时计数率用^{131}I 时最好 20 000～40 000cpm（counts per minute），^{125}I 时 10 000cpm。随着时间的推移，由于放射性的衰变，可相应延长测量时间，以达到所要求的准确度，但不要因放射性降低而随意增加标记抗原的用量，若标记物放射性过低，应改用新标记抗原。

放射性比度：指单位质量抗原的放射强度。标记抗原的放射活性用 Ci/mg（或 Ci/mmol）表示。标记抗原比度还要依据放射性物质的利用率（如碘）来计标。

利用率（标记率）＝（标记抗原的总放射性/投入总放射性）×100%

放射性比度＝投入的总放射活性×利用率/标记抗原量

例如：5mg HGH 用 2mCi/Na^{125}I 进行标记，标记率为 25%～40%，则比度为：

$$\frac{2\ 000\mu Ci\times 25\%\sim 40\%}{5\mu g}=100\sim 160\mu Ci/mg$$

5. 抗体的选择

(1) *抗体的特异性*　是指抗体与相应抗原结合能力及与其他类似物结合能力之比。通常先证实放射性标记抗原能与抗血清结合，然后观察非标记抗原对这一结合的有效抑制程度，再与抗原相类似的物质所引起的抑制程度作比较。这一特性可以交叉反应百分率表示，如与相应抗原结合能力强，而与其他物质结合能力很弱，交叉反应的百分率就小，则认为该抗体特异性强；反之特异性就弱。一般来讲，第一次免疫所用的抗原纯度对于产生抗体的特异性有很大影响。抗体特异性的强弱，决定了放射免疫分析的准确性和抗干扰性。

（2）*抗体的亲和力*（Affinity Avidity） 亲和力是指抗原和抗体的结合能力，也称抗体的活度，是以抗原抗体反应的平衡常数K来表示，二者呈正相关，常用Scatchard作图法计算，根据常规放射免疫分析法的标准曲线，求出各标准管：

①B/T和B/F

②结合抗原浓度＝B/F×（标准抗原浓度＋标记抗原浓度）

以①为纵坐标，②为横坐标绘制一条图像

$$K=(B/F)/\text{结合抗原浓度}$$

以抗原抗体结合强度比表示：

$$K_1[Ab][Ag]=K_2[Ab-Ag]$$

$$K=\frac{K_1}{K_2}=\frac{[Ag-Ab]}{[Ag][Ab]}$$

K值越大，表示抗体对抗原的亲和力越大，结合速度越快，越不易解离，开展放射免疫测定越敏感，测定结果越稳定，重复性越好。

（3）*抗体滴度和用量* 滴度是指对一定量的抗原产生一定程度结合的最大抗体的稀释度。它还可用一定体积的抗血清所进行的最大数量样品的测定来表示，也就是滴度的高低决定了抗血清的用量。通常是制作抗血清稀释度曲线来选定，即在一系列一定量的不同稀释度的抗血清中加入一定量的标记抗原，待反应达到平衡后分离B、F，分别测定放射活性，求出不同稀释度的抗血清与抗原的结合能力（图75-5）。

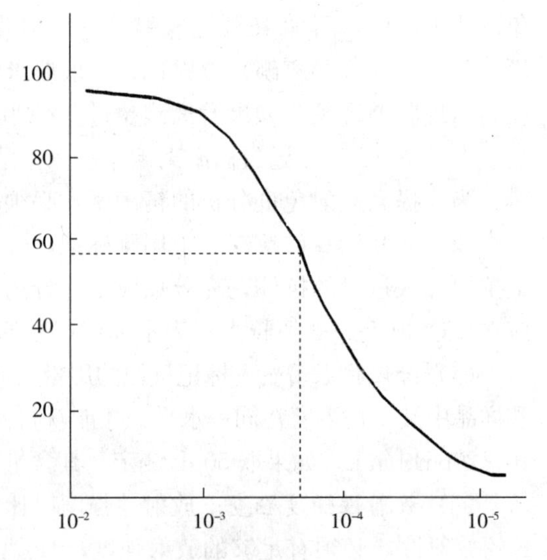

图75-5 不间稀释度的抗血清结合曲线示意图

由图75-5可见，最大结合率不可能达到100%，而最小也不能为0。最大结合率主要取决于标记抗原的免疫化学活性和抗体的亲和力，结合率一般可达80%左右。最小的结合率取决于分离B、F方法的效能，效能良好的方法应将B、F完全分离，而获得最大结合率和最低的结合率，一般最小结合率可达到5%左右。抗体的最大结合率和最小结合率决定了抗血清的稀释度曲线图形，最适抗体稀释度（即滴度）是在30%～50%结合率之间。结合率的选择决定抗血清的用量。

6. 分离B、F的方法 放射免疫测定时加入的抗原和抗体量极微，反应生成的抗原-抗体复合物并不表现肉眼所能辨别的沉淀物，因此放射免疫分析必须分别测量与抗体结合的（B）抗原和游离的（F）抗原的放射强度，所以B、F的分离是放射免疫分析中的重要环节之一。根据抗原-抗体复合物的性质不同可以应用不同的方法（表75-5）。

表75-5 放射免疫分析常用的B、F分离法

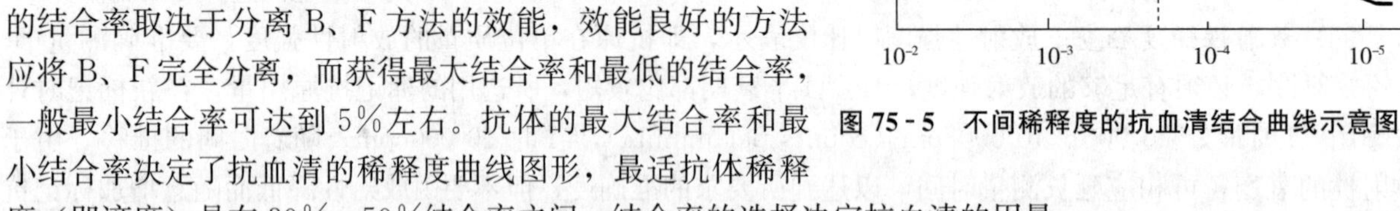

分离方法	(B) 抗原抗体复合物	(F) 游离抗原
平衡透析	在透析袋内	袋内外浓度相等
清蛋白或葡聚糖活性炭吸附	不被活性炭吸附离心后于溶液中	被活性炭吸附于沉淀中
凝胶过滤	先被洗脱	后被洗脱

（续）

分离方法	(B) 抗原抗体复合物	(F) 游离抗原
微孔滤膜过滤	在醋酸纤维膜上	通过滤膜被洗掉
电泳和层析电泳	在γ球蛋白电泳带	以其自己的电泳泳动度移动
双抗体法	被第二抗体沉淀	离心后在上清液中
固相抗体法	结合到固相物上	在溶解相中
硫酸铵沉淀法	离心后于沉淀中	在溶液中
聚乙二醇（分子量 6 000）	离心后于沉淀中	在溶液中

(1) *盐析法*　抗体球蛋白在 33%饱和度的硫酸铵溶液中沉淀，故在上述反应液中加入硫酸铵，使其最后的饱和度达 33%，摇匀后，室温静置 1h。抗体、抗原-抗体复合物（包括*Ag－Ab 和 Ag－Ab，即 B）沉淀下来，而未与抗体结合的游离抗原（包括*Ag 和 Ag，即 F）仍处溶解状态，3 000r/min 离心 30min，此时游离抗原存在于上清液中，从而将 B 和 F 分开。

(2) *双抗体法*　抗原（Ag）、标记抗原（*Ag）与第一抗体（Ab_1，如兔 γ 球蛋白）结合生成微量复合物（Ag－Ab_1）并不沉淀。若再加入抗第一抗体的第二抗体（Ab_2，如羊抗兔γ球蛋白），第二抗体能与第一抗体 Ab_1，及其抗原-抗体复合物 Ag－Ab_1 结合成分子更大的复合物（Ab_1－Ab_2，及 Ag－Ab_1-Ab_2），经离心沉淀，即可达到 B、F 分离的目的。其优点是分离完全，结果稳定。缺点是需要反应时间长，而且需制备第二抗体，尽管如此，仍是最常用的方法之一。

(3) *葡聚糖活性炭吸附法*　该法方便、快速，而且分离效果好，已被广泛用于放射免疫测定。所谓葡聚糖活性炭，是将活性炭悬浮于一定浓度的葡聚糖水溶液中，葡聚糖分子在活性炭表面形成一层具有一定孔径的网膜，用以分离放射免疫反应液，只许小分子游离抗原进入而被活性炭吸附，大分子抗原-抗体复合物被排斥在膜外不能被活性炭吸附，称为“即刻透析”（instant dialyse）。其最佳分离条件是 4℃ 15～30min，pH6.5～9，迅速离心，B 与 F 分别在上清液和活性炭沉淀中。如果抗原抗体反应的亲和力不够大或结合不牢固，在加入活性炭后的瞬间，由于活性炭吸附 F，使抗原抗体反应平衡被破坏，抗原-抗体复合物解离，而游离抗原进行性地被活性炭吸附，那么这个分离法就不能被采用。

(4) *固相法*　首先把抗体结合在某些固相物质上，然后将这个带有抗体的固相物（称为免疫吸附剂）与抗原反应，反应后与抗体结合的抗原就吸附在固相物中，而游离抗原则留在溶剂中，经过分离或洗涤，很容易将二者分开。免疫吸附剂的制备方法有两种，一是物理涂敷法，例如在偏碱性溶液中，抗体能较牢固地吸附在聚乙烯、聚苯乙烯或聚丙烯管壁上。另一种是化学结合法，即用化学方法（如溴化氰、羰二亚胺、戊二醛法等）使抗体结合在固相物质上。固相法操作十分简单，是一个很有前途的分离方法。

(5) *电泳法*　在琼脂、滤纸、滤膜、聚丙烯酰胺凝胶和淀粉胶中进行电泳，利用电泳迁移率不同来分离 B、F。该法用于大样品的分析，但操作过繁，故多用于科学研究工作。

7. 测定方法

(1) *固相放射免疫测定法*　主要有夹心法、夹心间接法、竞争法及阻断试验四种，它们是使抗体吸附或结合于某些固相载体（如聚苯乙烯、聚乙烯或聚丙烯等）上，或用溴化氰、戊二醛等将抗体偶联或共价结合于琼脂糖或纤维素等表面制成所谓固相抗体，用其检测相应的抗原。

Sevitt（1976）将西方型马脑炎病毒感染的原代鸭胚细胞培养的小培养瓶琼脂，干后加入 0.05mL 兔抗西方型马脑炎病毒血清，37℃感作 1h，用 PBS 洗 3 次。再加^{125}I 标记的山羊抗兔 γ-球蛋白抗体 0.1mL，约含 10^4cpm，37℃感作 1～2h，用 PBS 洗 5 次，测定放射活性。结合比率是以 3 个感染细胞瓶的平均 cpm 除以未感染细胞瓶相应 cpm 所得的商，结合率≥2 时判为阳性。

Middleton 等（1977）应用夹心间接法检测轮状病毒，直接检出粪便中的病毒抗原。取每 mL 含 12μg 的兔抗轮状病毒抗体球蛋白 0.5mL，于 pH7.6 条件下包被于聚苯乙烯管内，于每管中加入待检病料 0.5mL 感作 2h，用 PBS 洗 3 次，随后加入 0.5mL 豚鼠抗轮状病毒抗体（10μg/mL）感作 1h，再用 PBS 洗 5 次，最后加入 0.4mL ^{125}I 兔抗豚鼠抗体感作 1h 后，用 PBS 洗 5 次，测定放射性强度，判定如前所述。

殷震（1980）应用间接法直接检测感染动物脑中的乙型脑炎病毒抗原，将被检动物组织用 pH9.0 硼酸缓冲液制成 $10^{\times}$乳剂，取上清制涂片，丙酮固定，加猪抗乙型脑炎免疫血清感作 30min，PBS 冲洗，甩干后滴加 20 万 cpm 的^{125}I 标记的兔抗猪 IgG，感作 30min，PBS 冲洗后，用 FT－603＃型闪烁探头和 FH408 定标器测定脉冲数，并计算结合比率，以结合比率≥2 者判为阳性，1.5～1.9 为疑似。

竞争法是先将抗体包被于固相载体上，随后同时加入待检抗原及标记抗原，两者竞争地与固相抗体结合，如固相抗体与标记抗原量不变，则待检抗原浓度越高，被结合的标记抗原量就越少，根据被结合标记抗原的放射性测定结果即可在标准曲线上查出待检抗原的含量。

（2）*放射免疫沉淀自显影* Susan（1976）应用^{35}S 蛋氨酸标记提纯的猪水疱病病毒，以磷酸缓冲液适当稀释后，等量混合于 42℃的 2％琼脂糖中，制成免疫琼脂糖板，样品孔直径 2mm，加入约 5μL 的待检血清及阳性和阴性对照血清，辐射单扩散 24h，将免疫琼脂糖板浸泡于生理盐水中过夜，再在蒸馏水中漂洗几小时以便除去未结合的标记病毒，置 37℃干燥后，覆盖 X 光胶片曝光 24h，再经显影和定影，测定放射性沉淀圈的直径和面积，以阳性和阴性对照血清的沉淀圈面积的曲线作标准，即可计算出被检猪水疱病抗体的近似滴度。

（3）*液相放射免疫测定法* 主要有直接法、间接法及竞争法。竞争法已在上文谈到，间接法主要用于抗体检测，即在不同稀释度的被检血清中加入放射性同位素标记的抗原，适当感作后，再加入第二抗体（抗被检血清抗体），分离 B、F 测定放射强度并判定。

（4）*放射对流免疫电泳* 该法有竞争法、顺序加样法及抑制法三种。

竞争法首先是制备 1.2％巴比妥缓冲液配制的 1.2％琼脂板，在其中心挖两个长方形小孔，在其正极端加抗血清，负极端加待检抗原和标记抗原，然后进行电泳。电泳完毕，按每 5mm 距离将琼脂切下，分别置玻管中，测各管的放射性，反应带中的脉冲数（B）减少愈多，抗原量愈高。

王云峰 编

第七十六章　单克隆抗体制备技术

1975年，Koohler和Milstein建立了淋巴细胞杂交瘤技术，他们把预定抗原免疫的小鼠脾淋巴细胞与能在体外培养中无限制生长的骨髓瘤细胞融合，形成具有双亲特征的杂交瘤细胞。这种杂交瘤细胞既像脾淋巴细胞那样能合成和分泌针对预定抗原的抗体，又像骨髓瘤细胞那样在体外培养中永生不死。通过克隆化可得到来自单个细胞的杂交瘤细胞系，它所分泌的抗体是针对同一抗原决定簇的，在分子上是同质的抗体，即所谓单克隆抗体（Monoclonal antibody，MAb），简称单抗。细胞在融合培养过程中，可同时存在未被融合的细胞。由于其生长速度较快，往往排挤掉已融合的杂交瘤细胞。为保证杂交瘤细胞生长，除去骨髓瘤细胞，培养液中需加入次黄嘌呤（hypoxanthine，简称H）、氨基喋呤（aminopterin，简称A）和胸腺嘧啶脱氧核苷（thymidine，简称T）。细胞DNA合成有主要通路和旁路两条途径。氨基喋呤可阻断DNA合成的主要通路。未融合的遗传基因缺陷型的骨髓瘤细胞缺少次黄嘌呤鸟嘌呤转磷酸核糖基酶（hypoxanthine guanine phosphoribosyl transberose，HGPRT）或胸腺嘧啶核苷激酶（thymidine kinase，TK），无法利用补充的次黄嘌呤和胸腺嘧啶脱氧核苷经旁路途径而完成DNA合成，从而导致骨髓瘤细胞死亡。杂交瘤细胞在染色体杂交之后由脾细胞得到了HGPRT和TK的补偿，可以利用外加的次黄嘌呤和胸腺嘧啶脱氧核苷，通过DNA合成的旁路来合成DNA，使杂交瘤细胞得以生存繁殖。

第一节　单克隆抗体的制备

一、材料和方法

1. 材料

（1）*基本仪器*　CO_2温箱、倒置显微镜、无菌操作台、水浴箱、离心机、抽气泵、过滤装置及细胞计数板。

（2）*化学药品*　次黄嘌呤（H），氨基喋呤（H）、胸腺嘧啶脱氧核苷（T），DMEM（或RPMI-1604），50%聚乙二醇（PEG）、二甲基亚砜及B-氮杂鸟嘌呤。

2. 方法

（1）*骨髓瘤细胞的选择和制备*　常选用不产生IgG的小鼠骨髓瘤细胞系SP2/0或者S_{63}-Ag^8-653。培养液为含10%犊牛血清的RPMI-1640，37℃，50% CO_2温箱培养。细胞培养中呈轻度贴壁状态，细胞密度可到5×10^5～10×10^5/mL。每2～3d换液一次，每3～5d传代一次。细胞密度低于10^4/mL则生长不良。用高密度传代，细胞生长良好，倒置显微镜观察，细胞呈圆形、明亮、边缘整齐，存活率在90%以上。为防止细胞系在长期传代过程中发生变异，最好每隔3～6个月将细胞在含8-氮杂鸟嘌呤（azaguanine）20μg/mL的培养液中培养一次，以去除回复突变的细胞。

（2）*免疫动物*

①根据选用的骨髓细胞来选择免疫用鼠系。常用的瘤细胞来自BALB/c小鼠，因此选用8～12周龄、健康的雌性BALB/c小鼠进行免疫。融合时取小鼠的脾细胞。

②免疫方法：免疫程序与途径可根据抗原性质、免疫原性和小鼠反应性而定。一般免疫2～3次，间隔2～3周，最后一次免疫3～4d用于融合。采用的具体免疫方案如下：A. 可溶性抗原。首免将抗原（10～100μg蛋白/鼠）与等量弗氏完全佐剂腹腔注射。在融合前3～4d，每只鼠腹腔或静脉注射抗原蛋白量为50～500pg的抗原加强免疫。B. 细胞抗原。用完整的细胞进行免疫（具高度免疫原性，不需要加佐剂）。首免腹腔注入2×10^7/鼠，2～3周后重复一次，3周后加强免疫。

除以上介绍的免疫方法外，还可采用脾内免疫和体外免疫。

（3）饲养细胞制备　在组织培养中，单个或少数分散的细胞不易生长繁殖，若加入其他活细胞可促进细胞繁殖，这种被加入的细胞称为饲养细胞（feeder cell）。一般认为，饲养细胞的作用是提供有利于杂交瘤的生长因子，满足新生杂交瘤细胞增殖对细胞密度的要求。常用的饲养细胞有正常脾细胞、胸腺细胞和腹腔巨噬细胞。一般常用BALB/c小鼠的腹腔细胞，因其来源和制造方便。采集时先拉颈致死小鼠，酒精消毒体表，无菌手术打开腹部皮肤，暴露腹膜，然后用注射器20号针头将5mL预冷的基础培养液注入小鼠腹腔，轻轻按摩腹部，然后以原注射器抽回腹腔液体，移入离心管内，离心沉淀并作活细胞计数即可使用。饲养细胞一般稀释成2×10^5/mL，96孔板每孔（2×10^4），融合用饲养细胞应用HAT培养液配制，以保证融合时HAT的浓度。饲养细胞可在融合前两天先行培养，也可与融合后细胞混合一起分装到培养板中培养。

（4）免疫鼠脾细胞的制备　取加强免疫3d后的小鼠，眼球放血，分出血清冻存，以备测抗体；再拉颈处死，以75%酒精浸泡消毒皮毛，无菌手术取脾脏，用基础培养液洗涤后，除去附着的结缔组织，先用针头在脾脏一端扎几个孔，然后用注射器吸取无血清的DMEM（或RPMI-1640），针头插入脾脏中冲出脾细胞，反复冲几次，至脾脏略显透明为止。将脾细胞用吸管轻轻吹打数次以制成单细胞悬液。然后离心计数。制备脾细胞要注意严格无菌操作。

（5）细胞融合

①将10^8小鼠脾细胞与2×10^7～5×10^7骨髓瘤细胞混合于50mL离心管中，加入无血清的RPMI-1640至25mL。

②以1 000r/min离心10min。将上清吸干净，然后用食指尖轻弹管壁，使沉淀细胞分散均匀。

③将37℃水浴中保温的50% PEG-1 000（pH8.0）0.7mL，用吸管缓慢滴入离心管中的细胞沉淀上，边加边轻轻搅拌，在1min内加完。

④37℃水浴静置90s，滴加完全RPMI-1640（37℃预温）；在10min内加3mL，而后10min内加10mL，使PEG的作用终止。注意尽可能不搅动细胞。

⑤以800r/min离心10min，去上清加HAT培养液，轻轻混匀，使大的团块分散。HAT培养液加至80～100mL，分装96孔细胞培养板，每孔0.1mL。

⑥培养板置5%CO_2，37℃湿润温箱中培养，5d后用新鲜HAT培养液换出培养板孔中1/2培养液，10d后用HT培养液换出HAT培养液，培养1周，在停用A液后，逐步替换成正常培养液后，即可用正常培养液来培养。

⑦每天观察杂交瘤细胞生长情况，待其分布至孔底面积1/10以上时，吸出上清液作抗体检测。

（6）杂交瘤细胞的筛选　杂交瘤细胞在融合后10～14d即可筛选，把分泌针对预定抗原的抗体的杂交瘤选出来的检测方法必须具有快速、准确、简便的特点，这样才能在短时间内对大量样品进行检测。筛选方法应依抗原性质、单抗的最终用途和抗体类型而定。常用的方法有间接血凝、ELISA、放免测定、免疫荧光等。

二、单抗的特性

因为单抗是针对单个抗原决定簇在分子上完全同质的抗体，所以单抗比多克隆抗体有很多优点。由于单抗自身的优点，使其在医学领域和农业上得到了广泛的应用。单抗的优点主要表现在三个方面。

1. 高度同质性　单抗是同源于一个 B 淋巴细胞的单克隆杂交瘤细胞系所分泌的，故单抗的抗体分子是完全一样的。而常规血清抗体是由多种异质的抗体分子组成。

2. 高度特异性　单抗以全或无的方式与特定的抗原决定簇反应，一般不发生交叉反应。单抗可以测定抗原分子上用常规血清抗体无法测定的细微差别。

3. 无限量供应性　分泌特异单抗的杂交瘤细胞系一旦建立，即可在液氮中长期冻存，并可根据需要在体内（小鼠腹腔）和体外（细胞培养）连续大量生产。此外使用单抗试剂有利于试验的标准化。

第二节　杂交瘤技术

单克隆抗体技术的出现可使人们得到大量组成均一的抗体，也有助于进一步阐明抗体的分子结构。Milstein 等在创立了 MAb 的基础上，又发展了杂交-杂交瘤（hybrid-hybridoma）技术，制备出双特异性单抗（bispecific MAb，bsMAb）。建立了分泌抗辣根过氧化物酶-抗生长激素释放抑制因子的 bsMAb 的杂交-杂交瘤，并把该 bsMAb 成功地用于免疫细胞化学研究。

1. 杂交-杂交瘤技术　杂交-杂交瘤是把分泌不同特异性抗体的细胞进行融合而产生的，产生的杂交-杂交瘤不仅分泌两个亲代细胞的 Ig，也分泌同时表现两个亲代细胞 Ig 结合特异性的杂交分子。这种特殊的分子嵌合体就是双特异性单抗（bsMAb）。bsMAb 分子一侧的重链和轻链来自一个亲本细胞。因此两侧抗原结合部位特异性不一样。这种双特异单抗特别适用于抗原定位观察和定量测定，以及肿瘤性疾病的治疗。

杂交瘤方法制备 bsMAb 有两种方法：①将两种杂交瘤细胞融合，得到四源杂交瘤；②将一种杂交瘤与免疫脾细胞融合，得到三源杂交瘤。

2. bsMAb 特性和应用

（1）bsMAb 的特性有

①双特异性：以其两个 Fab 臂结合两种不同抗原，可交联两种抗原物质。因此，可代替广泛应用的化学共价键交联，不需要化学处理。对 MAb 或第二抗体与酶或放射性同位素做化学处理以进行交联过程，有时会导致试剂变质，使抗体或酶活性受到影响，产生的结合物使用期短。应用 bsMAb 可避免免疫化学交联的这些弱点。

②单价功能：单价抗体有一定的优越性，包括较低程度的抗原漂变和补体依赖的细胞毒作用较强等。

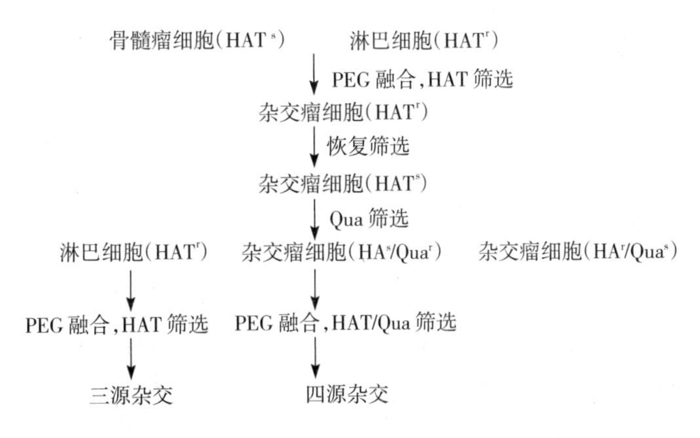

图 76-1　杂交瘤方法制备 bsMAb 流程图

③一般的 MAb 特性：分子组成均一，可以无限制生产，容易标准化。

（2）bsMAb 应用　近几年来，bsMAb 在免疫检测、导向药物、导向细胞毒细胞、肿瘤的免疫治疗以及酶固定法和新的免疫测定技术中已显示出其广阔的应用前景。

◆ 参考文献

刘秀梵．1994. 单克隆抗体在农业上的应用［M］．合肥：安徽科学技术出版社．
吴庆余．2002. 基础生命科学［M］．北京：高等教育出版社．
杨汉春．2003. 动物免疫学［M］．第二版．北京：中国农业出版社．

崔尚金

第七十七章　其他免疫技术

第一节　固相免疫吸附血凝技术

固相免疫吸附血凝技术是由间接血凝和酶联免疫吸附试验（ELISA）杂交而成。即利用 ELISA 用的测定板作固相载体，吸附抗原或抗体后，在孔内进行红细胞凝集试验。它既有间接血凝试验的简易、快速、易于判定的特点，又有 ELISA 技术的高度敏感和特异性，特别是还可以用抗抗体或 SPA 致敏红细胞，使一种致敏红细胞能够用于多种抗原抗体系统的检测。本试验常用的方法主要有抗体夹心法和双抗体法两种。

一、抗体夹心法

1. 材料

（1）特异性抗体溶液：用包被缓冲液配制。

（2）抗原溶液：包括标准抗原和待检抗原。

（3）包被缓冲液：pH9.5 0.1mol/L 碳酸盐缓冲液。

（4）洗涤液：含 0.05%吐温 20 的 PBS，pH7.2。

（5）封闭缓冲液：含有 1%灭活的正常兔血清（NRS）的包被缓冲液。

（6）特异性抗原或 SPA 致敏的红细胞。

（7）聚苯乙烯微量测定板及微滴管等。

2. 方法

（1）将抗体溶液（应预先测定最适浓度）加入测定板的小孔内，每孔 0.1mL。

（2）将测定板加盖后置湿度较大的温箱内于 37℃包被 3h，使其充分吸附。

（3）去除抗体液后，用洗涤液充分洗涤 3 次。

（4）每孔内加入 0.1mL 封闭液。

（5）同（2）作用 1h。

（6）同（3）洗涤。

（7）每孔内加入 0.1mL 抗原溶液（标准抗原或待测抗原，标准抗原的浓度应预先测定）。

（8）同（2）作用 2h。

（9）同（3）洗涤。

（10）每孔内加入 0.1mL 抗原或 SPA 致敏的 1%红细胞悬液。

（11）同（2）作用 2h。

（12）判定结果：判定标准同间接血凝试验。

二、双抗体法

材料和方法基本同抗体夹心法，只是所用红细胞不是用特异性抗原致敏，而是用抗体或 SPA 致敏；用抗原（而不是抗体）包被测定板的反应孔。抗原和标准抗体的最适浓度，同样应预先测定。

第二节 化学发光免疫测定

化学发光免疫测定（Chemiluminescence immunoassay，CIA）具有酶联免疫测定、荧光标记免疫测定和核素标记免疫测定的优点，敏感、快速、价廉；缺点是本底较高，生物体液中某些物质能导致发光淬灭。

化学发光是通过化学反应使分子被激发为激发态，然后以发光形式释放出能量而回到基态的过程。鲁米诺（luminol）及其衍生物是目前用作化学发光标记最常用的一类化合物，在碱性条件下通过微过氧化物酶（microperoxidase）催化，被 H_2O_2 氧化成 3-氨基邻苯二酸，同时释放大量光子，经照度仪集光器被光电倍增管接收，再经放大器转换放大后输入显示器定量。

化学发光免疫测定也和酶联免疫测定一样，可分均质和不均质的测定，前者易受生物体内发光物质干扰，较不稳定。后者又分液相和固相法两种，液相法有第二抗体法、葡聚糖 G25 柱法及葡聚糖包被活性碳法等；固相法可将抗体吸附在聚苯乙烯试管壁或微球上，经共价键连接。测定敏感性均可达到放射免疫测定水平。

现以测定睾酮为例简介如下：

一、制备鲁米诺衍生物

（1）将 1L 50mmol/L 4-羧甲基苯胺溶液（0.5mol/L HCl 配制）在 0℃加入 60mmol/L 亚硝酸钠使之反应 30min。

（2）加入 20mmol/L 脲，将过剩的亚硝酸钠破坏。

（3）在 0℃经 15min，将上述混合物在连续搅拌下，缓慢地加到 5L 50mmol/L 的鲁米诺溶液（饱和碳酸氢钠配制）中，并用饱和碳酸钠溶液将其 pH 立即调到 9.0。

（4）搅拌过夜后，加入 100mL 正磷酸和 100mL 冰醋酸使之酸化。

（5）用浓 HCl 将其 pH 降到 6.0 后，静置过夜。

（6）滤出未反应的鲁米诺沉淀后，再用 HCl 将其 pH 降到 2.0。

（7）滤出沉淀物，并用 0.1mol/L HCl 小心洗涤，产量在 50%和 70%之间。

二、制备标记的半抗原

（1）将 50mg 睾丸甾酮-7α-羧乙基硫醚，50mg 鲁米诺衍生物，100mg EEDQ 溶解于 6mL DMSO 中。

（2）大约 5min 后，将该溶液迅速加到预冷的 0℃ 10mL 4%卵白蛋白液（0.02mL/L pH7.8 PBS 配制）中。

（3）在 6℃搅拌 24h 后，离心去沉淀物。

（4）将离心的上清液先对含 35% DMSO 的 PBS 透析，然后再对含 1% BSA 的 PBS 透析。

（5）收集结合物置于－196℃。

三、免疫测定

（1）将不同稀释度抗血清 0.1mL 分别置于各小管中，每管加入上述结合物 100ng，睾丸甾酮 10ng，用PBS将总体积调为0.5mL，6℃孵育过夜。

（2）每管再加入正常兔血清，使兔IgG量达到40μg。

（3）每管再加入羊抗兔IgG血清，以沉淀结合抗体的标记物。

（4）离心，弃上清液，将沉淀物悬在0.5mL硼酸缓冲液（0.1mol/L pH8）中，加缓冲液前30min应将其在暗处冷却到10℃，并在红光下操作。

（5）加缓冲液后15s，加入0.1mL醋酸铜-H_2O_2溶液（临用前配制，0.05%H_2O_2水溶液和1mg/mL醋酸铜溶液等体积混合）。

（6）加入醋酸铜-H_2O_2 15s后测定化学发光，每个样品测定6s（可用液闪计取代照度计）。

第三节　免疫染色法

免疫染色法（Immuno-staining）（兹以沙门菌为例）是用已知的高效沙门菌多价O血清，在膨胀剂杆菌肽的作用下，与沙门菌发生特异性反应，使菌体细胞壁发生通透性改变，引起菌体膨胀，再经酸性艳蓝5GM染色后，在高倍显微镜下观察。凡属沙门菌属细菌均膨胀2～4倍，呈纺锤形，着均匀的鲜蓝色。非沙门菌则菌形不变，着色甚浅甚至不着色。

1. 材料

（1）菌种：被检样品接种到沙门菌增菌培养基内，37℃ 24h，作为试验检样。

（2）生理盐水。

（3）0.01%鞣酸溶液：0.1%鞣酸溶液灭菌后冰箱保存一月内有效，临用时以灭菌蒸馏水稀释而成。

（4）杆菌肽溶液：2 500U/mL冰箱保存半年有效。

（5）10%酸性艳蓝5GM溶液：5GM 1g，加冰醋酸2mL，边加边研磨，加入50～60℃蒸馏水100mL，溶解过滤。置于磨口瓶内保存备用。

（6）沙门菌多价O血清：系常规用A-F群或A-60，用0.01%鞣酸稀释为1∶1 800。用已知不同抗原的沙门菌测定染色效价，选择最佳浓度。

2. 方法

（1）涂片：取一接种环培养物涂于洁净玻片，室温干燥。

（2）滴加沙门菌O血清工作液1滴，立即加入1滴杆菌肽溶液，轻轻混匀，放入湿盒内，置37℃ 30min后水洗，晾干。

（3）染色：滴加1滴5GM溶液，室温放置3～5min后水洗，晾干。

（4）结果判定：以高位显微镜观察结果。

第四节　碳免疫测定法

碳免疫测定法（Carbon immunoassay，CIA）是将印度墨汁中的碳颗粒吸附到IgG上，用这种标记碳的IgG检测抗原或抗体，可在普通光学显微镜下观察结果，如果抗原抗体特异，则菌（虫）体被染为黑色，为阳性反应。本方法主要有三个类型：①直接法。是将抗原固相化，用碳标记的特定抗体进行免疫染色，检测抗原。②间接法。被检血清和已知抗原首先感作，再加入碳标记的抗抗体，以进行抗体的检测。③SPA桥联法。利用SPA能与大多数哺乳动物IgG的Fc片段相结合的特性，将印度墨汁与SPA混合，制成碳标记SPA。试验时先将抗原抗体进行反应，然后加入碳标记的SPA，进行抗体的检测。

现以间接碳免疫测定法对羊粪地弓形虫抗体的检测为例，介绍实验操作过程。

1. 材料　共包括5种：即被检血清，活性印度墨汁（Testman），粪地弓形虫速殖子（滋养体）抗原（浓度为3×10^7/mL），兔抗羊免疫球蛋白，PBS（pH7.4）。

2. 方法

（1）碳标记兔抗羊免疫球蛋白的制备：向印度墨汁中加入兔抗羊免疫球蛋白，使含量为 0.5mg/mL 即成。

（2）CIA 的操作：抗原液 10μL，被检稀释血清 10μL 置于微量反应板孔内，混匀，室温放置 5～10min。取出 10μL 与等量碳标记兔抗羊免疫球蛋白在玻片上混匀，反应 5min，加盖玻片油浸镜下观察，虫体被染成黑色者为阳性。

第五节 相分离免疫测定法

1. 原理 人工合成的新型聚合物——聚-N-异丙基丙烯酰胺（poly-N-lsopropylacrylamide，poly NIPAAm），具有在生理温度范围内发生固相与液相转变的特点。利用这一特性，可在 poly NIPAAm 上偶联已知抗原或抗体，让它与待测定的相应抗体或抗原及已知的标记物在 31℃以下的液相态中发生特异性结合，待反应进行完毕后，将温度升高到 31℃以上，于是带有标记物的抗原抗体随着聚合物转变为固相而从溶液中沉淀分离出来。去掉上清液，测定标记物的量即可了解待测抗原或抗体的含量。这种既包括液相与固相之间的变化，又包括抗原抗体反应的免疫测定技术称为相分离免疫测定技术(Phase separation immunoassay)。

2. Poly NIPAAm-MAb 聚合物的制备

（1）4-乙烯苯甲酸-单克隆抗体（4VB-MAb）制备 将 4VB 加上 N-基琥珀酸亚胺（N-hydroxy succinimide，NHS）在双环已基亚碳酸铵（dicyclohexylcarbodimide，DCC）的催化下，生成 4VB-NHS 酯，然后加上 MAb，在 pH9.3 条件下，酯脱去 NHS，形成 4VB-MAb。

取 4VB-MAb200 μL（8.4mg/mL），加入 NIPAAm 1.6mL，TEMED 100μL（0.8mol/L）、过硫酸铵 100μL（100mmol/L），室温下聚合 3h。即为偶联有 Poly-NIPAAm-MAb 聚合物。

（2）纯化 将上述聚合物入 PBS 20mL，加热至 37℃即发生沉淀，4 000×g 离心 5min，弃上清液，将沉淀物再溶于 20mL 冷 PBS 中，反复 3 次，最后沉淀溶于 2mL 冷 PBS 中 4℃保存备用。纯化还可采用 Sephacryl S-300 层析或反复盐析法。

3. 方法及特点

（1）方法

①同时测定两种以上的抗原：例如可以用异硫氰酸荧光素（FITC）和藻红素（phycoerythrin）分别标记两种针对不同被检抗原的单抗，即可利用多头微量流式荧光测定仪对沉淀中的两种不同抗原分别进行定量。

②夹心法测抗原：将针对某特定抗原某一表位的 MAb，与 Poly NIPAAm 相偶联，加上待测的样品和辣根过氧化物酶或荧光素——对羟基苯丙酸标记的 MAb，即可利用酶联仪或荧光测定仪对沉淀中的抗原进行定量。

③疏水结合的相分离测定法：利用抗原本身存在的疏水基因，将 Poly NIPAAm 和抗原通过疏水基因之间的疏水力发生非特异性结合。同时 Poly NIPAAm 连接的抗原又与反应系统中用荧光或过氧化物酶标记的特异性 MAb 结合，从而定量抗原。

（2）特点

①相分离免疫测定技术保留了免疫标记技术的灵敏度和特异性，加快了反应速度，同时还提高了反应灵敏度。

②减少了反复洗涤的步骤，也避免了非均相免疫测定法中洗涤时抗原或抗体的脱落。

③利用 Poly NIPAAm 生理温度范围内的相变特点，不仅可以定量检测抗原，也可以浓缩、纯化抗原。

第六节 胶乳免疫沉淀技术

1. 原理及分类 胶乳免疫测定（Latex immunoassay，LIA）的原理是包被了抗体（或抗原）的胶乳微球（一般为直径的1μm的聚乙烯胶乳），与其相应的抗原（或抗体）发生反应，因此原来处于游离状态的微球数量减少。胶乳凝集程度为被测物浓度的函数。被测物浓度越高，则凝集反应越强，游离微球越少，正向透光度增强，浊度变小。通过计数反应前后游离状态微球的变化或浊度变化，就能对被测物进行定量分析。

按检测凝集结果方式的不同，可将该技术分为三种，即微球计数免疫测定法（Particle counting immunosssay，PACIA）、浊度法及光散射测定法。下面以PACIA法检测免抗髓磷脂碱性蛋白（Myelin basic protein，MBP）IgG抗体为例，介绍LIA的具体操作方法。

2. 材料与方法

（1）材料

①牛髓磷脂碱性蛋白。

②兔抗MBP的IgG应用DEAE纤维素亲和层析法从兔血清中提取。

③类风湿因子（RF）为类风湿病人血清。

④羧化聚苯乙烯胶乳悬液：微粒直径为0.8μm。

⑤0.02mol/L，硼酸盐-NaOH缓冲液（BBS）。

⑥盐酸1-乙基-3（3-甲基-氨基-丙基）-碳化二亚胺。

⑦牛血清白蛋白。

⑧二硫苏糖醇（DTT）。

⑨乙二胺四乙酸（EDTA）。

⑩多功能测定分析仪（Technicon仪器公司产品）。

（2）方法

①胶乳的包被（胶乳-Ag）：取100g/L的羧化聚苯乙烯微球（直径0.8μm）20μL，加入0.02mol/L pH8.1的硼酸盐-NaOH（含0.17mol NaCl）缓冲液（BBS）2.5mL，10 000r/min离心7min，洗涤一次，然后悬浮于200μL BBS中，并加入盐酸1-乙基-3（3-二甲基-氨基-丙基）-碳化二亚胺10mg，于室温下旋转混合60min，然后将碳化二亚胺活化的胶乳离心，再浮于200μL BBS中，供偶联MBP用。为保证抗原的均一包被，将上述悬液以50μL分装，加入0.5mL MPBC（含量为250μg/mL，用BBS稀释），在旋混器上于4℃感作过夜。之后用pH9.2的甘氨酸-NaOH缓冲液（含0.17mol/L NaCl，1g/L Tween 20，BBS）2.5mL洗离1次，再用含牛血清白蛋白的BBS洗离两次。将这种微球悬浮于2mL BBS-BSA中，用超声进行分散，于4℃至少48h内可保持稳定，足供80份样品测定。

②对Ab的测定：为防止内源性Ig MRF及抗MBP IgM抗体的干扰，先将所有血清用DTT进行处理。于50μL血清中加入含50mmol/L EDTA的GBS 170μL，随后加DTT（10mg/mL）15μL，于37℃感作30min，然后加入0.02%过氧化氢15μL，将过剩DTT进行氧化。

将上述经处理的血清（已作5倍稀释）再用含50mmol/L EDTA的GBS进行稀释。每一稀释度取25μL，加入MBP-胶乳25μL及适当稀释的RF25μL，于室温下旋转混合30min。将这种胶乳用GBS稀释至3mL，吸入多功能自动测定分析仪中。在进行非凝集微球计数之前，再用GBS作10倍稀释，然后进行测定。

（3）LIA法的特点　与RIA相比，LIA具如下优点：不需要同位素；试剂稳定；速度快，可自动操作；不需分离步骤，完全在均相中进行；敏感性相当于或超过RIA；所有可用RIA法进行测定的物质也可用PACIA法进行测定，既可用来测大分子物质如IgG，又可用于测小分子物质如甲状腺素和二甲硝基酚等。

第七节 铟化玻片免疫测定法

铟化玻片免疫测定法（Indium slide immunoassay，ISIA）的原理是：在低压条件下（0.13mPa），气化的金属铟（evaporating indium metal）包被在盖玻片表面，形成一个个金属小粒（small metallic islands），这些金属小粒的直径不断增大，当达到一定程度（约几百纳米）时，便可作为铟化玻片进行免疫测定。这是由于铟化玻片能吸附包被上一单分子层的蛋白质，这些吸附的蛋白质具有双电子层的作用，能够增强金属小粒的光散射，从而改变其光密度，在光照条件下能够直观看到。一般来讲，吸附的蛋白质越多，该区域散射光就越多，这个区域看起来就越暗。如果在铟化玻片上先均匀吸附一层抗原，再将各个杂交瘤克隆的上清液间隔一定距离点在上面，若杂交瘤克隆的上清液能特异地与抗原结合，此处蛋白质就增多，则散射光增多，该区域就会暗于其背影，此杂交瘤克隆即为阳性克隆。若杂交瘤克隆的上清液不能与抗原特异结合，在操作中可被洗掉，不会改变此处蛋白质的密度，因而光的强度与背景无差异，此克隆即为阴性克隆。这样，通过明暗斑点的比较，就可以很容易地区别单克隆抗体阳性和阴性克隆。一般该法可以检测到少于 1μg/mL 的特异性多克隆抗体。由于杂交瘤上清液中 MAb 的水平为 μg/mL，因此 ISIA 的灵敏度非常适用于杂交瘤的检测，若使用二抗或延长保温时间都能提高灵敏度，假如使用二抗和保温 60min，可使检测灵敏度达 50ng/mL 的特异性多克隆抗体。

本法操作简单，只要具有铟化玻片，不需其他任何特殊仪器和试剂，就可直接观察抗原抗体的反应。此外，该法除用于单克隆抗体的筛选外，也可用于其他血清标本的检测，以进行传染病的诊断。

◆ 参考文献

陈慰峰 . 2002. 医学免疫学［M］. 第三版 . 北京：人民卫生出版社 .
裘法祖 . 2002. 现代免疫学实验技术［M］. 武汉：湖北科学技术出版社 .
杨汉春 . 2003. 动物免疫学［M］. 第二版 . 北京：中国农业出版社 .

崔尚金 编

第七十八章　免疫球蛋白的分离和提纯

免疫球蛋白（immunoglobulin，Ig）是脊椎动物体内普遍存在的一类具有抗体功能的蛋白质。目前已经发现畜、禽的免疫球蛋白有五类，即IgM、IgG、IgA、IgE和IgD，以后又陆续发现了它们的亚类。在机体受到抗原刺激后，首先产生的是IgM，其次出现的是IgG；在黏膜部位可产生IgA，这种抗体一部分进入血液，称为血清型IgA，大部分存在于黏膜分泌液中，与黏膜中产生的分泌片结合成分泌型IgA。此外，还产生少量IgD和IgE。

免疫球蛋白对病毒性常见病、多发病的预防、诊断和治疗都具有十分显著的作用。

免疫球蛋白分离提纯的方法很多，主要分为两类：一类是化学方法，提纯或浓缩某一类免疫球蛋白，供直接使用或供进一步用其他方法纯化之用；另一类是利用免疫吸附剂（主要用固相免疫吸附剂），可以得到相当纯的抗体。现将一些简便实用的方法介绍于下。

第一节　免疫球蛋白的分离和提纯

一、IgG的分离与提纯

IgG是血清中含量最多的一种免疫球蛋白，从电泳迁移范围来看，IgG的迁移度很广，从慢γ区可延伸到β区，甚至α_2区，但主要组分在γ球蛋白区。要提纯IgG必须首先用化学方法去除白蛋白。然后根据γ球蛋白中所含各类免疫球蛋白的分子质量及其理化性质的差异，采用盐析、离子交换层析、凝胶过滤、亲和层析、电泳或超速离心等方法将其分离或去除，以得到提纯的IgG。

1. 盐析法

（1）*原理*　蛋白质溶液是一种胶体溶液，加入高浓度的中性盐后可以使之从溶液中析出，这个过程称为盐析。不同性质的蛋白质可以通过加入不同浓度的中性盐而分阶段地从溶液中沉淀出来。分离提纯IgG最常用的中性盐是硫酸铵。

（2）*材料*　包括饱和硫酸铵溶液（取500mL蒸馏水加热至70～80℃，将400g硫酸铵溶于水中，搅拌，结晶沉于瓶底，上清即为饱和硫酸铵溶液）、血清、生理盐水及透析袋。

（3）*方法*　①取x mL血清加入x mL生理盐水，滴加2x mL饱和硫酸铵溶液，边滴边搅拌，室温静置30min或4℃过夜。10 000r/min离心10min，去上清。②将沉淀用x mL生理盐水溶解，滴加x mL的饱和硫酸铵溶液，静置30min以上，离心去上清，取沉淀，重复3次。③沉淀用少量生理盐水溶解，装入透析袋内，在4℃下对生理盐水透析去盐。一般透析3d，每天换液2次，直至用1% $BaCl_2$测不出SO_4^{2-}，或用奈氏试剂测不出NH_4^+时为止。④经脱盐处理的IgG溶液可用冷冻干燥浓缩，或装在透析袋内，周围撒上聚乙二醇（相对分子质量6 000）吸水浓缩。最简单的方法是将透析袋悬挂起来，用电风扇吹，同样可以收到很好的浓缩效果。

盐析法可用于大量粗提IgG，虽然浓度不高，但可满足一般临床需要或用以进一步提纯。

2. 离子交换层析法

（1）*原理*　离子交换层析法（Ion exchange chromatography）是采用离子交换剂进行层析，即以离子交换剂为固定相，分离提纯具有胶体性质、离子化的高分子物质，如蛋白质、多核苷酸、酶、激素以及病毒、噬菌体和立克次体等。离子交换是借酯化、醚化和氧化等化学反应，在纤维素或葡聚糖的分子中引入碱性或酸性离子基团的特殊剂型。当离子交换剂结合阳离子基团时，即可交换阴离子样品，称之为阴离子交换剂；当交换剂结合阴离子基团时，可交换阳离子样品，称之为阳离子交换剂。

离子交换剂分离样品主要是依靠增加缓冲液的离子强度或（和）改变 pH，进行可逆的吸附与解脱作用，达到纯化之目的。由于各种蛋白质组分电荷密度不同、电荷量不一、等电点的差异，以及分子大小的差异，因而与离子交换剂结合强度不同，利用不同的置换条件，可将各种蛋白质分开。

实验中，离子交换剂的选择主要依据样品所带电荷的性质和分子质量的大小而定。分离血清中 IgG 和 IgM 通常选用 DEAF -纤维素或 DEAE-Sephadex A - 50。

（2）*材料* DEAE 纤维素（或 DEAF-Sephadex A - 50），0.01mol/L PBS，pH7.4，血清或 γ 球蛋白。

（3）*方法*

①离子交换剂的处理：取 10g DEAE -纤维素浸泡于 1 000mL 蒸馏水中，搅匀，静置，倒去上清细粒。次日用 1 000mL 0.1mol/L NaOH 泡洗 1h，用蒸馏水洗至中性。用 1 000mL 0.1mol/L HCl 泡洗 1h，再用蒸馏水洗至中性。悬浮于 0.01mol/L PBS（pH7.4）中平衡，备用。选用 DEAE-Sephadex A-50 时，可不用酸碱处理，装柱前用蒸馏水在室温下膨化 1～2d，用缓冲液平衡后即可装柱。

②装柱：装柱方法与一般凝胶过滤装柱方法相同。通常采用 25cm×25cm 的层析柱，柱床体积约 50mL。

③加样：加样量不超过柱床体积的 10%。将 γ 球蛋白 5mL（5～10mg/mL）或血清加入到层析柱上。

④洗脱：洗脱剂用 0.01mol/L pH7.4 PBS，流速为 1mL/min。当洗脱液流出近一个柱床体积后，开始收集洗脱液（用自动部分收集器或用 20%磺基水杨酸检测）。

⑤浓缩：将洗脱峰内各管的洗脱液合并，透析浓缩，即为提纯的 IgG 产品。

⑥离子交换剂的再生：可用 0.1mol/L NaOH 洗 1h，然后用蒸馏水洗至中性。

如果从血清中只分离单一的 IgG，可不用柱层析，而采用一种更为快速简便的方法：将 DEAE -纤维素用 0.01mol/L PBS（pH8.0）平衡处理后加入到经 3 倍稀释的血清中，其比例按每 mL 原血清加 5g 纤维素（湿重）。每 10min 充分搅拌 1 次，如此反复 1h，用布氏漏斗抽滤，然后用少量 0.01mol/L PBS（pH 8.0）洗涤、抽滤 3 次，合并抽滤液，浓缩，即可得到纯度大约为 96%的 IgG 产品。

二、IgM 的分离和提纯

1. 离子交换层析法 取正常血清适量，用饱和硫酸铵沉淀出血清 γ-球蛋白（方法与 IgG 的提取相同）。然后，将 γ-球蛋白溶液过 DEAF 纤维素层析柱，先以 0.1mol/L pH5.8 PBS 洗脱，再以 0.3～0.4mol/L pH5.8 PBS 洗脱。收集洗脱液，按常规法进行浓缩，用 Sephadex G - 200 凝胶柱过滤，以 0.01mol/L PBS（内含 0.14mol/L NaCl）洗脱。经浓缩、透析、鉴定后，备用。

2. 凝胶过滤法 IgM（19S）的分子质量比 IgG 及其他免疫球蛋白大，可用凝胶分子筛过滤，将 IgM 与其他免疫球蛋白分开。用 2.5cm×90cm 的 Sephadex G - 200 柱，将 10mL 血清加入柱中，用 0.2mol/L NaCl - 0.1mol/L Tris 缓冲液（pH8.0）洗脱，流速 4～9mL/h。第一峰即为 IgM，第二峰为 IgG 和其他 γ 球蛋白，第三峰为白蛋白。收集第一峰内各管洗脱液，经透析、浓缩，即为 IgM 产品。

三、IgA 的分离和提纯

IgA 在正常体内合成的量虽与 IgG 相近，但因半衰期短，故在血清中含量较少。而它在初乳中的含量高于血清 IgA 含量的 6～8 倍，因此一般采用离子交换柱层析法分离初乳 IgA。

1. 材料

（1）Sephadex G－200 柱（2.5cm×100cm）：取 20g Sephadex G－200 用蒸馏水浸泡 3d，搅拌，静置去上清细粒。用 0.1mol/L PBS（pH6.8）平衡后装柱，柱床体积约为 120mL。

（2）DEAE-纤维素（2cm×25cm）：取 10g DEAE-纤维素，用蒸馏水浸泡 1d，去上清细粒，再用 0.1mol/L NaOH 和 0.1mol/L HCl 分别处理净化后，用 0.01mol/L PBS（pH7.4）平衡，装柱。

（3）初乳。

2. 方法

（1）取初乳 20mL，1 000r/min 离心 10min，分 3 层，用毛细管吸取中层乳清。

（2）将乳清过 Sephadex G－200 柱，用 0.1mol/L PBS（pH7.4）洗脱，取第一峰，收集峰内管乳清，在 0.01mol/L PBS（pH7.4）中透析，浓缩。

（3）取浓缩液 5～10mL（约含 3mg 蛋白质/mL）过 DEAF-纤维素，先用 0.01mol/L PBS（pH7.4）洗脱，该洗脱峰为 IgG，弃之。换用 0.1mol/L PBS（pH6.4），收集的洗脱液即为 IgA 溶液。

（4）将 IgA 溶液对 0.01mol/L PBS（pH7.4）透析、浓缩、鉴定，冰箱保存备用。

此外，也可将样品先过 DEAF-纤维素柱，开始用 0.01mol/L PBS（pH7.4）洗脱，洗下的为 IgG，再换 0.1mol/L PBS（pH6.4）洗脱，洗下的为 IgA 溶液，最后将此 IgA 溶液过 Sephadex G－200 柱，用 0.01mol/L PBS（pH7.4）洗脱，可得到较纯的 IgA。

四、IgE 的分离和提纯

IgE 在正常人血清中含量甚微，故多从变态反应Ⅰ型患畜血清中分离。IgE 的分离多采用盐析和离子交换层析、凝胶过滤相结合的方法。

1. 血清用 40%饱和硫酸铵沉淀，脱盐。将沉淀混悬液对 0.005mol/L PBS（pH8.0）透析、浓缩。

2. 过 DEAE-纤维素柱，用 0.005mol/L PBS（pH8.0）洗脱，第一峰为 IgG。换用 0.025mol/L PBS（pH8.0）洗脱，此第二峰为 IgE，收集合并峰内各管的洗脱液，在 0.01mol/L，pH8.0 的硼酸缓冲液（含 0.15mol/L NaCl）中透析过夜，浓缩。

3. 过 Sephadex G－200 柱，经上述硼酸缓冲液平衡洗脱下来的第一峰，用同样条件透析、浓缩，再过一次 Sephadex G－200 柱，即可得到提纯的 IgE。再经透析、浓缩、鉴定后，低温保存备用。

五、亲和层析法提纯抗体

1. 原理　亲和层析（Affinity chromatography）是采用了生物大分子间具有专一性亲和力，在一定条件下紧密结合成复合物，而这种结合又是可逆的，改变条件时（如稀酸、稀碱、浓盐、加温等）可将抗原抗体分离的原理，将复合物的某一方（抗原或抗体）固定在不溶性的载体上，就能从液相中专一性地分离出另一方（抗原或抗体）。根据这一原理，将可溶性抗原（或抗体）用化学方法偶联到不溶性载体（如 Sephorose 4B）上，使之成为不溶性网状结构，将相应的抗血清（或抗原）按层柱方法加入柱中，抗血清中相应的抗体就与抗原特异性结合，其他蛋白成分随洗液流出。再改变缓冲液的 pH 和离子强度，就可以使抗体和偶联在载体上的抗原分开而被洗脱下来，从而得到纯净的抗体。

2. 材料　Sepharose 4B、溴化氰（CNBr）、抗原和抗体蛋白、电磁搅拌器、层析柱及试剂（2mol/L NaOH、1mol/L $NaHCO_3$、0.1mol/L $NaHCO_3$、0.2mol/L $NaHCO_3$、0.1mol/L pH9.0 NaCl、0.01mol/L PBS、0.14mol/L pH7.4 NaCl 及 pH2.8 0.2mol/L 甘氨酸-HCl 缓冲液）。

3. 方法

（1）活化载体　①取 Sepharose 4B 100mL（湿重 100g）加已溶解的 CNBr 4g/10mL。②在电磁搅

拌下，滴加 2mol/L NaOH，使 pH 保持在 11 左右，反应温度维持 15～20℃，反应 10min。③取出放入布氏漏斗中，用 500mL 冰水快速抽洗到中性，再用 250mL 预冷的 0.1mol/L $NaHCO_3$（pH9.0）洗涤 2～3min。

（2）偶联蛋白 ①预先将需偶联的蛋白（抗原或抗体）200mg，用 0.1mol/L $NaHCO_3$（pH9.0）透析数小时。一般偶联量为 10～30mg/g 载体。②将新活化的 Sepharose 4B 10g 立即加入到蛋白液内（1min 内），放入大试管中，补加 0.1mol/L $NaHCO_3$（pH9.0）到 20mL，将试管塞紧。③放在转盘上，以每分钟转动 10 次的慢速在 10℃左右维持 20h。

（3）层析吸附与解析纯化蛋白

①装备层析柱：柱体可根据需要选用，一般用 1.5cm×15cm 层析柱可装偶联蛋白 Sepharose 约 30mL。用 0.2mol/L $NaHCO_3$ - 0.1mol/L NaCl（pH9.0）清洗 120～200mL，以洗去未偶联的蛋白。再用 0.01mol/L PBS - 0.14mol/L NaCl（pH7.4）清洗 120～200mL（收集全部洗脱液，测出未偶联蛋白的含量，可计算出已偶联的量和偶联百分比）。

②上样吸附：按柱床体积的 1/10 加样（样品浓度为 1%～2%），用 0.01mol/L PBS - 0.14mol/L NaCl（pH7.4）洗脱，流速为 1mL/min。如需要洗脱下来的成分，可分管自动收集至洗脱液中不再出现蛋白时，即可加解吸液。

③解吸附：换 0.2mol/L 甘氨酸- HCl 缓冲液（pH2.8），流速可控制在 1mL/min。如需要洗脱下来的成分，在收集后，立即用 1mol/L $NaHCO_3$ 中和之，以免蛋白质变性。

（4）层析柱的再生 可加相应缓冲液，如 pH7.4 PBS 清洗，平衡后备用。

亲和层析法在提纯抗体和抗原方面有很多优点，利用解吸附法可获得极纯的抗体或抗原，但其先决条件是吸附的物质必须极纯。利用过滤法可洗脱下来未被吸附的需要成分，而将待淘汰的成分挂在凝胶柱上，这样虽然纯度可能不高，但一般实验室容易使用。另外，要注意 CNBr 挥发性强，且易解离出氰酸根而有剧毒，应低温保存，使用时最好在通风柜内操作。

第二节 免疫球蛋白的鉴定

免疫球蛋白是具有抗体功能的蛋白质，对已分离纯化的 IgG、IgM、IgA 和 IgE 的鉴定应包括纯度和抗体功能两方面。

一、免疫球蛋白的纯度鉴定

采用分辨力较高的聚丙烯酰胺凝胶电泳结果分析如下：

1. 定性分析 根据胶上出现蛋白带的条数来判定产品的纯度。如 IgG、IgM 的纯品应只在凝胶上部呈现一条带，如果有两条或两条以上的带出现，说明产品纯度不够，可能杂有铜蓝蛋白（α_2）、转铁蛋白（β）甚至白蛋白的残存部分。电泳时可用已知纯的 IgG、IgM 对照。

2. 定量分析 ①直接光密度扫描法。②洗脱定量法：把凝胶切成等长（如 1mm）的薄片，洗脱后，用化学方法或生物学方法做洗脱的定量测定。③放射性同位素测定法：样品中加入标记同位素（如 ^3H，^{14}C 等），电泳后，用计数器测量放射活性，计算结果。

二、免疫球蛋白的生物学特性鉴定

1. 琼脂免疫扩散法 将琼脂糖溶于离子强度为 0.06，pH8.6 的巴比妥缓冲液，配成 1%琼脂糖，铺板、打孔，取 30μL 抗免疫球蛋白的血清加入中心孔，再取 15μL 免疫球蛋白制品分别加入四周孔中，将琼脂板放入保持湿度的盒中，扩散 5～10h 后取出，放入巴比妥缓冲液中冲洗 1h，以除尽未结合的未沉淀蛋白质。再用0.05%氨基黑染色10min，5%醋酸脱色，观察抗血清与免疫球蛋白孔之间出现沉淀的情况，有沉淀线者为阳性。此法简便易行，但灵敏度不高。

2. 免疫电泳法　有常规法和微量法，此仅介绍微量法。①制板：取干净载玻片（76mm×26mm）倒上2mL 1%琼脂制成1mm厚的琼脂板。②打孔、挖槽：孔的直径3mm，槽宽2mm，孔、槽间相距5mm。③加样：孔内加提纯的免疫球蛋白5～10μL。④电泳：将琼脂板平放在电泳槽内，用滤纸连接胶板和巴比妥缓冲液，离子强度比琼脂板中的缓冲液高1倍，造成梯度差。电压为6V/cm，电流为0.6～4mA/cm，电泳1～3h不等。⑤扩散：电泳停止后，在横槽内加入适量抗免疫球蛋白的血清，置湿盒内进行双向扩散过夜。⑥染色和脱色：方法同前，脱色后可滴加少量5%甘油，在37℃温箱中干燥，以利保存。⑦结果分析：扩散后，可根据特异性的沉淀弧线鉴定免疫球蛋白。

三、超离心分析法

超离心分析法可用来分析免疫球蛋白的纯度，测定其S值和分子质量。

1. 加样　将免疫球蛋白样品浓缩至0.5%～1%的蛋白浓度，加样0.6mL到石英分析杯中，将样品杯放入转头，装好的转头放到离心室内。

2. 超离心　根据不同免疫球蛋白样品，选用不同的转速。如转头半径为5.8cm，测定IgG时选用25 000～35 000r/min，转头温度20～25℃，真空度低于1 333Pa，转角为15°左右。峰形出现后，在相同的间隔时间内拍摄界面峰形图，至峰形出全后，再离心1h。

3. 结果分析　根据峰形的数目可定性地研究样品的纯度，如出现两个以上的峰则说明样品不纯。然后用比长仪或测微尺测量单位时间内移动的距离，根据公式可计算出免疫球蛋白的S值。

$$S=\frac{\Delta X}{\omega^2 \cdot \Delta t Xm}$$

ΔX＝单位时间内移动距离；ω^2＝角速度平方＝$(\frac{2\pi r/mi}{60})^2$；Δt＝变化的时间；Xm＝波峰至轴中心的距离。

如果有条件测定样品的扩散常数（D值），则可进一步计算出免疫球蛋白的分子质量，计算公式为：

$$M=\frac{RTS}{D\ (1-\nabla\beta)}$$

R＝气体常数；T＝绝对温度；D＝扩散常数。

IgE的含量一般极微，故需用放射免疫电泳或双相扩散法鉴定。

◆ 参考文献

王明俊.1997. 兽医生物制品学［M］. 北京：中国农业出版社.

殷震，等. 编著.1997. 动物病毒学［M］. 第2版. 北京：科学出版社.

Baron et al. Medical Microbiology USA：University of Texas Medical Branch，1996

崔尚金

第七十九章　细胞免疫实验技术

20 世纪 60 年代以来，随着法氏囊、胸腺功能和淋巴细胞功能的发现，以及各种免疫因子的证明，人们逐渐认识到免疫系统在抗感染和抗肿瘤等方面的重要作用。因此，对于这些免疫细胞和免疫因子活性的测试已成为免疫学实验中常规的实验技术。

第一节　免疫反应细胞

免疫反应细胞是参与免疫应答及与免疫应答有关细胞的总称。

一、T 淋巴细胞

T 细胞是在胸腺内发育生成的淋巴细胞，故又称胸腺依赖性淋巴细胞。骨髓干细胞或前 T 细胞迁入胸腺小叶皮质后成为未成熟的胸腺淋巴细胞，或在胸腺因子和抚育细胞（nurse cell）的作用下，逐步分化。其中大约仅有 5%的细胞能分化为具有免疫潜力的 T 细胞，经胸腺小叶髓质区释放进入外周淋巴组织；其余约 95%则通过凋亡（aptosis）机制消亡。T 细胞多存在于除皮质区外的淋巴结，脾中央小动脉周围和白髓以及淋巴组织中，通过淋巴管、外周血、组织液等进行再循环。T 细胞依其作用不同而有不同种类。

1. 细胞毒 T 细胞（Tc）　即杀伤性 T 细胞。具有高度特异性，能连续杀伤靶细胞，并具免疫记忆功能。杀伤方式有 3 种：①对同种异型抗原可引起杀伤作用。②对肿瘤细胞或胞内寄生物的细胞可引起杀伤作用。③由非特异性有丝分裂原引起的非特异性杀伤作用。

2. 迟发型超敏反应 T 细胞（TDTH）　该类型细胞参与Ⅳ型超敏反应。

3. 辅助 T 细胞（Th）　即 CD_4^+ 细胞亚群，具有协助体液免疫和细胞免疫应答功能。

4. 抑制 T 细胞（Ts）　即 CD_8^+ 细胞亚群，具有抑制细胞免疫和体液免疫应答的“负反馈”调节功能。

二、单核吞噬细胞

在 T 细胞介导的免疫应答反应中起协同作用，在 B 细胞产生抗体过程中扮演抗原调理和提呈者的角色。它的作用可通过单核因子（monokine）介导。

三、杀伤细胞

1. 特性　杀伤细胞亦称 K 细胞（Killer cell），是一种缺乏 T 和 B 细胞标记的淋巴样细胞，从骨髓干细胞直接分化而来，不通过胸腺或法氏囊组织。K 细胞被认为是与 T、B 淋巴细胞并列的第三群淋巴细胞，其细胞表面带有 IgG 的 Fc 受体和 C_3b 受体，无吞噬作用，也不黏附于玻璃，在腹腔液、外周血液和脾脏中较多，约占淋巴细胞总数的5%～10%。胸导管中无K细胞，表明K细胞不参与淋巴细胞的再循环。

2. 细胞毒作用　K细胞具有抗体依赖细胞介导的细胞毒作用（ADCC），能杀伤与特异性抗体（IgG）结合的靶细胞。其机制是抗体IgG与靶细胞表面抗原结合，形成抗原抗体复合物，抗体的Fc被活化，活化的Fc段与K细胞表面的Fc受体结合，触发K细胞活性，使靶细胞渗透调节紊乱，最终导致靶细胞裂解。

K细胞的杀伤作用属非特异性杀伤，任何靶细胞表面上的抗原与其相应的IgG型抗体结合后，K细胞均可被激活，发挥对靶细胞的ADCC作用。倘若用胃蛋白酶水解IgG，破坏其Fc段，或用聚合IgG先封闭K细胞的Fc受体，则K细胞即丧失ADCC活性。K细胞的ADCC效应在肿瘤免疫、抗病毒感染、移植排斥反应及一些自身免疫性疾病中起着重要作用。

四、自然杀伤细胞

自然杀伤细胞亦称NK细胞（natural killer），是体内存在的具自然杀伤能力的淋巴样细胞。NK细胞不需预先致敏即可在体外直接杀伤同系、同种或异种的肿瘤细胞，使之溶解。新生畜禽一般需经数周的发育分化方可表现出NK细胞活性。

第二节　细胞免疫反应

细胞免疫反应包括初级反应、二级反应和三级反应三个阶段。

1. 初级反应阶段　抗原与特异致敏的T淋巴细胞表面的抗原受体结合而启动细胞介导免疫。这一过程可以直接发生，也可以通过抗原经巨噬细胞处理提呈后发生，还可以在其他物质如有丝分裂原等作用下发生。

2. 二级反应阶段　激活的T细胞在巨噬细胞及其释放因子作用下进行DNA和RNA的合成。

3. 三级反应阶段　即生效应阶段。包括：①Th・Ts细胞进行增殖，T－T，T－B细胞相互发生作用。同时巨噬细胞也起作用。②细胞毒T细胞（Tc）增殖。③免疫记忆细胞增殖。④T细胞释放细胞免疫中的效应分子——淋巴因子。在三级反应阶段，激活的巨噬细胞释放白细胞介素-1（IL－1），IL－1进而激活Th细胞并释放白细胞介素-2（IL－2）。抗原和IL－1可激活TDTH细胞，释放一系列淋巴因子，反过来又可增强巨噬细胞的功能。

第三节　细胞免疫检测方法

迄今为止已建立了多种检测细胞免疫功能的方法，常用的有：免疫荧光或免疫酶标单克隆抗体识别T细胞表面抗原区分亚群、淋巴细胞玫瑰花试验检测T淋巴细胞、Et花环试验检测T细胞、活性E花环检测T细胞、EAC玫瑰花环检测B细胞、淋巴细胞转化试验、淋巴细胞毒试验、巨噬细胞移动抑制试验、巨噬细胞吞噬功能试验、白细胞黏附抑制试验，K细胞功能试验、自然杀伤细胞功能试验、肿瘤坏死因子（TNF）活力检测、淋巴毒素（lymphotoxin）活力检测及白细胞介素-2（IL－2）活力检测等。这里简要介绍实验室中常用的淋巴细胞转化试验和NK细胞功能试验。

一、淋巴细胞转化试验

当致敏淋巴细胞与相应抗原特异结合后，细胞的代谢和形态即发生一系列变化。在体外可利用非特异性T细胞刺激原如刀豆素A（ConA）、植物血凝素（PHA）等诱发淋巴细胞的转化。检测T淋巴细胞转化的方法有形态学检查法、MTT 比色法和^3H-TdR 掺入法。现将其中最为常用的^3H-TdR 掺入法介绍如下。

1. 原理 T淋巴细胞受 PHA 刺激后，呈增生活跃状态。细胞在分裂过程中分 G_1、S、G_2 和 M 4个期相。G_1 期合成 RNA 和蛋白质，为 DNA 复制准备物质基础，在 S 期 DNA 合成量明显增加。因此在进入 S 期时，加入^3H-胸腺嘧啶脱氧核苷（^3H-TdR），即掺入到新合成的 DNA 中。根据细胞内^3H-TdR 的掺入量，可测知细胞增殖的活动状态和程度。

2. 主要材料 ①^3H-TdR 以比活性 5Ci/mmL·L^{-1}左右为宜。若比活性大于 5Ci/mmL·L^{-1}可以用放射性 TdR 进行稀释。若设需加入的非放射性 TdR 为 x μg 则：$x=242.2\times a\times 1/1\,000(1/B-1/A)$。其中 α 为$^3H$-TdR 原放射强度（μCi），B 为所需液体比活性（μCi/mL），A 为原液比活性（μCi/mL）。②闪烁液 PPO（2，5-二苯基噁唑）5g，POPOP［1，4-双-2（S-苯基噁唑基）苯］0.3g，无水乙醇 200mL，甲苯 800mL。③PHA。

3. 方法 ①肝素抗凝血 1mL，分别加入小试管内，0.1mL/管，每份样品至少 3 管。余用合适量的 PHA 细胞培养液补足 1mL/管，即每管加入 0.9mL。37℃ 72h。②加^3H-TdR，1μCi/管，37℃ 20h。③培养结束后，将培养物移入离心沉淀管内，用 3%冰醋酸冲洗培养管，3mL/次，2 次。洗液加入离心管内，2 000r/min 离心 10min，如此反复两次，也可不用冰醋酸，而用 0.85% NH_4Cl 以去除红细胞。④沉渣加 30% H_2O_2 一滴，85℃水浴加温 15min，再加 0.5mol/L NaOH 0.1mL 继续 30min，使沉淀物完全消化溶解。⑤消化液移入测试杯内，加乙二醇乙醚 2.5mL，闪烁液 2.5mL，置 pH 计数器内剥脉冲数。⑥计算刺激指数（SI）。

$$SI=\frac{\text{加 PHA 管（cpm）}}{\text{不加 PHA 管（cpm）}}$$

4. 注意事项 ①PHA 或抗原，在同一批实验中，应预先筛选出合适浓度，同批实验抗原量要一致。②培养液中添加的小牛血清应是对原代培养淋巴细胞无毒或无抑制作用的，不同批号应通过预试验确认。禽类原代淋巴细胞培养时小牛血清的添加量尤其需要预试验确认。

二、自然杀伤细胞（NK）功能试验

检测自然杀伤细胞功能的方法很多，主要有台盼蓝染色靶细胞观察计算法、酶释放法和同位素法。这里特介绍同位素法。其原理如下：选用适当的靶细胞，将同位素^{51}Cr（$Na_2{}^{51}CrO_4$）标记在靶细胞上，与小鼠脾淋巴细胞或排除了单核细胞和粒细胞的血液单个核细胞共同孵育一定时间后，靶细胞被破坏，释放出^{51}Cr，测定^{51}Cr 释放率即可测知脾细胞被破坏的程度，以推断 NK 细胞活性。

1. 材料与方法 ①标记靶细胞。靶细胞（Hela 细胞或淋巴瘤细胞）浓度 $3\times10^5\sim4\times10^5$/mL，加$^{51}Cr$ 200μCi，37℃作用 1h，不时振荡。②用生理盐水洗 3 次，每次以 1 500r/min 离心 5min。③以含 10%小牛血清的 RPMI-1640 为培养液，将细胞配成所需浓度。④效应细胞以小鼠脾细胞作 NK 来源。制备小鼠脾淋巴细胞，过尼龙纤维柱，收集洗脱下的细胞，配成 $3\times10^7\sim4\times10^7$/mL 浓度。⑤按表顺序配成效应细胞与靶细胞，以 50～100∶1 的比例混合 37℃作用 4h。⑥加入冷 RPMI-1640 营养液 1mL，终止反应。⑦以 1 500r/min 离心 10min。取上清 1mL，在 γ 计算器上按下式计算细胞毒指数：

$$\text{NK 细胞素（\%）}=\frac{\text{实验组（cpm）}-\text{自然释放（cpm）}}{\text{最大释放（cpm）}-\text{自然释放（cpm）}}$$

2. 注意事项 ①实验系统中的靶细胞，应选择易被^{51}Cr 标记的细胞。②效应细胞与靶细胞的比例，同一批试验应一致。

表 79-1　^{51}Cr 释放测 NK 活性（mL）

管　号	试验管	最大稀释	自然释放
靶细胞	0.1	0.1	0.1
效应细胞	0.1	—	—
营养液	0.8	—	0.9
Triton X-100	—	0.9	—

◆ 参考文献

杜念兴. 1997. 兽医免疫学［M］. 第二版. 北京：中国农业大学出版社.
金伯全. 2001. 细胞与分子免疫学［M］. 北京：科学技术出版社.
杨汉春. 2003. 动物免疫学［M］. 第二版. 北京：中国农业出版社.

崔尚金

第八十章　细胞克隆技术

在细胞生物学领域，克隆（clone）一词是指单个细胞通过有丝分裂形成的细胞群体，它们的遗传特性相同。细胞克隆化培养（cell cloning culture）是指将单个细胞在一定支持物上（如软琼脂或甲基纤维素）增殖培养而产生的细胞群落。细胞克隆技术常用于肿瘤细胞、单克隆抗体的制备以及干细胞培养。由于正常细胞很难在软琼脂和半固体中形成集落，因此细胞克隆技术也可以用来鉴别和筛选正常与异常细胞或者作为判断细胞恶性程度的方法。

第一节　细胞克隆原理

原代培养的细胞或未经克隆化的细胞都具有异质性。细胞经过克隆形成法（colony formation）得到的细胞集落——克隆（colony），是均一的细胞集团（homogeneous cell population），其后裔细胞群来源于一个共同的祖细胞，即形成所谓纯系，称细胞株。细胞株的遗传背景均一，细胞的生物学性状相似，有利于进行实验研究。

第二节　细胞克隆方法

一、毛细管法

（1）将一定量的细胞悬液（如 10^5/mL 或更低）稀释至 1 个细胞/mL。

（2）取 10mL 稀释的细胞悬液，用直径为 0.5mm，长为 8mm 的毛细玻璃管若干（30～50 只），在负压作用下，使悬液吸入各毛细管中。

（3）在倒镜下检查出每管只进入一个细胞的毛细管，然后放入适应性培养基或有饲养层细胞的培养瓶（或培养板）内。

（4）在 CO_2 培养箱中培养，由一个细胞在毛细管繁殖后，并向管外扩展，并形成单个克隆的细胞群体。

二、微 点 法

借助显微操纵器，在显微镜监控下将单个细胞逐个吸出，移入含有饲养层细胞的培养板中进行培养。本法准确性好，如无显微操纵器可自制毛细吸管替代。

将经稀释至 10^3 个细胞/L 的单个细胞悬液，用无菌的 1mL 注射器逐滴加在平皿中制成散滴，在显微镜下挑选出单个细胞的液滴，再用毛细管取出单个细胞悬滴。将采用上述方法分离出的单个细胞，放入预先制备饲养层细胞的 96 孔培养板中，于 37℃ 5% CO_2 下培养 1～2 周或更长。待细胞克隆明显，并使孔底覆盖 1/3～1/2 时，即可将细胞转种于 24 孔板进行扩大培养。

三、软琼脂法

本法仅适用于悬浮培养的类淋巴细胞或恶性程度高的贴壁细胞，而正常贴壁细胞在软琼脂中不能形成克隆。

(1) 将对数生长期的细胞制成单个细胞悬液（贴壁细胞用0.25%胰蛋白酶消化使之分散成单个细胞）作活细胞计数，调整细胞浓度至 1×10^6 细胞/L，然后根据实验要求再作梯倍稀释。通常以 $1\times10^4\sim5\times10^4$ 个细胞/L为佳。

(2) 制备底层琼脂　取5%琼脂置沸水中，使琼脂完全融化，取出一份5%琼脂，移入小烧杯中，待冷至50℃，迅速加入9份预温37℃的新鲜培养液（即成为0.5%琼脂），混匀后立即注入24孔培养板中，每孔含0.5%琼脂0.8mL，置室温使琼脂凝固备用（此层也可以省略）。

(3) 制备上层琼脂　取37℃保温的、不同浓度的细胞悬液9.4mL，移入小烧杯中，加入50℃ 5%琼脂0.6mL迅速混匀，即配成0.3%琼脂培养基，立即浇入铺有底层琼脂的24孔培养板中，每孔0.8mL，置室温使琼脂凝固。

(4) 于37℃ 5%CO_2 下培养1～2周或更长，若需培养更长时间可补加0.8mL/孔含琼脂的培养液，待有明显集落形成为止。

(5) 集落（克隆）计数　在倒置显微镜下观察并计数直径大于75μm或含有50个细胞以上的克隆。

四、饲养细胞单层

在体外培养过程中，细胞的生长增殖除了取决于细胞特性、培养体系和培养条件外，还需要有一定的细胞密度。单个细胞和密度极低的分散细胞很难存活和逐渐繁殖。为了促使刚刚克隆化的极少量细胞生长、繁殖，在培养皿中加入能贴壁生长的其他细胞，称之为“饲养细胞（feeder cell）”。常用的饲养细胞有成纤维细胞、胸腺细胞和巨噬细胞。巨噬细胞不仅能起饲养作用，还能清除培养体系中的死、伤细胞及其碎片。因饲养细胞制备繁琐，在应用稀释铺板法克隆细胞后，已很少有人再用饲养细胞进行克隆细胞。但作为生长基质，用以培养某些难培养的细胞尚有应用价值。

(1) 饲养层的制备

①取人或动物胚胎成纤维细胞，长满后制成细胞悬液，再按 10^5/mL重新接种培养。

②在细胞半汇合时，准备0.25μg/mL的丝裂霉素C（mitomycine C），按每 10^6 个细胞需2μg的量加入到培养瓶中过夜。或者用射线单次照射，剂量30～50Gy（戈瑞）。

③细胞经上述处理后，Hanks液漂洗2次。更换培养液，再培养24h。用胰蛋白酶溶液消化细胞制成悬液，按 5×10^4 个/mL（10^4 个/cm^2）接种入新培养皿中。也可以略去这一步骤，即细胞受照射后，再培养24～48h，便可直接作饲养细胞之用。

④48h后，即可用于细胞克隆之用。饲养细胞在制好以后3周内即死亡，应注意及时应用。选饲养细胞时要避免用同源细胞。

(2) 接种与培养待克隆细胞　将稀释成密度为20～200个的细胞悬液接种于具有饲养层的培养器皿内。另外，再将细胞悬液接种于没有饲养层的培养器皿内作为对照。接种后置于 CO_2 培养箱中培养。可每周或2～3d换培养液一次。培养2～3周观察克隆的形成。培养液为完全培养液。最后检测并计克隆数目。

五、终点稀释法

(1) 取对数生长期的细胞制成悬液（贴壁细胞用0.25%胰蛋白酶消化后吹打分散制成），经台盼蓝染色计数，测定活细胞数及浓度（细胞存活率及单个细胞百分率应高于90%以上）。

（2）将细胞悬液在试管中稀释，用培养基将细胞稀释至50个细胞/mL、10个细胞/mL、5个细胞/mL，将3种稀释度的细胞分别接种于96孔板中，每孔为0.1mL，于37℃5% CO_2 下培养。

（3）次日在倒置显微镜下观察培养板各孔中的细胞数，挑选只含一个细胞的孔，做好标记并补加0.1mL培养液继续培养。

（4）培养期间，视pH的变化决定是否换液或补加培养液，一周左右，孔中有明显克隆出现。

（5）待克隆长至孔底面的1/3～1/2时，可用消化法将96孔中的单一克隆的细胞分别移至24孔板中进行扩大培养。

第三节 细胞克隆在实验中的应用

细胞克隆中每个细胞的遗传特征和生物学特性极为相似和一致，有利于对不同群体细胞的形态和功能进行比较和研究。若该细胞株只是一般传代、无一系列实验鉴定指标，则为一般细胞株。若有一系列实验指标报道的，则称为限定性细胞株，如由幼地鼠肾细胞系（BHK-21）第13孔的单个细胞形成的细胞株称BHK-21C-13（代表克隆13），其形态规则，特性稳定，便于研究。实验中不论是单一细胞系的建立还是单克隆细胞的筛选都要用到细胞克隆技术。克隆形成法所获细胞集团的生存率也具多方面的应用，如研究药物、放射线等对细胞的影响作用，探讨其作用机制，以及利用克隆技术分离出低频度活力变异株，有利于对遗传学、生化学的研究。

◆ 参考文献

刘秀梵．1994．单克隆抗体在农业上的应用［M］．合肥：安徽科学技术出版社．

Cheryl D H, et al. Basic cell culture protocols third edit methods in molecular biology, 290: 200-364.

崔尚金 编

第八十一章　分子生物学及分析生物学的检验技术

第一节　病原微生物 DNA 中 G+C 含量测定

DNA 中 G+C 含量测定

病原微生物 DNA 中的 G（鸟嘌呤）+C（胞嘧啶）含量测定是作为细菌、病毒分类和判定细菌、病毒科、属间亲缘关系的依据。另外，也可以用于细菌、病毒新种的鉴定，如新发现的细菌、病毒都需要进行 G+C mol%含量的测定，作为新种的基础工作。这项新技术目前广为应用。现以细菌为例将其具体方法主要如下：

1. 细菌 DNA 的提取

（1）细菌的培养　按常规方法培养，待细菌长成后，收集菌体。一般收获 2～3g 湿重的菌体可供提取 DNA 用。

待测 G+C 含量的菌液要求无蛋白质、琼脂碎块等杂质。

（2）细菌破壁

①化学方法：对革兰阴性菌和某些革兰阳性菌采用 2%十二烷基磺酸钠（SDS）溶液，于 60℃处理 10min，裂解菌体。菌体裂解后，悬液呈透明，黏稠状。另外，还可以加入适量溶菌酶，37℃处理 1h，再加 SDS 溶液 2%裂解。对裂解革兰阳性菌效果好。

②物理方法：多采用反复冻融、超声波破碎、玻璃珠振荡及玻璃粉混合研磨等方法。这些破壁方法易剪断 DNA 分子，给纯化带来困难，应少使用。

（3）细菌 DNA 的提取　方法较多，如氯仿提取法、苯酚提取法、苯酚氯仿混合法及羟基磷灰石柱层析法等。目前多采用氯仿法和苯酚氯仿混合法。兹介绍如下：

①将湿菌体 2～3g 放于 30～40mL 的 SE 溶液（0.015mol/L NaCl、0.1mol/L、pH8.0 EDTA）中。

②将每克湿菌体加入 0.25gSDS，60℃水浴保温 10min，不断轻轻摇动，菌体裂解后，经室温冷却。

③向溶菌液中加入 5mol/L 过氯酸钠（$NaClO_4$），使终浓度为 1mol/L。

④加等体积的水饱和苯酚（Tris-HCl，pH8.0）和 1/2 体积的氯仿/异戊醇（24：1），摇荡混匀 5min。8 000～10 000r/min 离心 10min 分层。

⑤吸取上层水相，加入两倍体积的无水乙醇，用玻璃棒轻搅动，使丝状沉淀 DNA 绕在玻璃棒上。如用超声波破壁的 DNA 抽取液，也加入 2 倍体积的无水乙醇，置－20℃过夜，15 000r/min 离心 20min，收集 DNA 沉淀物。

⑥将玻璃棒绕出的核酸或离心沉淀的核酸溶于 27ml 的 0.1×SSC（1×SSC 为 0.15mol/L。NaCl，0.15mol/L 柠檬酸三钠，pH7.0）中，待核酸溶解后，加入 3mL 10×SSC 调整液为 1×SSC。

⑦加入 RNase 终浓度为 100μg/mL，37℃作用 60min 降解 RNA。RNase 需预先处理，排除 DNase 污染。方法为：将 RNase 溶于 0.15mol/L、pH5 NaCl 溶液中 2mg/mL，煮沸 10min，低温保存备用。

⑧加 5mol/L $NaClO_4$。使终浓度为 1mol/L。

⑨用等体积的酚/氯仿混合液抽提一次。

⑩吸出上层水相，加入等体积氯仿再抽提一次。

⑪吸出上层水相，加0.6倍体积的异丙醇，同时用玻璃棒搅拌，绕出沉淀的DNA。

⑫绕出的DNA依次用75%、85%、95%乙醇浸泡脱水，风干。

⑬将DNA溶于0.1×SSC中，置于低温保存。

（4）DNA鉴定及含量测定

①DNA的鉴定：提取的DNA经紫外分光光度计测定，符合纯天然DNA的光密度值。为A_{260}：A_{280}＝1.0：0.45：0.515。A_{260}/A_{280}应小于或等于2.0，大于1.7。

②含量测定：提取的DNA用0.1×SSC适当稀释，在紫外分光光度计上以波长260nm处测定，一般纯天然DNA的吸光度（A）为1.0时（比色杯内距1.0cm）含量相当于50μg。已知待测样品A_{260}，可按下列公式测出DNA样品的含量。

$$\text{DNA样品为含量}(\mu g) = \text{测定DNA } A_{260} \times 50 \times \text{稀释倍数} \times \text{样品总体积}$$

（5）DNA的保存　高分子DNA溶解在1×SSC或0.1×SSC的缓冲液中，在4℃可保存数月，－20℃或－70℃可保存1年以上。

2. DNA G＋C含量的测定　DNA G＋C含量的测定方法较多，其中以热变性法操作简便，重复性好，比较常用。

（1）热变性温度法（Tm）测定G＋C的基本原理　双螺旋DNA在不断加热变性时，随着碱基互补氢键的不断打开，由双链不断变成单链，导致核苷酸碱基在260nm处紫外光吸收明显增加。当双链完全变成单链后，紫外光吸收值停止增加。在热变性过程中，紫外光吸收值增加的中点值所对应的温度即为热变性温度（Tm）。

DNA是由A-T和G-C两个碱基对拼成的，前者碱基对之间形成2个氢链，后者形成3个氢链。这三个氢链的G-C碱基结合较牢固，在热变性过程中打开氢链所需要的温度也较高，所以DNA样品的Tm值取决于样品G-C碱基对的绝对含量。利用增色效应测定Tm值，可以反映不同细菌DNA G＋C的含量。

（2）Tm值的测定方法

①将待测DNA样品用1×SSC稀释（吸光度在0.2～0.4之间），将其装入比色杯中，塞好热能电阻探针塞子，并塞好装有1×SSC的比色杯为对照。将比色杯放入分光光度计内，用260mm波长测定25℃的吸光度，然后将温度迅速增加到50℃左右，排出比色杯中气泡。继续加热比色杯至变性前3～5℃，停止升温，稳定5min，到升温后吸光度不再增加为止。每次升温前准确记录比色杯内温度（T）和相应的吸光度（A）。

②T值的计算：热变性扫描线完成后，依据记录的各吸光度（At）与相对膨胀体积校正成相当25℃水溶液体积的吸光度，来计算吸光度。

$$\text{相对吸光度} = \frac{\text{校正膨胀后吸光度}}{25℃\text{的吸光度}}$$

第二节　核酸分子杂交技术

核酸分子杂交技术以其特异和敏感为主要特点，其基本原理是在碱基对互补的基础上，在适当的条件下，互补的单链DNA形成双链结构，然后通过放射自显影或免疫手段检查标记的核酸片段。核酸分子杂交技术根据不同的目的和手段可以分成在硝酸纤维素膜上进行核酸杂交反应，细胞内的原位杂交和在液体内进行核酸杂交反应。由于反应温度和条件的不同，以及DNA结合于硝酸纤维素膜上的方式不同而把核酸杂交分成很多种类。

一、细菌核酸分子杂交技术

细菌核酸分子杂交技术是在分子遗传学研究中灵敏高、应用广的一种手段。应用核酸杂交可以对细菌种、属间的亲缘关系作出分类和鉴定。核酸分子杂交方法可分为液体内分子杂交（液相杂交）和固体表面杂交（固相杂交）。

（一）液相复性速率法

1. 基本原理　细菌等原核生物的基因组 DNA 通常不包含重复顺序。但它们在液相中变性（杂交）时，同源 DNA 比异源 DNA 的变性速度快。同源程度越高，变性速率越快，其杂交率也越高。应用这个特点，通过分光光度计直接测定变性 DNA 在一定条件下的复性速率。

2. 杂交技术

（1）*DNA 样品的处理*　参见本章第三节质粒的提取，用溶菌酶或 SDS 等破壁细菌以提取 DNA，在试验前先置冰浴中 50W 超声 4 次，每次 15s，间隔 1～2min，使 DNA 片段相对分子质量约为 2.4×10^5。用超声波破壁提取的 DNA 溶液，不能再做超声处理。

（2）*DNA 变性*　将经超声波处理过的待测 DNA 样品 A 和 B 分别用 0.1×SSC 配制成 A260 为 1～5 和 2.0mL（含量 A 约 50μg），取样品 A 与 B 各 3mL 分别装在两支试管里，再取 A 和 B 各 1.5mL 装在同一支试管中混匀为样品 M。将 A、B、M 三个样品分别放于沸水浴中加热 10min，用预热的吸管取 10×SSC 0.7mL 加入上述变性样品中，混匀，缓冲液终浓度为 2×SSC。

（3）*DNA 复性速率测定*

①测量条件的选择：将分光光度计固定波长为 260nm，选择 3mm/min 的扫描速度和自动控制的时间，使量程放大 2～2.5 倍。

②预热比色架和比色杯：打开超级恒温器，以热循环水热比色架及盛有 2×SSC 的 1cm 比色杯用半导体点温计监测杯中溶液的温度，使稳定在指定的最适复性温度（ToR），其计算公式如下：

$$\text{ToR}=0.51\times\%\,(\text{G+C})+47.0$$

③上样：在达到 ToR 后，舍去比色杯中的溶液后迅速加入变性 DNA 样品液，同时接通热敏电阻，观察温度，全过程不得使样品的温度低于 ToR。

④测定复性反应：当被测样品的温度达到 ToR 时，记录相应的吸光度，以此为零，随后每隔 5min 记数一次。待反应到 30min 时停止扫描。最后求得一条随时间延长，吸光度逐渐减小的直线。

⑤计算复性速率：计算方法如下：

$$\text{直线斜率（DNA 的复性速率）}=\frac{\text{0 时吸光度}-\text{30min 吸光度}}{\text{总时间（30min）}}$$

对每个样品要重复测定 2～3 次。

（4）*细菌 DNA 杂交率的计算*　分别测定两单一 DNA 样品（A、B）及其混合物（M）的复性反应，将得到的吸光度对时间作成图，可作出三条相似的曲线。三条线的起点（为零时吸光度）应当相同，但由于样品纯度的影响而无法完全相同，这种差异并不影响各自计算结果。将三个被测样品的复性速率代入下式，可得出两个菌株 DNA 杂交百分数（以 D%表示结合度）。

$$D\%=\frac{4Vm-(Va+Vb)}{2\sqrt{Va\cdot Vb}}$$

Va、Vb、Vm 分别代表 A、B、M 三个样品的复性速率。DNA 的复性速率是反映不同样品之间碱基顺序的互补程度。如果两种 DNA 的顺序相同，它们的混合复性速度（Vm）与测得单一样品的复性速度（Va、Vb）相同，如果两种 DNA 的碱基顺序完全不相同或部分不同时，其混合物的复性率可表现不相同或减慢，通常 Va 或 $Vb>Vm\ (Va+Vb)/4$。

（二）固相膜杂交技术

1. 基本原理　依据 DNA 互补碱基顺序配对的基本理论，将分子质量较大的无放射性掺入的单链 DNA 预先固定在膜上，与分子质量较小的放射性标记的单链 DNA（或 RNA），在最适的条件下，使其互补碱基之间形成氢链，然后把两条单链联结成一种 DNA - DNA（DNA - RNA）的双链杂交分子。洗除未配对的标记 DNA，再进行放射性测定，求得两种 DNA 链的杂交百分比。

2. 杂交方法

(1)^{3}H - DNA 的制备

①细菌 DNA 的体内标记与提取：取单个菌落接种 5mL 肉汤中，37℃培养过夜，再转接种于 45mL 肉汤中，37℃振荡培养过夜，再转接种于 200mL 肉汤中，同时加入 1mCi（甲基-^{3}H）胸腺嘧啶脱氧核苷（TdR），37℃振荡培养过夜，离心收集菌体并提取细菌 DNA。

②测定标记的 DNA：用 5mL 的 15%三氯醋酸（TCA）抽洗滤膜（硝酸纤维素滤膜）一次。取^{3}H-DNA25μg（1mL），加入 1mL 10%TCA 沉淀^{3}H-DNA，加在洗过的滤膜上抽滤。再加 5mL 15%TCA 抽洗一次，然后将膜放入闪烁瓶中，80℃真空干燥 30min，加 8mL 闪烁液［1 000mL 甲萘含2，5-二苯基噁唑 5g，1，4-双-2-（5-苯基噁唑）苯 0.5g］，测定放射活性。一般可达 10^3～10^4cpm/μg DNA。

(2) DNA 杂交膜的制备　一般用 1×SSC 稀释 DNA 液 50μg/mL，加 NaOH 至终浓度为 0.1mol/L，煮沸 10min 后立即冰浴，使 DNA 完全变性。用 5mol/L NaH_2PO_4 调 pH 至 7～8，再加等体积冷的 12×SSC 使终浓度为 6×SSC，冰冻保存备用。

用 6×SSC 浸泡硝酸纤维素滤膜（0.45μg 或混合膜）30min。将滤膜放在过滤器上加 5mL 冷的 6×SSC 抽洗滤膜一次。加变性 DNA 液 4mL（25μg/mL）抽滤，流速为 1～2mL/min，加 5mL 6×SSC 抽洗一次。取下滤膜置室温干燥 4h，放真空 80℃烘烤 2h 后备用。每片膜上固定的 DNA 单链约为 50μg。

(3) DNA - DNA 杂交

①制备标记 DNA：将提取的^{3}H - DNA 用 1×SSC 稀释，在冰浴中以 50W 超声 4 次，每次 15s，再煮沸 10min，立即放入冰水中。再用 6×SSC，50%甲酰胺（FA）溶液稀释成 1～1.5μg/mL，备用。

②膜的预杂交：将制备的 DNA 杂交膜放入称量瓶（30mm×50mm）中，每个片段加 1～2mL 预杂交液（3×SSC、0.02%Fico11400、0.02%聚乙烯吡咯烷酮、0.02%牛血清白蛋白），置 65℃水浴 3～6h。

③杂交：吸出预杂交液，每片膜加入剪切变性的标记单链 DNA 1mL，杂交的比值是膜上固定 DNA50μg，加标记 DNA1μg，在最适复性温度（ToR）下杂交 45h。

在杂交液（6×SSC，50%FA）中，ToR 计算公式：

$$ToR=28.8+0.41\ (G+C)$$

④杂交膜的放射性测定：在杂交完成后，用杂交液漂洗滤膜一次，再用 5mL 的 3mol/L Tris - HCl 漂洗两次，置膜于过滤装置上，加 5mL 3mmol/L Tris-HCl 抽一次。在每个闪烁瓶放入 1 片滤膜，放真空中 80℃烘烤 30min，每瓶加 8mL 闪烁液，在液体闪烁仪上计数。

⑤杂交百分率的计算：以参考菌株同源杂交的计数为 100%作为除数，以参考菌株和测定菌株杂交的计数为被除数，求出异源杂交百分率，来判定两者互补碱基顺序配对的程度，即菌株间的遗传亲疏关系。

二、病毒核酸分子杂交技术

核酸分子杂交技术是病毒基因工程领域研究的重要手段。它广泛应用于以下研究：①病毒基因在组织细胞中的存在和定量；②基因存在的状况，即研究基因是游离存在于细胞内或结合于宿主细胞的染色体；③病毒基因在某些特异组织和细胞中的定位；④病毒基因在细胞内的转录活性。核酸杂交技术在病毒学研究中的应用，促进了分子病毒学的进展，同时也促进其自身的发展和广泛应用。

（一）原理

核酸的变性是一个可逆的过程，双链 DNA 或 RNA 在高温和碱性条件下可变成单链。50%双链 DNA 或 RNA 解离成单链所需的温度称解链温度。低于解链温度 20～30℃时，互补链重新退火形成双链，反应体系中如果存在放射同位素，标记 DNA 作为探针时，它与待检核酸中的相同序列形成双链结构，可通过放射自显影检查待检核酸中的共同序列。

病毒核酸分子杂交技术根据不同目的和手段，与细菌核酸分子杂交技术一样，也可分为硝酸纤维素膜上进行的核酸杂交反应、细胞内的原位杂交和液体内进行的核酸杂交。

（二）方法

具体的方法参见本章第六节基因探针技术。

1. 点样核酸杂交

（1）从细胞和组织中提取核酸　将组织病料或病毒感染的细胞，用石英砂研磨成匀浆，每 100mg 组织加入 750μL 10mmol/L Tris-HCl pH7.6，75μL 0.4mol/L EDTA，200μL 蛋白酶 K（1mg/mL），37℃水浴 15min；40μL20％SDS，17.5μL 35％Sarcosyl，37℃水浴 1h；100μL 蛋白酶 K（1mg/mL），37℃水浴 2h。用等体积的 TE 饱和酚提取，2 000r/min 离心 2min，分离 DNA 相，重复酚提取两次，含 4％异戊醇等量酚和氯仿混合物提取一次，用 TE 缓冲液透析。用 0.2mol/L NaCl 和 2 倍 DNA 液体积的冷乙醇沉淀 DNA，10 000r/min 离心沉淀 30min，沉淀的核酸用 70％乙醇洗 2 次，真空干燥，DNA 再溶于 TE 缓冲液，测量 DNA 的 OD 值，OD_{260}＝50μgDNA/mL。

（2）打点 DNA 硝酸纤维素膜　方法参见本章第六节。

（3）打点完整的细胞于硝酸纤维素膜　病毒感染的细胞或含病毒基因的细胞不经过 DNA 过程，直接打点细胞于硝酸纤维素膜上，自然干燥后，在浸有 10％SDS 的滤纸层上，每步骤 5min，当细胞或 DNA 标本浓度较低而体积较大时，例如检查临床洗涤液中的某种特异核酸，可将病毒或细胞以负压装置直接集中在硝酸纤维素膜上。

2. Southern 转移核酸杂交　是 DNA 经过内切酶水解，醇脂糖凝胶电泳分离，然后转移到硝酸纤维素膜上进行核酸杂交反应，它明显优于直接点样 DNA 在纤维素膜上，因为每单位面积上纤维素膜能容纳 DNA 的量是有限的（80μg/cm^3）。点样核酸杂交，每点只能容纳 DNA 总量为 2～3μg，当待检 DNA 含量较少时，用点样核酸杂交方法很难查出。Southern 转移核酸杂交方法对特异 DNA 是一个浓缩和提纯的过程，从大量的 DNA 中集中特异性片段为一条带，同时可以确定某些 DNA，如病毒核酸是整合于细胞 DNA 还是呈游离状态，以及核酸的大小。

操作方法参见本章第六节。

3. 细胞内原位杂交技术（in situ hybridization）　直接检查组织切片或涂片、印片中某些细胞的特异性核酸或核酸片段，保持细胞的基本形态。该反应在完整细胞上进行。

（1）预处理载片和盖玻片

载玻片：新载玻片浸于乙醇：丙酮（1：1）混合液中过夜，用脱脂纱布擦净，置 100℃干烤 1h，经干烤的载玻片在预杂交液中于 65℃孵育 3h，预杂交液含 3×SSC、0.02％Ficoll、0.02％PVP 和 0.02％ BSA。预杂交处理后，在蒸馏水中迅速洗涤，以去除表面上多余的预杂交液，在乙醇：冰醋酸（3：1）中于室温下固定 20min，室温干燥后，保存待用。

18mm×18mm 盖玻片硅化处理后，100℃烤干。

（2）细胞涂片的制备

悬浮细胞涂片：悬浮生长的细胞或直接来源于脱落细胞的标本，经 1 000r/min 离心 10min，用 PBS 洗一次再悬于小量体积，以 10～20μL 体积涂片，每点直径 1～1.5cm，每载玻片涂两点，空气中自然干燥后用 3 份甲醇与 1 份冰醋酸固定，置室温 20min。

病毒感染的单层细胞，用胰酶处理后涂片或预先使细胞生长在预处理的载玻片上，单层细胞用 PBS 洗后，固定方法同悬浮细胞。

组织切片：7μm 厚的冰冻切片放置在经过处理的载玻片上，室温干燥，固定同单层细胞。

（3）杂交方法

①细胞片在 70℃ 2×SSC 中孵育 30min。

②在 20mmol/L Tris pH7.4，2mmol/L $CaCl_2$，1μg/mL 蛋白酶 K 混合液中于 37℃孵育 15min。

③室温下于蒸馏水中漂洗两次。

④50%、70%和90%乙醇脱水。

⑤在0.1×SSC液中热变性：新鲜配制两组0.1×SSC，一组放4℃冰浴，一组煮沸，细胞片浸入煮沸的0.1×SSC中30s，立刻移入冰浴的0.1×SSC中。

⑥真空干燥^3H标记的核酸探针，每个细胞片5×10^4cpm，加10μL液体Ⅰ，混合。于100℃加热10min后立即放冰浴，然后顺序加入3.15μL液体Ⅱ、50μL液体Ⅲ、24μL液体Ⅳ、12.85μL液体Ⅴ，总体积100μL，每细胞片滴加10μL杂交混合液。

⑦在液滴表面加盖硅化的盖片，用胶封住盖片四周，置45℃水浴24～48h。

液体Ⅰ：30μL 小牛胸腺DNA10mg/mL，16.5μLES（12.5mL 0.4mol/L EDTA，710μL30% Sarcosyl，6.8mL水）；83μL 1mol/L NaOH；167μLH_2O。

液体Ⅱ：30μL 2mol/L Tris，pH8，50μL 2mol/L HCl。

液体Ⅲ：去离子甲醇胺。

液体Ⅳ：20.5μL 1mol/L Tris，pH7.5，5μL 0.4mol/L EDTA，24μL 2%Ficoll，24μL 2%PVP，24μL 100mg/mL BSA，240μL tRNA，240μL 1mg/mL poly A。

液体Ⅴ：111μL 5mol/L NaCl，17.5μL H_2O。

(4) 清洗、去除胶封盖片，用清洗液（10mmol/L Tris - HCl pH7.4，50%甲酰胺，1mmol/L EDTA，600mmol/L NaCl）刷洗一次，氯仿浸洗两次，每次5min，并用电磁搅拌器轻轻搅拌，清洗两次，每次5min，最后在30℃电磁搅拌下浸洗过夜，或每小时浸洗3次。2×SSC洗两次，每次5min，最后用70%乙醇/300mmol/L醋酸铵，90%乙醇/300mmol/L醋酸铵浸洗，室温干燥。

(5) *涂乳胶* 0.6mol/L醋酸铵在45℃水浴中预热，混合等体积的核（感光）乳胶，在同温下使成糊状，浸细胞片于乳胶或用巴斯德吸管滴乳胶于细胞片上，待乳胶室温干燥后，放入暗盒或黑纸包裹放置4℃曝光。

(6) *显影和定影* 通常曝光1～5周，细胞片先置普通清水5min，显影液10min，1%冰醋酸2min，最后定影10～20min，流水冲洗30min，置显微镜下观察核酸杂交分子的黑色颗粒。

4. 再结合动力学实验（Reassociation Kinetics） 是两种杂交成分存在于同一液体中，用低浓度的标记核酸以减少自我退火，用层析或低浓度S1酶降解单链核酸，最后计算标记核酸进入双股的转变率。

5. 夹心核酸杂交技术 是以不标记的单链重组核酸连接标记物和待检DNA。杂交反应分两层进行，第一层为夹心层，是含有特异性核酸片段的单链重组噬菌体DNA。将特异性的核酸片段重组于噬菌体M13DNA，从细菌培养液中分离重组的单链DNA作为待检DNA的特异性探针；第二层为标记的DNA，它是M13噬菌体在细菌内的双链形式，夹心DNA中的特异性片段与待检DNA结合。而标记DNA则与夹心层DNA中的载体链结合。夹心核酸杂交法可用于检查固定在纤维素膜上的核酸，也可用于细胞内原位杂交。

第三节 细菌质粒的提取、纯化和鉴定技术

质粒是存在于多种细菌和一些真核微生物细胞染色体外的双链环状DNA分子，其大小从1kb到200kb不等，相对分子质量一般在4×10^6之间。一般情况下，质粒对宿主细胞并非必不可少。但是，许多质粒含有一些特殊的基因，例如R质粒携带着许多抵抗抗生素的基因，为抵抗多种抗生素提供可能。虽然质粒有自己的基因和调节位点，但它们的复制在很大程度上依赖宿主细胞的代谢功能。由于质粒具有一些特殊的生物学特性，故其在基因工程中具有极其重要的作用。

一、质粒的生物学性质

1. 复制能力和不相容性 质粒只能在宿主细胞内复制，且在很大程度上依赖宿主的复制系统。已

经证实，所有质粒的复制均为半保留复制并在复制周期内保持环状。质粒在细胞内的拷贝数不同，有的质粒拷贝数可高达 700 个/细胞，有的却仅维持在 1～2 个/细胞。目前已知，控制质粒拷贝数的基因位于包括 DNA 复制起点在内的一个质粒 DNA 区域内。

利用同一复制系统的两个不同质粒，不能在同一细胞内稳定相处，称这一特性为质粒的不相容性。质粒的不相容性是它们在复制及随后分配到子细胞的过程中彼此竞争的结果。

2. 转移性　在自然条件下，很多质粒可通过一种被称为“细菌接合”的作用转移到新宿主内。然而，常用的质粒因为缺乏一种为转移所必需的 mob 基因，因此不能自动完成从一个细菌到另一个细菌的接合转移。

3. 选择标记　目前常用的质粒中均带有一个或一个以上的抗生素性基因，这些基因包括抗四环素基因、抗氨苄西林基因、抗氯霉素基因以及抗卡那霉素和新霉素基因。人们可以利用这些抗性基因的表达成功地筛选出转化菌。

二、质粒的提取与纯化

（一）质粒的提取

从细菌中提取质粒，包括以下三个基本步骤：细菌培养物的生长、细菌的收获和裂解及质粒 DNA 的纯化。

1. 质粒 DNA 的小量制备　质粒 DNA 的小量制备可采用碱裂解法或煮沸法。

（1）细菌的培养和收获

①将 2mL 含有相应抗生素的 LB 加入到容量为 15mL 通气良好的试管中，然后接入一单菌落，于 37℃剧烈振摇下培养过夜。

②将 1.5mL 培养物倒入微量离心管中，用微量离心机于 4℃ 1 200×*g* 离心 1min，将剩余的培养物贮存于 4℃。

③去培养液，使细菌沉淀并尽可能干燥。

（2）碱裂解法

①将上述步骤③中所得的沉淀重悬于 100μL 用冰预冷的溶液Ⅰ中，剧烈振荡。

溶液Ⅰ：50mmol/L 葡萄糖，Tris・HCI（pH8.0），10mmol/L EDTA（pH8.0）。

溶液Ⅰ可成批配制，每瓶约 100mL，在 6.895×10^4Pa 高压下蒸汽灭菌 15min，贮存于 4℃。

②加 200μL 新配制的溶液Ⅱ。

溶液Ⅱ：0.2mol/L NaOH（临用前用 10mol/L 贮存液稀释），1%SDS。

盖紧管口，快速颠倒离心管 5 次，以混合内容物。确保离心管的整个内表面均与溶液Ⅱ接触。勿振荡，将离心管放置于冰上。

③加 150μL 用冰预冷的溶液Ⅲ。

溶液Ⅲ：5mol/L 乙酸钾 60mL，冰乙酸 11.5mL，水 28.5mL。将管倒置后温和地振荡 10min，使溶液Ⅲ在黏稠的细菌裂解物中分散均匀，然后置于冰上 3～5min。

④用微量离心机于 4℃以 12 000×*g* 离心 5min，将上清转移到另一离心管中。

⑤加等体积的酚∶氯仿（1∶1），振荡混匀，用微量离心机于 4℃以 12 000×*g* 离心 5min，转移上清到另一离心管中。

⑥用 2 倍体积的乙醇沉淀 DNA，可将混合物于室温或－20℃放置 10min 或更长时间。

⑦用微量离心机于 4℃以 12 000×*g* 离心 5min。

⑧小心吸去上清液，将离心管倒置于一张纸巾上，以使所有液体流出，并除尽管壁的液滴。

⑨用 1mL 70%乙醇于 4℃洗涤双链 DNA，按步骤⑧方法除掉上清，在空气中使核酸干燥。

⑩用 50mL 含无 DNA 酶的胰 RNA 酶（20μg/mL）溶液中的 TE 重新溶解核酸，振荡，贮存于

－20℃。

此法制备的高拷贝数质粒，其产量一般约为每毫升原细菌培养物 3～5μg。

（3）煮沸裂解

①将细菌沉淀［本节（1）内步骤③所得］重悬于 350μL STET 中。

STET：0.1mol/L NaCl，10mmol/L Tris・HCl（pH8.0），5%TritonX-100。

②加 25μL 新配制的溶菌酶溶液［10mg/mL，用 10mml/L Tris・HCl（pH8.0）配制］，振荡 3s 以混匀之。

③将离心管放入煮沸的水浴中，时间恰为 40s。

④用微量离心机于室温以 12 000×g 离心 10min。

⑤用无菌牙签从微量离心管中去除细菌碎片。

⑥在上清中加入 40μL 5mol/L 乙酸钠（pH5.2）和 420μL 异丙醇，振荡混匀，室温放置 5min。

⑦用微量离心机于 4℃以 1 200×g 离心 5min，回收核酸沉淀。

⑧小心吸去上清，将离心管倒置于一张纸巾上，以便所有液体流出，并除去附于管壁的液滴。

⑨加 1mL 70%乙醇，于 40℃以 12 000×g 离心 2min。

⑩重复步骤⑧，于室温使核酸尽量干燥。

⑪用 50μL 含无 DNA 酶的胰 RAN 酶（20μg/mL）的 TE（pH8.0）溶解核酶，稍加振荡，贮存于－20℃。

2. 质粒 DNA 的大量制备

（1）在丰富培养基中扩增质粒

①将 30mL 含有目的质粒的细菌培养物培养到对数后期。

②将含有相应抗生素的 500mL LB 或 Terrific 肉汤培养基（预热至 37℃）放入 2L 烧瓶内，加入 25mL 对数晚期的培养物，于 37℃剧烈振摇培养 2.5h，所得培养物的 OD_{600} 值为 0.4。

③加氯霉素溶液至终浓度为 170μg/mL，于 37℃剧烈振摇，继续培养 12～16h。

（2）细菌的收获和裂解

①收获。

A. 用 Sorrall GS3 转头（或与其相当的转头）于 4℃以 4 000r/min 离心 15min，弃上清，敞开离心管口并倒置离心管使上清全部流尽。

B. 将细菌沉淀重悬于 100mL 用冰预冷的 STE 中。

STE：0.1mol/L NaCl，10mmol/L Tris・HCl（pH8.0），1mmol/L EDTA（pH8.0）。

C. 按步骤 A 所述方法离心，以收获细菌。

②裂解。

A. 煮沸裂解法：该法只用于经氯霉素处理的培养物，未处理的培养物裂解后过于黏稠，不利于操作。

a. 将 500mL 培养物的细菌沉淀重悬于用冰预冷的 10mL STET 中。将悬液移入 50mL 锥瓶中。

b. 加入 1mL 新配制的溶菌酶溶液［10mg/mL，溶于 10mmol/L Tris・HCl（pH8.0）］。

c. 用一个夹子把锥瓶放在本生灯的明火上加热，直至液体恰好开始沸腾，不停地摇晃锥瓶。

d. 立即把瓶浸入装有沸水的大烧杯中，将瓶放在沸水中 40s。

e. 将瓶浸入用冰预冷的水中 5min，使之冷却。

f. 将黏稠状内容物从瓶中转移到超速离心管（Beckman Sw41 或与其相当的管），于 4℃条件下以 30 000r/min 离心 30min。

g. 将上清转移到另一管内，用氯化铯-溴化乙啶梯度平衡离心纯化质粒 DNA。

B. SDS 裂解法：本法比较温和，是提取大质粒（大于 15kb）的首选方法。

a. 将来自 500mL 培养物的细菌沉淀洗过后，重悬于 10mL 用冰预冷的 10%蔗糖-50mmol/L Tris・

HCl（pH8.0）溶液中，将此悬液移到30mL的带盖螺口塑料试管中。

b. 加2mL新配制的溶菌酶溶液［10mg/mL，溶于10mmol/L Tris・HCl（pH8.0）］。

c. 加8mL 0.25mol/L EDTA（pH8.0），将管倒置数次以混匀悬液，在冰上放置10min。

d. 加4mL 10%SDS，马上用一玻棒迅速混匀内容物，使SDS均匀分散，操作时应尽量温和。

e. 立即加入6mL 5mol/L NaCl（终浓度为1mol/L），再次用玻棒温和而彻底地混匀内容物，在冰上放置至少1h。

f. 于4℃用BeckmanTi50型转头（或与其相当的转头）以30 000r/min离心30min，除去高分子DNA和细菌碎片。小心将上清转移到一个50mL的一次性塑料离心管中，弃去沉淀。

g. 上清用酚∶氯仿（1∶1）和氯仿各抽提一次。

h. 将水相转移到一个250mL离心瓶中，于室温加入2倍体积的乙醇，充分混匀，静置1～2h。

i. 于4℃以下5 000×g离心20min，回收核酸。

j. 弃上清，于室温用70℃乙醇洗涤沉淀物，按步骤i所述除去上清，将离心管倒置于纸巾上，使核酸尽可能干燥。

k. 用3mL TE（pH8.0）溶解DNA。

l. 通过氯化铯-溴化乙啶梯度平衡离心纯化质粒DNA。

C. 碱裂解法：

a. 将500mL培养物的细菌沉淀物重悬于10mL溶液Ⅰ中（溶液Ⅰ配方及制取方法同质粒DNA小量制备的碱裂解法）。

b. 加1mL新配制的溶菌酶溶液［10mg/mL，溶于10mmol/L Tris・HCl（pH8.0）］。

c. 加20mL新配制的溶液Ⅱ（溶液Ⅱ配方及制取方法同质粒DNA小量制备的碱裂解法）。盖紧管口，缓缓地颠倒离心瓶数次，以充分混匀内容物。于室温放置5～10min。

d. 加15mL用冰预冷的溶液Ⅲ（溶液Ⅲ配方及制取方法同质粒DNA小量制备的碱裂解法）。封住瓶口，摇动离心瓶数次以混匀内容物。置于冰上10min，应形成一白色絮状沉淀。

e. 用Sovall GS3转头（或与其相当的转头）于4℃以4 000r/min离心15min。

f. 用4层干酪包布把上清过滤至一250mL离心瓶中，加0.6倍体积的异丙醇，充分混匀，于室温放置10min。

g. 按步骤e离心，回收核酸。

h. 小心倒掉上清，将离心瓶倒置于纸巾上，使核酸尽量干燥。

i. 用3mL TE（pH8.0）溶解核酸沉淀。

j. 用氯化铯-溴化乙啶梯度平衡离心或聚乙二醇沉淀纯化质粒DNA。

（二）质粒的纯化

1. 聚乙二醇沉淀法纯化质粒DNA　本法可有效地纯化碱裂解法制备的质粒DNA。

（1）将核酸溶液转入15mL Corex管中，再加3mL用冰预冷的5mol/L LiCl溶液，充分混匀，用Sorvall SS34转头（或与其相当的转头）于4℃下以10 000r/min离心10min。

（2）将上清转移到另一30mL Corex管内，加等量的异丙醇，充分混匀，用Sorvall SS34转头（或与其相当的转头）于室温以10 000r/min离心10min，回收沉淀的核酸。

（3）除去上清，于室温用70%的酒精洗涤沉淀及管壁，除去酒精，并尽量使之挥发干净。

（4）用500μL含无DNA酶的RNA酶（20μg/mL）的TE（pH8.0）溶解沉淀，将溶液转到一微量离心管中，于室温放置30min。

（5）加500μL含13%（w/v）聚乙二醇（PEG8000）的1.6mol/L NaCl，混匀，用微量离心机于4℃以12 000×g离心5min，以回收质粒DNA。

（6）除去上清，用400μL TE（pH8.0）溶解质粒DNA，用酚∶氯仿（1∶1）、氯仿各抽提一次。

（7）将水相转入另一离心管中，加100μL 10mol/L乙酸铵，充分混匀，加2倍体积乙醇，于室温放置 10min，于 4℃以 12 000×g 离心 5min，回收核酸。

(8) 将核酸用 70%的乙醇洗涤离心一次。

(9) 用 500μL TE（pH8.0）溶解沉淀，1∶100 稀释后测量 OD_{260}，计算质粒 DNA 的浓度，然后贮存于－20℃。

OD_{260}＝1 时相当于 50μg/mL 浓度。

2. 氯化铯-溴化乙啶梯度平衡离心法纯化闭环 DNA -连续梯度离心

(1) 测量 DNA 溶液的体积：按 1g/mL 的用量精确地加入固体 CsCl，将溶液加温至 30℃助溶。温和地混匀溶液直到盐溶解。

(2) 每 10mL DNA 溶液加入 0.8mL 溴化乙啶（10mg/mL 溶于水），立即混匀，溶液的终浓度应为 1.55g/mL（溶液的折射率为 1.386 0），溴化乙啶浓度应为大约 740μg/μL。

(3) 于室温用 Sorvail SS34 转头以 8 000r/min 离心 5min。用巴斯德吸管或带大号针头的一次性注射器，将浮渣下的清亮红色溶液转移到适用于 Beckman Ti65 垂直转头或 Ti50、Ti65 或 Ti70 角转头的离心管中，用轻石蜡油加满管并封口。

(4) 于 20℃对所得的密度梯度以 45 000r/min 离心 16h（VTi65 转头），以 45 000r/min 离心 48h（Ti50 转头），以 60 000r/min 离心 24h（Ti65 转头）或者以 60 000r/min 离心 24h（Ti70.1 转头）。

此时在普通光照下，在梯度中心可见两条 DNA 区带，上部区带主要由染色体 DNA 和带缺口的环状质粒 DNA 组成，下部则由闭环质粒 DNA 组成。

(5) 将 21 号皮下注射针头插入试验管的顶端以使空气进入。为减少污染的机会，首先用 18 号皮下注射针头收集上部的 DNA 带。然后再用另一个针头插入第二条区带收集超螺旋 DNA。此时 DNA 内有溴化乙啶，需按以下步骤除去。

(6) 将 DNA 溶液放入塑料管中，加等体积的水饱和 1 - J 醇或异戊醇。振荡混匀两相。用台式离心机 1 500r/min 离心 3min。

(7) 将下层水相移至一干净管中。

(8) 反复进行（6）和（7）步骤，直至粉红色从水相和有机相中均消失。

(9) 用以下任意一种方法从 DNA 中去除 CsCl：通过微量浓缩器进行旋转透析，对 TE（pH8.0）透析 24～48h，并换液数次或者用 3 倍体积水进行稀释，并于 4℃用 2 倍体积乙醇沉淀 DNA 15min，再于 4℃以 10 000×g 离心 15min，将沉淀的 DNA 溶于约 1mL TE 中（pH8.0），－20℃保存。

三、质粒的鉴定及含量测定

质粒的鉴定及其含量的测定，有紫外分光光度计法和琼脂糖凝胶电泳法两种。

1. 紫外分光光度计法 此法不常使用。

(1) 质粒的鉴定 取经过密度梯度离心制备的 DNA 质粒 5μL，加入 TE295μL（60 倍稀释），置紫外分光光度计上测定 OD_{260}/OD_{280} 比值。其比值在 1.8～2.0 时质粒的纯度达到标准。

(2) 质粒 DNA 含量测定 按照 OD_{260}＝1 时溶液 DNA 含量约为 50μL/mL 计算，其待测液中质粒含量＝OD_{260} 读值×60（稀释倍数）×50μL/mL。

2. 琼脂糖凝胶电泳法 本法为最常用的实验方法。用本法可以看到染色体 DNA 带、质粒 DNA 标记带及 RNA 带，能判定制备溶液中的质粒 DNA 纯度，还可以通过与已知分子质量的 DNA 标记物对比，计算出质粒 DNA 的分子质量。具体方法是：①选择好水平电泳仪。把电泳槽平面调至水平，通电源。②选择孔径适宜的点样梳，垂直架在电泳槽负极一端，使梳齿与槽底距离超过 0.2cm。③一般用琼脂糖凝胶 0.7%～0.8%。对于相对分子质量小于 2.0×10^{-6} 的质粒，可用 1.5%～2.0%的高浓度琼脂糖凝胶。取此浓度的琼脂糖溶于醋酸盐电泳缓冲液中，加热溶化，先以少量凝胶溶液封好槽的四周，再将余下的凝胶溶液注于槽内，凝胶厚度一般在 4～5mm。在凝胶冷却凝固后，往电泳槽内加入醋酸盐电泳液，然后轻轻取出点样梳。④取待检质粒 DNA 样品 200～400ng 加 1/5 体积的 5 倍浓度的溴酚蓝指示剂，用灭菌的 TE 液补充总体积在 25～30μL 之间。另外，取适当含量的已知分子质量大小的质粒或市售的 DNA 分子质量标记物，以同样方法与溴酚蓝指示剂混合。⑤依次将标记物及样品加入凝胶样品孔中，打开电源开关，调整电压。⑥电泳结束后，取下凝胶，放入 EB 染色液中染色。在 EB 溶液中染色 20min 左右，再以蒸馏水漂洗 5～10min 后，放在紫外灯下观察或拍照。

第四节 病原微生物基因导入细胞技术

病原微生物基因导入细胞技术是外源基因转移到原核细胞或真核细胞内，是分子生物学的一项重要技术，在病原微生物学研究领域中也是常用的技术。在分析某种病原微生物基因结构时，要将该基因插到载体（质粒、噬菌体等）上，然后转移到细胞内，获得克隆；在研究病原微生物基因产物时，要将该基因插入适当的表达载体，然后转移到细胞内，才能表达。这种方法，也适用于生产基因工程疫苗和诊断用抗原。为了获得重组病原微生物（菌、毒）株，可以将改造过的基因片段转移到野毒（菌）株感染的细胞中，即可产生重组子代毒（菌）。如重组活疫苗的制备。

基因转移的形式：转化（transformation）是将质粒 DNA 转移到细胞内；转染（transfetin）是将病毒 DNA 转移到细胞内，从而产生感染性子代毒（菌）株。

一、原核细胞的转化与转染

这种技术源于 1970 年 Mandel 和 Higa 证实了以 $CaCl_2$ 处理的细菌细胞能增强摄取入噬菌体 DNA 的能力。1973 年 Cohen 等发现此法对质粒 DNA 也同样有用。现在多数转化方法都是在此基础上发展的。

1. 质粒 DNA 的转化方法

（1）$CaCl_2$ 制备感受态的转化法

①材料：LB 培养基（每升含胰蛋白胨 10g，酵母浸出物 5g，NaCl 5g）、30mol/L $CaCl_2$、75 mmol/L $CaCl_2$、宿主菌、DNA（质粒或噬菌体）。

②取单个菌落接种在 1mL LB 培养基内，37℃培养过夜。

③将培养的菌液以 1∶20 稀释到 LB 培养基中，37℃振荡培养至 2×10^8 细胞/mL（$OD_{600}\approx0.5$）。

④菌液置冰浴 10min，5 000r/min 4℃离心 5min，收集菌体。

⑤菌体用 1/2 体积 30mmol/L $CaCl_2$ 洗一次，离心收集菌体。

⑥重悬于 1/2 体积 75mmol/L $CaCl_2$ 中，冰浴 20min。

⑦离心收集菌体，再悬于 1/20 体积预冷的 75mmol/L $CaCl_2$ 中。

⑧将质粒 DNA 稀释于 0.1mL 75mmol/L $CaCl_2$ 中，加 0.2mL 钙处理的细菌，混匀，冰浴 1h，此间要转摇几次。

⑨以 42℃处理 2min。

⑩加入 1mL LB 培养基，37℃培养 1～2h。

⑪接种到含适量抗生素的 LB 琼脂平板上，在每个平板滴 1～3 滴，用接种棒混匀。

⑫37℃培养，待菌液干后，再将底朝上继续培养，18～36h 即可看到菌落长出。

（2）电极导入 DNA 方法 用高压电激进行细菌转化亦很有效。其方法为：

①将单菌落接种于 5mL LB 培养基中，37℃振荡培养 5h 过夜。取 5mL 培养液接种于 500mL LB 培养基中，37℃培养至 $OD_{600}=0.5\sim0.6$。

②将培养物在冰浴中放置 5～10min，然后倒入 1L 的离心瓶中，4℃下 5 000×*g* 离心 20min，弃上清，用 500mL 冰水悬浮洗涤细胞 2 次。

③离心后，估计沉淀的体积，加入等体积的冰水重悬，取 50～300μL 细胞置离心管中。

④将电激仪的参数调至 2.5kV、25μF，脉冲控制在 200Ω 或 400Ω。

⑤加 1μL 质粒 DNA 与细胞混合，将混合液转移到预冷的电激杯中，抹去杯外冰水后放入样品槽中。

⑥释放电脉冲，取出电激杯，加入 1mL SOC 培养基，并用吸管将菌液移至无菌小管中，37℃振荡培养 30～60min。

⑦将以上转化的细胞培养液涂布于含抗生素的 LB 平板上。

(3) 注意事项

①以 $CaCl_2$ 处理细胞较娇嫩，要保持在 0℃，与之接触的所有材料（DNA 样品、试管、吸管）都要预冷。

②所用的玻璃器皿要非常干净，最好使用过去未曾用作制备质粒 DNA 的器皿，否则有极微残留 DNA 会转化到细胞内，给筛选带来干扰。

③选择培养基中抗生素的浓度分别为氨苄西林 100μg/mL，卡那霉素 50μg/mL，四环素或链霉素 25μg/mL。

2. 单链噬菌体 DNA 的转染 单链噬菌体常能以 RF DNA 或单链形式 DNA 进行转染，但单链 DNA 转化子约比等量的双链 DNA 转化子少 10 倍。其转染方法与质粒 DNA 的转化类似，所不同的是制备感受态的细菌必须带有 F 因子，以使感受态细胞吸收的 DNA 能够转染其他未感染的细菌，形成噬菌斑。若受体菌无 F 因子，则噬菌体只能局限在被转化细胞及其子代细胞中，不能传播，但通过抗生素平板可筛选出转化后的细胞。

二、真核细胞的转化与转染

很早以前就发现纯化的肿瘤病毒可感染敏感细胞，产生子代病毒，亦可使正常的细胞转化为肿瘤细胞，其转化率很低。后来发现纯化腺病毒 DNA 与 Ca^{2+} 形成沉淀后，则转化培养细胞的效率有极大提高。在此基础上发展了磷酸钙共沉淀技术。但是只有极少部分 DNA 转化到细胞内并整合到染色体中，这就要选择标记以利转化的细胞增殖和容易筛选。常用的胸腺嘧啶核苷酸激酶（tk）基因，转化到 tk^- 的细胞后，使后者变成 tk^+ 可在含次黄嘌呤、氨基喋呤和胸腺嘧啶的（HAT）选择培养基中存活；而未转化的 tk^- 细胞则被杀死，由此筛选出转化细胞。另外还有其他选择标记，如细胞的黄嘌呤鸟嘌呤磷酸核糖转移酶（×GPRT），可用含霉酚酸和黄嘌呤的培养基筛选；新霉素抗性基因（Neo^R）可用含新霉素类似物 G48 的培养基筛选等。

有了选择标记，可将目的基因与它连接起来转化到真核细胞内（也可不必事先连接），细胞在摄入标记基因时，亦将磷酸钙共沉淀的其他 DNA 包括载体 DNA 同时摄入。这些外源 DNA 在细胞内会连成一个长链（可达 800～1 000kb），整合到宿主细胞染色体中。只要将目的基因与选择标记基因同磷酸钙共同沉淀，便可以转化细胞，这就是共同转化（cotransformation）。

基因在细胞内可短期或永久存在。前者基因的表达不整合到宿主细胞内，转化后 12h 即可测得表达结果，表达水平可持续 80h；后者转化的 DNA 可整合到宿主细胞染色体，可形成稳定的细胞系。

1. 实验方法

(1) 材料

①宿主细胞，DNA（包括标记 DNA、目的基因、载体 DNA）。

②10×Hepes 缓冲盐水（HBS）：8.18%NaCl、5.94%Hepes、0.2%Na_2HPO_4，4℃保存。转染时将上述液体稀释成 2×HBS，用 1mol/L NaOH 调到 pH7.2，过滤除菌。

③2mol/L $CaCl_2$，过滤除菌，4℃保存。

④15%甘油/HBS：30mL 50%甘油，56mL 2×HBS（pH7.2），20mL H_2O，过滤除菌。

2. 具体方法

（1）实验前一天将细胞传代 1 次，浓度 10^4 细胞/cm^2。

（2）次日晨换液，培养液含 10%胎牛血清。

（3）制备磷酸钙-DNA 沉淀：各种液体需先放室温平衡，分两管进行，A 管中加 5μg DNA 和 31μL 2mol/L $CaCl_2$，加水至 0.25mL；B 管中加 0.25mL 2×HBS，然后将液体缓慢滴入 B 管，室温放置 20min，可见到雾状沉淀。

（4）将沉淀物加到细胞培养物中，立即置 CO_2 温箱培养 3.5～4h。

（5）检查沉淀形成的情况，最好的沉淀像小颗粒盖在培养液上面。

（6）用含血清培养液洗去磷酸钙沉淀。

（7）换上新鲜的完全培养液。

（8）置 37℃ CO_2 培养箱培养。

（9）如为短期表达，12h 后即可测定外源基因的表达产物；如为永久性转化，则在 24h 后换上选择培养液，2～3d 换液一次，2 周后可见到大多数细胞死亡，出现了几个转化细胞集落。

（10）注意事项：

①第 3 项中一定要将 DNA - $CaCl_2$ 溶液滴入 Hepes 中，不能相反，否则不会形成均匀的沉淀。

②配制磷酸钙沉淀的液体量应适用于 $25cm^2$ 的小培养瓶，较大的培养瓶所需液体量相应增加。

③第 6 项清洗后可用甘油处理，以增加转化效率，加 1mL 15%甘油/HBS 至细胞上，置 37℃温箱中培养 0.5～3min，根据不同细胞而定。但发现细胞开始皱缩要马上将甘油除去，用无血清培养液洗 3 次。

除上述方法外，近年来也有其他转化方法，现简介如下：

酵母细胞的转化

酵母细胞的转化效率虽不如细菌高，但仍为将外源 DNA 导入酵母的重要方法，作为一种真核系统可表达一些真核基因。转化方法主要有原生质体法及乙酸锂法。

1. 原生质体法　原生质体法转化酵母是利用降解酵母细胞壁产生原生质体，在 PEG 和 Ca^{2+} 离子共同作用下，使外源 DNA 导入原生质体。再将原生质体包埋在渗透势缓冲的琼脂中再生，并在选择培养基上筛选重组子。具体方法如下：

（1）在两支各含 4mL YPD 培养液的 10mL 离心管中接种酵母细胞，30℃培养过夜，2 500r/min 离心 5min 收集细胞，用 4mL 溶液 A 洗涤细胞。

（2）用 3.6mL 溶液 A 重悬细胞，再加入脱壁酶溶液，30℃温育 1～2h，每隔 20min 以 1 滴反应混合液与 1 滴 1%SDS 溶液混合，检查酵母细胞原生质化的情况。当在显微镜下观察到大于 80%的细胞裂解时，应立即以 2 500r/min 离心 5min，收集原生质体。

（3）用 4mL 溶液 B 洗涤原生质体 2 次后悬浮于 0.1mL 溶液 B 中。在一支离心管中加入 4～10μL 质粒 DNA（1～2μg），25℃放置 15min。

（4）加入 2mL 溶液 C，25℃再保温 15min，2 500r/min 离心 5min，弃上清。在 0.3～0.5mL 溶液中重悬细胞，30℃放置 20min。

（5）取 0.1mL 适当稀释度及未经稀释的上述细胞悬液加在 8mL 融化的 46℃再生培养基中，让原生质体在琼脂层中均匀散布，然后浇盖在选择培养基表面，30℃培养 5～10d。

其中：YPD 培养基为 1%酵母提取物、2%蛋白质胨、2%葡萄糖；溶液 A 为 1.2mol/L 山梨醇、0.01mol/L EDTA、0.1mol/L 柠檬酸钠，pH5.8；脱壁酶溶液为 Zymolyase - 100T 0.5mg/mL 溶于溶液 A 中；溶液 B 为 1.2mol/L 山梨醇、10mmol/L $CaCl_2$ 溶于双蒸水中；溶液 C 为 20%PEG4 000、10mmol/L $CaCl_2$ 溶于 10mmol/L Tris - HCl 中，pH7.0；溶液 D 为 YPD 培养液中补充以 1.2mol/L 山梨醇；原生质体再生培养基为 0.67%Difco 酵母氮碱（不含氨基酸）、2%葡萄糖、1.2mol/L 山梨醇、3%琼脂、2%YPD；选择培养基为原生质体再生培养基中不含 YPD，且为 2%琼脂。

2. 乙酸锂法 乙酸锂法转化酵母是用乙酸锂直接处理酵母，制备感受态细胞，然后用DNA转化。其方法如下：

(1) 在装有5mL YPD培养液的试管中接种酵母菌，30℃培养过夜。2 500r/min离心5min，弃上清。以5mL TE (pH8.0) 洗涤细胞，再将细胞重悬于0.6mL TE中，取0.5mL与0.5mL乙酸锂溶液混匀，30℃振荡培养60min。

(2) 将10μL DNA (300ug/mL) 与0.1mL上述感受态细胞混合，30℃保温30min。然后加入0.1mL70%的PEG400，30℃缓慢振荡保温60min，再转入42℃水浴中热激5min，提高转化效率。

(3) 加入2mL无菌水，2 500r/min离心5min，用0.5mL无菌双蒸水重悬细胞，取0.2mL涂布于选择培养基表面，30℃培养3～4d。

第五节 基因体外扩增技术

基因体外扩增技术——聚合酶链反应（Polymerase chain reaction，PCR），又称无细胞分子克隆技术，是20世纪80年代中期发展起来的一种快速的特定DNA片段体外扩增的新技术。PCR技术具有操作简便、快速、特异性和敏感性高的特点，所以，该技术自1985年问世以来，现已被广泛地应用到生命科学、医学、遗传工程、疾病诊断以及法医学与考古学等领域。

一、原　　理

PCR是在体外模拟自然DNA复制过程的核酸扩增技术，它以待扩增的两条DNA链为模板，利用两个人工合成的寡核苷酸引物介导，分别于靶DNA序列的两端与两条模板链3′端互补的特性，经过DNA模板变性、退火、延伸三个步骤的若干次循环就可在短时间内把DNA扩增数百万倍，三个步骤的转换都是通过温度的改变来实现的，故又称该循环过程为热循环。经过三次变温为一个循环，三个转换步骤如下：

1. DNA热变性 (denature) 双链DNA的结构是靠氢键来维持的，以加热或碱性作用可以使DNA螺旋的氢键断裂，双链解离，形成单链DNA而游离于反应液中。DNA从自然状态转变为变性状态的过程称为变性。PCR高温变性温度在85～95℃之间，加热时间为15～60s。

2. 退火 (annealling) 又称复性 (renature) 或杂交 (hybridization)。解除变性条件之后，变性的单链DNA可以重新复原为双链的自然状态的DNA，其原有物性和活性复原，这个过程称为DNA退火。PCR扩增系统中模板DNA经过高温变性后，分解为二条单链，然后当温度降低到一定程度（30～60℃），在一定盐浓度条件下（0.15～0.5mol/L NaCl)，加入反应体系中的两条人工合成的寡核苷酸引物，分别结合在模板DNA的相对应的互补链的3′末端，形成局部的双链，成为DNA复制的固定起点。由于添加的引物比原始模板DNA的分子数大为过量，因此引物与模板DNA形成复合物的概率远远高于DNA分子自身的复制。退火的温度在30～60℃之间，时间为30～60s。

3. 引物延伸 (extension) 在60～80℃最适温度中，在DNA聚合酶的催化下，四种dNTP（三磷酸脱氧核苷酸）会迅速沿着DNA复制的固定起点，以旧链为模板，由3′末端向5′末端伸延，按照模板链上的序列，合成一条新的DNA链，其序列与模板序列互补，其扩增的长度由引物和延伸的时间来限定。延伸的时间一般为1～10min。

模板DNA经过高温变性、低温退火和中温延伸三个阶段的循环过程被确定为PCR的一个轮次循环，每循环一次，模板DNA的拷贝数加倍，整个PCR过程一般要25～30个轮次循环，扩增的倍数可用公式 $(1+x)^n$ 表示（x为扩增效率，n为循环次数）。PCR介导的体外DNA扩增过程遵循酶的催化动力学原理，最初表现DNA片段的扩增呈直线上升，但当在PCR过程中DNA聚合酶达到一定比值时，酶的催化反应趋于饱和，就会出现“平台效应”，而平台效应出现的迟早，取决于起始模板拷贝数、所使用酶的性能、底物中dNTP的浓度、最终产物的阻化作用（焦磷酸盐、双链DNA）、非特异性产物或引物的二聚体参与竞争作用、变性和在高产物浓度下产物分离不完全以及在浓度大于10^{-8}mol/L时特异产物的重退火等多种原因。合理的PCR循环次数是避免出现“平台效应”的最好方法。

低浓度错配的非特异产物开始大量扩增，也可以出现反应的平台。合理的PCR循环次数，是避免这些产物扩增的最好办法。

二、PCR必须具备的基本条件

PCR必须具备下述基本条件：①模板核酸（DNA或RNA）；②人工合成的寡核苷酸引物；③耐热的DNA聚合酶；④合适的缓冲体系；⑤Mg^{2+}；⑥4种三磷酸脱氧核苷酸（dNTP）；⑦温度循环参数（变性、退火和延伸的温度与时间以及循环次数）。其他一些因素，如二甲基亚砜、甘油、石蜡、明胶或小牛血清白蛋白等也影响某些特定PCR。

1. 模板核酸　PCR可以以DNA或RNA为模板进行核酸的体外扩增。不过RNA的扩增需首先逆转录成cDNA（反向转录脱氧核糖核酸）后才能进行正常PCR循环。核酸样品来源很广泛，可以从纯培养的细胞或微生物中提取，也可以从临床标本（血、乳、尿、粪便、精液、体腔积液、毛皮、口鼻分泌物等）和病理解剖标本（新鲜的或经甲醛固定石蜡包埋组织）中直接提取，无论标本来源如何，待扩增核酸都需要部分纯化，使核酸标本中不含DNA聚合酶抑制物。

PCR中模板加入量一般为10^2～10^5拷贝的靶序列。扩增靶序列的长度根据目的不同而异。用于检测目的时扩增片段长度一般为500bp以内，以100～300bp为最好。

2. 引物　PCR扩增产物的大小是由特异引物限定的，因此，引物的设计与合成对PCR的成功与否有决定作用。

（1）引物合成的质量　合成的引物必须经聚丙烯酰胺凝胶电泳或反向高压液相层析（HPLC）纯化。因为合成的引物中会有相当数量的“错误序列”，其中包括不完整序列和脱嘌呤产物，以及可检测到的碱基修饰的完整链的高分子质量产物。这些序列可导致非特异扩增和信号强度的降低。因此PCR所用引物质量要高，而且要纯。冻干引物在－20℃可保存6个月。引物不用时应存于－20℃保存。

（2）引物的设计原则　PCR引物设计的目的是找一对合适的核酸片段，使其能有效地扩增模板DNA序列。

①寡核苷酸引物长度应在15～30bp（碱基），一般为20～27bp。引物的有效长度Ln值不能大于38，因为大于38时，最适延伸温度会超过TaqDNA聚合酶的最适温度（74℃），不能保证产物的特异性。

②G+C的含量：G+C的含量一般为（40～60）mol%。Tm值是在一定盐浓度条件下，50%寡核苷酸解链的温度，Tm值可用以下公式计算：

$$Tm = GC \times 4 + AT \times 2$$

其中GC、AT分别为引物GC和AT碱基的数目。按计算公式估计引物的Tm值，有效引物的Tm为55～80℃，最好接近72℃，以使复性条件最佳。

③碱基的随机分布：引物中4种碱基的分布最好是随机的，避免出现聚嘌呤或聚嘧啶的存在。尤其3′端不应超过3个连续的G或C，否则会使G+C富集区错误引发。

④引物本身：引物本身不应存在互补序列，否则引物自身会折叠成发夹结构或引物本身复性。引物自身连续互补碱基不能大于3bp。引物之间不应互补，尤其应避免3′端的互补重叠以防形成引物二聚体，引物间不应多于4个连续碱基的同源性或互补性。

⑤引物的3′端：引物的延伸是从3′端开始的，不能进行任何修饰，3′端也不能有形成任何二级结构的可能。而5′端是限定PCR产物的长度，它对扩增的特异性影响不大，因此可随意修饰，如加酶切位点，标记生物光、荧光素、同位素、地高辛，引入启动子序列等。

⑥密码子的简并：如果扩增编码区域，引物 3′端不要终止于密码子的第 3 位，因为此时易发生简并，会影响扩增的特异性与效率。

⑦引物的特异性：引物与非特异扩增序列同源性不超过 70%或有连续 8 个互补碱基同源。

⑧某些引物无效的主要原因是引物重复区 DNA 二级结构的影响，选择扩增片段时最好避开二级结构区域。所设计的引物序列应经计算机检索，确保与核酸序列数据库中的其他序列无同源性。

(3) 引物的用量与计算 PCR 引物的量与 PCR 试验的灵敏度和特异性有着密切的关系，精确测定 PCR 引物的量是 PCR 试验必不可少的步骤。一般引物终浓度为 0.2～1μmol/L，当引物低于0.2μmol/L 时，则产物量降低；引物浓度过高会促进引物错误引导非特异性结合，还会增加引物二聚体的形成。引物浓度的计算可按下列公式：

$$EM = a(16000) + b(12000) + c(7000) + d(9600)$$

EM（摩尔淬灭系数）是 1cm 光程比色杯中测定 1mol/L 寡核苷酸溶液在 UV260nm 下的光密度（OD）值。

其中 a、b、c 和 d 分别代表寡核苷酸中 A、G、C 和 T 的个数。例如一纯化的 20bp 寡核苷酸溶于 0.1mL 水中，取 10μL 稀释至 1.0mL，测其 OD=0.76。原液的 OD 值为 0.76×100=76。若此寡核苷酸碱基组成为 A=5，G=5，C=5，T=5，其 EM=5（16000）+5（12000）+5（7000）+5（9600）=223000。由此原液中寡核苷酸的摩尔浓度为：

$$76/223000 = 3.4\times10^{-4}\,mol/L = 340nmol/L$$

(4) 引物的保存 冻干引物在－20℃可保存 1～2 年以上，液态在－20℃可保存半年以上，引物不用时也应存于－20℃。

3. 耐热的 DNA 聚合酶 DNA 聚合酶在 PCR 中起着关键性作用，最初是用大肠埃希菌聚合酶 I 的大片段（Klenow）来进行 PCR 反应，延伸步骤的温度维持在 37℃。由于它在 95℃以上的变性温度下完全失活，并导致反应系统中变性的酶蛋白快速沉积，因而每一循环的变性步骤（93～95℃）之后都必须添加酶。T_4DNA 聚合酶也不耐受 DNA 变性高温，仍需要延伸反应前补加酶。直到 1987 年 TaqDNA 聚合酶的开发和应用才克服了这一困难。

(1) TaqDNA 多聚合酶的特性 该酶是从极度嗜热水生栖热菌（extreme the mophile thermus aquaticus）VT-1 中分离获得，相对分子质量为 94 000 的双链 DNA 聚合酶，不显示有何 3′～5′核酸外切酶活性，这种聚合酶的最适反应温度在 75℃左右，对 95℃高温具有良好的热稳定性。

在 PCR 技术中运用 TaqDNA 聚合酶主要应考虑以下 5 个参数。

①热稳定性：按 30 轮循环累计热变性时间为 15～30min。TaqDNA 聚合酶在连续热保温 30min 之后仍能保持相当高的活力。该酶对热处理具有良好的耐受力，因而在每轮循环中不需再添加。

②特异性：退火和延伸时的温度控制对引物模板配对的专一性影响很大。TaqDNA 聚合酶最适反应温度为 75℃左右，而退火温度可在 55～70℃，因而 TaqDNA 聚合酶能显著提高引物退火特异性，避免引物与非特异性模板结合，减少了非特异性产物的合成。

③合成产率：根据酶反应动力学的规律，聚合反应后期会产生平台效应，平台期出现时合成产物积累多少直接与聚合酶的性能有关。用 TaqDNA 聚合酶平台期在 25 轮时出现，产物积累达 4×10^6 拷贝；而应用 Klenow 片段，平台期在 20 轮循环时出现，积累产物达 3×10^5 拷贝，二者相比，显然使用 TaqDNA 聚合酶的合成率要高得多。

④延伸长度：应用 PCR 技术时，有时需扩增大于 1kb 的片段，这就要求选定的 DNA 聚合酶具有较强的延伸能力。当扩增片段大于 250bp 时，使用 Klenow 片段扩增产率大为降低，而选用 TaqDNA 聚合酶能从基因组 DNA 中扩增出 2kb 片段。

⑤忠实性：评价一个 DNA 聚合物的忠实性在于复制过程中核苷错误掺入的频率，酶的忠实性是个关键。尤其在用 PCR 扩增的产物进行 DNA 序列分析时尤为重要。Klenow 片段的错误频率约为 1∶10 000，而 TaqDNA 聚合酶的错误频率偏高，约为 1∶5 000，在实际应用中，TaqDNA 聚合酶经过 25

轮循环扩增后，延伸产物序列中的任何位点将在 400 个碱基中出现一个分子“篡改”原始的序列。TaqDNA 酶可在−20℃贮存至少 6 个月。

（2）使用 TaqDNA 聚合酶注意要点

①加量：每 100μL 反应液中含 1～2.5μL 为佳，加量过多不仅浪费，而且会导致非特异性扩增。

②此酶延伸速度为 50 个碱基/s（70℃时）。

③TaqDNA 酶可在新合成链的 3′端加上一非模板依赖的碱基，因此，扩增产物经 Klenow 片段或 T_4DNA 聚合酶处理后才能用于平端连接与克隆。

4. 镁离子浓度　Mg^{2+}是 TaqDNA 聚合酶与很多其他聚合酶活性所必需的。Mg^{2+}浓度过低时，酶的活力显著降低；过高时，则酶催化非特异的扩增。PCR 混合物中的 DNA 模板，引物和 dNTP 的磷酸基因均可与 Mg^{2+} 结合，降低 Mg^{2+} 实际浓度。TaqDNA 聚合酶需要的是游离 Mg^{2+}。因此，PCR 中 Mg^{2+}的加入量要比 dNTP 浓度高 0.5～1.0mmol/L。最好对每种模板、每种引物均进行 Mg^{2+}浓度的优化。当 Mg^{2+}浓度大于 4～5mmol/L 时 DNA 变性的温度需更高一些。

5. Tris 缓冲体系　目前最常用的缓冲体系为 10～50mmol/L（pH8.3～8.8，20℃）。Tris 是一种双极性离子缓冲液，因此在实际 PCR 中 20mmol/L Tris - HCl（pH8.3，20℃）pH 变化在 6.8～7.8 之间。

反应液中 50mmol/L 以内的 KCl 有利于引物的退火，50mmol/L NaCl 或 50mmol/L 以上的 KCl 则抑制 TaqDNA 聚合酶的活性。反应中加入小牛血清白蛋白（100μg/mL）、明胶（0.01%）Tween20（0.05%～0.1%）或 5mmol/L 二巯苏糖醇（DTT）有助于酶的稳定。

6. 三磷酸脱氧核苷酸（dNTP）　表示 4 种脱氧核苷酸（dATP、dGTP、dTTP 和 dCTP）。贮备 dNTP 液用 NaOH 调 pH 至中性，其浓度用分光光度计测定。贮备液为 5～10mmol/L，分装后−20℃保存。反应中每种 dNTP 终浓度为 20～200μmol/L，在此范围内，PCR 产物量、特异性与合成忠实性间的平衡最佳。所用的 4 种 dNTP 终浓度应相等，以使错误掺入率降至最低。dNTP 过量时将促进错误掺入，过低则影响产量。

7. PCR 温度变换及循环参数

（1）变性温度与时间　此步若不能使靶基因模板或 PCR 产物完全变性，就会导致 PCR 失败。通常是在加 TaqDNA 聚合酶前先使模板在 97℃变性 7～10min，在以后的循环中，将模板 DNA 在 94℃或 95℃变性 1min，在扩增短片段（100～300bp）时可采用简便、快速的两步 PCR 法，就是将引物复性和链延伸合为一步（复伸 57℃），在 5～10 个循环后，将变性温度降至 87～90℃，可改善 PCR 产量。在扩增效果上与常规三步控温法完全相同，但可缩短时间，简化操作步骤。

（2）复性温度与时间　复性温度决定着 PCR 产物的特异性。引物复性所需的温度取决于引物的碱基组成、长度和浓度。合适的复性温度应低于扩增引物在 PCR 条件下真实的 Tm 的 5℃。

$$Tm=2(G+C)+(A+T)$$

复性温度太低或复性时间太长会增加非特异的复性。复性时间也不能太短（≥30s）。如用手控温度反应，从复性状态移至延伸状态的时间不能太长，以减少非特异性复性。

（3）延伸温度与时间　引物延伸温度一般为 72℃（较复性温度高 10℃左右）。不合适的延伸温度不仅会影响扩增产物的特异性，也会影响其产量。72℃延伸 1min 对于长达 2kb 的扩增片段已足够。3～4kb 的靶序列需 3～4min，延伸时间决定于靶序列的长度与浓度。延伸时间过长会导致非特异性扩展。

（4）循环数　循环数决定着扩增程度。过多的循环会增加非特异性扩增产物的数量和复杂性（见平台效应），循环数太少，PCR 产物量就会极低。一般循环数为 25～60。

除循环外，扩增效率也是决定扩增程度的重要因素，其计算公式如下：

$$Y=A(1+R)^n$$

Y（扩增程度）、A（起始 DNA 量）、R（扩增效率）、n（循环数）。

8. 其他因素

（1）*高温启动*（hot srart）　采用高温启动法，在扩增前加热可促进引物的特异复性与延伸，增加有效引物的长度。

（2）*PCR 促进剂*　二甲基亚砜（DMSO）、甘油、氯化四甲基铵（TMAC）、T_4 噬菌体基因 32 蛋白（gp32）对某些特定 PCR 也会有影响。

（3）*石蜡油*　防止反应液蒸发后引起的冷却与反应成分的改变。

9. PCR 仪　手工操作虽然能收到技术效果，但样品管要在冰浴槽间循环数十次，很难控制温度和时间的准确性，也难以达到程序的规范化。在传感技术、微电子技术和计算机技术日益发展的今天，PCR 基因扩增技术的热循环实验的全过程已经实现全部自动化，国内外已有“PCR 基因扩增仪”问世。其种类及设计原理包括梯度水浴法扩增仪、循环水变温法扩增仪、空气驱动循环恒温装置和变温金属块作恒温装置四类。由于扩增仪的型号很多，使用法不会完全相同，国产扩增仪为梯度水浴装置，试验效率也高。试验方法为三个阶段，即准备阶段、预复性阶段和循环运行阶段，均详载于产品使用说明书上，实验前应详细阅读。

三、PCR 基因体外扩增技术实验

1. PCR 标本的制备　因为标本中的许多杂质能抑制 TaqDNA 聚合酶的活性，因此用于 PCR 的标本必须经适当处理后才能使用。标本处理的基本要求是除去杂质，使待扩增 DNA 暴露，并部分纯化标本中的核酸（DNA 或 RNA），能与引物复性。

（1）*细菌标本处理*　裂解细菌的方法包括加热（95℃）、反复冻融和化学试剂（如 TritonX - 100 等）裂解。细菌浓度只要不超过 100 个/μL，裂解后可直接用于 PCR。快速抽提细菌培养物 DNA 方法如下：

①试剂：主要包括 10mmol/L Tris - HCl（pH8.0）、10%SDS（十二烷基磺酸钠）、3mol/L 醋酸钠（pH5.2）、RNase 液（10mg/mL）、冷乙醇和 70%乙醇。

②方法：

A. 从平板上挑取至少 1.5mm 的菌落移到预先装有 50μL 10mmol/L Tris - HCl 液的微量离心管中，使之悬起。

B. 加 50μL 10%SDS 液，60℃充分混匀，作用 10min。

C. 加入 250μL 10mmol/L Tris - HCl 液；60μL 3mol/L 醋酸钠和 10μL RNase 液混匀，37℃作用 10min。

D. 加入 1mL 冷乙醇，混匀后可见 DNA 沉淀。

E. 取出 DNA 沉淀球，置另一洁净离心管中，加入 500μL 10mmol/L Tris - HCl 溶解 DNA。

F. 加入 1mL 乙醇高氯酸盐试剂，置 4℃1h。

G. 于 4℃，12 000r/min 离心 10min，倾去上清，用 70%乙醇洗沉淀一次。晾干后溶于 20μL Tris - HCl 液，PCR 中用 10～20μL。

若制备革兰阳性菌 DNA 标本，可于第 1 步中加入 10μL 葡萄球菌溶素（0.5mg/mL，用蒸馏水配制）37℃作用 15min 后，再按上述 B～G 步操作。

（2）*病毒标本的处理*

①将 5mL 组织培养液上清或血清 500×*g* 离心 5min 去除细胞。

②取上清再以 10 000 ×*g* 离心 10min，去除大颗粒物质。

③小心吸取上清，以 SW5 0.1 转头 50 000 r/min 离心 45 min 沉淀病毒颗粒，用 PBS 平衡离心管。

④去上清，用 100～500μL 钾缓冲液［含 50mmol/L KCl、10～20mmol/L Tris - HCl、2.5mmol/L $MgCl_2$（pH8.3）、1%laureth 12（一种表面活性剂）、0.5%Tween 20、100μg/mL 蛋白酶 K］或 100～500μL（含 1%NP40 和 100pg/mL 蛋白酶 K）的 TE 缓冲溶液溶解病毒颗粒。

⑤将溶解的病毒颗粒转移到另一洁净微量离心管中，并在55℃保温30～60min。然后，95℃加热灭活蛋白酶，冷却样品并离心除去所有碎片。

⑥在100μL PCR反应液中，加5～10μL病毒核酸液。RNA病毒可用5～10μL进行cDNA合成。

2. 典型PCR操作

（1）试剂

①引物：根据待扩增DNA不同，引物亦不同。

②TaqDNA聚合酶：能耐受93～100℃；高温。

③10×PCR缓冲液：含500mmol/L KCl、100mmol/L Tris-HCl（pH8.4，20℃）、150mmol/L $MgCl_2$ 及1mg/mL明胶。

④5mmol/L dNTP贮备液：将dATP、dCTP、dGTP和dTTP钠盐各100mg合并，加3mL灭菌无离子水溶解，用NaOH调pH至中性，分装每份300μL，－20℃保存。dNTP浓度最好用UV吸收法精确测定。

⑤标本处理试剂。

（2）操作程序

①向一微量PCR反应管中依次加入如下物质：

10×PCR缓冲液　1/10体积

dNTP　各200μmol/L

引物（一对人工合成寡核苷酸）各1μmol/L

DNA模板 10^2～10^5 拷贝

ddH_2O 补至终体积（终体积50～100μL）

1～5U TaqDNA聚合酶

混匀后，放于PCR仪中。

②置反应管于97℃变性7min（染色体DNA）或5min（质粒DNA）。

③于变性温度下（92～93℃）使模板DNA变性45s。

④在复性温度下（55℃）使引物与模板杂交45s。

⑤在延伸温度下（72℃）使复性的引物延伸1min。

⑥重复③～⑤步25～30次，每次即为一个PCR循环。

⑦72℃延伸10min。

⑧微量琼脂糖凝胶电泳检查扩增产物。

四、PCR结果的分析

1. 琼脂糖凝胶电泳　根据两条引物间的距离，预计PCR产物的长短，通过1%溴化乙啶琼脂糖凝胶电泳可判断扩增产物的大小。电泳时以适当大小的DNA分子作为分子质量标准，于UV灯（紫外灯）下观察结果并拍照。

2. 限制性内切酶片段分析　用限制性内切酶酶解PCR扩增产物，发现有特定的限制性内切酶片段，则说明扩增的PCR产物是特异的，反之表明PCR产物在限制性位点发生了碱基突变。

3. 核酸杂交　首先将扩增的DNA固定到尼龙膜或硝酸纤维素滤膜上。再用放射性或非放射性标记物标记的探针杂交。阳性表明PCR产物是特异的。

五、PCR在畜禽传染病诊断中的应用

PCR技术不仅具有简便、快速，敏感性和特异性高的特点，而且结果分析简单，对样品要求不高，无论新鲜组织或陈旧组织、细胞或体液、粗提或纯化的RNA均可，现已用于伪狂犬病病毒、口蹄疫病毒、轮状病毒、猪细小病毒、猪瘟病毒、牛病毒性腹泻病毒、冠状病毒、牛白血病病毒、蓝舌病病毒、马病毒性动脉炎病毒、致免疫缺陷病毒、圣路易脑炎病毒、禽流感病毒、鸡传染性支气

管炎病毒、鸡传染性喉气管炎病毒、鸡传染性法氏囊病病毒，鸡马立克氏病毒、鸡败血支原体、鸡贫血因子等多种畜禽传染病的诊断和监测，随着愈来愈多目的基因序列的明了，PCR的应用范围必将更加广泛。

第六节 基因探针技术

将一个已知顺序的单链核酸片段加以标记，就成了核酸探针，可用来探测标本核酸中与它具有互补的碱基顺序。常用的方法是将样品核酸固定在固相介质上，与溶液中的核酸探针进行分子杂交，如果两者有互补顺序则杂交成功，结果为阳性。而顺序无互补关系则杂交失败，结果呈阴性。或先将探针固定于载体上，再同溶液中待测核酸杂交，然后再用抗杂交体抗体或结合标记的第二抗体对杂交体进行检测。液相法是先将抗杂交体抗体固定于聚乙烯试管，接着将DNA探针和待测核糖体RNA在溶液中进行杂交，形成的杂交体结合于试管上的抗杂交体抗体上，由于探针上标记有生物素，随后可用酶标记亲和素对杂交作检测。

一、基因探针的获得

要取得一定量的已知顺序的基因探针，通常有三种途径：

(1) 通过提取纯度较高的相应的mRNA，反转录成cDNA，利用cDNA与目的基因DNA互补，这种探针叫做cDNA探针。

(2) 基因文库法。把染色体DNA通过超声波随机打断或用限制性内切酶不完全水解，得到许多随机片段，选取长度在15～20kb左右的片段，重组到λ噬菌体中，经过体外包装，转录大肠埃希菌，在固体培养基中得到很多噬菌斑。然后利用菌斑原位杂交筛选含目的基因的片段作为探针，叫做基因组探针。

通过上述两种方法得到的DNA片段需要再作次级克隆到大肠埃希菌的质粒中去保存，以便在需要时扩增。cDNA探针一般不包括内含子序列，而基因组探针则包括外显子和内含子全部序列。

(3) 寡核苷酸探针。以用DNA合成仪合成的50个核苷酸以内的任意序列的寡核苷酸片段作为核酸探针，也可将它们克隆到MB或SP_6系统中，使之释放含探针序列的单链DNA或RNA，从而使探针制备得到标化和简化。

二、DNA片段的分离与回收

(一) DNA片段的分离

1. 琼脂糖凝胶电泳

(1) *原理* 琼脂糖凝胶电泳操作简单、快速，是分离鉴定纯化DNA片段的标准方法。DNA在凝胶中可被低浓度的荧光物质——插入性染料溴化乙啶（EB）染色，在紫外光下可检测出凝胶中少至50ng的DNA。DNA在琼脂糖凝胶中的电泳迁移率主要由以下几方面的因素决定。

①DNA分子的大小：线状双链分子在电场下是以头尾位向前移动的，其迁移速率与碱基对数目的对数值成反比，分子越大，则摩擦阻力越大，也越难在凝胶孔隙中蠕行，因而迁移得越慢。

②琼脂糖浓度：一定大小的线状DNA片段，其迁移速率在不同琼脂糖中各有不同，因此采用不同浓度的凝胶，有可能在较大范围内分离不同大小的DNA片段（表81-1）。

③DNA的构象：闭环超螺旋状、开环和线状DNA分子的分子质量相同，但在琼脂糖凝胶中的迁移率不同，在同一浓度的凝胶中，超螺旋DNA分子迁移率比线状DNA分子快，而线状DNA分子又比开环DNA分子快。

表 81-1　线状 DNA 片段在不同浓度琼脂糖凝胶中的分离范围

凝胶中琼脂糖含量［%（w/v）］	线状 DNA 分子的有效分离范围（kb）
0.3	5～60
0.6	1～20
0.7	0～10
0.9	0.5～7
1.2	0.4～6
1.5	0.2～3
2.0	0.1～2

④电流强度。在低电压时，线状 DNA 片段的迁移速率与所加电压成正比，要使大于 2kb 的 DNA 片段的分辨率达到最大，琼脂糖凝胶上所加电压不应超过 5V/cm。

⑤电场方向：如果电场方向保持不变，则长于 50～100kb 的 DNA 分子在琼脂糖凝胶上的迁移速率相同。

⑥碱基组成与温度：不同大小的 DNA 片段在琼脂糖凝胶电泳中相对迁移率在 4℃与 30℃之间不发生改变。琼脂糖凝胶电泳一般在室温下进行，但浓度低于 0.5%的琼脂糖凝胶和低熔点琼脂糖凝胶较为脆弱，最好在 4℃下电泳，此时它的强度较大。

⑦嵌入染料的存在：荧光染料溴化乙啶用于检测琼脂糖和聚丙烯酰胺凝胶中的 DNA，可使线状 DNA 的迁移率降低 15%，染料嵌入到堆积的碱基对之间，并拉长线状和带切口的环状 DNA，使其刚性更强。

⑧电泳缓冲液的组成：电泳缓冲液的组成及其离子强度均影响 DNA 的电泳迁移率。

用于天然双链 DNA 的电泳缓冲液有含 EDTA（pH8.0）的 Tris-乙酸（TAE）、Tris-硼酸（TBE）或 Tris-磷酸（TPE），其浓度为 50mmol/L（pH7.5～7.8）。最常用的变性单链 DNA 的电泳缓冲液是 50mmol/L NaOH，1mmol/L EDTA。

表 81-2　常用的电泳缓冲液

缓冲液	使用液	浓贮存液（L）
Tris-乙酸（TAE）	1×：0.04mol/L Tris-乙酸 0.001mol/L EDTA	50×：242g Tris 碱 7.1mL 冰乙酸 100mL 0.5mol/ EDTA（pH8.0）
Tris-磷酸（TPE）	1×：0.09mol/L Tris-磷酸 0.002mol/L EDTA	10×：108g Tris 碱 15.5mL 85%磷酸（1.679g/mL） 40mL 0.5mol/L EDTA（pH8.0）
Tris-硼酸（TBE）	0.5×：0.045mol/L Tris-硼酸 0.001mL/L EDTA	5×：54g Tris 碱 27.5g 硼酸 20mL 0.5mol/L EDTA（pH8.0）
碱性缓冲液	1×：50mmol/L NaOH 1mmol/L EDTA	1×：5mL 10mol/L NaOH 2mL 0.5mol/EDTA（pH8.0）

（2）*方法*

①以电泳缓冲液配制琼脂糖凝胶。

②在沸水浴或微波炉中加热到琼脂完全融化，加入溴化乙啶（用水配制成 10mg/mL 的贮存液）至终浓度为 μg/mL，充分混匀。

③选择大小适宜的凝胶槽或用胶带纸将洁净、干燥的玻璃板边缘封好，用少量琼脂糖凝胶将四周封严，将点样梳置凝胶槽一端，梳齿下端离玻璃板 0.5～1.0mm。

④将琼脂糖倒入槽中，室温下自然凝固，拔起梳子。

⑤去除玻璃四周的胶带纸，将凝胶板放在电泳槽中，加电泳缓冲液，使缓冲液没过胶面 3mm 以上。

⑥向样品液中加 1/10 体积的上样溶液（40%蔗糖、10%甘油、0.25%溴酚蓝），混匀后将样品直接加入凝胶孔中，注意样品不要溢出孔外。

⑦电泳：将电源负极接于样品端，通以电流，待样品从孔内完全进入凝胶之后，可在紫外灯下观察 DNA 样品的分离结果。

2. 聚丙烯酰胺凝胶电泳

（1）*原理* 聚丙烯酰胺凝胶用于分离、鉴定、纯化长度小于 1kb 的 DNA 片段，凝胶的浓度取决于所要分析 DNA 片段的大小，实验通常采用垂直电泳（表 81-3）。

（2）*方法*

①按要求装配灌注凝胶的玻璃板。

②将配制的凝胶注入已固定好的凝胶板中，插入所需的梳子，置室温下聚合 1h。

表 81-3 DNA 在聚丙烯酰胺凝胶中的有效分离范围

聚丙烯酰胺 [% (w/v)]*	有效分离范围（bp）	二甲苯青 FF**	溴酚蓝
3.5	1 000～2 000	460	100
5.0	80～500	260	65
8.0	60～400	160	45
12.0	40～200	70	20
15.0	25～150	60	15
20.0	6～100	45	12

* N，N[1]-亚甲双聚丙烯酰胺占聚丙烯酰胺浓度的 1/30。

** 给出的数字是迁移率与染料相同的双链 DNA 片段的粗略大小（核苷酸对）。

③拔去梳子，立即以电泳液洗样品孔，向电泳槽内注入电泳缓冲液（TBE）（表 81-4）。

表 81-4 制备聚丙烯酰胺凝胶试剂的使用剂量

试 剂	制备不同浓度（%）凝胶所用试剂的量（mL）				
	35%	5.0%	8.0%	12.0%	20.0%
30%聚丙烯酰胺	11.6	16.6	26.6	40.0	66.6
蒸馏水	67.7	62.7	52.7	39.3	12.7
5×TBE（见前表）	20.0	20.0	20.0	20.0	20.0
10%过硫酸铵	0.7	0.7	0.7	0.7	0.7

④用微量吸管向样品孔中加样品（含 1/10 体积的上样品溶液）。

⑤电泳：阳极接下，阴极（样品端）接上。电压为 1～8V/cm。

⑥电泳完毕后去掉一面玻璃板，将托有凝胶的玻板置于染液中（1×TBC 含 0.51μg/mL 溴化乙啶，EB）染色 45min，水洗，沥干。

⑦将凝胶置紫外灯下观察电泳结果。

（二）DNA 片段的回收

1. DEAE-纤维素膜电泳回收法 是将凝胶纯化的 DNA 电泳到 DEAE-纤维素膜上，该项技术操作简便，可以同时回收许多样品，且回收 0.5kb 片段的产量既高，又稳定，从该膜上回收的 DNA 纯度高，对大多数高要求的工作均能胜任。

（1）*原理* 利用适当浓度的琼脂糖凝胶，电泳分离 DNA 片段，然后紧靠目的 DNA 片段前切一裂隙，将一长条DEAE-纤维素膜插入裂隙中继续电泳，直至条带中所有的DNA均收集到膜上，然后从裂隙取出膜，用低离子强度的缓冲液洗掉污染物，最后在高离子强度的缓冲液中将DNA洗脱下来。

（2）*方法*

①将含有0.5μg/mL溴化乙啶的琼脂糖凝胶电泳分离的片段，用紫外灯对目的条带进行定位。

②用锋利的刀片在紧靠目的条带前缘作一切口，其两边比条带约宽2mm左右。

③切一条与切口等宽而比凝胶稍深的（1mm）DEAE-纤维素膜（如Schlecicher或Schuell NA-45）。在10mmol/L EDTA（pH8.0）中浸泡5min，换0.5mol/L NaOH浸5min，用灭菌水冲洗6次，活化后的膜条可以在无菌水中于4℃保存几周。

④用平头镊子将切口壁撑开，将膜插入裂隙中，取出镊子，使切口闭合，小心勿留气泡。

⑤继续电泳（5V/cm）直至DNA条带迁移至膜上，电泳过程可用手提式长波长紫外灯不时进行检查。

⑥当所有DNA离开凝胶被收集到膜上后，切断电流，用平头镊子从凝胶中取出膜，室温下用5～10mL低盐冲洗液［50mmol/L Tris-HCl（pH8.0）、0.15mol/L NaCl、10mmol/L EDTA（pH8.0）］将膜漂洗一下，这样可除去膜上的琼脂糖。

⑦将膜移至一个微量离心管中，加足量的高盐洗脱液［50mmol/L Tris-HCl（pH8.0）、1mol/L NaCl、10mmol/L EDTA（pH8.0）］使膜充分浸泡，盖上离心管盖，于65℃温育30min。

⑧将液体转移到另一微量离心管中，向膜上再加1份高盐洗脱液，于65℃再温育15min，确证膜上不再有可见的被溴化乙啶染色的DNA痕迹时，将两份高盐洗脱液合并。

⑨洗脱液用酚：氯仿抽提一次，水相转移至另一微量离心管中，加0.2体积的10mol/L乙酸铵，2倍体积4℃的乙醇，于室温放置10min，室温12 000×*g*离心20min。用70%乙醇小心漂洗沉淀一次，再将DNA重溶于3～5μL TE（pH7.6）中。

⑩通过凝胶电泳对DNA进行定性和定量，用于探针标记。

2. 透析袋电洗脱法　对回收大片段DNA（>5kb）最为有效，但很不方便。

（1）*原理*　将含目的DNA的琼脂糖凝胶切下，放入已处理的透析袋内，加适量1×TAE于透析袋中。把透析袋浸泡在盛有一浅层1×TAE的电泳槽中。使电流通过透析袋（电压通常为4～5V/cm，持续2～3h），此时DNA从凝胶中洗脱出来，进入到袋的内壁上。倒转电流的极性，通电1min。使DNA从袋壁上释放出来进入缓冲液中，停止电泳，吸出含DNA的缓冲液，离心去除凝胶碎片。通过DEAE-Sephadex柱层析或有机溶剂抽提纯化DNA。

（2）*方法*　与DEAE-纤维素膜电泳回收法相同。

3. 从低熔点琼脂糖凝胶中回收DNA　此法比上述两种方法重复性差，但此法在某些酶促反应（如限制酶消化和连接）过程中，可以直接在溶化的凝胶中进行。

（1）*原理*　低熔点琼脂糖（含羟乙基琼脂糖）在30℃时变成凝胶，65℃时溶解，这大大低于多数DNA的溶解温度，利用这些性质，可以从低熔点琼脂糖中回收DNA。

（2）*方法*

①将样品DNA在适当浓度低熔点琼脂糖凝胶上4℃进行电泳分离，在紫外灯下确定DNA片段的位置，用刀片将所要回收的DNA片段切下来，转移至一个干净的塑料管中。

②加约5倍体积的20mmol/L Tris-HCl（pH8.0）、1mmol/L EDTA（pH8.0）至琼脂糖块中，盖好盖，于65℃温育5min，以溶化凝胶。

③待溶液冷却至室温后，加等体积的酚（用0.1mol/L Tris-HCl平衡至pH8.0），将混合液来回颠倒混合20s，在20℃ 4 000×*g*离心10min，回收水相，界面的白色物质即是粉状的琼脂糖，再用酚：氯仿和氯仿各抽提1次。

④将水相移至聚苯乙烯离心管中，加0.2体积的10mol/L乙酸铵和2倍体积4℃无水乙醇，混合液在室温下放置10min，然后15 000r/min离心20min，沉淀核酸，再用75%乙醇离心洗1次。溶于适量

灭菌三蒸水中，用于探针标记。

4. 冻融法回收DNA 将含有需回收DNA片段的凝胶切下，切碎后放入小塑料管中，置液氮中冷冻5min，然后融解。如此反复多次，琼脂糖凝胶经冻融后变松散，因此DNA被释放出来，离心，取上清，再冻融，离心取上清，经纯化，乙醇沉淀获得回收的DNA。

5. 从聚丙烯酰胺凝胶中回收DNA片段 从聚丙烯酰胺凝胶中回收DNA的最好方法是“压碎与浸泡”技术，所得DNA纯度很高，没有酶抑制物或对转染细胞、微注射细胞有毒害的污染物。

方法：用长波长紫外灯检测用溴化乙啶染色的凝胶，确定目的DNA的位置，用刀片将含目的条带的凝胶切下，将凝胶转移至微量离心管中，用一次性使用吸头对着管壁将凝胶挤碎，在微量离心管中加1～2倍体积的洗脱缓冲液［0.5mol/L乙酸铵、10mmol/L乙酸镁，1mmol/L EDTA（pH8.0）和0.1%SDS］，37℃温育，小片段DNA（<500bp）的洗脱需3～4h，更大的片段要12～16h。4℃ 12 000×g离心1min，将上清液移至另一微量离心管中。在聚丙烯酰胺凝胶中加入0.5体积的洗脱缓冲液，振荡片刻，重新离心，合并两次的上清液，上清液通过管尖装有玻璃纤维的毛细吸管小柱，以除去聚丙烯酰胺碎片。加2倍体积4℃无水乙醇，于冰上置30min，4℃ 12 000×g离心10min，沉淀DNA，用70%乙醇小心洗涤，抽干，用少量TE（pH7.6）重溶DNA。通过聚丙烯酰胺凝胶电泳对DNA进行定性和定量，用于探针标记。

三、基因探针的标记方法

（一）放射性探针标记法

核酸探针历来多采用放射性同位素标记，故又称为传统标记法。最常用的标记物是α^{32}P-dNTP、^{35}S-dNTP及^{3}H-dNTP。

1. 缺口平移（或缺口翻译）标记法

（1）*原理* 在适当浓度的DNase I（DNA酶I）作用下，在双链DNA上造成3′-OH末端缺口，大肠埃希菌DNA聚合酶I可把核苷酸残基加到切口处3′羟基端，且由于DNA聚合酶I还具有5′→3′外切核酸酶的活性，它可从切口的5′端除去核苷酸。5′端核苷酸的去除与3′端核苷酸的加入同时进行，导致切口沿着DNA链移动（切口平移）。由于高放射性活度的核苷酸置换了原有的核酸，就有可能制备比活度大于10^8计数（μg/min）的^{32}P标记的DNA。

（2）*方法*

①混合：

10×切口平移缓冲液

0.5mol/L Tris-HCl（pH7.5） 0.1mol/L $MgSO_4$ 1mmol/L二硫苏糖醇（DTT）	2.5μL
DNA　500μg/mL牛血清白蛋白（BSA）	0.5μg
未标记的dNTP（缺dCTP或dATP）（100μmol/L）	5μL
［a-^{32}P］dCTP或dATP（16pmol/L）	5μL
加H_2O至	21.5μL

使混合液骤冷至0℃

②反应液中加2.5μL稀释的DNA酶I（10ng/mL）振荡摇匀（按1μg/mL将DNA酶I溶于含0.15mol/L NaCl、50%甘油溶液中）。

③加2.5单位大肠埃希菌DNA聚合酶I，轻轻振荡均匀，于16℃温育60min。

④加入1μL 0.5mol/L EDTA（pH8.0）终止反应。

⑤用Sephadex G-50进行层析，把标记DNA与未掺入的dNTP分开。用β射线计数器测定样品中

的 cpm 值，标记的 DNA 作为探针备用。

2. 随机引物启动法

（1）*原理*　将小牛胸腺 DNA 用 DNase I 酶解，分离出生成的六核苷酸混合物，以此作为引物，在四种脱氧三磷核苷的存在下，用 DNA 聚合酶的 Klenow 片段在 37℃催化 60min 以上，核苷酸即掺入到新合成的 DNA 链中，形成放射性或非放射性标记的核酸探针。此法的优点是不受琼脂糖的抑制，因而可用电泳分得的核酸片段作为模板，本法也已成功地用于带半抗原（地高辛）的核苷酸的掺入。

（2）*方法*

①在反应管内加入 1mmol/L Hepes（pH6.67）2μL、灭菌三蒸水 30μL 和 DNA3μL，煮沸 2min，立即冷却至 0℃。

②加入 5μL 10×缓冲液［内含 500mmol/L Tris - HCl（pH7.5）、50mmol/L $MgCl_2$、10mmol/L 二硫苏糖醇（DTT）、0.5mg/mL 牛血清白蛋白（BSA）］、dGTP、dCTP、dTTP（10mg/mL）各 1μL，加 Pd $(N)_6$ 3μL，DNA 多聚酶 I Klenow 片段 5U，α^{32}P - dATP20～30μCi，室温下反应 5～20h。加 2μL 0.25mol/L EDTA 终止反应。

③在反应管内加等体积灭菌蒸馏水、1/2 体积 5mol/L NH_4Cl、2.5 倍体积无水乙醇，于－70℃放置 30min 或液氮中 5min，4℃15 000r/min 离心 30min，弃上清，沉淀用无水乙醇离心洗 1 次，吹干，溶于适量蒸馏水中，可获得放射性强度约为 10^8～10^9 cpm/μg DNA。

3. cDNA 探针的标记　在以 mRNA 制备 cDNA 探针时，同时掺入标记的脱氧核苷酸，即可制得标记的 cDNA 探针。此法不能用于生物素标记核苷酸的反转录掺入。

4. 末端标记法　适用于标记人工合成的寡核苷酸探针，在大肠埃希菌 T_4 噬菌体多聚核苷酸激酶（T_4DNA）的催化下将 γ^{32}P ATP 上的 γ -磷酸连接到寡核苷酸的 5′末端上，因此要求合成的寡核苷酸 5′端的羟基。反应式为：

$$5'\text{HO-DNA} \xrightarrow[\gamma^{32}\text{P-ATP}\ \ \text{DTT}\ \ T_4\text{PNK}]{Mg^{2+}} 5'^{32}\text{p-DNA} + \text{ADP}$$

底物改为 Bio - 11 - dUTP 也可以在 3′端标记上一个生物素基因。

（二）非放射性标记

1. 生物素标记探针（缺口平移法）　用一种水溶性糖蛋白纤维素——生物素（Biotin）可借助于缺口转移法来标记基因探针。

（1）*原理*　将生物素结合于三磷酸脱氧尿苷上，使成为 2′-三磷酸脱氧尿嘧啶- 5′烯丙胺生物素。这种被生物素标记的 DNA，可以与另一种蛋白质——亲和素（Adidin）结合。由于亲和素事先已用酶（如辣根过氧化物酶）标记，因而在底物的作用下起呈色反应而被检测出来。此项技术具有以下特点。

①接入一定长度的手臂可以减少掺入和杂交时的空间位阻，能提高检测灵敏度，例如 Bio - 11 - dUTP 比 Bio - 4 - dUTP 高 4 倍。但也有一定限度，过长的手臂不能再提高灵敏度，反而导致非特异性反应。

②使用两种以上的生物素化核苷酸同时掺入并不能提高检测灵敏度。

③本法仅能用于 DNA 探针标记，不适用于 RNA 探针，也不能用于逆转录标记 cDNA 探针。

④分离 DNA 片段的琼脂糖残留可以抑制掺入反应。

⑤如果在标记时先用 DNase I 作用，然后再用聚合酶作用，则标记反应容易控制，而被标记探针的长度也控制在一定范围内，掺入效率可提高很多倍。

（2）*方法*　在 1.5mL 的离心管中，加入 30μL 溶于缺口翻译缓冲液［50mmol/L Tris - HCl（pH7.8）、50mmol/L $MgCl_2$、100mmol/L 二巯基乙醇，以及 100μg/mL 牛血清白蛋白的 0.2mmol/L dATP、dCTP、dGTP，6μg DNA，15μL 0.24mmol/L Bio - 11 - dUTP，加水至 270μL］。混匀后，加入 30μL 大肠埃希菌 DNA 多聚酶（含 12U）。DNA 酶 11.2ng。混匀后置 15℃作用 90min，然后加 30μL

终止液（30mmol/EDTA pH8.0）和 7.5μL 5%（W/V）SDS。过 Sephadex G-50 柱或乙醇沉淀分离，并回收标记的基因探针。

2. 光敏生物素标记法

（1）*原理* 光敏生物素（photobiotin）是一种化学合成的生物素衍生物，分子中含有可见光活化的叠氮代硝基苯基，在可见光（波长 350nm）的短暂照射下，能与核酸的碱基反应，并牢固地结合成光生物素标记核酸探针。其特点如下：

①不需酶系统，可在水溶液中直接光照标记单、双链 DNA 及 RNA，简便易行，适用面广。

②可以大量制备标记探针，标记后的探针呈红色便于观察。

③探针稳定性好，−20℃贮存 12 个月不变。

④标记物的检测灵敏度（0.5pg 目的 DNA）稍低于缺口平移标记法。

（2）*方法* 在一支离心管中，混合等体积的光敏生物素醋酸盐和 DNA（0.5～1.0μg/mL）。开启管口，将管插入冰块中，在特定太阳灯（波长≥350nm）下约 10cm 处光照 20min。加 50μL 0.1mol/L Tris-HCl（pH9.0）至管内，补加水至总体积为 100μL。加入 100μL 仲丁醇至混合物中，漩涡混合，离心，吸去上层仲丁醇相弃之。重复仲丁醇萃取，至水相无色并浓缩至 30～40μL，如果标记的核酸量甚少，可再进一步加入载体 DNA 或 RNA。加 5μL 3mol/L 醋酸钠，充分混合，加 100μL 冷无水已醇混合，置−70℃15min 或−20℃过夜，4℃15 000r/min 离心 15min，沉淀物呈橘红色至棕色，弃上清，沉淀用 70%乙醇洗一次，真空干燥，溶于 0.1mmol/L EDTA 中，标记的光敏生物素化探针贮存于−2℃。使用前将探针置 90～100℃变性 10min，迅速放入冰浴中冷却。

3. 半抗原-抗体-酶法

（1）*原理* 将甾体半抗原地高辛甙元通过一手臂与 dUTP 联接，用随机启动延伸法标记 DNA 探针，与目的 DNA 杂交后，杂交分子用酶联免疫法检测，因此称为半抗原-抗体-酶标记法。该法可有效地标记 10ng 至 30μg DNA。DNA 必须是线状，在随机启动标记前需经热变性。从低熔点琼脂糖中分离出的 DNA 片段也能有效地标记。标记率甚高，每 20～25 个核苷酸中带一个地高辛甙元。

（2）*方法* 待标记 DNA 片段 10ng 至 30μg 置微型离心管中，100℃煮沸 10min，转冰浴速冷。在离心管中加入新变性 DNA 1pg、六核苷酸混合物 2μL、dNTP 标记混合物 2μL（dNTP 标记混合物：1mmol/L dATP、1mmol/L CTP、1mmol/L dGTP、0.65mmol/L dTTP、0.35mmol/L Dig-dUTP pH6.5）、Klenow 片段 1μL（2U），短暂离心后 37℃孵育 20h。加 2μL 0.2mol/L EDTA（pH8.0）终止反应。加 2.5μL 4mol/L SiCl、75μL 冷无水乙醇，混匀，置−70℃ 30min 或−20℃ 2h 沉淀标记 DNA，15 000r/min 离心 15min，沉淀用 70%乙醇离心洗涤 1 次，抽干，以 50μL TE（pH8.0）溶解 DNA。

4. 化学标记法 通过乙二胺交联已活化的生物素（生物素酰基-ε-氨基戊酸・N 羟基琥珀酰胺酯）与核酸标记，标记的位置是胞嘧啶 N^4，或用生物素酰肼取代胞嘧啶的 N^4 氨基（HSO_3^- 催化反应）；或用戊二醛等作交联剂将生物素化碱性大分子（聚乙烯亚胺 PG35 效果较好）偶联在 G 碱基的 N^7 位；合成的寡核苷酸可用乙二胺交联活化生物素与 5′末端磷酸基进行标记。

5. 免疫标记法（免疫核酸探针）

（1）*抗杂交体标记法* 在杂交过程中，作为探针的核酸与其互补的核酸能形成杂交体（hybrid），杂交体（如 RNA-DNA 或 RNA-RNA）本身具有一定抗原性，因而可以使用抗杂交体的抗体，并结合带标记的第二抗体对杂交体进行检测。此法标记的探针称为抗杂交体核酸探针。

核酸只具有微弱的免疫原性，只有当它与载体结合才能有较强的免疫原性，在制备抗杂交体特异性抗体时，先把杂交体与载体（甲基化的牛甲状腺球蛋白或牛血清白蛋白）结合后，免疫 BALB/c 小鼠或家兔等，制备单克隆或多克隆抗体。

（2）*半抗原标记法* 通过对已知的核酸片断（探针）作一定的化学修饰，在探针的某些部位另接一半抗原，或使探针某些原来的碱基成分经修饰后成为有抗原特性的半抗原，探针同互补的核酸片段杂交后，与抗半抗原的特异性抗体结合，再通过结合带标记的第二抗体对形成的杂交体进行检测。该探针称为半抗原核酸探针。

①汞化半抗原核酸探针：用醋酸汞使探针发生汞化。汞化探针与待检核酸在有 CN^- 存在下进行杂交，用带有巯基的半抗原通过硫与汞形成的键和探针连接，用抗半抗原抗体结合带标记的第二抗体，对杂交体进行检测。

②AAF 修饰的半抗原核酸探针：核酸探针同 N-醋酸-2-乙酰氨基芴（AAF）反应，后者的 2-乙酰氨基芴基团可用核酸的鸟嘌呤共价结合，这样经修饰的鸟嘌呤就成为一种具有抗原特性的半抗原，它可同其相应的特异性抗体发生结合反应，然后与带标记的第二抗体结合进行检测。

③磺化半抗原核酸探针：用亚硫酸氢钠和甲基羟胺对核酸进行化学修饰，使核酸中的胞嘧啶转化为 N-甲氧-5，6-二氢胞嘧啶-6-磺酸盐，使之成为具有抗原特异性的半抗原。待探针与待测核酸杂交后，再用抗半抗原的单克隆抗体以及带标记的第二抗体对结果进行检测。

四、基因探针的杂交与检测

（一）原理

DNA 分子是由两条多核苷酸单链通过碱基间互补对由氢键连接聚合而成的双螺旋结构，当双链 DNA 分子在加热至 95℃以上或在碱作用下可能分成两条单链，这一过程称为变性。如果骤冷至 0℃，两链来不及结合，保持单链。用放射性同位素、生物素或地高辛标记后的互补单链 DNA（即探针），在一定温度下与单链 DNA 发生重新结合（即复性）就可以检测样品中的同源 DNA，从而确定样品中病毒、细菌或其他致病生物因子的存在，达到诊断的目的。

（二）杂交条件的选择

1. 固相载体膜的选择　杂交可以在溶液中进行，称为液相杂交，也可以在支持物（如硝酸纤维素膜）上进行，称为固相杂交。基因分析通常采用固相杂交方法，最常使用的是孔径为 0.45/μm 的硝酸纤维素膜或尼龙膜，尼龙膜易使本底色深，但可作重复杂交，即第一次杂交后洗去探针，再用第二种探针进行杂交及显色。

2. 杂交溶剂及其选择　一般分两种情况，在水溶液中杂交温度为 68℃；50%甲酰胺溶液中杂交温度为 42℃，前者常用于同位素标记基因探针的杂交，后者常用于生物素等非放射性基因探针的杂交，因蒸发较少且对滤膜损失较少，故较易采用。在 80%甲酰胺中杂交反应动力学约比水溶液中慢 3～4 倍，在 50%甲酰胺中比在水中约慢 2 倍。

3. 添加剂的影响　硫酸葡聚糖能加速核酸的结合，因为核酸被此高聚物从溶液中排出，从而使其有效浓度增加，有 10%硫酸葡聚糖时可使杂交速度提高 10 倍，杂交反应可在 2h 内完成。

4. 洗涤的条件　洗涤的目的是除去非特异性吸附的探针或其他干扰因子，因此洗涤的条件应愈严格愈好，温度与盐浓度应选择稍低于杂交物的溶点（Tm 约 5℃），一般需要通过预试验来确定。

（三）DNA 分子杂交与检测方法

1. DNA 样品杂交膜的制备

（1）*斑点杂交法*　样品 DNA 变性后直接吸附在硝酸纤维素膜上，加上探针直接杂交，或将细胞或病毒点在膜上，再经变性、杂交；或是将平皿上的菌落或菌斑，原位地吸附在硝酸纤维素膜上，再经变性杂交，称为原位杂交。筛选菌落斑点杂交法通常用于探测外源性基因，如微生物的基因或性别探测，这种方法可检测 ng 数量级的核酸。

①方法一（用于纯 DNA）：将 DNA 溶于 TE（pH8.0）或蒸馏水中，在 100℃沸水中加热 10min，迅速置冰浴，使 DNA 变性，吸取变性 DNA2～5μL，滴加在硝酸纤维素滤膜（已用 6×SSC 浸润，干燥）上，干燥，80℃烘烤 2～3h。

②方法二（用于病毒、细菌、细胞 DNA 样品）：吸取 2～5μL 病毒液或细菌等，滴加在硝酸纤维素

膜上，室温晾干，将滤膜放在已用10%SDS饱和的滤纸上作用3min，然后将滤膜依次移至经变性液(0.5mol/L NaOH、1.5mol/L NaCl)、中和液[1.5mol/L Tris-HCl (pH8.0)]、2×SSC (20×SSC：含3mol/L NaCl、0.3mol/L柠檬酸钠。配制用NaCl 175.3g，柠檬酸钠88.2g，加水至1 000mL，以5mol/L NaOH调整pH至7.0，分装后，高压灭菌)、20mmol/L EDTA (pH7.4)饱和的滤纸上作用5min，室温晾干，80℃烘烤2h。

③方法三（用于菌落和菌斑）：又称菌落杂交法，在琼脂平板培养基上贴一张灭菌的硝酸纤维素滤膜，挑取待检菌或转化菌菌落接种在硝酸纤维素膜上，37℃培养，待菌落增至2mm左右（16h)，将滤膜转移至含氯霉素（20μg/mL）的琼脂平皿上继续培养12～16h，扩增质粒（非转化菌无需扩增质粒）。用平头镊子从平板上揭下硝酸纤维素滤膜，以菌落面朝上，摊在经10%SDS浸润的滤纸上，放3min，将滤纸转移到事先用变性液浸润过的滤纸上放置5min，再转移到浸有中和液的滤纸上中和5min，最后转移到用2×SSPE [20×SSPE：3.6mol/L NaCl、200mmol/L NaH_2PO_4 (pH7.4)、20mmol/L EDTA (pH7.4)] 浸湿的滤纸上，放置5min，将滤膜放到一张干的滤纸上，菌落面朝上，室温干燥30min。将滤膜夹于两张干燥滤纸之间，置于烤箱中80℃烘烤2h。

(2) *Southern印迹法* 即将被测DNA用限制性内切酶消化，经琼脂糖电泳分离，变性后转移到硝酸纤维素膜上，与探针杂交。具体方法分为两种。①直接分析法：从探针探测酶解片段长度差异的称为直接分析法，如正常人α-珠蛋白基因区用*Bam*H I酶解生成14kb片段，而患α-地中海贫血的缺失一个α-珠蛋白基因，只产生10kb片段。②间接分析法：诊断突变基因引起的遗传病时，依赖缺陷基因周围或内部DNA序列存在的限制性内切酶的多态性位点的差别（RFCP）类进行综合分析，称为间接分析法。

Southern印迹法操作步骤如下：

①DNA琼脂凝胶电泳、分析、照相：用刀片切除多余的凝胶，置0.5mol/L NaOH和1.5mol/L NaCl变性液中，室温下搅拌1h，使DNA变性，把凝胶浸入1mol/L Tris-HCl (pH8.0) 和1.5mol/L NaCl中和液中，室温搅拌1h，使中和。在一瓷盘中加入300～600mL印迹缓冲液10×SSC液，并在其上用玻璃板和层析滤纸作滤纸桥，用玻璃棒抹去滤纸上的气泡。将凝胶面向上放到已湿润的滤纸上，排除凝胶与滤纸间的气泡，将在2×SSC液中浸2～3min的硝酸纤维素膜摊到凝胶面上，小心除去凝胶的气泡。切取2张与凝胶同样大小的滤纸，用2×SSC液湿润，然后放到硝酸纤维素膜上，除去气泡。切取一叠略比滤纸小的吸水纸（5～8cm厚），放到滤纸上，盖上玻板，再压500g的重物，让瓷盘中的溶液流过凝胶和滤膜，使DNA片段从凝胶上洗出并固定在硝酸纤维素膜上。为防止吸水纸与凝胶下的滤纸间发生液体短路，用封口膜（或废X底片）封住凝胶边缘。DNA印迹2～16h，当吸水纸变湿时应另换干的。取出硝酸纤维素滤膜，浸入6×SSC液，室温处理5min，排除滤膜上的液体，室温下将滤膜摊在滤纸上晾干，将硝酸纤维素滤膜夹在两滤纸之间，置80℃烘烤2h。

②预杂交与杂交：用热封口机制作一个大小与滤膜相符的塑料袋，将滤膜放入袋内，按1cm^2滤膜加0.2mL65～68℃水浴保温的预杂交液（6×SSC、0.5%SDS、5×Denhardt's、100μg/ml变性鲑鱼精子DNA)，排除空气，用热封口机将袋口封好，置65～68℃水温[50×Denhardt's：1.0%Ficoll 500，1.0%聚乙烯吡咯烷酮（PVP)]，1.0%牛血清白蛋白，经过滤除菌，冰箱保存。

从水浴中取出预杂交袋，剪开一角，排尽预杂交液，用移液管按20～100μL/cm^2滤膜加入65～68℃水浴保温的杂交液（6×SSC、0.01mol/L EDTA、5×Denhardt's、0.5%SDS、100μg/mL变性鱼精子DNA、20～100ng/mL标记的变性DNA探针），排出气泡，封口，将杂交袋置65～68℃水浴保温16h以上。

③杂交后滤膜的洗涤：室温下用2×SSC、0.1%SDS加振荡洗3次，每次至少15min，65℃用0.1×SSC、0.1%SDS加振荡洗3次，每次至少20min。轻轻吸千滤膜备检。

④杂交后滤膜的检测。

同位素标记探针杂交后的检测：待滤膜干后，用玻璃纸包好滤膜，用X光胶片感光过夜、显影、定影，以获得滤膜的放射自显影图，结果分析。

生物素标记探针杂交后的检测：将滤膜置于可热封的聚乙烯袋内，加 4mL 含 3%牛血清白蛋白的封闭液①，封袋，42℃保温 60min 倾去袋内封闭液，加 4mL 含 1μg/mL 亲和素-碱性磷酸酶缓冲液②，室温或 37℃保温 30min，不时轻轻振荡。将滤膜从袋内取出，进行以下洗涤，每次 200～300mL，以除去非特异性吸附；用缓冲液Ⅰ，室温下洗 3 次，每次 20min；用缓冲液Ⅱ③室温洗 2 次，每次 15min；将膜转入新的聚乙烯袋中，加 4mL 底物液④显色。显色应在暗处进行，以免产生非特异性本底，通常 3～4h 内可达最深颜色，染色时间取决于目的核酸上复生的生物素标记探针的量，用缓冲液或蒸馏水冲洗滤膜，终止显色。滤膜最好在湿时照像，显色后的印迹膜斑封在聚乙烯袋内保存。

地高辛标记探针杂交后的检测：滤膜在封闭液中于 4℃保温 30min，用缓冲液Ⅰ短时间洗涤。将单抗地高辛甙元的 Fab 片段与碱性磷酸酶复合物（750U/mL）用缓冲液Ⅰ稀释至 150mV/mL，加入反应袋中，封好，置 37℃水浴保温 30min。滤膜用缓冲液Ⅰ洗涤 2 次，每次 15min；用缓冲液Ⅱ洗涤 1 次，20min。加底物溶液（NBAT - BCIP，见前）显色 3～4h，避光，用缓冲液洗滤膜，终止反应。照像，保存滤膜。基因探针杂交程序可归纳如图 81 - 1。

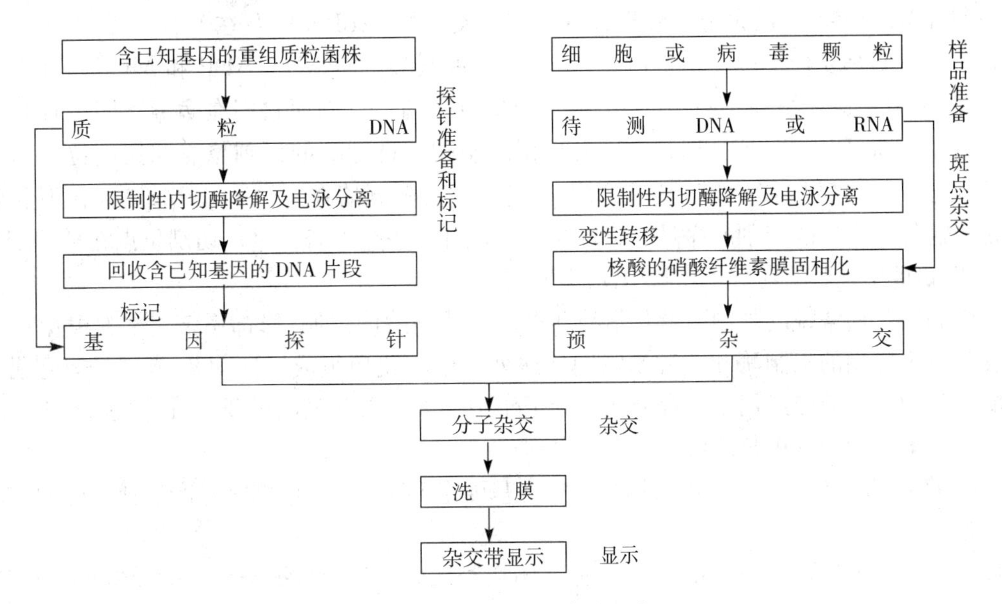

图 81 - 1　基因探针杂交程序

第七节　病毒基因工程工具酶的使用

限制酶和其他修饰酶是进行病毒基因操作的基本工具，由于各种限制酶和修饰酶的发现，使病毒分子克隆的方法不断创新，克隆工作更简单，应用范围更广。

① 封闭液配制：3g 牛血清白蛋白溶于 70mL，调至 pH3.0，沸水浴 20min，冷却至室温，再调至 pH7.5。再加 10mL 含 1.0mol/L Tris - HCl（pH7.5）、20mmol/L $MgCl_2$、0.5%（V/V）Triton X - 100 缓冲液及 5.8gNaCl，使最终浓度为 1.0mmol/L，加灭菌水至 100mL，4℃可储存数月。

② 缓冲液Ⅰ配方：100mmol/L Tris - HCl（pH7.5），1.0 mol/L NaCl，2mmol/L $MgCl_2$，0.05%（V/V）Triton - 100。

③ 缓冲液Ⅱ配方：100mmol/L Tris - HCl（pH9.5），1.0mol/L NaCl，5mmol/L $MgCl_2$。

④ 底物溶液：5mL 缓冲液［100mmol/L Tris - HCl（pH9.5），100mmol/L NaCl，5mmol/L $MgCl_2$，20μL NBT（硝基蓝四氮唑，75mg/mL 溶于 70%二甲基酰胺中）及 20μL BCIP（5 -溴- 4 -氯- 3 -吲哚磷酸，50mg/mL 溶于二甲基酰胺中）轻轻混合。底物溶液须新鲜配制。

一、限制酶

1. 限制酶的发现和命名 Luria 和 Human（1952）在研究 T 偶数噬菌体时，以及 Bertani 和 Wertani（1953）在研究 λ 噬菌体和 P_2 噬菌体的宿主范围时都发现，个别噬菌体具有选择性的生长现象，从而假设在宿主内部存在一对酶：限制酶（限制性内切酶）和修饰酶（DNA 甲基化酶）。随后，人们相继发现了Ⅰ型限制酶和Ⅱ型限制酶，从而这种假设得到了证实。目前，已经发现三大类限制酶：Ⅰ、Ⅱ、Ⅲ型。

限制酶的命名是根据分离出该酶的微生物的学名进行的，通常为三个字母：第一个字母大写，来自微生物属名的第一个字母；第二、三个字母小写，来自微生物种名的头两个字母。如果该微生物有不同的变种和品系，则再加上微生物的株名。从同一种微生物细胞中发现的几种限制酶，则根据其被发现和分离的顺序用Ⅰ、Ⅱ、Ⅲ……等罗马数字表示。例如，从大肠埃希菌中发现并分离的第一种限制酶，被称为 EcoRⅠ。

2. Ⅰ型和Ⅲ型限制酶 在大肠埃希菌 K 株细胞中发现的 EcoRK 以及在 B 株中发现的 EcoB，都属于Ⅰ型限制酶。它们是复合型多功能蛋白，在 S-腺苷蛋氨酸（SAM）、ADP 和 Mg^{2+} 存在下，能裂解非修饰的 DNA。由于这一类酶在 DNA 分子上不产生专一切口，因而它们在病毒基因工程和核酸结构研究中未得应用。$EcoP_1$、$EcoP_{1S}$ 和 HinfIV 为Ⅲ型限制酶。Ⅲ型酶的识别位点和切割位点为同一种序列，它在识别位点上切割 DNA，随后从底物上解离。这类限制酶在有 ATP、Mg^{2+} 存在下起到激活作用，但不是必需的。它们的识别顺序是非旋转对称性，且一条链被修饰过，切割位点在离识别顺序20～30bp 处。Ⅰ型和Ⅲ型限制酶在分子克隆中使用不多。

3. Ⅱ型限制酶 通常说的限制酶就是指的Ⅱ型酶。Ⅱ型酶的限制/修饰系统由一对酶组成，即由一种切割核苷酸特定序列的限制酶和一种修饰同样序列的甲基化酶组成。到 1986 年为止，已分离出 600 多种Ⅱ型酶，其中许多酶已经用于病毒分子克隆工作中。大多数Ⅱ型酶的识别序列为 4～6 个双重对称的核苷酸，只有少数酶识别更长的或简并性的序列。

4. 限制酶产生的末端连接 应用限制酶对病毒基因组 DNA 进行切割时，产生什么样的末端，对于末端的连接是很重要的。

（1）*匹配黏端* 如果限制酶在重对称轴的 5′侧切割底物 DNA 的每条链，则双链 DNA 交错断开，产生带突出的 5′黏端的 DNA 片段。例如 EcoI. 识别双链 DNA 的这样一段序列：$\begin{matrix}\text{G}\downarrow\text{AATTC}\\ \text{CTTAA}\uparrow\text{G}\end{matrix}$。

如果条件适宜，被切割的部分又可互相退火，用 DNA 连接酶可以重新封合。实际上，EcoRI 是创建重组 DNA 分子所使用的第一种限制酶。

如果限制酶在二重对称轴的 3′侧切割每条 DNA 链，则 DNA 双链交错断开，产生带突出的 3′黏端的 DNA 片段。例如，PstI 识别并切割双链 DNA 的这种序列：$\begin{matrix}\text{CTGCG}\downarrow\text{G}\\ \text{G}\uparrow\text{ACGTC}\end{matrix}$。

（2）*平端* 如果限制酶在二重对称轴上同时切割 DNA 的两条链，则产出带平端的片段。例如，HaeⅢ识别双链 DNA 的这样一段序列：$\begin{matrix}\text{GG}\downarrow\text{CC}\\ \text{CC}\uparrow\text{GG}\end{matrix}$。以这种方式产生的平端可用 T_4 噬菌体 DNA 连接酶连接。平端之间的连接效率比黏端之间的连接效率要低，但因平端连接具有普遍性，故极其有用。

（3）*不匹配的黏端* 带有在通常情况下并不匹配的 5′突出端的 DNA 片段，只要在精心控制的条件下用大肠埃希菌 DNA 聚合酶Ⅰ Klenow 片段进行部分补平，即可互相连接。由于部分补平后可消除匹配末端相互配对的能力，因此降低了 T_4 噬菌体 DNA 连接酶所催化的自身连接频率。在实际应用中，如在构建 DNA 基因文库时，某些部分补平后不能自身环化的黏端在分子克隆中是很有用的。

5. 利用限制酶对DNA进行消化

（1）*完全酶切反应*　下述步骤一般用于含0.2～1μg DNA的反应，对大量DNA，反应体积可按比例适当扩大。

①材料：DNA溶液、10×限制酶缓冲液、限制酶、0.5mol/L EDTA及凝胶电泳所需材料。

②方法：

A. 将DNA溶液加入到无菌的小离心管中，加水混合至18μL。

B. 加入合适的10×限制酶缓冲液，轻弹管壁混匀。

C. 加1～2U限制酶，混匀。

D. 根据需要将混合液在合适的温度下保温一段时间。

E. 加0.5mol/L EDTA（pH8.0）至终浓度为10mmol/L，终止反应。

F. 取0.2μg样品加入上样缓冲液后，加到凝胶上样孔中进行电泳，其余的样品继续保温。

G. 如酶切不完全，再补加一定量的限制酶继续酶切，直至酶切完全。

（2）*部分酶切反应*　部分酶切反应不仅可以使克隆片段中仍含有该酶切位点，也可用于构建限制酶图谱或基因组文库。部分酶切的方法有减少酶量、增大反应体积、缩短反应时间和降低反应温度等优点。

二、修 饰 酶

DNA甲基化酶是其典型。对大多数Ⅱ型限制酶来说，都已分离出相应的甲基化酶，这是一种可将甲基基因连接到DNA分子中的特定碱基上的一种DNA修饰酶，它们在分子克隆中相当有用，可保护基因组DNA中的固有位点不被切割。

用甲基化酶通过体外甲基化还可改变某些识别多种DNA序列的限制酶的切割专一性，使该酶原先识别的多种序列中被甲基化的序列免遭酶切。如HincⅡ能识别简并序列GTPPAC，故它可切割下列4种序列：GTCGAC、GTCAAC、GTTGAC和GTTAAC。而M、Taq 1只识别TCGA序列并甲基化其中的腺嘌呤，故中间序列为TCGA的Hinc 1Ⅰ识别序列经M、TaqⅠ甲基化后可抵抗HincⅡ的酶切，而其他3种序列仍可被HincⅠ酶切。甲基化还可出现于限制酶和甲基化酶识别序列的边缘。某些腺嘌呤甲基化酶可与仅切割甲基化DNA的限制酶配合使用，从而在长度为8～12个核苷酸的序列上进行高度特异的切割。在分析高度甲基化的动物和植物DNA物理图谱时，对甲基化不敏感的酶在完全切割DNA时特别有用。

三、限制酶切反应注意事项

（1）许多购买的限制酶为浓缩液，通常为1μL（约10单位）酶液足以在1h内切割10μg DNA。当需要从管中取出少量酶液时，可用一次性移液吸头，稍稍接触液面，这样可取出至少0.1μL的酶液。浓缩的酶液可在使用前用1×反应缓冲液稀释，但决不能用水稀释，以免变性失活。

（2）限制酶在含50%甘油的缓冲液中，－20℃下可稳定保存。每次操作均应置于冰上，且均应使用新吸头，用完后应立即放回－20℃冰箱。

（3）酶应分装成小份，尽量避免反复冻融。

（4）反应体系中应尽量少加水，使反应体积保持最小，必须保证酶的体积不超过总反应体积的10%，否则酶液中的甘油会抑制酶的活性。

（5）通常延长反应时间可减少酶的用量，当切割大量DNA时，这样做比较节约。

（6）当需要在许多管DNA样品中用同一种酶时，应计算所需酶的总量，然后取出酶，用适当的1×反应缓冲液稀释，再逐一加到各反应管中。如果DNA需要用两种或更多种酶切割，而某一种缓冲液对两种酶都很合适，则反应可同时进行。如果需要用不同的缓冲液，则可采用由低盐到高盐缓冲液逐一加入。

四、其他工具酶

病毒基因工程中除使用限制酶外，还需要使用各种其他修饰酶。包括连接酶、聚合酶、核酸酶、多核苷酸激酶、碱性磷酸化酶等。

1. 连接酶 连接酶包括 T_4DNA 连接酶、*E. coli* DNA 连接酶、T_4RNA 连接酶。

T_4DNA 连接酶可连接有亲和黏性末端的 DNA 分子，可使平末端双链 DNA 分子间相互连接或使平末端分子与合成接头之间连接。但这种连接效率低于黏性末端的连接效率，如果加入单价阳离子（150～200mmol/L NaCl）和低浓度 PEG 可显著提高平末端的连接效率。*E. coli* DNA 连接酶可用于 cDNA 第二链的合成。T_4RNA 连接酶主要用于在体外放射性标记 RNA 分子的 3′末端，用于 RNA 与 RNA 的连接。

2. 聚合酶 聚合酶分为下列几种：

（1）依赖 DNA 和 DNA 聚合酶：包括 DNA 聚合酶Ⅰ、DNA 聚合酶Ⅰ大片段、T_4DNA 聚合酶、修饰的 T_7DNA 聚合酶（测序酶）和 TaqⅠDNA 聚合酶。

（2）不依赖 DNA 的 DNA 聚合酶：如末端转移酶。

（3）依赖 RNA 的 DNA 聚合酶：如反转录酶。

（4）依赖 DNA 的 RNA 聚合酶：如 *E. coli* RNA 聚合酶、噬菌体 SP6、T_7、T_3RNA 聚合酶。

（5）不依赖于 DNA 的 RNA 聚合酶：如多聚（A）聚合酶。

在重组 DNA 过程中，这些聚合酶均以 DNA 或 RNA 为模板合成各自的 RNA 或 DNA。而只有末端转移酶、多聚（A）聚合酶不需要模板（DNA 或 RNA）。由于这些聚合酶的巨大作用，因此在病毒基因工程实验中占有重要的地位。主要用于合成模板（DNA 或 RNA）、DNA 序列分析、合成 cDNA 第二条链、进行末端标记、RNA 序列分析、合成单链 RNA 探针、合成体外翻译系统中的 mRNA、定位基因组 DNA 中的内含子或外显子。

3. 核酸酶 核酸酶包括绿豆核酸酶、核酸酶 S_1、核酸外切酶Ⅲ、DNA 酶Ⅰ、核酸酶 BAIL31、λ噬菌体核酸外切酶、λ末端酶、尿嘧啶 N-糖基酶、RNA 酶 H、RNA 酶 A 及 RNA 酶 T_1。

（1）DNA 酶Ⅰ 其用途为：①切口平移标记中在双链 DNA 上随机产生切口。②产生可在噬菌体 M_{13} 载体上进行测序的随机克隆。③蛋白质与 DNA 复合物的分析。④无 RNA 酶的 DNA 酶 I 可除去转录产物中的模板 DNA。

（2）RNA 酶 H 其用途为：

①cDNA 第一链合成过程中除去 RNA。cDNA 杂交体中的 RNA 或进行第二链合成前切割 RNA 产生引物。

②检测 RNA-DNA 杂交体。

③通过与寡聚 DT 杂交，从 mRNA 中除去多聚 A 序列。

④特异性地切割与寡脱氧核苷酸结合的 RNA。

4. T_4 多核苷酸激酶 T_4 多核苷酸激酶用于放射性标记 DNA 链的 5′末端，用于 DNA 序列分析、核酸酶 S_1 分析等。在连接反应中，使缺少 5′端磷酸的 DNA 长段和合成接头磷酸化。

5. 碱性磷酸酶 在用 T_4 多核苷酸激酶和 ^{32}P 标记 5′末端前，从 RNA 或 DNA 上除去 5′磷酸；从 DNA 长段上除去 5′磷酸以防自身连接。

6. DNA 结合蛋白 DNA 结合蛋白包括单链 DNA 结合蛋白（SSB）RecA 蛋白，主要用于促进 RCR 进程，电镜下观察 DNA 结构和有关 D-环的定点诱变。

7. 拓扑异物酶Ⅰ 该酶用于解开超螺旋。

第八节　色谱实验技术

由于当代科学技术的快速发展，迫切需求准确、快速的分析方法，从而使得色谱分析已发展成为一门新兴学科——色谱学。它包括气相色谱、液相色谱、薄层色谱、凝胶渗透色谱和离子色谱。这些色谱技术的应用，对发展我国经济和科学实验起到了积极作用，并收到了明显效果。特别是近年来，智能色谱及超临界色谱的发展已引起人们的注意。各种新型色谱仪器不断问世，更加显示出色谱的高选择性、高灵敏度、分析速度快的特点。

一、气相色谱技术

色谱法是20世纪初由俄国植物学家茨维特（Mikhailtswett）提出来的。他于1903年以石油醚为流动相，以碳酸钙为固定相的分析柱上冲洗叶绿素，结果在分析柱上形成不同颜色的谱带，他将这种使无色柱子出现谱带的分离方法称为色谱法。色谱法出现后，并没有引起很多人注意，直到1941年英国生物化学家马丁（Martin）等人发展了这个方法。他们使用了吸附在硅胶上的水作为固定相，用氯仿为流动相成功地分离了某些乙酰化的氨基酸，促进了气相色谱的发展，并为气相色谱的产生奠定了基础。

1952年马丁等人研究成功了一种新的气-液色谱法，用以分析脂肪酸、脂肪胺等混合物，是色谱法的一项革命。到1976年，随着电子技术的高度发展，把微处理机引入色谱，这样色谱就进入了“智能型”发展阶段，使分析操作进入全自动化的新一代。

1. 气相色谱的特点

（1）分离效能高　气相色谱法可以分离十分复杂的混合物，如可将汽油中10个碳以内的组分分离出240个以上的色谱峰。

（2）选择性高　气相色谱法可以分离化学结构极为相近的化合物，如甲苯的三个异构物，苯和甲苯的硝基衍生物的异构物。

（3）灵敏度高　气相色谱法可以分离和测定极少量的物质，一般可分辨出10^{-6}级的物质含量，如果使用更灵敏的检测器则能分辨出10^{-9}级的物质。

（4）分析速度快　一般几分钟就可定性。但如有复杂物质则需要几个小时才能完成。

（5）分离和检测一次完成

2. 色谱过程及色谱流出曲线

（1）色谱的分离过程　现以图81-2形象地表示一个以A、B、C三组混合样品在色谱柱上的分离情况。如图（a）、（b）、（c）、（d）表示的是分离过程中四个连续步骤，以固体填料制成的吸附柱和以固定液制成的分配柱分离过程是相似的，其区别仅在于前者是吸附—脱附，后者是溶解—析出。假定（a）为样品加入色谱柱中；（b）为流动相开始流入柱子，A、B、C三组分开始部分分离；（c）为流动相继续流入柱子；到（d）则三个组分可基本上彼此分开。从分析结果可以看出，样品中各组分在柱子上的移动速度是不同的，组分A移动速度最快，最先流出柱子，组分C移动最慢，最后流出柱子。由于各组分移动速度不同，因此在柱子中存在着速度迁移的快慢，于是样品组分就被分离开了。

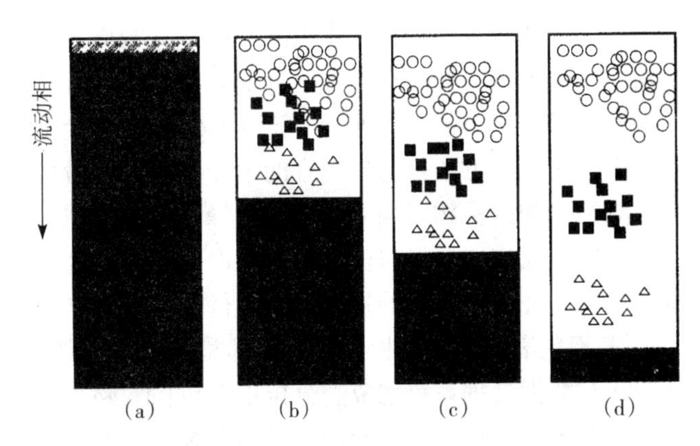

图81-2　三组分样品的假想分离

△化合物A　□化合物B　○化合物C

（2）色谱流出曲线 样品各组分经色谱柱分离后进入检测器，其浓度在检测器引起响应并作为分离时间函数被记录下来结果，如图 81-3 所示的色谱流出曲线（或称色谱图）。从色谱图流出曲线可以看到，在理想的情况下每个样品组分都以对称分布的形式离开色谱柱，这种分布形式称为钟行谱带或高斯曲线。并且每个谱带都有它的特定时间在柱上出现。同时相邻谱带之间存在时间差，而且每个谱带都有自己特定的宽度，分析工作者就可以根据所得到的谱图进行分析并从中获得定性及定量的结果。

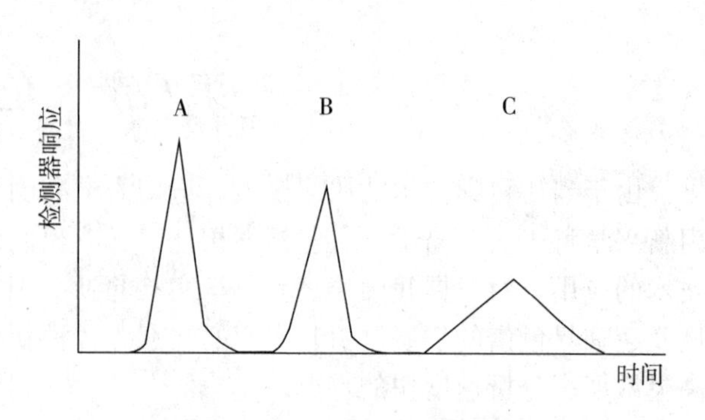

图 81-3 色谱流出曲线图

3. 定性定量分析方法

（1）定性方法 利用已知物直接对照法定性，是一种简单可靠的定性方法。该法定性依据是：在一定的柱条件、操作条件下，组分有固定的保留值。因此，控制一定条件，比较已知物和未知物的保留值，就可以确定某一色谱峰是什么物质。

①利用保留时间和保留体积定性：利用保留时间 t_R 定性是最简单的一种定性方法。只要准确测量未知物和标准物的保留时间并进行比较，相同者为同一物质。

②利用相对保留值、相对保留体积、相对保留指数等定性。

③用已知物增加峰高法定性。

另外与质谱法、红外光谱法、核磁共振等仪器联用，能测定单一物质的组分。

（2）定量分析 定量分析是求出混合物中各组分的含量，这是气相色谱分析中主要用途之一。气相色谱法的定量比较简单，其准确度也较高，重现性较好。这种方法的定量依据是：检测器对某一样品组分（i）的响应值（如峰面积 Ai 或峰高 hi）与该组分通过检测器的量（w）成正比关系就可以用于对样品组分定量。

（3）定量方法（百分含量计算） 最常用有三种方法。

①归一化法：本方法是把所有出峰组分的含量之和按 100%计算，然后去计算每个组分所占的百分含量。显然这就要求样品的所有组分都要流出色谱柱，并且在检测器上都要有响应信号，以峰面积或峰高为定量参数。

②外标法：有时称定量进样校正曲线法或检量线法或绝对法。本方法是在一定的操作条件下，用已知纯样品加稀释剂（对液体样品可用溶剂稀释，对气体样品可用载气稀释）配成不同含量（%）的标准样品，然后等体积进样分析，作出响应信号（峰面积或峰高）与含量间关系曲线，即校正曲线。作分析时在相同条件下进同样体积的被测样品，从色谱图上测量出峰高或峰面积值，便可从曲线上查出其含量。这种定量方法简便、快速。不论样品组分是否全部出峰，均可采用。

③内标法：本方法是选择适宜的组分作待测组分的参比物——即内标物，根据样品和内标物的量，以及待测组分和内标物的响应信号值（峰高或峰面积）进行定量的方法。对所选内标物的要求是，与样组分不应发生反应，并能与样品很好地混匀，内标物与样品组分应能完全分离，且内标物峰与待测峰要尽量靠近，其加入内标物的量也要接近待测组分的含量。

4. 气相色谱装置 气相色谱分析都是在气相色谱仪上进行。气相色谱装置主要由分析单元、显示记录单元和数据处理系统构成。分析单元包括气路系统、进样系统、色谱柱、检测器。显示系统单元包括温控系统、信号放大系统和信号显示系统。在分析样品前，先把载气调节到所需的流速，把汽化室、色谱柱和检测器分别升到所需要的操作温度。被分析样品从取样器进到汽化室后，立即被气化并被载气带入色谱柱中进行分离，分离后单组分先后进入检测器，产生一定的电信号，经放大后由记录器记录下来，得到色谱图。色谱图就是样品在检测器上产生的信号对时间所作的图，根据各种物质在图上的保留时间来定性，用其各峰面积或峰高加校值来定量。气相色谱过程如图 81-4 所示。

下面主要介绍柱和检测器的使用。

（1）柱　柱是色谱的心脏，样品组分的实际分离是在柱内实现的，因此一个特定的分离的成败在很大程度上取决于柱的选择。在气-液色谱仪有毛细管柱和填充柱两种。毛细管柱是小直径的开口管，在壁上涂有一层薄薄的液膜。填充柱的填料由一种不挥发液体的薄膜和支持它的惰性固体材料组成。管可以是玻璃的或金属的。固体载体，液相的类型和用量、填充方法、柱长度和温度都是达到理想分离的重要因素。

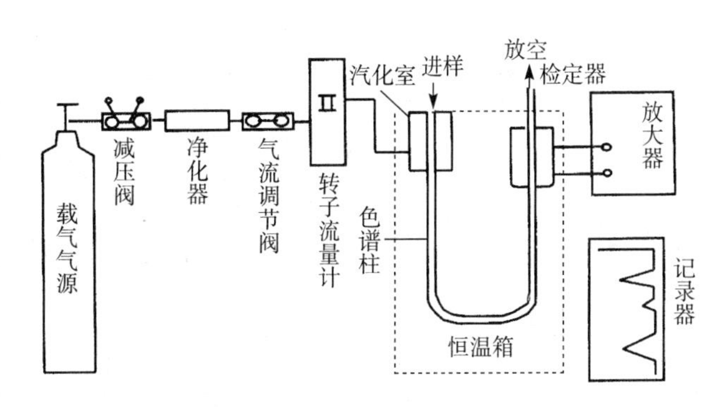

图 81-4　气相色谱过程示意图

（2）检测器　检测器负责指示柱流出物中组分的存在并测定其量的大小。理想的检测器是：灵敏度高、噪声水平低、响应的线性宽、对各种类型化合物都有响应，坚固，对流量和温度变化不灵敏。根据分析物质的成分来决定使用检测器种类，表 81-5 为常用检测器的主要性能。

表 81-5　常用检测器的主要性能

检测器 性能	热导池 (TCD)	氢焰离子化 (FID)	电子捕获 (ECD)	火焰光度 (FPD)	氮磷 (NPD)
适用范围	通用型	可燃有机物	负性化合物	含硫、磷化合物	含氮、磷、卤素化合物
噪音	10^{-2}mV	10^{-14}A	$3_{H1}\times10^{-12}$A $63_{Ni2}\times10^{-12}$A	4×10^{-10}A	10^{-14}A
灵敏度	10^4mV·mL·mg^{-1}	$S_t=0.015C\cdot g^{-1}$ $N_s^*=10^{-12}g\cdot s^{-1}$	3_H $s=800A\cdot mL\cdot g^{-1}$ $N_s=2\times10^{-14}g\cdot mL^{-1 63}N_t$ $S=40A\cdot mL\cdot g^{-1}$ $N_s=10^{-13}g\cdot mL^{-1}$	$S_t=400C\cdot g^{-1}$	氮： $S_t=200C\cdot g^{-1}$ $N_s=1\times10^{-13}g\cdot s^{-1}$ 磷： $N_S=5\times10^{-14}g\cdot s^{-1}$
检测限	$10^{-8}\times$ $10^{-9}g\cdot mL^{-1}$	$10^{-3}g\cdot s^{-1}$	$10^{-4}g\cdot mL^{-1}$	硫 $10^{-11}g\cdot s^{-1}$ 磷 $10^{-12}g\cdot s^{-1}$	氮 $1.2\times10^{-13}g\cdot s^{-1}$ 磷 $0.5\times10^{-13}g\cdot s^{-1}$
最低检测浓度（μg/g）	0.1	0.001	0.000 1	0.01	0.05～0.01
线性范围	10^4	10^7～10^8	10^3～10^5	硫 10^2 磷 10^3	10^5

注意事项：维护仪器是保证色谱分析质量和延长仪器使用寿命的重要因素。为了使仪器处于正常的工作状态，分析人员应对仪器的工作原理、性能结构、使用方法有充分的了解，严格遵守仪器使用说明书规定的操作规程。参照仪器的使用方法，把所需要的泵、进样器、色谱柱、检测器、记录器等部件连接好，注意检查电路、流路系统的连接是否正确，一般在色谱柱上都标有流动相的方向，要避免反向连接。在检查无误时方可开机。

5. 气相色气相色谱法在微生物分析中的应用　气相色谱法用于细菌分类和鉴定工作，包括细菌间相互关系的研究（化学分类研究）及感染病原体的快速、灵敏的鉴定方法。分析样品有三种不同类型：

（1）终消耗的生长培养中的代谢产物。

（2）全细胞或简单提取物等重要细胞成分（如脂肪酸、氨基酸、醇或糖）。

（3）被感染材料（体液或组织液）中特有细菌成分。

细菌的细胞组分内有许多化合物具有诊断价值，这些化合物称为标识物。可用于细菌化学分类的标识物，在其生物合成的过程中涉及相当稳定的基因。以肽聚糖和脂多糖为例，二者均属复杂并具生命活力的大分子，对于细胞以及 20 多种生物合成酶都有重要意义。磷脂组分中的低分子质量化合物（如脂肪酸）也很稳定，可用作分类标识物。表 81－6 列出常见的细胞成分及其用途。

表 81－6 可用气相色谱分析的具有诊断价值的细胞成分及处理方法

细胞成分	GC 或 GC/MS 预处理	诊断用的单一组分	用 途
全细胞	水解或甲醇分解（衍生物）	脂肪酸、脂肪醇、脂肪醛、糖	用于分类
糖	水解，提取，衍生物	人细胞中尚未发现的稀有糖	分类和诊断（全细胞）
蛋白质	提取，分级，纯化，水解，衍生物	人细胞中尚未发现的氨基酸	分类和鉴定
肽聚糖	提取，分级，纯化，水解，衍生物	D-氨基酸，肽	费时间，可用于分类
脂多糖	提取（纯化），甲醇分解，衍生物	稀有糖，羟基脂肪酸	费时间，不适于诊断
类脂	提取，水解，衍生物	脂肪酸，醇，醛	分类和诊断
磷壁（酸）质	提取，纯化，水解，衍生物	糖，多醇	分类和诊断

气相色谱分析代谢产物已成为许多实验室的常规方法，它对细菌鉴定（尤其是厌氧菌）具有相当重要的作用。

近年来，许多临床细菌实验室已把气相色谱分析细胞壁成分作为诊断工具，尤其是常用的脂肪酸图形法。由于目前缺乏详细的操作方法，故尚未普遍用于临床诊断。

二、裂解气相色谱技术

裂解气相色谱法（Pyrolysis gac chtomatogtaphy，PGC）简称裂解色谱，也称为热裂解色谱。这种方法是在一定条件下，将聚合物（被分析样品）裂解成易挥发的较小分子，然后将裂解产物进行气相色谱分析，得到该聚合物的特征色谱图（常称指纹图）。通过与已知物指纹图的对照而对未知物定性，同时通过裂解所得到的产物去推断聚合物的结构及组成。

1. 裂解机理 了解高聚物裂解的过程，大致估计样品可能发生的反应及其产物，对选择操作条件，解释和处理实验结果是非常必要的。裂解色谱主要是通过加热或光照的方法，使样品获得能量而被热裂解。裂解温度一般为 400～900℃。在一定条件下，虽然高聚物分子结构不同，但裂解时都是遵循着某些反应规律。所以得到的裂解产物就具有特征性并服从统计规律，是裂解色谱法分析高聚物的基础。

高聚物的裂解大致有三种方式：

（1）解聚 为一种游离基链反应，按这种方式裂解产物，主要是单体。裂解产物与高分子结构、裂解技术与温度及分子质量大小有关。

（2）无规则断链 一般是那些不含季碳原子的烯基聚合物按此方式裂解。单体产量低。

（3）非断链 当聚合物消除反应容易进行时，非断链就出现。

2. 裂解色谱的流程 试样进入裂解器，由温控部件控制裂解条件，形成的裂解产物由载气输送至分离柱。将各裂解碎片组分分离，然后由检测器检测。检测结果由记录仪记录，积分器进行峰面积的统计。目前，先进的裂解色谱仪可将分离后的流出物经浓缩，导入质谱计解析各组分的质谱，使裂解色谱过程更完善。裂解色谱过程模式见图 81－5。裂解器分为管式裂解器、热丝裂解器、居里点裂解器、激光裂解器等。

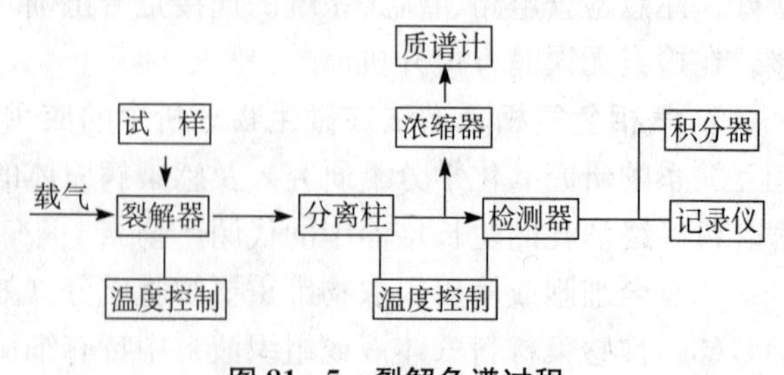

图 81－5 裂解色谱过程

3. 裂解色谱法在微生物和生物医学方面的应用 PGC 法除在高分子领域应用外，另一个重要应用领域就是生物医学。在生物学和微生物学方面，从最初的细菌分类，逐步扩展到病毒、蛋白质、甾族化合物、酶、立克次体等，在医学上则朝着临床快速诊断方向发展。

（1）样品制备　制备样品要求比较严格，要考虑到样品的生化特性，还要防止细菌等的污染。通常有两种制备方法：一种是离心洗涤冷冻干燥法（简称冻干法），其要点是将从培养基表面挑取的菌落或菌苔经离心洗涤 2～3 次，收集浓稠菌悬液，然后将此稠液冷冻、干燥，制成菌粉。另一种方法是，将从培养基表面挑取的菌落或菌苔涂在裂解器的发热元件上，让其自然干燥或置 37℃温箱中干燥，直接进样。两种方法各有优缺点，视实验目的及具体情况而定。在制样操作时，必须特别注意培养基和培养过程的一致，并防止培养基被带入样品，否则会严重影响鉴定结果的真实性和重复性。对于致病微生物，应事先用福尔马林或高压灭菌杀死致病菌。对于生物体组织样品，一般可用低温抽干水分后研磨成粉，或者将组织捣碎成匀浆。对于细菌的胞壁、鞭毛、脱氧核糖核酸等样品，则需预先加以提取，制成一定状态的试样。

（2）微生物的分类鉴定

①细菌：PGC 法用于细菌分析较多，有大肠埃希菌、志贺菌、沙门菌、革兰阴性菌、化脓性链球菌、结核分枝杆菌、葡萄球菌、放线菌、炭疽杆菌、霍乱弧菌、水弧菌、绿脓杆菌、耶尔森菌、固氮菌，其中以肠道细菌为主。一般各菌株都有特征谱图，而同属不同种（或不同血清型）的菌株，其相应特征的谱峰或峰群的强度不同，通过比较，均可将其区分至属、种、甚至亚种水平。

②病毒和真菌：用 PGC 法对多种病毒如植物病毒（黄矮病毒等）、流感病毒、麻疹病毒、流行性出血病毒、乙型脑炎病毒等和真菌（锈菌、皮肤真菌等）进行了鉴定，均得到较好的结果。图 81－6为正常与感染黄矮病毒的水杨梅叶子的裂解谱图。裂解温度 800℃，色谱柱 Cabowax－20M，柱温 40～140℃程升，谱图表明正常者与感染者有着明显差别。这将为动植物检疫提供一种有效的手段。

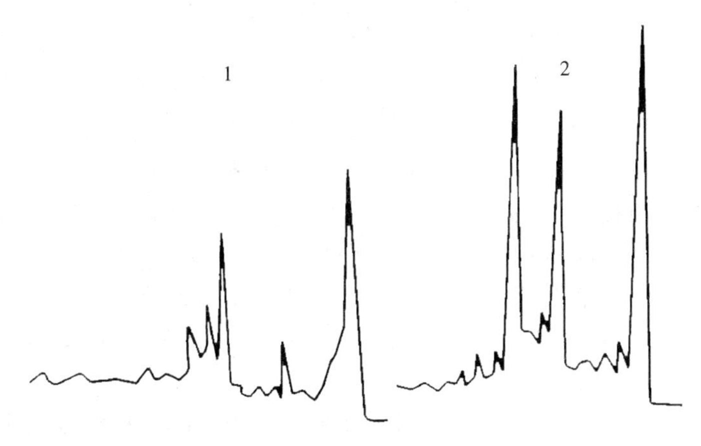

图 81－6　水杨梅叶子的裂解谱图

1. 正常的叶子　2. 感染黄矮病毒的叶子

③抗生素和单克隆抗体：曾对多种抗生素和单克隆抗体进行了分析。例如，裂解温度 875℃，色谱柱 3%XE－60，柱温 100℃，对 10 种青霉菌和 4 种头孢霉菌进行了定性鉴定，并对青霉菌 G 等 4 种抗生素建立了定量方法。又如，在一定的实验条件下，鉴定了抗单纯疱疹病毒、抗乙型脑炎病毒等 6 株单克隆抗体，结果重复可靠。

④立克次体：通过对某些实验条件下测定的裂解图谱的考察，可以鉴别正常的和由立克次体 R 株、小蛛立克次体 Kaplan 株、帕氏立克次体 FS110 株等 5 株斑点热群立克次体感染的鸡胚卵黄囊材料，以及鉴别这些不同的感染材料。此外，对 Q 热立克次体感染相同材料的鉴定，也得到了满意结果。

⑤生化物质的鉴定：鉴定的生化物质有蛋白质、氨基酸、甾族化合物、酶、胆碱衍生物、嘌呤、嘧啶、核糖核苷、血清等。如 300℃裂解氨基酸的研究表明，从裂解色谱“胺图”可以鉴定母酸。蛋白质裂解生成的氨基酸产物同分子链成比例地变化。在一定的裂解温度下，丙氨酸、亮氨酸、胱氨酸等 17 种氨基酸各有独特的裂解产物，因此可从裂解产物的分布探究蛋白质分子中氨基酸的序列。在 800℃裂解，色谱柱 0.5%Cabowax-20M，柱温 60～210℃程升，α-糜蛋白酶、刀豆脲酶、肌酸激酶等 6 种酶的裂解谱图具有规律性，在邻接的不同保留时间的位置上有 5 个特征峰，峰的相对强度明显不同，因此可确切地加以鉴别。同时观察到，其中 4 个峰也是酪氨酸的裂解产物。在 1 000℃裂解，色谱柱 5%Carbowax - 20M - TPA，柱温 55～165℃程升，17 -酮雄素烷、雄素酮、脱氢雄素酮、雌素酮等 15 种结构相近的甾族化合物的裂解谱图都存在差别，可以区分鉴定。

⑥疾病诊断：用 PGC 法对人的细胞进行研究时，发现正常人白细胞的裂解谱图几乎没有差别，而白血病患者的白细胞谱图则同正常人有差异。解析比较孕妇羊膜液中细胞的裂解谱图，可以预测胎儿的先天缺陷。正常胃组织的裂解谱图同胃癌组织的也有差异。这些研究表明，PGC 法有望成为一种临床快速诊断某些疾病的手段。

三、高效液相色谱技术

1. 高效液相色谱装置 高效液相色谱出现于 20 世纪 60 年代末至 70 年代初，它的发展速度很快，目前在生命科学中得到了广泛应用。图 81 - 7 为高效液相仪的流程图。

(1) 流动相贮槽 流动相贮槽一般是由玻璃或不锈钢制成，容量为 1～2L。通常带有脱气装置，以除去溶解的气体-氧和氮。柱内和检测器内若形成气泡会产生干扰作用，不仅使柱内的谱带扩散，而且常常干扰检测器的功能。脱气采用真空泵减压、蒸馏或加热与搅拌溶液剂等办法，使溶解的气体从溶剂中逸出。

(2) 梯度淋洗装置 采用梯度淋洗法常可提高可分离效率、缩短分析时间。所谓梯度淋洗法是在分离过程中使两种或两种以上不同极性的溶剂按一定程序连续改变它们之间的比例，从而使流动相极性强度相应变化。现代液相色谱仪常常带有这种装置。它可以从两个或两个以上贮槽中将溶剂以连续变化的速度注入混合室中。溶剂之间的体积比可随着时间按线性或指数关系变化。

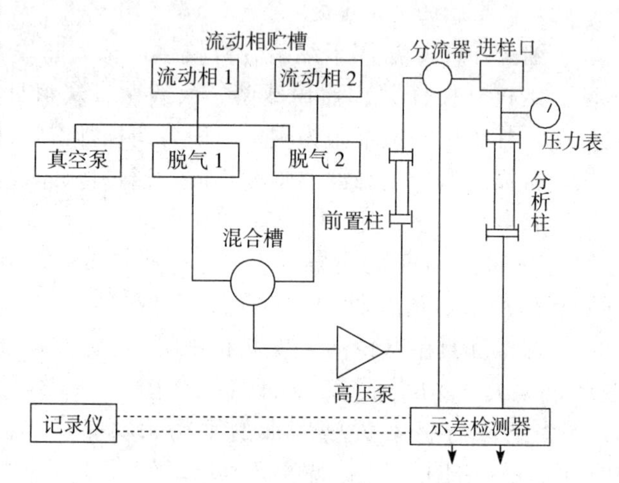

图 81 - 7 液相色谱仪流程图

(3) 高压泵 由于高效液相色谱所用的固定相粒度很小（10μm 以下），因此其流动的阻力很大。为使流动相有较快流速，就需要用高压泵将其注入色谱柱。高压泵的压力一般在 $1\ 471\times10^4$～$4\ 413\times10^4$Pa，流速为 2～10mL/min。对高压泵的要求是流速恒定，无脉动，流量可以调节。目前常用的高压泵有往复式柱塞泵和气动泵。

(4) 色谱柱 色谱柱是色谱分离的心脏。就其原理来说可以分为吸附色谱、分配色谱、离子交换色谱和分子筛色谱。但在高效液相色谱技术中，值得一提的是高效反相色谱，所谓反相是与正相相对而言，如果固定相的极性大，移动相的极性小，称正相色谱；反之固定相的极性小，移动相的极性大则称为反相色谱。反相色谱填料的制作一般是将亲脂性的基团（如不同长度的脂肪链）键合在硅胶上，形成一种依靠样品中各个成分的疏水性不同而分离的分辨率高的色谱方法。

目前液相色谱常用的标准型是内径为 4.6mm 或 3.9mm，长度为 20～25cm 的不锈钢柱。柱流动相的体积流速是 1mL/min 左右。填料颗粒度 5～10μm，柱效以理论塔板数计大为 7 000～10 000。固定相填料类型为：反相键合（C18、C8、C2 苯基），正相键合（ —CH 、 —NH_2 ），吸附，离子交换（阳离子交换、阴离子交换），分子筛（凝胶渗透、凝胶过滤）。

(5) 检测器 目前应用最广泛的是紫外-可见光区的光吸收检测器，分光光度检测器光辐射的波长可以调整至试样组分的吸收处，可进行蛋白质、核酸等生物物质的检测。示差折光检测器主要用于糖类成分的测试。各种高效液相色谱检测器性能比较见表 81 - 7。

表 81-7　各种高效液相色谱检测器的比较

项　目	折光指数检测器	紫外吸收检测器	荧光检测器	电导检测器	电化学检测器
应用范围	通用	选择性	强选择性	选择性	强选择性
使用梯度洗脱情况	不可以	可以	可以	不可以	不可以
线性范围	10^4	10^5	$\sim10^3$	10^4	10^6
在±1%噪音时满量程灵敏度	2×10^{-6}R. J. U	0.002A. U	0.005	0.05μMoh	2×10^{-9} (μamp)
最小检测量	μg	ng	pg	ng	pg
对温度敏感的程度	10^{-4}RIU/℃	低	低	2%/℃	1.5%/℃

2. 定性与定量分析　高效液相色谱中主要定性方法与气相色谱法基本相似。下面介绍两种不同的定性方法。

（1）*用不同的色谱体系进行定性*　两个组分在某一色谱柱不能分离，说明它们在该体系的色谱行为相同。这时只要改变流动相或固定相或同时改变二者，就可以改善分离的选择性。因此改用与原来色谱体系有较大差别的其他色谱体系进行分离，就有可能对这个组分作出判断。如某一色谱峰与标准物在液固色谱上有相同的保留时间，则可改用反相色谱法，若它们不是同一物质，保留时间必然不同。所以，两个色谱体系的特性差别愈大，这种核对的结果就愈可靠。

（2）*用检测器的相对响应定性*　在相同条件下，同一物质在两个检测器上的响应比应是相同的。对紫外检测，只要两种物质在两个不同波长的响应比相同，就可以认定是同一物质。

高效液相色谱法的定量方法基本与气相色谱法相似。

3. 高效液相色谱在分析微生物学的应用

（1）*细菌的分类鉴定*　在细菌的分类中，其核酸组成的碳基比通常是一项稳定可靠的指标，高效液相色谱为此提供一种直接测定的灵敏快速方法。脂肪酸和极性类脂的分析在细菌分类中的意义也是值得注意的。就以异戊间二烯醌这类化合物而言，它们是组成细胞浆膜的成分，在电子传递、气化磷酸化等方面都具有重要作用；同时，不同种的异戊间二烯醌在细菌分类中又显示颇有特征性的分布。又如大多数需氧菌仅合成泛醌，但噬纤维菌和黏细菌却像厌气菌，仅含萘醌等，这些都为分类学提供了依据。图 81-8 显示用高效液相色谱分析泛醌的色谱图。

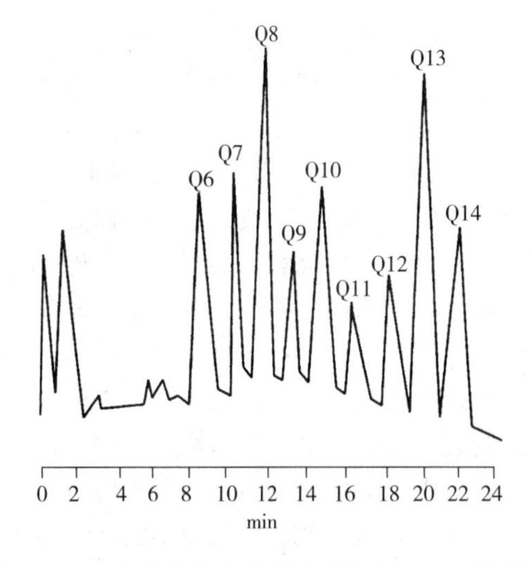

图 81-8　高效液相色谱分析泛醌柱（C18 反相柱）

（2）*微生物感染的检测*　番茄易被能导致水泡样改变的真菌（phoma）感染。这种菌能产生一种毒素——水泡毒素，用高效液相色谱仪可检出这种毒素的存在，从而证实番茄已被感染。沙门氏菌与噬菌体（Felix-01）共生，因此当被感染者的粪便中有沙门氏菌时，就有这种噬菌体的存在，可经高效液相色谱图显示。图 81-9 比较了被鼠伤寒沙门氏菌感染与未感染者粪便中检出噬菌体的结果。

（3）*病原微生物的蛋白质与肽的分析*　一种副流感病毒——仙台病毒结构中有两种蛋白在感染中具有重要作用，即融合蛋白和血细胞凝集素——神经氨酸苷酶蛋白。这两种蛋白可用高效离子交换色谱加以提纯，然后将纯化的蛋白做酶解肽谱，再用高效反相色谱分离酶解后的肽段，最后通过各个肽段的氨基酸顺序分析，进一步找出各个片段的结构与抗原性的关系，这就为人工合成和改造疫苗提供了有用信息。

反相高效液相色谱，在市售肽制品的纯度分析、活性肽在体内的分布与代谢、化学合成肽及基因工程末端产品的纯化与制备等方面，都获得了广泛应用。图 81-10 为市售 Physalaemin 的纯度分析图。

分析结果表明，市售品中含有该肽的氧化型（图中的小峰）。

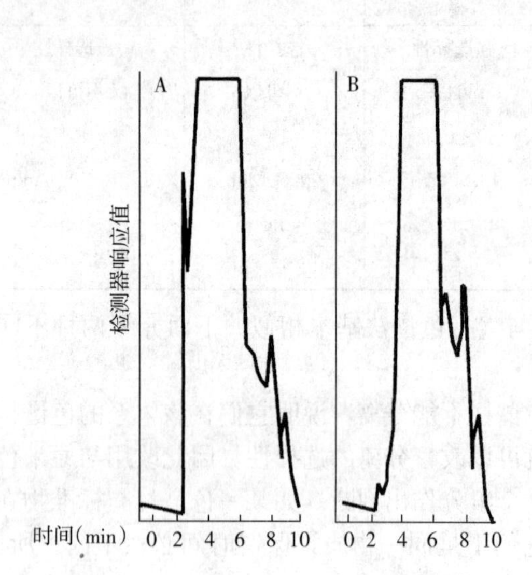

图 81－9 粪便中检测 Eelix－01 噬菌体

A. 受感染者 B. 未感染者

柱：E－1 000μm－Bondagel 分子筛柱

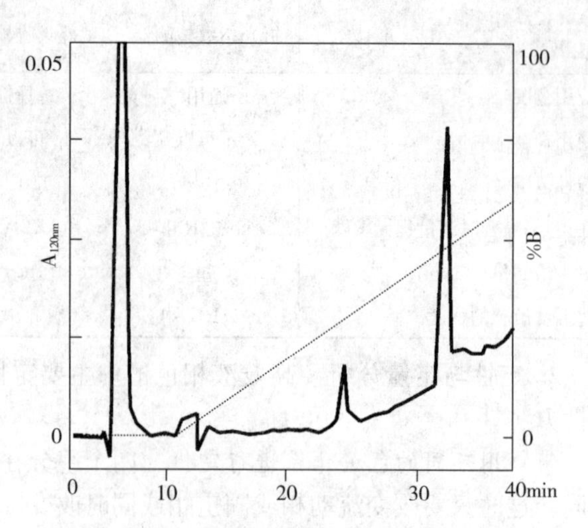

图 81－10 市售 Physalaemin 的纯度分析

样品来源：美国半岛实验室

色谱柱：μBoudapak C 18 3.9mm×300mm

流动相：A＝0.1％三氟醋酸，B＝60％乙腈-三氟醋酸（0.1％），线性梯度洗脱，0～70％B，30min

流速：0.8mL/min；检测：UV220nm，0.05aufs

四、微生物化学模式识别——微生物学数据处理

在分析微生物学工作中，用色谱、质谱、光谱等现代分析技术分析微生物样品，作为结果，得到一系列记录被试微生物有关化学数据的谱图。由于微生物样品的组成极为复杂，在不少情况下，例如作裂解气相色谱分析时，往往很难彻底搞清其谱图上的每个成分峰的化学本质，我们常称这些谱图为“化学指纹图”。如何根据这样的谱图推断出关于被试微生物的鉴别、分类结果，是分析微生学学数据处理所要解决的特殊问题。一般说来，数据处理的基本目的是通过适当的数学方法解析所得的谱图，即对谱图进行定量比较、分类和判别运算，找出各被试微生物的化学分类学关系，为它们的分类鉴定提供参考依据，或当样品为微生物的某一复杂组分时，对它的生化本质、组成或结构作出某种定性的解释。按照模式识别的观点，可以把分析微生物样品得到的谱图看作是该微生物在特定条件下的一种化学模式，解析谱图的过程就是对微生物化学模式进行识别的过程。微生物样品谱图的特点：一是谱峰数多，例如一张毛细管裂解气相色谱图中谱峰可多达一二百个；二是不同样品之间可以有定性差异，但大量的却是定量差异，特别是那些密切相关的类属菌，它们之间的差别几乎全反映在定量差异上。早期用目视法解析谱图，由实验者目视观察，比较不同样品谱图间的异同情况，用文字描述或列表表示，很难对定量差异作出客观、定量的评价。只有经过统计分析、确定它们的重现性和显著性之后，才能断定它们的鉴别意义。再则，用目视法很难对大量（常在数十株以上）的微生物样品进行比较和鉴别。为此，人们引入多元统计分析的方法对谱图作数值解析。可以把谱中的一个峰看作是该样品的一个指标（特征或度量），m 个峰就是 m 个指标。这样就可以用 m 维空间中的一个点来表示一个样品，不同的样品对应于该空间中不同的点，研究这些点之间的关系有可能推断出不同样品之间的关系。目前多元统计分析已成为分析微生物学数据处理的有力工具。

第九节 放射测量法

在微生物生长繁殖过程中，给予含有放射性同位素标记的前身物质，通过对放射性含量的测定，来确定标本中有无微生物的存在及其多少。

本法是建立在微生物新陈代谢基础上，当在体外培养微生物时，向其培养物中加入微生物生长所必需的物质（这种物质事先已被放射性同位素标记）。这种标记的物质被培养的微生物摄取后，经代谢、转化，有些存在于微生物体内，另一些则作为废物排在微生物体外，存在于培养物中或生成气体中。将这些生成的放射性气体从培养装置中导出或用其他方法吸取后送入测量器测量其放射性，从而达到检测的目的。此法已广泛应用微生物学、细胞学和医学。

一、主要测量方法

1. G-M 计数测量方法 G-M 计数管是生物学研究中应用较为广泛的探测器，其原理是以射线粒子入射到计数管后，引起内充气体电离作为记录入射粒子的基础。这种计数管可以用来测量 α 粒子、β 粒子和 γ 射线。但探测 α 粒子时计数效率不高，一般很少使用。测量 γ 射线时，由于 γ 射线不带电，只能利用射线与管壁的作用使管壁产生光电子，光电子间接引起管内充气体电离而得到探测，所以计数效率一般仅为 10%左右。因此，G-M 计数管主要用于探测 β 粒子，只要 β 粒子进入管内，几乎可以 100%被记录。但是，因受管窗及空气层等吸收作用的影响，对低能 β 粒子的探测效率变低，尤其不能测定 ^{3}H。

2. 闪烁测量法 该法是利用线与发光物质（闪烁体）相互作用而产生的荧光效应来探测核辐射的方法。闪烁测量技术根据其所用闪烁体的性质可分为固体闪烁测量和液体闪烁测量两种。固体闪烁测量的闪烁体多半为无机闪烁体，常用碘化钠晶体，它对 γ 射线有良好的探测效率。液体闪烁测量所用闪烁体，到目前为止几乎都是能溶于某种有机溶剂中的有机闪烁体。

液体闪烁测量的特点是闪烁系统为液体，被测放射性物质溶解或悬浮于闪烁液中，放射性原子或分子与闪烁液密切接触，自己吸收少，几何条件接近慢，计数效率显著提高。因此，这种方法是测量低能 8 辐射体最有效的方法。近些年来，由于现代科学技术的高度发展和同位素的广泛应用，现在液体闪烁测量技术不仅用于测量低能日辐射体，而且可以测量“粒子、低能 7 射线、正电子以及切伦科夫辐射等。由于液体闪烁测量技术的发展，开辟了其他方法所不能承担的多种研究工作，并在很大程度上为 ^{14}C和 ^{3}H 的扩大应用作出了新的贡献。

3. 放射性自显影测量方法 核射线可使照相乳胶感光，放射性自显影就是利用感光乳胶记录、检查和测量放射性的方法。向实验动物（或植物、微生物）体内引入某种放射性同位素以及用放射性同位素标记的化合物（或药物），再将动物组织制成切片贴在涂有乳胶的感光片（如 x 线片）上曝光，乳胶片再经显影和定影处理，这时可得到与放射性物质分布、浓度完全相应的影像。

随着技术上的不断改进，放射性自显影定位已非常准确，不但可以作成整体小动物或大动物各脏器的切片放射自显影，供肉眼或放大观察；而且还可以制成组织切片和超薄切片放射性自显影，用显微镜和电子显微镜观察，用以研究放射性物质在组织和细胞内的分布情况。放射性自显影的灵敏度甚高，如将曝光时间延长，甚至可记录极其微弱的放射性。目前，这是其他测量方法难以达到的。自显影还可以通过颗粒计数、光密度测量等方法作相对定量测定检查。

二、几种具体测量方法

1. 某些软 β 标记生物样品的制备和测量 在生物学研究中，一些释放软口粒子的放射性同位素应用最为广泛。因此。主要介绍一些软 β 标记生物样品的放射性测量。

（1）*蛋白质和氨基酸* 用 10%TCA 将蛋白质沉淀于圆形滤纸（直径 2.3～2.5cm）上，用 5%TCA 洗二次，于 90℃在 50%TCA 中加热 15min。然后用 5%TCA 洗一次，用 37℃的甲醇-乙醚（1：1）混合液洗二次，再用乙醚洗二次，最后把洗好的滤纸放在流通空气中干燥。干燥后将滤纸平放于盛有甲苯闪烁液的计数瓶底部进行测量。

水溶液中的少量氨基酸可以直接加到甲苯-乙醇混合物中测定。如果有氨基酸沉淀生成，则必须用有机增溶剂消化。大多数氨基酸（样品量最多为 25mg）均可在 10mL 甲苯- Tmun×100（2：1）的混合液中计数测量。该系统可在低温下使用，而且样品在一定时间内保持稳定。

（2）核酸

全核酸的测定（以大肠埃希菌为例）：取大肠埃希菌培养液 50mL 置于 whatman 3mm 滤纸（直径 2～3cm）上。在其中央刺一针状物，立即置于冰冷的 30%TCA 中至少浸泡 30min，取出后拔出针状物，置漏斗上用 5%TCA 抽滤三次，并用乙醇-乙醚（1：1）混合液洗三次，然后移到铝箔上于 120℃下干燥 10min 后，用甲苯闪烁液测量。

DNA 的测定：与上法同样制一滤纸片。从 10%TCA 取出后，不取下针状物。立即将滤纸片浸入盛有 1mol/L NaOH 的烧杯中，于 37℃：放置 3h，使 RNA 水解。水解后去除 NaOH，加入冰冷的 10%TCA 中，放置 30min，取出后与全核酸处理相同。拔掉针状物，洗好、干燥进行测量。该测量值为 DNA 的计数率。全核酸的计数率减去 DNA 计数率便是 RNA 的测定值。

RNA 的测定：研究 RNA 的前体嘧啶等物质合成 RNA 时，可采用固体支持法制样测量。取 0.1mL 肝脏匀浆置于 whatman 3mm 滤纸上，将滤纸浸入 0℃10%TCA 中，并在 0℃下用 5%TCA 提取三次，除去酸溶性部分之后，将滤纸分为两组，一组置于冷的 5%TCA 中，另一组置于 90℃5%TCA 中加热 20min。然后将所有滤纸均放在 5%TCA 中洗三次，再用乙醇-乙醚（1：1）洗二次，于红外灯下烘干。干燥后在甲苯闪烁液中测量。冷提取滤纸与热提取滤纸计数值之差即为 RNA 的测定值。

（3）碳水化合物　可溶性碳水化合物可利用含有乙醇或乙氧基乙醇的甲苯闪烁液测定，也可以使用二氧六环-萘溶液。难溶的碳水化合物可经消化或燃烧后再溶于甲苯闪烁液中测量。

（4）聚丙烯酰胺凝胶　一般情况下是将聚丙烯酰胺凝胶进行消化。消化凝胶的方法：有的是在 55℃消化 1h，或在 40℃消化过夜；也有的在 60℃下消化过夜。利用上述方法，对于^{3}H 和^{14}C 均有良好效果。但是有人认为加热会导致$^{14}CO_2$及$^{3}H_2O$ 的损失，所以建议用 0.25mL 含有 1 份浓 NH_4OH 和 99 份 30%的 H_2O_2混合物，在室温下对 1mm 凝胶薄片消化 4～8h。若凝胶中有［^{32}P］RNA 时，则不必先行消化，可以将凝胶薄片直接置于干滤纸片上干燥。干燥后按固体支持法测量，计数效率较高。放射性自显影试验时，可以用凝胶片直接压 X 光片进行放射性测量。

（5）动物组织　过氯酸法是将一定量（不超过 0.2g）的组织置于计数瓶中，加入等体积的 60%过氯酸及一定量的 30%H_2O_2溶液混合均匀后，将瓶盖好以防蒸发损失，并把样品置于 70～80℃的烘箱中加热 30～60min。注意每隔一定时间要振动一次。冷却后加入 5～6mL 溶纤剂，于 10mL 甲苯- PPO 闪烁液（PPO：6g/L）中测定。此外，动物组织也可以用 NCS 法、Hyahline hydronide 10 - X 法（海胺法）和 Aguasol 法进行放射性测量。

2. 常用放射性同位素的样品制备和测量　在生物学试验中，使用的放射性同位素种类繁多，方法不一。特选几种常用放射性同位素的测量法作一介绍。

（1）^{3}H 和^{14}C 标记物的放射性测量　^{3}H 的β粒子能量级弱，所以测定^{3}H 标记物的放射性只能用液体闪烁测量法和放射自显影法。在研究核酸生物合成的试验中，［^{3}H］- dNTP 标记的 DNA 或 RNA 样品按上述核酸样品制备及测量方法进行放射性测定。放射自显影试验中应根据具体需要，制作合适的样品切片，然后即可做放射自显影测定。若要测定用^{3}H 标记的动物肝脏，可以采用 Agtlasol 法进行测量。取^{3}H 亮氨酸标记的动物肝脏，在蒸馏水中制成匀浆（1：2W/V），取 0.2mL 匀浆液加到 7mL 7%TCA溶液中，于 95℃下加热 30min，然后通过微孔滤纸过滤，用 10mL 5%TCA 洗二次，再用 70%乙醇洗二次。沉淀与滤纸一起移到 10mL 小型计数瓶中，加 2mL 蒸馏水和 6.75mL Aytlasol，盖好瓶盖，剧烈振荡后计数。

除^{3}H 外，^{14}C 也是弱β辐射体，β粒子能量为 0.54Mev，比^{3}H 的β粒子能量强。因此，除可以使用测量^{3}H 放射性的方法外，也可以使用 G - M 计数管测量方法，但此时一定要制成极纯的样品。通常是将^{14}C标记的有机物氧化成$^{14}CO_2$，通过碱性物质的吸收，最后以$Ba^{14}CO_3$，的形式测量其放射性［^{14}C标记化合物能转化成$^{14}CO_2$的方法主要有两种：第一种是干燃烧法，即氧中燃烧法。样品在高温燃烧炉的燃烧管中，于缓慢通气的情况下燃烧，用 NaOH 定量收集生成的$^{14}CO_2$。第二种是湿燃烧法，即将^{14}C标记化合物溶于含有氧化剂的溶液中，使有机物氧化成$^{14}CO_2$。常用的有 Vanslyke-Folch 混合液以及过硫酸盐混合液。氧化后生成的$^{14}CO_2$用 Ba（OH)$_2$吸收。得到的$Ba^{14}CO_3$沉淀经过滤铺样即可用 G-M 计数管进行放射性测量］。在某些细菌学试验中，只需测量细菌利用培养基中^{14}C标记物而产生的$^{14}CO_2$的放射性，这时只要用碱性物质［NaOH、Ba(OH)等］吸收细菌产生的$^{14}CO_2$，然后即可用流气式 G-M 计数管或液体闪烁计数器进行测定。测定$^{14}CO_2$，标记组织的放射性时，可以用 NCS 法。将^{14}C标记的组织（20mL）捣碎置于玻璃计数瓶中，加 1.9mL NCS 使组织在 35～50℃下消化，直到无固体残留物为止。样品消化后，冷却至室温，加 20mL 甲苯 - PP（bis-MSB 闪烁液（PPO：6g/L，bis-MSB：100mg/L）用液体闪烁计数器进行测量。

（2）^{32}P、^{35}S和他^{125}I标记的放射性测量　在使用^{32}P的实验中，有些情况下只需测定湿组织的放射性。此时可采用组织糜铺样法制备测量样品。多数情况下是使待测的有机物质无机化，然后以磷酸盐沉淀的形式析出再测定其放射性。在必须测定蛋白质、核酸、磷脂或其他含磷物质中^{32}P的放射性时，应参照生物化学分析方法，将^{32}P标记的生物材料经过适当的程序分离，得到的^{32}P标记物可以用 G - M 计数管和液体闪烁计数器测定其放射性。

测定^{35}S标记物的放射性时，根据试验需要，有时可以直接测量^{35}S有机物质本身的放射性。一般情况下，可将^{35}S示踪物质制备成硫酸钡或硫酸联苯胺的形式。在以硫酸钡形式测量^{35}S的放射性时，应按 Benedot 方法进行。但有些情况下，测量^{35}S标记的蛋白质样品时，先用 TCA 把蛋白质从样品的组织中分离出来，再用乙醇或乙醚洗涤沉淀物，注意除去沉淀物中微量脂类物质。然后用液体闪烁计数器测量。

对于^{125}I标记物的放射性，使用 γ 计数器测量比较方便。^{125}I标记物的样品处理一般也较简单，如测定血浆蛋白结合^{125}I的放射性，可取静脉血离心分离血浆，少量血浆经三氯醋酸法分离处理后，即可以用 γ 计数器测定其放射性。在放射免疫分析试验中，^{125}I标记的抗体（抗原）或抗原抗体复合物，经过一定程序的分离后，也使用 γ 计数器测量其放射性。

（3）^{59}Fe和^{51}Cr标记物的放射性测量　铁是生物体内必需的微量元素之一，因为其含量少，所以把组织中的有机物质灰化后再测定^{59}Fe的放射性比较方便。有机物的灰化过程与^{32}P样品处理过程相同，灰化后的反应液便可进行放射性测量。此外也可以硫化物的形式将铁沉淀，然后用沉淀后的放射性铁制备测试样品，进行放射性测定。测定红细胞利用^{59}Fe为分率试验，需要测定红细中^{59}Fe的放射性。在给试验者静脉注射与血浆结合的^{59}Fe一定时间后，采取血样制备抗凝全血，耳少量抗凝全血，离心弃去血浆，用生理盐水洗涤后可直接测定细胞的放射性。

用^{51}Cr测定红细胞寿命时，需要测定^{51}Cr标记红细胞的放射性。采取被试验者的静脉血，用常规方法分离红细胞后，用 γ 计数器测定^{51}Cr红细胞的放射性。^{51}Cr-红细胞脾功能试验时，为判断脾脏有无过度破坏红细胞的情况，要测量脾脏破坏红细胞后积累^{51}Cr的多少。因此，在给试验者静脉注射^{51}Cr-红细胞一定时间后，可用带有张角型准直器的闪烁探头在前区、肝区和脾区部位分别进行放射性计数测量。此试验 SLI（脾脏定位指数）的正常值平均为 0.24（范围 0.15～0.49）。

（4）双标记样品的放射性测量　在某些试验中，需要同时用两种放射性同位素标记一种生物样品，称为双标记。其中以^{14}C和^{3}H双标记应用较多。

目前双标记样品主要是 β+γ 和 β+β 两种。前者是根据两种射线穿透力不同，采用滤板将弱 β 切掉，仅测量 γ，然后再测量 β+γ。例如，用厚度为 1mm 的铝片可以切掉 99.7%的^{35}S，却可以测出 56%的^{131}I。对于（^{35}S,^{125}I），由于^{125}I的 γ 能量较低，有人采用套有塑料膜的通气计数管测量^{35}S，效率为 10%，漏过比^{125}I 12%；然后用闪烁晶体测^{125}I，只漏过^{35}S 0.007%。对于（^{3}H,^{131}I），有人采用♯型闪烁探头测量^{131}I，再将样品燃烧成气体测量^{3}H。至于 β+β 的测量，主要是（^{14}C,^{3}H），目前可以不用进行^{14}C和^{3}H的分离而直接进行制样测定。测量需要使用液体闪烁计数器，常用的有联立方程法，筛选法和逆比法。

三、放射性测量法的应用

1. 测量肿瘤中与RNA病毒结构相关的核酸分子 自从发现致癌RNA病毒在受染细胞中通过逆转录酶的作用可以合成病毒特异的RNA现象后，使在细胞中寻找一种病毒特异的DNA来说明RNA病毒的感染情况成为可能。利用分子杂交技术，先以某种病毒的RNA分子通过逆转录酶作用合成标记的[^{3}H]-DNA，然后用[^{3}H]-DNA和欲观察的肿瘤的RNA进行杂交反应，最后测定RNA-[^{3}H]-DNA的标记量。其过程如以下反应式所示：

（1）制备以病毒RNA为模板的[^{3}H]-DNA

$$^{3}H-dTTP+dATP+dCTP+dGTP\xrightarrow[\text{逆转录酶}]{\text{病毒RNA，}Hg^{++}}\text{病毒特异的}[^{3}H]-DNA$$

（2）与肿瘤RNA进行杂交反应

病毒特异的病毒特异的[^{3}H]-DNA+肿瘤RNA→[^{3}H]-DNA·RNA

有人应用这一方法，研究人淋巴瘤或何杰氏症细胞中或人乳腺细胞中有无和鼠白血病以及鼠乳腺癌病毒相关的核酸分子。

2. 血浆蛋白结合^{125}I（$PB^{125}I$）试验 甲状腺激素从甲状腺释出进入血浆后，是以血浆蛋白结合激素及游离激素两种形式存在，但后者的量极微。$PB^{125}I$所反映的就是甲状腺制造与分泌激素的速度。

受试者口服30μCi^{125}I。48h后取静脉血，离心分离血浆。取4mL血浆测定放射性后，用20%TCA沉淀蛋白质，再用10%TCA洗涤沉淀物二次，沉淀物用2mol/L NaOH溶解，然后测量其放射性。标准源采取受试者服用量的1/1 000，即0.03μCi^{125}I。

$$PB^{125}I=\frac{4mL\text{血浆中}PB^{125}I\text{脉冲数}\times 250}{\text{标准源脉冲数}\times 1\,000}\times 100=\%/L\text{血浆}$$

诊断标准：$PB^{125}I$（48h）以0.3%/L血浆为正常值上限，>0.3%/L血浆即可诊断为甲抗。

3. 血浆^{59}Fe半消失时间和血浆转换率的测定 主要方法是：①抽取被检查或血库中取新鲜O型血15～20mL，分离出血浆，在血浆中加入约10μCi的柠檬酸^{59}Fe，在37℃下温育30min，^{59}Fe血浆中B球蛋白充分结合成输铁蛋白，形成标记血浆。②取1mL标记血浆，经适当稀释配制成标准源。从标准源中取1mL，测量其放射性。③先抽采被检查静脉血4mL，用化学法测定血浆浓度，然后静脉注射标记血浆10～15mL。④静脉注射标记血浆后，分别于10、30、60、90、120、180和240min，从被检查静脉取血4mL，分离出血浆，各取2mL血浆测出每毫升血浆的放射性。⑤以时间为横坐标，每毫升血浆放射计数为纵坐标，将测得数据在半对数坐标纸上连成一直线（即血浆^{59}Fe半消失曲线），将该直线外推到零时间求出血浆^{59}Fe半消失时间。⑥根据测得的血浆^{59}Fe半消失时间、血浆铁浓度和血浆容量，可计算出血浆铁转换率。

测定血浆^{59}Fe半消失时间有助于溶血性贫血和再生不良性贫血之间的鉴别。缺铁性贫血、溶血性贫血和真性红细胞增多症时，血浆^{59}Fe半消失时间较正常人缩短，而在再生不良性贫血时比正常人延长。

4. ^{51}Cr标记红细胞测定红细胞寿命 主要方法是：

①取被检者静脉血10～15mL，用ACD溶液（$Na_3C_6H_5O_7-2H20$ 2.2g，柠檬酸0.8g和葡萄糖2.5g，加水到100mL）抗凝。

②加入100～200μCi$Na_2{}^{51}CrO_4$（放射性浓度大于1mCi/mL），在37℃下温育30min，每10min轻轻摇动一次，使充分混匀。

③加入适量抗坏血酸（每100μCi^{51}Cr加30mg抗坏血酸），混匀并在室温下放置15min，使六价^{51}Cr还原成三价，因后者不能透入红细胞，故加入抗坏血酸后^{51}Cr对红细胞的标记即被中止。

④将上述全部标记血液注入被检查静脉。注射后24h自另一侧静脉取血2.5mL，以后每隔3d取血一次，直至血样中放射性减少至原始时一半为止。各次血样均用肝素抗凝。取其中1mL全血作细胞压积测定，另取1mL于测定管中，标管号，封口置冰箱内保存。待抽取最后一次血样后，一次完成各次血样的放射性测量。这样无需作^{51}Cr的衰变校正。

⑤利用红细胞压积，将每毫升全血放射性换算成每毫升红细胞放射性（脉冲/min）。以第0天血样（第24h血样）的每毫升红细胞放射性为100%，则任何一天^{51}Cr-红细胞生存百分率按下式计算。

$$\text{任何一天}^{51}\text{Cr-红细胞生存百分率}=\frac{\text{当天血样每毫升红细胞的放射性}}{\text{第0天血样每毫升红细胞的放射性}}\times 100\%$$

⑥以^{51}Cr-红细胞生存百分率为纵坐标，时间为横坐标，将测量数据描绘成红细胞生存曲线。如果在普通坐标纸上呈直线，则将该直线外推到时间轴，交点的时间即代表红细胞平均寿命。如果在半对数坐标纸上呈直线，则推求出红细胞外表半生存时间（正常值为20～29d），则红细胞平均寿命（天）＝1.44×红细胞外表半生存时间。

测定红细胞寿命可以了解某些溶血性贫血的程度，鉴别红细胞寿命的缩短是由细胞内在缺陷还是由外源因素所致，从而为诊断和预后提供依据。

5. 用质粒直接进行DNA序列测定　用这个方法，可以避免分离标记片段的麻烦。在这个方法中利用大肠埃希菌外切酶Ⅲ的3′～5′降解DNA链的活性，处理经限制酶切开的质粒，即能得到不同长度的3′～5′链，彼此共差一个核苷酸。由于外切酶Ⅲ不降解5′～3′链，因此相对应的模板仍得到保留。当分别加入4种［$\alpha^{32}P$］dNTP与DNA聚合酶（大片段），可在各自配对的位置上标记上同位素，得到四种标记的不同长度的DNA3′～5′片段，再用另一限制性内切酶把要测定的片段从质粒上切下来，然后进行聚丙烯酰胺凝胶电泳。电泳结束后，冲净外面的电泳液，用滤纸擦干，小心取下一块玻璃板，使凝胶平整地留在另一块玻璃板上，盖上一层塑料薄膜，在暗室中压上X光胶片和增感屏，用黑纸包好，室温放置数天（视加入样品cpm高低而定）。如放在－70℃冰箱中效果更好X片冲洗定影后即可在自显影底片上阅读被测DNA片段的核苷酸序列。

6. 水中细菌的检查　将水样接种于含^{14}C乳糖的肉汤中（补加2×10^{-6}mol/L乳糖和溴酚蓝），37℃振荡培养一定时间后，移到聚乙烯板的中央槽内，加入0.2mL HYOH（一种有机溶媒溶解的季铵盐，可以收集CO_2）采集$^{14}CO_2$，再培养15min后，加0.5mol/L HCl中止反应，振荡15min使产生的$^{14}CO_2$，全被吸收，用闪烁计数器测量放射性。结果，在10^3个大肠埃希菌在培养2h，10^2个菌在3h，1～10个菌在6h可以检出。另外，本法还可用于细菌鉴定、抗生素敏感性测定、细菌代谢以及菌血症及菌尿症的快速诊断等方面。

第十节　生物传感器技术

生物传感器（Biosensor）的原理最早于1962年Clark等提出（酶传感器），1967年则由Vpdicke等研制成功第一个酶电极，此后就得到迅速发展。生物传感器是利用具有生物活性的生物材料作为分子识别元件，对待测试样中的待测物进行反应，通过传感元件将其浓度转换成电信号，进行分析并取得结果，具有试样用量小、测定速度快、敏感性高、特异性强的优点。现在广泛应用于生物学研究、临床化验等诸多领域。

根据所用生物活性材料的不同，生物传感器可分为酶传感器、微生物传感器、免疫传感器及其他生物传感器等。

一、酶传感器

酶传感器是指在电极的敏感面上装有固定化酶膜，利用指示电极对酶与底物的反应所产生的电极活性物质的响应，通过检测和对应底物浓度相应的电流或电位变化来定量分析待测样品的酶电极结构。例如在葡萄糖氧化酶氧化葡萄糖的反应中，通过氧电极检测氧浓度的变化来定量测定底物葡萄糖的传感器就是一个典型的传感器。

迄今为止已有上百种酶电极，如葡萄糖、乳糖、蔗糖、麦芽糖、乳酸、丙酮酸、胆碱酯酶、组氨酸、谷酰胺、天门冬酰胺、芳香胺、多胺、青霉素、尿素、氟化物中性脂类等多种酶传感器。酶传感器的研制与发展方向将是多功能、微型、自动化，以及新型混合电极。酶电极的工作特性。

1. 响应时间 即电极对酶化反应所需要的时间。首先是使底物从溶液扩散到膜表面，并穿过膜传导到酶的活性区，并在酶的作用下进行反应，形成的产物再传导到电极表面，在电极表面产生反应。影响响应时间的因素有物理因素、化学因素及仪器因素等。

2. 线性范围和检测限度 线性范围是指标定曲线的直线部分，线性范围越大，可检测出的底物的浓度范围越广。目前酶电极能量的底物浓度范围一般为 $10^{-2}\sim10^{-5}$ mol/L，某些电极上限高达 10^{-1} mol/L，下限低到 $10^{-8}\sim10^{-9}$ mol/L。

3. 测定的干扰因素 主要是电化学干扰、酶的影响及非特异性等。

4. 酶电极的制备

（1）*选用基础电极* 根据酶电极反应的特性，若酶反应的产物或反应物无电化学活性时只能选用电位法测定，而不能用电流法测定；若酶反应是氧化还原反应，则基础电极既可采用电位法，亦可采用电流法测定。由于电位法和电流法在基础电极上响应的变量不同，所以基础电极的选用须考虑所有的测定方法。特别是电位法在电极上响应的是产物的浓度，因而这类基础电极要根据反应产物的性质来选用。

（2）*制备固定化酶膜* 制备固定化酶膜是决定酶电极性能的关键。其方法有两类：载体吸附法、聚合物胶包埋法和半透性微型胶囊法等物理法；载体共价结合法和双功能试剂共价交联法等的化学法。

①载体吸收法：将酶吸附于水不溶性载体的表面，但酶与载体结合得不牢固，易脱落，有些酶被吸附后还会失活。

②聚合物胶包埋法：通过成胶物质在酶的水溶液中聚合而进行，常用的有聚丙烯酰胺凝胶法。它的制备方法是以丙烯酰胺为单体，N，N’-甲叉二丙烯酰胺为交联剂，再将酶与此凝胶混合后，在光照与除氧条件下聚合而成。此外还有纤维包埋法等。

③载体共价结合法：将酶与载体通过共价键结合而固定。其载体材料常用丙烯酰胺基聚合物、马来酸基聚合物、聚氨基酸、涤纶及尼龙等人工合成物质以及纤维素、琼脂糖、氧化铝等天然物质。可用来供酶与载体共价结合的蛋白质功能团有氨基、羧基及羟基等。

④共价交联法：是利用双功能或多功能试剂使酶分子间发生交联而成为固定化酶。常用的交联剂有戊二醛。用戊二醛作交联剂将葡萄糖氧化酶接到带有3-氨基丙基三乙氧基甲硅烷的铂电极上，可制成稳定性良好的酶电极。

二、免疫传感器

利用抗体对抗原的识别功能和传感功能作为分子识别部分所形成的传感器即为免疫传感器（Immunosensor）。免疫感受器是以免疫测定法的原理为基础，根据是否使用标记物而分为非标记免疫传感器和标记免疫传感器两大类。

非标记免疫传感器是将抗体（或抗原）固定在不溶性的膜上或电极表面上，制成抗体或抗原膜或者是抗体、抗原结合电极，来识别相应抗原或抗体，并将反应所引起的物理变化直接转换成电信号。

标记免疫传感器由抗体结合电极和氧电极组成，是抗体结合电极与被测抗原和规定量的过氧化氢酶标记抗原混合液发生反应，形成抗原抗体复合物，再洗去未反应的抗原，然后把免疫传感器插入添加了规定量的 H_2O_2 溶液中，结合在抗体膜表面上的标记抗原以其所附过氧化氢酶使 H_2O_2 分解，产生 O_2。由于 O_2 增加，使电极电流增大。电极电流的变化与被测抗原成比例。

1. 免疫传感器的类型

(1) 电化学免疫传感器 可分为两种。

①电位免疫传感器：是将抗体（或抗原）固定在膜上或电极表面上，来识别与之相应的抗原（或抗体）并形成稳定的复合物，可引起膜电位或电极电位的变化，通过测定变化的电位测得抗原（或抗体）的浓度。

气敏电极：它与一般酶联分析基本相同，不同点是用于测定的不是分光光度计而是一种普通的电极——氨和二氧化碳电极。

离子选择电极：用化学方法将地高辛和离子载体结合在一起，再将此结合物掺和在PVC薄膜内，然后把它装在电极顶端，再将制备的电子掺到K^+溶液中，K^+将通过含有载体的塑料膜到达电极，并产生一个平衡电位。如果局部溶液中加入地高辛抗体，由于抗体和膜上的抗原结合，阻碍了离子载体载运离子的能力，就会使平衡电位发生变化，该变化与溶液中的抗体浓度成比例，以此测得抗体浓度。

场效应管：在免疫分析时，有机膜上有固定抗体，当与待测液中的抗原结合时，荷电状态就会发生显著变化，这种电位变化可通过静电计测出。

②电流免疫传导器：用酶将抗原抗体结合的信号转化成酶催化反应的信号。最早出现的是克拉克式氧电极传感器，是将抗体固定在克拉克式电极上，抗原用过氧化酶标记。在电极插入含有标记抗原和未知浓度抗原的溶液中时，两种抗原和膜上的抗体竞争结合。洗去未结合的抗原，加入H_2O_2，在酶的催化下，H_2O_2释放O_2。通过测出氧气量便可得到待测抗原浓度。

(2) 抗体或抗原的固化技术 采用化学交联或物理吸附。化学交联的优点主要是结合得比较牢固，可以较长时间不发生明显脱落。但缺点是在化学交联过程中，抗原或抗体的活性可能丧失一部分。物理吸附对抗原或抗体的活性无影响，但吸附的抗原或抗体容易脱落。

用于化学交联的载体有冠醚化合物、聚苯乙烯、肽丝、半导体等。用于物理吸附的载体有碳精、硅石等。

(3) 检测的标定 电化学免疫传感器检测技术和其他免疫检测法一样，需要进行标定，作出标准曲线，通常以放射免疫或液相色谱来标定。

2. 光化学免疫传感器 根据光学原理，在换能器使用光敏元件形成的免疫传感器就为光化学免疫传感器。主要有以下几种类型。

(1) 发光免疫传感器 以酶免疫测定为基础，用过氧化物酶作标记。当标记抗原和待测抗原在抗体膜上与抗体结合后，洗去未结合抗原，加入鲁米诺和H_2O_2，在过氧化物酶作用下，反应发光，由测定结合酶量分析得到待测抗原的浓度。

(2) 荧光免疫传感器 与发光免疫传感器相类似，不同的是无需酶的参与，只有抗原、抗体和染料。

(3) 光学免疫传感器 即以表面等离子体共振原理为基础。一定波长的光以一定角度照射到金属导体表面时，表面的电子就会运动，同时吸收某个特定波长光的能量，使光强度降低。利用这个现象，便可以设计无需荧光标记的免疫传感器。

(4) 热免疫传感器 利用酶反应通常是一个放热反应的特性，用酶作标记，并使用酶热敏阻。分析时抗体吸附在固体颗粒或固定在膜上，待测抗原与酶标抗原竞争性结合抗体，加入酶的底物后，通过热敏电阻测出酶催化反应所放出的热量，求知反应酶的量，从而得出待测抗原的量。

(5) 压电免疫传感器 当交流电通过压电材料时，使材料出现小的机械变形，在一定频率下，导致机械共振或声共振，振荡频率随振荡器表面质量的变化而变化。

3. 免疫传感器的应用及今后发展 免疫传感器具有检查大分子物质的功能，而且选择性好，标记免疫传感器利用了标记剂的化学放大作用，其检测灵敏度比非标记免疫传感器高。但免疫传感器尚需解决测试时间缩短，提高灵敏度，提高材料性能，改进制造工艺等问题。

三、微生物传感器

微生物是复合酶系，具有不同的呼吸活动和代谢功能，将活的微生物制成固定化膜，装在适当的电极上就成为微生物传感器。

(1) 利用微生物的非特异作用　利用对所有有机物都发生作用的微生物（必须是活性）群落，制成BOD传感器。

(2) 利用微生物中特定的单一酶或复合酶　可直接使用菌体，这与酶的利用完全相同。

(3) 利用微生物的特异作用　以对特定氨基酸或糖起作用的菌株构成传感器。

(4) 酶-微生物混合型　将肌酸酐酶固定膜和能氧化 NH_3 或 NO_2 的微生物固定膜，装在氧电极上，制成肌酸酐传感器。

(5) 利用微生物的变异性　研究利用微生物的变异性制成微生物传感器，对致癌物进行一次性筛选的微生物传感器。

(6) 以处于生长发育状态的微生物细胞表面存在的电活性物质制成活细胞计数器

1. 微生物传感器的类型

(1) 呼吸活性测定型微生物传感器　把嗜氧性微生物固定化膜与氧电极插入到含待测有机物试液中，有机物向微生物膜内扩散并被微生物新摄取。摄取有机化合物后，其呼吸活动增强，使微生物的耗氧量增加，扩散到氧电极上的氧量相应减少，此电极电流的变化和被测有机物的浓度成比例。

(2) 电极活性物质测定型传感器　这种传感器由微生物固定化膜与燃料电池型电极组成。微生物摄取待测有机物，产生各种代谢产物。这些电极活性物质经用适当电极检测，可推测出待测有机物的浓度。

2. 微生物传感器的应用

(1) 代谢产物的检测　利用包埋法把活的荧光假单胞菌固定在胶原膜上，再将它装在氧电极上，制成能测定葡萄糖浓度的微生物传感器。利用类似原理可制成定量测定氨、谷氨酸等微生物传感器。

(2) 致癌物质的检测　利用微生物传感器把致癌物质对微生物的作用直接转换为电信号，可快速进行致癌物质的初筛。

微生物传感器用的是活微生物，膜中还有部分微生物繁殖，因此微生物传感器的寿命比酶传感器长。但微生物传感器的响应速度比酶传感器差。

四、其他生物传感器

除上述几种生物传感器之外，还有几种其他生物传感器。

(1) FET（场效应管）生物传感器。这种传感器是用FET电极作换能器。将酶、抗体或微生物等生物物质固定在场效应管的栅极上，其界面特异反应可引起界面电位变化。其特点是：提取信号不通过膜电阻、电极电阻等高阻抗器件，可以避免外来干扰，信号较强；结构简单，体积小且坚固，容易置入体内适于连续测量；采用集成技术能制成多功能FET生物传感器。

(2) 传光电势测定传感器　此种传感器是以绝缘材料硅胶为检测元件，测定pH或氧化还原电势的变化。由于硅胶片表面接受定向光束可产生信号，根据光束照射到硅胶片位置的不同，硅胶对这种光效应具有空间选择，通过电解质-绝缘体-半导体界面的交流给电势的变化提供高敏感性的检测方法。

除此之外，还有线粒体传感器、组织传感器、植物血凝素传感器和结合蛋白传感器等。

第十一节　SPA与SPG技术

在许多葡萄球菌和链球菌的细胞壁上具有能与免疫球蛋白的Fc段发生结合反应的蛋白质。根据其对不同种动物 IgG 结合能力的不同，可将这些蛋白质分为 5 个型：Ⅰ型存在于富含 A 蛋白的金黄色葡萄球菌，它能与人和多种哺乳动物 IgG 的 Fc 段结合；Ⅱ型存在于 A 群链球菌，能与人和猪的 IgG 结合；Ⅲ型存在于 C 和 G 群链球菌，能与除猫以外的大多数哺乳动物和人的 IgG 结合；Ⅳ型存在于牛源 G 群链球菌，仅与人 IgG_1 和 IgG_4 发生弱的结合反应；Ⅴ型存在于兽疫链球菌，其与人 IgG 的结合能力类似于 SPA，但与其他动物 IgG 的结合则有差异。在众多能与 IgG Fc 段结合的细菌蛋白中，以 SPA 和存在于 C 群和 G 群链球菌的 G 蛋白（SPG）研究和应用得较多。SPA 已成为一种广泛应用的生物学试剂；SPG 也已成为一种引人注目的广谱免疫测定示踪剂，有着很大的潜在用途。

一、SPA 技术

SPA（Staphylococcal protein A）是绝大多数金黄色葡萄球菌细胞壁上所具有的一种蛋白成分，它可与人和多种哺乳动物的 IgG Fc 段结合。1940 年，Verwey 在研究金黄色葡萄球菌抗原时首先发现这种物质，1962 年 Löfkvit 证明了该抗原物质为蛋白质。国外从 70 年代起应用 SPA，建立了许多敏感特异和简便的试验方法。国内于 1979 年引进国际标准菌株，对 SPA 的制备应用也有较快进步。

1. SPA 的基本特性

（1）理化特性　已知 90%以上金黄色葡萄球菌菌株含有 SPA，每个菌体细胞壁上约有 8 万个 SPA 分子。SPA 的分子质量因提取方法不同而差异较大。用加热、胰酶和 DNA 酶消化结合超速离心，测其相对分子质量为 12 000～15 000。SPA 为单一的多肽链，完整的 SPA 含 7～10 种氨基酸，不含色氨酸和半胱氨酸，氨基酸数目为 395 个。SPA 用胰酶可分解成 6 个片段，但只有两个片段露出分子表面与 Fc 段结合，因此其结合价为二价。SPA 等电点为 pH5.1，可在 pH0.91～11.8 范围内保持结构的稳定。SPA 特别耐热，即使煮沸 1h，仍能保持与 IgG 结合的特性。

（2）生物学特性　SPA 有多种生物学特性，其中主要是 IgG Fc 段的结合活性。人和 90 多种哺乳动物 IgG 以及单抗的 IgG Fc 段均能与 SPA 结合，其中猪、犬、兔、人和猴、豚鼠的 IgG 与 SPA 结合力最强，但对牛、马、鸡、山羊的 IgG 无亲和力。

SPA 结合于 IgG Fc 段上的 CH_2 和 CH_3 交界处，其结合为一种疏水作用。近来认为，能与 SPA 发生共沉反应的 IgG 含有两个与 SPA 结合的部位，分别位于 Fab 和 Fc 片段上，如 IgG 缺少其中一个部位，它虽能与 SPA 结合，但不出现共沉反应。

另外，SPA 还具有免疫原性、过敏原性，具抑制吞噬作用，可激活和固定补体系统，同时具促有丝分裂、抗体依赖细胞介导的细胞毒抑制作用等。

2. SPA 的提取

（1）菌种与培养

①国外引进菌种：Cowanl 株为国际标准株。国外编号为 NCTFC8530，我国卫生部生物制品新编号为 26111，中国科学院微生物研究所编号 ASl476。

Wood46 株为不含 A 蛋白的菌株。

丹麦 4972 株为富含 A 蛋白的菌株。

②国内自选菌株：

1800 株：遵义医院筛选的富含 A 蛋白菌株。

Z5 株：遵义医院选出的 A 蛋白菌株。

799 株：1979 年沈森局等分离的 A 蛋白菌株。

Z12 株：遵义医院保存的菌株，不含 SPA。

③培养基：SPA 菌株对营养要求不高，使用成分简单、价格便宜、配制方便的培养基就可获得较多的 SPA。国内常用的配方有下列两种。

遵义医院配方：蛋白胨 10g，葡萄糖 1g，氯化钠 3g，$Na_2HPO_4 \cdot H_2O$ 2g，牛肉水 1 000mL，pH

调至7.8；固体培养基加琼脂25g。

中国预防医学院流行病微生物研究所配方：在普通琼脂的基础上，加1/3鲜牛肉汤代替1/3的水，加1%葡萄糖，pH7.4。

培养时间以18～20h为宜，温度37℃，其他事项与细菌常规分离培养相同。

（2）*SPA的提取和活性检测* 用0.05mol/L Tris-HCl（pH7.5）缓冲液洗下菌苔，按每100g湿菌加溶葡萄球菌素5mg，调整pH至3.5，4 000r/min离心20min，将上清pH调到7.0，用饱和硫酸铵沉淀、溶解、透析。透析物用DEAE-Sephadex A-50纯化，以0.1mol/L NH_4｝tCO_3平衡后上样，再平衡过夜。用0.4mol/L NH_4HCO_3洗脱，流速为1.5mL/min，测定样品的OD_{275nm}和活性，将含活性者合并、浓缩、冻干保存。

纯度鉴定：以7.5%聚丙烯酰胺凝胶为分离胶进行聚丙烯酰胺电泳，样品浓度1mg/mL，上样量20μL。电泳结果应显示一条明显区带。

效价滴定：将SPA样品倍比稀释，与IgG作对流电泳，琼脂浓度为1%，电泳缓冲液为0.05mol/L（pH8.2）巴比妥缓冲液。以能与IgG出现沉淀线的SPA最高稀释度的倍数定为效价。

活性检定：采用琼脂扩散试验检定，SPA应与人、豚鼠、犬和猪的血清呈现明显的沉淀线，而与马、牛、羊、鸡和杂交小鼠的血清不出现沉淀线。

3. SPA试剂的制备

（1）*A蛋白菌体试剂* 选用Cowanl株或1 800株金黄色葡萄球菌菌种，传代复壮，接种于培养基，37℃培养18～20h，用0.01mol/L（pH7.2）PBS洗下菌苔，离心沉淀，收集菌体，PBS洗两次，称重，并用0.5%甲醛PBS处理3h，再经80℃水浴加热30min，继续用PBS洗3次，按湿重配成10%（W/V）悬液，冻干即成。

（2）*A蛋白纯品* 其制备方法详见本文的SPA提取部分。

利用制备的A蛋白纯品制成的试剂有如下几种：酶标A蛋白、同位素标记A蛋白、荧光标记A蛋白、铁蛋白-A蛋白、血蓝蛋白-A蛋白。

4. SPA在免疫学检验中的应用 SPA在细菌分型鉴定、快速检验及抗体水平的检测等方面已得到极为广泛的应用，其中以协同凝集试验、SPA免疫酶染色以及应用酶标A蛋白的酶联免疫吸附试验应用较多，分别简述如下：

（1）*协同凝集试验*（Co-agglutination test）

①原理：金黄色葡萄球菌细胞壁上的A蛋白能与多种动物IgG Fc片段发生非特异性结合，Fab片段暴露在外，仍保持抗体活性，当与特异性抗原相遇时，抗原与已标记有IgG的SPA菌相互连接起来而引起协同凝集反应。其特点是既保持了标记抗体的特异性，又提高了抗体的敏感性。含A蛋白的金黄色葡萄球菌在反应中起到载体和放大器作用。

②材料和方法：

菌种：选用富含A蛋白的菌株（Cowanl株或1 800株）和不含A蛋白的菌种（Wood46株）。

培养基：采用遵义医院配方。

SPA菌稳定液：按A蛋白菌体试剂的方法进行，最后用含0.05%～0.01% NaN_3的PBS，制成10%（V/V）菌悬液。4℃冰箱保存。

SPA菌诊断液：取10%SPA菌稳定液1mL，离心沉淀用PBS洗菌体2次，然后用缓冲液恢复到1mL，悬浮菌体。然后加入加热灭活的免疫血清0.1mL，将SPA菌和血清充分摇匀后37℃水浴作用30min，其间经常振摇以保持菌体呈悬浮状态，以利于相互结合。然后将混合物3 000r/min离心15min，弃上清，用PBS悬浮菌体，洗涤离心重复二次，以除去未结合的剩余抗体。然后加含0.01% NaN_3的PBS至10mL。这种菌悬液即为1%标记的SPA菌诊断液。在制备诊断液过程中应同时作不含A蛋白和含A蛋白葡萄球菌与正常血清感作对照。

操作及结果判定：取诊断液1滴和被检或已知菌或抗原置于玻璃板上，用玻棒混匀，在数分钟内即可观察结果。阳性反应，葡萄球菌凝集成清晰可见的颗粒。阴性反应，液体混浊无颗粒凝集。

（2）*酶标SPA染色法及酶标SPA酶联免疫吸附测定法*　这两种方法的原理是用酶标记的SPA，仍保持与IgG Fc段非特异结合及酶的催化活性，因此能与结合在固相抗原上的IgG Fc段结合，形成抗原-抗体-SPA-酶的复合物，其中的酶在遇到相应的底物时，能催化其分解，出现颜色反应，通过肉眼或镜检或用酶标测定仪测定OD值，证明相应抗原的存在。实际上，这与酶标第二抗体染色法相同，只是用酶标SPA代替酶标第二抗体。其操作与应用酶标第二抗体的免疫酶染色法及酶联免疫测定法相似。

SPA在免疫测定中代替第二抗体有下列优点：①SPA制备容易，性质稳定，易纯化，对多种哺乳动物和人的IgG都能应用。②SPA与IgG_{66}结合力强，结合后对抗体活性无影响，无论在0℃、37℃、44℃及56℃几乎立即结合，无需长时间孵育，大大缩短实验时间。③SPA容易标上同位素、荧光素、酶、铁蛋白和胶体金，因此可与多种技术结合。④SPA与IgG的结合是可逆的，用4mol/L尿素、4mol/L硫氰酸盐酸盐（pH2.5）可使之重新解离。

二、SPG技术

某些链球菌菌株的细胞壁中含有一种能与IgG Fc段发生结合的蛋白，称为链球菌G蛋白（Streptococcal protein G，SPG）或IgG Fc受体。与SPA相比，SPG更易与IgG反应，亲和力强、结合谱广。自1984年从链球菌细胞壁中提纯出G蛋白以来，SPG在免疫学应用方面已显示出巨大潜力，已成为新型广谱的试剂。

1. SPG的理化特性　人工培养SPG阳性株系是获取SPG的主要方法。目前已发现链球菌属的很多菌株均表达SPG，但不同菌株的SPG含量并不一致。目前常用提取SPG的两个菌株是：C群链球菌$26RP_{66}$和G群链球菌G_{148}株。

用各种方法新分离的SPG的分子质量大小差别较大。例如用木瓜酶消化法可得到相对分子质量30 000、34 000、35 000及36 000数种片段；用噬菌裂解$26RP_{66}$株可得到相对分子质量110 000、90 000、64 000及48 000数种SPG片段；用链球菌G_{148}编码G蛋白的基因在大肠埃希菌中克隆，表达G蛋白的分子质量有47 000、57 000和65 000三种。

Reis等人测定了SPG的氨基酸顺序，比较SPG和SPA氨基酸组成和序列，发现二者相差甚远，免疫学上亦无交叉反应。SPG的IgG结合区位于C-末端，在C-末端有三处氨基酸序列相同的结构，该结构与IgG结合有关。

G蛋白与多克隆IgG作用不受温度影响，但对大鼠或小鼠单克隆IgG随温度升高，反应增强或减弱。G蛋白与IgG的结合呈现了与SPA相反的pH依赖现象。pH4～5时，SP（二结合作用最强，以后随pH升高，结合反应逐渐减弱，当pH达10时，结合活性极低。

2. SPG与IgG Fc段结合活性　SPG只与IgG类抗体结合，而不与IgA、IgD、IgE及IgM结合。目前发现能与SPG结合的IgG谱极为广泛，其结合谱较SPA要广得多，如对包括牛、马、山羊和绵羊在内的多种IgG具有高度亲和力。

据推测，SPG分子中至少有2个以上的IgG结合点，其与IgG的结合开始时速度很快，30～45min结合率可达50%，以后逐渐减弱。SPG与Sepharose-4B-IgG结合率可达97%。

一般认为SPG与IgG的Fc段发生非免疫反应性结合。但最近的一些研究表明，SPG对Fab段亦有亲和力。由于SPG分子呈延伸的纤维状，所以容许Fc和F（ab)$_2$同时与之结合。F（ab$'$)$_2$的重链在结合中起介导作用。这样链球菌可以通过两种非免疫途径，即由Fc介导的经典途径及由F（ab$'$)$_2$介导的替代途径与IgG发生结合。但F（ab$'$)$_2$结合部位对酶消化较Fc结合部位敏感得多。相对分子质量28 000的SPG无F（ab$'$)$_2$的结合活性。

3. SPG的分离纯化　SPG与SPA不同，它在细菌培养过程中不能分泌到培养基中，必须用某些理化手段使之与细胞壁的其他成分分离，从菌体中提取出来。目前常用的方法有以下几种。

（1）*热酸或热碱法* 将 0.25g 细菌（湿重）用 3mL 0.15mol/L PBS（pH7.4）制成悬液，用 0.5mol/LHCl 或 NaOH 调 pH 为 2 或 10；沸水浴 10min 后，中和酸或碱；将终体积调至 6mL，10 000×g 离心 15min；将上清液用 PBS 透析。

（2）*去污剂法* 向细菌悬液中加入 1% Tween20，37℃作用 4h，然后离心去上清，沉淀用 PBS 透析。

（3）*木瓜蛋白酶消化法* 将对数生长期的细菌悬于 pH8.0 的 0.01mol/L Tris-HCl 缓冲液中，制成 10%悬液；向每毫升菌悬液中加入 0.4mol/L L-胱氨酸 100μL，不同浓度的蛋白酶液 10μL；37℃作用 1h；加入 6mmol/L 的碘乙酰胺，以 2 000×g 离心 30min，去除菌体，上清液用 50 000×g 超速离心，上清于－80℃冻存，供进一步纯化。

（4）*噬菌体法* 将菌株在 Todd Heweit 肉汤中培养至 OD_{650}，值达 0.3 时，加入 C_1 噬菌体约 3×10^{12} 个蚀斑单位/L；细菌完全裂解后，再加入最终浓度为 0.05mol/L 的 EDTA 和 DNase 0.5μg/mL；用玻璃滤板过滤，将上清液浓缩 30 倍；27 000×g 离心 2h，去除菌体碎片，上清用 50%硫酸铵沉淀，然后 27 000×g 离心 1h，收获沉淀；将其重悬于 pH6.1 的 0.5mol/L PBS（含 0.005mol/L EDTA）缓冲液中，对相同缓冲液透析，再以 90 000×g 超速离心 5h，上清中的 SPG 可供进一步提纯。

上述各种方法粗提的 SPG 回收率各不相同，如热酸法为 2×10^3 μg/g，木瓜蛋白酶法制备 SPG 效果较好。此外对上述粗提的 SPG 可采用亲和层析法进一步纯化。

4. SPG 的应用 有关直接以 SPG 用于检测的报道不多。大多以应用标记的 SPG 作为第二抗体进行检测。

（1）*酶标记 SPG* 将 SPG 用碱性磷酸酶进行标记，在直接或间接 ELISA 中作为示踪剂，进行免疫检测，可成功代替人及动物的第二抗体。

（2）*胶体金标记 SPG* 用胶体金标记 SPG 制备出 SPG-胶体金探针，用于免疫电镜，适用于各种方法制备的超薄切片中的抗原定位检测。因其不与组织内源性的 IgG 结合，故具有很高的特异性。

（3）*放射性同位素标记 SPG* ^{125}I 标记的 SPG 用于 Western-blotting 检测蛋白和尿液中蛋白抗原成分，在用各种鼠类的单抗及多抗为第一抗体的情况下，SPG 的检测结果优于 SPA。

第十二节 细菌自动化鉴定技术

随着分子生物学的发展，细菌的鉴定技术也不断改进和更新，其趋势是逐步微量化、系列化、标准化和快速化。近年来，由于电子计算机技术对微生物领域的渗透，使各种细菌的自动化鉴定系统应运而生，对于细菌的单一的或多项、多指标的快速检测取得了显著进展。

细菌自动化鉴定是通过仪器实现的，其基本原理是用十几个乃至几十个生化特性和生理指标进行检测，然后用计算机判定结果。

一、细菌的自动化鉴定仪器

目前国际上使用的仪器系统有 Autobac MTS 系统、MS_2 系统、AMS 自动微生物系统、自动微孔系统、Repliscan 系统、$API3_{600}$、Bactec 仪器、ENCIS 系统，气相色谱仪和电阻测量仪也被广泛用于微生物的自动化鉴定。其中以 AMS、MS 和 Autc bac 等系统应用较多。

1. AMS 系统 美国 Viteke 工厂出品，名为自动细菌诊检仪（Viteke-auto microbic system，Viteke-AMS），为可单独或同时连续进行多种检测的一组综合性装置。该仪器由 7 个部件组成，自动化程度较高。其结构特点是：恒温箱、打印机直接与计算机连接在一起，并接受相应的程序控制，形成读数、记录、计算、分析及输出结果全部自动化。其功能特点是：对细菌进行检测时，无须经过培养过程，就能直接对标本中的革兰阳性球菌、革兰阴性杆菌等作出鉴定。对营养要求不高的革兰阴性杆菌的药敏试验，肠杆菌科、弧菌科及普通不发酵细菌的鉴定，并对引起尿路感染的 9 种最常见细菌直接从尿样标本中进行定量或鉴定。该系统的缺点是：获得结果所需时间较长，另外使用者不能选择试验的抗菌药物。

2. Autobac - MTS 系统　美国通用诊断器材厂出品，是一种半自动化系统，由测定环、药物纸片、培养振荡机和光度计主机等四部分组成，可用于鉴定革兰阴性细菌、药物敏感试验及菌尿快速过筛。

本系统用于革兰阴性细菌鉴定时，是用一套 18 种药物来检查。这 18 种药物 LSI 值（光散射指数）与 6 个观察结果及常规试验中初次分离的菌落结合起来，用计算机进行鉴定，与 30 多种发酵或不发酵的杆菌相关联。其数据预先存储于计算机中，LSI 值及细菌的鉴定结果被打印出来。

药物敏感试验是通过前置散射光测定抗菌药物或其他抑制剂对细菌的生长作用来完成的。可以进行定性［敏感（S）、中度敏感（L）或耐药（R）］及定量（最小抑菌浓度，MIC）测定。作定性测定时，将 12 种抗菌药物在 13 个小室比色皿中同时试验，对快速生长的肠道菌及葡萄球菌通常在 3h 后获得结果。定量 MIC 测定时，可在一个比色皿各小室中同时试验 6 种以上的抗菌药物。

本系统用于菌尿快速过筛，3h 和 6h 的检出率分别为 78%和 96%，需要注意的是，有时本系统会出现假阳性结果。

3. MS_2 系统　由美国 Abbott 实验室生产，在功能上与 MTS 系统相似，但自动化程度高。该仪器由三个部分组成。肠杆菌的细菌鉴定在含有 18 种常用的冻干基质的小室中进行。用细菌水悬液分别溶解各小室的基质，读出最初的基数后将鉴定菌移出，温育 5h 后进行自动比色分析，打印出的数据包括生化试验的项目、阴性或阳性反应，并按递减顺序列出 5 种细菌的百分数。

药敏试验有三套抗菌药物可供选择，分别针对革兰阴性菌、革兰阳性菌和尿内分离的细菌。

测试性能评价结果表明，MS2 与标准药敏试验的符合率良好。葡萄球菌和非肠球菌的 D 群链球菌符合率为 93%～98%，快速生长的革兰阴性菌为 91%～93%，在三个试验中肠杆菌鉴定的准确度为 93%～97%。

二、细菌的自动化鉴定技术

1. 细菌的自动化鉴定　细菌自动化鉴定的基本原理是用十几个乃至数十个生理或生化特性去检测细菌，然后用计算机判定结果，对细菌的归属得出结论。目前常用 AMS、MS 和 Autobac 等自动化仪进行。这些仪器都具有适于接种细菌的小室或卡。操作时，先制备一定浓度的欲鉴定菌株的菌悬液，然后接种到相应的小室或小卡上，并放入具有读数功能的温育箱内。每隔一定时间，仪器会自动检测培养基的发酵情况，并换算成能被计算机所接受的生物数码，经判定并打印出鉴定结果。应用 AMS 系统于 4～13h 即可得出阳性结果，25h 内即可完成诊检、计数和鉴定。对检测标本中某些细菌的敏感性是：绿脓杆菌为 95.2%，变形杆菌 89.7%，大肠埃希菌 98.9%，金黄色葡萄球菌 95.1%；其特异性分别为 98.8%、99.8%、98.1%和 98.8%。

2. 同位素法自动化分析　具体步骤是：将待测标本，如血、脑脊液、胸水及关节液等，以 1∶10 的比例种入密封瓶中，瓶中培养基含碳标记底物，然后放摇床培养，定期用 Bactec 仪器将瓶内气体吸入检测室，进行放射活性检测，当读数高于本底的生长指数时可判为有菌生长。本法与常规法比较，速度快、不易漏检。但应注意以下几点：

（1）本技术只适合于测定无菌体液中的细菌感染；

（2）只能指示有菌生长，下一步的分离鉴定无法省略；

（3）某些病人的血液标本，如白血病，可能出现假阳性结果；

（4）不同细菌对同一标记底物的代谢速度不同，检测的敏感性也不相同。

3. 细菌药敏试验自动化分析　一般也常使用 Autobac 系统、M 岛系统或 AMS 系统。

AMS 系统采用一次性使用的塑料卡片报告结果，按每小时一次的频率获取各项试验读数，与其阳性阈值相比较，读数等于或超过阈值，即可判该项试验为阳性。使用 AMS 系统作药物敏感性试验时，应用一种 30 孔卡，细菌用肉汤培养，孵育 1h 后，经稀释接种于卡上，将卡放入测读孵育箱 4h 后，如果细菌在不含药物的对照孔中生长良好，仪器即能报告结果。可完成 13 种快速生长的革兰阴性杆菌的药敏定性试验。

Autobac 系统的操作程序是先将含药纸片的洗脱液放入一个多室的塑料比色皿中，然后在 Autobac 光度计中准备被测试菌的标准盐水悬液，并将适当的肉汤稀释液放入比色皿。在摇动孵育箱中孵育 3～4h 后，将比色皿插入光度计中，通过测定细菌悬液的散光自动读出每个小室的结果，通过光度计中的计算机作出分析判断。

MS_2 系统是在预测时在先加含药纸片洗脱液，再加标准化的细菌悬液，将其放在分析组件中 8 个位置中的一个，勿使接种物与含药纸片接触，直至细菌达到对数生长期时仪器开始测定，此时细菌被送入筒内的试验孔及对照孔中才与纸片接触。每 5min 读取一次每个孔的光度读数。3～6h 后，随着细菌的生长，仪器即打印出每个细菌及药敏试验的结果。

三、细菌自动化鉴定最新进展

近年来，由于技术和设备的发展，通过进一步改进，更为方便快捷，更为准确的技术得到应用。如 VITEK 2 Compact 全自动微生物分析系统（VITEK 2 compact advanced automated ID/AST system），VITEK 全自动鉴定药敏分析仪（VITEK automated ID/AST system），Phoenix - 100 全自动细菌鉴定药敏检测系统，MicroScan 自动微生物鉴定及药敏测试系统，先德（Sensititre）微生物鉴定和药敏分析系统等。在今后随着科技发展，细菌自动化鉴定技术也将不断改进。

第十三节　蛋白质组学技术

蛋白质组学是一个新的学科领域。相对于基因组的概念，蛋白质组是一个动态，同一细胞，不同状态，胞内蛋白质会相应变化。蛋白质组学研究在疾病研究和药物筛选等领域有非常重要的意义。蛋白质组学研究技术包括蛋白质分离技术和分析技术两方面，在分离技术方面，双向凝胶电泳是目前唯一最有效的方法，而质谱技术已成为最重要的分析方法，这两者是目前蛋白质组最主要的支撑技术。另外，生物信息学在蛋白质组的研究中也有举足轻重的作用。以下就这几方面进行简要介绍。

一、蛋白质组分离技术

双向凝胶电泳是目前蛋白质组最有效的分离方法，是蛋白质组技术的核心。现在意义上的双向电泳，是指第一向以蛋白质电荷差异为基础进行分离的等电聚焦，第二向以蛋白质相对分子质量差异为基础的 SDS-PAGE。近年来，第一向 IEF 采用丙烯酰胺与不同 pH 的两性电解质形成固定的 pH 梯度，改进了重复性和上样量这两个问题。同时，预制的商品化 IPG 胶条也使操作趋于自动化，加上分析鉴定技术的大幅度改进以及计算机数据库的应用，使双向凝胶电泳在分离细胞内蛋白质方面有其他方法所无法比拟的优势，成为蛋白质组研究首要的支撑技术。除双向凝胶电泳外，以非凝胶色谱技术和非凝胶电泳技术为代表的非凝胶技术也已应用于蛋白组学研究。

（一）双向凝胶电泳的特点与其他的蛋白质分离技术相比，双向凝胶电泳有以下优势

1. 一步分离　由于蛋白质组研究要求分离的是细胞所有的蛋白质，因此分离的步骤越少，对样品的影响就越少，而且操作也相对简单。更重要的是，采用其他的分离方法如 HPLC 等，往往要经过多个步骤，每一步骤都会造成样品的损失，特别是对于表达量很少的蛋白质更是如此，只能适应传统蛋白质研究对一个或一类蛋白质进行分离的要求。蛋白质组是在细胞整体水平上对蛋白质进行研究，要求尽

量减少分离过程中样品的损失，只有双向凝胶电泳一次性地将细胞蛋白质分离和展示出来，才能从整体上研究细胞蛋白质的组成和变化。

2. 高灵敏度和高分辨率　凝胶电泳的灵敏度是比较高的，在不同的染色方法下，有不同的灵敏度。通常在银染条件下，灵敏度可以达到 10^{-18}mol 水平，即使是表达量很少的蛋白质，仍然可以检测得到，有利于细胞蛋白质的研究。另外，双向凝胶电泳的分辨率相当高，因为通过以电荷和分子质量差异为基础的两次分离，即使是差别很小的蛋白质之间也能得到较好的分离，如可以分辨出糖蛋白的不同糖型成分。良好的分辨率不仅可以保证有效的分离；也是进一步进行分析鉴定的基础，因为分辨不好造成的样品混合，将给分析鉴定乃至数据库检索带来很大的麻烦。

3. 便于计算机分析处理　双向凝胶电泳分离后的图谱经扫描输入计算机，可以进行蛋白质的定位，等电点和分子量的鉴定，以及蛋白质的定量，不同的图谱间可以进行比较。图谱上的蛋白质点经过分析定性后，可以建立蛋白质组数据库。相同细胞的双向凝胶电泳应该有一定程度的重复性，这样只需要比较实验结果和数据库，就可以对电泳分离到的已知蛋白质定性和定量，而不必再重复所有的分析鉴定。

4. 与分析鉴定方法相匹配　双向凝胶电泳可以很好地与分析鉴定方法匹配，电泳后样品可以方便地转移到 PVDF 膜上，进行 N 端或 C 端序列分析。更为重要的是，直接进行蛋白质胶内酶解或膜上酶解目前已经是较成熟的方法，可以很好地与质谱分析匹配。这一点很重要，因为如果不方便做进一步分析鉴定的话，再好的分离也无济于事。

（二）双向凝胶电泳的基本步骤

1. 样品的全息制备　蛋白质样品制备是蛋白质组研究的第一步，无论后续采用怎样的分离或鉴定手段，样品制备都是关键步骤。样品制备方法可以从简单的缓冲液溶解，到应用离液剂、还原剂及去污剂来进行复合物提取，以及到更复杂的顺序提取（Sequence extracting）和亚细胞分级等。由于实验需求的不同以及样品本身的特殊性，没有一种样品制备方法能够广泛地适用于各种各样的样品。所以，对于每一个有着不同要求的样品，都需要通过大量的实验来摸索最合适的实验条件。有效的可重复的样品制备方法是双向凝胶电泳成功的关键。一般来说，一种理想的样品制备方法应该满足以下几点要求：①在合适盐浓度下，可重复地溶解所有的蛋白质，包括疏水性蛋白质，并使样品中的蛋白质以分离的多肽链形式存在；②避免溶解性低的蛋白质（如膜蛋白）在等电聚焦时由于溶解度降低而沉淀析出；③防止蛋白质的化学修饰，包括蛋白质降解、蛋白酶或尿素热分解后所引起的修饰；④排除核酸、多糖、脂类和其他干扰分子；⑤获得的目标蛋白质应在可探测水平，有时需要去除高丰度蛋白质和不相关蛋白质。

制备得到的蛋白质样品在电泳前需要对蛋白质的浓度进行测定，一般采用 Bradford 法。其他蛋白质定量方法如 BCA 法、Bireut 法和 Lowry 法等都是建立在将 Cu^{2+} 还原为 Cu^{+} 的颜色变化基础上的，而双向凝胶电泳样品制备的裂解液中含有巯基还原剂，会影响这些定量方法的灵敏度。Bradford 法是根据考马斯亮蓝 G－250 和蛋白质的结合来定量蛋白质的，这种结合也会受到裂解液中的碱性 Ampholytes 和尿素的影响，所以在该法测定前，通常先用 0.1mol/L 盐酸中和样品。

例　培养细胞（culture cell）样品处理方法

培养动物组织细胞由于没有细胞壁，因此可以将细胞收集下来，直接加入裂解缓冲液（lysis buffer）抽提总蛋白。裂解缓冲液有多种配方：

（1）7mol/L Urea，2mol/L Thiourea，4%（W/V）CHAPS，40m mol/L Tris-Base，40m mol/L DTT，2% Pharmalyte pH 3～10。

（2）9.5 mol/L Urea，2%（W/V）CHAPS，0.8%（W/V）Phamarlyte pH3～10，1%（W/V）DTT 和 5m mol/L Pefabloc proteinase inhibitor。

（3）加入 0.3%～1% SDS 在 95℃煮样品 5min，冷却后加入至少 5 倍体积的（1）或（2）裂解液。

总蛋白抽提程序：

（1）培养细胞的收集。

（2）用磷酸缓冲液（PBS）洗细胞 3 次（室温，1 000×g，各 2min）。

（3）将细胞分装到 1.5mL Eppendof 管中，吸干残留的 PBS。

（4）加入裂解缓冲液（1.5×10^6 个细胞大约加入 100μL 裂解液），在室温振荡 1h，使其充分溶解。

（5）4℃，40 000×g，离心 1h。

（6）吸取上清并用 Brandford 法定量蛋白，然后分装至 Eppendof 管里保存在－78℃备用。

超速离心法：

（1）取材。

（2）用研钵在液氮冷冻条件下将样品研成粉末，每 1g 样品加入 0.5mL 裂解液，使用组织匀浆器匀浆 30s。

（3）组织悬液 15℃，10 000×g 离心 10min。

（4）上清液 4℃，150 000×g 超速离心 45min。

（5）小心避开上层漂浮的脂质层，吸取离心上清 6℃40 000g 再次离心 50min。

（6）取离心上清。Bradford 法定量，分装后置－75℃保存。

2. 第一向等电聚焦（IEF） 双向电泳的第一向 IEF 电泳采用 IPGphor，实验将变得很简单。IPGphor 包括半导体温控系统（18～25°C）和程序化电源（8 000V，1.5mA）。可采用普通型胶条槽一步完成胶条的水化、上样和电泳，大大减少操作步骤。IPGphor 一次可进行 12 个胶条槽的电泳（7，11，13，18，24cm），因采用高电压（8 000V），可缩短聚焦时间。最新推出的通用型杯上样胶条槽因采用可移动的上样杯和电极，适合任何长度的 IPG 胶条，尤其适合极性等电点蛋白的分离。

（1）IPG 胶条的水化和电泳

①仪器：IPGphor

②试剂：水化液（8mol/L 尿素，2%CHAPS，15m mol/L DTT 和 0.5%IPG 缓冲液）：水化液需当天新鲜配制（可配成储液分装－20℃保存，但不可反复冻融）。尿素溶液加热温度不能超过 37℃，否则蛋白会发生氨甲酰化。

③实验步骤：

A. 加样品水化

a. 用样品溶解缓冲液（9mol/L 尿素，4%CHAPS，2%IPG 缓冲液，40mmol/L DTT，40mmol/L Tris-base）溶解样品。蛋白质上样浓度不要超过 10mg/mL，否则会造成蛋白质的集聚或沉淀。

b. 吸取适量（见表 81-8）含有样品的水化液放入标准型胶条槽中，为确保样品充分进入胶条中，不要加入过量的水化液。

表 81-8 IPG 胶条所需水化液体积

胶条长度（cm）	每条需水化液体积*（μL）
7	125
11	200
13	250
18	350
24	450

* 如果水化时加入样品，此体积是加入样品后的终体积。

c. 从酸性端（尖端）一侧剥去 IPG 胶条的保护膜，胶面朝下，先将 IPG 胶条尖端（阳性端）朝标准型胶条槽的尖端方向放入胶条槽中，慢慢下压胶条，并前后移动，避免生成气泡，最后放下 IPG 胶条平端（阴极），使水化液浸湿整个胶条，并确保胶条的两端与槽的两端的电极接触。

d. IPG 胶条上覆盖适量 Immobiline DryStrip 覆盖油，盖上盖子。

e. 将标准型胶条槽的尖端背面电极与 IPGphor 仪器的阳极平台接触；胶条槽的平端背面电极与 IPGphor 仪器的阴极平台接触。

f. 设置 IPGphor 仪器运行参数：IPG 胶条水化的电压，温度和时间；等电聚焦电泳时的梯度电压和温度。电泳参数见表 81-9。低电压时水化，有利于高分子量蛋白进入胶中，并减少蛋白形成聚集体。

表 81-9　IPGphor 运行条件

温度	20℃
最大电流	0.05 mA per IPG strip
样品体积	350μL（180mm 长 IPG strip）
电压	时间
30V	10～12h（水化）
200V	1h
500V	1h
500—>8 000V	30min
8 000V	3h（IPG4-7）；2h（IPG4-9，3-10L，3-10NL）

g. IPG 胶条水化后可自动进行等电聚焦电泳。

h. 暂时不进行第二向的 IPG 胶条可夹在两层塑料薄膜中于－80℃保存几个月。

注意：不推荐每条 IPG 胶条的电流超过 50μA，因为这有可能产生过多的热量且有可能损坏胶条和槽，IPG 胶条甚至会烧胶。

B. 不加样品水化

a. 标准型胶条槽：用适量的水化液进行胶条水化，方法同步骤 c～e，水化过夜；于胶条槽的加样孔中加入浓缩的样品。每个加样孔的一侧可加入 7.5μL 样品（每个加样孔分别有两侧可加样），采用此种方法上样，每个胶条槽最多可加入 30μL 样品；设置 IPGphor 仪器运行参数：等电聚焦电泳时的梯度电压和温度，电泳参数见表；进行等电聚焦电泳；暂时不进行第二向的 IPG 胶条可夹在两层塑料薄膜中于－80℃保存几个月。

b. 通用型杯上样胶条槽：采用 Immobiline DryStrip 水化盘或标准型胶条槽进行 IPG 胶条的水化，加入适量的水化液进行胶条水化，方法同步骤 c～e，水化过夜；将通用型杯上样胶条槽的尖端与 IPGphor 仪器的阳极平台接触；胶条槽的平端与 IPGphor 仪器的阴极平台接触；将已水化的 IPG 胶条转移到通用型杯上样胶条槽。胶面朝上，先将 IPG 胶条尖端（阳性端）朝胶条槽的尖端方向放入胶条槽中，胶条必需横跨胶条槽的与 IPGphor 仪器的两个电极板接触的区域。对于 7cm 和 11cm IPG 胶条，需将 IPG 胶条的平端距离胶条槽平端大约 1.5cm 处放置，并确保胶条位于胶条槽的中央（通用型杯上样胶条槽内 4 对凸起可用于指导胶条放置的位置）；在 IPG 胶条表面上盖适量 Immobiline DryStrip 覆盖油（3～5mL），充满整个胶条槽；取两个 IEF 电极片，用去离子水浸湿后放在滤纸上，去除多余的水；分别将两个 IEF 电极片放在 IPG 胶条胶的两端，分别将电极压在两个电极片的外缘；样品杯可放在两个电极间除胶条槽内侧凸起外任何位置，对于碱性分离范围的 IPG 胶条，尽量将样品杯靠近阳极放置；在样品杯中加入少量不含样品的水化液检查是否漏液。上样前吸走水化液；上样前将样品离心去掉不溶物，每个样品杯最多可加样 100μL；盖上胶条槽的盖子，再盖 IPGphor 仪器的盖子；设置 IPGphor 仪器运行参数：等电聚焦电泳时的梯度电压和温度。电泳参数见表。

（2）IPG 胶条的平衡　IPG 胶条平衡两次，每次 15min。平衡缓冲液包括 6mol/L 尿素和 30%甘油，会减少电内渗，有利于蛋白从第一向到第二向的转移。第一步平衡在平衡液中加入 DTT，使变性的非烷基化的蛋白处于还原状态；第二步平衡步骤中加入碘乙酰胺，使蛋白质巯烷基化，防止它们在电泳过程中重新氧化，碘乙酰胺并且能使残留的 DTT 烷基化（银染过程中，DTT 会导致点拖尾“point streaking”）。将 IPG 胶条轻轻润洗，并去除多余的平衡缓冲液，然后放入第二向 SDS 胶中。如果缩短平衡时间，会影响一部分蛋白从 IPG 胶条转移到 SDS 胶的效率。这种情况下建议在蛋白从 IPG 胶条转移到 SDS 胶后，将 IPG 胶条染色，以检查是否所有蛋白都已离开 IPG 胶条。

①仪器：玻璃管（200mm 长，20mm i. d.），Parafilm，振荡仪。

②试剂：

A. 4×分离胶缓冲液［1.5 mol/L Tris-HCl，pH8.8 和 0.4%（W/V）SDS］：45.5g Tris 和 1g SDS 溶于 200mL 去离子水中，用 6N HCl 调节 pH 到 8.8，最后用去离子水将体积补足到 250mL，加入 25mg 叠氮钠并过滤。此溶液可于 4℃储存两周。

B. 平衡缓冲液（0.05mol/LTris-HCl，pH 8.8，6mol/L 尿素，30%（W/V）甘油和 2%（W/V）SDS）：180g 尿素，150g 甘油，10g SDS 和 16.7mL 分离胶缓冲液溶于去离子水中，最终将体积补足到 500mL。此种缓冲液可于室温下保存两周。

C. 0.25%（W/V）溴酚蓝溶液：25mg 溴酚蓝溶于 10mL 分离胶缓冲液中，4℃储存。

③实验步骤：

A. 使用前每 10mL 平衡缓冲液中加入 100mgDTT（相当于平衡缓冲液Ⅰ），根据表 2.3 加入适量平衡缓冲液Ⅰ和溴酚蓝溶液。取出 IPG 胶条分别放入玻璃管中（支持膜贴着管壁，每个玻璃管中放入一条 IPG 胶条），用 Parafilm 封口，在振荡仪上振荡 15min，倒掉平衡缓冲液Ⅰ。

B. 每 10mL 平衡缓冲液加入 400mg 碘乙酰胺（相当于平衡缓冲液Ⅱ）。根据下表加入适量平衡缓冲液Ⅱ和溴酚蓝溶液。用 Parafilm 封口，在振荡仪上振荡 15min，倒掉平衡缓冲液Ⅱ。

表 81-10 IPG 胶条平衡液用量

胶条长度（cm）	建议平衡液体积（mL）/条	溴酚蓝溶液（μl）
7	2.5～5	12.5～25
11	5～10	25～50
13	5～10	25～50
18	10	50
24	15	70

C. 用去离子水润洗 IPG 胶条 1s，将胶条的边缘置于滤纸上几分钟，以去除多余的平衡缓冲液。

D. IPG 胶条的转移：将 IPG 胶条放在位于玻璃板之间的凝胶面上，使胶条支持膜贴着其中的一块玻璃板，用一薄尺将 IPG 胶条轻轻地向下推，使整个胶条下部边缘与板胶的上表面完全接触。确保在 IPG 胶条与板胶之间以及玻璃板与塑料支持膜间无气泡产生。

E. 可选操作：加入分子质量标准蛋白。

分子质量标准蛋白溶液与等体积的 1%琼脂糖溶液混合后，加入到 IEF 上样纸片上能得到很好的效果。终浓度为 0.5%的琼脂糖会凝聚，在施加电压前可以防止标准蛋白的扩散。

其他可选的方法是，将标准蛋白以 15～20μL 的体积加入到 IEF 上样滤纸片。如要减少加样量将上样滤纸片切成更小的面积。将上样滤纸片放在玻璃板上，将一定量的蛋白标准溶液加到上样滤纸片上，然后用镊子将上样滤纸片放置在 IPG 胶条末端一侧，与板胶的凝胶表面接触。

F. 最后用琼脂糖密封液进行封顶，用少量的密封液（约 1～1.5mL）使 IPG 胶条被完全覆盖住，在此过程中不要产生气泡。

3. 第二向 SDS 电泳 目前多用垂直的系统来进行第二向 SDS-PAGE，与传统的 SDS-PAGE 相比并没有很大的不同。

（1）垂直 SDS-PAGE

①溶液：

A. 丙烯酰胺/甲叉双丙烯酰胺溶液（30.8%T，2.6%C）：30%（W/V）丙烯酰胺和0.8%甲叉双丙烯酰胺的水溶液。将300g丙烯酰胺和8g甲叉双丙烯酰胺溶解于去离子水中，最后用去离子水将体积补足到1 000mL。过滤后可于4℃储存两周。

B. 分离胶缓冲液（1.5mol/L Tris-HCl，pH8.6和0.4%（W/V）SDS）：90.85g Tris和2g SDS溶于400mL去离子水中，用6mol/LHCl调节pH到8.6，最后用去离子水将体积补足到500mL，加入50mg叠氮钠并过滤。此溶液可于4℃储存两周。

C. 10%（W/V）过硫酸铵溶液：1g过硫酸铵溶于10mL去离子水中。此溶液需使用前新鲜配制。

D. 覆盖液（缓冲液饱和的异丁醇）：混合20mL上述分离胶缓冲液和30mL异丁醇，等几分钟后去掉异丁醇层。

E. 取代液［50%（V/V）甘油和0.01%溴酚蓝水溶液］：混合250mL甘油（100%）和250mL去离子水，再加入50mg溴酚蓝，搅拌几分钟。

F. 低熔点琼脂糖溶液：含有0.5%（W/V）低熔点琼脂糖的电极缓冲液。

②灌胶步骤：根据第一向IEF电泳时IPG胶条的大小选择第二向合适的垂直电泳槽。最新推出的Ettan DALT Ⅱ是为大规模、高通量、高重复性双向电泳第二向SDS-PAGE专门设计的。同时进行12块26×20cm板胶电泳，适于长至24cm IPG胶条。其灌胶模具每次最多可灌制14块胶。通常不需要浓缩胶。

表81-11　凝胶浓度与其对应的分离范围

胶浓度	分离范围（相对分子质量×1 000）
5%	36～200
7.5%	24～200
10%	14～200
12.5%	14～100
15%	14～60

表81-12　灌制垂直SDS胶的配方

	10%T，2.6%C	12.5%T，2.6%C	15%T，2.6%C
单体贮存液	33.3mL	41.7mL	50mL
4×分离胶缓冲液	25mL	25mL	25mL
10%SDS	1mL	1mL	1mL
去离子水	40.2mL	31.8mL	23.5mL
TEMED*	33μl	33μl	33μl
过硫酸铵*（10%）	500μl	500μl	500μl
最终体积	100mL	100mL	100mL

* TEMED和过硫酸铵在灌胶前再加

胶的组成：分离胶（10%T、12.5%T或15%T的均匀胶），2.6%C，0.1%SDS，375mmol/L Tris-HClpH8.8

垂直电泳仪器类型	配制凝胶溶液体积（mL）
MiniVE or SE260（10cm×10.5cm玻璃板）	
1mm厚的胶	10
1.5mm厚的胶	15
SE 600（18×16cm玻璃板）	
1mm厚的胶	30
1.5mm厚的胶	45
Ettan DALT II（26cm×20cm胶）	

14 块 1mm 厚的胶　　　　　　　　950

A. 按仪器说明书装好灌胶模具，倒入凝胶溶液（在 Hofer DALT 和 Ettan DALT II 的灌胶模具中，拔掉灌胶的胶管后，取代液会把管道中剩余的凝胶溶液压入模具中）。在每块胶的上面加入覆盖液以得到平的凝胶上样平面。

B. 灌胶后立即在每块凝胶上铺上一层用水饱和的正丁醇或异丁醇，以减少凝胶暴露于氧气，形成平展的凝胶面。

C. 同时灌制多块凝胶时，室温下至少聚合 3h。聚合后倒掉覆盖在凝胶上的正丁醇溶液，并用凝胶储存液冲洗凝胶表面。

D. 暂时不需要的凝胶可用塑料薄膜包好于 4℃保存 1×2d。将整个凝胶模具完全浸没在凝胶储存液中可 4℃条件下保存 1×2 周。

③电泳步骤：

A. 电泳槽中装满电泳缓冲液，并打开温控系统，调节温度为 15℃。

B. 将平衡好的 IPG 胶条浸入电极缓冲液中几秒钟。

C. 将 IPG 胶条小心放置于 SDS 胶面上，并轻压使 IPG 胶条与 SDS 胶面充分结合，上面覆盖 2mL 热的琼脂糖溶液（75℃），使琼脂糖在 5min 内凝固。其余的 IPG 胶条重复上述操作。

D. 将胶盒插入电泳槽中，开始电泳。采用垂直的 SDS 胶电泳，不必像水平电泳一样，电泳过程中去除 IPG 胶条。

E. 当溴酚蓝染料迁移到胶的底部边缘即可结束电泳。

F. 电泳结束后胶转移到染色盒里固定，准备染色。

附 1　SE600 系统电泳参数

恒定电流，15℃

相	电流	持续时间
1	10mA per gel	15min
2	20mA per gel	大约 5h

附 2　Ettan Dalt Ⅱ系统电泳参数

恒定功率，20℃

相	电流	持续时间
1	5w per gel	45min
2	20w per gel	大约 6h

4. 2-DE 胶蛋白质点的检测　2-DE 胶蛋白质点的检测方法大致有：①考马斯亮蓝染色法；②银染法；③负染法；④荧光染色法；⑤放射性同位素标记法等。目前还出现了非共价修饰的荧光染色，如 sypro red，sypro orange 和 sypro ruby 等，其灵敏度可以和银染媲美，且染色的动态范围比银染大，一步染色，无需脱色，染色后的蛋白质适于 Edman 降解序列和质谱分析。这几种检测方法的灵敏度各不相同。目前最常用的是银染法和考染法。由于银染的灵敏度是考染的 50 倍，故一般用银染法进行分析处理，再用考染法来进行样品微量制备。

（1）考马斯亮蓝染色

①经典的考马斯亮蓝染色程序：

A. 固定：20% TCA 1h。

B. 染色：0.1% CBB in 40%酒精/10%醋酸 2h。

C. 脱色：40% 酒精 &10% acetic acid 2×30min。

D. 强化：1%醋酸过夜。

E. 清洗：去离子 H_2O 30min。

局限：灵敏度低（≈1μg protein/spot）。

②Neuhoff 胶体考染法：

A. 固定：12%（W/V）三氯醋酸（TCA）2h。

B. 染色：200mL 染色液混合 50mL 甲醇 16～24h。

染色液：在 490mL 含 2%（w/v）的 H_3PO_4 中加 50g $(NH_4)_2SO_4$ 直至完全溶解，再加 0.5g CBB G-250（已溶于 10mL H_2O 中），搅拌混合。无需过滤，使用前摇匀。

C. 漂洗：

a. 0.1mol/L Tris-H_3PO_4 缓冲液（pH 6.5）漂洗 2min。

b. 25%（v/v）甲醇漂洗不超过 1min。

D. 稳定：在 20%的 $(NH_4)_2SO_4$ 中稳定蛋白质-染料复合物。

优点：背景低，灵敏度高，可达到 200ng protein/spot。

③热考马斯亮蓝染色及二次染色法：

A. 染色［0.025%（W/V）考马斯亮蓝 R350］：将 1 片 Phast Gel Blue 药片溶入 1.6L 10%醋酸，将染色液加热到 90℃倒入凝胶染色盘，振荡 10min。

B. 脱色：10%醋酸室温振荡脱色 2h，期间需多次更换脱色液，脱色液可通过铺有活性炭的滤纸层过滤回收；脱色液和染色液可重复使用。脱色后的凝胶可进行扫描分析，选中的点可用 Spot Picker 自动切胶仪挖出，再进行后续的硝酸银染色可得到更多的蛋白点。用考马斯亮蓝预染过的胶再进行银染，其灵敏度比单独银染更高，且热染过程迅速。

C. 二次染色：待考马斯亮蓝染色后的背景完全脱除后，可用以下的银染法进行二次染色。因为蛋白点已经过固定，可直接从敏化步骤开始染色。

（2）*硝酸银染色*　银染的方法种类很多，目前文献报道的就有 100 多种。但是其准确的染色机制还不特别清楚。大致的原理是银离子在碱性 pH 环境下被还原成金属银，沉淀在蛋白质的表面上而显色。由于银染的灵敏度很高，可染出胶上低于 1ng/蛋白质点，故广泛应用在 2D 凝胶分析上。待找到自己感兴趣的蛋白质点后，再通过考染富集该目的点，然后做进一步的肽段指纹图谱分析（PMF）或序列测定。随着质谱技术的不断完善和发展，对银染后的 fmol 级的蛋白质点直接测定已非难事。这里介绍一种可兼容质谱分析的银染方法，实验程序如附表 3：

附表 3　可兼容质谱分析的银染方法

步骤	方案（250mL 凝胶）	凝胶类型	
		1mm 无衬	在薄膜或玻璃上 1mm，或者 1.5mm 无衬
固定	25mL 醋酸，100mL 甲醇 125mL 纯净水	2×15min	2×60min
敏化	75mL 甲醇，0.5g$Na_2S_2O_3$，17gNaAc，加纯净水至 250mL	30min	60min
漂洗	250mL 纯净水	3×5min	5×8min
银染	0.625g $AgNO_3$，加纯净水至 250mL	20min	60min
漂洗	250mL 纯净水	2×1min	4×1min
显色	6.25g Na_2CO_3，100μL 甲醛，加纯净水至 250mL	4min	6min
终止	终止 3.65g EDTA，加纯净水至 250mL	10min	40min
漂洗	漂洗 250mL 纯净水	3×5min	2×30min

银染注意事项：

①很多银染程序都使用了戊二醛（glutardialdehyde），它能提高银染的灵敏度和染色结果的重复性，但是因为戊二醛会修饰蛋白质，从而会影响对蛋白质点的质谱鉴定和分析；

②保证所有的染色器皿绝对的干净，可使用玻璃或塑料做染色器皿；

③水的纯度对染色结果好坏影响是很大的，至少要用双蒸水（导电率<2μS），有条件的可使用超滤水；

④染色过程中避免手去接触凝胶，必须戴上一次性手套或无粉乳胶手套；

⑤所用的化学试剂一定是要分析纯（AR）。

5. 图谱数字化分析 双向凝胶电泳根据等电点和分子质量的不同可一次分离数千种蛋白质，经染色后蛋白质在聚丙烯酰胺凝胶上形成密度不同、分布不均的复杂点图谱。如何对图谱上的这些蛋白质点进行检测、定量、比较、分析和归类是双向凝胶电泳分析软件所要解决的问题。双向凝胶电泳图谱分析一般包括以下几个步骤：图像采集、图像加工、点的检测和定量、凝胶匹配、数据分析、数据解释和构建数据库。图像采集是通过扫描仪或数码相机将凝胶转换为数字图像，其参数设置对于以后的蛋白质点的内在信息采集是比较重要的，因为以后的整个图像加工过程实质上是给图谱上的每个蛋白质点进行精确的定位和定量（以面积和密度作为指标）。图像加工主要是指软件通过一定的算法来去除图谱上非蛋白质点的杂质和染色不同造成的不同深浅的背景。点的检测主要是产生每个点的X轴、Y轴坐标，外形参数和密度参数，并对每个蛋白质点做数字模拟合成。对于点的检测和定量，目前采用的算法可分为高斯拟合（Gaussian fitting）和拉普拉斯算子高斯拟合（Laplacianof Gaussian）两大类。除了在单块胶上获得点的信息外，在一系列不同胶上监测某个蛋白质点的变化是生物学分析所感兴趣的问题。不同图像间的比较首先要确定足够的坐标（fandmark），即每块胶上都存在的点。这些坐标用于确定图像之间几何转换的多项式，然后用于其他点的匹配。表达量变化的蛋白质点或已经鉴定的点可在软件中进行数据归类和解释，还可以建立数据库通过因特网来进行成果共享。

双向图谱分析软件的开发始于20世纪70年代末，至今经历了三代的发展历程。最初的程序是使用DEC PDPⅡ家族的小型计算机在VMS操作系统上运行，如Elsie、LIPS、Gel-lab和Tycho；第二代是基于Unix的程序，盛行于20世纪80年代后期，如Gellab-11、Elsie-4、Kepler、Melanie和Quest；第三代是基于Unix、NT和Mac多种计算机平台的程序，如2DBiolmage、Melanie·11和Phoretix 2D。当今，双向图谱分析软件正向PC化发展，而且界面更友好，使用更方便，功能更强大，以适应这一工具进入普通实验室，如PDQuest、Melanie·111、Phoretix 2D和lmageMaster 2D等。近年来随着蛋白质组学的兴起，新的双向凝胶电泳分析软件在自动化方面又有较大改进，如Z3、Delta 2D和Progene-sis等。

（三）蛋白质组分离的非凝胶技术

在蛋白组学的研究技术中，双向凝胶电泳（2D-PAGE）由于具有无可比拟的高分辨率而始终占据着重要的地位。然而，这种技术本身也存在一些难以克服的缺陷，如在双向凝胶电泳图谱上，并非每个蛋白质点所包含的蛋白质量都足以用于鉴定蛋白质；操作费时费力，难以实现与作为后续分析鉴定手段的质谱直接联用，不易自动化；存在偏向性问题，如对极大蛋白质（相对分子量>200 000）、极小蛋白质（相对分子量<8 000）、低丰度蛋白质（如信号蛋白和转录因子）、极碱性蛋白质和疏水性蛋白质（膜结合蛋白质和跨膜蛋白质）难以进行分离分析。这些缺陷都在一定程度上限制了双向凝胶电泳的应用。因此，发展新型高分辨率、高通量、高峰容量的分离分析方法已经成为加速蛋白质组学研究的关键。近年来，分离科学发展出了一些新型的分离模式，使高效液相色谱、毛细管电泳和毛细管电色谱等技术在蛋白质组学研究中焕发出了新的活力。这些新技术，有的是不以凝胶为分离介质的，我们暂且将其归为蛋白质组学研究中的非凝胶技术。这些非凝胶分离技术所表现出的高效、快速、高自动化程度、高灵敏度、低检测限等优点已经极大并有可能进一步推动蛋白质组学的相关研究。

1. 非凝胶色谱技术

（1）*一维色谱与质谱联用技术*　高效液相色谱经过几十年的发展，已经派生出多种分离模式。但由于在蛋白质组学的后期研究，即质谱的鉴定分析当中最常用的质谱离子源是电喷雾离子源（ESI）和基质辅助激光解吸离子源（MALDI），这两种离子源都要求整个质谱系统中最好不被引入过高浓度的盐，所以在将一维色谱和质谱联用时，一般是将体系中没有盐存在的反相高效液相色谱（RP-HPIJC）和质谱系统联用，从而达到最终的分离鉴定目的。比较方便而简单的联用技术是直接在电喷雾质谱里喷雾针所用的毛细管内填充或原位聚合一段反相液相色谱的填料，实现分离和喷雾一步完成。在某种程度上，这种技术相当于将高效液相色谱“整合”到质谱系统中。采用这种技术，多肽的最低检测限达到了fmol级。目前，内部装有填料的喷针已经实现了商品化。

（2）*多维色谱及其与质谱联用技术*　与一维分离模式相比，多维分离技术的最大特点是可以极大地提高峰容量。1995年，Giddings等指出峰容量的提高程度和样品组分分布的有序程度有密切关系，并引入了样品维数（sample dimensionality）-能够精确识别样品中所有组分的变量数的概念。他们认为，当样品维数大于系统维数时，组分的峰分布是无序的，会限制分离的效果；而当样品维数小于系统维数时，尽管组分的峰分布是有序的，但多维系统高峰容量的性能并没有得到充分的发挥；只有当样品维数和系统维数相等的时候，多维系统的分离能力才能得到最大程度的发挥。同年，Giddings构建了二维分离模式下实际峰容量的数学计算模型，该模型不仅能够拓展应用到评价多维分离模式的性能，也可以应用于系统的条件优化。另一方面，Murphy等从理论和实验上对二维分离模式下第二维的采样速度对分离的影响做了深入研究。结果表明，进入第二维分离的采样时间越短，整个系统的选择性越高。目前广泛采用的二维色谱包括离子交换色谱-反相液相色谱、体积排阻色谱-反相液相色谱、反相液相色谱-反相液相色谱、亲和液相色谱-反相液相色谱等。这些二维色谱技术为蛋白组学的研究提供了强有力的支持。而一些研究小组为了更充分地发挥液相色谱技术在蛋白质组学研究中的优势，已经开始尝试三维色谱的联用，如Moore等尝试了体积排阻色谱-反相液相色谱-毛细管区带电泳的三维分离技术，MacCos等成功实现了反相液相色谱-离子交换色谱-反相液相色谱的三维联用技术等。

2. 非凝胶电泳技术　主要包括液相等电聚焦技术及毛细管电泳技术。

（1）*液相等电聚焦技术*　采用无载体系统，仅在液相中进行等电聚焦，不存在从载体上回收样品等问题。普通的2-D电泳第一向等电聚焦是在固化的胶条上进行，而在液相中进行等电聚焦有许多优点，首先该技术能够大量纯化蛋白质和多肽，尤其在相当高的上样量时也具有相当高的分辨率；其次可在非凝胶介质上根据等电点将蛋白质的复杂混合物分级，每一级都能被收集，并且通过电泳或色谱进一步分离或分析；生物样品的活性易于保持；对于低丰度蛋白质和低分子质量的蛋白质也具有很好的分离效果；可以避免在2-D凝胶电泳中存在的重复性差的问题。目前，能够将复杂混合物分级的液相IEF仪器有多种：①Rotofor cell仪器（Rotofor cell apparatus）；②多腔等电膜电解器（multicompartment electrolyzer withisoelectric membranes）；③Bier首创的循环等电聚焦仪（recycling isoelectric focusing，RIEF；RF3）；④自由流等电聚焦（free-flow IEF，FFIEF）。在RIEF中，样品介质通过冷却室循环，而FFIEF中样品被持续注入作为载体的两性电解质溶液中。复杂的蛋白质溶液很容易被分级为很多组分，它们再被收集，并应用正交技术进一步分级。除了上述RF3以外，还有其他一些用于循环等电聚焦的仪器来分离蛋白质混合物，如Tananahalh等所应用的两种等电聚焦仪，其自动化程度更高，在分离过程中实现了计算机控制，并且各个组分的pH和浓度也可以在线检测，使得实验过程更加精确。使用RF3分级后，再把蛋白质溶液在反相液相色谱中进行分离，也是一个很好的策略，经液相等电聚焦和反相色谱分离后，使用一种软件可以把蛋白质模拟成二维胶的分离模式。

（2）*毛细管电泳技术*　与等电聚焦类似，毛细管电泳也是一项具有很高分离效率的分离技术。20世纪90年代，这种技术被广泛应用于DNA分析。人类基因组测序最终能够提前完成，很大程度上也要归功于这种分离技术。毛细管电泳的基本原理是在直径25～100μm的弹性石英毛细管中进行电泳，毛细管中填充了缓冲液或凝胶。与平板凝胶电泳相比，毛细管电泳可以减少热的产生，缩短分析时间并提高分辨率，电泳所需样品体积很小，且多种分离模式能改变选择性，扩大应用范围。目前，在蛋白质组学研究中应用较多的是毛细管区带电泳、毛细管等电聚焦等。多维毛细管电泳、毛细管电泳芯片等在蛋白质组学中的应用正处于起步阶段。

3. 毛细管电色谱技术　毛细管电色谱是一项新兴的微分离技术，最初是通过在毛细管内填充液相色谱填料，在毛细管两端加以高电压，以电渗流驱动流动相，根据溶质在固定相上的保留强弱和电泳淌度的大小不同而实现分离。由于毛细管内有色谱固定相，电渗流驱动的流动相流型是楔子型的，因此这种微分离技术在具有高效液相色谱的高选择性的同时，又具有毛细管电泳的高效性，已成为分析化学界近年来比较关注的领域。根据毛细管内固定相种类的不同，毛细管电色谱又有开管、填充和原位柱之分。毛细管电色谱诞生之初的应用领域主要是对中性小分子化合物的分离，但是随着这种技术在方法学上的逐步完善，更多的分离模式和固定相被相继采用。当前，毛细管电色谱在生物学领域内也有了初步的应用，但只局限于比较简单的样品。蛋白质和多肽等生物样品，表面带电情况比较复杂，而毛细管电色谱的固定相表面又是带有一定的正电荷或者负电荷的（否则电渗流将无法产生），两者之间可能会存在一定的吸附作用。因此，尽量减少甚至避免这种静电相互作用就成为毛细管电色谱分离生物样品的关键。从目前对电色谱在多肽和蛋白质领域内应用情况来看，虽有一些成功分离小肽和标准蛋白质的报道，但该技术还需进一步发展，才能适应蛋白质组学研究的需要。

二、蛋白质组分析技术

相对分离技术而言，蛋白质组分析技术有较多种的选择，比如质谱方法、蛋白质序列分析、氨基酸组成分析等。其中质谱分析和蛋白质序列分析最为重要，而质谱以其快速、准确、灵敏而成为蛋白质组主要的分析技术。

蛋白质组的分析技术与常规蛋白质研究的分析技术也有所不同，常规蛋白质研究通常是解决未知序列或验证已知序列，蛋白质序列分析是最可靠的方法。但蛋白质组研究要求在短时间内分析双向电泳分离到的上千种蛋白质，即使是丰度很低的蛋白质也希望被鉴定。因此，分析方法的速度、灵敏度和准确性至关重要。传统的序列分析测定一个蛋白质的 N 端 10 个氨基酸残基需要至少 5h，而且若蛋白质末端被封闭，将无法测序。而质谱技术可 1h 内完成一个蛋白质整个肽谱的鉴定，得到完整的蛋白质全序列，经计算机数据库查询，可以很快地鉴定蛋白质。另外，对于末端封闭或某些残基被修饰的情况，质谱方法几乎是目前唯一最快速有效的方法。因此，质谱技术理所当然成为了蛋白质组分析方法的首选。质谱技术在蛋白质组研究中的作用有以下几方面。

1. 肽质量指纹图谱和肽序列分析　蛋白质经过双向电泳后，分离到的蛋白质点被切割下来，进行胶内的酶解，或转移到 PVDF 膜上，进行膜上酶解。这两种方法各有千秋，目前以胶内酶解应用更多。酶解后的产物可用 LC/MS 分析肽质量指纹图谱，进而采用 MS/MS 测定所选肽段的序列。测得的肽质量指纹图谱与数据库中已知蛋白质的肽质量指纹图谱库进行比较，就可以确定蛋白质是否已知，或是何种蛋白质。这个过程比常规的 Edman 降解快得多，因此很适合大规模的蛋白质组研究，这也是质谱技术在蛋白质组研究中占据重要地位的一个原因。要强调的是，在这方面计算机数据库起了很大的作用。对于 MALDI-TOF-MS，可以采用膜上酶解，然后直接对 PVDF 膜上的样品做肽质量指纹图谱分析，MALDI-TOF-MS 在使用了双向凝胶电泳（2 - DE）技术以后，使得肽质量指纹图谱精确度大大提高，已经可以仅仅根据质量指纹图谱查询数据库，获得蛋白质信息，非常快速简单。而另一方面，由于电泳中会引入各种小分子物质如 SDS、CHAPS 等，对质谱分析有一定的干扰，特别是会影响电喷雾质谱的喷雾效果。虽然 MALDI-TOF-MS 对小分子杂质的耐受性较好，但无论如何，电泳后酶解前小分子杂质的去除仍然十分重要，是影响分析效果的关键因素之一。不过，在肽序列分析上，质谱法测序对于未知序列肽段的结果还不肯定。质谱法目前还不能够完全取代 Edman 降解法，而两者互补往往可以得到确定的结果。

2. 具有翻译后修饰的蛋白质鉴定　翻译后修饰包括磷酸化、糖基化、N端封闭等。蛋白质一级结构可以从基因序列演绎，但翻译后修饰的信息几乎无法仅从基因序列得到。而众所周知的是，这些翻译后修饰特别是磷酸化、糖基化对于蛋白质的功能乃至细胞的功能都十分重要，因此这些修饰的鉴定对于蛋白质组特别是功能蛋白质组的研究意义重大。Edman降解法对于这些修饰的鉴定无能为力，而采用质谱法可通过特征离子监测的方法很快确定磷酸化肽，通过串联质谱确定磷酸化位点。在糖蛋白分析方面，质谱更显示了独特的优势，不仅可以通过质谱、蛋白酶解和糖苷酶酶解相结合的方法寻找糖肽，鉴定糖基化位点，还可依靠MS/MS和MS_n分析糖链组成、结构甚至分支情况。翻译后修饰的快速鉴定大大简化和加速了蛋白质组的研究进程。

3. 质谱技术在蛋白质组研究中的其他作用　质谱技术在蛋白质组研究中的主要作用是鉴定蛋白质，此外还有一些其他用途，如蛋白质二硫键的定量和定位、蛋白质—蛋白质相互作用的分析、蛋白质与其他分子得到相互作用以及蛋白质的二级结构的分析等。这些分析将在蛋白质组研究进行到一定阶段，获得了有价值的蛋白质（如正常细胞与异常细胞的差别）后，再对单个蛋白质进行研究时发挥作用。

三、蛋白质组数据库的建立和生物信息学

蛋白质组研究最重要的一个方面就是数据库的建立，数据库的范围很广，包括蛋白质序列数据库、质谱数据库、双向电泳图谱数据库等，几乎所有有关蛋白质结构的数据库都被应用到蛋白质组的研究。蛋白质经分离分析后必须通过数据库的查询，才能确定蛋白质的性质，是已知或未知、有否翻译后修饰、与同类蛋白质同源性如何等。当前的计算机和网络技术，让我们将所有的数据库连在一起，并允许我们从一个数据库中的一条信息遨游到其他的数据库；将一个研究对象的数据与其他各种蛋白质组中的相关数据或图谱相连。分析型软件工具被称为蛋白质组分析机器人、数据分析软件包，在既定的状态下，定量研究蛋白质的表达水平，或者计算机辅助数据库系统建立可将实验推进一步。因此，蛋白质组分析技术联合蛋白质数据库，计算机网络和其他软件包合在一起称为蛋白质组的机控百科全书。对于某种细胞的蛋白质组而言，双向电泳图谱数据库的建立是指蛋白质被分离和分析后对图谱中的每一个蛋白质点进行定位和定性，经计算机处理后得到的二次图谱。一个完整的蛋白质组研究包括细胞蛋白质的抽提，双向电泳的分离，分离图谱的计算机扫描、定位、定量和等电点的确定，蛋白质酶解并从胶上抽提出来，质谱结合其他分析方法对蛋白质的分析，分析后对蛋白质的鉴定，最后得到计算机二次图谱，也就是双向电泳数据库的建立。因此，每一种细胞数据库的建立和不断完善，意味着越来越多的蛋白质得到分离和分析，是蛋白质组研究取得进展的标志。数据库建立后可以进行实验室内的比较，比如正常细胞和癌细胞之间的比较，这种比较在疾病研究和药物开发中很有意义。数据库还能通过互联网进行实验室之间的比较，但这通常较为困难，因为不同实验室方法上哪怕是微小的差异，也会使同一样品的分离图谱有区别。在各种蛋白质组研究网站上，一部分细胞已经建立了数据库。

蛋白质组和基因组共同分析可以产生大量的数据。当评估每一个数据库的价值时，难免要考虑两个条件：①数据库是否在任一时刻保持最新；②何时能够相互连接，且以整体状态评估。目前的发展趋势：①信息量呈指数增长；②蛋白质组计划的实施会产生新的数据库；③致力于模拟细胞内蛋白质的相互作用的新型数据库；④建立高级、智慧型的咨询工具是必需的。目前最大也最著名的蛋白质组数据库是SWISS-2DPAGE，始建于1993年，到1999年9月为止，经过了9次更新，建立了23种人和鼠细胞的蛋白质组数据库，另外还包括大肠杆菌、酵母等。专门的大肠杆菌数据库ECD2DBASE目前已更新到第6版，分离到1 600多种蛋白质。

可以看到，蛋白质组研究的整个过程实际上都与生物信息学密切相关，无论是双向电泳图谱的分析，还是质谱数据的解析，尤其是最终蛋白质组数据库的建立，实验室间的相互比较，都依赖于生物信息学的建立和发展。

四、蛋白质组学技术平台与完整解决方案

蛋白质组学的发展依赖于双向电泳技术的发展、电喷雾质谱（ESI-MS）和基质辅助激光解吸飞行时间质谱（MALDI-TOF-MS）技术的发明以及在蛋白质分析中的应用和蛋白质组信息学的兴起。蛋白组学技术平台是将先进的蛋白组学研究系统与生物信息学平台、基因组学技术平台有机地结合在一起，不仅在研究水平上而且在规模上进行蛋白组学的研究，成为蛋白质组学研究重要发展方向。

（一）蛋白质组学技术平台

蛋白质组学平台采用全方位、高通量的技术路线，包括双向电泳技术、MALDI-TOF 质谱技术、LS/MS/MS 和蛋白质芯片等进行蛋白质组学的研究，并结合 ICAT 等灵敏的生物检测技术，形成规模化的重大疾病、重要生物资源的蛋白质组学研究技术平台。在此基础上，可建立独特的蛋白质组数据库，研究疾病的相关蛋白和具有重要应用前景的生物标记分子，建立疾病的早期诊断和治疗监测方法。从蛋白质与基因组双重水平上研究疾病和重要生物资源。

该平台包括蛋白质分离纯化技术装备、免疫学技术装备等，如先进的层析系统、电泳系统、酶标仪、紫外可见光分光光度计等设备，并结合高通量蛋白质表达技术平台，如微阵列、生物芯片等大规模筛选技术，大量、快速地实现 cDNA 库、多基因或片段的表达，筛选各种抗原、受体、细胞因子等重组多肽或蛋白质。

（二）蛋白质组学研究的完整解决方案

以蛋白质为研究重点的蛋白质组学研究已经成为当今生命科学的重点研究方向之一。然而，由于蛋白质的分离和鉴定非常费时，目前测定蛋白质的技术远远落后于破译基因组的进展，最好的实验室每天只能分离和识别出 100 种蛋白质。据估计，人体内可能有几十万种蛋白质，这大概需要 10 年时间进行识别。

为了加快蛋白质组学研究进程，许多世界著名的生物技术公司倾力发展蛋白质组学研究设备，已经开发了完整的蛋白质组学解决方案。这些系统包括由一系列机械手臂与软件，并结合了二维电泳实验设备与质谱仪，可以进行高效、自动化且具重复性的实验分析。在这些技术平台上，研究工作更富成效，重复性更好。各仪器之间配合无隙，其整合性及标准性使得研究进程大大加快，原来需要 9～12 个月才能获得的数据结果减少到只需要 9～12 周。一套完整的系统具备蛋白质组研究所需的众多功能：2D 电泳、图像获取、2D 胶分析、蛋白样品切割、蛋白消化、MALDI 样品准备、消化及点样、数据分析整合，再加上制备好的胶、试剂及附件，使研究工作可以立即展开，成为进行蛋白质组学研究的利器，大大加速了蛋白质分离和鉴定的速度。该系统主要由以下几部分组成。

1. 2D 电泳系统 该系统主要进行 2D-PAGE 第一向等电聚焦凝胶电泳和第二向 SDS-PAGE 电泳，设备包括 2-D 电泳系统所需的各种设备，如 IPG 胶条电泳、管状制胶设备、二维电泳装置、电源设备、半导体冷却器及各种相关的蛋白纯化试剂盒。

完整的 2D-PAGE 电泳所需的各种设备，使电泳更加简便，大大节约研究时间。第一向等电聚焦凝胶电泳和第二向 SDS-PAGE 大面积板胶提供清晰的电泳图像，有效提高单体、磷酸化和糖基化蛋白的分离，使其分辨率更高。具备大容量，如可同时容纳 15 块 1mm 一维管状胶，或 8 块 2～3mm 管状胶，10 块 IPG 胶条和 10 块二维电泳板胶。适用各种胶，如管状胶、IPG 胶条、预制胶、自制胶和 SDS PAGE 胶等，并提供相配套的超纯化学试剂和药品。

2. 蛋白凝胶成像系统 蛋白凝胶成像系统提供高灵敏度、高分辨率的大面积蛋白凝胶成像和分析。由于采用高灵敏度、高分辨率数字成像系统及冷 CCD 数码相机，大大提高图像信噪比；并提供白光和紫外光源，可对银染、荧光、胶片、考马斯亮蓝、EB 染色图像进行数字化分析，配合各种蛋白质组学分析软件进行各种图像分析。

3. 蛋白质点自动切取机器人平台 自动切取机器人平台工作站主要用于 2D 蛋白凝胶上蛋白质点的

自动切取，可对考马斯亮蓝、银染、荧光染色的蛋白凝胶进行操作，并进行高通量蛋白质筛选。如 Investigator ProPic 工作站可将 2D 凝胶成像分析和蛋白质点自动切取两个功能整合在一起，为蛋白质组学研究的后续分析采集和提供样品。工作站通常包括密闭暗箱及机器人手臂，切割精度高，内置可换光源（白光和紫外光源），能容纳 8 块 96 微孔样品板的样品盘，并装配 Gilson 泵系统和高分辨率冷 CCD 数码相机的成像系统。凝胶成像和蛋白质点切取功能的整合，使得成像后凝胶不必移动而原位切取，避免移动过程中产生的位移和污染；切取结束后，可再次原位成像，检查切取结果准确性；可对操作过程实时监控。切取速度达 120 个/h；全封闭的操作环境，有效防止角蛋白污染；超声水浴清洗和泵冲洗两种方式清洗枪头，有效防止样品交叉污染；污染最小化；内置水合装置，有效避免操作过程中因凝胶变干而影响切取准确性和样品回收率。

工作站配置蛋白凝胶图像分析软件、自动控制专用软件（控制数码相机曝光和切割机器人的采样操作），可在数小时的操作周期内无需专人管理，完全自动化，结果可靠。

4. 蛋白凝胶图像分析专业软件　该软件适用于大规模、高通量蛋白质组学研究，能快速处理大量 2D 蛋白电泳凝胶图像，能够对蛋白质点进行自动识别、定量和比较；自动计算 2D 凝胶上蛋白质点的相对分子质量和 pI；自动生成蛋白表达量变化曲线或柱形图；能进行半自动或全自动蛋白质点匹配，不需另外提供标记；可对多块相应凝胶上的蛋白质点数据进行 t-检验或其他统计分析；数据可以传送给自动工作站进行蛋白质点自动切割；有些还带有本地计算机数据库系统，可以方便地进行蛋白研究的数据查询和数据管理。

5. 自动化蛋白酶解工作站　自动化蛋白酶解工作站是进行全自动蛋白酶解的理想设备，适合于从 2D 或 SDS-PAGE 胶上切取胶块的自动化酶解。通过进行反应程序的设定，实现酶解过程中的自动清洗、加酶和恒温孵育步骤循环。由于采用自动化操作和温控反应系统，精确控制酶解反应条件，节约了反应时间，提高反应效率。

6. 自动化 MALDI 点样工作站　该系统用于蛋白质质谱分析前的样品浓缩、脱盐和 MALDI 点样，点样的多肽可以进行后续的质谱分析，适用于大多数的 MALDI 标靶。

7. 自动化蛋白质酶解点样工作站　酶解点样工作站将能够自动完成凝胶蛋白质点酶解及酶解后样品的浓缩、脱盐和 MAL-Dl 点样等一系列过程，可多个样品针头同时操作使得实验结果高效和自动化。该仪器简化了蛋白质组学研究的烦琐步骤，大大加快了研究的实验进程。酶解后的样品适用于多种后续分析，包括 LC（液相色谱）和 CE（毛细管电泳），尤其适用于质谱分析，如 MALDI-TOF 和 MS/MS。该系统的酶解和 MALDI 点样两个操作过程可以分开单独进行，也可以整合成一个完整的过程进行自动化操作。

8. 快速数据管理和检索系统　许多蛋白质组平台系统，如著名的 Genomic Solutions Inc. 公司产品——RADARS/MS 快速数据管理和检索软件系统，是一个完整的蛋白质组学研究智能平台。它整合了客户机/服务器、数据库和外联网（extranet）应用软件，可以方便地进行蛋白质的分析鉴定和传输，提供最快、最可信和最完整的蛋白鉴定解决方案。通过 RADARS/MS 系统可以方便分析大量的蛋白质组学研究数据，快速发现和确认药靶及疾病标志物，适合于蛋白质组学研究、制药开发研究等。

总之，蛋白质组学平台的系列仪器及软件为蛋白质组学研究提供了完整的解决方案，大大加快了研究进程，提高了实验效率。用户可以根据自己现有的设备情况，有选择性地配备相应的仪器及软件，形成适合自己的一整套完整的蛋白组学研究系统。

五、蛋白质组研究的发展趋势及应用前景

蛋白质组学一经出现，就有两种研究策略。第一种策略可称为“竭泽法”，即采用高通量的蛋白质组研究技术分析生物体内尽可能多乃至接近所有的蛋白质，这种观点从大规模、系统性的角度来看待蛋白质组学，也更符合蛋白质组学的本质。但是，由于蛋白质表达随空间和时间不断变化，要分析生物体

内所有的蛋白质是一个难以实现的目标。第二种策略可称为“功能法”，即研究不同时期细胞蛋白质组成的变化，如蛋白质在不同环境而差异表达，以发现有差异的蛋白质种类为主要目标。这种观点更倾向于把蛋白质组学作为研究生命现象的手段和方法。

早期蛋白质组学的研究范围主要是指蛋白质的表达模式（expression profile），随着学科的发展，蛋白质组学的研究范围也在不断完善和扩充。蛋白质翻译后修饰研究已成为蛋白质组研究中的重要部分。蛋白质-蛋白质相互作用的研究也已被纳入蛋白质组学的研究范畴。而蛋白质高级结构的解析即传统的结构生物学，虽也有人试图将其纳入蛋白质组学研究范围，但目前蛋白质仍独树一帜。

蛋白质组学的研究技术目前发展较快，主要是质谱鉴定技术的发展和新的分离手段的应用，如二维色谱、毛细管电泳技术等。蛋白质组学的研究方法将出现多种技术并存、各有优势和局限的局面，而难以像基因组研究一样形成比较一致的方法。除了发展新方法外，更强调各种方法间的整合和互补，以适应不同蛋白质的不同特征。另外，蛋白质组学与其他学科的交叉也将日益显著和重要，这种交叉是新技术、新方法的活水之源，更重要的是，蛋白质组学与其他大规模科学如基因组学、生物信息学等领域的交叉，所呈现出的系统生物学（systems biology）研究模式，将成为未来生命科学最令人激动的新前沿。

由于蛋白质与细胞的生理功能直接相关，蛋白质组的研究应用前景非常广阔。在基础研究方面，近两年来蛋白质组研究技术已被应用到各种生命科学领域，如细胞生物学、神经生物学等；在研究对象上，覆盖了原核微生物、真核微生物、植物和动物等范围，涉及各种重要的生物学现象，如信号转导、细胞分化、蛋白质折叠等。已开展的研究包括研究细胞不同生长时期的蛋白质组、正常细胞与异常细胞蛋白质组的差别等；在应用研究方面，蛋白质组学将成为寻找疾病分子标记和药物靶标最有效的方法之一。在对癌症、早老性痴呆等人类重大疾病的临床诊断和治疗方面蛋白质组技术也有十分诱人的前景。

◈ 参考文献

程池，杨梅，李金霞，等 . 2006. Biolog 微生物自动分析系统——细菌鉴定操作规程的研究［J］. 食品与发酵工业，23（5）：50 - 54.

冯瑞华，樊蕙 . 2000. Biolog 细菌自动鉴定系统应用初探［J］. 微生物学杂志，20（2）：36 - 38.

陆承平 . 2005. 兽医微生物学［M］. 第 3 版 . 北京：中国农业出版社：201，215 - 216，249 - 250.

薛青红，刘燕，杜昕波 . 2006. 猪源粪肠球菌的 BIOLOG 系统鉴定及其生物学特性［J］. 中国兽医科学，36（11）：876 - 879.

彭永刚　李爽　编

图书在版编目（CIP）数据

兽医微生物学/中国农业科学院哈尔滨兽医研究所组编．—2 版．—北京：中国农业出版社，2013.7
（现代农业科技专著大系）
ISBN 978-7-109-17693-5

Ⅰ．①兽…　Ⅱ．①中…　Ⅲ．①兽医学—微生物学　Ⅳ．①S852.6

中国版本图书馆 CIP 数据核字（2013）第 043359 号

中国农业出版社出版
（北京市朝阳区农展馆北路 2 号）
（邮政编码 100125）
策划编辑　黄向阳

北京中科印刷有限公司印刷　　新华书店北京发行所发行
2013 年 12 月第 2 版　　2013 年 12 月第 2 版北京第 1 次印刷

开本：889mm×1194mm 1/16　　印张：63
字数：1966 千字
定价：280.00 元